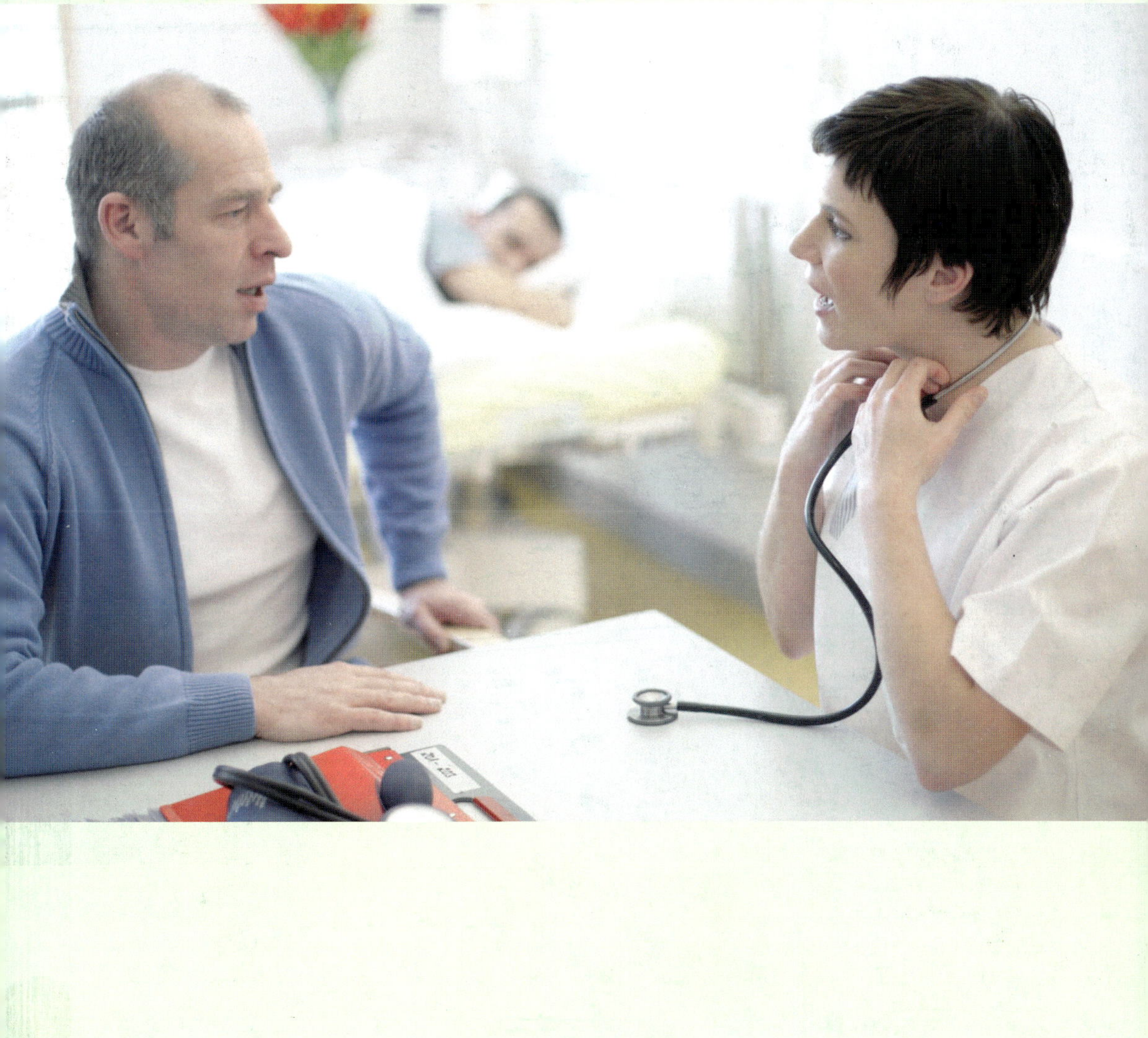

LEXIKON

der Krankheiten und Untersuchungen

Thieme

LEXIKON der Krankheiten und Untersuchungen

1934 Abbildungen
85 Tabellen

Georg Thieme Verlag
Stuttgart · New York

Bibliografische Information der Deutschen Nationalbibliothek

Die Deutsche Nationalbibliothek verzeichnet diese Publikation in der Deutschen Nationalbibliografie; detaillierte bibliografische Daten sind im Internet über http://dnb.d-nb.de abrufbar.

Rüdigerstraße 14
D-70469 Stuttgart
Unsere Homepage: http://www.thieme.de

Printed in Germany

Zeichnungen: Martin Hoffmann, Elchingen

Satz und Druck: Druckhaus Götz GmbH, Ludwigsburg,

ISBN 3-13-142961-5
ISBN 978-3-13-142961-2 1 2 3 4 5 6

Wichtiger Hinweis: Wie jede Wissenschaft ist die Medizin ständigen Entwicklungen unterworfen. Forschung und klinische Erfahrung erweitern unsere Erkenntnisse, insbesondere was Behandlung und medikamentöse Therapie anbelangt. Soweit in diesem Werk eine Dosierung oder eine Applikation erwähnt wird, darf der Leser zwar darauf vertrauen, dass Autoren, Herausgeber und Verlag große Sorgfalt darauf verwandt haben, dass diese Angabe **dem Wissensstand bei Fertigstellung des Werkes** entspricht.

Für Angaben über Dosierungsanweisungen und Applikationsformen kann vom Verlag jedoch keine Gewähr übernommen werden. **Jeder Benutzer ist angehalten,** durch sorgfältige Prüfung der Beipackzettel der verwendeten Präparate und gegebenenfalls nach Konsultation eines Spezialisten festzustellen, ob die dort gegebene Empfehlung für Dosierungen oder die Beachtung von Kontraindikationen gegenüber der Angabe in diesem Buch abweicht. Eine solche Prüfung ist besonders wichtig bei selten verwendeten Präparaten oder solchen, die neu auf den Markt gebracht worden sind. **Jede Dosierung oder Applikation erfolgt auf eigene Gefahr des Benutzers.** Autoren und Verlag appellieren an jeden Benutzer, ihm etwa auffallende Ungenauigkeiten dem Verlag mitzuteilen.

Mitarbeiterverzeichnis

Dr. med. Susanne Andreae
Fachärztin für Allgemeinmedizin
Dozentin an Krankenpflegeschulen
Lärchenweg 26
78713 Schramberg

Dr. med. Peter Avelini
Facharzt für Hals-Nasen-Ohrenheilkunde
Haus der Gesundheit
Stuttgarter Str. 33-35
70469 Stuttgart
www.hno-stuttgart.com

Melanie Berg, M.A.
Lehrlogopädin, Linguistin
Euro-Medizinal-Kolleg Stuttgart
Kronenstr. 43
70174 Stuttgart

Dr. med Ingo Blank
Arzt, Dozent, Journalist
Burgenstraße 33
71116 Gärtingen
info@ingoblank.de; www.ingoblank.de

Dr. med. Annelie Burk
Ärztin für Augenheilkunde
Max-Cahnbley-Str. 22
33604 Bielefeld

Anette Dierolf
Lehrlogopädin, Krankenschwester
Euro-Medizinal-Kolleg Stuttgart
Kronenstr. 43
70174 Stuttgart

Prof. Dr. med. Gerhard Dockter
Kinderarzt, Pädiatrischer Gastroenterologe
Universitätsklinikum des Saarlandes
Klinik für Allgemeine Pädiatrie und Neonatologie
Kirrberger Str. 3
66424 Homburg/Saar

Chiara Dold
Krankenschwester
BG Unfallklinik Ludwigshafen
Ludwig Guttmann Str. 13
67071 Ludwigshafen

Momo Evers, M.A., M.A.
Redakteurin
Philipp-Müller-Straße 66
06110 Halle/Saale
momo@haus-der-sprache.de

Roland Fath
Diplom-Biologe, Journalist
Redaktionsbüro
Gluckstraße 18
60318 Frankfurt/Main

Henrike Fixl
Logopädin
Diakonie Stetten
Schlossberg
71394 Kernen-Stetten

Sigrid Flüeck
Kinderkrankenschwester,
Lehrerin für Pflegeberufe
Herrenwiesen 98
30916 Isernhagen

Dr. Berthold Gehrke
80469 München
berthold.gehrke@gmx.de

Martina Gießen-Scheidel,
Fachkrankenschwester für pädiatrische Intensivpflege
Lehrerin für Pflegeberufe
Weiterbildung in den Gesundheitsfachberufen
Klinikum der Johannes-Gutenberg-Universität
Am Pulverturm 13
55101 Mainz

Univ.-Prof. Dr. med. Norbert Graf
Direktor der Klinik für Pädiatrische Onkologie/
Hämatologie
Universitätskliniken für Kinder- und Jugendmedizin
66421 Homburg/Saar

Dr. med. Renate Häfner
Kinderärztin, Kinderhreumatologin
Deutsches Zentrum für Kinder- und Jugendrheumatologie
Gehfeldstr. 24
82467 Garmisch-Partenkirchen

Dr. med. Raoul M. Hecker
Klinik für Psychiatrie, Psychosomatik und Psychotherapie
Evang. Krankenhaus Elisabethenstift gGmbH
Landgraf-Georg-Str. 100
64287 Darmstadt

Prof. Dr. med. Wolfram Henn
Genetische Beratungsstelle
Institut für Humangenetik
Universitätskliniken, Bau 68
66421 Homburg/Saar

Prof. Dr. med. Christian Jassoy
Univ.-Professor für Virologie
Institut für Virologie und Immunbiologie
Johannisallee 30
04103 Leipzig

Cornelia Kampe
Logopädin
SRH Fachkrankenhaus Neckargmünd
Im Spitzerfeld 25
69151 Neckargmünd

Univ. Prof. Dr. med. Reinhold Kerbl
Facharzt für Kinder- u. Jugendheilkunde
Univ. Klinik für Kinder- und Jugendheilkunde
Auenbruggerplatz 30
8036 Graz, Österreich

Dr. med. Thomas Meißner
Medizinjournalist
Rießstr. 16
61231 Bad Nauheim

Prof. Dr. med. Gerhard Neuhäuser
em. Leiter der Abteilung Neuropädiatrie u. Sozialpädiatrie
Kinderklinik Gießen
Dresdener Str. 24
35440 Linden

Susanne Ramsthaler
Lehrlogopädin
Euro-Medizinal-Kolleg Stuttgart
Kronenstr. 43
70174 Stuttgart

Prof. Dr. med. Reinhard Roos
Chefarzt der Klinik für Kinder- und Jugendmedizin
Städtisches Krankenhaus München GmbH
Sanatoriumsplatz 2
81545 München

Helmut Schneider
Fachjournalist für Medizin
Am Hainwinkel 12
61118 Bad Vilbel

Priv.-Doz. Dr. med. Andreas Schwarzkopf
Facharzt für Mikrobiologie und Infektionsepidemiologie
Mangelsfeld 16
97708 Bad Bocklet

Silja Schwencke
Ärztin
Traubenstr. 46
70176 Stuttgart

Katarina Sebeková
Assistenzärztin
Krankenhaus St. Elisabeth und St. Barbara
Abteilung für Anästhesie und Intensivmedizin
Mauerstr. 5-6
06110 Halle/Saale

Xaver Skibbe
Dozent für Gynäkologie und Geburtshilfe,
Anatomie und Physiologie
An der Bahn 3
41749 Viersen

Prof. Dr. med. Dr. h.c. Jürgen Sökeland
em. Direktor der Urologischen Klinik Dortmund
Institut für Arbeitsphysiologie an der Universität
Ardeystraße 67
44139 Dortmund

Dr. Karin Steinhage
Journalistin
Inspirative Communication oHG
Tresckowstr. 62
20253 Hamburg

Regina Toth
Lehrlogopädin
Euro-Medizinal-Kolleg Stuttgart
Kronenstr. 43
70174 Stuttgart

Dr. med. Dominik von Hayek
Facharzt für Allgemeinmedizin, Geriatrie
Wilhelm-Weitling-Str. 21
81377 München

Dr. med. Peter M. Wehmeier
Facharzt für Kinder- und Jugendpsychiatrie;
Psychotherapie
Rübenberg 2
63477 Maintal

Dr. med. Felicitas Witte
Ärztin und Wissenschaftsjournalistin
Uhlandstr. 23
68167 Mannheim

Prof. Dr. med. Siegfried Zabransky
Leiter des Instituts für Pädiatrische Endokrinologie
und Präventivmedizin
Im Fuchstal 8
66424 Homburg

Dr. med. Dietmar Zinßer
Internist
73630 Remshalden
zinsser.klein@t-online.de

Vorwort

Haben Sie auch schon mal vor dem Problem gestanden, einen Krankheitsbegriff zu hören, ihn aber keinem Fachgebiet zuordnen zu können?

Oder ihn zwar im richtigen Buch zu finden, dort aber auch eine Fülle von zusätzlichen Informationen, aus denen Sie sich das Wichtigste mühsam herausfiltern mussten?

Oder Ihnen wird zwar viel Wissen geboten, dieses aber so abstrakt, dass Sie sich keinen Menschen dazu vorstellen konnten?

Dieses LEXIKON ist so konzipiert, dass es Ihre Wünsche nach einem fundierten Fachbuch einerseits und zeitgerechtem Lesen und Lernen andererseits erfüllt:

- Die 1000 wichtigsten Krankheiten und Untersuchungen aus 30 Fachgebieten werden kurz und schlüssig von Spezialisten ihres Faches erklärt. Das Suchen in einem Dutzend anderer Bücher entfällt.
- Auf zu differenziertes Wissen, das nicht dem Grundverständnis der Erkrankung dient, wird verzichtet. Das erleichtert den Überblick.
- Fachbegriffe werden sofort erklärt. Sie müssen nicht woanders nachschlagen.
- Ein Fallbeispiel führt in jedes Krankheitsbild ein. Sie haben ein klares Bild des typischen Patienten vor Augen.
- Die Krankheitsbilder werden stets in der gleichen Reihenfolge dargestellt. Das ermöglicht Ihnen gezieltes Lesen und Lernen.
- Den konkreten Ablauf der 37 wichtigsten Untersuchungen können Sie sich auf der DVD ansehen. Sie sind quasi als Augenzeuge bei den z. T. hochmodernen Untersuchungen, wie z. B. der Endosonografie mit dabei.

Am Anfang des Buches finden Sie eine Übersicht der Fachgebiete und der dazugehörigen Krankheiten. Am Ende erwartet Sie ein ausführliches Sachverzeichnis, in dem auch die Synonyme verzeichnet sind. Durch diese verschiedenen Übersichten finden Sie rasch das gewünschte Krankheitsbild, auch wenn wir den Herzinfarkt unter „H" eingeordnet haben und Sie vielleicht unter „M" wie Myokardinfarkt suchen.

Dieses LEXIKON wurde vorrangig für die Berufsgruppe der Pflege entwickelt. Die neuen Pflegegesetze fordern mehr Fallbezug, daher die Fallbeispiele. Sie fordern mehr Exemplarität und weniger differenziertes medizinisches Wissen, daher das Konzept, auf ein bis höchstens vier Seiten die Krankheitsbilder fundiert, aber kompakt abzuhandeln.

Dieses LEXIKON lässt sich zudem ideal im Rahmen des Problemorientierten Lernens (POL) einsetzen. Als grundlegendes Nachschlagewerk sollte es auf keiner Station fehlen. Dem Studenten gibt es rasche, orientierende, fachlich aktuelle Überblicke.

Unser Ziel ist es, Ihnen schnell erschließbare Informationen zu bieten. Visuell ansprechend, sprachlich leicht verständlich und selbstverständlich fachlich korrekt und aktuell. Möchten Sie weitere Krankheitsbilder und Untersuchungen im Lexikon finden? Wir freuen uns auf Ihre Vorschläge, Anregungen und Wünsche, die wir in der 2. Auflage gerne umsetzen.

Unser herzlicher Dank gilt den Patienten, Pflegenden, MTAs, Arzthelferinnen, Studenten und Ärzten des Agnes-Karll-Krankenhauses in Laatzen, die es uns ermöglicht haben, die Filme zu drehen. Ihrem großen Engagement ist es zu verdanken, dass Sie direkte Augenzeugen der Untersuchungen sein können.

Stuttgart, September 2006

Im Namen der Redaktion

Christine Grützner

PS.: Wir bitten um Verständnis, dass aus Gründen der Lesbarkeit durchgehend die männliche Form, z. B. der Patient, verwendet wird.

Hinweise für den Nutzer

Stichwörter finden

Die Krankheiten sind alphabetisch sortiert. Die Umlaute ä, ö und ü sind eingeordnet wie ae, oe und ue, ß ist eingeordnet wie ss.

Krankheiten, die aus einem Adjektiv und einem Substantiv bestehen, finden Sie i. d. R. unter dem Adjektiv (z. B. Akute Bronchitis, Allergisches Ekzem).

Es ist immer der in der Praxis gebräuchlichste Begriff eines Krankheitsbildes verwendet (z. B. Magengeschwür). Im Sachregister finden Sie die jeweiligen Synonyme der Krankheit (z. B. Ulcus ventriculi).

Die Untersuchungen finden Sie unter „U" nach Organsystemen sortiert (z. B. Untersuchungen der Atemwege und Lunge). Am Anfang steht ein Überblick über die einzelnen Untersuchungen des jeweiligen Organsystems. Alle Untersuchungen sind ebenso im Sachregister zu finden.

Die im Sachregister fett hervorgehobenen Seitenzahlen führen zur ausführlichen Beschreibung des Stichwortes.

Krankheiten und Untersuchungen verstehen

Am Anfang jeder Krankheit finden Sie ein Fallbeispiel, das einen typischen Patienten darstellt und den Bezug zur Praxis herstellt. Die Krankheiten sind immer in der gleichen Struktur abgehandelt:

- Definition,
- Ursachen,
- Symptome,
- Diagnose,
- Differenzialdiagnose,
- Therapie,
- Prognose,
- Komplikationen.

Ein Verweispfeil (z. B. → Sepsis) zeigt Ihnen, dass Sie diese Krankheit unter dem entsprechenden Anfangsbuchstaben im Buch finden.

In der Infobox finden Sie die internationale Klassifizierung (ICD-10) der Krankheit. Sie erfahren bei welchen Internetadressen und in welchen Büchern Sie weitere Informationen zu dem Krankheitsbild finden.

DVD ansehen

Die DVD ist auf allen handelsüblichen DVD-Playern abspielbar sowie auf PCs mit DVD-Laufwerk. Zum Betrieb auf PCs ist eine spezielle DVD-Player Software nötig. Zum Start der DVD legen Sie diese einfach in das DVD-Laufwerk ein und schließen die Schublade des Laufwerks. Die DVD startet daraufhin automatisch und kann mit Hilfe der Fernbedienung bzw. der Steuertasten der Software bedient werden.

Unterstützte Betriebssysteme:

- Microsoft Windows XP, 2000, ME, 98 SE
- Apple Mac OS X

Empfohlene Konfiguration:

- DVD-ROM-Laufwerk
- SVGA-Auflösung mit 800 × 600 Pixel
- 24-Bit Farbtiefe mit 16,7 Mio. Farben
- Soundkarte, Lautsprecher

Krankheiten sortiert nach Fachgebieten

Allergologie

Allergisches Asthma
Allergisches Ekzem (Kontaktdermatitis)
Anaphylaktischer Schock
Hausstauballergie
Heuschnupfen
Nahrungsmittelallergie

Andrologie

Erektile Dysfunktion
Gynäkomastie
Hodentorsion
Hodentumor
Hypogonadismus
Impotenz
Kryptorchismus
Peniskarzinom
Potenzverlust
Sterilität des Mannes
Virilismus

Augenheilkunde

Amblyopie
Arteriitis temporalis
Augapfelprellung
Augenmuskellähmungen
Augenverletzung (perforierend)
Blindheit
Diabetische Retinopathie
Ektropium/Entropium
Endokrine Ophthalmo-/Orbitopathie
Fehlsichtigkeit
Fremdkörper im Auge
Gerstenkorn, Hagelkorn
Glaukom
Horner-Syndrom
Hornhautabschürfung
Hornhauttrübung
Hypertonische Augenhintergrundveränderungen
Iritis
Katarakt
Keratitis und Ulcus corneae
Konjunktivitis
Lidfehlstellungen
Lidrandentzündung
Makuladegeneration (altersabhängig)
Netzhautablösung
Neugeborenen-Retinopathie
Neuritis nervi optici
Orbitafraktur
Proliferative Vitreoretinopathie
Retinitis pigmentosa
Rotes Auge
Schielen
Sehverschlechterung
Skleritis und Episkerlitis
Stauungspapille
Tränenwegsverschluss
Trockenes Auge
Tumoren des Auges (Basaliom, malignes Melanom der Aderhaut und Retinoblastom)
Uveitis
Verätzung des Auges
Zentralarterien-/Zentralvenenverschluss

Chirurgie

Abszess
Akutes Abdomen
Analfistel
Appendizitis
Bursitis
Dekubitus
Diabetisches Fußsyndrom
Divertikulitis
Erfrierung
Gasbrand
Hämatom
Hämatothorax
Hämorrhoiden
Handphlegmone
Ileus
Kompartmentsyndrom
Leistenhernie
Meckel-Divertikel
Mesenterialinfarkt
Milzruptur

Nabelhernie
Ösophagusdivertikel
Peritonitis
Phlegmone
Platzbauch
Polyposis intestinalis
Polytrauma
Pylorusstenose
Rektumkarzinom
Schnittverletzungen
Schussverletzung
Sehnenscheidenentzündung
Sepsis
Struma
Tetanus
Transplantatabstoßung
Ulcus cruris
Unterkühlung/Erfrierung
Verbrennungskrankheit
Zwerchfellhernie
Zenker-Divertikel

Orthopädie und Unfallchirurgie

Achillessehnenruptur
Außenbandruptur
Bauchtrauma (stumpf)
Beckenringfraktur
Bissverletzungen durch Säugetiere
Blockierung von Gelenken
Dupuytren-Kontraktur
Elektrounfall
Ermüdungsfraktur
Femurfraktur
Fibulafraktur
Fingersehnen-Verletzungen
Gelenkempyem
Gonarthrose
Grünholzfraktur
Hallux valgus
Halswirbelsäulen-(HWS-)Fraktur
Hüftgelenksluxation
Hüftkopfnekrose
Humerusfraktur
Karpaltunnelsyndrom
Klavikulafraktur
Klumpfuß
Kniegelenkserguss
Knieseitenbandverletzung
Koxarthrose
Kreuzbandruptur
Lendenwirbel-Fraktur
Lendenwirbelsäulen-(LWS-)Syndrom
Meniskusverletzung
Mittelfußfraktur
Mittelgesichtsfraktur
Mittelhandfraktur
Morbus Bechterew
Morbus Kienböck
Morbus Scheuermann
Nasenbeinfraktur
Osteitis
Osteomalazie
Osteomyelitis
Osteoporosi
Osteosarkom
Patellafraktur
Patellaluxation
Pseudarthrose
Radiusfraktur
Radiusköpfchenluxation
Rippenserienfraktur
Rotatorenmanschettenruptur
Schädelbasisbruch
Schenkelhalsfraktur
Schulter-Arm-Syndrom
Schultergelenksluxation
Schultergürtelkompressionssyndrom
Sprunggelenksfraktur
Steißbeinfraktur
Skoliose
Sudeck-Syndrom
Tennisellenbogen
Tibiafraktur
Wirbelsäulenaffektionen
Zehenfraktur

Gefäßchirurgie

Akuter Arterienverschluss
Aortenaneurysma
Arterielle Verschlusskrankheit
Becken- und Beinvenenthrombose
Embolie
Endangiitis obliterans
Karotisstenose

Dermatologie

Geburtshilfe

Gynäkologie

HNO

Innere Medizin

Endokrinologie

Gastroenterologie

Aszites
Cholelithiasis (mit Kolik)
Colitis ulcerosa
Divertikulitis
Gastrinom
Gastritis
Hepatitis
Ileus
Kolonkarzinom
Leberkarzinom
Leberversagen
Leberzirrhose
Magengeschwür
Magenkarzinom
Malassimilationssyndrom
Meckel-Divertikel
Morbus Crohn
Ösophagitis
Ösophagusdivertikel
Ösophagusvarizen
Pankreatitis
Refluxkrankheit
Reizdarmsyndrom
Upside-down stomach
Zenker-Divertikel
Zwölffingerdarmgeschwür

Hämatologie

Anämie
Blutgruppenunverträglichkeit
Glukose-6-Phosphat-Dehydrogenase-Mangel
Polyzythämie
Thrombopenie
Thrombophilie
Verbrauchskoagulopathie

Kardiologie

Angina pectoris
Endokarditis
Herzbeuteltamponade
Herzinfarkt
Herzinsuffizienz
Herzklappenfehler
Herz-Kreislauf-Stillstand
Herzrhythmusstörungen
Kardiomyopathie
Koronare Herzkrankheit
Mitralstenose/-insuffizienz
Myokarditis
Perikarditis
Pulmonalstenose
Sick-Sinus-Syndrom
Ventrikelseptumdefekt

Nephrologie

Akutes Nierenversagen
Chronische Niereninsuffizienz
Nephritis
Nephrotisches Syndrom
Urämie

Onkologie

Blasenkarzinom
Bronchialkarzinom
Chorionkarzinom
Gehirntumor
Hodentumor
Hodgkin-Lymphom
Kolonkarzinom
Leberkarzinom
Magenkarzinom
Mammakarzinom
Meningeom
Nierenbecken- und Harnleiterkarzinom
Nierenzellkarzinom
Non-Hodgkin-Lymphom
Ösophaguskarzinom
Osteosarkom
Ovarialkarzinom
Pankreaskarzinom
Papillom des Kehlkopfes
Peniskarzinom
Plasmozytom
Rektumkarzinom
Schilddrüsenkarzinom
Tumoren
Tumoren des Auges
Vaginalkarzinom
Vulvakarzinom
Zervixkarzinom

Pneumologie

Allergisches Asthma
Akute Bronchitis
Aspirationspneumonie
Asthma bronchiale
Bronchialkarzinom
Bronchiektasen
Chronisch obstruktive Bronchitis
Cor pulmonale
Embolie
Luftembolie
Lungenembolie
Lungenemphysem
Lungenödem
Mukoviszidose
Pneumothorax
Spontanpneumothorax
Tuberkulose

Rheumatologie

Chronische Polyarthritis
Fibromyalgie
Gichtarthritis
Marfan-Syndrom
Rheumatisches Fieber
Systemischer Lupus erythematodes (SLE)
Spondylose

Infektiologie

AIDS
Angeborene Infektionskrankheit
Aspergillose
Borelliose
Botulismus
Cholera
Creutzfeld-Jakob-Erkrankung
Diphtherie
Echinokokkose
Enterohämorrhagische Escherichia coli - EHEC
Enzephalitis
Erkältung
Erysipel
Frühsommer-Meningoenzephalitis FSME
Furunkel, Follikulitis, Karbunkel
Gasbrand
Gastrointestinaler Infekt durch Norovirus
Gonorrhö
Hämorrhagisches Fieber
Hepatitis
Herpes simplex
Herpes zoster
Impetigo contagiosa
Influenza
Karies
Kopfläuse
Legionellose
Lepra
Listeriose
Malaria
Masern
Meningitis
Methilcillin-resistente Staphylococcus aureus (MRSA)
Milzbrand
Mumps
Neugeborenenherpes
Nosokomiale Infektionen
Pertussis
Pest
Pfeiffer'sches Drüsenfieber
Pneumonie
Pocken
Poliomyelitis
Pseudomembranöse Kolitis
Reaktivierte Infektion
Ringelröteln
Rotavirusinfektion
Röteln
Ruhr
Salmonelleninfektion
Scharlach
Skabies
Soor
Syphilis
Tetanus
Tollwut
Toxoplasmose
Tuberkulose
Typhus
Windpocken
Wurmerkrankungen
Zytomegalievirusinfektion

Logopädie

Artikulationsstörungen
Auditive Wahrnehmungsstörung
Dyspraxie
Kindliche Aphasie nach Unfällen
Kindliche Dysphagie
Kindliche Hörstörungen
Kindliche Stimmstörungen
Legasthenie
Orofaziale Störung
Poltern
Rhinophonie bei LKG-Fehlbildungen
Sprachentwicklungsbehinderung bei Down-Syndrom
Sprachentwicklungsstörungen
Stottern
Taktil-kinästhetische Wahrnehmungsstörung

Neurologie

Amyotrophische Lateralsklerose
Apallisches Syndrom
Bandscheibenvorfall
Chorea Huntington
Commotio cerebri
Epidurales Hämatom (EDH)
Epilepsie
Hirninfarkt
Intrazerebrale Blutungen
Koma
Migräne
Morbus Parkinson
Multiple Sklerose
Myasthenia gravis
Peronäuslähmung
Polyneuropathie
Querschnittlähmung
Schädelbasisbruch
Schädel-Hirn-Trauma
Schmerzsyndrom
Spinaliom
Stammhirnsyndrom
Subarachnoidalblutung (SAB)
Subdurales Hämatom (SDH)
Trigeminusneuralgie

Pädiatrie

Achondroplasie
Adipositas beim Kind
Akute lymphatische Leukämie
Akute myeloische Leukämie
Armplexuslähmung
Asphyxie
Aspiration von Fremdkörpern
Aufmerksamkeits- und Hyperaktivitätsstörung
Chassaignac-Lähmung
Dehydratation beim Kind
Down-Syndrom
Duchenne-Muskeldystrophie
Embryofetales Alkoholsyndrom
Enkopresis
Enuresis
Ertrinkungsunfall
Fallot-Tetralogie
Frühkindlicher Autismus
Geburtsverletzungen des Kindes
Glasknochen-Krankheit
Hitzekollaps/Hitzschlag
Hüftgelenksdysplasie
Hydrozephalus
Hypermobilitäts-Syndrom
Icterus neonatorum
Infantile Zerebralparesen
Juvenile chronische Arthritis
Karies
Kindesmisshandlung und -vernachlässigung
Krupp-Syndrom
Masern
Mumps
Mekoniumaspirationssyndrom
Morbus haemolyticus neonatorum
Nabelschnurkomplikationen
Nekrotisierende Enterokolitis (NEK)
Neugeborenenherpes
Neugeborenenrethinopathie
Neuroblastom
Ösophagusatresie
Persistierender Ductus Botalli
Pertussis
Plötzlicher Kindstod
Polyradikuloneuritis
Porphyrie
Primäre angeborene Hypothyreose

Psychiatrie

Urologie

Inhaltsverzeichnis

N

O

P

T

U

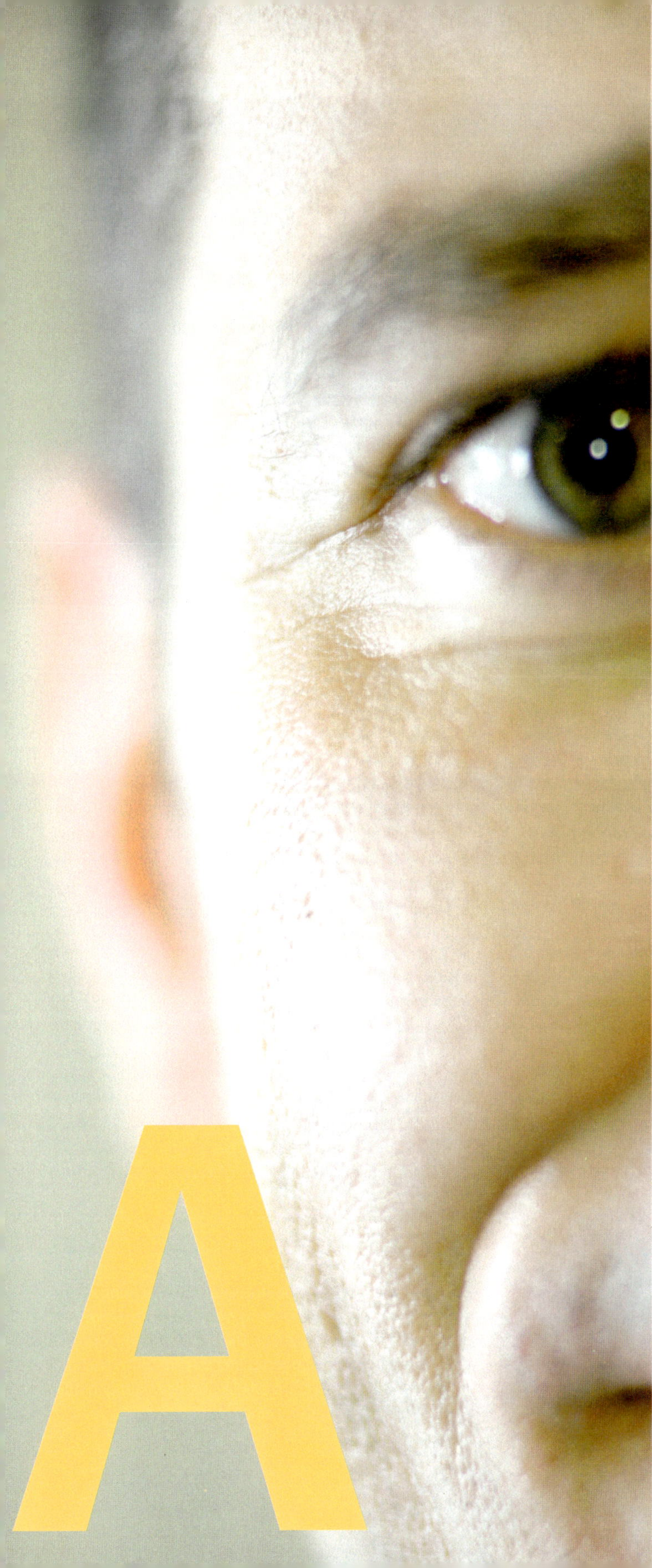

A

Abort

► **Eine 25-jährige Frau in der 10. Schwangerschaftswoche berichtet ihrem Gynäkologen: „Ich hatte bisher schon öfter Unterleibsbeschwerden. Ich habe mal gehört, ein leichtes Ziehen wäre normal, also habe ich mir nichts dabei gedacht. Vor einer Stunde habe ich etwas Blut in meinem Slip entdeckt und einen Riesenschreck bekommen. Jetzt habe ich richtig Angst, dass etwas nicht stimmen könnte."**

Definition

Bei einem Abort wird eine Schwangerschaft vor Eintreten der Lebensfähigkeit des Kindes beendet. Man geht davon aus, dass bis zu 60% der befruchteten Eizellen abgehen, wobei mehr männliche als weibliche Feten betroffen sind. Die Häufigkeit von Aborten lässt sich nicht bestimmen, da unbekannt ist, wie viele Schwangerschaftsabbrüche ohne Indikation und wie viele symptomarme, unbewusste Frühaborte (subklinischer Abort) auftreten.

Synonym: Fehlgeburt.

Einteilung

Bei Fehlgeburten bis zur 12. Schwangerschaftswoche spricht man von Frühaborten, zwischen der 13. und 25. Schwangerschaftswoche von Spätaborten. Verstirbt das Kind nach der 25. SSW in der Gebärmutter, liegt ein → intrauteriner Fruchttod (IUFT) oder eine Totgeburt vor. Für den Gesetzgeber ist ein Kind dann standesamtlich zu erfassen, wenn es Lebenszeichen aufgewiesen hat oder über 500 g wiegt (auch bei Totgeburten).

Ursachen

Die Ursachen für einen Abort können vielfältig sein:

- **fetoplazentare Ursachen:** betreffen den Fetus (chromosomale Störungen), die Nabelschnur (Nabelschnuranomalien, z. B. Achsendrehung, fehlende Lichtung) oder die Plazenta,
- **mütterliche Ursachen:** betreffen den Uterus (Uterushypoplasie oder -fehlbildungen) sowie Tumoren (Myome), Narben (z. B. nach Kaiserschnitt) oder den Gebärmutterhals (Verschlussinsuffizienz),
- **hormonelle Störungen:** z. B. die Corpus-luteum-Insuffizienz,
- **Infektionskrankheiten:** z. B. Lues oder Röteln,
- **Traumen:** z. B. Pfählungstrauma,
- **Vergiftungen:** z. B. durch Blei, Quecksilber oder Phosphor.

Symptome

Bei einem Abort treten meist mehrere Symptome auf, wie etwa Blutung und Schmerzen. Spezielle Symptome zusammen sprechen für das Vorliegen eines bestimmten Abortgeschehens. Man unterscheidet folgende Formen (**Abb. A.1**):

- Abortus imminens,
- Abortus incipiens,
- Abortus completus,
- Abortus incompletus,
- missed abortion.

Unter einem **Abortus imminens** (drohende Fehlgeburt) versteht man die Gefahr, dass ein Abort eintritt. Symptome eines Abortus imminens sind:

- leichte Blutungen,
- Schmerzen,
- Muttermund leicht geöffnet,
- Herzaktion positiv.

Ein **Abortus incipiens** ist eine beginnende Fehlgeburt, wobei folgende Symptome auftreten:

- Blutung und Schmerzen stärker als beim drohenden Abort,
- Muttermund geöffnet,
- Herzaktion positiv oder negativ.

Beim **Abortus completus** (komplette Fehlgeburt) wurden kindliche und plazentare Anteile bereits vollständig ausgestoßen. Symptome des Abortus completus sind:

- keine Blutung (mehr),
- mäßige Schmerzen,
- Muttermund geschlossen,
- Herzaktion negativ.

Ein **Abortus incompletus** (inkomplette Fehlgeburt) besteht, wenn noch Reste des Schwangerschaftsproduktes in der Gebärmutter zu erkennen sind (z. B. im Ultraschall). Symptome dieses Aborts sind:

- Blutung stark bis sehr stark,
- Schmerzen,
- Muttermund geöffnet,
- evtl. Materialabgang,
- Herzaktion negativ.

Der **missed abortion** (verhaltener Abort) stellt eine Sonderform der Fehlgeburt dar. Dabei ist das Kind abgestorben, wird aber nicht abgestoßen. Es liegen daher weder Blutungen noch Schmerzen vor. Symptome für den missed abortion sind:

- subjektive Schwangerschaftszeichen verschwinden (z. B. morgendliche Übelkeit, Erbrechen),
- Fehlen von Kindsbewegungen,
- keine weitere Zunahme des Bauchumfangs.

Diagnose

Ein Abort kann durch eine vaginale Untersuchung, Ultraschall sowie die Einschätzung von Blutungsstärke und Schmerzen erkannt werden. Der missed abortion wird meist bei einer Schwangerschaftsvorsorgeuntersuchung festgestellt, wenn im Ultraschall keine Bewegungen oder Herzaktionen nachweisbar sind.

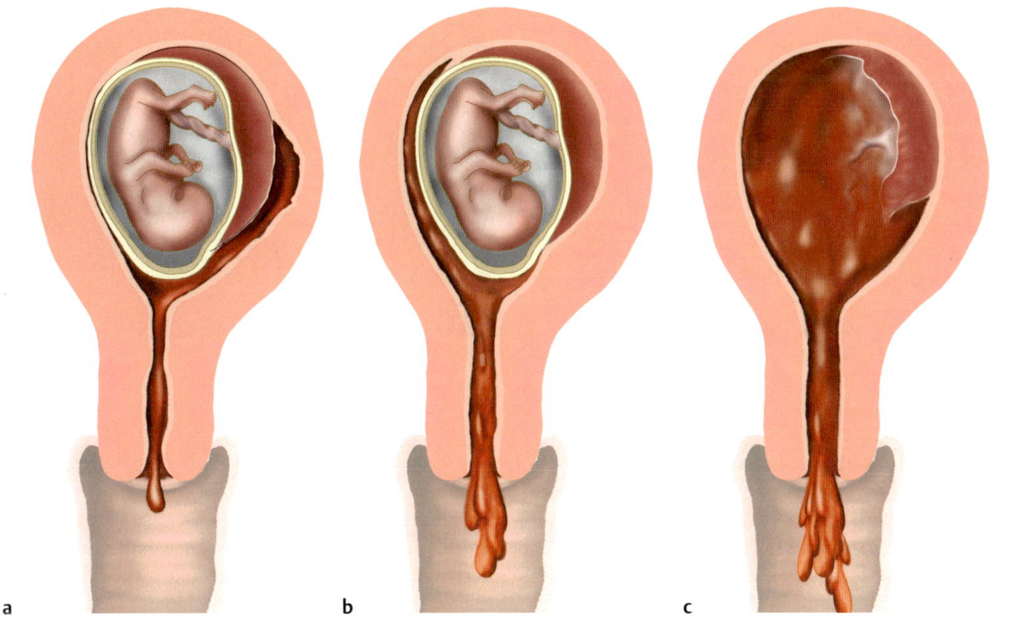

Abb. A.1 **a Abortus imminens.** Leichte Blutung bei geschlossenem Zervikalkanal, retroplazentares Hämatom. **b Abortus incipiens.** Zervikalkanal geöffnet, stärkere Blutung. **c Abortus incompletus.** Die Frucht ist ausgestoßen, Teile der Plazenta haften noch an der Uteruswand.

Therapie

Die unterschiedlichen Abortgeschehen erfordern zum Teil verschiedene Therapien. Bei einem **Abortus imminens** wird Bettruhe empfohlen. Außerdem kann eine Magnesiumtherapie die Gebärmuttermuskulatur ruhig stellen. Die Prognose wird mit 50% angegeben, d.h. die Hälfte der Schwangerschaften kann erhalten werden. Ein **Abortus incipiens** ist dagegen nicht aufzuhalten, sodass die Schwangerschaft nicht mehr bestehen bleiben kann. Therapeutisch steht hierbei die Ausschabung des Uterus im Vordergrund. Nicht notwendig ist eine Ausschabung beim **Abortus completus**, der bis zur 6. Schwangerschaftswoche auftritt. Erst danach verbleiben meistens kindliche oder plazentare Reste in der Gebärmutter. Beim **Abortus incompletus** dagegen ist eine Ausschabung angezeigt. Wenn die Blutung sehr stark ist, sollte sie umgehend erfolgen. Auch beim **missed abortion** muss die Gebärmutter ausgeschabt werden.

Ausschabung des Uterus

Die Ausschabung des Uterus ist einer der häufigsten Eingriffe in der Gynäkologie (**Abb. A.2**). Er wird sowohl aus diagnostischen als auch aus therapeutischen Gründen vorgenommen. Er erfolgt gemeinhin unter Vollnarkose. Zunächst wird der Zervixkanal mit Hegar-Stiften dilatiert (geweitet). Der Zervixkanal muss bei einer Abortausräumung weiter gedehnt werden als bei einer diagnostischen Ausschabung. Für den Eingriff selbst benutzt man die größte Kürette, die sich ohne Widerstand einführen lässt.

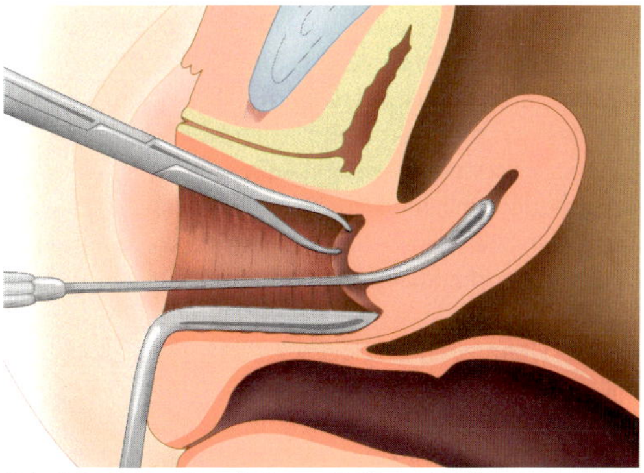

Abb. A.2 **Uterus-Ausschabung.** Einführen der Kürette.

Man beginnt dann systematisch z.B. bei 12 Uhr und legt im Uhrzeigersinn einen Strich nach dem anderen, wobei die Kürette bis zum Fundus vorgeschoben und dann etwas kräftiger zurückgezogen wird.

Bei jedem Abortgeschehen ist außerdem die Blutgruppe der Patientin zu berücksichtigen. Alle rhesusfaktor-negativen Frauen erhalten zur Prophylaxe einer Sensibilisierung Antikörper gegen den Rhesusfaktor i.m. gespritzt. Das ist auch bei Frühaborten und Extrauterinschwangerschaften zwingend notwendig.

Begleitung der Patientin

Das Erleben einer Fehlgeburt kann individuell sehr verschieden sein. Es ist in erster Linie abhängig von der Frau selbst, ihren Erfahrungen, ihren Hoffnungen, ihrer Sicht des Lebens und ihrer Aufgabe darin.

Trauerarbeit hilft, einen Weg aus der Verzweiflung zu finden und sich dem Leben wieder zu öffnen. Die Aufgabe der Pflegenden auf der Station besteht darin, die betroffenen Frauen dabei zu begleiten. Sie können eine Atmosphäre schaffen, die ein Abschiednehmen vom Kind und die damit verbundene Trauerarbeit ermöglicht. Grundsätzlich sollten die Pflegepersonen bereit sein, auf Bedürfnisse der Frau einzugehen und anzuerkennen, dass sie es mit einer Mutter zu tun haben, die ihr Kind verloren hat.

Sehr wichtig ist eine störungsfreie Situation. Wenn möglich, sollte die betroffene Frau in einem Einzelzimmer auf einer gynäkologischen Station (keine Wochenstation!) versorgt werden. Die Unterbringung des Ehemannes oder Partners sollte auch über Nacht möglich sein, wenn es gewünscht ist. Wenn die Frau es möchte, sollte er auch während der Ausstoßung anwesend sein können.

Die Grundlage für eine gute Trauerarbeit ist das bewusste Erleben. Die Atmosphäre sollte ruhig sein und einen geschützten Rahmen bilden, in dem die Eltern von ihrem Kind Abschied nehmen können.

Versorgung des Kindes. Das Kind wird nach der Ausstoßung abgenabelt und z. B. in ein „Moseskörbchen" gelegt (**Abb. A.3**). Dies ist ein kleiner Weidenkorb, der mit einem Tuch oder einem kleinen Kissen ausgekleidet werden kann. Missbildungen des Kopfes können mit einer kleinen Wollmütze verborgen werden; ein kleiner Kissenbezug kann das Kind zudecken. Eltern sehen ihr Kind mit anderen Augen, sodass vielleicht nur ein Außenstehender den Wasserkopf oder Fehlbildungen der Augen bemerkt. Es wäre falsch, den Eltern einen Blick auf ihr Kind vorenthalten zu wollen, denn die Phantasie ist meist grausamer als die Wirklichkeit.

Jedes Elternteil entscheidet selbst, ob es das Kind sehen will. Es sollte angeboten, aber nicht gefordert werden. Wenn die Eltern es nicht wollen, ist es gut, ein Foto des Kindes zu machen oder eine Karte mit einem Fuß- oder Handabdruck zu versehen. Diese wird den Eltern in einem verschlossenen Umschlag mitgegeben. Sollten diese später ihre Meinung ändern, können sie ihn öffnen (Lothrop, H. 2005).

Abb. A.3 Moseskörbchen. Es dient als „Brücke" und kann den Eltern helfen, sich ihrem toten Kind langsam zu nähern.

Komplikationen

Wird z. B. bei einer geringen Blutung auf eine Ausschabung verzichtet, besteht die Gefahr, dass sich verbliebene Trophoblastreste zu einer **Blasenmole** oder zu einem **Chorionkarzinom** entwickeln.

Auch ist eine mit Schwangerschaftsresten und Blut gefüllte Gebärmutterhöhle ein idealer Nährboden für Keime, die zu einer Endometritis (Entzündung der Gebärmutterschleimhaut) führen können. Liegt eine Endomyometritis (Entzündung von Gebärmutterschleimhaut und Muskelschicht) vor, spricht man von einem **febrilen, unkomplizierten Abort**, solange die Entzündung auf die Gebärmutter beschränkt bleibt. Ist die Entzündung weiter fortgeschritten und sind Adnexe, Parametrien und Bauchfell mit betroffen, nennt man dies einen **febrilen komplizierten Abort**.

Wenn sogar Zeichen einer Sepsis bestehen, liegt ein **septischer Abort** vor. Treten Entzündungszeichen auf, setzt man sofort eine antibiotische Therapie in Kombination mit Kontraktionsmitteln an und schabt den Uterus unverzüglich aus. Mögliche Spätfolgen einer Entzündung können Verwachsungen und Sterilität sein.

Infobox

ICD-10: O06.9

Internetadressen:

http://www.initiative-regenbogen.de/
http://www.engelskinder.de/
http://www.maximilianprojekt.de/
http://www.kindergrab.de/
http://www.gfhev.de/de/beratungsstellen/beratungsstellen.php

Literatur:

Schäfer, K.: Ein Stern, der nicht leuchten konnte. Herder, Freiburg 2005

Lothrop, H: Gute Hoffnung, jähes Ende. Fehlgeburt, Totgeburt und Verlust in der frühen Lebenszeit. Kösel, München 2005

Nijs, M.: Trauern hat seine Zeit. 2. Aufl. Hogrefe, Göttingen 2003

Abszess

► Herr Schäfers zeigt seinem Hausarzt seinen Unterarm: „Ich habe mich vor vier Tagen bei der Gartenarbeit geschnitten. Zuerst war es nur ein kleiner Kratzer, aber jetzt habe ich dort diese knallrote Beule, die sich heiß anfühlt, schmerzt und manchmal auch pocht. Ich kann den Arm zwar bewegen, aber wenn ich etwas Schweres heben will, tut es richtig weh."

Definition

Ein Abszess ist eine Eiteransammlung in einem Hohlraum, der durch eine Membran vom umliegenden Gewebe abgegrenzt ist.

Synonym: Eiterbeule.

Ursachen

Ein Abszess wird meist durch Bakterien verursacht. Der häufigste Erreger ist Staphylococcus aureus. Die Keime werden über Blutgefäße eingeschleppt oder gelangen aus der angrenzenden Umgebung oder nach Verletzungen an die betroffene Stelle. Die Bakterien produzieren Enzyme, die eine Einschmelzung des Gewebes bewirken.

Abszesse können an jeder Stelle des Körpers auftreten. Abszesse an inneren Organen (Leber, Niere, perianaler Abszess) oder an der Haut kommen meist bei Menschen mit geschwächtem Immunsystem vor.

Symptome

Ein Abszess äußert sich durch die klassischen Entzündungszeichen:

- tumor (Schwellung),
- dolor (Schmerzen),
- rubor (Rötung),
- calor (Erwärmung),
- functio laesa (gestörte Funktion).

Die Haut über dem Abszess ist gerötet, geschwollen, stark schmerzhaft und warm (**Abb. A.4**). Umliegende Strukturen, z. B. Muskeln und Gelenke, können in ihrer Funktion eingeschränkt sein.

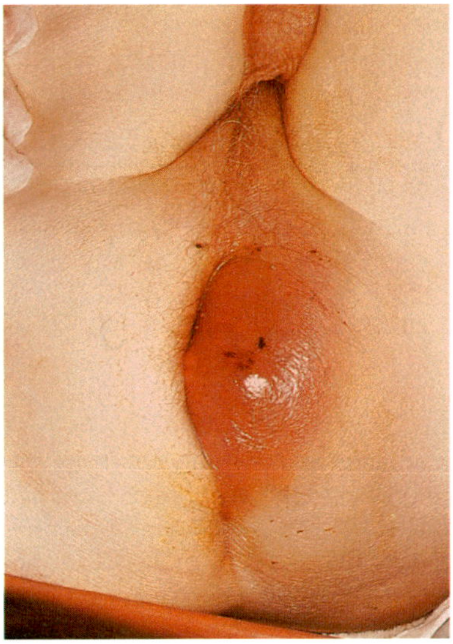

Abb. A.4 Periproktitischer Abszess. Die Haut über dem Abszess ist gerötet und geschwollen. Sie steht kurz vor der Perforation.

Diagnose

Ein **Abszess an der Haut** wird anhand der klinischen Symptome diagnostiziert. **Abszesse an inneren Organen** können mittels Ultraschall, Computertomografie oder Magnetresonanztomografie (MRT) nachgewiesen werden. Hier weist die Krankengeschichte oft auf die Entstehung des Abszesses hin: Vorausgegangene bakterielle Entzündungen des Darmes und der Gallenwege wie → Divertikulitis, Cholangitis, → Appendizitis oder Cholezystitis können z. B. einen Leberabszess verursachen. Bei Hautabszessen ist die Laboruntersuchung unauffällig. Abszesse an inneren Organen gehen mit einer Erhöhung der Entzündungszeichen (CRP, Leukozyten, BSG) einher.

Differenzialdiagnose

Die Symptome eines Hautabszesses sind meist so eindeutig, dass andere Erkrankungen ausgeschlossen werden können.

Therapie

Ein Abszess wird in einer Operation eröffnet und der Eiter entfernt. In einigen Fällen werden zusätzlich Antibiotika gegeben. Der Tetanus-Schutz des Patienten sollte überprüft und ggf. aufgefrischt werden.

Prognose

Wird der Abszess rechtzeitig eröffnet, tritt schnell Linderung ein. Wird ein Abszess verschleppt, kann es zu einer → Sepsis kommen.

Infobox

ICD-10:
L02

Achillessehnenruptur

► Linda liefert sich mit Jana ein spannendes Tennismatch. Plötzlich gibt es einen Knall. Jana schreit auf und bricht wimmernd zusammen. Sie hält sich den rechten Unterschenkel und klagt über heftige, stechende Schmerzen. Das Ehepaar vom Nachbarplatz kommt hinzu. „Das hat ja geknallt wie ein Schuss. Wie bei unserer Tochter. Ihr ist die Achillessehne beim Badminton gerissen. Da können sie Sport erst mal vergessen. Und unsere Tochter hat heute noch Probleme", mischt er sich ein. Linda hilft ihrer Freundin, die kaum gehen kann, vom Platz und ist froh, dass das Ehepaar in der Bar verschwindet.

Definition

Eine Achillessehnenruptur ist ein teilweiser oder vollständiger Riss der gemeinsamen Endsehne des M. soleus und des M. gastrocnemius, die am Tuber calcanei (Fersenbeinhöcker) ansetzt (**Abb. A.5**). Ebenso kann die Sehne knöchern am Fersenbein ausgerissen sein.

Ursachen

Der Ruptur ist entweder eine starke äußere Gewalteinwirkung vorausgegangen (direktes Trauma) oder die Wadenmuskulatur wurde plötzlich maximal angestrengt, wie es z. B. bei einem Sprint, einem Sprung oder dem schnellen Abstoppen bei Spielsportarten vorkommt. Meist ist die Achillessehne bereits degenerativ vorgeschädigt.

Zu Vorbelastungen, die eine Ruptur begünstigen, gehören:

- wiederholte Mikrotraumen,
- lokale Entzündungen,
- Stoffwechselerkrankungen wie → Diabetes mellitus,
- wiederholte lokale Injektionen von Glukokortikoiden.

Symptome

Bei kompletter Ruptur ist oft ein Knall zu hören. Die Betroffenen beschreiben ein Gefühl, als ob jemand gegen die Sehne getreten hätte. Es bildet sich eine tastbare Delle im Rupturbereich und die Wade schwillt an. Gehen ist nur unter stechenden Schmerzen möglich.

Diagnose

Zehenstand und Fußsenkung (Plantarflexion) gegen Widerstand sind nicht möglich. Ein klinisches Zeichen ist der Wadenkompressionstest nach Thompson. Der Patient liegt auf dem Bauch oder kniet und der M. gastrocnemius wird vom Untersuchenden mit beiden Händen umfasst und komprimiert. Bei erhaltener Achillessehne erfolgt eine Plantarflexion des Fußes, bei gerissener Sehne bleibt diese Bewegung aus.

Die Ultraschalluntersuchung (Sonografie) macht die Sehnenstümpfe sichtbar.

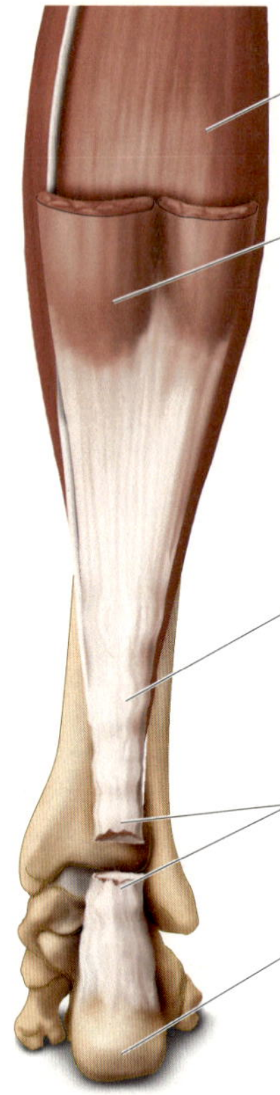

Abb. A.5 Typische Lokalisation einer Achillessehnenruptur. Die Achillessehne verbindet den Tuber calcanei mit der gemeinsamen Endsehne des M. soleus und des M. gastrocnemius.

Mit Röntgenaufnahmen schließt man knöcherne Verletzungen aus. Degenerative Sehnenveränderungen werden mit der Kernspintomografie sichtbar gemacht, gehören aber nicht zur Routinediagnostik.

Therapie

Die Akutbehandlung erfolgt nach dem PECH-Schema:

- **P**ause (Beenden der körperlichen Tätigkeit),
- **E**is (Kühlen, auch mit kaltem Wasser),
- **C**ompression (Anlegen eines Druckverbands),
- **H**ochlagern des verletzten Beines.

Die Ruptur wird konservativ therapiert, wenn es sich um Teilrupturen oder Menschen mit hohem Operationsrisiko handelt und wenn die Sehnenenden gut aneinander gelegt werden können. Der Fuß wird in solchen Fällen mit einem Gips- oder Tapeverband oder einem Spezialschuh in Spitzfußstellung fixiert.

Treffen diese Voraussetzungen nicht zu, muss operiert werden. Bei frischen Rupturen werden die Sehnenenden vom Chirurgen miteinander vernäht und knöcherne Ausrisse mit Schrauben fixiert. Bei alten Rupturen sind plastische Operationsverfahren notwendig, da die Stumpfenden hier bereits retrahiert (zusammengezogen) sind. Nach der Operation wird ein Ober- oder Unterschenkelgips in Spitzfußstellung angelegt.

Gegen die Schmerzen werden Analgetika sowie entzündungshemmende Mittel gegeben. Nach der Operation sowie für die Zeit, in der der Fuß im Gips ruhig gestellt ist, ist die medikamentöse Thromboseprophylaxe mit Heparin erforderlich. Nach einer Achillessehnenruptur darf mindestens drei Monate lang kein Sport getrieben werden.

Prognose

Eine erneute Ruptur der Achillessehne ist nach konservativer Behandlung häufiger als nach einer Operation. Der Heilungsverlauf ist individuell sehr unterschiedlich. Nach der Operation wird etwa ein Drittel der Patienten vollkommen beschwerdefrei, andere klagen über Schwellneigung, schnelle Ermüdbarkeit des Beines oder Narbenschmerzen. Die Kraft kann anhaltend gemindert sein.

Infobox

ICD-10: S86.0

Internetadressen:

Leitlinien der AWMF (Achillessehnenruptur): http://www.leitlinien.net

http://www.orthinform.de/

http://www.bergmannsheil.de/612.0.html

Achondroplasie

► Herr Thiel, 45-jähriger Vater eines Zweijährigen, berichtet dem Kinderarzt: „Als Kevin geboren wurde, dachten wir zuerst, er hätte einen Wasserkopf. Damals hat man uns beruhigt, aber jetzt machen wir uns wieder Sorgen. Er wächst kaum, bekommt oft schlecht Luft und lernt nicht so richtig sprechen. Der Kopf ist immer noch ziemlich groß, oder?"

Definition

Die Achondroplasie ist eine **Wachstumsstörung**, die vor allem die langen Röhrenknochen betrifft. Sie ist die häufigste Entwicklungsstörung des Skeletts (→ Dysplasie).

Synonym: Kleinwuchs.

Ursachen

Durch einen genetischen Defekt ist bei der Achondroplasie die Bildung von Knorpel- und Knochengewebe gestört. Die Krankheit wird autosomal-dominant vererbt und tritt häufiger bei höherem Alter des Vaters auf.

Symptome

Die Krankheit ist bereits mit der Geburt voll ausgeprägt. Während die Rumpflänge der Kinder meist normal ist, sind Arme und Beine verkürzt, Hände und Füße plump und dick und der Kopf im Verhältnis zu groß. Die Patienten haben häufig eine Sattelnase (eingefallene Nasenwurzel), eine Kyphose (Rundrücken), eine verstärkte Lendenlordose (Hohlkreuz) oder O-Beine und werden meist nicht größer als 120 – 145 cm. Geistige Entwicklung und Intelligenz sind normal, jedoch kann die Atmung oder die Sprachentwicklung der Kinder gestört sein. Bei einigen Patienten führen ein verengter Spinalkanal oder Bandscheibenvorfälle zu neurologischen Ausfällen mit Lähmungen oder Gefühlsstörungen.

Diagnose

Bereits im Vorsorge-Ultraschall lässt sich die Verdachtsdiagnose stellen. Im Rahmen einer Fruchtwasserpunktion kann die genetische Störung in Amnionzellen oder Chorionzotten nachgewiesen werden. Bei älteren Kindern weist das typische Aussehen mit Minderwuchs, dicken, kurzen Extremitäten und großem Kopf meist eindeutig auf eine Achondroplasie hin. Das Röntgenbild zeigt typische Veränderungen (**Abb. A.6**).

Differenzialdiagnose

Differenzialdiagnostisch müssen folgende Krankheitsbilder abgegrenzt werden:

- **Pseudoachondroplasie:** Die Wachstumsstörung entwickelt sich erst nach der Geburt im Kleinkindalter. Der Gesichtsschädel sieht meist normal aus, Arme und Beine sind stärker verkürzt als bei der Achondroplasie.
- **Spondyloepiphysäre Dysplasie:** Hier ist der gesamte Rumpf verkürzt.

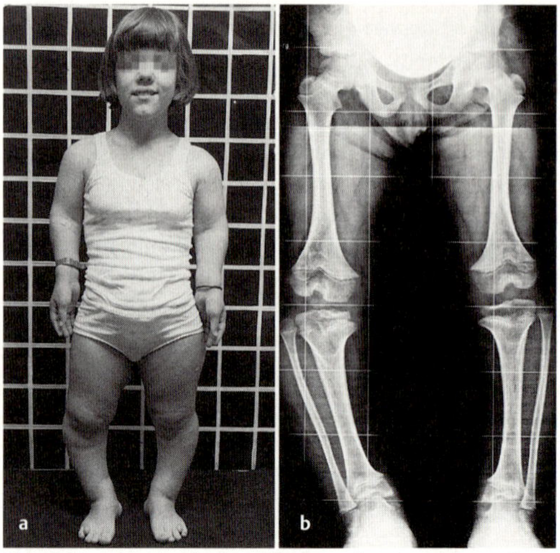

Abb. A.6 Achondroplasie. a Minderwuchs mit verkürzten Extremitäten. **b** Röntgenbild: Die Mittelstücke der langen Röhrenknochen sind verkürzt und verbogen. Die Wachstumsfugen sind verbreitert.

- **Kleidokraniale Dysplasie:** Die Patienten haben einen großen Kopf mit hervorspringenden Stirnhöckern. Meist fehlen beide Schlüsselbeine, so dass bei den Patienten die Schultern vor der Brust zusammengeführt werden können.

Therapie

Eine Achondroplasie ist nicht heilbar. Gegen die verstärkte Lordose und den Rundrücken sollten die Patienten regelmäßig Krankengymnastik durchführen. Durch eine Operation (Verlängerungsosteotomie) kann die endgültige Körpergröße der Kinder um 10 – 20 cm erhöht werden. Dabei muss jedoch ein möglicher Vorteil gegen die Komplikationen und Schmerzen der OP abgewogen werden.

Prognose

Durch das gestörte Knochenwachstum können weitere Operationen zur Korrektur notwendig werden, z. B. an der Wirbelsäule oder am Kiefer.

Infobox

ICD-10: Q77.4

Internetadressen:
http://www.kleinwuchs.de
http://www.bkmf.de/kleinwuchsformen

Literatur: Mohnike, K. u. a. (Hrsg.): Achondroplasie und Hypochondroplasie. Palatium Verlag, Mannheim 2001

Adenoide Vegetationen

► „Hey, komm mal her. Was ist denn los?". Janette, Jonas' Mutter, ruft ihren Sohn, der weinend in der Küche steht, während die anderen Kinder herumtoben. Der 5-Jährige geht zu ihr und drückt sich an sie. „Na, wirst Du wieder krank?". Er schnieft und fasst sich an sein rechtes Ohr. „Oh, nein. Nicht schon wieder eine Mittelohrentzündung". Sie erklärt ihrer Freundin, dass sie im letzten Jahr mehrfach damit zu tun hatten. „Außerdem ist er wieder total müde, weil er nachts so schlecht schläft. Kein Wunder, er bekommt kaum Luft und schnarcht. Man kann es kaum ertragen, ihn so schwer atmen zu hören. Ich muss nochmal zum Arzt."

Definition

Bei den adenoiden Vegetationen ist die Rachenmandel (Tonsilla pharyngea) vergrößert. Sie treten meist im Kindesalter auf.

Synonym: Rachenmandelhyperplasie, im Volksmund fälschlicherweise als Polypen bezeichnet.

Ursachen

Bei den Mandeln handelt es sich um lymphoepitheliales Gewebe. Die Rachenmandel befindet sich am Dach des Nasenrachenraums. Gemeinsam mit den Gaumenmandeln (Tonsilla palatina) und der Zungenmandel (Tonsilla lingualis) bildet sie den sog. Waldeyer'schen Rachenring (**Abb. A.7**). Dieser dient dem Abfangen von über die Nase und Mundhöhle eindringenden Krankheitserregern.

Vor allem bei Kindern zwischen dem 3. und 7. Lebensjahr sind sowohl die Rachen- als auch die Gaumenmandeln häufig vergrößert, weil sie vermehrt Infekten im Nasen-Rachen-Bereich ausgesetzt sind. Der vergrößerte lymphatische Rachenring zeigt, dass sich das Immunsystem ausbildet. Mit zunehmendem Lebensalter bildet sich die Rachenmandel zurück. Beim Erwachsenen ist sie i.d.R. vollständig verschwunden.

Symptome

Da die anatomischen Verhältnisse im Nasen-Rachen-Raum bei Kleinkindern sehr beengt sind, kann eine vergrößerte Rachenmandel zu typischen Symptomen führen.

Mittelohrentzündung und Schwerhörigkeit

In unmittelbarer Nachbarschaft der Rachenmandel mündet die Eustachi'sche Röhre (Ohrtrompete, Tuba auditiva) in den Rachen. Ist sie durch die vergrößerte Rachenmandel verlegt, kann das Mittelohr nicht mehr richtig belüftet werden. Es bildet sich ein Unterdruck im Mittelohr und das Sekret kann nicht mehr abfließen. Flüssigkeit sammelt sich hinter dem Trommelfell (Tubenmittelohrkatarrh mit Paukenerguss). Das Trommelfell und die Gehörknöchelchenkette können nicht mehr in Schwingungen versetzt werden. Hieraus resultiert eine Schallleitungsschwerhörigkeit. Diese kann, wenn sie über einen längeren Zeitraum unbemerkt bleibt, zu einer verzögerten Sprachentwicklung und geistigen Unterentwicklung führen. Der Unterdruck im Mittelohr bewirkt, dass Krankheitserreger aus dem Nasen-Rachen-Raum über die Eustachi'sche Röhre in das Mittelohr aufsteigen. Das dort gestaute Sekret bildet den idealen Nährboden für Entzündungen (→ akute Otitis media), die bei Kindern mit adenoiden Vegetationen gehäuft auftreten.

Obstruktives Schlafapnoe-Syndrom (OSAS)

Weitere typische Beschwerden sind nächtliches Schnarchen und vermehrte Mundatmung bis hin zum Auftreten eines obstruktiven Schlafapnoe-Syndroms. Hierbei veren-

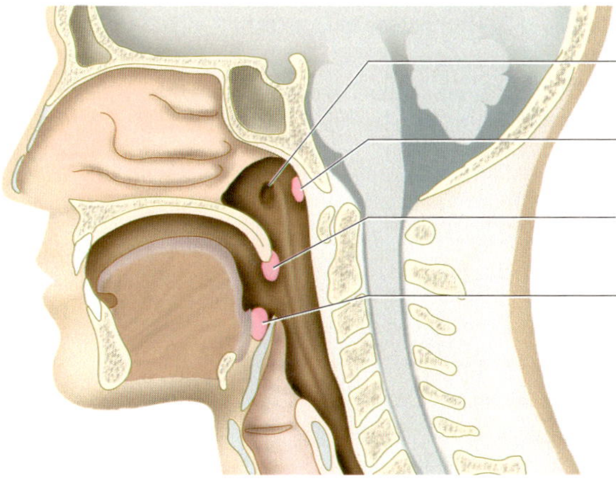

Abb. A.7 Waldeyer'scher Rachenring. Er besteht aus Rachenmandel, Gaumenmandeln und Zungenmandel.

gen sich die oberen Luftwege beim Einatmen. Es kommt zu Atempausen und Minderversorgung des Gehirns mit Sauerstoff. Der Schlaf ist unruhig und wenig erholsam. Die Kinder sind tagsüber entsprechend müde und unkonzentriert.

Infektanfälligkeit im Bereich des Bronchialsystems
Durch die vermehrte nächtliche Mundatmung wird die Atemluft nicht wie bei der Nasenatmung angefeuchtet und gefiltert. Die trockene und kalte Luft trocknet die Schleimhaut der oberen Luftwege verstärkt aus. Da die schützende Wirkung des Schleims fehlt, ist das Kind für Infekte anfälliger.

Facies adenoidea
Die Kinder haben häufig einen für die Erkrankung typischen Gesichtsausdruck mit schmalem, blassen Gesicht, offenstehendem Mund und zurückliegenden Augen.

Diagnose

Die Diagnose stellt der HNO-Arzt. Er kann mit speziellen Instrumenten den Nasen-Rachen-Raum einsehen. Dies erfolgt entweder mittels eines flexiblen fiberoptischen Endoskops über die Nasenhöhle oder mit einem Spiegelchen indirekt über die Mundhöhle.

Obligatorisch werden auch die Ohren und das Hörvermögen (Tonaudiometrie) untersucht. Mittels Tympanometrie werden Mittelohrdruck und Schwingungsfähigkeit des Trommelfells bestimmt. Je nach Dauer und Stärke der Beschwerden kann eine Operation nötig sein.

Differenzialdiagnose

Eine Choanalatresie (angeborene Verengung im hinteren Bereich der hinteren Nasenhöhle) oder → Tumoren (insbesondere juveniles Angiofibrom) des Nasenrachenraumes sind auszuschließen.

Therapie

Rachenmandeln werden unter einer 5 – 10-minütigen Vollnarkose operativ mit einem speziellen Instrument herausgeschält (Adenotomie). Die Adenotomie erfolgt i.d.R. ambulant, wenn keine wesentlichen Vorerkrankungen oder Störungen der Blutgerinnung vorliegen. Das Kind sollte zum Operationszeitpunkt keinen akuten Infekt haben.

Liegen ebenfalls Paukenergüsse vor, wird außerdem ein Trommelfellschnitt (Parazentese) durchgeführt und das Sekret abgesaugt. Es können Paukenröhrchen eingebracht werden, die eine dauerhafte Belüftung gewährleisten. Diese Röhrchen werden i.d.R. nach 3 – 6 Monaten abgestoßen oder vom HNO-Arzt entfernt. Risiken der Operation können sein:

- Lockerung der Milchzähne (durch den Mundsperrer, der den Mund während der OP offen hält),
- Nachblutungen (sehr selten),
- Schluckstörungen und Schmerzen.

Nach der Operation ist auf eine ausreichende Flüssigkeitsaufnahme zu achten. Um das Risiko einer Nachblutung zu minimieren, sollten körperliche Anstrengungen, heißes Duschen, Baden oder Haarewaschen für eine Woche vermieden werden.

Das Kind darf nach der Entlassung niemals alleine zu Hause bleiben. Im Falle einer Nachblutung muss es unverzüglich in die nächste HNO-Klinik gebracht werden. Ist ein Trommelfellschnitt durchgeführt worden, darf zunächst kein Wasser in den Gehörgang gelangen. Der HNO-Arzt kontrolliert nach einigen Tagen, ob der Trommelfellschnitt wieder verheilt ist.

Prognose

Nachdem die Rachenmandel entfernt wurde sind ca. 70 % der Kinder langfristig beschwerdefrei. Da sie allerdings in manchen Fällen nachwächst, ist zu einem späteren Zeitpunkt eine Nachoperation erforderlich. Kommt es trotzdem weiterhin zu rezidivierenden Paukenergüssen, ist die Einlage von Langzeitpaukendrainagen in das Trommelfell sinnvoll.

Infobox

ICD-10:
J35.2

Internetadresse:
Leitlinien der AWMF (Adenoide Vegetationen): http://www.leitlinien.net

Literatur:
Probst, R. u. a.: Hals-Nasen-Ohrenheilkunde, 2. Aufl. Thieme, Stuttgart 2004

Adipositas beim Erwachsenen

► Herr Kramer klagt seiner Hausärztin: „Ich würde gerne abnehmen, weil ich beim Treppensteigen so schnell aus der Puste komme und die Schmerzen im Knie und im Rücken seit einigen Monaten immer stärker werden. Aber ich esse einfach gern und meine Frau kocht auch so gut. Eine Diät habe ich schon ein paar mal probiert, aber nach einigen Tagen hatte ich so einen Heißhunger, dass es mit den guten Vorsätzen vorbei war."

Definition

Bei der Adipositas ist der relative Anteil von Fett im Körper erhöht. Mit einem BMI von 25 bis 29,9 gilt ein Patient als übergewichtig, ab einem BMI von 30 als adipös. Der BMI (Body-Mass-Index; Körpermasseindex) bezeichnet das Verhältnis von Größe und Gewicht eines Menschen. Er wird berechnet, indem man das Körpergewicht in Kilogramm durch die Körpergröße zum Quadrat teilt (**Abb. A.8**). In den letzten Jahrzehnten leiden in den westlichen Industriestaaten immer mehr Menschen unter Adipositas. In einigen Ländern sind bis zu 20% der Jugendlichen zwischen 12 und 16 Jahren übergewichtig.

Synonym: Fettleibigkeit.

Ursachen

Adipositas entsteht durch genetische Veranlagung und/ oder durch einen ungesunden Lebensstil. Andererseits kann die Ursache eine Erkrankung sein, z. B. eine hormonelle Störung. Man unterscheidet zwei Arten von Adipositas:

1. primäre Adipositas (essenzielle Adipositas),
2. sekundäre Adipositas.

Primäre Adipositas

In 99% der Fälle ist die Fettleibigkeit nicht durch eine körperliche Erkrankung verursacht, sondern durch Vererbung (79% der Fälle) oder einen ungesunden Lebensstil (30%) mit wenig körperlicher Bewegung und fett- und kalorienreicher Ernährung.

Sekundäre Adipositas

Bei etwa 1% der Menschen mit Adipositas wird das Übergewicht durch eine andere Erkrankung verursacht. Am häufigsten führen hormonelle Störungen zu einer sekundären Adipositas wie das →Cushing-Syndrom, eine Schilddrüsenunterfunktion (Hypothyreose), ein Mangel an Wachstumshormon oder Testosteron oder das polyzystische Ovarsyndrom (→PCOS).

Daneben können Medikamente gegen Schizophrenie (Neuroleptika), gegen Epilepsie (Antiepileptika), Beruhigungsmittel (Anxiolytika), Glukokortikoide, Östrogene, Gestagene, Antihistaminika, Tabletten gegen Diabetes (Antidiabetika), Insulin oder Lithium dazu führen, dass ein Patient zunimmt.

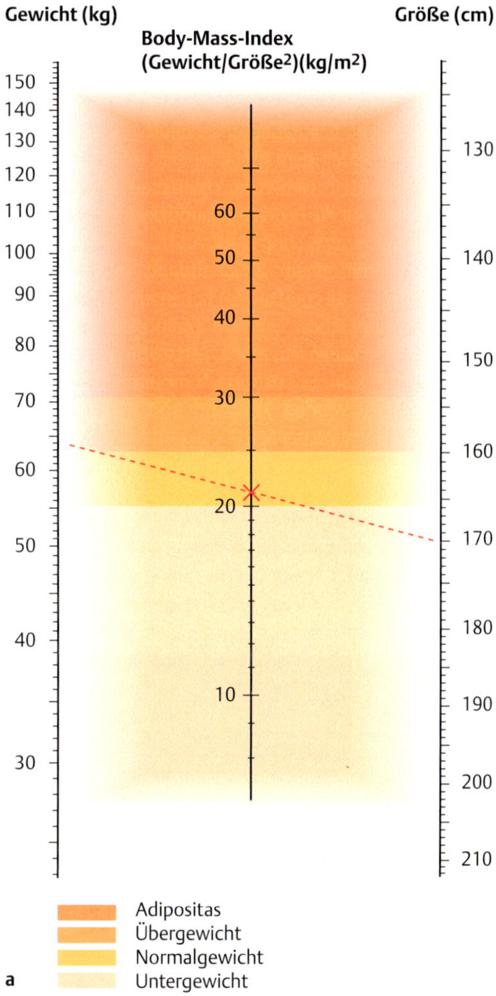

a

Formel $$\mathbf{BMI = \frac{Körpergewicht\ (KG)\ in\ kg}{(Körpergröße\ in\ m)^2}}$$

b

Formel $$BMI = \frac{64\,kg}{(1{,}70\,m)^2} = \frac{64\,kg}{(1{,}70 \times 1{,}70)} = 22{,}15$$

Abb. A.8 Body-Mass-Index (BMI). Anhand der Grafik oder der Formel kann der BMI bestimmt werden. BMI < 20: Untergewicht, BMI 20–24,9: Normalgewicht, BMI 25–29,9: Übergewicht, BMI 30–39,9: Adipositas, BMI > 40: Adipositas per magna (massive Adipositas).

Symptome

Menschen mit Adipositas fallen allein durch ihr Aussehen auf. Einige adipöse Menschen ermüden rasch und sind schnell kurzatmig, das Herz-Kreislauf-System kann überlastet sein. Die Patienten haben häufig Beschwerden an der Wirbelsäule oder an anderen Gelenken und Krampfadern an den Beinen. Sobald Hautschichten übereinander liegen, können sich → Ekzeme und Intertrigo bilden. Viele Übergewichtige leiden psychisch unter den Vorurteilen ihrer Mitmenschen.

Diagnose

Das Übergewicht des Patienten erkennt man meist auf den ersten Blick. Mit dem BMI lässt sich das Ausmaß der Adipositas ermitteln. Neben dem BMI ist auch das Fettverteilungsmuster für die Beurteilung und die Risikoeinschätzung der Adipositas wichtig (**Abb. A.9**).

Menschen mit einem Bauchumfang von > 102 cm (Männer) bzw. > 88 cm (Frauen) haben ein erhöhtes Risiko, ein metabolisches Syndrom (Adipositas, Bluthochdruck, gestörte Glukosetoleranz, Fettstoffwechselstörungen) zu entwickeln. Es sollte nach diesen Begleiterkrankungen gesucht werden. Hierzu gehört ein Blutzuckertest, die Bestimmung der Fettwerte und die Messung des Blutdrucks.

Differenzialdiagnose

Erkrankungen, die sekundär zu Übergewicht führen können wie M. Cushing, Hypothyreose, angeborene Fettstoffwechselstörungen oder genetische Syndrome, das polyzystische Ovarsyndrom und Störungen im Bereich der Sexualorgane (→ Hypogonadismus), sollten ausgeschlossen werden.

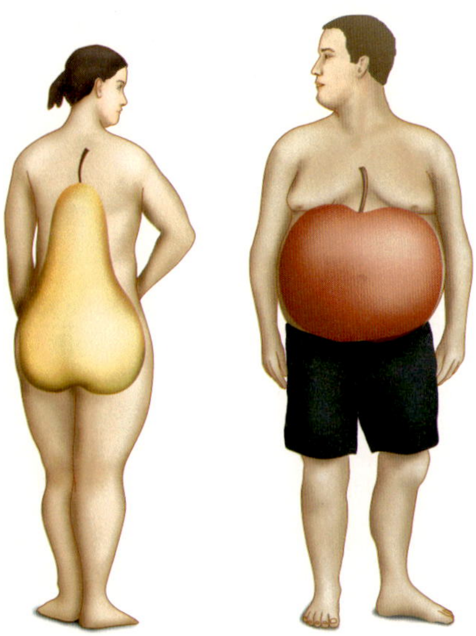

Abb. A.9 Muster der Fettverteilung. Beim „Birnentyp“ zeigt sich die Fettansammlung bevorzugt in Bereich von Hüfte, Gesäß, Oberschenkel und Oberarm, beim „Apfeltyp“ sind hauptsächlich Kinn, Nacken und Bauch betroffen.

Therapie

Das Missverhältnis zwischen Nahrungsaufnahme und Energieverbrauch sollte normalisiert werden. Der Adipöse muss hierfür einerseits seine Kalorienaufnahme reduzieren, andererseits seinen Kalorienverbrauch durch regelmäßige körperliche Bewegung erhöhen. Ob die Therapie erfolgreich ist, hängt davon ab, wie motiviert der Patient ist. Eine ausführliche Aufklärung und Beratung über mögliche Komplikationen und Folgekrankheiten sowie eine Gruppentherapie und Selbsthilfegruppen können die Motivation abzunehmen deutlich erhöhen.

Eine Ernährungsberaterin klärt über eine gesunde Ernährung und mögliche **Diäten** auf. Das Gewicht sollte langsam gesenkt werden, um es dauerhaft zu halten. Einseitige oder stark kalorienreduzierte Diäten führen zwar häufig zu einer drastischen Gewichtsabnahme innerhalb kurzer Zeit, der Patient nimmt jedoch schnell wieder das verlorene Gewicht oder mehr zu („Jo-Jo-Effekt“).

Gelingt es einem adipösen Patienten (BMI > 30 kg/m^2) nicht, mit Diät abzunehmen, können **Medikamente** unterstützend eingesetzt werden: Antiadiposita wie Orlistat (Xenical) hemmen das fettspaltende Enzym (Lipase) im Darm und vermindern so die Resorption von Fetten. Appetitzügler können schwere unerwünschte Wirkungen am Herzen oder an der Lunge verursachen und sind nicht zu empfehlen.

Ist auch die medikamentöse Therapie nicht erfolgreich, kann bei starker Adipositas (BMI > 40 kg/m^2) eine Operation zu einer Reduktion des Körpergewichtes führen: Mit einem **Magenband** wird der Magen so verkleinert, dass der Patient nur eine bestimmte Nahrungsmenge aufnehmen kann. Der Eingriff wird häufig laparoskopisch durchgeführt. Die Langzeitergebnisse nach 25 Jahren sind viel versprechend: Viele Menschen haben dauerhaft Gewicht abgenommen. Nutzen und Risiko sollten jedoch im Vorfeld ausgiebig besprochen werden.

Prognose

Menschen mit Adipositas haben ein erhöhtes Risiko, ein metabolisches Syndrom zu entwickeln. Dieses kann zu gravierenden Komplikationen am Herzen (→ Hypertonie, → Herzinfarkt, → Herzinsuffizienz), an den Gefäßen (→ Mikro- und Makroangiopathie) oder anderen Organen (→ Niereninsuffizienz) führen.

Infobox

ICD-10:
E66.9

Internetadressen:
http://www.adipositas-gesellschaft.de
http://www.bauchumfang-ist-herzenssache.de
http://www.dge.de/

Adipositas beim Kind

► „Sie nennen mich Qualle. Ich finde das blöd." Peter erzählt mit gesenktem Kopf von seinen Erlebnissen in der Schule. Er spricht langsam und stockend, mit leiser Stimme. „Freunde? Nein, Freunde habe ich eigentlich keine. Wie denn auch? Ich kann ja noch nicht mal mit Fußball spielen. Wenn ich komme, rennen sie weg." Peter kämpft mit den Tränen. „Ich will das nicht mehr. Ich möchte einfach so sein wie die anderen." Die Mutter des verschlossen und gehemmt wirkenden Elfjährigen ergreift das Wort: „Wissen Sie keinen Rat? Der Junge schnauft schon bei ein paar Treppenstufen. Und dabei ist er so kräftig. Ich koche ja auch immer gut."

Definition

Unter Adipositas versteht man die generelle Vermehrung des Fettgewebes i.d.R. in Folge einer positiven Energiebilanz.

Synonym: Fettleibigkeit.

Ursachen

Außer durch seltene hormonelle Störungen entsteht Adipositas i.d.R. wenn mehr Kalorien aufgenommen werden als der Körper verbraucht (**Abb. A.10**). Es gibt mehrere Gründe dafür, warum Kinder stark zunehmen. Zum einen prägen Essgewohnheiten in der Familie das Essverhalten der Kinder ganz entscheidend. Zum anderen bewegen sich diese Mädchen und Jungen oft viel zu wenig. Zudem erhöht eine genetische Veranlagung das Risiko für Fettsucht. Auch Störungen des seelischen Gleichgewichts, z. B. durch Diskriminierung bereits molliger Kinder, führen häufig zu Esssucht und lösen Adipositas aus.

Symptome

Die Fettpolster unterhalb des Zwerchfells und in der Brustwand drücken auf die Lunge. Das beengt die Atmung. Adipöse Kinder sind daher kurzatmig, haben dadurch häufig Schlafstörungen und sind tagsüber müde. Spielen, Laufen und Toben strengt sie an und sie schwitzen dabei übermäßig. Ihr Blutdruck ist häufig erhöht, wodurch das Risiko für Herz-Kreislauf-Krankheiten steigt. Wegen des Gewichts verschleißen Hüfte, Knie und Sprunggelenke früh. Die Kinder werden anfällig für Erkrankungen des Bewegungsapparats.

Diagnose

Übergewicht ist nicht zu übersehen. Doch ob ein Kind noch als übergewichtig gilt oder ob es bereits adipös ist, diagnostiziert der Arzt durch eine Familienanamnese. Er erfragt die bisherige Gewichts- und Größenentwicklung des Kindes.

Die anthropometrischen Maße (Gewicht, Größe und Kopfumfang) werden in Wachstumskurven eingetragen und mit den für das jeweilige Alter normalen Werten verglichen. Dafür haben sich die sog. Perzentilenkurven als geeignet erwiesen. Das 50. Perzentil gibt den durchschnittlichen Wert gesunder Kinder wieder. Je mehr die Maße davon abweichen, desto wahrscheinlicher ist eine

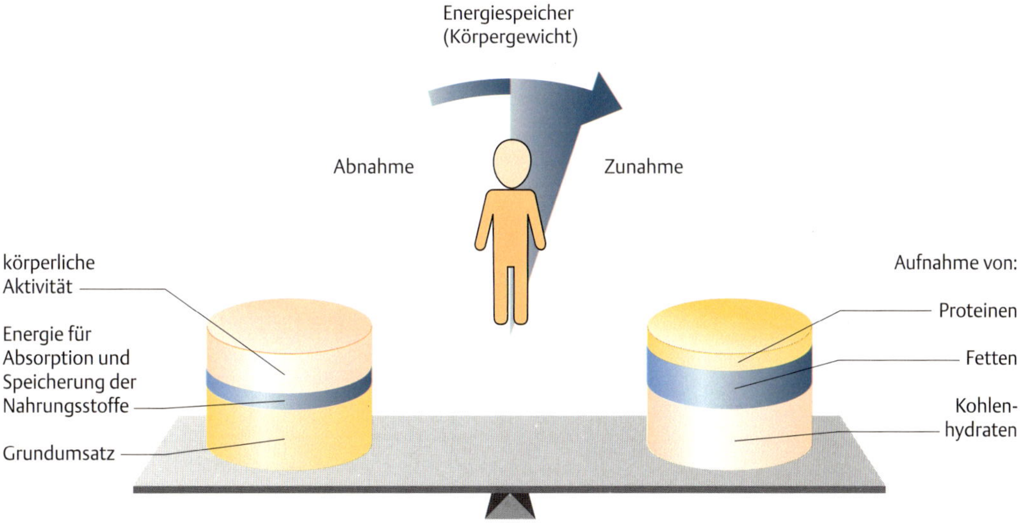

Abb. A.10 Energiegleichgewicht. Wenn die aufgenommene Energiemenge dem Energieverbrauch entspricht, bleibt das Körpergewicht stabil.

Entwicklungsstörung. Das Gewicht eines adipösen Kindes liegt in einem Bereich oberhalb des 97. Perzentils (**Abb. A.11**).

Kinder und Jugendliche gelten als adipös und damit als chronisch krank, wenn sie mehr als 20% ihres Längensollgewichts wiegen. Demnach dürfen elfjährige Kinder mit einer Größe von 1,45 m 35 kg wiegen. Über 42 kg sind sie folglich adipös.

Auch der BMI (Body-Mass-Index), Gewicht [kg]/Körpergröße $[m]^2$ korreliert mit der Körperfettmasse und gibt Aufschluss über eine Adipositas (s. **Abb. A.8**).

Beispiele:

- Auffällig dick ist danach ein elfjähriges Kind, das 1,45 m groß ist, 45 kg wiegt und mit einem BMI > 21 oberhalb des 90. Perzentils liegt.
- Ein 16-Jähriger ist mit einem BMI < 21 normalgewichtig (50. Perzentil), aber mit einem BMI > 25 adipös (über dem 97. Perzentil).

Informationen darüber, wie hoch der Fettanteil an der Körpermasse des Kindes ist, gibt zudem die Bestimmung der Trizeps-Hautfaltendicke. Dafür wird eine Hautfalte am hinteren Oberarm vom Körper weggezogen und die darunter liegende Fettschicht mit einem Greifzirkel gemessen (**Abb. A.12**). Die Hautfaltendicke bei adipösen Kindern liegt i.d.R. über dem 85. Perzentil.

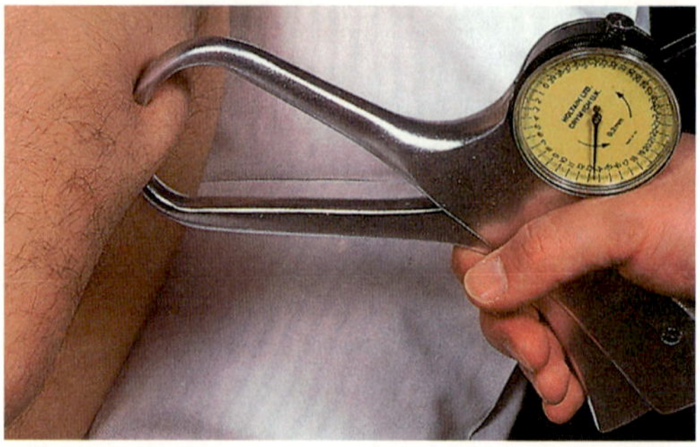

Abb. A.12 Bestimmung der Hautfaltendicke mit einem Greifzirkel. Sie ist nicht fehlerfrei, da die Fettverteilung nicht homogen ist.

Zur klinischen Untersuchung gehört die Messung des Blutdrucks ebenso wie Bluttests, die unter anderem Hinweise auf den Lipidstatus (Cholesterin, Triglyzeride, LDL-, VLDL- und HDL-Lipoproteine) des Kindes geben. Ob ein weiterer Risikofaktor bei Adipositas, ein Diabetes mellitus, vorliegt, lässt sich mit dem Glukose-Toleranztest klären.

Differenzialdiagnose

Neben der Zuführung von mehr Energie, als der Körper verbrauchen kann, hat die Adipositas auch andere Ursachen, die es zu erkennen gilt.

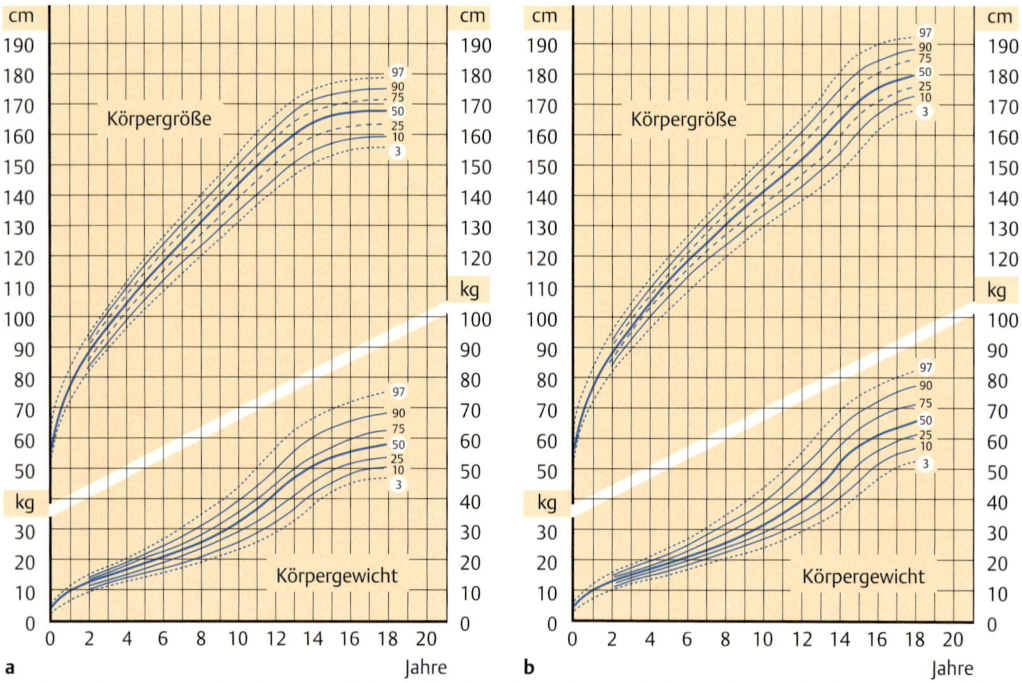

Abb. A.11 Wachstums- und Gewichtskurven in Perzentilen. Wenn das Gewicht eines Kindes beispielsweise dem 70. Perzentil enspricht, bedeutet das, dass 30% aller Kinder schwerer und 70% gleich schwer oder leichter sind. **a** Perzentilenkurven für Mädchen (0 – 18 Jahre), **b** Perzentilenkurven für Jungen (0 – 18 Jahre).

Als mögliche Auslöser einer Adipositas bei Kindern muss der Endokrinologe Funktionsstörungen der Nebennierenrinde (→ Cushing-Syndrom), eine Überfunktion der Schilddrüse (Hyperthyreose) oder erhöhte Insulinwerte im Blut (Hyperinsulinismus) ausschließen. Außerdem können chromosomale Fehlbildungen wie bei dem Prader-Labhart-Willi-Syndrom die Fettsucht hervorrufen.

Adipositas ist außerdem von einem Morbus Fröhlich (Dystrophia adiposogenitalis) abzugrenzen. Dies ist eine seltene Erkrankung, die durch einen Hypophysen- oder Hypothalamus-Tumor verursacht wird. Die Symptome – weibliche Fettverteilung und Mikropenis bei Minderwuchs – ähneln denen der Adipositas, die zusammen mit Minder- oder Hochwuchs auftreten kann.

Adipöse Jungen haben nicht selten Fettbrüste (Pseudogynäkomastie) und der meist kleine Penis ist unter dem Fettpolster versteckt. Das täuscht eine verminderte Aktivität der Geschlechtsdrüsen (Hypogonadismus) vor.

Therapie

Viel bewegen und weniger Kalorien zu sich nehmen – das sind für adipöse Kinder die zwei wichtigsten Maßnahmen um abzuspecken. Denn meistens sind die Fettpolster nicht ererbt, sondern angesessen und angefuttert. Die von zehn- bis zwölfjährigen Mädchen und Jungen benötigte tägliche Energiezufuhr beträgt bei mittlerer körperlicher Aktivität etwa 2150 kcal.

Um das Gewicht zu reduzieren, ist eine Nulldiät aber falsch. Auf dem Speiseplan sollte kalorienreduzierte, fett- und zuckerarme sowie eiweißreiche Mischkost stehen:

- reichlich Brot, Gemüse, Obst, Wasser,
- weniger Fleisch, Fisch, Wurst, Eier,
- kaum Öl, Margarine, Butter.

Und wenn schon Süßes, dann Fruchteis und Gummibärchen statt Eiscreme und Schokolade. Es ist meist sinnvoll, die ganze Familie in die veränderten Lebens-, Nahrungs- und Essgewohnheiten einzubeziehen.

Besonders erfolgreich sind auch Adipositas-Schulungsprogramme mit Bewegungs- und Sportkursen, in denen adipöse Kinder gemeinsam wieder Spaß an der Bewegung entwickeln können. Außerdem werden Kurse zur gesunden Ernährung angeboten. Eine Psychotherapie stärkt das Selbstvertrauen adipöser Kinder.

Prognose

Bis zu 20 % der adipösen Kinder sind auch als Erwachsene stark übergewichtig. Frühzeitige, konsequente und motivierende Behandlung wirkt dem allerdings entgegen. Mitunter verschwindet die Adipositas, vor allem bei Jungen nach der Pubertät, auch ohne Therapie.

Komplikationen

Wird nichts gegen die Fettsucht getan, drohen schon in der Kindheit erhöhte Blutfettwerte, Bluthochdruck, Diabetes mellitus, Gelenkschäden, seelische Probleme und, ab dem Jugendalter, Atemstillstände im Schlaf durch Fehlfunktion von Herz und Lunge (Pickwick-Syndrom).

Infobox

ICD-10: E66.0, E66.8, E66.9

Internetadressen:

Dt. Gesellschaft für Kinderheilkunde und Jugendmedizin: http://www.dgkj.de

Dt. Akademie für Kinderheilkunde und Jugendmedizin: http://www.dakj.de

Leitlinien der Arbeitsgemeinschaft Adipositas im Kindes- und Jugendalter: http://www.a-g-a.de

Leitlinien Dt. Adipositas-Gesellschaft: http://www.adipositas-gesellschaft.de

Adnexitis

► Die 19-jährige Tina Mettler erzählt dem herbeigerufenen Bereitschaftsarzt: „Ich hatte vor ein paar Tagen eine Abtreibung. Danach bekam ich Unterleibsschmerzen und jetzt habe ich über 39 Grad Fieber. Ich fühle mich total krank und kann die Schmerzen kaum aushalten." Ihre Mutter fügt hinzu: „Als ich Tina einen Bauchwickel auflegen wollte, hat sie vor Schmerzen geschrien."

Definition

Bei der Adnexitis sind Eierstock und Eileiter (Adnexen) entzündet (**Abb. A.13**).

Ursachen

Die Adnexitis ist i.d.R. eine so genannte aszendierende (aufsteigende) Infektion. Hierbei gelangen die Erreger durch die Scheide und die Gebärmutter in die Eileiter, wo sie die Entzündung auslösen.

Erst bei längerem und schwerwiegendem Verlauf werden auch die Eierstöcke selbst infiziert. Nun entsteht ein schweres Krankheitsbild und die Gefahr einer → Peritonitis (Bauchfellentzündung). Auslösende Erreger für eine Adnexitis können sein:

- Staphylococcus aureus,
- Streptokokken, meist der serologischen Gruppe A (Streptococcus pyogenes) und B (Streptococcus agalactiae),
- Darmbakterien wie Escherichia coli, Klebsiella, Citrobacter, Enterobacter u.a. Diese sind häufig gemischt mit Anaerobiern wie Clostridien oder Bacteroides species,
- Chlamydia trachomatis, der Erreger der nicht gonorrhoischen Urethritis und des Lymphogranuloma inguinale, einer klassischen Geschlechtskrankheit, kann eine Adnexitis verursachen, wenn die Behandlung lange hinausgezögert wird.

Risikofaktoren

Aszendierende Infektionen sind bei intakten Jungfernhäutchen extrem selten, sodass Kinder und junge Mädchen in aller Regel verschont bleiben. Ein erhöhtes Risiko für aszendierende Infektionen besteht nach Schwangerschaftsabbruch, während und kurz nach der Menstruation, nach einer Fehlgeburt oder Geburt, nach Ausschabungen und beim Tragen von Intrauterinpessar (Spirale).

Symptome

Leitsymptome sind heftige Bauchschmerzen in der Gegend der Eierstöcke und der Eileiter, die oft einseitig auftreten. Dazu kommen häufig Ausfluss, Schmerzen beim Wasserlassen und eine erhöhte Temperatur.

Diagnose

Die mikrobiologische Untersuchung eines Abstrichs sollte so schnell wie möglich den Erreger ermitteln. Bei der gynäkologischen Untersuchung bestehen Schmerzen am Gebärmutterhals. Daneben kann man bei fortgeschrittener Entzündung im Ultraschall die verdickten Eileiter sehen. Im Blutbild zeigen sich erhöhte Entzündungswerte.

Differenzialdiagnose

Bei rechtsseitigem Bauchschmerz muss eine → Appendizitis ausgeschlossen werden. Sind die Beschwerden sehr stark und besteht der Verdacht auf ein → akutes Abdomen, kann die Ursache manchmal nur durch eine Laparoskopie geklärt werden.

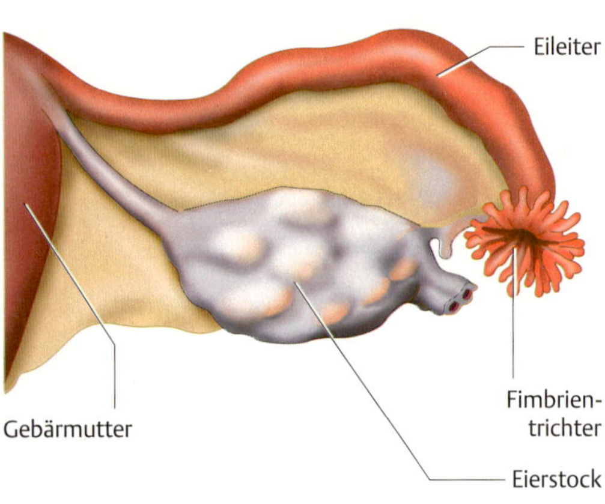

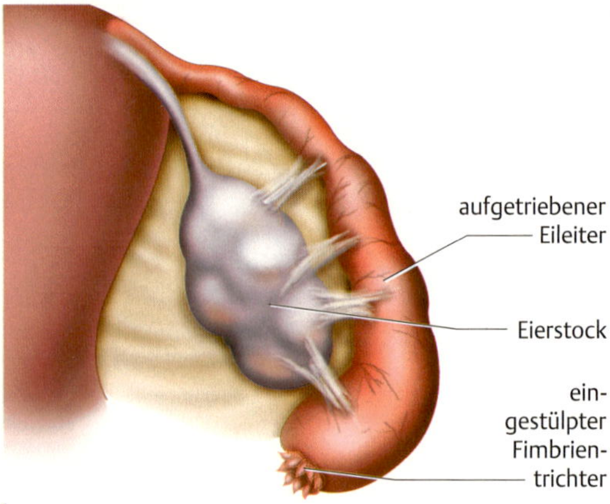

Abb. A.13 Rechter Eierstock und Eileiter. a Normalbefund, **b** Akute Adnexitis.

Therapie
Als Therapie werden geeignete Antibiotika gegeben. Unterstützend können Schmerzmittel und Bettruhe verordnet werden.

Prognose
Bei rechtzeitiger Behandlung ist die Prognose gut.

Komplikationen
Eine rechtzeitige Behandlung des Krankheitsbildes ist unbedingt indiziert, da schwere Komplikationen drohen. Während eine einfache Eileiterentzündung noch relativ gut zu behandeln ist, kann die Eierstockentzündung eine weitere Ausbreitung der Erreger ins Bauchfell nach sich ziehen. Aber auch der Eierstock selber kann geschädigt werden, sodass nachfolgend eine Sterilität besteht (es können keine Kinder mehr gezeugt werden) oder aber die Neigung zu extrauterinen Schwangerschaften steigt.

Infobox

ICD: N70.9

Internetadressen:

http://www.wikipedia.org

Adrenogenitales Syndrom

► Frau Haase, die vor drei Tagen ein Mädchen entbunden hat, spricht Schwester Monika an: „Mein Mann und ich machen uns große Sorgen. Bei Alexa besteht Verdacht auf AGS, weil die Klitoris zu groß ist und vielleicht muss sie da operiert werden! Heute laufen schon wieder Untersuchungen. Kann man denn einem so kleinen Baby schon Hormone geben und stimmt es, dass Alexa eventuell ihr ganzes Leben Kortison nehmen muss?".

Definition

Das adrenogenitale Syndrom (AGS) ist eine bestimmte Form der →Nebenniereninsuffizienz. Es bezeichnet eine Gruppe von Erbkrankheiten, bei denen die Hormonbildung in der Nebennierenrinde (NNR) gestört ist, weil hierfür wichtige Enzyme fehlen.

Ursachen

In über 90% der Fälle verursacht ein autosomal rezessiv vererbter Defekt des Enzyms 21-Hydroxylase das adrenogenitale Syndrom. Sehr viel seltener wird es durch einen Mangel anderer Enzyme hervorgerufen. Dieser Enzymmangel ist die Ursache für eine ganze Reihe von Veränderungen (**Abb. A.14**):

1. Er verhindert, dass der Körper ausreichend Kortisol und/oder Aldosteron produziert.
2. Er bewirkt gleichzeitig, dass die Hirnanhangsdrüse das adrenokortikotrope Hormon (ACTH) ausschüttet.
3. Dadurch bildet die Nebennierenrinde mehr Androgene (männliche Geschlechtshormone).
4. Manchmal ist zusätzlich die Bildung der Mineralkortikoide gestört, wodurch der Salz- und Wasserhaushalt entgleist.

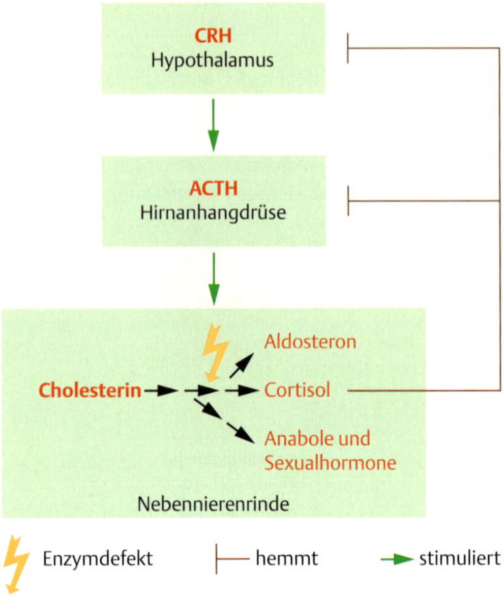

Abb. A.14 Hormoneller Regelkreis der Nebennierenhormone. Im Normalzustand hemmt Kortisol die Ausschüttung von ACTH. Liegt ein Enzymdefekt vor, wird weniger Kortisol und Aldosteron produziert und mehr ACTH ausgeschüttet. Die Nebenniere bildet dadurch mehr anabole und Sexualhormone.

Symptome

Die Symptome sind abhängig von der Form des adrenogenitalen Syndroms. Man unterscheidet:

- **unkompliziertes AGS ohne Salzverlust:** Symptome, die durch die übermäßige Bildung von Androgenen verursacht sind,
- **kompliziertes AGS mit Salzverlust:** Neben den Symptomen des unkomplizierten AGS kommt es durch den Mangel an Mineralkortikoiden zu schweren Störungen des Salz- und Wasserhaushalts,
- **late-onset AGS** (spät einsetzendes AGS): Symptome der vermehrten Androgenbildung treten frühestens im Kleinkindalter auf.

Unkompliziertes adrenogenitales Syndrom

Bei neugeborenen **Mädchen** fällt auf, dass die äußeren Genitale denen eines Jungen gleichen (Vermännlichung, Virilisierung). In leichten Fällen ist nur die Klitoris mehr oder weniger hypertrophiert (vergrößert), in schwereren Fällen hat sich ein Penis mit Harnröhre gebildet (**Abb. A.15**). Das Ausmaß der Virilisierung wird in fünf Stadien eingeteilt (**Abb. A.16**). Das äußere Erscheinungsbild wird als **Pseudohermaphroditismus femininus** bezeichnet (gr.: pseudo = Schein-; hermaphroditos = Zwitter).

Die äußeren Geschlechtsorgane von neugeborenen **Jungen** sind normal entwickelt, selten ist die Haut über dem Skrotum (Hoden) dunkler als an anderen Körperstellen (Hyperpigmentierung).

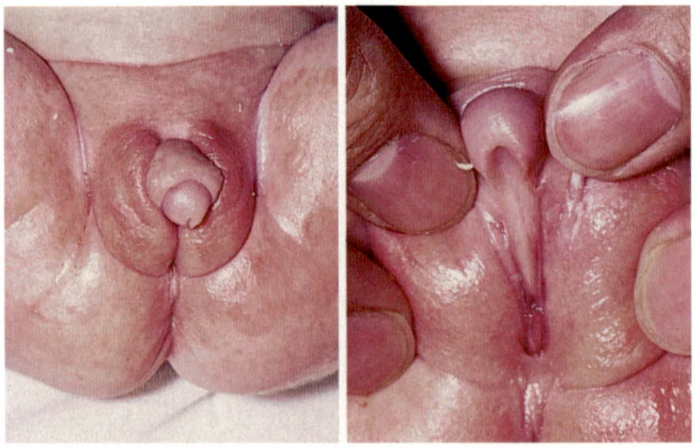

Abb. A.15 6 Wochen altes Mädchen mit adrenogenitalem Syndrom.

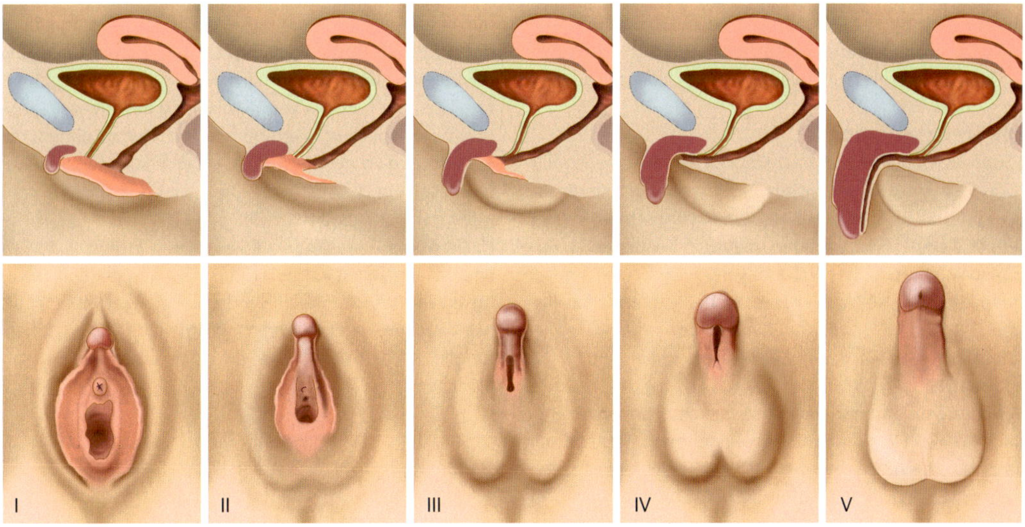

Abb. A.16 Virilisierungserscheinungen des äußeren weiblichen Genitals. Stadieneinteilung nach Prader. Prader I: Leichte Klitorishypertrophie. Prader II: Stärkergradige Klitorishypertrophie. Prader III und IV: Die gemeinsame äußere Öffnung ist unterschiedlich weit. In der Tiefe befindet sich eine getrennte Harnleiter- und Vaginalöffnung. Prader V: Das weibliche äußere Genital ist vollständig vermännlicht. Es besteht eine gemeinsame Öffnung von Harnleiter und Vagina.

Die inneren Geschlechtsorgane sind bei Jungen und Mädchen völlig normal.

Kompliziertes adrenogenitales Syndrom

Zwei bis drei Wochen nach der Geburt kommt es zu einer lebensbedrohlichen **Salzverlustkrise**. Die Säuglinge erbrechen, haben Durchfall, verweigern die Nahrung, sehen ausgetrocknet und apathisch aus. Manche Kinder haben Fieber oder Krämpfe sowie Schwierigkeiten beim Atmen.

Late-onset adrenogenitales Syndrom

Die Kinder entwickeln sich nach der Geburt zunächst unauffällig. Die vermehrte Androgenbildung macht sich erst ab dem Kleinkindalter bemerkbar: Die Kinder wachsen zunächst schneller, später kommt es zu einem Wachstumsstillstand, da sich die Epiphysenfugen früher schließen. Die Patienten sind als Kinder groß und als Erwachsene klein. Die Kinder leiden unter Akne und Seborrhoe (vermehrte Talgbildung).

Bei Mädchen treten Zeichen der Vermännlichung auf: Die Menarche (erste Regel) bleibt aus, die Brüste entwickeln sich nicht und die Klitoris vergrößert sich. Jungen haben eine Penishypertrophie (Vergrößerung des Gliedes). Das Krankheitsbild wird **Pseudopubertas praecox** (vorzeitige Geschlechtsreife) genannt.

Diagnose

In einer körperlichen Untersuchung wird das äußere Geschlecht des Neugeborenen beurteilt. Hat ein Kind kein eindeutig weibliches oder männliches Genitale, lassen sich bei neugeborenen Jungen die Hoden nicht tasten oder bildet die Harnröhre eine nach unten offene Rinne (Hypospadie), sollte das Geschlecht des Kindes abgeklärt werden. Hierzu sollte in einer gründlichen Anamnese untersucht werden, ob andere Familienmitglieder an einem adrenogenitalen Syndrom erkrankt sind und wie die Schwangerschaft verlief. Eine Chromosomenanalyse kann einen Gendefekt aufdecken, der zu dem Enzymmangel geführt hat.

Zusätzlich werden verschiedene Laborwerte untersucht. Durch den Enzymmangel stauen sich bestimmte Vorstufen von Kortison und anderer Hormone an, da sie nicht weiter umgewandelt werden. Eine dieser Vorstufen ist das Enzym 17-Hydroxy-Progesteron, das im Serum deutlich erhöht ist. In manchen Kliniken wird das Enzym im Rahmen des → Neugeborenen-Screenings zwischen dem 3. bis 10. Lebenstag routinemäßig bestimmt. Darüber hinaus sind die Testosteronspiegel im Blut erhöht. Das Stoffwechselprodukt von 17-Hydroxy-Progesteron, das Pregnantriol, lässt sich im Urin nachweisen.

Das komplizierte adrenogenitale Syndrom äußert sich im Blut durch eine Hyponatriämie (niedriger Natriumwert), eine Hyperkaliämie (hoher Kaliumwert) und eine metabolische Azidose (Abfall des pH-Wertes im arteriellen Blut unter 7,36). Beim unkomplizierten androgenitalen Syndrom sind die Elektrolytkonzentrationen normal.

Hat eine Schwangere ein erhöhtes Risiko, ein Kind mit adrenogenitalem Syndrom zu bekommen (z. B. wenn ein Geschwisterkind oder ein Familienmitglied betroffen sind), kann eine pränatale Diagnostik durchgeführt werden. Mittels Chorionzottenbiopsie und Amniozentese (in der 9./10. bzw. 14.–16. Schwangerschaftswoche) kann die DNA analysiert und die Konzentration von 17-Hydroxy-Progesteron im Fruchtwasser bestimmt werden.

Differenzialdiagnose

Säuglinge mit einer → Pylorusstenose erbrechen ebenfalls typischerweise einige Wochen nach der Geburt, sehen erschöpft und ausgetrocknet aus. Eine Pylorusstenose führt jedoch zu einer Hypokaliämie (niedriger Kaliumwert), Hyponatriämie (niedriger Natriumwert) und zu einer metabolischen Alkalose (Anstieg des arteriellen pH-Wertes auf über 7,44).

Therapie

Patienten mit adrenogenitalem Syndrom müssen lebenslang Kortison (Hydrokortison) einnehmen. Besteht ein Salzverlustsyndrom, müssen zusätzlich Mineralkortikoide ersetzt werden (9-alpha-Fludro-Cortison, Astonin H). In Stresssituationen, z.B. vor Operationen oder bei psychischem und physischem Stress oder bei sportlicher Betätigung kann der Bedarf an Kortison stark schwanken. Ein Mangel an Kortison kann in diesen Situationen lebensgefährlich sein. Die Patienten sollten daher einen Notfallausweis bekommen und die Kortisondosis sollte in diesen Situationen angepasst werden.

Bei Mädchen mit adrenogenitalem Syndrom werden mit einer Operation die äußeren Geschlechtsorgane an das weibliche Geschlecht angeglichen, da die Gene und die inneren Geschlechtsorgane weiblich sind. Eine pränatale Therapie kann die Vermännlichung des äußeren Genitale bei weiblichen Feten verhindern. Hierzu nimmt die Schwangere ab der 5.–6. Schwangerschaftswoche Dexamethason ein.

Prognose

Bei neugeborenen Jungen werden die klinischen Symptome eines adrenogenitalen Syndroms häufiger verkannt als bei Mädchen, da sie äußerlich völlig unauffällig aussehen. Jungen sterben daher eher an einer Salzverlustkrise als Mädchen.

Infobox

ICD-10: E25.9, E25.0

Internetadressen:
http://www.ags-initiative.de

AIDS

▸ Der 42-jährige Paul Recken berichtet seinem Hausarzt in der Sprechstunde: „Ich weiß jetzt schon seit drei Jahren, dass ich HIV-positiv bin. Eigentlich habe ich mich sehr gut gefühlt, bis ich vor 4 Wochen Husten bekam. Seitdem bin ich nicht mehr so leistungsfähig und habe auch 2 Kilo Gewicht verloren. Dazu kamen Fieber und Atemnot bei Anstrengung. Ich habe Angst, dass das jetzt der Ausbruch der Krankheit ist."

Definition

Bei AIDS ist eine bestehende HIV-Infektion so weit fortgeschritten, dass das Immunsystem zusammengebrochen ist. Dann treten Infektionen mit außergewöhnlichen Erregern sowie bestimmte Tumoren und neurologische Störungen auf.

Synonym: Acquired Immunodeficiency Syndrome, erworbenes Immunschwächesyndrom.

Ursachen

Voraussetzung für AIDS ist eine Infektion mit dem Humanen Immunschwächevirus (HIV). Das HI-Virus wird sexuell, über Blut und Blutprodukte sowie von der Mutter auf das Kind übertragen. Es infiziert T-Helferlymphozyten und Makrophagen, die wichtige Zellen der Immunabwehr sind (**Abb. A.17**). Ist der Körper infiziert, nimmt die Zahl der T-Helferzellen ab, die Strukturen der Lymphknoten werden zerstört und am Ende bricht die körpereigene Abwehr zusammen. Dann können sich Krankheitserreger, die normalerweise durch das Immunsystem in Schach gehalten werden, vermehren und ausbreiten.

Infektionsweg des HIV

Bei der sexuellen Übertragung gelangt das Virus, das sich in Samenflüssigkeit bzw. im Vaginalsekret befindet, zu den Langerhans'schen dendritischen Zellen in der Schleimhaut. Diese transportieren es zum Lymphknoten, wo es die T-Helferzellen infiziert. Es ist wahrscheinlicher, dass ein Mann eine Frau ansteckt als umgekehrt. Statistisch gesehen führt nur ein Bruchteil der Sexualkontakte mit einer infizierten Person zu einer Infektion. Allerdings kann ein einmaliger Sexualkontakt bereits zu einer Infektion führen. Bei oralem sexuellem Kontakt kann das Virus über die Mundschleimhaut in den Körper gelangen.

Auch die Übertragung von der Mutter auf das Kind geschieht über die Schleimhäute. Bei der Geburt gelangt das Virus aus dem Vaginalsekret und Blut auf die Schleimhäute der Atemwege und des Magen-Darm-Trakts des Kindes. Zwischen 15 und 30 % der infizierten Mütter stecken ihre Kinder an, wenn keine vorbeugenden Maßnahmen ergriffen werden. Das Virus ist auch in der Muttermilch und kann deshalb beim Stillen übertragen werden.

Im Körper einer infizierten Person halten sich die infizierten T-Lymphozyten zeitweise im Blut auf. Dazu setzen infizierte Zellen ständig Viren ins Blutplasma frei. Deshalb

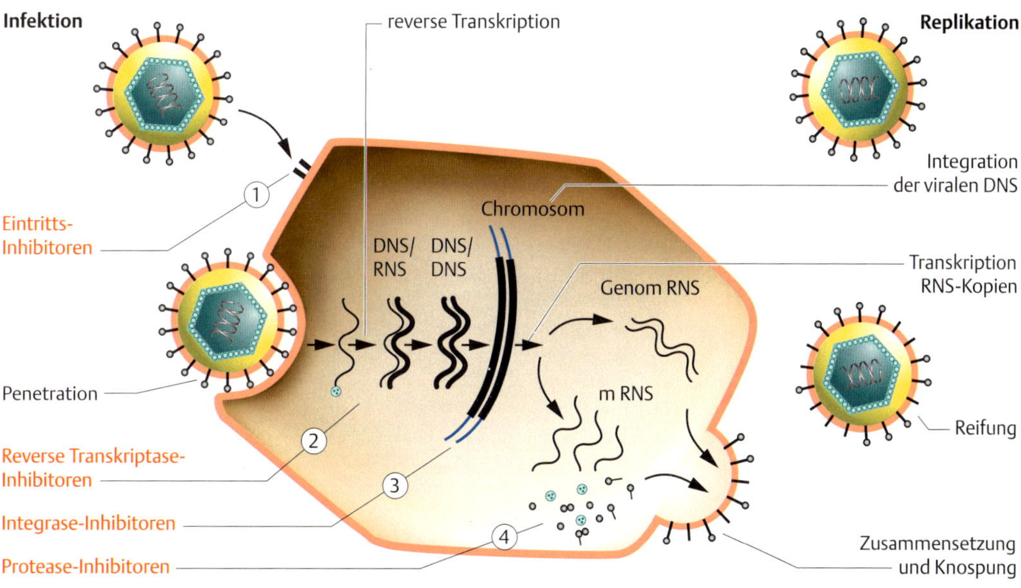

Abb. A.17 Pathogenese der HIV-Infektion. Nachdem das HI-Virus an einen Rezeptor der Wirtszelle gebunden hat, dringt es in die Zelle ein. Die Erbinformationen des Virus werden in die Wirtschromosomen integriert, woraufhin die Wirtszelle neben eigenen Proteinen auch die des Virus produziert. Diese werden zum großen Teil noch in der Wirtszelle zusammengesetzt. Durch Knospung werden die Viren aus der infizierten Zelle herausgeschleust. Verschiedene in der HIV-Therapie eingesetzte Inhibitoren greifen in den Vermehrungszyklus des Virus ein.

kann das Virus über Blut und Blutprodukte (z. B. Plasma und Gerinnungsfaktorpräparationen), die nicht durch Hitzebehandlung sterilisiert wurden, übertragen werden. Drogenabhängige, die intravenös injizieren und gebrauchtes Spritzenbesteck benutzen, sind hierdurch äußerst gefährdet. Infektionen über Blut sind auch im medizinischen Bereich möglich. Die Gefahr besteht insbesondere bei Nadelstichverletzungen und durch Verletzungen bei der Operation an einem Infizierten. Die Virusübertragung ist auch von medizinischem Personal auf Patienten möglich, z. B. bei chirurgischen und zahnmedizinischen Eingriffen.

Das Übertragungsrisiko zwischen Geschlechtspartnern und zwischen Mutter und Kind hängt von der Virusmenge ab. Die so genannte Viruslast (Viruskonzentration im Blutplasma) gibt einen Hinweis auf das Übertragungsrisiko. Je höher diese Viruslast, desto größer die Infektionsgefahr. Werden Medikamente gegeben, die die Virusvermehrung hemmen, sinkt die Übertragungswahrscheinlichkeit.

Verbreitung des HIV

Man unterscheidet HIV-1 und HIV-2, die beide eine Immunschwäche hervorrufen. HIV-1 ist wesentlich weiter verbreitet und pathogener (stärker krankheitserregend). HIV-2 kommt v. a. in Teilen Westafrikas vor. Nahe verwandt mit den HI-Viren sind die Affenimmunschwächeviren (Simian Immunodeficiency Virus, SIV), die bei zahlreichen Affenarten in Afrika auftreten. Man nimmt an, dass sich HIV-1 durch Mutationen aus einem Schimpansenvirus und HIV-2 aus SIV bei Halsbandmangaben (eine Meerkatzenart) entwickelt hat.

Die HI-Viren besitzen die Eigenschaft, rasch zu mutieren und immer neue genetische Varianten zu bilden. Alle Virusvarianten sind gleichermaßen krankheitserregend. Sie werden in Gruppen und Subtypen eingeteilt. In Europa herrscht der Subtyp B aus der Gruppe M (von engl. main group) vor. Weltweit dominieren die Subtypen C und A. In einigen Ländern im Süden Afrikas sind bis über 30 % der Erwachsenen infiziert. Jedes Jahr nimmt die Anzahl der Neuinfektionen zu. Im Jahr 2005 sind es fast 5 Millionen. Ebenso steigt die Zahl der AIDS-Toten, die im Jahr 2005 bereits bei über 3 Millionen liegt.

Bei uns sind die meisten Infizierten männliche Homosexuelle, unter denen sich aufgrund hoher Promiskuität, Unwissenheit und riskantem (ungeschütztem) Sexualverkehr die Infektion besonders rasch ausgebreitet hat. Daneben sind vor allem Drogenabhängige infiziert, darunter auch viele Frauen, die sich beim gemeinsamen Benutzen von Injektionsnadeln und Spritzen untereinander angesteckt haben. Schließlich gibt es einen wachsenden Anteil von HIV-infizierten Migranten, d. h. Personen aus Ländern, in denen bereits eine hohe Infektionsrate mit dem Virus herrscht. Auch der Anteil an Personen, die sich durch heterosexuelle Sexualkontakte infiziert haben, steigt an. Weltweit gesehen ist der häufigste Infektionsweg die sexuelle Übertragung zwischen Mann und Frau.

Prävention der HIV-Infektion

Enthaltsamkeit, Partnertreue und Kondomgebrauch in Situationen, in denen eine Infektion des Partners nicht mit hoher Wahrscheinlichkeit ausgeschlossen werden kann, können vermeiden, dass die HIV-Infektion sexuell übertragen wird.

Ein Kind wird meist während der Geburt und nicht über die Plazenta infiziert. Das Infektionsrisiko nimmt deshalb deutlich ab, wenn das Kind durch Kaiserschnitt entbunden wird. Außerdem sinkt es nochmals, wenn die Schwangere eine medikamentöse Therapie erhält und das Neugeborene zusätzlich für kurze Zeit prophylaktisch behandelt wird. Unter optimalen Bedingungen infizieren sich nur noch etwa 1 % aller Neugeborenen. Damit das Kind nicht über die Muttermilch angesteckt wird, sollen infizierte Mütter ihr Kind nicht stillen.

In Deutschland gibt es relativ wenig Infizierte. Wenn die Pflegenden entsprechende hygienische Maßnahmen einhalten, ist das Risiko einer HIV-Infektion bei der Arbeit in der Krankenpflege gering. Normale pflegerische Tätigkeiten führen nicht zur Ansteckung. Wenn sich eine Pflegende an einer Nadel sticht, quetscht man als erste Hilfe das Blut aus der Wunde aus und desinfiziert die Stichstelle. In jedem Fall muss ermittelt werden, ob die Person, mit deren Blut man durch eine offene Wunde in Kontakt gekommen ist, mit HIV infiziert ist. Ist sie infiziert, muss eine Postexpositionsprophylaxe (sofortige medikamentöse Behandlung zur Infektionsvorbeugung) erwogen werden.

Symptome

Die Symptome von AIDS werden durch viele unterschiedliche Krankheitserreger verursacht. Wichtige und häufige Erreger sind:

- Tuberkulose-Bakterien und Pneumocystis jiroveci rufen Lungenentzündung hervor.

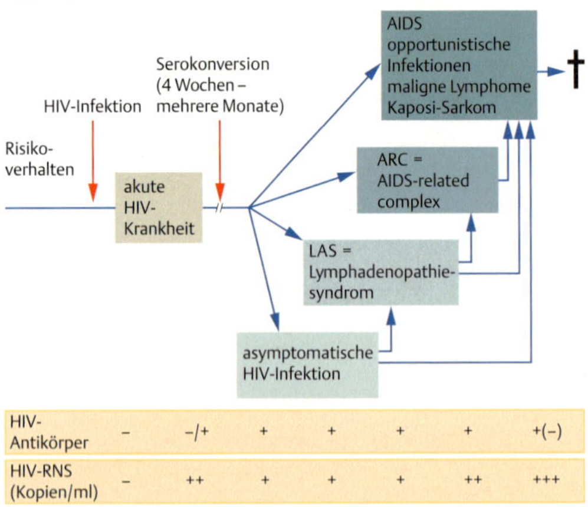

HIV-Antikörper	–	–/+	+	+	+	+	+(–)
HIV-RNS (Kopien/ml)	–	++	+	+	+	++	+++
T-Helferzellen/mm3				1. > 500	2. 200 – 499		3. > 200

Abb. A.18 Klinischer Verlauf der HIV-Infektion.

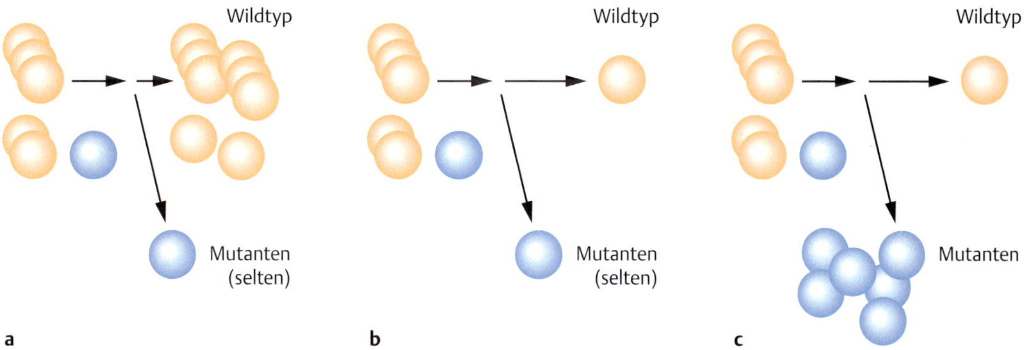

Abb. A.19 Therapieauswirkungen. a Keine Behandlung: Hauptsächlich Wildtypviren vermehren sich. **b** Effiziente Behandlung: Die Viruslast wird im Idealfall unter die Nachweisgrenze gesenkt. **c** Ineffiziente Behandlung: Die Auslese von therapieresistenten Viren wird durch eine ineffiziente Behandlung verstärkt.

- Zytomegalieviren können sich im Körper vermehren und u. a. Dickdarm-, Lungen- und Netzhautentzündungen erzeugen (→ Zytomegalievirusinfektion).
- Epstein-Barr-Viren können Lymphzellkrebs hervorrufen.
- Das Herpesvirus-8 verursacht das Kaposi-Sarkom, einen Tumor von Blutgefäßzellen.
- Toxoplasmen können das Gehirn befallen (→ Toxoplasmose).
- Hefepilze können zu einem → Soor in der Speiseröhre führen usw.

Außerdem kommt im fortgeschrittenen Infektionsstadium eine Hirnerkrankung (AIDS-Enzephalopathie) vor, die zu einem Abbau der motorischen und geistigen Leistungsfähigkeit führt (AIDS-Demenz). Weitere wichtige Symptome sind Lymphknotenschwellungen, die bereits vor Beginn von AIDS auftreten und zunehmende Auszehrung (**Abb. A.18**).

Diagnose

AIDS tritt bei Personen auf, die mit dem HI-Virus infiziert sind. Charakteristisch für dieses Stadium ist, dass T-Helferlymphozyten auf unter ca. 200 Zellen/µl Blut abnehmen sowie so genannte AIDS-definierende Erkrankungen auftreten. Alle Erkrankungen, die bei einem HIV-Infizierten zur Diagnose AIDS führen, sind einzeln benannt (s. Internetadressen Infobox).

Differenzialdiagnose

Infektionen mit Krankheitserregern, die bei Personen mit einer Immunschwäche vorkommen, müssen nicht immer zur Diagnose AIDS führen. So kommt die Tuberkulose vielfach auch ohne HIV-Infektion vor, genau wie das Kaposi-Sarkom. Andere Erkrankungen, wie die durch Zytomegalievirus, Toxoplasmen und Pilze hervorgerufenen, können durch eine Immunschwäche aufgrund einer chemotherapeutischen oder zytostatischen Behandlung begünstigt werden. Bei der im Fallbeispiel genannten Symptomatik könnte eine Pneumocystis-Pneumonie oder eine → Tuberkulose in Frage kommen.

Therapie

Die Behandlung von AIDS verfolgt zwei Ziele:
1. HIV-Vermehrung eindämmen,
2. zusätzliche Krankheitserreger bekämpfen.

Die Behandlung der HIV-Infektion erfolgt durch die Kombinationstherapie von meistens drei oder mehr Medikamenten gleichzeitig. Die Medikamente wirken an verschiedenen Stellen im Vermehrungszyklus der Viren und ergänzen sich in ihrer Wirkung. Insbesondere hemmen sie die Enzyme Reverse Transkriptase und Protease des Virus und blockieren den Eintritt in die Zelle.

Die Behandlung von anderen Krankheitserregern erfolgt entweder über Antibiotika gegen Bakterien, Antimykotika gegen Pilze oder Virostatika, die z. B. die Vermehrung des Zytomegalievirus hemmen.

Prognose

Eine Heilung von AIDS ist nicht möglich. Durch die Behandlung der HIV-Infektion mit Medikamenten, die die Virusvermehrung eindämmen, verbessert sich die Funktion des Immunsystems (**Abb. A.19**). Es kann dadurch wieder seinen Teil dazu beitragen andere Krankheitserreger zu bekämpfen. Unbehandelt sterben die Erkrankten an Infektionen und Auszehrung innerhalb von 1 – 2 Jahren. Durch die Behandlung kann zwar die Zerstörung des Immunsystems nicht vollständig verhindert werden. Immerhin verbessert sich dadurch aber die Lebensqualität und die Lebensdauer verlängert sich um mehrere Jahre.

Infobox

ICD: B24
Internetadressen:
http://www.hiv.net
http://www.hivleitfaden.de

Akne

► **Ein 15-jähriger Junge berichtet seinem Hausarzt: „In den letzten Monaten sind die Pickel in meinem Gesicht immer mehr geworden und nun geht es auch am Rücken los. Teilweise sind das „nur" Mitesser aber einige entzünden sich auch und werden zu regelrechten „roten Bomben", die auch ganz schön weh tun."**

Definition

Bei Akne entzünden sich die Talgdrüsen von Haarbälgen und bilden kleine Abszesse aus.

Synonym: Acne vulgaris.

Ursachen

Mehrere Faktoren verursachen die Akne:

- vermehrte Talgbildung v. a. aufgrund hormoneller Umstellungen (Zunahme männlicher Geschlechtshormone: auch bei Frauen z. B. in der Pubertät, nach einer Schwangerschaft, nach Absetzen der Pille),
- überdurchschnittliche Besiedlung mit Propionibacterium acnes,
- Verhornungsstörung des oberen Haarschaftes,
- erbliche Veranlagung und Stress.

Symptome

Es werden drei Phasen unterschieden:

1. durch die Verstopfung der Talgdrüse aufgrund überschießender Hornbildung entstehen Mitesser (Komedonen) (**Abb. A.20 a**),
2. dann führt die körpereigene Besiedlung mit Eiter bildenden Bakterien zur Entzündung (**Abb. A.20 b**),
3. nach ihrem Abklingen bleiben Narben zurück.

Die Akne zeigt sich v. a. an Stirn, Wangen und Kinn, im Schulterbereich, der Brust (Dekolleté) sowie an Oberschenkeln und Gesäß. Die Erkrankung tritt in milder Form („unreine Haut") auf bis hin zu großflächigen Arealen mit sehr stark entzündlich eitrigen Pusteln (Acne conglobata). Sie verläuft oft schubweise.

Diagnose

Akne ist hierzulande die häufigste Hauterkrankung. Aufgrund der typischen Befunde und Krankengeschichte ist sie eine „Blickdiagnose".

Differenzialdiagnose

Abzugrenzen von der Acne vulgaris sind die Acne rosacea (Rosenfinne) und die periorale Dermatitis („Stewardessen-Krankheit"), die Ölakne und die Anabolika-Akne. Eine Sonderform mit sehr schweren Verläufen ist die Acne inversa mit vernarbenden Entzündungen und Fisteln der Achseln und Leisten.

Therapie

Angewendet wird (nach aufsteigender Stärke):

- geeignete Hautpflege,

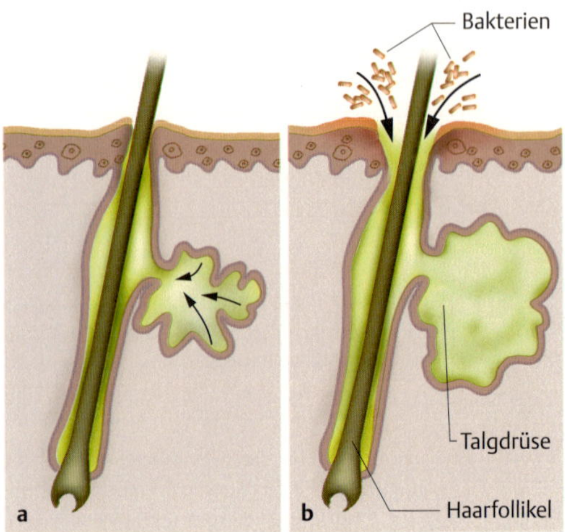

Abb. A.20 Entstehung eines „Pickels". a Vermehrte Talgproduktion und Verstopfung der Pore führen zur Mitesserbildung. **b** Besiedelung mit Eiter bildenden Bakterien ruft eine Entzündung hervor.

- Kosmetik und/oder Schältherapie,
- dann antibiotikahaltige Externa oder Tabletten,
- Bestrahlung mit UV-Licht,
- Hormone (bestimmte Anti-Baby-Pillen, nur für Frauen),
- schließlich Wirkstoff Isotretinoin.

Die Anwendung synthetischer Seifen und die „Aknetoilette" („Ausdrücken" der Mitesser und leicht entzündeten Pusteln durch eine Fachkraft) bringen oft erstaunliche Erfolge. Als orale Antibiotika bewährt haben sich Doxycyclin und Minocyclin für ca. sechs Wochen: Sie vermindern die Talgbildung und dämmen die Entzündung ein.

Isotretinoin ist nur bei schwerer und sehr schwerer Akne angezeigt, es hemmt die Talgproduktion stark. Als Nebenwirkungen können u. a. trockene Lippen, möglicher Haarausfall und Veränderungen des Blutbildes auftreten (letzteres muss überwacht werden). Frauen müssen aufgrund der teratogenen (Frucht schädigenden) Wirkung bis ein halbes Jahr nach Einnahme konsequent verhüten.

Prognose

Der Erkrankungsgipfel liegt zwischen dem 15. und 25. Lebensjahr. Auch ohne Behandlung gehen die Beschwerden deutlich zurück. Aufgrund der jahrelangen Entzündungen kann es zu Narben kommen.

Infobox

ICD-10: L70

Internetadressen: http://www.akne.org
http://www.akne-forum.de

Akute Belastungsreaktion

► Die Pflegeschülerin Jessica erzählt ihrer Mitschülerin: „Gestern kam eine junge Patientin mit Polizei und Unterbringungsbeschluss in die P3. Sie war draußen rumgeirrt und hat so geweint, geschrien und um sich geschlagen, dass sie fixiert werden musste. Heute ist sie ganz ruhig und hat erzählt, dass ihr Mann gestern bei einem Autounfall gestorben ist. Sie war deswegen einfach durchgedreht."

Definition

Die akute Belastungsstörung ist eine affektive (die Gefühlsreaktionen betreffende) Verhaltensstörung. Sie tritt in unmittelbarem und klarem zeitlichen Zusammenhang zu einer außergewöhnlich belastenden seelischen oder körperlichen Situation auf (**Abb. A.21**).

Synonym: Nervenzusammenbruch.

Ursachen

Die akute Belastungsreaktion ist die Folge eines Unvermögens des Patienten, eine ungewöhnlich schwierige Situation zu bewältigen. Psychisch Vorerkrankte können eine niedrigere Schwelle zur Entwicklung dieses Ausnahmezustandes haben.

Symptome

Die Reaktion beginnt umgehend mit einem gemischten Bild aus Angst, Verzweiflung, Überaktivität oder Rückzug. Auch können nicht beherrschbare Trauer, planlose Überaktivität und Aggressionen auftreten. Die Symptome der Akutphase verschwinden innerhalb von drei Tagen rasch wieder.

Diagnose

Die Diagnose erfolgt durch eine behutsame Befragung des Patienten. Die Betroffenen können das schädigende Ereignis i.d.R. selbst klar benennen.

Abb. A.21 ICE-Unglück in Eschede. Eine akute Belastungsreaktion kann durch ein stark traumatisierendes Ereignis hervorgerufen werden.

Differenzialdiagnose

Zur Differenzialdiagnose gehören:

- **Posttraumatische Belastungsstörung:** Eine verzögerte Reaktion, es liegen mehrere Tage bis Jahre zwischen dem auslösenden Ereignis und der Erkrankung.
- **Anpassungsstörungen:** Der Betroffene kann sich einer einschneidenden Veränderung im Leben oder im Lebensumfeld, z. B. Emigration, Scheidungssituation gegenüber nicht anpassen. Die Veränderung führt nach etwa einem bis sechs Monaten subjektiv zu starkem Leiden und emotionalen Störungen (→ Anpassungsstörung).
- **Sonstige Reaktionen auf schwere Belastung:** Wie der Zustand nach einer Operation, Tumor o.ä.

Noch bestehende Notsituationen, etwa dass der Unfallwagen mit anderen Insassen noch in der Böschung liegt, sind auszuschließen. Verletzungen werden bisweilen von einem erregten Patienten nicht bemerkt; eine gründliche Untersuchung ist nötig.

Therapie

Da die Erkrankung nur kurz anhält, sind für die Akutphase zunächst neben Schutz des Betroffenen vor sich selbst und seiner Umgebung beruhigende Maßnahmen wie einfühlsame Gespräche und die Gabe von Benzodiazepinen (Diazepam) nötig. Es besteht prinzipiell Suizidgefahr!

Nach dem Abklingen ist zu entscheiden, ob der Patient weiterhin eine stationäre Behandlung benötigt, oder ob z. B. durch eine ambulante Psychotherapie ausreichend geholfen ist. Häufig sind auch keine weiteren Maßnahmen notwendig, jedoch sollte unbedingt der Hausarzt von dem Vorfall in Kenntnis gesetzt werden – aus den Situationen heraus können sich später Depressionen und andere Erkrankungen entwickeln.

Prognose

Für die Prognose entscheidend ist die auslösende Ursache: Ist das Geschehnis mit einer unwiderruflichen Beeinträchtigung für das weitere Leben verbunden, kann es je nach der individuellen Persönlichkeitsstruktur zu späteren Nacherkrankungen kommen, z. B. zu einer Depression. Ist das Ereignis andererseits von der Realität bereits überholt und nicht mehr von weiterer Bedeutung, so ist von einer kompletten Rückbildungschance auszugehen.

Manchmal können auch andere psychische Erkrankungen durch akute Geschehnisse ausgelöst werden.

Infobox

ICD-10: F43.0

Internetadressen:
http://www.de.wikipedia.org/wiki/Akute_Belastungsreaktion

Akute Bronchitis

► „Echt nervig, mir geht's total schlecht. Das Surfwochenende ist gestrichen." Andreas telefoniert mit Alex, seinem Kumpel. „Den Bulli könnt ihr aber haben." Alex vermutet, dass Andreas das Wochenende lieber alleine mit seiner Freundin verbringen möchte, doch als er das Auto abholen will, steht Andreas hustend in der Tür. „'Tschuldige, aber ich kann nicht aufhören. Ich glaub', ich hab' Fieber. Mir tut alles weh." „Soll ich dich nicht zum Arzt fahren? Ich kann ja jetzt nicht einfach dein Auto mitnehmen." „Los, hau' schon ab. Der Arzt ist um die Ecke."

Definition

Die akute Bronchitis ist eine akut auftretende Entzündung der Schleimhäute in den Bronchien. Ist die Trachea mit einbezogen, spricht man von einer Tracheobronchitis.

Ursachen

Der akuten Bronchitits geht ein Infekt der oberen Luftwege voraus, der sich dann auf die Bronchien verlagert. In ca. 80 – 90 % der akuten Bronchitiden sind Viren die Ursache. Eine primär bakterielle Bronchitis ist selten. Häufig kommt jedoch bei einem durch eine virale Bronchitis geschwächten Patienten im Verlauf eine bakterielle Infektion hinzu. Man spricht dann von einer bakteriellen Superinfektion. Pilzinfektionen oder Reizgase sind als Ursache sehr selten.

Symptome

Anfangs zeigen sich allgemeine Grippesymptome als Zeichen der Infektion der oberen Luftwege.

Greift die Infektion auf die Bronchien über, manifestieren sich die eigentlichen bronchitischen Beschwerden, wie:

- anfangs trockener, später produktiver Husten,
- Rasselgeräusche, Pfeifen und Giemen beim Abhören,
- Fieber.

Diagnose

Die Diagnose kann i.d.R. einfach mittels gezielter Anamnese und einer körperlichen Untersuchung gestellt werden.

Laboruntersuchungen sind meist nicht notwendig, bei Verdacht auf eine zusätzliche bakterielle Infektion können die laborchemischen Infektzeichen, wie z. B. eine erhöhte Konzentration des C-reaktiven Proteins (CRP) und eine Leukozytose, zusätzlich hilfreich sein.

Eine Röntgen-Thorax-Aufnahme ist nur bei Verdacht auf Komplikationen wie z. B. → Pneumonie erforderlich.

Differenzialdiagnose

Bei einfachem Verlauf und typischer Symptomatik sind weitere differenzialdiagnostische Überlegungen wie eine → Influenza, → Asthma oder → Pneumonie meistens einfach abzugrenzen.

Bei rezidivierenden (wiederkehrenden) Bronchitiden sollte man an einen Übergang in eine chronische Bronchitis oder an eine Abwehrschwäche denken.

Therapie

Die Ursache der akuten Bronchitis, eine Virusinfektion, kann man nicht behandeln. Eine Therapie der Symptome ist jedoch sehr wichtig, z. B. indem man:

- Fieber senkt,
- Atemluft anfeuchtet,
- inhaliert (z. B. Kamillendampf),
- Brustumschläge anlegt.

In einer medikamentösen Therapie werden sog. Sekretolytika oder Mukolytika eingesetzt. Sie wirken Schleim lösend und verflüssigen das meist zähe Bronchialsekret. Ihre Wirkung ist allerdings umstritten. Auf jeden Fall sollten sie nur mit ausreichend Flüssigkeit und bei vorhandenem Hustenreiz angewendet werden.

Antibiotika sind bei der akuten Bronchitis meist entbehrlich. Sie sollten nur den schweren Verläufen mit bakterieller Zusatzinfektion oder bei Übergang in eine → Pneumonie vorbehalten sein.

Prognose

Die Prognose der akuten Bronchitis ist sehr gut. Sie wird i.d.R. ambulant behandelt und heilt meistens folgenlos aus. Vor allem bei sehr betagten oder immungeschwächten Patienten kann die Erkrankung jedoch schwer verlaufen oder die Grundlage für weitere Erkrankungen sein.

Schwerwiegende Komplikationen sind bei der akuten Bronchitis nicht bekannt. Bei Risikopatienten (z. B. Raucher, Patienten mit COPD) können schwere Verläufe mit „verschlepptem" Infekt über Wochen beobachtet werden. → Vor allem bei Älteren oder bettlägerigen Patienten kann die akute Bronchitis zu einem bedrohlichen Krankheitsbild führen.

Infobox

ICD-10:
J40, J20.9

Internetadressen:
http://www.husten.de

Akute Laryngitis

► Die 37-jährige Heike Jacobs kommt zum Hausarzt und berichtet: „Ich habe schon seit einigen Tagen Schnupfen und fühle mich körperlich abgeschlagen. Seit gestern kamen auch Halsschmerzen hinzu und meine Stimme wurde immer schlechter. Sie hören es ja selbst, inzwischen kann ich nur noch ganz leise sprechen oder krächzen. Dabei brauche ich doch als Lehrerin meine Stimme, wenn ich vor der Klasse stehe."

Definition

Bei einer akuten Laryngitis ist der Kehlkopf akut entzündet. Auslöser sind meist Viren oder Bakterien.

Synonym: Kehlkopfentzündung.

Ursachen

Die häufigsten Erreger sind Grippeviren, Streptococcus pneumoniae oder β-hämolysierende Streptokokken. Die akute Laryngitis tritt häufig bei einem Infekt der oberen Luftwege auf, z. B. bei einer Rhinitis, → akuten Sinusitis, → akuten Pharyngitis oder Tracheobronchitis.

Ungünstige Umgebungsbedingungen (trockene Luft, Staub, Zigarettenrauch) sowie Überbelastung der Stimme können die akute Laryngitis auslösen.

Symptome

Es kommt zur Dysphonie (Stimmstörung) bis hin zur Aphonie (Stimmlosigkeit). Daneben klagt der Betroffene über Schmerzen im Bereich des Kehlkopfes, Schluckbeschwerden, Reizhusten, Kratzen im Hals und gelegentlich Fieber.

Diagnose

Der HNO-Arzt untersucht die Stimmbänder entweder indirekt mit Hilfe eines Kehlkopfspiegels oder direkt mit dem Lupenlaryngoskop über die Mundhöhle. Ist dies nicht möglich, z. B. weil der Patient trotz der Oberflächenanästhesie einen ausgeprägten Würgereflex hat, kann man den Kehlkopf mit einem flexiblen Endoskop über die Nase und den Rachenraum einsehen (**Abb. A.22**). Die Stimmbänder sind gerötet, geschwollen und von zähem Schleim, Fibrinbelägen und evtl. eitrigem Sekret bedeckt.

Differenzialdiagnose

Jede länger als drei Wochen anhaltende Heiserkeit sollte HNO-ärztlich abgeklärt werden, um einen Stimmbandtumor auszuschließen.

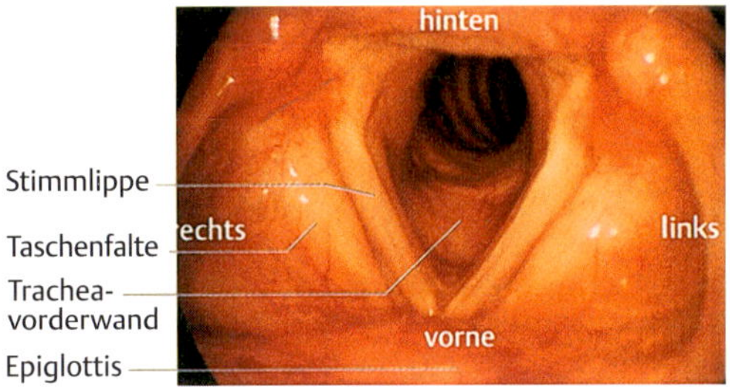

Abb. A.22 Kehlkopf (Larynx). Endoskopisches Bild in der indirekten Laryngoskopie.

Therapie

Meistens reicht es aus, die Symptome zu behandeln. Dabei ist es wichtig, dass der Patient seine Stimme schont, indem er nur wenig und leise spricht und nicht flüstert. Er sollte sich körperlich schonen, nicht rauchen sowie heiße, kalte und scharfe Speisen und Alkohol vermeiden. Unterstützend kann er auf Empfehlung des Arztes mit milden Substanzen (Sole oder Salbei-Tee) inhalieren und Schleimlöser sowie ggf. Antitussiva (Hustenblocker) einnehmen.

Wenn Bakterien die Entzündung verursacht haben, ist ein Antibiotikum (z. B. Aminopenicillin) angezeigt. Ist die Stimme vermehrten Belastungen ausgesetzt, sodass immer wieder eine akute Laryngitis auftritt, kann eine logopädische Behandlung erfolgreich sein.

Prognose

Normalerweise heilt die Erkrankung innerhalb einiger Tage folgenlos aus. Wird die Stimme allerdings nicht ausreichend geschont, kann sich eine → chronische Laryngitis entwickeln, die langfristig eine verminderte stimmliche Belastbarkeit bedeuten kann.

Infobox

ICD-10:
J04.0

Internetadresse:
http://www.leitlinien.net

Literatur:

Oestreicher, E. u. a.: HNO, Augenheilkunde, Dermatologie und Urologie für Pflegeberufe, Thieme, Stuttgart 2003

Akute lymphatische Leukämie

► **Frau Dreyer kommt mit ihrem 4-jährigen Sohn zum Kinderarzt: „Tim möchte schon seit einigen Tagen nicht mehr laufen. Er hat immer so Schmerzen in den Beinen, sagt er. Dann die vielen blauen Flecken; und er weiß nie, wann er gefallen ist oder sich gerauft hat. Seit heute Morgen ist er richtig krank und hat außerdem starke Ohrenschmerzen und dazu 39 °C Fieber. Der Junge gefällt mir überhaupt nicht."**

Definition

Bei der akuten lymphatischen Leukämie (ALL) wuchern unreife Zellen der weißen Blutzellen (lymphatische Zellen) im Knochenmark. Sie verdrängen die normale Blutbildung und können sich in andere Organe absiedeln (zur Entstehung des Begriffes „Leukämie" → akute myeloische Leukämie). Die akute lymphatische Leukämie ist die häufigste Krebserkrankung im Kindesalter.

Ursachen

Warum die Erkrankung entsteht, ist unbekannt. Kinder mit bestimmten Fehlbildungen wie → Trisomie 21 (Down-Syndrom) oder → Fanconi-Anämie haben ein erhöhtes Risiko, an einer ALL zu erkranken.

Auch Viren, genetische Veränderungen, toxische Substanzen wie Benzol oder Zytostatika sowie radioaktive Strahlen erhöhen das Risiko.

Einteilung

Die Weltgesundheitsorganisation (WHO) unterteilt die akuten lymphatischen Leukämien nach dem vorherrschenden Typ der Vorläuferzellen in:

- B-ALL: Vorläufer von B-Lymphozyten,
- T-ALL: Vorläufer von T-Lymphozyten.

Daneben gibt es unklassifizierbare Formen.

Symptome

Die Tumorzellen verdrängen die Zellen der normalen Blutbildung im Knochenmark. Es kommt daher zu einer Granulozytopenie (zu wenig weiße Blutkörperchen) mit Infekten oder Fieber und einer Erythrozytopenie (zu wenig rote Blutkörperchen) mit blasser Haut, Müdigkeit und Abgeschlagenheit.

Die Thrombozytopenie (zu wenig Blutplättchen) verhindert eine schnelle Blutstillung: Die Kinder haben häufig Hämatome („blaue Flecken") oder Einblutungen in der Haut (Petechien).

Siedeln sich die Krebszellen in andere Organe ab, kann es zu einer Hepato- und/oder Splenomegalie (Vergrößerung von Leber und Milz) und zu Lymphknotenschwellungen kommen. Ein Befall der Knochen äußert sich durch starke Knochenschmerzen. Der Befall des Gehirns oder der Hirnhäute (Meningeosis leucaemica) kann Sprach-, Gangstörungen oder Kopfschmerzen verursachen.

Diagnose

Anamnese und körperliche Untersuchung weisen auf eine Erkrankung aller drei Blutzellreihen hin.

Im Blutbild und Blutausstrich finden sich eine Granulozytopenie sowie Vorläuferzellen der Leukozyten (Lymphoblasten). Die Gesamtleukozytenzahl ist bei 25 % der Kinder deutlich erhöht.

Eine Knochenmarkspunktion mit Knochenmarksausstrich zeigt die Verdrängung der normalen Blutbildung durch die Lymphoblasten (**Abb. A.23**). Mit immunologi-

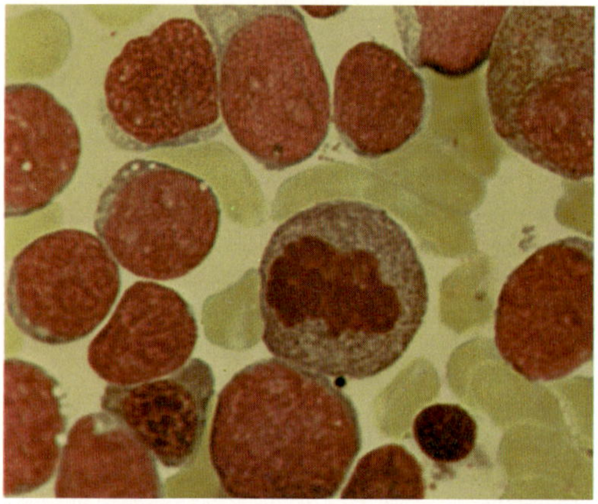

Abb. A.23 Knochenmarksausstrich bei akuter lymphatischer Leukämie (ALL). Die runden gebuchteten Zellen haben wenig Zytoplasma.

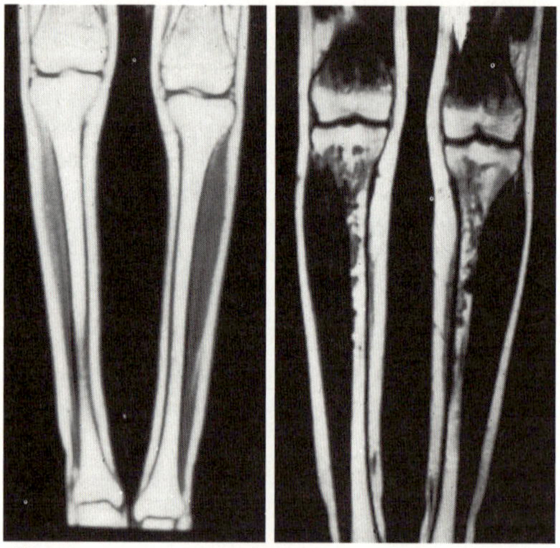

Abb. A.24 Kernspintomografiebefund bei Leukämie. Links: Normalbefund. Rechts: Leukämische Infiltration, signalarme Bezirke im Markraum.

schen (Antikörper), biochemischen und genetischen Untersuchungen wird die ALL klassifiziert. Die neue Methode Impulszytophotometrie (ICP) kann auf den Verlauf der Erkrankung hinweisen.

Im Blut sind häufig die Leberwerte, Harnsäure, Kreatinin, LDH und die BSG erhöht. Quick und PTT zeigen eine gestörte Gerinnung an. Zusätzlich wird nach Bakterien, Viren oder Pilzen gesucht. Durch weitere Untersuchungen, wie Liquorpunktion, Sonografie, Röntgen, EKG, CT, MRT und Skelettszintigrafie wird geklärt, ob sich in den Organen Blasteninfiltrate befinden (**Abb. A.24**).

Differenzialdiagnose

Durch immunologische und zytogenetische Untersuchungen muss die ALL zur akuten myeloischen Leukämie abgegrenzt werden. Weiterhin umfasst die Differenzialdiagnose Erkrankungen, die ähnliche Symptome zeigen:

- Schwellungen der Lymphknoten: Infektionen wie → Pfeiffer'sches Drüsenfieber,
- Knochenschmerzen: z. B. rheumatische Erkrankungen, → Osteomyelitis, → Osteosarkom,
- niedrige Erythrozyten-, Leukozyten- oder Thrombozytenwerte: z. B. → Anämien anderer Ursache,
- Leber- oder Milzschwellung: Leberkrankheiten, Stoffwechselstörungen,
- ZNS-Störungen: Andere Hirnerkrankungen (Tumoren, Entzündungen).

Therapie

Die akute lymphatische Leukämie wird mit einer Chemotherapie behandelt. Eingesetzt werden die Präparate Prednison, Vincristin, Daunorubicin, Asparaginase, Methotrexat, Cyclophosphamid, Cytarabin und 6-Mercaptopurin. Um einen Befall des Gehirns zu verhindern oder zu behandeln, wird Methotrexat in den Liquorraum appliziert. Zunächst werden bestimmte der oben genannten Medikamente hochdosiert über einige Wochen gegeben (Induktionstherapie), danach erhält der Patient Methotrexat und Mercaptopurin über mindestens 24 Monate (Erhaltungstherapie). Unter Umständen müssen die Medikamente noch einmal umgestellt oder erhöht werden (Reinduktionstherapie).

Zusätzlich müssen die Symptome der akuten lymphatischen Leukämie behandelt werden: Blutzellen werden mit einer Bluttransfusion ersetzt, Infektionen sollten verhindert oder frühzeitig mit Antibiotika behandelt werden.

Tritt die akute lymphatische Leukämie wieder auf, wird die Chemotherapie umgestellt oder eine Knochenmarkstransplantation durchgeführt. Hierbei wird das Knochenmark durch eine intensive Chemotherapie und eine Ganzkörperbestrahlung abgetötet. Danach erhält das Kind Blutstammzellen von einem geeigneten Spender (meist Familienmitglied) über die Vene. Die Stammzellen werden dem Spender aus dem Knochenmark oder aus dem Blut entnommen.

Forscher erproben zurzeit eine Therapie mit Hemmstoffen von Enzymen (Tyrosinkinase-Inhibitor Imatinib = Glivec) oder Antikörpern (Mylotarg).

Prognose

Nach fünf Jahren leben noch etwa 80 % der Kinder. Wirkt die Kortisontherapie nicht oder sind die Leukozytenwerte im Blut sehr hoch ($> 100\,000/\mu l$), ist die Prognose deutlich schlechter.

Infobox

ICD-10:
C91.0

Internetadressen:
http://www.kompetenznetz-leukaemie.de
http://www.awmf-online.de (Leitlinien der AWMF)

Akute myeloische Leukämie

► Frau Petry bringt ihren zweijährigen Sohn Frederik zur Kinderärztin. „Er ist seit Tagen ganz blass, außerdem ist er schlapp und hat keine Lust zu spielen. Er war zuletzt auch oft erkältet, hatte aber kein Fieber", erzählt sie der Ärztin. „Frederik ist so anfällig, woran kann das bloß liegen? Uns ist auch aufgefallen, dass er ganz schnell blaue Flecken bekommt, auch wenn er sich nur leicht gestoßen hat."

Definition

Bei einer akuten myeloischen Leukämie (AML) wachsen myeloische Zellen (Vorstufen der weißen Blutzellen) ungehemmt im Knochenmark. Die normale Blutbildung wird dabei verdrängt. Den Begriff Leukämie (gr: leukos = weiß, hell, glänzend; aima/aimalos = Blut) prägte Rudolf Virchow. Er beschrieb damit die deutliche Überzahl von Leukozyten (weiße Blutkörperchen), die ihm beim Zentrifugieren des Blutes von Patienten aufgefallen war.

Die akute myeloische Anämie ist sehr viel seltener als die → akute lymphatische Leukämie (Verhältnis 1 : 4). Sie tritt etwas öfter bei Jungen auf. Häufig sind Kinder unter zwei Jahren betroffen.

Synonym: Akute Nonlymphozyten-Leukämie (ANLL).

Ursachen

Warum eine Leukämie entsteht, ist unklar. Eine genetische Veranlagung und zusätzliche Noxen wie Strahlen oder Medikamente führen dazu, dass sich eine bestimmte Stammzelle (Ursprungszelle) der weißen Blutkörperchen verändert und unkontrolliert vermehrt. Diese leukämischen Blasten verdrängen die normale Blutbildung.

Bestimmte Substanzen wie Benzol, Senfgas (chemischer Kampfstoff, der u. a. im ersten Weltkrieg verwendet wurde), Zytostatika oder radioaktive Strahlen (z. B. Hiroshima-Atombombe, Atomkraftwerke) erhöhen das Risiko, eine Leukämie zu bekommen.

Bei Erbkrankheiten wie → Down-Syndrom oder dem → Klinefelter-Syndrom tritt eine Leukämie häufiger auf. Erkrankungen des Blutes oder des Knochenmarks begünstigen die Entwicklung einer AML (z. B. aplastische → Anämie).

Einteilung

Die Weltgesundheitsorganisation (WHO) teilt die akuten myeloischen Leukämien in fünf Gruppen ein. In der Praxis orientiert man sich häufig nach der FAB-Klassifikation (French-American-British Cooperative Group) mit acht Gruppen (M0-M7).

Symptome

Bei der AML werden die normalen blutbildenden Zellen im Knochenmark durch die Blasten verdrängt. Dies verursacht folgende Symptome:

- Der Mangel an roten Blutkörperchen äußert sich durch eine Anämie mit blasser Haut, Abgeschlagenheit und Müdigkeit.
- Die Thrombozytopenie (Mangel an Blutplättchen) verursacht häufig Blutungen in der Haut (Petechien).
- Die erniedrigten Leukozyten machen sich durch häufige Infekte mit und ohne Fieber bemerkbar.
- Die Blasten können ins Blut und andere Organe ausgeschwemmt werden. Hierdurch schwellen Lymphknoten, Leber oder Milz (Hepatosplenomegalie) oder Zahnfleisch (Gingivahyperplasie) an. In verschiedenen Organen können Tumorinfiltrate auftreten.
- Die Blasten können das Gehirn befallen und zu Kopfschmerzen, Sehstörungen, Benommenheit oder Gangstörungen führen.

Diagnose

Anamnese und körperliche Untersuchung geben einen Hinweis auf eine Erkrankung aller drei Blutzellreihen.

Im Blutbild und Blutausstrich finden sich eine Neutropenie (erniedrigte Anzahl von Leukozyten) sowie Blasten und Promyelozyten (Vorläuferzellen). Typisch für die akute myeloische Anämie sind die so genannten Auer-Stäbchen (**Abb. A.25**).

Mit der Knochenmarkspunktion wird das Knochenmark beurteilt: Im Knochenmarksausstrich sind die unreifen Zellen (Myeloblasten) und andere Vorläuferzellen zu erkennen (**Abb. A.26**). Definitionsgemäß muss der Anteil der Blasten im Knochenmark zur Diagnose einer akuten myeloischen Anämie > 20 % betragen. In der zytochemischen Untersuchung reagieren die Blasten positiv auf die Substanz Peroxidase und färben sich braun (**Abb. A.27**). Mit immunologischen (Immunphänotypisierung) und genetischen (Zytogenetik, Chromosomenanalyse) Untersuchungen wird die akute myeloische Anämie näher klassifiziert. Eine neue Untersuchung ist die Impulszytophotometrie (ICP), mit der man die Prognose des Patienten einschätzen kann.

Im Differenzialblutbild werden neben den Blutzellen der Hb, Leber- und Nierenwerte, Bilirubin, Cholinesterase, Harnsäure, LDH und Gerinnung (Quick, PTT) gemessen. Zusätzlich wird die Blutgruppe bestimmt und nach Bakterien, Viren oder Pilzen gesucht, die eine akute myeloische Anämie auslösen können. Durch weitere Untersuchungen wie Sonografie, Röntgen, EKG, CT, MRT und Skelettszintigrafie wird geklärt, ob sich in den Organen Blasteninfiltrate befinden.

Differenzialdiagnose

Durch immunologische und zytogenetische Untersuchungen muss die ALL zur akuten myeloischen Leukämie abgegrenzt werden. Weiterhin umfasst die Differenzialdiagnose Erkrankungen, die ähnliche Symptome zeigen:

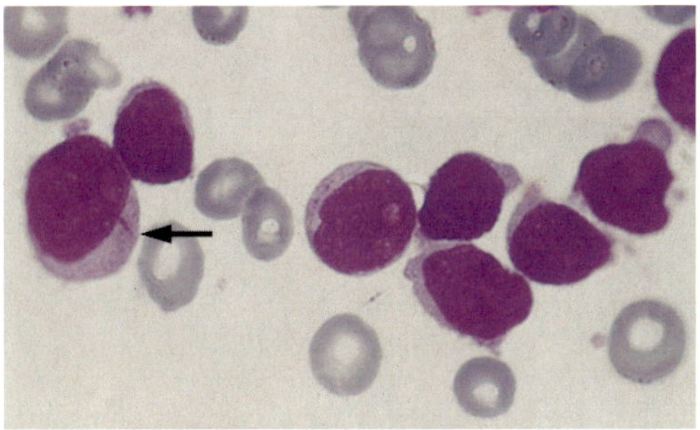

Abb. A.25 Blutausstrich bei AML. Blasten mit wenig Zytoplasma. In einer Zelle ist ein Auer-Stäbchen zu erkennen.

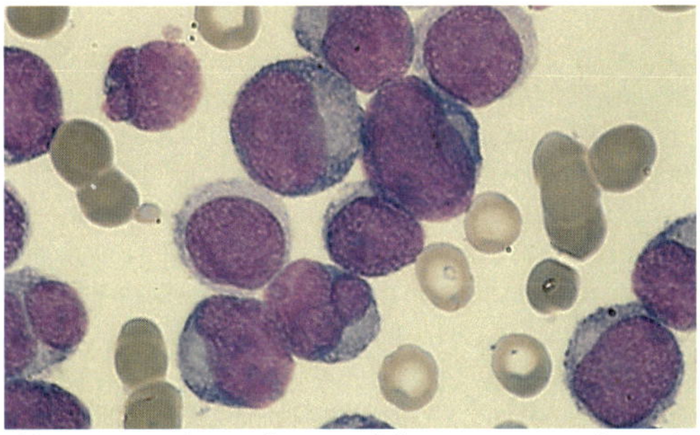

Abb. A.26 Knochenmarksausstrich bei AML. Große polymorphe Blasten mit mehreren Nukleolen, Zytoplasma ohne erkennbare Granulation.

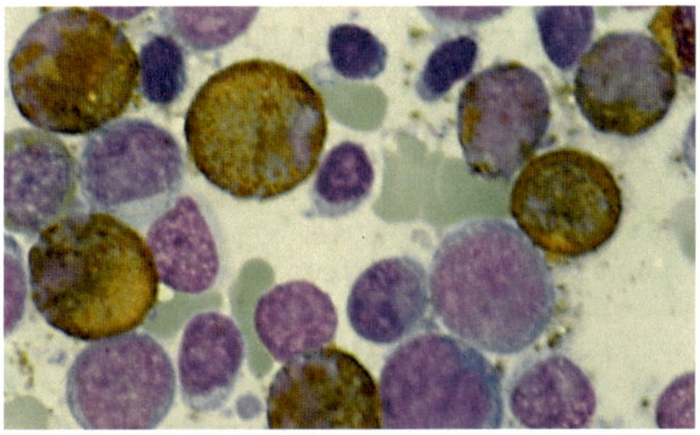

Abb. A.27 Peroxidasereaktion. Die Peroxidasereaktion der Blasten (Braunfärbung) im Knochenmarksausstrich bei akuter myeloischer Leukämie ist stark positiv.

- Schwellungen der Lymphknoten: Infektionen wie → Pfeiffer's ches Drüsenfieber,
- Knochenschmerzen: z. B. rheumatische Erkrankungen, → Osteomyelitis, → Osteosarkom,
- niedrige Erythrozyten, Leukozyten- oder Thrombozytenwerte: z. B. → Anämien anderer Ursache,
- Leber- oder Milzschwellung: Leberkrankheiten, Stoffwechselstörungen,
- ZNS-Störungen: Andere Hirnerkrankungen (Tumoren, Entzündungen).

Therapie

Ein Kind mit einer AML sollte immer in einem Zentrum für Kinderonkologie behandelt werden.

Induktionstherapie. Als Standardtherapie gilt heute eine Therapie mit mehreren Zytostatika (Polychemotherapie). Zunächst werden Medikamente gegeben, die möglichst viele Leukämiezellen vernichten und die normale Blutbildung wieder ermöglichen. Hierfür wird Cytosin-Arabinosid (Ara-cell) in Kombination mit Anthrazyklin und ggf. einem dritten Zytostatikum (Etoposid) über eine Kurzinfusion über einen Zeitraum von 4 – 6 Wochen verabreicht.

Erhaltungstherapie. Danach schließt sich eine Erhaltungstherapie (Konsolidierung) über sechs Wochen mit Prednison, Thioguanin, Anthrazyklin, Ara-cell, Vincristin, Cyclophosphamid an, um weitere Leukämiezellen zu vernichten. Anschließend bekommen die Kinder täglich 6-Thioguanin und Ara-cell alle vier Wochen bis zu einer Gesamtdauer von 1,5 Jahren.

Ist das ZNS befallen, können die Medikamente in den Schädel verabreicht oder dieser bestrahlt werden.

Supportive Therapie. Zusätzlich müssen die Symptome der Krankheit und die Nebenwirkungen der Chemotherapie behandelt werden: Infektionen werden durch sorgfältige Hygiene, keimarme Räume und Antibiotika vermieden, bei Bedarf werden Erythrozyten und Thrombozyten ersetzt (Bluttransfusion).

Stammzelltransplantation. Bislang ist unklar, ob eine Stammzelltransplantation bei einer AML hilft. Hierbei werden zunächst die Knochenmarkszellen mit einer intensiven Zytostatikatherapie (Cyclophosphamid, evtl. + Busulfan) und einer Ganzkörperbestrahlung abgetötet. Danach werden Stammzellen aus dem Blut oder Knochenmark eines geeigneten Spenders (Familienmitglied) in das Blut infundiert. Die Stammzellen siedeln sich von selbst im Knochenmark der Patienten an. Nach einer Knochenmarkstransplantation treten seltener Rezidive auf. Eine Transplantation kann jedoch schwere Langzeitnebenwirkungen wie Hormonstörungen, chronische Abstoßungsstörungen, Herzschäden und andere Tumoren verursachen oder zum Tode führen.

Prognose

Unbehandelt führt die akute myeloische Leukämie innerhalb von Wochen oder Monaten zum Tode. Mit der Therapie können etwa 40 – 60 % der Kinder geheilt werden. Eine schlechtere Prognose haben Patienten mit Leukozytenzahlen $> 100.000/\mu l$, einer Therapiedauer von über einem Jahr und bestimmten genetischen Veränderungen in den Blutzellen.

Infobox

ICD-10: C92.0

Internetadresse: http://www.kompetenznetz-leukaemie.de

Akute Otitis media

► Lynn ist gerne bei Oma und Opa und hat auch schon ein paar Mal dort übernachtet. Doch in dieser Nacht wacht sie weinend auf. Sie lässt sich nicht beruhigen. Lynn hat Fieber und fasst sich ständig an ihr rechtes Ohr. Die Großmutter ruft ihre Tochter an. „Charlotte, was sollen wir denn jetzt machen? Lynn hat Ohrschmerzen und Fieber." „Fahrt ins Krankenhaus und wir machen uns auf den Weg. Vielleicht ist das wieder so eine Mittelohrentzündung."

Definition

Die akute Otitis media ist eine gehäuft bei Kindern in der kalten Jahreszeit auftretende bakterielle oder virale Entzündung der Mittelohrschleimhaut.

Synonym: Mittelohrentzündung.

Ursachen

Begünstigend für eine Otitis media sind Infekte der oberen Luftwege. Durch die geschwollene Schleimhaut in Nase und Nasenrachenraum wird das Mittelohr nicht ausreichend belüftet und es kommt zu einem Unterdruck. Dieser bewirkt, dass über die Tuba auditiva (Eustachi'sche Röhre) virulente Erreger zum Mittelohr aufsteigen. Kleinkinder sind besonders gefährdet, denn bei ihnen ist der Nasenrachenraum relativ eng, die Rachenmandel häufig vergrößert (→ Adenoide Vegetationen) und die Tuba auditiva relativ kurz. Erreger können aber auch von außen über einen Defekt im Trommelfell eindringen. Ursache können bakterielle und virale Infektionen sein (**Tab. A.1**).

Symptome

Typisch für die Otitis media sind starke Ohrenschmerzen, Fieber, Druckgefühl im Ohr und Hörminderung. Gelegentlich wird ein pulsierendes Ohrgeräusch angegeben. Kommt es zu einer Trommelfellperforation lassen die Schmerzen meist rasch nach und Sekret läuft ab.

Diagnose

Bei der Untersuchung des Ohres mit dem Otoskop oder dem Ohrmikroskop findet man bei eitrigen Entzündungen ein gerötetes bis entdifferenziertes, meist vorgewölbtes Trommelfell (**Abb. A.28**). Bei viralen Entzündungen zeigen sich auch bläuliche, teils blutgefüllte Bläschen auf dem Trommelfell. Durch Klopfen oder Druck auf den Warzenfortsatz lässt sich häufig ein Schmerz auslösen. Mit Hilfe der Stimmgabeluntersuchung (Stimmgabeltest nach Weber und Rinne) lässt sich das Hörvermögen grob einschätzen. Genauer ist die tonaudiometrische Untersuchung, mit der eine Innenohrschädigung erkannt werden kann. Ein flacher Verlauf der Tympanometrie zeigt einen Mittelohrerguss an. Kommt es zur Trommelfellperforation können die Erreger durch einen Abstrich bestimmt werden.

Tab. A.1 Häufigkeit der Erreger einer akuten Otitis media

Erreger	Häufigkeit [%]
Streptococcus pneumoniae	30 – 35
Haemophilus influenzae	20 – 25
Moraxella catarrhalis	10 – 15
Streptokokken der Gruppe A	6
Staphylococcus aureus	5
Viren (respiratorische)	30

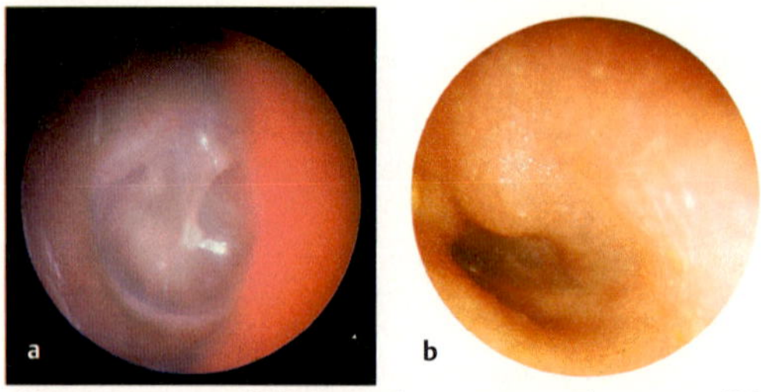

Abb. A.28 Trommelfelluntersuchung. a Normales Trommelfell, **b** Akute Otitis media. Vorgewölbtes, verdicktes und entdifferenziertes linkes Trommelfell.

Differenzialdiagnose

Tubenventilationsstörungen, Paukenergüsse, Kiefergelenksarthropathien, Entzündungen im Hals- oder Rachenbereich oder auch Zervikal-Syndrome können ebenso zu Ohrenschmerzen führen.

Therapie

In einem frühen Stadium ist häufig die Behandlung mit abschwellenden Nasentropfen und eine Schmerztherapie ausreichend. Bei ausgeprägtem Krankheitsbild oder drohenden Komplikationen ist eine Antibiotikatherapie (Amoxicillin/Penizillin) über mindestens 7 – 10 Tage indiziert. Bei drohender Innenohrschädigung muss ein Trommelfellschnitt (Parazentese) zur Drainage des Sekrets durchgeführt werden.

Prognose

Bei ausreichender Behandlung heilt die Erkrankung folgenlos aus.

Infobox

ICD-10: H66.0

Internetadresse:

Leitlinien der AWMF: http://www.leitlinien.net

Akute Pharyngitis

► Der 51-jährige Paul Schürmann klagt seinem Hausarzt: „Seit gestern habe ich plötzlich Halsschmerzen und Schluckbeschwerden. Ich habe etwas Fieber und außerdem das Gefühl, der Hals ist insgesamt angeschwollen. Jetzt tun auch noch die Ohren weh. Die Schmerzen beim Schlucken waren heute Mittag so stark, dass ich kaum etwas runter bekommen habe."

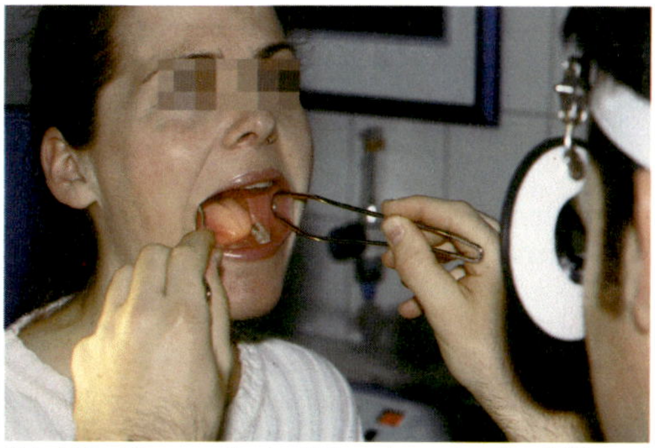

Abb. A.29 Pharyngoskopie. Untersuchung der Mundhöhle und des Oropharynx.

Definition

Bei der akuten Pharyngitis ist die Rachenschleimhaut akut entzündet. Die Erkrankung ist oft eine Begleiterscheinung von entzündlichen Prozessen im Hals-Rachen-Bereich und tritt sehr häufig auf.

Synonym: Rachenentzündung.

Ursachen

Die häufigsten Verursacher einer akuten Pharyngitis sind Viren. Das Spektrum reicht von typischen Viren der Atemwege (Influenzavirus, Parainfluenzavirus, Adenoviren) bis hin zu den eher untypischen Viren (Herpes-simplex-Virus [HSV], Coxsackie-Virus und ECHO-Virus). Auch systemische Erkrankungen mit Epstein-Barr-Viren, → Zytomegalieviruserkrankung, Masern- oder Rötelnviren führen zur akuten Pharyngitis.

Nicht selten stellt sich im Verlauf der Erkrankung eine bakterielle Superinfektion (zusätzliche Entzündung durch Bakterien) ein, am häufigsten durch Streptokokken, Pneumokokken oder Haemophilus influenzae.

Symptome

Bei leichten Formen klagt der Patient über Halsschmerzen und oft auch über Schmerzen beim Schlucken. Es treten leichtes Fieber, Ohrenschmerzen und schmerzempfindliche, geschwollene Lymphknoten am Hals auf. Die Schluckbeschwerden können sehr schmerzhaft sein und die Nahrungsaufnahme erschweren.

In schweren Fällen kommt es zu hohem Fieber. Gaumensegel und Rachen können stark anschwellen und zu Atem- und Schluckbeschwerden führen. Als Komplikation kann ein u. U. lebensgefährliches Ödem (Flüssigkeitsansammlung im Gewebe) des Kehlkopfs hinzukommen.

Diagnose

Bei der Spiegeluntersuchung (**Abb. A.29**) sieht der Arzt eine gerötete, granulierend geschwollene Rachenschleimhaut, die teilweise mit zähem, klebrigem Schleim bedeckt ist. Oft lassen sich vergrößerte Halslymphknoten tasten.

Differenzialdiagnose

Infektionskrankheiten, die mit ähnlichen Symptomen einhergehen (→ Masern, → Röteln, → Scharlach) aber auch eine Tonsillitis oder Seitenstrangangina sollten ausgeschlossen werden.

Therapie

Bei einfachen Fällen reicht es i. d. R. aus, symptomatisch zu behandeln. Der Patient kann mit anästhesierenden, desinfizierenden Lösungen gurgeln, Bonbons lutschen oder mit Kamille- oder Salbei-Tee inhalieren. Er sollte auf Noxen wie Nikotin, Alkohol oder scharf gewürzte Speisen verzichten.

In schwierigeren Fällen mit bakteriellen Infektionen kann eine orale Antibiotikagabe angezeigt sein. Gegen Fieber und Schmerzen kann Paracetamol oder ASS gegeben werden. Tritt die Rachenentzündung als Begleiterscheinung einer anderen Grunderkrankung (z. B. Masern, Röteln) auf, so ist diese entsprechend zu behandeln.

Bei einem schweren Kehlkopfödem kann eine stationäre Aufnahme zur i. v. Antibiose, evtl. Intubation (Einführung eines Beatmungsrohres durch den Kehlkopf in die Luftröhre) oder Tracheotomie (Eröffnung der Luftröhre und Einführung einer Beatmungskanüle) erforderlich werden. Diese Fälle sind allerdings sehr selten.

Prognose

Meist heilt eine akute Pharyngitis innerhalb kurzer Zeit folgenlos ab.

Infobox

ICD-10: J0.2.9

Internetadressen:
http://www.leitlinien.net
http://www.netdoktor.de

Akute Sinusitis

► Die Mutter der 9-jährigen Franziska bringt ihr Kind zum HNO-Arzt: „Franzi hat seit einigen Tagen eine starke Erkältung mit Schnupfen. Vor zwei Tagen sagte sie dann, sie spürte ein Druckgefühl. Aus der Nase kommt gelblich-grünlicher Eiter und sie hat Fieber."

Definition

Bei der akuten Sinusitis sind eine oder mehrere Nasennebenhöhlen entzündet. Die Entzündung ist meist durch Bakterien, aber auch durch Viren, Pilze oder allergisch bedingt.

Synonym: Nasennebenhöhlenentzündung.

Ursachen

Meistens geht der akuten Sinusitis ein einfacher Schnupfen voraus. Durch die Schwellung der Schleimhäute und die vermehrte Schleimproduktion kommt es zu einer Verlegung der Zugänge (Ostien) der Nebenhöhlen und zu einem Sekretstau. Die bakterielle Besiedelung, häufig durch H. influenzae oder Streptokokken, führt zur Entzündung der Nebenhöhlen. Seltener geht die Entzündung vom Zahnapparat des Oberkiefers aus (dentogene Sinusitis). Als Erreger sind hier überwiegend anaerobe Keime zu erwarten.

Eine akute Sinusitis entsteht eher, wenn anatomische Engstellen vorliegen, z. B. Nasenscheidewandverkrümmungen, hyperplastische (vergrößerte) oder atypisch geformte Nasenmuscheln (z. B. Concha bullosa). Auch eine vergrößerte Rachenmandel bei Kindern oder Allergien begünstigen eine akute Sinusitis.

Symptome

Die Erkrankungszeichen können je nach befallener Nebenhöhle recht unterschiedlich sein. Leitsymptom sind Kopfschmerzen oder Druckgefühl im Kopf. In schweren Fällen pocht der Schmerz über der Stirn, im Wangenbereich, hinter den Augen oder seltener im Hinterkopfbereich. Die Schmerzen verschlimmern sich, sobald man sich bückt. Häufig leidet der Patient gleichzeitig unter Schnupfen, der eitrig sein kann; bei schweren Entzündungen klagt er über Fieber und Abgeschlagenheit. Manchmal ist eine schmerzhafte Schwellung zu sehen.

Diagnose

Der HNO-Arzt macht eine Rhinoskopie (Untersuchung der Nase von innen). Mit dem Endoskop untersucht er die Ausführungsgänge, sobald die Nasenschleimhaut abgeschwollen und oberflächlich anästhesiert ist. Häufig sind die Austrittspunkte des N. supraorbitalis und N. infraorbitalis druckschmerzhaft und es besteht eine Klopfempfindlichkeit des Knochens über der betroffenen Höhle. Als bildgebende Verfahren werden Röntgen oder Ultraschall eingesetzt (**Abb. A.30**).

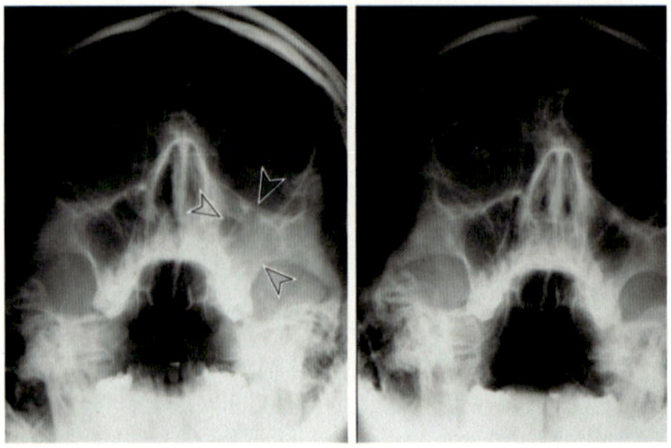

Abb. A.30 Akute Sinusitis. a Vor Therapiebeginn ist die linke Kieferhöhle subtotal verschattet (Pfeile). **b** Verlaufskontrolle nach Abschluss der antibiotischen Behandlung.

Differenzialdiagnose

Eine dentogene Ursache, → Trigeminusneuralgie oder → Tumoren im Bereich der Nasennebenhöhlen sollten ausgeschlossen werden.

Therapie

Zum Abschwellen der Nasenschleimhaut bringt der HNO-Arzt Watteträger mit abschwellenden Tropfen in die Nasengänge ein („hohe Einlage"). Der Patient kann mit Sole oder Salbei inhalieren und Schleimlöser einsetzen.

Bei starken Schmerzen empfiehlt der Arzt Schmerzmittel. Eine Antibiotikatherapie kann den Verlauf einer eitrigen Sinusitis entscheidend beeinflussen.

Prognose

Bei Vorliegen prädisponierender Faktoren (Engstellen, Allergien) kann die Erkrankung gehäuft auftreten und in eine → chronische Sinusitis übergehen.

Komplikationen

Eine Komplikation entsteht, wenn die akute Sinusitis auf die Augenhöhle übergeht. Eine Computertomografie liefert beim Verdacht auf eine solche Entwicklung genauere Ergebnisse. Bei drohenden Komplikationen kann eine operative Behandlung notwendig sein.

Infobox

ICD-10: J01.9

Internetadressen:
http://www.leitlinien.net
http://www.meduniqa.at

Akuter Arterienverschluss

► Herr Siebert wird von seiner Ehefrau in die Notaufnahme gebracht. „Ich habe solche Schmerzen im rechten Unterschenkel“, klagt er dem Dienst habenden Arzt. „Sie fingen genau nach der Tagesschau an und werden nicht besser.“ Dem Arzt fällt bei der körperlichen Untersuchung auf, dass das Bein ab dem Knie sehr blass und kühl ist, den Puls am Fuß kann er nicht tasten.

Definition

Bei einem akuten Arterienverschluss verschließt sich plötzlich ein arterielles Blutgefäß. Dadurch kommt es im Versorgungsgebiet der Arterie zu einer Ischämie (Sauerstoffmangel).

Ursachen

Ein akuter Arterienverschluss wird in den meisten Fällen von einer → Embolie oder einer → Thrombose verursacht. Seltener ist der Verschluss durch Verletzungen des Gefäßes, durch eine Aortendissektion (→ Aneurysma dissecans) oder die Phlegmasia coerulea dolens (akuter massiver Verschluss einer tiefen Beinvene, Sonderform der → Phlebothrombose) bedingt.

Embolie. Ein Thrombus (Blutgerinnsel) oder andere Elemente (Tumorgewebe, Parasiten, Luft, Fruchtwasser, Fett) werden in ein zuvor offenes Gefäßlumen verschleppt. Der Thrombus stammt dabei meistens aus dem linken Vorhof des Herzen bei Herzerkrankungen wie → Herzrhythmusstörungen oder Entzündungen der Herzklappen. Durch den Verschluss wird das distal (hinter dem Verschluss) gelegene Gewebe nicht mehr ausreichend mit Sauerstoff versorgt. Diese Hypoxie verursacht starke Schmerzen.

Thrombose. Sie entwickelt sich meist wegen einer vorher bestehenden → Arteriosklerose. Lagert sich auf die arteriosklerotischen Läsionen in der Arterienwand ein Thrombus auf, kann das Gefäß verschlossen werden.

Symptome

Abhängig von der Ursache des Verschlusses sind die klinischen Beschwerden sehr unterschiedlich.

Thrombotischer Verschluss. Bei einer arteriellen Thrombose bestehen schon seit längerem arteriosklerotische Veränderungen in den Gefäßen. Es haben sich Kollateralen (Umgehungskreisläufe) für die Blutversorgung gebildet. Die Schmerzen sind nur mäßig stark.

Embolischer Verschluss. Ein akuter embolischer Verschluss macht sich schlagartig durch sechs typische Symptome bemerkbar („6 P nach Pratt“):

1. Pain = Schmerzen (urplötzlich und stark),
2. Pulselessness = Pulslosigkeit,
3. Paleness = Blässe,
4. Paraesthesia = Sensibilitätsstörung,
5. Paralysis = Lähmung,
6. Prostration = Erschöpfung, Schock.

Bei einer **inkompletten Ischämie** wird die Extremität zwar nicht ausreichend durchblutet, über Kollateralen wird das Gewebe jedoch noch mit Sauerstoff versorgt. Reicht die Restperfusion nicht aus (**komplette Ischämie**), ist die Extremität akut bedroht: Die Patienten haben stärkste Schmerzen, Gefühlsstörungen und können das betroffene Körperteil nicht mehr bewegen. Ab 6 – 12 Stunden ist der Schaden irreversibel.

Diagnose

Der akute Verschluss eines arteriellen Gefäßes ist ein Notfall. Vergeht zu viel Zeit bis die Therapie eingeleitet wird, kann das Gewebe distal des Verschlusses wegen Sauerstoffmangel nach einer bestimmten Zeit absterben (Nekrose) (**Abb. A.31**).

Die typischen Symptome (urplötzlicher Beginn mit starken Schmerzen) und die klinische Untersuchung mit kühlen, blassen Extremitäten, Pulslosigkeit, Sensibilitätsstörungen oder Lähmungen weisen auf einen von einer Embolie verursachten akuten Arterienverschluss hin. Eine kurze Anamnese über Vorerkrankungen (z. B. Herzrhythmusstörungen als Emboliequelle) unterstützt die Diagnose. Der Puls lässt sich auf der betroffenen Beinseite nicht tasten, auf der anderen Seite sind die Pulse meist palpabel (s. Differenzialdiagnose).

Im Gegensatz dazu lassen sich die Pulse bei Patienten mit Arterienverschluss durch einen Thrombus an *beiden* Beinen nicht tasten, weil die Patienten seit Jahren eine periphere → arterielle Verschlusskrankheit (paVK) haben.

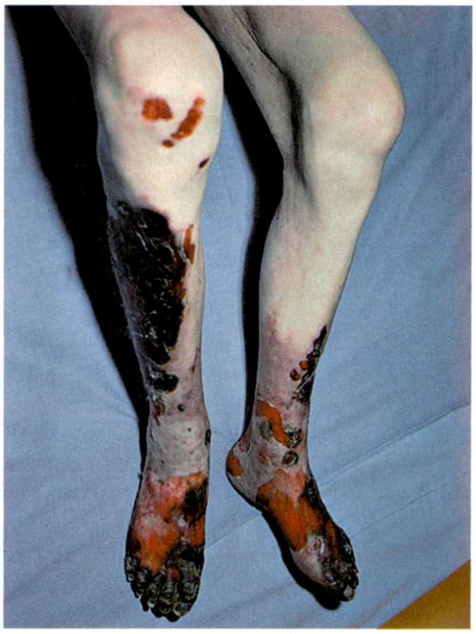

Abb. A.31 Komplette Ischämie beider Unterschenkel und Füße bei einem akuten Arterienverschluss durch eine Aortenthrombose. Eine doppelseitige Amputation ist die einzig mögliche Therapie.

Häufig berichten die Patienten über Schmerzen beim Gehen.

Eine Doppler- und Duplexsonografie zeigt die mangelnde Durchblutung. Mit einer Angiografie (digitale Subtraktionsangiografie, DSA) kann zwischen einem embolischen und einem thrombotischen Verschluss unterschieden werden: Bei einer Embolie bricht das Kontrastmittel kuppelförmig ab, bei einer Thrombose lassen sich ein langstreckiger Verschluss und arteriosklerotisch veränderte Gefäße mit Kollateralen erkennen (**Abb. A.32**).

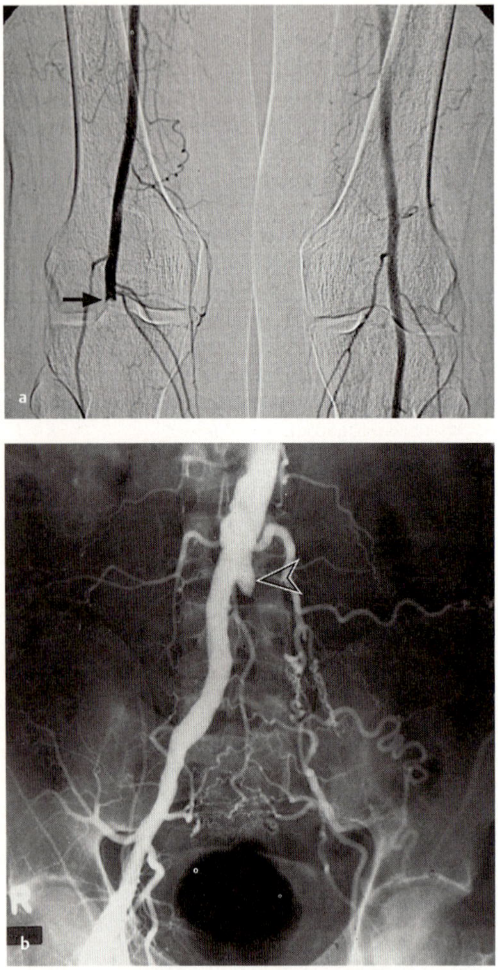

Abb. A.32 Angiografie bei akutem arteriellen Verschluss. **a** Durch einen **Embolus** ist die Strombahn der rechten A. poplitea kuppelförmig unterbrochen. Der Befund des linken Beines ist normal. **b** Ein **Thrombus** hat die linke A. iliaca communis verschlossen (Pfeil). Zur linken Leistenregion haben sich Kollateralkreisläufe ausgebildet. Die rechte A. iliaca communis zeigt arteriosklerotische Wandveränderungen.

Differenzialdiagnose

Differenzialdiagnostisch müssen die Ursachen des akuten Arterienschlusses voneinander abgegrenzt werden (**Tab. A.2**)

Therapie

Je nach Ursache des Verschlusses werden verschiedene Therapiemaßnahmen ergriffen:

Durch Embolie verursachter akuter Arterienverschluss

Komplette Ischämie. Der Verschluss muss sofort mit einer Operation beseitigt werden. Der Patient erhält zunächst 5000 Einheiten Heparin als Bolus intravenös, später über einen Perfusor. Zusätzlich bekommt er starke Schmerzmittel und Infusionslösungen. Das Bein wird tief gelagert und mit einem Watteverband umwickelt. Der Embolus wird mit einer indirekten Embolektomie mit einem Fogarty-Katheter entfernt (**Abb. A.33 a**). Alternativ kann das Gefäß direkt geöffnet und der Embolus entfernt werden (Thrombendarteriektomie, TEA).

Inkomplette Ischämie. Man versucht, den Embolus mit lokal applizierten Medikamenten aufzulösen (intraarterielle Lyse) oder ihn mit einem Katheter aus dem Gefäß abzusaugen (perkutane Aspirationsembolektomie). Nach jeder Embolektomie muss die Quelle des Embolus im Herzen und in der Aorta gesucht und entsprechend behandelt werden (z. B. offene Thrombektomie, Herzklappenersatz bei Thromben an den Herzklappen, Aortenprothese bei Aortenaneurysma, Marcumarisierung bei Herzrhythmusstörungen).

Durch Thrombose verursachter arterieller Arterienverschluss

Es wird ebenfalls Heparin verabreicht, um zu verhindern, dass sich auf den bereits bestehenden Thrombus ein wei-

Tab. A.2 Differenzialdiagnostische Unterschiede von Embolie und Thrombose

Befund	Embolie	Thrombose
Anamnese	kardiale Erkrankung	Claudicatio
Streuherd	vorhanden	nicht vorhanden
Beginn	akut	subakut
Schmerz	stark	mäßig stark
Ischämie	komplett	inkomplett
arterieller Status der Gegenseite	normal	pathologisch
Röntgenbefund	Kuppelbild	generalisierte Veränderungen

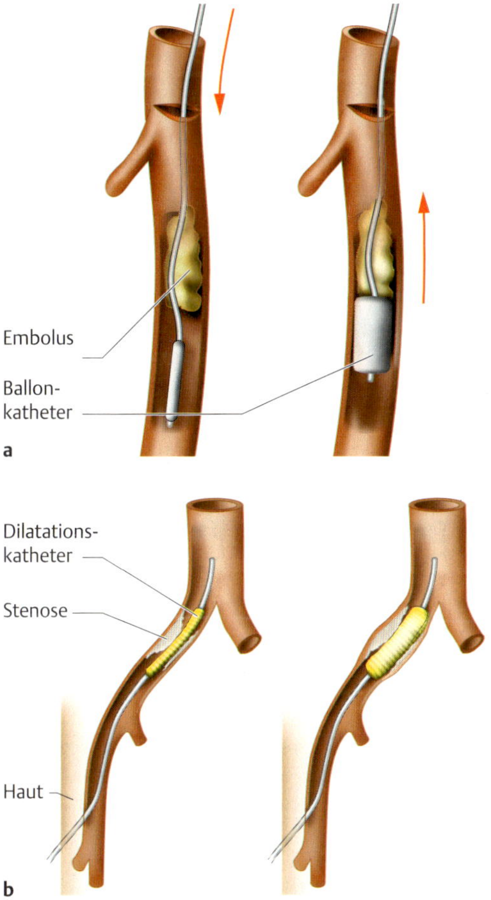

Abb. A.33 Therapiemöglichkeiten eines akuten Arterienverschlusses. a Bei einer **Embolektomie** wird der Embolus mit einem Fogarty-Katheter entfernt. **b** Bei einer **PTA** werden arteriosklerotische Gefäßverengungen mittels eines Ballonkatheters aufgedehnt.

teres Blutgerinnsel auflagert. Das Blut kann dann mit Prostavasin oder Hydroxyaethylstärke (HAES) verdünnt werden.

Mit einer Lysetherapie über einen Katheter kann der Thrombus aufgelöst werden (mit Medikamenten, die das Blutgerinnsel auflösen, z. B. Streptokinase oder Urokinase).

Die arteriosklerotischen Verengungen in den Gefäßen werden mittels eines Ballonkatheters (durch eine perkutane transluminale Angioplastie, PTA) aufgedehnt und ggfs. eine Gefäßprothese (Stent) eingelegt oder durch eine Operation beseitigt (TEA, Bypass) (**Abb. A.33 b**).

Prognose

Die Ergebnisse nach einer Embolektomie sind gut. Die Durchblutung kann am ehesten wiederhergestellt werden, wenn die Therapie in den ersten vier bis sechs Stunden erfolgt.

10 % der Patienten mit einer Embolie erleiden während des stationären Aufenthaltes eine zweite Embolie. Sorgfältige Überwachung ist notwendig.

Komplikationen

Nach der Operation kann es zu einem → Kompartmentsyndrom (erhöhter Druck in den Muskellogen) am Unterschenkel kommen. Das Risiko ist umso größer, je länger der Sauerstoffmangel gedauert hat und je kompletter die Ischämie ist. Das Kompartmentsyndrom äußert sich durch eine harte Wade, möglicherweise mit einer → Peronaeuslähmung. Der Puls ist nicht mehr tastbar. Um den Druck zu entlasten und Spätschäden an Nerven und Gefäßen zu vermeiden, müssen umgehend die Muskelfaszien gespalten werden (Fasziotomie).

Infobox

ICD-10: I74.3

Internetadressen:

Deutsche Gesellschaft für Gefäßchirurgie mit aktuellen Studien, Leitlinien, e-learning, Fallgeschichten und vielen Links: http://www.gefaesschirurgie.de

Literatur:

Hirner, A., Weise, K.: Chirurgie. Schnitt für Schnitt. Thieme, Stuttgart 2004

Akuter Lärmschaden

► „Wie viele hast Du?" „Nur fünf, und Du?" „Acht". Micha und André sind nach der Schule an der alten Fabrik verabredet. Sie wollen noch ein paar Silvesterkracher hochgehen lassen. Die beiden klettern über eine Leiter in die große Maschinenhalle und suchen einen Platz hinter einer Stahlwanne. André durchsucht noch seine Taschen, als Micha seine Kracher in unmittelbarer Nähe hochgehen lässt. „Bist Du verrückt?" André schreit seinen Freund an und hält sich die Ohren zu. Das Pfeifen, das er auf dem einen Ohr hört, ist auch am nächsten Tag noch da.

Abb. A.34 Lärmschaden. Ein startendes Flugzeug kann ein akutes Lärmtrauma hervorrufen.

Definition

Lärmschäden sind Schädigungen des Innen- und/oder Mittelohrs, die durch akute oder chronische Einwirkung von akustischer Energie (Schall) bestimmter Art, Stärke und Dauer entstehen.

Synonyme: akutes Lärmtrauma, akustisches Trauma.

Ursachen

Bei dem akuten Lärmschaden sind die Haarzellen im Innenohr entweder durch eine direkte mechanische Zerstörung oder über Stoffwechsel- oder Durchblutungsstörungen geschädigt. Sind die Schädigungen zu intensiv oder von zu langer Dauer, sterben die Zellen ab. Je nach Art und Intensität werden unterschiedliche Krankheitsbilder unterschieden:

Knalltrauma. Schallwellen wirken mit einer Stärke (Intensität) von mehr als 150 Dezibel (dB) und über eine kurze Zeit (< 1,5 ms) ein- oder mehrmalig ein. Das ist häufig bei Schusswaffen (auch Schreckschusswaffen), Spielzeugpistolen oder Knallkörpern der Fall. Dabei werden besonders die Haarzellen des Innenohres geschädigt, die für die Aufnahme der hohen Frequenzen zuständig sind. Der schallleitende Apparat, die Mittelohrstrukturen, bleibt intakt. Evtl. entsteht ein Ohrgeräusch (→ Tinnitus).

Explosionstrauma. Es wirkt eine Schalldruckwelle von mehr als 150 dB Stärke und einer Dauer von > 3 ms. Dabei wird nicht nur das Innenohr geschädigt, sondern auch das Trommelfell, die runde Fenstermembran (Barriere zwischen Mittel- und Innenohr) oder die Gehörknöchelchenkette können verletzt werden. Ursachen können Explosionen, platzende Kessel oder Fahrzeugreifen sowie Bombendetonationen sein.

Akutes Lärmtrauma. Dieses Trauma entsteht durch Schallpegel von 130 – 160 dB, die einige Minuten bis Stunden anhalten. Auch hier wird, wie beim Knalltrauma, nur das Innenohr geschädigt, der schallleitende Apparat bleibt intakt. Die Hörstörung betrifft i.d.R. eher den Hochtonbereich, der Betroffene kann jedoch auch ertauben. Mögliche Ursachen sind Konzert- oder Diskothekenbesuche, Hören mit Kopfhörern, startende Flugzeuge oder sogar lautes Kinderspielzeug (**Abb. A.34**).

Symptome

Die Symptome sind unabhängig von der Ursache eine Hörminderung und evtl. Ohrgeräusche (→ Tinnitus). Es kann sich ebenfalls ein Druckgefühl in Kopf und Ohren einstellen.

Diagnose

Mit einer ohrmikroskopischen Untersuchung wird das Trommelfell beurteilt. Zusätzlich kann mit der Tonaudiometrie eine Schallleitungs- und Knochenleitungskurve erstellt werden. Gegebenenfalls werden Schäden des Innenohrs durch die Messung otoakustischer Emissionen nachgewiesen.

Therapie

Die Behandlung besteht in einer durchblutungsfördernden Infusionstherapie wie beim → Hörsturz. In schweren Fällen wird zusätzlich eine hyperbare Sauerstofftherapie (HbO) durchgeführt. Bei totalem Hörverlust, Verdacht auf Ruptur des runden Fensters oder zur Revision einer Trommelfellverletzung ist zusätzlich eine operative Therapie indiziert.

Prognose

Bei raschem Therapiebeginn und/oder leichtem Innenohrschaden heilt die Schädigung häufig komplett aus. Bei höhergradigen Schäden und Ohrgeräuschen kann das Hörvermögen dauerhaft beeinträchtigt sein.

Infobox

ICD-10: H83.3

Internetadressen:

Leitlinien der AWMF (HNO): http://www.leitlinien.net

Dt. Tinnitus-Liga e. V.: http://www.tinnitus-liga.de

Druckkammer-Centrum Stuttgart: http://www.dcs1-stuttgart.de

Akuter Verwirrtheitszustand

► Frau Radlhuber, 76 Jahre, leidet an einem fieberhaften Infekt. Nachts wird sie von den Angehörigen im Flur stehend angetroffen. Sie redet wirre Dinge, weiß nicht wo sie ist, erkennt aber den Sohn noch und fragt, wo denn ihr bereits verstorbener Ehemann sei. Auch auf Zureden lässt sie sich nicht auf die Klarstellungen ein, sondern fragt verwundert-ängstlich stetig nach anderen Dingen. Der Hausarzt führt die Verwirrung auf Flüssigkeitsmangel und Fieber zurück und weist sie ins Krankenhaus ein. In der Folgenacht klettert die Dame dort nachts über das Bettgitter, stürzt und muss wegen einer Schenkelhalsfraktur operiert werden.

Definition

Der akute Verwirrtheitszustand ist eine akut auftretende psychiatrische Erkrankung mit einem typischen Mischbild an Störungen der geistigen Funktionen. Der Begriff gilt nicht für Veränderungen, die aus der Einnahme von psychotropen Substanzen (z. B. Drogen und Alkohol) resultieren.

Ursachen

Als Ursachen kommen Elektrolytveränderungen, Stoffwechselstörungen oder Infektionen in Frage. Nicht immer ist eine feste Ursache auszumachen, jedoch ist dieses Krankheitsbild wegen seines akuten Beginns und seiner typischen Erscheinungen gut zu diagnostizieren. Menschen, die älter als 60 Jahre sind, erkranken häufiger daran.

Symptome

Der akute Verwirrtheitszustand ist ein unspezifisches Zustandsbild des Delirs. Es besteht aus gleichzeitigen Störungen:

- des Bewusstseins und der Aufmerksamkeit,
- der Wahrnehmung,
- des Denkens,
- des Gedächtnisses,
- der Psychomotorik,
- des emotionalen Zustandes,
- des Schlaf-Wach-Rhythmus.

Diagnose

Durch ein psychiatrisches Untersuchungsgespräch werden Störungen der Aufmerksamkeit, des Gedächtnisses, des Denkens und der Wahrnehmung geprüft.

Psychomotorische Tests erfolgen, z. B. Finger-Finger-Versuch, Finger-Nase-Versuch und Strichgang auf der Linie. Der emotionale Zustand wird unter Berücksichtigung der Kooperation des Patienten und des Gesamteindruckes bestimmt. Der Schlaf-Wach-Rhythmus wird durch Befragen des Patienten oder von Angehörigen erfragt, nötigenfalls wird die Aufzeichnung eines Schlafprotokolls angeordnet.

Differenzialdiagnose

Abzugrenzen ist die →Demenz (Denkleistungsverlust durch Zelluntergang im Gehirn), verursacht z. B. durch Alzheimer oder höheres Lebensalter.

Auch schizophrene oder psychotische Zustandsbilder können derartige Erscheinungen hervorrufen, wirken jedoch im allgemeinen „bunter".

Verwirrtheitszustände durch Drogen oder Alkohol sind als entsprechend rauschmittelbedingte Intoxikationen zu bezeichnen, z. B. als alkoholisches Delir.

Therapie

Ist eine Ursache auszumachen, so ist diese nach Möglichkeit zu therapieren.

Elektrolytveränderungen. Fehlende Salze werden durch Infusionen oder Trinklösungen (z. B. Kalinor-Brause) ersetzt. Überschüssige Salze werden durch sog. forcierte Diurese gewollt ausgeschwemmt. Hierbei kommen Diuretika zum Einsatz, in Extremfällen bisweilen auch die Dialyse. Je nach Ursache ist die Prognose abhängig von den jeweils real machbaren Maßnahmen.

Stoffwechselstörungen. Verursacht werden sie z. B. durch eine Leberzirrhose oder eine Schilddrüsenüberfunktion. Wird die Stoffwechsellage korrigiert, stellt sich wieder der Normalzustand ein. Die Prognose ist abhängig von der Grunderkrankung und der Compliance, der Bereitschaft des Patienten, die ärztlichen Anordnungen zu befolgen.

Infektionen. Bei schweren Infektionen, z. B. durch Harnwegskeime oder bei Meningitis, wird zunächst mit einem sog. breitbandigen Antibiotikum versucht, die Ursache zu bekämpfen. Gleichzeitig wird zur gezielten Antibiose nach dem Erreger gesucht. Daneben stehen fiebersenkende Maßnahmen und Flüssigkeitssubstitution im Vordergrund.

Allgemeine Maßnahmen. Allgemein ist der Patient vor Verletzungen durch Sturz oder ihn gefährdende Gegenstände zu schützen. Insbesondere ein Bettgitter kann gefährliche Stürze bedingen, ggf. kann durch Vorlegen einer Matratze, durch Drei-Punkt- oder Voll-Fixierung nach ärztlicher Anordnung oder eine Sitzwache die Eigengefährdung begrenzt werden.

Auf eine geeignete Ernährung sowie einen ausgeglichenen Flüssigkeitshaushalt muss geachtet werden (**Abb. A.35**).

Medikamentös werden zur Beruhigung Benzodiazepine (z. B. Tavor, Valium) sowie niederpotente Neuroleptika (z. B. Dipiperon Saft, Atosil, Neurocil) eingesetzt.

Checkliste Trinkförderung

- Angehörige nach gewohntem Getränk fragen, wenn der alte Mensch keine Auskunft mehr geben kann
- appetitliche Gefäße in Reichweite bereitstellen, ggf. in Schnabeltasse
- Handhabung der Gefäße beachten: Gefäße den Fähigkeiten des alten Menschen anpassen
- Eigengewicht der Gefäße beachten
- Gefäße nicht bis zum Rand füllen
- Regelmäßig kleine Trinkmengen anbieten, ggf. im Trinkplan die Mengen notieren
- Getränkewecker benutzen
- Beim Trinken unbedingt Zeit lassen – nicht drängen! Das Angebot soll einladend sein
- Es kann hilfreich sein, wenn Pflegende mittrinken
- Geselligkeit kann fördernd wirken
- Salzige Getränke (Brühe), ungesüßter Tee und Bier werden oft bevorzugt
- Kaffee sollte frisch gebrüht sein, denn für alte Menschen ist Kaffee ein Feiertagsgetränk

Abb. A.35 Trinkförderung. Durch verschiedene Maßnahmen kann das Trinken bei älteren Menschen gefördert und so Dehydratation verhindert werden.

Prognose

Der akute Verwirrtheitszustand ist reversibel, wenn die zugrunde liegende Ursache rechtzeitig erkannt und behandelt wird.

Infobox

ICD-10: F05.9

Internetadressen:

http://www.geroweb.de/gerontopsychiatrie/delir.html

http://www.hilfe-und-pflege-im-alter.de

Akutes Abdomen

► Der 16-Jährige Christian kommt früher von der Schule nach Hause und erzählt seiner Mutter, dass er starke Bauchschmerzen habe und ihm übel sei. Christian legt sich sofort ins Bett und bleibt dort regungslos liegen. Er erbricht und sieht richtig elend aus. Seine Mutter misst Fieber: 39,1 °C. Als die Schmerzen immer schlimmer werden, ruft Christians Mutter den Hausarzt.

Definition

Ein akutes Abdomen bezeichnet starke Bauchschmerzen unklarer Ursache, die innerhalb weniger Stunden auftreten und den Allgemeinzustand des Patienten deutlich beeinträchtigen. Ein akutes Abdomen ist ein medizinischer Notfall.

Ursachen

Ein akutes Abdomen kann viele verschiedene Ursachen haben (**Abb. A.36**):

- Entzündungen im Abdomen (→ Appendizitis, → Pankreatitis, → Divertikulitis, → Cholezystitis),
- perforierte (durchbrochene) Geschwüre im Magen-Darm-Trakt (→ Magengeschwür),
- eingeklemmte Hernien (Leisten-, Nabel- oder Schenkelbruch),
- Karzinome im Magen-Darm-Trakt,
- Verwachsungen mit Abschnürungen von Darmabschnitten (Briden).

Symptome

Die Patienten spüren Bauchschmerzen, die entweder kolikartig oder als Dauerschmerzen auftreten. Sind die Schmerzen durch einen mechanischen → Ileus (abgeschnürter Darmabschnitt) oder eine Choledocholithiasis (Steine in den Gallenwegen) bedingt, bewegen sich die Kranken unruhig im Bett hin und her und krümmen sich vor Schmerzen. Im Gegensatz dazu verharren Patienten mit einer Reizung des Peritoneums, z. B. eine Begleitperitonitis bei akuter Appendizitis, regungslos in Rückenlage und vermeiden jede Bewegung.

Die Kranken haben oft Fieber, leiden unter Übelkeit und Erbrechen, Durchfall oder Verstopfung. Sie sind kaltschweißig und blass, das Gesicht ist häufig fleckig gerötet, die Wangen eingefallen.

Einteilung

Nach dem Schweregrad der Schmerzen unterscheidet man drei verschiedene Formen des akuten Abdomens:

1. **Perakutes Abdomen:** Der Patient spürt urplötzlich äußerst starke Schmerzen („Vernichtungsschmerz"), das Abdomen ist bretthart, der Patient hat einen Schock,

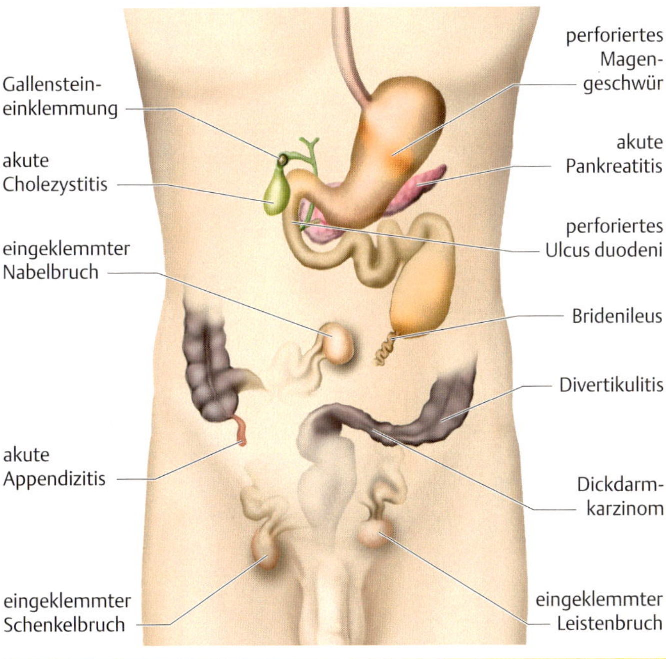

Abb. A.36 Akutes Abdomen. Die häufigsten Ursachen des akuten Abdomens.

2. **Akutes Abdomen:** Die Schmerzen sind sehr heftig, bei der Palpation des Abdomens spannen sich die Bauchmuskeln im gesamten Bauch an (diffuse Abwehrspannung), der Kreislauf ist instabil (Blutdruck fällt, die Herzfrequenz ist erhöht),
3. **Subakutes Abdomen:** Die Schmerzen treten ständig oder kolikartig auf, eine Abwehrspannung tritt nur lokal auf, der Kreislauf ist stabil.

Diagnose

Bei akut einsetzenden Bauchschmerzen unklarer Ursache wird die Diagnose „akutes Abdomen" gestellt. Nach der Akuttherapie erfolgt eine stufenweise Diagnostik.

In der Anamnese (Krankengeschichte) sollten wichtige Vorerkrankungen erfragt werden: Ist bei dem Patienten ein Magen- oder Duodenalulkus (Geschwür) bekannt oder hat er Gallensteine? Wurde er schon einmal operiert und können sich dadurch Briden (Verwachsungen) gebildet haben? Bei weiblichen Patienten sollte der Menstruationszyklus erfragt und ein Schwangerschaftstest durchgeführt werden.

Der Kranke sollte den Charakter und den genauen Ort der Schmerzen genau beschreiben. Sind sie konstant (Reizung des Peritoneums) oder kolikartig (Gallen-, Harnleitersteine, Ileus), nehmen sie an Intensität zu oder ab, sind sie diffus im gesamten Abdomen oder an einer bestimmten Stelle. Sind die Schmerzen „gewandert" (z. B. von der Nabelgegend bis in den rechten Unterbauch bei einer akuten Appendizitis) oder strahlen die Schmerzen aus (z. B. bei einem Ureterstein bis in die äußeren Genitalien).

In der körperlichen Untersuchung mit Palpation und Auskultation lassen sich die Schmerzen einem Organ oder Organsystem zuordnen (**Tab. A.3**).

Im Blut werden Entzündungswerte (BSG, CRP, Leukozyten), Blutbild, Blutzucker, Pankreasenzyme, CK, Troponin, Leberenzyme, Kreatinin, Elektrolyte, Quick und PTT bestimmt sowie ein Urinstatus erhoben.

Zur weiteren Basisdiagnostik gehören EKG, Abdomensonografie und Röntgenaufnahmen von Thorax und Abdomen. Je nach Verdacht der zugrunde liegenden Erkrankung sind weitere technische Untersuchungen notwendig (Gastroskopie, Abdomen-CT, Angiografie).

Differenzialdiagnose

Mehrere Krankheiten müssen differenzialdiagnostisch voneinander abgegrenzt werden (**Tab. A.3**).

Tab. A.3 Differenzialdiagnose des akuten Abdomens

Krankheitsbild	Schmerzen	unspezifische Symptome	Laborwerte	bildgebende Verfahren
akute → Appendizitis	▪ initial Schmerzen im Oberbauch ▪ später im rechten Unterbauch ▪ Klopfschmerz, Loslassschmerz	▪ diffuse Abwehrspannung über dem Abdomen ▪ Fieber, Übelkeit, Erbrechen	▪ Entzündungszeichen im Blut erhöht	▪ Sonografie: verdickte Wand, evtl. Abzess
Gallenkolik (Choledocholithiasis)	▪ Schmerzen über Minuten zunehmend, über Stunden anhaltend, wellenförmig auftretend ▪ Druckschmerz im rechten Oberbauch	▪ Ikterus ▪ Übelkeit, Erbrechen	▪ γ-GT, Transaminasen oder Bilirubin erhöht	▪ Sonografie, ERC (endoskopisch retrograde Cholangiografie), Röntgen: Steine darstellbar
Nierenkolik (→ Nephrolithiasis)	▪ Schmerzen in den Flanken, in Leisten oder Hoden bzw. Schamlippen ausstrahlend	▪ Übelkeit, Erbrechen	▪ Harnuntersuchung: Hämaturie, Kristalle, Entzündungszeichen	▪ Röntgen-Abdomen, CT: Steine darstellbar
perforierter Ulkus (→ Magenulkus, → Duodenalulkus) (**Abb. A.37**)	▪ plötzliche heftige Schmerzen im Oberbauch	▪ Abdomen bretthart, diffuse Abwehrspannung		▪ Röntgen-Thorax und Abdomen: Luftsichel unter dem Zwerchfell

Tab. A.3 Fortsetzung

Krankheitsbild	Schmerzen	unspezifische Symptome	Laborwerte	bildgebende Verfahren
→ Ileus (Darmverschluss) (**Abb. A.38**)	▪ Schmerzen im Unterbauch, an Intensität zunehmend	▪ Übelkeit, Aufstoßen, Stuhl und Windverhalt, evtl. Erbrechen ▪ Meteorismus (Blähungen), „Trommelbauch" ▪ Hyperperistaltik des Darms, Darmgeräusche klingend und spritzend		▪ Sonografie: erweiterte Darmschlingen ▪ Röntgen-Abdomen: Spiegelbildungen
→ Mesenterialinfarkt	▪ stärkste Bauchschmerzen, schlecht lokalisierbar, danach schmerzfreies Intervall ▪ später zunehmende diffuse Bauchschmerzen ▪ in der Anamnese postprandiale Bauchschmerzen (nach dem Essen)	▪ Übelkeit, Erbrechen, Schock		▪ Mesenterialarterien-Angiografie: Darstellung der Gefäße
→ Divertikulitis	▪ heftige Schmerzen im linken Unterbauch ▪ lokale Abwehrspannung, walzenförmige Resistenz im linken Unterbauch	▪ Fieber	▪ Entzündungszeichen im Blut erhöht	▪ Sonografie: Wandverdickungen, → Abzesse ▪ Gastrografin-Kontrasteinlauf, Koloskopie: Darstellung der entzündeten Divertikel
→ Pankreatitis	▪ dumpfer, bohrender Dauerschmerz im Oberbauch, häufig gürtelförmig in den Rücken ausstrahlend	▪ Übelkeit, Erbrechen, Meteorismus, Obstipation ▪ Fieber ▪ Schock	▪ Amylase und Lipase erhöht	▪ Sonografie, CT: geschwollenes Pankreas, Nekrosen, Einblutungen ▪ ERC: Gallensteine darstellbar
→ Extrauteringravidität	▪ Unterbauchschmerzen	▪ Ausbleiben der Periode ▪ vaginale Blutungen	▪ β-hCG-Werte sind erhöht (Schwangerschaftstest positiv)	▪ Sonografie: Endometrium schwangerschaftsgemäß umgewandelt

Therapie

Die Behandlung des akuten Abdomens richtet sich nach der zugrunde liegenden Krankheit. Jeder Patient mit einem akuten Abdomen sollte einen großlumigen venösen Zugang erhalten, damit man rasch Medikamente oder Flüssigkeit verabreichen kann. Blutdruck und Puls sollten regelmäßig überprüft werden, um einen drohenden Kreislaufzusammenbruch zu erkennen.

Bei einem perakuten oder akuten Abdomen kann es erforderlich sein, ohne eine eindeutige Diagnose eine Therapie einzuleiten (z. B. Laparotomie oder Laparoskopie), z. B. bei Verdacht auf eine → akute Appendizitis, einen akuten → Mesenterialinfarkt oder eine → Milzruptur.

Prognose

Ein akutes Abdomen kann durch Störungen des Wasser- und Elektrolythaushaltes oder durch eine → Sepsis (Besiedelung der Blutbahn mit Bakterien) zu einem → Herz-Kreislauf-Stillstand führen. „Alarmsymptome", die auf einen drohenden Schock hinweisen, sind → Hypotonie (Blutdruckabfall), Tachykardie (schneller Herzschlag), Oligurie (Rückgang der Harnausscheidung) oder Exsikkose. Bei jedem akuten Abdomen kann sich eine generalisierte → Peritonitis oder ein Ileus entwickeln. Die Prognose des akuten Abdomens hängt ganz entscheidend von der Grundkrankheit ab: Während ein Patient mit einer akuten Appendizitis eine sehr gute Prognose hat, ist die

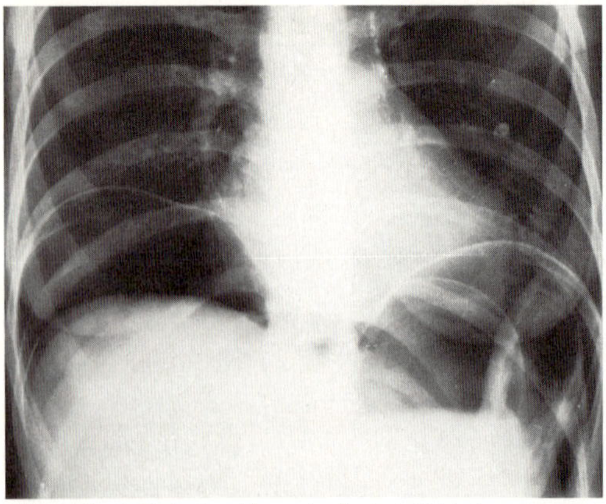

Abb. A.37 Perforiertes Ulcus duodeni. Luftsicheln unter dem Zwerchfell in der Röntgenaufnahme im Stehen.

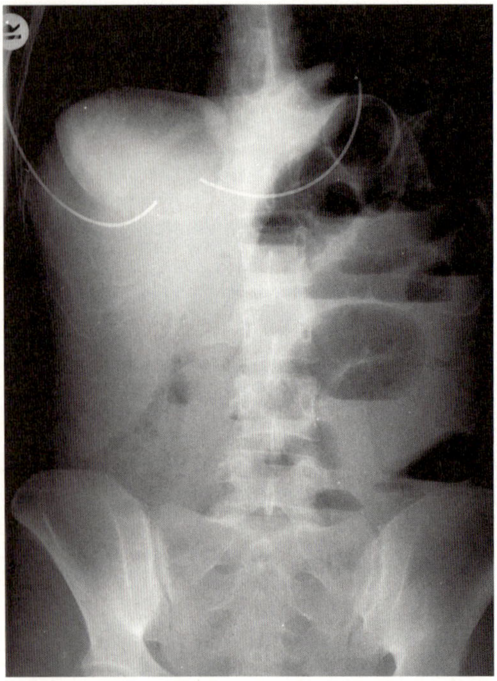

Abb. A.38 Abdomenübersicht bei Ileus. In den dilatierten Dünndarmschlingen ist der Flüssigkeits-Luft-Spiegel zu erkennen.

Letalität bei einem rupturierten Aortenaneurysma oder einem Mesenterialinfarkt sehr viel schlechter (s. Prognose der einzelnen Erkrankungen).

Infobox

ICD-10
R10.0

Internetadressen:
Leitlinien der AWMF: http://www.awmf-online.de
Lern- und Informationssystem für die medizinische Ausbildung: http://www.prometheus.uni-tuebingen.de

Literatur:
Hirner, A., Weise, K.: Chirurgie. Schnitt für Schnitt. Thieme Stuttgart 2004
Siegenthaler, W. (Hrsg.): Siegenthalers Differenzialdiagnose, 19. Aufl. Thieme, Stuttgart 2005
Siewert, J.R.: Chirurgie, 7. Aufl. Springer, Heidelberg 2001

Akutes Abdomen in der Gynäkologie

▶ Die 28-jährige Frau Schneider wird morgens in die Klinik eingeliefert. Sie klagt über massive Bauchschmerzen: „Es fing an, als ich mich heute morgen beim Aufwachen das erste Mal gedreht habe." Die Bauchdecke ist gespannt und druckempfindlich, der Puls ist beschleunigt. In der Anamnese gibt sie ein submuköses Uterusmyom an (Abb. A.39).

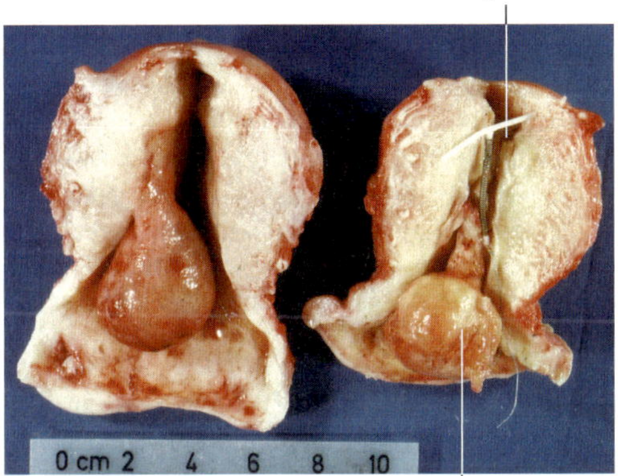

Abb. A.39 Submuköses Uterusmyom. Uterus mit zwei gestielten submukösen Myomen bei liegender Spirale.

Definition

Ein akutes Abdomen bezeichnet starke Bauchschmerzen, die innerhalb weniger Stunden auftreten und den Allgemeinzustand der Patientin deutlich beeinträchtigen. Es ist ein lebensbedrohlicher Zustand, der durch unterschiedliche Erkrankungen verursacht werden kann.

Ursachen

Die Hauptursachen für ein akutes Abdomen in der Gynäkologie und Geburtshilfe sind (**Tab. A.4**):

- → Extrauterine Schwangerschaft (**Abb. A.40**),
- akute → Adnexitis,
- stielgedrehte Ovarialtumoren (z. B. Uterusmyom).

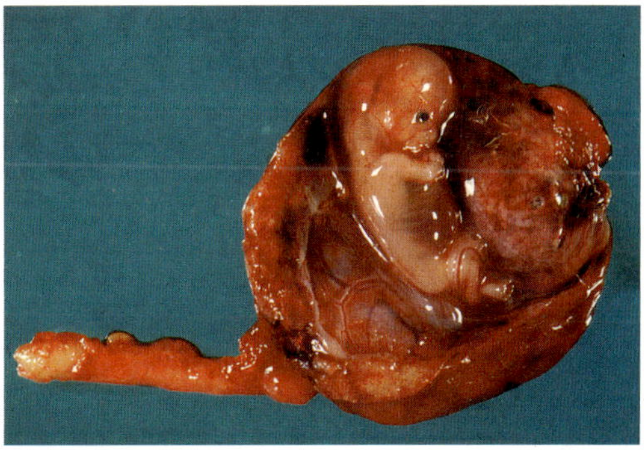

Abb. A.40 Extrauteringravidität.

Tab. A.4 ***Mögliche Ursachen für ein akutes Abdomen in der Gynäkologie und Geburtshilfe***

Schwangerschaft	keine Schwangerschaft
mit Fieber	
▪ infizierte alte Eileiterschwangerschaft ▪ Kindbettfieber ▪ Amnioninfekt ▪ febriler / septischer Abort	▪ zerfallenes Karzinom ▪ infiziertes Myom ▪ Ruptur einer Pyosalpinx (Eiteransammlung im Eileiter) oder eines Tuboovarialabzesses
ohne Fieber	
▪ Vena-cava-Syndrom ▪ Einkeilung eines Myoms oder eines Ovarialtumors ▪ stielgedrehter Tumor ▪ Myomnekrose	▪ Einkeilung eines Myoms oder eines Ovarialtumors ▪ stielgedrehter Tumor ▪ Myomnekrose
ohne Fieber, mit Blutung	
▪ Eileiterschwangerschaft ▪ Ruptur der Gebärmutter ▪ vorzeitige Plazentalösung	▪ retrograde Menstruation ▪ Ruptur einer Ovarialzyste ▪ Perforation eines Karzinoms ▪ postoperative Nahtdehiszens

Symptome

Allgemeine Symptome des akuten Abdomens sind:

- akute Bauchschmerzen,
- Druckschmerz,
- Erbrechen, Obstipation,
- gespannte Bauchdecke mit Abwehrreaktion,
- schwere Beeinträchtigung des Allgemeinzustandes,
- Pulsbeschleunigung,
- häufig Fieber.

Extrauteringravidität

Die Schwangerschaft außerhalb der Gebärmutter ist die häufigste Ursache eines akuten Abdomens in der Gynäkologie. Vor Beginn der Schmerzen bleibt meist über 6 bis 8 Wochen die Regelblutung aus. Die Extrauteringravidität entspricht im Grundsatz einer normalen Schwangerschaft, d. h., man findet die üblichen Schwangerschaftsveränderungen. Hinzu kommen Unterbauchschmerzen aufgrund der Raumforderung durch die Blastozyste und vaginale Blutungen, da das schwangerschaftserhaltende β-hCG aufgrund der ungünstigen Einnistungsbedingungen zu niedrig ist.

Meist ist der Eileiter betroffen (98 %). Durch ihr invasives Wachstum bekommt sie schnell Anschluss an mütterliche Gefäße. Die Wand des Eileiters wird praktisch „durchwachsen“. Aufgrund des begrenzten Raumangebots kann es bei zunehmendem Wachstum zu Blutungen oder sogar zu einem Riss (Ruptur) der Eileiterwand kommen.

Symptom einer blutenden Extrauteringravidität ist ein gut lokalisierbarer Schmerz, der oft weit ausstrahlt. Ist der Blutverlust groß (es können sich durchaus 1 – 3 l Blut in der Bauchhöhle befinden), so hat die Patientin die typische Schocksymptomatik.

Akute Adnexitis

Bei der akuten Adnexitis sind Eileiter und Eierstöcke entzündet. Die verursachenden Bakterien können in den Bauchraum gelangen und eine Bauchfellentzündung verursachen. Es besteht jedoch auch die Möglichkeit eines Tuboovarialabszesses (die mit Eiter gefüllten Eileiter bilden mit den entzündeten, vereiterten Eierstöcken eine gemeinsame Abszesshöhle), der im Verlauf der Erkrankung rupturieren kann.

Bei etwa 10 % aller Adnexentzündungen kommt es zu einem akuten Abdomen. Mit dem Aufsteigen der Keime entsteht ein schnell zunehmender Schmerz. Die Bauchdeckenspannung ist zunächst auf den Unterbauch begrenzt, breitet sich dann aber über den ganzen Bauchraum als Zeichen einer allgemeinen Bauchfellentzündung aus.

Stielgedrehte Ovarialtumoren

Die Symptome setzten oft im Zusammenhang mit einer Körperbewegung wie einem plötzlichen Lagewechsel (Umdrehen im Bett, Bücken) ein. Die Intensität ist davon abhängig, wie plötzlich und wie stark die Blutzirkulation des Tumors oder der Zyste unterbrochen wird. Es besteht ein lokalisierbarer Schmerz, eine Pulsbeschleunigung und eine allmähliche Temperatursteigerung. Bei der Tastuntersuchung findet man einen Tumor, der druckempfindlich und zunächst gut abgrenzbar ist.

Diagnose

Im ersten Schritt wird eine Anamnese erhoben. Hier wird die Patientin über die Entstehung der Schmerzen befragt. Wichtig ist es auch, die Schmerzqualitäten zu unterscheiden. Man kann diese bezüglich ihrer Qualität in einen viszeralen und somatischen Schmerz unterteilen.

Viszerale Schmerzen. Sie werden als dumpf, bohrend oder krampfartig empfunden. Der Schmerz ist diffus und wird meist beidseits der Mittellinie lokalisiert, ohne dass sich dort die Ursache des Schmerzes befinden muss. Der viszerale Schmerz deutet auf ein Krankheitsgeschehen im Bereich der Bauchorgane hin.

Somatische Schmerzen. Die Patientin hat einseitige dumpfe, scharfe oder brennende Dauerschmerzen. Sie haben gegenüber den viszeralen Schmerzen den Vorteil, gut lokalisierbar zu sein. Zudem bessern sie sich bei Schonhaltung. Bei somatischem Schmerz muss die Ursache eher im Bereich der Bauchwand und des bauchwandgerichteten Bauchfellblattes gesucht werden.

Es sollte ermittelt werden, ob die Patientin schwanger ist. Eine entzündliche Ursache ist ebenso auszuschließen.

Differenzialdiagnose

Innere Blutung.

Therapie

Die Therapie besteht in der Beseitigung der Grunderkrankung. Die Operationsindikation richtet sich nach Art und Umfang dieser Erkrankung. In Vordergrund steht die Überlegung, ob man das akute Abdomen durch eine konservative Therapie behandeln kann, ob eine Spontanheilung möglich ist und wie hoch die Heilungschancen mit und ohne Operation sind.

Prognose

Die Prognose des akuten Abdomens hängt von vielen Faktoren ab. Dazu gehören die Art der Grunderkrankung, das Ausmaß der Bauchfellbeteiligung oder auch der Beginn einer adäquaten Therapie.

Infobox

ICD-10: R10.0

Internetadressen:

http://www.medizinfo.de/urologie/symptome/akutes_abdomen.shtml

http://www.gesundheit.de/medizin/erkrankungen/magen-und-darm/akutes-abdomen/

http://www.linus-geisler.de/im18/im9.html

Akutes Nierenversagen

► Frau Werner kommt am Samstagabend in die Notaufnahme des Klinikums. Die alte Dame klagt dem Dienst habenden Arzt: „Seit heute Morgen habe ich kein Wasser mehr gelassen." An Vorerkrankungen hat die 77-Jährige seit 30 Jahren einen Diabetes mellitus und eine Arthrose. „Gestern waren die Knieschmerzen so schlimm, dass ich zwei starke Schmerztabletten genommen habe."

Definition

Bei einer akuten Niereninsuffizienz (ANV) ist die Funktion der Niere akut eingeschränkt. Als Folge stauen sich Substanzen an, die normalerweise mit dem Harn ausgeschieden werden.

Synonym: akute Niereninsuffizienz.

Ursachen

Ein ANV hat verschiedene Ursachen. Je nach Lokalisation der Störung unterscheidet man drei Formen (**Abb. A.41**):

1. prärenales ANV,
2. intrarenales ANV,
3. postrenales ANV.

Prärenales ANV

Ein prärenales ANV entsteht, wenn das Nierengewebe nicht ausreichend durchblutet ist. Diese Minderperfusion wird verursacht durch Volumenmangel, z. B. durch Erbrechen, Durchfall, eine unzureichende Flüssigkeitsaufnahme, Fieber oder Einnahme von Diuretika (harntreibende Medikamente). Erkrankungen, die häufig ein prärenales ANV verursachen sind → Herzinsuffizienz, Leberfunktionsstörungen oder ein septischer → Schock.

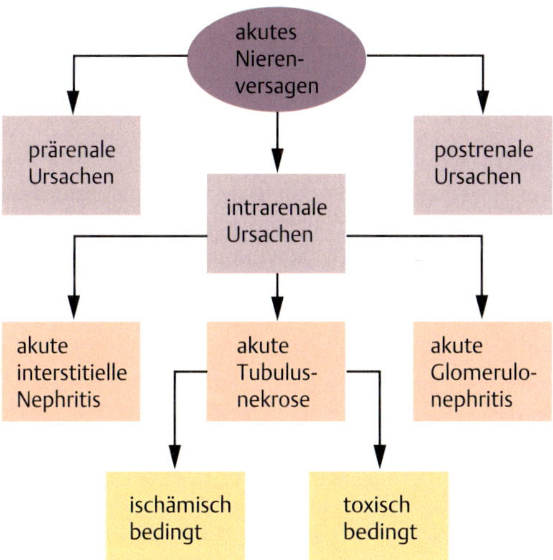

Abb. A.41 Akutes Nierenversagen. Einteilung in die Hauptkategorien, Differenzierung der intrarenalen Ursachen.

Intrarenales ANV

Am häufigsten entsteht ein intrarenales ANV durch eine akute Tubulusnekrose (ATN). Die ATN kann entweder von einer Minderdurchblutung des Nierengewebes oder von Toxinen (Gifte) hervorgerufen werden. Wird das Nierengewebe nicht ausreichend durchblutet, kommt es zu Nekrosen in den Zellen, die die Tubuli verstopfen. Die toxische ATN wird häufig durch Antibiotika (Aminoglykoside, Amphotericin B), Zytostatika, nichtsteroidale Antirheumatika (Diclofenac) oder Röntgenkontrastmittel hervorgerufen. Besonders gefährdet sind Patienten, bei denen die Nierenfunktion durch eine andere Krankheit bereits eingeschränkt ist (z. B. Diabetiker mit → Nephropathie). Auch körpereigene Substanzen können eine toxische ATN auslösen: Bei einer Rhabdomyolyse (Auflösung von Muskelgewebe) oder einer Hämolyse (Zerfall von Blutkörperchen) platzen plötzlich viele Zellen, deren Abbauprodukte das Tubulussystem verstopfen.

Neben einer ATN können Schäden an den Glomeruli (→ Glomerulonephritis), Entzündungen des Nierengewebes (tubulointerstitielle → Nephritis), eine → Nierenarterienstenose oder → Kollagenosen (Erkrankungen des Bindegewebes) zu einem intrarenalen ANV führen.

Postrenales ANV

Ein postrenales ANV wird durch eine Störung des Harnabflusses verursacht, z. B. durch eine → Prostatahyperplasie oder ein → Prostatakarzinom (**Abb. A.42**). Seltener ist der Abfluss durch Tumoren, die auf die Harnwege drücken, Harnleitersteine, neurogene Blasenstörungen oder Fehlbildungen im Bereich der ableitenden Harnwege gestört. Stenosen oberhalb der Blase im rechten oder linken Harnleiter führen nur dann zu einem ANV, wenn auch die andere Niere nicht funktioniert.

Symptome

Leitsymptom der akuten Niereninsuffizienz ist die verminderte Urinausscheidung. Eine Ausscheidung von weniger als 500 ml Urin pro Tag wird als Oligurie, eine Harnmenge von weniger als 100 ml als Anurie bezeichnet. In bis zu 30 % der Fälle kann die Harnproduktion aber auch normal (Normourie) oder erhöht (Polyurie) sein.

Die Symptome eines ANV sind unspezifisch. Meist äußert sich das ANV durch die zugrunde liegende Erkrankung. Häufig fehlt das Leitsymptom Oligurie. Dann müssen die Nierenwerte bei Patienten mit Erkrankungen, bei denen sich ein ANV häufig entwickelt, regelmäßig kontrolliert werden. Ein ANV verläuft klassischerweise in drei Phasen:

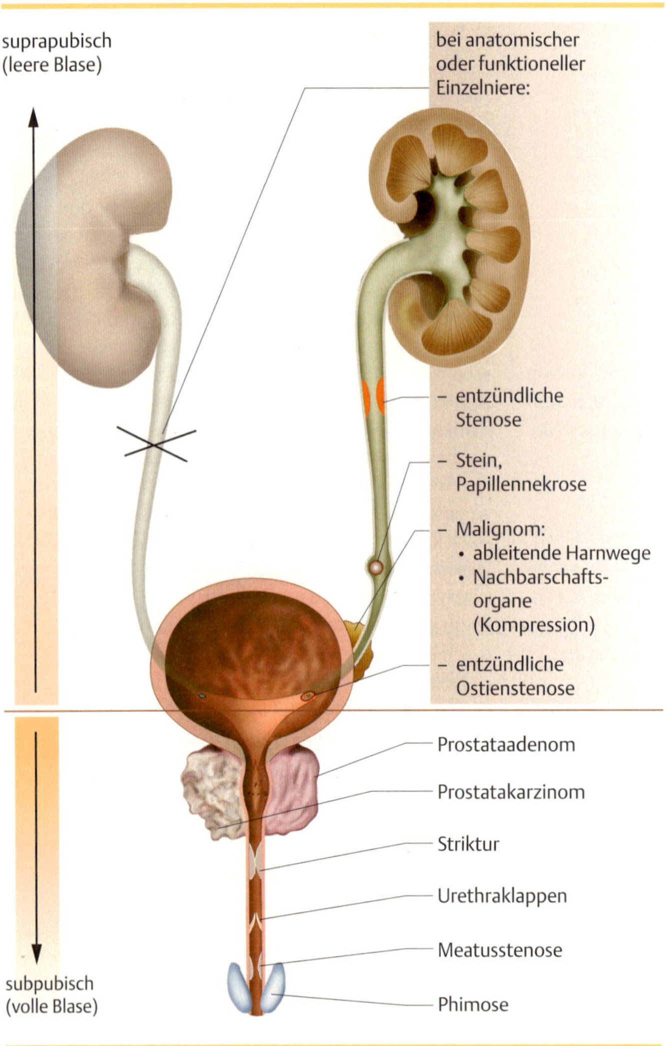

Abb. A.42 Ursachen des postrenalen akuten Nierenversagens. Nur bei anatomischer oder funktioneller Einzelniere oder bei sehr seltenen beidseitigen Veränderungen führen suprapubisch gelegene Stenosen zur Niereninsuffizienz.

- **Phase 1:** Zunächst verursacht das ANV keine Symptome.
- **Phase 2:** Die Funktion der Niere nimmt immer mehr ab. Substanzen, die mit dem Urin ausgeschieden werden müssen (Harnstoff, Kreatinin, Kalium), steigen im Blut an. Dies führt zu einer Überwässerung des Körpers und einer Hyperkaliämie. Die erhöhten Harnstoff- und Kreatininwerte führen zu einer → Urämie. Wird das ANV nicht behandelt, kann der Patient komatös werden (urämisches → Koma).
- **Phase 3.** Im weiteren Verlauf des ANV steigt der Harnfluss wieder an. Hierbei kann der Patient sehr viel Flüssigkeit, Natrium und Kalium verlieren.

Diagnose

Die klinische Situation und eine sorgfältige Anamnese weisen oftmals schon auf die Ursache eines ANV hin. Es sollte genau ermittelt werden, welche Medikamente der Patient erhalten hat oder ob er mit Röntgenkontrastmittel untersucht wurde.

Körperliche Untersuchung. Die Ursache des ANV kann weiter differenziert werden: Eine prall gefüllte Harnblase weist auf einen Verschluss der Harnwege unterhalb der Blase hin, z. B. durch eine Prostatahyperplasie (postrenales ANV). Ist das ANV durch ein vermindertes Blutvolumen bedingt, macht sich dies durch eine verminderte Füllung der Halsvenen, einen verminderten Hautturgor (Hautspannung) und eine Hypotonie (niedriger Blutdruck) bemerkbar.

Zeichen der Überwässerung durch eine verminderte Ausscheidung der Niere sind gestaute Halsvenen, eine Hypertonie (erhöhter Blutdruck) und Ödeme (Unterschenkel, Lunge). Weiterhin muss nach anderen körperlichen Symptomen der Krankheiten gesucht werden, die ein ANV verursachen können, z. B. nach Haut- und Gelenkveränderungen bei vaskulären Erkrankungen.

Urinuntersuchung. Hier finden sich bestimmte Zellen, die auf die zugrunde liegende Krankheit hinweisen können (z. B. Erythrozyten, Leukozyten, Bakterien oder Epithelzellen). Die Urinosmolalität (Menge der gelösten Teilchen) und die Elektrolyt-Werte (Natrium, Kalium) werden bestimmt.

Blutuntersuchung. Beim ANV sind die Harnstoff- und Kreatininwerte im Blut erhöht. Weiterhin werden die Elektrolyte, der Säure-Basen-Status, das Eiweiß und Albumin bestimmt sowie eine Eiweißelektrophorese durchgeführt. LDH und Haptoglobin weisen auf eine Hämolyse hin, Thrombozyten und LDH auf ein hämolytisch-urämisches Syndrom. Mit weiteren Laboruntersuchungen können andere Erkrankungen ausgeschlossen werden (Bestimmung von Virustitern, Bakterienkultur, Antikörpern).

Sonografie. Die ableitenden Harnwege können dargestellt, ein prärenales ANV (z. B. vergrößerte Blase bei Prostatahyperplasie) erkannt und die Durchblutung der Nieren kann beurteilt werden. Als Ergänzung kann eine MRT oder eine CT notwendig sein.

Nierenbiopsie. Sie kann erforderlich sein bei Verdacht auf eine → Vaskulitis, eine → Glomerulonephritis oder eine akute interstitielle Nephritis.

Differenzialdiagnose

Verschiedene Krankheiten kommen als Ursache für ein akutes Nierenversagen in Frage.

Therapie

Die Therapie des ANV beinhaltet drei Elemente:

1. Symptome behandeln,
2. Grunderkrankung behandeln,
3. Nierenersatztherapie.

Symptome behandeln. Die Elektrolyte sollten regelmäßig kontrolliert und die Aufnahme und Ausscheidung von Flüssigkeit dokumentiert werden (Elektrolyt- und Flüssigkeitsbilanzierung). Wie viel Flüssigkeit der Patient bekommt, errechnet sich aus dem Verlust von Flüssigkeit über die Niere, über die Haut (Schweiß) und über andere Organsysteme (Erbrechen, Durchfall, Wundsekrete usw.). Erhält der Patient Medikamente, die über die Niere ausgeschieden werden, muss deren Dosis reduziert werden. Diuretika können die Diurese (Harnfluss) bei einem beginnenden ANV aufrechterhalten.

Grunderkrankung behandeln. Die zugrunde liegende Erkrankung wird entsprechend behandelt (z. B. Volumen zuführen bei Schock, Nierenarterien aufdehnen bei Nierenarterienstenose usw.). Bei einem postrenalen ANV wird der Urin schnellstmöglich über einen Katheter abgeleitet (suprapubische Blasenpunktion) und danach die Grundkrankheit behandelt.

Nierenersatztherapie. Bessert sich das ANV nicht, muss das Blut vorübergehend mit einer Nierenersatztherapie (Dialyse) von schädlichen Substanzen gereinigt werden.

Nierenersatzherapie

Bei der Nierenersatztherapie werden die giftigen Stoffe aus dem Blut „herausgewaschen". Das Blut des Patienten fließt dabei an einer Membran vorbei, die Stoffe bis zu einer bestimmten Größe durchlässt. Auf der anderen Seite der Membran fließt gegenläufig Dialyseflüssigkeit. Man unterscheidet drei Verfahren:

- Hämodialyse,
- Hämofiltration,
- Hämodiafiltration.

Hämodialyse. Bei der Hämodialyse treten die Substanzen (Harnstoff, Kreatinin, Elektrolyte, Abbauprodukte usw.) über die Membran durch das Konzentrationsgefälle von Blut und Dialysatflüssigkeit in die Dialyseflüssigkeit über (Diffusion). Zusätzlich werden mit Hilfe eines Druckgradienten über der Membran kleinere Substanzen und Flüssigkeit in den Dialyse-Kreislauf abgepresst (Konvektion). Mit der Hämodialyse können vor allem kleine Substanzen entfernt werden (**Abb. A.43 a**).

Hämofiltration. Bei der Hämofiltration werden die Substanzen aus dem Blut nur mit Druck (Konvektion) entfernt. Die Flüssigkeit, die dabei verloren geht, wird dem Patienten wieder zugeführt. Mit der Hämofiltration können besser größere Substanzen entfernt werden (**Abb. A.43 b**).

Hämodiafiltration. Sie ist eine Kombination aus Hämodialyse und Hämofiltration.

Die Dialyse kann entweder regelmäßig wiederholt werden (intermittierende Hämodialyse, Hämofiltration oder Hämodiafiltration) oder kontinuierlich durchgeführt werden (kontinuierliche venovenöse Hämofiltration, CVVH; kontinuierliche venovenöse Hämodialyse, CVVHD; kontinuerliche venovenöse Hämodiafiltration, CVVHDF).

Shaldon-Katheter

Der Katheter zur akuten Dialysebehandlung ist nach dem Arzt Dr. Stanley Shaldon benannt. Der Zugang zum venösen Gefäßsystem des Patienten erfolgt meist über die V. jugularis interna oder die V. subclavia, seltener über die A. femoralis. Das Gefäß wird am Hals punktiert, ein doppellumiger Katheter in die Vene eingeführt und bis in die V. cava superior oder inferior vorgeschoben (**Abb. A.44**). Zwischen den Dialysen wird der Katheter mit Heparin gefüllt, um zu verhindern, dass sich eine Thrombose (Blutgerinnsel) bildet. Das Risiko einer Thrombose und einer Infektion ist hoch, deshalb muss der Katheter regelmäßig gewechselt werden.

Komplikationen: Bei der Punktion können versehentlich andere Gefäße, das Herz oder die Lunge verletzt werden. Es kann daher zu einem → Hämatothorax (Blut im Pleura-

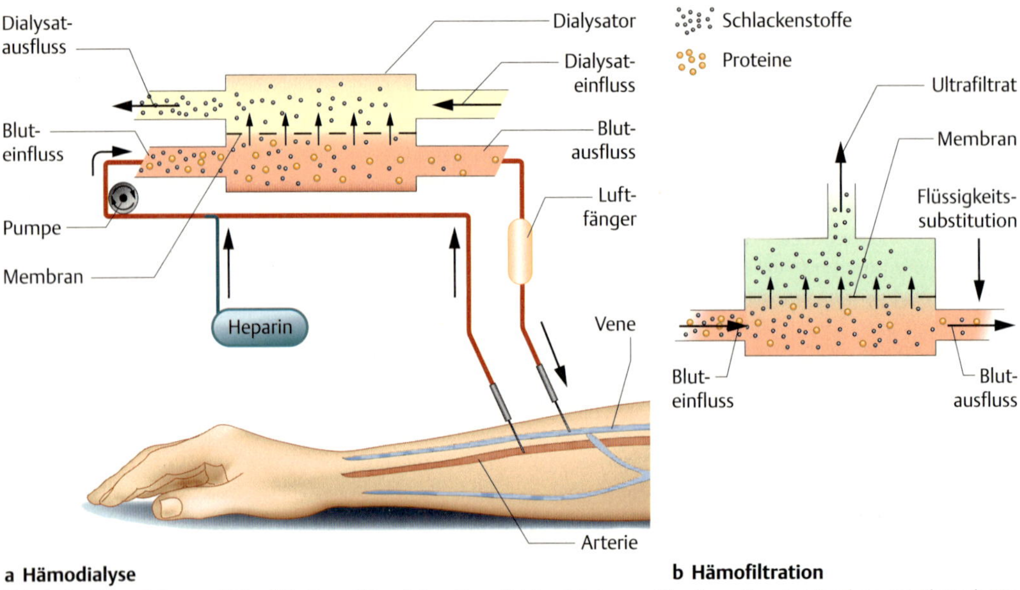

Abb. A.43 Hämodialyse und Hämofiltration a Hämodialyse: Harnpflichtige Substanzen diffundieren über eine Membran vom Blut in die Dialyseflüssigkeit. Zusätzlich findet eine Entgiftung mit Hilfe eines Druckgradienten statt. **b** Hämofiltration: Harnpflichtige Substanzen werden nur mit Druck aus dem Blut entfernt.

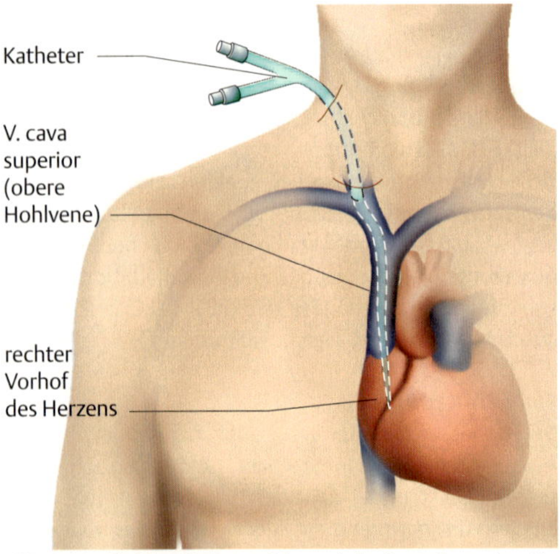

Abb. A.44 Shaldon-Katheter. Schematische Darstellung eines Katheters zur akuten Dialysebehandlung.

raum), → Pneumothorax (Luft im Pleuraraum), einer Luftembolie (→ Embolie), zu einer → Herzbeuteltamponade oder → Herzrhythmusstörungen kommen. Nach Anlage eines Shaldon-Katheters wird daher jeder Patient geröntgt.

Prognose

60% der Intensivpatienten mit einem ANV sterben. Bei jüngeren Patienten mit ANV ist die Prognose deutlich besser, von ihnen sterben 10%. Prinzipiell kann die Nierenfunktion wieder komplett hergestellt werden. Der Verlauf eines akuten Nierenversagens kann durch Komplikationen deutlich verschlechtert werden: Durch die Überwässerung kann es zu einem akuten → Lungenödem kommen. Die Hyperkaliämie kann → Herzrhythmusstörungen oder einen Herzstillstand auslösen, durch die hohen Harnstoffwerte können eine → Gastritis (Magenschleimhautentzündung) oder Magen-Darm-Ulzera (→ Magengeschwüre) entstehen. Die häufigste Todesursache beim ANV sind Infektionen durch infizierte Katheter.

Infobox

ICD-10: N17.9

Internetadressen: Deutsche Gesellschaft für Nephrologie: http://www.nierenportal.de

Deutsche Arbeitsgemeinschaft für klinische Nephrologie: http://www.nephrologie.de

Arbeitsgemeinschaft für nephrologisches Pflegepersonal e. V.: http://www.kfh-dialyse.de (Kuratorium für Dialyse und Nierentransplantation)

Literatur: Siegenthaler, W. (Hrsg.): Differenzialdiagnose, 19. Aufl. Thieme, Stuttgart 2005

Alkoholentzugssyndrom

► „Ehrlich gesagt, wir haben gedacht ein Tag ohne Alkohol täte ihm gut. Doch als wir ihn heute nachmittag zitternd auf dem Boden fanden, waren wir sehr erschrocken". Die Mitarbeiter der Diakonie machen sich Vorwürfe und berichten: „Hugo Fallenstein hat keinen festen Wohnsitz. Erst hat er seine Frau verloren, kurz danach war er Job und Wohnung los. Das hat ihn aus der Bahn geworfen. Er bekommt täglich Geld vom Sozialamt und übernachtet gelegentlich hier bei uns. Heute Morgen hat er laut über das Sozialamt geschimpft: ‚Diese Geier! Mir steht das Geld doch zu!'. Er hat die anderen Bewohner um Geld und Alkohol angebettelt, aber die können ja selber nichts abgeben. Er wurde immer unruhiger. Später haben wir ihn dann hier gefunden."

Definition

Ein Alkoholentzugssyndrom tritt auf, wenn ein Alkoholsüchtiger die Alkoholzufuhr verringert. Es ist eine dringend behandlungspflichtige Erkrankung bei Alkoholabhängigkeit.

Synonyme: Alkoholisches Delir, Delirium tremens.

Ursachen

Die Grundlage für ein Alkoholentzugssyndrom ist eine physische und/oder psychische Abhängigkeit des Betroffenen vom Alkohol. Eine solche Abhängigkeit entwickelt sich, weil Alkohol den Hirnstoffwechsel beeinflusst und an vielen Stellen der neuronalen Signalübertragung wirkt. Alkohol baut sich in Zellmembranen ein, verzögert die Leitungsgeschwindigkeit von Nervenbahnen und wirkt auf fast alle Transmittersysteme im Gehirn. Die Alkoholmoleküle binden an Rezeptoren und verändern die Impulsübertragung der Nervenzellen.

In geringeren Mengen konsumiert, überwiegt die aktivierende Wirkung. Alkohol setzt bestimmte Botenstoffe wie Serotonin, Dopamin und Endorphine frei und stimuliert so das Belohnungssystem im Gehirn. Der Alkoholkonsum verstärkt den Tatendrang, löst angenehme Empfindungen aus oder unterdrückt unangenehme Gefühle, er macht selbstsicher und löst Anspannung.

Bei steigenden Mengen überwiegt die dämpfende Wirkung des Alkohols, indem zunehmend das GABA-erge, also das auf γ-Aminobuttersäure (GABA) als Neurotransmitter ansprechende System, beeinflusst wird. Durch die Dämpfung erhöht es auch die epileptische Krampfschwelle.

Bei einer Abhängigkeit hat sich das Gehirn an einen gewissen Alkoholspiegel, der nur selten unter ein Promille fällt, und an die Dämpfung gewöhnt. Es regelt sich selbst auf ein höheres Aktivitätsniveau ein. Der resultierende Zustand ist in der Summe dann nur noch leicht gedämpft und der geübte Alkoholiker kann trotz seines Alkoholspiegels relativ normal am Alltagsleben teilnehmen. Sinkt der Alkoholspiegel plötzlich ab, z. B. durch veränderte Trinkgewohnheiten, Störungen des Magen-Darm-Traktes oder Infektionen, tritt eine akute Übererregung auf, weil die dämpfende Komponente des Alkohols entfällt.

Symptome

Das Alkoholentzugssyndrom ist gekennzeichnet durch folgende Symptome:

- Tremor, Zittern am Körper oder an einzelnen Gliedmaßen;
- Einnässen, Einkoten, Erbrechen, Übelkeit;
- Hyperhidrose (vermehrtes Schwitzen);
- Störungen der Körpertemperatur;
- Tachykardie, → Hypo- oder → Hypertonie;
- Krampfanfälle (siehe auch → Epilepsie);
- Craving (Denken und Handeln des Abhängigen ist extrem von der Suche nach Alkohol bestimmt);
- Schlaflosigkeit, innere Unruhe, Nervosität;
- Denkstörungen;
- Angst, Depression.

Das Syndrom lässt sich in Stadien einteilen, deren Übergänge fließend sind und deren Symptome auch einzeln oder anders kombiniert auftreten können:

1. **Stadium I**, ab ca. 6 – 8 Std. nach Beginn der Alkoholreduktion:
   - allgemeine Unruhe und Reizbarkeit,
   - feinschlägiger Tremor,
   - flüchtige Sinnestäuschungen,
   - neurovegetative Symptome (Schwitzen, Blutdruckveränderungen, Herzfrequenzanstieg, Schlafstörungen),
   - Krampfanfälle.
2. **Stadium II**, selten früher als 72 – 96 Std. nach Beginn der Alkoholreduktion:
   - Bewusstseinsveränderungen und allgemeine Realitätsverkennung,
   - extreme Unruhe und Erregtheit,
   - akute Psychose,
   - optische, akustische und taktile Halluzinationen (**Abb. A.45**),
   - gesteigerte Suggestibilität,
   - ausgeprägte vegetative Symptomatik: Schweißausbrüche, → Hypertonie und Tachykardie, erhöhte Körpertemperatur.
3. **Stadium III**, umfasst alle Patienten mit schwersten Verläufen:
   - schwerste Bewusstseinstörungen,
   - schwerste körperliche Ausfälle, die unter Umständen intensivmedizinischer Betreuung bedürfen.

Ein gebräuchlicher Test ist es zu prüfen, ob die ausgestreckten Hände feinschlägig zittern.

Abb. A.45 Optische Halluzinationen. Bei einem Alkoholentzugsdelir können optische Halluzinationen, wie z. B. Spinnensehen, vorkommen.

Das Syndrom kann prinzipiell bei jeder Erniedrigung des Alkoholspiegels auftreten!

Diagnose

In der **Anamnese** wird die täglich aufgenommene Alkoholmenge in Gramm erfasst. Sofern diese deutlich über ca. 60 g/Tag bei Männern oder 40 g/Tag bei Frauen liegt, ist von einer → Alkoholkrankheit auszugehen. Es wird erfragt, ob sich das Trinkverhalten in den letzten Tagen verändert hat. Der aktuelle Alkoholgehalt des Blutes wird bestimmt. Durch eine neurologische Untersuchung wird der Tremor ermittelt.

Es finden sich i.d.R. erhöhte Leberwerte, eine Fettleber oder eine → Leberzirrhose. Auch können oft Blutbildveränderungen durch Mangelerscheinungen nachgewiesen werden. An der Haut zeigen sich manchmal „Spider naevi“, Störungen der Körperbehaarung oder in Spätstadien → Aszites, Lackzunge und gelbliche Augenbindehäute als Zeichen einer Leberfunktionsstörung.

In unklaren Fällen wird eine Computertomografie des Schädels (Cranial Computerized Tomography, CCT) angeordnet, um Blutungen oder sonstige intrakranielle Veränderungen auszuschließen.

Differenzialdiagnose

Viele Erscheinungsbilder beim Alkoholentzugssyndrom kommen auch bei anderen Störungen vor:

- Nebenwirkungen von Medikamenten,
- Gehirneinblutungen,
- Störungen des Zuckerhaushalts,
- Schilddrüsenstörungen,
- → Epilepsie, Angstzustände,
- Einnahme anderer Drogen,
- Infektionserkrankungen.

Auch sind obdachlose Alkoholiker anzutreffen, die den Entzug simulieren, weil sie sich bei einer unerwartet kalten Nacht ein warmes Bett erhoffen.

Therapie

Die einfachste Notfalltherapie ist die Zufuhr von Alkohol. Dies geschieht entweder oral oder über stark verdünnte Lösungen intravenös. Wird entschieden den Kranken zu entziehen, erfolgt die Therapie unter stationärer, ggf. intensivmedizinischer Überwachung. Beim Delta-Trinker (S. 58) sollte ein Alkoholentzug nur geplant und unter stationärer Überwachung erfolgen! Viele Kliniken lehnen Alkoholiker, die sich spontan zu einem Entzug entschlossen haben, ab und verweisen diese auf eine geplante Aufnahme zu einem Termin in wenigen Wochen. Durch diese recht einfache Maßnahme wird geprüft, ob eine ausreichende Therapieentschlossenheit vorhanden ist und somit der Patient im Anschluss an die Therapie der Verführung durch Alkohol besser widerstehen kann (**Abb. A.46**).

Überwacht werden Kreislaufparameter, Atmung, Körpertemperatur und ein sich evtl. abzeichnendes Krampfgeschehen – eine engmaschige Sicht- und Vitalzeichenkontrolle ist Pflicht, noch besser ist eine Sitzwache! Auf den Flüssigkeitshaushalt ist zu achten.

Während des Entzugs werden Ersatzstoffe wie Clomethiazol (ein Benzodiazepin, im Handel als Distraneurin-Kapseln) gegeben. Die Ersatzstoffe müssen sehr langsam wieder ausgeschlichen werden, d. h. die Dosis wird planmäßig herabgesetzt, sodass der Körper sich langsam darauf einstellen kann, ohne diese Substanz auszukommen. Auf keinen Fall dürfen die Patienten diese Stoffe mit nach Hause nehmen! Insbesondere besteht auch die Gefahr, dass die Alkoholsüchtigen Gefallen an der Wirkung des Ersatzstoffes finden und dann sekundär von diesem auch noch abhängig werden. Die Ersatzstoffe senken auch das

Abb. A.46 Alkohol. Angebot und Verführung.

Risiko eines Krampfanfalls, indem sie die Krampfschwelle im Gehirn erhöhen. Im Fall eines akuten epileptischen Krampfgeschehens werden Antiepileptika verabreicht.

Prognose

Unter stationärer Überwachung ist das Risiko, an einem Alkoholentzugssyndrom zu sterben, eher gering, außerhalb der Klinik mit 20 % hingegen hoch! Liegen neben der Alkoholkrankheit noch andere Grunderkrankungen vor, z. B. Herz-Kreislauf-Erkrankungen oder → Ösophagusvarizen als Ausdruck einer Pfortaderstauung, so ist das Risiko zu versterben weitaus höher (**Abb. A.47**).

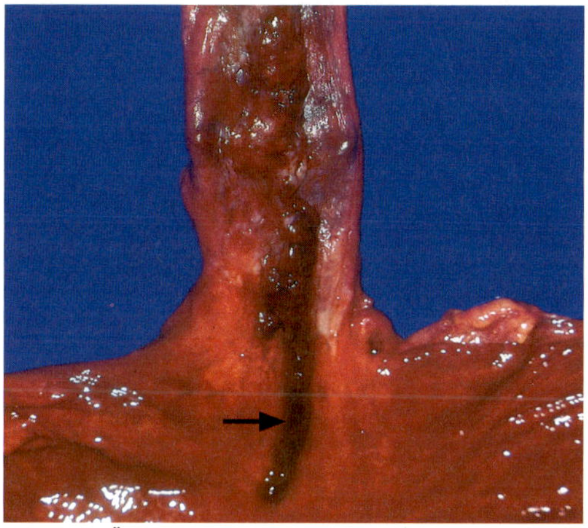

Abb. A.47 Ösophagusvarizen. Erweiterung einer oder mehrerer Venen der Speiseröhre.

Ist ein Delta-Trinker entzogen worden, ist eine Anschlusstherapie notwendig. In dieser soll der Betroffene Strategien gegen Suchtstrukturen entwickeln und lernen, die Lebensführung umzustellen, um „trocken" zu bleiben und mit der → Alkoholkrankheit besser umzugehen. Aktuell bezahlen die Krankenkassen im Regelfall allerdings nur drei Therapien pro Person – häufig nicht genug. Die meisten Alkoholkranken werden rückfällig und setzen den Missbrauch von Alkohol fort.

Wer einmal ein Entzugssyndrom hatte, hat ein höheres Risiko, daran erneut zu erkranken.

Infobox

ICD-10: F10.3

Internetadressen:

http://www.lebensgeschichten.org/alkohol

http://www.alkohol-lexikon.de

http://www.kreuzbund.de

Alkoholisches Korsakow-Syndrom

► Herbert Metz ist Maurer. Sein Chef hatte ihn damals vor fünf Jahren nicht entlassen, als er seinen Führerschein wegen Trunkenheit am Steuer verloren hatte. „Herbert", hatte sein Chef damals zu ihm gesagt, „du bekommst noch eine Chance bei mir. Aber sieh zu, dass du vom Alkohol wegkommst." Herbert hatte es versucht, aber gelungen ist es ihm nicht. Seit einigen Monaten fällt auch seinen Kollegen auf, dass sie sich kaum noch vernünftig mit ihm unterhalten können und dass er ständig Dinge vergisst. Die Älteren vermissen den gut gelaunten und ausgeglichenen Kumpel, der Herbert mal gewesen war.

Definition

Das alkoholische Korsakow-Syndrom ist eine durch Alkoholkonsum hervorgerufene Form der Gehirnschädigung.

Synonym: Amnestisches Syndrom.

Ursachen

Durch ständigen Alkoholkonsum wird zu wenig Thiamin (Vitamin B1) aufgenommen. Dieser Mangel schädigt das Zwischenhirn. Ganze Gehirnzellregionen des Zwischenhirns und des limbischen Systems sterben ab. Die Erkrankung tritt häufig nach einem → Alkoholentzugssyndrom oder einer Wernicke-Enzephalopathie auf (**Abb. A.48**).

Symptome

Die Symptome des alkoholischen Korsakow-Syndroms ähneln denen des nichtalkoholischen Korsakow-Syndroms und sind z. B.:

- antero- und retrograde Amnesie (Erinnerungsverlust), daher auch die Bezeichnung Amnestisches Syndrom,
- Konfabulationen (der Patient versucht, Erinnerungslücken durch erfundene Inhalte aufzufüllen),
- Orientierungsstörungen,
- Persönlichkeitsänderungen,
- geringer verbaler Informationsgehalt,
- Mangel an Krankheitseinsicht,
- Antriebsdefizite,
- Immediatgedächtnis (Speicherung für wenige Sekunden) und logische kognitive Fähigkeiten sind aber meist unauffällig!

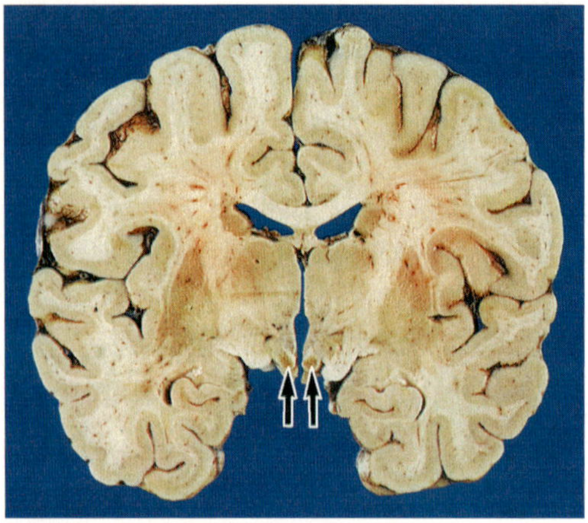

Abb. A.48 Wernicke-Enzephalopathie. Ein typischer pathologischer Befund ist die braune Atrophie der Mamillarkörper (Pfeile) im Gehirn eines Alkoholikers.

Diagnose

Hinweise auf das alkoholische Korsakow-Syndrom erhält der Arzt durch ausführliche und kritisch hinterfragende Gespräche mit dem Betroffenen und auch von Angehörigen. Manchmal können so Konfabulationen aufgedeckt werden. Außerdem werden psychologische Leistungstests, Tests auf Alkoholabusus (z. B. CAGE- oder MALT-Test) und Persönlichkeitstests durchgeführt.

Weitere Hinweise ergeben Laboruntersuchungen. Bei dem Korsakow-Syndrom sind die Leberwerte GGT, GPT, bisweilen auch GOT, erhöht, der Vitamin-B1-Spiegel erniedrigt und das Blutbild zeigt einen Anstieg des MCV (mittlerer Volumeninhalt eines Erythrozyten) und bisweilen Anämie.

Bildgebende Verfahren geben ebenfalls Hinweise auf die Erkrankung. In der Abdomensonografie erkennt man oft Anzeichen einer Fettleber oder einer → Leberzirrhose. Die kranielle Computertomografie (CCT) zeigt Gehirnatrophien.

Differenzialdiagnose

Abzugrenzen ist das alkoholische Korsakow-Syndrom von der Wernicke-Enzephalopathie, die sich durch neurologische Ausfälle wie Nystagmus, deutliche Bewusstseinsstörungen und gelegentliche Krampfanfälle äußert. Ebenso sind durch CCT andere hirnorganische Veränderungen wie z. B. Hirntumoren auszuschließen. Außerdem kann ein nichtalkoholisches Korsakow-Syndrom, bei dem das Gehirn durch Sauerstoffmangel oder Verletzungen geschädigt ist, vorliegen.

Therapie

Der Alkoholkonsum muss, ggf. durch einen stationären Alkoholentzug, beendet werden (**Abb. A.49**). Außerdem wird dem Körper in Akutsituationen Vitamin B1 intramuskulär zugeführt. Oral werden oft Vitamin-B-Kombipräparate verabreicht. Bei Blutbildveränderungen werden auch Folsäure und Eisen-Präparate gegeben. Positive Effekte können durch moderne Antidepressiva erzielt werden, wie:

- SSRIs (selektive Serotoninwiederaufnahme-Hemmer) wie Fluoxetin (z. B. Fluctin),

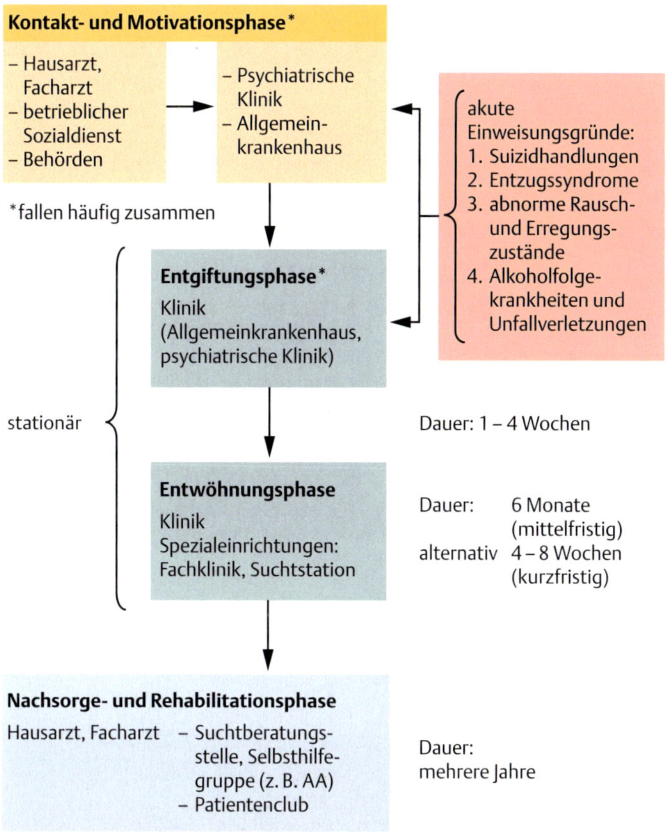

Abb. A.49 Behandlungskette für Alkoholkranke.

- SNRIs (selektive Serotonin- und Noradrenalinwiederaufnahme-Hemmer) wie Venlafaxin (z. B. Trevilor retard),
- Antidementiva (z. B. Nootrop mit dem Wirkstoff Piracetam).

Mit dem Kranken sollte liebevoll und einfühlsam umgegangen werden. Erinnerungslücken sollten dem Patienten nicht bewiesen, sondern vielmehr – da sie sehr angstbesetzt sein können – akzeptiert werden.

Prognose

Das alkoholische Korsakow-Syndrom kann behandelt werden und sich bei Alkoholabstinenz zu einem großen Teil, jedoch nicht vollständig, zurückbilden. Unbehandelt kann es u. U. tödlich enden.

Infobox

ICD-10: F10.6

Internetadressen:
http://www.kreuzbund.de

Alkoholkrankheit

► „Was soll ich denn nur machen. Jahrelang habe ich versucht, damit fertig zu werden, aber ich kann nicht mehr." Frau Mander sitzt tränenüberströmt bei ihrem Hausarzt. „Gestern hat er die Kündigung bekommen. Er hatte morgens schon eine Fahne. Na ja, das kam öfter vor, aber er ist wohl gegenüber Kunden ausfallend geworden. Das geht natürlich nicht. Versteh' ich." Sie seufzt. „Es ist jahrelang gut gegangen. Das heißt - die Kollegen wussten alle Bescheid, aber sie haben dicht gehalten." Frau Mander beruhigt sich ein wenig. „Ich habe zu ihm gesagt: ‚Herbert', habe ich gesagt, ‚Herbert, du musst was tun. Sieh dich doch mal an. Du machst dich kaputt.' Doch wissen Sie was? Er hat nur ‚ja, ja' gesagt und geändert hat sich nichts."

Definition

Alkoholkrankheit ist definiert als Konsum von Alkohol, der über das sozial tolerierte und für das Individuum und/oder Gesellschaft ungefährliche Maß hinausgeht. Sie kann akut (Alkoholrausch) oder chronisch sein und umfasst den übermäßigen Konsum ohne Abhängigkeit als auch die echte Alkoholabhängigkeit.

Synonyme: Alkoholsucht, Alkoholismus.

Ursachen

Alkohol ist die am häufigsten konsumierte Droge in unserer Gesellschaft. Der Pro-Kopf-Verbrauch an alkoholischen Getränken lag 2002 bei 151,6 Liter, an reinem Alkohol wurden 10,4 Liter konsumiert. Deutschland liegt damit

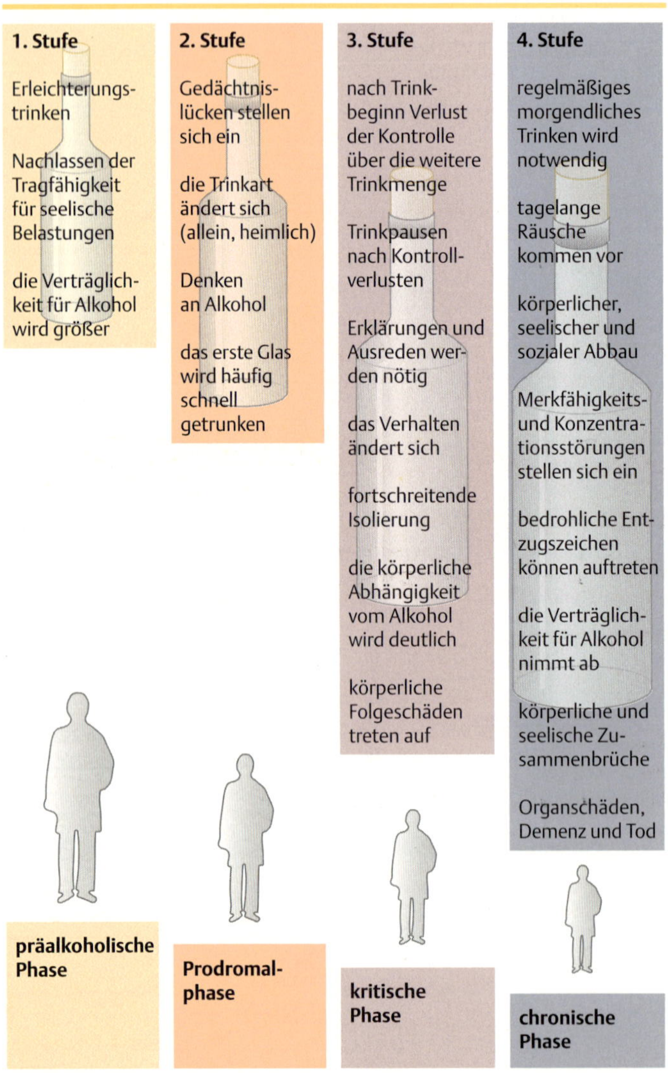

Abb. A.50 Alkohoholkrankheit. Stufenmodell der Entwicklung der Alkoholkrankheit.

weltweit in der Spitzengruppe. Von 9,3 Millionen Menschen im Alter von 18 bis 69 Jahren, die einen riskanten Konsum von Alkohol haben, sind 1,6 Millionen abhängig.

Die direkten Ursachen, die die Entwicklung einer Abhängigkeit bedingen, sind nicht bekannt. Es gibt jedoch eine Reihe von Faktoren, die eine Abhängigkeit begünstigen. So ist Alkohol preiswert und leicht zugänglich. Außerdem wird der Konsum in unserer Gesellschaft seit Jahrhunderten gebilligt und gefördert. Alkohol wird bei den vielfältigsten Anlässen konsumiert: nach dem Sport, in Vereinen, zu Hause, bei Frust oder Freude. Alkoholgenuss ist gesellschaftliches Ritual und sozial anerkannt. Daraus entwickelt sich oft eine Art Gruppenzwang, dem insbesondere Jugendliche erliegen.

Doch nicht alle Menschen, die gelegentlich Alkohol konsumieren sind abhängig. Eine besondere Rolle für die Entwicklung einer Abhängigkeit spielen sowohl soziale und psychologische Faktoren als auch eine genetische Vorbelastung und neurobiologische Mechanismen. Alle Faktoren zusammen erhöhen bei Personen, die zu süchtigem Verhalten neigen, die Gefahr, abhängig zu werden.

Doch ab wann ist man abhängig? Nicht die Trinkmenge ist entscheidend, sondern vielmehr die Trinkgewohnheiten bestimmen, ob aus dem bewussten, freiwilligen Genuss eine Sucht wird (**Abb. A.50**). Eine Definition von Alkoholabhängigkeit ist, dass ein Abhängiger seine Gewohnheiten Alkohol zu konsumieren nicht ändern kann, obwohl er erkannt hat, dass sich dadurch seine Lebensqualität erheblich verschlechtert hat.

Alkohol wirkt im Gehirn, ähnlich wie andere Drogen, am Belohnungszentrum und hat so eine beruhigende und berauschende Wirkung. Das verleitet in Stresssituationen dazu zur Flasche zu greifen. Durch das Bedürfnis nach einer immer stärkeren und länger andauernden Wirkung wird im Laufe der Zeit immer mehr oder Höherprozentiges getrunken. Außerdem gewöhnt sich der Körper an die Wirkung des Alkohols. Durch dauernde Reizung verlieren Rezeptoren ihre Sensitivität. Das Gehirn braucht dann für den Normalzustand eine immer größere Menge des Rauschmittels. Auch andere Gehirnteile passen sich ähnlich dieser Wirkung an.

Neben dieser körperlichen Sucht besteht meist eine psychische Sucht. Der Betroffene hat in einem solchen Fall das Gefühl, bestimmte Situationen nur alkoholisiert meistern zu können.

Persönlichkeitsstörungen oder affektive Störungen erleichtern die Entstehung einer Sucht. Aber die Sucht kann auch zu diesen Erkrankungen führen. Vielfach ist es im Nachhinein nicht festzustellen, ob eine Depression zum Alkoholabusus führte oder umgekehrt.

Symptome

Die Symptome der Alkoholkrankheit sind:

- starker Wunsch (oder Zwang) Alkohol zu konsumieren,
- verminderte Kontrolle über Beginn und Ende des Konsums und über die konsumierte Menge,
- Toleranzsteigerung; der Körper gewöhnt sich an die Menge
- zunehmende Vernachlässigung anderer Interessen und Pflichten,
- anhaltender Konsum trotz Gesundheitsschäden (**Abb. A.51**),
- Konsum trotz unpassender Zeiten (im Straßenverkehr),
- Konsum trotz negativer Auswirkung auf das soziale Umfeld,
- körperliches →Alkoholentzugssyndrom bei Absetzen oder Einschränkung des Konsums.

Man unterscheidet zwischen Trinkgewohnheiten und Abhängigkeitsgraden. Diesbezüglich sind folgende Typen von Konsumenten definiert:

Alpha-Typ (Erleichterungstrinker). Ihr Ziel ist, innere Spannungen, Hemmungen und Konflikte abzubauen. Es besteht kein festes Trinkschema. Es besteht vor allem die Gefahr psychischer Abhängigkeit, da noch keine körperli-

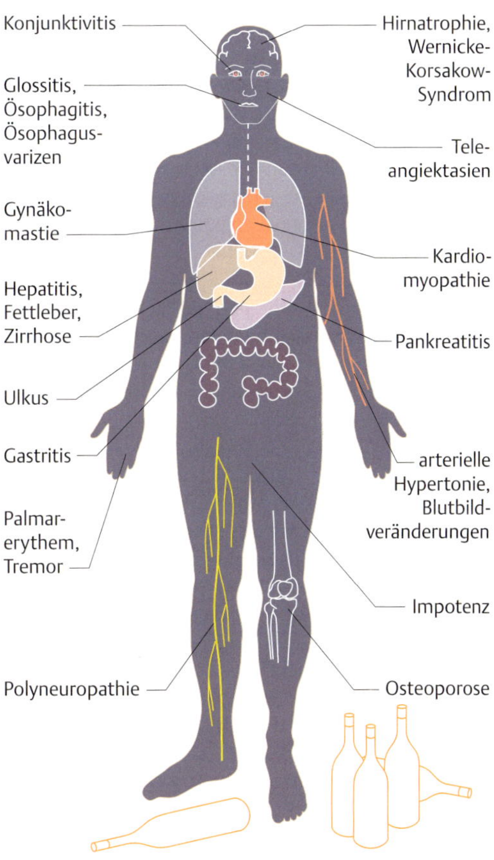

Abb. A.51 Mögliche organische Folgeerkrankungen der Alkoholkrankheit. Verschiedene internistische, neurologische und psychiatrische Symptome bestimmen das klinische Bild der Alkoholkrankheit.

che Abhängigkeit eingetreten ist. Alpha-Trinker sind nicht alkoholkrank, aber gefährdet.

Beta-Typ (Gelegenheitstrinker). Zu sozialen Anlässen werden große Alkoholmengen konsumiert, die Betroffenen sind aber psychosozial unauffällig. Beta-Trinker richten ihr Leben nach Gelegenheiten aus, zu denen sie Alkohol konsumieren können. Gesundheitliche Schäden entstehen durch häufigen Alkoholkonsum. Sie sind weder physisch noch psychisch abhängig, aber gefährdet.

Gamma-Typ (Rauschtrinker, Alkoholiker). Dieser Typ schwankt zwischen Abstinenz und Rauschtrinken mit Kontrollverlust. Die Trinkmenge kann nicht mehr bewusst begrenzt werden. Auch wenn er sich wegen der Fähigkeit zu längeren Abstinenzphasen sicher fühlt, ist der Gamma-Trinker alkoholkrank.

Delta-Typ (Spiegeltrinker, Alkoholiker). Dieser Typ bleibt lange Zeit sozial unauffällig, weil er selten für andere erkennbar betrunken ist. Trotzdem besteht eine starke körperliche Abhängigkeit, sodass ständig Alkohol getrunken werden muss, um Entzugssymptome zu vermeiden. Der ständige Konsum verursacht körperliche Schäden. Delta-Trinker sind nicht abstinenzfähig und sind alkoholkrank.

Epsilon-Typ („Quartalssäufer", Alkoholiker). Er erlebt in loser Folge Tage bis Wochen starken, exzessiven Alkoholkonsums mit Kontrollverlust. Zwischendurch sind mehrere Monate dauernde abstinente Phasen möglich. Epsilon-Trinker sind alkoholkrank und psychisch abhängig.

Alkhoholabstinent ist jemand, der alkoholkrank ist, aber zur Zeit ohne Alkohol auskommt.

Diagnose

Die Diagnose ist meist schwierig, da die Betroffenen versuchen, ihre Abhängigkeit herunterzuspielen oder zu verschweigen. Häufig ist man auf die Aussagen von Angehörigen und Freunden angewiesen, die die Verhaltensweisen des Betroffenen beschreiben.

Anfänglich fallen Gewichtszunahme, alkoholischer Geruch aus dem Mund (Foetor alcoholica), Aufmerksamkeits- und Gedächtnisstörungen und Kontrollverlust der Trinkmenge auf. Auch Wesens- und Verhaltensänderungen geben einen Hinweis auf einen Abusus.

Blutuntersuchungen im Labor ergeben veränderte Leberwerte (γ-GT, GOT, GPT, AP), veränderte Blutfette, sowie Vitamin- und Folsäuremangel mit Vergrößerung der Erythrozyten (MCV erhöht). Das freie Eisen im Serum ist erniedrigt, eine Anämie kann sich ausbilden. Im Ultraschall des Abdomens findet sich zunächst eine Fettleber, später dann eine → Leberzirrhose. Endoskopisch sind → Ösophagusvarizen erkennbar. Diese können platzen und zu lebensbedrohlichen Blutverlusten in den Magen-Darm-Trakt führen. Außerdem wird die Menge Proteins „Carbohydrat Defizientes Transferrin" (CDT) im Blut bestimmt. Der Wert ist erhöht, wenn über eine Woche täglich mehr als 50 – 60 g Alkohol aufgenommen wurden.

Durch die Leberfunktionsstörungen kann es zu Hautveränderungen kommen. Bei Frauen kann eine ungewöhnliche Behaarung auftreten, bei Männern dagegen Haarverlust im Bereich des Bauchnabels („Bauchglatze"). Bisweilen sind kleine, spinnenartig auslaufende Blutungen insbesondere im Brustbereich zu sehen (Spider naevi) (**Abb. A.52**).

Später treten auch Intelligenzverlust und Wesensveränderungen als Zeichen einer Gehirnschädigung hinzu (**Abb. A.53**). Sollte der Alkoholkonsum unterbrochen werden, treten Entzugserscheinungen (→ Alkoholentzugssyndrom) auf: Unruhezustände, Zittern, Krämpfe, Halluzinationen, die sich in lebensbedrohliche Störungen ausweiten können.

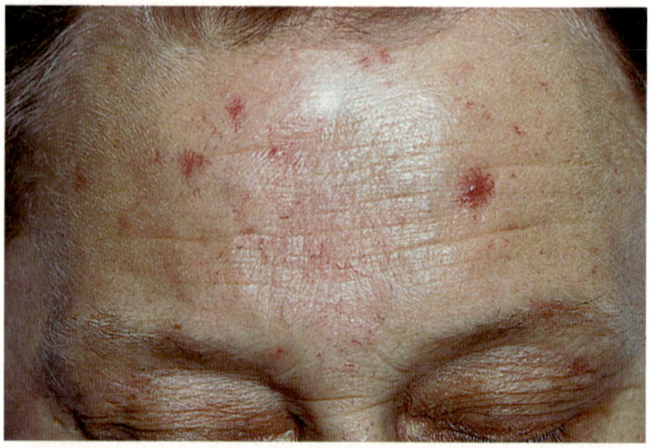

Abb. A.52 Spider naevi. Multiple Spider naevi bei einem Patienten mit Leberzirrhose.

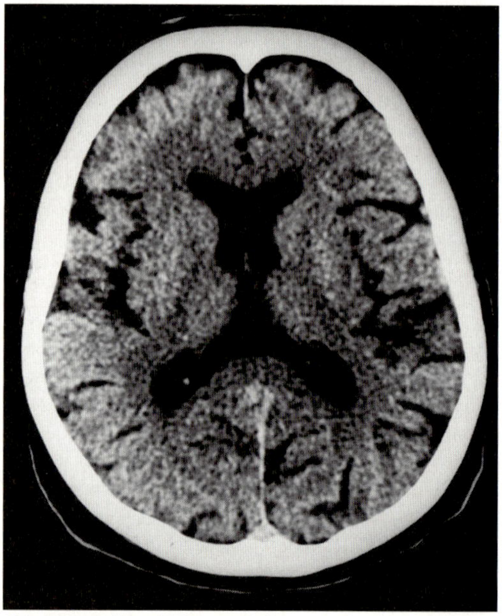

Abb. A.53 Gehirnschädigung. Diffuse Atrophie bei chronischem Alkoholmissbrauch.

Therapie

Zunächst muss der Abhängige, bei dem oft nur eine geringe Krankheitseinsicht vorhanden ist, von der Notwendigkeit der Therapie überzeugt werden. Ist dieses, u. U. mit Hilfe von Familie und Freunden, gelungen, findet der zweite Schritt – die Entgiftung – statt.

Da diese Entgiftung meist mit einem starken → Alkoholentzugssyndrom einhergeht, ist eine klinische Beobachtung erforderlich. Es kann zu Krämpfen, Delir, Halluzinationen, selbstschädigendem und fremdagressivem Verhalten, Herzrhytmusstörungen, Puls- und Blutdruckschwankungen, Veränderung der Körpertemperatur und Erbrechen mit der Gefahr der Verlegung der Luftwege kommen.

Um die Entzugssymptome zu lindern, kann stationär mit Clomethiazol (Distraneurin) oder einer Kombination aus Tiaprid (Tiapridex) und Carbamazepin (Tegretal) behandelt werden. Hierbei ist eine engmaschige Überwachung, am besten eine ständige Sichtkontrolle, nötig! Ebenso müssen evtl. aufgetretene Folgeschäden des Alkoholkonsums behandelt werden. In schweren Fällen eines Vitamin- und Folsäuremangels wird z. B. ggf. durch intramuskuläre oder intravenöse Gabe substituiert.

Nachdem der Körper entgiftet ist, wird der Betroffene entwöhnt. Von den Kostenträgern werden spezielle Langzeitentwöhnungstherapien angeboten. Die Patienten lernen mit psychotherapeutischer Betreuung ohne Alkohol neue Lebensinhalte zu finden, sich im Alltag gegen die ständige Verlockung durch angebotenen Alkohol zu behaupten und sie arbeiten die Ursachen ihrer Abhängigkeit auf. Oft werden auch Selbsthilfegruppen wie die Anonymen Alkoholiker in Anspruch genommen, weil man sich hier mit Leidensgenossen austauschen kann.

Prognose

Ein Alkoholiker ist niemals geheilt und er wird i.d.R. nie eine normale Beziehung zum Alkohol aufbauen. Ein rücksichtsvolles und stabiles soziales Umfeld hilft, den Betroffenen vor einem Rückfall zu bewahren.

Freunde und Bekannte sollten Verständnis zeigen, wenn zum Geburtstag mit Saft statt Sekt angestoßen wird, denn auch der kleinste Tropfen Alkohol, selbst im Essen oder in Medikamenten, kann einen Rückfall auslösen.

Infobox

ICD-10: F10.2

Internetadressen:

http://www.anonyme-alkoholiker.de
http://www.bads.de
http://www.kreuzbund.de

Allergisches Asthma

► „Stellt euch vor - ich habe einfach keine Luft mehr bekommen. Harald hat den Notarzt rufen müssen. Und jetzt werden wir Felix, ihr wisst schon, der kleine Kater, den wir vor zwei Wochen von Bauer Henrich bekommen haben, wieder abgeben. Ich weiß gar nicht, wie ich das Katharina beibringen soll." Anne seufzt. „Ich habe ja schon so etwas befürchtet. Als ich klein war hatte ich Heuschnupfen, aber damit habe ich schon lange keine Probleme mehr. Ich dachte, das Thema Allergie sei erledigt."

Definition

Allergisches Asthma ist eine anfallsweise auftretende Atemnot durch Hyperreagibilität der Bronchien. Es wird durch Allergene, die sich in der Atemluft befinden und mit dem Lungen- und Bronchialgewebe in Kontakt kommen, ausgelöst.

Ursachen

Allergisches Asthma ist eine Allergie vom Soforttyp und gehört damit zu den Typ-I-Allergien, deren Symptome einige Sekunden bis wenige Stunden nach Kontakt mit dem Allergen auftreten.

Eine entscheidende Rolle spielt das IgE (Immunglobulin vom Typ E). Diese spezifischen Moleküle heften sich mit der einen Bindungsstelle an Antigene des Allergens, mit der anderen an eine Mastzelle (Antigen-Antikörper-Reaktion). An eine Mastzelle können zwischen 10 000 und 50 000 IgE-Antigen-Komplexe andocken. Daraufhin wird ein Übermaß an Mediatoren (Botenstoffe) wie Histamin, das in den Mastzellen gespeichert ist, freigesetzt und so die allergischen Sypmtome ausgelöst (s. **Abb. A.100, S. 112**).

Während eines Asthmaanfalls schwillt die chronisch entzündete Schleimhaut der Bronchien an und die Bronchien verengen sich durch ein zähes Schleimsekret. Außerdem verkrampft sich die glatte Muskulatur der Bronchiolen (**Abb. A.54**). Da gegen einen hohen Widerstand ausgeatmet werden muss, ist die ausreichende Sauerstoffversorgung gefährdet.

Ungefähr ein Fünftel der Asthmaanfälle wird auf Allergene zurückgeführt. Die häufigsten Allergene sind auch für den Heuschnupfen verantwortlich: Pollen von Bäumen, Kräutern und Gräsern, Tierhaare – vor allem von Katzen und Federn von Vögeln –, Kot der Hausstaubmilbe und Schimmelpilze (**Abb. A.55**). Reaktionen auf Latex nehmen vor allem in Gesundheitsberufen zu.

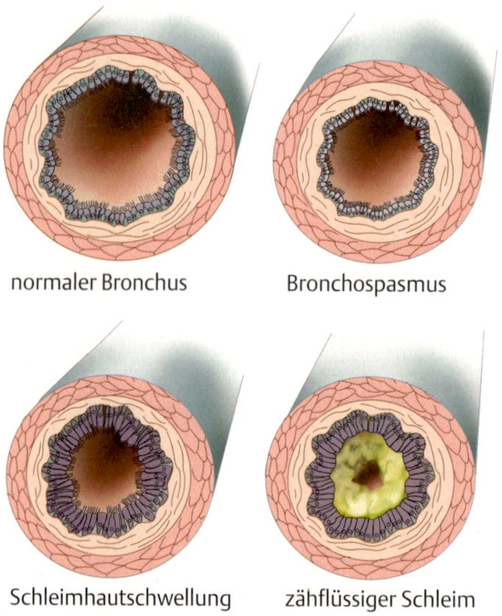

Abb. A.54 Asthma-Trias. Bronchospasmus, Schleimhautschwellung und zähflüssiger Schleim verengen die Bronchien.

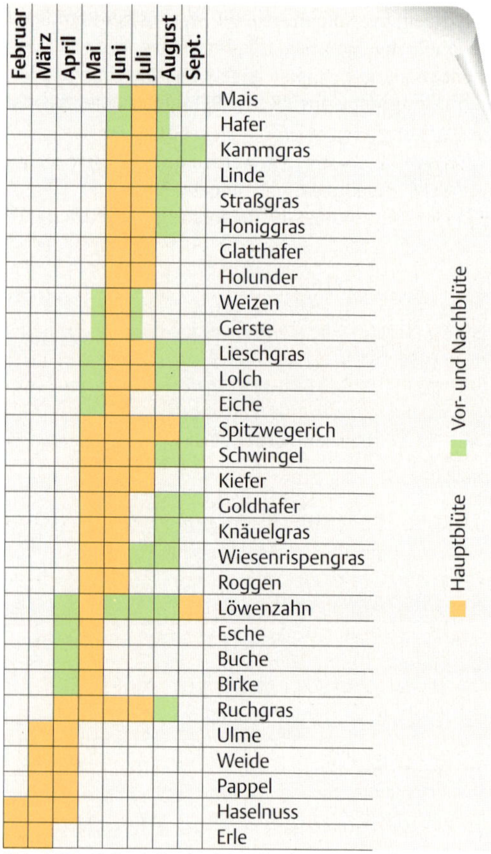

Abb. A.55 Pollenkalender. Die Pollen bestimmter Pflanzen können eine Asthmaerkrankung noch verschlimmern. Ein Pollenkalender gibt Auskunft über die Blütezeiten dieser Pflanzen.

Symptome

Die Atemnot beim akuten Asthmaanfall wird durch erhöhten Atemwiderstand und verkrampfte Muskulatur ausgelöst. Die Patienten können die Luft nicht mehr vollständig ausatmen, sodass die Lunge überbläht. Der Anfall wird durch ein Pfeifen, Giemen und Brummen begleitet, da Sekrete in den Bronchien mitschwingen. Die Lippen laufen blau an.

Typisch ist das Festhalten der gestreckten Arme an Tisch oder Stuhl: Mit der Atemhilfsmuskulatur des Schultergürtels soll das Ausatmen besser gelingen. Andere allergische Beschwerden wie Juckreiz, Anschwellen und Rötung der Gesichtshaut, Naselaufen und Tränen der Augen kommen dazu. Ein Asthmaanfall kann wenige Minuten bis zu Stunden andauern. Bei einem Status asthmaticus (dauerhafter Anfall) droht Lebensgefahr!

Diagnose

Bei allergischem Asthma gilt es, das oder die auslösenden Allergene zu bestimmen. Am Anfang steht immer eine ausführliche Anamnese, bei der auch geprüft werden sollte, ob andere Familienmitglieder ebenfalls an dieser oder einer ähnlichen Erkrankung leiden. Wann tritt das Asthma auf, gibt es andere (allergische) Erkrankungen beim Betroffenen oder bei nahen Verwandten? Wurde schon einmal ein Allergietest durchgeführt und wenn ja, mit welchem Ergebnis? Verschiedene Testverfahren zeigen, gegen welche Allergene ein Patient sensibilisiert ist.

Prick-Test. Bei diesem Test werden gelöste Allergene auf die leicht angeritzte Haut aufgetragen. Eine juckende Quaddel zeigt nach 20 – 30 Minuten eine positive Reaktion an. Durch den Test kann ein Asthmaanfall ausgelöst werden. Prick-Tests sind nicht immer aussagekräftig.

Provokationstest. Über eine Maske wird das vermutete Allergen eingeatmet und die Reaktion dokumentiert. Dieser Test ist viel genauer und gilt als sog. Goldstandard, ist also das zuverlässigste überprüfte Verfahren für eine Diagnose. Er wird nur in Kliniken durchgeführt.

RAST (Radio-Allergen-Sorbent-Test). Im peripheren Blut können Antikörper vom IgE-Typ nachgewiesen werden, die gegen bestimmte Allergene gerichtet sind. Der Test ist sehr aufwändig und wird daher nur zur Bestätigung bei einem begründeten Verdacht angewendet.

Lungenfunktionstests. Mit Verfahren wie der Spirometrie und der Ganzkörperplethysmografie wird eine Asthmalunge festgestellt. Bei einer Obstruktion, d. h. bei einem Problem mit dem Ausatmen, ist besonders die Ausatemkapazität und die Menge der zurückbehaltenen Luft wichtig. Ein Peak-flow-Meter vergleicht die Strömungsgeschwindigkeit während einer forcierten Ausatmung prozentual mit dem Sollwert.

Differenzialdiagnose

Die allergischen Asthmavarianten sind von den nichtallergischen abzugrenzen. Weitere Ursachen für Asthma sind u. a. Medikamente, Infekte, psychischer Stress und körperliche Anstrengung. Atemnot wird auch durch folgende Erkrankungen ausgelöst:

- Verschlucken von Speisen,
- mechanische Atembehinderung bei → Tumoren,
- akute Dekompensation von Herz- und Lungenerkrankungen,
- → Lungenembolie,
- → Hyperventilationssyndrom.

Therapie

Wie bei allen Allergien besteht die schonendste Behandlung darin, den Auslöser zu entfernen oder zu meiden. Das setzt allerdings voraus, dass das Allergen bekannt und eine Allergenkarenz durchführbar ist.

Die Symptome können auch medikamentös behandelt werden. In den meisten Fällen reichen kurz wirksame Betasympathomimetika als Dosieraerosole aus, um die Bronchien zu weiten. Die nächste Stufe besteht in Glukokortikoiden wie Budesonid oder Fluticason, die inhaliert werden. Es folgt eine Kombination von kurz und lang wirksamen Betasympathomimetika. In schweren und sehr schweren Fällen wird Theophyllin oral gegeben, bei Bedarf auch Kortikoide. Die allergische Reaktion wird mit Cromoglicin oder Ketotifen behandelt. Die letztgenannten Mittel werden auch bei einem akuten Anfall eingesetzt.

Unterstützt werden die Medikamente durch Atemtraining und sportliche Betätigung. Ein Aufenthalt in geeigneten Luftkurorten mindert die Beschwerden. Auch eine Hyposensibilisierung kann hilfreich sein.

Prognose

Kinder mit leichtem bis mittelschwerem allergischen Asthma haben gute Chancen als Erwachsene nahezu beschwerdefrei zu sein. Ein bekanntes Phänomen ist der „Etagenwechsel“: Junge Menschen mit Heuschnupfen entwickeln später häufig Asthma.

Komplikationen

Eine anaphylaktische Reaktion mit Schocksymptomatik ist wie bei allen Allergikern möglich. Ein Status asthmaticus ist lebensbedrohlich und erfordert Intensivbehandlung. Durch die langjährige Überblähung entsteht ein Emphysem mit reduzierter Lungenkapazität, in der Extremform als Fassthorax bezeichnet.

Infobox

ICD-10: J45.0

Internetadresse:

Dt. Allergie- und Asthmabund: http://www.daab.de

Literatur: Kardos, P.: Leitlinie zur Diagnostik und Therapie von Asthma. Thieme, Stuttgart 2005

Bauer, C.-P., Rutsch, S.: Asthma. Thieme, Stuttgart 2003

Allergisches Ekzem

► „Hendrik, kommst Du? Wir müssen los!" Sabine ist ungeduldig, weil sie zur Faschingsparty nicht zu spät kommen will. Ein Grummeln kommt aus dem Badezimmer. Als sich die Tür endlich öffnet, kann sich Sabine ein Lachen kaum verkneifen. Dort wo mal Hendriks Bart war, ist die Haut jetzt rot und geschwollen. „Meine Barbarossa-Verkleidung kann ich jetzt vergessen" jammert er. „Menno, das juckt wie Hölle!"

Definition

Ein allergisches Ekzem bildet sich auf der Haut beim wiederholten Kontakt mit bestimmten auslösenden Stoffen nach einer erstmaligen Sensibilisierung. Es werden akute und chronische Formen unterschieden.

Synonym: Kontaktdermatitis.

Ursachen

Im ersten Schritt wird das Immunsystem der Haut (T-Lymphozyten) innerhalb von Tagen bis Jahren auf bestimmte Allergene sensibilisiert. Der nächste Kontakt führt zu einer Ausschüttung von Mediatoren (Botenstoffen) wie Zytokinen, die für die eigentlichen Beschwerden verantwortlich sind. Dieser Mechanismus heißt allergische Reaktion vom zellvermittelten, späten Typ IV.

Auslösende Allergene können fast alle Stoffe sein: Konservierungs- oder Duftstoffe, Färbemittel, Latex oder ätherische Öle. Die „Hitliste" führen an:

- Nickel, Kobalt,
- Duftstoffgemische,
- Perubalsam (pflanzlicher Bestandteil von Salben),
- Lokalanästhetika,
- Kolophonium (industriell verwendetes Geigenharz),
- Gummi-Zusatzstoffe.

Symptome

Die Haut schwillt an, rötet sich, juckt und brennt teilweise sehr stark (**Abb. A.56**). Es können sich Bläschen mit klarer Flüssigkeit bilden. Das Ekzem heilt unter trockener Schuppung und Rissen (Rhagaden) ab. Eine Entzündung der Haut ist als Streureaktion auch fern von der Kontaktstelle möglich.

Diagnose

Die auslösende Substanz wird durch einen Patch-Test (Pflastertest) bestimmt. Verdächtige Stoffe werden in Trägerstoffe eingebracht und auf dem Rücken aufgeklebt. Nach 24 Stunden wird das Pflaster entfernt, die Positionen markiert und nach weiteren 48 und 72 Stunden abgelesen. Bei positiver Reaktion bildet sich ein kleines Ekzem.

Die erkannten Auslöser werden in einem Allergiepass dokumentiert. Bei Verdacht auf einen beruflichen Zusammenhang ist ein Hautarztbericht zu erstellen.

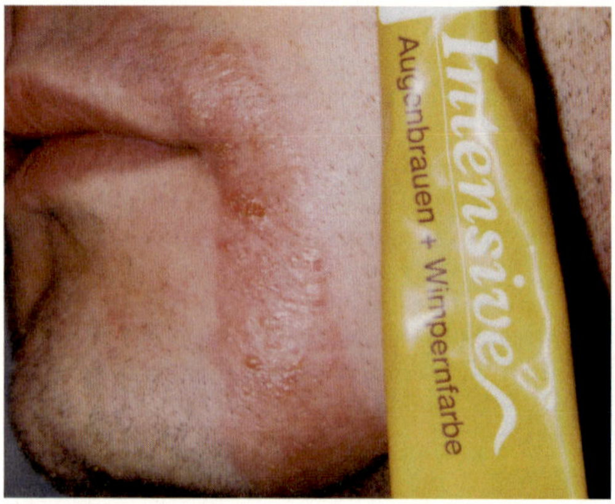

Abb. A.56 Kontaktekzem. Allergische Reaktion gegen ein Wimpernfärbemittel, das zur Färbung des Bartes angewandt wurde.

Differenzialdiagnose

Abzugrenzen sind Ekzeme anderer Ursache, z. B. das häufige kumulativ-toxische oder irritative → Kontaktekzem. Weiterhin auszuschließen ist ein → Erysipel.

Therapie

Sehr wichtig ist es bekannte Auslöser zu meiden, z. B. durch das Tragen baumwoll-gefütterter Handschuhe. Äußerlich wird am häufigsten mit Kortisonsalben behandelt, die bei sparsamem und kurzfristigem Einsatz keine nennenswerten Nebenwirkungen zeigen. Werden Gerbstofflösungen und Bade-PUVA im Intervall angewendet, sind rückfettende Cremes wichtig. Bei akuten Schüben mit sehr starken Beschwerden ist es notwendig, orale Kortikoide oder Antihistaminika zu verabreichen.

Prognose

Die Auslöser müssen lebenslang gemieden werden, da es keine Heilung der Allergiebereitschaft gibt. Weil die Schutzfunktion der Haut beeinträchtigt ist, können Entzündungen durch Bakterien und Pilze entstehen und sich Hautschuppen und kleine Papeln bilden. Langjährige Verläufe verdicken die Haut lederartig und lassen eine Hyperpigmentierung entstehen.

Infobox

ICD-10: L23

Internetadressen:

Dt. Allergie- und Asthmabund: http://www.daab.de
Dt. Kontaktallergie-Gruppe:
http://www.ivdk.gwdg.de/dkg/
http://www.ahaswiss.ch/download/kontaktdermatitis

Alopecia areata

► Der 30-jährige Sven Häusler geht sehr besorgt zum Arzt und berichtet: „Bei meinem letzten Friseurbesuch fiel meinem Friseur eine münzgroße kahle Stelle an meinem Hinterkopf auf. Ich habe davon gar nichts bemerkt. Fallen jetzt alle meine Haare aus?"

Definition

Alopecia areata ist der umschriebene, meist „kleinfleckige", wenige Zentimeter Durchmesser große, scharf begrenzte zeitweise Verlust der Haare (**Abb. A.57**). Sie tritt v. a. im Gesicht und Kopfbereich auf.

Synonym: kreisrunder Haarausfall.

Ursachen

Die Gründe für eine Alopecia areata sind nicht bekannt. Diskutiert werden lokale Autoimmunprozesse, vielleicht infolge von Infektionen. Gesichert ist eine familiäre Häufung, Männer sind etwas häufiger betroffen. Stressfaktoren spielen ebenso eine Rolle wie eine allgemeine Neigung zu Überreaktionen der Haut, z. B. bei Allergikern und „Heuschnupflern".

Symptome

Im Laufe einiger Wochen bilden sich kreisrunde kahle Stellen von ca. 0,5 bis 1 cm Durchmesser. Dieser „kreisrunde Haarausfall" tritt häufig am Kopf und bei Männern im Bartbereich auf. Seltener sind andere Körperregionen wie Unterarme oder Beine betroffen. Der Befall der Schamhaare ist eine Rarität. In den nächsten Wochen nimmt der Durchmesser bis auf etwa 2–3 cm zu. Oft entstehen weitere Herde, die auch zu größeren Arealen zusammenwachsen können. Bei der sehr seltenen Extremform (Alopecia totalis) kommt es zum Verlust aller Haare des gesamten Körpers.

In weit über 90% der Fälle bleibt es bei einem oder wenigen kleineren Herden. Es bestehen keine weiteren Beschwerden. Je nach dem Stadium der Alopezie lassen sich bei genauem Hinschauen feine oder sehr kurze Haare erkennen. Außerhalb der betroffenen Areale zeigt das Haar keine Veränderung, in einem Fünftel der Fälle werden weiße Einschlüsse oder Tüpfel der Nägel beschrieben.

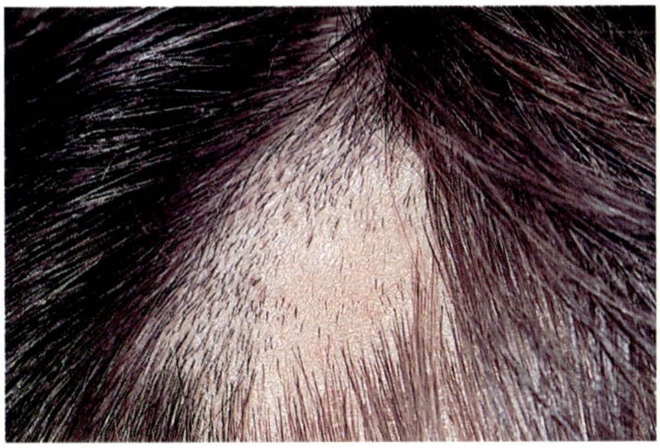

Abb. A.57 Alopecia areata. Frischer Herd der Alopecia areata.

Diagnose

Die Alopezia areata ist eine Blickdiagnose. Außer den erkannten Stellen, welche Anlass der ärztlichen Konsultation waren, können weitere Herde auftreten. Daher ist es wichtig, sorgfältig nach bislang nicht bemerkten Herden zu suchen.

Differenzialdiagnose

Schwierig abzugrenzen ist manchmal die Trichotillomanie, das zwanghafte Ausreißen eigener Haare bei verhaltensgestörten oder geistig behinderten Menschen. Infektiöse Ursachen hat der Haarausfall bei Pilzerkrankungen oder bei der → Syphilis (Lues). Vernarbende Alopezien können bei bestimmten Hauterkrankungen entstehen oder zurückbleiben. Relativ klar zu unterscheiden sind der Haarausfall bei Chemotherapie oder die männliche Glatzenbildung.

Therapie

Bei kleineren, einzelnen Herden wird abgewartet, da die weit überwiegende Zahl der Herde auch ohne Therapie und ohne sichtbare Folgen innerhalb eines halben Jahres verschwinden. Bei einer medikamentösen Behandlung werden lokal Kortikoide aufgebracht. In schweren Fällen werden Kortikoide auch in die Oberhaut gespritzt. Einzelne Erfolge werden nach der Gabe von Zink gesehen.

Prognose

Die Prognose ist gut bis sehr gut, da die Erkrankung meist selbstheilend ist. Auch die selteneren, länger anhaltenden und ausgedehnten Fälle sind oft reversibel. Allerdings sind Rezidive nicht selten.

Komplikationen

Außer dem Übergang in eine sehr schwere, psychisch belastende Form, gibt es keine Komplikationen.

Infobox

ICD-10:
L63

Internetadressen:
http://www.haarerkrankungen.de/therapie/alopeciaareata_verlauf.htm
http://www.alopeciaareata.com/
http://www.kreisrunderhaarausfall.de/

Amblyopie

► „Mein Mann hat ja gemeint, Lars sei nur müde. Aber ich möchte, dass sie ihn sich mal ansehen. Er schielt nämlich auch, wenn er eigentlich ausgeschlafen ist.“ Frau Guttka hält mir ihren kleinen Jungen mit besorgtem Gesichtsausdruck entgegen. „Ist ihnen aufgefallen, ob Lars immer in dieselbe Richtung schielt?“, frage ich sie. Sie überlegt. „Wenn ich mir ihn so vorstelle, dann ist es immer das rechte Auge, das nach innen schaut.“ Ich lobe sie, dass sie gekommen ist. „Es ist wichtig, Sehschwächen in diesem Alter früh zu erkennen.“

Definition

Amblyopie ist eine Schwachsichtigkeit ohne organischen Fehler. Der Patient sieht mit einem oder, wie es selten vorkommt, mit beiden Augen schlecht, obwohl die für gutes Sehen erforderlichen Strukturen nicht erkrankt sind.

Synonym: Schwachsichtigkeit.

Ursachen

Eine Auge wird schwachsichtig, wenn von der Geburt bis etwa zum 8.–10. Lebensjahr eine Abbildung nur unscharf auf die Fovea (Stelle des schärfsten Sehens) projiziert und der Seheindruck deshalb vom Gehirn nur unvollkommen wahrgenommen wird. Für die unscharfe Abbildung auf der Fovea gibt es mehrere Ursachen:

- das Auge schielt und weicht damit ständig von der geforderten Blickrichtung ab,
- Linse oder Hornhaut sind getrübt und/oder verkrümmt (Astigmatismus),
- der Patient ist stark kurz- oder weitsichtig,
- ein herabhängendes Oberlid verdeckt ständig die Pupille (Ptosis).

Symptome

Solange die Patienten nicht zufällig das schlechter sehende Auge abdecken, wird die Sehverschlechterung nicht wahrgenommen. Die erhebliche Beeinträchtigung des räumlichen Sehens fällt im alltäglichen Leben meist nicht auf, sondern wird durch Stereotests beim Augenarzt oder bei Eignungstests für bestimmte Berufe festgestellt.

Diagnose

Die Diagnose wird durch Sehschärfenprüfung gestellt. Die Sehschärfe ist nicht altersgemäß entwickelt. Der Patient kann Buchstaben, die relativ nahe beieinanderstehen, nicht lesen. Es besteht keine organische Augenerkrankung.

Differenzialdiagnose

Differenzialdiagnostisch sind Augenerkrankungen auszuschließen, die bei Kindern bis etwa zum 10. Lebensjahr vorkommen, z. B. → Tumoren des Auges, wie ein Retinoblastom oder ein Tumor des Sehnervs.

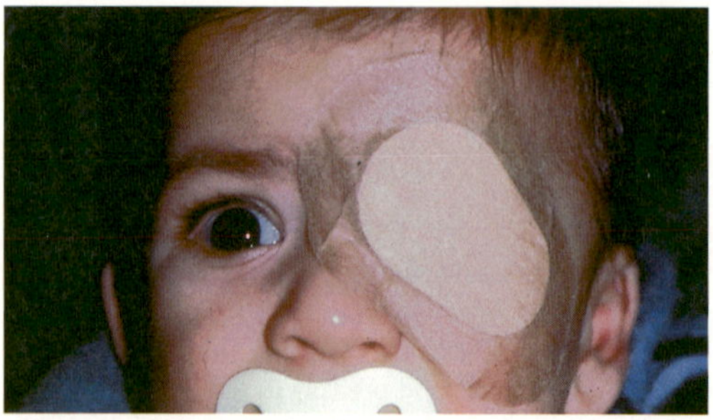

Abb. A.58 Okklusionsverband. Das linke, besser sehende Auge wird zur Behandlung des rechten, amblyopen Auges mit einem Pflaster verdeckt.

Therapie

Veränderungen, die eine normale Sehentwicklung behindern, müssen so früh wie möglich beseitigt werden, da sich besonders im ersten Lebensjahr die Strukturen im visuellen Kortex und die Fähigkeit scharf zu sehen nur durch entsprechende Reize ausbilden. Daher wird eine ein- oder beidseitige Linsentrübung schon in den ersten Lebenstagen operiert. Bei Fehlsichtigkeit werden eine Brille oder Kontaktlinsen auch schon bei Säuglingen verordnet und die Werte regelmäßig überprüft. Ein Lid, das die Pupille verdeckt, wird operiert.

Wenn eine Amblyopie besteht oder droht, wird das bessere Auge mit einem Augenpflaster okkludiert (abgeklebt) und damit das schlechtere Auge trainiert. Die Okklusion erfolgt stunden- oder tageweise und richtet sich nach dem Ausmaß der Amblyopie und dem Alter des Patienten. Die Sehschärfe muss währenddessen regelmäßig überprüft werden, denn ist das besser sehende Auge zu lange okkludiert, kann es selber amblyop werden. Bei einem ständig schielenden Auge ist die Okklusion des nichtschielenden Auges die entscheidende Therapie. Die Schieloperation kann bis zum 6. Lebensjahr erfolgen.

Prognose

Je früher und konsequenter therapiert wird, umso besser ist die Prognose. Eine nach dem 8.–10. Lebensjahr festgestellte Amblyopie kann i.d.R. nicht mehr behandelt werden. Die schlechte Sehschärfe kann durch keine Maßnahme mehr verbessert werden.

Infobox

ICD-10: H53.0

Literatur:

Kaufmann, H. (Hrsg.): Strabismus. Thieme, Stuttgart 2003

Amyotrophische Lateralsklerose

► „Dass ich so schlapp in den Beinen und Armen bin, das wissen Sie ja schon. Letztens sind Freunde von uns umgezogen. Da konnte ich eigentlich nur diese leichten Kisten schleppen. Besonders die linke Hand und der linke Fuß waren zum Teil wie gelähmt. Dann auch noch die Probleme beim Schlucken. Und dieses Zucken macht mich auch ganz verrückt", berichtet der 60-jährige Schlosser mit belegter Stimme und ausdruckslosem Gesicht.

Definition

Die Amyotrophische Lateralsklerose (ALS) ist eine Systemerkrankung des Rückenmarks und bestimmter Hirnnerven. Geschädigt sind motorische Nerven (Motoneurone), die die willentliche Muskelbewegung steuern. Im Laufe der Krankheit verschmälern sich zunehmend die Vorderhörner und die Vorder- und Seitenstränge des Rückenmarks.

Ursachen

Die Ursachen für die ALS sind ungeklärt. Man vermutet, dass die Nervenzellen durch freie Radikale oder Oxidanzien, die z. B. beim Rauchen entstehen, durch den Geschmacksverstärker Glutamat oder durch andere Umweltgifte geschädigt werden. Als weitere Ursachen kommen Störungen des Zellstoffwechsels oder entzündliche Erkrankungen in Frage. Bei 5% der Patienten ist die Krankheit vererbt.

Symptome

ALS betrifft vor allem Männer und tritt selten vor dem 50. Lebensjahr auf. Sie äußert sich durch fortschreitende Muskelrückbildung, Krämpfe, Muskelzuckungen und Lähmungserscheinungen (**Abb. A.59**). Die Betroffenen haben Schwierigkeiten beim Schlucken und Kauen, leiden unter Sprechstörungen bis zur Stimmlosigkeit.

Im fortgeschrittenen Stadium zeigen die Patienten gelegentlich krankhafte Lach- oder Weinanfälle, die im Verhältnis zum auslösenden Gefühl unpassend laut sind oder lange anhalten. Die Betroffenen können kaum noch oder gar nicht mehr sprechen und schlucken. Weil sie wenig Nahrung aufnehmen können, verlieren die Patienten an Gewicht. Die Kranken werden immer unbeweglicher, und es besteht die Gefahr, dass sie sich verschlucken. Wenn die Atemmuskulatur von Lähmungen betroffen ist, kommt es zu Atemnot bis zum Atemstillstand.

Bei der ALS verändern sich das Rückenmark sowie teilweise die motorischen Hirnnerven. Je nachdem, welches Motoneuron und ob Hirnnerven betroffen sind, unterscheidet man verschiedene Formen der ALS (**Tab. A.5**).

Diagnose

Klassische ALS. Muskeln bilden sich zurück und es kommt zu Muskelzuckungen (**Tab. A.5**). Die Muskelrückbildung wird sichtbar, wenn man Gewebeproben unter dem Mikroskop untersucht. Unwillkürliche Bewegungen einzelner Muskelfasern lassen sich auch mit Hilfe von Elektroden nachweisen.

Primäre ALS. Bei dieser Form zeigt der Patient Lähmungserscheinungen und erhöhte Eigenreflexe (**Tab. A.6**). Trom-

Tab. A.5 Die verschiedenen Formen der ALS

Bezeichnung	Betroffene Nerven	Symptom
klassische ALS	1. und 2. Motoneuron	▪ Eigenreflexe ▪ Rückbildung der Muskeln ▪ Lähmungen
primäre ALS	1. Motoneuron (Pyramidenbahn)	▪ Eigenreflexe ▪ Lähmungen
progressive Muskelatrophie	2. Motoneuron	▪ Rückbildung der Muskeln ▪ Krämpfe ▪ blitzartige Muskelzuckungen ▪ Fehlbildungen des Skeletts
progressive Bulbärparalyse	Hirnnerven	▪ starke Sprech- und Schluckstörungen

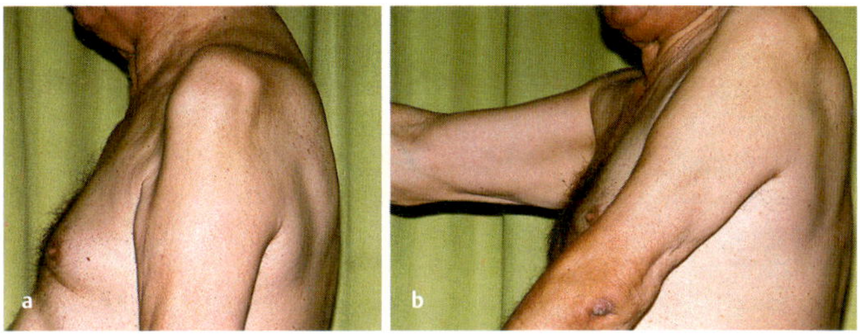

Abb. A.59 Amyotrophische Lateralsklerose. a Atrophie der linken Schultergürtel-Oberarmmuskulatur. **b** Der linke Arm kann nicht bis zur Horizontalen angehoben werden.

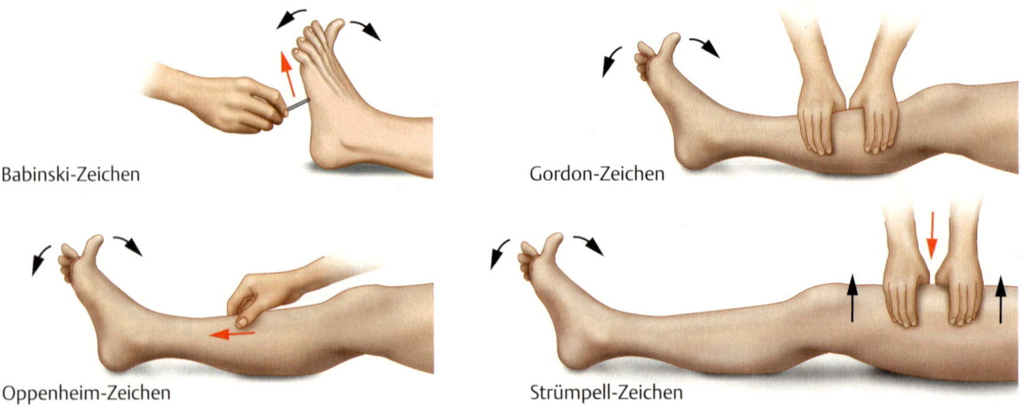

Abb. A.60 Pyramidenbahnzeichen. Pyramidenbahnzeichen sind Symptome (gesteigerte Eigenreflexe), die bei Schädigung des 1. Motoneurons (Pyramidenbahn) auftreten.

meln auf die Fingerkuppen löst z. B. einen heftigen Fingerbeugereflex aus. Streicht man am Fußrand oder am Schienbein des liegenden Patienten entlang, knetet dessen Wade oder beugt das Knie gegen Widerstand, streckt sich der große Zeh Richtung Knie, die übrigen Zehen spreizen sich in die andere Richtung (Pyramidenbahnzeichen) (**Abb. A.60**).

Progressive Muskelatrophie. Die Eigenreflexe sind abgeschwächt oder fehlen ganz. Außerdem treten Verformungen des Skeletts und blitzartige Muskelzuckungen auf und grenzen diese Form von der klassischen ALS ab.

Progressive Bulbärparalyse. Sprech- und Schluckstörungen deuten auf eine Erkrankung der motorischen Hirnnerven hin, die die Lippen-, Zungen-, Gaumen- und Kehlkopfmuskeln lähmt. Die Betroffenen sprechen besonders langsam, undeutlich und nasal.

Differenzialdiagnose

Die ALS ist von der → Multiplen Sklerose abzugrenzen.

Therapie

Die Ursache der ALS ist nicht zu behandeln. Ihre Symptome lassen sich aber durch viele Maßnahmen lindern.

Bewegungstherapie. Sie fördert die Regeneration, verbessert die Bewegungsabläufe und beugt Muskelverkürzungen vor. Der Kranke sollte außerdem frühzeitig und ausreichend mit Hilfsmitteln wie Schienen, Halskrause, Gehhilfe oder Rollstuhl versorgt werden.

Muskelkrämpfe. Bei leichten Krämpfen hilft Magnesium, bei starken Krämpfen Chininsulfat oder Carbamazepin.

Schluckbeschwerden. Schlucktechniken können durch Logopädie erlernt werden. Eventuell wird der Patient mit der Magensonde ernährt. Der Speichelfluss kann mit Amitriptylin- oder Scopolamin-Pflastern unterdrückt werden.

Sprechstörungen. Auch hier kann Logopädie helfen. Außerdem sollte der Umgang mit Kommunikationshilfen wie Zeigetafeln und PC frühzeitig trainiert werden. Gegen krankhaftes Lachen oder Weinen wirken Amitriptylin und Benzodiazepine.

Atemstörungen. Atemgymnastik und erhöhte Oberkörperlagerung unterstützen die Atmung. In schwereren Fällen werden Morphiumpräparate und Atemmaske eingesetzt. Die Beatmung kann aber die Krankheit nicht bremsen und verlängert das Leiden. Über diese ethischen Probleme sollten der Patient und seine Angehörigen frühzeitig aufgeklärt werden.

Angst- und Unruhezustände. Besonders wichtig sind die Gabe von Beruhigungsmitteln, die psychosoziale Betreuung und die Sterbebegleitung.

Prognose

Der Verlauf der ALS ist sehr unterschiedlich. 50% der Betroffenen sterben nach der Diagnose innerhalb von drei bis vier Jahren. Nur ein Fünftel der Erkrankten lebt länger als fünf Jahre und nur wenige Patienten leben länger als zehn und mehr Jahre nach der Diagnose. Die Patienten sterben meist an einer Harnwegsinfektion, einer Lungenembolie oder -entzündung oder am Atemstillstand durch die Lähmung der Atemmuskeln. Die Prognose ist umso besser, je jünger die Erkrankten sind.

Infobox

ICD-10: G12.2

Internetadressen:

Dt. Gesellschaft für Muskelerkrankungen (DGM): http://www.dgm.org

Anämie

► Frau Schneider klagt ihrem Hausarzt, dass sie immer so müde sei. „Ich dachte, es ist die ganz normale Frühjahrsmüdigkeit, aber ich fühle mich nun schon seit Wochen so schlapp. Bei der Arbeit kann ich mich nur sehr schlecht konzentrieren und habe auch viel häufiger Kopfschmerzen. Außerdem ist meine Haut ganz trocken und meine Nägel sind viel brüchiger als sonst." Bei der körperlichen Untersuchung fällt dem Hausarzt auf, dass die 37-Jährige sehr blass aussieht.

Definition

Bei einer Anämie ist der Hämoglobinwert (roter Blutfarbstoff) auf < 12 g/dl bei Frauen und 13,5 g/dl bei Männern erniedrigt.

Synonym: Blutarmut.

Formen

Anämien lassen sich klassifizieren nach:

- der zugrunde liegenden Ursache (s. u.),
- dem Aussehen der Erythrozyten und dem Gehalt an Hämoglobin.

Die durchschnittliche Menge an Hämoglobin in einem Erythrozyt (mittlere korpuskuläre Hämoglobin-Konzentration, MCHC) unterteilt die Anämien in:

- **hypochrom** („zu wenig Farbe") (**Abb. A.61 b**),
- **normochrom** („normale Farbe")
- **hyperchrom** („zu viel Farbe").

Das durchschnittliche Volumen eines Erythrozyten (mittleres korpuskuläres Volumen, MCV) klassifiziert die Anämien in:

- **mikrozytär** („zu kleine Zellen"),
- **normozytär** („normal große Zellen")
- **makrozytär** („zu große Zellen") (**Abb. A.61 c**).

Ursachen

Grunderkrankung

Eine Anämie kann entweder durch einen gesteigerten Verbrauch oder Abbau der Erythrozyten (regenerative Anämie) oder durch eine gestörte Neubildung im Knochenmark (aregenerative Anämie) verursacht sein (**Tab. A6**).

Regenerative Anämie. Sie tritt bei Erkrankungen auf, die einen vorzeitigen Abbau der Erythrozyten bewirken, z. B. bei defekten Erythrozyten, bei Infektions- oder Stoffwechselkrankheiten oder bei der Einnahme bestimmter Medikamente.

Aregenerative Anämie. Sie entsteht bei Erkrankungen der Zellen, aus denen die Erythrozyten gebildet werden (z. B. Leukämie), durch Verdrängung der Blut bildenden Zellen durch andere Zellen oder durch einen Mangel an Substanzen, die für die Produktion der Erythrozyten notwendig sind (z.B. Vitamin B12, Eisen oder Folsäure).

Symptome

Die Symptome einer Anämie werden durch den Sauerstoffmangel hervorgerufen. Patienten mit einer Anämie sehen blass aus. Sie sind häufig müde und erschöpft. Bei Belastung ist manchen Patienten schwindelig, sie haben Kopfschmerzen oder Ohrensausen und spüren ihren Herzschlag. Wie ausgeprägt die Symptome bei einer Anämie sind, hängt nicht nur vom Schweregrad ab: Entwickelt sich die Anämie innerhalb kurzer Zeit, oder kann der Patient durch eine erhöhte Herzleistung den Sauerstoffmangel nicht ausreichend kompensieren, macht sich die Anämie eher und deutlicher bemerkbar.

Die Symptome der verschiedenen Anämieformen sind **Tab. A.7** zu entnehmen.

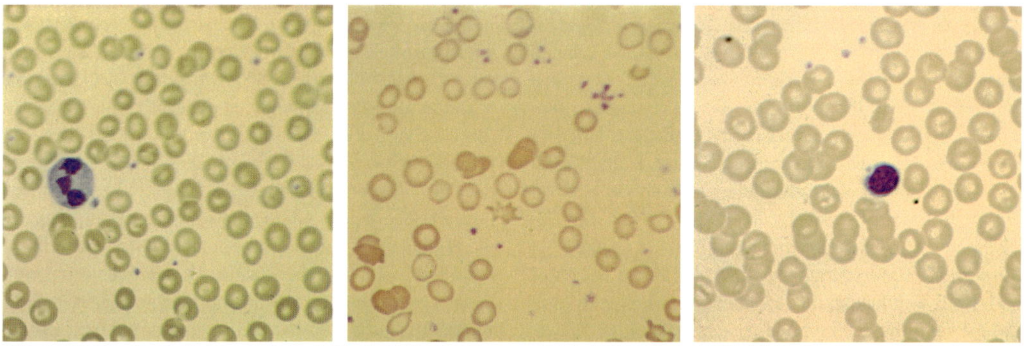

Abb. A.61 Charakteristische morphologische Blutbildveränderungen bei Anämie. a Normales Blutbild. **b** Hypochrome Anämie bei Eisenmangel mit Anulozyten (ringförmigen Erythrozyten). **c** Makrozytose bei Leberzirrhose.

Tab. A.6 Einteilung der Anämien nach der zugrunde liegenden Krankheit

Ursache	Krankheitsbild
aregenerative Anämie (Neubildung der Erythrozyten im Knochenmark ist gestört)	
Störung der Stammzellen, aus der die Erythrozyten entstehen	▪ aplastische Anämie
Verdrängung der Blut bildenden Zellen im Knochenmark	▪ malignes Lymphom ▪ multiples Myelom ▪ andere Tumoren ▪ Leukämien ▪ Fibrosen
Knochenmarkhyperplasie	▪ myelodysplastisches Syndrom (MDS)
Mangel an Vitamin B12 oder Folsäure	▪ megaloblastäre Anämie
Mangel an Eisen	▪ Eisenmangelanämie
Mangel an Erythropoetin (bei Niereninsuffizienz)	▪ renale Anämie
Tumor	▪ Tumoranämie
regenerative Anämie (Erythrozyten werden schneller verbraucht oder frühzeitig abgebaut)	
defekte Erythrozyten ▪ defekte Zellwand (Membran) der Erythrozyten ▪ defekte Enzyme in den Erythrozyten	 ▪ Kugelzellanämie, Ellipsozytose ▪ Erythrozytenenzymopathien
defektes Hämoglobin (Hämoglobinopathien)	▪ Sichelzellkrankheit ▪ Thalassämie
Störungen außerhalb der Erythrozyten	▪ durch Antikörper bedingte Anämie (Rhesus-Inkompatibilität, Autoimmunhämolytische Anämie durch Kälte- oder Wärme-Antikörper) ▪ durch Medikamente induzierte Anämie (Phenacetin, Penicillin, alpha-Methyldopa) ▪ durch Infektionskrankheiten bedingte Anämie (z. B. Malaria) ▪ Stoffwechselstörungen ▪ Anämie durch physikalische oder chemische Schäden (Schäden durch Herzklappen, Verbrennung, Schlangengifte)
Blutungen	▪ Blutungsanämie
vermehrter Abbau der Erythrozyten in der Milz	▪ Hypersplenismus

Diagnose

Anamnese. Sie kann auf mögliche Ursachen hinweisen: Vegetarier oder Veganer haben häufig einen Eisenmangel, der eine Eisenmangelanämie verursachen kann (**Abb. A.62**). Frauen mit sehr starken Regelblutungen oder Menschen mit einem Tumor im Magen-Darm-Trakt können unter einer Blutungsanämie leiden. Skelettschmerzen können auf ein → Plasmozytom oder → Metastasen hinweisen, Nachtschweiß und Gewichtsabnahme auf eine → Leukämie oder einen bösartigen Tumor. Haben Familienangehörige ebenfalls eine Anämie, kann die Anämie des Patienten durch einen angeborenen Defekt der Hämoglobin- oder Erythrozytenbildung bedingt sein.

Körperliche Untersuchung. Es fällt die Blässe der Haut und der Schleimhäute auf. Vor allem in den Skleren (Bindehaut des Auges) ist eine Anämie gut zu erkennen. Bei einer Eisenmangelanämie (**Tab. A.7**) sind die Mundwinkel der Patienten häufig eingerissen (Rhagaden), die Nägel sind brüchig, haben Längsrillen und sind löffelförmig verformt (Hohlnägel, Koilonychie) (**Abb. A.63**). Patienten mit einer renalen Anämie haben meist eine gelblich-braune Haut. Eine hämolytische Anämie verursacht einen Ikterus (Gelbsucht) und eine Splenomegalie (vergrößerte Milz).

Laboruntersuchung. Es werden Erythrozyten-, Leukozyten- und Thrombozytenzahl, Hämatokrit (prozentualer Volumenanteil der Erythrozyten im Blut), MCV (durchschnittliches Volumen der Erythrozyten), MCH (durchschnittlicher Hämoglobingehalt der Erythrozyten), MCHC (durchschnittliche Hämoglobinkonzentration eines einzelnen Erythrozyten), bestimmt. Dies hilft bei der Suche nach der Ursache der Anämie. Um zwischen regenerativen und aregenerativen Anämien zu unterscheiden, werden die Retikulozyten bestimmt: Bei einer regenerativen Anämie sind sie erhöht, bei einer aregenerativen erniedrigt. Je nach vermuteter Erkrankung müssen noch weitere Blutwerte bestimmt werden, z. B. Eisen, Vitamin B12, Folsäure, Erythropoetinspiegel usw.

Blutausstrich. Es lassen sich typische Veränderungen der Erythrozyten erkennen, z. B. Anulozyten bei der Eisenmangelanämie (**Abb. A.61 b**).

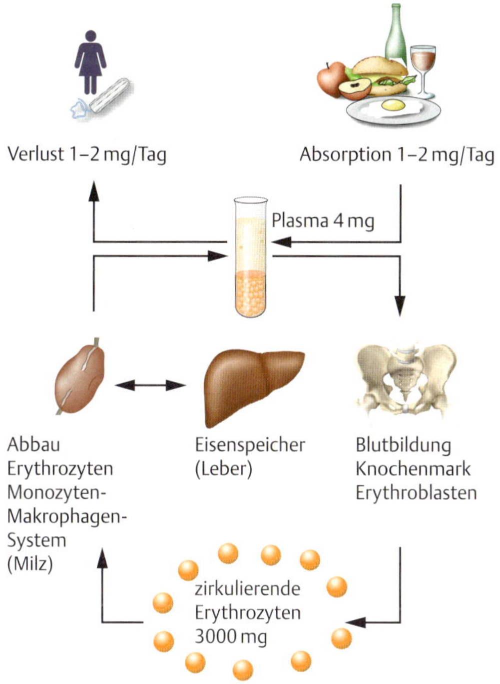

Abb. A.62 Eisenzyklus beim Menschen. Aus der Nahrung werden täglich 1 – 2 mg Eisen aufgenommen. Über den Darm wird die gleiche Menge wieder ausgeschieden. Im Knochenmark wird Eisen aus dem Blutplasma zur Bildung von Erythrozyten verwendet. Diese zirkulieren dann im Blutkreislauf. Nach ca. 120 Tagen werden sie im Monozyten-Makrophagensystem (vorwiegend in der Milz) abgebaut. Ein Teil des zurückgewonnenen Eisens wird in der Leber gespeichert, das restliche Eisen kann wieder für die Bildung von Erythrozyten genutzt werden.

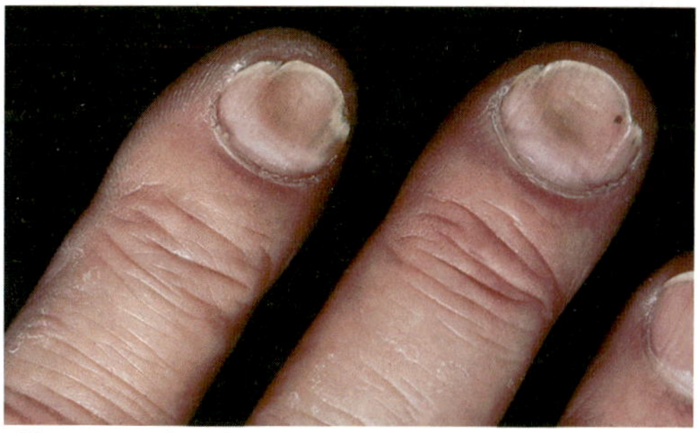

Abb. A.63 Koilonychie. Brüchige, löffelförmige Nägel mit Längsrillen.

Knochenmarkpunktion. Findet man mit den durchgeführten Untersuchungen die Ursache der Anämie nicht, wird das Knochenmark untersucht.

Differenzialdiagnose

Die Charakteristika der häufigsten Anämieformen sind in **Tab. A.7** zusammengefasst.

Therapie

Eine Anämie wird entsprechend der auslösenden Ursache behandelt (**Tab. A.7**).

Bei **aregenerativen Anämien** wird das fehlende Substrat (z. B. Eisen) ersetzt oder die Krankheit, die die Blut bildenden Zellen im Knochenmark verdrängt (z. B. Leukämie), durch eine Chemotherapie mit anschließender Knochenmarktransplantation behandelt.

Die **regenerativen Anämien** wie die angeborenen Störungen der Erythrozyten- oder Hämoglobinbildung kön-

Tab. A.7 Charakteristika der häufigsten Anämieformen

Ursachen	Symptome (zusätzlich zu allgemeinen Anämiesymptomen)	Diagnose	Therapie
Eisenmangelanämie (häufigste Anämie in Mitteleuropa)			
▪ Verlust von Eisen mit dem Blut (übermäßige Regelblutung, Blutungen aus dem Darm) ▪ ungenügende Aufnahme (Schwangere, Vegetarier/Veganer, Resorptionsstörungen)	▪ spröde Haare, brüchige Nägel, Rillenbildung in den Nägeln, Hohlnägel (Koilonychie), Aphthen im Mund, in den Mundwinkeln Rhagaden ▪ Kopfschmerzen, Konzentrationsstörungen, leichte Erregbarkeit	▪ Labor: Eisen ↓, Ferritin ↓, Transferrin ↑, MCV ↓, MCH ↓, Retikulozyten ? ▪ Blutausstrich: mikrozytär mit Anulozyten	▪ Eisensubstitution (oral oder intravenös)

Fortsetzung ▶

Tab. A.7 Fortsetzung

Ursachen	Symptome (zusätzlich zu allgemeinen Anämiesymptomen)	Diagnose	Therapie
Blutungsanämie			
▪ Frauen: Blutungen aus den weiblichen Geschlechtsorganen (Tumoren, übermäßige Menstruation) ▪ Frauen und Männer: Blutungen im Magen-Darm-Trakt oder in den ableitenden Harnwegen ▪ Gerinnungsstörungen	▪ bei akuter Blutung Blutdruckabfall, Tachykardie (schneller Herzschlag), Schweißausbrüche	▪ Frauen: Fragen nach Menstruationszyklus, gynäkologische Untersuchung ▪ bei Frauen und Männern: Suche nach Blutungsquellen im Magen-Darm-Trakt (→ Haemoccult-Test, → Endoskopie) und Harnwegen (→ Zystoskopie) ▪ Labor: Ferritin (Eisen) normal oder ↓, Transferrin ↑, Retikulozyten ↑	▪ bei akuter Blutung zunächst: Blutstillung, Volumenersatz, Stabilisierung des Kreislaufs, evtl. Bluttransfusion ▪ Beseitigung der Blutungsquelle
megaloblastäre Anämien			
Folsäure-Mangel (wird wie Vit. B12 für die DNA-Bildung in den Blutzellen benötigt) ▪ ungenügende Aufnahme (Alkoholiker, Zöliakie, Resorptionsstörungen) ▪ erhöhter Verbrauch (Schwangere/Stillende, Tumoren, chronische Dialyse) ▪ Medikamente, die Folsäure hemmen (Zytostatika, Antibiotika, Antiepileptika) Vitamin B12-Mangel (perniziöse Anämie) ▪ ungenügende Aufnahme (Vegetarier/Veganer, nach Gastrektomie oder Dünndarmresektion, Resorptionsstörungen, M. Crohn, Zöliakie) ▪ erhöhter Verbrauch (Befall mit Fischbandwurm)	▪ brennende Zunge, Geschmacksstörungen, Glossitis (Entzündung der Zunge) (**Abb. A.64**), Diarrhö (Durchfall), Gewichtsverlust ▪ nach mehreren Jahren neurologische Symptome: Parästhesien, Hyperästhesien (Gefühlsstörungen), Muskelschwäche, Gangstörungen, psychische Symptome	▪ Labor: MCV ↑, Retikulozyten ↓, Vitamin B12 und Folsäure ↓, ▪ Knochenmark: Erythrozyten-Vorläuferzellen abnorm groß (megaloblastär) ▪ Schilling-Test (prüft Resorption von Vitamin B12)	▪ Substitution von Vitamin B12 oder Folsäure
renale Anämie			
▪ Mangel an Erythropoetin bei Niereninsuffizienz (Erythropoetin wird in der Niere gebildet)	▪ Café au lait-Farbe der Haut (Haut ist blass durch die Anämie und gelblich durch Urochrome = Giftstoffe, die mit der Niere nicht ausgeschieden werden)	▪ Symptome der Niereninsuffizienz ▪ Labor: MCH normal, Retikulozyten ↓, Erythropoetin ↓	▪ Substitution von Erythropoetin

Tab. A.7 Fortsetzung

Ursachen	Symptome (zusätzlich zu allgemeinen Anämiesymptomen)	Diagnose	Therapie
hämolytische Anämien			
Die Erythrozyten werden schneller und vermehrt abgebaut als normal (Hämolyse = Lebensdauer der Erythrozyten < 120 Tage) ▪ durch Störungen an den Erythrozyten (korpuskuläre hämolytische Anämien) ▪ durch Störungen außerhalb der Erythrozyten (extrakorpuskuläre hämolytische Anämien)	▪ Ikterus (Gelbsucht), Splenomegalie (vergrößerte Milz) ▪ bei hämolytischer Krise: Fieber, Schüttelfrost, Ikterus, Schmerzen in Kopf, Bauch und Rücken, Hämoglobinurie (Blut im Urin)	▪ Familienanamnese ▪ Frage nach Medikamenten ▪ Labor: freies Hb und Haptoglobin (Transportprotein für Hb) nachweisbar, LDH ↑, Retikulozyten ↑, indirektes Bilirubin ↑ ▪ Blutausstrich: Schießscheibenzellen, Sphärozyten (Kugelzellen), Sichelzellen, Fragmentozyten	▪ bei einigen Krankheiten (G-6-PD-Mangel, Sphärozytose) keine Therapie möglich ▪ bei einigen Krankheiten Knochenmarktransplantation, Splenektomie (Entfernung der Milz) oder Bluttransfusionen (z. B. bei Thalassämie), bei Wärme- und Kälteantikörpern Kortison
Infekt-/Tumoranämie			
▪ Bildung der Erythrozyten wird durch bestimmte Faktoren (Zytokine: Interleukin-1) gehemmt ▪ zusätzlich kann das Eisen nicht richtig verwertet werden (funktioneller Eisenmangel)	▪ Symptome der Entzündung oder der Tumorerkrankung	▪ Labor: MCV und MCHC normal oder ↓, Retikulozyten normal oder ↓, Eisen ↓, Ferritin normal oder ↑ ▪ Knochenmarkpunktion: Blutbildung unauffällig, in den Makrophagen wird vermehrt Eisen gespeichert	▪ wenn möglich, Ursache der Anämie beseitigen (Tumor/Infekt)

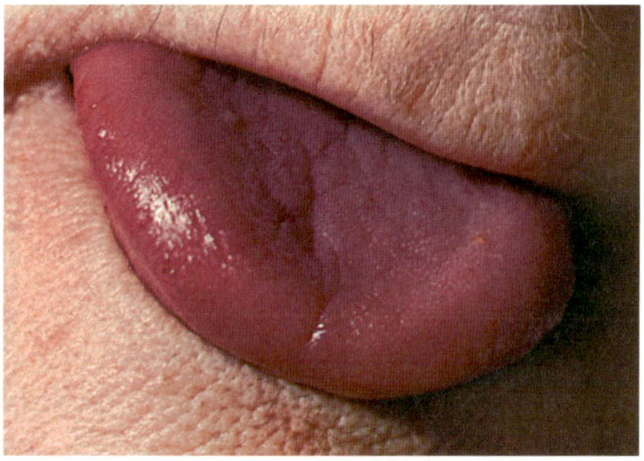

Abb. A.64 Glossitis. Hunter-Glossitis bei Anämie.

nen häufig nicht ursächlich therapiert werden. Eine Splenektomie (Entfernung der Milz) bewirkt, dass die verformten Erythrozyten nicht vorschnell abgebaut werden.

Bei **Anämien durch akute Blutungen** sollte mit Volumen und/oder Bluttransfusionen das verlorene Blut ersetzt und die Blutungsquelle beseitigt werden.

Prognose

Der Verlauf einer Anämie hängt von der zugrunde liegenden Erkrankung ab. Einige Anämieformen lassen sich sehr leicht behandeln und haben eine gute Prognose, z. B. die Eisenmangelanämie oder die megaloblastären Anämien. Patienten mit vererbten Erythrozytendefekten, die splenektomiert werden, haben eine normale Lebenserwartung. Patienten mit Thalassämie sterben vorzeitig durch Thrombosen oder Leukämie.

Infobox

ICD-10: D50-D53, D55-D59, D60-D64

Internetadressen:

Dt. Gesellschaft für Hämatologie und Onkologie: http://www.dgho.de

Literatur:

Siegenthaler, W. (Hrsg.): Siegenthalers Differenzialdiagnose, 19. Aufl. Thieme Stuttgart 2005

Analfistel

► **Dieter Herrmann stört schon seit längerem das Jucken im Analbereich, das einfach nicht verschwinden will. Vor drei Wochen kamen Schmerzen beim Stuhlgang hinzu, die immer stärker wurden. Ab und zu bemerkt er auch ein helles Sekret in der Unterhose -Eiter, wie sich später herausstellen wird. Seit ein paar Tagen tritt auch noch ein Druckgefühl beim Sitzen auf, so als ob da eine Kugel im Po stecke. Da die Schmerzen immer stärker werden, geht Dieter Herrmann zum Arzt. Bereits nach kurzer Inspektion und klinischer Untersuchung steht fest: Es handelt sich um eine Analfistel mit subkutanem Abszess.**

Definition

Eine komplette Analfistel ist ein normalerweise nicht vorhandener röhrenförmiger Gang, der vom After oder von der Enddarmschleimhaut ausgeht und durch die Haut tritt (**Abb. A.65**).

Manche Fisteln haben nur eine einzige Öffnung nach innen ins Darmlumen oder nach außen (Hautseite) ohne Verbindung zum Darm. Dies sind inkomplette Analfisteln. Andere Fisteln können auch zu einem benachbarten Organ führen, z.B. zur Scheide (Vagina) oder (selten) zur Harnröhre (Urethra).

Synonym: anorektale Fistel.

Ursachen

Ausgangspunkte einer Analfistel sind eine chronische Infektion oder ein Abszess im After oder Mastdarm. Meist beginnt der Prozess an einer entzündeten Proktodealdrüse. Die Ursache der Entzündung lässt sich oft nicht klären. Menschen, die an einer chronischen Darmentzündung (→Morbus Crohn, →Colitis ulcerosa), →Divertikulitis oder an →Tuberkulose leiden sind überdurchschnittlich häufig von Analfisteln betroffen. Fisteln zwischen Enddarm und Scheide können nach Geburtsverletzungen, bei Krebserkrankungen oder nach einer Strahlentherapie in diesem Bereich entstehen.

Symptome

Anale Schmerzen sowie Eiter- und Blutabsonderungen stehen zunächst im Vordergrund. Das ständige Nässen kann zu juckenden Hautekzemen führen. Ist die Fistel groß und hat sie eine Verbindung zum Enddarm, kann durch die äußere Fistelöffnung unwillkürlich Kot abgehen.

Verschließt sich eine Fistelöffnung, kommt es zum Sekretstau. Dadurch verstärkt sich die Entzündung bis hin zum →Abszess. Analabszesse verursachen heftige Schmerzen, ein Druckgefühl und lokale Überwärmung, ggf. tritt hohes Fieber auf.

Diagnose

Die äußere Fistelöffnung ist gewöhnlich sichtbar (**Abb. A.66**). Bei der digitalen Untersuchung (mit dem Finger) kann die innere Fistelöffnung getastet werden. Durch vorsichtiges Einführen einer Sonde in den Fistelgang wird der Fistelverlauf nachvollzogen. Um die innere Fistelöffnung zu finden kann ggf. von außen ein verdünnter Farbstoff wie Methylenblau in den Fistelgang injiziert werden.

Per Endoskopie oder Rektoskopie werden entzündliche oder bösartige Erkrankungen ausgeschlossen. Darüber hinaus kann die endorektale Sonografie Auskunft über die

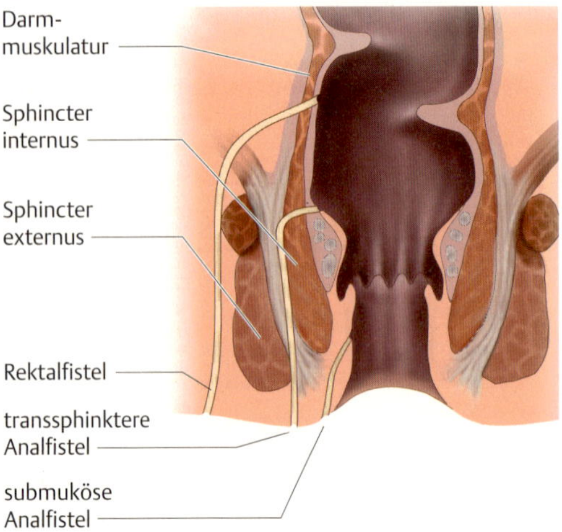

Abb. A.65 Formen von Analfisteln.

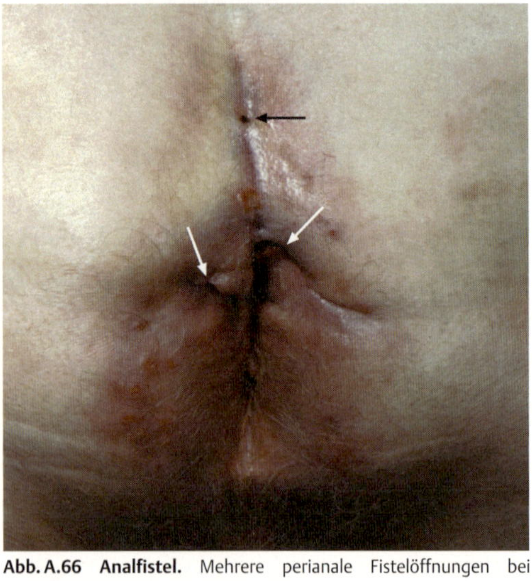

Abb. A.66 Analfistel. Mehrere perianale Fistelöffnungen bei →Morbus Crohn.

Lokalisation und Ausbreitung von Abszessen sowie den Fistelverlauf geben.

Per Manometrie wird die Schließmuskelkraft dokumentiert, um einen Vergleich zum späteren postoperativen Befund zu haben.

Differenzialdiagnose

Angeborene Fisteln sind im Allgemeinen seit der Geburt bekannt. Zu unterscheiden sind Analfisteln von perianalen Schweißdrüsenabszessen, afternahen Karbunkeln und → Furunkeln, die keine Verbindung zum Analkanal aufweisen sowie von Steißbeinfisteln (Sinus pilonidalis), die besonders bei stark behaarten jungen Männern im sakralen Bereich vorkommen.

Therapie

Eine spontane Heilung von Analfisteln, die ihren Ursprung in Drüsen im After oder Enddarm haben, ist nicht zu erwarten. Deswegen empfehlen Experten selbst bei fehlenden Beschwerden die Operation. Denn bereits der Verschluss einer Fistelöffnung kann zur Bildung eines Abszesses oder zu schwerwiegenden Entzündungen in der gesamten Perianalregion führen.

Hauptziel des Eingriffs ist es, die anale Infektion zu beseitigen. Gelingt das nicht, treten später erneut Fisteln auf. Die Operationstechniken richten sich nach Ort und Verlauf des Fistelganges. Da Analfisteln sehr häufig den inneren und/oder äußeren Schließmuskel durchziehen, müssen Muskelanteile oft teilweise durchtrennt werden, ohne dass dies die Stuhlkontinenz beeinträchtigt.

Liegt der Analfistel eine entzündliche Darmerkrankung zugrunde, ist auch eine konservative Therapie möglich. Dabei wird mit systemisch und/oder lokal verabreichten Medikamenten versucht, die Entzündung zurück zu drängen, so dass sich die Fistel verschließen kann. Im entzündungsfreien Erkrankungsintervall kann auch dieses Fistelgewebe chirurgisch entfernt werden.

Neben der adäquaten Operationstechnik ist eine aufwändige postoperative Wundversorgung mit häufigem Duschen und Sitzbädern für den Heilungsverlauf entscheidend.

Komplikationen

Postoperative Komplikationen sind nicht selten. Je höher die Fistel gelegen ist, je mehr Fisteln vorliegen und je öfter bereits operiert wurde, desto häufiger sind Komplikationen.

Durch Reizung des lokalen Nervenplexus (N. perineales) kann es nach der Operation vorübergehend zu Miktionsstörungen kommen.

Weitere Komplikationen sind Wundheilungsstörungen, Narbenschmerzen, Analprolaps, ein Wiederauftreten von Fisteln sowie Stuhlinkontinenz. Nach langjähriger Fistelerkrankung treten vereinzelt auch Fistelkarzinome auf.

Infobox

ICD-10: K60.3

Internetadressen:

http://www.kolo-proktologie.de
http://www.proktologie.info
http://www.hausarzt.qualimedic.de/Analfistel.html

Anaphylaktischer Schock

► Nach dem Genuss eines Hamburgers bricht eine junge Frau mit einem Kreislaufkollaps noch im Restaurant zusammen. Blutdruck und Puls sind vom herbeigerufenen Notarzt nicht mehr messbar, die Frau muss intubiert werden. Später stellt sich heraus, dass sie vermutlich auf Erdnüsse im Dressing reagiert hat, ein Heuschnupfen auf Haselnusspollen ist bekannt.

Definition

Beim anaphylaktischen Schock handelt es sich um die Extremform der allergischen Reaktion vom Soforttyp oder Typ I.

Innerhalb sehr kurzer Zeit nach Kontakt mit dem Auslöser zeigt sich das Bild eines lebensbedrohenden Schocks mit Herz- und Kreislaufversagen. Dabei kommt es zu einem groben Missverhältnis zwischen zirkulierender Blutmenge und Gefäßkapazität im Sinne einer Unterversorgung der Organe.

Ursachen

Die Schocksymptome selbst werden durch IgE, selten auch durch IgG (Immunglobuline vom Typ E bzw. G) verursacht. Deren überschießende Bildung wird vor allem durch drei Gruppen von Auslösern angeregt:

- **Nahrungsmittel:** z. B. Hühnereiweiß, Nüsse, Schalentiere und Fische,
- **Medikamente:** z. B. Antibiotika, Rheumamittel und Röntgenkontrastmittel,
- **tierische Gifte:** z. B. Wespen- und Bienengifte (→ Bienengiftallergie).

Wie bei allen Allergien werden in unverhältnismäßiger Zahl Antikörper (IgE) gebildet. Diese führen beim nächsten Kontakt mit dem Antigen zu einer massiven Ausschüttung von Mediatoren wie Histamin aus den Mastzellen (s. **Abb. A.100**, S. 112).

Die Blutgefäße werden weitgestellt, das Blut „versackt" in der Peripherie. Gleichzeitig tritt Flüssigkeit in das Gewebe über. Als Schutzreflex wird der Kreislauf zentralisiert, peripher gelegene Organe wie die Nieren oder das Gehirn werden nicht mehr ausreichend versorgt. Nach kurzer Zeit bricht dann das Herz-Kreislauf-System zusammen (**Abb. A.67**).

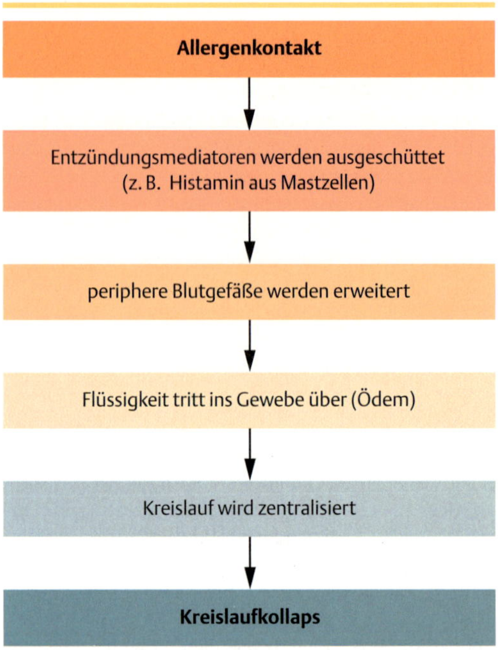

Abb. A.67 Anaphylaktischer Schock. Vom Allergenkontakt zum Kreislaufkollaps.

Symptome

Betroffene geben oft an, als Vorboten bestimmte aber eher unspezifische Frühsymptome bemerkt zu haben. Dazu gehört ein Brennen oder Pelzigwerden der Zunge und ein Brennen im Rachen. Hinzu können ein diffuser Juckreiz, Schwindel und ein Hitzegefühl meist an Händen und Füßen kommen.

Der eigentliche Schock beginnt mit einer Rötung und Juckreiz des gesamten Hautorgans. Es bilden sich Quaddeln und Ödeme. Dann bricht sehr schnell, u. U. innerhalb von Sekunden, das Herz-Kreislauf-System zusammen. Dies bedeutet einen starken Blutdruckabfall mit gleichzeitiger Tachy- oder Bradykardie. Der Puls geht entweder sehr schnell oder sehr langsam und ist kaum zu tasten.

Aufgrund der Zentralisation des Kreislaufes wird der Patient bewusstlos, ggf. krampft er mit Übelkeit und Erbrechen. Es kommt zum Abgang von Urin und Stuhl.

Begleitet sind die beschriebenen Symptome, die keineswegs überhaupt oder vollständig anzutreffen sind, vom starken Gefühl einer Bedrohung bis hin zur Todesangst.

Diagnose

Bei einem anaphylaktischen Schock ergibt sich die Diagnose und sofortige Behandlungsbedürftigkeit unmittelbar aus den lebensbedrohlichen Symptomen. Später muss nach den auslösenden Ursachen gesucht werden. Dies geschieht durch Allergietests und Laboruntersuchungen.

Differenzialdiagnose

Schocks anderer Ursache wie nach Unfällen mit Polytrauma oder nach Suizidversuch, aber auch nach inneren Ursachen wie einem „Blinddarmdurchbruch" zeigen ähnliche Symptome. Prinzipiell werden Schocks hinsichtlich Sicherung der Vitalparameter identisch behandelt. Ein epileptischer Anfall lässt das Herz-Kreislauf-System nicht zusammenbrechen.

Therapie

Die sofortige Sicherung der Vitalfunktionen steht im Mittelpunkt. Damit das Blut in den lebenswichtigen inneren Organen verbleibt, wird der Patient flach auf einen harten Untergrund gelegt und die Beine hoch gelagert (Schocklagerung).

Die Atemwege müssen frei sein und bleiben. Rechtzeitig und ohne zu zögern muss mit der Herzmassage und Mund-zu-Mund-Beatmung begonnnen werden. Diese Maßnahmen bedürfen keiner medizinischen Hilfsmittel. Die Zufuhr möglicherweise auslösender Stoffe muss sofort unterbrochen werden, z. B. die Infusion eines Kontrastmittels.

Professionelle Hilfe muss unverzüglich herbeigerufen werden. Diese beginnt mit der Maskenbeatmung oder Intubation einschließlich Sauerstoffgabe und dem Legen eines großvolumigen venösen Zugangs. Über diesen wird Adrenalin gespritzt. Dieses „Stresshormon" hat sofort starke Wirkungen auf das Herz-Kreislauf-System:

- Pumpleistung des Herzens steigt,
- Blutgefäße verengen sich,
- Blutdruck steigt.

Die Bronchien weiten sich und die Atmung wird erleichtert. Über den Zugang laufen dann in kurzer Zeit große Mengen Flüssigkeit in den Körper (Kochsalz- und Ringerlösung), die den Mangel in den Gefäßen ausgleichen sollen. Gleichzeitig wird Kortison gegeben, um die Entzündungsreaktion einzuschränken.

Wenn der Patient transportfähig ist, wird er zur Intensivstation einer Klinik gefahren, um dort die Behandlung und Überwachung fortzuführen. Damit darf nicht zu früh aufgehört werden, da nach einer zwischenzeitlichen Besserung Stunden später eine erneute Schocksymptomatik auftreten kann.

Prognose

Wie bei allen Allergien ist das Vermeiden des Auslösers der ideale Weg. Ist er bekannt, muss dem Patienten ein Allergiepass ausgestellt werden. Dieser sollte bei jedem Arzt- und Apothekenbesuch vorgelegt werden. Gegen tierische Gifte und Pollen ist eine Hyposensibilisierung sinnvoll, um zumindest die Anaphylaxie bei späteren Kontakten zu verhindern.

Gefährdete Personen sollten immer ein Notfallset bei sich tragen und auch mit der Anwendung vertraut sein. Das Notfallset besteht aus Antihistaminika und Kortisontabletten sowie einem Adrenalin-(Selbst-)Injektor.

Komplikationen

Aufgrund des Herz-Kreislauf-Versagens sind tödliche Ausgänge beim anaphylaktischen Schock nicht auszuschließen.

Infobox

ICD-10:

T63 – Toxische Wirkung durch Kontakt mit giftigen Tieren

T78 – Unerwünschte Nebenwirkungen, anderenorts nicht klassifiziert

T80 – Komplikationen nach Infusion, Transfusion oder Injektion zu therapeutischen Zwecken

Internetadresse:

Europäisches Informationszentrum für Lebensmittel EUFIC: http://www.eufic.org/de/quickfacts/food_allergy.htm

Literatur:

Sönke Müller: MEMORIX Notfallmedizin, 7. Aufl. Thieme, Stuttgart 2005

Angeborene Infektionskrankheit

► Ein Neugeborenes ist nach der Geburt schlaff, die Haut ist fahl gelblich. Bei der Untersuchung zeigt sich eine stark vergrößerte Leber und Milz. In den nächsten Tagen sieht man kleine Hautblutungen. Die Mutter erinnert sich, dass sie in der Mitte der Schwangerschaft drei Wochen lang krank gewesen ist mit Kopfschmerzen, Fieber und Abgeschlagenheit.

Definition

Angeborene Infektionskrankheiten sind Erkrankungen des Embryos oder Fetus, die sich bereits im Uterus, direkt nach der Geburt oder Jahre später als Erkrankung oder Störung zeigen.

Ursachen

Zahlreiche Infektionserreger können während einer Schwangerschaft (intrauterin) auf den Embryo oder den Fetus übertragen werden, doch nur einige verursachen dabei eine Schädigung des kindlichen Gewebes. Infektionen in der Frühschwangerschaft bzw. Embryonalzeit, während der sich die Organe und Körperteile des Kindes ausbilden, können Missbildungen verursachen. Spätere Infektionen führen eher zur Erkrankung einzelner oder mehrerer Organe. Die wichtigsten intrauterin übertragenen Krankheitskeime sind:

- → Rötelnvirus,
- → Zytomegalievirus,
- Varicella-zoster-Virus (→ Windpocken),
- Parvovirus B19,
- → Syphilis-Erreger,
- → Listeriose-Erreger,
- → Tuberkulose-Erreger,
- → Toxoplasmose-Erreger.

Eine besondere Situation entsteht beim vorzeitigen Blasensprung, wo Erreger aus der Scheide die Gelegenheit zur Infektion bekommen (z. B. B-Streptokokken).

Symptome

Die Symptome sind je nach Infektion unterschiedlich.

Rötelnembryopathie

Eine Infektion mit → Rötelnvirus in den ersten 3 Monaten einer Schwangerschaft führt in 20 – 30 % der Fälle zur Rötelnembryopathie des Kindes. Dabei kommt es zu schweren, bleibenden Schäden an den Augen, wie → Katarakt (**Abb. A.68**), Retinopathie (Netzhautschädigung) und → Glaukom, sowie u. a. zu Taubheit, Herzmissbildungen und Hirnentwicklungsstörungen (Mikrozephalie).

Vorübergehende Symptome sind Thrombozytopenie (Blutplättchenmangel) und dadurch verursachte Einblutungen in der Haut (Purpura), Leber- und Milzvergrößerung. Der Grad der Schädigung ist abhängig vom Zeitpunkt der Infektion (**Abb. A.69**).

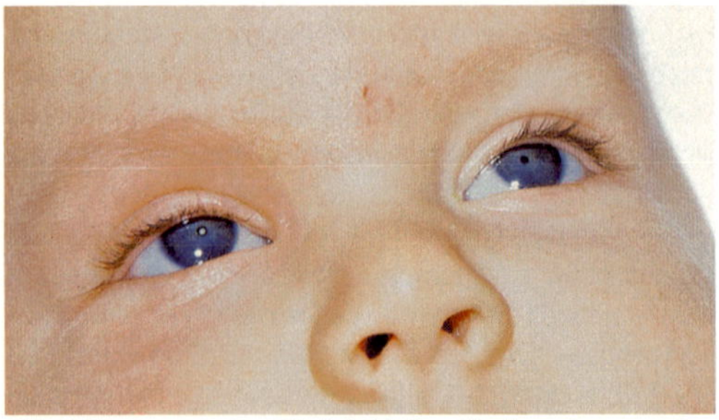

Abb. A.68 Intrauterine Rötelninfektion. Säugling mit grauem Star (Katarakt).

In den ersten 16 Wochen der Schwangerschaft kommt es fast immer zur Infektion der Frucht. Die Schädigungsrate nimmt von 50 – 60 % im ersten auf ca. 7 % im 4. Schwangerschaftsmonat ab. Bei einer Infektion des Embryos während dieser Zeit bleibt auch nach der Geburt das Virus weiterhin im Körper des Kindes.

Zytomegalie

Bei frischer Infektion der Mutter in den ersten 6 Schwangerschaftsmonaten kann es zur Totgeburt, zur Erkran-

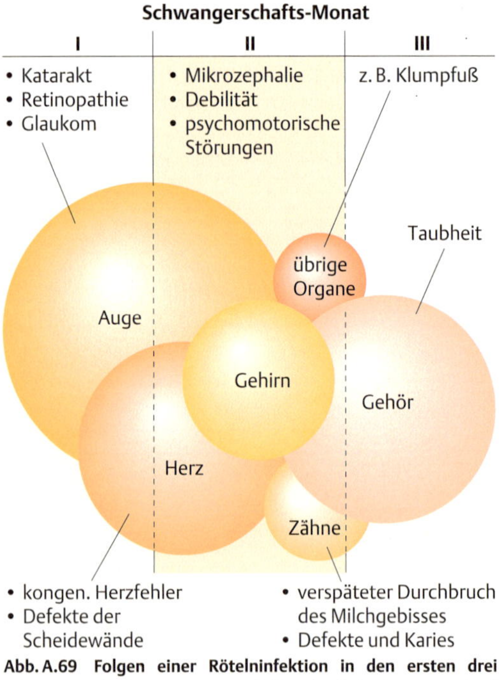

Abb. A.69 Folgen einer Rötelninfektion in den ersten drei Schwangerschaftsmonaten. Die Größe der Kreise ist proportional zur Häufigkeit der Störungen.

kung des Neugeborenen oder zu Spätschäden kommen. Erkrankte Neugeborene können die folgenden Symptome zeigen: Gelbsucht, Leber- und Milzvergrößerung, kleine Hauteinblutungen (Petechien), Hirn- und Augennetzhautentzündung, Mikrozephalie und Leistenbruch. Ein beträchtlicher Teil der Erkrankten stirbt und fast alle tragen neurologische Folgeschäden davon. Ist die Krankheit bei der Geburt schon abgeschlossen, können als Spätschäden im Kindesalter geistige Entwicklungsstörungen und Taubheit auftreten.

Eine Übertragung unter oder nach der Geburt durch Muttermilch führt bei einer normalen Geburt zwar zur Infektion, nicht jedoch zu einer Erkrankung. Nur Frühgeborene sind dadurch gefährdet und können eine Zytomegalie entwickeln mit Lungenentzündung, Hepatitis und anderen Symptomen.

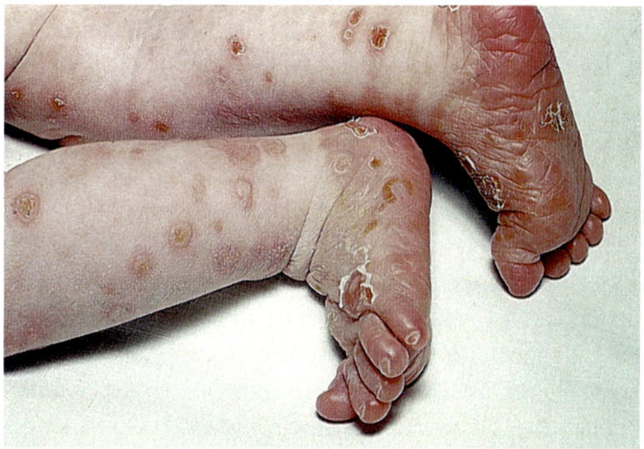

Abb. A.70 Lues connata. Hautveränderungen bei einem Neugeborenen.

Windpocken

Die Windpockeninfektion während der Schwangerschaft führt zu einer Infektion der Frucht über die Plazenta. Mögliche Folgen sind Totgeburt, Frühgeburt und eine Fruchtschädigung mit unausgereiften Gliedmaßen, Hauterscheinungen und geistigen Entwicklungsstörungen. Dies ist jedoch sehr selten.

Hatte die nicht immune Schwangere jedoch Kontakt mit einem Infizierten kurz vor der Geburt und entwickelt selbst die Windpocken, so können beim Kind die angeborenen (konnatalen) Windpocken entstehen, ein schweres Krankheitsbild mit Hautausschlag, Hirn-oder Lungenentzündung und hoher Sterblichkeit.

Parvovirus B19-Infektion

In der Schwangerschaft führt diese Infektion nicht selten zur Infektion des Fetus. Bei Infektion im 1. Trimenon kann es zur Totgeburt, bei späterer Infektion zu einem sog. Hydrops fetalis mit Ödemen, Anämie und Herzschwäche kommen.

Syphilis

Die Infektion mit Treponema pallidum kann zur Totgeburt, zur Erkrankung direkt nach der Geburt (Lues connata praecox) oder erst nach einigen Jahren (Lues connata tarda) führen. Erkrankte Neugeborene zeigen blasige Hauterscheinungen, kupferfarbige Ausschläge an Fußsohlen und Händen (**Abb. A.70**) und Papeln im Gesicht und Windelbereich, Hautrisse um den Mund, blutigen Schnupfen und eine Sattelnase. Aufgrund der Veränderungen im Gesicht wirken sie wie alte Männer. Zusätzlich können sich Hirnschäden wie Hirnhautentzündung oder →Hydrozephalus zeigen.

Als Spätfolge einer angeborenen Syphilis entwickeln sich eine →Keratitis mit Hornhauttrübung, Schwerhörigkeit und tonnenartig deformierten Zähnen („Hutchinson'sche Trias").

Listeriose

Die Infektion während der Schwangerschaft führt je nach Zeitpunkt der Infektion zur Tot- oder Frühgeburt oder nach der Geburt zur Sepsis. Bei Entwicklung einer Sepsis sind die Neugeborenen wenig aktiv, trinken schwach und haben Fieber. Wird das Kind während der Geburt infiziert, erkrankt es in der 2.–3. Woche schwer unter Sepsis mit Fieber, Atemnot aufgrund einer Lugenentzündung sowie einer Meningitis.

Tuberkulose

Neugeborene mit Tuberkulose sind teilnahmslos, haben Fieber, zeigen Atemnot, eine vergrößerte Leber und Milz. Die körperliche Entwicklung verläuft verzögert.

Toxoplasmose

Das Vollbild der Erkrankung wird nur selten gesehen. Beim Vollbild bestehen Verkalkungen im Gehirn, Hydrozephalus oder Mikrozephalie, Netzhautentzündung, Gelbsucht, Leber- und Milzvergrößerung, Hautausschläge, Herzmuskelentzündung. Häufiger werden die Folgen erst im 2. oder 3. Lebensjahrzehnt sichtbar, wenn Sehstörungen durch Entzündung der Augennetzhaut (Chorioretinitis) auftreten.

Diagnose

Neugeborene mit einer Röteln-Embryopathie und mit Zytomegalievirusinfektion scheiden die Viren in verschiedenen Körperflüssigkeiten aus. Im Labor kann dies nachgewiesen werden. Angeborene Windpocken sind leicht zu diagnostizieren, wenn die Mutter kurz vor oder nach der Entbindung selbst Windpocken entwickelt. Immunglobulin (Ig) M im Serum eines Neugeborenen weist auf eine intrauterine Infektion hin. Deshalb werden serologische IgM-Untersuchungen durchgeführt.

Der Nachweis von Bakterien geschieht durch Blutkultur. Bakterienkulturen werden auch angelegt mit Sekret aus den Atemwegen und aus Ohr- und Mundabstrichen. Eine bakterielle oder virale Meningitis kann durch direktes Mikroskopieren und Kultur der Hirnflüssigkeit nachgewiesen werden.

Ein Teil der Erkrankungen wird über Symptome der Mutter diagnostiziert. Dies gilt z.B. für die Syphilis oder Lues, wo die Mutter Symptome der Lues II zeigt oder die der Lues I gerade verschwunden sind. Auch hier hilft die Serologie, den Aktivitätsgrad zu bestimmen.

Nach Toxoplasmen-Antikörpern wird bereits bei Bekanntwerden der Schwangerschaft gesucht. Hat die Schwangere keine Antikörper, so wird die Untersuchung bei Verdacht auf Toxoplasmose (u.a. Lymphknotenschwellungen, Müdigkeit und Abgeschlagenheit) wiederholt. Finden sich jetzt Antikörper, wird die Therapie eingeleitet. Desgleichen wird eine Tuberkulosediagnostik beim Neugeborenen erst bei entsprechender Erkrankung der Mutter notwendig. Wegen der von der Mutter auf das Kind übergehenden Antikörper erfolgt die Diagnose durch PCR und mikrobiologische Kultur aus geeigneten Materialien.

Differenzialdiagnose

Verschiedene angeborene Missbildungen am Kopf und den Extremitäten, Defekte an Muskeln und inneren Organen eines Neugeborenen können erblich bedingt sein, durch Medikamente und toxische Substanzen während der Schwangerschaft hervorgerufen werden oder, häufig, unbekannter Ursache sein.

Alkoholkonsum während der Schwangerschaft kann zu Störungen der Hirnentwicklung mit körperlichen Entwicklungsstörungen und Mikrozephalie führen (→ Embryofetales Alkoholsyndrom).

Atemnot bei Frühgeborenen kann Folge einer nicht ausgereiften Lunge sein. Bei Kindern, die eher spät zur Welt kommen, besteht die Gefahr, dass sie Mekonium in die Atemwege aufgenommen haben, dadurch eine nichtbakterielle Lungenentzündung entwickeln und in Atemnot geraten (→ Mekoniumaspirationssyndrom).

Blutungen, die im Gehirn des Kindes aufgrund von Schädigungen während der Geburt auftreten, können eine verminderte Aktivität des Kindes, Atemstillstand und Krampfanfälle hervorrufen.

Einige Viren und Bakterien werden erst bei der Geburt (perinatal) übertragen, manche Viren auch über die Muttermilch. Unter der Geburt können Kinder z.B. mit Herpes-simplex-Virus, Hepatitis-B-Virus, HIV, B-Streptokokken, Chlamydien, Listerien und Gonokokken infiziert werden.

Therapie

Virusinfektionen in der Schwangerschaft, die eine kindliche Schädigung hervorrufen, können nur schlecht oder nicht behandelt werden.

Um eine **Varizelleninfektion** des Embryos und Fetus zu verhindern, werden einer nicht immunen Schwangeren, die Kontakt mit einem an Windpocken oder Gürtelrose Erkrankten hatte, sobald wie möglich Immunglobuline gegeben. Um die Erkrankung bei Neugeborenen zu verhindern, wird die Geburt bei Schwangeren, die kurz vor dem Entbindungstermin Windpocken bekommen, durch wehenhemmende Mittel hinausgezögert. Dadurch erhält das mütterliche Immunsystem Zeit um Antikörper gegen das Virus herzustellen, die dann durch die Plazenta zum Kind gelangen. Zusätzlich wird man dem Kind nach der Geburt ein spezifisches Immunserum verabreichen.

Zur Vorbeugung wird bei allen Schwangeren während der Frühschwangerschaft untersucht, ob sie Immunität gegen das **Rötelnvirus** besitzen. Bei Seronegativität der Schwangeren, d.h., wenn keine Antikörper gegen das Virus im Blut der Schwangeren nachweisbar sind, ist eine weitere Kontrolle in der 14.–16. Schwangerschaftswoche empfohlen. Bei Kontakt in der Schwangerschaft mit einer an Röteln erkrankten Person sollte innerhalb von 3 Tagen eine Prophylaxe mit Hyperimmunserum vorgenommen werden.

Eine spezifische Therapie des Kindes gegen **Röteln-Embryopathie** nach der Geburt ist nicht mehr möglich. Die Behandlung erfolgt symptomatisch.

Neugeborene mit Sepsis, Meningitis, Pneumonie und generalisierter Infektion sind schwer krank und benötigen deshalb intensivmedizinische und intensive pflegerische Betreuung. Inkubatoren schaffen ein individuell abgestimmtes Klima.

Bakterielle Infektionen werden mit für Neugeborene gut verträglichen Antibiotika behandelt, dies sind vor allem Penicilline und Cephalosporine. Nicht zum Einsatz kommen Tetrazyklin, Chinolone und Vancomycin. Die Toxoplasmose wird mit Spiramycin therapiert.

Prognose

In Abhängigkeit vom Erreger, dem Infektionszeitpunkt und der Krankheitsausprägung sowie von der Möglichkeit zur Therapie kommen alle Ausgänge von der vollständigen Heilung über die lebenslange Behinderung bis zum tödlichen Ausgang vor.

Erkrankungen, die durch intrauterine Infektion entstehen, wie die Rötelnembryopathie, die angeborene Zytomegalie sowie Syphilis und Toxoplasmose führen fast immer zu einer dauerhaften Schädigung des Kindes, wobei die Symptome teilweise durch Maßnahmen wie Liquordrainage (Hydrozephalus) und plastische Chirurgie (Sattelnase bei Lues connata) gemildert werden können. Windpocken des Neugeborenen und Sepsis durch Listerien sind unbehandelt häufig tödlich.

Infobox

ICD-10: P35-P39

Internetadressen:

http://www.rki.de (Infektionserreger von A–Z)

http://www.cmv-selbsthilfegruppe.de

Angina pectoris

► Der untersetzte 55-jährige Herr Berg erzählt, dass er seit einiger Zeit beim Tennisspielen Schmerzen hinter der Brust hat. „Bis in den linken Arm tut es weh. Und als ich letzte Woche bei meiner Tochter war und die Treppe rauf bin, waren die Schmerzen auch wieder da." Er guckt den Arzt hoffnungsvoll an. „Als ich oben war, waren die Schmerzen dann aber auch schnell wieder weg."

Definition

Angina pectoris (lateinisch: „Brustenge", von angere = verengen und pectus = Brust) ist das Symptom einer Minderversorgung des Herzmuskels mit Sauerstoff. Sie äußert sich durch ein Engegefühl im Brustbereich und Schmerzen hinter dem Brustbein, die in andere Körperregionen ausstrahlen können.

Einteilung

Angina pectoris wird in eine stabile und eine instabile Form und verschiedene Sonderformen eingeteilt.

Stabile Angina pectoris

Bei der stabilen Angina pectoris treten die Schmerzen bei körperlicher oder psychischer Belastung auf. Sie verschwinden von selbst, wenn die Belastung nachlässt oder wenn der Patient Nitroglyzerin bekommt.

Mediziner klassifizieren vier Stufen (**Tab. A.8**).

Instabile Angina pectoris

Sie bezeichnet Schmerzen, die entweder:

- plötzlich und neu auftreten,
- an Intensität, Dauer oder Häufigkeit zunehmen,
- in Ruhe auftreten.

Die Schmerzen lassen sich nicht so schnell mit Nitroglyzerinspray oder -kapseln behandeln, wie bei der stabilen Angina pectoris. Patienten mit instabiler Angina pectoris haben ein hohes Risiko, einen → Herzinfarkt zu bekommen.

Sonderformen der Angina pectoris

Angina decubitus. Von dieser Form sind vor allem Patienten nach einem Herzinfarkt betroffen. Die Schmerzen treten im Liegen und häufig nachts auf.

Kälteangina. Die Schmerzen werden durch kalte Temperaturen ausgelöst.

Prinzmetal-Angina. Die Schmerzen werden durch plötzliche Gefäßverengungen (Spasmen) verursacht. Die meisten Patienten haben eine → Arteriosklerose in den Herzkranzgefäßen, bei 10% findet man jedoch ganz normale Herzkranzarterien.

Angina coerulea. Besonders Patienten mit einer schweren Lungenerkrankung, die zu einer Überlastung des rechten Herzens führt (pulmonale Hypertonie), sind betroffen. Die Schmerzen entstehen, weil der rechte Ventrikel durch die Belastung so groß geworden ist (Rechtsherzhypertrophie), dass die Herzkranzgefäße den Muskel nicht mehr ausreichend mit Sauerstoff versorgen können.

Ursachen

Die Schmerzen bei der Angina pectoris werden in den meisten Fällen durch eine → koronare Herzkrankheit (KHK) hervorgerufen: Eine Verengung der Herzkranzgefäße durch → Arteriosklerose führt dazu, dass der Herzmuskel nicht mehr genügend Sauerstoff bekommt. Dies verursacht die typischen Brustschmerzen.

Eine KHK kann lange Zeit unentdeckt bleiben, bis sie sich durch eine Angina pectoris äußert. Eine starke körperliche oder seelische Belastung ruft dann die typischen Schmerzen hervor (**Tab. A.8**). Auch ein opulentes Essen oder ein rascher Wechsel von einer warmen Zimmerumgebung in kalte Außentemperaturen kann die Schmerzen auslösen.

Bei einer instabilen Angina pectoris führt häufig die Ruptur eines atherosklerotischen Plaques dazu, dass ein Teil des Herzmuskels nicht genügend Sauerstoff bekommt. Dies verursacht die typischen Angina-pectoris-Schmerzen auch ohne besondere Belastung.

Tab. A.8 Klassifikation der stabilen Angina pectoris

Grad	Definition des Schweregrads	Auftreten der Symptome im Alltag
I	▪ keine Symptome bei normaler Belastung ▪ Angina bei sehr hoher oder andauernder Anstrengung	▪ Schneeräumen ▪ Dauerlauf
II	▪ geringe Einschränkung bei normalen Tätigkeiten	▪ schnelles Treppensteigen ▪ Bergaufgehen ▪ Belastung kurz nach dem Aufwachen
III	▪ deutliche Einschränkung der Leistungsfähigkeit	▪ An- und Ausziehen ▪ längeres langsames Gehen ▪ leichte Hausarbeit
IV	▪ Angina in Ruhe oder bei jeder Belastung	▪ leichtere körperliche Belastungen als unter III angegeben

Risikofaktoren

Bestimmte Faktoren erhöhen das Risiko an → Arteriosklerose und damit möglicherweise an → KHK und Angina pectoris zu erkranken. Zu solchen Risikofaktoren gehören:

- nicht beeinflussbare Risikofaktoren:
  - Familienangehörige mit KHK oder Herzerkrankungen,
  - Alter (Männer über 45, Frauen über 55 Jahre),
  - Geschlecht, wobei Frauen vor der Menopause ein 2 – 3fach geringeres Risiko haben als Männer.
- weitere Risikofaktoren:
  - → Fettstoffwechselstörungen,
  - → Hypertonie,
  - → Diabetes mellitus,
  - Rauchen,
  - → Adipositas,
  - fehlende körperliche Aktivität, fette Ernährung,
  - erhöhter Homozystein-Spiegel,
  - psychischer Stress,
  - chronische Entzündungen,
  - Neigung zu → Thrombosen,
  - Ovulationshemmer („Pille").

Symptome

Patienten mit Angina pectoris berichten über Schmerzen, die hinter dem Brustbein auftreten. Häufig strahlen die Schmerzen in die linke Schulter oder in den linken Arm aus, seltener in den rechten Arm, Hals, Unterkiefer, Rücken oder Oberbauch (**Abb. A.71**). Die Patienten beschreiben den Schmerz als dumpf und beklemmend, drückend, ziehend und brennend. Mitunter spüren sie keine Schmerzen in der Brust, sondern nur in anderen Körperregionen. Manche leiden zusätzlich unter Atemnot. Besonders bei älteren Patienten äußert sich ein Sauerstoffmangel im Herzmuskel nicht durch eine Angina pectoris, sondern durch Unwohlsein oder Bauchschmerzen.

Die Schmerzen bei Angina pectoris werden durch starke körperliche oder psychische Belastungen hervorgerufen und verschwinden meist innerhalb von 5 – 15 Minuten, nachdem die Belastung aufgehört hat. Sowohl die stabile als auch die instabile Angina pectoris hören innerhalb weniger Minuten auf, wenn der Patient Nitroglyzerin als Kapsel oder Spray erhält. Im Gegensatz hierzu hören die Schmerzen bei Nitroglyzeringabe nicht auf, wenn der Patient einen → Herzinfarkt hat.

Diagnose

Anamnese. Der Patient wird gefragt, wodurch die Schmerzen ausgelöst wurden, ob er oder Familienangehörige eine Herzkrankheit haben, andere Risikofaktoren vorliegen und ob er Begleiterkrankungen wie einen Bluthochdruck (→ Hypertonie) oder einen → Diabetes mellitus hat.
Körperliche Untersuchung. Hier lassen sich Hinweise auf eine → KHK als Ursache für die Angina pectoris finden: Nikotinfinger bei einem chronischen Raucher, Übergewicht, Fettablagerungen am Körper (Xanthelasmen) oder Lipidablagerungen in der Iris, die auf eine Fettstoffwechselstörung hindeuten (Arcus lipoides). Palpation und Perkussion von Thorax und Abdomen geben Hinweise auf begleitende Herzerkrankungen (→ Herzklappenfehler, → Herzinsuffizienz).

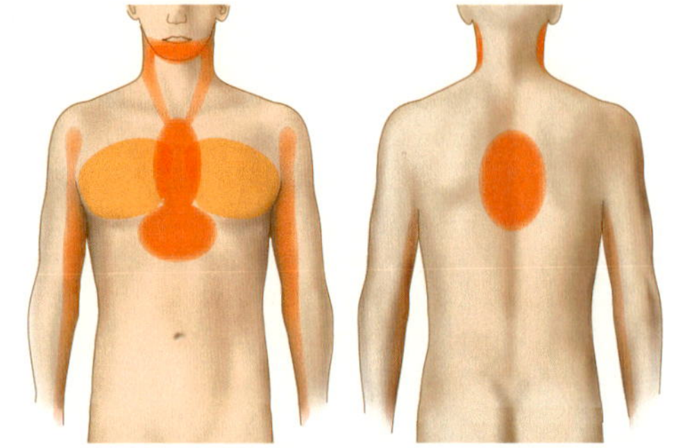

Abb. A.71 Angina pectoris. Lokalisation von Schmerz und Druckgefühl.

Elektrokardiogramm (EKG). Mit einem EKG lässt sich ein Sauerstoffmangel des Herzens nachweisen. Wird ein EKG in Ruhe abgeleitet (Ruhe-EKG), ist dies bei 50 % der Patienten mit einem Sauerstoffmangel im Herzen normal – auch bei einer schweren KHK. Das Belastungs-EKG auf dem Fahrradergometer zeigt bei einem Sauerstoffmangel typische Veränderungen: Eine Senkung der ST-Strecke $\geq 0{,}1$ mV oder eine ST-Hebung $\geq 0{,}1$ mV (**Abb. A.72**).
Echokardiografie. Diese Methode wird ohne oder mit Belastung (Stressechokardiografie) durchgeführt. Es werden Bewegungsstörungen der Herzwand dargestellt, die durch Sauerstoffmangel im Herzmuskel bedingt sind.
Myokardszintigrafie. Der Blutfluss im Herzen wird nachgewiesen. Der radioaktive Marker reichert sich abhängig von der Durchblutung des Herzens in den Muskelzellen an.
Positronen-Emissions-Tomografie (PET). Die PET unterscheidet zwischen Herzmuskelgewebe, das durch einen Infarkt „tot" ist und Herzmuskelgewebe, das noch vital, aber nicht durchblutet ist. Dies erlaubt eine Aussage darüber, ob eine Reperfusionstherapie die Versorgung des Herzmuskels verbessern kann.
Magnetresonanztomografie. Die Herzstrukturen werden genau dargestellt und der Blutfluss gemessen.

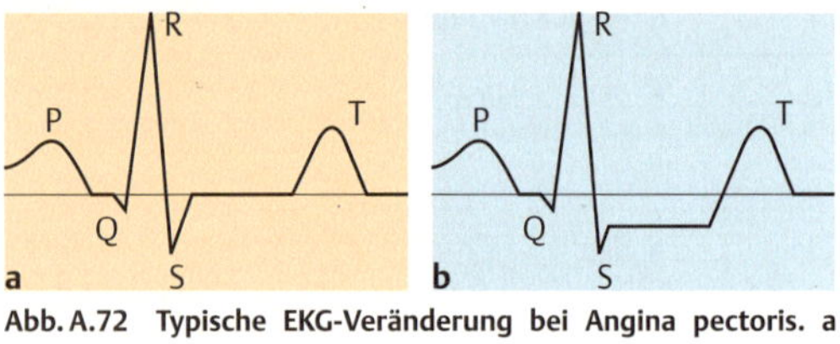

Abb. A.72 Typische EKG-Veränderung bei Angina pectoris. a Normalbefund. **b** Ischämische ST-Senkung: horizontale ST-Streckensenkung = 0,1 mV gemessen 0,08 s nach dem J-Punkt.

Koronarangiografie. Diese ist der sog. Goldstandard, um die Durchblutung der Herzkranzgefäße darzustellen. Aussparungen des Kontrastmittels zeigen die Verengungen in den Gefäßen, verursacht durch → Arteriosklerose (**Abb. A.73**).

Koronarangioskopie, intravaskulärer Ultraschall. Durch diese neuere Technik kann der Radiologe während der Koronarangiografie das Aussehen der Gefäße und möglicher Arterioskleroseplaques direkt beurteilen.

Differenzialdiagnose

Folgende Erkrankungen, die ebenfalls Schmerzen in der Brust hervorrufen können, müssen abgegrenzt werden:

- Herzkrankheiten:
  - → Herzinfarkt,
  - hochgradige Tachykardie,
  - Bluthochdruckkrise,
  - → Kardiomyopathie,
  - Aortenklappenfehler, Mitralklappenprolaps (→ Herzklappenfehler).
- Lungenerkrankungen:
  - → Lungenembolie,
  - → Pleuritis,
  - → Bronchialkarzinom,
  - → Pneumothorax.
- Erkrankungen am Mediastinum oder an der Aorta:
  - Mediastinitis,
  - rupturiertes → Aortenaneurysma.
- Erkrankungen der Speiseröhre:
  - → Refluxkrankheit,
  - Mallory-Weiss-Syndrom,
  - Boerhaave-Syndrom.
- Erkrankungen an Rippen, Wirbelsäule, Nerven:
  - → Arthritis,
  - Coxsackie-Virusinfektion,
  - → Morbus Bechterew,
  - Osteochondrose der Brust- oder Halswirbelsäule,
  - → Herpes zoster.
- Erkrankungen im Bauch:
  - → Pankreatitis, Gallenkolik.
- funktionelle Herzschmerzen.

Therapie

Um das (Wieder-)Auftreten einer Angina pectoris zu verhindern, sollten alle Risikofaktoren minimiert oder ausgeschaltet werden, die zu einer KHK führen können:

- mit dem Rauchen aufhören (Nikotinabstinenz vermindert das Risiko für eine Gefäßerkrankung am Herzen um 50 %!),
- Fettstoffwechselstörungen und Begleiterkrankungen wie → Diabetes oder → Hypertonie behandeln,
- Gewicht normalisieren,
- Stress abbauen,
- sich regelmäßig körperlich betätigen,
- sich gesund ernähren (Ernährung mit viel Obst und Gemüse, Fisch und ungesättigten Fettsäuren und mäßiger Alkoholkonsum kann das Risiko für eine KHK senken).

Instabile Angina pectoris

Der Patient erhält Sauerstoff über eine Nasensonde (4 – 8 l/Min.), die Versorgung mit Sauerstoff wird mit dem Pulsoxymeter kontrolliert. Der Notarzt spritzt Heparin, Azetylsalizylsäure und Clopidogrel, um Thrombenbildung zu verhindern.

Zusätzlich erhält der Patient Nitroglyzerin über einen Perfusor. Betablocker erweitern die Herzkranzgefäße und senken einen erhöhten Blutdruck. Ggf. werden zusätzlich ACE-Hemmer verabreicht. Gegen die Schmerzen spritzt der Arzt Morphin, bei Übelkeit oder Erbrechen Antiemetika.

Ist der Patient stabilisiert, sollten nach 3 – 7 Tagen das Herz und die Herzkranzgefäße untersucht werden, um zu klären, ob eine Revaskularisierung oder eine Operation notwendig ist.

Stabile Angina pectoris

Akutbehandlung

Im akuten Schmerzanfall lässt der Patient eine oder mehrere Kapseln Nitroglyzerin unter der Zunge zergehen oder sprüht über einen Vernebler mehrfach Nitroglyzerin. Die Nitrate erweitern die Gefäße und senken den Blutdruck. Die Wirkung tritt innerhalb von 5 – 15 Minuten ein.

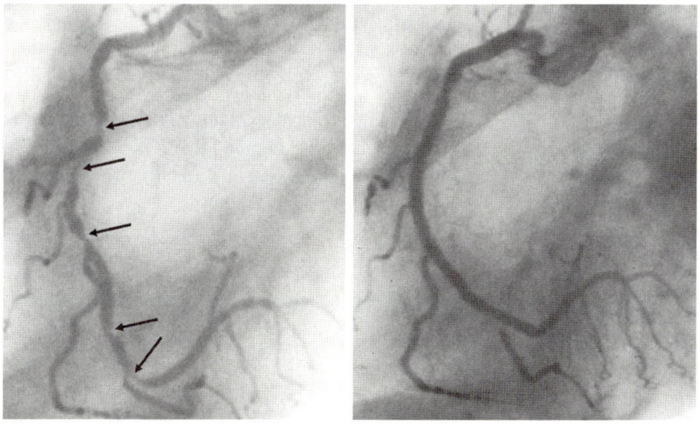

Abb. A.73 Koronarangiografie. a Diffus erkrankte rechte Herzkranzarterie mit subtotalen Stenosen proximal und zwei schweren Stenosen distal. **b** Die Stenosen wurden mit einem Ballonkatheter aufgedehnt.

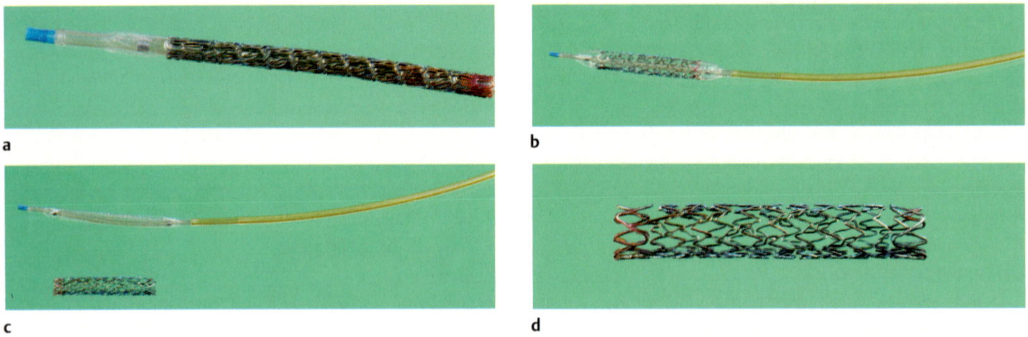

Abb. A.74 **Prinzip der Stentimplantation. a** Der auf einen Ballonkatheter montierte Stent wird über einen Führungsdraht zur Koronarstenose gebracht. **b** Durch Aufdehnung des Ballons wird der Stent expandiert. **c** Der Ballon wird entfernt. Zurück bleibt der expandierte Stent. **d** Die elastische Rückstellung der dilatierten Stelle wird durch den Stent verhindert. Eine medikamentöse Beschichtung beugt einer Restenose vor.

Basistherapie

Als Basistherapie sollten die Patienten Medikamente einnehmen, die die Bildung eines Thrombus (Blutpfropf) in den Herzkranzarterien verhindern (Azetylsalizylsäure, Clopidogrel). Bei erhöhten Fettwerten sollten Statine gegeben werden, die die LDL-Werte senken.

Um die Sauerstoffversorgung des Herzmuskels zu verbessern, werden Medikamente gegeben, die den Sauerstoffverbrauch im Herzmuskel senken und die Durchblutung verbessern (antianginöse Therapie). Je nach Begleiterkrankung stehen hierfür Betablocker, Nitrate, Kalziumantagonisten oder Molsidomin zur Verfügung.

Behandlung der Schmerzursache

Um das Auftreten der Schmerzen zu verhindern und das Risiko für einen Herzinfarkt zu senken, kann die Durchblutung des Herzmuskels mit einer Revaskularisierungstherapie verbessert werden.

Perkutane transluminale koronare Angioplastie (PTCA). Bei einer PTCA dehnt der Radiologe verengte Herzkranzgefäße mit einem Ballon auf und setzt einen Stent (Gefäßprothese) ein (**Abb. A.74**).

Bypass. Mit einem Bypass umgeht der Herzchirurg die verschlossenen oder verengten Gefäße. Dieser Bypass wird aus einer A. thoracica mammaria interna (Brustarterie), der A. radialis oder Venen konstruiert.

Bei Patienten mit → KHK und einer schweren → Herzinsuffizienz im Endstadium kann eine Herztransplantation erwogen werden. In neuen Therapieansätzen wird zurzeit untersucht, ob sich die Gentherapie eignet, um neue Gefäße entstehen zu lassen oder ob sich durch eine Stammzelltransplantation neue Herzmuskelzellen bilden.

Prognose

Die Prognose der Angina pectoris hängt von mehreren Faktoren ab:

Anzahl der verschlossenen Gefäße. Je mehr Gefäße verschlossen sind, desto höher ist das Risiko, an einer koronaren Herzkrankheit zu sterben. Ist nur eine Herzkranzarterie betroffen, sterben innerhalb eines Jahres 3 – 4 %, sind zwei Gefäße erkrankt, sterben 6 – 8 %, sind drei Gefäße betroffen, sterben 10 – 13 % der Patienten. Ist das Hauptgefäß der linken Koronararterie verengt, erhöht sich das Risiko auf über 30 %.

Häufigkeit der Symptome und Schwere der Anfälle. Je häufiger Angina-pectoris-Symptome auftreten und je schwerer die Anfälle sind, desto größer ist die Gefahr eines Herzinfarktes.

Vorbelastung. Patienten mit einer Schwäche des linken Herzens (→ Herzinsuffizienz) und ventrikulären → Herzrhythmusstörungen haben eine schlechtere Prognose.

Sonstige Risikofaktoren. Werden die Risikofaktoren nicht reduziert schreitet die koronare Herzkrankheit weiter fort.

Infobox

ICD-10: I20.0, I20,1, I20.8, I20.9, I97.1

Internetadressen:

http://www.athero.org

Dt. Gesellschaft für Kardiologie: http://www.dgk.org

Dt. Gesellschaft für Prävention und Rehabilitation von Herz- Kreislauferkrankungen: http://www.dgpr.de

Dt. Gesellschaft für Thorax-, Herz- und Gefäßchirurgie: http://www.dgthg.de

Literatur:

Campeau, L.: The Canadian Cardiovascular Society grading of agina pectoris revisited 30 years later. Can J Cardiol 18 (2002) 371

Siegenthaler, W. (Hrsg.): Siegenthalers Differenzialdiagnose, 19. Aufl. Thieme, Stuttgart 2005

Angstpsychose

► Die Krankenschwesternschülerin Lena ist ganz aufgeregt: „Jenny. Kannst du dich noch an Joachim erinnern? Der war zwei Klassen unter uns und hat beim Schulfest immer mit der Band gespielt.“ „Ja klar. Ich fand den immer ziemlich cool. Der macht doch jetzt bald Abi. Was is`n mit dem?“ „Stell dir vor. Er ist gestern in die Psychiatrie eingeliefert worden. Er soll seine Eltern nicht mehr erkannt haben. Außerdem hielt er sich wohl für ein Genie. Na ja, wer wäre das so kurz vorm Abi nicht gerne? Das war wohl zu viel Stress, so kurz vor den Prüfungen!“

Definition

Die Angstpsychose ist eine akute psychotische Störung, die vorübergehend ist und ein vielgestaltiges klinisches Bild mit Halluzinationen, Wahrnehmungsstörungen und Wahnphänomenen hat.

Synonyme: Angst-Glücks-Neurose, zykloide Psychose, Bouffée délirante.

Ursachen

Die Psychose kann sich aus völliger Symptomfreiheit innerhalb von 14 Tagen entwickeln. Auslöser sind belastende Situationen wie Stress, Ärger, Leistungsdruck oder Ängste. Diese führen zu einer übersteigerten Informationsverarbeitung. Das Gehirn kann nicht mehr zwischen Phantasie und Realität unterscheiden.

Symptome

Grundsätzlich wird bei Symptomen von Psychosen zwischen einer Minus- und einer Plus-Symptomatik unterschieden. Die Minus-Symptomatik ist gekennzeichnet durch einen Wegfall früher vorhandener Persönlichkeitsmerkmale, wie Antriebsverlust.

Bei der Plus-Symptomatik kommen Verhaltensweisen hinzu, die über die eines gesunden Menschen hinausgehen. Die Betroffenen können unter Halluzinationen oder Wahnvorstellungen usw. leiden.

Die Symptome einer Angstpsychose treten innerhalb weniger Tage auf:

- Ratlosigkeit, Zerstreutheit, Unaufmerksamkeit im Gespräch,
- deutlich gesteigerter Antrieb, Gedankensprunghaftigkeit (Plus-Symptomatik),
- Wahnvorstellungen,
- Halluzinationen,
- Wahrnehmungsstörungen,
- schnelle Wechsel zwischen ekstatischem Glück und gereizter Angst,
- polymorphes (vielgestaltiges), klinisches Bild.

Diagnose

Die Angstpsychose wird durch Gespräche diagnostiziert. Die Anamnese ergibt, dass die Störung spontan eingesetzt hat. Ebenso werden im Gespräch Antriebssteigerung, Wahninhalte und Halluzinationen festgestellt.

Differenzialdiagnose

Auszuschließen sind akute Intoxikationen, ebenso Delir oder → Demenz. Gesellen sich deutliche schizophrene Symptome hinzu, spricht man nicht mehr von einer Angstpsychose, sondern von einer schizoiden zykloiden Psychose. Bessern sich die Symptome nicht innerhalb weniger Wochen deutlich oder tritt gar Verschlechterung auf, so ist u. U. von einer → paranoiden Schizophrenie oder einer → schizoaffektiven Störung auszugehen.

Therapie

Der Patient wird zunächst aus Sicherheitsgründen in einer geschlossenen Station aufgenommen, wo der Betroffene ggf. fixiert oder in einem „weichen Raum“ untergebracht werden muss. Es folgt, u. U. gegen den Willen des Patienten, eine medikamentöse Therapie. Um den Patienten zu beruhigen und die Plus-Symptomatik einzugrenzen, werden konventionelle, typische und modernere, atypische Neuroleptika gegeben, die meist schon nach einigen Wochen wieder reduziert werden. Ängste werden mit dem Wirkstoff Lorazepam (z. B. Tavor expedit) aus der Gruppe der Benzodiazepine gelöst.

Wichtig ist ebenfalls, dass der Patient vor Reizen abgeschirmt wird. Familienangehörige sollten nur selten, kurz und zu festen Zeiten zu Besuch kommen. Personen, die in Verbindung mit der auslösenden Stresssituation stehen, z. B. Lehrer, sollten von Besuchen abgehalten werden. Durch Gespräche soll der Patient Vertrauen aufbauen und seine Störung akzeptieren lernen. Als hilfreich hat es sich erwiesen, eine Bezugspflegeperson und einen fest behandelnden Arzt zu benennen. In der akuten Phase sind tiefgehende, aufdeckende Gespräche dem Arzt oder Psychologen vorbehalten. Meist sind keine weiteren Interventionen wie Soziotherapie o. ä. nötig.

Prognose

Je schneller die Psychose aufgetreten ist, umso besser ist die Prognose. Die Erkrankung heilt i.A. folgenlos aus. Eine medikamentöse Rückfallprophylaxe ist nur für wenige Monate nötig.

Infobox

D-10: F23.0

Internetadresse:
http://www.persoenlichkeit-und-psyche.de

Angststörung (generalisierte)

► Die 43-jährige Susanne Heil ist verzweifelt. Nichts klappt mehr, sie traut sich kaum noch aus dem Haus und einfachste Aufgaben geben ihr das Gefühl, nichts mehr schaffen zu können. Sie berichtet: „Seit einigen Monaten schlafe ich schlecht, bin ständig gereizt und schreckhaft. Auch habe ich starke Schmerzen, im Bereich der Beine, so eine Schwere, und die Halswirbelsäule ist vermutlich durch einen Bandscheibenvorfall beschädigt." Bei der körperlichen Untersuchung finden sich neben Verspannungen im Bereich der Halswirbelsäule keine Auffälligkeiten, auch die Kernspintomografie, durch den besorgten Hausarzt veranlasst, war normal. Dieser weiß sich keinen Rat mehr und schickt die Patientin schließlich zum ambulanten Psychiater.

Definiton

Die generalisierte Angststörung ist gekennzeichnet durch eine frei schwebende Angst, die viele Lebensbereiche erfasst (generalisiert) und die sich an nichts besonders Konkretem dauerhaft festmachen lässt (**Abb. A.75**). Sie dauert mindestens einige Monate an. Frauen erkranken wahrscheinlich etwas häufiger.

Synonyme: Angstneurose, Angstreaktion, Angstzustand.

Symptome

Oft zeigen sich rein körperliche Symptome: Muskelverspannungen, Oberbauchschmerzen von diffusem Charakter, das Gefühl von Herzrhythmusstörungen usw. Bei gezieltem Nachfragen stellen sich die Symptome als eher diffus dar und werden sehr demonstrativ-drängend vorgebracht. Mit den vermeintlichen körperlichen Erkrankungen wird sich vordergründig intensiv beschäftigt und die Patienten sind oft in großer Sorge um ihre körperliche Gesundheit.

Typisch sind auch Befürchtungen über zukünftige Geschehnisse, die dem unvoreingenommenen Beobachter als überzogen erscheinen, motorische Spannung und vegetative Übererregbarkeit. Der Erkrankende empfindet die eigene Situation als für ihn unlösbar. Durch die Vielschichtigkeit der Ursachen erfolgt eine Abbildung der Ängste unspezifisch nach und nach auf den gesamten Lebensraum und die persönliche Zukunft (**Abb. A.76**).

Ursachen

Die Entstehung ist nicht bekannt. Vermutet wird, dass eine Vielzahl von Einzelkonflikten und Problemen, u. a. Störungen des Aufwachsens zunächst von den Patienten verdrängt oder nicht bewusst wahrgenommen wurden, da keine besondere Einsicht in die Probleme besteht oder es an Verbalisierungsmöglichkeiten fehlt. Später können diese, als Bedrohung empfundenen Reize, nicht mehr von den Patienten ausgehalten werden, da Lösungs- und Verhaltensstrategien fehlen.

Diagnose

Im psychiatrischen Gespräch zeigt sich eine deutliche, frei flottierende Angst. Typische Fragen sind: „Leiden Sie häufig an übermäßig starken Sorgen, die Sie nicht kontrollieren können? Fühlen Sie sich von der Angst überfordert?" Durch spezielle psychologische Testbögen, z. B. die Hamil-

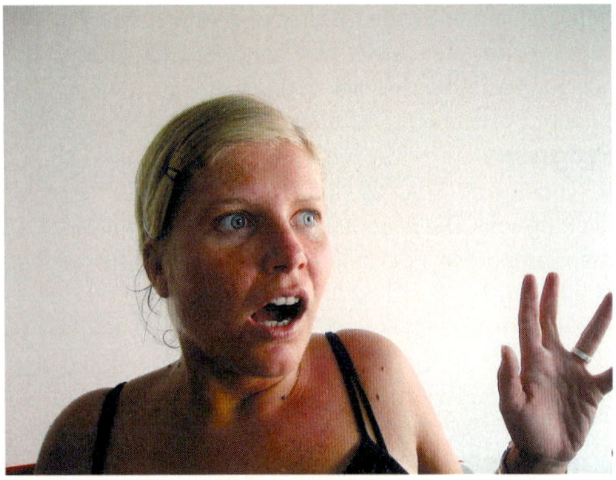

Abb. A.75 Angst und Panik. Sie können sehr intensiv erlebt werden.

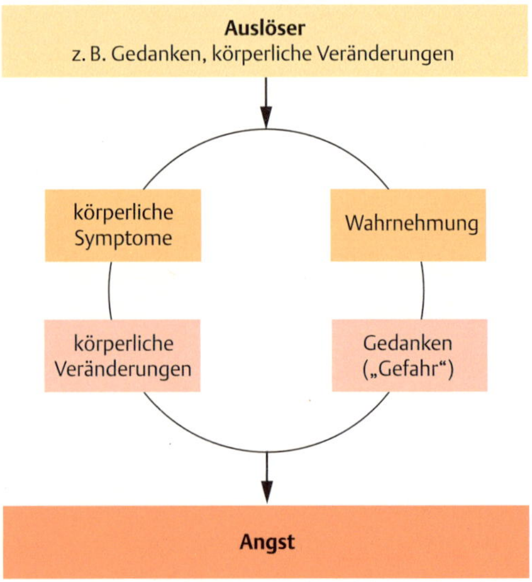

Abb. A.76 Der Angstkreis. Psychische und körperliche Faktoren sind bei der Entstehung von Angst beteiligt.

ton-Angstskala (HAMA), kann die Angst weiter objektiviert werden.

Differenzialdiagnose

Abzugrenzen sind depressive Störungen und isolierte Angstsymptomatiken, z. B. die Klaustrophobie. Panikattacken treten bei den panischen Angststörungen auf. Auch kann sich eine echte körperliche Erkrankung hinter den Symptomen verbergen

Therapie

Die körperlichen Beschwerden müssen ernst genommen werden, jedoch ist eine Verunsicherung der Patienten durch eine „Schrotschuss-Diagnostik" und „Was-wäre-wenn"-Gespräche zu vermeiden. Das geduldige, ernst gemeinte, aufrichtige und beruhigende menschliche Gespräch ist sicherlich das wichtigste therapeutische Mittel. Es gilt, ein Vertrauensverhältnis aufzubauen und den Patienten ggf. durch eine mittelfristige Herausnahme aus dem Arbeitsalltag oder seiner Umgebung durch eine stationäre Behandlung zu entlasten.

Durch beruhigende Medikamente (Benzodiazepine wie Tavor, Valium) und moderne Schlafmedikamente kann ergänzend angstlösend gearbeitet werden. Bei schweren Verläufen wird ein niederpotentes, angstlösendes Neuroleptikum (Bespar) durch den Arzt verordnet. Zur Nacht kommt oft Stangyl zum Einsatz. Ziel ist zunächst, ein halbwegs geordnetes Durchschlafen zu erreichen. Späteres Zubettgehen ist oft sinnvoll, ein „Verkriechen" muss vermieden werden.

Das Miteinander der Patienten in psychotherapeutischen Gruppengesprächen, aber auch die Individualtherapie, evtl. mit aufdeckenden Verfahren, ermöglichen einen Zugang des Patienten zu seinen eigenen Ängsten und lassen ihn deren Unbegründetheit erkennen. Durch Verhaltenstherapie (z. B. Expositionstherapie) kann der Patient erlernen, die Angst zu steuern.

Prognose:

Eine Chronifizierung mit jahrzehntelangen Verläufen ist möglich. Je nach Zeitpunkt und Erfolg der Psychotherapie können die Erkrankten u. U. dauerhaft geheilt werden.

Infobox

ICD-10: F41.1

Internetadressen:

http://www.psychotherapie.de/psychotherapie/angst/01 101 901.html
http://www.paniker.de
http://www.de.wikipedia.org/wiki/Angststörung

Anorexia nervosa

► Sabine betrachtet sich im Spiegel. Andere Menschen würden eher einen Schreck bekommen, sie als völlig abgemagert bezeichnen und ihren Körper als eher unattraktiv empfinden, aber Sabine ist zufrieden mit sich. Ihre Eltern wussten sich nicht zu helfen, nachdem Sie nach einem Zusammenbruch kurzzeitig im Krankhaus war und dort über eine Sonde ernährt werden musste. So ist sie vor kurzem in eine Wohngruppe gezogen, in der Mädchen mit Essstörungen ein Zuhause gefunden haben. Sabine isst kaum etwas. Noch bei ihren Eltern ist sie nach einem Magerjoghurt mehrere Kilometer gejoggt, um die Kalorien des Joghurts gleich wieder zu verbrennen. Jetzt hat sie mit dem Betreuer der Gruppe einen Deal – sie muss in den nächsten vier Wochen ein Kilogramm zunehmen.

Definition

Die Anorexia nervosa ist eine psychosomatische Erkrankung mit einer abnormen Reduktion des Körpergewichts und massiver Angst vor Gewichtszunahme.

Synonym: Magersucht.

Ursachen

Von Anorexia nervosa sind überwiegend junge Menschen im Alter von 12 bis 24 Jahren betroffen. Frauen erkranken im Verhältnis 12:1 erheblich öfter als Männer. Kennzeichnend sind ein gestörtes Körperselbstbild und eine verzerrte Selbstwahrnehmung. Die Patienten empfinden sich als viel zu dick und unattraktiv.

Oft können Persönlichkeits- und Sozialisationsstörungen als Ursache nachgewiesen werden, insbesondere finden sich Abhängigkeits-Autonomie-Konflikte.

Auch können Probleme in der sexuellen Entwicklung Ursache sein – durch das ständige Hungern kann die körperliche Reifung verzögert werden. Es gibt keine internistische Ursache, aber in der Folge können schwere internistische Komplikationen auftreten.

Symptome

Die Betroffenen befürchten panisch, zu dick zu sein oder zu werden, sind aber tatsächlich unterernährt (**Abb. A.77**). Um ein vermeintliches, jugendliches Schönheitsideal zu erreichen, versuchen die Betroffenen auf unterschiedlichen Wegen ihr Gewicht zu reduzieren:

- exzessives Hungern,
- Vermeiden hochkalorischer Speisen,
- selbst herbeigeführtes Erbrechen (→ Bulimia nervosa) oder Abführen,
- übertriebene körperliche Aktivität,
- Gebrauch von Appetitzüglern und Diuretika.

Durch das Hungern verzögert sich der Reifungsprozess des Körpers und die Pubertät beginnt oft verspätet. Im Krankheitsverlauf treten endokrine Störungen auf, da die ständige Mangelsituation die Hormonbildung und -regelung stört.

Bisweilen fallen die Betroffenen durch Laxanzienabusus (z.B. Glaubersalz), Einnahme von Diuretika oder von anderen für diese Altersgruppe untypischen Mittel auf. Weitere Symptome sind Bradykardie, → Hypotonie, Hypoglykämien, → Ödeme oder körperliche Schwäche.

Die Magensäure, die beim Erbrechen in den Mund und auf die Hand gelangt, schädigt häufig Zähne, Rachen und Handrücken. Auch sonst findet sich eine trockene, raue und schuppende Haut. Bei Frauen kann Amenorrhö und bei Männern Libido- und → Potenzverlust auftreten.

Diagnose

Für die Diagnose wird der sog. Body-Mass-Index (Quetelets-Index) überprüft. Der Index berechnet sich aus dem Körpergewicht [kg]/(Körpergröße [m])^2 (s.S. 11). Bei einer Anorexia nervosa liegt er unter 17,5.

Daneben müssen Essstörungen vorliegen. Fetthaltige und hoch kalorische Nahrung wird ebenso vermieden wie gemeinschaftliches Essen, bei dem sich der Patient unter Druck gesetzt fühlt. Die Patienten geben das selbst herbeigeführte Erbrechen oft nicht zu. Häufig berichten aber Familienangehörige, dass die Betroffenen nach dem Essen zur Toilette gehen und Brechgeräusche zu hören sind.

Die Patienten sind mit ihrem Körper ständig unzufrieden und sind der Überzeugung, viel zu dick zu sein oder in der Gefahr zu leben zu dick zu werden. In der Anamnese finden sich häufig Störungen der Sozialisation und der Persönlichkeit.

Differenzialdiagnose

Internistische Ursachen, z.B. eine Tumorerkrankung, sollten ausgeschlossen werden, wenn psychiatrische Auffälligkeiten nicht festzustellen sind. Abzugrenzen ist auch die → Bulimia nervosa, die durch zwischenzeitliche Essattacken gekennzeichnet ist und üblicherweise ein höheres bis normales Körpergewicht aufweist. Auch sind → Angst- und → Zwangsstörungen sowie affektive oder wahnhafte Symptomatiken, die die gleichen Symptome verursachen können, auszuschließen.

Therapie

Sofern durch das Hungern ein lebensbedrohlicher Zustand aufgetreten ist, wird zunächst durch parenterale Ernährung und Flüssigkeitsgabe die Kreislaufsituation stabilisiert.

Durch psychotherapeutische Behandlung, die in schweren Fällen stationär erfolgt, soll der Patient eine andere Selbstwahrnehmung erhalten. Verhaltenstherapeutisch werden folgende Maßnahmen angewendet:

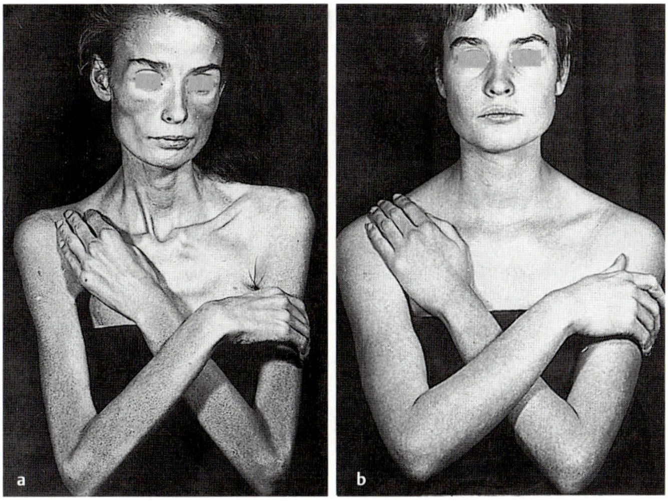

Abb. A.77 Anorexia nervosa.
Eine 17-jährige Patientin.
a: vor der Therapie,
b: nach der Therapie.

- Essvertrag: Es werden bestimmte Gewichtszuwächse für feste Termine vertraglich vereinbart.
- Wiegeverbot: Die Patienten dürfen sich selbst nicht wiegen und erfahren auch die Messwerte der Therapeuten nicht.
- Selbstwertsteigerung: Die Patienten erfahren in Gruppen, dass ihre soziale Wertigkeit nicht alleinig aus ihrem Körpergewicht herrührt.
- Struktur des Alltags: Die straffe Organisation vermeidet eine übermäßige Selbstbeschäftigung.
- Familiengespräche finden statt.
- Der Patient arbeitet an seinem Körperschema.
- Die Speisen werden auf viele kleine Mahlzeiten aufgeteilt. Anschließend sitzt man zusammen, sodass keine Gelegenheit existiert, Erbrechen herbeizuführen.
- Übermäßiger Sport wird untersagt.
- Selbst ausgelöstes Erbrechen wird untersagt.
- Durch Bilddokumentation des Körpers wird die verzerrte Körperwahrnehmung relativiert.

Es sollte keineswegs streng, aber dennoch zielgerichtet gearbeitet werden. Schon dauerhafte Gewichtszuwächse von 1 kg können bei schweren Krankheitsbildern als Erfolg angesehen werden. Bei entsprechend geeigneten, ausreichend selbsteinsichtigen Patienten wird durch eine tiefenpsychologische Therapie versucht, die Ursache der Störung zu finden und diese gezielt zu therapieren.

Prognose

Je nach Schweregrad der Erkrankung und Erfolg der Psychotherapie wird etwa ein Drittel der Patienten gesund. Ein Drittel wird wieder rückfällig, schafft es jedoch insgesamt ein halbwegs normales Körperwicht zu halten.

Bei den restlichen Patienten entwickelt sich eine jahrelange, bisweilen lebensbedrohliche Störung. Insbesondere in belastenden Situationen, z. B. Partnerkrisen, neigen die Patienten zu Rückfällen.

Infobox

ICD-10: F50.0

Internetadressen:

http://www.magersucht-online.de

http://www.beratung-therapie.de/krankheitsbilder/essstoerungen/essstoerungen.htm

http://www.magersucht.ch

Anpassungsstörung

► Maria Mesevic laufen die Tränen über die Wangen. „Ich weiß nicht mehr weiter. Mit ist alles zu viel. Ich kann einfach nicht mehr", schluchzt sie. Ihr Gesicht ist ausdruckslos, ihre Schultern hängen herab, ihre Körperhaltung ist gebeugt. „Meine Kinder verstehen das nicht. Sie sagen, ‚Mama, sei doch froh. Es hat alles gut geklappt. Du hast die Aufenthaltsgenehmigung, finanziell kommt ihr über die Runden und Arbeit hast du auch. Es gibt Leute, denen geht es viel schlechter als dir.' Und sie haben ja recht. Aber ich kann trotzdem nicht mehr." Sie fängt wieder an zu weinen.

Definition

Eine Anpassungsstörung ist ein Zustand starken subjektiven Leidens und emotionaler Beeinträchtigung nach einer tiefgreifenden Lebensveränderung. Sie beginnt frühestens einen Monat nach dem klar auszumachenden Ereignis und hält meist nicht länger als sechs Monate an.

Abb. A.78 Anpassungsstörung. Trauer und Hoffnungslosigkeit von einer Schauspielerin dargestellt.

Ursachen

Der Patient verkraftet eine als einschneidend erlebte Veränderung im Leben nicht. Eine solche Veränderung kann z. B. eine Krankheit, eine Trennung, ein Umzug oder eine Zurückweisung usw. sein. Dem Betroffenen mangelt es an Bewältigungsstrategien, er kommt mit seinen Gefühlen und Ängsten nicht mehr richtig zurecht. Die persönliche Empfindlichkeit des Betroffenen hat einen großen Einfluss auf die Entwicklung der Anpassungsstörung.

Symptome

Es zeigen sich Anteile affektiver Symptome wie:

- Traurigkeit, Hoffnungslosigkeit, Angst (**Abb. A.78**),
- somatoforme Störungen, z. B.: Schmerzen der Beine, Verspannung der Halswirbelsäulenmuskulatur, Verdauungsprobleme.

Es ist der Verlust von Freude und Interesse, ein diffuser Pessimismus und vegetative Übererregbarkeit, die Leistungsfähigkeit und Sozialverhalten beeinträchtigen.

Diagnose

Die Erkrankung ist erkennbar an einem subjektiv sehr hohen Leidensdruck der Erkrankten. Die Diagnose setzt voraus, dass ein bestimmtes, klar auszumachendes Ereignis die Ursache für die Störung ist. Eine individuelle Disposition lässt sich im Gespräch ausmachen. Andere, stabilere Menschen, hätten evtl. keine Anpassungsstörungen nach einer ähnlich belastenden Situation.

Differenzialdiagnose

Abzugrenzen sind die → akute Belastungsreaktion, die früher, nämlich innerhalb weniger Stunden oder Tage nach einem belastenden Ereignis beginnt und sich auch schneller wieder bessert. Ebenso ist eine depressive Episode oder gar eine → Depression sowie Dysthymie auszuschließen.

Therapie

Durch eine Gesprächstherapie kann der Patient in vielen Fällen ausreichend entlastet werden. Bei schweren Verläufen werden für einige Monate Antidepressiva wie Venlafaxin (z. B. Trevilor retard), Fluoxetin (z. B. Fluctin) oder Trimipramin (z. B. Stangyl) verabreicht.

Die Erkrankung sollte immer im Gesamtumfeld betrachtet werden. Manchmal wirken verschiedene, vorher bereits belastende, Einzelfaktoren kombiniert mit dem Auslöseereignis für den Betroffenen katastrophal. Keinesfalls darf von der eigenen Einschätzung der Schwere des Ereignisses ausgegangen werden, sondern es gilt das subjektive Situationsempfinden des Patienten. Dieses Empfinden ist auch während der Therapie fortlaufend, z. B. wöchentlich, stichwortartig zu erfassen. Wenn äußere Umstände die Erkrankung bedingt haben, kann ein Sozialarbeiter eingeschaltet werden.

Prognose

Im Allgemeinen heilt die Erkrankung nach etwa einem halben Jahr folgenlos aus.

Infobox

ICD-10: F43.2

Internetadressen:

http://www.trauma-informations-zentrum.de

Literatur:

Dörner, K., Plog, U.: Irren ist menschlich. Psychiatrie-Verlag, Bonn 1996

Aortenaneurysma

► Sonntagabend - die Schneiders sitzen vor dem Fernseher und lassen das Wochenende mit dem Tatort ausklingen. Danach gehen beide ins Bett, doch Herr Schneider kann nicht einschlafen. Sein Rücken tut weh. „Mit 66 Jahren schon solche Probleme vom Wandern", flucht er leise und nimmt sich vor, mehr Sport zu treiben. Er wälzt sich im Halbschlaf hin und her und hofft, die Schmerzen mögen nachlassen. Doch im Gegenteil, sie werden stärker und beginnen in den Bauch auszustrahlen. Nach quälenden Stunden weckt er seine Frau. Sie ruft sofort den Notarzt und eilt zurück an das Bett ihres Mannes. Der ist mittlerweile ganz blass, ihm ist schwindelig und seine Schmerzen sind unerträglich. Frau Schneider ist froh, als der Notarzt endlich klingelt.

Definition

Ein Aortenaneurysma ist eine umschriebene (abgegrenzte) Erweiterung der Aorta (Körperschlagader). Bei 15% der Betroffenen befindet sich diese Erweiterung im Brustraum, bei 80% im Bauchraum.

Unterscheidung nach beteiligten Wandschichten

Je nachdem welche Wandschichten von der Ausbuchtung betroffen sind unterscheidet man (**Abb. A.79**):

- **Aneurysma verum (echtes Aneurysma):** Alle drei Wandschichten des Gefäßes sind ausgebuchtet. Die Erweiterung sieht sackförmig (sacciform) oder spindelförmig (fusiform) aus.
- **Aneurysma dissecans:** Die Gefäßwand zwischen Muskelschicht und äußerer Wandschicht ist aufgespalten. Neben dem „normalen" Gefäßlumen bildet sich dadurch ein zweites Lumen.

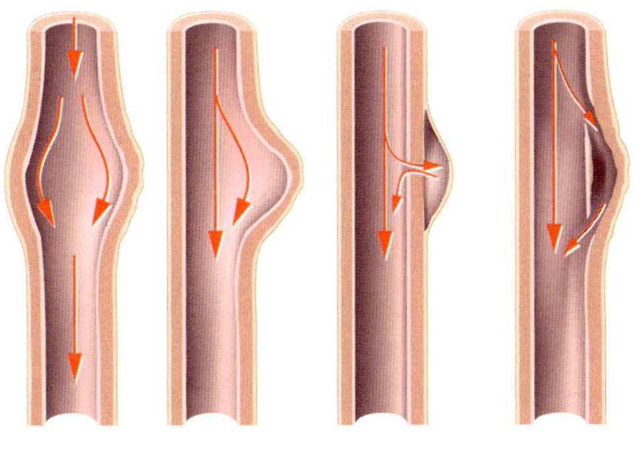

a Aneurysma verum fusiform sacciform **b Aneurysma spurium** **c Aneurysma dissecans**

Abb. A.79 Grundformen arterieller Aneurysmata.

- **Aneurysma spurium („falsches" Aneurysma):** Hier handelt es sich nicht um eine Aufweitung bzw. Aufspaltung der Arterie, sondern um ein Hämatom, das eine Verbindung zum Gefäßlumen hat. Es entsteht meist nach einer Gefäßpunktion oder -operation.

Unterscheidung nach der Lokalisation

Man unterscheidet:

- **abdominelles Aortenaneurysma (AAA):** Das Aneurysma liegt im Bereich zwischen Brustkorb und Becken und ist in über 95% der Fälle infrarenal (unterhalb der Nierenarterien) lokalisiert. Etwa 1% der Bevölkerung über 50 Jahren ist betroffen.
- **thorakales Aortenaneurysma:** Dieses Aneurysma ist im Brustkorb lokalisiert und entweder angeboren oder durch Arteriosklerose, eine Entzündung der Arterien oder die Infektionskrankheit → Syphilis bedingt.

Ursachen

Am häufigsten werden Aneurysmata durch → Arteriosklerose verursacht. Die meisten Patienten haben zusätzlich einen Bluthochdruck (→ Hypertonie).

Symptome

Während 80% der Aneurysmata keine Beschwerden hervorrufen (asymptomatische Aneurysmata), sind 20% symptomatisch. Größere, symptomatische Aneurysmata drücken auf benachbarte Organe und machen sich durch Schmerzen in Brust, Bauch oder Rücken bemerkbar. Die Schmerzen strahlen gürtelförmig oder bis in die Oberschenkel aus. Manche Patienten sind appetitlos oder haben Obstipation. Andere leiden an Harnstau oder einer Arrosion (Zerstörung) der Wirbelkörper. Im Aneurysma können sich Thromben bilden, die in die Beinarterien verschleppt werden und die Arterien akut verschließen können (→ Arterielle Verschlusskrankheit, → Embolie).

Die Ruptur eines Aortenaneurysmas äußert sich durch stärkste Schmerzen, die in den Rücken oder in die Flanken ausstrahlen. Durch den akuten massiven Blutverlust fällt der Blutdruck akut ab und die Herzfrequenz steigt (hämorrhagischer → Schock).

Diagnose

In der klinischen Untersuchung kann man ein abdominelles Aortenaneurysma im Unterbauch schlanker Patienten als pulsierenden Tumor tasten. Genaue Lokalisation und Größe des Aneurysmas werden jedoch mittels Sonografie bestimmt. Angiografie mit Kontrastmittel oder Computertomografie (CT) geben Auskunft über Verbindungen des Aneurysmas zu anderen Gefäßen (**Abb. A.80**).

Ein thorakales Aortenaneurysma wird mit einer Röntgenaufnahme, einem CT und einer Angiografie des Thorax diagnostiziert.

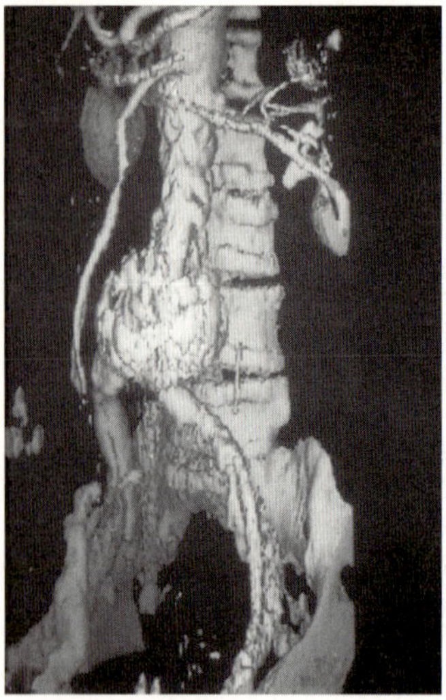

Abb. A.80 Bauchaortenaneurysma. Dreidimensionale Darstellung mittels Spiral-Computer-Tomografie.

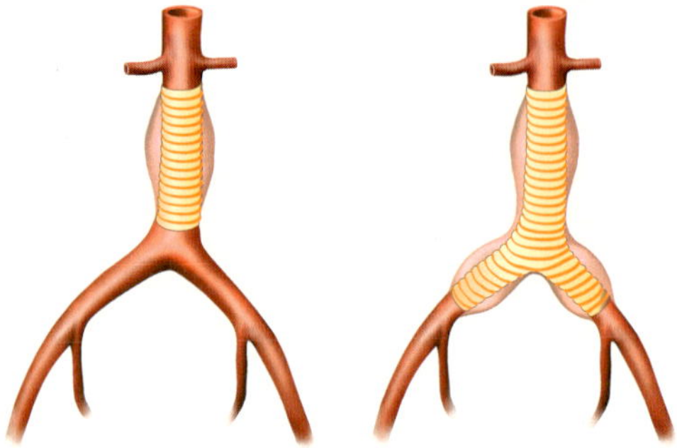

a Rohrprothese (aortoaortale Interposition)
b aortoiliakale Bifurkations-Interposition

Abb. A.81 Gefäßprothesen zu Überbrückung infrarenaler Aortenaneurysmata.

Differenzialdiagnose

Ein Aneurysma muss von Krankheiten abgegrenzt werden, die ähnliche Symptome hervorrufen können:

- chronische oder rezidivierende (wiederkehrende) Brustschmerzen bei:
  - Beschwerden an der Wirbelsäule,
  - Muskelerkrankungen,
  - → Angina pectoris.
- akute Schmerzen in der Brust bei:
  - → Angina pectoris,
  - → Herzinfarkt,
  - → Lungenembolie,
  - → Spontanpneumothorax.
- chronische oder rezidivierende Schmerzen im Abdomen bei:
  - → Gastritis, → Pankreatitis, → Cholelithiasis, Cholezystitis,
  - Harnleiterkolik, Gallenkolik,
  - entzündlichen Darmerkrankungen,
  - → Tumoren,
  - Infektionen im Bauchraum.
- → Akutes Abdomen.
- akute Schmerzen in den Beinen bei:
  - Embolien,
  - → akutem Arterienverschluss.

Therapie

Asymptomatische Aneurysmata mit einem Durchmesser von < 5 cm und einem Wachstum von < 0,4 cm pro Jahr werden meist konservativ behandelt und regelmäßig kontrolliert. Der Blutdruck sollte auf Normalwerte eingestellt und starke körperliche Belastungen wie Bauchpresse vermieden werden (wichtig: Verstopfung vermeiden).

Asymptomatische Aneurysmata mit einem Durchmesser von > 5 cm werden i.d.R. operiert. Es muss jedoch immer das individuelle Operationsrisiko und das Alter des Patienten berücksichtigt werden. Wächst ein Aneurysma sehr rasch (> 0,5 – 1 cm pro Jahr) oder asymmetrisch, sollte es ebenfalls operiert werden.

Bei symptomatischen Aneurysmata ist die Operation grundsätzlich indiziert, wenn der Allgemeinzustand des Patienten eine OP erlaubt. Ein rupturiertes Aneurysma ist lebensbedrohlich und muss immer operiert werden.

Bei der Operation wird das Aneurysma entweder mit einem Gefäßersatz (Kunststoffprothese) überbrückt oder über die A. femoralis in minimal-invasiver Technik eine Gefäßstütze (Stent) eingebracht (endoluminale Aortenstentimplantation) (**Abb. A.81**).

Prognose

An einem nichtoperierten Aneurysma mit einem Durchmesser < 6 cm sterben pro Jahr etwa 3 % der Patienten. Ein Durchmesser von > 6 cm ist pro Jahr für 15 % der Kranken tödlich, an der Ruptur eines Aneurysmas sterben 30 – 50 %.

Zu den Komplikationen nach einer Operation gehören eine Infektion, eine → Thrombose oder die Bildung einer → Fistel zwischen Aorta und Duodenum.

Infobox

ICD-10: I71.9, I71.1, I71.2, I71.0

Internetadressen:

Leitlinien der AWMF (Aortenaneurysma):
http://www.leitlinien.net

Literatur:

Hirner, A., Weise, K.: Chirurgie. Thieme, Stuttgart 2003

Apallisches Syndrom

► „Mama erkennt mich!". Greta kann es gar nicht fassen. Ihre Mutter hat nach einem Verkehrsunfall drei Wochen im Wachkoma gelegen. Ihre Augen waren die ganze Zeit geöffnet, aber ihr Blick ging ins Leere, ihr Gesichtsausdruck war gleichbleibend starr. Keinen ihrer Angehörigen, der sie auf der Intensivstation besucht hat, hat Frau Steinfeld erkannt. Ihr Körper wirkte angespannt und steif. Nur den Mund hat sie manchmal bewegt, aber nie reagiert, wenn ihre Besucher sie angesprochen haben. Jetzt schaut sie plötzlich ihre Tochter an. Dann wendet sich die 50-jährige Frau voller Freude ihrem Ehemann zu, der seit Stunden ihre Hand hält.

Definition

Das Apallische Syndrom ist eine schwere Hirnschädigung, bei der die Verbindung vom Hirnstamm zum Großhirn gestört ist.

Synonym: Wachkoma.

Ursachen

Bei dem Apallischen Syndrom ist die weiße Substanz im Großhirnmark, die beiden Sehhügel im Zwischenhirn, auch Thalami genannt, oder der Hirnstamm zerstört (**Abb. A.82**).

Diese Teile des Großhirns können geschädigt werden, wenn sich nach einer Verletzung Wasser im Gehirn einlagert oder wenn einzelne Hirnregionen wegen einer Durchblutungsstörung, Erkrankung oder Vergiftung nicht mehr ausreichend mit Sauerstoff versorgt sind.

Auch nach einer Wiederbelebung, z. B. nach einem Verkehrsunfall, kann es zum Wachkoma kommen.

Symptome

Ein Apalliker ist wach aber nicht bei Bewusstsein. Er nimmt seine Umgebung nicht wahr und erkennt weder Personen noch Gegenstände. Er ist durch äußere Reize nicht zu Bewusstsein zu bringen und ist nicht zu sinnvollen Wahrnehmungen, Reaktionen oder Äußerungen imstande. Weder durch Blicke noch durch Laute oder Gesten nimmt der Patient Kontakt auf.

Das Gesicht erstarrt zur Maske. Manchmal wandern die Augäpfel. Apalliker zeigen starken Speichelfluss und ihre Gesichtshaut glänzt durch vermehrte Talgabsonderung. Sie machen Schluck- und Kaubewegungen, knirschen gelegentlich mit den Zähnen.

Ihre sonstigen Bewegungen sind auf krankhafte Reflexe beschränkt. Es können Streckkrämpfe auftreten. Dann ist der Rumpf gestreckt, die Arme und Beine sind angezogen und gebeugt.

Der Schlaf- und Wachrhythmus ist nicht an Tag und Nacht gebunden, Blutdruck, Puls und Körpertemperatur verlaufen unregelmäßig. Bei länger andauerndem Apallischen Syndrom schwinden die Kräfte und der Patient magert ab, liegt sich wund und die Muskeln entzünden sich.

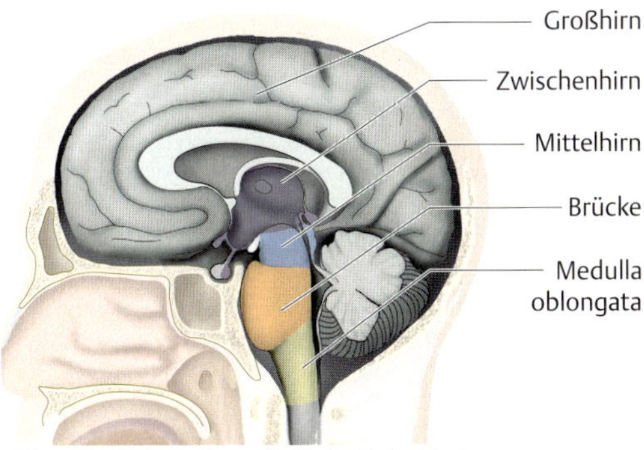

Abb. A.82 **Gehirn.** Längsschnitt durch den Kopf.

Diagnose

Das Apallische Syndrom ist erkennbar an Reflexen, die normalerweise nur in den ersten Lebenswochen auftreten, wie dem Saug- und dem Greifreflex. Das Bestreichen des Mundes löst Saug- und Schluckbewegungen aus, bestreicht man die Handfläche, beugen sich die Finger zur Faust. Ein Schmerzreiz löst ebenfalls einen frühkindlichen Reflex aus – sog. Massenbewegungen, an denen mehrere Körperteile beteiligt sind.

Eigenreflexe wie der Finger- und Zehenbeugereflex sind verstärkt. Die Muskelspannung ist erhöht, Atmung, Temperaturregulation und Kreislauffunktion sind messbar gestört.

Im Gegensatz zu anderen Formen des Komas sind die Augen von Apallikern geöffnet. Die Augen wandern ohne zu fixieren und der Schutzreflex bei einer Bewegung nah vor den Augen lässt sich nicht auslösen.

Therapie

Apalliker benötigen ständige intensivmedizinische Überwachung und möglicherweise Beatmung.

Eine Wasseransammlung im Gehirn (Hirnödem) muss behandelt werden (**Abb. A.83**).

Prognose

In vielen Fällen geht das Apallische Syndrom infolge von Komplikationen, häufig sind das Infektionen, tödlich aus. Bei einigen Patienten gehen die Symptome teilweise oder vollständig zurück. Doch je länger das Wachkoma anhält und je älter der Patient ist, desto schlechter sind die Aussichten für den Kranken wieder gesund zu werden.

Wenn nach sechs Wochen kein Rückgang erkennbar ist, muss mit schweren Folgeschäden gerechnet werden. Der Rückgang des Apallischen Syndroms ist noch nach Mona-

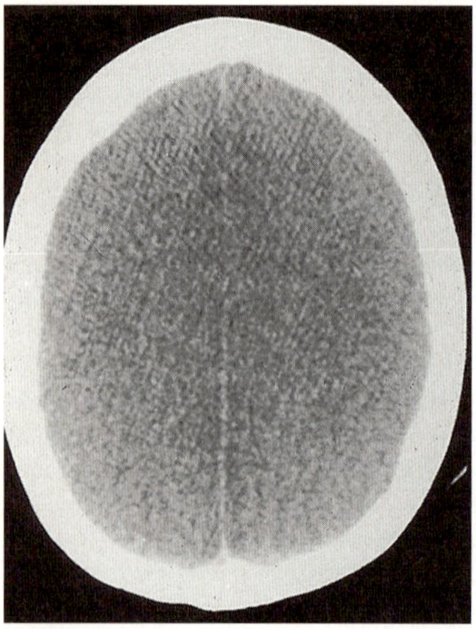

Abb. A.83 Beidseitiges Hirnödem. Deutlich erkennbar ist der Verlust der normalen Furchung der Hirnoberfläche als Raumforderungszeichen.

ten möglich. Dann nimmt der Patient zuerst Blickkontakt auf und wendet sich Kontaktpersonen zu. Gefühle wie Freude und Wut kehren zurück.

Beruht das Apallische Syndrom auf einem Hirninfarkt oder mangelnder Sauerstoffversorgung, ist nach sechs Monaten nicht mehr mit einer Rückbildung zu rechnen.

Verweilt ein Patient auf Grund anderer Ursachen länger als ein Jahr im Wachkoma, wird er aller Voraussicht nach nicht mehr daraus erwachen.

Infobox

ICD-10:
G93.8

Internetadressen:
Schädel-Hirnverletzte in Not e.V.:
http://www.schaedel-hirn.de
http://www.wissenschaft24.info

Appendizitis

► Als die 11-jährige Leoni mittags aus der Schule kommt, ist sie nicht so lebhaft wie sonst. Obwohl sie kaum gefrühstückt hat, mag sie jetzt kein Mittag essen. Sie geht sofort auf ihr Zimmer und legt sich auf die Couch. Dann wird ihr schlecht und sie muss erbrechen. Schon in der letzten Schulstunde hatte sie so ein komisches Gefühl im Bauch. Jetzt fängt es an weh zu tun, besonders wenn jemand auf den Bauch drückt. Als ihre Mutter Fieber misst, sind es 38,7 °C. Die Untersuchung durch den Arzt im Krankenhaus sowie ein Bluttest bestätigen die Diagnose: Appendizitis. Es ist noch nicht Abend, da ist Leoni bereits ihren „Blinddarm" los.

Definition

Bei der Appendizitis ist der am Blinddarm (Caecum) hängende Wurmfortsatz (Appendix vermiformis) entzündet. Insofern ist der volkstümliche Begriff „Blinddarmentzündung" falsch, da der Blinddarm nicht von der Entzündung betroffen ist, sondern nur der Wurmfortsatz (**Abb. A.84**).

Unterschieden werden eine akute und eine chronische (rezidivierende) Appendizitis. Die Appendizitis kann in jedem Lebensalter auftreten, ist jedoch häufig zwischen dem 10. und 30. Lebensjahr.

Ursachen

Vermutlich beginnt die Entzündung oft mit einem Verschluss des Appendix-Lumens, z. B. durch Kotsteine oder wegen eines Knicks im Wurmfortsatz. Da die Appendix-Schleimhaut immer weiter Sekret produziert, steigt der Druck im Wurmfortsatz an. Dies verschlechtert den lokalen Blutkreislauf und die Sauerstoffversorgung des Organs, wodurch Gewebeschäden entstehen.

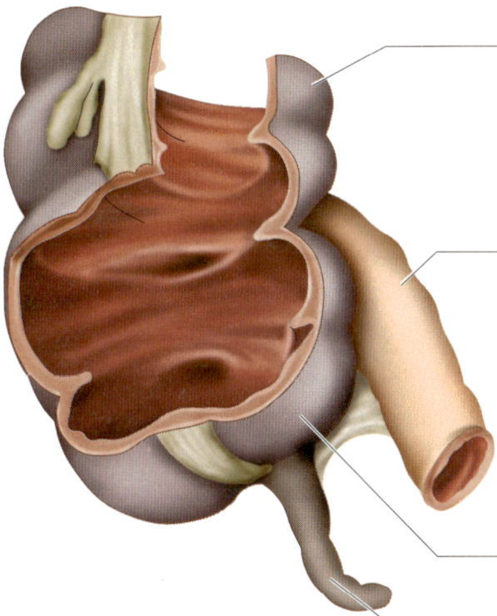

Abb. A.84 Blinddarm und Wurmfortsatz. Ein Teil des Dickdarms endet blind (Blinddarm). Der Wurmfortsatz befindet sich am unteren Ende des Blinddarms.

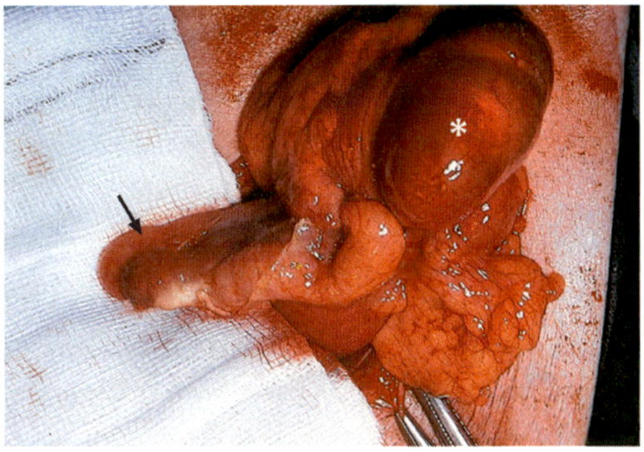

Abb. A.85 Appendizitis. OP-Foto. Der entzündete Wurmfortsatz (Pfeil) liegt auf einer weißen Kompresse. Aus der Wunde hervorgequollen sind ebenfalls ein Teil des Dickdarms (*Zäkum) und inneres Fettgewebe.

Die im Darm vorhandenen Bakterien können jetzt leicht in die Darmwand eindringen. Die folgende Entzündungsreaktion lässt das Gewebe anschwellen, die Sauerstoffversorgung verschlechtert sich weiter (**Abb. A.85**). Innerhalb von 24 bis 36 Stunden entwickelt sich eine Gangrän, d. h., ein Teil des Wurmfortsatzes stirbt ab.

Perforiert jetzt der Wurmfortsatz, können sich Darminhalte und Bakterien in die Bauchhöhle ergießen, wo sich die Entzündung weiter ausbreitet. Dann kommt es zur → Peritonitis (Bauchfellentzündung).

Seltene Ursachen der Appendizitis sind Tumoren, Würmer und Fremdkörper.

Symptome

Die als klassisch bezeichneten Symptome der akuten Appendizitis wie Appetitlosigkeit, Übelkeit, Erbrechen und heftige Schmerzen im rechten Unterbauch sind im Einzelfall recht variabel. Hinzu kommen Wind- und Stuhlverhalt, bei Kindern auch Durchfall. Die Körpertemperatur erhöht sich, Fieber tritt nicht immer auf.

Die kolikartigen Schmerzen beginnen zum Teil im Oberbauch und wandern im Verlauf einiger Stunden zum Bauchnabel und in den rechten Unterbauch, wo der Schmerz permanent anhält. Da die Appendix viele anatomische Lagevarianten hat, variiert die individuelle Schmerzlokalisation. Kinder können die Stelle des stärksten Schmerzes oft schlecht bestimmen. Bei schwangeren Frauen finden sich die Schmerzen im rechten Oberbauch. Alte Menschen haben ein vermindertes Schmerzempfinden, was die Diagnose oft verzögert und die Prognose verschlechtert.

Bei sehr heftigen Bauchschmerzen, einer bretthartenSpannung der Bauchdecke sowie gestörter Darmentleerung liegt das klinische Bild des → Akuten Abdomens vor. Dies ist ein medizinischer Notfall.

Bei der chronischen Appendizitis kommt es in Intervallen von Monaten bis Jahren immer wieder zu Symptomen ähnlich der akuten Appendizitis. Deren Ursachen lassen sich manchmal schwer einordnen. Sie haben ggf. andere Ursachen als einen entzündeten Wurmfortsatz.

Diagnose

Beim Abtasten der Bauchdecke besteht eine lokale Abwehrspannung. Es gibt verschiedene klassische Schmerz- und Druckpunkte, z. B.:

- **McBurney-Punkt:** in der Mitte zwischen Bauchnabel und Spina iliaca anterior superior (vorderer oberer Darmbeinstachel).
- **Lanz-Punkt:** rechtes und mittleres Drittel zwischen beiden Spinae.

Bei rektaler oder vaginaler Untersuchung werden teilweise rechtsseitige Schmerzen angegeben. Die Körpertemperatur ist erhöht. Die Temperaturdifferenz zwischen axillärer und rektaler Messung von mindestens 0,8 °C ist nicht beweisend für eine Appendizitis.

Die Laboruntersuchung des Blutes ergibt eine erhöhte Zahl weißer Blutkörperchen (Leukozytose). Allerdings gibt es auch Appendizitiden ohne Leukozytose.

Die Ultraschall-Untersuchung (Sonografie) des Abdomens kann weitere Hinweise liefern. Bei Frauen wird meist eine gynäkologische Untersuchung vorgenommen, um Erkrankungen der inneren Geschlechtsorgane auszuschließen.

Differenzialdiagnose

Die Appendizitis kann jeden Zustand des → Akuten Abdomens vortäuschen, etwa bei Darmlähmung oder Darmverschluss (→ Ileus), bei Darmgeschwüren oder Gallenblasenentzündung.

Die Entzündung der Eierstöcke und Eileiter bei Mädchen und Frauen verursacht ähnliche Symptome wie die Appendizitis.

Die Appendizitis kann auch erstes Zeichen einer chronischen Darmentzündung sein. Weiterhin kommen Nieren- und Harnwegserkrankungen in Frage.

Therapie

Um eine Vereiterung und Perforation des Wurmfortsatzes ebenso wie eine Bauchfellentzündung zu verhindern, muss die Appendix rasch entfernt werden. Die Operation kann offen mit einem Hautschnitt im rechten Unterbauch erfolgen oder laparoskopisch, also mit der sog. Schlüsselloch-Chirurgie.

Heute gehen Chirurgen zunehmend zur laparoskopischen Operation über. Dabei inspiziert der Chirurg zunächst den Bauchraum mit einer Kamera, die durch einen sehr kleinen Schnitt durch die Haut in die Bauchhöhle eingeführt wird. Stellt sich der Wurmfortsatz tatsächlich als entzündet heraus, wird er mit Spezialinstrumenten, die durch zwei weitere Minischnitte eingebracht werden, entfernt.

Prognose

Bei frühzeitiger Operation ist die Prognose gut. Dennoch ist die Erkrankung potenziell tödlich. Dies trifft insbesondere dann zu, wenn Patienten mit ihren Beschwerden erst spät zum Arzt gehen oder die Symptome missdeutet werden.

Meist kommt es am zweiten Tag nach Erkrankungsbeginn zur Perforation. Dies führt zur lokalen Abszessbildung im Unterbauch. Die Infektion kann aber auch auf die ganze Bauchhöhle übergreifen. Nach Durchbruch des Blinddarms und nach Bauchhöhlenvereiterung sterben etwa 1 % der Patienten mit Appendizitis.

Infobox

ICD-10: K37

Internetadressen:

http://www.netdoktor.de/krankheiten/fakta/blinddarmentzuendung.htm

http://www.best-med-link.de/d/erkrankungen/e04infekt_bakt_bauch_appen.htm

http://www.medizin-netz.de/icenter/appendizitis.htm

Armplexuslähmung

► Die zierliche Frau Hübner bekommt ihr erstes Kind. Die Geburt ist schwierig und dauert lange. Einige Zeit geht es nicht voran. Doch schließlich ist der 3.800 g schwere Philipp da. Der Kleine schreit, was die kleinen Lungen hergeben. Der Hebamme ist jedoch aufgefallen, dass der rechte Arm des Neugeborenen schlaff herabhängt. Er liegt nah am Körper an, ist nach innen gedreht und der Handrücken zeigt nach vorne.

Definition

Bei der Armplexuslähmung sind Nervenfasern, die Arm und Schulter versorgen (Plexus brachialis), geschädigt. Die Empfindung ist gestört und die Muskeln von Arm und Schulter sind gelähmt. Nach dem Ort der Nervenläsion unterscheidet man zwei Formen:

- obere Plexuslähmung (Erb-Lähmung),
- untere Plexuslähmung (Klumpke-Lähmung).

Ursachen

Eine Armplexuslähmung kann dadurch entstehen, dass die Nervenfasern des Plexus brachialis während der Geburt stark gedehnt werden. Ist das Neugeborene so groß, dass es im Geburtskanal stecken bleibt (z. B. bei → Schulterdystokie) oder liegt es nicht normal, verlängert sich die Geburt oder es kommt zum lebensbedrohlichen Geburtsstillstand. In solchen Fällen muss der Kopf des Kindes zu einer Seite gebeugt oder das Kind an einem Arm gezogen werden um die Mutter zu entbinden. Sind die auftretenden Kräfte zu groß, werden Nervenfasern verletzt.

Symptome

Obere Plexuslähmung. Bei dieser so genannten Erb-Lähmung sind die Nervensegmente C5 und C6 des Plexus brachialis verletzt. Der betroffene Arm des Kindes hängt herab, liegt eng am Körper an (Adduktion) und ist nach innen gedreht. Der Handrücken zeigt nach vorne. Diese Haltung erinnert an einen auf Trinkgeld wartenden Ober („Waiter's Tip"-Haltung) (**Abb. A.86**). Sind die Nervensegmente C4 und C7 mit betroffen, kann eine Lähmung des Zwerchfells Atemnot verursachen.

Untere Plexuslähmung. Diese so genannte Klumpke-Lähmung betrifft die Nervensegmente C7, C8 und Th1. Das Neugeborene kann Finger und Handgelenk nicht bewegen, die Hand ist in „Pfötchenstellung" geschlossen. Mitunter ist auch der Sympathikus-Nervenstrang des Halses geschädigt und es kommt auf dieser Seite zum → Horner-Syndrom: Die Augenmuskeln sind gelähmt, das Augenlid hängt herab (Ptosis), die Pupille ist klein (Miosis) und der Augapfel eingesunken (Enophthalmus).

Diagnose

Es fällt auf, dass das Kind den Arm oder die Hand nicht bewegt. Bei der oberen Plexuslähmung können, im Gegensatz zur unteren, die Finger bewegt und der Greifreflex ausgelöst werden, Moro-Reflex, Bizeps- und Radialisreflexe (→ Untersuchungen des Kindes) dagegen nicht.

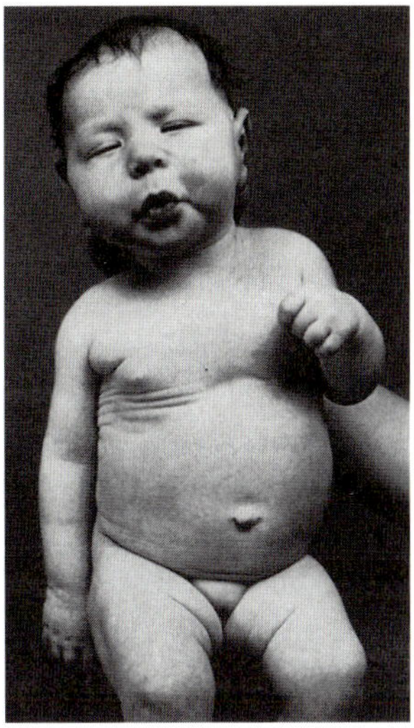

Abb. A.86 Typische „Waiter's Tip"-Haltung.

Differenzialdiagnose

Folgende Erkrankungen müssen abgegrenzt werden:

- Scheinlähmung des Armes bei angeborener Syphilis (Lösung der Epiphyse),
- Armbruch durch Geburtstrauma.

Therapie

Zunächst wird der betroffene Arm ruhig gestellt und in Mittelstellung eingegipst. Nach 1 – 2 Wochen wird mit krankengymnastischen Übungen begonnen. Evtl. erfolgt eine Bewegungsmassage oder Elektrotherapie.

Prognose

Die Prognose hängt davon ab, wie stark die Nervenfasern geschädigt sind. In den meisten Fällen bildet sich die Lähmung vollständig zurück. Ist die Plexuslähmung im Alter von drei Monaten noch vorhanden, sollte das Kind einem Neurochirurgen vorgestellt werden.

Infobox

ICD-10: P14.0, P14.1

Internetadressen:

http://www.plexusparese.de

http://www.plexusbrachialis.de

Arterielle Verschlusskrankheit

► Während so mancher Ehemann bei einem Stadtbummel mit der Ehefrau auf eine Geduldsprobe gestellt wird, ist Herr Gebhard froh, dass seine Frau die Kleiderständer mit Muße durchsucht. Er steht gerne daneben und wartet, geht ein Stückchen und wartet wieder. Stehen ist für ihn eine Wohltat. Beim Gehen aber quält sich der 62-Jährige seit einigen Monaten mit immer stärkeren Schmerzen in den Waden, die aufhören, wenn er stehen bleibt. „Nicht so schnell Annegret“, fleht er, wenn sie es zwischen den Geschäften eilig hat. Denn seine Schmerzen werden schlimmer, wenn er schneller oder bergauf geht.

Definition

Bei der arteriellen Verschlusskrankheit (AVK) führen Veränderungen arterieller Gefäße zu einem eingeengten oder geschlossenen Gefäßlumen. Eine AVK kann an jeder Stelle der arteriellen Strombahn auftreten, so z. B. an:

- Aorta, Becken- und Beingefäßen (periphere AVK, pAVK),
- hirnversorgenden Gefäßen (zerebrovaskuläre Verschlusskrankheit),
- Armgefäßen,
- Herzkranzgefäßen (→ koronare Herzkrankheit),
- Gefäßen von Niere und Darm (renovaskuläre bzw. mesenteriale Verschlusskrankheit).

Häufigkeit

Eine pAVK ist sehr häufig und zu über 90% sind die Becken- und Beinarterien betroffen. Insgesamt leiden etwa 2% aller 35- bis 45-Jährigen und etwa 18% der Menschen über 65 Jahre an einer AVK ihrer Becken- oder Beingefäße, wobei Männer viermal häufiger betroffen sind als Frauen.

Bei gut der Hälfte aller pAVKs handelt es sich um eine **pAVK vom Oberschenkeltyp** mit Gefäßveränderungen in der A. femoralis und A. poplitea. Es folgen Veränderungen in der Aorta und in der A. iliaca (**pAVK vom Beckentyp**) mit 35% und die **pAVK vom peripheren Typ** in den Unterschenkel- und Fußarterien mit 15%. In etwa 20% der Fälle sind die Gefäße in mehreren „Etagen“ verengt, wie z. B. beim **Becken- und Oberschenkeltyp**.

Ursachen

Eine AVK wird durch arterielle Durchblutungsstörungen verursacht. Diese können durch verschiedene Krankheiten entstehen:

- → Arteriosklerose,
- → Endangiitis obliterans,
- Erkrankungen des Bindegewebes (→ systemischer Lupus erythematodes, → Panarteriitis nodosa, → Sklerodermie, → chronische Polyarthritis),
- → Arteriitis,
- Takayasu-Syndrom (Entzündung der Gefäße),
- Amyloidose,
- Thrombozytose,
- Kryoglobulinämie,
- Verletzung der Gefäße,
- Drogenabhängigkeit,
- seltenere Erkrankungen wie angeborene, fibromuskuläre Dysplasie.

Häufigste Ursache einer pAVK ist in über 90% der Fälle eine Arteriosklerose der Gefäße.

Symptome

Typisches Symptom einer arteriellen Verschlusskrankheit sind Schmerzen. Diese werden durch den Sauerstoffmangel (Ischämie) in den Muskeln verursacht, die durch die Verengung der Gefäße nicht mehr ausreichend durchblutet werden. Zu solchen Symptomen kommt es allerdings erst, wenn das Lumen eines Gefäßes schon etwa auf die Hälfte reduziert ist. 50–75% der Patienten mit verengten Gefäßen sind beschwerdefrei.

Bei Patienten mit einer pAVK vom Oberschenkeltyp treten die Schmerzen in der Wade nach einer gewissen Gehstrecke auf. Bleiben die Kranken stehen, verschwinden die Beschwerden innerhalb von Minuten (**Claudicatio intermittens**). Die Erkrankung wird deshalb als „Schaufensterkrankheit“ bezeichnet. Im Anfangsstadium können die Patienten noch lange Strecken ohne Schmerzen gehen, später wird die schmerzfreie Strecke immer kürzer, bis die Schmerzen sogar in Ruhe auftreten.

Eine pAVK vom Beckentyp verursacht Schmerzen in Gesäß und Oberschenkel, die vom peripheren Typ führt dagegen zu Beschwerden in den Fußsohlen.

Diagnose

Die typische Anamnese mit belastungsabhängigen Schmerzen in den Beinen weist auf eine pAVK hin. Je nach Ausmaß der Schmerzen wird die pAVK in vier Stadien eingeteilt (**Tab. A.9**).

Tab. A.9 Stadien der peripheren arteriellen Verschlusskrankheit (nach Siegenthaler 2005)

Stadium	Definition
I	objektivierbare Verschlusskrankheit, keine charakteristischen Symptome
IIa	Claudicatio intermittens, schmerzfreie Gehstrecke länger als 200 m
IIb	Claudicatio intermittens, schmerzfreie Gehstrecke kürzer als 200 m
III	Ruheschmerzen
IV	Nekrose, Gangrän

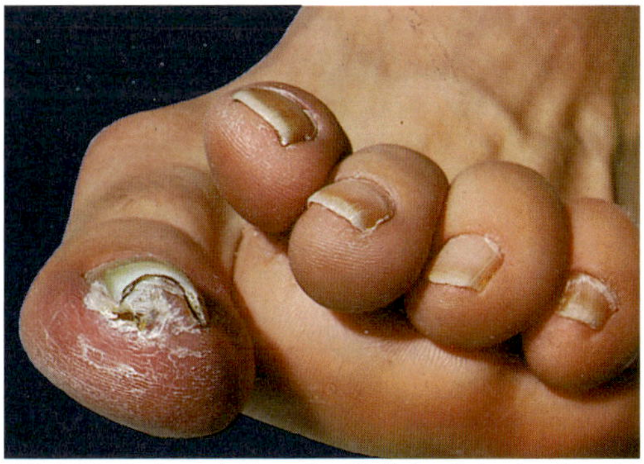

Abb. A.87 Beginnende Gangrän. 32-jährige Patientin mit multiplen Verschlüssen der Unterschenkelarterien.

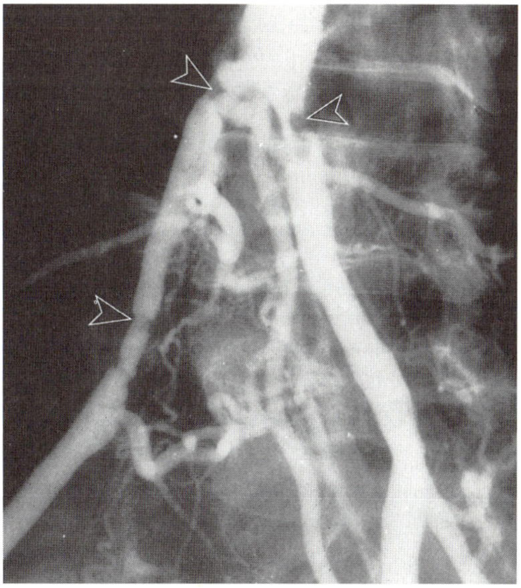

Abb. A.89 Angiografie der Bauchaorta mit multiplen Stenosen. Der 46-jährige Patient kann nur ca. 40 m ohne Schmerzen gehen.

Bei der Inspektion eines Patienten mit pAVK fallen eine blasse Hautfarbe, kalte Füße, Nagelverdickungen, eine Gangrän oder Nekrosen auf (**Abb. A.87**). Durch Palpation (Tasten) des Pulses kann der Ort des Gefäßverschlusses festgestellt werden. In manchen Fällen liegt eine pAVK vor, obwohl ein Puls durchgehend getastet werden kann. An den Gefäßverengungen (Stenosen) entstehen Wirbel, die mit dem Stethoskop als Strömungsgeräusche auskultiert werden können.

Der Schweregrad der pAVK wird mit der Ratschow-Lagerungsprobe und durch Messen der freien Gehstrecke ermittelt (**Abb. A.88**). Mit einer Duplex-Sonografie (mit oder ohne Farbe), einer Angiografie oder einer MRT-Angiografie wird die Gefäßverengung genau lokalisiert und der Schweregrad objektiv bestimmt (**Abb. A.89**).

Die wichtigste Methode für den Nachweis einer pAVK ist die Doppler-Sonografie. Hierbei wird der Blutdruck an beiden Oberarmen und am Fuß gemessen. Normalerweise ist der systolische Blutdruck am Knöchel etwa 10 mmHg höher als am Oberarm und das Verhältnis aus Knöchel- und Armdruck (Knöchel-Arm-Index = Ankle-brachial-index, ABI) beträgt 0,9 – 1,2. Bei der pAVK ist dieser Quotient $< 0{,}9$.

Da eine AVK nicht nur ein Gefäßsystem betreffen kann, gehört zu einer sorgfältigen Diagnose die Untersuchung der hirnversorgenden Arterien, der Armarterien und der Herzkranzgefäße.

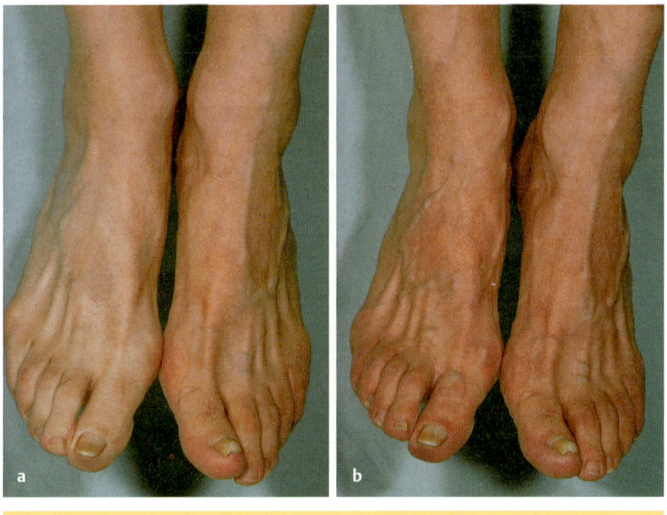

Abb. A.88 Ratschow-Lagerungsprobe zur Diagnose von arteriellen Verschlusskrankheiten. Auf dem Rücken liegend werden beide Beine senkrecht nach oben gehoben. Die Füße sollen dann einige Zeit kreisen. **a** Bereits wenige Sekunden nach Ende des Fußkreisens und Hängenlassens der Beine haben sich die Venen des linken gesunden Fußes leicht gefüllt. Er ist gerötet. **b** 30 Sek. nach Hängenlassen der Beine ist eine deutliche Rötung und Venenfüllung bei beiden Füßen erkennbar.

Differenzialdiagnose

Schmerzen in Rücken, Becken, Oberschenkel, Wade, Fuß und oberen Extremitäten können auch auf anderen Erkrankungen beruhen, die ausgeschlossen werden müssen:

- **orthopädische Erkrankungen:** Beckenschiefstand, Beinlängenverkürzung, Wurzelreizsyndrome, Senk-Spreiz-Füße, Arthrose von Hüfte oder Knie,
- **Claudicatio venosa:** Abflussstörungen in Venen; v. a. bei jüngeren Patienten nach Beckenvenenthrombose; Schmerzen bessern sich durch Hochlegen des Beines,
- **diabetische Polyneuropathie**,
- **Claudicatio spinalis:** Spinalkanal ist eingeengt; Schmerzen bessern sich durch Beugen der Wirbelsäule im Lendenwirbelbereich.

Therapie

Zur Therapie der pAVK gehören Allgemeinmaßnahmen und eine am Stadium der Erkrankung orientierte Behandlung.

Allgemeinmaßnahmen

Patienten mit pAVK sollten mögliche Risikofaktoren (z. B. Rauchen) vermeiden. Ein evtl. vorhandener Diabetes oder Bluthochdruck sollten optimal eingestellt und Fettstoffwechselstörungen behandelt werden. Der Patient sollte außerdem:

- seine Füße pflegen und regelmäßig inspizieren,
- Pediküre vorsichtig durchführen,
- bequeme Schuhe tragen,
- Fußpilz behandeln,
- Verletzungen konsequent behandeln (bei Bedarf Antibiotika),
- lokal keine Wärme anwenden (Heizkissen usw. Grund: erhöhter Sauerstoffbedarf, Verbrennungsgefahr).

Stadiumorientierte Therapie der pAVK

Mit zunehmendem Fortschreiten der Erkrankung wird die pAVK mit folgenden Maßnahmen therapiert.

Ergotherapie (Gehtraining)

Die Patienten werden angehalten, jeden Tag 1 – 1,5 Stunden zu gehen. Treten Schmerzen auf, wird kurz pausiert. Durch das Gehtraining bildet der Körper Kollateralgefäße (Umgehungskreisläufe). Spezielle Koronarsport-, Gehsport- oder pAVK-Gruppen motivieren die Patienten konsequent zu trainieren.

Medikamente

Bei einer pAVK können verschiedene medikamentöse Therapien angewendet werden. So verhindern Thrombozytenaggregationshemmer (Azetylsalizylsäure, Clopidogrel), dass sich eine arterielle → Thrombose bildet. Die Medikamente verringern das Risiko, an der Gefäßkrankheit zu sterben, um 20 %. Prostanoide (Prostavasin, Ilomedin) erweitern die Gefäße und bessern den venösen Abfluss. Antikoagulanzien wie Marcumar werden nur in besonderen Fällen gegeben, z. B. wenn der Patient eine → Embolie hatte. Ob Blut verdünnende Maßnahmen wie Hämodilution wirken, ist in Studien nicht gesichert.

Revaskularisierungsmaßnahmen

Katheterverfahren

Perkutane transluminale Angioplastie (PTA). Mit der PTA und dem Einlegen eines Stents (Gefäßstütze aus Draht) werden die Verengungen aufgeweitet (**Abb. A.74**). Besonders bei längeren Verengungen werden Rotationswerkzeuge, Laser oder Ultraschall am Katheter eingesetzt.

Fibrinolytika. Diese Thrombose auflösenden Medikamente werden über die Vene gegeben oder über einen Katheter direkt an den Ort der Gefäßverengung appliziert. Das thrombotische Material kann mit dem Katheter abgesaugt werden (Aspirations-Thrombektomie).

Operation

Indirekte Embolektomie. Ein Thrombus (Blutpfropf) wird mit Hilfe eines Katheters (Fogarty-Katheter) mit einem Ballon an der Spitze entfernt (**Abb. A.33 a**).

Thrombendarteriektomie (TEA). Gefäßverengungen werden aus A. iliaca oder A. femoralis geschält (**Abb. A.90**).

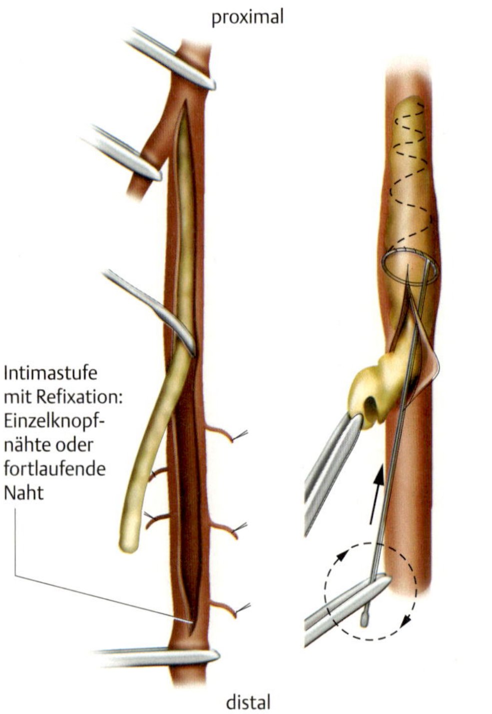

a offene Ausschälplastik **b** Ringstripper-Technik

Abb. A.90 Thrombendarteriektomie-Techniken. Methoden zur Ausschälung eines Stenose- oder Verschlusszylinders.

Bypass. Durch einen Bypass, der aus einer Beinvene des Patienten (V. saphena) gewonnen wird oder aus Teflon besteht, wird das Blut um das verschlossene Gefäß herumgeleitet.

Amputation

Bei einer pAVK im Stadium IV, bei dem der Zu- und Abfluss für eine Revaskularisierungsmaßnahme zu gering ist, wird amputiert, um Komplikationen wie Nekrosen zu vermeiden.

Neue therapeutische Ansätze

In Studien werden zurzeit gentechnisch hergestellte Wachstumsfaktoren an Gefäßzellen und Knochenmarkstammzellen untersucht. Sie sollen zu einer Neubildung von Gefäßen führen.

Prognose

Die Prognose der pAVK ist vom Stadium abhängig. Stellt der Patient das Rauchen ein und werden Diabetes und Bluthochdruck konsequent behandelt, ist die Prognose deutlich besser.

Wichtig ist, dass eine Manifestation der AVK an anderen Gefäßen rechtzeitig erkannt wird: Bei über 50% der Patienten mit einer pAVK im Stadium II sind auch die Herzkranzgefäße verengt. 90% der Patienten im Stadium III oder IV haben ebenfalls eine koronare Herzkrankheit. Etwa 70% der Patienten mit pAVK sterben an einem Herzinfarkt und etwa 10% an einem Schlaganfall.

Eine pAVK reduziert die Lebenserwartung um etwa zehn Jahre.

Infobox

ICD-10:
I73.9

Internetadresse:
Deutsche Gesellschaft für Angiologie
http://www.dgangiol.de

Literatur:

Baenkler, H.-W. u. a.: Duale Reihe Innere Medizin. Thieme, Stuttgart 2001

Greten, H. (Hrsg.): Innere Medizin. Thieme, Stuttgart 2005

Herold, G. (Hrsg.): Innere Medizin. Eigenverlag, 2005

Siegenthaler, W. (Hrsg.): Siegenthalers Differenzialdiagnose, 19. Aufl. Thieme, Stuttgart 2005

Arteriitis temporalis

► „‚Sie sind auch nicht mehr der Jüngste‘, das kommt wahrscheinlich gleich, aber das will ich gar nicht hören. Bisher hat`s mit den Augen immer geklappt. Warum soll jetzt Ende sein?“, brummt der 70-jährige Herr Raschke missmutig. Er ist in die Praxis gekommen, weil er auf dem rechten Auge plötzlich nicht mehr sehen kann. Er fasst sich an die knotig verdickte Schläfe. „Und das ist wohl nicht das Einzige“, gesteht er niedergeschlagen, „seit ein paar Wochen zieht`s auch so in den Schultern. Bestimmt hab ich nur im Zug gesessen. Das sagt jedenfalls meine Frau.“

Definition

Bei der Arteriitis temporalis sind einzelne bis alle Schichten der Arterienwand abschnittsweise entzündet. Besonders betroffen sind die Schläfenarterie und die Hirnarterien.

Synonym: Riesenzellarteriitis.

Ursachen

Die chronische Entzündung der großen und mittleren Blutgefäße wird durch Riesenzellen hervorgerufen, die in die Gefäßschichten einwandern und diese zerstören.

Symptome

Die Arteriitis temporalis tritt meist ab dem 50. Lebensjahr auf und führt zu heftigem, dauerhaften Kopfschmerz über einer oder beiden Schläfenarterien. Außerdem erleiden die Patienten häufig einen plötzlichen einseitigen Sehverlust. Die Patienten leiden häufig zusätzlich an der Polymyalgia rheumatica, einer systemischen, sehr schmerzhaften Erkrankung der Schulter-Oberarm-Muskulatur. Symptome der Polymyalgia rheumatica sind unter anderen Abgeschlagenheit, Gewichtsverlust, Schmerzen bei Kaubewegungen und rheumaartige Beschwerden im Schultergürtelbereich.

Diagnose

Die Schläfenarterie ist meist prominent, knotig verdickt und druckempfindlich (**Abb. A.91**). Bei der Augenspiegelung sind eine blasse vorgewölbte Papille, enge arterielle Gefäße und evtl. splitterförmige Blutungen zu sehen. Nach einiger Zeit bildet sich die Papillenschwellung zurück und die Papille erhält eine weiße Farbe als Kennzeichen einer Sehnervenatrophie. Oft erkrankt auch das zweite Auge innerhalb von Wochen.

Eine erhöhte Blutsenkungsgeschwindigkeit (BSG) von 50 – 120 mm/Std. ist typisch und stützt die Diagnose. Ein Wert unter 30 mm/Std. ist zwar selten, schließt die Diagnose aber dennoch nicht aus. Zur Diagnosesicherung ist so bald wie möglich eine Biopsie aus der betroffenen Region der A. temporalis erforderlich.

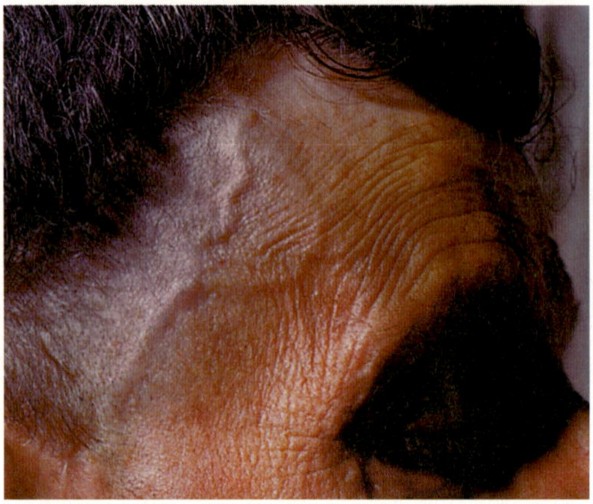

Abb. A.91 Arteriitis temporalis. Vorspringende, knotig verdickte A. temporalis.

Differenzialdiagnose

Aufgrund der vieldeutigen Allgemeinsymptome ist die Arteriitis schwer von anderen Erkrankungen abzugrenzen. Differenzialdiagnostisch ist an alle Augenerkrankungen mit plötzlichem Sehverlust zu denken, z. B. an einen Zentralarterienverschluss.

Therapie

Bei begründetem Verdacht auf eine Arteriitis temporalis werden ohne weiteren Aufschub 100 – 250 mg Prednison täglich verabreicht. Normalisiert sich die BSG wird die Menge des verabreichten Prednisons reduziert bis die für eine Dauertherapie geeignete niedrige Dosierung erreicht ist. Die Dauertherapie erfolgt unter Kontrolle des Hausarztes.

Prognose

Ist der Sehverlust bereits eingetreten, kann die Sehschärfe des betroffenen Auges i.d.R. nicht verbessert werden, auch wenn die Therapie rasch eingeleitet wird. Meistens bleibt durch die Behandlung aber das Sehvermögen des anderen Auges erhalten.

Infobox

ICD-10: M31.6

Literatur:

Oestreicher, E. u. a.: HNO, Augenheilkunde, Dermatologie und Urologie für Pflegeberufe. Thieme, Stuttgart 2003

Arteriosklerose

► Herr Huber schildert seinem Hausarzt, dass er seit etwa sechs Monaten Schmerzen in der linken Wade habe. „Die Schmerzen treten immer dann auf, wenn ich ein Stück gegangen bin. Wenn ich stehen bleibe, verschwinden sie sofort wieder." Der Hausarzt kennt den 67-Jährigen Diabetiker seit Jahren. Seine drängenden Empfehlungen, das Rauchen aufzugeben, hat Herr Huber nie befolgt.

Definition

Eine Arteriosklerose bezeichnet Erkrankungen der Arterien, bei denen die Wände der arteriellen Blutgefäße mit Fett und Bindegewebe umgebaut werden.

Die WHO verwendet den Begriff „Atherosklerose" für diesen Prozess (athero: von griechisch: Mehlbrei, skler = hart, trocken).

Synonyme: Arterienverkalkung, Schlagaderverkalkung.

Ursachen

Einer Arteriosklerose geht eine Läsion (Verletzung) des Endothels (innere Gefäßwand) voraus. Wodurch diese ausgelöst wird, ist unklar. Durch die Läsionen lagern sich Lipide (Fette) aus dem Blut in die Gefäßwand ein, später bilden sich Lipidplaques (**Abb. A.92**). Durch Bildung von Bindegewebe entstehen Fibroatherome. An diese können sich Blutgerinnsel (Thromben) anlagern und das Gefäß immer weiter verschließen.

Risikofaktoren

Eine Arteriosklerose wird durch bestimmte Risikofaktoren begünstigt, die sich gegenseitig beeinflussen können. Man unterscheidet:

- **nichtmodifizierbare Risikofaktoren**:
  - höheres Lebensalter,
  - männliches Geschlecht,
  - genetische Veranlagung,
- **modifizierbare Risikofaktoren**:
  - Hyperlipidämie (→ Fettstoffwechselstörungen),
  - → Diabetes mellitus,
  - → Hypertonie,
  - Zigarettenrauchen,
  - → Adipositas,
- **mögliche Risikofaktoren**:
  - mangelnde körperliche Aktivität,
  - fette Ernährung,
  - Hyperhomozysteinämie,
  - psychischer Stress,
  - hämatologische Faktoren,
  - chronische Entzündungen,
  - Östrogenmangel nach der Menopause.

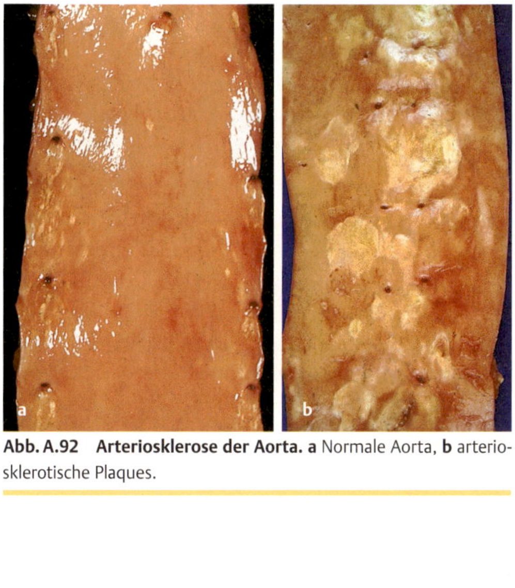

Abb. A.92 Arteriosklerose der Aorta. a Normale Aorta, **b** arteriosklerotische Plaques.

Symptome

Eine Arteriosklerose kann sich an verschiedenen Organsystemen durch Symptome einer → arteriellen Verschlusskrankheit (AVK) bemerkbar machen:

- in den Extremitäten,
- in den Organarterien,
- an der Aorta.

Extremitäten

An den Extremitäten verursacht die Arteriosklerose eine periphere → arterielle Verschlusskrankheit (pAVK). Die Patienten klagen typischerweise über Schmerzen in den Beinen nach einer gewissen Gehstrecke. In fortgeschrittenen Stadien haben die Patienten auch in Ruhe Schmerzen.

Organarterien

Im Gehirn äußert sich eine kurzfristige Durchblutungsstörung durch eine transitorisch ischämische Attacke (TIA) mit kurzfristigen neurologischen Ausfällen wie Seh- oder Sprachstörungen, Arm- oder Beinlähmungen. Dauern die Ausfälle länger als 24 Std., bilden sich aber vollständig zurück, wird dies als prolongiertes reversibles ischämisches neurologisches Defizit (PRIND) bezeichnet. Das Vollbild einer AVK im Gehirn ist der Apoplex (→ Hirninfarkt, Schlaganfall). Die neurologischen Ausfälle bilden sich nicht oder nur teilweise zurück.

In den Eingeweiden äußert sich eine Arteriosklerose in den Darmarterien oder am Herzen. Arteriosklerotische Veränderungen in den Herzkranzgefäßen führen zu einer → koronaren Herzkrankheit. Diese zeigt sich durch eine → Angina pectoris: Schmerzen in der Brust, die in den Arm, in Hals oder in den Rücken ausstrahlen können. Wird ein Herzkranzgefäß durch einen arteriosklerotischen Plaque oder Thrombus komplett verschlossen, kommt es zu einem → Herzinfarkt mit stärksten Schmerzen in der Brust, die sich durch Nitroglyzerin nicht bessern.

Die AVK der Eingeweidearterien verursacht eine → Angina abdominalis mit Bauchschmerzen nach dem Essen. Ein akuter Verschluss einer Eingeweidearterie (akuter Mesenterialarterienverschluss) verursacht einen akuten → Mesenterialinfarkt: Die Patienten haben heftige Bauchschmerzen. Nach einem beschwerdefreien Intervall von mehreren Stunden erleiden die Patienten ein → akutes Abdomen mit diffusen Bauchschmerzen und möglicherweise einem Schock.

Aorta

An der Hauptschlagader kann sich ein → Aortenaneurysma ausbilden. Dieses verursacht in den meisten Fällen keine Symptome. Größere Aneurysmen machen sich durch Schmerzen im Bauch, im Rücken oder in der Brust, Appetitlosigkeit oder Obstipation (Verstopfung) bemerkbar.

Diagnose

Die Symptome einer → arteriellen Verschlusskrankheit weisen auf eine zugrunde liegende Arteriosklerose hin. Eine gründliche Anamnese (Zigarettenrauchen, Begleiterkrankungen, Fettstoffwechselstörungen, Gehstrecke usw.) kann mögliche Risikofaktoren aufzeigen. Je nachdem, wo die Arteriosklerose lokalisiert ist, müssen spezielle Untersuchungen durchgeführt werden, z. B. Doppler-Ultraschall, Angiografie, CT oder MRT.

Differenzialdiagnose

Von einer Arteriosklerose abzugrenzen sind:

- Mönckeberg-Mediaverkalkung: Bildung von Knochenspangen in der Muskelschicht der Arterien (typischerweise Beinarterien, Schilddrüsen- und Uterusarterien),
- hypertone Arteriopathie: Strukturveränderungen an den mittelgroßen und kleinen Arterien.

Therapie

Durch eine fettarme Ernährung (< 25 % der Gesamtkalorien) und Medikamente, die die Lipidkonzentration im Blut senken (Statine), kann die Atheromausdehnung gebremst werden. Die Lipidsenker hemmen ein wichtiges Enzym für die Cholesterinbildung. Zusätzlich stabilisieren die Medikamente die Gefäßwand.

Begleitend dazu muss der Blutfluss in den verengten Gefäßen verbessert werden. Dies gelingt z. B. durch eine Aufdehnung mit dem Katheter, durch eine Lysetherapie (Auflösen von Thromben mit Medikamenten) oder eine Operation, in der das arteriosklerotische Material entfernt wird.

Prognose

Das Fortschreiten einer Arteriosklerose ist davon abhängig, ob die Risikofaktoren minimiert werden. Die Prognose ist deutlich besser, wenn der Patient das Rauchen einstellt, Normalgewicht hat und mögliche Begleiterkrankungen wie Hypertonus, Hyperlipidämie oder Diabetes korrekt behandelt werden.

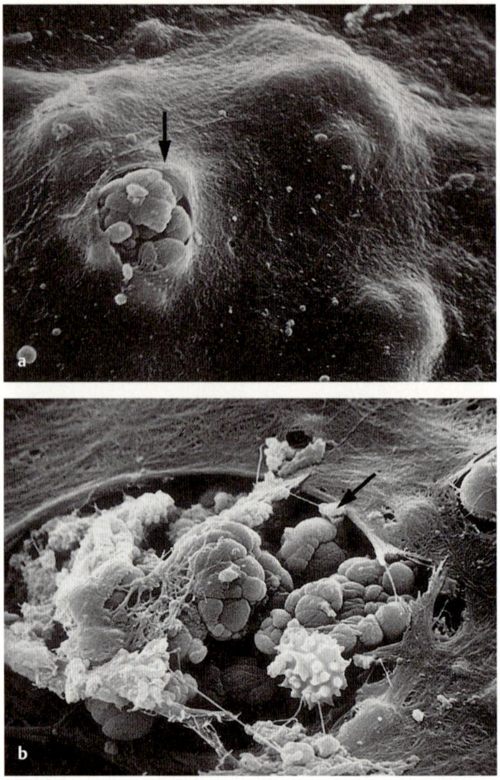

Abb. A.93 Ruptur eines arteriosklerotischen Plaques. REM, Vergrößerung 1 : 1000 **a** Oberflächlicher Einriss (Pfeil) der ins Lumen vorgewölbten Lipidplaque. **b** Atheromatöses Material entleert sich aus rupturierter Plaque (Pfeil).

Komplikationen

Aus arteriosklerotischen Veränderungen an der Bauchaorta können sich → Aneurysmen bilden.

Bricht eine Plaque auf, kann das Material mit dem Blutstrom verschleppt werden und eine → Embolie verursachen (**Abb. A.93**).

Infobox

ICD-10:
J70.9

Internetadressen:
Dt. Gesellschaft für Angiologie
http://www.dgangiol.de
http://www.herzberatung.de/arteriosklerose.htm
Dt. Gesellschaft für Gefäßchirurgie:
http://www.gefaesschirurgie.de

Artikulationsstörungen

► Der 5-jährige Sebastian kommt mit seiner Mutter in die logopädische Praxis. Sie erzählt, dass Sebastian den Laut „s" nicht richtig aussprechen kann. „Seine Zunge stößt dann zwischen den Zähnen durch. Ich denke ja, das gibt sich, aber unsere Nachbarin meinte, ich sollte mal damit zum Arzt gehen."

Definition

Eine Artikulationsstörung liegt vor, wenn Laute oder Lautverbindungen falsch gebildet, vertauscht oder ausgelassen werden.

Ursachen

Ursachen für eine Artikulationsstörung sind sehr vielfältig:

- verminderte Zungenbeweglichkeit (orofaziale Störung) oder Wahrnehmungsfähigkeit für den Mundraum,
- Hörminderung,
- organische Beeinträchtigung der Sprechwerkzeuge (z. B. eine → Lippen-Kiefer-Gaumenspalte),
- zentrale oder periphere Lähmungen,
- Störfaktoren im sozialen und familiären Umfeld.

Symptome

Man unterscheidet Artikulationsstörungen danach, wie viele Laute betroffen sind und ob die Laute zwar motorisch richtig gebildet werden, aber ihre Verwendung im Wort fehlerhaft ist.

Bei der Fehlbildung eines Lautes tritt z. B. die Zunge zwischen den Zahnreihen hervor. Das führt zu der häufigsten Artikulationsstörung, der Fehlbildung des Lautes „s" – im Volksmund auch Lispeln genannt. Andererseits kann der Laut aber auch ersetzt werden, anstelle eines „s" wird z. B. ein „f" gebildet („Fonne" statt „Sonne"). Ebenfalls kommt es vor, dass ein Laut ausgelassen wird („onne" statt „Sonne"). Werden viele Laute falsch artikuliert, ist die Aussprache erheblich beeinträchtigt.

Diagnose

Wird ein Patient an eine logopädische Praxis überwiesen, wird zunächst ein Lautbefund durchgeführt. Hierbei wird überprüft welche Laute falsch gebildet, vertauscht oder ausgelassen werden. Weiterhin wird festgestellt, wie es um die Beweglichkeit und Spannkraft der Sprechwerkzeuge (v. a. Zunge, Lippen) bestellt ist. Außerdem werden die auditiven Wahrnehmungsleistungen geprüft. Insgesamt sollte ein ganzheitlicher Blick auf die Patienten erfolgen (Verhalten, Motorik usw.).

Differenzialdiagnose

Eine orofaciale Störung (OFS), die sich in einer verminderten Zungenbeweglichkeit äußert, muss differenzialdiagnostisch abgegrenzt werden, da bei der OFS das Schluckmuster fehlerhaft ist. Bei OFS kommt es häufig, aber nicht unbedingt, zu einer gestörten Artikulation.

Abb. A.94 Logopädische Übung. Ziel ist eine Verbesserung der Beweglichkeit und Spannkraft der Sprechwerkzeuge.

Therapie

In der Therapie wird eine korrekte Lautbildung erarbeitet. Je nach Bedarf und Alter des Patienten werden zudem folgende Maßnahmen durchgeführt:

- Gleichgewichtsübungen und Trambolinspringen erhöhen die Nutzspannung des gesamten Körpers und Mundbereichs.
- Pusteübungen und Grimassen schneiden z. B. erhöhen die Beweglichkeit und Spannkraft der Sprechwerkzeuge (v. a. Lippen und Zunge) (**Abb. A.94**).
- Durch ein Hörtraining lernt der Patient z. B. zwischen richtig und falsch gebildeten Lauten zu unterscheiden.

Das korrekte Lautmuster wird auf unterschiedlichen Wegen erarbeitet und gefestigt. So werden in der Therapie die korrekten Bewegungen und Stellungen der Zunge und Lippen erlernt und dem Standardmuster des Lautes angenähert. Auch das Konzept der bewegungsunterstützten Lautanbahnung hat sich in der Praxis bewährt. Dieses Konzept geht davon aus, dass es bei Zunge und Händen bzw. Füßen korrespondierende Regionen gibt (z. B. korrespondieren Fingerspitzen mit der Zungenspitze). Passende Bewegungen von Händen und Füßen beeinflussen die korrespondierenden Regionen der Zunge und so das Geschehen bei der Lautbildung im Mundraum.

Infobox

ICD-10: F80.0

Literatur:

Weinrich, M., Zehner, H.: Phonetische und phonologische Störungen bei Kindern. Springer, Heidelberg 2003

Aspergillose

► „Ich fühle mich eh hundeelend und jetzt auch noch dieser Husten." Der 43-Jährige Leukämiepatient liegt leicht fiebrig im Bett, am Ende seiner Kräfte. Seine Frau bestätigt: „Es löst sich überhaupt nicht und quält dadurch noch mehr." Trotzdem kann der Patient etwas Sputum für eine mikrobiologische Untersuchung abhusten. Schon am nächsten Tag kommt ein Telefonanruf aus dem Labor. Es sind massenhaft Schimmelpilze gewachsen.

Definition

Die Infektion mit einer Spezies des Schimmelpilzes Aspergillus (z. B. A. fumigatus) wird als Aspergillose bezeichnet.

Eine Variante stellt das Aspergillom dar, bei der sich der Schimmelpilz in einer Lungenhöhle (z. B. einer alten Tuberkulose-Kaverne) ansiedelt.

Ursachen

Sporen, die von Schimmelpilzen freigesetzt werden, sind in unserer Umwelt weit verbreitet. Sie fliegen durch die Luft und werden ständig eingeatmet. Normalerweise kann die körpereigene Abwehr die eindringenden Sporen vernichten, bevor sie auf der Haut oder in der Lunge keimen und das Gewebe schädigen.

Bei extremer Abwehrschwächung, z. B. bei einer Krebserkrankung oder einer massiven medikamentösen Immunsuppression nach Transplantation, besteht die Gefahr, dass Schimmelpilze infizieren. In der Lunge angesiedelte Aspergillen dringen in das Gewebe ein und breiten sich darin aus. Beim Aspergillom siedeln die Pilze in einer Höhle, deren Wand sie i.d.R. nicht angreifen. Bei einem ausgeprägten Aspergillom ist der Bewuchs im Röntgenbild als „Pilzbällchen" in der Höhle sichtbar (**Abb. A.95**).

Die Erreger sind meist Spezies der Gattung Aspergillus, aber auch Mucor-Arten können den Körper besiedeln. Sie wachsen häufig entlang der Gefäße. In einem Fall ist der Pilz nach einer Strohhalmstichverletzung und anschließender Infektion des Auges den Sehnerv und die Augengefäße entlang bis in das Gehirn gewachsen.

Andere Schimmelpilzgattungen sind dagegen nicht oder extrem selten infektiös, sie können allerdings eine Schimmelpilzallergie auslösen.

Symptome

Die Symptome einer Schimmelpilzinfektion sind i.d.R. eher diskret, wobei zu berücksichtigen ist, dass der Allgemeinzustand der betroffenen Patienten durch die primäre Erkrankung meist sehr schlecht ist.

Ist die Lunge befallen, zeigt das Röntgenbild oft eine Zeichnungsvermehrung (Strukturen treten deutlicher hervor).

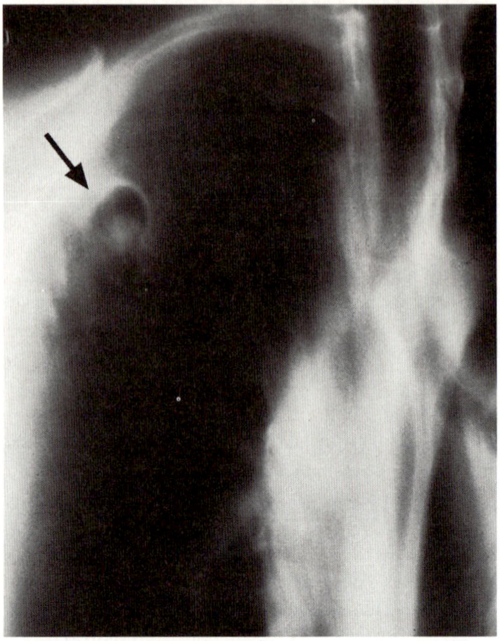

Abb. A.95 Aspergillom der Lunge. In der tuberkulösen Kaverne befindet sich eine Pilzkugel. 28-jähriger Mann.

Diagnose

Die Diagnose erfolgt, indem mit dem Sputum Schimmelpilzkulturen angelegt werden. Außerdem ist es möglich in serologischen Untersuchungen Antikörper gegen die Pilze nachzuweisen. Da im Regelfall gar keine oder nur sehr wenige Antikörper gebildet werden, gilt hier bereits der positive Test als beweisend.

Differenzialdiagnose

Bei der Infektion der Lunge sind andere in Frage kommende Erreger wie Bakterien und Viren auszuschließen. Wichtig ist, bei der Untersuchung der wenig typischen Symptome auch an eine Pilzinfektion als Ursache zu denken.

Therapie

Die Infektionen schreiten voran, bis sie entweder durch eine wieder erstarkende körpereigene Abwehr oder entsprechende Medikamente gestoppt werden.

Bei Aspergillose und Mucorinfektion gibt man verschiedene Antimykotika (Amphotericin B, Itraconazol, Caspofungin u. a.), die speziell gegen Pilze entwickelt wurden. Teilweise treten erhebliche Nebenwirkungen auf, doch ist die Indikation immer gegeben, wenn tatsächlich eine Pilzinfektion vorliegt.

Das Aspergillom wird i.d.R. nicht mit Antimykotika therapiert, weil das Antimykotikum nicht in ausreichender Dosierung in die Höhle gelangt. Hier muss die befallene Region chirurgisch entfernt werden.

Prognose

Aspergillosen (nicht Aspergillome) und Mucorinfektionen verlaufen tödlich, wenn sie nicht gestoppt werden. Bei schwerer Grunderkrankung ist die Prognose einer Aspergillose selbst mit adäquater Behandlung ungünstig, da sie eine Komplikation darstellt. Bei Mucorinfektionen hängt die Prognose auch von der Lokalisation ab. Die Prognose des Aspergilloms ist gut.

Prävention

Besonderen Wert ist auf die Prävention zu legen. In Wohnhäusern sollte man jeglichen Schimmelpilzbefall sofort beseitigen. Auch ist für Gefährdete äußerste Vorsicht im Umgang mit Biomüll geboten, da schon das Anheben des Mülltonnendeckels große Mengen an Sporen in die umgebende Raumluft freisetzt.

Auf onkologischen Stationen werden besondere Maßnahmen getroffen. Blumentöpfe oder Hydrokulturen, die i.d.R. Schimmelpilze enthalten, sind nicht erlaubt. Patienten werden häufig protektiv isoliert und vor Keimen geschützt. Sie erhalten schimmelpilz- und erregerarme Nahrung und das Personal trägt komplette Schutzkleidung.

Infobox

ICD-10:
B.44.0, B.44.1, B.44.8, B.44.9

Internetadressen:
http://www.rki.de (Infektionskrankheiten A-Z)
http://www.schimmel-schimmelpilze.de

Literatur:

Jassoy, C., Schwarzkopf, A.: Hygiene, Mikrobiologie und Ernährungslehre für Pflegeberufe. Thieme, Stuttgart 2005

Asphyxie

► Frau Kubelka wird mit einem Kaiserschnitt entbunden. Eigentlich wäre ihr eine natürliche Geburt lieber, doch sie hat keine Wahl. Der Arzt hat von Placenta praevia totalis gesprochen. Die Hebamme erklärt ihr, dass die Plazenta vor dem Gebärmutterausgang liegt und diesen versperrt. Außerdem beträgt die Herzschlagfrequenz des Kindes weniger als 100 Schläge pro Minute. Als die kleine Lisa da ist, hat sie blau gefärbte Haut, ihr Herz schlägt sehr langsam und das Blut ist übersäuert.

Definition

Bei einer Asphyxie sind die Lebensfunktionen des Kindes herabgesetzt. Die Lungenatmung ist gestört oder bleibt ganz aus.

Ursachen

Verschiedene allgemeine Risikofaktoren begünstigen eine Asphyxie, die in verschiedenen Phasen der kindlichen Entwicklung auftreten kann. In der Schwangerschaft, während und nach der Geburt begünstigen folgende Faktoren die Erkrankung:

- allgemeine Risikofaktoren:
  - Herzinsuffizienz,
  - Einnahme von Medikamenten,
  - Diabetes mellitus,
  - Rauchen.
- während der Schwangerschaft, Erkrankung der Mutter:
  - Gestose bzw. Bluthochdruck,
  - Infektion des Amnions (innere Eihaut),
  - Übertragung,
  - Placenta praevia (im unteren Uterinsegment lokalisierte Plazenta),
  - Plazentainsuffizienz,
  - vorzeitige Plazentaablösung,
  - Vorfall, Kompression oder Umschlingung der Nabelschnur.
- während der Schwangerschaft, Erkrankung des Fetus:
  - Hämolyse,
  - Anämie,
  - Schock,
  - septische Infektion.
- während der Geburt:
  - traumatische Geburt,
  - Sturzgeburt,
  - lang andauernde Geburt.
- Erkrankung des Neugeborenen:
  - Anämie,
  - Infektion,
  - extreme Unreife,
  - neuromuskuläre Erkrankung,
  - Erkrankung der Atemwege und der Lunge.

Symptome

Eine Asphyxie des geborenen Kindes äußert sich durch Atemnot oder Atemstillstand, verlangsamte Herzfrequenz und in manchen Fällen blau gefärbte Haut – früher „blaue Asphyxie“ genannt. Aber auch eine ausgeprägte Blässe („weiße Asphyxie“) und niedriger Blutdruck treten auf. Außerdem liegt der pH-Wert des Blutes oft unter 7,2.

Die Asphyxie kann je nach Schweregrad lebenswichtige Organe beeinflussen:

- **Gehirn:** Krämpfe, Hirnödem,
- **Herz-Kreislauf-System:** kardiogener Schock,
- **Lungen:** Schocklunge, Lungenödem,
- **Magen-Darm-Trakt:** Minderdurchblutung, Darmperforation, Lebernekrose,
- **Niere:** Thrombose der Nierenvenen, Nierenversagen,
- **Stoffwechsel:** Azidose, herabgesetzter Natrium- und Kalziumspiegel im Blut, Hypoxämie, Hyperkapnie.

Diagnose

Folgende Zeichen deuten auf einen Sauerstoffmangel des ungeborenen Kindes hin:

- verlangsamte Herzschlagfrequenz (Bradykardie),
- pathologisches Herzfrequenzmuster im CTG (Kardiotokogramm),
- Azidose (Übersäuerung des Blutes) mit einem pH-Wert $< 7,2$ nach einer Mikroblutanalyse aus der kindlichen Kopfhaut,
- grünlich verfärbtes Fruchtwasser (vorzeitiger Mekoniumabgang).

Therapie

Die Therapie ist vom Schweregrad der Asphyxie abhängig. Zunächst saugt man die oberen Atemwege ab. Bei fehlen-

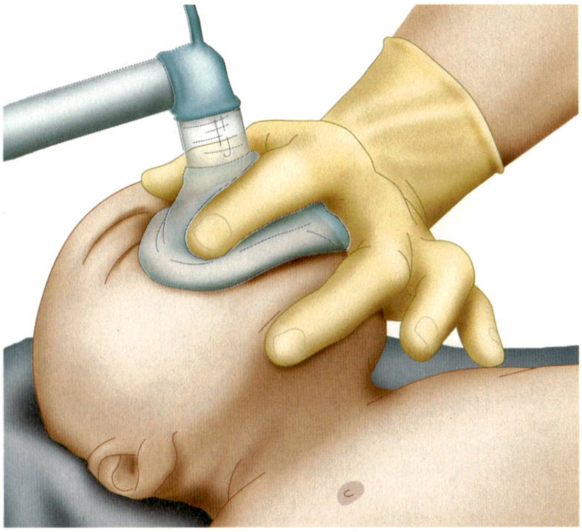

Abb. A.96 Halten eines Säuglings zur Maskenbeatmung.

der Atmung wird eine sog. Blähatmung durchgeführt. Hierbei handelt es sich um eine Beutel-Masken-Beatmung, die während der Einatmungsphase mit hohem Druck arbeitet (**Abb. A.96**). Zudem erhalten die Kinder Sauerstoff.

Liegt die Herzfrequenz weiterhin unter 60/Min., erfolgt eine Herzmassage. Bleibt die Spontanatmung weiter aus, wird intubiert und mit 100%igem Sauerstoff beatmet.

Prognose

Hypoxämie und Asphyxie treten bei 1 – 3% aller Geburten auf und sind nach der Mangelgeburt die zweithäufigste perinatale Todesursache.

Etwa 10% der frühkindlichen Hirnschäden mit schwerer psychomotorischer Störung sind auf eine Asphyxie zurückzuführen.

Infobox

ICD-10: P21.0, P21.1, P21.9

Internetadressen:

Pädiatrie im Internet: http://www.nestle-wissdienst.de

Literatur:

Sitzmann, F.C.: Duale Reihe Pädiatrie. Thieme, Stuttgart 2002

Aspiration von Fremdkörpern

► Julia hat es sich mit ihrer Freundin Angela bei einem Glas Rotwein gemütlich gemacht. Plötzlich hören die Frauen, wie der kleine Justus, Julias Sohn, im Nebenzimmer stark hustet. Caroline, seine Schwester, stürzt weinend auf ihre Mutter zu. „Justus hat eine Perle verschluckt", schluchzt sie. Die beiden Frauen eilen in das Kinderzimmer und sehen, wie der Zweijährige mit dunkelrotem Gesicht nach Luft schnappt. Julia hat panische Angst und kann sich nicht rühren, aber Angela hat zum Glück einen Erste-Hilfe-Kurs speziell für Kinder gemacht. So weiß sie sofort, was zu tun ist.

Definition

Bei einer Fremdkörperaspiration dringen feste oder flüssige Bestandteile in die Atemwege ein.

Ursachen

Eine Aspiration von Fremdkörpern kommt bei Kindern häufig vor. Oft gelangen Spielzeugteile wie Legosteine, Erdnusskerne oder Karottenstückchen in die Atemwege. In vier von fünf Fällen ist die rechte Seite des Hauptbronchus verstopft, weil sie weniger stark abknickt als die linke.

Symptome

Hat man einen Fremdkörper aspiriert, fängt man plötzlich an stark zu husten. Manche Kinder bekommen keine Luft und werden im Gesicht bläulich-rot. Wenn der Fremdkörper in tiefere Lungenabschnitte rutscht, kann der Husten nachlassen.

Diagnose

Meist berichten die Eltern, dass das Kind beim Spielen plötzlich stark hustet. Beim Abhören der Lunge fällt ein abgeschwächtes Atemgeräusch auf der betroffenen Seite auf. Verschließt der Fremdkörper einen größeren Bronchus, kommt es zu einem Ventilmechanismus: Eingeatmete Luft kann nicht ausgeatmet werden, sondern bleibt in der Lunge, die zunehmend überbläht. Der Klopfschall ist deshalb hypersonor, d. h. lauter und hohler als normal.

Ein Vergleich der Lungenflügel auf dem Röntgenbild des Brustkorbs zeigt, dass der betroffene Lungenflügel wegen der Überblähung schwärzer ist, das Mediastinum zur gesunden Seite verschoben ist und das Zwerchfell tiefer liegt. Nur in etwa 10 % der Fälle stellen sich die aspirierten Fremdkörper im Röntgenbild dar. Mit der Durchleuchtung kann man sehen, dass sich beim Atmen das Zwerchfell auf der betroffenen Seite weniger bewegt und das Mediastinum auf die gesunde Seite verschoben wird.

Die Bronchoskopie sichert die Diagnose und ist gleichzeitig Therapie.

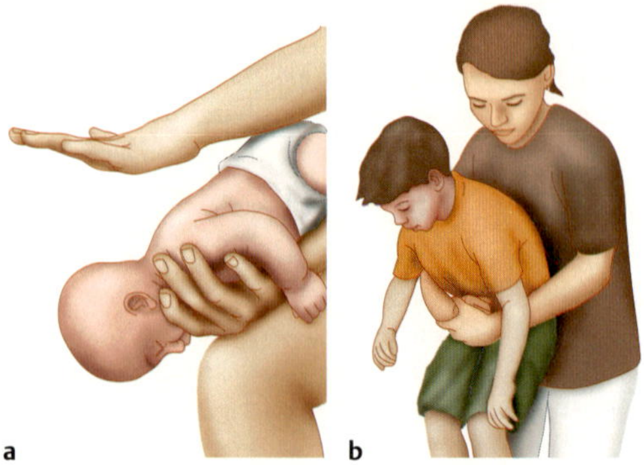

Abb. A.97 Maßnahmen bei Fremdkörperaspiration. a Dosierte Rückenschläge bei einem Säugling, **b** Heimlich-Griff bei größeren Kindern.

Differenzialdiagnose

Aspirieren Säuglinge Milch oder andere Flüssigkeiten, sollte geprüft werden, ob ein Mendelson-Syndrom vorliegt. In einem solchen Fall ist der Schluckreflex wegen Fehlbildung des Kehlkopfs, einer → Fistel oder einer Gehirnerkrankung gestört.

Therapie

Als Erstmaßnahme klopft man dem Betroffenen auf den Rücken. Kinder kann man mit dem Kopf nach unten halten oder den Heimlich-Griff anwenden (**Abb. A.97**). Löst sich der Fremdkörper nicht, wird er in Narkose mit einem Bronchoskop gesucht und entfernt.

Prognose

Mit der Bronchoskopie lässt sich der Fremdkörper in den meisten Fällen erfolgreich entfernen. Zerbröselt der Fremdkörper währenddessen oder rutscht in andere Lungenabschnitte, kann dies eine → Pneumonie auslösen. Chronische Fremdkörper können zu einer chronischen Erweiterung der Lungenabschnitte hinter dem Fremdkörper (→ Bronchiektasen) führen oder die Bronchien verschließen.

Um eine Aspiration zu vermeiden, sollten kleine Kinder keine Nüsse, Kerne, Popcorn, Apfel- oder Karottenstücke o. ä. in die Hände bekommen.

Infobox

ICD-10: T17.9

Internetadressen:
http://www.kinderradiologie-online.de

Aspirationspneumonie

▸ Frau Müller versorgt wie jeden Tag ihre Mutter, die an einer Demenz leidet. Beim Aufräumen des Zimmers hört sie, dass ihre Mutter im Nachbarzimmer plötzlich kräftig hustet. Zunächst macht Frau Müller sich keine Gedanken, doch als ihre Mutter nicht mehr aufhört und sogar nach Luft ringt, ruft sie den Hausarzt. Als er kommt, hat sich die alte Dame zwar beruhigt, doch Frau Müller macht sich große Sorgen.

Definition

Die Aspirationspneumonie bezeichnet eine Lungenentzündung, die dadurch entsteht, dass ein Patient flüssiges oder festes Material eingeatmet hat.

Ursachen

Eine Aspiration von toxischen Substanzen wie Magennüchternsaft, Öl, Alkohol, Gallensaft oder Blut schädigt die Schleimhaut von Atemwegen und Alveolen direkt und führt so zu Nekrosen und einer Störung des Gasaustauschs. Durch den Schaden kann sich ein → Lungenödem entwickeln.

Wird bakteriell kontaminiertes Material wie Mageninhalt oder Rachensekret aspiriert, sind in 90% der Fälle anaerobe Bakterien aus dem Mund die Ursache für die Pneumonie. Bei stationären Patienten lassen sich häufig Enterobakterien oder Pseudomonas aeruginosa nachweisen, bei ambulanten Patienten Pneumokokken oder Haemophilus influenzae.

Eine → Aspiration von Fremdkörpern (primär obstruierende Aspiration) führt zu einem teilweise oder kompletten Verschluss der Atemwege und zu einer Entzündungsreaktion. Kinder aspirieren häufig Erdnüsse, Bohnen, Pistazien oder kleine Spielzeuge, Erwachsene dagegen Zahnfragmente oder Nahrungsbestandteile wie Hühnerknochen (**Abb. A.98**).

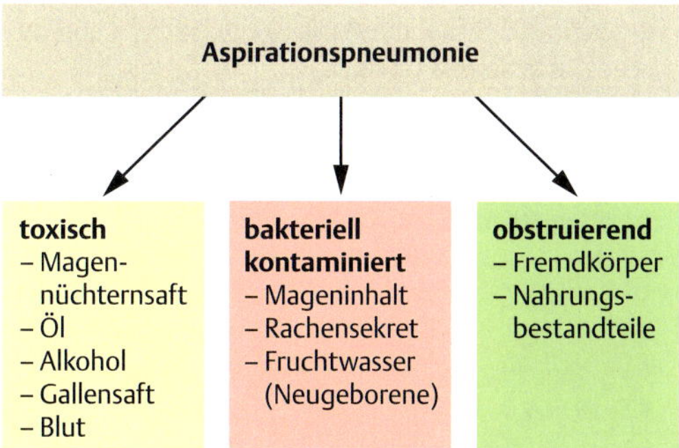

Abb. A.98 Ursachen einer Aspirationspneumonie.

Risikofaktoren

Bewusstseinsstörungen und anatomische Störungen sind Risikofaktoren für eine Aspirationspneumonie:

- Exogene Bewusstseinsstörungen können ausgelöst werden durch:
  - Alkoholismus (→ Alkoholkrankheit), Drogenabhängigkeit,
  - Intoxikationen (Vergiftungen),
  - Allgemeinanästhesie, Rachenanästhesie,
  - → Schädel-Hirn-Trauma.
- Endogene Bewusstseinsstörungen können entstehen durch:
  - Krampfanfall,
  - Synkope,
  - Psychose,
  - endokrines Koma, Stoffwechselkoma, zerebrales Koma,
  - Geburt (Störung bei Neugeborenem).
- Anatomische Störungen, die Risikofaktoren darstellen, sind:
  - → Ösophagusdivertikel, Ösophagusstenose,
  - Achalasie,
  - Tracheotomie,
  - ösophagotracheale Fistel,
  - Pharynxdeformation.

Außerdem wird die Aspirationspneumonie begünstigt durch Sondenernährung und endotracheale Intubation.

Symptome

Nachdem der Patient Flüssigkeit oder einen Fremdkörper aspiriert hat, hustet er zunächst sehr stark, um die Flüssigkeit oder den Fremdkörper wieder loszuwerden. Nach der Hustenattacke können sich die Atemwege verengen (Bronchospasmus). Ein Lungenödem äußert sich durch starken Husten, Hypoventilation und akute Atemnot.

Eine Aspirationspneumonie mit bakterieller Kontamination entwickelt sich innerhalb von zwei Wochen nach der Aspiration. Die Patienten haben Fieber und sehen sehr krank aus. Mitunter bildet sich ein → Abszess, in dem sich das dünnflüssige, übel riechende Sekret ansammelt (**Abb. A.99**). Dieses wird in Hustenanfällen ausgehustet.

Atmet ein Kind oder ein Erwachsener einen Fremdkörper ein (→ Aspiration von Fremdkörpern), ist die Atmung deutlich eingeschränkt oder nicht mehr möglich (Atemstillstand). Vor allem kleine Fremdkörper können eine chronisch rezidivierende Aspiration verursachen. Die Patienten haben ständig leichten Husten, subfebrile bis febrile Temperaturen und eitrigen Auswurf.

Diagnose

Patienten mit Risikofaktoren für eine Aspiration sollten sorgfältig beobachtet werden. Ein starker Hustenanfall und Luftnot weisen auf eine mögliche Aspiration hin.

Bei der Auskultation hört man bei der toxischen Aspiration Rasselgeräusche und Bronchialatmen. Entwickelt sich ein Lungenödem, fallen ein deutlich erhöhter Herzschlag (Tachykardie) und die bläuliche Hautfarbe des Patienten durch den Sauerstoffmangel (Zyanose) auf.

Bei der bakteriell kontaminierten Pneumonie zeigen sich in Auskultation und Perkussion typische Befunde einer → Pneumonie. Patienten, die einen Fremdkörper eingeatmet haben, haben eine deutliche Atemnot. Sie ringen nach Luft, haben eine aufrechte Körperhaltung und inspiratorische Einziehungen zwischen den Rippen.

Im Blutbild zeigt sich häufig eine starke Vermehrung der weißen Blutkörperchen (Leukozytose > 20/nl). Bei rezidivierender Aspiration sind die γ-Globuline in der Eiweißelektrophorese vermehrt, der Hämoglobinwert oder die roten Blutkörperchen häufig erniedrigt (Anämie) und das C-reaktive Protein (CRP) als Entzündungsparameter erhöht (> 15 mg/dl).

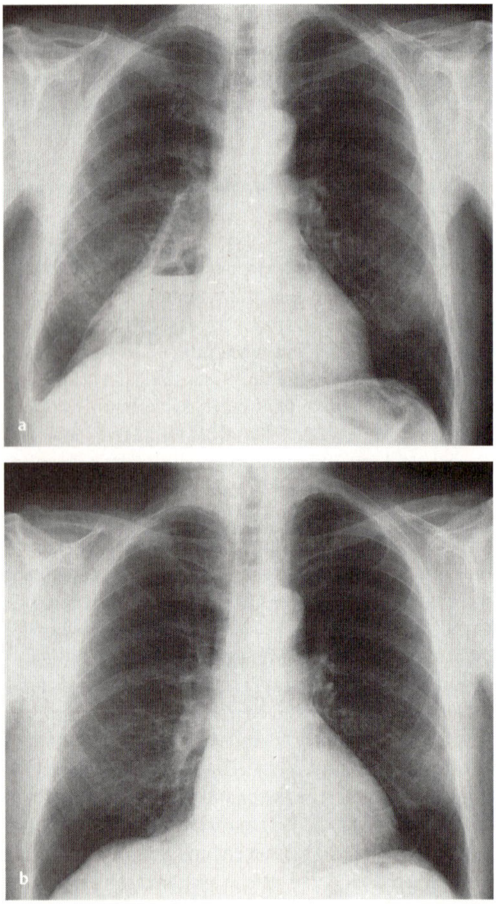

Abb. A.99 Lungenabszess nach Aspiration. 68-jähriger Patient, Röntgenthorax. **a** Abszedierungshöhle im rechten Unterlappen, **b** Rückbildung nach 4-wöchiger Antibiotikatherapie und anschließender 6-monatiger Physiotherapie.

Im Röntgenbild des Thorax stellt sich eine Pneumonie als „weiße Verschattung" dar. Fremdkörper sind mitunter auf dem Röntgenbild zu erkennen.

Mit der Bronchoskopie wird der Fremdkörper lokalisiert, entfernt und Material für eine mikrobiologische Untersuchung gewonnen.

Differenzialdiagnose

Eine Aspirationspneumonie muss von folgenden Erkrankungen abgegrenzt werden:

- ARDS (acute respiratory distress syndrome),
- → Asthma bonchiale,
- → Lungenödem mit anderer Ursache,
- → Lungenembolie.

Therapie

Ein Fremdkörper sollte so schnell wie möglich entfernt werden. Dies gelingt am besten mit dem Bronchoskop. Bei einer toxischen Aspiration werden Kortikosteroide inhaliert und intravenös verabreicht. Bei schweren Schleimhautschäden sind Antibiotika indiziert, um eine Entzündung zu verhindern. Bei einem drohenden Lungenödem sollte frühzeitig eine maschinelle Beatmung mit positivem endexspiratorischem Druck eingesetzt werden.

Eine Aspirationspneumonie mit bakterieller Kontamination wird mit Antibiotika behandelt (Penizillin, Clindamycin, Cephalosporine, Imipenem). Teilt das mikrobiologische Labor den Erreger mit, wird die Antibiotikatherapie entsprechend der Empfindlichkeit des Erregers umgestellt. Die Medikamente sollten mindestens zwei Wochen gegeben werden. Zusätzlich sollten die Bronchien regelmäßig abgesaugt werden.

Prognose

Etwa 30% der Patienten mit einer toxischen Aspiration und 10 – 20% einer bakteriell kontaminierten Aspiration sterben. Bei Patienten mit Risikofaktoren sollte eine Aspiration durch folgende Maßnahmen verhindert werden:

- Absaugen des Mageninhaltes über eine Nasensonde,
- Unterstützen des Hustenreflexes,
- enterale Ernährung durch eine perkutane, endoskopische Gastrostomie (PEG),
- Vermeiden von Beruhigungsmitteln (bei Demenzkranken),
- Behandeln von Grunderkrankungen (Komatherapie, Beseitigung einer Ösophagusstenose).

Infobox

ICD-10: I69.0

Literatur:

Lorenz, J.: Checkliste XXL Pneumologie. Thieme, Stuttgart 2003

Asthma bronchiale

► Die 24-jährige Daniela wird von ihrem Freund Martin in die Notaufnahme des Klinikums gebracht. „Ich bekomme so schwer Luft", erzählt die junge Frau schwer atmend der Dienst habenden Ärztin. „Solche Anfälle hat sie schon seit fünf Wochen", berichtet Martin voller Sorge. „Daniela hustet immer sehr stark und japst fürchterlich nach Luft." Er erzählt, dass die Probleme begonnen haben, kurz nachdem Daniela mit ihrem Büro umgezogen ist. „Das Gebäude ist ganz neu. Die Handwerker waren gerade erst raus, als Daniela einziehen sollte. Die Farbe war sozusagen noch nicht mal trocken. Der Chef ist ein ganz Ungeduldiger, müssen sie wissen."

Definition

Asthma bronchiale ist eine anfallsweise auftretende Atemnot, die auf einer Entzündung der Atemwege beruht.

Ursachen

Asthma bronchiale entsteht, weil das Bronchialsystem überempfindlich auf bestimmte Auslöser, sog. Triggerfaktoren, reagiert. Triggerfaktoren können sein:

- Kontakt mit Allergenen, wie:
  - Pollen,
  - Hautschuppen oder Haare von Pelztieren wie Katzen oder Hunden, Federn, Kot von Hausstaubmilben,
  - Sporen von Schimmelpilzen,
  - bestimmte Nahrungsmittel,
  - bestimmte Medikamente.
- Infektionen der Atemwege durch Viren oder Bakterien,
- körperliche Anstrengung („Belastungsasthma"),
- Medikamente, wie:
  - Beta-Blocker, auch als Augentropfen,
  - Aspirin und andere NSAR (nichtsteroidale Antirheumatika; „Analgetikaasthma"),
  - naturheilkundliche Präparate wie Gelee Royal oder Echinacea-Präparate.
- Nahrungsmittelunverträglichkeit gegen:
  - Nüsse, Fisch, Milch, Eier,
  - Zusatzstoffe in Nahrungsmitteln.
- gastroösophagealer Reflux,
- psychische Faktoren (Angst, Stress),
- Reizstoffe (auch am Arbeitsplatz):
  - Zigarettenrauch,
  - Luftverschmutzung, Stäube
  - Farbdämpfe, Gase
  - Dünste von Haushaltsreinigern, industrielle Chemikalien,
  - Geruchsstoffe in Kosmetika.
- Temperaturänderungen:
  - kalte Umgebungstemperaturen,
  - Temperaturabfälle.

Die genaue Ursache der Hyperreagibilität des Bronchialsystems ist unklar. Zunächst bringen die Triggerfaktoren einen Entzündungsprozess in Gang, der mit einer Anreicherung des Immunglobulins E (IgE) einhergeht. Die entzündeten Zellen setzen im Übermaß Histamin, Leukotriene und Interleukine frei, die wiederum eine Entzündung der Schleimhaut verursachen. Dadurch wird das Epithel geschädigt, die Muskulatur der Atemwege verengt sich (Bronchokonstriktion), die Schleimhaut schwillt an (Ödem) und sondert einen zähen Schleim ab. Die Atmung ist dadurch deutlich eingeschränkt.

Am häufigsten wird Asthma bronchiale durch Allergene ausgelöst (**Abb. A.100**). Das → allergische Asthma (extrinsic asthma) tritt häufig bei Kindern auf. Erwachsene erkranken häufiger an einem nichtallergischen Asthma (intrinsic asthma), das durch Infekte der oberen Luftwege, Medikamente oder toxische Stoffe hervorgerufen wird.

Asthma gehört wie allergische Rhinitis (Nasenschleimhautentzündung) und → Neurodermitis zu den atopischen Erkrankungen. Leiden bereits Eltern und Geschwister an einer atopischen Erkrankung, ist die Wahrscheinlichkeit groß, ebenfalls eine solche Krankheit, z. B. allergisches Asthma, zu bekommen.

Symptome

Asthmapatienten leiden unter immer wiederkehrender Atemnot mit Hustenattacken. Der Kranke hustet einen zähen, weißlich-glasigen Schleim ab. Die Beschwerden sind nachts und morgens am schlimmsten. Dauert ein Asthmaanfall mehrere Stunden, wird dies als Status asthmaticus bezeichnet.

Diagnose

Anamnese. Der Patient sollte befragt werden, ob er selbst oder Familienmitglieder unter einer atopischen Krankheit leiden. Außerdem liefert eine ausführliche Anamnese eventuell Hinweise auf mögliche Auslöser des Asthmas wie Allergene oder Umweltstoffe.

Lungenuntersuchung. Man kann ein Giemen, Pfeifen oder Brummen hören, das Ausatmen dauert länger als gewöhnlich.

Laboruntersuchung. Eine Erhöhung der Eosinophilen und des Gesamt-IgE sind ein Hinweis auf ein extrinsisches Asthma. Bei einer akuten Verschlimmerung des Asthmas (Exazerbation) können die Zahl der Leukozyten und die Entzündungswerte BSG (Blutsenkungsgeschwindigkeit) und CRP (Konzentration des C-reaktiven Proteins) erhöht sein. Mit weiteren Labortests (z. B. RAST, Radio-Allergen-Sorbent-Test) kann nach Allergenen gesucht werden.

Spirometrie. Die Lungenfunktion wird mittels folgender Messgrößen geprüft:

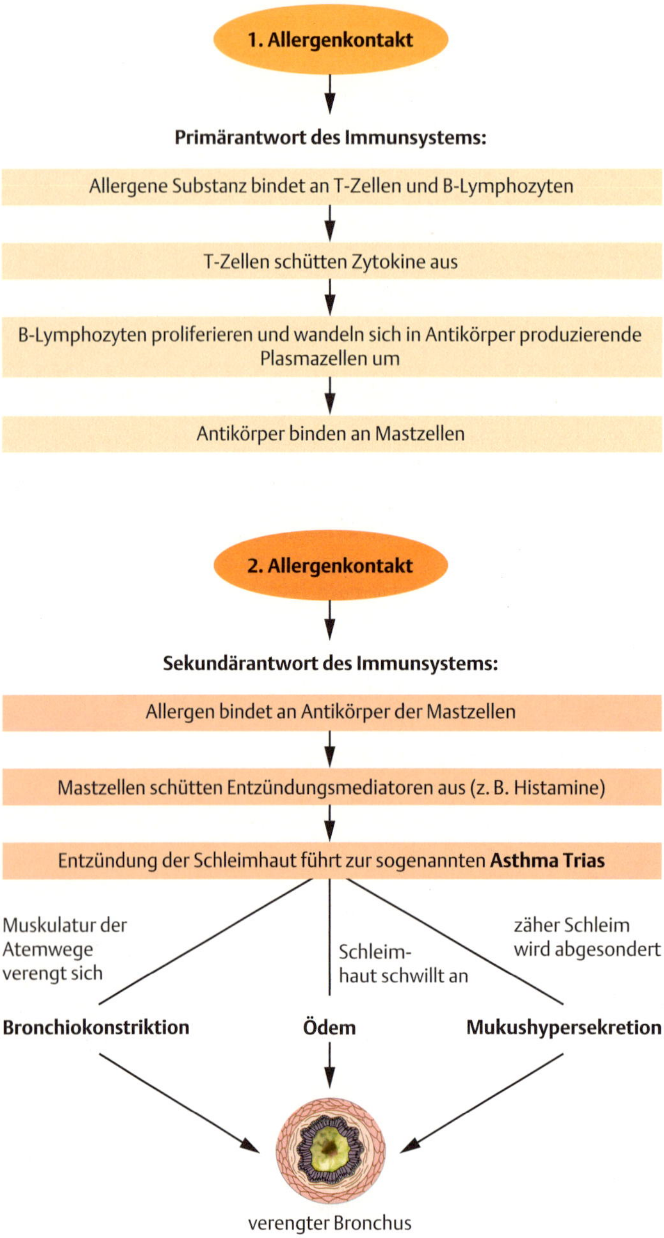

Abb. A.100 Pathophysiologische Mechanismen bei Asthma bronchiale. Die Hyperreagibilität des Bronchialsystems wird erst nach wiederholtem Allergenkontakt ausgelöst.

- **FEV1 (Einsekundenkapazität).** Sie gibt an, wie viel Luft maximal in einer Sekunde ausgeatmet werden kann.
- **PEF (expiratorische Atemstromstärke, Peak flow).** Sie gibt an, wie hoch der maximale Atemstrom beim Ausatmen ist. Er kann von dem Patienten mit einem Taschengerät als Verlaufskontrolle selbst gemessen werden (**Abb. A.101**).
- **VC:** Gesamtvolumen der Lunge.

In unklaren Fällen wird ein Röntgenbild angefertigt. Während eines Asthmaanfalls (Status asthmaticus) ist die Lunge überbläht und stellt sich schwärzer als gewöhnlich dar, die Zwerchfelle stehen tief (**Abb. A.102**).

Um Asthma richtig therapieren zu können, wird die Erkrankung in Schweregrade eingeteilt. Dafür wird neben den Symptomen und der Häufigkeit der Anfälle auch die Lungenfunktion berücksichtigt (**Tab. A.10**).

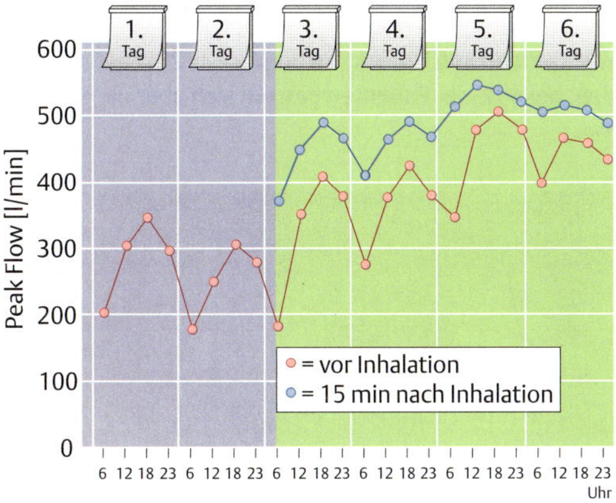

Abb. A.101 Peak-Flow-Protokoll. Beispiel eines Peak-Flow-Protokolls (über sechs Tage) eines Patienten mit Asthma bronchiale. Die Behandlung wurde am 3. Tag begonnen.

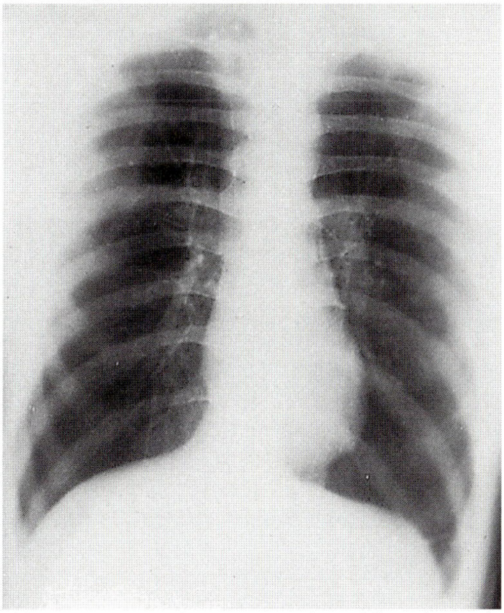

Abb. A.102 Status asthmaticus. Ein Asthmaanfall ist gekennzeichnet durch eine verminderte Lungengefäßzeichnung, überblähte Lunge und ein tief stehendes Zwechfell.

Differenzialdiagnose

Asthma bronchiale muss von folgenden Erkrankungen abgegrenzt werden:

- → chronisch obstruktive Bronchitis (COPD), Durchführung einer Ganzkörperplethysmografie,
- Asthma cardiale: Atemnot bei Patienten mit Linksherzinsuffizienz (→ Herzinsuffizienz), bei der sich das Blut in die Lunge staut,
- Atemnot bei → Lungenembolie,
- Atemnot bei → Aspiration von Fremdkörpern,
- → Spannungspneumothorax,
- → Hyperventilationssyndrom.

Therapie

Mit der Therapie sollen die Symptome des Patienten gebessert und Exazerbationen vermieden werden. Man unterscheidet präventive von nichtmedikamentösen und medikamentösen Maßnahmen.

Bei den medikamentösen Maßnahmen, die je nach Schweregrad des Asthmas angewendet werden, unterscheidet man nochmals zwischen Bedarfsmedikation (Reliever) zur Kontrolle der Symptome und Dauermedikation (Controller) zur Langzeitkontrolle:

- Prävention:
  - Meiden von Triggerfaktoren.
- nichtmedikamentöse Maßnahmen:
  - Information des Patienten,
  - Schulung des Patienten,
  - Sport,
  - psychosoziale Betreuung.
- Bedarfsmedikation (Reliever):
  - Rasch wirksame, inhalative Betasympathomimetika (z. B. Berotec oder Sultanol) erweitern die Luftwege und werden im akuten Anfall inhaliert.
- Dauermedikation (Controller):
  - Glukokortikoide (z. B. Decortin, Rectodelt oder Decaprednil) wirken entzündunghemmend, antiallergisch und unterdrücken das Immunsystem.
  - Mastzellstabilisatoren wie Cromoglicinsäure (DNCT; Dinatriumcromoglicicum), Tilade oder Ketotifen verhindern, dass Mediatoren wie Histamin ausgeschüttet werden.
  - Antileukotriene wie Montelukast (z. B. Singulair) hemmen die Mediatoren direkt oder sind IgE-Anti-

Tab. A.10 Schweregrade des Asthma bronchiale (Deutsche Atemwegsliga, 1998)

Schweregrad	Symptome Tag	Symptome Nacht	Lungenfunktion FEV1 bzw. PEF [% des Sollwerts]
I: intermittierend	≤ 2 ×/Woche	≤ 2 ×/Monat	≥ 80 %
II: persistierend leicht	< 1 ×/Tag	> 2 ×/Monat	≥ 80 %
III: persistierend mittelgradig	täglich	> 1 ×/Woche	> 60 % < 80 %
IV: persistierend schwer	ständig	häufig	≤ 60 %

körper wie Omalizumab (z. B. Xolair), die das Immunglobulin abfangen.

Eine Dauermedikation beginnt bei einem Schweregrad der Stufe II (**Tab. A.10**). Der Patient inhaliert regelmäßig Kortikoide und nimmt nur bei Bedarf Betasympathomimetika. Ab Stufe III werden auch die Betamimetika regelmäßig inhaliert, evtl. muss die Kortikoiddosis erhöht werden oder es sind andere Medikamente (Theophyllin, Montelukast, orale Betamimetika) erforderlich. Bei Patienten mit Stufe IV wird die Kortikoiddosis noch weiter erhöht und unter Umständen oral verabreicht.

Bei Infektionen werden Antibiotika verschrieben. Ob Azetylzystein oder ähnliche Schleimlöser gegen den zähen Schleim helfen, ist nicht bewiesen.

Einem Patienten im Status asthmaticus werden intravenös hoch dosiert Sympathomimetika und Theophyllin gegeben.

Prognose

Bei Kindern heilt das Asthma in 50% der Fälle aus. Bei Erwachsenen kann die Erkrankung nur in 20% geheilt werden, bei 40% der Patienten bessern sich aber die Symptome.

Infobox

ICD-10:
J45.9, J45.0, J45.1, J45.8

Internetadressen:
Dt. Atemwegsliga: http://www.atemwegsliga.de
Dt. Gesellschaft für Pneumologie: http://www.pneumologie.de
Dt. Lungenstiftung: http://www.lungenstiftung.de
Evidenzbasierte Leitlinien: http://www.evidence.de
http://www.leitlinien.de/versorgungsleitlinien/asthma/

Aszites

► Herr Strunck schnauft die Stufen zur Praxis seines Hausarztes hoch. Dr. Glöckner behandelt den ehemaligen Winzer seit Jahren wegen einer Leberzirrhose. „Ich komme in der letzten Zeit so schnell außer Atem. Bald ist Lese, da kann ich das gar nicht gebrauchen", erzählt der 65-Jährige. „Außerdem habe ich das Gefühl, mein Bauch wird immer dicker, obwohl ich gar nicht mehr esse." Dem Hausarzt fällt auf, dass der Bauch des Patienten stark gebläht und der Nabel vorgewölbt ist. Im Gegensatz zu dem dicken Bauch sehen Arme und Beine eher dünn aus.

Definition

Der Begriff Aszites beschreibt die Ansammlung freier Flüssigkeit in der Bauchhöhle. Aszites ist keine Erkrankung, sondern ein Symptom verschiedener Krankheiten.

Ursachen

Normalerweise befindet sich in der Bauchhöhle keine Flüssigkeit. Am häufigsten entsteht Aszites bei einer → Leberzirrhose. Bei dieser Erkrankung führen verschiedene Faktoren dazu, dass Flüssigkeit in die Bauchhöhle gepresst wird:

Bei der Leberzirrhose wird das normale Lebergewebe durch Bindegewebe ersetzt. Die Leber produziert dadurch weniger Eiweiß und damit auch weniger Albumin (Hypalbuminämie), das normalerweise das Wasser in den Gefäßen hält. Außerdem staut sich das Blut in der Pfortader, die das venöse Blut aus den Bauchorganen in die Leber transportiert (Pfortaderhochdruck). Zusätzlich scheidet die Niere weniger Natrium und Wasser aus (Natrium- und Wasserretention). In den Gefäßen der Eingeweide befindet sich daher mehr Flüssigkeit als normal, sodass der Druck in den Gefäßen erhöht ist. Zusätzlich sind deren Wände durchlässiger für Flüssigkeit (erhöhte Gefäßpermeabilität). Durch diese Faktoren wird Flüssigkeit in die Bauchhöhle abgepresst.

Viele andere Krankheiten können einen Aszites durch ähnliche Mechanismen verursachen (**Tab. A.11**).

Symptome

Die Ansammlung von Aszites in der Bauchhöhle fällt bei wenig Flüssigkeit zunächst nicht auf. Später hat der Patient ein dickes, vorgewölbtes Abdomen mit ausladenden Flanken, der Nabel ist verstrichen. Mitunter entwickelt sich eine → Nabelhernie.

Manche Patienten verspüren Luftnot, da das Zwerchfell durch die Flüssigkeit in den Brustkorb gehoben und dadurch die Atmung behindert wird.

Diagnose

Bei der Untersuchung des Bauchraums kann Aszites ab einer Menge von 100 ml nachgewiesen werden. Bei der Perkussion (Beklopfen) des Abdomens hört man einen Klangunterschied zwischen Aszitesflüssigkeit und Luft im Bauch. Dieser Klangunterschied kennzeichnet die Grenze

Tab. A.11 Wichtige Ursachen von Aszites und deren zugrunde liegende Erkrankungen (nach Baenkler u. a., 2001)

Ursache des Aszites	Zugrunde liegende Erkrankungen
Portaler Aszites, Aszites durch einen erhöhten Druck in der Pfortader	▪ → Leberzirrhose ▪ Thrombose der Lebervene ▪ Hepatitis durch Alkohol ▪ → Pfortaderthrombose
Kardialer Aszites, Aszites durch Herzerkrankungen	▪ Rechtsherzinsuffizienz (→ Herzinsuffizienz) ▪ Pericarditis constrictiva
Maligner Aszites, Aszites durch bösartige Tumoren	▪ Peritonealkarzinose ▪ → Tumoren im Abdomen ▪ → Leberkarzinom ▪ Metastasenleber ▪ maligne Lymphome
Entzündlicher Aszites, Aszites durch Entzündungen	▪ → Peritonitis, bakterielle ▪ → Tuberkulose ▪ → Vaskulitis
Pankreatogener Aszites, Aszites durch Pankreaserkrankungen	▪ → Pankreatitis
Aszites durch andere Krankheiten	▪ Hypalbuminämie ▪ Morbus Whipple ▪ Amyloidose ▪ Hypothyreose

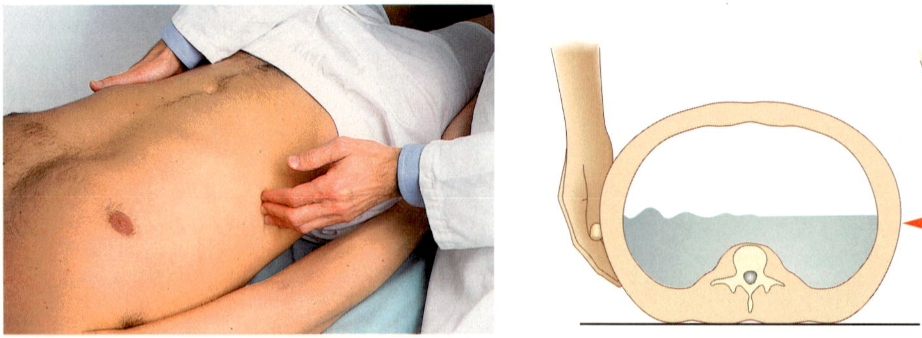

a b

Abb. A.103 Auslösung des Undulationsphänomens. a Eine Hand liegt an der Flanke des Patienten, mit den Fingerkuppen der anderen wird kurz und scharf auf die Gegenseite geklopft. Spürt man das Anschlagen einer Flüssigkeitswelle an der tastenden Hand, liegt Aszites vor. **b** Schemazeichnung, Querschnitt.

zwischen Luft und Flüssigkeit. Dreht sich der Patient auf die Seite oder stützt sich auf Knie und Ellenbogen, ändert sich die Grenze.

Hält der Arzt seine Hand auf eine Flanke des Patienten und klopft mit der anderen auf die gegenüberliegende Flanke, kann er mit der ersten Hand die Flüssigkeitswelle spüren (Fluktuationswelle, Undulationsphänomen) (**Abb. A.103**).

Mit der Sonografie lässt sich bereits eine Flüssigkeitsmenge von 30 ml in der Bauchhöhle nachweisen. Ist die Ursache des Aszites unklar, wird die Flüssigkeit nach einer Aszitespunktion im Labor untersucht. Um die zugrunde liegende Krankheit zu finden, werden Leber- und Nierenwerte, Blutbild und Entzündungsparameter bestimmt. Die Nierenfunktion wird zusätzlich im 24-Stunden Sammelurin überprüft.

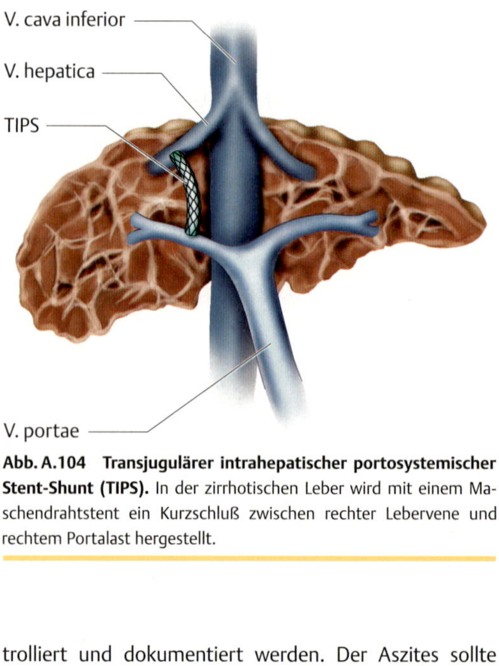

Abb. A.104 Transjugulärer intrahepatischer portosystemischer Stent-Shunt (TIPS). In der zirrhotischen Leber wird mit einem Maschendrahtstent ein Kurzschluß zwischen rechter Lebervene und rechtem Portalast hergestellt.

Differenzialdiagnose

Da Aszites ein Symptom vieler verschiedener Erkrankungen ist, müssen viele Krankheiten voneinander abgegrenzt werden (**Tab. A.12**).

Therapie

Ein Aszites wird je nach Schweregrad stufenweise behandelt. Ziel der Therapie ist, die Flüssigkeit aus dem Körper herauszuschwemmen.

Bei leichteren Fällen reicht eine Natriumrestriktion (Begrenzung der Natrium-Aufnahme) auf < 3 g/Tag und eine Einschränkung der Wasseraufnahme (1 – 1,5 l/Tag). Da der Körper auf die vermehrte Flüssigkeit im Körper mit einer vermehrten Produktion von Aldosteron (→ Hyperaldosteronismus) reagiert, werden Aldosteronantagonisten (Spironolacton) gegeben. Der Körper scheidet daraufhin mit einigen Tagen Latenzzeit vermehrt Natrium und Wasser aus.

Das Gewicht des Patienten, die Aufnahme und Ausscheidung von Flüssigkeit sollte jeden Tag sorgfältig kontrolliert und dokumentiert werden. Der Aszites sollte langsam ausgeschwemmt werden (nicht mehr als etwa 500 g/Tag), da es sonst zu Herz-Kreislauf-Problemen kommen kann.

Verliert der Patient durch die Behandlung nicht ausreichend Gewicht, bekommt er zusätzlich ein starkes Diuretikum (Schleifendiuretikum: Furosemid).

Ist der Aszites therapierefraktär, kann das Wasser über eine Aszitespunktion abgelassen werden. Hierbei sticht der Arzt zwischen den oberflächlichen Bauchgefäßen in die Bauchhöhle und leitet die Flüssigkeit in einen Beutel ab. Die Aszitespunktion kann nach einigen Wochen wiederholt werden.

Läuft die Bauchhöhle immer wieder voll oder erleidet der Patient immer wieder eine bakterielle → Peritonitis, kann der Internist einen Kurzschluss zwischen Pfortader und unterer Hohlvene anlegen (transjugulärer intrahepatischer portosystemischer Shunt, TIPS) (**Abb. A.104**).

Zu jeder Aszitestherapie gehört die Behandlung der Grundkrankheit. Ist der Aszites durch eine Leberzirrhose bedingt, hilft in einigen Fällen nur noch eine Lebertransplantation.

Prognose

Bei etwa 10 – 30 % der Patienten mit Aszites wandern Bakterien aus dem Darm über die Lymphe in die Blutgefäße (Bakteriämie) und breiten sich in der Aszitesflüssigkeit aus (bakterielle → Peritonitis).

Die Prognose eines Patienten mit Leberzirrhose und Aszites ist sehr schlecht: Nach einem Jahr leben nur noch etwa 40 % der Patienten, nach zwei Jahren weniger als 30 % (Greten, 2005). Nach einer Lebertransplantation leben nach zehn Jahren etwa noch 75 % der Patienten.

Infobox

ICD-10:
R18

Literatur:

Baenkler, H.W. u. a.: Duale Reihe Innere Medizin. Thieme, Stuttgart 2001

Greten, H.: Innere Medizin. Thieme, Stuttgart 2005

Auditive Wahrnehmungsstörung

► „Timmi ist doof. Ich will nicht, dass er mit uns spielt." Sebastian steht vor seiner Mutter, die ihn zur Rede gestellt hat. Er will seinen Bruder nicht mitspielen lassen – für Frau Hennings immer wieder ein Problem. Aber sie kann Sebastian und die anderen Kinder auch verstehen. Timmi reagiert nicht auf ihre Rufe, stört Spiele und manchmal provoziert er die Kinder. Besonders wenn viele Kinder dabei sind, hat er Probleme. Es ist ihm oft zu laut und unruhig. Timmi ist schnell müde und kann sich dann nicht mehr konzentrieren. Frau Hennings ruft ihren Sohn zu sich und schlägt ihm vor, einen Freund anzurufen. Alleine mit einem Jungen zu spielen ist besser für ihn.

Definition

Bei einer auditiven Wahrnehmungsstörung werden die im Ohr aufgenommenen Reize nicht richtig verarbeitet. Verschiedene Teilbereiche der auditiven Wahrnehmung wie Lautheitsempfinden, zeitliche Verarbeitung, Richtungshören usw. sind deshalb beeinträchtigt.

Ursachen

Beim Hören wird ein Reiz vom Innenohr aufgenommen und an das Zentralnervensystem weitergeleitet. Höhere Zentren bestimmen dann, ob und wie dieser Reiz verarbeitet wird. Bei der auditiven Wahrnehmungsstörung werden die im Ohr aufgenommenen Reize in der Hörbahn und im Zentralnervensystem nicht richtig verarbeitet.

Lernen Kinder sprechen, müssen sie zunächst aus der Sprachumgebung Informationen entnehmen und daraus selber Regeln ableiten. Diese Regeln sind zu Beginn des Spracherwerbs relativ grob, sie werden aber immer differenzierter. So wird z. B. ein Kind, das bestimmte Laute schon in sein Sprachsystem aufgenommen hat, oder das gelernt hat, dass die Verwechslung von Lauten zu Missverständnissen führen kann, mit dem Gehörten anders umgehen, als wenn es diese Erfahrung noch nicht gemacht hat (**Abb. A.105**).

Kinder mit auditiven Wahnehmungsstörungen verfügen über einen zu groben Filter. Die Informationen, die sie der Sprachumgebung entnehmen, sind zu ungenau. Regeln werden deshalb falsch erworben und sind eine ungeeignete Grundlage, um die vorhandenen Regeln weiter ausdifferenzieren und die Sprache korrekt entwickeln zu können. Bei der auditiven Wahrnehmungsstörung liegt weder eine → Mittelohr- noch → Innenohrschwerhörigkeit vor. Ebenso ausgeschlossen ist eine verminderte Intelligenz.

Symptome

Der Begriff auditive Wahrnehmungsstörung umfasst verschiedene Teilbereiche, die nicht alle gleichzeitig auftreten müssen. Auch kann die Ausprägung der Störungen unterschiedlich stark sein. Betroffene fallen im Alltag z. B. dadurch auf, dass sie bei normal lauten Geräuschen erschrecken oder eine schnelle Sprechweise nicht gut verstehen.

Kinder können sich längere Wörter häufig nicht gut merken, bauen viele Sätze falsch, haben keine Lust, Bilderbücher anzuschauen oder Geschichten zuzuhören. Außerdem sprechen sie oft undeutlich und kaum verständlich. Können sie sich aber konzentrieren, dann sprechen sie oft fehlerfrei. Auf der anderen Seite reagieren betroffene Kinder panisch bei lauten Geräuschen. Kinder mit auditiven Wahrnehmungsstörungen haben auch häufig Probleme, Anschluss zu finden.

Diagnose

Wie oben beschrieben, handelt es sich bei einer auditiven Wahrnehmungsstörung um ein ungenügendes Verarbeiten auditiver Reize. Anders als bei peripheren Hörstörungen kann die Verarbeitung nicht eindeutig gemessen werden – vielmehr werden für eine Diagnose verschiedene Testergebnisse zusammengestellt. Diese wiederum müssen mit Beobachtungen der Eltern und Erzieherinnen – bei älteren Kindern mit Beobachtungen der Lehrer abgeglichen werden.

Die Untersuchung ist zeitaufwändig. Ist die Störung stark ausgeprägt, sollte eine Untersuchung an spezialisierten Stellen vorgenommen werden: Phoniater, Pädaudiologen, sozialpädiatrische Zentren, schulische Beratungsstellen (Schwerhörige, Sprachheilpädagogik), Logopäden (**Abb. A.106**).

Die auditiven Wahrnehmungsstörungen sind unbedingt, aber sehr schwer, von Aufmerksamkeitsstörungen abzugrenzen.

Therapie

Ziel einer logopädischen Therapie ist es – in Kooperation mit interessierten Pädagogen und Ärzten dem Kind Lernmöglichkeiten und Hilfen aufzuzeigen, um trotz der Wahrnehmungsstörung sprachlich und kommunikativ kompetent zu werden und sich sozial integrieren zu können. Folgende Aspekte werden bei einer Therapie behandelt.

Sprachtherapie

Zum einen wird es in einer Sprachtherapie darum gehen, einzelne sprachliche Aspekte zu verbessern. So können Kinder, die ähnlich klingende Wörter verwechseln, spielerisch mit der Klangseite von Sprache vertraut gemacht werden. Ein Beispiel: „Was reimt sich auf Haus? Und was noch?" „Welche Laute würdest Du denn einem dicken gemütlichen Tier zuordnen („o", „m", „bR", „u" usw.) und welche einem hektischen, springenden, nervösen („s", „i", usw.)?".

Teilbereich	mögliche Beeinträchtigungen im Alltag
Lautheitsempfinden (subjektiv, Überempfindlichkeit)	• Geräusche in Gesprächslautstärke werden als zu leise oder zu laut empfunden • Situationen, in denen plötzliche Geräusche auftreten können, werden vermieden
zeitliche Verarbeitung (betrifft die Wahrnehmungsgeschwindigkeit von Geräuschen und Wörtern)	• schnell gesprochene Stimuli werden nicht erkannt • Sprachverstehen kann bei langsamer Sprechweise deutlich gebessert werden
Richtungshören oder Lokalisationsfähigkeit (Fähigkeit zu erkennen, woher und aus welcher Entfernung ein akustischer Reiz kommt)	• akustische Orientierung im Straßenverkehr ist erschwert • Desorientierung, z. B. bei Mannschaftsspielen
dichotisches Hören (Fähigkeit gleichzeitig mit beiden Ohren verschiedene Sprachinformationen zu erkennen, z. B. Äußerungen der Lehrerin und eines Mitschülers)	• Gesprächen in Gruppen zu folgen fällt schwer (Partyeffekt)
Synthese (Fähigkeit aus Einzellauten oder Silben Wörter zusammenzuziehen)	• Probleme beim Lesenlernen
Analyse (Fähigkeit, aus größeren Einheiten Laute, Silben oder Wörter herauszuhören)	• Probleme beim Schreibenlernen (die Kinder können auditiv nicht erkennen, welche Laute in einem Wort vorkommen)
Diskrimination (Fähigkeit, ähnlich klingende akustische Ereignisse zu unterschieden – z. B. /d/-/t/-Unterscheidung)	• je nach Ausprägung starke Sprachverständnisprobleme bei Sprachentwicklungsstörungen oder einfache Lautbildungsfehler
Ergänzung (Fähigkeit akustisch fragmentarische Äußerungen zu sinnvollen Äußerungen zu ergänzen)	• Äußerungen in Telefonaten mit schlechter technischer Übertragung werden schwer verstanden
Figur-Grund-Wahrnehmung, auch Selektion oder Nutzschall-Störschalltrennung (Fähigkeit, akustische Signale vor konkurrierenden Hintergrundgeräuschen zu identifizieren)	• den Äußerungen der Lehrerin vor dem Geräuschpegel der Klasse ist schwer zu folgen • deutlicher Leistungsanstieg in ruhiger Umgebung

Abb. A.105 Teilbereiche der auditiven Wahrnehmung und deren mögliche Auswirkungen im Alltag.

Hinweise zum Umgang im Klinikalltag

- Fragen Sie die Eltern, ob bei ihrem Kind eine Wahrnehmungsstörung festgestellt wurde
- Informieren Sie sich bei den Eltern, welche Strategien sie entwickelt haben, um Zugang zu ihrem Kind zu bekommen
- Verschaffen Sie den Kindern Überblick, indem Sie sie in klaren kurzen Sätzen über anstehende Untersuchungen oder pflegerische Maßnahmen informieren
- Vergewissern Sie sich dabei, dass das Kind Ihnen zuhört. Manchmal hilft es bereits, wenn Sie das Kind an der Schulter berühren, damit es Ihnen seine Aufmerksamkeit schenkt
- Halten Sie Blickkontakt. Nicht im Rücken des Kindes sprechen
- Sprechen Sie langsam – nicht lauter
- Halten Sie Pausen ein
- Vielleicht existieren auf Ihrer Station ja bereits Symbole für verschiedene Untersuchungsvorgänge oder Pflegemaßnahmen

Abb. A.106 Tipps zum Umgang mit Kindern, die an auditiver Wahrnehmungsstörung leiden. Kinder mit einer auditiven Wahrnehmungsstörung sind mit den auf sie einströmenden Reizen überfordert, verlieren den Überblick und reagieren für ihre Umwelt merkwürdig.

Zum anderen sollte der auditive Kanal durch visuelle Reize unterstützt werden. So könnten in der Therapie so früh wie möglich Symbole eingeführt werden (d. h. sobald das Kind Interesse an Schrift zeigt, seien es die konventionellen Buchstaben oder andere [Schrift-]Symbole). Das Kind kann dann auch noch „lesen“, was es hört.

Kommunikationstraining

Je älter die Kinder sind, desto wichtiger wird die Arbeit am Kommunikationsverhalten, denn die Kinder leiden sehr unter ihren kommunikativen Misserfolgen. Sie merken, dass sie anders sind und können dieses „Anderssein“ nicht einordnen. Sie wissen nicht, wie sie erfolgreich in Kontakt treten können. Ein Beispiel: Kinder mit auditiven Wahrnehmungsstörungen müssen sich immer stärker auf auditive Reize konzentrieren als normalsinnige Kinder und ermüden dadurch schneller. Sie werden sozial auffällig, weil sie sich z. B. zurückziehen.

Ziel der Therapie ist, dass die Kinder ein Gespür entwickeln, wann sie müde sind und das auch mitteilen. Dazu muss natürlich die Umgebung des Kindes kooperieren.

Mittlerweile existieren in verschiedenen Regionen in Deutschland interdisziplinäre Arbeitskreise, die gegründet wurden, um Kinder mit auditiven Wahrnehmungsstörungen und deren Eltern zu unterstützen. Der „Arbeitskreis Zentral-auditive Wahrnehmungsstörungen“ in Stuttgart trifft sich z. B. seit 1996.

Prognose

Grundsätzlich kann eine auditive Wahrnehmungsstörung nicht geheilt werden. Aber es ist immer wieder beeindruckend, welche Kräfte und Reflexionsfähigkeiten Kinder besitzen, um ihr Leben mit dieser unsichtbaren Behinderung zu meistern.

Infobox

ICD-10:

F80.2

Literatur:

Ptok u. a.: Auditive Verarbeitungs- und Wahrnehmungsstörungen – Konsensus-Papier. HNO 48 (2000) 357

Rosenkötter, H.: Auditive Wahrnehmungsstörungen – Kinder mit Lern- und Sprachschwierigkeiten behandeln. Klett-Cotta, Stuttgart 2003

Aufmerksamkeits- und Hyperaktivitätsstörung (ADHS)

► Elternsprechtag - Bärbel Losert sitzt schon über eine Stunde bei der Klassenlehrerin von Niklas, ihrem Sohn. Die Lehrerin hat Frau Losert kommen lassen, weil Niklas sehr unruhig ist. Er kann sich im Unterricht kaum konzentrieren, hält sich nicht an Regeln und streitet mit Mitschülern. Frau Losert ist verzweifelt. „Zu Hause ist er genauso. Wenn ich bei den Hausaufgaben nicht neben ihm sitze, steht er spätestens nach zehn Minuten auf. Er versteht den Stoff schon, wenn er sich mal konzentriert. Wissen Sie, das ist bei vielen Dingen, die wir unternehmen so, nicht nur bei den Hausaufgaben. Letztens waren wir im Zoo. Da gibt es im Moment viele Junge. Aber er hat einfach nicht die Ruhe, sich die mal anzuschauen. Er ist nur herumgelaufen. Meinen Sie, er hat diese ‚Zappelphilipp'-Krankheit? Das kommt doch zur Zeit ständig im Fernsehen".

Definition

Unter einer Aufmerksamkeits- und Hyperaktivitätsstörung (ADHS) versteht man gesteigerte Aktivität und Impulsivität mit Aufmerksamkeitsstörungen. Das Durchhaltevermögen ist beeinträchtigt.

Ursachen

Die genauen Ursachen sind unklar. Es besteht lediglich Einigkeit darüber, dass äußere konstitutionelle Umstände, wie z. B. Probleme im Elternhaus, eine Mitschuld an dieser Erkrankung tragen. Auch wird diskutiert, ob übermäßig viel Fernsehen, das die motorische und sensorische Entwicklung stören soll, einen Einfluss auf die Kinder hat.

Bei der ADHS sind Ursachen u. U. nur schwer von den Symptomen zu trennen. So treten viele soziale Probleme erst in Folge der Erkrankung auf und sind nicht die Ursache. Der Betroffene verhält sich nicht sozial und die Mitmenschen reagieren mit Ablehnung. Schulprobleme resultieren neben der Leistungsstörung auch aus den häufigen Regelüberschreitungen der Patienten und sind daher weniger Ursache als Symptom.

Symptome

Die hyperkinetischen Symptome treten gewöhnlich bereits in den ersten fünf Lebensjahren auf und halten dann meistens bis zur Pubertät vor. Die Patienten haben einen übermäßigen Bewegungsdrang. Manche neigen auch zu impulsartigen, oft aggressiven Durchbrüchen. Die Betroffenen haben Probleme mit Aufgabenstellungen, bei denen sie sich konzentrieren müssen, sie lassen sich gerne und leicht ablenken.

Besonders problematisch sind Situationen, in denen keine Struktur vorgegeben ist. Der Patient kann sich kaum selbst ordnen. Er wird z. B. in einer Freistunde eher nicht auf die Idee kommen, bereits Hausaufgaben zu erledigen. Sind Regeln vorhanden, werden diese eher unabsichtlich und billigend verletzt. Der Patient wird so schon im Kindergarten oder in der Grundschule auffällig.

Das Verhalten der Betroffenen ist oft distanzlos. Bei ihren Spielkameraden sind sie daher eher unbeliebt. Später weiten sich die Lern- und Sozialisationsstörungen oft aus. Eine verminderte Hirnleistung kann auftreten, ebenso Verzögerungen in der motorischen und sprachlichen Reifung. Jungen sind etwa dreimal häufiger betroffen als Mädchen.

Diagnose

Entscheidend sind die gleichzeitig bestehende beeinträchtigte Aufmerksamkeit und Überaktivität, die sich durch alle Lebensbereiche zieht (**Abb. A.107**). Aufgaben, z. B. ein Leistungstest, werden vorzeitig abgebrochen. Die Patienten sind leicht abzulenken, vorschnell und haben einen starken Bewegungsdrang im Vergleich zu Gleichaltrigen. Lese- und Rechtschreibschwächen (→ Legasthenie) können durch einen Logopäden diagnostiziert werden.

Die ADHS selbst ist nur dann zu diagnostizieren, wenn dadurch das sonstige Intelligenz- und Reifeniveau des Kindes stark beeinträchtigt wird. Für die Diagnosestellung sollte ein Kinder- und Jugendpsychiater zu Rate gezogen werden. Auch im Erwachsenenalter kann die Diagnose gestellt werden, meist ist sie jedoch durch aufbauende Folgeerkrankung, wie eine Sucht, überlagert.

Differenzialdiagnose

Schwierig gestaltet sich die Abgrenzung zu alleinigen Störungen des Sozialverhaltens. Eine Kombination der ADHS mit anderen Störungen ist häufig. Auszuschließen sind Angstzustände und schizoide Phänomene, ebenso eine Allergie als Ursache.

Es wird unterschieden zwischen der reinen Aufmerksamkeitsstörung (ADS) und einer Aufmerksamkeitsstörung mit Hyperaktivitätssyndom (ADHS).

Therapie

Eine ADHS kann psychotherapeutisch und/oder medikamentös behandelt werden (**Abb. A.108**). Bei der psychotherapeutischen Therapie werden folgende Maßnahmen getroffen:

- die Eltern werden einbezogen,
- ggf. werden, auch familientherapeutisch, konstitutionelle Probleme gelöst,
- pädagogische Trainingsmaßnahmen werden durchgeführt (das Kind erzielt z. B. durch Übungen, die eher unterfordern, wieder Erfolge),
- Reize werden vermieden (kein Fernsehen, keine Musik beim Arbeiten, kein Spielzeug im Arbeitszimmer),
- eine klare Tagesstruktur mit festen Spielzeiten wird eingerichtet,

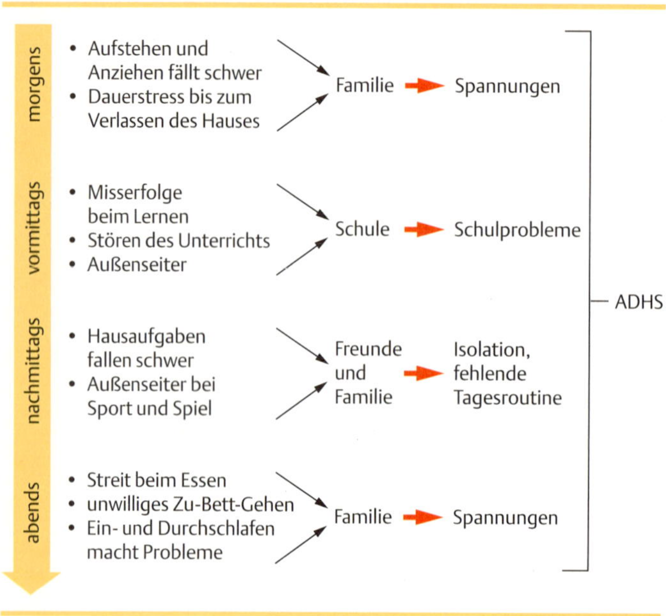

Abb. A.107 Aufmerksamkeits- und Hyperaktivitätsstörung. Auswirkungen der Störung auf das gesamte Lebensumfeld.

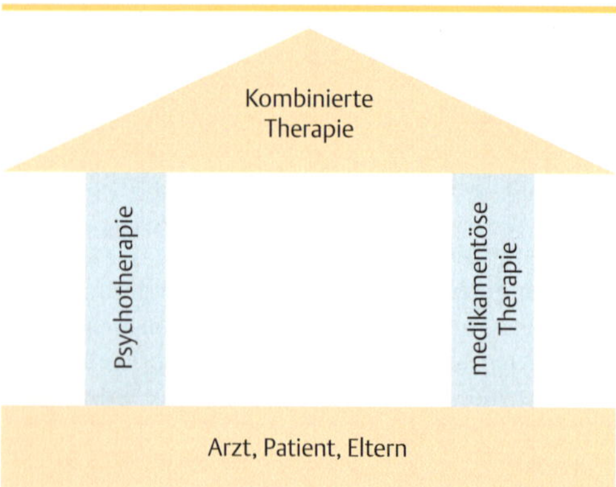

Abb. A.108 Therapie der ADHS. Arzt, Patient und Eltern bilden die Basis. Psychotherapie sowie medikamentöse Therapie können darauf aufbauen.

- das Selbstwertgefühl wird aufgebaut,
- Sozialverhalten wird geübt,
- Entspannung und Konzentration werden (auch durch Spielen) trainiert,
- für genügend Bewegungsmöglichkeit wird gesorgt („Energie ablassen"),
- auf impulsive Durchbrüche wird stringent reagiert.

Eine Versetzung in eine Sonderschule sollte nach Möglichkeit nicht erfolgen. Bei Erwachsenen sollte eine möglichst langfristig angelegte Verhaltenstherapie erfolgen und das soziale Umfeld einbezogen werden.

Bei der medikamentösen Therapie werden amphetaminartige Substanzen angewendet, die über eine paradoxe Wirkung mittelfristig eine Beruhigung erreichen. Typische Präparate sind Methyphenidat (z. B. Ritalin) oder Modafinil (z. B. Vigil), die jedoch nur nach kritischer Indikationsstellung durch den spezialisierten Facharzt verordnet werden sollten. Es ist zu bedenken, dass viele Eltern große Angst vor diesen Medikamenten haben, die sie der Drogenszene zuordnen. Durch die Medikation wird der Patient jedoch in den meisten Fällen geordneter und deutlich alltagstauglicher.

Prognose

Die Prognose hängt wesentlich davon ab, inwieweit das soziale Umfeld die Symptome der Erkrankung auffangen kann. Eine Heilung ist meistens nicht möglich, oft verschwinden die Phänomene jedoch mit der Pubertät. Konnte ein sozialer Abstieg nicht verhindert werden, sind Folgeerkrankungen wie Sucht oder Dissozialität häufig. Wenn konstitutionelle Ursachen auszumachen sind, ist die Prognose davon abhängig, wie sehr diese weiterhin auf den Patienten einwirken.

Infobox

ICD-10: F90.0

Internetadressen:

http://www.adhs.de

Dt. Gesellschaft für Sozialpädiatrie und Jugendmedizin eV: http://www.dgspj.de

http://www.dgppn.de/stellungnahmen/adhs_erwachsen.pdf

Augapfelprellung

► „Ich weiß, warum ich so einen Respekt vor Silvesterfeuerwerk habe, aber dass mir noch vor zwölf ein Sektkorken ins Auge fliegt". Herr Meier seufzt und zuckt mit den Schultern. Er hat Schmerzen im Augenbereich und ihn plagt die Angst, nie mehr scharf sehen zu können. „Im Moment ist alles verschwommen. Dabei bin ich als Zahntechniker auf gute Augen angewiesen." Seine Frau nickt besorgt mit dem Kopf.

Definition

Bei der Augapfelprellung wird der Augapfel durch stumpfe Gewalteinwirkung geprellt. Je nach Schweregrad der Gewalteinwirkung sind verschiedene Strukturen des Auges verletzt.

Synonym: Contusio bulbi.

Ursachen

Die Augapfelprellung entsteht durch die Einwirkung stumpfer Gewalt im Augen- und Orbitabereich. Formen der Gewalteinwirkung sind z. B. ein Faustschlag, Schnee-, Tennis- oder Squashbälle, Steine oder andere Gegenstände, die beim Mähen aufgeworfen werden.

Symptome

Die Symptome des Patienten hängen vom Ausmaß der Prellung ab. Das Sehvermögen kann fast normal oder auch erheblich eingeschränkt sein. Der Patient klagt häufig über Schmerzen im Bereich des betroffenen Auges.

Diagnose

Je nach Schweregrad sind Lider und Bindehaut geschwollen und unterblutet (**Abb. A.109**). Die Hornhaut kann ödematös und getrübt sein. Evtl. besteht eine Einblutung in die Augenvorderkammer. Außerdem ist es möglich, dass der Irissphinkter, der die Pupille eng stellt, eingerissen ist. In einem solchen Fall ist die Pupille entrundet und erweitert und reagiert nur träge auf Lichteinfall.

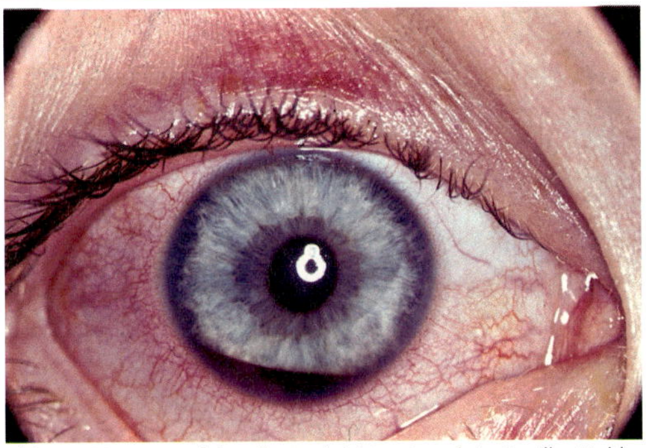

Abb. A.109 Augapfelprellung. Leicht entrundete Pupille, Einblutung in die Augenvorderkammer und ein Hämatom am Oberlid.

Reißt die Iriswurzel ein oder ganz ab, ist die Pupille verzogen und im Hornhautrandbereich entsteht eine „zweite Pupille". In einem solchen Fall ist es möglich, dass der Patient Doppelbilder sieht und der Augeninnendruck erhöht ist.

Typisch für Prellungen der Augenlinse ist eine Kontusionsrosette. Diese entsteht durch sternförmige Rindentrübungen und Irispigmentauflagerungen auf der Linsenvorderfläche. Durch den Aufprall kann die Linse luxieren, d. h. sich aus der optischen Achse verlagern.

Auf der Innenfläche des Augapfels, dem Augenhintergrund, kann ein Ödem mit Blutungen auftreten. Teilweise werden Netzhautlöcher bis hin zur Netzhautablösung und Aderhautrisse beobachtet. Bei sehr schweren Kontusionen (Prellungen) rupturiert die Augapfelwand und der Sehnerv reißt aus dem Sklerakanal heraus.

Differenzialdiagnose

Differenzialdiagnostisch ist an eine perforierende → Augenverletzung mit und ohne Fremdkörper im Auge zu denken.

Therapie

Die Behandlung richtet sich nach der Art der Verletzung. Ist der Augeninnendruck erhöht, werden drucksenkende Medikamente gegeben, ein Netzhautforamen wird mit einem Laser therapiert, eine Netzhautablösung wird operiert. Ein Ödem bildet sich meist innerhalb von 1 – 2 Wochen spontan zurück.

Prognose

Die Prognose ist abhängig vom Schweregrad der Augapfelprellung. Bei einer leichten Prellung bilden sich die Veränderungen ohne Folgen zurück. Zerreißt die Augenwand, kann dies zum Verlust des Auges führen.

Komplikationen

Eine Augapfelprellung kann Spätschaden nach sich ziehen. Zu solchen Komplikationen zählt ein erhöhter Augeninnendruck. Außerdem kann sich die Linse trüben, die Netzhaut ablösen und die Pupille kann erweitert bleiben. Dies führt zu Blendungsempfindlichkeit und Lesestörungen.

Infobox

ICD-10:
S05.1

Literatur:

Oestreicher, E. u. a.: HNO, Augenheilkunde, Dermatologie und Urologie für Pflegeberufe. Thieme, Stuttgart 2003

Augenmuskellähmungen

► Der 75-jährige Herr Maier ist seit vielen Jahren wegen seines Diabetes in Behandlung. Eines Tages klagt er seinem Hausarzt gegenüber über plötzlich aufgetretene Doppelbilder: „ Seit gestern sehe ich alles doppelt und kann auch das linke Lid nicht mehr richtig heben".

Definition

Bei Augenmuskellähmungen können ein oder mehrere Augenmuskeln nicht mehr richtig bewegt werden. Durch den reduzierten Zug des Muskels bzw. der Muskeln resultiert ein Lähmungsschielen (Stabismus incomitans, paralytisches Schielen).

Synonym: Ophthalmoplegien.

Ursachen

Augenmuskellähmungen können durch Erkrankungen der Orbita entstehen oder die Folge von Lähmungen der sie versorgenden Hirnnerven sein.

Ursachen einzelner Hirnnervenlähmungen oder Kombinationslähmungen des III. (N. oculomotorius), IV. (N. trochlearis) und VI. (N. abducens) Hirnnervs sind z. B.: Gefäßveränderungen, → Diabetes mellitus, Verletzungen im Kopfbereich, → Tumoren und Aneurysmen. Seltenere Ursachen sind z. B.: → Meningitis, → Herpes zoster (Zoster ophthalmicus) und → Multiple Sklerose.

Lähmungen der äußeren Augenmuskeln können auch angeboren sein und oft ist trotz aufwändiger Diagnostik keine Ursache zu finden. Bei allen untypischen und unklaren Fällen muss auch an eine → Myasthenia gravis (Muskelschwäche) gedacht werden.

Symptome

Leitsymptome der Lähmung eines oder mehrerer Augenmuskeln ist eine jeweils typische Schielstellung (abhängig vom gelähmten Muskel) sowie die Wahrnehmung von Doppelbildern (**Abb. A.110**).

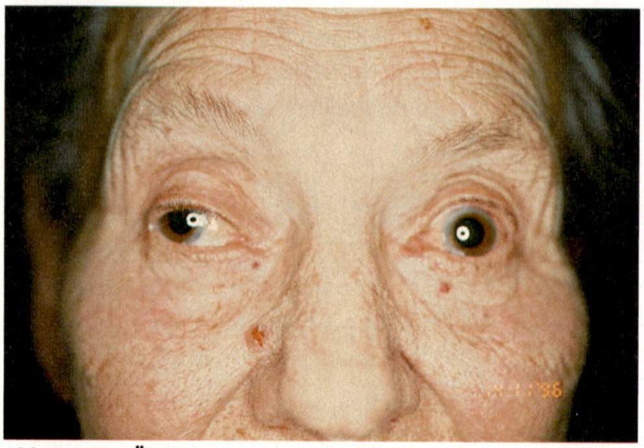

Abb. A.110 Äußere Augenmuskellähmung. Das rechte Auge blickt nach außen, das Oberlid ist halb geschlossen.

Diagnose

Beim Lähmungsschielen nimmt der Schielwinkel bei einer Blickwendung in die Wirkungsrichtung des gelähmten Muskels zu, d. h., er ist inkomitant. Außerdem erfolgt häufig eine ausgleichende kompensatorische Kopfneigung in die Richtung, in die der Muskel das Auge eigentlich drehen sollte. Ein Patient mit einer Abduzensparese links, bei welcher der linke, äußere gerade Augenmuskel gelähmt ist, dreht z. B. den Kopf nach links.

Differenzialdiagnose

Differenzialdiagnostisch ist z. B. an angeborenes Schielen, eine endokrine Orbitopathie (immunologisch bedingte Entzündung des Orbitainhalts) oder eine Myositis (Muskelentzündung) zu denken.

Therapie

In erster Linie wird die Grunderkrankung behandelt. Durch einen chirurgischen Eingriff an den Augenmuskeln ist eine Doppelbildfreiheit im Gebrauchsgesichtsfeld zu erreichen. Dieser wird bei Erwachsenen meist nicht vor dem 12. Monat nach dem Beginn der Lähmung durchgeführt, da bis zu diesem Zeitpunkt eine spontane Rückbildung oder deutliche Besserung erwartet werden kann. Später ist sie selten. Wenn in der Zwischenzeit die Doppelbilder sehr stören, kann das Abkleben eines Auges mit einem Okklusionspflaster oder einer Okklusionsfolie auf der Brille erforderlich sein.

Bei kleinen Kindern droht nach einigen Tagen, bei Schulkindern nach einigen Wochen der Verlust des Stereosehens. Deshalb erhalten sie möglichst eine Prismenbrille zum Ausgleich des Schielwinkels und werden evtl. schon nach 6 Monaten schieloperiert. Wird wegen der Doppelbilder das Abkleben eines Auges erforderlich, müssen beide Augen abwechselnd abgeklebt werden. Ansonsten kann sich eine → Amblyopie (Schwachsichtigkeit) entwickeln. Diese Gefahr kann bis zum 12. Lebensjahr bestehen.

Prognose

Die Prognose ist abhängig von der Grunderkrankung. Bei Kindern mit nur einem betroffenen Hirnnerv und bei vaskulärer/diabetischer Ursache ist mit einer spontanen Erholungsrate von etwa 50 % zu rechnen.

Infobox

ICD-10:
H49.0, H49.1, H49.2

Literatur:
Kaufmann (Hrsg.): Strabismus. Thieme, Stuttgart 2003

Augenverletzung (perforierend)

► Herr Ulbricht ist ein leidenschaftlicher Heimwerker und verzichtet im Eifer des Gefechts oft auf die notwendigen Sicherheitsvorkehrungen. Als er ohne Schutzbrille mit Hammer und Meißel arbeitet, verspürt er plötzlich einen Schmerz im rechten Auge. Er berichtet: „Das brennt und reibt in meinem Auge. Ich habe das Gefühl als wäre da etwas, meine Frau konnte aber nichts entdecken. Jetzt sehe ich mit dem Auge nur noch verschwommen.

Definition

Eine perforierende Augenverletzung entsteht, wenn ein Fremdkörper die Hornhaut oder Augapfelwand durchbohrt. Der Fremdkörper selbst kann noch in der Wunde stecken, bereits vollständig oder teilweise entfernt worden sein oder sich im Auge oder in den dahinter liegenden Geweben befinden.

Ursachen

Perforierende Augenverletzungen entstehen z. B. durch Arbeiten mit Hammer und Meißel, durch Messerstiche, Windschutzscheibenbruch oder Pistolenschüsse.

Symptome

Die Symptome sind abhängig vom Schweregrad der Verletzung. Die Sehschärfe kann erheblich herabgesetzt bis normal sein. Schmerzen unterschiedlichen Ausmaßes sind möglich.

Diagnose

Der Verdacht auf eine perforierende Augenverletzung bzw. einen Fremdkörper im Auge ist meist durch den Unfallhergang gegeben, z. B. Arbeiten mit Hammer und Meißel oder Glasbruch. Mitunter ist dem Auge äußerlich sehr wenig anzusehen.

Zunächst lässt nur die Anamnese an einen Fremdkörper im Auge denken. Geschwollene Lider, Schmerzen und die Gefahr, das Auge durch Druck auf den Augapfel weiter zu verletzen machen eine Augeninspektion oft schwierig.

Die Iris kann zum Wundspalt hin verzogen sein. Bei größeren Verletzungen kann Glaskörper oder anderer Augeninhalt aus dem Wundspalt austreten (**Abb. A.111**). Typischerweise ist die Augenvorderkammer abgeflacht oder aufgehoben, d. h. die Iris liegt der Hornhautrückfläche an und der Augeninnendruck ist sehr niedrig.

Wenn die Linse verletzt ist, entwickelt sich eine Linsentrübung (→ Katarakt). Die Netzhaut kann teilweise oder vollständig abgehoben sein und Einblutungen in den Glaskörper können hinzukommen. Röntgen-Übersichtsaufnahmen, ggf. ergänzt durch Computertomografie und/oder Ultraschall, sind immer erforderlich, wenn der Verdacht auf einen intraokularen Fremdkörper besteht.

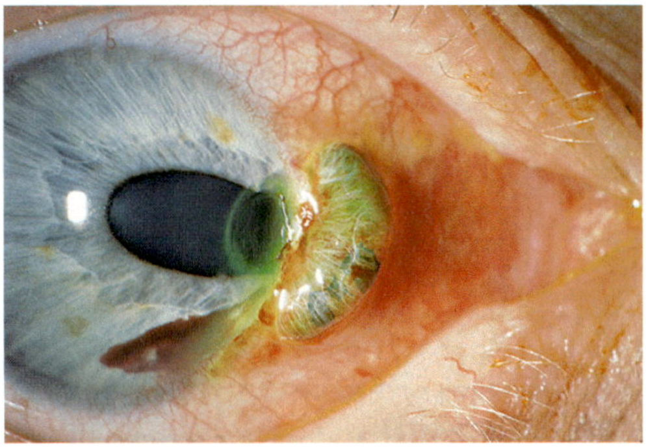

Abb. A.111 Perforierende Augenverletzung. Irisvorfall aus dem Wundspalt, die Pupille ist verzogen.

Differenzialdiagnose

Wichtige Differenzialdiagnosen sind die → Augapfelprellung und andere Augenverletzungen ohne Perforation.

Therapie

Zunächst wird i.d.R. der operative Wundverschluss angestrebt. Weitere Operationen (z. B. Linsenentfernung, Netzhautoperation) können sich in Abhängigkeit vom Befund anschließen. Eine Breitspektrumantibiotikum-Therapie soll einer eitrigen Entzündung des Augeninneren (Endophthalmitis) vorbeugen. Außerdem wird der Tetanus-Impfschutz überprüft und ggf. aufgefrischt.

Prognose

Die Prognose ist abhängig vom Schweregrad der Verletzung. Bei schwersten Verletzungen ist der Verlust des Auges möglich.

Komplikationen

Ein nicht erkannter, im Auge verbliebener metallischer Fremdkörper oder eine infizierte Wunde können zu einer Endophthalmitis führen. Das Endstadium der nicht erfolgreich zu versorgenden perforierenden Verletzung ist die Phthisis bulbi (Augapfelschrumpfung) und schließlich die Enukleation (operative Augapfelentfernung).

Infobox

ICD-10:
S05.9

Literatur:

Oestreicher, E. u. a.: HNO, Augenheilkunde, Dermatologie und Urologie für Pflegeberufe. Thieme, Stuttgart 2003

Außenbandruptur

► Ein 28-jähriger Mann kommt direkt vom Fußballplatz humpelnd in die Ambulanz, ein Freund stützt ihn. Der Mann berichtet: „Bei einem Freundschaftsspiel gegen die Mannschaft aus dem Nachbardorf bin ich mit dem rechten Fuß umgeknickt. Der Knöchel ist sofort dick geworden. Ich komme gar nicht mehr in meinen Schuh hinein, weil der ganze Fuß so geschwollen ist. Es tut so weh, dass ich kaum noch auftreten kann."

Definition

Das Sprunggelenk wird an der Außenseite (lateral) von drei Bändern stabilisiert:

- Ligamentum (Lig.) fibulotalare anterius,
- Lig. fibulocalcaneare,
- Lig. fibulotalare posterius.

Das Einreißen oder komplette Durchreißen eines oder mehrerer dieser Bänder wird als Außenbandruptur bezeichnet (**Abb. A.112**). Sie gehört zu den häufigsten Bandverletzungen überhaupt.

Ursachen

Meist werden die Außenbänder des Sprunggelenks im Freizeit- oder Schulsport verletzt, beim Laufen auf unebenem Boden oder wenn ungeeignetes Schuhwerk getragen wird (z. B. hohe Absätze).

Fehlstellungen des Fußskeletts, alte Bandverletzungen oder Nervenläsionen (Parese des N. peronaeus) erhöhen das Risiko für Bandrupturen.

Unfallmechanismus. Das obere Sprunggelenk knickt nach außen um, sodass die Fußsohle vom Boden abhebt und nach innen zeigt. Es handelt sich also um eine starke Supination und Adduktion des Fußes, ggf. mit einer Verdrehbewegung. Dadurch gelangen die Sehnen-Insertionspunkte weit auseinander, die Bänder werden überdehnt, zerreißen teilweise oder komplett. Meist reißt zunächst das vordere Außenband (Lig. fibulotalare anterior), bei stärkerem Stress auch das Lig. fibulocalcaneare. Bei sehr starker Gewalteinwirkung rupturieren alle drei Bänder. Es kann auch zum Ausreißen eines Bandes aus dem Knochen kommen, wobei ein Knochenstück mit abgerissen wird.

Symptome

Die Betroffenen geben manchmal ein fühlbares „Krachen" während des Unfallhergangs an. Sie können nur noch humpelnd gehen oder gar nicht mehr auftreten.

Über dem Sprunggelenk findet sich eine Schwellung (Bluterguss), die je nach Ausmaß der Verletzung unterschiedlich ausgeprägt sein kann. Über der Rupturstelle ist ein Druckschmerz auslösbar.

Diagnose

Das obere Sprunggelenk ist bei der klinischen Untersuchung seitlich aufklappbar (verstärkte O-Stellung im Vergleich zum gesunden Sprunggelenk) und weist einen vermehrten Talusvorschub auf (**Abb. A.113**).

Mit der Röntgenaufnahme wird ermittelt, ob eine Knochenfraktur vorliegt. Danach erfolgen zusätzlich gehaltene Röntgenaufnahmen in O-Stellung (Varusstellung) des Sprunggelenks im Vergleich zum gesunden Fuß. Liegt tatsächlich eine Außenbandruptur vor, erkennt man auf dem Röntgenbild, dass der betroffene Gelenkspalt seitlich ungewöhnlich weit auseinander klafft.

Differenzialdiagnose

Die echte Außenbandruptur muss abgegrenzt werden von der Verstauchung (Distorsion), bei der es durch den gleichen Unfallmechanismus lediglich zu einer Zerrung der Bänder kommt.

Leichte Beschwerden können von einer allgemeinen Bänderschwäche und chronischer Instabilität herrühren, z. B. nach alten Bandverletzungen.

Möglich sind zudem die Teilruptur oder eine Knöchelfraktur. Selten ist ein isolierter Riss der Syndesmose (Bandstrukturen) zwischen Tibia und Fibula.

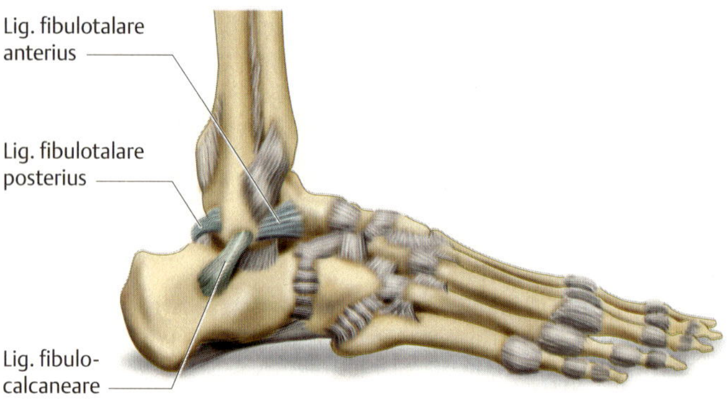

Abb. A.112 Bandapparat eines rechten Fußes. Bei einer Außenbandruptur sind das Lig. fibulotalare anterius, Lig. fibulocalcaneare und/oder Lig. fibulotalare posterius betroffen.

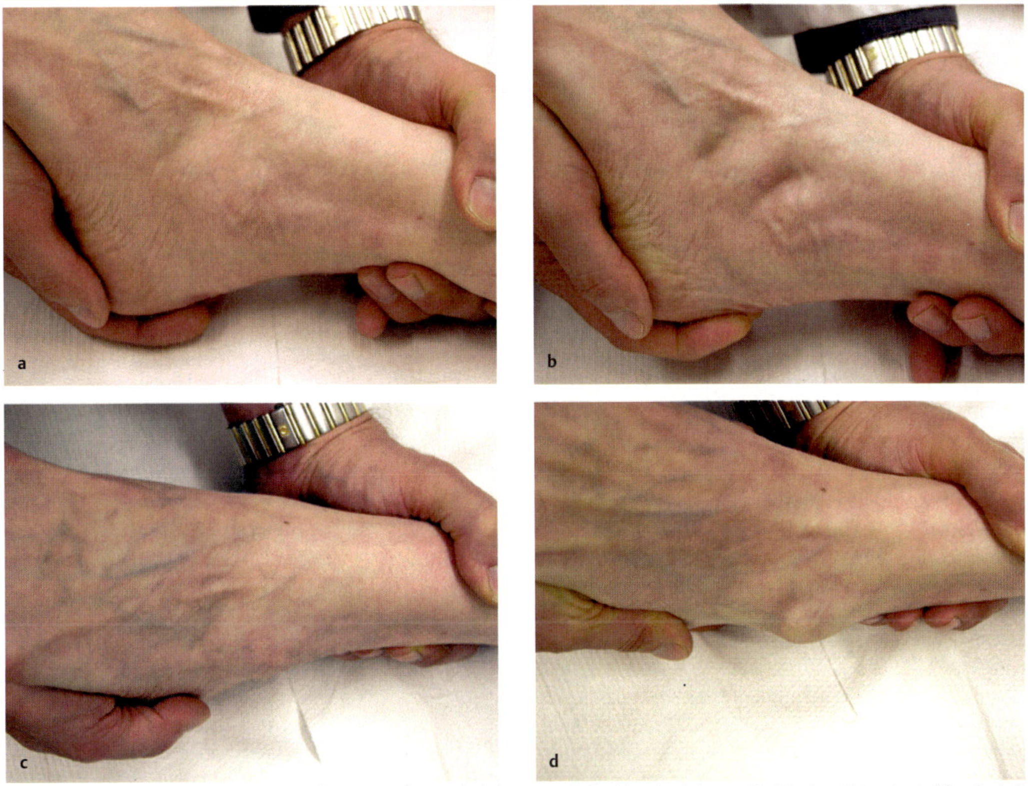

Abb. A.113 Klinische Untersuchung. Prüfung von Talusvorschub (**a** = neutrale Position, **b** = belastete Position) und lateraler Aufklappbarkeit (**c** = neutrale Position, **d** = belastete Position).

Therapie

Ob konservativ oder operativ behandelt werden sollte, wird kontrovers diskutiert. Ärztliche Entscheidungskriterien für oder gegen eine Methode sind u. a.:

- Alter des Patienten,
- Vorhandensein von Vorschäden,
- Ausmaß sportlicher Aktivitäten.

Konservative Therapie

Das Sprunggelenk wird hoch gelagert und mit Eis gekühlt. Evtl. wird der Unterschenkel kurzzeitig mit einem Unterschenkelspaltgips ruhig gestellt. Dann wird eine Orthese (Schiene) angelegt, die ein erneutes Umknicken verhindert und das Laufen ermöglicht. Wichtig ist die rasche Mobilisierung des Patienten.

Operative Therapie

Die gerissenen Bänder werden, meist in lokaler Betäubung, genäht. Evtl. werden ausgerissene Knochenstücke fixiert. Danach wird der Unterschenkel kurzfristig in einer Gipsschiene ruhig gestellt und es erfolgt die medikamentöse Thromboseprophylaxe.

Unter physiotherapeutischer Anleitung darf der Patient später allmählich wieder laufen, aber erst nach vollständiger Heilung den Fuß wieder voll belasten.

Prognose

Die Heilungschancen sind meist gut. Bei schweren Schäden kann es in den folgenden Jahren zu einem verstärkten Gelenkverschleiß kommen (Arthrose).

Wird der Unterschenkel zu lange ruhig gestellt, ist eine Thrombose möglich. Einlagen oder eine Knöchelstütze können das Gelenk auch später vor erneuten Verletzungen schützen.

Infobox

ICD-10: S39.2

Internetadressen:
http://www.orthinform.de
http://www.gvle.de/kompendium
http://www.dr-gumpert.de
http://www.netdoktor.de

Autonomes Schilddrüsenadenom

► Frau Hübner erzählt ihrer Frauenärztin, dass sie seit einiger Zeit so stark schwitze. „Manchmal habe ich regelrecht Schweißausbrüche. Mein Herz pocht häufig auch ganz deutlich. Außerdem rege ich mich über jede Kleinigkeit auf und kann nachts kaum schlafen", klagt die 52-Jährige. Als auch noch ihre Monatsblutung unregelmäßig geworden sei, dachte sie, das müssten die Wechseljahre sein.

Definition

Ein autonomes Adenom bezeichnet einen Bezirk in der Schilddrüse, in dem die Zellen selbstständig Schilddrüsenhormone produzieren. Die Autonomie kann sich auf einen Ort beschränken (unifokale Autonomie) oder an mehreren Orten (multifokal, diffus) auftreten.

Ursachen

In Deutschland ist die Versorgung mit Jod, das für die Produktion der Schilddrüsenhormone gebraucht wird, nicht ausreichend. Ein chronischer Jodmangel führt vermutlich dazu, dass einige Schilddrüsenzellen selbstständig (autonom) Hormone bilden.

Anfangs beeinflusst die autonome Hormonbildung die Hormonproduktion im Rest der Schilddrüse nicht (**kompensiertes Adenom**) (**Abb. A.114**). Nehmen die autonomen Areale zu, kann die Hormonproduktion im Rest des Schilddrüsengewebes vollständig unterdrückt werden (**dekompensiertes Adenom**): Nur noch das Adenom produziert dann Schilddrüsenhormone im Überschuss.

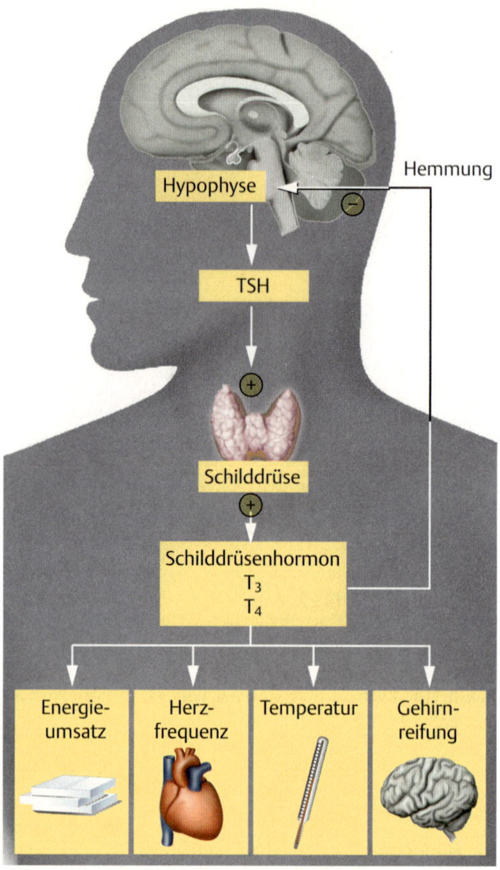

Abb. A.114 Regelkreis der Schilddrüsenhormone. Das von der Hypophyse ausgeschüttete TSH regt die Schilddrüse zur Bildung der Schilddrüsenhormone T3 und T4 an. Diese erhöhen den Energieumsatz, die Herzfrequenz und die Körpertemperatur und sie hemmen die Bildung von TSH.

Symptome

Solange ein autonomes Adenom kompensiert ist, macht es i.d.R. keine Beschwerden. Ein dekompensiertes Adenom äußert sich durch die Symptome einer Hyperthyreose (Schilddrüsenüberfunktion): Die Kranken sind nervös und gereizt, leiden unter Stimmungsschwankungen und können nachts schlecht schlafen. Der Herzschlag ist schneller als gewöhnlich (Tachykardie) oder unregelmäßig (→ Herzrythmusstörungen).

Die Patienten haben ständig Heißhunger, leiden unter Durchfall und nehmen an Gewicht ab. Den Kranken ist oft zu warm, sie haben eine warme, feuchte Haut und gelegentlich Schweißausbrüche.

Bei Frauen mit autonomem Adenom kann die Monatsblutung unregelmäßig werden (→ Zyklusstörungen). Große Adenome können sich dadurch bemerkbar machen, dass der Patient den Knoten in der Schilddrüse als kosmetisch störend empfindet oder ein Druckgefühl im Hals spürt.

Diagnose

Ein kleines Adenom verursacht meist so wenig Beschwerden, dass es lange Zeit nicht auffällt. Bei einer Hyperthyreose sind die Schilddrüsenhormone T_3 und T_4 fast immer erhöht, der basale TSH-Wert (Thyreoidea stimulierendes Hormon) erniedrigt. Auch nach Stimulation des TSH mit TRH (Thyreoidea releasing Hormone) bleibt das TSH niedrig (TRH-Test). Die Schilddrüsenautoantikörper sind i.d.R. negativ.

Im Ultraschall stellt sich das autonome Adenom als ein glatt begrenzter, homogener Bezirk dar. In der Schilddrüsenszintigrafie imponiert das autonome Adenom als warmer oder heißer Knoten. Beim heißen Knoten ist das übrige Schilddrüsengewebe vollständig unterdrückt (**Abb. A.115**).

Mit dem Suppressionsszintigramm kann nachgewiesen werden, wie groß die autonomen Bezirke sind. Der Patient

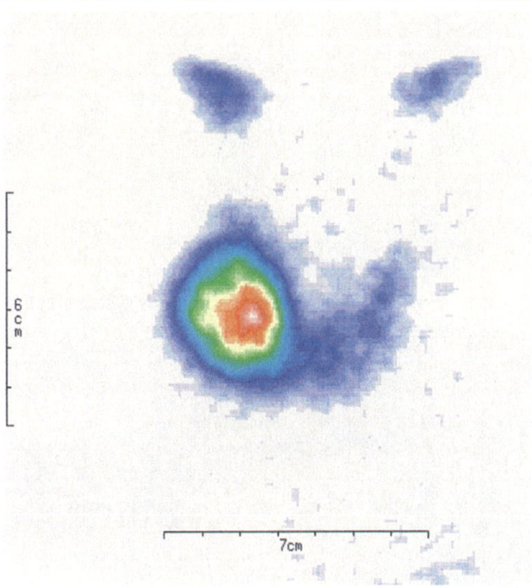

Abb. A.115 Schilddrüsenszintigramm eines autonomen Adenoms. Im rechten Schilddrüsenlappen befindet sich ein heißer Knoten. Das restliche Schilddrüsengewebe ist unterdrückt.

nimmt vor dem Szintigramm ein bis zwei Wochen lang Schilddrüsenhormone ein. Kurz vor der Untersuchung wird dem Patienten eine dem Jod ähnliche Substanz (radioaktives Technetium) in eine Vene gespritzt. Autonome Areale nehmen Technetium auf und können so abgebildet werden, während das restliche Gewebe unterdrückt ist und kein Technetium aufnimmt.

Differenzialdiagnose

Übermäßiges Schwitzen (Hyperhidrosis) tritt nicht nur bei Frauen in den Wechseljahren (→ Klimakterium), sondern auch bei Patienten mit → Diabetes mellitus, hormonell bedingten Tumoren (Karzinoid), bei einem → Phäochromozytom, bestimmten bösartigen Tumoren oder neurologischen Erkrankungen auf. Auch Medikamente wie Neuroleptika oder Parkinsonmittel können dazu führen, dass ein Patient übermäßig schwitzt.

Nimmt ein Patient ab, obwohl er ausreichend isst, kann sich dahinter ein bösartiger Tumor oder eine Hormonerkrankung wie Diabetes mellitus verbergen. Bei Patienten mit Stimmungsschwankungen sollten psychische Erkrankungen in Betracht gezogen werden.

Ist die Hyperthyreose im Labor nachgewiesen, kann diese nicht nur durch ein autonomes Adenom, sondern auch durch eine Immunkrankheit (→ Morbus Basedow), durch eine Entzündung (→ Thyreoiditis), durch ein → Schildddrüsenkarzinom oder einen Tumor der Hypophyse (Hypophysenadenom) verursacht sein.

Therapie

Bei einem autonomen Adenom sollten zunächst die Schilddrüsenhormonwerte normalisiert werden. Thyreostatika bremsen die Produktion der Schilddrüsenhormone: Thiamazol (Favistan, Thiamazol), Propylthiouracil (Propycil) oder Carbimazol hemmen die Produktion von T_3 und T_4 in der Schilddrüsenzelle, Perchlorate (Irenat) blockieren die Aufnahme von Jod in die Schilddrüsenzelle.

Sind die Schilddrüsenwerte normal, sollte das Adenom definitiv geheilt werden. Man unterscheidet zwei Therapieformen:

1. Schilddrüsenresektion (Operation),
2. Strahlentherapie (Radiojodtherapie).

Schilddrüsenresektion. Bei der subtotalen Schilddrüsenresektion entfernt der Chirurg je nach Größe des Adenoms einen oder beide Schilddrüsenlappen und lässt nur einen kleinen Teil des Schilddrüsengewebes (etwa 5 g) und die Epithelkörperchen übrig.

Strahlentherapie. Die Radiojodtherapie ist eine gute Alternative bei älteren Patienten mit einem erhöhten Operationsrisiko, auch jüngere Patienten können jedoch mit dieser Therapie behandelt werden.

Rezidivprophylaxe. Nach der Behandlung sollte der Patient einmal im Jahr seine Schilddrüse und die Hormonwerte untersuchen lassen. Um zu verhindern, dass das Adenom wieder auftritt, sollte er lebenslang Jod oder Schilddrüsenhormone (L-Thyroxin) einnehmen.

Prognose

Das autonome Adenom wird i.d.R. durch die Operation oder die Radiojodtherapie entfernt. Jedoch kann trotz einer Prophylaxe mit Jod oder Thyroxin ein autonomes Adenom wieder auftreten (Rezidiv).

Bei Patienten, die bestrahlt wurden, kann sich eine Schilddrüsenunterfunktion (Hypothyreose) entwickeln.

Infobox

ICD-10:
E05.9

Internetadressen:
http://www.endokrinologie.net
http://www.endokrinologikum.com
http://www.glandula-online.de

B

Bandscheibenvorfall

► **Ein 49-jähriger, etwas übergewichtiger Patient, von Beruf Bauarbeiter, kommt in die Praxis und klagt über heftige Rückenschmerzen: „Vor drei Tagen habe ich meiner Tochter beim Umzug geholfen. Seitdem sind meine Rückenschmerzen schlimmer geworden. Mittlerweile kann ich mich nicht mehr ganz aufrichten und kaum mehr den Oberkörper drehen. Sogar beim Husten spüre ich einen stechenden Schmerz im Rücken."**

Definition

Bei einem Bandscheibenvorfall tritt gallertartiges Kerngewebe der Bandscheibe durch Risse in deren Faserring aus. Diese Verlagerung kann, muss aber nicht, zu einer Einklemmung von Rückenmark (Spinalkanaleinklemmung) oder der aus dem Rückenmark austretenden Nerven (Spinalnerven) führen (**Abb. B.1**).

Am häufigsten tritt ein Bandscheibenvorfall im Bereich der Lendenwirbelsäule (90 %), deutlich seltener im Bereich des Halses (9,8 %) und in wenigen Fällen in der Brustwirbelsäule auf. Bereits bei einem Drittel der jungen Erwachsenen (um 30 Jahre) sind unter dem CT Bandscheibenvorfälle zu beobachten. Allerdings sind diese häufig nicht stark ausgeprägt, weshalb die Mehrheit dieser Patienten vollkommen beschwerdefrei ist.

Synonyme: Bandscheibenprolaps, Diskusprolaps.

Ursachen

Ein Bandscheibenvorfall wird vielfach durch lang andauernde Fehl- oder Überbelastung der Wirbelsäule verursacht. Dazu gehören chronische Belastungen wie häufiges schweres Heben oder akute Belastungen wie etwa ein Sprung aus großer Höhe. Besonders anfällig für einen Bandscheibenvorfall sind Menschen mit Übergewicht, Personen, die sitzende Tätigkeiten ausüben, Schwangere und generell Menschen mit untrainierter Rückenmuskulatur. Auch plötzliche Drehbewegungen, wie sie etwa beim Golfspielen vorkommen, können zur einem Bandscheibenvorfall führen.

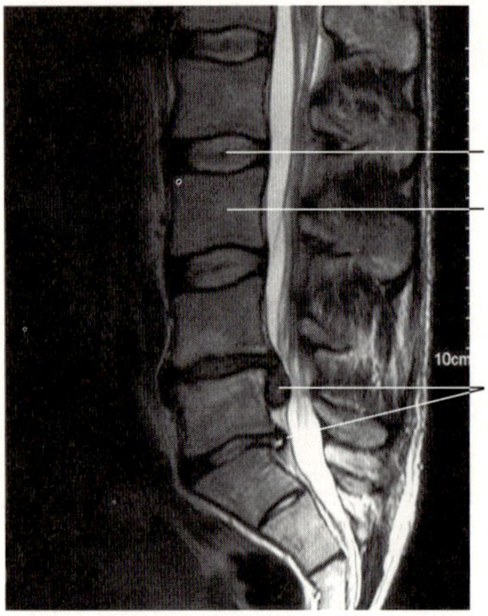

Abb. B.1 Bandscheibenvorfall. Bandscheibenvorfälle zwischen LWK 4/5 sowie zwischen LWK 5/SWK 1. LWK: Lendenwirbelkörper, SWK: Sakralwirbelkörper.

Symptome

Größe und Richtung der Bandscheibenverlagerung bestimmen den Grad der auftretenden Symptome. Sehr typisch für einen Bandscheibenvorfall im Lendenbereich sind blitzartige Kreuzschmerzen (auch Lumbago oder „Hexenschuss" genannt). Diese treten v. a. nach schwerem Heben oder abrupter Bewegung auf. Der Schmerz verstärkt sich oft beim Husten, Niesen oder Pressen.

Sind Rückenmarksnerven eingeklemmt (Wurzelkompressionssyndrom), kommt es zur Schmerzausstrahlung in meist nur einem Bein (Ischialgie). Auch Zehenbewegungen oder das Anheben des Beines können dem Patienten schwer fallen. Schlimmstenfalls kommt es zu einem motorischen Ausfall. Möglich ist zudem ein Taubheitsgefühl an Bein und Fuß (sensibler Ausfall).

Ist das Lendenrückenmark betroffen (Kaudasyndrom), kann eine Lähmung der Beine mit Schmerzen und Taubheitsgefühl einhergehen (typisch: Reithosenanästhesie). In diesem Fall kann es auch zu Blasen- und Mastdarmfunktionsstörungen kommen. Das Entleeren der Blase und des Darms ist dann aus eigener Kraft nicht mehr möglich. Derartige Symptome erfordern eine sofortige Operation.

Ein Prolaps im Bereich der Halswirbelsäule geht vielfach mit Schmerzen in Nacken und Händen sowie Taubheitsgefühl einher.

Diagnose

Um die richtige Diagnose stellen zu können, ist es wichtig zu wissen, unter welchen konkreten Beschwerden der Patient bei welcher Tätigkeit leidet. Zur genauen Lokalisierung des Bandscheibenvorfalls ist eine ausführliche neurologische Untersuchung (→ Untersuchungen des Nervensystems) vonnöten. Degenerative Veränderungen und Fehlstellungen werden durch Röntgen des betroffenen Wirbelsäulenabschnittes ausgeschlossen. Mittels MRT oder CT kann der Bandscheibenvorfall schließlich genau lokalisiert werden.

Differenzialdiagnose

Gegen den Bandscheibenvorfall abzugrenzen sind:

- Verspannungen,
- Wirbelsäulenveränderungen,
- neurologische Ursachen.

Bei Verspannungen führen Über- und Fehlbeanspruchung der Rückenmuskulatur zu Schmerzen, die denen beim Bandscheibenvorfall ähneln können.

Auch Wirbelsäulenveränderungen durch → Tumoren, einen Wirbelbruch oder durch entzündliche Erkrankungen der Wirbelgelenke oder deren Abnutzung können solche Rückenschmerzen hervorrufen.

Schmerzhafte Auswirkungen einer Entzündung des Rückenmarknervs (Spinalnerv) oder dessen Einklemmung werden oft fälschlich einem vermeintlichen Bandscheibenvorfall zugeordnet.

Therapie

Plötzlich auftretende Beschwerden im Lendenwirbelbereich lindert man durch eine spezielle entlastende Lagerung auf harter Unterlage im Stufenbett (**Abb. B.2**). Auch das Warmhalten des betroffenen Rückenbereiches kann eine Besserung herbeiführen. Bei Schmerzen im Nackenbereich wird der Hals mittels einer Halskrawatte (auch Halskrause oder Schanz-Verband) entlastet. Zusätzlich helfen Medikamente Schmerzen zu bekämpfen (Analgetika, z. B. Diclofenac) und die Rückenmuskulatur zu entspannen (Muskelrelaxanzien).

Nach Abklingen der akuten Beschwerden sollte die Behandlung durch intensive Krankengymnastik und Bewegungstherapie fortgesetzt werden. So wird eine Stärkung der Rücken- und Bauchmuskulatur erreicht, die Haltung verbessert und neuerlichen Fehlbelastungen vorgebeugt.

Ist über mehrere Monate hinweg trotz intensiver konservativer Therapie keine Besserung festzustellen oder kommt es gar zu bedeutsamen neurologischen Ausfällen (Kaudasyndrom), muss an eine Operation des Bandscheibenvorfalls gedacht werden.

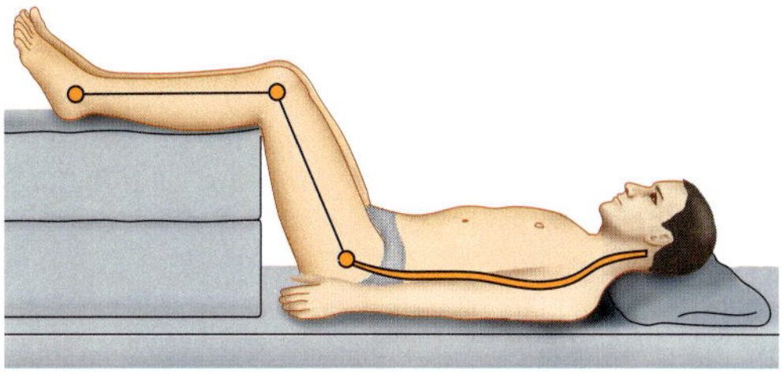

Abb. B.2 Stufenbettlagerung als konservative Maßnahme. Beim Liegen auf dem Rücken sorgt der Würfel unter den Unterschenkeln dafür, dass sich die Knie im rechten Winkel befinden.

Prognose

Bei 90 % der Patienten führt bereits die nichtoperative Therapie zur vollkommenen Schmerzfreiheit. Betätigungen zur Stärkung der Muskulatur sollten auch nach Abschluss der Behandlung fortgeführt werden.

Infobox

ICD-10:
M51.2

Internetadressen:
http://www.br-online.de/umwelt-gesundheit/thema/bandscheiben

Bartholinitis

► Eine 23-jährige Frau sucht ihren Gynäkologen auf. Sie berichtet: „Seit einigen Tagen habe ich so starke Schmerzen im Genitalbereich, dass ich kaum sitzen oder laufen kann. Außerdem beunruhigt mich eine einseitige Schwellung und Rötung der großen und kleinen Schamlippen."

Definition

Bei der Bartholinitis ist der Ausgang der Bartholin-Drüse entzündet. Sie tritt meist im 2.–4. Lebensjahrzehnt auf.

Die beiden Bartholin-Drüsen liegen neben dem Scheideneingang. Sie sind erbsengroß und produzieren ein helles wasserklares Sekret. Ihre Aufgabe ist es, diese Flüssigkeit beim Geschlechtsverkehr abzusondern, um die Reibung zu vermindern und so Epithelschäden vorzubeugen. Die Bartholin-Drüse hat ihren Ausgang auf der Innenseite der kleinen Schamlippen (**Abb. B.3**).

Ursache

Der hintere Bereich des Scheidenvorhofs, in den die Ausführungsgänge der Bartholin-Drüsen münden, ist auch bei einer gesunden Frau mit vielen verschiedenen Bakterien besiedelt.

Über die Mündung der Bartholin-Drüse ist ein Eindringen von Erregern möglich. Dies können z. B. Staphylokokken, Streptokokken, Gonokokken oder Kolibakterien sein. Folge des Erregerbefalls ist ein entzündlicher Verschluss des Drüsenausführungsgangs. Da die Bartholin-Drüse weiterhin Sekret produziert, bildet sich eine Retentionszyste (Retentio = Zurückhalten), die sog. Bartholin-Zyste.

Für die Entstehung der Bartholinitis bzw. des Bartholinabszesses gibt es nun zwei Möglichkeiten:

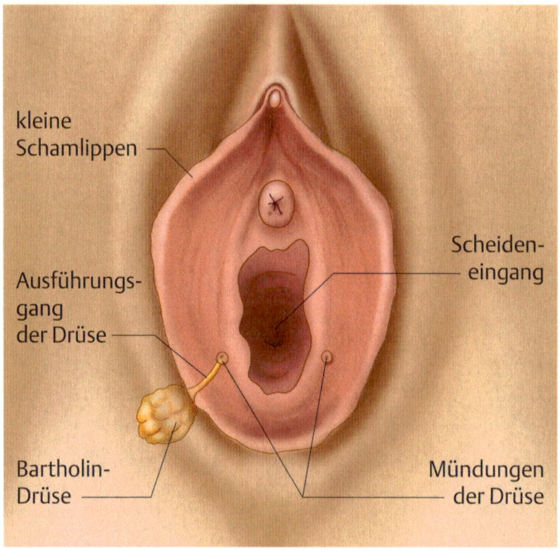

Abb. B.3 Bartholin-Drüse. Rechts und links vom Scheideneingang sind die Bartholin-Drüsen lokalisiert.

- Sekundäre Infektion des Inhalts der Bartholin-Zyste,
- Primäre Infektion des Drüsenausführungsgangs, u. U. mit Empyembildung (Ansammlung von Eiter in einer natürlich vorgebildeten Körperhöhle).

Symptome

Die Symptome sind sehr charakteristisch. Wie im Rahmen einer Entzündung zu erwarten ist, findet sich eine einseitige Schwellung (bis Hühnereigröße) und Rötung, außerdem klagen die Patientinnen oft über sehr starke Schmerzen.

Diagnose

Die Diagnose ergibt sich aus den charakteristischen Symptomen und der Anamnese. Aufgrund der hohen Schmerzhaftigkeit sollte möglichst auf eine Spekulumuntersuchung zur Diagnosestellung verzichtet werden. Bei Verdacht auf eine Gonokokkeninfektion empfiehlt sich jedoch ein Abstrich, auch im Bereich der Harnröhre.

Therapie

Zunächst wird versucht, das entzündliche Geschehen konservativ zu behandeln. Dazu bietet sich eine resorbierende Behandlung an. Wärme (z. B. Rotlicht) fördert die Abkapselung des Entzündungsherdes vom gesunden Gewebe. Führt diese Therapie nicht zum Erfolg, wird der Arzt einen kleinen Einschnitt (Inzision) vornehmen. Wie bei allen infizierten Wunden strebt man auch hier die offene Wundheilung an. Dabei wird auch der Abszessbalg in die Hautränder eingenäht. Durch den Einschnitt ergibt sich die Möglichkeit, den Eiter abfließen zu lassen. Ein solches Vorgehen nennt man Marsupialisation (Marsupialia = Beuteltiere). So wird die Funktion der Drüse erhalten. Die Marsupialisation stellt außerdem eine wichtige Rezidivprophylaxe dar. Die Fäden werden nach wenigen Tagen gezogen und die Wunde heilt innerhalb von 4–6 Wochen völlig ab.

Infobox

ICD-10: N75.8

Internetadressen:

Dachverband der Frauengesundheitszentren in Deutschland e. V.: http://www.medizin-forum.de/selbsthilfe/frauenzentren/

Deutsche Gesellschaft für Gynäkologie und Geburtshilfe e. V. : http://www.dggg.de

Gynäkologisches Informationsforum für Frauen: http://www.gyn.de

Schweizerische Gesellschaft für Gynäkologie und Geburtshilfe e. V.: www.sggg.ch/D

Bauchtrauma (stumpf)

► Am Ende eines langen Arbeitstages setzt sich Karla Müller in ihren alten Kleinwagen, um nach Hause zu fahren. Es ist ein trüber Herbstspätnachmittag, die Straßen sind nass und mit feuchtem Laub bedeckt. In einer unübersichtlichen Kurve kommt ihr plötzlich ein Fahrzeug entgegen. Dann geht alles ganz schnell. Sie bremst zu heftig, verliert die Kontrolle über ihr Fahrzeug und prallt heftig gegen einen Baum. Der angelegte Sicherheitsgurt bewahrt sie zwar vor schlimmen Kopfverletzungen, die Wucht des Aufpralls hat aber gefährliche Quetschungen im Bauchbereich zur Folge.

Definition

Beim stumpfen Bauchtrauma werden durch stumpfe Gewalteinwirkung die Abdominalorgane ohne sichtbare äußere Verletzung geschädigt. Hauptsächlich betroffene Organe sind: Milz, Leber, Nieren und Pankreas (**Abb. B.4**). Hohlorgane wie Darm oder Harnblase können bersten, Mesenterialgefäße abreißen.

Ursachen

Die Gewalteinwirkung erfolgt direkt oder indirekt (Dezeleration, z. B. bei Absturz). Häufigste Ursache für stumpfe Bauchtraumen sind Verkehrs-, Arbeits- und Freizeitunfälle, z. B. beim Auto-, Fahrrad-, Box- und Pferdesport. Hinzu kommen kriminelle Delikte.

Durch den Zusammenprall mit einem Fahrzeug, Einschnürungen des Sicherheitsgurtes oder bei einem Aufprall auf Gegenstände kommt es zur Kontusion (Quetschung) der Baucheingeweide oder zu einem Aufprall der inneren Organe gegen Wirbelsäule oder Becken (**Abb. B.5**). Nach Rippenfrakturen können Knochenfragmente Leber und/oder Milz verletzen.

Bei Beckenfrakturen sind Harnblasen- und Harnröhrenverletzungen möglich. Werden Magen oder Darm verletzt, gelangen freie Luft, Nahrungsreste und Bakterien in den Bauchraum. Der Abriss von Blutgefäßen hat heftige Blutungen in die Bauchhöhle zur Folge.

Symptome

Je nach Ausmaß der Verletzung müssen akut lebensbedrohliche Symptome von unauffälligen Symptomen, die nicht sofort an eine Bauchverletzung denken lassen und bei bewusstseinsklaren Patienten auftreten, unterschieden werden. Blässe und blaugraue Extremitäten, Kaltschweißigkeit und Bewusstseinstrübung sind Zeichen eines → Schocks.

Betroffene liegen oft mit angezogenen Beinen auf dem Rücken, klagen über Bauchschmerzen, teilweise Übelkeit und Erbrechen. Ist eine Zwerchfellruptur aufgetreten, äußert sich dies mit Luftnot, Völlegefühl oder Schmerzen hinter dem Brustbein. Geachtet werden sollte auf zuneh-

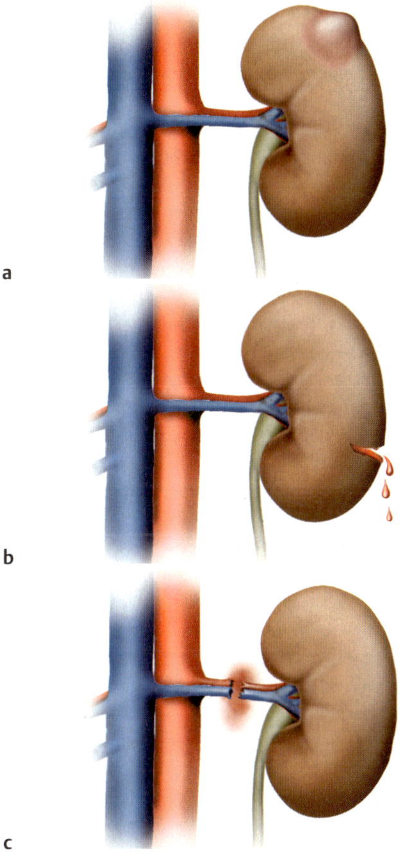

Abb. B.4 Nierenverletzung. Unterschiedliche Verletzungen der Niere durch stumpfes Bauchtrauma. **a** Nierenkontusion mit subkapsulärem Hämatom, **b** Nierenruptur, **c** Nierenstielabriss.

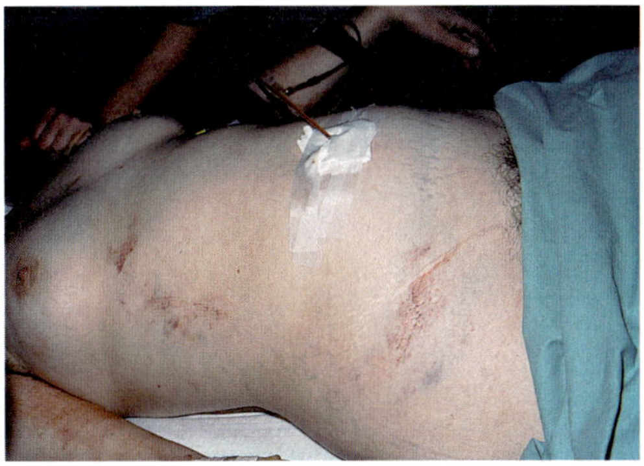

Abb. B.5 Stumpfe Bauchverletzung. Verunfallte PKW-Fahrerin mit Gurtprellmarken und Verletzungen der inneren Organe (blutiger Lavage-Katheterschlauch).

menden Bauchumfang, Prellmarken und Hämatome sowie blutigen Urin. Schulterschmerzen rechts und/oder links lassen eine Leber- und/oder Milzverletzung vermuten (Reizung des N. phrenicus).

Bei polytraumatisierten Patienten werden intraabdominelle Verletzungen leicht übersehen. Manche Symptome treten erst nach einem symptomfreien Intervall auf.

Diagnose

Anamnese und klinische Untersuchung. Die Diagnose wird in erster Linie aufgrund der Anamnese und der klinischen Untersuchung gestellt. Beim Abtasten der Bauchdecke besteht eine Abwehrspannung oder der Bauch ist bretthart. Die Darmgeräusche sind vermindert oder fehlen. Prellmarken und Druckschmerz im linken Oberbauch weisen auf eine Milzverletzung hin, Prellmarken und Druckschmerz im rechten Oberbauch auf eine Leberkontusion oder -ruptur. Bei Kontusionsmarken im Mittelbauch können Pankreas und Magen verletzt sein. Bei der rektalen Untersuchung fällt ggf. eine Vorwölbung auf, ein Zeichen für freie Flüssigkeit im Douglas-Raum (tiefster Punkt der Bauchhöhle). Blut im Urin oder Harnverhalt sprechen für eine Nieren- oder Harnwegsverletzung.

Bildgebende Verfahren. Wichtigstes technisches Hilfsmittel in der Diagnostik des stumpfen Bauchtraumas ist die Sonografie. Damit macht der Untersuchende freie Flüssigkeit (intraabdominelle Blutung, Ruptur der Harnblase) sowie freie Luft (Magen- und/oder Darmruptur) im Bauchraum sichtbar. Außerdem können die parenchymatösen Organe begutachtet werden.

Zum Ausschluss knöcherner Verletzungen werden Röntgenaufnahmen des Beckens, des Thorax und evtl. der Wirbelsäule angefertigt. Auf der Abdomen-Übersichtsaufnahme wird ggf. freie Luft unter den Zwerchfellkuppeln sichtbar. Weitere Untersuchungen erfolgen je nach Fragestellung per CT.

Blutuntersuchung. Im Labor werden Blut und Urin untersucht.

Schocksymptomatik. Niedriger Blutdruck bei hoher Pulsfrequenz bestätigen den Verdacht auf eine (beginnende) und lebensbedrohliche Schocksymptomatik. Bei tiefem und protrahiertem Schock besteht keine Zeit für eine ausführliche Diagnostik. Diese muss dann ggf. im Operationssaal stattfinden, wo der Chirurg die Bauchhöhle eröffnet, alle Bauchorgane direkt inspiziert und unmittelbar handeln kann.

Differenzialdiagnose

Prinzipiell kann jedes abdominelle Organ nach einem stumpfen Bauchtrauma verletzt worden sein.

Therapie

Bei akut lebensbedrohlichem Zustand stabilisieren Notärzte zunächst den Kreislauf des Patienten und sichern die Vitalfunktionen. Bei Verdacht auf starke intraabdominelle Blutungen muss sofort operiert werden, um die Blutungen zu stillen. Ist die Milz verletzt, muss sie ggf. entfernt werden. Dies wird heute allerdings zurückhaltender gehandhabt als früher. Ansonsten erfolgt die Behandlung entsprechend der vorliegenden Verletzungen.

Sind die Symptome nicht lebensbedrohlich, besteht die Behandlung v.a. in der aufmerksamen klinischen und technischen Beobachtung des Krankheitsverlaufs. Manche Verletzungen verursachen anfangs geringfügige Symptome, können später aber doch noch lebensbedrohlich werden. Dies sind z.B. gedeckte Darmverletzungen beim Kind nach Aufprall auf den Fahrradlenker oder retroperitoneale Verletzungen der Bauchspeicheldrüse. Deswegen werden auch nach scheinbar geringfügigen Bauchtraumata regelmäßige Untersuchungen innerhalb von mindestens 24 Stunden nach dem Unfallereignis empfohlen.

Prognose

Die Sterblichkeitsrate nach stumpfen Bauchtraumata liegt zwischen 20 und 60%. Todesursachen sind z.B. starke Blutverluste, Infektionen bis hin zur Sepsis oder Organversagen.

Infobox

ICD-10: S39.9

Internetadressen:

http://www.notfallzentrum.insel.ch/744.html
http://www.ahc-consilium.at/daten/abdomen.htm
http://www2.uni-jena.de/kindchir/vorlesungen04/tbauchtrauma/

Beckenringfraktur

► **Michael Steiner war vor fünf Jahren ein begeisterter Motorradfahrer. Bis ihm jemand die Vorfahrt nahm. Er erlitt ein Polytrauma. Außer dem linken Unterarm und Rippenbrüchen war das Becken an mehreren Stellen gebrochen, inklusive der linken Hüftpfanne. Außerdem waren die Nieren gequetscht und es hatte starke innere Blutungen gegeben. Wochenlang musste Michael nach der Operation das Bett hüten. Danach brauchte er einige Zeit, um das Laufen mit Hilfe der Physiotherapeutin wieder zu lernen. Heute ist er voll berufstätig, hat aber nach wie vor Hüft- und Rückenschmerzen.**

Definition

Eine Beckenringfraktur ist ein Bruch des Ringes, der durch die beiden Hüftbeine und das Kreuzbein sowie ihre Synchondrosen (Symphyse, Iliosakralgelenke) gebildet wird. Dieser Beckenring wird durch weitere Bandstrukturen stabilisiert, welche ebenfalls verletzt werden können (Lig. sacroiliacum dorsalis, Lig. sacrospinale, Lig. sacrotuberale).

Formen

Unterschieden werden Beckenringfrakturen mit und ohne Stabilitätsverlust (**Abb. B.6**).

Stabile Frakturen. Dies sind isolierte Brüche, z. B. des Darm-, Scham- oder Sitzbeins oder des Kreuzbeins. Sie gefährden die biomechanische Stabilität und Statik des Beckenringes nicht. Dazu gehören auch Abrissfrakturen, etwa am Darmbeinrand oder am Sitzbeinhöcker.

Instabile Frakturen. Der Beckenring ist entweder so gebrochen, dass eine oder beide Beckenhälften rotieren können, hinten aber noch stabilisiert sind (Iliosakralgelenke), z. B. bei der Symphysensprengung. Oder die Beckenhälften sind komplett verschiebbar, weil die hinteren Beckenringsegmente ebenfalls vollständig zerrissen oder gebrochen sind (ein- und/oder beidseitig).

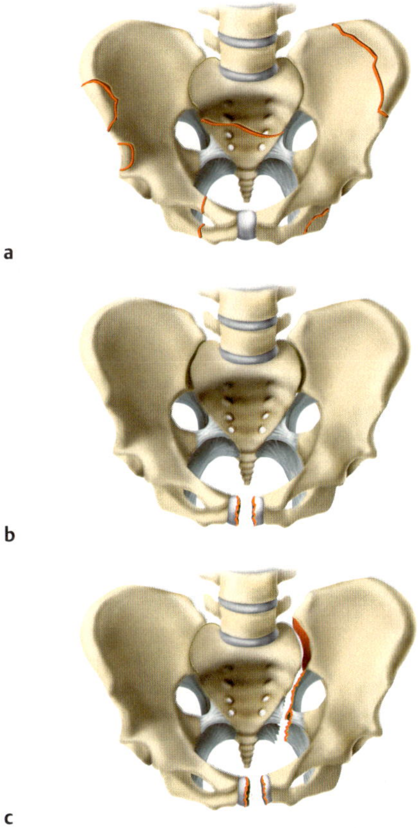

Abb. B.6 Beckenringfrakturen. a Stabile Beckenringfrakturen, **b** Beckenringfraktur mit Rotationsinstabilität, **c** Beckenringfraktur mit Rotations- und vertikaler Instabilität.

Ursachen

Beckenringfrakturen werden durch schwere Gewalteinwirkung von außen verursacht, z. B. bei einem Sturz aus großer Höhe, bei Einklemmungen und seitlicher Kompression oder beim Überfahrenwerden. Auch über den Femurschaft können die mechanischen Kräfte auf das Becken weitergeleitet werden.

Symptome

Schmerzen treten bereits in Ruhe auf, aber auch bei Bewegung im Hüftgelenk. Manchmal ist die Beinlänge der betroffenen Seite verkürzt. Außerdem sieht man Prellmarken, Hämatome und Schwellungen, etwa am Damm und Gesäß. Weil das Becken von vielen, teilweise großen Gefäßen durchzogen wird, kann es zu schweren inneren Blutungen kommen, die zum Schock führen (Zyanose, Kaltschweißigkeit, Bewusstseinstrübung). Harndrang weist auf Schädigung der Harnröhre und Harnblase hin, z. B. Verletzung des Diaphragma urogenitale.

Diagnose

Der Verdacht auf eine Beckenringfraktur ergibt sich aus dem Unfallhergang und der klinischen Untersuchung durch den Arzt.

Bildgebende Verfahren. In der Röntgenübersichtsaufnahme des Beckens können nicht alle knöchernen Strukturen ausreichend beurteilt werden. Deshalb werden zusätzlich Spezialaufnahmen angefertigt, bei denen die Röntgenstrahlen schräg durch das Becken geleitet werden.

Zur genauen Klassifikation und Operationsplanung ist eine CT erforderlich. Darauf können auch Verletzungen der inneren Organe und die Ausbreitung von Hämatomen erkannt werden.

Bei Verdacht auf Verletzung der harnableitenden Wege werden Röntgenaufnahmen mit Kontrastmittel vorgenommen: eine retrograde Urethrographie, bei der Kontrastmittel in die Harnröhre gegeben wird, um einen Abriss von der Harnblase auszuschließen und ein intravenöses Urogramm zur Beurteilung der Nieren und der Harnleiter.

Mit der Abdomen-Sonografie werden die parenchymatösen Organe beurteilt und freie Flüssigkeit im Bauchraum (Blut, Urin) identifiziert.

Therapie

Die Therapieform richtet sich nach Anzahl und Art der Frakturen.

Stabile Frakturen

Diese Patienten können meist konservativ behandelt werden mit mehrwöchiger Bettruhe, Schmerztherapie und Physiotherapie mit allmählicher Mobilisierung. Sind isolierte Beckenringfrakturen stark verschoben, muss im Einzelfall doch operiert werden.

Instabile Frakturen

Da die Patienten oft lebensbedrohlich erkrankt sind, steht an erster Stelle die Sicherung der Vitalfunktionen. Zweites Behandlungsziel ist es dann, den Beckenring wieder zu stabilisieren. Dazu werden die zerbrochenen Knochenanteile vom Unfallchirurgen wieder zusammen gefügt und mit Metallplatten und Schrauben fixiert (interne Osteosynthese) (**Abb. B.7**). Bei Frakturen im vorderen Beckenringbereich werden auch äußere Fixationsinstrumente angewendet (Fixateur externe). Dabei werden die Beckenhälften mit von außen am Becken angebrachten Querstangen miteinander verbunden. Wenn die Frakturen verheilt sind, wird der Fixateur externe wieder entfernt.

Alternativ zum Fixateur externe können instabile Beckenfragmente auch mit einer Tuch-Beckenschwebe in Position gehalten werden. Dabei wird ein Tuch dorsal um das Becken des liegenden Patienten gelegt. Vorn sind Züge am Tuch befestigt, die, sich überkreuzend, über Umlenkrollen geführt und mit Gewichten belastet werden. Dadurch „schwebt" das Becken in stabiler Position über der Liegefläche und wird zugleich von beiden Seiten komprimiert. Nachteil ist, dass die seitliche Kompression bei horizontal instabilen Beckenringfrakturen auch zu unerwünschten Fragmentverschiebungen führen kann.

Früher wurden außerdem Beckengipsverbände angelegt.

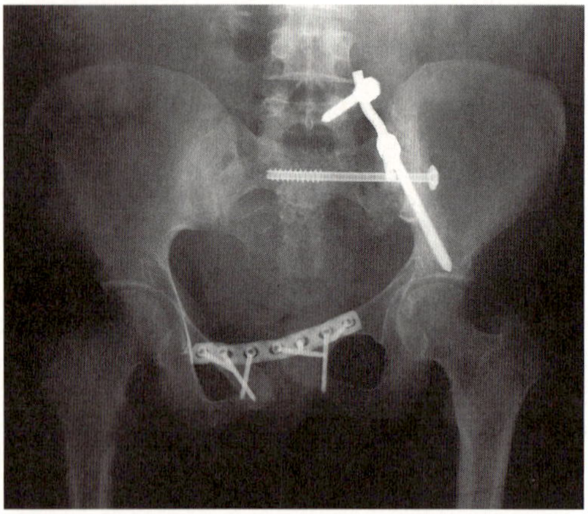

Abb. B.7 Beckenringfraktur mit Rotations- und vertikaler Instabilität. Um den Beckenring zu stabilisieren, wurden die gebrochenen Knochen mit Schrauben fixiert.

Prognose

Die Heilungs- und Überlebenschancen sind abhängig von Art und Ausmaß der knöchernen und inneren Verletzungen. Starke Blutungen, die teilweise Bluttransfusionen erfordern, sind häufig. Hauptblutungsquelle sind der Sakralvenen-Plexus und die frakturierten Knochen. Auch die großen Iliakalgefäße können verletzt werden. Bei etwa 10% der Patienten ist das Urogenitalsystem betroffen, meist sind es Blasen- und Harnröhrenrupturen. Darmverletzungen sind relativ selten. Nervenschäden finden sich bei bis zu 60% der Patienten mit instabilen Beckenringfrakturen.

Alle diese Komplikationen bergen die Gefahr, dass sie nicht oder nur teilweise ausheilen. Außerdem muss bei schweren Verletzungen mit Spätschäden gerechnet werden. So ist es möglich, dass Wirbelsäule, Hüft- und Kniegelenke aufgrund des Unfalls chronisch fehlbelastet werden, was zur frühzeitigen Abnutzung (Arthrose) führt.

Infobox

ICD-10:
S32.8

Internetadressen:
http://www.duchene.de/unfall/notarzt/index.html

Literatur:

Rieger, H.: Das instabile Becken, W. Zuckschwerdt Verlag GmbH für Medizin und Naturwissenschaften, München 1996

Becken- und Beinvenenthrombose

► **Herr Schneider erzählt auf einer Gartenparty von seiner Urlaubsreise. Braun gebrannt steht er vor seinen Freunden: „Vier Wochen nur blauer Himmel, Sonne, Sand und Meer", prahlt der beleibte 55-Jährige. „Die Malediven sind einfach wundervoll, nur der Flug ist ziemlich lang." „Dass es im Flugzeug so anstrengend ist, liegt aber an Dir", mischt sich seine Frau ein. „Du musst dich ja immer in die unbequemsten Hosen zwängen". Herr Schneider brummt unwirsch. Während sie noch in der Runde zusammenstehen, spürt er ziehende Schmerzen im linken Oberschenkel, die bis in die Leiste und die Kniekehle reichen.**

Definition

Bei einer Becken- oder Beinvenenthrombose werden die tief liegenden Venen des Beckens oder der Beine durch einen Thrombus (Blutgerinnsel) verschlossen. Der Thrombus kann mit dem Blutstrom verschleppt werden und eine → Lungenembolie auslösen.

Synonyme: tiefe Venenthrombose (TVT), Thrombophlebitis profunda, Phlebothrombose.

Ursachen

Der Pathologe Rudolf Virchow hat bereits vor 150 Jahren beschrieben, dass drei Faktoren zu der Entstehung eines Thrombus (Blutgerinnsel) führen:

- Der **Blutstrom** fließt langsamer als normal (Stase) oder bildet Wirbel.
- Die **Gefäße** sind durch Entzündungen oder Verletzungen verändert.
- Die **Zusammensetzung des Blutes** lässt das Blut verstärkt gerinnen (→ Thrombophilie).

Risikofaktoren

Es gibt eine Reihe von Risikofaktoren, die die Wahrscheinlichkeit, an einer Thrombose der tiefen Bein- und/oder Beckenvenen zu erkranken, erhöhen. Patienten, die Bettruhe einhalten müssen, Schwangere sowie Frauen, die die „Pille" einnehmen sind gefährdet. Auch Abflussstörungen des venösen Blutes im Becken durch Tumoren, Übergewicht, unbequeme Kleidung, langes Sitzen und ein Mangel an Gerinnungsfaktoren können eine Becken- oder Beinvenenthrombose begünstigen. Faktoren, die das Risiko einer TVT erhöhen, sind:

- internistische Faktoren:
  - Vorbelastung mit Beckenvenenthrombosen (Risiko bis 30fach erhöht),
  - Immobilisation (Risiko bis 20fach erhöht),
  - starke Diurese (Harnfluss) mit Diuretika,
  - Polycythaemia vera (→ Polyzythämie),
  - → Adipositas,
  - → Hirninfarkt,
  - → Herzinfarkt,
  - → Kreislaufschock (→ Schock),
  - schwere Varizenerkrankung (→ Varikosis),
  - bösartige Tumoren (→ Pankreas-, → Prostatakarzinom),
  - Therapie mit Östrogenen, Ovulationshemmer („Pille"),
  - Schwangerschaft und vier Wochen nach der Geburt,
  - Antiphospholipid-Syndrom,
  - heparininduzierte → Thrombozytopenie Typ II (HIT),
  - erworbener Mangel an Gerinnungsfaktoren,
- chirurgische Faktoren:
  - postoperative Immobilisation,
  - Frakturen,
  - Verletzungen der Beine und des Beckens,
  - Operationen,
- vererbte Erkrankungen
  - vererbter Mangel an Gerinnungsfaktoren,
  - APC-Resistenz (Faktor-V-Leiden),
  - andere Mutationen der Gerinnungsfaktoren,
- Lebenswandel:
  - Tätigkeiten, die mit langem Sitzen verbunden sind,
  - Flugreisen (enges und unbequemes Sitzen; geringer Luftdruck; erhöhter Flüssigkeitsverlust),
  - unbequeme, enge Kleidung.

Pro Jahr werden etwa 600.000 Menschen wegen einer Thrombose und den daraus entstehenden Folgekrankheiten behandelt.

Symptome

Eine Beckenvenenthrombose verursacht im Frühstadium häufig nur wenige Symptome. Eine akut auftretende → Lungenembolie kann dann das erste Zeichen sein. Ist die Thrombose größer, verursacht sie ziehende Schmerzen in den Venen. Das Bein ist teigig geschwollen, überwärmt und zyanotisch (bläulich gefärbt) (**Abb. B.8**). Zusätzlich können Allgemeinsymptome wie Fieber oder eine Tachykardie (schneller Herzschlag) auftreten.

Sind die Venen eines Beines komplett verschlossen, wird dies Phlegmasia coerulae dolens genannt. Hierbei drücken die überfüllten Venen so auf Arterien und Nerven, dass Durchblutung, Sensibilität und Bewegung gestört sind. Im Extremfall können Zehen oder der Fuß absterben (Gangrän) und es muss amputiert werden.

Diagnose

Häufig geben die Begleitumstände wie Bettlägerigkeit, eine Operation oder Schwangerschaft einen Hinweis auf ein erhöhtes Thromboserisiko. Nur bei etwa 50 % der Patienten findet man die klassischen Zeichen Schmerzen, Schwellung und Zyanose. Das betroffene Bein ist dicker als auf der Gegenseite, die oberflächlichen Venen sind häufig deutlich gezeichnet.

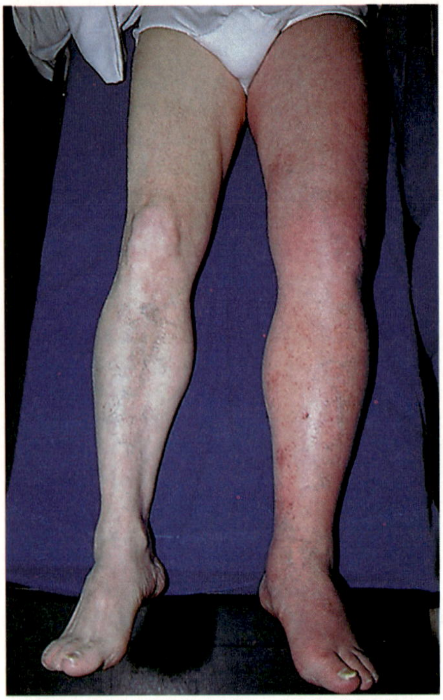

Abb. B.8 Phlebothrombose. Schwellung und Blaufärbung des linken Beines.

Bildgebende Verfahren. An bestimmten Stellen des Beines lässt sich ein Druckschmerz auslösen (**Abb. B.9**). Mit Doppler-Ultraschall und Duplex-Sonografie ist der gestörte Blutfluss zu erkennen. In der Phlebografie kann das Ausmaß der Thrombose dargestellt werden. Bei unklaren Fällen oder in der Schwangerschaft kann eine Computertomografie (CT) oder eine Magnetresonanztomografie (MRT) durchgeführt werden.

Blutuntersuchungen. Bei Verdacht auf vererbte Gerinnungsstörungen wird die Konzentration von entsprechenden Substanzen wie Protein C und S, Antithrombin III im Labor bestimmt.

Differenzialdiagnose

Eine Beckenvenenthrombose ist von anderen Erkrankungen, die ähnliche Symptome verursachen, abzugrenzen:

- Erkrankungen, die Ödeme oder Schwellungen der Beine verursachen (Lymphödem, → Erysipel, chronisch venöse Insuffizienz),
- Krankheiten, die Schmerzen in den Beinen verursachen (Muskelfaserriss, Ischias-Syndrom, → akuter Arterienverschluss).

Therapie

Besteht der Verdacht auf eine akute Becken- oder Beinvenenthrombose, sollte der Patient Bettruhe einhalten, das Bein wird hochgelagert und gewickelt. Gegen die Schmerzen werden Analgetika gegeben. Damit sich die Thrombo-

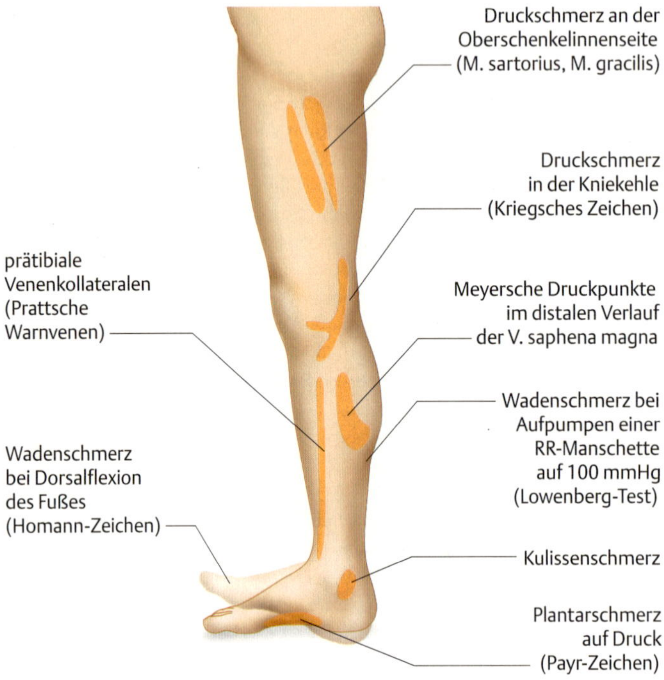

Abb. B.9 Hinweiszeichen und Druckpunkte bei tiefer Becken- und Beinvenenthrombose. Auch wenn ein Patient keines der aufgeführten Zeichen aufweist, ist eine Phlebothrombose nicht ausgeschlossen.

se nicht weiter ausdehnt, wird das Blut intravenös mit Heparin verdünnt.

Um das Gefäß wieder zu öffnen und den Blutfluss sicherzustellen, wird eine Rekanalisierungstherapie durchgeführt: Frische Blutgerinnsel, die nicht älter als sieben Tage sind, können mit intravenös verabreichten Medikamenten wie Streptokinase, Urokinase oder rTPA aufgelöst werden (Fibrinolyse). Eine Fibrinolyse darf wegen des hohen Blutungsrisikos jedoch nicht durchgeführt werden bei:

- frischen Verletzungen,
- Operationen,
- drohenden oder manifesten Blutungen,
- Hirntumoren,
- Frühschwangerschaft.

Nach der Lyse erhält der Patient Heparin, später Cumarine (Marcumar), um eine erneute Thrombose zu verhindern. Frische Thromben, die nicht älter als drei Tage sind, können mit einer Thrombektomie chirurgisch entfernt werden.

Prognose

Trotz Heparintherapie entwickeln 2 % der Patienten mit einer TVT eine → Lungenembolie. Bei etwa 40 % der Patienten kommt es zu einem postthrombotischen Syndrom mit Ödem, Blaufärbung der Haut und → Ekzemen (chronisch venöse Insuffizienz). Alle Patienten mit TVT haben ein erhöhtes Risiko, erneut eine Thrombose zu bekommen. Durch Heparingaben als Prophylaxe können drei von vier TVTs vermieden werden!

Infobox

ICD-10:
I80.2

Internetadressen:
Dt. Gesellschaft für Gefäßchirurgie:
http://www.gefaesschirurgie.de
Dt. Gesellschaft für Angiologie:
http://www.dgangiol.de

Benigne Prostatahyperplasie

► Ein 60-jähriger Mann ärgert sich über häufiges Wasserlassen. Besonders in der Nacht muss er oft bis zu sechs Mal aufstehen. Zusätzlich klagt er: „Der Urinstrahl ist schwach und nicht mehr kräftig wie früher. Außerdem habe ich eine „Startverzögerung“ beim Wasserlassen und oft tröpfelt es nach. Auch ist ein ständiges Druckgefühl über dem Schambein sehr unangenehm.“

Definition

Bei der benignen Prostatahyperplasie (BPH) handelt es sich um eine gutartige Vergrößerung der epithelialen und stromalen Anteile der Prostata (Drüsen, Muskel- und Bindegewebe). Die BPH ist die häufigste Ursache männlicher Blasenentleerungsstörungen. Sie befällt etwa 50% aller über 60-jährigen Männer; allerdings leiden nur 25% aller Patienten unter Beschwerden.

Synonyme: Prostatasyndrom, Prostatahypertrophie, Prostataadenom.

Ursachen

Die Entstehung der Prostatahyperplasie ist nach wie vor unklar. Prinzipiell wird ein gestörtes Zusammenspiel von männlichen und weiblichen Hormonen angenommen.

Symptome

Die Zeichen einer benignen Prostatahyperplasie sind vielgestaltig. Man unterscheidet zwischen Zeichen von **Entleerungsstörungen** und **Reizerscheinungen** (obstruktive und irritative Symptome), die mit einem standardisierten Fragebogen (IPSS) erhoben werden können.

Die Patienten müssen häufiger urinieren, besonders nachts. Die Zeit, die zum Wasserlassen benötigt wird, ist verlängert (Miktionszeit über 30 Sek.). Die Patienten müssen bei der Miktion vermehrt pressen. Schmerzhaft wird das Wasserlassen erst bei einer hinzutretenden Harnwegsinfektion. Nach dem Wasserlassen kann Harn in der Blase verbleiben, der sog. Restharn. Die abnehmende Stärke des Harnstrahls wird von den Patienten meist erst sehr spät bemerkt, da sie langsam erfolgt. Den klinischen Symptomen entsprechen verschiedene Veränderungen der Blase, sodass man 3 Stadien unterscheiden kann:

1. **Reizstadium:** obstruktive und irritative Symptome, wegen der Mehrbelastung der Blasenmuskulatur entwickelt sich allmählich eine Balkenblase (balkenartige Verdickung der Muskulatur).
2. **Restharnstadium:** Beginnende Dekompensation des Entleerungsmechanismus mit zunehmender Miktionsfrequenz (Pollakisurie).
3. **Rückstauungsstadium:** Bei zunehmendem Restharn (> 150 ml) versagt allmählich die Austreibungskraft der Blase (Dekompensation). Die Folge ist ein chronischer, kompletter Harnverhalt oder eine Überlaufblase.

Diagnose

Die Prostata hat die Form und Größe einer Esskastanie. Die Prostata wird in 4 Zonen unterteilt und hat eine rektal tastbare, mittelständige Furche (Sulcus). Makroskopisch unterscheidet man zwischen den Seitenlappen und einem gelegentlich vorkommenden Mittellappen bzw. einer Vernarbung am Blasenausgang (Sphinktersklerose).

Bei der rektalen Untersuchung wird zunächst die Größe und die Gewebedichte der Prostatadrüse (weich, hart oder knotig) festgestellt (**Abb. B.10**).

Bildgebende Verfahren. Bei der Ultraschalluntersuchung (Sonografie) wird die Größe der Prostata, ein evtl. vorhan-

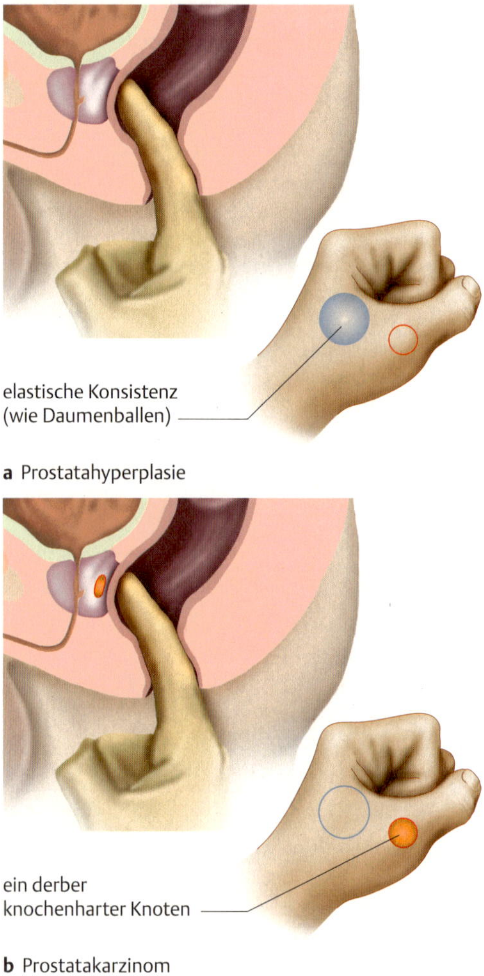

Abb. B.10 Rektale Untersuchung der Prostata. Prostatahyperplasie und Prostatakarzinom können bei der rektalen Untersuchung durch ihre Konsistenz voneinander abgegrenzt werden.

dener, in die Blase ragender Anteil sowie vorliegender Restharn beurteilt. Mit Hilfe der transrektalen Sonografie kann die Größe der Prostata noch genauer bestimmt sowie Strukturveränderungen erkannt werden.

Uroflowmetrie. Die Harnstrahlmessung klärt das Ausmaß der Entleerungsstörung. Der Normalwert für das maximale Harnflussvolumen liegt zwischen 15 und 40 ml/Sek. Ein Wert unter 15 ml/Sek. ist krankhaft.

Blutuntersuchungen. Die Serum-Kreatinin-Werte geben Aufschluss über mögliche Nierenschädigungen. Das prostataspezifische Antigen (PSA) ist zur Abgrenzung des Prostatakarzinoms wichtig. Es kann bei größeren Vorsteherdrüsen sowie bei Entzündungen leicht erhöht sein.

Differenzialdiagnose

Ein → Prostatakarzinom muss ausgeschlossen werden.

Therapie

Drei Formen der Therapie sind zu unterscheiden:
1. abwartende Therapie,
2. konservative Therapie,
3. operative Therapie.

Abwartende Therapie. Bei der abwartenden Therapie (wait and see) wird der Patient darüber aufgeklärt, dass seine Symptome zu den Erscheinungen gehören, mit denen er sich mit zunehmendem Alter zunächst abfinden muss. Dazu gehören die Abschwächung des Harnstrahls, gelegentliches Nachträufeln am Schluss des Wasserlassens sowie das einmalige nächtliche Aufstehen.

Konservative Therapie. In der konservativen Therapie lassen sich die Beschwerden mit pflanzlichen Naturheilstoffen (Phytotherapie) deutlich lindern. Insbesondere können die Reizerscheinungen und Schwellungen der Prostata beseitigt werden. Es werden hierbei Extrakte aus Stechpalmenarten (Hypoxis-rooperi-Wurzeln), Brennnesselwurzeln, Sägepalmenfrüchten sowie Kürbissamen eingesetzt.

Die Therapie mit sog. Alpharezeptorenblockern beruhigt die glatte Muskulatur am Blasenhals und der Blase. In 70% der Fälle werden die Reizerscheinungen der Prostatahyperplasie gelindert.

Eine Hormontherapie kann mit sog. Alpha-Reduktasehemmern durchgeführt werden. Diese Substanzen blockieren die Entstehung des Hormons Dihydrotestosteron, das zum Prostatawachstum beiträgt.

Operative Therapie. Bei der operativen Therapie lassen sich verschiedene Verfahren unterscheiden:

- **Transurethrale Inzision** der Prostata: Inzision des Blasenhalses bei 5 und 7 Uhr mit einem Resektoskop bei kleiner Prostata oder Prostatasphinktersklerose.
- **Transurethrale Prostataresektion:** Die Prostata wird transurethral durch ein Resektoskop mit einer elektrischen Schlinge in kleine Späne zerlegt („hobeln"), die mit einer Spritze durch den Instrumentenschaft aus der Blase herausgespült werden (**Abb. B.11**).

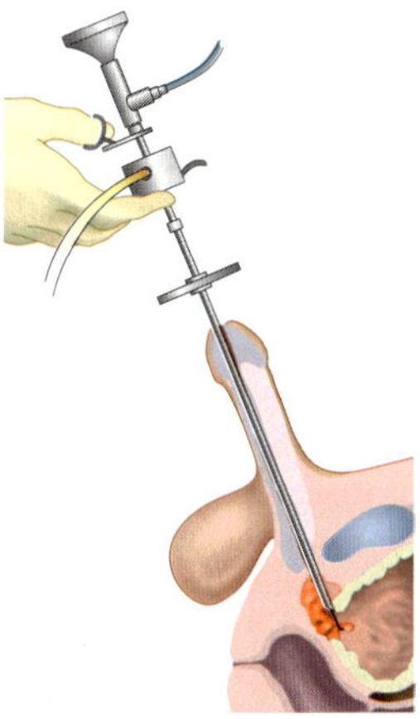

Abb. B.11 Transurethrale Prostataresektion. Mit einem Resektoskop wird die Prostata transurethral in kleine Späne zerlegt, welche anschließend mit einer Spritze durch den Instrumentenschaft aus der Blase herausgespült werden.

- **Suprapubische, retropubische oder perineale Prostatektomie:** Entfernen der Vorsteherdrüse nach Eröffnung der Blase oder direkt durch die Prostatakapsel bzw. vom Damm her bei großen Vorsteherdrüsen.

Komplikationen

Durch die Behandlung sollen Komplikationen wie Harnwegsinfekte, Harnverhalt, Blutung, Blasensteine, Balkenblase und Divertikel, Überlaufblase sowie Rückstauungsschäden vermieden werden.

In allen Stadien kann eine ungewohnt große Flüssigkeitszufuhr einen Spannungsverlust der Harnblasenmuskulatur auslösen und zu einem Harnverhalt führen.

Infobox

ICD-10: N40

Internetadressen:
http://www.prostata-info.de
http://www.harndrang.cc

Literatur:

Sökeland, J.: Urologie für Pflegeberufe. Thieme, Stuttgart 2000
Sökeland, J.: Benigne Prostata-Hyperplasie, Thieme. Stuttgart 1995

Benzodiazepinabusus

► „Bitte, bitte geben Sie mir die Tabletten. Mein Mann ist vor einiger Zeit gestorben und ich kann ohne die Tabletten nicht schlafen." Die 63-jährige Emilie Marchlewski steht in der Notdienstzentrale und ist verzweifelt. „Am besten Rohypnol". Sie verschweigt, dass ihr Mann schon vor einigen Jahren verstorben ist und sie das Mittel seitdem einnimmt. Heute morgen wollte der Hausarzt es ihr nicht mehr verschreiben. Er befürchtet, sie würde abhängig werden. Das kann Frau Marchlewski nicht nachvollziehen. Sie braucht die Tabletten unbedingt und wird immer unruhiger.

Definition

Benzodiazepinabusus bezeichnet den länger andauernden, schädlichen Gebrauch von Stoffen aus der Gruppe der Benzodiazepine wie Diazepam (z. B. Valium), Flunitrazepam (z. B. Rohypnol) oder Lorazepam (z. B. Tavor).

Ursachen

Benzodiazepine werden medizinisch eingesetzt, weil sie beruhigen, von Ängsten befreien und ein angenehmes, unbeschwertes Gefühl auslösen. So helfen sie beispielsweise bei durch Trauma bedingten Schlafstörungen (**Abb. B.12**). Bei chronischem Gebrauch kann sich eine Abhängigkeit entwickeln, deren Mechanismus dem der chronischen → Alkoholkrankheit gleicht.

Das Benzodiazepin verstärkt die Signalübertragung der GABA-(γ-Aminobuttersäure-)Synapsen im Gehirn (**Abb. B.13**). Die Folge ist eine Sedierung (Dämpfung). Bei länger andauerndem Konsum kommt es zu einer Adaption der Rezeptoren. Das Gehirn steuert gegen, um die Dämpfung auszugleichen. Während des chronischen Missbrauchs fällt die leichte Sedierung deshalb nur dem geübten Beobachter auf. Wird Benzodiazepin jedoch abgesetzt, fehlt dem Körper die gewohnte Dämpfung und es kommt zu den typischen Symptomen, ähnlich wie beim → Alkoholentzugssyndrom.

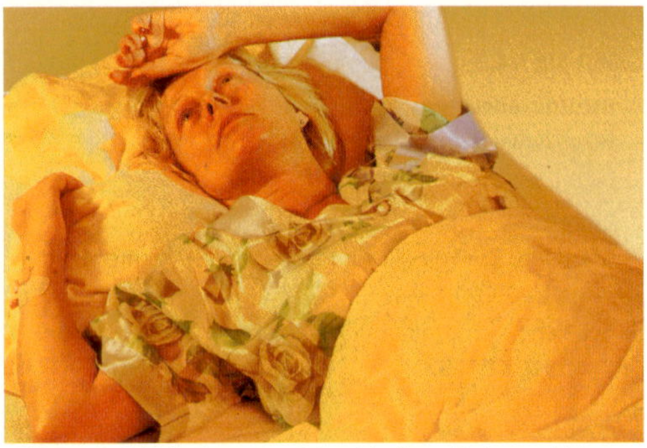

Abb. B.12 Schlafstörungen. Sehr viele ältere Patienten leiden unter Ein- und Durchschlafstörungen.

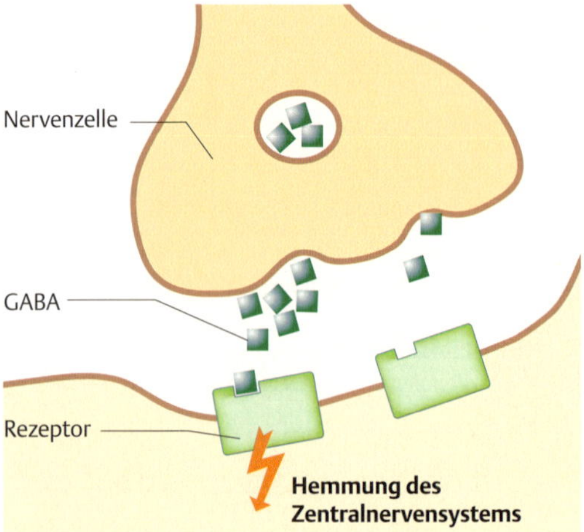

Abb. B.13 Wirkmechanismus der Benzodiazepine. Der Neurotransmitter GABA hemmt das Zentralnervensystem.

Die Gewöhnung ist außerdem relativ stark, da manche Benzodiazepine bei täglicher Einnahme stark akkumulieren (sich anhäufen) und dadurch ein hoher Spiegel resultiert.

Symptome

Die Patienten fallen meist gar nicht oder nur durch ihren drängenden Wunsch nach einem Rezept oder strafbare Handlungen (Beschaffungskriminalität, Fehlverhalten im Straßenverkehr) auf. Oft konsultiert der Patient verschiedene Ärzte, um die erforderliche Menge an Benzodiazepin über verschiedene Rezepte zu erhalten. Persönlichkeitsschwache, zu Süchten neigende Personen sind häufiger betroffen.

Nach dem Absetzen kommt es innerhalb weniger Stunden zu Entzugserscheinungen, die sich mit folgenden Symptomen äußern:

- Ängste,
- Erregung,
- Dysphorie,
- Schlafstörungen,
- Tachykardie, → Hypertonie,
- Kaltschweißigkeit
- epileptoforme Krämpfe (selten).

Der Entzug kann auch unbeabsichtigt erfolgen, wenn sich der Patient das Medikament durch eine akute Krankheit nicht mehr selbst zuführen kann. Bei einer Überdosierung können akute Intoxikationserscheinungen mit Atemdepression und Bewusstseinsstörungen auftreten.

Diagnose
Durch eine gründliche Anamnese im einfühlsamen Gespräch lässt sich ein Benzodiazepinabusus oft erfragen. Ansonsten kann durch eine Drogenbestimmung, z. B. mittels eines Urin-Schnelltests, auf Benzodiazepine geprüft werden. Benzodiazepine können, je nach konkreter Substanz, bis zu mehrere Wochen lang nachgewiesen werden. Unter stationären Bedingungen kann auch ein „Verdachtsentzug" durchgeführt werden. In solchen Fällen wird nach einigen Stunden oft ein Craving beobachtet – der Patient wird umtriebig und hat ein großes Substanzverlangen.

Differenzialdiagnose
Von einem Benodiazepinabusus ist der Rausch, also die akute, nicht medizinisch indizierte, Intoxikation evtl. mit Überdosierung zu unterscheiden. Auch ist zu hinterfragen, ob sich hinter dem akuten Abusus nicht eine andere Erkrankung verbirgt, z. B. eine Angststörung oder eine Depression.

Therapie
Sofern es möglich ist, sollte das Benzodiazepin über mehrere Wochen bis Monate langsam ausgeschlichen werden. Bei Persönlichkeiten mit einer ausgeprägten Suchtstruktur erfolgt eine Langzeitentwöhnungstherapie für Suchtkranke.

Bei Erregungszuständen wird Haloperidol (z. B. Haldol) verabreicht. Auf keinen Fall dürfen Stoffe aus der Gruppe der Benzodiazepine oder aus der Nachfolgegeneration, wie Zolpidem (z. B. Stilnox), gegeben werden. Ebenfalls beim selektiven Entzug kontraindiziert sind Benzodiazepinantagonisten wie Flumazenil – sie würden die Entzugssymptomatik verschärfen.

Bei schweren Verläufen ist u. U. eine intensivmedizinische Überwachung notwendig. Bei Krampfgefährdung werden Antiepileptika durch den Arzt verordnet.

Prognose
Sofern keine Ersatzsucht an die Stelle des Benzodiazepinabusus tritt, wird durch den geordneten Entzug i.d.R. eine Heilung erzielt. Durch eine psychotherapeutische Untersuchung kann später geprüft werden, ob eine besondere Suchtpersönlichkeit vorliegt. In einem solchen Fall kann die Rückfallswahrscheinlichkeit durch stützende Maßnahmen vermindert werden.

Infobox

ICD-10: F13.1

Internetadressen:
http://www.suchtmagazin.ch
http://www.dhs-intern.de

Bienengiftallergie

► **„Kommen Sie schnell. Einer meiner Schüler ist von einer Biene gestochen worden. Jetzt ist das Gesicht plötzlich angeschwollen und er bekommt nur schwer Luft.“ Die junge Lehrerin stürzt aufgelöst auf den Bademeister zu. „Wir haben heute Klassenausflug und nach dem Schwimmen alle zusammen ein Eis gegessen. Dabei muss es wohl passiert sein. Ich habe erst gedacht, es sei nicht so schlimm. Aber den Stich im Wasser zu kühlen, hat nicht geholfen.“**

Definition

Die Bienengiftallergie ist eine allergische Reaktion auf Bienengift. In Deutschland sind zwischen 1 und 5 % der Bevölkerung betroffen.

Ursachen

Die Allergie auf Bienengift ist eine Allergie vom Soforttyp und gehört damit zu den Typ-I-Allergien, deren Symptome einige Sekunden bis wenige Stunden nach Kontakt mit dem Allergen auftreten (**s. Abb. A.100,** S. 112).

Eine entscheidende Rolle spielt das IgE (Immunglobulin vom Typ E), das nach Sensibilisierung mit dem Gift (Antigen) vom Immunsystem gebildet wird. Ein IgE-Molekül heftet sich mit der einen Bindungsstelle an das Antigen, mit der anderen an eine Mastzelle (Antigen-Antikörper-Reaktion). Nach einem weiteren Bienenstich setzt der IgE-Antigen-Komplex aus den Mastzellen Histamin und andere Mediatoren frei, die die Symptome auslösen.

Symptome

Nicht verdächtig und für einen Bienenstich normale Symptome sind Schmerzen an der Stichstelle, eine Rötung und leichte Schwellung.

Typisch für eine allergische Reaktion sind folgende Symptome:

- Übelkeit, Erbrechen und Durchfall,
- Druckgefühl in der Brust,
- Atemnot bis zum Atemstillstand,
- Herzrasen, Blutdruckabfall, Schock und Herzstillstand,
- Abgeschlagenheit,
- Hautausschlag,
- Gefühl einer Bedrohung.

Diagnose

Der Intrakutantest, bei dem steigende Allergenkonzentrationen in Lösung direkt unter die Haut gespritzt werden, ist präziser als ein Prick-Test (**Abb. B.14**). Gleichzeitig wird i.d.R. auf eine Allergie gegen Wespengift getestet. Die Labormethoden RAST (Radio-Allergen-Sorbent-Test) und Bestimmung des spezifischen IgE geben Hinweise auf eine Allergie, sind aber nicht direkt nach Sensibilisierung positiv und korrelieren nicht mit der Schwere der Beschwerden. Jeder Test erfordert sofortige Notfallbereitschaft.

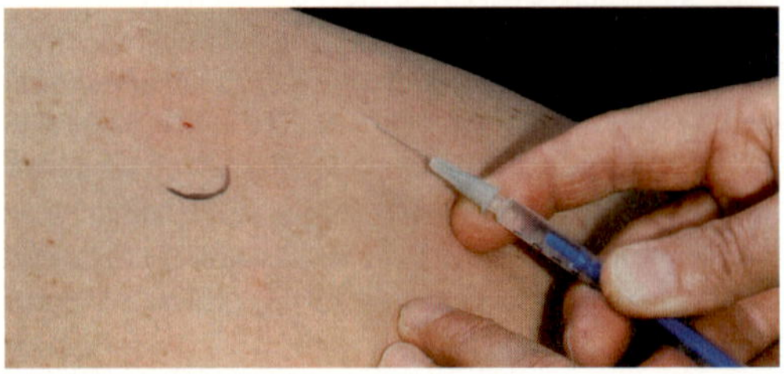

Abb. B.14 Intrakutantest. Mit einer Spritze werden Testlösungen unter die Haut appliziert. Nach 15 – 20 Minuten kann das Ergebnis abgelesen und beurteilt werden.

Differenzialdiagnose

Da das stechende Insekt nicht immer eindeutig benannt werden kann, ist auch an die Reaktion auf Wespen- oder andere Tiergifte zu denken. Weitere Auslöser für starke allergische Reaktionen sind Nahrungsmittel und Medikamente. Schocksymptome treten auch bei vielen akuten Erkrankungen auf, die sich rapide verschlechtern: z. B. → Akutes Abdomen, Unfallverletzungen, → Herzinfarkt.

Therapie

Ein sichtbarer Stachel kann durch vorsichtiges Kratzen oder mit einer Pinzette entfernt werden. Da sich beim Stich einer Biene am Ende des Stachels meist noch die Giftdrüse befindet, sollte durch Ziehen und Zusammenpressen nicht noch mehr Gift in Wunde gepumpt werden!

Die akute Behandlung richtet sich nach den Beschwerden: von Juckreizstillung bis zur Reanimation. Ab dem 10. Lebensjahr kann hyposensibilisiert werden, wobei die ersten Dosen in einer Klinik verabreicht werden. Allergiker sollen ständig ein Notfallset bei sich führen und es bedienen können. Es besteht aus Antihistaminika, Kortisontabletten und einem Adrenalin-(Selbst-)Injektor.

Prognose

Die Hyposensibilisierung schlägt bei mehr als 90 % der Patienten gut an. Ohne Behandlung nimmt die Stärke der Beschwerden mit dem Alter oft zu. Der anaphylaktische Schock und ein Stich im Rachenraum mit folgender Schwellung sind lebensbedrohlich.

Infobox

ICD-10: T63.4

Internetadressen:

Leitlinie der AWMF (Selbsttherapie Insektengift oder Insektengiftallergie): http://www.leitlinien.net

http://www.thieme.de/viamedici/medizin/notfall/

Bipolare affektive Störung

► **Andreas Ross ist mit sich zufrieden. Trotz mehrerer hundert Euro Schulden hat er gerade zwei neue Handyverträge abgeschlossen. Andreas schwelgt in Selbstbewusstsein und wenn er sich mit Freunden trifft, versucht er sie mit seiner vermeintlichen Genialität zu beeindrucken. In seinen Gedanken laufen ihm die Frauen nach, denn sie stehen ganz sicher auf so einen „tollen Hecht" wie ihn. Probleme gibt es für ihn nicht. Vor einem halben Jahr jedoch sah alles ganz anders aus. Er war verzweifelt und hoffnungslos, doch damit ist jetzt Schluss. Jetzt wird „richtig Gas gegeben!"**

Definition

Die bipolare affektive Störung bezeichnet eine psychiatrische Erkrankung des Gefühllebens, deren Erscheinungsbild zwischen den beiden Extremen (= bipolar, „zwei Pole") manisch und depressiv schwankt. Zwischen den extremen Episoden gibt es oft symptomfreie Intervalle.

Synonyme: Zyklothymie (nicht mit Zyklothymia zu verwechseln!), manisch-depressive Störung, Reaktionspsychose (unscharfe Bezeichnung).

Ursachen

Bei einer bipolaren Störung ist das Gleichgewicht der Neurotransmitter Noradrenalin und Serotonin im Gefühlszentrum des Gehirns, dem limbischen System, gestört (**Abb. B.15**). Dadurch kommt es zu zyklischen Stimmungsschwankungen. Manische Phasen mit Transmitterüberschuss wechseln sich mit symptomfreien Zeiten mit einer normalen Transmitterkonzentration und depressiven Intervallen bei Transmittermangel ab. Als biologische Ursache nimmt man eine genetische Veranlagung mit gestörter körpereigener Neurotransmitterproduktion an oder/und ein verändertes Ansprechen der Rezeptorsysteme.

Symptome

Die Störung tritt bei Männern und Frauen etwa gleich häufig auf und äußert sich meist mit 20 bis 30 Lebensjahren zum ersten Mal. Bei einer bipolaren Störung lassen sich drei Episoden unterscheiden. Diese können Stunden (Schnellwechsler) bis Monate andauern, sich dann aber auch innerhalb kürzester Zeit ändern. Treten neben den depressiven Episoden nur hypomane (ansatzweise manische) Phasen auf, spricht man von einer „Bipolar-II-Störung".

Manische Episode (Manie). Sie äußert sich durch folgende Symptome (**Abb. B.16 a**):

- Euphorie (Hochgefühle),
- Antriebssteigerung, Aggressivität,
- Gedankensprunghaftigkeit, Ideenflucht,
- Selbstkritiklosigkeit, Angstfreiheit,
- Logorrhö (ununterbrochenes Reden),
- gesteigertes sexuelles Interesse,
- Schlaflosigkeit,
- Selbstüberschätzung, Megalomanie (Größenwahn),
- fehlende Krankheitseinsicht,
- Störungen des inhaltlichen und formalen Denkens,

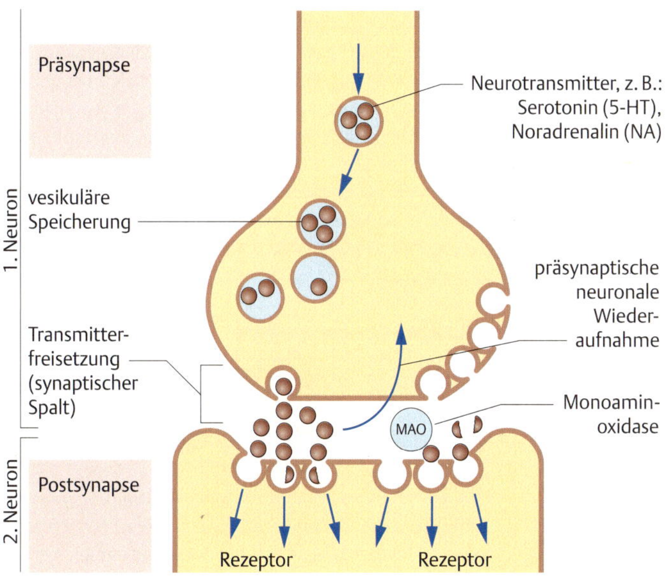

Abb. B.15 Erregungsübertragung an einer Synapse. Bei Depressionen sind die Neurotransmitter Noradrenalin und/oder Serotonin vermindert sowie die Dichte und Empfindlichkeit von postsynaptischen Rezeptoren der noradrenergen und serotonergen Systeme verändert.

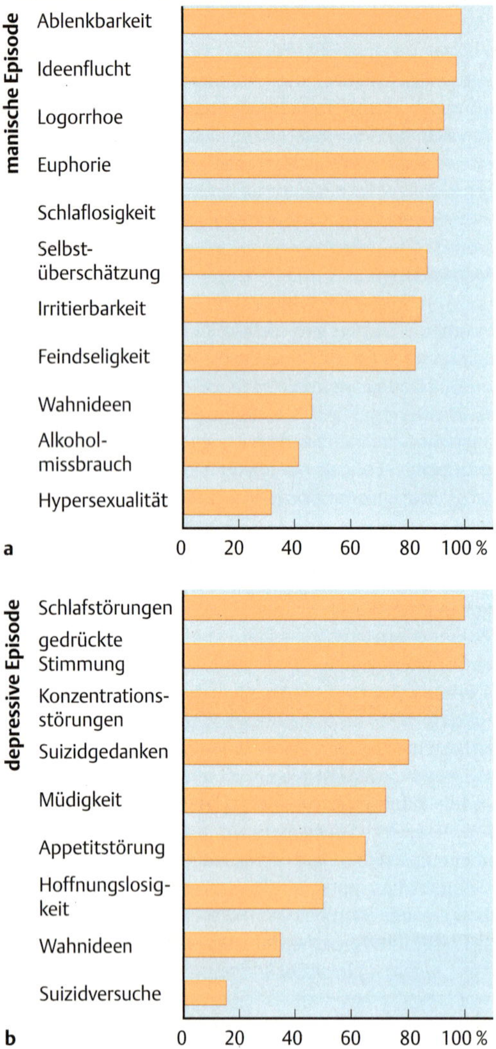

Abb. B.16 Bipolare affektive Störung. a Häufigkeit typischer Manie-Symptome, **b** Häufigkeit typischer Depressionssymptome.

- Derealisation (Wirklichkeitsverkennung),
- Ich-Störungen (z. B. Gedankenausbreiten),
- Veränderung der Wahrnehmung, manchmal Wahn und Halluzinationen,
- Störung der sozialen Stellung durch übermäßige Geldausgaben und Verprellung von Freunden und Lebenspartnern usw.

Depressive Episode. Sie äußert sich durch folgende Symptome (**Abb. B.16 b**):

- Dysphorie (Niedergeschlagenheit) bis tiefe Trauer,
- Antriebsminderung bis Antriebsverlust, Passivität,
- Gedankenverarmung, Gedankenkreisen, Denkzerfahrenheit bis hin zur Pseudodemenz,
- Gefühle der Wertlosigkeit, Schuldgefühle,
- diffuse und konkrete Ängste,
- stockende, wortarme Sprechweise,
- vermindertes sexuelles Interesse,
- Appetitverlust,
- Hypersomnie (überzogenes Schlafbedürfnis), aber auch Früherwachen oder Durchschlafstörungen,
- Störungen des inhaltlichen und formalen Denkens durch Hemmung,
- manchmal Mutismus (Sprachlosigkeit) und Stupor (Starre),
- Depersonalisation (Verlust der eigenen Persönlichkeit) und Derealisation,
- Somatisierungen (Körperschmerzen ohne Korrelat),
- Suizidalität!

Symptomfreie Phase. In dieser Phase ist die Störung nur anamnestisch erfassbar. Sie ist nicht durch spezifische Symptome gekennzeichnet.

Diagnose

Für die sichere Diagnose muss mindestens eine depressive und eine manische Episode mit obigen Symptomen nachgewiesen werden. Neben der gründlichen Anamnese kommen neurologische Untersuchungen und bildgebende Verfahren zum Einsatz, wie das Elektroenzephalogramm (EEG), eine Computertomografie des Schädels (CCT) oder eine Magnetresonanztomografie (NMR, MRT). Außerdem kann ein Dexamethasontest durchgeführt werden.

Zu den psychologischen Tests gehört u. a. die Hamilton-Depressionsskala, mit der über Fragen zum Befinden des Patienten und einem Punktesystem die Schwere der Erkrankung abgeschätzt werden kann (**Abb. B.17**). Suizidalität ist durch gezieltes Nachfragen zu ergründen.

Differenzialdiagnose

Von der bipolaren affektiven Störung ist die unipolare, nur depressive Störung als Depression oder depressive Episode abzugrenzen (→ reaktive episodische depressive Störung). Liegt dagegen eine „unipolare Manie" vor, handelt es fast immer um eine bipolare Störung, denn manische Phasen treten so gut wie nie alleine auf.

Wenn die Stimmungsschwankungen nur mäßig ausgeprägt sind, sodass nicht von einem echten Krankheitswert ausgegangen werden kann, spricht man von Zyklothymia (nicht mit der Zyklothymie, dem Vollbild der Erkrankung, verwechseln).

Zudem sind hirnorganische Veränderungen und internistische Erkrankungen wie Hyperthyreose, Drogen- und Medikamentenwirkungen sowie eine Demenz auszuschließen.

Therapie

Eine geschlossene psychiatrische Unterbringung ist erforderlich, um den Patienten vor sich selbst zu schützen, einen Suizid zu vermeiden und um andere Personen nicht zu gefährden.

Hamilton-Depressions-Skala

	Depressive Stimmung (Gefühl der Traurigkeit, Hoffnungslosigkeit, Hilflosigkeit, Wertlosigkeit)	
•	keine	0
•	nur auf Befragen geäußert	1
•	vom Patienten spontan geäußert	2
•	aus dem Verhalten zu erkennen (z. B. Gesichtsausdruck, Körperhaltung, Stimme, Neigung zum Weinen)	3
•	Patient drückt fast ausschließlich diese Gefühlszustände in seiner verbalen und nicht verbalen Kommunikation aus	4
	Suizid	
•	keiner	0
•	Lebensüberdruss	1
•	Todeswunsch, denkt an eigenen Tod	2
•	Suizidgedanken oder entsprechendes Verhalten	3
•	Suizidversuche (jeder ernste Versuch = 4)	4
	Schlafstörungen am Morgen	
•	keine	0
•	vorzeitiges Erwachen, aber nochmaliges Einschlafen	1
•	vorzeitiges Erwachen ohne nochmaliges Einschlafen	2

Abb. B.17 Hamilton-Depressions-Skala (Ausschnitt). Mit Hilfe dieser standardisierten Skala kann die Schwere der Erkrankung des Patienten ermittelt werden.

Die Medikation erfolgt je nach Phase der bipolaren Störung. In der akuten Manie, v. a. wenn Wahn auftritt, werden konventionelle, typische und modernere, atypische Neuroleptika verabreicht und z. T. auch intramuskulär injiziert. In der Langzeitbehandlung von v. a. wahnhaften Verläufen eignen sich atypische Neuroleptika.

In depressiven Phasen kommen verschiedene Antidepressiva zum Einsatz, z. B. ältere trizyklische Antidepressiva mit dem Wirkstoff Amitriptylin (z. B. Saroten), ein MAO-Hemmer mit der Wirksubstanz Moclobemid (z. B. Aurorix) oder ein SSRI mit dem Wirkstoff Citalopram (z. B. Cipramil). Insbesondere unter der antidepressiven Medikation ist darauf zu achten, dass der Patient nicht von der Depression in die Manie abgleitet!

Die Dauermedikation für einige Jahre erfolgt überwiegend mit Lithium (z. B. Quilonum retard), manchmal auch mit dem Wirkstoff Carbamazepin (Tegretal retard). Der Patient soll durch eine Schulung in psychoedukativen Gruppen lernen, selber die frühen Symptome von Manie oder Depression zu erkennen, um sich dann sofort in ärztliche Behandlung begeben zu können.

Unter Umständen kann die Einrichtung eines gesetzlichen Betreuers, z. B. für Vermögensangelegenheiten, nötig werden. Prinzipiell kann jeder dem Vormundschaftsgericht die Prüfung einer Einrichtung vorschlagen, also auch Nachbarn, Eltern, ambulanter Pflegedienst.

Prognose

Vor allem in den oft unbemerkten, depressiven Episoden besteht eine außerordentlich hohe Suizidgefahr. Etwa 20 % der Patienten nehmen sich das Leben. Die Medikamenten-Compliance (Zuverlässigkeit in der Einnahme von Medikamenten) ist oft gering – gerade in der Manie sieht der Patient oft nicht ein, dass dieser euphorische Zustand Krankheitswert hat und durch Medikamente beendet werden soll. Unter medikamentöser Behandlung bessern sich die Symptome i.d.R. nach einigen Wochen. Rückfälle sind aber häufig.

Infobox

ICD-10: F31

Internetadressen:

Dt. Gesellschaft für Bipolare Störungen: http://www.dgbs.de

http://www.kinder-psych.de/Familien/Begriffe/bipolar.htm

Bissverletzungen durch Säugetiere

► Familie Abendrot hat ihre Mischlingshündin Lena bereits seit mehr als einem Jahr. Meistens hört sie auch auf die Kommandos, die Kinder spielen viel mit ihr. Bei einem Spaziergang jedoch beißt sie plötzlich ein vorübergehendes Kind in den Unterarm und hinterlässt eine blutende Wunde. Zum Glück sind die Verletzungen nur oberflächlich. Familie Abendrot kann mit einem tierärztlichen Attest außerdem nachweisen, dass Lena einen Tollwut-Impfschutz hat.

Definition

Bisse von Säugetieren führen zu Quetschwunden oder Stich- und Risswunden. Beim Biss werden Keime der Mundflora übertragen, die lokale oder systemische Infektionen auslösen können.

Ursachen

Die meisten Bissverletzungen, etwa 75% werden von Hunden verursacht, etwa 10% von Katzen. Allerdings gelten Katzenbisse (stichartige Wunden!), aber auch Bisse von Primaten und Menschen, als gefährlicher als Bissverletzungen von Hunden (**Abb. B.18**).

Symptome

Bisswunden finden sich an Händen, Unterarmen und Beinen, bei Kindern oft auch im Kopf- und Gesichtsbereich.

Diagnose

Zunächst wird erfragt, wie alt die Wunde ist und welche Tierart sie verursacht hat. Wichtig sind außerdem die Herkunft des Tieres, dessen Tollwut-Impfstatus und der Tetanus-Impfstatus des Patienten. Bei Menschenbissen muss auch nach HIV und → Hepatitis gefragt werden.

Bei der Inspektion wird auf in der Wunde verbliebene Zähne geachtet sowie auf mitverletzte Gefäße, Nerven, Knochen, Sehnen oder Gelenke. Die Tiefe der stichartigen Wunden nach Katzenbissen ist oft schwer zu ermitteln. Von diesen Wunden geht eine höhere Infektionsgefahr aus, als von großflächigen Wunden!

Therapie

Bisswunden werden möglichst unverzüglich mit antiseptischer Lösung gespült. Es folgt das chirurgische Debridement (Wundausschneidung), um das Infektionsrisiko zu senken. Dabei entfernt der Chirurg das gesamte geschädigte Gewebe.

Verletzungen mit hohem Infektionsrisiko werden zunächst offen behandelt und erst sekundär verschlossen, um einen guten Sekretabfluss zu gewährleisten, z. B. alte Wunden mit Infektionszeichen, Katzenbisse, Bisse an Unterarm, Hand, Fuß und Kopf bei Kindern. Verletzte Extremitäten werden mit einer Schiene ruhig gestellt.

Medikamentöse Therapie

Die prophylaktische Antibiotika-Behandlung ist teilweise umstritten, bei Hochrisiko-Patienten aber obligat. Auf ausreichenden Tetanus-Impfschutz muss geachtet werden. Ist der Tetanus-Impfstatus unbekannt, erfolgt die Revakzination (Wiederimpfung). Besteht beim Tier Tollwutverdacht, wird die Simultanimpfung mit einem Tollwut-Immunglobulin und einem Tollwutimpfstoff vorgenommen.

Prognose

Der Heilungsverlauf ist abhängig vom Ausmaß der Verletzungen und v. a. von der Qualität der initialen Wundversorgung. Viele Patienten gehen erst spät zum Arzt, wenn bereits Infektionszeichen vorliegen. Dies verschlechtert die Prognose. Eine → Tollwut-Infektion verläuft so gut wie immer tödlich.

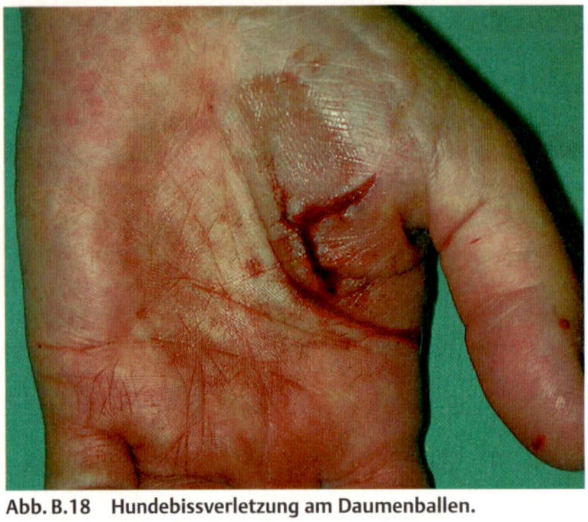

Abb. B.18 Hundebissverletzung am Daumenballen.

Infobox

ICD-10:
T14.1

Internetadressen:
http://www.holzer.li
http://www.netdoktor.de/baby_und_kind/erste_hilfe/bissverletzungen.htm
http://www.betriebsarzt.uni-bonn.de/Texte/impfung/tollwut.pdf
http://chirinn.klinikum.uni-muenchen.de/forschung/for_02/2002metzger_bissverletzungen.pdf

Literatur:
Metzger, R. u. a.: Akutversorgung von Bissverletzungen. MMW-Fortschritte in der Medizin 18 (2002) 46

Blasenentzündung

► **„Gib mir mal bitte das Kissen, ich muss mir was unterlegen. Sonst habe ich gleich wieder Probleme mit der Blase". „Pass bloß auf. Ich kann mich noch an die Toskana erinnern, als wir deswegen früher abgereist sind. Du hast vor Schmerzen gewimmert, aber Du wolltest dort ja nicht zum Arzt gehen." „Und die Rückfahrt war grässlich. Wir haben immer wieder angehalten, weil ich zur Toilette musste. Carina greift nach dem Kissen, das Bernd ihr reicht. „Der Arzt hat damals gemeint, es hätte an den Flitterwochen gelegen." Carina zwinkert Bernd zu.**

Definition

Eine Blasenentzündung ist eine infektiöse Entzündung der Blase.

Synonym: Zystitis.

Ursachen

Für eine Blasenentzündung kommen verschiedene Ursachen in Frage:

- Legen eines Harnblasenkatheters,
- veränderte Scheidenflora (z. B. bei Schwangerschaft),
- Geschlechtsverkehr,
- Kälteeinwirkung,
- vergrößerte Vorsteherdrüse,
- → Blasenkarzinom,
- Bestrahlung, Chemotherapie,
- Harnblasenstein.

Aufgrund der besonderen anatomischen und physiologischen Verhältnisse – kurze Harnröhre, Gewebeauflockerung und stärkere Durchblutung bei Menstruation, Gravidität und Geburt – sind Blasenentzündungen bei der Frau relativ häufig (**Abb. B.19**). Die Ursache dieser Infektanfälligkeit ist darüber hinaus eine Adhärenz von Bakterien an das Urothel der Frau. Bei der akuten Blasenentzündung sind i.d.R. Mukosa und Submukosa entzündet.

20 – 30 % der erwachsenen Frauen haben mindestens einmal im Jahr eine Episode mit Beschwerden beim Wasserlassen. Bei etwa der Hälfte davon besteht eine Zystitis.

Symptome

Die wichtigsten Symptome sind:

- **Dysurie:** schmerzhafter Harndrang mit erschwertem Wasserlassen,
- **Algurie:** Schmerzen und Brennen beim Wasserlassen,
- **Pollakisurie:** Drang zu häufigem Wasserlassen ohne vermehrte Ausscheidung.

Diagnose

Die Beschwerden sind schon ein erster Hinweis auf eine Blasenentzündung. Sie zeigen im Vergleich zwischen Tag und Nacht keinen Unterschied. Auslöser kann Geschlechtsverkehr sein.

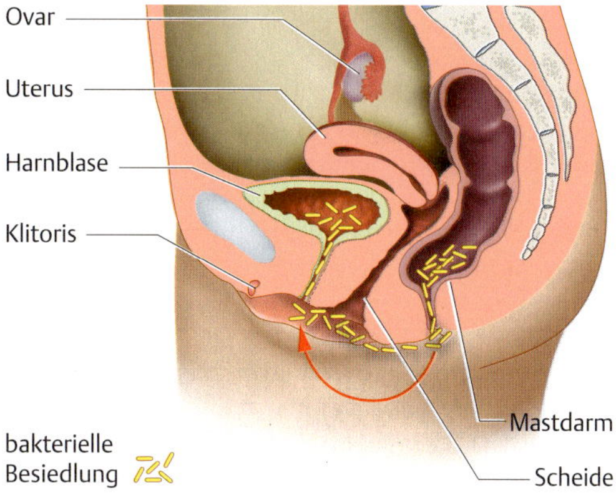

Abb. B.19 Bakterielle Besiedlung bei Blasenentzündung.

Es besteht kein Fieber. Zusätzlich untersucht der Arzt den Urin auf rote und weiße Blutkörperchen. Im Urin befinden sich massenhaft Leukozyten, unterschiedliche Erythrozytenbefunde und 10 – 20 Erythrozyten pro Gesichtsfeld. Der Bakteriennachweis ist positiv. Mit dem typischen Urinbefund ist die Diagnose gesichert.

Differenzialdiagnose

1Bei wiederholten Infekten muss nach weiteren Ursachen, z. B. → Reizblase, → Tuberkulose, gefahndet werden.

Therapie

Bei der akuten primären Zystitis ist die antibiotische Kurzzeittherapie über drei Tage die Therapie der Wahl. Subjektive Beschwerden werden mit Analgetika behandelt und es sollte reichlich Flüssigkeit zugeführt werden: 1,5 – 2 Liter Flüssigkeit schwemmen vermehrt die Bakterien aus.

Prognose

Der Infekt heilt i.d.R. vollständig ab. Wichtig erscheinen prophylaktische Maßnahmen, wie:

- vollständige Blasenentleerung,
- ausreichende Flüssigkeitszufuhr,
- warme Bekleidung am Unterleib,
- häufiges Wasserlassen.

Infobox

ICD-10: N30.0

Internetadresse: Wissensnetzwerk der Universität Witten/Herdecke: http://www.evidence.de

Literatur: Hofstetter, A. (Hrsg.): Urogenitale Infektionen. Springer, Heidelberg 1999

Blasenkarzinom

► **Ein 70-jähriger Mann berichtet seinem Hausarzt: „Mir ist aufgefallen, dass mein Urin rötlich aussieht. Ich habe aber keine Schmerzen." Die Urinprobe zeigt eine rötliche Harnfarbe und geringen fibrinösen „Materialabgang". Unter der Annahme einer Harninfektion wird der Patient zunächst antibiotisch behandelt. Da die Verfärbung des Harns weiterhin auftritt, wird er zum Urologen überwiesen, der eine Urethrozystoskopie vornimmt.**

Definition

Blasenkarzinome sind sog. Übergangszellkarzinome (mehrreihige Zellverbände) und machen etwa 3% aller bösartigen →Tumoren aus (**Abb. B.20**). Das Verhältnis Männer zu Frauen beträgt 3:1. Erwachsene sind am häufigsten im 5. und 6. Lebensjahrzehnt betroffen.

Risikofaktoren

Ständiger Kontakt mit gewissen chemischen Substanzen erhöht das Risiko für ein Blasenkarzinom (Berufsexposition). Häufig betroffen sind Arbeiter in der chemischen Industrie (z. B. in der Herstellung von Haarfarbstoffen) und Frisöre, aber auch Arbeiter der gummiverarbeitenden Industrie, Aluminiumindustrie und Textilindustrie sowie Arbeiter in Kokereien, im Bergbau und in der Druckindustrie. Chronische Harnwegsinfektionen und Nikotinkonsum begünstigen ebenfalls die Entstehung eines Blasenkarzinoms.

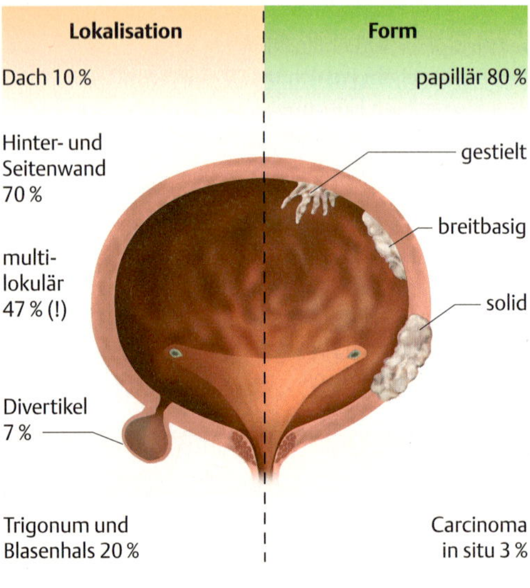

Abb. B.20 Blasenkarzinome. Schematische Darstellung von Lokalisation, Form und Häufigkeit.

Symptome

Die schmerzlose totale Blutung ist das typische Erstsymptom (80%). Gelegentlich sind Blasenbeschwerden im Sinne einer Blasenentzündung Frühsymptome von Blasenkarzinomen. Schmerzen beim Wasserlassen können gleichfalls auf ein Karzinom hinweisen.

Diagnose

Nach sorgfältiger Anamnese, klinischer Untersuchung, Harnanalyse (Hämaturie) sowie Ultraschallkontrolle (Sonografie) sollte bei einer Blutung zunächst ein Urogramm (Röntgenuntersuchung) und eine Urethrozystoskopie erfolgen. Bei dieser endoskopischen Untersuchung unter Narkose können ggf. bereits eine Gewebeentnahme und die Ersttherapie (Elektroresektion) in einem Arbeitsgang erfolgen.

Therapie

Transurethrale Resektion. Bei der transurethralen Resektion werden die aus der Schleimhaut herauswachsenden (exophytischen) Tumoranteile abgetragen (**Abb. B.21 a**). Die Tumorbasis, einschließlich der Blasenmuskulatur, und die Tumorränder werden getrennt zur mikroskopischen Untersuchung eingeschickt. Bei unvollständiger Resektion erfolgt innerhalb der nächsten Wochen eine Nachresektion.

Blasenentfernung. Bei infiltrativ wachsenden Tumoren ist die Indikation zur Blasenentfernung gegeben (**Abb. B.21 b u. c**). Nach einer Blasenentfernung muss der Harn nach außen abgeleitet werden. Man unterscheidet prinzipiell zwei Verfahren zur Harnableitung:

1. kontinente Harnableitung,
2. inkontinente Harnableitung.

Kontinente Harnableitung

Bei der kontinenten Harnableitung können die Harnleiter in den ausgeschalteten Dickdarm eingeleitet werden (Urethrosigmoidostomie). Harn und Stuhl werden danach zusammen entleert. Alternativ kann aus einem Stück Dünndarm eine Dünndarmblase (Ileum-Neoblase) konstruiert und die Harnleiter dort eingeleitet werden. Diese Verfahren ermöglichen dem Patienten ein weitgehend normales Wasserlassen.

Inkontinente Harnableitung

Sind die Voraussetzungen für eine innere Harnableitung nicht gegeben, muss der Harn direkt zur Haut abgeleitet werden. Der Harn wird mit einem Klebebeutel aufgefangen. Hierzu gibt es drei Möglichkeiten:

1. Harnleiterhautfistel (Ureterokutaneostomie),
2. Nierenfistel (Nephrostomie),
3. Ileum-Conduit.

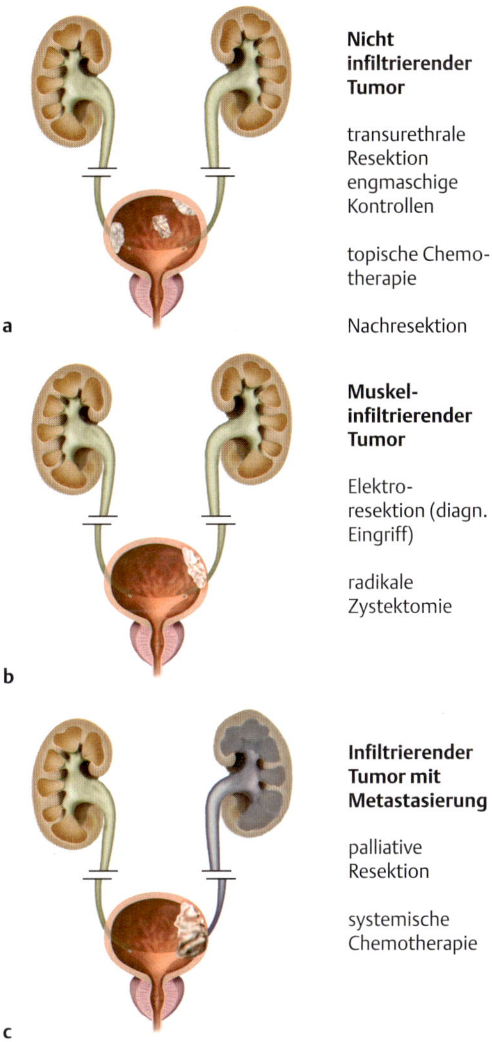

Abb. B.21 Therapie von Blasenkarzinomen.

Weitere Therapiemaßnahmen

Eine lokale Behandlung mit Zellgiften (Blaseninstillation) wird im Wesentlichen zur Rezidivprophylaxe eingesetzt. Die Tumornachsorge mit zystoskopischen Kontrollen erfolgt in drei- bis sechsmonatigen Abständen.

Prognose

Die Prognose ist abhängig von Krankheitsstadium und von Malignitätsgrad des Karzinoms. Die radikale Zystektomie führt im Stadium T2 zu 5-Jahres-Überlebensraten von etwa 75 %, im Stadium T3 von 40 % und im Stadium T4 von 25 %.

Infobox

ICD-10:
C67.9

Internetadressen:
Internationale Selbsthilfe-Organisation Federation of bladder cancer Patients FbcP: http://www.bladder-cancer.net

Literatur:
Rübben, H.: Uroonkologie. Springer, Heidelberg 2000
Sökeland, J.: Urologie für Pflegeberufe. Thieme, Stuttgart 2000

Blasenmole

► Eine 23-jährige Frau sucht besorgt den Frauenarzt auf. Sie ist in der 8. Woche schwanger und hat nun vaginale Blutungen mit Abgang kleiner Bläschen. Außerdem gibt sie an: „Morgens ist mir sehr schlecht. Die Übelkeit wird immer stärker und ich muss oft erbrechen." Bei der Tastuntersuchung findet sich ein weicher Uterus mit einer Größe, die eher zur 15. Schwangerschaftswoche passen würde.

Definition

Die Blasenmole ist eine gutartige schwangerschaftsbedingte Erkrankung des Trophoblasten (Anteil der Blastozyste, aus dem sich die Plazenta bildet) in Folge einer Befruchtungsstörung (**Abb. B.22**). Die Blasenmole tritt relativ oft bei der ersten Schwangerschaft auf. Man unterscheidet die komplette und partielle Blasenmole.

Im Rahmen der kompletten Blasenmole ist ein Embryo/Fetus äußerst selten zu finden. Bei der partiellen Blasenmole dagegen ist er vorhanden. Der Großteil dieser Schwangerschaften endet vorzeitig (→ Abort). Dennoch ist es möglich ein lebendes Kind auszutragen, i.d.R. ist es aber sehr schwer fehlgebildet.

Eine destruierende Blasenmole (Chorionepitheliom) ist gutartig, wächst aber invasiv.

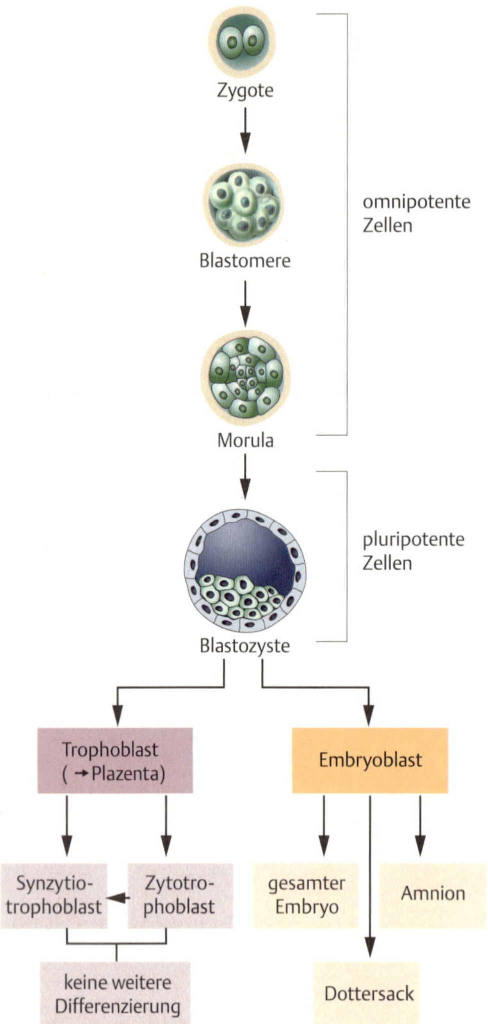

Abb. B.22 Entstehung von Trophoblast und Embryoblast. Aus dem Trophoblasten kann sich eine Blasenmole entwickeln.

Ursachen

Bei der kompletten Blasenmole wird eine leere Eizelle, die den mütterlichen Chromosomenanteil verloren hat, von einer Samenzelle befruchtet. Der väterliche Chromosomensatz wird verdoppelt. Alle Chromosomen sind väterlichen Ursprungs, es fehlen die mütterlichen. Die partielle Blasenmole zeigt häufig einen triploiden (dreifachen) statt diploiden (zweifachen) Chromosomensatz mütterlicher und väterlicher Herkunft.

Die Blasenmole ist letztlich eine Plazentabildungsstörung. Der Trophoblast beginnt verstärkt zu wachsen und sich blasig zu verändern (blasige Degeneration). Er nimmt mehr und mehr die Form eines traubenähnlichen Gebildes an (**Abb. B.23**).

Symptome

In der Frühschwangerschaft können vaginale Blutungen auftreten und wasserhelle Bläschen abgehen. Die Gebärmutter ist weicher und meist größer als es dem Schwangerschaftsalter entspricht. Außerdem klagen Patientinnen mit Blasenmolen häufig über vermehrte Übelkeit und

Abb. B.23 Blasenmole.

morgendliches Erbrechen bis hin zur → Hyperemesis gravidarum.

Diagnose

Bildgebende Verfahren. Im Ultraschall sieht man zystische echoarme und solide echogene Strukturen in unregelmäßiger Folge. Dies wurde früher wegen des schlechteren Auflösungsvermögens der Geräte als „Schneegestöber" bezeichnet. Häufig besteht ein Fehlverhältnis von Gebärmuttergröße und Schwangerschaftsdauer.

Blutuntersuchung. Die β-hCG-Werte (hCG = humanes Choriongonadotropin) sind extrem hoch, da Throphoblastzellen für die Produktion dieses Hormons verantwortlich sind. Häufig finden sich am Ovar Zysten, was auf die hohe Konzentration des β-hCG zurückgeführt wird.

Therapie

Therapeutisch steht die Ausräumung des Uterus im Vordergrund. Hierzu ist eine vorsichtige Kürettage („Ausschabung mit stumpfen Löffel") mit Unterstützung von Kontraktionsmitteln notwendig. Es sollten genügend Blutkonserven bereitgestellt werden (je größer die Gebärmutter, desto mehr), denn die Verletzungsgefahr für die Gebärmutter ist wegen der Weichheit des Gewebes hoch. Bei unstillbaren Blutungen muss die Gebärmutter entfernt werden.

Die Übergänge einer Blasenmole in eine destruierende Blasenmole (gutartige, aber invasiv wachsende Form der Blasenmole) sind fließend. Daher sind engmaschige β-hCG-Kontrollen notwendig.

Infobox

ICD-10: O01.0

Internetadressen:

Initiative Regenbogen:
http://www.initiative-regenbogen.de
Engelskinder: http://www.engelskinder.de
Maximilianprojekt mit offenem Forum:
http://www.maximilianprojekt.de
Kindergrab: http://www.kindergrab.de
Stillgeburt: http://www.stillgeburt.de
Verzeichnis humangenetischer Beratungsstellen in Deutschland: http://www.gfhev.de/de/beratungsstellen/beratungsstellen.php
Dachverband der Frauengesundheitszentren in Deutschland e.V.: http://www.medizin-forum.de/selbsthilfe/frauenzentren/
Deutsche Gesellschaft für Gynäkologie und Geburtshilfe e.V.: http://www.dggg.de/
Gynäkologisches Informationsforum für Frauen:
http://www.gyn.de
Gyn Web Deutschland: http://www.gynweb.de

Blindheit

► Ich sitze auf der Parkbank und lausche mit geschlossenen Augen dem Vogelgezwitscher. Im Gebüsch streiten sich zwei Amseln um einen Regenwurm. Vor mir höre ich ein rhythmisches Scharren. Dann klackt es ein paar Mal und wieder ist das Scharren zu hören. Ich öffne die Augen. An mir geht ein etwa 30-jähriger Mann vorbei. Er bewegt einen langen weißen Stock auf dem Boden hin und her. Manchmal berührt er die Steine an der Rasenkante und wendet sich dann wieder Richtung Wegmitte. Am Ausgang des Parks ertastet er vorsichtig die erste Stufe einer Treppe, geht zügig hinunter und bleibt an einer Fußgängerampel stehen. Ich erinnere mich, dass diese Ampel langsam tickt, solange sie rot ist, und schneller, wenn sie grün ist.

Definition

Blindheit ist das angeborene oder erworbene vollständige Fehlen des Sehvermögens (Amaurose). Im weiteren Sinne gelten aber auch Personen als blind, deren Sehschärfe auf beiden Augen nicht mehr als 1/50 („2%") beträgt oder deren Gesichtsfeld hochgradig eingeschränkt ist. Auch finden sie sich in unvertrauter Umgebung nicht zurecht.

Ursachen

Blind oder sehschwach wird ein Auge, wenn Hornhaut oder Linse getrübt sind oder die Netzhaut verletzt oder durch eine Erkrankung zerstört ist. Man kann ebenfalls erblinden, wenn der Sehnerv, die Sehbahnen oder die Sehzentren im Gehirn erkranken. Die häufigsten Krankheiten, die zu einer erworbenen Erblindung oder Sehschwäche führen sind (**Abb. B.24**):

- altersabhängige → Makuladegeneration (AMD),
- primär chronisches → Glaukom,
- → diabetische Retinopathie,
- retinale Gefäßverschlüsse.

Symptome

Der Patient hat überhaupt kein Sehvermögen oder kann nur Licht wahrnehmen, Handbewegungen erkennen oder Finger zählen. Bei einer ausgeprägten Sehschwäche sieht er nur noch sehr große Buchstaben in geringer Entfernung. Ist das Gesichtsfeld erheblich eingeschränkt, kann er sich in fremder Umgebung nicht orientieren.

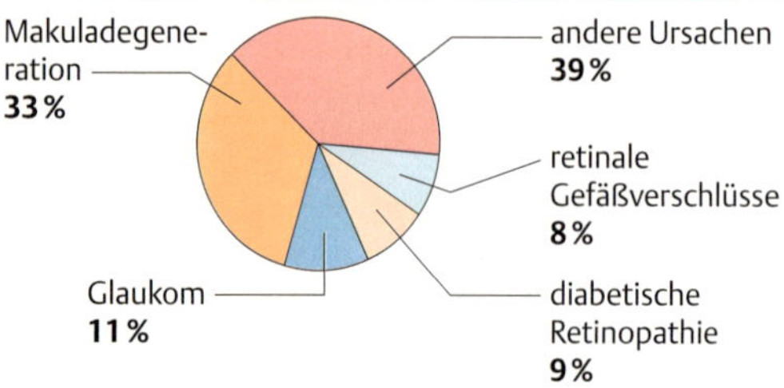

Abb. B.24 Prozentuale Verteilung der Ursachen für den Bezug von Blindengeld in Deutschland.

Diagnose

Ist ein Auge vollständig erblindet, fehlt die direkte Lichtreaktion der Pupille, d.h. sie verengt sich bei direkter Beleuchtung mit einer Lichtquelle nicht. Die Sehschärfeprüfung ergibt beidäugig eine Sehschärfe von maximal 1/50. Außerdem kann z.B. bei der genetisch bedingten → Retinitis pigmentosa das Gesichtsfeld so stark eingeschränkt sein, dass der Patient meint, in eine Röhre zu blicken. Die Orientierung in fremden Räumen ist nicht mehr möglich.

Patienten mit einer schweren → AMD können nicht mehr lesen und haben eine Sehschärfe unter 1/50. Sie nehmen ihre Umgebung aber verschwommen wahr, da ihr peripheres Gesichtsfeld nicht beeinträchtigt ist.

Menschen, die an einem Trachom leiden, einer durch Chlamydien übertragenen, vorwiegend in den Tropen vorkommenden Infektionskrankheit, können völlig eingetrübte Hornhäute haben und deshalb blind sein.

Differenzialdiagnose

Blindheit kann auch psychogen bedingt sein. Bei dieser funktionellen Blindheit sind Augen, Sehbahn und die Sehzentren im Großhirn nicht pathologisch verändert.

Bei der Amaurosis fugax entsteht eine 1 – 5 Minuten anhaltende, meist einseitige Blindheit durch Mikroembolien in Netzhautgefäßen oder durch teilweisen oder vollständigen Verschluss der A. carotis interna. Die Sehschärfe erholt sich innerhalb von 10 – 20 Minuten.

Als Simulant darf ein Patient nur eingestuft werden, wenn sicher alle möglichen pathologischen Ursachen und auch eine funktionelle Blindheit ausgeschlossen worden sind.

Therapie

Wenn möglich, wird die Grundkrankheit therapiert. Ein Trachom kann z.B. mit Tetrazyklinen behandelt werden. Eine schwere proliferative → diabetische Retinopathie kann häufig mit einer kombinierten Vitrektomie (Netzhaut-Glaskörperoperation) und Laserkaogulation therapiert werden.

Bei einer zur Blindheit führenden dichten Linsentrübung kann die Linse operativ entfernt und durch eine künstliche Linse ersetzt werden. Wenn keine anderen Augengewebe erkrankt sind, wird dadurch i.d.R. wieder eine gute Sehschärfe erreicht.

Ein früh oder bereits lange erblindeter Mensch hat gelernt, seine anderen Sinne wie Gehör, Tast-, Geruchs- und Geschmackssinn vermehrt einzusetzen, um sich in vertrauter Umgebung gut, in fremder Umgebung rasch zu-

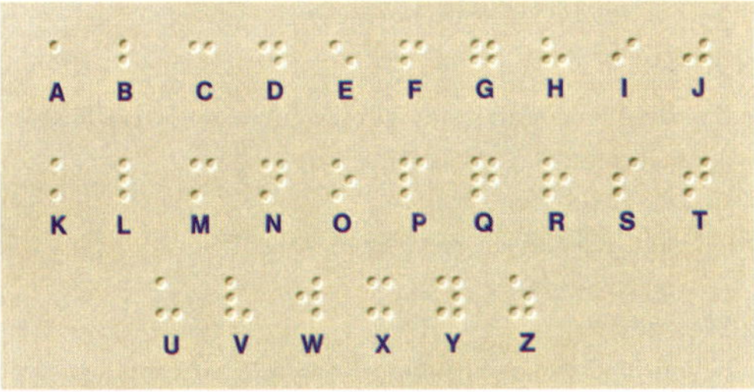

Abb. B.25 Alphabet in Braille-Schrift. Sechs tastbare Punkte legen durch Anzahl und Anordnung die einzelnen Buchstaben fest.

rechtzufinden. Neu Betroffene sind dagegen unsicher und müssen zunächst lernen, die Situation zu akzeptieren.

Außerdem müssen diese Patienten Hilfsmittel und -angebote kennen lernen. Es gibt mittlerweile eine Vielzahl von Angeboten, die helfen, den Alltag zu bewältigen und auch die Freizeit zu gestalten. Hilfsmittel und -angebote speziell für Blinde und Sehbehinderte sind z. B.:

- Blindenbinde,
- Braille-Schrift (Blindenschrift) (**Abb. B.25**),
- spezielle PC-Programme und Drucker, mit denen gescannter Text in Braille-Schrift umgesetzt, ausgedruckt oder über eine Sprachausgabe wiedergegeben werden kann,
- Blindenführhunde,
- Lang- bzw. Blindenstock, mit dem der Weg abgetastet werden kann,
- Geräte, die Gegenstände in der Umgebung lokalisieren und Signale an den Träger senden,
- Boxen, mit denen Geldstücke sortiert werden können,
- Uhren mit tastbarem Zifferblatt oder Sprechansage,
- Waagen mit Sprechansage,
- Spiele mit taktiler Markierung der Spielfiguren,
- Hotels, die auf blinde Menschen spezialisiert sind,
- Leistungssport: Wasserball mit Klingelball, Laufen oder Skifahren mit akustischer Führung oder Führung am Band.

Prognose

Die Prognose ist von der Grunderkrankung abhängig. Eine getrübte Hornhaut kann durch ein klares Transplant ersetzt werden und eine getrübte Augenlinse durch eine klare Kunstlinse. Eine zerstörte Netzhaut oder ein atrophischer Sehnerv können z. Z. beim Menschen noch nicht transplantiert, gegen Chips oder künstliche Gewebe ausgetauscht werden.

Infobox

ICD-10:
H54.0

Internetadressen:
Dt. Blinden- und Sehbehindertenverband e. V.: http://www.dbsv.org
Selbsthilfegruppe Pro Retina Deutschland e. V.: http://www.pro-retina.de

Literatur:
Oestreicher, E. u. a.: HNO, Augenheilkunde, Dermatologie und Urologie für Pflegeberufe. Thieme, Stuttgart 2003

Blockierung von Gelenken

► Es ist Samstag und Familie Krause kauft, wie üblich, auch Getränke ein – mehrere Kästen Wasser, Saft und Bier. Als Herr Krause den letzten Kasten in den Kofferraum wuchten will, schießt plötzlich ein heftiger Schmerz in seinen Rücken, der ihn in die Knie gehen lässt. „Mein Gott, Hermann, ein Hexenschuss. Was machen wir denn jetzt?", schreit Frau Krause auf. Er kann sich nicht mehr aufrichten und sich auch nicht mehr ins Auto setzen. Frau Krause hievt ihren Mann, der heftige Schmerzen hat, auf die Rückbank und fährt ihn in die Klinikambulanz.

Definition

Eine „Blockierung" bezeichnet einen meist plötzlich eintretenden Zustand, in dem ein Gelenk vermindert beweglich oder bewegungsunfähig ist.

Der Begriff stammt aus der Chirotherapie (manuelle Therapie). Häufig bezieht sich die Bezeichnung auf die kleinen Wirbelgelenke der Wirbelsäule. Prinzipiell kann aber jedes Gelenk blockieren, vor allen Dingen auch an der unteren Extremität. Volkstümliche Bezeichnungen für Blockierungen sind, unabhängig von der Ursache, „Hexenschuss" oder „Nackensteife".

Ursachen

Die genauen pathophysiologischen Vorgänge bei Gelenkblockierungen sind nicht vollständig geklärt. Chirotherapeuten gehen bei Blockierungen an der Wirbelsäule davon aus, dass Gelenkflächen, ähnlich wie zwei nasse, kaum voneinander trennbare Glasscheiben, aneinander haften. Durch Schmerzreize, z. B. aus der Gelenkkapsel, einer Bandscheibe oder der Muskulatur, verkrampft die lokale Muskulatur schmerzhaft. Ausgelöst werden die Beschwerden durch Überlastung eines Bewegungssegmentes, z. B. beim schweren Heben mit Verdrehbewegung oder bei ständig sich wiederholenden Fehlbelastungen.

An peripheren Gelenken können freie Gelenkkörper (Knorpel-, Knochenteile), z. B. nach Unfällen, zu einer schmerzhaften Blockierung des Bewegungsumfangs führen.

Symptome

Die Beschwerden bei Blockierungen sind äußerst vielfältig. Bei Blockaden in den verschiedenen Gelenken treten folgende Symptome auf:

- Halswirbelsäule:
  - Kopfschmerzen,
  - Schwindel,
  - Brust- und Schulterschmerzen,
  - Hör- und Sehstörungen.
- Brustwirbelsäule:
  - herzinfarktähnliche Brustschmerzen,
  - Atemstörungen.
- Lendenwirbelsäule oder Iliosakralgelenke (**Abb. B.26**):
  - Schmerzen am Bein, Knie oder Fuß,
  - Nierenschmerzen,
  - Unterleibsbeschwerden der Frau,
  - Leistenschmerzen.
- Kniegelenk:
  - unvollständigen Beuge- und/oder Streckfähigkeit durch freie Gelenkkörper.

Diagnose

Die Diagnose wird mit Hilfe einer manualmedizinischen Untersuchung gestellt. Dafür ist eine Spezialausbildung erforderlich. Um feststellen zu können, dass es sich wirklich um eine reversible Funktionsstörung und nicht um eine ernsthafte strukturelle Erkrankung handelt, werden z. T. zusätzlich bildgebende Untersuchungen (Röntgen, Computertomografie, Magnetresonanztomografie), Laboruntersuchungen u. a. m. vorgenommen.

Differenzialdiagnose

Die Beschwerden bei Gelenkblockierungen (Hypomobilität) können Symptomen folgender Störungen ähneln und müssen deshalb von ihnen abgegrenzt werden:

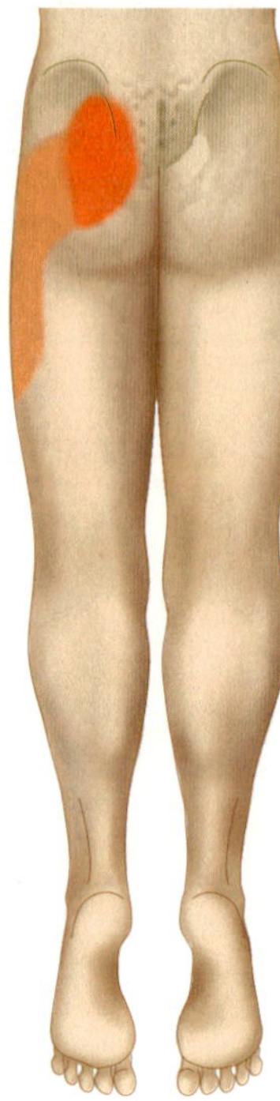

Abb. B.26 Manuelle Therapie. Schmerzprojektion bei Blockierung des Iliosakralgelenks.

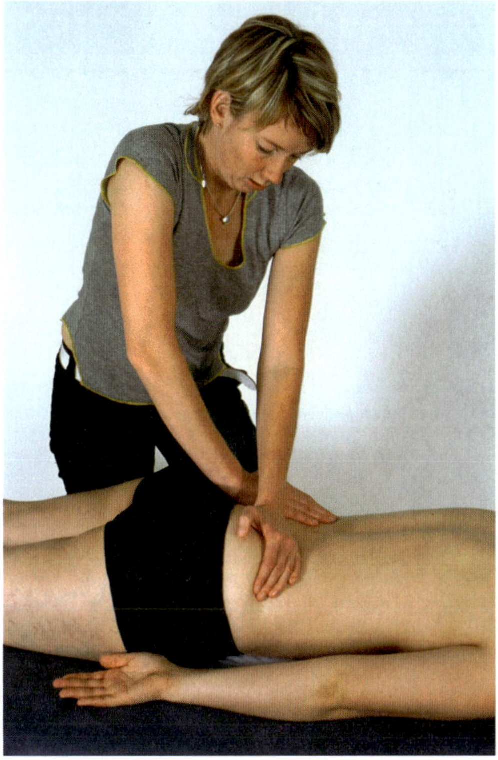

Abb. B.27 Manuelle Therapie. Mobilisation des Iliums nach ventral in Bauchlage mit dem Kreuzgriff.

- → Hypermobilitäts-Syndrom,
- → Bandscheibenvorfall,
- Entzündungen,
- knöcherne Verletzungen,
- bösartige Erkrankungen,
- Erkrankungen der inneren Organe,
- psychische Störungen.

Therapie

Blockierungen werden mit spezifischen manuellen Mobilisations- und Manipulationstechniken gelöst (**Abb. B.27**). Um späteren erneuten Blockierungen vorzubeugen, ist zusätzlich Physiotherapie erforderlich und sind bestimmte Verhaltensregeln zu beachten.

Prognose

Die Beschwerden bessern sich unter manueller Therapie oft augenblicklich. Manchmal sind mehrere Behandlungen erforderlich. Inwiefern manualtherapeutische Praktiken zu Gefäß- und Nervenschäden oder Schlaganfällen (Manipulationen an Halswirbelsäule) führen können, ist umstritten. Bei sachgerechter Anwendung der Techniken sind Komplikationen selten.

Infobox

ICD-10: M99.8

Literatur:

De Coninck, S. : Cyriax compact. Thieme, Stuttgart 2005

Internetadressen:

http://www.dgmm.de

http://www.thieme.de/viamedici/medizin/alternativ/

Blutgruppenunverträglichkeit

► Herr Diestler wurde gestern an einem Rektumkarzinom operiert. Bei der Operation hat er viel Blut verloren und benötigt eine Bluttransfusion. „Ich fühle mich schon wieder ganz gut", erzählt er der Stationsärztin begeistert, als diese die Transfusion anschließt. Nachdem 50 ml Blut eingelaufen sind, wird Herr Diestler plötzlich ganz blass. „Doktor, mir ist ganz schwindelig und ich habe das Gefühl, ich bekomme keine Luft mehr."

Definition

Bei einer Blutgruppenunverträglichkeit vertragen sich die Blutgruppen-Antikörper aus dem Blut (Serum) des Spenders nicht mit den Blutgruppen-Antigenen aus dem Blut (Erythrozyten) des Empfängers oder umgekehrt. Infolge dessen hämolysieren (zerplatzen) die Erythrozyten und es kommt zu einem allergischen Schock (**Abb. B.28**).

Synonyme: Transfusionszwischenfall, hämolytische → Anämie durch Isoantikörper, AB0-Unverträglichkeitsreaktion.

Ursachen

Die Blutgruppe eines Menschen wird durch die Antigene A und B auf der Oberfläche der Erythrozyten (rote Blutkörperchen) festgelegt. Im Serum befinden sich Antikörper gegen das jeweils fremde Antigen. **Tab. B.1** zeigt die verschiedenen Kombinationen von Antigenen und Antikörpern, die beim Menschen möglich sind.

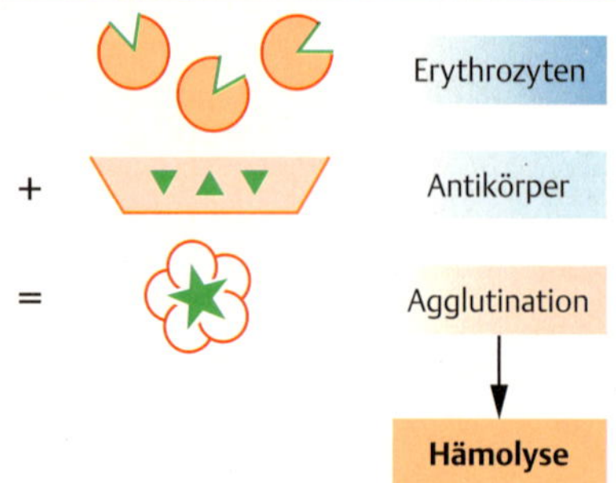

Abb. B.28 Hämolyse. Die Agglutination von Erythrozyten mit Antikörpern aus Fremdblut führt zur Hämolyse.

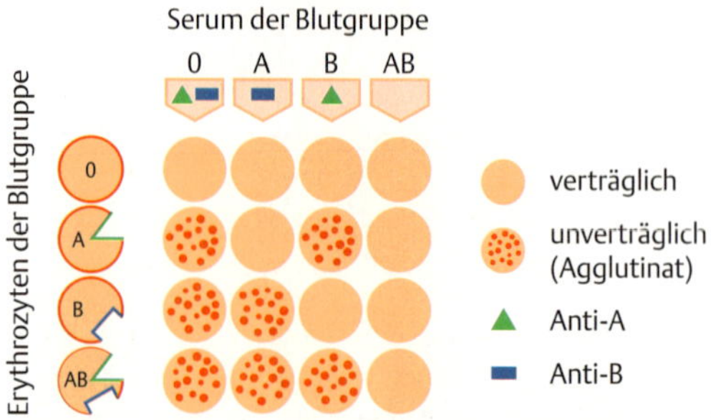

Abb. B.29 Kreuzprobe. Vor jeder Bluttransfusion muss die Verträglichkeit von Empfänger- und Spenderblut getestet werden.

Wird einem Patienten bei einer Transfusion Blut mit einer nicht passenden Blutgruppe transfundiert, binden die IgM-Antikörper des Patienten an die Antigene auf den Erythrozyten des Spenders. Die Erythrozyten agglutinieren (verklumpen) und hämolysieren. Dadurch wird eine Immunreaktion ausgelöst.

Vor jeder Operation, bei der mit einer Bluttransfusion zu rechnen ist, muss die Blutgruppe bestimmt und nach Antikörpern gesucht werden (Kreuzprobe). Hierbei wird Empfänger-Serum mit Spender-Erythrozyten, sowie Spender-Serum mit Empfänger-Erythrozyten gemischt. Zeigt sich makroskopisch oder mikroskopisch eine Agglutination, darf das Spenderblut dem Patienten nicht verabreicht werden. Unmittelbar vor der Transfusion muss die Verträglichkeit des Spenderbluts mit dem Empfängerblut direkt am Bett des Patienten überprüft werden („Bedside-Test").

Symptome

Je nachdem wann die Symptome auftreten, unterscheidet man zwischen einem akuten oder verzögerten Transfusionszwischenfall.

Tab. B.1 Blutgruppenkompatibiltät

Blutgruppe	Antigen	Antikörper	Kompatibilität
0	nicht vorhanden	AB	0
A	A	B	A, 0
B	B	A	B, 0
AB	AB	nicht vorhanden	AB, A, B, 0

Akuter Transfusionszwischenfall. Sofort oder innerhalb von 1 – 2 Stunden nach einer Bluttransfusion hat der Patient Schweißausbrüche, ihm ist schwindelig und sein Herz klopft als Zeichen eines beginnenden Schocks. Er hat Schwierigkeiten zu atmen (Dyspnoe durch Bronchospasmus) und atmet schnell (Tachypnoe). Einige Patienten bekommen einen stark juckenden Ausschlag (→ Urtikaria) und werden rot. Manche Patienten klagen über Rücken- oder Kopfschmerzen. Bei schwerer Hämolyse kann es zu → akutem Nierenversagen kommen. Der Urin ist rötlichbraun, der Patient hat einen Ikterus (Gelbsucht) als Zeichen der Hämolyse.

Verzögerter Transfusionszwischenfall. Der Patient hat in einer Zeit weit vor der Transfusion Antikörper gegen fremde Blutgruppen-Antigene gebildet. Diese lassen sich jedoch wegen der geringen Konzentration zum Zeitpunkt der Transfusion nicht nachweisen. Einige Wochen nach der Transfusion hat der Patient plötzlich Fieber und Ausschlag, einen Ikterus und rötlich-braunen Urin.

Diagnose

Die Symptome des Patienten weisen auf eine Blutgruppenunverträglichkeit hin. Labortests spielen in der Diagnose des akuten Zwischenfalls keine Rolle, können aber wichtig für die Diagnose der verzögerten Reaktion sein. Durch die Hämolyse ist die Konzentration des freien Hämoglobins in Urin und Plasma und die des indirekten Bilirubins im Plasma erhöht. Außerdem ist die Aktivität der Laktatdehydrogenase (LDH) erhöht. Die Menge an Haptoglobin, das Transportprotein für Hämoglobin, ist verringert. Die Konzentration von Hämoglobin und Erythrozyten und der Hämatokrit sind trotz der Bluttransfusion niedrig.

Differenzialdiagnose

Die Blutgruppenunverträglichkeit ist von nichthämolytischen Transfusionsreaktionen zu unterscheiden. Nichthämatolytische Transfusionsreaktionen entstehen z. B. dadurch, dass:

- der Patient Antikörper gegen Oberflächenantigene fremder Leukozyten (HLA-Antigene) oder gegen Bestandteile des Plasmas hat und deshalb allergisch reagiert,
- die Blutkonserve mit Bakterien kontaminiert ist, auf die der Patient mit einem septischen Schock reagiert,
- ein Pyrogen (fiebererzeugender Stoff) in der Blutkonserve vorhanden ist und Fieber und Blutdruckabfall verursacht.

Therapie

Treten charakteristische Symptome auf, muss die Transfusion sofort gestoppt werden. Der Patient erhält Elektrolytlösungen und eventuell Sympathomimetika, um den Blutdruck zu erhöhen. Betasympathomimetika helfen gegen den Bronchospasmus. Gegen die allergische Reaktion werden Antihistaminika und Kortison intravenös verabreicht. Um ein → akutes Nierenversagen (ANV) zu verhindern, werden starke Diuretika (harntreibende Mittel), z. B. Furosemid, infundiert. Ist bereits ein ANV eingetreten, sollte rechtzeitig eine Hämodialyse durchgeführt werden.

Bei einem Transfusionszwischenfall wird die Blutkonserve steril abgeklemmt und zusammen mit Blutproben des Patienten zur serologischen Untersuchung an das Labor geschickt. Die Transfusionsreaktion muss auf einem speziellen Formblatt dokumentiert werden.

Prognose

Wird der Transfusionszwischenfall nicht behandelt, stirbt der Patient. Die Prognose ist bei schweren Unverträglichkeitsreaktionen umso besser, je frühzeitiger der Patient dialysiert wird.

Infobox

ICD-10:
T80.3

Internetadressen:

Dt. Gesellschaft für Transfusionsmedizin und Immun hämatologie http://www.dgti.de

Paul-Ehrlich-Institut (Bundesamt für Sera und Impfstoffe) http://www.pei.de

Gesetz zur Regelung des Transfusionswesens (Transfusionsgesetz – TFG) vom 1. Juli 1998 (BGBl. I, Nr. 42, S. 1572; zuletzt geändert am 20. 2. 2005) http://217.160.60.235/BGBL/bgbl1f/b198042f.pdf und http://www.bundesrecht.juris.de/bundesrecht/tfg/gesamt.pdf

Borderline-Persönlichkeitsstörung (BPST)

► **„Hast Du gestern am Badesee Dianas Arme gesehen?", fragt Mirjam ihre Freundin Martina, „vor allem die Oberarme waren ja vollkommen vernarbt!". Martina, die Diana schon lange kennt, erklärt: „Ja, das habe ich gesehen. Aber es waren keinen frischen Verletzungen dabei. Ich habe extra darauf geachtet." Mirjam ist irritiert. „Diana ist psychisch krank und hat sich früher selber verletzt", erzählt Martina. „Seit knapp zwei Jahren hat sie eine neue Therapeutin und die muss echt gut sein. Diana schwärmt oft von ihr und offenbar hat sie Erfolg."**

Definition

Die Borderline-Störung ist eine Persönlichkeitsstörung von emotional-instabiler Art, die in ihrem Erscheinungsbild an eine Störung aus dem schizoiden oder affektiven Formenkreis grenzt – daher der Name „Borderline".

Ursachen

Ursachen für diese Erkrankung sind häufig kindliche Sozialisationsstörungen und traumatische Erlebnisse, z. B. frühere Vergewaltigungen oder innerfamiliäre Gewalt. Viele Patienten erkranken jedoch, ohne dass eine Ursache auszumachen ist. Durch ein gestörtes Selbstbild, eine schwache Persönlichkeit und insgesamt fehlende Lebenskraft entsteht ein Gefühl innerer Leere und Nutzlosigkeit, das zudem diffuse Angst schafft.

Da sie in belastenden Situationen an ihren mangelnden Fähigkeiten der Konfliktbewältigung scheitern und in innere Unruhe geraten, schädigen sich die Betroffenen selbst. Dadurch vergewissern sie sich letztlich ihrer selbst. Der Schmerz entlastet kurzfristig von dem emotionalen Konflikt.

In den Krisenmomenten wird pathopyhsiologisch eine gestörte Schmerzverarbeitung im Gehirn vermutet. Der Schmerz wird in dieser Situation vermutlich durch Störungen an opiatempfindlichen Synapsen suchtartig benötigt und als wohltuend empfunden. Nach der Krise liegt dann wieder eine normale bis sogar gesteigerte Schmerzempfindlichkeit auf zentralnervöser Ebene vor.

Symptome

Überwiegend sind pubertierende und heranwachsende Mädchen von dieser Erkrankung betroffen. Patienten mit einer Borderline-Persönlichkeitsstörung zeigen folgende Symptome:

- Aggressivität, die sich auf unterschiedliche Weise gegen sie selbst richtet. Wird die Aggressivität z. B. durch „Ritzen" ausgelebt, erfahren die Betroffenen momentane Entlastung. Die Patienten haben Impulskontrollstörungen, sehen Konsequenzen nicht voraus und führen eine Rasierklinge oder ein Messer prophylaktisch mit sich: bevorzugt an von der Kleidung bedeckten Stellen wie Oberarmen und Oberkörper sind viele, oft parallel angeordnete ältere und auch frischere Schnittverletzungen vorhanden (**Abb. B.30**). Anfangs kommt es meist nur zu verdeckten Probierschnitten, später wird tiefer und auch an exponierten Stellen, z. B. im Gesicht, geschnitten. Die Patienten verbrühen und verbrennen sich auch.
- Idealisierung von Bezugspersonen und sich daraus ergebene Exklusivbeziehungen. Verlaufen diese Beziehungen enttäuschend, werden diese Personen extrem abgewertet. Dieses Projektionsphänomen führt insbesondere unter stationären Bedingungen dazu, dass sich das Behandlungsteam in „Freunde" und „Ablehner" aufspaltet.
- unklare Impulsäußerungen („ich spüre ein Brennen in der Brust"),
- Beziehungsinkonstanz,
- oft nicht oder nur rudimentär ausgeprägte Sexualität,
- beständiges Gefühl innerer Leere, Nutzlosigkeit, Unwertigkeit, mangelnder Lebenskraft und Identität,
- gestörte Frustrationstoleranz,
- oft ängstlich-vermeidendes, klammerndes Verhalten („ich tue alles was du willst"),
- affektive Labilität,
- in Krisen auch wahnhafte Entgleisungen,
- Suiziddrohungen.

Diagnose

In der körperlichen Untersuchung finden sich abhängig von der Erkrankungsdauer zahlreiche Zeichen von oberflächlichen und später auch tiefen Schnittverletzungen. Diese sind so angeordnet, dass sie vom Patienten selbst verursacht sein können, z. B. an der Innenseite des Handgelenks, nicht jedoch z. B. an der Oberschenkelrückseite.

Persönlichkeitsveränderungen werden durch psychologische Fragebögen, wie dem „Strukturierten klinischen Interview nach DSM-IV" (SKID), dem „Freiburger Persönlichkeitsinventar" (FPI) oder dem „Minnesota Multiphasic Personality Inventory (MMPI)" sowie durch den Rohrschach-

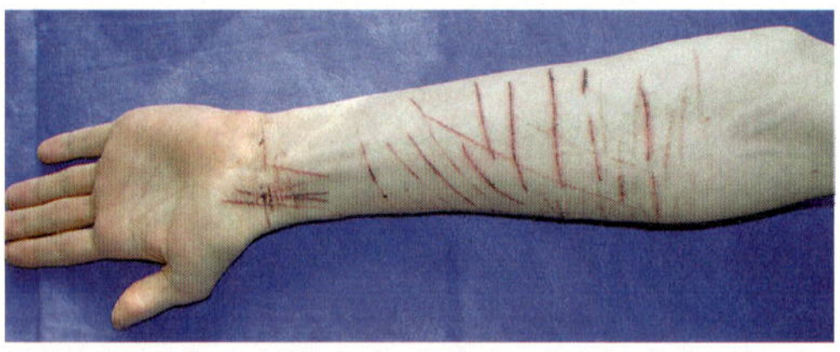

Abb. B.30 Selbstschädigendes Verhalten bei Borderline-Persönlichkeitsstörungen. Multiple Schnittverletzungen, z. B. an den Unterarmen, können häufig beobachtet werden.

Klecksfiguren-Test skaliert. Im Gruppenverhalten fällt die deutliche Beziehungsextremität zwischen Überidealisierung und Abwertung auf. Eine klinische Untersuchung der Opiat reagierenden Synapsen ist noch nicht möglich.

Differenzialdiagnose

Es ist auszuschließen, dass die Verletzungen durch dritte Personen z. B. bei Misshandlungen oder Vergewaltigungen beigebracht wurden. Durch ein Elektroenzephalogramm (EEG) und die Magnetresonanztomografie (MRT) werden gehirnorganische Veränderungen ausgeschlossen. In der psychiatrischen Exploration wird die Borderline-Persönlichkeitsstörung gegen Depression und → Schizophrenie abgegrenzt.

Therapie

Therapieziel ist weniger eine Heilung, die oft nicht möglich ist, sondern symptomfreie Intervalle. Dazu stehen verschiedene Maßnahmen wie Psychotherapie, Soziotherapie oder medikamentöse Behandlung zur Verfügung.

Psychotherapie

In Krisensituationen oder nach Selbstverletzung erfolgt häufig eine stationäre Aufnahme, um den Patienten vor sich selbst zu schützen und zu entlasten. Die Patienten müssen u. U. gründlich nach Schneidewerkzeugen, Feuerzeugen u.ä. durchsucht werden, denn der unter Schneidedruck stehende Betroffene funktioniert viele Gebrauchsgegenstände um! Die Patienten können aber meist bereits nach wenigen Tagen offen geführt werden.

Um die Schwelle für eine Therapie möglichst niedrig zu halten und einen angstfreien Zugang zu ermöglichen, kann zwischen der zuständigen psychiatrischen Klinik und dem Patienten eine Behandlungsvereinbarung getroffen werden. Sie benennt im Voraus Station und Therapeut und hat lediglich eine psychologische und organisatorische Bedeutung. Die Patienten erlernen verhaltenstherapeutisch andere schmerzhafte, jedoch ungefährliche Handlungsweisen wie das Schnalzen mit einem Gummiband, die sie in Krisensituationen anwenden sollen.

Beim der dialektisch-behavioralen Therapie (DBT) lernen die Patienten sich selbst zu analysieren und zu steuern, damit sie sich in Krisen und im Alltag selbst therapieren können. Bei geeigneten, ausreichend introspektionsfähigen Patienten wird die Störungsursache tiefenanalytisch bearbeitet. Diese Therapieform kann durch ihren aufdeckenden Charakter zumindest anfänglich auch zu einer Verstärkung der selbstschädigenden Impulse führen.

Soziotherapie

Zwischenmenschliche Beziehungsformen werden zunächst in Einzel- dann in Gruppentherapie erlernt und geübt. Oft ist die Bindung zum Therapeuten die erste länger andauernde, tragende Beziehung der Patienten. Umso schwieriger ist dann auch die spätere Ablösung.

Medikamentöse Behandlung

Da die Diagnose erst seit wenigen Jahren allgemein anerkannt ist, gibt es kaum übereinstimmende Leitlinien für den Einsatz von Medikamenten. Die medikamentöse Behandlung erfolgt üblicherweise durch Antidepressiva wie den Wirkstoff Venlafaxin (z. B. Trevilor retard) und manchmal durch atypische Neuroleptika in geringer Dosierung. Auch kommen Opiatantagonisten (z. B. Nemexin) und als Mood-Stabilizer Lithiumpräparate (z. B. Quilonum retard) recht erfolgreich zum Einsatz.

Prognose

Bei manchen Patienten bessert sich die Erkrankung nach einigen Jahren, die überwiegende Zahl kann jedoch bisher nur stabilisiert werden. Gute Erfolge zeigen die neuen verhaltenstherapeutischen Maßnahmen wie die dialektisch-behaviorale Therapie (DBT). Wichtig ist immer auch die Tragfähigkeit des sozialen Umfelds. Sprechen die Therapien nicht an, kommt es zur Progression der Störung mit immer schwerwiegenderen und bisweilen auch tödlich verlaufenden Selbstbeschädigungen.

Infobox

ICD-10: F60.31

Internetadressen:
http://www.borderline-community.de
http://www.borderline-plattform.de

Borreliose

► Die 9-jährige Silke spielt gerne im Wald. Eines Tages entdeckt die Mutter abends eine Zecke auf Silkes Unterschenkel. Sie entfernt die Zecke mit einer Pinzette. Am nächsten Abend zeigt Silke ihrer Mutter die Bissstelle: Eine kreisförmige Rötung hat sich darum gebildet. Die Mutter findet dies zunächst nicht dramatisch und wartet ab was passiert. Im Verlaufe des nächsten Tages wird aus der Rötung allmählich ein roter Fleck, der von der Stichstelle wegwandert. Nun sucht die irritierte Mutter den Arzt auf, der ein Erythema migrans diagnostiziert.

Definition

Als Borreliose werden Infektionen mit den Schraubenbakterien Borrelia burgdorferi, B. afzelii und B. garinii bezeichnet (**Abb. B.31**). Der einzige Ansteckungsweg dieser Erreger für den Menschen verläuft über die in ganz Europa heimische Zecke, in Deutschland über den „gemeinen Holzbock" Ixodes ricinus.

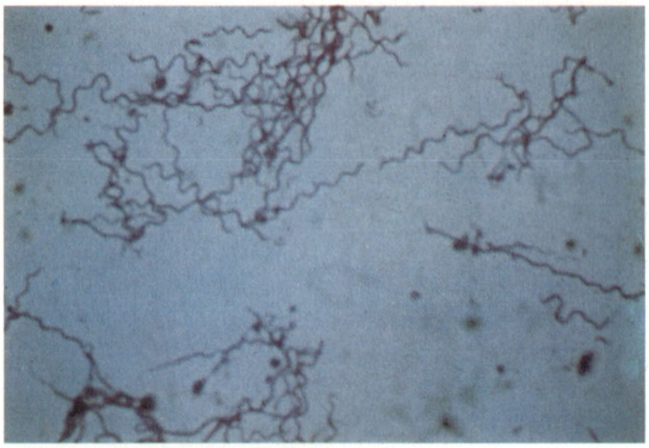

Abb. B.31 Borrelia burgdorferi.

Ursachen

In Deutschland und Österreich, aber auch sonst im mitteleuropäischen Raum sind zahlreiche Zecken mit Borrelien besiedelt. Während die Zecken selber nicht erkranken, sammeln sich die Borrelien in deren Speicheldrüsen. Wenn die Zecke zusticht, sondert sie aus diesen Speicheldrüsen eine gerinnungshemmende Substanz ab, um ihre Blutmahlzeit über einen längeren Zeitraum einnehmen zu können. Mit dieser Flüssigkeit gelangen die Borrelien in den Einstichbereich und siedeln sich dort an. Sie beginnen sich zu vermehren und wandern als geschlossene Front in der Haut von der Einstichstelle weg. Sie können aber auch über das Blut verbreitet werden und so Gelenke und das Nervensystem befallen.

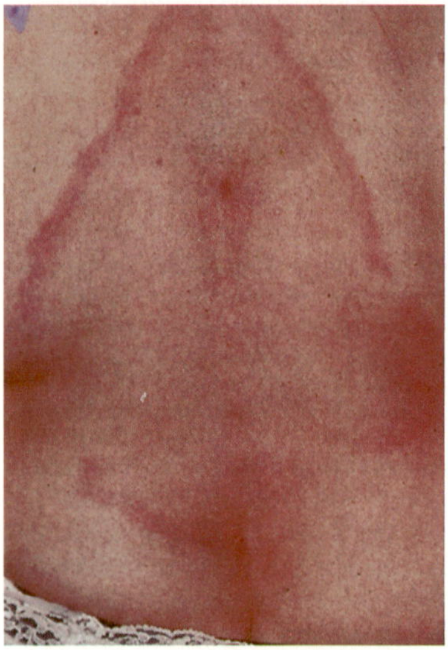

Abb. B.32 Erythema migrans. Randbetonte, wandernde Zeckenstichreaktion.

Symptome

Bei der Borreliose werden verschiedene Symptomkomplexe unterschieden:

- Erythema migrans,
- Lyme-Arthritis,
- Neuroborreliose.

Erythema migrans. Es ist eine schmerzlose Rötung, die von der Bissstelle der Zecke über die Haut wandert. Dabei entsteht eine kreisförmige „Wanderungsfront", im Gegensatz zum → Erysipel mit zentraler Aufhellung, d. h., die Haut bekommt hinter der Front ihr normales Aussehen wieder. Ein Juckreiz o. Ä. wird i.d.R. nicht verspürt, so dass die Feststellung des Erythema migrans auf rein optischem Wege erfolgt (**Abb. B.32**).

Lyme-Arthritis. Diese stellt dagegen ein schweres und langwieriges Krankheitsbild dar. Nachdem Borrelien die Gelenke besiedelt haben, führen die Abwehrreaktionen des Körpers zu Entzündungen und Gelenkschmerzen.

Neuroborreliose. Sie stellt eine massive Reizung des Nervensystems, ausgelöst durch Borrelien, dar. Hier verspüren die Patienten Schmerzen, die so stark sein können, dass eine Behandlung in anästhesiologischen Schmerzambulanzen notwendig wird.

Diagnose

Das Erythema migrans kann aufgrund seines typischen Verlaufs ohne Labordiagnostik erkannt werden. Für die beiden anderen Krankheitsbilder gibt es serologische Untersuchungen, die Auskunft darüber geben, ob eine Borreliose vorliegt oder vor längerer Zeit stattgefunden hat.

Differenzialdiagnose

Beim Erythema migrans müssen am Anfang das durch Streptokokken verursachte → Erysipel oder durch Staphylococcus aureus hervorgerufene → Phlegmone abgegrenzt werden Jeder Zeckenbiss stellt auch eine kleine Wunde dar, die entsprechend durch Erreger infiziert werden kann.

Für die Lymeborreliose können andere postinfektiöse Gelenkerkrankungen, etwa nach Campylobacter-Infektion oder Infektion mit Yersinien (Gastroenteritis) erwogen werden. Die serologische Untersuchung bringt hier die entscheidenden Ergebnisse.

Für die Neuroborreliose müssen andere Erkrankungen des Nervensystems als Differenzialdiagnose herangezogen werden, z. B. die → Trigeminusneuralgie. Jedoch kann hier die typische Anamnese (Zeckenbiss) mit nachfolgender serologischer Untersuchung helfen.

Therapie

Jeder Zeckenbiss mit Erythema migrans sollte unverzüglich antibiotisch behandelt werden, wobei Doxycyclin oder Ceftriaxon in Frage kommen.

Prognose

Bei sofortiger Behandlung ist die Prognose gut. Bei einer Lymeborreliose oder einer Neuroborreliose handelt es sich um ein chronisches Krankheitsbild mit meist langwieriger Therapie.

Komplikationen

Komplikationen durch die Borrelien an sich, etwa eine → Enzephalitis, sind extrem selten. Jedoch können sich Komplikationen durch das Verhalten der Patienten ergeben, z. B. die Bildung von Magengeschwüren aufgrund starker Schmerzmitteleinnahme.

Infobox

ICD-10: A68.9, A68.2

Internetadressen:

http://www.borreliose-bund.de

http://www.zeckenbiss-borreliose.de

Selbsthilfegruppen: http://www.borreliose.de

Literatur:

Jassoy, C., Schwarzkopf, A. (Hrsg.): Hygiene, Mikrobiologie und Ernährungslehre. Thieme, Stuttgart 2005

Botulismus

► Der 49-jährige Hubert Kellner betreibt eine Nebenerwerbslandwirtschaft mit Hausschlachtung. Seine selbst geräucherten Schinken, die er mit Hanfstricken in der Räucherkammer aufzuhängen pflegt, erfreuen sich bei seiner Bekanntschaft und Verwandtschaft größter Beliebtheit. Da er nichts wegwerfen möchte, isst er das letzte Schinkenstück mit dem Loch für den Strick selbst. Am darauf folgenden Tag sieht er Doppelbilder und Durst stellt sich ein. Wenig später spürt er Störungen beim Schlucken. Alarmiert geht er zum Arzt, der umfangreiche Untersuchungen mit ihm anstellt.

Definition

Als Botulismus wird eine Vergiftung durch Toxine des Bakteriums Clostridium botulinum bezeichnet. Das Gift wird in aller Regel über Lebensmittel aufgenommen, die mit Sporen des Clostridium botulinum kontaminiert waren. Da Clostridium botulinum ein anaerober Sporenbildner ist, nützen weder Räucherkammer noch Vakuumverpackung, im Gegenteil, dadurch kann das Wachstum gefördert werden. Botulismus ist nach § 6 Infektionsschutzgesetz meldepflichtig bei Verdacht, Erkrankung und Tod sowie nach § 7 bei erfolgter Diagnose im Labor.

Ursachen

Die Toxine von Clostridium botulinum blockieren die Freisetzung des Neurotransmitters Acetylcholin aus der motorischen Endplatte (Bereich, in dem eine motorische Nervenendigung mit der Skelettmuskelzelle in Kontakt steht) (**Abb. B.33**). Die Befehle des Gehirns an die Muskulatur können nun nicht mehr ausgeführt werden und auch die Speicheldrüsen produzieren deutlich weniger Speichel (Mundtrockenheit, Durstgefühl). Bei schweren Vergiftungen erhält die Muskulatur überhaupt keine Befehle mehr und verfällt in eine schlaffe Lähmung. Dies wird an den steuerintensiven Muskeln (Augenmuskulatur und Schlundmuskulatur) als erstes in Form einer Störung bemerkt.

Lebensmittel, die Botulismustoxine enthalten, verändern sich weder im Aussehen noch im Geschmack, jedoch können die Erreger oft an einer starken Gasbildung erkannt werden. Auf diese Weise blähen sie Konservendosen regelrecht auf, man spricht dann von „bombierten" Dosen. Solche Dosen mit vorgewölbten Deckeln und Böden sollten keinesfalls mit nach Hause genommen und auch nicht geöffnet werden. Würde man eine solche Dose öffnen, tritt das Gas unter hohem Druck aus und man könnte evtl. Toxine einatmen. Dies hätte die gleiche Wirkung wie eine orale Aufnahme.

Der sog. Säuglingsbotulismus wird durch Honig mit Sporen ausgelöst, auch hier ist eine schlaffe Lähmung die Folge, wenn die Sporen im Darm des Säuglings – der noch nicht über eine vollständige eigene Darmflora verfügt – auskeimen und Gift produzieren.

Symptome

Nach der Aufnahme geringer Giftdosen sind Doppelbilder, Durst und ggf. Schluckstörungen erste Symptome, die unverzüglich zu einem Arzt führen sollten. Bei hohen Giftdosen kommen Erbrechen und Durchfall, im weiteren Verlauf auch Verstopfung hinzu.

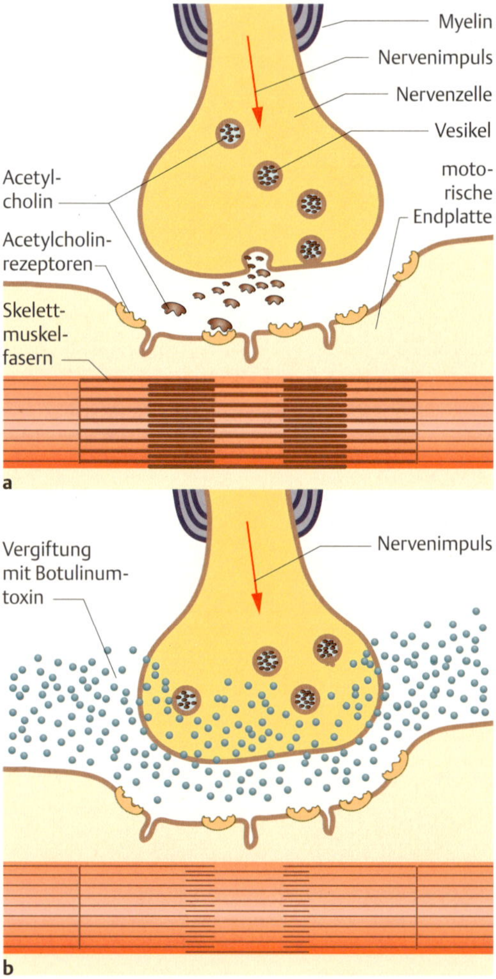

Abb. B.33 Acetylcholinfreisetzung in der motorischen Endplatte. a Normalzustand: Ein Nervenimpuls führt zur Ausschüttung von Acetylcholin. Infolge dessen kontrahieren die innervierten Muskeln. **b** Vergiftung mit Botulinumtoxin: Die Neurovesikel können trotz Nervenimpuls nicht mehr mit der Plasmamembran der Nervenzelle verschmelzen. Acetylcholin wird nicht ausgeschüttet. Lähmungserscheinungen treten auf.

Im Extremfall wird der gesamte Körper gelähmt, sodass der Patient bei völlig klarem Verstand an den Folgen der gelähmten Atemhilfsmuskulatur, und der daraus resultierenden Unfähigkeit zu atmen, erstickt oder an Herzstillstand verstirbt. Heutzutage allerdings ist es kein Problem, ihn so lange zu beatmen, bis das Gift seine Wirkung verliert. Der Botulismus ist zwar nach wie vor ein gefährliches Krankheitsbild, aber tödliche Verläufe sind selten, wenn der Patient rechtzeitig in Behandlung gelangt. Die Inkubationszeit liegt je nach Giftdosis und patienteneigener Verdauung zwischen 12 und 36 Stunden, bei sehr kleinen Giftmengen aber auch bei bis zu 10 Tagen.

Diagnose

Typische Beschwerden und Anamnese führen i. A. zumindest zu einer vorläufigen Diagnose. Gesichert wird die Diagnose im sog. Mäusetest, bei dem das Serum des Patienten zwei Mäusen verabreicht wird. Die eine Maus erhält zum Schutz Antiserum (Antikörper) gegen Botulismus. Wenn die ungeschützte Maus verstirbt und die geschützte Maus überlebt, ist die Diagnose gesichert (**Abb. B.34**).

Differenzialdiagnose

Erstsymptome wie Doppelbilder und Schluckstörungen lassen auf neurologische Erkrankungen, (z. B. Schlaganfälle o. Ä.) schließen. Dann aber verläuft das Krankheitsbild Botulismus typisch.

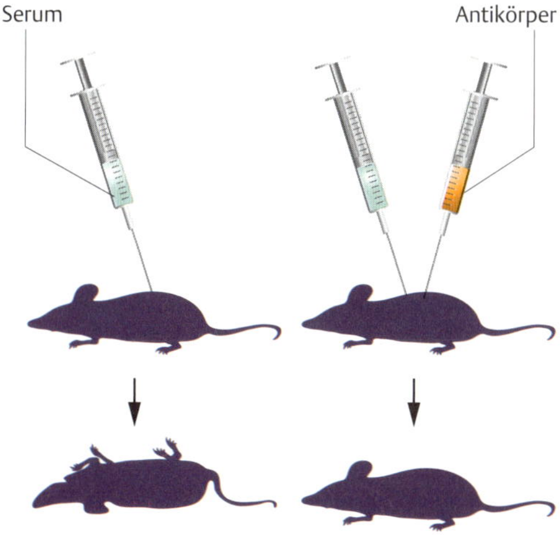

Abb. B.34 Maustest. Dieser Test wird zur Absicherung der Diagnose Botulismus durchgeführt.

Therapie

Als Erstmaßnahme wird ggf. der Magen ausgepumpt und Abführmittel gegeben, um die Resorption des Toxins zu minimieren. Anschließend wird je nach Ausmaß der Symptomatik ein Antitoxin (Antikörper gegen Toxine A, B und E) verabreicht. Ansonsten wird der Patient streng beobachtet.

Bei Schluckstörungen kann eine künstliche Ernährung durch eine Magensonde eingeleitet werden. Außerdem ist eine Aspirationsprophylaxe vorzunehmen.

Durch Prostigmin wird z. B. die Nervenleitung zur Muskulatur verbessert, eine Heparinisierung schützt vor Thrombosen. Der Patient muss sorgfältig beobachtet werden, um u. U. rechtzeitig eine Beatmung einleiten zu können.

Prognose

Heute sind Botulismus-Fälle nur noch in 10 bis 15% der Fälle tödlich. Jedoch dauert das Krankheitsbild bis zur vollständigen Erholung des Patienten Monate.

Komplikationen

Komplikationen sind bei erfolgloser Behandlung (Botulismus Toxin Typ F) eine gelähmte Atemmuskulatur und Herzstillstand. In diesem Fall verläuft die Erkrankung tödlich.

Botulismus Toxin A wird als Therapeutikum eingesetzt, auch bei Schönheitsoperationen, um durch die erzielte Lähmung der Muskulatur Spastiken zu beseitigen bzw. Falten zu entfernen.

Infobox

ICD-10: A05.1

Internatadressen:

http://www.netdoktor.de

http://www.rki.de (Infektionserreger von A–Z)

http://www.onmeda.de

Literatur:

Jassoy, C., Schwarzkopf, A.: Hygiene, Mikrobiologie und Ernährungslehre für Pflegeberufe. Thieme, Stuttgart 2005

Bronchialkarzinom

► Herr Martens leidet seit einigen Wochen unter starkem Husten. „Den Husten kenne ich ja nun schon seit Jahren", erzählt der 55-Jährige seiner Hausärztin. „So schlimm wie in den letzten Wochen war es aber noch nie. Manchmal bekomme ich gar keine Luft mehr." Er klingt niedergeschlagen. „Und gucken Sie mal hier." Er fasst sich an seinen Gürtel. „Um zwei Löcher kann ich den jetzt enger schnallen und bald muss ich neue reinstanzen. Ich habe gar keinen Appetit mehr und meine Frau murrt schon, warum sie überhaupt noch kochen soll."

Definition

Das Bronchialkarzinom ist ein bösartiger Tumor, der sich aus der Schleimhaut der Atemwege entwickelt.

Synonym: Lungenkrebs.

Einteilung nach histologischem Typ

Die Weltgesundheitsorganisation (WHO) teilt die Bronchialkarzinome nach ihrem histologischen Typ in zwei Hauptgruppen ein:

- kleinzelliges Bronchialkarzinom (SCLC = small cell lung cancer), Häufigkeit 15 – 20 %,
- nichtkleinzellige Bronchialkarzinome (NSCLC = non small cell lung cancer),
  - Plattenepithelkarzinom (30 – 40 %) (**Abb. B.35**),
  - Adenokarzinom (25 – 30 %),
  - großzelliges Karzinom (< 10 %),
  - andere seltene Tumoren.

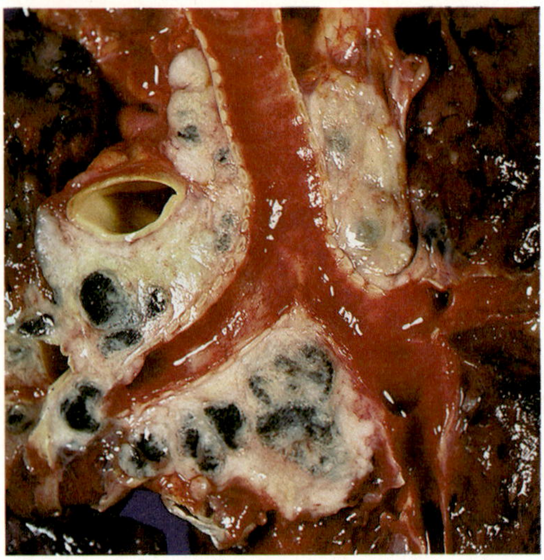

Abb. B.35 Plattenepithelkarzinom an der Aufgabelung der Trachea.

Einteilung nach der Ausdehnung und Ausbreitung im Körper

Bronchialkarzinome werden wie viele andere Tumoren danach klassifiziert, ob sie sich bereits in Nachbarorgane ausgebreitet haben, Lympknoten befallen sind und ob sich Fernmetastasen gebildet haben. Die Tumoren werden nach diesen Kriterien und nach den Regeln der UICC (International Union Against Cancer) eingeteilt.

In dieser TNM-Klassifikation charakterisiert der Buchstabe „T" die Ausdehnung des Primärtumors in sieben Kategorien. Der Buchstabe „N" spezifiziert den Lymphknotenbefall in fünf Kategorien. Das Ausmaß der Metastasierung wird durch das „M" in drei Kategorien wiedergegeben (**Tab. B.2**):

Ausgehend von dieser Klassifikation wird das Bronchialkarzinom in die Stadien I–IV eingeteilt, die für die Therapie und die Beurteilung der Heilungschancen wichtig sind (**Tab. B.3**).

Ursachen

Das Bronchialkarzinom ist weltweit der häufigste bösartige Tumor bei Männern und der dritthäufigste bösartige Tumor bei Frauen in Deutschland. Ein Viertel aller bösartigen Tumoren sind Bronchialkarzinome.

Es wird in über 80 % der Fälle auf Rauchen zurückgeführt. Auch Passivrauchen erhöht das Risiko zu erkranken deutlich. Experten schätzen, dass jährlich 400 Menschen in Deutschland sterben, weil sie als Passivraucher ein Bronchialkarzinom bekommen haben. Bei einigen Patienten entsteht das Karzinom durch krebserregende Stoffe am Arbeitsplatz wie Asbest oder Uran. Luftverschmutzung oder Röntgenstrahlen können ebenfalls das Risiko für ein Bronchialkarzinom erhöhen.

Symptome

Ein Bronchialkarzinom äußert sich durch Husten und Auswurf, der blutig sein kann (Hämoptyse). Einige Patienten leiden unter Dyspnoe (Atemnot), haben Fieber oder Schmerzen im Brustkorb.

Ein Bronchialkarzinom breitet sich häufig schnell aus und kann die Funktion anderer Organe beeinträchtigen. Diese Beeinträchtigung führt zu charakteristischen Symptomen:

- **Stimmbandnerv:** Wächst der Tumor in den N. recurrens ein (Infiltration), verursacht er Heiserkeit.
- **Halsnerven:** Infiltriert das Karzinom die Halsnerven, kann ein → Horner-Syndrom entstehen, das sich durch eine verengte Pupille, ein herabhängendes Augenlid und einen eingesunkenen Augapfel äußert.
- **Speiseröhre:** Wird die Speiseröhre durch den Tumor abgedrückt, kann der Patient schlecht schlucken (Dysphagie) und nimmt Gewicht ab.

Tab. B.2 TNM-Klassifikation von Bronchialkarzinomen

Kriterium	Beschreibung
T-Größe und Ausdehnung des Primärtumors	
Tx	Primärtumor kann nicht beurteilt werden oder Zytologie positiv
Tis	Carcinoma in situ
T0	kein Anhaltspunkt für Primärtumor
T1 – 4	Abstufung von T1 bis T4: ▪ T1: – Tumor ≤ 3 cm – Hauptbronchus und Pleura visceralis frei ▪ T4: – Tumor > 3 cm – Infiltration von Mediastinum, Herz, großen Gefäßen, Ösophagus; Tumorherde im gleichen Lappen
N-Ausbildung von Metastasen in regionären Lymphknoten	
Nx	Metastasen können nicht beurteilt werden
N0	keine Metastasen in den Lymphknoten
N1 – 3	Abstufung von N1 bis N3: ▪ N1: – Metastasen ipsilateral, hilär und peribronchial ▪ N3: – Metastasen kontralateral, mediastinal – Metastasen ipsi- und kontralateral supraklavikulär
M-Ausbildung von Fernmetastasen	
Mx	Fernmetastasen können nicht beurteilt werden
M0	keine Fernmetastasen vorhanden
M1	Fernmetastasen und Metastasen in einem anderen Lungenlappen

Tab. B.3 Einteilung der Bronchialkarzinome

TNM-Klassifikation	Stadium	5-Jahres-Überlebensrate
T1 N0 M0	I A	65 %
T2 N0 M0	I B	45 %
T1 N1 M0	II A	40 %
T2 N2 M0 T3 N0 M0	II B	30 %
T3 N1 M0 T1 – 3 N2 M0	III A	15 %
T1 – 4 N3 M0 T4 N0 – 3 M0	III B	5 %
T1 – 4 N0 – 3 M1	IV	1 %

- **Obere Hohlvene:** Wird die obere Hohlvene komprimiert, schwellen die Venen am Hals deutlich an (obere Einflussstauung).

Vor allem kleinzellige Bronchialkarzinome fallen zuerst durch ein paraneoplastisches Syndrom auf. Hierbei bilden die Tumorzellen bestimmte Substanzen, die zu Erkrankungen des Hormonsystems wie dem → Cushing-Syndrom, zu Muskelerkrankungen oder Gerinnungsstörungen führen können.

Diagnose

Anamnese und klinische Untersuchung. Die Anamnese mit Fragen nach Zigarettenrauchen oder giftigen Substanzen am Arbeitsplatz kann erste Hinweise auf ein Bronchialkarzinom geben. In der klinischen Untersuchung fällt die Atemnot des Patienten auf, häufig sind die Lymphknoten über den Schlüsselbeinen, am Hals und in der Achsel geschwollen. Hat sich der Tumor ausgebreitet, können ein Horner-Syndrom, Stimmbandlähmungen oder eine obere Einflussstauung auffallen.

Tumormarker. Im Labor werden neben Blutbild, Leber- und Nierenwerten die Tumormarker NSE, CYFRA 21-1, CEA und ProGRP bestimmt. Die Tumormarker dienen dabei nicht der Diagnose, sondern dazu, später den Erfolg der Therapie zu kontrollieren.

Bildgebende Verfahren. Im Röntgenbild des Brustkorbs sind größere Tumoren deutlich erkennbar (**Abb. B.36**). Mit Computertomografie (CT) und Magnetresonanztomografie (MRT) wird die Ausdehnung des Tumors bestimmt.

Biospien. Mit der Bronchoskopie wird eine Gewebeprobe entnommen und der Tumor klassifiziert. Bei Tumoren, die mit dem Bronchoskop nicht erreichbar sind, kann die histologische Probe mit einer Punktion durch die Brustwand gewonnen werden (transthorakale Feinnadelpunktion).

Auch mit einer Spiegelung des Mediastinums oder des Brustkorbs (Mediastinoskopie, Thorakoskopie) oder mit einer Ultraschalluntersuchung der Speiseröhre (Endosonografie) können Proben des Tumors entnommen bzw. seine Ausdehnung ermittelt werden.

Weiterführende Untersuchungen. Um Fernmetastasen zu entdecken, werden eine CT des Schädels, eine Ultraschalluntersuchung des Bauches, eine Skelettszintigrafie und unter Umständen eine Beckenkammbiopsie durchgeführt. Mit der Positronen-Emissions-Tomografie (PET) können Lymphknoten im Brustkorb und Fernmetastasen besonders gut entdeckt werden. Die Untersuchung wird jedoch selten durchgeführt, da sie sehr teuer ist.

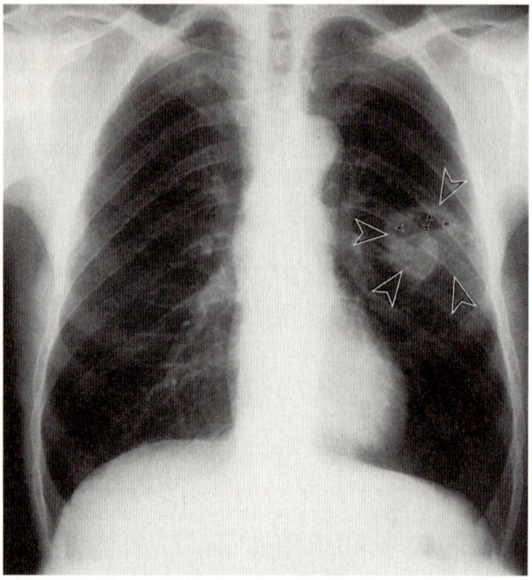

Abb. B.36 Röntgenbild eines Bronchialkarzinoms. Linksseitiges peripheres Bronchialkarzinom mit zentraler Einschmelzung.

Differenzialdiagnose

Bei jedem Patienten über 40 Jahren kann ein Bronchialkarzinom die Ursache für chronischem Husten sein! Jeder Husten, der trotz einer Therapie länger als vier Wochen dauert, muss daher abgeklärt werden.

Therapie

Es ist möglich ein Bronchialkarzinom kurativ zu behandeln, also zu heilen. Viele Bronchialkarzinome können aber nur palliativ therapiert werden. Der Tumor ist dann so weit fortgeschritten, dass nur noch die Symptome therapiert und die weitere Ausbreitung des Karzinoms gebremst werden kann. Ziel ist, die Lebensqualität zu verbessern. Hat sich ein Bronchialkarzinom so weit ausgedehnt, dass die Atemwege verlegt sind, kann die Verengung mit einer Operation, durch Lasertherapie, Bestrahlung oder die Einlage eines Drahtnetzes (Stent) wieder geöffnet werden (**Abb. B.37**).

Die Therapie des Bronchialkarzinoms richtet sich nach dem histologischen Typ und dem Stadium des Tumors. Kleinzellige Bronchialkarzinome werden anders therapiert als nichtkleinzellige.

Kleinzelliges Bronchialkarzinom

Das kleinzellige Bronchialkarzinom wird meistens mit einer Chemotherapie behandelt, da der Tumor zum Zeitpunkt der Diagnose häufig schon so weit fortgeschritten ist, dass er nicht mehr mit einer Operation entfernt werden kann. Eingesetzt werden Kombinationstherapien (Schemata) aus verschiedenen Zytostatika, z. B. das ACO-Schema (Adriamycin, Cyclophosphamid und Oncovin), das CEV-Schema (Carboplatin, Etoposid und Vincristin) oder das PE-Schema (Cisplatin und Etoposid).

Tumoren im Stadium I–III (s. **Tab. B.3**) werden danach bestrahlt. Um Hirnmetastasen zu verhindern, erhält zusätzlich der Schädel eine Strahlendosis. Ist der Tumor sehr klein (Stadium I und II) kann er in ausgewählten Fällen zuerst operiert und danach mit Chemo- und Strahlentherapie behandelt werden.

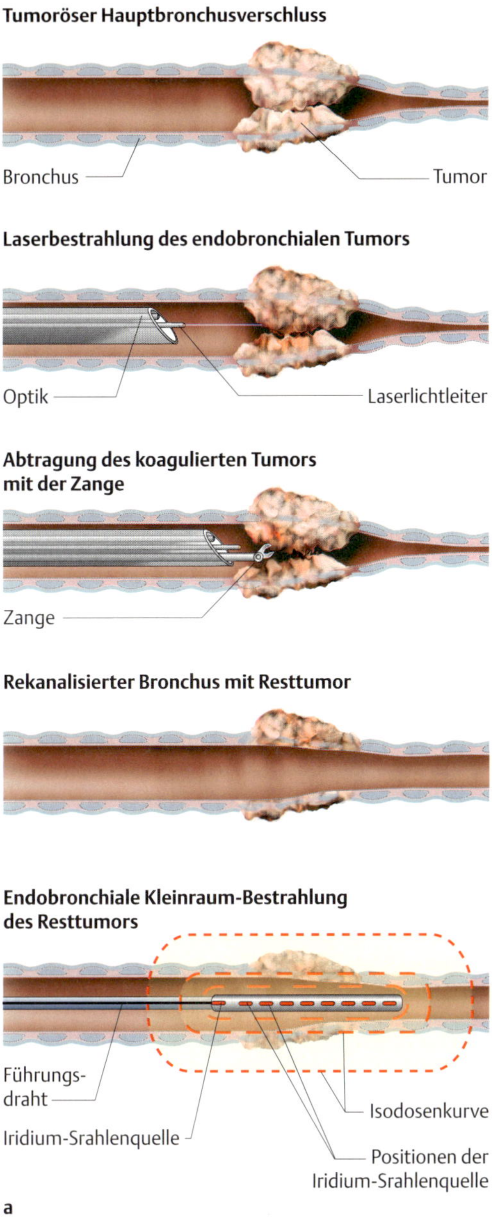

Abb. B.37 Behandlung von Stenosen durch ein Bronchialkarzinom. a Lasertherapie mit anschließender Kleinraumbestrahlung eines nichtoperablen Bronchialkarzinoms.

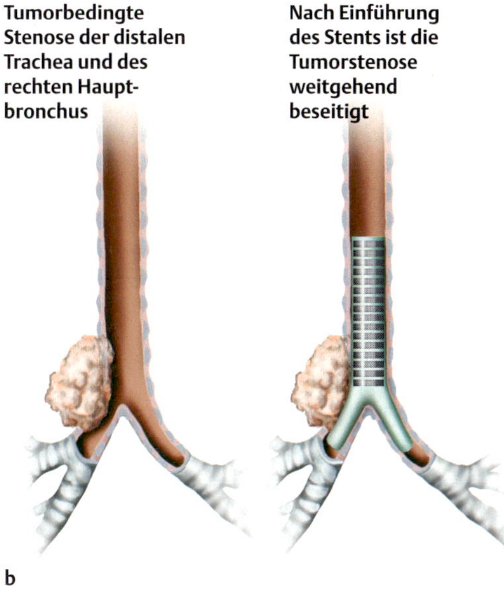

Abb. B.37 b Behandlung einer Tumorstenose durch Implantation eines Stents.

Nichtkleinzelliges Bronchialkarzinom

Das nichtkleinzellige Bronchialkarzinom im Stadium I–IIIA (s. **Tab. B.3**) wird operiert. Hierbei wird ein Segment der Lunge, ein Lungenlappen oder die ganze Lungenhälfte entfernt. Bei größeren Tumoren schließt sich an die OP eine Chemotherapie an. Eingesetzt werden Substanzen wie Ifosfamid, Mitomycin-C, Vindesin, Etoposid, Carboplatin, Taxane, Gemsitabine oder Irinotecan.

Nichtkleinzellige Tumoren sprechen nicht gut auf eine Chemotherapie an. Bei Tumoren ab dem Stadium IIIB versucht man, mit verschiedenen Zytostatika und einer Bestrahlung das Tumorwachstum hinauszuzögern.

Prognose

Die Prognose des Bronchialkarzinoms ist schlecht: Nach fünf Jahren leben nur noch etwa 5 % der Patienten. Patienten mit nichtkleinzelligem Karzinom haben eine bessere Prognose als Patienten mit kleinzelligem Bronchialkarzinom: Letztere überleben unbehandelt im Durchschnitt nur drei Monate. Würden alle Menschen mit dem Rauchen aufhören, gäbe es pro Jahr auf der Welt etwa 5 Millionen weniger Todesfälle.

Infobox

ICD-10: C34.9, C34.1, C34.3

Internetadressen:

Leitlinie des Tumorzentrums Freiburg:
http://www.tumorzentrum-freiburg.de/medizin_info/

Leitlinie des Tumorzentrums München:
http://www.krebsinfo.de

Leitlinie des Tumorzentrums Mannheim/Heidelberg:
http://www.dkfz-heidelberg.de/tzhdma/texte/tr08.pdf

info.krebsgesellschaft.de

Bronchiektasen

► Herr Schade berichtet seinem Hausarzt über seinen chronischen Husten. „Vor allem morgens muss ich oft so stark husten, dass ich keine Luft mehr bekomme", klagt der 45-Jährige. „Ich huste jedes Mal eklig riechenden, dickflüssigen Schleim hoch." Schon zum vierten Mal habe er in diesem Jahr eine sehr schwere Bronchitis gehabt. „Ich hatte es immer schon an der Lunge", erzählt Herr Schade. „Als Kind hatte ich ständig Infekte an den Atemwegen."

Definition

Bronchiektasen sind Erweiterungen der Bronchien, die sich nicht mehr zurückbilden. Die Erweiterungen können zylinderförmig oder sackartig sein. In den Bronchiektasen sammeln sich Bronchialsekret, zäher Schleim und Eiter (**Abb. B.38**).

Ursachen

Bronchiektasen sind z. T. angeboren. In einem solchen Fall hat sich der Bronchialbaum nicht korrekt entwickelt.

In den meisten Fällen sind Bronchiektasen aber erworben. Sie entstehen häufig in der Kindheit. Die Ursachen können Erbkrankheiten oder andere Krankheiten, häufig Entzündungen von Lunge oder Bronchien sein:

- Erbkrankheiten:
  - Kartagener-Syndrom (Defekt der Flimmerhärchen der Schleimhaut, kein Abtransport des Schleims),
  - → Mukoviszidose (defekte Chloridkanäle führen zu zähem Schleim und verlegen die Atemwege),
  - Immundefekte (Agammaglobulinämie, IgG-Mangel, IgA-Mangel).

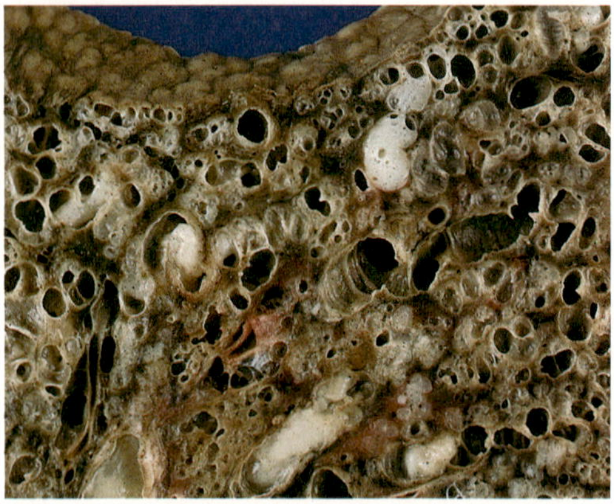

Abb. B.38 Angeborene sackförmige Bronchiektasen. Die Lumina der Bronchien sind teilweise mit eingedicktem weißlichen Sekret angefüllt.

- sonstige Erkrankungen:
  - → chronisch obstruktive Bronchitis,
  - → Asthma bronchiale,
  - → Aspiration von Fremdkörpern,
  - → Tuberkulose, Sarkoidose,
  - → Bronchialkarzinom,
  - Stenose der Bronchien durch einen Tumor,
  - Infektionen durch Viren und Bakterien.

Symptome

Die Patienten leiden unter quälendem chronischem Husten mit reichlich gelb-grünlichem Auswurf. Der Auswurf wird als „maulvolle Expektoration" bezeichnet, tritt besonders morgens auf und ist häufig blutig (Hämoptyse). Ausgedehnte Bronchiektasen können zu Dyspnoe (Atemnot) führen. Patienten mit Bronchiektasen haben immer wieder Infektionen der Atemwege, die mit Fieber und Luftnot einhergehen können. Bestehen die Bronchiektasen seit Geburt, wachsen die Kinder möglicherweise nicht altersentsprechend.

Diagnose

Klinische Untersuchung. Viele Patienten litten als Kind wiederholt an → Bronchitis oder → Pneumonie. In der klinischen Untersuchung lassen sich über der Lunge grobblasige Rasselgeräusche auskultieren. Atemnot, verbreiterte, dicke Fingerendglieder (Trommelschlägelfinger) und vergrößerte Fingernägel (Uhrglasnägel) weisen auf eine Überlastung des rechten Herzens durch die chronische Lungenkrankheit hin (→ Cor pulmonale). Das Sputum riecht süßlich-fade und besteht typischerweise aus den drei Schichten Schaum, Schleim und Eiter.

Bildgebende Verfahren. In der normalen Röntgenaufnahme des Brustkorbs sind Bronchiektasien nur selten zu erkennen. Sehr deutlich sieht man die Veränderungen jedoch in der Bronchografie und in der hochauflösenden Computertomografie (HR-CT) (**Abb. B.39**).

Bronchoskopie. Mit der Fiberbronchoskopie wird die Schleimhaut direkt beurteilt und eine Probe für bakteriologische Untersuchungen entnommen. Die Erreger, die sich bei Bronchiektasen am häufigsten nachweisen lassen, sind Haemophilus influenzae, Streptococcus pneumoniae, Staphylococcus aureus und Pseudomonas aeruginosa.

Differenzialdiagnose

Eine → chronisch obstruktive Bronchitis kann ebenfalls Husten mit Auswurf verursachen. Eine → Mukoviszidose wird durch einen Schweißtest sowie eine Genanalyse ausgeschlossen. Bei Verdacht auf Antikörpermangel werden die entsprechenden Antikörper bestimmt. Beim Kartagener-Syndrom können die Veränderungen der Flimmerhärchen in einer Probe der Bronchialschleimhaut unter dem Elektronenmikroskop diagnostiziert werden.

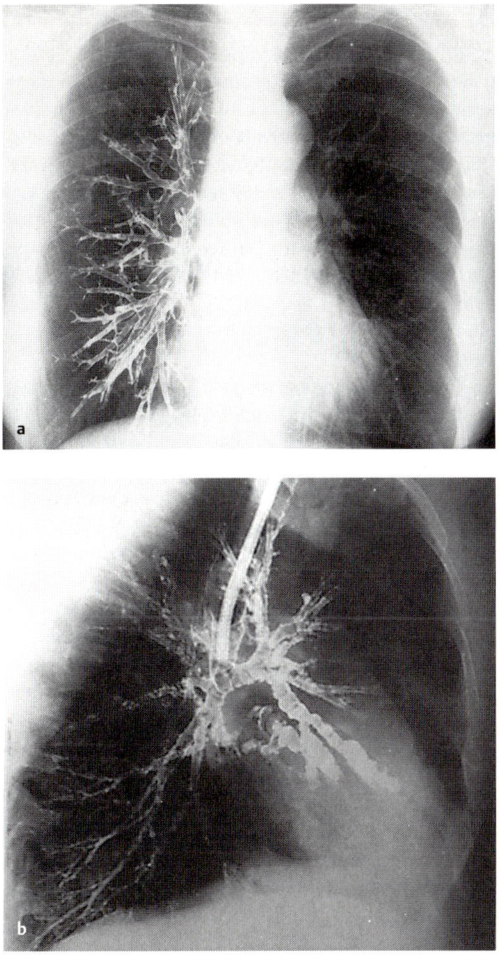

Abb. B.39 **Bronchografie.** **a** Unauffälliger Befund, **b** ausgeprägte zylindrische und sackförmige Bronchiektasen.

Therapie

Grundlage der Behandlung ist die sog. Bronchialtoilette: Atemgymnastik, Inhalationen sowie eine Lagerungs- und Vibrationsmassage fördern das Abhusten des Bronchialschleims. Bei Atembeschwerden erweitern Betasympathomimetika die Atemwege. Antibiotika sollten gezielt nach dem nachgewiesenen Erreger eingesetzt und die Patienten gegen Influenza (Grippe) und Pneumokokken geimpft werden.

Hilft die konservative Therapie nicht und sind die Bronchiektasen begrenzt oder treten Komplikationen wie massive Hämoptysen, Abszesse (Eiteransammlungen) oder ein Pilzbefall auf, können Bronchiektasien operiert werden. Bei der Operation wird ein Lungensegment oder ein Lungenlappen entfernt (Segmentresektion, Lobektomie).

Prognose

Die Symptome bessern sich durch regelmäßige Atemgymnastik und eine Antibiotikatherapie bei Infekten. Patienten mit Bronchiektasen haben ein hohes Risiko, immer wieder Infekte der oberen Atemwege oder eine Überblähung der Lunge (→ Lungenemphysem) zu bekommen. Häufig ist das rechte Herz durch die Veränderungen in der Lunge überlastet (→ Cor pulmonale). Vor allem Frauen im mittleren Lebensalter und Bronchiektasien können sich mit Mycobacterium avium intracellulare infizieren. Selten tritt bei Patienten mit Bronchiektasen eine Amyloidose (Ablagerungen des Proteins Amyloid im Körper) oder ein Hirnabszess (Eiteransammlung im Gehirn) auf.

Infobox

ICD-10:

J47, Q33.4

Internetadressen:

Leitlinien der AWMF (Kinderchirurgie und Thoraxchirurgie): http://www.leitlinien.net

Dt. Gesellschaft für Thoraxchirurgie: http://www.dg-thoraxchirurgie.de

Dt. Gesellschaft für Kinderchirurgie: http://www.dgkch.de

Bulimia nervosa

► Mareike macht gerade ihre Diplomarbeit. Sie ist sehr pflichtbewusst, zuverlässig und zurückhaltend und sie ernährt sich sehr kalorienbewusst. Es kommen fast nur Obst und Gemüse auf den Tisch, dazu fettarmer Diätjoghurt. „Das hat sie doch gar nicht nötig“, so die einhellige Meinung der Kollegen. Seit einiger Zeit geht sie auch Joggen. „Erst war es ja nur zweimal pro Woche, jetzt ist sie aber absolut unzufrieden, wenn sie sich nicht täglich an den Rand der totalen Erschöpfung bringt“, erzählt Corinna, Mareikes Mitbewohnerin. Ihr ist auch aufgefallen, dass gelegentlich der gerade gefüllte Kühlschrank am nächsten Tag völlig geleert ist. Und nachts hört sie schon mal Brechgeräusche.

Definition

Die Bulimia nervosa ist eine psychosomatische Erkrankung, die durch wiederholte Heißhungeranfälle mit Essattacken und anschließenden Gegenmaßnahmen wie selbst herbeigeführtem Erbrechen gekennzeichnet ist.

Ursachen

Aufgrund einer falschen Körperidealvorstellung hungern die Patienten (**Abb. B.40**). Nahezu immer ist eine Persönlichkeitsstörung mit mangelndem Selbstvertrauen vergesellschaftet, oft aus einer gestörten Sozialisation heraus. In „schwachen“ Momenten können die Betroffenen dem Hunger nicht mehr widerstehen und essen im Übermaß. Danach haben sie meist ein schlechtes Gewissen und Angst, jetzt dick zu werden. Außerdem ist das Selbstvertrauen weiter geschwächt. Der Teufelskreis wird verstärkt. Die Sehnsucht nach dem vermeintlichen Idealgewicht wird zur Sucht.

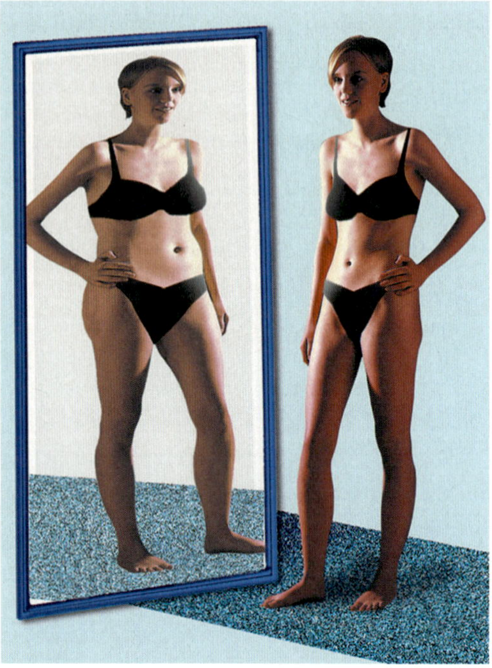

Abb. B.40 Gestörte Körperwahrnehmung. Bulimische Menschen fühlen sich dicker als sie in Wirklichkeit sind.

Symptome

Die Erkrankten sind überwiegend adoleszente Mädchen, die im Allgemeinen diätetisch leben, sich ständig um ihr Körpergewicht sorgen, aber ständig an Essen denken. Sie empfinden sich oft als disproportioniert und zu dick, obwohl sie eher normalgewichtig bis schlank sind. Das Gewicht schwankt innerhalb weniger Tage um einige Kilogramm. Spontan treten Heißhungerattacken auf, die die Patienten überwiegend heimlich durch Essorgien befriedigen. Diese Anfälle können sie selbst kaum unterbrechen, häufig werden Speisenmengen verzehrt, die für eine Vielzahl an Personen ausreichen würde. Dies kann auch finanzielle Probleme mit sich bringen, einschließlich einer Beschaffungskriminalität!

Nach der Essattacke führen die Patienten selbst Erbrechen oder andere Maßnahmen herbei, um sich der Nahrung wieder zu entledigen. Die Serumelektrolyte können entgleisen. Es finden sich ausgeprägte Störungen des Körperschemas. In der Vorgeschichte findet sich häufig eine → Anorexia nervosa.

Diagnose

In der Anamnese findet sich eine andauernde fast gierige mentale Beschäftigung mit Essen, gepaart mit der krankhaften Furcht, dick zu werden. Oft ist man in der Diagnose auf die Aussage von Angehörigen angewiesen, die die Patienten bei Essattacken und anschließendem Erbrechen gesehen haben. Oder die Angehörigen haben festgestellt, dass große Mengen an Nahrungsmitteln, Abführmitteln oder andere Medikamenten wie Schilddrüsenhormone oder Appetitzügler verschwinden.

Differenzialdiagnose

Die Bulimia nervosa ist von einer → Anorexia nervosa dadurch abzugrenzen, dass sie häufiger bei etwas älteren jungen Frauen auftritt und das Körpergewicht normal bis nur leicht erniedrigt ist. Die Bulimia nervosa muss zudem von internistischen Störungen, z. B. des Gastrointestinaltraktes, und depressiven Symptomen unterschieden werden.

Therapie

Die Therapie erfolgt durch:

- Psychotherapie:
  - ähnlich der Sucht bei Stoffmissbrauch mit recht stringentem Vorgehen,
  - Gruppen- und Einzeltherapie,
  - verhaltenstherapeutischen Interventionen: Essverträge, kleine Mahlzeiten zu festen Uhrzeiten, Strukturierungen, Gruppendynamik,
  - Tiefenpsychoanalytik bei ausreichend einsichtigen Patienten.
- Medikamente:
  - SSRIs (Selektive Serotoninwiederaufnahme-Hemmer, wie Fluvoxamin, z. B. Fevarin) in ausreichend langer und hoher Dosierung reduzieren die Essattacken,
  - bei wahnhaftem Charakter der Angst versuchsweise auch mit geringen Dosierungen von Neuroleptika wie Risperidon (z. B. Risperdal).

Anschließend erfolgt eine langjährige ambulante Psychotherapie zur Stabilisation.

Prognose

Die Erkrankung dauert mehrere Jahre an. Es ist entscheidend, ob die auslösenden Ursachen, wie ein mangelndes Selbstwertgefühl, ausreichend stabilisiert werden können. Rückfälle geschehen häufig nach Belastungssituationen, insbesondere nach Beziehungskonflikten. Oft haben die Erkrankten auch noch eine tiefgreifende → Borderline-Persönlichkeitsstörung oder entwickeln andere Süchte wie → Benzodiazepinabusus oder → Alkoholkrankheit. Auch ist für die Prognose von Bedeutung, inwieweit die Patienten noch sozial integriert sind oder z. B. durch ihre Erkrankung straffällig wurden.

Infobox

ICD-10: F50.2

Internetadressen:
http://www.magersucht.de
http://www.magersucht-online.de
http://www.anred.com

Bursitis

► **Gestern war Andreas mit Freunden beim Klettern. „Oh Mann! Es geht gar nichts mehr. Mein Knie tut total weh." Am nächsten Morgen ist das Knie dick und Andreas geht zum Arzt. Danach erzählt er dem Freund: „Der hat mich sofort krank geschrieben. Das ist doch wohl übertrieben. Er meint ich solle mich schonen, sonst würde ich den Job als Fliesenleger riskieren."**

Definition

Eine Bursitis ist eine akute oder chronische Entzündung eines Schleimbeutels (bursa, lat.: Beutel, Tasche).

Ursachen

Klinisch bedeutsam sind Schleimbeutelentzündungen an Knochenvorsprüngen, wo Sehnen oder Muskeln über Knochen gleiten, also an Ellenbogen, Knie, Schulter oder im Bereich der Hüfte. Die normalerweise mit nur wenig Synovialflüssigkeit gefüllten Schleimbeutel sind bei einer Entzündung prall gefüllt. Bei chronischer Bursitis kann sich in den Schleimbeuteln Kalk ablagern. Häufigste Auslöser:

- mechanische Überlastung bei immer wiederkehrenden Bewegungen (Sport; Ausübung des Berufs),
- Verletzung eines Schleimbeutels,
- Infektionen (nach Trauma; bei Tuberkulose),
- Gicht und rheumatische Erkrankungen.

Symptome

Die Gelenkbeweglichkeit ist schmerzhaft eingeschränkt. Der Bereich fühlt sich überwärmt an, ist ggf. geschwollen und druckschmerzhaft. Die Haut über einem unter der Haut gelegenen Schleimbeutel ist bei akuter Bursitis gerötet.

Akute Bursitis. Die Symptome treten plötzlich und heftig auf. Typische Lokalisationen sind:

- Ellenbogen: Bursa olecrani,
- Schulter (**Abb. B.41**): subdeltoidal, subakromial,
- Knie: präpatellär, infrapatellär.

Chronische Bursitis. Die Beschwerden halten lange an oder kehren immer wieder. Typische Lokalisationen sind:

- Ellenbogen: Bursa olecrani,
- Hüfte: Trochanter major,
- am Großzehenballen bei Hallux valgus.

Diagnose

Die Diagnose wird anhand der Krankengeschichte und der Symptome gestellt. Eine Punktion des Schleimbeutels gibt manchmal Hinweise auf die Ursache. Kalkablagerungen werden per Röntgenaufnahme sichtbar.

Differenzialdiagnose

Bei einem Lipom (gutartiger Fettgewebstumor) treten keine Entzündungszeichen auf. Liposarkome (bösartige Fettgewebstumoren) sind selten. Gedacht werden sollte an eine rheumatische Erkrankung oder an → Tuberkulose.

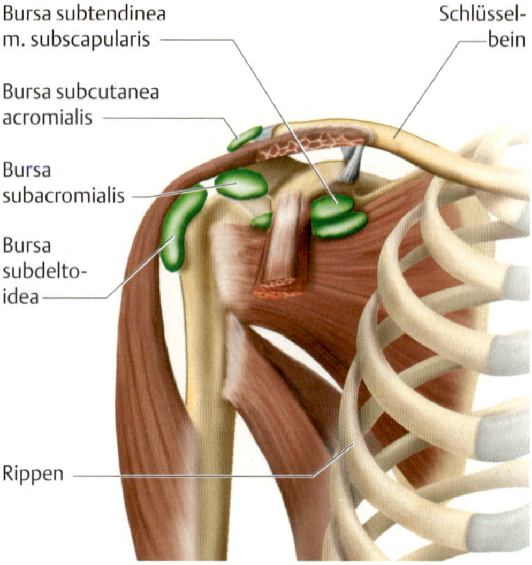

Abb. B.41 Schleimbeutel im Bereich der Schulter.

Therapie

Bei akuter Bursitis wird das betroffene Gelenk vorübergehend ruhig gestellt und gekühlt. Medikamente (Antiphlogistika) hemmen die Entzündungsprozesse und lindern den Schmerz. Manchmal sind stärkere Schmerzmittel nötig oder es müssen Lokalanästhetika injiziert werden. Gelegentlich werden Kortikoide oder Stoßwellentherapie angewendet. Mit Physiotherapie wird die Gelenkbeweglichkeit erhalten sowie dem Muskelschwund vorgebeugt. Bei eitrigen Bursitiden werden Antibiotika gegeben und der Schleimbeutel chirurgisch entfernt (Bursektomie).

Auch bei chronischer Bursitis kommt die Bursektomie in Frage. Zugleich muss die Ursache der lokalen Entzündung, z. B. Exostosen im Ellenbogenbereich oder ein Hallux valgus, beseitigt werden.

Prognose

Eine akute Schleimbeutelentzündung klingt bei adäquater Behandlung i.d.R. innerhalb einiger Wochen ab. Allerdings können die Beschwerden bei erneuter Reizung immer wieder auftreten. Muss eine Extremität lange ruhig gestellt werden, kann dies zu Muskelschwund führen.

Infobox

ICD-10: M71.9

Internetadresse: http://www.rheuma-online.de

C

Cannabisabusus

► „Mit Manfred ist auch nichts mehr los! Der hängt jeden Tag zu Hause rum!", beschwert sich Alex über seinen Klassenkameraden." „Stimmt, und in der Schule bekommt er auch nichts mehr geregelt!", entgegnet Annika. „Irgendwie ist er total vergesslich geworden und kommt kaum noch in die Gänge." Alex grübelt. „Vielleicht liegt es daran, dass er so oft Hasch kifft!". Annika schaut ihn verständnislos an. „Na ‚Hasch' ist doch die Kurzform für Haschisch oder Cannabis. Und ‚kiffen' heißt eben das Zeug zu rauchen." Annika nickt. „Kann gut sein! Auf unserer Klassenfahrt hat er doch einen auf cool gemacht und mit diesen tütenartigen Zigaretten angegeben." „Diese Dinger heißen Joint, von der vermeintlichen Gemeinschaft, in der diese Tüten dann herumgereicht werden. ‚To join', Englisch, fünfte Klasse, du erinnerst dich?", erklärt Alex großspurig. Annika runzelt die Stirn. „Du kennst dich aber ganz gut damit aus!". Alex schaut betreten zu Boden. „Ja, ich hab' das auch mal probiert. Aber in der Fahrschule meinten sie, dass man gerade in unserem Alter beim Autofahren z. B. von der Disko nach Hause besonders oft auf Rauschgift kontrolliert wird. Das kann ein Jahr Führerscheinsperre geben und über 5000 Euro kosten. Das war mir zu heikel. Ich hab' gleich wieder die Finger davon gelassen! Aber lass uns mal mit Manfred sprechen, vielleicht braucht er ja unsere Hilfe."

Definition

Cannabisabusus bezeichnet den Gebrauch des Wirkstoffs Tetrahydrocannabinol (THC) mit schädlichen Folgen für Psyche oder Körper. Gelegentlicher, folgenloser Cannabiskonsum ist formal kein Abusus.

Ursachen

Der Begriff Cannabis wird im Volksmund als Sammelbegriff für die aus Hanfpflanzen (Cannabis sativa oder Cannabis indica) hergestellten Rauschmittel benutzt. Die Droge THC findet man v. a. in den unbefruchteten weiblichen Blüten der Pflanzen. Die gebräuchlichsten Verwendungsformen von Cannabis sind Haschisch (Harz der Pflanzen) und Marihuana (getrocknete Blütenstände). Haschisch und „Haschischöl" werden entweder mit Tabak vermischt geraucht oder zum Zubereiten THC-haltiger Speisen verwendet. Außerdem wird Haschisch verdampft und inhaliert. Die getrockneten Pflanzenteile des Marihuanas werden i.d.R. geraucht.

Der Wirkstoff bindet an spezielle Cannabinoidrezeptoren im Gehirn und hat auf diese Weise eine psychotrope, rauschartige, überwiegend beruhigende, aber auch appetitsteigernde und spasmolytische Wirkung. Außerdem wird die Ausschüttung des Neurotransmitters Acetylcholin gehemmt und die präsynaptische Glutamatfreisetzung moduliert. Zudem werden dopaminerge Bahnen des Belohnungssystems im limbischen System stimuliert, was als Ursache für eine mögliche Suchtausbildung angesehen wird. Wird die Dosis reduziert, sind daher Absetzphänomene möglich.

Bei ca. 10 % der Menschen besteht durch eine Genvariante ein besonders hohes Risiko, durch Cannabisgebrauch an einer Psychose zu erkranken.

Symptome

Die Inhalation der Rauchgase schädigt u. a. die Atmungsorgane, da Cannabis einen noch viel höheren Teergehalt besitzt, als normaler Tabak. Der Tabak, der zum Rauchen in der sog. Mischung vorhanden ist, verursacht Herz-Kreislauf-Schäden. Im Fettgewebe reichern sich Abbauprodukte des THCs an, die je nach Konsumstärke noch viele Wochen später durch Rückverteilung aus dem Fettgewebe ins Blut einen positiven THC-Gruppen-Nachweis ermöglichen.

Außerdem treten bei häufigem Konsum psychosoziale Veränderungen auf. Das Gehirn gewöhnt sich an den Dämpfungszustand und gleicht diesen zum Teil aus. Viele Konsumenten können daher Ausfallerscheinungen außerordentlich gut kompensieren und im berauschten Zustand weitgehend unauffällig am Alltag teilnehmen. Der Übergang in eine Substanzabhängigkeit ist fließend.

Kurzfristige Veränderungen

Die kurzfristigen Veränderungen treten wenige Minuten nach dem Konsum auf. Dieser akute Rausch hält für etwa zwei bis fünf Stunden an und ist durch folgende Symptome gekennzeichnet:

- leichte Mydriasis (Pupillenerweiterung), verlangsamte Pupillenlichtreaktion, gerötete Konjunktiven (Bindehäute der Augen),
- Mundtrockenheit,
- Tachykardie,
- Heißhunger (von Konsumenten als „Fress-Flash" bezeichnet),
- verminderte Aufmerksamkeits- und Gedächtnisleistung mit Denkstörungen und verlangsamter Reaktionsgeschwindigkeit, eingeschränkte Kritikfähigkeit, erhöhte Risikobereitschaft,
- Antriebsminderung, Müdigkeit,
- motivlose Heiterkeit mit affektiver Verflachung bis zur Euphorie,
- bei Gelegenheitskonsumenten: Störungen der Psychomotorik, v. a. Gangunsicherheiten,
- atypische Rauschverläufe: innere Unruhe, Angst, Panik, depressive Episoden, motorische Unruhe, Agitation, Desorientiertheit, Verwirrtheit, Wahnerlebnisse.

Mittelfristige Veränderungen
Mittelfristige Veränderungen überdauern den Rausch und treten bei wiederholtem Konsum auf:
- Gewichtszunahme,
- Schädigung der Atmungsorgane und des Herz-Kreislauf-Systems,
- Konzentrations-, Aufmerksamkeits- und Denkstörungen,
- „Demotivationssyndrom“:
  - Interessensverlust,
  - Antriebsarmut,
  - Passivität,
  - Apathie.
- Rückzug auf die eigene Person, Veränderung des sozialen Umfeldes hin zum Konsumentenkreis,
- als soziale Folge oft Führerschein- und Arbeitsplatzverlust,
- manchmal Übergang in eine Polytoxikomanie (gleichzeitiger Abusus mehrerer Rauschmittel), daher auch als „Einstiegsdroge“ oft diskutiert,
- substanzinduzierte Schizophrenie (durch genetische Dipsosition sind etwa 10% der Konsumenten besonders gefährdet) oder eine substanzinduzierte Depression.

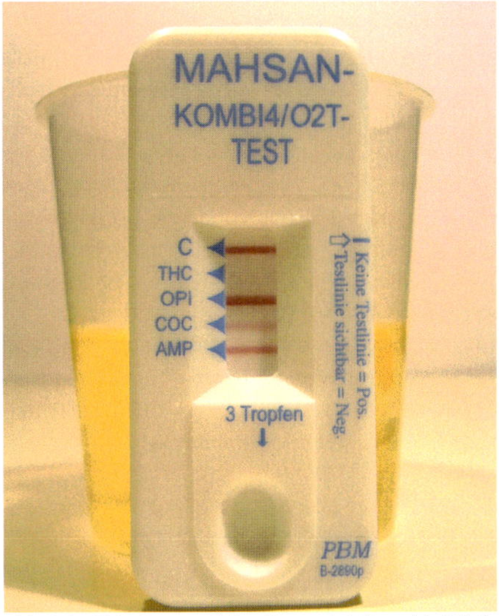

Abb. C.2 Urin-Drogen-Schnelltest. Auf Cannabis (THC) positiver, auf Opiate (OPI), Kokain (COC) und Amphetamin (AMP) negativer Urin-Drogen-Schnelltest, wie er auch bei der Polizei Verwendung findet. Bande sichtbar = negativ für diese Substanz. „C“ ist eine Kontrollbande und sichert die Funktionsfähigkeit des Test.

Diagnose
In der Anamnese finden sich häufig Hinweise auf Kontakte mit der Polizei oder der Schulverwaltung (**Abb. C.1**). Außerdem sollten Angehörige befragt werden. Sie geben oft hilfreiche Verlaufsberichte, v. a. zum Wesen des Patienten vor einer Suchterkrankung.

Ein Indiz lässt sich aus einem Urin-Drogen-Schnelltest ableiten, mit dem auch die Polizei bei Autofahrern nach Drogen fahndet (**Abb. C.2**). Dieser Test ist bis zu mehreren Wochen nach der letzten THC-Aufnahme noch positiv. Er eignet sich auch gut zur späteren Abstinenzkontrolle. Zur genaueren Bestimmung des Konsumverhaltens und der in den letzten Monaten aufgenommen THC-Menge können z. B. rechtsmedizinische Speziallabors das Blut des Patienten auf THC-Abbauprodukte untersuchen. Außerdem kann man durch eine Haaranalyse pro Zentimeter Haar etwa einen Monat in die Konsumgeschichte zurückblicken. Oft geben auch Hasischreste unter den Fingernägeln Aufschluss.

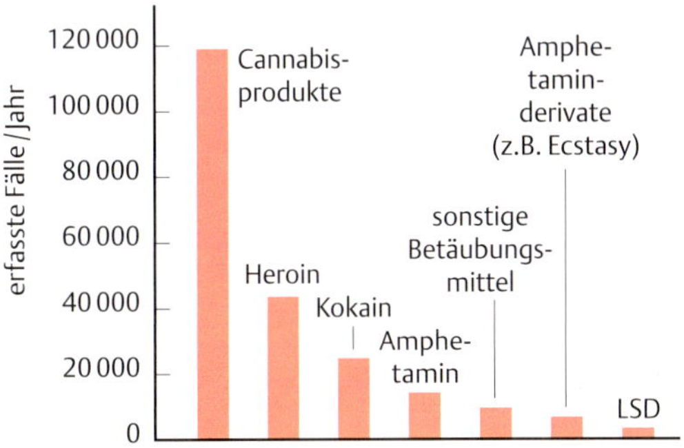

Abb. C.1 Drogenfälle. Polizeilich erfasste Fälle sortiert nach der konsumierten Droge (1999).

In psychomotorischen Leistungstests, z. B. dem Mehrfachwahl-Wortschatz-Intelligenztest (MWT-B), dem Hamburg-Wechsler-Intelligenztest für Erwachsene (HAWIE) oder durch den Einsatz von speziellen Computertestprogrammen, können Gehirnleistungsdefizite objektiviert werden. Durch psychologische Testinventare, wie z. B. durch das Freiburger Persönlichkeits-Inventar (FPI) oder das Minnesota Multiphasic Personality Inventory (MMPI), werden Persönlichkeitsstörungen diagnostiziert.

Differenzialdiagnose
Abzugrenzen ist die Polytoxikomanie. Auszuschließen sind außerdem Komorbiditäten wie → Schizophrenie und Depression. Auch kann der Cannabiskonsum Ausdruck einer unerkannten Persönlichkeitsstörung oder eines Aufmerksamkeitsdefizit-Syndroms (ADS/→ ADHS) sein.

Therapie
Wichtig ist eine ausreichende Therapiemotivation, die im Idealfall aus eigener Erkenntnis des Konsumenten stammt. Häufig und mit nur mäßigem Erfolg erzwingen Arbeitgeber, Schule oder Familie eine Therapie. Wesentliches Ziel ist die langfristige Entwöhnung, die oft auch eine soziale Reintegration erfordert. Erst wenn für den Patienten das Leben ohne Droge angenehmer und glückvoller ist

als das Leben mit THC, kann eine nachhaltige Abstinenz erreicht werden. Therapeutische Ansätze sind:

- **Verhaltenstherapie:** Der Patient soll durch geeignete Verhaltensweisen lernen, schwache Momente auch ohne Drogenkonsum zu bewältigen.
- **Gruppentherapie:** Der Patient erfährt Anerkennung aus eigenen Leistungen und lernt: mehr als nur Konsument sein zu dürfen, dass das Leben ohne die Droge lebenswert ist, dass gemeinsam Freude erlebt werden kann.
- **Familientherapie:** Patienten und ihre Familie finden sich neu und bauen wieder Vertrauen zueinander auf.
- **Abstinenzvertrag:** Über einen schriftlichen Vertrag zwischen dem Konsumenten und dem Therapeuten werden die Regeln und das Verhalten bei Regelüberschreitungen festgelegt. Kernelement ist die völlige Abstinenz.
- **Ergotherapie:** Durch Beschäftigungs- und Konzentrationsübungen lernt der Patient seine Belastungsfähigkeit zu steigern.
- **Akupunktur und Naturheilverfahren:** Das Nadeln spezieller Suchtpunkte soll den Suchtdruck lindern. Naturheilverfahren wie die Allopathie unterstützen beim Entgiften und helfen später bei der Abstinenz.
- **Psychologische Gesprächseinzeltherapie:** Bei einer Persönlichkeitsstörung wird gezielt mit einer langfristigen, oft 80 bis 120 Stunden dauernden Gesprächstherapie behandelt. Bei genügend introspektiven Patienten wird auch tiefenpsychologisch an den Auslösern des selbstschädigenden Verhaltens gearbeitet.

Medizinisch begleitete Therapie. Bei alleinigem Cannabisabusus ist ein Entzug i.d.R. nicht nötig. Sollten jedoch Absetzphänomene auftreten, werden Substanzen aus der Gruppe der Benzodiazepine wie der Wirkstoff Lorazepam (z. B. Tavor) oder klassische niederpotente Neuroleptika wie Promethazin (z. B. Atosil) für einige Tage in geringer Dosierung verordnet. Die Therapie wird ansonsten für einige Monate mit Antidepressiva mit dem Wirkstoff Venlafaxin (z. B. Trevilor retard) medikamentös begleitet. Bei komorbiden Schäden der Atmungsorgane werden inhalative Sympathomimetika und topische Kortikoide verabreicht sowie auf Nikotinabstinenz gedrängt.

Prognose

Hat ein alleiniger Cannabisabusus vorgelegen, zeigt der Patient ausreichende Abstinenzmotivation und kann er sozial stabilisiert werden, ist die Prognose gut. Jedoch können bei Belastungssituationen Rückfälle auftreten. Eine begleitende, monatliche Gesprächstherapie über bis zu zwei Jahre sichert den Langzeiterfolg. Bei Polytoxikomanie und Begleiterkrankungen sind oft langjährige Spezialtherapien nötig, die meist dauerhaft nicht erfolgreich sind.

Infobox

ICD-10: F12.1

Internetadressen:
Institut für Therapieforschung: http://www.ift.de
Dt. Hauptstelle für Suchtgefahren: http://www.dhs.de
http://www.dbdd.de

Chassaignac-Lähmung

► Das Sommerfest im Kindergarten ist voll im Gange. Die Eltern spielen ausgelassen mit ihren Kleinen. Lars und sein Vater hüpfen Hand in Hand die Treppe zur tiefer gelegenen Sandkiste hinunter. „Engelchen, flieg!", rufen sie bei jeder Stufe. Übermütig springt der Dreijährige mehrere Stufen auf einmal und schaut dabei stolz auf seine Mutter, die am Rand steht. Lars ist abgelenkt und verliert das Gleichgewicht. Doch sein Vater hat ihn fest im Griff. Er reißt den Kleinen am Arm hoch. Lars schreit auf vor Schmerz, weinend fasst er sich an den Ellenbogen.

Definition

Bei der Chassaignac-Lähmung rutscht das Radiusköpfchen (Caput radii) aus dem Ringband der Speiche (Ligamentum anulare radii) und klemmt das Band ein.

Synonyme: Pronatio dolorosa, nursemaid elbow, Kindermädchen-Ellenbogen.

Ursachen

Die Chassaignac-Lähmung ist eine nicht ganz vollständige Verrenkung (Subluxation) des Ellenbogengelenks und entsteht durch ruckartigen Längszug des Armes. Ein solcher Zug tritt auf, wenn Kleinkinder z. B. beim Stolpern durch kräftigen Zug am Arm vor einem Sturz bewahrt werden. Kleinkinder, deren Stützgewebe noch sehr elastisch ist, sind für diese Verletzung besonders anfällig. Sie ist meist harmlos, aber schmerzhaft.

Symptome

Kinder mit Chassaignac-Lähmung schonen den verletzten Arm. Sie können ihn weder strecken noch beugen und lassen ihn deshalb möglichst schlaff nach unten hängen. Das Ellenbogengelenk ist dabei ein wenig angewinkelt, Unterarm und Hand sind leicht nach innen gedreht.

Nicht selten ist eine kleine Schwellung oberhalb des Radiusköpfchens zu erkennen. Dadurch dass der verletzte Unterarm mit unnatürlich nach innen gedrehter Hand herabhängt, scheint er gelähmt, das ist er aber nicht. Jeder Versuch, den Arm zu bewegen, bereitet äußerst starke Schmerzen.

Diagnose

Ärzte, insbesondere Unfallchirurgen und Pädiater, erkennen das für Kleinkinder typische Trauma auch ohne Röntgenuntersuchung. Eine Diagnose ist meist auch möglich, wenn schuldbewusste Eltern den Unfallhergang schildern. Eine Röntgenuntersuchung ist dennoch Pflicht, um seltene, aber doch mögliche Schädigungen von Knochen, Gefäßen und Nerven auszuschließen.

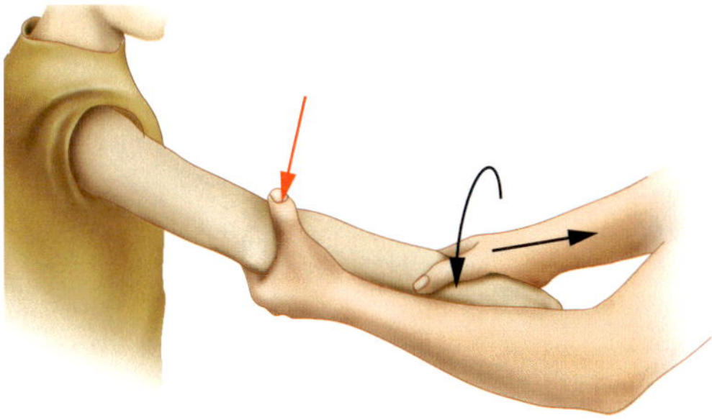

Abb. C.3 Repositionsmanöver. Das Ringband schnellt bei dieser Behandlung wieder in seine ursprüngliche Position.

Therapie

Die Behandlung ist zunächst schmerzhaft. Das Ringband der Speiche schnellt in seine ursprüngliche Position, wenn der Unterarm vorsichtig in die entgegengesetzte Richtung, also nach auswärts gedreht wird (Supination) sowie gleichzeitig mit dem Daumen auf das Radiusköpfchen gedrückt und das Ellbogengelenk gestreckt wird (**Abb. C.3**).

Meist hört man bei dieser schmerzhaften Therapie ein Schnappen, wie von einem stark gespannten Gummiband, das losgelassen wird.

Doch kurz darauf sind die Schmerzen wie weggeblasen, das Kind lächelt wieder, es bewegt seinen Arm normal. Der Arm muss nur bei immer wieder auftretenden Subluxationen ruhig gestellt werden (z. B. mit einem Gips).

Prognose

Für Kinder mit erfolgreich eingerenktem Radiusköpfchen nach Chassaignac-Lähmung ist das Risiko, sich erneut derart zu verletzen, nur wenig erhöht. Die Eltern jedoch sollten darüber aufgeklärt werden, jeden Längszug an den Extremitäten ihrer Kinder künftig zu vermeiden.

Infobox

ICD-10: S53.0

Literatur:

Netter, F. H.: Netter's Pädiatrie. Thieme, Stuttgart 2001

Sitzmann, F. C.: Duale Reihe Pädiatrie. Thieme, Stuttgart 2002

Cholelithiasis

► **Frau Frölke und ihr Mann feiern Silberhochzeit. Sie haben viele Gäste eingeladen und ein großes Buffet bestellt. „Die Leute amüsieren sich und das Essen ist einfach köstlich", sagt die 52-Jährige zu ihrem Mann, nimmt sich noch eine Portion Tiramisu und kichert: „Das sollte ich ja besser lassen. Ich habe eh schon zu viel auf den Hüften." Es ist schon sehr spät, als die beiden ins Bett gehen. Gegen Morgen wacht Frau Frölke mit Bauchschmerzen auf der rechten Seite auf. Als sie es fast nicht mehr aushalten kann, weckt sie ihren Mann. „Heinz, ich habe solche Schmerzen. Viel schlimmer als dieser Druck, den ich auch sonst schon mal nach dem Essen habe." Er weiß sich keinen Rat und bringt sie zum Arzt.**

Definition

Bei der Cholelithiasis bilden sich Gallensteine. Diese Konkremente entstehen entweder in der Gallenblase (Cholezystolithiasis) oder den Gallenwegen (Choledocholithiasis) meist durch Eindicken der Galleflüssigkeit. Die Größe ist sehr variabel und reicht von wenigen Millimetern (Gallengrieß oder Sludge) bis zu einigen Zentimetern. Gallensteine treten einzeln oder gehäuft auf, teilweise können sie die gesamte Gallenblase ausfüllen (**Abb. C.4**).

Ursachen

Voraussetzung für die Gallensteinbildung ist meist eine mit Cholesterin übersättigte Gallenflüssigkeit. Die normale Gallenflüssigkeit besteht zu 80% aus Wasser und Gallensäuren halten das Cholesterin in Lösung. Sinkt der Gehalt an Gallensäure und/oder erhöht sich die Konzentration des Cholesterins, bilden sich Mikrokristalle. Diese Kristalle wachsen unter bestimmten Umständen wie z. B. eine verzögerte Entleerung der Gallenblase, zu Grieß oder Steinen heran.

Risikofaktoren

Das Risiko an Gallensteinen zu erkranken steigt mit dem Zusammentreffen mehrerer der folgenden Faktoren:

Abb. C.4 Gallensteine. Operationspräparat einer Gallenblase mit zahlreichen Gallensteinen.

- familiäre Vorbelastung,
- Frauen sind häufiger betroffen als Männer (ca. 3:1), Schwangerschaften erhöhen das Risiko,
- das Risiko steigt mit dem Alter,
- cholesterinreiche Ernährung,
- ballaststoffarme Kost verzögert die Darmpassage und damit Gallenblasenentleerung,
- Übergewicht von ca. 20% verdoppelt das Risiko → Adipositas.

Symptome

Es gibt viele Gallensteinträger, die keine Beschwerden haben (stumme Gallensteine). Hier verbleiben die Steine meist symptomfrei in der Gallenblase.

Die Beschwerden bei symptomatischen Gallensteinen sind zunächst oft sehr unspezifisch. Häufig kommt es nach fettreichen Mahlzeiten zu Druck-/Völlegefühl im Oberbauch, Blähungen und Übelkeit. Bei stärkeren Gallereizungen treten Schmerzen im rechten Oberbauch, die oft in die rechte Schulter ausstrahlen, auf.

Die typischen Gallenkoliken entstehen bei der Passage einzelner Konkremente durch den Ductus cysticus bzw. Ductus choledochus (Gallenwege). Hierbei klemmen die Steine fest und der Druck in den Gallenwegen erhöht sich. Um die Steine weiter zu befördern, ziehen sich die Muskeln der Gallenwege in Wellen zusammen. Es kommt zum typischen Kolikschmerz mit wellenartigem Verlauf. Die krampfartigen Schmerzen können wenige Minuten bis, in seltenen Fällen, mehrere Stunden anhalten und von zusätzlichen Symptomen (z. B. Erbrechen, Übelkeit, Aufstoßen, flüchtiger Ikterus) begleitet sein.

Diagnose

Die genaue Anamnese und die körperliche Untersuchung liefern die wichtigsten diagnostischen Hinweise.

Blutuntersuchung. Diese ergibt einen Anstieg der cholestaseanzeigenden Enzyme (γ-GT, AP, Bilirubin), sofern der Ductus choledochus obstruiert (verlegt) ist.

Bildgebende Verfahren. Die entscheidende Untersuchung ist meist die Oberbauchsonografie. Dies ist die empfindlichste und schnellste Nachweismethode von Gallensteinen. Meist sind die Steine direkt sichtbar oder es zeigt sich eine Erweiterung der Gallengänge als indirektes Zeichen einer Gallengangsobstruktion durch ein Konkrement. Bei Verdacht auf Gallengangssteine wird die Diagnose zusätzlich endoskopisch durch eine sog. ERCP (endoskopisch retrograde Cholangio-/Pankreatografie) gesichert.

Weitere Röntgenverfahren, wie z. B. Röntgenleeraufnahme oder Aufnahmen mit jodhaltigen Kontrastmitteln (sog. „i. v. Galle") sind in den letzten Jahren in den Hintergrund getreten und werden kaum noch angewandt. Computertomografie-(CT-) oder Magnetresonanztomografie-

(MRT-)Untersuchungen (z. B. die Magnetresonanzcholangiografie, MRCP) bleiben momentan noch speziellen Fragestellungen vorbehalten.

Differenzialdiagnose

Rechtsseitige Oberbauchschmerzen, wie sie bei Gallenkoliken vorkommen, können auch durch eine Vielzahl anderer Erkrankungen hervorgerufen werden, wie z. B.:

- → Pankreatitis,
- Magenulkus (→ Magengeschwür),
- → Appendizitis,
- → Nephrolithiasis mit Nierenkolik,
- → Herzinfarkt (meist ist bei myokardial bedingten Schmerzen in den rechten Oberbauch die Herzhinterwand betroffen),
- sämtliche → Tumoren der Oberbauchregion (z. B. Leber, Gallenblase, Gallengänge, Pankreas, Kolon),
- Lebererkrankungen (akute → Hepatitis durch Viren oder eine Fettleber, → Leberzirrhose).

Meist kann man die verschiedenen Erkrankungen durch einfache Untersuchungen, wie Labor, EKG und die Oberbauchsonografie gegeneinander abgrenzen. Erst im zweiten Schritt sind aufwändigere Untersuchungen, wie z. B. eine Gastroskopie oder ERCP notwendig.

Therapie

Grundsätzlich muss zwischen „stummen" und symptomatischen Gallensteinen unterschieden werden. Da nur etwa 30 % aller Gallensteinträger im Laufe ihres Lebens auch Beschwerden bekommen, besteht bei asymptomatischen Gallensteinträgern keine Behandlungsnotwendigkeit. Diätetische Maßnahmen, wie z. B. Verzicht auf fettreiche Mahlzeiten, Alkohol und Nikotin, können aber verhindern, dass Beschwerden auftreten (Prophylaxe), oder lindern bereits bestehende Beschwerden.

Bei symptomatischen Steinen ist allerdings fast immer eine Behandlung notwendig, da die meisten Patienten dann zu rezidivierenden Beschwerden und zu damit verbundenen Komplikationen neigen. Man unterscheidet zwischen allgemeinen Maßnahmen, medikamentöser Therapie und einer Beseitigung der Steine durch verschiedene Verfahren. Nichtoperative Methoden sind i.d.R. weniger erfolgreich und werden deshalb auch seltener angewendet.

Allgemeine Maßnahmen. Zu diesen Maßnahmen gehören Nahrungskarenz für ca. 24 Std. bei ausreichender Flüssigkeitssubstitution durch Infusionen, sowie Nikotinkarenz. Anschließend erfolgt der Kostaufbau mit Schonkost je nach Verträglichkeit.

Medikamentöse Therapie. Es werden bevorzugt die krampflösende Spasmolytika (z. B. Scopolamin) und Schmerzmittel (Analgetika; z. B. Metamizol) eingesetzt. Bei stärkeren Schmerzen werden auch Morphinderivate gegeben, deren Verwendung früher als umstritten galt, da sie kontrahierend auf den Schließmuskel des Gallenausführungsganges (Sphinkter oddi) wirken können und

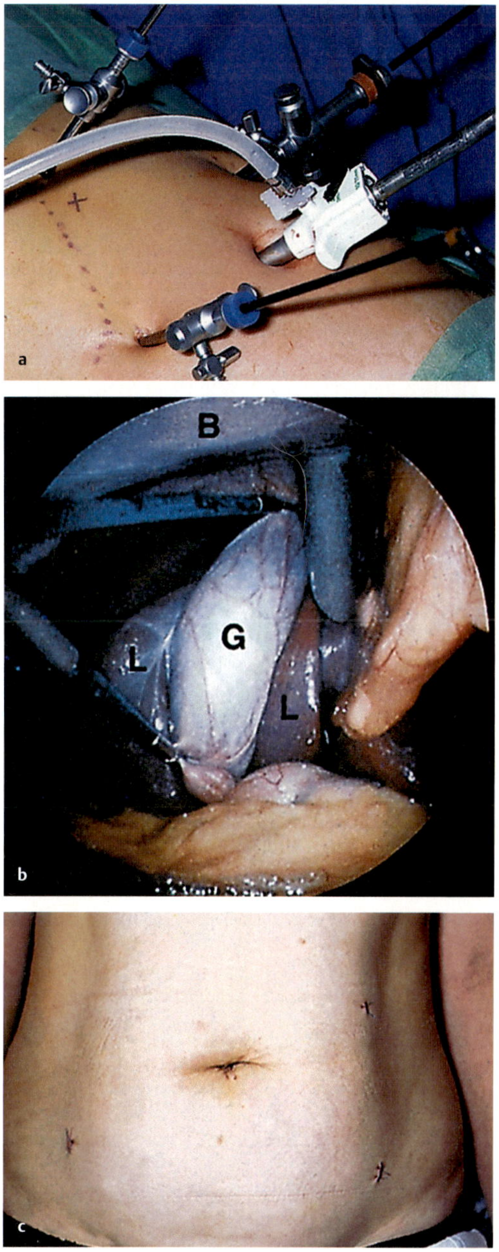

Abb. C.5 Laparoskopische Cholezystektomie. a Blick von rechts auf den Bauch. Rechter Rippenbogen mit Farbpunkten markiert. Die vier Arbeitsinstrumente sind durch die Bauchdecke in die Bauchhöhle eingeführt. Die Extraktionshülse mit weißem Ansatz steckt im Bauchnabel. **b** Blick durch das Videoendoskop in die Bauchhöhle. Die Gallenblase (G) wird von zwei Fasszangen gehalten, dahinter die Leber (L) und die Bauchdecke von innen. **c** Es bleiben nur sehr kleine Narben nach der OP zurück (5. Tag).

man dadurch eine Verstärkung der Schmerzen befürchtete. Durch eine medikamentöse Therapie mit Gallensäuren können die Steine über mehrere Monate hinweg aufgelöst werden. Jedoch treten häufig bereits nach wenigen Jahren Rezidive auf.

Beseitigung der Gallensteine. Ist die Gallenkolik vorüber, kann die Gallenblase entfernt werden (Cholezystektomie), um eine neue Steinbildung zu verhindern. Als Standardtherapie wird die Gallenblase heutzutage in den meisten Fällen laparoskopisch entfernt (sog. „Schlüssellochchirurgie“) (**Abb. C.5**).

Ebenso ist es möglich, die Steine durch eine sog. ESWL (Stoßwellenzertrümmerung) zu beseitigen. Diese hat jedoch eine relativ geringe Erfolgsquote und es zeigen sich häufig Rezidive. Gallengangssteine werden ebenfalls mittels der auch diagnostisch angewandten ERCP entfernt. Hierbei werden kleine Instrumente, wie Körbchen oder Ballons durch das Endoskop in die Gallengänge vorgeschoben und die Konkremente werden unter Durchleuchtung herausgezogen. Hierbei ist es bei großen Steinen gelegentlich notwendig, die Gallenausführungsmündung (Papilla vateri) mittels eines kleinen Schnitts leicht zu erweitern (Papillotomie).

Prognose

Wird die Gallenblase entfernt, kann die Erkrankung vollständig ausheilen. Nur in seltenen Fällen treten Rezidive, d. h. neue Steine auf. Eine prophylaktische Entfernung der Gallenblase ist i.d.R. aber nicht sinnvoll. Die Rezidivquote ist bei nichtchirurgischen Maßnahmen wesentlich höher als bei chirurgischen Maßnahmen. Nach einer medikamentösen Therapie treten in ca. 50% der Fälle innerhalb von 5 Jahren Rezidive auf, nach einer ESWL ist das bei ca. 30% der Patienten der Fall.

Komplikationen

Die häufigste Komplikation bei Gallensteinleiden ist die akute Cholezystitis (Gallenblasenentzündung). Es handelt sich hierbei um die bakterielle Entzündung der Gallenblase, meist durch verlegte Gallenwege hervorgerufen. Heftige Schmerzen, Fieber und meist schweres Krankheitsgefühl sind hier die Folge. In diesem Fall ist eine antibiotische Therapie unerlässlich. Im komplizierten Fall kann es hierbei zusätzlich zu einer Perforation (Durchbruch) der Gallenblase kommen. Folge ist dann meist eine sog. → Peritonitis (Bauchfellentzündung). Auch kann sich die Gallenblase chronisch entzünden.

Infobox

ICD-10:
K80.0, K80.1, K80.2

Internetadressen:
http://www.gastroenterologe.de

Cholera

► **Peter ist Entwicklungshelfer in Peru. Er ist ein alter Hase und weiß, was er zu beachten hat. In der vergangenen Woche hat er Dörfer in entlegenen Gebieten besucht. Jetzt will er in der Zentrale die Informationen aufbereiten. Doch schon am Morgen ist ihm übel, er bekommt Bauchkrämpfe und heftigen Durchfall. Peter erinnert sich, dass er am Tag zuvor aus einem Brunnen getrunken hat, der als sicher gilt. Er wird immer schwächer. Schließlich fliegt man ihn mit dem Hubschrauber in die 270 km entfernte Stadt, wo er im Krankenhaus sofort versorgt wird. Seine Erkrankung wird gemeldet und Hilfskräfte brechen in das Dorf auf, um die Bevölkerung zu informieren und mit Wasser zu versorgen.**

Definition

Cholera ist eine lebensbedrohliche Durchfallerkrankung, die durch den Erreger Vibrio cholerae hervorgerufen wird.

Ursachen

Der Erkrankung wird durch das Bakterium Vibrio cholerae verursacht (**Abb. C.6**). Die Bakterien werden über fäkalienverschmutztes Trinkwasser und Lebensmittel (v. a. Fisch und Meeresfrüchte, Obst, Gemüse) vom Menschen aufgenommen. Gelangen viele Bakterien in den Körper, können einige von ihnen trotz Magensäure den Magen passieren und bis zum Dünndarm vordringen. Die Cholerabakterien vermehren sich unter den erregerfreundlichen Verhältnissen im Darm und produzieren das sog. Choleratoxin. Dieses Toxin bindet an Rezeptoren auf der Schleimhaut. Dadurch werden Wasser und lebenswichtige Salze (Natrium, Kalium) in den Darm entlassen und es folgt der z. T. lebensbedrohliche Durchfall.

Gefährdet sind alle Menschen, die kontaminierte Nahrung zu sich nehmen. Risikogruppen gibt es nicht. Allerdings führt Cholera bei ohnehin unterernährten Menschen öfter zum Tod. Eine Übertragung von Mensch zu Mensch ist auch bei einfachsten hygienischen Verhältnissen unwahrscheinlich.

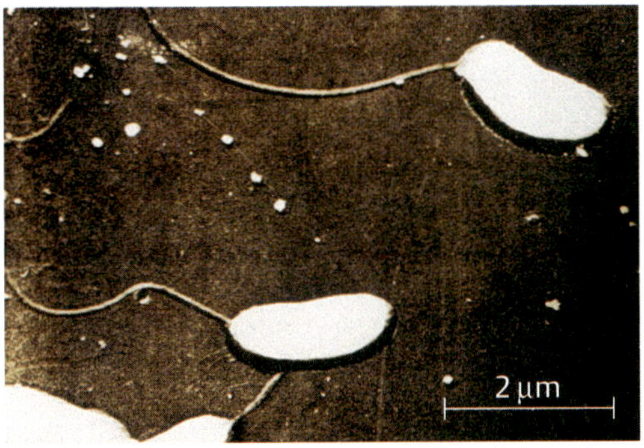

Abb. C.6 Vibrio cholerae. Gramnegative, kommaförmige, begeißelte Stäbchenbakterien.

Symptome

Im Vordergrund steht der massive wässrige Durchfall („Reiswasserstuhl"), der schnell zu starkem Elektrolytverlust und einer Exsikkose (Austrocknung) führt. Diese machen sich durch Kreislaufbeschwerden und Krämpfe bemerkbar. Außerdem ist die Cholera von Übelkeit und Erbrechen begleitet. Durch den Erreger selbst bedingte Symptome, z. B. eine Darmruptur, sind extrem selten.

Therapie

Die erste und wichtigste Therapie ist eine effiziente Flüssigkeits- und Elektrolytsubstitution. Dabei kann dem Patienten, noch bevor er ins Krankenhaus eingeliefert wird, mit Zucker und Salz angereichertes Wasser gegeben werden. Im Krankenhaus werden Infusionen mit Elektrolytlösung verabreicht. Eine Antibiotikatherapie kann den Verlauf abkürzen, ist jedoch nur bei schweren Verläufen sinnvoll.

Prognose

Wird die Cholera nicht behandelt, verdickt sich das Blut. Gefäßverschlüsse und ggf. →Embolien sind die Folge. Durch den Volumenmangel im Blutgefäßsystem (hypovolämischer Schock) sinkt der Blutdruck und der Puls steigt. Je nach Erreger sterben 30 – 70 % der Erkrankten an Herz-Kreislauf-Versagen und allgemeinem Organversagen. In Ländern mit ausreichenden Infusionslösungen und entsprechend hoch entwickelter Begleittherapie (Herz-Kreislauf-Medikation, Antibiotika) ist die Prognose allerdings sehr gut.

Prävention

Die Cholera ist in Ländern mit mangelnder Hygiene (Fernost, Afrika, Süd- und Mittelamerika) weit verbreitet, wird aber nur ganz vereinzelt nach Deutschland importiert (**Abb. C.7**). Das Erkrankungsrisiko ist für Normaltouristen sehr gering, wenn Lebensmittel-, Trinkwasser- und Körperhygiene als wichtigste Vorbeugemaßnahmen eingehalten werden. Es empfiehlt sich, die alte Tropenregel „peel it, cook it or forget it" zu beherzigen.

Gegen Cholera kann auch geimpft werden. In Deutschland ist derzeit jedoch kein Impfstoff zugelassen. Man kann aber auf eigenes Risiko über eine internationale Apotheke einen oralen Impfstoff beziehen. Dieser wird jedoch nicht gut vertragen und bietet nur relativ geringen Schutz.

Länder / Gebiete, die 2003 Cholera-Fälle gemeldet haben

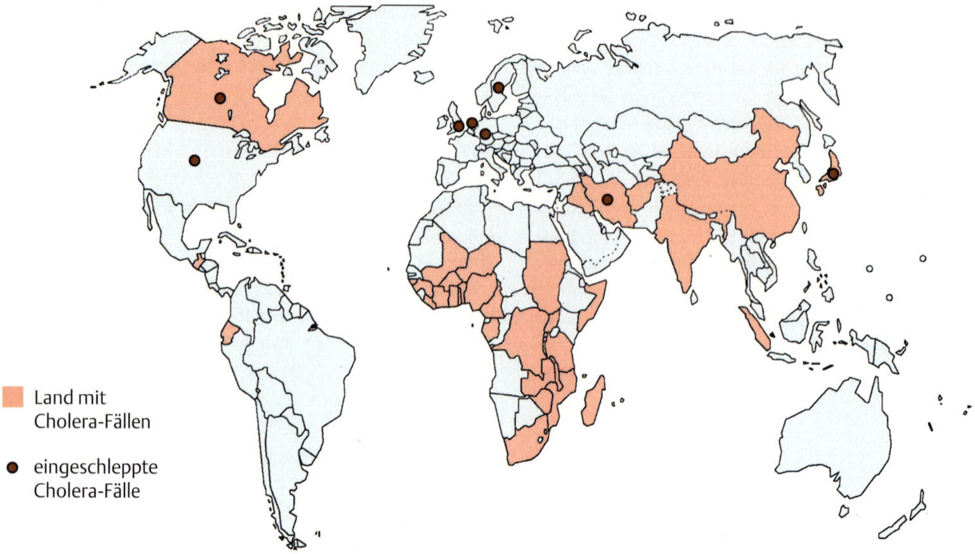

Abb. C.7 Cholera-Fälle.

Infobox

ICD-10:
A00.9

Internetadressen:
http://www.rki.de
http://www.auswaertiges-amt.de
http://www.reisemed.at

Chorea Huntington

► Eine 42-jährige Frau kommt in Begleitung ihres Sohnes in die Klinik und klagt über zunehmende Probleme beim Laufen. Der Sohn ergänzt: „Bei meiner Mutter habe ich seit Jahren vermehrt ein Zucken im Gesicht sowie sonderbare Zuckbewegungen der Hände beobachtet." Leise fügt er hinzu: „Manchmal ist mir meine Mutter sogar unheimlich geworden". In der Familie sind bereits der Großvater und ein Onkel an Chorea Huntington gestorben. Als der Mund der Patientin zu zucken anfängt, fährt sie mit der Hand verlegen über den Mundwinkel, als wollte sie einen Krümel wegwischen.

Definition

Die Chorea Huntington ist eine Erbkrankheit, bei der Gehirn-Nervenzellen zugrunde gehen. In deren Verlauf verlieren die Patienten zunehmend die Kontrolle über ihre Muskulatur und über ihre geistige Leistungsfähigkeit. Erste Krankheitszeichen treten i.d.R. zwischen dem 35. und 45. Lebensjahr auf. Charakteristisch sind unwillkürliche Zuckungen der Arme und Beine und der Gesichtsmuskulatur sowie ausladende Schleuderbewegungen (Hyperkinesien). Diese Hyperkinesien sind asymmetrisch und verschwinden oft im Schlaf oder unter Narkose. In den überwiegenden Fällen geht die Krankheit mit Persönlichkeitsveränderungen und Depressionen einher. Die Patienten werden dement.

Synonyme: Chorea major, „Veitstanz".

Ursachen

Chorea Huntington ist autosomal (geschlechtsungebunden) dominant vererbbar und wird durch einen Defekt am Chromosom IV verursacht. Die Auswirkung des Gendefektes ist noch nicht geklärt. Vermutlich spielt die Aminosäure Glutamin (die von dem defekten Gen kodiert wird) eine Rolle beim Untergang der Hirnzellen, die unbewusste Bewegungen, Körperhaltung und Mimik kontrollieren. Auch der Thalamus, die wichtige Schaltstation für sensibel-sensorische Informationen auf dem Weg zur Hirnrinde, wo die unbewussten Bewegungen bewusst werden, und die Hirnrinde selbst können angegriffen werden.

Es erkranken 50% der Kinder bei **einem** Elternteil mit Chorea Huntington; sind beide Elternteile krank, erhöht sich die Chance der Vererbung entsprechend. Ein gesundes Kind erkrankter Eltern vererbt das Leiden nicht weiter.

Symptome

Als frühe Zeichen treten an Armen und Beinen, besonders an Händen und Füßen, Zuckungen auf. Die mimische Muskulatur des Gesichts ist auch betroffen. Die Patienten grimassieren oft. Durch emotionale Erregung werden die Bewegungsstörungen verstärkt. Besonders in Stresssituationen erscheinen die Patienten in ihrer Motorik wie unter Strom gesetzt, zucken unkontrolliert, greifen ziellos oder wirbeln herum.

Auch Störungen der Stimme, z.B. eine verwaschene, undeutliche Sprache, und Störungen der Atmung gehören zu den Frühzeichen. Im Verlauf der Erkrankung kommt es zur Stuhl- und Harninkontinenz. Schwere Schluckbeschwerden, Appetitlosigkeit und der hohe Energiever-

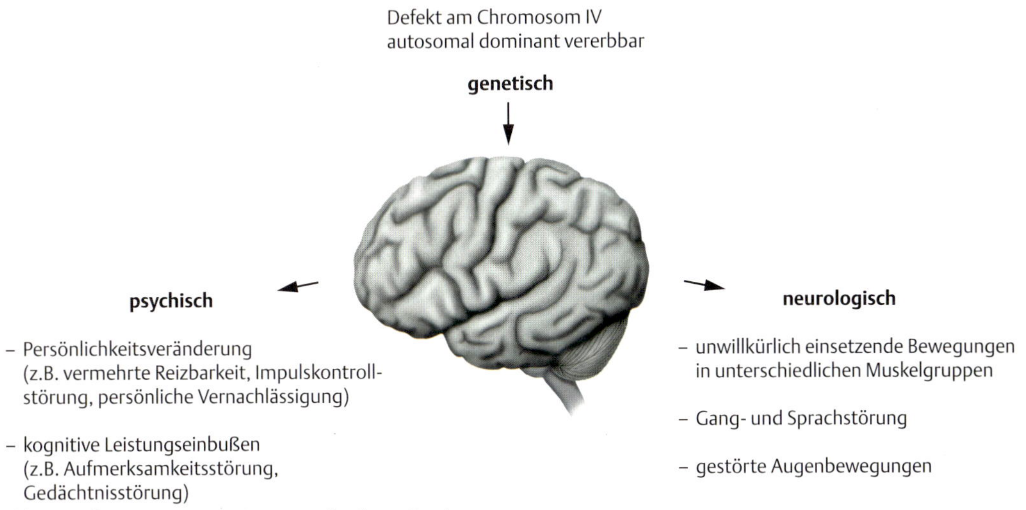

Abb. C.8 Chorea Huntington. Symptome der Chorea Huntington.

brauch führen zu starker Abmagerung. Zusätzlich zeigen die Patienten Persönlichkeitsveränderungen, die bis zur Demenz führen können.

Oft beobachtet man bei den Betroffenen Aggressivität, Verwahrlosung sowie sozialen Abstieg, Nachlässigkeit und Zerstreutheit. Im fortgeschrittenen Stadium wirkt das Gesicht ausdruckslos und der Körper schlaff.

Diagnose

Neurologische Untersuchungen. Bei Untersuchung des Quadrizeps-Sehnenreflexes („Knie-Reflex") kommt es zu einem verzögerten Zurückfallen des Beines in die Ausgangsposition (Gordon-II-Zeichen). Auch die ausgestreckte Zunge kann nicht im herausgestreckten Zustand gehalten werden, sondern zuckt zurück (Chamäleonzunge). Normales Gehen ist durch die Hyperkinesien (Zuckungen) unmöglich.

Bildgebende Verfahren. Diagnostische CT- oder MRT-Untersuchungen des Schädels weisen eine ausgeprägte Rückbildung im Bereich der Basalganglien, Erweiterung der Hirnkammern und eventuell eine frontal betonte Hirnrückbildung auf.

Auch im EEG sind pathologische Veränderungen zu erkennen. Am aussagekräftigsten ist ein Nachweis des Gendefektes am Chromosom IV.

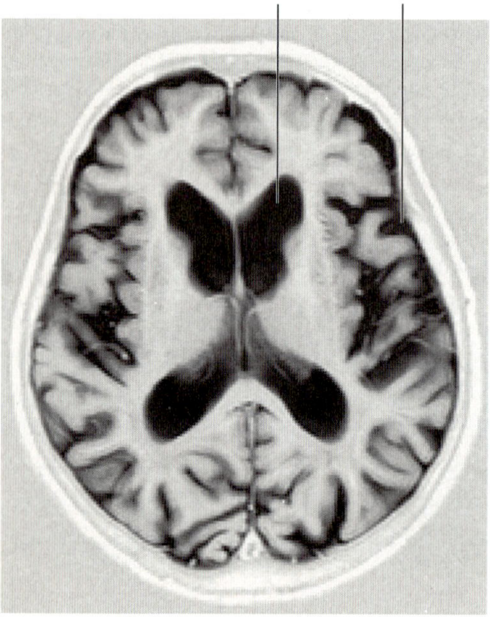

Abb. C.9 CT-Bild. Man erkennt die Erweiterung der inneren und äußeren Hirnkammern.

Differenzialdiagnose

Zu den Krankheitsbildern, die mit Bewegungsstörungen einhergehen und gegen Chorea Huntington abgegrenzt werden müssen, gehören Stoffwechselerkrankungen wie:

- Schilddrüsenüberfunktion,
- Unterzuckerung,
- → Systemischer Lupus erythematodes (SLE, Autoimmunerkrankung mit allgemeinen Bindegewebsveränderungen).

Bei Auftreten von Symptomen im Kindes- und Jugendalter ist auch an Chorea Sydenham, eine pathologische Immunreaktion nach einer bakteriellen Infektion (mit Streptokokken) zu denken.

Therapie

Die Krankheit ist nach derzeitigem Wissensstand nicht heilbar. Therapiert werden Symptome. Neuroleptika (Tiaprid, Sulpirid) werden zur Minderung der Bewegungsstörungen gegeben, Benzodiazepine gegen Unruhe und Angstzustände und Serotoninwiederaufnahme-Hemmer gegen Depressionen. Wichtig ist eine frühzeitige krankengymnastische, logopädische und psychotherapeutische Begleitung sowie eine Ernährungsberatung.

Prognose

Die Lebenserwartung der Patienten liegt nach Diagnosestellung bei 15 bis 20 Jahren. Die Erkrankung verläuft fortschreitend und führt oft zu Unterernährung und Immobilität. Folgeerkrankungen sind meist → Pneumonien (Lungenentzündungen), Thrombosen (Venenverschluss) und → Dekubiti (Druckstellen). Die sekundären Komplikationen können schließlich zum Tode führen.

Infobox

ICD-10:
G10

Beratungsstelle:
Deutsche Huntington-Hilfe e. V.
Geschäfts- und Beratungsstelle
Börsenstraße 10
47051 Duisburg
Tel.: + 49 (0) 203/22915
Fax: + 49 (0) 203/22925
e-mail: dhh@dhh-ev.de

Internetadressen:
http://www.huntington-hilfe.de

Chorionkarzinom

► Julia leidet noch sehr unter ihrer Fehlgeburt vor wenigen Wochen. Ihr Mann und sie haben sich schon lange ein Kind gewünscht, aber es hat wieder nicht geklappt. „Und jetzt habe ich auch immer wieder starke Blutungen und bin absolut schlapp. Morgens muss ich mich oft übergeben", erzählt sie besorgt einer Freundin. „Das ist bestimmt die Anspannung der letzten Zeit." Doch die Freundin rät ihr zum Arzt zu gehen. „Und wenn es nur der Stress ist, vielleicht kann er dir ja etwas verschreiben. Du kommst sonst gar nicht wieder auf den Damm."

Definition

Das Chorionkarzinom ist ein bösartiger Trophoblastentumor (Anteil der Blastozyste, aus dem sich die Plazenta bildet), der nicht nur in die Gebärmutterwand einwächst, sondern auch Metastasen in anderen Organen bildet (**Abb. C.10**).

Ursachen

Chorionkarzinome machen etwa 1 % der bösartigen Genitaltumoren der Frau aus. Der Tumor findet sich oftmals nach einer Erstschwangerschaft. Überwiegend sind ältere Frauen betroffen. Ein Chorionkarzinom entsteht zu 50 % aus einer → Blasenmole, zu 25 % nach einem → Abort oder zu 22,5 % nach einer normalen Schwangerschaft.

Man erklärt sich die Entstehung so, dass plazentares Gewebe zurückbleibt und sich bösartig weiterentwickelt. Aufgrund seiner Wachstumskraft (Schwangerschaft!) ist das Chorionkarzinom ein hoch maligner Tumor, der frühzeitig über den Blutweg Metastasen setzt, v. a. in die Leber, Skelett und ZNS.

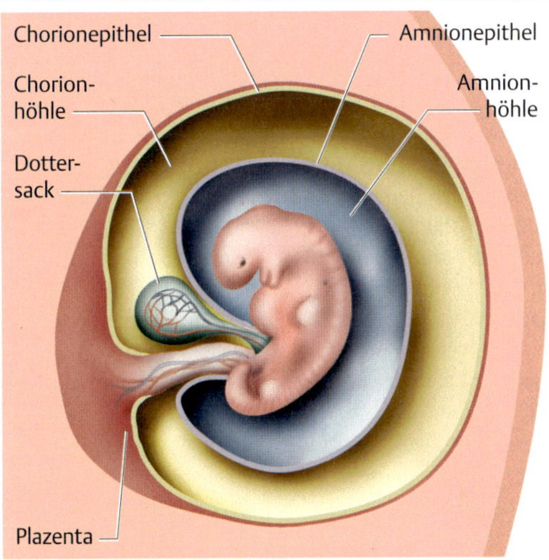

Abb. C.10 Höhlen des Embryos. Schematische Abbildung der verschiedenen Höhlen des Embryos.

Symptome

Unregelmäßige, abnorme Blutungen, ein weicher, vergrößerter Uterus und mangelhafte Rückbildung der Gebärmutter nach einer Schwangerschaft sind mögliche Hinweise auf ein Chorionkarzinom. Auch können der vaginale Abgang von Zotten oder blaurote Knötchen in der Vagina als lokale Metastasen den Verdacht darauf lenken. Wie auch bei anderen Krebserkrankungen ist eine Gewichtsabnahme oder Leistungsminderung zu verzeichnen.

Diagnose

Mithilfe einer Ausschabung wird eine feingewebliche Diagnose gestellt. Auch die Konzentration des Hormons hCG (humanes Choriongonadotropin), das von einigen Tumoren der Keimdrüsen und der Plazenta produziert wird, ist ein wichtiger Indikator für ein Chorionkarzinom. Der β-hCG-Wert gilt als idealer Tumormarker und ist im Fall einer Erkrankung sehr hoch. Eine Metastasensuche schließt sich an.

Differenzialdiagnose

Ein Chorionkarzinom ist von einer destruierenden → Blasenmole abzugrenzen.

Therapie

Ein Chorionkarzinom wird mit einer Chemotherapie behandelt, die wegen des schnellen Wachstums der Tumorzellen gut anspricht. Nach Abschluss der Therapie sollten weiter regelmäßige Hormonkontrollen erfolgen. Eine erneute Schwangerschaft ist möglich, wenn ein genügender zeitlicher Abstand eingehalten wird.

Die Gebärmutter muss nur dann entfernt werden (Hysterektomie), wenn der Tumor auf den Uterus beschränkt und gleichzeitig gegen Chemotherapeutika resistent ist oder wenn schwere uterine Blutungen auftreten.

Prognose

Durch die Therapie des Chorionkarzinoms mit Zytostatika hat sich die Prognose für die betroffenen Frauen deutlich gebessert. In über 75 % der Fälle kann geheilt bzw. lang anhaltend remittiert werden.

Infobox

ICD-10: C58

Internetadressen:

Krebs Kompass Forum:
http://www.krebs-kompass.org

Krebsinformationsdienst:
http://www.krebsinformation.de

Krebswörterbuch: http://www.pathologie-fuerth.de

Chronisch obstruktive Bronchitis

► Alfred Meyer beklagt sich wieder einmal bei seinem Hausarzt über seinen chronischen Husten. „Diesmal ist es besonders schlimm", erzählt der 55-Jährige. „Besonders morgens huste ich zähen, gelblichen Schleim hoch." Außerdem käme er seit einigen Wochen jedes Mal aus der Puste, wenn er die Treppen in seine Wohnung im dritten Stock hochsteige.

Definition

Eine **chronische Bronchitis** ist eine chronische Lungenkrankheit mit Husten und Auswurf. Laut Weltgesundheitsorganisation (WHO) liegt eine chronische Bronchitis dann vor, wenn ein Patient Husten und Auswurf an den meisten Tagen der Woche über mindestens drei Monate eines Jahres in zwei aufeinanderfolgenden Jahren hat.

Eine **chronisch obstruktive Atemwegserkrankung** (chronic obstructive pulmonary disease, COPD, chronic obstructive lung disease, COLD) ist eine fortschreitende Erkrankung der Lunge mit einer Verengung (Obstruktion) der Atemwege, die durch eine chronische Bronchitis entsteht.

Ursachen

Eine COPD ist die vierthäufigste Todesursache in den Industrieländern. Jeder zweite Raucher über 40 Jahren hat eine chronische Bronchitis. In 80 – 90 % der Fälle wird eine COPD durch Zigarettenrauchen verursacht. Eine weitere Rolle spielt die Luftverschmutzung: Schwefeldioxid, Staub, Stickstoffdioxid oder offenes Feuer erhöhen das Risiko einer chronischen Bronchitis. Infektionen der Atemwege mit Viren oder Bakterien können die chronische Lungenkrankheit verschlimmern (Exazerbation).

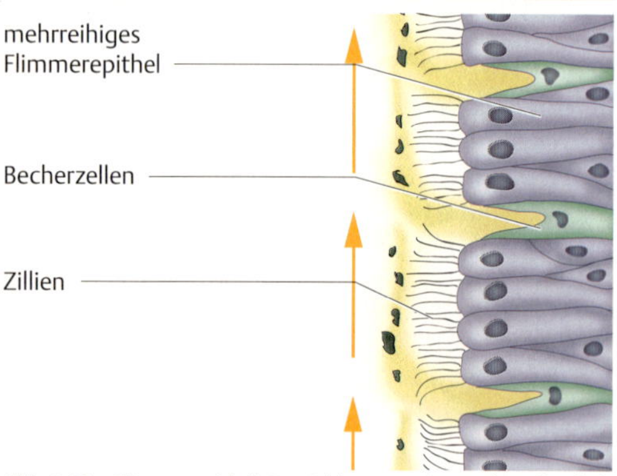

Abb. C.11 Flimmerepithel. Der Schleim aus den Becherzellen hält kleine Staubpartikel fest. Die Zilien der Flimmerepithelzellen befördern den Staub mitsamt dem Schleim in den Rachen, wo er ausgehustet werden kann.

Bei Patienten mit chronischer Bronchitis oder COPD sind die Flimmerhärchen auf der Bronchialschleimhaut (Zilien) durch Zigarettenrauch oder andere toxische Substanzen nicht mehr in der Lage, den Schleim abzutransportieren (**Abb. C.11**). Die Schleimhaut entzündet sich, die Schleimdrüsen vermehren sich, werden größer und sondern zähen Schleim ab. Gleichzeitig verbreitert sich die Muskelschicht der Bronchien: Das Lumen wird so immer mehr eingeengt. Durch die Obstruktion kann sich die Lunge überblähen. Es entsteht ein → Lungenemphysem.

Symptome

Die Patienten leiden unter chronischem Husten mit Auswurf (Sputum), der v. a. morgens abgehustet wird. Das Sekret ist weißlich, dünnflüssig oder zäh. Hat der Patient einen Infekt, ist das Sputum gelblich oder blutig. Der Husten tritt häufig in Attacken auf. Nicht nur während der Hustenattacken leidet der Patient unter Dyspnoe (Atemnot): Zunächst tritt die Dyspnoe nur bei körperlicher Belastung auf, später auch in Ruhe.

Patienten mit chronischer Bronchitis haben häufig morgendliche Kopfschmerzen und nehmen wegen der zusätzlichen Atemarbeit Gewicht ab. Das rechte Herz versucht, gegen die Veränderungen in der Lunge anzupumpen und wird größer und kräftiger (Rechtsherzhypertrophie). Kann das rechte Herz die zusätzliche Arbeit nicht mehr leisten, staut sich das Blut vor dem rechten Vorhof in den Körper zurück (→ Cor pulmonale): Die Halsvenen treten hervor und an den Unterschenkeln treten Ödeme auf.

Diagnose

Die meisten Patienten mit chronischer Bronchitis oder COPD rauchen oder haben geraucht. Bei Nichtrauchern kann die Berufsanamnese auf mögliche toxische Stoffe als Auslöser hinweisen.

Klinische Untersuchung. Bei der Auskultation hört man Rasselgeräusche über der Lunge. Ist die Krankheit fortgeschritten, macht sich die Obstruktion durch Giemen und Pfeifen bemerkbar. Bei einigen Patienten sieht man gestaute Halsvenen und Ödeme an den Beinen als Zeichen der Rechtsherzinsuffizienz.

Funktionsprüfungen. Mit der Spirometrie kann die Obstruktion und der erhöhte Widerstand in den Atemwegen nachgewiesen werden. Genauer können die Verengungen in den Atemwegen mit der Ganzkörperplethysmografie bestimmt werden. Das unterschiedliche Ausmaß der Obstruktion und das Ansprechen auf die Therapie wird mit dem Peak-Flow-Gerät ermittelt. Durch einen Test mit Methacholin oder Histamin kann eine Überempfindlichkeit des Bronchialsystems nachgewiesen werden.

Bildgebende Verfahren. Zum Ausschluss bösartiger Erkrankungen oder einer Tuberkulose wird eine Röntgenaufnahme des Brustkorbes angefertigt. Eine CT zeigt → Bronchiektasien (Erweiterungen der Bronchien) und ein

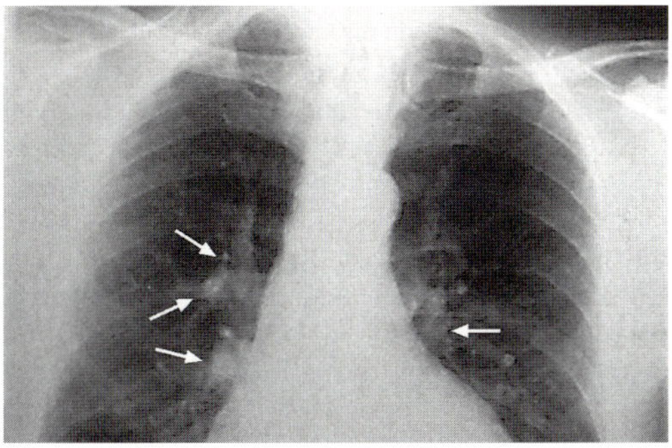

Abb. C.12 Chronische obstruktive Bronchitis mit Lungenemphysem. Tief stehendes Zwerchfell, betonte zentrale Pulmonalarterienäste (Pfeile) und eine geringe Dichte der peripheren Lungenstruktur.

→ Lungenemphysem. Im Sputum können Leukozyten und Bakterien nachgewiesen werden. Hustet der Patient Blut, muss mit einer Bronchoskopie ein → Bronchialkarzinom ausgeschlossen werden.

Differenzialdiagnose

Abgegrenzt werden muss eine COPD von:

- Bronchitis bei anderen Erkrankungen (Bronchialkarzinom, Tuberkulose, Bronchiektasien, Fremdkörper),
- Asthma bronchiale.

Man unterscheidet: „Ein Patient mit Asthma hustet sich in seinen Asthmaanfall hinein, ein Patient mit Bronchitis hustet sich aus seinem Anfall heraus."

Therapie

Die wichtigste Therapie ist, mit dem Rauchen aufzuhören oder andere toxische Substanzen auszuschalten. Bei einer Infektion werden Antibiotika wie Cephalosporine, Aminopenicillin und Beta-Lactamase-Hemmer (z. B. Ammoxicillin und Clavulansäure) oder Fluorchinolone gegeben. Eine COPD wird je nach Schweregrad der Erkrankung stufenweise behandelt (**Tab. C.1**). Der Patient sollte ausreichend über seine Krankheit aufgeklärt und geschult werden. Inhalationen, Klopfmassagen und Atemgymnastik helfen, den zähen Schleim zu verflüssigen und abzuhusten. Die Patienten sollten gegen Influenza und Pneumokokken geimpft werden.

Prognose

Eine chronische Bronchitis ohne Obstruktion kann sich noch zurückbilden, wenn das Rauchen eingestellt wird oder der Kontakt mit toxischen Stoffen aufhört. Treten Obstruktionen auf, ist die Lebenserwartung verkürzt, kann aber durch eine Langzeittherapie mit Sauerstoff verbessert werden.

Tab. C.1 Stufentherapie der COPD

Schweregrad	Symptome	Therapie
0	Husten, Auswurf	**Alle Stufen:** ▪ Rauchen einstellen ▪ Risikofaktoren vermeiden ▪ gegen Influenza und Pneumokokken impfen
I (leichte COPD)	zusätzlich Atemnot bei starker körperlicher Belastung	▪ Schulung des Patienten ▪ bei Bedarf Inhalation von kurzwirksamen Betamimetika (z. B. Salbutamol) und/oder Anticholinergika (z. B. Ipratropiumbromid)
II (mittelschwere COPD)	zunehmende Atemnot	▪ Dauertherapie mit Betamimetika und/oder Anticholinergika ▪ bei fehlender Besserung Theophyllin ▪ Therapieversuch mit inhalativen Kortikoiden (z. B. Beclomethason) ▪ körperliches Training ▪ Atemgymnastik
III (schwere COPD)	respiratorische Insuffizienz, Cor pulmonale	▪ wie II, zusätzlich Langzeittherapie mit Sauerstoff ▪ bei starker Obstruktion der Atemwege Kortikoide oral ▪ evtl. Operation eines Emphysems oder Lungentransplantation

Infobox

ICD-10: J44.9, J42

Internetadressen:

Deutsche Atemwegsliga:
http://www.atemwegsliga.de

Deutsche Gesellschaft für Pneumologie:
http://www.pneumologie.de

Deutsche Lungenstiftung:
http://www.lungenstiftung.de

http://www.goldcopd.com

Chronische Laryngitis

► Frau Marzan steht wie jeden Donnerstag mit ihrem Gemüsestand auf dem Wochenmarkt. Es ist kurz vor eins und die Händler beginnen die Ware einzuräumen. „Die letzten Erdbeeren, nur ein Euro das Pfund". Frau Marzan krächzt mit rauer Stimme. „He Margot, was is'n mit Dir los? Qualmst Du zu viel?", ruft Achim vom Nachbarstand. „Ach hör auf", entgegnet sie und geht zu ihm. Gestern in Kornelimünster habe ich keinen Ton mehr rausbekommen." Sie räuspert sich. „Na, die Erdbeeren werde ich wohl nicht mehr los – mit der Stimme."

Definition

Bei der chronischen Laryngitis handelt es sich um eine langwierige Entzündung des Kehlkopfs.

Ursachen

Häufige Ursachen für die chronische Laryngitis sind (**Abb. C.13**):

- erhöhter Nikotinkonsum,
- durch chemische Dämpfe oder Staub verunreinigte Atemluft,
- ständige Mundatmung,
- übermäßige Beanspruchung der Stimme,
- falsche Stimmtechnik,
- nicht ausreichend behandelte akute Infektion des Kehlkopfs (insbesondere, wenn die Stimme nicht ausreichend geschont wurde),
- chronische Sinusitis mit vermehrter Sekretion,
- gastroösophageale → Refluxkrankheit (durch einen gestörten Magenverschluss tritt Magensaft über und reizt Speiseröhre und Kehlkopf, die sich entzünden).

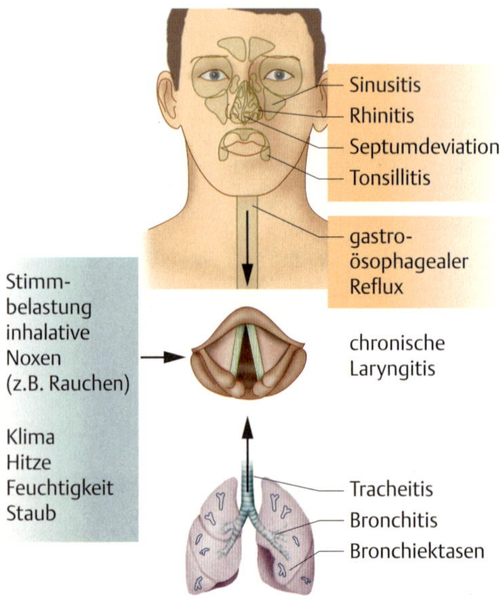

Abb. C.13 Ursachen der chronischen Laryngitis. Viele Faktoren können eine chronische Laryngitis auslösen.

Symptome

Die Patienten berichten über Heiserkeit, verminderte stimmliche Belastbarkeit, Husten, Räuspern und/oder ein Fremdkörpergefühl im Hals.

Diagnose

Der Kehlkopf wird entweder indirekt mit einem Spiegelchen über die Mundhöhle, mit einem sog. Lupenlaryngoskop oder mit einer dünnen, schlauchartigen flexiblen Optik über die Nase untersucht. In den meisten Fällen einer chronischen Erkrankung liegt eine hyperplastische Laryngitis mit einem Schleimhautödem vor. Hierbei ist die Schleimhaut stark verdickt und es wird vermehrt Gewebswasser eingelagert. Eventuell finden sich weißliche Auflagerungen (sog. Leukoplakien).

Differenzialdiagnose

Bei hyperplastischen und leukoplakischen Stimmlippenarealen ist eine Mikrolaryngoskopie mit (Exzisions-)Biopsie zum Ausschluss eines Malignoms erforderlich.

Therapie

Die Therapie ist oft langwierig und unbefriedigend. Wesentlich ist, dass exogene Noxen, wie Rauch, trockene Luft und Luftverunreinigungen, und eine mögliche Überbeanspruchung der Stimme vermieden werden. Bei falscher Stimmtechnik sollte eine logopädische, also sprachtherapeutische Behandlung erfolgen. Ist eine gastroösophageale → Refluxkrankheit die Ursache für die chronische Laryngitis muss sie entsprechend therapiert werden. Bei behinderter Nasenatmung oder → chronischer Sinusitis kann ein operativer Eingriff an der Nase sinnvoll sein.

Prognose

Der Verlauf ist abhängig von der Ursache der chronischen Laryngitis. Rezidive treten häufig auf. Bei einer über einen längeren Zeitraum persistierenden Erkrankung kann es zu Schleimhautveränderungen (Leukoplakien, Polypen) kommen, die ein erhöhtes Risiko für die Entwicklung eines bösartigen Tumors darstellen und deswegen operativ abgetragen werden sollten.

Infobox

ICD-10: J37.0

Internetadresse:
Leitlinien der AWMF (HNO): http://www.leitlinien.net

Chronische Niereninsuffizienz

► **Frau Pamuk, die vor kurzem aus der Türkei zu ihrer Tochter gezogen ist, lässt ihren Diabetes mellitus kontrollieren. „Den Zucker habe ich schon lange", schildert die übergewichtige Dame. „In der letzten Zeit bin ich aber so müde. Es war ganz schön anstrengend. Erst ist mein Mann gestorben und dann die Entscheidung, nach Deutschland zu gehen. Ich habe gesagt, ich komme nur, wenn ich im Laden helfen kann. Aber sehen sie sich mal meine Knöchel an. Die sind jetzt schon dick und abends ist das noch viel schlimmer. Vielleicht ist das lange Stehen nichts für mich. Und dann muss ich ein paar Mal nachts raus. Dabei störe ich alle. Es war dumm von mir, hierher zu kommen. Ich falle der ganzen Familie zur Last."**

Definition

Bei einer chronischen Niereninsuffizienz ist die Funktion der Nieren irreversibel geschädigt.

Synonyme: chronisches Nierenversagen, CNV.

Ursachen

Pro Jahr erkranken etwa 10.000 Menschen neu an einer chronischen Niereninsuffizienz. Eine Reihe von Erkrankungen können die Ursache einer chronischen Niereninsuffizienz sein (**Tab. C.2**):

- **diabetische Nephropathie:** Die Niereninsuffizienz wird durch einen lange bestehenden → Diabetes mellitus verusacht. Zuckermoleküle lagern sich in den Glomeruli (Nierenkörperchen) ab, sodass die Niere nicht mehr richtig filtern kann. Dieser Effekt wird durch eine → Hypertonie verstärkt.
- **Glomerulonephritis:** Antikörper oder Immunprozesse schädigen die Glomeruli.

Ähnliche Mechanismen führen bei chronischen Erkrankungen des Nierengewebes, → Zystennieren, Analgetikanephropathie (Schäden durch Analgetika) oder anderen Erkrankungen zu einer Störung der Nierenfunktion.

Symptome

Die nachlassende Funktion der Niere bei chronischer Niereninsuffizienz macht sich an vielen Organsystemen bemerkbar:

- Die Niere kann den Urin nicht konzentrieren. Die Urinausscheidung ist zu Beginn der Insuffizienz erhöht (Polyurie), später erniedrigt (Oligurie).
- Wasser und Elektrolyte werden nicht richtig ausgeschieden. Durch die Retention bilden sich Ödeme in Beinen und Lunge. Die Konzentration von Natrium, Phosphat und Kalium steigt, die von Kalzium sinkt. Der gestörte Säure-Basen-Haushalt führt zu einer metabolischen Azidose.
- Es werden nicht ausreichend Hormone gebildet. Ein Mangel an Erythropoetin führt zur → Anämie, ein Mangel an Vitamin D zu → Osteoporose, ein Mangel an Renin zu → Hypertonie.
- Giftige Substanzen und Abbauprodukte von Medikamenten oder anderen Stoffwechselprodukten werden nicht adäquat ausgeschieden. Die Harnstoff- und Kreatininkonzentration im Blut steigt und schädigt Organe (→ Urämie).

Diagnose

Anamnese und klinische Untersuchung. Die Anamnese weist auf mögliche Ursachen der Niereninsuffizienz hin, z. B. ein langjähriger → Diabetes mellitus, Nierenerkrankungen oder Einnahme von Medikamenten. In der klinischen Untersuchung fällt häufig die gelbliche Hautfarbe auf.

Blutuntersuchung. Im Blut sind Harnstoff- und Kreatininkonzentrationen erhöht, die Erythrozytenzahl häufig er-

Tab. C.2 Häufigste Ursachen der chronischen Niereninsuffizienz

Ursache	Häufigkeit [%]
diabetische Nephropathie	40
Glomerulonephritis	25
chronische Erkrankungen des Nierengewebes und der ableitenden Harnwege	15
→ Zystennieren	8
Analgetikanephropathie	5
Nierenerkrankung durch Gefäßerkrankungen (→ Bluthochdruck)	5
seltene Ursachen (Nierentuberkulose, → Gichtarthritis, → Plasmozytom, Amyloidose, hämolytisch urämisches Syndrom, Hyperkalzämie)	2

niedrigt. Die Kreatinin-Clearance, d. h. wie gut die Niere das Blut von Kreatinin reinigt, ist erniedrigt. Im Blut werden zusätzlich die Elektrolyte Natrium, Kalium, Kalzium und Phosphat bestimmt.

Urinuntersuchung. Der Urin wird auf Leukozyten, Proteine, Erythrozyten, Bakterien und Zellstrukturen untersucht. Wie gut die Niere den Urin noch konzentrieren kann, wird durch das spezifische Gewicht des Harnes ermittelt.

Sonografie. Im Ultraschall kann man chronische Nierenerkrankungen oder Veränderungen der Harnwege erkennen.

Stadieneinteilung

Nach der Diagnose teilt man die Niereninsuffizienz in vier Stadien ein.

Stadium I, kompensiertes Dauerstadium. Die Nierenwerte (Kreatinin- und Harnstoffkonzentration im Serum) sind normal, die GFR (glomeruläre Filtrationsrate) aber vermindert. Die Nierenschwäche äußert sich bereits dadurch, dass der Patient häufig müde und leicht erschöpft ist. Die Patienten müssen häufig Wasser lassen (Polyurie), oft auch nachts (Nykturie).

Stadium II, kompensierte Retention. Die Kreatininkonzentration im Serum ist bis auf 6 mg/dl erhöht. Die Patienten haben häufig eine → Anämie und einen Bluthochdruck. Um die niedrige Kalziumkonzentration zu erhöhen, produzieren die Nebenschilddrüsen vermehrt Parathormon (sekundärer → Hyperparathyreoidismus). Dies verursacht Knochenschmerzen, Magen-Darm-Probleme oder rheumatische Beschwerden. Viele Patienten haben durch die → Anämie und bestimmte Stoffwechselprodukte (Urochrome) eine gelbliche Hautfarbe. Urämiesymptome treten aber noch nicht auf.

Stadium III, dekompensierte Retention, präterminale Niereninsuffizienz (Präurämie). Die Kreatininkonzentration im Serum steigt auf > 6 mg/dl. Wasser und Natrium werden nicht adäquat ausgeschieden, es bilden sich Ödeme an den Beinen und in der Lunge. Die Wasserüberlastung führt zu → Hypertonie. Einige Patienten zeigen eine → Herzinsuffizienz. Außerdem beginnen Symptome der → Urämie wie Übelkeit, morgendliches Erbrechen, Leistungsabfall, Juckreiz, Konzentrationsschwäche, Verdauungsstörungen, Atemnot, Gefühlsstörungen.

Stadium IV, terminale Niereninsuffizienz (Urämie). Die Kreatininkonzentration im Serum steigt auf > 10 mg/dl, die GFR fällt auf < 10 ml/min. Dieses Stadium äußert sich durch Zeichen der → Urämie:

- strenger Mundgeruch (urämischer Fötor),
- Denk- und Konzentrationsstörungen (urämische Enzephalopathie),
- Übelkeit und Brechreiz,
- Entzündung der Magenschleimhaut (urämische → Gastritis) und daher Blutung im Magen-Darm-Trakt,
- Entzündung des Herzbeutels (urämische → Perikarditis),
- Entzündung des Lungenfells (urämische → Pleuritis),
- Gefühlsstörungen und motorische Störungen durch Erkrankung der Nerven (urämische → Polyneuropathie),
- Blutungsneigung durch Mangel an Thrombozyten,
- im äußersten Fall Bewusstlosigkeit (urämisches → Koma).

Therapie

Bei der Therapie unterscheidet man allgemeine Maßnahmen, die ein Fortschreiten der Niereninsuffizienz verhindern, von einer Nierenersatztherapie mit Dialyse oder Transplantation.

Allgemeine Maßnahmen

Zunächst muss die Krankheit behandelt werden, die die Niereninsuffizienz verursacht hat: Ein → Diabetes mellitus sollte optimal eingestellt werden, eine Glomerulonephritis oder andere Nierenerkrankungen werden mit entsprechenden Medikamenten oder einer Operation behandelt.

Darüber hinaus wird durch folgende Maßnahmen verhindert, dass die Niereninsuffizienz fortschreitet:

- Einstellen des Blutdrucks mit ACE-Hemmern oder Angiotensin-II-Rezeptorblockern (AT1-Blocker) auf normale Werte (Zielblutdruck etwa 130/80 mmHg),
- salzarme Ernährung,
- Aufnahme von max. 0,8 g Protein pro Kilogramm Körpergewicht,
- Kontrolle von Aufnahme und Ausscheidung von Flüssigkeit,
- Verzicht auf Substanzen, die das Fortschreiten der Niereninsuffizienz fördern (Nikotin, Medikamente) oder die Niere schädigen (Aminoglykoside, Analgetika oder nichtsteroidale Antiphlogistika),
- Vermeiden von Eingriffen oder Situationen, die zu einer Verschlechterung der Nierenfunktion beitragen können, wie:
  - Röntgenkontrastmittel,
  - Harnwegsinfekte,
  - Dehydrierung des Körpers durch Diuretika, Durchfall oder Erbrechen.
- Behandlung eines sekundären → Hyperparathyreoidismus mit Phosphatbindern und aktiven Vitamin-D-Metaboliten,
- Spritzen von Erythropoetin gegen renale Anämie,
- Vermeiden kaliumreicher Nahrungsmittel wie Obst oder Obstsäfte,
- Gabe von Bikarbonat gegen Azidose,
- Reduktion der Dosis bestimmter Medikamente.

Nierenersatztherapie

Bei terminaler Niereninsuffizienz mit stark erhöhten Kreatininkonzentrationen ab etwa 10 mg/dl wird meist eine Nierenersatztherapie durchgeführt. Hierfür stehen prinzipiell die Dialyse und die Nierentransplantation zur Verfügung.

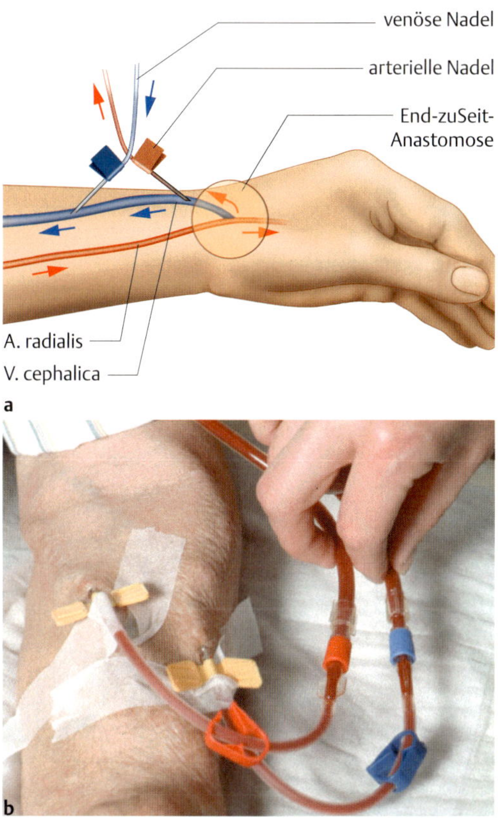

Abb. C.14 Cimino-Shunt. **a** Schematische Darstellung mit liegenden arteriellen und venösen Kanülen. Pfeile deuten die Fließrichtung an, **b** venöse (blau) und arterielle (rot) Kanülen sind genau gekennzeichnet.

Dialyse

Bei der Dialyse wird das Blut des Patienten in einem Dialysator von schädlichen Substanzen befreit (s. → Akute Niereninsuffizienz, **Abb. A.43,** S. 50). Das Blut strömt aus seiner Vene in den Dialysator und gelangt nach der Dialyse wieder in das Gefäß. Damit das Gefäß immer wieder leicht angestochen werden kann, wird ein sog. **Cimino-Shunt** (Cimino-Fistel) am Unterarm gelegt: Am Unterarm wird die Vena cephalica antebrachii durchtrennt und mit der Arteria radialis verbunden (End-zu-Seit-Anastomose) (**Abb. C.14**). Durch den arteriellen Druck erweitert sich die Vene und kann so immer wieder punktiert werden.

Hämodialyse (HD)

Bei dieser Form der Dialyse fließt das Blut des Patienten an einer semipermeablen (halbdurchlässigen) Membran vorbei. Auf der anderen Seite der Membran fließt Dialysatflüssigkeit in entgegengesetzter Richtung. Die harnpflichtigen Stoffe diffundieren entlang eines Konzentrationsgefälles aus dem Blut in die Dialysatflüssigkeit. Der Patient wird meist dreimal in der Woche für mindestens vier Stunden dialysiert.

Peritonealdialyse (PD)

Bei dieser Methode dient das Peritoneum (Bauchfell) als semipermeable Membran. Über einen Katheter wird Dialysatflüssigkeit aus einem Beutel in die Bauchhöhle infundiert, die als „Behälter“ für das Dialysat fungiert (**Abb. C.15**). Die Flüssigkeit wird nach der Dialyse wieder abgelassen.

Bei der kontinuierlichen ambulanten PD (CAPD) wird der Beutel 4 – 5-mal pro Tag ausgewechselt. Die kontinuierliche zyklische PD (CCPD) oder nächtliche intermittierende PD (NIPD) wird automatisch über Nacht mit Hilfe eines Zyklers durchgeführt. Der Vorteil dabei ist, dass die Patienten am Tag sehr viel mobiler sind.

Hämofiltration

Dieses Verfahren ahmt die Filtervorgänge in den Nierenkörperchen nach. Die Membran lässt hierbei im Gegensatz zur HD auch größere Teilchen durch. Die Teilchen werden mit Druck in die Dialysatflüssigkeit abgepresst. Als

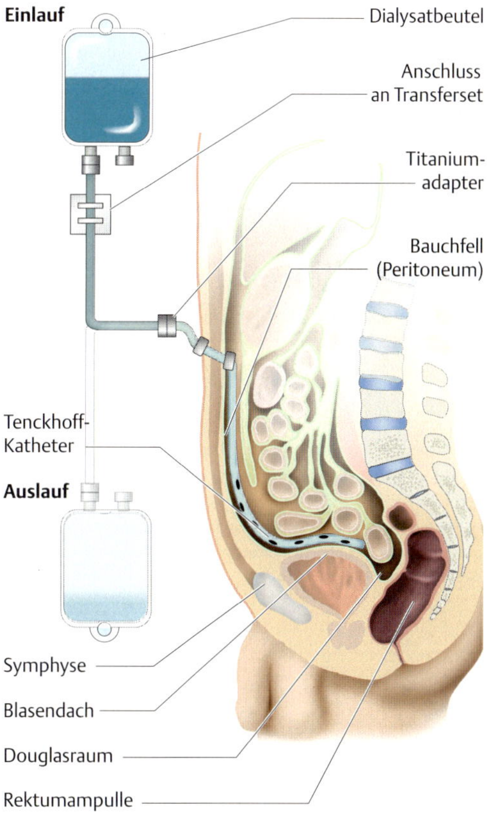

Abb. C.15 CAPD. Prinzip der kontinuierlichen ambulanten Peritonealdialyse.

Ausgleich wird dem Patienten Flüssigkeit zurückinfundiert. Die Hämofiltration belastet den Kreislauf nicht so stark wie die HD. Sie wird meist dreimal in der Woche durchgeführt.

Hämodiafiltration

Bei der Hämodiafiltration wird das Blut mit zwei Filtern sowohl durch Dialyse als auch durch Hämofiltration gereinigt. Es werden sowohl Substanzen mit niedriger als auch höherer Teilchengröße entfernt.

Nierentransplantation

Bei der Nierentransplantation wird dem Patienten eine Niere von einem geeigneten lebenden Spender oder von einem Toten in die rechte Beckengrube eingepflanzt. Alle Patienten, die auf eine Spenderniere warten, werden im Eurotransplant-Zentrum in Leiden (Niederlande) registriert. Eurotransplant verteilt die Spendernieren von hirntoten Patienten. Um eine Abstoßung des fremden Organs zu vermeiden, erhalten die Patienten Ciclosporin A, Steroide und andere Medikamente, die das Immunsystem unterdrücken.

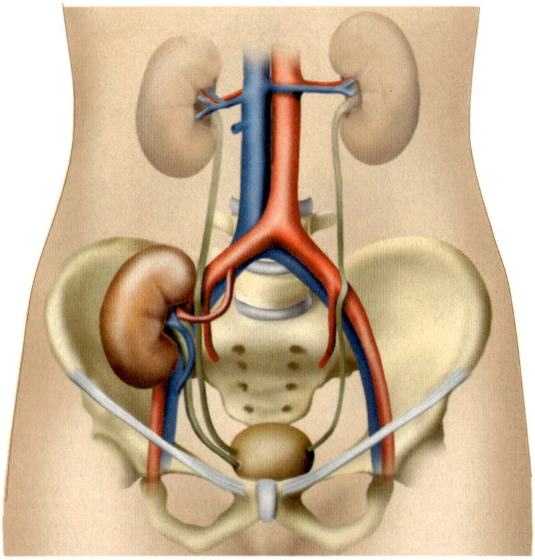

Abb. C.16 Nierentransplantation. Das Transplantat liegt im Becken in der Fossa iliaca. Die Blutversorgung erfolgt über Anastomosen mit den Beckengefäßen, die Urinausscheidung über die Ureteroneozystotomie (Harnleiter-Neueinpflanzung in die Blase). Die funktionslosen Nieren verbleiben im Körper.

Prognose

Die 10-Jahres-Überlebensrate bei einer Heimdialyse beträgt etwa 55%. Die Prognose ist umso schlechter, je älter der Patient ist. Dialysepatienten sind durch Infektionen wie →Hepatitis, →Peritonitis, Shuntinfektionen sowie Kreislauf- oder Elektrolytstörungen gefährdet.

Komplikationen

Zehn Jahre nach einer Nierentransplantation funktionieren noch etwa 50% der Nieren von Hirntoten und noch etwa 75% der Nieren von Lebendspendern. Unmittelbar nach einer Nierentransplantation kann es zu Infektionen, Blutungen oder Thrombosen kommen. Weitere Komplikationen nach einer Nierentransplantation sind akute oder chronische Abstoßungsreaktionen und Folgen der immunsuppressiven Therapie wie Infektionen oder bösartige Tumoren. Auch in der neuen Niere kann eine vorbestehende Grundkrankheit wie eine Glomerulonephritis wieder auftreten.

Infobox

ICD-10:
N18.0, N18.8, N18.9

Literatur:

Baenkler, H.-W. u. a.: Duale Reihe Innere Medizin. Thieme, Stuttgart 2001
Grabensee, B.: Checkliste Nephrologie. Thieme, Stuttgart 2002
Greten, H. (Hrsg.): Innere Medizin, 12. Aufl. Thieme, Stuttgart 2005
Herold, G. (Hrsg.): Innere Medizin. Eigenverlag, 2005
Hirner, A., Weise, K.: Chirurgie. Thieme, Stuttgart 2003

Internetadressen:

Dt. Gesellschaft für Nephrologie: http://www.nierenportal.de
Dt. Arbeitsgemeinschaft für klinische Nephrologie: http://www.nephrologie.de
Leitlinien der AWMF (verschiedene): http://www.leitlinien.net
Eurotransplant: http://www.eurotransplant.net

Chronische Otitis media

► „Ich musste noch zum HNO-Arzt", entschuldigt sich Frau Gebnickow bei ihrer Freundin. „Ich hatte in der Nacht höllische Ohrenschmerzen und am Morgen kam dann auch Flüssigkeit raus. Ich erspare dir mal weitere Details. Wir waren gestern im Schwimmbad, weil die Kinder so gequengelt haben. Ich bin mit, obwohl ich das ja wegen meiner Probleme mit den Ohren nicht so gerne mache", erzählt Frau Gebnickow. „Außerdem höre ich in letzter Zeit eh schlecht. Ich habe mir Watte in die Ohren gestopft und eine Badekappe rübergezogen. Kannst du dich noch an die Dinger mit den Schmetterlingen drauf erinnern?". Sie grinst.

Definition

Bei der chronischen Otitis media handelt es sich um eine dauerhafte bzw. immer wiederkehrende Entzündung des Mittelohrs, die mit einem Trommelfelldefekt einhergeht. Man unterscheidet die chronische Schleimhauteiterung und die chronische Knocheneiterung (Cholesteatom).

Synonym: chronische Mittelohrentzündung.

Ursachen

Meist ist die Ursache für die chronische Otitis media eine bereits seit der Kindheit bestehende Funktionsstörung der Ohrtrompete, aus der eine Minderbelüftung des Mittelohrs resultiert. Der andauernde Unterdruck zieht das Trommelfell bis zur Ausbildung eines Defekts ein. Umbauprozesse der Mittelohrschleimhaut führen letztlich zu einer chronischen Entzündung. Seltener entwickelt sich die Erkrankung als Folge einer Verletzung oder der akuten Mittelohrentzündung.

Cholesteatom. Dieses entsteht, wenn äußere Hautschichten des Trommelfells bzw. des Gehörgangs z. B. über ein Loch am Rand des Trommelfells in das Mittelohr einwachsen. Es bildet sich ein zwiebelschalenartig aufgebautes Perlgeschwulst, das Cholesteatom, das auch den angrenzenden Knochen schädigen kann.

Symptome

Typische Symptome sind wiederholtes Auslaufen von Sekret aus dem Ohr und eine Hörminderung. Beim Cholesteatom riecht der Ausfluss häufig übel. Da ein Cholesteatom die knöchernen Strukturen auflösen kann, sind schwerwiegende Komplikationen wie Ertaubung, Gleichgewichtsstörungen, Gesichtsnervenlähmung, → Meningitis oder eine → Enzephalitis möglich.

Diagnose

Bei der ohrmikroskopischen Untersuchung (Otoskopie) sieht der HNO-Arzt den Trommelfelldefekt, der bei einer chronischen Schleimhauteiterung zentral liegt, beim Cholesteatom dagegen randständig (**Abb. C.17**). Typisch ist auch eine Schallleitungshörstörung im Hörtest (Tonschwellenaudiogramm). Eine Untersuchung von Nase, Nasenrachenraum und Nasennebenhöhlen, die Beurteilung des Gleichgewichtorgans und Röntgenaufnahmen des Warzenfortsatzes ergänzen die Diagnostik.

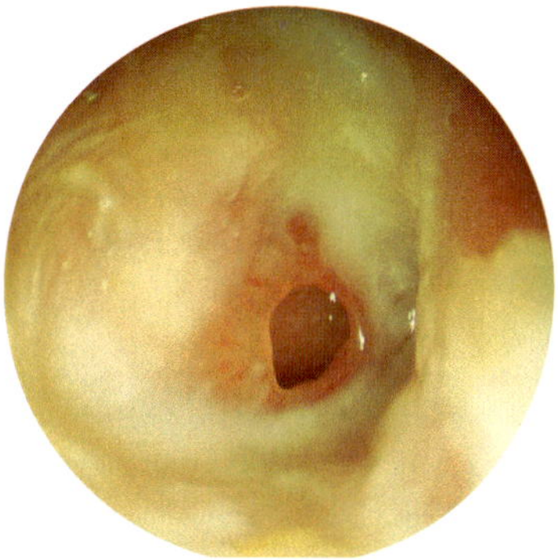

Abb. C.17 Chronische Otitis media. Die otoskopische Untersuchung zeigt ein Trommelfell mit chronischer Perforation und entzündlichem Sekret.

Therapie

Durch eine konservative Behandlung mit Reinigung des betroffenen Ohres und Antibiotikagabe kann die akute Exazerbation einer chronischen Mittelohrentzündung günstig beeinflusst werden. Medikamente sind allerdings meist nur kurzfristig wirksam. Anzustreben ist die sanierende Ohroperation mit Verschluss des Trommelfells. Zur Rekonstruktion der Mittelohrstrukturen kommen unterschiedliche Techniken zum Einsatz.

Prognose

Eine chronische Otitis media heilt meist nur nach einer Operation aus. Ist das Mittelohr nach der OP über die Ohrtrompete ausreichend belüftet, ist die Prognose günstig. Meist verbessert sich dadurch auch das Hörvermögen. Ein Cholesteatom ist ein fortschreitender Prozess ohne Tendenz zur Ausheilung. Wird ein Cholesteatom des Mittelohrs nicht operiert, drohen langfristig schwere und in einem weit fortgeschrittenen Stadium auch potenziell lebensbedrohliche Komplikationen.

Infobox

ICD-10: H66.9

Internetadresse:

Leitlinien der AWMF (HNO): http://www.leitlinien.net

Chronische Pharyngitis

► Herr Babic kommt in die HNO-Praxis: „Seit Jahren haben ich so einen trockenen Hals. Meine Frau regt sich ständig auf, dass ich mich andauernd räuspere. Das ist aber doch kein Wunder, wenn ich immer so verschleimt bin! Jetzt im Winter ist es besonders schlimm. Durch die Nase bekomme ich auch nur ganz schlecht Luft und gerade nachts atme ich eigentlich nur durch den Mund."

Definition

Bei der chronischen Pharyngitis (Rachenentzündung) handelt es sich um einen andauernden Reizzustand der Rachenschleimhaut.

Ursachen

Begünstigt wird die chronische Pharyngitis, wenn die Atemluft mit Staub, Zigarettenrauch, Chemikalien oder Reizgasen belastet ist. Auch ständiger Alkoholkonsum kann eine Rolle spielen. Eine weitere häufige Ursache ist die vermehrte Mundatmung. Diese kann durch eine verkrümmte Nasenscheidewand, eine Nasennebenhöhlenentzündung oder einen allergischen Schnupfen (z.B. Hausstaubmilben-Allergie) bedingt sein. Die Nase reinigt und befeuchtet die Atemluft. Diese Aufgabe kann sie nicht erfüllen, wenn die Nasenatmung behindert ist, was wiederum zur Austrocknung der Rachenschleimhaut führt.

Symptome

Typische Beschwerden einer chronischen Pharyngitis sind ein ständig trockener Hals und vermehrtes Absondern von zähem Schleim. Auch ein Kloßgefühl im Hals und zwanghaftes ständiges Räuspern werden häufig angegeben.

Diagnose

Wichtige Hinweise ergeben sich aus der Krankengeschichte (berufliche Staubbelastung, Allergien, vermehrte Mundatmung). Bei der Untersuchung findet man eine Schleimhautrötung, gelegentlich eine Schwellung und Auflagerungen von zähem Schleim (**Abb. C.18**).

Nase und Nasennebenhöhlen sollen in die Untersuchung mit einbezogen werden. Evtl. können eine Röntgenaufnahme oder eine Ultraschalluntersuchung der Nasennebenhöhlen zum Ausschluss einer Sinusitis (→ akute Sinusitis, → chronische Sinusitis) und eine Allergietestung richtungweisend sein.

Differenzialdiagnose

Eine chronische → Mandelentzündung sowie andere spezifische oder unspezifische Entzündungen sollten ausgeschlossen werden.

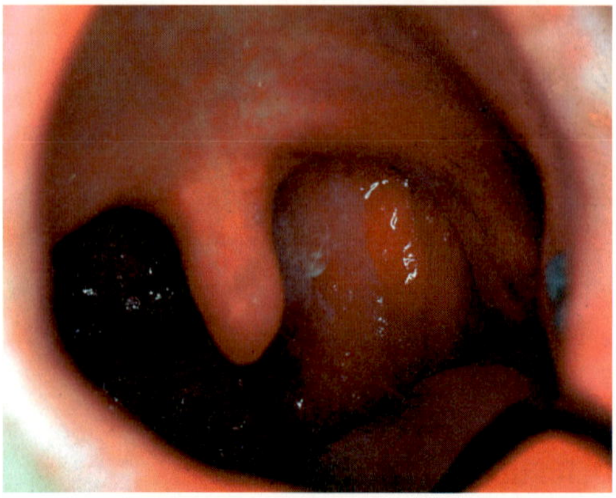

Abb. C.18 Chronische Pharyngitis. Bei der Spiegeluntersuchung findet sich eine gerötete, „granulierte" Rachenschleimhaut.

Therapie

Falls möglich sollte zunächst die Ursache der Störung beseitigt werden. Die Beschwerden können gelindert werden, indem die Schleimhäute durch Inhalationen mit Emser Salz oder Salbei-Tee angefeuchtet werden. Das Lutschen von salzhaltigen Pastillen befeuchtet ebenfalls die Schleimhaut und regt den Speichelfluss an.

Auf ausreichende Raumluftfeuchtigkeit besonders in den Wintermonaten ist zu achten. Ist die Nasenatmung behindert, kann ein operativer Eingriff an der Nasenscheidewand indiziert sein.

Prognose

Wenn keine direkte Ursache der Rachenentzündung zu ermitteln ist und die Beschwerden bereits lange Zeit bestehen, ist die Aussicht auf eine Heilung gering. Eine dauerhafte symptomatische Behandlung kann dann die Beschwerden zumindest etwas lindern.

Infobox

ICD-10:
J31.2

Internetadressen:
Deutsche Gesellschaft für HNO-Heilkunde: http://www.hno.org
Leitlinien der AWMF (HNO): http://www.leitlinien.net

Chronische Polyarthritis

► **Die 60-jährige Frau Hillmann kommt zum Hausarzt und klagt: „Ich habe schon seit Jahren Rheuma in den Fingern. Vor allem morgens beim Aufstehen sind die Finger steif und schmerzen. Im Laufe des Tages wird es etwas besser, aber morgens tut mir jeder Handgriff und selbst gerade Ihr Händedruck weh. Schauen Sie mal, meine Finger sind mittlerweile schon ganz krumm."**

Definition

Die chronische Polyarthritis (CP) ist eine Autoimmunerkrankung, die überwiegend Gelenke befällt und dort entzündliche Reaktionen hervorruft. Frauen sind drei- bis viermal häufiger betroffen als Männer. Die Erkrankungswahrscheinlichkeit nimmt nach dem 40. Lebensjahr zu.

Synonyme: rheumatoide Arthritis, Rheuma.

Ursachen

Die Ursachen, die zu einer chronischen Polyarthritis führen, sind nicht genau bekannt. Bei 70% der Betroffenen kann das HLA-DR4-Gen nachgewiesen werden, so dass bei dieser Gruppe von einer angeborenen Anfälligkeit gesprochen werden kann. Man vermutet zudem, dass vor dem Ausbruch der Erkrankung eine virale oder bakterielle Infektion steht.

In diesem Fall produziert die Immunabwehr vermehrt Entzündungszellen, z. B. Leukozyten (weiße Blutkörperchen), und – irrtümlicherweise – Antikörper (hier: Rheumafaktor). Die Antikörper dringen in die Gelenkschleimhaut ein und greifen das körpereigene Gewebe an. Daneben produzieren die Entzündungszellen bestimmte Botenstoffe, die Zytokine. Diese Zytokine, insbesondere der Tumornekrosefaktor Alpha (TNF-α), produzieren wieder andere Botenstoffe, die weitere Entzündungszellen anlocken. Die Entzündungsreaktion lässt die Gelenkschleimhaut immer weiter anschwellen und zerstört im weiteren Verlauf das betroffene Gelenk.

Symptome

Am häufigsten klagen Patienten mit chronischer Polyarthritis über Morgensteifigkeit in den Gelenken sowie Bewegungsschmerz in den Fingern. Als klassisches Merkmal gilt das symmetrische Auftreten der Gelenkentzündungen, z. B. der Befall beider Handgelenke. Allgemein fühlen die Patienten sich oft schwach, werden leicht müde und leiden unter Appetitlosigkeit, nächtlichem Schwitzen sowie erhöhter Temperatur.

Die Erkrankung beginnt meist schleichend und verläuft schubweise. Im Frühstadium können die Gelenke durch Schwellungen und Ergüsse nicht mehr wie gewohnt bewegt werden. Da die Funktion eingeschränkt ist und der Gebrauch der Gelenke schmerzt, vermeidet der Patient die unangenehmen Bewegungen und die Muskeln bauen sich ab (**Abb. C.19**). Im Spätstadium sind die Gelenke zerstört und deformiert, und die Finger winkeln sich z. B. Richtung Elle ab.

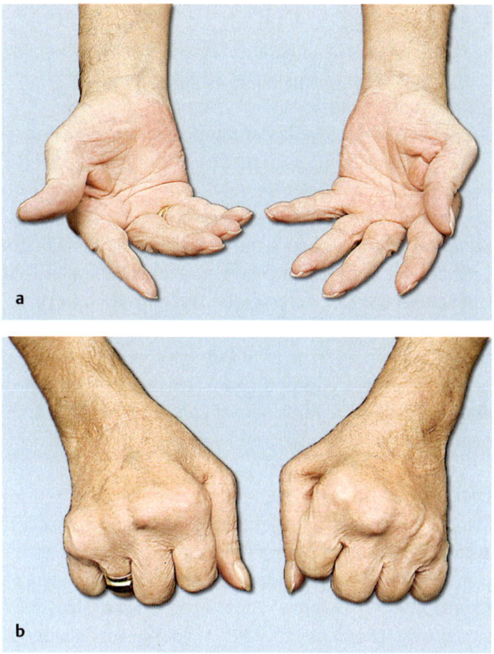

Abb. C.19 Chronische Polyarthritis. **a** Rheumatisch deformierte Hände, **b** mit ausgeprägter Kapselschwellung.

Weitere häufige Symptome sind Sehnenscheiden- und Schleimbeuteltaschenentzündungen. Überdies können sich sog. Rheumaknoten bilden. Selten weitet sich das Leiden auch auf große Gelenke (Knie oder Ellenbogen) aus. Auch Organe können mit betroffen sein und sich entzünden, z. B. Herzklappen, Gefäße, Augen, Lunge oder Niere.

Diagnose

Die Diagnostik stützt sich auf sieben von der ACR (American Society of Rheumatology) festgelegte Kriterien. Die Diagnose gilt als gesichert, wenn mindestens vier dieser Kategorien auf den Patienten zutreffen, wobei die Kriterien mit den Nummern 1 bis 4 mindestens sechs Wochen bestehen sollten. Die **ACR-Diagnosekriterien** sind:

1. Morgensteifigkeit der Gelenke von mindestens einer Stunde Dauer,
2. Arthritis in drei oder mehr Gelenkbereichen: Weichteilschwellung und Erguss (14 Gelenkbereiche: rechte und linke Fingermittel-, Fingergrund- und Handgelenke, Ellenbogen, Knie, obere Sprunggelenke, Zehengrundgelenke),

3. Arthritis von Hand- und Fingergelenken: Schmerz und Weichteilschwellung von Handwurzelgelenken, Zwischenfingergelenken und Fingergrundgelenken,
4. symmetrischer Befall desselben Gelenkbereiches beider Körperhälften,
5. Rheumaknoten: subkutane Knoten über Knochenvorsprüngen oder gelenknahen Strecksehnen,
6. Rheumafaktornachweis im Serum,
7. typische Röntgenveränderungen der Hände: gelenknahe Osteoporose (Knochenabbau) und/oder Erosionen der betroffenen Gelenke.

In der Laboruntersuchung ist eine Erhöhung der Entzündungsparameter zu beobachten. Auch der Rheumafaktor wird bei der Diagnose getestet. In 70 bis 80% aller Fälle kann dieser bei an CP erkrankten nachgewiesen werden.

Bei der radiologischen Diagnostik sieht man im Anfangsstadium gelenknahe → Osteoporose, später Knorpel- und Gelenkzerstörung sowie Fehlstellung und Deformierung der Finger. Mit einer Szintigrafie kann die Erkrankung bereits im Frühstadium diagnostiziert werden.

Differenzialdiagnose

Manche Krankheitsbilder können die gleichen Symptome auslösen wie die chronische Polyarthritis, etwa das Caplan-Syndrom (Lungensilikose durch das Einatmen von Silizium, z. B. im Bergbau), das Sjögren-Syndrom (Autoimmunerkrankung mit zu starker Bildung von Kollagenfasern) oder das Felty-Syndrom (Vergrößerung von Milz und Lymphknoten).

Darüber hinaus gibt es viele Erkrankungen, die der chronischen Polyarthritis ähneln, weil die Symptome stark variieren → rheumatisches Fieber, Lyme-Arthritis (→ Borreliose), Kollagenosen und die infektiöse Arthritis.

Therapie

Die Therapie der chronischen Polyarthritis besteht aus mehreren Schritten:

- Beim Verdacht auf eine CP, verordnet der Arzt schmerzlindernde Kälte und Krankengymnastik.
- Ist die Diagnose gesichert, setzt man auch langfristig wirkende Medikamente ein. Die Basismedikamente, sog. langwirksame Antirheumatika (z. B. Methotrexat, MTX) greifen die Entstehung der Entzündung an, wirken aber frühestens nach 3 – 6 Wochen. Die maximale Wirkung entfalten sie meist nach 2 – 3 Monaten.
- Wegen ihres langsamen Wirkungseintritts kombiniert der Arzt diese Antirheumatika mit einem schnell wirkenden Medikament, sog. „kortisonfreie Entzündungshemmer" (z. B. Voltaren) oder Kortison (z. B. Prednisolon).
- Spricht der Patient auf diese Basistherapie nicht an, gibt man Antikörper gegen TNF-α (Infliximab), die die Entzündungsreaktion eindämmen.

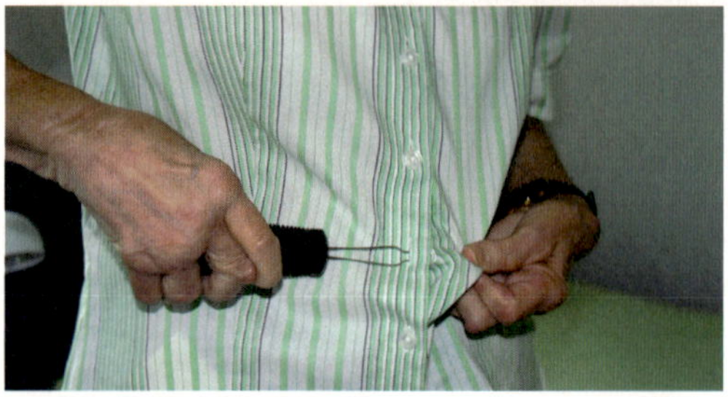

Abb. C.20 Hilfsmittel. Knöpfhilfe.

- Während der gesamten Behandlungszeit sollten die Patienten weiterhin lokal Kälte anwenden. Besonders isometrische Bewegungsübungen und Bewegungsbäder können die Beweglichkeit der Gelenke erhalten.
- Man sollte erst dann operieren, wenn alle anderen Behandlungsmöglichkeiten ausgeschöpft sind.

Verschiedene Hilfsmittel können dem Patienten helfen, den Alltag besser zu bewältigen (**Abb. C.20**).

Prognose

Die chronische Polyarthritis verläuft chronisch-progredient, die Beschwerden werden also zunehmend schlimmer. Die ersten Jahre der Erkrankung entscheiden über den Verlauf. Eine vollständige Heilung ist selten. Wird die chronische Polyarthritis rechtzeitig diagnostiziert und von Anfang an konsequent behandelt, lassen sich Spätschäden verzögern oder sogar verhindern.

In 20 – 30% der Fälle führt die Erkrankung zu Gelenkveränderungen und sogar bis zur Invalidität; viele Patienten werden rollstuhlpflichtig oder sind auf die Hilfe anderer angewiesen. Wenn weitere Organsysteme (etwa Lunge oder Herz) betroffen sind, ist die Lebenserwartung der Erkrankten eingeschränkt.

Infobox

ICD-10: M06.90 G

Internetadressen:
http://www.rheuma-liga.de
http://www.autoimmun.org
http://www.rheumawelt.de

Literatur:

Miehle, W.: Rheuma – Ein Patientenlehrbuch. Rheumamed, Neubeuern 1999

Brückle, W.: Gelenkrheuma. Therapie und Verlauf der chronischen Polyarthritis. Trias, Stuttgart 2005

Chronische Sinusitis

► Frau Schneider erzählt ihrer Freundin: „Seit Jahren leide ich doch unter diesen starken Kopfschmerzen und dachte immer, das sei Migräne. Jetzt hat mich der Neurologe zur CT geschickt und die haben dort festgestellt, dass meine Nasennebenhöhlen entzündet sind. Der HNO-Arzt fand dann heraus, dass ich eine Hausstaubmilben-Allergie habe. Seit er mich deswegen behandelt, sind die Kopfschmerzen schon viel besser geworden!"

Definition

Bei der Sinusitis ist die Schleimhaut der Nasennebenhöhlen entzündet. Man unterscheidet die akute von einer chronischen Form. Von einer chronischen Sinusitis spricht man, wenn die Symptomatik länger als 8 Wochen anhält oder wenn mehr als 4 Episoden im Jahr auftreten. Bei Kindern gilt: Symptomatik über 12 Wochen oder mehr als 6 Episoden im Jahr.

Synonym: chronische Nasennebenhöhlen-Entzündung.

Ursachen

Die Nasennebenhöhlen sind Hohlräume im Schädelknochen, die normalerweise Luft enthalten. Die Belüftung erfolgt über mit Schleimhaut ausgekleidete, knöcherne Kanäle von der Nasenhaupthöhle aus. Verschiedene Faktoren können zu Belüftungsstörungen, Abflussbehinderungen und Sekretstau führen und begünstigen die Entstehung einer chronischen Sinusitis (**Abb. C.21**):

- allergische Schleimhautschwellungen,
- anatomische Engstellen (z. B. Nasenscheidewand, vergrößerte Nasenmuscheln),
- Verschluss der Nasennebenhöhlen durch Polypen,
- → Adenoide Vegetationen (bei Kindern).

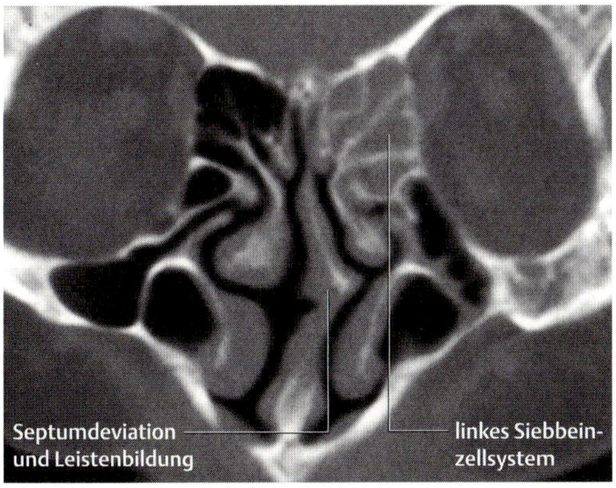

Abb. C.21 Chronische Sinusitis. Das CT zeigt eine ausgeprägte Septumdeviation sowie die begleitende Verschattung des linken Siebbeinzellsystems als Ausdruck der chronischen Entzündung.

Symptome

Zu den typischen Beschwerden einer chronischen Sinusitis gehören Nasenatmungsbehinderung, Kopfschmerzen, vermehrte Infektanfälligkeit und gestörter Geruchssinn. Häufig kommt es zu einer vermehrten Nasensekretion, v. a. nach hinten in Richtung Rachen. Husten, Auswurf und Atembeschwerden sind Zeichen dafür, dass die Sinusitis auf die Lunge und Bronchien übergreift.

Diagnose

Der HNO-Arzt untersucht das Naseninnere mittels einer Nasenspiegelung (Rhinoskopie) oder Endoskopie. Typische Zeichen für eine chronische Sinusitis sind Schleimhautschwellungen oder Polypen v. a. im sog. mittleren Nasengang. Mit einer Ultraschalluntersuchung, Röntgenaufnahme bzw. Computertomografie der Nebenhöhlen können Verschattungen festgestellt werden. Ein Allergietest ist sinnvoll.

Differenzialdiagnose

Bei einseitiger chronischer Sinusitis muss ein Malignom ausgeschlossen werden.

Therapie

Zunächst sollte je nach Ursache der Erkrankung ein konservativer Therapieversuch mit abschwellendem Nasenspray (nur über kurze Zeit!) und/oder eine antibiotische Therapie durchgeführt werden. Inhalationen mit Sole-Lösung oder Salbei- oder Kamille-Dämpfen, Salzwasserspülungen können ebenso helfen. Bei bekannten Allergien sollte die antiallergische Therapie intensiviert werden. Ziel der meist endoskopisch, mikrochirurgisch durchgeführten Operation ist es, Engstellen zu beseitigen und so die Drainage und Belüftung der Nasennebenhöhlen zu verbessern.

Prognose

Gelingt es, die Belüftung der Nebenhöhlen wieder herzustellen, kann sich die chronisch erkrankte Schleimhaut regenerieren. Nach Eingriffen an den Nasennebenhöhlen ist eine konsequente fachärztliche Nachbehandlung genauso wichtig für den Erfolg wie die Operation selbst.

Infobox

ICD 10: J32.9

Internetadressen:
http://www.hno.org
http://www.leitlinien.net

Chronisches Müdigkeitssyndrom

► Angelika Gellert erzählt ihrem Hausarzt, dass sie seit über einem halben Jahr ständig müde sei. „Ich fühle mich so schlapp und lustlos", erzählt die 46-Jährige mit leiser Stimme. „Oft bin ich auch ganz niedergeschlagen. Ich versuche viel zu schlafen, aber dadurch fühle ich mich auch nicht besser." Ihre Frauenärztin hätte vor kurzem ihre Blutwerte untersucht, dabei sei alles normal gewesen.

Definition

Das chronische Müdigkeitssyndrom bezeichnet medizinisch nicht erklärbare Erschöpfungszustände, die länger als sechs Monate anhalten, neu aufgetreten sind, durch Erholung nicht wesentlich verbessert werden und nicht als Folge von Anstrengung entstehen.

Synonyme: chronisches Erschöpfungssyndrom, chronic fatigue Syndrome (CFS).

Ursachen

Warum das Syndrom entsteht, ist unklar. Man vermutet, dass chronische Infektionen, Störungen des Immunsystems, Muskelerkrankungen oder psychische Störungen das Krankheitsbild begünstigen.

Symptome

Die Patienten sind ständig müde und können sich schlecht konzentrieren. Sie leiden unter Kopf-, Hals-, Muskel- und/oder Gliederschmerzen, depressiven Verstimmungen, Ohrgeräuschen, Sehstörungen, Muskelzuckungen und/oder subfebrilen Temperaturen. Manche Patienten haben Angstgefühle, einige leiden unter Allergien. Nach körperlicher Anstrengung verschlechtert sich oft die Müdigkeit.

Diagnose

Ein chronisches Müdigkeitssyndrom wird aufgrund der Symptome diagnostiziert. Man unterscheidet Haupt- und Nebenkriterien.

Hauptkriterien. Die Erschöpfungszustände:

- sind neu aufgetreten,
- sind keine Folge von körperlicher oder psychischer Anstrengung,
- bessern sich durch Pausen oder Ruhe nicht wesentlich,
- führen dazu, dass frühere Aktivitäten reduziert werden.

Nebenkriterien. Dies sind:

- Gedächtnisstörungen, die der Patient selbst empfindet, die aber nicht objektivierbar sind,
- schmerzhafte Lymphknoten,
- Muskelschmerzen,
- Gelenkschmerzen,
- Kopfschmerzen,
- Schlaf wird nicht als erholsam empfunden,
- noch über 24 Stunden nach Anstrengungen fühlt sich der Patient krank.

Differenzialdiagnose

Andere Erkrankungen, die chronische Müdigkeit auslösen können, müssen mit entsprechenden Labor- oder technischen Untersuchungen ausgeschlossen werden. Erkrankungen, die mit Müdigkeit und Erschöpfung einhergehen können sind z. B. → Anämie, Infektionskrankheiten, → Schlafapnoe-Syndrom, → M. Addison, → Cushing-Syndrom, Hypothyreose, Hypopituitarismus, bösartige → Tumoren, Psychosen und Depressionen.

Therapie

Patienten mit chronischem Müdigkeitssyndrom sollten sich regelmäßig körperlich betätigen, aber Überanstrengung vermeiden. Einigen Patienten helfen Massagen, Akupunktur, chiropraktische Maßnahmen, Hypnose oder Tai Chi. Gegen die Schmerzen helfen nichtsteroidale Antiphlogistika.

Ist ein Patient häufig tagsüber müde, kann das wachmachende Medikament Modofanil möglicherweise helfen. Zurzeit werden Arzneimittel erprobt, die die Ursache des CFS behandeln könnten, z. B. Ampligen, das die Produktion von Interferon stimuliert, oder Gammaglobuline, die das Immunsystem aktivieren.

Prognose

Bei einem Drittel der Patienten bessert sich die Erkrankung.

Infobox

ICD-10: G93.3

Internetadressen:
http://www.zpid.de/redact/category.php?cat=65
Infoseiten des cdc:
http://www.cdc.gov/ncidod/diseases/cfs/
Bundesverband Chronisches Erschöpfungssyndrom (CFS/CFIDS/ME): http://www.fatigatio.de
Verein CFS Schweiz: http://www.verein-cfs.ch/

Colitis ulcerosa

► **Die 28-jährige Melanie Schepers stellt sich bei ihrer Hausärztin vor: „Ich habe seit Monaten immer wieder Durchfall, der oft schleimig und blutig ist. Manchmal muss ich zwanzig Mal pro Tag auf die Toilette, das ist mir bei der Arbeit richtig peinlich. Aber das ist nicht das Schlimmste; mich beunruhigt vor allem, dass ich fast acht Kilo abgenommen habe und mich immer schwächer fühle."**

Definition

Bei der Colitis ulcerosa ist der Darm chronisch entzündet. Meistens ist die Mukosa (Schleimhaut) des Dickdarms befallen, seltener auch die Submukosa (die darunter liegende Schicht). Am häufigsten erkranken Menschen zwischen 15 und 30 Jahren.

Ursachen

Die Ursache der Colitis ulcerosa ist unbekannt. Möglicherweise ist die Erkrankung genetisch veranlagt und die Entzündung wird durch Viren, Bakterien, eine gestörte Immunabwehr oder eine bestimmte Ernährung ausgelöst.

Symptome

Die Patienten leiden unter wiederkehrenden, blutig-schleimigen, manchmal auch wässrigen Durchfällen. Wie häufig die Durchfälle sind, hängt davon ab, wie stark das Kolon befallen ist. Mitunter müssen die Patienten bis zu dreißig Mal pro Tag ihren Darm entleeren. Sie haben starke Bauchschmerzen, die nach dem Stuhlgang nachlassen. Zusätzlich treten Allgemeinsymptome wie Abgeschlagenheit oder Fieber auf. Man unterscheidet verschiedene Verläufe:

- **chronisch-rezidivierend (85 %):** Es treten immer wieder Symptome auf, die durch körperliche und psychische Belastungen ausgelöst werden, dazwischen Remission (Rückgang der Krankheit).
- **chronisch-kontinuierlich (10 %):** Der Patient leidet unter wechselnden Beschwerden ohne Remission.
- **akut fulminant (5 %)**: Die Krankheit beginnt sehr plötzlich mit starken Durchfällen, Bauchschmerzen, Fieber sowie Schock.

Die im Enddarm beginnende Krankheit kann sich auf das Rektum beschränken (Proktitis). Oft breitet sie sich weiter in den Dickdarm aus und befällt auch das distale Kolon (Linksseitenkolitis) oder das gesamte Kolon (Pankolitis) (**Abb. C.22**). Bei 1 – 5 % der Patienten mit Colitis ulcerosa ist die gesamte Darmwand entzündet. Das Darmlumen kann sich auf über 10 cm erweitern. Es besteht die Gefahr, dass der Darm platzt (Perforation) oder sich das Bauchfell entzündet (→ Peritonitis). Diese Komplikation wird als toxisches Megakolon bezeichnet.

Einige Patienten haben neben den Durchfällen Gelenkentzündungen (Arthritis), schmerzhafte, rotbläuliche Knoten an den Unterschenkeln (Erythema nodosum), Entzündungen am Auge (z. B. → Uveitis) oder bindegewebige Umbauvorgänge in den Gallenwegen (Cholangitis).

Diagnose

In der Anamnese wird der Patient gefragt, wie lange die Krankheit besteht, wie häufig er seinen Darm entleeren muss, ob der Stuhl blutig oder schleimig ist und ob andere Familienmitglieder betroffen sind. Im Blut sind die Entzündungswerte (BSG, Leukozyten, CRP) je nach Aktivität der Erkrankung erhöht. Einige Patienten haben eine Anämie und erhöhte Thrombozytenwerte.

In der Endoskopie des gesamten Darmes (Ileo-Koloskopie) sieht man die geschwollene, bei Berührung schnell blutende Schleimhaut. Bei der Untersuchung werden Proben entnommen, die histologisch untersucht werden (**Abb. C.23**). Im Kontrasteinlauf des Darmes zeigt sich, dass der Darm seine Ausbuchtungen (Haustren) verloren hat. Der Darm sieht dann so glatt aus wie ein Fahrradschlauch.

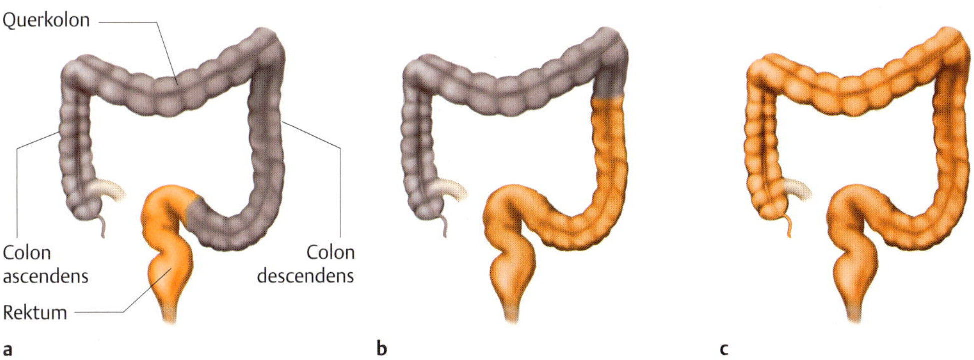

Abb. C.22 Verteilungsmuster. Die betroffenen Darmabschnitte bei Colitis ulcerosa.

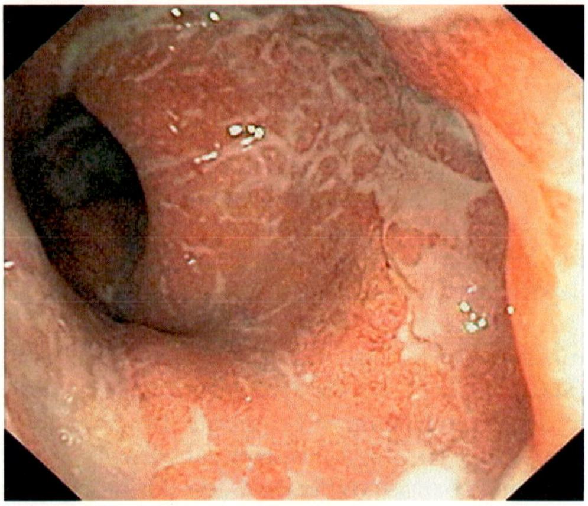

Abb. C.23 Endoskopie. Es zeigen sich multiple flache Ulzera.

Bei Verdacht auf toxisches Megakolon wird eine Sonografie durchgeführt und das Abdomen geröntgt.

Differenzialdiagnose

Als weitere Erkrankungen kommen infektiöse oder nichtinfektiöse Darmentzündungen (Kolitis) sowie andere Darmerkrankungen in Frage:

- **infektiöse Kolitis:**
  - Bakterien: Campylobacter, Shigellen, Salmonellen, Yersinien, E. coli,
  - Clostridium difficile: → pseudomembranöse Kolitis (als Komplikation einer Antibiotikatherapie),
  - Parasiten: Amöben, Lamblien, Schistosomen,
  - sexuell übertragbare Erreger (Gonokokken, Chlamydien, Herpesviren).
- **nichtinfektiöse Kolitis:**
  - Ischämische Kolitis (Durchblutungsstörungen),
  - Kolitis durch Strahlen,
  - Kolitis durch Medikamente (Goldpräparate, Ergotamin).
- **andere Darmerkrankungen:**
  - → Morbus Crohn (**Tab. C.3**),
  - → Divertikulitis, → Appendizitis,
  - → Nahrungsmittelallergie, Sprue (Glutenunverträglichkeit),
  - M. Whipple (→ Pankreaskarzinom),
  - gutartige oder bösartige → Tumoren des Darms,
  - → Reizdarm-Syndrom.

Therapie

In leichten Fällen werden Zäpfchen mit 5-Aminosalizylsäure (5-ASA) oder Steroide als Schaum (Colifoam Rektalschaum) oder Klysma (Budesonid = Enterocort) verabreicht. In schwereren Fällen wird Mesalazin (Pentasa, Salofalk, Claversal, Asacolitin) oral gegeben. Bei akuten Schüben kann es notwendig sein, zusätzlich Kortikoide wie Prednisolon oral zu geben. Immunsuppressiva wie Ciclosporin A oder Azathioprin helfen im hochakuten Schub.

Tab. C.3 Differenzialdiagnose Colitis ulcerosa und M. Crohn

Kriterium	**Colitis ulcerosa**	**M. Crohn**
Lokalisation	Kolon	gesamter Magen-Darm-Trakt
Befall des Rektums	immer	in 20% der Fälle
Befall des Ileums	selten	in bis zu 80% der Fälle
Ausbreitung	kontinuierlich von distal (Rektum) nach proximal	diskontinuierlich von proximal (terminales Ileum) nach distal (Kolon)
Eindringtiefe	auf die Schleimhaut beschränkt	in der ganzen Darmwand (transmural)
Bauchschmerzen	selten	häufig
Stuhl	schleimig-blutiger Durchfall	Durchfall meist ohne Blut
Fieber	selten	häufig
Resistenz im Unterbauch	selten	häufig
Gewichtsverlust	mäßig	stark
Symptome außerhalb des Darms	selten	häufig
Entzündungszeichen	gering	stark
Komplikationen	toxisches Megakolon, Blutungen	Fisteln, Fissuren, Abszesse, Stenosen

Hat der Patient trotz einer konsequenten Therapie immer wieder schwere Schübe, kann operiert werden: Bei der Proktokolektomie wird der Dickdarm komplett entfernt und ein „Ersatzrektum" aus einem Stück Dünndarm gebildet (ileoanaler Pouch). Durch diese Operation wird der Patient geheilt und bleibt kontinent.

Beim toxischen Megakolon werden hochdosiert intravenös Prednisolon und bei Bedarf Antibiotika gegeben. Unter Umständen muss der Patient sofort operiert werden.

Prognose

Ist die Entzündung nur auf Rektum und Sigma beschränkt, haben die Patienten eine normale Lebenserwartung. Patienten mit Colitis ulcerosa haben ein erhöhtes Risiko, ein → Kolonkarzinom zu bekommen. Es sollten daher regelmäßig Koloskopien durchgeführt werden.

Infobox

ICD-10:
K51.9

Internetadressen:
http://www.kompetenznetz-ced.de
http://www.dgvs.de
http://www.dccv.de
http://www.ced-hospital.de

Literatur:

Tecker, G.: Gut leben mit Morbus Crohn und Colitis ulcerosa. Trias, Stuttgart 2001

Dignass, A., Stein, J. (Hrsg.): Chronisch entzündliche Darmerkrankungen. Springer, Berlin 2002

Commotio cerebri

► „Wir Skaten total gerne“, erzählt Alexa, „doch letzte Woche, das war der reinste Horrortrip. Martin war schon vor mir am See und wollte schon 'ne Runde drehen. Ich war so sauer als er nicht kam, bin dann aber losgefahren, um ihn zu suchen. Nach ein paar Kilometern sah ich Leute, die sich über jemanden beugten, der auf dem Boden lag – Martin, bewusstlos. Sie haben erzählt, dass sie spazieren gegangen sind. Gerade als Martin vorbeizischen wollte, hat der eine einen Schritt zur Seite gemacht. Martin hat das Gleichgewicht verloren und ist mit dem Kopf aufgeschlagen. Er kann sich an nichts erinnern, aber es geht ihm schon besser. Demnächst geht's nur noch mit Helm auf Strecke – so blöd ich die Dinger auch finde.“

Definition

Commotio cerebri ist eine reversible (umkehrbare) Schädigung des Gehirns, die meist durch einen Unfall oder einen Schlag auf den Kopf ausgelöst wird.

Synonyme: Gehirnerschütterung, leichtes → Schädel-Hirn-Trauma.

Ursachen

Eine äußere Gewalteinwirkung auf den Kopf kann dazu führen, dass der Kopf heftig beschleunigt oder gebremst wird. Dadurch wird die Funktion der Nervenzellen kurzzeitig und reversibel beeinträchtigt. Die konkreten Abläufe bei einer Commotio cerebri sind ungeklärt. Entgegen der bisherigen Annahme, dass der Gehirnerschütterung keine nachweisbaren anatomischen Veränderungen zugrunde liegen, zeigen neuere kernspintomografische Untersuchungen, dass bei einem Teil der Patienten das Zellgewebe leicht verletzt ist. Die Struktur (Morphologie) des Gehirns selbst ist nicht geschädigt, es ist aber möglich, dass der Schädelknochen stark in Mitleidenschaft gezogen wird.

Symptome

Im Moment des Unfalls ist der Betroffene i.d.R. wenige Sekunden bis zu einer Stunde bewusstlos. Die Patienten klagen über Kopfschmerzen, sind oft verwirrt, können unter Übelkeit, Erbrechen und Schwindel leiden. An die Ursache der Gehirnerschütterung, also die Zeit unmittelbar vor (retrograd) oder nach (anterograd) dem Unfall oder der Gewalteinwirkung, kann sich der Betroffene aufgrund einer Gedächtnislücke (Amnesie) nicht erinnern. Die verlorene Erinnerung kehrt in seltenen Fällen zurück.

Diagnose

Zur Diagnose einer Gehirnerschütterung ist die Krankengeschichte unabdingbar. Deshalb sollten Begleitpersonen des Patienten über dessen Zustand und den Unfallhergang zwingend befragt werden.

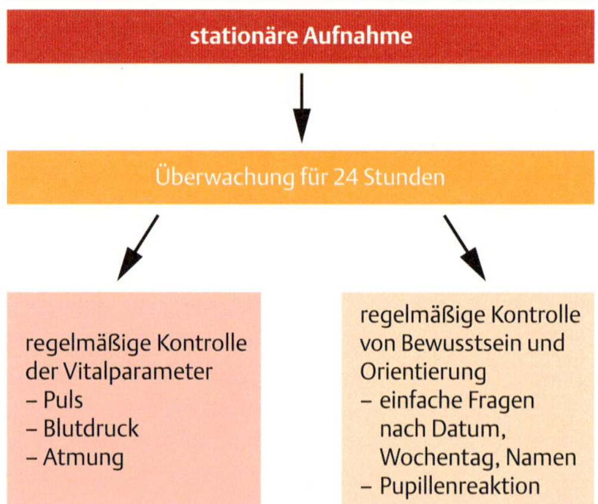

Abb. C.24 Glasgow-Koma-Skala (GCS). Die Bewusstseinlage wird anhand der GCS bewertet.

Tab. C.4 Klinische Einteilung des Schädel-Hirn-Traumas (SHT)

Graduierung	GCS	Typische, klinische Symptome
Grad I – leichtes SHT	13–15	▪ fehlende Bewusstseinsstörung oder Bewusstseinsstörung von weniger als einer Sekunde ▪ Kopfschmerz ▪ evtl. Übelkeit ▪ Schwindel ▪ neurologischer Status unauffällig ▪ keine Veränderungen im CT
Grad II – mittelschweres SHT	9–12	▪ Bewusstseinsstörung/Amnesie von weniger als 24 Stunden ▪ neurologische Ausfälle ▪ eher kleine Schädigung der Gehirnstruktur im CT/MRT
Grad III – schweres SHT	3–8	▪ Bewusstseinsstörung/Amnesie von mehr als 24 Stunden ▪ Gehirnschädigung mit Gehirndrucksteigerung und/oder Blutung

Glasgow-Koma-Skala. Um Schweregrad und Krankheitsverlauf einer Gehirnerschütterung einschätzen zu können, untersucht der behandelnde Arzt die Patienten, wenn möglich bereits am Unfallort, nach der Glasgow-Koma-Skala (Glasgow-Coma-Score, GCS) (**Abb. C.24**). Hierbei erhält der Patient für bestimmte Reaktionen eine bestimmte Anzahl von Punkten. Überprüft werden etwa das Augenöffnen, Reaktion auf Schmerzreize und die Fähigkeit zu sinnvoller und klarer Artikulation. Die so ermittelten Punkte werden zum Schluss addiert. Der schlechteste Wert liegt bei 3, der beste bei 15. Anhand der Punkte aus der GCS unterscheidet man verschiedene Schweregrade von Schädel-Hirn-Traumen (**Tab. C.4**).
Bildgebende Verfahren. Nach einer neurologischen Untersuchung wird ein Schädelbruch mittels Röntgenuntersuchung ausgeschlossen. Eine mögliche Gehirnverletzung oder eine Gehirnblutung wird mit einer Computertomografie (CT) oder einer Magnetresonanztomografie (MRT) festgestellt.

Differenzialdiagnose

Eine Commotio cerebri ist von einer Schädelprellung, bei der das Gehirn nicht verletzt und das Bewusstsein nicht gestört ist, abzugrenzen.

Verschlechtert sich der Geisteszustand des Patienten nach einem symptomfreien Intervall wieder oder kommt es erneut zu Übelkeit oder Erbrechen, muss der Patient auf eine tiefgreifende Gehirnverletzung mit Quetschung (Contusio cerebri) oder Blutung hin untersucht werden.

Bei unklarem Unfallhergang müssen andere eventuelle Ursachen für einen Sturz ausgeschlossen werden, etwa Ohnmacht (Synkope), epileptischer Anfall oder Überdosierung von Medikamenten bzw. Drogenkonsum.

Therapie

Patienten sollten mindestens 24 Stunden nach dem Unfall zur Beobachtung in der Klinik bleiben, um durch regelmäßige Kontrolle der Vitalparameter – Puls, Blutdruck und Atmung – eine Fehldiagnose oder Hirnblutungen ausschließen zu können. Außerdem werden Bewusstseinzustand und Orientierung – etwa durch einfache Fragen nach Datum, Wochentag oder Namen und der Kontrolle der Pupillenreaktionen – regelmäßig kontrolliert, um eine mögliche Zustandsverschlechterung rechtzeitig zu erfassen (**Abb. C.25**). Kopfschmerzen werden mit Analgetika (Paracetamol, nicht ASS) therapiert. Gegen Übelkeit oder Erbrechen helfen Antiverginosa oder Antiemetika (z. B. Metoclopramid).

Bis zu 24 Stunden nach einer Gehirnerschütterung sollten Patienten eingeschränkte Bettruhe einhalten und nüchtern bleiben.

Prognose

Die Commotio cerebri zieht normalerweise keine weiteren gesundheitlichen Folgen nach sich. In wenigen Fällen können Kopfschmerzen, Schwindel, Sehstörung, Müdigkeit und Konzentrationsschwierigkeiten noch über mehrere Wochen andauern.

Infobox

ICD-10: S06.0

Internetadressen:

Leitlinien der AWMF (leichtes Schädel-Hirn-Trauma): http://www.leitlinien.net

Faszination Gehirn: http://www.meb.uni-bonn.de/epileptologie/aktion/dekade/faszination/faszination.htm

Film:

ZDF-Mediathek (Gehirnerschütterung nach Unfällen): http://www.zdf.de/ZDFmediathek/inhalt/11/0,4070,2254795-6-wm_dsl,00.html

zu bewertende Reaktion	beobachtete Reaktion	Punktzahl
Öffnen der Augen	spontan	4
	auf Ansprache	3
	auf Schmerzreize	2
	fehlt	1
verbale Reaktion	orientiert	5
	verwirrt	4
	einzelne Worte	3
	Laute	2
	fehlt	1
motorische Reaktion	folgt Aufforderungen	6
	gezielte Schmerzreaktion	5
	ungezielte Schmerzreaktion	4
	Beugemechanismus	3
	Streckmechanismus	2
	fehlt	1

Abb. C.25 Therapie. Um mögliche Komplikationen wie Hirnblutung sofort zu erkennen, wird der Patient sorgfältig beobachtet.

Cor pulmonale

► Herr Melters, ein 56-jähriger Raucher, kommt per Notarztwagen in die Klinik und berichtet dem Notarzt: „Die chronische Bronchitis habe ich schon lange und zuletzt hatte ich immer öfter Atemnot. Aber wenn ich zu Hause am Sauerstoff war, ging es mir sofort wieder gut. Heute nach der Gartenarbeit hatte ich plötzlich das Gefühl, zu ersticken. Der Sauerstoff hat nichts mehr gebracht und meine Frau hat die Feuerwehr gerufen."

Definition

Cor pulmonale bezeichnet generell die Schädigung des rechten Herzens, hervorgerufen durch unterschiedliche Erkrankungen der Lunge (Rechtsherzinsuffizienz aufgrund einer Lungenerkrankung). Durch verschiedene Ursachen kommt es zu einer Widerstandserhöhung im kleinen Kreislauf (pulmonale Hypertonie) und dadurch zu einer Druckbelastung des rechten Herzmuskels. Man unterscheidet das akute Cor Pulmonale und das chronische Cor pulmonale.

Ursachen

Man unterscheidet die vorliegenden Lungenerkrankungen in:

- parenchymatöse Erkrankungen (Schädigungen des Lungengewebes, z. B. → chronisch obstruktive Bronchitis, → Lungenemphysem, → Asthma bronchiale, → Mukoviszidose),
- vaskuläre Erkrankungen (Störungen der Lungendurchblutung, z. B. wiederkehrende → Lungenembolien und Gefäßentzündungen).

Akutes Cor pulmonale. Der Blutdruck steigt im Lungenkreislauf plötzlich, z. B. durch eine → Lungenembolie. Die Folge kann ein akutes Rechtsherzversagen (→ Schock) sein.

Abb. C.26 Querschnitt durch beide Herzkammern. Die Hypertrophie des rechten Herzmuskels und die Dilatation der rechten Herzkammer sind deutlich zu erkennen.

Chronisches Cor pulmonale. Der Widerstand im kleinen Kreislauf steigt durch unterschiedliche Lungenerkrankungen langsam über Jahre hinweg. Es entsteht eine pulmonale Hypertonie und dadurch ein stärkerer Druck auf den rechten Herzmuskel. Dies führt zu einer Hypertrophie (Vergrößerung) des rechten Herzmuskels und einer Dilatation (Erweiterung) der Herzkammer (**Abb. C.26**).

Symptome

Bei chronischem Verlauf der zugrundeliegenden Lungenerkrankung und damit langsamen Druckanstieg im kleinen Kreislauf hat das rechte Herz die Möglichkeit, sich den neuen, ungewohnten Druckverhältnissen allmählich anzupassen. Ab einem bestimmten kritischen Druckniveau wird es jedoch überfordert, die Symptome einer Herzmuskelschwäche zeigen sich (Rechtsherzinsuffizienz).

Dementsprechend können die Beschwerden am Anfang sehr diskret sein (latenter oder kompensierter Zustand) und nur durch z. B. Schwindel, leichte Belastungsdyspnoe oder niedrige Blutdruckwerte auffallen. Diese latente Form kann im Laufe der Zeit in eine manifeste Form des pulmonalen Hypertonus, mit bereits im Ruhezustand erhöhten Drücken übergehen.

Die Kreislaufsituation bei schwerem pulmonalen Hypertonus zeichnet sich durch Blutrückstau vor dem geschwächten rechten Herzen in Bauchorgane und Beine sowie niedrige Blutdruckwerte aus. Typische Symptome sind Halsvenenstauung, Beinödeme, Dyspnoe, Lippenzyanose bis hin zu Aszites (Wasseransammlung in der Bauchhöhle) oder Pleuraergüssen (Wasseransammlung zwischen Lunge und Rippenfell). Die Zyanose, also Blaufärbung der Lippen, ist Ausdruck des verminderten Sauerstoffgehaltes im Blut. Zusätzlich besteht meist eine eingeschränkte körperliche Leistungsfähigkeit, Atemnot bei leichter Belastung, später auch in Ruhe.

Diagnose

Anamnese und körperliche Untersuchung sind aufgrund der auffallenden Symptome oft schon richtungsweisend für die Diagnosestellung.

Das EKG zeigt oft keine typischen Veränderungen, wird aber zur Dokumentation von sonstigen Herzveränderungen oder Rhythmusstörungen benötigt. Entscheidend ist das Echokardiogramm (Herzultraschall), in dem direkt Herzschädigungen sichtbar gemacht werden können. Zur Beurteilung der zugrunde liegenden Lungenerkrankung wird eine Röntgen-Thoraxaufnahme benötigt (**Abb. C.27**). Zur Klärung, ob Lungenembolien vorliegen, wird heute meist ein sog. Angio-CT der Lunge angefertigt. Hierbei können eventuelle Embolien der Lungengefäße mit Kontrastmittel dargestellt werden.

Rechtsherzkatheteruntersuchung. Erst die direkte Messung der erhöhten Druckwerte im rechten Herzen und im

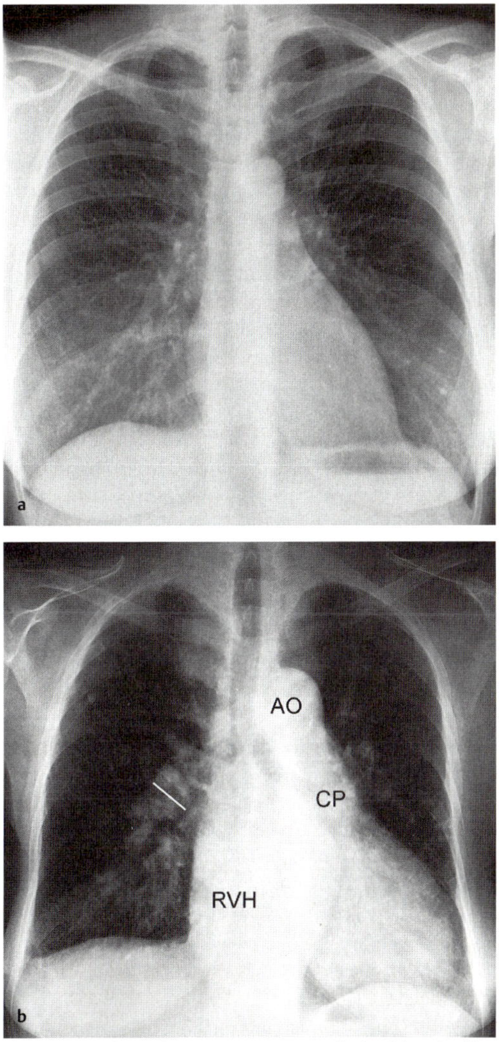

Abb. C.27 Pulmonale Hypertonie. a Normalbefund. **b** Befund bei pulmonaler Hypertonie: Herzkammern sind vergrößert (RVH = rechter Vorhof), Conus pulmonalis (CP) und Aorta (AO) sind erweitert.

Lungenkreislauf mit einer Rechtsherzkatheteruntersuchung kann die Diagnose letztlich sichern. Dieses Verfahren ist aber sehr aufwändig und wird daher nur selten angewandt. Hierbei werden über das venöse Gefäß in der Leiste oder am Hals des Patienten sog. Herzkathetersonden zur Druckmessung direkt in das rechte Herz vorgeschoben.

Differenzialdiagnose

Wenn keine Lungenerkrankung vorliegt, sind differenzialdiagnostisch andere Herzerkrankungen, v. a. der → Herzinfarkt mit akutem → Lungenödem und die Linksherzinsuffizienz (→ Herzinsuffizienz), in Erwägung zu ziehen.

Therapie

Eine Therapie des Grundleidens kann manchmal den Lungenhochdruck bessern oder den Gesamtverlauf verzögern. Bei Lungenembolien behandelt man meist mit Antikoagulanzien (Marcumar).

Leider kann der pulmonale Hypertonus selbst durch Medikamente kaum gesenkt werden. Daher therapiert man die Folgeerscheinungen wie Rechtsherzschwäche, chronischer Sauerstoffmangel und Thrombosen. Geeignet sind Diuretika, ACE-Hemmer, ggf. niedrig dosierte Digitalispräparate und Sauerstoff-Langzeit-Therapie.

Prognose

Die Krankheitsverläufe können sich je nach Grunderkrankung über Jahre bis Jahrzehnte hinziehen.

Komplikationen

Entsprechend den zugrunde liegenden Lungenerkrankungen können die Komplikationen vielschichtig sein. Die wichtigsten sind:

- Rechtsherzversagen mit tödlichem Verlauf,
- → Herzrhythmusstörungen,
- → Lungenembolien aus dem vergrößerten (dilatierten) rechten Herzen,
- weitere Organschädigungen durch chronischen Sauerstoffmangel.

Infobox

ICD-10:
I27.9 G

Internetadressen:
http://www.medport.de/lexikon
http://www.cardiologe.de/

Literatur:

Gröchenig, E.: Wenn die Luft knapp wird. Ein Ratgeber für Patienten mit pulmonaler Hypertonie. ABW Wissenschaftsverlag, Berlin 2002

Klepzig, H. u. E.: Herzerkrankungen. Haug, Stuttgart 2002

Creutzfeldt-Jakob-Erkrankung

► Frau Paulsen berichtet ihrem Hausarzt über ihren 77-jährigen Ehemann: „Alfred verhält sich seit ein paar Wochen so merkwürdig. Zuerst war er nur schnell gereizt und es gab dauernd Streit. Dann ist mir aufgefallen, dass er sehr vergesslich und unkonzentriert ist. Da dachte ich schon, er hat Alzheimer. Seit ein paar Tagen hat er immer wieder solche Muskelkrämpfe. Jetzt mache ich mir wirklich Sorgen."

Definition

Die Creutzfeldt-Jakob-Erkrankung ist eine fortschreitende Hirnerkrankung. Dabei lagern sich Prionen (spezielle Proteine) in den Nervenzellen des Gehirns ab und stören die Zellfunktion. Die Erkrankung ist auf andere Personen übertragbar.

Synonym: spongiforme Enzephalopathie.

Ursachen

Die Creutzfeldt-Jakob-Erkrankung entsteht möglicherweise aufgrund einer Genmutation und kommt außerdem als erbliche Krankheit vor. Bei den vermutlich auslösenden Prionen handelt es sich um in ihrer Struktur veränderte körpereigene Proteine, die vom Organismus nicht abgebaut werden können. Kommen Prionproteine in Kontakt mit normalem, noch nicht verändertem Protein, verändern sie dessen Struktur, sodass neue Prionen entstehen.

Eine Variante der Creutzfeldt-Jakob-Erkrankung (engl.: variant Creutzfeldt Jakob Disease, vCJD) gilt als die Folge einer Übertragung von **BSE** (Bovine Spongiforme Enzephalopathie) auf den Menschen. BSE ist eine Prionenerkrankung, die Rinder befällt.

Bevor man wusste, dass die Erkrankung übertragbar ist, wurde sie gelegentlich über kontaminierte Hirnelektroden, Hirnhaut- und Hornhaut-Transplantate sowie durch Wachstumshormon aus der Hypophyse von Verstorbenen auf Gesunde übertragen.

Symptome

Nach jahre- bis jahrzehntelanger Inkubationszeit entwickelt sich eine Demenz, die mit Konzentrationsstörungen und Verlangsamung des Denkens sowie Vergesslichkeit, Stimmungsschwankungen, Halluzinationen u. a. beginnt. Dazu kommen Bewegungsstörungen wie Myoklonien (Muskelkrämpfe), Gleichgewichtsstörungen sowie Störungen von Koordination und Muskelspannung (z. B. Zittern, Muskelsteifigkeit). Diese Symptome gehen in einen Zustand des akinetischen Mutismus (apathische Regungslosigkeit) über, aus dem heraus die Betroffenen dann sterben.

Diagnose

Die Verdachtsdiagnose einer Creutzfeldt-Jakob-Erkrankung beruht auf klinischen Symptomen, dem Krankheitsverlauf sowie typischen EEG-Veränderungen. Die tatsächliche Diagnose kann erst nach dem Tod durch den Nachweis von charakteristischen Veränderungen im Gehirngewebe gestellt werden. Um andere Erkrankungen auszuschließen, sind jedoch Laboruntersuchungen auch schon zu Lebzeiten von Bedeutung. Von der klassischen Creutzfeldt-Jakob-Erkrankung sind i.d.R. ältere Menschen betroffen, die vCJD-Variante kommt bevorzugt bei jüngeren Erwachsenen vor.

Differenzialdiagnose

Demenz und Bewegungsstörungen sind Symptome, die auch bei → Morbus Parkinson vorkommen. Verhaltens- und Gedächtnisfunktionsstörungen findet man auch bei der Alzheimer's chen Demenz und der senilen → Demenz vom Alzheimer-Typ. Die Creutzfeldt-Jakob-Erkrankung schreitet jedoch sehr viel rascher fort.

Therapie

Eine medikamentöse Therapie steht nicht zur Verfügung; auch eine Impfprophylaxe ist nicht möglich. Umso wichtiger sind pflegerische Maßnahmen bei den Patienten, die bei fortschreitender Erkrankung bettlägerig und hilflos sind. Wenn erkrankte Personen operiert werden müssen, sind hygienische Vorsichtsmaßnahmen zu beachten.

Prognose

Die Lebenserwartung von Personen, die an klassischer spongiformer Enzephalopathie erkrankt sind, beträgt nur wenige Monate, bei der Variante vCJD kann sie bis zu 2 Jahre betragen.

Infobox

ICD-10: A81.0 G

Internetadressen:

http://www.gbe-bund.de/glossar/glossar.html?/glossar/Creutzfeldt.html1.

Literatur:

Hörnlimann, Beat u. a.: Prionen und Prionerkrankungen. De Gruyter, Berlin 2001

Suttorp, N. u. a. (Hrsg.): Infektionskrankheiten verstehen – erkennen – behandeln. Thieme, Stuttgart 2003

Cushing-Syndrom

► Felix fängt den Ball, dribbelt zum Korb, springt ab und wirft. Doch der Ball springt vom Korb ins Aus. Der Schiedsrichter pfeift das Spiel ab. Beinahe hätte Felix' Mannschaft gewonnen. Enttäuscht geht er vom Feld. Früher hätte er getroffen. Früher wäre er viel höher gesprungen und schneller gewesen. Felix fährt nach Hause, rennt die Treppe rauf ins Bad und schließt sich ein. Duschen mit den anderen ist ihm sowieso unangenehm, seit er so zugenommen hat. Er betrachtet sein Gesicht im Spiegel – rund, rot und mit Akne übersät. Er ist völlig niedergeschlagen.

Definition

Beim Cushing-Syndrom handelt es sich um eine Vielzahl körperlicher Symptome, die durch ein chronisches Überangebot von Glukokortikoiden entstehen.

Ursachen

Die Menge an Hormonen im Körper wird durch komplizierte Mechanismen reguliert. Über die Hormonkonzentration im Blut und andere Faktoren wie Stress und Tageszeit wird der Hypothalamus (Teil des Zwischenhirns) angeregt, das Corticotropin-Releasing-Hormon (CRH) auszuschütten. CRH veranlasst wiederum die Hypophyse (Hirnanhangdrüse) das adrenokortikotrope Hormon (ACTH) in den Blutkreislauf abzugeben. ACTH gelangt in die Nebennierenrinde, wo schließlich Kortisol ausgeschüttet wird (**Abb. C.29**).

Bei Patienten mit Cushing-Syndrom ist der Mechanismus der Kortisonbildung bzw. Ausschüttung durch unterschiedliche Krankheiten gestört. Der Kortisonspiegel im Körper ist erhöht. Man unterscheidet exogenes und endogenes Cushing-Syndrom.

Exogenes (iatrogenes) Cushing-Syndrom. Bei dieser sehr häufigen Form wird das Kortisol z. B. durch eine Langzeittherapie mit Glukokortikoiden verstärkt vom Körper aufgenommen.

Endogenes Cushing-Syndrom (Hyperkortisolismus). Bei dieser eher seltenen Form wird das Kortisol vom Körper selber verstärkt produziert. Es ist zu 80 % ACTH-abhängig und zu 20 % ACTH-unabhängig:

- ACTH-abhängige, erhöhte Kortisolproduktion durch vermehrte ACTH-Bildung bei Hypophysenadenom (Morbus Cushing), Bronchial-, Thymus-, Leber-, Nierentumoren (paraneoplastisches Syndrom), erhöhter CRH-Bildung (z. B. durch einen Tumor in der Hypophyse).
- ACTH-unabhängige, erhöhte Kortisolproduktion durch Prozesse in der Nebennierenrinde bei Nebennierenadenom, Nebennierenkarzinom, Nebennierenhyperplasie.

Symptome

Patienten mit Cushing-Syndrom haben folgende Symptome (**Abb. C.30**):

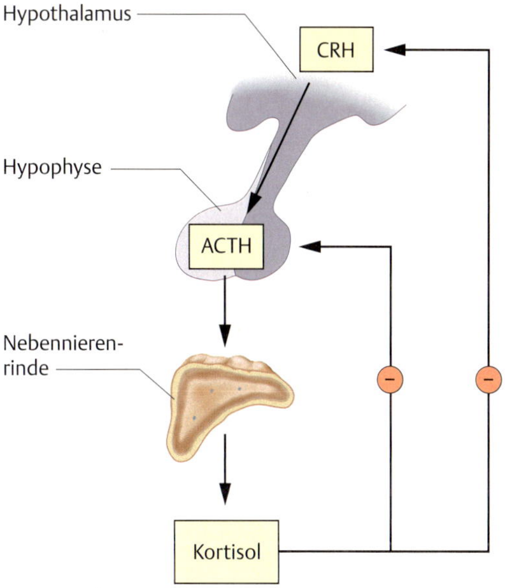

Abb. C.28 Kortisonbildung. Schematische Abbildung der Regulation und Bildung von Kortison.

- Fettablagerungen an Oberkörper, Bauch und Hüfte aber dünne Beine und Arme (Stammfettsucht),
- dicker Nacken („Büffelnacken"),
- rundliches, häufig gerötetes Gesicht,
- unreine Haut, Neigung zu → Akne,
- schlecht heilende Hautinfektionen,
- dicke rote Streifen (Striae rubrae) am Bauch,
- Müdigkeit, depressive Verstimmungen, Schlafstörungen, gelegentlich Angststörungen,
- → Osteoporose mit Rückenschmerzen,
- häufig → Hypertonie (Bluthochdruck),
- gelegentlich → Diabetes mellitus.

Kinder mit Cushing-Syndrom wachsen nicht richtig. Frauen können Haare an Kinn, Oberlippe, Brust und Oberschenkelinnenseite (→ Hirsutismus) bekommen. Diese Vermännlichung (→ Virilisierung) entsteht durch eine Überproduktion von männlichen Sexualhormonen (Androgenen) bei einem Tumor der Nebennierenrinde. Weitere Zeichen der Virilisierung sind eine Vermännlichung der Stimme, des Kehlkopfes, der Körperproportionen und eine Klitorishypertrophie. Viele Frauen haben Störungen der Monatsblutung. Bei Männern kommt es zu Potenz- und Libidoverlust.

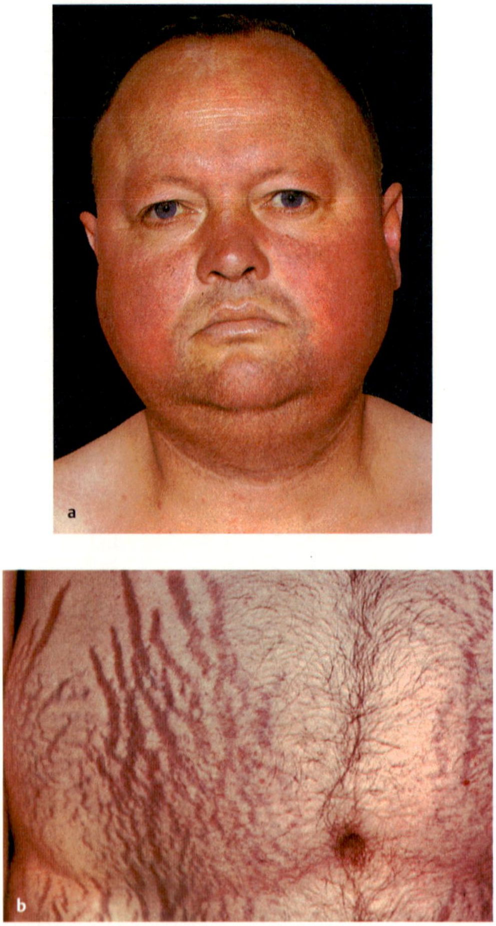

Abb. C.29 Symptome. a Gesicht bei Cushing-Syndrom. **b** Striae rubrae.

Diagnose

Das Aussehen des Patienten weist auf ein Cushing-Syndrom hin. Um die Diagnose zu sichern, werden verschiedene Tests durchgeführt.

Dexamethason-Hemmtest. Der Patient nimmt um Mitternacht 2 mg Dexamethason ein. Normalerweise unterdrückt Dexamethason die Ausschüttung von ACTH, so dass die Kortisolkonzentration am nächsten Morgen niedrig ist. Bei Patienten mit Cushing-Syndrom sind die Kortisolwerte höher als normal, da der Körper eigenständig Kortisol produziert. Im 24-Stunden Urin wird das freie Kortisol bestimmt.

CRH-Test. Dieser Test wird durchgeführt, um die Ursache des Hyperkortisolismus zu finden. Der Patient erhält CRH, das normalerweise die Ausschüttung von ACTH bremst. Bei einem zentralen Cushing-Syndrom (Adenom der Hypophyse) steigt ACTH nach Gabe von CRH an, bei einem paraneoplastischen Cushing-Syndrom oder einem Tumor der Nebennierenrinde nicht.

Hoch dosierter Dexamethason-Hemmtest. Mit diesem Test wird ein zentrales Cushing-Syndrom diagnostiziert.

CT und MRT. Mit diesen Verfahren können Tumoren in der Hypophyse diagnostiziert werden. Bei Tumoren der Nebennierenrinde sind außerdem Szinti- und Angiografie geeignet.

Labortests. Bei einem paraneoplastischen Cushing-Syndrom wird mit diesen Tests und verschiedenen technischen Untersuchungen nach dem Tumor gesucht. Bei einigen der Patienten lässt sich der Tumormarker Lipotropin nachweisen.

Differenzialdiagnose

Das Cushing-Syndrom muss von folgenden Erkrankungen abgegrenzt werden:

- → Adipositas,
- erhöhte Kortisolspiegel im Blut bei Einnahme von Kontrazeptiva („Pille“),
- erhöhte Kortisolspiegel bei Depressionen.

Therapie

Bei einem exogenen Cushing-Syndrom muss die Kortisondosis reduziert werden. Bei einem endogenen Cushing-Syndrom werden die zugrundeliegenden Erkrankungen behandelt. Ein Hypophysenadenom wird durch eine Operation entfernt (mikrochirurgische transsphenoidale Hypophysektomie) bzw. mit Bestrahlung oder Chemotherapie behandelt. Bei einem Adenom oder einer Hyperplasie der Nebennierenrinde werden eine oder beide Nebennieren entfernt (Adrenalektomie) – ein Eingriff, der auch laparoskopisch durchgeführt werden kann. Ein Karzinom der Nebennierenrinde wird vom Bauchraum aus operiert. Ist der Tumor nicht operabel, werden Medikamente gegeben, die die Kortisonbildung hemmen. Bei einem paraneoplastischen Cushing-Syndrom wird der zugrunde liegende Tumor entsprechend behandelt.

Prognose

Gravierende Komplikationen beim Cushing-Syndrom sind Bluthochdruck und Herzinsuffizienz. Wird ein Hypophysenadenom oder ein Tumor der Nebennierenrinde vollständig entfernt, ist die Prognose gut. Müssen wegen einer beidseitigen Nebennierenrindenhyperplasie beide Nebennieren entfernt werden, kann sich das Nelson-Syndrom entwickeln. Hierbei bildet sich ein Hypophysenadenom, das selbst übermäßig viel ACTH produziert. In einem solchen Fall muss u. U. die Hypophyse entfernt werden. Die Prognose von Karzinomen der Hypophyse oder Nebennierenrinde hängt vom Stadium ab.

Infobox

ICD-10: E24.9

Internetadressen:
http://www.endokrinologie.net
http://www.endokrinologikum.com
http://www.nebenniere.de

Literatur:
Baenkler, H.-W. u. a.: Duale Reihe Innere Medizin. Thieme, Stuttgart 2001
Herold, G. (Hrsg.): Innere Medizin. Eigenverlag, 2005

D

Dehydratation beim Kind

► **„Sie müssen Annika abholen. Sie übergibt sich und hat Durchfall." Die Erzieherin telefoniert mit Annikas Mutter. „Es kam ganz plötzlich. Annika war heute Morgen noch quicklebendig und hat viel gespielt und gemalt", erzählt sie. „Doch dann wurde sie auf einmal blass und müde und hat sich in der Leseecke mit Bauchschmerzen auf den Boden gelegt. Ihr Blick ist so seltsam trüb. Ihr geht es nicht gut und es wäre besser, wenn Sie sie abholen würden." Anne holt ihre Tochter nach Hause. Zu Hause legt sie sie ins Bett. Doch auch nach ein paar Stunden geht es Annika nicht besser.**

Definition

Bei einer Dehydratation herrscht im Körper ein Flüssigkeitsmangel, hervorgerufen durch eine Störung des Wasser- und Elektrolythaushalts.

Synonym: Flüssigkeitsmangel.

Ursachen

Eine häufige Ursache für die Dehydratation ist eine akute Gastroenteritis mit starkem Erbrechen und wässrigem Durchfall. Sie tritt z. B. durch Magen-Darm-Infektion mit Viren oder Bakterien (akute Gastroenteritis) auf und entzieht dem Körper in kürzester Zeit sehr viel Flüssigkeit. Aber auch übermäßiges Schwitzen bei hohem Fieber oder Blutverluste, etwa durch Operationen oder Unfälle, rufen eine Dehydratation hervor.

Gerade Neugeborene, Säuglinge und Kleinkinder trocknen dann schnell aus (Exsikkose). Meist beträgt der Wasserverlust allerdings nicht mehr als 5 % des Körpergewichts. Bei diesen Kindern beschränkt sich der Flüssigkeitsverlust noch auf den Raum außerhalb der Körperzellen (Extrazellulärraum). Mäßig dehydrierte Kinder verlieren hingegen bis zu 10 %, schwer dehydrierte > 10 % ihres Gewichts durch Wasserverlust aus dem Extra- und dem Intrazellularraum.

Dem Organismus werden nicht nur große Mengen an Wasser, sondern auch lebenswichtige Salze (Elektrolyte) wie Natrium, Kalium und Chlorid entzogen. Je nachdem, wie sich die Zusammensetzung im Intra- und Extrazellularraum bzgl. Wasser und osmotisch wirksamer Substanzen (Salze) verhält, unterscheidet man verschiedene Formen der Dehydratation (**Abb. D.1**).

Symptome

Kinder, denen nur eine geringe Menge Flüssigkeit fehlt, die also isoton bleiben, haben einen trockenen Mund und sind durstig. Ihre Haut wirkt blasser als üblich und ist weniger geschmeidig. Die Oberhaut fällt ein und wird schlaff. Auch wird weniger Urin ausgeschieden. Herzfrequenz und Blutdruck bleiben auf normalem Niveau. Noch ist auch so viel Wasser im Körper, dass diese Kinder richtige Tränen weinen. Das können mittel bis stark dehydrierte Kinder nicht mehr.

Abb. D.2 fasst die Symptome einer Dehydratation in Abhängigkeit vom Schweregrad zusammen.

Diagnose

Der Dehydratationsgrad kann abgeschätzt werden, indem das Kind gewogen und der Gewichtsverlust bestimmt wird. Urin- und Stuhlmenge bei Säuglingen werden anhand der gefüllten Windeln gemessen. Bei einer 5 – 10 %igen Exsikkose gehen in 24 Stunden zwischen 80 und 250 ml Wasser/kg Körpergewicht verloren. Werte darunter entsprechen einer isotonen Dehydratation.

Auch der Natrium-(Na^+-)Gehalt im Blutserum gibt einen Hinweis auf das Ausmaß des Wasserverlusts: Kinder mit einer Na^+-Serumkonzentration von 130 bis 150 mmol/l haben ein leichtes Defizit.

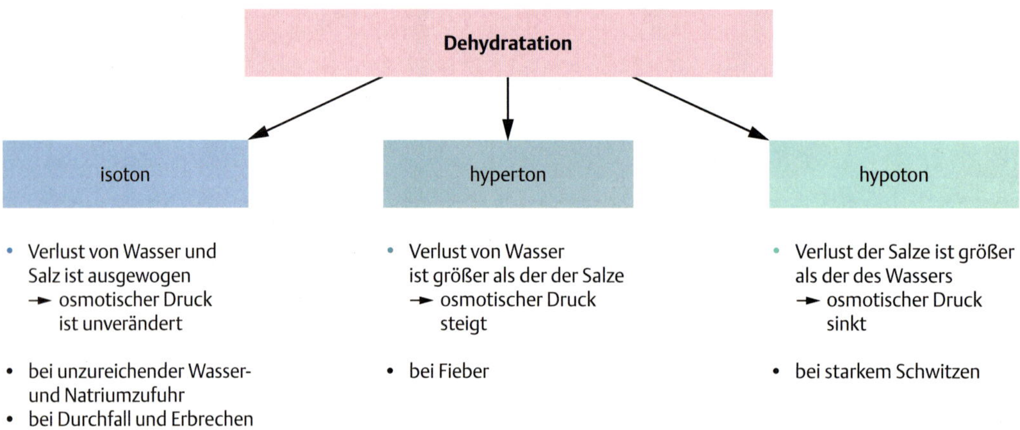

Abb. D.1 Dehydratationsformen. Die Formen werden nach den osmotischen Druckverhältnissen eingeteilt.

	leicht	mittel	schwer
Gewichtsverlust			
Säugling	≤5%	5–10%	10–15%
Kleinkind	≤3%	3–6%	6–9%
Hautturgor	↓	↓↓	↓↓↓
Hautfarbe	blass	grau-blass	marmoriert
Schleimhaut	trocken	spröde	brüchig
Blutdruck	normal	fast normal	↓
Puls	(↓)	↑	tachykard
Urin	niedriges Volumen	Oligurie	Anurie
Tränen	ja	nein	nein

Abb. D.2 Dehydratation. Symptome in Abhängigkeit vom Schweregrad.

Therapie

Als erste, meistens ausreichende Maßnahme wird die verloren gegangene Flüssigkeit langsam, aber spätestens binnen zweier Tage, durch Trinken ausgeglichen (orale Rehydratation). Das sind bei einer leichten Dehydratation etwa 50 ml/kg Körpergewicht innerhalb von sechs Stunden. Nicht zu schnell deshalb, weil sonst Bewusstseintrübungen oder Krampfanfälle auftreten können.

Die Kinder erhalten, selbst bei gelegentlichem Erbrechen, schluck- oder löffelweise entweder in Apotheken erhältliche Fertigprodukte oder selbst zubereitete Glukose-Elektrolyt-Lösungen, z. B. ein Liter Tee, gemischt mit 30 g Traubenzucker und 1,5 g Kochsalz. Säuglinge werden zusätzlich weiter gestillt. Nach sechs Stunden wird das Kind zur Kontrolle erneut gewogen.

Komplikationen

Bekommt das ausgetrocknete Kind nicht genug Flüssigkeit, sinkt der Blutdruck ab. Schock, Herzrhythmusstörungen und Schäden von Nieren, Leber und Gehirn können die Folge sein.

Prognose

Die orale Rehydratation dauert selten länger als sechs, höchstens zwölf Stunden. Danach geht es den Kindern meist wieder so gut, dass sie langsam an leichte Kost gewöhnt werden können. Gestillte Kinder bekommen Muttermilch, nicht gestillte, unter einem halben Jahr alte Säuglinge ihre gewohnte, aber verdünnte Milchnahrung. Über sechs Monate alte Säuglinge vertragen die Milch oft schon unverdünnt und dazu Beikost wie Brei. Kleinkinder erhalten als Aufbaudiät zuerst geriebenen Apfel, geschlagene Banane, Zwieback, später Reis und Bouillon.

Infobox

ICD-10: E86, P74.1

Internetadresse:

Leitlinien der AWMF (Akute Gastroenteritis): http://www.leitlinien.net

Literatur:

Kurz, R., Ross, R.: Checkliste Pädiatrie. Thieme, Stuttgart 2000

Sitzmann, F. C.: Duale Reihe Pädiatrie. Thieme, Stuttgart 2002

Dekompressionskrankheit

► Gerade angekommen erzählt Frederik seinem Mitbewohner von seinen Taucherlebnissen in Thailand. „Man geht vom Strand ins Meer und hat sofort die tollsten Riffe. Oder man fährt mit dem Boot raus. Überall bunte Fische und gestern, bei meinem letzten Tauchgang, ist ein Schwarm Barracudas an mir vorbeigezogen – unheimlich, aber echt genial", schwärmt der 24-Jährige. Doch so richtig kann er die Erinnerung an den Urlaub nicht genießen. Seit seiner Ankunft am Morgen schmerzen seine Gelenke. Seine Haut juckt und er fühlt sich ziemlich schlapp. Vielleicht hätte er auf seinen Bruder hören und am Tag vor dem Heimflug nicht mehr tauchen sollen.

Definition

Die Dekompressionskrankheit umfasst Krankheitserscheinungen, die durch das Ausperlen von Gas im Körpergewebe oder im Blut verursacht werden. Die Gasblasen entstehen bei zu schnellem Druckabfall nach einem Aufenthalt in Überdruck wie es z. B. beim Auftauchen der Fall ist.

Synonyme: Barotrauma, Druckfallkrankheit, Caisson-Krankheit, Dekompressionstrauma, Taucherkrankheit.

Ursachen

Ist der Körper einem hohen Umgebungsdruck ausgesetzt, können sich Stickstoff und andere Gase besonders gut in Gewebeflüssigkeit und Blut lösen. Erfolgt der Druckabfall (Dekompression) z. B. durch rasches Auftauchen zu schnell, können die Gase, insbesondere Stickstoff, nicht mehr über die Lunge abtransportiert werden und es bilden sich Mikrogasblasen in Gewebe und Blut. Diese Blasen werden mit dem Blut verschleppt und können → Embolien in verschiedenen Organen verursachen oder Gewebe, Nerven und Gefäße komprimieren.

Ein Taucher muss daher beim Aufsteigen je nach Länge des Tauchgangs und Tauchtiefe in bestimmten Tiefen Stopps von festgelegter Dauer einlegen, damit die Gase abgeatmet und nicht in das Gewebe freigesetzt werden. Doch auch wenn der Taucher vorschriftsmäßig aufgetaucht ist, kann die Krankheit auftreten. Setzt sich der Taucher nach einem Tauchgang innerhalb kurzer Zeit, z. B. bei einem neuen Tauchgang, erneut hohem Druck aus, ist das gelöste Gas noch nicht ausreichend abgeatmet.

Ein erhöhtes Risiko besteht ebenfalls, wenn der Taucher sich kurz nach seinem Tauchgang in relativ niedrigem atmosphärischen Druck aufhält. Eine solche Situation entsteht z. B. beim Heimflug aus dem Urlaub, denn in Flugzeugkabinen herrscht so ein geringer Druck wie in etwa 2500 m Höhe über NN. Auch hier kann Gas, das durch den Tauchgang noch im Gewebe und Blut gelöst ist, ausperlen.

Die Dekompressions- oder Caisson-Krankheit ist eine meldepflichtige Berufskrankheit. Der Name Caisson-Krankheit stammt von den Senkkästen (frz. caisson), in denen Überdruckarbeiter unter Wasser arbeiten.

Symptome

Bei einem Tauchunfall unterscheidet man je nach Entstehungsmechanismus die Dekompressionskrankheit (decompression sickness, DCS) und die arterielle Gasembolie (AGE).

Dekompressionskrankheit. Die DCS tritt auf, wenn sich ein Mensch sehr lange in einer Umgebung mit hohem Druck aufgehalten hat. Werden beim Druckabfall Gasblasen frei, unterscheidet man je nach Beschwerdebild zwei Typen der DCS. Bei Typ 1 treten die Symptome vor allem am Muskel- und Skelettsystem auf, z. B. Juckreiz („Taucherflöhe"), Schmerzen und Müdigkeit. Beim Typ 2 stehen neurologische Symptome im Vordergrund, z. B. Apathie, Schwindel, Sensibilitätsstörungen, Hör-, Seh- und Sprachstörungen.

Arterielle Gasembolie. Taucht ein Taucher auf, nimmt der Umgebungsdruck ab. Die Luft in der Lunge dehnt sich aus und entweicht über die Atemwege. Bei einer AGE entweicht die Luft beim Aufsteigen nicht schnell genug, die Lunge überbläht. Zusätzlich kann es zu arteriellen Gasembolien im Gehirn, zu einem Pneumothorax oder zu einem Mediastinalemphysem kommen. Je nach Ort der Embolie kommt es zu schlaganfallähnlichen Symptomen mit Sprachstörungen, Verwirrtheit, Desorientiertheit, Nervenausfällen bis zur Bewusstlosigkeit.

Chronische Caisson-Krankheit. Bereiche an den Knochen der Oberschenkel, des Oberarms und des Knies sterben ab (Nekrose) und können chronische Schmerzen verursachen.

Diagnose

Die Befragung des Tauchers oder seiner Mittaucher und die Analyse des Tauchcomputers weisen auf ein zu schnelles Auftauchen hin. Elektrokardiogramm (EKG), Blutdruck und Sauerstoffsättigung zeigen an, ob der Patient vital bedroht ist.

In der neurologischen Untersuchung können Lähmungen, Gefühlsstörungen oder andere neurologische Störungen festgestellt werden. Untersuchungen der Augen und der Ohren zeigen Störungen durch die Gasbläschen im Augen- oder Ohrenbereich an.

Um das Ausmaß der Krankheit festzustellen, werden Röntgenaufnahmen des Brustkorbs und des Abdomens, eine Lungenfunktionsprüfung und eine Magnetresonanztomografie (MRT) entsprechender Körperregionen durchgeführt.

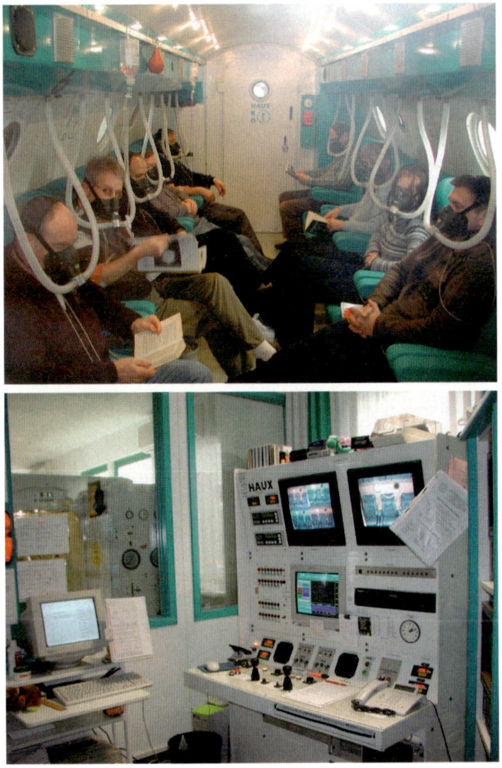

Abb. D.3 Druckkammern. a Patienten in einer Druckkammer. **b** Über eine Video- und Kommunikationsanlage haben die Betreuer mit den Patienten ständig Sicht- und Sprechkontakt. Die Körperfunktionen (EKG, Blutdruck, Atmung, Sauerstoffdruck im Blut) werden je nach Erfordernis laufend überwacht (Fotos vom Verband Deutscher Druckkammerzentren e. V.).

Differenzialdiagnose

Die Dekompressionskrankheit muss von folgenden Erkrankungen abgegrenzt werden:

- Kreislaufstörungen,
- Stoffwechselstörungen (Unterzuckerung),
- → Herzinfarkt,
- → Hirninfarkt,
- → Lungenembolie mit anderer Ursache,
- → Epilepsie.

Therapie

Zunächst müssen Atmung und Kreislauf des Patienten sichergestellt werden. Der Patient erhält 100%igen Sauerstoff, bei einem schweren Dekompressionstrauma muss er intubiert werden.

Gegen Volumenmangel werden Kochsalzlösungen und Plasmaexpander (Hydroxyethylstärke) infundiert. Thrombozytenaggregationshemmer wie Azetylsalizylsäure helfen gegen Schmerzen und verhindern die Bildung von Blutgerinnseln. Ist der Patient sehr aufgeregt, kann er zur Beruhigung Diazepam erhalten. Er sollte ausreichend vor Auskühlung geschützt werden.

Ein Patient mit einem Dekompressionstrauma muss so schnell wie möglich wieder in eine Umgebung mit einem erhöhten Druck gebracht werden. Diese Rekompression wird in speziellen Druckkammeranlagen nach bestimmten Zeitplänen durchgeführt (**Abb. D.3**).

Prognose

Die Prognose hängt davon ab, wie ausgeprägt die Erkrankung war, welche Organsysteme betroffen sind und wie schnell der Patient in eine Druckkammeranlage gebracht werden konnte.

Infobox

ICD-10:
T70.3

Internetadressen:
Divers Alert Network: http://www.daneurope.de
Gesellschaft für Tauch- und Überdruckmedizin: http://www.gtuem.de
Leitlinien der AWMF (Arbeiten in Überdruck oder Tauchunfall): http://www.leitlinie.net
Verband dt. Druckkammerzentren: http://www.vdd-hbo.de

Literatur:
Bühren, V., Trentz, O.: Checkliste Traumatologie. Thieme, Stuttgart 2005
Hirner, A., Weise, K.: Chirurgie. Thieme, Stuttgart 2003

Wichtige Telefonnummern bei akutem Tauchunfall:
Nationale DAN-Hotline für Deutschland und Österreich: + 49 – 431 – 5 40 90
Taucherarzt des Schifffahrtmedizinischen Instituts der Marine: + 49 – 431 – 5 40 90
Bei allen Telefonnummern Kennwort „Tauchunfall" angeben.

Dekubitus

► **Herr Müller ist dement und seit einem schweren Schlaganfall auch bettlägerig. Er wird pflegerisch von seiner Ehefrau versorgt, die jedoch selbst gesundheitliche Probleme hat und nach einigen Wochen einen ambulanten Pflegedienst beauftragt. Als der Pflegende eintrifft, fällt ihm ein unangenehmer, süßlicher Geruch auf. Als er Herrn Müller zum Betten auf die Seite dreht, sieht er, woher der Geruch kommt: Der Patient hat einen infizierten drittgradigen Dekubitus am Steiß.**

Definition

Ein Dekubitus ist ein durch längerfristige äußere Druckeinwirkung entstandener Substanzdefekt von Haut und Geweben.

Synonym: Wundliegen (Volksmund).

Ursachen

Bei dem Dekubitus handelt es sich in den meisten Fällen um eine durch Pflegefehler verursachte und daher vermeidbare Wunde. Ursache ist eine länger andauernde Druckeinwirkung von außen, durch die das Gewebe weniger durchblutet wird.

Die ungenügende Perfusion führt zu einem Sauerstoffmangel, das Gewebe geht zugrunde und es entsteht ein Druckulkus (Druckgeschwür). Besonders gefährdet sind Körperareale, bei denen zwischen Haut und Knochen wenig oder gar keine Muskulatur vorhanden sind (z. B. Steißbein, Fersen, **Abb. D.4**).

Druckstellen an

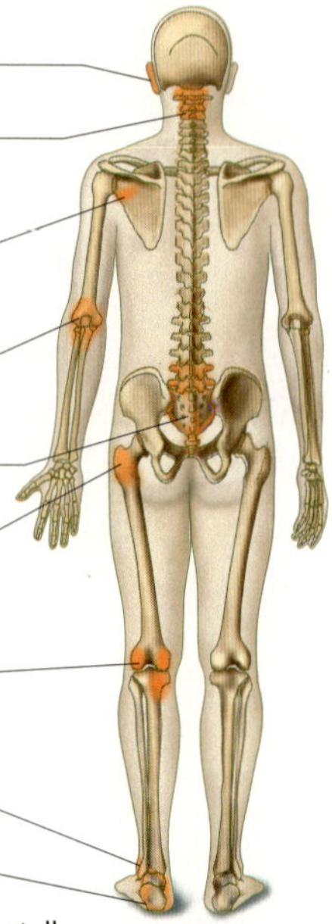

* besonders gefährdete Körperstellen

Abb. D.4 Gefährdete Körperstellen. Besonders gefährdet sind Körperareale, bei denen zwischen Haut und Knochen wenig oder gar keine Muskulatur vorhanden sind.

Es gibt zahlreiche Faktoren, die eine Dekubitusentstehung begünstigen. Hierzu zählen:

- Mobilitätseinschränkung und Immobilität,
- sensorische Beeinträchtigungen (z. B. durch Bewusstseinstrübung, Neuropathie, → Querschnittlähmung),
- Gefäßerkrankungen (reduzierte Mikrozirkulation),
- Malnutrition und Exsikkose (→ Adipositas, Kachexie [Auszehrung]),
- akute Erkrankungen oder Verletzungen (z. B. → Polytrauma, → Schock),
- schwere Grunderkrankungen (z. B. Tumorleiden),
- hohes Lebensalter,
- Hautfeuchtigkeit durch Schwitzen oder → Inkontinenz,
- bereits erlittene Druckgeschwüre,
- Medikamente (z. B. Katecholamine, die zu einer peripheren Vasokonstriktion führen).

Zu beachten ist, dass auch Magensonden, Urinkatheter, Pulsoximeter und Endotrachealtuben Druckulzera verursachen können.

Symptome

Je nach Tiefenausdehnung des Gewebeschadens werden Druckgeschwüre in vier Schweregrade eingeteilt:

1. Grad (Abb. D.5 a). Beim Fingertest wird das betroffene Gewebe nicht weiß, wenn man mit dem Finger darauf drückt, sondern bleibt unter diesem Druck rot. Die Rötung ist scharf umschrieben, kann verhärtet und überwärmt sein. Die Haut ist intakt.

2. Grad (Abb. D.5 b). Die Haut ist oberflächlich defekt oder bildet Blasen. Betroffene Schichten sind Epidermis und Dermis.

3. Grad (Abb. D.5 c). Der Defekt reicht durch die Subkutis bis zur Muskulatur. Klinisch ist ein offenes, tiefes Geschwür zu sehen.

4. Grad (Abb. D.5 d). Das Druckulkus hat je nach Lokalisation Haut, Bindegewebe, Muskulatur, Sehnen und Gelenkkapseln zerstört. Unter dem Ulkus befindliche Knochen liegen frei. Es besteht die Gefahr einer → Osteomyelitis. Nekrosen und Fibrinbeläge sind typisch für Dekubiti dritten und vierten Grades. Ist die Wunde infiziert, sind Entzündungszeichen wie Rötung, Schwellung, Eiter und lokale Überwärmung feststellbar. Oftmals fällt dann auch ein unangenehmer Wundgeruch auf, insbesondere bei Pseudomonas-Infektionen (süßlicher Geruch).

Diagnose

Die Diagnose erfolgt klinisch anhand der beschriebenen Dekubitusstadien. Begünstigende Faktoren für die Deku-

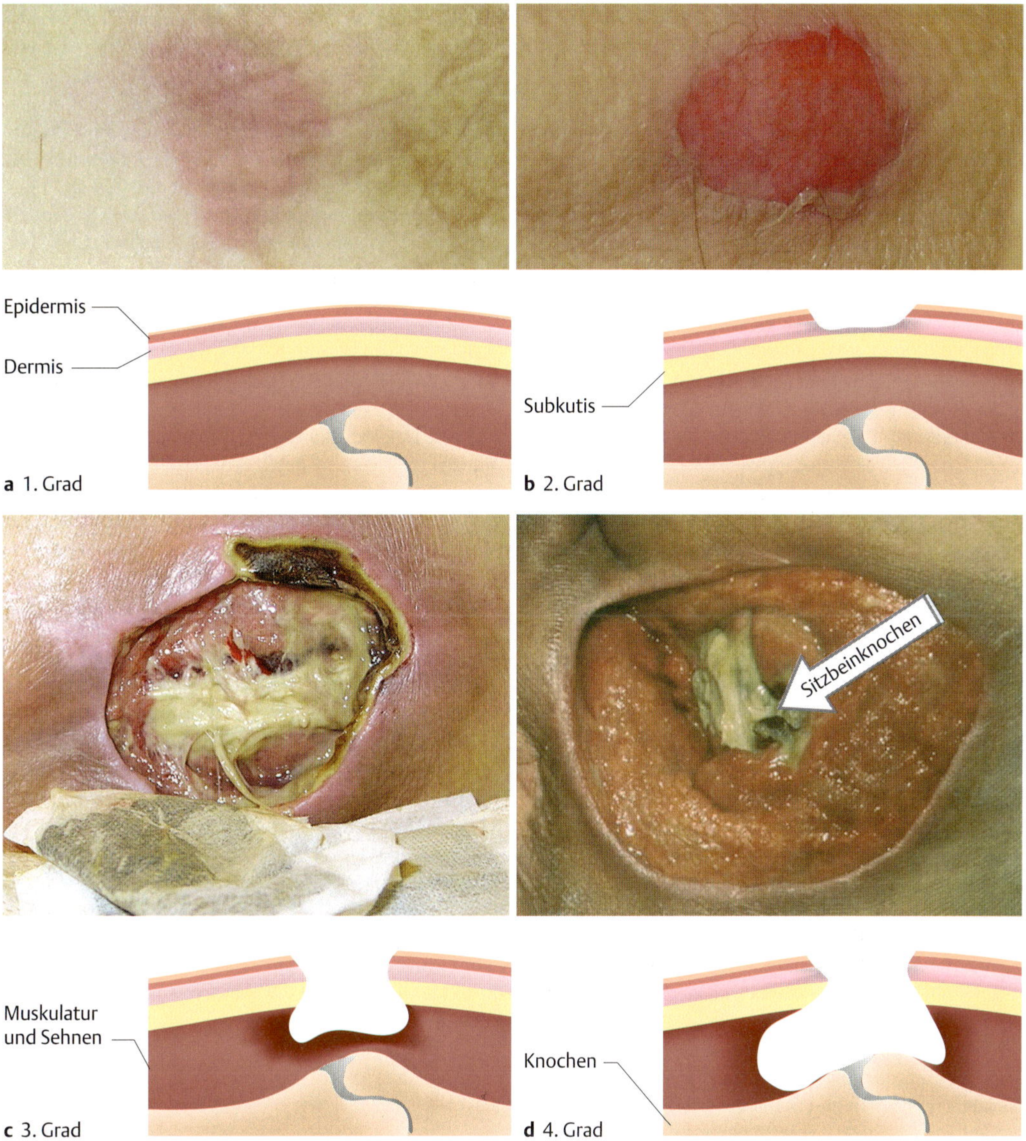

Abb. D.5 Dekubitusstadien (nach Fa. Johnson & Johnson).

bitusentstehung zeigen sich klinisch und/oder anamnestisch und lassen sich durch Risikoskalen (z. B. Braden-Skala) erfassen.

Differenzialdiagnose

Anamnese, klinischer Befund und erfasstes Dekubitusrisiko ermöglichen die Differenzialdiagnose, die allerdings für die lokale Wundbehandlung eine untergeordnete Rolle spielt. Die Auswahl der Wundtherapeutika richtet sich nach dem lokalen Befund. Wunden sollten generell mechanisch entlastet werden, um eine optimale Durchblutung zu gewährleisten.

Für Dokumentationszwecke und statistische Erfassung von Dekubiti ist jedoch von Interesse, ob es sich bei einer Wunde tatsächlich um ein Druckgeschwür oder ein → Erythema infectiosum, eine traumatisch bedingte Wunde oder ein → Hämatom handelt. Der Bundesgerichtshof hat entschieden, dass die prophylaktischen und therapeutischen Maßnahmen, sowie ein vorliegendes Dekubitusrisiko schriftlich fixiert werden müssen.

Therapie

Die Behandlung erfolgt stets kausal, d.h. es muss eine konsequente Druckentlastung des gesamten Wundgebiets erfolgen.

Freilagerung. Die Fersen sind besonders anfällig für Druckgeschwüre. Die Unterschenkel sollten daher in Rückenlage so unterpolstert werden, dass die Fersen über der Auflagefläche schweben. Geeignete Positionen zur Dekubitusprophylaxe sind außerdem die 30°- und die 135°-Seitenlage. Die 90°-Seitenlage dagegen ist wegen der hohen Druckbelastung im Trochanterbereich ungeeignet.

Bei einem Dekubitus am Steiß bedeutet dies z.B. eine abwechselnd durchgeführte Rechts- und Linksseitenlage und ggf. Bauchlage. Magensonden, Urinkatheter, usw. müssen druckminimierend fixiert werden. Außerdem darf der Patient nicht auf Schläuchen und Kabeln aufliegen.

Weichlagerung. Eine adäquate Druckentlastung wird erreicht, wenn Weichlagerungssysteme (z.B. Wechseldruckmatratzen) in Kombination mit mindestens zweistündlichem Positionswechsel eingesetzt werden und die Eigenbewegung des Patienten gezielt gefördert wird. Dekubitusrisikoskalen und klinische Einschätzung der Pflegenden helfen bei der Auswahl geeigneter Weichlagerungssysteme. Hierzu werden Angaben wie Körpergewicht des Patienten, Art der Wunde und Verletzungsmuster, Lagerungseinschränkungen, relevante Vorerkrankungen, zusätzliche Risiken (z.B. → Pneumonie) und der Mobilisationsgrad benötigt.

Durch Weichlagerung werden allerdings Mobilität und Körperwahrnehmung des Patienten eingeschränkt. Man muss also Nutzen und Risiko abwägen. Traditionelle Hilfsmittel wie Schaffelle oder Ringkissen sind wirkungslos und nicht zur Dekubitusprophylaxe geeignet.

Regelmäßiges haut- und gewebeschonendes Umlagern. Reibung und Scherkräfte, die ebenfalls zu einer Belastung der Haut führen, sind zu vermeiden. So sollten die betroffenen Körperpartien beim Umlagern nicht über die Auflage schleifen. Besonders bewährt hat sich das kinästhetische Konzept, das zugleich ein schonendes Umlagern und die Eigenbewegung des Patienten fördert und zudem Rücken schonend für die Pflegenden ist. Durch Mikrolagerungen (geringfügige, einfach herbeizuführende Positionswechsel, die zu einer Gewichtsverlagerung führen) werden diese Maßnahmen sinnvoll ergänzt.

Hautpflege. Sie ist ein weiterer Faktor in der Dekubitusprophylaxe und Therapie. Hautdefekte entstehen häufig durch feuchte Hautverhältnisse z.B. bei Schwitzen oder Inkontinenz. Daher sollte die Wäsche bei einem feuchten Bett möglichst zeitnah gewechselt werden. Außerdem machen geeignete Pflegeprodukte (z.B. PC-30-V Liquidom, Sanyrene) die Haut widerstandfähiger und geschmeidiger. Die Haut sollte regelmäßig inspiziert und pathologische Veränderungen des Hautzustands (z.B. trockene, schuppige Haut, Rötungen) dokumentiert werden.

Ernährung. Oft unterschätzt und doch sehr wichtig ist eine ausgewogene, gesunde Ernährung. Sowohl Kachexie als auch → Adipositas erhöhen das Dekubitusrisiko. Die Gefahr einen Dekubitus zu entwickeln, steigt insbesondere mit dem Grad des Eiweißmangels (reduzierter Serumalbuminspiegel), der bei älteren Menschen häufig vorkommt. Um eine ausreichende Nährstoffzufuhr zu gewährleisten, kann auf ergänzende eiweißreiche Trinknahrung zurückgegriffen werden (z.B. Fortimel, Meritene). Eine ausreichende Flüssigkeitszufuhr ist unerlässlich.

Lokale Wundtherapie. Sie richtet sich nach Wundtiefe und evtl. vorhandenen Nekrosen, Fibrinbelägen und Infektionen. Bewährt haben sich moderne Wundtherapeutika, wie Hydrogele, Kalziumalginate, silberhaltige Wundauflagen, Schaumstoffe und Hydrokolloide. Bei tiefen Ulzera dritten und vierten Grades ist eine chirurgische Wundbehandlung erforderlich. Nach Wundreinigung (Debridement), Infektsanierung und Wundkonditionierung, kann hier eine Defektdeckung durch Lappenplastiken (Gewebetransfer, z.B. Verschiebeschwenkplastik) erfolgen. Häufig treten Granulation, Epithelisation und Störfaktoren wie Beläge und Infektion gleichzeitig auf. In diesen Fällen gilt stets: Erst müssen die Störfaktoren durch Wundreinigung und Infektsanierung beseitigt werden und erst dann wird die Heilung gezielt gefördert.

Prognose

Die Prognose ist bei korrekter Therapie gut. Die Behandlung tiefer Druckgeschwüre vom dritten und vierten Grad, erweist sich jedoch meist als sehr langwierig. Hohes Lebensalter, reduzierter Allgemeinzustand und ein hohes Dekubitusrisiko (z.B. nach der Braden-Skala erfasst) verschlechtern die Abheilung und erhöhen das Risiko für Rezidive und die Entwicklung von Druckstellen an anderen Körperarealen.

Komplikationen

Jeder Hautdefekt birgt ein Infektionsrisiko. Insbesondere Dekubiti 3. und 4. Grades können zu schweren Infektionen führen. Fistelbildung und → Osteomyelitis sind weitere Komplikationen.

Infobox

ICD-10: L89

Internetadressen:

Leitlinien der AWMF (Dekubitus): http://www.leitlinien.net

http://www.dekubitus-online.de

http://www.dekubitus.de

Literatur:

Dt. Netzwerk für Qualitätssicherung in der Pflege (DNQP) (Hrsg.): Expertenstandard Dekubitusprophylaxe in der Pflege. Osnabrück 2000

Initiative Chronische Wunden (Hrsg.): Leitlinie Dekubitus 2000, 3. Aufl. Uslar-Solingen 2000

Demenz bei Alzheimer-Krankheit

► **Alfons ist 83 Jahre alt und seit ein paar Jahren pflegebedürftig. Alleine findet er sich nicht mehr in der Wohnung zurecht, er kann sich nicht selbstständig anziehen und versorgen. Zum Glück ist seine fünf Jahre jüngere Frau Wilma noch sehr rüstig. Sie pflegt ihren Mann zu Hause. Wilma erinnert sich an den Beginn der Erkrankung: „Wir haben uns nichts dabei gedacht. Im Alter wird man nun mal vergesslich. Das war vor etwa zehn Jahren." Sie nimmt ein Foto ihres Mannes in die Hand und schaut es lange an. „Dann kamen Sprachstörungen dazu. Alfons fand nicht mehr die richtigen Worte. Ich weiß noch, wie sehr ihn das damals gestört hat." Sie blickt wieder liebevoll und auch traurig auf das Bild. „Und heute erkennt er nicht einmal mich mehr."**

Definition

Die Demenz vom Alzheimer-Typ ist eine zerebrale Erkrankung, bei der die Struktur des Gehirns zunehmend geschädigt wird. Infolgedessen nimmt die Leistungsfähigkeit des Gehirns mehr und mehr ab (primäre Demenz).

Synonyme: Morbus Alzheimer, Alzheimer-Krankheit.

Ursachen

Wovon es abhängt, ob ein Mensch an Alzheimer erkrankt, ist bis heute nicht bekannt. Genetische Veränderungen (s. u.) spielen eine große Rolle und erklären, dass die Erkrankung familiär gehäuft auftritt.

Die Gedächtnisstörungen werden durch einen fortschreitenden Verlust von Nervenzellen im Gehirn hervorgerufen, der auch zu einer Schrumpfung des Gehirns (Hirnatrophie) führt (**Abb. D.6**). Durch das Absterben von Nervenzellen werden nicht mehr genügend Signalstoffe gebildet, die die Informationen von Zelle zu Zelle übertragen. Charakteristisch ist ein Mangel an Acetylcholin.

Der Untergang von Nervenzellen wird von der Bildung abnorm veränderter Eiweißbruchstücke begleitet. Zum einen lagern sich im Gehirn bündelweise Fasern (Neurofibrillen) ab, die aus Tau-Protein bestehen. Zum anderen reichern sich zwischen den Nervenzellen Plaques aus Eiweiß an, dem sog. Amyloid. Die Struktur des Gehirns wird durch diese Prozesse langsam fortschreitend mehr und mehr verändert.

Risikofaktoren

Der wichtigste Risikofaktor ist neben einem höheren Lebensalter eine Mutation auf Chromosom 19, im Gen für das Eiweißmolekül Apo E (Apolipoprotein E). Das Erkrankungsrisiko wird dadurch achtfach erhöht.

Als Risikofaktoren gelten auch Östrogenmangel bei Frauen, Nikotin- und Alkoholabusus, erhöhte Blutspiegel von Cholesterin und Homozystein, niedriger Bildungsstand sowie ein Schädel-Hirn-Trauma.

Symptome

In der ersten Phase der Erkrankung, der Prädemenzphase, sind die Patienten noch unauffällig. Lediglich die Gedächtnisleistung lässt nach (**Abb. D.7**). Diese Verschlechterung des Kurzzeitgedächtnisses ist meistens das erste Symptom, das häufig zunächst auf das fortgeschrittene Alter zurückgeführt wird.

Im weiteren Verlauf treten eine leichte (Stadium I), eine mittelschwere (Stadium II) und schließlich eine schwere Demenzphase (Stadium III) auf.

Stadium I. Häufig treten zu Beginn der Erkrankung zusätzlich Symptome einer Depression wie Interessenlosigkeit, Antriebsstörungen und Leistungseinbußen auf.

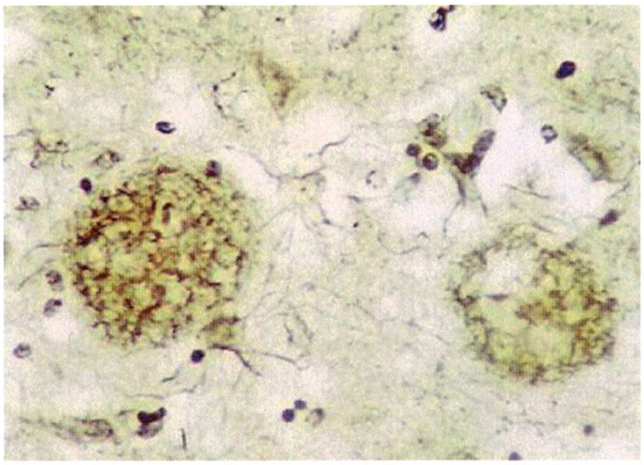

Abb. D.6 Hirnatrophie. Lichtmikroskopische Darstellung des Hirngewebes: typische drahtförmige, verklumpte Nervenzellen („Alzheimer-Fibrillen").

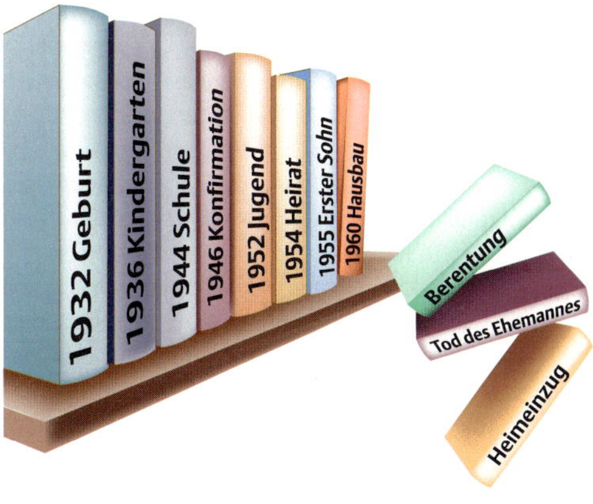

Abb. D.7 Langzeitgedächtnis. Inhalte gehen von der Gegenwart zur Vergangenheit verloren.

Stadium II. Allmählich werden Gedächtnisstörungen und Störungen weiterer geistiger Funktionen immer auffälliger. Die Orientierung und die visuell-räumlichen Fähigkeiten sind beeinträchtigt. Die Patienten finden oft nicht die richtigen Worte und ihr Urteilsvermögen ist eingeschränkt. Dazu können später Verhaltensänderungen wie Verwirrtheit, Unruhe und Aggressivität kommen.

Stadium III. Die Patienten sind nicht mehr in der Lage, Alltagstätigkeiten wie Anziehen oder Einkaufen zu bewältigen. Sprach- und Orientierungsstörungen nehmen immer mehr zu. Die gesamte Persönlichkeit verändert sich. Im fortgeschrittenen Stadium der Demenz treten auch neurologische Symptome auf wie Veränderungen der Motorik, Zittern und Spastik.

Unterschieden wird auch eine Alzheimer-Demenz mit frühem Beginn (vor dem 65. Lebensjahr), mit spätem Beginn (nach dem 65. Lebensjahr) und eine atypische (gemischte) Alzheimer-Demenz. Bei dieser Form tragen Gefäßschäden, etwa nach einem Schlaganfall, zu den Beschwerden bei.

Die Patienten selbst reagieren ganz unterschiedlich auf die Erkrankung. Manche bemerken die Störungen gar nicht, andere überspielen die Defizite mit unangemessener Fröhlichkeit, andere werden depressiv und sind sogar suizidgefährdet.

Diagnose

Wegweisend sind Anamnese sowie die Befragung einer engen Bezugsperson, eine psychiatrische und neurologische Untersuchung sowie neuropsychologische Tests zur Beurteilung der geistigen Leistungsfähigkeit. Bereits der Hausarzt kann mit solchen Tests den Verdacht einer Demenz erhärten.

Besonders bekannt sind der Uhrentest (**Abb. D.8**) und der Mini-Mental-Status-Test (MMSE), die vor allem zur Früherkennung einer Demenz eingesetzt werden. Es gibt aber auch speziell für Alzheimer-Patienten entwickelte Tests wie die CERAD-(Consortium to Establish a Registry for Alzheimer Disease-)Testbatterie, die den MMSE enthält, und den ADAS (Alzheimer Disease Assessment Scale). Die Tests werden nicht nur zur Diagnose, sondern auch zur Kontrolle des Krankheitsverlaufs eingesetzt.

Durch laborchemische Untersuchungen wird eine Alzheimer-Demenz von Hirnleistungsstörungen abgegrenzt, die auf entzündlichen oder internistischen Ursachen beruhen (sekundäre Demenz).

Zur Unterscheidung verschiedener Demenzformen können auch bildgebende Verfahren wie Computertomografie (CT) oder Magnetresonanztomografie (MRT) eingesetzt werden. In fortgeschrittenen Stadien der Alzheimer-Krankheit können auf den Bildern strukturelle Veränderungen des Gehirns sichtbar sein. Eindeutig kann eine Alzheimer-Demenz jedoch erst nach dem Tod durch eine Obduktion und sicheren Nachweis der Eiweißablagerungen im Gehirn diagnostiziert werden.

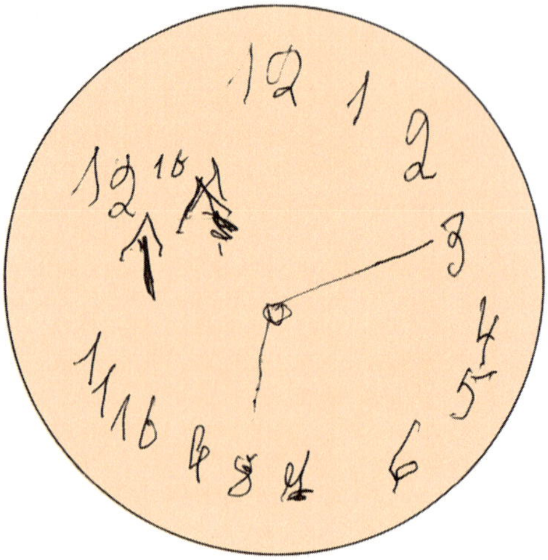

Abb. D.8 Uhrzeichentest. Schon im frühen Stadium der Demenz können sich Defizite zeigen: Der Patient wurde aufgefordert, in den Kreis ein Zifferblatt und die Uhrzeiger auf 12:10 Uhr einzuzeichnen.

Differenzialdiagnose

Die Demenz vom Alzheimer-Typ ist eine Ausschlussdiagnose, d. h. alle Erkrankungen, die ähnliche Beschwerden verursachen können, müssen ausgeschlossen werden.

Besonders wichtig ist es, eine sekundäre Demenz zu erkennen, da deren Krankheitsursachen behandelt werden können. Zu sekundären Demenzen zählen z. B. eine vaskuläre Demenz als Folge eines Schlaganfalls, eine Demenz bei → Morbus Parkinson oder Gedächtnisstörungen infolge einer Hypothyreose oder eines Vitamin-B_{12}-Mangels.

Gedacht werden muss auch an Erkrankungen, bei denen sich ebenfalls die Struktur des Gehirns verändert, z. B. an → Chorea Huntington (Veitstanz) oder eine → Creutzfeldt-Jakob-Erkrankung.

Mit zu den schwierigsten Differenzialdiagnosen zählt die Depression, da viele Alzheimer-Patienten vor allem zu Beginn der Erkrankung depressiv sind.

Therapie

So lange wie möglich sollte die geistige Leistungsfähigkeit von Alzheimer-Kranken trainiert werden („Hirn-Jogging"). Als hilfreich vor allem in frühen und mittleren Krankheitsstadien haben sich z. B. Ergotherapie, Gymnastik sowie kognitives Training, wie gezieltes Planen der Tagesabläufe, erwiesen. Wichtig ist in jedem Stadium der Erkrankung eine Beratung der Angehörigen und der Bezugspersonen.

Zur Behandlung von Hirnleistungsstörungen (kognitive Symptome) gibt es eine Reihe von Medikamenten. Mittel der Wahl bei Alzheimer-Patienten sind derzeit Substanzen, die die Signalverarbeitung im Gehirn verbessern.

Medikamentöse Therapie leichter bis mittelschwerer Demenz

Sog. Cholinesterase-Hemmstoffe (z. B. Donepezil, Rivastagmin, Galantamin) werden zur Behandlung bei leichter bis mittelschwerer Alzheimer-Demenz eingesetzt. Die Medikamente steigern die Verfügbarkeit des Signalstoffs Acetylcholin. Es wird empfohlen, mit der Behandlung so früh wie möglich zu beginnen. Die geistige Leistungsfähigkeit wird in den ersten Behandlungsmonaten geringfügig erhöht, doch danach sinkt sie allmählich wieder ab und erreicht nach neun bis zwölf Monaten das Ausgangsniveau.

Nur etwa ein Viertel bis ein Drittel der Patienten sprechen allerdings auf die Therapie an. Durch Cholinesterase-Hemmer kann die Progression der Erkrankung und die Einweisung der Patienten in ein Pflegeheim um etwa ein bis zwei Jahre hinausgezögert werden.

Medikamentöse Therapie mittelschwerer bis schwerer Demenz

Eine Alternative zu einem Cholinesterase-Hemmstoff ist der sog. NMDA-Antagonist Memantine, der bei mittelschwerer und schwerer Alzheimer-Demenz eingesetzt wird. Dieses Mittel verbessert die über den Botenstoff Glutamat gesteuerte Signalübertragung und verlangsamt das Fortschreiten der Symptome.

Es gibt kein Patentrezept bei der Behandlung von Alzheimer-Patienten. Der Arzt muss das für den einzelnen Patienten wirksamste und verträglichste Mittel herausfinden. Lässt die Wirkung eines Medikaments nach, hilft unter Umständen der Wechsel zu einem anderen Präparat. Erprobt wird zur Zeit die Kombinationstherapie aus einem Cholinesterase-Hemmstoff und Memantine.

Sonstige medikamentöse Therapien

Zur unterstützenden Behandlung von Alzheimer-Patienten kommen auch sog. Nootropika in Frage. Dazu gehören ein Extrakt des Gingko-Baums, der die Durchblutung im Gehirn fördern soll, und Kalzium-Antagonisten (z. B. Piracetam, Nimodipin), die den gestörten Kalzium-Stoffwechsel von Nervenzellen normalisieren sollen. Die Wirksamkeit dieser älteren Medikamente ist nicht eindeutig belegt. Unterstützend eingesetzt werden auch Vitamine und Antioxidanzien wie Vitamin E und Vitamin C.

Zusätzlich können bei Alzheimer-Patienten Medikamente gegen Verhaltensstörungen und psychische Auffälligkeiten nötig werden. So genannte Neuroleptika werden bei Patienten eingesetzt, die unruhig und aggressiv sind oder Wahnvorstellungen haben. Patienten mit Depressionen werden mit modernen Antidepressiva behandelt, die keine Auswirkungen auf die kognitiven Fähigkeiten haben.

Prognose

Bisher gibt es keine Behandlung, die das Fortschreiten der Krankheit stoppen kann. Die derzeitigen Therapieoptionen können die Entwicklung nur um etwa ein bis zwei Jahre hinauszögern. Die Phase der Demenz, die bis zum Tod fortschreitet, dauert im Durchschnitt etwa fünf bis acht Jahre. In der späten Demenzphase sind alle Patienten, in der mittleren Demenzphase bereits viele Patienten pflegebedürftig. Die Lebenserwartung von Alzheimer-Patienten ist im Vergleich zu Gleichaltrigen ohne Demenz deutlich verringert und die Suizidrate stark erhöht.

Infobox

ICD-10:
G30.0, G30.1, G30.9

Internetadressen:
Dt. Alzheimer-Gesellschaft:
http://www.deutsche-alzheimer.de
Forum für Angehörige:
http://www.alzheimerforum.de
Initiative Alzheimer-Forschung:
http://www.alzheimer-forschung.de

Literatur:
Augst, C., Sarkady, C.: Das praktische Handbuch der Demenz. Forum, Merching 2005
Granser, P.: Alzheimer. Kehrer, Heidelberg 2005
Wetzstein, V.: Diagnose Alzheimer. Campus, Frankfurt 2005

Dermatozoenwahn

► **„Da sind überall Tiere in meiner Haut! Sie laufen auf mir, nein, in mir herum! Da, sehen Sie! Ungeziefer, da!", schreit Johannes und kratzt sich wild den schon blutigen Unterarm weiter auf. Doch weder Tiere noch Milbengänge sind zu sehen.**

Definition

Der Dermatozoenwahn ist eine taktile Körperhalluzinose. Die Störung mit beständiger oder wiederkehrender Empfindungshalluzination beeinträchtigt das Bewusstsein des Patienten nicht, kann aber mit wahnhafter Verarbeitung vergesellschaftet sein.

Ursachen

Durch eine Störung des Dopamintransmittersystems im Gehirn ist die Wahrnehmungsverarbeitung gestört. Der Patient kann nicht oder nur teilweise zwischen realen Sinneseindrücken und irrealen, in der eigenen Vorstellung entwickelten Halluzinationen unterscheiden. Beim Dermatozoenwahn betrifft diese Störung hauptsächlich das taktil-nozizeptive System. Auslöser ist z. B. Drogenentzug. Sie kann aber auch ohne konkrete Ursache auftreten.

Symptome

Der Patient hat gestörte Empfindungen. Er verspürt ein Jucken, Schmerzen oder er fühlt, dass sein Körper sich verändert, obwohl die betreffenden Stellen keinen Anlass dazu geben. Kratzen, Schmerzmittel, Kühlen, Schnitte, punktuelle Verbrennungen oder Verbrühungen können jedoch durchaus schon schwerwiegende sekundäre Körperschäden verursacht haben. Die Verkennung nimmt wahnhaften Charakter an, der Patient erkennt selbst nicht mehr die Irrealität (**Abb. D.9**).

Diagnose

Auf die Fragen: „Haben Sie das Gefühl, Ihr Körper hat sich verändert? Spüren Sie merkwürdiges Jucken oder meinen Sie Tiere in oder auf der Haut zu spüren?", antwortet der Patient mit recht präzisen Angaben zu vermeintlichen äußeren Störungen. Es gibt jedoch keine reale Grundlage.

Differenzialdiagnose

Vom Dermatozoenwahn sind Somatisierungserkrankung und Phantomschmerz zu unterscheiden. Abzugrenzen sind ebenfalls → paranoide Schizophrenie, Ich-Störungen, symbiontischer Wahn sowie parasitäre Erkrankungen.

Therapie

Der Therapeut sollte sicher und beruhigend klarstellen, dass die Empfindungen des Patienten irreal sind. Oft bessert sich der Zustand deutlich und zumindest vorübergehend, wenn der Betroffene in einem Einzelzimmer von Reizen abgeschirmt wird.

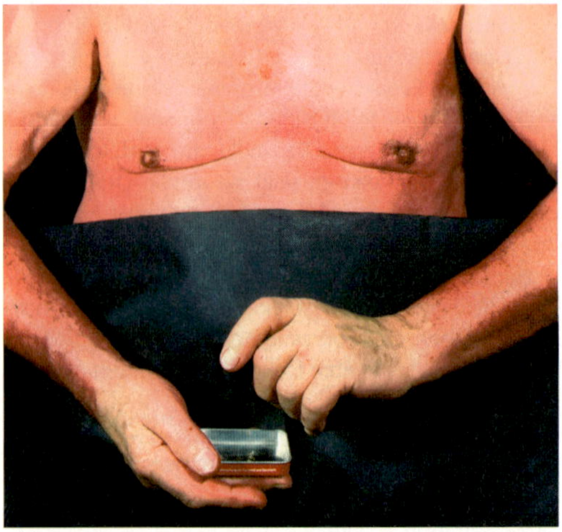

Abb. D.9 Dermatozoenwahn. Ein Patient präsentiert „Insekten", die er auf seinem Körper gefangen hat.

Medikamentös kann die Störung i. A. durch typische Neuroleptika mit Wirkstoffen wie Flupentixol (z. B. Fluanxol) oder Haloperidol (z. B. Haldol) schnell beendet werden. Während der Behandlung sind regelmäßige Vitalzeichen- und EKG-Kontrollen notwendig, da diese Substanzen vor allem in hohen Dosierungen Herzrhythmusstörungen auslösen können. Es kommen auch Atypika mit Wirkstoffen wie Risperidon (z. B. Risperdal) oder Olanzapin (z. B. Zyprexa) zum Einsatz. Bei einem Angst- oder Erregungszustand werden zusätzlich anxiolytische (angstlösende) Benzodiazepine wie Diazepam (z. B. Valium) oder Lorazepam (z. B. Tavor expidet) verordnet. Treten extrapyramidal-motorische Störungen (EPMS) auf, wird der Wirkstoff Biperiden (Akineton retard) gegeben.

Prognose

Liegt eine konkrete Ursache wie ein Drogenentzug vor, klingt der Dermatozoenwahn meist mit dem Ende des Entzugs innerhalb weniger Tage ab. Aus dem Dermatozoenwahn kann sich aber auch das Vollbild einer Schizophrenie entwickeln.

Infobox

ICD-10: F06.0

Internetadressen:

Dt. Hauptstelle für Suchtgefahren:
http://www.dhs.de/substanzen_kokain.html

Descensus uteri

► Die 64-jährige Frau Müllers sucht den Arzt auf und berichtet: „Seit einigen Tagen habe ich richtig unangenehme Rückenschmerzen. Dass ich beim Treppensteigen und Husten Urin verliere, kenne ich ja schon seit längerem und ist mir immer peinlich. Aber das bleibt wohl nicht aus, wenn man vier Kinder zur Welt gebracht hat. Aber jetzt verliere ich immer öfter Urin und außerdem habe ich das Gefühl, dass dort etwas nach unten drückt."

Definition

Als Descensus uteri bezeichnet man das Tiefertreten der Gebärmutter. Tritt die Portio beim Pressen aus dem Vulvaspalt heraus, handelt es sich um einen partiellen Uterusprolaps. Bei einem Totalprolaps erscheint die ganze Gebärmutter vor dem Scheideneingang. Als Descensus vaginae wird die Senkung der Scheidenwände bezeichnet. Man unterscheidet zwischen dem Tiefertreten der vorderen sowie der hinteren Scheidenwand.

Synonym: Gebärmuttersenkung.

Ursachen

Als Ursache gilt einerseits eine **Insuffizienz der Parametrien** (Mutterbänder). Häufig liegt dann eine allgemeine Bindegewebsschwäche vor. Die betroffenen Patientinnen haben oft auch Varizen und neigen zu Striae-Bildung („Schwangerschaftsstreifen"). Diese Schwäche ist erblich und therapeutisch nicht beeinflussbar.

Eine weitere Ursache stellt die **Insuffizienz des Beckenbodens** dar. Sie entsteht z. B. unter der Geburt, wenn die Beckenbodenmuskulatur überdehnt wird oder leicht einreißt. Wenn diese Muskulatur schlecht heilt oder nicht wieder trainiert wird, kann die Gebärmutter absinken. Besonders gefährdet sind Frauen mit großen Kindern und rasch aufeinander folgenden Entbindungen.

Adipositas stellt wegen des erhöhten Drucks auf das Eingeweidepaket ebenfalls eine Deszensusursache dar, zumal bei adipösen Frauen auch die Spannung der Bauchdeckenmuskulatur oft zu schwach ist. Die gleiche Druckerhöhung belastet den Beckenboden ebenfalls beim schweren Heben. Um Rücken und Beckenboden zu schonen, soll vor allem das Anheben schwerer Lasten vom Boden vermieden werden.

Symptome

Die Symptome sind sowohl vom Ausmaß der Senkung als auch vom Empfinden der Frau abhängig. Typischerweise beschreiben die Frauen über ein **Druckgefühl** nach unten, „als falle etwas aus der Scheide". Insbesondere bei einem Totalprolaps, wenn die Gebärmutter aus der Scheide heraustritt, beschreiben die Patientinnen ein Fremdkörpergefühl (**Abb. D.10**). Als besonders unangenehm wird das Hinsetzen empfunden. Ebenfalls klagen die Patientinnen über **Kreuzschmerzen**. Die gesenkte Gebärmutter zieht an den Bändern, vor allem an der Verbindung zum Kreuzbein, und löst so die Schmerzen aus. Druckulzerationen, z. T. mit Blutungen oder Infektionen, sind besonders beim Totalprolaps ein Problem, da diese nur schwer abheilen.

Bei der **Zystozele** besteht eine Vorwölbung der vorderen Vaginalwand unter teilweiser Einbeziehung der Harnblase. Bei etwa 50 % der betroffenen Frauen kommt es außerdem zu einer Urethrozelenbildung. Hierdurch wird der Verschlussmechanismus der Blase in seiner Funktion eingeschränkt. Die Patientin leidet unter → Harninkontinenz. Zudem kann es zur Restharnbildung und in der Folge zu Blasenentzündungen kommen.

Bei der Vorwölbung der hinteren Vaginalwand, unter teilweiser Einbeziehung des Rektums, kann der Stuhlgang nur schwer ausgepresst werden, da der Kot in der Aussackung der Rektumampulle hängen bleibt. **Abb. D.11** zeigt die verschiedenen Lageveränderungen.

Diagnose

Bei der Untersuchung mit dem Spekulum fällt das Tiefertreten des Gebärmutterhalses im Liegen und beim Pressen auf. Die Aussackungen der Vaginalwand vorne und/ oder hinten weisen auf die Mitbeteiligung von Blase und Darm hin. Bei der bimanuellen Untersuchung lässt der Arzt die Frau den Beckenboden anspannen, um sich einen Eindruck über die muskulären Schwächen zu verschaffen.

Charakteristisch ist bei einer Zysto- und Rektozele der klaffende Scheideneingang mit niedrigem Damm und Vorwölbung der vorderen und hinteren Scheidenwand.

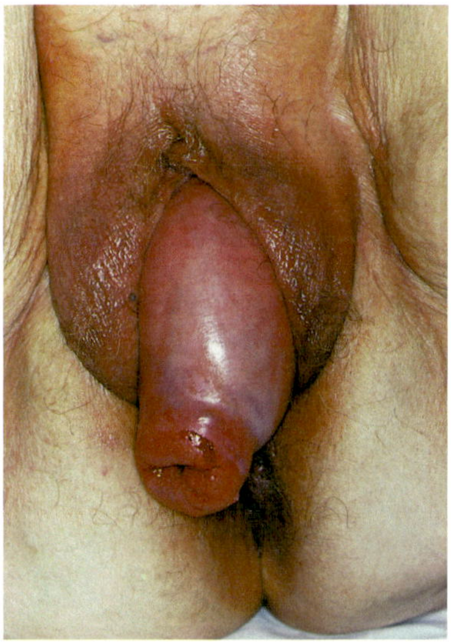

Abb. D.10 Totalprolaps. Man erkennt ein kleines Druckulkus am Rande der Portio.

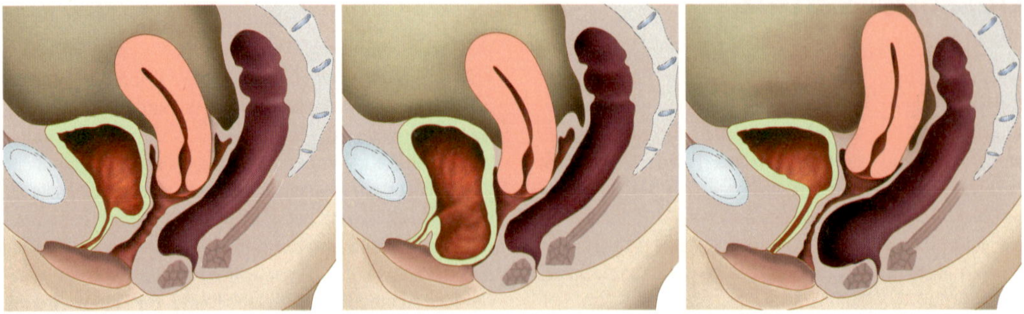

a Zystozele
b Urethrozystozele
c Rektozele

Abb. D.11 Deszensusformen. Beispiele für Lageveränderungen des weiblichen Genitaltrakts unter Mitnahme benachbarter Organe.

Therapie

Konservative Therapie. Zunächst wird für ausreichend Östrogene gesorgt. Dazu werden Salben mit Vaginalzäpfchen kombiniert. Bei einer oralen Gabe von Östrogenen muss der Arzt die Nebenwirkungen beachten. Die Physiotherapie versucht, sowohl den Beckenboden als auch die Bauchdecke zu trainieren. Besonders beim beginnenden Deszensus, zur Prophylaxe nach der Entbindung oder nach einer Senkungsoperation ist sie sehr erfolgreich.

Pessartherapie. Sie kann sowohl die Zeit bis zur Operation überbrücken als auch inoperablen Patientinnen helfen. Der Arzt führt das Pessar, entweder einen Würfel oder eine Schale, in die Vagina ein, um die Gebärmutter oben zu halten. Das Pessar „reitet“ dabei auf den Schenkeln des Beckenbodenmuskels und wird dadurch fixiert (**Abb. D.12**). Ein nicht passendes Pessar verursacht Schmerzen, wenn es zu groß ist. Dagegen verrutscht es oder wird verloren, wenn es zu klein ist. Ein falsch platziertes Pessar kann die Harnröhre komprimieren oder abknicken und so zu einem Harnstau führen. Da die Patientinnen das Pessar meist nicht selbst reinigen und wechseln können, ist eine lang andauernde Pessartherapie nicht praktikabel. Außerdem kommt es bei den Pessarträgerinnen häufig zu Druckgeschwüren mit Blutungen und zu Infektionen.

Operative Verfahren. Sie sollen den Beckenboden rekonstruieren. Von der Vagina aus wird die Scheidenhaut längs aufgeschnitten. Dann werden Blase bzw. Darm abgelöst und durch Nähte gerafft. Auseinander gewichene Strukturen werden so wieder in die Mitte gebracht. Anschließend wird die Scheidenhaut von überschüssiger Haut befreit und wieder verschlossen. Um das Ergebnis zu sichern, sollte die Gebärmutter entfernt werden. Scheidenverschließende Operationen führt man nur noch in Ausnahmefällen durch. Der Arzt sollte die oft sehr alten Patientinnen sehr sorgsam aufklären.

Prognose

Ein Descensus uteri ist trotz Operation mit einem hohen Rückfallrisiko verbunden, da an den Ursachen oft nichts geändert werden kann. So ist die Gewichtsreduktion bei adipösen Frauen und die Beckenbodengymnastik das beste Mittel gegen ein Rezidiv.

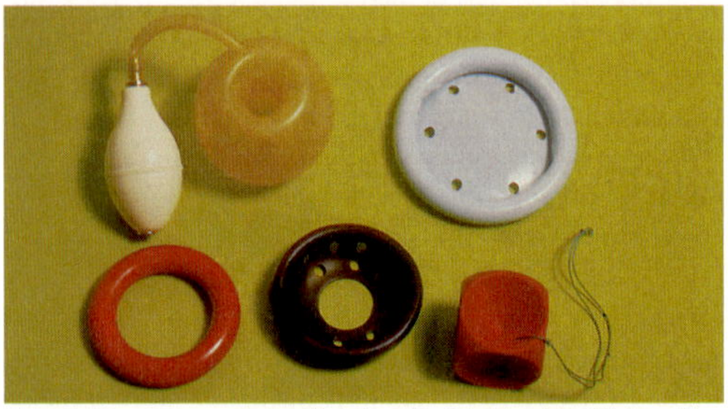

Abb. D.12 Pessare. Sie werden über die Scheide eingeführt und heben die Gebärmutter an.

Komplikationen

Die Komplikation des Deszensus stellt der Uterusprolaps (Gebärmuttervorfall) dar. Tritt der Muttermund beim Pressen aus dem Scheideneingang heraus, handelt es sich um einen partiellen Uterusprolaps. Bei einem Totalprolaps erscheint die ganze Gebärmutter vor dem Scheideneingang.

Infobox

ICD-10: N81.4 G

Internetadressen:

http://www.netdoktor.de//krankheiten/fakta/gebaermuttersenkung.htm

http://www.womenweb.de/bodyhealth/fitness/beckenboden.html

Literatur:

Beate Carriere: Fitness für den Beckenboden. Thieme, Stuttgart 2001

Stauber, M., Weyerstahl, Th.: Gynäkologie und Geburtshilfe. 2. Auflage, Thieme, Stuttgart 2005

Diabetes insipidus

► **Die Blücherts sind bei Freunden zum Essen eingeladen. Sie freuen sich schon sehr, denn die Freunde kochen leidenschaftlich gerne. Frau Blüchert ist es allerdings ein wenig unangenehm, dass sie dauernd zur Toilette muss. Leider sitzt sie sehr ungünstig und immer müssen alle mit aufstehen. Ihre Freundin spricht sie darauf an. „Du trinkst aber auch sehr viel. Es sind doch mindestens schon zwei Flaschen Wasser, oder?"**

Definition

Bei einem Diabetes insipidus (DI) können die Nieren den Harn nicht mehr konzentrieren und scheiden große Mengen Urin aus. Als Folge trinkt der Patient sehr viel.

Ursachen

Das antidiuretische Hormon (ADH, Adiuretin, Vasopressin) reguliert die Wasserausscheidung des Körpers. ADH wird im Hinterlappen der Hypophyse gebildet und bewirkt, dass der Harn in der Niere konzentriert wird. Fehlt ADH, können die Nieren den Harn nicht ausreichend konzentrieren (Asthenurie) und er wird in großen Mengen unkonzentriert ausgeschieden. Man unterscheidet zwei Formen des Diabetes indipidus.

Diabetes insipidus centralis (zentraler DI). Der Körper produziert zu wenig ADH. In den meisten Fällen sind die hormonbildenden Zellen z. B. durch Tumoren, Blutungen, Unfälle oder Entzündungen zerstört oder verdrängt worden. Selten ist der zentrale Diabetes insipidus vererbt und das ADH-Gen mutiert. Folgende Erkrankungen verursachen einen zentralen DI:

- → Tumoren der Hypophyse,
- Metastasen im Bereich der Hypophyse,
- Sarkoidose,
- → Aneurysma,
- → Schädel-Hirn-Trauma,
- Operationen am Gehirn,
- → Meningitis,
- → Enzephalitis,
- Histiocytosis X,
- → Tuberkulose.

Diabetes insipidus renalis (renaler DI). Der Körper produziert zwar ausreichend ADH, dieses kann aber aufgrund folgender Ursachen nicht wirken:

- angeborener Defekt der ADH-Rezeptoren,
- Mutation eines Wasserkanals in der Niere,
- Schädigungen der Nierentubuli durch:
  - → Niereninsuffizienz,
  - Elektrolytstörungen (Hyperkalzämie, Hypokaliämie),
  - Medikamente (Lithium, Barbiturate).

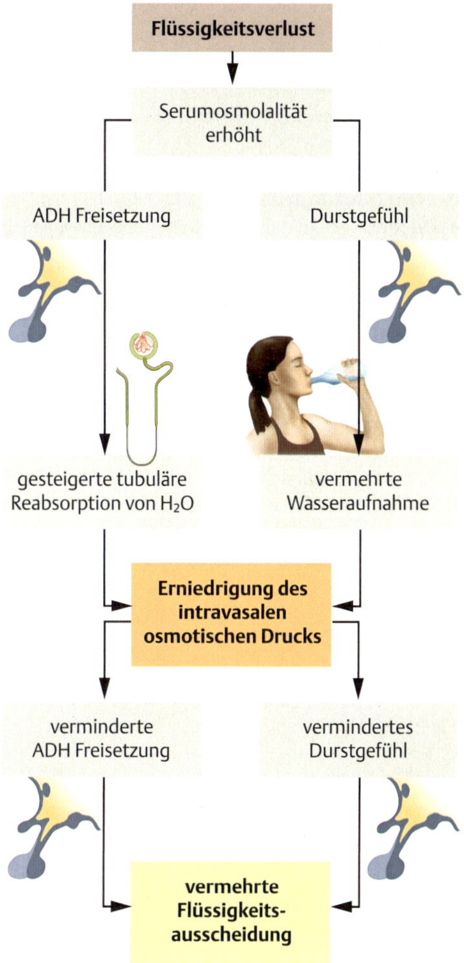

Abb. D.13 Wasserhaushalt. Regulation der Flüssigkeitsausscheidung durch ADH.

Symptome

Die Patienten müssen sehr häufig Wasser lassen (Polyurie) und scheiden bis zu 25 l Urin pro Tag aus. Als Folge haben die Patienten ständig Durst (Polydipsie) und trinken sehr viel, auch nachts. Die Polyurie kann zu einer Dehnung der Blase oder der Ureter (Hydroureter) führen oder einen Harnaufstau in die Nieren bewirken.

Diagnose

Der Urin der Patienten ist farblos, zucker- und eiweißfrei. Im Durstversuch wird regelmäßig die Konzentration des Urins (Osmolalität) gemessen. Bei Gesunden steigt die

Konzentration des Urins auf über 300 mOsmol/l an, bei Patienten mit Diabetes bleibt der Harn unkonzentriert. Um einen zentralen von einem renalen DI zu unterscheiden, erhält der Patient dann eine Testdosis ADH. Beim zentralen DI steigt dann die Osmolalität des Urins an, nicht dagegen beim renalen DI.

Mit einer Magnetresonanztomografie oder einer Computertomografie können Tumoren, Entzündungen oder andere Veränderungen im Bereich der Hypophyse nachgewiesen werden.

Differenzialdiagnose

Der Diabetes insipidus ist von folgenden Erkrankungen abzugrenzen:

- → Diabetes mellitus,
- → chronische Niereninsuffizienz mit Polyurie,
- psychogene Polydipsie,
- Hyperkalzämie (erhöhte Kalziumkonzentrationen),
- Hypokaliämie (erniedrigte Kaliumkonzentrationen).

Therapie

Bei Tumoren, Entzündungen oder anderen Krankheiten von Hypophyse oder Nieren sollte zunächst die zugrunde liegende Krankheit behandelt werden.

Gegen die Polyurie wird Desmopressin (z. B. Minirin) über die Nase oder als Tablette verabreicht. Desmopressin wirkt wie ADH.

Beim renalen Diabetes insipidus können Thiaziddiuretika oder nichtsteroidale Antiphlogistika helfen.

Prognose

Mit einer Desmopressin-Therapie normalisiert sich die Urinausscheidung. Bei gut- oder bösartigen Tumoren der Hypophyse, Entzündungen oder Unfallfolgen hängt die Prognose von der Grunderkrankung ab.

Infobox

ICD-10:

E23.2, N25.1

Internetadressen:

Netzwerk Hypophysen- und Nebennierenerkrankungen e. V.: http://www.glandula-online.de

Literatur:

Baenkler, H.-W. u. a.: Duale Reihe Innere Medizin. Thieme, Stuttgart 2001

Greten, H. (Hrsg.): Innere Medizin. Thieme, Stuttgart 2005

Herold, G. (Hrsg.): Innere Medizin. Eigenverlag, 2005

Diabetes mellitus

► **Der 17-jährige Felix fällt seinen Freunden seit Tagen mit übermäßigem Durst auf. In den Schulpausen trinkt er oft ein bis zwei Flaschen Cola. Während der Schulstunden muss er ständig auf die Toilette zum Wasserlassen. Er selbst sagt: „Ich habe seit einer Woche Grippe.“ Nach dem Sportunterricht bricht er plötzlich bewusstlos zusammen. Der Notarzt wird gerufen. Bei Eintreffen des Notarztes fällt ein erniedrigter Blutdruck (90/50 mmHg) und eine Tachykardie mit 112/Min. auf, Felix atmet tief und schwer. Der Notarzt stellt einen Blutzuckerwert von 356 mg/dl fest. Er bekommt eine Kochsalzinfusion und wird sofort ins Krankenhaus gebracht.**

Definition

Der Begriff Diabetes mellitus bezeichnet eine Störung des Kohlehydratstoffwechsels durch Insulinmangel oder verminderte Insulinempfindlichkeit. Die Folge ist eine Hyperglykämie (Überzuckerung des Blutes) im Nüchternzustand oder nach den Mahlzeiten. Man unterscheidet im Wesentlichen zwei Erkrankungen voneinander:

- **Diabetes Typ 1:** früher „jugendlicher“ oder juveniler Diabetes genannt (etwa 10 % der Diabetiker),
- **Diabetes Typ 2:** früher „Altersdiabetes“ genannt (etwa 90 %).

Weitere, sekundäre Diabetesformen, z. B. im Rahmen einer chronischen Pankreatitis, sind selten. Eine Sonderform stellt der Gestationsdiabetes (Schwangerschaftsdiabetes) dar, bei dem sich während einer Schwangerschaft eine diabetische Stoffwechsellage entwickelt.

Ursachen

Diabetes Typ 1 und Typ 2 sind zwei völlig verschiedene Erkrankungen (**Abb. D.14**) unterschiedlicher Ursache mit lediglich einer gemeinsamen Folge: Der Blutzucker erhöht sich! Die Komplikationen und Folgeerscheinungen dieses erhöhten Blutzuckers sind dann wiederum dieselben und lassen im Nachhinein keine Rückschlüsse auf den Diabetestyp zu.

Diabetes mellitus Typ 1

Heute wird davon ausgegangen, dass es sich beim Diabetes Typ 1 um eine Art **Autoimmunerkrankung** handelt. Eine sog. **Autoimmunreaktion** wird im Körper ausgelöst, wenn sich aus verschiedenen Gründen Antikörper gegen körpereigenes Gewebe bilden. In diesem Fall bilden sich Antikörper gegen die Inselzellen des Pankreas (Autoimmuninsulitis). Die Insulin bildenden Inselzellen werden dadurch nach und nach zerstört. Zwischen dem Beginn der Erkrankung und dem Auftreten der ersten Symptome können Wochen, Monate oder auch Jahre vergehen. Erst nachdem etwa 80 % dieser Zellen zerstört sind, tritt die Erkrankung mit ihren typischen Symptomen in Erscheinung. Beim Diabetes Typ 1 liegt also von Anfang an ein **echter (absoluter) Insulinmangel** vor.

Der Diabetes Typ 1 beginnt häufig im jugendlichen Alter. Er wurde daher früher auch als juveniler Diabetes bezeichnet. Es wird angenommen, dass zusätzlich zu einer genetischen Veranlagung (Prädisposition) auch bestimmte Virusinfektionen zum Ausbruch der Krankheit beitragen.

	Typ 1	Typ 2
Ursache	absoluter Insulinmangel	Insulinmangel/Insulinresistenz
Krankheitsauslöser	Zerstörung insulinproduzierender Zellen im Pankreas, wahrscheinlich infektiös bedingt	Störung der Insulinwirkung an den Zielzellen (bes. bei Adipositas) oder verminderte Insulinfreisetzung aus dem Pankreas
Erkrankungsalter	meist Jugendliche, junge Erwachsene („juveniler Diabetes“)	meist erst ab 40. Lebensjahr („Altersdiabetes“)
Häufigkeit	ca. 10 % aller Diabetiker	ca. 90 % aller Diabetiker, in den meisten Fällen besteht zusätzlich eine Adipositas
Symptomatik	meist plötzlicher Beginn mit hohen Blutzuckerwerten, im Krankheitsverlauf häufig stark schwankende Blutzuckerwerte	allmählicher Beginn, im Verlauf oft relativ stabile Blutzuckerwerte
Vererbung	geringe Vererblichkeit	hohe Vererblichkeit
Therapie	Diät, Insulin	Diät, Bewegung, Tabletten, evtl. Insulin

Abb. D.14 Diabetes mellitus. Typ 1 und Typ 2 im Vergleich.

Genetik. Beim Diabetes Typ 1 spielt die Vererbung eine etwas geringere Rolle als beim Diabetes Typ 2. Die Wahrscheinlichkeit einen Diabetes Typ 1 zu entwickeln beträgt bei Erkrankung eines Elternteils etwa 3–5%. Sind beide Eltern Diabetiker Typ 1, steigt das Risiko auf etwa 20% an. Geschwister von diabetischen Kindern haben ein eigenes Erkrankungsrisiko von mindestens 10%. Bei eineiigen Zwillingen liegt das Risiko für das Geschwister eines Betroffenen bei 35%.

Diabetes mellitus Typ 2

Im Gegensatz zum Diabetes Typ 1 ist beim Diabetes Typ 2 die körpereigene Insulinproduktion erhalten. Die Ursache des Diabetes Typ 2 liegt vielmehr in einer **Insulinresistenz** (Körperzellen sind gegenüber Insulin unempfindlich).

Meistens entwickelt sich die Insulinresistenz, wenn verschiedene Ursachen zusammen treffen:

- → Adipositas,
- arterielle → Hypertonie,
- Blutfetterhöhung (Hypercholesterinämie/Hypertriglyzeridämie).

Dieses sog. **metabolische Syndrom** wird v.a. durch schlechte Ernährungsgewohnheiten und zunehmenden Bewegungsmangel unterstützt. Durch die zunehmende Unempfindlichkeit der Zellen gegenüber Insulin steigt die Glukosekonzentration im Blut an und lässt dann auch den Insulinspiegel steigen. Als Reaktion darauf sinkt die Anzahl der Insulinrezeptoren an den Körperzellen und sie werden noch unempfindlicher. Es entsteht ein Teufelskreis, bei dem sich dann ein sog. **„relativer Insulinmangel"** entwickelt. D.h. trotz Überangebot an Insulin kann dieses die Blutglukose nicht in die Zellen befördern und der Blutzuckerspiegel bleibt hoch.

In der Folge arbeitet die Bauchspeicheldrüse auf Hochtouren um noch mehr Insulin herzustellen. Die Inselzellen werden dabei so stark belastet, dass sie nach einiger Zeit erschöpfen und die Insulinproduktion einstellen (**Sekundärversagen**). Mehr als 80% der Diabetiker Typ 2 sind übergewichtig und die Adipositas (Fettsucht) gilt als der entscheidende Risikofaktor für die Entstehung des Diabetes.

Genetik. Wie beim Diabetes Typ 1 spielt auch hier die erbliche Veranlagung eine Rolle. Diese sog. genetische Disposition ist beim Diabetes Typ 2 wesentlich höher. Bei Kindern eines Elternteils mit Diabetes Typ 2 beträgt die Wahrscheinlichkeit eines späteren Diabetes Typ 2 bis zu 50%. Die erbliche Veranlagung in der Bevölkerung ist beim Diabetes Typ 2 zwar höher, da das Ausbrechen der Erkrankung aber v.a. durch die auslösenden Faktoren (Übergewicht, Fehlernährung usw.) bestimmt wird, kann es vom Patienten teilweise beeinflusst werden.

Symptome

Die Symptome von Diabetes Typ 1 und Typ 2 unterscheiden sich ebenfalls (s. **Abb. D.14**).

Diabetes mellitus Typ 1

Wenn es einmal zum Ausbruch der Erkrankung kommt, entwickeln sich die Symptome des Diabetes Typ 1 relativ rasch. Durch den erhöhten Blutzucker wird auch mehr Glukose im Urin ausgeschieden (**Glukosurie**). Über die sog. osmotische Diurese kommt es zur vermehrten Ausscheidung von Urin (Polyurie). Die Folgen sind:

- vermehrtes Durstgefühl (Polydipsie),
- Flüssigkeits- und Gewichtsverlust,
- Störungen des Elektrolyt- und Flüssigkeitshaushalts,
- Schwäche, Schwindel, Müdigkeit und Leistungsminderung.

Obwohl der Patient viel trinkt, kann dieser Kreislauf zu schwerer **Exsikkose** (Austrocknung) führen. Es folgen oft Bewusstseinsstörungen bis hin zur kompletten Bewusstlosigkeit (Koma). Aufgrund des oft auffälligen Azetongeruchs der Bewusstlosen, wird dieses Koma auch **ketoazidotisches Koma** genannt. Bei ca. 25% der Diabetiker Typ 1 zeigt sich die Erkrankung erstmalig durch ein solches Koma (Erstmanifestationskoma). Häufiger Auslöser ist ein erhöhter Insulinbedarf, z.B. im Rahmen eines Infektes.

Diabetes mellitus Typ 2

Die Symptome des Diabetes Typ 2 entwickeln sich meist langsam über Monate oder sogar Jahre. Häufig besteht ein Diabetes Typ 2 auch schon lange Zeit völlig unbemerkt und wird nur zufällig, z.B. im Rahmen einer Routineuntersuchung oder einer Operation, entdeckt. Auch bereits eingetretene diabetische Spätsymptome sind gelegentlich ein erstmaliger Hinweis für einen Diabetes mellitus, der dann meist schon Jahre besteht.

Oft klagen Patienten über unspezifische Symptome wie:

- wiederkehrende Harnwegsinfekte,
- ständiger Juckreiz,
- Pilzinfektionen,
- allgemeine Schwäche und Leistungsknick.

Erst spät zeigen sich dann die typischen Diabetessymptome wie Durst, Polyurie, Polydipsie und Gewichtsabnahme. Auch beim Diabetes Typ 2 kann es zu einem diabetischen Koma kommen, welches dann **hyperosmolares Koma** genannt wird. Durch extreme Blutzuckererhöhungen, z.B. >700 mg/dl, kommt es zu einer vermehrten Harnglukoseausscheidung (Glukosurie), welche dann in der Folge zu hohen Flüssigkeits- und Elektrolytverlusten sowie Exsikkose führt.

Diagnose

Aufgrund der relativ charakteristischen Symptome beim Diabetes Typ 1 ergibt sich der Verdacht schon häufig durch die sorgfältige Anamneseerhebung. Beim Diabetes Typ 2 sind die Symptome oft lange relativ uncharakteristisch. Wichtig ist daher überhaupt daran zu denken und ggf. häufiger routinemäßig den Blutzucker zu bestimmen (**Abb. D.15**).

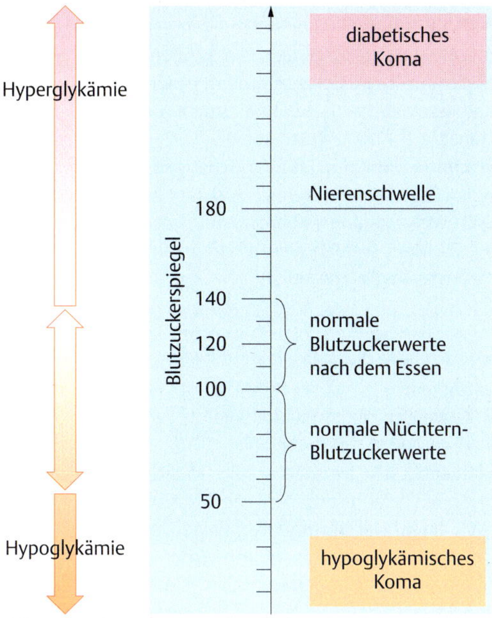

Abb. D.15 Blutzuckerspiegel. Normale und pathologische Blutzuckerwerte.

Blutzuckerbestimmung. Ein Diabetes mellitus kann eigentlich sehr einfach über die Blutzuckerbestimmung diagnostiziert werden. Bei grenzwertigen Blutzuckerwerten oder z. B. anamnestischem Verdacht auf eine Diabetesentwicklung, kann der sog. orale Glukosetoleranztest (oGTT) durchgeführt werden. Dabei wird dem Patienten nach einer Nüchternblutentnahme eine definierte Menge an Glukose (75 g) verabreicht und der Blutzucker nach zwei Stunden gemessen. Es gibt klar definierte Richtwerte (**Tab. D.1**):

Der Nüchternwert ist das entscheidende Kriterium bei Diagnosestellung. Er sollte zur Bestätigung immer wiederholt werden und die Bestimmung sollte stets nach einer ausreichend langen Nüchternphase (mind. 8 Std.) erfolgen.

Glukosebestimmung im Urin. Zeigt sich im Morgenurin wiederholt Glukose liegt fast immer ein Diabetes mellitus vor. Die Blutzuckerhöhe, ab der die Glukose in den Urin übertritt (Nierenschwelle), beträgt ca. 150 – 180 mg/dl.

HbA1 c-Wertbestimmung. Die Bestimmung des HbA1 c-Wertes im Blut erlaubt eine Aussage über die durchschnittlichen Blutglukosespiegel der letzten 3 Monate. Er stellt damit ein wichtiges Verfahren zur Behandlungskontrolle dar. Bei hohen Blutzuckerspiegeln lagert sich mehr Zucker an die Hämoglobinmoleküle an und der Anteil dieses „gezuckerten" Hämoglobins steigt. Normalerweise beträgt der Anteil des HbA1 c am Gesamt-Hb ca. 6 %. Bei unbefriedigender Stoffwechsellage auf Werte > 8 – 10 %.

Antikörperbestimmung. Wenn unklar ist, ob bei einem Patienten ein Diabetes Typ 1 oder Typ 2 vorliegt, können die Autoimmunantikörper (ICA, GADA 2) im Blut bestimmt werden. Sind diese nachweisbar, liegt mit einer Empfindlichkeit von ca. 75 – 90 % ein Diabetes Typ 1 vor. Da die Antikörper sehr spezifisch für Diabetes Typ 1 sind, kann bei positivem Nachweis dieser Antikörper ein Diabetes Typ 2 ausgeschlossen werden.

C-Peptid-Messung. Das sog. C-Peptid ist ein körpereigener Abbaustoff des Insulins. Somit kann indirekt die (Rest)-Insulinproduktion der Inselzellen ermittelt werden. Dadurch kann im Einzelfall die Therapie individueller gestaltet werden

Differenzialdiagnose

Da die Diagnose durch die einfache Blutzuckermessung schnell und zuverlässig möglich ist, kommen kaum differenzialdiagnostische Überlegungen in Frage. Lediglich der sehr seltene → Diabetes insipidus muss bei den Symptomen Polyurie und Polydipsie in Betracht gezogen werden. Hierbei handelt es sich um eine hormonelle Störung, bei der den Nieren die Fähigkeit fehlt, den Harn konzentrieren zu können. Der Blutzucker ist hiervon jedoch nicht betroffen.

Therapie

Die Therapie richtet sich nach der Ursache des Diabetes (**Abb. D.16**).

Diabetes mellitus Typ 1

Beim Diabetes Typ 1 liegt ein Insulinmangel vor, d. h. die Bauchspeicheldrüse hat die Insulinproduktion durch die Zerstörung der Inselzellen eingestellt. Das fehlende Insulin muss lebenslang durch subkutane Injektionen ersetzt werden. Die Insulinzufuhr muss optimal an die Nahrungszufuhr angepasst werden. Zunächst ist hierfür eine einigermaßen berechenbare Ernährung notwendig.

Tab. D.1 Richtwerte

Werte bei	Nüchternwert	oGTT (2 Std.-Wert)
Diabetes	≥ 126 mg/dl	≤ 200 mg/dl
Gestörte Glukosetoleranz	≥ 110 < 126 mg/dl	≥ 140 < 200 mg/dl
Normalwert	< 110 mg/dl	< 140 mg/dl

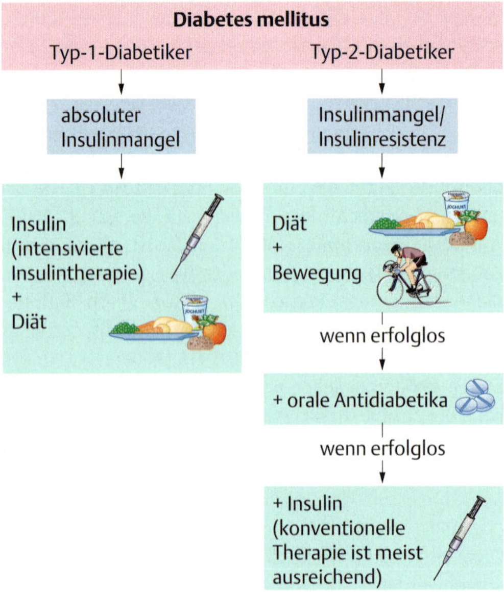

Abb. D.16 Diabetestherapie. Das Vorgehen richtet sich nach der Ursache des Diabetes.

Ernährung

Der häufig gebrauchte Begriff der „Diabetesdiät" ist zwar korrekt, sollte aber aus psychologischen Gründen, wenn möglich, vermieden werden. Der Patient wird geschult, den Kohlenhydratgehalt seiner Nahrung einzuschätzen, um sich so die entsprechend erforderliche Insulinmenge zu verabreichen.

Hilfreich hierbei ist der Begriff der sog. **BE (Broteinheit)**: Eine BE entspricht etwa 10 – 12 g verwertbaren Kohlenhydraten. Pro BE-Anteil der Nahrung muss sich jeder Typ-1-Diabetiker eine individuell festgelegte Menge an Insulin spritzen. Ungünstig sind schnell in das Blut übergehende Kohlenhydrate, z. B. Rohrzucker und Milchzucker, da sie rasche Blutzuckerschwankungen verursachen. Langsam resorbierbare Kohlenhydrate, z. B. Vollkornprodukte, hingegen verursachen nur selten rasche Blutzuckerspitzen.

Insulinpräparate

Heutzutage wird fast ausschließlich gentechnisch hergestelltes Humaninsulin verwendet. Die Insulinpräparate unterteilt man grundsätzlich in 3 große Gruppen, kurzwirksame Insuline, Verzögerungsinsuline und Insulinmischungen.

Kurzwirksame Insuline. Man unterscheidet:

- **Humaninsulin (Normalinsulin):** wird direkt zu den Mahlzeiten gespritzt. Die Blutzucker senkende Wirkung setzt nach etwa 10 – 15 Min. ein.
- **Insulinanaloga:** synthetisch hergestellte Insulinvarianten, deren Blutzucker senkende Wirkung teilweise schneller einsetzt.

Verzögerungsinsuline. Darunter versteht man die Kombination von Insulin und Verzögerungsstoffen, um die Insulinwirkung zu verlängern. Sie werden ein- bis zweimal täglich als Basisinsulinversorgung gespritzt. Die Wirkung entfaltet sich nach etwa drei Stunden und hält, je nach Präparat, 9 – 18(– 24) Std. an.

Insulinmischungen. Insulinmischungen beinhalten unterschiedliche Konzentrationen von kurz wirksamem Insulin und Verzögerungsinsulin, z. B. in einer Mischung 30 : 70. Meist werden diese nach festem Schema ein- bis mehrmals täglich gespritzt.

Insulintherapie

Bei der Insulintherapie unterscheidet man zwei Therapieprinzipien:

- konventionelle Insulintherapie,
- intensivierte Insulintherapie.

Konventionelle Insulintherapie. Täglich werden 2 – 3 Injektionen verabreicht, meist mit Mischinsulin. Dies erfolgt nach einem festgelegten Plan (feste Dosierung), auf den die Nahrung dann abgestimmt werden muss (**Abb. D.17**). Aufgrund der **verzögerten** Insulinwirkung ist ein Abstand von etwa 20 – 30 Min. zu den Mahlzeiten (Spritz-Ess-Abstand) einzuhalten. Aufgrund der **längeren** Insulinwirkung des Verzögerungsanteils ist der Insulinspiegel zwischen den Mahlzeiten wiederum zu hoch, sodass Zwischenmahlzeiten erforderlich sind. Der Patient muss also essen, weil er Insulin gespritzt hat.

Intensivierte Insulintherapie. Bei der intensivierten Insulintherapie gibt es zwei Möglichkeiten, die intensivierte konventionelle Insulintherapie (ICT) und die Insulinpumpentherapie. Bei der ICT wird täglich 1 – 2-mal Verzögerungsinsulin zur Basisinsulinversorgung (Basis) injiziert (**Abb. D.18**). Zu den jeweiligen Mahlzeiten wird dann kurzwirksames Insulin als Bolus mit variabler Dosierung injiziert. Man spricht deshalb hier auch vom sog. **Basis-Bolus-Prinzip**.

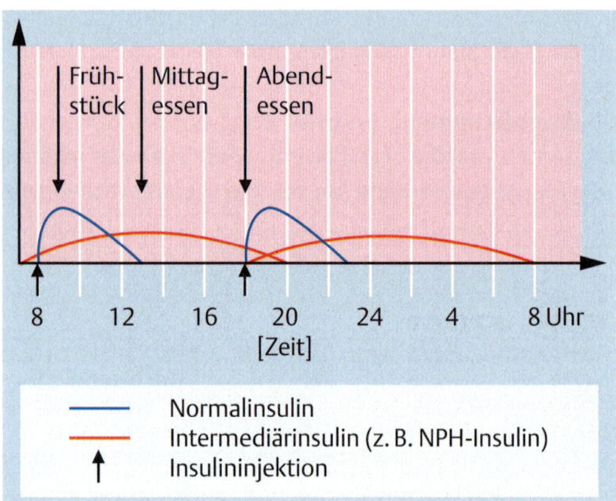

Abb. D.17 Konventionelle Insulintherapie. Zwei mal täglich (vor dem Frühstück und vor dem Abendessen) wird Mischinsulin injiziert.

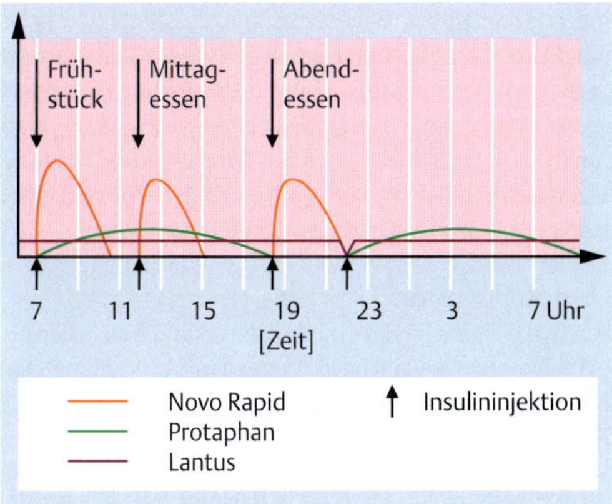

Abb. D.18 Intensivierte Insulintherapie (ICT). Eine *Basis* wird morgens und spätabends injiziert, ein *Bolus* 3-mal täglich vor jeder Hauptmahlzeit.

Bei der Insulinpumpentherapie wird über eine Pumpe permanent eine bestimmte Menge (Basalrate) an kurzwirksamem Insulin als Basis abgegeben (**Abb. D.19**). Diese wird meist während eines stationären Krankenhausaufenthaltes bestimmt. Das Insulin wird mittels eines subkutan liegenden Katheters appliziert. Die zu den Mahlzeiten zusätzlich erforderlichen Boli werden per Knopfdruck vom Patienten selbst über die Pumpe abgegeben. Wie viel Insulin der Patient sich jeweils appliziert, hängt von vielen individuellen Faktoren ab. Diese lernt der Patient in Schulungen kennen und zu berücksichtigen. Der Patient kann also spritzen, wenn er isst.

Eine Therapie mit Tabletten (orale Antidiabetika) wäre beim Diabetes Typ 1 unwirksam, da sie über eine vermehrte Insulinausschüttung der Inselzellen wirkt. Die haben beim Diabetes Typ 1 jedoch ihre Funktion bereits verloren.

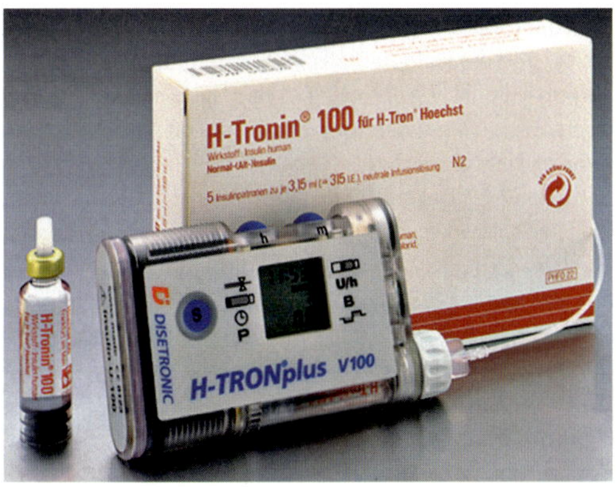

Abb. D.19 Insulinpumpe. Im Gegensatz zur Insulinspritze wird bei der Insulinpumpen-Behandlung ständig ein Grundbedarf an Insulin an den Körper abgegeben.

Diabetes mellitus Typ 2

Therapeutisches Hauptprinzip beim Diabetes Typ 2 ist es die Insulinresistenz zu durchbrechen, indem die Über- und Fehlernährung sowie die Adipositas beseitigt werden. Durch absinkende Insulinspiegel erhöht sich auch wieder die Rezeptordichte und -empfindlichkeit. **Gewichtsnormalisierung** hat beim übergewichtigen Diabetiker Typ 2 die höchste Priorität. Zusätzlich stellen **körperliche Aktivität** und **Ernährungsumstellung** wichtige therapeutische Stützen dar.

Wenn diätetische Maßnahmen alleine nicht ausreichen, können zusätzlich Medikamente eingesetzt werden. Falls es weiterhin zu hohen Blutzuckerwerten kommt, wird meist auf eine Insulintherapie umgestellt, welche auch mit Medikamenten kombiniert werden kann. Vereinfacht gilt folgendes Schema einer Stufentherapie:

1. Gewichtsnormalisierung, Ernährungsumstellung („Diabetesdiät"), Patientenschulung, körperliche Aktivität,
2. zusätzlich medikamentöse Therapie,
3. Kombination von Medikamenten und ein- bis zweimalige Injektion von meist langwirksamem Insulin nach festem Schema,
4. konventionelle Insulintherapie mit Mischinsulin oder intensivierte Insulintherapie.

Die umfangreiche Diabetesschulung ist für Diabetiker unerlässlich. Sie sollte sämtliche Lebensbereiche des Diabetikers umfassen (Ernährung, Beruf, Sport, Freizeit, Reisen usw.).

Zur **Vermeidung von Folgeschäden** sollten folgende Therapieziele gesetzt werden:

- Gute Patienteninformation und Schulung,
- gute Blutzuckerwerte (vor allem nüchtern), HbA1c-Wert < 6,5 %,
- Normalisierung der Blutfette,
- Normalisierung des Blutdrucks (< 130/85 mmHg),
- Gewichtsreduktion; Ernährungsumstellung.

Medikamentöse Therapie

Voraussetzung für die medikamentöse Therapie ist, dass die Bauchspeicheldrüse noch Insulin produziert. Es gibt verschiedene Medikamentengruppen mit unterschiedlichen Ansatzpunkten der Wirkung (je nach Gesamtkonstellation des Patienten können die unterschiedlichen Medikamentengruppen miteinander kombiniert werden. Teilweise sind auch Kombinationen mit Insulin möglich):

Sulfonylharnstoffe. Sie erhöhen die Insulinausschüttung aus der Bauchspeicheldrüse. Wenn die Inselzellen der Bauchspeicheldrüse zunehmend erschöpft sind, lässt ihre Wirkung i.d.R. jedoch nach und es muss oft zusätzlich Insulin gespritzt werden. Ohne Kohlenhydratzufuhr kann es unter Therapie mit Sulfonylharnstoffen zu gefährlichen Unterzuckerungen kommen.

Biguanide. Diese erhöhen die „Glukoseverwertung" in den Zellen. Zusätzlich hemmen sie die körpereigene Herstellung von Glukose (Glukoneogenese). Vor allem bei übergewichtigen Typ-2-Diabetikern werden Biguanide regelmäßig eingesetzt, da sie der Bildung eines metabolischen Syndroms entgegenwirken können.
Glitazone. Sie erhöhen ebenfalls die Insulinempfindlichkeit in Leber-, Muskel- und Fettgewebe und senken so den Blutzuckerspiegel. Als noch junge Substanzklasse werden sie momentan noch zurückhaltend verschrieben. Als Nebenwirkungen sind in manchen Fällen Gewichtszunahme und Wassereinlagerungen im Gewebe (Ödeme) möglich.
Glinide. Sie steigern wie die Sulfonylharnstoffe die Insulinproduktion der Bauchspeicheldrüse, ihr Wirkmechanismus ist jedoch ein anderer. Der Vorteil der Glinide besteht im raschen Wirkungseintritt. Sie können daher direkt zu den Mahlzeiten eingenommen werden. Allerdings senken sie den Zuckerspiegel auch weniger stark als die Sulfonylharnstoffe.
Acarbose. Es verhindert, dass Glukosemoleküle im Darm aufgespalten und ins Blut aufgenommen werden. Als unerwünschte Nebenwirkung können Blähungen auftreten, die im Laufe der Behandlung jedoch weniger werden.

Prognose

Die Prognose ist abhängig vom Diabetes Typ.

Diabetes mellitus Typ 1

Eine wirkliche Heilung des Diabetes Typ 1 ist bis heute nicht möglich. Wenn die Inselzellen einmal zerstört sind, kann definitiv kein Insulin mehr gebildet werden. Allerdings ist die Erkrankung sehr gut zu behandeln, sodass die Prognose bei optimaler Therapie sehr günstig ist. Durch Weiterentwicklungen auf dem Gebiet der Insuline und der Pumpentherapie ist eine normnahe Blutzuckereinstellung häufig möglich.

Essenziell für die Prognose ist auch die optimale Schulung der Patienten. Je besser ein Patient geschult ist, umso eigenständiger kann er seine Therapie im Alltag selbst steuern. Auch spielt das Manifestationsalter eine gewisse Rolle. Bei langer Diabetesdauer kann es immer wieder zu Therapieentgleisungen kommen, welche auf Dauer gesehen das Auftreten von Komplikationen begünstigen. Erst bei unbefriedigender Therapie und den häufig damit verbundenen Komplikationen werden Lebenserwartung und -qualität beeinflusst. Die Transplantation von fremden Inselzellen bzw. der gesamten Bauchspeicheldrüse ist bisher noch nicht sehr erfolgreich.

Diabetes mellitus Typ 2

Die generelle Lebenserwartung ist bei späterem Manifestationsalter und ohne weitere Risikofaktoren sowie einer guten, individuell angepassten Therapie nicht wesentlich eingeschränkt. Auch beim Diabetes Typ 2 wird die Lebensqualität durch das Auftreten von Komplikationen bestimmt. Entscheidend ist beim Diabetes Typ 2 allerdings die Tatsache, dass bei Risikopatienten, z. B. mit Adipositas und/oder gestörter Glukosetoleranz, das Auftreten eines manifesten Diabetes durch konsequente Maßnahmen wie Gewichtsabnahme und Ernährungsumstellung verhindert werden kann. Die bestehende Insulinresistenz kann hierdurch ebenfalls reduziert werden. Somit kann ein manifester Diabetes Typ 2 teilweise wieder in den Zustand einer gestörten Glukosetoleranz zurückgeführt werden.

Komplikationen

Durch die latente oder wiederkehrende Überzuckerung im Blut können sowohl bei Diabetes Typ 1 als auch bei Diabetes Typ 2 schwerwiegende Komplikationen auftreten. Die Komplikationen betreffen überwiegend die arteriellen Gefäße und die Nerven. Dabei unterscheiden sich die Komplikationen von Diabetes Typ 1 und Typ 2 nicht. Die Langzeitschäden infolge des erhöhten Zuckers werden **diabetisches Spätsyndrom** genannt. Diese können allerdings auch schon nach einem Krankheitsverlauf von 5 – 10 Jahren auftreten.

Diabetisches Spätsyndrom

Beim diabetischen Spätsyndrom können folgende Langzeitschäden auftreten:
- Makroangiopathie,
- Mikroangiopathie,
- → diabetische Retinopathie,
- diabetische Nephropathie,
- diabetische Neuropathie,
- → diabetisches Fußsyndrom.

Makroangiopathie. Ständig erhöhte Blutzuckerwerte bei Diabetes mellitus verursachen eine → Arteriosklerose (Schädigung der größeren Blutgefäße). In Verbindung mit erhöhten Blutfettwerten, hohem Blutdruck, Übergewicht und Nikotinkonsum erhöht sich dadurch das Risiko für Folgeerkrankungen, z. B. koronare Herzerkrankung mit der möglichen Folge eines Herzinfarktes, Schlaganfall und Durchblutungsstörungen der Beine (periphere arterielle Verschlusskrankheit).
Mikroangiopathie. Durch dauerhaft erhöhte Blutzuckerwerte sind die kleinen Blutgefäße geschädigt. Die Mikroangiopathie ist v. a. an der Retina (Netzhaut des Auges) und an den Nieren häufiger und führt dort zu schwerwiegenden Erkrankungen.
Retinopathie. Unterschiedliche Schädigungen der Netzhaut, z. B. Narbenbildungen, Gefäßneubildungen brüchiger Gefäße oder Netzhautblutungen können zu Sehstörungen bis hin zur Erblindung führen. Etwa 90 % der Typ-1-Diabetiker erkranken nach 15 Jahren Krankheitsdauer zumindest in einer milden Form daran. Bei den Typ-2- Diabetikern beträgt die Rate etwa 25 %.
Nephropathie. Aufgrund der Durchblutungsstörungen der Nierengefäße kommt es zur Niereninsuffizienz (langsame Zerstörung der Filterfunktion der Nieren). Im fortgeschrittenen Stadium der Niereninsuffizienz kann dies eine regelmäßige Dialyse (künstliche Blutwäsche) erfordern.

Als Folge starker Nierenschädigung kann sich eine arterielle Hypertonie (Bluthochdruck) entwickeln. Bei einem Drittel der Diabetiker bestehen nach 25 Jahren Krankheitsdauer mehr oder weniger ausgeprägte Nierenschäden.

Neuropathie. Durch Schädigung der peripheren Nerven kommt es häufig zu Gefühlsstörungen, z. B. brennende Schmerzen in den Füßen oder fehlende Temperaturwahrnehmung (Gefühl kalter Füße). Der Symptomenkomplex wird als → Polyneuropathie bezeichnet. Die sog. autonomen Nerven sind für die Steuerung der vegetativen Funktionen wie Verdauung, Schweißsekretion oder Herzfrequenz zuständig. Sind diese Nerven ebenfalls geschädigt, kann es zu einer Vielzahl teilweise unspezifischer Beschwerden kommen, z. B. Verdauungsbeschwerden, Verstopfung, starkes Schwitzen, Leistungseinschränkung durch zu langsamen Puls bei Belastung usw. Nach 10 Jahren Krankheitsdauer leidet bereits die Hälfte aller Diabetiker an Nervenschäden (**Abb. D.20**).

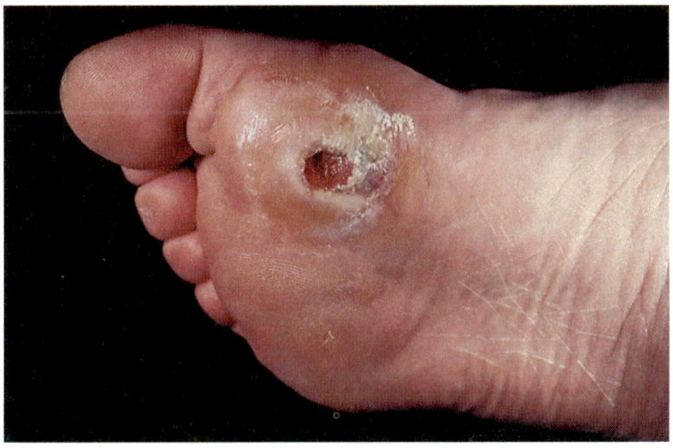

Abb. D.20 Neuropathie. Ulkus an der Fußsohle bei schwerer diabetischer Polyneuropathie.

Diabetisches Fußsyndrom. Neuropathien und Mikro- und Makroangiopathien in den Füßen führen zum diabetischen Gangrän (offene, schlecht heilende Wunden und Geschwüre). Schon kleine Verletzungen, welche durch die Neuropathie oft nicht bemerkt werden, können langwierige Fußwunden zur Folge haben. Eine tägliche Kontrolle der Füße auf Vorliegen von Druckstellen und Einrissen ist daher unerlässlich. Der diabetische Fuß betrifft 15 % der älteren Diabetiker.

Infobox

ICD-10:
E10-E14

Internetadressen:
http://www.diabetesgate.de
http://www.diabetes.uni-düsseldorf.de
http://www.diabsite.de
http://www.diabetes-world.net
http://www.diabtetes-kids.de
http://www.diabetes-news.de

Literatur:

Standl, E., Mehnert, H.: Das große TRIAS-Handbuch für Diabetiker. TRIAS, Stuttgart 2005

Hecker, W., Bartus, B.: Der große TRIAS-Ratgeber Diabetes bei Kindern. TRIAS, Stuttgart 2002

Nedder, K.-H.: Fußgesund bei Diabetes. TRIAS, Stuttgart 2005

Diabetische Retinopathie

► **Die 50-jährige Frau Petry kommt zum Augenarzt: „Ich sehe seit einiger Zeit auf dem linken Auge schlechter. Zuerst habe ich nur abends verschwommen gesehen, aber jetzt kommt das auch schon mal bei gutem Licht vor. Zuckerkrank bin ich ja schon seit 16 Jahren und weiß auch, dass die Augen darunter leiden können. Aber ich dachte, das kommt erst im hohen Alter."**

Definition

Bei der diabetischen Retinopathie besteht eine Mikroangiopathie der Retina (Netzhaut), also eine Erkrankung der kleinen Netzhautgefäße.

Ursachen

Die Ursache ist ein → Diabetes mellitus. Dauerhaft erhöhte Blutzuckerwerte begünstigen die Entstehung besonders. Es lagern sich Eiweiße und Fette in den kleinen Gefäßen der Netzhaut ab. Die Gefäße werden dadurch dicker und brüchig.

Symptome

Anfangs verursacht die diabetische Retinopathie keine Symptome und schreitet oft unbemerkt fort. Erst wenn die Makula erkrankt ist, klagt der Patient z. B. über Verzerrtsehen (die Fugen der Badezimmerkacheln sind nicht mehr gerade). Es werden zwei Stadien unterschieden.

Nichtproliferatives Stadium. Die ersten Netzhautveränderungen sind Mikroaneurysmen (sackförmige Erweiterungen der Kapillaren) und kleine Blutungen in die Netzhaut. Dann kommen perlschnurartige Venen, andere Gefäßanomalien und oft auch Cotton-wool-Herde hinzu (kleine Infarkte in der Nervenfaserschicht der Netzhaut).

Proliferatives Stadium. Im weiteren Verlauf regen schlecht oder gar nicht durchblutete Netzhautareale Neovaskularisationen (Neubildung pathologischer Gefäße) an. Bilden sich solche Neovaskularisationen an der Papille und/oder der Netzhautoberfläche, ist das proliferative Stadium erreicht. Die neuen Gefäße können in den Glaskörper hineinbluten und zu einer vollständigen → Netzhautablösung und damit zum Sehverlust führen.

Diagnose

Die diabetische Retinopathie erkennt der Augenarzt anhand der beschriebenen Symptome. Mit der Augenhintergrundspiegelung sind Mikroaneurysmen als kleine rote Flecken mit scharfen Rändern zu erkennen. Cotton-wool-Herde erscheinen rund oder oval, gelb- oder grauweiß und weisen unscharfe Ränder auf (**Abb. D.21**). Eine Fluoreszenzangiografie kann undichte Gefäße und Gebiete mit fehlender Durchblutung sichtbar machen.

Differenzialdiagnose

Differenzialdiagnostisch sind andere Retinopathien, z. B. bei einer → Hypertonie oder bei → AIDS auszuschließen.

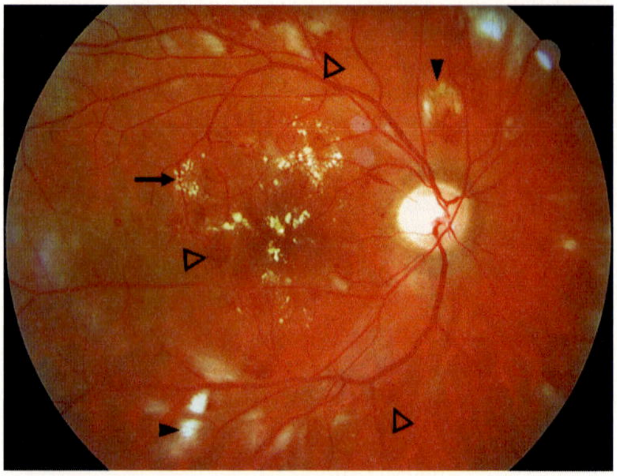

Abb. D.21 Augenhintergrundspiegelung. Mikroaneurysmen, harte Exsudate (Pfeile), Cotton-wool-Herde (schwarze Pfeilspitzen), Blutungen (Pfeilspitzen) bei diabetischer Retinopathie.

Therapie

Sehr wichtig bei der Therapie ist die optimale Blutzuckereinstellung. Daneben therapiert man mit Laserbehandlungen und chirurgischen Verfahren.

Prognose

Generell gilt, dass die Früherkennung und die Prophylaxe der diabetischen Retinopathie ausgesprochen wichtig sind. Wurden bisher keine diabetischen Netzhautveränderungen festgestellt, reicht eine jährliche Augenhintergrundspiegelung. Andernfalls sollte je nach Ausprägung und Diabetes-Typ alle 3 – 6 Monate kontrolliert werden.

Nach 30 Jahren weisen 90 % der Diabetiker geringe, nicht proliferative diabetische Netzhautveränderungen auf. Bei vielen Patienten besteht bereits nach 15 Jahren eine proliferative diabetische Retinopathie, aber vor der Pubertät tritt sie sehr selten auf. Rechtzeitige Diagnose und Therapie können die Krankheitsentwicklung stoppen.

Komplikationen

Im Endstadium der Erkrankung können Gefäßneubildungen auf der Iris zu einem Neovaskularisationsglaukom (Augeninnendruckanstieg mit starken Schmerzen) sowie zu → Netzhautablösungen führen. Unbehandelt führt die diabetische Retinopathie häufig zur Erblindung.

Infobox

ICD-10: E14.30

Internetadressen:
http://www.medizinfo.de

Literatur: Lang, G. K.: Augenheilkunde, 3. Aufl. Thieme, Stuttgart 2004

Diabetisches Fußsyndrom

► **Der 72-jährige Bruno Meyers berichtet dem Stationsarzt: „Ich hatte vor kurzem nach der Gartenarbeit am Fuß eine kleine Blase. Ich dachte, das gibt sich wieder, aber die Stelle wurde dicker und tat weh. Obwohl ich Wundsalbe draufgetan habe, wurde es schlimmer. In der Fußambulanz hieß es dann, ich hätte ein entzündetes, tiefes Geschwür und müsste ins Krankenhaus. Dass mir eine Blase so viele Probleme macht, hätte ich nicht gedacht.“**

Definition

Beim diabetischen Fußsyndrom ist das Gewebe am Fuß eines Diabetikers geschädigt. Es ist die häufigste Folgekomplikation des Diabetes mellitus und betrifft ca. 25% aller Diabetiker. Eine Sonderform ist der „Charcot-Fuß“, eine nichtinfektiöse Zerstörung der Knochen und Gelenke.

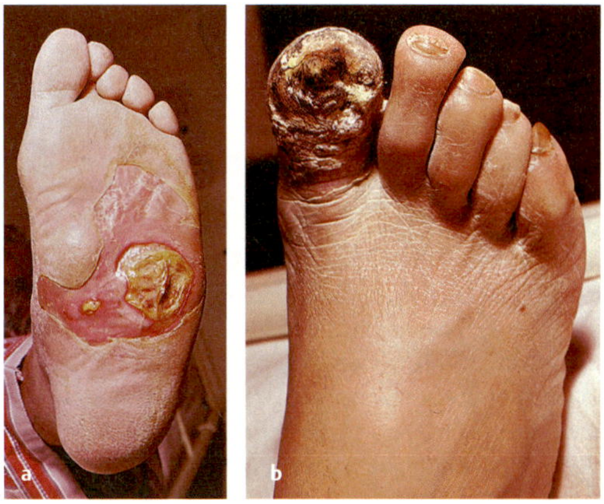

Abb. D.22 Diabetischer Fuß. **a** Mal perforans **b** diabetische Gangrän.

Ursachen

Bevor eine akute Gewebeschädigung entsteht, kommen meist zwei wichtige Faktoren zusammen:

1. **Makro- und Mikroangiopathie** (Veränderung der großen und kleinen Gefäße),
2. **Polyneuropathie** (PNP) mit Beteiligung aller Nervenarten (autonom, motorisch, sensibel).

Makro- und Mikroangiopathie. Die Makroangiopathie führt zur sog. pAVK (periphere → arterielle Verschlusskrankheit), bei der die Beine sehr schlecht durchblutet sind. Dadurch wird auch ein bestehendes Ulcus nicht ausreichend mit Blut und Abwehrstoffen versorgt und heilt schlecht ab.

Polyneuropathie. Durch die Polyneuropathie fallen die Schutzreflexe weg und der Vorfuß ist überlastet. Es kommt zu Fehlstellungen sowie Druckstellen, Schwielen und Hyperkeratose (überschießende Hornhaut). Zusätzlich nimmt der Patient Schmerzen, Druck und Temperaturunterschiede nicht oder kaum mehr wahr, so dass er auch schädigende Faktoren nicht spürt.

Zusätzliche Ursachen

Der Auslöser einer Gewebeschädigung ist aber fast immer ein zusätzliches Trauma (z. B. zu enges Schuhwerk, falsche Nagelpflege usw.), meist gefolgt von einer Entzündung. Keime befallen das Gewebe – und teilweise sogar den Knochen – und zerstören es weiter. Wieder spürt der Betroffene aufgrund der Neuropathie den infektionsbedingten Schmerz nicht; ein Teufelskreis entsteht.

Der Charcot-Fuß wird durch die diabetische Neuropathie und die daraus resultierenden Fehlstellungen des Fußskeletts hervorgerufen.

Symptome

Aufgrund der vielschichtigen Ursachen können auch die Symptome des diabetischen Fußsyndroms sehr unterschiedlich sein. Oft zeigt sich nur eine geringe Symptomatik und schwere Zeichen einer Infektion (z. B. Fieber, stark erhöhte Leukozytenzahl, erhöhtes CRP) fehlen meist.

Neben schwachen Fußpulsen, Blässe oder livider (blassbläulich) Verfärbung kann sich eine Hyperkeratose (überschießende Hornhaut) bilden. Schwerere Symptome sind Ulzera unterschiedlicher Form und Größe (**Abb. D.22**), Nekrosen, Weichteilinfektionen (erkennbar an Rötung, Schwellung und Ödembildung sowie Eiter oder Wundsekret), → Fisteln sowie → Osteomyelitis (Knocheninfektion).

Weiter treten als mögliche Symptome **Claudicatio intermittens** (Wadenschmerz beim Gehen) sowie Ruheschmerz auf. Im fortgeschrittenen Stadium können diese Symptome aber auch fehlen, da häufig durch eine gleichzeitige Neuropathie die Schmerzempfindung verloren geht.

Diagnose

Zunächst sollte eine gezielte Anamnese erfolgen. Die beidseitige, gründliche Fußuntersuchung sollte folgende Punkte beinhalten:

- Untersuchung der Berührungssensibilität mit einem 10 g Monofilament (biegsamer Plastikfaden),
- Palpation der Fußpulse,
- Dopplerverschlussdruck-Messung zur Überprüfung der Durchblutungsstörung (Doppler-Index),
- neurologische Untersuchung mittels Reflexhammer und Diagnostik-Stimmgabel (zur Überprüfung des Vibrationsempfindens),
- Überprüfung des Temperaturempfindens mit einem Tip-Therm (Stift mit Metallkappe).

Um eine angemessene Therapiestrategie zu entwickeln, sind weitere Verfahren erforderlich:
- Angiografie (DSA) oder MR-Angiographie der Arterien zum Nachweis einer pAVK,
- Fußskelettröntgen (Beurteilung von Knochendestruktionen),
- Laboruntersuchungen (BSG, erhöhtes CRP und erhöhte Blutzuckerwerte bzw. HbA1 c),
- Bakterienkultur (aus tiefem Gewebe).

Differenzialdiagnose

Im Wesentlichen gilt es zu unterscheiden, ob eine Ischämie (Durchblutungsstörung) vorliegt oder nicht. In ca. 25% besteht eine Kombination aus Angio- und Neuropathie. Grundsätzlich unterscheiden sich Fußläsionen bei Diabetikern nicht von denen des Nicht-Diabetikers. Verschiedene Punkte sprechen aber evtl. für das zusätzliche Vorliegen einer Angiopathie, z. B. akrale Nekrosen (Nekrosen an Zehen und Fersen), kalte, blasse Haut, schwache Fußpulse, Schmerzen bei Belastung sowie später Ruheschmerz.

Therapie

Oberstes Therapieziel sollte die Vermeidung von Amputationen sein. Dies lässt sich oft erreichen, wenn die Schädigung früh erkannt wird und die geeigneten Therapiemaßnahmen getroffen werden.

Allgemeinmaßnahmen. Dazu gehört es, den Stoffwechsel des Patienten zu optimieren sowie konsequent Druck vom Fuß zu nehmen (z. B. Bettruhe, Entlastungsschuh). Da die Behandlung sehr lange dauern kann, sollte der Patient geschult werden. Dabei lernt er, allgemeine Maßnahmen (z. B. richtige Fußpflege) zu beachten.

Lokale Wundbehandlung. Ziel ist es, das saubere Granulationsgewebe zu fördern. Hierzu muss man die Wunde reinigen, die Nekrosen entfernen und die Wunde mit meist feuchten Verbandsmaterialien abdecken. Oft ist eine antibiotische Behandlung erforderlich.

Chirurgische Therapie. Indikationen für chirurgische Maßnahmen sind: Abszesse, schwere Nekrosen oder Knochenarrosionen (enzymatisches Andauen des Knochens). Die Durchblutungssituation muss vorher geprüft sein, da bei schlechter Blutversorgung Wundheilungsstörungen auftreten können, welche die Gesamtsituation häufig verschlechtern. Eine Amputation ist nur dann unumgänglich, wenn sämtliche konservative und durchblutungsfördernde Maßnahmen versagt haben.

Revaskularisation. Die Durchblutung sollte durch operative Maßnahmen (z. B. Bypasschirurgie) oder interventionelle Techniken (z. B. Ballondilatation) optimiert werden.

Prognose

Das diabetische Fußsyndrom ist eine der wichtigsten und gravierendsten Folgekomplikationen des Diabetes mellitus.

Entscheidend für die Prognose ist die Prophylaxe durch entsprechende Schulung und Überwachung in einem spezialisierten Zentrum. Bei rechtzeitiger Diagnose und geeigneten Behandlung kann die gefürchtete Folge einer Amputation vermieden werden.

Komplikationen

Diabetische Fußsyndrome verlaufen oft sehr langwierig. Da die zugrunde liegenden Faktoren häufig spät oder gar nicht erkannt werden, sind Komplikationen nicht selten und bestimmen zum Teil auch den Therapieerfolg.

Als Komplikationen gelten Infektion des Ulkus, Sepsis, der Charcot-Fuß sowie Komplikationen der diabetischen Grunderkrankung (z. B. kardiovaskuläre Erkrankungen oder Blutzuckerentgleisungen).

Die Amputation mit allen damit zusammenhängenden Komplikationsmöglichkeiten und Folgen (z. B. Immobilität) stellt die wichtigste Komplikation dar.

Infobox

ICD-10:
E14.70

Internetadressen:
www.pflegewiki.de
www.diabetes-news.de
www.diabsite.de

Diphtherie

► Frau Filipova bringt ein 4-jähriges Mädchen zur Kinderärztin: „Olga ist meine Nichte aus Kiew und seit ein paar Tagen mit ihrem Vater zu Besuch. Zuerst dachten wir, sie ist nur erschöpft von der Reise. Aber jetzt ist sie total schlapp, hat starkes Halsweh und hohes Fieber. Ihr Vater meint, ihr Bruder hatte auch Halsschmerzen und sie hat sich bei ihm angesteckt. Aber ich dachte, Sie schauen sich Olga mal an."

Definition

Die Diphtherie ist eine akute Infektionskrankheit. Sie wird durch das Corynebacterium diphtheriae ausgelöst. Das Bakterium befällt fast ausschließlich den Menschen.

Synonym: „echter Krupp" (engl. Croup = Heiserkeit).

Ursache

Das Corynebacterium diphtheriae wird durch Tröpfchen übertragen. Infiziert werden die Mandeln; dann beginnt das Bakterium mit seiner Toxinproduktion.

Symptome

Als Folge der Infektion und der Toxineinwirkung entsteht eine sog. membranöse → Tonsillitis; das erste Symptom ist also eine schwere Hals- und Mandelentzündung. Die Mandeln sind dann mit einem grau-weißlichen Belag aus Wundsekret und Eiter überzogen (sog. Pseudomembranen, **Abb. D.23**).

Hinzu kommen oft Bauch- und Gliederschmerzen und erhöhte Körpertemperatur. Als nächste Stufe breiten sich die Beläge im Nasen-Rachen-Raum aus. Dann zeigen sich starke Heiserkeit (Krupp), Husten sowie pfeifender Atem.

Bei Säuglingen wird die Nasendiphtherie mit blutigem Schnupfen und Atmungsbehinderung beobachtet. Weitere Erkrankungen sind die Wunddiphtherie und die Nabelwundendiphtherie des Neugeborenen. Sie treten nur in Gebieten auf, in denen die Diphtherie noch endemisch ist.

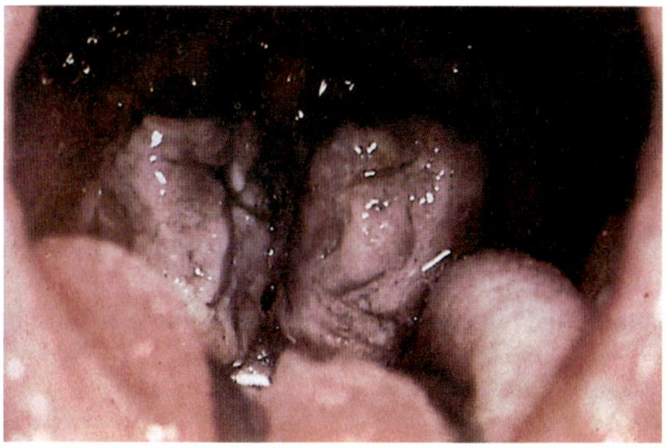

Abb. D.23 Pseudomembranen. Bei der Abtragung der grau-weißlichen Beläge kommt es typischerweise zu Blutungen.

Diagnose

Es besteht ein erster Verdacht, wenn bei der Untersuchung eines Abstrichs die typischen, keulenförmigen und grampositiven Stäbchenbakterien erkannt werden. Wird in der mikrobiologischen Untersuchung das Diphtherietoxin nachgewiesen, ist die Diagnose gesichert.

In Deutschland besteht Meldepflicht bei Verdacht, Erkrankung und Tod nach § 6 IfSG und Labormeldepflicht nach § 7. Außerdem führt das Robert-Koch-Institut eine Meldung an die WHO durch.

Differenzialdiagnose

Die Beläge können gerade im Anfangsstadium wie die beim → Pfeifferschen Drüsenfieber aussehen. Durch den Verlauf und die mikrobiologische Untersuchung kann man die beiden Krankheitsbilder aber gut unterscheiden.

Therapie

Es sollten sofort hochdosiert Antibiotika (z. B. Penizillin oder Erythromycin) verordnet werden. Wenn die Betroffenen nicht geimpft sind, gibt man Antitoxin, um weitere schädigende Auswirkungen des Toxins zu vermeiden. Ein Patient mit Diphtherie sollte im Krankenhaus versorgt werden und dort Bettruhe einhalten, da schwere Komplikationen eintreten können.

Komplikationen

Die gefährlichste Komplikation ist die → akute Laryngitis. Diese kann so dramatisch verlaufen, dass der gesamte Hals zuschwillt und der Patient erstickt, wenn nicht sofort eine Tracheotomie durchgeführt wird. Außerdem kann sich das Diphtherietoxin ausbreiten und den Herzmuskel sowie das Nervensystem schädigen.

Prävention

Das beste Mittel zur Vorbeugung ist die unkomplizierte und sehr gut verträgliche Diphtherieimpfung. Es sollte grundsätzlich geimpft werden, da die Diphtherie auch heute noch in einigen tropischen Gebieten, in Ost- und Südeuropa verbreitet ist. Die Diphtherieimpfung schützt allerdings nur vor der Auswirkung des Toxins. Daher können sich auch Geimpfte mit Diphtheriebakterien infizieren; die dann entstehende Mandelentzündung verläuft aber harmlos.

Infobox

ICD-10: A36

Internetadressen: http://www.rki.de
http://www.fit-for-travel.de

Literatur: Suttorp, N. u. a. (Hrsg.): Infektionskrankheiten. Thieme, Stuttgart 2003

Dissoziative Konversionsstörungen

► „Martha! Martha, schau mich doch mal an! Hier ist deine Mami!" Aber die 23-jährige Martha schaut regungslos durch alle Anwesenden hindurch. „Das geht seit heute morgen so", erzählt Pfleger Armin. „Selbst ihre eigene Mutter nimmt sie wohl nicht mehr wahr." „Wäre dieser Unfall doch nie passiert", seufzt Marthas Mutter, „ein Glück, dass sie nicht mit im Auto saß, als ihr Freund gegen den Baum gefahren ist. Dann wäre sie wohl auch nicht mehr am Leben. Aber dass sie so auf den Unfall reagiert, hätte ich nie gedacht. Erst diese Unruhe, gestern ist sie dann vollkommen durchgedreht – und heute erkennt sie mich nicht mehr!"

Abb. D.24 Dissoziative Konversionsstörungen. Die Gefühle von Trauer und Verlust können zum Abbruch jeglicher Kommunikation führen (hier dargestellt von einer Schauspielerin).

Definition

Die dissoziativen (entkoppelten) Konversionsstörungen sind ein Überbegriff für verschiedene psychosomatische Krankheitsbilder von vorübergehendem Charakter.

Sie sind gekennzeichnet durch einen völligen Verlust der normalen Integration der Erinnerung an die Vergangenheit, des Identitätsbewusstseins, der Wahrnehmung unmittelbarer Empfindungen sowie der Kontrolle von Körperbewegungen.

Ursachen

Normalerweise wird im hohen Maß unterbewusst kontrolliert, welche Erinnerungen und Empfindungen für die unmittelbare Aufmerksamkeit ausgewählt (selektiert) und welche Bewegungen ausgeführt werden.

Bei einer dissoziativen Konversionsstörung jedoch isoliert der Patient unbewusst zu seinem eigenen Schutz thematische Inhalte oder Körperfunktionen und trennt sie förmlich von der Psyche ab.

Dadurch, dass der Stressor subjektiv vom Patienten wegrückt, wird der Betroffene erheblich stärker entlastet als er durch die Dissoziationsstörung beeinträchtigt ist (primärer Krankheitsgewinn). Außerdem erhält er oft mehr Zuwendung und Aufmerksamkeit, die ihn in der Dissoziation positiv bestärken (sekundärer Krankheitsgewinn).

Ursache für eine solche Störung können traumatisierende Erlebnisse, unlösbare und unerträgliche Konflikte oder gestörte Beziehungen sein, die starke emotionale Wunden verursachen. Der Patient kann eine solche Situation nicht ausreichend kognitiv bearbeiten oder seine Triebwünsche nicht stillen.

Symptome

Es zeigen sich Funktionsstörungen des bewussten Wahrnehmungs-, Kommunikations- oder Bewegungssystems, der Erinnerung oder der Persönlichkeit. Diese haben einen deutlich entkoppelten Charakter.

Außerdem können somatische Funktionen gestört sein, die normalerweise unter willentlicher Kontrolle stehen. Diese körperlichen Symptome sind nicht auf organische Störungen zurückzuführen. Der Beginn der Störungen ist meist spontan.

Oft liegen Begleiterkankungen wie Angsterkrankungen oder Persönlichkeitsstörungen vor. In akuten Situationen erleben die Patienten oft eine große, unbestimmte Angst. Sie sprechen daher gut auf Anxiolytika an. Kennzeichen einer dissoziativen Konversionsstörung sind:

- der Erinnerungsinhalt wird abgespalten,
- der Arbeitsplatz oder das Zuhause werden zielgerichtet verlassen; manchmal wird vorübergehend eine neue Identität angenommen; teilweise Amnesie,
- Bewegungsarmut oder -starre; häufig Abbruch jeder Kommunikation (**Abb. D.24**),
- zeitweiliger Verlust der eigenen Identität und der Umgebungswahrnehmung,
- Verlust von Sinneswahrnehmungen oder Körperbewegungsmöglichkeiten:
  - Schwächung oder Lähmung einer kompletten Extremität,
  - Pseudokrampfanfälle,
  - Sensibilitäts- und Empfindungsstörungen,
- Ganser-Syndrom,
- multiple Persönlichkeitsstörung; sehr selten.

Diagnose

In der neurologischen Untersuchung können keine Ausfälle objektiviert werden, obwohl der Patient diese Störungen beklagt.

Anamnestisch lassen sich oft auslösende, meist traumatische Ursachen klar ausmachen.

Differenzialdiagnose

Von der dissoziativen Konversionsstörung sind Somatisierungserkrankungen abzugrenzen, denn sie sind primär neurotischer Natur und haben andere Erscheinungsbilder. Auch sind Intoxikationen, (echte) → Epilepsie, katatone und depressive Zustände auszuschließen.

Therapie

In der Verhaltenstherapie wird versucht die bestehende Fixierung des Patienten auf die Störung zu lösen oder durch kognitive Überzeugungsarbeit zu beenden. Die Therapie sollte möglichst frühzeitig beginnen, um einen chronischen Verlauf zu vermeiden.

Auch erhält der Patient durch physiotherapeutische Maßnahmen wieder Zugang zu den abgekoppelten Körperteilen. Entscheidend ist, dem Patienten die Möglichkeit zu geben, die Symptome loszulassen, ohne sein Gesicht zu verlieren.

Medikamentös kann die Dissoziation bei vorübergehend dissoziativen Erkrankungen mit angstlösenden Benzodiazepinen wie Lorazepam (z. B. Tavor expidet) gelöst werden.

Prognose

Die Störung klingt meist recht schnell ab, kann jedoch bei erneuten Belastungssituationen als eingeübtes Verhaltensmuster sofort wieder auftreten.

Bei länger andauernder Erkrankung kann es zu einem chronischen Verlauf oder zu einem Symptomwechsel kommen.

Infobox

ICD-10: F44

Internetadressen:

International society for the study of dissociation Dt. Sektion e. V.: http://www.dissoc.de

http://www.psychosoziale-gesundheit.net/psychiatrie/hysterie.htm

Divertikulitis

► **In die Notfallpraxis kommt ein 40-jähriger Mann mit starken Schmerzen im Unterbauch. Seit Jahren sind bei ihm Divertikel des Dickdarmes bekannt, der Blinddarm wurde ihm mit 12 Jahren entfernt. Der Dienst habende Arzt äußert den Verdacht einer Divertikulitis. Bei der körperlichen Untersuchung gibt der Patient einen deutlichen Druckschmerz im linken Unterbauch an. Die abgenommenen Blutwerte zeigen eine deutliche Erhöhung der weißen Blutkörperchen (Leukozytose). Zur Beobachtung und wegen einer möglichen Operation wird der Patient in die Klinik eingewiesen.**

Definition

Bei Divertikeln handelt es sich um bläschenartige Ausstülpungen der Wand eines Hohlorgans. Ausstülpungen, bei denen alle Wandschichten des betroffenen Organs beteiligt sind, werden als echte Divertikel bezeichnet. Bei sog. falschen Divertikeln erstreckt sich die Ausstülpung nur auf Schleimhautareale und nicht auf die gesamte Wand.

Das Auftreten mehrerer Divertikel am Dickdarm wird als Divertikulose bezeichnet. Die Divertikulitis stellt eine Komplikation der Divertikulose dar. Nicht nur der Dickdarm, sondern auch andere Organe wie die Speiseröhre oder der Dünndarm können von Divertikeln betroffen sein.

Entzünden sich diese Divertikel, spricht man von Divertikulitis. Prinzipiell können sie im gesamten Dickdarmbereich entstehen, allerdings kommen sie gehäuft im Sigma vor (80%). Diese Ausstülpungen treten v.a. an den Schwachpunkten des Dickdarms auf. Dazu zählen die Eintrittspunkte der Blutgefäße in den Darm.

Einteilung

Die Einteilung der Divertikulitis erfolgt nach Raguse:

- **Grad 1:** Divertikulose,
- **Grad 2:** blande (reizlose) Divertikulitis,
- **Grad 3:** Peridivertikulitis ohne Perforation (Entzündung mit Anteil des umliegenden Gewebes),
- **Grad 4:** Perforation (Durchbruch).

Ursachen

Zunehmendes Alter (bei über 70-Jährigen sind zu etwa 80% Divertikel nachweisbar), eine ballaststoffarme Ernährung, Flüssigkeitsmangel und häufige Verstopfung führen zur Bildung von Divertikeln.

Diese sackförmigen Ausstülpungen sind an sich harmlos und schmerzfrei. Entzündungen und Schmerzen entstehen erst, wenn sie sich mit Kotbestandteilen füllen. Schreitet dieser Prozess fort, führt die entzündliche Schwellung zur Verengung des Darmlumens (Darmquerschnitt).

Symptome

In der überwiegenden Zahl der Fälle sind die Patienten beschwerdefrei. Zu den ersten Symptomen gehört der Schmerz im linken Unterbauch, der einige Tage anhalten kann. Seltener kommt der Schmerz von der rechten Seite oder vom Mittelbauch. Völlegefühl, Übelkeit und Stuhlunregelmäßigkeiten begleiten diesen Schmerz.

Kommen Blut im Stuhl, Beschwerden beim Wasserlassen (Miktionsstörungen) und Fieber hinzu, wird eine stationäre Einweisung zur Behandlung und weiteren Abklärung erforderlich.

Diagnose

Die Diagnose ergibt sich aus einer genauen Anamnese und der direkten Darmuntersuchung. Mittels einer Koloskopie (Darmspiegelung) und/oder einem Kolon-Kontrasteinlauf können die Ausstülpungen der Darmwand erkannt werden (**Abb. D.25**). Die Komplikation bei beiden Untersuchungen besteht in der möglichen Perforation der dünnen Divertikelwand.

Eine Blutuntersuchung dient zum Nachweis einer Entzündung; die weißen Blutkörperchen sind über der Norm angestiegen (Leukozytose).

Differenzialdiagnose

Da die Divertikulitis ähnliche Symptome wie eine → Appendizitis hat, muss man diese ausschließen. Weiterhin ist die Frage nach einem → akuten Abdomen, Nieren- und Harnwegserkrankungen (Harnleitersteine, → Blasenentzündung) zu klären.

Bei Frauen können auch Entzündungen der Eierstöcke oder eine Eileiterentzündung ähnliche Beschwerden verursachen.

Bei Symptomen einer Divertikulitis muss diagnostisch sichergestellt sein, dass es sich nicht um Dickdarmkrebs handelt, der ähnliche Beschwerden und Blut im Stuhl verursachen kann.

Therapie

Die Therapie richtet sich nach dem Schweregrad der Entzündung. Als grobe Richtlinie gilt: Der erste Schub einer Divertikulitis (so wird das erste Entzündungszeichen bezeichnet) und die relativ harmlos verlaufende Zweitentzündung werden konservativ, also ohne Operation, behandelt. In den meisten Fällen bringt eine Antibiotika-Behandlung die Entzündung zum Abklingen. Weiterhin wird Bettruhe, Nahrungskarenz, Kühlung der schmerzhaften Stellen und eine Infusionsbehandlung verordnet. Der Betroffene darf zu diesem Zeitpunkt keine Nahrung zu sich nehmen, damit die gereizte und entzündete Schleimhaut durch die Stuhlpassage nicht unnötig strapaziert wird.

Die Entstehung einer Stenose und die freie Perforation (Durchbruch in die Bauchhöhle) von vereiterten Diverti-

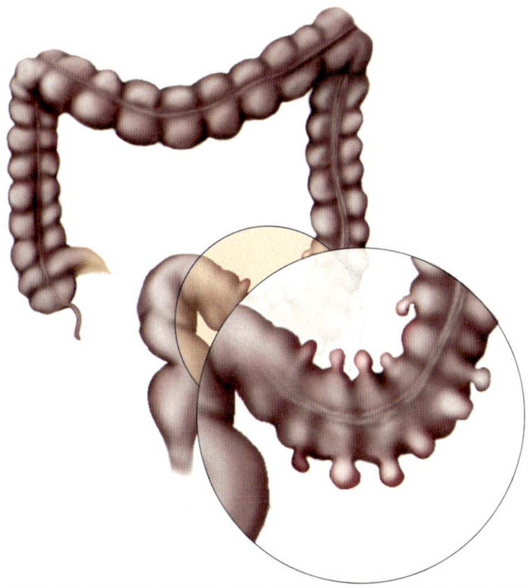

a

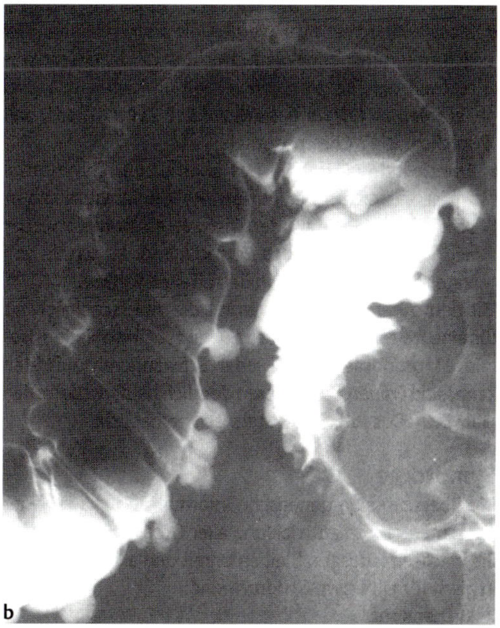

b

Abb. D.25 Divertikulose. a Die bläschenartigen Ausstülpungen finden sich meist im Colon sigmoideum. **b** Röntgendarstellung nach Kolon-Kontrasteinlauf (KE).

keln machen eine Operation dringend erforderlich. In diesem Fall kann auch vorübergehend das Anlegen eines Anus praeter nötig sein. Dieser wird nach 3 bis 6 Monaten in einer zweiten Operation zurückverlegt. Kommt es immer wieder zu einer Divertikulitis, kann man in einer vorbeugenden Operation den betreffenden Darmabschnitt entfernen.

Prognose

Bei gesunder Lebenshaltung mit ausreichend Bewegung ist die Prognose günstig. Eine vorbeugende Operation zur Entfernung des betroffenen Darmabschnittes wird v.a. jüngeren Menschen geraten, da die Erkrankung auf Dauer schwerer verläuft.

Komplikationen

Hierzu gehört die Wandphlegmone, eine Vereiterung der Darmwand, die mit hohem Fieber einhergeht. Eine weitere Komplikation ist die Fistelbildung, eine künstliche Verbindung zwischen dem Darm und häufig der Blase. Durch die immer wieder auftretenden Entzündungen kann sich eine Stenose des Darms bilden. Klinisch resultiert dann das Bild eines Subileus, selten eines kompletten Ileus. Gelegentlich kommt es zur Perforation. Diese ist meist gedeckt (Fettgewebe legt sich über das Loch in der Wand), eine freie Perforation mit Entleerung des Darminhaltes in die Bauchhöhle ist selten.

Bei 20% der Patienten mit Divertikulose tritt eine sog. untere gastrointestinale Blutung auf, bei 5% ist die Blutung so schwer, dass Bluttransfusionen nötig sind. Die Blutung beginnt meist plötzlich und hört in 80% der Fälle selbst auf. Diagnose und Lokalisation der Blutungsquelle können schwierig sein. Diagnostische Möglichkeiten sind in diesem Fall die Notkoloskopie und die Angiografie der Mesenterialarterien.

Infobox

ICD10: K57.92

Internetadressen:
http://www.kolo-proktologie.de
http://www.netdoktor.de

Down-Syndrom

► „Sie haben eine Risikoschwangerschaft." Angela ist entsetzt. „Bei allen über 35-Jährigen nennt man das so, weil die Wahrscheinlichkeit einer genetisch bedingten Krankheit des Kindes mit dem Alter der Mutter zunimmt. Wir können aber das Fruchtwasser untersuchen", erklärt die Ärztin. Auf dem Heimweg denkt Angela nach. „Was ist, wenn das Kind krank ist?". Sie setzt sich auf eine Bank am Spielplatz. Aus dem Sandkasten dringt lautes Lachen. Zwei kleine Mädchen verzieren stolz ihre Burg mit Blättern. Eines der Mädchen hat das Down-Syndrom. Es strahlt über das ganze Gesicht und steckt vergnügt noch ein Stöckchen in die Turmspitze.

Definition

Das Down-Syndrom ist eine angeborene, geschlechtsungebundene Erkrankung mit geistiger Behinderung und einer Reihe körperlicher Merkmale (Dysmorphiezeichen).

Im Volksmund wurde die Erkrankung früher als „Mongolismus" und die Erkrankten als „Mongoloide" bezeichnet. Dieser Begriff wird heute aus ethischen Gründen nicht mehr verwendet.

Synonyme: Trisomie 21, Morbus Langdon-Down.

Ursachen

Beim Down-Syndrom weicht die Chromosomenzahl in jeder Körperzelle von der normalen Zahl ab. Im Normalfall ist von jedem der 23 Chromosomen ein zweifacher Satz vorhanden (46 Chromosomen). Patienten mit dem Down-Syndrom besitzen jedoch das Chromosom 21 drei- statt zweimal (**Abb. D.26**). Sie haben also 47 Chromosomen. Man unterscheidet folgende Formen der Trisomie:

- **freie Trisomie:** In 92% der Fälle werden die Chromosomen bei der Reifung von Ei- oder Samenzelle nicht korrekt auf die Tochterzellen verteilt.

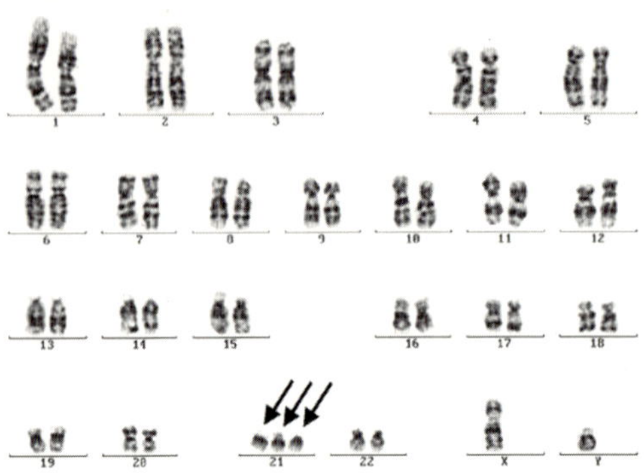

Abb. D.26 Karyogramm. Grafische Darstellung eines vollständigen Chromosomensatzes eines Jungen mit freier Trisomie 21.

Tab. D.2 Kind mit Down-Syndrom in Abhängigkeit vom Alter der Mutter (Tamm, 1994)

Alter der Mutter in Jahren	Häufigkeit eines Kindes mit Down-Syndrom
unter 21	1 von 2300
21–24	1 von 1600
25–29	1 von 1200
30–34	1 von 870
35–39	1 von 300
40–44	1 von 100
über 44	1 von 45

- **Mosaik-Trisomie:** Hier werden die Chromosomen bei den ersten Teilungen der befruchteten Eizelle nicht korrekt auf die Tochterzellen verteilt. Es bilden sich zwei Zelllinien im Körper des Erkrankten: Zellen mit 46 und solche mit 47 Chromosomen.
- **Translokationstrisomie:** Das überflüssige Chromosom 21 ist mit einem der übrigen 46 Chromosomen verschmolzen. Diese Art der Trisomie entsteht entweder neu im Organismus des Betroffenen oder wurde von Vater oder Mutter an den Betroffenen vererbt.

Mit dem Alter der Mutter nimmt die Wahrscheinlichkeit für eine freie Trisomie 21 beim Kind zu. Obwohl die Trisomie 21 grundsätzlich bei jeder Schwangeren auftreten kann, sind Frauen ab 35 Jahren deutlich häufiger betroffen (**Tab. D.2**). Das Alter des Vaters ist unerheblich.

Symptome

Die überschüssige genetische Information führt zu einer permanenten Fehlentwicklung aller Organe und Gewebe. Sie wachsen langsam, bleiben unreif und altern schneller. Typisch für ein Down-Syndrom sind:

- kleiner Kopf,
- flaches Gesicht mit breiter Nasenwurzel,
- schräg stehende Augen,
- eine Hautfalte am inneren Augenwinkel (Epikanthus medialis),
- kleine tief sitzende Ohren,
- relativ große gefurchte Zunge,
- meist offener Mund und erhöhter Speichelfluss,
- Vierfingerfurche,
- kurze Finger,
- deformierte Füße mit sog. Sandalenlücke (weiter Abstand zwischen erster und zweiter Zehe),
- meist unterentwickelte Kiefer und Zähne.

Abb. D.27 Down-Syndrom. Junge Frau mit Down-Syndrom (links).

Die Patienten sind oft unterdurchschnittlich groß und neigen in der Pubertät zur Gewichtszunahme. Herzfehler, wie etwa Herzscheidewanddefekte, sind mit 50 % häufig. Fehlbildungen im Magen-Darm-Trakt führen oft zu Verstopfung. Hinzu kommen Seh- und Hörstörungen, Fehlfunktionen der Schilddrüse sowie hohe Krankheitsanfälligkeit aufgrund einer schwachen Immunabwehr. Männliche Patienten können meist keine Kinder zeugen, weil die Hoden bindegewebig verwachsen.

Die Entwicklung von Motorik und Sprache ist verzögert. Die intellektuellen Fähigkeiten sind unterschiedlich ausgeprägt. Nur wenige (unter 10 %) Patienten sind geistig schwer behindert. Down-Syndrom-Erkrankte sind oft freundlich, zärtlich und motorisch lebhaft, haben eine heitere Grundstimmung, häufig eine musikalische Begabung und ein ausgeprägtes Rhythmusgefühl.

Diagnose

Aufgrund des typischen körperlichen Erscheinungsbildes ist die Diagnose vergleichsweise leicht zu stellen. In der Pränataldiagnostik geben die Analyse des Blutes und Ultraschalluntersuchungen Hinweise auf ein Down-Syndrom. Diese Hinweise genügen aber keinesfalls für eine sichere Diagnose. Eindeutig ist nur eine Chromosomenanalyse beim noch ungeborenen Kind. Hierbei wird entweder eine Chorionzottenbiopsie (Entnahme von Zellen der Zottenhaut) oder eine Amniozentese (Punktion der Amnionhöhle) durchgeführt. In Deutschland wird dieser Test allen Schwangeren ab 35 Jahren angeboten. Das Testergebnis wird als sicher (99,9 %) angesehen.

Bei Neugeborenen tritt eine sog. Muskelhypotonie (niedriger Muskeltonus) auf, auch „floppy child" genannt. Das Kind hat eine geringere Körperspannung als andere Kinder. Eine Analyse der Chromosomen, die aus Lymphozyten gewonnen werden, sichert die Diagnose.

Bei Kindern, bei denen das Down-Syndrom nach der Geburt diagnostiziert wird, sollte die Hüfte sonografisch beurteilt und das Gehör überprüft werden. Auf diese Weise kann man eine Fehlbildung des Hüftgelenks frühzeitig therapieren und eine Schwerhörigkeit als Ursache für → Sprachentwicklungsstörung ausschließen.

Therapie

Das Down-Syndrom selbst kann man nicht behandeln, aber eine frühzeitige Therapie der Begleiterkrankungen (Herzfehler, Seh- und Hörstörungen, Fehlbildungen des Magen-Darm-Traktes oder Infektionen) erhöht die Lebenserwartung deutlich.

Damit Down-Syndrom-Kinder ihre individuellen Entwicklungsmöglichkeiten voll ausschöpfen können, ist von Geburt an eine vielfältige Förderung wichtig, etwa durch Physiotherapie oder Spielgruppen. Hilfreich sind Sprach- und Sprechübungen, wie etwa die Artikulationsübungen nach Castillo Morales. Einige Down-Syndrom-Patienten können im Anschluss an eine individuelle Förderung ein weitgehend selbstständiges Leben führen. Andere sind aufgrund schwerer geistiger Behinderung auf lebenslange Unterstützung angewiesen.

Jedes Down-Syndrom-Kind sollte möglichst einen normalen Kindergarten besuchen. Erst in der Schule kommt es meist zu intellektueller Überforderung. Diese setzt umso später ein, je früher und umfassender das Kind im Vorfeld gefördert wurde. Die Kinder besuchen meist Integrationsklassen oder Lernbehindertenschulen.

Differenzialdiagnose

Ausgeschlossen werden müssen angeborene Stoffwechselstörungen, wie Schilddrüsenunterfunktion oder Muskelschwäche sowie angeborene Fehlbildungen mit anderen Ursachen (z. B. → embryofetales Alkoholsyndrom).

Prognose

Down-Syndrom-Patienten haben durch die unterschiedlichen Organfehlbildungen eine eingeschränkte Lebenserwartung. Früher starben 75 % der Patienten vor der Pubertät, heute erreichen 80 % durch die Behandlung der Folgeerkrankungen das dreißigste Lebensjahr.

Infobox

ICD-10: Q90.0, Q90.1, Q90.2, Q90.9

Internetadressen:
http://www.ds-infocenter.de
http://www.down-syndrom-netzwerk.de
http://www.trisomie21.de

Film:
„Am achten Tag", Spielfilm

Literatur:
Tamm, C.: Diagnose Down-Syndrom. Reinhardt, München 1994
Tsiaras, A.: Wunder des Lebens – Wie ein Kind entsteht. Knaur, München 2003

Duchenne-Muskeldystrophie

► „Sie sollten den Jungen mal untersuchen lassen. Bei Alexander sind die Probleme beim Rennen und Treppensteigen wirklich auffällig. Er fällt auch viel häufiger als die anderen Kinder." „Ja, das habe ich auch schon gesehen. Bisher dachte ich, er sei nur ein bisschen in seiner Entwicklung hinterher. Er hat spät Laufen gelernt und als er es konnte, ist er dauernd hingefallen. Meine Mutter hat immer gesagt, er solle mal die Füße hoch heben. Wie Mütter ihrer Generation so sind. Ich habe ihn dann immer verteidigt. Man will die Kinder ja nicht so unter Druck setzen. Aber Sie haben völlig Recht. Ich muss mit Alexander zum Arzt." Die Erzieherin der Kita nickt bestätigend. „Ich kann ihn ja mit vielen Kindern vergleichen und seine motorischen Defizite sind unübersehbar."

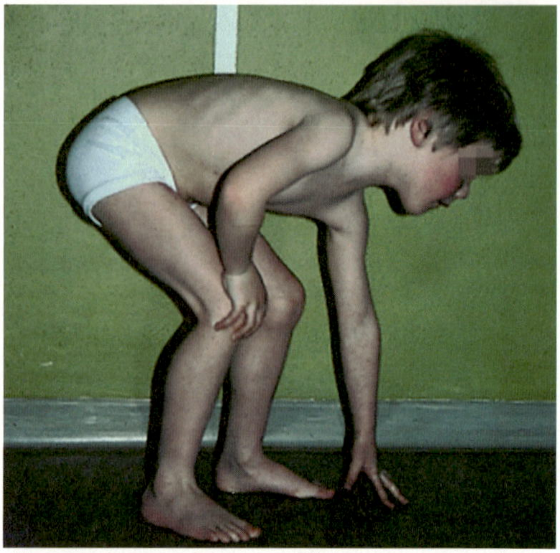

Abb. D.28 Gowers-Zeichen. Ein 5-jähriger Junge stützt sich beim Aufrichten an Knien und Oberschenkel ab.

Definition

Die Duchenne-Muskeldystrophie (DMD) ist eine an Jungen vererbte, nicht heilbare Muskelkrankheit, bei der v. a. die rumpfnahe Muskulatur immer schwächer wird.

Ursachen

Die durch Schäden an dem Duchenne-Gen verursachte, stetig fortschreitende Muskelschwäche DMD erben Jungen von ihren Müttern (X-chromosomal-rezessiver Erbgang). Die Frauen selbst erkranken nicht.

Bei den Patienten fehlt das für den Aufbau von Muskeln notwendige Protein Dystrophin oder es ist nur in sehr geringen Mengen vorhanden. Das Eiweiß ist ein wichtiger Bestandteil der Zellmembranen von Muskelfasern. Was das Protein genau bewirkt, ist unbekannt. Vermutlich stabilisiert es die Zellmembran.

Von 100.000 männlichen Neugeborenen haben etwa 30 diese bösartige und häufigste Form der Muskeldystrophien.

Symptome

Bei Jungen, die den Gendefekt geerbt haben, treten die ersten klinischen Zeichen i.d.R. frühestens ab dem zweiten Lebensjahr auf. Die ersten Anzeichen für DMD werden von den Eltern oft nicht wahrgenommen. Die Störung fällt aber mit zunehmendem Alter mehr und mehr auf.

Die Kinder sind zuerst in der Becken- und dann in der Schultermuskulatur geschwächt. Daher haben sie zunächst Probleme, aus dem Liegen in Rückenlage aufzustehen. Sie klettern quasi an sich hoch:

- Sie richten ihren Oberkörper nicht gleich auf, sondern drehen sich zunächst auf den Bauch,
- nehmen eine Vierfüßlerstellung ein
- und drücken sich an Knien und Oberschenkeln nach oben (Gowers-Zeichen).

Auch lernen diese Jungen häufig erst verzögert Laufen. Ältere Kinder gehen unsicher, stolpern und stürzen häufig.

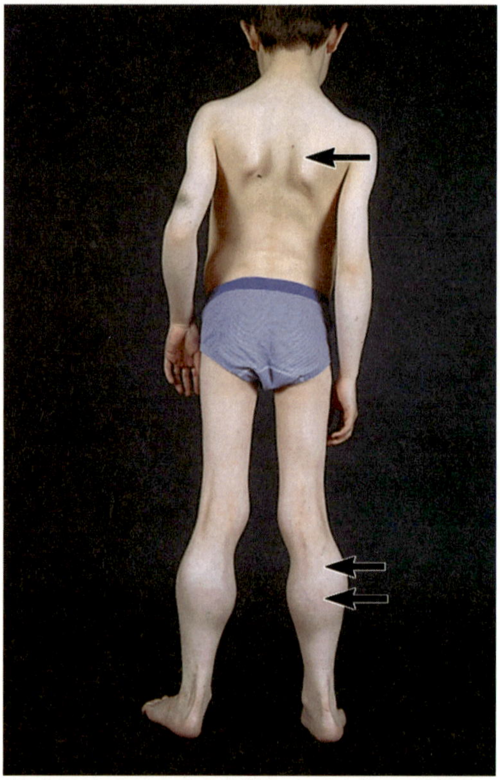

Abb. D.29 Gnomenwaden. Auffällig sind bei diesem 10-jährigen Jungen eine ausgeprägte Wadenhypertrophie sowie die abstehenden Schulterblätter.

Ihnen fällt das Rennen und Treppensteigen ungleich schwerer als gesunden gleichaltrigen Kindern.

Weitere Merkmale für die Duchenne-Muskeldystrophie sind u. a.:

- ungewöhnlich dicke, oft verhärtete, leicht schmerzhafte Wadenmuskeln (Gnomenwaden, **Abb. D.29**),
- ein Spitzfuß, bei dem das Anheben der Fußspitze nicht gelingt,
- als Haltungsstörung eine zum Bauch hin stark gekrümmte Lendenwirbelsäule (Hyperlordose),
- abstehende Schulterblätter (**s. Abb. D.29**).

Diagnose

Ärzte diagnostizieren die DMD durch eine Befragung der Eltern und eine körperliche Untersuchung des Jungen, bei der sie auf Gowers-Zeichen achten.

CK-Spiegel. Bei DMD ist außerdem die Konzentration des Enzyms Kreatinkinase (CK) im Blutserum stark erhöht. Bei Verdacht auf die Erkrankung werden deshalb u. a. die CK-Spiegel bestimmt.

EKG. Da die DMD auch das Herz betrifft, gibt ein Elektrokardiogramm (EKG) zusätzliche Hinweise auf eine sich verschlimmernde DMD. Die fortwährende Überlastung des rechten Vorhofs schlägt sich im EKG durch abnorm hohe R-Zacken rechts nieder.

Ultraschall/EMG. Auch andere technische Verfahren wie Ultraschall oder das Elektromyogramm (EMG), mit denen krankhafte Veränderungen im Muskel dargestellt oder die elektrischen Aktivitäten in den Muskelfasern überprüft werden können, helfen Ärzten bei der Diagnose.

Histologie. Ob eine DMD vorliegt, lässt sich zudem durch Entnahme eines kleinen Stücks Gewebe (Biopsie) aus der Skelettmuskulatur klären. Die mikroskopisch-histologische Untersuchung ergibt dann meistens totes Gewebe im Muskel und ungewöhnlich lange Muskelfasern. Mit speziellen Tests wie der Immunhistologie wird der Mangel an Dystrophin im Muskel nachgewiesen.

Differenzialdiagnose

Folgende Erkrankungen rufen ähnliche Beschwerden hervor und müssen daher von der DMD abgegrenzt werden:

- akute Muskelentzündung (Myositis) z. B. während oder nach einer Virus- oder Bakterieninfektion,
- dauerhafte Bindegewebsentzündungen (Kollagenosen),
- angeborene Nervenleiden,
- Störungen der Schilddrüse,
- Störungen des Stoffwechsels wie der → Diabetes mellitus.

Therapie

Der Genschaden kann derzeit nicht behoben werden. Daher ist es bei der Therapie von Jungen mit DMD wichtigstes Ziel, das Fortschreiten der Erkrankung zeitlich zu verzögern, damit die Kinder so lange wie möglich gehfähig bleiben.

Die Behandlung beschränkt sich daher auf bewahrende Maßnahmen. Übergewicht und Fehlstellungen im Bewegungsapparat lassen sich mit frühzeitig erhöhter Aktivität, aber ohne die Kinder zu überfordern, vermeiden. Physiotherapeutische Übungen sind dabei hilfreich.

Als Medikamente gegen den raschen Kraftverlust werden, zeitlich begrenzt, Hormone der Nebenniere (Kortikosteroide) gegeben.

Korrigierende Operationen bereits vorhandener Bewegungseinschränkungen an Hüft-, Knie- und Fußgelenken steigern die Lebensqualität.

Prognose

Spätestens zehn Jahre nachdem die Krankheit erstmals aufgetreten ist, ist die DMD so weit fortgeschritten, dass die jungen Patienten nicht länger gehfähig und damit an den Rollstuhl gefesselt sind.

Drei Viertel von ihnen sterben bis zum 20. Lebensjahr. Häufigste Todesursache sind schwere Infektionen der Atemwege, weil die Brustkorbmuskulatur geschwächt ist und die Lunge nur noch unzureichend arbeitet. Seltener sterben die Patienten an Herzversagen.

Infobox

ICD-10:
G71.0

Internetadressen:
Dt. Gesellschaft für Muskelkranke: http://www.dgm.org
Medizinisch Genetisches Zentrum München: http://www.mgz-muenchen.de
Muskeldystrophie-Netzwerk: http://www.md-net.org

Dupuytren-Kontraktur

► **Albert (55) macht seine Arbeit als Elektromonteur Spaß, doch sie fällt ihm immer schwerer. An seiner linken Hand hat sich vor ein paar Monaten ein Knoten gebildet. Zuerst hat Albert sich keine Gedanken gemacht, doch inzwischen fühlt er dort auch einen derben Strang, der ihn bei der Arbeit behindert, und er kann den Ringfinger nicht mehr strecken.**

Definition

Die Dupuytren-Kontraktur ist eine gutartige Erkrankung des Bindegewebes der Palmaraponeurose (Bindegewebsplatte der Hohlhand), durch die die Beweglichkeit der Finger eingeschränkt wird.

Synonyme: palmare Fibromatose, Morbus Dupuytren.

Ursachen

Bei der Dupuytren-Kontraktur wird das Bindegewebe der Palmaraponeurose, eine dünne breitflächige Sehnenplatte, die Muskeln, Gefäße und Nerven der Hohlhand bedeckt, umgebaut, sodass ihre Faserstruktur verloren geht. Es bilden sich meist zunächst Knötchen am oberen Rand der Hohlhand. Dann beginnen Bindegewebsstränge, die von der Hohlhand bis in die Finger ziehen, zu wuchern und behindern die Fingerstreckung. Die Fingersehnen verändern sich zu dicken Strängen. Gleichzeitig schrumpft die Palmaraponeurose. Funktion und Leistungsfähigkeit der Hand sind stark beeinträchtigt.

Die Ursache ist weitgehend unklar. Es gibt jedoch Hinweise auf eine genetische Veranlagung. So sind vornehmlich Nordeuropäer betroffen und die Krankheit kommt familiär gehäuft vor. Außerdem besteht ein Zusammenhang mit Lebererkrankungen (→ Leberzirrhose), → Diabetes mellitus, → Epilepsie und degenerativen Veränderungen der Halswirbelsäule. Männer sind etwa sechs- bis zehnmal häufiger betroffen als Frauen. Die Erkrankung tritt meist nach dem 40. Lebensjahr auf.

Symptome

Die Erkrankung beginnt schleichend. Häufig sind beide Hände betroffen, allerdings in verschiedenen Stadien. Zunächst finden sich in der Hohlhand weiche Knoten und grübchenförmige Einziehungen, später strang- oder flächenartige Vernarbungen, die zu einem Streckdefizit der betroffenen Finger führen (**Abb. D.30**). Meistens sind Ringfinger und kleiner Finger betroffen.

Diagnose

Im fortgeschrittenen Stadium können Betroffene die Hand nicht mehr gerade auf den Tisch legen (Beugekontraktur). In der Hohlhand sind derbe Bindegewebsstränge tastbar. Evtl. treten an der Streckseite der Langfingermittelgelenke Verdickungen auf (Fingerknöchelpolster).

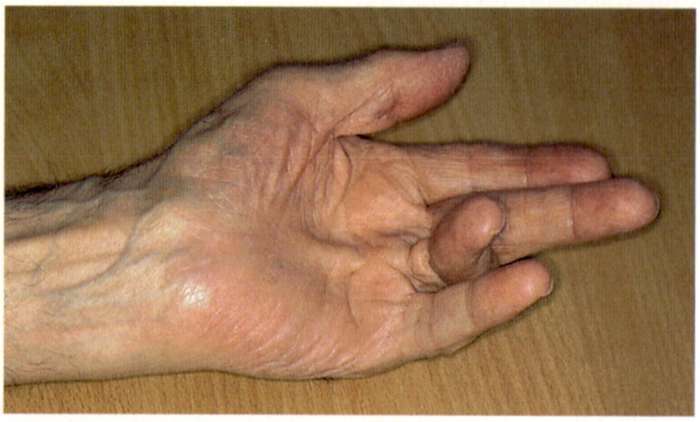

Abb. D.30 Beugekontraktur. Durch Schrumpfung der Beugesehne infolge der Hohlhand, kann der 4. Finger links nicht mehr gestreckt werden.

Differenzialdiagnose

Die Dupuytren-Kontraktur ist abzugrenzen von narbigen Handmuskelkontrakturen infolge von Nekrosen, z. B. nach einer Fraktur oder bei strangulierenden Verbänden, und von spastischen Kontrakturen.

Therapie

Konservative Maßnahmen wie Injektionen, Medikamente oder Röntgenbestrahlung halten das Fortschreiten der Krankheit wahrscheinlich nicht auf. In fortgeschrittenen Stadien wird operiert, um die Beweglichkeit der Finger wieder herzustellen. Bei der Operation wird ein Bindegewebsstrang entweder quer durchtrennt, lokal herausgeschnitten oder die Palmaraponeurose teilweise oder komplett entfernt. Die postoperative Physiotherapie ist mit entscheidend für den weiteren Verlauf.

Prognose

Der Erkrankung verläuft schubweise. Nach Operationen ist der Heilungsverlauf u. U. langwierig, Rezidive sind häufig. Je radikaler die Operation, desto geringer ist das Rezidivrisiko, umso höher ist aber auch das Risiko für Komplikationen wie Nerven- und Gefäßverletzungen, Wundheilungsstörungen oder Narbenkontrakturen. Bei bekannter familiärer Häufung der Dupuytren-Kontraktur, bei → Epilepsie sowie beim Auftreten von Fingerknöchelpolstern, ist die Prognose ungünstiger, als bei anderen Patienten.

Infobox

ICD-10: M72.0

Internetadressen: http://www.dupuytren-online.de
http://www.hand-fusschirurgie.de/patienteninfo/dupuytren.pdf
http://www.chir.ch/operationen/handchirurgie/ha_dupuytren.html

Dysmenorrhö

► **Die 35-jährige Frau Jahn klagt ihrem Gynäkologen: „Ich habe bei jeder Regel sehr starke Unterleibsschmerzen. Am ersten Tag der Blutung kann ich es kaum aushalten vor Schmerzen. Zudem ist mir übel und ich habe Kreislaufstörungen. Im Prinzip kann ich dann auch nicht arbeiten, aber ich kann mich ja nicht jeden Monat krank melden. Früher hatte ich solche Schmerzen nicht. Kann das mit der Spirale zusammenhängen?“**

Definition

Die Dysmenorrhö ist eine über das normale Maß hinaus schmerzhafte Regelblutung. Man unterscheidet zwei Formen.

1. **primäre Dysmenorrhö:** die Regelblutung ist von der Menarche (erste Regelblutung) an schmerzhaft,
2. **sekundäre Dysmenorrhö:** die Blutung schmerzt erst ab einem späteren Zeitpunkt.

Über die Hälfte der jungen Frauen geben Schmerzen bei der Regelblutung an.

Ursachen

Primäre Dysmenorrhö. Bei der primären Dysmenorrhö verursacht die einsetzende Blutung Gebärmutterkontraktionen und Dehnungsschmerzen. Die Ursache für diese schmerzhaften Uteruskontraktionen sind Prostaglandine, die bei einsetzender Blutung frei werden.

Daneben können auch psychosomatische Ursachen eine Rolle spielen: Die primäre Dysmenorrhö kann ein Zeichen dafür sein, dass die Frau ihre Weiblichkeit verneint. In seltenen Fällen können auch Missbildungen der Gebärmutter die Ursache sein.

Sekundäre Dysmenorrhö. Als organische Ursachen gelten:

- → Endometriose (Vorkommen von Gebärmutterschleimhaut außerhalb des Endometriums),
- Myome des Uterus, → Myoma uteri (gutartiger Tumor aus Muskelgewebe),
- Korpuspolypen (gutartige Schleimhautvorwölbung),
- Zervikalstenosen (Verengung des Gebärmutterhalses),
- Intrauterinpessar zur Empfängnisverhütung („Spirale“),
- Lageanomalien der Gebärmutter (Retroflexion),
- Fehlbildungen des Urogenitaltrakts.

Auch bei der sekundären Dysmenorrhö können psychosomatische Ursachen eine Rolle spielen. Häufig handelt es sich um sexuelle Konfliktsituationen.

Aber auch ein drängender, jedoch unerfüllter Kinderwunsch kann als Ursache gelten. Die Monatsblutung zeigt der Frau immer wieder, dass sie nicht schwanger geworden ist. Dies kann von ihr als „schmerzlich“ empfunden werden.

Symptome

Die Patientinnen leiden bei der Dysmenorrhö unter kolikartigen Unterleibsschmerzen. Diese Schmerzen setzen vor Blutungsbeginn oder am 1. Zyklustag ein, sind am 1. oder 2. Zyklustag am stärksten und enden zusammen mit der Menstruation.

Begleitend können auch Übelkeit, Erbrechen, Rücken- oder Kopfschmerzen vorkommen.

Diagnose

Die Diagnose gestaltet sich oft schwierig. Im Mittelpunkt stehen köperliche Untersuchung und Ultraschall. Wichtig ist außerdem eine psychosomatische Anamnese.

Differenzialdiagnose

Bei der sekundären Dysmenorrhö sollte eine Endometriose oder ein Prozess in der Gebärmutterhöhle, z. B. Myome oder Polypen, im Rahmen einer endoskopischen Untersuchung oder Ausschabung ausgeschlossen werden.

Therapie

Die primäre Dysmenorrhö behandelt man symptomatisch mit einem Schmerzmittel, das die Prostaglandine hemmt oder einem entkrampfenden Mittel. Auch ein Ovulationshemmer („Pille“) kann sinnvoll sein. Er bewirkt, dass die Gebärmutter weniger Schleimhaut aufbaut und die Blutung geringer wird.

Die sekundäre Dysmenorrhö wird durch Entfernen der organischen Ursache oder symptomatisch behandelt. Bei psychosomatischer Ursache sollte psychotherapeutisch behandelt werden.

Infobox

ICD-10: N94.6

Internetadressen:

http://www. frauen.qualimedic.de/Dysmenorrhoe.html

http://www.netdoktor.de

http://www.onmda.de

Literatur:

Skibbe, X. u. Löseke, A.: Gynäkologie und Geburtshilfe für Pflegeberufe. Thieme, Stuttgart 2001.

Neises, M. u. Ditz, S.: Lehrbuch Gynäkologische Psychosomatik. Thieme, Stuttgart 2000.

Dyspraxie

► **Pflegeschüler Moa erzählt seiner Mitschülerin: „Als Dr. Moll heute Deborah aufforderte, die Zunge herauszustrecken, konnte man zwar sehen, wie sie sich anstrengte und konzentrierte. Mit der Zungenspitze suchte sie auch regelrecht herum, aber sie schaffte es nicht, die Zunge wie gewünscht zu bewegen. Im nächsten Moment konnte Deborah dann einfach so die Zunge herausstrecken, um sich einen Krümel von den Lippen zu lecken."**

Definition

Bei der motorischen Dyspraxie ist es für den Betroffenen schwierig, Handlungs- und Bewegungsabläufe willkürlich zu planen und zu lenken.

Bei der ideatorischen Dyspraxie können Handlungsabläufe nicht geplant und durchgeführt werden.

Ursachen

Die genauen Ursachen sind bislang unbekannt. Dyspraktische Störungen werden üblicherweise weder rein motorischen (die Bewegung betreffend) noch rein kognitiven (die Denkfähigkeit betreffend) Leistungen zugeordnet. Sie werden an der Schnittstelle der beiden Bereiche angesiedelt.

Symptome

Die Praxieleistung hängt vom Alter des Kindes und von seiner Hirnreife ab. Das Kind im Fallbeispiel kann willkürlich nicht die Zunge herausstrecken, aber es kann sich unwillkürlich die Lippen ablecken. Dies kann ein Symptom für eine motorische Dyspraxie sein.

Kinder mit ideatorischer Dyspraxie fallen durch planloses Vorgehen auf. Beim Anziehen haben sie Mühe, die Kleidungsstücke in der richtigen Reihenfolge herauszusuchen, bei Regelspielen verlieren sie immer wieder den Überblick und wissen z. B. nicht, wann sie dran sind.

Insgesamt können motorische Ungeschicklichkeit, mundmotorische Schwierigkeiten, die unter Temposteigerung zunehmen, Schwierigkeiten beim Anziehen, Situations- und Sprachverständnisschwierigkeiten, hartnäckige Lautbildungsfehler, Schwierigkeiten beim Puzzeln, Kneten, Schneiden, Kleben, Schwierigkeiten, das eigene Verhalten zu kontrollieren sowie ein schlechtes Rhythmusgefühl beobachtet werden.

Diagnose

Die Diagnose wird aufgrund gezielter Beobachtungen oder durch Beobachtungstests gestellt. Die Kinder müssen z. B. Bewegungen nach verbalen Anweisungen durchführen oder nachahmen. Bei diadochokinetischen Bewegungen (Wechselbewegungen) fallen sie besonders auf.

Differenzialdiagnose

Differenzialdiagnostisch sollten Hörstörungen, Intelligenzbeeinträchtigungen, Paresen oder Schwächen der orofazialen Muskulatur ausgeschlossen werden.

Therapie

Je nach Symptomatik werden die Kinder von Ergotherapeutinnen oder Logopädinnen behandelt. Die Kinder benötigen viele taktile und propriozeptive (Tastsinn und Eigenwahrnehmung betreffende) Rückmeldungen. Das kann über ausgewählte Materialien erreicht werden, die eindeutige Reize bieten. So werden beim Kauen von Karotten die Zungenbewegungen viel deutlicher gespürt als beim Kauen von Bananen. Die Bewegungsabläufe werden dadurch besser erfahren, gleichzeitig geschult und damit willkürlich steuerbar.

Hinweise zum Umgang

Haben Sie bei einem Kind den Veracht auf motorische Dyspraxie, unterstützen sie die verbalen Anweisungen mit zusätzlichen Stimuli. So ist es z. B. hilfreich, die Kinder bei der Aufforderung, die Zunge herauszustrecken, mit einem Spatel an der Unterlippe zu berühren. So erhalten sie einen taktilen Orientierungspunkt, in welche Richtung sich ihre Zunge bewegen soll.

Bei Kindern mit Verdacht auf eine ideatorische Dyspraxie sind klare Anweisungen notwendig. Dem Kind muss verdeutlicht werden, wie eine geplante Handlung ablaufen soll.

Prognose

Eine Verbesserung der praktischen Fähigkeiten erfordert konsequentes und häufig mühsames Üben im Alltag. Wird das Kind von Erwachsenen sehr gut unterstützt, lassen sich die dyspraktischen Auffälligkeiten verbessern. Eine völlige Behebung der Dyspraxie ist nur in den seltensten Fällen zu erwarten.

Infobox

ICD-10: F82

Internetadressen:
http://www.kliniken.de
http://www.mcd.de

Literatur:

Galonska, S.: Störungen der Sprachentwicklung und kindliche Dyspraxie. In: Forum Logopädie Heft 3 (15) Mai 2001. S. 21 – 27

Nacke, A.: Ergotherapie bei Kindern mit Wahrnehmungsstörungen. Thieme, Stuttgart 2005

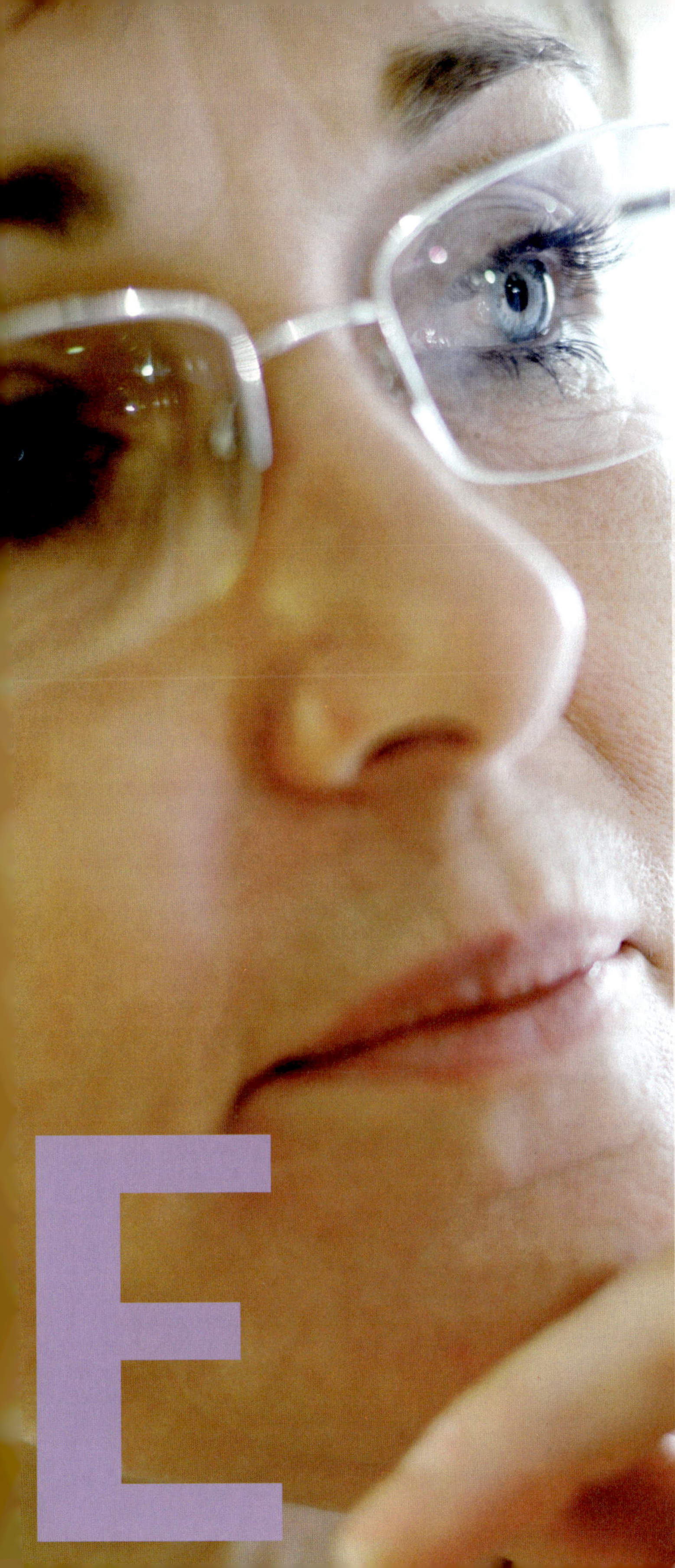

E

Echinokokkose

► Die 29-jährige Carina Weber erzählt Pflegeschüler Max auf dem Weg zum CT: „Wissen Sie, ich mag Tiere ganz einfach. Deswegen habe ich aus dem Urlaub in Süditalien auch diesen süßen Mischling mitgenommen. Der Tierarzt hier hat ihn dann auch entwurmt. Vorgestern erst bin ich zu meinem Hausarzt gegangen, weil ich immer müde war und oft Bauchweh hatte. Unvorstellbar, dass mein Lucky der Grund dafür sein soll, dass ich jetzt was an der Leber habe."

Definition

Bei der Echinokokkose besteht eine Infektion mit einem Echinococcus-Erreger. Es gibt zwei Formen. Echinococcus granulosus oder cysticus (Hundebandwurm) ist weltweit verbreitet. Echinococcus multilocularis oder alveolaris (Fuchsbandwurm) tritt im deutschsprachigen Raum, in der Türkei, Osteuropa, den USA und Kanada auf.

Ursachen

Die Echinokokken gehören zu den Parasiten. Wenn der Mensch die Eier aufnimmt, entwickeln sie sich zu Larven, die sich durch die Darmwand in Richtung Leber bewegen. Dort nisten sie sich ein. Der Mensch ist für den Wurm ein sog. „Zwischenwirt", in dem er zur Larve heranwächst. Würde er jetzt von Hund oder Fuchs gefressen, könnte sich der Wurm in deren Darm zum geschlechtsreifen Wurm entwickeln und Eier legen. In der Leber des Menschen, aber auch in anderen Organen wie der Lunge, bildet der Echinococcus alveolaris große Zysten, die die Protoscolices, die Wurmköpfe mit ihren typischen Hakenkränzen, enthalten (**Abb. E.1**). Der Echinococcus multilocularis dagegen wächst tumorartig in die Leber ein.

Symptome

Im frühen Stadium der Echinkokkose gibt es i.d.R. keine Symptome. Oft treten Symptome erst im Erwachsenenalter auf, während die Infektion bereits in der Kindheit erfolgte. Da häufig die Leber befallen ist, verspüren die Betroffenen zunehmend einen dumpfen Druckschmerz im rechten Oberbauch. Weitere Symptome entstehen durch den Befall anderer Organe (z. B. pathologische Frakturen durch Knochenbefall).

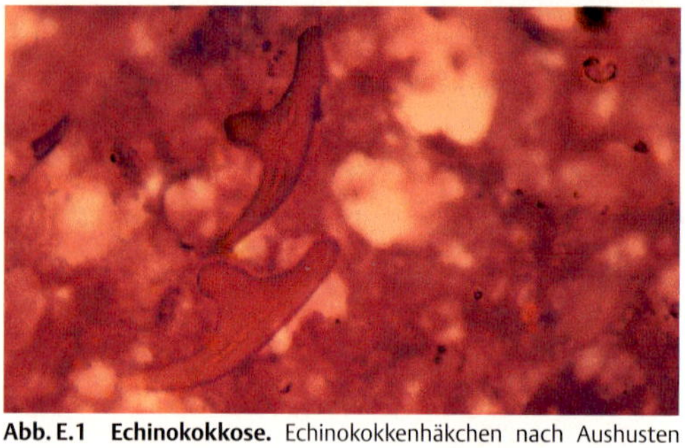

Abb. E.1 Echinokokkose. Echinokokkenhäkchen nach Aushusten im Sputum einer 45-jährigen Frau.

Diagnose

Die Diagnose liefern bildgebende Verfahren (Ultraschall, CT, MRT) sowie Antikörpernachweise (ELISA, IIFT) und PCR. In den Zysten des Echinococcus alveolaris können die Protoscolices mikroskopisch entdeckt werden. Die Tumoren des Echinococcus multilocularis sind im Ultraschall sichtbar. Gemäß §7 Infektionsschutzgesetz meldet das Labor die Diagnose anonym an das Robert-Koch-Institut.

Differenzialdiagnose

Differenzialdiagnostisch kommen Amöbenbefall der Leber, → Abszesse und → Tumoren in Frage.

Therapie

Medikamentöse Therapien können die Wurmentwicklung nur stoppen, die Würmer jedoch nicht abtöten. Bei Echinococcus alveolaris ist eine Operation angebracht, in der befallene Lebersegmente entfernt werden. Echinococcus multilocularis wächst invasiv, und es besteht die Gefahr, dass eine Operation die Erreger freisetzt. Ist das Ausmaß des Befalls nicht genau bekannt, ist die Operation zu gefährlich. Dann bleibt nur die lebenslange medikamentöse Therapie.

Komplikationen

Echinokokkose ist ein chronisches, langsam fortschreitendes Krankheitsbild, das ohne eine entsprechende Behandlung zum Tod führt. Weitere Komplikationen ergeben sich, wenn eine Zyste spontan platzt und die Wurmlarven sich ins Bauchfell ausbreiten.

Prävention

Echinokokken werden nicht nur durch direkten Tierkontakt, sondern auch z. B. durch Waldbeeren, die mit Tieren in Berührung gekommen sind, übertragen. Hygienisches Verhalten beim Umgang mit Tieren (Hände waschen vor Lebensmittelaufnahme!) sowie das Abkochen der Waldbeeren zu Marmelade schützen vor Echinokokken.

Infobox

ICD-10: B67

Internetadresse:

http://www.rki.de (Infektionskrankheiten von A–Z)

Literatur:

Jassoy, C., Schwarzkopf, A.: Hygiene, Mikrobiologie und Ernährungslehre für Pflegeberufe. Thieme, Stuttgart 2005

Effluvium

► Eine Dame Ende 50 berichtet ihrem Arzt: „Schauen Sie selbst, ich habe immer großen Wert auf meine tadellose Erscheinung gelegt. Jetzt lichten sich aber dermaßen die Haare auf meinem Kopf, dass ich mich gar nicht mehr unter die Leute traue."

Definition

Mit Effluvium bezeichnet man verstärkten Haarausfall, insbesondere am Kopf (**Abb. E.2**). Im Gegensatz zur → Alopecia areata treten keine vollständig kahlen Stellen auf.

Ursachen

Häufig zählen Nebenwirkungen von Medikamenten zu den Ursachen. Das sind u. a. Antikoagulanzien wie Heparin, Marcumar und ASS, aber auch Betablocker. Weitere Auslöser sind Retinoide, die bei starker Akne und Schuppenflechte eingesetzt werden sowie Narkosegase. Auch eine Chemotherapie lässt oft alle Haare ausfallen. Weitere äußere Ursachen stellen der Wetterwechsel im Frühjahr und Herbst, Überreaktionen auf Tönungen und Färbungen der Haare und straffe oder geflochtene Zöpfe dar.

Innere Ursachen sind z. B. Veränderungen im Hormonhaushalt. Der Abfall der Östrogene führt bei Frauen nach der Menopause dazu, dass der relative Schutz vor dem Testosteron, welches vermehrten Ausfall begünstigt, nachlässt. Nach diesem Prinzip ist auch der Haarausfall nach einer Entbindung und nach Absetzen der Anti-Baby-Pille erklärbar.

Ein relativer Eisenmangel kann ebenso eine Rolle spielen. Heute selten ist das Effluvium bei Lues (→ Syphilis).

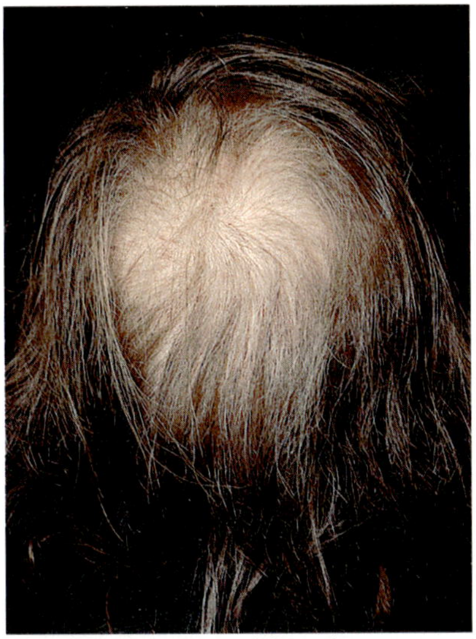

Abb. E.2 Diffuser Haarausfall. Hier löste eine Heparinbehandlung den scheitelbetonten, diffusen Haarausfall aus. Die Haare wachsen nach Absetzen des Medikamentes wieder nach.

Auch eine Über- oder Unterfunktion der Schilddrüse können ein Effluvium auslösen.

Symptome

Ein Ausfall von mehr als ca. 200 Kopfhaaren täglich gilt als Effluvium. Die Haare werden insgesamt lichter und weniger. Die Kopfhaut scheint durch.

Diagnose

Am Anfang stehen die sorgfältige persönliche und Medikamentenanamnese sowie die Beurteilung der gesamten Körperbehaarung. Mittels eines Trichogramms kann der Haarausfall objektiviert werden. Dazu werden etwa 50 Haare des betroffenen Areals ausgezogen. Mehr als 80% der Haare befinden sich normalerweise in der drei bis sechs Jahre dauernden Anagen- oder Wachstumsphase. Dann folgt die ein- bis zweiwöchige Katagen- oder Regressionsphase (etwa 2% der Haare) und schließlich die zwei- bis viermonatige Telogen- oder Ruhephase (etwa 20%).

Ein großes Blutbild einschließlich Leberwerten und Hormonwerten ergänzt die Untersuchung.

Differenzialdiagnose

Fließende Übergänge zum Effluvium bietet die androgenetische Alopezie („Glatzenbildung"). Der kreisrunde Haarausfall (→ Alopecia areata) und die Trichotillomanie sind aufgrund ihres begrenzten Areals zu differenzieren.

Therapie

Abstellen der inneren und äußeren Auslöser ist die nahe liegende Maßnahme. Bei Frauen haben östrogenhaltige Haarwasser einen fraglichen bis schwachen Effekt. Als Mittel der Wahl gelten Lösungen mit Minoxidil, einem durchblutungsfördernden Mittel. Männer können den Hormonantagonisten Finasterid, eigentlich für die androgenetische Alopezie gedacht, einsetzen.

Prognose

Die Haarbälge bleiben beim Effluvium länger erhalten als z. B. bei der „Glatzenbildung". Wenn der Auslöser wegfällt, wachsen daraus wieder Haare. Das hormonelle Effluvium kann meist nur zum Stillstand gebracht werden.

Infobox

ICD-10: L65.8 – Sonstiger näher bezeichneter Haarausfall ohne Narbenbildung

Internetadressen:
http://www.haarerkrankungen.de
http://www.haarausfall-info.net

Eklampsie

► Isabelle Funken ist eine 38-jährige Erstgebärende. Sie wurde in die Klinik eingewiesen, weil sie bei den letzten Untersuchungen einen zu hohen Blutdruck (systolisch > 150, diastolisch > 95 mmHg) hatte und außerdem eine Proteinurie festgestellt wurde. Nach zwei Tagen klagt sie: „Ich habe solche Kopfschmerzen, meine Augen flimmern und mir ist so schwindelig." Wenige Minuten später bricht sie zusammen und beginnt am ganzen Körper zu krampfen.

Definition

Bei einer Eklampsie treten zusätzlich zu den Symptomen der Präeklampsie noch Krampfanfälle auf. Man spricht von einer Präeklampsie, wenn zu einem in der Schwangerschaft neu aufgetretenen Bluthochdruck eine Proteinurie hinzukommt (→ Schwangerschaftshypertonie).

Die Präeklampsie und die Eklampsie zählen zu den Spätgestosen. Hierunter versteht man nur in Verbindung mit einer Schwangerschaft auftretende Erkrankungen im zweiten und dritten Schwangerschaftsdrittel.

Ursachen

Die Eklampsie entsteht auf dem Boden einer Präeklampsie. Die genauen Ursachen sind noch nicht bekannt.

Man weiß aber, dass der Störung eine fehlerhafte Interaktion zwischen kindlichem Throphoblasten und mütterlichem Immunsystem zugrunde liegt.

Symptome

Die Leitsymptome der Präeklampsie sind Bluthochdruck, Proteinurie und Ödeme (bevorzugt im Gesicht). Die Vorzeichen des großen eklamptischen Anfalls können sich in Kopfschmerzen, Schwindelgefühl, Übelkeit und Druck im Oberbauch zeigen. Schließlich schaut die Patientin starr in eine Richtung und reibt sich Gesicht oder Nase. Dann kommt es zu ersten Zuckungen der Gesichtsmuskulatur. Es setzen tonisch-klonische Krämpfe ein (**Abb. E.3**).

Unter einem Tonus versteht man einen Spannungszustand, der Klonus äußert sich in rhythmischen Muskelkontraktionen. Die Krämpfe beginnen meist an den Extremitäten und breiten sich über den Rumpf aus. Aus dem Mund tritt gelegentlich Schaum. Hierbei handelt es sich um Speichel, der von der Zunge schaumig geschlagen wurde. Häufig kommt es dabei zu Zungenbissen, wodurch der Schaum dann blutig wird. Die Atmung steht still, so dass die Schwangere zyanotisch wird.

Der Anfall dauert etwa 15 – 60 Sek. Nach dem Anfall folgen ein bis zwei tiefe schnarchende Atemzüge. Danach sinkt die Schwangere in einen komatösen Zustand, der manchmal einige Tage dauert.

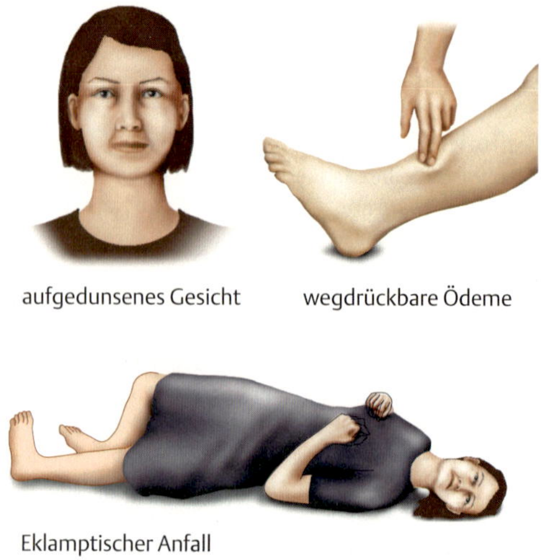

Abb. E.3 Eklampsie. Ein aufgedunsenes Gesicht und wegdrückbare Ödeme sowie Kopfschmerzen, Schwindelgefühl, Übelkeit und Druck im Oberbauch, können Vorboten eines eklamptischen Anfalls sein.

Diagnose

Für die Diagnose ist es von besonderer Bedeutung, die Schwere des Krankheitsbildes klinisch abzuschätzen, um die Gefährdung für Mutter und Kind richtig beurteilen zu können. Stets muss die Verlängerung der Schwangerschaftsdauer und das Frühgeburtsrisiko gegen die Gesundheit von Mutter und Kind abgewogen werden.

Regelmäßige Blutdruckmessungen über den ganzen Tag hinweg sind notwendig. Laboruntersuchungen von Blut und Urin werden regelmäßig vorgenommen.

Die Diagnostik des Kindes umfasst vor allem das Ableiten eines CTGs (Kardiotokogramm).

Differenzialdiagnose

Die Differenzialdiagnose zur Eklampsie ist der Grandmal-Anfall, der im Rahmen der → Epilepsie vorkommt. Außerdem kommen die hypokalzämische Tetanie oder die Hyperventilationstetanie in Betracht.

Therapie

Da die Präeklampsie die Grundlage für die Eklampsie bildet, gelten die gleichen therapeutischen Richtlinien.

Präeklampsie

Die Therapie der Präeklampsie hängt einerseits vom Schweregrad der Erkrankung ab, andererseits davon, zu welchem Zeitpunkt während der Schwangerschaft diese auftritt.

Medikamentös werden Antihypertensiva, Magnesium und Antikonvulsiva eingesetzt. Das antihypertensive Mittel der Wahl ist Nepresol (Dihydralazin). Als Nebenwirkung ist auf Tachykardie und Kopfschmerzen zu achten.

Der Blutdruck darf nur langsam und nicht zu stark gesenkt werden, um eine ausreichende Durchblutung der Plazenta zu gewährleisten.

Eklampsie

Hier kommen Maßnahmen hinzu, die einem eklamptischen Anfall vorbeugen sollen. Hierzu zählt die Magnesiumtherapie.

Magnesiumtherapie. Magnesium hat mehrere positive Effekte. Es wirkt zum einen über eine Entspannung der glatten Muskulatur vasodilatatorisch (gefäßerweiternd) und führt so zu einer Absenkung des Blutdrucks. Zum anderen wirkt es antikonvulsiv und kann damit einem Krampfanfall vorbeugen. Magnesium wirkt atemdepressiv, sodass eine sorgfältige Überwachung der Patientin mit einer Magnesiumdauerinfusion notwendig ist. Bei einer Magnesiumüberdosierung kann es zu einem Herzstillstand kommen. Die Dosierung wird über den Patellarsehnenreflex angepasst. Wenn dieser nicht mehr auslösbar ist, ist die maximale Dosis erreicht. Im Krampfanfall werden Valium oder Rivotril i. v. gegeben.

Beendigung der Schwangerschaft. Die Beendigung der Schwangerschaft ist die einzige ursächliche Therapie, da diese der Auslöser der Erkrankung ist. Ziel der Therapie ist daher eine schnellstmögliche Entbindung. Dies setzt jedoch einen stabilen Zustand der Mutter voraus. Vor der 36. Schwangerschaftswoche versucht man im Interesse des Kindes, unter intensivmedizinischer Überwachung ein höheres Gestationsalter zu erreichen. Je nach geburtshilflichem Befund wird man in der Mehrzahl der Fälle einen Kaiserschnitt vornehmen. In weniger schweren Fällen kann die Entbindung eingeleitet werden. Immer ist eine sorgfältige CTG-Überwachung notwendig.

Prognose

Obwohl das klinische Bild der Eklampsie durch das Auftreten von tonisch-klonischen Anfällen einen dramatischen Verlauf nimmt, muss die Eklampsie nicht unbedingt die schwerste Komplikation der Spätgestose sein.

Es gibt Fälle, bei denen meist unter der Geburt ein bis zwei eklamptische Anfälle auftreten. Sie stellen gemeinhin weder für die Mutter noch für das Kind ein Risiko dar. Insgesamt muss man jedoch sagen, dass durch das Auftreten von eklamptischen Anfällen im Rahmen einer Spätgestose zusätzlich zu dem hohen kindlichen Risiko auch das Leben der Mutter in Gefahr ist.

Infobox

ICD-10: O15.9

Internetadressen:

http://www.geburtskanal.de/Wissen/Gestose

Uni-Frauenklinik Tübingen: http://www.gestose.de

Ektropium/Entropium

► Eine 85-jährige Frau liegt wegen eines Oberschenkelhalsbruches auf der chirurgischen Station und klagt: „Seit gestern Abend tränt mein rechtes Auge. Außerdem habe ich da so ein reibendes Gefühl, als hätte ich etwas im Auge. Ich hatte das schon öfter und der Augenarzt hat mir dann manchmal eine Wimper gezogen. Das fehlt mir jetzt gerade noch."

Definition

Beim Ektropium und Entropium weicht die Stellung der Augenlider von der Norm ab. Beim Entropium ist der Lidrand nach innen gewendet, beim Ektropium nach außen (**Abb. E.4**).

Ursachen

Häufige Ursachen von Ektropium und Entropium sind altersbedingte Veränderungen der Lidstrukturen. Im Alter erschlafft der Ringmuskel des Augenlids. Dadurch hängt die Lidkante herab oder biegt sich einwärts. Auch Lähmungen (z. B. durch eine Faszialisparese) oder Narben im Lidbereich rufen diese Erkrankungen hervor.

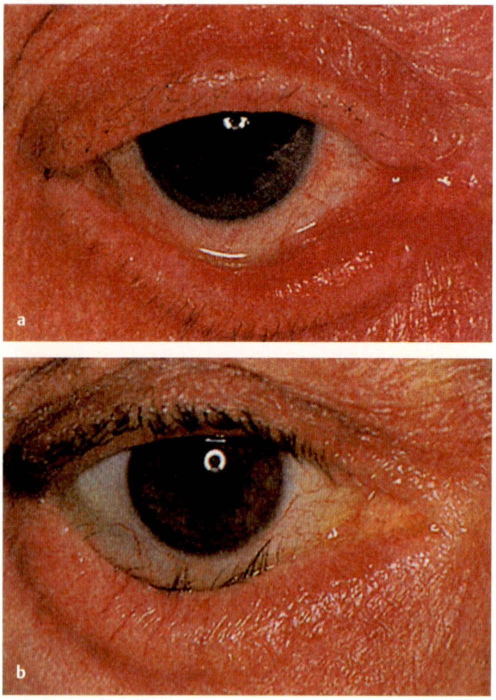

Abb. E.4 Lidfehlstellungen. a Ektropium. Durch die ausgeprägte, altersbedingte Auswärtswendung des Unterlids liegt die Bindehaut des unteren Tarsus frei. **b** Entropium. Die Wimpern sind mit der Lidkante nach innen gerichtet und reiben auf der Hornhaut.

Symptome

Die Patienten klagen beim Ektropium über Epiphora (Tränenträufeln). Die Tränenflüssigkeit kann nicht richtig über das untere Tränenpünktchen ablaufen und fließt stattdessen über die Lidkante auf die Wange. Das nach außen gewendete Lid, das die rötliche Lidbindehaut freilegt, ist kosmetisch unvorteilhaft und entzündet sich leicht.

Beim Entropium sind mit dem Lidrand auch die Wimpern nach innen gedreht und führen zu einer Trichiasis (fehlstehende Wimpern reiben auf der Hornhaut). Symptome des Entropiums sind daher Fremdkörpergefühl und ebenfalls Epiphora.

Häufig entzündet sich beim Ektropium und Entropium die Bindehaut des Auges, da das Auge allgemein gereizt ist und dadurch eine erhöhte Anfälligkeit besteht.

Diagnose

Die Fehlstellung des Lides fällt bereits beim ersten Hinsehen auf. Außerdem kann der Arzt mit Hilfe der Spaltlampe beurteilen, ob die Hornhaut geschädigt ist oder wie stark eine entstandene Bindehautentzündung ist.

Differenzialdiagnose

Es müssen ein Hornhautfremdkörper und eine → Konjunktivitis ausgeschlossen werden. Sie können ebenfalls zu einem Fremdkörpergefühl im Auge und zu Epiphora führen.

Therapie

Entropium und Ektropium werden chirurgisch korrigiert. Als vorübergehende Sofortmaßnahme wendet ein Zügelpflaster bei einem Entropium den Unterlidrand wieder nach außen und beseitigt die Trichiasis (s. **Abb. L.26**, S. 584).

Prognose

Wenn sich Entropium bzw. Ektropium operativ korrigieren lassen, ist die Prognose gut. Reiben die Wimpern weiter auf der Hornhaut oder bleibt die Unterlidbindehaut ständig nach außen gekehrt, begünstigt dies Entzündungen und Ausbildung eines Hornhautulkus. Dieses kann perforieren und zum Verlust des Auges führen.

Infobox

ICD-10:
H02.1

Internetadressen:
http://www.medizinfo.de

Literatur:
Burk, A. u. a.: HNO, Augenheilkunde, Dermatologie und Urologie für Pflegeberufe, Thieme, Stuttgart 2003

Ekzem

► Ein junger Mann bemerkt an beiden Händen und Unterarmen einen juckenden, roten Ausschlag. Er berichtet dem Hautarzt: „Am letzten Wochenende habe ich meinem Bruder beim Renovieren geholfen. Da habe ich viel mit Malerfarbe gearbeitet und hatte teilweise so lange Gummihandschuhe an, in denen ich geschwitzt habe. Kann das davon kommen?"

Definition

Ekzem ist die Bezeichnung für ein Symptom vieler Hauterkrankungen. Meist ist es eine scharf begrenzte juckende Rötung der Haut, teilweise mit Bläschen, Krusten oder Schuppen. Der Übergang zur Bezeichnung Dermatitis („Hautentzündung") ist fließend. Oft meint Ekzem ein akutes Geschehen, Dermatitis ein chronisches. Ekzem selbst bedeutet übersetzt „aufkochende Entzündung".

Synonym: Juckflechte.

Ursachen

Viele (Haut-)Erkrankungen verursachen ein Ekzem. Die Systematik unterscheidet nach:

- endogenen (inneren) Ursachen,
- exogenen (äußeren) Ursachen.

Das endogene Ekzem wird auch als atopisches Ekzem oder → Neurodermitis bezeichnet. Es zeichnet sich durch schubweise Ekzembildung hauptsächlich der Arm- und Kniebeugen aus. Alle anderen Ekzeme sind exogen.

Exogene Ursachen

Eine sehr häufige, große und vielfältige Gruppe stellen die → Kontaktekzeme dar. Eine Untergruppe sind die **allergischen Kontaktekzeme** vom verzögerten oder Typ IV. Mit einigen Tagen Latenz bildet sich dabei an der „Kontaktstelle" mit dem Allergen, z. B. Nickel oder Duftstoffen, ein Ekzem. Diese Reaktion wird vom Immunsystem in Gang gesetzt: Aufgrund einer übermäßigen Bildung des IgE (Immunglobulin E) werden Mediatoren wie das Histamin aus den Mastzellen freigesetzt, die dann die allergische Reaktion auslösen.

Beim **toxischen Kontaktekzem** liegt dagegen keine Allergie vor. Hier versagt die Barrierefunktion der Haut. Der längere Kontakt mit dem Auslöser (z. B. Farben oder Zement), evtl. zusammen mit der Okklusion durch enge, Luft undurchlässige Handschuhe, lässt das Ekzem entstehen.

Mit einer Reaktion auf Bakterien wird das nummuläre oder **münzförmige Ekzem** erklärt, es findet sich meist an den Unterschenkeln (**Abb. E.5**).

Eiterbildende Bakterien wie Staphylo- und Streptokokken spielen die entscheidende Rolle bei der Entstehung des **infizierten Ekzems** (Eiterflechte), das sich als → Impetigo contagiosa, meist bei Kindern um den Mund herum, zeigt.

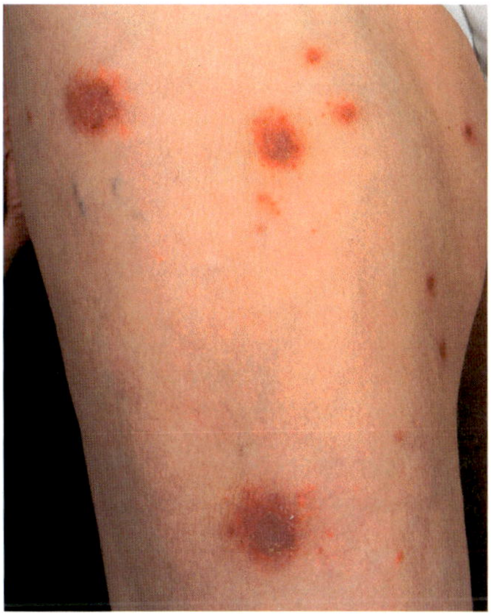

Abb. E.5 Nummuläres Ekzem. Das nummuläre Ekzem ist durch meist einzeln stehende, münzgroße, entzündlich gerötete, schuppende und unregelmäßig verteilte Elemente gekennzeichnet.

Bei Kleinkindern findet sich das **Windelekzem**. Hier spielen mehrere Faktoren zusammen: Okklusion und Reizung durch Urin und Stuhl sowie die Besiedlung durch Bakterien und Pilze, vor allem Candida albicans (→ Soor). Ein ähnlicher Mechanismus lässt in der Rima ani (Pofalte) ein Ekzem entstehen. Auch unter den Brüsten bei Frauen oder in der Bauchfalte bei adipösen Menschen entstehen solche „intertriginösen" Ekzeme.

Das **dyshidriforme Ekzem** findet sich an Hand und Fingern. Das Sekret der fehlregulierten Schweißdrüsen lässt einzelne feine Bläschen entstehen, die stark jucken. Eine → Psoriasis (Schuppenflechte) bildet vor allem zu Beginn eines Schubes, bevor sich die typischen weißen Schuppen zeigen, juckende Ekzeme.

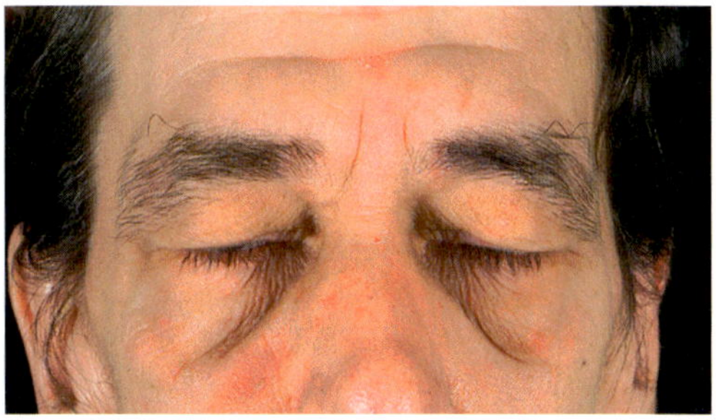

Abb. E.6 Seborrhoisches Ekzem. Schuppende Erytheme bei einem Erwachsenen.

Aufgekratzte Ekzeme entstehen bei starkem Juckreiz, ein typisches Beispiel ist das skabiöse Ekzem beim Befall mit der Krätzmilbe (→ Skabies) oder das Exsikkationsekzem bei sehr trockener Haut. Physikalische Auslöser für ein Ekzem sind Röntgen- oder UV-Strahlen (Sonnenbrand).

Das **seborrhoische Ekzem** im Gesicht und behaarten Kopf beruht vor allem auf einem verstärkten Talgfluss (**Abb. E.6**). Dazukommt eine Infektion durch Hautpilze. Pilze sind Verursacher für typische, oft runde Ekzeme an anderen Körperstellen.

Symptome

Zuerst entsteht eine umschriebene Entzündung der Haut mit einer Rötung, gleichzeitig oder sogar vorher beginnt der Juckreiz. Innerhalb weniger Tage verstärkt sich die Rötung, die Haut wird rauer und ödematös. Dazukommen u.U. feine Bläschen, aus denen sich zähflüssiges Sekret entleert. Der Juckreiz nimmt i.d.R. zu.

Die Ekzeme werden aufgekratzt, teilweise zeigen sich Einrisse der Haut, Erosionen und Rhagaden. Im weiteren Verlauf blasst die Rötung ab, die Haut erneuert sich mit ausgeprägter Schuppung.

Nicht selten kommt es zu einer Streureaktion des Ekzems. Damit ist gemeint, dass die Symptome nicht auf das anfangs betroffene Hautareal beschränkt bleiben.

Diagnose

Ekzeme sind häufig, etwa jeder vierte Hautpatient ist betroffen. In der Anamnese wird nach einem Auslöser gesucht, der zur Lokalisation der Beschwerden passt. Das klinische Bild ist wegweisend, Laboruntersuchungen auf Entzündungszeichen oder andere Parameter sind eher bei differenzialdiagnostischen Fragestellungen wichtig.

Zum Ausschluss bzw. der Bestätigung von vermuteten Ursachen sind Allergietestungen, Abstriche auf Bakterien und Pilze oder auch eine histologische Untersuchung einer Probeexzision (z.B. bei → Psoriasis) sinnvoll.

Differenzialdiagnose

Die → Rosacea zeigt sich mit schmetterlingsförmiger Rötung im Gesicht. Das Stauungsekzem an den Unterschenkeln mit oder ohne einem → Ulcus cruris beruht auf einer chronisch-venösen Insuffizienz.

Therapie

Die Vermeidung oder Behandlung der auslösenden Faktoren verhindern ein Fortschreiten und das erneute Auftreten eines Ekzems. Vorbeugend und zur Pflege dienen wirkstofffreie Cremes oder baumwollgefütterte Handschuhe, die oft gewechselt und gewaschen werden sollen.

Im akuten Schub, insbesondere mit starkem Juckreiz, werden kurzfristig äußerlich Kortikoide eingesetzt. Dabei sind die Kontraindikationen zu beachten: Sie dürfen nicht im Gesicht oder bei infektiösen Ursachen eingesetzt werden.

Infizierte Ekzeme werden mit antibiotischen und antimykotischen Wirkstoffen angegangen, bei Bedarf auch systemisch.

Prognose

Wird die Grunderkrankung bzw. die auslösende Ursache eliminiert, heilt das Ekzem meist vollständig ab. Langjährige Verläufe mit Schüben sind allerdings nicht selten, z.B. beim endogenen Ekzem und der Psoriasis.

Komplikationen

Im akuten Schub kann es zu einer Superinfektion mit schweren Verläufen insbesondere bei multimorbiden oder immungeschwächten Patienten kommen.

Langjährig bestehende Ekzeme führen zu einer Lichenifikation (Vergröberung des Hautreliefs) und einer Pigmentverschiebung.

Infobox

ICD-10:

L21 - Seborrhoisches Ekzem
L20 - Atopisches (endogenes) Ekzem
L23 - Allergische Kontaktdermatitis
L24 - Toxische Kontaktdermatitis
L25 - Nicht näher bezeichnete Kontaktdermatitis
L30 - Sonstige Dermatitis

Internetadressen:

http://www.thieme.de/detailseiten/3131266864.html
http://www.de.wikipedia.org/wiki/Ekzem

Literatur:

Moll, I.: Duale Reihe Dermatologie, 6. Aufl., Thieme, Stuttgart 2005

Elektrounfall

► Frau Breitner erzählt dem Rettungssanitäter: „Ich war noch nass vom Duschen und föhnte mir die Haare. Das Kabel hatte sich wieder einmal verheddert und ich zog daran. Als ich gerade dachte, dass ich endlich einen neuen Föhn kaufen müsste, spürte ich plötzlich einen Schlag. Ich konnte den Föhn kaum loslassen, alles zuckte, mein Herz schlug wie wild und mir wurde schwindelig. Ich muss dann wohl gefallen sein."

Definition

Bei einem Elektrounfall schädigt ein Stromschlag den Körper. Der Mensch gelangt dabei in einen Stromkreis zwischen einem Metallgegenstand und der Erde.

Pro Jahr erleiden etwa 1000 Menschen in Deutschland einen schweren Elektrounfall.

Ursachen

Der elektrische Strom zerstört die Strukturen des Körpers sowohl direkt als auch indirekt. An der Ein- und Austrittsstelle des Stromes an der Haut kommt es zu Verbrennungen, auch Strommarken genannt (**Abb. E.7**). Unter der Haut entstehen Muskelnekrosen, d. h. das Muskelgewebe stirbt ab.

Zusätzlich verursacht der Strom Verbrennungen an anderen Körperteilen: Durch einen Licht- oder Hitzebogen springt der Strom von den eigentlichen Eintrittsstellen auf andere Körperregionen über.

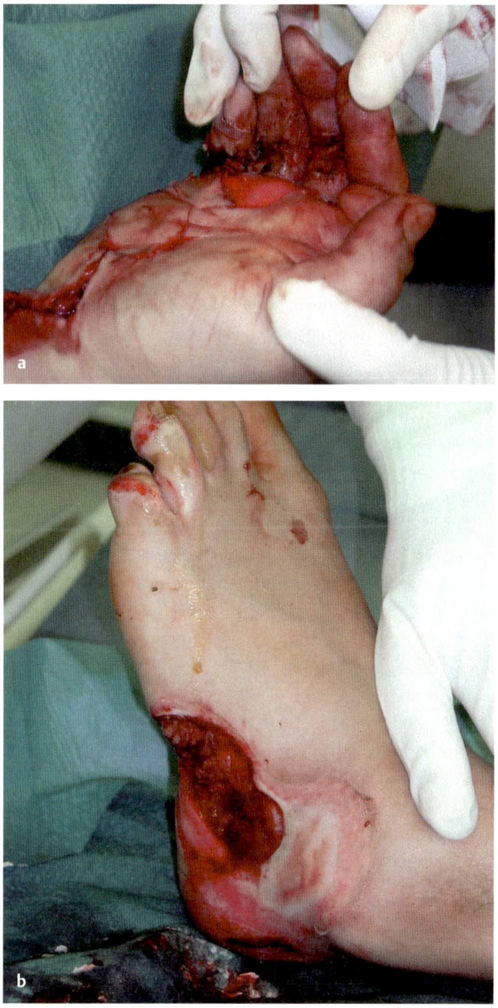

Abb. E.7 Stromverbrennung. a Stromeintrittsstelle, **b** Stromaustrittsstelle.

Symptome

Die Symptome hängen von der Stromspannung ab, die den Unfall verursacht hat.

Niederspannungsunfälle. Über 80 % aller Elektrounfälle ereignen sich im Haushalt und in Betrieben mit Stromstärken von bis zu 1000 V. Feuchte, dünne Haut hat einen niedrigen Hautwiderstand und begünstigt einen Elektrounfall. Die mit 220 V niedrige Netzspannung im Haushalt verursacht oft deutlich sichtbare Strommarken mit nur leichten Verbrennungen. Dazu treten Muskelkrämpfe auf. Mitunter stürzt der Patient und verletzt sich zusätzlich. Höhere Stromstärken stören die Reizleitung des Herzens und es kann zu Kammerflimmern oder Asystolie (Herzstillstand) kommen.

Hochspannungsunfälle. Unfälle mit über 1000 V treten bei Arbeiten mit Transformatoren und Schaltstationen (z. B. bei Eisenbahnhochleitungen mit 15 000 – 25 000 V, Hochspannungsleitungen mit 30 000 – 60 000 V) oder bei einem Blitzschlag auf. Der Patient erleidet starke Verbrennungen an der Haut sowie Herzrhythmusstörungen und Muskelschäden. Es kommt zum → Schock mit Blutdruckabfall, Bewusstseinsstörungen und Atemnot bis zum Koma. Wenn der Patient krampft oder das Bewusstsein verliert, kann er stürzen und sich an Thorax, Wirbelsäule oder den Extremitäten schwer verletzen. Abgestorbenes Muskelgewebe setzt übermäßig Myoglobin frei. Dies kann die Nierentubuli verstopfen und zum → akuten Nierenversagen führen.

Blitzschlag. Hierbei entstehen durch eine Stromspannung von bis zu 1 Milliarde V an den Ein- und Austrittsstellen Brand- und Rissquetschwunden, meist an Ellbogen, Fersen und Fußsohlen. Die Verbrennungen sehen oft farnkrautartig verzweigt aus (Lichtenberg-Blitzfiguren, Tannenbaummuster). Knochen, Nerven und Gefäße einer Extremität können so schwer verbrannt sein, dass sie amputiert werden müssen.

Diagnose
Anamnese und körperliche Untersuchung weisen meist eindeutig auf einen Stromunfall hin.

Die Vitalparameter (Atmung, Puls, Kreislauf) und neurologischer Status sollten erhoben und regelmäßig kontrolliert werden. Die Pulsoxymetrie misst die Sauerstoffversorgung des Körpers. Ein EKG zeigt Herzrhythmusstörungen oder eine Asystolie an. 24 Stunden nach dem Ereignis sollte das EKG wiederholt werden, da Arrhythmien auch verzögert auftreten können.

Bei Verdacht auf Frakturen sind Röntgenuntersuchungen der entsprechenden Knochen erforderlich.

Differenzialdiagnose
Die Diagnose Elektrounfall ist i.d.R. eindeutig und ergibt sich aus der Anamnese und der körperlichen Untersuchung.

Therapie
Die Helfer müssen den Verletzten nach Ausschalten des Stromkreises so schnell wie möglich aus dem Gefahrenbereich bringen.

Falls der Stromkreis nicht ausgeschaltet werden kann, wird der Patient unter guter Isolierung mit Gegenständen aus Gummi, Holz, Leder oder mit einem Seil geborgen. Helfer sollten darauf achten, sich selbst zu schützen. Bei Hochspannungsleitungen sollten sie wegen des Lichtbogens mindestens 1 cm pro 1000 V Abstand halten, also etwa 4 – 5 Meter.

Ein Patient mit einem → Herz-Kreislauf-Stillstand wird reanimiert, bei Kammerflimmern wird defibrilliert. Der Kreislauf wird mit Elektrolytlösungen oder Kolloidlösungen wie Hydroxyäthylstärke, Dextrane oder Gelatine und bei Bedarf Katecholaminen stabilisiert. Bei nicht ausreichender Spontanatmung muss der Patient intubiert werden.

Verbrennungen werden zunächst steril abgedeckt und später in der Klinik versorgt. Gegen die Schmerzen bekommt der Patient starke Analgetika wie Morphin. Ein → akutes Nierenversagen wird mit Flüssigkeitsbeschränkung, Diuretika und u. U. Dialyse behandelt. Verletzungen des Thorax, der Wirbelsäule oder der Extremitäten werden unfallchirurgisch versorgt.

Prognose
Etwa 10 % der schweren Elektrounfälle verlaufen tödlich. Über 30 % der Menschen, die durch einen Blitz verletzt werden, sterben. Die häufigsten Todesursachen bei einem Blitzschlag sind schwere Hirnverletzungen mit Atemstillstand und Bewusstlosigkeit oder Kammerflimmern.

Überlebt ein Mensch den Stromschlag, erholt sich der Körper meist wieder vollständig.

Prävention
Bei einem Gewitter sollte man sich möglichst nicht unter freiem Himmel aufhalten. Flaches Hinlegen verringert das Risiko, von einem Blitz getroffen zu werden. Gegenstände aus Metall wie Gewehre, Golfschläger, Fahrrad oder Regenschirm sollte man ablegen.

Keinen Schutz bieten Bäume oder Unterstände. Im Auto ist man dagegen vor einem Blitzschlag gut geschützt.

Infobox

ICD-10: T75.4

Internetadressen:
http://www.divi-org.de
http://www.elektronik-kompendium.de
http://www.gesundheitspilot.de

Literatur:
Trentz, O. u. Bühren, V.: Checkliste Traumatologie. 5. Aufl. Thieme, Stuttgart 2001
Ziegenfuß, T.: Checkliste Rettungsmedizin. Thieme, Stuttgart 1997

Embolie

► Herr Glaner hat in diesem Skiurlaub Pech. Am ersten Tag werden ihm an der Hütte seine Ski gestohlen und seit gestern liegt er mit einem gebrochenen Unterschenkel im Krankenhaus. „Der hätte mich doch sehen müssen, als er von oben angerauscht kam. Pistenregeln unbekannt, so ist das immer bei den jungen Leuten", beschwert er sich und hustet. Alina, seine Tochter, tupft ihm den Schweiß von der Stirn. „Geht es dir nicht gut?", fragt sie besorgt. „Nein. Ich weiß auch nicht. Die Nacht war ganz gut, aber jetzt habe ich das Gefühl, ich bekomme keine Luft und mein Herz rast irgendwie."

Definition

Bei der Embolie verlegt mit der Blutbahn verschlepptes Material (Embolus; embol- griech. hineinwerfen, hineinlegen), das Lumen eines Gefäßes, so dass der Blutstrom unterbrochen wird.

Ursachen

Der Embolus wird mit dem Blutstrom mitgerissen und in kleinere Gefäße hineingeschleudert, in denen er stecken bleibt. Es kann aus verschiedenen Materialien bestehen:

- geronnene Blutbestandteile (Thrombus; am häufigsten),
- Cholesterinplaques bei → Arteriosklerose,
- Fett oder Luft nach Frakturen (→ Luftembolie),
- Bakterien bei einer → Sepsis,
- Tumorzellen,
- Fruchtwasser während der Geburt (→ Fruchtwasserembolie),
- Fremdkörper wie abgerissene Katheterteile.

Man unterscheidet eine venöse von einer arteriellen und einer paradoxen Embolie.

Venöse Embolie

Diese Form tritt am häufigsten als → Lungenembolie auf. Der Embolus, in den meisten Fällen ein Blutgerinnsel (Thrombus), entsteht in über 90% der Fälle in den tiefen Venen der Oberschenkel, des Beckens oder der Beine. Etwa 15% der Lungenembolien ereignen sich nach einer Operation.

Der Thrombus gelangt über die untere Hohlvene in das rechte Herz und über die Lungenarterien in die Lunge. Dort bleibt er in Arterien stecken. Häufig sind ältere, bettlägerige Patienten betroffen. Weitere Risikofaktoren für die Entwicklung einer Thrombose sind:

- Übergewicht (→ Adipositas),
- Bettlägerigkeit,
- Mangel an gerinnungshemmenden Stoffen,
- bösartige → Tumoren,
- schwere Varizenerkrankungen (→ Varikosis),
- Therapie mit Östrogenen oder Einnahme der Pille,
- Schwangerschaft,

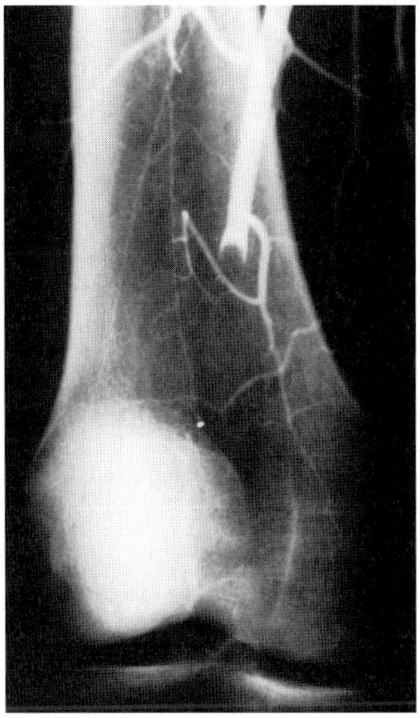

Abb. E.8 Arterielle Embolie. Embolischer Verschluss der distalen A. femoralis superficialis mit bogenförmiger Begrenzung.

- Rauchen (s. → Becken- und Beinvenenthrombose).

Bei der seltenen Pfortaderthrombose gelangt der Thrombus in die Pfortader und verursacht einen Stau des Blutes im Darmbereich.

Arterielle Embolie

Bei dieser Form kann das Material mit dem arteriellen Blutstrom in verschiedene Organe des Körpers gelangen. Quelle des Embolus ist in den meisten Fällen das linke Herz, seltener die Aorta oder andere große Arterien. Am häufigsten gelangt der Embolus in das Gehirn und verursacht dort kurz- oder längerfristige Durchblutungsstörungen oder einen → Hirninfarkt.

Am zweithäufigsten gelangt der Embolus in die Arterien der unteren Extremität und führt dort zu einem akuten Arterienverschluss (**Abb. E.8**) (→ arterielle Verschlusskrankheit). Seltener sind Arterien der Arme oder Eingeweidearterien betroffen. Verschließt der Embolus Arterien des Magen-Darm-Traktes, kann es zu einem akuten → Mesenterialinfarkt kommen, bei Verschluss der Nieren- oder Milzarterien zu einem Infarkt von Niere oder Milz **(Tab. E.1)**.

Paradoxe Embolie

Bei dieser, auch gekreuzte Embolie genannten Sonderform, gelangt ein Embolus aus dem rechten Vorhof über eine Lücke in der Wand zwischen den Vorhöfen (offenes Foramen ovale) in den linken Vorhof und von dort in die arteriellen Gefäße. So kann ein Thrombus aus einer Becken- oder Beinvene eine arterielle Embolie verursachen.

Tab. E.1 Häufigkeitsverteilung arterieller Embolien

Lokalisation	ca. Häufigkeit
Kopf (extra- und intrakranielle Gefäße)	60%
obere Extremität (A. axillaris, A. brachialis, A. radialis, A. ulnaris)	6%
viszerale Gefäße (Milz-, Nierengefäße und mesenteriale Gefäße)	6%
untere Extremität (A. iliaca, A. femoralis, A. poplitea, Aa. tibialis)	28%

Symptome

Eine venöse Lungenembolie äußert sich durch akut einsetzende Atemnot (Dyspnoe) mit schneller Atmung (Tachypnoe) und schnellem Herzschlag (Tachykardie). Der Patient hat häufig Schmerzen in der Brust, Husten und mitunter blutigen Auswurf. Viele Patienten mit → Lungenembolie haben Angst oder ein Beklemmungsgefühl. Bei einer schweren Lungenembolie kann es zum → Schock mit Kreislaufstillstand kommen. Die Pfortaderembolie verursacht plötzliche Bauchschmerzen mit Durchfall.

Eine arterielle Embolie im Gehirn äußert sich durch kurz- oder längerfristige neurologische Ausfälle (→ Hirninfarkt: TIA, PRIND, Apoplex). Ein akuter Arterienverschluss an Armen oder Beinen äußert sich durch plötzlich einsetzende Schmerzen. Ein akuter Verschluss der Nierenarterien führt zu Schmerzen in den Lenden und blutigem Urin, ein Milzinfarkt zu Flankenschmerzen auf der linken Seite. Verschließt der Embolus Darmarterien, kommt es zu starken Bauchschmerzen und blutigen Durchfällen.

Diagnose

Begleitumstände, Risikofaktoren, Brustschmerzen und Atemnot weisen auf eine venöse Lungenembolie hin. Bei der Kontrolle der Blutwerte ist die Konzentration der Fibrin-Spaltprodukte erhöht, und der Partialdruck von Sauerstoff (pO_2) und Kohlendioxid (pCO_2) erniedrigt. Das EKG zeigt nur in 50% der Fälle typische Veränderungen. Der Embolus lässt sich mit der Angiografie der Lungenarterien (Pulmonalisangiografie) nachweisen.

Auf eine arterielle Embolie weisen häufig die Anamnese und die klinische Untersuchung hin. Mit der Farbduplexsonografie und einer Angiografie kann der Verschluss des Gefäßes sichtbar gemacht werden. Bei Verdacht auf eine Hirnembolie wird umgehend eine Computertomografie veranlasst. Bei einem Verschluss der Darm-, Nieren- oder Milzarterien wird eine Röntgenaufnahme von Thorax und Abdomen erstellt und ein Ultraschall, Computertomografie und Angiografie durchgeführt.

Differenzialdiagnose

Je nach Organsystem müssen andere Erkrankungen ausgeschlossen werden, s. Differenzialdiagnose z. B. bei → Lungenembolie, → Luftembolie, → Hirninfarkt.

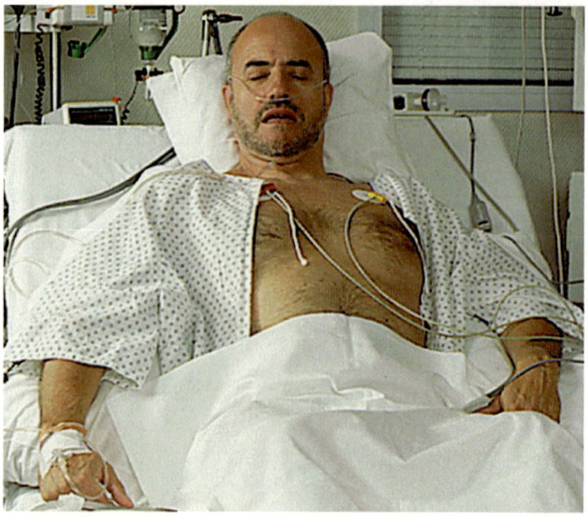

Abb. E.9 Lagerung bei Lungenembolie. Zur Linderung der Atemnot wird der Patient mit erhöhtem Oberkörper gelagert.

Therapie

Ein Patient mit einer akuten Lungenembolie wird halbsitzend gelagert und erhält Sauerstoff über eine Nasensonde (**Abb. E.9**). Er erhält hoch dosiert Heparin und Flüssigkeit. Bei einem Schock wird Dopamin gespritzt, bei einem Kreislaufstillstand wird mit Herzdruckmassage wiederbelebt. Der Embolus kann dann mit einer Fibrinolysebehandlung aufgelöst werden. Selten wird das Blutgerinnsel operativ entfernt.

Bei einer arteriellen Embolie im Gehirn müssen zunächst die Vitalfunktionen sichergestellt werden. Der Patient erhält Sauerstoff, Elektrolytlösungen und Thrombozytenaggregationshemmer. Der Embolus kann mit einer Fibrinolysetherapie aufgelöst werden. Patienten mit einem Verschluss der Extremitätenarterien werden mit hochdosiertem Heparin behandelt, der Embolus mit einer Embolektomie entfernt oder mit Fibrinolytika aufgelöst. Bei einer Embolie der Darmarterien wird operiert und der betroffene Darmabschnitt entfernt.

Prognose

Die Prognose einer Embolie hängt von der Lokalisation und dem Ausmaß des Verschlusses ab.

Infobox

ICD-10: I74.9, I82.9

Internetadressen:

Dt. Gesellschaft für Angiologie: http://www.dgangiol.de

Dt. Gesellschaft für Gefäßchirurgie: http://www.gefaesschirurgie.de

Literatur:

Greten, H. (Hrsg.): Innere Medizin. Thieme, Stuttgart 2005

Herold, G. (Hrsg.): Innere Medizin. Eigenverlag, 2005

Hirner, A., Weise, K.: Chirurgie. Thieme, Stuttgart 2003

Embryofetales Alkoholsyndrom

► Die 25-jährige Tine Malchow erzählt Schwester Nadine auf der Entbindungsstation: „Ich wollte immer schon ein Kind, und als der Arzt mir sagte, ich sei schwanger, wurde richtig gefeiert. Schwangerschaft ist schließlich keine Krankheit und auch meine Freunde meinten, ein Gläschen Sekt hier und da kann dem Baby nicht schaden. Jetzt ist Lisa auf der Welt und geistig behindert. Es soll am Alkohol liegen, aber soviel habe ich doch gar nicht getrunken!"

Definition

Beim embryofetalen Alkoholsyndrom entstehen beim Ungeborenen Fehlbildungen durch Alkoholkonsum der Schwangeren. Bis zu drei von 1000 Neugeborenen kommen jährlich mit einem embryofetalen Alkoholsyndrom auf die Welt. Die Dunkelziffer dieser nicht genetisch bedingten Erkrankung ist allerdings hoch.

Ursachen

Trinkt eine schwangere Frau Alkohol, trinkt das Baby mit. Doch das Ungeborene ist viel weniger geschützt als seine Mutter, denn sein noch unreifer Organismus kann den Körper nicht entgiften. Alkohol hemmt die Zellteilung, vor allem in den ersten zwei Monaten der Schwangerschaft, der Embryonalphase, in der sich die Organe entwickeln (Organogenese). Aber auch in der Fetalperiode bis zur Geburt wirkt Alkohol teratogen (toxisch auf die Frucht).

Es ist bisher noch unklar, ab wann Alkohol – ob erst in großen oder bereits auch in kleinen Mengen – teratogen wirkt. Manche Daten gehen davon aus, dass die toxische Dosis während der Organogenese zwischen täglich 60 und 90 Gramm liegt. Doch Alkohol wird individuell unterschiedlich vertragen. Werdende Mütter sollten aus diesem Grund generell auf Alkoholkonsum verzichten.

Symptome

Alkohol in der Schwangerschaft schädigt das noch ungeborene Kind meist unumkehrbar für sein weiteres Leben. Neugeborene mit embryofetalem Alkoholsyndrom sind u. a. zu erkennen am kleinen Kopf mit niedriger Stirn, engen Lidspalten und herabhängenden Oberlidern. Der Nasenrücken ist kurz, die Nasenlöcher weisen nach vorne („Steckdosennase"), die Rinne in der Mitte der Oberlippe ist lang und flach, das Oberlippenrot schmal und eine Gaumenspalte kann auftreten (**Abb. E.10**).

Charakteristisch sind auch Untergewicht und Unterlänge, also Minderwuchs. Meistens bleiben die Kinder in ihrer geistigen Entwicklung zurück. Zudem treten mitunter Herzfehler sowie Fehlbildungen an Gelenken und äußeren Geschlechtsorganen auf. Vielen dieser Kinder ist ihre Schädigung äußerlich nicht anzusehen. Erst später treten dann Störungen im Denken, Lernen oder Sprechen auf.

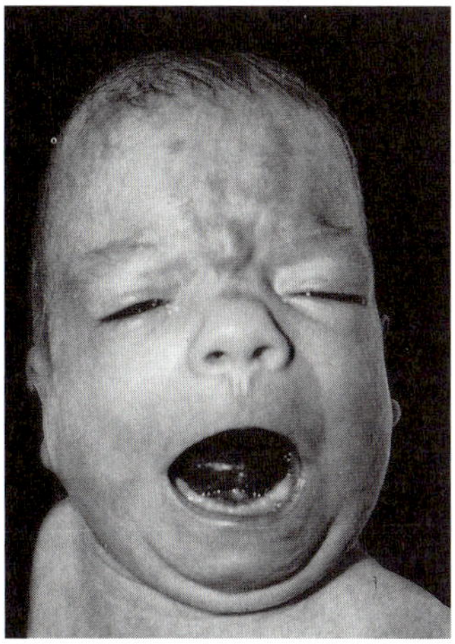

Abb. E.10 Embryofetales Alkoholsyndrom. Charakteristisches Gesicht mit kleinem Kopf, niedriger Stirn, kurzem Nasenrücken und nach vorne weisenden Nasenlöchern.

Diagnose

Kinder mit embryofetalem Alkoholsyndrom beurteilen Ärzte zusätzlich zur Röntgen-Untersuchung des Schädels danach, wie ausgeprägt die Symptome sind, wie viele gleichzeitig auftreten und – in der weiteren Entwicklung – wie hoch ihr Intelligenzquotient (IQ-Mittelwert: 100) ist. Bei Schweregrad I mit mittlerem IQ von 91 wird die Störung als gering, bei Schweregrad II (IQ 79) als mittelschwer und bei Schweregrad III (IQ 66) als schwer eingestuft.

Unerlässlich ist darüber hinaus die Befragung der Mutter, ob, wie lange und wie viel Alkohol sie in der Schwangerschaft getrunken hat.

Therapie

Außer der chirurgischen und kieferorthopädischen Behandlung der Kinder bei Fehlbildungen hat ihre frühe motorische und geistige Förderung, etwa durch Physiotherapeuten, Logopäden und Ergotherapeuten, Vorrang. Die Kinder brauchen ihr Leben lang intensive Zuwendung.

Prognose

Bis zu 40 % der Kinder von alkoholkranken Müttern bleiben geistig behindert.

Infobox

ICD-10: Q86.0

Internetadressen:
http://www.fasworld.de, http://www.onmeda.de

Literatur:

Kurz, R., Ross, R.: Checkliste Pädiatrie. Thieme, Stuttgart 2000
Sitzmann, F. C.: Pädiatrie; Thieme, Stuttgart 2002

Endangiitis obliterans

► Der 32-jährige Christian Tichy berichtet seinem Hausarzt: „Seit mehr als einem Jahr schmerzen immer wieder meine Finger. Die Fingerspitzen sind dann blau, kalt und taub. Wenn ich die Hände aneinander reibe, wird es besser. Jetzt hat es auch an den Füßen angefangen. Eine Freundin meinte, das kann mit dem Rauchen zusammenhängen. Ich rauche ja schon seit ich 15 bin. Manchmal sind es zwei Schachteln am Tag."

Definition

Bei der Endangiitis obliterans entzünden sich abschnittsweise die kleinen und mittelgroßen Arterien und Venen. Betroffen sind häufig männliche Raucher zwischen 20 und 40 Jahren. Die Erkrankung tritt überdurchschnittlich oft in Israel, Japan und Indien auf. Männer sind etwa fünfmal häufiger betroffen als Frauen.

Synonyme: M. Winiwarter-Buerger, Thrombangiitis obliterans.

Ursachen

Die Ursache der Erkrankung ist unklar. Man vermutet, dass Nikotin stark zur Entstehung der Endangiitis obliterans beiträgt.

Symptome

Die Betroffenen klagen über Schmerzen und Kältegefühl in den Endgliedern der Arme und Beine. Die Haut ist häufig zyanotisch (bläulich verfärbt). Manchmal entzünden sich die oberflächlichen Venen (Phlebitis migrans: druckschmerzhafte, verdickte Venen).

Die Entzündung verläuft schubweise und kann zu einem Verschluss der Gefäße durch Thromben (Blutgerinnsel) führen. Bei einer ausgeprägten Endangiitis können die Finger- oder Zehenglieder nekrotisieren (absterben) (**Abb. E.11**).

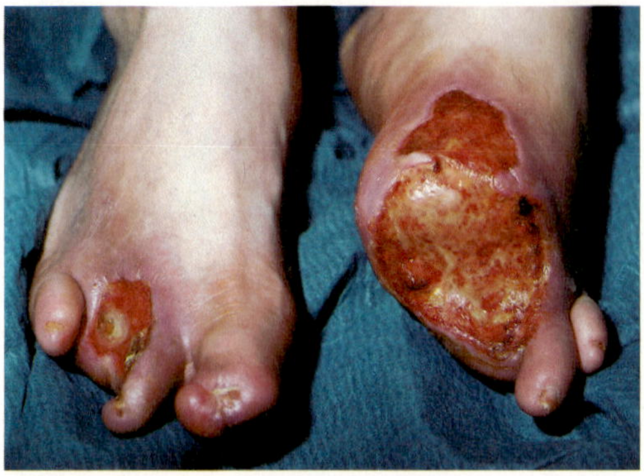

Abb. E.11 Endangiitis obliterans. Typischer klinischer Befund einer ausgeprägten Endangiitis bei einem 26-jährigen Patienten.

Diagnose

Junges Alter, Rauchen, männliches Geschlecht und die klinischen Symptome weisen auf eine Endangiitis obliterans hin.

Farbduplex-Sonografie und Angiografie stellen die Verschlüsse der Gefäße dar. Die Angiografie zeigt die typischen korkenzieherartigen Umgehungskreisläufe.

Differenzialdiagnose

Eine periphere → arterielle Verschlusskrankheit (pAVK) oder eine arterielle → Embolie können ähnliche Symptome wie die Endangiitis obliterans verursachen und müssen mit entsprechenden Untersuchungen ausgeschlossen werden (**Tab. E.2**). Mit Claudicatio intermittens wird ein Wadenschmerz beim Gehen bezeichnet.

Therapie

Die wichtigste Maßnahme ist, das Rauchen einzustellen. Dadurch kann die Erkrankung oft aufgehalten werden. Gegen die Durchblutungsstörungen helfen Infusionen mit

Tab. E.2 Differenzialdiagnose zwischen Endangiitis obliterans, pAVK und Embolie

Unterscheidungskriterium	Endangiitis obliterans	pAVK	arterielle Embolie
Häufigkeit	+	+++	++
Geschlecht	90% männlich	80% männlich	gleich
Alter bei Beginn	< 40	> 45	unabhängig
Ursache	?	Atherosklerose	z. B. Herzkrankheit
Claudicatio intermittens	(+)	+++	–
Klinik	Nekrosen	schleichender Beginn	perakuter Beginn

Prostaglandin E1; gegen die Schmerzen kann der Patient Azetylsalizylsäure einnehmen.

Schreitet die Krankheit weiter fort, müssen u. U. die verschlossenen Gefäße mit einem Katheter erweitert oder durch Gefäßbypässe umgangen werden. Bei Nekrosen müssen Gliedmaßenteile oder die gesamte Extremität amputiert werden. Eine Sympathektomie (Entfernung der entsprechenden Sympathikus-Nervenstränge) verhindert die Schmerzen.

Prognose

Die Lebenserwartung der Patienten ist nicht beeinträchtigt, die Lebensqualität leidet jedoch stark: Bei bis zu 30% der Patienten müssen innerhalb von fünf Jahren Amputationen vorgenommen werden. Bypassverfahren und Sympathektomie haben eine extrem schlechte Prognose.

Infobox

ICD-10:
I73.1

Internetadressen:
http://www.leitlinien.net
http://www.gangiol.de
http://www.gefaesschirurgie.de

Literatur:

Diehm, C. u. Schäfer, M.: Das Buerger-Syndrom. Springer, Berlin 1994

Greten, H.: Innere Medizin. 12. Aufl. Thieme, Stuttgart 2005

Endokarditis

► Der 24-jährige Student Marco erzählt Pflegeschülerin Nadine: „Nachdem ich an einem Kieferabszess operiert worden war, bekam ich Fieber und überall Schmerzen. Ich fühlte mich total schlapp und bin zu Hause zusammengeklappt. Hier habe ich sofort Antibiotika bekommen. Wie es hieß, war eine Herzklappe entzündet und die Sache war ganz schön knapp. Jetzt liege ich immer noch hier am Monitor. Unglaublich, was Bakterien auslösen können."

Definition

Bei der Endokarditis ist das Endokard (Herzinnenhaut) entzündet. Die Entzündung ist autoimmun oder bakteriell bedingt und befällt vor allem die Herzklappen. Man unterscheidet im Wesentlichen zwei Formen:

1. Bakterielle Endokarditis (akute, infektiöse Endokarditis),
2. Endokarditis rheumatica (nichtinfektöse Endokarditis).

Ursachen

Bakterielle Endokarditis. Hierbei befallen Bakterien – meist alpha-Streptokokken – auf direktem Weg vor allem die Herzklappensegel. Ein vorgeschädigter Klappenapparat (z. B. durch Klappenverkalkung) bietet einen idealen Angriffspunkt für Bakterien und begünstigt so die Entstehung der Erkrankung (**Abb. E.12**). Geringe Mengen von Bakterien im Blut können normalerweise abgefangen werden. Durch verschiedene Faktoren, z. B. Venenverweilkatheter, operative Eingriffe oder häufige venöse Injektionen (z. B. bei Fixern) ist das Risiko eines Klappenbefalls jedoch deutlich erhöht. Da die Herzklappen selbst schlecht durchblutet sind, ist die Heilung sehr erschwert.

Endokarditis rheumatica. Sie ist eine Komplikation des → rheumatischen Fiebers. Eine zuvor durchgemachte Infektion mit beta-Streptokokken ruft eine Autoimmunreaktion gegen körpereigenes Gewebe, die Herzklappen, hervor („streptokokkenallergische Zweiterkrankung").

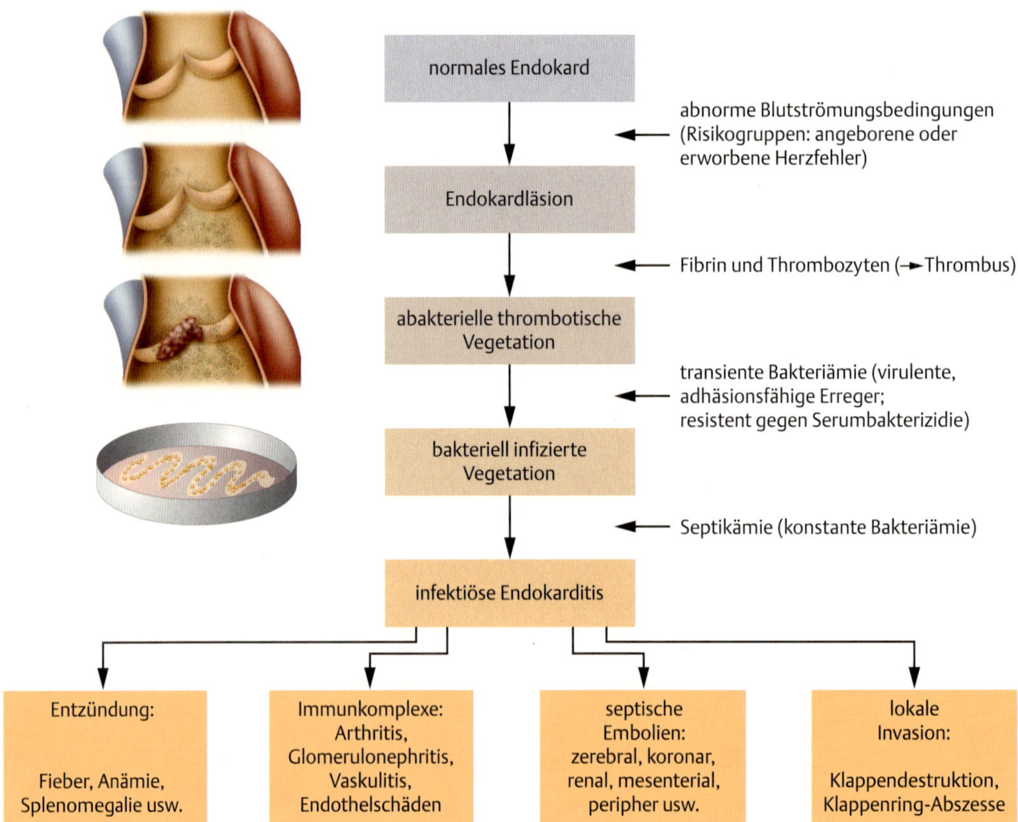

Abb. E.12 Pathogenese der infektiösen Endokarditis. Die aufgelagerten Thromben ermöglichen eine konstante Bakteriämie, da sie für die Erreger einen zusätzlichen Schutz vor den Abwehrzellen aus dem Serum bieten.

Symptome

Bakterielle Endokarditis. Sie stellt meist ein sehr schweres Krankheitsbild mit (häufig hohem) Fieber, Schüttelfrost, Schwäche, Abgeschlagenheit, Gelenkschmerzen sowie Schweißausbrüchen dar. Beim Abhören erkennt der Arzt ein neu aufgetretenes Herzgeräusch. Es kommt auch zu „bakteriellen Embolien" des septischen Streuherds. Damit ist gemeint, dass infiziertes Material von der Herzklappe über die Blutbahn in andere Organe gelangt.

Endokarditis rheumatica. Sie verläuft im Gegensatz zur bakteriellen Endokarditis typischerweise eher subakut, teilweise auch chronisch. Nach einem Infekt der oberen Luftwege (z. B. → Mandelentzündung), kommt es nach einer Latenzzeit von ca. 14 – 21 Tagen zu folgenden Symptomen: Vor allem in den großen Gelenken treten „wandernde" Gelenkschmerzen auf. Die Patienten klagen über Fieber und Abgeschlagenheit. Auch die Herzleistung kann durch eine Mitbeteiligung des Myokards extrem eingeschränkt sein, da oft eine Pankarditis (Entzündung des gesamten Herzens) besteht.

Diagnose

Um die Diagnose zu sichern und beide Formen gegeneinander abzugrenzen, ist die gründliche Anamnese und die körperliche Untersuchung unerlässlich. Damit können ein vorausgegangener Infekt, eine bakterielle Eintrittspforte sowie ein neu aufgetretenes Herzgeräusch festgestellt werden. Zusätzlich sind EKG und Echokardiografie (ggf. als Schluckecho) notwendig.

Bei den Laboruntersuchungen sind vor allem die Infektparameter von Bedeutung. Bei der rheumatischen Endokarditis lassen sich häufig auffällig erhöhte ASL-Titer (Antikörper gegen Streptokokken) nachweisen. Diese sind aber nicht beweisend für die Erkrankung. Vor allem, wenn bei der bakteriellen Endokarditis hohes Fieber auftritt, sind Blutkulturen (Anzüchtung von evtl. im Blut vorhandenen Bakterien) angezeigt.

Differenzialdiagnose

Zunächst müssen die beiden Endokarditisformen selbst gegeneinander abgegrenzt werden. Leichte Formen der bakteriellen Endokarditis werden schnell verkannt. Bei allen unklaren Fieberzuständen sollte man aber stets an eine Endokarditis denken.

Therapie

Bei der bakteriellen Endokarditis ist es extrem wichtig, möglichst rasch mit einer Antibiose zu beginnen. Abhängig vom Verlauf muss das Antibiotikum teilweise über 4 – 6 Wochen intravenös gegeben werden.

Die Endokarditis rheumatica wird antientzündlich mit Medikamenten wie ASS oder Kortikosteroiden behandelt. Eine antibiotische Therapie dient hier evtl. dazu, den vorausgegangenen oder chronischen Infekt zu behandeln, hat aber auf die Endokarditis selbst keinen Einfluss.

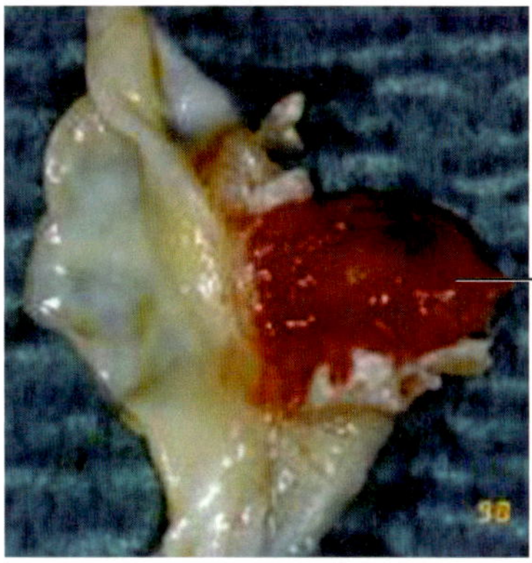

Abb. E.13 Endokarditis. Operationspräparat der Mitralklappe.

Prognose

Unbehandelt hat die bakterielle Endokarditis eine sehr schlechte Prognose; die Letalität beträgt ca. 30 %. Zusätzlich ist die Prognose abhängig von: Lebensalter, Vorschädigung des Herzens, Zeitpunkt der Diagnose und des Behandlungsbeginns.

Nachdem der akute Infekt abgeheilt ist, erscheinen oft → Herzklappenfehler, die im weiteren Verlauf eine zunehmende → Herzinsuffizienz hervorrufen können. Je nach Schweregrad der Herzinsuffizienz muss später eine künstliche Herzklappe eingesetzt werden (**Abb. E.13**).

Die Endokarditis rheumatica verläuft insgesamt chronischer. Sie wird oft gar nicht bemerkt oder diagnostiziert. Erst im Verlauf zeigt sich oft eine zunehmende Herzschwäche durch resultierende Klappenverkalkungen.

Komplikationen

Oft entsteht eine Sepsis. Falls die Erkrankung fortschreitet, kann ein lebensbedrohliches Herzversagen durch die Klappenzerstörung eintreten. In diesen seltenen Fällen muss ein Herzklappenersatz erwogen werden.

Prävention

Wenn bei Patienten durch ein EKG ein vorgeschädigter Herzklappenapparat festgestellt wird, sollte eine Endokarditisprophylaxe erfolgen, um weitere Klappenentzündungen zu vermeiden. Dazu müssen die Patienten vor zu erwartenden Bakteriämien, z. B. bei operativen Eingriffen, prophylaktisch ein Antibiotikum einnehmen.

Infobox

ICD-10: I38.G

Internetadressen:
http://www.cardiologe.de
http://www.toppharm.ch
http://www.h-wie-herz.de

Endokrine Ophthalmo-/Orbitopathie

► Die 45-jährige Frau Herrmann klagt beim Augenarzt: „Ich habe seit heute früh ein Fremdkörpergefühl in beiden Augen und so schwere Lider. Ich habe schon oft eine Bindehautentzündung gehabt und die Beschwerden darauf geschoben. Aber dann kam ein Druckgefühl dazu. Und jetzt habe ich das Gefühl, die Augen sind größer und ich sehe ganz verschwommen."

Definition

Bei der endokrinen Ophthalmopathie oder endokrinen Orbitopathie sind die Augenmuskeln und das orbitale Bindegewebe erkrankt.

Ursachen

Die endokrine Ophthalmopathie ist eine Autoimmunerkrankung, deren Ursache nicht bekannt ist. Eine Schilddrüsenüberfunktion kann vorausgehen, gleichzeitig vorliegen oder folgen. Frauen sind dreimal so häufig betroffen wie Männer.

Symptome

Die Symptome sind abhängig davon, wie schwer die Erkrankung ist. Zunächst klagen die Patienten über ein Fremdkörpergefühl und „schwere Lider". Sehr häufig tritt ein Exophthalmus (Hervortreten des Augapfels aus der Augenhöhle) auf. Die endokrine Ophthalmopathie ist bei Erwachsenen die häufigste Ursache für einen ein- und beidseitigen Exophthalmus.

Ein weiteres Symptom ist die Oberlidretraktion: Das Oberlid ist zurückgezogen (Dalrymple-Zeichen). Oberhalb der Iris wird weiße Sklera sichtbar und der Blick ist starr (**Abb. E.14**). Die Bindehaut kann verstärkt durchblutet und angeschwollen sein. Die Vergrößerung der Augenmuskeln und die Volumenzunahme des orbitalen Fettgewebes schränken im fortgeschrittenen Stadium die Beweglichkeit der äußeren Augenmuskeln ein und führt zum Schielen und zur Wahrnehmung von Doppelbildern.

Wenn der Lidschluss unvollständig und der Lidschlag langsam und selten ist (Stellwag-Zeichen), entstehen Benetzungsstörungen der Hornhaut. Diese können zu oberflächlichen Hornhautdefekten oder sogar zu Hornhautgeschwüren führen. Die Sehschärfe nimmt bei einer Sehnervenbeteiligung ab: Dann kann die Papille geschwollen oder atrophiert (zurückgebildet) sein. Der Augeninnendruck ist oft besonders beim Blick nach oben erhöht.

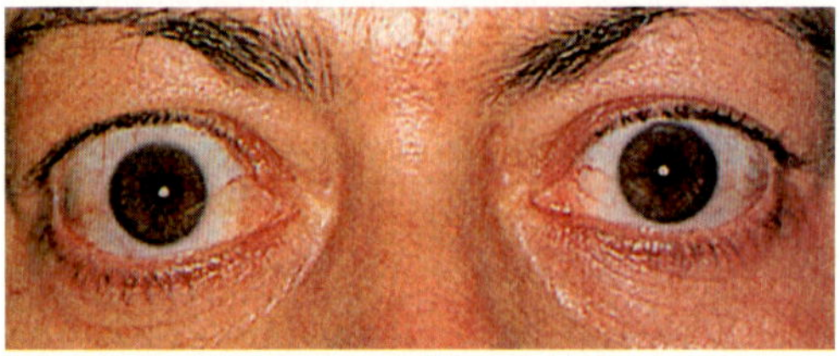

Abb. E.14 Endokrine Ophthalmopathie. Beidseitiger Exophthalmus mit Oberlidretraktion (Dalrymple-Zeichen), die rechts ausgeprägter als links ist. Typisch ist der hierdurch entstehende Eindruck eines starren Blicks.

Diagnose

Der Augenarzt erkennt viele der oben genannten Symptome schon durch eine Routine-Inspektion der Augen. Wie stark der Exophthalmus ausgeprägt ist, kann zudem mit Hilfe eines Exophthalmometers genauer ermittelt werden. Zusätzlich sollen die Hornhautbeschaffenheit, die Sehschärfe, das Gesichtsfeld, der Augeninnendruck und die Beweglichkeit der Augenmuskeln untersucht werden.

Differenzialdiagnose

Differenzialdiagnostisch müssen vor allem Hornhauterkrankungen anderer Ursachen und bei Doppelbildern Augenmuskellähmungen durch Erkrankungen des III., IV. und VI. Hirnnerven ausgeschlossen werden.

Therapie

Die Therapie richtet sich danach, wie schwer die Erkrankung ist. Ist sie gering ausgeprägt, sind regelmäßige augenärztliche Kontrollen erforderlich. Ein Allgemeinarzt oder Internist bzw. Endokrinologe diagnostiziert und behandelt die Autoimmunerkrankung und ggf. die Schilddrüsenfunktionsstörung.

Wenn der Exophthalmus und die Hornhaut- sowie Sehnervenkomplikationen zunehmen, können eine systemische Kortikosteroid-Behandlung, eine Röntgenbestrahlungstherapie, eine Orbitadekompression (Erweiterung der Augenhöhle durch chirurgische Teilentfernung der knöchernen Augenhöhlenwände) und Operationen an den äußeren Augenmuskeln erforderlich werden.

Prognose

Die Prognose ist abhängig davon, wie der einzelne Patient auf die Therapie anspricht. Neben einer vollständigen Heilung kann im Extremfall erst nach einer Orbitadekompression und Lidoperationen ein kosmetisch befriedigender Befund erreicht werden.

Infobox

ICD-10:
E05.0

Internetadresse:
http://www.morbusbasedow.de

Endometriose

► Stefanie Schmitter, 29 Jahre, sucht ihren Gynäkologen auf: „Seit Jahren wünschen wir uns schon ein Kind und bisher hat es nie geklappt. Es hieß immer, das kommt schon noch, aber mittlerweile wüsste ich schon gern, warum ich nicht schwanger werde und was man machen könnte. Außerdem habe ich oft Schmerzen beim Geschlechtsverkehr und wenn ich die Regel habe, ist auch Blut im Stuhl."

Definition

Die Endometriose ist eine gutartige Wucherung von Gebärmutterschleimhaut. Sie tritt außerhalb des eigentlichen Endometriums (Gebärmutterschleimhaut) auf. Prinzipiell kann sie im ganzen Körper auftreten.

Die Endometriose ist hormonabhängig und tritt daher hauptsächlich vom 20. bis 40. Lebensjahr auf. Nach der Menopause verkümmern die Schleimhautwucherungen.

Ursachen

Die Ursache der Endometriose ist noch nicht geklärt. Es gibt unterschiedliche Erklärungen für ihre Entstehung:

1. **Metaplasie:** Durch wiederholte Irritationen kommt es zur Umwandlung eines Gewebetyps in einen anderen (wie etwa bei Rauchern bronchiales Flimmerepithel in Plattenepithel). Bei der Endometriose verwandelt sich normales Epithel in ein Epithel, das dem embryonalen Gewebe ähnelt. Dieses Epithel kann sich in Endometriosezellen umwandeln.
2. **Retrograde Menstruation:** Die abgestoßene Gebärmutterschleimhaut fließt nicht in Richtung Scheide, sondern über die Eileiter in die Bauchhöhle. Bei diesem Vorgang entfernen im Normalfall Fresszellen die Endometriumzellen. Ist das Immunsystem gestört, nistet sich die Gebärmutterschleimhaut ein und es kommt zur Endometriose.
3. **Operative Eingriffe:** Die iatrogene (durch ärztliche Einwirkung entstandene) Endometriose hat ihre Ursache in operativen Eingriffen, die mit der Öffnung der Gebärmutterhöhle verbunden sind (z. B. Kaiserschnitt).

Symptome

Grundsätzlich verändern sich Endometrioseherde während des Menstruationszyklus genauso wie die Schleimhaut der Gebärmutter. Grund dafür sind die gleichen zyklischen hormonellen Veränderungen. Die Herde vergrößern sich im Rahmen des prämenstruellen Ödems und „bluten".

Daher treten Schmerzen meistens vor der Regelblutung auf und lassen während der Menstruation nach. Außerhalb der Menstruation verursacht die Endometriose im Normalfall keine Probleme.

Die weitere Symptomatik hängt im Wesentlichen von der Lokalisation der Endometriose ab.

Man unterscheidet:

- Endometriosis genitalis interna,
- Endometriosis genitalis externa,
- Endometriosis extragenitalis.

Endometriosis genitalis interna

Bei der Endometriosis genitalis interna befindet sich die Endometriose innerhalb der Gebärmutter, aber außerhalb ihres Endometriums. Außerdem ist hier auch der Eileiter betroffen, da seine Schleimhaut eine direkte Verbindung zur Gebärmutterschleimhaut aufweist. Es handelt sich also um die Endometriosis uteri interna (auch Adenomyosis uteri genannt) und die Endometriosis tubae.

Endometriosis uteri interna. Diese Wucherung der Gebärmutterschleimhaut in der Muskelschicht der Gebärmutter ist die häufigste Form der Endometriose und findet sich meist nach dem 35. Lebensjahr (**Abb. E.15**). Hinweise für das Vorliegen einer Endometriosis uteri interna sind → Dysmenorrhöen, die 2–4 Tage vor der Regelblutung beginnen. Mit dem Eintritt der Menstruation klingen die Schmerzen ab, da die Anschwellung im Myometrium schwindet. Wenn die Gebärmutter im Rahmen der Menstruation Gewebe abstößt, muss sie kleine eröffnete Blutgefäße mittels Myometriumkontraktion (Zusammenziehen der Gebärmuttermuskulatur) verschließen.

Bei dieser Endometrioseform kann sich die Gebärmuttermuskulatur nicht wie üblich zusammenziehen. Dadurch ergeben sich verstärkte und länger dauernde Regelblutungen. Die Gebärmutter ist zudem leicht vergrößert, unregelmäßig, derb und gering druckschmerzhaft.

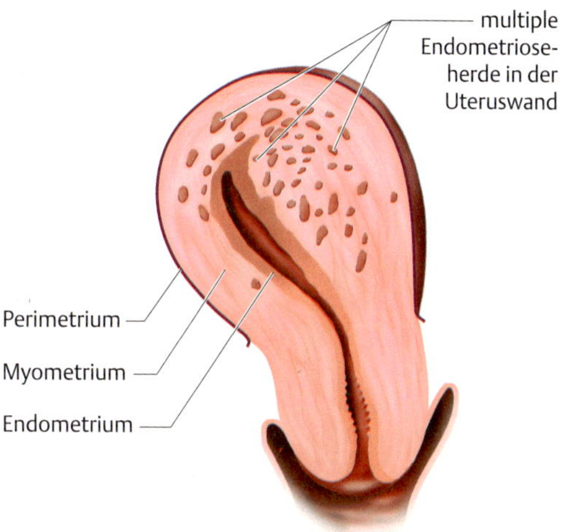

Abb. E.15 Endometriosis uteri interna. Bei der häufigsten Form der Endometriose findet man Endometrioseherde in der Uteruswand.

Endometriosis tubae. Diese Form der Endometriose befindet sich im Eileiter. Die Folgen können fatal sein. Sie kann zur Hämatosalpinx (Blutansammlung im dadurch verdickten Eileiter) führen. Außerdem können sich die Eileiter entzünden, vernarben und dann unbeweglich werden. Entwickeln sich beide Eileiter so, kann die Frau unfruchtbar werden. Da sich die Endometrioseherde aus Gebärmutterschleimhaut zusammensetzen, besteht zudem die Gefahr einer Eileiterschwangerschaft, wenn sich eine befruchtete Eizelle im Endometriosegewebe des Eileiters einnistet.

Endometriosis genitalis externa

Bei der Endometriosis genitalis externa handelt es sich um eine Endometriose innerhalb des Genitalbereichs (genitalis), aber außerhalb der Gebärmutter (externa), also z. B. im Eierstock, im Douglas-Raum, der Scheide, der Vulva oder der Portio (Gebärmuttermund).

Endometriosis ovarii. Die Endometriosis genitalis externa betrifft den Eierstock. Das Menstruationsblut kann im Eierstock nicht resorbiert werden, dickt ein und bildet eine Zyste (Hohlraum), aus der operativ altes, teerähnliches Blut entfernt wird. Man spricht von einer Teer- oder Schokoladenzyste (**Abb. E.16**).

Vaginalendometriose. Diese Form fällt erst dann auf, wenn die Gebärmutter operativ entfernt wurde und trotzdem weiterhin zyklische Blutungen auftreten. Das Blut kommt in diesem Fall aus den Endometrioseherden innerhalb der Scheide, die von den unversehrten Eierstöcken mit Hormonen versorgt werden (**Abb. E.17 a**).

Endometriose im Douglas-Raum. Der Douglas-Raum, die Bauchfellvertiefung zwischen Mastdarm und Gebärmutter, stellt den tiefsten Punkt des Bauchfellraums dar. Hier können Endometrioseherde durch Vernarbung zu Verwachsungen von Gebärmutter und Mastdarm führen.

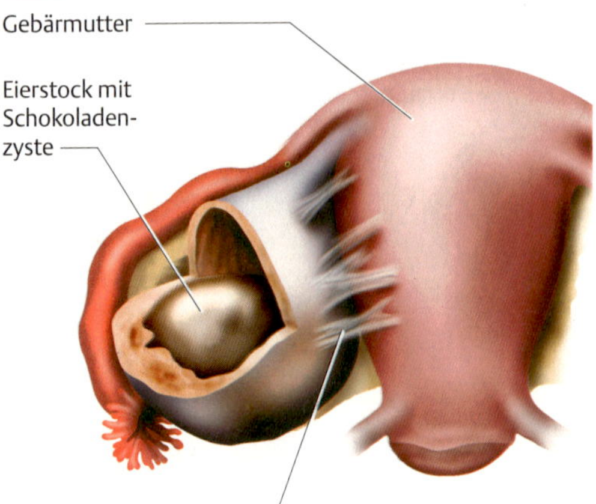

Abb. E.16 Ovarialendometriose. Eierstock mit sog. Teer- oder Schokoladenzyste.

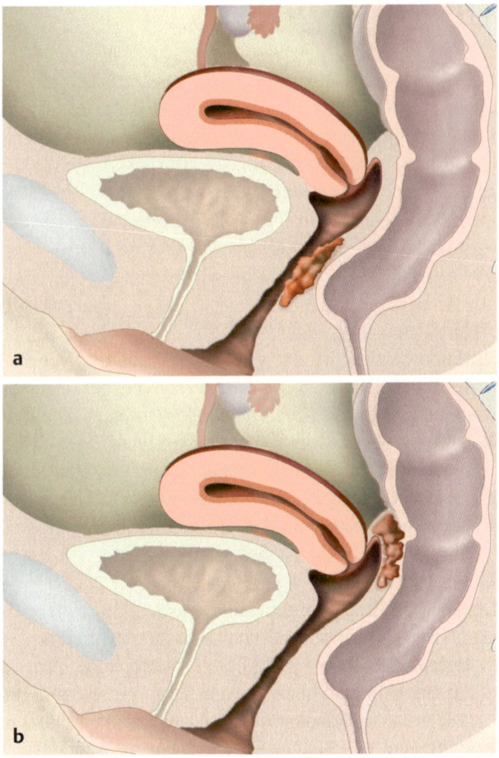

Abb. E.17 Endometriosen. a Endometriose der Scheide. **b** Endometriose im Douglas-Raum.

Durch die eingeschränkte Bewegungsfreiheit der Gebärmutter leidet die Frau unter Dyspareunie (Schmerzen beim Geschlechtsverkehr) (**Abb. E.17 b**).

Endometriosis extragenitalis

Hierbei befindet sich die Endometriose außerhalb der Geschlechtsorgane, z. B. im Darm, in der Harnblase, im Bauchfell, an den Extremitäten oder in der Lunge. Die folgenden Symptome treten nur bei recht großen Endometrioseherden auf.

- **Endometriose des Darms:** Dies ist ein relativ häufiger Befund, bei dem es zum zyklischen Auftreten blutiger Stühle kommt.
- **Endometriose der Harnblase:** Hierbei kann es zu einer zyklischen Makrohämaturie (sichtbares Blut im Urin) kommen.
- **Pulmonale Endometriose:** Tritt die Endometriose in der Lunge auf, kann Hämoptoe (Aushusten blutigen Auswurfs oder reinen Blutes aus dem Atmungstrakt) ein Symptom dafür sein.

Diagnose

Die Diagnostik richtet sich nach dem Sitz der Endometriose. Wenn Vulva, Vagina oder Portio befallen sind, sind die

Herde mit bloßem Auge oder kolposkopisch (durch eine Lupenuntersuchung der Portio) sichtbar. Endometriosezysten der Eierstöcke können auch sonografisch (per Ultraschall) dargestellt werden. Sind Organe wie Blase und Darm betroffen, muss ggf. eine Zystoskopie oder Koloskopie durchgeführt werden.

Ein grundsätzliches Problem besteht jedoch darin, dass oft keine klare Übereinstimmung zwischen dem Schweregrad der Erkrankung und den resultierenden Symptomen existiert. So können kleine Herde am Bauchfell zu starken Beschwerden führen, während große Zysten am Eierstock symptomlos bleiben. Das aussagekräftigste Verfahren ist daher die Laparoskopie.

Therapie

Die Therapie einer Endometriose orientiert sich am Alter und an den Beschwerden der Patientin. Bei Frauen ohne erkennbare Krankheitszeichen stellt die Endometriose ohnehin nur einen Zufallsbefund dar. Hier ist eine Therapie nicht zwingend notwendig.

Eine Endometriose kann allerdings die Patientin vor so große Probleme stellen, dass eine Behandlung unabdingbar wird. Es kommen sowohl konservative als auch operative Therapien in Frage.

Medikamentöse Therapie. Da die Endometriose hormonabhängig ist, soll die medikamentöse Behandlung die Funktion der Eierstöcke hemmen. Um dies zu erreichen, werden Gestagene oder gestagenbetonte Ovulationshemmer („Pille") eingesetzt. Gute Ergebnisse wurden auch mit Danazol erzielt. Diese Substanz hemmt die Gonadotropinsekretion und wirkt antiöstrogen und antigestagen. Als Nebenwirkung lassen sich leichte Virilisierungserscheinungen (Behaarung vom männlichen Typ, Stimmveränderung) verzeichnen. Eine weitere konservative Therapie ist die Gabe von Gonadotropin-Releasing-Hormon-Agonisten (GnRH-Agonisten). Sie hemmen die Freisetzung von FSH und LH aus der Hypophyse und stellen so die Funktion der Eierstöcke ruhig.

Operative Therapie. Herde von geringer Größe können auch laparoskopisch koaguliert werden. Größere Prozesse müssen ggf. im Rahmen einer Laparotomie entfernt werden.

Auch Schwangerschaft und Stillzeit können einen therapeutischen Effekt auf die Endometriose haben. Hierbei kann sie sich so zurückentwickeln, dass die Patientin bei kleinen Endometrioseherden auch nach der Schwangerschaft beschwerdefrei bleibt.

Komplikationen

Neben Komplikationen wie starken und schmerzhaften Regelblutungen, Zysten, Verwachsungen, Vernarbungen, Entzündungen und Unfruchtbarkeit besteht bei der Endometriose die Gefahr der Entartung. Die Entartungshäufigkeit ist schwer festzulegen. In der wissenschaftlichen Literatur finden sich Angaben zwischen 0,5 und 17%.

Infobox

ICD-10: N80.9

Internetadressen:

http://www.endometriose-vereinigung.de
http://www.gynweb.de

Literatur:

Sillem, M.: Endometriose, gutartig, aber gemein. Trias, Stuttgart 2003

Ebert, A. u. a.: Endometriose. De Gruyter, Berlin 2002

Becherer, E. u. Schindler, A.: Endometriose. Kohlhammer, Stuttgart 2002

Endometritis

► Die 32-jährige Frau Merckle stellt sich bei ihrem Frauenarzt vor: „Ich habe seit einigen Tagen leichte Unterbauchschmerzen und immer wieder Blutungen. Ich fühle mich zwar nicht krank und habe auch kein Fieber. Aber irgendetwas stimmt doch nicht."

Definition

Bei der Endometritis ist die Gebärmutterschleimhaut entzündet. Synonym: Gebärmutterentzündung.

Ursachen

Meistens verursacht eine Aszension (Aufstieg) von Keimen in die Gebärmutterhöhle eine Endometritis. Für diese Keimaszension gibt es unterschiedliche Gründe:

- physiologische Ereignisse, z. B. Menstruation, Geburt,
- entzündliche Erkrankungen von Vulva, Vagina oder Gebärmutterhals,
- iatrogene Ursachen (durch den Arzt verursacht), z. B. durch Endoskopie oder Ausschabung.

Seltener wird eine Endometritis durch Keimabstieg (z. B. bei einer Entzündung der Eileiter) oder über den Blutweg durch eine → Tuberkulose verursacht.

Eine isolierte Endometritis beruht auf einem Östrogenmangel. Daher tritt eine solche Endometritis in Östrogenmangelperioden wie der Postmenopause auf.

Symptome

Das charakteristische Merkmal der Endometritis sind unregelmäßige, atypische Blutungen. Ansonsten äußert eine Patientin mit unspezifischer Endometritis relativ wenig Symptome. Sie empfindet leichte Unterbauchschmerzen und einen geringen Druckschmerz beim Abtasten des Bauches. Die Temperatur ist im Normalfall nur bei Beteiligung der Adnexe (Eileiter und Eierstöcke) erhöht.

Bei älteren Frauen kann sich aufgrund des engen Gebärmutterhalskanals eine Pyometra (Eiteransammlung in der Gebärmutterhöhle) entwickeln (**Abb. E.18**).

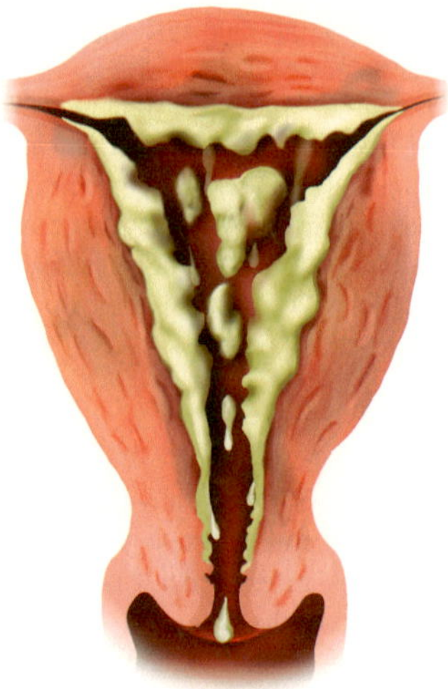

Abb. E.18 Endometritis puerperalis. Eitrige Endometritis.

Diagnose

Die Diagnose nimmt der Arzt oft schon bei der Anamnese vor, da die Endometritis gewöhnlich immer in Verbindung mit einem disponierenden Ereignis wie der Menstruation oder einem ärztlichen Eingriff steht.

Differenzialdiagnose

Ein Karzinom von Gebärmutterhals oder -körper muss ausgeschlossen werden. Der Gebärmutterhals wird zytologisch untersucht und nach Abklingen der Entzündung wird eine Kürettage vorgenommen.

Therapie

In leichten Fällen, bei denen keine Gefahr für einen Keimaufstieg in Eileiter und Eierstöcke zu erwarten ist, kann auf die Selbstheilung gebaut werden. Dann wird die entzündete Gebärmutterschleimhaut bei der folgenden Menstruation ausgestoßen. Bei einer Endometritis, die im Rahmen einer Aszension entstanden ist, reicht i. A. die Behandlung der Grundkrankheit mit Antibiotika aus.

Bei der isolierten Endometritis verabreicht der Arzt zunächst Östrogene zum Aufbau der Gebärmutterschleimhaut. Diese kombiniert man dann später mit Gestagenen, damit sich die Gebärmutterschleimhaut sekretorisch umwandelt. Danach kann die entzündete Gebärmutterschleimhaut bei der Menstruation abgestoßen werden.

Prognose

Die Prognose der Erkrankung ist gemeinhin gut.

Komplikationen

Obgleich die Endometritis eine harmlose Erkrankung ist, können gefährliche Komplikationen auftreten. Wenn die Keime aufsteigen, können sich die Eileiter und Eierstöcke entzünden (→ Adnexitis). Breiten sich die Keime von dort in die freie Bauchhöhle aus, besteht die Gefahr einer Bauchfellentzündung (→ Peritonitis). Wenn die Erreger ins Blut übertreten, kann es zu einer → Sepsis kommen.

Infobox

ICD-10: N71.9

Internetadressen:
http://www.frauen.qualimedic.de
http://www.gyn.de

Endometriumkarzinom

► Die adipöse 58-jährige Diabetikerin Annette Seimler sucht ihren Frauenarzt auf. Sie gibt an: „Plötzlich habe ich wieder Blutungen und einen unangenehm riechenden Ausfluss. Kann das mit dem Östrogenpräparat zusammenhängen, das ich wegen meiner Wechseljahrebeschwerden längere Zeit genommen habe?"

Definition

Das Endometriumkarzinom ist ein bösartiger Tumor der Gebärmutterschleimhaut. In den westlichen Industrieländern nimmt die Erkrankung an Häufigkeit zu. Das Endometriumkarzinom kommt heute ebenso oft vor wie das → Zervixkarzinom.

Synonym: Korpuskarzinom.

Histologie

Beim Endometriumkarzinom handelt es sich meist um ein Adenokarzinom, d. h. der Tumor geht vom Zylinderepithel der Gebärmutterschleimhaut (Endometrium) aus.

Eine Präkanzerose ist ein potenzielles Vorstadium eines bösartigen Tumors. Dies kann hier z. B. eine adenomatöse Hyperplasie sein, bei der strukturelle Veränderungen der Endometriumdrüsen entstehen.

Metastasierung

Im Rahmen der kontinuierlichen Metastasierung sind vor allem der Gebärmutterhals, die Eileiter, Eierstöcke und Scheide betroffen. Außerdem kann der Tumor durch ein in die Tiefe gerichtetes Wachstum die Muskelschicht der Gebärmutter durchsetzen (**Abb. E.19**). Die diskontinuierliche Ausbreitung erfolgt vorwiegend auf lymphogenem Weg, wobei gewöhnlich die Lymphknoten im Bereich von Becken und Aorta befallen sind.

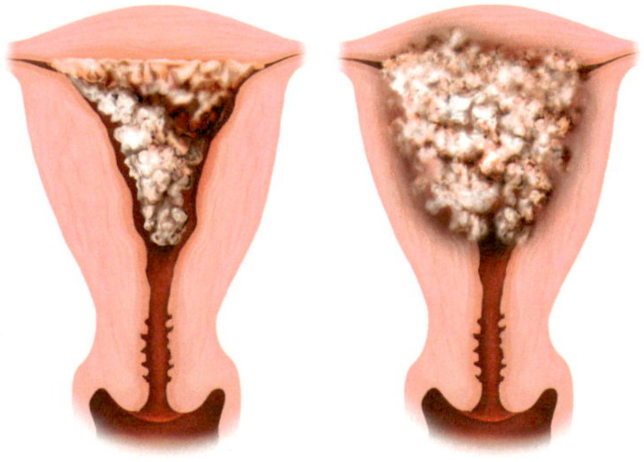

a b

Abb. E.19 Wachstumsarten des Endometriumkarzinoms. a Exophytische Ausbreitung in der Gebärmutterhöhle. **b** Endophytische Ausbreitung in die Muskelschicht.

Eine Metastasierung über den Blutweg ist selten, tritt aber dennoch häufiger auf als beim Zervixkarzinom. Fernmetastasen finden sich bevorzugt in Lunge (über die untere Hohlvene), Leber, Gehirn und Knochen.

Ursachen

Den Aufbau des Endometriums steuern die Hormone Östrogen und Progesteron. Wenn die Gebärmutterschleimhaut der Stimulation des Östrogens in zu starkem Maße unterworfen ist, kann es zur Gewebswucherung und zum Karzinom kommen. Risikofaktoren hierfür sind z. B. eine späte Menopause, die alleinige Östrogeneinnahme über einen längeren Zeitraum oder häufige Zyklen ohne Eisprung. Der Altersgipfel liegt bei 55 – 60 Jahren.

Frauen mit einem Endometriumkarzinom leiden oftmals unter Begleiterkrankungen, die man als Endometriumkarzinomsyndrom zusammenfasst: → Adipositas, → Diabetes mellitus und → Hypertonie.

Symptome

Hauptsymptom des Endometriumkarzinoms sind Blutungen. Dabei kann es sich um Blutungen in der Postmenopause, Menorrhagien (verstärkte Menstruation), Metrorrhagien (unregelmäßige, länger als 7 Tage dauernde, zyklusunabhängige Blutung) oder Schmierblutungen handeln. Auch ist das Auftreten eines dunklen oder übel riechenden Ausflusses möglich.

Daneben können Schwierigkeiten oder Schmerzen beim Wasserlassen und Schmerzen im Beckenbereich entstehen. Gewichtsverlust oder Schmerzen treten erst im fortgeschrittenen Stadium auf.

Bei Frauen im Senium (Greisenalter) ist der Zervikalkanal oft verengt. Dies kann sich nachteilig auswirken, wenn Tumorzellen, die in das Lumen des Uterus hineinwachsen, absterben. Es resultiert eine ballonartige Erweiterung der Gebärmutterhöhle.

Kommt es zudem noch zu einer Infektion dieser Tumoranteile, wandern neben anderen Abwehrzellen auch neutrophile Granulozyten in die Gebärmutterhöhle ein. Diese Blutzellen sind zur Eiterbildung befähigt, sodass eine Pyometra (Eiteransammlung in der Gebärmutterhöhle) entsteht. Sie ist oftmals der erste Hinweis auf ein Endometriumkarzinom.

Diagnose

Das Endometriumkarzinom entwickelt sich meist im Fundusbereich, deshalb ist es der Untersuchung nicht so gut zugänglich wie das Zervixkarzinom. Da der → Tumor im Inneren der Gebärmutter wächst, würde eine Kolposkopie oder Palpation nur dann Ergebnisse bringen, wenn das Karzinom sehr tief sitzt oder eine entsprechende Größe aufweist. Mit der vaginalen Sonografie kann man eine atypisch aufgebaute Schleimhaut nachweisen.

Die wichtigste diagnostische Maßnahme ist die fraktionierte Abrasio (Kürettage, Ausschabung). Dabei werden Proben aus Gebärmutterkörper und -hals entnommen und getrennt voneinander untersucht. Die Gebärmutter ist durch die Krebserkrankung weicher als im gesunden Zustand. Daher muss dieser Eingriff sehr vorsichtig vorgenommen werden, um ein versehentliches Durchbohren der Uteruswand zu vermeiden.

Differenzialdiagnose

Differenzialdiagnostisch muss man benigne und präkanzeröse Endometriumerkrankungen in Betracht ziehen. Da Endometriumkarzinome häufig zusammen mit →Myomen auftreten, darf man Blutungsstörungen nicht leichtfertig auf die Myome zurückführen.

Therapie

Liegt eine Pyometra vor, leiden die Patientinnen unter beständigen Bauchschmerzen. Daher gilt es zunächst, der Patientin Linderung ihrer Beschwerden zu verschaffen. Das geschieht mittels einer Sonde, die der Arzt in den Zervikalkanal einführt, um das eitrige Sekret abfließen zu lassen. Anschließend legt man ein Fehling-Röhrchen ein, damit sich der Eiter weiter entleeren kann.

Die Therapie des Endometriumkarzinoms selbst differiert von der des Zervixkarzinoms, da die Eierstöcke eine erhöhte Metastasierungsrate aufweisen und der Tumor weniger strahlensensibel ist als das Zervixkarzinom. Des Weiteren richtet sich die Therapie des Endometriumkarzinoms nach dem Stadium des Tumors.

Operation. Im Stadium 1 nimmt man eine Entfernung von Gebärmutter, Eierstöcken und einer kleinen Scheidenmanschette vor. Je nach Art des Tumors und dem klinischen Zustand der Patientin muss die Operation durch eine Entnahme der Beckenlymphknoten erweitert werden (**Abb. E.20**). In Stadium 2 und 3 gleicht der Eingriff der Operation nach Wertheim-Meigs, die beim →Zervixkarzinom angewendet wird. Zusätzlich entfernt man die Eierstöcke.

Bestrahlungstherapie. In allen drei Stadien kann eine nachfolgende Bestrahlung notwendig werden. Eine reine Bestrahlungstherapie ist bei inoperablen Patientinnen indiziert. Man wählt auch hier eine Kombination aus Kontakt- und perkutaner Bestrahlung. Aufgrund der verminderten Strahlensensibilität des Tumors sind die Erfolgsaussichten geringer als bei einem operativen Eingriff.

Gestagentherapie. Eine weitere Behandlungsmöglichkeit stellt die hochdosierte Gestagentherapie dar. Sie wird durchgeführt, wenn Fernmetastasen vorliegen. Sie findet aber auch bei Patientinnen Anwendung, bei denen weder eine Operation noch eine Bestrahlung möglich ist. Es wurde hiermit ein kurzfristiger Rückgang der Krankheitserscheinungen verzeichnet.

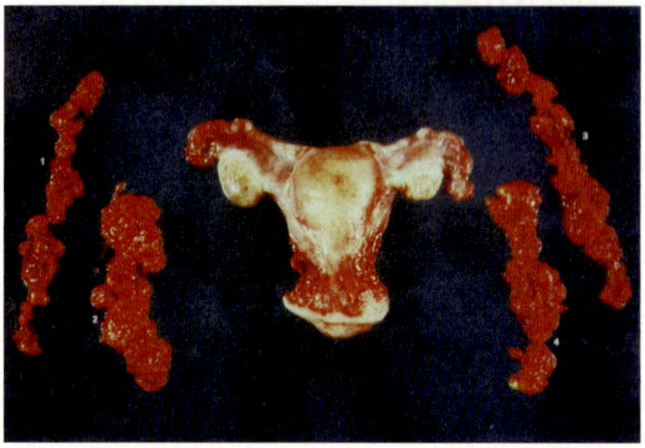

Abb. E.20 Operationspräparat eines Endometriumkarzinoms. Gebärmutter mit beiden Eierstöcken, Eileiter und Beckenlymphknoten.

Prognose

Da das Endometriumkarzinom sehr früh Symptome entwickelt, wird es meist schon im Stadium 1 erkannt und kann dementsprechend gut operiert werden. Daher hat der Tumor mit einer Fünf-Jahres-Überlebensrate von 70–80% eine relativ gute Prognose.

Infobox

ICD-10:
C54.1

Internetadressen:
http://www.krebsinformation.de
http://www.gesundheitpro.de
Krebswörterbuch: http://www.pathologie-fuerth.de/Krebs/glossar.html
Schleswig-Holsteinische Krebsgesellschaft e.V.: http://www.krebswegweiser-sh.de
Krebs-Selbsthilfegruppen: http://www.preisglocke.de/selbsthilfegruppen.html

Literatur:
LeShan, L.: Diagnose Krebs, Wendepunkt und Neubeginn. Klett-Cotta, Stuttgart 2004
Rexrodt von Fircks, A.: Ich brauche euch zum Leben. Krebs – wie Familie und Freunde helfen können. Rowohlt, Reinbeck 2004
Bernie, S.: Prognose Hoffnung. Ullstein, Berlin 2003

Enkopresis

► Das Thema „Sauberkeit" war bei Tim (5) abgehakt, bis er jetzt öfters Verstopfung und beim Stuhlgang Schmerzen am After hatte. Er zögerte daher den Toilettengang so lange heraus, bis es manchmal zu spät war. Er schämte sich wohl für seine schmutzige Unterwäsche und versteckte sie. Als die Eltern die verschmierten Hosen fanden, waren sie schockiert. Sie dachten doch, der Junge wäre sauber!

Definition

Bei der Enkopresis verlieren bereits „saubere" Kinder durch mehrtägige Pausen bei der Darmentleerung die Kontrolle über ihr erlerntes Stuhlverhalten. Insgesamt sind Jungen häufiger betroffen als Mädchen. Nur wenige Kinder haben über das vierte Lebensjahr hinaus Schwierigkeiten damit, ihre Darmausscheidungen dauerhaft zu beherrschen.

Ursachen

Oft wird die Enkopresis durch eine lang andauernde Verstopfung ausgelöst, wodurch der Darm überläuft. Dann gehen die Kinder, um Schmerzen zu vermeiden, häufig zu spät oder gar nicht mehr auf die Toilette und machen unfreiwilllig in die Hose. Manche tun dies allerdings auch absichtlich als Signal für seelischen Stress.

Bei einigen Kindern liegen die Ursachen in intellektuellen Defiziten oder einer geistigen Behinderung. Ihre Erziehung zu Sauberkeit und zu regelmäßigen Toilettengängen sollte dementsprechend verstärkt werden.

Doch auch bei gesunden und normal begabten Kindern kann es zu der Störung kommen. Diese sind von ihren Eltern oft zu früh und zu streng dazu angehalten worden, den Darm zu kontrollieren, und leisten nun indirekt Widerstand. Wenn schon lange saubere Kinder wieder einkoten, liegt das i.d.R. an psychisch stark belastenden Situationen.

Symptome

Die Ärzte unterscheiden zwei Formen:

1. **primäre Enkopresis:** über das vierte Lebensjahr hinaus andauernd,
2. **sekundäre Enkopresis:** die Kinder koten nach längerer Phase der Sauberkeit erneut ein, sie tritt meist zwischen dem siebten und achten Lebensjahr auf.

Manche Kinder entleeren tagsüber größere Stuhlportionen in die Hose, bei einigen ist die Unterwäsche nur leicht, aber über einen längeren Zeitraum verschmutzt. Nicht selten verstecken die Kinder die beschmutzten Hosen. Manche spielen mit ihrem Kot, verschmieren ihn am Bett, in der Toilette oder an Schrankrückwänden. Diese Kinder geben vielfach an, den Stuhlgang überhaupt nicht zu spüren, wirken passiv, oft gleichgültig, leben in Tagträumen. Kinder mit Enkopresis haben häufig gleichzeitig eine →Enuresis, nässen also außerdem ein.

Abb. E.21 Verstärkerplan. Für jeden erfolgreichen Toilettengang wird ein Bildchen in einen Punktekalender eingefügt. Eine vorher vereinbarte Bilderzahl wird dann belohnt (z. B. Geschichte vorlesen).

Diagnose

Der Arzt fragt die Eltern nach der Ernährung des Kindes, nach seinem Stuhlverhalten, wie die Sauberkeitserziehung ablief und danach, wie Konflikte geklärt werden. Auch neurologische Erkrankungen oder psychische Auffälligkeiten können Ursachen für die Enkopresis darstellen.

Differenzialdiagnose

Differenzialdiagnostisch schließen Ärzte bei Kindern mit Enkopresis organische Ursachen aus, z. B. eine Erweiterung des Dickdarms (Megakolon).

Therapie

Meistens reicht es aus, der Enkopresis mit erneutem regelmäßigen Sauberkeits- und Toilettentraining zu begegnen (**Abb. E.21**). Ist das Kind in einer familiären oder schulischen Konfliktsituation und liegt dem Widerstand eine Verhaltensstörung zugrunde, ist psychologische Betreuung – auch der Eltern – ratsam.

Prognose

Liegen keine organischen oder neurologischen Ursachen für die Enkopresis vor und haben sich die Kinder ansonsten altersgemäß entwickelt, dann finden sie zu sich und ihrer Umgebung i.d.R. rasch Vertrauen und sind bald sauber. Die Erfolgsrate der Verhaltenstherapie ist hoch.

Infobox

ICD-10: F98.1, R15

Internetadressen:
http://www.elternimnetz.de
http://www.familienhandbuch.de

Literatur: Sitzmann, F. C.: Pädiatrie. Thieme, Stuttgart 2002

Enterohämorrhagische Escherichia coli – EHEC

► Die 7-jährige Corinna freut sich. Großmutter macht ihre berühmten Frikadellen aus Rinderhack. Wer kann es der Kleinen verdenken, dass sie schon einmal vorab von der fertig gewürzten Rohmasse nascht? Am nächsten Tag klagt Corinna über Bauchschmerzen und Übelkeit. Bald stellt sich Durchfall ein. Die Mutter verabreicht Salzstangen und gesalzenes Mineralwasser. Doch der Zustand des Kindes verschlimmert sich. Die Temperatur steigt. Der herbeigerufene Hausarzt weist das Kind ins Krankenhaus ein.

Definition

Als EHEC werden Bakterien der Spezies Escherichia coli bezeichnet, die über zusätzliche Toxine, so genannte Shiga-like-Toxine (Stx) verfügen. Sie werden über Lebensmittel übertragen, vor allem Rindfleisch und Rindfleischprodukte und sind Verursacher des hämolytisch-urämischen Syndroms (HUS).

Ursachen

EHEC sind rinderassoziiert, d. h. sie befinden sich auf Rindfleisch, in Rinderkot und in Ställen befallener Rinder. EHEC ist eine pathogene Variante von Escherichia coli, einem harmlosen Darmbewohner. Durch genetische Veränderungen wurden EHEC in die Lage versetzt, gefährliche Toxine zu produzieren und auf die Darmwand einzuwirken.

Symptome

Die nach einer Inkubationszeit von ein bis drei Tagen, selten bis zu acht Tagen auftretenden Symptome entsprechen zunächst dem einer klassischen Lebensmittelinfektion, z. B. → Salmonelleninfektion. Werden jedoch ausreichend Stx produziert, beginnen diese, die roten Blutkörperchen zu zerstören (Hämolyse) und die Nieren anzugreifen. Die Folge kann ein kurzzeitiges leichtes Nierenversagen sein. Der Schweregrad kann aber auch bis zur Dialyse- bzw. Transplantationspflicht reichen. Dann kann die Niere harnpflichtige Substanzen nicht mehr ausschwemmen und es entsteht das Krankheitsbild der → Urämie. Dieser Symptomkomplex wird daher als hämolytisch-urämisches Syndrom (HUS) bezeichnet.

In günstigeren Fällen kann eine EHEC-Infektion auch mit dem Durchfall beendet sein. Von der schweren Verlaufsform als HUS sind vor allem Kleinkinder und ältere Menschen betroffen.

Diagnose

In dem klinischen Bild ist die mikrobiologische Untersuchung entscheidend. EHEC können relativ problemlos angezüchtet und typisiert werden (**Abb. E.22**). Hierzu werden Antiseren gegen Oberflächenantigene und Geißeln oder Flagellen eingesetzt. Daneben stehen serologische Methoden, z. B. der Nachweis von Antikörpern beim Patienten, zur Verfügung.

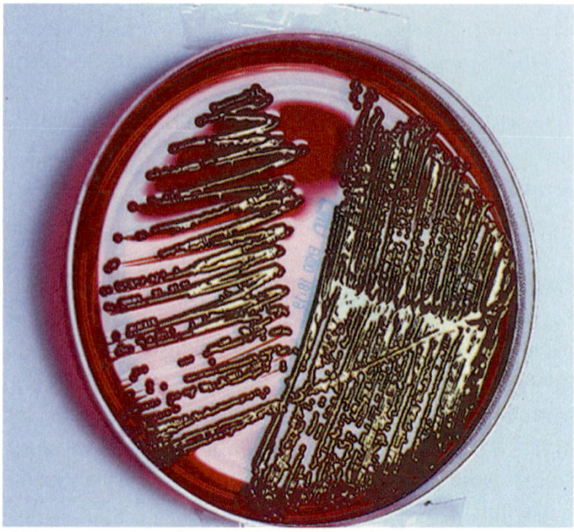

Abb. E.22 Escherichia coli. E. coli zeigt auf Endo-Agar einen grünlichen Fuchsin-Glanz. Aus Einzelkulturen gewonnene DNA wird zur genetischen Typisierung benutzt.

Gemäß § 6 Infektionsschutzgesetz (IfSG) besteht Meldepflicht bei Verdacht auf Erkrankung und Tod an hämolytisch-urämischem Syndrom (HUS) durch EHEC.

Differenzialdiagnose

Initial kommen fast sämtliche Lebensmittelinfektionen als Differenzialdiagnose in Frage. Dann nimmt jedoch das Krankheitsbild seinen toxinbedingten typischen Verlauf.

Therapie

In der symptomatischen Therapie (Ergänzung von Wasser und Elektrolyten, ggf. unterstützende Dialyse) kann eine Antibiotikatherapie erwogen werden.

Prognose

Das Spektrum des Verlaufs reicht von völliger Heilung bis zum chronischen Nierenversagen mit Dialysepflicht bzw. Transplantationsindikation.

Infobox

ICD-10: A04.3

Internetadressen:

http://www.rki.de/Infektionserreger von A-Z

http://www.vis-ernaehrung.bayern.de

Enuresis

► Weinend steht Lukas mitten in der Nacht im Schlafzimmer seiner Eltern. „Ich hab ins Bett gemacht", stottert der Sechsjährige schuldbewusst und wischt sich die Tränen aus den Augen. „Schon wieder", stöhnt der Vater. Seit langem nässt Lukas nun ein. Nicht jede Nacht, aber ein- bis zweimal die Woche. Dann heißt es: Kind beruhigen, Schlafanzug wechseln, Bettzeug runter, ab damit in die Waschmaschine, Matratze lüften. An Schlaf ist erst mal nicht zu denken.

Definition

Kinder haben eine Enuresis, wenn sie erneut regelmäßig einnässen. Dies bedeutet, dass sie ihre Blase bereits über mehrere Monate bis Jahre kontrollieren konnten, also älter als vier oder fünf Jahre sind. Als Grund dafür gibt es keine erkennbare organische Erkrankung.

Formen

Geschieht das Malheur nur tagsüber, besteht eine Enuresis diurna und bei nächtlichem Einnässen ins Bett eine Enuresis nocturna. Gemischte Formen bezeichnen Ärzte als Enuresis nocturna et diurna. Außerdem unterscheiden sie die von Geburt an bestehende primäre von der sekundären Enuresis, bei der das Kind zuvor ein halbes bis ein Jahr „trocken" gewesen ist.

Ursachen

Während des zweiten und dritten Lebensjahres lernen Kinder i.d.R. ihre Harnblase zu beherrschen. Die meisten von ihnen schließen diesen Entwicklungsprozess mit vier Jahren endgültig ab.

Doch mehr als jedes zehnte fünfjährige Kind, Mädchen und Jungen gleichermaßen, nässt noch oder wieder ein. Von den Zehnjährigen sind es etwa fünf und von den 12- bis 14-Jährigen etwa 2%. Jungen höheren Alters haben doppelt so oft eine Enuresis wie Mädchen.

Bei manchen der einnässenden kleinen Kinder sind die Nerven, welche die Blasenfunktion steuern, noch unreif. Sie spüren nicht, wann ihre Blase gefüllt ist und sie auf die Toilette gehen sollten. Dann kann es, zumal im Spiel oder wenn sie aufgeregt sind, zu gelegentlichem Einnässen kommen. Das ist normal und Strenge als Reaktion darauf riskant. Denn zu frühes Erziehen zur Reinlichkeit ruft eine Enuresis mitunter erst hervor.

Kinder im Vor- und Grundschulalter, die nach langer Pause wieder einnässen, belasten nicht selten auch seelische Probleme, z. B. Angst, Lernstress, Vernachlässigung und Konflikte in der Familie. Manchmal ist erneutes Einnässen, ob nachts oder am Tag, u. a. auch ein Hinweis auf sexuellen Missbrauch.

Symptome

Nässen über vierjährige Kinder regelmäßig mindestens zweimal die Woche ein, leiden sie an einer Enuresis.

Auffallend häufig bei einnässenden Kindern sind Schul- und Familienprobleme, Eifersuchtsreaktionen, z. B. auf neugeborene Geschwister, und zappelige Unruhe (Hyperaktivität, → Aufmerksamkeits- und Hyperaktivitätsstörung). Manche dieser Kinder wirken auch depressiv.

Diagnose

Hinweise darauf, ob die Erkrankung psychische oder organische Auslöser hat, ergeben sich für Ärzte schon aus dem Gespräch mit Kind und Eltern. Um die genaue Ursache für die Enuresis herauszufinden, untersuchen Ärzte die Kinder körperlich. Dabei werden äußere Fehlbildungen, z. B. der Harnröhre, erkannt.

Darüber hinaus wird der Urin auf Bakterien und andere Keime geprüft. Spezielle urologische Testverfahren decken innere Anomalien als Auslöser des Einnässens auf. Dazu gehören die Pyelografie (IVP, Röntgenkontrast-Darstellung von Nieren, Harnleiter, Blase und Harnröhre), die Uroflowmetrie (z. B. zur Messung der Harnstrahlstärke) oder die Sonografie für die Bestimmung des Restharns nach vermeintlicher Blasenleerung.

Außerdem werden die tägliche Zahl und der Zeitpunkt der Urinausscheidungen sowie deren Menge in einem Tagebuch dokumentiert.

Differenzialdiagnose

Kinder mit → Spina bifida (angeborene Spaltbildung der Wirbelsäule) haben neurogene, nervlich bedingte Blasenentleerungsstörungen, die einer Enuresis ähneln.

Nässen die Kinder immer wieder ein und haben sie dabei Schmerzen, können z. B. Entzündungen und seltene Fehlbildungen von Harnröhre, Harnblase, Harnleiter oder Nieren die Ursache sein. Ständiges Tröpfeln und dünner Harnstrahl lassen auf eine verengte Harnröhre schließen.

Therapie

Zunächst werden sowohl die Eltern als auch die Kinder darüber informiert, dass Einnässen, ob nachts oder auch am Tag, gar nicht so selten ist. Schuldgefühle wegen zu großer Strenge oder auch Inkonsequenz bei der Erziehung zur Sauberkeit helfen weder Eltern noch Kindern weiter.

Verhaltenstherapie. Was gegen Bettnässen häufig schon hilft, sind wenige klare Regeln vor dem Schlafengehen, z. B. nach dem Abendessen nichts mehr zu trinken oder vor dem Schlafen auf die Toilette zu gehen. Wichtig ist, die Kinder geduldig zu erinnern, diese Regeln einzuhalten (**Abb. E.23**). Bleibt das Kind in der Nacht trocken, kann es durch eine Belohnung in seinem Verhalten positiv gestärkt werden.

Abb. E.23 Verhaltenstherapie. Geduldige Zuwendung und klare Regeln können bei Enuresis schon viel bewirken.

Blasentraining. Schritt für Schritt die Blase zu trainieren, ist häufig hilfreich. Indem sie das Wasserlassen hinauszögern oder unterbrechen, lernen die Kinder die Harnblase zu beeinflussen und so zu kontrollieren. Andere verhaltenstherapeutische Methoden bedienen sich zusätzlich einer „Klingelhose" oder „Klingelmatte". Diese Geräte reagieren auf Feuchtigkeit mit einem Weckton. Oft nachts einnässende Kinder wachen dadurch auf und hemmen bewusst den Harndrang. Je häufiger sie das machen, desto leichter erwachen sie bei Harndrang und lernen, den Urin zunehmend besser zu halten.

Die Erfolgsrate des Verfahrens, zwei bis drei Wochen trocken zu überstehen, liegt bei bis zu 80% der damit behandelten Kinder.

Medikamentöse Therapie. Nässen die Kinder jedoch trotz Verhaltenstherapie weiterhin ein und ist der Leidensdruck bei Kindern und Eltern groß, geben manche Ärzte Medikamente, z. B. das Antidepressivum Imipramin. Dies stärkt den Schließmuskel der Blase und entspannt deren Muskulatur. Auch das u. a. krampflösende Oxybutinin bewährt sich bei plötzlich auftretendem Harndrang.

Prognose

Bei unter sechsjährigen Kindern lässt die Enuresis mit der Zeit oft von alleine nach. Je selbstbewusster sie erzogen werden und je reifer sie körperlich sind, desto schneller. Aber auch ältere Kinder haben mit den Methoden der Verhaltenstherapie gute Chancen, rasch trocken zu werden.

Infobox

ICD-10: F98.0

Internetadressen:

Leitlinien der Deutschen Gesellschaft für Urologie und für Kinder- und Jugendpsychiatrie und -psychotherapie auf den Seiten des AWMF: http://www.leitlinien.net

Literatur:

Sitzmann, F.: Pädiatrie, Thieme Verlag 2002

Kurz, R., Ross, R.: Checkliste Pädiatrie, Thieme Verlag 2000

Keller, W., Wiskott, A.: Lehrbuch der Kinderheilkunde, Thieme Verlag 1991

Enzephalitis

► Zwei Wochen nachdem die 11-jährige Sandra Windpocken hatte, bekommt sie erneut Fieber. Sie hat Kopfschmerzen und einen unsicheren Gang. Am nächsten Tag ist sie schläfrig, fast benommen und verwirrt. Die besorgten Eltern rufen den Hausarzt, der sie sofort in die Klinik einweist.

Definition

Bei der Enzephalitis ist das Hirngewebe akut entzündet.

Synonym: Hirnentzündung.

Ursachen

Die häufigste Ursache ist eine Virusinfektion, z. B. durch → Herpes-Simplex-, → Varicella-Zoster-, → FSME-, → Tollwut-Virus, → Polio- und andere Enteroviren. Nach einer → Mumps-, → Masern-, → Röteln- und → Windpocken-Infektion kann die Enzephalitis auch durch eine fehlgeleitete Immunantwort hervorgerufen werden.

Sehr selten werden heute Hirnentzündungen nach Impfungen beobachtet. Früher trat sie z. B. nach Pocken- und Keuchhustenimpfung auf. Listerien (→ Listeriose) und Enterobakterien, Toxoplasmen (→ Toxoplasmose) und Kryptokokken können bei Immunsupprimierten ebenfalls eine Hirnentzündung hervorrufen.

Schließlich gibt es weitere Erkrankungen mit immunologischen Störungen unbekannter Ursache, die eine Enzephalitis auslösen können wie die → Multiple Sklerose.

Symptome

Geht der Enzephalitis eine → Meninigitis (Hirnhautentzündung) voraus, was häufig der Fall ist, so sind Fieber, Kopfschmerz und Nackensteifigkeit vorhanden.

Ein Patient mit Enzephalitis ist teilnahmslos, schläfrig bis komatös, geistig verlangsamt, verwirrt oder desorientiert. Persönlichkeitsstörungen wie Erregung, Verhaltensstörungen oder Halluzinationen können auftreten. Viele Patienten mit schwerer Enzephalitis haben Krampfanfälle, die entweder fokal (einen Körperteil betreffend) oder generalisiert sind und den ganzen Körper krampfen lassen. Abhängig davon, welche Hirnteile betroffen sind, kommen zusätzlich neurologische Störungen einzelner Hirnfunktionen hinzu (z. B. Aphasie, Gang- und Gleichgewichtsstörungen, Halbseiten- oder Fazialparesen).

Die postinfektiöse, immunologisch bedingte Enzephalitis bei Masern, Mumps, Röteln und Windpocken tritt einige Tage nach der eigentlichen Erkrankung auf.

Diagnose

Die Diagnose wird aufgrund der klinischen Symptome gestellt. Kernspintomografische und EEG-Untersuchungen können Hinweise auf einen lokalisierten Prozess im Gehirn geben. Die Rückenmarksflüssigkeit (Liquor cerebrospinalis) zeigt bei Infektionen Veränderungen der Eiweiß- und Zuckermenge sowie eine Zellzahlerhöhung.

Bei der viralen Enzephalitis können Viren durch PCR im Liquor nachgewiesen werden.

Differenzialdiagnose

Eine Meningitis mit Tuberkulose-Bakterien, eine bakterielle Enzephalitis, ein bakterieller Hirnabszess, die zerebrale → Syphilis und → Tumoren im Gehirn sowie ein → Subduralhämatom können ähnliche neurologische Symptome wie eine virale Enzephalitis hervorrufen.

Bei Tumoren besteht i.A. kein Fieber. Ein Subduralhämatom entsteht bei einer Verletzung und führt direkt im Anschluss daran zur Bewusstlosigkeit oder beginnt mit plötzlichem starken Kopfschmerz, aber ohne Fieber.

Tumoren, Hämatome und → Abszesse können durch Computertomografie (CT) oder Magnetresonanztomografie (MRT) diagnostiziert werden. Bakterielle Erreger können durch Anlegen einer Kultur aus der Rückenmarksflüssigkeit nachgewiesen werden.

Therapie

Die Enzephalitis durch Herpes-Simplex-Virus kann mit Aciclovir intravenös behandelt werden. Die Behandlung wird schon bei Verdacht auf eine Herpes-Enzephalitis begonnen. Andere virale Hirnentzündungen können nur symptomatisch therapiert werden.

Die intensivmedizinische Versorgung bedeutet Kontrolle von Blutdruck und Atmung, Fieberbehandlung, Flüssigkeitsgabe unter Vermeidung hypotoner Infusionslösungen und Prophylaxe von Krampfanfällen.

Bewusstlose Patienten sind gefährdet durch → Aspirationspneumonie, Kontrakturen, und → Dekubitus und müssen entsprechend gelagert werden. Zur Vorbeugung von tiefen Venenthrombosen muss eine Thrombose-Prophylaxe eingeleitet werden.

Prognose

Die Prognose der viralen Enzephalitis ist sehr variabel und hängt vom Erreger ab. Sie kann tödlich enden oder es bleiben Folgeschäden zurück, z. B. Persönlichkeits- und Konzentrationsstörungen. Auch bei schweren Erkrankungen können Hirnentzündungen jedoch vollständig ausheilen.

Bei der Herpes-Enzephalitis kann die früh verabreichte Therapie die Heilungschancen sehr verbessern. Je geringer die Herpes-Enzephalitis bei Therapiebeginn ausgeprägt ist und je jünger die Patienten sind, desto besser sind die Heilungschancen.

Infobox

ICD-10: G04.9

Literatur:

Kasper, D. u. a.: Harrison's Principles of Internal Medicine. McGraw-Hill Professional, New York 2004

Epididymitis

► **Der 64-jährige Helmut Fuller wurde nach einem Harnverhalt in einer urologischen Praxis einmalig katheterisiert. Das Wasserlassen war danach wieder möglich. Nach 2 Tagen klagt er beim Urologen: „Mein rechter Hodensack schwillt immer mehr an. Ich habe starke Schmerzen und 39 °C Fieber."**

Definition

Eine Epididymitis ist eine akute fieberhafte Entzündung des Nebenhodens mit Rötung und Schwellung der Hodenhüllen. Sie wird verursacht durch eine kanalikulär aszendierende Infektion über dem Ductus deferens.

Synonyme: Nebenhodenentzündung.

Ursachen

Die häufigste Ursache einer Epididymitis bei Männern unter 35 Jahren sind sexuell übertragbare Erreger (Urethritisdiagnostik!). Bei älteren Männern gehören Harnwegsinfektionen → Blasenentzündung und Blasenentleerungsstörungen (durch Prostatahyperplasie, Harnröhrenstriktur), u. U. auch iatrogene Ursachen (Katheterisierung, Endoskopie, Verletzungen), zu den prädisponierenden Faktoren.

Symptome

Innerhalb weniger Stunden kommt es zu einer bis Gänseei großen Anschwellung einer Skrotalhälfte (**Abb. E.24**). Durch die starke Exsudation zwischen den serösen Häuten ist das Skrotum äußerst druckempfindlich und schmerzhaft. Die äußere Haut ist hochrot glänzend und überwärmt. Typisch ist die Ausstrahlung der Schmerzen entlang des Samenstranges in die Leistenregion und den Unterbauch. Die Patienten haben z. T. hohes Fieber und nehmen aufgrund der starken Schmerzen eine Ruhelage ein.

Diagnose

Der erhobene Inspektions- und Tastbefund bei der klinischen Untersuchung ist bereits diagnostisch wegweisend.

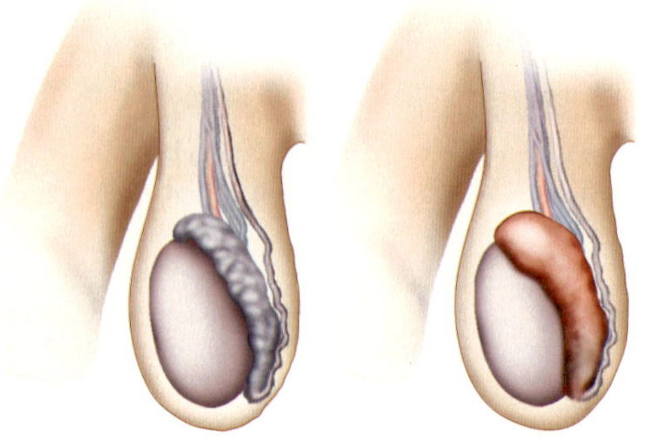

a normaler Hoden und Nebenhoden **b** Epididymitis
Abb. E.24 Epididymitis.

Das plötzliche Auftreten und die sehr schnelle Entwicklung der Entzündung sind, nach Ausschluss einer → Hodentorsion, immer für eine unspezifische Infektion charakteristisch. Eine Gonokokkeninfektion muss ausgeschlossen werden.

Die Blutuntersuchung erbringt eine Leukozytose und eine erhöhte Blutsenkungsgeschwindigkeit. Typische Urinbefunde sind eine Leukozyt- und Mikrohämaturie sowie bei etwa 50 % der Patienten eine positive Urinkultur.

Differenzialdiagnose

Die wichtigste Differenzialdiagnose der akuten Epididymitis ist die Hodentorsion. In jedem Zweifelsfall muss der Hoden operativ freigelegt werden, um einen Organschaden zu vermeiden.

Therapie

Bettruhe und Hochlagerung des Hodens durch Mullkissen oder Handtuchverband lindern die Beschwerden rasch.

Der um das vier- bis fünffach vergrößerte, schwere Hoden sollte im Niveau oder oberhalb der Oberschenkel liegen. Der nach unten hängende Hoden verursacht einen Zugschmerz am Samenstrang und erschwert den Lymphabfluss. Bei sehr starken Schmerzen wird der Samenstrang mit 10%iger Novocain-Lösung infiltriert, kühlende Umschläge und Hirudoid-Salbenverbände angelegt.

Eine hochdosierte Antibiotikatherapie muss sofort beginnen werden, um das Keimgewebe des Hodens abzuschirmen und Narbenstenosen der Samenleiter zu verhindern.

Prognose

Ein Epididymitis heilt langsam aus. Bis zur Abheilung des Infektes sind wiederholte Kontrollen erforderlich.

Komplikationen

Mit der Entwicklung einer chronischen Epididymitis ist in etwa 15 % der Fälle zu rechnen. Bei eitriger Einschmelzung ist der Abszess chirurgisch zu eröffnen und zu drainieren.

Die häufigste Ursache einer eingeschränkten Fertilität (Sterilität) sind verschleppte Nebenhodenentzündungen.

Infobox

ICD-10: N45.9

Literatur:

Hofstetter, A.: Urogenitale Infektionen. Springer Verlag 1999

Hauri, D. u. a.: Checklisten der aktuellen Medizin, Checkliste Urologie. Thieme Verlag 2000

Epidurales Hämatom (EDH)

► Der 16-jährige Robert stürzt mit dem Fahrrad und schlägt mit seinem Kopf auf den Bürgersteig. Er ist kurz bewusstlos und als er aufwacht, kann er sich an den Unfallhergang nicht erinnern. Eine große Beule und Schürfwunden zeugen vom Sturz. Da er sich recht wohl fühlt, fährt er nach Hause. Nach einer Stunde wird ihm plötzlich übel und er sucht die chirurgische Nothilfe auf. Dem Chirurgen fallen Roberts unterschiedlich weite Pupillen auf. Robert wirkt schläfrig und reagiert verlangsamt. Sofort wird eine Computertomografie des Schädels durchgeführt.

Definition

Das epidurale Hämatom ist eine arterielle Hirnblutung zwischen Schädelknochen und der Dura mater (harte Hirnhaut).

Ursachen

Im Rahmen eines Traumas oder Sturzes kommt es zu einer Schädelverletzung, bei der die Arteria meningea media verletzt wird. Die Blutung breitet sich zwischen harter Hirnhaut und Schädelknochen aus und verdrängt das Gehirn. In 90% der Fälle findet man außerdem Frakturen des Schädelknochens.

Symptome

Die Betroffenen sind unmittelbar nach dem Trauma häufig kurz bewusstlos. Sie klaren dann meist auf, klagen über Kopfschmerzen oder Übelkeit und können sich an den Unfallhergang typischerweise nicht erinnern (retrograde Amnesie). Nach einigen Stunden ohne Beschwerden (freies Intervall) kommt es zu einer rasch fortschreitenden Bewusstseinseintrübung (Somnolenz), Pupillenseitendifferenz (Anisokorie) und Halbseitenschwäche.

Diagnose

Wird nach einer Schädelverletzung bei der neurologischen Untersuchung eine Seitendifferenz der Pupillen bemerkt, so ist dies stets ein Alarmzeichen für eine Hirnblutung. Alle Veränderungen der Bewusstseinslage müssen wiederholt untersucht werden, da die Symptome häufig erst nach dem „freien Intervall" auftreten.

Beim Verdacht auf eine Hirnblutung muss unverzüglich eine Computertomografie des Schädels (cCT) durchgeführt werden. Hiermit lassen sich die Art und das Ausmaß der Hirnblutung darstellen, außerdem lässt sich die Verdrängung des Gehirngewebes beurteilen (**Abb. E.25**).

Eine zusätzliche Bildgebende Darstellung mittels der Kernspintomografie (NMR) ist nur in seltenen Fällen nötig und verbietet sich meist wegen der längeren Untersuchungsdauer (etwa 30 Min.). Um Frakturen festzustellen, wird der Schädel geröntgt.

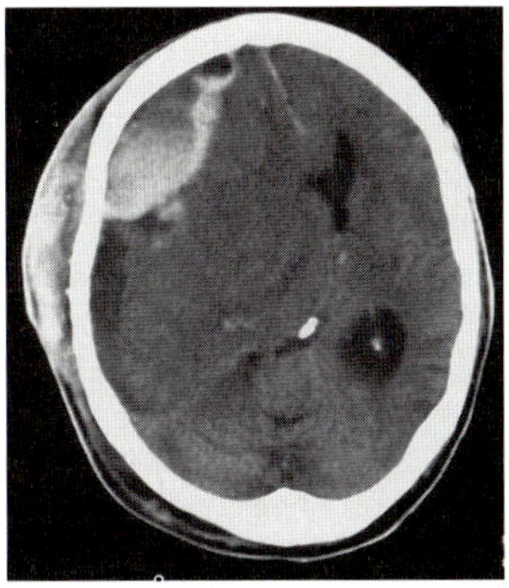

Abb. E.25 Epidurales Hämatom (rechts). Die CT-Untersuchung zeigt ein deutlich imprimiertes Gehirn.

Differenzialdiagnose

Andere Hirnblutungen müssen ausgeschlossen werden, z. B. → intrazerebrale Blutung (ICB), → subdurales Hämatom (SDH) oder → Subarachnoidalblutung (SAB). Auch ein → Hirninfarkt kann ähnlich akute Symptome verursachen. Mit Hilfe der CT lassen sich diese verschiedenen Ursachen schnell und sicher unterscheiden.

Therapie

In einer Notoperation wird auf der betroffenen Seite ein Teil des Schädelknochens entnommen und dadurch die Gehirnkompression entlastet (Entlastungstrepanation). Das Hämatom wird ausgeräumt und eine möglicherweise fortbestehende Blutung aus der Arteria meningea gestillt.

Meist ist danach noch eine intensivmedizinische Behandlung der Gehirnschwellung (Hirnödem) nötig. Der entnommene Schädelknochen wird nach einigen Monaten wieder operativ eingesetzt.

Prognose

Die Prognose hängt vom Alter des Betroffenen und von der Schädigung des Gehirngewebes durch die Kompression ab. Wird das Gehirn durch die Blutung sehr schnell verdrängt, so kann es zu einer Einklemmung der Gehirnbasis im Hinterhauptsloch mit meist letalem Ausgang kommen. Insgesamt versterben etwa ein Drittel der Betroffenen. Bei der Hälfte kann die volle Erwerbsfähigkeit wiederhergestellt werden, ein Fünftel bleibt behindert.

Infobox

ICD-10: S06.4

Internetadressen:
http://www.neuroscript.com/epidural.htm
http://www.neurologie.onlinehome.de

Epilepsie

► „Alina ist oft so abwesend und verträumt. Sie kann dem Unterricht nur schwer folgen." Alinas Lehrerin erzählt dem Vater, den sie in die Sprechstunde gebeten hat, von seiner Tochter. „Und wenn man sie auf dem Schulhof beobachtet, dann verharrt sie manchmal mitten im Spiel." Alinas Vater geht nachdenklich nach Hause. Ihm ist das in der letzten Zeit auch schon aufgefallen. Als er zu Hause noch mal in Ruhe mit seiner Tochter sprechen möchte, reagiert Alina zunächst sehr unwirsch und quengelig. Plötzlich hält sie jedoch inne, schaut mit starrem Blick und halb geöffneten Augen abwesend gegen die Wand.

Definition

Epilepsie ist der Oberbegriff für eine chronische Erkrankung des zentralen Nervensystems mit wiederkehrenden Anfällen, die plötzlich auftreten und gewöhnlich wenige Sekunden oder Minuten dauern.

Synonym: Fallsucht.

Formen

Je nach Ursache unterscheidet man:

- **idiopathische Epilepsie:** Das Gehirn ist augenscheinlich gesund. Fehlfunktion und epileptischer Anfall entwickeln sich spontan und ohne erkennbare Ursache. Die Anlage zu dieser Fehlentwicklung ist vererbbar. Sie tritt meist in den ersten beiden Lebensjahrzehnten auf.
- **symptomatische Epilepsie:** Hier liegt eine messbare Störung des Stoffwechsels oder eine sichtbare Strukturschädigung des Gehirns (etwa bei → Tumoren oder → Schädel-Hirn-Trauma) vor. Sie überwiegt im mittleren bis höherem Lebensalter.

Je nachdem, welche Bereiche des Gehirns von der Erkrankung betroffen sind, unterscheidet man:

- **fokale Epilepsie:** Es ist nur eine Hirnregion betroffen.
- **generalisierte Epilepsie:** Das gesamte Gehirn ist betroffen.

Die fokale Form kann sich zu einer generalisierten entwickeln.

Ursachen

Die Anfälle werden durch eine Fehlfunktion im Gehirn hervorgerufen. Das Gehirn besteht neben Gliazellen (Stützgewebe) aus Milliarden von Nervenzellen (Neuronen), die in komplexen „Schaltkreisen" über elektrische Impulse miteinander kommunizieren. Nicht nur Bewegungen, auch Gedanken, also alle physischen und psychischen Funktionen eines Lebewesens mit einem Nervensystem, wären ohne neuronale Aktivitäten undenkbar.

Bei einem epileptischen Anfall verändert sich die Art und Weise, in der die Neuronen miteinander kommunizieren. Die Nervenimpulse ereignen sich so anormal heftig und schnell, dass es im Körper zu Fehlfunktionen wie etwa Muskelzuckungen kommt. Diese Fehlfunktionen sind die Symptome der Epilepsie, als epileptischen Anfall bezeichnet man aber die neuronale Fehlfunktion im Gehirn.

Fehlfunktionen bei der Kommunikation der Neuronen sind nicht selten. Normalerweise werden fehlerhafte Impulse vom Gehirn erkannt und als unbrauchbar aussortiert, richten also keinen Schaden an. Warum dieser Mechanismus bei Epileptikern nicht funktioniert, ist nicht mit letzter Sicherheit geklärt. Zwei grundsätzliche Faktoren begünstigen jedoch das Auftreten epileptischer Anfälle.

Häufige Fehlfunktionen. Treten die Fehlfunktionen überproportional häufig auf, können sie ab einem gewissen Punkt nicht mehr ignoriert werden. Sind mehrere Neuronen in einer Region gleichzeitig betroffen, geben sie den falschen Impuls jenseits einer gewissen Schwelle weiter. So kann es zu einer krankhaften Reaktion einer Neuronengruppe, gewisser Hirnregionen oder des gesamten Gehirns kommen. Bereits der Befall einzelner Hirnregionen kann ausreichen, um epileptische Symptome auszulösen.

Erniedrigte Schwelle. Damit ein Impuls von einem Neuron nicht ignoriert wird, muss er eine gewisse Stärke haben. Die Schwelle, die überschritten werden muss, kann sich durch äußere Einflüsse wie Hyperventilation oder Drogenkonsum verringern. Bei Säuglingen und Kleinkindern kann sich aus einem fieberhaften Infekt ein Fieberkrampf entwickeln und daraus eine massive Neuronenfehlfunktion erwachsen. In diesem Fall erhöht sich das Epilepsierisiko.

Etwa 5 % der Menschen haben in ihrem Leben einen epileptischen Anfall, manche sogar, ohne es zu bemerken. Lediglich in 0,5 % der Fälle entwickelt sich aus dieser einmaligen Fehlfunktion eine Epilepsie. Die Diagnose auf eine epileptische Erkrankung wird erst gestellt, wenn mehr als zweimal ein epileptischer Anfall durch neuronale Fehlfunktion erkannt wurde. Epilepsie kann ein lebenslanges Leiden sein, aber auch nach einer gewissen Zeit ausheilen.

Symptome

Befallene Hirnregion und Fehlfunktionsumfang bestimmen die Symptome. Je mehr Regionen betroffen sind, desto auffälliger sind die Symptome. Allerdings sind die Symptome niemals gleich und nicht vorhersehbar. Die Medizin nutzt unterschiedliche Arten der Kategorisierung epileptischer Anfälle.

Eine komplexe Methode beschreibt häufige und gleichzeitig auftretende Symptome und fasst diese zu einer Kategorie zusammen. Eine andere, auf die sich die folgenden Ausführungen stützen, orientiert sich an den betroffenen Hirnregionen und schließt von diesen auf die Symptome.

Fokale Anfälle

Bei den fokalen Anfällen ist nur ein Teil des Gehirns betroffen (**Abb. E.26**). Typische Symptome sind:

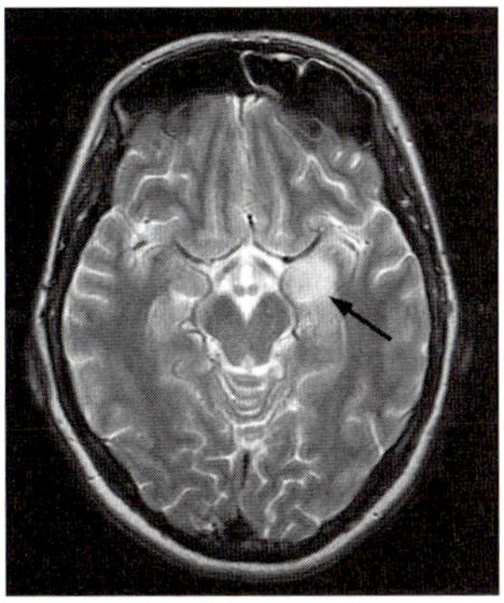

Abb. E.26 Epilepsie mit fokalen Anfällen. Ursache für die Epilepsie der Patientin ist eine geschwulstartige Wucherung (Pfeil), die sich wahrscheinlich aus fehlentwickeltem Keimgewebe gebildet hat (Hamartom).

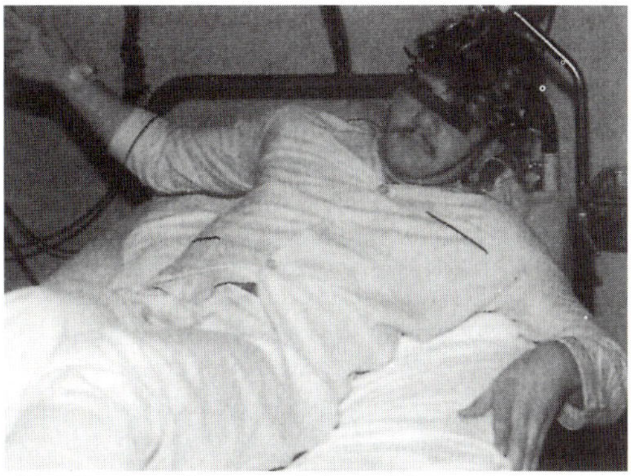

Abb. E.27 Generalisierter tonischer Anfall. Die Aufnahme zeigt einen 27-jährigen Patienten, der während der EEG-Ableitung einen Anfall erleidet. Es kommt zu einer tonischen Anhebung von Armen und Kopf.

- motorische Symptome wie Drehbewegungen der Hände,
- sensible Symptome wie Kribbeln in den Händen,
- sensorische Symptome wie Geschmacks- und Geruchshalluzinationen,
- Übelkeit, Blässe und Schwitzen.

Die Anfälle können sich durch eine so genannte Aura, eine Art „erstauntes Innehalten" ankündigen. In diesem Zustand, der meist nur wenige Sekunden andauert, nehmen die Patienten die Welt plötzlich anders wahr. Langjährige Epileptiker können lernen, die Aura als Vorstufe eines Anfalls zu erkennen und entsprechend zu reagieren.

Bei einfachen fokalen Anfällen kommt es selten zu Bewusstseinsstörung, bei den komplexen hingegen schon. Symptome eines komplexen Anfalls sind etwa Automatismen wie Kauen oder Schmatzen, zielloses Umherwandern und Übersprungshandlungen.

Generalisierte Anfälle

Generalisierte Anfälle, die das gesamte Gehirn betreffen, gehen mit deutlicher Bewusstseinstrübung oder Bewusstlosigkeit, oft auch mit Muskelzuckungen einher (**Abb. E.27**). Weitere Symptome sind hier:

- Sekunden andauernde Bewusstseinsstörungen (Absencen),
- **myoklonische Anfälle:** Sie sind Teil der kategorischen Einteilung „Impulsiv-Petit-Mal" und sind charakterisiert durch rasch ausladende Bewegungen, Wegwerfen von Gegenständen und Sturz,
- **tonisch-klonische Anfälle:** Sie sind Teil der kategorischen Einteilung „Grand-Mal" und verlaufen wie folgt:
  - Sekunden andauernde Verkrampfung (tonisch), der Patient beißt sich auf die Zunge oder nässt ein,
  - drei- bis vierminütige Zuckphase (klonisch), bei der etwa der Speichel im Mund zu Schaum geschlagen wird,
  - Ende des Anfalls mit einer mehrminütigen Schlafphase,
  - Patienten haben später oft keine Erinnerung an das zuvor Erlebte,
- **atonische Anfälle:** Sie sind gekennzeichnet durch einen Sturz nach Erschlaffung (Tonusverlust) der Muskulatur.

Diagnose

Die Symptombeschreibung durch Betroffene und Dritte ist hilfreich für die Diagnose. Das Elektroenzephalogramm (EEG) ist die wichtigste Zusatzuntersuchung (**Abb. E.28**).

Sichtbare Funktionsstörungen stützen die Diagnose und können bei der Einordnung von Anfällen entscheidend helfen.

Eine diagnostische Provokation eines Anfalls, etwa durch Schlafentzug oder Flackerlichtstimulation, hilft bei der Bestimmung der konkreten Epilepsieart. Im Gehirn liegende Läsionen (etwa ein → Tumor) werden mittels bild-

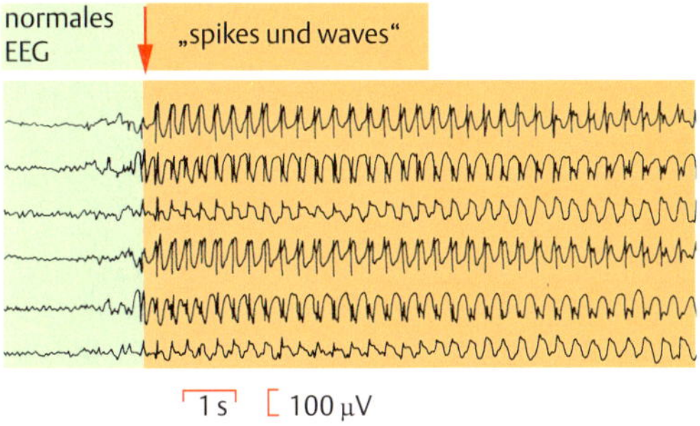

Abb. E.28 Epileptische Absence im EEG. Der Kurvenabschnitt vor dem Pfeil entspricht einem normalen EEG. Beim Pfeil beginnen die für eine epileptische Absence typischen Spike-Waves.

gebender Verfahren (CT, MRT) ausgeschlossen. Eine Blutuntersuchung schließt Stoffwechselerkrankungen aus.

Differenzialdiagnose

Krankheiten, die Bewusstseinsstörungen verursachen, wie Synkope (Ohnmacht) oder psychogene Anfälle (etwa Halluzinationen), sowie Stoffwechselstörungen und -entgleisungen, etwa bei Unterfunktion der Schilddrüse, sollten ausgeschlossen werden. Auch Tetanie kann Krämpfe verursachen, die der → Epilepsie vergleichbar sind.

Therapie

Verschiedene Formen der Epilepsie erfordern unterschiedliche Behandlungsansätze.

Idiopathische Epilepsie. Diese Form wird medikamentös behandelt. Die Medikamentendosis wird gesteigert, bis der empfohlene Blutspiegel erreicht ist. Diese Maßnahme führt meist zur Anfallsfreiheit. Bei ausbleibendem Erfolg kombiniert man zwei oder mehrere Antiepileptika (z. B. Carbamazepin, Barbiturate, Valproinsäure, Phenytoin, Benzodiazepine oder Medazolam).

Symptomatische Epilepsie. Hier wird zunächst die Ursache (etwa der Tumor), nicht aber die Epilepsie selbst behandelt. Bei Erfolg ist eine weitere Behandlung oft nicht mehr nötig.

Status epilepticus. Die Symptome eines Anfalls halten über 20 Min. hinweg an – ein lebensbedrohlicher Zustand, der umgehend akut behandelt werden muss. Sauerstoff wird per Nasensonde gegeben. Außerdem können Medikamente, wie Diazepamrektiole oder Diazepam (Barbiturat) in intravenöser Form oder Phenytoin als Infusion helfen.

Prognose

Betroffene werden bei gut eingestellter medikamentöser Therapie zu 60 – 80 % anfallsfrei. Patienten mit Anfallskrankheiten sollten keine Kraftfahrzeuge führen oder in großer Höhe arbeiten.

Infobox

ICD-10:
G40

Internetadressen:
Informationszentrum Epilepsie der Dt. Gesellschaft für Epileptologie: http://www.izepilepsie.de
Faszination Gehirn: http://www.meb.uni-bonn.de/epileptologie

Erektile Dysfunktion

► Herr Janke rückt nahe an seinen Arzt heran. Er druckst herum. „Tja, wissen Sie. Das ist so. Ähm, also ich und meine Frau. Also, wenn wir uns dann mal näher kommen. Sie wissen schon." Er räuspert sich. „Dann klappt's nicht mehr so. Früher hat die Hilde immer gesagt, sie kann nicht, weil die Kinder jederzeit reinkommen könnten." Er rückt noch näher. „Also ehrlich gesagt, jetzt kann ich nicht mehr so richtig. Können Sie mir da nicht was verschreiben?"

Definition

Eine erektile Dysfunktion (ED) bezeichnet die Schwierigkeit, eine für einen befriedigenden Geschlechtsverkehr notwendige Erektion zu erlangen oder zu erhalten.

Ursachen

Ursachen sind z. B. (**Abb. E.29**):

- Herz-Kreislauf-Erkrankungen (z. B. → Hypertonie),
- Nervensystemerkrankungen (z. B. → Multiple Sklerose),
- Stoffwechselerkrankungen (z. B. → Diabetes mellitus),
- Alkoholabhängigkeit,
- Nebenwirkungen von Medikamenten: Blutdruckmittel, Psychopharmaka, Lipidsenker, Gicht- und Epilepsiemittel,
- durchtrennte Nerven oder Muskeln nach Eingriffen in der Leisten- und Beckenregion,
- private/berufliche Überforderung, Partnerprobleme.

Symptome

Eine ED liegt vor, wenn Störungen mehr als sechs Monate lang bestehen und mindestens 70 % der Versuche zum Geschlechtsverkehr erfolglos bleiben. Ein Mangel an sexuellem Verlangen, der Verlust der Libido bis hin zur Frigidität geht mit einer ED einher, ebenso eine Dyspareunie (Schmerzen während des Sexualverkehrs). Einige Männer verwechseln die ED mit der Ejaculatio praecox, der verfrühten Ejakulation. An einer behandlungsbedürftigen ED leiden in Deutschland ca. 5 % der Männer unter 40 Jahren, ansteigend bis zu 50 % bei den über 70-Jährigen.

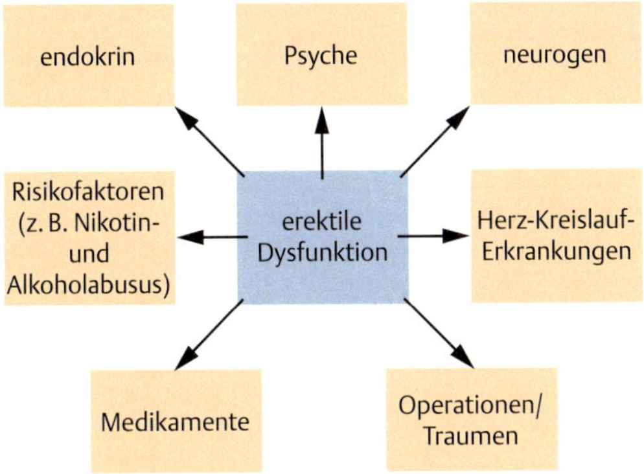

Abb. E.29 Ursachen der erektilen Dysfunktion.

Diagnose

Ein ausführliches Gespräch ist für die Diagnose sehr wichtig. Ggf. erfolgt eine spezielle Sexualanamnese, bei der die ED genau beschrieben wird und u. a. auch Fragen zur Libido, Sexualität der Partnerin und psychosozialen Aspekten gestellt werden. Dazu kommt die sorgfältige internistische und andrologische Untersuchung. Außerdem werden spezielle Parameter wie Testosteron, Prolaktin, Blutzucker und Blutfette im Blut bestimmt.

Betroffene Männer nehmen ärztliche Hilfe allerdings nur selten in Anspruch, da sie es als Einmischung in ihr Intimleben empfinden. Und auch Ärzte umgehen das Thema ED häufig bei ihrer Anamnese. Es ist jedoch aus medizinischen und psychosozialen Gründen eine notwendige Maßnahme, die nicht nur die Erkennung → sexueller Funktionsstörungen, sondern auch die Früherkennung anderer Krankheitsbilder ermöglicht.

Differenzialdiagnose

Neben der urologischen Untersuchung sollte auch eine internistische Untersuchung erfolgen, damit eine evtl. vorliegende → Arteriosklerose und auch eine → Schlafapnoe diagnostiziert werden können.

Therapie

Bei einer ED kann mit Testosteron substituiert werden. Mittel der Wahl sind aber Phosphodiesterase-(PDE-)Hemmer. Durch PDE-Hemmer erweitern sich die Gefäße in den Schwellkörpern und bewirken damit eine Erektion. Zu beachten sind die Kontraindikationen, u. a. manifeste Herzbeschwerden. Die Selbstinjektion von Medikamenten in den Schwellkörper ist nur zweite Wahl. Psychotherapeutische Maßnahmen mit oder ohne Partner unterstützen die Behandlung.

Prognose

In sehr vielen Fällen wird ein guter Behandlungserfolg erreicht. Erektionsstörungen können, insbesondere bei jüngeren Männern, zu autodestruktivem und reaktiv-depressivem Verhalten führen.

Infobox

ICD-10: F52.2

Internetadressen:
http://www.impotenz-selbsthilfe.de

Literatur:

Krause, W., Weidner, W. (Hrsg.): Andrologie. Enke, Stuttgart 1999

Erfrierung

► „Man kann bei so etwas auch auf dem Berg bleiben." Frank und Jürgen erinnern sich an ihr Abenteuer. Auf die Bischofsmütze wollten sie und dann auf der anderen Seite absteigen. Es war ein herrlicher Tag und Frank zog in seinen alten, ledernen Wanderschuhen und ein paar Fingerhandschuhen los. „Mensch, und den ganzen Vormittag lang lag der Gipfel in der Sonne vor uns. Wir haben die Wolkenfront echt nicht registriert." „Und wie es plötzlich geschneit hat – ein Weltuntergang. Da nützte auch ein zügiger Abstieg nichts." Frank war es schnell eisig kalt. In seinen nassen Schuhen schmerzten die Zehen, was aber später nachließ. Jürgen spürte dagegen seine Ohren unter der Strickmütze nicht mehr. Wieder im Warmen, waren seine Ohren stark gerötet und geschwollen, links bildete sich eine große Blase. Bei Frank musste drei Wochen später die rechte Großzehe amputiert werden.

Definition

Eine Erfrierung ist ein lokaler Kälteschaden des Gewebes, meist an Händen, Füßen oder an Nase und Ohren. Betroffen sind hauptsächlich Bergsteiger, Wintersportler sowie Wohnsitzlose.

Ursachen

Durch ein intensives Kältetrauma ziehen sich in Körperteilen, die weit vom Körperkern entfernt sind, Blutgefäße zusammen. Wenn Zellwände geschädigt werden und dadurch Serum austritt, verdickt sich außerdem das Blut (Anstieg des Hämatokrits). Beides verschlechtert die lokale Blutzirkulation und reduziert die Sauerstoff- und Nährstoffversorgung des Gewebes.

Eine allgemeine → Unterkühlung des Körpers kann die lokale Situation noch verschlechtern. Außer durch niedrige Außentemperaturen entstehen Erfrierungen maßgeblich durch Wind und Feuchtigkeit. Außerdem drückt zu enge Kleidung und kann Gefäße abschnüren.

Symptome

Die betroffene Körperregion wird zunächst kalt, weiß und gefühllos. Wegen der Gefäßschädigung tritt Serum aus den Gefäßen, das Gewebe schwillt an (Bildung von Ödemen). Dadurch entsteht z. B. am Fuß das Gefühl, der Schuh sei zu klein. Verursacht das Aufwärmen Schmerzen, sind die Erfrierungen wahrscheinlich nur oberflächlich. Bei tiefen Erfrierungen treten dagegen keine Schmerzen auf.

Es werden drei Schweregrade der Erfrierung unterschieden (**Tab. E.3**). Im Einzelfall kann der tatsächliche Schweregrad erst nach dem Aufwärmen des Körperteils ermittelt werden.

Diagnose

Die Diagnose wird anhand der Krankengeschichte und der äußeren Inspektion gestellt. Das Ausmaß des Gewebeschadens bei einer Erfrierung dritten Grades kann oft erst nach Tagen oder Wochen festgestellt werden (**Abb. E.31**).

Differenzialdiagnose

Bei allgemeiner → Unterkühlung ist die Körperkerntemperatur zusätzlich vermindert. Erfrierungen müssen außerdem von Frostbeulen (Perniones) unterschieden werden.

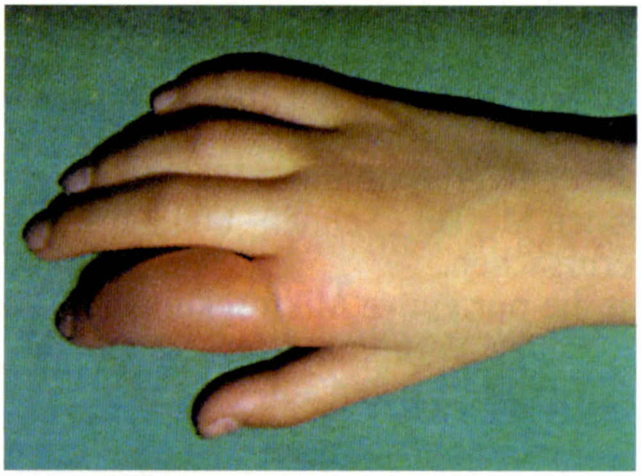

Abb. E.30 Erfrierung 2. Grades. Erfrierungen 2. Grades durch eine defekte Kältespraydose.

Tab. E.3 Schweregrade von Erfrierungen

Schweregrad	Symptome
I	Die Haut ist kalt, blass oder grau-weißlich und gefühllos. Das Körperteil kann schmerzen.
II (**Abb. E.30**)	Außer der Haut sind auch tiefe Gefäßkapillaren geschädigt. Nach dem Aufwärmen ist die Haut gerötet, die Region geschwollen und es bilden sich Blasen.
III (**Abb. E.31**)	Die Region sieht grau-violett aus. Gewebeteile sterben ab, das heißt, es bilden sich Nekrosen mit schwarzer, eingetrockneter Haut.

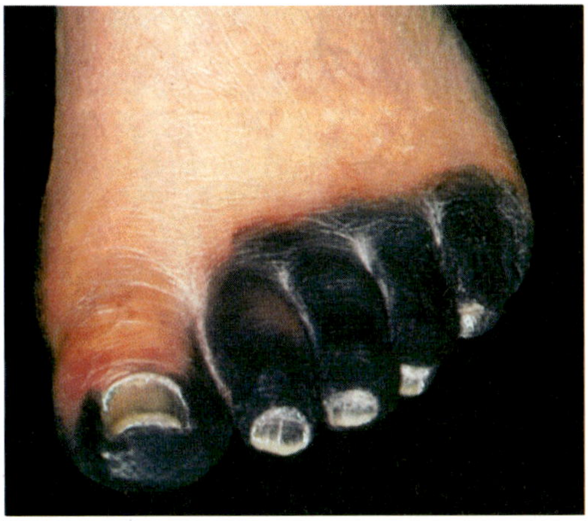

Abb. E.31 Erfrierung 3. Grades. Die Demarkierung von Gewebenekrosen bei Erfrierungen 3. Grades kann mehrere Wochen dauern. Eine Amputation darf keinesfalls zu früh durchgeführt werden.

Frostbeulen sind durch Kälte hervorgerufene teigige Knoten an Finger, Zehen oder Unterschenkeln, die bei Erwärmung schmerzen oder jucken.

Therapie

Der frühzeitige Behandlungsbeginn ist entscheidend für die Prognose des erfrorenen Körperteils. Die betroffene Region muss rasch aufgewärmt werden. Bei → Unterkühlung gelingt dies nur bei gleichzeitiger Anhebung der Körperkerntemperatur, etwa mit heißen, gezuckerten Getränken, Decken, Körperwärme des Helfers oder Erhöhung der Raumtemperatur.

Der erfrorene Körperteil wird im lauwarmen Wasserbad erwärmt. Die Temperatur des Wassers wird allmählich bis auf 38 °C erhöht. Blasen müssen steril abgedeckt werden, um Infektionen zu vermeiden. Analgetika lindern die Schmerzen. Außerdem sollte reichlich Flüssigkeit zugeführt werden.

Akutbehandlung durch den Arzt

Um die lokale Blutzirkulation zu verbessern, legt der Arzt eine Infusion an und verabreicht Medikamente, die die Fließeigenschaften des Blutes verbessern und seine Gerinnungsfähigkeit etwas herabsetzen. Außerdem werden Medikamente verabreicht, die die Blutgefäße weit stellen (Vasodilatatoren).

Behandlung in der Klinik

Ab einer Erfrierung zweiten Grades ist eine klinische Behandlung erforderlich. Hier wird die Erfrierung genau beurteilt und die Tage oder Wochen dauernde Demarkation (Abgrenzung) des toten vom vitalen Gewebe beobachtet.

Es erfolgt die Wundbehandlung. Um Infektionen an der abwehrgeschwächten Körperregion zu verhindern, werden prophylaktisch Antibiotika gegeben. Der → Tetanus-Schutz wird ggf. erneuert. Zusätzlich bekommen Patienten mit Erfrierungen weiterhin Medikamente zur Verbesserung der Blutzirkulation.

Chirurgen entfernen, meist erst nach mehreren Tagen, abgestorbenes Gewebe. Amputationen werden erst dann vorgenommen, wenn eine sichere Demarkationsgrenze zwischen gesundem und nekrotischem Gewebe erkennbar ist.

Behandlungsfehler

Erfrorene Körperteile dürfen keinesfalls mit Schnee oder Stoffteilen eingerieben oder massiert werden, weil dies zu Gewebeschäden führt.

Blasen werden nicht eröffnet – das erhöht die Infektionsgefahr. Rauchen verengt die Gefäße und verschlechtert die Blutzirkulation.

Prognose

Der Heilungsverlauf hängt vom Ausmaß der Durchblutungsstörung und der Gewebeschädigung ab und kann sich über Monate hinziehen. Oft ist die betroffene Körperregion nach oberflächlichen Erfrierungen besonders kälteempfindlich. Es können Hautpigmentierungen zurückbleiben.

Erfrierungen dritten Grades heilen unter Narbenbildung ab. Wird bei Erfrierungen dritten Grades zu früh amputiert, ist die Heilungstendenz schlecht, oft sind dann Nachamputationen erforderlich.

Eine schwere Komplikation ist die septische Gangrän, eine Infektion der betroffenen Nekrosezone. Sie kann auf den gesamten Körper übergreifen und dann lebensgefährlich werden.

Infobox

ICD-10:
T33, T34, T35

Internetadressen:
http://www.anr.de/de/wissen/bibliothek/flora.jsp

Erkältung

► „Tut mir echt leid Nadine, aber ich kann nicht zur Lerngruppe kommen. Mein Kopf ist total zu und geschlafen habe ich auch superschlecht", schnieft Jana ins Telefon. Kommende Woche ist Examen und jetzt hat es sie voll erwischt. „Ich habe es schon gestern Abend gemerkt und in der Nacht sind die Halsschmerzen stündlich schlimmer geworden. Man konnte förmlich zusehen. Buah, und dann diese Nase – ich werde mir jetzt mal einen Tee kochen und mich wieder hinlegen. Echt prima, so kurz vor den Prüfungen."

Definition

Die Erkältung ist eine Virusinfektion mit Rachenentzündung und Schnupfen.

Synonyme: Grippaler Infekt, nichtgrippale Atemwegsinfektion.

Ursachen

Die Erkältung ist Folge einer Entzündung der Nasen- und Rachenschleimhäute aufgrund einer Infektion. Typische Erreger von Erkältungskrankheiten sind:

- Rhinoviren,
- Coronaviren,
- Parainfluenzaviren,
- respiratorisches Synzytienvirus,
- Influenzavirus, das nicht immer die Grippe, sondern auch eine Erkältung verursachen kann,
- Enteroviren, oft bei Erkältungen im Sommer.

Bei Atemwegsinfektionen mit Erkältungssymptomatik werden die Viren über kleinste Tröpfchen in der Luft, die beim Ausatmen, Sprechen, Niesen und Husten entstehen, übertragen. Außerdem können die Erreger über kontaminierte Hände und Gegenstände weitergegeben werden.

Die Viren infizieren die Schleimhautzellen, diese gehen zugrunde und setzen so eine Entzündungsreaktion in Gang, die im Rachen eine Rötung und Halsschmerzen hervorruft. Außerdem werden durch zerstörte Zellen und Immunabwehrzellen Substanzen frei, die die Durchlässigkeit der Blutgefäße für Flüssigkeit erhöhen. Das Gewebe schwillt an, die Nase verstopft und beginnt zu laufen (**Abb. E.32**). Sog. Zytokine, die von den Abwehrzellen des Körpers gebildet werden, sind auch für die anderen Krankheitssymptome verantwortlich.

Symptome

Ein bis drei Tage nach Infektion kommt es zu den typischen Symptomen:

- Abgeschlagenheit,
- leichte Kopfschmerzen,
- verstopfte Nase, Niesen, klares und dünnflüssiges Nasensekret,
- geröteter und schmerzender Rachen,
- leicht erhöhte Körpertemperatur (< 38,5 °C).

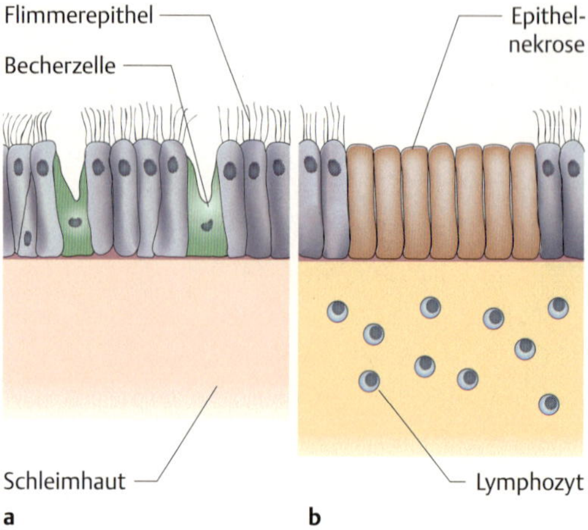

Abb. E.32 Schleimhautveränderungen bei einer Erkältung. a Normale Schleimhaut. **b** Entzündete, geschwollene Schleimhaut bei einem viralen Infekt.

Diagnose

Die Zeichen einer Nasenschleimhautentzündung (Rhinitis) sind aus der Krankengeschichte und einer kleinen Untersuchung leicht zu erkennen (**Abb. E.33**).

Eine Rachenentzündung (→ akute Pharyngitis) erkennt man am geröteten Rachen sowie den Schmerzen, die besonders beim Schlucken auftreten. Weiterführende Laboruntersuchungen zur genauen Erregersuche werden nicht durchgeführt.

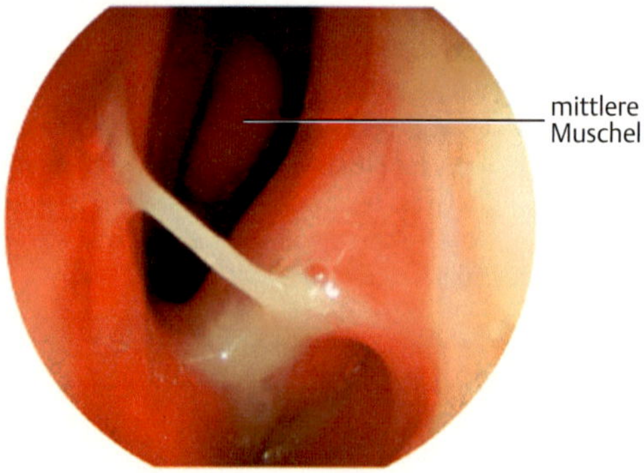

Abb. E.33 Nasenschleimhautentzündung. In der Nasenhaupthöhle sieht man entzündlich veränderte Schleimhaut und mukös-eitriges Nasensekret.

Differenzialdiagnose

Die Symptome einer Erkältung sind denen anderer Erkrankungen sehr ähnlich und daher von ihnen abzugrenzen.

Allergischer Schnupfen. Dieser Schnupfen ist ein Symptom einer Pollenallergie und tritt in Abhängigkeit von der Blütezeit von Ende Februar bis September auf. Ganzjähriger allergischer Schnupfen besteht bei Allergie gegen Hausstaubmilben, Tierhaare oder Schimmelpilze.

Rachenentzündung mit gleichzeitiger Mandelentzündung. Diese Symptome sind charakteristisch für eine Infektion durch A-Streptokokken (→ Angina). Auch das → Pfeiffer'sche Drüsenfieber bei Jugendlichen und jungen Erwachsenen geht mit Rachen- und → Mandelentzündung einher. Bei diesen Erkrankungen ist die Nasenschleimhaut jedoch nicht betroffen.

Therapie

Eine spezifische Therapie steht nicht zur Verfügung. Symptome können mit Hausmitteln, naturheilkundlichen Verfahren, Inhalation und Schmerzmitteln mit entzündungshemmender Wirkung wie Aspirin oder Paracetamol gelindert werden.

Auch können Nasensprays mit Wirkstoffen, die die Durchblutung des Gewebes und dadurch die Flüssigkeitsfreisetzung in das Gewebe hemmen, nützlich sein.

Bettruhe ist nicht erforderlich, doch Überanstrengung sollte vermieden werden. Gründliche Hygiene mit Händewaschen und Oberflächendesinfektion kann das Infektions- und Übertragungsrisiko mindern.

Prognose

Die unkomplizierte Erkältung heilt innerhalb von 4–9 Tagen aus. Viren, die Erkältungen hervorrufen, können jedoch bei Asthmatikern und Personen mit → chronischer Bronchitis einen Krankheitsschub auslösen.

Das respiratorische Synzytienvirus verursacht u. U. bei kleinen Kindern, bei alten Menschen und bei Patienten, die eine immunsuppressive Therapie erhalten, eine → Pneumonie.

Parainfluenzaviren können bei Kindern im Vorschulalter eine akute Kehlkopfentzündung (→ akute Laryngitis) mit Atemnot (→ Krupp) hervorrufen. In der Folge einer Erkältung kann sich eine Nasennebenhöhlen- oder eine Mittelohrentzündung (→ akute Otitis media) entwickeln.

Infobox

ICD-10:
J00

Internetadressen:
http://www.medizinfo.de
http://www.wikipedia.de

Literatur:

Jassoy, C., Schwarzkopf, A. (Hrsg.): Hygiene, Mikrobiologie und Ernährungslehre für Pflegeberufe. Thieme, Stuttgart 2004

Fauci, A. u. a. (Hrsg.): Harrison's Principles of Internal Medicine, 14. Aufl. McGraw-Hill. New York 1998

Ermüdungsfraktur

► Kerstin (42) bereitet sich zur Zeit intensiv auf den Marathon vor und trifft sich mit ihrer Laufgruppe. „Na, was macht der Unterschenkel?“ „Ach, mit den Schmerzmitteln wird's schon gehen.“ Doch nach ein paar Kilometern muss sie die Abkürzung nehmen. „Du musst zum Arzt gehen“, raten ihre Freunde. „Ich weiß. Es wird immer schlimmer und der Unterschenkel ist abends auch heiß. Aber ich darf dann bestimmt einige Wochen nicht trainieren und den Marathon kann ich vergessen.“

Definition

Ermüdungsfrakturen entstehen durch eine permanente Überlastung des Knochens. Sie machen etwa 2% aller Frakturen aus. Meist ist die untere Extremität betroffen.

Synonym: Stressfraktur.

Ursachen

Es besteht ein Missverhältnis zwischen Belastung und Anpassungsfähigkeit des Knochens. Eine permanente und übermäßige Biegebeanspruchung der Mittelfußknochen treten z. B. bei Sportlern, Tänzern oder Soldaten nach langen Märschen auf. Auch am Ende von Metallimplantaten können Ermüdungsbrüche auftreten. Häufig betroffen sind außer dem Fußskelett auch der mittlere Bereich sowie das distale Drittel der Tibia, z. B. bei Achsfehlstellungen der unteren Extremität.

Ursache für Ermüdungsfrakturen kann auch eine Fehlernährung sein, durch die sich die Knochenarchitektur verschlechtert und die Knochenbrüchigkeit erhöht.

Symptome

Die oft nur moderaten Schmerzen unter Belastung werden oft falsch gedeutet. Deshalb gehen Betroffene erst spät zum Arzt und Fehldiagnosen sind häufig. Weitere Symptome sind Schwellungen, ein Spannungsgefühl und Überwärmung.

Diagnose

Die Diagnose wird dadurch erschwert, dass bildgebende Methoden oft erst nach Wochen sichere Merkmale einer Ermüdungsfraktur anzeigen. Das Röntgenbild ist z. T. unauffällig oder zeigt nur haarfeine Frakturlinien. Bei älteren Brüchen sind wolkige Verdichtungen im Frakturareal zu sehen (**Abb. E.34**). In der Skelettszintigrafie reichern sich Radiopharmaka vermehrt im Bereich der Fraktur an. Die verschiedenen Ursachen der Anreicherung können mit der Magnetresonanztomografie weiter differenziert werden.

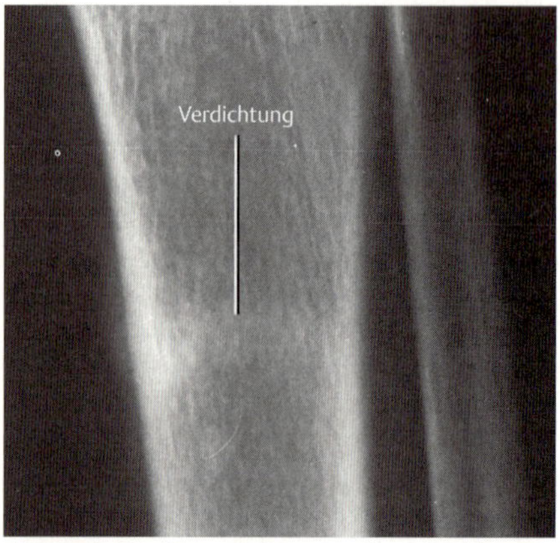

Abb. E.34 Ermüdungsfraktur. Die ältere Ermüdungsfraktur eines Marathonläufers ist als leichte Verdichtung erkennbar.

Differenzialdiagnose

Bösartige Knochentumoren verursachen zunächst ähnlich diskrete Symptome und treten vor allem bei jungen Menschen auf. Weitere Differenzialdiagnosen sind eine Entzündung des Periosts (Periostitis), die aseptische Knochennekrose, die Entzündung der Sehnen und Sehnenscheiden (Insertionstendopathie) oder Erkrankungen, die eine biomechanische Schwächung des Knochengerüsts zur Folge haben (z. B. → Osteomalazie, → Osteoporose).

Therapie

Der betroffene Skelettanteil muss, etwa durch eine mehrwöchige Trainingspause, ausreichend lange entlastet werden. Außerdem entlasten Unterarmgehstützen, eine Gipsschiene oder eine Orthese. Nachdem die Fraktur verheilt ist, beginnt eine adäquate Frakturprophylaxe – man sollte die sportliche Belastung adäquat dosieren und auf gutes Schuhwerk achten.

Achsfehlstellungen der unteren Extremität müssen evtl. operativ korrigiert werden. Auch bei Ermüdungsfrakturen am Ende von Metallimplantaten ist ggf. ein chirurgischer Eingriff vonnöten.

Prognose

Die Prognose ist bei rechtzeitiger Diagnose, adäquater Therapie und Prophylaxe meist gut.

Infobox

ICD-10: T10.0, T12.0

Internetadressen:

http://www.medinfo.de

http://www.dr-walser.ch/index.html?stressfraktur.htm

Literatur:

Rüter, A. u. a. (Hrsg.): Unfallchirurgie. Urban & Schwarzenberg, München 1995

Ertrinkungsunfall

► Herr und Frau Winter stehen völlig fassungslos in der Intensivstation des Kinderkrankenhauses. Tobias feierte heute seinen 2. Geburtstag. Die ganze Familie war gekommen. Es war ein warmer Sommertag und die Kinder spielten wunderbar miteinander im Garten, bis die 10-jährige Marie laut zu schreien anfing. Der kleine Tobias lag mit dem Gesicht nach unten im Gartenteich und bewegte sich nicht mehr. Frau Winter zog ihn aus dem Wasser und suchte vergebens nach Lebenszeichen. Reglos und blass lag er da, als sie mit der Reanimation begann.

Definition

Beim Ertrinkungsunfall taucht das Kind mit dem Gesicht unter und atmet Flüssigkeit ein. Bereits geringe Wassertiefen können lebensgefährlich sein, da der sog. „Tauchreflex" zu einem Glottiskrampf führt, der Apnoe (Atemstillstand) und Zentralisation (Verminderung der peripheren Durchblutung) zur Folge hat und sich erst nach einiger Zeit wieder löst.

Kann das Kind wiederbelebt werden, spricht man vom Beinahe-Ertrinken. Ertrinken ist die zweithäufigste Ursache für tödliche Unfälle im Kindesalter.

Ursachen

Gasaustausch und Lungenmechanik werden durch die aspirierte Flüssigkeit gestört. Menge und Art der Flüssigkeit (Süß- oder Salzwasser) bestimmen das Ausmaß der Störung.

Sie führt letzten Endes zu einem Sauerstoffmangel (Hypoxie) der Gewebe. Die Organe, vor allem das Gehirn, werden dadurch geschädigt. Bei fortwährendem Sauerstoffmangel tritt der Ertrinkungstod ein.

Symptome

Je nachdem, wie lange das Kind untergetaucht war, sind folgende Symptome zu beobachten:

- das Kind hustet und keucht, der Atem rasselt.
- der Puls ist beschleunigt (tachycard),
- die Haut blass-grau und kühl,
- Lippen und Fingerspitzen sind bläulich verfärbt (zyanotisch).
- Das Kind ist ggf. verwirrt. Bewusstlosigkeit, Atem- und Herzstillstand folgen, wenn das Kind nicht rechtzeitig aus dem Wasser geborgen wird.

Diagnose

Das Auffinden des Kindes im Wasser spricht für sich. Atmung, Puls, Temperatur und Bewusstsein werden kontrolliert. Mit Hilfe der Glasgow-Koma-Skala erfolgt eine neurologische Beurteilung (s. **Abb. C.24**, S. 206).

Um die Beatmung steuern zu können, wird eine arterielle Blutgasanalyse durchgeführt. Im Labor werden Elektrolyte, Blutbild, Laktat, Gerinnung, Blutzucker, Harnstoff und Kreatinin bestimmt.

Die Röntgenaufnahme des Thorax erlaubt Aussagen über ein Lungenödem oder ein ARDS (acute respiratory distress syndrome, syn. Schocklunge).

Therapie

Die Vitalfunktionen müssen so schnell wie möglich wiederhergestellt werden. Daher wird sofort mit der Reanimation begonnen und diese solange beibehalten, bis das Kind warm ist. Das ist wichtig, da eine Hypothermie (Absenken der Körperkerntemperatur unter 35 °C) die Prognose positiv beeinflusst. Bei Hypothermie wird die Körpertemperatur langsam, am Körperstamm beginnend, wieder erhöht.

Da bei Süßwasserunfällen multiresistente „Pfützenkeime" in die Lunge gelangen können, erfolgt eine Pneumonieprophylaxe mit Antibiotika.

Prognose

Sie ist abhängig von der Dauer des Aufenthaltes im Wasser und vor allem von der Wassertemperatur sowie der Erstversorgung. Bei starker Unterkühlung ist ein Überleben ohne Schädigung auch nach mehr als 15 – 20 Min. Aufenthalt im Wasser möglich.

Bei normaler Wassertemperatur und einem Aufenthalt über 5 Min. besteht jedoch kaum Aussicht auf ein Überleben ohne Gehirnschädigung.

Infobox

ICD-10: T75.1

Internetadressen:

http://www.intensiv-innsbruck.at/education/fortbildung.htm

Literatur:

Sitzmann, F. C. u. a.: Duale Reihe Pädiatrie, 2. Aufl. Thieme, Stuttgart 2002

Roos, R. u. R. Kurz.: Checkliste Pädiatrie, 2. Aufl. Thieme, Stuttgart 2000

Erysipel

► Erika Maier, eine erfahrene Kinderarzthelferin, stürzt an einem Sonntag vom Fahrrad und schürft sich den Ellbogen auf. Sie klebt zunächst ein Pflaster auf die Wunde. Am Abend versorgt sie die noch nässende Wunde zu Hause mit einem Wundantiseptikum und einem trockenen Verband. Am nächsten Morgen sieht die Wunde sehr gut aus, sie beschließt sie offen zu lassen und geht zur Arbeit. Viele Kinder haben an diesem Tag eine eitrige Mandelentzündung. Am nächsten Tag hat Erika Maier Schmerzen an der Wunde. Sie stellt fest, dass sie dort eine kleine offene Stelle hat. Von da breitet sich eine Rötung und Überwärmung der Haut aus.

Definition

Das Erysipel ist eine Infektion mit β-hämolysierenden Streptokokken der Gruppe A.

Synonym: Wundrose.

Ursachen

Manche Bakteriengattungen, z. B. Streptokokken der serologischen Gruppe A, sind durch spezielle Enzyme in der Lage phlegmonöse Entzündungen auszulösen. Hierunter versteht man die Ausbreitung der Bakterien in der äußerlich intakten Haut. Das Erysipel ist wegen seiner Ausbreitungstendenz, der Möglichkeit auf Muskeln und Faszien überzuspringen und in Hohlräume (z. B. Gelenke, Pleuraspalt usw.) einzudringen, nicht zu unterschätzen.

Die Bakterien gelangen auf bzw. in eine kleine oder größere Wunde und die Infektion beginnt. Daher ist ein Erysipel oder eine → Phlegmone ohne Wunde („Eintrittspforte") nicht denkbar. Ein Insektenstich kann jedoch ausreichen!

Symptome

Beim Erysipel findet sich meistens eine kleinere oder größere Wunde als Ausgangspunkt. Diese Wunde zeigt dann typische Wundinfektionszeichen, z. B. Überwärmung, Schmerz, Rötung, evtl. Schwellung der Wundränder, Wundheilungsstörung. Sind die Erreger dieser zunächst lokalen Wundinfektion dazu in der Lage, können sie nun in die intakte Haut um die Wunde herum eindringen. In der Folge breitet sich die Entzündung aus (**Abb. E.35**). Da dieser ganze Vorgang in der Haut stattfindet, wird keine Eiterbildung beobachtet.

Dennoch tobt hier der Abwehrkampf zwischen zellulärer Abwehr (Makrophagen, neutrophile Granulozyten) und Bakterien. Das Erysipel schreitet jedoch weiter voran. Es kommt zu einer flächenhaften Rötung und Überwärmung der Haut. Setzt jetzt keine Behandlung ein, drohen Komplikationen, z. B. das Einbrechen in Körperhöhlen, eine → Thrombophlebitis und schließlich die → Sepsis.

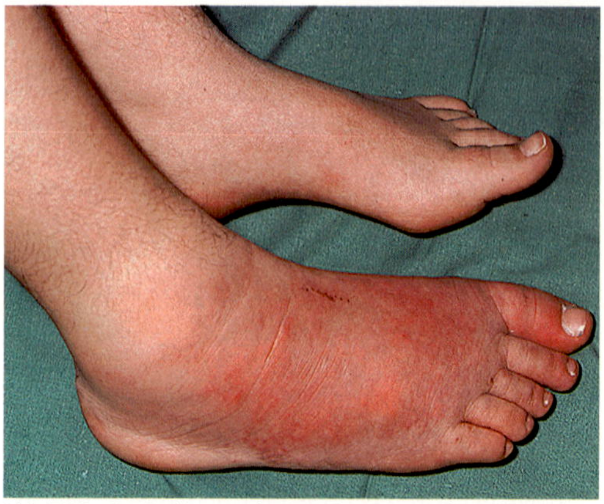

Abb. E.35 Erysipel am rechten Fuß. Eine Zwischenzehenmykose diente als Eintrittpforte für die Bakterien.

Diagnose

Der Erreger wird aus einem Wundabstrich mikrobiologisch angezüchtet. Ein Antibiogramm gibt Auskunft über mögliche Resistenzen.

Differenzialdiagnose

→ Phlegmone und Rotlauf (Erysipeloid) zeigen dieselben Symptome. Durch eine Erregerbestimmung ist der Auslöser abzuklären. Initial mag auch ein Gasbrand so ähnlich aussehen. Auch das Erythema migrans (→ Borreliose) kann anfänglich wie ein Erysipel aussehen, kommt aber nur bei Zeckenstichen vor.

Therapie und Prognose

Als Erstmaßnahme sollte die entsprechend betroffene Extremität ruhig gestellt und eine Kühlung angelegt werden. Es muss antibiotisch behandelt werden, da die Keime in der Haut anders nicht erreicht werden. Aufgrund des typischen Erregerspektrums wird hier zunächst ein Cephalosporin der Gruppe I oder II gewählt. Nach Abklärung der genauen Erregerdiagnose kann geeignet umgestellt werden.

Bei rechtzeitiger Therapie heilt die Wunde gut aus.

Infobox

ICD-10: A46

Internetadressen:

http://www.rki.de

http://www.medizin-netz.de

Literatur:

Jassoy, C., Schwarzkopf, A. (Hrsg.): Hygiene, Mikrobiologie und Ernährungslehre. Thieme, Stuttgart 2005

Erythema infectiosum

► „Mensch Sarah, was ist denn los? Du musst jetzt aber wirklich langsam mal aufstehen, sonst kommen wir gleich am ersten Tag zu spät." Sarahs Mutter ist schon etwas gereizt. Tagelang hat ihre Tochter ganz aufgeregt von ihrem ersten Schultag auf dem Gymnasium erzählt und jetzt kommt sie nicht aus den Federn. „Ich mag nicht aufstehen. Mir tut alles weh", jammert Sarah. „Ich kann ja verstehen, dass du aufgeregt bist, das wäre ich auch", entgegnet ihre Mutter. Doch als sie ihrer Tochter über den Kopf streicht, fallen ihr die roten Flecken in Sarahs Gesicht und an den Armen auf.

Definition

Das Erythema infectiosum ist die Manifestation einer Infektion durch den Parvovirus B19.

Synonyme: Erythema variegatum, Exanthema infectiosum, Ringelröteln, 5. Krankheit.

Ursachen

Der Auslöser des weltweit verbreiteten Erythema infectiosum ist das Parvovirus B19. Ein Großteil dieser Infektionen bleibt unbemerkt, doch ergaben Untersuchungen, dass in Mitteleuropa ungefähr 50 % der Bevölkerung eine Infektion mit B19 durchgemacht haben. Akute Beschwerden betreffen zumeist 6–15-Jährige. Das Erythema infectiosum gilt neben → Röteln, → Masern, → Windpocken und Keuchhusten (→ Pertussis) als 5. Kinderkrankheit.

Die wenig ansteckende Infektion wird durch Tröpfchen übertragen. Die ebenfalls mögliche Verbreitung durch Blutprodukte ist weniger relevant. Typisch sind die kleinen „Epidemien" in Kindergärten, Schulen, Familien und Kliniken. In den letzten Jahren wird Parvovirus B19 vermehrt mit Autoimmunerkrankungen, wie die rheumatoide Arthritis (→ chronische Polyarthritis) und der → systemische Lupus erythematodes, in Zusammenhang gebracht.

Symptome

Die Inkubationszeit beträgt ungefähr zwei Wochen. Es können Anzeichen wie Kopfschmerzen, leichter Juckreiz, Muskelschmerzen, Lymphknotenschwellungen und geringes Fieber vorangehen. Weil diese milde bleiben, fühlen sich die Betroffenen oft nicht krank. Der Ausschlag, das Exanthem, beginnt mit einer intensiven, erhabenen Rötung der Wangen, die zu den Ohren hin blasser wird. Zu diesem Zeitpunkt besteht keine Ansteckungsgefahr mehr. Das typische Bild wird von Kinderärzten gerne als „Ohrfeigengesicht" bezeichnet.

Ein oder zwei Tage später zeigt sich ein girlandenförmiger, netzartiger Ausschlag auf den Armen und Beinen, von dem sich die Bezeichnung Ringelröteln ableitet (**Abb. E.36**). Der Rumpf ist wenig betroffen, die Schleimhäute überhaupt nicht. Nach 10 Tagen bis drei Wochen verblasst der Ausschlag. Häufig schmerzen kleine Gelenke, wie die der Finger, noch über einige Monate.

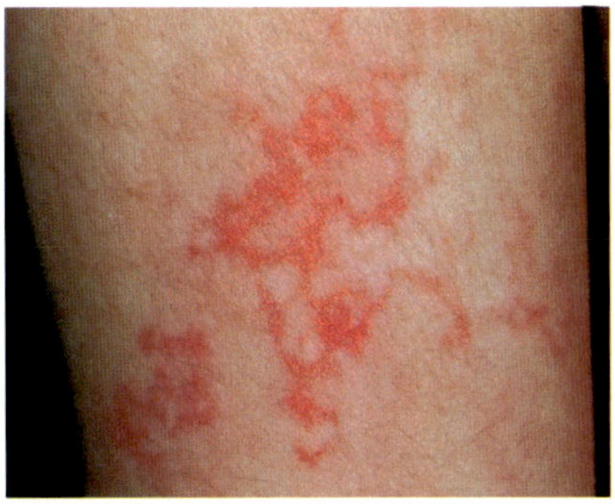

Abb. E.36 Erythema infectiosum. Typisch ist der girlandenförmige, netzartige Ausschlag.

Diagnose

Die Diagnose ist meist aufgrund des Erscheinungs- und Beschwerdebilds möglich. Im Zweifelsfall erfolgt im Labor ein serologischer Nachweis mittels PCR und Antikörpern.

Differenzialdiagnose

Das Erythema infectiosum ist oft schwer von echten Röteln abzugrenzen. Auch andere (Kinder-)Krankheiten mit Hautausschlag wie → Masern und → Scharlach müssen ausgeschlossen werden.

Therapie

Die Therapie erfolgt rein symptomatisch mit Bettruhe und ggf. mit fiebersenkenden Maßnahmen wie Wadenwickel oder der Gabe von Paracetamol. Der Ausschlag wird mit wirkstofffreien Lotionen behandelt.

Prognose

Die Prognose ist ausgesprochen gut. Der Patient ist nach Abheilung lebenslang immun. Infiziert sich jedoch eine Frau während der Schwangerschaft, kann es zu einer Fehlgeburt kommen.

Infobox

ICD-10: B.08.3

Internetadresse: http://www3.dermis.net/dermisroot/de/11940/diagnose.htm

Literatur: Kreckmann, M.: Fallbuch Pädiatrie. Thieme, Stuttgart 2004

Erythrasma

► „Ich habe schon eine Pilz- und Kortisoncreme drauf getan, aber es wurde noch schlimmer", beklagt sich der übergewichtige 24-jährige Sven Dittmann und weist auf die rötlich-bräunlichen Stellen an seinem Oberschenkel. „Ist das was Ansteckendes?"

Definition

Das Erythrasma ist eine Infektion der obersten Hautschicht mit einer leichten Entzündungsreaktion und Verfärbung. Sie wird durch das Bakterium Corynebacterium minutissimum verursacht.

Synonym: Baerensprungsche Krankheit.

Ursachen

Bakterien des Typs Corynebacterium minutissimum siedeln bei jedem Menschen in der äußersten Schicht der Oberhaut, der Hornschicht (Stratum corneum). Normalerweise verursachen sie keine Beschwerden. Wenn aber das Gleichgewicht in der normalen Besiedlung mit Bakterien und Pilzen gestört ist oder sich der pH-Wert der Haut verschiebt, kann sich Corynebacterium minutissmum so stark vermehren, dass es eine Infektion auslöst.

Zu den begünstigenden Faktoren gehören Übergewicht bis hin zur Fettleibigkeit und die Neigung zu verstärktem Schwitzen, eine Zuckerkrankheit oder eine Immunsuppression. Wenn Haut auf Haut liegt, wundgerieben wird und eine feuchte Kammer entsteht, findet das Bakterium ideale Bedingungen. Das Tragen enger Kleidung begünstigt dies.

Symptome

Die Beschwerden beginnen mit einer leichten Rötung. Aus dieser entwickelt sich eine scharf begrenzte, bräunlich-rote, glatte Fläche, manchmal mit einer feinen Schuppung. Die typische Farbe erinnert an Milchkaffee. Klassische Entzündungszeichen wie eine tiefe Rötung oder eine Überwärmung finden sich weniger, auch Juckreiz besteht kaum.

Aufgrund der verursachenden Bedingungen findet sich das Erythrasma vor allem an den Oberschenkeln innen im Genital- und Leistenbereich und den Achseln (**Abb. E.37**). Aber auch unterhalb der Brüste, im Nabel, in der Bauchumschlagsfalte und den Zehenzwischenräumen kann sich ein Erythrasma ausbilden.

Diagnose

Bei der Diagnose macht man sich eine Besonderheit des Corynebacterium minutissimum zunutze: Es sondert Porphyrin ab. Porphyrin leuchtet bei der Bestrahlung mit Wood-Licht (UV-Licht) in einem abgedunkelten Raum korallenrot auf. Ein bakteriologischer Abstrich nebst Anlegen einer Kultur oder sogar eine Probeexzision sind nicht notwendig.

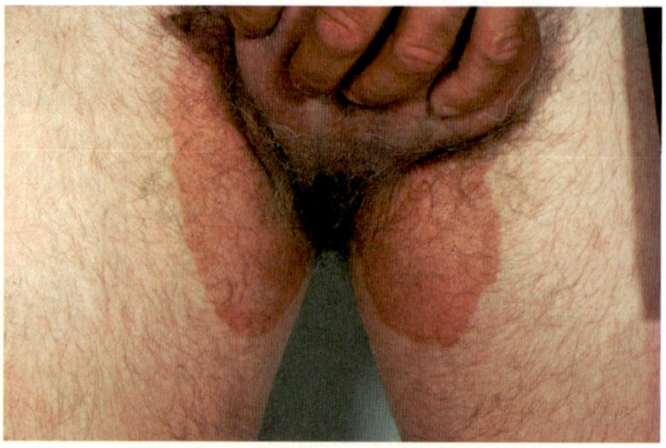

Abb. E.37 Erythrasma. Charakteristisch ist das scharfbegrenzte, flächige Erythem mit diskreter Schuppung.

Differenzialdiagnose

Die Beschwerden werden oft für einen Pilzbefall gehalten und „auf Verdacht" falsch behandelt, deshalb wird das Erythrasma auch häufig als „Pseudomykose" bezeichnet. Ein → Kontaktekzem oder → Psoriasis sind auszuschließen.

Therapie

Verwendet werden Cremes und Lösungen mit antimikrobieller und austrocknender Wirkung, z. B. mit Miconazol oder Erythromycin. Möglichst werden keine Fettsalben verwendet. Die optimierte Körperpflege ist wichtig. Die betroffenen Stellen sollen trocken gehalten werden. Dies kann vorübergehend mit dem Einlegen von Leinenläppchen oder mit Puder geschehen. Die Verfärbung der Haut bleibt noch länger bestehen.

Prognose

Das Erythrasma ist eine harmlose Infektionskrankheit und nicht ansteckend. Allerdings neigt sie insbesondere bei Männern dazu, immer wieder neu aufzutreten.

Komplikationen

Bei multimorbiden und immunsupprimierten Patienten sind Corynebakterien selten die Ursache von Endokarditis und Sepsis.

Infobox

ICD-10
L08.1

Internetadresse:
http://www.akh-consilium.at/daten/hauterkrankungen_bakterielle.htm

Extrauterine Schwangerschaft

► Die 29-jährige Frau Müller sucht ihren Arzt auf. Sie schildert Folgendes: „Ich habe seit rund sieben Wochen keine Regelblutung mehr gehabt und morgens war mir auch oft übel. In den letzten Tagen habe ich ständig Schmerzen im Unterbauch und leichte Blutungen." Bei der Ultraschalluntersuchung stellt der Arzt neben einer aufgelockerten, aber leeren Gebärmutter, eine Verdickung des linken Eileiters fest.

Definition

Unter einer extrauterinen Schwangerschaft versteht man eine Schwangerschaft außerhalb der Gebärmutterhöhle. Mehr als 90% aller extrauterinen Schwangerschaften sind Eileiterschwangerschaften. Die Häufigkeit einer zervikalen oder abdominalen extrauterinen Schwangerschaft liegt unter 1% (**Abb. E.38**).

Synonyme: Extrauteringravidität, ektope Schwangerschaft, „Bauchhöhlenschwangerschaft".

Ursachen

Die befruchtete Eizelle macht während ihrer vier- bis fünftägigen Wanderschaft durch den Eileiter einige Teilungen durch, sodass sie als Blastozyste in der Gebärmutterhöhle ankommt. Sie differenziert sich danach in einen Trophoblasten und einen Embryoblasten. Dieses Entwicklungsstadium hat die Blastozyste normalerweise zum Zeitpunkt der Einnistung in der Gebärmutterhöhle bereits erreicht.

Aber auch wenn sie sich in diesem Stadium noch nicht in der Gebärmutter befindet, nistet sich die Blastozyste ein, wodurch eine extrauterine Schwangerschaft entsteht. Folgende Ursachen für die Extrauteringravidität sind folglich möglich:

Der Weg ist blockiert. Die Blastozyste wird, z. B. durch Wandschäden der Eileiterschleimhaut (Aussackungen, Verwachsungen, Verklebungen), auf ihrem Weg aufgehalten. Diese sind meist Folge einer akuten oder bereits durchgemachten Entzündung.

Der Transport funktioniert nicht richtig. Das befruchtete Ei gelangt nicht schnell genug durch den Eileiter. Es ist bei seinem Transport auf die Eileiterschleimhaut, den Sekretstrom und auf das Vorhandensein einer funktionstüchtigen Muskulatur angewiesen. Diese Transportmechanismen sind vielen Störungen unterworfen. Sie können als Folge einer Entzündung, durch Rauchen oder ein hormonelles Ungleichgewicht hervorgerufen werden.

Der Weg ist zu lang. Eine Hypoplasia uteri (Unterentwicklung der Gebärmutter) ist i.d.R. mit einem abnormal langen Eileiter kombiniert. Hier ist die Einnistungsreife der Blastozyste bereits vor der Ankunft in der Gebärmutterhöhle erreicht.

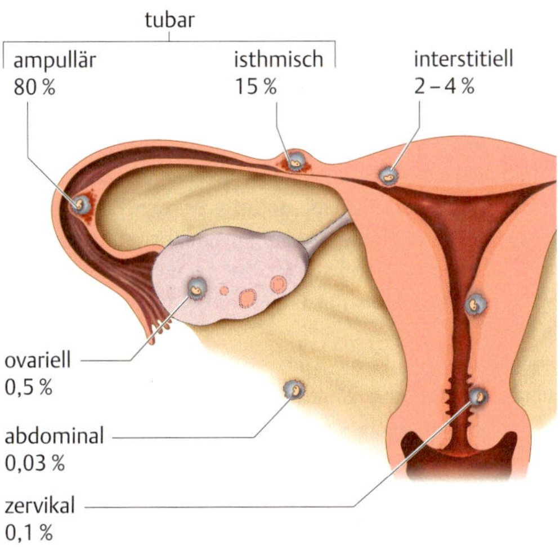

Abb. E.38 Extrauterine Schwangerschaften. Lokalisationen und Häufigkeiten.

Symptome

Symptomatisch steht zunächst das Ausbleiben der Regelblutung im Vordergrund, was für eine Schwangerschaft physiologisch ist. Hinzukommen Unterbauchschmerzen, die sich aufgrund des Wachstums der Leibesfrucht im engen Eileiter entwickeln.

Ein weiteres Symptom sind vaginale Blutungen. Sie entstehen, weil die Extrauterinschwangerschaft nicht genügend Hormone produziert, um eine Abstoßung der Gebärmutterschleimhaut zu verhindern. Es kommt also zu einer Hormonentzugsblutung ähnlich wie im Zyklus. Meist handelt es sich hierbei um eine Schmierblutung.

Wichtig für die spätere Symptomatik ist die Unterscheidung zwischen den beiden klinischen Formen der Eileiterschwangerschaft:

- Tubarruptur,
- Tubarabort.

Tubarruptur

Die isthmische und die interstitielle Gravidität verlaufen meist als Tubarrupturen. Die Blastozyste nistet sich im mittleren, engen Teil der Tube (Eileiter) ein. Durch ihr invasives Wachstum bekommt sie schnell Anschluss an mütterliche Gefäße. Sie „durchwächst" praktisch die Wand des Eileiters.

Es kann zu Blutungen kommen und bei weiterer Ausdehnung der Blastozyste zur Ruptur des Eileiters (**Abb. E.39**). Diese ist gekennzeichnet durch einen sehr starken Rupturschmerz und verursacht meist stärkere Blutungen in den Bauchraum. Es kommt zu einem Schock und einem → akuten Abdomen. Die Symptomatik ist lebensbedrohlich.

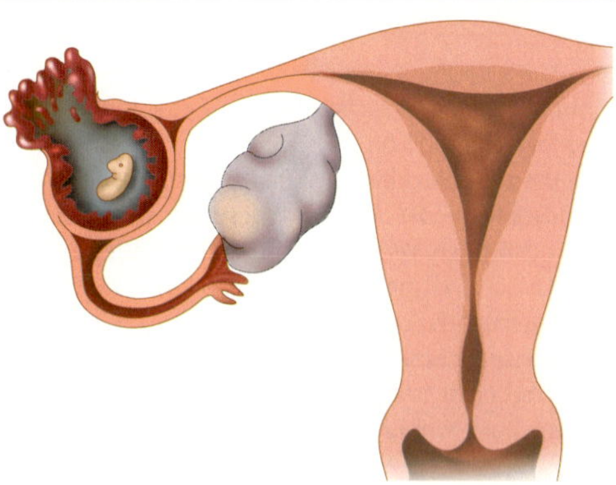

Abb. E.39 Tubarruptur. Durch die Ausdehnung der Blastozyste kommt es zu einer Ruptur des Eileiters.

Liegt also eine Extrauteringravidität vor, muss eine engmaschige Vitalzeichenkontrolle und eine sorgfältige Krankenbeobachtung (Zeichen des akuten Abdomens) stattfinden. Meist operiert man die Patientinnen schnellstmöglichst.

Tubarabort

Eine Extrauteringravidität im ampullären Bereich (im weiten Teil der Tube) verläuft typischerweise weniger drastisch, weil hier bessere Möglichkeiten zur Ausdehnung der Blastozyste gegeben sind. Bei dieser Form kann ein Tubarabort eintreten.

Unter einem Tubarabort versteht man die Ausstoßung des im Eileiter befindlichen Schwangerschaftsproduktes in die Gebärmutter oder, insbesondere bei einer Ansiedlung im ampullären Bereich des Eileiters, in die Bauchhöhle. Dabei kommt es zunächst zu einem Spannungsschmerz, der sich im Rahmen des Wachstums steigert. Es besteht jedoch nicht die Gefahr einer Ruptur.

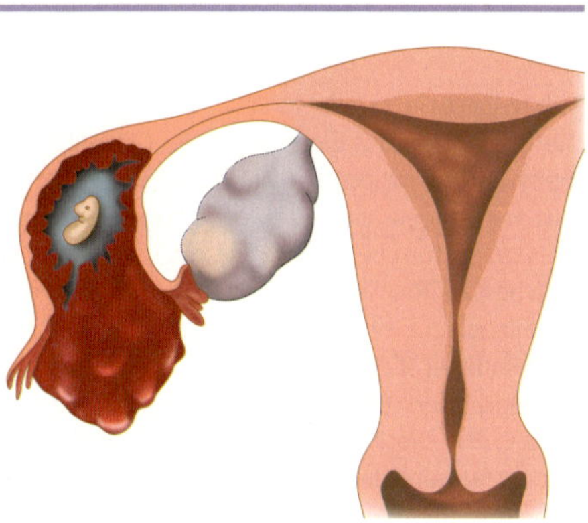

Abb. E.40 Tubarabort. Das Schwangerschaftsprodukt wird in die Bauchhöhle ausgestoßen.

Auch hier sammelt sich Blut in der freien Bauchhöhle an. Jedoch ist die Blutung im Vergleich zu einer Tubarruptur geringer und das Ereignis nicht akut. Trotzdem bestehen Bauchschmerzen und eine geringere Abwehrspannung.

Diagnose

Anamnese. In der Anamnese gibt die Frau meist an, vor Beginn der Schmerzen sechs bis acht Wochen keine Regelblutungen gehabt zu haben. Die meisten Patientinnen zeigen Anzeichen der Frühschwangerschaft, z. B. Spannen in der Brust, Übelkeit. Des Weiteren erkundigt sich der Arzt nach vorausgegangenen genitalen Entzündungen, Sterilitätsbehandlungen oder Extrauteringraviditäten.

Wichtig ist auch die Frage nach einem Intrauterinpessar (IUP, „Spirale"). Ein IUP verhindert zwar die Einnistung einer Schwangerschaft in der Gebärmutterhöhle, nicht jedoch in den Eileitern. Die Entwicklung einer Extrauteringravidität ist daher möglich, zumal das IUP aufsteigende Infektionen mit daraus folgenden Wandschädigungen der Eileiter begünstigt.

β-hCG-Werte. Die Extrauteringravidität entspricht im Grundsatz einer normalen Schwangerschaft, d. h., man findet die üblichen Schwangerschaftsveränderungen, z. B. Erhöhung des β-hCG-Wertes, uterine Veränderungen usw. Erwartungsgemäß sind die β-hCG-Werte erhöht, jedoch muss man Folgendes in Betracht ziehen: Das β-hCG wird vom Trophoblasten des Keimlings gebildet. Dieser wiederum hat sich im Rahmen der Extrauteringravidität an einem Ort eingenistet, der keine ausreichende Ernährung gewährleisten kann.

Daher werden die Schwangerschaftshormonspiegel geringer ansteigen als bei einer normalen Schwangerschaft. Stirbt der Keim im Rahmen eines Tubarabortes, so sinken die Werte ab. Die β-hCG-Werte stellen ein wichtiges diagnostisches Hilfsmittel dar, um zwischen einer intakten und einer gestörten Schwangerschaft unterscheiden zu können.

Körperliche Untersuchung. Im Rahmen der körperlichen Untersuchung findet sich eine aufgelockerte Gebärmutter, die aber nicht die erwartete Größe aufweist. Bei der bimanuellen Untersuchung kann oft ein verdickter und/oder schmerzhafter Eileiter getastet werden. Befindet sich Blut in der Bauchhöhle, ist eine Abwehrspannung zu registrieren. In der akuten Situation zeigen sich die Zeichen eines Blutungsschocks mit erniedrigtem Blutdruck und erhöhter Pulsfrequenz.

Sonografie. Hier zeigt sich das Endometrium schwangerschaftsgemäß umgewandelt, die Gebärmutterhöhle aber ist leer. Bereits sechs Wochen nach der letzten Regel lassen sich bei einer normalen Schwangerschaft embryonale Strukturen im Ultraschall nachweisen. Fehlen diese und liegt zusätzlich noch freie Flüssigkeit im Bauchraum vor, ist die Diagnose einer Extrauteringravidität sehr wahrscheinlich.

Differenzialdiagnose

Insbesondere aufgrund der Unterbauchschmerzen kommen verschiedene Differenzialdiagnosen in Betracht:

- **gynäkologisch:** Entzündungen von Eileiter oder Eierstock, → Endometriose, → Abort (Fehlgeburt), Corpus-luteum-Zyste (Gelbkörperzyste), Stieldrehung einer Ovarialzyste.
- **urologisch:** Harnwegsinfektion (→ Nephrolithiasis).
- **chirurgisch:** → Appendizitis, chronische Darmerkrankung (z. B. → Morbus Crohn).

Therapie

Die Therapie richtet sich nach den klinischen Beschwerden, die bei der Patientin vorliegen. Ziel ist es, die Schwangerschaft zu beenden, bevor es zu einer Tubarruptur kommt. Dazu wird meistens eine Laparoskopie durchgeführt.

Tubenerhaltendes Vorgehen. Bei jüngeren Frauen mit Kinderwunsch bemüht man sich um ein tubenerhaltendes Vorgehen. Der Arzt schneidet die Tube auf und entfernt das Schwangerschaftsprodukt. Gleichzeitig sucht er im Rahmen dieser Spiegelung nach Ursachen für die Eileiterschwangerschaft, z. B. Verwachsungen. Die Bauchhöhle wird sehr gründlich gespült, weil zurückbleibendes Blut zu neuerlichen Verwachsungen führt. Dieses Vorgehen erhöht jedoch die Gefahr einer zukünftigen Extrauteringravidität, weil Narben am Eileiter zurückbleiben.

Entfernen des Eileiters. Bei abgeschlossener Familienplanung oder schwerwiegendem, fortgeschrittenem Verlauf mit entsprechenden Komplikationen kann eine Entfernung des Eileiters erforderlich sein. Auch dies ist i.d.R. laparoskopisch möglich. Besteht ein unklares Bild oder liegt ein → Schock vor, entschließt man sich gemeinhin zu einem primären Bauchschnitt.

Pharmakologische Therapie. Die Medikamente wendet man lokal an und injiziert sie intraoperativ in den Trophoblasten. Zur Verfügung stehen hochkonzentrierte Glukoselösungen, Prostaglandine oder Chemotherapeutika (v. a. Methotrexat). Dies hat den Vorteil, dass die Tube nicht durch einen Schnitt verletzt wird. Der Körper resorbiert das Schwangerschaftsprodukt nach dem Absterben.

Prognose

Die Häufigkeit einer Extrauteringravidität beträgt etwa eine auf hundert Entbindungen. Lag bereits eine Eileiterschwangerschaft vor, besteht ein Wiederholungsrisiko von etwa 10 %.

Die psychische Situation der Frau darf nicht unterschätzt werden. Weil der Verlust des Kindes im Vordergrund steht, ist die Situation mit einer Fehlgeburt zu vergleichen. Weitere Ängste beziehen sich meist auf die Frage, ob eine erneute „normale“ Schwangerschaft überhaupt möglich ist.

Infobox

ICD-10
O00.9

Internetadressen:
http://www.onmeda.de
http://www.wunschkinder.net/demo/krankheiten/eileiterschwangerschaft.htm
http://www.initiative-regenbogen.de
http://www.engelskinder.de
http://www.maximilianprojekt.de
http://www.kindergrab.de
http://www.stillgeburt.de

Literatur:

Schäfer, K.: Ein Stern, der nicht leuchten konnte. Das Buch für Eltern, deren Kind zu früh starb. Herder, Freiburg 2005

Lothrop, H.: Gute Hoffnung, jähes Ende. Kösel, München 2005

Beutel, M.: Der frühe Verlust eines Kindes. Bewältigung und Hilfe bei Fehl-, Totgeburt und Fehlbildung. Hogrefe, Göttingen 1996

Nijs, M.: Trauern hat seine Zeit. Abschiedsrituale beim frühen Tod eines Kindes. Hogrefe, Göttingen 2003

Bosch, A. (Hrsg.): Eigentlich unsere Kinder. Wie Mütter und Väter den frühen Verlust ihres Kindes erleben. Maximilianprojekt, Baden-Baden 2004

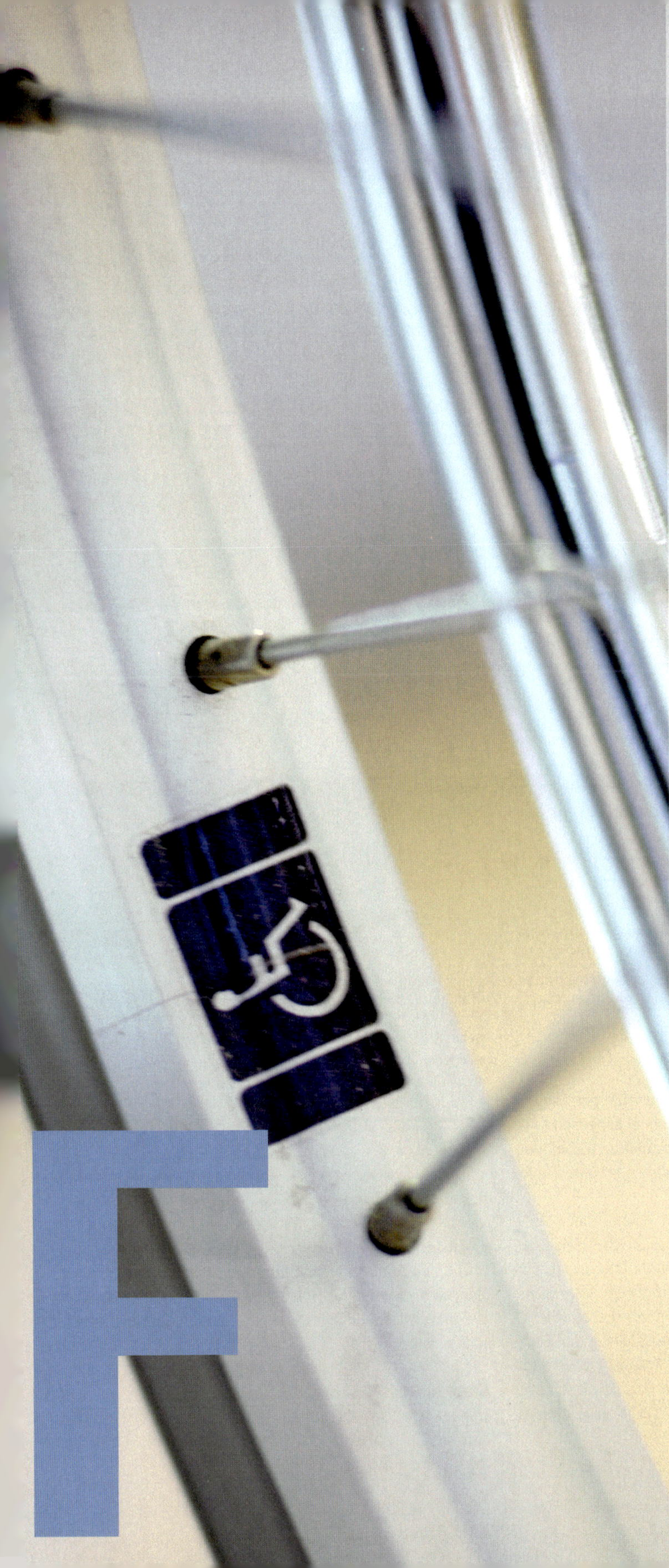

F

Fallot-Tetralogie

► „Eigentlich ist jetzt nur wenig zu merken", erzählt Frau Winkler. „Manchmal trinkt Jan nur wenig und schläft gleich wieder ein oder er wird dabei etwas blau im Gesicht. Letztens habe ich dann aber doch einen Schrecken bekommen. Er hatte Blähungen und schrie ganz fürchterlich und ich konnte ihn nicht beruhigen. Er wurde erst blitzblau im Gesicht und dann bewusstlos. Der Notarzt war Gott sei Dank schnell da. Im Kinderkrankenhaus haben sie ihn dann untersucht und einen angeborenen Herzfehler festgestellt."

Definition

Die Fallot-Tetralogie bezeichnet die Kombination folgender angeborener Herzfehler (**Abb. F.1**):

- → Pulmonalstenose,
- → Ventrikelseptumdefekt,
- eine über dem Ventrikelseptumdefekt reitende Aorta,
- Rechtsherzhypertrophie.

Pulmonalstenose. Die Verengung im Bereich der Pulmonalklappe (Herzklappe) erschwert den Blutfluss von der rechten Herzkammer in die Lunge.

Ventrikelseptumdefekt. Dieses Loch in der Kammerscheidewand lässt das Blut von der rechten in die linke Herzkammer fließen (Rechts-links-Shunt).

Reitende Aorta. Lageanomalie der Aorta, wobei die A. ascendens aus beiden Herzkammern (und nicht nur aus der linken) Blut erhält.

Rechtsherzhypertrophie. Die Herzmuskelzellen des rechten Herzens vergrößern sich durch die erhöhte Druckbelastung.

Der Schweregrad dieser Herzerkrankung ist abhängig davon, wie stark die Ausflussbahn des Blutes durch die Stenose eingeengt ist. Ihr Ausmaß ist entscheidend für die Lungendurchblutung und die daraus entstehende verminderte Sauerstoffversorgung des Körpers (Hypoxie).

Symptome

Im Neugeborenenalter besteht meist nur eine geringe bis mäßiggradige Zyanose. Sie nimmt im 1. Lebensjahr zu und wird zum Leitsymptom dieser Erkrankung. Die Kinder atmen schneller (Tachypnoe) und zeigen ggf. eine Trinkschwäche.

Hypoxie. Ab dem 3.–6. Lebensmonat können beim Aufwachen oder bei körperlicher oder psychischer Anstrengung (Füttern, Schreien) hypoxämische Anfälle auftreten. Sie werden durch einen Spasmus (Krampf) der vergrößerten Zellen im Bereich der Ausflussbahn der rechten Herzkammer verursacht. Diese Spasmen verschärfen den Sauerstoffmangel, sodass die Kinder tief zyanotisch werden. Im weiteren Verlauf treten Blässe und Tonusverlust oder Krämpfe bis zur Bewusstlosigkeit auf. Die Anfälle dauern wenige Minuten bis Stunden.

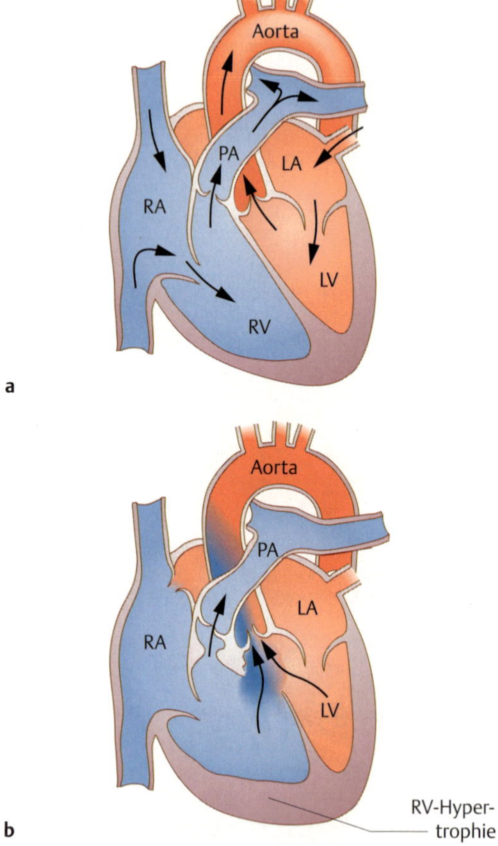

Abb. F.1 Fallot-Tetralogie. **a** Normales Herz. **b** Bei Fallot-Tetralogie besteht eine Lageanomalie der Aorta, die zusätzlich zum ebenfalls bestehenden Ventrikelseptumdefekt dafür verantwortlich ist, dass die A. ascendens Blut aus beiden Herzkammern erhält. Außerdem findet man bei einer Fallot-Tetralogie eine Pulmonalstenose und eine Rechtsherzhypertrophie.

Die chronische Hypoxie verursacht an den Fingern Veränderungen (Trommelschlägelfinger und Uhrglasnägel), wenn der Sauerstoffmangel nicht behoben wird.

Hockstellung. Bei steigender Belastung, z. B. beim Toben und Spielen, nimmt die Zyanose zu. Die Kinder nehmen dann von selbst eine Hockstellung ein. Sie bewirkt, dass die arterielle Sauerstoffsättigung in der oberen Körperhälfte zunimmt.

Diagnose

Die Erkrankung wird durch Anamnese und Auskultation (typische Herzgeräusche beim Abhorchen), EKG und Röntgen diagnostiziert.

Im Echokardiogramm sind die 4 anatomischen Veränderungen gut darstellbar. Mittels der Doppler-Sonographie kann der Druck im rechtsventrikulären Ausflusstrakt erfasst werden. Bei der Herzkatheteruntersuchung können die Fehlbildungen durch das Kontrastmittel sichtbar gemacht werden.

Therapie

Die Therapie erfolgt zunächst konservativ. Im Vordergrund steht die Verbesserung der Sauerstoffsituation durch Sauerstoffgabe.

Bei hypoxischen Anfällen wird die Hockstellung (s. o.) imitiert und das Kind beruhigt und sediert (**Abb. F.2**). Dazu kann das Kind auch auf den Arm genommen werden. Die Beine werden angehockt vor die Brust gedrückt.

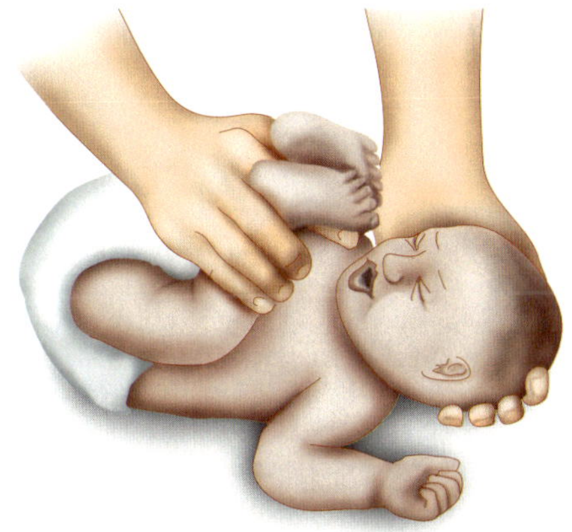

Abb. F.2 Hypoxie. Zur sofortigen Behandlung eines Säuglings mit hypoxischem Anfall, ahmt man die Hockstellung nach, indem man die Knie des Kindes an seine Brust presst. Das Kind kann dabei auch auf den Arm genommen werden.

Die operative Korrektur der Herzfehler wird bis Ende des 1. Lebensjahres durchgeführt. Dabei wird zunächst der Ventrikelseptumdefekt verschlossen. Die Verengungen der Ausflussbahn werden behoben, z. B. durch Sprengung der Pulmonalklappe (Kommissurotomie) und Inzision (einschneiden) der verdickten Herzmuskulatur.

Prognose

10 % aller angeborener Herzfehler sind eine Fallot-Tetralogie. Werden die Kinder nicht behandelt, sterben 50 % bis zum 6. Lebensjahr. Nur 3 – 5 % sind mit 20 Jahren noch am Leben. 75 % der operativ behandelten Patienten erreichen bei guter Lebensqualität das 40. Lebensjahr (medsana.ch).

Infobox

ICD-10: Q21.3

Internetadressen:
http://www.cardiologe.de
http://www.kinderkardiochirurgie.de

Literatur:
Sitzmann, F. C.: Duale Reihe Pädiatrie, 2. Aufl. Thieme, Stuttgart 2002

Fehlsichtigkeit

► **Der 12-jährige Antonio Carelli kommt mit seiner Mutter zur Augenärztin: „Ich kann in der Schule nicht mehr alles von der Tafel ablesen. Ich hatte schon mal Probleme bei Landkarten oder so, aber das hatten die anderen auch, die mit mir hinten sitzen. Der Lehrer hat mich jetzt in die erste Reihe gesetzt, weil ich das Tafelbild immer bei Timo abschreibe. Ich will aber wieder neben ihm sitzen. Wenn es sein muss, dann eben mit Brille."**

Definition

Bei der Fehlsichtigkeit ergibt sich kein scharfes Bild auf der Netzhaut, wenn Hornhaut und Linse die aus der Ferne einfallenden Lichtstrahlen brechen.

Ursachen

Ametropie. Bei der Ametropie (Refraktionsanomalie, Brechungsanomalie) entsteht die Fehlsichtigkeit durch ein Ungleichgewicht zwischen der Augenlänge und der Brechkraft von Hornhaut und Linse.

Formen einer Ametropie sind z. B. Myopie, Hyperopie und Astigmatismus (**Abb. F.3**).

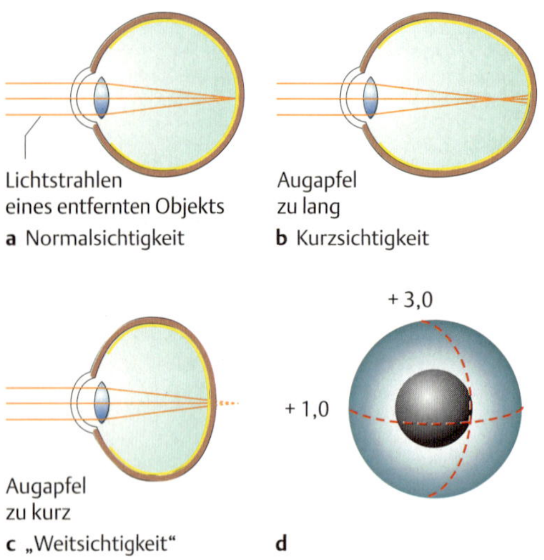

Abb. F.3 Normal- und Fehlsichtigkeit. a Emmetropes (normalsichtiges) Auge: Der Brennpunkt von parallel auf das Auge auftreffenden Strahlen eines entfernten Gegenstandes liegt in der Netzhautebene. **b** Myopes (kurzsichtiges) Auge: Der Brennpunkt liegt vor der Netzhautebene. **c** Hyperopes (übersichtiges, weitsichtiges) Auge: Der Brennpunkt liegt hinter der Netzhautebene. **d** Astigmatismus (Stabsichtigkeit, Hornhautverkrümmung): Es besteht eine ungleiche Brechkraft in zwei aufeinander senkrecht stehenden Meridianen.

Myopie. Das myope (kurzsichtige) Auge ist länger als normal. Es vereint aus der Ferne einfallende Strahlen vor der Netzhaut.

Hyperopie. Das hyperope (übersichtige oder weitsichtige) Auge ist kürzer als normal. Aus der Ferne einfallende Strahlen werden hinter der Netzhaut vereint.

Astigmatismus. Eine weitere Ursache für Fehlsichtigkeit ist ein Astigmatismus (Stabsichtigkeit, Brennpunktlosigkeit, Hornhautverkrümmung). Einfallende Lichtstrahlen werden in einem Meridian der Hornhaut durch eine stärkere Hornhautkrümmung verstärkt gebrochen.

Anisometropie. Sie liegt vor, wenn beide Augen eine unterschiedliche Brechkraft aufweisen, z. B. ein Auge myop und das andere hyperop ist. Werden hierdurch Bilder unterschiedlicher Größe vom rechten und linken Auge an das Gehirn zur Verarbeitung geschickt, besteht zusätzlich eine Aniseikonie (ungleiche Bildgröße).

Presbyopie. Die Alterssichtigkeit ist die mit dem Alter zunehmende Schwierigkeit, in der Nähe scharf zu sehen. Ursachen sind der Elastizitätsverlust der Linse und die damit verbundene Abnahme der Akkommodation. Akkommodation ist die Fähigkeit des Auges, unter Zunahme der Brechkraft der Linse nahe gelegene Objekte scharf abzubilden und damit lesen zu können.

Seltenere Formen. Sie entstehen durch eine zu steile oder zu flache Hornhaut oder Verformungen der Linse sowie Verlagerungen der Linse aus der Sehachse.

Symptome

Normalerweise entsteht bei einem emmetropen (normalsichtigen) Auge eine scharfe Abbildung (**Abb. F.4 a**).

Myopie. Dagegen erkennt das myope Auge Gegenstände in der Ferne unscharf, in der Nähe jedoch gut (**Abb. F.4 b**). Stark myope Augen (> –8 dpt) haben häufig Netzhaut- und Papillenveränderungen.

Hyperopie. Längeres Lesen wird als anstrengend empfunden. Kinder können anfangen zu schielen.

Astigmatismus. Der Patient sieht Gegenstände der Außenwelt, z. B. zwei nebeneinander liegende Punkte, nicht mehr getrennt und scharf, sondern als unscharfe Linie (Stab) (**Abb. F.4 d**).

Anisometropie. Sie fällt meistens nur auf, wenn die Augen eine so unterschiedliche Brechkraft haben, dass ein großer Bildgrößenunterschied besteht (7 bis 10 %).

Presbyopie. Sie macht etwa ab dem 40. Lebensjahr Symptome und führt dazu, dass der Betroffene den Lesetext zum Scharfsehen immer weiter weg hält. „Die Arme werden zum Lesen zu kurz", da der Nahpunkt zunehmend weiter in die Ferne rückt (**Abb. F.4 c**).

Diagnose

Fehlsichtigkeiten lassen sich während der Sehschärfeprüfung feststellen, wobei der Augenarzt dem Patienten verschiedene Probierbrillengläser aufsetzt.

Abb. F.4 Das Sehen bei verschiedenen Formen der Fehlsichtigkeit. **a** Emmetropie (Normalsichtigkeit). **b** Myopie (Kurzsichtigkeit): scharfe Abbildung in der Nähe, verschwommenes Sehen in der Ferne. **c** Presbyopie (Alterssichtigkeit): scharfe Abbildung in der Ferne, verschwommenes Sehen in der Nähe. **d** Astigmatismus (Stabsichtigkeit, Hornhautverkrümmung): verzerrtes Sehen in der Ferne und Nähe.

Bei Kindern und manchmal auch bei Erwachsenen ist eine Untersuchung in Mydriasis (mit medikamentös erweiterter Pupille) und Zykloplegie (vorübergehend ausgeschalteter Akkommodation) erforderlich. Die Patienten neigen sonst unbewusst dazu, die Brechkraft der Linse auf den Nahbereich einzustellen. Eine Hyperopie wird dann zu niedrig gemessen und eine Myopie zu hoch.

Spezielle Messgeräte (Refraktometer, Skiaskop) ermöglichen die objektive Bestimmung von Brechungsanomalien unabhängig von Patientenangaben.

Differenzialdiagnose

Differenzialdiagnostisch kommen alle Krankheiten in Frage, die zu einer Sehverschlechterung führen, z. B. eine Hornhautentzündung, eine → Netzhautablösung oder eine Sehnervenerkrankung.

Therapie

Der Ausgleich einer Brechungsanomalie ist mit Brillengläsern und Kontaktlinsen möglich. Eine weitere Möglichkeit sind refraktiv chirurgische Verfahren an der Hornhaut, d. h. Operationen, mit deren Hilfe der Patient weniger abhängig oder völlig unabhängig von Brille oder Kontaktlinsen wird.

Die Myopie wird mit Minusgläsern (konkave Linsen, Zerstreuungsgläser) ausgeglichen. Die aus der Ferne auftreffenden Lichtstrahlen werden durch Minusgläser gestreut. So kann das beim myopen Auge vor der Netzhaut gelegene Bild auf die Netzhaut verlagert werden.

Die Hyperopie wird mit Plusgläsern (konvexe Linsen, Sammellinsen), welche die aus der Ferne auftreffenden Strahlen bündeln, ausgeglichen. So kann das hinter der Netzhaut gelegene Bild auf die Netzhaut gebracht werden.

Ein Astigmatismus wird mit so genannten Zylindergläsern ausgeglichen.

Prognose

Eine höhere Hyperopie nimmt in den ersten Lebensjahren eher ab, eine Myopie eher zu, besonders häufig während der Pubertät.

Hyperope bemerken die Alterssichtigkeit früher und benötigen damit auch früher eine Lesebrille. Myope können länger ohne Lesebrille auskommen, müssen den Text aber häufig recht nah an die Augen heranführen (bei Werten > –3 dpt).

Komplikationen

Stark myope Augen haben gegenüber normalsichtigen und hyperopen Augen ein erhöhtes Risiko, Netzhautlöcher und eine Netzhautablösung zu bekommen.

Höhere Fehlsichtigkeit und Anisometropie können vor dem 10. Lebensjahr zu einer Amblyopie (Schwachsichtigkeit) führen.

Infobox

ICD-10:
H53.9 G

Internetadressen:
http://www.medizininfo.de
http://www.vsdar.de

Literatur:
Oestreicher, E. u. a.: HNO, Augenheilkunde, Dermatologie und Urologie für Pflegeberufe. Thieme, Stuttgart 2003

Femurfraktur

► In seinem Mercedes macht Stefan Zinsser (24) gerne ausgedehnte Spritztouren auf abgelegenen Landstraßen und entlang herrlicher Alleen, auf denen es eine kleine Ewigkeit bis zur nächsten Kurve braucht. Aber auch Motorradfahrer lieben diese Strecken. In einer der seltenen Kurven kommt ihm einer entgegen – und zwar auf der falschen Spur. Stefan kann gerade noch nach rechts ausweichen und prallt frontal gegen einen Baum. Dabei rutscht er nach vorn und seine Knie knallen gegen das Armaturenbrett. Er erleidet eine Patellafraktur sowie eine distale Femurfraktur.

Definition

Die Femurfraktur ist ein Bruch des Oberschenkelknochens. Je nach Lokalisation werden die Frakturen eingeteilt in (**Abb. F.5**):

- **proximale Femurfrakturen:** Hüftkopffraktur, Schenkelhalsfraktur (Bruch des Verbindungsstücks zwischen Hüftkopf und Femurschaft), pertrochantäre Femurfraktur (Bruch zwischen Trochanter major und minor) und subtrochantäre Femurfraktur (Bruch unterhalb der Trochanteres).
- **diaphysäre Femurfrakturen:** Oberschenkelschaftfraktur.
- **distale Femurfrakturen:** suprakondyläre Femurfraktur und Kondylenfraktur.

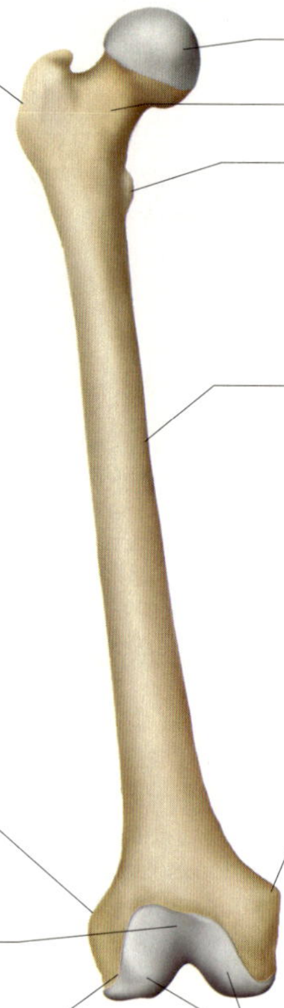

Abb. F.5 Femur der rechten Seite. Ansicht von vorne.

Ursachen

Der Oberschenkelknochen bricht bei starker, von außen einwirkender Gewalt oder bei Stürzen. Knochenkrankheiten oder Knochenanomalien können den Knochen brüchiger machen als er bei Gesunden normalerweise ist. Dies trifft z. B. auf alte Menschen mit → Osteoporose zu. Bei ihnen reicht u. U. ein geringfügiges Trauma aus, um das Femur brechen zu lassen.

Hüftkopffrakturen. Sie entstehen meist durch Verrenkungen, wodurch ein Hüftkopffragment abgeschert wird. Der Schenkelhals bricht meist nach einem Sturz auf den Trochanter major oder bei einem Sturz auf das ausgestreckte Bein.

Diaphysäre Femurfrakturen. Sie finden sich gehäuft nach schweren Unfällen bei polytraumatisierten Patienten.

Distale Femurfrakturen. Sie entstehen oft durch ein direktes Anpralltrauma, z. B. gegen das Armaturenbrett eines Autos oder bei Auffahrunfällen mit gestreckten Kniegelenken (indirekte Gewalteinwirkung).

Symptome

Die Symptome sind je nach Lokalisation der Frakturen unterschiedlich.

Hüftkopffraktur. Das Bein befindet sich in einer Fehlstellung. Es kann kaum im Hüftgelenk bewegt werden und ist federnd fixiert. Die passive Bewegung im Hüftgelenk ist schmerzhaft.

Schenkelhalsfraktur, pertrochantäre Fraktur. Die Beweglichkeit ist schmerzhaft eingeschränkt. Bei instabilen Frakturen mit Verschiebung der Frakturenden erscheint das Bein verkürzt und ist nach außen rotiert. Das Bein kann vom liegenden Patienten nicht von der Unterlage abgehoben werden. Bei eingestauchten Schenkelhalsfrakturen fehlen manchmal die Frakturzeichen. Die Schmerzen können ins Knie ausstrahlen.

Diaphysäre Femurfrakturen. Die Patienten haben starke Schmerzen. Der Oberschenkel erscheint verkürzt und ist aufgrund einer Fehlstellung der Frakturenden sowie der oft erheblichen Weichteilschäden und der Blutungen verformt. Es besteht eine Rotationsfehlstellung und Instabilität. Das Knie kann nicht gebeugt werden.

Distale Femurfrakturen. Das Kniegelenk erscheint deformiert und es fällt eine Achsabweichung auf. Aktive Bewegungen im Knie sind unmöglich, passive Bewegungen sehr schmerzhaft.

Diagnose

Es werden je nach Verdachtsdiagnose Röntgenaufnahmen des Beckens, des proximalen und/oder distalen Femurs oder des gesamten Beines angefertigt. Da, abgesehen vom Knochen, weitere Strukturen des Beines verletzt sein können, sind evtl. eine Computertomografie (CT) oder Magnetresonanztomografie (MRT) erforderlich. Mit diesen bildgebenden Techniken können auch chondrale oder osteochondrale Verletzungen dargestellt werden.

Insbesondere bei distalen Femurfrakturen können wichtige Gefäße oder Nerven verletzt sein, was bei der klinischen Untersuchung (Pulse, Sensibilität, Motorik) überprüft wird.

Differenzialdiagnose

Ausstrahlende Schmerzen, z.B. ins Knie, lenken manchmal von der Hauptverletzung ab und erschweren die Diagnose. Die Symptome einer → Hüftgelenksluxation können den Zeichen einer Femurfraktur ähneln (Hüftkopffraktur). Typische kombinierte Verletzungen sind z.B. die Luxationsfraktur des Hüftgelenks mit zusätzlicher Fraktur der Hüftpfanne (→ Beckenringfraktur) oder zusätzliche Kniebinnen- oder Fersenbeinverletzungen.

Therapie

In den meisten Fällen muss bei Femurfrakturen operiert werden.

Konservative Therapie. Die konservative Therapie ist nur angezeigt bei bestimmten Frakturen im Kindesalter oder bei eingeschränktem Allgemeinzustand. Solche konservativen Verfahren sind der Becken-Bein-Gips oder die Extensionsbehandlung, z.B. bei Kindern mit Femurschaftfraktur. Bei der Extensionsbehandlung werden die Knochenenden mittels einer Extensionsvorrichtung am Bett über mehrere Wochen in der richtigen Position gehalten (**Abb. F.6**).

Chirurgische Therapie. Ziel der chirurgischen Therapie ist es, die Frakturenden mit Schrauben, Platten, Nägeln und Drähten möglichst dicht aneinander zu bringen, zu fixieren und so eine optimale Osteosynthese (Knochenheilung) zu fördern. Die Metallimplantate verbleiben bei alten Menschen dauerhaft im Körper. Bei jungen Menschen erfolgt, wenn es sinnvoll erscheint, die Metallentfernung nach ein bis zwei Jahren. Bei Schenkelhalsfrakturen kann es erforderlich sein, den Hüftkopf zu entfernen und eine Gelenkprothese zu implantieren.

Physiotherapie. Da die Beinmuskulatur oft über Wochen nicht belastet werden kann, kommt es zum raschen Muskelschwund. Die Qualität der postoperativen Physiotherapie zum Muskelaufbau und zum Erhalt der Gelenkbeweglichkeit ist deswegen mit entscheidend für den Therapieerfolg. Viele Patienten müssen ganz neu das selbstständige Gehen erlernen.

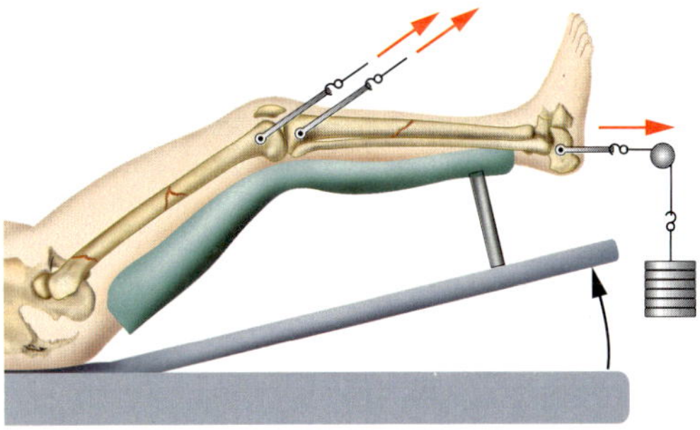

Abb. F.6 Extensionsbehandlung. Besteht ein hohes Risiko der Fragmentverschiebung, wird die „Streckbehandlung" angewandt. Durch den frakturfernen Knochen wird ein Metalldraht gebohrt. Daran wird ein Extensionsbügel angebracht. Über einen Seilzug ziehen Gewichte die Fragmente auseinander.

Prognose

Wie rasch ein Knochenbruch heilt, hängt von verschiedenen Faktoren ab: vom Alter und Allgemeinzustand des Patienten, von der Lokalisation der Fraktur, den Begleitverletzungen und davon, ob ein komplizierter oder einfacher Knochenbruch vorliegt. Der Heilungsprozess und die Nachbehandlung können Wochen bis Monate in Anspruch nehmen.

Komplikationen

Schwere Traumata, umfangreiche operative Eingriffe und eine lange Immobilisationsphase gehen mit einem hohen Thrombose- (Becken- und Beinvenenthrombose) und → Lungenembolie-Risiko einher. Dies sind Komplikationen, die besonders bei alten Menschen tödlich enden können. Weitere Komplikationen sind: schwerer Blutverlust, Knochennekrosen, Infektionen, Nervenverletzungen mit Lähmungserscheinungen, Implantatbrüche, Beinverkürzung.

Verheilt der Knochen nicht, entstehen → Pseudarthrosen, sog. Falschgelenke. D.h., die frakturierten Knochenenden bewegen sich gegeneinander. Das Bein ist dann kaum oder gar nicht belastbar.

Sind Knie- oder Hüftgelenksflächen mit betroffen, ist in den folgenden Jahren ein rascher Verschleiß (Arthrose) möglich.

Infobox

ICD-10: S72.0 – S72.9

Internetadressen:
http://www.leitlinien.net
http://www.aerzteblatt.de

Fertilitätsstörungen

► **Die 32-jährige Frau Pirentz klagt ihrer Gynäkologin: „Ich bin verzweifelt, weil ich schon vier Fehlgeburten hatte. Seit unserer Heirat wünschen wir uns schon ein Kind. Ich habe ja manchmal Zweifel, ob ich neben meiner Arbeit als Rechtsanwältin auch noch Mutter sein könnte. Aber wenn das Kind erst da wäre, würde sich bestimmt alles finden."**

Definition

Bei der Fertilitätsstörung kann die Frau zwar empfangen, aber kein lebensfähiges Kind austragen. Die Frau zeigt eine erhöhte Bereitschaft zu habituellen (gehäuft auftretenden) → Aborten.

Synonym: Infertilität.

Ursachen

Überwiegende Ursachen für Frühaborte sind chromosomale Veränderungen, Störungen des Trophoblasten oder Hindernisse bei der Einnistung. Als weitere Ursachen für eine Fertilitätsstörung gelten funktionelle Veränderungen (z. B. Verschlussinsuffizienz der Zervix), anatomische Abweichungen (z. B. Uterusfehlbildungen), Hormonstörungen (z. B. Corpus-luteum-Insuffizienz), Erkrankungen hormonproduzierender Organe (z. B. → Diabetes mellitus, Funktionsstörungen der Schilddrüse) sowie Infektionen (z. B. Syphilis, → Toxoplasmose) (**Abb. F.7**).

Der Fetus stellt, da er ja zur Hälfte aus dem väterlichen Anteil besteht, für das Immunsystem der Mutter ein Fremdtransplantat dar. Damit sich der Fetus ungehindert entwickeln kann, muss die Mutter blockierende Antikörper bilden. Diese Antikörper belegen Antigene auf der Oberfläche des Trophoblasten. Dass die Mutter zu wenig blockierende Antikörper bildet, kann eine mögliche Ursache für habituelle Aborte sein.

Nicht selten sind habituelle Aborte auch auf die Psyche der Frau zurückzuführen. Häufig haben die betroffenen Frauen eine ambivalente Einstellung zur Mutterrolle. Auf der einen Seite wünschen sie sich ein Kind, auf der anderen Seite sehen sie sich in der Mutterrolle überfordert. Dies führt zu einer chronischen Stresssituation und vegetativen Fehlregulation. Als Folge nimmt man vermehrte Kontraktionen der Gebärmutter an, die mit der Ablösung der Plazenta einhergehen können. Diese Situation wird durch vorangegangene Fehlgeburten verstärkt, da sich dadurch eine ängstliche Erwartungshaltung einstellt.

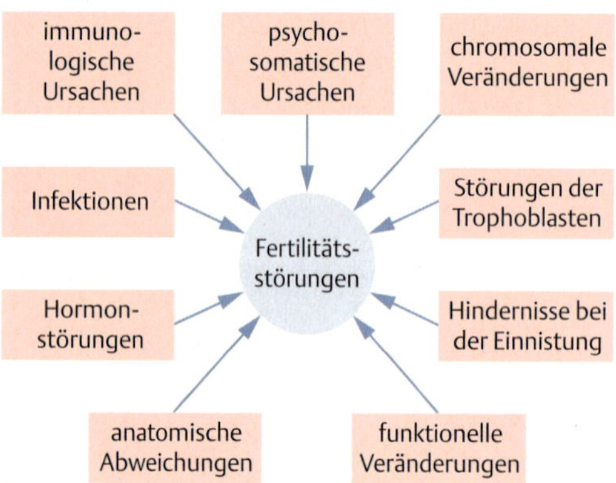

Abb. F.7 Ursachen von Fertilitätsstörungen.

Symptome

Der Abort beginnt mit Blutungen und Schmerzen, der Muttermund ist geöffnet, die Herzaktion des Kindes kann positiv oder bereits negativ sein. Werden kindliche und plazentare Anteile bei der Fehlgeburt vollständig ausgestoßen, bestehen meist keine Blutungen mehr, die Schmerzen sind mäßig und der Muttermund geschlossen.

Sind Reste des Schwangerschaftsproduktes in der Gebärmutter verblieben, ist bisweilen mit starken Blutungen und Schmerzen zu rechnen. Der Muttermund ist noch geöffnet und es kommt zu Materialabgang.

Diagnose

Zur Diagnosestellung analysiert man die Chromosomen des Elternpaares und überprüft die hormonelle Situation der Frau. Bei einer erneuten Fehlgeburt sollten auch die Chromosomen des Fetus untersucht werden. Daneben müssen Missbildungen der Gebärmutter oder Infektionen ausgeschlossen werden. Die psychische und soziale Situation der Patientin sollte beleuchtet werden.

Therapie

Die Therapie besteht in der Beseitigung des Grundleidens. Bei psychsomatischer Problematik kann für die Frau eine unterstützende, ichstärkende Therapie während der Schwangerschaft von Bedeutung sein.

Prognose

Eine recht gute Prognose lässt sich vor allem bei anatomischen Veränderungen der Gebärmutter erzielen.

Infobox

ICD-10: N97.9G

Internetadressen:
http://www.autoimmun.org
http://www.wunschkinder.net

Literatur:

West, Z.: Kinderwunsch. Dorling Kindersley, Starnberg 2004

Fiegl, J.: Unerfüllter Kinderwunsch. Das Wechselspiel von Körper und Seele. Walter, Meilen 2004

Fettstoffwechselstörung

► Die 39-jährige Elke Hübner stellt sich bei ihrem Hausarzt vor: „Sie hatten vor einigen Monaten bei mir erhöhtes Cholesterin festgestellt, aber das Abnehmen fiel mir doch schwer. In unserer Familie wurde immer gut gegessen und meine Eltern haben auch zu viel Cholesterin. Als mein Vater vor kurzem fast an einem Schlaganfall gestorben wäre, hat es bei mir Klick gemacht. Ich möchte nicht schon mit 60 Jahren einen Schlaganfall oder Herzinfarkt."

Definition

Bei der Fettstoffwechselstörung sind die Blutfette im Nüchtern-Serum erhöht. Generell unterscheidet man:

- **primäre Fettstoffwechselstörungen:** erblich bedingt,
- **sekundäre Fettstoffwechselstörungen:** durch andere Erkrankungen bedingt.

Synonyme: Hyperlipidämie, Hyperlipoproteinämie, Dyslipoproteinämie.

Zusammensetzung der Blutfette

Die Blutfette setzen sich aus verschiedenen Lipiden (Fetten) zusammen. Cholesterin ist ein essenzieller Baustein für die Zellmembran. Aus Cholesterin werden Steroidhormone und Gallensäuren gebildet. Triglyzeride dienen als Energieträger. Im Blut werden die Moleküle an Proteine gebunden und in Form von Lipoproteinen transportiert. Lipoproteine bestehen aus Lipiden und Apolipoproteinen. Letztere regulieren den Stoffwechsel der Lipoproteine.

Lipoproteinarten. Man unterscheidet vier Lipoproteinarten nach ihrer Dichte und unterschiedlichen Wanderungsgeschwindigkeit in der Elektrophorese:

- **Chylomikronen:** transportieren die Fette aus der Nahrung in verschiedene Gewebe,
- **Very low density lipoproteins (VLDL):** bringen die Lipide aus der Leber in Muskel- und Fettgewebe,
- **Low density lipoproteins (LDL):** transportieren den Hauptteil des Cholesterins von der Leber in periphere Organe und Gewebe,
- **High density lipoproteins (HDL):** transportieren Cholesterin aus dem Körper zur Leber.

Eine Erhöhung der Triglyzeride auf > 200 mg/dl wird als Hypertriglyzeridämie, eine Zunahme des Cholesterins auf > 200 mg/dl als Hypercholesterinämie bezeichnet.

Fettstoffwechsel

Nach der Nahrungsaufnahme werden die Fette aus dem Darm in Form von Chylomikronen in das Blut aufgenommen. Die Triglyzeride werden zur Muskulatur und zum Fettgewebe transportiert. Die übrig gebliebenen Partikel (Chylomikronen-Remnants) binden mit Hilfe von Apolipoprotein E an Rezeptoren der Leberzellen und werden in die Zellen aufgenommen. Aus den Leberzellen werden Cholesterin und Triglyzeride in Form von VLDL mit dem Blut zur Muskulatur und zum Fettgewebe gebracht. Dort werden die Fettsäuren verstoffwechselt oder gespeichert.

Die übrig gebliebenen Bestandteile der VLDL werden entweder zur Leber zurücktransportiert oder in LDL umgewandelt. LDL bringen Cholesterin aus der Nahrung oder der Leber zu den Körperzellen. In die Zellen wird Cholesterin über einen LDL-Rezeptor aufgenommen. Ein Defekt dieser Rezeptoren kann zu einer vererbten Hypercholesterinämie führen.

HDL können Cholesterin aus den Geweben und Arterienwänden aufnehmen und zur Leber bringen. HDL wirken damit einer Hypercholesterinämie entgegen.

Ursachen

Primäre Fettstoffwechselstörungen

Primäre Fettstoffwechselstörungen werden vererbt. Sie wurden von Fredrickson je nach erhöhtem Lipoprotein in fünf Klassen eingeteilt. Die häufigste primäre Fettstoffwechselstörung ist die polygene Hypercholesterinämie. Hierbei bewirken Erbanlagen und äußere Faktoren wie jahrelange Überernährung, Übergewicht oder Alkohol einen Anstieg der Cholesterinwerte auf über 200 mg/dl und einen Anstieg der LDL (Typ IIa nach Fredrickson).

Darüber hinaus gibt es andere primäre, vererbte Fettstoffwechselstörungen, bei denen jeweils unterschiedliche Lipoproteine erhöht sind. Ursache der Erkrankungen sind z. B. Mutationen (Genveränderungen). Diese bewirken, dass defekte LDL-Rezeptoren gebildet werden oder zu viel bzw. zu wenig Apolipoproteine.

Sekundäre Fettstoffwechselstörungen

Sekundäre Stoffwechselstörungen treten im Rahmen anderer Erkrankungen auf (**Tab. F.1**) und sind sehr häufig. Medikamente, Alkoholkonsum oder chronische Krankheiten wie → Diabetes mellitus, → chronische Niereninsuffizienz oder eine Schilddrüsenunterfunktion können eine sekundäre Fettstoffwechselstörung eigenständig hervorrufen oder die Entwicklung einer primären Fettstoffwechselstörung begünstigen.

Symptome

Häufig werden Fettstoffwechselstörungen zufällig entdeckt. Patienten mit sekundären Fettstoffwechselstörungen sind meist übergewichtig und leiden unter anderen „Zivilisationskrankheiten" wie → Diabetes mellitus oder → Hypertonie (Bluthochdruck).

Eine ausgeprägte Fettstoffwechselstörung äußert sich durch die Symptome einer → Arteriosklerose am Herzen, im Gehirn oder an den Beingefäßen. Je nach betroffenem Organ kommt es zu Brustschmerzen (→ Angina pectoris), Durchblutungsstörungen im Gehirn mit neurologischen Ausfällen (TIA, PRIND, → Hirninfarkt) oder Claudicatio in-

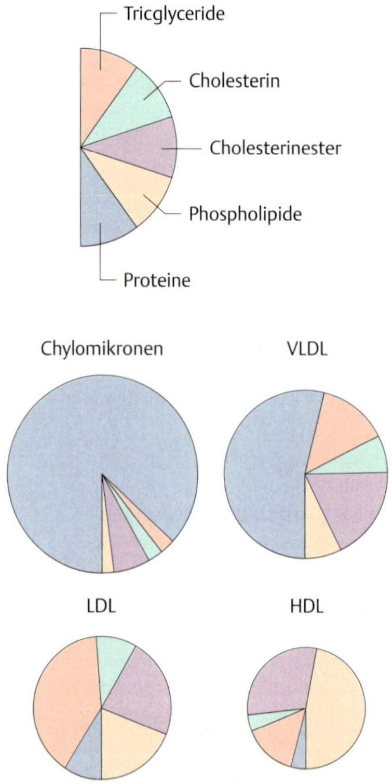

Abb. F.8 Lipoproteine. Lipoproteine bestehen aus unterschiedlichen Anteilen von Triglyzeriden, Cholesterin, Cholesterinestern, Phospholipiden und Proteinen.

termittens (Schmerzen in den Beinen nach längerem Gehen). Eine ausgeprägte Erhöhung der Triglyzeride kann sich durch eine akute →Pankreatitis mit starken Oberbauchschmerzen äußern.

Die Lipide zeigen sich im Auge als Arcus lipoides (weißlicher Ring in der Peripherie der Iris). An der Haut der Patienten kann man Xanthelasmen (hellgelbe Plaques im Bereich der Augenlider) oder Xanthome (ebensolche Plaques an anderen Körperstellen) erkennen (**Abb. F.9**) (**Abb. F.10**).

Diagnose

Übergewicht und Begleiterkrankungen weisen auf eine Fettstoffwechselstörung hin. Im Serum werden nach etwa 12-stündiger Nahrungskarenz Triglyzeride, Gesamtcholesterin, LDL-Cholesterin, HDL-Cholesterin, die Lipoproteine und Apolipoproteine bestimmt.

Mit der Friedewald-Formel (s. Info-Box) kann die Konzentration von LDL im Plasma abgeschätzt werden. Andere Erkrankungen müssen mit entsprechenden Untersuchungen ausgeschlossen werden. Eine Befragung des Patienten über Ernährung, Nikotinabusus und Begleiterkrankungen wie Diabetes mellitus oder Hypertonie dient dazu, das individuelle Arteriosklerose-Risiko des Patienten zu ermitteln.

Differenzialdiagnose

Primäre Fettstoffwechselstörungen müssen gegenüber sekundären abgegrenzt werden (**Tab. F.1**).

Tab. F.1 Ursachen sekundärer Fettstoffwechselstörungen

Fettstoffwechselstörung	Ursachen
Hypercholesterinämie	▪ fett- und cholesterinreiche Ernährung (tierische Fette, Eier) ▪ →Nephrotisches Syndrom ▪ Schilddrüsenunterfunktion ▪ Stau der Galle in den Gallenwegen (Cholestase) ▪ akute intermittierende →Porphyrie ▪ →Anorexia nervosa
Hypertriglyzeridämie	▪ hoher Alkoholkonsum ▪ kalorien- und zuckerreiche Ernährung ▪ Niereninsuffizienz mit Hämodialyse ▪ Medikamente (Thiaziddiuretika, Kontrazeptiva, Betablocker, Hormonersatztherapie bei Frauen)
Hypercholesterinämie und Hypertriglyzeridämie	▪ →Diabetes mellitus ▪ Schwangerschaft ▪ →Lupus erythematodes ▪ M. Cushing ▪ Medikamente (Thiazide, Steroide, Östrogene) ▪ Stress
Erniedrigtes HDL	▪ Lebererkrankungen ▪ Schilddrüsenüberfunktion ▪ Lymphome ▪ Zigarettenrauchen

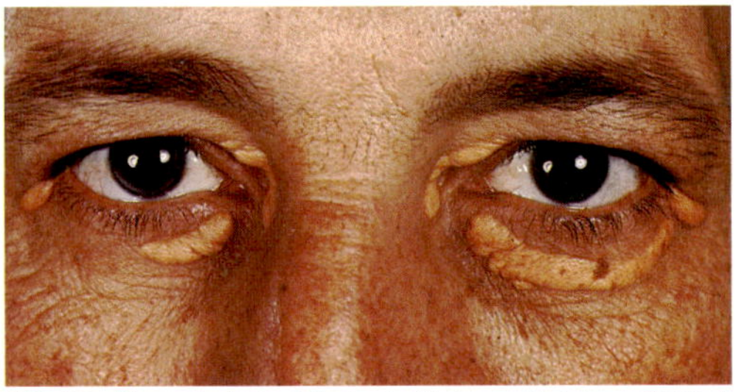

Abb. F.9 Hypercholesterinämie. Xanthelasmen bei einem 43-jährigen Mann.

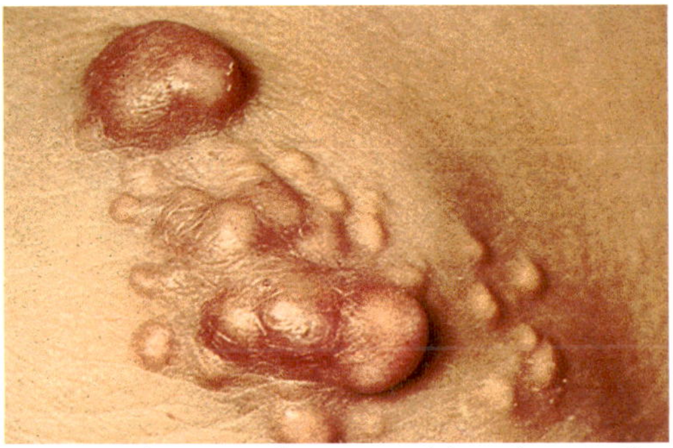

Abb. F.10 Tuberöses Xanthom. Knotig erhabene Plaques im Ellenbogenbereich.

Therapie

Ziel der Therapie von Fettstoffwechselstörungen ist, die erhöhten Blutfettwerte zu normalisieren und so das Risiko für Herz- Kreislauf-Erkrankungen oder eine Pankreatitis zu senken.

Diät. Der Patient sollte weniger gesättigte Fette und Cholesterin aufnehmen und mehr ungesättigte Fettsäuren und Ballaststoffe verzehren. Er sollte fettes Fleisch, Wurstwaren, Käse, Palm- oder Kokosöl, gehärtete Fette, Frittiertes oder Fertigbackwaren meiden. Stattdessen sollte er mehr Fisch, fettarmes Geflügel, Magermilchprodukte, pflanzliche Fette und Öle, Gemüse und Vollkornprodukte zu sich nehmen. Der Betroffene sollte sein Körpergewicht normalisieren und Alkohol meiden.

Medikamente. Wenn mit einer umgestellten Ernährung die Blutfette nicht ausreichend gesenkt werden können, werden Medikamente verschrieben. HMG-CoA-Reduktasehemmer (Statine) hemmen die Bildung von Cholesterin. Anionenaustauscherharze bzw. Gallensäurebinder (Colestipol, Colestyramin) senken die LDL-Konzentrationen. Cholesterinabsorptionshemmer wie Ezetimib senken die Cholesterinwerte, Cholesteryl-Ester-Transferprotein-Hemmer (Torcetrapib) erhöhen die HDL-Konzentration. Fibrate senken VLDL und LDL und erhöhen HDL.

Apherese. Bei schweren Hypercholesterinämien können die erhöhten LDL aus dem Plasma mit der LDL-Apherese (Blutwäsche) entfernt werden.

Prognose

Eine konsequente Therapie und das Ausmaß der Folgekrankheiten bestimmen die Prognose einer Fettstoffwechselstörung. Die Blutfettwerte müssen regelmäßig kontrolliert werden.

Infobox

ICD-10:
E78.9 G

Internetadressen:
http://www.lipid-liga.de
Friedewald-Formel: http://www.lipid-liga.de/inhalt/friedewaldformel.htm

Literatur:
Greten, H.: Innere Medizin. 12. Aufl. Thieme, Stuttgart 2005

Fibroadenom

► Die 22-jährige Juliane Zimmermann konsultiert ihren Gynäkologen: „Ich habe gestern morgen beim Duschen einen kleinen Knoten an der rechten Brust entdeckt. Er tut nicht weh, und ich kann ihn etwas hin- und herschieben. Es wäre in meinem Alter ja ziemlich ungewöhnlich, aber kann es auch bösartig sein? Um ehrlich zu sein, habe ich eine Riesenangst vor Krebs, seit eine Tante von mir daran gestorben ist."

Definition

Das Fibroadenom ist ein gutartiger Tumor der Brustdrüse. Die meist einseitig auftretenden Knoten bestehen vor allem aus Binde- und Brustdrüsengewebe.

Fibroadenome machen 20% aller Erkrankungen der Brustdrüse aus und sind damit der häufigste gutartige Tumor der Brustdrüse vor der Menopause. Man findet sie hauptsächlich bei jüngeren Frauen zwischen dem 20. und 40. Lebensjahr.

Ursachen

Die Ursachen von Fibroadenomen sind, wie oft auch bei anderen → Tumoren, nicht bekannt.

Symptome

Bei der Tastuntersuchung zeigt sich das Fibroadenom als kugeliger, gut abgrenzbarer und verschieblicher Knoten. Es hat eine derbe Konsistenz und eine glatte, manchmal auch gelappte Oberfläche.

Fibroadenome sind nicht druckschmerzhaft und im Gegensatz zum Brustkrebs ist die Haut über dem Tumor unverändert. Die Haut wölbt sich lediglich etwas vor, wenn der Tumor hautnah liegt und die Brust der Frau sehr klein ist (**Abb. F.11**).

Fibroadenome wachsen recht langsam und erreichen etwa Pflaumengröße. Der überwiegende Teil der Fibroadenome ist kleiner als 5 cm. Sie wachsen meist in der Pubertät, während der Schwangerschaft und vor der Menopause.

Diagnose

Prinzipiell muss jeder tastbare Knoten der Brustdrüse histologisch abgeklärt werden, d. h. man muss untersuchen, aus welcher Gewebeart der Knoten besteht. Da die gutartigen Brusttumoren i. A. keine größeren Probleme bereiten, gilt die Diagnostik in erster Linie dem Ausschluss von Brustkrebs. Hierfür stehen neben einer Feinnadelpunktion bzw. Stanzbiopsie auch Tastuntersuchung, Sonografie und die Mammografie zur Verfügung.

Man sollte berücksichtigen, dass ein diagnostizierter Brusttumor nicht nur für Frauen mit einer Karzinophobie (krankhafte Angst an Krebs zu leiden) eine starke seelische Belastung darstellt, sodass eine genaue Diagnose sehr zur Beruhigung der Patientin beitragen kann.

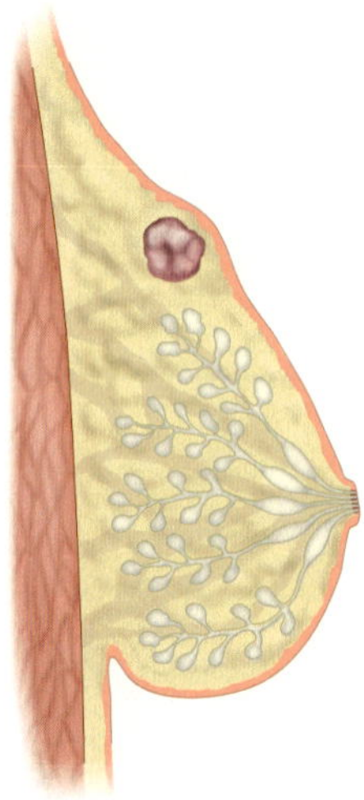

Abb. F.11 Fibroadenom. Das Fibroadenom ist ein kugeliger, gut abgrenzbarer, verschieblicher Knoten. Die Haut der Brust kann leicht vorgewölbt sein.

Differenzialdiagnose

Differenzialdiagnostisch muss an eine Zyste und an Brustkrebs (→ Mammakarzinom) gedacht werden.

Therapie

Die Therapie besteht in der Entfernung und histologischen (feingeweblichen) Abklärung des Tumors. Nach Möglichkeit erfolgt ein Hautschnitt um den Warzenhof herum. Dadurch können kosmetisch unschöne Narben vermieden werden. Als vorbeugende Maßnahme kann man die langfristige Einnahme oraler Kontrazeptiva („Pille") ansehen.

Prognose

Fibroadenome gehen mit einem sehr geringen Brustkrebsrisiko einher. Nur etwa jedes tausendste Fibroadenom entartet bösartig.

Infobox

ICD-10: D24

Internetadressen:
http://www.gesundheitpro.de
http://www.brust.qualimedic.de

Literatur:
Skibbe, X., Löseke, A.: Gynäkologie und Geburtshilfe für Pflegeberufe. Thieme, Stuttgart 2001

Fibrom

► Die 54-jährige Frau Pamuk stellt sich bei ihrer Hautärztin vor und berichtet: „Ich habe hier so ein seltsames Knötchen am Hals. Es tut nicht weh, aber es stört mich schon etwas. Ich würde gerne wissen, ob es eine Art Warze ist und jetzt noch mehr davon kommen. Wenn das so wäre, würde ich es vielleicht doch gerne wegmachen lassen. Oder kann es auch etwas Bösartiges sein?"

Definition

Ein Fibrom ist ein gutartiger Tumor, der aus Zellen des Bindegewebes entsteht. Fibrome treten häufig auf. Der Begriff stammt von dem lateinischen Wort fibra (= Faser).

Ursachen

Fibrome gehören zu den Neubildungen des Bindegewebes. Man unterscheidet verschiedene Formen von Fibromen, die unterschiedliche Ursachen haben:

- **weiche Fibrome:** Ausstülpungen der Epidermis (Oberhaut) und dem Corium (Lederhaut). Hat das Fibrom einen Stiel, wird es als Fibroma pendulans bezeichnet.
- **harte Fibrome:** Sie sind sehr häufig und entstehen nach Insektenstichen oder geplatzten Epithelzysten. Die Fibroblasten in der Haut vermehren sich und bilden mehr Bindegewebsfasern.
- **Angiofibrome:** Bindegewebe und Gefäße sind vermehrt. Die Tumoren treten bei bestimmten Erbkrankheiten wie tuberöser Hirnsklerose oder bei multipler endokriner Neoplasie häufiger auf.
- **perifollikuläres Fibrom:** Hierbei vermehren sich die Fibroblasten um die Haarfollikel herum und bilden Bindegewebe.
- **dermales Myofibrom:** gutartige → Tumoren, die aus Muskel- und Bindegewebszellen in der Lederhaut bestehen.

Symptome

Weiche Fibrome treten als 1 – 2 mm bis mehrere Zentimeter große hautfarbene, meist flache Papeln (Knötchen) an Augenlidern, Hals oder in der Achselhöhle auf. Häufig sind weiche Fibrome erbsengroß und gestielt (**Abb. F.12 a**).

Harte Fibrome sind 5 – 10 mm große, derbe Hauttumoren, die meistens an Armen oder Beinen auftreten. Die Tumoren sind hautfarben oder rosa bis dunkelbraun und können auf Druck Schmerzen verursachen (**Abb. F.12 b**).

Angiofibrome treten als zahlreiche 1 – 3 mm große rötliche Knötchen auf Nase und Wangen auf.

Perifollikuläre Fibrome erscheinen im Gesicht, auf dem Rücken und auf den Armen.

Das dermale Myofibrom ist meist 1 – 2 cm groß, hautfarben und häufig an der Schulter zu finden.

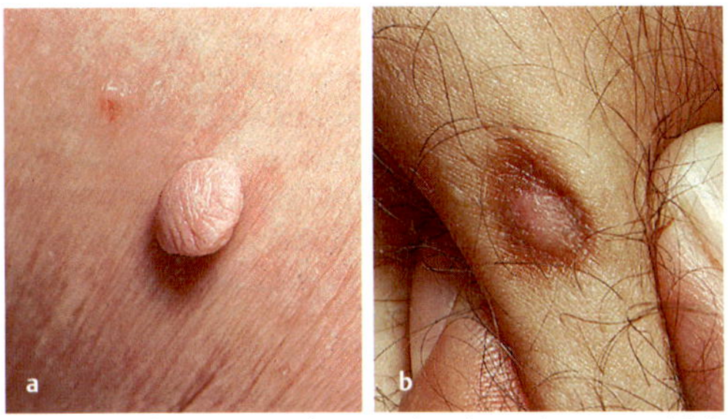

Abb. F.12 Fibrome. a Weiche, gestielte Fibrome kommen gehäuft an Hals und Achselhöhlen vor. **b** Harte Fibrome (Histiozytome) und ihre dermale Verankerung können durch seitlichen Druck erspürt werden.

Diagnose

Fibrome werden anhand des klinischen Bildes diagnostiziert. Werden die Tumoren entfernt, kann die Diagnose in der histologischen (feingeweblichen) Untersuchung gesichert werden.

Differenzialdiagnose

Wenn Fibrome bestehen, muss abgeklärt werden, ob eine → Neurofibromatose vorliegt. Darüber hinaus sind sie gegen Alterswarzen (Seborrhoische Keratose), Basaliome (→ Tumoren des Auges), gegen das → maligne Melanom, Keloid sowie gegen den → Naevus flammeus abzugrenzen.

Therapie

Fibrome können unter Lokalanästhesie mit der Schere oder dem Skalpell entfernt werden, wenn sie Schmerzen verursachen oder kosmetisch stören.

Prognose

Die gutartigen Tumoren entarten nicht. Angiofibrome können nach der Entfernung erneut (Rezidiv) auftreten.

Infobox

ICD-10:
D21.9

Literatur:

Sterry, W., Paus, R.: Checkliste Dermatologie. 5. Aufl. Thieme, Stuttgart 2004

Moll, I. (Hrsg.): Duale Reihe Dermatologie. 6. Aufl. Thieme, Stuttgart 2005

Fibromyalgie

► „Wissen Sie, ich bin einfach am Ende. Ich war schon bei vielen Ärzten, aber keiner hat meine Beschwerden so richtig ernst genommen", klagt die 40-jährige Frau Wuller ihrem neuen Arzt. „Mein Körper tut ständig weh. Mal mehr, mal weniger, aber Schmerzen habe ich immer. Tagsüber bin ich immer völlig schlapp, wenn ich dann aber abends im Bett liege, kann ich nicht einschlafen. Es ist zum Verzweifeln."

Definition

Fibromyalgie bezeichnet Schmerzen, die in Muskulatur, Bindegewebe und Knochen gleichzeitig auftreten.

Synonyme: Fibrositis-Syndrom, Faser-Muskel-Schmerz, Fibromyalgie-Syndrom.

Ursachen

Die Ursache der Fibromyalgie ist nicht bekannt. Als Auslöser vermutet werden traumatisierende Erlebnisse wie ein schwerer Sturz, eine Infektion oder eine Operation. Frauen ab 35 Jahren sind 7-mal häufiger betroffen als Männer.

Symptome

Menschen, die unter diesem nichtentzündlichen chronischen Schmerzsyndrom leiden, sind sehr schmerzempfindlich an Muskeln und Sehnen und leiden oft unter Kopfschmerz oder Migräne. Typisch sind schmerzhafte Druckpunkte, sog. Tender points sowie psychische, neurologische, vegetative und funktionelle Störungen ohne erkennbare Ursache.

Die permanenten Schmerzen wechselnder Intensität führen häufig zu psychischen Problemen wie Depression oder Angst- und Panikattacken. Viele Betroffene leiden unter Ein- oder Durchschlafproblemen, Müdigkeit, schlechter Kondition, geringer Belastbarkeit und Konzentrationsschwäche. Hinzu können Magen-Darm- oder Blasenbeschwerden kommen.

Diagnose

Die Diagnose der Fibromyalgie stützt sich auf die Diagnosekriterien der American Society of Rheumatology (ACR). Die Patienten müssen mindestens drei Monate unter Schmerzen in oberen und unteren Extremitäten beider Körperhälften, der Wirbelsäule und der vorderen Brustwand leiden. Außerdem muss leichter Druck auf mindestens 11 von 18 sensitiven Stellen (Tender points) heftigen Schmerz auslösen (**Abb. F.13**).

Therapie

Fibromyalgie ist zwar unheilbar, die Schmerzen können jedoch gelindert werden. Zu den Behandlungsmöglichkeiten zählen:

- Physiotherapie,
- physikalische Therapien (Kälte-, Wärmetherapie),

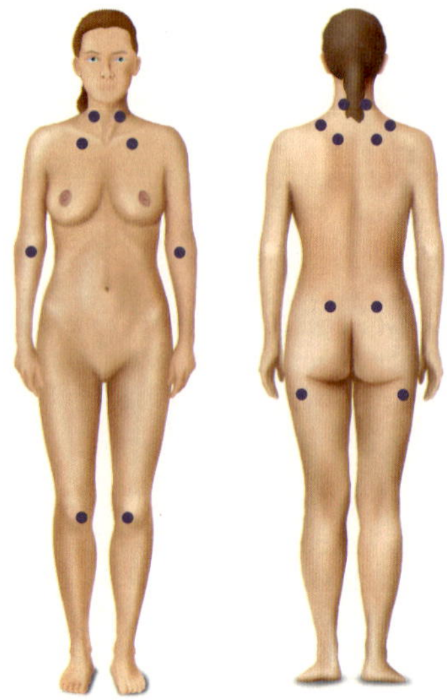

Abb. F.13 Tender points bei Fibromyalgie. Heftige Druckschmerzen an den Tender points sind charakteristisch für Fibromyalgie.

- Massage, Akupunktur,
- Antidepressiva, Schmerzmedikamente.

Eine begleitende Psychotherapie kann bei der Schmerzbewältigung helfen. Häufig hat regelmäßiges Training in Ausdauersportarten wie Radfahren, Walking und Wandern einen sehr positiven Effekt.

Differenzialdiagnose

Fibromyalgie ist nur schwer diagnostizierbar, da die Symptome auch auf andere Gelenk- und Rückenerkrankungen (→ chronische Polyarthritis) hinweisen können.

Prognose

Die Krankheit entwickelt sich langsam aber stetig. Sie ist nicht lebensbedrohlich, schränkt aber die Lebensqualität der Betroffenen durch erhebliche Schmerzen stark ein.

Infobox

ICD-10: M79.0

Internetadressen: Dt. Fibromyalgie Vereinigung DFV e.V.: http://www.fibromyalgie-fms.de

Fibromyalgie Syndrom Forum e.V.: http://www.fibromyalgie-forum.de

Fibromyalgie: http://www.fibromyalgie.ch/de

Fibulafraktur

► Bei einem Regionalligaspiel zweier Fußballclubs geht es richtig zur Sache. Nach einem Sprint aufs gegnerische Tor muss Hannes Oswald plötzlich nach links ausweichen. Er stoppt mit dem rechten Fuß ab und merkt noch wie sein Fuß unerwartet nachgibt und umknickt. Dann liegt er schon mit heftigen Schmerzen auf dem Rasen. Der Außenknöchel wird schnell dick. Ein Sanitäter lagert das Bein auf einer Schiene und fährt Hannes ins Krankenhaus. Nach der Röntgenaufnahme steht fest: Fußball kann er erst mal für viele Wochen abschreiben.

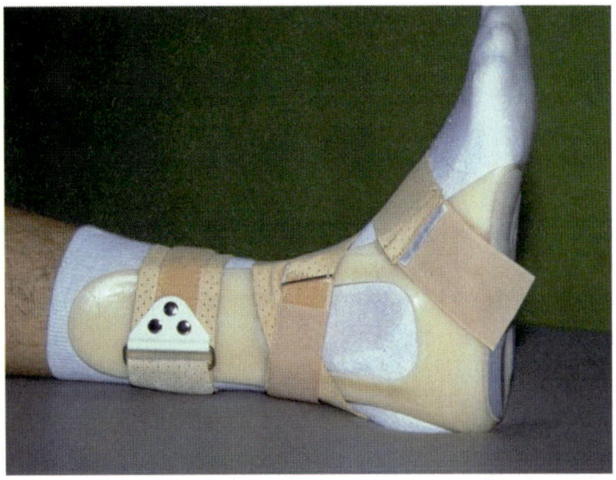

Abb. F.14 Sprunggelenk-Orthese. Wenn notwendig, kann das Sprunggelenk bei der konservativen Therapie einer Fibulafraktur, nach 6-wöchigem Tragen eines Gehgipses, durch eine Sprunggelenk-Orthese weiterhin ruhig gestellt werden.

Definition

Die Fibulafraktur ist ein Bruch des Wadenbeins. Bei der distalen Fibulafraktur (Außenknöchelfraktur) ist die untere Spitze des Wadenbeins gebrochen. Sie kommt allein oder im Rahmen von Sprunggelenksfrakturen vor.

Die isolierte Fraktur des mittleren Fibuladrittels ist relativ selten. Eine Fibulafraktur kann auch im Zusammenhang mit einer kompletten Unterschenkelfraktur (kombinierte → Tibia- und Fibulafraktur) oder einer distalen intraartikulären Unterschenkelfraktur (Pilon-tibiale-Fraktur) auftreten. Die Abrissfraktur des Fibulaköpfchens kommt z. B. bei Knieluxationen vor.

Ursachen

Das Wadenbein bricht meist bei indirekter Gewalteinwirkung im Zusammenhang mit einer Unterschenkel- oder Knöchelfraktur. Betroffen sind oft Sportler. Ein Tritt gegen die Wade, z. B. beim Fußball, führt als direktes Trauma zu einer isolierten Fibulafraktur. Es kommen aber auch Verkehrs- oder Berufsunfälle als Ursache in Frage.

Die Außenknöchelfraktur ist meist Folge des Umknickens sowie einer Subluxation oder Luxation des Sprungbeins. Betroffen sind meist Sportler bei kurzen Sprints und plötzlichen Stoppbewegungen, z. B. beim Fußball und Tennis.

Symptome

Schmerzen und Schwellung sind bei geschlossenen Fibulafrakturen die wesentlichen Symptome.

Bei einem Abriss des Fibulaköpfchens kann der N. peronaeus mit verletzt werden. Die Folge ist eine Beeinträchtigung der Fuß- und Zehenmuskulatur (Spitzfußstellung oder Fußheberschwäche).

Diagnose

Die Diagnose wird mit Röntgenaufnahmen gesichert. Für das therapeutische Vorgehen ist es wichtig, das Ausmaß der Fraktur zu beurteilen und festzustellen, ob die Syndesmose (Bandstrukturen zwischen Fibula und Tibia) mit betroffen ist.

Therapie

Bei Verdacht auf eine Fraktur im Unterschenkel wird die betroffene Extremität zunächst mit einer Schiene ruhig gestellt und hoch gelagert. Ist die Fraktur festgestellt, gibt es je nach Frakturart zwei Therapiemöglichkeiten.

Konservative Therapie. Bei einer nicht dislozierten und isolierten Außenknöchelfraktur ohne Syndesmosen-Verletzung wird für etwa sechs Wochen ein Gehgips angelegt. Je nach Heilungsverlauf kann der Gips später gegen eine Sprunggelenk-Orthese ausgewechselt werden und der Fuß wird allmählich wieder belastet (**Abb. F.14**). Solange das Sprunggelenk ruhig gestellt ist, wird subkutan Heparin zur Thromboseprophylaxe verabreicht.

Chirurgische Therapie. Sind die Frakturenden verschoben oder liegt ein Trümmerbruch vor, werden die Knochenanteile vom Unfallchirurgen mit Platten, Schrauben oder mit Draht fixiert.

Prognose

Die Prognose ist bei exakter Reposition der Fraktur meist gut. Ist der N. peronaeus verletzt worden, kann eine Rest- oder komplette Lähmung der Dorsalextensoren von Fuß und Zehen verbleiben mit daraus resultierender Spitzfußstellung.

Infobox

ICD-10: S82.4, S82.2 – mit Tibiafraktur

Internetadresse:
http://www.dr-gumpert.de/html/aussenknochelbruch.html

Fingersehnen-Verletzungen

► Es ist die Endphase eines Volleyball-Turniers bei den Kreismeisterschaften. Jürgen Heinze und seine Kameraden geben noch einmal alles. Gerade geht Jürgen am Netz hoch, um einen Schmetterball abzuwehren. Dieser trifft voll die Finger seiner rechten Hand. Zunächst merkt er gar nichts, alles ist taub. Später sieht er, dass er den Zeigefinger gar nicht mehr gerade ausstrecken kann.

Definition

Bei Verletzungen der Fingersehnen handelt es sich um offene Verletzungen durch scharfe oder stumpfe Traumen oder um gedeckte Sehnenrupturen.

Ursachen

In Freizeit und Beruf sind die Hände für Schnittverletzungen oder Quetschungen besonders gefährdet. Die Längsstauchung der Langfinger, z. B. beim Basketball oder Volleyball, verursacht Rupturen der Strecksehnen am Fingerendgelenk durch Hyperextension, knöcherne Frakturen und/oder Subluxationen. Bei distaler → Radiusfraktur wird manchmal die Daumenstrecksehne mit verletzt.

Entzündliche Prozesse an den Sehnenscheiden, z. B. → chronische Polyarthritis, können das Sehnengewebe so weit schädigen, dass es auch ohne äußere Verletzung zerreißt.

Symptome

Die Symptome einer Strecksehnenverletzung unterscheiden sich von denen einer Beugesehnenverletzung.

Fingerstrecksehnen-Verletzung

Bei vollständiger Ruptur einer oder mehrerer Strecksehnen können die betroffenen Finger nicht mehr aktiv gestreckt werden. Die Finger befinden sich in Beugestellung, weil der Muskeltonus der Fingerbeuger überwiegt.

Bei unvollständiger Strecksehnendurchtrennung einzelner Finger sind die Symptome weniger stark ausgeprägt. Dies liegt an der besonderen Anatomie der Langfingerstrecksehnen. Diese bestehen aus Mittelzügel (Tractus intermedius), Seitenzügeln (Tractus lateralis) und dem Lanzmeer-Ligament (Pars transversa und Pars obliqua). Ist nur eines dieser anatomischen Systeme verletzt, kann der betroffene Finger mit Hilfe der anderen Sehnenstrukturen z. T. noch gestreckt werden. Da dies nur mit verminderter Kraft möglich ist, empfiehlt sich eine Untersuchung gegen Widerstand.

Fingerbeugesehnen-Verletzung

Die komplette Beugesehnendurchtrennung macht die Beugung der Langfinger im Mittel- und Endgelenk sowie des Daumens im Endgelenk unmöglich. Im Grundgelenk dagegen ist wegen der Handbinnenmuskulatur (Mm. interossei und Mm. lumbricales) noch eine geringe Beugung möglich.

Bei isolierten Verletzungen einzelner Beugesehnen oder Teildurchtrennungen ist die Beweglichkeit unterschiedlich stark eingeschränkt.

Von besonderer Bedeutung auf der Beugeseite der Finger ist das System aus Ring- und Kreuzbändern, die mit verletzt sein können. Ihre Anordnung gewährleistet die adäquate Kraftübertragung der Sehnen auf die Finger bei Muskelkontraktion.

Diagnose

Bei offenen Handverletzungen wird die Wunde genau inspiziert. Dabei sind oft Sehnenenden sichtbar, können aber auch durch Muskelkontraktion aus der Wunde gezogen worden sein.

Isolierte Sehnenverletzungen und gedeckte Sehnenteilrupturen sind mit detaillierten Funktionstests durch den erfahrenen Unfall-/Handchirurgen zu erkennen.

Dazu gehört die Untersuchung von Beugung und Streckung der Finger gegen Widerstand sowie die Untersuchung bei gleichzeitiger Fixierung einzelner Finger (**Abb. F.15**).

Hinweise liefert auch die Höhe einer Verletzung, z. B. im Handgelenks-, Grundgelenks- oder Mittelgelenksbereich.

Bei Verdacht auf knöcherne Verletzungen werden Röntgenbilder angefertigt.

Differenzialdiagnose

Werden Sehnenteilrupturen nicht erkannt, kann es bei inadäquater Behandlung später doch noch zur kompletten Ruptur kommen (zweizeitige Ruptur).

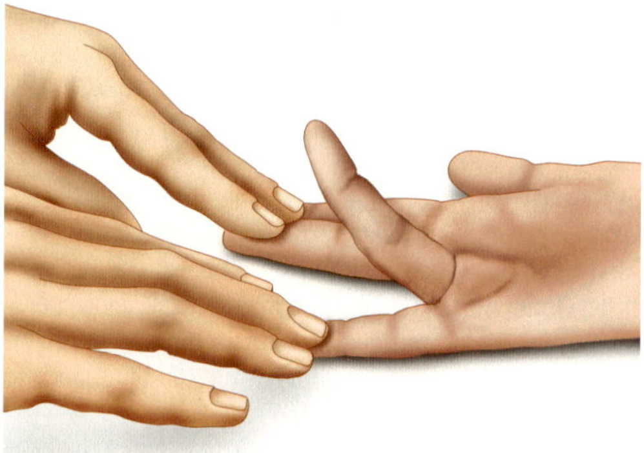

Abb. F.15 Durchtrennung der oberflächlichen Beugesehne. Bei gleichzeitiger Fixierung der unverletzten Finger in Streckstellung kann durch fehlende Mittelgliedbeugung die Durchtrennung der oberflächlichen Beugesehne des Ringfingers diagnostiziert werden.

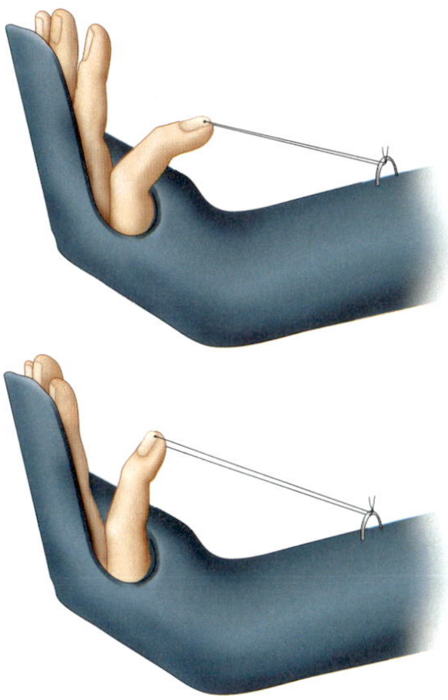

a

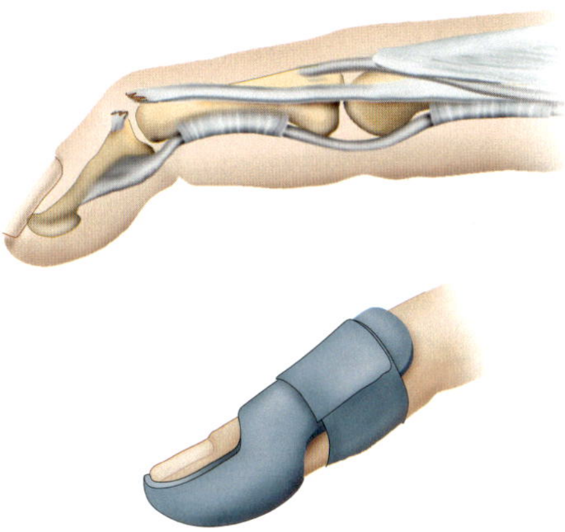

b

Abb. F.16 Therapie von Sehnenverletzungen. a Bei der funktionellen Nachbehandlung einer Beugesehnendurchtrennung nach Kleinert werden die verletzten Finger mit einem Gummizügel an einer Schiene befestigt. Die Finger werden so passiv gebeugt und können vom Patienten zur Übung aktiv gestreckt werden. **b** Zur konservativen Behandlung eines Strecksehnenabrisses am Fingerendglied wird eine Streckschiene (Stack-Schiene) angelegt.

Therapie

Je nach Art der Sehnenverletzung (offen, mit oder ohne Knochenbeteiligung, isoliert) ist die Therapieform unterschiedlich.

Chirurgische Behandlung

Bei offenen Sehnenverletzungen wird unmittelbar nach dem Unfall versucht, die getrennten Sehnenenden mit speziellen Nahttechniken wieder zu vernähen. Dazu wird der Arm lokal betäubt und eine Blutleere angelegt, um genügend Übersicht über die komplexe Anatomie der Hand zu haben. Verletzte Nerven und Gefäße werden ebenfalls operativ versorgt. Knöcherne Sehnenausrisse werden mit Minischrauben oder Kirschner-Draht fixiert.

Bei alten Wunden, ab etwa 6 Stunden, und ausgedehnten Haut- und Weichteildefekten wird von einer starken bakteriellen Besiedlung der Wunde ausgegangen. Dann erfolgt bei der ersten Operation lediglich die chirurgische Wundversorgung. Etwa zwei bis drei Wochen später wird dann die Sehne versorgt (sekundäre Sehnennaht). Teilweise müssen dann körpereigene Sehnentransplantate eingesetzt werden, z. B. M. palmaris longus, weil die Muskulatur zurückweicht und damit die proximalen Sehnenenden retrahiert sind.

Nachbehandlung. Sehr wichtig nach chirurgischer Versorgung einer gerissenen Sehne ist die physiotherapeutische Nachbehandlung. Diese besteht in einer aktiven Übungsbehandlung. Nach Beugesehnenverletzung erfolgt zunächst die Ruhigstellung in einer dorsalen Unterarmgipsschiene. Dabei sind das Handgelenk 40° bis 50° und die Fingergrundgelenke 30° gebeugt. Am Fingernagel sind Gummizügel befestigt, die für eine passive Beugung der Finger sorgen (Kleinert-Schiene). Der Patient macht damit aktive Streckübungen (**Abb. F.16a**). Drei Wochen postoperativ wird die Gipsschiene entfernt. Ab der sechsten postoperativen Woche kann ein dynamischer Streckquengel angelegt werden, um Mittel- und Endgelenke aufzustrecken, indem Zug auf die Beugesehnen ausgeübt wird.

Konservative Behandlung

Konservativ behandelt wird lediglich bei isolierten Strecksehnenausrissen am Fingerendglied. Dazu wird für etwa sechs bis zwölf Wochen eine Streckschiene (Stack-Schiene) angelegt (**Abb. F.16b**). Bei gedeckten Sehnenrupturen wegen chron. Polyarthritis ist die Handanatomie und das Sehnengewebe oft so stark zerstört, dass keine chirurgische Behandlung erfolgversprechend wäre. Dann muss das Funktionsdefizit in Kauf genommen werden.

Prognose

Kann die verletzte Fingersehne vernäht werden, wird die Prognose als günstig angesehen. Voraussetzung ist die fachgerechte chirurgische Technik sowie die adäquate Nachbehandlung.

Infobox

ICD-10:
S69.7, T14.6

Internetadressen:
http://www.handerkrankungen.de

Fluor genitalis

► „Hast Du das schon mal gehabt?" Alina sitzt gemütlich mit ihrer Freundin Jenny zusammen. „Nee, so gelb und krümelig wie Du es beschreibst, kenne ich das nicht. Ich habe zwar auch schon mal Ausfluss, aber der sieht anders aus und hängt mit dem Zyklus zusammen. Hast Du nicht letztens ein Antibiotikum genommen? Ich habe mal gehört, dass man sich dann schnell eine Pilzinfektion holen kann." „Ich hab' die Packung noch hier." Alina holt den Beipackzettel heraus und murmelt vor sich hin. „Hm, wie immer ziemlich unverständlich. Ich glaube, ich gehe besser mal zum Arzt."

Definition

Fluor genitalis bezeichnet einen meist unblutigen Ausfluss aus den äußeren weiblichen Geschlechtsteilen. Nach dem Entstehungsort des Ausflusses unterscheidet man:

- vestibulären/vulvären Fluor ausgehend von der Vulva,
- vaginalen Fluor aus der Scheide,
- zervikalen Fluor aus dem Gebärmutterhals (häufig bei Erkrankungen in der Geschlechtsreife),
- korporalen Fluor ausgehend vom Gebärmutterkörper (häufiges Vorkommen in der Postmenopause),
- tubaren Fluor aus den Eileitern (sehr selten).

Ursachen

Die Ursachen können vielfältig sein (**Abb. F.17**). Ein vermehrter Fluor kann durch einen Wärmestau und mechanische Irritation durch das Tragen enger Kleidung, synthetischer Wäsche und luftundurchlässigen Slipeinlagen hervorgerufen werden. Auch in der Mitte des Zyklus, bei sexueller Erregung und bei psychischer Belastung ist ein vermehrter farb- und geruchloser Fluor normal. Verändern sich jedoch Farbe, Geruch oder Konsistenz, kann dies Zeichen einer Erkrankung sein (**Tab. F.2**).

Symptome

Man spricht von einem Fluor genitalis, wenn die Menge des oft schleimigen Vaginalinhalts von der Frau als übermäßig empfunden wird. Der Fluor kann aber auch einen unangenehmen Geruch haben und zusammen mit Brennen und Juckreiz und/oder Veränderungen der Haut im äußeren Genitalbereich einhergehen.

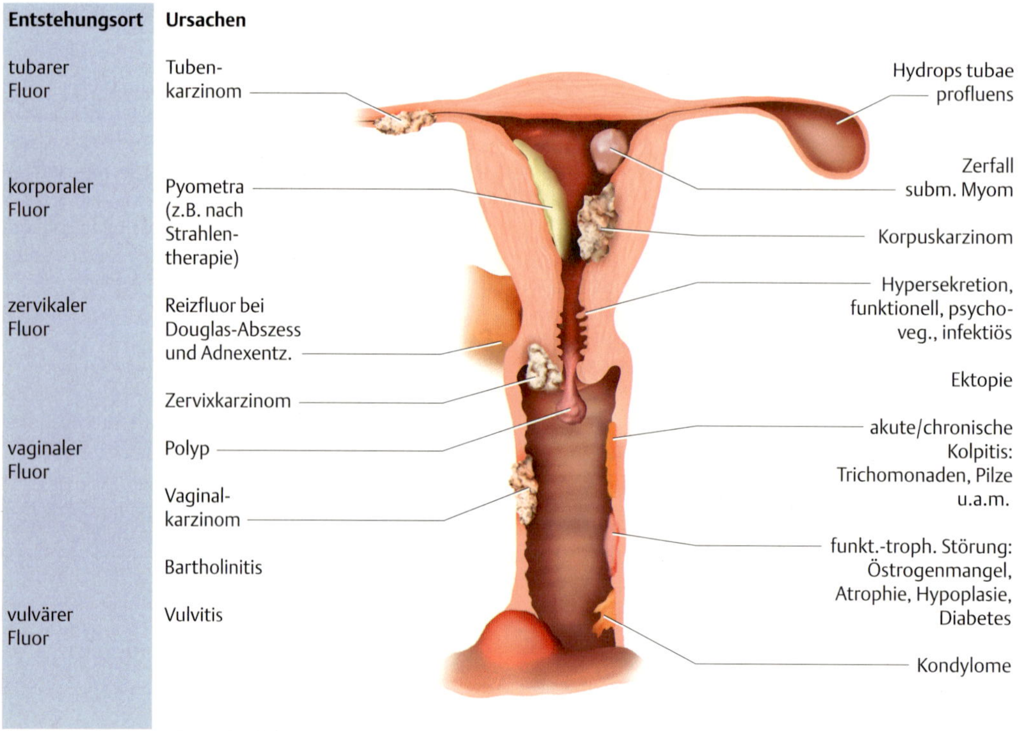

Abb. F.17 Fluor genitalis. Herkunftsbereich und Ursachen.

Tab. F.2 Diagnostische Bedeutung von Farbe und Konsistenz des Fluor genitalis

Befund	Beispiele für Ursachen
klar, ohne Geruch	Östrogenstimulation, Ektopie, Polypen des Gebärmutterhalses, Stress
weiß-gelblich	Infektion mit Candida albicans (Hefepilz)
gelb-grünlich, schaumig	Infektion mit Trichomonaden
eitrig	→ Gonorrhö
grau, wässrig	→ Kolpitis durch Infektion mit Haemophilus vaginalis oder Kokken
braun, blutig, wässrig	bösartiger Tumor
gelblich, serös	parasitärer Befall
bräunlich, übel riechend	Fremdkörper in der Scheide

Diagnose

Wichtig ist es, vor allem im Rahmen der Anamnese, Angaben der Patientin bezüglich der Art des Fluors und aktueller oder durchgemachter Erkrankungen einzuholen. Hierzu gehört auch die Regelanamnese, da ein Ausfluss auch im Rahmen einer Frühschwangerschaft vorkommen kann. Ebenso können Farbe und Konsistenz wichtige diagnostische Hinweise geben, wie **Tab. F.2** zeigt.

Therapie

Fluor genitalis ist keine Erkrankung, sondern lediglich ein Symptom. Sofern eine Therapie erforderlich ist, besteht sie in der Beseitigung der Grunderkrankung.

Infobox

ICD-10:
N89.8

Internetadressen:
http://www.vitanet.de
http://www.pilzambulatorium.at/arzt_5.html
http://www.kgu.de/zfg/empfehlungen/vaginose.html

Fremdkörper im Auge

► **Herr Scheid schleift in der Garage seinen neu erworbenen Schrank ab. Zwischendurch geht er in die Küche und holt sich ein Glas Wasser. „Hilde, schau doch mal. Da ist was im Auge. Ich merke es bei jedem Wimpernschlag.“ „Ich hab' doch gesagt, dass Du besser eine Schutzbrille aufziehst. Aber nein. Du kannst ja auch ohne arbeiten“, bemerkt Frau Scheid. Als sie sich das Auge anschaut, erkennt sie einen schwarzen Punkt dicht neben der Pupille.**

Definition

Fremdkörper sind alle Materialen und Strukturen, die sich im Auge befinden, aber nicht zur natürlichen Struktur des Auges gehören. Sie können alle Schichten des Auges verletzen und Entzündungen hervorrufen.

Ursachen

Das Auge verfügt über eine Reihe von Schutzmechanismen, um das Eindringen von Fremdkörpern zu verhindern. Augenbrauen und Wimpern schützen vor Materialien, die das Auge von oben gefährden. Die Augenlider können sich in Sekundenbruchteilen schließen und Tränenflüssigkeit schwemmt Partikel von der Oberfläche des Augapfels.

Trotzdem können Fremdkörper wie Splitter in das Auge gelangen, z. B. durch einen Hammerschlag auf einen Meißel, ein Schleifgerät oder Steinflug beim Rasenmähen (**Abb. F.18**). Aber auch Sand, Wimpern, Insekten u. a. gelangen in das Auge. Oberflächliche Fremdkörper werden häufig in das Auge gerieben.

Symptome

Ein Fremdkörper auf der Hornhaut oder unter dem Oberlid führt zu:

- Schmerzen,
- Tränenfluss (Epiphora),
- Fremdkörpergefühl,
- Lichtempfindlichkeit (Photophobie),
- Lidkrämpfen (Blepharospasmus).

Ein Fremdkörper auf der Bindehaut wird meistens als weniger unangenehm empfunden. Ein Fremdkörper im Auge kann nach kurzem Schmerz symptomlos sein, aber auch zu einer massiven Sehverschlechterung führen.

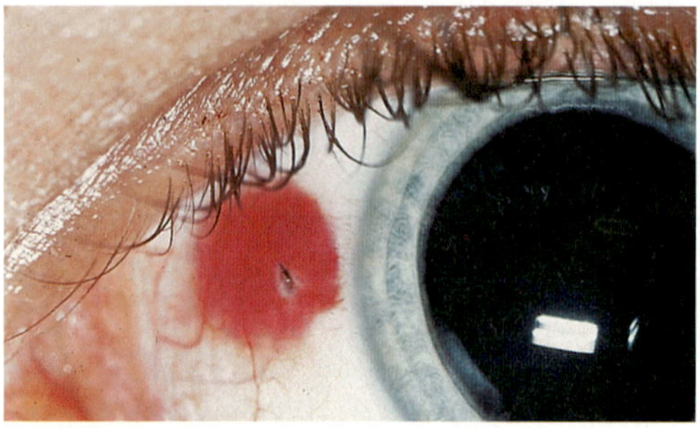

Abb. F.18 Fremdkörper. Metallischer Bindehautfremdkörper mit umschriebenem Bluterguss.

Diagnose

In der Vorgeschichte werden oft handwerkliche Arbeiten angegeben. Mit der Spaltlampe stellt der Arzt fest, wie tief der Fremdkörper in die Hornhaut eingedrungen ist. Metallische Hornhautfremdkörper sind meistens von einem bräunlichen Rosthof umgeben. Zieht man vorsichtig das Unterlid ab, kann ein Fremdkörper im unteren Bindehautsack festgestellt werden.

Auch das Oberlid wird bei der Suche nach dem Fremdkörper umgeklappt (Ektropionieren). Ein Fremdkörper im Augeninneren kann mit der Spaltlampe, bei der Augenspiegelung, mitunter aber erst durch Computertomografie diagnostiziert werden.

Differenzialdiagnose

Die Hauptdifferenzialdiagnose des Hornhautfremdkörpers ist eine → Hornhautabschürfung. Außerdem müssen Bindehautentzündung, Hornhautentzündung oder → Iritis abgegrenzt werden.

Therapie

Ein oberflächlicher Fremdkörper auf der Bindehaut oder unter den Lidern kann meistens mit einem Wattestäbchen vorsichtig entfernt werden. Sitzt der Fremdkörper fester im Gewebe oder auf der Hornhaut, wird er unter Spaltlampenkontrolle in Tropfanästhesie entfernt. Ein Fremdkörper im Auge muss operiert werden.

Prognose

Bei oberflächlichen Fremdkörpern ist die Prognose gut, da sie i.d.R. ohne Folgen entfernt werden können. Werden Hornhautfremdkörper entfernt, entsteht meist ein oberflächlicher, schmerzhafter Hornhautdefekt, der je nach Tiefe folgenlos oder narbig abheilt. Ein in das Auge eingedrungener Fremdkörper kann zu erheblichen Folgeschäden bis zum Verlust des Auges führen.

Komplikationen

Ein metallischer Fremdkörper auf oder im Auge rostet und kann schwere Entzündungen hervorrufen. Werden verschmutzte oder organische Fremdkörper (z. B. Pflanzenmaterial) nicht rasch entfernt, können sie zu bakteriellen Entzündungen oder Pilzerkrankungen (Mykosen) führen.

Infobox

ICD-10: H44.6, H44.7

Literatur: Oestreicher, E. u. a.: HNO, Augenheilkunde, Dermatologie und Urologie für Pflegeberufe. Thieme, Stuttgart 2003

Fruchtwasserembolie

► Frau Willmer weiß, dass sie sehr glücklich sein sollte. Der Kaiserschnitt ist gut verlaufen und der Kleinen geht es gut. Aber sie fühlt sich nicht wohl. Sie hat Schweißperlen auf der Stirn, ist unruhig und es fällt ihr schwer sich aufzurichten. „Johannes, ruf' doch bitte mal jemanden. Ich bekomme schlecht Luft und habe Schmerzen beim Atmen", bittet sie ihren Mann.

Definition

Bei einer Fruchtwasserembolie sind Fruchtwasser oder Fruchtwasserbestandteile während oder kurz nach der Geburt über einen Defekt in die mütterliche Blutzirkulation eingedrungen.

Synonym: Amnioninfusionssyndrom.

Ursachen

Die Fruchtwasserembolie ist mit einer Häufigkeit von 1:6.000 bis 1:80.000 eine seltene Erscheinung. Es kann ohne ersichtlichen Grund zu einer Fruchtwasserembolie kommen. Oft ist es aber eine Verletzung mütterlicher Venen, durch die Fruchtwasser in das Blutgefäßsystem der Mutter eintritt (**Abb. F.19**), z. B. verursacht durch:

- gesteigerte Wehentätigkeit,
- Uterusruptur, hohe Zervixrisse,
- → Placenta praevia, Kaiserschnitt.

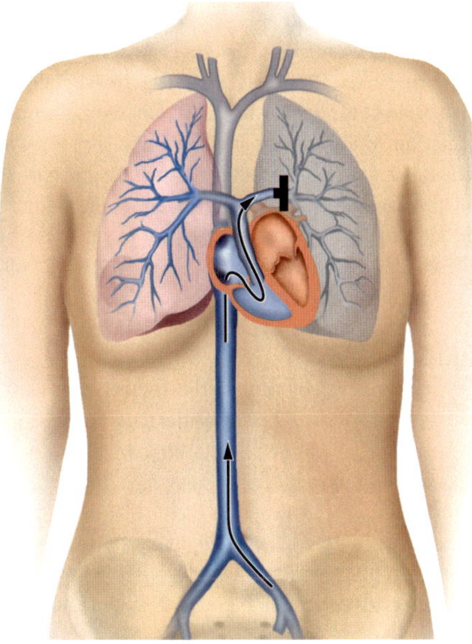

Abb. F.19 Fruchtwasserembolie. Fruchtwasser oder Bestandteile von Fruchtwasser gelangen über die V. cava inferior in das rechte Herz und danach in die Lungenarterie.

Symptome

Eine Fruchtwasserembolie äußert sich durch:

- schnelle Atmung,
- (atemabhängige) Schmerzen im Brustkorb,
- schneller Herzschlag, Husten,
- Angst bzw. Beklemmungsgefühl,
- Schweißausbrüche, Zyanose,
- ggf. Blutdruckerniedrigung,
- Schock bzw. plötzliche Bewusstlosigkeit.

Diagnose

Zur Verdachtsdiagnose führt zunächst das schwere Krankheitsbild aus voller Gesundheit heraus. Im Labor finden sich Anzeichen der → Verbrauchskoagulopathie.

Der Nachweis von Amnionzellen in den Blutgefäßen der Lunge ist beweisend für eine Fruchtwasserembolie. Im CTG kommt es als Reaktion des ungeborenen Kindes zu einer Bradykardie (Absenkung der fetalen Herzfrequenz).

Differenzialdiagnose

Die Symptome einer → Lungenembolie können teilweise auch auf andere Erkrankungen zutreffen:

- → Herzinfarkt: vernichtender Thoraxschmerz,
- Spannungspneumothorax (→ Pneumothorax): hypersonorer Klopfschall,
- Aneurysma dissecans: Schmerzen hinter dem Brustbein, ggf. Schluckstörungen, Heiserkeit, Atemnot.

Therapie

Im Vordergrund steht die Erhaltung eines ausreichenden Kreislaufs, indem Herz und Lunge gestützt werden. Der Patientin sollte zunächst Sauerstoff, etwa 3 l/Min. oder auch mehr, angeboten werden. Evtl. muss intubiert und beatmet werden, wenn das Blut der Patientin nicht ausreichend mit Sauerstoff gesättigt wird.

Auch Angstzustände, die bis zur Todesangst reichen können, muss man behandeln. Das therapeutische Spektrum reicht von psychologischer Unterstützung bis zur Verabreichung entsprechender Medikamente. Die Patientin sollte nach der Stabilisierung rasch entbunden werden.

Prognose

Die Sterblichkeit liegt für die Mutter bei bis zu 50%, für das Kind zwischen 20 und 40%. Mehr als die Hälfte der überlebenden Kinder sind geschädigt.

Infobox

ICD-10: O88.1

Internetadressen:
http://www.gesundheitpro.de
http://www.gesundheit.de/roche/index.html
http://www.pathologie-online.de

Frühgeburt

► **„Sag mal, hattest Du auch so ein Brennen und Ausfluss, als Du schwanger warst?" Carla sitzt mit Jana bei einer Tasse Tee zusammen. „Ich kann mich nicht daran erinnern, aber lass das mal besser untersuchen", antwortet Jana. Carla ist ein wenig ungehalten. „Ich hab' keine Lust immer zum Arzt zu laufen. Früher haben die Frauen ihre Kinder auch so bekommen", braust sie auf. „Na ja, es sind aber auch viel mehr Kinder gestorben", entgegnet Jana. Carla beruhigt sich. „Du hast schon recht. Ich sollte zum Arzt gehen. Zumal ich auch so einen Druck spüre."**

Definition

Die Frühgeburt bezieht sich auf die Tragzeit und liegt vor, wenn das Kind vor der 37. Schwangerschaftswoche (SSW) oder dem 260. Schwangerschaftstag geboren wird.

Ursachen

Eine Frühgeburt ist die Folge eines komplexen Geschehens, dessen genaue Ursache nicht abschließend geklärt ist. Einige Faktoren scheinen eine Frühgeburt aber zu begünstigen.

Zwei eigenständige Erkrankungen, die häufig durch eine Entzündung von Scheide und Gebärmutterhals ausgelöst werden, stehen dabei im Mittelpunkt (**Abb. F.20**):

- Zervixinsuffizienz,
- vorzeitige Wehen.

Ein weiterer bedeutsamer Faktor ist eine Mangelleistung der Plazenta. Hier kommen dann Mangelgeburt und Frühgeburt zusammen.

Auch Gestosen führen über eine ungenügende Funktion der Plazenta häufig zu einer Frühgeburt.

Zervixinsuffizienz

Definition

Eine Zervixinsuffizienz liegt vor, wenn der Verschlussapparat des unteren Gebärmuttersegments nicht ausreicht, um die Schwangerschaft genügend lange zu halten.

Ursachen

Ursache kann ein geschädigter Gebärmutterhals sein, der z. B. auf eine Konisation – Entnahme einer Gewebeprobe zur histologischen Untersuchung – zurückgeht. Häufiger leiden die Patientinnen jedoch unter einer Bindegewebsschwäche.

Eine besonders wichtige Rolle spielen Entzündungen, weil durch sie Prostaglandine freigesetzt werden, die den Gebärmutterhals verkürzen und öffnen. Mehrlingsschwangerschaften sind aufgrund des höheren Füllungsdrucks ebenfalls ein Risikofaktor für eine Zervixinsuffizienz.

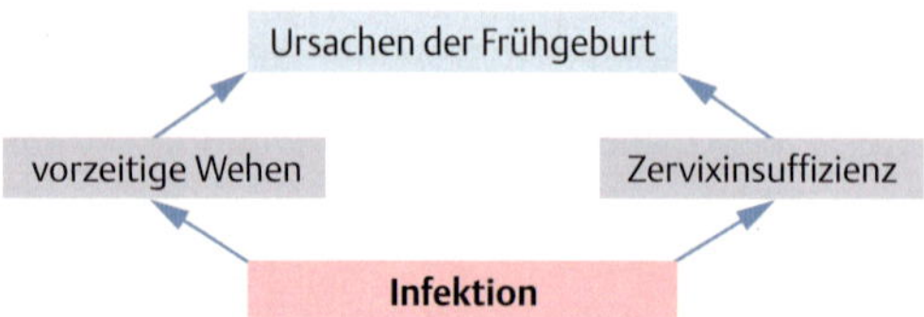

Abb. F.20 Ursachen der Frühgeburt. Die Infektion ist häufig Auslöser der anderen Probleme.

Symptome

Typischerweise bemerken die Frauen die Vorgänge nicht. Wenn der kindliche Kopf auf den Gebärmutterhals drückt, verspüren sie dies jedoch als „Druck nach unten". Meist wird die Zervixinsuffizienz zufällig im Rahmen der Vorsorge entdeckt.

Diagnose

Die Diagnose stellt man durch die Tastuntersuchung. Der untersuchende Arzt beurteilt hierbei den Gebärmutterhals nach seiner Länge, seiner Konsistenz, seiner Stellung in der Scheide und nach der Öffnung des Kanals.

Der Gebärmutterhals verkürzt sich. Gleichzeitig kommt es zu einer sog. Trichterbildung, bei der sich der innere Muttermund (der zum Kind hin liegende Anteil des Kanals) öffnet (**Abb. F.21**). Da der äußere Muttermund noch verschlossen ist, kann man diese Öffnung nicht tasten. Daher sollte man die Zervixlänge auch im Rahmen der Ultraschalluntersuchung messen.

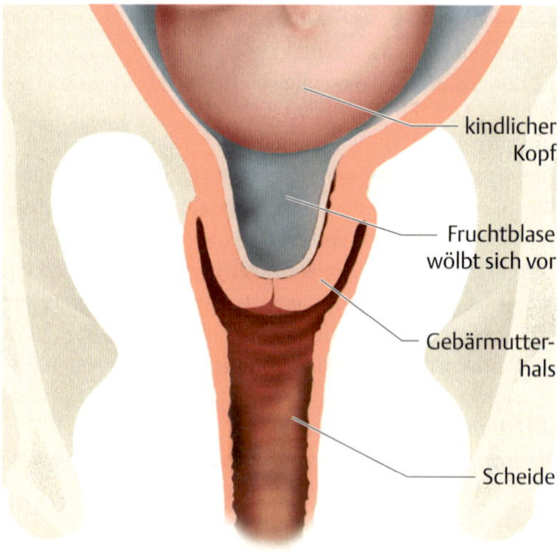

Abb. F.21 Zervixinsuffizienz. Die Trichterbildung des inneren Muttermundes wird deutlich sichtbar. Die Fruchtblase wölbt sich vor.

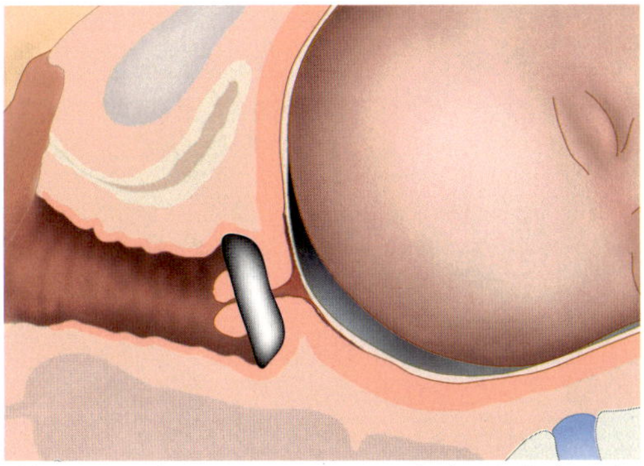

Abb. F.22 Cerclagepessar in situ. Man sieht die Stützfunktion des eingelegten Ringes.

Therapie

Die Behandlung erfolgt durch eine operative Zervixumschlingung (Cerclage) in Vollnarkose. Den verschiedenen Techniken ist gemeinsam, dass die Zervix mit einem Nahtband umstochen wird. In der 37. SSW wird die Cerclage vom Arzt gelöst. Durch die Zervixumschlingung können vorzeitige Wehen ausgelöst werden. Daher werden bei dem Eingriff Wehen hemmende Medikamente infundiert (Tokolyse). Außerdem kann es zu einem vorzeitigen Blasensprung kommen.

Für die Indikationsstellung müssen die Risiken der Zervixinsuffizienz gegen die Risiken der Cerclage sorgsam abgewogen werden. In manchen Fällen wird die Zervixumschlingung in einem frühen Schwangerschaftszeitraum prophylaktisch angelegt. Dieses kann z. B. bei einer Drillingsschwangerschaft oder auch, wenn die Frau bereits eine Frühgeburt wegen einer Zervixinsuffizienz hatte, indiziert sein.

Eine andere Möglichkeit zur Behandlung der Zervixinsuffizienz ist die Einlage eines Cerclagepessars (**Abb. F.22**). Hier ist jedoch die Infektionsgefahr durch gestautes Sekret zu bedenken. Das Pessar muss regelmäßig gewechselt werden und eine Scheideninfektion ausgeschlossen sein.

Vorzeitige Wehen

Definition

Vorzeitige Wehen sind Kontraktionen der Gebärmutter, die einen vorzeitigen Geburtsfortschritt bewirken.

Eine Wehentätigkeit ist in gewissem Maße bereits in der Schwangerschaft als normal anzusehen. Aus diesem Grund ist es schwierig zwischen physiologischen Kontraktionen, die der Vorbereitung der Gebärmutter dienen, und vorzeitigen Wehen, die zu einer Frühgeburt führen, zu unterscheiden. Zwei bis drei Kontraktionen pro Stunde gelten in der 26. – 30. SSW noch als normal. Bedenklich sind Wehen dann, wenn sie in regelmäßigen Abständen auftreten und die Frau sie als schmerzhaft empfindet.

Ursachen

Die Ursachen und die Auslöser von vorzeitigen Wehen sind vielfältig. Alle Zustände, die mit einer höheren Spannung der Gebärmuttermuskulatur einhergehen, sind Risiken für vorzeitige Wehen:

- → Polyhydramnion (vermehrtes Fruchtwasser),
- Mehrlingsschwangerschaft,
- ein zu großes Kind.

Stress und Anspannung sowie übermäßige körperliche Anstrengung können ebenfalls Auslöser von vorzeitigen Wehen sein.

Symptome

Die Kontraktionen werden meist als Verhärtung des Bauches verspürt. Selten sind sie schmerzhaft. In einigen Fällen bemerken Frauen die vorzeitigen Wehen gar nicht.

Diagnose

Die Diagnose ergibt sich meist aus der Anamnese. Durch die Ableitung eines CTGs (Kardiotokogramm, „Wehenschreiber") werden die Angaben der Patientin ergänzt.

Therapie

Als erste Maßnahme ist es wichtig, die Patientin ruhig zu stellen. Sie sollte Bettruhe einhalten und jeglichen Stress, körperlich wie seelisch, vermeiden. Außerdem wird der Muttermund entlastet, wenn der Kopf leicht tiefer gelagert bzw. das Fußende hochgestellt wird.

Ebenso müssen sämtliche pflegerischen Prophylaxen durchgeführt werden. Da während der Schwangerschaft die Gerinnungsneigung des Blutes erhöht ist, sollte man vor allem auf eine intensive Thromboseprophylaxe achten. Bei vorzeitigem Blasensprung kommt die Infektionsprophylaxe durch regelmäßige Temperaturkontrollen und gründliche Intimhygiene hinzu.

Sehr verbreitet ist bei den Frauen die Angst, durch zu viel Bewegung eine Frühgeburt auszulösen. Diese Angst sollte von den Pflegenden ernst genommen werden, indem z. B. auf Wunsch die Körperpflege übernommen wird, auch wenn keine objektive Notwendigkeit dazu besteht.

Die medikamentöse Therapie der vorzeitigen Wehentätigkeit umfasst die Gabe von β-2-Mimetika (z. B. Partusisten oder Pre-par) und β-1-Blockern, die die Nebenwirkungen reduzieren. Außerdem wird Magnesium infundiert.

Beta-Mimetika-Therapie

β-Rezeptoren sind als β-1- und β-2-Rezeptoren an vielen Organen des Körpers nachzuweisen. Sie sind Bestandteil des sympathischen Nervensystems. In der Gebärmutter wird die Uterusmuskulatur durch Aktivierung der β-2-Rezeptoren ruhig gestellt. Die Substanzen werden als Tablette oder als Dauerinfusion verabreicht. Sie haben eine kurze Halbwertszeit, der Körper baut sie also rasch ab. Als Medikamente sind v. a. Fenoterol (z. B. Partusisten) oder Ritodrin (z. B. Pre-par) in Gebrauch.

Nebenwirkungen. Durch die Mitaktivierung der β-Rezeptoren in anderen Organen erklären sich die z. T. nicht unerheblichen Nebenwirkungen:

- Steigerung der Herzfrequenz,
- Herzklopfen, innere Unruhe, Zittern,
- Hitzegefühl,
- Rötung des Gesichts und der Handinnenflächen,
- Einschränkung der Urinausscheidung,
- Abfall des Kaliumspiegels,
- Blutzuckeranstieg,
- → Angina pectoris (selten),
- → Lungenödeme (selten).

Um die Nebenwirkungen für die Patientin zu reduzieren, verabreicht man gleichzeitig sog. kardioselektive β-1-Blocker. Sie wirken v. a. am Herzen und reduzieren die Tachykardie, verringern aber auch die anderen Nebenwirkungen und senken so das Risiko der Therapie.

Magnesiumtherapie

Magnesium wirkt in höherer Dosierung Wehen hemmend, weil es die Muskulatur entspannt. Als Dauerinfusion werden 2 g/Stunde verabreicht. Oft wird gleichzeitig Partusisten infundiert. Die Zusatzgabe von Magnesium wirkt kardioprotektiv und erlaubt es, die Dosis des β-Mimetikums zu verringern.

Prophylaxe

Unter einer hoch dosierten Tokolysetherapie kann es bei gleichzeitiger Glukokortikoidgabe, mit der die Lungenreife des Kindes induziert wird, zu einem → Lungenödem kommen. Daher sind eine sorgfältige Beobachtung der Atmung sowie eine gewissenhafte Pneumonieprophylaxe indiziert. Bei intravenöser Wehenhemmung ist die kontinuierliche Gabe der Wirkstoffe ohne Pausen wichtig. Bei der Pulsmessung sollte aufgrund möglicher → Herzrhythmusstörungen eine Minute durchgezählt werden. Die Gefahr einer Obstipation (Verstopfung) ist während der Tokolyse erhöht. Starkes Pressen beim Stuhlgang muss die Schwangere vermeiden, weil sie dadurch eine Frühgeburt auslösen kann.

Folgen einer Frühgeburt für das Frühgeborene

Die Probleme der Frühgeborenen stehen im Zusammenhang mit der Unreife der Organe. Dabei können alle wichtigen Organsysteme betroffen sein und lebensbedrohliche Zustände eintreten. Drei der Folgen für das Frühgeborene werden im Folgenden beschrieben:

- Atemnotsyndrom,
- intrakranielle Blutungen,
- Retinopathie.

Weitere Folgen einer Frühgeburt können sein:

- Hypothermie,
- Hypoglykämie,
- Bradykardie,
- Atemstillstand aufgrund der Unreife des Atemzentrums,

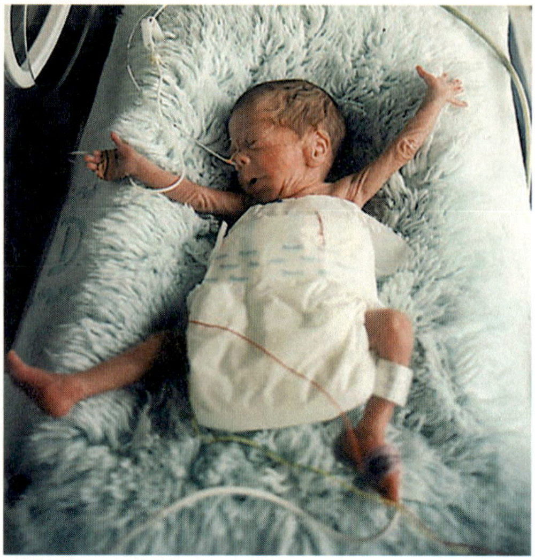

Abb. F.23 Frühgeborenes. 20 Tage altes Frühgeborenes (Geburtsgewicht 810 g) im Inkubator.

- erhöhte Infektionsanfälligkeit,
- Ausscheidungsprobleme, Niereninsuffizienz,
- neurologische Schädigung,
- Verzögerung der körperlichen und intellektuellen Entwicklung.

Nach der Entbindung wird das Frühgeborene auf eine pädiatrische Intensivstation verlegt, um es zu stabilisieren und die Auswirkungen nachgeburtlich auftretender Organstörungen einzudämmen (**Abb. F.23**).

Prognose

Obwohl die Anzahl frühgeborener Kinder insgesamt nur ca. 6 % aller Geburten ausmacht, sind sie doch mit 75 % an der Säuglingssterblichkeit beteiligt. Eine Verbesserung der Säuglingssterblichkeit wird also am besten über die Verminderung der Frühgeburtlichkeit erreicht.

Die Verbesserung der Überlebensraten sehr kleiner Frühgeborener liegt an der Optimierung der Versorgung im Geburtszeitraum. So sollten solche Geburten in perinatologischen Zentren stattfinden, die speziell eingerichtet sind und eng mit der Kinderklinik zusammenarbeiten. Um dies zu erreichen, werden bereits die Schwangeren, bei denen eine sehr frühe Entbindung droht, in solche Zentren verlegt (sog. intrauterine Verlegung des Kindes), da insbesondere sehr kleine Kinder durch Transporte direkt nach der Geburt gefährdet sind.

Atemnotsyndrom

Definition

Das Atemnotsyndrom bezeichnet Atemstörungen des Neugeborenen.

Ursache
Ein zu früh geborenes Kind hat vor allem Probleme mit der Unreife seiner Lunge. Es fehlt an einer oberflächenaktiven Substanz, dem sog. Surfactant. Es besteht aus Phospholipiden und setzt die Oberflächenspannung der Alveolen herab. Fehlt es, wie beim Frühgeborenen, fallen die Lungenbläschen immer wieder zusammen. Außerdem bilden sich hyaline Membranen aus. Auf diese Weise entstehen in der Lunge Bezirke, in denen das Blut nicht mehr mit Sauerstoff beladen werden kann.

Symptome
Das Atemnotsyndrom zeigt sich in einer beschleunigten Atmung und einer Blaufärbung der Haut des Kindes.

Diagnose
Im Fruchtwasser können die Phospholipide, aus denen Surfactant besteht, nachgewiesen werden. Im Zweifelsfall kann durch Fruchtwasserpunktion eine Risikoabschätzung für das Kind vorgenommen werden.

Therapie
Das Atemnotsyndrom lässt sich durch Gabe von Kortison an die Mutter vermeiden. Durch Kortison wird die fetale Lunge zur Produktion des Surfactant angeregt. Diese vorbeugende Maßnahme hat nur sehr geringe Nebenwirkungen für die Mutter und sollte großzügig durchgeführt werden. Als Alternative, z. B. wenn eine Kontraindikation gegen Kortison vorliegt, kann Mucosolvan verabreicht werden. Mucosolvan braucht allerdings deutlich länger für den Wirkungseintritt. Als meist verwendetes Kortison hat sich das gut plazentagängige Betamethason (z. B. Celestan) durchgesetzt. Man gibt es der Mutter intravenös oder intramuskulär.

Inzwischen ist es auch möglich, dem Kind nach der Geburt künstliches Surfactant zu verabreichen. Durch all diese Maßnahmen ist die Sterblichkeit der Frühgeborenen sehr zurückgegangen.

Intrakranielle Blutungen

Definition
Eine intrakranielle Blutung ist ein Blutaustritt im Schädelinnern. Dies kann im Bereich der Hirnhäute oder im Gehirn selbst vorkommen.

Ursachen
Intrakranielle Blutungen können nach schwierigen operativen Geburten oder nach einem schweren Sauerstoffmangel auftreten. Meist handelt es sich um kleine Gehirnblutungen, die bevorzugt unter der inneren Auskleidung der Liquorräume des Gehirns zu finden sind. Sie werden als subependymale Blutungen bezeichnet, die durch das Reißen kleinster Blutgefäße entstehen. Ursachen hierfür können Blutdruckspitzen oder ein Sauerstoffmangel der Gefäßwände, wie er bei einem Blutdruckabfall vorkommt, sein. Abhängig davon, wie sich die Blutung ausbreitet, werden Schweregrade unterschieden. Im ungünstigsten Fall kommt es zu einem Einbruch der Blutung in die Hirnkammern oder das Hirngewebe.

Am häufigsten findet man intrakranielle Blutungen bei unreifen Kindern. Meist handelt es sich um ependymale, peri- oder intraventrikuläre Blutungen. Frühgeborene sind besonders gefährdet, weil ihre Kapillaren noch instabil sind. So können z. B. ein niedriger Sauerstoffgehalt des Blutes, eine zu niedrige Körpertemperatur, Blutdruckschwankungen oder eine Beatmung zu intrakraniellen Blutungen führen.

Symptome
Abhängig vom Ort der Blutung kommt es bei den Neugeborenen zu einer erhöhten Schläfrigkeit, Trinkschwäche, Erbrechen, Atemstörungen oder Krampfanfällen.

Diagnose
Die Diagnose erfolgt durch die kraniale Computertomografie, mit der Lokalisation und Größe der Blutung dargestellt werden kann. Zudem weist man mit einer Angiografie Gefäßverlagerungen und -aussparungen nach.

Therapie
Je nach Schweregrad kommen folgende therapeutische Maßnahmen in Betracht:
- Intensivpflege auf einer Neugeborenenstation,
- Überwachung mit Kontrolle von Blutdruck, Blutbild, Blutgasen, Blutzucker und Elektrolyten,
- Sauerstoffzufuhr bei Neugeborenen mit Atemstörungen,
- Antikonvulsiva (Medikamente gegen epileptische Anfälle),
- Ausgleich einer Blutübersäuerung,
- Hirndrucksenkung durch Glukokortikoide u. Diuretika.

Retinopathie

Definition
Retinopathie ist der Oberbegriff für nichtentzündliche Erkrankungen der Netzhaut.

Ursachen
Eine Frühgeborenenretinopathie ist nahezu ausschließlich auf die Beatmung zurückzuführen. Die äußeren Bereiche der Netzhaut sind bei Frühgeborenen noch nicht ausreichend mit Blutgefäßen versehen. Ebenso sind auch Enzyme, die vor Sauerstoffradikalen schützen sollen, noch nicht hinreichend verfügbar.

Dadurch werden neu entstehende Blutgefäße durch Sauerstoff geschädigt. Aus einer nachfolgenden überschießenden Neubildung von Blutgefäßen in der Peripherie der Netzhaut und des Glaskörpers können Blutungen resultieren (**Abb. F.24**).

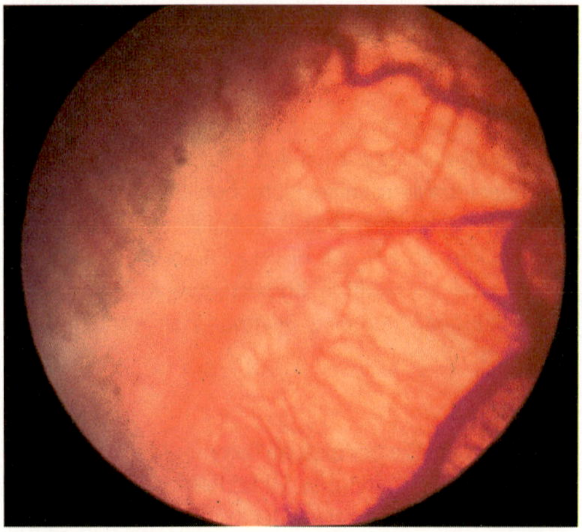

Abb. F.24 Frühgeborenenretinopathie (Retinopathia praematurorum). Akutes Stadium III, überschießende Neubildung von Blutgefäßen in der Netzhautperipherie.

Symptome

Vorhandene Sehschwächen können nicht symptomatisch erfasst werden. Bei den betroffenen Neugeborenen besteht die Gefahr einer Netzhautablösung und Erblindung. Bei jedem zehnten Kind mit einer Retinopathie kommt es zu bleibenden Sehstörungen, die bis zur Erblindung reichen können.

Diagnose

Eine Retinopathie kann man rechtzeitig nur über eine Spiegelung des Augenhintergrunds diagnostizieren. Mit diesem Verfahren lassen sich krankhafte Veränderungen des einsehbaren Teils des Auges feststellen. Frühgeborene sollten vorsorglich mehrmals untersucht werden.

Therapie

Bei Frühgeborenen müssen zu hohe und zu niedrige arterielle Sauerstoff- und Kohlendioxiddrücke durch eine konstante Überwachung vermieden werden. Außerdem sollen die Neugeborenen Vitamin E als Antioxidans bekommen und vor großer Helligkeit geschützt werden. Der Augenhintergrund wird laufend untersucht, um eine frühzeitige Ablösung der Netzhaut festzustellen (→ Netzhautablösung).

Infobox

ICD-10:

P07.3 – Frühgeburt
- O34.3 – Zervixinsuffizienz
- O60 – Vorzeitige Wehen
- P22.0 – Atemnotsyndrom
- P52.0 – Intrakranielle Blutungen
- H35.1 – Retinopathie

Internetadressen:

http://www.kindex.de/pro/index-mode-websuche-value-fruh-selekt-0.aspx

http://www.rund-ums-baby.de/fruehgeburt/

http://www.babyclub.de/Ratgeber/fruehgeburt/Default.htm

http://www.eltern.de/beruf_geld/recht_geld/mutterschutzneu.html

http://www.fruehcheneltern.de/verm.htm

Literatur:

Benkert, B.: Das besondere Stillbuch für frühgeborene und kranke Babys. Urania, Stuttgart 2001

Gabe, W.: Das Frühchen-Buch. Thieme, Stuttgart 2004

Marcovich, M., de Jong, T.: Frühgeborene, Zu klein zum Leben? Fischer (TB.), Frankfurt 1999

Strobel-Kösel, K.: Frühgeborene brauchen Liebe. Kösel, München 2001

Wüsthof, A., Böning, V.: Früh geboren. Elsevier, München 2004

Frühkindlicher Autismus

► „Ich glaube, er ist noch nicht so weit." Die Erzieherin spricht mit Frau Domecke über deren Sohn Johannes. Er ist jetzt drei Jahre alt und soll halbtags in die Kita. „Ich habe mir das schon gedacht", antwortet Johannes Mutter. „Es war in der Krabbelgruppe und beim Kinderturnen schon schwierig, ihn aus dem Haus zu bekommen. Immer klammert er sich an sein Kuscheltier und spricht sehr wenig. Er hat kein Interesse an anderen Kindern. Ich dachte, es würde daran liegen, dass er Einzelkind ist und habe viel unternommen, damit er unter Gleichaltrige kommt. Aber offenbar hat es nichts genützt." Frau Domecke ist verzweifelt.

Definition

Der frühkindliche Autismus ist eine tief greifende psychiatrische Erkrankung, die sich bereits vor dem dritten Lebensjahr äußert. Der Patient zeigt eine erhebliche Störung im Kontakt zur Außenwelt, in Sprache, Empathie und Entwicklungsfortschritt sowie Interessenslage (**Abb. F.25**).

Synonyme: Autistische Störung, Kanner-Syndrom, infantiler Autismus, frühkindliche Psychose.

Ursachen

Die Ursache ist unklar. Vermutlich sind das Transmittergleichgewicht und die synaptischen Verschaltungen des Gehirns gestört. Genetische Defekte werden diskutiert.

Symptome

Die Patienten schotten sich schon in den ersten Lebensjahren durch ein „inneres Exil" von der Außenwelt ab. Der Kontakt zu Mitmenschen wird auf das Nötigste reduziert oder ist abnorm verändert.

Die Erkrankten sind auffallend gefühlskalt. Sie schauen durch andere Menschen hindurch. Selbst auf das Lächeln der Mutter reagieren diese Kinder gar nicht oder nur sehr schwach, Mitleid oder Anteilnahme, aber auch Mitfreude sind für Erkrankte so gut wie nicht möglich. Sie verlangen auch nicht nach Lob oder Zuwendung.

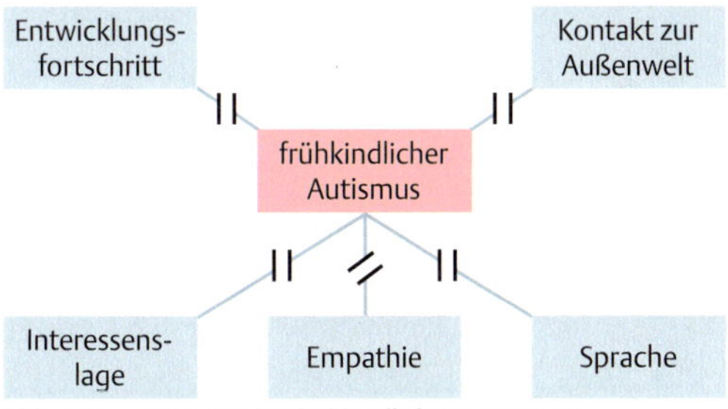

Abb. F.25 Störungen bei frühkindlichem Autismus.

Vielfach tragen die Kinder bestimmte Gegenstände wie Kuscheltiere mit sich, zu denen sie dann eine sehr starke Verbundenheit haben. Mit Spielzeug wird kaum gespielt, wenn, dann wird es eintönig nur im Raum herumbewegt. Mit anderen Kindern nehmen sie kaum Kontakt auf, Spielkameraden haben sie keine.

Auf Veränderungen reagieren sie mit großen Ängsten und mit aggressivem Selbstrückzug. Es ist aber durchaus ein sehr eng begrenztes Interesse an bestimmten Sachen, z. B. geometrischen Figuren, möglich. Der Denkprozess ist kreativitätsarm und ohne nennenswerte eigene Antriebsimpulse. Handlungen werden stereotyp bis hin zu inhaltslosen Ritualen wiederholt.

Die sprachlichen und nonverbalen Ausdrucksfähigkeiten sind erheblich eingeschränkt. Wenn die Erkrankten sprechen, so ist die Tonlage einförmig ohne Höhen und Tiefen, ohne echte innere Anteilnahme am Gesprochenen und ohne passende Mimik und Gestik. Die Wortwahl ist karg, bestimmte Sätze werden gebetsmühlenartig wiederholt. Auch finden sich Wortneuschöpfungen. Die Kinder bezeichnen sich selbst manchmal nicht mit „ich" sondern „du".

Die meisten (ca. 75 %) der Erkrankten weisen eine deutliche Intelligenzminderung auf. Daneben können sich auch Nebensymptome wie Schlafstörungen, Befürchtungen, Phobien, Essstörungen zeigen. Auch kann die Impulskontrolle gestört sein und vor allem während der Pubertät Aggressivität auftreten. Manche Patienten neigen zur → Epilepsie. Auch selbstschädigendes Verhalten kann auftreten. Jungen sind etwa vierfach häufiger vom Autismus betroffen als Mädchen.

Diagnose

Oft wird schon zu einem frühen Zeitpunkt ein Kinderpsychiater konsultiert, weil die Eltern eine Störung erkennen. Manchmal bedarf es auch erst der Anregung des Kindergartenpersonals.

Die Diagnose wird mit Hilfe von Verhaltensbeobachtungen, Elterninterviews, Beurteilungsskalen und für das Alter geeigneten Intelligenztests gestellt. Wenn der Patient etwa ab dem 5. Lebensjahr aufgrund seiner Reife ausreichend mitarbeiten kann, wird ein Elektroenzephalogramm (EEG) abgeleitet.

Differenzialdiagnose

Von dem frühkindlichen Autismus sind folgende Erkrankungen abzugrenzen:

- andere tiefgreifende Formen von Entwicklungsstörungen,
- Rett-Syndrom,
- Asperger-Syndrom,
- isolierte Sprachentwicklungsstörungen,
- genetische Defekte, z. B. → Down-Syndrom,

- ausschließliche Intelligenzminderungen,
- Hör- und Sehstörungen,
- schizophrene Störungen.

Therapie

Es gibt keine Standardtherapie. Auf die individuelle Ausprägung der Störung wird jeweils gezielt eingegangen durch:

- Sozialtraining in Form von Gruppentherapien, Integration in normale Kinderkreise usw.,
- Lernübungen,
- angstlösende Übungen bei Stereotypien und Ritualen,
- Familientherapie.

Eine spezielle medikamentöse Therapie des Autismus konnte sich bisher nicht durchsetzen. Waren in der EEG-Ableitung epilepsietypische Krampfpotenziale nachweisbar, werden Antikonvulsiva verordnet.

Bei selbstbeschädigendem Verhalten oder Angstzuständen, wie sie z. B. nach Veränderungen der Wohnsituation auftreten, werden dämpfende Substanzen wie Benzodiazepine und Neuroleptika verabreicht.

Prognose

Da die Patienten keine echte Therapiemotivation haben, tritt unter Behandlung oft nur eine sehr langsame, geringe Besserung ein. Werden die Betroffenen älter, weichen die frühkindlichen Symptome etwas auf, die Defizite in der Sozialisation, der Intelligenz und im Antrieb bleiben jedoch im Wesentlichen auch im Erwachsenenalter bestehen. Sehr selten verändert sich der Zustand rasch.

Ist die Intelligenz stark gemindert, muss der Erkrankte i.d.R. ein Leben lang durch einen gesetzlichen Betreuer, ein Pflegeheim oder die Familie betreut werden.

Infobox

ICD-10:
F84.0

Internetadressen:
Bundesverband Hilfe für das autistische Kind:
http://www.autismus.de
Vereinigung zur Förderung autistischer Menschen:
http://www.autismus-online.de
http://www.autismus-web.de

Frühsommer-Meningoenzephalitis

► „Ich dachte schon, ich sei über den Berg, aber wenn die Erkältung jetzt wieder schlimmer wird, ist mir das nicht geheuer", erzählt Hans seinem Hausarzt. „Ich weiß gar nicht, was ich meinem Chef sagen soll. Es klingt schon ein wenig merkwürdig – erst der Urlaub in Österreich, dann eine Woche krank. Und jetzt liege ich nach ein paar Tagen in der Firma schon wieder flach. Aber mit den Kopf- und Nackenschmerzen kann ich mich nicht konzentrieren. Und dabei dachte ich, ich hätte mich bei diesen tollen Wandertouren gut erholt."

Definition

Die Frühsommer-Meningoenzephalitis (FSME) ist eine Erkrankung von Gehirn und Hirnhäuten, verursacht durch das FSME-Virus, das durch Zecken übertragen wird.

Ursachen

Das FSME-Virus kommt in Süddeutschland, Mitteleuropa (Österreich, Tschechien, Slowakei, Polen, Ungarn) und Südschweden vor (**Abb. F.27**). Überträger des Virus sind Zecken. Sie nehmen die Viren von kleinen, im Wald lebenden Säugetieren auf und geben es an den nächsten Wirt, z. B. den Menschen, weiter. Besonders gefährdet sind Personen, die im Freien ihrer Arbeit oder Freizeitaktivitäten nachgehen. Zeckenbisse kommen besonders im Frühjahr und Frühsommer vor, doch nur ein kleiner Teil der Zecken ist mit dem Virus infiziert. Das Virus kann auch über Milch von infizierten Ziegen übertragen werden.

Symptome

Nach einer Inkubationszeit von 7 – 14 Tagen kommt es zu einer fieberhaften Erkrankung mit Gliederschmerzen, die 2 – 4 Tage anhält. Anschließend tritt eine Besserung ein. Die meisten FSME-Virusinfektionen heilen nun aus. Ein Teil der Infizierten hat jedoch nach einigen Tagen erneut Fieber und es entwickelt sich eine → Meningitis mit Kopfschmerz, Fieber und Nackensteifigkeit.

Bei schweren Krankheitsverläufen schreitet die Krankheit weiter fort und es kommt zu einer Hirnentzündung (Meningoenzephalitis) mit zunehmender Schläfrigkeit bis hin zum Koma, Hirn-Krampfanfällen und motorischen Störungen. Selten entzündet sich das Hirn- und Rückenmarkgewebe (Meningoenzephalomyelitis).

Diagnose

Typisch für die FSME ist, dass der Erkrankte einige Tage vor Beginn der neurologischen Symptomatik eine zwischenzeitlich abgeklungene fieberhafte Erkrankung durchlebt hat. Außerdem haben sich die Betroffenen im Sommer in einem FSME-Endemiegebiet aufgehalten und sind nicht gegen die Infektion geimpft.

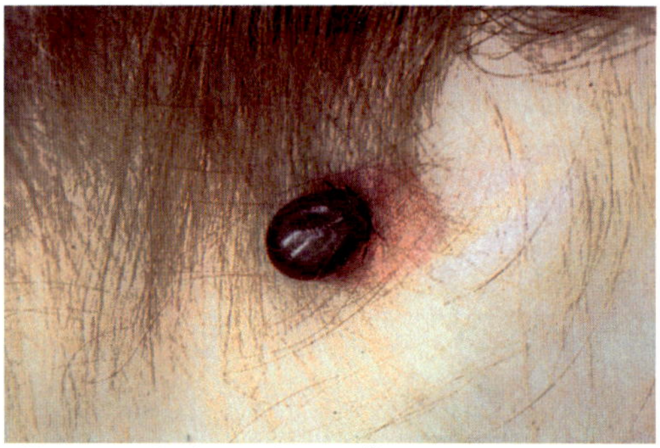

Abb. F.26 Zeckenbiss. Zecken sind Überträger des FSME-Virus.

Hilfreich für die Verdachtsdiagnose ist, wenn der Betroffene oder Angehörige sich an Zeckenbisse 2 – 3 Wochen vor dem Krankheitsbeginn erinnern. Die FSME-Virusinfektion wird diagnostiziert, indem durch serologische Untersuchungen Antikörper gegen das Virus im Blutserum (IgM) und möglicherweise in der Hirnflüssigkeit nachgewiesen werden.

Differenzialdiagnose

Eine Meningitis mit Fieber, Kopfschmerz und Nackensteifigkeit kann auch durch andere virale und bakterielle Erreger hervorgerufen werden.

Virale Erreger. Vor allem bei Kindern und ebenfalls im Sommer werden ähnliche Symptome häufig durch Enteroviren ausgelöst. Die Erkrankung heilt ohne Therapie innerhalb von wenigen Tagen aus. Auch bei Viruserkrankungen wie → Masern, → Mumps oder → Röteln können → Meningitis und → Enzephalitis auftreten, i.d.R. zusammen mit den anderen, typischen Krankheitssymptomen.

Bakterielle Erreger. Die bakterielle Meningitis verläuft häufig sehr schwer und muss frühzeitig antibiotisch behandelt werden. Die Liquoruntersuchung ist zur Diagnostik von entscheidender Bedeutung. Bei schwerer bakterieller Meningitis ist der Liquor durch Eiter trüb. Im Labor können Bakterien meist bereits schon mit dem Mikroskop nachgewiesen werden.

Therapie

Eine spezifische medikamentöse Therapie zur Behandlung der FSME gibt es nicht, sodass sich die medikamentösen und pflegerischen Maßnahmen auf die Behandlung der Symptome beziehen.

Prognose

Die FSME heilt meist folgenlos aus. Manchmal bleiben neurologische Störungen, wie Muskellähmungen und Hirnfunktionsstörungen zurück. Sehr selten kommt es durch die Erkrankung zum Tod.

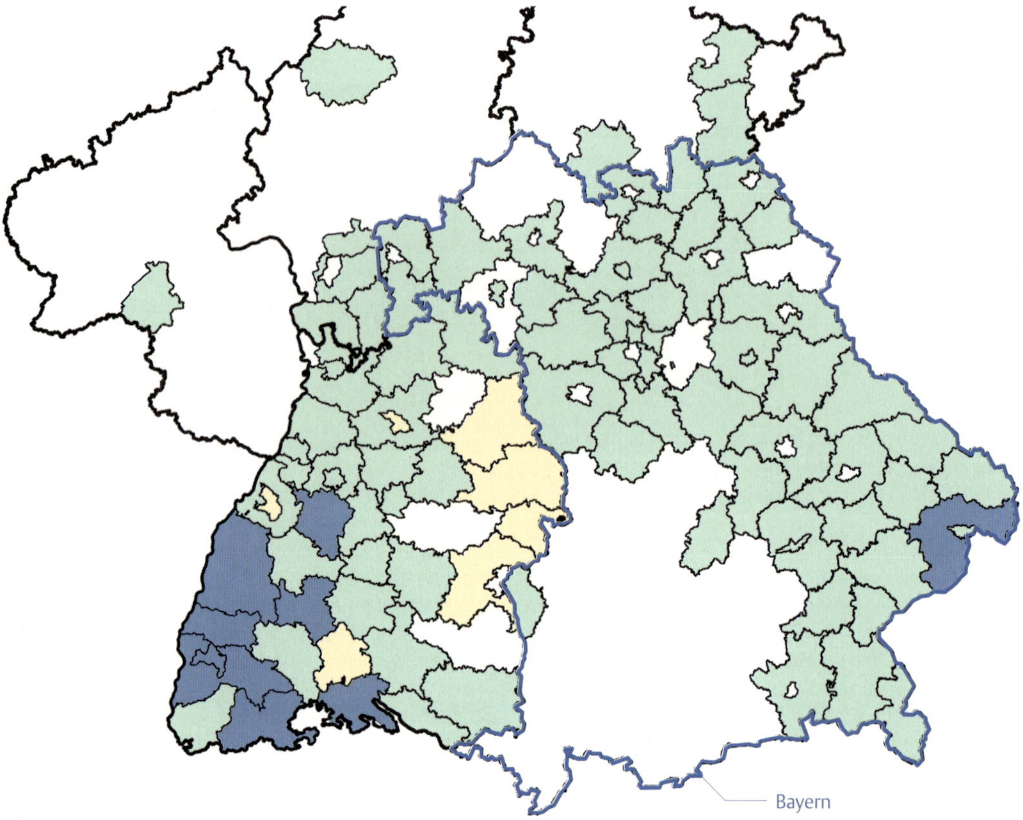

Als FSME-Risikogebiet gelten die Kreise, in denen mindestens 5 autochthon entstandene FSME-Erkrankungen in einer 5-Jahresperiode zwischen 1985 und 2004 oder mindestens 2 autochthon entstandene FSME-Erkrankungen innerhalb eines Jahres registriert wurden.

Als FSME-Hochrisikogebiet gelten diejenigen der als Risikogebiete ausgewählten Kreise, in denen in einer 5-Jahresperiode zwischen 1985 und 2004 mindestens 25 FSME-Erkrankungen aufgetreten sind.

Gebiete mit geringerer FSME-Endemizität, in denen die Risikodefinitionen (s. o.) nicht erfüllt sind, aber in einer 1997 – 1999 durchgeführten Untersuchung eine erhöhte FSME-Antikörperprävalenz bei Waldarbeitern nachgewiesen wurde.

Abb. F.27 FSME-Risikogebiete in Deutschland. Basierend auf Daten zu FSME-Erkrankungen (aufgetreten in den Jahren 1985 bis 2004), die im Robert-Koch-Institut ausgewertet wurden (n = 2242; Stand: 13.4.2005, [copy] Robert-Koch-Institut).

Prävention

Man kann sich vor FSME durch eine frühzeitige aktive Impfung schützen. Diese Impfung, die aus drei Teilimpfungen besteht, sollte frühzeitig durchgeführt werden, damit der Impfschutz schon zu Beginn der Zeckensaison im Frühjahr gewährleistet ist. Nach einer durchstandenen FSME hält die Immunität wahrscheinlich lebenslang an.

Doch man kann sich auch durch bestimmte Verhaltensmaßnahmen vor einem Zeckenbiss schützen. Dazu gehört, im Freien dicht schließende Kleidung zu tragen und Kleidung und Körper nach einem Aufenthalt im Freien nach Zecken abzusuchen.

Infobox

ICD-10: A84.1

Internetadressen:
http://www.rki.de
http://www.auswaertiges-amt.de/www/de/index_html

Literatur:

Jassoy, C., Schwarzkopf, A. (Hrsg.): Hygiene, Mikrobiologie und Ernährungslehre für Pflegeberufe. Thieme, Stuttgart 2004

Furunkel/Karbunkel

► „Was hast Du denn da?" Herr Klinke dreht sich zu seiner Frau um. „Du kratzt dich schon den ganzen Abend im Nacken. Lass mal sehen." Herr Klinke beugt sich zu seiner Frau. „Puh, da ist alles voller Eiterpickel und hier auf der Kopfhaut ist ein größerer Fleck." „Ich kann das ja morgen mal Dr. Rosendahl zeigen. Ich muss eh in die Sprechstunde und mit ihm nochmal über den Diabetes sprechen. Ich dachte immer, es wäre heutzutage leichter, Betroffene richtig einzustellen. Aber bei mir ist das offenbar schwierig."

Definition

Ein Furunkel ist eine vom Haarbalg ausgehende tiefe eitrige Entzündung, hervorgerufen durch das Bakterium Staphylococcus aureus. Liegen mehrere entzündete Haarbälge nebeneinander und bilden sie eine flächige Entzündung, spricht man von einem Karbunkel.

Ursachen

Bei abwehrschwächenden Grunderkrankungen (z. B. → Diabetes mellitus, Unterernährung, chronischen Infektions- und Stoffwechselerkrankungen, Immundefekten) oder aber durch mangelnde Körperhygiene steigt der Anteil von Staphylokokken auf der Haut und im Bereich der Haarbälge. Zunächst bildet sich eine oberflächliche Follikulitis (Entzündung des Haarfollikels). Auch kleine Verletzungen, die z. B. durch Kratzen verursacht werden, können als Eintrittspforte für die Staphylokokken dienen. Durch Infektion der Haarbälge und der dazugehörigen Talgdrüse entsteht zunächst ein Furunkel, bei weiterer Ausbreitung ein Karbunkel.

Symptome

Nach anfänglichem Juckreiz finden sich die klassischen Zeichen der Infektion:

- Rötung um den Haarbalg (Rubor),
- eine leichte Schwellung (Tumor),
- lokale Überwärmung (Calor).

Wie bei Empyemen bzw. → Abszessen bildet sich schließlich Eiter aus Staphylokokken und Granulozyten (weißen Blutkörperchen). Der Eiter tritt aus dem Haarbalg aus. Die darin enthaltenen Staphylokokken können nun weitere Haarbälge infizieren und damit ein Karbunkel auslösen (**Abb. F.28**).

Diagnose

Sowohl das klinische Bild als auch der Verlauf sind typisch. Die Krankheitsgeschichte weist i.d.R. Abwehrschwäche oder Hygienedefizite aus. Mit einem mikrobiologischen Abstrich werden die Erreger und evtl. Begleitflora identifiziert. Diese ist für die Differenzialdiagnose wichtig. Ein Antibiogramm zeigt Resistenzen der Erreger gegen Antibiotika.

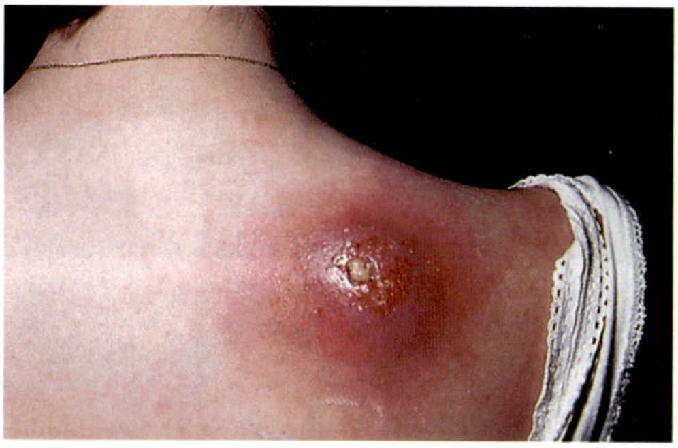

Abb. F.28 Karbunkel.

Differenzialdiagnose

Ein Furunkel ist von Infektionen mit anderen Erregern von Abszessen und eitrigen Infektionen, z. B. Streptokokken, abzugrenzen. Der typische Verlauf weist auf Furunkulose hin, der mikrobiologische Befund bringt Gewissheit.

Therapie

Auf jeden Fall muss die Grunderkrankung behandelt werden. Die Lokalbefunde werden durch Eröffnung der Furunkel und antiseptische Behandlung saniert. Bei Verdacht auf Ausbreitung ist eine Antibiotikagabe, z. B. mit Zephalosporinen der Gruppe I oder Oxacillinderivaten bei reiner Staphylococcous-aureus-Infektion, erforderlich. Eventuell vorhandene Begleitkeime müssen ebenfalls beseitigt werden.

Prognose

Bei erfolgreicher Behandlung ist die Heilung problemlos, evtl. bleiben Narben zurück.

Komplikationen

Einige Staphylokokkenstämme können z. B. sich von einem Furunkel ausbreitende Hautinfektionen (→ Phlegmone) auslösen. Auch tiefergehende Infektionen der Muskulatur oder Aussaat in das Blut sind möglich.

Infobox

ICD-10: L02

Internetadressen:
http://www.meine-gesundheit.de
http://www.medizin-info.de

Literatur:

Jassoy, C., Schwarzkopf, A. (Hrsg.): Hygiene, Mikrobiologie und Ernährungslehre für Pflegeberufe. Thieme, Stuttgart 2004

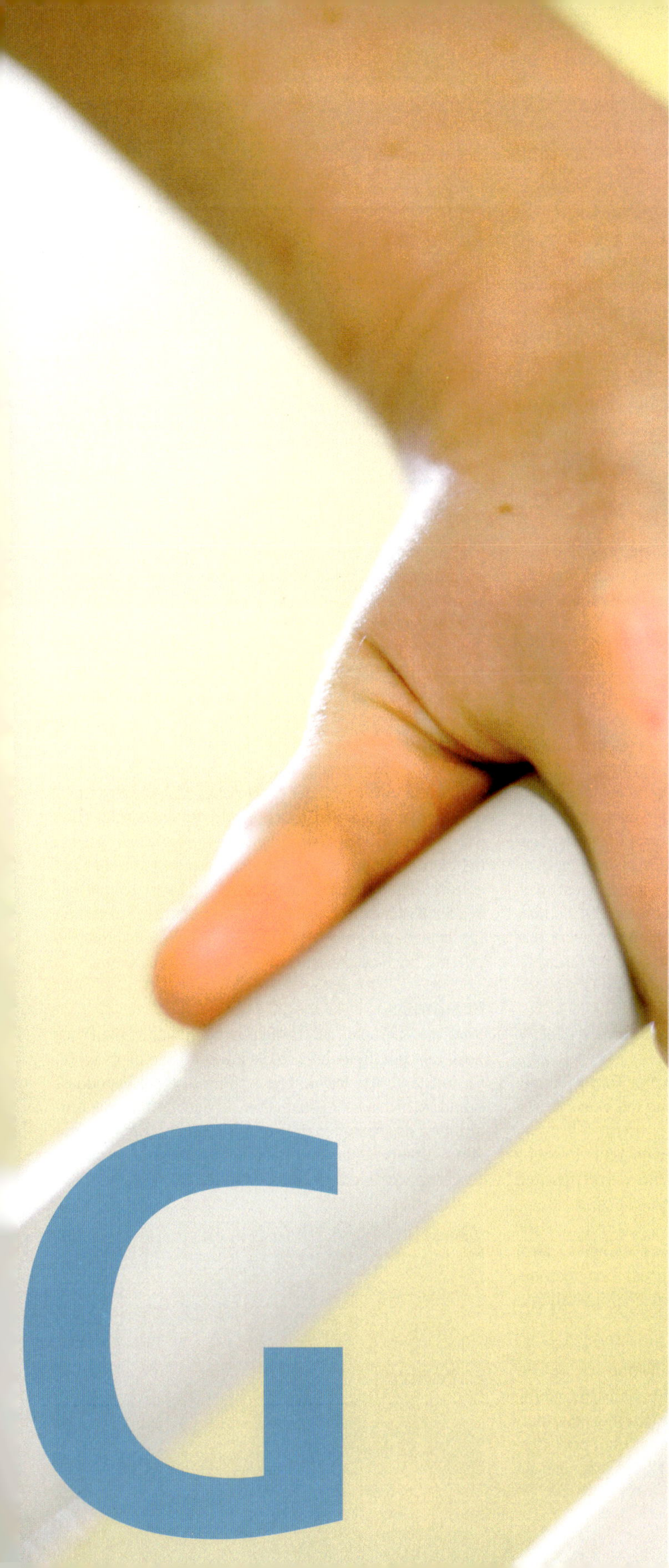

G

Gasbrand

► Herr Bauer, schwer einstellbarer Diabetiker, macht sich Sorgen. Vergangene Woche hatte er Blut im Stuhl. Nach fünf Monaten wieder das erste Mal, aber zum Arzt möchte er nicht gehen. Er hat schon so viel von unangenehmen Untersuchungen gehört und außerdem ist es ihm peinlich. Es hat ja auch nur ein paar Mal geblutet. Doch heute hat er auf einmal starke Schmerzen in einer Wade, einen rötlich-blauen Fleck, der immer größer wird, und es bilden sich Blasen auf der Haut. Herr Bauer beschließt, sein Bein untersuchen zu lassen. Vielleicht spricht er dann auch das andere Thema an.

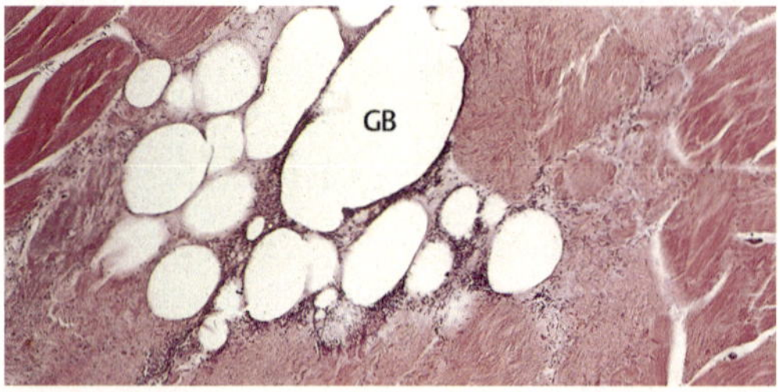

Abb. G.1 Gasbrand. Muskelnekrose mit Gasblasenbildung (GB) (Vergr. 1 : 100).

Definition

Als Gasbrand werden schwere Wundinfektionen, die typischerweise von Gasbildung begleitet sind, bezeichnet. Erreger sind verschiedene Clostridium-Spezies, wie C. perfringens, C. novyi oder C. septicum.

Synonym: Gasödem.

Symptome

Clostridien sind anaerobe Sporenbildner, die sich vor allem in Kot und Schmutz befinden, aber auch Bestandteile der natürlichen Darmflora des Menschen sind.

Endogener Gasbrand. Die Infektion geht von der Darmflora aus. Die Erreger können z. B. bei einem Kolonkarzinom in den Blutkreislauf eindringen und im Körper gestreut werden. An welcher Stelle im Körper der endogene Gasbrand auftritt, hängt davon ab, wo sich die Clostridien im Kapillarbett ansiedeln und ihre Infektion starten können. Als Anaerobier bevorzugen sie dabei weniger durchblutete Bereiche. Endogener Gasbrand wird bei Grunderkrankungen (z. B. → Diabetes mellitus, Leukämie u. a.) beobachtet.

Wundinfektion durch Gasbrand. Diese Form verläuft in drei Stadien:

1. Zunächst besiedeln die Clostridien den Körper. Sie gelangen z. B. über eine Stichverletzung mit einer Mistgabel o. Ä. in den Körper.
2. In diesem Stadium tritt die klassische Wundinfektion auf. Die betroffenen Bereiche sind überwärmt, gerötet, sie schmerzen und sind geschwollen.
3. Nun vermehren sich die Clostridien und setzen ihr Toxin frei. Es bildet sich ein Ödem und die Wunde verfärbt sich. Es bilden sich Gase, die als Luftbläschen unter der Haut tastbar sind und auf Druck platzen (Krepitation).

Diagnose

Eine rasch voranschreitende Wundinfektion mit starker Ausbreitungstendenz ist verdächtig für Gasbrand. Krepitation sowie der Nachweis von Hautemphysem bzw. Muskelemphysem (Ansammlung von Gasen in Haut oder Muskeln) sind nahezu beweisend (**Abb. G.1**). Die Diagnose gilt als sicher, wenn im mikroskopischen Gewebepräparat grampositive Stäbchen nachgewiesen werden können.

Differenzialdiagnose

Zu Beginn der Infektion bestehen ähnliche Symptome wie bei einem → Erysipel oder einer → Phlegmone. Die Weiterentwicklung zeigt jedoch schnell die Gasbrandinfektion.

Therapie

Durch eine ausgiebige chirurgische Revision der betroffenen Wunden wird wieder ein aerobes Milieu hergestellt. Bei einem endogenen Gasbrand wird die Sauerstoffzufuhr mit einer sog. Sauerstoffüberdrucktherapie verbessert, bei der der Patient in einer Überdruckkammer mehr Sauerstoff aufnimmt. Dadurch wird der Sauerstoffpartialdruck im Blut erhöht und die Vermehrung der anaeroben Clostridien gehemmt. Außerdem kann medikamentös z. B. mit hoch dosiertem Penicillin therapiert werden.

Prognose

Wird die Therapie rechtzeitig durchgeführt, ist die Prognose sehr gut. Befindet sich die Infektion allerdings schon im fortgeschrittenen dritten Stadium, ist der Wundgasbrand oft nicht mehr aufzuhalten. Es bleibt oft nur die Amputation der betroffenen Extremität. Auch beim endogenen Gasbrand kann die Infektion trotz Therapie voranschreiten, was letztlich zum Tod führt.

Infobox

ICD-10: A48.0

Internetadressen:
http://www.rki.de

Literatur:

Jassoy, C., Schwarzkopf, A. (Hrsg.): Hygiene, Mikrobiologie und Ernährungslehre für Pflegeberufe. Thieme, Stuttgart 2004

Gastrinom

► Heute ist Alinas großer Abend. Sie hat beim Musikwettbewerb die letzte Runde erreicht. Ihre Eltern sitzen stolz in der ersten Reihe. Doch Herr Reuter ist unruhig. Seiner Frau, die ihn vorwurfsvoll anschaut, flüstert er zu: „Ich habe wieder Magenschmerzen. Wie vor ein paar Monaten. Und das trotz der Tabletten." In der Pause treffen sie Alina. „Es tut mir so leid. Ich würde gerne bis zum Schluss bleiben, aber ich kann die Schmerzen nicht aushalten. Mama bleibt hier. Ich drücke Dir die Daumen."

Definition

Ein Gastrinom ist ein meist bösartiger → Tumor der Bauchspeicheldrüse, der Gastrin bildet. Der Tumor kann auch im Zwölffingerdarm oder im Magen auftreten.

Synonym: Zollinger-Ellison-Syndrom.

Ursachen

Das Verdauungshormon Gastrin wird normalerweise in den G-Zellen im Magenantrum gebildet. Eine Dehnung des Magens, bestimmte Nahrungsbestandteile wie Alkohol und Koffein, der Geruch und Geschmack von Speisen bewirken, dass Gastrin ausgeschüttet wird. Gastrin fördert in den Belegzellen im Magenfundus die Sekretion von Magensäure (HCl) (**Abb. G.2**).

Bei einem Gastrinom bilden die Tumorzellen übermäßig viel Gastrin. Die daraus resultierenden hohen Säurekonzentrationen führen zu Geschwüren (Ulzera) im Magen und Duodenum. In 75 % der Fälle entstehen Gastrinome ohne bestimmte Ursache, in 25 % treten sie im Rahmen einer multiplen endokrinen Neoplasie vom Typ I (MEN I) auf.

Symptome

Die Geschwüre verursachen starke Schmerzen im Oberbauch, die sich trotz Medikamenten nicht bessern. Einige Patienten leiden unter Durchfall, Übelkeit, Völlegefühl oder saurem Aufstoßen und nehmen Gewicht ab. Bei einigen Patienten werden Fette unverdaut ausgeschieden (Steatorrhö), da HCl die Fett spaltenden Enzyme (Lipasen) inaktiviert. Der Stuhl sieht in einem solchen Fall grau-glänzend aus und riecht übel.

Diagnose

Ulzera, die trotz Therapie nicht abheilen, weisen auf ein Gastrinom hin. Die Gastrinkonzentrationen im Serum sind deutlich erhöht (> 1 000 ng/l). Bei Gesunden führt eine Injektion mit Sekretin zu einem starken Anstieg von Gastrin, bei Patienten mit Gastrinom nicht. Mit der Ösophagogastroduodenoskopie können die Ulzera lokalisiert und Biopsien zum Nachweis der vermehrten Belegzellen entnommen werden. Mit bildgebenden Verfahren wie Ultraschall, Endosonografie, CT und MRT werden der Primärtumor oder Metastasen lokalisiert.

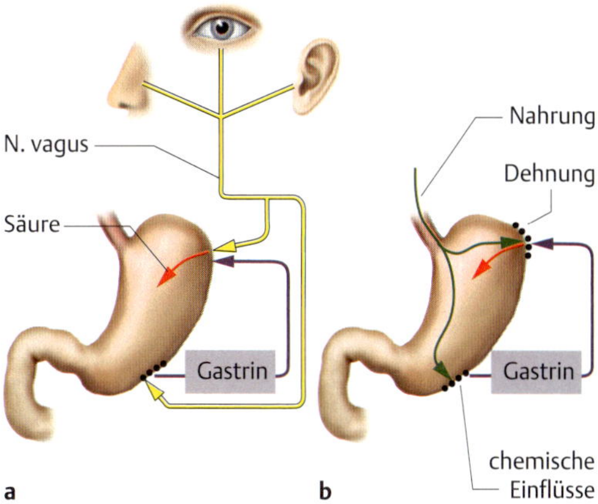

Abb. G.2 Gastrinsekretion. a Zephale Phase: Anblick, Geruch oder Vorstellung von gutem Essen erregt den N. vagus. Er steigert die Abgabe von Gastrin im Magenantrum und die Säuresekretion im Korpus. **b** Gastrische Phase: Einen stärkeren Einfluss auf die Säuresekretion hat die Dehnung des Magens und eine chemische Reizung des Magenantrums durch Eiweißstoffe, Gewürze usw.

Differenzialdiagnose

Ein Gastrinom ist von anderen Ursachen, die einen erhöhten Gastrinspiegel bewirken, abzugrenzen, z. B.:

- Therapie mit Protonenpumpenhemmern oder H2-Blockern (Säure hemmende Mittel),
- chronisch-atrophische → Gastritis vom Typ A,
- Gastritis durch eine Infektion mit Helicobacter pylori.

Therapie

Nur wenige Gastrinome können chirurgisch entfernt werden, da sie häufig zum Zeitpunkt der Diagnose bereits in Lymphknoten oder Leber metastasiert sind. Bei Lebermetastasen kann eine Chemotherapie das Fortschreiten des Tumors verhindern. Gegen die übermäßige Säureproduktion müssen die Patienten Protonenpumpenhemmer wie Omeprazol einnehmen.

Prognose

Patienten mit bösartigen Gastrinomen und Lymphknotenmetastasen haben eine 5-Jahres-Überlebensrate von etwa 90 %, Patienten mit Lebermetastasen von etwa 25 %.

Infobox

ICD-10: D37.7, E16.4
Internetadresse: http://www.net-shg.de
Literatur: Baenkler, H.-W. u. a.: Duale Reihe Innere Medizin. Thieme, Stuttgart 2001

Gastritis

► „Christel, du kochst so gut und ich würde gerne noch mehr nehmen, aber Du weißt doch – das Sodbrennen. Außerdem kann ich mit einem so vollen Bauch nicht gut schlafen." Hans wehrt einen Nachschlag ab. „So kenne ich Dich ja gar nicht. Es muss ja wirklich schlimm sein und Du solltest das untersuchen lassen", entgegnet Annelie. „Ja ja. Ich muss damit mal zum Arzt", murmelt Hans vor sich hin und rutscht auf dem Stuhl hin und her. „Ups. Entschuldigung. Wie gut, dass wir schon so lange verheiratet sind. Meine Blähungen sind im Moment ganz schlimm."

Definition

Eine Gastritis ist eine akute oder eine chronische Entzündung der Magenschleimhaut.

Synonym: Magenschleimhautentzündung.

Ursachen

Man unterscheidet zwischen einer akuten und einer chronischen Gastritis.

Akute Gastritis

Eine akute Gastritis hat endogene und exogene Ursachen. Durch Gifte wie Alkohol, Bakteriengifte oder Medikamente oder psychischen bzw. physischen Stress bricht die Schleimhautbarriere zusammen. Der Körper bildet weniger schützende Prostaglandine, Schleim und Bikarbonat. Das Ausmaß einer Gastritis reicht von oberflächlichen Defekten der Schleimhaut bis zu größeren Erosionen. Ursachen der akuten Gastritis sind:

- exzessiver Alkoholkonsum,
- Medikamente wie Azetylsalizylsäure (z. B. Aspirin), nichtsteroidale Antirheumatika, Zytostatika, Kortikoide,
- Infektionen mit verschiedenen Erregern (z. B. Helicobacter pylori, Candida albicans),
- Strahlentherapie,
- Lebensmittelvergiftung durch toxinbildende Staphylokokken, Salmonellen und andere Bakterien,
- Stoffwechselstörungen (→ Urämie),
- portale Hypertension (Pfortaderhochdruck),
- Stress.

Chronische Gastritis

Eine chronische Gastritis ist sehr häufig. Bei über 50 % der Menschen über 65 Jahren lässt sich histologisch eine chronische Gastritis nachweisen. Die Erkrankung wird je nach Ursache in die Gruppen A, B und C unterteilt (**Tab. G.1**).

Typ-A-Gastritis (Autoimmungastritis). Diese Form ist auf die Schleimhaut des Magenkorpus beschränkt. Der Körper bildet Antikörper gegen die Parietalzellen und gegen den intrinsic factor, der für die Aufnahme von Vitamin B_{12} im terminalen Ileum benötigt und von den Beleg- oder Parietalzellen des Magens gebildet wird. Durch den Mangel an

Tab. G.1 Einteilung der chronischen Gastritis nach dem ABC-Schema

Merkmal	Typ A	Typ B	Typ C
Häufigkeit	5 %	85 %	10 %
Ursache	▪ autoimmun ▪ Antikörper gegen Parietalzellen	▪ bakteriell ▪ Infektion der Magenschleimhaut mit Helicobacter pylori	▪ chemisch ▪ nichtsteroidale Antiphlogistika, zurückfließende Galle (Reflux) nach Magen-OP
Lokalisation	▪ beginnt im Magenkorpus ▪ breitet sich zum Fundus aus	▪ beginnt im Magenantrum ▪ breitet sich nach oral aus	▪ Fundus, Corpus, Antrum
Verlauf und Komplikationen	▪ Schleimhaut bildet sich komplett zurück, Belegzellen bilden keine Magensäure mehr (Achlorhydrie, Anazidität) ▪ Gastrinwerte steigen an (Hypergastrinämie) ▪ perniziöse Anämie durch Mangel an intrinsic factor ▪ weitere Komplikationen: – funikuläre Myelose – Polyneuropathie – Depressionen	▪ HCl erniedrigt (Hypochlorhydrie), keine Achlorhydrie oder Hypergastrinämie ▪ Geschwürbildung im Magen (Ulcus ventriculi), erhöhtes Risiko für Magenkarzinom und B-Zell-Lymphom des Magens	▪ beginnt akut

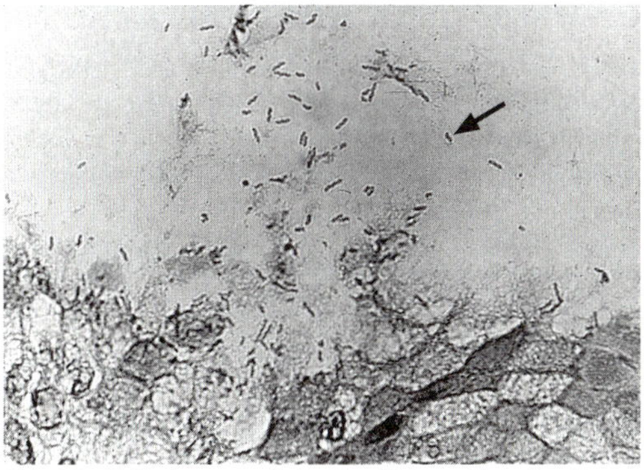

Abb. G.3 Helicobacter pylori. Oberflächenepithel der Magenschleimhaut mit Helicobacter pylori (Pfeil).

intrinsic factor kann es zu einer Vitamin-B_{12}-Mangelanämie kommen.

Typ-B-Gastritis (bakterielle Gastritis). Dies ist die häufigste Form der Gastritis. Sie entsteht durch eine Infektion mit dem Bakterium Helicobacter pylori (HP) und ist vor allem im Magenantrum lokalisiert (**Abb. G.3**). Die Infektion erfolgt oral-oral oder fäkal-oral. Je stärker die Schleimhaut mit HP besiedelt ist, desto stärker ist die Gastritis.

Typ-C-Gastritis (chemische induzierte Gastritis). Diese Form wird durch nichtsteroidale Antiphlogistika oder einen Gallereflux bei Patienten nach einer subtotalen Gastrektomie hervorgerufen.

Selten entsteht eine chronische Gastritis bei einem → Morbus Crohn, bei → Tuberkulose oder → Sarkoidose.

Symptome

Akute Gastritis. Sie äußert sich durch Schmerzen im Oberbauch, Appetitlosigkeit, Übelkeit, Erbrechen und Durchfall. Die Patienten haben gelegentlich schlechten Mundgeruch (Halitosis). Bei einer erosiven Gastritis (**Abb. G.4**) kann es zu Bluterbrechen (Hämatemesis) oder Blut im Stuhl (Teerstuhl) kommen.

Chronische Gastritis. Sie verursacht in den meisten Fällen keine Symptome. Nur etwa jeder zweite Patient mit einer histologisch nachgewiesenen Gastritis hat Oberbauchbeschwerden mit Sodbrennen, Appetitlosigkeit, Völlegefühl nach dem Essen, Bauchschmerzen oder Blähungen. Eine Autoimmungastritis kann sich durch einen Vitamin-B_{12}-Mangel mit Müdigkeit, verminderter Leistungsfähigkeit, blasser Haut und neurologischen Symptomen (funikuläre Myelose) wie Lähmungen oder Gangunsicherheit äußern.

Diagnose

Akute Gastritis. Auf sie weisen Vorgeschichte und Symptome hin. Der Oberbauch ist häufig druckschmerzhaft. In der Gastroskopie erkennt man Rötungen der Schleimhaut

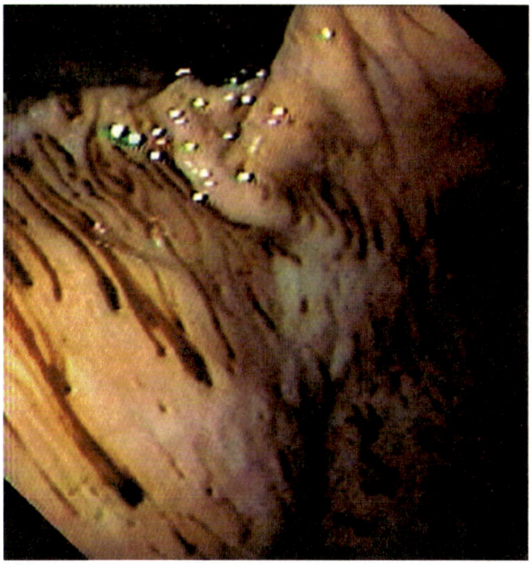

Abb. G.4 Akute erosive Gastritis. Bei der endoskopischen Untersuchung fällt die stark blutende Schleimhaut auf.

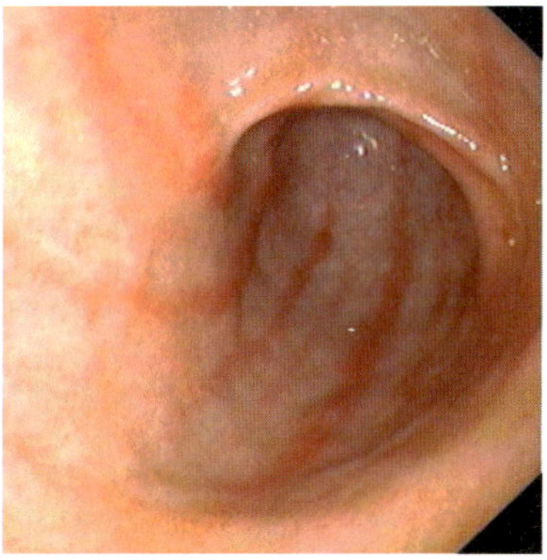

Abb. G.5 Akute Gastritis. Antrumgastritis mit streifiger Rötung der Schleimhaut vor dem Magenausgang (Endoskopie).

(**Abb. G.5**). Die akute erosive Gastritis kann zu gefährlichen Blutungen führen.

Chronische Gastritis. Bei Verdacht werden eine Gastroskopie durchgeführt und Proben aus Magenantrum und -korpus entnommen. Bei einer Typ-A-Gastritis können die Autoantikörper gegen Parietalzellen oder intrinsic factor detektiert werden. Der Vitamin-B_{12}-Spiegel im Serum ist erniedrigt. Die gestörte Vitamin-B_{12}-Resorption wird mit dem Schilling-Test bestimmt. Bei einer Typ-B-Gastritis lässt sich HP mit bestimmten Färbungen in den histologischen Proben darstellen. Zusätzlich kann der Keim mit dem Helicobacter-Urease-Test (HUT) oder dem ^{13}C-Atemtest bzw. das Antigen im Stuhl nachgewiesen werden.

Differenzialdiagnose

Eine akute Gastritis ist abzugrenzen von:

- → Magen- und → Zwölffingerdarmgeschwür,
- → Refluxkrankheit,
- Erkrankungen von Pankreas oder Gallenblase.

Außerdem sind die verschiedenen Typen der chronischen Gastritis (**Tab. G.1**) voneinander abzugrenzen.

Therapie

Die Therapie ist für die akute und chronische Form unterschiedlich.

Akute Gastritis

Sie heilt i.d.R. von selbst innerhalb einiger Tage, wenn die auslösende Ursache gemieden und Nahrungskarenz eingehalten wird.

Bei Bedarf können Antazida, H2-Blocker, Antiemetika oder Protonenpumpenhemmer gegeben werden. Letztere hemmen die Magensäuresekretion.

Chronische Gastritis

Die Therapie der Erkrankung ist abhängig vom Typ der Gastritis.

Typ-A-Gastritis. Eine HP-Eradikationstherapie (s. Typ B) kann bei einigen Patienten zur Abheilung der Gastritis führen. Bei Vitamin-B_{12}-Mangel wird das Vitamin regelmäßig intravenös verabreicht.

Typ-B-Gastritis. Bei einer Typ-B-Gastritis wird Helicobacter pylori mit einer Antibiotikatherapie entfernt (HP-Eradikationstherapie). Hierbei wird eine Dreier-Kombination aus einem Protonenpumpenhemmer und zwei Antibiotika (Clarithromycin und Ammoxicillin bzw. Metronidazol) über einen Zeitraum von sieben Tagen gegeben (Triple-Therapie).

Ob die Eradikation erfolgreich war, kann nach 6 – 8 Wochen mit den HP-Nachweisverfahren kontrolliert werden. War die Behandlung nicht erfolgreich, können andere Antibiotika in verschiedenen Kombinationen bis zu einer Therapiedauer von 14 Tagen gegeben werden. Wissenschaftler forschen zurzeit an einem Impfstoff gegen HP.

Typ-C-Gastritis. Das die Gastritis auslösende Medikament muss möglichst sofort abgesetzt werden. Wenn dies nicht möglich ist, werden Protonenpumpenblocker gegeben. Bei einem Gallensäurereflux kann eine Operation die Symptome bessern.

Prognose

Akute Gastritis. Sie heilt meist spontan ab. Bei einigen Patienten kann es zu einer gastrointestinalen Blutung kommen. Um eine stressbedingte Gastritis bei Intensivpatienten oder nach schweren Unfällen zu vermeiden, sollten diese Patienten prophylaktisch Protonenpumpenhemmer erhalten.

Chronische Gastritis. Sie führt häufig zur Atrophie der Schleimhaut. Die Säureproduktion ist eingeschränkt oder vollständig eingestellt (Achlorhydrie, Hypochlorhydrie). Aus einer chronischen Gastritis können Geschwüre im Magen oder Duodenum oder ein Magenkarzinom entstehen.

Infobox

ICD-10:
K29.0 – K29.7

Internetadressen:
http://www.dgvs.de
http://www.gastro-liga.de
http://www.dgim.de
Leitlinien der AWMF (Gastritis): http://www.leitlinien.net

Literatur:
Baenkler, H.-W. u. a.: Duale Reihe Innere Medizin. Thieme, Stuttgart 2001
Greten, H. (Hrsg.): Innere Medizin. Thieme, Stuttgart 2005

Gastrointestinaler Infekt durch Norovirus

► „Mutter, was ist denn hier los?" Frau Klinke besucht ihre 80-jährige Mutter, die seit einem Jahr in einem Pflegeheim lebt. „Ach Angelika, du machst Dir ja keinen Begriff. Frau Janske ist gestern Abend mit Blaulicht ins Krankenhaus gekommen, weil sie Durchfall und Fieber hatte. Und heute morgen hatte meine neue Nachbarin dasselbe. Man erzählt, dass auch Pflegekräfte krank sind."

Definition

Unter einem gastrointestinalen Infekt versteht man die Infektion des Magen-Darm-Traktes durch einen Erreger. In diesem Fall ist es das Norovirus.

Ursachen

Noroviren werden indirekt oder direkt von Mensch zu Mensch übertragen. Dazu kommt es, wenn Nahrungsmittel und Trinkwasser mit Viren aus dem Stuhl kontaminiert und anschließend nicht mehr erhitzt werden. Ebenso können Gegenstände und Oberflächen sowie Badewasser kontaminiert sein. Schließlich werden die Viren auch über Tröpfchen in der Luft (Aerosole), die sich beim Erbrechen bilden, in die nahe Umgebung gestreut. Die Viren werden bereits vor Erkrankungsausbruch sowie bis zu drei Wochen danach ausgeschieden.

Durch das Norovirus verursachte Krankheitsausbrüche kommen überall dort vor, wo mehrere Menschen gemeinsam Speisen einnehmen wie in Kindertagesstätten und Schulen, Hotels, Ferienlagern und Kreuzfahrtschiffen, Krankenhäusern und Pflegeeinrichtungen (**Abb. G.6**).

Symptome

Die Erkrankung beginnt mehrere Stunden bis 3 Tage nach Infektion und hält 48 – 72 Stunden an, bei älteren Menschen auch länger. Zu den charakteristischen Symptomen gehören:

- Übelkeit und Erbrechen,
- Magenkrämpfe,
- wässrige (nicht blutige) Durchfälle,
- Abgeschlagenheit, Kopfschmerzen,
- häufig vorübergehend erhöhte Temperatur.

Nicht alle Betroffenen entwickeln das Vollbild der Erkrankung. Kinder haben häufiger Erbrechen und seltener Temperaturerhöhung. Bei Erwachsenen steht dagegen eher der Durchfall im Vordergrund. Auch gibt es mild verlaufende Formen und ein beträchtlicher Teil der Personen, die mit dem Virus Kontakt haben, bleibt gesund.

Abb. G.6 Gemeinsames Essen. Um durch Norovirus verursachte Krankheitsausbrüche zu vermeiden, sollten in Pflegeeinrichtungen besondere Hygienemaßnahmen eingehalten werden.

Diagnose

Die Symptome gastrointestinaler Infekte sind bei unterschiedlichen Erregern ähnlich. Noroviren sind die häufigsten Auslöser in Gemeinschaftseinrichtungen. Eine Norovirusinfektion wird nachgewiesen, indem der Stuhl des Erkrankten im Labor mittels PCR untersucht wird.

Differenzialdiagnose

Gastrointestinale Infektionen können auch durch andere Erreger hervorgerufen werden wie:

- Viren (Rotavirus, seltener Astro-, Sapo- u. a. Viren),
- Bakterien (Staphylococcus aureus, Salmonellen, Clostridium difficile, E. coli, Bacillus-Arten, Campylobacter),
- Parasiten (Lamblien).

Ein Teil dieser Mikroben und Viren kann ebenso wie Norovirus Krankheitsausbrüche mit mehreren Erkrankten verursachen. Um den Erreger zu identifizieren sind bakteriologische und virologische Untersuchungen des Stuhls sowie der aufgenommenen Nahrungsmittel erforderlich.

Therapie

Eine spezifische Therapie oder ein Impfstoff gegen das Virus stehen nicht zur Verfügung. Erkrankte brauchen vorübergehend Bettruhe. Der Verlust an Flüssigkeit und Nahrung muss durch entsprechende Zufuhr ausgeglichen werden. Gelingt der Wasser- und Elektrolytausgleich auf oralem Weg nicht, muss Flüssigkeit infundiert werden.

Prognose

Gastrointestinale Erkrankungen durch Noroviren heilen innerhalb von wenigen Tagen aus.

Infobox

ICD-10: A08.1

Internetadressen:
http://www.rki.de

Literatur:

Jassoy, C., Schwarzkopf, A. (Hrsg.): Hygiene, Mikrobiologie und Ernährungslehre für Pflegeberufe. Thieme, Stuttgart 2004

Geburtsverletzungen der Mutter

Labien- oder Scheidenriss

► **Bei der 28-jährigen Frau Lanisch reißt in der Austreibungsperiode während der Geburt des Kopfes die linke kleine Schamlippe. Da sich der Riss ganz in der Nähe des Kitzlers befindet, blutet es stark.**

Definition

Beim Labien- oder Scheidenriss reißt die Haut bzw. Schleimhaut meist als Folge einer Geburt.

Ursache

Aufgrund des Drucks, den der durchtretende kindliche Kopf auf den Weichteilmantel der Mutter ausübt, kann es zu Rissen im Bereich der Vagina oder der Vulva kommen.

Symptome und Diagnose

Die Scheidenrisse verlaufen meist in Längsrichtung. Aus ihnen kann es mitunter stark bluten. Hautverletzungen der Vulva bluten dann verstärkt, wenn sie sich in der Nähe der Klitoris befinden (**Abb. G.7**).

Therapie

Um Schmerzen beim Wasserlassen zu verringern, sollten auch nicht blutende Risse in jedem Fall genäht werden.

Dammriss

► **Bei der 32-jährigen Frau Meier verzeichnet das CTG ein Absinken der kindlichen Herztöne nach einer Wehe. Weil der Muttermund vollständig geöffnet und die Fruchtblase geplatzt ist, entscheidet sich der Arzt für eine Geburt mit der Naegele-Zange. Da das Kind sehr groß (makrosom) ist, kommt es trotz Vorbeugung zu einem Dammriss, bei dem der Afterschließmuskel beteiligt ist.**

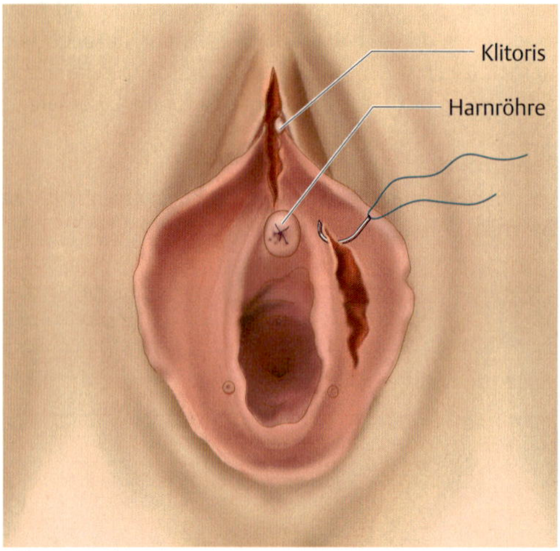

Abb. G.7 Labienriss.

Definition

Man spricht von einem Dammriss, wenn das Gewebe zwischen Scheide und Anus verletzt ist.

Ursache

Kleine Dammrisse können bei jeder Entbindung auftreten. Größere Dammrisse sind nicht selten die Folge von Zangen- oder Vakuumentbindungen. Ebenso verletzt die Geburt von sehr großen, schweren Kindern den Damm relativ schnell.

Symptome und Diagnose

Der Dammriss äußert sich als Gewebeverletzung zwischen Scheide und Anus. Je nach Ausdehnung kann man den Dammriss in drei Schweregrade einteilen (**Abb. G.8**):

- **I. Grad:** Nur die Haut ist eingerissen,
- **II. Grad:** Haut und Muskulatur sind eingerissen,
- **III. Grad:** Der M. sphincter ani externus (Schließmuskel des Afters) ist zusätzlich eingerissen.

Therapie

Die Versorgung eines Dammrisses erfolgt nach Gewinnung der Nachgeburt und unterscheidet sich im Prinzip nicht von der Naht einer Episiotomie. Die einzelnen Schichten werden in Lokalanästhesie genäht. Liegt ein Dammriss dritten Grades vor, muss besonders auf einen weichen Stuhlgang geachtet werden. Einläufe und Suppositorien sind wegen der Verletzungsgefahr nicht erlaubt.

Prophylaxe

Durch einen Dammschnitt (Episiotomie) kann ein Dammriss in den meisten Fällen vermieden werden. Die Episiotomie dient als Dammschutz. Durch den Schnitt wird verhindert, dass das Gewebe unkontrolliert reißt. Im Vordergrund steht jedoch, dass sich durch eine frühzeitig angelegte Episiotomie die Entbindungszeit verkürzt und man so die Zeit der Sauerstoffunterversorgung für das Kind verkürzt, wie es besonders bei Frühgeburten wichtig ist. Man unterscheidet einen medianen und einen mediolateralen Dammschnitt.

Medianer Dammschnitt. Der Schnitt wird analwärts geführt. Die Vorteile einer medianen Episiotomie sind die bessere Heilung und geringere Schmerzhaftigkeit im Vergleich zur mediolateralen Schnittführung. Die medianen Schnitte können jedoch unter Umständen weiterreißen und dann zu einer Beschädigung des M. sphincter ani oder der Analschleimhaut führen.

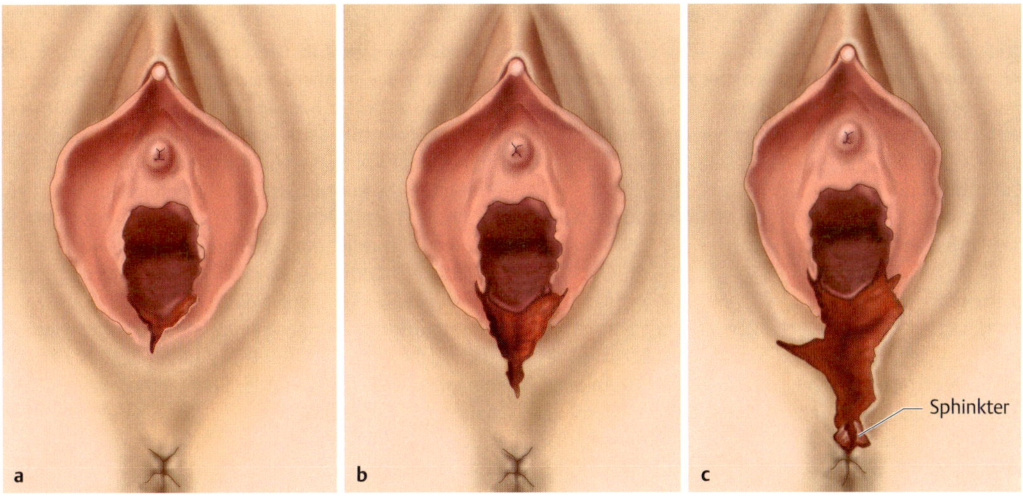

Abb. G.8 Schweregrade von Dammrissen. a I. Grad: Die Haut ist eingerissen. **b** II. Grad: Haut und Muskulatur sind eingerissen. **c** III. Grad: Der Sphinkter ist komplett durchtrennt, die vordere Rektumwand ebenfalls aufgerissen.

Mediolateraler Dammschnitt. Hier wird in seitlicher Richtung geschnitten.

Komplikationen

An der Naht können Schwellungen und Schmerzen entstehen. Bei gestörter Wundheilung bilden sich später ggf. Narben oder Stufen, die Schmerzen beim Geschlechtsverkehr nach sich ziehen können. Infektionen treten sehr selten auf. Bei Dammrissen dritten Grades mit Beteiligung der Darmschleimhaut kommen gelegentlich Fisteln zwischen Scheide und Darm vor. Die Verletzung des Schließmuskels kann mit einer Stuhlinkontinenz einhergehen.

Hämatome

► **Die 32-jährige Frau Meier ist mit der Naegele-Zange entbunden worden. Da das Kind sehr groß war, wie so oft bei Diabetikern, kam es zu einem Dammriss mit Beteiligung des Afterschließmuskels. Die Wunde wurde durch den Geburtshelfer versorgt. Nun ist unter der Naht eine blaue Schwellung zu erkennen und die Fäden stehen unter Spannung.**

Definition

Bei einem Hämatom (Bluterguss) handelt es sich um eine geschlossene Blutmasse außerhalb der Gefäße im Gewebe oder einem vorgebildeten Hohlraum.

Ursache

Durch eine Nachblutung im Bereich der Episiotomiewunde (Scheiden-Damm-Schnitt) oder eines Dammrisses kann es zur Ausbildung eines Hämatoms kommen.

Symptome und Diagnose

Für die Patientin ist ein Hämatom schmerzhaft und geht mit einem Druckgefühl einher. Im Rahmen der Inspektion erkennt man eine blaue Schwellung unter der Naht, die Fäden stehen unter Spannung (**Abb. G.9**).

Therapie

Hier ist die Ausräumung und Umstechung des blutenden Gefäßes erforderlich. Sind höher gelegene Strukturen verletzt, kann es zu einem Hämatom hinter dem rückenseitigen Bauchfell kommen. Hier ist ein Bauchschnitt notwendig, da die Harnleiter bei einem vaginalen Blutungsstillversuch zu sehr gefährdet sind.

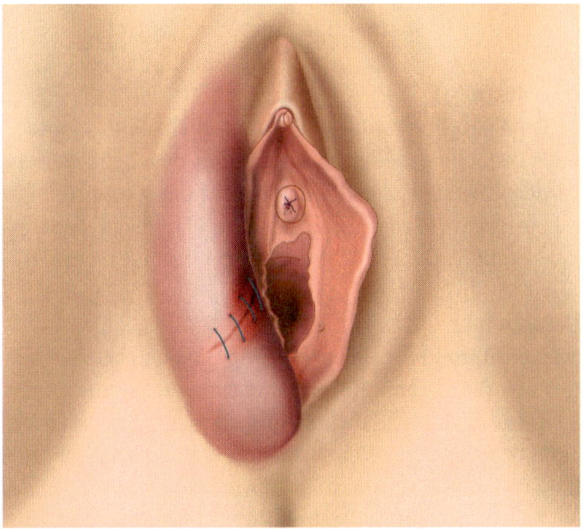

Abb. G.9 Hämatom. Im Bereich der Episiotomienaht befindet sich ein ausgedehntes Hämatom.

Zervixriss

► **Die 23-jährige Frau Lingen hat ihr erstes Kind zur Welt gebracht. Nach der Geburt rief sie die Pflegende, weil sie über die vaginalen Blutungen beunruhigt war. Die nachfolgende Untersuchung ergab einen seitlichen Zervixriss, der sofort versorgt wurde.**

Definition

Der Zervixriss ist ein vom äußeren Muttermund ausgehender Einriss des Gebärmutterhalses.

Ursachen

Als Ursache für den Zervixriss kommt eine sehr schnelle Eröffnung des Muttermunds oder unkontrolliertes Pressen bei noch nicht vollständig eröffnetem Muttermund infrage. Aber auch Dehnungsmanipulationen können zu einem Zervixriss führen.

Symptome und Diagnose

Zervixrisse liegen typischerweise seitlich und bluten stark. Sie äußern sich in verstärkten vaginalen Blutungen.

Therapie

Die Zervixrisse werden unverzüglich durch eine Naht verschlossen, da sie stark bluten.

Prophylaxe

Nach jedem vaginalen operativen Eingriff oder bei Blutungen nach der Geburt wird die Inspektion der Scheide und des Muttermunds vorgenommen, um nach Scheiden- und Zervixrissen zu suchen.

Uterusruptur

► **Frau Montz, 33 Jahre, ist im siebten Monat schwanger und wird mit einem akuten Abdomen in die Klinik eingeliefert. „Ich hatte so ein Druckgefühl im Bauch und es ist immer schlimmer geworden", erklärt sie. „Nach dem Kaiserschnitt bei meiner ersten Tochter bin ich jetzt vielleicht besonders ängstlich."**

Definition

Unter einer Uterusruptur versteht man eine spontane oder verletzungsbedingte Zerreißung des Gebärmutterkörpers. Sie stellt auch heute die für die Mutter gefährlichste Weichteilverletzung dar. Die Häufigkeit liegt bei 0,03–0,08 %. Die Letalität der Mutter beträgt bis zu 10 %.

Ursachen

Narbenruptur. Hier sind meist Eingriffe an der Gebärmutter, wie die Entfernung eines Myoms, vorausgegangen. Symptomatisch ist die Narbenruptur dadurch kennzeichnend, dass sie oft ohne vorherige Beschwerden eintritt. Daher wird sie auch als „stille Ruptur" bezeichnet. In anderen Fällen macht sich die drohende Ruptur durch eine zunehmende Druckempfindlichkeit der Narbe bemerkbar. Die Ruptur selbst ist häufig ebenfalls schmerzlos. Teile des Kindes sind, sofern es in die freie Bauchhöhle austritt, dicht unter der Bauchdecke zu tasten.

Überdehnungsruptur. Die Überdehnungsruptur ist das Resultat eines unüberwindlichen geburtsmechanischen Hindernisses, wie z. B. einer Querlage oder eines Armvorfalls. Deshalb tritt diese Form der Ruptur erst nach vollständiger Erweiterung des Muttermunds auf.

Traumatische Ruptur. Diese Form hat folgende Ursachen:

- innere Traumatisierung der Gebärmutterwand z. B. durch eine operative Entbindung,
- äußere Traumatisierung der Gebärmutterwand z. B. Gewalteinwirkung durch einen Autounfall.

Spontanruptur. Die Spontanruptur deutet sich anamnestisch nicht an. Ursache sind „wandschwache Myometriumanteile", wie Narben oder Endometrioseherde innerhalb der Muskelschicht.

Symptome

Im Vorfeld der Uterusruptur kommt es zu kräftigen, schmerzhaften Kontraktionen des Myometriums. Die Patientin klagt über Schmerzen im Unterbauch, die später auch während der Wehenpause auftreten. Bei einer Narbenruptur ist die Blutung meistens gering, manchmal kann es aber blutungsbedingt zu einem Schock kommen.

Diagnose

Da Narben einen geringeren Widerstand haben, fragt der Arzt in der Anamnese nach operativen Eingriffen an der Gebärmutter. Mit dem Ultraschall wird die Position des Fetus im Bauchraum überprüft, da es bei einer Ruptur zu Verlagerungen kommen kann. Befindet sich freie Flüssigkeit in der Bauchhöhle, ist dies ein Indiz auf eine Blutung. Der Zustand des Kindes wird mittels CTG kontrolliert.

Therapie

Die Therapie der Uterusruptur besteht bei gegebenem Verdacht in der sofortigen Eröffnung der Bauchhöhle mit der Geburt des Kindes und einer Überprüfung der Gebärmutter. Diese kann bei kleineren Verletzungen genäht werden. Bei größeren Verletzungen muss die Gebärmutter u. U. entfernt werden.

Infobox

ICD-10: O71.4 – Scheidenriss, S31.4 – Labienriss, O70.9 – Dammriss, O71.7 – Hämatome, O71.3 – Zervixriss, O71.1 – Uterusruptur

Internetadressen:
http://www.dammschnitt.de
http://www.treffpunkteltern.de/geburt/dammschnitt.php

Geburtsverletzungen des Kindes

Caput succedaneum

► **Nach einer Geburt mit Hilfe der Saugglocke ist am Kopf des kleinen Dennis eine eindellbare, teigige Schwellung mit einer Dicke von mehreren Zentimetern zu fühlen. Sie ist unscharf begrenzt und verschiebt sich je nach Lage des Kindes.**

Definition

Bei dem Caput succedaneum ist eine unscharf begrenzte, eindellbare Schwellung über der Geburtsleitstelle, also dem bei der Geburt vorangegangenen Teil des Kopfes.

Synonyme: Geburtsgeschwulst.

Ursachen

Der Bereich des Kopfes, der bei der Geburt vorangeht, gerät bei der Passage des Beckenbodens unter Zug und Druck. Zwischen der Kopfschwarte und der Schädelknochenhaut sammeln sich Blut und lockeres Zellgewebe (**Abb. G.10**). Diese Ansammlung kann zuweilen groteske Ausmaße annehmen. Eine weitere Ursache für ein Caput succedaneum kann die Geburt mittels Saugglocke sein.

Symptome und Diagnose

Es ist eine teigige Schwellung von 3 – 4 cm Dicke zu tasten. Diese überschreitet die Grenzen der Schädelnähte und verschiebt sich entsprechend der Schwerkraft.

Differenzialdiagnose

Ein Caput succedaneum ist abzugrenzen von einer subgalealen Blutung, bei der die Kopfschwarte nach traumatischer Geburt abhebt und eine große Blutmenge vorhanden ist. Außerdem ist die Erkrankung von einem Kephalhämatom, der prall-elastischen Schwellung, die durch die Schädelnähte begrenzt wird, zu unterscheiden.

Therapie

Das Caput succedaneum ist ungefährlich. Die maximale Größe erreicht es bei der Geburt. Es bildet sich innerhalb von 48 – 72 Stunden nach der Geburt zurück.

Kephalhämatom

► **Auch Jacqueline ist mit Hilfe der Saugglocke geboren worden. Bei ihr ist nach der Geburt eine einseitige prall-elastische Schwellung zu ertasten, die durch die Schädelnähte begrenzt wird. Die Eltern sind sehr erschrocken, doch der Arzt kann sie beruhigen.**

Definition

Ein Kephalhämatom ist ein Kopfblutgeschwulst, das meist im Bereich der Scheitelbeins auftritt und zwischen Schädelknochen und Knochenhaut liegt.

Ursachen

Durch Scherkräfte an der Kopfschwarte kann es während der Geburt zu einer Blutung zwischen Schädelknochen und der Knochenhaut kommen (**Abb. G.11**).

Durch die Anheftung der Knochenhaut an den Schädelknochen geht die Blutung nicht über die entsprechenden Grenzen der Knochen hinaus. Ursache ist oft eine Geburt mit der Saugglocke (Vakuumextraktion).

Symptome und Diagnose

Bei der Tastuntersuchung ist eine ein- oder beidseitige prall-elastische Schwellung zu verzeichnen, die im Gegensatz zum Caput succedaneum durch die Schädelnähte begrenzt wird. Sie ist zunächst hart, dann nach etwa zwei Tagen fluktuierend.

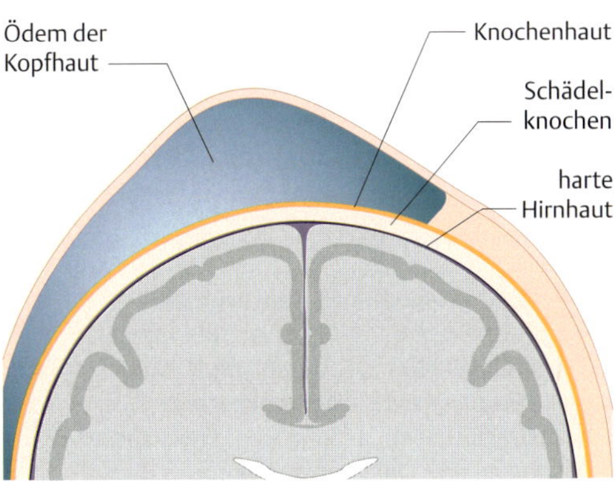

Abb. G.10 Caput succedaneum. Die Geburtsgeschwulst ist ein Ödem der Kopfhaut.

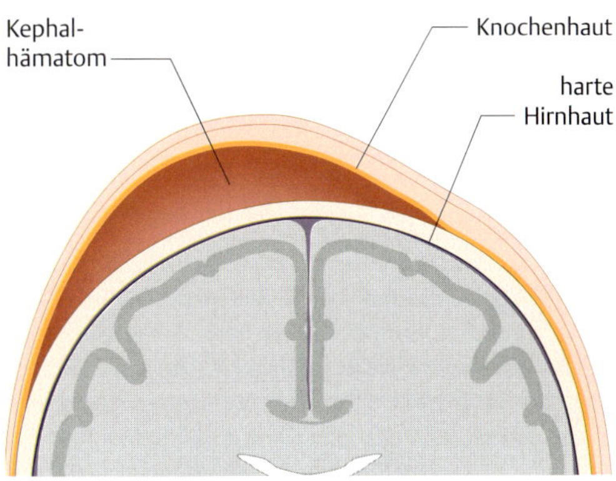

Abb. G.11 Kephalhämatom. Das Kephalhämatom befindet sich zwischen Schädelknochen und Knochenhaut.

Differenzialdiagnose

Ein Kephalhämatom ist von einem Caput succedaneum abzugrenzen, das eine teigige Konsistenz hat und sich die Schädelnähte übergreifend ausdehnen. Außerdem ist eine subgaleale Blutung zu differenzieren (s. o.).

Prognose

Das Kephalhämatom wird meist innerhalb von 2 – 3 Wochen spontan resorbiert, manchmal kann es sich aber auch über mehrere Monate zurückbilden. Mit bleibenden Schädeldeformierungen ist nicht zu rechnen. Wichtig ist der Ausschluss einer Schädelfraktur, da diese in hohem Maße mit dem Kephalhämatom einhergeht.

Schiefhals

► Der kleine Joshua wurde aus einer Steißlage heraus geboren. Am achten Tag nach der Geburt wird bei ihm eine Geschwulst im mittleren Drittel des M. sternocleidomastoideus getastet, der Hals ist in seiner Beweglichkeit eingeschränkt.

Definition

Unter einem Schiefhals versteht man eine Schräghaltung des Kopfes.

Synonym: Torticollis.

Ursachen

Der Schiefhals wird in erster Linie bei Kindern in Steißlage beobachtet. Er resultiert aus einer Druckschädigung oder Verletzung des M. sternocleidomastoideus (Kopfdreher).

Symptome und Diagnose

Aufgrund eines intramuskulären Hämatoms lässt sich eine spindelförmige Geschwulst seitlich am Hals tasten. Das Hämatom organisiert sich und verkürzt den Muskel. Dies hat zur Folge, dass in den ersten Lebenswochen der Kopf zur kranken und das Kinn zur gesunden Seite geneigt werden. Die Beweglichkeit des Halses ist reduziert. Im späteren Verlauf kann sich eine Schädelasymmetrie, das Caput obstipum, entwickeln.

Therapie

Die Behandlung besteht aus einer korrigierenden Lagerung. Sollte dies nicht zum Erfolg führen, ist eine spätere operative Korrektur erforderlich.

Klavikulafraktur

► Tims Schulter konnte bei seiner Geburt nur schwer aus dem Geburtskanal gelöst werden. Nach der Geburt fällt eine Schonhaltung des linken Arms auf. Diese tritt besonders dann auf, wenn der Moro-Reflex ausgelöst wird, bei dem gesunde Kinder den Oberkörper strecken, die Hände öffnen, die Arme ausbreiten und die Gliedmaßen anschließend zum Körper zurückziehen. Auf die Tastuntersuchung des Schlüsselbeins reagiert Tim mit lautem Schreien.

Definition

Bei der Klavikulafraktur handelt es sich um einen Bruch des Schlüsselbeins durch indirekte Gewalteinwirkung.

Ursache

Die Klavikulafraktur ist der häufigste geburtsbedingte Knochenbruch. Sie entsteht, wenn der Schulterbereich des Neugeborenen für den Geburtskanal zu breit ist. Dies ist z. B. bei makrosomen, also sehr großen Kindern der Fall. Ursache der Makrosomie ist häufig ein → Diabetes mellitus der Mutter.

Eine weitere Ursache ist ein Geburtshindernis durch Schulterdystokie. Eine Dystokie bezeichnet einen gestörten Geburtsablauf. Die Schulterdystokie entsteht, wenn sich die Schulter des Kindes unter der Geburt so einstellt, dass sie nach der Geburt des Köpfchens im Bereich der Symphyse hängen bleibt. Die jeweilige Ursache der Schulterdystokie ist häufig unbekannt.

Bei einer kompletten Fraktur kann es zu einer Deformierung oder Hämatombildung kommen. In den meisten Fällen handelt es sich jedoch um eine sog. → Grünholzfraktur, die durch eine Schonhaltung des betroffenen Armes auffällt. Unter einer Grünholzfraktur versteht man einen unvollständigen Knochenbruch beim Kind. Die elastische Knochenhaut bleibt dabei erhalten, sodass die Knochenfragmente nicht verschoben werden.

Symptome und Diagnose

Die Klavikulafraktur kann häufig asymptomatisch sein. Bei einem Verdacht auf eine solche Fraktur erhebt der Arzt zunächst eine Anamnese über den Geburtsverlauf. Inspektorisch fällt auf, dass das Kind den Arm schont. Bei der Tastuntersuchung des Schlüsselbeins erzeugt der Arzt einen Druckschmerz und kann eine Schwellung tasten.

Häufig wird die Fraktur aber erst ab der zweiten Lebenswoche aufgrund der Kallusbildung erkannt. Kallus ist das jugendliche Knochengewebe, das nach einem Knochenbruch gebildet wird. Es kommt zunächst zu einer spindelförmigen Auftreibung, die allmählich abgebaut wird. In seltenen Fällen kann eine obere → Armplexuslähmung auftreten. Daher ist bei einer Klavikulafraktur eine neurologische Untersuchung indiziert.

Therapie

Schlüsselbeinfrakturen sind im Normalfall ungefährlich und heilen bei Schonung des Arms ohne weitere Maßnahmen spontan aus.

Weitere geburtsbedingte Frakturen sind:

- Humerusfraktur: Bruch des Oberarmknochens,
- Diaphysenfrakturen: Frakturen von Knochenmittelstücken (Diaphysen) des Oberarmknochens,
- Epiphysenlösungen: Lösung von Knochenendstücken (Epiphysen) des Oberarmknochens,
- Frakturen des Schädeldachs (selten).

Fazialisparese

► **Die kleine Janine wurde mittels einer Zangenentbindung zur Welt gebracht. Beim Schreien fällt nun auf, dass sich ihr Mund immer zur rechten Seite hin verzieht. Zudem kann sie das linke Auge nicht richtig schließen.**

Definition

Die Fazialisparese ist eine Lähmung der vom N. facialis (VII. Hirnnerv) innervierten Muskeln.

Ursache

Insbesondere nach Zangenentbindungen kann aufgrund von Kompressionsschäden eine Fazialisparese auftreten.

Symptome und Diagnose

Der N. facialis ist der VII. Hirnnerv. Motorisch steuert er die mimische Muskulatur, sowie die Nasen, Tränen und Speicheldrüsen. Sensorisch versorgt der N. facialis die vorderen $^2/_3$ der Zunge. Dort befinden sich die meisten Geschmacksrezeptoren.

Eine Folge der Lähmung ist, dass sich der Mund des Neugeborenen beim Schreien zur gesunden Seite hin verzieht. Wenn zudem der M. orbicularis oculi betroffen ist, kann das Augenlid auf der entsprechenden Seite nicht geschlossen werden. Dies und die reduzierte Tränensekretion können zum Austrocknen der Horn- und Bindehaut führen.

Therapie

Im Normalfall ist eine weitere Therapie der Fazialisparese nicht notwendig, da der Schaden nach einigen Tagen spontan abheilt.

Falls der M. orbicularis oculi betroffen ist, muss einer Austrocknung mit Augentropfen und einem Augenverband entgegengewirkt werden.

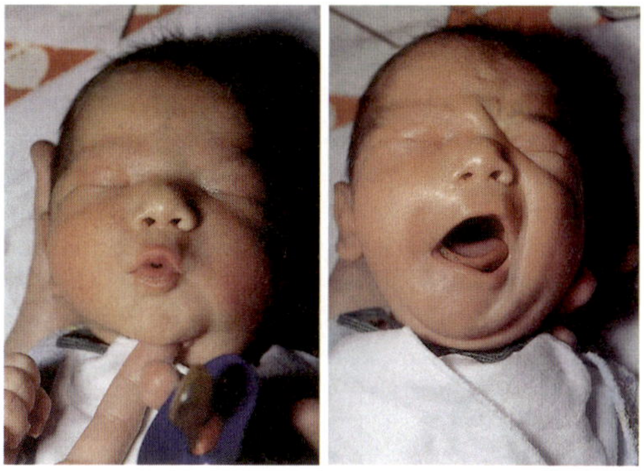

Abb. G.12 Fazialisparese. Der Mund des Neugeborenen verzieht sich beim Schreien zur gesunden Seite hin.

Weitere geburtsbedingte Nervenverletzungen sind:

- → Armplexuslähmung: Lähmung des Plexus brachialis.

Infobox

ICD-10:
P12.0 – Caput succedaneum
P12.0 – Kephalhämatom
M43.6 – Schiefhals
P13.4 – Klavikulafraktur
G51.0 – Fazialisparese

Internetadressen:
http://www.paediatrie-in-bildern.de
http://www.kinderchirurgie.ch

Literatur:
Stadelmann, I.: Die Hebammen-Sprechstunde. Eigenverlag 2004

Gehirntumor

▶ Dora Tokac, die Ehefrau des 68-jährigen Anton, klagt ihrem Arzt: „Mein Mann ist seit einiger Zeit so verändert. Er sagt selber, dass es ihm irgendwie komisch geht. Manchmal zucken seine Hände, und seit einem Monat hat er ständig Kopfschmerzen, gegen die keine Tabletten mehr helfen. Manchmal sieht er schlecht, oder ihm fällt der Name unserer Enkelin nicht ein. Anton sagt, er wird einfach nur vergesslich und braucht nicht zum Arzt."

Definition

Bei einem Gehirntumor vermehrt sich Gewebemasse im Gehirn unkontrolliert und krankhaft.

Kinder von 3–12 Jahren haben besonders häufig primäre (aus Gehirngewebe entstandene) Gehirntumoren. Erwachsene haben dagegen viel häufiger sekundäre Gehirntumoren (Metastasen im Gehirn).

Meist bekommen Männer zwischen 65 und 85 Jahren einen Gehirntumor. Insgesamt erkranken rund sieben von 100.000 Menschen pro Jahr daran.

Synonyme: Hirntumor, Hirnneoplasie, Gehirngeschwulst.

Einteilung

Man unterteilt Gehirntumoren nach verschiedenen Kriterien (**Abb. G.13**).

Primäre Gehirntumoren. Diese häufigsten Gehirntumoren entwickeln sich aus Funktions-, Binde- oder Stützgewebe des Gehirns, wie z. B. aus Gehirnzellen, Rückenmarkszellen, Hypophyse (Hirnanhangsdrüse) und Hirnhäuten.

Sekundäre Gehirntumoren. Diese →Tumoren sind Metastasen (Tochtergeschwülste) anderer Tumoren. Sie wachsen zwar im Gehirn, aber ihre Zellen bestehen ursprünglich aus anderem Gewebe. Sie sind sozusagen „ins Gehirn eingewandert" und stammen meist von Lungen-, Brust-, Nieren- und Hauttumoren ab.

Bösartige Gehirntumoren. Diese Tumoren wachsen in das gesunde Umgebungsgewebe hinein und zerstören es so nach und nach.

Gutartige Gehirntumoren. Auch die so genannten gutartigen Tumoren können Schaden anrichten: Ihr Wachstum kann eine Schwellung der umliegenden gesunden Hirnzellen hervorrufen.

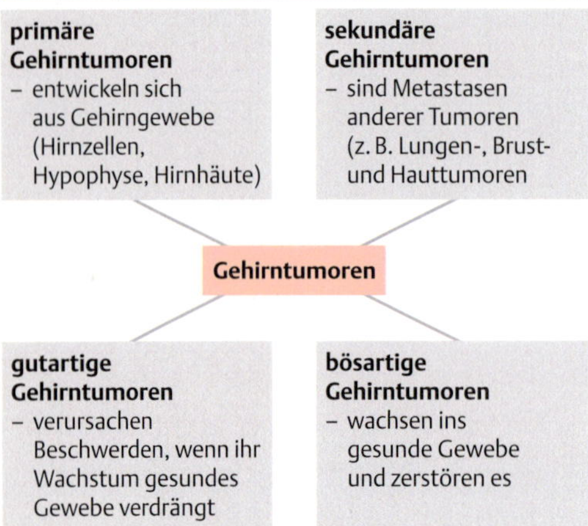

Abb. G.13 Gehirntumoren. Einteilung in primäre und sekundäre oder gutartige und bösartige Gehirntumoren.

Bezeichnung von Tumoren

Tumoren werden i.d.R. anhand des Gewebes bezeichnet, aus dem sie hervorgehen. Im Folgenden werden einige exemplarische Tumorarten genauer vorgestellt.

Gliome. Diese Tumorart ist für etwa die Hälfte aller primären Hirntumore verantwortlich. Gliome entwickeln sich aus den Gliazellen, die das Stützgewebe des Gehirns bilden. Weil es viele unterschiedliche Arten dieser Gliazellen gibt, sind auch die von ihnen gebildeten Tumoren vielfältig. Auch hier unterscheidet man zwischen gutartigen und bösartigen Gliomen (auch Glioblastome genannt). Im Laufe einer Erkrankung können gutartige Gliome bösartig werden.

Medulloblastome. Diese bösartigen Gehirntumoren sind bei Kindern und Jugendlichen besonders häufig. Sie entstehen aus unreifen Zellen des Gehirns. Mehr als die Hälfte der Betroffenen kann geheilt werden, wenn die Diagnose rechtzeitig gestellt wird.

Meningeome. Diese Tumoren können sich aus den Zellen der Gehirnhaut bilden (**Abb. G.14**). Sie sind hauptsächlich gutartige Tumoren und wachsen meist sehr langsam. Bei etwa 90 % der Patienten können sie operativ vollständig entfernt werden.

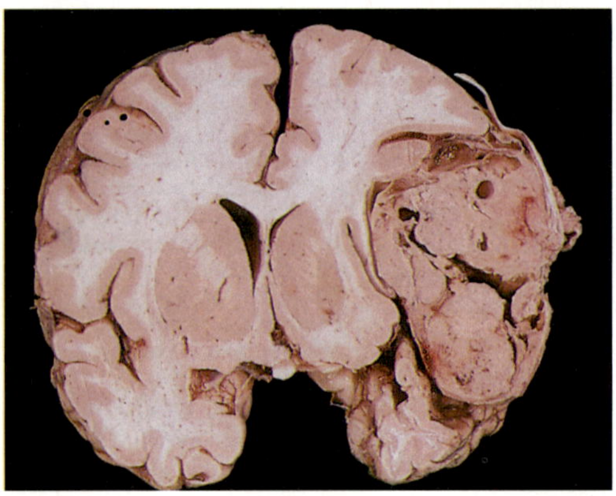

Abb. G.14 Meningeom. Große Tumormasse in der Fossa lateralis.

Neurinome. Sie hingegen entstehen aus Zellen der Gehirnnerven. Ein solches Neurinom kann z. B. am Gleichgewichtsnerv wachsen und demnach Gleichgewichtsprobleme verursachen. Diese meist gutartigen Tumoren können erfolgreich operativ entfernt werden.

Hypophysenadenome. Sie können sich in der Hypophyse bilden, die meist in der Schädelgrube, in der Nähe des Sehnervs, wachsen. Sie sind fast immer gutartig. Da es sich um Drüsengewebe handelt, können diese Tumoren auch Hormone produzieren. Daher verursachen sie oft hormonelle Veränderungen wie Wachstumsstörungen und Menstruationsprobleme. Sehstörungen entstehen dadurch, dass der Tumor den Sehnerv abdrückt. Hypophysenadenome werden meist operativ entfernt.

Ursachen

Weshalb primäre Gehirntumore entstehen, ist weitgehend unbekannt. Vermutet wird, dass äußere Faktoren (etwa ionisierende Strahlen wie bei übermäßig häufigem Röntgen) die Erkrankung fördern können.

Zudem scheinen einige Erkrankungen Gehirntumoren zu begünstigen, so etwa die → Neurofibromatose, ein Leiden, bei dem die Hautnerven ihre Struktur verändern und dort, wo sie „Knubbel" bilden, zu Bindegewebe werden.

Symptome

Beschwerden, die durch einen Gehirntumor verursacht werden, sind wenig charakteristisch und hängen meistens von der Lokalisation und der Größe des Tumors ab. Folgende, länger auftretende Symptome können auf einen Gehirntumor hindeuten:

- erstmalig im Erwachsenenalter auftretende epileptische Anfälle sowie schwere Kopfschmerzen (oft begleitet von Übelkeit und Erbrechen), die häufig in der Nacht beginnen und im Laufe des Tages verschwinden,
- Probleme mit dem Sehen, Sprechen, Gedächtnis und Verständnis,
- Lähmungserscheinungen oder Sensibilitätsstörungen,
- rasche Veränderungen der Persönlichkeit,
- Bewusstseinsstörungen, Schlafstörungen,
- Depressionen, Suizidalität (Selbstmordgefahr) und Angststörungen.

Es kann zu Unwohlsein kommen; seltener zu Leistungsabfall. Es können auch hormonelle Störungen auftreten. Direkt im Gehirn werden dann vermehrt bestimmte Hormone produziert (**Abb. G.15**). Männern können durch Prolactin aus der Hypophyse Brüste wachsen, die sogar Milch geben.

Diagnose

Bei der diagnostischen Untersuchung versucht man festzustellen, wo der Tumor liegt, wie groß er ist, zu welcher Tumorart er gehört und in welchem Stadium sich die Erkrankung befindet. Nur wenn diese Faktoren bekannt sind, kann man die richtige Therapie wählen.

Zunächst wird der Patient über Dauer und Art der Beschwerden sowie evtl. bereits vorhandene Tumorerkrankungen befragt. Darauf folgen neurologische Untersuchungen, z. B. die Prüfung der Sinnesorgane.

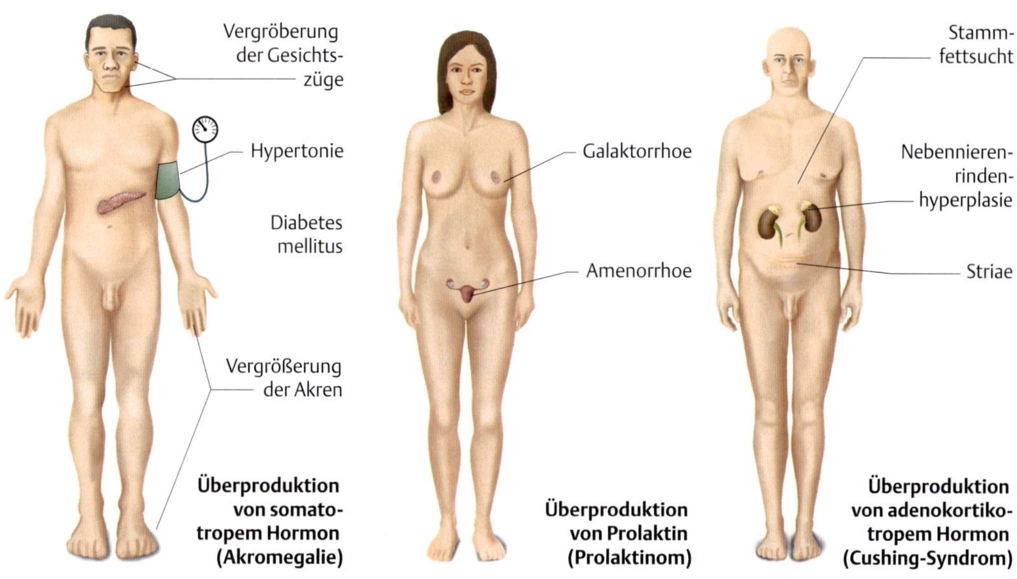

Abb. G.15 Symptome der häufigsten endokrin aktiven Hypophysenadenome.

Eine Blutuntersuchung gibt Auskunft über Hormonspiegel (bei Verdacht auf Hirnanhangsdrüsentumor) oder bestimmte Tumormarker, z. B. β-HCG. Tumormarker sind Substanzen im Blut, die Aussagen über das Vorliegen, den Verlauf oder die Prognose der Tumorerkrankung ermöglichen.

Da sich einige Tumoren über den Liquor (Gehirn-Rückenmarks-Flüssigkeit) verteilen, wird dieser auf Tumorzellen untersucht. Liquor kann mittels einer Lumbalpunktion (Flüssigkeitsentnahme aus dem Rückenmark im Bereich der Lendenwirbelsäule) entnommen werden. Durch eine Untersuchung des Liquors kann man auch entzündliche Prozesse ausschließen.

Eine CT- oder MRT-Untersuchung des Schädels kann zeigen, wie groß der Gehirntumor ist und wo er liegt. Oft ist es so auch möglich, den Malignitätsgrad (Grad der Bösartigkeit; Aggressivität) des Tumors einzuschätzen.

Eine Hirnstrommessung mittels einer EEG-Untersuchung (Elektroenzephalogramm) kann für die weitere Planung der Therapie sinnvoll sein. Sie kann wiederholt durchgeführt werden und die einzelnen Untersuchungsergebnisse können miteinander verglichen werden.

Eine Angiografie (Darstellung der Blutgefäße nach Injektion eines Röntgenkontrastmittels) gibt Auskunft darüber, wie der Tumor mit Gefäßen versorgt ist und ob er Blutgefäße befallen hat. Eine solche Untersuchung ist gerade vor einer Operation besonders wichtig, um mit der Entfernung des Tumors nicht ungewollt die Blutversorgung gesunder Hirnregionen zu unterbinden.

Können alle vorher genannten diagnostischen Methoden die Tumorart nicht bestimmen, kann eine Probebiopsie (Entnahme von Tumorgewebe mittels einer feinen Nadel) hilfreich sein. Das entnommene Gewebe wird dann vom Neuropathologen untersucht.

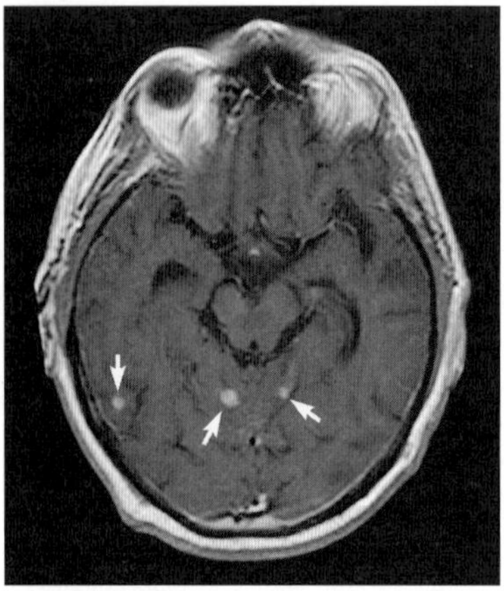

Abb. G.16 MRT-Untersuchung des Schädels. Es zeigt sich eine diffuse Metastasierung des Gehirns (Pfeile).

Differenzialdiagnose

Ähnliche allgemeine Symptome wie bei einem Gehirntumor können auch bei einer Entzündung, → Migräne, einer Blutung im Gehirn, einer Blockierung des Abflusses des Gehirnwassers, einem Gehirnödem, Ischämien (Durchblutungsstörung), einem → Abszess oder auch bei einer → Multiplen Sklerose auftreten.

Therapie

Die Therapie des Gehirntumors hängt von vielen unterschiedlichen Faktoren ab. Art, Lage und Größe des Tumors spielen hierbei ebenso eine wichtige Rolle wie das Stadium der Erkrankung, der allgemeine Gesundheitszustand des Patienten und dessen Alter.

Durch eine Operation, Chemo- oder Strahlentherapie kann der Tumor entfernt oder zumindest verkleinert werden.

Operative Therapie

Wenn der Tumor gut zugänglich ist, kann er operiert werden. Dann wird die Schädeldecke geöffnet und der Tumor mikrochirurgisch möglichst vollständig entfernt. Wächst der Tumor in wichtige Gehirnregionen hinein oder liegt er an einer ungünstigen Stelle, versucht man ihn zumindest zu verkleinern. So vermeidet man, dass das Tumorwachstum wichtige Hirnstrukturen weiter beeinträchtigt.

Während einer Operation werden fast immer Hirnstrukturen verletzt. Dies kann dazu führen, dass Teile des Gehirns versagen und bestimmte Körperteile gelähmt sind oder die Sprache gestört ist. Physiotherapie oder Logopädie (Stimm-, Sprech- und Sprachstörungstherapie) können helfen, diese Störungen zu bekämpfen.

Nach dem Krankenhausaufenthalt sollten die Patienten zur Rehabilitation in eine Spezialklinik gehen. Trotzdem kann es vorkommen, dass die Beschwerden nie vollständig verschwinden.

Strahlen- und Chemotherapie

Kann der Tumor chirurgisch nicht vollständig entfernt werden oder ist er inoperabel, greift man auf eine Strahlen- oder auf eine Chemotherapie zurück. Diese Therapien können einander ergänzen oder sie werden jeweils als alleinige Behandlungsmethode angewandt.

Eine Bestrahlung der Tumorzellen von außen kann die kranken Zellen abtöten und so den gesamten Tumor verkleinern. Eine andere Möglichkeit bietet die stereotaktische Bestrahlung, bei der eine Strahlenquelle mittels Operation direkt in den Tumor eingesetzt wird.

Mit der Chemotherapie können nur sehr wenige Gehirntumorarten behandelt werden. Zytostatika (Medikamente der Chemotherapie) können nicht gezielt zum Tumor gebracht werden und bewirken so, dass alle Zellen im Körper weniger wachsen und sich nicht mehr so stark vermehren. Daher können sie schwere Nebenwirkungen verursachen.

Symptomatische Therapie

Sie kann die Beschwerden, die ein Gehirntumor verursacht, beseitigen, nicht aber den Tumor direkt behandeln. Hat der Patient Schmerzen, sollten diese mit Analgetika oder auch Opioiden bekämpft werden. Antiepileptika wie etwa Carbamazepin können epileptische Anfälle lindern.

Ein Gehirntumor kann in seiner Umgebung ein Ödem (Flüssigkeitsansammlung im Gewebe) verursachen. Kortikosteroide können helfen, das Ödem zu reduzieren. Kommt es durch eine Abflussbehinderung zu einem Hydrozephalus (Ansammlung der Nervenflüssigkeit im Gehirn), muss der Abfluss operativ wiederhergestellt werden.

Prognose

Auch die Prognose hängt von Art, Lage und Größe des Tumors, vom Stadium der Erkrankung, dem Alter des Patienten und dessen Allgemeinzustand ab. Patienten mit der Diagnose „gutartiges Gliom" z. B. können 5 – 10 Jahre überleben. Patienten aber, bei denen ein bösartiges Gliom diagnostiziert worden ist, überleben trotz Behandlung im Durchschnitt nur 9 – 12 Monate.

Infobox

ICD-10:
C71.0

Internetadressen:
http://www.neuroonkologie.de
http://www.lifegate.de

Literatur:

Gerlach, R. u. Bickel, A.: Fallbuch Neurologie. Thieme, Stuttgart 2005

Grehl, R.: Checkliste Neurologie. 3. Aufl. Thieme, Stuttgart 2005

Gehörlosigkeit

► **Frau Kettler ist mit ihrer 1½-jährigen Tochter Klara beim Kinderarzt: „Irgendwas stimmt mit der Klara nicht. Sie ist die Einzige in der Krabbelgruppe, die noch nicht spricht. Wenn sie etwas haben möchte, zeigt sie einfach darauf, ohne es zu benennen. Manchmal habe ich das Gefühl, dass sie erst auf mich reagiert, wenn ich in ihrem Blickfeld bin.“**

Definition

Von Gehörlosigkeit spricht man, wenn das Hörvermögen so weit geschädigt ist, dass der Betroffene trotz Hörhilfen nur kaum verwertbare Höreindrücke wahrnimmt. Obwohl allgemein auch von Taubheit gesprochen wird, verfügen die meisten Gehörlosen doch über ein gewisses Rest-Hörvermögen. Eine scharfe Abgrenzung zur Schwerhörigkeit ist nicht möglich.

Für die sprachliche und geistige Entwicklung ist der Zeitpunkt des Eintretens der Hörschädigung von großer Wichtigkeit. Man spricht von Spätertaubung, wenn die Schädigung des Gehörs nach der Sprachentwicklung auftritt (ca. ab dem 3. Lebensjahr).

Ursachen

Angeborene Hörschäden können durch bestimmte Erkrankungen während der Schwangerschaft (z. B. → Röteln-Embryopathie) verursacht sein. Sie können vererbt sein (meist autosomal-rezessiv) oder im Rahmen von Fehlbildungssyndromen auftreten.

Erworbene Hörstörungen können als Folge von z. B. → Meningitis, → Scharlach, → Masern, → Tuberkulose, Mittelohr-Erkrankungen, Otosklerose oder Verletzungen auftreten.

Symptome

Besteht eine Gehörlosigkeit von Geburt an, so ist die gesamte körperliche, geistige, seelische und soziale Entwicklung durch die Sinnesschädigung beeinflusst. Die Diagnose wird in Deutschland durchschnittlich erst im Alter von über 2 Jahren gestellt, weil die Kinder dann durch eine ausbleibende Sprachentwicklung auffallen.

Diagnose

Anzustreben ist eine möglichst frühzeitige Diagnosestellung innerhalb der ersten 6 Lebensmonate. Es existieren objektive Untersuchungsverfahren, die bereits unmittelbar nach der Geburt zuverlässige Hörtestergebnisse liefern. Das momentan am häufigsten angewandte Testverfahren ist die Messung der otoakustischen Emissionen. Allerdings werden die Kosten für diese Untersuchung als universelles Hörscreening momentan noch nicht von den gesetzlichen Krankenkassen übernommen. Bei Erwachsenen bzw. Spätertaubten werden vom HNO-Arzt die üblichen Hörtests (Tonaudiometrie) durchgeführt.

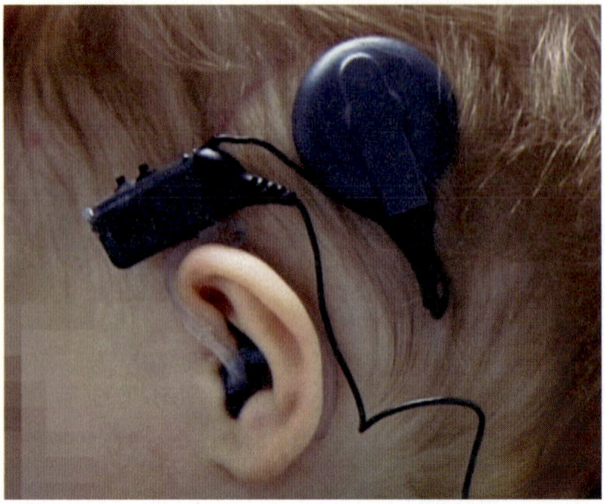

Abb. G.17 Cochlea Implant. 20 Monate altes Mädchen.

Therapie

Je früher mit einer Therapie begonnen wird, desto eher wird den Betroffenen eine normale Entwicklung ermöglicht. So können bereits in den ersten Lebensmonaten Hörgeräte angepasst werden.

Cochlea Implant (CI). Beim Kochlea-Implant handelt es sich um eine Art elektronische Hörprothese, welche die Funktion des ausgefallenen Innenohres übernimmt (**Abb. G.17**). In die Cochlea (Schnecke) des Ohres wird operativ ein Elektrodendraht eingesetzt, der elektronisch aufgearbeitete Signale direkt an den Hörnerv abgibt. Voraussetzung für solch eine Operation ist eine intakte Hörbahn. Bei Kindern ist etwa ab der Vollendung des ersten Lebensjahres ein Cochlea Implant möglich. Das mit einem CI erzielbare Hören entspricht zwar nicht dem natürlichen, aber den Kindern ist dadurch eine schulische und berufliche Entwicklung möglich, die mit der von schwerhörigen Kindern vergleichbar ist.

Prognose

Die Prognose ist abhängig:

- vom Zeitpunkt, an dem der Hörschaden erkannt wird,
- von der sofortigen Versorgung mit Hörhilfen,
- vom frühen Beginn sowie von der Art und Häufigkeit der Fördermaßnahmen.

Infobox

ICD-10: H91.1

Internetadressen:
http://www.schwerhoerigen-netz.de
http://www.gehoerlosen-bund.de

Gelenkempyem

► Der 47-jährige Heinz Simon erzählt auf der Unfallstation: „Ich fahre ja schon lange Ski, aber diesmal hatte ich die schwarze Buckelpiste wohl unterschätzt. Beim Sturz habe ich noch gar nichts gemerkt, und da ich meiner Frau den letzten Urlaubstag nicht vermiesen wollte, ging ich erst am übernächsten Tag zu Hause zum Arzt. Da tat es aber schon höllisch weh, das Knie war rot und geschwollen, und ich konnte es kaum noch bewegen."

Definition

Bei einem Gelenkempyem sammelt sich Eiter in einem Gelenk.

Synonyme: Gelenkeiterung, Pyarthros.

Ursachen

Die häufigste Ursache für ein Gelenkempyem ist eine bakterielle Arthritis (Gelenkentzündung). Hierbei unterscheidet man zwei Formen:

- **primäre Arthritis:** Das Gelenk entzündet sich auf direktem Wege, z.B. bei einem Unfall, nach chirurgischen, diagnostischen oder therapeutischen Eingriffen.
- **sekundäre Arthritis:** Erreger gelangen mit dem Blut in die Gelenkhöhle oder wandern über die Weichteile aus der Umgebung ein.

Eine Arthritis kann darüber hinaus verschiedene Infektionskrankheiten begleiten. Auch Vorerkrankungen wie → Arthrose, → chronische Polyarthritis, bösartige → Tumoren, → Diabetes mellitus, → Alkoholkrankheit, → AIDS, Erkrankungen von Herz, Lunge, Nieren oder chronische Stoffwechselstörungen begünstigen eine Arthritis.

Infektionen wie → Lungenentzündung, Harnwegsentzündung oder eine Immunschwäche durch Medikamente, Niereninsuffizienz oder Leukämie können ebenfalls dazu führen, dass sich ein Gelenk entzündet.

Häufige Erreger eines Gelenkempyems sind Staphylokokken, Hämophilus influenzae, Streptokokkus pneumoniae und Streptokokken der Gruppe A und B.

Symptome

Die Entzündung eines Gelenks beginnt an der Synovia (Gelenkinnenhaut). Zunächst bildet sich ein seröser, später eitriger Erguss, das Empyem.

Die Entzündung entwickelt sich manchmal zu einer Kapselphlegmone, d.h. sie dehnt sich auf das gesamte Gewebe um das Gelenk herum aus. Diese Panarthritis zerstört innerhalb kurzer Zeit die Gelenkflächen. Es kommt zu einer zunächst fibrösen (bindegewebigen), später knöchernen Ankylose (Versteifung des Gelenks) (**Abb. G.18**).

Am häufigsten sind Knie- und Hüftgelenk von einem Gelenkempyem betroffen. Das Gelenk schwillt an, ist rot, überwärmt und verursacht starke Schmerzen. Die Funktion des Gelenks ist eingeschränkt. Manche Patienten haben Fieber.

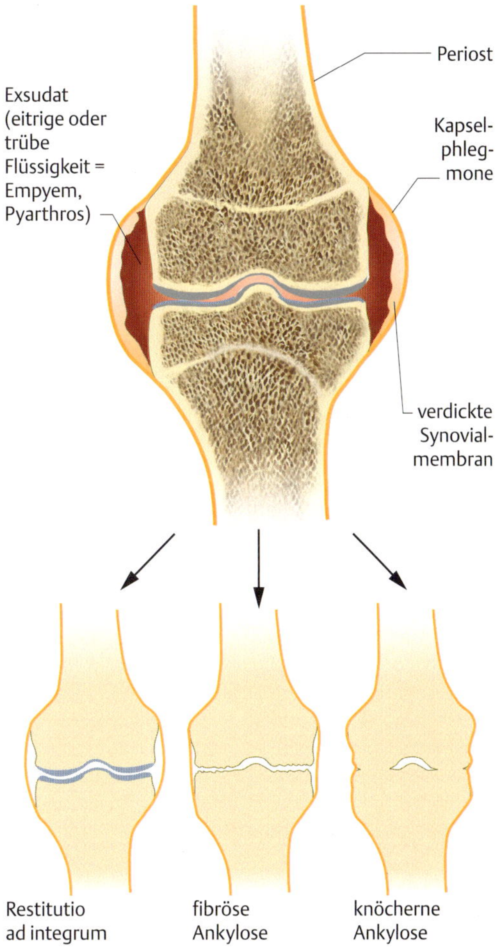

Abb. G.18 Pathogenese und Verlauf der eitrigen Arthritis. Der Eiterungsprozess führt frühzeitig zur Knorpeldestruktion (knöcherne Ankylose) und/oder zur Gewebeschrumpfung (fibröse Ankylose). Bei frühzeitiger operativer Therapie ist auch eine völlige Wiederherstellung möglich.

Diagnose

Der klinische Befund und die Vorgeschichte weisen auf ein Gelenkempyem hin. Im Blut sind die Blutkörperchensenkungsgeschwindigkeit, das C-reaktive Protein und die Leukozytenwerte erhöht.

Das Röntgenbild ist im Frühstadium der Erkrankung häufig unauffällig (**Abb. G.19**). Die Diagnose wird durch eine Gelenkpunktion und Nachweis des Erregers gesichert. In unklaren Fällen kann eine Szintigrafie, eine Magnetresonanztomografie oder eine Arthroskopie durchgeführt werden.

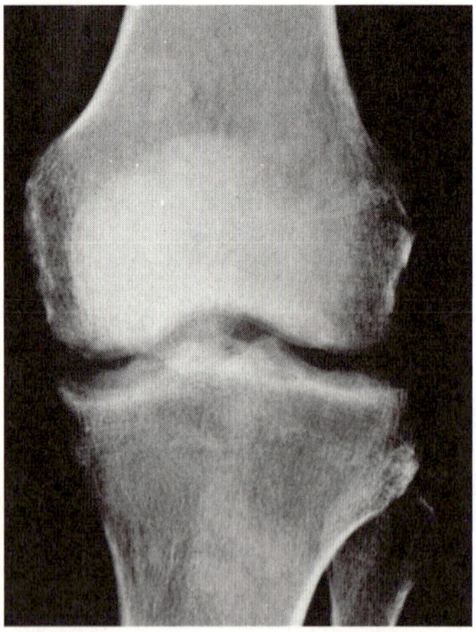

Abb. G.19 Postoperatives Kniegelenkempyem. Zwei Monate nach Operation und folgender Entzündung fällt medial eine Gelenkspaltverschmälerung und eine Entkalkung unterhalb des Knorpels auf.

Differenzialdiagnose

Neben der → chronischen Polyarthritis kommen Arthrose, Knorpelschäden, blutige Ergüsse, Komplikationen nach einem Gelenkimplantat, → Gichtarthritis, Frakturen sowie andere Entzündungsprozesse an Schleimbeutel und Gelenkinnenhaut in Betracht.

Daneben müssen eine akute → Becken- und Beinvenenthrombose und gelenknahe Weichteil- oder Knochentumoren ausgeschlossen werden.

Therapie

Das betroffene Gelenk wird zunächst ruhig gestellt und gekühlt. Der Infekt wird während einer Arthroskopie oder einer offenen Operation beseitigt. Man nimmt eine Synovektomie vor, d. h. man entfernt die Gelenkinnenhaut komplett. Dann wird das Gelenk sorgfältig gespült. Nach der Operation wird das Gelenk frühzeitig auf einer Motorschiene bewegt.

Ist das Gelenk durch eine fortgeschrittene Infektion zerstört, kann das Gelenk meist nur noch in Funktionsstellung operativ versteift oder ein künstliches Gelenk implantiert werden.

Prognose

Wird das Gelenkempyem frühzeitig erkannt und entsprechend behandelt, kann häufig ein gutes Spätergebnis erzielt werden. Eine Gelenkinfektion stellt jedoch immer eine ernste Bedrohung für die Funktion und den Erhalt eines Gelenks dar.

Komplikationen

Durch die Operation können Gefäße oder Nerven verletzt werden, sodass es zu Nachblutungen oder sensiblen bzw. motorischen Störungen kommen kann. Der Eingriff kann zu Wundheilungsstörungen oder einer → Sepsis führen. Die Gefahr einer Thrombose oder einer → Embolie ist groß. Als Spätfolgen können chronische Infektionen, Gelenkinstabilitäten, chronische Schmerzen, Fehlstellungen oder Gelenkversteifungen auftreten.

Prophylaxe

Bei Eingriffen an Gelenken wie Operationen, Punktionen oder Injektionen sollte auf strenge Asepsis (Keimfreiheit) geachtet werden.

Infobox

ICD-10:
M00.9

Internetadresse:
http://www.leitlinien.net

Literatur:

Niethard, F. J. u. Pfeil, U.: Duale Reihe Orthopädie. 5. Aufl. Thieme, Stuttgart 2005

Bühren, V., Trentz, O.: Checkliste Traumatologie, 6. Aufl. Thieme, Stuttgart 2005

Genitale Blutungen

► **Frau Havelstein konsultiert ihren Gynäkologen: „Ich blute oft nach dem Geschlechtsverkehr aus der Scheide, ohne gleichzeitig meine Regel zu haben. Solche unregelmäßigen Blutungen habe ich zum ersten Mal. Können das schon die Wechseljahre sein?“**

Definition

Genitale Butungen kommen häufig vor. Sie gelten dann als irregulär, wenn sie:

- unabhängig vom Menstruationszyklus auftreten,
- in Art oder Stärke von der Monatsblutung abweichen,
- in der Postmenopause erscheinen.

Ursachen

Man unterscheidet:

- organisch bedingte Blutungen,
- dysfunktionelle Blutungen (**Abb. G.20**).

Organisch bedingte Blutungen

Diese Blutungen werden z. B. von einem → Tumor oder einer Verletzung verursacht (**Tab. G.2**). Ist die Frau schwanger, muss man vor allem an eine Schwangerschaftskomplikation denken.

Vor der Pubertät muss man eine mögliche Vergewaltigung in Erwägung ziehen. Es kann jedoch auch ein Fremdkörper in der Scheide, eine Entzündung oder, in sehr seltenen Fällen, ein Tumor als Ursache in Frage kommen.

In der Postmenopause weist eine irreguläre genitale Blutung sehr oft auf einen bösartigen Prozess, z. B. ein → Endometrium-, → Vulva- oder → Ovarialkarzinom hin. Die Blutung kann jedoch auch Ausdruck einer Entzündung sein, z. B. der Scheide. Ebenso kommen gutartige Tumoren wie Myome oder Polypen in Betracht.

Die Ursache kann auch außerhalb des Genitaltrakts zu finden sein. So kann z. B. die Blutung von einer Blutgerinnungsstörung herrühren. Ebenso kommen Bluthochdruck, Nieren- oder Lebererkrankungen in Betracht.

Dysfunktionelle Blutungen

Eine gestörte Funktion des Eierstocks kann die Funktion und den Aufbau der Gebärmutterschleimhaut beeinträchtigen. Die dann auftretenden genitalen Blutungen treten vor allem in den Jahren nach der 1. Regelblutung oder bei Frauen ab dem 40. Lebensjahr in der Prämenopause auf.

Aber auch vor der Pubertät kann eine vermehrte Östrogenwirkung die Ursache für genitale Blutungen sein. Dies trifft bei Pubertas praecox (Einsetzen der Pubertät vor dem 8. Lebensjahr) oder bei Östrogen bildenden Eierstocktumoren zu.

Symptome

Die betroffenen Frauen klagen über untypische Blutungen außerhalb der regulären Monatsblutung oder nach der

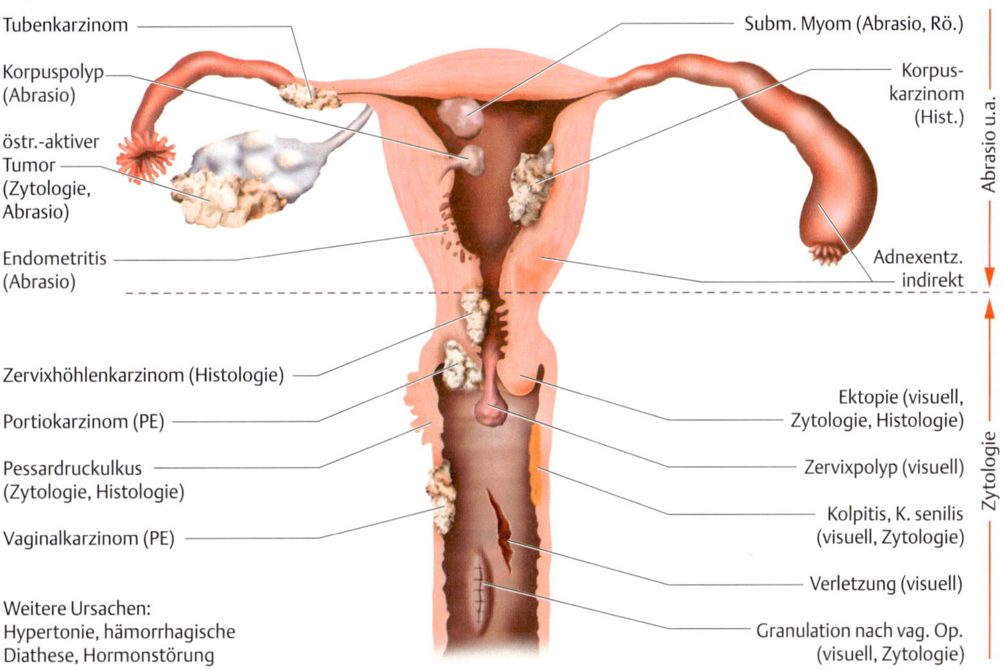

Abb. G.20 Irreguläre genitale Blutungen. Übersicht von möglichen Ursachen.

Tab. G.2 Ursachen irregulärer genitaler Blutungen während der geschlechtsreifen Phase

Ort der Blutung	Ursachen
Gebärmutter	- Entzugsblutung, Mittelblutung, Durchbruchblutung - Myome - Gebärmutterpolypen - Entzündungen von Gebärmutter, Eileiter oder Eierstock - Hormon bildende Eierstocktumoren - Endometriumkarzinom - Intrauterinpessar (Spirale)
Gebärmutterhals	- Kontaktblutungen bei Ektopie der Portio - Zervixkarzinom
Vulva, Scheide	- Verletzung durch Unfall, Fremdkörper, Vergewaltigung, Masturbation oder Geschlechtsverkehr

Tab. G.3 Ursachen und Diagnosen von Blutungen während der Schwangerschaft

Ursache	Diagnose
Abort	- Inspektion - Ultraschalluntersuchung - Schwangerschaftstest
Placenta praevia	- Sonografie - Vorsichtige Spekulumeinstellung
Vorzeitige Lösung der Plazenta	- Ultraschalluntersuchung - Die Patientin hat eine brettharte Gebärmutter und Schmerzen
Extrauterine Schwangerschaft (z. B. Eileiterschwangerschaft)	- β-hCG-Test - im Ultraschall sieht man eine leere Gebärmutter trotz positivem Schwangerschaftstest - u. U. Nachweis eines Adnextumors oder freier Flüssigkeit im Bauchraum

Menopause. Währenddessen sind zyklische Blutungen aus der Vagina bei der geschlechtsreifen Frau Ausdruck normaler hormoneller Vorgänge.

Diagnose

Irreguläre genitale Blutungen in der Gynäkologie sind meist nicht als akute Notfälle anzusehen. Man muss sie aber auf jeden Fall abklären, da sie Zeichen einer Erkrankung und sogar eines bösartigen Prozesses sein können. Genitale Blutungen in der Schwangerschaft, unter der Geburt und im Wochenbett sind dagegen oft schwerwiegender Natur oder sogar lebensbedrohlich. Hier ist eine zügige Diagnosestellung wichtig (**Tab. G.3**).

Aus den Angaben der Patientin ist meist nicht ersichtlich, woher die Blutung stammt. Um die Blutungsquelle zu finden, beginnt man in einer aszendierenden (aufsteigenden) Diagnostik den Untersuchungsgang bei der Vulva und beendet ihn bei den Adnexen (**Abb. G.21**). Die Diagnose einer Blutung außerhalb des Genitaltrakts sichert man über Laborwerte.

Die Diagnose einer dysfunktionellen Blutungsstörung darf erst nach gründlicher Anamnese sowie nach Ausschluss einer organischen Ursache gestellt werden. Beim Verdacht auf eine hormonell gesteuerte Blutung überprüft man, ob die Hormonzufuhr medikamentös oder endogen (z. B. durch einen Hormon bildenden Tumor) bedingt ist. Ein Abstrich aus der Scheide oder eine feingewebliche Untersuchung der Gebärmutterschleimhaut können hier für Aufschluss sorgen.

Therapie

Die Therapie besteht in der Behandlung des Grundleidens.

Schwere Blutungen in der Schwangerschaft, unter der Geburt und im Wochenbett erfordern eine sofortige Behandlung in einer geburtshilflichen Abteilung. Hier ist eine Kreislaufstabilisierung wichtig.

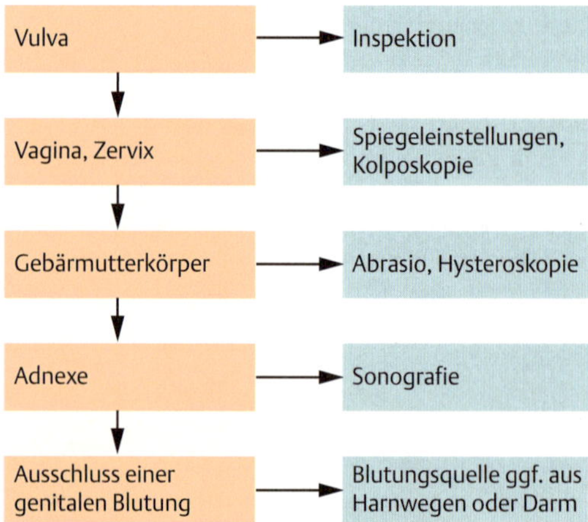

Abb. G.21 Diagnostik bei genitalen Blutungen. Mit Hilfe des aszendierenden Untersuchungsgangs kann Organ für Organ als Blutungsquelle ausgeschlossen oder identifiziert werden.

Infobox

ICD-10: N93.9 G

Internetadressen:
http://www.akh-consilium.at
http://www.medicalforum.ch

Literatur:

Stauber, M. u. Weyerstahl, Th. (Hrsg.): Gynäkologie und Geburtshilfe. 2. Aufl. Thieme, Stuttgart 2005

Gerstenkorn, Hagelkorn

► Die 22-jährige Lorella Costini berichtet beim Augenarzt: „Seit zwei Wochen habe ich hier so einen kleinen Knubbel am linken Auge. Er schmerzt nicht, drückt aber etwas. Am meisten stört mich eigentlich, dass es so wahnsinnig hässlich aussieht. Da hilft auch kein Lidschatten, es fällt einfach immer auf. Können Sie den Knubbel vielleicht wegschneiden?“

Definition

Ein Gerstenkorn ist ein → Abszess der Liddrüsen. Man unterscheidet zwischen einem äußeren und einem inneren Gerstenkorn.

Ein Hagelkorn ist ein Lipogranulom der Augenlider (Lipo = Fett; Granulom = knötchenförmige Neubildung aus Granulationsgewebe).

Synonyme: Hordeolum (Gerstenkorn); Chalazion (Hagelkorn).

Ursachen

Das äußere Gerstenkorn (Hordeolum externum) befindet sich am äußeren Lidrand. Dabei sind der Wimpernbalg und die angrenzenden Drüsen eitrig entzündet. Begünstigt wird es z. B. durch → Acne vulgaris, → Diabetes mellitus oder eine → Lidrandentzündung durch Staphylokokken.

Ein inneres Gerstenkorn (Hordeolum internum) befindet sich an der Innenseite des Lides am Tarsusrand. Es entsteht, wenn sich der Ausführungsgang einer Meibom-Talgdrüse des Tarsus durch eine bakterielle Entzündung verschließt.

Ein Hagelkorn wird durch eine chronische Entzündung einer Meibom-Drüse des Tarsus hervorgerufen.

Symptome

Beim äußeren Gerstenkorn ist das Lid im Wimpernbereich schmerzhaft geschwollen und gerötet.

Beim inneren Gerstenkorn schwillt das Lid diffus an und ist gerötet. Anschließend entsteht eine umschriebene Verdickung des Tarsus. Bei einem Gerstenkorn ist der vor dem Ohr gelegene Lymphknoten geschwollen.

Das Hagelkorn entwickelt sich langsam als durch die Haut sichtbare, umschriebene Verdickung des Tarsus. Es kann ein Druckgefühl erzeugen.

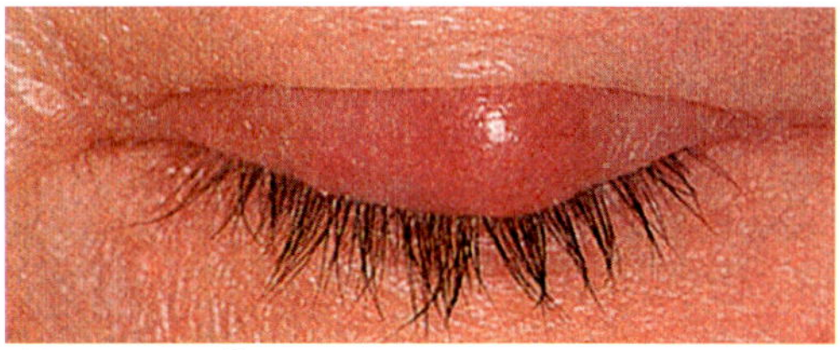

Abb. G.22 Hagelkorn.

Diagnose

Per Blickdiagnose sind Gerstenkörner und Hagelkörner an ihren typischen Symptomen zu erkennen.

Das Hagelkorn stellt der Arzt daran fest, dass er die Haut über der Schwellung verschieben kann.

Differenzialdiagnose

Andere gutartige Lidtumoren – und selten auch bösartige – können zu einem ähnlichen Befund führen.

Therapie

Das Gerstenkorn wird tagsüber mit antibiotischen Augentropfen und antibiotischer Augensalbe zur Nacht behandelt.

Um das Hagelkorn zu therapieren, verordnet der Arzt entzündungshemmende Augentropfen. Bildet sich das Hagelkorn nicht spontan zurück oder stört es kosmetisch, ist die chirurgische Entfernung angezeigt.

Prognose

Gerstenkorn und Hagelkorn verheilen i.d.R. unter den therapeutischen Maßnahmen komplikationslos.

Infobox

ICD-10:
H00.0 G; H001 G

Internetadressen:
http://www.auge-online.de

Literatur:

Oestreicher, E. u. a.: HNO, Augenheilkunde, Dermatologie und Urologie für Pflegeberufe, Thieme, Stuttgart 2003

Gichtarthritis

► Der 53-jährige Miroslav Gogic kommt mit starken Beschwerden zu seiner Hausärztin: „Mein großer Zeh tut mir sehr weh. Gestern Abend war ich auf einer Familienfeier und habe die ganze Nacht getanzt. Erst heute Morgen habe ich dann die Schmerzen im Zeh bemerkt. Er ist auch rot und dicker als sonst, glaube ich. Soweit ich weiß, habe ich mich nicht gestoßen."

Definition

Bei der Gichtarthritis lagern sich Harnsäurekristalle in Gelenken und Gelenkumfeld ab und verändern die Organe krankhaft. Die Gichtarthritis ist eine Stoffwechselstörung. Sie betrifft vor allem Männer um 50.

Synonyme: Gicht, Urikopathie, Arthritis urica, Hyperurikämie, Zipperlein.

Ursachen

Charakteristisch für die Gichtarthritis ist eine Hyperurikämie (erhöhter Harnsäurespiegel im Blut). Durch die hohe Konzentration der Harnsäure bilden sich Urate (feste Harnsäurekristalle) im Gewebe.

Primäre Hyperurikämie. Die primäre Hyperurikämie ist eine Folge genetischer Defekte. Zu einer Überproduktion von Harnsäure im Körper kommt es z. B. beim Lesh-Nyhan-Syndrom. Die häufigste Ursache der Gichtarthritis (99 %) aber ist ein Nierenfehler, der das Ausscheiden der Harnsäure durch die Nieren verhindert. Hierbei fördert der Verzehr von so genannter purinreicher Kost (Innereien, manche Fischsorten, Fleisch, Spinat, Erbsen, Tomaten, Gurken) die Entwicklung einer Hyperurikämie. Das Gleiche gilt für Alkoholmissbrauch oder Fasten.

Sekundäre Hyperurikämie. Die sekundäre Hyperurikämie ist die Folge einer anderen Grunderkrankung. Dies sind häufig Krankheiten, bei denen der Zellzerfall erhöht ist, wie etwa bei der Leukämie. Dann ist auch die Harnsäureproduktion gesteigert. Nierenfunktionsstörungen, die die Harnsäureausscheidung vermindern, können die Gichtarthritis ebenfalls begünstigen.

Symptome

Wenn die Harnsäure nicht ausgeschieden wird, wächst mit der Anzahl der Urate im Körper auch die Gefahr für einen akuten Gichtanfall. Scheinbar unvermittelt treten starke Schmerzen, Rötung, Schwellung und Gelenküberwärmung auf. Oft kommt Fieber hinzu. Der Gichtanfall betrifft meist das Großzehengrundgelenk und heißt dann Podagra. Viel seltener sind Knie, Sprung- und Daumengrundgelenk befallen.

Ohne Behandlung entwickelt sich eine chronische Gichtarthritis. Die Gelenke werden angegriffen oder gar zerstört; Gichttophi (Gichtknoten) bilden sich etwa an Ohrmuschel oder gelenknahen Sehnen. Die Urate können sich in anderen Organen ablagern und diese schädigen.

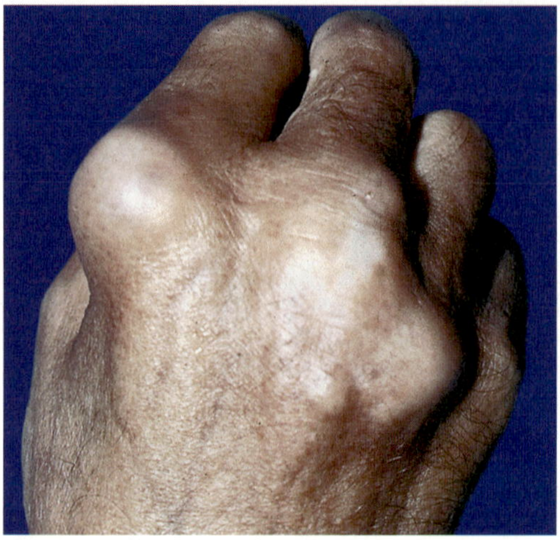

Abb. G.23 Gichtarthritis. Gichttophi an Fingergrundgelenken.

Diagnose

Eine Hyperurikämie deutet schon vor dem ersten Anfall auf eine Gicht hin. Der akute Anfall lässt sich anhand der oben beschriebenen Symptome leicht erkennen. Erst im späteren Verlauf zeigen sich Gelenkveränderungen und Gichtknoten in den Röntgenuntersuchungen.

Differenzialdiagnose

Andere Gelenkerkrankungen (→ chronische Polyarthritis) müssen ausgeschlossen werden.

Therapie

Bei einem akuten Gichtanfall stellt man das Gelenk ruhig, kühlt es und gibt Medikamente (Colchicin, nichtsteroidale Antirheumatika, Kortisontabletten).

Dauerhaft helfen Diät, medikamentöse Therapie durch Urikosurika oder Urikostatika (Harnsäurespiegelsenker). Die Betroffenen sollten purinreiche Kost und regelmäßigen Alkoholgenuss vermeiden.

Prognose

Wenn die Patienten Diät halten und ihre Medikamente einnehmen, reduzieren sie ihr Risiko für eine Gichtarthritis.

Infobox

ICD-10: M10.0

Internetadressen:
http://www.ernaehrung.de
http://www.inform.24.de
http://www.rheuma-liga.de

Glasknochen-Krankheit

► **Die kleine Marie ist jetzt 2 Jahre alt. Ihre Mutter erzählt: „Nach ihrer Geburt sind uns nur die blauen Augäpfel aufgefallen, aber der Kinderarzt sagte, dass 20% aller Neugeborenen blaue Skleren haben können, und dass das bis zum 5. Lebensjahr ganz normal ist. Als die Kleine aber anfing zu krabbeln und sich aufzurichten, brach sie sich zum ersten Mal ihr Bein. Da war sie gerade 9 Monate alt. Im letzten Jahr hat sie sich bereits 5-mal ihre Knochen gebrochen."**

Definition

Die Glasknochen-Krankheit (Osteogenesis imperfecta) ist eine angeborene, genetisch bedingte Erkrankung. Sie gehört zu den Skelettfehlbildungen (Skelett-Dysplasie) und kann nicht geheilt werden.

Ursachen

Kollagen verleiht den Knochen Halt und Festigkeit und hält das Bindegewebe elastisch. Bei der Glasknochen-Krankheit ist der Kollagenstoffwechsel durch einen angeborenen Gendefekt gestört. Da Kollagen ein Grundbaustein vieler Gewebe ist, sind nicht nur die Knochen, sondern auch Muskeln, Knorpel und Sehnen betroffen. Auch die Skleren, die äußere feste Hülle des Augapfels, die aus kollagenem Bindegewebe besteht, verändert sich daher und wirkt blau.

Symptome

Je nach Gendefekt werden 4 Typen unterschieden. Kennzeichen der Glasknochenkrankheit sind Frakturen und Minderwuchs. Die Knochen brechen „wie Glas". Das Skelett verformt sich, die Gelenke sind überstreckbar, die Muskulatur ist schwach und Muskelfaserrisse häufig. Die Patienten bekommen leicht blaue Flecken.

Aufgrund von Umbauprozessen im knöchernen Bereich des Ohres kann es zu Schwerhörigkeit kommen (otosklerotische Schwerhörigkeit).

Diagnose

Die Erkrankung ist relativ selten und wird, vor allem, wenn zu Beginn Frakturen fehlen, leicht übersehen. Mit Beginn der Vertikalisierung kommt es durch Ermüdungsbrüche der Oberschenkel zur Varus-Fehlstellung (**Abb. G.24**).

Eine Differenzierung der Typen ist durch Fibroblastenkulturen möglich. Dazu wird aus dem Frakturbereich Knochenmaterial entnommen. Im Röntgenbild ist die ausgeprägte → Osteoporose (Verminderung der Knochensubstanz und -struktur) zu sehen. Eine Knochendichtemessung liefert ebenfalls Informationen.

Therapie

Therapeutisch wird die Vertikalisierung der Kinder mit Beginn des 2. Lebensjahres durch Gehapparate angestrebt. Sie sollen die Knochen entlasten. Bei zunehmenden Deformierungen werden Nägel in die Knochen implantiert. Bei Kindern werden „mitwachsende" Teleskopnägel verwendet, bei Erwachsenen stabile Nägel. Die auftretenden Frakturen werden operativ versorgt.

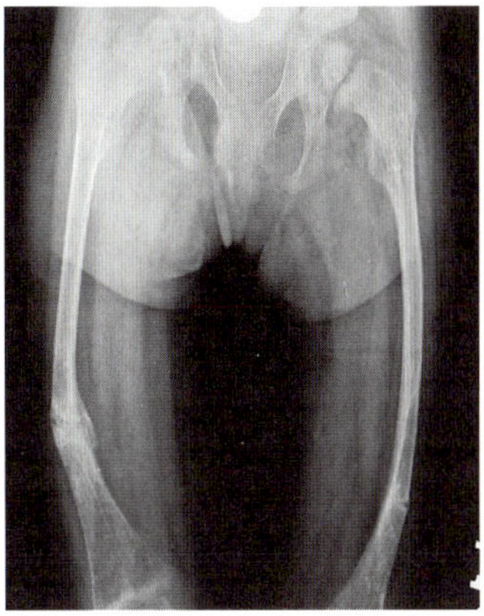

Abb. G.24 Glasknochenkrankheit. Varus-Fehlstellung durch Ermüdungsbrüche beider Oberschenkel.

Durch Schwimmen und Physiotherapie soll die Muskulatur aufgebaut und Frakturen vorgebeugt werden.

Seit einigen Jahren wendet man zunehmend die aus der Osteoporose-Therapie bekannten Bisphosphonate an. Diese bewirken eine Zunahme der Knochendichte, reduzieren Knochenschmerzen und machen den Knochen weniger brüchig.

Prognose

Da die Erkrankung genetisch bedingt ist, kann sie nicht ursächlich behandelt werden. Die Betroffenen leiden ihr Leben lang unter den Symptomen und werden von Schmerz begleitet. Sie bewegen sich häufig nur im Rollstuhl fort, da sie entweder gar nicht in der Lage sind zu laufen oder längere Strecken nicht zu Fuß bewältigen können. Kinder, deren Knochen bereits im Mutterleib brechen, versterben schnell. Bei der Spätform, wenn Knochenbrüche erst im Säuglingsalter auftreten, nimmt die Zahl der Frakturen nach der Pubertät ab.

Infobox

ICD-10: Q78.2

Internetadressen:
http://www.oi-gesellschaft.de
http://www.svoi-asoi.ch/de/behandlung/bisphosphonate.php

Literatur: Sitzmann, F. C.: Duale Reihe Pädiatrie, 2. Aufl. Thieme, Stuttgart 2002

Glaukom

► Der 45-jährige Ahmet Al-Khalil kommt an einem Samstag Vormittag zur Augenklinik: „Irgendetwas stimmt mit meinem rechten Auge nicht. Es tat heute Morgen auf einmal sehr weh und ist auch ganz rot. Erst habe ich gedacht, ich habe wieder Migräne, weil mir auch übel war. Aber als meine übliche Dosis Schmerzmittel nicht geholfen hat, dachte ich, ich komme besser mal her. So langsam habe ich jetzt auch Angst um mein Auge."

Definition

Beim Glaukom ist die Papille (Sehnervenkopf) auf typische Weise verändert und das Gesichtsfeld auf besondere Art eingeschränkt. Glaukom ist ein Sammelbegriff für verschiedene Augenerkrankungen, die im fortgeschrittenen Stadium die genannten Veränderungen aufweisen.

Synonym: Grüner Star.

Ursachen

Man unterscheidet:

- **primäre Glaukome:** ohne bekannte Ursache,
- **sekundäre Glaukome:** Komplikation anderer Augenerkrankungen.

Primäre Glaukome

Man vermutet, dass bestimmte Faktoren zu ihrer Entstehung beitragen. Beispiele für primäre Glaukome sind:

- primär chronisches Offenwinkelglaukom,
- kongenitales Glaukom (Buphthalmus, Ochsenauge),
- Normaldruckglaukom,
- chronisches Engwinkelglaukom,
- Winkelblockglaukom.

Das primär chronische Offenwinkelglaukom (POWG) ist eine Neuropathie (Nervenerkrankung) des N. opticus bei normal weitem Kammerwinkel. Wahrscheinlich entstehen diese Veränderungen, wenn der intraokuläre Druck (IOD; Augeninnendruck) individuell zu hoch und die Durchblutung der Sehnervregion vermindert ist. Es könnte sein, dass für diese Glaukomart eine genetische Veranlagung besteht. Risikofaktoren, an einem POWG zu erkranken, sind neben dem erhöhten IOD (**Abb. G.25**) eine familiäre Häufung der Erkrankung, Kurzsichtigkeit, Alter über 40 Jahre, → Diabetes mellitus und Herz-Kreislauf-Erkrankungen. Außerdem ist diese Glaukomform bei Afroamerikanern häufiger.

Der Patient mit einem akuten Glaukomanfall hat eine flache Augenvorderkammer und einen engen Kammerwinkel. Diese Verlegung des Kammerwinkels entsteht, wenn die Pupillen durch Stress oder Medikamente, z. B. durch Atropin, erweitert sind. Dadurch kann das Kammerwasser nicht mehr abfließen und der IOD erhöht sich stark.

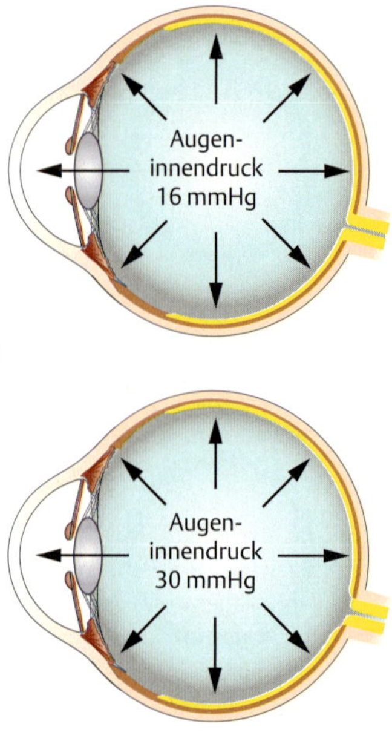

Abb. G.25 Glaukom. Ein erhöhter Augeninnendruck kann zur Entwicklung einer glaukomatösen Optikusatrophie führen.

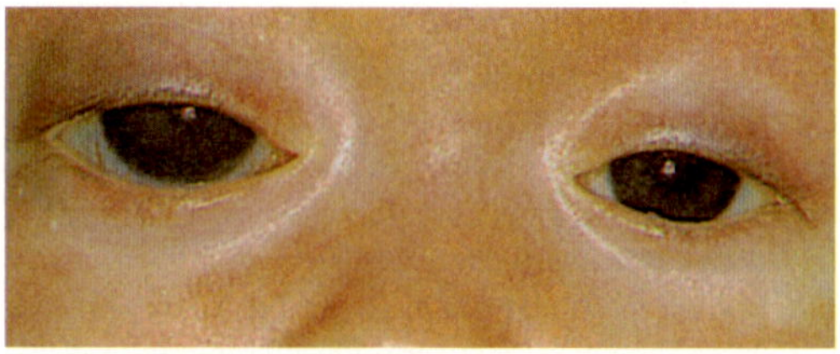

Abb. G.26 Buphthalmus. Rechts ist der Buphthalmus ausgeprägter als links. Die Vergrößerung der Hornhaut ist deutlich zu erkennen. Die Hornhaut erscheint stumpf und nicht glatt, klar und spiegelnd.

Beim primär kongenitalen Glaukom (Buphthalmus) verhindert eine fehlende Ausdifferenzierung des Kammerwinkels den normalen Kammerwasserabfluss (**Abb. G.26**). Im Mittleren Osten tritt diese Erkrankung autosomal-rezessiv auf.

Sekundäre Glaukome

Die Ursachen für Sekundärglaukome sind sehr zahlreich, Beispiele sind:

- Entzündungen des Augeninneren (z. B. → Iritis),
- Pseudoexfoliationsglaukom: degenerative Veränderung mit Ablagerung fibrillären Materials,

- Pigmentdispersionsglaukom: Verstopfung bzw. Schädigung der Kammerwinkel durch Pigment,
- Steroid-Glaukom: Kortikosteroide,
- posttraumatisches Glaukom: stumpfe Augenverletzungen,
- Neovaskularisationsglaukom: Gefäßneubildungen im Kammerwinkel und auf der Iris (Rubeosis iridis), bei → Diabetes mellitus und nach Verschluss der Zentralvene des Auges.

Symptome

Die Papille entwickelt allmählich eine typische, immer größer werdende, tiefe zentrale Aushöhlung, die als Exkavation bezeichnet wird (**Abb. G.27**). Diese Exkavation zeigt an, dass die Sehnervzellen (Ganglienzellen) untergegangen sind. Die Gesichtsfelder weisen häufig typische bogenförmige Ausfälle um das Gesichtsfeldzentrum herum auf. Daneben gibt es je nach Glaukomart weitere Symptome.

Akutes Winkelblockglaukom. Als akutes Winkelblockglaukom (Glaukomanfall, akutes Engwinkelglaukom, Winkelblock) wird ein plötzlich auftretender, sehr hoher IOD mit Werten > 50 mmHg bezeichnet. Der erhöhte IOD entsteht durch einen Kammerwinkelverschluss bei engem und verschlossenem Kammerwinkel. Beim akuten Winkelblockglaukom ist das Auge hyperämisch (stark durchblutet), rot und fühlt sich steinhart an. Es treten starke Augenschmerzen und nicht selten Übelkeit und Erbrechen auf. Die Hornhaut ist getrübt; die Pupille meistens etwas verzogen und mittelweit.

POWG. Das POWG verursacht in den frühen Stadien keinerlei Beschwerden. Im Spätstadium führen zentrale Gesichtsfeldstörungen zu einer Sehverschlechterung. Weitere Symptome, die neben der Glaukompapille sicher für ein POWG sprechen, sind die typischen Gesichtsfeldausfälle und eine IOD-Erhöhung als Risikofaktor.

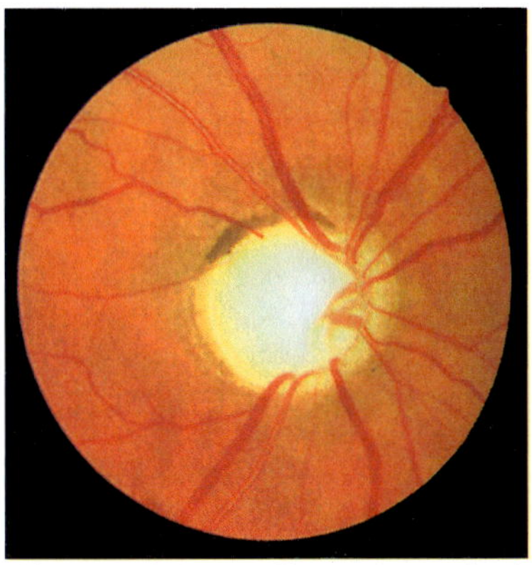

Abb. G.27 Glaukompapille. Die Exkavation hat den Papillenrand erreicht.

Kongenitales Glaukom. Hierbei sind in den ersten 3 Lebensjahren die Hornhaut und die Augapfellänge durch einen erhöhten IOD extrem vergrößert. Ein Hornhautödem nimmt der Hornhaut ihren normalen Glanz. Säuglinge mit einem primären kongenitalen Glaukom haben starkes Augentränen und sind sehr lichtempfindlich.

Sekundärglaukome. Die Symptome dieser Glaukome hängen von der Ursache ab. Neovaskularisationsglaukome z. B. können zu sehr starken Augenschmerzen führen.

Diagnose

Ein IOD von 15 mmHg, der bis zu 3 mmHg nach oben oder unten abweichen kann, gilt grundsätzlich als normal. Ein IOD über 20 mmHg oder eine Differenz von mehr als 4 mmHg zwischen beiden Augen erfordert IOD-Kontrollen zu verschiedenen Tageszeiten, da der IOD im Tagesverlauf schwankt und morgens im Normalfall am höchsten ist. Die IOD-Messung dient neben der Diagnostik auch der Therapiekontrolle.

Das Ausmaß der Papillenexkavation wird bei der Inspektion mit dem Augenspiegel beurteilt. Zur Befunddokumentation und Verlaufskontrolle sind Fotos oder die Laserscanning-Tomografie erforderlich.

Beim kongenitalen Glaukom ist das zu lange Auge bei der Ultraschalluntersuchung sichtbar. Der Hornhautdurchmesser ist vergrößert (beim Neugeborenen > 10 mm und bei einem 2-jährigen Kind > 12 mm). An der Spaltlampe sind Risse in der Descemet-Membran der Hornhaut (Haab-Linien) zu erkennen. Der Kammerwinkel ist weit und nicht ausdifferenziert, die Augenvorderkammer tief.

Die Diagnose der Sekundärglaukome hängt von der Vorerkrankung ab. Bei einem Neovaskularisationsglaukom z. B. kann der IOD ebenfalls sehr hoch sein. Das Auge ist gerötet und auf der Irisvorderfläche und im Kammerwinkel sind Gefäße zu erkennen, die diesen verschließen.

Differenzialdiagnose

Differenzialdiagnostisch müssen die einzelnen Glaukomformen voneinander abgegrenzt werden.

Therapie

Die Therapie richtet sich nach der Art des Glaukoms.

Therapie des POWG

Medikamentöse Therapie. Das POWG ist eine chronische Erkrankung, die häufig eine lebenslange medikamentöse Therapie erfordert. Bei Augeninnendruckwerten bis 25 mmHg kann man zunächst noch mit der Behandlung warten, wenn Sehnerv, Gesichtsfeld und Familienanamnese unauffällig sind und der Patient zu regelmäßigen Kontrolluntersuchungen erscheint.

Lokale Therapie. Bei Sehnerv- und/oder Gesichtsfeldschäden und/oder IOD über 25 mmHg wird mit der lokalen Therapie begonnen. Zur Verfügung stehen z. B. Betablocker, Prostaglandin-Analoga sowie Karboanhydrasehemmer oder Alpha-2-Sympathomimetika. Reicht eine Monotherapie nicht aus, erfolgt zunächst eine Umstellung auf andere Substanzklassen. Falls erforderlich, werden die Augentropfen kombiniert. In seltenen Fällen muss auch ein Karboanhydrasehemmer als vorübergehende Maßnahme in Tablettenform gegeben werden.

Operative Therapie. Führt die lokale Therapie nicht zum Erfolg, wird eine den IOD-senkende Operation durchgeführt. Alle für Offenwinkelglaukome zur Verfügung stehenden Operationsverfahren (z. B. Trabekulektomie oder tiefe Sklerektomie mit Viscokanalostomie) schaffen einen neuen Abflussweg des Kammerwassers und senken so den IOD.

Therapie des akuten Glaukomanfalls

Medikamentöse Therapie. Beim akuten Glaukomanfall werden sofort 30 Min. lang alle 5 Min. Pilocarpin 1%-Augentropfen in das betroffene Auge getropft. Es verengt die Pupille und öffnet damit den Kammerwinkel. Außerdem erhält der Patient 500 mg Acetazolamid (Diamox) intravenös. Anschließend wird alle 15 Min. Pilocarpin getropft, bis der IOD im Normbereich liegt. Bis zur Operation erhält der Patient außerdem Acetazolamid-Tabletten (z. B. 4-mal täglich 250 mg). Ist die Senkung des IOD durch diese Maßnahmen unzureichend, bekommt der Patient Mannitol 20% intravenös und muss evtl. Glycerin einnehmen.

Iridektomie. Sobald die medikamentöse Therapie den Augeninnendruck normalisiert hat, erhält das betroffene Auge eine periphere Iridektomie oder eine Laser-Iridotomie. Bei diesen Eingriffen wird im oberen äußeren Irisrandbereich ein kleines Stück Iris entfernt. Hierdurch wird wieder eine Verbindung zwischen hinterer und vorderer Augenkammer geschaffen und der Abflussweg für das Kammerwasser im Kammerwinkel geöffnet. Das Partnerauge weist i.d.R. ebenfalls einen engen Kammerwinkel auf und ist sehr stark gefährdet, auch einen Glaukomanfall zu erleiden. Daher erhält es später vorbeugend ebenfalls eine Iridektomie oder Laser-Iridotomie.

Therapie weiterer Glaukomarten

Beim kongenitalen Glaukom besteht die Therapie in einer möglichst frühen Operation.

Bei Sekundärglaukomen wird die Grunderkrankung behandelt. Sonst entspricht die Therapie derjenigen des primär chronischen Glaukoms. Bei Neovaskularisationsglaukomen reduziert eine Koagulationsbehandlung die Gefäßproliferationen und senkt die Kammerwasserproduktion.

Prognose

Je früher ein Glaukom entdeckt, therapiert und kontrolliert wird, umso wahrscheinlicher ist es, dass das Sehvermögen dadurch nicht oder nur wenig eingeschränkt wird. Unbehandelt führen Glaukome mit der Zeit zur Erblindung.

Prophylaxe

Eine IOD-Erhöhung ist nur durch prophylaktische IOD-Messungen festzustellen. Da die Häufigkeit des POWG nach dem 40. Lebensjahr zunimmt, sollte bei allen Personen ab diesem Alter der IOD gemessen werden.

Infobox

ICD-10:
H40.9 G

Internetadressen:
http://www.glaukom.de
http://www.med1.de

Literatur:
Lang. G. K.: Augenheilkunde. Thieme, Stuttgart 2004
Burk, A. u. a.: HNO, Augenheilkunde, Dermatologie und Urologie für Pflegeberufe. Thieme, Stuttgart 2003

Glossitis

► Frau Mahlzahn ist schon ganz verzweifelt. Ihr Zahnarzt hat schon alle Amalgamfüllungen entfernt. Sie hat sich bereits die zweite Zahnprothese anpassen lassen, weil eine Material-Unverträglichkeit angenommen wurde. Trotz allem wird sie dieses lästige, seit Wochen bestehende Zungenbrennen einfach nicht los. Jetzt hat sie sich von einem HNO-Arzt untersuchen lassen. Aber der konnte auch nichts feststellen. Da Frau Mahlzahn selber schon an eine seelische Ursache dachte, soll sie sich zum Ausschluss einer Depression beim Neurologen vorstellen. Zuvor soll der Hausarzt aber noch verschiedene Blutuntersuchungen durchführen lassen.

Definition

Die Glossitis ist eine entzündliche Veränderung der Zungenschleimhaut. Häufig tritt sie in Verbindung mit internistischen oder neurologischen Grunderkrankungen auf.

Ursachen

In Frage kommen lokale Ursachen, z. B. bakterielle Infektionen oder Pilzinfektionen, Traumata (durch scharfe Zahnkanten, Prothesen), chemische Reizungen (Nikotin, scharf gewürzte Speisen), Allergien (Zahnfüllungen, Prothesenmaterial, Lebensmittel) und Medikamentennebenwirkungen.

Aber auch internistische Erkrankungen wie Vitaminmangelerkrankungen (Vitamin A-, B-, C-Mangel, perniziöse → Anämie und Eisenmangelanämie), → Diabetes mellitus oder ein Sjögren-Syndrom sind möglich (**Abb. G.28**).

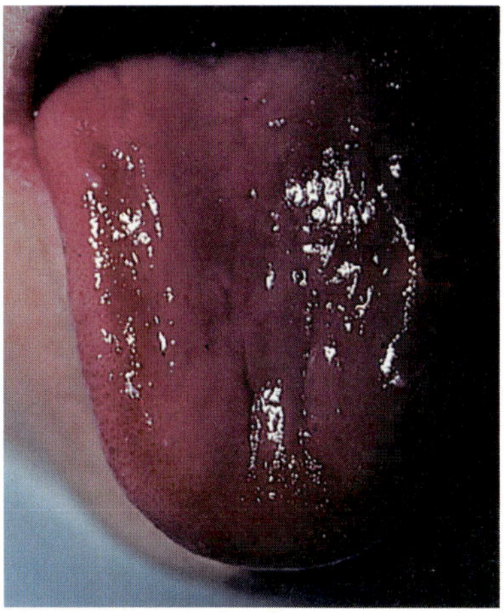

Abb. G.28 Atrophische Glossitis. Eine Atrophie der Zungenpapillen kann u. a. bei Eisenmangelanämie, Vitamin-B_{12}- oder Folsäuremangel und Malabsorption vorkommen.

Symptome

Typische Symptome sind Zungenbrennen und Schmerzen, v. a. an der Zungenspitze und den Rändern.

Ebenso können Geschmacksstörungen und Missempfindungen auftreten.

Diagnose

Zur Diagnosestellung wird die Mundschleimhaut untersucht. Geachtet werden muss auf lokale Entzündungszeichen, z. B. Rötung, Schwellung, Veränderungen an der Schleimhautoberfläche, Beläge. Evtl. wird auch eine Abstrichuntersuchung vorgenommen, um eine Pilzinfektion auszuschließen. Eine Allergietestung kann eine Nahrungsmittel-Allergie ausschließen.

Oftmals findet sich lokal kein auffälliger Befund. Dann ist eine interdisziplinäre Abklärung erforderlich: Der Zahnarzt beurteilt den Zahnstatus, ggf. wird eine Zahnprothese auf scharfe Kanten untersucht.

Der Hausarzt führt Blutuntersuchungen durch, um internistische Grunderkrankungen auszuschließen. Evtl. werden mögliche neurologische und psychosomatische Ursachen mit abgeklärt.

Differenzialdiagnose

Harmlose, nicht behandlungsbedürftige Veränderungen der Zunge sind die schwarze Haarzunge und die Glossitis mediana rhombica. Die Glossitis mediana rhombica ist eine angeborene Veränderung. Sie zeigt im hinteren Anteil der Zungenmitte ein erhabenes, klar abgrenzbares, gerötetes oder weißliches Areal.

Nicht selten tritt Zungenbrennen als Symptom im Rahmen einer depressiven Erkrankung auf.

Therapie

Die Behandlung sollte sich nach der Ursache richten. Wenn keine feststellbar ist, dann erfolgt eine symptomatische Therapie, z. B. Mundspülungen mit Bepanthen-Lösung, Kamille oder Salbei. Scharf gewürzte Speisen, Alkohol und Nikotin sollten gemieden werden.

Prognose

Bei symptomatischer Therapie ist der Erfolg oft unbefriedigend.

Infobox

ICD-10:
K14.0

Internetadressen:
Deutsche Gesellschaft für HNO-Heilkunde: http://www.hno.org
Leitlinien HNO: http://www.leitlinien.net

Glukose-6-Phosphat-Dehydrogenase-Mangel

► **Die 27-jährige Celia Narotti kommt zum Hausarzt: „Nachdem ich meine Eltern in Sardinien besucht hatte, bekam ich eine starke Erkältung. Mit mehreren Aspirin ging es mir am ersten Tag besser, aber heute fühle ich mich sehr elend. Ich habe Bauchschmerzen und alle Gelenke tun mir weh. Beim Blick in den Spiegel habe ich mich richtig erschrocken: Mein Gesicht ist ganz gelb. Ist das etwa Gelbsucht?"**

Definition

Beim Glukose-6-Phosphat-Dehydrogenase-Mangel führt ein vererbter Mangel des Enzyms Glukose-6-Phosphat-Dehydrogenase (G-6-PD) zu einer Hämolyse (Platzen der Erythrozyten) und zu einer → Anämie.

Der Glukose-6-Phosphat-Dehydrogenase-Mangel kommt häufig bei Afrikanern und Asiaten sowie bei Menschen aus dem Mittelmeerraum vor.

Synonyme: G-6-PD-Mangel, Favismus.

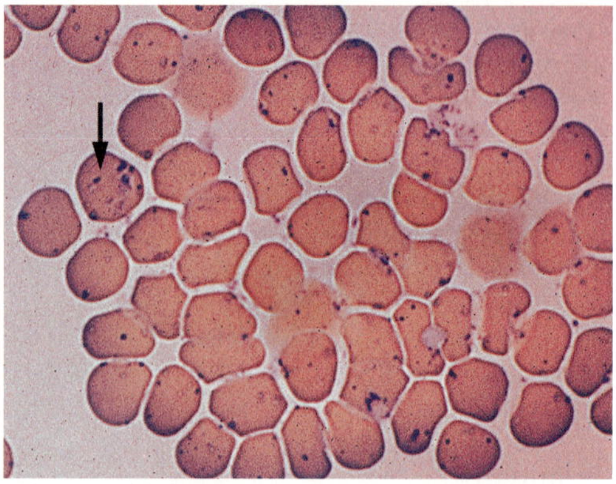

Abb. G.29 Glukose-6-Phosphat-Dehydrogenasemangel. Im Blutausstrich sind in den Erythrozyten Gebilde aus Hämoglobin-Präzipitaten (Heinz-Körper) zu erkennen (Pfeil).

Ursachen

Der Enzymmangel entsteht durch eine Mutation am G-6-PD-Gen. Das Gen liegt auf dem X-Chromosom. Männer haben ein X- und ein Y-Chromosom und erkranken bei einer Mutation immer. Da Frauen zwei X-Chromosomen besitzen, erkranken sie nur dann, wenn das Gen auf beiden X-Chromosomen mutiert ist. Mutiert das Gen bei Frauen nur auf einem Chromosom, ist die Ausprägung des Enzymmangels unterschiedlich stark.

Der Enzymmangel führt dazu, dass die Zellmembran der Erythrozyten geschädigt wird und die Zellen platzen. Substanzen, die ebenfalls die Membran schädigen können wie Malariamedikamente (Chloroquin), Schmerzmittel (Azetylsalizylsäure), Antibiotika (Chloramphenicol), Sulfonamide und bestimmte Bohnen (Fava-Bohnen, auch Dicke Bohnen genannt) können eine akute Hämolyse auslösen.

Symptome

Ein bis zwei Tage nach Einnahme der genannten Medikamente oder nach einer Bohnenmahlzeit (beim Favismus) äußert sich die hämolytische Krise durch starke Bauch- und Gelenkschmerzen, Ikterus (Gelbfärbung der Haut) und Hämoglobinurie (blutiger Urin).

Die zerfallenden Erythrozyten können Gefäße verschließen und einen Infarkt in Milz, Nieren, Gehirn, Lunge oder Knochen verursachen. Bei einigen Patienten kommt es zum Schock.

Diagnose

Die Krankengeschichte mit den typischen Symptomen nach Medikamenteneinnahme oder Genuss von Bohnen weist auf einen G-6-PD-Mangel hin. Im Blutausstrich sind in den Erythrozyten Gebilde aus Hämoglobin (roter Blutfarbstoff) und dessen Abbauprodukten zu erkennen (**Abb. G.29**). Die Enzymaktivität in den Erythrozyten ist erniedrigt.

Differenzialdiagnose

Differenzialdiagnostisch kommen die Sphärozytose (Kugelzellanämie), Anomalien des Hämoglobins (Thalassämie, Sichelzellkrankheit), paroxysmale nächtliche Hämoglobinurie sowie die autoimmunhämolytische Anämie in Frage.

Therapie

Der Glukose-6-Phosphat-Dehydrogenase-Mangel ist bislang nicht heilbar. Patienten mit einem G-6-PD-Mangel sollten über die Krankheit genau aufgeklärt werden, die auslösenden Substanzen vermeiden und einen Notfallausweis bekommen.

Prognose

Die Prognose der Erkrankung ist gut. Die Hämolyse klingt nach einigen Tagen von selbst ab.

Infobox

ICD-10:
D55.0

Internetadresse:
http://www.favismus.de

Literatur:
Greten, H.: Innere Medizin. 12. Aufl. Thieme, Stuttgart 2005

Gonarthrose

► **Der 67-jährige Heinz Militzki erzählt vor seiner geplanten Knieoperation: „Ich habe seit Jahren Beschwerden in den Knien. Ohne Schmerzen laufen kann ich schon lange nicht mehr. Durch das viele Sitzen habe ich zugenommen und die Schmerzen wurden immer stärker. Schmerztabletten waren auch keine Lösung, die sind mir auf den Magen geschlagen. Ich wollte immer noch abwarten mit der Operation, aber jetzt muss die Prothese einfach sein."**

Definition

Bei der Gonarthrose ist das Kniegelenk verschlissen. Sie ist eine häufige degenerative (abnutzungsbedingte) Erkrankung.

Synonym: Kniegelenksarthrose.

Ursachen

Man unterscheidet zwischen primären (ohne erkennbare Ursachen entstandene) und sekundären (durch direkte Schäden hervorgerufene) Gonarthrosen.

Primäre Gonarthrosen. Von diesen Gonarthrosen sind bereits junge Erwachsene betroffen. Warum sie entstehen, ist weitgehend ungeklärt.

Sekundäre Gonarthrosen. Die Belastbarkeit des Gelenkknorpel nimmt durch Alterungsprozesse ab. Achsabweichungen (X- und O-Bein) überlasten bestimmte Gelenkanteile und führen zunächst zu lokalen Abnutzungserscheinungen im Knie. Vorschädigungen durch Unfälle (z. B. Meniskus- oder Kreuzbandschäden, Fraktur mit Gelenkbeteiligung) beschleunigen den Verschleiß.

Erhebliches Übergewicht oder starke berufliche Belastungen (z. B. im Bergbau) fördern die Gonarthrose ebenfalls. Bakterielle Infektionen, Rheumaerkrankungen und aseptische Knochennekrosen mit Bildung freier Gelenkkörper sowie Stoffwechselstörungen wie → Diabetes mellitus und → Gichtarthritis sind weitere Ursachen für sekundäre Gonarthrosen.

Symptome

Bei der Gonarthrose wird allmählich der Gelenkknorpel an Tibia, Femur und Patella zerstört. Später sind auch die Knochen, Bänder und Muskeln geschädigt. Ohne Behandlung entwickeln sich teilweise erhebliche Achsfehlstellungen der unteren Extremität.

Patienten mit Gonarthrose klagen über Belastungsschmerzen an den Knien. Die Beschwerden nehmen im Laufe des Tages zu und werden außerdem über Monate und Jahre immer stärker. Zum zunächst vorhandenen Bewegungsschmerz kommen später auch Ruheschmerzen. Die Knie schwellen an und können noch schlechter gebeugt werden. Besonders das Treppensteigen und Bergablaufen fällt den Patienten schwer.

Diagnose

Bei der Anamnese bemerkt der Arzt, dass Patienten mit fortgeschrittener Gonarthrose hinken, nicht mehr in die Hocke gehen, aber auch das Bein nicht mehr vollständig strecken können. Oft besteht ein Gelenkerguss. Wenn dann die Patella (Kniescheibe) beim Abtasten zurückfedert, nennt man dieses Symptom „tanzende Patella". Beim Durchbewegen spürt der Arzt u. U. eine Krepitation (Reiben und Knirschen).

Auf dem Röntgenbild sieht man einen verschmälerten Gelenkspalt sowie veränderte Knochenstrukturen in der Arthrosezone. Typisch sind Knochensklerose, Osteophyten und subchondrale Zysten (Verdichtungen, Neubildungen und Zysten am Knochen). Bestehende Achsfehlstellungen, etwa ein Genu varum (X-Bein), verstärken sich mit der Zeit. Weitere bildgebende Verfahren wie Sonografie, Kernspintomografie oder Szintigrafie werden nur bei speziellen Fragestellungen angewendet.

Differenzialdiagnose

Gelenkbeschwerden können auch aufgrund einer rheumatischen Erkrankung auftreten. Dann klagen die Patienten eher über Morgensteifigkeit als über Belastungsschmerzen. Meist sind mehrere Gelenke betroffen. Eine weitere, seltene Differenzialdiagnose ist die Osteonekrose der medialen Femurkondyle (Morbus Ahlbäck), deren Ursache unbekannt ist.

Therapie

Prinzipiell versuchen Orthopäden, das Kniegelenk so lange wie möglich zu erhalten. In Deutschland werden derzeit jährlich 80.000 bis 100.000 Kniegelenksprothesen implantiert.

Konservative Therapie

Bei Übergewicht können die Patienten das Gelenk entlasten, indem sie abnehmen und einen Gehstock auf der nicht betroffenen Seite benutzen. Auch Spezialschuhe, z. B. solche mit puffernden Sohlen, können zur Entlastung beitragen. Der Arzt verordnet antientzündlich wirkende Medikamente und Salben.

Bestimmte physikalische Maßnahmen wie Bäder, Kälteanwendungen oder die Elektrotherapie können ebenfalls die Entzündung mindern. Die Physiotherapie dient vor allem dazu, dem Muskelschwund vorzubeugen. Die Muskulatur stabilisiert das Kniegelenk ganz wesentlich und erhält die Gelenkbeweglichkeit und Koordinationsfähigkeit der Patienten.

Chirurgische Therapie

Mit der Arthroskopie (Gelenkspiegelung) können freie Gelenkknorpelstücke entfernt oder geschädigte Menisken geglättet werden (**Abb. G.30**).

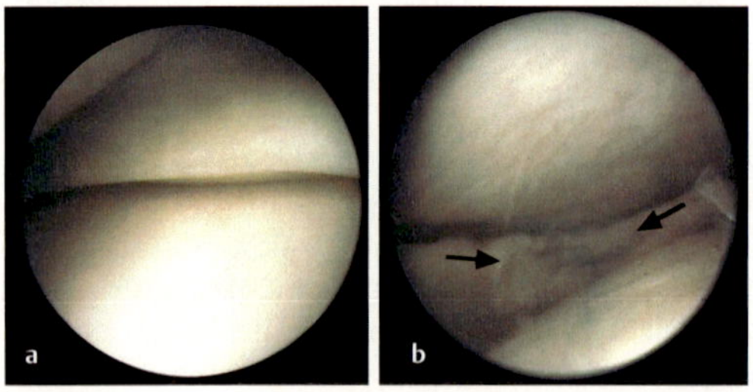

Abb. G.30 Arthroskopische Befunde. a Beim gesunden Gelenk glänzt der Knorpel von Femur und Tibia im Arthroskopie-Bild. Der Meniskus ist glatt und scharfkantig. **b** Beim arthrotischen Gelenk ist der Knorpel aufgeraut und teilweise abgerieben. Der Meniskus zeigt degenerative Rissbildungen (Pfeile).

Die Gelenkspülung während der Arthroskopie lindert manchmal die Beschwerden, was allerdings nur für wenige Wochen anhält.

Achsfehlstellungen des Beines, die zur Überlastung von Kniegelenkanteilen geführt haben, können durch Osteotomien korrigiert werden. Dabei wird ein Knochenkeil aus der Tibia so herausgeschnitten, dass die Beinachse normalisiert wird. Der Knochenschnitt wird mit Metallimplantaten fixiert.

Eine noch relativ neue chirurgische Behandlungsmethode sind Knorpeltransplantationen. In einem ersten Eingriff entnimmt man Knorpelzellen aus unbelasteten Knieregionen und vermehrt sie im Labor. Später, in einem Zweiteingriff, setzt man sie in den geschädigten Knorpel ein, sodass er verheilen kann. Dieses Verfahren ist nur für kleinere Knorpelschäden geeignet, nicht also für die meist ausgedehnten Gelenkveränderungen.

Knieendoprothesen

Diese Prothesen ersetzen das eigene Kniegelenk teilweise oder vollständig. Bei einer Totalendoprothese werden die Gelenkflächen an Femur und Tibia, zum Teil auch an der Patella, vollständig entfernt und durch Metall-/Kunststoffimplantate ersetzt (**Abb. G.31 a**). Dann müssen die eigenen Bänder und Muskeln auch weiterhin die Gelenkführung übernehmen. Ist das nicht möglich, werden Scharnierprothesen (gekoppelte Prothesen) implantiert. Sie haben eine Achse, um die sich Femur und Tibia bewegen (**Abb. G.31 b**).

Wegen der hohen und weiter zunehmenden Lebenserwartung der Bevölkerung wird mit der Implantation einer Endoprothese so lange wie möglich gewartet. Zwar geht man davon aus, dass mehr als 90 % der wegen altersbedingter Gonarthrose implantierten Knieendoprothesen mindestens 10 Jahre halten. Wenn sich das Implantat lockert, stellt jede erneute Operation und vor allem der komplette Prothesenwechsel jedoch ein Risiko dar, zumal auch die Knochensubstanz zur Verankerung der Prothesen immer schlechter wird.

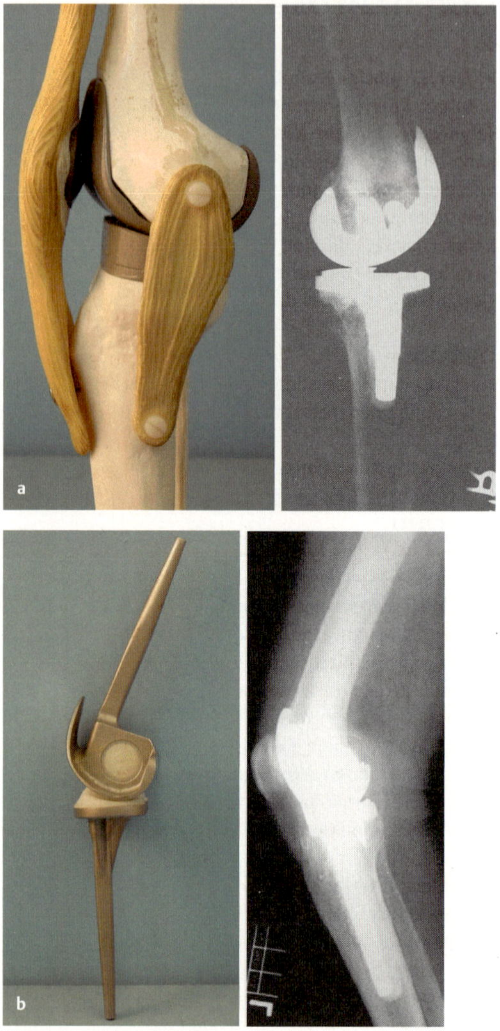

Abb. G.31 Knieendoprothesen. a Bei der Totalendoprothese werden die erkrankten Gelenkflächen ersetzt. **b** Bei der Scharnierprothese ist eine langstielige intramedulläre Verankerung notwendig.

Prognose

Die Gonarthrose ist nicht heilbar. Ihr prinzipiell progredienter (fortschreitender) Verlauf kann mit therapeutischen Mitteln allenfalls gebremst werden.

Infobox

ICD-10: M17.9

Internetadressen:
http://www.gon-arthrose.de
http://www.orthinform.de
http://www.endo-klinik.de

Gonorrhö

► Der 21-jährige Paul Simon erzählt seinem Freund, Pflegeschüler Mika: „Du weißt ja, ich bin nicht so der Typ dafür – aber ich habe letztes Wochenende ohne Kondom mit einem Mädchen geschlafen, das ich in der Disko kennen gelernt hatte. Seit zwei Tagen brennt es jetzt beim Pinkeln, und es wird immer schlimmer. Du kennst dich doch ein bisschen aus, kann ich mir bei meinem One-Night-Stand was geholt haben?"

Definition

Bei der Gonorrhö ist die Harnröhre des Mannes bzw. die Scheide der Frau mit dem Erreger Neisseria gonorrhoeae infiziert.

Bei der Analgonorrhö ist der Analbereich befallen. Die Augengonorrhö des Neugeborenen tritt heute praktisch nicht mehr auf.

Als wegen der Ansteckungsgefahr mit HIV mehr Kondome benutzt wurden, sank die Verbreitung der Gonorrhö deutlich. Mittlerweile nimmt sie wieder zu. Es besteht Meldepflicht für das Labor nach § 7 des Infektionsschutzgesetzes.

Synonym: Tripper.

Ursachen

Die Gonorrhö ist eine von vier klassischen Geschlechtskrankheiten. Ihr Erreger Neisseria gonorrhoeae gehört zu den gramnegativen Diplokokken und wird beim ungeschützten Geschlechtsverkehr auf die Schleimhäute übertragen.

Die Gonorrhö kann bei Frauen und teils auch bei Männern keine Symptome verursachen und daher unbemerkt bleiben. Solange die Betroffenen nichts von ihrer Infektion wissen und diese unbehandelt bleibt, können sie ihre Sexualpartner anstecken.

Symptome

Männer klagen über Brennen beim Wasserlassen. Typischerweise tritt bei ihnen am Morgen das so genannte „Bonjour-Tröpfchen" aus der Harnröhre aus.

Bei Frauen verursacht die Besiedlung der Vaginalschleimhaut meist keine Symptome.

Diagnose

Schon das mikroskopische Bild eines eingefärbten Abstrichs zeigt die typischen Diplokokken. Die Kultur am darauf folgenden Tag bestätigt diesen eindeutigen Verdacht.

Differenzialdiagnose

Ausgeschlossen werden muss die nicht gonorrhoische → Urethritis (Harnröhrenentzündung) durch Chlamydia trachomatis, auch Ureaplasma urealyticum und bestimmte Mykoplasmen.

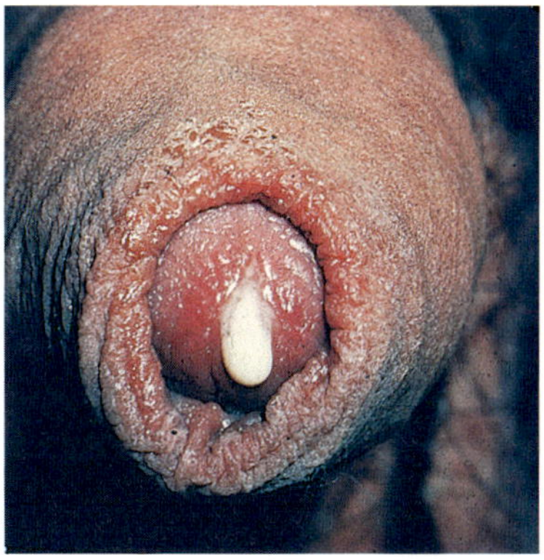

Abb. G.32 Gonorrhö. Ausfluss beim Mann („Bonjour-Tröpfchen").

Therapie

Der Arzt verordnet Cephalosporine oder Penizilline. Es sollte eine sog. Partnersanierung angestrebt werden, d. h. die gleichzeitige Behandlung des Partners.

Prognose

Bei rechtzeitiger Behandlung ist die Prognose gut.

Komplikationen

Unbehandelt kann die Gonorrhö eine aufsteigende Infektion auslösen. Bei der Frau kann dies zur → Adnexitis und danach zur Unfruchtbarkeit führen.

Beim Mann kann eine Prostata- und Nebenhodenentzündung (→ Prostatitis) die Folge sein.

Infobox

ICD-10:
A54.9

Internetadressen:
http://www.rki.de
http://www.medizin-netz.de

Literatur:

Jassoy, C. u. Schwarzkopf, A.: Hygiene, Mikrobiologie und Ernährungslehre für Pflegeberufe. Thieme, Stuttgart 2004

Grünholzfraktur

► Frau Alpaslan kommt mit ihrer 5-jährigen Tochter zur Kinderärztin: „Wir waren gestern zum ersten Mal mit Sera Schlittschuh laufen. Zuerst haben mein Mann und ich sie festgehalten, aber sie wollte es natürlich allein probieren. Als sie wegrutschte, wollte sie sich noch abfangen und ist auf die ausgestreckte Hand gefallen. Sie sagt, es tut immer noch weh, aber man kann außer einer roten Stelle gar nichts sehen.“

Definition

Bei einer Grünholzfraktur ist der Knochen eines Kindes nur unvollständig gebrochen (**Abb. G.33**).

Knochen von Kindern sind noch sehr elastisch, vergleichbar mit noch jungen, grünen Ästen (daher der Name „Grünholz“).

Ursachen

Die Gewalteinwirkung von außen führt beim noch sehr elastischen Knochen des Kindes nicht zum vollständigen, sondern nur zum teilweisen Durchbrechen der Kortikalis (Außenschicht des Knochens). Die Knochenhaut ist ganz oder teilweise erhalten und die Bruchteile sind nicht verschoben.

Betroffen sind meist die langen Röhrenknochen von Armen und Beinen, entweder nach einer Prellung oder einer Stauchung (Sturz auf die ausgestreckte Extremität). Die Krafteinwirkung bewirkt eine elastische Verformung des Knochens, die an der Stelle der stärksten Dehnung zum Zerreißen der Kortikalis führt.

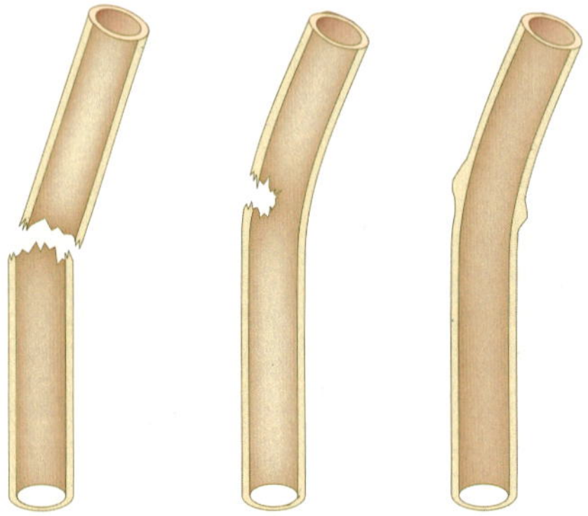

Abb. G.33 Besondere Frakturformen bei Kindern.

Symptome

Die Symptome sind oft so minimal, dass gar kein Arzt aufgesucht wird. Es besteht allenfalls ein Druck- oder Stauchungsschmerz, der am Bein einen hinkenden Gang zur Folge haben kann. Es kann auch eine leichte Rötung im Bereich der Grünholzfraktur auftreten.

Diagnose

Auf dem Röntgenbild ist manchmal nur eine sehr feine und unvollständige Frakturlinie zu erkennen. Nach stärkerer Gewalteinwirkung kann man eine charakteristische Achsabweichung des Röhrenknochens sehen, wobei sich auf der konkaven Seite die Bruchstücke einstauchen. Der erhaltene Periostschlauch (Knochenhaut) ist teilweise gut zu erkennen.

Differenzialdiagnose

Bei Wulstfrakturen ist der Knochen in seiner Achse eingestaucht, aber seine Kontinuität erhalten.

Therapie

Es wird im Allgemeinen konservativ behandelt, indem die betroffene Extremität ruhig gestellt wird. Bei Achsabweichungen wird in Vollnarkose reponiert, d. h. der Knochen wird in seine normale Stellung zurückgebracht und über mehrere Wochen mit einem Gipsverband fixiert.

Bei starken Achsabweichungen muss die noch intakte Kortikalis ebenfalls gebrochen werden, weil ansonsten eine Knochenheilung in Fehlstellung droht. In diesem Fall wird wie bei einer kompletten Fraktur mit einem Gipsverband oder einer Operation behandelt. Gelingt keine achsgerechte Reposition der Fraktur, operiert man den Bruch und fixiert den Knochen mit Metallimplantaten.

Prognose

Einfache Grünholzfrakturen ohne Achsabweichung verheilen rasch und komplikationslos. Bei nicht ausreichend reponierten Frakturen besteht die erhöhte Gefahr eines erneuten Bruches. Ausgeprägte Achsabweichungen müssen nach Abschluss des Körperwachstums chirurgisch korrigiert werden.

Infobox

ICD-10:
T14.2

Internetadressen:
http://www.th-rautenstrauch.de

Literatur:

Wülker, N. (Hrsg.): Taschenlehrbuch Orthopädie und Unfallchirurgie. Thieme, Stuttgart 2005

Gutartiger Lagerungsschwindel

► **Meike Hahn ist in letzter Zeit oft müde, da sie keine Nacht richtig schlafen kann. Ihrem Hausarzt klagt sie: „Jede Nacht wache ich auf, weil mir so schwindelig ist. Alles dreht sich und letzte Nacht musste ich sogar erbrechen." Durch näheres Nachfragen stellt sich heraus, dass Meike Hahn immer aufwacht, wenn sie sich im Schlaf auf die Seite dreht.**

Definition

Der gutartige Lagerungsschwindel ist definiert als ein lageabhängiger Schwindel mit kurzen, rezidivierenden Drehschwindelattacken, die durch Kopflageveränderung auftreten. Er ist eine recht häufig auftretende Schwindelursache des Menschen.

Synonyme: benigner paroxysmaler Lagerungsschwindel, Canalolithiasis, BPPV (benign paroxysmal positioning Vertigo).

Ursachen

In den beiden Innenohren befindet sich jeweils ein Labyrinth (Gleichgewichtsorgan) mit je drei Bogengängen. Diese sind mit Endolymphe (Flüssigkeit) gefüllt und im rechten Winkel in den drei Ebenen des Raumes zueinander angeordnet. Man unterscheidet einen vorderen, einen hinteren und einen seitlichen Bogengang (**Abb. G.34**).

In die Bogengänge hinein ragen feine Sinneshärchen, die mit dem Gleichgewichtsnerven verbunden sind. Bei einer Bewegung des Kopfes kommt es zu einer Strömung der Endolymphe innerhalb des Bogenganges, wodurch die Sinneshärchen ausgelenkt werden. Die hierdurch ausgelöste Erregung wird zum Gehirn fortgeleitet und führt zu einer Drehempfindung.

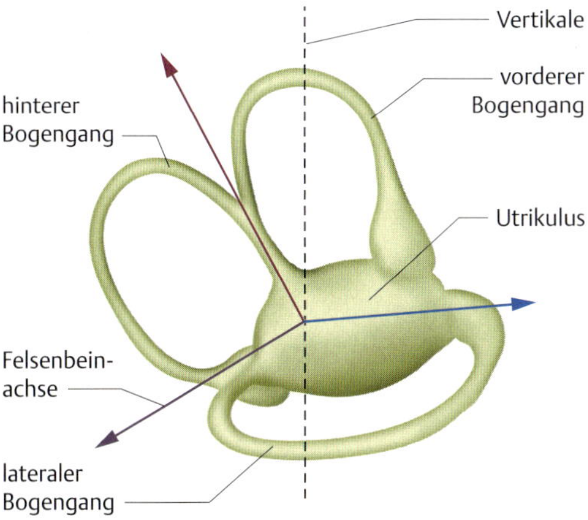

Abb. G.34 Bogengänge des Labyrinths. Sie sind im rechten Winkel in den drei Ebenen des Raums zueinander angeordnet.

Als Verursacher des Lagerungsschwindels nimmt man kleine Otolithen (Kalkkristalle) an, die sich spontan degenerativ oder posttraumatisch an einer anderen Stelle des Innenohrs gelöst haben. Sie bewegen sich nun frei in der Endolymphe. Bei bestimmten Veränderungen der Lage des Kopfes geraten die Kristalle in Bewegung. Diese führen zu einer Erregung der Sinneshärchen, v. a. im Bereich des hinteren Bogenganges, und lösen so einen Drehschwindelanfall aus.

Die Krankheit kann in jedem Lebensalter auftreten. Frauen sind etwas häufiger betroffen als Männer. Manchmal geht der Erkrankung ein Trauma oder eine Ohroperation voraus.

Symptome

Meistens beginnen die Symptome während des Schlafens nach Lageveränderung zur Seite. Mit einer Verzögerung von einigen Sekunden kommt es zu Drehschwindel, häufig in Verbindung mit Übelkeit, selten Erbrechen. Der Anfall klingt i.d.R. nach etwa 30 Sek. wieder ab und tritt bei entsprechender Lageänderung erneut auf. Eine Hörminderung oder Ohrgeräusche treten nicht auf.

Im weiteren Verlauf ändern sich die Symptome. Die heftigen Schwindelanfälle lassen nach. Es besteht häufig noch ein Unsicherheitsgefühl („wie wenn man auf Watte läuft") und ein kurz dauernder Schwindel lässt sich durch schnelle Kopfbewegungen auslösen. Manche Patienten entwickeln schnell ein Vermeidungsverhalten, um den als sehr unangenehm empfundenen Schwindel nicht mehr auszulösen.

Diagnose

Wesentliche Hinweise auf die Erkrankung ergeben sich meist bereits aus der typischen Anamnese. Um andere Schwindelursachen auszuschließen, erfolgt eine Untersuchung beim HNO-Arzt.

Inspektion und Hörprüfung. Der HNO-Arzt inspiziert zunächst die Ohren mit dem Ohrmikroskop und führt eine Hörprüfung (Tonaudiometrie, Sprachaudiometrie) durch.

Gleichgewichtsuntersuchung. Bei der speziellen Untersuchung des Gleichgewichts, erkennt der Arzt durch Aufsetzen der Frenzel-Brille (Leuchtbrille, mit 15 Dioptrien starken Gläsern) auffällige Augenbewegungen (Nystagmen) während des Schwindelanfalls.

Lagerungsprüfung nach Hallpike. Um den Schwindel auszulösen, führt der HNO-Arzt die so genannte Lagerungsprüfung nach Hallpike durch (**Abb. G.35**). Dabei sitzt der Patient auf einer Liege, der Arzt hält seinen Kopf mit den Händen fest und gleichzeitig die Frenzel-Brille über die Augen des Patienten. Dann wirft der Arzt den Patienten in einer raschen Bewegung in Rückenlage und dreht den Kopf des Patienten zur Seite. Nach einigen Sek. in dieser Lage tritt ein Drehschwindel auf, der nach etwa 30 Sek.

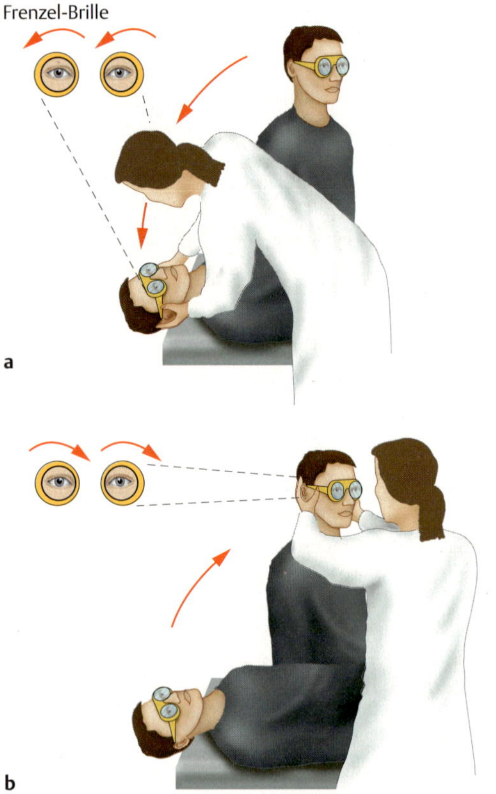

Abb. G.35 Lagerungsprüfung nach Hallpike. **a** Aus sitzender Stellung wird der Patient schnell in die Kopfhängelage gebracht. **b** Nach einer kurzen Pause wird er wieder aufgerichtet. Beim gutartigen Lagerungsschwindel treten typische Nystagmen in die Richtung der Bewegung auf.

wieder nachlässt. Unter der Frenzel-Brille kann der Arzt den Nystagmus beobachten (rotatorischer Nystagmus zur betroffenen Seite). Beim wieder Aufrichten lässt sich häufig ein entgegen gesetzter Nystagmus feststellen. Die Befunde sind reproduzierbar, lassen aber bei mehrmaliger Wiederholung des Manövers nach.

Differenzialdiagnose

Weitere häufige Schwindelursachen sind:

- akuter Ausfall eines peripheren Gleichgewichtsorgans,
- → Morbus Ménière,
- Erkrankungen des zentralen Nervensystems, z. B. im Hirnstammm oder Kleinhirn,
- → Multiple Sklerose,
- Vertebragener (von der Wirbelsäule ausgehender) Schwindel, z. B. bei HWS-Syndrom,
- → Tumoren, z. B. Akustikusneurinom und Kleinhirntumoren (→ Gehirntumor).

Therapie

Eine medikamentöse Therapie ist nicht indiziert, da durch sie meist der Gleichgewichtssinn zentral gedämpft und so der Heilungsprozess eher verzögert wird.

Günstig wirkt sich ein spezielles Schwindeltraining aus, z. B. Lagerungsübung nach Brandt und Daroff, Lagerungsübung nach Epley und das Semont-Manöver.

Prognose

Die Erkrankung heilt i.d.R. in Tagen bis Wochen spontan aus. Rezidive treten gelegentlich auf.

Infobox

ICD-10:
K14.0

Internetadressen:
Deutsche Gesellschaft für HNO-Heilkunde: http://www.hno.org
Leitlinien HNO: http://www.leitlinien.net

Gynäkomastie

► Früher war Walter Metzger (52) immer ganz sportlich, gut gebaut und sah auch gut aus. Jetzt ist er nicht mehr ganz so schlank. Das stört ihn eigentlich nicht. Was ihn aber wirklich beunruhigt, sind seine Brüste. „Körbchengröße C" haben gestern seine Kumpels vom Kegelverein gelästert. Der Hausarzt hat Walter Metzger zu einem Andrologen überwiesen. „Das ist in Ihrem Alter durchaus normal", meinte er.

Definition

Bei der Gynäkomastie ist die männliche Brust ein- oder beidseitig vergrößert.

Es wird eine echte Gynäkomastie und eine unechte Pseudogynäkomastie unterschieden.

Ursachen

Die echte Gynäkomastie und die Pseudogynäkomastie unterscheiden sich lediglich in den Ursachen.

Pseudogynäkomastie

Bis zu 90% der Neugeborenen haben eine Pseudogynäkomastie, was auf die Übertragung weiblicher Hormone von der Mutter auf das Kind zurückgeführt wird. Sie gilt als physiologisch ebenso wie die Pubertätsgynäkomastie. Diese soll bei etwa der Hälfte der Jungen auftreten und wird ebenfalls mit vorübergehend erhöhten Spiegeln an weiblichen Hormonen begründet. Auch Fetteinlagerungen bei Adipositas oder Lipome werden zur Pseudogynäkomastie gezählt.

Echte Gynäkomastie

Sie beruht auf einem hormonellen Ungleichgewicht, bei dem die weiblichen Hormone oder Hormonvorstufen überwiegen. Dies kann verschiedene Gründe haben:

- **Alter:** Bei Männern in höherem Alter bilden die Hoden weniger Androgene (männliche Geschlechtshormone) als früher. Zugleich werden Androgene verstärkt in Östrogen umgewandelt.
- **genetische Defekte:** Männer mit zwei oder mehr X-Chromosomen, z. B. XXY, haben ein → Klinefelter-Syndrom und häufig eine damit verbundene Gynäkomastie.
- **Medikamente und Drogen:** Manche Medikamente und Drogen können östrogene oder antiandrogene Wirkungen haben (**Abb. G.36**).
- **Tumoren:** Bei jungen Männern muss stets ein → Hodentumor ausgeschlossen werden. Aber auch andere bösartige → Tumoren können mit einer Gynäkomastie einhergehen (z. B. → Bronchialkarzinom, → Pankreaskarzinom, → Magenkarzinom, → Gehirntumoren).
- **metabolische Störungen:** Sie treten z. B. bei → Leberzirrhose (Alkoholmissbrauch, chronische Hepatitis) und Niereninsuffizienz auf.

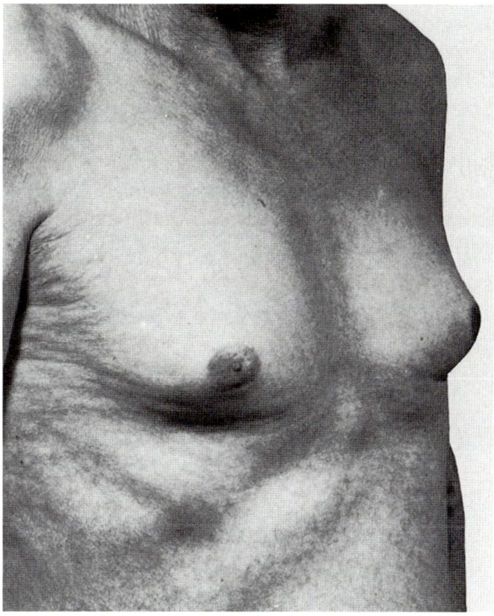

Abb. G.36 Medikamentös induzierte Gynäkomastie.

- **Unterfunktion des Hodens:** Sie kann durch einen traumatischen Hodenverlust oder eine Virusinfektion (z. B. → Mumps) entstehen.

Bei jeder zweiten Gynäkomastie bleibt die Ursache jedoch unklar (idiopathische Gynäkomastie).

Symptome

Die Brustwarze und der Warzenhof sowie der Brustdrüsenkörper sind ein- oder beidseitig vergrößert.

Diagnose

Bei pubertärer Gynäkomastie ist keine spezifische Diagnostik nötig.

Bei Verdacht auf eine echte Gynäkomastie wird beim Patienten die Medikamenten-Anamnese erhoben und nach Drogenmissbrauch gefragt. Mit der Überprüfung der Leber-, Nieren- und Schilddrüsenfunktion wird nach Ursachen für eine Hormonverschiebung gefahndet. Hinzu kommen gezielte Hormonbestimmungen, Sonografie (z. B. des Abdomens, der Nieren und der Hoden) sowie bei Tumor-Verdacht auch eine CT (Computertomografie).

Differenzialdiagnose

Insbesondere bei Männern über 40 Jahren und bei einseitiger Gynäkomastie muss Brustkrebs ausgeschlossen werden. Oft handelt es sich jedoch um gutartige Tumoren des

Binde- oder Fettgewebes, um ein Hämangiom oder Lymphangiom.

Therapie

Die Behandlung richtet sich nach der Grunderkrankung. Stört die Gynäkomastie nicht und liegt keine bösartige Ursache vor, kann die Behandlung auch unterbleiben. Gynäkomastie-auslösende Medikamente werden abgesetzt.

Zur hormonellen Behandlung existieren kaum aussagekräftige Studien mit teilweise geringen oder fehlenden Therapieeffekten. Wird die Brustvergrößerung als kosmetisch störend empfunden, kann der Drüsenkörper operativ entfernt werden.

Prognose

Die Prognose ist je nach Grunderkrankung verschieden. Die Spontanheilungsrate ist hoch.

Infobox

ICD-10:
N62

Internetadressen:
http://www.netdoktor.de
http://www.leitlinien.net

H

Hallux valgus

► **Margarethe Behrendt (62) weiß gar nicht mehr, wie lange sie schon ihre „Frostballen" hat. Schon seit Jahren verzichtet sie lieber auf schicke Schuhe und kauft sich solche mit flachen Absätzen und viel Platz im Vorderbereich. „Seit einigen Wochen sind die Schmerzen aber besonders stark", berichtet sie nun ihrem Hausarzt.**

Definition

Beim Hallux valgus weicht die Großzehe nach lateral ab und zeigt zum Fußrand (**Abb. H.1**). Sie ist zusätzlich nach innen gedreht. Es besteht eine Subluxation im Großzehengrundgelenk.

Die Deformität tritt meist beidseitig auf. Betrachtet man rechtes und linkes Großzehengrundgelenk nebeneinander, wird die X-Stellung offensichtlich (Valgusstellung, **Abb. H.2 a**). Zusätzlich weicht der Metatarsale I (erster Mittelfußknochen) oft nach medial ab (Varusstellung in Bezug auf die anderen Mittelfußknochen). Es sind vor allem Frauen betroffen.

Synonym: Frostballen.

Ursachen

Ausgangspunkt der Zehendeformität ist oft ein Spreizfuß, also eine Absenkung des Fußquergewölbes. Enges, spitz zulaufendes Schuhwerk verstärkt die Deformität, besonders bei zusätzlich hohen Absätzen. Diese lassen den Fuß nach vorn rutschen und den Vorfuß beim Gehen besonders belasten.

Durch die varische Stellung des ersten Mittelfußknochens wirken die Zehenstreck- und Zehenbeugemuskeln adduzierend auf die Großzehe, was den Zustand ebenfalls fördert (**Abb. H.2 b**).

Der Hallux valgus kommt familiär gehäuft vor. Ein eindeutiger Erbgang ist bis heute aber nicht gesichert.

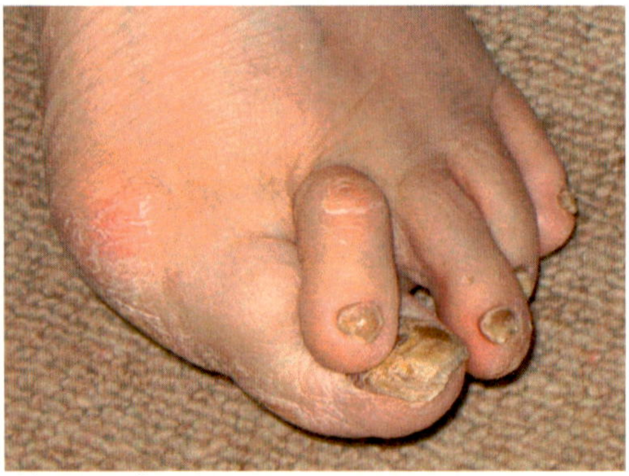

Abb. H.1 Hallux valgus.

Symptome

Die Symptome sind unterschiedlich ausgeprägt und korrelieren nicht unbedingt mit dem Ausmaß der Deformität.

Patienten mit Hallux valgus klagen über Schmerzen beim Laufen, besonders in engem Schuhwerk. Der Großzehenballen ist sehr prominent, teilweise gerötet und hat Schwielen. Auch unter den Mittelfußköpfchen II und III können Beschwerden bestehen.

Bei ausgeprägtem Hallux valgus ragt die Großzehe über die zweite Zehe oder gelangt darunter (s. **Abb. H.1**). Im Spätstadium treten auch Hautulzerationen (Geschwürbildung der Haut) auf. Teilweise bestehen Schmerzen am Fußrücken sowie in den Zehenzwischenräumen, zumal durch die Veränderungen des Fußskeletts auch an den anderen Zehen Deformierungen auftreten können, z. B. Hammer- und Krallenzehen.

Diagnose

Es handelt sich um eine Blickdiagnose. Der Vorfuß ist deutlich verbreitert bei ausgeprägtem Großzehenballen. U.U. besteht zusätzlich eine schmerzhafte Entzündung des am Köpfchen des Metatarsale I gelegenen Schleimbeutels (→ Bursitis). Es kann ein Druckschmerz ausgelöst werden. Bei fortgeschrittener Erkrankung ist das Großzehengrundgelenk arthrotisch verändert, was zusätzlich Schmerzen verursacht und die aktive und passive Beweglichkeit einschränkt.

Kann die Stellung der Großzehe im Frühstadium noch passiv korrigiert werden, ist das im Stadium der Arthrose und kontrakten Deformität nicht mehr möglich.

Auf dem Röntgenbild wird das Ausmaß der Subluxation sowie eine evtl. bestehende Arthrose im Großzehengrundgelenk dokumentiert.

Therapie

Es gibt zwei Therapiemöglichkeiten:

- konservative Therapie,
- chirurgische Therapie.

Konservative Therapie

Die konservative Behandlung dient lediglich der Beschwerdeverbesserung. Eine Stellungskorrektur, etwa mit Nachtschienen, kann damit nicht erreicht werden (**Abb. H.2 c**). Allenfalls kann ein Fortschreiten der Deformation gebremst werden, v. a. im Frühstadium.

Empfohlen werden Schuhe mit einem weiten Vorfußbereich. Außerdem können diese Schuhe vom Orthopädieschuhmacher mit Polstern und Filzringen zur Entlastung von Druckstellen sowie mit Abstützungen für den Vorfuß ausgestattet werden. Hinzu kommt Physiotherapie zur Kräftigung der Fußmuskulatur. Häufiges Barfußlaufen wird ebenfalls empfohlen.

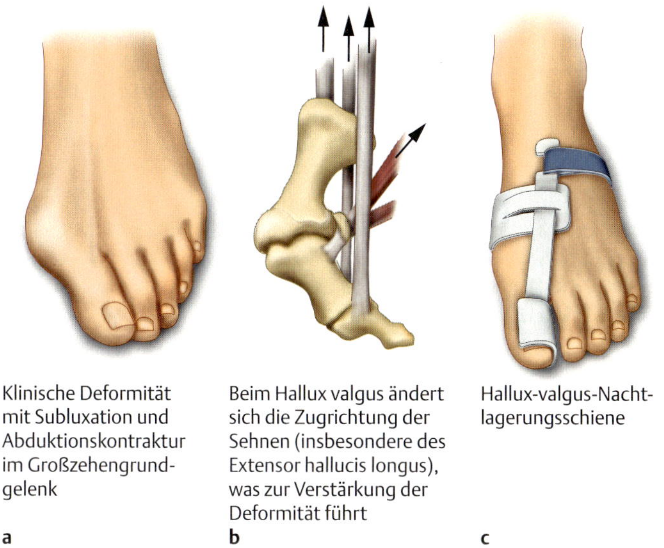

Abb. H.2 Hallux valgus.
a Klinische Deformität **b** Zugrichtung der Sehnen **c** Nachtlagerungsschiene.

Chirurgische Therapie

Es wird versucht, die normale Vorfuß-Anatomie wiederherzustellen und ein schmerzfreies Gehen zu ermöglichen. Dazu gibt es viele verschiedene gelenkerhaltende oder gelenkresezierende Operationstechniken. Nach der Operation schließt sich eine mehrwöchige Rehabilitationsphase an.

Weichteileingriff. Beim Weichteileingriff werden Sehnen durchtrennt und versetzt, sodass die adduzierende Zugwirkung auf die Großzehe vermindert wird. Auf der medialen Seite (Ballen) trägt der Operateur reaktiv entstandene Exostosen (Knochenwülste) ab und rafft die Gelenkkapsel. Außerdem wird die Stellung des Metatarsale I korrigiert. Dafür ist eine keilförmige Osteotomie (Knochenentnahme) notwendig, sodass das Metatarsale I wieder fast parallel zum zweiten Mittelfußknochen verläuft und das Großzehengrundgelenk möglichst gerade steht. Die Knochenanteile werden mit einer Metallplatte fixiert.

Operation nach Keller-Brandes. Bei ausgeprägter Deformität und Subluxation sowie bereits bestehender Arthrose im Großzehengrundgelenk wird der Gelenkanteil der proximalen Phalanx entfernt.

Arthrodese. Alternativ kommt eine Arthrodese (Versteifung des Großzehengrundgelenks) in Betracht. Dies führt zwar zur Schmerzfreiheit, behindert jedoch den Abrollvorgang beim Gehen. Deshalb sind anschließend spezielle Schuhzurichtungen erforderlich.

Endoprothesen. Es gibt auch Endoprothesen für das Großzehengrundgelenk. Deren Implantation ist jedoch noch kein Routineverfahren.

Prognose

Die Erkrankung verläuft unbehandelt langsam progredient (fortschreitend). Bei rechtzeitiger Diagnose kann der Verlauf mit konservativen Maßnahmen gebremst werden.

Bei spätem Behandlungsbeginn ermöglicht die Operation oft ein schmerzfreies Gehen. Allerdings kann es nach der Operation einige Wochen dauern, bevor Konfektionsschuhe getragen werden können. Das kosmetische Operationsergebnis wird subjektiv unterschiedlich beurteilt.

Infobox

ICD-10:
M20.1

Internetadressen:
http://www.orthinform.de
http://www.dr-gumpert.de
http://www.gelenkzentrum.de
http://www.leitlinien.net

Halswirbelsäulen-(HWS-)Fraktur

► Es ist ein heißer Sommertag. Jan (15) und seine Freunde wollen aber nicht ins Freibad gehen, sondern sind mit ihren Fahrrädern unterwegs zu einem kleinen See. Dort ist Baden verboten, deshalb macht es umso mehr Spaß. Ein Baum ragt mit einem dicken Ast vom Ufer weit über das Wasser. Jan klettert hinauf und wagt einen Kopfsprung, obwohl er nicht weiß, wie tief das Wasser an dieser Stelle ist. Da es sehr flach ist, schlägt er hart mit der Stirn am Grund auf. Neben Schürfwunden hat er danach starke Nackenschmerzen und Schluckbeschwerden.

Definition

Als Halswirbelsäulen-Fraktur bezeichnet man den Bruch eines oder mehrerer Halswirbel. Wegen der unterschiedlichen Anatomie der Halswirbelknochen werden zwei Formen unterschieden:

- **obere HWS-Frakturen:** Segmente C1 (Atlas) und C2 (Axis mit Dens axis),
- **unteren HWS-Frakturen:** Segmente C3 bis C7.

Etwa 80% der HWS-Frakturen betreffen die unteren Segmente.

Ursachen

Meist wird die HWS-Fraktur durch eine axiale Kompression der Halswirbelsäule bei einem Unfall verursacht sowie durch übermäßige Beugung, Überstreckung oder Torsion. Die Kraft wirkt indirekt auf die Bewegungssegmente, etwa beim Kopfsprung in seichtes Gewässer, bei Stürzen vom Pferd oder bei Verkehrsunfällen. Typisch bei älteren Menschen mit Osteoporose ist das Anpralltrauma des Kopfes: Die übermäßige Streckung bewirkt einen Bruch des Dens axis.

Die doppelseitige Fraktur der Axis-Bögen mit Verschiebung nach vorne (traumatische Spondylolisthesis C2) wird als Hanged Man's Fracture (Hangman's Fracture) bezeichnet: Bei zum Tode durch den Strang verurteilten Menschen wurde der Knoten der Schlinge so gelegt, dass er die meist sofort tödliche Fraktur bewirkte.

Meist verursacht die knöcherne Fraktur weitere Verletzungen der Halswirbelsäule. Oft sind Bandscheiben, Bänder und Gelenkkapseln betroffen, aber es kann auch zu Subluxationen oder Luxationen von Wirbelgelenken kommen. Auch Verletzungen des Rückenmarks oder von Gefäßen sind nicht ausgeschlossen.

Symptome

Typische Symptome bei HWS-Frakturen sind Nacken-, Kopf- und Bewegungsschmerzen. Tritt ein paravertebrales (neben dem Wirbel liegendes) → Hämatom auf, klagen die Patienten zudem über Schluckbeschwerden. Manchmal kann der Kopf nicht richtig in Position gehalten werden, etwa beim Aufstehen (Dens-Fraktur).

Je nach Schwere der Verletzung sind neurologische Ausfälle möglich. Dies reicht von leichten Sensibilitätsstörungen über regionale motorische Ausfälle bis hin zur → Querschnittslähmung.

Diagnose

Bei wachen Patienten sollten noch am Unfallort mögliche sensible oder motorische Ausfälle überprüft und beurteilt werden. Über der verletzten HWS-Region besteht ein Druck- oder Klopfschmerz.

Im Krankenhaus wird dann die Diagnose zunächst mit Röntgenaufnahmen in zwei Ebenen gesichert. Durch eine transorale Röntgenaufnahme kann der Dens axis (Zahnfortsatz des 2. HW) beurteilt werden. Zur genaueren Identifizierung knöcherner Verletzungen werden ggf. Röntgen-Spezialaufnahmen oder eine Computertomografie (CT) angefertigt.

Bei neurologischen Ausfällen werden v. a. Rückenmark, Spinalkanal, Bandscheiben und Weichteile durch eine Magnetresonanztomografie (MRT) beurteilt.

Differenzialdiagnose

Eine Dens-Fraktur muss vom Os odontoideum, einer klinisch bedeutungslosen Verknöcherungsstörung zwischen Dens axis und Axis-Körper, abgegrenzt werden. Degenerative Veränderungen an Knochen, Wirbelgelenken und Bandscheiben führen ebenfalls zu HWS-Beschwerden, die sich nach Unfällen verstärken können.

Therapie

Notfallversorgung

Vor der körperlichen Untersuchung werden die Vitalfunktionen (Atmung, Kreislauf) gesichert. Bei Verdacht auf eine Verletzung der HWS wird diese unter axialem Längszug gelagert. Es wird eine steife Zervikalorthese angelegt. Der Transport ins Krankenhaus erfolgt in einer Vakuum-Matratze oder nach Fixierung des Kopfes mit Klettbändern auf einem sog. Spine Board.

Therapie obere HWS-Verletzung

Stabile Frakturen des Atlas (C1) werden mit der Schanz-Krawatte ruhig gestellt. Bei instabilen Frakturen, also bei doppelseitigem Bogenbruch und Ruptur des Ligamentum transversum, wird für mehrere Wochen ein Minerva-Gips (Kopf-Brust-Gipsverband, **Abb. H.3**) oder ein Halo-Fixateur angelegt. Manchmal ist die operative Versteifung des Segmentes C1/C2 erforderlich.

Bei Frakturen des Dens axis (C2) ist die Behandlung abhängig vom Ort der Fraktur. Bei Bruch der Densspitze wird ein Halo-Fixateur angelegt. Befindet sich die Fraktur am Übergang zwischen Dens und Wirbelkörper, wird eher operiert, da dieser Frakturtyp zur Pseudarthrosebildung

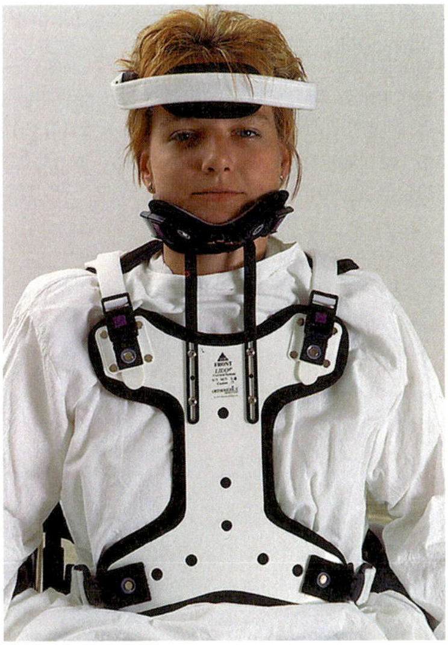

Abb. H.3 Minerva-Korsett. Vorderansicht des Minerva-Korsetts zur Stabilisierung der Halswirbelsäule.

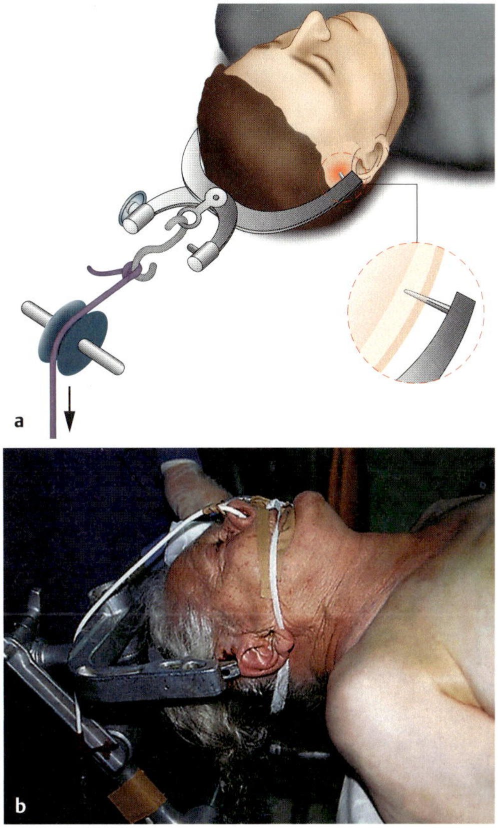

Abb. H.4 Crutchfield-Klammer. Extension bei HWS-Fraktur. Die beiden Metalldorne werden in Lokalanästhesie in der Schädelkapsel verankert.

(Scheingelenk) neigt. Reicht die Fraktur bis zum Wirbelkörper des Axis, wird die HWS ebenfalls mit Minerva-Gips oder Halo-Fixateur ruhig gestellt.

Die Hanged Man's Fracture (traumatische Spondylolisthesis C2) muss meist operativ stabilisiert werden.

Therapie untere HWS-Verletzung

Ob konservativ oder chirurgisch behandelt wird, hängt von der Verletzungsart (stabil/instabil, Ort der Fraktur) und den neurologischen Ausfällen ab. Vor allem beim Querschnittssyndrom ist es für den Patienten entscheidend, wie schnell das Rückenmark entlastet wird. Dies kann oft bereits durch axialen Zug erreicht werden. Dieser Längszug wird durch verschiedene Methoden bewirkt, etwa durch Halo-Extension mit Gewichten, mit dem Crutchfield-Extensionsapparat oder dem Gardner-Wells-Bügel (**Abb. H.4**).

Eine Operation ist notwendig z. B. bei komplettem oder inkomplettem Querschnittssyndrom mit mechanischer Kompression des Rückenmarks oder bei instabiler Wirbelsäule. Aber auch bei erheblichen Fehlstellungen und Instabilitäten wird operiert, auch wenn (noch) keine neurologische Symptomatik vorliegt. Die Wirbelsäule wird mit Schrauben und Platten stabilisiert oder zwei Wirbelkörper werden miteinander verbunden. Damit wird das Bewegungssegment versteift (Spondylodese).

Prognose

Je nach Ausmaß der neurologischen Schäden können dauerhaft sensible und/oder motorische Ausfälle zurückbleiben bis hin zur dauerhaften Querschnittslähmung.

Selbst bei guter Heilung der Frakturen sind bleibende Bewegungsstörungen oder chronische Schmerzen möglich. Häufig folgen auch frühe Verschleißerscheinungen in Bewegungssegmenten.

Infobox

ICD-10:
S12.0 – S12.9

Internetadressen:
http://www.leitlinien.net
http://www.dr-gumpert.de/html/wirbelbruch.html

Literatur:

Henne-Bruns, D. u. a. (Hrsg.): Duale Reihe Chirurgie, 2. Aufl. Thieme, Stuttgart 2003

Paetz, B., Benzinger-König, B.: Chirurgie für Pflegeberufe, 20. Aufl. Thieme, Stuttgart 2004

Hämatom

► **Der 22-jährige Hockeyspieler Axel Steiner stöhnt während des Trainings auf. Einer seiner Gegner hat mit seinem Hockeyschläger mit voller Wucht seinen Unterschenkel statt den Puck getroffen. Er lässt sich jedoch nichts anmerken und spielt weiter. Am folgenden Morgen bemerkt der Student eine handtellergroße rötlich-bläuliche Verfärbung am Unterschenkel. Der Bereich ist geschwollen und schmerzt stark.**

Definition

Ein Hämatom bezeichnet eine Blutansammlung außerhalb eines Gefäßes.

Synonym: Bluterguss.

Ursachen

Die Ursache für den Blutverlust in das Gewebe ist meist eine Verletzung einer Vene oder einer Arterie. Die Gefäße können durch einen Unfall oder bei einer Operation verletzt werden. Patienten mit Gefäßerkrankungen oder einer erhöhten Blutungsneigung (hämorrhagische Diathese) haben ein hohes Risiko, Hämatome zu bekommen.

Symptome

Je tiefer Hämatome unter der Haut liegen, desto weniger Symptome sind auf der Haut erkennbar. Ein Bluterguss verursacht entsprechend seines Ausmaßes mehr oder weniger starke Schmerzen.

Bei Hämatomen, die direkt unter der Haut liegen, verfärbt sich die Haut einige Stunden nach der Verletzung rötlich-blau (**Abb. H.5**). Der betroffene Hautbereich schmerzt und schwillt an.

Tiefer gelegene Hämatome verursachen möglicherweise wenige Symptome an der Haut, können jedoch Knochen, Nerven und Gefäße komprimieren. Dies kann zu Durchblutungs-, Sensibilitätsstörungen oder Lähmungen führen.

Nach einigen Tagen wird das Hämoglobin (roter Blutfarbstoff) wieder abgebaut. Das Hämatom verfärbt sich dadurch tief dunkelblau, dann grünlich, später gelblichbraun. Besteht das Hämatom länger, kann es mit Bindegewebe umgebaut werden und verkalken. Dies kann zu chronischen Schmerzen führen.

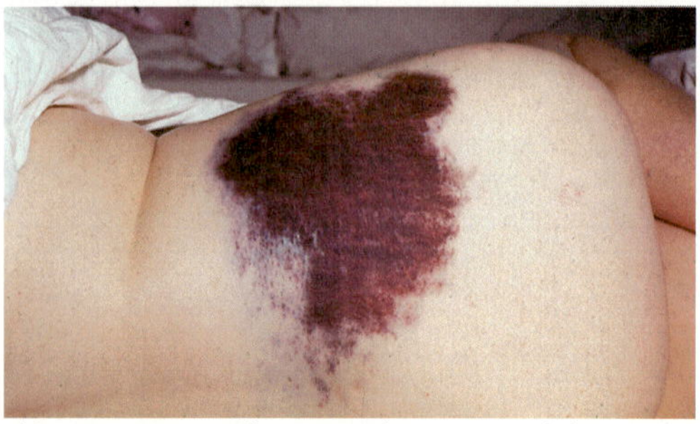

Abb. H.5 Hämatom. Bluterguss nach einer intramuskulären Injektion unter der Behandlung mit gerinnungshemmenden Arzneimitteln.

Diagnose

Die Diagnose eines Blutergusses ist meist eindeutig. Vorgeschichte und klinische Symptome weisen auf ein Hämatom hin. Die Ausdehnung des Ergusses wird mit einer Sonografie (Ultraschall) und ggf. einer CT (Computertomografie) bestimmt.

Therapie

Kleinere Hämatome nach Verletzungen werden gekühlt und können mit einer Heparinsalbe behandelt werden. Die Wirksamkeit von Heparinsalben ist jedoch nicht bewiesen.

Der betroffene Körperteil sollte geschont werden, um eine weitere Einblutung und weitere Gefäßverletzungen zu vermeiden. Bei großen Hämatomen oder Hämatomen mit Durchblutungsstörungen oder Nervenausfällen wird das Hämatom chirurgisch eröffnet und das Blut entfernt. Bei der OP muss auf strenge Asepsis (Keimfreiheit) geachtet werden, da sich Hämatome leicht entzünden.

Prognose

Ein oberflächliches Hämatom bildet sich meist innerhalb von zwei bis drei Wochen von selbst vollständig zurück.

Komplikationen

Bei größeren Hämatomen kann ein → Kompartmentsyndrom entstehen: Hierbei komprimiert das Hämatom Blutgefäße, Nerven und Muskeln in den Muskellogen (enge, wenig dehnbare Kammern, in denen Muskeln liegen). Dadurch können Gewebe oder Organteile absterben (Nekrose). Hämatome sind ein idealer Nährboden für Bakterien und infizieren sich leicht.

Infobox

ICD-10:
T14.0

Internetadressen:
http://www.onmeda.de/krankheiten/bluterguss.html
dermis.multimedica.de/dermisroot/de/40396/diagnose.htm
Deutsche Gesellschaft für Unfallchirurgie: http://www.dgu-online.de

Literatur:
Niethard, U., Pfeil, J.: Duale Reihe Orthopädie. Thieme, Stuttgart 2003
Hirner, A., Weise, K.: Chirurgie. Thieme, Stuttgart 2003

Hämatothorax

► **Auf einer der großen Baustellen Berlins kommt plötzlich Hektik auf. Einer der Arbeiter ist beim Abbau eines Gerüsts etwa fünf Meter tief gestürzt. Dabei traf er hart mit dem Brustkorb auf eine Gerüststange. Er ist zwar bei Bewusstsein, hat aber starke Schmerzen und bekommt schlecht Luft. Nach wenigen Minuten treffen der Rettungsdienst und die Notärztin ein. Sie hat den Verdacht auf eine Rippenfraktur mit Verletzung der Lunge. Auf dem Weg in die Klinik geht es dem Mann immer schlechter. Er wird kaltschweißig, der Puls ist beschleunigt, der Blutdruck niedrig. Noch bevor im Krankenhaus ein Röntgenbild des Thorax angefertigt wird, legen Unfallchirurgen und Intensivmediziner eine Thoraxdrainage – es kommt Blut aus der Pleurahöhle.**

Definition

Beim Hämatothorax befindet sich Blut im Pleuraraum. Oft liegt eine Kombination mit einem → Pneumothorax (Luft im Pleuraraum) vor. Man nennt dies dann einen Hämatopneumothorax.

Synonym: Hämothorax.

Ursachen

Meist liegt ein Rippenbruch vor. Dabei kann die gut durchblutete Lunge geschädigt worden sein, sodass Blut in den Pleuraspalt fließt oder es wurden interthorakale Gefäße (Aorta) verletzt. Auch Wirbelfrakturen, Verletzungen des Tracheobronchialbaumes oder Spontanrupturen blasiger Lungenveränderungen können einen Hämatothorax verursachen.

Nach diagnostischen Eingriffen wie Lungen- oder Pleurabiopsie oder nach Punktion der Vena subclavia zum Legen eines Subklavia-Katheters ist der Hämatothorax eine möglichst zu vermeidende Komplikation.

Bei Kindern können nach Thoraxtraumen trotz fehlender äußerer Verletzungen schwere Verletzungen im Thorax vorliegen, da bei ihnen der Brustkorb noch sehr elastisch ist.

Symptome

Verletzungen der Thoraxwand verursachen zunächst starke Schmerzen. Die Schmerzen sind z. T. atemabhängig.

Da es bei Blutungen in den Pleuraraum keinen Tamponadeeffekt gibt, können mehrere Liter Blut in den Pleuraraum fließen. Dies kann zu Kreislaufproblemen bis hin zum Schock führen. Außerdem treten Atembeschwerden, z. B. Tachypnoe, Husten und Zyanose auf.

Bei einem offenen Hämatopneumothorax ist an einer Wunde ggf. ein- und ausströmende Luft feststellbar.

Evtl. bestehen Zeichen der oberen Einflussstauung mit gefüllten Jugularvenen und Petechien (punktförmige Hautblutungen). Möglich ist auch eine paradoxe Atmung: Beim Einatmen senkt sich der Thorax an der Frakturstelle, bei Exspiration hebt er sich.

Diagnose

Beim Abhören mit dem Stethoskop sind die Atemgeräusche vermindert. Beim Beklopfen des Thorax (Perkussion) findet sich eine Klopfschalldämpfung (Flüssigkeit) im Vergleich zur gesunden Seite (Luft).

Im Gegensatz zu der schwarz abgebildeten Luft erscheint auf dem Röntgenbild die Flüssigkeitsansammlung weißlich. Allerdings ist dies erst bei Mengen ab etwa einem halben Liter auf der Aufnahme zu sehen (**Abb. H.6**).

Der Puls ist beschleunigt, der Blutdruck erniedrigt. Die Blutungsquelle kann per Thorakoskopie (endoskopische Untersuchung des Pleuraraums) sichtbar gemacht werden.

Differenzialdiagnose

Je nach Schwere des ursächlichen Traumas kommen meist mehrere Verletzungen gleichzeitig vor, z. B. Pneumothorax/Spannungspneumothorax, Lungenkontusion (Lungenprellung) oder Lungenruptur, Trachea- und Bronchusverletzungen.

Therapie

Die Therapie kann aufgeteilt werden in die Akutversorgung zur Sicherung der Vitalfunktionen und in die erweiterte Versorgung nach deren Stabilisierung.

Akutversorgung

Im Vordergrund steht die Sicherung der vitalen Funktionen, evtl. ist eine Reanimation (Wiederbelebung) erforderlich.

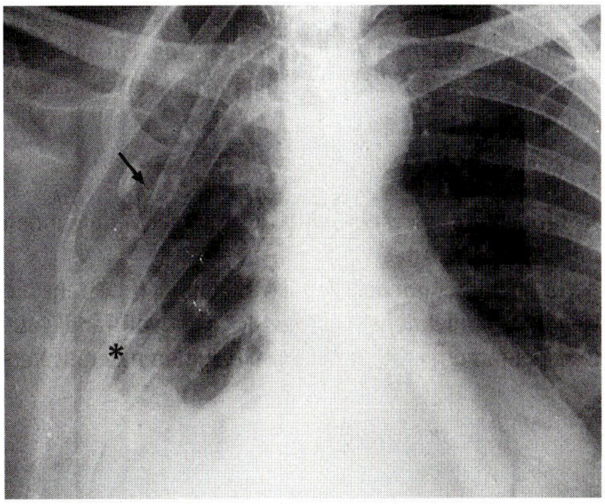

Abb. H.6 Hämatothorax. Rechtsseitig sind mehrere Rippen gebrochen (Pfeil), zusätzlich besteht ein Hämatothorax (*).

Ist der Patient bei Bewusstsein, wird der Oberkörper erhöht gelagert. Ansonsten soll der Patient in Seitenlage auf der verletzten Seite liegen, um die Ventilation des gesunden, oben liegenden Lungenflügels zu verbessern. Wunden werden steril abgedeckt, wobei Fremdkörper zunächst in der Wunde belassen werden.

Der Patient erhält Sauerstoff (8 bis 10 l/Min.). Es werden mehrere großvolumige venöse Zugänge gelegt, um Volumen- und Blutverluste ausgleichen und den Blutdruck stabilisieren zu können.

Erweiterte Versorgung

Es wird eine Thoraxdrainage (Bülau-Drainage) gelegt, um das Blut und evtl. vorhandene Luft aus dem Pleuraspalt mit Hilfe von Unterdruck zu entfernen. Weil sich dadurch die kollabierte oder komprimierte Lunge wieder ausdehnen kann, lässt die Blutung in den meisten Fällen allmählich nach.

Bei großem und anhaltendem Blutverlust sowie bei Verdacht auf die Verletzung großer Gefäße oder des Herzens muss der Hämatothorax operativ ausgeräumt (Thorakotomie) werden. Des Weiteren müssen verletzte Gefäße oder Organe chirurgisch versorgt werden.

Bei großen Blutverlusten ist eine Bluttransfusion erforderlich.

Bülau-Drainage

Die Bülau-Drainage ist eine nach dem Hamburger Internisten Gotthard Bülau (1835 – 1900) benannte Thoraxdrainage, mit der Luft oder Flüssigkeit aus dem Pleuraraum entfernt wird.

Dazu wird unter sterilen Bedingungen der Drainageschlauch mit einem Führungsspieß zwischen die Pleurablätter eingelegt. Dies erfolgt im 2. oder 3. Interklavikularraum der Medioklavikularlinie beim Pneumothorax oder, wenn Blut oder Sekrete zu entfernen sind, im 5. oder 6. Interklavikularraum der vorderen oder mittleren Axillarlinie (**Abb. H.7**). Ein Sauggerät erzeugt Unterdruck (Saugdrainage).

Eine Alternative dazu ist die Ausnutzung des hydrostatischen Druckgefälles mit der Heberdrainage. Flüssigkeiten werden in einer luftdicht verschließbaren Flasche aufgefangen.

Prognose

Die Prognose ist abhängig vom Ausmaß der Verletzungen und des Blutverlustes.

Vor allem bei offenen Thoraxverletzungen besteht die Gefahr einer Infektion. Kann das Blut nicht vollständig aus dem Pleuraraum entfernt werden, resultieren daraus Verschwartungen. Diese schränken die Beweglichkeit des Lungenflügels ein (Fesselung der Lunge).

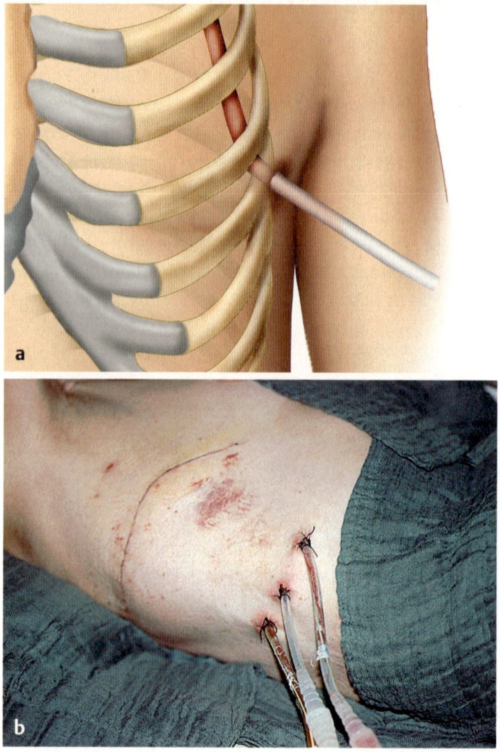

Abb. H.7 Thoraxdrainage. **a** Nach Durchstoßen der Thoraxwand wird die Drainage in die Thoraxhöhle vorgeschoben **b** Drei liegende Thoraxdrainagen bei einem thorakotomierten Patienten.

Infobox

ICD-10:
J94.2; S27.1

Internetadressen:
http://www.gpnotebook.co.uk/simplepage.cfm?ID=-133824505

Literatur:

Henne-Bruns, D. u. a. (Hrsg.): Duale Reihe Chirurgie, 2. Aufl. Thieme, Stuttgart 2003

Rüter, A. u. a.: Unfallchirurgie, 2. Aufl. Urban & Fischer, München 1995

Hämorrhagisches Fieber

► **Der 42-jährige Norbert Schmidt wird von seiner besorgten Ehefrau ins Krankenhaus gebracht. Der Fotograf wirkt schwer krank. Seine Frau Inge berichtet: „Es fing vor einer Woche an mit hohem Fieber, Schüttelfrost, Muskel- und starken Kopfschmerzen. Nach drei Tagen wurde es vorübergehend leicht besser. Jetzt hat er zusätzlich noch Bauchschmerzen und erbricht Blut." Nach näherem Nachfragen stellt sich heraus, dass Norbert Schmidt bis vor einer Woche für einen Auftrag im Amazonas-Gebiet war.**

Definition

Das hämorrhagische Fieber ist eine akute Erkrankung mit Fieber und Blutungen der Schleimhäute und inneren Organe.

Infektionen mit unterschiedlichen Viren lösen ein hämorrhagisches Fieber aus. Diese Viren sind bei uns nicht heimisch.

Ursachen

Infektionen mit Viren (z. B. Gelbfieber-, Lassa-, Ebola-Viren) können ein hämorrhagisches Fieber hervorrufen. Die Häufigkeit, mit der es bei einer Infektion auch zum hämorrhagischen Fieber kommt, ist abhängig vom Erreger und sehr unterschiedlich (**Tab. H.1**).

Die Mechanismen, die zum hämorrhagischen Fieber führen, sind nicht vollständig geklärt. Am Ende führt eine Entzündungsreaktion des Körpers zur Schädigung von Blutgefäßwänden und es tritt Serum und schließlich Blut in das Gewebe aus.

Symptome

Das hämorrhagische Fieber beginnt abrupt mit Fieber und Muskelschmerzen. Dazu kommt eine Vielzahl weiterer

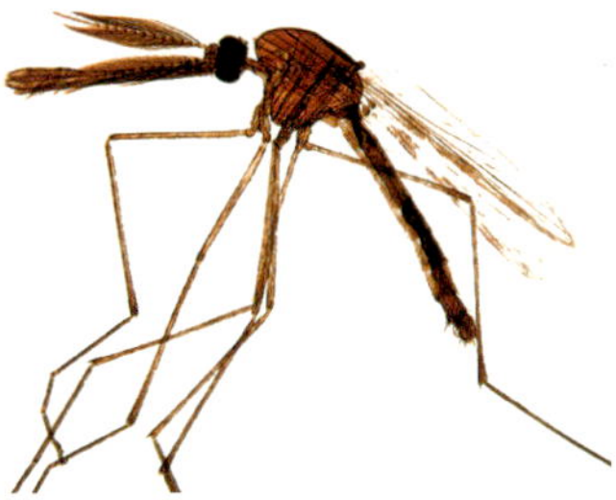

Abb. H.8 Gelbfieber. Wichtigster Überträger des Virus ist die Stechmücke Aedes aegypti.

Symptome, z. B. starke Kopfschmerzen, Schwindel, Bauchschmerzen oder Schmerzen in der Brust, Appetitlosigkeit, Übelkeit und Erbrechen. Der Patient ist schwer krank.

Auf der Augenbindehaut und in der Haut findet man Einblutungen. Diese sind besonders gut sichtbar in den Achselhöhlen.

Infolge von Einblutungen in verschiedene Organe kann es zu Bluterbrechen, blutigen Durchfällen und Blutungen aus anderen Körperöffnungen kommen. Leber, Niere, Zentralnervensystem und andere Organe entwickeln Funktionsstörungen. Es kommt zum Blutdruckabfall und Schock.

Diagnose

Wichtig für die Diagnose ist ein Hinweis auf eine Reise kurz vor Beginn der Erkrankung in Länder und Regionen, in denen die Viren vorkommen.

Die Viren oder eine Immunantwort gegen die Erreger (Antikörper) können in Speziallabors nachgewiesen werden.

Tab. H.1 Viren, deren Vorkommen und Übertragungswege

Viren	Vorkommen	Übertragung (Wirt)	Übertragung von Mensch zu Mensch	Häufigkeit von hämorrhagischem Fieber
Gelbfieber	Afrika, Asien, Südamerika	Stechmücken (**Abb. H.8**)	nein	5–50% aller Infektionen
Dengue	Afrika, Asien, Südamerika	Stechmücken	nein	0,01% aller Infektionen
Ebola	Zentralafrika	unbekannt	ja	Mehrzahl der Fälle
Marburg	Zentralafrika	unbekannt	ja	Mehrzahl der Fälle
Lassa	Westafrika	Exkremente bzw. Urin von Nagetieren	ja	geringer Anteil
Hanta	weltweit, besonders Europa und Asien	Exkremente bzw. Urin von Nagetieren	nein	75% aller Infektionen in Asien, 5% in Europa

Differenzialdiagnose

Die Unterscheidung einzelner viraler Erreger ist wichtig, um ggf. eine spezifische Therapie einzuleiten.

Andere, nicht virale Erreger, die in verschiedenen Weltregionen vorkommen und schwere, fieberhafte Erkrankungen mit teilweise ähnlichen Symptomen hervorrufen, sind z. B. die → Malaria, Shigellenruhr, → Typhus sowie weitere Bakterienerkrankungen.

Eine mikrobiologische Labordiagnostik für diese Mikroben ist sehr eilig, weil die Erkrankungen tödlich sein können, jedoch mit Medikamenten gut behandelbar sind.

Therapie

Gegen die meisten Viren, die hämorrhagisches Fieber hervorrufen können, gibt es keine Therapie. Bei einer Lassavirusinfektion soll versucht werden, mit der Substanz Ribavirin i. v. zu behandeln. Ansonsten ist die Therapie des hämorrhagischen Fiebers symptomatisch.

Flüssigkeits- und Blutverlust werden durch Infusionen und Transfusionen ausgeglichen. Der Blutdruck wird durch Blutdruck steigernde Mittel stabilisiert. Antibiotika werden prophylaktisch verabreicht, um bakterielle Superinfektionen zu verhindern.

Der Verlust von Gerinnungsfaktoren wird durch Gerinnungsfaktor- und Thrombozyten-Präparate ausgeglichen. Die Patienten benötigen eine intensivmedizinische Pflege.

Prognose

Die Erkrankung kann ausheilen, insbesondere unter intensivmedizinischer Betreuung. Ansonsten ist sie oft tödlich.

Komplikationen

Der Blutdruckabfall durch Flüssigkeitsverlust kann zum Nierenversagen führen. Es treten Gerinnungsstörungen auf. Häufig kommt es zu einer zusätzlichen bakteriellen Infektion.

Prophylaxe

Zum Schutz vor Infektion stehen Impfstoffe gegen einige der Viren zur Verfügung. Wichtig ist insbesondere der Impfstoff gegen Gelbfiebervirus.

Um eine Übertragung von Mensch zu Mensch zu vermeiden, sind umfangreiche Schutzmaßnahmen bei der Pflege der Erkrankten mit Ebola-, Marburg- und Lassavirus erforderlich. Diese sind jedoch bei Gelbfieber- und Dengue-Virusinfektionen nicht nötig.

Infobox

ICD-10: A90-A99

Internetadressen:

Robert-Koch-Institut: http://www.rki.de

Literatur:

Jassoy, Ch., Schwarzkopf, A.: Hygiene, Mikrobiologie und Ernährungslehre für Pflegeberufe. Thieme, Stuttgart 2004

Doerr, H.W., Gerlich, W.H. (Hrsg.): Medizinische Virologie. Grundlagen, Diagnostik und Therapie virologischer Krankheitsbilder. Thieme, Stuttgart 2002

Mertens, T. u. a.: Diagnostik und Therapie von Viruserkrankungen. Leitlinien der Gesellschaft für Virologie, 2. Aufl. Urban & Fischer, München 2004

Hämorrhoiden

► In die Sprechstunde kommt der 27-jährige Heiko Stern. Er ist äußerst besorgt, da er eindeutig Blut im Stuhlgang entdeckt hat. Bei weiterer Nachfrage stellt sich heraus, dass das Blut hell war und dem Stuhlgang auflag. Der junge Mann ist leicht übergewichtig und berichtet: „Ich leide schon seit Jahren unter Verstopfung."

Definition

Hämorrhoiden sind knotenförmige Erweiterungen der arteriovenösen Blutgefäßpolster, die den ringförmig rektal angelegten Sphinkter ani (Schließmuskel) versorgen. Die Hämorrhoiden liegen oberhalb des Sphinkter ani und erscheinen dort als wulstige Vorwölbung der Darmschleimhaut (**Abb. H.9**). Von außen sind sie jedoch nicht sichtbar.

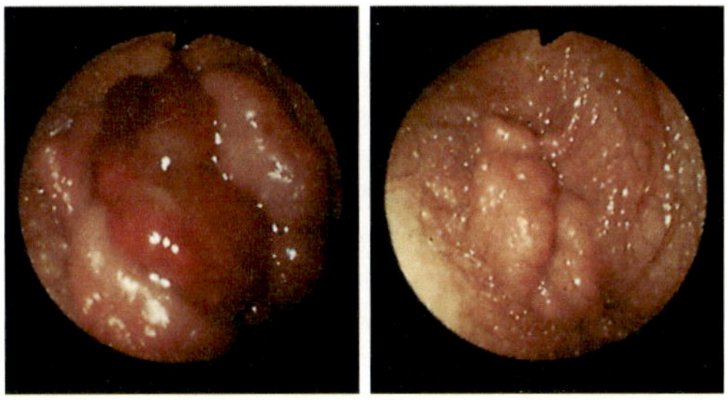

Abb. H.9 Hämorrhoiden III. Grades. Vorfall von Analschleimhaut: vor und nach deren digitaler Reposition.

Einteilung

Das Auftreten von Hämorrhoiden wird in vier Schweregrade unterteilt (**Abb. H.10**):

- **Grad I:** leichte, aber nicht tastbare Schwellung im Analkanal, die bei einer Proktoskopie (Spiegelung des Analkanals) sichtbar ist. Meist bestehen keine Beschwerden. Sehr harter Stuhlgang kann zu leichten Verletzungen führen, die sichtbar als hellrotes Blut dem Stuhl aufliegen.
- **Grad II:** stärkere Schwellung, mit dem Finger tastbar. Die Hämorrhoiden können beim Pressen des Stuhlgangs prolabieren (heraustreten), ziehen sich dann aber spontan wieder zurück.
- **Grad III:** Die Hämorrhoiden prolabieren bei jedem Stuhlgang. Sie bilden sich nicht spontan zurück, lassen sich aber mit dem Finger reponieren (in den Enddarm zurückschieben).
- **Grad IV:** Es bestehen meist große Hämorrhoidalknoten, die sich nach dem Prolaps nicht mehr reponieren lassen.

Wenn das Blut aus den Schwellkörpern nicht mehr zurückfließen kann, entsteht ein Blutstau und die Hämorrhoiden bleiben die ganze Zeit mit Blut gefüllt.

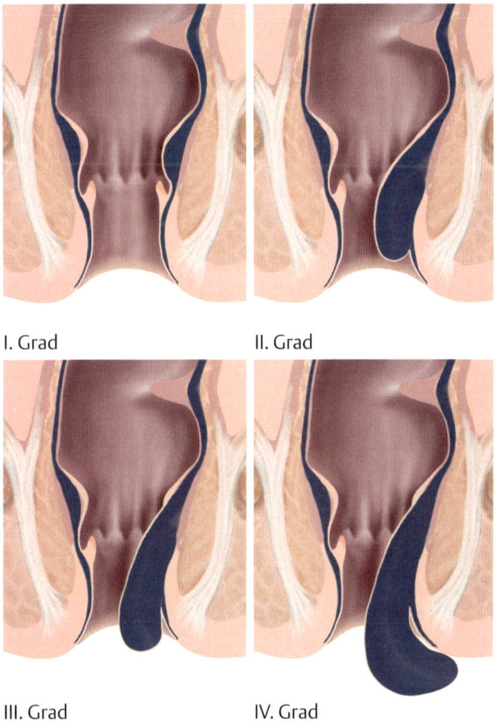

Abb. H.10 Hämorrhoiden Gradeinteilung. Vier Schweregrade werden unterschieden: Hämorrhoiden **I. Grades** prolabieren nur in das Proktoskop, Hämorrhoiden **II. Grades** prolabieren beim Pressen nach außen, Hämorrhoiden **III.** und **IV. Grades** sind prolabiert.

Ursachen

Hämorrhoiden entstehen durch eine Vergrößerung des arteriellen Gefäßgeflechts im Plexus haemorrhoidalis (Schwellkörper).

Durch starkes Pressen bei chronischer Obstipation (Verstopfung), kommt es zu einer Behinderung des venösen Rückflusses. Begünstigende Faktoren sind:

- Flüssigkeitsmangel,
- Bewegungsarmut,
- Übergewicht,
- erhöhte Einnahme von Abführmitteln,
- Bindegewebsschwäche, mit Neigung zur Varizenbildung (Krampfadern),
- überwiegend sitzende Tätigkeiten,
- Schwangerschaft.

Bei Schwangeren findet durch die hormonelle Umstellung eine Bindegewebsauflockerung statt und der Druck im Bauchraum ist erhöht.

Symptome

Als erste Anzeichen finden sich auf dem oftmals harten Stuhlgang hellrote Blutauflagerungen, die sehr massiv sein können. Im weiteren Verlauf kommt ein unangenehmes Afterjucken hinzu. Brennen und Nässen können Zeichen von einem begleitenden Analekzem sein.

Durch die Knotenbildung kann die Analhygiene schwierig sein. Dadurch kommt es zum Stuhlschmieren und zur Verschmutzung der Unterwäsche.

Schmerzhafte Entzündungen begleiten die Geschwürbildung. Betroffene Patienten berichten auch von dem Gefühl unvollständiger Stuhlentleerung, bzw. von einem permanenten Fremdkörpergefühl im Afterbereich.

Diagnose

Eine gründliche Anamnese ist die Basis der Diagnostik. Mit einer Rektalpalpation (Tastbefund mit dem Finger) lassen sich knotige Veränderungen feststellen.

Zur Sicherung der Diagnose erfolgt i.d.R. eine Proktoskopie und eine Rektoskopie (Spiegelung des Rektums). Um bei Blutungen einen bösartigen Tumor im Bereich des Dickdarms als Blutungsursache auszuschließen, wird die Untersuchung häufig mit einer Koloskopie (Spiegelung des Dickdarms) verbunden. Bei unklaren Kolonbefunden kann ein Kolon-Kontrast-Einlauf die Diagnose absichern.

Differenzialdiagnose

Differenzialdiagnostisch muss, insbesondere bei Blutungen, ein gut- oder bösartiger → Tumor im Bereich des Dick- und Mastdarms (→ Kolonkarzinom) als Ursache ausgeschlossen werden.

Therapie

Hämorrhoiden müssen nicht unbedingt behandelt werden, wenn sie keine oder nur gelegentliche Beschwerden verursachen.

Konservative Therapie

Die konservative Therapie findet Anwendung bei Hämorrhoiden des Grades I und II. Eine Umstellung auf ballaststoffreiche Ernährung mit ausreichend Flüssigkeit und Bewegung steht am Anfang der Behandlung.

Lokale Behandlung. Salben und Zäpfchen können entzündungshemmend und örtlich betäubend wirken. Salben mit Kortison oder Lokalanästhesie sollten nur vorübergehend angewendet werden.

Sklerosierung. Gute Ergebnisse erzielt auch eine Sklerosierung der Hämorrhoiden. Während einer Enddarmspiegelung wird eine Lösung, z.B. 3 ml 5%ige Chininlösung, unter die Schleimhaut gespritzt. Dadurch kommt es zu einer Reizung mit nachfolgender Vernarbung und Schrumpfung des Gewebes.

Ligatur. Eine weitere Möglichkeit besteht im Abbinden der Hämorrhoiden mit kleinen Gummiringen (Ligatur) während der Proktoskopie. Nach einigen Tagen der Umschlingung wird das abgestorbene Gewebe samt Gummiring abgestoßen.

Infrarotkoagulation. Mittels gebündeltem Licht findet eine Wärmekoagulation des Hämorrhoidalknotens statt. Die Temperatur beträgt etwa 100 °C.

Operative Therapie

Im Stadium des Grades III und IV erfolgt eine operative Therapie.

Durchführung. Der Patient erhält eine Allgemeinnarkose oder Rückenmarksanästhesie. Alle operativen Verfahren beginnen mit einer Prokto- bzw. Rektoskopie. Anfangs ist eine vorsichtige Sphinkterdehnung erforderlich. Dazu führt der Operateur drei bis vier Finger in den After ein. Damit wird der erhöhte Schließmuskeltonus reduziert. Danach wird der Hämorrhoidalknoten entfernt. Die häufigste Hämorrhoidektomie ist die nach Milligan-Morgan. Des Weiteren kann nach Parks und nach Arnold verfahren werden. Am Ende jeder Operation wird eine Salbentamponade in den After eingelegt. Diese wird am 1. postoperativen Tag aus dem Afterkanal entfernt.

Nachbehandlung. Wichtig sind stuhlregulierende Maßnahmen und nach jedem Stuhlgang Kamillensitzbäder. Der Krankenhausaufenthalt dauert fünf bis sieben Tage.

Komplikationen. Mögliche Komplikationen der operativen Methode:

- vorübergehende Inkontinenz,
- Nachblutungen, besonders in den ersten 24 Std.,
- narbige Einengung (selten),
- anfängliche reflektorische Harnsperre, Entlastung durch einmalige Katheterisierung,
- Hämorrhoidenrezidiv durch sparsame Erstoperation und weiterwirkende Schadfaktoren.

Prognose

Die Prognose ist durchaus günstig, sofern eine konsequente Änderung der schädigenden Einflüsse stattfindet.

Infobox

ICD-10:
I84.9

Internetadressen:
http://www.netdoktor.de
http://www.sprechzimmer.ch

Handphlegmone

► Peter Weinert (36) schreinert gern in seiner Freizeit. Neulich hat er sich beim Hobeln einen Holzsplitter in die rechte Hand eingezogen. Das ist nichts Ungewöhnliches, das passiert öfter. Nach ein paar Tagen allerdings hat er plötzlich Schmerzen in der Hand. Die Stelle am Daumenballen, wo er sich den Splitter eingezogen hatte, ist gerötet, etwas geschwollen und fühlt sich heiß an. Peter Weinert beachtet das nicht weiter. Am nächsten Tag sind die Schwellung und die Schmerzen so stark, dass er doch einen Arzt aufsucht.

Definition

Eine Phlegmone ist eine sich flächenhaft ausbreitende Entzündung des Bindegewebes. Im Unterschied zum → Abszess ist die Phlegmone nicht abgekapselt. Typisch ist die Hohlhandphlegmone. Infektionen kommen aber auch am Handgelenk, am Handrücken sowie an den Fingergelenken vor (**Abb. H.11**).

Ursachen

Bagatellverletzungen, z. B. kleine Schnittwunden oder Bisswunden, bilden die Eintrittspforte für Bakterien, die eine Entzündung hervorrufen. Die Eintrittspforte kann aber auch weit entfernt liegen, z. B. an den Zähnen, im Darm. Die Entzündung schreitet rasch fort. Es bildet sich Eiter, Zellen sterben ab (Zellnekrosen).

Wird nicht rechtzeitig behandelt, setzt sich der Entzündungsprozess zwischen den Muskeln, in den Sehnen, Nerven, den Lymphbahnen sowie am und im Knochen fort. Dort führt sie zu irreparablen Schäden.

Symptome

Die Schmerzen setzen akut ein. Die betroffene Region ist geschwollen, überwärmt und druckschmerzhaft. Die Beweglichkeit der Finger ist schmerzbedingt aktiv und passiv eingeschränkt. Ist die Erkrankung bereits fortgeschritten, besteht unter Umständen eine Lymphangitis (Entzündung der Lymphbahnen, „Blutvergiftung"), Lymphadenitis (Lymphknotenentzündung) und → Phlebitis (Venenentzündung).

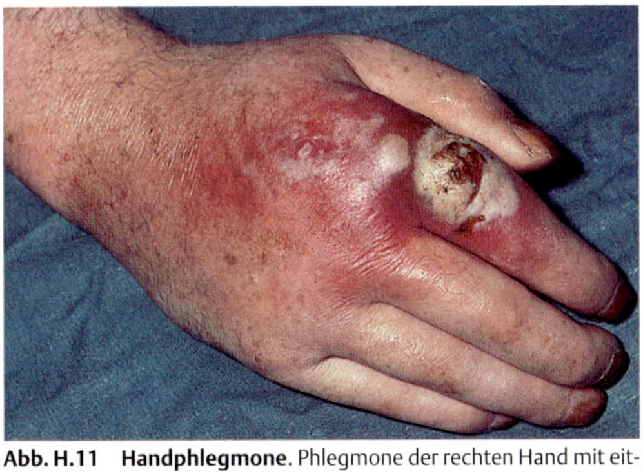

Abb. H.11 Handphlegmone. Phlegmone der rechten Hand mit eitriger Einschmelzung am Zeigefinger.

Diagnose

Kleine Hautperforationen oder Entzündungen sind nicht unbedingt auf den ersten Blick zu erkennen, besonders in der Hohlhand. Es muss danach gesucht und nach vorangegangenen Verletzungen gefragt werden. Bei fortgeschrittener Infektion tritt auch Fieber auf.

Im Blut finden sich vermehrt weiße Blutkörperchen (Leukozytose) und auch andere Entzündungsparameter sind im Labortest erhöht. Röntgenbilder der Hand ergeben zunächst keinen auffälligen Befund. Die Phlegmone kann punktiert werden, um Flüssigkeit für den Nachweis der Bakterienspezies zu gewinnen (s. Therapie).

Bei Mitbeteiligung gasbildender Bakterien, z. B. Clostridium perfringens (Erreger des → Gasbrandes), ist bei Palpation der Region ein Gewebeknistern zu spüren.

Therapie

Die Hand muss konsequent in einer Schiene ruhig gestellt und gekühlt werden. Im frühen Stadium mit Entzündungszeichen, aber ohne Flüssigkeitsansammlung, kann weiter konservativ behandelt werden. D.h., es werden lediglich zusätzlich Antibiotika (intravenös) verabreicht. In allen anderen Fällen muss operiert werden.

Operative Therapie. Das infizierte Gebiet wird großzügig eröffnet, damit der Eiter abfließen kann. Dabei wird ein Abstrich abgenommen, um die verursachenden Keime im mikrobiologischen Labor identifizieren lassen zu können. Das ist wichtig für die gezielte Antibiotika-Therapie. Die Wunde wird ausgiebig gespült und eine Drainage eingelegt.

Prognose

Bei frühem Behandlungsbeginn heilt eine Handphlegmone folgenlos ab. Wird erst spät behandelt, können die Betroffenen Muskel-, Haut-, Sehnen- und/oder Nervenschäden davontragen, mit allen funktionellen Konsequenzen.

Komplikationen

Gasbrand ist eine seltene, aber schwerwiegende Komplikation mit hoher Sterberate. Sie erfordert die sofortige Klinikeinweisung.

Infobox

ICD-10: L03.1

Literatur:

Wülker, N. (Hrsg.): Taschenlehrbuch Orthopädie und Unfallchirurgie. Thieme, Stuttgart 2005

Rüter, A. u. a.: Unfallchirurgie. Urban & Schwarzenberg, München 1995

Harninkontinenz

► **Die 68-jährige Renate Tiffers berichtet ihrem Arzt: „Beim Treppensteigen und sogar beim Husten verliere ich Urin." Frau Tiffers hat fünf Kinder geboren und seit einiger Zeit Probleme mit einer Gebärmuttersenkung.**

Definition

Unter Harninkontinenz versteht man den unwillkürlichen Abgang von Urin. In Deutschland ist rund jede dritte bis vierte Frau betroffen. Das Krankheitsbild muss differenziert betrachtet werden. Man kann mehrere Formen voneinander unterscheiden:

- Belastungsinkontinenz,
- Urge-Inkontinenz,
- Reflexinkontinenz,
- Überlaufinkontinenz,
- Harnfisteln.

Physiologie der Miktion und des Blasenverschlusses

Die Mechanismen der Blasenfüllung und Entleerung sind kompliziert. Es spielen der Sympathikus und Parasympathikus (vegetatives Nervensystem) sowie die willkürlich gesteuerte Muskulatur eine Rolle.

Während der Füllung der Harnblase erschlafft die Muskulatur der Blasenwand durch die Aktivierung von β-Rezeptoren des Sympathikus. Gleichzeitig wird die Spannung des Harnröhrenschließmuskels erhöht. Dies bewirken die α-Rezeptoren. Wenn die Blase gefüllt ist, kommt es über den N. pudendus zum Gefühl des Harndrangs. Eine Miktion kann bewusst gehemmt werden. Zur Entleerung der Blase erschlaffen die Muskeln des Beckenbodens.

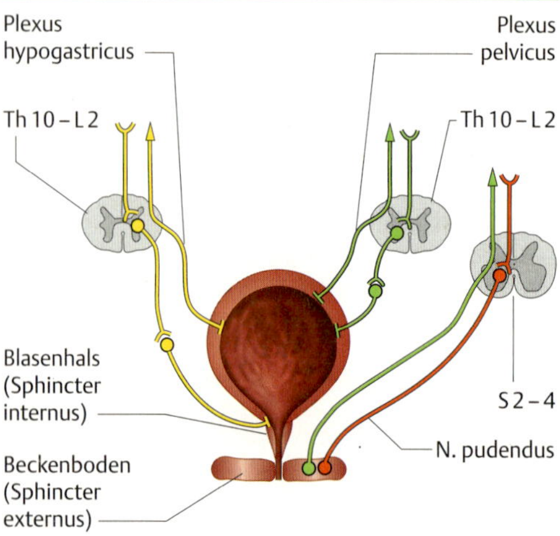

Abb. H.12 Innervation der Blase. Bei der Blasenentleerung befinden sich sympathische und parasympathische Reize im Wechselspiel.

Der Druck in der Harnröhre fällt ab. Ein parasympathischer Impuls sorgt für eine Kontraktion der Blasenwandmuskulatur. Wenn der Druck dadurch in der Blase höher wird als in der Harnröhre, kommt es zum Urinfluss. Eine aktive Kontraktion der Bauchdecke kann die Miktion unterstützen.

Für die Kontinenz sind mehrere Mechanismen von Bedeutung. Der quergestreifte Harnröhrenschließmuskel ist eigentlich kein separater Muskel, sondern wirkt zusammen mit Fasern aus dem Beckenboden eher funktionell als Schließmuskel. Die Muskulatur der Harnröhre besteht aus einer innen längs und außen zirkulär verlaufenden Muskelschicht. Ein Teil der Urethra liegt intraabdominal und wird durch Bänder an der Schambeinfuge fixiert. So wird die Harnröhre bei einer intraabdominalen Druckerhöhung gegen die Schambeinfuge abgedrückt. Dies ist die sog. Druckreserve. Bei einer Senkung funktioniert dieser Mechanismus nicht mehr, da hier die Harnröhre zu tief liegt.

Für die Kontinenz ist eine ausreichende Versorgung mit Hormonen von besonderer Bedeutung. Östrogene verbessern die Durchblutung der Schleimhaut und sorgen für eine stärkere Blutfülle der Venen und somit für eine erhöhte Verschlussfähigkeit.

Belastungsinkontinenz

Definition

Man spricht von einer Belastungsinkontinenz, wenn bei Erhöhung des intraabdominalen Drucks Urin unwillkürlich abgeht, weil der Verschlussmechanismus defekt ist. Sie ist die häufigste Form der Blasenschwäche bei Frauen.

Synonyme: Stressinkontinenz. Der Begriff „Stress" beschreibt hier die physische Belastung des Harnblasenverschlusses.

Ursachen

Es gibt im Wesentlichen zwei Ursachen für die Belastungsinkontinenz:

1. starke Beanspruchung des Beckenbodens durch Schwangerschaft und Entbindungen,
2. Bindegewebsschwäche.

Symptome

Die Belastungsinkontinenz wird in drei Schweregrade eingeteilt:

- **Grad I:** Urinabgang bei schneller intraabdomineller Druckerhöhung, z. B. beim Husten, Niesen, Lachen und Pressen,
- **Grad II:** Urinabgang bei langsamer intraabdomineller Druckerhöhung, z. B. beim Treppensteigen oder Laufen,
- **Grad III:** Urinabgang im Liegen.

Die Gradeinteilung erfolgt nach den Angaben der Frau.

Der Arzt kann jedoch auch einen Vorlagentest machen, um die ablaufenden Urinmengen zu objektivieren. Dazu wird eine Vorlage vor und nach einer körperlichen Belastung (z. B. Treppensteigen) gewogen. Zusammen mit der Anamnese sollte gleichzeitig nach Hinweisen für eine Blasenentzündung, wie Brennen beim Wasserlassen oder häufiger Harndrang, gesucht werden.

Diagnose

Die Diagnose ergibt sich aus der typischen Anamnese und dem Untersuchungsbefund. Häufig ist die Belastungsinkontinenz zusammen mit einer Gebärmuttersenkung anzutreffen.

Therapie

Die Therapie orientiert sich sowohl an den objektiven Befunden als auch am sehr unterschiedlichen Leidensdruck der Patientinnen.

Konservative Maßnahmen

Im Vordergrund sollten konservative Maßnahmen stehen, z. B. Beckenbodengymnastik oder spezielle Trainingsmethoden. Es gibt hierfür Hilfsmittel, z. B. kleine Gewichte, die bei Belastungssituationen fest in der Scheide zu halten sind (**Abb. H.13**).

Wenig verwendet aber sehr wirkungsvoll sind elektronische Geräte, die sowohl den Beckenboden stimulieren als auch den selbst erzeugten intravaginalen Druck messen können.

Wenn diese konservativen Verfahren neben einer ausreichenden Hormontherapie nicht zum Erfolg führen, können operative Maßnahmen ergriffen werden.

Operative Maßnahmen

Grundsätzlich unterscheidet man vaginale von abdominalen Operationstechniken. Das Prinzip einer Vielzahl von operativen Maßnahmen ist die Stabilisierung der Harnröhre und die Rekonstruktion des Winkels zwischen Harnröhre und Blase. Diese Verfahren können mit einer vaginalen Entfernung der Gebärmutter kombiniert werden. Von der Bauchdecke aus wird das Gewebe neben dem Übergang der Harnröhre aus der Blase an ein Band seitlich von der Schambeinfuge festgenäht.

Komplikationen. Bei allen operativen Verfahren besteht die Gefahr der Überkorrektur. Dann kommt es zum Harnverhalt. Deshalb wird nach solch einem Eingriff meist für eine längere Zeit ein Blasendauerkatheter gelegt. Leider sind Rezidive nicht selten, da die Ursachen, z. B. ein schwaches Bindegewebe, nicht behoben werden können.

Postoperativ sollte ein intensives Training stattfinden (s. u., Kontinenztrainingsprogramme).

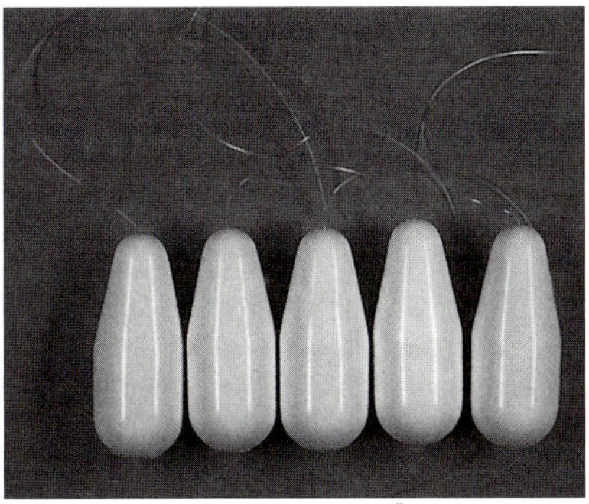

Abb. H.13 Femcon. Kleine Gewichte, die zu Übungszwecken fest in der Scheide zu halten sind.

Urge-Inkontinenz

Definition

Urge-Inkontinenz wird der unwillkürliche Harnabgang mit starkem Harndrang verstanden. Man unterscheidet:

- **sensorische Urge-Inkontinenz:** Wahrnehmungsstörung der Blasenfüllung (vorzeitiges Füllungsgefühl).
- **motorische Urge-Inkontinenz:** Nervenimpulse zur Harnblasenmuskulatur sind enthemmt. Die Folge sind vorzeitige Kontraktionen.

Synonym: Dranginkontinenz.

Ursachen

Ursache ist oft eine Entzündung der Blase, insbesondere wenn diese bereits chronisch ist. Auch Blasentumoren (→ Blasenkarzinom), vorangegangene Strahlentherapien oder Operationen können eine Urge-Inkontinenz auslösen. Ebenso spielen neurologische Erkrankungen oder der Östrogenmangel eine Rolle.

Symptome

Eine Urge-Inkontinenz ist gekennzeichnet durch ständigen Harndrang. Es kommt hierbei zu unwillkürlichen Kontraktionen der Harnblasenmuskulatur und dadurch zu einem Harnfluss.

Diagnose

Für die Diagnostik ist auch hier die Anamnese besonders wichtig. Welche Form der Urge-Inkontinenz vorliegt, kann dann anhand des anatomischen Bildes sowie einer urodynamischen Untersuchung festgestellt werden.

Urodynamische Untersuchung. Ein Katheter wird in die Blase eingeführt. Unter Füllung der Blase mit warmer Kochsalzlösung werden dann verschiedene Messungen durchgeführt. Außerdem sollte eine Blasenspiegelung vorgenommen und eine Urinkultur angelegt werden.

Therapie

Die Therapie richtet sich natürlich nach der Ursache. Operationen führen in diesen Fällen eher zu einer Verschlechterung des Krankheitsbildes.

Medikamentöse Therapie. Die Östrogentherapie steht an erster Stelle, weil damit oft auch chronische → Blasenentzündungen gebessert werden können. Spasmolytika und manchmal auch zentral wirksame Substanzen, z. B. Valium, können helfen.

Blasentraining. Ein Blasentraining mit Miktionskontrolle ist fester Bestandteil der Behandlung (s. Kontinenztrainingsprogramme).

Reflexinkontinenz

Definition

Kennzeichnend für eine Reflexinkontinenz ist eine komplette Entleerung der Harnblase ohne Harndrang. Blasen- und Schließmuskelfunktion lassen sich nicht mehr kontrollieren.

Die Reflexinkontinenz spielt in der Gynäkologie nur eine untergeordnete Rolle.

Ursachen

Typischerweise verursachen Schädigungen des Rückenmarks, die oberhalb des Miktionszentrums S2 bis S4 liegen, die Reflexinkontinenz (**s. Abb. H.12**). Dies kann bei einer → Querschnittlähmung, aber auch als eines der ersten Symptome bei → Multipler Sklerose vorkommen.

Symptome

Bei der Reflexinkontinenz kommt es zur kompletten Entleerung der Harnblase ohne Harndrang. Blasen- und Schließmuskelfunktion lassen sich nicht mehr kontrollieren.

Diagnose

Die Reflexinkontinenz entsteht aufgrund einer neurogenen Problematik. Daher steht hier die neurologische Untersuchung im Vordergrund.

Therapie

Bei der Behandlung steht die Erhaltung der Funktionsfähigkeit der Nieren im Vordergrund. Daher ist eine vollständige Entleerung der Harnblase mit möglichst niedrigen Drücken wichtig. Dies erreicht man durch eine regelmäßige Katheterisierung.

Neben medikamentösen und operativen Maßnahmen hat sich auch das Verfahren der Neuromodulation (Blasenschrittmacher) etabliert. Dies ermöglicht dem Patienten, die Blase wieder gezielt und koordiniert zu entleeren.

Überlaufinkontinenz

Definition

Bei der Überlaufinkontinenz läuft die Blase sozusagen „über". Wenn die Blase zu sehr gefüllt ist, kommt es bei den betroffenen Frauen unwillkürlich zu einem teilweisen Abfließen des Urins. Es bleibt jedoch eine große Restharnmenge in der Blase zurück.

Ursachen

Die Ursachen für eine Überlaufinkontinenz sind oft langanhaltende Abflussbehinderungen oder Nervenverletzungen.

Des Weiteren kommt sie nach radikalen gynäkologischen Operationen vor, z. B. beim → Zervixkarzinom. Auch im Rahmen einer diabetischen Neuropathie kann die Blasensensibilität gestört sein.

Symptome

Durch eine Verletzung von Nerven kann die Blase nicht adäquat entleert werden. Dies führt zu einem tröpfelnden Urinabgang bei gefüllter Blase und zur Restharnbildung.

Diagnose

Zur Diagnose stehen verschiedene Methoden zur Verfügung.

Sonografie. Mittels Ultraschalluntersuchung misst der Arzt Füllungsvermögen und Füllungszustand der Blase.

Blasendruckmessung. Mit der Blasendruckmessung misst man die Druckverhältnisse in Blase und Harnröhre. Daraus ist zu ersehen, wo die Ursachen für den unwillkürlichen Harnverlust liegen.

Blasenspiegelung. Häufig ist ein Abflusshindernis der Grund für eine Überlaufinkontinenz. Mit Blasenspiegelung wird nach einer entsprechenden Erkrankung der Harnblase gesucht.

Therapie

Bei operierten oder bestrahlten Patientinnen können Medikamente, welche die Blasenentleerung fördern, helfen (z. B. Doryl, Ubretid). α-Rezeptoren-Blocker (z. B. Dibenzyran) erniedrigen den Tonus des Schließmuskels und erleichtern so die Miktion. Liegt ein Gebärmuttervorfall vor, sollte dieser natürlich operativ angegangen werden.

Harnfisteln

Definition

Harnfisteln nennt man Verbindungen des harnableitenden Systems mit Hohlorganen der Umgebung. Ist die Scheide betroffen, kommt es zu einem Harnabgang über die Vagina (**Abb. H.14**).

Ursachen

Als Ursachen kommen hier in Frage:

- Verletzungen,
- schwere Geburten mit ausgedehnten Geburtsverletzungen,
- Operationen,
- Tumorleiden.

Symptome

Weil bei der Harnfistel der Schließmuskel umgangen wird, geht bei dieser Form der Inkontinenz stetig und kontinuierlich stark Urin über die Fistel ab.

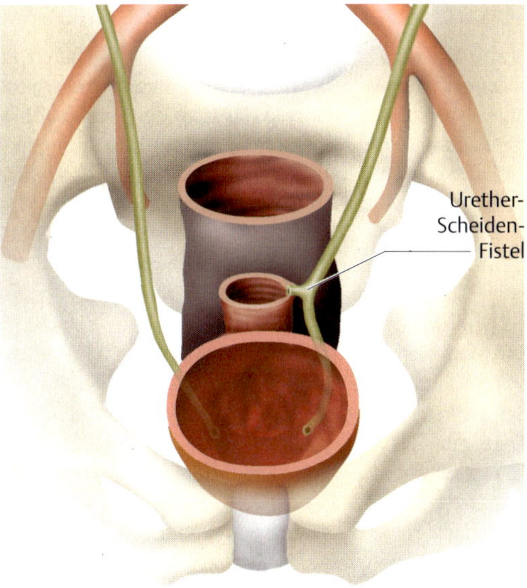

Abb. H.14 Harnfistel. Der Harn wird über die Vagina abgeleitet.

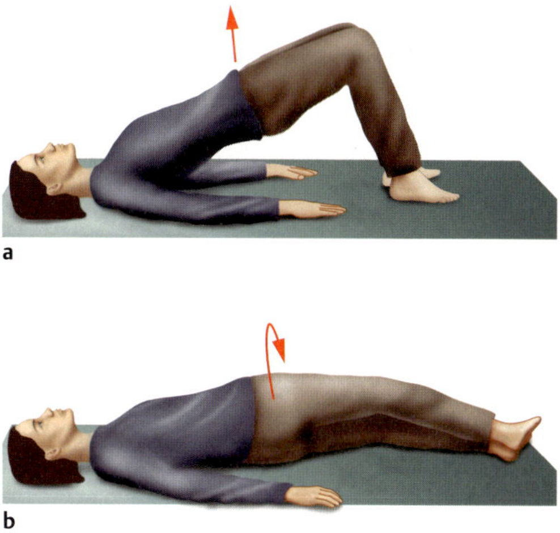

Abb. H.15 Beckenbodentraining. a Patient liegt mit angewinkelten Knien flach auf dem Boden und hebt das Gesäß leicht an, danach Gesäß wieder ablegen, entspannen und ausatmen. **b** Patient liegt mit ausgestreckten Beinen flach auf dem Rücken, bewegt die Knie auf die linke Seite und spannt dazu Gesäß- und Beckenbodenmuskulatur an.

Diagnose

Für die Diagnose ist die Anamnese von entscheidender Bedeutung. In unklaren Fällen wird die Blase mit blau eingefärbter Kochsalzlösung aufgefüllt und die Verbindungsstelle gesucht. In schwierigen Fällen kann auch ein intravenöses Urogramm (Kontrastmitteluntersuchung) notwendig sein.

Therapie

Harnfisteln müssen sehr sorgfältig operiert werden. Oft ist die Zusammenarbeit mehrerer medizinischer Disziplinen notwendig. Zur „Trockenlegung" solcher Fisteln werden zwischenzeitlich auch Nierenbeckenschienungen vorgenommen.

Kontinenztrainingsprogramme

Es gibt verschiedene Kontinenztrainingsprogramme. Wichtig ist es, zu ermitteln, um welche Inkontinenz es sich handelt und wann der Urinabgang erfolgt, z. B. beim Husten, Niesen, auf dem Weg zur Toilette usw. Es ist sinnvoll, über drei bis vier Tage ein Protokoll zu führen, um die Inkontinenz individuell beurteilen zu können.

Beckenbodentraining

Das Beckenbodentraining wird meist von Physiotherapeuten durchgeführt. Das Hauptziel der funktionellen Übungen ist die Wiederherstellung der Funktionsfähigkeit der Beckenbodenmuskulatur (**Abb. H.15**). Im Einzelnen geht es darum, die:

- Beckenbodenmuskeln bewusst zu spüren,
- Koordination der Aktivität der Beckenbodenmuskeln mit der des Zwerchfells wiederherzustellen,
- Aktivität der Muskeln rund um den Beckenboden und die Funktion der Beckenbodenmuskeln zu koordinieren,
- Muskelfasern zu trainieren.

Toilettentraining

Das Toilettentraining umfasst verschiedene Formen des Blasentrainings. Beim Blasentraining „bladder drill", das bei bestimmten Formen der Dranginkontinenz angewendet wird, darf die Patientin nur zu ganz bestimmten Zeiten Wasser lassen, egal ob sie Harndrang hat oder während der Zeitintervalle unkontrolliert Urin verliert. Die Ergebnisse werden im Protokoll dokumentiert. Das Ziel ist die Gewöhnung der Blase an bestimmte Entleerungszeiten.

Infobox

ICD-10: R32
N39.3 Belastungsinkontinenz
N39.4 Urge-Inkontinenz, Reflexinkontinenz, Überlaufinkontinenz
N82.0 Harnfisteln

Internetseiten:
http://www.stressinkontinenz.de
http://www.kontinenz-gesellschaft.de
http://www.inkontinenz-selbsthilfe.com

Literatur:
Carriere, B.: Fitness für den Beckenboden. Thieme, Stuttgart 2001

Hausstauballergie

► Im November kommt die 45-jährige Helene Baier in die Hautarztpraxis und berichtet: „Seit ungefähr drei Wochen habe ich morgens beim Aufwachen geschwollene Augen. Ich sehe aus, als hätte ich die Nacht durchgemacht. Meine Lider sind rötlich entzündet, das ganze Jahr habe ich Dauerschnupfen.“

Definition

Eine Hausstauballergie ist eine allergische Reaktion auf Bestandteile des Kots von Hausstaubmilben.

Synonyme: Hausstaubmilbenallergie.

Ursachen

Die Beschwerden beruhen auf einer Allergie auf den Kot der Hausstaubmilben, nicht auf den Hausstaub selbst. Die Milben zählen zu den Spinnentieren, sind also keine Insekten. Sie werden bis zu einem Millimeter groß und legen Eier. Hauptverursacher der Hausstauballergie sind die beiden Arten Dermatophagoides pteronyssinus und Dermatophagoides (**Abb. H.16**) farinae.

Sie leben in Mitteleuropa in jedem Haushalt, was allerdings nichts mit unzureichender Hygiene zu tun hat. Sie ernähren sich von Hautschuppen. Der Mensch z. B. verliert jeden Tag etwa 1,5 g Hautschuppen, die von bestimmten Pilzen „vorverdaut“ werden.

Am wohlsten fühlen sich Hausstaubmilben, wenn einige Stunden täglich Temperaturen zwischen 25 °C und 30 °C bei einer relativen Luftfeuchtigkeit von 65 – 80 % herrschen. Ideale Bedingungen finden sie daher im Schlafzimmer. Bis zu zehn Millionen leben in einer Matratze, in synthetischem Material genauso wie in Naturfasern. Nach zwei Jahren kann der Inhalt eines Kopfkissens zu einem Zehntel aus toten Milben und deren Ausscheidungen bestehen. In Teppichen, Polstern, Gardinen und haarigen Plüschtieren leben sie ebenfalls.

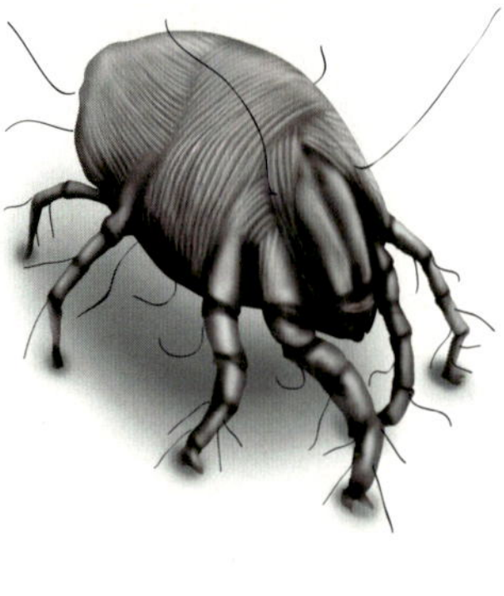

Abb. H.16 Hausstaubmilbe.

Ungefähr 6 – 12 % der Bevölkerung reagieren allergisch auf bestimmte Bestandteile des Kots der Hausstaubmilben. Das Immunsystem bildet in großer Zahl Immunglobuline vom Typ E (IgE) gegen dieses Antigen. Die durch das „Andocken“ der IgE-Antigen-Komplexe an eine Mastzelle in Gang gesetzte Ausschüttung von Mediatoren (Botenstoffe, z. B. Histamin) löst die Beschwerden aus.

Symptome

Die Betroffenen reagieren mit einer Vielzahl von Beschwerden. Diese Tatsache und das jahreszeitliche Schwanken machen es schwierig die Hausstauballergie zu erkennen.

Augentränen, eine laufende Nase sowie Niesanfälle werden vor allem morgens nach dem Aufstehen bemerkt. Aber auch ein → Ekzem eines oder beider Augenlider mit Rötung, Schuppung und Schwellung ist gerade zu Beginn der Heizperiode im Herbst nicht selten, wenn der Hausstaub vermehrt aufgewirbelt wird. Ein durch das Allergen ausgelöstes → Asthma zeigt sich in Hustenreiz und schubweiser Atemnot.

Bei Personen, die zusätzlich unter einem besonders empfindlichen Hautorgan leiden (z. B. → Neurodermitiker oder Atopiker) kann der Milbenkot Juckreiz und Ekzeme auslösen. Zu den schwer zuzuordnenden Beschwerden gehören: Schlappheit und dauernde Müdigkeit, aber auch das Anschwellen der Nasen- oder Rachenschleimhaut.

Diagnose

Ein Allergie-Test bestätigt den Verdacht einer Hausstauballergie:

- **Prick-Test:** Die Haut reagiert auf die in der Testlösung eingebrachten Milbenantigene mit einer juckenden Quaddel (s. **Abb. H.49,** S. 421).
- **RAST:** Bei zweifelhaftem oder unbrauchbarem Prick-Tests wird zur Bestätigung ein Radio-Allergen-Sorbent-Test (RAST) durchgeführt (**Abb. H.17**). Dieser weist im peripheren Blut das spezifische IgE nach.
- **Provokationstest:** In einigen Fällen kann auch ein Provokationstest notwendig sein. Dabei wird in den Atemstrom Milbenmaterial eingebracht und die Reaktion überwacht. Dieses Verfahren ist insbesondere bei asthmatischen Beschwerden hilfreich, es wird fast nur unter stationären Bedingungen durchgeführt.

Alle Testergebnisse müssen sorgfältig mit dem Beschwerdebild bzw. der Anamnese verglichen werden, da diese nicht immer sehr gut miteinander korrelieren.

Differenzialdiagnose

Allergien auf andere Antigene, vor allem Schimmelpilze und Tierhaare, machen ganz ähnliche Beschwerden. Aber auch nach dem „klassischen“ → Heuschnupfen auf Pflanzenpollen muss gesucht werden, zumal dieser sehr häufig gleichzeitig mit einer Hausstauballergie auftritt.

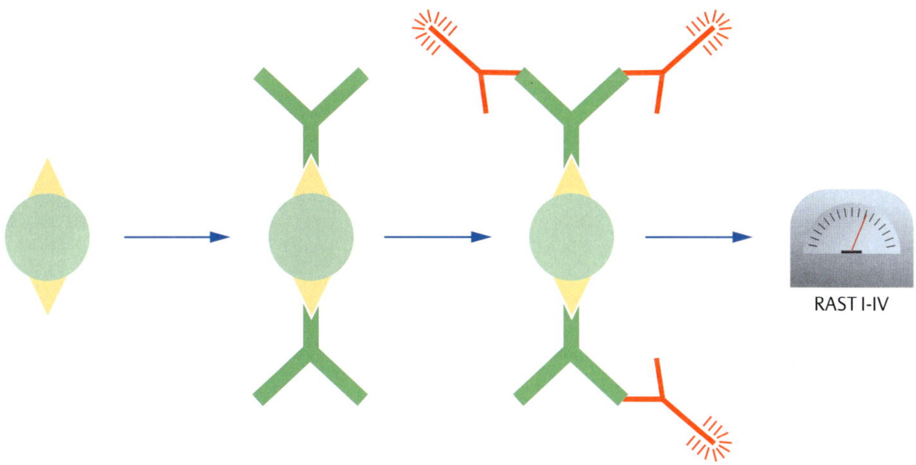

Abb. H.17 RAST-Test. Der Test nutzt die Spezifität der Antigen-Körper-Reaktion für die klinische Diagnostik, um allergenspezifische IgE-Antikörper nachzuweisen.

Therapie

Die Therapie stützt sich auf zwei Säulen: Allergenvermeidung und Hyposensibilisierung.

Allergenvermeidung

Die Wohnung kann nicht milbenkotfrei gemacht werden. Die Belastung kann aber durch eine Reihe bewährter Maßnahmen reduziert werden.

Schlafplatz. Da die größte Zahl der Milben im Bett zu finden ist, betreffen die wichtigsten Maßnahmen die Matratze und das Kopfkissen. Ältere Materialien sollen gleich gewechselt werden, neue mit geeigneten milbenkotdichten, wasserdampf- und luftdurchlässigen Bezügen versorgt werden. Diese sind im Fachhandel erhältlich. Sprays mit dem Öl des Niembaums können die Zahl der Milben in Matratzen deutlich senken. Kopfkissen und Bettdecken sollten bei mindestens 60 °C gewaschen werden. Erst dann sterben die Milben und ihre Eier zuverlässig ab.

Wohnung. Alte Teppiche, Teppichboden und Staubfänger jeder Art sollten aus der Wohnung entfernt werden. Glatte Böden gehören eher gewischt als gefegt. Staubsauger lassen sich mit milbendichten Filtern bestücken. Alle Reinigungsarbeiten sollten nicht vom Allergiker selbst ausgeführt werden.

Luftveränderung. Kuren und Urlaube im Hochgebirge der Alpen und am Meer, den in Mitteleuropa milbenärmsten Orten, bringen zeitweise Erleichterung.

Hyposensibilisierung

Die Hyposensibilisierung verspricht als einzige Maßnahme das vollständige Verschwinden der Beschwerden. Dabei wird über einen Zeitraum von etwa drei Jahren eine langsam ansteigende Dosis des Milben-Allergens unter die Haut gespritzt.

Prognose

Bei konsequenter Verringerung der Milbenmenge ist eine deutliche Linderung der Beschwerden zu erwarten. Die Hyposensibilisierung bringt bei mehr als 75 % der Patienten ein Verschwinden der Symptome. Ein geringeres Lebensalter zu Beginn der Therapie ist dabei günstig.

Komplikationen

Die Milbenallergie ist eine Dauerbelastung für das Immunsystem. Ein so genannter Etagenwechsel der Allergie zum → allergischen Asthma ist möglich.

Das Eiweiß Tropomyosin kommt sowohl in Milbenkot als auch in einigen Meerestieren und Schnecken südlicher Länder vor. Im Sinne einer „Kreuzallergie" kann es daher beim Genuss dieser Tiere zu einem lebensbedrohlichen → anaphylaktischen Schock kommen.

Infobox

ICD-10: J30.3

Internetadressen:

Deutscher Allergie- und Asthmabund: http://www.daab.de

Literatur:

Diebschlag, B. u. W.: Hausstauballergien. Gesundheitliche und hygienische Aspekte. UTZ, München 2000

Hebephrene Schizophrenie

► **Der 18-jährige Christopher lächelt selbstversunken: „Buddhismus ist die einzig wahre Religion. Seit ich Buddhist bin, verstehe ich viel besser die Struktur der Bundespolitik. Die Grünen sind die endogmatische Nachfolgepartei Buddhas.“ Er lacht in einer merkwürdigen, läppischen Art und zuckt wild mit den Schultern, sodass die Arme durch die Luft wirbeln. Er läuft auf und ab, blinzelt auffallend mit den Augen, als ob er einen Krampf in den Lidern habe. „Ich weiß, der Buddhismus wird mich zum Sieger des Bundespolitikwettbewerbs machen!“**

Definition

Die hebephrene Schizophrenie ist eine psychiatrische Erkrankung mit Störungen der Affektivität und des formalen Denkens, die bei jungen Menschen zwischen dem 15. und 25. Lebensjahr auftritt.

Sie dauert mindestens mehrere Monate an und zeitweise treten Wahneinfälle und Halluzinationen auf.

Synonyme: „Jugendirresein“, Hebephrenie.

Ursachen

Diese Erkrankung wird vermutlich durch ein spätpubertäres Ungleichgewicht des dopaminergen und serotonergen Transmittersystems im limbischen Zentrum und im Präfrontalhirn ausgelöst. Gelegentlich liegt auch eine Angststörung zugrunde.

Das reifende Hirn entwickelt pathologisch veränderte, unausgewogene synaptische Verschaltungen, die die Krankheit aufrechterhalten.

Symptome

Die Symptome treten erstmals ab etwa dem 15. Lebensjahr auf, jedoch nahezu immer vor dem 25. Lebensjahr. Die Patienten zeigen ein bizarres, manieriertes Benehmen bei verflachter Affektivität. Ihr Verhalten, z. B. selbstverliebtes Kichern oder merkwürdig flaches Lächeln, ist läppisch und unpassend.

Das formale Denken ist zerfahren. Oft beschäftigen sich die Patienten intensiv, aber inhaltsleer mit religiösen oder philosophischen Themen. Nach einer Phase der Antriebssteigerung entwickelt sich später eine → Katatonie. Wahnsymptome (Stimmenhören usw.) treten nur passager (vorübergehend) auf. Der Patient kann sich jedoch durchgängig mit isolierten Wahninhalten (z. B. mit religiösen „Einsichten“) beschäftigen. Schon vor der Erkrankung waren die Betroffenen schüchtern und als Einzelgänger von ihren Mitmenschen isoliert.

Differenzialdiagnose

Abzugrenzen sind die → paranoide Schizophrenie und reaktive → Anpassungsstörungen.

Abb. H.18 Bezugspflegebindung. Für junge Patienten mit einer hebephrenen Schizophrenie ist eine feste Bezugsperson sehr wichtig.

Therapie

Die Therapie erfolgt durch Gabe von Neuroleptika wie Olanzapin (z. B. Zyprexa velo tabs) und Anxiolytika wie Lorazepam (z. B. Tavor). Oft ist ein mehrmonatiger stationärer Aufenthalt in der Jugend- oder Erwachsenenpsychiatrie notwendig. Dort werden die Patienten durch folgende Maßnahmen geschützt:

- eine feste Bezugspflegebindung (**Abb. H.18**),
- wenige und immer vorangekündigte Besuche aus dem sozialen Umfeld,
- Fernsehverbot,
- Unterbringung im geschlossenen Einzelzimmer.

In psychotherapeutischen Einzelgesprächen wird versucht, ein evtl. traumatisches, auslösendes Ereignis in der Kindheit zu ergründen und ggf. zu bearbeiten. Ansonsten wird der Patient einfühlsam in die Wirklichkeit der umgebenden Sachverhalte und emotionalen Inhalte zurückgeholt. In einer katatonen Phase ist das hauptsächliche Ziel, Kontakt mit dem Patienten aufzubauen, um ihn so aus seiner inneren Isolation zu lösen.

Prognose

Die Prognose ist sehr schlecht. Die Erkrankung kann bis zu einer Demenz fortschreiten.

Infobox

ICD-10:
F20.1

Internetadressen:
http://www.psychiatriegespraech.de
http://www.psychiatrie.de/pflege/article/pflegetipps_schizophrene_psychosen.html

HELLP-Syndrom

► Die 31-jährige Frau Schmitter wurde aufgrund einer Schwangerschaftshypertonie und -proteinurie in die Klinik eingewiesen. Es ist ihre erste Schwangerschaft, sie befindet sich in der 35. Schwangerschaftswoche. Morgens beim Wecken klagt sie: „Ich habe solche Bauchschmerzen. Meinen Sie, es stimmt etwas nicht mit meinem Kind?"

Definition

Das HELLP-Syndrom ist eine schwere Verlaufsform der Präeklampsie (→ Schwangerschaftshypertonie). Die Abkürzung steht für die typischen Symptome (**Abb. H.19**):

- hämolytische Anämie,
- erhöhte Leberwerte,
- Thrombozytopenie.

Es kommt etwa ein Fall auf 150 – 300 Geburten.

Ursachen

Die Veränderungen entstehen durch einen Endothelschaden der Lebergefäße. Hier kommt es zu Minithromben. Die Blutplättchen werden in der Leber zerstört bzw. verbraucht. Außerdem führen die Gefäßschäden zu einer Auflösung der roten Blutkörperchen.

Warum die Präeklampsie bei einigen Patientinnen diese Form annimmt, ist letztlich ungeklärt.

Symptome

Das HELLP-Syndrom manifestiert sich gewöhnlich in der 34. SSW, kann aber auch erst im Wochenbett auftreten. Im Vordergrund stehen Oberbauchschmerzen, die aufgrund der Leberkapselspannung entstehen. Sie werden vielfach als „Magenschmerzen" fehlgedeutet. Daneben haben die Patientinnen ein ausgesprochenes Krankheitsgefühl.

In seltenen Fällen kann es durch Blutungen unterhalb der Kapsel zur Leberruptur kommen. Dann stehen symptomatisch der Volumenmangel und das akute Abdomen im Vordergrund.

In bis zu 15 % der Fälle können Proteinurie und Hypertonie als Zeichen der Präeklampsie fehlen.

H	hemolysis = Hämolyse
E	elevated = erhöhte
L	liver enzymes = Leberenzyme
L	low = erniedrigte
P	Platelets = Thrombozyten

Abb. H.19 HELLP-Syndrom. Die Abkürzung steht für die typischen Symptome des Syndroms.

Diagnose

Bei der Befunderhebung wird zuerst auf Oberbauchschmerz und Veränderungen der Laborwerte geachtet. Manchmal geben isolierte Laborwertveränderungen Anlass zur Sorge. Dann müssen andere Ursachen ausgeschlossen werden (z. B. können die Thrombozyten aus immunologischen Gründen erniedrigt sein; die Leberwerte sind möglicherweise aufgrund einer anderen Erkrankung erhöht). Im Einzelfall muss entschieden werden, ob eine umgehende Entbindung notwendig ist.

Differenzialdiagnose

Betrachtet man die Symptome einzeln, kann man differenzialdiagnostisch an Erkrankungen wie die idiopathische → Thrombopenie, das hämolytisch-urämische Syndrom, eine → Hepatitis, die Schwangerschaftsfettleber oder ein Gallensteinleiden (Cholelithiasis) denken. In der Kombination der Befunde kommt jedoch kaum eine andere Krankheit in Frage.

Therapie

Da die Schwangerschaft das HELLP-Syndrom auslöst, ist eine baldige Beendigung der Gravidität i.d.R. durch Kaiserschnitt notwendig. Wenn möglich wird die Induktion der Lungenreifung vor der 34. SSW abgewartet.

Kortikoide können die Thrombozytenanzahl erhöhen, der therapeutische Wert ist jedoch umstritten. Gerinnungsfaktoren müssen je nach Verbrauch ersetzt werden. Eine Heparintherapie erfolgt erst nach Stabilisierung und Anstieg der Thrombozyten. Gestose-Patientinnen sind besonders thrombosegefährdet, sodass nicht auf die postoperative Heparin-Therapie verzichtet werden kann.

Prognose

Die mütterliche Sterblichkeit liegt bei ca. 1 %, die kindliche bei ca. 15 %. Selten tritt das HELLP-Syndrom erst nach der Geburt auf. Die Prognose ist dann deutlich schlechter.

Infobox

ICD-10:
O14.1

Internetadressen:
Arbeitsgemeinschaft Gestose-Frauen e. V.: http://www.gestose-frauen.de
Labor 28: http://www.labor28.de/laborinfo

Literatur:
Girardi, C.: HELLP! Eine Albtraumnovelle oder ein Lehrbuch über ein Syndrom. Edition Va Bene, Klostern 2004

Hepatitis (virale)

▶ **Drei Wochen nach der Rückkehr von einem Ägyptenurlaub fühlt sich der 35-jährige Familienvater Peter Meinhardt abgeschlagen und appetitlos. Er hat Bauchschmerzen und leichtes Fieber, die Haut juckt. „Mein Urin ist auch irgendwie dunkler als sonst, der Stuhl dafür heller. Zunächst habe ich mir nicht viel dabei gedacht, aber als meine Frau dann auch noch damit anfing, dass meine Augen und meine Haut gelblich aussehen, dachte ich, Sie sollten sich das mal ansehen", erzählt er seinem Hausarzt.**

Definition

Die Hepatitis ist eine Leberentzündung, bei der Leberzellen zugrunde gehen. Sie wird durch Hepatitis-Viren verursacht.

Ursachen

Die Infektion mit den Hepatitisviren A (Hepatitis-A-Virus, HAV), B (HBV), C (HCV) und E (HEV) kann eine akute Hepatitis hervorrufen (**Tab. H.2**). Hepatitis D (HDV) tritt ausschließlich bei Patienten mit Hepatitis B auf. HDV ist ein inkomplettes Virus, das zu seiner Vermehrung auf die Hülle des HBV angewiesen ist.

Hepatitis-A- und Hepatitis-E-Virus werden fäkal-oral übertragen über Nahrungsmittel, die mit Stuhl von Infizierten kontaminiert sind. Hepatitis B, C und D werden über Blut und Blutprodukte übertragen. HBV und HDV werden außerdem sexuell und von einer infizierten Mutter bei der Geburt auf das Kind weitergegeben, HBV in Afrika auch unter Kleinkindern durch sehr engen Kontakt. Das Hepatitis-E-Virus ist bei uns nicht heimisch, sondern kommt in verschiedenen Ländern Zentral- und Südasiens, Afrikas und Mittelamerikas vor.

Die Viren infizieren Leberzellen. Durch die Immunreaktion des Körpers auf den Infektionserreger werden die Leberzellen zerstört. Dadurch kommt es zur Entzündung und Funktionsstörung des Organs. Die Zellzerstörung führt dazu, dass Enzyme aus den Leberzellen ins Blut gelangen. Dies ist für die Diagnostik von Bedeutung.

Als Folge der Entzündung staut sich Gallenflüssigkeit in der Leber. Dadurch gelangt Bilirubin (Abbauprodukt des Blutfarbstoffs Hämoglobin) statt in die Galle ins Blut und erzeugt eine Verfärbung stark durchbluteter Organe. Dies verursacht die Gelbsucht (Ikterus). Bilirubin wird statt über den Stuhl vermehrt über die Niere ausgeschieden und färbt dadurch den Urin dunkel. Der Stuhl bleibt hell.

Symptome

Akute Hepatitis. Die Symptome einer akuten Virushepatitis beginnen zunächst uncharakteristisch. Sie bestehen aus Abgeschlagenheit, Unwohlsein, Appetitlosigkeit, Oberbauchbeschwerden sowie gelegentlich leichtem Fie-

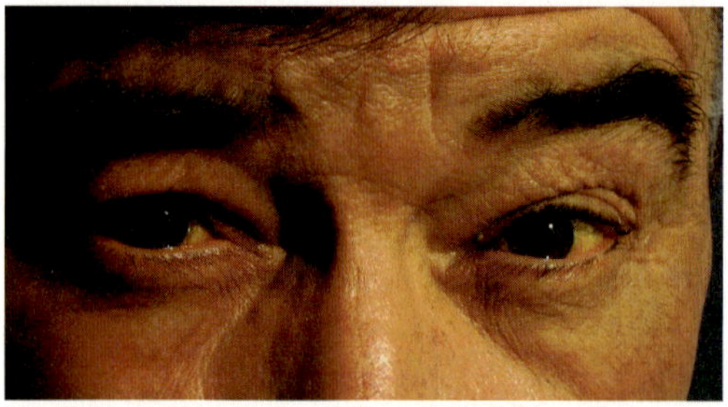

Abb. H.20 Ikterus. Haut und Skleren sind gelblich verfärbt.

Tab. H.2 Hepatitis-Viren

Bezeichnung	HAV	HBV	HCV	HDV	HEV
Übertragung	▪ fäkal-oral (z. B. durch Trinkwasser, Nahrungsmittel, Schmierinfektion)	▪ parenteral (z. B. durch Injektionen, Infusionen) ▪ sexuell ▪ vertikal (bei der Geburt von der Mutter auf das Kind)	▪ parenteral	s. HBV	▪ fäkal-oral
Inkubationszeit (Tage)	14–40	40–180	20–70	30–180	14–28
chronische Form	nein	5–90 %	85 %	5–90 %	nein
Therapie	nicht möglich	Interferon-α u. Lamivudin o. ä.	Interferon-α u. Ribavirin	s. HBV	nicht möglich
Impfung	möglich	möglich	nicht möglich	s. HBV	nicht möglich

ber, Durchfall, Kopf- und Rachenschmerzen. Bei 20–30 % der Infizierten, insbesondere bei Infektionen im Erwachsenenalter, kommt es anschließend zur gelblichen und gelbgrünlichen Verfärbung der Haut und der Sklera der Augen, der Gelbsucht (**Abb. H.20**). Voraus geht häufig heller Stuhl sowie dunkler Urin.

Chronische Hepatitis. Die Hepatitisviren B und C können eine chronische Hepatitis hervorrufen. Sie bereitet zunächst meist keine oder nur geringe Beschwerden und zeigt sich nur an einer Erhöhung der sog. Leberwerte („Transaminasen") im Serum. Die Enzyme stammen aus zugrunde gegangenen Leberzellen. Eine chronische Hepatitis kann die Leber immer weiter schädigen, sodass in fortgeschrittenen Stadien körperliche Symptome wie bei der akuten Hepatitis auftreten können.

Diagnose

Charakteristisches Laborzeichen einer Hepatitis ist die Erhöhung der Konzentration der „Amino-Transaminasen" ASAT (GOT) und ALAT (GPT) im Serum (**Abb. H.21**).

Zum Nachweis, dass die Leberentzündung durch ein Virus hervorgerufen wurde, müssen zusätzliche serologische Untersuchungen durchgeführt werden. IgM-Antikörper gegen Hepatitis-A- oder -B-Virus weisen auf einen akuten Infekt hin. IgG-Antikörper gegen Hepatitis-C-Virus deuten auf eine Infektion mit diesem Virus hin.

Die akute und chronische Hepatitis-B- und -C-Virusinfektion wird zusätzlich durch den Nachweis der Viren selbst geführt. Dazu wird bei der HBV-Infektion das HBs-Antigen nachgewiesen, bei der HCV-Infektion die Virus-RNA. Die HCV-Infektion wird jedoch meist erst im chronischen Stadium diagnostiziert, denn bei der akuten Infektion kommt es selten zu Krankheitssymptomen.

Differenzialdiagnose

Das Symptom der Gelbsucht kann auch auftreten bei starker Zerstörung von roten Blutkörperchen (Hämolyse) oder bei Neugeborenen, bei denen die Leberfunktion noch nicht vollständig ausgereift ist. Außerdem gibt es einige seltene erbliche Ursachen für Gelbsucht.

Andere infektiöse Hepatitisursachen. Zahlreiche weitere Virusinfektionen können die Transaminasen im Blut ansteigen lassen, wobei jedoch dann andere Symptome im Vordergrund der Viruserkrankung stehen. Man spricht in diesen Fällen von einer Begleithepatitis. So findet man sie u. a. bei der Infektiösen Mononukleose (→ Pfeiffersches Drüsenfieber) und bei der → Zytomegalie-Mononukleose. Auch bakterielle Hepatitiden kommen vor, z. B. die Weilsche Krankheit durch Leptospiren.

Toxische Hepatitis. Vergiftungen, z. B. mit Knollenblätterpilzen oder Chemikalien (z. B. Tetrachlorkohlenstoff), rufen eine akute Leberzellzerstörung hervor. Zahlreiche Medikamente haben eine leberschädigende Nebenwirkung, die sich bei manchen Personen auswirkt.

Alkohol-Hepatitis. Sie ist eine chronische Leberschädigung, die durch Alkohol bedingt ist. Vorstadium ist die Fettleber, Folge der Hepatitis ist die → Leberzirrhose. Das Auftreten von Lebererkrankungen ist abhängig von der aufgenommenen Alkoholmenge, Geschlecht (Frauen entwickeln Alkohol-Lebererkrankungen bei geringerer Alkoholmenge) und anderen Faktoren.

Autoimmun-Hepatitis. Die Ursache dieser Form der Hepatitis ist unbekannt. Möglicherweise sind sowohl Umwelt- als auch angeborene, genetische Faktoren daran beteiligt. Dabei zerstören Immunzellen die Leberzellen. Dies führt zu chronischer Leberentzündung und Leberzirrhose. Die Erkrankung wird mit Kortison-Präparaten behandelt.

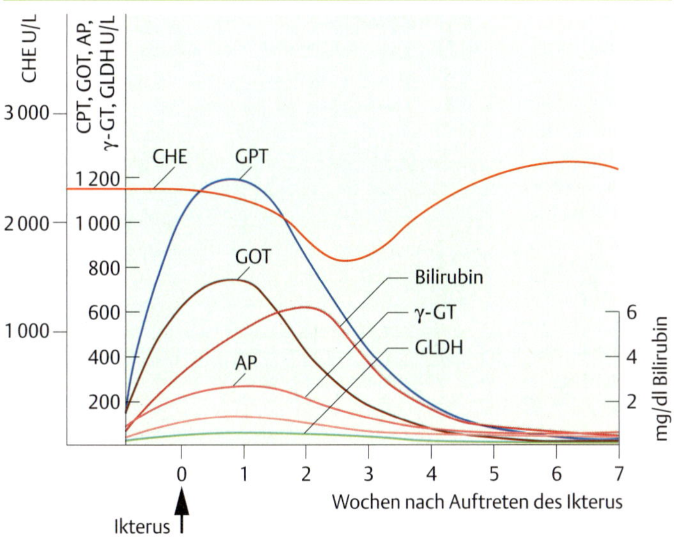

Abb. H.21 Laborwerte. Charakteristischer Ablauf einiger Laborwerte bei akuter ikterischer Virushepatitis.

Gallenblasenentzündung. Eine → Cholezystitis oder ein abgehender Stein im Gallengang können ähnliche Beschwerden wie eine Hepatitis hervorrufen. Die Unterscheidung zur Hepatitis ist besonders wichtig, denn eine Operation wird von einem Patienten mit schwerer Hepatitis nur schlecht vertragen.

Therapie

Die akute A- und B-Hepatitis wird nicht medikamentös behandelt.

Medikamentöse Therapie. Die Hepatitis C zeigt nur selten Symptome während der akuten Infektion. Wenn sie jedoch diagnostiziert wird, wird die Erkrankung mit Interferon-α und Ribavirin therapiert. Die chronische Hepatitis-B- und die chronische Hepatitis-C-Virusinfektion, bei denen die Krankheit fortschreitet, werden ebenfalls medikamentös behandelt. Dazu stehen gegen das HBV mehrere Medikamente zur Verfügung, die das Virusenzym Reverse Transkriptase hemmen (z. B. Lamivudin, Adefovir und Tenofovir).

Symptomatische Therapie. Die übrige Hepatitis-Therapie ist symptomatisch. Akut Erkrankte sollen sich schonen, ggf. Bettruhe einhalten und kalorienreiche Kost zu sich nehmen. Der größte Teil der Nahrung sollte morgens gegessen werden, denn die Übelkeit nimmt über den Tag zu. Falls keine Nahrung oral aufgenommen werden kann, kann eine intravenöse Kalorienzufuhr im akuten Stadium erforderlich werden. Gegen Juckreiz kann die Substanz Cholestyramin hilfreich sein.

Hygienemaßnahmen. Der direkte Kontakt mit Blut und anderen Körperflüssigkeiten von Patienten mit Hepatitis B oder C muss vermieden werden. Obwohl Hepatitis-A-Virus fäkal übertragen werden kann, sind aufwendige Isolierungsmaßnahmen nicht erforderlich. Die üblichen Hygienemaßnahmen, wie sie im Umgang mit Stuhl usw. angewandt werden (z. B. Handschuhe tragen, Hände waschen und desinfizieren) reichen aus.

Impfungen. Zur Vorbeugung gegen Hepatitis A und B stehen Impfstoffe zur Verfügung. Die Hepatitis-B-Impfung ist für alle im Pflegebereich tätigen Personen empfohlen, die Hepatitis-A-Impfung besonders in den Bereichen, in denen sie mit Stuhl von Patienten in Kontakt kommen können. Beide Impfstoffe können auch nach einem möglichen Erregerkontakt („postexpositionell") gegeben werden. Die Impfung nach (möglichem) Erregerkontakt wird z. B. bei Neugeborenen von infizierten Müttern durchgeführt sowie bei engen Kontaktpersonen bei einem Ausbruch von Hepatitis A in einem Kindergarten. Bei Neugeborenen mit möglicher Hepatitis B wird zusätzlich zur Impfung mit einer einmaligen Dosis von Antiserum gegen Hepatitis B direkt nach der Geburt behandelt.

Prognose

Die akute Virushepatitis durch die Viren HAV und HBV und die Superinfektion mit Hepatitis-D-Virus (bei bereits chronisch mit HBV Infizierten) kann in seltenen Fällen einen rasant tödlichen Verlauf nehmen („fulminante Hepatitis"). Auch die Hepatitis E kann einen rasch tödlichen Verlauf nehmen. Dies ist besonders häufig, wenn die Infizierte schwanger ist. Bei älteren Personen verläuft die Hepatitis B schwerer und langwieriger.

Die Hepatitis A heilt i.d.R. folgenlos aus. Die Hepatitis B von Jugendlichen und Erwachsenen heilt ebenfalls meist aus. Bei 5 % der Erwachsenen und 90 % der als Neugeborene Infizierten entwickelt sich jedoch eine chronische Hepatitis. Sie kann keine Symptome zeigen und die Leber nicht weiter zerstören oder eine aggressive Verlaufsform annehmen, bei der das Lebergewebe zerstört wird und sich eine Zirrhose (Leberverhärtung) entwickelt. Jahrzehnte nach Infektion kann sich auf dem Boden einer Leberzirrhose ein → Leberkarzinom entwickeln.

Komplikationen

Bei der Hepatitis B können sich aufgrund einer immunologischen Überempfindlichkeitsreaktion bereits früh Gelenkschmerzen entwickeln.

Die Infektion mit Hepatitis-D-Virus bei vorbestehender chronischer Hepatitis-B-Virusinfektion führt zu einem schwereren Krankheitsverlauf (Superinfektion).

Im Endstadium kann sich aus der chronischen Hepatitis durch Hepatitis-Virus B, C und D eine Leberzirrhose entwickeln, die zu einem Leberversagen führen kann. Schließlich kann ein Leberkarzinom entstehen.

Infobox

ICD-10: B15-B19 – Virushepatitis

Internetadressen:

Robert-Koch-Institut: http://www.rki.de
http://www.reisemed.at
http://www.auswaertiges-amt.de

Literatur:

Doerr, H.W., Gerlich, W.H. (Hrsg.): Medizinische Virologie. Thieme, Stuttgart 2002

Jassoy, Ch., Schwarzkopf, A.: Hygiene, Mikrobiologie und Ernährungslehre für Pflegeberufe. Thieme, Stuttgart 2004

Mertens, T. u. a.: Diagnostik und Therapie von Viruserkrankungen. Leitlinien der Gesellschaft für Virologie, 2. Aufl. Urban & Fischer, München 2004

Herpes simplex

► Die 53-jährige Frau Grolsch hat eine fieberhafte, bakterielle Mandelentzündung. Als die Erkrankung schon abklingt, entwickelt sich auf und über der Oberlippe eine Rötung, die juckt. Am nächsten Tag ist die Rötung größer geworden, schmerzhaft und kleine Bläschen sind entstanden. Während einzelne Bläschen platzen und eine Borke entsteht, entwickeln sich auch noch am folgenden Tag neue Bläschen.

Definition

Herpes ist die Erkrankung oder das Wiederaufblühen einer Infektion (→ reaktivierte Infektion) von Schleimhaut, Haut und Nervenzellen durch die Herpes-Simplex-Viren Typ 1 und Typ 2.

Ursachen

Man unterscheidet Krankheiten, die im direkten Zusammenhang mit einer frischen Herpes-Simplex-Virusinfektion auftreten, von solchen, die durch das Virus verursacht werden, sich aber erst zu einem späteren Zeitpunkt zeigen.

Die Erstübertragung der Infektion erfolgt meist im Säuglings- oder Kindesalter über Speichel. Sie bleibt häufig unerkannt, da sie keine charakteristischen Symptome verursacht. Das Virus, meist das Herpes-Simplex-Virus Typ 1, bleibt stets lebenslang in Nervenzellen des Trigeminus-Nervs bestehen. Dieser Nerv leitet die Gefühlsempfindung vom Gesicht zum Gehirn. Bei fieberhaften Erkrankungen, Operationen im Hals-Nasen-Ohren- oder Zahnbereich oder durch Bestrahlung mit UV-Licht kann es zur erneuten Ausbreitung der Viren von den Nervenzellen aus in den Mund- und Lippenbereich kommen. Als Folge der Reaktivierung der Infektion kann ein Lippenherpes entstehen.

Herpesviren können auch über die Schleimhäute im Genitalbereich übertragen werden. Meist ist Herpes-Simplex-Virus Typ 2 dabei im Spiel. Ist eine Schwangere zum Zeitpunkt der Geburt frisch infiziert, kann das Virus im Geburtskanal auf das Kind übertragen werden.

Symptome

Eine Herpesinfektion im Säuglings- und Kleinkindalter wird meistens nicht wahrgenommen. Findet die Infektion jedoch bei älteren Kindern oder bei Erwachsenen statt, kann es zu einer schmerzhaften Entzündung der Schleimhaut in Mund und Rachen mit Fieber und Lymphknotenschwellungen am Hals kommen (Mundfäule, Gingivostomatitis, Stomatitis aphthosa).

Lippenherpes. Die häufigste Form einer Erkrankung durch Herpes-Simplex-Virus ist der Lippenherpes (**Abb. H.22**). Er erscheint erst Monate bis Jahrzehnte nach der Infektion aufgrund einer Reaktivierung der Viren, die bereits im Körper sind. Er beginnt mit Rötung und Bläschenbildung am Rand von Lippenschleimhaut und Haut. Innerhalb der nächsten Tage entstehen und platzen immer wieder Bläschen. Die Flüssigkeit trocknet ein und es bildet sich Schorf. Auch auf der übrigen Mundschleimhaut und der Haut im Gesicht, kann sich der Herpes entfalten.

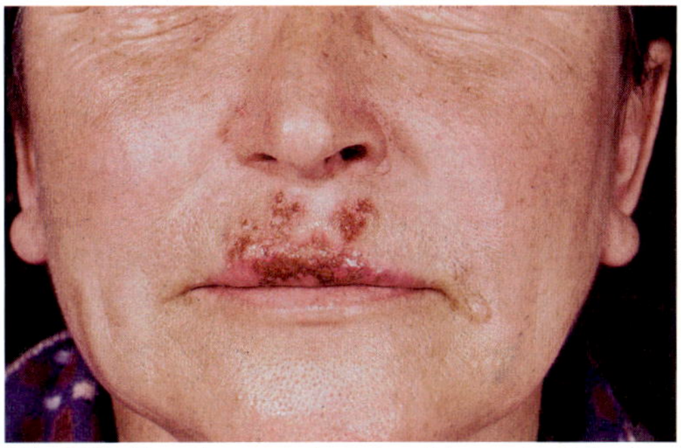

Abb. H.22 Lippenherpes. Es kommt zunächst zu einer Schwellung mit Spannungsgefühl und Juckreiz an den Lippen, dann zu Bläschenbildung mit Schmerzen.

Genitalherpes. Kommt es zur Übertragung im Genitalbereich, entwickeln sich schmerzhafte Rötungen und Bläschen auf dem Penis oder der Vaginalschleimhaut (Herpes genitalis, Genital-Herpes). Die genitale Erkrankung kann immer wieder neu aufflackern und zeigt dann ähnliche Symptome.

Diagnose

Lippenherpes, Herpes genitalis und Gingivostomatitis sind so charakteristisch, dass sie allein durch Aussehen und Symptome diagnostiziert werden können.

Bei Verdacht auf eine → Enzephalitis durch Herpesviren werden Rückenmarksflüssigkeit auf Viren untersucht sowie Antikörpertestungen durchgeführt.

Differenzialdiagnose

Schmerzhafte Entzündungen im Mund-Rachenbereich können durch andere Infektionserreger hervorgerufen werden, insbesondere bei Immunschwäche. So kommen Rachenentzündungen durch Bakterien und Pilze bei Patienten, die eine Krebs-Chemotherapie erhalten, oder bei → AIDS-Patienten vor.

Therapie

Standardmedikament gegen Herpes-Simplex-Virus-Infektionen ist Aciclovir. Aciclovir wird als Salbe (Lippenherpes) oral (z. B. bei Genitalherpes) und für die intravenöse Behandlung (z. B. bei Herpes-Enzephalitis, → Neugeborenenherpes) eingesetzt. Daneben gibt es weitere Medikamente (z. B. die Wirkstoffe Famciclovir, Valaciclovir) mit gleicher Wirkweise.

Prognose

Lippen- und Genitalherpes heilen auch ohne Therapie von selbst und folgenlos innerhalb von maximal ein bis zwei Wochen aus. Erneute Krankheitsschübe sind häufig, verlaufen jedoch mit der Zeit immer milder.

Wenn bei schweren Krankheitsverlaufsformen wie Enzephalitis und Neugeborenenherpes Medikamente frühzeitig eingesetzt werden, können sie die Infektion gut eindämmen und die schädlichen Folgen der Infektion verhindern.

Komplikationen

Die Herpesinfektion kann sich grundsätzlich auch auf viele andere Organe ausbreiten, was aber selten ist. Besonders gefährdet sind Personen mit Immunschwäche.

Hirnentzündung. Besonders schwerwiegend ist die Enzephalitis. Nicht selten bleiben nach überstandener Enzephalitis über Monate und Jahre neurologische Folgeschäden zurück, z. B. Konzentrations-, Denk- sowie Persönlichkeitsstörungen.

Hornhautentzündung. Die Infektion der Hornhaut des Auges (→ Keratitis), die durch Verschleppung von Viren ins Auge hervorgerufen wird, ist sehr schmerzhaft. Begleitet von Sehstörungen, kann sie zur Erblindung führen.

Neugeborenenherpes. Besonders gefährlich ist die Übertragung von Herpes-simplex-Viren auf das Kind unter der Geburt. In den meisten Fällen entwickeln sich eine Enzephalitis und schwere Entzündungen weiterer Organe. Die Erkrankung verläuft unbehandelt sehr häufig tödlich. Falls das Kind überlebt, bleiben meist schwere Schäden zurück.

Herpes-Ekzem, Eczema herpeticum. Bei kleinen Kindern mit atopischem Ekzem kann sich eine Herpesvirusinfektion über den Mundbereich hinaus verbreiten und zu Hautbläschen auf dem gesamten Körper führen.

Infobox

ICD-10: B00

Internetadresse:

Robert-Koch-Institut: http://www.rki.de

Literatur:

Jassoy, Ch., Schwarzkopf, A.: Hygiene, Mikrobiologie und Ernährungslehre für Pflegeberufe. Thieme, Stuttgart 2004

Herpes zoster

► **Die Haut auf der linken Stirnhälfte von Herbert Kiefer (76) schmerzt. „Nach zwei Tagen rötete sich meine Stirn und es bildeten sich zahlreiche kleine Bläschen", berichtet er seinem Arzt. „ Auch das linke Auge ist gerötet und tut weh." Die rechte Gesichtshälfte ist nicht betroffen.**

Definition

Der Herpes zoster ist eine Erkrankung der Haut aufgrund einer Reaktivierung des Varicella-Zoster-Virus, dem Erreger der → Windpocken.

Synonym: Gürtelrose.

Ursachen

Herpes zoster tritt Jahre oder Jahrzehnte nach einer Windpockenerkrankung auf. Während der Windpockeninfektion infizieren die Viren in der Haut sensible Nerven und gelangen darin zu den Nervenzellkörpern entlang des Rückenmarks. Dort verbleiben sie lebenslang, ohne sich zunächst erneut zu vermehren (**Abb. H.23 a**).

Aus bisher unbekannten Gründen kann es jedoch zu einer Reaktivierung der Virusvermehrung kommen. Nach der Reaktivierung gelangen die Viren aus den Nervenganglien zurück in die Haut (**Abb. H.23 b**).

Die Erkrankung kann in jedem Lebensalter auftreten. Sie tritt jedoch in fortgeschrittenem Alter häufiger auf und verläuft dann schwerer.

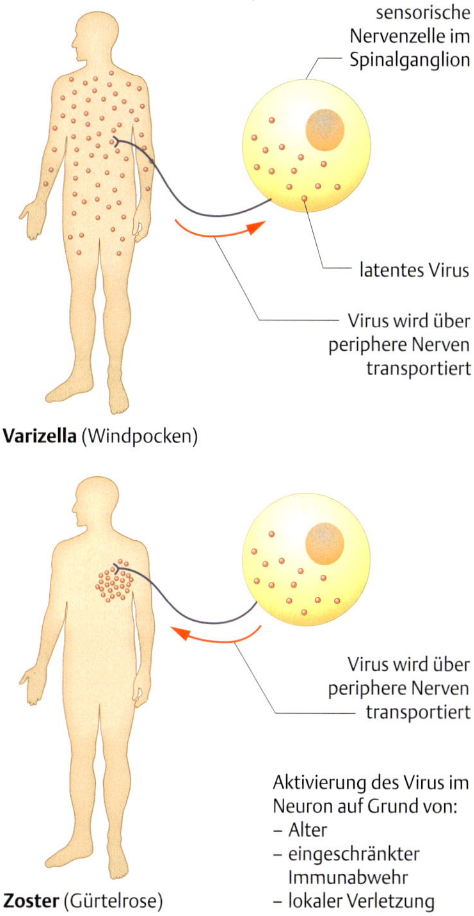

Abb. H.23 Pathogenese. a Die Viren überleben in den Spinalganglien sensibler Hautnerven nahe des Rückenmarks und **b** können reaktiviert werden.

Symptome

Herpes zoster beginnt mit Schmerzen an einer Hautstelle. Zwei bis drei Tage später entwickeln sich an dieser Stelle eine Rötung und ein Hautausschlag. Der Hautausschlag entwickelt sich zu Bläschen, die wie die Windpockenbläschen reifen, eitrig werden und verschorfen.

Der Reifegrad der Bläschen ist gleichförmig. Der Hautausschlag bleibt i.d.R. auf einen halbseitigen Querstreifen am Rumpf oder am Kopf beschränkt, entsprechend einem oder zwei Dermatomen (Dermatom = von einem Rückenmarksnerv versorgtes Hautsegment).

Zusätzlich zu dem Hautausschlag haben v. a. ältere Personen starke Schmerzen im Bereich des Ausschlags, entlang des betroffenen Nervenstrangs

Innerhalb von sieben bis zehn Tagen bildet sich der Ausschlag zurück. Gelegentlich dauert es jedoch zwei bis vier Wochen, bis die Haut ausheilt.

Diagnose

Herpes zoster hat ein charakteristisches Aussehen. Möglicherweise kann eine serologische Untersuchung, zum Nachweis von Antikörpern gegen das Virus, bei diagnostischen Schwierigkeiten weiterhelfen.

Da es sich aber um eine alte, reaktivierte Infektion handelt, ist meist kein IgM (Immunglobulin M) festzustellen, welches auf eine frische Infektion hinweisen würde.

Im Labor kann das Virus durch Anzucht aus den Bläschen oder durch die PCR nachgewiesen werden.

Differenzialdiagnose

Wenige Erkrankungen kommen differenzialdiagnostisch in Frage. Eine → Herpes-Simplex-Virus-Infektion sowie eine Coxsackievirusinfektion können ebenfalls eine akute Entzündung der Haut und Schleimhaut mit Bläschen hervorrufen.

Therapie

Die Gürtelrose kann mit Aciclovir, Famciclovir oder Valaciclovir therapiert werden. Die Behandlung ist am besten wirksam, je rascher sie begonnen wird. Bei Immunsupprimierten wird sie intravenös durchgeführt.

Ist das Auge betroffen, muss rasch der Augenarzt mit einbezogen werden, der zusätzlich behandelt (z. B. mit Schmerzmitteln und Atropin).

Die postherpetische Neuralgie (s. u.) wird mit Schmerzmitteln, evtl. auch mit Amitriptylin und Fluphenazin behandelt.

Prognose

Die Gürtelrose heilt meist folgenlos aus. Bei immunsupprimierten Patienten kann die Erkrankung auf die inneren Organe übergreifen und tödlich enden. Die Gürtelrose kommt selten ein zweites Mal.

Komplikationen

Verschiedene Komplikationen können während einer Gürtelrose auftreten.

Postherpetische Neuralgie. Auch nach dem Verschwinden des Hautausschlags können Schmerz und Missempfindungen bis zu einigen Monaten weiter bestehen. Dies wird als postherpetische Neuralgie bezeichnet. Sie ist in fortgeschrittenem Alter häufiger. Außerdem können gleichzeitig mit der Gürtelrose eine Reihe anderer Erkrankungen des Nervensystems auftreten.

Keratitis. Problematisch ist die Gürtelrose besonders im Gesichtsbereich, wo die Hornhaut des Auges in Mitleidenschaft gezogen werden kann. Dadurch kann sich eine → Keratitis (Augen-Hornhautentzündung) entwickeln.

Nervenentzündungen. Im Gesicht können außerdem der Gehör- und Geschmacksnerv betroffen sein sowie eine halbseitige Fazialis-Lähmung (Gesichtsmuskellähmung) auftreten.

Meningitis und Enzephalitis. Selten kommt es zur → Meningitis und → Enzephalitis (Hirnhaut- und Hirnentzündung).

Immunsupprimierte Personen. Die Gürtelrose verläuft bei Personen mit einem geschädigten Immunsystem deutlich schwerer, z. B. bei → Hodgkin- und → Non-Hodgkin-Lymphom oder nach einer Knochenmarkstransplantation.

Infobox

ICD-10:
B02

Internetadresse:
Robert-Koch-Institut: http://www.rki.de

Literatur:

Jassoy, Ch., Schwarzkopf, A.: Hygiene, Mikrobiologie und Ernährungslehre für Pflegeberufe. Thieme, Stuttgart 2004

Herzbeuteltamponade

► **Frau Siebert sitzt bei ihrem Mann am Bett und hält seine Hand. Gestern hat er eine neue Herzklappe bekommen. „Wie geht es Dir jetzt?“, möchte sie wissen. Herr Siebert schaut seine Frau an. „Nicht so gut, aber was will man erwarten.“ Er verzerrt das Gesicht. „Ich habe starke Schmerzen in der Brust. Das ist aber wahrscheinlich normal. Und mein Herz rast.“ Frau Siebert nickt verständnisvoll. Als sie kurz das Zimmer verlässt, um sich einen Kaffee zu holen, begegnet sie einem Pfleger. Sie erzählt ihm vom Befinden ihres Mannes. Der Pfleger holt sofort den Arzt.**

Definition

Eine Herzbeuteltamponade bezeichnet eine Flüssigkeitsansammlung im Herzbeutel. Eine Ansammlung von Blut wird Hämoperikard genannt.

Synonym: Perikardtamponade.

Ursachen

Der Herzbeutel (Pericardium) ist ein spaltförmiger Raum, der das Herz umgibt (**Abb. H.24**). Die äußere Schicht des Herzbeutels, das Perikard, kann sich nicht ausdehnen. Sammelt sich Flüssigkeit im Herzbeutel an, wird das Herz zusammengedrückt. Es kann sich nicht mehr adäquat mit Blut füllen und pumpen. Eine Herzbeuteltamponade hat meist folgende Ursachen:

- stumpfes Trauma (durch einen Lenkradaufprall, Sturz aus großer Höhe oder auf den flachen Rücken),
- penetrierende Verletzung durch einen Stich oder Schuss,
- → Perikarditis (Entzündung des Herzbeutels),
- Nachblutung oder Erguss nach einer Herzoperation,
- Verletzungen durch das Legen eines Herzschrittmachers,
- Koronarangiografie,
- → Aortenaneurysma.

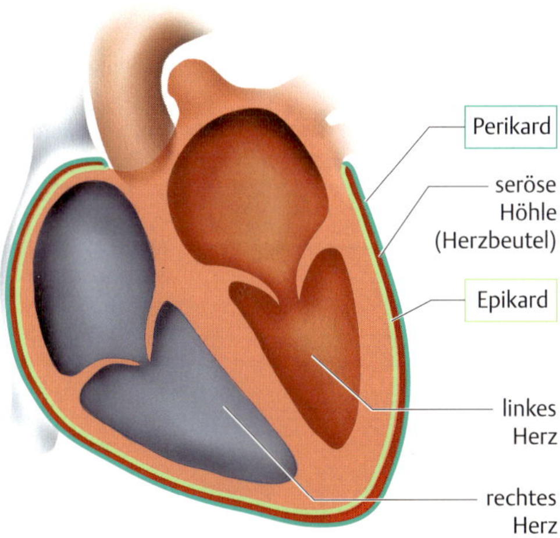

Abb. H.24 Herzbeutel:. Das Herz gleitet in einer serösen Höhle (Herzbeutel), die von einer inneren (Epikard) und einer äußeren (Perikard) Schicht begrenzt wird.

Symptome

Die Patienten haben Schmerzen in der Brust, Atemnot, spüren Angst und Unruhe. Das Herz schlägt schneller als gewöhnlich (Tachykardie), es können → Herzrhythmusstörungen auftreten. Bei einer massiven Herzbeuteltamponade kommt es zum kardiogenen → Schock mit Blutdruckabfall, Schweißausbrüchen, Tachykardie und Ohnmacht. Der Blutstau vor dem rechten Herzen äußert sich durch prall gefüllte Venen am Hals und am Zungengrund. Außerdem treten durch das zurückgestaute Blut in der Leber Schmerzen im Oberbauch auf.

Diagnose

Vorgeschichte und Symptome weisen auf eine Herzbeuteltamponade hin. In der klinischen Untersuchung lässt sich ein sog. paradoxer Puls (pulsus paradoxus) feststellen: Während der Patient einatmet, sinkt die Blutdruckamplitude um mehr als 10 mmHg. Die Herztöne sind leiser als gewöhnlich. Im EKG zeigen sich eine Tachykardie oder → Herzrhythmusstörungen. Im Ultraschall kann man den Perikarderguss erkennen. In der Röntgenaufnahme des Brustkorbs ist der Herzschatten verbreitert. Selten ist eine Computertomografie erforderlich.

Therapie

Eine Perikardtamponade ist ein Notfall. Das Blut muss sofort aus dem Herzbeutel durch eine Perikardpunktion oder eine Operation entfernt werden. Der Patient erhält ausreichend Flüssigkeit über die Vene.

Prognose

Eine Herzbeuteltamponade kann innerhalb kürzester Zeit zum Tod führen, wenn das Blut nicht schnellstmöglich entfernt wird. Nach Punktion oder Operation wird regelmäßig mit dem Ultraschall kontrolliert, ob der Herzbeutel frei von Blut bleibt.

Infobox

ICD-10: I31.9

Internetadressen:

http://www.medizinfo.de/kardio/perikard/perikardtamponade.shtml

http://www.kliniken.de/lexikon/Medizin/Innere_Medizin/Kardiologie/Herzbeuteltamponade.html

Herzinfarkt

► **Herbert macht sich um fünf Uhr auf den Weg zur Arbeit. Die Arbeit im Stahlwerk ist hart und 30 Jahre Wechselschicht haben ihre Spuren hinterlassen. Zwei Stunden später steht Herbert in seiner schweren Schutzkleidung in der Halle und schaut auf den flackernden Feuerschein. Die Schmelzöfen strahlen eine enorme Hitze ab. Plötzlich spürt Herbert heftige Schmerzen in der Brust. Er signalisiert seinen Kollegen, dass er die Halle verlassen möchte, doch noch vor dem Ausgang sackt er in sich zusammen. Der Werksarzt hat sofort einen Verdacht und leitet entsprechende Maßnahmen ein.**

Definition

Der Herzinfarkt ist eine sog. ischämische Myokardnekrose (Gewebsuntergang des Herzmuskels), die meist eine akute Komplikation einer → koronaren Herzkrankheit darstellt.

Synonyme: Myokardinfarkt, Herzmuskelinfarkt.

Ursachen

Der Herzinfarkt stellt die extremste Form der koronaren Herzkrankheit dar. Es besteht meist eine ausgeprägte → Arteriosklerose der Herzkranzgefäße mit Plaquebildungen. Aufgrund einer hochgradigen Stenose (Verengung) einer Herzkranzarterie kommt es zur Minder- und Mangeldurchblutung des Herzmuskels. Zusätzlich brechen sog. Plaques (arteriosklerotisches Material) auf („Plaqueruptur") und bilden einen gefäßverschließenden Thrombus. Das nekrotische Muskelareal ist nicht mehr funktionsfähig und vernarbt. Je nach Infarktgröße kann die Pumpfunktion des Herzens unterschiedlich stark beeinträchtigt werden. Auslöser für die Plaqueruptur können sein:

- plötzliche Kraftanstrengung und körperliche Belastung,
- Aufregung , emotionaler Stress,
- hohe Blutdruckwerte.

Risikofaktoren

Die Ursache des Herzinfarktes liegt fast immer in einer koronaren Herzkrankheit mit zugrundeliegender Arteriosklerose. Für diese Grunderkrankungen werden viele Risikofaktoren verantwortlich gemacht:

- Rauchen,
- arterielle → Hypertonie,
- familiäre Disposition,
- → Diabetes mellitus,
- → Adipositas, → Fettstoffwechselstörungen,
- erhöhtes Lebensalter.

Wenn mehrere Risikofaktoren zusammentreffen, erhöht sich das Infarktrisiko um das 4–10fache im Vergleich zu Normalpersonen ohne Risikofaktoren.

Symptome

Die Symptome sind oft typisch. Das Leitsymptom ist die → Angina pectoris, d. h. ein intensiver, länger anhaltender, retrosternaler, häufig als drückend oder brennend beschriebener Schmerz. Der Schmerz strahlt in Rücken, Hals oder den linken Arm aus (**Abb. H.25**). Typische Begleitsymptome sind:

- Schwächegefühl, Kollaps, Blässe,
- Schweißausbruch,
- Atemnot,
- Angstgefühl („Todesangst"),
- Blutdruckabfall,
- Übelkeit/Erbrechen.

Es treten aber auch atypische Verläufe auf, die große diagnostische Schwierigkeiten bereiten können. Die Patienten schildern dann oft diffuse Beschwerden wie Bauch-, Rücken- oder Schulterschmerzen mit unterschiedlichem Schmerzcharakter. Oft treten zusätzliche Begleiterkrankungen wie z. B. chronische Magenprobleme oder Wirbelsäulenbeschwerden auf, die zu differenzialdiagnostischen Problemen führen.

Etwa 15–20% der Herzinfarkte gehen ohne auffällige Symptome einher (stumme Infarkte). Die Infarkte werden

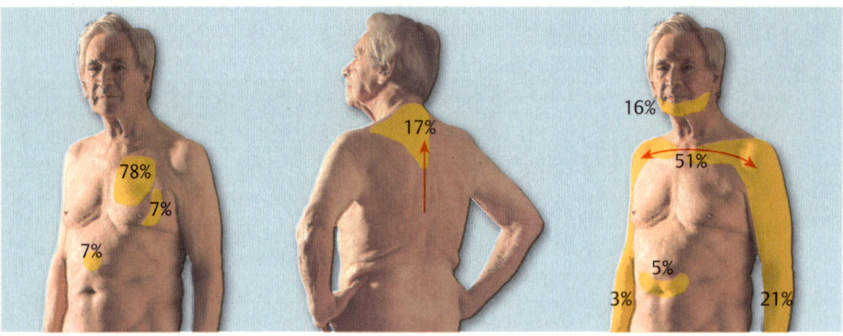

Abb. H.25 Angina-pectoris-Schmerz. Häufigste Schmerzlokalisation (nach Klepzig).

daher häufig nicht bemerkt oder die Beschwerden werden erst im Nachhinein als Infarkt gedeutet.

Diagnose

Entscheidende Hinweise ergeben sich aus der genauen Anamnese. Sicherheitshalber sollte allerdings auch bei geringem Verdacht die weitere Diagnostik erfolgen. Die grundlegende Basisdiagnostik besteht zunächst aus einem Elektrokardiogramm (EKG) und der Blutuntersuchung. Das EKG ist bei ca. 80% der Herzinfarkte typisch verändert. Es bietet also keine Ausschlusssicherheit.

Als weitere Stütze dient die Blutuntersuchung, in der die Werte der sog. Herzenzyme untersucht werden. Erhöhte Werte zeigen an, dass eine Myokardnekrose stattgefunden hat. Nahezu beweisend ist ein erhöhter Troponin-Wert, da das Troponin spezifisch für den Herzmuskel ist. Je höher dieser Wert ist, desto größer ist i.d.R. das Infarktareal und umso schlechter ist die Gesamtprognose. Weiterhin werden untersucht: Kreatinkinase (Creatinkinase, CK), deren Isoenzym CKMB im Herzmuskel vorkommt, Glutamat-Oxalacetat-Transaminase (GOT) und Laktat-Dehydrogenase (LDH). Diese Enzyme sind zwar nicht herzmuskelspezifisch, d. h. sie kommen auch in anderen Zellen des Körpers vor, ihre Werte sind beim Herzinfarkt aber auch immer erhöht. Alle Herzenzyme können in den ersten Stunden des Infarktgeschehens noch normale Werte aufweisen. Bei Verdacht sollten sie engmaschig kontrolliert werden.

Als weitere diagnostische Säule dient das Echokardiogramm, in dem die Pumpfunktion bestimmt und der Infarkt lokalisiert werden können. So schnell wie möglich sollte dann eine Koronarangiografie durchgeführt werden, mit deren Hilfe die Herzkranzgefäße und evtl. vorhandene Verengungen nach Gabe von Kontrastmittel dargestellt werden können.

Differenzialdiagnose

Die Differenzialdiagnose des akuten Brustschmerzes ist extrem vielschichtig. Er kann sowohl kardiale, als auch nichtkardiale Ursachen haben. Wichtig ist, dass man im Zweifelsfall immer an eine kardiale Genese denkt und einen Herzinfarkt möglichst ausschließt. Einige wichtige Differenzialdiagnosen zeigen die verschiedenen Ursachen von Brustschmerzen:

- → Lungenembolie,
- akute → Pankreatitis,
- → Pleuritis,
- → Pneumothorax,
- Gallenkoliken (→ Cholelithiasis),
- vertebragene Thoraxschmerzen (z. B. Wirbelsäulenbeschwerden durch → Wirbelsäulenaffektionen).

Therapie

Die Therapie des Herzinfarktes gliedert sich in verschiedene Stufen. Es sollte immer eine Notfalleinweisung in die Klinik erfolgen.

Erstmaßnahmen

Der Patient wird medikamentös therapiert. Nitrate und Analgetika werden sofort zur Behandlung des Infarktschmerzes gegeben. Mit Aspirin und Heparin wird eine weitere Thrombusbildung verhindert. β-Blocker und ACE-Hemmer verbessern die Gesamtprognose. Die Medikamente werden möglichst frühzeitig und intravenös verabreicht. Außerdem wird Sauerstoff gegeben und der Blutdruck medikamentös gesenkt. Der Patient sollte sich schonen und Ruhe einhalten.

Reperfusionstherapie

Durch die Reperfusionstherapie soll die Durchblutung am Herzkranzgefäß möglichst schnell wiederhergestellt werden. So wird verhindert, dass noch mehr Muskelgewebe zu Grunde geht. Es gibt hier im Wesentlichen zwei Möglichkeiten.

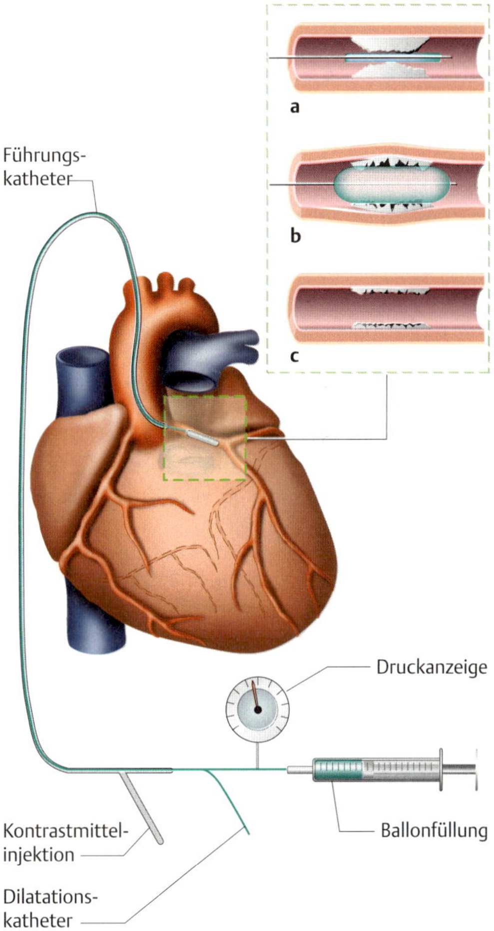

Abb. H.26 Ballondilatation. **a** Ballon wird bis zur Stenose vorgeschoben, **b** Arterie wird dilatiert. **c** Zustand postoperativ.

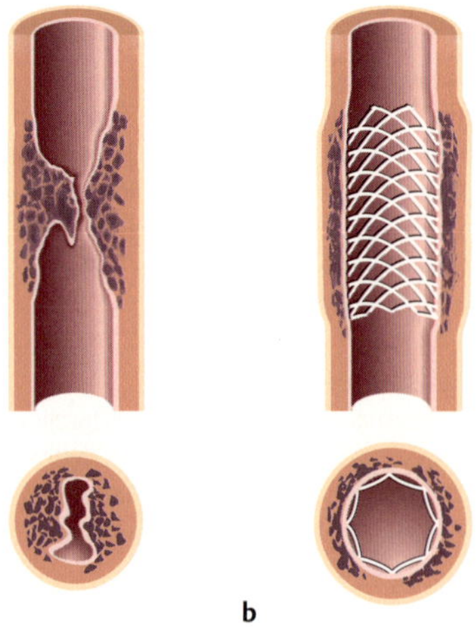

Abb. H.27 Stentimplantation. a Stenose. **b** Zustand nach Implantation des Stents.

Konservative Therapie. Für eine Thrombolyse werden thrombusauflösende Medikamente intravenös gegeben.
Interventionelle Therapie. Hierbei wird im Rahmen der Koronarangiografie eine Ballondilatation (PTCA) durchgeführt. Über einen Führungsdraht wird unter Röntgenkontrolle ein kleiner Ballonkatheter direkt an die Stelle der Herzkranzgefäßverengung vorgeschoben und aufgedehnt. Das verschlossene Gefäß wird dadurch wieder durchgängig gemacht (**Abb. H.26**). Um das Risiko eines erneuten Verschlusses zu senken, wird dann an diese Stelle ein kleines Metallgeflecht (Stent) eingebracht, welches im Laufe der Zeit mit der Gefäßwand verwächst (**Abb. H.27**).

Weiterführende Maßnahmen

Nach der Akutphase soll sich der Patient langsam wieder an körperliche Belastung gewöhnen. Dazu werden die Patienten oft in spezielle Herz-/Kreislaufkliniken (Anschlussheilbehandlung, AHB) verlegt. Wichtig ist hierbei die allgemeine Gesundheitsberatung und Aufklärung über die Risiken (Ernährung, Rauchentwöhnung usw.).

Zusätzlich erfolgt die medikamentöse Langzeittherapie der koronaren Herzkrankheit sowie die Behandlung möglicher Komplikationen.

Prognose

Trotz aller modernen Entwicklungen sterben ca. 40 – 50 % der Infarktpatienten innerhalb der ersten vier Wochen. Etwa 25 % überleben die ersten 24 Stunden nicht. Sie sterben meist direkt oder vor Erreichen der Klinik. Die gefährlichste Phase ist die Zeit 48 – 72 Std. nach dem Infarkt, da zu diesem Zeitpunkt häufig Herzrhythmusstörungen (z. B. Kammerflimmern) oder akutes Pumpversagen auftreten können.

Entscheidend für die Prognose ist daher die frühzeitige und optimale Akutbehandlung. Zusätzlich ist auch die medikamentöse Langzeitbehandlung wichtig, da die Prognose von den Komplikationen beeinflusst wird und erneute Herzinfarkte verhindert werden sollen.

Komplikationen

Akutkomplikationen

Die häufigsten Komplikationen bei Myokardinfarkt sind → Herzrhythmusstörungen (z. B. ventrikuläre Extrasystolie, Kammerflimmern) und Linksherzinsuffizienz (→ Herzinsuffizienz) mit der schwerwiegendsten Form, dem kardiogenen Schock.

Bei ca. 10 % der Patienten tritt Kammerflimmern ein, welches eine sofortige Reanimation erfordert und häufig zum Tode führt. Selten kommt es zu einer Myokardruptur.

Komplikationen im Verlauf

Je nachdem, wie groß das vom Infarkt betroffene Herzmuskelgewebe ist, kann es zu dauerhaften Komplikationen kommen. Oft entsteht im Verlauf eine mehr oder weniger ausgeprägte Herzinsuffizienz.

Weitere Folgeschäden am Herzen können sein:

- Herzwandaneurysma (lokale Aussackung des Herzmuskels),
- → Kardiomyopathie (Dilatation [Erweiterung] des gesamten Herzmuskels mit deutlich eingeschränkter Pumpfunktion),
- dauerhafte Rhythmusstörungen, z. B. chronisches Vorhofflimmern,
- Störung der Erregungsausbreitung, z. B. Linksschenkelblock.

Infobox

ICD-10:
I20.0, I21.9, I25.2

Internetadressen:
http://www.h-wie-herz.de
http://www.meinherzinfarkt.de
http://www.vitanet.de
http://www.onmeda.de

Herzinsuffizienz

► „Für mich ein kleines Wasser." Hermann und Hans schauen sich an. „Was ist denn mit Dir los?". Der 69-jährige Karl ist bedrückt. „Wenn ich jetzt noch viel trinke, muss ich heute Nacht wieder zigmal raus. Na ja, wie jede Nacht eigentlich. Aber ich habe mir geschworen, gesünder zu leben. Mir ist letztens klar geworden, wie wenig ich noch schaffe. Ich schleppe mich zu meiner Schwiegertochter die Treppen rauf. Komme oben zwar an, bin aber total aus der Puste. Und wenn ich mit Jonas Fußball spielen will, kann ich nach ein paar Minuten nicht mehr."

Definition

Herzinsuffizienz beschreibt einen Zustand, in dem das Herz nicht mehr in der Lage ist, den Körper ausreichend mit Blut zu versorgen (**Abb. H.28**). Je nachdem, welche Herzhälfte betroffen ist, unterscheidet man zwischen Linksherzinsuffizienz oder Rechtsherzinsuffizienz. Bei einer Globalinsuffizienz sind beide Herzhälften geschwächt. Eine Herzinsuffizenz kann sich akut innerhalb von Stunden bzw. Tagen entwickeln oder chronisch im Laufe von Monaten oder Jahren auftreten.

Synonyme: Myokardinsuffizienz, Herzmuskelschwäche.

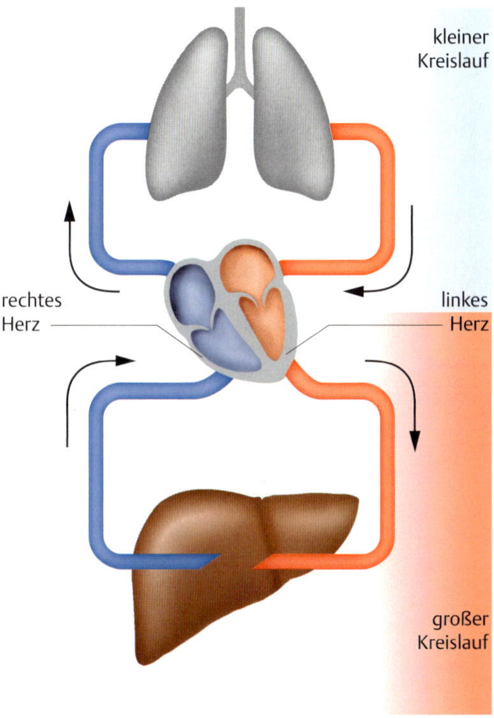

Abb. H.28 Herz-Kreislauf-System. Das rechte Herz führt Blut zur Lunge, das linke Herz zu den übrigen Organen.

Ursachen

Herzinsuffizienz ist keine Erkrankung, sondern ein Symptom verschiedener Grunderkrankungen. Häufige Ursachen sind:

- arterielle → Hypertonie,
- → koronare Herzkrankheit mit → Herzinfarkt,
- → Herzklappenfehler.

Seltene Ursachen einer Herzinsuffizienz sind Infektionen des Herzens (→ Myokarditis), → Herzrhythmusstörungen, Erkrankungen des Herzmuskels (→ Kardiomyopathie), akuter Verschluss der Lungenarterien (→ Lungenembolie), Vergiftungen und Medikamente.

Eine Links- oder Rechtsherzinsuffizienz kann je nach der Grunderkrankung alleine oder in Kombination auftreten.

Ursachen der Linksherzinsuffizienz

Das Herz muss gegen einen erhöhten Widerstand, z. B. eine zu enge Aortenklappe (Aortenstenose) oder einen zu hohen Blutdruck (Hypertonie), „anpumpen". Bei einem Herzinfarkt oder Herzrhythmusstörungen kann sich der Herzmuskel nicht ausreichend kontrahieren. Als Folge pumpt das Herz weniger Blut pro Minute in den Körper und das Herzzeitvolumen nimmt ab. Dies wird als Vorwärtsversagen bezeichnet.

Um den Körper dennoch mit ausreichend Blut zu versorgen, treten verschiedene Mechanismen in Kraft. Der Körper steigert die Sympathikusaktivität, Blutdruck und die Kontraktionskraft des linken Herzens steigen an. Zusätzlich nimmt die Muskelmasse des linken Herzens zu (Myokardhypertrophie). Gleichzeitig schlägt das Herz mit erhöhter Frequenz. Dieser Zustand wird als kompensierte Herzinsuffizienz bezeichnet.

Gelingt es dem linken Herzen nicht, diese Kompensationsmechanismen weiter aufrechtzuerhalten (dekompensierte Herzinsuffizienz), „leiern" die Herzhöhlen aus. Das Blut staut sich in den Lungenkreislauf zurück (Rückwärtsversagen). Als Konsequenz muss das rechte Herz stärker pumpen und der rechte Herzmuskel hypertrophiert.

Ursachen der Rechtsherzinsuffizienz

Sie tritt auf, wenn als Folge einer Linksherzinsuffizienz auch der rechte Ventrikel die erhöhte Belastung nicht mehr kompensieren kann. In einem solchen Fall staut sich das Blut in den großen Körperkreislauf zurück und Wasser wird in das Gewebe abgepresst. Es entstehen Ödeme und → Aszites. Die Funktion der inneren Organe ist durch die Wasseransammlungen gestört. Jedoch kann bei Rechtsherzinsuffizienz auch der rechte Ventrikel alleine geschwächt sein.

Tab. H.3 Stadieneinteilung der Herzinsuffizienz nach der New York Heart Association (NYHA)

NYHA-Stadium	Subjektive Beschwerden der Patienten
I	keine subjektiven Beschwerden
II	Beschwerden bei stärkerer körperlicher Belastung (z. B. Treppensteigen > 2 Etagen)
III	Beschwerden bei leichter Belastung (z. B. Treppensteigen < 2 Etagen)
IV	Beschwerden in Ruhe

Symptome

Man teilt die Herzinsuffizienz nach den Symptomen in unterschiedliche Stadien ein, nach denen sich auch die Therapie richtet (**Tab. H.3**).

Symptome bei Linksherzinsuffizienz

Kann das linke Herz den Körper nicht ausreichend mit Blut versorgen, äußert sich dies zunächst bei starker körperlicher Belastung: Die Patienten kommen beim Treppensteigen oder beim Sport schnell aus der Puste, atmen sehr schnell (Tachypnoe) und sind rasch ermüdbar.

Ist die Durchblutung des Gehirns nicht gewährleistet, kann es zu Konzentrationsschwäche, Schwindel oder Bewusstlosigkeit (Synkopen) kommen. Mit zunehmender Herzinsuffizienz leiden die Patienten auch bei leichter körperlicher Belastung unter Atemnot (Dyspnoe). Die Haut der Patienten ist durch den Sauerstoffmangel bläulich verfärbt (Zyanose).

Staut sich das Blut in den Lungenkreislauf zurück, kommt es zu Husten, der zunächst bei Belastung, später vor allem nachts auftritt. Dieses Asthma cardiale wird mitunter als Bronchitis verkannt. Durch den Rückstau bildet sich ein → Lungenödem. Um das Atmen während der Hustenfälle zu erleichtern, stützen sich die Patienten mit den Armen ab (Orthopnoe, **Abb. H.29**).

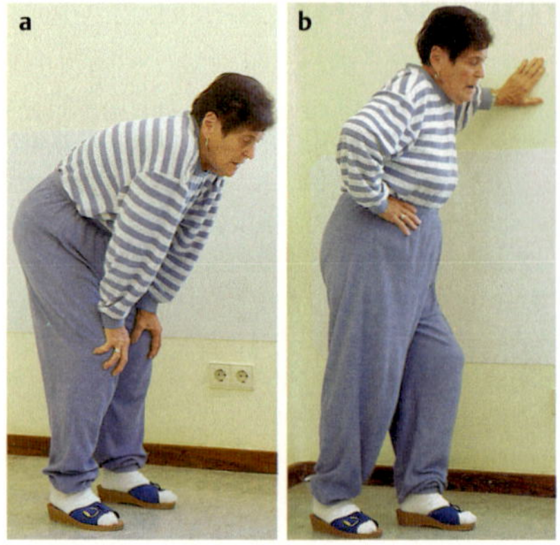

Abb. H.29 Linksherzinsuffizienz. Die Patienten stützen sich ab, um besser Luft zu bekommen (Orthopnoe).

Symptome bei Rechtsherzinsuffizienz

Bei einer Rechtsherzinsuffizienz staut sich das Blut in den Körperkreislauf zurück. Die Halsvenen und die Venen am Zungengrund sind deutlich gestaut. Es bilden sich, anfangs nur abends, später permanent, Ödeme an Fußrücken und Schienbein (**Abb. H.30**). Bei liegenden Patienten sammelt sich Wasser am Steißbein. Der Betroffene nimmt durch die Ödeme deutlich an Gewicht zu. Das Wasser wird v. a. nachts zurückresorbiert und ausgeschieden: Herzinsuffiziente Patienten müssen deshalb nachts häufig Wasser lassen (Nykturie) und klagen oft über Schlafstörungen.

Das Blut staut sich in die inneren Organe zurück: Leber und Milz (Hepatosplenomegalie) sowie Nieren sind vergrößert, die Leber ist deutlich druckschmerzhaft. Der Blutstau in den Magen führt zu einer Stauungsgastritis: Die Patienten leiden unter Übelkeit, Magenschmerzen, Appetitlosigkeit, Blähungen und Verdauungsstörungen. Bei chronischer Rechtsherzinsuffizienz können sich eine → Leberzirrhose und → Aszites bilden.

Die Kompensationsmechanismen des Herzens bei Links- und Rechtsherzinsuffizienz wie die Aktivierung des

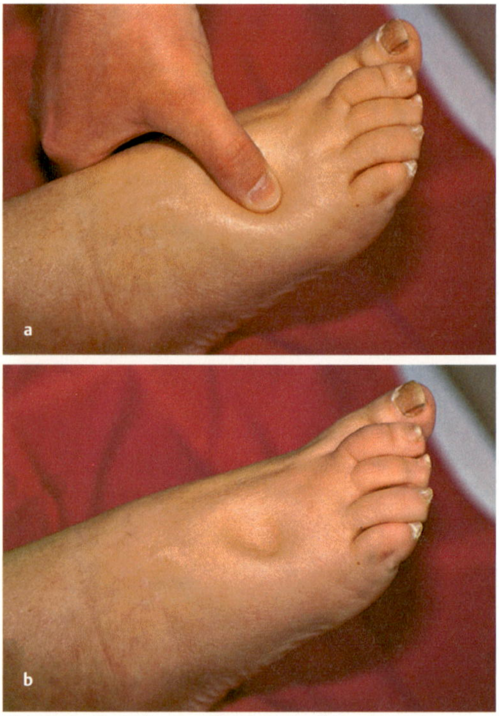

Abb. H.30 Rechtsherzinsuffizienz. Die Ödeme hinterlassen auf Druck eine eindeutige Eindellung im Gewebe.

sympathischen Nervensystems, äußern sich durch feuchtkalte Haut, Tachykardie oder Herzrhythmusstörungen.

Diagnose

Anamnese. Hat der Arzt den Verdacht auf eine Herzinsuffizienz, führt er zunächst eine gründliche Anamnese durch: Rasche Ermüdbarkeit, Leistungsknick, Dyspnoe und Husten bei Belastung, Gewichtszunahme, Nykturie oder Appetitlosigkeit weisen auf eine Schwäche des Herzmuskels hin. Häufig ist eine kardiale Vorerkrankung des Patienten bekannt.

Körperliche Untersuchung. Die Ödeme lassen sich besonders am Fußrücken und den Unterschenkeln nachweisen: Bei Druck mit dem Finger bildet sich die entstehende Delle nur langsam wieder zurück (**Abb. H.30**). An den Halsvenen ist der Rückstau des Blutes sichtbar. Bei der Auskultation der Lunge können Rasselgeräusche als Hinweis auf ein Lungenödem hörbar sein.

Apparative Diagnostik. Im Ultraschall erkennt der Arzt eine Vergrößerung von Leber und Milz und kann einen Aszites nachweisen. In der Echokardiografie wird das Ausmaß der Herzschwäche bestimmt, indem Myokarddicke, Größe der Herzhöhlen, Herzzeitvolumen und Blutströmung gemessen werden. Zusätzlich lassen sich Herzklappenfehler als mögliche Ursache der Herzinsuffizienz nachweisen. Die Röntgenaufnahme des Thorax kann Zeichen einer Lungenstauung oder eine Vergrößerung des Herzens zeigen. In der Elektrokardiografie sind eine Sympathikusaktivierung und mögliche Hinweise auf eine Schädigung des Herzens (Myokarditis, Herzinfarkt) festzustellen. In der Spiroergometrie wird die Belastbarkeit des Patienten getestet.

Laboruntersuchung. Sie gibt Hinweise auf eine Sauerstoffunterversorgung (Blutgasanalyse), eine Nierenfunktionsstörung (Na, K, Kreatinin), eine Leberfunktionsstörung (GOT, GPT), einen Herzinfarkt (CKMB, LDH) und die Prognose der Herzinsuffizienz (ANP, BNP).

Weitere Untersuchungsverfahren wie Herzkatheter, Magnetresonanz-, Computer- oder Elektronenstrahltomografie, oder nuklearmedizinische Verfahren werden seltener eingesetzt.

Differenzialdiagnose

Ähnliche Symptome wie bei einer Herzinsuffizienz können bei vielen anderen Krankheiten auftreten, die bei Verdacht auf eine Herzschwäche ausgeschlossen werden müssen:

- **Dyspnoe:** Erkrankungen von Lunge, Thorax oder Zwerchfell,
- **Ödeme:** → chronische Niereninsuffizienz, → Becken- und Beinvenenthrombose, → nephrotisches Syndrom, → Leberzirrhose, → Glomerulonephritis, Nebenwirkung von Medikamenten,
- **Zyanose:** z. B. Polyglobulie, Methämoglobinämie,
- **Nykturie:** → Prostatahyperplasie, Blasenerkrankungen,
- **Halsvenenstau:** → Tumoren im Halsbereich,
- **Lungenödem:** allergischer → Schock, Aspiration von toxischen Substanzen,
- **Aszites:** Erkrankungen der Leber.

Therapie

Zur Therapie gehören die Behandlung der Grunderkrankung und der Symptome der Herzinsuffizienz.

Therapie der Grunderkrankung

Ist die Ursache der Herzinsuffizienz diagnostiziert, muss diese entsprechend behandelt werden. Eine arterielle Hypertonie wird medikamentös therapiert, bei koronarer Herzkrankheit werden die Gefäße mit Medikamenten oder einem Katheter wieder eröffnet. Risikofaktoren sollten vermieden werden. Eine Myokarditis, eine Kardiomyopathie oder Herzrhythmusstörungen werden entsprechend behandelt. Herzfehler werden operativ therapiert.

Auch Krankheiten, die eine Herzinsuffizienz verschlimmern können, wie → Herzrhythmusstörungen, → Anämie, Schilddrüsenfunktionsstörungen, eine → Pneumonie oder ein → Schlafapnoesyndrom, sollten konsequent behandelt werden.

Therapie der Symptome

Allgemeinmaßnahmen

Herzinsuffiziente Patienten sollten starke körperliche und psychische Belastungen vermeiden. Bei kompensierter Herzinsuffizienz ist jedoch regelmäßige körperliche Bewegung wichtig. Bei dekompensierter Herzinsuffizienz wird Bettruhe verordnet (**Abb. H.31**).

Die Patienten sollten mehrere kleine Mahlzeiten mit leicht verdaulicher Kost zu sich nehmen. Die Diät sollte kaliumreich und kochsalzarm sein. Die Flüssigkeitsaufnahme wird begrenzt und bilanziert. Die Patienten erhalten eine Thromboseprophylaxe und Atemgymnastik. Bei dekompensierter Herzinsuffizienz kann Sauerstoff über eine Nasensonde verabreicht werden. Es sollte auf alle Medikamente verzichtet werden, die die Herzinsuffizienz verschlechtern können wie Glukokortikoide, nichtsteroidale Antiphlogistika, einige Zytostatika, Kalziumantagonisten oder trizyklische Antidepressiva.

Abb. H.31 Herzbettlagerung. Durch diese Lagerung soll der venöse Rückfluss zum Herzen vermindert und das Herz entlastet werden.

Medikamentöse Therapie

Stadium I. Bereits ab dem Stadium I (**Tab. H.3**) werden ACE-(Angiotensin-converting-Enzym-)Hemmer verschrieben, da sie die Prognose der Herzinsuffizienz verbessern. Liegen jedoch z.B. eine beidseitige → Nierenarterienstenose, Hyperkaliämie, Leberinsuffizienz, schwere Niereninsuffizienz oder Unverträglichkeitsreaktionen vor, dürfen keine ACE-Hemmer gegeben werden. In einem solchen Fall erhält der Patient AT1-Rezeptorblocker (Sartane).

Stadium II. Ab Stadium II erhalten Patienten mit stabiler Herzinsuffizienz Betablocker. Die Dosis wird nur sehr langsam gesteigert und der Patient sorgfältig beobachtet, da die Herzinsuffizienz unter Betablockern dekompensieren kann. Bei Herzinsuffizienz wegen Hypertonie oder Myokardinfarkt bekommen die Patienten in jedem Stadium Betablocker. Herzglykoside (Digitalisglykoside) erhalten Patienten ab dem Stadium II und stadienunabhängig bei Vorhofflimmern.

Stadium III. Ab dem Stadium III oder bei starker Flüssigkeitsretention werden Thiazid-Diuretika und/oder Aldosteronantagonisten eingesetzt.

Kardiale Resynchronisationstherapie

Bei schweren Stadien (III–IV) (**Tab. H.3**) kann eine Elektrostimulation die Pumpleistung des Herzens verbessern.

Herztransplantation

Ist die Herzinsuffizienz so weit fortgeschritten, dass sie mit Medikamenten und anderen Maßnahmen nicht mehr zu beeinflussen ist (Stadium IV; Auswurffraktion < 20%), ist eine Herztransplantation angezeigt.

Prognose

Die Prognose einer unbehandelten Herzinsuffizienz ist sehr schlecht. Nach einem Jahr sterben etwa 10% der Patienten mit Stadium II, etwa 25% mit Stadium III und etwa 50% mit Stadium IV. Medikamente, insbesondere ACE-Hemmer, senken die Letalität um 40%.

Durch die Herztransplantation lässt sich die Prognose einer schweren Herzinsuffizienz entscheidend verbessern: Zehn Jahre nach einer Transplantation leben noch 70% der Patienten. Häufigste Todesursache bei einer chronischen Herzinsuffizienz ist der plötzliche Herztod durch → Herzrhythmusstörungen.

Infobox

ICD-10:
I50.9

Internetadressen:
Dt. Gesellschaft für Kardiologie: http://www.dgk.de
Dt. Herzstiftung: http://www.herzstiftung.de
Institut für kardiovaskuläre Forschung: http://www.ikkf.de
Dt. Gesellschaft für Prävention und Rehabilitation von Herz-Kreislauf-Erkrankungen e.V.: http://www.dgpr.de
American Heart Association: http://www.americanheart.org
http://www.theheart.de

Herzklappenfehler

► „Das Meer ist wunderbar. Ich kann mich hier so gut erholen. Aber jetzt machen wir eine Pause, oder?" Gudrun setzt sich in den Sand. „Ja klar", stimmt ihre Freundin Gisela zu. Die beiden schauen auf das Meer. „Wie ich diese Wellen liebe. Sie sind so beruhigend." Gisela erhebt sich. „Willst Du schon weiter?", fragt Gudrun. „Lass uns noch Pause machen. Ich kann nicht mehr", fleht sie. Gisela schaut sie verständnislos an. „Ach, das kann ich nicht glauben. Mit 66 Jahren schon so schlapp. Du warst doch früher nicht so." „Das hat sich eben geändert. Ich bin einfach schnell müde und mir ist oft schwindelig, wenn ich mich anstrenge", wirft Gudrun ein. „Aber ich habe schon einen Termin beim Arzt."

Definition

Bei einem Herzklappenfehler ist die Funktion der Herzklappen (**Abb. H.32**) oder anderer Strukturen des Herzens gestört, sodass der Blutfluss verändert ist. Ein Herzklappenfehler kann angeboren sein oder im Laufe des Lebens erworben werden.

Synonym: Herzvitium.

Ursachen

Erworbene Herzklappenfehler. Herzklappenfehler entstehen meistens im Laufe des Lebens. Häufigste Ursache für erworbene Herzklappenfehler sind Entzündungen. Durch die Entzündung verkalken, verdicken oder vernarben die Herzklappen, sodass sie sich nicht mehr richtig öffnen oder schließen können. In den letzten Jahren entstehen Klappenfehler immer häufiger altersbedingt durch degenerative Veränderungen an den mechanisch stark beanspruchten Klappen des linken Herzens. Ursachen für erworbene Herzfehler sind:

- rheumatische und bakterielle → Endokarditis,
- → Kardiomyopathie,
- → koronare Herzkrankheit,
- Papillarmuskelabriss nach → Herzinfarkt,
- bösartige Erkrankungen,
- Traumata,
- intravenöser Drogenabusus (verändert die Klappen des rechten Herzens).

Angeborene Herzklappenfehler. Sie sind sehr selten. Etwa 0,8 – 1 % aller Kinder haben eine Fehlbildung am Herzen. Ursache ist eine gestörte embryonale Entwicklung z. B. durch:

- Faktoren, die das Ungeborene schädigen (teratogene Faktoren):
  - Alkoholabusus der Mutter (→ Alkoholembryopathie),
  - Infektionen der Mutter (→ Röteln),
  - Medikamente (Antiepileptika, Retinoide, Lithium usw.),
  - Krankheiten der Mutter (→ Diabetes mellitus, Phenylketonurie),
  - ionisierende Strahlen.
- genetische Schäden (Chromosomenaberrationen):
  - → Down-Syndrom (Trisomie 21),
  - Ullrich-Turner-Syndrom,
  - Williams-Beuren-Syndrom).

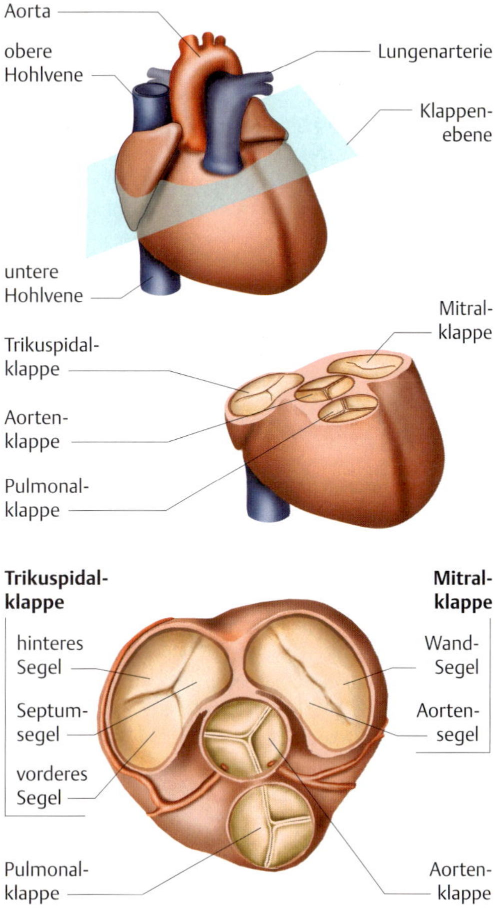

Abb. H.32 Herzklappen. Mitralklappe- und Trikuspidalklappe werden als Segelklappen bezeichnet; Aortenklappe und Pulmonalklappe als Taschenklappen.

Symptome

Die Patienten sind kurzatmig, ermüden rasch, spüren bei körperlicher Belastung Atemnot oder Brustschmerzen. Es kann zu Schwindel- und Ohnmachtsanfällen kommen. Die körperliche Leistungsfähigkeit lässt nach. Ein erweiterter Vorhof kann bei einer Herzklappeninsuffizienz des linken

Herzens (Mitralinsuffizienz) oder Herzklappenstenose (Verengung) Vorhofflimmern mit Tachykardie oder Herzklopfen verursachen.

Angeborene Herzklappenfehler gehen zum Teil mit Sauerstoffmangel einher. Bei diesen Patienten kann daher die Zahl der Erythrozyten erhöht sein (Polyglobulie) und es treten Kopfschmerzen, Schwindel, Juckreiz oder Oberbauchschmerzen auf.

Durch eine erhöhte Blutungsneigung bilden sich außerdem bei Bagatellverletzungen rasch Hämatome. Häufig tritt Nasen- oder Zahnfleischbluten auf. Manche Patienten haben durch den Sauerstoffmangel eine bläuliche Hautfarbe (Zyanose).

Diagnose

Die Vorgeschichte des Patienten und seine Symptome weisen auf einen Herzklappenfehler hin. Bei einem Rückstau des Blutes vor dem rechten Herzen sind die Halsvenen gestaut (**Abb. H.33**), Leber und Milz vergrößert. Manche Patienten haben → Aszites oder Ödeme.

Die Klappenfehler können mit dem Stethoskop auskultiert werden. Im Elektrokardiogramm (EKG) sind Schäden des Herzmuskels oder Rhythmusstörungen erkennbar. Mit der Echokardiografie können die Größe der Herzhöhlen und der Auswurffraktion ermittelt und die Klappen dargestellt werden. Die Röntgenuntersuchung des Brustkorbs zeigt Form- und Größenveränderungen des Herzens.

Mit der Spiroergometrie wird die Belastbarkeit des Patienten ermittelt. Mit dem Herzkatheter kann der Schweregrad der durch den Herzklappenfehler verursachten Pumpschwäche bestimmt werden.

Differenzialdiagnose

In der Differenzialdiagnose sind verschiedene Formen der Herzklappenfehler voneinander abzugrenzen.

Erworbene Herzklappenfehler

Aortenklappenstenose (Abb. H.35 a). Sie ist der häufigste erworbene Klappenfehler. Die Stenose ist meist durch degenerative Veränderungen bedingt. Bei einer angeborenen Aortenstenose sind häufig nur zwei statt der üblichen drei Segelklappen angelegt. Durch die Verengung muss der linke Ventrikel gegen einen erhöhten Druck anpumpen. Dadurch verdickt sich die Muskulatur des linken Ventrikels (Hypertrophie).

Aortenklappeninsuffizienz (Abb. H.35 b). Sie tritt häufig in Kombination mit anderen Klappenfehlern auf. Meist entsteht die Insuffizienz durch ein → rheumatisches Fieber oder durch eine → Endokarditis. Das Blut fließt in der Diastole durch die nicht korrekt schließende Klappe zurück in den linken Ventrikel. Dieser hypertrophiert dadurch und wird größer (Dilatation).

Mitralstenose (Abb. H.35 c). Sie ist meist Folge eines → rheumatischen Fiebers. Die Klappe verengt sich über Jahre schleichend. Die Füllung des linken Ventrikels während der Diastole ist gestört. Im linken Vorhof erhöht sich der Druck und das Blut staut sich in die Lunge zurück. Der rechte Ventrikel versucht, gegen den erhöhten Druck anzupumpen und hypertrophiert (pulmonale Hypertonie). Kann das rechte Herz die Mehrarbeit nicht mehr leisten, bildet sich eine Rechtsherzinsuffizienz (→ Herzinsuffizienz).

Mitralinsuffizienz (Abb. H.35 d). Sie entsteht durch ein → rheumatisches Fieber oder eine bakterielle → Endokarditis. Eine relative Mitralinsuffizienz tritt bei vergrößertem linken Herzen wie bei einer dilatativen → Kardiomyopathie oder einer Linksherzinsuffizienz (→ Herzinsuffizienz) auf. Bei einer Mitralklappeninsuffizienz entleert sich der linke Ventrikel während der Systole sowohl in die Aorta als auch in den klinken Vorhof. Das Blut staut sich in die Lunge zurück. Im rechten Herzen entwickelt sich eine pulmonale Hypertonie und eine Rechtsherzinsuffizienz.

Mitralklappenprolaps. Er ist die häufigste Klappenveränderung in den westlichen Industrieländern. Die Segel der Mitralklappe sind überdimensioniert und wölben sich während der Systole in den linken Vorhof vor. Die Veränderungen entstehen durch degenerative Veränderungen oder bei Herzkrankheiten wie → koronarer Herzkrankheit, → Kardiomyopathie oder → Myokarditis.

Trikuspidalklappenfehler. Eine Stenose oder eine Insuffizienz der Trikuspidalklappe tritt meist in Verbindung mit anderen Herzfehlern auf. Die Krankheit entsteht am häufigsten durch ein → rheumatisches Fieber.

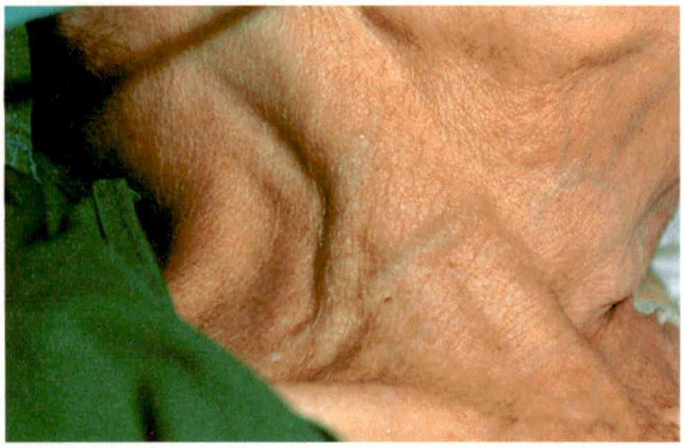

Abb. H.33 Halsvenenstauung. Durch den Rückstau des Blutes vor dem rechten Herzen sind die Halsvenen gestaut.

Angeborene Herzklappenfehler

Angeborene Herzfehler können mit oder ohne eine Kurzschlussverbindung zwischen venösem und arteriellem System (Shunt) einhergehen.

Herzfehler ohne Shunt. Sie liegen bei 25 % der angeborenen Herzklappenfehler vor. Ursachen sind eine Stenose der Aortenklappe der Aorta oder eine Pulmonalstenose. Letztere führt zu einer erhöhten Druckbelastung in der rechten Herzkammer. Der rechte Ventrikel hypertrophiert und kann im Langzeitverlauf dekompensieren (Rechtsherzinsuffizienz; → Herzinsuffizienz).

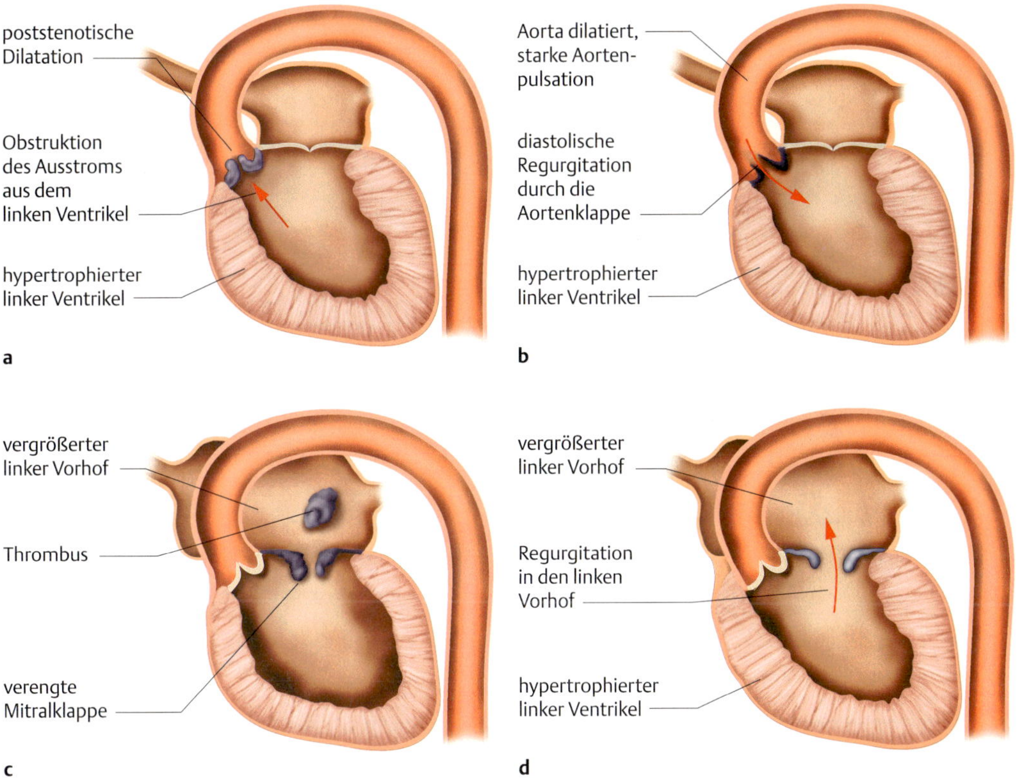

Abb. H.34 Erworbene Herzklappenfehler. **a** Aortenklappenstenose, **b** Aortenklappeninsuffizienz, **c** Mitralstenose, **d** Mitralinsuffizienz.

Herzfehler mit Links-Rechts-Shunt. Dieser tritt in 55 % der angeborenen Herzfehler auf. Dabei gelangt Blut während der Systole vom arteriellen in das venöse System. Diese Herzfehler führen ebenfalls zu einer erhöhten Belastung des rechten Herzens mit Hypertrophie. Steigt der Druck im rechten Herzen stark an, kann sich der Shunt umkehren (Eisenmenger-Reaktion). Ein Links-Rechts-Shunt entsteht bei einem → persistierenden Ductus arteriosus (10 % der angeborenen Herzklappenfehler), bei einem → Vorhofseptum- oder einem → Ventrikelseptumdefekt.

Herzfehler mit Rechts-Links-Shunt. Dieser tritt bei etwa 20 % der angeborenen Herzklappenfehler auf. Dabei gelangt über den Shunt sauerstoffarmes Blut in das sauerstoffreiche Blut des großen Kreislaufs. Der Körper ist nicht mehr ausreichend mit Sauerstoff versorgt. Zyanotische Herzfehler sind z. B. die → Fallot-Tetralogie und die Transposition der großen Arterien. Hierbei ist eine Herzkammer nur unvollständig oder überhaupt nicht angelegt.

Therapie

Die Patienten sollten starke körperliche Belastungen vermeiden. Die Therapien unterscheiden sich ansonsten nach dem Defekt des Herzens. Eine Herzinsuffizienz wird mit salzarmer Kost, Gewichtsreduktion und Medikamenten behandelt. Bei Vorhofflimmern wird eine elektrische Kardioversion durchgeführt oder ein Antiarrhythmikum gegeben. Der Patient erhält eine Thromboseprophylaxe.

Eine Klappenstenose kann mit einem Ballonkatheter aufgedehnt (Valvotomie, Valvuloplastie) oder aufgeschnitten werden (Kommissurotomie). Bei einer Klappeninsuffizienz kann die Klappe in einer Operation durch eine Ringprothese rekonstruiert werden.

Wird bei einem Patienten mit einem Herzklappenfehler ein chirurgischer Eingriff durchgeführt oder erhält er eine Zahnbehandlung, erhält er prophylaktisch ein Antibiotikum (Penicillin oder Vancomycin), um eine Besiedelung der Klappen mit Bakterien zu vermeiden.

Herzklappenprothesen

Eine Herzklappe kann durch eine biologische oder mechanische Klappe ersetzt werden. Die Bioprothese wird menschlichen Leichen (Homograft) entnommen oder stammt vom Schwein oder Rind (Xenograft, **Abb. H.35 a**). Bioklappen verursachen seltener Thromboembolien als mechanische, halten aber nicht so lange.

Abb. H.35 Herzklappenprothesen. a Biologische Herzklappe vom Schwein, **b** mechanische Kippscheibenprothese.

Der Klappenapparat von mechanischen Klappen besteht aus einer Kugel, einer Hub- oder Kippscheibe oder aus einem Doppelflügel. Kugel-, Käfig- und Kippscheibenprothesen (**Abb. H.35 b**) werden kaum noch verwendet, da das Risiko einer Thromboembolie (→ Embolie), einer Hämolyse und eines Lecks an der Klappe höher ist als bei den Doppelflügelprothesen.

Nach einer Herzklappenoperation erhalten die Patienten Cumarine (z. B. Marcumar), um die Bildung von Thromboembolien (→ Embolie) zu verhindern.

Zurzeit versuchen Forscher aus Körperzellen des Patienten biologische Herzklappenprothesen herzustellen. Bei diesem tissue engineering werden körpereigene Zellen im Labor vermehrt und dann auf ein Grundgerüst aufgebracht, das sich später im Körper langsam auflöst.

Prognose

Bei manchen Herzfehlern wie Vorhofseptumdefekt, persistierender Ductus arteriosus oder Pulmonalstenose ist die Lebenserwartung nach der Operation normal. Die mittlere Lebenserwartung bei einer Aortenklappenstenose beträgt ohne Operation etwa zwei Jahre.

Zehn Jahre nach Herzklappenoperation mit einer Bioprothese müssen etwa 10–20%, nach 15 Jahren etwa 40–50% der Patienten erneut operiert und die Klappe ersetzt werden.

Tab. H.4 Häufigkeit angeborener Herzfehler und Langzeitüberlebensrate (ca.-Angaben)

Herzfehler	Häufigkeit	Überlebensrate*
Ventrikelseptumdefekt	30%	98%
Vorhofseptumdefekt	10%	normal
persistierender Ductus arteriosus	10%	normal
Aortenisthmusstenose	7%	80% (25 Jahre)
Aortenklappenstenose	6%	90% (15 Jahre)
Pulmonalklappenstenose	7%	normal
Fallot-Tetralogie	6%	85% (20 Jahre)
Transposition großer Arterien	4%	80% (20 Jahre)
Truncus arteriosus	2%	95%
Trikuspidalatresie	1%	50% (15 Jahre)
einzeln angelegter Ventrikel	1%	50% (15 Jahre)
Sonstige	16%	unterschiedlich

* Langzeitverlauf, soweit bekannt bzw. wie angegeben

Eine Prothesendysfunktion äußert sich durch ein Leck, eine Thrombose, eine → Embolie, eine Hämolyse oder eine Entzündung (Prothesenendokarditis). **Tab. H.4** zeigt die Überlebensrate bei Herzfehlern.

Infobox

ICD-10:
I08.0, I35.8, I06.8, I05.8, I09.8, I09.1, I09.8, I07.8

Internetadressen:
http://www.herzberatung.de
http://www.herz.qualimedic.de
http://www.gesundheitpro.de
http://www.dgk.de

Literatur:
Greten, H. (Hrsg.): Innere Medizin. Thieme, Stuttgart 2005
Baenkler, H.-W. u. a.: Duale Reihe Innere Medizin. Thieme, Stuttgart 2001
Hirner, A., Weise, K.: Chirurgie. Thieme, Stuttgart 2003

Herz-Kreislauf-Stillstand

► Frau Martius kommt mit einem Tablett mit Kaffee und Kuchen ins Wohnzimmer. „Heinrich, es gibt Kaffee und den Käse-Kirsch von Kaussen", ruft sie munter ihrem Mann zu, der vor dem Fernseher sitzt. „Heinrich?" Sie geht um den Sessel herum, aber ihr Mann reagiert nicht. Er hat die Augen geschlossen. „Bist Du vor der Sportschau eingeschlafen? Das kann doch gar nicht sein." Als sie noch näher kommt, merkt Frau Martius, dass ihr Mann nicht mehr atmet und sein Gesicht blass ist.

Definition

Bei einem Herz-Kreislauf-Stillstand hört das Herz plötzlich auf zu schlagen und die Blutzirkulation sistiert (hört auf).

Ursachen

Man unterscheidet zwei Formen des Herz-Kreislauf-Stillstands (**Tab. H.5**):

- tachysystolischer (hyperdynamer) Herz-Kreislauf-Stillstand,
- asystolischer (hypodynamer) Herz-Kreislauf-Stillstand.

In über 90% der Fälle wird ein Herz-Kreislauf-Stillstand durch Herzerkrankungen ausgelöst. Die → koronare Herzkrankheit ist die häufigste Herzerkrankung, die zu einem Herz-Kreislauf-Stillstand führt. Ausgelöst wird der Herz-Kreislauf-Stillstand durch einen → Herzinfarkt oder eine Unterversorgung des Herzmuskels mit Sauerstoff.

Seltenere Ursachen eines Herz-Kreislauf-Stillstands sind Erkrankungen des Herzmuskels (→ Kardiomyopathie), Entzündungen des Herzmuskels (→ Myokarditis), Bluthochdruck (→ Hypertonie), → Herzklappenfehler, → Elektrounfälle, zu hohe oder zu niedrige Kalium-Werte (Hyper- oder Hypokaliämie) eine schwere Azidose, Medikamente, eine Blutansammlung im Herzbeutel (→ Herzbeuteltamponade) oder eine → Unterkühlung (Hypothermie).

Neben Herzerkrankungen kann ein Herz-Kreislauf-Stillstand durch einen → Schock, eine → Lungenembolie, durch Atemnot bei Verlegung der Atemwege, Gehirnerkrankungen, Vergiftungen, → Ertrinken oder Ersticken verursacht werden. Das Endstadium vieler Erkrankungen äußert sich durch einen Stillstand des Herz-Kreislauf-Systems.

Ein primärer Herz-Kreislauf-Stillstand, der myokardiale Ursachen wie Kammerflimmern oder primäre Asystolie hat, tritt plötzlich auf. Ein sekundärer Herz-Kreislauf-Stillstand mit extrakardialen Ursachen, wie akutem Atemstillstand, schwerer Hypoxie oder Ausfall des ZNS durch ein → Schädel-Hirn-Trauma, tritt innerhalb von Minuten oder nach noch längerer Zeit (protrahiert) ein.

Tab. H.5 Formen des Herz-Kreislauf-Stillstands

Form	Häufigkeit	Ursache
tachysystolischer (hyperdynamer) Herzstillstand	80%	▪ Kammerflimmern ▪ Kammerflattern ▪ ventrikuläre Tachykardie
asystolischer (hypodynamer) Herzstillstand	20%	▪ Asystolie

Symptome

Der Patient wird etwa 10 – 15 Sek., nachdem der Kreislauf aufgehört hat zu zirkulieren, bewusstlos. Er reagiert nicht auf Ansprache oder Schmerzreize. Nach 30 – 60 Sek. hört der Betroffene auf zu atmen. Man sieht keine Atembewegungen des Brustkorbs, über Mund und Nase kann man keine Ausatemluft fühlen. Nach zwei Minuten erweitern sich die Pupillen. Die Haut des Patienten wird bläulichgrau.

Diagnose

In einer Notfallsituation wird der Patient laut und forsch angesprochen und kann leicht an der Schulter geschüttelt werden. Reagiert der Betroffene nicht, kann man mit einem Schmerzreiz (z. B. Kneifen) versuchen, mit ihm in Kontakt zu treten. Reagiert er wieder nicht, wird die Atmung überprüft. Hört der Ersthelfer kein Atemgeräusch über Mund und Nase des Patienten, wird der Puls wechselseitig an beiden Karotisarterien für jeweils zehn Sek. getastet und gleichzeitig die Reaktion der Pupillen getestet. Ist kein Karotispuls tastbar, muss sofort entschieden werden, ob der Patient reanimiert wird. Parallel zur Reanimation wird ein EKG angelegt, auf dem eine ventrikuläre Tachykardie, Kammerflattern, Kammerflimmern oder Asystolie erkennbar sind (**Abb. H.36**).

Therapie

Ist eine Reanimation indiziert, muss damit unverzüglich begonnen werden. Ein Herz-Kreislauf-Stillstand von 3 Min. kann irreversible Schäden am Gehirn verursachen. Bei der Herz-Lungen-Wiederbelebung (kardiopulmonale Reanimation, CPR) unterscheidet man (**Abb. H.37**, **Abb. H.38**):

- Basismaßnahmen (Basic Life Support, BLS) mit Freihalten der Atemwege, Beatmung und Herzdruckmassage,
- erweiterte Reanimationsmaßnahmen (Advanced Life Support, ALS) mit EKG und medikamentöser Behandlung.

Basismaßnahmen. Falls ein Defibrillator vorhanden ist, wird der Patient sofort defibrilliert. Danach wird die CPR durchgeführt: Mund und Rachen werden gereinigt, der Kopf überstreckt und das Kinn vorgezogen. Der Helfer beatmet den Patient initial zweimal und führt danach die

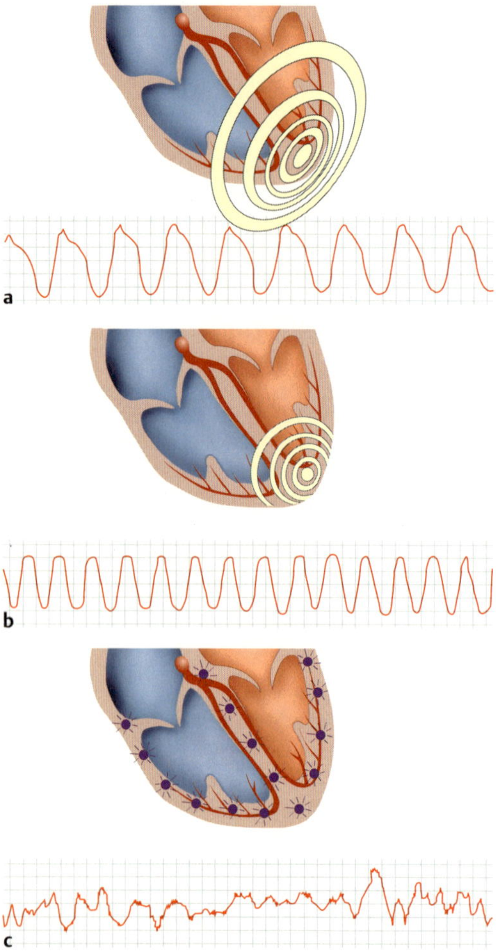

Abb. H.36 Tachykarde Herzrhythmusstörungen. a Ventrikuläre Kammertachykardie, **b** Kammerflattern, **c** Kammerflimmern.

Herzdruckmassage durch. Die Druckfrequenz sollte etwa 100/Min. betragen. Das Verhältnis zwischen Beatmung und Druckmassage ist 2:30. Der Patient wird für etwa zwei Minuten reanimiert. Danach kontrolliert der Helfer Puls und EKG, die die weitere Behandlung bestimmen.

Erweiterte Reanimationsmaßnahmen bei Kammerflattern, Kammerflimmern, oder Kammertachykardie. Der Patient wird bis zu dreimal hintereinander defibrilliert. Ist die zweite Defibrillation erfolgreich, wird der Patient intubiert und erhält Adrenalin. Nach der dritten erfolglosen Defibrillation wird ein Antiarrhythmikum (z. B. Amiodaron oder Lidocain) verabreicht. Die CPR wird mindestens 30 Min. fortgesetzt, bei unterkühlten Patienten über eine Stunde. Zusätzlich können alle 3–5 Min. Adrenalin oder Natriumbikarbonat gegeben werden.

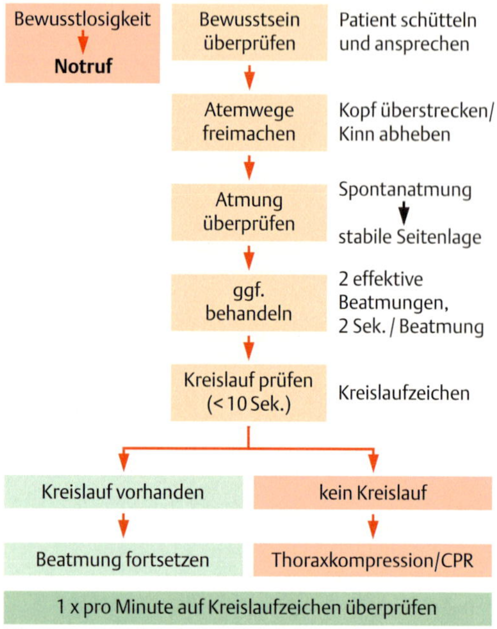

Abb. H.37 Basic Life Support (BLS). Lebensrettende Sofortmaßnahmen beim Erwachsenen.

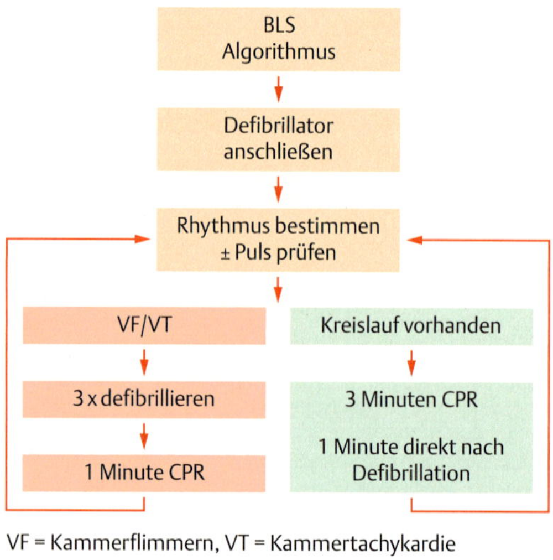

VF = Kammerflimmern, VT = Kammertachykardie

Abb. H.38 Advanced Cardiac Life Support (ACLS). Erweiterte lebensrettende Maßnahmen beim Erwachsenen.

Erweiterte Reanimationsmaßnahmen bei Asystolie oder EMD (elektromechanische Dissoziation). Der Patient erhält nach Beginn der CPR Adrenalin über die Vene oder den Intubationstubus. Gelingt es nicht, den Herzrhythmus wieder herzustellen, wird die CPR fortgesetzt und mehrfach Adrenalin verabreicht. Bei Bedarf kann Atropin gegeben werden.

Besteht der Herz-Kreislauf-Stillstand weiterhin, kann Natriumbikarbonat verabreicht und ein elektrischer Schrittmacher gelegt werden.

Bei einer erfolgreichen Reanimation werden die Pupillen enger, der Puls an der Karotis ist wieder tastbar, die Hautfarbe wird rosiger und der Patient fängt u. U. wieder spontan an zu atmen.

Prognose

Die Prognose eines Herz-Kreislauf-Stillstands hängt davon ab, welche Erkrankung den Herzstillstand verursacht hat, wie früh der Patient reanimiert wird und welche Komplikationen eingetreten sind. Je früher der Patient defibrilliert wird, desto größer ist der Erfolg. Kann der Patient unmittelbar nach Beginn eines Kammerflimmerns defibrilliert werden (z. B. auf der Intensivstation), hat der Patient eine 95 %ige Chance zu überleben. Jede Minute Verzögerung senkt die Überlebenschance um etwa 10 %. Die langfristige Prognose nach einem Herz-Kreislauf-Stillstand hängt von der Schwere der Grundkrankheit, z. B. einer → koronaren Herzkrankheit, ab.

Durch die Reanimation kann es zu Frakturen von Rippen oder Sternum mit Verletzungen von Herz oder Lunge kommen. Zusätzlich können innere Organe wie Milz, Leber, Magen oder Aorta verletzt werden. Durch den Kreislaufstillstand können alle Organe geschädigt werden.

Infobox

ICD-10:
I46.9

Internetadressen:
http://www.swissheart.ch
Kinderreanimation: http://www.erc.edu

Literatur:

Baenkler, H.-W. u. a.: Duale Reihe Innere Medizin. Thieme, Stuttgart 2001

Greten, H. (Hrsg.): Innere Medizin. Thieme, Stuttgart 2005

Ziegenfuß, T.: Checkliste Notfallmedizin. Thieme, Stuttgart 2004

Herzphobie

► **Herr Kauert, 43 Jahre, berichtet dem Internisten: „Ich habe eine Herzerkrankung! Ich spüre es ganz deutlich, so ein Drücken in der Brust. Hier!" Er deutet auf sein Sternum. „Wenn ich tief Luft hole, kommt auch noch so ein Brennen dazu. Das ist sicherlich ein Herzinfarkt! Meine Mutter ist vor zwei Jahren an einem Herzinfarkt gestorben. Mein Hausarzt hat nichts gefunden, aber Sie können mir doch bestimmt helfen!"**

Definition

Die Herzphobie ist als hypochondrische Störung eine psychosomatische Erkrankung, die mehrere Monate andauern muss. Bei gesundem Organsystem befürchtet der Betroffene mit großer Angst erkrankt zu sein.

Synonyme: Da Costa-Syndrom, funktionelle Herzstörung, Herzangstsyndrom, Herzneurose, hypochondrische Herzneurose, neurozirkulatorische Asthenie.

Ursachen

Ängste, denen sich der Patient nicht unbedingt bewusst ist, werden durch die Beschäftigung mit einer vermeintlichen Herzerkrankung überdeckt und somit vorübergehend ihrer Bedrohung beraubt. Es erfolgt eine Projektion. Auch wird in unserer Gesellschaft eine organische Störung deutlich besser sozial akzeptiert, als eine psychische. Das erleichtert die Flucht in diese Krankheitssymptome.

Symptome

Bei gesundem Herz-Kreislauf-System haben die Patienten folgende Symptome:

- Schmerzen von diffusem, drückendem oder brennendem Charakter, deren Ursache im Herzen verspürt wird, Ausstrahlung in die Schulter,
- unklare Gefühle im Brustkorb allgemein,
- verstärkte Schmerzempfindung bei äußerem Druck auf die Zwischenrippenmuskulatur,
- häufig vermeintliche Atembeschwerden,
- reale → Hyperventilationsereignisse.

Je mehr sich der Patient auf seine vermeintlichen Herzbeschwerden konzentriert, umso schlimmer und bedrohlicher werden diese für ihn. Die damit verbundenen Ängste treten meist in Attacken auf. Die Erklärung des Arztes, dass die Kreislauforgane gesund seien, bringt dem Patienten höchstens für einige Wochen Besserung.

Der Patient drängt aber jedoch förmlich darauf, durch weitere wiederholte Untersuchungen nun endlich als krank erkannt zu werden („Ärztehopping"). Häufig lässt sich in der Biografie des Patienten eine Ursache der Störung ausmachen, z. B. schwerer Herzinfarkt eines nahen Angehörigen. Männer im mittleren Lebensalter sind am häufigsten von dieser Störung betroffen.

Diagnose

Zunächst muss durch eine behutsame, eher in den Hintergrund gestellte Diagnostik ein → Herzinfarkt durch Laboruntersuchungen (Troponin-T, CK/CK-MB), EKG, Belastungs-EKG und Echokardiografie ausgeschlossen werden.

Bei der Anamnese fallen wiederholte Anfragen nach Überweisungen zum Spezialisten auf. Mitunter können jedoch auch viele Jahre und viele Ärztekonsultationen verstreichen, bis die Diagnose einer psychosomatischen Störung in Erwägung gezogen wird. Selbstverständlich hat der Psychosomatiker mindestens das gleiche Risiko wie eine altersentsprechende Vergleichsperson, an einem → Herzinfarkt zu erkranken. Daher prüft der Arzt bei jeder Veränderung der Beschwerdeangaben, ob erneute Diagnostik betrieben werden muss.

Es werden Fragebögen (z. B. Hamilton-Angstskala) eingesetzt und eine ausführliche Sozialanamnese erhoben. Ängste und belastende Ereignisse der letzten Jahre werden intensiv angesprochen.

Differenzialdiagnose

Abzugrenzen sind der echte → Herzinfarkt, ösophagogastrointestinale Erkrankungen wie → Magengeschwür, Persönlichkeitsstörungen, → wahnhafte Störungen, posttraumatische Belastungsstörungen, → Depressionen und simulierte Störungen, sowie das → Münchhausen-Syndrom.

Therapie

Dem Patient muss behutsam erklärt werden, dass seine Beschwerden psychischer Natur sind und ein Psychologe oder Psychiater ihm helfen können. Der Betroffene nimmt dies häufig nicht an und reagiert u. U. mit Frustration oder Aggression. Sofern der Patient zur Therapie motiviert werden kann, kommen psychotherapeutische und medikamentöse Maßnahmen zum Einsatz:

- stützend-begleitende Gesprächstherapie,
- aufdeckend-analytische Gesprächstherapie,
- Verhaltenstherapie, in der der Patient lernt, wie er sich bei Angstanfällen selbst beruhigen und angstauslösende Situationen vermeiden kann,
- kognitive Verfahren, in denen eingefahrene krankhafte Verhaltensmuster analysiert und korrigiert werden,
- Entspannungsverfahren z. B. mit progressiver Muskelrelaxation und autogenem Training (**Abb. H.39**),
- medikamentöse Therapie mit selektiven Serotonin-Wiederaufnahmehemmern (SSRI) wie Citalopram, Benzodiazepinen wie Lorazepam und selten Betablockern wie Metoprololsuccinat.

Prognose

Sekundär kann sich eine „Angst vor der Angst" entwickeln, die zu sozialer Isolierung und Vermeidungsverhal-

a

Übungsart	Übungsformel	Wirkung	Begleiterscheinung
Ruhetönung*	„Ich bin vollkommen ruhig"	– allgemeine Beruhigung von Körper und Psyche	
1 Schwereübung	„Der rechte (linke) Arm ist ganz schwer"	– Muskelentspannung, allgemeine Beruhigung	– autogene Entladungen aller Art sind möglich, Nachwirkungen durch falsches Zurücknehmen
2 Wärmeübung	„Der rechte (linke) Arm ist ganz warm"	– Erweiterung der Blutgefäße, Beruhigung	– autogene Entladungen
3 Herzübung	„Herz schlägt ganz ruhig und gleichmäßig"	– Normalisierung der Herzarbeit, Beruhigung	– autogene Entladungen; durch Erwartungseinstellung, durch „Organerinnerung" können Organsymptome ausgelöst werden
4 Atemübung	„Atmung ganz ruhig (und gleichmäßig)"	– Harmonisierung und Passivierung der Atmung, Beruhigung	– (wie oben)
5 Leib-(Sonnengeflecht-)übung	„Sonnengeflecht (Leib) strömend warm"	– Entspannung und Harmonisierung aller Bauchorgane, Beruhigung	– (wie oben)
6 Kopfübung	„Stirn angenehm kühl"	– kühler, klarer Kopf, Beruhigung	– autogene Entladungen; gelegentlich Kopfschmerzen und Schwindel

* Die Ruhetönung kann nur bei gegebener Indikation als selbstständige Übung angesehen werden; im Allgemeinen gilt sie als „richtungsweisendes Einschiebsel" im Sinne von *Schultz*

b

Abb. H.39 Autogenes Training. a Entspannungspositionen beim autogenen Training nach J.H. Schulz. **b** Stufen nach J.H. Schulz.

ten führen kann und weiterer Behandlung bedarf. Die Prognose bei therapiemotivierten Patienten ist für eine Heilung innerhalb von eins bis zwei Jahren gut, sofern keine psychiatrischen Begleiterkrankungen vorliegen.

Infobox

ICD-10: F45.30

Internetadressen:

http://www.psychiatriegespraech.de

http://www.psychotraumatologie.ch/dacosta.htm

Herzrhythmusstörungen

► „Komm, hier noch den Hügel rauf. Du kannst oben im Restaurant warten, während ich das Auto hole." Die Burgers sind heute früh zu einer Wanderung ins Perlenbachtal aufgebrochen, wo zur Zeit die wilden Narzissen blühen. Jetzt, am frühen Nachmittag, ist Frau Burger sehr erschöpft. Sie schleppt sich zu einer Bank. „Heinrich, ich bekomme keine Luft mehr und mein Herz rast. Ich habe Angst." Auf dem Weg zum Auto macht sich Herr Burger Vorwürfe. Vielleicht war das für seine Frau zu viel. Sie hatte vor ein paar Jahren einen Hinterwandinfarkt.

Definition

Eine Herzrhythmusstörung liegt vor, wenn im Elektrokardiogramm (EKG) eine irgendwie geartete Abweichung vom regulären Sinusrhythmus, der vom Sinusknoten vorgegeben wird, auftritt. Das kann eine Abweichung von der normalen Herzfrequenz, eine Arrhythmie, oder eine Störung des zeitlichen Ablaufs der Herzaktionen sein.

Einteilung der Herzrhythmusstörungen

Jede Muskelkontraktion wird von einer elektrischen Potenzialveränderung (Depolarisation) begleitet, die sich mit Elektroden auf der Körperoberfläche messen lässt. Das Reizleitungssystem und Teile der Herzmuskulatur sind zur spontanen und rhythmischen Erregungsbildung fähig. Die Frequenz der Aktionen wird von dem Zentrum bestimmt, das mit der höchsten Frequenz depolarisiert – dem Sinusknoten. Die Erregung breitet sich über die Vorhofmuskulatur aus und erreicht den Atrioventrikular-(AV-)knoten. Danach wird sie über ein spezielles Reizleitungssystem in den rechten und linken Kammerschenkel geleitet und erreicht die Muskelzellen der Ventrikel (**Abb. H.40**).

Der Rhythmus kann auf unterschiedliche Art und Weise gestört sein. Ist die Erregungsbildung gestört, wird die Erregung nicht mehr vom Sinusknoten, sondern von einer anderen Stelle des Herzens initiiert. Solche Stellen sind die Vorhofmuskulatur, der AV-Knoten oder die Ventrikelmuskulatur. Sinusrhythmus, Vorhofrhythmus und durch den AV-Knoten vorgegebener Rhythmus werden zum supraventrikulären Herzrhythmus zusammengefasst. Der ventrikuläre Rhythmus hat seinen Ursprung in der Ventrikelmuskulatur. Es kann aber auch die Erregungsleitung auf ihrem Weg vom Sinusknoten zu den Ventrikeln unterbrochen sein. Man kann die Herzrhythmusstörungen nach verschiedenen Gesichtspunkten einteilen und beschreiben, z. B. nach:

- ihrer Frequenz:
  - schnell (Tachyarrhythmie),
  - langsam (Bradyarrhythmie).
- ihrer Lokalisation:
  - supraventrikulär (vom Vorhof ausgehend),
  - ventrikulär (vom Ventrikel ausgehend).

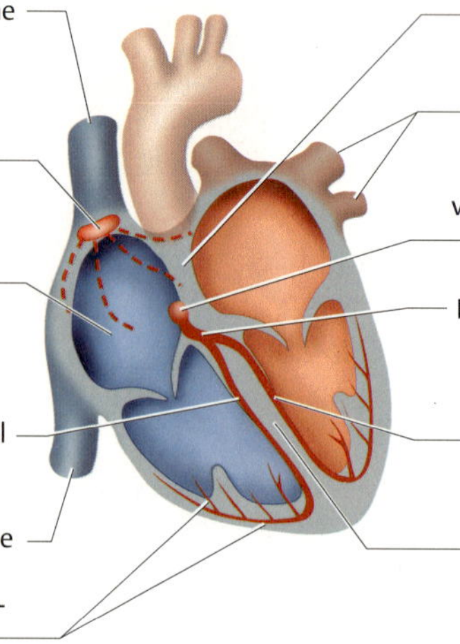

Abb. H.40 Erregungsleitung am Herzen. Die Erregung beginnt normalerweise im Sinusknoten an der Oberseite des rechten Vorhofs.

- dem Mechanismus ihrer Entstehung:
  - Störung der Erregungsbildung,
  - Störung der Erregungsleitung.

Störung der Erregungsbildung

Sinusarrhythmie

Die Frequenz des Sinusknotens wird über sympathische und parasympathische Nervenfasern gesteuert. Diese unterliegen aber z. B. auch dem Einfluss von Dehnungsrezeptoren der Lunge. Von diesen Rezeptoren ausgehende Reflexe können daher ebenfalls die Herzfrequenz steuern. Atmungsabhängige Änderungen der Herzfrequenz werden als Sinusarrhythmie bezeichnet.

Bradykarde Rhythmusstörungen

Nimmt die Impulsfrequenz des Sinusknotens ab oder fällt sie ganz aus, wird die Erregung in sekundären Zentren gebildet. Diese besitzen eine niedrigere spontane Depolarisationsfrequenz als der Sinusknoten, weshalb sie diesem normalerweise untergeordnet sind. Diese Rhythmen werden auch als Ersatzrhythmen bezeichnet. Sie treten z. B. nach einem → Herzinfarkt auf (**Abb. H.41**).

Extrasystolen (ES)

Hierbei handelt es sich um einzelne Herzschläge außerhalb des Grundrhythmus oder kurze Salve von wenigen Schlägen. Sie kommen sehr häufig auch bei Gesunden vor und werden gelegentlich als „Herzstolpern" bemerkt. Meist handelt es sich um supraventrikuläre ES (**Abb. H.42**),

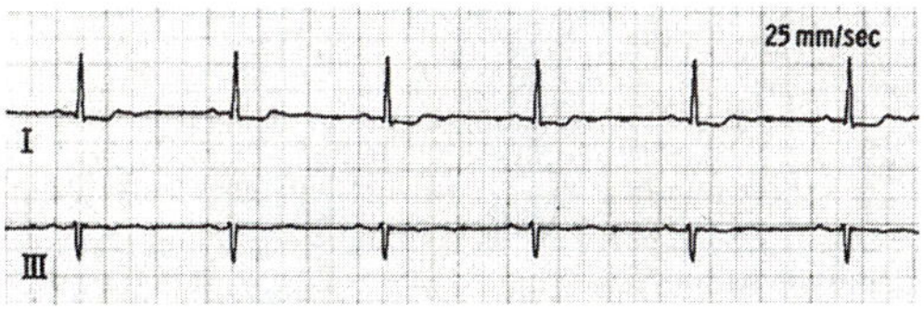

Abb. H.41 Sinusbradykardie. Die Herzfrequenz liegt unter 60 Schlägen pro Minute. Rhythmus ist regelmäßig und erfolgt aus dem Sinusknoten.

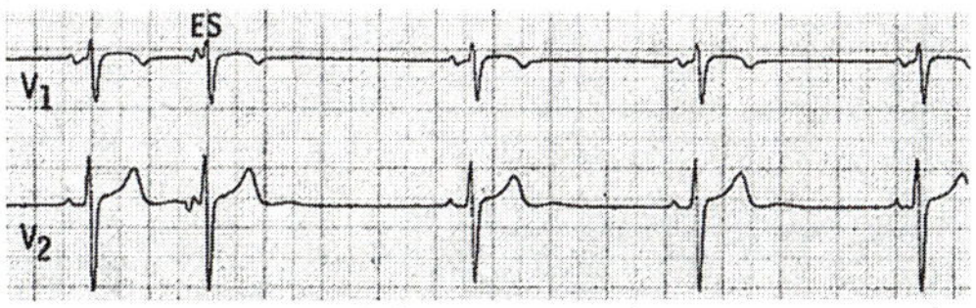

Abb. H.42 Supraventrikuläre Extrasystolen. Die Erregung des Herzens erfolgt nicht über den Sinusknoten, sondern aus anderen Bereichen des Vorhofs, so dass eine vorzeitige Kontraktion ausgelöst wird.

es gibt aber auch ventrikuläre ES. Einzelne ES sind meist nicht therapiebedürftig. Bei häufigem Auftreten oder bei kurzen Salven können sie aber als Warnarrhythmien gelten und auf schwerwiegende Herzerkrankungen hinweisen. Sie müssen dann sorgfältig beobachtet und ggf. behandelt werden.

Tachykarde Rhythmusstörungen

Sie treten auf, wenn die Erregungsbildungszentren über längere Zeit ununterbrochen Impulse aussenden.

Sinusknotentachykardie. Sie gehört zu den supraventrikulären Tachykardien und bezeichnet die beschleunigte Frequenz des Sinusknotens (**Abb. H.43**). Die Erkrankung ist fast immer ein Symptom für eine Grunderkrankung, die diagnostiziert und therapiert werden sollte, z. B.:

- psychische und physische Belastung,
- Hyperthyreose,
- Fieber,
- Reizung des Sympathikus durch z. B. Nikotin,
- → Herzinsuffizienz.

Vorhofflattern. Auch Vorhofflattern gehört zu den supraventrikulären Tachykardien. Der AV-Knoten kann hohe Frequenzen von über 200 Depolarisationen pro Minute nicht mehr ableiten (**Abb. H.44**). Beim Vorhofflattern ist die Frequenz größer als 250/Min. und keine Nulllinie mehr zu erkennen (typische sägezahnartige Flatterwellen im EKG). In einem solchen Fall wird nicht jede Welle übergeleitet. Man spricht dann von 2 : 1- oder 3 : 1-Überleitung, die eine Art Schutzmechanismus vor einer 1 : 1-Überleitung mit Herzrasen darstellt.

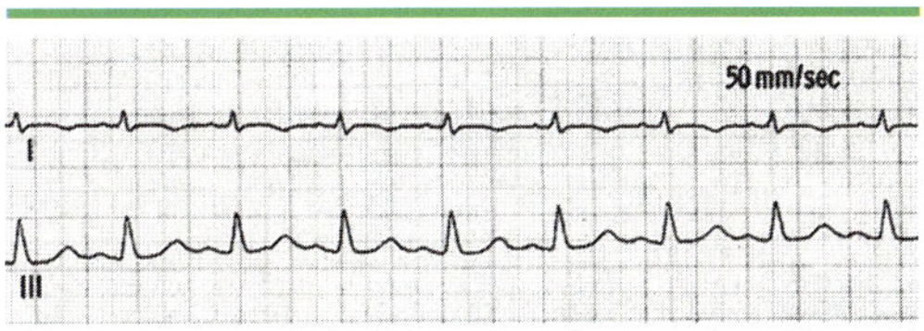

Abb. H.43 Sinustachykardie. Die Herzfrequenz liegt über 100 Schlägen pro Minute. Rhythmus ist regelmäßig und erfolgt aus dem Sinusknoten.

Vorhofflimmern. Bei der häufigsten Form der supraventrikulären Arrhythmie kontrahieren die Vorhöfe bei Depolarisationsfrequenzen von bis zu 600/Min. nur noch sehr unregelmäßig bis gar nicht mehr (**Abb. H.45**). Auf Dauer wird durch den Wegfall der Vorhofkontraktion das Herzzeitvolumen um bis zu 20 % vermindert, was zu einer → Herzinsuffizienz führen kann. Tritt das Vorhofflimmern über einen längeren Zeitraum auf, können sich durch die unregelmäßigen Herzkontraktionen am Herzen oder in den großen Gefäßen Blutgerinnsel bilden. Lösen diese sich ab, kann es zu Schlaganfall oder arterieller Embolie kommen.

Paroxysmale supraventrikuläre Tachykardie. Darunter versteht man plötzlich einsetzende Anfälle von Herzrasen mit schnellem Puls von oft 160 – 200/Min. (**Abb. H.46**). Dies ist meist nicht bedrohlich und oft selbstlimitierend.

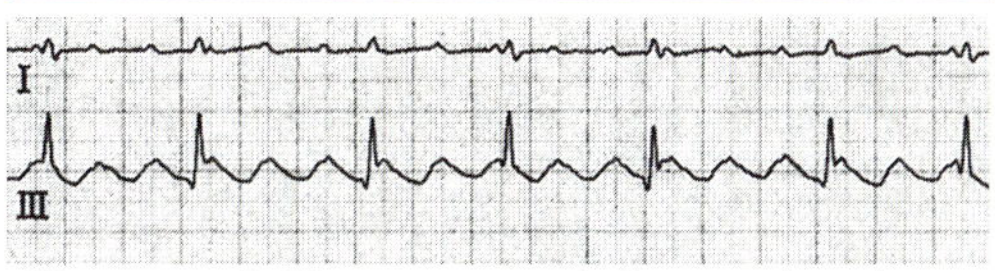

Abb. H.44 Vorhofflattern. Die Vorhoffrequenz liegt bei ca. 250 – 350 Schlägen pro Minute.

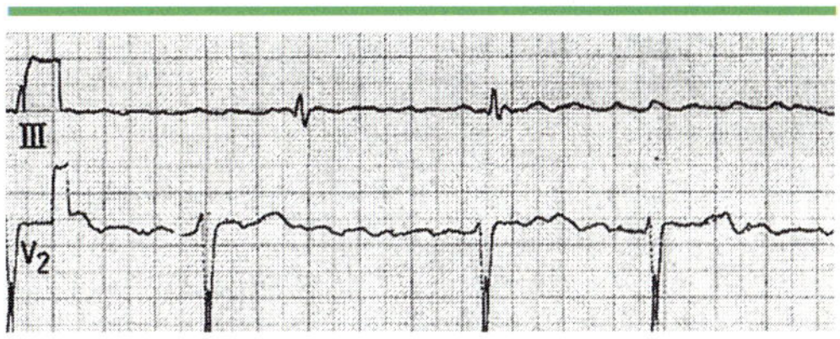

Abb. H.45 Vorhofflimmern. Die Vorhoffrequenz beträgt ca. 350 – 600 Schläge pro Minute.

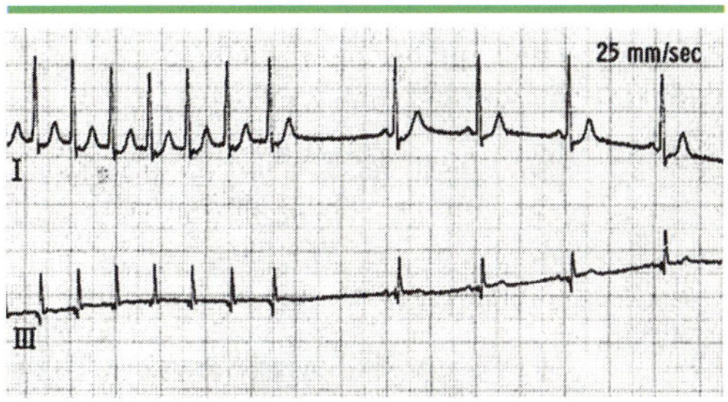

Abb. H.46 Paroxysmale supraventrikuläre Tachykardie. Die Herzfrequenz liegt ca. bei 140 – 240 Schlägen pro Minute.

Kammerflattern/- flimmern. Hierbei handelt es sich um ventrikuläre Rhythmusstörungen, die meist Folge schwerer Herzerkrankungen sind (s. **Abb. H.36**). Von einem Zentrum in der Ventrikelmuskulatur gehen in rascher Folge Depolarisationen aus. Die Erregung breitet sich auf abnormen Weg über die Muskulatur aus. Daher zeigen sich im EKG breite, verformte EKG-Komplexe. Beim Kammerflimmern kontrahieren einzelne Herzmuskelfasern unabhängig voneinander. Daher entsteht beim Kammerflimmern nur noch eine Zitterlinie mit flacher Amplitude. Kammerflimmern oder -flattern entsprechen funktionell einem Herz-Kreislauf-Stillstand.

Störung der Erregungsleitung

Die physiologische Erregungsausbreitung am Herzen ist gestört, sodass sich die Erregung nicht auf normalem Weg vom Sinusknoten zum Ventrikel ausbreitet. Die Reizleitung kann auf unterschiedliche Art und Weise gestört sein:

- zu schnelle oder vorzeitige Erregung beim Wolff-Parkinson-White-(WPW-)Syndrom: Zwischen Vorhöfen und Kammern existiert ein zusätzlicher Leitungsweg, sodass die Erregung zu schnell übergeleitet wird. Es besteht die Gefahr der gelegentlich auftretenden Tachykardie mit Herzrasen.
- zu langsame oder blockierte Überleitung (Reizleitungsverzögerungen):
  - sinuatrialer (SA-)Block: Blockierung zwischen Sinusknoten und Vorhofmuskulatur,
  - atrioventrikulärer (AV-)Block: Blockierung zwischen den Vorhöfen und Kammern,
  - Schenkelblock: Störung der Erregungsleitung im rechten oder linken Kammerschenkel (Rechtsschenkel- oder Linksschenkelblock); die Leitung bis in die Ventrikel ist normal.

Ursachen

Herzrhythmusstörungen kommen sehr häufig vor und können eine sehr unterschiedliche Art und Gefährlichkeit aufweisen. Nicht alle Herzrhythmusstörungen haben einen Krankheitswert, viele sind harmlos und kommen auch bei Gesunden vor. Sie sind aber auch oft ein Symptom verschiedener Grunderkrankungen des Herzens.

Myokardiale Ursachen. Hier liegen z. B. Druck- und Volumenbelastungen zugrunde, wie sie bei Herzklappenfehlern auftreten. Die Störungen können aber auch durch Herzkrankheiten hervorgerufen werden, z. B.:

- → Herzinfarkt,
- → koronare Herzkrankheit,
- → Kardiomyopathie,
- → Myokarditis.

Extrakardiale Ursachen. Hier liegt der Rhythmusstörung eine andere Erkrankung zugrunde. Häufige Ursachen sind z. B.:

- psychovegetative Faktoren,
- Hyperthyreose,
- Medikamente,
- Genussmittel (z. B. Koffein, Nikotin, Drogen).

Symptome

Leichte oder nur kurzzeitige Störungen werden von vielen Patienten gar nicht wahrgenommen. Je nach Art der Rhythmusstörung werden von den Patienten sehr unterschiedliche Symptome angegeben.

Bei langsamen Rhythmusstörungen kommt es häufig zu Herzstolpern (Pulsaussetzer) Schwindelattacken, Kollapszuständen oder Synkopen (kurze Bewusstlosigkeit). Bei längeren „Herzpausen" kann es auch zu einem kurzzeitigen → Herz-Kreislauf-Stillstand (sog. Adam-Stokes-Anfälle) kommen.

Bei schnellen Herzrhythmusstörungen werden häufig Herzklopfen (Palpitationen) oder Herzrasen, bei dem ein schneller Puls wahrgenommen wird, geschildert. Zusätzlich zeigen sich Nervosität, gelegentliche Hyperventilationen oder echte Dyspnoe. Ebenso können Anfälle von → Angina pectoris auftreten.

Die bedrohlichste Form der Herzrhythmusstörung ist die elektromechanische Entkopplung. Hierbei besteht eine Rhythmusstörung, bei der keine muskuläre Herzbewegung mehr auftritt. Es kommt zu einem funktionellen Herz-Kreislauf-Stillstand mit Pulslosigkeit. Häufig ist dies bei Kammerflimmern oder -flattern der Fall.

Diagnose

Da die Symptome von den Betroffenen sehr unterschiedlich geschildert werden, ist es wichtig, möglichst zum Zeitpunkt der Beschwerden die möglicherweise zugrunde liegende Rhythmusstörung mittels Elektrokardiogramm (EKG) zu objektivieren. Mehrere EKG-Möglichkeiten stehen zur Verfügung:

- **Ruhe-EKG:** Aufzeichnung in völliger Entspannung; evtl. mit „langem Streifen", d. h. mit verlangsamter Papiergeschwindigkeit des Aufzeichnungsgeräts,
- **Langzeit-EKG:** Aufzeichnungsdauer meist über 24 Stunden; Erfassung unbemerkter oder vorübergehender (intermittierender) Rhythmusstörungen,
- **Belastungs-EKG:** Erfassung des Rhythmus und der Frequenz bei körperlicher Belastung.

Außerdem werden bestimmte Rhythmusstörungen mit komplizierteren und seltener angewandten Verfahren, wie pharmakologische Provokationstests oder die elektrophysiologische Untersuchung (EPU) des Herzens, diagnostiziert.

Differenzialdiagnose

Deuten die Symptome eine Herzrhythmusstörung an, müssen die unterschiedlichen Formen mittels EKG voneinander abgegrenzt werden. Verschiedene Herzrhythmusstörungen können allerdings auch kombiniert auftreten, was differenzialdiagnostische Probleme aufwerfen kann.

Therapie

Tachykarde Herzrhythmusstörungen

Zunächst kann im EKG festgestellt werden, welche tachykarde Rhythmusstörung vorliegt. Je nach Art der Rhythmusstörung existieren mehrere Therapiemöglichkeiten.

Keine Behandlung. Bei einfachen, unkomplizierten oder nur intermittierend vorkommenden Rhythmusstörungen ist oft keine Therapie notwendig, sofern keine wesentliche oder belastende Symptomatik vorliegt.

Medikamentöse Therapie. Zur medikamentösen Behandlung von höhergradigen Rhythmusstörungen werden Antiarrhythmika gegeben. Jedes Antiarrhythmikum hat ein eigenes Indikationsspektrum und kann teilweise bei verschiedenen Rhythmusstörungen eingesetzt werden. Wichtig ist in jedem Fall die Tachykardie zu bremsen, besser noch einen Sinusgrundrhythmus wiederherzustellen. Allerdings haben Antiarrhythmika häufig starke Nebenwirkungen und sollten daher nur nach sorgfältiger Risiko-Nutzen-Abwägung eingesetzt werden. Antiarrhythmika werden nach ihrem Wirkmechanismus in verschiedene Klassen eingeteilt:

- **Klasse I a–c:** Natriumkanalblocker; wirken direkt auf das Aktionspotenzial (z. B. Ajmalin, Propafenon, Lidocain),
- **Klasse II:** Beta-Blocker; verdrängen die Katecholamine von ihren Rezeptoren (z. B. Metoprolol, Carvedilol),
- **Klasse III:** Kaliumkanalblocker (z. B. Amiodaron),
- **Klasse IV:** Kalziumantagonisten (z. B. Verapamil, Diltiazem).

Kardioversionsbehandlung. Diese Therapie kann bei einigen tachykarden Rhythmusstörungen angewendet werden. Hierbei wird die Rhythmusstörung in Kurznarkose mittels eines über Defibrillatorelektroden abgegebenen Stromstoßes limitiert. Dadurch wird die elektrische Erregung am Herzen kurz unterbrochen. Bei erfolgreicher Behandlung setzt ein normaler Sinusrhythmus wieder ein.

Katheterablation. Diese Behandlung kommt in ausgewählten Fällen bei therapierefraktären Vorhoftachykardien infrage. Hierbei werden bei einer elektrophysiologischen Untersuchung zusätzliche Leitungsbündel gesucht, die für die Rhythmusstörung verantwortlich sein können. Diese Bündel werden dann mittels Stromkoagulation verödet.

Defibrillation. Lebensbedrohliche Rhythmusstörungen wie Kammerflattern oder -flimmern müssen i.d.R. mittels Defibrillation (ähnlich der Kardioversion) beendet werden, da meist ein funktioneller → Herz-Kreislauf-Stillstand besteht oder droht (**Abb. H.47**). Bei Patienten, die ein sehr hohes Risiko für solche Rhythmusstörungen haben, kann prophylaktisch ein AICD-Schrittmacher implantiert werden. Dieser misst wenige Zentimeter im Durchmesser und hat gleichzeitig eine Defibrillatorfunktion. Er erkennt die bedrohlichen Rhythmusstörungen und löst sofort einen Stromimpuls aus, der die Rhythmusstörung beendet.

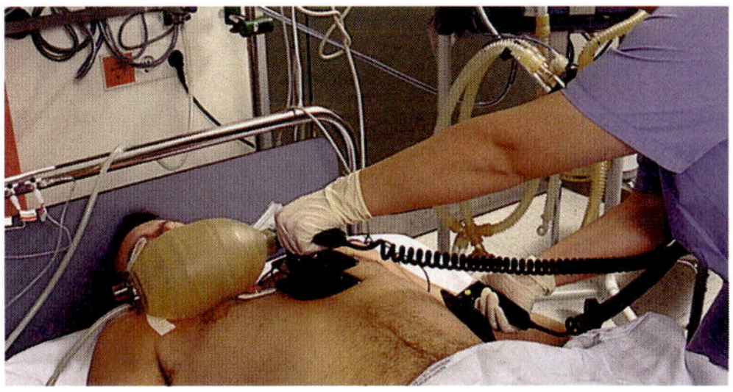

Abb. H.47 Defibrillation. Eine Elektrode wird unter dem rechten Schlüsselbein (Herzbasis), die andere seitlich unter der linken Brustwarze (Herzspitze) platziert.

Bradykarde Herzrhythmusstörungen

Im Gegensatz zu den tachykarden Rhythmusstörungen, ist hier die medikamentöse Therapie nur sehr begrenzt einsetzbar. Viele bradykarde Rhythmusstörungen sind Begleiterscheinungen anderer Herzerkrankungen und haben keinen zusätzlichen Krankheitswert. Sie verlaufen häufig asymptomatisch und werden daher nicht speziell behandelt. Höhergradige und symptomatische Bradykardien werden i.d.R. mittels eines Herzschrittmachers therapiert.

Prognose

Häufig sind Rhythmusstörungen das Symptom einer anderen Erkrankung und stellen somit einen prognostischen Zusatzfaktor der entsprechenden Grunderkrankung (z. B. → Herzinfarkt) dar.

Viele Rhythmusstörungen müssen nicht behandelt werden. Die behandlungspflichtigen Störungen können i.d.R. medikamentös oder mittels Schrittmacher gut therapiert werden. Treten allerdings Kammerarrhythmien auf, haben diese meist eine schlechte Prognose. Sie müssen sofort behandelt werden, da sie sonst fast immer zum Tod führen.

Infobox

ICD-10:
I49.9, T46.9

Internetadressen:
http://www.h-wie-herz.de
http://www.aerzte-zeitung.de

Heuschnupfen

► „Hey Elena, hast Du Georg schon gesehen? Der spinnt total. Läuft im Institut mit Sonnenbrille rum." Jutta und Elena bleiben auf dem Flur stehen. „Ja klar. Er hat mich fast umgerannt, weil er nichts gesehen hat und ich hab' mich total erschrocken." Georg kommt um die Ecke. „Ich weiß, das sieht bescheuert aus, aber meine Augen sind völlig lichtempfindlich und tränen in einer Tour. Es ist ja mal wieder Heuschnupfenzeit. Draußen ist es so schön – die Sonne scheint, die Pflanzen blühen sich ein Bein aus und ich kann nicht raus." Er niest. „Im letzten Jahr war das nach drei Wochen vorbei, aber ich habe das Gefühl, in diesem Jahr ist es schlimmer. Ich bin richtig schlapp."

Definition

Heuschnupfen ist eine Allergie vom Typ I auf saisonal, d. h. zu bestimmten Jahreszeiten, durch die Luft fliegende Allergene, v. a. auf Pollen von Bäumen, Sträuchern oder Gräsern.

Synonyme: Rhinitis saisonalis, Rhinoconjunctivitis allergica, Pollinosis.

Ursachen

Eine Allergie ist definiert als eine erworbene Überempfindlichkeitsreaktion des Immunsystems auf an sich harmlose Umweltstoffe. Bei Reaktionen vom Typ I (Soforttyp) liegt eine Interaktion zwischen Immunglobulinen vom Typ E (IgE) und dem Allergen vor. Während der Sensibilisierung nach dem ersten Kontakt bildet das Immunsystem spezifisches, nur auf dieses Allergen „passende" IgE in überschießender Zahl.

Beim nächsten Kontakt binden die IgE-Moleküle an das Allergen. Dieser Komplex bewirkt, dass die im Blut und dem umliegenden Gewebe vorkommenden Mastzellen große Mengen von Mediatoren, das sind Botenstoffe wie z. B. Histamin, ausschütten. Die Mediatoren lösen die Symptome aus (**Abb. H.48**).

Beim Heuschnupfen besteht eine Allergie gegen Eiweißbestandteile von Blütenpollen, wobei der Pollen bestimmter Pflanzen besonders bedeutend ist. Bereits ab Februar fliegt Pollen früh blühender Bäume wie der Birke, Erle und Hasel. Im späten Frühjahr sind es Spätblüher wie Platane und große Gräser wie Roggen, im Sommer andere Gräser und Weizen. Im Herbst schließlich blühen Kräuter wie der Beifuß (s. **Abb. A.55**, S. 60).

Blütenpollen ist ein aggressives Allergen, weil er weit in die Atemwege vordringt und die Kontaktfläche mit den Schleimhäuten groß ist. In Deutschland leiden rund 15 % der Bevölkerung und 20 % der Kinder unter Heuschnupfen.

Symptome

Das Auftreten der Beschwerden ist eng an die Pollenflugzeit der jeweiligen Pflanze gekoppelt. Die Symptome enden schlagartig mit dem Ende der Blühperiode der Pflanze. Besonders typisch sind Niesattacken mit stark wässrigem Fließschnupfen sowie eine Bindehautentzündung

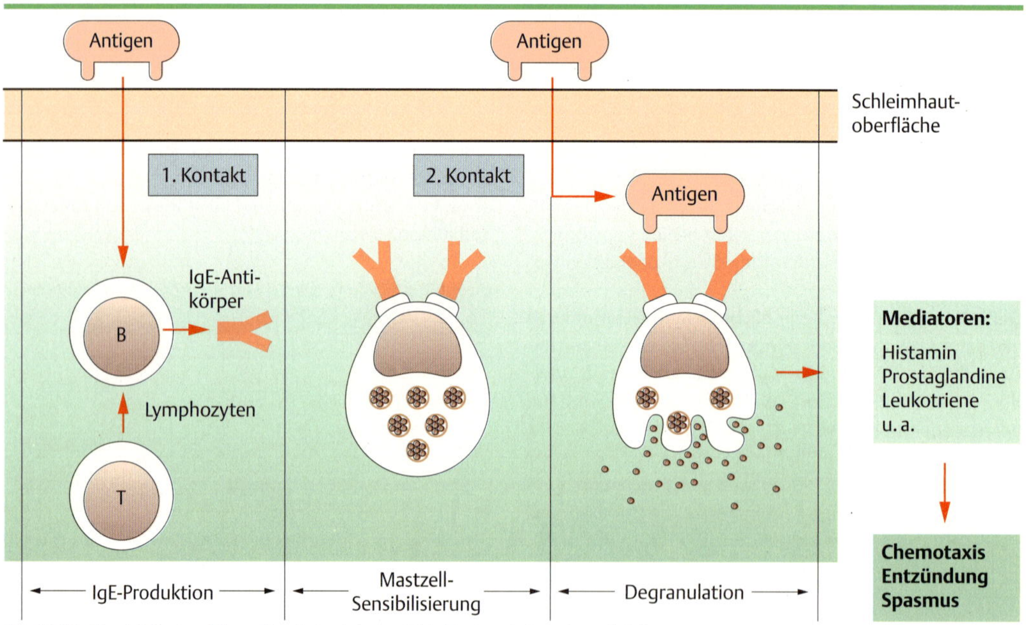

Abb. H.48 Typ-I-Sofortreaktion. Allergische Sofortreaktion Typ I nach Coombs und Gell.

(→ Konjunktivitis) der Augen mit Juckreiz, Rötung, Tränen und Lichtempfindlichkeit. Dazukommen ein Juckreiz der Schleimhäute mit einer verstopften Nase und → Asthma-Anfälle, Müdigkeit und ganztägige Abgeschlagenheit. Menschen mit empfindlicher Haut, z. B. → Neurodermitiker, entwickeln vermehrt → Ekzeme. Bei Regen und nachts fliegen so gut wie keine Pollen, die Beschwerden sind gering.

Viele Betroffene reagieren nicht nur auf eine Pflanze, sondern auf eine Gruppe (z. B. auf mehrere frühblühende Bäume) oder auf mehrere Gruppen (z. B. zusätzlich auf Roggen). Damit verlängert sich die Zeit der Beschwerden entsprechend. Zwar beginnt der Heuschnupfen meist bereits in den Kinderjahren, doch auch Erwachsene über 30 Jahren können neu erkranken.

Diagnose

Zu Beginn steht eine ausführliche Anamnese: Wann und wo treten welche Beschwerden auf? Anhand eines Pollenflugkalenders lassen sich die auslösenden Pflanzen eingrenzen (s. **Abb. A.55**, S. 60).

Ein Allergietest bestätigt den Verdacht. Beim Prick-Test reagiert die Haut auf die mit der Testlösung eingebrachten Pollenantigene mit einer juckenden Quaddel (**Abb. H.49**).

Bei unklarem Ergebnis wird ein Radio-Allergen-Sorbent-Test (RAST) angeschlossen, der im Blut das spezifische IgE nachweist (s. **Abb. H.17** S. 389). Alle Testergebnisse müssen mit dem Beschwerdebild bzw. der Anamnese verglichen werden, da diese nicht immer zueinander passen.

Differenzialdiagnose

Allergien auf andere Antigene, vor allem Schimmelpilze, Hausstaub und Tierhaare, machen ganz ähnliche, allerdings auf das ganze Jahr verteilte Beschwerden. Schwierig wird die Diagnose, wenn Patienten gleichzeitig z. B. eine Katzenhaarallergie haben (häufig).

Therapie

Die Therapie fährt dreigleisig: Allergenvermeidung, symptomatische Therapie und die Hyposensibilisierung.

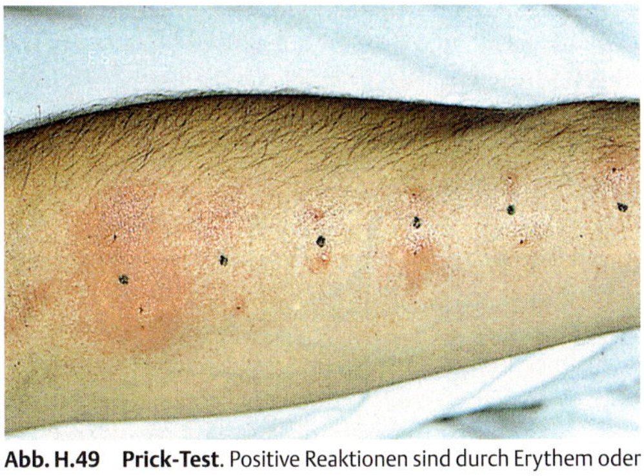

Abb. H.49 Prick-Test. Positive Reaktionen sind durch Erythem oder Quaddelbildung gekennzeichnet.

Allergenvermeidung. Ein Aufenthalt am Meer oder im Hochgebirge zur Blütezeit löst das Problem auf elegante Weise. Zu Hause sollte man an sonnigen, windigen Tagen die Fenster schließen. Wenn diese Maßnahmen nicht möglich oder ausreichend sind, kann bei leichteren Beschwerden symptomatisch behandelt werden.

Symptomatische Therapie. Dazu werden Nasensprays und Augentropfen mit dem Wirkstoff Cromoglicin angewandt, das die Freisetzung von Histamin aus den Mastzellen hemmt. Die nächste Stufe besteht in der Einnahme von Antihistaminika, die die Wirkung des Histamins blocken. Diese Präparate machen jedoch müde. Aus der großen Gruppe der Antihistaminika muss deshalb jeder mit seinem Arzt oder Apotheker das für ihn geeignete Präparat herausfinden. Kortisonhaltige Präparate wirken zwar stärker, aber nicht so schnell. Ihre Anwendung ist aufgrund der unerwünschten Nebenwirkungen auf das Immunsystem nur zweite Wahl und auf sehr ausgeprägte Fälle beschränkt.

Hyposensibilisierung. Sie gilt als einzige Maßnahme, die die Beschwerden heilen kann. Die im Test identifizierten Allergene werden über drei Jahre in langsam steigender Dosis subkutan gespritzt. Zur in letzter Zeit entwickelten sog. sublingualen Immuntherapie (SLIT), bei der die Pollenallergene in Tropfenform unter die Zunge gegeben werden, liegen noch keine Langzeitergebnisse vor.

Prognose

Der Heuschnupfen wird jedes Jahr mit eher zunehmenden Beschwerden wiederkommen, bis er sich im höheren Erwachsenenalter langsam verliert. Ungefähr die Hälfte aller Betroffenen kommt ganz ohne Therapie aus oder ist mit Tropfen und Spray gut versorgt. Die andere Hälfte benötigt Tabletten und/oder eine Hyposensibilisierung, die in ca. 80% sehr gut wirkt und bei den übrigen 20% die Beschwerden lindert.

Komplikationen

Ein sog. Etagenwechsel der Allergie wird in ca. 30% der Fälle beobachtet: Der Heuschnupfen lässt nach und → Asthma entsteht. Häufig kommen Kreuzallergien vor. Nahrungsmittel enthalten Eiweiße, die vom Immunsystem als Allergie auslösende Pollen gedeutet werden. Ein Beispiel ist die Birkenpollen-Apfel-Kreuzallergie. Im schlimmsten Fall kommt es nach Genuss dieser Speisen zu einem → anaphylaktischen Schock.

Infobox

ICD-10: J30.1

Internetadressen:

Dt. Allergie- und Asthmabund: http://www.daab.de

Literatur:

Grevers, G., Röcken, M. (Hrsg.): Taschenatlas der Allergologie. Thieme, Stuttgart 2001

Hirninfarkt

► „Hilde, ich lege mich mal etwas hin. Ich habe wieder diese Sehstörungen." Herr Bleuler geht die Treppe rauf ins Schlafzimmer. Als Frau Bleuler nach drei Stunden besorgt nach ihrem Mann schaut, findet sie den 72-jährigen wach im Bett liegend. „Heinz, was ist denn los?". Herr Bleuler schaut sie fragend an und stammelt ein paar unverständliche Silben. Er versucht aufzustehen, aber es gelingt ihm nicht. Frau Bleuler eilt die Treppe nach unten und ruft den Notarzt.

Definition

Beim Hirninfarkt ist ein hirnversorgendes Gefäß verschlossen. Dadurch wird Gehirngewebe mit irreversiblen neurologischen Ausfällen zerstört.

Synonyme: ischämischer Hirninfarkt, zerebrale Ischämie, Schlaganfall, Hirnschlag.

Ursachen

Die häufigste Ursache des Hirninfarkts ist eine → Arteriosklerose der Hirngefäße. Bei etwa 50% der Betroffenen löst sich ein Teil eines Thrombus der Gehirnarterien und wird in die Strombahn verschleppt. An einer verengten Stelle setzt sich dieses Gerinnsel (Embolus) fest und verstopft die Gehirnarterie. Durch die mangelnde Versorgung wird das Gehirngewebe geschädigt.

Bei 25% der Betroffenen sind diffuse Gefäßverengungen der kleinen Gehirnarterien (Mikroangiopathie), die typischerweise als Folge eines Bluthochdrucks auftreten, die Ursache für einen Hirninfarkt (**Abb. H.50**).

In ca. 20% der Fälle wird ein Gerinnsel aus dem Herzen verschleppt. Dies kommt v.a. bei Vorhofflimmern (→ Herzrhythmusstörungen) vor.

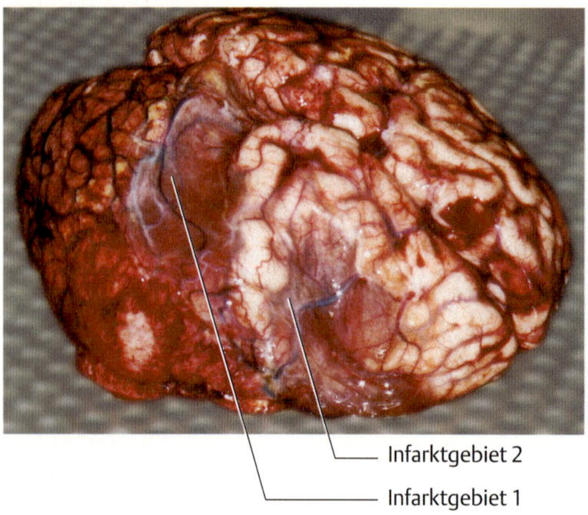

Abb. H.50 Infarktgebiete. Gehirn mit zwei Infarktgebieten.

Risikofaktoren

Der wichtigste Risikofaktor für einen Hirninfarkt ist der Bluthochdruck (→ Hypertonie), gefolgt vom → Diabetes mellitus, dem Rauchen und dem Vorhofflimmern (→ Herzrhythmusstörungen).

Symptome

Wie der umgangssprachliche Begriff Schlaganfall oder Hirnschlag nahe legt, fallen die Hirnfunktionen plötzlich (schlagartig) aus. Je nach Größe des Infarkts können akute Verwirrtheit, Bewusstseinstrübung oder Bewusstlosigkeit (Koma) auftreten. Im Gegensatz zur Gehirnblutung klagen die Patienten sehr selten über Kopfschmerzen. Weitere, oft lebensbedrohliche Symptome sind Atem- und Kreislaufstörungen sowie epileptische Anfälle.

Je nach dem betroffenen, also nicht mehr durchbluteten Hirnareal, fallen einzelne Leistungen des Gehirns aus (**Abb. H.51**). Die meisten neurologischen Ausfälle machen sich auf der gegenüberliegenden Seite der betroffenen Hirnhälfte bemerkbar, da die Nervenfasern auf ihrem Weg in den Körper jeweils zur Gegenseite wechseln.

Sind die Kleinhirnarterien betroffen, treten Drehschwindel, Gangstörungen oder Augenbewegungsstörungen auf.

Einteilung

Die Durchblutungsstörungen im Gehirn lassen sich in verschiedene Stadien einteilen. TIA und PRIND sind Vorboten des Hirninfarktes, das Risiko ist danach sechsfach erhöht!

Kurzzeitige Ausfälle. Typische Beispiele für solche neurologischen Ausfälle sind flüchtige, über einige Minuten anhaltende Sehstörungen auf einem Auge (Amaurosis fugax), kurzzeitige Lähmungen und Sensibilitäts- oder Sprachstörungen.

TIA (transitorische ischämische Attacke). Häufig führen Durchblutungsstörungen der Hirnarterien nicht zum Gewebstod (Nekrose), sondern normalisieren sich innerhalb von Minuten oder Stunden, sodass auch die Ausfälle der Gehirnfunktionen wieder verschwinden. Bei einer TIA bilden sich die Symptome innerhalb von 24 Stunden zurück.

PRIND (prolongiertes reversibles ischämisches Defizit). Die Ausfälle bilden sich erst innerhalb von 20 Tagen wieder zurück.

Kompletter Hirninfarkt. Das Gehirngewebe im betroffenen Areal geht vollständig unter, die neurologischen Ausfälle bilden sich nicht zurück.

Diagnose

Aufgrund der typischen neurologischen Ausfälle wird so schnell wie möglich eine Computertomografie (CT) oder Kernspintomografie (NMR) des Gehirns durchgeführt. Mit diesen Verfahren wird eine Gehirnblutung sofort darge-

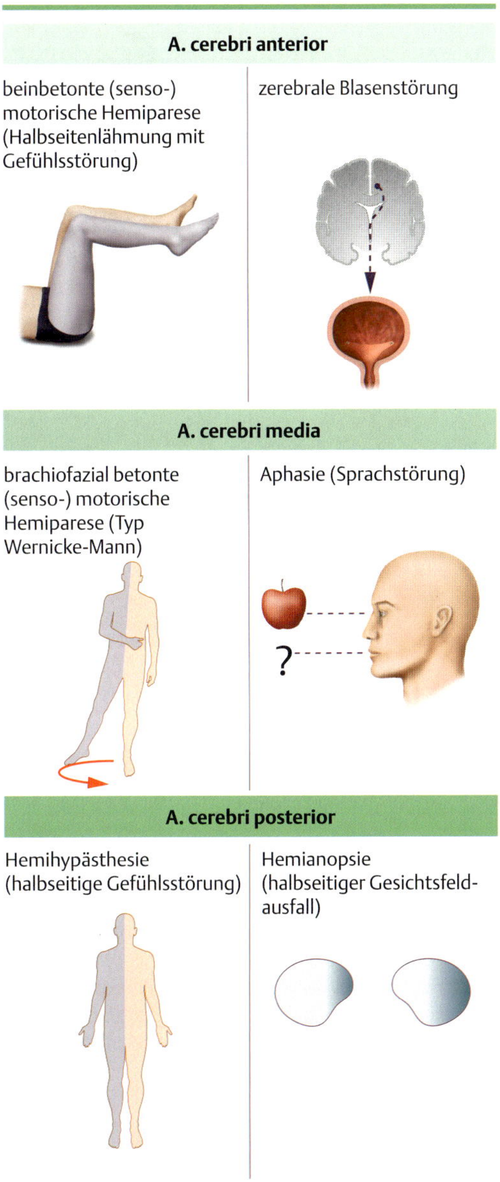

Abb. H.51 Neurologische Ausfälle bei Großhirninfarkten.

stellt, ein Hirninfarkt ist oft erst nach Stunden sicher zu erkennen.

Außerdem werden eine Carotis-Doppler-Sonografie (Ultraschall der Halsschlagadern) und eine Echokardiografie (Ultraschall des Herzens) durchgeführt, um ein Blutgerinnsel als Ursache auszuschließen.

Die Laboruntersuchung des Blutes gibt Hinweise auf → Diabetes mellitus, Gerinnungsstörung oder Flüssigkeitsmangel. Neben der Bewusstseinslage müssen die Vitalfunktionen wie Blutdruck, Herzfrequenz und Sauerstoffsättigung des Blutes engmaschig überwacht werden.

Differenzialdiagnose

Rein von den Symptomen her lässt sich der Hirninfarkt nur schwer von einer Hirnblutung unterscheiden, weshalb es in der Umgangssprache für beide den Sammelbegriff „Schlaganfall" gibt.

Auch die → Migräne oder bestimmte Formen der → Epilepsie können ganz ähnliche Symptome wie akute Halbseitenlähmung oder Sprachstörung verursachen. Die Symptome von Gehirntumoren sind zwar vergleichbar, haben aber meist einen langsameren Verlauf.

Therapie

Wichtigste Regel der Therapie eines Hirninfarktes ist schnelles und frühzeitiges Handeln. Nur so werden irreversible Ausfälle und Lähmungen verhindert. Da es sich um einen lebensbedrohlichen Zustand handelt, erfolgt die Versorgung der Patienten meist auf Intensivstationen oder speziellen Schlaganfalleinrichtungen (Stroke Unit). Für eine Therapie sind verschiedene Maßnahmen sinnvoll.

Sichern der Vitalfunktionen

Folgende Maßnahmen werden ergriffen, um die Vitalfunktionen zu sichern:

- Blutdrucksenkung bei Werten systolisch > 200 mmHg, ansonsten in den ersten Tagen keine entsprechenden Maßnahmen,
- Normalisierung von Körpertemperatur und Blutzuckerspiegel,
- Sicherung der Atmungsfunktion (bei häufigen Schluck- und Atemantriebsstörungen), teilweise nur durch Beatmung im künstlichen Koma möglich,
- Behandlung einer Gehirnschwellung (Hirnödem) durch Hochlagern des Oberkörpers (um ca. 30°),
- Thromboseprophylaxe mit Heparinspritzen,
- frühzeitige Anlage einer Magensonde bei Schluckstörungen.

Wiedereröffnen des Hirnarterienverschlusses

Über eine solche Thrombolyse ist es u. U. möglich, ähnlich wie beim → Herzinfarkt, den Gefäßverschluss mit Medikamenten aufzulösen und so die Blutversorgung des Gehirns wiederherzustellen. Leider ist diese Therapie komplikationsreich und nur innerhalb der ersten drei Stunden nach Beginn der neurologischen Ausfälle wirkungsvoll. Sie wird in speziellen Zentren durchgeführt, den so genannten Stroke Units.

Ist auf der vom Hirninfarkt betroffenen Seite die Halsschlagader hochgradig verengt (→ Karotisstenose), wird diese angiografisch oder in einer Operation beseitigt.

Neurologische Rehabilitation und spezielle Pflege
Mit den speziellen Pflege- und Lagerungsmaßnahmen sollen Komplikationen wie Druckgeschwüre (→ Dekubitus), Gelenksversteifungen (Kontrakturen) oder Lungenentzündungen (→ Pneumonie) verhindert werden. Auch die neurologische Rehabilitation beginnt sofort am Krankenbett. Sie umfasst die Physiotherapie mit Bewegungsübungen, Logopädie und Ergotherapie.

Prophylaxe

Die langfristige Verhütung eines erneuten Gehirninfarktes (Rezidivprophylaxe) ist sehr wichtig. Vor allem in den höheren Altersgruppen ist das Risiko für einen erneuten Hirninfarkt sehr groß: Bei 20 – 30 % aller Hirninfarkte handelt es sich um ein Wiederholungsereignis (Rezidiv). Für die Prophylaxe können verschiedene Maßnahmen getroffen werden.

Kontrolle der Risikofaktoren. Bei erhöhtem Blutdruck (Hypertonie) ist es oberstes Ziel, den Blutdruck konsequent zu senken. Liegt ein Diabetes mellitus vor, ist es am wichtigsten, den Blutzucker einzustellen. Sehr wichtig sind auch der Nikotinverzicht und die Senkung des Cholesterinwerts.

Thrombozytenaggregationshemmer/Blutverdünnung. Mit Hilfe von niedrig dosiertem Aspirin oder neueren Medikamenten (z. B. Plavix) wird die Verklumpung von Thrombozyten gehemmt und damit das Risiko für einen erneuten Gefäßverschluss gesenkt. Besteht beim Patienten eine → Herzrhythmusstörung (Vorhofflimmern) oder finden sich am Herzen Blutgerinnsel, wird das Gerinnungssystem im Blut medikamentös gehemmt (z. B. mit Marcumar).

Prognose

Neben allgemeinen Komplikationen wie → Pneumonien, Atem- und Schluckstörungen (Dysphagie), Harnwegsinfekten und -inkontinenz können im weiteren Verlauf typische Schäden am Bewegungsapparat auftreten. Aus der anfangs schlaffen Lähmung kann sich eine spastische Halbseitenlähmung (Hemiparese) entwickeln, mit überstrecktem Bein, das in einem Bogen nach vorne bewegt wird (Wernicke-Mann-Lähmung, **Abb. H.52 a**) und spastisch gebeugtem Ellenbogen- und Handgelenk (**Abb. H.52 b**).

Am Schultergelenk tritt durch das Ungleichgewicht der Schultermuskeln häufig eine Fehlstellung (Subluxation) auf, bei der der Oberarmknochen (Humerus) tastbar aus der Gelenkspfanne nach innen verschoben ist. Vor allem bei Infarkten der rechten Hirnhälfte kann es zur Nichtbeachtung (Neglect) der linken Körper- und Raumhälfte kommen.

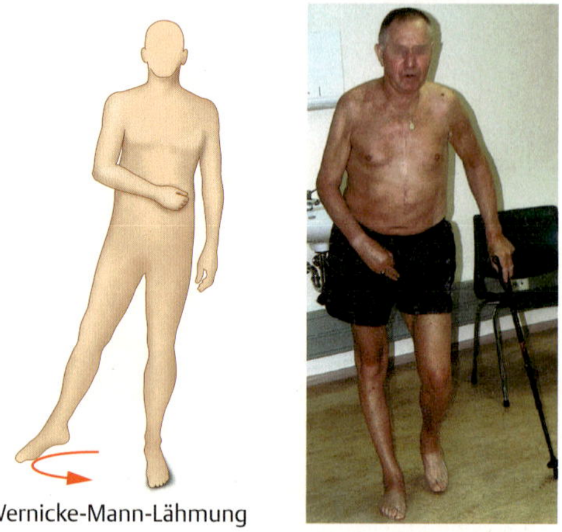

a Wernicke-Mann-Lähmung

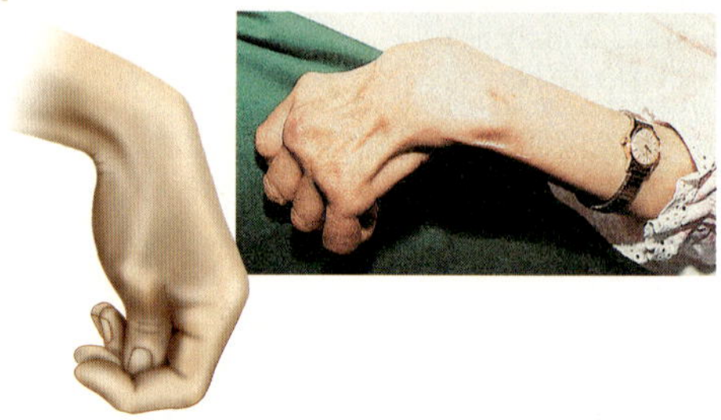

b Spastische Beugekontraktur

Abb. H.52 Typische Folgeschäden des Hirninfarkts. a Wernicke-Mann-Lähmung **b** spastische Beugekontraktur der linken Hand.

Betrachtet man alle Arten des Hirninfarktes zusammen, so verstirbt ca. ein Drittel der Betroffenen während der Akutphase, ein weiteres Drittel bleibt pflegebedürftig und nur beim letzten Drittel lässt sich mit den unterschiedlichen Maßnahmen der neurologischen Rehabilitation wieder eine voll Erwerbsfähigkeit erreichen.

Infobox

ICD-10: I63.9

Internetadressen:
http://www.dgn.org
http://www.medizinfo.de
http://www.schlaganfall-hilfe.de
http://www.schlaganfall-info.de
http://www.stroke.org
http://www.stroke.ahajournals.org

Hirsutismus

► „Hey, Elisabetta, jetzt sind wir am Baggersee und Du liegst hier in Klamotten eingepackt. Ist es Dir zu kalt für einen Bikini?" Elisabetta antwortet zögernd: „Ich habe keinen Bikini." Andrea schaut sie verständnislos an. „Warte mal." Sie durchwühlt ihre Tasche und fischt triumphierend ein Oberteil heraus. „Ich habe noch einen mit. Den kannst Du haben." Elisabetta druckst herum. „Ella, was ist denn los?" Andrea setzt sich auf das Handtuch. „Ich habe doch schon seit meiner Jugend diesen Damenbart, den ich mir immer tapfer auszupfe. Mittlerweile habe ich auch Haare zwischen den Brüsten und an den Oberschenkeln. Da mag ich mich nicht ausziehen." Andrea nickt. „Das würde mir genauso gehen. Geh' doch mal zum Arzt."

Definition

Hirsutismus bezeichnet eine übermäßige Körper- und Sexualbehaarung bei Frauen, die dem männlichen Behaarungstyp entspricht.

Ursachen

Je nach Ursachen des Hirsutismus unterscheidet man zwei Formen: den idiopathischen und den sekundären Hirsutismus.

Idiopathischer Hirsutismus

In den meisten Fällen (90%) handelt es sich um die idiopathische Form des Hirsutismus ohne erklärbare Ursache. Der idiopathische Hirsutismus ist genetisch bedingt. Frauen aus Mittelmeerländern erkranken häufiger. Die Körperzellen reagieren hierbei abnorm auf männliche Sexualhormone (Androgene).

Sekundärer Hirsutismus

Diese Form entsteht durch eine Überproduktion von Androgenen. Androgene sind Steroidhormone, zu denen u. a. Testosteron, 5-α-Dihydrotestosteron und andere Steroide gehören. Chemisches Grundgerüst für die Androgene ist Cholesterin. Über mehrere Zwischenstufen, unter anderem Pregnenolon, Dehydroepiandrosteron (DHEA) und Androstendion entsteht Testosteron.

Beim Mann wird Testosteron zu 95% in den Hoden und zu 5% in der Nebennierenrinde (NNR) gebildet. Bei der Frau werden die Androgene in der Nebennierenrinde und in den Ovarien produziert. Die Bildung und Ausschüttung der männlichen Sexualhormone wird durch das luteinisierende Hormon (LH) aus der Hypophyse gesteuert. Wie viel LH freigesetzt wird, reguliert das Gonadotrope releasing Hormon (GnRH) aus dem Hypothalamus.

Beim sekundären Hirsutismus werden die männlichen Sexualhormone entweder in den Ovarien oder in der Nebennierenrinde im Übermaß gebildet. Dieses wird durch verschiedene Krankheiten verursacht (**Tab. H.6**). Darüber hinaus können Medikamente mit androgener Wirkung wie Glukokortikoide, Gestagene, Anabolika und Testosteron, Phenytoin, Spironolacton oder Minoxidil einen Hirsutismus auslösen.

Symptome

Die Frauen haben eine verstärkte Behaarung an bestimmten Stellen des Körpers. Zunächst vermehren sich die Haare an der Oberlippe und an der Brust, die Schambehaarung ist zipfelartig bis zum Nabel erweitert. Später treten die Haare zusätzlich am Kinn, an den Wangen, an den Schultern, im Rückenbereich (**Abb. H.53**) und an der Innenseite der Oberschenkel auf.

Tab. H.6 Ursachen für einen sekundären Hirsutismus

Ursache	Grunderkrankung
Überproduktion von Androgenen in den Ovarien	▪ Androgen produzierende Ovarialtumoren ▪ polyzystisches Ovarsyndrom (PCO-Syndrom)
Überproduktion von Androgenen in der Nebennierenrinde	▪ Androgen produzierende → Tumoren der Nebennierenrinde (Adenom, Karzinom) ▪ angeborene Hyperplasie der Nebennierenrinde ▪ → Cushing-Syndrom ▪ → Adrenogenitales Syndrom ▪ → Adipositas ▪ → Typ-II-Diabetes
andere Ursachen	▪ Akromegalie ▪ Hyperprolaktinämie ▪ → Anorexia nervosa ▪ → Hypothyreose ▪ → Porphyrie ▪ andere → Tumoren

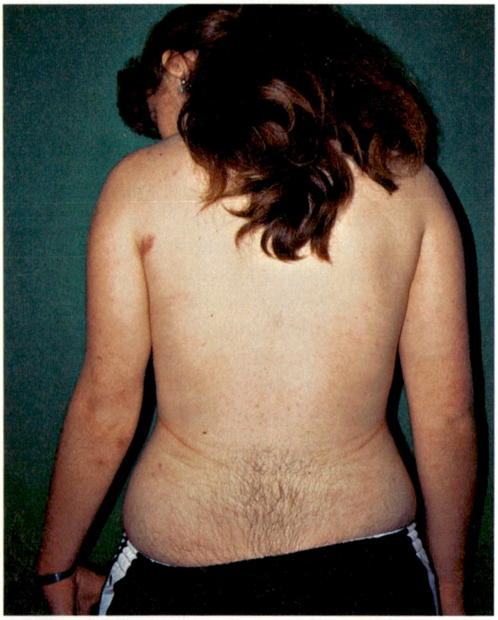

Abb. H.53 Hirsutismus. Typischer Haarwuchs am Rücken einer Patientin mit Hirsutismus.

Beim PCO-Syndrom kommt es zusätzlich zu einer Virilisierung mit Vermännlichung des weiblichen Körpers: Die Klitoris vergrößert sich, die Stimme wird tiefer, die Brüste werden kleiner, die Frauen haben → Akne und → Zyklusstörungen.

Diagnose

Die Anamnese weist auf eine familiäre Veranlagung oder Medikamente als Ursache des Hirsutismus hin.

Sekundärer Hirsutismus. Im Blut werden die Hormonwerte bestimmt:

- **Ovariell bedingter Hirsutismus:** Vorstufe von Testosteron, das Dehydroepiandrosteron (DHEA), ist im Serum normal.
- **durch Tumoren bedingter Hirsutismus:** In der Nebennierenrinde ist die Menge an DHEA erhöht.
- **PCO-Syndrom:** Mengen an Testosteron, Androstendion und des luteinisierenden Hormons (LH) sind erhöht und das follikelstimulierende Hormon (FSH) erniedrigt.

Idiopathischer Hirsutismus. Besteht ein Hirsutismus ohne Zeichen einer Virilisierung, ist der Zyklus der Frauen normal und sind andere Ursachen eines sekundären Hirsutismus ausgeschlossen, handelt es sich um einen idiopathischen Hirsutismus. Die Serumwerte der Androgene sind hierbei normal. Patientinnen mit einem idiopathischen Hirsutismus haben normale Testosteronspiegel.

Differenzialdiagnose

Der Hirsutismus ist abzugrenzen von:

- **Hypertrichose:** vermehrte Körperbehaarung ohne Prädilektionsstelle (bevorzugte Lokalisation),
- → **Virilismus** (Virilisierung): Hirsutismus mit Veränderungen des weiblichen Körpers in die männliche Richtung (tiefere Stimme, Vermännlichung des Kehlkopfs und der Körperproportionen, Klitorishypertrophie, Muskelhypertrophie, Mammaatrophie, → Zyklusstörungen, Haarausfall, → Akne).

Therapie

Bei einem idiopathischen Hirsutismus können die Haare mit Rasur, Epilation, Enthaarungscreme oder durch eine Operation entfernt oder durch Bleichmittel aufgehellt werden. Kleinere Hautbereiche können mit Elektrokoagulation behandelt werden. Für größere Areale bietet sich die Lasertherapie an.

Bei einem sekundären Hirsutismus muss die Ursache behandelt werden: Tumoren werden chirurgisch entfernt, Medikamente abgesetzt, andere Krankheiten entsprechend behandelt.

Ein antiandrogen wirksames Kontrazeptivum (z. B. Diane 35) lindert die Symptome beim idiopathischen oder ovariell bedingtem Hirsutismus. Bei starkem Haarwuchs können zusätzlich Antiandrogene wie Cyproteronacetat eingesetzt werden.

Prognose

Die Prognose der Erkrankung hängt ab von der Grundkrankheit.

Infobox

ICD-10:
L68.0

Internetadressen:
http://www3.dermis.net/dermisroot/de/35888/diagnose.htm
http://www.brust.qualimedic.de

Literatur:

Greten, H. (Hrsg.): Innere Medizin. Thieme, Stuttgart 2005

Baenkler, H.-W. u. a.: Duale Reihe Innere Medizin. Thieme, Stuttgart 2001

Siegenthaler, W. (Hrsg.): Siegenthalers Differenzialdiagnose, 19. Aufl. Thieme, Stuttgart 2005

Hitzekollaps/Hitzschlag

► Die Jugendmannschaft des Tennisclubs hatte bereits am Morgen mit den Spielen um den Vereinspokal begonnen. Der 12-jährige Christian spielte bereits zum 3. Mal an diesem Tag. Es war heiß und drückend. Das Spielfeld lag in der vollen Mittagssonne, als Christians Kopf anfing zu schmerzen. Er war froh um jede Pause. Als er wieder aufs Spielfeld zurückkehren wollte, wurde ihm schwarz vor Augen und er merkte nicht mal mehr, wie seine Knie einknickten und er auf dem Boden aufschlug.

Definition

Hitzekollaps. Der Hitzekollaps ist die Folge eines Wärmestaus im Körper. Obwohl der Körper durch starkes Schwitzen versucht, sich abzukühlen, kann er die Wärme nicht ausreichend abgeben. Die Folge sind Kreislaufstörungen bis hin zum Kollaps.

Hitzeschlag. Beim Hitzschlag geht das Geschehen weiter. Die Körpertemperatur steigt auf 40 °C und mehr an. Es kommt zu einem lebensgefährlichen Kreislaufversagen, dem hypovolämischen Schock (Volumenmangelschock), und zu einem Hirnödem (vermehrte Wassereinlagerung im Gehirn).

Ursachen

Die Ursachen sind vielfältig, z. B.:

- zu warm eingepackter Säugling in überhitztem Raum,
- Zurücklassen im sonnenüberwärmten Pkw,
- körperliche Belastung bei hoher Außentemperatur und überhöhter Luftfeuchtigkeit,
- starke Sonneneinstrahlung (Sitzmann, 2002).

Symptome

Hitzekollaps. Die Symptome sind die des Flüssigkeitsverlustes, der nicht ausgeglichen wird. Das zirkulierende Blutvolumen nimmt dadurch ab. Der Kreislauf passt sich dem an und verengt die Gefäße in Haut, Muskulatur und Niere, um die Durchblutung wichtiger Organe (Gehirn und Herz) zu erhalten (Zentralisation).

Dadurch fühlt sich die Haut blass und kaltschweißig an, es wird weniger Harn produziert. Puls und Blutdruck sind erniedrigt. Die Körpertemperatur ist noch normal. Beim Kollaps wird das Gehirn kurzfristig nicht mehr ausreichend durchblutet, der Patient kollabiert (wird kurzzeitig bewusstlos).

Hitzschlag. Durch die Störung der Wärmeregulation steigt die Körpertemperatur auf über 40 °C an (Hyperthermie). Die Haut ist dadurch gerötet, fühlt sich heiß und trocken an. Im Schock sieht sie grau-blau aus. Der Puls ist beschleunigt (tachycard). Der Blutdruck ist zunächst normal, fällt dann aber ab.

Durch das Hirnödem entstehen Symptome der Hirndrucksteigerung: Kopfschmerzen, Benommenheit, Erbrechen, Lichtempfindlichkeit, Nackenschmerzen, -steifigkeit, Krämpfe und schließlich Bewusstlosigkeit.

Diagnose

Die Diagnose wird durch die Anamnese gestellt, die eine hohe Außentemperatur, starke Sonneneinstrahlung oder hohe Luftfeuchtigkeit ergibt. Temperatur, Puls und Blutdruck werden gemessen, das Bewusstsein geprüft.

Therapie

Sofortmaßnahmen. Patienten an einen kühlen oder schattigen Ort bringen, um weitere Wärmeeinwirkung zu verhindern. Der Volumenmangel wird durch Flüssigkeits- und Elektrolytzufuhr ausgeglichen:

- Ist der Patient wach und ansprechbar, kann er trinken;
- ist er bewusstlos, erhält er die Flüssigkeit intravenös.

Bei Bewusstlosigkeit wird er in eine stabile Seitenlage gebracht, ist er wach, werden die Beine beim Hitzekollaps hoch gelagert um das Blutangebot für Herz und Gehirn zu erhöhen.

Hitzschlag. Beim Hitzschlag wird der Patient mit erhöhtem Kopf und Oberkörper hoch gelagert (um den Druck im Kopf nicht noch zu erhöhen). Die Temperatur wird durch kalte Umschläge oder ein Abkühlungsbad gesenkt. Der Patient muss im Krankenhaus beobachtet werden.

Prognose

Die Prognose ist davon abhängig, wie schnell mit der Therapie begonnen werden kann und wie stark das Hirnödem ausgeprägt ist.

Infobox

ICD-10:
T67 – Schäden durch Hitze und Sonnenlicht

Internetadressen:
http://de.wikipedia.org

Literatur:

Sitzmann, F. C.: Duale Reihe Pädiatrie, 2. Aufl. Thieme, Stuttgart 2002

Hodenhochstand

► „Was ist denn mit Dir los?" „Ich komme gerade vom Kinderarzt. Max' Hoden waren nicht da." „Wie, waren nicht da?" „Die sind irgendwo im Bauch. Ich muss jetzt jeden Tag kontrollieren, ob sie im Bauch sind oder im Hodensack. Und wenn sie auf Dauer nicht da bleiben, wo sie hingehören, muss Max Spritzen bekommen oder operiert werden."

Definition

Von einem Hodenhochstand spricht man, wenn die Hoden außerhalb des Hodensacks (Skrotum) lokalisiert sind.

Synonym: Maldescensus testis.

Einteilung

Die Temperatur muss bei Entwicklung der temperaturempfindlichen Spermien unter der Körpertemperatur liegen. Daher hat der Körper ihren Entstehungsort, die Hoden, aus der Bauchhöhle in das Skrotum verlagert. Die Hoden sollen normalerweise bei der Geburt, spätestens aber am Ende des ersten Lebensjahrs, im Skrotum liegen. Das ist bei 3 – 4 % der Neugeborenen nicht der Fall. In seltenen Fällen steigt der Hoden später in das Skrotum ab. Je nach Ort, an dem sich die Hoden finden, unterscheidet man (**Abb. H.54**):

- **Leistenhoden (Retentio testis):** Die Hoden liegen außerhalb des Skrotums in der Leiste.
- **Bauchhoden:** Die Hoden liegen im Bauch.
- **Kryptorchismus:** Die Hoden sind verborgen und nicht lokalisierbar.
- **Ektoper Hoden:** Die Hoden befinden sich im Oberschenkel- oder Bauchdeckenbereich und damit außerhalb des Bereichs, den er normalerweise im Kindesalter durchwandert.
- **Pendelhoden:** Der Hoden kann durch Anspannung des M. cremaster seine Lage ändern und „pendelt" im Skrotalfach. Er bedarf keiner Therapie.

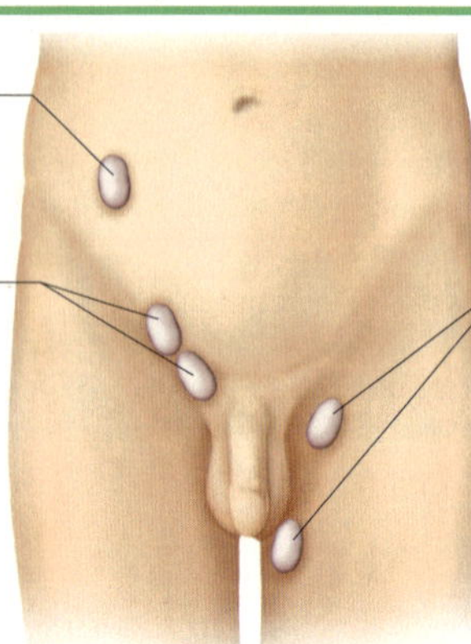

Abb. H.54 Pathologische Hodenlagen. Retentio testis rechts, Ektopie links.

Ursachen

Die Ursachen sind nicht genau bekannt. Die Hoden können aber auf dem Weg von der Bauchhöhle in das Skrotum durch anatomische Hindernisse, z. B. einen engen Leistenkanal, stecken bleiben.

Symptome

Die Hoden sind im Hodensack nicht tastbar. Bei einem Teil der neugeborenen Jungen deszendieren die Hoden in den ersten Lebensmonaten spontan.

Diagnose

Die Feststellung eines verlagerten (ektopen) Hodens, der sich i.d.R. an der Innenseite des Oberschenkels findet, kann Schwierigkeiten bereiten. Der Bauchhoden und ein fehlender Hoden (Hodenaplasie) können durch die Laparoskopie unterschieden werden.

Therapie

Jede Lageanomalie des Hodens muss bis zum 2. Lebensjahr behandelt werden. Eine spätere Korrektur hat keinen sicheren Einfluss mehr auf eine normale Spermiogenese. Bei der Operation werden der Hoden und der Samenstrang aus ihren Verwachsungen gelöst, ggf. wird ein gleichzeitiger Leistenbruch beseitigt und der Hoden an der vorgesehenen Stelle im Hodensack befestigt.

Der Leistenhoden kann zunächst mit Hypophysenhormonen behandelt werden. Dies führt zu einer erhöhten Testosteronproduktion mit nachfolgender vermehrter Durchblutung des äußeren Genitales. Die Schambehaarung kann vorzeitig auftreten, eine echte Vorverlegung des Pubertätsbeginns aber nicht. Auch als Vorbereitung zur Operation ist eine Hormonkur sinnvoll, da sich der Hoden vergrößert und die Gefäße sich verlängern.

Prognose

Bei einem anhaltenden Hodenhochstand ist später die Spermiogenese gefährdet. Ebenso kommen maligne Entartungen vor. Sie sind bei nicht deszendierten Hoden 46-mal häufiger als bei deszendierten. Auch nach erfolgreicher Therapie sollten regelmäßige Kontrollen mit Selbstuntersuchung erfolgen. Nur bei einem Teil der Betroffenen ist eine Hormontherapie erfolgreich.

Infobox

ICD-10: Q53.9

Internetadressen:
http://www.gesundesKind.com
http://www.leitlinien.net

Literatur: Sökeland, J. u. a.: Urologie, 13. Aufl. Thieme, Stuttgart 2004

Hodentorsion

► Anton spielt in der ersten Mannschaft des VfR als Libero Fußball. Beim wöchentlichen Training rutscht der 17-jährige Junge unglücklich gegen den Torpfosten und verspürt sofort heftige anhaltende Schmerzen. Der Hodensack tut danach bei jeder Berührung weh. Der Trainer entschließt sich besorgt, den Jungen sofort in die Klinik bringen zu lassen.

Definition

Eine Hodentorsion ist eine Drehung eines Hodens um die Längsachse mit Abschnürung der Blutversorgung.

Ursachen

Während der embryonalen Entwicklung wachsen die Hoden innerhalb der Bauchhöhle. In den letzten Wochen der Schwangerschaft, nicht selten aber erst in den ersten zwei Lebensjahren, wandern die Hoden durch den Leistenkanal in den Hodensack. Sie ziehen dabei die versorgenden Blutgefäße und Nerven sowie die Samenleiter hinter sich her, die zusammen den Samenstrang bilden. Danach verkleben die Wände des Verbindungsganges zwischen Hodensack und Bauchhöhle. Am Samenstrang hängt der Hoden noch gering beweglich. Eine fixierende Gewebsverbindung zur Wand des Hodensacks bildet sich jedoch nicht immer aus.

Durch Krafteinwirkung von außen, gelegentlich aber auch ohne äußeren Einfluss, kann sich der Samenstrang so verdrehen, dass dem Hoden die Blutzufuhr abgeschnürt wird und der Hoden akut gefährdet ist (**Abb. H.55**).

Symptome

Das Leitsymptom sind plötzlich einsetzende starke Schmerzen im Hodensack. Nicht immer ist ein vorangegangener Schlag oder Unfall überhaupt bemerkt worden. Die Schmerzen strahlen in Leiste und Bauch aus, der Hodensack ist geschwollen und gerötet. Der Patient krümmt sich und winkelt die Beine an. Die Schmerzen sind meist einseitig. Der Hoden ist vergrößert und sehr druckempfindlich. In einigen Fällen treten aufgrund der starken Schmerzen sogar Schocksymptome auf.

Nur bei Neugeborenen fehlen manchmal Symptome. Die Hodentorsion kommt in jedem Alter vor, tritt jedoch im 1. Lebensjahr und in der Pubertät am häufigsten auf.

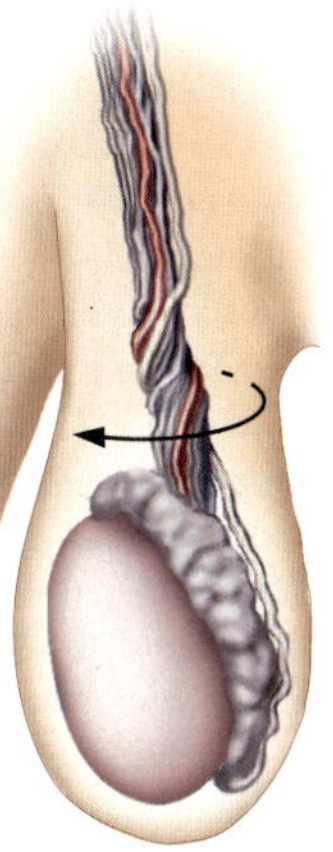

Abb. H.55 Hodentorsion. Hoden und Samenstrang sind um die eigene Achse gedreht, die Blutzirkulation ist unterbrochen.

Diagnose

Der plötzliche Beginn und die beschriebenen Symptome ermöglichen meist eine sofortige Diagnose, zusätzlich kann eine (Doppler-)Sonografie hilfreich sein.

Differenzialdiagnose

Im Gegensatz zur Orchitis (Hodenentzündung) nehmen die Schmerzen bei einer Hochlagerung des Hodens zu. Weiterhin ist eine eingeschnürte → Leistenhernie auszuschließen. Aber auch ein → Hodentumor, eine → Appendizitis oder ein → Ileus zeigen u. U. ähnliche Symptome.

Therapie

Eine Hodentorsion ist ein chirurgischer Notfall und muss sofort operiert werden. In der relativ unkomplizierten Operation wird der Hoden wieder gedreht und in der richtigen Position zusätzlich an der Wand, am tiefsten Punkt des Hodensacks, angenäht (Orchidopexie). Dies geschieht vorsorglich auch mit dem unbeteiligten Hoden.

Auch wenn eine eindeutige Diagnose vorab nicht möglich war, kann eine Operation sinnvoll sein, da es zu gravierenden Folgeschäden kommt, wenn die Blutversorgung des Hodens nicht innerhalb einiger Stunden wieder hergestellt wird. Der behandelnde Arzt wird sich deshalb bei Zweifel eher für als gegen die Operation entscheiden.

Prognose

Der Hoden entwickelt sich normal, wenn innerhalb von ca. 6 Stunden die Blutversorgung wiederhergestellt wird.

Komplikationen

Erfolgt der Eingriff zu spät, muss der Hoden entfernt werden. Es findet keine Spermienproduktion mehr statt. Auch die Produktion von Hormonen fällt weg. Der gesunde Hoden kann dies jedoch ausgleichen.

Infobox

ICD-10: N44.0

Internetadressen:
http://www.akh-consilium.at/daten/orchitis.htm
http://www.viamed.de/aktuell/A_0202.htm

Literatur: Sökeland, J. u. a.: Urologie, 13. Aufl. Thieme, Stuttgart 2004

Hodentumor

► „Catrin, jetzt komm doch mal her." Harald sitzt auf dem Sofa, während Catrin aufräumt. „Vom Rumsitzen wird die Wohnung auch nicht ordentlicher", bemerkt sie. „Ich will Dir aber was sagen." Catrin schaut Harald fragend an. „Ich war heute beim Arzt." „Du? Beim Arzt?" „Ich habe Dir doch letztens erzählt, dass irgendetwas mit meinem Hoden nicht in Ordnung ist, dass er sich schwer anfühlt und so." „Ja, und?" „Er hat einen Knoten getastet." „Und was heißt das?", fragt Catrin beunruhigt. „Sie haben mir Blut abgenommen und der Arzt will noch weitere Untersuchungen machen. Es kann sein, dass es ein Tumor ist."

Definition

Ein Hodentumor ist ein → Tumor, der von den Keimzellen im Hodengewebe ausgeht.

Hodentumoren sind die häufigste bösartige Erkrankung im Alter zwischen 20 und 40 Jahren. Ihre Zahl hat sich in den westlichen Ländern in den letzten 20 Jahren verdoppelt. Man rechnet pro Jahr mit einer Erkrankung auf 14.000 Männer, das Durchschnittsalter liegt für Nichtseminome bei 27, für Seminome bei 37 Jahren.

Synonyme: Hodenkrebs, Keimzelltumor, Seminom, Nichtseminom, Teratom.

Ursachen

Die entartete unreife Zelle des Spermien bildenden Epithels findet sich in den Hoden, als Überbleibsel der embryonalen Entwicklung gelegentlich auch im Bauchraum. Die entarteten Zellen bilden je nach Stadium und Differenzierung eine heterogene Gruppe. Die Unterscheidung ist für die Therapie und die Prognose wichtig:

- **Seminome:** Sie entwickeln sich aus Spermatozyten oder einer unreifen Keimzelle. Etwas mehr als die Hälfte aller bösartigen Hodentumoren sind Seminome.
- **Nichtseminome:** Dazu zählen das embryonale Karzinom, Chorionkarzinom, Dottersacktumor, undifferenziertes Teratom oder einer Kombination dieser Arten. Das Teratom wird als gutartig eingeschätzt, kann aber aufgrund seines Größenwachstums Probleme bereiten.

Ursachen für den Tumor oder seine zunehmende Häufigkeit sind nicht sicher bekannt. Männer mit Leisten- oder Pendelhoden in ihrer Kindheit sind etwas häufiger betroffen (→ Hodenhochstand). Darüber hinaus werden Insektizide, der frühere Beginn der Pubertät sowie eine Exposition gegenüber Schwermetallen wie Chrom und neben anderen Faktoren auch ein verändertes Freizeitverhalten (Radfahren, Reiten, enge Hosen usw.) verdächtigt.

Symptome

Die Frühsymptome bleiben oft unbeachtet: eine schmerzlose oder auch leicht schmerzhafte Hodenschwellung sowie ein Ziehen oder Schweregefühl im Hoden. Ein erstes konkretes Symptom ist ein tastbarer kleiner Knoten.

Zeichen für eine fortgeschrittene Erkrankung sind Rückenschmerzen durch vergrößerte Lymphknoten im Bauchraum, Husten bei Lungenmetastasen oder Kopfschmerzen bei Hirnmetastasen sowie ein allgemeiner Leistungsabfall.

Diagnose

Der Hoden wird tastend auf Druckschmerzhaftigkeit, Größe und das Vorliegen von Knoten untersucht, danach folgt eine Ultraschalluntersuchung. Im Labor werden Tumormarker bestimmt, die den Verdacht entkräften oder erhärten. Die drei beim Hodentumor bestimmten Marker sind AFP (Alphafetoprotein), β-HCG (humanes Choriongonadotropin) und LDH (Laktatdehydrogenase).

Falls Zweifel bestehen, muss der Hoden freigelegt werden. In dieser relativ einfachen Operation wird aus dem verdächtigen Gewebe eine Probe entnommen und sofort histologisch untersucht (Schnellschnittdiagnostik). Außerdem wird mittels Histologie entschieden, ob es sich um ein Seminom oder eine Nichtseminom handelt.

Nach der Lugano-Klassifikation werden drei Stadien der Entwicklung unterschieden (**Abb. H.56**).

Differenzialdiagnose

Von einem Hodentumor abzugrenzen sind die Orchitis (Hodenentzündung), als ein akut entzündliches, bakterielles oder virales Geschehen, und die → Hodentorsion, bei der ein Hoden abgeschnürt und die Blutzufuhr dadurch unterbunden wird.

Therapie

Steht die Diagnose aufgrund der Voruntersuchungen oder der histologischen Untersuchung beim Schnellschnitt fest, wird immer der betroffene Hoden einschließlich des Samenstrangs und der Blutgefäße entfernt (Orchidektomie). Vom zweiten Hoden wird zur Kontrolle eine Probe entnommen.

Ausschlaggebend für das weitere Vorgehen ist, ob es sich um eine Seminom oder Nichtseminom handelt. Dazu ist das Stadium der Erkrankung entscheidend, d. h., ob es bereits Metastasen gibt (**s. Abb. H.56**). Deshalb werden eine Computertomografie des Abdomens und des Thorax und evtl. weitere Untersuchungen wie Schädel-CT oder Knochenszintigrafie durchgeführt.

Seminome werden im Stadium I nach Entfernung des Hodens entweder engmaschig kontrolliert oder der Bauchraum prophylaktisch bestrahlt. In anderen Stadien und bei Rezidiven erfolgen Bestrahlung und eine Chemotherapie (Zytostatikum: Cisplatin).

Nichtseminome sind nicht strahlenempfindlich. Daher haben hier Chemotherapie und Operation die entscheidende Bedeutung. Bei Nichtseminomen werden im ersten Stadium häufig die Lymphknoten im hinteren Bauchraum operativ entfernt.

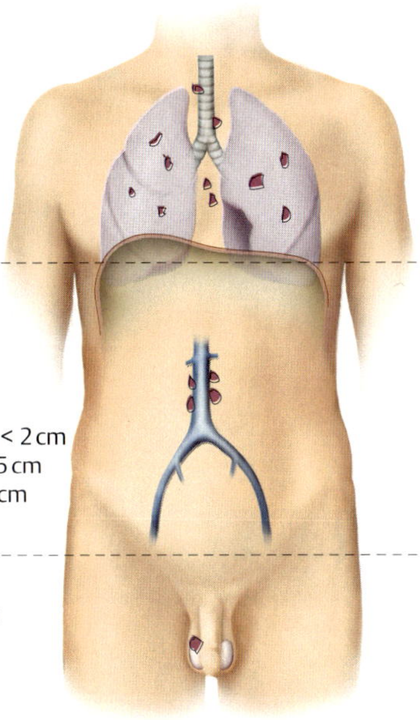

Stadium	stadiengesteuerte Therapie: Nichtseminom	stadiengesteuerte Therapie: Seminom
Stadium III Organmetastasen oder Lymphknotenmetastasen oberhalb des Zwerchfells	primäre Chemotherapie	primäre Chemotherapie
Stadium II retroperitoneale Lymphknotenmetastasen A alle Lymphknoten < 2 cm	**II A** RLA[1] mit oder ohne adjuvante Chemotherapie primäre Chemotherapie mit oder ohne Residualtumorresektion	Bestrahlung mit 30 Gy
B Lymphknoten 2 – 5 cm	**II B** wie Stadium II A	Bestrahlung mit 36 Gy
C Lymphknoten < 5 cm	**II C** primäre Chemotherapie	primäre Chemotherapie
Stadium I Tumor nur im Hoden	diagnostische nervenschonende RLA[1] risikoadaptiert: – „wait and see" – adjuvante Chemotherapie	Bestrahlung mit 26 Gy „wait and see"

[1] RLA: retroperitoneale Lymphadenektomie

Abb. H.56 Lugano-Klassifikation der Hodentumoren. Die Unterscheidung zwischen einem Seminom und Nichtseminom ist für das therapeutische Vorgehen entscheidend.

Prognose

Seit der Einführung von Cisplatin in die Routinetherapie gehören Hodentumoren zu den sehr gut behandelbaren Krebserkrankungen. Das gilt selbst wenn Fernmetastasen in Lunge oder Hirn aufgetreten sind. Frühe Stadien werden fast immer geheilt. Auch die Nebenwirkungen der Therapie sind gering: Bleibt ein Hoden erhalten, sind auch auf lange Sicht weder Unfruchtbarkeit noch Impotenz zu befürchten. Um die Sicherheit zu erhöhen, können Spermien vor Beginn einer Chemotherpie oder Bestrahlung kryokonserviert, d. h. tiefgekühlt, gelagert werden.

Die Erkrankten werden nach Histologie und Stadium des Tumors in eine Prognosegruppe eingeordnet (**Tab. H.7**). Um die sehr guten Ergebnisse erreichen zu können, müssen die Nachsorgetermine eingehalten werden.

Komplikationen

In ungefähr 5 % der Fälle finden sich auch im zweiten Hoden entartete Zellen. Falls dann ebenfalls eine Orchidektomie notwendig wird, müssen die Geschlechtshormone lebenslang substituiert werden. Unter günstigen Voraussetzungen können vorher Spermien eingefroren werden.

Tab. H.7 Prognosegruppen bei Hodentumoren

Gruppe	Prognose
günstig	ca. 55 % der Nichtseminome und 90 % der Seminome Heilungsrate von nahezu 100 %
intermediär	ca. 30 % der Nichtseminome und alle übrigen Seminome Heilungsrate von ca. 80 %
schlecht	alle übrigen Nichtseminome Heilungsrate von ca. 50 %

Infobox

ICD-10: C62.1, C62.9

Internetadressen:
http://www.uni-essen.de/tumorforschung/hodentumor.html
http://www.bonk-live.de

Literatur:
Sökeland, J. u. a.: Urologie, 13. Aufl. Thieme, Stuttgart 2004

Hodgkin-Lymphom

► **„Ich bin total fertig." Susanne, die 24-jährige Pflegeschülerin, sitzt den Tränen nahe im Aufenthaltsraum und schüttet ihr Herz bei ihrer Kollegin Claudia aus. „Ich habe ja schon gewusst, dass es anstrengend wird, aber momentan bin ich mir nicht sicher, ob ich die Ausbildung durchhalte. Und später wird es ja auch nicht besser. Ich wache nachts mit Schweißausbrüchen auf. Mein T-shirt ist dann klitschnass." „Du musst Dich entspannen. Du hast auch schon einiges abgenommen", entgegnet Claudia. „Das mit dem Entspannen ist leichter gesagt als getan. Und jetzt auch noch dieser Knoten am Hals. Hier, fühl mal."**

Definition

Das Hodgkin-Lymphom gehört mit den → Non-Hodgkin-Lymphomen, dem → Plasmozytom und der chronischen lymphatischen Leukämie zu den malignen Lymphomen. Maligne Lymphome sind bösartige Erkrankungen der weißen Blutzellen. Das Hodgkin-Lymphom entwickelt sich aus B-Lymphozyten.

Synonyme: Morbus Hodgkin, Lymphogranulomatose.

Ursachen

Das Hodgkin-Lymphom tritt in den industrialisierten Ländern häufiger bei jungen Menschen zwischen 25 und 30 Jahren und bei älteren zwischen 60 und 70 Jahren auf. Männer erkranken etwas häufiger als Frauen. Die Ursache der Erkrankung ist unbekannt.

Epstein-Barr-Viren (→ Pfeiffer's ches Drüsenfieber) oder HI-Viren (→ AIDS) könnten an der Entstehung beteiligt sein. Auch die Vererbung scheint eine Rolle zu spielen. Familienangehörige eines Patienten mit einem Hodgkin-Lymphom haben ein etwa dreimal so hohes Risiko ebenfalls an der Krankheit zu erkranken. Menschen, die in der Holz verarbeitenden oder chemischen Industrie arbeiten, haben ein etwa 1,6- bis 1,9fach höheres Risiko, ein Hodgkin-Lymphom zu bekommen.

Das Hodgkin-Lymphom entsteht aus einer entarteten Lymphozyten-Zelle, vermutlich einem B-Lymphozyten. Charakteristisch sind die sog. Hodgkin- und Sternberg-Reed-Zellen (**Abb. H.57**).

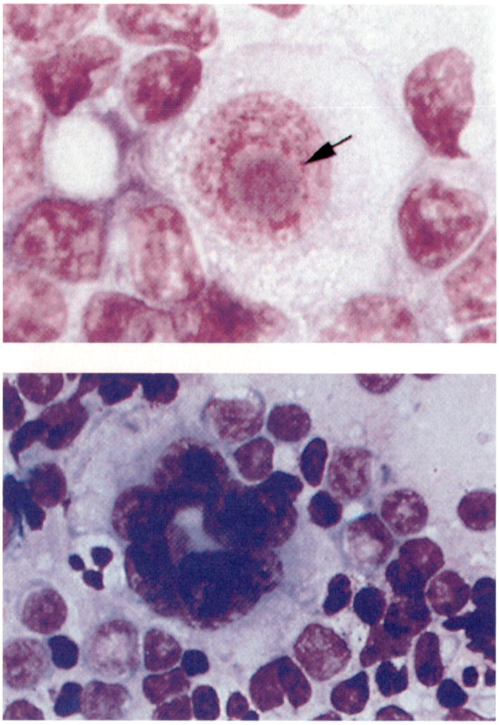

Abb. H.57 Zytologische Befunde. **a** Hodgkin-Zellen, **b** Sternberg-Reed-Zellen.

Einteilung

Je nach Ausmaß des Befalls wird das Hodgkin-Lymphom histologisch in verschiedene Typen eingeteilt (**Tab. H.8**).

Das Hodgkin-Lymphom beginnt meist zunächst in einem Lymphknoten im Kopf-Halsbereich. Später breitet sich die Erkrankung über die Lymph- und Blutwege auf den ganzen Körper aus und befällt verschiedene Organe. Je nachdem, welche Lymphknotenregionen oder extralymphatischen Gewebe befallen sind, wird das Hodgkin-Lymphom in vier Stadien eingeteilt (**Tab. H.9, Abb. H.58**).

Tab. H.8 Histologische Klassifikation des Hodgkin-Lymphoms (WHO)

Typ	Häufigkeit
klassisches Hodgkin-Lymphom:	95 %
▪ noduläre Sklerose	63 %
▪ gemischt zelluläres	27 %
▪ lymphozytenreiches	4 %
▪ lymphozytenarmes	1 %
lymphozytenreiches, prädominantes Hodgkin-Lymphom	5 %

Symptome

Erstes Symptom eines Hodgkin-Lymphoms sind häufig Schwellungen eines oder mehrerer Lymphknoten im Halsbereich. Die Schwellungen schmerzen nicht und werden meist zufällig (z. B. beim Rasieren) entdeckt.

Einige Patienten leiden unter den sog. B-Symptomen. Diese bezeichnen Fieber mit schwankenden Temperaturen über 38 °C, Nachtschweiß und einen Gewichtsverlust

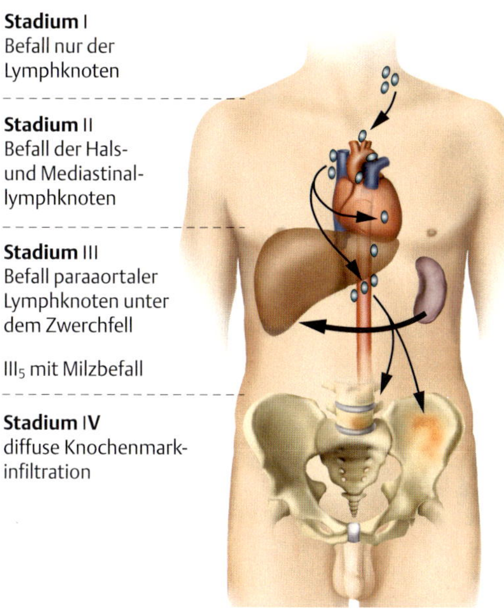

Abb. H.58 Morbus Hodgkin. Schematische Darstellung der Ausbreitung eines Morbus Hodgkin entgegen dem Lymphstrom.

von über 10% des Körpergewichtes in den letzten sechs Monaten. Die Kranken erschöpfen schnell und sind nicht mehr so leistungsfähig wie früher.

Einige Patienten berichten über Hautjucken oder schmerzende Lymphknoten nach Alkoholgenuss. Große Lymphknotenpakete können Schmerzen oder ein Druckgefühl im Bauch sowie Atemstörungen verursachen oder den venösen Rückstrom zum Herzen beeinträchtigen (obere Einflussstauung).

Diagnose

Die Anamnese mit schmerzlosen Lymphknotenvergrößerungen und B-Symptomen weist auf ein Hodgkin-Lymphom hin. In der klinischen Untersuchung tasten sich die Lymphome als gummiartige, gut verschiebliche, nicht schmerzhafte Knoten.

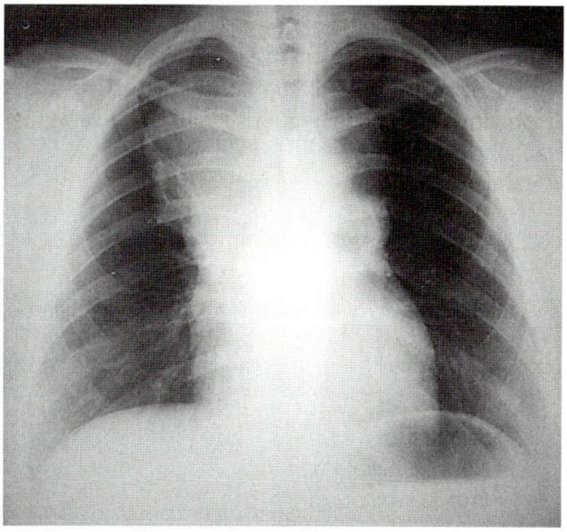

Abb. H.59 Morbus Hodgkin Stadium IIB. Röntgenbefund einer 28-jährigen Patientin mit rechtsbetonten mediastinalen Lymphomen **vor** Therapie.

Bei einer oberen Einflussstauung schwillt der Hals an, die Patienten sind kurzatmig. Die Blutsenkungsgeschwindigkeit (BSG) steigt häufig an. Bei einem Befall von Leber oder Niere können Leber- und Nierenwerte erhöht sein. Im Röntgenbild der Lunge (**Abb. H.59**), in der Sonografie des Abdomens und in der Computertomografie von Hals, Thorax und Abdomen sind die Lymphome erkennbar.

Bei Verdacht auf Organbefall werden eine Leber- oder Knochenmarkbiopsie oder eine Knochenmarkszintigrafie durchgeführt.

Die Diagnose wird durch eine Biopsie von Lymphknoten oder befallenen Organen mit histologischer Untersuchung gesichert. Unter dem Mikroskop erkennt man die typischen Hodgkin- und Sternberg-Reed-Zellen. Mit der Diagnose wird das Stadium der Erkrankung ermittelt (Staging), nach dem sich die Therapie richtet (**Tab. H.9**).

Tab. H.9 Ann-Arbor-Klassifikation des Hodgkin-Lymphoms

Stadium	Lymphknoten- oder Organbefall
I	1 Lymphknotenregion (I/N) oder 1 extralymphatisches Organ (I/E)
II	▪ ≥ 2 Lymphknotenregionen auf *einer* Seite des Zwerchfells (II/N) oder ▪ ≥ 1 Lymphknotenregionen auf *einer* Seite des Zwerchfells und ≥ 1 extralymphatische Organe (II/E)
III	▪ ≥ 2 Lymphknotenregionen, auf *beiden* Seiten des Zwerchfells (III/N) oder ▪ Lymphknotenregionen und extralymphatische Organe, auf *beiden* Seiten des Zwerchfells (III/E)
IV	diffuser Befall von ≥ 1 extralymphatischen Organen mit oder ohne Befall von Lymphknoten

Die Stadien werden zusätzlich durch die Parameter A oder B gekennzeichnet:
A: ohne Allgemeinerscheinungen
B: mit Fieber (> 38 °C) und/oder Nachtschweiß, und/oder Gewichtsverlust (> 10%) in den letzten sechs Monaten

Differenzialdiagnose

Ein Hodgkin-Lymphom ist von verschiedenen anderen Erkrankungen abzugrenzen. Die vergrößerten Lymphknoten im Halsbereich, Mediastinum (mittleres Gebiet des Brustraums) oder Abdomen weisen auf die jeweilige Erkrankung hin:

- Halsbereich:
  - → Non-Hodgkin-Lymphom,
  - Metastasen anderer Tumoren,
  - lokale Infektionen,
  - Infektionskrankheiten (infektiöse Mononukleose, → Toxoplasmose, → Röteln, HIV).
- Mediastinum:
  - → Tuberkulose,
  - → Sarkoidose,
  - → Non-Hodgkin-Lymphom,
  - → Bronchialkarzinom.
- Abdomen: Tumoren des Magen-Darm-Traktes.

Therapie

Das Hodgkin-Lymphom wird in Zentren nach bestimmten Therapieprotokollen je nach Stadium therapiert. Hierbei werden Zytostatika eingesetzt, die entweder die Tumorzellen abtöten (zytotoxische Medikamente) oder das Zellwachstum bremsen.

Die Medikamente werden in verschiedenen Kombinationen, Dosierungen und zeitlichen Abfolge verabreicht. In Deutschland wird meist das ABVD-Schema oder das BEACOPP-Schema eingesetzt. Die Buchstaben bezeichnen hierbei die einzelnen Zytostatika. Bei fortgeschrittenen Lymphomen wird der Patient zusätzlich bestrahlt.

Nebenwirkungen. Die Medikamente können akut zu Haarausfall, Übelkeit, Erbrechen, bakteriellen Infektionen oder einer blutigen Blasenentzündung (hämorrhagische Zystitis) führen.

Prognose

Die Prognose eines Hodgkin-Lymphoms ist abhängig von der Ausbreitung der Erkrankung. Patienten mit einem Tumor im Mediastinum, der größer ist als ein Drittel des Thoraxquerdurchmessers, mit einem extralymphatischen Befall (E-Stadium, s. **Tab. H.9**), mit einer Beteiligung von drei oder mehr Lymphknotenarealen und einer hohen Blutsenkungsgeschwindigkeit haben eine schlechtere Prognose.

Von den Patienten mit einem frühen Stadium (I A, II A) leben nach zehn Jahren noch etwa 90%. Patienten mit einer fortgeschritteneren Erkrankung oder B-Symptomen haben eine kürzere Überlebenszeit (**Tab. H.10**).

Tab. H.10 Therapie und krankheitsfreies Überleben

Stadium	Therapie	10 Jahre krankheitsfreies Überleben
I A, II A	Bestrahlung	90%
III A	Bestrahlung Chemotherapie Bestrahlung plus Chemotherapie	65% 70% 80–90%
II B	Bestrahlung	70%
II B, III B, IV A, IV B	Chemotherapie	ca. 75%

Der relativ guten Prognose stehen jedoch die Nebenwirkungen der aggressiven Radio- und Chemotherapie gegenüber. Als Folge können bösartige Tumoren wie Brustkrebs (→ Mammakarzinom), Schilddrüsenkrebs, eine → akute myeloische Leukämie oder ein → Non-Hodgkin-Lymphom entstehen. Weiterhin schädigen die Medikamente und die Bestrahlung Herz, Lunge, Schilddrüse oder die Gonaden.

Patienten mit einem Hodgkin-Lymphom sterben am häufigsten an Rezidiven, Zweittumoren, Infektionen oder Schäden an Herz oder Lunge.

Infobox

ICD-10:
C81.0, C81.1, C81.2, C81.3, C81.9

Internetadressen:
Leitlinien der AWMF (Morbus Hodgkin): http://www.leitlinien.net
http://www.lymphome.de

Literatur:

Greten, H. (Hrsg.): Innere Medizin. Thieme, Stuttgart 2005
Baenkler, H.-W. u. a.: Duale Reihe Innere Medizin. Thieme, Stuttgart 2001
Hiddemann, W. u. a. (Hrsg.): Lehrbuch der klinischen Onkologie. Springer, Heidelberg 2003

Horner-Syndrom

► „Also wenn ich genug Geld hätte, dann würde ich eine Schönheits-OP machen lassen", bemerkt Janine, geht dicht an die Schaufensterscheibe heran und betrachtet ihr Gesicht prüfend. „Wieso das denn?", fragt ihre Freundin Kathrin verblüfft. „Na, mein rechtes Auge. Ich kann es nicht richtig aufmachen. Es sieht echt blöd aus." „Quatsch. Das fällt kaum auf. Und wenn schon. Es gehört halt zu dir", widerspricht Catrin. Doch Janine lässt nicht locker. „Aber es stört mich auch beim Basketball und wenn ich mit dem Rad fahre. Ich kann einfach nicht so gut sehen."

Definition

Das Horner-Syndrom ist ein Symptom-Komplex aus:
→ temporär verengter Pupille (Miosis),
→ herabhängendem Augenlid (Ptosis),
→ scheinbar zurückliegendem Augapfel.
Synonym: Horner-Trias.

Ursachen

Das Syndrom entsteht i.d.R. durch die Lähmung der durch den Sympathikus innervierten Augenmuskulatur. Dabei geht die Miosis auf eine Lähmung des M. dilatator pupillae zurück, die Ptosis basiert auf einer Lähmung des M. tarsalis superior.

Die Lähmungen der Muskeln werden u. a. durch krankhafte Prozesse im Verlauf der zentralen Sympathikusbahn hervorgerufen. Solche Prozesse sind z. B. bei einem Säugling ein Tumor im Nebennierenmark (→ Neuroblastom), ein Tumor im Halsbereich oder ein Hirnstamminfarkt. Ebenso kann der Komplex auf eine Verletzung im Brust- und Halswirbelbereich oder ein → Aortenaneurysma zurückzuführen sein. Bei etwa $^{1}/_{3}$ der Patienten ist keine Ursache zu finden.

Symptome

Das Syndrom ist durch eine verengte Lidspalte und eine enge Pupille gekennzeichnet. Es scheint, als sei der Augapfel zurückgesunken. Außerdem können neben den drei Hauptsymptomen auch eine Gefäßerweiterung, eine gestörte Schweißsekretion und Heterochromie der Iris auftreten.

Diagnose

Der Patient hat eine ungleiche Pupillenweite (Anisokorie). Die Pupille des betroffenen Auges ist enger (**Abb. H.60**). Dies wird in einem abgedunkelten Raum noch deutlicher. Werden Kokain-Augentropfen zur Pupillenerweiterung in beide Augen appliziert, so bleibt die Pupille im erkrankten Auge auch nach einer Stunde noch deutlich enger als die Pupille des gesunden Auges.

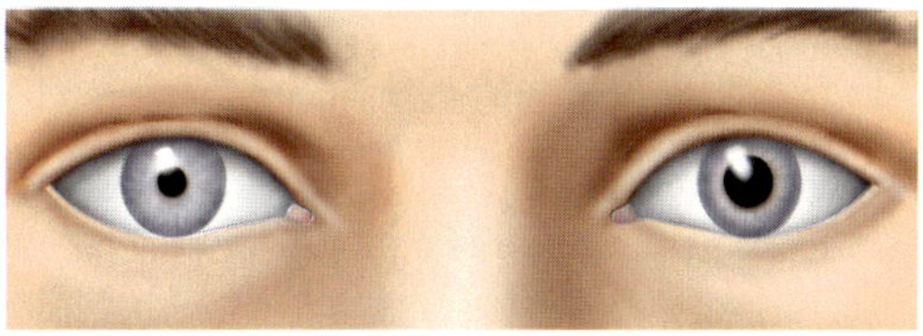

Abb. H.60 Anisokorie. Enge Pupille am betroffenen Auge.

Das Unterlid des erkrankten Auges steht etwas höher als das des anderen Auges. Das Oberlid kann nicht vollständig gehoben werden (Ptosis). Wenn ein Horner-Syndrom sehr lange besteht oder angeboren ist, kann die Iris des betroffenen Auges eine andere Farbe als das Partnerauge haben (Heterochromie).

Differenzialdiagnose

Differenzialdiagnostisch kommen alle Erkrankungen in Frage, die zu einer engen Pupille führen (z. B. → Iritis) oder eine Ptosis nach sich ziehen (z. B. → Myasthenie).

Therapie

Die Therapie besteht in der Behandlung der Grunderkrankung. Wenn das Lid so stark herabhängt, dass es stört, kann entweder eine Spezialbrille mit einem Steg, der das Lid hoch hält, verordnet werden oder eine Ptosis-Operation indiziert sein.

Prognose

Die Prognose ist abhängig von der Grunderkrankung. Nicht selten handelt es sich nur um eine vorübergehende Störung.

Infobox

ICD-10:
G90.2

Literatur:

Burk, A., Burk, R.: Checkliste Augenheilkunde. Thieme, Stuttgart 2005
Lang, G.K.: Augenheilkunde, 3. Aufl. Thieme, Stuttgart 2004

Hornhautabschürfung

► „Hilf mir doch jetzt bitte wenigstens die Hasel zu schneiden", bittet Martina ihren Freund Andreas. „Wenn's denn sein muss", brummt Andreas und greift zur Astschere. „Wo denn?". Martina hält einen Zweig und Andreas schneidet. Der Stumpf schlägt zurück. „So ein Mist", flucht Martina. Der Ast hat ihr linkes Auge gestreift. Die beiden gehen ins Bad und Andreas schaut nach Splittern, kann aber nichts entdecken. Als die beiden abends vor dem Fernseher sitzen, fängt das Auge an heftig zu schmerzen.

Definition

Als Hornhautabschürfung wird ein oberflächlicher Hornhautdefekt bezeichnet, der nur das Hornhautepithel betrifft.

Synonyme: Erosio corneae, Hornhauterosion.

Ursachen

Die Hornhautabschürfung ist eine sehr häufige Verletzung des Auges. Sie entsteht häufig durch versehentliche Berührung der Hornhaut mit Fingernägeln, Schminkutensilien, Zweigen von Büschen oder Bäumen und auch fehlerhaft eingesetzte Kontaktlinsen.

Symptome

Eine Hornhautabschürfung ist oft sehr schmerzhaft. Der Patient hat häufig das Gefühl, es befinde sich ein Fremdkörper im Auge, insbesondere unter dem Oberlid. Die Augen tränen und sind lichtempfindlich.

Diagnose

Ein oberflächlicher Hornhautdefekt ist am besten nach der Anfärbung mit Fluoreszein an der Spaltlampe zu erkennen. Mit einem vorgeschalteten Blaufilter erscheint die Hornhautabschürfung grün gegen die dunkle gesunde Hornhaut (**Abb. H.61**).

Differenzialdiagnose

Die Hauptdifferenzialdiagnose einer Hornhautabschürfung ist ein Fremdkörper im Auge, der immer zusätzlich vorhanden sein kann und ausgeschlossen werden muss.

Therapie

Die Therapie besteht in der Applikation einer Augensalbe mit einem Breitspektrumantibiotikum und je nach Unfallhergang einem Antimykotikum, um eine Infektion mit Bakterien oder Pilzen zu vermeiden.

Prognose

Der oberflächliche Hornhautdefekt heilt normalerweise innerhalb von 24 Stunden ab, ohne eine Narbe zu hinterlassen.

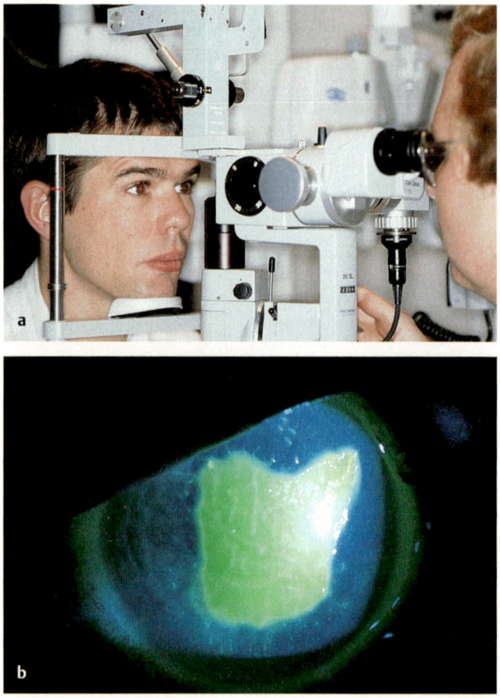

Abb. H.61 Untersuchung der Hornhaut. a Mit der Spaltlampe können alle Schichten der Hornhaut im Lichtschnitt untersucht werden. **b** Der Epitheldefekt der Hornhaut ist nach Anfärbung mit Fluoreszinnatrium im blauen Licht gut erkennbar.

Komplikationen

Bei inkonsequenter Therapie besteht immer die Gefahr einer Infektion und damit der Ausbildung eines Hornhautgeschwürs. In seltenen Fällen reißt das neu gebildete Hornhautepithel, das den Defekt deckt, immer wieder auf (rezidivierende Erosio). Dies tritt besonders häufig morgens beim ersten Lidschlag auf.

Infobox

ICD-10:
H16.0, S05.0

Literatur:

Oestreicher, E. u. a.: HNO, Augenheilkunde, Dermatologie und Urologie für Pflegeberufe. Thieme, Stuttgart 2003

Lang, G.K.: Augenheilkunde, 3. Aufl. Thieme, Stuttgart 2004

Hornhauttrübung

► „Emmi, was ist denn los? Du guckst so bedröppelt." Frau Linde setzt sich zu ihrer Nachbarin Frau Brinkmann an den Tisch. „Ach Mariechen, jetzt sind es nicht nur die Gelenke, sondern auch noch die Augen. Die waren ja schon immer rot und haben gebrannt. Aber guck doch mal in mein linkes Auge. Es ist irgendwie matt. Findest Du nicht?" Die alte Dame streckt Frau Linde ihr Gesicht entgegen. „Tja Emmi, wir werden halt nicht jünger. Aber lass das doch mal untersuchen."

Definition
Als Hornhauttrübung wird jede Abweichung von einer normalerweise durchsichtigen, glatt spiegelnden Hornhaut bezeichnet.

Ursachen
Die Ursachen für Hornhauttrübungen sind vielfältig. Neben der → Keratitis (Hornhautentzündung) und dem Ulcus corneae (Hornhautgeschwür) kann auch ein Hornhautödem vorliegen. Bei einem Hornhautödem ist die Hornhaut durch Flüssigkeit, wie sie z. B. bei einem → Glaukomanfall oder gelegentlich auch postoperativ auftritt, geschwollen.

Eine Hornhautnarbe kann z. B. die Folge einer kleinen Stichverletzung der Hornhaut bis ins Hornhautstroma sein oder großflächig als Folge von Verätzungen auftreten. Eine harmlose altersbedingte Hornhauttrübung ist der Arcus senilis (Greisenbogen). Hornhauttrübungen können auch angeboren sein.

Symptome
Das Spektrum der Trübung reicht von einer gerade eben wahrnehmbaren hauchigen Trübung bis zur vollständig von Narbengewebe durchsetzten, weiß erscheinenden Hornhaut, die sich nicht mehr von der Sklera (Lederhaut) abgrenzen lässt. Je nach Ausmaß und Lokalisation führt eine Hornhauttrübung zu Blendempfindlichkeit und Sehverschlechterung (**Abb. H.62**).

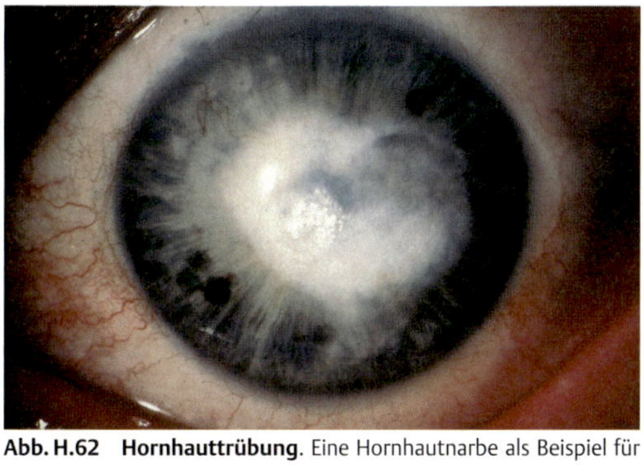

Abb. H.62 Hornhauttrübung. Eine Hornhautnarbe als Beispiel für eine Hornhauttrübung. Die zentrale, weißliche Trübung ist so dicht, dass der Patient auf diesem Auge praktisch blind ist.

Diagnose
Zunächst werden die Beschaffenheit der Horntrübung, ihre Lage innerhalb der Hornhaut und ihre Ausdehnung charakterisiert. Anschließend wird nach der Anamnese und den Begleiterkrankungen die Ursache der Trübung bestimmt, z. B. zentrale weiße Hornhautnarbe nach einer Windschutzscheibenverletzung oder weißlich durchgetrübte Hornhaut nach einer Kalkverätzung am Arbeitsplatz.

Differenzialdiagnose
Die verschiedenen Ursachen einer Hornhauttrübung sind voneinander abzugrenzen. Bei einem Hornhautödem erscheint die Kornea matt bis weißgrau getrübt und erhält durch zahlreiche winzige Vorwölbungen eine unebene Beschaffenheit.

Eine Hornhautnarbe erscheint zartgrau bis grauweiß und das Oberflächenspiegelbild der Kornea ist verzerrt.

Hornhautinfiltrate sind unterschiedlich große, grauweiße bis gelbliche, aus Zellen bestehende Ablagerungen unterhalb der Bowman-Membran der Hornhaut.

Der Arcus senilis zeichnet sich durch einen meist beiderseits vorkommenden grauweißen Ring aus, der vom Hornhautrand durch eine klare Zone getrennt ist.

Therapie
Die Behandlung der Hornhauttrübung ist abhängig von der Grunderkrankung, bei der sie beobachtet wird.

Hornhautnarben können nur noch operativ entfernt werden. Eine Hornhauttransplantation ist indiziert, wenn eine Narbe das Sehen beeinträchtigt und das Auge reizfrei ist.

Prognose
Ein Hornhautödem bildet sich meistens nach der Behandlung der Grunderkrankung, vollständig zurück. Hornhautnarben sind irreversibel.

Infobox

ICD-10:
H17.1, H17.8, H17.9, Q13.3

Literatur:
Oestreicher, E. u. a.: HNO, Augenheilkunde, Dermatologie und Urologie für Pflegeberufe. Thieme, Stuttgart 2003

Hörsturz

► **Herr Schneider klopft leicht an sein rechtes Ohr, schüttelt den Kopf und beginnt mit dem Zeigefinger im Ohr zu bohren. „Papa, was ist los?", will Jakob wissen. „Hast Du Wasser im Ohr? Dann musst Du hüpfen. Schau mal, so." Jakob springt vor seinem Vater auf und ab. „Nein Jakob. Ich glaube das ist kein Wasser. Ich höre seit gestern nur noch ganz schlecht. So wie Du manchmal", erklärt er und stupst seinen Sohn an. „Und ich habe die ganze Zeit so ein Pfeifen auf dem Ohr."**

Definition

Ein Hörsturz ist ein plötzlich auftretender, meist einseitiger Hörverlust. Der Ort der Störung ist das Innenohr (**Abb. H.63**).

Ursachen

Die genaue Ursache für einen Hörsturz bleibt im Einzellfall meist ungeklärt. Am häufigsten ist die Durchblutung des Innenohrs gestört.

Risikofaktoren

Als Risikofaktoren gelten erhöhter Cholesterinspiegel, → Hypertonie und übermäßiger Nikotingenuss. Auch Kreislaufstörungen wie starke Blutdruckschwankungen und Herzerkrankungen können eine Minderdurchblutung der Haarzellen im Ohr bewirken. Aber auch bestimmte Virusinfektionen können das Innenohr schädigen. Darüber hinaus wird ein Zusammenhang zwischen Stress und dem Auftreten von Hörstürzen beobachtet.

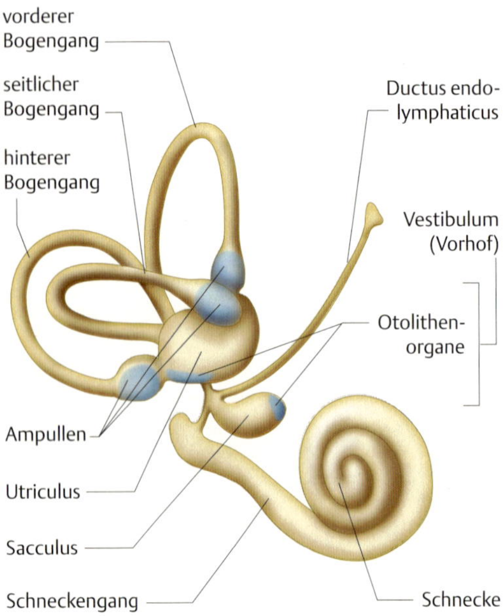

Abb. H.63 Innenohr. Das Labyrinth besteht aus den 3 Bogengängen, dem Vorhof und der Hörschnecke.

Symptome

Die Betroffenen klagen über eine meist einseitige, plötzliche Hörminderung bis hin zur Ertaubung. Gelegentlich kündigt sich der Hörsturz vorher durch ein „Wattegefühl" oder Schwindelbeschwerden an. Häufig tritt zusätzlich ein hoch frequentes Ohrgeräusch auf.

Diagnose

Der Befund der ohrmikroskopischen Untersuchung ist meist unauffällig. Um das Ausmaß der Hörstörung festzustellen, werden **Hörprüfungen** wie Stimmgabeltest, Tonschwellenaudiometrie, Sprachaudiometrie und Impedanzmessung durchgeführt. Es erfolgen **Laboruntersuchungen** mit kleinem Blutbild, Bestimmung des Hb-Wertes, Hämatokrit und bei Verdacht auf eine Virusinfektion eine serologische Untersuchung.

Nach dem Abschluss der Akutbehandlung sollten weitergehende otoneurologische Untersuchungen durchgeführt werden. Diese beinhalten die Messung der otoakustischen Emissionen, eine Hirnstammaudiometrie und eine Gleichgewichtsuntersuchung. Diese Untersuchungen dienen dem Ausschluss anderer Ursachen für die Hörstörung. In einzelnen Fällen erfolgt eine Magnetresonanztomografie des Schädels.

Differenzialdiagnose

Andere Ursachen für einen plötzlichen Hörverlust sind:

- Cerumen obturans (Ohrenschmalzpfropfen),
- Entzündungen (Zoster oticus, → akute Otitis media, → Mumps, → Meningitis, → Enzephalitis),
- → Hirninfarkt,
- → Multiple Sklerose,
- Nebenwirkungen bestimmter Medikamente (Antibiotika, Chemotherapeutika),
- → Tumoren (Akustikusneurinom).

Therapie

Der Hörsturz wir heutzutage nicht mehr als ein Notfall angesehen, dennoch sollte die Behandlung möglichst frühzeitig erfolgen. Die Standardtherapie ist eine durchblutungsfördernde Infusionsbehandlung. Hierbei erhält der Patient über eine Vene einmal pro Tag Medikamente, die das Blut verdünnen und die Fließeigenschaften verbessern.

Zusätzlich werden häufig Medikamente gegeben, die die Blutgefäße erweitern und auf diese Weise den Blutfluss erhöhen. Bei Verdacht auf eine virale Infektion wird zusätzlich Kortison verabreicht, das eine entzündungshemmende Wirkung hat. Es existieren noch eine Reihe weitere Therapien, deren Wirksamkeit aber teilweise umstritten ist.

Prognose

Je früher ein Hörsturz erkannt und somit behandelt wird, desto besser sind die Heilungschancen. In vielen Fällen bessert sich ein Hörsturz zwar auch ohne Behandlung innerhalb von wenigen Stunden bis mehreren Wochen, eine durchblutungsfördernde Infusionstherapie scheint die Heilungschancen aber zu verbessern.

Infobox

ICD-10:
H91.2

Internetadressen:
Dt. Gesellschaft für HNO-Heilkunde: http://www.hno.org
Leitlinien AWMF (Hörsturz): http://www.leitlinien.net

Literatur:
Oestreicher, E. u. a.: HNO, Augenheilkunde, Dermatologie und Urologie für Pflegeberufe. Thieme, Stuttgart 2003

Hüftgelenksdysplasie

► **Miriam (26) ist zum ersten Mal Mutter geworden. Ihr linkes Hüftgelenk war von Geburt an ausgerenkt und trotz Behandlung ist eine Restverformung geblieben. Die Ärzte prophezeien ihr, dass sie irgendwann mit frühzeitigem Hüftgelenksverschleiß zu kämpfen haben wird. Deshalb achtet sie bei ihrer kleinen Lisa besonders auf die regelmäßigen Vorsorgeuntersuchungen bei ihrer Kinderärztin und beim Orthopäden. Tatsächlich entdeckt er bei der Ultraschall-Untersuchung eine leichte Hüftgelenksdysplasie. Deshalb bekommt Lisa erst einmal eine Spreizhose.**

Definition

Die Hüftgelenksdysplasie ist eine angeborene Reifungsstörung der Hüftpfanne, insbesondere des Pfannenerkers (Übergang von der Pfanne zum Beckenknochen). Es handelt sich um eine verzögerte Verknöcherung. Die Pfanne ist steil und flach ausgebildet, sodass der Hüftkopf nach oben abrutscht (Subluxation oder Luxation des Hüftgelenks) (**Abb. H.64**).

Bei etwa 1 % der Neugeborenen finden sich klinische Zeichen der Hüftgelenksdysplasie, bei 2,5 % ist der sonografische Befund auffällig. Mädchen sind 5 – 6-mal häufiger betroffen als Jungen. Die Reifungsstörung tritt ein- und beidseitig auf.

Synonym: Hüftdysplasie.

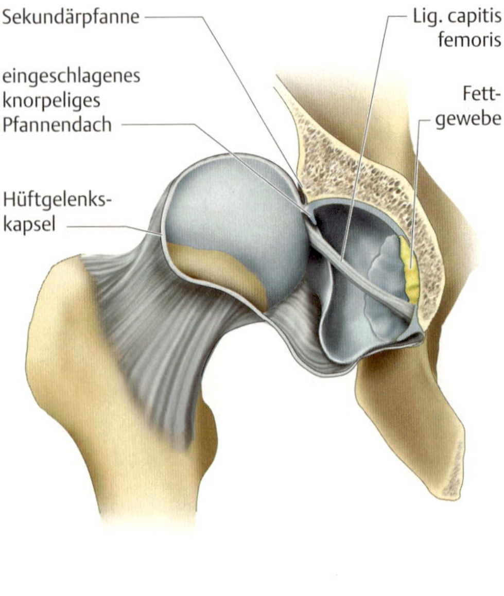

Abb. H.64 Hüftgelenksluxation. Der knöcherne Pfannenerker (= knöchernes und knorpeliges Pfannendach) ist abgeflacht. Der aus der Ursprungspfanne austretende Hüftkopf ist von der Hüftgelenkskapsel überzogen. Die Ursprungspfanne wird durch Fettgewebe und verlängertes Lig. capitis ausgefüllt.

Ursachen

Bei Neugeborenen sind die Hüftgelenke oft noch nicht stabil ausgebildet. Diese Verknöcherungsverzögerung des Pfannenerkers hat Verformungen der Pfanne und des knorpeligen Hüftkopfes zur Folge. Dadurch verändert sich auch der Schenkelhals.

Die Hüftgelenksdysplasie kommt in manchen Familien häufiger vor. Außerdem tritt diese Fehlstellung oft nach einer Beckenendlage bei der Geburt auf oder durch die Enge in der Gebärmutter bei großen Kindern oder Zwillingen.

Symptome

Es fällt eine Bewegungsarmut und eine Asymmetrie der Oberschenkel- und Gesäßfalten auf. Der Oberschenkel ist im Vergleich zum gesunden Bein verkürzt.

Diagnose

Im Rahmen der routinemäßigen Vorsorgeuntersuchungen überprüfen Kinderärzte bei jedem Säugling den Zustand der Hüftgelenke. Dazu wird der Säugling auf den Rücken gelegt und die Hüft- und Kniegelenke werden um 90° gebeugt (**Abb. H.65**).

Bei der Hüftgelenksdysplasie kann das kranke Bein in dieser Stellung nicht bis auf die Unterlage abgespreizt werden (Abspreizhemmung). Außerdem tritt während der Abspreizbewegung ein Schnappen auf (Ortolani-Zeichen). Bei kompletter Luxation (Hüftluxation) ist die leere Hüftpfanne tastbar. Das vollständige Ein- und Ausrenken der Hüfte wird als Barlow-Zeichen bezeichnet. Diese klinischen Zeichen gelten jedoch als unzuverlässig, da sie erst

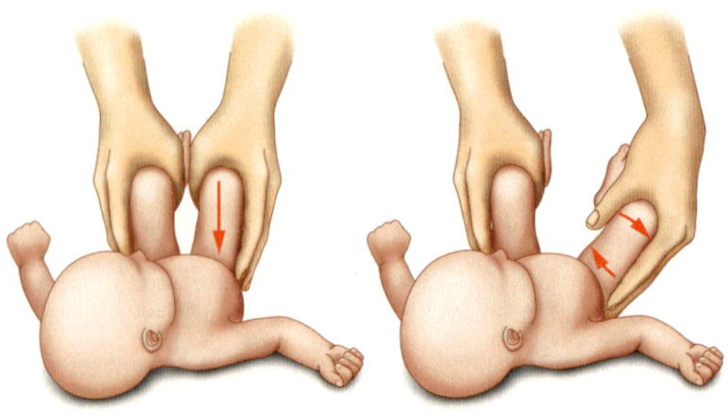

Abb. H.65 Instabilitätsprüfung des rechten Hüftgelenks. Beide Knie- und Hüftgelenke werden 90° gebeugt. Die Stellung des linken Beinchens wird nicht verändert. Bei subluxierenden Hüften ist ein Schnappen ertastbar (Ortolani-Zeichen).

sicher feststellbar sind, wenn bereits eine Subluxation oder Luxation vorliegt.

Deshalb ist die Ultraschall-Untersuchung der Hüfte (Hüftsonografie) in der 4. bis 6. Woche wichtig. Denn damit kann u. a. der teilweise noch knorpelige Pfannenerker und der Hüftkopf dargestellt werden. Mit der Hüftsonografie werden das Pfannendach und der Hüftkopf beurteilt sowie verschiedene Winkel ausgemessen, um Fehlstellungen frühzeitig erkennen zu können.

Mit der Röntgenuntersuchung gelingt das Erkennen von Fehlstellungen wegen der späten Verknöcherung erst im 3. bis 6. Lebensmonat. Nach dem ersten Lebensjahr werden bei Bedarf Röntgenaufnahmen des Beckens angefertigt; hier können verschiedene Messungen vorgenommen werden.

Differenzialdiagnose

Verschiedene neuromuskuläre Erkrankungen können einer Hüftgelenksdysplasie ähneln. Eine angeborene Querschnittslähmung oder spastische Lähmungen können die normale Reifung der Hüfte verhindern. Angeborene Femurdefekte (Defekte des Oberschenkelknochens) oder eine Koxitis (Entzündung des Hüftgelenks) können ebenfalls zur Hüftgelenksdysplasie führen.

Therapie

Ziel einer Behandlung ist eine möglichst normale Nachreifung der Hüftpfanne, das Ausrenken des Hüftgelenkes soll vermieden werden. Besteht bereits eine Subluxation oder Luxation, muss das Hüftgelenk reponiert und die erneute Luxation verhindert werden.

Konservative Therapie

In den ersten Monaten wird ausschließlich konservativ behandelt, da noch Zeit bleibt, bis das Kind zu laufen beginnt. Bei einer Dysplasie werden Schienen angelegt (Pavlik-Bandage, Tübinger Hüftbeugeschiene, **Abb. H.66**). Damit soll der Hüftkopf in die Hüftpfanne gedrückt werden, so dass sich eine normale Pfanne ausbilden kann.

Ist bereits eine Subluxation oder Luxation eingetreten, wird der Hüftkopf reponiert und muss in dieser Stellung gehalten werden (Retentionsbehandlung). Dies gelingt ebenfalls mit Schienen (Orthesen), Gipsverbänden oder durch eine Extensionsbehandlung mit Gewichten über mehrere Wochen.

Chirurgische Therapie

Kann nach einer konservativen Therapie bis zum Alter von 6 bis 12 Monaten keine Reposition des Hüftkopfes erreicht werden, werden eventuell vorhandene Repositionshindernisse (Gelenkkapselanteile, abweichendes Ligamentum capitis femoris) chirurgisch entfernt und die Hüfte offen reponiert.

Abb. H.66 Tübinger Hüftbeugeschiene. Die Schiene unterstützt eine mittlere Spreizung mit angehockten, gebeugten Beinen.

Sind die Hüftgelenke im Alter von zwei bis fünf Jahren nicht normal ausgebildet, werden chirurgische Eingriffe am Becken und am Femur nötig. Damit werden die Pfannenausbildung und die Stellung von Femurkopf und Hüftpfanne zueinander verbessert.

Prognose

Je früher die Therapie einsetzt, desto größer ist die Heilungschance, insbesondere weil der Körper in den ersten Lebenswochen und -monaten sehr schnell wächst. Je später die Behandlung einsetzt, desto aufwändiger wird sie. Mit entscheidend für den Heilungsverlauf und die Langzeitprognose ist die gute Mitarbeit der Eltern, z. B. müssen Orthesen über mehrere Monate getragen werden.

Verbleiben Fehlbildungen, kommt es zum vorzeitigen Verschleiß des Hüftgelenkes (Dysplasiekoxarthrose).

Eine Komplikation der Abspreizbehandlung und der operativen Therapie ist die → Hüftkopfnekrose mit folgender Deformation des Hüftkopfes.

Infobox

ICD-10: Q65.8

Internetadressen:
http://www.kinderhueftdysplasie.de
http://www.orthopaedie-aachen.de

Literatur:

Niethard, F.U., Pfeil, J.: Duale Reihe Orthopädie, 5. Aufl. Thieme, Stuttgart 2005

Hoehl, M., Kullick, P.: Kinderkrankenpflege und Gesundheitsförderung, 2. Aufl. Thieme, Stuttgart 2002

Hüftgelenksluxation

► **Petra ist in einen Baum gerast, weil sie einem entgegenkommenden Auto ausweichen musste. Durch die kaputte Seitenscheibe sieht man den Airbag. Petra muss von der Feuerwehr aus dem Auto geborgen werden und wird in einen Rettungswagen gebracht. „Da war aber ein Schutzengel am Werk", bemerkt der Notarzt. Petra spürt starke Schmerzen im linken Knie und in der linken Hüfte. Das linke Bein wirkt verkürzt.**

Definition

Bei einer Hüftgelenksluxation ist das Hüftgelenk ausgerenkt, d. h. der Hüftkopf ist vollständig aus der Hüftpfanne getreten.

Ursachen

Traumatische Hüftluxationen. Sie entstehen bei Autounfällen. Typisch ist das Knieanpralltrauma bei gebeugter Hüfte an das Armaturenbrett. Dabei wird der Hüftkopf nach hinten oben aus seinem Gelenklager (Pfanne) gedrückt (hintere Luxation). Je nach Stellung des Hüftgelenks zum Zeitpunkt des Traumas führt die axiale Stauchung des gesamten Femurs auch zur Luxation nach vorn (vordere Luxation).

Angeborene Hüftluxation. Bei angeborener und in der Kindheit unbehandelter → Hüftgelenksdysplasie ist die knöcherne Pfanne sehr flach und steil ausgebildet. Dadurch ist der Hüftkopf permanent dezentriert, subluxiert oder (selten) sogar luxiert. Liegt eine unbehandelte Dysplasiekoxarthrose vor, ist die Gefahr der Luxation höher als bei einem gesunden Hüftgelenk.

Symptome

Bei hinterer Luxation ist das Bein verkürzt, nach innen rotiert und adduziert, sodass die Knie eng beieinander liegen. Bei vorderer Luxation ist das Bein dagegen abgespreizt und außenrotiert. Ist der N. ischiadicus komprimiert oder verletzt, tritt in den betroffenen Versorgungsarealen ein Taubheitsgefühl oder eine Lähmung auf. Liegt neben der Luxation eine knöcherne Fraktur vor, kann die Fehlstellung des Beines weniger stark ausgeprägt sein.

Diagnose

Auf der Röntgenaufnahme des Beckens werden die Art der Luxation beurteilt und gegebenenfalls vorhandene Frakturen diagnostiziert (**Abb. H.67**). In Richtung der Luxation kann eine Fraktur allerdings nicht sicher erkannt werden. Nach Einrenken der Hüfte wird daher i.d.R. eine Computertomografie des Beckens durchgeführt, um eine Fraktur endgültig auszuschließen.

Therapie

Das Hüftgelenk muss möglichst rasch eingerenkt werden, um das Risiko bleibender Schäden aufgrund von Gefäß- und Nervenkompressionen zu vermindern. Das gelingt wegen der kräftigen Beinmuskulatur nur in Narkose und mit medikamentöser Muskelrelaxation.

Bei zusätzlichen Frakturen im Gelenk erfolgt i. A. die offene Reposition im Operationssaal. Gleichzeitig werden die Knochenfragmente mit Metallimplantaten fixiert (Osteosynthese). Die anschließende Rehabilitation und Mobilisierung des Patienten bis zur Vollbelastung des Beines dauert mindestens ein Vierteljahr.

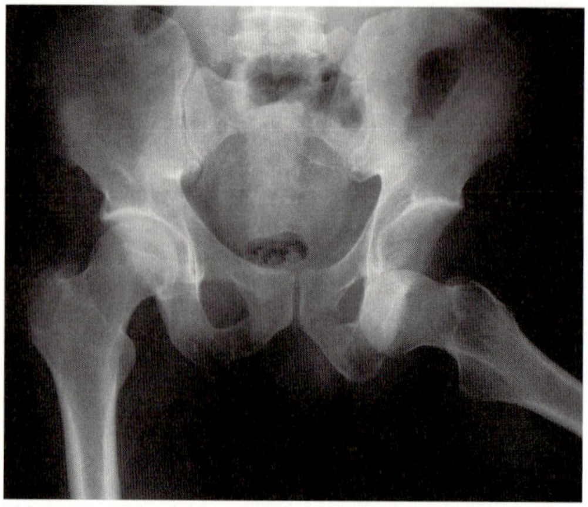

Abb. H.67 Hüftgelenksluxation. Isolierte Luxation des Hüftgelenks nach kaudal in der Röntgen-Becken-Übersichtsaufnahme.

Prognose

Außer Nervenschäden mit Sensibilitäts- und Lähmungserscheinungen sind bei Schäden an den versorgenden Gefäßen aseptische → Hüftkopfnekrosen und bei zusätzlichen Gelenkfrakturen Arthrosen des Gelenks relativ häufig. Außerdem bilden sich später in den Weichteilen um das Hüftgelenk herum teilweise Verkalkungen, die die Gelenkbeweglichkeit beeinträchtigen können.

Infobox

ICD-10: S73.0, Q65.2

Internetadresse: Leitlinien der AWMF (Hüftdysplasie): http://www.leitlinien.net

Literatur: Henne-Bruns, D. u.a. (Hrsg.): Duale Reihe Chirurgie, 2. Aufl. Thieme, Stuttgart 2003

Wülker, N.: Taschenlehrbuch Orthopädie und Unfallchirurgie. Thieme, Stuttgart 2005

Hüftkopfnekrose

► **Sieglinde K. (52) liebt es, im Winter mit der ganzen Familie zum Skilaufen nach Österreich zu fahren. Letztes Jahr wurde sie jedoch von einem Pistenrowdy umgefahren und zog sich dabei einen Schenkelhalsbruch zu. Der Hüftkopf wurde damals mit Schrauben wieder befestigt. Beschwerdefrei wurde sie aber nie, denn der Bruch wollte und wollte nicht verheilen. Eine Röntgenuntersuchung hat jetzt ergeben, dass der Hüftkopf, offenbar seit dem Unfall, nur noch schlecht mit Blut versorgt wird.**

Definition

Die Hüftkopfnekrose ist eine aseptische Knochennekrose am Femurkopf (Oberschenkelkopf). Im tragenden Bereich des Hüftkopfes, unterhalb des Knorpels, stirbt die Spongiosa (innere Knochenschicht) partiell ab. Später bricht die Gelenkfläche ein, wodurch der Knorpel und damit die Gelenkbeschaffenheit zerstört werden. Das führt zum weiteren Verschleiß des Hüftgelenks (→ Koxarthrose). Man unterscheidet:

- primäre (idiopathische) Hüftkopfnekrose,
- sekundäre (symptomatische) Hüftkopfnekrose.

Die aseptische Hüftkopfnekrose im Kindesalter wird als Morbus Perthes oder juvenile Hüftkopfnekrose bezeichnet.

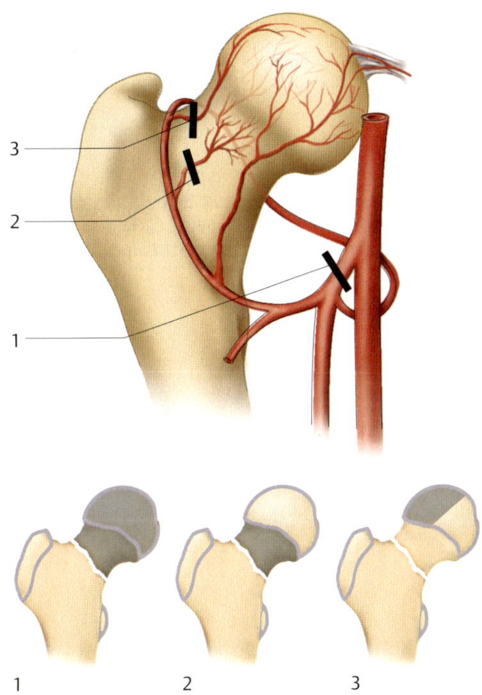

Abb. H.68 Durchblutung des kindlichen Hüftkopfes. Die Durchblutung ist wegen des intraartikulären Verlaufs der zuführenden Blutgefäße kritisch. Der Ort der Nekrose ist davon abhängig, wo die Blutzufuhr unterbrochen ist (1 – 3).

Ursachen

Aus verschiedenen Gründen ist die Durchblutung am Femurkopf (teilweise) gestört, etwa durch Unterbrechung des arteriellen Blutzuflusses oder durch Prozesse im Knochen selbst (**Abb. H.68**). Deshalb spricht man auch vom Knocheninfarkt des Hüftkopfes.

Die Ursachen der primären Hüftkopfnekrose sind nicht bekannt (idiopathisch = ohne erkennbare Ursache).

Die sekundäre Hüftkopfnekrose ist eine Folgeerscheinung, z. B. nach Unfällen und Verletzungen des Hüftgelenks, bei Sichelzellanämie oder nach langjähriger Kortisontherapie wegen anderer Erkrankungen. Wie es jedoch genau zur Nekrose am Hüftkopf kommt, ist auch bei sekundären Hüftkopfnekrosen unklar.

Als Risikofaktoren gelten Alkohol- und Nikotinabusus, Fettstoffwechselstörungen oder eine erhöhte Harnsäurekonzentration im Blut.

Auch die Ursachen der kindlichen Hüftkopfnekrose (Morbus Perthes) sind unbekannt.

Symptome

Von der primären Hüftkopfnekrose sind hauptsächlich Männer zwischen 35 und 45 Jahren betroffen. Wie bei der sekundären Hüftkopfnekrose klagen sie über ziehende Schmerzen in der Leiste, die auch ins Knie ausstrahlen oder dorthin projiziert werden können. Die Schmerzen werden im Verlauf der Erkrankung allmählich stärker. Die Belastbarkeit des Hüftgelenks nimmt ab. Der Patient beginnt zu hinken.

Von der kindlichen Hüftkopfnekrose sind Kinder zwischen 4 und 10 Jahren betroffen, v. a. Jungen. Sie klagen über Schmerzen im Bein, Knie- oder Hüftgelenk. Die körperliche Aktivität nimmt ab.

Diagnose

Das Röntgenbild zeigt im Frühstadium keine typischen Knochenveränderungen (**Abb. H.69**). Das Magnetresonanztomogramm (MRT) ermöglicht dagegen von Anfang an die Beurteilung der Nekrose. Weitere Methoden der bildgebenden Diagnostik sind die Computertomografie und die Szintigrafie. Da die Erkrankung oft beidseits vorkommt, muss stets auch das andere Hüftgelenk mit beurteilt werden.

Differenzialdiagnose

Ähnliche Beschwerden können auch bei → Koxarthrose, → chronischer Polyarthritis, bakteriellen Entzündungen, → Leistenhernien, → Bursitis u. a. auftreten. Wichtige Dif-

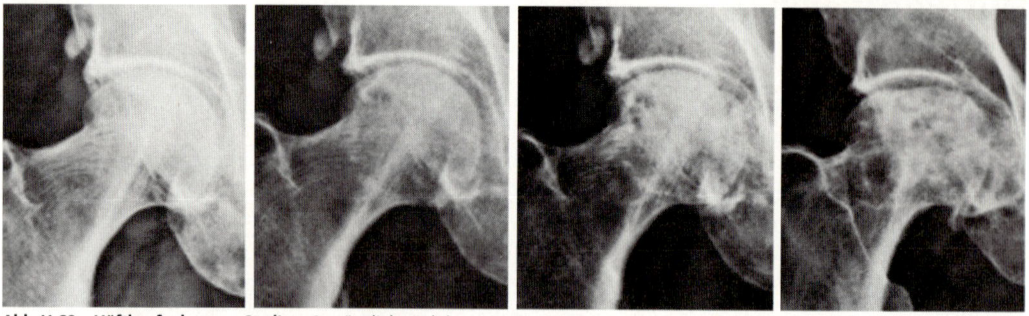

Abb. H.69 Hüftkopfnekrose. a Stadium 1: präradiologisch (nur im MRT, CT oder Szintigramm erkennbar), **b Stadium 2:** Sklerosierungzonen als Zeichen verstärkten Knochenumbaus, **c Stadium 3:** Einbruch der Gelenkfläche, **d Stadium 4:** Deformierung mit Sekundärarthrose.

ferenzialdiagnose bei Kindern ist v. a. die Coxitis fugax (abakterielle Hüftgelenksentzündung).

Therapie

Ziel der Behandlung bei der Hüftkopfnekrose des Erwachsenen ist v. a. die Linderung der Beschwerden und, wenn möglich, die Erhaltung des Hüftkopfes.

Konservative Therapie

Es werden schmerzlindernde Medikamente verabreicht, z. B. nichtsteroidale Antirheumatika (NSAR) sowie physiotherapeutische Anwendungen verordnet. Diese tragen dazu bei, die Gelenk- und Muskelfunktionen zu erhalten. Die Hüfte kann mit Gehstützen, Pufferabsätzen oder Schienen (Orthesen) entlastet werden.

Chirurgische Therapie

Solange im Frühstadium die Gelenkfläche noch nicht eingebrochen ist, kann man mit mehreren Anbohrungen des Hüftkopfes (wenige Millimeter Durchmesser) die Durchblutung des Knochensegmentes verbessern.

Ansonsten wird zunächst versucht, mit Umstellungsosteotomien das nekrotische Segment aus dem Hauptbelastungsbereich herauszunehmen. Dazu wird der Knochen mit Meißel und Säge durchtrennt und die Fragmente werden in verbesserter Position zueinander mit Metallimplantaten refixiert. Bei schweren Gelenkschäden muss eine Hüfttotalendoprothese implantiert werden.

Therapie bei Morbus Perthes

Ziel der Therapie ist es, den Femurkopf komplett zu erhalten bzw. bereits bestehende Deformitäten zu korrigieren. Die Art der Behandlung ist abhängig vom Alter des Kindes. Bei Vorschulkindern kann zunächst der Spontanverlauf abgewartet werden. Inwieweit bei Kindern über 6 Jahren entlastende Orthesen hilfreich sind, wird unterschiedlich beurteilt. Bei Deformierungen sind chirurgische Korrekturen am Femur und/oder am Pfannendach erforderlich.

Prognose

Bei Kindern mit Morbus Perthes im Vorschulalter ist die Heilungstendenz günstig. Die Therapie kann sich aber über Jahre hinziehen. Bleibende Deformierungen bedingen einen vorzeitigen Hüftgelenksverschleiß im Erwachsenenalter.

Sowohl bei älteren Kindern als auch bei Erwachsenen ist die Prognose im Einzelfall schwer vorherzusagen.

Infobox

ICD-10:
M87.8; M91.1

Internetadressen:
http://www.leitlinien.net (Stichworte: Hüftkopfnekrose, Morbus Perthes)
http://www.uni-essen.de/orthopaedie/orthopaedie/ihueftkopfnekrose.pdf
http://www.dr-gumpert.de
http://www.orthinform.de
http://www.orthopaedie-aachen.de/klinikum/de/html/morbus_perthes.html

Literatur:
Niethard, F.U., Pfeil, J.: Orthopädie, 5. Aufl. Duale Reihe, Thieme, Stuttgart 2005

Humerusfraktur

► Waltraud M. (82) ist verwitwet und lebt allein. An einem frostigen Donnerstag im Februar muss sie im Supermarkt ein paar Lebensmittel einkaufen. Sie ist schon lange nicht mehr gut zu Fuß und die Sehkraft ist wegen ihrer Zuckerkrankheit stark beeinträchtigt. So sieht sie nicht, dass der Fußweg eisglatt ist, rutscht aus und fällt auf die linke Schulter. Der ganze Arm tut danach heftig weh und sie kann ihn kaum noch bewegen vor Schmerzen. Passanten rufen einen Krankenwagen. Die Röntgenaufnahme in der Klinikambulanz bestätigt: es ist eine Oberarmkopffraktur.

Definition

Eine Humerusfraktur ist ein Bruch des Oberarmknochens. Zu unterscheiden sind:

- **proximale Humerusfraktur** (Oberarmkopffraktur), von der besonders ältere Menschen mit Osteoporose betroffen sind,
- **Humerusschaftfraktur**,
- **distale Humerusfraktur** (Ellenbogenfraktur oder Fraktur oberhalb des Ellenbogens), die v. a. bei Kindern auftritt.

Ursachen

Der Sturz auf den ausgestreckten Arm oder direkt auf die Schulter führt oft zu einer proximalen Humerusfraktur. Eine distale Humusfraktur tritt häufig nach einem Sturz auf den Ellenbogen auf oder bei axialer Stauchung des Ellenbogengelenks. Die seltenen Humerusschaftfrakturen entstehen durch direkte Gewalteinwirkung.

Symptome

Je nachdem, an welcher Körperstelle die Fraktur auftritt, ist die Beweglichkeit der Schulter, des Oberarms und/oder des Ellenbogengelenks schmerzbedingt stark eingeschränkt. Im Vergleich zum gesunden Arm sind eine Schwellung und eine Fehlstellung sichtbar. Sind Nerven mit verletzt (N. axillaris, Plexus brachialis, N. radialis, N. medianus), treten sensible und/oder motorische Ausfälle auf.

Diagnose

Der Bluterguss hat oft schon die Haut im Frakturbereich verfärbt. Bei der Untersuchung besteht ein Druckschmerz, manchmal lassen sich die aneinander reibenden Frakturanteile tasten (Krepitation). Die motorischen Funktionen des Unterarms, der Hand und der Finger werden überprüft sowie Sensibilitätstests durchgeführt, um Hinweise auf Nervenschäden zu erhalten. Mit Röntgenbildern wird die Fraktur genau klassifiziert, um die adäquate Behandlungsmethode auswählen zu können. Zur Operationsplanung ist manchmal eine Computertomografie (CT) erforderlich.

Differenzialdiagnose

Bei proximalen sowie bei distalen Beschwerden am Oberarm können auch Gelenkluxationen vorliegen.

Therapie

Die Therapie richtet sich nach der Lokalisation der Fraktur.
Proximale Humerusfraktur. Diese wird meist konservativ behandelt, indem für mehrere Wochen eine Armschlinge (Gilchrist-Verband, Desault-Verband, **Abb. H.70**) angelegt wird. Sind die Frakturenden verschoben oder instabil, erfolgt die chirurgische Stabilisierung mit Metallimplantaten (Drähte, Schrauben, Platten). Bei komplizierten Brüchen mit vielen Fragmenten wird eine Schulter-Endoprothese implantiert.

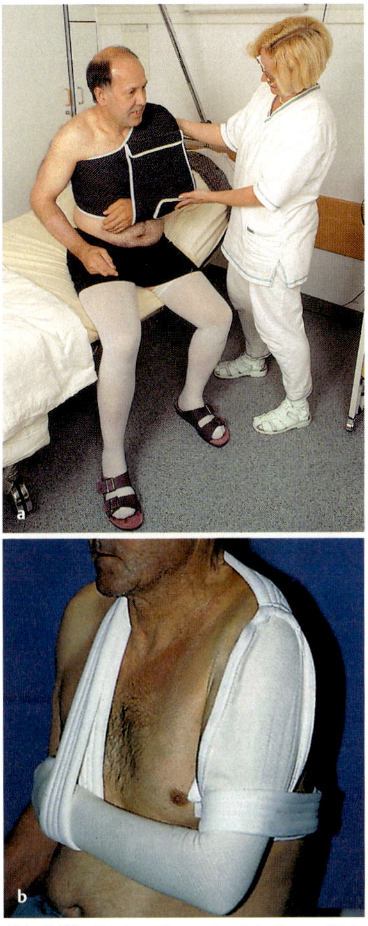

Abb. H.70 Ruhigstellung der Schulter. a Gilchrist-Verband **b** Desault-Verband.

Humerusschaftfraktur. Hier ist eine Ruhigstellung (z. B. Oberarmgips mit Schulterkappe) für mehrere Wochen erforderlich. In schwierigen Fällen kann auch eine Stabilisierung der Fraktur mit einem Metallnagel im Inneren des Knochens (intramedullärer Markraumnagel) oder mit Metallplatten von außen nötig sein.

Distale Humerusfraktur. Bei Kindern behandelt man in erster Linie konservativ durch Ruhigstellung in einer Armschlinge. Verschobene Brüche werden in Narkose gerichtet und mit Drähten oder Schrauben fixiert. Bei Erwachsenen wird eher operiert, da die lange Ruhigstellung des Ellenbogengelenks später irreversible Bewegungseinschränkungen zur Folge haben kann.

Prognose

Bei Kindern ist die Prognose meist gut. Eine Komplikation ist das vorzeitige Verknöchern von Wachstumsfugen, was zum Fehlwachstum der Knochen führt.

Bei Erwachsenen gilt es, die Bewegungseinschränkungen in den Gelenken weitgehend zu verhindern. Dazu sind krankengymnastische Übungen sinnvoll.

Bei älteren Patienten verheilen Humeruskopffrakturen z. T. schlecht und es bilden sich Scheingelenke (Pseudoarthrosen) zwischen den Frakturanteilen. Bei Verletzung der Arterien, die den Humeruskopf versorgen, kann es zur Nekrose des Humeruskopfes kommen.

Infobox

ICD-10:
S42.2, S42.3, S42.4

Internetadressen:
http://www.leitlinien.net
(suprakondyläre Humerusfraktur beim Kind, Ellenbogenfraktur)
http://www.gvle.de/kompendium/

Literatur:
Lill, H.: Die proximale Humerusfraktur, Thieme, Stuttgart 2006
Paetz, B., Benzinger-König, B.: Chirurgie für Pflegeberufe, 20. Aufl. Thieme, Stuttgart 2004

Hydrozephalus

► **Lena wurde durch einen Kaiserschnitt auf die Welt geholt. Bereits in der Schwangerschaft hatte der Gynäkologe einen recht großen Schädel festgestellt, der eine normale Geburt unmöglich machte. Lena ist ein sehr unruhiges Kind. Ihre Mutter berichtet: „Ich kann sie kaum beruhigen. Im Gegenteil, wenn ich sie hochnehme und herumtrage, schreit sie nur noch schriller." Lenas Kopf wächst im Verhältnis zum Körper viel schneller und ihre Stirn wölbt sich vor.**

Definition

Der Hydrozephalus (Wasserkopf) ist eine Erkrankung des Gehirns mit einer Erweiterung der Liquorräume. Er betrifft bis zu vier von 1.000 Neugeborenen.

Ursachen

Im Gehirn befinden sich vier Hohlräume, die sog. Ventrikel. Sie sind miteinander verbunden. In diesem Ventrikelsystem wird Gehirnwasser (Liquor cerebrospinalis) produziert. Der Liquor läuft ab und umfließt Gehirn und Rückenmark. So schützt er das empfindliche Gewebe vor Erschütterung und polstert es vor dem harten Schädelknochen ab. Liquor wird kontinuierlich produziert und wieder resorbiert.

Kann der Liquor nicht ausreichend abfließen oder resorbiert werden, oder wird zu viel produziert, staut er sich an, treibt die Wände der Ventrikel auseinander und drückt so auf das umgebende Gehirngewebe. Ursachen sind Entzündungen, Blutungen, Verklebungen, seltener angeborene Verlegungen der Abflusswege.

Symptome

Der Kopfumfang beim Säugling vergrößert sich durch den wachsenden Druck von innen. Dies ist möglich durch die Fontanellen (Knochenlücken) des kindlichen Schädels. Die große Fontanelle wölbt sich vor, die Schädelvenen sind gestaut. Das sog. „Sonnenuntergangsphänomen" (Kind kann die Augen nicht mehr nach oben heben) ist zu beobachten (**Abb. H.71**). Das Kind ist unruhig und schreit viel, es lehnt beruhigendes Umhertragen ab. Die motorische und geistige Entwicklung können verzögert sein.

Wenn die Schädelnähte bereits geschlossen sind, macht sich die Hirndrucksteigerung durch Kopfschmerzen, Erbrechen, Stauungspapille und Verhaltensänderungen bemerkbar.

Diagnose

Der rasch zunehmende Kopfumfang bei Säuglingen und Kleinkindern gibt erste Hinweise. Durch Sonografie bei noch offener Fontanelle, Computertomografie (CT) oder Kernspintomografie (MRT) erhärtet sich der Verdacht. Die deutlich erweiterten Ventrikel sind zu erkennen.

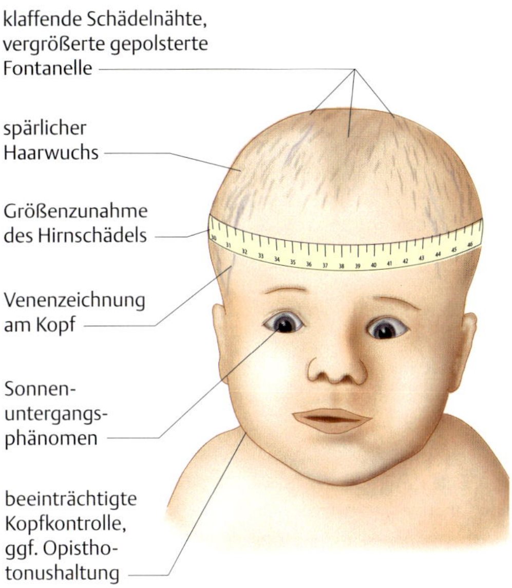

Abb. H.71 Hydrozephalus. Symptome beim Säugling.

Therapie

Der Druck auf das Gehirngewebe muss reduziert werden. Dazu wird eine Verbindung (Shunt) zwischen den Ventrikeln und der Bauchhöhle geschaffen (ventrikuloperitonealer Shunt). Der Liquor wird abgeleitet und vom Peritoneum (Bauchfell) absorbiert. Häufige Komplikationen des Shunts sind Obstruktion des zentralen oder peripheren Katheterendes, Diskonnektion, Abstoßung und Infektion des Systems. Da die Kinder wachsen, muss auch das Shuntsystem immer wieder verlängert werden.

Prognose

Bei rechtzeitiger Behandlung kann die Entwicklung des Kindes völlig normal verlaufen, auch wenn mehrere Revisionen des Shuntsystems erforderlich sind.

Infobox

ICD-10: G91

Internetadresse:

Arbeitsgemeinschaft Spina bifida und Hydrozephalus: http://www.asbh.de

Literatur:

Sitzmann, F.C.: Duale Reihe Pädiatrie. 2. Aufl. Georg Thieme Verlag, Stuttgart 2002

Hoehl, M., Kullick, P.: Kinderkrankenpflege und Gesundheitsförderung, 2. Aufl. Thieme, Stuttgart 2002

Hyperaldosteronismus

► **Hanno Schneider stellt sich bei seiner Hausärztin vor. „Ich habe in den letzten Wochen immer wieder Kopfschmerzen", erzählt der 37-Jährige. „Ich bin nicht so fit wie sonst: Beim Handballtraining habe ich das Gefühl, dass meine Muskeln ganz schlapp sind. Außerdem leide ich in der letzten Zeit unter unangenehmer Verstopfung."**

Definition

Ein Hyperaldosteronismus bezeichnet eine Erhöhung der Aldosteronwerte im Blut.

Synonym: Conn-Syndrom.

Ursachen

Aldosteron gehört zu den Mineralkortikoiden. Das Hormon wird in der Nebennierenrinde (NNR) gebildet. Es erhöht den Blutdruck über eine vermehrte Rückresorption von Natrium in der Niere. Gleichzeitig werden mehr Kaliumionen ausgeschieden.

Ein geringes Blutvolumen oder ein Abfall des Blutdrucks führt zu einer vermehrten Ausschüttung von Aldosteron. Dieser Mechanismus wird durch das Renin-Angiotensin-Aldosteron-System (RAAS) geregelt. Sinkt der Blutdruck oder nimmt das Blutvolumen ab, wird das Hormon Renin freigesetzt. Renin fördert die Bildung von Angiotensin II, welches die Ausschüttung von Aldosteron bewirkt (**Abb. H.72**).

Man unterscheidet zwei Formen des Hyperaldosteronismus (**Tab. H.11**):

- primärer Hyperaldosteronismus,
- sekundärer Hyperaldosteronismus.

Primärer Hyperaldosteronismus

Der primäre Hyperaldosteronismus (Conn-Syndrom) entsteht durch eine Überproduktion von Aldosteron in der NNR. Die häufigste Ursache hierfür ist ein Adenom (60–80% der Fälle). Seltener (20–40%) wird das Conn-Syndrom durch eine ein- oder beidseitige Vergrößerung der NNR (Hyperplasie) oder durch ein Karzinom der NNR verursacht.

Sekundärer Hyperaldosteronismus

Beim sekundären Hyperaldosteronismus kommt es über das RAAS zu einer erhöhten Aldosteronproduktion. Die Ursachen hierfür sind nicht durch die Nebennierenrinde bedingt. Ursachen sind z. B. → Nierenarterienstenose, → Herzinsuffizienz oder → Leberzirrhose. Medikamente mit aldosteronähnlicher Wirkung, z. B. Diuretika oder Kontrazeptiva, können ebenfalls einen sekundären Hyperaldosteronismus verursachen. Bei einer Leberzirrhose ist die Leber darüber hinaus nicht mehr in der Lage, Aldosteron adäquat abzubauen. Dies erhöht zusätzlich den Aldosteronspiegel im Serum.

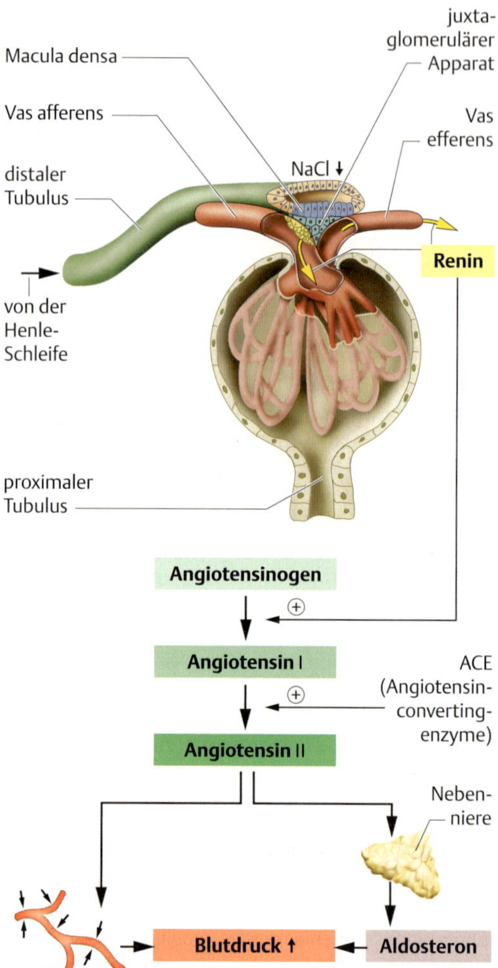

Abb. H.72 Renin-Angiotensin-Aldosteron-System. Renin entsteht im Vas afferens (zuführendes Blutgefäß), wenn die Salzkonzentration im distalen Tubulus sinkt. Es aktiviert Angiotensin, das die Blutgefäße eng stellt, und Aldosteron, das die Resorption von Salz im Sammelrohr fördert. Beide Hormone können so den Blutdruck erhöhen.

Symptome

Ein primärer Hyperaldosteronismus äußert sich durch Bluthochdruck, der mit Kopfschmerzen einhergehen kann. Die niedrigen Kaliumwerte (Hypokaliämie) können Muskelschwäche oder Verstopfung verursachen. Manche Patienten müssen wegen Nierenschäden durch die Hypokaliämie häufiger Wasser lassen (Polyurie) und haben mehr Durst als gewöhnlich (Polydipsie).

Tab. H.11 Ursachen eines Hyperaldosteronismus

Form des Hyperaldosteronismus	Ursachen
Primärer Hyperaldosteronismus (Conn-Syndrom)	▪ Adenom der NNR, 75% der Fälle ▪ Hyperplasie der NNR (ein- oder beidseitig) ▪ Karzinom der NNR, selten ▪ familiärer Hyperaldosteronismus (= GSH, Glukokortikoid-supprimierbarer Hyperaldosteronismus), selten
Sekundärer Hyperaldosteronismus	▪ Nierenarterienstenose ▪ chronische Nierenerkrankung ▪ maligne Hypertonie ▪ Renin produzierender Tumor ▪ Leberzirrhose ▪ Herzinsuffizienz ▪ nephrotisches Syndrom ▪ Bartter-Syndrom

Diagnose

Ein Verdacht auf einen primären Hyperaldosteronismus besteht bei Patienten mit schwer einstellbarer → Hypertonie und niedrigen Kaliumwerten im Serum.

Zur Unterscheidung zwischen primärem und sekundärem Hyperaldosteronismus werden die Konzentration von Aldosteron und die Aktivität von Renin im Blut bestimmt. Ist der Quotient aus Aldosteron und Renin größer als 20, weist dies auf einen primären Hyperaldosteronismus hin. Dann wird getestet, ob sich die Ausschüttung von Aldosteron durch Kochsalz, Fludrocortison oder Captopril unterdrücken lässt: Beim Conn-Syndrom lässt sich Aldosteron nicht durch die Testsubstanzen supprimieren. Im Orthostasetest steigen die Aldosteronwerte bei einer Hyperplasie auf über 30% nach zweistündigem Stehen an, bei einem Adenom nicht. Mit einer Computertomografie (CT) und/oder einer Magnetresonanztomografie (MRT) werden ein Adenom oder ein Karzinom lokalisiert.

Bei einem sekundären Hyperaldosteronismus sind Aldosteron und Renin im Blut erhöht.

Differenzialdiagnose

In der Differenzialdiagnose muss zwischen primärem und sekundärem Hyperaldosteronismus unterschieden werden. Des Weiteren kommen als Differenzialdiagnose folgende Erkrankungen infrage:

- essenzielle Hypertonie mit niedrigen Renin-Werten: Aldosteron normal, Renin erniedrigt,
- Hypertonie mit niedrigen Kaliumwerten (z. B. essenzielle Hypertonie mit Einnahme von Diuretika).

Therapie

Ein Adenom der Nebennierenrinde wird operativ entfernt. Die Patienten erhalten vier Wochen lang vor der Operation den Aldosteronantagonisten Spironolacton, um Blutdruck und Kaliumwerte zu normalisieren.

Einige Patienten mit einer bilateralen (beidseitigen) Nebennierenrindenhyperplasie können durch eine subtotale Adrenalektomie (fast komplette Entfernung der Nebennieren) geheilt werden. Meist werden die Patienten mit Spironolacton und bei Bedarf zusätzlich mit kaliumsparenden Diuretika oder Antihypertonika behandelt. Als Alternative zu Spironolacton gibt es seit kurzem den Aldosteron-Rezeptor-Blocker Eplerone.

Ein Karzinom der NNR wird operativ entfernt und mit Chemotherapie nachbehandelt.

Prognose

Die Prognose der Erkrankung hängt ab von der Grundkrankheit. Nach der Operation eines Adenoms normalisieren sich die Kaliumwerte schlagartig, während der Blutdruck noch einige Wochen bis Monate erhöht sein kann. Bei etwa 70–80% der Patienten normalisieren sich Blutdruck und Aldosteronwerte nach der Operation. Das NNR-Karzinom hat eine schlechte Prognose.

Infobox

ICD-10:

E26.9 – Hyperaldosteronismus

E26.0 – Primärer Hyperaldosteronismus, Conn-Syndrom

E26.1 – Sekundärer Hyperaldosteronismus

Internetadressen:

Dt. Gesellschaft für Endokrinologie: http://www.endokrinologie.net

http://www.nebenniere.de/infoarzt-conn.htm

Literatur:

Greten, H. (Hrsg.): Innere Medizin. Thieme, Stuttgart 2005

Baenkler, H.-W. u. a.: Duale Reihe Innere Medizin. Thieme, Stuttgart 2001

Siegenthaler, W. (Hrsg.): Differenzialdiagnose, 19. Aufl. Thieme, Stuttgart 2005

Hyperemesis gravidarum

► **Die 18-jährige Jessica Lange ist ungewollt in der zehnten Woche schwanger. Sie wohnt noch bei ihren Eltern, die sich mit der Situation überhaupt nicht abfinden können. Sie sehen auch die Ausbildung ihrer Tochter in Gefahr. Jessica Lange berichtet ihrer Gynäkologin: „Seit zwei Tagen wird das morgendliche Erbrechen immer schlimmer. Außerdem habe ich Fieber bekommen."**

Definition

Eine Hyperemesis gravidarum besteht, wenn es durch übermäßiges Erbrechen während der Schwangerschaft zu einer Beeinträchtigung der Schwangeren mit Gewichtsverlust und Austrocknungserscheinungen kommt. Sie tritt meist im ersten Trimenon (Schwangerschaftsdrittel) auf.

Nausea (Übelkeit) und Emesis (morgendliches Erbrechen) sind in der Frühschwangerschaft als normal anzusehen und gelten als unsichere Schwangerschaftszeichen.

Ursachen

Als Ursache wird das Schwangerschaftshormon β-hCG diskutiert, da das Erbrechen mit dem Blutspiegel dieses Hormons in einem Zusammenhang steht. Ein sicherer Beweis steht jedoch noch aus. Auffallend ist allerdings, dass Schwangere mit Zwillingen stärker betroffen sind. Auch andere Zustände, die mit sehr hohen β-hCG-Werten einhergehen, führen häufiger zu einer Hyperemesis, z. B. eine → Blasenmole oder das → Chorionkarzinom.

Die Hyperemesis gravidarum ist wohl das bekannteste psychosomatisch erklärbare Symptom der Schwangerschaft. Psychische Faktoren, wie die familiäre Situation oder die Einstellung zur Schwangerschaft, haben in der Entstehung des Schwangerschaftserbrechens eine wesentliche Bedeutung. Dies erklärt auch, dass gut 90 % der Patientinnen, die aufgrund einer Hyperemesis stationär aufgenommen werden, bereits am Tag ihrer Aufnahme nicht mehr erbrechen müssen.

Symptome

Die Patientinnen leiden unter Übelkeit und sie erbrechen mehr als zehnmal täglich (typischerweise morgens). Bei der Hyperemesis gravidarum steigert sich das Erbrechen so weit, dass die Patientin ausgeprägte Wasser- und Salzverluste aufweist (**Abb. H.73**). Es kommt zur Exsikkose mit welker Haut und trockener Zunge, abgehobene Hautfalten bleiben lange stehen.

Fieber und brennender Durst kommen als Auswirkungen des Wasserverlustes hinzu. Benommenheit bis hin zur Eintrübung sind Zeichen der zerebralen Folgen der Stoffwechselsituation. Die Leber kann geschädigt werden, sodass es zu einem Ikterus kommt.

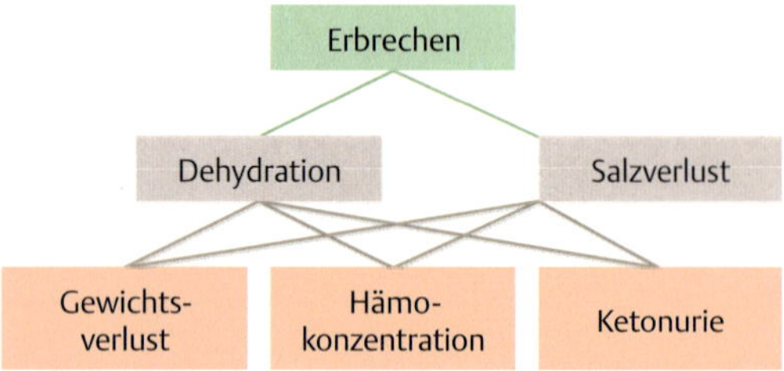

Abb. H.73 Symptome. Bei der Hyperemesis gravidarum steigert sich das Erbrechen so weit, dass die Patientin ausgeprägte Wasser- und Salzverluste aufweist.

Diagnose

Neben der Anamnese beweist die Stoffwechseldiagnostik die Schwere des Krankheitsbildes. Es kommt zur Störung des Elektrolythaushaltes im Sinne einer metabolischen Alkalose. Diese geht mit einem Mangel an Natrium und Chlorid einher, da aus dem ständigen Erbrechen ein Verlust von Salzsäure aus dem Magen resultiert.

In schweren Fällen kann es zu einer Erhöhung des Serum-Bilirubins kommen. Ggf. sind Ketonkörper in Blut und Urin nachweisbar. Sie dienen auch als Verlaufskontrolle des Zustandes.

Differenzialdiagnose

Viele Erkrankungen gehen mit Übelkeit und Erbrechen einher, z. B.:

- **Magen-Darm-Trakt:** Gastroenteritis, Ulkuskrankheit, akute → Gastritis, → Magenkarzinom, → Ileus, → Appendizitis,
- **Endokrines System:** Hyperthyreose,
- **ZNS:** hirnorganische Erkrankungen, erhöhter Hirndruck, → Migräne,
- **Nieren:** → Pyelonephritis.

Therapie

Zunächst steht die Aufklärung über die Harmlosigkeit des normalen Erbrechens im Vordergrund. Es sollten mehrere kleine Mahlzeiten am Tag eingenommen werden. Bewährt hat sich ebenfalls, bereits vor dem Aufstehen eine Kleinigkeit zu essen und zu trinken.

Liegt ein übermäßiges Erbrechen oder eine schwere Störung vor, muss der Arzt die Frau behandeln. Häufig erfolgt dann eine stationäre Therapie mit Nahrungskarenz und der Infusion von Flüssigkeit, Kalorien und Elektrolyten bis zur Normalisierung des Stoffwechsels. Multivitaminpräparate, v. a. Vitamin B_6, helfen einerseits den Vitaminverlust auszugleichen, andererseits sollen sie aber auch lindernd bei der Übelkeit wirken. Als Antiemetikum werden zusätzlich Antihistaminpräparate wie Vomex A oder Bonamine eingesetzt. Wenn sich die Stoffwechselparameter normalisiert haben, wird mit dem langsamen Kostaufbau begonnen.

Die stationäre Einweisung verfolgt auch das Ziel, die Patientinnen aus ihrem vielleicht belasteten Umfeld heraus zu lösen. Oft genügt schon der Milieuwechsel, um eine Besserung zu bewirken.

Prognose

Die Prognose ist allgemein gut. Das Schwangerschaftserbrechen endet normalerweise mit der 12. Schwangerschaftswoche spontan. Wird die Hyperemesis frühzeitig und effektiv behandelt, stellt sie i.d.R. kein größeres Problem dar. Wenn sie nicht oder nicht ausreichend therapiert wird, kann es jedoch zu Störungen der Schwangerschaft kommen.

Infobox

ICD-10:
O21.0

Internetadressen:
http://www.eltern.de
Medizinische Universität Wien:
http://www.akh-consilium.at/daten/hyperemesis.htm

Literatur:

Stauber, M. u. a.: Psychosomatische Geburtshilfe und Gynäkologie. Springer, Berlin 2006

Schilcher, H., Kammerer, S.: Leitfaden Phytotherapie, 2. Aufl. Elsevier, München 2003

Helfferich, M., Hohenester, W.: Ganzheitlich heilen durch Homoöpathie. Random House, München 2003

Hypermobilitäts-Syndrom

► **Die 10-jährige Aline nimmt seit drei Jahren Ballettunterricht. Alle Mädchen beneiden sie. Von Anfang an konnte sie einen Spagat, und sie kann ihr Bein im 180°-Winkel seitlich aus der Hüfte neben ihre Schulter legen. „Ich bin einfach überbeweglich. Andere trainieren und dehnen wie verrückt und kommen nicht weiter. Mein Traum ist es, im Zirkus als Schlangenmensch zu arbeiten. Aber manchmal tun mir die Gelenke schon weh."**

Definition

Beim Hypermobilitäts-Syndrom sind alle Gelenke überbeweglich. Dadurch werden die Gelenke stärker als normal belastet und fangen an zu schmerzen. Es liegt keine angeborene Erkrankung vor. Von diesem Syndrom sind 15% aller Schulkinder betroffen.

Davon abzugrenzen ist die Überbeweglichkeit in einzelnen Gelenken, wie sie bei bestimmten Sportarten gefördert wird, z. B. beim Kunstturnen, Hürdenlauf oder Speerwerfen.

Symptome

Die Gelenke sind überbeweglich und verursachen vor allem beim Sport Schmerzen. Die Schmerzen treten vermehrt zum Ende des Tages oder nachts auf. Folgende Bewegungsausmaße können beobachtet werden (vgl. Funktionstest des Bewegungsapparates, S. 1130):

- der Daumen kann bis zum Unterarm überstreckt werden (**Abb. H.74**),
- die Fingergrundgelenke bis 80–90°,
- Ellenbogen- bzw. Kniegelenke über 10°.

Häufig ist die Überstreckung in den Sprunggelenken mit Außendrehung der Ferse und Neigung zu Knicksenkfüßen zu beobachten. Es kommt häufiger zu Überlastungsverletzungen, wie z. B. Sehnenscheidenentzündungen.

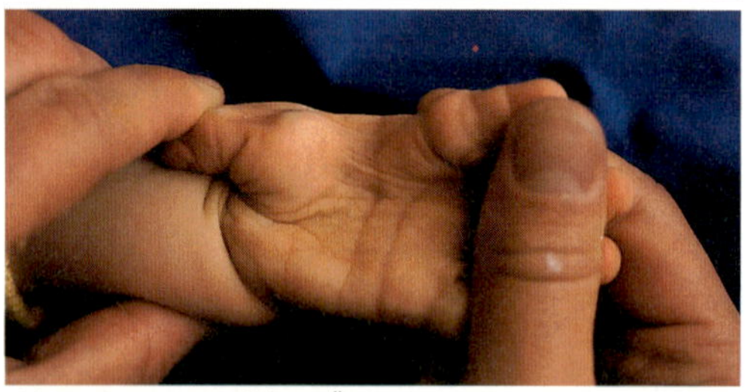

Abb. H.74 Hypermobilität. Überstreckbarkeit des Daumengrundgelenkes bis zum Unterarm.

Diagnose

Die Diagnose ergibt sich aus den Beschwerden und dem Bewegungsausmaß, das beim Funktionstest gemessen wird.

Differenzialdiagnose

Mögliche Differenzialdiagnosen sind das → Marfan- und Ehlers-Danlos-Syndrom, das juvenile Fibromyalgie-Syndrom (rheumatische Erkrankung) sowie Überlastungs-Syndrome.

Therapie

Die Ursache dieses Syndroms liegt in der vermehrten Belastung durch die Überbeweglichkeit. Daher sollte sie reduziert werden. Das geschieht mittels Ledermanschetten. Sie schränken das Bewegungsausmaß ein und vermindern dadurch, z. B. beim Schreiben, Schmerzen im Handgelenk.

Gelenke, die beim Sport stark belastet werden, z. B. Sprunggelenke, Knie, Ellenbogen oder Handgelenke, können auch mit elastischen Binden gewickelt werden und so das Gelenk schützen. Die Muskulatur sollte gut aufgebaut werden, um die Gelenke stabilisieren zu können.

Prognose

Mit zunehmendem Alter nimmt die Hypermobilität von alleine wieder ab. Bei Überbelastung, z. B. bei intensivem Sport, steigen das Verletzungsrisiko und die Gefahr einer Früharthrose.

Infobox

ICD-10:
M35.7

Internetadressen:
http://www.medical-tribune.ch/deutsch/kolloquien/kollo_rheuma_2002/mobilitaet.php

Literatur:

Sitzmann, F.C.: Duale Reihe Pädiatrie. 2. Aufl. Thieme, Stuttgart 2002
Niethard, F.U.: Kinderorthopädie. Thieme, Stuttgart 1997

Hyperparathyreoidismus

► Eva Lindner wird von ihrem Mann in die chirurgische Notaufnahme gebracht. „Sie ist gestolpert und hingefallen", berichtet Herr Lindner. „Ich habe solche Schmerzen im Oberschenkel", klagt die 63-Jährige. Sie berichtet weiter, dass sie in der letzten Zeit häufig müde sei und ihre Muskeln sich ganz schlapp anfühlten.

Definition

Hyperparathyreoidismus (HPT) bezeichnet eine vermehrte Produktion von Parathormon (PTH), auch Parathyrin genannt.

Ursachen

PTH wird in den Nebenschilddrüsen (Epithelkörperchen, Glandulae parathyreoideae) gebildet (**Abb. H.75**).

Bei niedrigen Kalziumwerten (Hypokalzämie) wird mehr, bei erhöhten Kalziumkonzentrationen (Hyperkalzämie) weniger PTH ausgeschüttet. PTH fördert die Kalziumresorption im Darm und in der Niere, mobilisiert Kalzium aus den Knochen und erhöht so den Kalziumspiegel im Blut (**Abb. H.76**).

Zunächst wird der Knochenneubau gefördert, später kommt es zu einem Abbau des Knochengewebes. In der Niere führt PTH zu einer verminderten Kalzium- und einer erhöhten Phosphatausscheidung. Hyperkalzämie kann zu

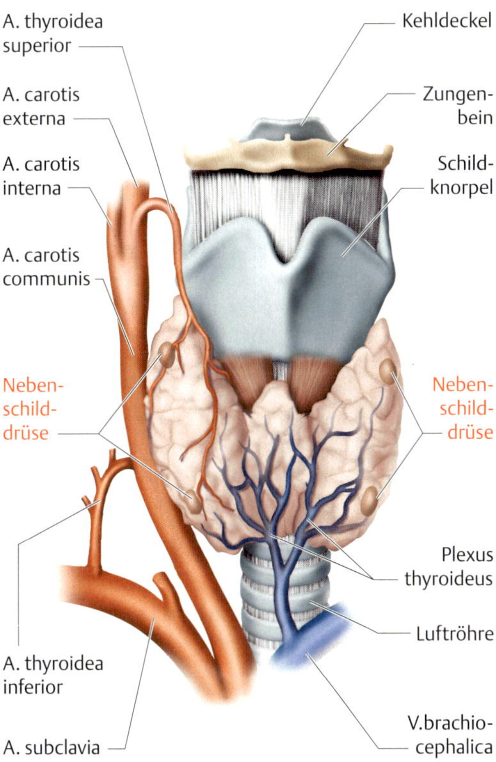

Abb. H.75 Anatomie. Die vier Nebenschilddrüsen liegen als linsengroße Knötchen der Rückfläche der Schilddrüse auf.

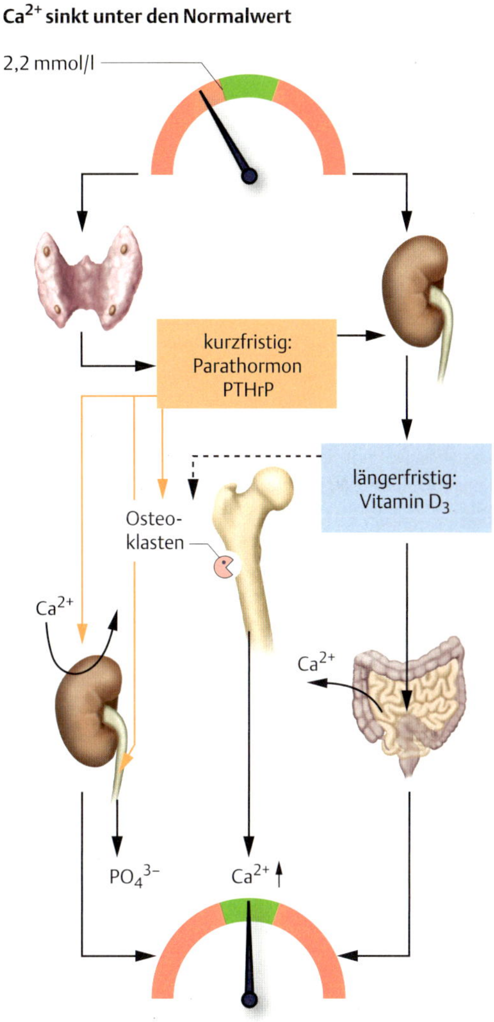

Abb. H.76 Physiologie. Bei absinkendem Kalziumspiegel wird vermehrt PTH ausgeschüttet. Dieses bewirkt unter Einbeziehung der Niere (Kalziumreabsorption, Phosphatexkretion), des Knochens (Kalziummobilisation) und des Darmes (erhöhte Kalziumresorption) eine Normalisierung der Kalziumkonzentration im Serum.

Nierensteinbildung und Kalkablagerungen in der Niere (Nephrokalzinose) führen.

Man unterscheidet drei Formen des HPT:

- **primärer HPT (pHPT):** die Epithelkörperchen bilden zu viel PTH bei initial normalen Kalziumkonzentrationen,
- **sekundärer HPT (sHPT):** entsteht als Reaktion auf niedrige Kalziumspiegel (Hypokalzämie),
- **tertiärer HPT (tHPT):** irreversibler Folgezustand des sekundären HPT (auch wenn Kalziumwerte angestiegen sind, normalisieren sich PTH-Werte nicht).

Primärer Hyperparathyreoidismus

Der pHPT ist nach → Diabetes mellitus und Stoffwechselstörungen der Schilddrüse die dritthäufigste Hormonerkrankung. In ca. 80% der Fälle wird der pHPT durch einen gutartigen → Tumor (Adenom) der Nebenschilddrüsen ausgelöst. Seltenere Ursachen sind eine Zunahme des Drüsengewebes (Hyperplasie) oder ein Karzinom.

Sekundärer Hyperparathyreoidismus

Ein sHPT entsteht durch eine chronische Stimulation der Nebenschilddrüsen infolge einer anhaltenden Hypokalzämie. Diese kann durch Krankheiten der Niere (renale Form) oder des Darmes (intestinale Form) bedingt sein.

Renale Form. Sie ist die häufigste Form mit Hypokalzämie bei eingeschränkter Nierenfunktion (Niereninsuffizienz). Hierbei scheidet die Niere zu wenig Phosphat aus. Dies bewirkt einen Abfall der Kalziumkonzentration. Zusätzlich ist die Niere nicht mehr in der Lage, genügend Vitamin D zu bilden. Vitamin D fördert die Kalziumresorption aus dem Darm und erhöht somit normalerweise ebenfalls den Kalziumspiegel. Darüber hinaus wird durch den Vitamin D- und Kalziummangel der Knochen geschädigt (Osteomalazie). Das erhöhte PTH führt gleichzeitig zu einem vermehrten Knochenabbau (Osteoklasie) (**Abb. H.77**).

Intestinale Form. Diese Form des sHPT ist selten. Hierbei wird aus dem Darm zu wenig Kalzium aufgenommen, entweder durch Resorptionsstörungen (→ Malassimilationssyndrom) oder durch einen Mangel an Vitamin D, welches die Aufnahme von Kalzium aus dem Darm fördert (s. **Abb. H.76**). Bei Lebererkrankungen oder Mangel an Sonnenlicht wird Vitamin D nicht ausreichend gebildet. Bei Störungen der Gallensekretion wird nicht genügend Vitamin D aus dem Darm resorbiert.

Tertiärer Hyperparathyreoidismus

Ein tHPT entsteht nach langjährigem sekundärem Hyperparathyreoidismus. Dies ist häufig der Fall bei Patienten mit chronischer Niereninsuffizienz und Dialysetherapie. Trotz normalen Kalziumwerten produzieren die Nebenschilddrüsen weiter hohe PTH-Mengen.

Symptome

Ein pHPT verursacht klassischerweise „Stein-, Bein- und Magenpein": Es kommt zu Nierensteinen mit Koliken, Geschwüren im Magen-Darm-Trakt und Knochenschmerzen. Durch eine frühe Diagnose treten diese klassischen Symptome jedoch heutzutage selten auf.

Die Hyperkalzämie äußert sich an der Niere durch vermehrtes Wasserlassen (Polyurie) mit erhöhtem Durstgefühl (Polydipsie), im Magen-Darm-Trakt durch Übelkeit, Erbrechen, Appetitlosigkeit und Verstopfung. Einige Patienten leiden unter Gallensteinen oder einer Bauchspeicheldrüsenentzündung (→ Pankreatitis).

Am Nervensystem führen die erhöhten Kalziumwerte zu depressiven Verstimmungen, Muskelschwäche oder Abbau der Muskulatur. Die Patienten ermüden sehr rasch.

Ein sekundärer oder tertiärer Hyperparathyreoidismus äußert sich durch die Symptome der Grundkrankheit. Zusätzlich kommt es zu Muskelschwäche und starken Knochenschmerzen durch die Umbauvorgänge am Knochen. Manchmal brechen die Knochen spontan ohne größeres Trauma.

Hyperkalzämische Krise. Bei einer hyperkalzämischen Krise leiden die Patienten unter Übelkeit, Brechreiz und Oberbauchschmerzen. Der Harnfluss ist erhöht, die Patienten verlieren sehr viel Flüssigkeit (Dehydratation). Bei schwerem Verlauf können sich ein Volumenmangelschock (→ Schock) oder ein → akutes Nierenversagen entwickeln. Manche Patienten haben Halluzinationen, sind schläfrig oder verlieren das Bewusstsein (→ Koma). Es entsteht sehr rasch eine Niereninsuffizienz. Die Phosphatwerte im Serum steigen an. Komplexe aus Kalzium und Phosphat lagern sich in verschiedenen Organen ab.

Diagnose

Die Symptome weisen auf eine Hyperkalzämie hin. Beim pHPT sind die Kalziumwerte im Serum auf über 2,6 mmol/l erhöht. Das Parathormon (PTH intakt) und die alkalische Phosphatase (AP) sind ebenfalls erhöht, Phosphat ist erniedrigt. Die Kalzium-und Phosphatausscheidung im Urin ist erhöht (**Tab. H.12**). Vitamin D3 ist bei Sarkoidose und Vitamin D-Intoxikation im Serum erhöht.

Beim sHTP ist die Kalziumkonzentration im Serum erniedrigt, PTH intakt ist erhöht und die Phosphatwerte sind normal. Um zwischen renaler und intestinaler Ursache zu unterscheiden, werden die Nierenfunktionsparameter Kreatinin und Harnstoff bestimmt. Mit einer Sonografie, einer Computertomografie (CT) und einer Magnetresonanztomografie (MRT) wird nach Tumoren gesucht. Mit Röntgen und Szintigrafie sind Veränderungen an den Knochen darstellbar.

Differenzialdiagnose

Eine Hyperkalzämie kann verschiedene Ursachen haben:

- Tumoren (bösartige Tumoren zu 60%),
- pHTP (20%),
- Medikamente (z.B. Vitamin-D-Intoxikation, Vitamin-A-Intoxikation),
- Infektionen (z.B. Tuberkulose, AIDS),
- andere Ursachen (z.B. Immobilisierung, Sarkoidose, akutes Nierenversagen).

Tab. H.12 Laborbefunde beim pHPT

Substanz	Im Serum	Im Urin
Kalzium	erhöht	erhöht
Phosphat	erniedrigt	erhöht
PTH intakt	erhöht	–
alkalische Phosphatase	erhöht	–

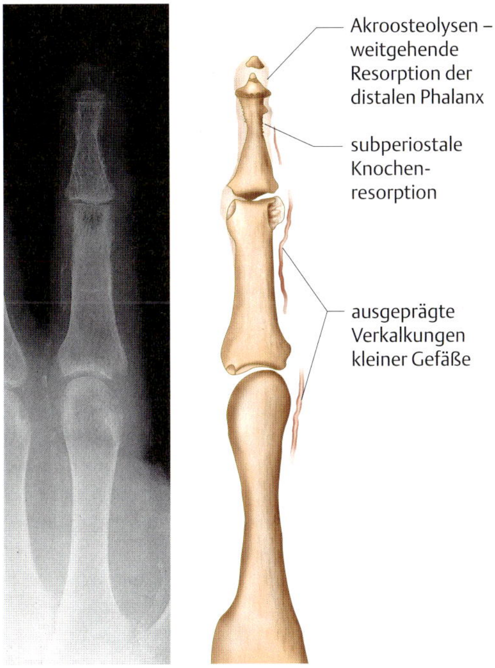

Abb. H.77 Knochenveränderungen. Frühestes und spezifisches radiologisches Zeichen für einen Hyperparathyreoidismus ist die subperiostale Knochenresorption, wie hier am Finger sichtbar.

Therapie

Adenome der Nebenschilddrüse werden operativ entfernt. Bei einer Hyperplasie aller Epithelkörperchen werden diese komplett entfernt (totale Parathyreoidektomie). Ein kleiner Rest eines Epithelkörperchens wird in einen Muskel am Unterarm verpflanzt (Autotransplantation). In diesem Gewebe wird dann später PTH gebildet. Etwas Drüsengewebe kann tiefgefroren und später transplantiert werden, falls das zunächst verpflanzte Gewebe zur Produktion von PTH nicht ausreicht.

Verursacht ein pHTP keine Symptome, ist die Nierenfunktion normal und die Knochendichte noch nicht stark eingeschränkt, kann auch konservativ behandelt werden: Der Patient sollte viel trinken, um den Urin zu verdünnen. Bei Frauen nach den Wechseljahren können Hormonpräparate zur Prophylaxe einer Osteoporose gegeben werden. Zurzeit werden Kalziumagonisten (z. B. Cinacelcet) erprobt. Diese vermindern die PTH-Sekretion.

Bei einem sHPT sollte zunächst die Grundkrankheit behandelt werden. Bei einem renalen sHPT wird die Phosphataufnahme beschränkt. Gegen zu hohe Phosphatwerte helfen Phosphatbinder wie Kalziumkarbonat oder aluminiumhaltige Präparate. Zusätzlich wird Vitamin D gegeben. Bei der intestinalen Form werden Vitamin D und Kalzium substituiert.

Ein tertiärer HPT wird mit einer totalen Parathyreoidektomie mit Autotransplantation behandelt.

Bei einer hyperkalzämischen Krise wird der Harnfluss mit starken Diuretika (z. B. Furosemid) und Kochsalzinfusionen gesteigert. Bei tumorinduzierter Hyperkalzämie werden Biphosphonate gegeben, die die Osteoklasten hemmen. Bei Vitamin D-Intoxikation oder Sarkoidose helfen Glukokortikoide, welche Antagonisten von Vitamin D sind.

Prognose

Ein pHPT ist heilbar, wenn die veränderten Epithelkörperchen rechtzeitig entfernt werden. Schwere Veränderungen am Knochen und Folgeschäden an der Niere oder am Herz sind häufig nicht reversibel.

Die Prognose des sHPT hängt von der Grundkrankheit ab. 50 % der Patienten mit einer hyperkalzämischen Krise sterben daran.

Infobox

ICD-10:

E21.0 – Primärer Hyperparathyreoidismus

E21.1 – Regulativer oder sekundärer Hyperparathyreoidismus

E21.3 – Hyperparathyreoidismus

N25.8 – Renaler Hyperparathyreoidismus

Internetadressen:

Dt. Gesellschaft für Endokrinologie: http://www.endokrinologie.net

http://www.klinikenkoeln.de/holweide/html/01_medab/chir_0501.asp

Leitlinien der Dt. Gesellschaft für Kinderchirurgie und der Dt. Gesellschaft für Chirurgie unter http://www.leitlinien.net

Literatur:

Greten, H. (Hrsg.): Innere Medizin, 12. Aufl. Thieme, Stuttgart 2005

Baenkler, H.-W. u. a.: Duale Reihe Innere Medizin. Thieme, Stuttgart 2001

Siegenthaler, W. (Hrsg.): Differenzialdiagnose, 19. Aufl. Thieme, Stuttgart 2005

Hypertonie

► Frau Hübner und ihre Tochter sind in die Stadt gefahren. Sie haben so kurz vor Weihnachten einiges zu erledigen und laufen von Geschäft zu Geschäft. Als sie an der Kasse stehen, schwankt Frau Hübner plötzlich und muss sich an einem Kleiderständer festhalten. „Mutter, was ist los?“, fragt ihre Tochter besorgt. „Ich weiß auch nicht. Mir ist auf einmal so schwindelig.“ „Setz' Dich da drüben hin. Ich hole Dich ab, wenn ich bezahlt habe.“ Frau Hübner geht es schon ein wenig besser, als ihre Tochter kommt. „Wir ruhen uns jetzt erst mal in einem Café aus. Und morgen gehst Du zum Arzt. Vielleicht hängt das ja mit Deinen ständigen Kopfschmerzen zusammen?“

Definition

Hypertonie bedeutet eine Erhöhung des Blutdrucks auf über 140/90 mmHg.

Synonym: Bluthochdruck.

Häufigkeit

Bluthochdruck ist eine der häufigsten chronischen Krankheiten. Etwa 30% der Männer und etwa 27% der Frauen leiden unter einer Hypertonie. Hypertonie ist mit einem hohen Risiko für Erkrankungen des Gehirns, des Herzens und der Nieren verbunden. Durch einen Bluthochdruck können Durchblutungsstörungen im Gehirn, eine → koronare Herzkrankheit, eine periphere → arterielle Verschlusskrankheit entstehen oder die Funktion von Herz oder Nieren geschwächt werden.

Etwa 43% aller Todesfälle bei Männern und mehr als 50% aller Todesfälle bei Frauen in Deutschland sind Folge einer arteriellen Hypertonie. Pro Jahr sterben etwa 400.000 Menschen an den Folgeerkrankungen. Das Risiko, an einer Erkrankung des Herz- oder Gefäßsystems zu sterben, erhöht sich mit steigenden Blutdruckwerten.

Ursachen

Man unterscheidet die primäre von einer sekundären Hypertonie.

Primäre Hypertonie. Sie liegt in über 90% der Fälle vor. Die Ursache dieser Hypertonieform ist unbekannt, jedoch scheinen viele Faktoren bei der Entstehung des erhöhten Druckes eine Rolle zu spielen. In etwa 60% der Fälle wird die primäre Hypertonie vererbt. Die primäre Hypertonie gilt als typische „Zivilisationskrankheit“. Folgende Risikofaktoren wirken begünstigend:

- Rauchen,
- Alkohol- und Kaffeekonsum,
- Stress,
- salzreiche Ernährung,
- Übergewicht (→ Adipositas),
- körperliche Inaktivität,
- familiäre Vorbelastung,
- Alter,
- Dyslipoproteinämie (→ Fettstoffwechselstörungen),
- → Diabetes mellitus.

Sekundäre Hypertonie. Sie kommt in weniger als 10% der Fälle vor und ist durch Erkrankungen der Niere oder des Hormonsystems bedingt. Selten wird eine sekundäre Hypertonie durch Medikamente verursacht. Bei 10% aller Schwangeren tritt eine Hypertonie auf, die sich meist nach Ende der Schwangerschaft wieder zurückbildet. Man unterteilt die sekundäre Hypertonie nach den verschiedenen Ursachen z. B. in:

- renale Hypertonie (etwa 5% der Fälle, z. B. bei → Nierenarterienstenose, → Pyelonephritis),
- endokrine Hypertonie (1 – 2% der Fälle, z. B. bei primärem → Hyperaldosteronismus, → Morbus Cushing),
- medikamentöse Hypertonie (selten, z. B. durch orale Kontrazeptiva, Glukokortikoide),
- kardiovaskuläre Hypertonie (selten, z. B. durch Aortenisthmusstenose, Aorteninsuffizienz).

Symptome

Ein hoher Blutdruck verursacht lange Zeit keine Beschwerden. Viele Patienten leiden v. a. am frühen Morgen und besonders im Bereich des Hinterkopfes unter Kopfschmerzen. Manche Patienten haben Schlafstörungen. Schwindelanfälle, Ohrensausen oder → Nasenbluten, manche Patienten spüren Schmerzen im Bereich des Herzens oder haben Atemnot. Eine chronische Hypertonie kann an fast allen Organen Schäden hervorrufen.

Gefäßsystem. Es kommt zu einer → Arteriosklerose mit Durchblutungsstörungen. Diese äußern sich durch Schmerzen in den Beinen nach längerem Gehen (Claudicatio intermittens), im Bauch nach dem Essen und in der Brust, durch neurologische Ausfälle bei Durchblutungsstörungen im Gehirn sowie Veränderungen an den Augen (→ hypertensive Retinopathie).

Herz. Durch den Bluthochdruck nimmt die Muskelmasse des linken Herzens zu (Linksherzhypertrophie). Damit versucht das Herz, gegen den erhöhten Druck anzupumpen. Gelingt dem Herz das nicht mehr, bildet sich eine Muskelschwäche des linken Herzens (Links-→ Herzinsuffizienz): Die Herzhöhlen vergrößern sich, das Herz kann nicht mehr richtig pumpen.

Niere. Durch den erhöhten Druck kommt es zu einer Nephropathie. Die Funktion der Nieren wird immer mehr gestört. An der Hauptschlagader kann sich eine Gefäßaussackung bilden (→ Aortenaneurysma) oder das Gefäß kann reißen (Aortendissektion).

Gehirn. Hier kann eine Hypertonie einen → Hirninfarkt oder eine Hirnblutung verursachen.

Hypertensive Krise. Steigt der Blutdruck rasch auf Werte über 230/130 mmHg an, spricht man von einer hypertensiven Krise, die Gehirn, Augen, Herz und Lunge massiv schädigen kann. Die Patienten leiden unter starken Schmerzen in der Brust (→ Angina pectoris), haben Atemnot und heftige Kopfschmerzen. Es kann zu Schwindel, Krampfanfällen, Bewusstseinsstörungen bis zum Koma kommen.

Maligne Hypertonie. Der diastolische Blutdruck beträgt über 120 – 130 mmHg, der Tag-Nacht-Rhythmus des Blutdrucks ist aufgehoben, es lassen sich bestimmte Veränderungen am Augenhintergrund nachweisen, zusätzlich entwickelt sich eine Niereninsuffizienz.

Diagnose

Die Diagnose einer Hypertonie besteht aus zwei Phasen:

- genaue Erfassung der Hypertonie,
- Nachweis von Ursachen einer sekundären Hypertonie.

Diagnose und Klassifizierung. Der Blutdruck wird im Liegen oder Sitzen möglichst nach 5 Min. Ruhe gemessen. Hierfür wird der Arm in Herzhöhe gelagert und der Druck mindestens einmal an beiden Oberarmen gemessen. Die Höhe des Blutdrucks hängt von der Tageszeit, von psychischen oder körperlichen Belastungen ab. Daher ist eine wiederholte Messung erforderlich. Mit einem tragbaren Gerät kann der Blutdruck während des normalen Tagesablaufs des Patienten alle 15 – 30 Min. erfasst werden (ambulantes Blutdruckmonitoring, ABDM). Hiermit vermeidet man den sog. Weißkitteleffekt: Manche Patienten haben beim Arztbesuch vor Aufregung einen erhöhten Blutdruck. Die Hypertonie wird je nach Schweregrad klassifiziert (**Tab. H.13**).

Nachweis oder Ausschluss von Ursachen. Hierzu gehört eine ausführliche Anamnese. Der Patient wird nach möglichen Risikofaktoren, Begleiterkrankungen, Krankheiten in der Familie und eingenommenen Medikamenten befragt.

Tab. H.13 Klassifikation von Blutdruckbereichen (Angaben in mmHg)

Klassifikation	systolisch	diastolisch
optimal	< 120	< 80
normal	< 130	< 85
„noch"-normal	130 – 139	85 – 89
leichte Hypertonie (Schweregrad I)	140 – 159	90 – 99
mittelschwere Hypertonie (Schweregrad II)	160 – 179	100 – 109
schwere Hypertonie (Schweregrad III)	> 180	> 110
isolierte systolische Hypertonie	> 140	< 90

Fallen systolischer und diastolischer Blutdruck in unterschiedliche Klassen, sollte die höhere Klasse Anwendung finden.

In der körperlichen Untersuchung wird nach Symptomen einer primären oder sekundären Hypertonie gesucht und außerdem werden Schäden an Organen und Begleiterkrankungen erfasst.

Differenzialdiagnose

Um eine Hypertonie therapieren zu können, müssen die verschiedenen Ursachen der sekundären Hypertonie voneinander abgegrenzt werden. Patienten mit → Morbus Cushing und Akromegalie fallen häufig durch ihr äußeres Erscheinungsbild auf. Bei Verdacht auf ein Cushing-Syndrom wird ein Dexamethasontest durchgeführt, bei Verdacht auf → Phäochromozytom werden die Katecholamine im 24-Stunden-Urin bestimmt. Eine → Nierenarterienstenose kann man mit dem Stethoskop über dem Oberbauch auskultieren.

Die Folgen der Hypertonie äußern sich durch Veränderungen am Gefäßsystem wie abgeschwächte Pulse, Pulslosigkeit oder → Augenhintergrundveränderungen. Im Blut wird die Nierenfunktion anhand von Kreatinin und Elektrolyten (Kalium) überprüft und die Ausscheidung von Albumin im Urin gemessen. Um zusätzliche Risikofaktoren zu ermitteln, werden Blutzucker, Cholesterin und Triglyzeride im Blut bestimmt. Mit Elektrokardiografie oder Echokardiografie können eine Linksherzhypertrophie oder eine Linksherzinsuffizienz nachgewiesen werden. Bei Verdacht auf Nierenarterienstenose wird eine Farbduplexsonografie durchgeführt.

Therapie

Eine Hypertonie muss behandelt werden, um Folgeschäden durch den hohen Blutdruck zu vermeiden bzw. um bei Patienten mit Organschäden weitere Komplikationen zu vermeiden. Der Blutdruck sollte auf unter 140/90 mmHg gesenkt werden. Die genauen Zielwerte richten sich nach dem Alter des Patienten und seinen Begleiterkrankungen. Bei Patienten mit → chronischer Niereninsuffizienz, → ko-

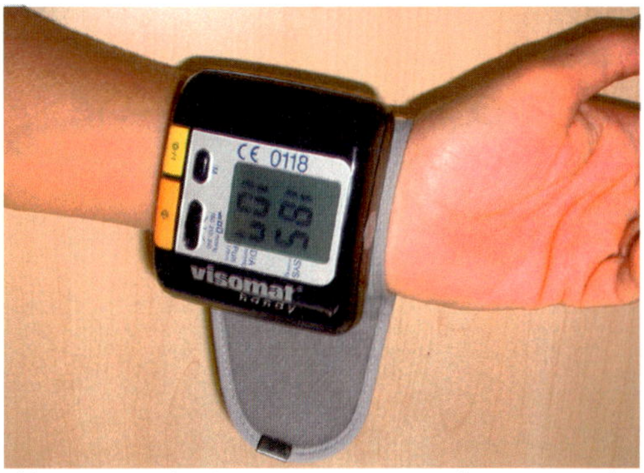

Abb. H.78 Regelmäßige Messungen. Mit den automatischen (elektronischen) Blutdruckmessgeräten können sich Patienten selbstständig den Blutdruck messen.

ronarer Herzkrankheit oder → Diabetes mellitus sollte der Blutdruck auf Werte unter 130/80 mmHg eingestellt werden. Bei Patienten, die als Zeichen für eine starke Nierenschädigung pro Tag mehr als 1 g Eiweiß ausscheiden, sollte der Blutdruck nicht mehr als 125/75 mmHg betragen.

Der Blutdruck sollte regelmäßig durch den Patienten und den Arzt kontrolliert werden (**Abb. H.78**). In jährlichen Routinekontrollen sollte untersucht werden, ob der Bluthochdruck Organschäden verursacht hat. Hierzu werden Blutzucker, Kreatinin, Elektrolyte und Blutfette im Blut bestimmt, der Harn auf Eiweiß, Zucker und Blut untersucht, ein EKG und eine Echokardiografie durchgeführt.

Allgemeinmaßnahmen

Die Patienten sollten ihr Gewicht normalisieren und salzarm essen (maximal 6 g NaCl pro Tag). Rauchen sollte eingestellt, Alkohol- und Kaffeekonsum eingeschränkt werden. Wichtig ist eine Ernährung mit viel Obst und Gemüse, ungesättigten statt gesättigten Fettsäuren und wenig tierischem Fett. Außerdem sollten Hypertoniker regelmäßig die Ausdauer, z. B. durch Walken, trainieren. Andere Risikofaktoren oder Begleiterkrankungen wie ein erhöhter

1. Stufe: Monotherapie

Diuretikum	Kalziumantagonist	ACE-Hemmer	β-Blocker	α_1-Blocker

2. Stufe: Zweiertherapie

Diuretikum
+ Kalziumantagonist / + ACE-Hemmer / + β-Blocker / + α_1-Blocker

oder

Kalziumantagonist
+ ACE-Hemmer / + β-Blocker

Abb. H.79 Stufentherapie. Der medikamentöse Stufenplan bei arterieller Hypertonie ist angelehnt an die Empfehlungen der Deutschen Liga zur Bekämpfung des hohen Blutdrucks.

nach:
WHO Guidelines 1999.

	Blutdruck (mmHg)		
	Schweregrad 1 (milde Hypertonie) systolisch 140 – 159 oder diastolisch 90 – 99	**Schweregrad 2** (mittelschwere Hypertonie) systolisch 160 – 179 oder diastolisch 100 – 109	**Schweregrad 3** (schwere Hypertonie) systolisch ≥ 180 oder diastolisch ≥ 110
keine anderen Risikofaktoren	niedriges Risiko	mittleres Risiko	hohes Risiko
1 – 2 Risikofaktoren	mittleres Risiko	mittleres Risiko	sehr hohes Risiko
3 oder mehr Risikofaktoren, Diabetes oder Endorganschäden	hohes Risiko	hohes Risiko	sehr hohes Risiko
Folge- und Begleitkrankheiten	sehr hohes Risiko	sehr hohes Risiko	sehr hohes Risiko

Das 10-Jahres-Risiko, einen kardiovaskulär bedingten Tod, nichttödlichen Schlaganfall und Myokardinfarkt zu erleiden, beträgt bei:
- niedrigem Risiko < 15 %
- mittlerem Risiko etwa 15 – 20 %
- hohem Risiko etwa 20 – 30 %
- sehr hohem Risiko 20 % und mehr

Abb. H.80 Prognose. Die Prognose ist abhängig von den Risikofaktoren und dem Schweregrad der Hypertonie.

Cholesterinspiegel oder → Diabetes mellitus müssen konsequent behandelt werden. Allein mit diesen Grundmaßnahmen normalisieren sich 25% der leichten Hypertonien.

Medikamentöse Therapie

Die medikamentöse Behandlung der Hypertonie erfolgt nach einem Stufenschema: Zunächst wird ein Präparat verabreicht. Dies kann ein Diuretikum, ein Betablocker, ein ACE-Hemmer oder ein Kalziumantagonist sein. Welches Medikament ausgewählt wird, hängt von den Begleiterkrankungen des Patienten ab. Lässt sich damit der Druck nicht ausreichend senken, wird ein zweites Präparat dazugegeben. Ein Diuretikum wird mit einem Betablocker, ACE-Hemmer oder Kalziumantagonisten kombiniert, mit einem Kalziumantagonisten wird ein Betablocker oder ACE-Hemmer verabreicht (**Abb. H.79**).

Reicht die Doppelkombination nicht aus, werden drei Präparate gegeben. Bei weniger als der Hälfte der Patienten reicht ein Medikament aus, um den Blutdruck adäquat zu senken. Mehr als 30% der Hypertoniker brauchen drei oder mehr Medikamente. Um Komplikationen durch die Hypertonie zu verhindern, können die Patienten prophylaktisch Azetylsalizylsäure einnehmen, wenn keine Kontraindikationen bestehen. Bei erhöhtem Cholesterinspiegel können Statine gegeben werden.

Bei einer hypertensiven Krise wird Nitroglyzerin als Kapsel sublingual oder als Spray verabreicht. Als Alternative können kurz wirkende Kalziumantagonisten, Urapidil oder Clonidin gegeben werden.

Prognose

Die Prognose einer Hypertonie hängt vom Alter des Patienten, von der Dauer und der Schwere des Bluthochdrucks und den Begleiterkrankungen ab (**Abb. H.80**).

Wird der Blutdruck dauerhaft gesenkt, lässt sich das Risiko eines → Hirnschlags, eines → Herzinfarktes, einer Linksherzinsuffizienz (→ Herzinsuffizienz) oder von Todesfällen deutlich senken.

Infobox

ICD-10:
I10, I15, I15.0, I15.1, I15.2, I15.8, I15.9

Internetadressen:
Leitlinien der AWMF (Hypertonie): http://www.leitlinien.net
http://www.hochdruckliga.info
http://www.evidence.de

Literatur:
Greten, H. (Hrsg.): Innere Medizin, 12. Aufl. Thieme, Stuttgart 2005
Statistisches Bundesamt (Hrsg.): Gesundheitsbericht für Deutschland. Metzler-Poeschel, Stuttgart 1998
Thamm, M.: Blutdruck in Deutschland – Zustandsbeschreibungen und Trends. Gesundheitswesen 61 (1999) 90–3

Hypertonische Augenhintergrundveränderungen

► „Wie war's beim Arzt?" Georg schaut sie betreten an. „Geht so. Ich habe Bluthochdruck und muss jetzt noch weiter untersucht werden." „Aber das bekommt man doch in den Griff, oder?", wirft Gerda ein. „Ja, ich denke schon. Aber ich muss dann auch noch zum Augenarzt. Der Arzt meinte, mein Blutdruck sei so hoch, dass ich auch Schäden an den Augen haben könnte, die ich jetzt noch gar nicht bemerke."

Definition
Als hypertonische Augenveränderungen werden typische Netzhautveränderungen bei Bluthochdruck bezeichnet.

Synonyme: hypertensive Retinopathie, Fundus hypertonicus.

Ursachen und Symptome
Die Ursache ist eine → Hypertonie. Der Patient hat meist keine Augensymptome.

Diagnose
Zur genauen Diagnose wird der Augenhintergrund bei erweiterter Pupille untersucht. Das Kennzeichen der Augenhintergrundveränderungen bei Hypertonie ist die Vasokonstriktion (Gefäßengstellung) der Arteriolen. Die Augenhintergrundveränderungen lassen sich in verschiedene Stadien einteilen (**Tab. H.14**).

Cotton-wool-Herde sind Mikroinfarkte im Bereich der retinalen Nervenfaserschicht, die rund oder oval, blass gelbweiß oder grauweiß erscheinen und unscharfe, gefiederte Ränder aufweisen. Harte Exsudate sind ebenfalls weiß oder gelbweiß, haben aber scharfe Ränder und stellen Lipoproteinablagerungen in der Netzhaut dar (**Abb. H.81**).

Tab. H.14 Stadien der hypertonischen Augenhintergrundveränderungen

Stadium	Symptome
I und II	▪ diffuse oder umschriebene Gefäßengstellungen der Arteriolen
III	▪ diffuse oder umschriebene (abgegrenzte) Gefäßengstellungen der Arteriolen ▪ intraretinale Blutungen ▪ Cotton-wool-Herde ▪ sternförmig um die Makula angeordnete harte Exsudate
IV	▪ diffuse oder umschriebene Gefäßengstellungen der Arteriolen ▪ intraretinale Blutungen ▪ Cotton-wool-Herde ▪ sternförmig um die Makula angeordnete harte Exsudate ▪ Papillenschwellung

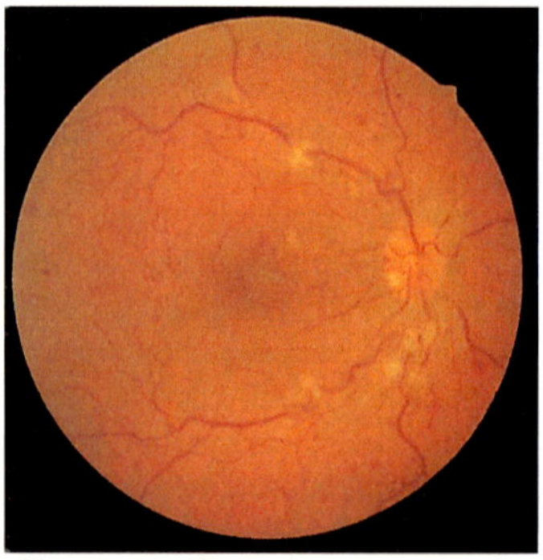

Abb. H.81 Stadium III. Arterienverengungen, intraretinale Blutungen, Cotton-wool-Herde sowie harte Exsudate.

Im Stadium IV kommt noch eine Papillenschwellung (Papillenödem) hinzu. Außerdem vorhandene arteriosklerotische Gefäßveränderungen, wie Veränderungen im Kreuzungsbereich von Arteriolen und Venolen, sind ein Hinweis auf einen bereits länger bestehenden Hypertonus. Weitere mögliche Netzhautveränderungen sind z. B. Venenastverschlüsse, Makroaneurysmen und eine exsudative → Netzhautablösung.

Differenzialdiagnose
Cotton-wool-Herde und harte Exsudate können z. B. auch bei der → diabetischen Retinopathie beobachtet werden. Eine beidseitige Papillenschwellung im Stadium IV muss unbedingt von eine Stauungspapille bei einem → Gehirntumor abgegrenzt werden.

Therapie
Die Therapie der hypertonischen Augenhintergrundveränderungen besteht in der Behandlung der Hypertonie und ihrer jeweiligen Ursache, z. B. Nierenerkrankungen.

Prognose
Rein durch die Hypertonie bedingte Gefäßveränderungen können sich bei einer erfolgreichen Therapie des Bluthochdrucks zurückbilden. Bei arteriosklerotischen Veränderungen ist dies i.d.R. nicht der Fall.

Infobox

ICD-10: H35.0

Literatur:

Lang, G. K.: Augenheilkunde, 3. Aufl. Thieme, Stuttgart 2004

Burk, A., Burk, R.: Checkliste Augenheilkunde, 3. Aufl. Thieme, Stuttgart 2005

Hyperventilationssyndrom (psychogenes)

► „Und ich werde heute Abend mit meinen Freundinnen weggehen. Ich bin alt genug und mache was ich will.“ Die 16-jährige Corinna hat Streit mit ihrem Vater. „Du bleibst hier“, brüllt der Vater. Das Mädchen atmet immer schneller. „Du kannst mir das nicht verbieten.“ „Und ob ich das kann.“ „Nein, niemals“, schreit sie und atmet immer hektischer. Plötzlich bricht sie zusammen. Der Vater schreit auf und beugt sich über seine Tochter. „Corinna, was ist mit Dir?“ Er ruft den Notarzt. In der Klinik ist das Mädchen kaum ansprechbar und wirkt wie von der Realität abgerückt.

Definition

Das psychogene Hyperventilationssyndrom ist als durch die Psyche ausgelöste Atmungsintensivierung eine psychosomatische, somatoform-autonome Funktionsstörung.

Synonyme: mediterrane Hyperventilation, Morbus Mediterrane, funktionelle Atmungssteigerung.

Ursachen

Eigene Ängste, stressige oder traumatische Situationen können durch den Patienten nicht ausreichend unter Kontrolle gebracht werden. Als eine Art Ventil der inneren Anspannung wird die Atmung intensiviert. Das geschieht so stark, dass organische Störungen auftreten können. Oft wurde diese Atmungsbeschleunigung bereits bei Familienangehörigen beobachtet und wird somit u. U. als erlernte Anpassungsreaktion wiedergegeben. Die umgangssprachliche Bezeichnung Morbus Mediterrane gibt wieder, dass dieses Verhalten besonders häufig bei Menschen aus dem Mittelmeerraum auftritt.

Durch die schnelle Atmung wird die Aufmerksamkeit allein auf die körperliche Störung gerichtet. Die vorherige situative Belastung wird ausgeblendet, es resultiert ein Krankheitsgewinn. Verfällt der Patient erneut in diesen Fluchtmechanismus, kann die psychogene Hyperventilation bis zum Vollbild einer psychosomatischen Störung regelrecht antrainiert werden.

Der Respirationstrakt selbst ist morphologisch unauffällig, es besteht kein organischer Anlass für die Atmungsveränderung. Durch den Hyperventilationsanfall können echte organische Störungen verursacht werden (**Abb. H.82**).

Symptome

In angstbesetzten Stresssituationen beginnen die Patienten, schneller und schneller zu atmen, sie steigern sich förmlich in eine Hyperventilation hinein. Sofort liegt die

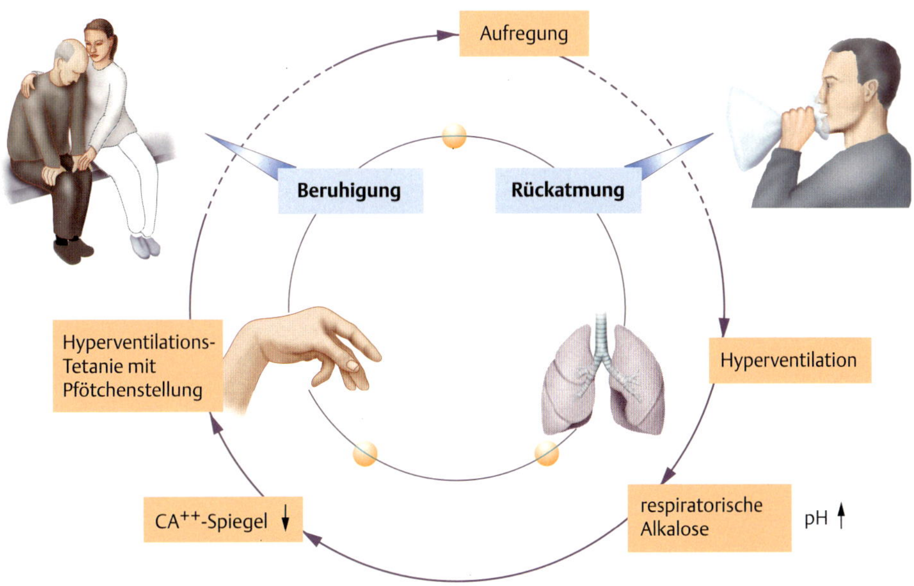

Abb. H.82 Hyperventilation. Der Kreislauf, in den sich die Patienten hinein steigern, muss unterbrochen werden. Dies geschieht entweder durch beruhigendes Verhalten der Pflegeperson oder durch Rückatmung in eine locker vor den Mund gehaltene größere Tüte.

gesamte Aufmerksamkeit auf der als bedrohlich empfundenen Atmungsstörung. Die Angst wird größer, die Atmung weiter beschleunigt. Der durch die Atmung veränderte Säure-Basen-Haushalt des Blutes kann zu Bewusstseinstrübungen bis zu kurzzeitigen komatösen Zuständen führen.

Oft tritt eine Hyperventilationstetanie auf: Die Hände nehmen eine pfötchenartige Krampfstellung ein, der Patient wird leicht starr (s. **Abb. H.82**). Nach dem Hyperventilationsanfall kann noch für einige Stunden eine gewisse Realitätsdistanz zu Tage treten, die Patienten wirken wie abgerückt von der Wirklichkeit und schauen durch die Mitmenschen starr hindurch. Jüngere Frauen mit familiären Wurzeln im Mittelmeerraum erkranken besonders häufig an dieser Störung.

Diagnose

Wenn die internistische Abklärung unauffällig ist (s. Differenzialdiagnose), wird durch psychologische Tests, wie die Hamilton-Angstskala, ein Angstprofil des Patienten erstellt. In einer psychiatrischen Gesprächsexploration werden neben soziobiografischen Ursachen affektive Potenziale und das subjektive Hyperventilationserleben des Patienten erfasst.

Auch sind die äußeren Umstände zu berücksichtigen. So ist absichtlich herbeigeführtes Hyperventilieren z. B. beim sog. holotropen Atmen im Rahmen einer Meditation möglich. Tritt die Störung bei unauffälligen Luftverhältnissen bei mehreren Menschen im gleichen Raum gleichzeitig auf, handelt es sich um eine sog. Massenhysterie. Dies spricht ebenfalls für eine psychogene Hyperventilation.

Differenzialdiagnose

Abzugrenzen sind die ketoazidotische Atmung bei Hyperglykämie als metabolische Ursache und das → allergische Asthma bronchiale. Mit einem Elektrokardiogramm werden Herz-Kreislauf-Erkrankungen, durch ein Elektroenzephalogramm (EEG) epileptische Störungen ausgeschlossen. Ebenso können ein → Pneumothorax oder andere Ventilationshindernisse vorliegen.

In der Akutsituation kann durch ein Pulsoxymeter eine respiratorische Störung ausgeschlossen werden. Die Sauerstoffsättigung liegt bei der psychogenen Hyperventilation über 95 %.

Therapie

Sobald sich der Verdacht einer psychogenen Hyperventilation erhärtet, sollte möglichst ruhig und unspektakulär gearbeitet werden, um in künftigen Situationen den Krankheitsgewinn für den Patienten nicht noch weiter zu steigern. Der Patient sollte von aufgeregten Mitmenschen abgeschirmt werden.

Oft kann dem Patienten, der sich selbst in Todesangst befinden kann, die Angst durch ein beruhigendes Talk-Down genommen werden (s. **Abb. H.82**).

Zusätzlich erfolgt die Akuttherapie durch Rückatmung in eine locker vor den Mund gehaltene größere Tüte. Reicht das nicht aus, werden Benzodiazepine wie Lorazepam (z. B. Tavor expedit) oder Diazepam verabreicht. Selten ist der Säure-Basen-Haushalt lebensbedrohlich gestört. In einem solchen Fall wird der pH-Wert durch Infusion von entsprechenden Pufferlösungen korrigiert.

Inwieweit eine stationäre Therapie erfolgen sollte, ist umstritten. Sofern die familiäre Situation Ursache der Störung ist, ist zu erwägen, den Patienten aus dem familiären Alltag herauszunehmen. Damit kann sich die Symptomatik für künftige Angstereignisse aber verstärken, da das Ziel, die Situationsflucht, durch die Hyperventilation erreicht wurde.

Wenn die Hyperventilation wiederholt auftritt oder Anhaltspunkte für eine behandlungsbedürftige psychische Störung erkennbar sind, kann medikamentös mit selektiven Serotoninwiederaufnahme-Hemmern (SSRI) wie Citalopram (z. B. Cipramil) behandelt werden. Es werden aber auch folgende psychotherapeutische Maßnahmen angewendet:

- **Familientherapie:** Sie soll es z. B. Heranwachsenden durch Aufklärungs- und Motivationsarbeit oder stützende Gespräche leichter machen, sich aus dem starren Familienverbund zu lösen. Gegebenenfalls ist der Einsatz eines Sozialarbeiters erforderlich.
- **Gesprächstherapie:** Sie wird stützend-begleitend oder aufdeckend-analytisch durchgeführt, bei Letzterem insbesondere Thematisierung elterlicher Ablösekonflikte.
- **Verhaltenstherapie:** Der Patient lernt, sich bei Angstanfällen selbst zu beruhigen und auslösende Situationen zu vermeiden.
- **kognitive Verfahren:** Eingefahrene krankhafte Verhaltensmuster werden analysiert und korrigiert.
- **Entspannungsverfahren:** z. B. progressive Muskelrelaxation nach Jacobsen, autogenes Training.

Prognose

Die Prognose einer völligen Ausheilung ist mit einer begleitenden 1 – 2 Jahre dauernden ambulanten Psychotherapie in der Regel gut.

Kann jedoch die Ursache für den Patienten nicht ausreichend gelöst werden, kann sich die Störung zu anderen Angsterkrankungen bis hin zur Depression oder Ähnlichem ausweiten.

Infobox

ICD-10: F45.33

Internetadressen:

http://www.neuro24.de (progressive Muskelentspannung)
http://www.angstprobleme.de
http://www.angst-auskunft.de

Hypoglykämischer Schock

► „Sie haben meinen Mann gefunden?! Er ist zusammengebrochen? Ich muss zu ihm!" Frau Rieder greift nach ihrem Mantel. „Wir haben ihn in der Einfahrt gefunden. Er hat wie immer die Zeitung ausgetragen. Ich habe sofort den Notarzt gerufen. Der hat seinen Notfallpass gefunden und meinte, das würde schon wieder. Er hat ihm Glukose oder so etwas gegeben. Kommen Sie, ich fahre Sie zum Franziskus." Auf der Fahrt erzählt Frau Rieder: „Ich habe immer gesagt, dass Zeitungsaustragen nichts ist – mit seinem Diabetes." Als sie ihren Mann sieht, ist er schon wieder ansprechbar. „Mensch, Karl, was machst Du nur."

Definition

Unter einem hypoglykämischen Schock versteht man die teilweise Bewusstseinstrübung oder den Bewusstseinsverlust durch eine schwere Unterzuckerung. Die Glukosekonzentration im Blut beträgt weniger als 45 mg/dl.

Synonym: hypoglykämisches Koma.

Ursachen

Die Ursache einer Unterzuckerung ist ein Missverhältnis zwischen Insulinangebot und Insulinbedarf. Zu diesem Missverhältnis führt eine Reihe von Faktoren:

- beim → Diabetes mellitus wird zu viel Insulin gespritzt oder trotz „normaler" Insulindosierung zu wenig gegessen,
- Medikamente werden überdosiert oder, z. B. wegen Niereninsuffizienz, mit einer geringeren Rate als normal abgebaut,
- die Insulintherapie ist z. B. einer körperlicher Belastung schlecht angepasst,
- Alkoholkonsum.

Weitere, sehr seltene Ursachen für Unterzuckerung, die teilweise auch bei Nichtdiabetikern auftreten, können sein:

- insulinproduzierende → Tumoren,
- schwere Lebererkrankungen,
- Insuffizienz der Nebennierenrinde oder der Hypophyse,
- gestörte Magenentleerung, z. B. bei diabetischer Gastroparese,
- Nebenwirkung von Medikamenten, z. B. Azetylsalizylsäure.

Symptome

Dem hypoglykämischen Schock können Symptome einer leichten oder mittelschweren Unterzuckerung vorausgehen.

Wichtig ist, unspezifische Symptome wie Schweißigkeit, Zittern o. Ä. als Warnsymptome ernst zu nehmen und im Zweifelsfall eine Zuckerkontrolle durchzuführen. Symptome einer leichten oder mittelschweren Unterzuckerung sind z. B.:

- Schweißausbruch,
- Herzklopfen,
- Heißhunger,
- Zittern,
- Sehstörungen (z. B. Flimmern vor den Augen),
- Konzentrationsschwäche.

Sinkt der Blutzucker weiter, so tritt die Bewusstseinstrübung bis hin zur kompletten Bewusstlosigkeit oft relativ schnell ein. Dies geht oft mit Krampfanfällen einher oder kann wie ein → Hirninfarkt erscheinen.

Diagnose

Die Diagnose erfolgt sehr einfach über die Bestimmung der Blutzuckerkonzentration (**Abb. H.83**). Dies ist mittels handelsüblicher Messgeräte i.d.R. vor Ort und sehr zuverlässig durchführbar. In der Klinik können die Werte im Labor durch genauere Geräte überprüft werden.

Bei jedem unklaren Komaereignis sollte routinemäßig der Blutzucker bestimmt werden. Bei Hypoglykämien von Nichtdiabetikern sollte man eine weitere Diagnostik durchführen, um die Ursache abzuklären (z. B. Tumorsuche, weitere Laborparameter, Fastentest).

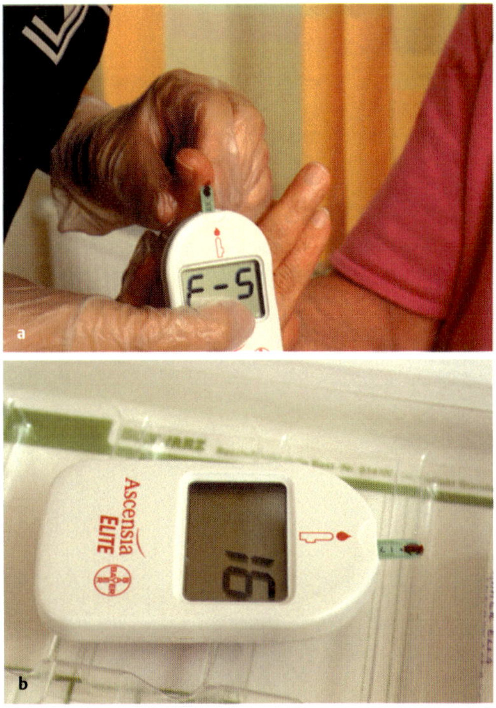

Abb. H.83 Blutzuckerkontrolle. Der Blutzucker kann sehr einfach über einen sog. BZ-Stix ermittelt werden. Dazu wird an der Fingerkuppe oder am Ohrläppchen Kapillarblut abgenommen.

Differenzialdiagnose

Die Differenzialdiagnose des hypoglykämischen Schocks umfasst sämtliche mögliche Komaursachen. Ein unklares Koma kann sehr viele verschiedene Ursachen haben, die z. B. unterteilt werden in:

- toxische Ursachen (z. B. Vergiftungen durch Medikamente, Alkohol, Drogen usw.),
- kardiovaskuläre Ursachen (z. B. Synkope, → Herz-Kreislauf-Stillstand),
- zentralnervöse Ursachen (z. B. Gehirnblutung, → Hirninfarkt, → Epilepsie),
- psychische Ursachen (z. B. im Rahmen von Psychosen, sog. Katatonie).

Therapie

Bei einer leichten oder mittelschweren Unterzuckerung ohne Bewusstseinsverlust kann der Patient i.d.R. noch „gegensteuern", d. h. sich selbst möglichst schnell wirksame Kohlenhydrate verabreichen. Geeignet hierzu sind Traubenzucker, Fruchtsäfte, Colagetränke und zuckerhaltige Limonaden. Um eine erneute Unterzuckerung zu verhindern, sollte direkt eine kohlenhydrathaltige Zwischenmahlzeit (z. B. Brot) eingenommen werden.

Bei schwerer Unterzuckerung, bzw. hypoglykämischem Schock, ist der Patient auf fremde Hilfe angewiesen. Die meisten Diabetiker haben hierfür einen Notfallpass bei sich, der auf die Erkrankung hinweist. Wichtig sind hierbei Erste-Hilfe-Maßnahmen wie bei jedem komatösen Zustand:

- stabile Seitenlage,
- Schutz vor Selbstverletzung des Patienten bei drohendem Krampfanfall,
- ggf. Atemwege sichern, Puls fühlen,
- Arzt verständigen.

Einem Bewusstlosen sollte nie Flüssigkeit eingeflößt werden (Gefahr der Aspiration)! Allenfalls kann man dem Patienten Traubenzucker in die Mundbackentasche legen.

Eine weitere Therapiemöglichkeit ist die subkutane oder intramuskuläre Injektion von Glukagon, ein Hormon, das ein natürlicher Gegenspieler von Insulin ist. Es beschleunigt die Abgabe der Zuckervorräte der Leber ins Blut und wird in sog. Notfall-Kits angeboten. Es sollte im Notfall immer schnell verfügbar sein.

Die schnellste und am besten steuerbare Therapie ist die direkte Injektion von 40%iger Glukoselösung über einen venösen Zugang ins Blut. Dies wird i.d.R. durch den Arzt oder speziell ausgebildetes Rettungspersonal durchgeführt. Bei schweren Hypoglykämien werden hiervon ca. 25–100 ml benötigt.

Prognose

Die Symptome des hypoglykämischen Schocks bilden sich i.A. durch die therapeutische Gegensteuerung komplett zurück. Auch wachen die Patienten nach einer gewissen Zeit von selbst wieder aus dem Koma auf. Hierfür ist die körpereigene Gegenregulation der Leber verantwortlich. Leichte bis mittelschwere Hypoglykämien führen auf Dauer zu keinen nennenswerten bleibenden Hirnschäden. Wiederkehrende, schwere Hypoglykämien können zu bleibenden zerebralen Schäden führen (z. B. Gedächtnisstörungen).

Durch unterschiedliche Länge oder im Rahmen entsprechend gefährlicher Situationen (z. B. beim Autofahren) können allerdings schwerwiegende Komplikationen entstehen (z. B. Selbstverletzung im Rahmen eines Krampfanfalls, Unfälle, Aspiration, Unterkühlung usw.).

Infobox

ICD-10:
E14.0, E15

Internetadressen:
http://www.diabetes-news.de
http://www.diabetes.uni-duesseldorf.de

Literatur:
Drebing, V.: Diabetes und Folgeerkrankungen. TRIAS, Stuttgart 2004

Hypogonadismus

► Es klingelt. Frau Kalinke öffnet die Haustür. „Ich geh' mit meiner Laterne. . .". Vor ihr stehen fünf Kinder und singen. Frau Kalinke schaut in ihre glänzenden Augen und lächelt. Als die Kinder gegangen sind, geht sie zu ihrem Mann in die Küche. Ihr laufen die Tränen über die Wangen. Sie braucht nichts zu sagen. „Es fällt dir schwer die Kinder zu sehen. Ich verspreche, ich lasse mich untersuchen", tröstet er sie. „Ich möchte so gerne Kinder haben. Und du hattest doch damals die Chemo und hast die ganzen Medikamente genommen. Vielleicht können wir deshalb keine Kinder bekommen."

Definition

Bei Hypogonadismus versteht man eine Unterfunktion der Keimdrüsen. Der Begriff wird in der Praxis fast ausschließlich für Männer verwendet.

Ursachen

Man unterscheidet zwischen primärem, sekundärem und tertiärem Hypogonadismus.

Primärer Hypogonadismus

Hier liegt die Ursache im Hoden selbst. In sehr seltenen Fällen werden die Hoden in der Embryonalentwicklung überhaupt nicht angelegt (Anorchie).

Sertoli-cell-only-Syndrom (SCOS). Es fehlen die Keimzellen, die Hoden selbst sind vorhanden. Dies kann sowohl seit der vorgeburtlichen Entwicklung aus unbekannten Gründen vorliegen oder als Nebenwirkung einer Bestrahlung oder Chemotherapie später auftreten.

Spermatogenesearrest. Er ist dadurch gekennzeichnet, dass die Spermien sich zu verschiedenen Zeitpunkten nicht mehr weiterentwickeln. Auch hier werden als Ursachen einerseits genetische Defekte und andererseits Umweltgifte oder Chemotherapie vermutet. Bei einem sehr seltenen monomorphen Spermatozoendefekt zeigen alle Spermien aus unbekannten Gründen ein identisches Fehlbildungsmuster.

Hodenhochstand. Beim → Hodenhochstand oder Kryptorchismus ist die Wanderung der Hoden aus dem Bauchraum in den Hodensack, die normalerweise vor der Geburt oder in den ersten Lebensmonaten erfolgt, gestört. Entweder ist sie verzögert oder mindestens ein Hoden verbleibt außerhalb des Hodensacks. Die Folge kann Infertilität und ein erhöhtes Entartungsrisiko sein.

Klinefelter-Syndrom. Beim → Klinefelter-Syndrom liegt eine numerische Chromosomenanomalie vor: Die Männer haben ein oder mehr überzählige X-Chromosomen und damit den Karyotyp 47, XXY oder 48, XXXY usw. Die Hoden sind klein, bilden keine Spermien und wenig Testosteron.

Varikozele. Sie stellt eine krampfaderähnliche Erweiterung der venösen Versorgung meist des linken Hodens dar. Oft ist die Zahl der Spermien verringert oder ihre Beweglichkeit eingeschränkt.

Tubulusinsuffizienz. Hier liegt eine Schädigung im Tubulusgewebe des Hodens vor. Neben infektiösen Ursachen, z. B. nach → Mumps, werden Umwelteinflüsse als Ursache vermutet.

Sekundärer und tertiärer Hypogonadismus

Beim sekundären Hypogonadismus liegt die Ursache in der Hypophyse (Hirnanhangsdrüse), dem hormonellen Steuerungsorgan für den Hoden, beim tertiären Hypogonadismus im Hypothalamus, also in der Region im Gehirn, die die Hypophysenfunktion reguliert. Beide sind fast immer unbekannter Ursache (idiopathisch), doch in einigen Fällen sind → Tumoren, Verletzungen, Bestrahlungen, OP-Narben oder Medikamente die Auslöser.

Strittig ist die Zuordnung der nachlassenden Spermien- und Hormonbildung der Hoden mit zunehmendem Alter – das Klimakterium virile (männliche Wechseljahre). Eine sinkende Spermienzahl und ein abnehmender Testosteronspiegel entsprechen dem normalen Alterungsprozess. Andererseits fühlen sich einige Männer aus persönlichen, partnerschaftlichen oder psychosozialen Gründen dadurch in ihrem Wohlbefinden gestört und wünschen eine Therapie, insbesondere die Gabe von Testosteron.

Symptome

Je nach der zugrunde liegenden Erkrankung stehen im Vordergrund:

- verringertes Hodenvolumen,
- verzögerte oder ausbleibende Pubertät bzw. Ausbildung der sekundären Geschlechtsmerkmale (Schambehaarung, Bartwuchs, Stimmbruch),
- fehlende oder nur wenige Spermien, u. U. mit auffälliger Form.

Das Leitsymptom ist dann die völlige oder teilweise Unfruchtbarkeit. Weiterhin ist aufgrund der verminderten Bildung von männlichen Geschlechtshormonen eine fehlende Libido festzustellen. Auch andere Folgen eines mangelnden Testosteronspiegels sind zu sehen:

- reduzierte Vitalität bis hin zur Depression,
- → erektile Dysfunktion,
- reduzierte Muskelmasse und Knochendichte (→ Osteoporose),
- → Anämie.

Bei ansonsten normalen hormonellen Regelkreisen ist der Testosteronspiegel unzureichend. Dadurch ist die Konzentration der diesen Spiegel stimulierenden Hormone, v. a. der des follikelstimulierenden Hormons (FSH) und des luteinisierenden Hormons (LH), erhöht (**Abb. H.84**).

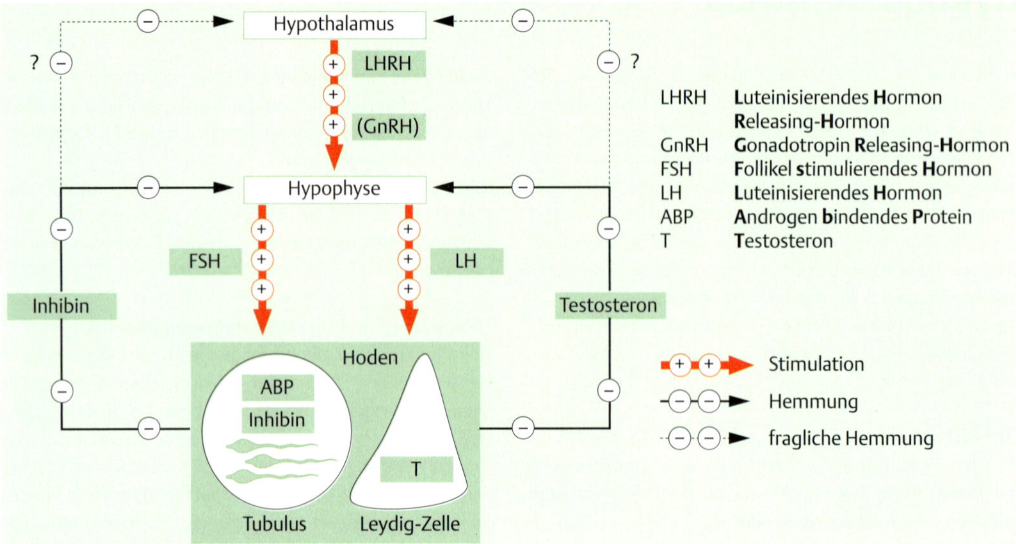

Abb. H.84 Hormoneller Regelkreis. Der Inhibin-Serumspiegel hemmt die FSH-Produktion, der Testosteron-Serumspiegel die LH-Produktion (sog. negatives Feed-back).

Diagnose

In der Anamnese wird nach Chemotherapie und Bestrahlungen im Kindesalter gefragt. Die klinische Untersuchung prüft die altersentsprechende körperliche Entwicklung von Hodenvolumen und sekundären Geschlechtsmerkmalen.

Das Spermiogramm klärt, ob und in welcher Zahl und Form Spermien gebildet werden. Eine beidseitige Hodenbiopsie kann den Ort der Schädigung weiter eingrenzen. Im Blut werden die Hormone bestimmt.

Differenzialdiagnose

Die →erektile Dysfunktion und die anderen möglichen Folgen eines Testosteronmangels haben meist andere Ursachen, z. B. innere Erkrankungen wie den →Diabetes mellitus.

Therapie

Liegen aufgrund von Chemotherapie und Bestrahlung genetische Defekte vor oder entwickeln sich keine Spermien, ist eine kausale Behandlung nicht möglich. Wird eine Störung des hormonellen Regelkreises (s. **Abb. H.84**) vor Einsetzen der Pubertät entdeckt, kann die rechtzeitige Substitution eine normale körperliche Entwicklung anstoßen.

Bei eindeutigen Mangelsituationen wird Testosteron gegeben. Bei einigen der genannten Konstellationen gibt es zumindest einige Spermien, sodass bei Kinderwunsch reproduktionsassistierende Methoden wie die intrazytoplasmatische Spermieninjektion (ICSI) Aussicht auf Erfolg haben.

Prognose

Falls keine kausale Behandlung möglich ist, werden die Beschwerden durch die Gabe von Testosteron gelindert.

Infobox

ICD-10:
E23.0, E23.3

Internetadressen:
Leitlinien Geburtshilfe, Gynäkologie und Reproduktionsmedizin, Andrologie: http://www.gfmer.ch

Literatur:
Krause, W., Weidner, W. (Hrsg.): Andrologie. Enke, Stuttgart 1998
Merkle, W. (Hrsg.): Duale Reihe Urologie. Hippokrates, Stuttgart 1997

Hypoparathyreoidismus

► Bei Charlotte Ewert wurde kürzlich eine Katarakt diagnostiziert, die operiert werden muss. Der Narkosearzt klärt die 55-Jährige nun über die geplante Operation auf. „Ich bin gesund und habe keine Beschwerden", berichtet Frau Ewert stolz. „Bis auf eine Schilddrüsenoperation vor 18 Jahren bin ich nie im Krankenhaus gewesen." Dem Narkosearzt fällt jedoch bei den Laborbefunden auf, dass der Kalziumwert stark erniedrigt und der Phosphatspiegel stark erhöht ist.

Definition

Ein Hypoparathyreoidismus bezeichnet eine angeborene oder erworbene Unterfunktion der Nebenschilddrüsen. Die Krankheit führt zu einem Mangel an Parathormon.

Ursachen

In den Epithelkörperchen (Nebenschilddrüsen) wird Parathormon (PTH, Parathyrin) gebildet (s. **Abb. H.75**). PTH erhöht den Kalziumspiegel im Blut und kontrolliert den Kalzium- und Phosphathaushalt: PTH bewirkt die Aufnahme von Kalzium aus dem Darm und fördert den Knochenabbau, wobei Kalzium und Phosphat freigesetzt werden. An der Niere fördert PTH die Rückresorption von Kalzium und erhöht die Ausscheidung von Phosphat. Außerdem bewirkt PTH die Bildung von Vitamin D in der Niere. Vitamin D fördert ebenfalls die Kalziumresorption im Darm (s. **Abb. H.76**). Bei niedrigen Kalziumwerten wird mehr, bei hohen Kalziumwerten weniger PTH sezerniert. Der PTH-Mangel bewirkt eine Abnahme der Kalziumkonzentration (Hypokalzämie) und einen Anstieg der Phosphationen im Blut (Hyperphosphatämie).

Ein Hypoparathyreoidismus tritt am häufigsten postoperativ nach einer Operation am Hals auf. Meist kommt dies nach einer Schilddrüsenoperation vor oder bei der Entfernung eines Adenoms der Nebenschilddrüse. Die Nebenschilddrüsen (Epithelkörperchen) befinden sich in unmittelbarer Nähe der Schilddrüse. Bei einer totalen oder subtotalen Entfernung der Schilddrüse (Strumektomie), insbesondere bei einem Schilddrüsenkarzinom, können die Epithelkörperchen leicht versehentlich entfernt werden.

Seltener tritt ein Hypoparathyreoidismus nach der Geburt auf. Entweder, weil die Drüsen nicht angelegt sind (Aplasie, z. B. Di-George-Syndrom, Kenney-Syndrom), oder weil die Mutter während der Schwangerschaft eine Hyperkalzämie hatte.

Der idiopathische Hypoparathyreoidismus (ohne erklärbare Ursache) entsteht vermutlich aufgrund einer Autoimmunerkrankung.

Symptome

Ein PTH-Mangel äußert sich durch eine hypokalzämische Tetanie (Krämpfe) und durch Organveränderungen.

Hypokalzämische Tetanie. Durch die Hypokalzämie wird die neuromuskuläre Erregbarkeit gesteigert. Zu Beginn kommt es zu Gefühlsstörungen und Kribbeln um den Mund herum sowie an Armen und Händen. Später verkrampfen die Muskeln an Armen und Beinen. Verkrampfungen an der Hand werden als „Geburtshelferstellung" oder „Pfötchenstellung" bezeichnet (**Abb. H.84**). Krämpfe im Darm können zu Bauchschmerzen führen, begleitet von Durchfall und Harndrang. Das Bewusstsein bleibt erhalten.

Organveränderungen. Etwa 25 % der Patienten erleiden keinen tetanischen Anfall. Bei diesen äußert sich der Hormonmangel durch Organveränderungen. Die schlimmste Organmanifestation nach längerem unbehandelten Hypoparathyreoidismus ist die → Katarakt (**Abb. H.86**). Weiterhin können sich Verkalkungen in den Basalganglien des Gehirns bilden. Bei Kindern kann es zu Zahnentwicklungsstörungen und Minderwuchs kommen. Manche Patienten leiden unter Reizbarkeit oder depressiven Verstimmungen.

Diagnose

Tetanische Krämpfe und niedrige Kalziumspiegel bei Routinekontrollen weisen auf einen Hypoparathyreoidismus hin.

Die klinische Untersuchung zeigt mögliche Organveränderungen. Im Labor sind Kalzium- und Magnesiumwerte erniedrigt und Phosphat erhöht. Im Urin ist die Ausscheidung von Kalzium und Phosphat verringert. Die PTH-Konzentration liegt unterhalb der Normwerte.

Mit der Spaltlampe kann eine Katarakt diagnostiziert werden. Die Computertomographie (CT) zeigt Verkalkungen im Gehirn.

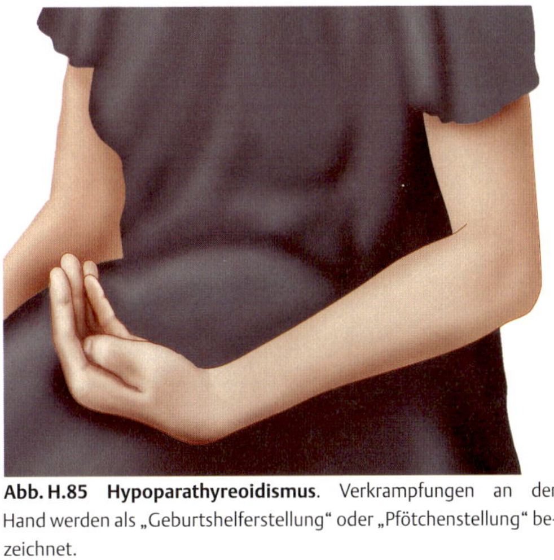

Abb. H.85 Hypoparathyreoidismus. Verkrampfungen an der Hand werden als „Geburtshelferstellung" oder „Pfötchenstellung" bezeichnet.

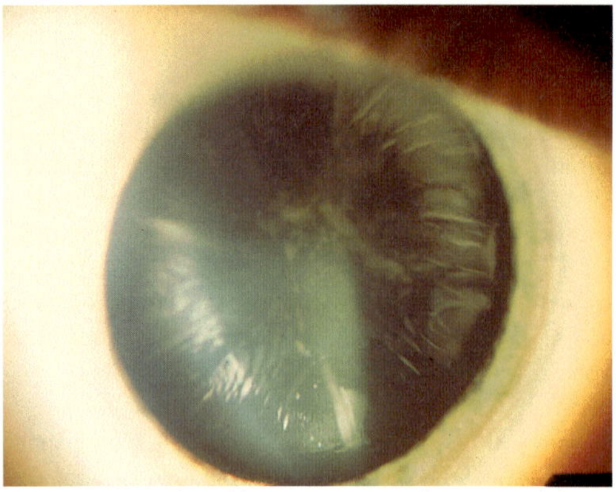

Abb. H.86 Katarakt. Schlimmste Organmanifestation nach längerem unbehandelten Hypoparathyreoidismus ist die tetanische Katarakt.

Differenzialdiagnose

Differenzialdiagnostisch kommen verschiedene Erkrankungen in Betracht:

- **Tetanie mit normalen Kalziumwerten** (am häufigsten): Durch die Erhöhung des pH-Wertes im Blut (Alkalose) kommt es zur Abnahme von Kalzium, meist bei psychogener → Hyperventilation.
- **Hypokalzämien anderer Ursache:** z. B. bei → Pankreatitis, → Malabsorptionssyndrom, → Peritonitis, Vitamin-D-Mangel, → Niereninsuffizienz und Infusion von EDTA oder Zitratblut (bilden Komplexe mit Kalzium).
- **Pseudo-Hypoparathyreoidismus (sehr selten):** Es handelt sich um eine familiäre Erkrankung mit Organveränderungen. Das PTH kann an den Zielzellen wegen genetischer Defekte nicht wirken.

Therapie

Bei einem tetanischen Anfall wird Kalzium langsam in die Vene injiziert. Da es bei Patienten mit eingeschränkter Nierenfunktion oder mit Digitalistherapie zu einer Hyperkalzämie kommen kann, wird zuvor Blut abgenommen und die Kalziumkonzentration bestimmt.

Für die Langzeitbehandlung wird hochdosiert Vitamin D (Cholecalciferol) oder Vitamin D3 (Calcitriol) in Kombination mit Kalzium verabreicht.

Prognose

Ein Hypoparathyreoidismus lässt sich recht gut behandeln. Kalzium- und Phosphatwerte müssen regelmäßig im Urin und im Blut kontrolliert werden. Der Patient sollte einen Notfallausweis bekommen.

Komplikationen

Bei einer Überdosierung von Vitamin D besteht die Gefahr einer Hyperkalzämie, einer Nephrokalzinose, einer → Nephrolithiasis oder einer Verschlechterung der Nierenfunktion.

Infobox

ICD-10:

E20.9 Hypoparathyreoidismus

E20.0 Autoimmuner oder idiopathischer Hypoparathyreoidismus

E20.1 Pseudo-Hypoparathyreoidismus

E89.2 Hypoparathyreoidismus nach medizinischen Maßnahmen

Internetadressen:

Dt. Gesellschaft für Endokrinologie: http://www.endokrinologie.net

http://www.leitlinien.net

Literatur:

Greten, H. (Hrsg.): Innere Medizin. Thieme, Stuttgart 2005

Baenkler, H.-W., u. a.: Duale Reihe Innere Medizin. Thieme, Stuttgart 2001

Siegenthaler, W. (Hrsg.): Differenzialdiagnose, 19. Aufl. Thieme, Stuttgart 2005

Hypotonie

► Pflegeschülerin Verena Adler erzählt der Stationsschwester, dass sie Angst habe, krank zu sein. „Ich bin häufig so schnell müde", berichtet die schlanke Frau. „Meine Hände und Füße sind ständig kalt. Manchmal, wenn ich mich bücke und rasch aufstehe, wird mir schwarz vor Augen."

Definition

Eine Hypotonie bezeichnet einen Abfall des Blutdrucks auf unter 100–110 mmHg systolisch oder unter 60–65 mmHg diastolisch.

Synonyme: Hypotension, niedriger Blutdruck.

Ursachen

Man unterscheidet eine primäre, sekundäre und orthostatische Hypotonie.

Primäre oder essenzielle Hypotonie. Am häufigsten ist die primäre oder essenzielle Hypotonie. Vor allem junge, schlanke Frauen leiden unter dem niedrigen Blutdruck. Die Krankheit tritt familiär gehäuft auf. Die Ursache ist unbekannt.

Sekundäre Hypotonie. Eine sekundäre Hypotonie kann durch Medikamente, Erkrankungen des Hormonsystems, Herzkrankheiten, nach langer Bettlägerigkeit, bei einem geringen Blutvolumen oder Natriumwerten unterhalb der Norm (Hyponatriämie) entstehen.

Orthostatische Hypotonie. Bei der orthostatischen Hypotonie ist die Regulation des Blutdrucks gestört: Steht ein Patient nach vier Minuten Liegen auf, sinkt der systolische Blutdruck um mindestens 20 mmHg, der diastolische um mindestens 10 mmHg. Das Blut „versackt" dabei in den Venen der Beine und im Magen-Darm-Bereich. Eine orthostatische Dysregulation tritt bei sekundärer, seltener bei primärer Hypotonie, bei Varizenleiden oder einem postthrombotischen Syndrom auf. Störungen des autonomen Nervensystems, z. B. bei langjährigem → Diabetes mellitus, können durch eine fehlende Aktivierung des Sympathikus ebenfalls zu einer orthostatischen Hypotonie führen.

Symptome

Die Patienten leiden unter Schwindel und Konzentrationsschwäche. Die körperliche Leistungsfähigkeit lässt nach. Die Patienten ermüden rasch und brauchen morgens lange, um „in Gang zu kommen". Manche Patienten haben depressive Verstimmungen oder Schlafstörungen. Hände und Füße sind häufig kalt.

Orthostatische Dysregulation. Bei einer orthostatischen Dysregulation kommt es zu Schwindelgefühlen, Schwarzwerden und Flimmern vor den Augen, wenn die Patienten aus dem Bett aufstehen oder sich Bücken. Manche spüren starke Kopfschmerzen oder Ohrensausen.

Synkope (Ohnmacht). Die Patienten können kurzfristig spontan das Bewusstsein verlieren. Um den Blutdruck zu steigern, aktiviert der Körper das sympathische Nervensystem. Dies verursacht Herzklopfen (Tachykardie), Schweißausbrüche, eine blasse Haut und kalt-schweißige Hände. Bei Patienten mit einer Erkrankung des autonomen Nervensystems fehlt diese Gegenregulation.

Diagnose

Die Symptome weisen auf eine Hypotonie hin. Medikamente, die der Patient eingenommen hat, und Vorerkrankungen lassen eine sekundäre Hypotonie vermuten. Die Regulation des Blutdrucks wird mit dem Schellong-Test (Orthostase-Test) dokumentiert.

Schellong-Test. Nach 10 Min. Liegen und 10 Min. Stehen werden Blutdruck und Puls in kurzen Abständen gemessen. Normalerweise fällt der systolische Blutdruck um weniger als 20 mmHg und der diastolische um weniger als 10 mmHg ab. Mit der ambulanten Blutdruckmessung kann der Patient den Blutdruck mehrmals am Tag selbst messen und die Werte dokumentieren (s. S. 457).

Differenzialdiagnose

Differenzialdiagnostisch ist die Ursache einer sekundären Hypotonie für die erfolgreiche Therapie wichtig. Differenzialdiagnosen der Synkope können nach ihrer Ursache in verschiedene Bereiche eingeteilt werden:

- Synkope durch Herzerkrankungen (der linke Ventrikel des Herzens pumpt zu wenig Blut, z. B. bei Aortenstenose, hypertrophe obstruktive → Kardiomyopathie),
- Synkope durch Störungen des Kreislaufsystems (z. B. Orthostatische Synkope, Vasovagale Synkope),
- Synkope durch Erkrankungen im Gehirn (z. B. Narkolepsie, zerebrovaskuläre Insuffizienz),
- Synkope durch Stoffwechselveränderungen (z. B. Hypoxie, schwere → Anämie).

Therapie

Patienten mit Hypotonie sollten ihren Kreislauf mit Sport, Massagen, Hydrotherapie oder Sauna trainieren. Die Patienten dürfen mehr Kochsalz zu sich nehmen und sollten viel trinken. Nach dem Schlafen sollten Hypotoniker langsam aufstehen.

Schlafen mit um 20° angehobenem Oberkörper kann eine orthostatische Dysregulation am nächsten Morgen verhindern. Kompressionsstrümpfe sind zwar unbequem, führen aber häufig zur Besserung der Symptomatik. Bei orthostatischer Dysregulation können Mineralokortikosteroide (z. B. Fludrocortison, Dihydroergotamin, Sympathomimetika) helfen. Bei einer orthostatischen Synkope wird der Patient hingelegt und die Beine angehoben (**Abb. H.87**).

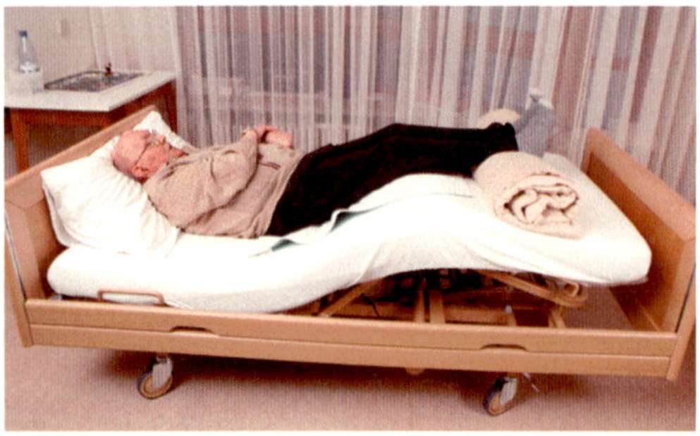

Abb. H.87 Lagerung. Bei einer orthostatischen Synkope wird der Patient hingelegt und die Beine angehoben.

Bei den sekundären Hypotonien werden Auslöser wie Medikamente weggelassen oder die entsprechenden Grundkrankheiten behandelt.

Prognose

Niedriger Blutdruck ist an sich keine Erkrankung. Bei Beschwerden sollten zunächst Allgemeinmaßnahmen versucht werden, z. B. körperliches Training, viel trinken oder Kompressionsstrümpfe. Auf Medikamente sollte möglichst verzichtet werden.

Infobox

ICD-10:

I95.9 – arterielle Hypotonie, konstitutionelle Hypotonie
I95.0 – idiopathische Hypotonie
I95.1 – orthostatische Dysregulation
I95.2 – Hypotonie durch Arzneimittel
I95.8 – chronische Hypotonie
O26.5 – Hypotonie bei Gravidität

Internetadressen:

http://www.aok.de/bund/tools/medicity/diagnose.php?icd=4095
http://www.medsana.ch
http://www.akh-consilium.at/daten/hypotonie.htm

Literatur:

Greten, H. (Hrsg.): Innere Medizin, 12. Aufl. Thieme, Stuttgart 2005
Baenkler, H.-W. u. a.: Duale Reihe Innere Medizin. Thieme, Stuttgart 2001

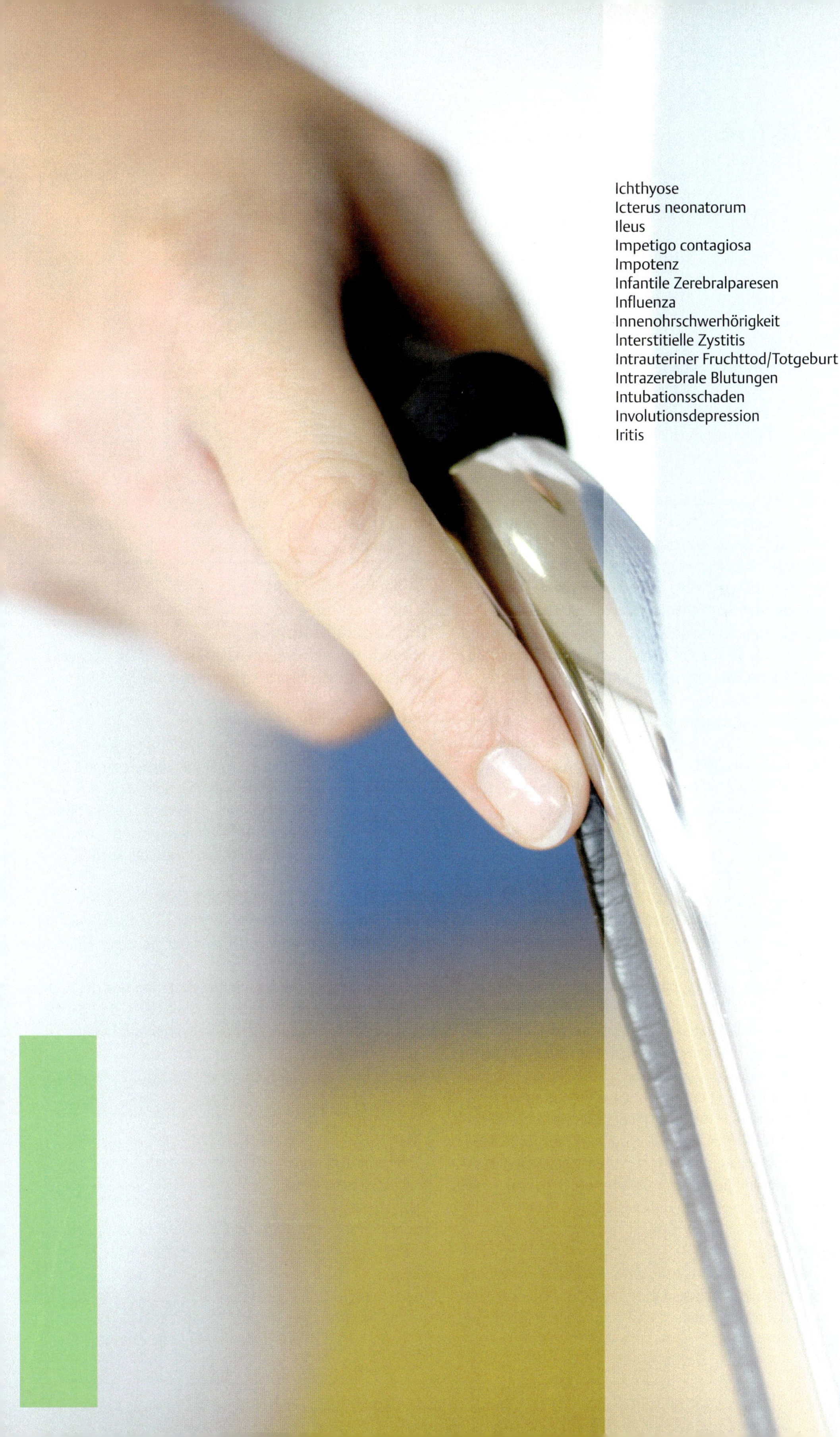

Ichthyose

▶ **Anne (32) leidet seit ihrer frühen Kindheit unter extrem trockener Haut, die sich an verschiedenen Stellen des Körpers ständig schuppt. Besonders schlimm ist es, wenn auch Gesicht und Hände davon betroffen sind. Auch bei ihrer Tochter Sarah (4) zeigen sich bereits erste Anzeichen von Hautschuppungen.**

Definition

Die Ichthyose ist eine angeborene oder später erworbene Störung der Haut. Die Haut verhornt und bildet Schuppen. Man unterscheidet primäre und sekundäre Ichthyose.

Synonym: Fischschuppenkrankheit.

Ursachen

Primäre Ichthyose. Sie kommt sehr häufig vor. Sie wird durch einen genetischen Defekt (Mutation) verursacht. Durch diesen Gendefekt sind entweder die Bildung des Keratins oder an der Verhornung der Haut beteiligte Enzyme gestört. Die Ichthyosis vulgaris gilt als häufigste Erscheinungsform. Sie tritt bei einer von 250 Geburten auf. Das Enzym Filaggrin fehlt oder ist weniger aktiv. Aufgrund der autosomal dominanten Vererbung kommt es bei Mädchen genauso häufig vor wie bei Jungen.

Sekundäre Ichthyose. Sie kann als Paraneoplasie (nicht bösartige Gewebsneubildung) bei bösartigen → Tumoren, bei Infektionen (z. B. → Syphilis) sowie bei Mangel von Vitaminen A, B6 oder Nikotinsäure entstehen. Oft kommt es zu einer Ichthyose bei Patienten mit Langzeitdialyse und Hypothyreose (Unterfunktion der Schilddrüse).

Symptome

Charakteristisch ist die Verdickung und Schuppung der Haut (Fischschuppenkrankheit). Die Ausprägung ist sehr unterschiedlich. Bei der Ichthyosis vulgaris sieht man schubweise ab dem ersten Lebensjahr (vermehrt im Winter) feine weiße Schuppen an Unterarmen und Unterschenkeln unter Aussparung der Beugen (**Abb. I.1**). Die Hautfurchen an Händen und Füßen sind verstärkt und grob. An den Haarbälgen der Oberarme zeigen sich oft rötliche Hornpfropfen (Keratosis pilaris). Der Juckreiz ist i.d.R. nicht sehr ausgeprägt.

Andere Ichthyosen treten schon bei der Geburt auf. Nahezu die gesamte Haut zeigt größere, bräunliche Schuppen mit grober Felderung. Die seltenen Extremformen bilden einen Hautpanzer. Die Ichthyosen treten häufig zusammen mit anderen Hautproblemen auf, insbesondere mit → Neurodermitis oder Haarausfall.

Diagnose

Der Zeitpunkt und die Lokalisation der Beschwerden geben erste Hinweise, ebenso eine familiäre Häufung. Zur genauen Zuordnung dienen Gewebeproben (Histologie) und Enzymdiagnostik.

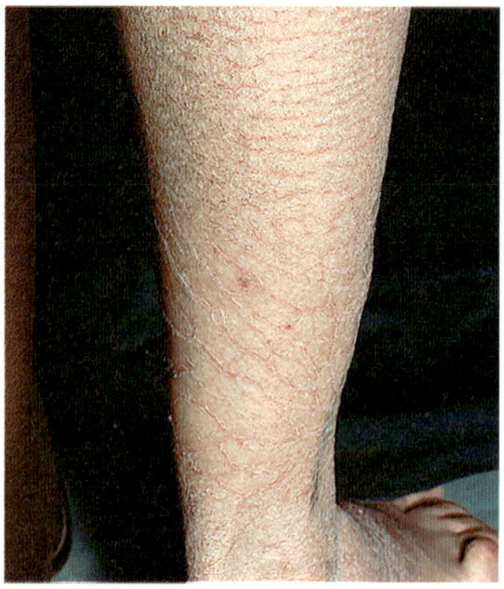

Abb. I.1 Ichthyose. Schuppung des rechten Unterschenkels.

Differenzialdiagnose

Sehr wichtig ist das Erkennen einer sekundären Ichthyose, damit die Grunderkrankung behandelt werden kann.

Therapie

Primäre Ichthyosen können nur symptomatisch behandelt werden, z. B. mit harnstoffhaltigen Cremes und Lotionen. Als Medikament kann das Retinoid Acitretin verschrieben werden. Es greift in die Synthese von Keratin ein und sollte wegen seiner Nebenwirkungen nur bei sehr schweren Formen von Ichthyosen eingesetzt werden.

Prognose

Die milden Ausprägungen der Ichthyosis vulgaris werden mit zunehmendem Alter eher weniger. Schwere Formen bedürfen lebenslanger Therapie.

Aufgrund der eingeschränkten Schutzfunktion der Haut kommt es häufiger zu Infektionen. Außerdem sind die Patienten mit den Hautproblemen oft psychisch belastet.

Infobox

ICD-10:

Q80.1 – 9 – Ichthyosis (Ziffer 1 – 9 je nach Gendefekt)
L85.0 – erworbene Ichthyosis

Internetadressen:

http://www.netzwerk-ichthyose.de
Selbsthilfe Ichthyose e. V.: http://www.ichthyose.de

Literatur:

Moll, I. (Hrsg.): Duale Reihe Dermatologie, 6. Aufl. Thieme, Stuttgart 2005

Icterus neonatorum

► Die 29-jährige Melanie Meyer geht zur Entbindung ihres ersten Kindes in die Klinik. Bei der Geburt verläuft alles normal und der kleinen Tanja geht es gut. Das Stillen klappt auch. Am 3. Tag fällt Melanie eine leichte Gelbfärbung von Tanjas Augen auf. Als sie den Arzt fragt, erklärt er, dass es sich um eine Neugeborenengelbsucht handelt, von der nach ein paar Tagen nichts mehr zu sehen sein wird. Melanie ist beruhigt und schließt ihr Baby glücklich in ihre Arme.

Definition

Icterus neonatorum ist die Gelbsucht bei Neugeborenen, die sich bei ca. 80 % der Säuglinge bildet. Man unterscheidet:

- **einfache Verlaufsform:** Icterus neonatorum entsteht zwischen dem 3. und 5. Tag. Nach 10 bis 14 Tagen ist er normalerweise wieder verschwunden.
- **schwere Verlaufsform:** Icterus neonatorum beginnt meist mit dem ersten Lebenstag und verstärkt sich von Tag zu Tag.

  Synonym: Neugeborenengelbsucht.

Ursachen

Je nach Verlaufsform sind die Ursachen unterschiedlich.

Einfache Verlaufsform

Bei allen Neugeborenen besteht eine verminderte Leberfunktion. Die noch unreife Leber ist mit dem Umbau von Bilirubin (rötlich, brauner Gallenfarbstoff), das nach der Geburt nicht mehr über die Plazenta ausgeschieden werden kann, überfordert. Die Bilirubinkonzentration im Blut steigt zunächst an und verursacht die Gelbfärbung der Haut und der Skleren (Augenweiß).

Sobald sich die Leberfunktion verbessert hat, meist bis zum 14. Lebenstag, fällt die Bilirubinkonzentration wieder auf Normalwerte ab. Man unterscheidet zwei Ursachen für den Anstieg der Bilirubinkonzentration:

1. hepatogen (von der Leber ausgehend),
2. hämatogen (vom Blut ausgehend).

Hepatogene Ursachen. Beim Abbau der roten Blutkörperchen in der Milz entsteht das freie Bilirubin, welches durch Anbindung an ein Eiweiß dem indirekten Bilirubin der Blutbestimmung entspricht. In der Leber wird es mit Hilfe von einem Enzym in die wasserlösliche Form umgewandelt (direktes Bilirubin). Erst dann kann es über die Niere ausgeschieden werden. Bei Neugeborenen gelangt bis zur Ausreifung der Leber ein Teil des nicht wasserlöslichen Bilirubins über das Blut in die Haut und führt zu einer Gelbfärbung. Diese verschwindet, sobald die Leber ihre volle Funktion übernommen hat.

Hämatogene Ursachen. Das ungeborene Kind hat mehr rote Blutkörperchen als es nach der Geburt benötigt. Beim schnellen Abbau der roten Blutkörperchen wird eine große Menge Bilirubin gebildet, die nicht schnell genug ausgeschieden werden kann.

Schwere Verlaufsform

Bei Nichtbehandlung kann das freie Bilirubin beim Neugeborenen die Blut-Liquor-Schranke passieren und sich im Gehirn als Kernikterus (frühkindliche Hirnschädigung) manifestieren. Dabei werden die Nervenkerne gelb verfärbt und nachhaltig geschädigt.

Bei Frühgeborenen kann Icterus neonatorum durch eine noch sehr unreife Leber auch stärker und länger anhalten.

Weitere Ursachen für eine schwere Verlaufsform sind Rhesus- oder Blutgruppenunverträglichkeiten, angeborene Missbildungen des Gallengangs oder Infektionserkrankungen wie → Hepatitis, → Toxoplasmose, → Listeriose und die → Zytomegalievirusinfektion.

Symptome

Einfache Verlaufsform. Haut und Skleren sind gelb gefärbt, ansonsten ist das Neugeborene beschwerdefrei.

Schwere Verlaufsform. Leber und Milz sind vergrößert und gut tastbar. Die Babys sind apathisch und trinken deutlich weniger. Reflexe sind nur noch abgeschwächt vorhanden.

Diagnose

Neugeborene müssen während der ersten 14 Tage genau beobachtet werden. Außerdem wird die Konzentration des Bilirubins im Blut bestimmt. Bei Frühgeborenen wird im Krankenhaus routinemäßig das Blut kontrolliert, um mögliche Komplikationen frühzeitig erkennen und behandeln zu können.

Differenzialdiagnose

Die funktionellen Hyperbilirubinämien sind gekennzeichnet durch eine Erhöhung der Bilirubinkonzentration im Blut, die nicht auf eine Leberfunktionsstörung zurückzuführen sind. Es liegt ein genetisch determinierter Defekt im Stoffwechsel des Bilirubins vor.

Therapie

Bei der einfachen Form ist zunächst keine Behandlung nötig. Sollte die Gelbfärbung nach 10 Tagen nicht verschwinden oder sich ein stärkerer Verlauf entwickeln, gibt es mehrere Therapiemöglichkeiten.

Fototherapie. Die Neugeborenen werden nur mit einer Windel bekleidet unter eine Fototherapie-Lampe gelegt. Zum Schutz der Augen erhalten sie eine Binde. Das UV-Licht unterstützt die Umwandlung des Bilirubins in ein harnfähiges Abbauprodukt, das über den Urin ausgeschieden werden kann.

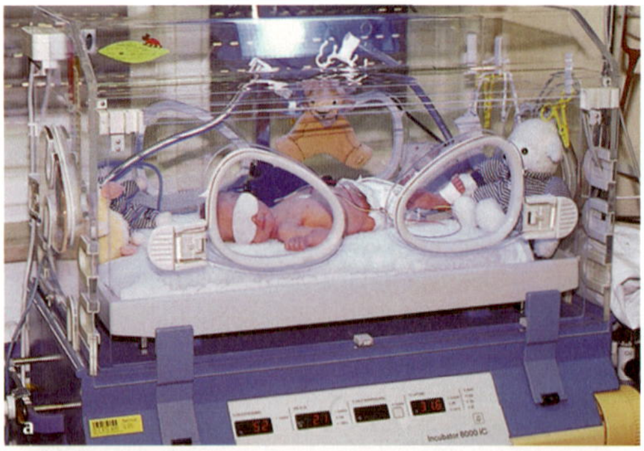

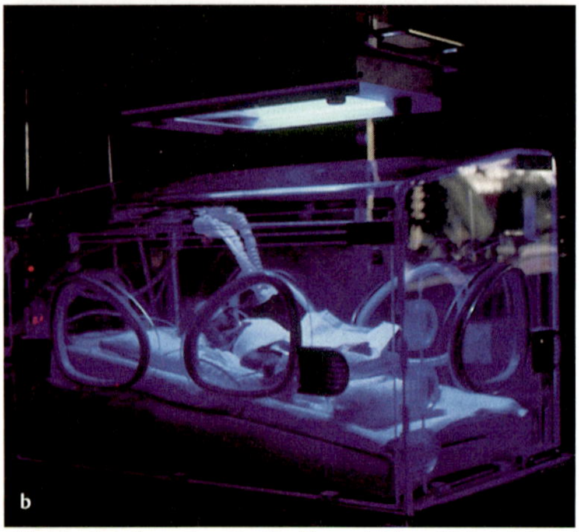

Abb. I.2 Fototherapie. a Das Kind liegt mit einer „Miniwindel" und mit Augenschutz im Inkubator. **b** Zur Fototherapie werden Therapielampen mit blauem Licht verwendet.

Bluttransfusion. Über eine in die Nabelvene gelegte Kanüle wird ein Austausch des Blutes zwischen Kind und Erwachsenem durchgeführt. Diese Möglichkeit wird angewendet, wenn die Fototherapie nicht ausreicht.

Prognose

Die Heilungschancen der einfachen Verlaufsform des Icterus neonatorum sind sehr gut. Die Gefahr eines Kernikterus ist bei Früherkennung gering. Sollte er jedoch nicht erkannt und nachhaltig behandelt werden, besteht die Gefahr von schwerwiegenden Spätfolgen. Dazu gehören Schwerhörigkeit, Krampfneigung, eine lebenslange geistige Behinderung oder sogar Tod.

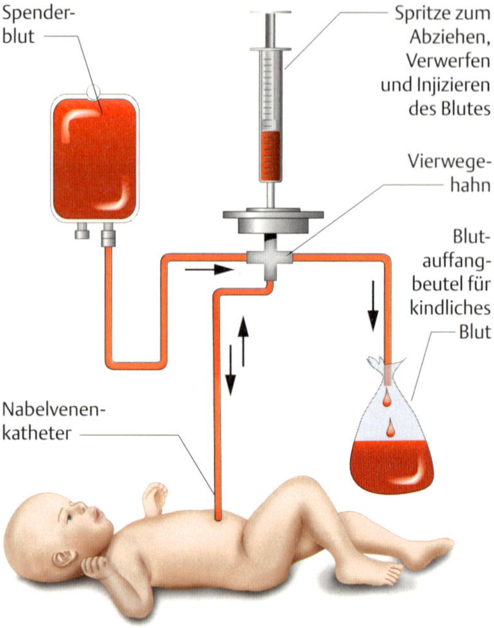

Abb. I.3 Austauschtransfusion. Dabei werden mehr als 80% des kindlichen Blutes ersetzt.

Infobox

ICD10:
P59.9

Internetadressen:
http://www.berlin-kids.de
http://www.gesundheitspro.de

Literatur:
Hoehl, M., Kullick, P.: Kinderkrankenpflege und Gesundheitsförderung, 2. Aufl. Thieme, Stuttgart 2002
Sitzmann, F.C.: Duale Reihe Pädiatrie, 2. Aufl. Thieme, Stuttgart 2002

Ileus

► Hubert Schrempf (56) ist Waldarbeiter. Nach einem heftigen Sturm ist viel zu tun, um die Wege schnell wieder begehbar zu machen. Nachdem er mit seinem Kollegen viele kleinere Baumstämme und Äste geschleppt hat, spürt er plötzlich einen Schmerz im Bauch. Er beachtet es nicht weiter und setzt seine Arbeit fort. Am Wochenende werden die Schmerzen jedoch so heftig, dass ihn seine Frau in die Notaufnahme fährt.

Definition

Beim Ileus ist der Darm verschlossen. Man unterscheidet, je nach Ursache 3 verschiedene Formen:

- **mechanischer Ileus:** entsteht durch ein Hindernis, das von außen oder innen wirkt,
- **funktioneller Ileus:** entsteht durch eine Lähmung (paralytischer Ileus) oder Verkrampfung der Darmmuskulatur (spastischer Ileus),
- **gemischter Ileus:** entsteht aus beiden Formen.

Synonym: Darmverschluss.

Ursachen

Mechanischer Ileus

Ursachen für einen mechanischen Ileus sind (**Abb. I.4**):

- **Obturation:** Verschluss der Darmpassage durch Fremdkörper, Tumoren oder Würmer,
- **Okklusion:** → Tumor, der von außen den betroffenen Darmabschnitt zusammendrückt,
- **Strangulation:** Dabei kommt es zu einer Einklemmung des Darmes mit Abschnürung der arteriovenösen Blutversorgung im Mesenterium (Bindegewebsband). Ursachen dafür sind Verwachsungen (Briden) oder andere Bruchpforten, z. B. bei einer → Leistenhernie. Auch die Drehung des Darmes um die eigene Achse führt zum Strangulationsileus,
- **Invagination:** Einstülpung eines Darmabschnitt in den anderen, kommt häufiger bei Kindern vor.

Für einen Dünndarmverschluss sind häufig Hernien (Leistenbrüche), ebenso → Morbus Crohn und in einigen Fällen vorausgegangene Operationen die Ursache. Ein Dickdarmverschluss kommt eher durch Gallensteine, → Divertikulitis, festen, harten Stuhl und Karzinome zustande.

Funktioneller Ileus

Paralytischer Ileus. Er entsteht durch:

- toxisch-infektiöse Krankheiten z. B. → Peritonitis,
- → Pankreatitis,
- stumpfe → Bauchtraumen,
- → Herzinfarkt,
- → Mesenterialinfarkt,
- Koliken und → akutes Nierenversagen,
- reflektorische Darmlähmung nach Operationen.

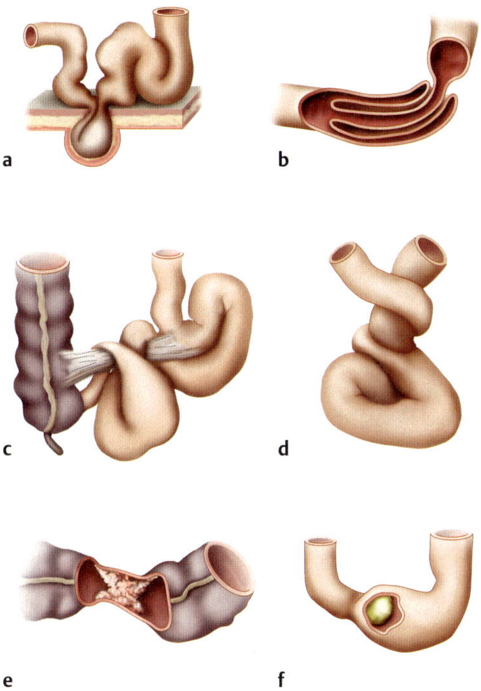

Abb. I.4 Beispiele für mechanischen Ileus. **a** Hernieninkarzeration (Einklemmung) **b** Invagation (Einstülpung) **c** Strangulation (durch Verwachsungen) **d** Volvulus (Verschlingung) **e** Tumorstenose **f** Gallensteine, die sich im Dünndarm festgesetzt haben.

Spastischer Ileus. Er entsteht nach:

- Blutvergiftung (→ Sepsis),
- Bleivergiftung,
- einem Befall von Askariden (Spulwürmer).

Gemischter Ileus

Er entsteht z. B. nach Darmlähmung durch eine Peritonitis mit einem mechanischen Verschluss.

Symptome

Mechanischer Ileus. Der entstehende Flüssigkeits- und Elektrolytverlust äußert sich in Schocksymptomen. Anfangs führt eine überaktive Darmbewegung (Hyperperistaltik) zu kolikartigen Schmerzen im Bauchnabelbereich. Auskultatorisch hört man spritzende Geräusche und tastet eine Darmsteife. Diese andauernde Erregung der Muskulatur führt mit der Zeit zu einer Lahmlegung des Darmes. Unterschiedliche Symptome ergeben sich durch die jeweilige Lokalisation des Ileus. In höheren Dünndarmabschnitten verursacht er meist Blähungen und Erbrechen.

Bei den tieferen Abschnitten setzt das Erbrechen später ein und ist dann braun und übel riechend.

Funktioneller Ileus. Der Schmerz beginnt langsam und mäßig, hält aber an. Sollte eine Entzündung die Ursache sein, fühlt sich der Bauch hart und gespannt an. Ansonsten kann der Bauch auch weich sein mit starker Gasbildung. Auskultatorisch fehlen jegliche Darmgeräusche („Grabesstille"). Der Patient wirkt blass, seine Augen liegen tief in den Augenhöhlen, die Nase ist spitz und kalt.

Gemischter Ileus. Es finden sich unterschiedliche Ausprägungen der zuvor beschriebenen Symptome.

Diagnose

Da die Symptomatik nicht immer eindeutig ist, gehört zur Diagnostik die gründliche Abklärung der Beschwerden und eine genaue Lokalisation. Außer dem klinischen Bild kann eine Röntgenaufnahme des Abdomens im Stehen oder in der Seitenlage hilfreich sein.

Bei einem mechanischen Ileus sieht man im Röntgenbild die Flüssigkeitsansammlung vor dem betreffenden Darmabschnitt als Spiegelbild in den Darmschlingen. Der nachfolgende Teil erscheint leer (**Abb. I.5**).

Beim funktionellen Ileus ist der gesamte Darm erweitert und mit Flüssigkeit bzw. Gas gefüllt. Bei einer Röntgenaufnahme mit Kontrastmittel lässt sich gut die Stelle des Verschlusses lokalisieren.

Außerdem wird die Sonografie zur Diagnostik eingesetzt. Wichtig ist auch die Bestimmung der Blutwerte.

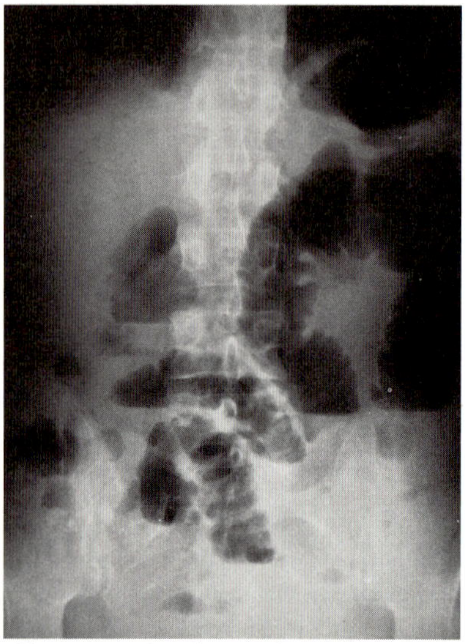

Abb. I.5 Dünndarmileus. Mechanischer Ileus infolge Verwachsung (Briden) nach Appendektomie. Das Kolon ist praktisch luftleer, die Dünndarmschlingen sind dilatiert und zeigen Spiegelbildung.

Differenzialdiagnose

Aufgrund des klinischen Bildes muss die Ursache des Ileus differenziert werden.

Therapie

Beim mechanischen Ileus insbesondere beim Strangulationsileus wird sofort operiert und die Ursache des Darmverschlusses beseitigt. Die Durchgängigkeit des betroffenen Darmabschnittes muss wiederhergestellt werden, da dieser sonst irreparabel geschädigt wird.

Zum Ausgleich des Flüssigkeits- und Elektrolytverlustes erhält der Patient Infusionen. Bei einer Perforation des paralytischen Ileus wird ebenfalls operiert. Außerdem wird die ursächliche Erkrankung behandelt.

Eine Entlastung des Darmes geschieht durch Absaugen des Darminhaltes mittels einer Magensonde. Für eine medikamentöse Anregung der Darmperistaltik können Bepanthen, Paspertin und Prostigmin als intravenöse Infusionen verabreicht werden.

Prognose

Die Gesamtsterblichkeitsrate liegt bei 10–25%. Therapeutische Maßnahmen oder eine Operation müssen sofort eingeleitet werden.

Komplikationen

Beim mechanischen Ileus kann, wenn nicht sofort behandelt wird, das betroffene Darmstück absterben.

Durch den erhöhten Innendruck im Darm und die dadurch entstehende Minderdurchblutung des Gewebes werden die Zellen geschädigt. Die Darmbakterien können dann die Darmwand durchwandern. Es entsteht eine → Peritonitis, aus der sich eine → Sepsis entwickeln kann.

Da die Resorptionsfähigkeit des Darmes gestört ist, kann die angesammelte Flüssigkeit nicht vom Körper genutzt werden. Der erhöhte Verlust von Elektrolyten und Flüssigkeit führt zum Schock.

Die Perforation stellt eine weitere Komplikation dar. Zum Durchbruch kommt es, weil der aufgeblähte Darm eine sehr dünne Wandschicht besitzt und die Durchblutung stark reduziert ist.

Infobox

ICD 10: K56.7

Internetadressen:
http://www.medsana.ch
http://www.onmeda.de

Literatur:

Greten, H. (Hrsg.): Innere Medizin, 12. Aufl. Thieme, Stuttgart 2005
Gerlach, U. u.a.: Innere Medizin für Pflegeberufe, 5. Aufl. Thieme, Stuttgart 2000

Impetigo contagiosa

► Die 15-jährige Anja bemerkt nach dem Aufstehen im Spiegel einen Pickel an der Nase. Zunächst misst sie ihm keine große Bedeutung bei, schließlich wurde sie im Laufe ihrer Pubertät schon mit manchen unschönen Hautproblemen belastet. Im Laufe des Tages beginnt er jedoch zu jucken und sie kratzt ihn versehentlich auf. Nachmittags geht sie mit ihren Freundinnen ins Freibad und reibt sich mit Sonnenöl ein. Nach 2 Tagen bemerkt sie an mehreren Stellen des Körpers Blasen mit Eiterbildung. Besorgt meldet sie sich bei ihrem Hausarzt an.

Definition

Impetigo contagiosa ist eine bakterielle Hautkrankheit, verursacht durch Streptococcus pyogenes oder Staphylococcus aureus. Häufig sind Kinder und Jugendliche betroffen.

Synonyme: Grindflechte, Borkenflechte.

Ursachen

Einige Stämme von Streptococcus pyogenes und Staphylococcus aureus verfügen über sog. Exfoliativtoxine, die zu einer Auftrennung der Hautschichten mit Blasenbildung führen. Dazukommt, dass diese Stämme sehr kontagiös (ansteckend) sind.

Bei vielen Patienten beginnt die Infektion in der Naselabialfurche und wird mit den eigenen Fingern dann auf den Körper übertragen.

Symptome

Es bilden sich mit Eiter gefüllte Blasen. Kleine Eiterbläschen werden meist durch Streptokokken, größere durch Staphylokokken hervorgerufen. Die Blasen platzen schnell und machen goldfarbenen Krusten Platz (**Abb. I.6**). Meist bleibt die Erkrankung auf den Mund-Nasenbereich und die Hände beschränkt, manchmal sind auch weitere Körperteile betroffen.

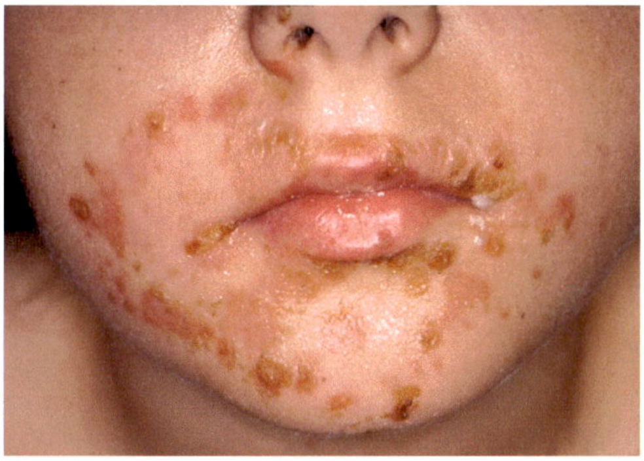

Abb. I.6 Impetigo contagiosa. Infektion beim Kind mit Rötung und Krusten.

Diagnose

Impetigo contagiosa hat eine sehr typische, oben beschriebene, Erscheinungsform.

Der Erreger wird durch eine bakteriologische Untersuchung aus einem Hautabstrich, einem Nasen- oder Rachenabstrich, nachgewiesen. Impetigo contagiosa ist nach dem Infektionsschutzgesetz meldepflichtig.

Differenzialdiagnose

Anfänglich verwechselt der Patient die impetigo contagiosa häufig mit Pickeln (ausgelöst durch Staphylococcus aureus und Propionibacterium acnes). Das Krankheitsbild nimmt jedoch schnell seinen typischen Verlauf.

Auch ein mit Staphylococcus aureus infizierter Herpesherd (→ Herpes simplex) kann ähnliche Symptome aufweisen.

Therapie

Zu Beginn wird mit antiseptischen Salben oder Cremes behandelt. In sehr schweren Fällen werden Antibiotika zum Einnehmen verschrieben.

Prognose

Die Heilungschancen sind bei rechtzeitiger Behandlung gut. Evtl. können sich Narben bilden, wenn Blasen aufgekratzt wurden.

Komplikationen

Es kann zu Lympknotenschwellungen kommen. Wenn die Staphylokokken sich stark ausbreiten, kann ein Staphylococcus-Scalded-Skin-Syndrom mit septischem Krankheitsbild entstehen. Dieses Krankheitsbild ist relativ gefährlich und kann zum Tod führen, wenn es nicht rechtzeitig angemessen behandelt wird.

Infobox

ICD-10:
L01

Internetadressen:
http://www.medizininfo.de
http://www.netdoctor .de

Literatur:

Sitzmann, F. C.: Duale Reihe Pädiatrie, 2. Aufl. Thieme, Stuttgart 2002
Kreckmann, M.: Fallbuch Pädiatrie. Thieme, Stuttgart 2004

Impotenz

► „Lass uns doch mal zu so einem Therapeuten gehen", schlägt Angelina vor. Frederik zieht eine Augenbraue hoch. „Ich soll einem wildfremden Menschen erzählen, dass es im Bett nicht klappt? Das kannst Du vergessen." Angelina hält dagegen: „Aber wir giften uns doch nur an. Du kommst immer mit diesem ‚ich hab' so einen Druck im Job und bin nicht in Stimmung'." „Ja genau. Und wenn ich Lust habe, klagst Du nachher über Schmerzen. Oder Du fängst davon an, dass Du nicht auf Kommando kannst, wenn wochenlang nichts lief", hakt Frederik gereizt ein. „Na prima. Ist es wieder so weit." Angelina dreht sich um und geht.

Definition

Impotenz bedeutet die Unfähigkeit des Mannes, den Geschlechtsverkehr auszuüben. Im weiteren Sinne wird der Begriff auch für beide Geschlechter angewendet. In diesem Fall versteht man unter Impotenz die Unfähigkeit zu sexuellem Vollzug und Erleben.

Ursachen

Im Alltagsgebrauch wird Impotenz meist gleichbedeutend mit → erektiler Dysfunktion (Impotentia coeundi) benutzt. Medizinisch wird der Begriff nicht so eng ausgelegt. Es wird unterschieden zwischen der primären und sekundären Impotenz.

Primäre Impotenz. Bei dieser seltenen primären Form besteht die Störung vom ersten Versuch Geschlechtsverkehr auszuüben an. Ursachen sind in erster Linie genetische Störungen wie das → Klinefelter-Syndrom oder ein schon seit Geburt bestehender → Hypogonadismus oder → Kryptorchismus.

Sekundäre Impotenz. Diese Form bezeichnet jede später aufgetretene, vollständige oder teilweise, vorübergehende oder dauernde Unfähigkeit Geschlechtsverkehr auszuüben (**Abb. I.7**). Neben der mit Abstand häufigsten erektilen Dysfunktion treffen die für die primäre Impotenz genannten Ursachen ebenfalls zu. Außerdem finden sich als körperliche Ursachen chronische Erkrankungen und Nebenwirkungen von Medikamenten. Psychische Ursachen sind u. a. privater oder beruflicher Leistungsdruck.

Weitere Formen der Impotenz sind:

Impotentia generandi. Sie ist gleichbedeutend mit der Unfruchtbarkeit bzw. → Sterilität des Mannes.

Impotentia satisfactionis. Damit wird die Unfähigkeit zur Befriedigung bezeichnet, die bei Männern selten ist. In einem solchen Fall erlebt der Mann trotz „normalem" Koitus einschließlich Ejakulation keine sexuelle Befriedigung. Diese Störung hat psychiatrische Ursachen.

Frigidität oder Libidostörung. Diese der Impotentia satisfactionis ähnliche Störung des sexuellen Empfindens bei der Frau ist wesentlich häufiger und kommt bei ca. einem Drittel der Frauen zumindest zeitweise vor. Darin eingeschlossen sind Orgasmusstörung und vermindertes sexuelles Verlangen, aber auch Schmerzen beim Geschlechtsverkehr (Dyspareunie) und der Vaginismus. Letzterer macht durch einen krampfartigen Spasmus der Beckenmuskeln ein Eindringen des Penis in die Vagina unmöglich. Wie bei Männern liegt oft eine subjektive oder objektive Überforderung vor, dazukommen – als Ursache oder Wirkung – Konflikte in der Partnerschaft.

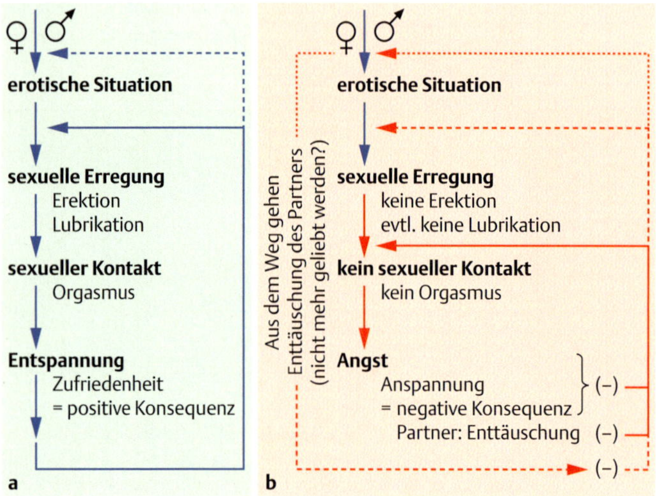

Abb. I.7 Sexualverhalten. a Ungestörtes Sexualverhalten, **b** gestörtes Sexualverhalten.

Bei beiden Geschlechtern lassen sich sexuelle Störungen manchmal mit einem Missbrauch in der Kindheit oder Jugend in Zusammenhang bringen. Wissenschaftliche Studien der letzten Jahre deuten darauf hin, dass die längere Einnahme der Antibabypille weibliche Lustlosigkeit zumindest mit verursachen kann.

In den Wechseljahren lassen die sexuelle Aktivität und die Libido bei beiden Geschlechtern durch Veränderungen im Hormonhaushalt nach. Gelegentlich wird daraus von den Betroffenen selbst oder anderen Personen, z. B. dem Partner, eine Behandlungsbedürftigkeit abgeleitet.

Symptome

Das Leitsymptom der Impotentia coeundi ist die fehlende Fähigkeit des Mannes, eine für ihn und seine Partnerin befriedigende Erektion zu bekommen oder zu halten.

Die Impotentia generandi führt zur ungewollten Kinderlosigkeit aufgrund fehlender oder zu geringer Spermienproduktion.

Bei der sog. Frigidität erleben beide Partner die Frau als unfähig, trotz entsprechender Stimulation oder Situation sexuelle Lust oder Erfüllung zu empfinden. Ein körperliches Zeichen dafür kann die mangelnde Lubrikation (gleitfähig werden) der Scheide sein. Dies führt möglicherweise zur Dyspareunie, die Schmerzen werden aber im gesamten Beckenbereich lokalisiert.

Diagnose

Eine sorgfältige und intensive Anamnese steht bei diesem Krankheitsbild am Anfang. Daran schließt sich eine Untersuchung durch Urologen, Andrologen, Pädiater, Gynäkologen, Endokrinologen und Humangenetiker an. Dazu kommt beim entsprechenden Beschwerdebild eine psychologisch-psychiatrische Diagnostik.

Differenzialdiagnose

Ein Grund für die vorübergehende Lustlosigkeit bei Frauen kann z. B. die Geburt eines Kindes und die damit verbundene Hormonumstellung und der veränderte Lebensrhythmus sein.

Beim Mann kann durch eine Vorhautverengung (→ Phimose) eine Erektion sehr schmerzhaft bzw. unmöglich sein. Sie ist daher von den oben genannten Ursachen abzugrenzen.

Therapie

Nicht jede Unlust oder jedes Nichterreichen oder Nichtzulassen des Geschlechtsverkehrs ist eine Krankheit. Liegt ein körperlicher Befund vor, muss dieser behandelt werden.

Eine Impotentia generandi kann ja nach vorliegender Erkrankung mit der Gabe von Testosteron so beeinflusst werden, dass assistierende Methoden wie die ICSI (intrazytoplasmatische Spermieninjektion) versucht werden können. Die Substitution mit Geschlechtshormonen lindert einige der angeborenen und erworbenen Störungen.

Psychologische Therapie oder Paartherapie wirken unterstützend. Aufgrund der großen Fallzahl stehen inzwischen standardisierte „Settings" zur Verfügung. Das sind allgemein akzeptierte, vorgegebene „Therapiefahrpläne" für die häufigsten Störungen.

Prognose

Genetische Erkrankungen können nicht geheilt werden, die subjektiven Beschwerden können aber durch Hormone oft gelindert werden.

Die Prognose der Psychotherapie sexueller Störungen ist sehr schwierig zu stellen. Die Störungen können sich spontan bessern, sich aber auch langfristig verschlechtern.

Komplikationen

Es besteht die Gefahr, dass sich manifeste psychiatrische Symptome aufgrund nicht ausreichend behandelter oder behandelbarer Impotenz beim Betroffenen ausbilden.

Infobox

ICD-10:

F52.0 – Libidostörung, Frigidität
F52.1 – mangelnde sexuelle Befriedigung
F52.2 – nichtorganische erektile Dysfunktion; Störung der sexuellen Erregung bei der Frau
F52.3 – Orgasmusstörung
F52.5 – nichtorganischer Vaginismus
F52.6 – nichtorganische Dyspareunie
N48.4 – Impotenz organischen Ursprungs

Internetadresse:

http://www.impotenz-selbsthilfe.de

Literatur:

Kockott G., Fahrner, E.-M. (Hrsg.): Sexualstörungen. Thieme, Stuttgart 2004

Infantile Zerebralparesen

► Melanie ist heute 3 Jahre alt. Sie ist ein fröhliches kleines Mädchen. Bei ihrer Geburt war noch alles in Ordnung. „Ich war so glücklich", erzählt Frau Maier. „Aber schon kurz nachdem wir wieder zu Hause waren, wurde sie krank. Eine Infektion machte ihr schwer zu schaffen. Tagelang hatte sie hohes Fieber. Einige Zeit, nachdem sie wieder gesund war, fiel mir auf, dass sie immer so angespannt in ihrem Bettchen lag. Manchmal konnte ich ihre Arme und Beine gar nicht richtig ausstrecken. Das hat mir ganz schön Angst gemacht und ich bin mit ihr zum Kinderarzt gegangen. Der untersuchte sie ausführlich, ließ auch eine CT von ihrem Kopf machen und äußerte dann den Verdacht einer Hirnschädigung infolge der Infektion. Melanie wird regelmäßig von der Physiotherapeutin und der Ergotherapeutin behandelt. Das ist das Wichtigste überhaupt. Einen Kindergartenplatz haben wir auch schon. Das wird der Süßen gefallen, denn wegen ihrer Bewegungsprobleme kann sie kaum mit anderen Kindern spielen."

Definition

Die infantile Zerebralparese ist die Folge eines frühkindlichen Hirnschadens, der nicht fortschreitet. Sie wird auch als Little-Krankheit bezeichnet nach dem Orthopäden William John Little.

Sie entsteht als Folge von Hirnschäden in frühen Entwicklungsphasen des Kindes. 3 bis 4 von 1.000 Neugeborenen zeigen diese Haltungs- und Beweglichkeitsstörung.

Synonym: Little-Krankheit.

Ursachen

Ursachen der infantilen Zerebralparese sind Fehlbildungen oder Entwicklungsstörungen, pränatale Infektionen, postnatale (nachgeburtliche) Traumen und Entzündungen. Sie führen zu einer Läsion (Schädigung) des Hirngewebes und somit zu zerebralen Funktionsstörungen.

Symptome

Die zerebralen Funktionsstörungen wirken auf den Muskeltonus, es kommt meist zu einer Spastik (krampfartig erhöhte Muskelspannung), abnormen Reflexen und Reaktionen. Die Spastik äußert sich folgendermaßen (**Abb. I.8**):

- Finger, Handgelenk, Ellenbogen sind nach innen gebeugt,
- der Daumen ist nach innen gedreht,
- die Beine sind in der Hüfte nach innen rotiert und werden angewinkelt zum Körper gezogen,
- Sprunggelenk und Fuß sind gestreckt (Spitzfuß),
- die Wirbelsäule ist seitlich verkrümmt (Skoliose).

Dyskinesien (unwillkürliche Bewegungsabläufe) oder Ataxie (Koordinationsstörungen) kommen hinzu. Infantile Zerebralparesen treten oft zusammen mit Intelligenzminderung, epileptischen Anfällen, Teilleistungsschwächen und Verhaltensauffälligkeiten sowie Wesensveränderungen auf. Das Bild ist das einer Mehrfachbehinderung. Die Kinder schielen und leiden unter Hör- und Sprachstörungen. Die Formen der verschiedenen Lähmungen zeigt **Tab. I.1**.

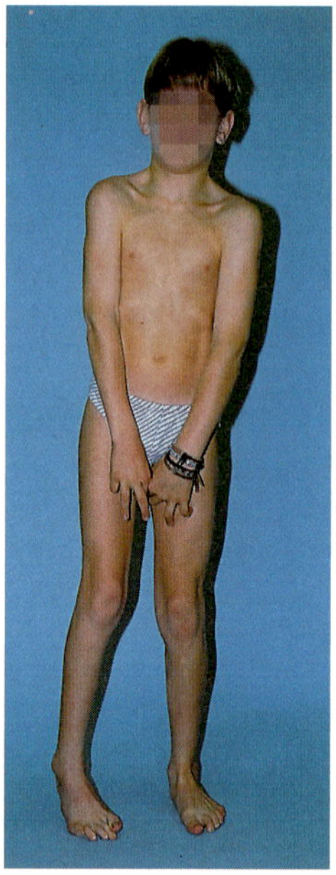

Abb. I.8 Infantile Zerebralparese. Spastische Hemiparese rechts bei einem 12-jährigen Jungen.

Diagnose

Die infantile Zerebralparese ist oft erst im 2. Lebensjahr eindeutig zu diagnostizieren. In den Vorsorgeuntersuchungen wird die Retardierung (Entwicklungsverzöge-

Tab. I.1 Formen der Lähmungen

Lähmung	Definition
Diplegie (40 % der Betroffenen)	die Beine sind stärker betroffen als die Arme
Hemiplegie (32 % der Betroffenen)	Lähmung einer Körperhälfte, also des Armes und Beins einer Körperseite
Tetraplegie (2 % der Betroffenen)	alle Extremitäten sind gelähmt
Paraplegie	beide Beine sind spastisch gelähmt

rung) anhand der abnormen motorischen Symptome festgestellt. Weitere Hinweise geben CT, MRT, Liquorpunktion, Blut- und Urinanalysen.

Differenzialdiagnose

Stoffwechselstörungen oder → Tumoren können zu Beginn ganz ähnliche Symptome verursachen. Sie führen aber meist zu einem deutlichen Entwicklungsknick.

Erkrankungen des Rückenmarks und der peripheren Nerven (neuromuskuläre Erkrankungen) lassen sich aufgrund des klinischen Befundes meist gut abgrenzen.

Therapie

Die infantile Zerebralparese ist nur bedingt zu beeinflussen. Wird sie früh erkannt, stehen die Chancen gut, Folgen zu verhindern und die Entwicklung des Kindes zu unterstützen. Die Therapie verfolgt die Ziele:

- abnorme Reflexe und Reaktionen zu hemmen und neue Bewegungen anzubahnen (mittels Physiotherapie nach Bobath oder Vojta),
- verschiedene Sinneskanäle anzuregen (Frühförderung durch Ergotherapie),
- Kontrakturen und Deformitäten zu verhindern (Prophylaxe und orthopädische Maßnahmen wie Schienen, Gipsverbände, Korsett, spezielle Sitztechnik, **Abb. I.9**),
- optische und auditive Wahrnehmung zu verbessern (Brille, Hörgerät),
- der Spastik entgegenzuwirken (medikamentös, z. B. Benzodiazepine),
- das Kind zu fördern und in die Gesellschaft zu integrieren (Kindergarten, Schule, Ausbildung).

Operationen werden nötig (strenge Indikationsstellung!), wenn Luxationen eintreten (Umstellungsosteotomie), verkürzte Sehnen behindernd wirken bzw. eine Skoliose zu korrigieren ist.

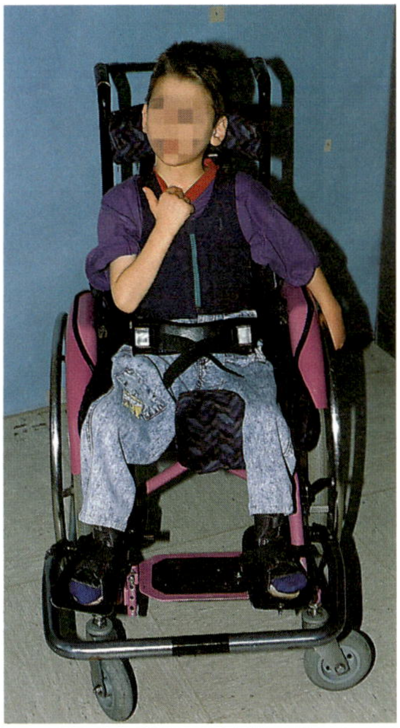

Abb. I.9 Orthopädietechnische Hilfsmittel. Individuelle Sitztechnik mit Rumpfführung, Beckenbügel, Abduktionsblock und Fußfixierung für einen 7-jährigen Patienten mit Tetraparese.

Prognose

Trotz Frühbehandlung und intensiver Maßnahmen ist meist mit einer bleibenden Beeinträchtigung zu rechnen.

Komplikationen

Die Bewegungsstörung hinterlässt ihre Spuren an Muskeln, Sehnen, Knochen und Gelenken. Es kommt zu Verkürzungen und Deformationen. Die Folge sind Kontrakturen (dauerhafte Verkürzung der Weichteile) und Luxationen. Besonders häufig ist eine Spitzfußkontraktur. Sie entsteht durch die Verkürzung der Achillessehne. Eine → Hüftluxation entsteht durch die Spastik der Hüftmuskulatur.

Die Wirbelsäule verbiegt sich durch unkoordinierte Aktionen der Rückenmuskeln zur Seite (Skoliose). Das Kind kann krampfen. Wahrnehmungsstörungen oder begrenzte kognitive Funktionen können zu Schwierigkeiten in der Schule führen.

Infobox

ICD-10:
G80.-

Internetadressen:
Bundeszentrale für gesundheitliche Aufklärung: http://www.bzga.de
Nationale Kontakt- und Informationsstelle zur Anregung und Unterstützung von Selbsthilfegruppen: http://www.nakos.de
Kindernetzwerk: http://www.kindernetzwerk.de
http://de.wikipedia.org/wiki/Infantile_Zerebralparese

Literatur:
Sitzmann, F.C.: Duale Reihe Pädiatrie, 2. Aufl. Thieme, Stuttgart 2002
Niethard, F.U., Pfeil, J.: Duale Reihe Orthopädie, 5. Aufl. Thieme, Stuttgart 2005
Niethard, F.U.: Kinderorthopädie. Thieme, Stuttgart 1997

Influenza

► Ende Januar bekommt die 38-jährige Elisabeth Geiger plötzlich Kopfschmerzen und Fieber von 39,5 °C, gemessen mit dem Ohrthermometer. Ihrem Hausarzt berichtet sie: „Ich fühle mich stark abgeschlagen, mir ist schwindlig und ich habe keinen Appetit. Das Aufstehen vom Bett fiel mir sehr schwer, mein ganzer Körper tut mir weh. Mein Hals schmerzt auch etwas."

Definition

Die Influenza ist eine Erkrankung der Atemwege mit Fieber und anderen Allgemeinsymptomen, die durch die Influenzaviren A und B hervorgerufen wird.

Synonym: Grippe.

Ursachen

Die Erreger der Grippe sind die Influenzaviren A und B. Influenzavirus B kommt nur beim Menschen vor, Influenzavirus A jedoch auch bei vielen Vogelarten und anderen Säugern.

Wichtige Virusbestandteile sind die Glykoproteine Hämagglutinin (H) und Neuraminidase (N). Die H- und N-Proteine der verschiedenen Influenza-A-Viren sind unterschiedlich und werden nummeriert. Die Influenza-A-Viren, die zurzeit Krankheiten beim Menschen verursachen, tragen die Hämagglutinin-Proteine 1 oder 3 und das Neuraminidase-Protein 1 oder 2. Sie werden als Influenza A (H1 N1) und (H3 N2) bezeichnet.

Das Virus wird durch Tröpfcheninfektion übertragen (**Abb. I.10**). Ein typischer Ausbreitungsweg ist der von der Schule oder dem Kindergarten auf die Familie und von dort an den Arbeitsplatz usw. Epidemien mit einer hohen Zahl von Erkrankten treten bei uns alle paar Jahre auf.

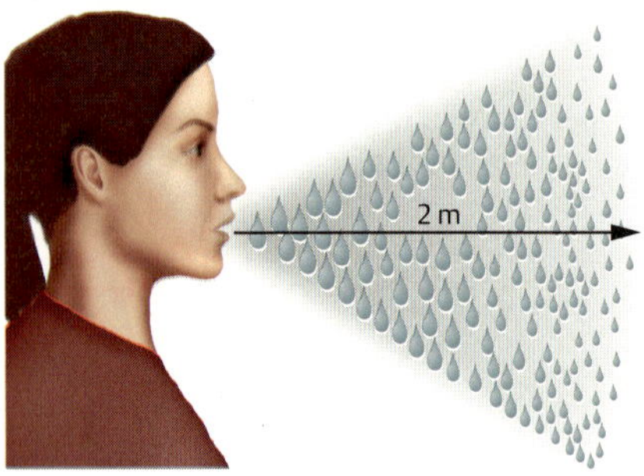

Abb. I.10 Tröpfcheninfektion. Keimhaltige Sekrettröpfchen können sich allein durch das Sprechen mehrere Meter im Raum verteilen.

Besonders gefürchtet sind jedoch die Pandemien. Das sind Epidemien, die sich über die gesamte Welt ausbreiten und bei denen es in der Vergangenheit immer mehrere Millionen Todesfälle gab.

Grippeinfektionen kommen in gemäßigten Breiten im Winterhalbjahr von Oktober bis April mit einem Gipfel zwischen Dezember und Februar vor. In den Tropen treten ganzjährig Infektionen auf.

Vogelgrippe (Geflügelpest)

Influenzaviren, die in Wasservögeln normalerweise harmlos sind, können gelegentlich auf Hühner übertragen werden. Sie rufen dort eine tödliche Erkrankung hervor, die Geflügelpest. Abgeleitet von der englischen Bezeichnung „Avian Influenza" wird sie auch Vogelgrippe genannt.

Eine neue Variante der Geflügelpest (Influenza A [H5 N1]) breitet sich seit 2003 von Südostasien kommend in Wasservögeln und Geflügel nach Europa aus. Auch einige Menschen sind an einer Infektion erkrankt und gestorben. Eine größere gesundheitliche Gefahr für den Menschen besteht jedoch, wenn diese Influenza-A-Variante die Eigenschaft entwickelt, sich von Mensch zu Mensch zu verbreiten.

Symptome

Die Inkubationszeit der Influenza beträgt zwei bis drei Tage. Die Erkrankung beginnt plötzlich mit Fieber (38 – 41 °C). Oft geht sie zu Beginn mit starken Kopfschmerzen, Gliederschmerzen und bei Kindern gelegentlich zusätzlich mit Erbrechen und Durchfall einher. Hinzu kommen Husten, Bindehautentzündung, Rachenentzündung und Schnupfen.

Die Symptome lassen über drei bis sieben Tage allmählich nach. Husten und Abgeschlagenheit können jedoch noch einige Wochen länger anhalten.

Eine Influenza-Virusinfektion kann auch lediglich die Symptome einer Erkältung zeigen, ohne hohes Fieber und Husten.

Diagnose

Die Diagnose einer Grippe ist bei typischer Symptomatik und in einem Zeitraum, in dem die Influenza gerade vor Ort ist, relativ sicher zu stellen. Sie kann durch den Nachweis von Virus-Proteinen im Nasen- und Rachensekret (Antigen-Nachweis) genauer diagnostiziert werden. Alternativ dazu lässt sich das Virus im Labor anzüchten oder durch Polymerase-Kettenreaktion (PCR) nachweisen. Als Ausgangsmaterial kann Rachenspülflüssigkeit oder Rachenabstrichmaterial verwendet werden.

Im Blut können Antikörper gegen das Virus nachgewiesen werden. Allerdings werden Antikörper erst später gebildet, sodass über den Antikörpernachweis die Diagnose erst zu einem Zeitpunkt festgestellt werden kann, in dem die Krankheit bereits abheilt.

Differenzialdiagnose

Eine Erkältung wird durch zahlreiche, verschiedene Viren hervorgerufen. Auch das Influenzavirus macht manchmal nur eine Erkältungssymptomatik. Bei Erkältung besteht kein Fieber und bestenfalls eine leichte Temperaturerhöhung (unter 38 °C). Bei der Erkältung ist Schnupfen eher vorhanden als Husten.

Husten, Fieber und Atemnot kommen bei einer bakteriellen Lungenentzündung (→ Pneumonie) vor. Die Erkrankung kann sich sehr rasch entwickeln. Besonders die zunehmende Atemnot ist ein Zeichen für die Pneumonie. Diese kann ja auch durch Influenzaviren selbst oder auf dem Boden einer Influenza durch Bakterien ausgelöst werden. Eine bakterielle Pneumonie kann am eitrigen Auswurf, insbesondere bei Nachweis eines bakteriellen Erregers, erkannt und diagnostiziert werden.

Therapie

Neuere Medikamente gegen das Virus sind die Neuraminidasehemmer Zanamivir und Oseltamivir. Sie verhindern die Bildung infektiöser Viruspartikel. Innerhalb der ersten 24–48 Std. nach Symptombeginn sollten diese eingenommen werden. Ein anderes, älteres Medikament ist Amantadin. Dies wird aufgrund häufiger, wenn auch eher harmloser Nebenwirkungen inzwischen jedoch weniger eingesetzt.

Ansonsten ist die Therapie symptomatisch: Zur Fiebersenkung können Medikamente und physikalische Maßnahmen eingesetzt werden. Bei älteren Patienten muss rasch mit einem Antibiotikum behandelt werden, wenn sich eine Lungenentzündung entwickelt.

Prognose

Bei der Influenza A können erhebliche Komplikationen entstehen, die in Epidemiejahren zu einer deutlich erhöhten Sterblichkeit führen. Insbesondere treten durch das Virus selbst bedingte und sekundäre bakterielle Pneumonien auf. Gefährdet sind vor allem ältere Menschen und alle Menschen mit Vorerkrankungen von Herz, Kreislauf und Atemwegen. Auch Säuglinge und kleine Kinder sind stärker gefährdet.

Im Rahmen einer Grippe kann es auch zu einer Mittelohrentzündung (→ akute Otitis media) durch das Virus oder durch andere Bakterien kommen. Bei Personen mit → Asthma und → chronischer Bronchitis (starke Raucher) kann durch die Grippeinfektion ein Asthmaschub ausgelöst bzw. die Bronchitissymptomatik verschlechtert werden.

Treten keine Komplikationen auf, heilt die Erkrankung folgenlos aus.

Prophylaxe

Die Grippeschutzimpfung erfolgt mit inaktivierten, nicht vermehrungsfähigen Influenzaviren der Typen A und B oder mit den Hüllproteinen H und N der Viren. Es sind, entsprechend der WHO-Empfehlungen, immer zwei Influenzavirus A Subtypen und ein Influenzavirus B Subtyp in jeder Impfdosis enthalten. Da das Virus ständig mutiert, wird jedes Jahr ein neuer Impfstoff hergestellt. Dadurch ist eine jährliche Wiederimpfung erforderlich. Die Schutzwirkung vor Erkrankung beträgt 70–80%. Bei den übrigen geimpften Personen verläuft eine Erkrankung meist leichter.

Empfohlen ist die Grippeschutzimpfung für Personen über 60 Jahre. Unabhängig vom Lebensalter wird eine Impfung für alle Personen empfohlen, die infolge eines chronischen Leidens durch eine Influenzavirusinfektion besonders gefährdet sind. Dies sind insbesondere Personen mit Vorerkrankungen von Herz und Lunge. Außerdem ist die Impfung für Personen mit erhöhter beruflicher Exposition, z. B. Personal in Krankenhäusern sowie in Alten- und Pflegeheimen, empfohlen. Der beste Impfzeitpunkt sind die Herbstmonate.

Infobox

ICD-10:

J10

Internetadressen:

Robert-Koch-Institut: http://www.rki.de
http://www.netdoktor.de

Literatur:

Doerr, H.W., Gerlich, W.H. (Hrsg.): Medizinische Virologie. Grundlagen, Diagnostik und Therapie virologischer Krankheitsbilder. Thieme, Stuttgart 2002

Mertens, T. u. a.: Diagnostik und Therapie von Viruserkrankungen. Leitlinien der Gesellschaft für Virologie, 2. Aufl. Urban & Fischer, München 2004

Glück, T. u. a.: Infektionskrankheiten von A–Z. Wissenschaftliche Verlagsgesellschaft, Stuttgart 2005

Innenohrschwerhörigkeit

► Herr Schleicher erscheint in Begleitung seiner Ehefrau in der HNO-Sprechstunde. Der 70-Jährige möchte seine Ohren kontrollieren lassen. Seine Frau beklagt sich, dass er sie nicht versteht: „Alles muss ich immer mehrmals sagen und ihn fast anschreien, damit er mich versteht. Den Wecker, die Türglocke oder andere hohe Töne nimmt er gar nicht mehr wahr." Herr Schleicher hat 40 Jahre in einer Schlosserei gearbeitet. Das Tragen eines Gehörschutzes war wegen der dort herrschenden Hitze oft nicht möglich.

Definition

Bei der Innenohrschwerhörigkeit handelt es sich um eine Hörstörung, die durch eine Funktionsstörung im Bereich des Innenohres hervorgerufen wird (s. **Abb. H.63**, S. 438).

Ursachen

Verschiedene Ursachen können zu einem Funktionsverlust des Innenohres führen.

Die häufigste Ursache ist die Altersschwerhörigkeit. Oft setzt diese bereits im 5. bis 6. Lebensjahrzehnt mit einem Nachlassen des Gehörs im Bereich der hohen Töne ein. Später können alle Frequenzbereiche betroffen sein.

Bestimmte Krankheiten können die Ausbildung einer Innenohrscherhörigkeit begünstigen. Hierzu zählen Stoffwechselerkrankungen und Durchblutungsstörungen, z. B. Nieren- und Schilddrüsenfunktionsstörungen, → Diabetes mellitus, → Arteriosklerose, → Hörsturz sowie eine Reihe von Immunerkrankungen.

Eine weitere sehr häufige Ursache ist Lärm. Die Lärmschwerhörigkeit ist die häufigste anerkannte Berufskrankheit in der BRD. Durch eine tägliche sechs- bis achtstündige Lärmbelastung mit über 85 dB (A) kann über Jahre eine beidseitige Innenohrschwerhörigkeit entstehen. Häufig hiervon betroffen sind Metallarbeiter oder Bauarbeiter. Aber auch Freizeitlärm, z. B. durch laute Musik oder Sportschießen, kommt als Ursache in Frage.

Symptome

Der Hörverlust führt zu einem eingeschränkten Sprachverständnis. Dies wird von den Betroffenen zunächst bemerkt, wenn bei Gesprächen Umgebungsgeräusche vorhanden sind. Es fällt zunehmend schwerer sich auf den Gesprächspartner zu konzentrieren. Oftmals meinen die Betroffenen, dass der Gesprächspartner undeutlich spricht. Wegen des eingeschränkten Sprachverständnisses können die meisten höhergradig Schwerhörigen an keiner Konversation mehr teilnehmen. Evtl. treten zusätzlich Ohrgeräusche auf.

Bei älteren Menschen, die an Schwerhörigkeit leiden, besteht die Gefahr sozialer und psychischer Veränderungen: Zunehmende gesellschaftliche Isolierung, depressive Verstimmung, Misstrauen und Angstzustände werden häufig beobachtet. Aus diesen Gründen muss möglichst frühzeitig etwas gegen Altersschwerhörigkeit getan werden, noch bevor die geistigen Fähigkeiten des Betroffenen merklich nachlassen.

Diagnose

Bei der Innenohrschwerhörigkeit stellt der HNO-Arzt die Diagnose anhand einer allgemeinen HNO-ärztlichen Spiegeluntersuchung sowie anhand verschiedener Hörtests (Audiometrie).

Impedanzaudiometrie. Die Schwingungsfähigkeit des Trommelfells und der Gehörknöchelchenkette im Mittelohr sowie der Mittelohrdruck wird gemessen. Sie dient dem Ausschluss einer Störung der Mittelohrfunktion (Schallleitungshörstörung/Otosklerose).

Tonaudiometrie. In der Tonaudiometrie werden dem Patienten über Kopfhörer Sinustöne unterschiedlicher Frequenz in ansteigender Lautstärke angeboten. Sobald der Patient den Ton hört, teilt er dies mit. Als Ergebnis der Untersuchung erhält man ein Diagramm (Hörkurve) mit der Lautstärke auf der Ordinate (y-Achse) und der Frequenz auf der Abszisse (x-Achse). Werden Töne erst bei höheren Lautstärkewerten gehört, so weicht die Hörkurve dieser Person von der Normalkurve ab (**Abb. I.11**). Mit Hilfe dieser Hörkurve lässt sich eine Schwerhörigkeit in unterschiedliche Schweregrade einteilen.

Sprachaudiometrie. Die Sprachaudiometrie untersucht das Verständnis von Einsilbern und Zahlen bei vorgegebener Prüftonlautstärke.

Es existieren noch eine ganze Reihe weiterer Hörtests, die zur Abgrenzung der Innenohrschwerhörigkeit von anderen Arten der Schwerhörigkeit dienen.

Differenzialdiagnose

Weitere Formen der Schwerhörigkeit mit einem anderen Entstehungsort müssen abgegrenzt werden:

- → **Mittelohrschwerhörigkeit:** Die Störung liegt im Mittelohr oder äußeren Ohr (z. B. bei → Paukenerguss, → akute Otitis media).
- **retrocochleäre (hinter der Schnecke gelegene) Hörstörungen:** Schallleitungsschwerhörigkeit mit Schädigung zwischen Innenohr und Gehirn (z. B. bei Akustikusneurinom, ein gutartiger → Tumor, der den Hörnerven komprimiert).
- **zentrale Hörstörungen:** Ursache liegt in den Hirnstrukturen, meist finden sich hierbei gleichzeitig andere neurologische Veränderungen.

Therapie

Bei einer Innenohrschwerhörigkeit ist eine medikamentöse oder operative Therapie nicht möglich. Man vertritt heute die Ansicht, dass eine möglichst frühzeitige Hörgeräteversorgung anzustreben ist.

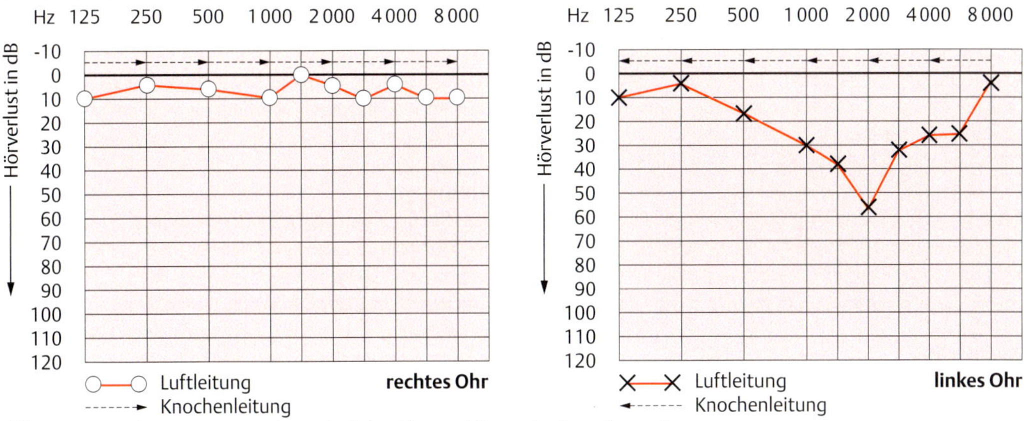

Abb. I.11 Tonaudiogramm. Die Hörkurve des linken Ohres weicht von der Normalkurve ab.

Das Tragen eines Hörgeräts bringt für den Schwerhörigen eine Reihe von Vorteilen mit sich, insbesondere wird das Sprachverständnis bei Unterhaltungen mit anderen Personen erleichtert. Die Betroffenen können mit dem Hörgerät Geräusche wahrnehmen, die sie lange Zeit nicht mehr hören konnten, z. B. Vogelgezwitscher, das Piepen des Weckers oder die Türglocke. Die Qualität von Hörgeräten wird dabei kontinuierlich verbessert.

Die neuesten Hörgeräte verwenden heute Digitaltechnologie. Diese Geräte verarbeiten die Schallsignale in winzigen Prozessoren, kleinen Computern gleich, und passen sich den Umgebungsverhältnissen selbstständig an. Sie sind in der Lage die menschliche Stimme von Störgeräuschen zu unterscheiden und zu verstärken. Sie besitzen Richtmikrofone, die einer besseren Fokussierung des Gehörs auf das Gegenüber dienen.

Die Versorgung mit Hörgeräten findet heute entweder auf dem klassischen Weg über ein Hörgeräte-Akustiker-Geschäft statt, oder neuerdings auch über den so genannten „verkürzten Versorgungsweg" direkt durch den HNO-Arzt.

Prognose

Die Innenohrschwerhörigkeit kann über Jahre konstant sein oder sich kontinuierlich verschlechtern. Dies ist meist ein schleichender Prozess, der vom Betroffenen oft unbemerkt bleibt. Eine rechtzeitige Hörgeräteversorgung ist anzustreben. So kann das Hören in einer ausreichenden Qualität erhalten werden und die Hörstörung hat keine Auswirkung auf das Sozialverhalten.

Infobox

ICD-10:
H91.9

Internetadressen:
Leitlinien HNO: http://www.leitlinien.net
http://www.taubenschlag.de
http://www.schwerhoerigen-netz.de

Literatur:

Oestreicher, E. u. a.: HNO, Augenheilkunde, Dermatologie und Urologie für Pflegeberufe. Thieme, Stuttgart 2003

Interstitielle Zystitis

► Die 51-jährige Doris Klatt erzählt Pfleger Markus beim Aufnahmegespräch: „Ich habe dauernd Blasenschmerzen und muss oft dreißig Mal am Tag zur Toilette, auch nachts. Ich kann nirgendwo mehr hingehen. Das Schlimmste ist: Keiner versteht mich und manch einer glaubt mir nicht einmal. Der Urologe sagte jetzt, ich hätte vielleicht interstitielle Zystitis. Ich wäre froh, wenn ich endlich wüsste, was ich habe. Ich weiß sonst nicht mehr weiter."

Definition

Bei der interstitiellen Zystitis ist die Blasenwand chronisch entzündet. Sie wird im Gegensatz zur bakteriellen → Blasenentzündung nicht durch Bakterien verursacht.

Die interstitielle Zystitis tritt bei 2–16 auf 100.000 Frauen (Verhältnis Frauen zu Männern 10 : 1) im durchschnittlichen Alter von 42–53 Jahren auf.

Ursachen

Die Ursachen für die interstitielle Zystitis sind unklar. Diskutiert werden neurogene Entstehungsursachen, eine Autoimmunerkrankung sowie Hypoxämie (Sauerstoffmangel). Die Erkrankung könnte auch durch giftige Urinbestandteile, die bei einer Schrankenstörung des Urothels in das Interstitium (Zwischenzellraum, hier: der Blasenwand) gelangen, verursacht sein (**Abb. I.12**).

Symptome

Die Betroffenen beschreiben starke Schmerzen in Blase, Harnröhre oder im gesamten Becken, die oft nach der Miktion auftreten. Die Schmerzen sowie die heftigen Drangsymptome empfinden die Patienten häufig als sehr belastend. Manche Betroffenen müssen extrem oft die Blase entleeren, sowohl tagsüber als auch nachts. Die Miktionsmengen sind dann dementsprechend klein.

Diagnose

Die Diagnose wird anhand der klinischen Symptomatik, des Miktionsprotokolls und der endoskopischen Befunde gestellt. Man wendet eine Ausschlussdiagnostik an.

Klinische Symptomatik. Wenn die Blasenschmerzen und der anhaltende Harndrang sich durch eine Therapie nicht bessern, besteht der Verdacht auf eine interstitielle Zystitis. Dies trifft auch dann zu, wenn die Beschwerden ungewöhnlich stark sind und länger als 8 Monate bestehen.

Miktionsprotokoll. Wenn die Betroffenen öfter als 8-mal täglich und auch nachts mehrmals die Blase entleeren müssen, kann eine interstitielle Zystitis vorliegen. Fasst die Blase beim wachen Patienten weniger als 350 ml und tritt bei rascher Blasenfüllung sofort starker Harndrang auf, weist dies ebenfalls auf eine interstitielle Zystitis hin.

Endoskopie. Bei der Blasenspiegelung zeigen sich typische petechiale Glomerulationen (stecknadelkopfgroße Schleimhautblutungen), wenn die Blase gedehnt wird. Außerdem sind ggf. geschwürartige Schleimhautveränderungen, die sog. Hunner-Ulzera, zu sehen. Nur wenn ein solcher Befund vorliegt, gilt die Diagnose der interstitiellen Zystitis als sicher. Im Endstadium findet sich eine kleine, zusammengezogene Blase (Schrumpfblase).

Differenzialdiagnose

Da ein Blasengeschwür ähnliche Symptome wie die interstitielle Zystitis verursacht, wird es häufig als solches angesehen und behandelt. Ein → Blasenkarzinom, Harnlei-

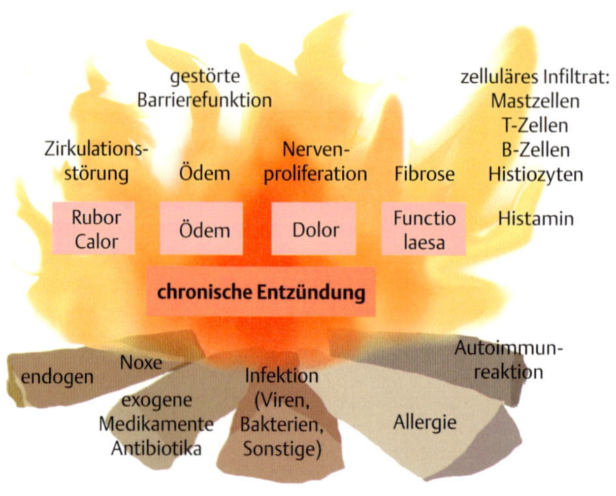

Abb. I.12 Interstitielle Zystitis. Die Ursachen sind unklar und bedingen die typischen Entzündungszeichen.

ter- oder Blasensteine (→Nephrolithiasis), Divertikel in der Harnröhre sowie eine →Kolpitis verursachen ebenfalls entsprechende Symptome. Diese Erkrankungen müssen daher immer ausgeschlossen werden.

Auch bei einer Blasenentzündung beschreiben die Patienten ähnliche Symptome. I.d.R. besteht bei der interstitiellen Zystitis aber kein Harnwegsinfekt. Das Sediment enthält bei der interstitiellen Zystitis nur Erythrozyten und keine Entzündungselemente.

Therapie

Die Therapie besteht aus Medikamenten, operativen Verfahren und Psychotherapie.

Medikamentöse Therapie. Oral werden Spasmoanalgetika, peripher und zentral wirksame Analgetika, Antiallergika, Glukokortikoide und Immunsuppressiva empfohlen. Bei der intravesikalen Therapie werden u. a. Heparin, Pentosanopolysulfat, Dimethylsulfoxid, BCG und Clorpactin direkt in die Harnblase verabreicht.

Operative Therapie. Eine Überdehnungsbehandlung in Narkose ist nur für eine begrenzte Zeit erfolgreich. Wenn die Beschwerden unerträglich sind, wird die verkleinerte Blase teilweise entfernt und durch eine Plastik erweitert.

Psychotherapie. Eine Psychotherapie sollte die therapeutischen Bemühungen begleiten. Die Lebensqualität der Patientinnen ist bei erfolgloser Therapie in allen Lebensbereichen stark eingeschränkt.

Infobox

ICD-10:
N30.1

Internetadressen:
http://www.ica-ev.de
http://www.ichelp.com

Literatur: Sökeland, J. u. a.: Urologie, 13. Aufl. Thieme, Stuttgart 2004

Intrauteriner Fruchttod/Totgeburt

► **Bei Frau Fitzen hatte der Gynäkologe während der Vorsorgeuntersuchung entdeckt, dass ihre Fruchtwassermenge stark erhöht war. Nun ist sie mit ihrem Mann in die Klinik gekommen, da sie einen Blasensprung hatte, woraufhin vaginale Blutungen begannen. Der Arzt nimmt eine Ultraschalluntersuchung vor, bei der er eine vorzeitige Plazentalösung höheren Ausmaßes feststellen muss. Kindsbewegungen sind nicht mehr nachzuweisen, auch zeigt das CTG keine kindlichen Herztöne an.**

Definition

Als intrauterinen Fruchttod bezeichnet man das Absterben des Fetus in der Gebärmutter nach dem 6. Schwangerschaftsmonat.

Wenn das geborene Kind nach dem intrauterinen Fruchttod mindestens 500 g wiegt oder während der Geburt verstirbt, spricht man von einer Totgeburt. Diese ist meldepflichtig. Die Eltern erhalten für ihr totgeborenes Kind eine Geburtsurkunde und einen Totenschein. Das totgeborene Kind unterliegt der Bestattungspflicht.

Ursachen

Ursachen sind Hypoxie, intrauterine Infektionen und Fehlbildungen. Die häufigste Ursache ist die Hypoxie bei Plazentainsuffizienz, die ein Missverhältnis zwischen den Versorgungsleistungen der Plazenta und den Bedürfnissen des Kindes mit sich bringt.

Man unterscheidet eine chronische Form, bei der v. a. die Ernährung des Kindes gestört ist, von einer akuten Form, wo die Sauerstoffunterversorgung im Vordergrund steht.

Weitere Ursachen für einen intrauterinen Sauerstoffmangel können sein:

- → Nabelschnurkomplikationen (Nabelschnurvorfall, -umschlingung, -knoten),
- vorzeitige Plazentalösung (die an normaler Stelle sitzende Plazenta löst sich vor der Geburt des Kindes),
- Morbus haemolyticus fetalis (die rhesusnegative Mutter bildet Antiköper gegen die roten Blutkörperchen des rhesuspositiven Fetus und verursacht damit eine Hämolyse).

Symptome und Diagnose

Der intrauterine Fruchttod ist gekennzeichnet durch fehlende Kindsbewegungen. Körpergewicht und Bauchumfang nehmen ab, der Fundusstand geht zurück.

Im Rahmen der Untersuchung mit Kardiotokografen und Ultraschall sind weder Herztöne noch Bewegungen des Kindes feststellbar.

Therapie

Die Behandlung besteht in der Einleitung der Geburt. Da der Gebärmutterhals seine Funktion als Verschlussapparat beibehält, muss durch lokale Gabe von Prostaglandinen eine Erweichung der Zervix erreicht werden. Danach werden durch einen Oxytocin- oder Prostaglandintropf die Wehen eingeleitet.

Der Fetus zeigt oft schon Mazerationserscheinungen (Gewebe ist durch längeren Kontakt mit Flüssigkeiten aufgequellt und aufgeweicht). Hierdurch kann ein Rückschluss auf den ungefähren Zeitpunkt des Fruchttodes getroffen werden.

Prognose

Der intrauterine Fruchttod stellt keine direkte Gefahr für die Schwangere dar. In sehr seltenen Fällen kann es aber zur Entwicklung eines Dead-Fetus-Syndroms kommen. Ca. 4 Wochen nach dem intrauterinen Fruchttod werden gerinnungsaktivierende Stoffe in das Gefäßsystem der Mutter eingeschwemmt. Dies kann eine Verbrauchskoagulopathie zur Folge haben. Hierunter versteht man eine Aktivierung der Blutgerinnung, mit der ein Verbrauch von plasmatischen Gerinnungsfaktoren und Blutplättchen einhergeht.

Infobox

ICD-10:
P95

Internetadressen:
Initiative Regenbogen: http://www.initiative-regenbogen.de
Engelskinder: http://www.engelskinder.de
Maximilianprojekt (offenes Forum): http://www.maximilianprojekt.de
Kindergrab: http://www.kindergrab.de
Stillgeburt: http://www.stillgeburt.de

Literatur:
Klaus Schäfer: Ein Stern, der nicht leuchten konnte. Das Buch für Eltern, deren Kind zu früh starb. Herder, Freiburg 2005
Hannah Lothrop: Gute Hoffnung – jähes Ende, 12. Aufl. Kösel, München 2005
Manfred Beutel: Der frühe Verlust eines Kindes. Bewältigung und Hilfe bei Fehl-, Totgeburt und Fehlbildung, 2. Aufl., Hogrefe, Göttingen 2002
Michaela Nijs: Trauern hat seine Zeit. Abschiedsrituale beim frühen Tod eines Kindes, 2. Aufl., Hogrefe, Göttingen 2003.
Alexandra Bosch (Hrsg.): Eigentlich unsere Kinder. Wie Mütter und Väter den frühen Verlust ihres Kindes erleben. Maximilianprojekt, 2004

Intrazerebrale Blutungen

► Der 55-jährige Klaus Bittner leidet seit Jahrzehnten unter Bluthochdruck. Die Blutdruck-Medikamente nimmt er allerdings nur sehr unregelmäßig ein. Seit dem Morgen fühlt er sich am Arbeitsplatz benommen und schwindelig, aber er kennt dieses Gefühl: „Hätte ich doch meine Medikamente diese Woche genommen, der Blutdruck wird wieder viel zu hoch sein!" denkt er sich. Als er eine Kiste anheben möchte, spürt er plötzlich einen stechenden Kopfschmerz. „Verflucht, was ist das?" ruft er, doch als sein Kollege nach ihm sehen will, wirkt Herr Bittner schläfrig und verlangsamt. Er versucht, auf die Nachfragen seines Kollegen zu antworten, doch er kann nur noch unzusammenhängende Worte stammeln. Sofort wird der Notarzt gerufen, der Herrn Bittner in einem komatösen Zustand vorfindet. Nach einer kurzen Untersuchung intubiert er Herrn Bittner und bringt ihn in beatmetem Zustand in das nächste Neurochirurgische Krankenhaus. Dort wird sofort eine Computertomografie des Schädels durchgeführt.

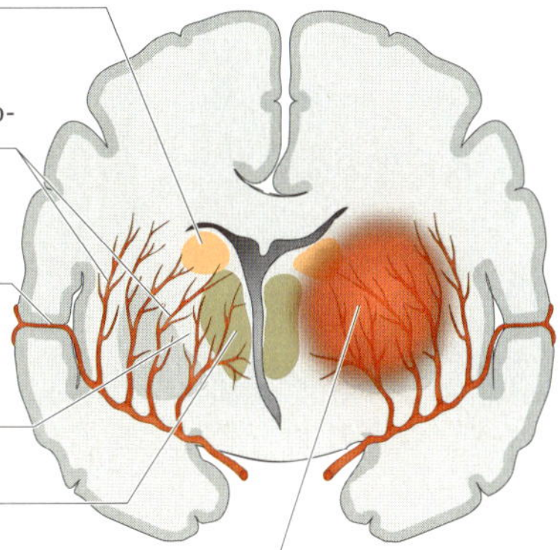

Abb. I.13 Massenblutung. Häufigste Lokalisation hypertensiver Massenblutungen im Bereich der Capsula interna.

Definition

Intrazerebrale Blutungen (ICB) sind meist akut verlaufende Blutungen aus einer Hirnarterie ins Hirngewebe.

Synonym: Hirnblutung.

Ursachen

Der Bluthochdruck (→ Hypertonie) ist der größte Risikofaktor für eine intrazerebrale Blutung. Er verursacht eine → Arteriosklerose, die zum Zerreißen von kleinen Arterien führen kann. Man spricht dann von einer hypertensiven Massenblutung.

Daneben kann durch äußere Gewalteinwirkung eine Schädelverletzung verursacht werden, die intrazerebrale Blutungen auslöst. In diesem Fall spricht man von einem intrazerebralen Hämatom (ICH). Begünstigt wird dies bei einer Gerinnungsstörung oder, falls eine Blutverdünnung besteht, z. B. bei Marcumar-Einnahme.

In seltenen Fällen kann es zur Einblutung in einen frischen → Hirninfarkt oder → Gehirntumor kommen.

Symptome

Zu Beginn verspüren die Betroffenen heftige Kopfschmerzen und Schwindel. Je nach betroffenem Hirnareal treten neurologische Ausfälle auf, z. B. eine Halbseitenlähmung (Hemiparese), eine Sprachstörung (Aphasie) oder Gleichgewichtsstörungen. Danach kann man eine schnell zunehmende Bewusstseinseintrübung (Vigilanzstörung) bis hin zum → Koma beobachten. Dadurch kommt es zu Atem- und Schluckstörungen, die immer lebensbedrohlich sind. Der Blutdruck kann als Auslöser akut erhöht sein (hypertensive Krise). Im weiteren Verlauf kann es bei Entwicklung von Hirndruck zum Kreislaufversagen kommen.

Intrazerebrale Blutungen können in allen Gehirnregionen auftreten. Das Ausmaß kann von kleinsten Blutungen bis zu Massenblutungen reichen. Bei Massenblutungen kommt es zur Verdrängung des Hirngewebes, Einbruch in die Hirnkammern (Ventrikel) und Erhöhung des Hirndrucks, der häufig zum Tode führt. In etwa 70 % der Fälle sind die intrazerebralen Blutungen in der Capsula interna, einem Bereich nahe der Hirnbasis, lokalisiert (**Abb. I.13**).

Diagnose

Bei Verdacht auf Hirnblutung ist äußerste Eile geboten. Der Arzt wird mit einer kurzen neurologischen Untersuchung erste Hinweise auf Lokalisation und Ausmaß der Hirnblutung suchen. Er überprüft Bewusstseinslage, Lähmungen (motorische Defizite) und Pupillenstörungen.

Häufig ist eine unterschiedliche Größe der beiden Pupillen (Anisokorie) oder ein gestörter Pupillenreflex auf Licht zu beobachten. Außerdem müssen Atmung, Puls und Blutdruck engmaschig kontrolliert werden. Für die Diagnose einer Hirnblutung ist eine sofortige Computertomografie des Schädels (cCT) nötig, bei der auch Lokalisation und Ausmaß beurteilt werden können (**Abb. I.14**).

Differenzialdiagnose

Intrazerebrale Blutungen und → Hirninfarkte lassen sich aufgrund der Symptome nicht sicher unterscheiden. Erst eine Computertomografie bringt in dieser Frage Klärung. Auch andere Formen von Hirnblutungen wie → epidurale Hämatome, → Subarachnoidalblutungen oder → subdurale Hämatome lassen sich aufgrund der Symptome nicht sicher abgrenzen.

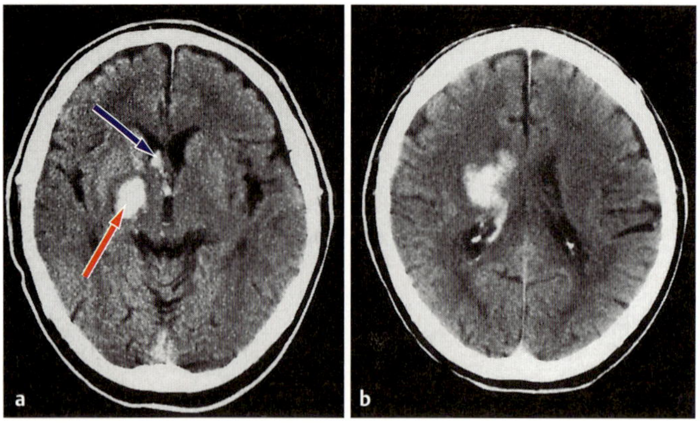

Abb. I.14 Hypertensive Massenblutung. **a** Das CT zeigt eine Blutung in die rechte Capsula interna (roter Pfeil) und eine Blutansammlung im Vorderhorn des rechten Seitenventrikels (blauer Pfeil). **b** Weiter rostral (zum oberen Körper hin gelegen) erkennt man den Ventrikeleinbruch, der sich bis in das Marklager ausdehnt (Pfeil).

Eine ähnliche Symptomatik kann auch durch eine → Epilepsie oder eine → Migräne ausgelöst werden.

Therapie

Die Behandlung aller Gehirnblutungen erfolgt auf einer Intensivstation. Hier werden engmaschig die Vitalfunktionen (Atmung, Blutdruck und Puls) überwacht. Sehr häufig ist eine künstliche Beatmung erforderlich. Je nach Größe der Blutung und der Kompression des Gehirns ist eine Operation notwendig.

Ist das Großhirn betroffen, können die Blutmassen über ein Bohrloch abgesaugt werden. Bei Blutungen in der hinteren Schädelgrube müssen Teile der Schädeldecke zur Entlastung vorübergehend entfernt werden (Entlastungstrepanation). Da sich sehr häufig eine Gehirnschwellung (Hirnödem) mit einem erhöhten Hirndruck entwickelt, wird das Gehirnwasser (Liquor) über einen Schlauch einige Tage nach außen abgeleitet (externe Liquordrainage).

Ist die Akutphase überstanden, wird mit einer frühzeitigen Rehabilitation begonnen, die intensive Physio- und Ergotherapie, bei Sprachstörungen auch Logopädie, umfasst.

Prognose

Die Prognose ist abhängig vom Ausmaß und der Lokalisation der Hirnblutung. Die Sterblichkeit in der Akutphase liegt je nach Blutungsart zwischen 20 % und 50 %. Die typischen Spätfolgen sind z. B. eine spastische Hemiparese oder eine Sprachstörung.

Infobox

ICD-10:
I61.9

Internetadressen:
http://www.schlaganfall-info.de
Deutsche Gesellschaft für Neurologie:
http://www.dgn.org
http://www.neuroscript.com
http://www.akh-consilium.at/daten/schlaganfall.htm

Literatur:
Masuhr, K.F., Neumann, M.: Duale Reihe Neurologie, 5. Aufl. Thieme, Stuttgart 2005

Intubationsschaden

► Helmut Leyer hatte vor drei Monaten eine achtstündige Herzoperation. Nach dem schweren Eingriff lag er noch zwei Tage auf der Intensivstation und musste künstlich beatmet werden. Nachdem er aufgewacht war, hatte er für einige Tage Halsschmerzen. Danach ging es ihm gut. Erst Wochen später bemerkte er, dass seine Stimme immer heiserer wurde.

Definition

Ein Intubationsschaden ist ein Schaden am Kehlkopf, verursacht durch Intubation im Rahmen einer Vollnarkose.

Ursachen

Während einer Intubation, wie sie routinemäßig bei einer Narkose durchgeführt wird, kann es zu Schädigungen am Kehlkopf kommen. Diese können unmittelbar beim Einführen des Intubationstubus durch oberflächliche Schleimhautverletzungen (Schleimhautläsionen), Verletzung der Stimmlippen, Luxation des Aryknorpels (Aryluxation) oder Hämatome entstehen.

Häufiger sind Schäden, die durch Druck der Tubusmanschette (Cuff) oder des Beatmungsschlauchs auf die Schleimhaut verursacht werden. Dies tritt auf, wenn die Tubusmanschette an der falschen Position zu liegen kommt oder wenn sie mit zu hohem Druck gefüllt wird . Es kommt zu Schleimhauterosionen, evtl. mit Ulzerationen (Geschwürbildung) und freiliegendem Knorpel. In der Folge können sich Granulome (tumorös aussehende, fleischige Gebilde) oder eine Stenose (Verengung) ausbilden.

Das Risiko von Intubationsschäden ist besonders groß bei langzeitbeatmeten intubierten Patienten.

Symptome

Die Symptome bleiben während der Narkose unbemerkt. Bei direkten Kehlkopfverletzungen besteht nach dem Aufwachen eine Heiserkeit und Schmerzen, selten eine Luftnot. Bei indirekten Schäden (Granulome/Stenosen) treten die Beschwerden erst Tage bis Wochen nach der Intubation auf. Es kommt zu Heiserkeit, selten auch zu Luftnot.

Diagnose

Der HNO-Arzt führt zunächst eine allgemeine Spiegeluntersuchung durch. Anschließend erfolgt die Beurteilung des Kehlkopfes mit dem Lupenlaryngoskop oder mittels transnasaler fiberoptischer Endoskopie.

Stenosen, die unterhalb der Stimmbandebene liegen, können oft erst in direkter Untersuchungstechnik mit dem starren Bronchoskop in Narkose festgestellt werden. Eine Stenose kann auch mittels einer Röntgenuntersuchung (konventionelle Tomografie) dargestellt werden.

Differenzialdiagnose

Polypen und andere tumoröse Neubildungen des Larynx sind ggf. histologisch abzugrenzen. Eine Aryluxation ist

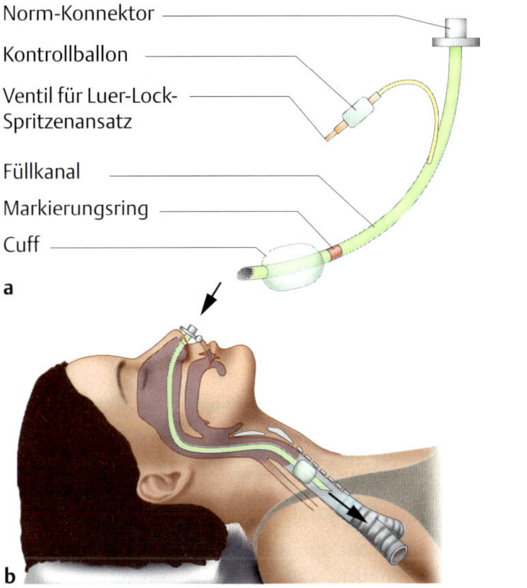

Abb. I.15 Endotrachealtubus. **a** Bestandteile, **b** in situ.

manchmal schwierig von einer Rekurrensparese (Lähmung des Stimmbandes aufgrund einer Verletzung der Stimmbandnerven) zu unterscheiden.

Therapie

Die Therapie richtet sich nach der Ursache der Störung. Bei Schleimhautverletzungen und Hämatomen kann zunächst abgewartet werden. Kam es zu einer Aryluxation, ist die Reposition in einem erneuten Eingriff (Stützlaryngoskopie) möglich.

Granulome und narbige Stenosen werden, wenn die Beschwerden es erforderlich machen, chirurgisch abgetragen. Bei Langzeitbeatmeten führt man einen Luftröhrenschnitt (Tracheostomaanlage) durch und führt den Tubus hierüber ein. Dadurch wird der Kehlkopf geschont.

Prognose

Die narbigen Stenosen sind oft schwierig zu behandeln. Bis zur gelungenen Beseitigung der Stenose müssen die Betroffenen oft einen Luftröhrenschnitt behalten. Die übrigen Störungen haben eine gute Prognose, gelegentlich bleibt eine Heiserkeit bestehen.

Infobox

ICD-10: D14.1 – gutartige Larynxneubildung
Internetadressen: http://www.hno.org
Leitlinien HNO: http://www.leitlinien.net

Involutionsdepression

► „Ach Charlotte, ich bin so niedergeschlagen", Hedwig schluchzt. „Ich weiß, ich habe gar kein Recht dazu so unzufrieden zu sein." Charlotte, die Freundin von Hedwig, nickt. „Ich weiß. Manchmal fühlt man sich elend." „Aber das dauert jetzt schon über ein Jahr und ich könnte doch glücklich sein." Sie seufzt. „Die Kinder sind groß und gehen ihren Weg, das Haus ist abbezahlt, ich habe einen Mann, der mich liebt. Ich könnte voller Pläne sein. Stattdessen komme ich morgens nicht aus dem Bett." Sie blickt aus dem Fenster. Von ihren Selbstmordgedanken erzählt sie nichts.

Definition

Die Involutionsdepression ist eine endogene depressive Episode der Frau im beginnenden Klimakterium (Wechseljahre) und tritt somit etwa ab dem 45. Lebensjahr auf.

Ursachen

Mit dem Ausbleiben der Menses aufgrund des Alters oder aufgrund einer operativen Entfernung der Eierstöcke kommt der hormonelle weibliche Zyklus aus den typischen Hormonen (Gestagene und Estrogene) zum Erliegen. Der Körper wird unfruchtbar. Die Frau spürt unbewusst den Abfall der Hormonspiegel und reagiert mit depressiver Verstimmung.

Auch in ihrer sozialen Stellung fühlen Frauen sich häufig entwertet. Die depressiven Tendenzen werden durch die Gesellschaft verstärkt. Diese bewertet das Jungsein hoch, das Älterwerden jedoch gering.

Symptome

Zur Involutionsdepression gehören wechselnde Mischbilder depressiver Symptome, die jedoch nicht zur Diagnose des Vollbilds einer Depression ausreichen. Ebenso können somatische Beschwerden vorkommen.

Die typischen depressiven Symptome, die einzeln oder zusammen auftreten, sind z. B.:

- Antriebshemmung, Vitalitätsverlust, sozialer Rückzug,
- gedrückte Stimmung, Freudlosigkeit, Hoffnungslosigkeit, Melancholie,
- „Gefühl der Gefühllosigkeit",
- mangelndes Selbstwertgefühl,
- reduzierte Mimik, ernster Gesichtsausdruck,
- Konzentrations- und Aufmerksamkeitsstörungen,
- Morgentief, Schlafstörungen, Libidoverlust,
- vegetative Symptome wie Appetitlosigkeit, Obstipation oder Blähungsgefühle, auch Herzangst,
- Suizidalität.

Diagnose

Die Diagnose wird durch eine gezielte psychotherapeutische Exploration und den Einsatz psychologischer Fragebögen, wie der Hamilton-Depressionsskala, gestellt. Es erfolgt eine körperliche und neurologische Untersuchung. Zudem kann mit einer kraniellen Computertomografie (CCT) und einem Elektroenzephalogramm (EEG) eine hirnorganische Ursache ausgeschlossen werden.

Durch Laboruntersuchungen werden Nieren-, Leber- und Schilddrüsen- und Metabolismusstörungen ebenso wie eine Lueserkrankung (→ Syphilis) orientierend ausgeschlossen.

Therapie

Medikamentös kommen Antidepressiva wie Venlafaxin (z. B. Trevilor retard) oder Citalopram (z. B. Cipramil) für mindestens ein Jahr zum Einsatz. Durch Estrogenpflaster, die das Hormon langsam an den Körper abgeben, und andere Hormonsubstitutionsformen kann ein hormonelles Zyklusgeschehen simuliert werden.

In einer psychotherapeutischen Behandlung können durch Einzelgespräche Themen wie Selbstwertgefühl und Stellung in der Familie für die Patientin bearbeitet werden. Auch ist eine Gruppentherapie sinnvoll. Die Betroffenen sollen diesen neuen Lebensabschnitt als „gute" Zeit akzeptieren lernen.

Bei Suizidalität erfolgt nach ärztlicher Einschätzung die stationäre Aufnahme auf eine geschlossene psychiatrische Station und dort eine intensivierte Therapie. Suizidalität, wenn auch insgesamt eher selten, ist dann meistens von bilanzierendem Charakter und daher besonders gefürchtet (rationaler Suizid).

Differenzialdiagnose

Ausgeschlossen werden müssen internistische Ursachen der Symptome. Abgegrenzt werden müssen → Tumore bei ausgeprägten Magen-Darm-Störungen sowie hirnorganische Veränderungen.

Bei schweren Verläufen oder psychotischen Symptomen ist an eine wahnhafte Depression o. Ä. zu denken. Auch Medikamente können depressive Episoden auslösen.

Prognose

Die Involutionsdepression heilt meist nach einigen Jahren wieder aus.

Infobox

ICD-10:
F32.8

Internetadressen:
http://www.depressionen-ratgeber.de
http://www.angst-und-depri.info

Iritis

► Georg ist mit seinen Freunden verabredet. Sie stehen schon vor der Tür als er das Haus verlässt. Geblendet hält Georg eine Hand vor die Augen. „Mann, ist das hell.“ „Was ist denn mit deinem Auge, es ist total rot?“, fragt Corinna. „Weiß auch nicht“, antwortet Georg. „Ich kann auch nicht so richtig scharf sehen.“

Definition

Als Iritis wird die Entzündung der Iris bezeichnet. Korrekter ist eigentlich der Ausdruck Uveitis anterior (Entzündung der vorderen Uvea/Aderhaut), da neben der Regenbogenhaut meistens auch der Ziliarkörper betroffen ist.

Synonym: Regenbogenhautentzündung.

Ursachen

Die Ursachen der Iritis sind vielseitig. Etwa 25% der Fälle sind keiner bestimmten Erkrankung zuzuordnen. Die übrigen 75% haben selten eine spezifische Ursache (z. B. Viren, Bakterien), häufiger sind sie auf klar umrissene Krankheitsbilder zurückzuführen, deren Ursprung nicht völlig geklärt ist (z. B. → juvenile rheumatoide Arthritis, → Morbus Bechterew und die Behçet-Krankheit).

Symptome

Die Patienten sind lichtscheu (photophob) und können bei einer Beteiligung des Ziliarkörpers über Schmerzen bei der Akkommodation (Fähigkeit des Auges sich der Entfernung fixierter Gegenstände anzupassen) klagen. Dies wirkt sich beim Wechsel vom Blick in die Ferne zum Lesen aus. Die Sehschärfe ist verschieden stark beeinträchtigt.

Diagnose

Charakteristische Veränderungen sind ein rotes Auge mit Hyperämie (Ansammlung von Blut) der Bindehautgefäße und der episkleralen Limbusgefäße, eine enge Pupille und ein Reizzustand der Vorderkammer (**Abb. I.16**). Dieser zeichnet sich durch Zellen in der Augenvorderkammer sowie einen positiven Tyndall-Effekt aus.

Bei einem Tyndall-Effekt reflektieren Zellen und Exsudat im Kammerwasser das Spaltlampenlicht, ähnlich wie Partikel in der Luft, die durch einen Lichtstrahl sichtbar werden. Häufig sind feine punktförmige Beschläge auf der Hornhautrückfläche sowie hintere Synechien (Verklebungen von Iris und Linse) vorhanden. Bei einer sehr schweren Iritis können sich weißliche Fibrin- und Leukozytenansammlungen am Boden der Augenvorderkammer ansammeln, was als Hypopyon bezeichnet wird.

Die akute Iritis beginnt plötzlich mit ausgeprägten Symptomen und dauert nicht länger als 6 Wochen. Sie kann in eine chronische Iritis übergehen, die meist schleichend verläuft und sich über Jahre entweder kontinuierlich mit zwischengeschalteten akuten Entzündungsschüben oder auch symptomfreien Intervallen hinziehen kann.

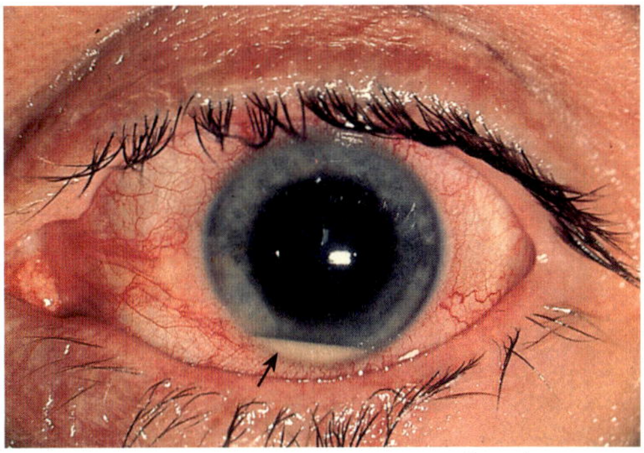

Abb. I.16 Massive Iritis. Mit ausgeprägter Gefäßinjektion, Hornhautödem, verwaschener Irisstruktur, Hypopyon (Pfeil) und medikamentöser Erweiterung der Pupille (Mydriasis).

Differenzialdiagnose

Andere Erkrankungen, die ein rotes Auge verursachen, z. B. → Konjunktivitis, akutes Winkelblockglaukom (→ Glaukom) oder → Keratitis, müssen abgegrenzt werden.

Therapie

Die Behandlung der Iritis besteht in der medikamentösen Erweiterung der Pupille (Mydriasis) zur inneren Ruhigstellung und um Synechien zu vermeiden sowie der Instillation (dem tropfenweisen Einbringen) von kortikosteroidhaltigen Augentropfen. Mitunter müssen Kortikosteroide auch unter die Bindehaut (subkonjunktival) gespritzt oder systemisch verabreicht werden. Außerdem können Immunsuppressiva erforderlich sein.

Prognose

Eine Iritis kann bei rechtzeitiger Behandlung vollständig abheilen. Eine nicht auf die Therapie ansprechende Iritis kann zu schweren Augenveränderungen führen. Komplikationen der Iritis sind z. B. Linsentrübung (→ Katarakt) und Sekundärglaukom (→ Glaukom).

Infobox

ICD-10: H20.9

Literatur:

Oestreicher, E. u. a.: HNO, Augenheilkunde, Dermatologie und Urologie für Pflegeberufe. Thieme, Stuttgart 2003

Sachsenweger, M. u. a.: Duale Reihe Augenheilkunde, 2. Aufl. Thieme, Stuttgart 2003

J

Jochbeinfraktur

► Udo Steinert (16) stellt sich am Wochenende in der chirurgischen Notaufnahme vor. Er ist beim Fußballspiel mit einem Gegner zusammengeprallt und hat sich am Kopf verletzt. Er war kurze Zeit bewusstlos. Jetzt hat er eine Schwellung an der Wange, Schmerzen beim Kauen und Doppelbilder, wenn er nach oben schaut.

Definition

Bei der Jochbeinfraktur handelt es sich um eine sog. Jochbein-Komplexfraktur. Dabei sind die Bruchenden gegeneinander verschoben (Dislokation), das Auge ist beeinträchtigt und die Kieferbewegung ist schmerzhaft eingeschränkt.

Ursachen

Durch direkte Gewalteinwirkung (z. B. Schlag ins Gesicht) bricht das Jochbein an seinen drei Fortsätzen (zum Stirnbein, Kiefer und Jochbogen) ab und verkippt durch den ständigen Zug des Kaumuskels (M. masseter) (**Abb. J.1**).

Symptome

Durch die Jochbeinfraktur ist die Geometrie im Kiefergelenk verändert: Das Jochbein ist verkippt und die Kaubewegung ist schmerzhaft eingeschränkt. Dadurch, dass der knöcherne Boden der Augenhöhle (Orbitaboden) beteiligt ist, kommt es zu Doppelbildern. Eine Gefühlsstörung im Wangenbereich resultiert aus einer Verletzung des Gesichtsnervs (N. trigeminus) in seinem Verlauf im Orbitaboden. Hinzu treten Schwellungen und Hämatome im Gesichtsbereich.

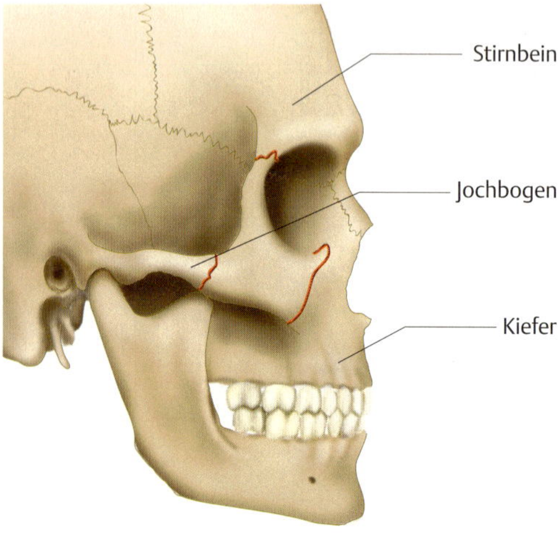

Abb. J.1 Jochbein. Schematische Darstellung und die typischen Frakturstellen.

Diagnose

Zusätzlich zu den oben beschriebenen typischen Symptomen kann eine knöcherne Stufenbildung am unteren und seitlichen Orbitarand getastet werden. In der Computertomografie des Schädels (cCT) kann zusätzlich zu Frakturlinien und Dislokation (Verkippung) eine Verschattung innerhalb der Kieferhöhle festgestellt werden. Eine Mitbeurteilung der Verletzungen durch den Augenarzt und den Kieferchirurgen ist notwendig.

Differenzialdiagnose

Andere Frakturen des Mittelgesichts, z. B. die isolierte Jochbogenfraktur mit trichterförmiger Einziehung der Weichteile über dem Jochbogen oder eine isolierte Orbitabodenfraktur, sind abzugrenzen.

Therapie

Bei dislozierten Frakturen erfolgt die Behandlung operativ. Hierbei wird das verkippte Jochbein wieder in die ursprüngliche Position gebracht (reponiert). Kleine Titanplatten werden mit Schrauben an den Knochenfragmenten angebracht, damit diese sich nicht wieder gegeneinander verschieben können. Der eingebrochene Boden der Augenhöhle (Orbitaboden) wird unterfüttert, damit der Augapfel nicht in die Kieferhöhle abrutscht. Ansonsten bestünde die Gefahr, dass Doppelbilder dauerhaft bestehen bleiben.

Zusätzlich werden abschwellende Nasentropfen gegeben, um die Belüftung der Nasennebenhöhlen zu gewährleisten. Evtl. wird ein Antibiotikum zur Entzündungsprophylaxe verabreicht. Der Patient darf sich nicht schneuzen.

Prognose

Die Verletzung heilt i.d.R. folgenlos aus. Bei nicht ausreichender Reposition können Doppelbilder bestehen bleiben. Ist der Gesichtsnerv in Mitleidenschaft gezogen, so können bleibende Gefühlsstörungen im Wangenbereich die Folge sein.

Infobox

ICD-10:
S02.4

Internetadresse:
Leitlinien HNO: http://www.leitlinien.net

Juvenile chronische Arthritis

► Herr Papanthiou ist mit seiner 5-jährigen Tochter bei der Kinderärztin: „Eirini war in letzter Zeit oft quengelig und müde. Sie ist sonst ziemlich anfällig für Erkältungen, aber es kam gar kein Schnupfen oder Husten, nur gestern 39 °C Fieber. Ihr Knie ist seit zwei Wochen rot und etwas dicker, aber jetzt ist es schlimmer geworden. Das Knie tut ihr auch weh. Wissen Sie, was das Kind hat?"

Definition

Bei der juvenilen chronischen Arthritis entzündet sich die Gelenkschleimhaut. Die Entzündung ist nicht eitrig. Die Krankheit tritt bis zum sechzehnten Lebensjahr auf (juvenil: jugendlich). In Deutschland sind bis zu zwanzig von 100.000 Kindern betroffen.

Juvenile chronische Arthritis ist ein Oberbegriff für eine Gruppe chronisch-rheumatischer Erkrankungen im Kindes- und Jugendalter. Hinsichtlich betroffener Gelenke, Schweregrad, Prognose, Klinik, Geschlechtspräferenz und Alter unterscheidet man fünf Typen der juvenilen chronischen Arthritis.

Synonym: Juvenile rheumathoide Arthritis, jcA.

Ursachen

Die Ursache dieser Autoimmunerkrankung, bei der der Körper eigene Zellen angreift, ist nicht bekannt.

Symptome

Bei allen Typen der juvenilen chronischen Arthritis kommt es zu Gelenkbeschwerden: Schmerzen, Rötung, Überwärmung, Ergüsse, Schwellungen. Anzahl und Art der betroffenen Gelenke können jeweils unterschiedlich sein.

Die Folge können langfristige Schädigungen, Entwicklungsstörungen oder Gelenkfehlstellungen sein (**Abb. J.2**). Außerdem kommen Hautausschlag, Fieber, seltener Augenentzündungen, → Perikarditis und → Pleuritis (Entzündung des Herzbeutels bzw. des Brustfells) vor.

Sehr selten kommt es zu Rheumaknoten, d.h. harten, verschiebbaren Knoten an Hinterkopf oder Unterarmstreckseiten.

Diagnose

Der Arzt befragt Kind und Eltern über die Beschwerden und führt eine Blutuntersuchung sowie Untersuchungen der Gelenke und anderer Organe mittels Ultraschall und Röntgen durch.

Hält eine Gelenkentzündung, die mindestens ein Gelenk betrifft, länger als sechs Wochen an, handelt es sich definitionsgemäß um juvenile chronische Arthritis.

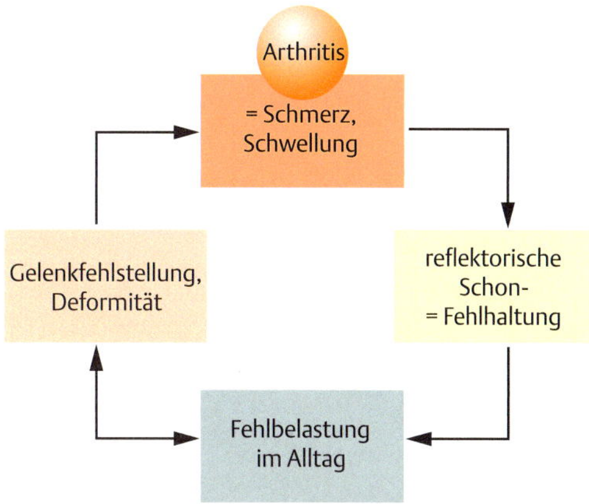

Abb. J.2 Schmerzkreis. Die Schmerzverarbeitung im ZNS ist entscheidend für die Pathogenese von Bewegungseinschränkungen und Gelenkfehlstellungen.

Differenzialdiagnose

Andere Autoimmunerkrankungen und Gelenkentzündungen müssen ausgeschlossen werden.

Therapie

Zur physikalischen Allgemeinbehandlung gehören Kühlen entzündeter Gelenke, Physio- und Ergotherapie. Das Ruhigstellen der Gelenke ist nicht empfehlenswert.

Als medikamentöse Therapie gibt man nicht-steroidale Antirheumatika, Kortikosteroide (mittels Tablette, Saft oder Injektionen in betroffene Gelenke), bei schweren Verläufen Zytostatika (Methotrexat), Sulfasalazin oder Immunsuppressiva (Azathioprin).

Prognose

Die juvenile chronische Arthritis heilt in Dreiviertel der Fälle nach zwanzig Jahren aus. Selten geht die Erkrankung bei Erwachsenen in → chronische Polyarthritis über. Ein schwerer Verlauf zieht bleibende körperliche Behinderung oder Augenschäden bis zu Erblindung nach sich.

Infobox

ICD 10: M08

Internetadressen:
http://www.rheuma-online.de
http://www.kinderaerzteimnetz.de
http://www.arthritis.ch

K

Kardiomyopathie

► **„Mensch Hedi, ich bin so froh, dass Karl jetzt hier im Krankhaus mal so richtig auf den Kopf gestellt wird." Frau Dobre sitzt mit ihrer Nachbarin auf einer Bank. „Ich mache mir solche Vorwürfe. Ich habe immer gedacht, Karl stellt sich nur an, als er mir sagte, dass er nicht mehr kann. Nie wollte er mit spazieren gehen. Und wenn er mitgekommen ist, hat er geschnauft wie ein Walross. Ich habe immer gedacht, er will mich ärgern. Aber als er heute im Wohnzimmer auf dem Boden lag. . . Wie gut, dass du einen klaren Kopf bewahrt und den Notarzt gerufen hast."**

Definition

Der Begriff Kardiomypopathie (CM) fasst sämtliche Herzmuskelerkrankungen zusammen, die mit einer kardialen Funktionseinschränkung einhergehen.

Aufgrund ihrer unterschiedlichen Pumpfunktionsstörung unterscheidet man im Wesentlichen zwei Formen, die auch unterschiedliche Ursachen haben können (**Abb. K.1**):

- dilatative Kardiomyopathie (DCM) mit systolischem Pumpversagen,
- hypertrophe Kardiomyopathie (HCM) mit meist gestörter Dehnbarkeit aufgrund einer Muskelhypertrophie.

Ursachen

Dilatative Kardiomyopathie

Bei der DCM besteht vor allem eine systolische Pumpschwäche des Herzens, d. h. die Auswurfleistung ist mehr oder weniger eingeschränkt. Die Herzmuskelzellen sind nicht mehr optimal miteinander verbunden, was im Laufe der Zeit zu einer Ausdehnung (Dilatation) des Muskelapparats und der Herzkammern führen kann. Eine DCM entwickelt sich meist langsam.

Man spricht von einer primären CM, wenn, wie es häufig vorkommt, die Ursache unbekannt ist. Bei solchen Kardiomyopathien wird jedoch eine genetische Disposition diskutiert.

Wenn eine kardiale Grunderkrankung zugrunde liegt, besteht per Definition eine sog. sekundäre CM. Je nach kardialer Grunderkrankung teilt man die DCM dann ein in:

- **ischämische DCM:** nach → Herzinfarkt; Herzmuskelschwäche als Folge der Überlastung des nichtinfarzierten Herzmuskels,
- **valvuläre DCM:** durch Pumpschwäche bei → Herzklappenfehlern,
- **hypertensive DCM:** Dilatation durch langjährige, oft unentdeckte oder unbehandelte → Hypertonie.

Aber auch andere Grunderkrankungen oder Einflüsse können im Laufe der Zeit zu einer DCM führen:

- **medikamentös-toxische DCM:** durch chronischen Einfluss von herzschädigenden Medikamenten (z. B. Chemotherapeutika; Antidepressiva) oder Alkohol,
- **inflammatorische DCM:** durch eine meist chronische Herzmuskelzellentzündung.

Hypertrophe Kardiomyopathie

Die Ursache der HCM ist letztendlich nicht genau bekannt (idiopathisch). Es besteht aber häufig eine genetische Disposition, d. h. die Erkrankung kann mit unterschiedlicher Wahrscheinlichkeit vererbt werden.

Durch eine Ausdehnung der Muskelmasse (Muskelhypertrophie) wird der Muskel zwar dicker, aber dadurch nicht kräftiger. Die kleinen Herzkammern können nicht mehr Blut transportieren, die Auswurfleistung sinkt.

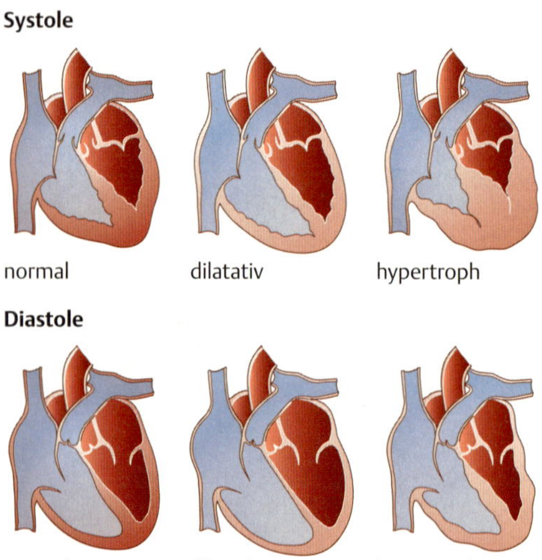

Abb. K.1 Kardiomyopathien in Systole und Diastole. **a** Normales Herz, **b** dilatative Kardiomyopathie, **c** hypertrophe Kardiomyopathie.

Symptome

Unabhängig von der Ursache zeigen die Kardiomyopathien im Laufe der Zeit die Symptome einer mehr oder weniger ausgeprägten → Herzinsuffizienz mit den typischen Leitsymptomen wie:

- Beinödeme,
- Lungenstauung,
- Belastungsdyspnoe.

Außerdem sorgen häufig → Herzrhythmusstörungen für Komplikationen. Die Kardiomyopathien (v. a. HCM) können teilweise über Jahre unbemerkt verlaufen, da der Körper über mehrere Kompensationsmechanismen verfügt.

Zu Beginn verursacht die hypertrophe Kardiomyopathie kaum Symptome. Patienten bemerken oft nur eine allgemeine Leistungsminderung, Atembeschwerden oder Herzschmerzen. Herzrhythmusstörungen, Schwindel oder kurze Bewusstseinsverluste können hinzutreten. Viele Erstdiagnosen werden daher erst bei Dekompensation der Herzinsuffizienz gestellt.

Diagnose

Neben einer ausführlichen Anamnese (Familienanamnese v. a. bei HCM) und der körperlichen Untersuchung besteht die Diagnostik in der Durchführung eines EKG, bei dem mögliche Herzrhythmusstörungen festgestellt werden können.

Außerdem wird ein Röntgen-Thorax erstellt, um Lungenstauung und Herzgröße ermitteln zu können (**Abb. K.2**).

Das Echokardiogramm hat eine besondere Bedeutung bei der Diagnose, da mit ihm das Herz genau vermessen und die Funktion beurteilt werden kann. Zur weiteren Diagnose wird häufig eine Herzkatheteruntersuchung durchgeführt.

Differenzialdiagnose

Die Kardiomyopathie stellt oftmals einen Endzustand der zugrundeliegenden Grunderkrankungen dar. Sämtliche Differenzialdiagnosen der Herzinsuffizienz müssen daher berücksichtigt werden.

Die akute oder chronische → Myokarditis stellt eine wesentliche Differenzialdiagnose dar, welche allerdings für den therapeutischen Verlauf wenig Bedeutung hat.

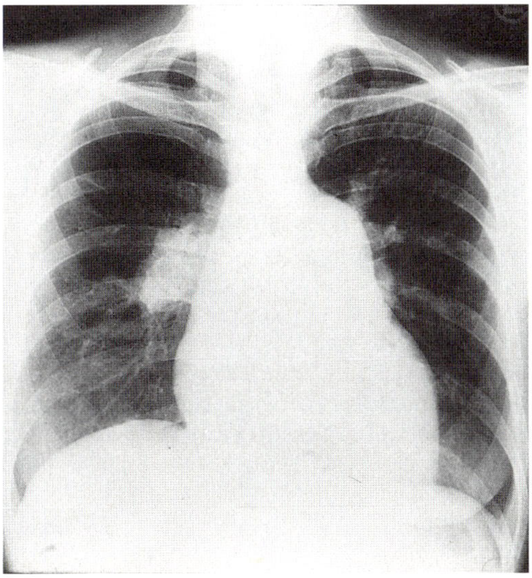

Abb. K.2 Dilatative Kardiomyopathie. Global vergrößertes Herz im Röntgenbild.

Therapie

Bei allen Kardiomyopathien sollen extreme körperliche Belastungen vermieden werden.

Dilatative Kardiomyopathie. Die Behandlung der DCM erfolgt wie bei der chronischen Herzinsuffizienz medikamentös. Es werden i.d.R. mehrere Medikamente (z. B. Diuretika, ACE-Hemmer, Betablocker) kombiniert, um ein Fortschreiten der Kardiomyopathie zu verhindern. An Allgemeinmaßnahmen sind eine salzarme Ernährung und der Verzicht auf Alkohol sinnvoll.

Hypertrophe Kardiomyopathie. Auch bei der HCM werden häufig Medikamente verordnet. In bestimmten Fällen ist eine Herzoperation notwendig.

Prognose

Dilatative Kardiomyopathie. Bei der DCM wird die Prognose im Wesentlichen durch den Grad der Auswurfleistung und den Zeitpunkt der Diagnosestellung bestimmt. Je schlechter die Auswurfleistung und je später die Diagnosestellung, umso schlechter ist auch die Prognose.

Hypertrophe Kardiomyopathie. Bei der HCM ist die Prognose besser, da sie meist länger asymptomatisch verläuft.

Zusätzlich wird die Prognose bei beiden Arten von Komplikationen bestimmt.

Komplikationen

Meist tritt im Verlauf eine progressive Linksherzinsuffizienz auf. Besonders ventrikuläre Herzrhythmusstörungen zeigen einen ungünstigen Verlauf an. Höhergradige Kammerarrhythmien können auch mit einem plötzlichen Herztod einhergehen.

Bei der DCM kommt es durch die Dilatation der Herzkammern und Vorhöfe oft zu intrakardialen Thromben. Hierdurch besteht bei den Patienten ein deutlich erhöhtes Risiko kardialer Embolien (z. B. → Hirninfarkt).

Infobox

ICD-10:
I25.5, I42.0, I42.1, I42.2, I42.4, I42.9

Internetadressen:
http://www.h-wie-herz.de
http://www.medizinfo.de
http://www.herzstiftung.de
http://www.herzberatung.de

Karies

► **„Der Arzt konnte nicht sagen, ob sie die kaputten Schneidezähne rausnehmen müssen. Das wird sich erst bei der Narkose zeigen." Claras Mutter erzählt ihrer Freundin Greta von dem Zahnarztbesuch. „Ich mache mir solche Vorwürfe. Wir haben Clara zum Einschlafen immer Apfelsaft in die Flasche getan." Greta holt Luft. „Sag jetzt nichts. Mir geht es schon schlecht genug. Wir haben es total verdrängt, dass man nichts Süßes in die Nuckelflasche füllen soll. Und jetzt müssen die Zähne vielleicht raus, damit sie die nachkommenden Zähne nicht schädigen."**

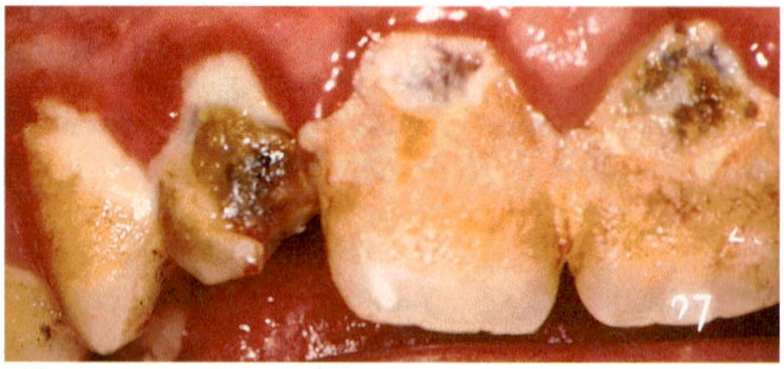

Abb. K.3 Karies.

Definition

Bei Karies ist der Zahnschmelz durch Bakterien lokal zerstört.

Ursachen

Keime sind Bestandteil der normalen Mundflora des Menschen. In einem Milliliter Speichel befinden sich bis zu 100 Millionen Keime. Unter diesen sind auch Erreger (z. B. Streptococcus mutans), die sich auf der Oberfläche der Zähne anheften und mit ihrem Stoffwechsel Säuren produzieren.

Der Zahnschmelz wird durch die Säuren angegriffen, seine glatte Oberfläche wird arrodiert (angefressen oder angeätzt), sodass sich noch mehr Bakterien anheften können. Schließlich wird der Zahnschmelz tief beschädigt, es entsteht laut Volksmund ein „Loch im Zahn".

Symptome

Das erste Arrodieren des Zahnschmelzes verläuft unbemerkt. Der Zahnschmelz wird aber zunehmend dünner. Damit ist der Zahnnerv den Kälte- und Hitzereizen direkter ausgesetzt. Erst bei tieferen Kariesherden stellt sich ein Schmerz beim Beißen und schließlich ein sehr quälender Dauerschmerz ein.

Diagnose

Bei der zahnärztlichen Routineuntersuchung mit einer starken Lampe und einem „Zahnarztspiegel" fällt Karies als bräunliche Verfärbung des Zahnschmelzes auf, ggf. ist der Schmelz ausgehöhlt (**Abb. K.3**). Versteckte Bereiche (z. B. unter bereits vorhandenen Zahnfüllungen) werden durch eine Röntgenaufnahme sichtbar.

Differenzialdiagnose

Differenzialdiagnostisch sind Gendefekte abzugrenzen, die trotz guter Mundhygiene zu einer erheblich verstärkten Kariesbildung führen.

Therapie

Die bakterielle Besiedlung und der zerstörte Zahnschmelz müssen durch Turbinenbohrer ggf. unter Lokalanästhesie vollständig entfernt werden. Anschließend wird die entstandene Kavität (Höhle) z. B. mit Amalgam, einer Metalllegierung, wieder gefüllt. Bei großen Herden werden sog. Inlays aus Keramik oder Gold angefertigt und einzementiert. In jedem Fall wird die Funktion des Zahnes wieder vollständig hergestellt und die Kälte und Wärmeempfindlichkeit sinkt nach einer Übergangszeit wieder auf normale Maße ab.

Bei weit fortgeschrittenen Prozessen wird die Wurzel behandelt, geschädigte Nerven werden entfernt und die so entstandenen Kanäle mit der Wurzelfüllung gefüllt.

Prognose

Bei rechtzeitiger Behandlung ist die Prognose gut.

Komplikationen

Wird Karies nicht rechtzeitig behandelt, können die Bakterien in den Wurzelkanal einbrechen. Dies führt zu starken Zahnschmerzen sowie ggf. zum Absterben und Verlust des Zahnes. Wird auch dann noch nicht interveniert, können sich Abszesse bilden, die in letzter Konsequenz zu → Sepsis und → Enzephalitis führen können. Zahnprobleme waren in den vergangenen Jahrhunderten eine wesentliche Todesursache von Menschen unter 40 Jahren!

Prophylaxe

Die Bakterien bilden auf dem Zahnschmelz sog. Biofilme, die sie relativ resistent gegen antiseptische Mundwasser machen. So stellt die mechanische Reinigung mit der Zahnbürste die einzige Möglichkeit dar, Bakterien nachhaltig zu entfernen. Moderne Zahnpasta wirkt dabei als Poliermittel.

Infobox

ICD-10: K02.0

Internetadressen:
http://www.onmeda.de
http://www.ernaehrung.de
http://www.zahnwissen.de

Karotisstenose

► **Frau Klühn sitzt aufgelöst vor ihrer Hausärztin: „Gestern Abend konnte ich ganz plötzlich meinen rechten Arm gar nicht mehr richtig bewegen", schildert die 67-Jährige. „Ich war sehr erschrocken, aber dann fiel mir ein, dass ich ja auch den ganzen Tag im Garten war. Im Herbst muss man halt viel schneiden und das ist ganz schön anstrengend. Ich habe mich dann hingelegt und wollte mein Buch weiterlesen. Da konnte ich für kurze Zeit auf dem linken Auge nichts mehr sehen. Das kann ja nicht mit der Gartenarbeit zu tun haben. Heute Morgen war zwar alles wieder normal, aber ich bin sehr beunruhigt. Ich fühle mich eigentlich gesund."**

Definition

Eine Karotisstenose ist eine Verengung der A. carotis interna im Abgangsbereich aus der A. carotis communis. Sie führt zu Durchblutungsstörungen im Gehirn.

Ursachen

Ursache der Verengung ist in den meisten Fällen eine → Arteriosklerose. Seltenere Ursachen einer Karotisstenose sind Entzündungen der Arterien (→ Arteriitis), eine fibromuskuläre Dysplasie (Aufbaustörung der Gefäßwände) oder ein Riss innerhalb der Gefäßwand (Dissektion), wiederum durch Arteriosklerose oder durch einen Unfall ausgelöst.

Symptome

Eine Karotisstenose verursacht häufig keine Symptome. Ist das Gefäß stärker eingeengt, kommt es zu Durchblutungsstörungen im Gehirn. Diese können unterschiedlich schwer sein und vorübergehende Symptome oder bleibende Schäden verursachen (**Tab. K.1**). Bei kurzfristigen Durchblutungsstörungen kommt es auf der Seite der Stenose zu vorübergehenden Sehstörungen (→ Blindheit). Diese werden als Amaurosis fugax bezeichnet (amaurosis = Blindheit, fugare = flüchten).

Auf der anderen Körperseite treten Lähmungen und Störungen der Sensibilität auf. Der gegenseitige Mundwinkel hängt herab, der Patient spricht undeutlich. Ist die Durchblutung über einen längeren Zeitraum gestört, kann es zu einem → Hirninfarkt (Schlaganfall) kommen: Das Gehirngewebe, das von dem Gefäß versorgt wird, stirbt durch den Sauerstoffmangel ab.

Tab. K.1 Schweregrade der Durchblutungsstörung bei Karotisstenose

Schweregrad	Definition
I	Stenose bzw. Verschluss ohne Symptome
II	transitorisch-ischämische Attacke (TIA): Symptome verschwinden innerhalb von 24 Stunden
III	prolongiertes reversibles neurologisches Defizit (PRIND): Symptome bilden sich in mehr als 24 Stunden zurück
IV	Hirninfarkt: Symptome bilden sich nur teilweise oder gar nicht zurück

Diagnose

Die Anamnese weist auf Durchblutungsstörungen im Gehirn hin. Mit dem Stethoskop lässt sich die Stenose am Hals als Rauschen auskultieren. Störungen von Motorik oder Sensibilität werden mit der neurologischen Untersuchung erfasst.

Mit der Duplexsonografie kann der Schweregrad der Stenose und die Art des Verschlusses ermittelt werden. In der Angiografie mit Kontrastmittel stellt sich die Stenose als Aussparung dar (**Abb. K.4**). Mit der Computertomografie kann ein Infarkt diagnostiziert werden.

Differenzialdiagnose

Die Ursache der Karotisstenose muss mit entsprechenden Untersuchungen abgeklärt werden.

Zu ähnlichen Symptomen wie eine Durchblutungsstörung im Gehirn können → intrazerebrale Blutungen, Entzündungen oder → Tumoren im Gehirn führen.

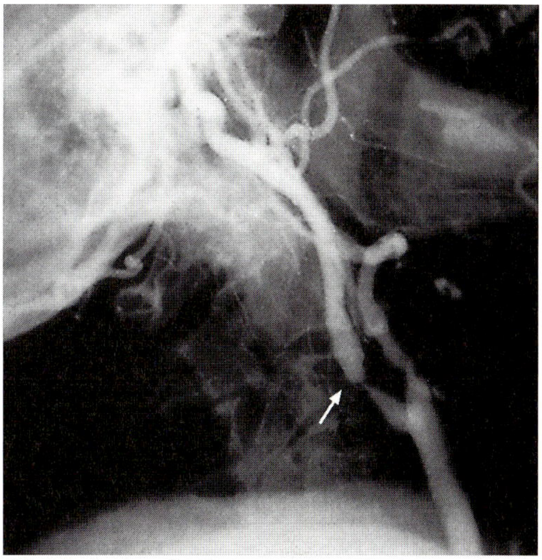

Abb. K.4 Angiografie. Die A. carotis interna ist eingeengt (Pfeil).

Therapie

Verursacht eine Karotisstenose keine Symptome, wird der Patient mit Azetylsalizylsäure behandelt. Hat der Patient noch keine Symptome, ist das Gefäß aber zu über 85% verschlossen, kann prophylaktisch operiert werden.

Patienten ab dem Stadium II werden immer operiert: Mit der Thrombendarteriektomie (TEA) wird der Thrombus aus dem Gefäß herausgeschält. In Studien wird zurzeit untersucht, ob eine Drahtprothese (Stent) ähnliche Ergebnisse liefert.

Bei Patienten mit einem Hirninfarkt wird der Thrombus mit Medikamenten aufgelöst (Thrombolyse).

Prognose

Etwa 30% der Patienten mit Symptomen erleiden innerhalb von 18 Monaten einen Hirninfarkt. Wird der Patient frühzeitig operiert, sinkt das Risiko auf etwa 9%. 2–3% der operierten Stenosen sind innerhalb von fünf Jahren wieder verschlossen.

Infobox

ICD-10:
I65.2

Internetadressen:
Dt. Gesellschaft für Gefäßchirurgie:
http://www.gefaesschirurgie.de
Dt. Gesellschaft für Angiologie:
http://www.dgangiol.de
Sektion Angiologie des Berunfsverbandes Deutscher Internisten:
http://www.bdi.de/bdi/content//index.jsp

Karpaltunnelsyndrom

► **Claudia (37) fährt für ihr Leben gerne Fahrrad. Auf Urlaubsreisen strampelt sie quer durch Europa und natürlich bestreitet sie auch den Weg zur Arbeit mit dem Rad. „Heute habe ich schon wieder so ein Kribbeln in den Fingern. Wie letztens, als die Fingerspitzen von Daumen, Zeigefinger und Mittelfinger taub waren und sich geschwollen anfühlten." „Ich würde mir mal einen neuen Lenker kaufen. Und geh' auch mal zum Arzt", rät ihr Freund Rainer. „Es wäre eine Katastrophe, wenn unsere Kampfradlerin nicht mehr auf's Rad könnte. Ich möchte das auf keinen Fall erleben. Du bist dann bestimmt ungenießbar", vermutet er und zwickt sie grinsend in den Arm.**

Definition

Bei dem Karpaltunnelsyndrom handelt es sich um eine Druckschädigung des N. medianus, der am Handgelenk im Karpaltunnel verläuft.

Synonyme: Carpaltunnelsyndrom (CTS), Brachialgia paraesthetica nocturna.

Ursachen

Der Karpaltunnel ist ein osteofibröser Kanal, der von den Unterarm- und Handwurzelknochen sowie dem Retinaculum flexorum gebildet wird. In diesem Kanal laufen die Sehnen der Fingerbeugemuskulatur sowie der N. medianus (**Abb. K.5**). Die Symptomatik wird durch einen erhöhten Druck im Karpaltunnel ausgelöst.

Die Ursache dafür ist oft unklar. Es gibt einen Zusammenhang mit metabolischen und hormonellen Veränderungen (z.B. Schwangerschaft, Menopause, → Diabetes mellitus, Schilddrüsenerkrankungen) sowie rheumatischen Erkrankungen. Eine lokale → Sehnenscheidenentzündung (Tendovaginitis) verengt den Karpaltunnel. Eine weitere Ursache sind distale Unterarmfrakturen, die in Fehlstellung verheilt sind.

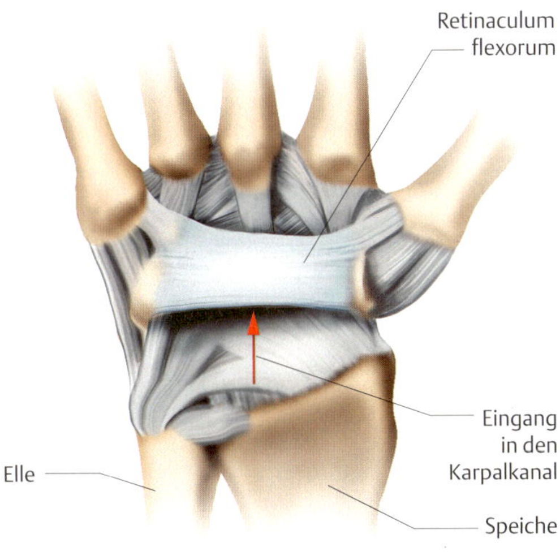

Abb. K.5 Karpaltunnel. Der Karpaltunnel wird von Unterarm- und Handwurzelknochen sowie dem Retinaculum flexorum gebildet.

Symptome

Der N. medianus führt sensible und motorische Fasern. Dementsprechend kommt es zu einem Taubheitsgefühl der ersten drei Finger sowie der radialen Seite des Ringfingers. Zudem ist die Muskulatur des Daumenballens betroffen (Thenarmuskeln), die bei fortgeschrittener Erkrankung geschwächt ist und schrumpft (Muskelatrophie).

Das Taubheitsgefühl oder Kribbeln in der Hand tritt zunächst vor allem nachts oder in den frühen Morgenstunden auf, später auch tagsüber. Die Patienten klagen über steife Finger, die sich wie geschwollen anfühlen. Besonders feinmotorische Tätigkeiten wie Nähen oder Auf- und Zuknöpfen bereiten Probleme. Schmerzen strahlen z.T. in den ganzen Arm aus. Die Beschwerden treten oft beidseitig auf.

Diagnose

Es gibt verschiedene Funktionstests, die trotz vorliegendem Karpaltunnelsyndrom nicht immer positiv sein müssen. Beim Hoffmann-Tinel-Zeichen tritt ein elektrisierender Schmerz beim Beklopfen des N. medianus am Handgelenk auf. Beim Phalen-Zeichen werden die Symptome ausgelöst, wenn die Hand kräftig für 1 Min. nach vorn gebeugt wird (auch reverser Phalen-Test mit Überstreckung des Handgelenks). Außerdem kann bei Lähmung der Daumenballenmuskulatur eine Flasche nicht mehr umfasst werden (Flaschenzeichen).

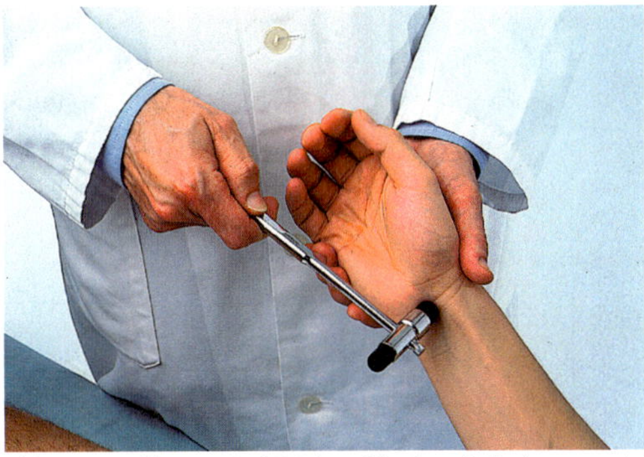

Abb. K.6 Hoffmann-Tinel-Zeichen. Mit einem Reflexhammer wird das Hoffmann-Tinel-Zeichen ausgelöst. Bei vorliegendem Karpaltunnelsyndrom verspürt der Patient Schmerzen im Handgelenkbereich und Prickeln im Ausbreitungsgebiet des N. medianus.

Gesichert wird die Diagnose durch Messung der Nervenleitgeschwindigkeit (Elektroneurografie, ENG) und Beurteilung der Muskelaktivität (Elektromyografie, EMG) beim Neurologen. Bei Verdacht auf knöcherne Veränderungen werden Röntgenaufnahmen angefertigt.

Differenzialdiagnose

Die Kompression des N. medianus am proximalen Unterarm, also unterhalb des Ellenbogens, zwischen oberflächlichem und tiefen Anteil des M. pronator teres, ist selten (Pronatoren-Syndrom).

Unterschieden werden muss die Symptomatik u. a. von Irritationen des Plexus brachialis sowie Kompressionen des N. ulnaris im Ellenbogenbereich.

Therapie

Die Behandlung kann konservativ (medikamentös und/ oder physikalisch) oder chirurgisch erfolgen. Welche Option gewählt wird, hängt von der Dauer und dem Ausmaß der Beschwerden ab. Außerdem ist entscheidend, wie beeinträchtigend die Symptome empfunden werden. Empfohlen wird ein zunächst konservatives Vorgehen, bei erneuten oder andauernden Beschwerden die Operation.

Konservative Therapie

Nichtsteroidale Antirheumatika (NSAR) wirken entzündungshemmend und schmerzlindernd. Auch eine kurzfristige Kühlung unter laufendem Wasser lindert die Symptome im Anfangsstadium. Hilfreich sind auch Unterarmschienen oder spezielle Manschetten, mit denen das Handgelenk vorübergehend ruhig gestellt wird. Manchmal wird auch Kortison in den Karpaltunnel injiziert, damit das Synovialgewebe abschwillt. Häufige Kortisoninjektionen bergen jedoch die Gefahr der Sehnenruptur.

Chirurgische Therapie

Bei starken Beschwerden und vor allem bei objektivierbaren neurologischen Ausfällen ist die Operation angezeigt. Sie wird in lokaler Betäubung des Armes und in Blutleere (Auswickeln des Armes mit Gummibinde und arterielle Kompression am Oberarm) vorgenommen. Das Retinaculum wird gespalten, was druckentlastend wirkt.

Der Eingriff erfolgt entweder offen oder endoskopisch (sog. Schlüssellochchirurgie). Bei der offenen Operation kann der Operateur nach dem Hautschnitt alle anatomischen Strukturen darstellen und inspizieren. Die endoskopische Operation erfolgt mit Spezialinstrumenten durch ein oder zwei kleine Hautschnitte im Handgelenk hindurch. Der Stellenwert der endoskopischen Operation im Vergleich zu offenen Operationsverfahren ist noch umstritten.

Prognose

Die Chance, symptomfrei zu werden, ist umso besser, je geringer die neurologischen Ausfälle sind. Schmerzen und Sensibilitätsstörungen lassen nach der Operation rasch nach. Rezidive sind selten. Liegt allerdings bereits eine Muskelatrophie vor, ist die Prognose schlecht.

Infobox

ICD-10:
G56.0

Internetadressen:
http://www.dgn.org/47.0.html
Leitlinien der AWMF (Karpaltunnelsyndrom): http://www.leitlinien.net
http://www.neuro24.de/karpaltunnelsyndrom.htm
http://www.onmeda.de

Katarakt

► „Ich glaube, wir müssen näher zu Karls Firma ziehen." Frau Riehn erzählt einer Freundin von ihren Plänen. „Aber warum? Ihr habt doch hier eure Freunde und das Haus. Und Karl hat doch auch immer gesagt, dass er es genießt, die 50 Kilometer durch das schöne Entlebuch zu fahren." „Das schon", antwortet Frau Riehn, „aber er hat Probleme, wenn es dunkel ist und im Winter fährt er immer im Dunkeln. Wenn die Straße dann noch nass ist und ein Auto entgegenkommt, sieht er fast nichts mehr." „Bevor Ihr alles umkrempelt, würde ich das mal untersuchen lassen. Vielleicht kann man so etwas operieren. Aber wir sind eben auch nicht mehr die Jüngsten."

Definition

Als Katarakt wird eine Trübung der Augenlinse bezeichnet.

Synonyme: Cataracta, grauer Star.

Ursachen

Eine Katarakt kann in jedem Lebensabschnitt beobachtet werden. Die seltenen Neugeborenenkatarakte werden oft vererbt oder durch eine intrauterine Infektion der Mutter (z. B. mit Röteln) hervorgerufen (→ Rötelnembryopathie).

Zahlenmäßig mit Abstand am häufigsten tritt die Katarakt jedoch altersbedingt bei älteren Menschen auf (senile Katarakt).

Auch Allgemeinerkrankungen, insbesondere Stoffwechselkrankheiten (z. B. → Diabetes mellitus) und Hautkrankheiten (z. B. → Neurodermitis), Medikamente (z. B. Kortikosteroide) sowie Unfälle (z. B. Kontusionskatarakt) können zu Linsentrübungen führen.

Als Cataracta complicata wird eine Linsentrübung bezeichnet, die sich nach Erkrankungen des Augeninneren entwickelt (z. B. nach einer → Iritis).

Symptome

Menschen mit einer Katarakt haben eine herabgesetzte Sehschärfe und sind sehr blendempfindlich.

Diagnose

Bei einer vollständig durchgetrübten Augenlinse erscheint die Pupille weiß (Leukokorie) (**Abb. K.7**). In medizinisch hoch entwickelten Ländern wird dies heute nur noch sehr selten beobachtet, häufiger sind nur Teile des Linsenkerns oder der Rinde getrübt.

Differenzialdiagnose

Ein bösartiger Netzhauttumor, das Retinoblastom, kann bei Säuglingen und Kleinkindern zu einer Leukokorie führen und muss unbedingt ausgeschlossen werden.

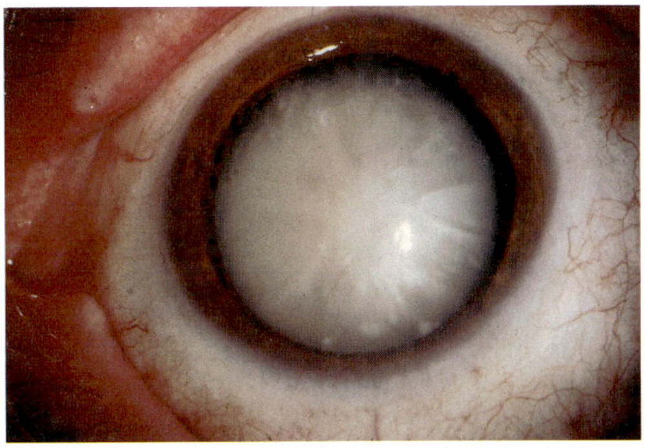

Abb. K.7 Cataracta matura. Wegen der sehr fortgeschrittenen, dichten weißen Linsentrübung erscheint auch die Pupille weiß (Leukokorie).

Therapie

Wenn das Sehvermögen durch eine Katarakt beeinträchtigt wird, wird die getrübte Linse chirurgisch entfernt. Bei Erwachsenen bestimmt der Patient selbst bis auf wenige Ausnahmen den Zeitpunkt des Eingriffs. Bei Säuglingen sollte die Linse sobald wie möglich entfernt werden, da das betroffene Auge sonst schwachsichtig werden kann (→ Amblyopie) und das beidäugige Sehen gestört wird. Je später ein Kind mit einer das Sehvermögen herabsetzenden Katarakt operiert wird, umso geringer ist i.d.R. die Sehschärfe nach der Operation.

Bei der Kataraktoperation mit einer Kunstlinsenimplantation wird die getrübte natürliche Augenlinse entfernt und anschließend eine künstliche Linse (Intraokularlinse, IOL) eingepflanzt. Bei dem zur Zeit am häufigsten durchgeführten Operationsverfahren der Kataraktchirurgie wird die getrübte Linse mit Ultraschall zertrümmert und die Kunstlinse in den Kapselsack implantiert (Phakoemulsifikation) (**Abb. K.8**). Hierbei werden nur die zentrale Linsenvorderkapsel, der Linsenkern und die Linsenrinde entfernt, der Kapselsack (die peripheren Teile der Linsenvorderkapsel und die hintere Linsenkapsel) jedoch belassen.

Postoperativ erhält der Patient einen Lochkapselverband oder eine Schutzbrille sowie kombinierte Antibiotikum-/Kortikosteroid-Augentropfen tagsüber und Augensalbe zur Nacht. Ein Patient, der eine künstliche Linse im Auge hat, ist pseudophak.

Prognose

Eine einmal entstandene Linsentrübung ist irreversibel und nimmt meistens mit der Zeit noch zu. Wenn keine anderen Augenerkrankungen bestehen, kann i.d.R. mit einer Kataraktoperation inkl. Kunstlinsenimplantation wieder eine gute Sehschärfe erreicht werden.

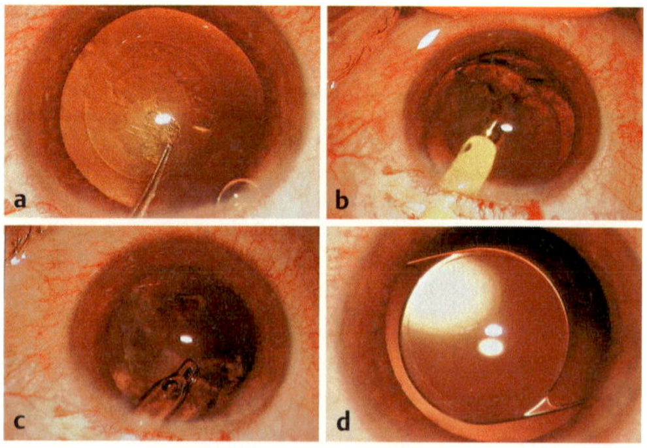

Abb. K.8 Kataraktoperation. Phakoemulsifikation mit Hinterkammerlinsenimplantation in den Kapselsack. **a** Durch einen Tunnelschnitt durch die klare Hornhaut wird ein Instrument geführt, mit dem die vordere Linsenkapsel eingeritzt und anschließend zirkulär eröffnet wird. Anschließend wird das so entstandene vordere Kapselblatt entfernt und der Linsenkern von der Linsenrinde gelöst. **b** Das Phakohandstück zur Ultraschallkernzertrümmerung wird in die Augenvorkammer eingeführt. **c** Das Phakohandstück zerkleinert den Linsenkern und saugt die entstandenen Fragmente gleichzeitig auf. **d** Wenn alle Linsenreste aus der Augenvorderkammer entfernt worden sind, kann die Kunstlinse in den klaren Linsenkapselsack hinter die Iris implantiert werden.

Komplikationen

Wenn die Linsentrübung im Zentrum sitzt, ist die Sehschärfe erheblich herabgesetzt. Bei einer vollständig durchgetrübten Linse ist der Betroffene blind. Eine überreife Linse kann Linseneiweiß in das Augeninnere abgeben und zu einer Augenentzündung führen.

Die operative Entfernung der natürlichen Linse führt zur Aphakie (Linsenlosigkeit). Wird keine Kunstlinse eingepflanzt, eine Kontaktlinse oder Starbrille getragen, kann der Patient nur noch sehr verschwommen sehen. Nach einer erfolgreichen Kataraktoperation kann sich die belassene hintere Linsenkapsel im Verlauf der Zeit eintrüben und zu einer erneuten Verminderung der Sehschärfe führen. Dies wird als Nachstar bezeichnet. Mit einer Nd:YAG-Laserbehandlung, Kapsulotomie oder Nachstardiszision kann wieder ein klarer Durchblick erreicht werden.

Infobox

ICD-10:
H26.9

Literatur:

Oestreicher, E. u. a.: HNO, Augenheilkunde, Dermatologie und Urologie für Pflegeberufe. Thieme, Stuttgart 2003

Keratitis und Ulcus corneae

► „Tja, Frau Müller. Wir sind alle nicht mehr die Jüngsten. Aber nett, dass Sie nach meinem Mann gefragt haben. Er ist noch im Krankenhaus und wie es aussieht, kann er nach dem Schlaganfall auch nicht wieder nach Hause. Ich gehe gleich zu ihm und richte Ihre Grüße aus. Da wird er sich freuen." Einige Zeit später sitzt Frau Salier am Bett ihres Mannes, als dieser aufwacht. „Was ist denn mit Deinem Auge los? Das sieht ja schrecklich aus, so rot. Ich hole jemanden, der sich das anschaut. Das kommt bestimmt, weil Du das Auge seit dem Anfall nicht mehr richtig schließen kannst."

Definition

Eine Keratitis ist eine Hornhautentzündung, die sich bei unzureichender Therapie zu einem Ulcus corneae entwickelt. Das Ulcus corneae (Hornhautgeschwür, Hornhautulkus) ist ein tiefer, über die Basalmembran des Hornhautepithels hinausgehender Hornhautdefekt.

Ursachen

Bakterien, Viren, Pilze und Protozoen (z. B. Akanthamöben) kommen als Erreger einer Keratitis und eines Ulcus corneae in Frage. Zahlreiche Faktoren setzen die Widerstandskraft der Hornhaut gegen das Eindringen von Keimen herab und sind damit ebenfalls an der Entstehung einer Keratitis beteiligt, z. B. fehlender Lidschluss und nicht richtig gepflegte Kontaktlinsen.

Symptome

Die Sehschärfe ist i.d.R. herabgesetzt. Die Augen des Patienten sind lichtempfindlich und tränen. Evtl. tritt auch ein Lidkrampf (Blepharospasmus) auf. Schmerzen können unterschiedlich stark ausgeprägt sein.

Diagnose

Die Hornhaut ist ödematös, häufig wird ein schleimig-eitriges Sekret abgesondert. Das Auge ist rot, weil die Bindehautgefäße und die episkleralen Gefäße hyperämisch sind. Oberflächliche → Hornhautabschürfungen (Erosiones) können punktförmig sein oder auch eine verzweigte Form annehmen (Dendritikafigur). → Hornhauttrübungen treten weißlich punktförmig oder auch ringförmig auf. Die Hornhautsensibilität des betroffenen Auges kann herabgesetzt sein.

Ein Hornhautulkus erscheint als grauer bis gelblicher, ungleichmäßiger Hornhautdefekt. Wenn Perforationsgefahr besteht, wölbt sich die Descemet-Membran im Ulkusgrund nach vorne (**Abb. K.9**). Am Boden der Augenvorderkammer besteht meistens eine Eiteransammlung, die als Hypopyon bezeichnet wird. Häufig sind Lid und Bindehaut geschwollen. Außerdem können geschwollene Lymphknoten vor dem Ohr zu tasten sein.

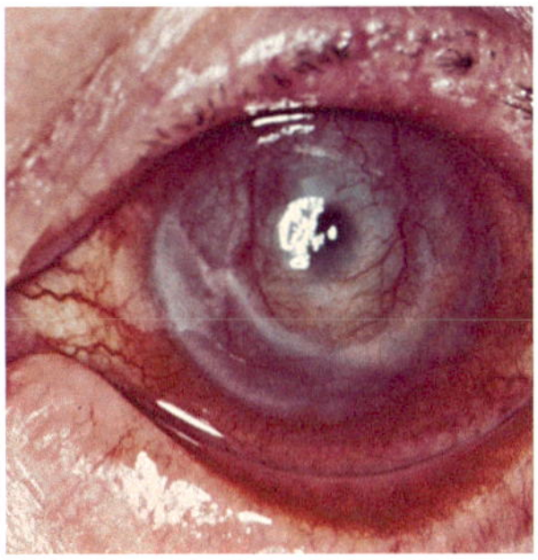

Abb. K.9 Hornhautulkus. Deutlich sind Gefäßneubildungen erkennbar. Die Descemet-Membran wölbt sich im Ulkusbereich nach vorn.

Differenzialdiagnose

Alle Augenerkrankungen, die zu einem roten Auge führen, müssen ausgeschlossen werden, wie z. B. eine → Konjunktivitis oder → Iritis.

Therapie

Um den Erreger festzustellen, wird ein Abstrich der Bindehaut und vom Ulkusrand genommen. Das Auge wird mit Atropintropfen ruhig gestellt. Eine bakterielle Keratitis wird mit antibiotikahaltigen Augentropfen, eine virale Keratitis mit Virustatika, z. B. Aciclovir-Augensalbe, und eine Pilzinfektion mit Antimykotika behandelt.

Mitunter ist zusätzlich eine subkonjunktivale Injektion des Antibiotikums erforderlich. Droht ein Ulkus die Hornhaut zu perforieren oder ist das Sehvermögen wiederherzustellen, kann eine Hornhautverpflanzung (Keratoplastik) erforderlich sein.

Prognose

Eine Keratitis kann bei rechtzeitiger und konsequenter Therapie vollständig abheilen. Besteht bereits ein Ulkus, so ist dessen Heilungsprozess immer mit einer bleibenden Hornhautnarbe verbunden. Perforiert das Hornhautgeschwür jedoch, ist eine Entzündung des ganzen Auges (Endophthalmitis) die Folge. Sie kann zum Verlust des Auges führen.

Infobox

ICD-10: H16.9

Literatur:

Oestreicher, E. u. a.: HNO, Augenheilkunde, Dermatologie und Urologie für Pflegeberufe. Thieme, Stuttgart 2003

Kindbettfieber

► „Hallo Moni, wie geht es Dir?“, Kristina streckt den Kopf durch den Türspalt. „Oh wie schön, dass Du da bist. Ich wollte eigentlich gerade mal raus, aber ich bin total schlapp. Komm rein, ich habe den Kleinen gerade hier.“ „Nee, wie süß!“ Kristina beugt sich über Florian. „Sag es schon, wie ein kleines Orang-Utan-Baby, mit seinen roten Haaren.“ Moni schaut ihren Sohn liebevoll an und sinkt ins Bett zurück. „Das hast Du gesagt“, erwidert Kristina, „Du siehst übrigens ziemlich geschafft aus.“ „Ich hatte bei der Geburt einen Zervixriss, aber das ist wohl nicht so schlimm. Momentan habe ich ein wenig Fieber. Und das mit dem Wochenfluss klappt auch nicht so, wie es soll. Ich bin schon fünf Tage hier, aber sie wollen mich noch nicht gehen lassen.“

Definition

Mit Kindbettfieber werden alle Infektionen im Wochenbett zusammengefasst, die von den Genitalorganen ausgehen:

- Endometritis puerperalis,
- Endomyometritis puerperalis,
- Sepsis puerperalis.

Synonyme: Puerperalfieber, Wochenbettfieber.

Ursachen

Beim Kindbettfieber steigen die Keime von der Scheide durch den offenen Gebärmutterhalskanal in die Gebärmutterhöhle auf. Dort bestehen ausgedehnte Wundflächen an der vormaligen Plazentahaftstelle. Sie bieten den Erregern gute Fortpflanzungsbedingungen. Die Keimaszension wird begünstigt durch:

- vaginale operative Entbindung,
- Kaiserschnitt,
- vorzeitigen Blasensprung,
- häufige vaginale Untersuchungen,
- Nachkürettage,
- zurückgebliebene Plazentareste,
- gestauten Wochenfluss in der Gebärmutterhöhle.

Die Keime können auch durch größere und kleinere Verletzungen der Geburtswege über den Lymphweg zur Gebärmutter vordringen. Außerdem können sie über infizierte Dammrisse oder -schnitte und infizierte → Hämatome das Kindbettfieber auslösen. Bei endogenen Infektionen verursachen die Keime der Frau selbst eine Entzündung, bei einer exogenen Infektion werden die Erreger von außen eingebracht. Es handelt sich überwiegend um eine gleichzeitige Infektion mit mehreren Erregerarten. Am häufigsten gefunden werden:

- β-hämolysierende Streptokokken,
- Staphylokokken,
- Enterokokken,
- E. coli,
- Proteus.

Mehrere Faktoren beeinflussen die Entwicklung der Infektion. Auf der einen Seite ist sie von der Virulenz (Aggressivität) der Keime abhängig. Meist verbleibt die Infektion lokal in der Gebärmutter. Sie kann sich aber auch über das Lymphsystem oder über die Adnexe weiter ausbreiten. Bekommt die Infektion Anschluss an den Blutkreislauf, führt dies zur → Sepsis (**Abb. K.10**).

Auf der anderen Seite spielt der Zustand der Frau eine wesentliche Rolle. Heute ist das Kindbettfieber seltener als früher, weil die Frauen insgesamt gesünder sind, schneller Antibiotika eingesetzt werden und die Geburtshilfe durch die frühzeitige Entscheidung zu einer Schnittentbindung vorsichtiger geworden ist. Die Häufigkeit des Kindbettfiebers beträgt etwa 5 %.

Diffenenzialdiagnose

Vom Kindbettfieber abzugrenzen sind Infektionen anderer Organe, z. B. Brustentzündungen oder Harnwegsinfektionen.

Endometritis puerperalis

Definition

Die Endometritis puerperalis ist eine Infektion der Gebärmutterschleimhaut im Wochenbett.

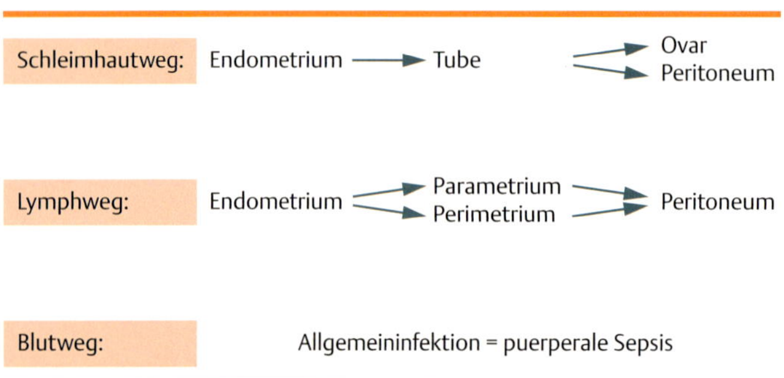

Abb. K.10 Drei Wege der Infektion im Wochenbett.

Symptome und Diagnose

Bei Endometritis puerperalis ist die Gebärmutter druckschmerzhaft, groß und schlecht kontrahiert (**Abb. K.11**). Bei den Wöchnerinnen treten subfebrile Temperaturen bis 38 °C auf. Die Lochien (Wochenfluss) riechen übel. Die Entzündung ist auf die Gebärmutterhöhle begrenzt. Eine Endometritis puerperalis kann aber auch in Verbindung mit einem Lochialstau auftreten. Dieser macht sich durch einen versiegenden Wochenfluss, hohe Temperaturen und Kopfschmerzen bemerkbar. Im Ultraschall findet sich Material in der Gebärmutterhöhle. Eine mäßige Erhöhung der weißen Blutkörperchen und ein Anstieg der Konzentration des C-reaktiven Proteins (CRP), einem Entzündungsparameter, geben weitere Hinweise.

Wenn eine andere Quelle, wie eine → Mastitis oder ein Harnwegsinfekt, als Ursache des Fiebers ausgeschlossen ist, sollte immer eine Endometritis angenommen und auch als solche behandelt werden, damit sich das Krankheitsbild nicht verschlechtert.

Therapie

Da ein gut kontrahierter Uterus mit gut abfließenden Lochien die beste Vorbeugung und auch Therapie der Endometritis ist, besteht die Behandlung in der Gabe von Kontraktionsmitteln und Spasmolytika. Wenn das Fieber bestehen bleibt oder die Therapie keine ausreichende Besserung bringt, wird ein Antibiotikum gegeben.

Endomyometritis puerperalis

Definition

Die Endomyometritis puerperalis bezeichnet den Übergriff der Infektion der Gebärmutterschleimhaut im Wochenbett auf die Muskelschicht der Gebärmutter.

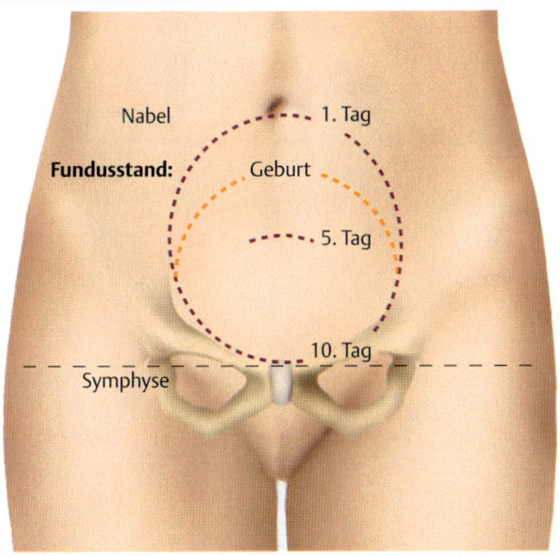

Abb. K.11 Rückbildung des Uterus. Reguläre Tastbefunde für den Uterusfundusstand im Wochenbett.

Symptome und Diagnose

Das Fieber ist höher und hält länger an als bei der Endometritis. Das allgemeine Krankheitsgefühl der Patientinnen ist größer. Außerdem kommt eine Tachykardie hinzu. Die Befunde an der Gebärmutter sind die gleichen wie bei der Endometritis. Auch hier ist der Uterus weich und druckschmerzhaft, er steht zu hoch, der Wochenfluss riecht sehr unangenehm und ist meistens verstärkt. Die Symptomatik sichert die Diagnose. Für die Therapie reicht jedoch ein Verdacht aus. Ein Abstrich aus den Lochien wird mikrobiologisch untersucht und Resistenzen der Keime werden geprüft.

Therapie

Bei einer Endomyometritis ist immer eine intravenöse antibiotische Therapie notwendig. Diese sollte ein breites Wirkungsspektrum haben (z. B. Ampicillin kombiniert mit Metronidazol). Die Therapie kann gezielt durchgeführt werden, wenn durch die mikrobiologische Untersuchung Resistenzen der Keime bekannt sind. Zusätzlich verabreicht man Uterotonika. Fiebersenkende Mittel haben den Nachteil, dass sie eine Verschlechterung des Krankheitsbilds verschleiern können. Sie müssen daher vorsichtig eingesetzt werden.

Komplikationen

Schreitet die Infektion weiter fort, können die Keime über die Eileiter bis zur freien Bauchhöhle aufsteigen. Es liegt dann eine → Adnexitis puerperalis oder eine → Peritonitis puerperalis vor. Zu den bereits vorhandenen Symptomen kommen jetzt ein deutlicher Unterbauchschmerz sowie ein fehlender oder mangelhafter Spannungszustand des Darms im Sinne eines lähmungsbedingten Darmverschlusses (→ Ileus) hinzu. Die Patientin ist im höchsten Maße gefährdet. Eine intensivmedizinische Behandlung ist notwendig.

Dringen die Keime durch die untere Gebärmutterwand oder die Wand des Gebärmutterhalses in die Aufhängebänder, entsteht die seltene Parametritis puerperalis. Dies ist eine eitrige Entzündung des extraperitonealen Bindegewebes, das zwischen Gebärmutterhals und seitlicher Beckenwand aufgespannt ist. Der Eiterherd neigt zur Abszessbildung. Diagnostiziert wird diese Entzündungsform am besten bei der rektalen oder kombiniert vaginal und rektalen Untersuchung, die extrem schmerzhaft ist. Zusätzlich zur antibiotischen Therapie, die immer erforderlich wird, muss hier manchmal operativ ein → Abszess gespalten werden.

Sepsis puerperalis

Definition

Bei der Sepsis puerperalis handelt es sich um eine generalisierte Form des Kindbettfiebers, die am häufigsten von einer Endomyometritis oder einer Venenentzündung im kleinen Becken ausgeht.

Symptome und Diagnostik

Im Unterschied zu den oben erwähnten Krankheitsbildern steht hier die Streuung der Keime über den Blutweg im Vordergrund. Meist liegt eine Thrombose in einer Vene aus dem Abflussbereich der Gebärmutter vor, die sich entzündet. Der Sepsisherd gibt dauerhaft oder in Schüben Bakterien in die Blutbahn frei (**Abb. K.12**). So kann es zu Eiterabsiedlungen in anderen Organen, wie Lunge, Niere oder Gehirn, kommen. In ca. 20% der Fälle werden die Herzklappen besiedelt.

Es besteht ein extrem reduzierter Allgemeinzustand mit starkem Krankheitsgefühl. Das Fieber ist sehr hoch und verläuft entweder in 1 – 2 Schüben täglich mit Schüttelfrost oder aber kontinuierlich. Der Puls geht schnell, die Atmung ist beschleunigt, der Blutdruck sinkt. Im Blutbild kann es neben einer erhöhten Zahl weißer Blutkörperchen zu einem Hämoglobinabfall infolge einer Hämolyse kommen.

Besonders gefährlich ist ein Absinken der Zahl der Blutplättchen, was auf einen Verbrauch von Gerinnungsfaktoren schließen lässt. Die Gerinnungsstörung entsteht insbesondere, nachdem gramnegative Bakterien in die Blutbahn eingedrungen sind. Sie besitzen Hüllenbestandteile, die sowohl die endogene als auch die exogene Blutgerinnung aktivieren. Es resultiert eine disseminierte intravasale Gerinnung (DIC), die in der Hauptsache Nieren und Lungen betrifft. Teils werden Blutplättchen und plasmatische Gerinnungsfaktoren im Rahmen dieser Vorgänge verbraucht (→ Verbrauchskoagulopathie), teils wird aufgrund der Gerinnselbildung die Fibrinolyse aktiviert und so eine Hyperfibrinolyse ausgelöst. Dies hat als Folge, dass das Blut nicht mehr gerinnen kann.

Schreitet das Krankheitsbild weiter fort, verschlechtert sich der Allgemeinzustand und das Bewusstsein ist eingetrübt. Wenn Niere und Leber versagen, resultiert ein Kreislaufschock.

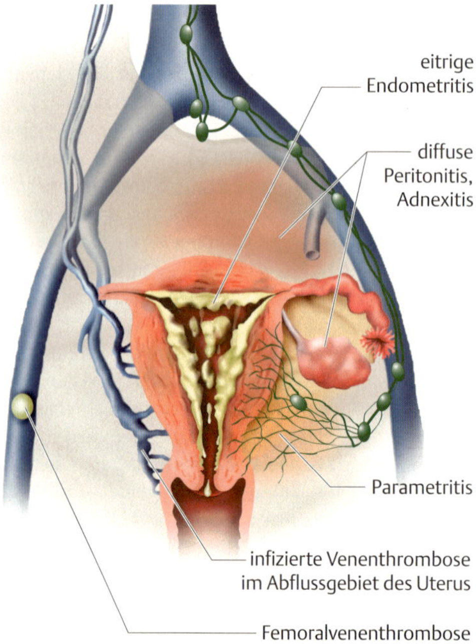

Abb. K.12 Ursachen der Puerperalsepsis. Gelangen Bakterien einer Infektion in die Blutbahn, kann eine lebensbedrohende Puerperalsepsis die Folge sein.

Therapie

Die hoch dosierte antibiotische Therapie wird von intensivmedizinischen Maßnahmen unterstützt. Wichtig ist eine Heparinisierung, um die Verbrauchskoagulopathie zu bremsen.

Schwerwiegend, aber manchmal unumgänglich, ist die Beseitigung des septischen Herdes, indem die Gebärmutter entfernt wird. Dieser technisch schwierige Eingriff muss sehr sorgfältig abgewogen werden und ist eine Ultima ratio.

Prognose

Die Puerperalsepsis ist ein lebensbedrohendes Krankheitsbild mit einer Letalität von 20 – 50%. Bei einer rasch fortschreitenden Sepsis sind die Keime äußerst aggressiv und führen innerhalb von 2 – 3 Tagen zum Tod. Ein besonderes Problem stellt die in den meisten Fällen einsetzende → Verbrauchskoagulopathie dar.

Infobox

ICD-10:
O85

Internetadressen:
http://www.infektionsnetz.at
http://www.schwangerschaft.medhost.de

Literatur:
Schiffner, S.: Kindbettfieber. Fischer (S.), Frankfurt 2005

Tschirk, W.: Tödliche Wahrheit. Roman um Ignaz Semmelweis, der das Kindbettfieber besiegte. Frieling, Berlin 2001

Kindesmisshandlung und -vernachlässigung

► **Jonas, 10 Jahre, stürzt auf dem Schulhof und zieht sich eine Platzwunde zu. Bei der Untersuchung des Jungen bemerkt der behandelnde Arzt mehrere ältere Hämatome an Kopf und Armen. Auf nähere Befragung sagt Jonas, dass er öfters alleine zu Hause sei. Seine Mutter komme gelegentlich abends sehr spät nach Hause. Dann müsse er sich selbst etwas zu essen machen. Sein Vater sei oft wochenlang auf Montage, aber wenn er einmal zu Hause sei, bekäme er Wutanfälle und würde mit Jonas schimpfen. Dann würde der Vater sich mit einer Flasche Bier vor den Fernseher setzen und stundenlang fernsehen. Wenn Jonas ihn anspreche, rege er sich nur wieder auf.**

Definition

Kindesmisshandlung ist die nicht unfallbedingte körperliche Verletzung eines Kindes oder Jugendlichen durch einen Elternteil oder eine Betreuungsperson. Kindesvernachlässigung ist das Fehlen eines Minimums an Pflege und/oder Beaufsichtigung eines Kindes.

Ursachen

Kindesmisshandlung und -vernachlässigung kommen durch ein multifaktorielles Geschehen zu Stande (**Abb. K.13**). Die Einflussfaktoren können sich auf das Kind, die Eltern oder die Familie als Ganzes beziehen. Wenn besondere Schwierigkeiten auftreten, entlädt sich die Spannung in der Familie als Aggression gegenüber dem hilflosesten Familienmitglied, nämlich dem Kind. So gesehen kann Kindesmisshandlung als Ausdruck der Unfähigkeit bzw. der Hilflosigkeit aufgefasst werden, mit den speziellen Bedürfnissen des Kindes angemessen umzugehen.

Häufigkeit

Nach Angaben der polizeilichen Kriminalstatistik werden jährlich in Deutschland etwa 1700 Fälle von Kindesmisshandlung durch Eltern oder erwachsene Erziehungspersonen registriert. Man kann davon ausgehen, dass das Dunkelfeld die Zahl der registrierten Fälle bei weitem übersteigt. Schätzungen bewegen sich zwischen 20.000 und 400.000 Fällen pro Jahr in Deutschland. Bei ca. 10% der Kinder, die wegen Verletzungen ärztlich untersucht werden, besteht der Verdacht auf Kindesmisshandlung, bei weiteren 10% auf Kindesvernachlässigung.

Diagnose

Für die Diagnose der Kindesmisshandlung und -vernachlässigung sind anamnestische Angaben und Untersuchungen entscheidend (**Abb. K.14**). Zuverlässige Angaben sind aber häufig nur schwer oder gar nicht zu erhalten.

Kind. An Kindesmisshandlung oder -vernachlässigung muss man denken, wenn das Kind folgende Auffälligkeiten zeigt:

- nicht erklärbare körperliche Befunde, Hinweise auf frühere Verletzungen,
- Verletzungen, die wahrscheinlich nicht sturzbedingt sind (Hutkrempenregel) (**Abb. K.15**),
- Zeichen für körperliche und psychische Vernachlässigung, für die sich keine ausreichende Erklärung findet (z. B. Unterernährung),

Kind	Eltern	Familienmerkmale
• niedriges Geburtsgewicht und Unreife (30 %) • Fehlbildungen und Deformationen • Unerwünschtheit • Entwicklungsstörungen (bis 70 %) • normabweichendes und unerwartetes Verhalten	• psychiatrische Erkrankung (Alkoholismus, Psychose, Persönlichkeitsstörungen) • bestimmte Persönlichkeitszüge (mangelnde Impulssteuerung, Sensitivität, Isolationstendenz, hoher Angstpegel) • Misshandlungen in der eigenen Vorgeschichte • körperliche Züchtigung wird akzeptiert • Mangel an erzieherischer Kompetenz • hohe Rate an aggressivem Verhalten • niedrige positive und hohe negative Interaktionsrate • relativ niedriger Ausbildungsstand	• niedriges Einkommen • Arbeitslosigkeit des Vaters • Kinderreichtum • Isolation von der Gemeinschaft • Streit und eheliche Auseinandersetzungen

Abb. K.13 Kindesmisshandlung. Faktoren, die eine Kindesmisshandlung begünstigen.

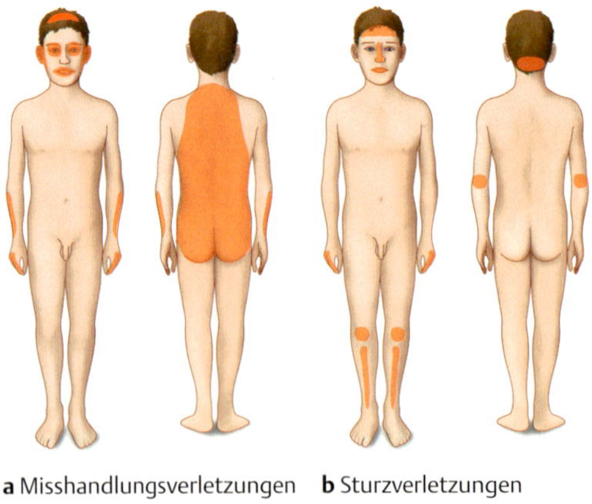

Abb. K.14 Diagnose von Kindesmisshandlungen. a Typische Misshandlungsverletzungen, **b** typische Sturzverletzungen.

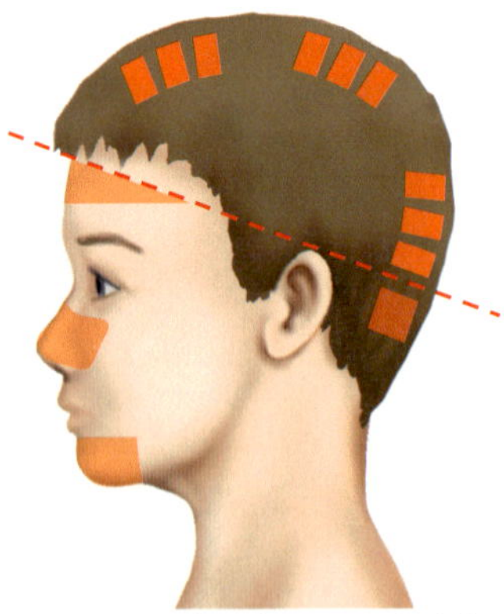

Abb. K.15 Hutkrempenregel. Verletzungen oberhalb der „Hutkrempe" sind mit hoher Wahrscheinlichkeit nicht sturzbedingt.

- besonders ausgeprägte Ängstlichkeit des Kindes,
- bei jüngeren Kindern Fehlen des Schutzsuchens bei den Eltern und Zugehen auf andere Erwachsene,
- bei älteren Kindern „Mauern" gegen alle Anzeichen eines Konfliktes sowie gleichzeitig überangepasstes Verhalten.

Eltern. Auch von Seiten der Eltern können bestimmte Verhaltensweisen und Auffälligkeiten verdächtig sein. Bei Vorliegen folgender Faktoren ist an eine Kindesmisshandlung oder -vernachlässigung zu denken:

- Diskrepanz zwischen Befund und Schilderung der Eltern,
- unkooperatives oder feindseliges Verhalten der Eltern,
- Verweigerung oder Verzögerung der ärztlichen Untersuchung,
- unangemessene Reaktion gegenüber der Verletzung des Kindes,
- Hinweise auf Erregungszustände und Kontrollverlust,
- kein Besuch stationär aufgenommener Kinder,
- Misshandlung und Vernachlässigung in der eigenen Vorgeschichte,
- infantile Partnerbeziehung oder eheliche Gemeinschaft,
- starke Isolierungstendenzen der Familie, Fehlen von Nachbarschaftskontakten,
- unrealistische Erwartungen an das Kind,
- häufiger Arzt- oder Krankenhauswechsel,
- Alkoholmissbrauch.

In vielen Fällen liegt eine Kombination mehrerer der hier genannten Faktoren vor. Hinzukommen oft noch Merkmale der sozialen Situation wie Arbeitslosigkeit, soziale Diskriminierung oder besondere familiäre Konflikte.

Therapie

An erster Stelle steht die akute Intervention und die Entscheidung über das weitere Vorgehen. Jeder, der mit misshandelten und vernachlässigten Kindern zu tun hat, versteht sich auch als Anwalt der Kinder. Daher besteht häufig die Neigung, beim Vorliegen eines Misshandlungstatbestandes sofort rechtliche Maßnahmen einzuleiten, etwa die Entziehung des elterlichen Sorgerechts. Allerdings sollte diese Maßnahme an letzter und nicht an erster Stelle stehen.

Trotz der zahlreichen gesetzlichen Regelungen muss stets auch geprüft werden, wie es zur Kindesmisshandlung kam und welche Behandlungsmöglichkeiten zur Verfügung stehen. Es ist nämlich ein Unterschied, ob ein Kind z. B. in vorbereiteter Weise systematisch gequält wird oder ob eine überforderte Mutter mit vielen Kindern in einer Überforderungssituation zuschlägt und ihr Kind verletzt. Für die Indikationsstellung weiterer Behandlungsmaßnahmen sind folgende Gesichtspunkte wichtig:

1. Zunächst muss ein Urteil darüber gebildet werden, ob bei einer schwerwiegenden Kindesmisshandlung eine Wiederholungsgefahr besteht. In solchen Fällen muss das Kind aus der Familie herausgenommen werden.
2. Danach ist zu prüfen, ob beim misshandelnden Elternteil eine behandlungsbedürftige psychiatrische Erkrankung vorliegt. Wenn dies gegeben ist, muss eine entsprechende Behandlung eingeleitet werden.
3. Aus dem Einzelfall ergibt sich, was für eine Kindesmisshandlung vorliegt und die Zusammenarbeit mit dem Kind und/oder den Bezugspersonen im Sinne einer therapeutischen Intervention aussichtsreich ist. Ist dies der Fall, kann die Zusammenarbeit während der stationären Behandlung des Kindes beginnen. Im Laufe der Behandlung wird entschieden, wann und wie die Behandlung ambulant fortgeführt wird.

Bei der Vermeidung der akuten Gefahr, die durch die Misshandlungen entsteht, spielen Kinderkliniken sowie kinder- und jugendpsychiatrische Kliniken eine wichtige Rolle. Ferner existieren Kinderschutzzentren und Frauenhäuser. Letztere sind besonders dann von Bedeutung, wenn die

Mütter der Kinder ebenfalls von Misshandlungen betroffen sind.

Ziel der psychotherapeutischen Arbeit mit den Eltern und der Familie ist die Modifikation des elterlichen Verhaltens. Zum Einen sollen mögliche eigene Defizite der Eltern durch intensive Zuwendung kompensiert werden, zum Anderen wird versucht, die tiefer liegenden Ursachen ihres Verhaltens zu ergründen.

Das misshandelte Kind benötigt eine individuelle psychotherapeutische Hilfe. Daher muss die Therapie auf das Alter und den Entwicklungsstand des Kindes abgestimmt sein. Bei jüngeren Kindern empfiehlt sich eine Spieltherapie, bei älteren Kindern Behandlungen, die stärker verbale Elemente berücksichtigen. Das Ziel ist, dem Kind zu helfen, seine Ängste und Konflikte auszudrücken und zu verarbeiten, das häufig verloren gegangene Vertrauen zu Erwachsenen wiederherzustellen und ein angemessenes Selbstwertgefühl wiederzuerlangen.

Infobox

ICD-10:
T74.1

Internetadressen:
Deutsche Gesellschaft für Kinder- und Jugendpsychiatrie:
http://www.dgkjp.de
http://www.kindesmisshandlung.de

Literatur:
Remschmidt, H. (Hrsg.): Kinder- und Jugendpsychiatrie, 4. Aufl. Thieme, Stuttgart 2005

Kindliche Aphasie

► „Ich dachte, Anna sei wieder gesund. Ich verstehe diese Ärzte nicht." Frau Grondziel ist verzweifelt. Ihr Mann sitzt neben ihr. „Aber sie haben uns doch erklärt, dass bei Anna nach ihrem Schädel-Hirn-Trauma sowohl das Sprechen wie auch das Sprachverständnis schwer beeinträchtigt sind. Und weil sie sich nicht wie gewohnt mit der Umwelt austauschen konnte, hat sie sich völlig zurückgezogen. Das wissen wir doch jetzt. In der Sprachtherapie hat Anna doch schon wieder einzelne Laute und Vokale geübt. Die Therapeutin hat mir gesagt, dass sie bald kurze Worte und Sätze sprechen kann und dass man bald wahrscheinlich nichts mehr merken wird."

Definition

Von kindlicher Aphasie spricht man, wenn durch eine akute hirnorganische Schädigung die bis dahin erworbene Sprache gestört wird.

Ursachen

Kindliche Aphasien werden hauptsächlich durch ein → Schädel-Hirn-Trauma erworben. Sehr viel seltener sind zerebrale Entzündungen (→ Enzephalitis), Gehirnabszesse, vaskuläre Erkrankungen, degenerative Erkrankungen des ZNS oder → Gehirntumoren Ursache (**Abb. K.16**).

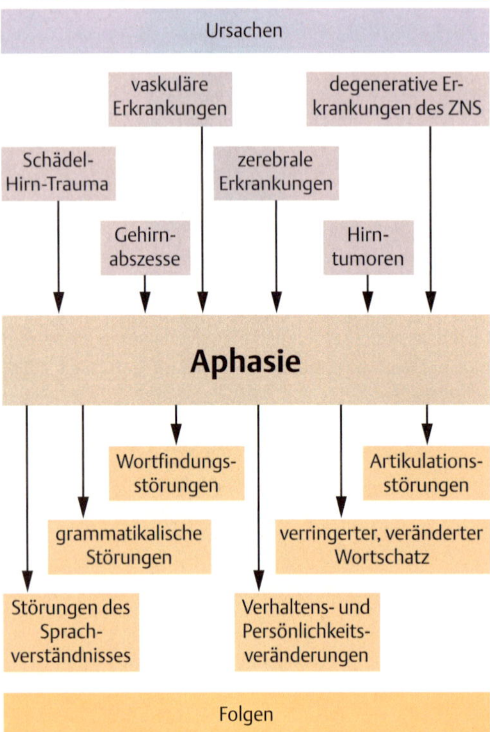

Abb. K.16 Ursachen und Folgen der Aphasie.

Symptome

Sprachliche Symptome

Anders als bei Erwachsenen, bei denen die Sprachstörung in den meisten Fällen durch eine Schädigung der linken Hirnhälfte (sprachdominante Seite) auftritt, können Sprachstörungen bei Kindern durch eine Schädigung der linken oder rechten Großhirnhälfte auftreten. Da die sprachliche Dominanz noch nicht auf eine Hirnhälfte festgelegt ist, ist eine eindeutige Zuordnung von Störungsbild und Hirnlokalisation bei kindlicher Aphasie nicht möglich.

Es können folgende Formen der Aphasie auftreten: Broca-Aphasie, Wernicke-Aphasie, globale Aphasie und ausschließlich bei Erwachsenen die amnestische Aphasie (**Tab. K.2**). Die ersten drei Formen sind bei Kindern, anders als bei Erwachsenen, nicht genau abgrenzbar, da eine in der Entwicklung begriffene Sprache betroffen ist.

Bei Kindern ähneln die Symptome eher einer schweren Sprachentwicklungsstörung (SES). Wortfindung, Wortschatz, Sprachverständnis, grammatikalische Leistungen und Artikulation sind gestört. Im Schulalter treten Fehlleistungen in den Bereichen Lesen, Schreiben oder der Wortfindung auf. In diesem Alter ähneln die Symptome bereits denen erwachsener Aphasiker. Dies ist der Fall, weil im Alter von ca. sechs Jahren die Sprachentwicklung schon zu einem großen Teil abgeschlossen ist. Anders als bei Erwachsenen mit Wernicke-Aphasie kommt es bei kindlicher Aphasie nicht zur Logorrhö (starker Rededrang).

Als Reaktion auf das Schädel-Hirn-Trauma kann häufig ein Erlöschen aller Sprachleistungen für eine bestimmte Zeit eintreten (Mutismus). Des Weiteren kann der Redefluss gestört sein. Diese Symptome treten bis zu einem Alter von etwas sechs Jahren auf.

Psychische Symptome

Eine Aphasie führt oft auch zu Verhaltens- und Persönlichkeitsveränderungen:

- Ängstlichkeit,
- Rückzug,
- depressive Verstimmungen,
- schwer gestörtes Selbstwertgefühl,
- Zwanghaftigkeiten,
- verminderte Kommunikationsbereitschaft,
- autistisch wirkende Züge,
- Konzentrationsmangel,
- hyper- oder hypoaktives Verhalten,
- aggressives Verhalten.

Therapie

Die Therapie erfolgt symptomorientiert, je nach Art und Schwere des diagnostizierten Störungsbilds, z. B. in den Bereichen: Sprachverständnis, Wortfindung, Artikulation, Wortschatz und Kommunikation. Wichtig ist, dass die lo-

Tab. K.2 Leitsymptome einzelner Aphasieformen

Aphasieform	Leitsymptome
Broca-Aphasie	▪ meist verlangsamte Sprechflüssigkeit mit großer Sprachanstrengung ▪ grammatikalisch unvollständige Sätze ▪ Lautverwechslungen ▪ gelegentlich werden Laute oder Silben weggelassen ▪ gut erhaltenes Sprachverständnis ▪ Schwierigkeiten beim Zuhören durch verlangsamte Sprachverarbeitung
Wernicke-Aphasie	▪ häufig flüssiges Sprechen ohne große Mühe ▪ viele Verdrehungen und Wortverwechslungen ▪ Wörter werden „erfunden" ▪ erheblich gestörtes Sprachverständnis ▪ stark eingeschränkte Kommunikationsfähigkeit
globale Aphasie	▪ schwerste Form der Sprachstörung ▪ alle sprachlichen Bereiche (spontanes Sprechen, Nachsprechen, Verstehen, Lesen und Schreiben) sind stark beeinträchtigt ▪ äußerst geringe Sprachproduktion ▪ sehr stark reduzierter Wortschatz ▪ viele Sprachautomatismen und Stereotypien ▪ sehr schwer beeinträchtigtes Sprachverständnis ▪ sprachliche Kommunikation nahezu unmöglich
amnestische Aphasie (nur bei Erwachsenen)	▪ Wortfindungsstörungen bei flüssiger Sprache ▪ Satzbau überwiegend korrekt ▪ geringfügig gestörtes Sprachverständnis ▪ gute Kommunikationsfähigkeit

gopädische Therapie so bald als möglich nach der Schädigung begonnen wird und dass sie täglich stattfindet. Die Dauer der Therapie ist individuell verschieden, je nach Art und Schwere der Beeinträchtigung.

Während der Therapie ist es wichtig den Kindern viel Zeit beim Sprechen zu lassen, fehlerhafte Äußerungen möglichst selten zu korrigieren und sie nicht zu überfordern. Fällt dem Kind ein Wort nicht ein, kann die Vorgabe der ersten Silbe oder des ersten Lautes des gesuchten Wortes dem Kind helfen, dieses Wort zu finden. Bei Beeinträchtigungen des Sprachverständnisses sollte in kurzen, einfachen Sätzen gesprochen werden um das Verstehen zu erleichtern.

In diesem Bereich ist auch von großer Bedeutung, die Eltern in die Therapie einzubinden, damit sie lernen, wie sie ihrem Kind am besten helfen können.

Prognose

Im frühen Kindesalter (2 – 3 Jahre) setzt die Sprachentwicklung bei günstigem Verlauf verspätet ein, ohne dass eine Störung zurückbleibt.

Im Vorschulalter (3 – 6 Jahre) schreitet die Sprachentwicklung, während das Kind die Aphasie überwindet, in den Bereichen Artikulation, Wortschatz, grammatikalische Fähigkeiten sowie Sprachverständnis fort. Da die Funktionen des Gehirns noch „plastisch" sind, können die Schäden leichter und rascher ausgeglichen werden. Nicht geschädigte Hirnbereiche sind in der Lage die Funktionen der geschädigten Hirnregionen zu übernehmen.

Aphasien, die im Schulalter (älter als 6 Jahre) auftreten, werden nicht immer vollkommen störungsfrei überwunden. Es können Störungen in den Bereichen Lesen, Schreiben oder bei der Wortfindung bestehen bleiben. Allerdings gibt es keine günstige oder ungünstige Prognose, entscheidend ist die Krankheitsursache. Aphasien, die im jugendlichen Alter auftreten, gleichen denen von Erwachsenen.

Infobox

ICD-10:
R47.0

Internetadressen:
http://www.kindlicheAphasie.de

Literatur:

Hartje, W., Poeck, K.: Klinische Neuropsychologie. Thieme, Stuttgart 2002

Wirth, G.: Sprachstörungen, Sprechstörungen, Kindliche Hörstörungen. Dt. Ärzteverlag, Köln 2000

Kindliche Dysphagie

► **„Wir hatten nach der Gehirnblutung solche Angst, aber es geht Joachim jetzt schon besser. Er ist endlich von der Intensivstation runter", erzählt Frau Koch ihrer Nachbarin. „Wir haben so ein Glück gehabt, dass der Balkon, von dem er gefallen ist, im ersten und nicht im zweiten Stock liegt. Ich fahre übrigens gleich zu ihm und werde ihn füttern. Er hat die ganze Zeit eine Sonde gehabt und Infusionen bekommen und soll heute zum ersten Mal wieder normal essen." Nun sitzt Frau Koch bei Joachim am Bett. „Komm Joachim, einen Löffel." Frau Koch hält ihrem Sohn, der sich im Bett aufgerichtet hat, einen Löffel Brei hin. Joachim isst. Als er nach längerem Kauen schlucken möchte, beginnt er heftig zu husten. Weitere Essversuche lehnt Joachim vehement ab.**

Definition

Als Dysphagie bezeichnet man Störungen der oralen Nahrungsaufnahme.

Synonym: Schluckstörung.

Ablauf des Schluckens

Der Schluckakt lässt sich in drei Phasen einteilen (**Abb. K.17**).

Orale Phase. Die Nahrung wird zerkleinert und mit Speichel durchmischt. Der Speisebrei wird zu einer Portion (Bolus) geformt und Richtung Rachen transportiert, wobei die Atmung unterbrochen wird. Am Ende der oralen Phase wird der Schluckreflex ausgelöst.

Pharyngeale Phase. Der Bolus wird durch den Rachen (Pharynx) in die Speiseröhre transportiert. Die Luftröhre muss vor dem Eindringen von Nahrung geschützt werden. Dazu wird der Kehlkopf vom Kehldeckel verschlossen, die Stimmlippen sowie die über ihnen befindlichen aryepiglottischen Falten schließen sich. Außerdem hebt sich das Gaumensegel und versperrt auch den Weg in die Nase. Am Ende der pharyngealen Phase wird der obere Ösophagussphinkter geöffnet. Der Nahrungsbrei wird in die Speiseröhre hineingepresst, der Sphinkter schließt sich wieder, Gaumensegel und Kehlkopf gehen in ihre normale Position zurück. Das Atmen ist wieder möglich.

Ösophageale Phase. Die Nahrung befindet sich nun in der Speiseröhre (Ösophagus), die den Speisebrei durch rhythmische Bewegungen der Muskulatur bis in den Magen transportiert.

Besonderheiten des frühkindlichen Schluckens

Bis zum Alter von 3 – 4 Monaten füllt die Zunge fast die gesamte Mundhöhle aus. Die Muskulatur in den Wangen ist mit zusätzlichen Fetteinlagerungen (sucking pads) stabilisiert, der Unterkiefer ist im Verhältnis kleiner und der Kehlkopf steht höher als beim älteren Kind.

Die Nahrung fließt nicht nur über die Zunge, sondern auch durch die Wangentaschen in den Rachen. Das beson-

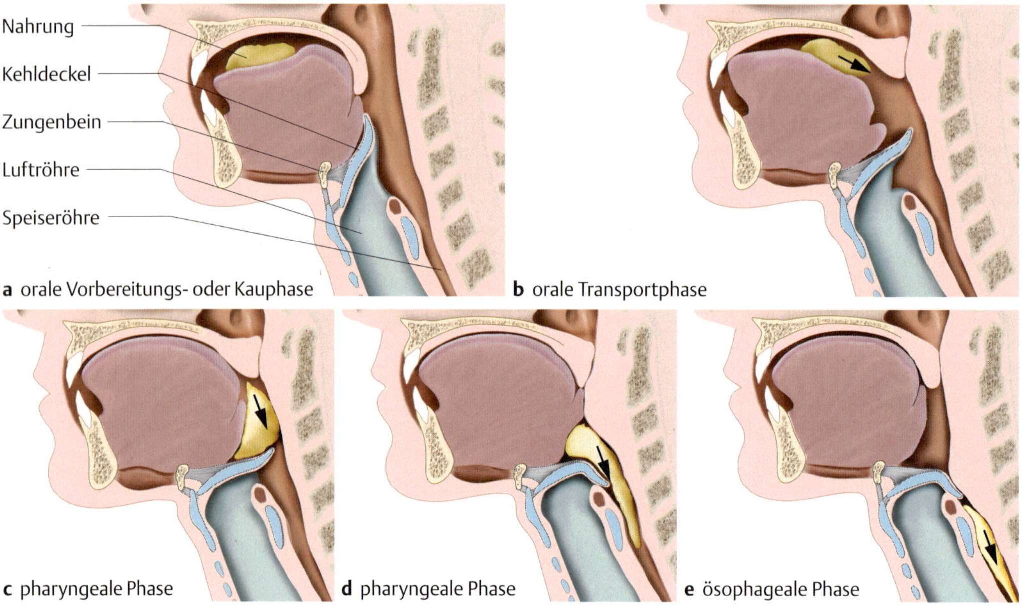

Abb. K.17 Die verschiedenen Phasen des Schluckaktes.

ders kräftige Saugen ermöglichen die sucking pads. Durch den Hochstand des Kehlkopfs ist der Rachenraum viel kleiner. Das bedeutet, dass ein Säugling das Atmen nur für den kurzen Moment der pharyngealen Phase unterbrechen muss, im Gegensatz zum Erwachsenen aber nicht beim Saugen.

Ursachen

Die Ursachen der Dysphagie sind vielfältig:

- strukturelle Veränderungen (z. B. Fehlbildungen von Kiefer, Zunge oder Speiseröhre; vergrößerte Rachenmandeln),
- neurogene Erkrankungen (z. B. Entzündungen des Gehirns und seiner Häute; Schädigungen des Gehirns durch Sauerstoffmangel; → infantile Zerebralparese; Muskeldystrophien),
- kardiovaskuläre Erkrankungen (z. B. → Herzinsuffizienz),
- psychogene Ursachen,
- Medikamente oder operative Eingriffe.

Symptome

Die Symptome einer Dysphagie sind z. B.:

- Drooling (Nahrung oder Speichel treten bei ungenügendem Lippenschluss aus dem Mund),
- Räuspern oder Husten nach dem Schlucken (der Hustenreflex wird durch Eindringen von Speichel/Nahrung in den Kehlkopfeingang oder in die Luftröhre ausgelöst),
- häufiges Fieber ohne erkennbare Ursache, Atemwegsinfekte (→ Pneumonien) (durch das Eindringen von Nahrung in die Luftröhre entstandene Entzündungen),
- Speisereste im Mund oder in den Wangentaschen,
- Regurgitation (Rückfluss von Bolusanteilen aus der Speiseröhre zurück in den Rachen),
- nasale Regurgitation (Eindringen von Nahrung in den Nasenrachen und die Nase bei ungenügender Hebung des Gaumensegels),
- Abneigung gegen Nahrung bzw. gegen eine bestimmte Konsistenz,
- unerklärlicher Gewichtsverlust, häufiges Erbrechen,
- ungewöhnliche Kopfhaltung oder Bewegungen, um den Bolustransport zu bewältigen.

Lebensbedrohlich werden Schluckstörungen dann, wenn Nahrung in die Atemwege gelangt. Dadurch können diese verlegt werden und schwere Lungenentzündungen (→ Aspirationspneumonie) entstehen. Außerdem kann Mangel- bzw. Fehlernährung bei Kindern Entwicklungsstörungen verursachen (→ Unterernährung).

Diagnose

Bevor man eine Aussage über das Vorliegen und die Art einer Schluckstörung treffen kann, ist eine genaue Diagnostik erforderlich. Dazu werden Eltern und Kind (wenn möglich) ausführlich befragt und das Kind von Ärzten und Therapeuten untersucht.

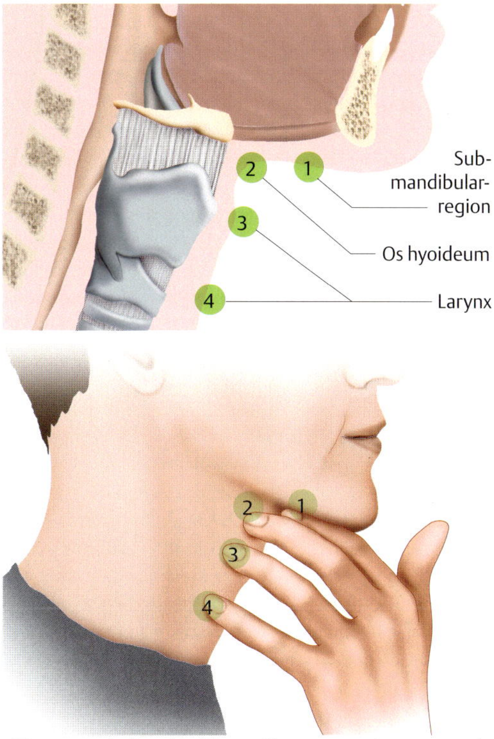

Abb. K.18 Taktile Schluckkontrolle. Der Zeigefinger spürt die Mundboden- und Zungenbewegung, der Mittelfinger liegt in Höhe des Zungenbeins. Der Ringfinger und der kleine Finger tasten die Hebung und Senkung des Kehlkopfes.

Man beurteilt die Häufigkeit und den sichtbaren Ablauf des Schluckens. Dazu wird das Schlucken von Speichel sowie von Nahrung verschiedener Konsistenzen (flüssig, breiförmig, fest, krümelig) überprüft (**Abb. K.18**).

Kopf- und Körperhaltung, Stimmklang oder das Vorhandensein verschiedener Reflexe geben ebenfalls Hinweise auf den Ablauf des Schluckvorgangs. Mit entsprechenden Geräten wird das Geschehen genauer beurteilt.

Transnasale videoendoskopische Schluckdiagnostik. Ein flexibles Endoskop wird durch die Nase in den Rachen eingeführt, wobei hauptsächlich die Gaumensegelfunktion, die Beschaffenheit von Rachen und Kehlkopf, der Zeitpunkt der Auslösung des Schluckreflexes und ein mögliches Eindringen von Nahrung in die Luftröhre beurteilt werden.

Röntgen-Videokinematografie. Hierbei wird der Ablauf des Schluckreflexes selbst sowie alle Phasen des Schluckens analysiert. Dazu wird kontrastmittelhaltiger Brei geschluckt und dessen Weg in den Magen auf einem Röntgenfilm verfolgt.

Therapie

Die Möglichkeiten der Therapie bei Dysphagien sind so umfassend und vielfältig wie das Störungsbild selbst. So können bestimmte Kopfhaltungen erlernt und ein Nahrungskatalog für den Patienten erarbeitet werden. Ebenso kommt ggf. eine Operation infrage. In jedem Fall muss es das Ziel sein, die lebensbedrohliche Aspiration von Nahrung zu verhindern.

Darüber hinaus muss die Ernährung des Kindes sichergestellt, seine Entwicklung gefördert und die soziale Integration positiv beeinflusst werden. Bei der Behandlung von Kindern mit Schluckstörungen spielt die Elternarbeit eine große Rolle.

Prognose

Über den Verlauf und ein mögliches Abklingen von Schluckstörungen kann man nur sehr vage Vorhersagen treffen. Generell gilt, dass die Ursache behandelt werden muss, um eine Dysphagie wirklich zu heilen. Ist das nicht möglich, können therapeutische Maßnahmen das Risiko für das Eindringen von Nahrung in die Luftröhre verringern. Mit einer erlernten Schlucktechnik und einer bewussten Auswahl an Nahrungsmitteln und Zubereitungsarten kann ein Kind trotz einer Dysphagie ohne Sonde ernährt werden und von außen betrachtet „normal" essen.

Komplikationen

Bei kindlichen Dysphagien ist oft der Bewegungsablauf der Strukturen gestört, die für das Sprechen notwendig sind. Ein Kind, das die Zunge nicht anheben kann, kann die Nahrung nicht zu einem Bolus formen und hat Probleme bei der Artikulation bestimmter Laute, z. B. „L". Ein Nach-vorn-Schieben der Zunge beim Schlucken geht häufig mit Lautfehlbildungen wie einem Sigmatismus („Lispeln") einher.

Das Bewegungsmuster der Zunge beeinflusst die Ausformung der Mundhöhle. Ein Neugeborenes mit schwerer Dysphagie muss nicht nur über eine Sonde ernährt werden, sondern wird auch einen sehr schmalen und hohen Gaumen entwickeln und damit einen relativ engen und kleinen Oberkiefer behalten.

Aufgrund massiver Aspiration oder der Notwendigkeit einer Langzeitbeatmung kann eine dauerhafte Versorgung mit einer Trachealkanüle notwendig sein. Das hat zur Folge, dass das Kind keine Stimme mehr bilden kann, denn der Weg der Atemluft führt nun durch die Trachealkanüle und nicht mehr durch den Kehlkopf und die Mundhöhle bzw. Nase. Das spielerische Lallen eines Säuglings findet nun ohne Stimme statt und verliert seinen Reiz. Die Folgen für die Entwicklung des Sprechens und der Sprache können gravierend sein.

Infobox

ICD-10:
R13

Literatur:

Arvedson, J. C., Brodsky, L. B.: Pediatric Swallowing and Feeding: Assessment und management, 2nd ed. Singular Publishing Group, Albany NY 2002

Denk, D.-M., Bigenzahn, W.: Oropharyngeale Dysphagien. Thieme, Stuttgart 1999

Kindliche Hörstörungen

► **Der knapp dreijährige mittelgradig schwerhörige Jens stürmt ins Therapiezimmer der Logopädin. „Warte doch", ruft seine Mutter, doch Jens reagiert nicht. Stattdessen stellt er sich vor das neue Spiel, das er entdeckt hat, und fragt: „Das spielen?" Jens ist mit zwei „Hinter-dem-Ohr"-(HdO-)Geräten versorgt. „Es gefällt ihm im Kindergarten. Er kommt dort richtig gut zurecht. Das hätte ich vor einem Jahr nicht gedacht. Ich weiß noch, wie verzweifelt ich nach der Diagnose war", erzählt Frau Weimer der Logopädin. „Sie haben völlig Recht. Jens hat die Defizite in der Sprachentwicklung hauptsächlich durch das Hörtraining fast völlig ausgeglichen."**

Definition

Unter kindlichen Hörstörungen sind verschiedene Funktionsstörungen des Gehörs im Kindesalter zusammengefasst.

Einteilung

Je nach Ort und Art der Störung unterscheidet man:

- **Schallleitungsschwerhörigkeit:** Schallaufnahme und Schallleitung im äußeren Ohr und Mittelohr sind gestört,
- **Schallempfindungsschwerhörigkeit:** Störungen im Innenohr liegen vor.

Es werden außerdem vier Schweregrade unterschieden (**Tab. K.3**).

Ursachen

In vielen Fällen bleibt die Ursache zwar trotz eingehender ärztlicher Diagnostik und Anamnese unbekannt, die möglichen Ursachen für Hörstörungen sind jedoch vielfältig.

Die Störungen können zum einen genetisch bedingt sein. In einem solchen Fall treten sie im Rahmen eines Syndroms (z. B. Franceschetti-Syndrom) oder isoliert auf. Schwerhörigkeit kann aber auch erworben sein. Hier unterscheidet man je nach Zeitpunkt, wann sie erworben wurden:

- pränatale Hörstörungen:
  - Infektionen der Mutter (z. B. → Rötelnembryopathie),
  - Sauerstoffmangel,
  - toxische Schäden v. a. durch ototoxische Medikamente wie bestimmte Antibiotika.
- perinatale Hörschädigung:
  - → Asphyxie, Hypoxie,
  - → Frühgeburtlichkeit.
- postnatale Schädigung:
  - Infektionskrankheiten wie → Meningitis, → Enzephalitis, → Mumps, → Masern, → akute Otitis media,
  - toxische Schäden durch ototoxische Medikamente,
  - Traumata,
  - Mittelohrtumoren,
  - → Cholesteatom.

Tab. K.3 Schweregrade der Hörstörung

Schweregrad	Hörschwelle
gering	bis 40 dB
mittel	40 – 70 dB
hoch	70 – 90 dB (evtl. Gehörlosigkeit)
Hörrestigkeit	ab 90 dB

Die Hörschwelle bezeichnet dabei die Lautstärke, bei der die Personen beginnen etwas zu hören. Das bedeutet, dass Kinder, die 60 dB Hörverlust haben, erst bei 60 dB Lautstärke beginnen etwas zu hören. Unter Hörrestigkeit versteht man ein gerade noch messbares Resthörvermögen, das wegen der im Grunde nicht mehr verwertbaren Höreindrücke einer Gehörlosigkeit gleichkommt.

Symptome

Die Hörstörung führt je nach ihrem Ausmaß zu Störung und Behinderung der Sprachentwicklung. Die Kinder hören nicht nur insgesamt schlechter, sondern besitzen für die verschiedenen Frequenzen ein unterschiedliches Hörvermögen. Daher nehmen sie Sprache oft nur verzerrt wahr und geben sie entsprechend wieder.

Der Stimmklang der Betroffenen ist z. T. verändert und es kommt zu einer Rhinophonie (offenes Näseln). Hochgradig schwerhörige Jungen haben oft Schwierigkeiten, die männliche Stimme in der Pubertät zu entwickeln. Ebenfalls kann die Koordination Atmung – Stimmgebung durch einen unregelmäßigen Atemrhythmus gestört sein. Oft sind die Kinder sehr lebhaft und bewegen sich viel und gerne, was u. a. die Folge der für sie sehr anstrengenden Kommunikationssituationen ist.

Diagnose

Grundsätzlich findet bei allen Säuglingen und Kleinkindern eine grobe Überprüfung des Gehörs in den Untersuchungen U3 – U8 statt. Bei Risikokindern und wenn Auffälligkeiten bestehen, werden diverse pädaudiologische Untersuchungen durchgeführt, wie z. B.: BERA-Screening oder reflexaudiometrische Tests.

Sobald die Kinder selbstständig anzeigen können, dass sie etwas hören, wird das Gehör mit verschiedenen audiometrischen Verfahren wie Tonaudiometrie und Sprachaudiometrie getestet. Mit einer logopädischen Untersuchung werden Kommunikationsfähigkeit und -verhalten erfasst sowie eine umfassende Anamnese zur Hör- und Sprachentwicklung erhoben.

Therapie

Schallleitungsstörungen sind oft vorübergehender Natur oder können medikamentös oder operativ behandelt werden. Dennoch können die betroffenen Kinder in ihrer Sprachentwicklung beeinträchtigt sein.

Schallempfindungsstörungen können nur sehr selten medikamentös behandelt werden. Hierbei steht von ärztlicher Seite die apparative Versorgung mit Hörgeräten oder Cochlea Implant im Vordergrund.

Logopädische und sonderpädagogische Betreuung

Mit einem Hörtraining soll erreicht werden, dass das zur Verfügung stehende Hörvermögen maximal ausgenutzt wird. Außerdem werden die Eltern beraten, wie sie den Spracherwerb der Kinder unterstützen, die Krankheit bewältigen und apparative Hilfen nutzen können. Die Kommunikationsfähigkeit der Betroffenen wird unter Einbeziehung aller Sinne verbessert. Ebenso wird die physiologische Sprachentwicklung gefördert. Dabei wird auf folgende Aspekte eingegangen:

- Sprache (Wortschatz, Syntax, Morphologie),
- Sprechen (Artikulation, Sprechablauf, Prosodie),
- Stimme (Atmung, Tonus, Stimmklang).

Ratschläge zum Umgang mit hörgeschädigten Kindern

Folgende Verhaltensmaßnahmen sind für den Umgang mit Betroffenen hilfreich (**Abb. K.19**):

- von Angesicht zu Angesicht sprechen,
- Umgebungsgeräusche (Fernseher, Radio usw.) reduzieren,
- evtl. Gebärden, schriftliche Aufzeichnungen oder Zeichnungen einsetzen,

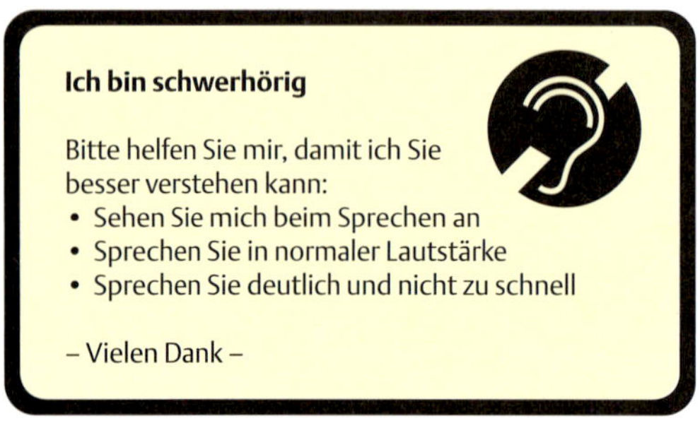

Abb. K.19 Kommunizieren mit hörgeschädigten Kindern. Verhaltensregeln beim Umgang mit schwerhörigen Kindern (Hinweiskärtchen des Deutschen Schwerhörigenbundes).

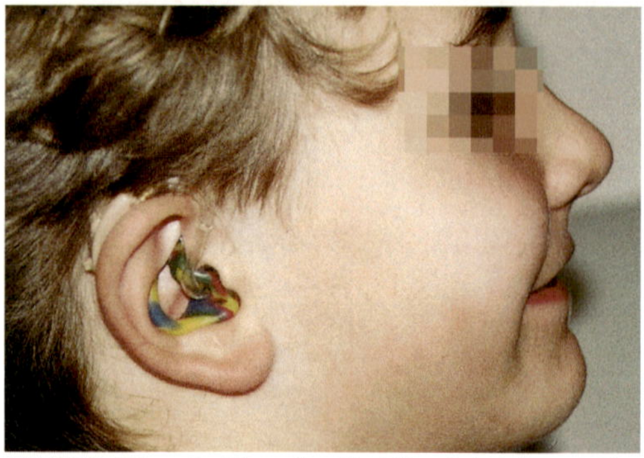

Abb. K.20 Hörgerät. Hinter-dem-Ohr-Hörgerät bei einem 7-jährigen Jungen.

- langsam, deutlich, jedoch nicht übertrieben artikulieren,
- keine abrupten Themenwechsel,
- für Hörgeräte- bzw. andere Apparate (z. B. Sprachprozessor bei Cochlea Implant) sorgen; ggf. Funktion und Batteriestatus kontrollieren (**Abb. K.20**),
- sich durch Berührung oder Gebärden bemerkbar machen, um Anwesenheit zu signalisieren,
- nicht im Dunkeln sprechen (Mundbild),
- nicht besonders laut sprechen.

Prognose

Trotz apparativer Versorgung ist nur in gering- bis mittelgradigen Fällen ein normales Gehör zu erreichen, meistens bestehen weiterhin Einschränkungen des Hörvermögens.

Infobox

ICD-10:
H90.0, H90.2, H90.3, H90.8, H90.9, H91.9

Internetadresse:
http://www.schwerhoerigen-netz.de

Literatur:
Thiel, M. M.: Logopädie bei kindlichen Hörstörungen. Springer, Berlin 2000

Schmid-Giovannini, S.: Hören und Sprechen, Anleitung zur audio-verbalen Erziehung. Zollikon, Schweiz 1996

Kindliche Stimmstörungen

► **Der 8-jährige Sven ist ein recht lebhaftes Kind. Am liebsten würde er jeden Tag mit seinen Freunden draußen Fußball spielen. Dabei geht es ziemlich laut zu. Svens Stimme wird immer heiserer, auch wenn er nicht auf dem Fußballplatz herumschreit.**

Definition

Kindliche Stimmstörungen sind Störungen der Stimme, bei denen vorwiegend der Stimmklang verändert und die stimmliche Leistungsfähigkeit eingeschränkt ist.

Ursachen

Je nach Ursache unterscheidet man:

- organisch bedingte Stimmstörungen:
  - Stimmstörungen nach Langzeitintubation,
  - Stimmstörungen nach Kehlkopftraumen,
  - Kehlkopfmissbildungen.
- funktionelle Stimmstörungen:
  - hyperfunktionelle Stimmstörung,
  - hypofunktionelle Stimmstörung,
  - gemischte funktionelle Stimmstörungen.
- Mutationsstimmstörungen.

Symptome

Ein stimmgestörtes Kind ist in seiner verbalen Kommunikationsfähigkeit eingeschränkt. Wenn Symptome wie Heiserkeit und Räusperzwang länger als 3 Wochen andauern, sollten die Ursachen phoniatrisch und logopädisch abgeklärt werden. Nach Schulze (2002) ist von einer Morbiditätsrate von 20 – 30 % der 3 – 10-jährigen Kinder auszugehen.

Diagnose

In der phoniatrischen Untersuchung werden v. a. die Stimmlippen und deren Funktionsweise untersucht (**Abb. K.21**). Eine ausführliche Anamnese zur Eruierung der möglichen Ursachen und eine Untersuchung der verschiedenen stimmlichen Parameter sowie der Haltung, Körperspannung und Atmung sind Bestandteile der logopädischen Diagnostik.

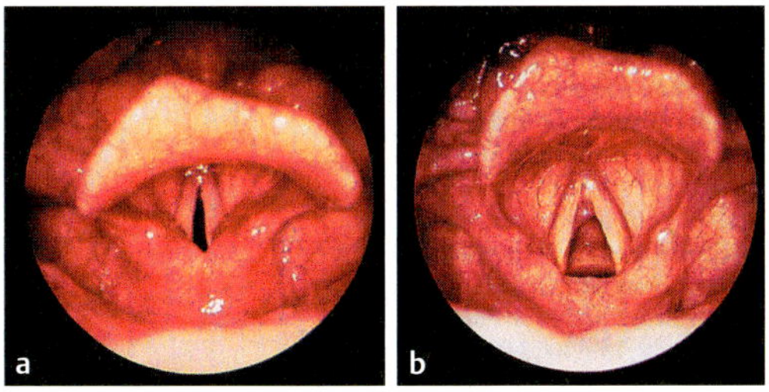

Abb. K.21 Kehlkopfspiegelung. a Befund bei Phoniation („hiii. . .“), **b** Befund bei Respiration.

Organisch bedingte Stimmstörungen

Ursachen

Stimmstörungen nach Langzeitintubation

Durch den Kontakt des Tubus mit den Stimmlippen kann es durch die Schleimhautschädigung zu Granulomen oder zur Segelbildung zwischen den Stimmlippen kommen (**Abb. K.22**). Der allgemeine Muskelabbau betrifft auch die Kehlkopf- und Atemmuskulatur. Durch eine lang andauernde künstliche Atmung kann der Atemrhythmus zweiphasig sein. Die Patienten sind heiser oder stimmlos. Oft tritt eine Hoch- oder Schnappatmung auf.

Stimmstörungen nach Kehlkopftraumen

Die häufigste Ursache von Kehlkopftraumen bei Kindern sind Pfählungsverletzungen. Hier ist nach chirurgischer Behandlung zunächst phoniatrisch abzuklären, ob die Verwendung der Stimmlippen möglich ist. Gemäß den Gegebenheiten im Kehlkopf- und Ansatzrohrbereich wird mit der Stimmtherapie begonnen, nachdem die Wunden ausgeheilt sind.

Kehlkopfmissbildungen

Unter den Missbildungen des Kehlkopfs sind Kehlkopfhypoplasien (extrem kleiner Kehlkopf), Kehlkopfasymmetrien (betrifft v. a. das Knorpelgerüst) sowie Sulci (Furchen) und Segelbildung zwischen den Stimmlippen die häufigsten. Außer bei ausgeprägten Veränderungen können die meisten Missbildungen kompensiert werden. Evtl. können sich jedoch funktionelle Störungen entwickeln (s. u.). Bei Kindern muss dazu geraten werden, die Stimme nicht exzessiv zu belasten (z. B. in einem Chor). Sprechberufe sind ebenfalls eher ungeeignet.

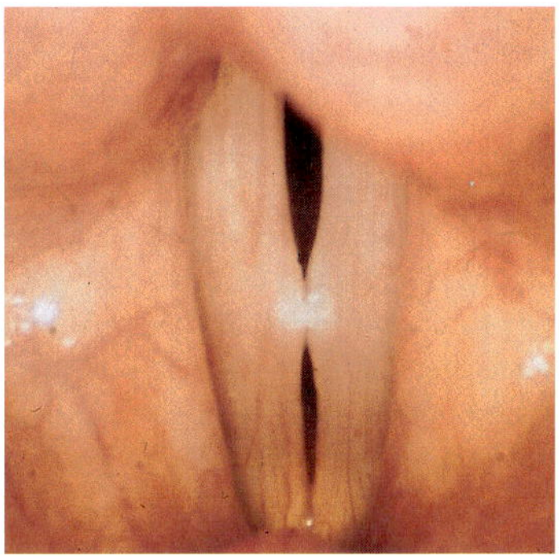

Abb. K.22 Phonationsverdickungen. Morphologische Stimmlippenveränderungen.

Therapie

Bei allen organisch bedingten Stimmstörungen ist phoniatrisch zunächst die Stimmfunktion festzustellen. Je nach Art der Störung stehen zunächst chirurgische Maßnahmen im Vordergrund, bevor nach Wundheilung die logopädische Behandlung beginnt. In dieser werden entsprechend der funktionellen Beeinträchtigungen in einer altersentsprechend spielerisch aufgebauten Therapie Haltung, Körperspannung und Atmung reguliert und eine ökonomische, belastbare Stimmgebung entwickelt und stabilisiert. Für den Umgang mit organisch stimmgestörten Kindern gelten folgende Regeln:

- wenn nur Flüstern möglich ist, möglichst Umgebungslautstärke reduzieren,
- nicht zur Anstrengung beim Flüstern auffordern,
- bei ausgeprägten Störungen alternative Kommunikationsmittel (Schreiben, Zeichen, Zeigen) verwenden.

Funktionelle Stimmstörungen

Definition

Bei funktionellen Stimmstörungen ist trotz Veränderungen des Stimmklangs und Einschränkung der stimmlichen Leistungsfähigkeit zunächst kein organisches Substrat vorhanden. Allerdings können sich organische Veränderungen der Stimmlippen entwickeln, wenn die Stimmstörung über längere Zeit besteht.

Ursachen

Bei funktionellen Stimmstörungen liegt meist ein Bündel an verursachenden, sich wechselseitig beeinflussenden Faktoren vor, z. B.:

- konstitutionelle Faktoren:
  - Asymmetrien des Kehlkopfs,
  - Schlussinsuffizienz des Gaumensegels (Luftverlust bei oralen Lauten),
  - eingeschränktes auditives Wahrnehmungsvermögen (auch Schwerhörigkeit),
  - anlagebedingte Schwäche der Kehlkopfmuskulatur.
- organische Faktoren:
  - akute oder chronische Entzündung der Stimmlippen,
  - Papillome (Warzen),
  - endokrine Erkrankungen mit hormonellen Veränderungen,
  - Vagus- oder Rekurrensparesen,
  - Stimmlippenzysten und -polypen.

Organisch bedingte Bewegungsstörungen des Kehlkopfs führen meist zu Kompensationsversuchen, um die herabgesetzte stimmliche Leistungsfähigkeit durch vermehrten Kraftaufwand auszugleichen. Daraus entstehen oft hyperfunktionelle Stimmstörungen. Selbst nachdem die Ursachen behoben sind wird das Stimmmuster beibehalten:

- habituelle Faktoren:
  - lang andauerndes zu lautes Sprechen oder Schreien,
  - exzessives stimmliches Nachahmen von Geräuschen,
  - Singen in ungünstigen Tonhöhenbereichen,
  - häufiges Räuspern.
- soziale Faktoren:
  - reduziertes Raumangebot, sodass die Kinder sich zu wenig bewegen können,
  - ungünstige Leistungsanforderungen in Kindergarten und Schule, z. B. zu langes Stillsitzen,
  - ungünstige stimmliche Vorbilder im sozialen Umfeld (z. B. Erzieherinnen mit Stimmstörungen),
  - Singen in zu hoher Stimmlage.
- familiäre Faktoren:
  - kaum verbale Durchsetzungsfähigkeit und daraus entstehende vorwiegend stimmliche Durchsetzungsversuche,
  - Sonderrolle in der Familie (besonders durchsetzungsfähige oder als besonders problematisch geltende Kinder),
  - Konflikte werden vorwiegend über laute Stimmgebung ausgetragen,
  - hoher Lärmpegel insgesamt in der Familie,
  - sehr repressive Erziehungsstile, bei denen die Kinder stark unter Druck gesetzt oder überfordert werden,
  - nicht repressive Erziehungsstile, sodass Kindern Grenzen im Umgang mit der eigenen Stimme fehlen,
  - starke Diskrepanzen der Eltern im Erziehungsstil.

Die Familie ist ein sehr wichtiger Faktor. Sowohl das Kommunikationsverhalten der Familienmitglieder untereinander als auch die Stellung in der Geschwisterreihe und der Erziehungsstil beeinflussen die Stimmgebung des Kindes.

Symptome

Bei allen funktionellen Stimmstörungen zeigen sich oft folgende Symptome in unterschiedlicher Ausprägung:

- Fehlhaltungen,
- erhöhte oder erniedrigte Körperspannung,
- Hoch- und Schnappatmung,
- veränderte Artikulationsspannung,
- geringe Kieferöffnung,
- verändertes, oft zu schnelles Sprechtempo,
- rückverlagerter Stimmsitz,
- eingeschränkte stimmliche Belastungsfähigkeit.

Hyperfunktionelle Stimmstörung

Die häufigste kindliche Stimmstörung ist die hyperfunktionelle Störung (30 – 40 % der kindlichen Stimmstörungen), bei der zu hohe Spannung zur Stimmproduktion eingesetzt wird. Jungen sind häufiger betroffen als Mädchen. Häufig kommt es bei längerem Bestehen zu sog. Schreiknötchen auf den Stimmlippen. Hierbei sind die Stimmlippen am mittleren Drittel verdickt und die Schleimhaut bildet sich in Bindegewebe um. Folgende zusätzliche Symptome treten auf:

- Stimmklang oft rau, heiser, gepresst,
- Abweichungen von der mittleren Sprechstimmlage,
- laute bis sehr laute Stimmgebung,
- herabgesetzte Modulationsbreite beim Sprechen und Singen (wenig Tonhöhenvariation),
- eingeschränkter Stimmumfang,

- Räusperzwang,
- zu harte Stimmeinsätze und -absätze.

Hypofunktionelle Stimmstörung

Diese Stimmstörung wird seltener behandelt, weil die Kinder durch ihre leise Stimmgebung kaum in ihrem sozialen Umfeld auffallen. Folgende zusätzliche Symptome treten auf:

- Stimmklang verhaucht,
- z.T. Unter- oder Überschreiten der Tonhöhe, in der die Stimmgebung am ökonomischsten funktioniert,
- verminderte Lautstärkesteigerung,
- resonanzarmer Stimmklang,
- monotone Sprechweise,
- leise Stimmgebung.

Gemischte funktionelle Stimmstörung

Es zeigen sich sowohl hyperfunktionelle als auch hypofunktionelle Anteile der Stimmgebung. Dabei kann sich eine primär hypofunktionelle Stimmstörung zu einer hyperfunktionellen entwickeln, wenn die Kinder stark stimmlich gefordert sind. Bei länger bestehender Hyperfunktion können durch die Überbelastung hypofunktionelle Anteile auftreten.

Therapie

Grundsätzlich sind früh einsetzende mehrdimensionale Konzepte erfolgreich. Sie umfassen neben der Behandlung des Kindes immer auch Elternberatung. Oft steht im Vordergrund, dass die betroffenen Kinder ihr Stimmverhalten ändern. In einer altersentsprechend spielerisch aufgebauten Therapie werden Haltung, Körperspannung und Atmung reguliert und im Stimmtraining eine ökonomische, belastbare Stimmgebung entwickelt und stabilisiert. Die Stimmtherapie umfasst die Reduktion des Tonus der Muskulatur im Schulter-, Hals-, Nacken- und Rachenbereich. Die Hochatmung soll reduziert und eine kostoabdominale Atmung aktiviert werden. Für den Umgang mit Kindern, die eine funktionelle Stimmstörung haben, gelten folgende Regeln:

- Flüstern und Räuspern vermeiden,
- viel Flüssigkeitsaufnahme, möglichst nichts Kaltes,
- Stimmruhe beachten, Ruhephasen, in denen nicht gesprochen wird, schaffen,
- Reaktion auf lautes Sprechen, indem mit ruhiger, nicht übermäßig lauter Stimme geantwortet wird,
- stimmliche Grenzen in der Lautstärke aufzeigen,
- Umgebungslautstärke reduzieren.

Mutationsstimmstörungen

Definition

Bei diesen hauptsächlich Jungen betreffenden Störungen der Stimme entwickelt sich die Stimme aus organischen oder funktionellen Gründen in der Pubertät nicht regelgerecht. Entweder senkt sich die Stimme nicht ausreichend ab oder Symptome, die während der Mutation tolerierbar sind, wie Kippen der Stimme zwischen Brust- und Kopfstimme, dauern länger als zwei Jahre an.

Ursachen

Verschiedene Ursachen sind für die Störungen verantwortlich:

- gestörtes Zusammenspiel der beiden antagonistischen Kehlkopfmuskeln M. cricothyreoideus und M. vocalis,
- psychosoziale Faktoren wie Identifikationsschwierigkeiten mit der männlichen Rolle,
- hormonelle Faktoren,
- sensorielle Faktoren (→ auditive Wahrnehmungsstörung, Schwerhörigkeit).

Symptome

Folgende Symptome weisen auf die Störung hin:

- überhöhte (oder seltener zu tiefe) mittlere Sprechstimmlage bei morphologisch abgeschlossener Pubertätsentwicklung,
- reduzierte stimmliche Leistungsfähigkeit,
- Stimmklang heiser, kippelnd, diplophon, gepresst, matt, behaucht,
- Missempfindungen im Kehlkopfbereich,
- unvollständiger Stimmlippenschluss.

Diagnose

Neben der phoniatrischen und ggf. endokrinologischen Untersuchung nach Abschluss der Pubertät werden in der logopädischen Diagnostik die Stimmfunktion untersucht und die möglichen ursächlichen Faktoren genau eruiert.

Therapie

Therapeutisch werden zunächst tonus-, haltungs- und atemregulierende Methoden angewandt, bevor die tiefe Stimme aktiviert und über das Hören fremder und der eigenen Stimme das jeweilige Stimmideal der Jugendlichen erarbeitet wird. Da auch psychogene Faktoren wie z.B. Ablehnung der Übernahme der männlichen Geschlechterrolle von Bedeutung sein können, werden die Jugendlichen durch therapeutische Gespräche dabei unterstützt, sich mit der neuen Stimme zu identifizieren.

Infobox

ICD-10: R49.0

Literatur:

Beushausen, U.: Kindliche Stimmstörungen. Schulz-Kirchner, Idstein 2001

Beushausen, U., Haug, C.: Kindliche Stimmstörungen. Berlin 2003

Schulze, J.: Stimmstörungen im Kindes- und Jugendalter. Schulz-Kirchner, Idstein 2002

Spital, H.: Stimmstörungen im Kindes- und Jugendalter. Thieme, Stuttgart 2004

Wirth, G.: Stimmstörungen. Deutscher Ärzte Verlag, Köln 1987

Klavikulafraktur

► **Heute Morgen stand es da, das lang ersehnte, knallrote Fahrrad, das Max sich schon so lange gewünscht hat. Stolz zeigt er es seinen Freunden. „Ich hab' 24 Gänge. Lust auf'n Rennen?" Jonas und Florian schauen sich an. „Warte, wir holen unsere Räder." Die drei stellen sich an der Laterne auf. „Bis zur Tanne vorn an der Ecke." Carola, Max' Schwester, gibt das Startsignal. Alle treten in die Pedale, was die Beine hergeben. Max führt, er strampelt so schnell er kann, ein paar Meter noch, Max schaut sich um, und dann. . . stößt er an den Bordstein, das Hinterrad hebt ab. Max schreit auf und fliegt in hohem Bogen über den Lenker. Er versucht noch, sich mit den Armen abzufangen, doch er landet unsanft auf dem Bordstein. „Meine Schulter", wimmert er, als die anderen neben ihm niederknien, „sie tut so weh."**

Definition

Mit Klavikulafraktur bezeichnet man einen Bruch des Schlüsselbeins. Die Klavikula bricht in ca. 65 % der Fälle im mittleren Drittel. Davon unterschieden werden die laterale (auch: distale) und die mediale (auch: proximale) Klavikulafraktur. Meist handelt es sich um geschlossene Frakturen. Diese Fraktur kommt vor allem bei Kindern vor, aber auch bei Erwachsenen gehört sie zu den häufigsten Knochenbrüchen.

Eine Sonderform bei Kindern ist das Austreten der lateralen Klavikula aus dem kräftigen Periostmantel, der weiter unverletzt am Kapsel-Band-Apparat der Schulter fixiert bleibt.

Ursachen

Die häufigste Ursache sind indirekte Gewalteinwirkungen, etwa durch einen Sturz auf die Schulter oder auf den ausgestreckten Arm, z. B. beim Sport. Dabei bricht das Schlüsselbein meist im mittleren Drittel.

Dagegen ist bei direkter Gewalteinwirkung, wie einem Schlag auf die Schulter, oft das laterale Drittel betroffen. Relativ selten führen Geburtstraumen beim Neugeborenen zur Klavikulafraktur.

Symptome

Unmittelbar nach dem Unfall treten Schmerzen in der Schulter auf, die Beweglichkeit ist eingeschränkt. Äußerlich ist eine Schwellung über der Frakturstelle sichtbar. Im Vergleich zur gesunden Seite erscheint das Schlüsselbein verkürzt. Ein Taubheitsgefühl im Arm weist darauf hin, dass zusätzlich Nerven verletzt sind.

Gelegentlich sieht oder tastet man eine Stufe, etwa wenn der Musculus sternocleidomastoideus bei Fraktur in Knochenmitte den medialen Anteil der Klavikula nach oben zieht und das laterale Fragment durch das Gewicht des Armes nach unten gezogen wird. Bei Frakturen des medialen oder lateralen Drittels hängt die Art der Dislokation der Fragmente von der begleitenden Bandruptur ab. Bei den seltenen offenen Klavikulafrakturen können die Knochen die Haut durchspießen.

Bei Neugeborenen wird eine Klavikulafraktur leicht übersehen und fällt oft erst später durch Kallusbildung auf. Ein Symptom ist die Schonhaltung des Armes in Innenrotation, die zunächst an eine Lähmung denken lässt (Pseudolähmung).

Diagnose

Wichtig bei der klinischen Untersuchung ist, dass Sensibilität und Motorik sowie die Durchblutung des betroffenen Armes geprüft werden, weil Nerven (Plexus brachialis) und große Gefäße ebenfalls verletzt sein können.

Gesichert wird die Diagnose mit Röntgenaufnahmen. Zu den wichtigen Begleitverletzungen gehören auch Verletzungen der Lunge und der Pleura.

Differenzialdiagnose

Der Sturz auf die Schulter kann auch eine Sprengung des Akromioklavikulargelenks verursachen. Dies wird mit der Röntgenaufnahme ausgeschlossen.

Therapie

Je nach Begleitverletzungen wird eine Klavikulafraktur konservativ oder chirurgisch behandelt.

Eine spezielle Behandlung von Neugeborenen ist nicht notwendig, weil sich die Fehlstellungen während des Wachstums von selbst korrigieren und die Fraktur spontan heilt.

Konservative Therapie

In den meisten Fällen wird konservativ behandelt. Wenn nötig, erfolgt die Reposition der Fragmente nach Injektion eines Lokalanästhetikums in den Frakturspalt. Bei Kleinkindern kann mit einem Pflasterzügelverband die Klavikula nach unten gedrückt werden.

Rucksackverband. Üblicherweise wird ein sog. Rucksackverband angelegt, der bis zur Toleranzgrenze so straff angelegt werden soll, dass die Schultern kräftig nach hinten gezogen werden, aber keine venösen Stauungen oder Taubheitsgefühle auftreten (**Abb. K.23**). Durch diesen Zug stellen sich die Fragmente aufeinander und der Verkürzung des Schlüsselbeins wird vorgebeugt. Der Rucksackverband verbleibt bei Kindern zwei bis drei Wochen, bei Erwachsenen etwa drei bis vier Wochen. Er muss, besonders in den ersten Tagen, regelmäßig nachgespannt werden. Zusätzlich erfolgt eine medikamentöse Schmerztherapie.

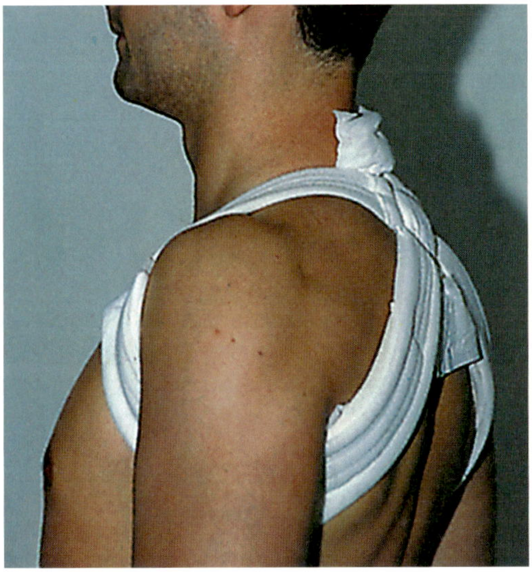

Abb. K.23 **Rucksackverband.** Der elastische Rucksackverband wird üblicherweise zur Ruhigstellung einer Klavikulafraktur angelegt.

Chirurgische Therapie

Die chirurgische Therapie ist angezeigt wenn:

- begleitend Gefäß- und/oder Nervenverletzungen (Notfall!) aufgetreten sind,
- offene Frakturen mit erheblicher Weichteilverletzung vorliegen,
- starke und nichtreponierbare Fehlstellungen der Knochenfragmente auftreten und das Schlüsselbein erheblich verkürzt ist,
- der Bruch nicht ausheilt und sich eine Pseudarthrose (Scheingelenk) ausbildet.

Die Fraktur wird offen reponiert (wieder eingerichtet) und mit einer Metallplatte fixiert. Danach wird der Arm für einige Tage in einer Armschlinge ruhiggestellt, um dann mit einer frühfunktionellen physiotherapeutischen Behandlung zu beginnen. Das Metall wird ggf. nach acht bis zwölf Monaten in einem Zweiteingriff wieder entfernt, in erster Linie wenn es kosmetisch stört oder wenn Druckschäden an den Weichteilen auftreten.

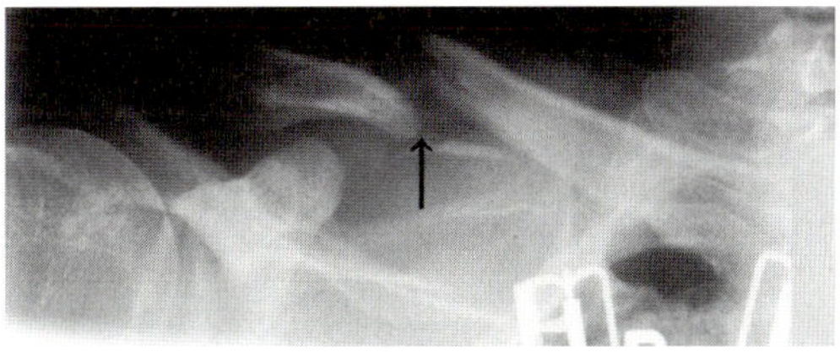

Abb. K.24 **Klavikulafraktur.** Diagnose einer Klavikulafraktur im Röntgenbild (Pfeil).

Prognose

Bei einfachen Frakturen ist die Prognose gut. Es muss mit einer leichten Fehlstellung und Verkürzung der betroffenen Schulter gerechnet werden, die funktionell aber keine Bedeutung hat. Eine überschießende Kallusbildung wird im Laufe der Zeit teilweise wieder abgebaut (**Abb. K.24**).

Komplikationen

Zu den Komplikationen zählen die Bildung einer Pseudarthrose, intraoperative Verletzungen großer Gefäße, des Plexus brachialis oder der Pleura.

Infobox

ICD-10:
S42.0, P13.4

Internetadressen:
Leitlinien der AWMF (Klavikulafraktur):
http://www.leitlinien.net
http://www.medinfo.de
http://www.onmeda.de

Klimakterium

► **„Mensch Mama. Jetzt sei doch nicht beleidigt. Du hast immer gemeint, ich solle Dir sagen, wenn Du so bist wie Omi. Jetzt habe ich es gesagt und bekomme eins auf den Deckel", beschwert Carolin sich bei ihrer Mutter. Frau Mielke setzt sich. „Tut mir leid, ich wollte Dich nicht anfauchen. Ich habe es wohl immer ein wenig unterschätzt, wie man sich in den Wechseljahren fühlen kann, so zwischen Frust und Hitzewallung. Ich bin nervös, kann nicht schlafen und grübel stattdessen. Manchmal wird mir ganz heiß." „Das ist doch eigentlich mal ganz nett, wo wir Frauen doch unser Leben lang frieren." Carolin zwinkert ihrer Mutter zu. „Aber kann man da denn nichts machen?".**

Definition

Als Klimakterium bezeichnet man das Ende der Reproduktionsfähigkeit und den damit verbundenen schrittweisen Übergang ins Senium (höhere Alter). Die durchschnittliche Dauer des Klimakteriums liegt bei ca. zehn Jahren.

Synonym: Wechseljahre.

Ursachen

Während des Klimakteriums erlischt nach und nach die Ovarialfunktion. Die letzte vom Eierstock gesteuerte Regelblutung, die in dieser Phase stattfindet, nennt man Menopause. Sie teilt das Klimakterium in eine prämenopausale und eine postmenopausale Phase (**Abb. K.25**).

Prämenopause. In der Prämenopause, die sich über einige Monate bis Jahre hinziehen kann, findet kein Eisprung mehr statt, die Zyklen werden anovulatorisch. Häufig sind die zeitlichen Abstände zwischen den Blutungen verlängert (Oligomenorrhö).

Postmenopause. In der Postmenopause stellen die Eierstöcke langsam auch die Östrogenbildung ein. Die noch vorhandenen Follikel reagieren nicht mehr auf Reize der Hypophyse. Die Frau unterliegt in der Postmenopause einem Östrogenmangel, der für die Entstehung des klimakterischen Syndroms verantwortlich ist.

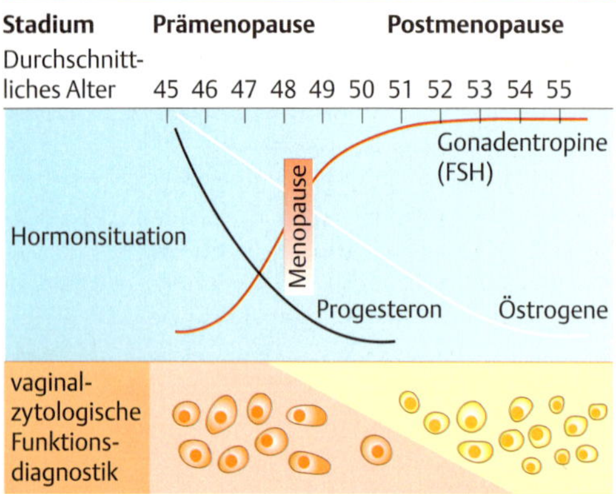

Abb. K.25 Klimakterium. Schematische Darstellung der Hormonsituation in Prä- und Postmenopause.

Symptome

Das klimakterische Syndrom, oder auch Menopausensyndrom genannt, bezeichnet die gesamten Veränderungen des Körpers, die durch einen Östrogenmangel entstehen können. Es lässt sich in folgende Syndrome unterteilen:

- vegetatives Syndrom,
- organisches Syndrom,
- psychisches Syndrom.

Vegetatives Syndrom

Durch Abnahme des Östrogens kommt es zu einer vasomotorischen Instabilität. Zu den häufigsten Symptomen zählen:

- Hitzewallungen,
- Schweißausbrüche,
- Schwindel,
- Herzjagen und Herzklopfen.

Organisches Syndrom

Die endokrine Umstellung hat auch organische Folgen. Die wichtigsten Veränderungen sind im Folgenden dargestellt.

Osteoporose

Die →Osteoporose ist eine stoffwechselbedingte Knochenerkrankung mit lokalisierter oder generalisierter Abnahme des Knochengewebes ohne Veränderung der Gesamtform. Durch den Mangel an Östrogenen, die den Knochenabbau normalerweise hemmen, nehmen Mineralgehalt und Masse der Knochen stetig ab. Betroffene erleiden häufiger Frakturen, die durch die Abnahme der Knochenfestigkeit bedingt sind. Zudem kann es als Folge der →Osteoporose aufgrund einer Demineralisierung der Wirbelkörper zu Einbrüchen ihrer Deckplatten kommen, wodurch sich Keilwirbel bilden. Das typische Erscheinungsbild des „Witwenbuckels" entwickelt sich.

Haut, Schleimhaut und Hautanhangsgebilde

Aufgrund des Östrogenmangels unterliegen auch Haut und Schleimhäute einem Wandel. Atrophische Veränderungen sind demzufolge auch im Bereich der Harnblase und Harnröhre sowie an Scheide und Vulva feststellbar. Die Haut ist, bedingt durch den Verlust an Kollagen, weniger elastisch, wird trockener und dünner.

Auch die Mundschleimhaut sowie die Bindehaut des Auges machen diese Veränderungen mit. So können z. B. Mundtrockenheit oder Probleme mit Kontaktlinsen auftreten. Ein verstärkter Ausfall der Haare bzw. das Auftreten eines so genannten „Damenbartes“ kann Folge eines relativen Überschusses von männlichen Sexualhormonen, den Androgenen, sein.

Herz-Kreislauf-System

Während bei der gesunden Frau vor der Postmenopause der Wert für LDL (Low-density-Lipoproteine) und Cholesterin östrogenbedingt niedrig und HDL (High-density-Lipoproteine) erhöht ist, wird in der Postmenopause ein Anstieg der Cholesterin- und ein Abfall der HDL-Menge verzeichnet. Dadurch vermindert sich der Schutz für die Gefäße, eine → Arteriosklerose wird begünstigt und das Risiko für einen → Herzinfarkt steigt.

Störungen der Harnentleerung und Senkungserscheinungen

Bei einer → Harninkontinenz in der Postmenopause handelt es sich meist um eine Dranginkontinenz. Darunter versteht man eine Harninkontinenz, bei der schon trotz gering gefüllter Blase ein starker Harndrang auftritt und die Entleerung nicht mehr zu hemmen ist. Ursache ist vor allem die altersbedingte Veränderung der ableitenden Harnwege.

Dranginkontinenz und Stressinkontinenz (Verschlussinsuffizienz) treten auf, wenn Blase und Harnröhre in ihrer Lage verändert werden, weil eine ausgeprägte Gebärmuttersenkung mit Zystozele vorliegt (**Abb. K.26**). Bei Lage- und Haltungsveränderungen der Beckenorgane kann es auch zu einer Restharnbildung kommen, sodass das Risiko für aufsteigende Infektionen der ableitenden Harnwege erhöht ist.

Colpitis senilis

Bei der Colpitis senilis gibt es keine spezifischen Keime. Sie beruht auf einem Östrogenmangel, der mit dem Abbau der Gebärmutterschleimhaut und einem Schwinden der sauren Vaginalflora einhergeht. Hierdurch wird die Besiedelung der Scheide durch pathogene Keime erleichtert.

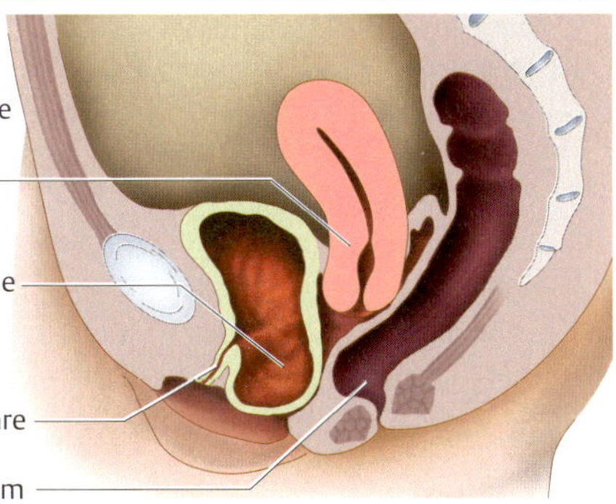

Abb. K.26 Gebärmuttersenkung in Verbindung mit einer Zystozele.

Psychisches Syndrom

Die Zeit des Klimakteriums kann mit psychischen Belastungen einhergehen. Werden Älterwerden, Verlust von Attraktivität und Fortpflanzungsfähigkeit nicht akzeptiert, können sich Nervosität, Schlafstörungen und Reizbarkeit bis hin zu depressiven Verstimmungen (→ Involutionsdepression) bemerkbar machen.

Diagnose

Für die Diagnose des Klimakteriums ist eine Anamnese meist ausreichend. Die Symptome des klimakterischen Syndroms in Zusammenhang mit dem Alter der Patientin sind meist eindeutig.

Die Vaginalzytologie kann man bei einer Substitutionsbehandlung zur Verlaufskontrolle nutzen. So wird das Ansprechen der Scheidenepithelien auf die Hormonersatzgabe beurteilt.

Therapie

Die Behandlung klimakterischer Beschwerden sollte immer zum Ziel haben, der Frau diese Phase ihres Lebens zu erleichtern. Durch die richtige Medikation kann man Osteoporose- und Arterioskleroserisiken sowie Urogenitalbeschwerden und klimakterische Beschwerden mildern oder reduzieren (**Abb. K.27**).

Behandlung mit Östrogenen

Am 9. August 2003 wurden Ergebnisse aus der Million Women Study in der Fachzeitschrift The Lancet publiziert. Die Million Women Study, die bis dahin weltgrößte Studie dieser Art, untersuchte 1.084.110 Frauen im Alter zwischen 50 und 64 Jahren. Das Hauptziel bestand darin, den Effekt der Hormontherapie auf das Brustkrebsrisiko festzustellen.

Für die nationalen Verhältnisse in Großbritannien konnte gezeigt werden, dass die Hormontherapie bei 50–64-jährigen Frauen zu einem signifikant hohen Anstieg der Brustkrebserkrankungen führte. Dabei stieg das Brustkrebsrisiko, je länger die Hormontherapie andauerte. Daher ist es sinnvoll, die Hormontherapie nur dann einzusetzen, wenn die klimakterischen Beschwerden die Lebensqualität der Frau erheblich einschränken. Die Behandlung sollte nur so lange fortgesetzt werden, wie sie zur Linderung der Beschwerden notwendig ist.

Eine biphasische Östrogen-Gestagen-Substitutionstherapie ist dann angezeigt, wenn eine Frau mit klimakterischen Erscheinungen noch menstruiert bzw. mit Blutungen auf eine Östrogengabe reagiert. Durch die Präparate wird ein normaler Blutungszyklus garantiert. Gleichzeitig ist die Gefahr einer Endometriumhyperplasie und eines → Endometriumkarzinoms, wie sie bei alleiniger Östrogengabe besteht, vermindert.

Kontraindiziert ist eine Östrogen-Gestagen-Substitutionstherapie, wenn ein → Mamma- oder Endometriumkarzinom, eine Leberschädigung oder eine thromboembolische Krankheit vorliegen.

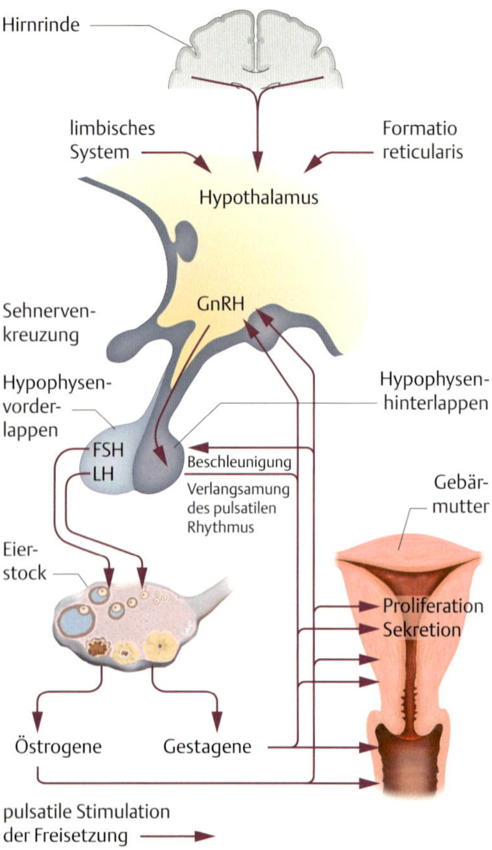

Abb. K.27 Hormonsubstitution. Die medikamentöse Gabe der Eierstockhormone Östrogen und Gestagen führt über ihre Wirkung auf das Hypothalamus-Hypophysen-System (entsprechend dem vorklimakterischen Rückkopplungskreislauf) zu einer Besserung der klimakterischen Beschwerden.

Bei der Colpitis senilis ist das Ziel der Therapie ein funktionstüchtiges Epithel der Scheide aufzubauen. Dies wird durch Gabe östrogenhaltiger Scheidenzäpfchen erreicht. Eine solche Dauertherapie ist auch bei Karzinompatientinnen möglich, da die Zäpfchen den Östrogenspiegel des Blutes nicht erhöhen. Zur Beseitigung der Erreger sind Antibiotika indiziert.

Behandlung mit Präparaten mit androgener Restwirkung

Diese Mittel werden selten eingesetzt. Man sollte sie nur über einen kurzen Anwendungszeitraum (z. B. 2 – 4 Monate) verabreichen, um ggf. bei Libidoverlust und Erschöpfungszuständen eine Besserung zu erzielen. Die kurze Applikationsdauer erklärt sich dadurch, dass sich diese Präparate negativ auf die Blutfettwerte auswirken können, was Schäden für Herz und Blutgefäße nach sich zieht.

Alternative Methoden

Diese Methoden wendet man an, wenn bei anderen Therapien Kontraindikationen oder Nebenwirkungen auftreten, bzw. wenn die klimakterischen Beschwerden ohne Eingriff in den Hormonhaushalt günstig beeinflusst werden sollen.

So kann man z. B. bei Depressionen ein Vitamin-B_6-Präparat verordnen. Moorbäder oder Kneipp-Kuren können dazu beitragen, dass klimakterische Beschwerden gemildert werden. Pflanzliche Präparate kommen bei leichteren Fällen ebenfalls in Betracht.

Infobox

ICD-10:
N95.1

Internetadressen:
http://www.medizinfo.de/annasusanna/wechseljahre/start.shtml
frauen.qualimedic.de

Literatur:

Rodrigues, D.: Hormon-Yoga. Schirner, Darmstadt 2005
Von Ramin, M.: Mein letzter Tampon. Eichborn, Frankfurt 2005
Bührer-Lucke, G.: Wechseljahre ohne Hormone. Orlando Frauenverlag, Berlin 2004
Nissim, R.: Wechseljahre, Wechselzeit. Orlanda Frauenverlag, Berlin 1999
Million Woman Study Collaborators: Breast Cancer and hormon-replacement therapy in the Million Woman Study. The Lancet 362 (2003) 419

Klinefelter-Syndrom

► **„Bernd, wir müssen über Johannes reden. Anfangs dachte ich, Johannes wäre ein Spätentwickler. Aber die anderen Jungen in seinem Alter sind viel weiter. Sie sind alle im Stimmbruch und haben schon die ersten Bartstoppel. Meinst Du, wir sollten das mal untersuchen lassen?"**

Definition

Beim Klinefelter-Syndrom liegen bei Jungen ein bis mehrere überzählige X-Chromosomen vor.

Ursachen

Bei der Keimzellbildung wird bei einem Elternteil in der 1. Reifeteilung der Meiose der Chromosomensatz nicht exakt halbiert. Ist das X-Chromosom als Gonosom (Geschlechtschromosom) von dieser ungenauen Aufteilung betroffen, entsteht bei der Frau eine Eizelle mit zwei X-Chromosomen, beim Mann ein Spermium mit einem Y- und einem X-Chromosom. Bei der Befruchtung hat der entstehende Junge statt des normalen Karyotyps (46, XY) in 80 % der Fälle den Karyotyp 47, XXY, in 20 % der Fälle sogar mehr als ein überzähliges X-Chromosom (48, XXXY usw.).

Mit einem Verhältnis von 1 : 500 bis 1 : 1 000 Jungen ist das Klinefelter-Syndrom relativ häufig. In Deutschland leben ca. 80.000 Betroffene. Ungefähr 6 % der Fälle sind sog. Mosaiken. Das bedeutet, dass nur ein Teil der Körperzellen ein anderes Chromosomenmuster aufweist.

Symptome

Bis zum Pubertätsalter zeigen sich meist keine sichtbaren Symptome. Die Pubertät bleibt jedoch aus oder beginnt verzögert. Der Penis und die Hoden bleiben klein, Schambehaarung und Stimmbruch fehlen oder sind gering ausgeprägt. Die Jungen haben einen eher weiblichen Körperbau mit leichten Brüsten (Gynäkomastie), sind aber überdurchschnittlich groß (**Abb. K.28**).

Die Betroffenen sind weder geistig behindert noch weniger intelligent, oft bestehen aber leichte Defizite in Sprache und Motorik. Betroffene werden manchmal erst aufgrund eines unerfüllten Kinderwunsches diagnostiziert, da sie unfruchtbar sind. Die emotionale Sexualität ist normal.

Diagnose

Bei Verdacht wird ein Karyogramm erstellt. Dazu werden aus Lymphozyten kondensierte Metaphase-Chromosomen isoliert und anschließend paarweise sortiert, wobei zusätzliche Chromosomen auffallen.

Differenzialdiagnose

Beim Pseudo-Klinefelter-Syndrom werden aufgrund einer Degeneration der Leydig-Zwischenzellen der Hoden keine Hormone gebildet. Die Symptomatik ähnelt dem Klinefelter-Syndrom, die Chromosomenzahl ist normal. Andere Störungen der geschlechtlichen Entwicklung siehe → Hypogonadismus und → Sterilität des Mannes.

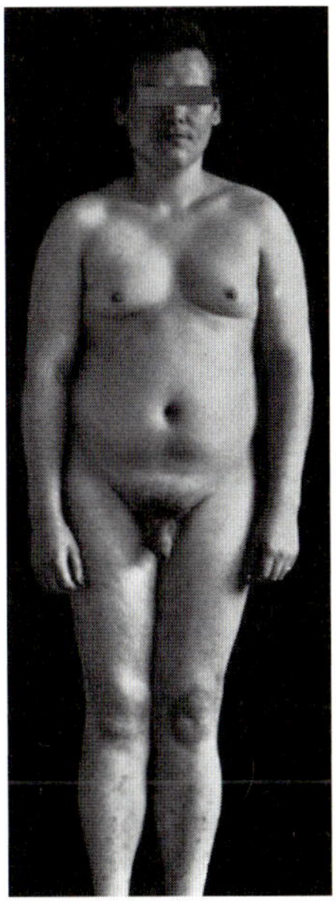

Abb. K.28 Typische Symptome des Klinefelter-Syndroms. 26-jähriger Patient mit Gynäkomastie und Hodenatrophie.

Therapie

Das Chromosomenmuster selbst kann nicht beeinflusst werden. Entscheidend ist die lebenslange Substitution des Testosterons. Bei Kinderwunsch kann über eine Hodenbiopsie nach vorhandenen Spermien gesucht werden. Daran schließt sich eine Befruchtung per ICSI (intrazytoplasmatische Spermieninjektion) an.

Prognose

Unter (rechtzeitiger) Substitution von Testosteron ist ein unauffälliges Leben möglich. Beginnt die Substitution nicht ca. mit dem 12. Lebensjahr, lässt sich die fehlende Entwicklung möglicherweise nicht mehr aufholen.

Infobox

ICD-10: Q98.0

Internetadresse:
http://www.klinefelter.org

Literatur:
Dt. Klinefelter-Syndrom Vereinigung e. V. (Hrsg.): Klinefelter-Syndrom, 4. Aufl. Eigenverlag 2005

Klumpfuß

► Als Susanne (23) unmittelbar nach der Geburt ihren kleinen Sohn Martin das erste Mal im Arm hält, entdeckt sie, dass sein linker Fuß völlig verformt und nach innen gedreht ist. Bei der ausführlichen Untersuchung durch einen Kinderarzt stellt sich heraus, dass Martin unter einem sog. Klumpfuß leidet. Susanne ist schockiert, aber der Arzt beruhigt sie und sagt, dass Martin durch geeignete Maßnahmen später mit seinen Freunden herumtollen kann wie jedes andere Kind auch.

Definition

Als Klumpfuß bezeichnet man eine komplexe Fußdeformität, die sich aus vier Komponenten zusammensetzt (**Abb. K.29**):

- **Spitzfuß (Pes equinus):** Die Fußspitze zeigt nach unten, die Ferse steht oben,
- **Sichelfuß (Pes adductus):** Vor- und Mittelfuß sind nach innen gebogen (wie eine Mondsichel),
- **Hohlfuß (Pes excavatus):** Das Fußlängsgewölbe ist übermäßig ausgeprägt,
- **Varusstellung des Rückfußes (Pes varus):** Im Stehen setzt der Fuß mit dem Außenrand auf.

Nach den Hüftgelenkserkrankungen ist der Klumpfuß die zweithäufigste Skelettfehlbildung bei Neugeborenen (1 – 3 Fälle pro 1000 Geburten). Jungen sind etwa doppelt so häufig betroffen wie Mädchen. Die Erkrankung kommt ein- und beidseitig vor.

Synonym: Pes equinovarus.

Ursachen

Es ist unklar, wie der idiopathische (angeborene) Klumpfuß entsteht. Diskutiert werden genetische Defekte, embryonale Fehlentwicklungen sowie Muskelanomalien. Außerdem kommen Klumpfüße im Rahmen neurologischer Grunderkrankungen vor, z. B. bei zerebraler Spastik und bei → Spina bifida oder auch bei angeborenen Gelenkkontrakturen (Arthrogryposis multiplex congenita).

Die Deformierung entsteht durch das Fehlwachstum der Fußknochen mit Verkürzung der Sehnen (Achillessehne) und Muskelkontrakturen (**Abb. K.30**). Das Übergewicht der am Fußinnenrand ansetzenden Unterschenkelmuskeln zieht den Fuß nach innen und oben.

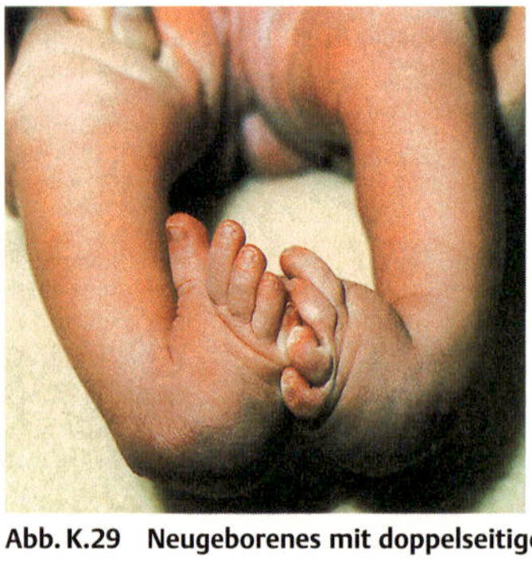

Abb. K.29 Neugeborenes mit doppelseitigem Klumpfuß. Spitz-, Sichel- und Hohlfuß sowie die Varusstellung des Rückfußes sind gut zu erkennen.

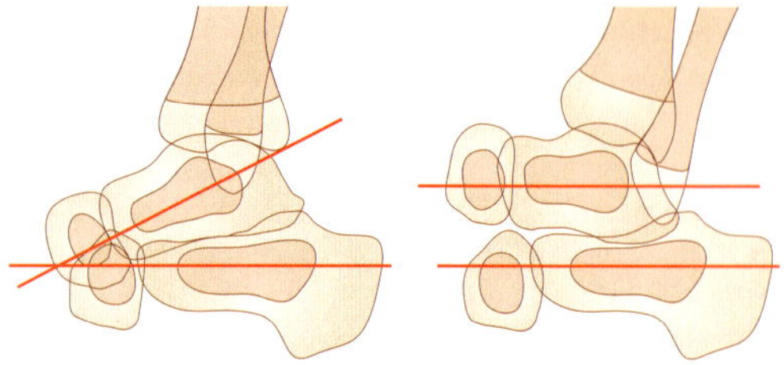

a b

Abb. K.30 Darstellung des seitlichen Fußskeletts beim Neugeborenen. a Beim Normalfuß beträgt der Winkel zwischen Talus und Kalkaneus ca. 30°. **b** Beim Klumpfuß kommt es durch den Fersenhochstand zur Parallelstellung von Talus und Kalkaneus.

Symptome

Die beschriebene Fehlstellung des Fußes fällt unmittelbar nach der Geburt auf. Im Unterschied zur Gewohnheitshaltung bei Säuglingen kann die kontrakte Stellung manuell nicht oder nur teilweise korrigiert werden. Die Wade ist dünn (Klumpfußwade).

Diagnose

Die Diagnose wird zunächst nach einer klinischen Untersuchung gestellt. Röntgenaufnahmen beider Füße sind erst nach dem dritten Lebensmonat relevant und dienen später zur Dokumentation des Krankheitsverlaufes.

Differenzialdiagnose

Der echte Klumpfuß, der durch anatomische Fehlbildungen zustande kommt, muss abgegrenzt werden von der Klumpfußhaltung durch eine Fehllage in der Gebärmutter. Weitere häufige Differenzialdiagnosen sind der Sichelfuß (der auch eigenständig auftritt), der Kletterfuß (Pes supinatus) sowie der neurogen bedingte Klumpfuß.

Therapie

Therapieziele sind ein gut beweglicher und schmerzfrei belastbarer Fuß mit weitgehend normalen anatomischen Verhältnissen und ein normales Gangbild. Ob dies mit langwierigen konservativen Maßnahmen oder aufwändigen operativen Methoden gelingt, wird immer wieder kontrovers diskutiert.

Die Deutsche Gesellschaft für Orthopädie und orthopädische Chirurgie sowie der Berufsverband der Ärzte für Orthopädie empfehlen ein Stufenschema, beginnend mit konservativen Maßnahmen und, wenn nötig, chirurgischen Korrekturen der Fehlstellung. Wichtig ist, dass die Behandlung unmittelbar nach der Geburt beginnt und konsequent durchgeführt wird.

Konservative Therapie

Sofort nach der Geburt wird der Fuß graduell aufgedehnt. Um diese Korrektur zu halten, wird ein geschlossener Oberschenkelgips angelegt (Redression). Der Vorgang wird in den folgenden Tagen und Wochen mehrfach wiederholt, wobei zunächst die Vorfußadduktion, dann der Rückfuß und zuletzt die Spitzfußstellung korrigiert werden. Nach zwei bis drei Wochen wird der geschlossene Gips durch Gipsschalen ersetzt, die dann zur Physiotherapie und zur Pflege abgenommen werden können.

Die tägliche spezielle Physiotherapie (nach Bobath oder Vojta) dehnt und kräftigt die Muskulatur und dient der Koordinationsschulung. Die Übungen werden von den Physiotherapeuten und den Eltern vorgenommen. Meist ist innerhalb der ersten vier Lebensmonate eine ausreichende Korrektur möglich. Außerdem werden nach der Gipsbehandlung verschiedene orthopädietechnische Hilfsmittel eingesetzt wie Schienen, spezielle Schuhzurichtungen und die Drei-Backen-Einlage.

Chirurgische Therapie

Chirurgische Eingriffe sind dann notwendig, wenn mit konservativen Maßnahmen keine ausreichende Korrektur der Fehlstellung erreicht werden kann. Dazu gehört z. B. die Durchtrennung und Verlängerung der Achillessehne. Die Gipsbehandlung wird danach fortgesetzt.

Bei stärkeren Fehlstellungen erfolgen ausgedehnte Eingriffe, bei denen Gelenke des Fußskeletts geöffnet und verschiedene Sehnen verlängert werden. Auch dann sind Gipsbehandlungen und spezielle Physiotherapie notwendig.

Manchmal kommt es im Verlauf des Wachstums immer wieder zur Klumpfußbildung (Rezidiv-Klumpfuß). Die endgültige Korrektur erfolgt dann nach Abschluss des Wachstums, etwa durch die Versteifung verschiedener Gelenkanteile (Arthrodese).

Prognose

Sollten Patienten mit Klumpfüßen nicht behandelt werden, ist das Gehen nur unter großen Schmerzen möglich und es bleiben gravierende Folgen für das Gesamtskelett.

Bei rechtzeitiger und konsequenter Behandlung sind i.d.R. befriedigende, funktionelle Ergebnisse zu erreichen. Gelegentlich treten gewisse Einschränkungen der Beweglichkeit im oberen und unteren Sprunggelenk auf. Rezidivierende Klumpfüße sind insgesamt selten.

Infobox

ICD-10:
Q66.0; M21.5

Internetadressen:
http://www.leitlinien.net
http://www.onmeda.de
http://www.klumpfuß-info.de
http://www.klumpfußkinder.de

Literatur:

Krauspe, R. u. a. (Hrsg.): Der Klumpfuß. Thieme, Stuttgart 2005
Exner, G. U.: Klumpfuß. Steinkopff, Darmstadt 2005
Niethard, U. N.: Kinderorthopädie. Thieme, Stuttgart 1997

Kniegelenkserguss

► Vor zehn Wochen hatte sich Hannes Pohl (19) beim Fußballspielen das rechte Knie verdreht. Danach war es dick und er konnte es gar nicht mehr richtig beugen. Bei einer Magnetresonanztomografie wurde ein Bänderriss festgestellt. Hannes' Knie wurde konservativ behandelt. Zwar nahm die Schwellung ab. Doch bis heute kann er nicht wieder Fußball spielen, weil bereits nach längerem Gehen das Gelenk wieder anschwillt. Jetzt soll eine Arthroskopie zeigen, ob doch noch andere Verletzungen im Knie vorliegen.

Definition

Beim Kniegelenkserguss handelt es sich um eine vermehrte Flüssigkeitsansammlung in der Kniegelenkshöhle.

Ursachen

Der Kniegelenkserguss wird durch eine Entzündungsreaktion des Körpers ausgelöst, deren Ursachen vielfältig sein können. Die Innenschicht der Gelenkkapsel (Membrana synovialis) wird gereizt und bildet vermehrt Flüssigkeit. Bei jungen Menschen sind oft Überlastung, v.a. nach sportlichen Aktivitäten, oder unfallbedingte Kniebinnenverletzungen verantwortlich. Bei älteren Menschen liegt dagegen eher eine degenerative (Arthrose) oder eine rheumatische Erkrankung vor. Weitere Ursachen sind Infektionen, z.B. nach chirurgischen Eingriffen oder nach intraartikulären Injektionen (Pyarthros, Empyem).

Symptome

Das Kniegelenk ist geschwollen, bei Infektion auch überwärmt und gerötet. Es besteht ein Spannungsgefühl und das Gehen ist beeinträchtigt. Je nachdem, welche Verletzungen vorliegen, können Schmerzen, eine Gangunsicherheit oder eine Blockierung des Gelenks auftreten.

Diagnose und Differenzialdiagnose

Der Kniegelenkserguss ist eigentlich keine Diagnose, sondern muss selbst als Schlüsselsymptom einer zugrunde liegenden Erkrankung oder Verletzung angesehen werden. Belastungsabhängige Schwellungen deuten auf degenerative Prozesse hin oder sind Spätfolge von Kniebinnenverletzungen. Ergüsse, die unabhängig von Belastungen auftreten, kommen bei rheumatischen Erkrankungen oder bakteriellen Infektionen vor.

Tritt der Kniegelenkserguss direkt nach einem Unfall auf, liegt höchstwahrscheinlich z.B. ein Kreuzband- und/oder eine Meniskusruptur oder gar eine Knochenfraktur vor. Es handelt sich dann um einen blutigen Kniegelenkserguss (Hämarthros). Er tritt auch spontan auf, also ohne adäquates Trauma, bei Patienten mit Hämophilie (angeborene Blutgerinnungsstörung) oder wenn die Blutgerinnung medikamentös unterdrückt wird.

Ein klinisches Zeichen ist die „tanzende Patella". Damit kann getestet werden, ob ein Kniegelenkserguss vorliegt oder nicht. Dazu wird am liegenden Patienten mit beiden Händen der Erguss aus dem oberen Gelenkrecessus gedrückt. Mit dem Zeigefinger der einen Hand drückt man von oben auf die Kniescheibe, wobei ein deutliches Ballotieren der Kniescheibe auf der Flüssigkeit spürbar ist (**Abb. K.31**).

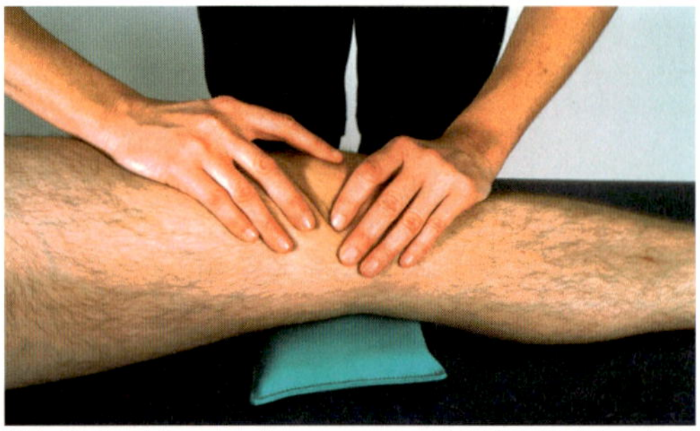

Abb. K.31 Phänomen der „tanzenden Patella". Nachdem beim liegenden Patienten der Erguss aus dem oberen Gelenkrecessus gedrückt wurde, kann man bei Druck auf die Kniescheibe einen federnden Widerstand spüren.

Zur genauen Diagnose der Grunderkrankung muss das Kniegelenk oft punktiert werden. Schon die Beurteilung der Flüssigkeit (klar, trüb, eitrig, blutig) ergibt weitere Hinweise. Das Punktat wird im Labor auf Bakterien, Zellen, Kristalle und immunologische Faktoren untersucht.

Um zu ermitteln, ob weitere Verletzungen vorliegen, werden ggf. Röntgen-, computertomografische oder kernspintomografische Aufnahmen angefertigt oder es erfolgt eine Arthroskopie (Gelenkspiegelung).

Therapie

Die Behandlung richtet sich nach der zugrunde liegenden Krankheit. Als symptomatische Therapie kommen Punktionen zur Druckentlastung, Hochlagerung, Kühlung und nichtsteroidale Antirheumatika (NSAR) sowie physiotherapeutische Maßnahmen in Betracht.

Prognose

Die Prognose ist abhängig von der Grunderkrankung.

Infobox

ICD-10: M25.4

Internetadresse: http://www.medinfo.de

Literatur:

Niethard, F. U., Pfeil, J. (Hrsg.): Duale Reihe Orthopädie. 5. Aufl. Thieme, Stuttgart 2005

Buckup, K.: Klinische Tests an Knochen, Gelenken und Muskeln. 3. Aufl. Thieme, Stuttgart 2005

Knieseitenbandverletzung

► **Etwa drei Jahre ist Peter (25) nicht mehr Alpinski gefahren. Jetzt steht er mit seiner alten Clique endlich mal wieder auf der Piste. Nach den ersten zwei Abfahrten fühlt sich Peter wieder recht sicher und wählt eine schwierigere Route. Unverhofft gelangt er in Tiefschnee, wird zu schnell, bekommt vor einem Waldstück nicht mehr richtig die Kurve und stürzt. Der rechte Ski hat sich nicht vom Stiefel gelöst, so dass sein Bein verdreht ist. Als Peter sich aufrappeln will, spürt er einen starken Schmerz an der rechten Knieinnenseite.**

Definition

Unter einer Knieseitenbandverletzung versteht man eine Zerrung (Distorsion) oder das Zerreißen (Ruptur) des medialen und/oder lateralen Seitenbands am Kniegelenk.

Ursachen

Die Seitenbänder stabilisieren das Kniegelenk gegen seitlich einwirkende Kräfte:

- das mediale Seitenband wirkt gegen Valgusstress (Kraft drückt Knie in X-Position),
- das laterale Seitenband wirkt gegen Varusstress (Kraft drückt Knie in O-Position).

Unterstützt werden sie dabei durch weitere anatomische Strukturen (Gelenkkapsel, Muskeln, Bänder, Kreuzbänder, Menisken). Daher kommt es nach Unfällen oft zu kombinierten Verletzungen, etwa mit Kreuzband- oder Meniskusverletzungen. So ist eine Innenbandruptur häufig mit der Verletzung des Innenmeniskus und des vorderen Kreuzbandes verbunden (unhappy triad). Ursache sind oft Verdrehungen des Unterschenkels beim Sport (z. B. Skifahren oder Fußball) oder direkte Traumen. Isolierte Rupturen des Außenbandes sind eher selten.

Symptome

Unmittelbar nach dem Trauma treten heftige Schmerzen an der entsprechenden Seite des Knies auf. Das Gelenk ist weiter belastbar, soweit keine schweren kombinierten Verletzungen vorliegen.

Diagnose

Es besteht ein lokaler Druckschmerz. Typisch für eine Zerrung des Innenbandes ist der sog. Skipunkt an der medialen Femurkondyle (Oberschenkelrolle) (**Abb. K.32**). Die Seitenbandstabilität kann klinisch überprüft werden, indem man die laterale und mediale Aufklappbarkeit des Gelenkspalts manuell testet. Um knöcherne Ausrisse feststellen zu können, werden Röntgenaufnahmen in zwei Ebenen angefertigt.

Bei Verdacht auf Ruptur des Außenbandes muss auf neurologische Ausfälle durch Verletzungen des Nervus peronaeus geachtet werden.

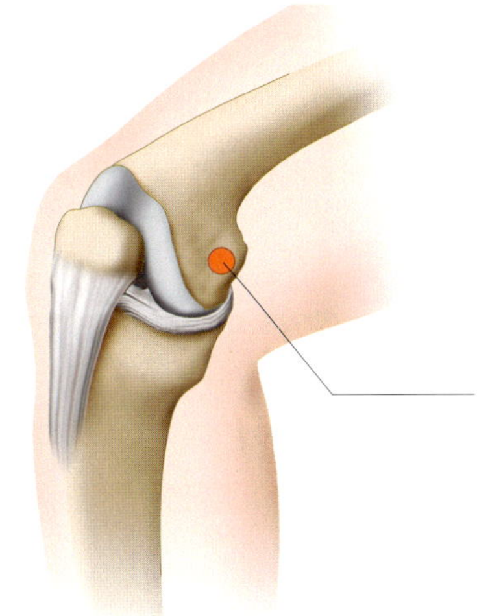

Abb. K.32 „Skipunkt". Ein typisches Zeichen für eine Zerrung des Innenbandes ist ein Druckschmerz über der medialen Femurkondyle, dem Ursprung des medialen Seitenbandes.

Differenzialdiagnose

Auszuschließen sind Verletzungen der Menisken, der Kreuzbänder sowie eine Patellaluxation.

Therapie

Distorsionen und Rupturen des Innenbandes werden stets konservativ behandelt. Das betroffene Bein wird durch Gehstützen entlastet und so oft wie möglich gekühlt. Außerdem können nichtsteroidale Antirheumatika (NSAR) verabreicht werden.

Rupturen des Außenbandes sind meist mit weiteren gravierenden Verletzungen verbunden, sodass chirurgische Rekonstruktionen notwendig sind.

Prognose

Bei Verletzungen des medialen Seitenbandes werden die Patienten unter konservativer Behandlung meist innerhalb einiger Wochen beschwerdefrei. Ansonsten hängt die Prognose von Art und Ausmaß der Begleitverletzungen ab.

Infobox

ICD-10:
S83.4

Literatur:
Rüter, A. u. a.: Unfallchirurgie. 2. Aufl. Urban & Fischer, München 2003

Knoten in der Brust

► **Die 35-jährige Claudia Franken ist im vierten Monat schwanger und berichtet ihrem Gynäkologen: „Ich habe hier an der linken Brust einen Knoten entdeckt. Ich habe schon mal gehört, dass sich Knoten durch die Hormone in der Schwangerschaft vergrößern. So etwas muss doch nicht unbedingt bösartig sein, oder?“**

Definition

Bei einem Knoten in der Brust ist das Brustgewebe verdickt oder verhärtet. Knoten in der Brust sind Anzeichen für verschiedene Erkrankungen: Zyste, → Mastopathie, → Fibroadenom, Phylloidestumor oder → Mammakarzinom.

Zysten

Definition. Eine Zyste ist ein flüssigkeitsgefüllter Hohlraum. Zysten in der Brust kommen sehr häufig vor, hauptsächlich bei Frauen im Alter von 30 – 50 Jahren.

Ursache. Die Milchdrüsen der Brust bilden – auch außerhalb der Schwangerschaft – stets Flüssigkeit, die normalerweise über einen Ausführungsgang abfließt. Ist dieser Ausführungsgang eines Drüsenläppchens verschlossen, sammelt sich die Flüssigkeit innerhalb des Läppchens.

Symptome. Die Zyste ist als Knoten in der Brust zu tasten. Ist die Füllung stark, beschreiben die Patientinnen ein Druckgefühl und Schmerzen.

Diagnose. In der Mammografie ist die Zyste nur als Knoten erkennbar, sodass eine Unterscheidung zwischen festem Gewebe und flüssigkeitsgefüllter Zyste nicht möglich ist. Der Arzt diagnostiziert eine Zyste daher durch Ultraschall und Punktion.

Therapie. Die Behandlung der Zysten hängt von den Symptomen ab. Zysten, die Schmerzen verursachen, werden zur Druckentlastung punktiert, wenn nötig, auch mehrmals. Kleine, unauffällige Zysten sollte man regelmäßig per Ultraschall kontrollieren.

Prognose. Unkomplizierte Zysten stellen einen harmlosen Befund dar und haben deshalb eine gute Prognose.

Mastopathie

Definition. Bei einer → Mastopathie ist das funktionelle Brustdrüsengewebe hormonabhängig verändert. Die Mastopathie ist die häufigste Erkrankung der Brustdrüse: Jede zweite Frau ist davon jeweils unterschiedlich stark betroffen. Das Erkrankungsalter liegt bei 35 – 50 Jahren. Die Mastopathie wird bezüglich der Epithelveränderungen in drei Grade eingeteilt:

- **Grad I:** einfache Mastopathie ohne Epithelzellwucherung und Zellatypien,
- **Grad II:** Mastopathie mit Epithelzellwucherung, aber ohne atypische Zellen,
- **Grad III:** Mastopathie mit atypischer Epithelzellvermehrung. Daraus kann ein Karzinom werden.

Ursache. Die Ursache für die Mastopathie ist ein hormonelles Ungleichgewicht. Dabei ist Progesteron vermindert und Östrogen relativ erhöht.

Symptome. Symptomatisch findet man folgende Trias:

- Knoten unterschiedlicher Größe,
- schmerzhaftes Spannungsgefühl,
- wässrige, milchige, zeitweilig auch bräunlich gefärbte Sekrete aus der Brustwarze.

Diagnose. Der Arzt erkennt die Mastopathie anhand der beschriebenen Symptome und der Brustuntersuchung.

Therapie. Die medikamentöse Behandlung ist i.d.R. symptomatisch. Da die Hormone nicht im Gleichgewicht sind, empfiehlt sich bei den Mastopathien vom Grad I und II die lokale Gabe von Progesteron, das man in Form eines Gels auf die Brust aufträgt. Systemisch helfen gestagenbetonte Ovulationshemmer. Da die Mastopathie vom Grad III oft entartet, erwägt man eine subkutane Mastektomie. Dabei wird der gesamte Drüsenkörper entfernt; nur die Brustwarze wird belassen.

Prognose. Die einfache Mastopathie ist eine harmlose Erkrankung. Die Mastopathie vom Grad III mit atypischer Epithelzellvermehrung neigt dazu, zu entarten.

Fibroadenom

Definition. Das → Fibroadenom ist der häufigste gutartige → Tumor der Brustdrüse vor der Menopause. Fibroadenome wachsen langsam und erreichen in etwa Pflaumengröße (**Abb. K.33**).

Ursache. Eine Ursache für Fibroadenome ist nicht bekannt.

Symptome. Fibroadenome sind nicht druckschmerzhaft. Wenn der Tumor hautnah liegt und die Brust der Frau sehr klein ist, wölbt die Haut sich etwas vor.

Diagnose. Bei der Untersuchung ist das Fibroadenom als kugeliger, gut abgrenzbarer und verschieblicher Knoten der Brustdrüse zu tasten. Es hat eine derbe Konsistenz und eine glatte, manchmal auch gelappte Oberfläche.

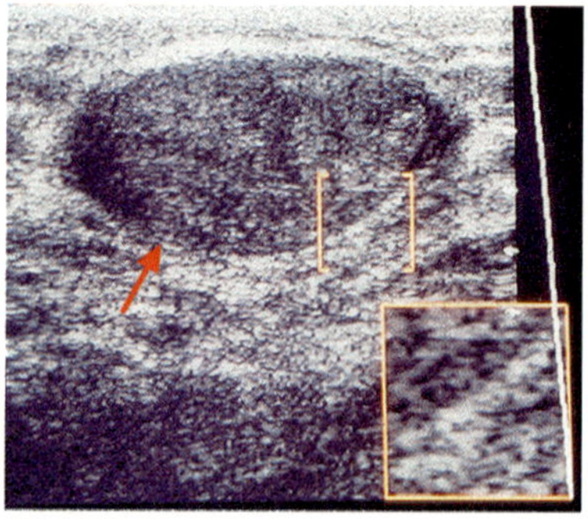

Abb. K.33 Fibroadenom. Sonografisches Bild des scharf begrenzten Fibroadenoms.

Therapie. Sie besteht in der Entfernung und feingeweblichen Abklärung des Tumors.
Prognose. Aus Fibroadenomen entsteht nur sehr selten Brustkrebs.

Phylloidestumor (Cystosarcoma phylloides)

Definition. Der Phylloidestumor ist ein sehr seltener, beschränkt bösartiger → Tumor der erwachsenen Frau. Er setzt sich aus Epithelien und Bindegewebe zusammen und ähnelt daher feingeweblich dem Fibroadenom.
Ursache. Eine Ursache ist nicht bekannt.
Symptome. Häufig ist der Tumor größer als z. B. ein Fibroadenom (er kann einen Durchmesser von bis zu 30 cm annehmen) und wächst mit fingerartigen Ausläufern in das umgebende Brustgewebe.
Diagnose. Der Phylloidestumor kann mammografisch dargestellt werden. Die Diagnose muss aber zusätzlich durch eine Biopsie gesichert werden.
Therapie. Gutartige Phylloidestumoren werden entfernt, indem man sie ausschält. Bei bösartigen Formen muss weit im gesunden Gewebe operiert werden.
Prognose. Es gibt fließende Übergänge zur bösartigen Form. Gut 20 % der Phylloidestumoren sind bösartig und metastasieren über den Blutweg.

Mammakarzinom

Definition. Das → Mammakarzinom ist ein bösartiger Tumor der Brustdrüse, der vom Epithel ausgeht.
Ursache. Eine Ursache ist nicht bekannt.
Symptome. Der tastbare Knoten ist gewöhnlich der erste Befund beim Brustkrebs. Die meisten Frauen geben keine Druckschmerzhaftigkeit an. Hinzu können beim Brustkrebs folgende Symptome kommen: Die Brüste sind gerötet und nicht mehr symmetrisch; es bestehen Unterschiede in der Konsistenz beider Brüste. Die Haut ist eingezogen und es bildet sich Orangenhaut (**Abb. K.34**). Die Brustwarze sondert Sekrete ab, ist eingezogen und kann von Ekzemen befallen sein. Die Lymphknoten sind vergrößert.
Diagnose. Der Knoten zeichnet sich dadurch aus, dass er meistens derb, schlecht verschieblich und unscharf von der Umgebung abzugrenzen ist. Zur Diagnose gehören weiter Mammografie und eine Probenentnahme. Das Mammakarzinom ist ein bösartiger Tumor, der häufig und frühzeitig metastasiert. Fernmetastasen findet man insbesondere in den Knochen, wo sie Schmerzen verursachen. Weitere Tochtergeschwülste können sich in Leber, Lunge, Pleura, Nebenniere, im zentralen Nervensystem und seltener in den Eierstöcken befinden.

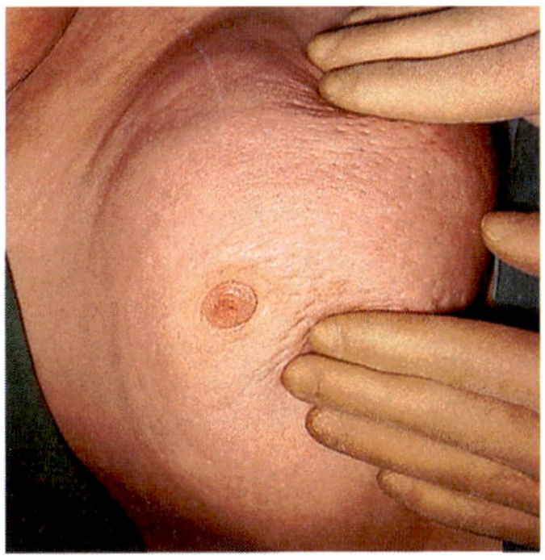

Abb. K.34 Orangenhaut. Die Orangenhaut spricht dafür, dass der Tumor die Haut infiltriert hat.

Therapie. Zur Therapie des Mammakarzinoms stehen Operation, Chemotherapie, Strahlentherapie und die Hormontherapie zur Verfügung. Sie können kurativ und/oder palliativ eingesetzt werden. Bei der Auswahl der Methoden muss immer bedacht werden, dass Mammakarzinome multizentrisch vorkommen und sehr früh Metastasen bilden können.
Prognose. Die Prognose hängt vom Lymphknotenbefall, dem Alter der Patientin, dem Rezeptorbefund sowie dem Stadium ab, in dem der Tumor entdeckt wurde. Bei unbehandelten Mammakarzinomen beträgt die Lebensdauer im Mittel 3,5 Jahre.

Infobox

ICD-10:
N60 – Zyste
N64.9 – Mastopathie
D24 – Fibroadenom
D48.6 – Phylloidestumor
C50.9 – Mammakarzinom

Internetadressen:
http://www.wdr.de (TV-Sendung „Rundum Gesund“)
http://www.gesundheitpro.de

Literatur:
Goldmann-Posch, U.: Der Knoten über meinem Herzen. Goldmann, München 2001.

Kolonkarzinom

► „Hm, wissen Sie. Ich habe seit einiger Zeit Probleme mit der Verdauung. Erst denkt man ja, man hat was Falsches gegessen. Ich habe auch schon mit meiner Frau überlegt, was ich nicht vertragen haben könnte. Aber bei mir ist das auch so ein Wechsel von Durchfall und Verstopfung", erklärt der 52-jährige Herr Richter seinem Arzt. „Und dann diese Bauchkrämpfe. Mir wird dann immer ganz heiß. Und wissen sie, letztens hatte ich Blut im Stuhl. Das ist mir echt unheimlich. Machen Sie jetzt so eine Darmspiegelung?", fragt Herr Richter etwas besorgt.

Definition

Das Kolonkarzinom ist ein bösartiger → Tumor des Dickdarms.

Synonym: Dickdarmkrebs.

Ursachen

Etwa 80% aller Kolonkarzinome gehen auf zunächst gutartige Wucherungen der Darmschleimhautdrüsen, den Darmpolypen, zurück. Der Tumor hat die Tendenz, in umliegendes Gewebe einzuwachsen und im gesamten Körper Metastasen zu bilden. Das Kolonkarzinom ist in Deutschland die zweithäufigste Todesursache bei den Krebserkrankungen (**Abb. K.35**).

Risikofaktoren

Als wesentliche Risikofaktoren des Kolonkarzinoms werden angesehen:

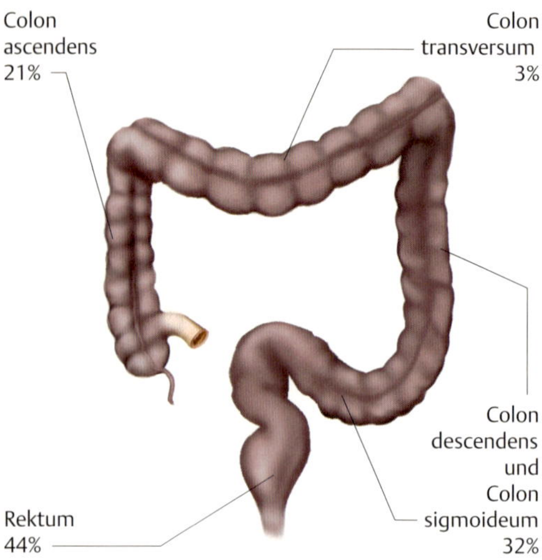

Abb. K.35 Karzinome in Kolon und Rektum. Häufigkeitsverteilung in den verschiedenen Darmabschnitten.

- einseitige, ballaststoffarme Kost,
- hoher Konsum von tierischen Fetten,
- Übergewicht und Bewegungsmangel,
- Nikotin- und erhöhter Alkoholkonsum,
- Darmpolypen und -entzündungen,
- familiäre Vorbelastung (Kolonkarzinom bei der Verwandtschaft ersten Grades),
- chronisch-entzündliche Darmerkrankungen wie → Colitis ulcerosa oder → Morbus Crohn,
- vererbbare, genetisch bedingte Syndrome,
- Gendefekte.

Symptome

Die Veränderungen bei Darmkrebs treten oft nur langsam ein. Viele Patienten bemerken daher die Erkrankung kaum. Erst wenn stärkere Symptome auftreten, wird eine ernsthafte Erkrankung vermutet. Insbesondere bei Blut- oder Schleimauflagerungen auf dem Stuhl und unerklärlicher Gewichtsabnahme ist eine Untersuchung unumgänglich. Außerdem haben die Betroffenen keinen Appetit, sind müde und antriebslos.

Ebenso tritt ein Wechsel zwischen Durchfällen und Verstopfung, Darmkrämpfen, Blähungen und Schmerzen auf. Die Stuhlgewohnheiten können sich plötzlich ändern. Bei Blähungen kann ein ungewollter Abgang von Stuhl auf eine ernste Erkrankung hinweisen. Der Tumor engt den Darm mit zunehmender Größe ein und verringert so dessen Durchgängigkeit. Wenn der Darm über eine längere Strecke eingeengt ist, kann sich daraus eine sehr dünne, bleistiftartige Form des abgesetzten Stuhlgangs ergeben.

Diagnose

Die Diagnosestellung beginnt mit einem ausführlichen Patientengespräch, in dem nach vererbbaren Erkrankungen und Beschwerden gefragt wird. Der Verdacht auf Kolonkarzinom bestätigt sich durch einen positiven Stuhltest oder durch einen auffälligen Tastbefund.

Es folgt eine Darmspiegelung, mit der sich Darmkrebs am besten diagnostizieren lässt (**Abb. K.36**). Dabei wird immer der gesamte Dickdarm untersucht. Mit einem schlauchartigen Koloskop, das in den Darm eingeführt wird, wird die Schleimhaut begutachtet und ggf. eine Gewebeprobe für die histologische Untersuchung entnommen. Durch sie kann der Darmkrebs mit Sicherheit diagnostiziert oder ausgeschlossen werden. Darmpolypen können mit dem Koloskop abgetragen werden.

Um das Ausmaß und die Ausdehnung eines Kolonkarzinoms zu diagnostizieren, gibt es verschiedene bildgebende Methoden. Mit der Ultraschalluntersuchung wird festgestellt, ob bereits Metastasen in Lymphknoten oder inneren Organen, vor allem Leber und Lunge, vorhanden sind. Die Röntgenuntersuchung mit Kontrastmittel zeigt die Tumorlage und dessen Ausdehnung im Darm.

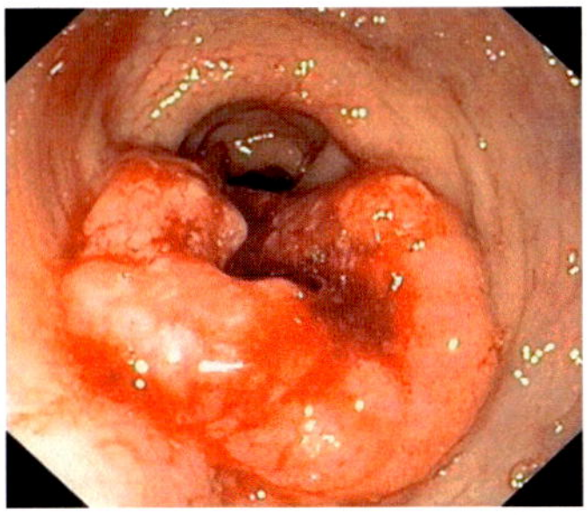

Abb. K.36 Darmspiegelung. Schüsselförmig wachsendes Kolonkarzinom einer 58-jährigen Patientin.

Eine Computertomografie wird hauptsächlich vor Operationen eingesetzt, um die Lage zu angrenzenden Organen darzustellen. Ebenso kann ergänzend eine Kernspintomografie angewendet werden.

Differenzialdiagnose

Ein ähnliches Krankheitsbild wie beim Kolonkarzinom zeigt sich bei chronisch-entzündlichen Darmerkrankungen. Hierbei sind vor allem → Colitis ulcerosa und → Morbus Crohn zu nennen, beide mit gesteigerter Immunreaktion auf die eigene Darmflora. Auch Resorptionsstörungen wie die → Zöliakie, eine chronische Überempfindlichkeit gegen verschiedene Getreidesorten oder die Intoleranz gegenüber Milcheiweiß, machen als → Reizdarmsyndrom Beschwerden.

Therapie

Operation. Das wichtigste Therapieverfahren zur Behandlung des Kolonkarzinoms ist die Operation. Sie hat das Ziel, den Tumor mit den angrenzenden Lymphknoten und möglichen Tochtergeschwülsten vollständig zu entfernen und damit die Krankheit zu heilen. Die Operation ist umso erfolgreicher, je früher der Krebs erkannt wird. Dabei wird ein Teil des Darmes entfernt und beide Enden i.d.R. wieder miteinander vernäht, sodass der Speisebrei den Darm nach der Heilung wieder passieren kann. In einigen Fällen muss ein künstlicher Darmausgang, ein Anus praeter, gelegt werden. Ist dies im Rahmen einer Notoperation geschehen, so ist später eine Rückverlegung und Verbindung der beiden Darmteile denkbar. Alternativ zur offenen Operation wird das Kolonkarzinom in einigen Fällen laparoskopisch entfernt.

Chemotherapie. Ab einem bestimmten Tumorstadium wird Patienten mit Kolonkarzinom eine postoperative Chemotherapie angeboten, um die Aussicht auf Heilung zu verbessern. Sie erhöht die Chance auf Heilung und Tumorfreiheit deutlich. Es muss sorgfältig abgewogen werden, ob das Verhältnis zwischen zu erwartendem Nutzen der Behandlung und möglichen Risiken der Therapie in einem vernünftigen Verhältnis stehen. Grundlage der Entscheidung ist die genaue Kenntnis des Tumorstadiums.

Studien zeigen, dass Patienten im fortgeschrittenen Stadium von einer unterstützenden Chemotherapie eindeutig profitieren, umstritten ist noch deren Anwendung in Anfangsstadien. Auch hier werden die Heilungschancen statistisch gesehen verbessert, aber der Effekt einer Chemotherapie fällt wesentlich geringer aus als bei den fortgeschrittenen Stadien.

Prognose

Die Prognose ist bei rechtzeitiger Diagnose relativ günstig. Die Größe und Ausdehnung des Kolonkarzinoms ist entscheidend für den Verlauf und die Heilungschancen. Durch Vorsorgeuntersuchungen ist die Mehrzahl der Patienten zum Zeitpunkt der Diagnosestellung operabel.

Nach einer Operation überleben in den ersten fünf Jahren bis zu 80% der Patienten. Die Prognose ist umso besser, je kleiner und differenzierter die Tumorzellen sind, wenn keine Lymphknoten befallen und keine Metastasen vorhanden sind. Allerdings sind engmaschige Nachuntersuchungen erforderlich. Sind Metastasen vorhanden, sinkt die 5-Jahres-Überlebensrate auf 5%.

Komplikationen

Mögliche Komplikationen beim Kolonkarzinom ist der → Ileus, der entsteht, wenn der Darm durch den Tumor verlegt wird, oder eine → Peritonitis nach Perforation der Darmwand. Ebenso besteht die Gefahr der Fistelbildung, des Einbruchs in Nachbarorgane oder deren Kompression.

Infobox

ICD-10:
C18

Internetadressen:
http://www.krebsinformation.de
http://www.dkfz-heidelberg.de
http://www.krebsgesellschaft.de

Literatur:
Herfarth, C., Betzler, M.: Kolonkarzinom – Diagnostik, Therapie und Zusatzmaßnahmen. H. Huber, Göttingen 1979

Kolpitis

► **Frau Petra Lindler, 48 Jahre alt, sucht ihren Frauenarzt auf. Bei der Anamnese berichtet sie: „Ich habe seit zwei Tagen ein schlimmes Brennen und Schmerzen im Genitalbereich. Außerdem juckt es ganz furchtbar. Dazu habe ich einen krümeligen, gelben Ausfluss. Sie sind schon der zweite Arzt, zu dem ich diese Woche muss. Aber die Angina ist durch das Antibiotikum von der Hausärztin schon auf dem Rückzug."**

Definition

Die Kolpitis ist eine Entzündung der Vagina. Sie wird durch Erreger, mechanische oder hormonelle Irritationen ausgelöst.

Synonyme: Scheidenentzündung, Vaginitis.

Natürlicher Schutz der Vagina

Die Vagina ist mit verschiedenen „Sicherheitssystemen" ausgestattet, die verhindern sollen, dass Keime in den Körper der Frau eindringen und bis in die freie Bauchhöhle aufsteigen.

Vaginalgewebe. Die Vagina besitzt ein mehrschichtiges unverhorntes Plattenepithel. Höhe und Aufbau des Epithels sind abhängig von Östrogenen und Gestagenen. Daher weist das Epithel in verschiedenen Lebensaltern unterschiedliche Eigenschaften auf. Das hochaufgebaute Epithel der geschlechtsreifen Frau kann Keime weitgehend abwehren. Dagegen besteht vor der Pubertät und im Klimakterium/Senium eine erhöhte Krankheitsanfälligkeit.

Vaginalsekret. Auch das Vaginalsekret mit einem physiologisch sauren pH-Wert von 4–4,5 ist wichtig für die Widerstandsfähigkeit der Vagina gegenüber pathogenen Erregern. Ebenso wie das Vaginalepithel hängt der pH-Wert des Vaginalsekrets von Hormonen ab. So liegt der pH-Wert bis zum 8.–10. Lebensjahr im neutralen Bereich von 7 und sinkt dann mit steigender Östrogenwirkung. Die saure Reaktion schützt nicht nur die Vagina, sondern auch die nachfolgenden Organe vor aufsteigenden Infektionen.

Ursachen

Beeinträchtigungen des Vaginalmilieus (z. B. durch Östrogenmangel), Vaginalspülungen oder eine Therapie mit Antibiotika, senken den Widerstand der Vagina gegenüber Infektionen und mechanischen Reizungen.

Eine Kolpitis wird durch verschiedene Erreger verursacht, die auf folgenden Wegen in die Vagina eindringen können:

- beim Geschlechtsverkehr,
- bei der Benutzung von Tampons,
- bei hormonabhängigen Veränderungen im Vaginalepithel, z. B. in der Schwangerschaft,
- beim Einführen von Fremdkörpern in die Vagina.

Symptome

Die Symptomatik ist nicht bei jeder Kolpitis gleich, sondern hängt von der Art des Erregers ab. Ein typisches, wenn auch nicht immer vorhandenes Symptom ist der Ausfluss, häufig verbunden mit Schmerzen, Juckreiz und schmerzhaftem Geschlechtsverkehr. Eine Entzündung der Vulva, Harnröhre und Harnblase kann sich an die Kolpitis anschließen. Die Vaginalhaut weist unterschiedlich strukturierte Rötungen auf.

Im Folgenden werden unterschiedliche Formen der Kolpitis mit ihren Erregern und Symptomen dargestellt. Die Erreger werden in den meisten Fällen durch Sexualkontakte übertragen.

Chlamydienkolpitis. Diese Erkrankung, die vom intrazellulär lebenden Bakterium Chlamydia trachomatis ausgelöst wird, nimmt meist einen milden Verlauf. Häufig ist sie mit einer Harnröhrenentzündung verbunden.

Bakterielle Vaginose (Abb. K.37). Diese Form, auch Aminkolpitis genannt, wird durch das Stäbchenbakterium Gardnerella vaginalis verursacht. Ein gleichzeitiges Auftreten mit Mykoplasmen und Trichomonaden ist nicht selten. Die Patientin leidet unter einem verstärkten Juckreiz an der Vulva, typischerweise kommt es zu einem fischartig riechenden Ausfluss.

Trichomonadenkolpitis. Bei der Trichomonadenkolpitis besteht eine Infektion mit Trichomonas vaginalis. Symptomatisch findet sich neben dem Juckreiz ein grün-gelblicher, schaumiger, übel riechender und brennender Ausfluss. Bei einer Mitbeteiligung der Harnröhre kann es zu Beschwerden beim Wasserlassen kommen.

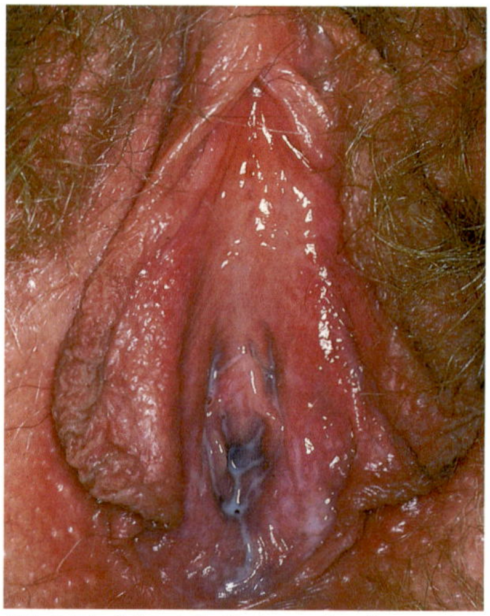

Abb. K.37 Bakterielle Vaginose. Charakteristisch ist der dünnflüssige, fischartig riechende Ausfluss.

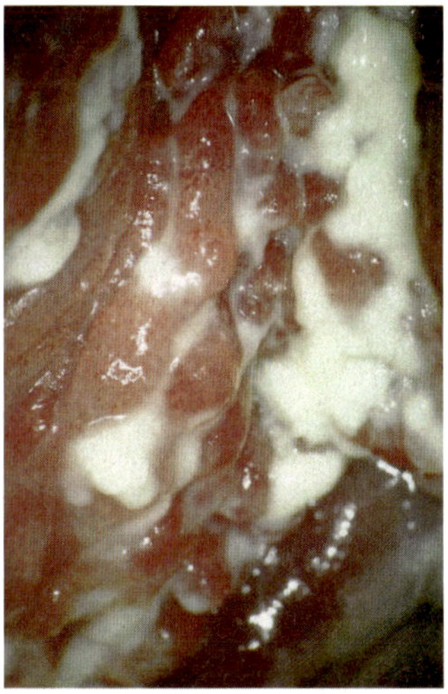

Abb. K.38 Soorkolpitis. Die Vaginalwand ist gerötet, es tritt ein bröckelig-krümeliger, gelber Ausfluss auf.

Soorkolpitis (Abb. K.38). Erreger der Soorkolpitis ist der Pilz Candida albicans. Dieser Erreger gehört zur Gruppe der Hefen (Sprosspilze). Die Patientin leidet unter Juckreiz, Brennen und Schmerzen. Außerdem tritt ein bröckelig-krümeliger, gelber Ausfluss auf.

Colpitis senilis. Bei der Colpitis senilis gibt es keine spezifischen Keime. Sie beruht auf einem Östrogenmangel, der mit einer Atrophie der Vaginalhaut und dem Schwinden der sauren Vaginalflora einhergeht. Dies erleichtert die Besiedelung der Scheide durch pathogene Keime, die nicht selten der Analregion entstammen.

Diagnose

Bei der Anamnese fragt der Arzt nach erfolgten Vaginalspülungen, dem Sexualleben der Patientin und aktuellen Erkrankungen wie →Diabetes mellitus oder Östrogenmangel. Die Spekulumuntersuchung bringt weitere Hinweise. Wichtig ist darüber hinaus der Erregernachweis und die Klärung, ob der Ausfluss aus der Vagina oder dem Gebärmutterhals stammt.

Therapie

Zur Beseitigung der Erreger verordnet der Arzt Medikamente. Die antibiotische Therapie der Chlamydienkolpitis erfolgt mit Doxycyclin und Erythromycin. Zur Behandlung der Aminkolpitis und der Trichomonadenkolpitis wird das Antibiotikum Metronidazol eingesetzt. Die Soorkolpitis dagegen wird mit einem Antimykotikum behandelt, z. B. mit Clotrimazol. Generell muss oft der Partner mitbehandelt werden.

Das Therapieziel bei der Colpitis senilis ist es, ein funktionstüchtiges Epithel aufzubauen durch die Gabe von Östrogenen. Da Östrogene eine proliferative (gewebevermehrende) Wirkung haben, kann ein erhöhter Östrogenspiegel im Blut das Wachstum eines Karzinoms fördern. Daher gibt man keine Östrogentabletten, die den Östrogenspiegel des Blutes erhöhen würden, sondern Zäpfchen, die nur örtlich wirken.

Prognose

Die Prognose der Erkrankung ist gut.

Infobox

ICD-10:
N76.0

Internetadressen:
http://www.qualimedic.de
http://www.onmeda.de
http://www.sagmicro.de

Koma

► **Frau Wenzel erzählt Schülerin Svenja beim Warten vor der Intensivstation: „Mein Mann hat Zucker. Gestern musste er ganz oft Wasser lassen und hatte viel Durst. Heute Mittag war er schlapp und hat sich hingelegt. Er sah aus, als ob er schläft, aber er wurde nicht mehr wach, auch nicht, als ich ihn gerüttelt habe. Jetzt ist er schon zwei Stunden hier."**

Definition

Das Koma ist die schwerste Form einer Bewusstseinsstörung. Der Mensch kann in diesem Stadium auch durch starke Schmerzreize nicht erweckt werden. Das Koma ist Ausdruck einer Funktionsstörung der Großhirnrinde und meist lebensbedrohlich.

Ursachen

Ursachen für ein Koma sind vielfältig:

- Erkrankungen oder Verletzungen des Gehirns: z. B. → Hirninfarkt, → Schädel-Hirn-Trauma, → Meningitis, → Enzephalitis, → Epilepsie, → Gehirntumor.
- Fehlversorgung des Gehirns: z. B. durch Stoffwechselstörungen, Sauerstoffmangel, Kreislaufversagen, Nieren- oder Leberinsuffizienz, hormonelle Ursachen.
- Vergiftungen.

Symptome

Beim Koma werden die Symptome danach eingeteilt, wie der Patient auf Reize von außen reagiert.

Grad I. Der Patient wehrt Schmerzreize gezielt ab. Wird das Gleichgewichtsorgan gereizt, zeigt er die typischen Augenbewegungen. Die Pupillenreaktion ist ebenso erhalten.

Grad II. Der Patient wehrt Schmerzreize nur noch ungerichtet ab. Er bewegt sich ungezielt und schielt nach außen.

Grad III. Der Patient wehrt Schmerzreize nicht mehr ab, vielmehr sind nur noch Fluchtreflexe erhalten. Der vestibulo-okuläre Reflex (Gegenbewegung der Augen beim Kopfdrehen) fehlt und die Pupillenreaktion ist abgeschwächt.

Grad IV. Der Patient zeigt keine Reaktion auf Schmerzreize. Eine Pupillenreaktion fehlt und die Schutzreflexe sind vollständig ausgefallen.

Diagnose

Das Koma beginnt meist mit unklarer Bewusstlosigkeit. Daher geht man nach einem festen Schema vor und versucht herauszufinden, was die Bewusstlosigkeit verursacht hat. Die Bewertung der Bewusstseinslage erfolgt nach der Glasgow-Koma-Skala (**Abb. K.39**).

Zunächst ist es vorrangig, die Vitalfunktionen zu kontrollieren. Wenn Atmung und Kreislauf normal sind, ein Trauma auszuschließen ist und die neurologischen Werte nicht von der Norm abweichen, erfolgt die weitere Suche nach einer möglichen Stoffwechselentgleisung oder einer Vergiftung.

Glasgow-Koma-Skala (GCS)

zu bewertende Reaktion	beobachtete Reaktion	Punktzahl
Öffnen der Augen	spontan	4
	auf Ansprache	3
	auf Schmerzreize	2
	fehlt	1
verbale Reaktion	orientiert	5
	verwirrt	4
	einzelne Worte	3
	Laute	2
	fehlt	1
motorische Reaktion	folgt Aufforderungen	6
	gezielte Schmerzreaktion	5
	ungezielte Schmerzreaktion	4
	Beugemechanismus	3
	Streckmechanismus	2
	fehlt	1

Bewertung:
13 – 15 Punkte: leichtes Schädel-Hirn-Trauma
9 – 12 Punkte: mittelschweres Schädel-Hirn-Trauma
3 – 8 Punkte: schweres Schädel-Hirn-Trauma

Abb. K.39 Bewertung des Bewusstseins.

Differenzialdiagnose

Ein → Alkoholentzugssyndrom kann sich in Bewusstseinsstörungen äußern. Wenn junge Patienten plötzlich bewusstlos werden, kann Ecstasy die Ursache sein.

Therapie

Man kann ein Koma nicht direkt therapieren. Um den Patienten aus dem Koma erwecken zu können, muss die ursächliche Erkrankung behandelt werden.

Prognose

Sie ist schwer zu stellen und hängt ab vom Alter des Patienten, von Dauer und Tiefe des Komas und Schwere der Hirnschädigung. Schwerste Komplikation ist das Wachkoma (→ apallisches Syndrom).

Infobox

ICD-10: R40.2 (Rubrik R – Symptome und Befunde)

Internetadressen: http://www.hirnverletzung.de
http://www.neurologie-onlinehome.de

Literatur: Mindell, A.: Schlüssel zum Erwachen. Walter, Düsseldorf 2003

Kompartmentsyndrom

► **Der 42-jährige Frank Heinzle (53) erzählt Schüler Nikos nach der Unterschenkel-OP: „Schauen Sie sich bitte mal mein Bein an. Es schwillt ja immer mehr an, trotz Kühlen. Die Schmerzen werden auch immer stärker. Dabei habe ich doch erst vor einer Stunde was gegen die Schmerzen genommen. Kann die Stationsärztin nicht noch mal kommen? Das ist doch nicht normal, die Schwellung und die Schmerzen!“**

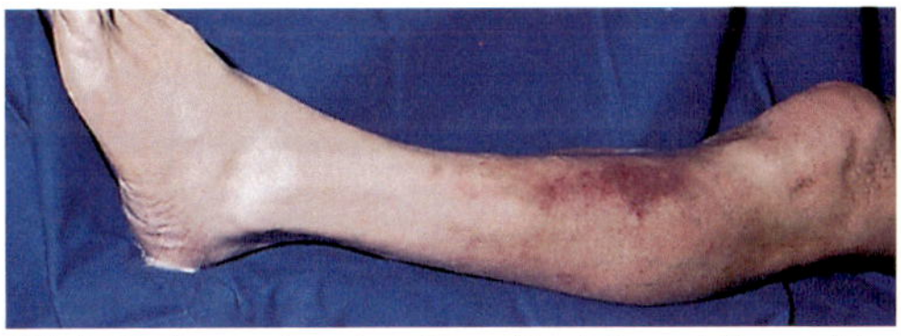

Abb. K.40 Kompartmentsyndrom. Durch Sauerstoffmangel bedingte Blaufärbung über dem vorderen Schienbeinmuskel.

Definition

Beim Kompartmentsyndrom ist eine durch Faszien umschlossene Muskelgruppe (Kompartiment) sehr starkem Druck ausgesetzt. Durch die Minderdurchblutung erleiden Muskeln und Nerven Schäden. Das Kompartmentsyndrom ist ein chirurgischer Notfall.

Synonym: Logensyndrom.

Ursachen

Die einzelnen Muskelgruppen der Skelettmuskulatur werden von kaum elastischen Muskelfaszien umhüllt. Die so entstehenden abgeschlossenen Räume nennt man Kompartimente (Muskellogen).

Blutet es innerhalb eines Kompartiments oder bildet sich ein Ödem, erhöht sich allmählich der Druck. Wenn der Druck ein bestimmtes Ausmaß übersteigt, werden Blutgefäße und Nerven abgedrückt und die Sauerstoff- und Nährstoffversorgung bricht zusammen. Daraus können Muskel- und Nervenschäden und auch Lähmungen entstehen. Man unterscheidet:

- **akutes Kompartmentsyndrom:** Dazu kommt es überwiegend am Unterschenkel oder am Unterarm, z. B. nach schweren Weichteilprellungen, nach Knochenbrüchen oder nach Operationen in diesen Bereichen.
- **funktionelles Kompartmentsyndrom:** Dabei treten die Symptome auf, nachdem die Muskeln überlastet wurden und sich ein Ödem gebildet hat (häufig bei Sportlern).

Ein Kompartmentsyndrom kann auch entstehen, wenn Gefäße von außen komprimiert werden, etwa bei Verschütteten oder durch abschnürende Verbände.

Symptome

Die Weichteile der betroffenen Extremität sind erheblich geschwollen. Die Muskulatur wirkt steinhart. Aufgrund des Sauerstoffmangels färbt sich die betroffene Region blau (**Abb. K.40**).

Die Betroffenen beschreiben starke und zunehmende Schmerzen. Ist der Prozess bereits fortgeschritten, treten Taubheitsgefühle im Versorgungsbereich des betroffenen Nervs auf.

Diagnose

Der Patient klagt über Schmerzen. Die arteriellen Pulse können zunächst noch tastbar sein.

Betroffene sollten auf Sensibilitätsausfälle (vermindertes Empfindungsvermögen) hin untersucht werden. Die Diagnose wird durch die Messung des hydrostatischen Kompartmentdrucks in der Muskelloge gesichert.

Differenzialdiagnose

Auch bei einer Thrombose kann ein Körperteil, insbesondere der Unterschenkel, stark geschwollen sein.

Therapie

Der Patient muss sofort in die Klinik eingewiesen werden, um drohende Langzeitschäden zu verhindern. Betroffene Extremitäten dürfen nicht hoch gelagert werden, weil dies die arterielle Versorgung der Muskulatur noch stärker behindern würde.

Bei einem manifesten Kompartmentsyndrom spaltet der Chirurg die Muskelfaszien. Auf diese Weise wird eine Druckentlastung erreicht.

Prognose

Bei rechtzeitiger Behandlung ist die Prognose gut. Verzögert sich die Therapie, drohen Muskelnekrosen (Absterben von Muskelzellen) mit permanentem Kraftverlust. Auch Gelenkversteifungen und ischämische (durch verminderte Durchblutung bedingte) Kontrakturen können entstehen. Eine solche Kontraktur am Unterarm heißt → Volkmann-Kontraktur.

Infobox

ICD-10:
T79.6

Internetadressen:
http://www.onmeda.de
http://www.gvle.de

Konjunktivitis

► „Was ist denn mit Deinen Augen los? Die sind ja total rot. Zeig mal." Katja dreht den Kopf zu Susanne. „Ich weiß. Ich muss unbedingt zum Augenarzt. Das ist jetzt schon seit ein paar Tagen so und die Augen jucken wie die Pest.

Definition

Als Konjunktivitis wird eine Entzündung der Bindehaut mit Rötung und Sekretabsonderung bezeichnet.

Synonym: Bindehautentzündung.

Ursachen

Es gibt zahlreiche Ursachen für eine Konjunktivitis, z. B.:

- Erreger (z. B. Bakterien, Viren, Pilze, Parasiten),
- Allergien,
- trockene Augen,
- Allgemeinerkrankungen (z. B. Pemphigoid, eine die Schleimhäute narbig verändernde Erkrankung),
- physikalisch-chemische Reize (z. B. → Fremdkörper, Verätzungen),
- Stellungsanomalien der Lider (z. B. Entropium, Ektropium),
- Erkrankungen der Tränenwege, Nase und Nasennebenhöhlen,
- Störungen der Zusammenarbeit beider Augen (z. B. zu schwache Brillen, latentes Schielen).

Bei chronischen Bindehautentzündungen ist oft keine Ursache zu finden.

Symptome

Typische Symptome einer Konjunktivitis sind ein Fremdkörpergefühl, Augenbrennen, Tränen, Lichtempfindlichkeit (Photophobie) und bei allergischer Ursache ein ausgeprägter Juckreiz.

Diagnose

Eine Bindehautentzündung betrifft meist beide Augen, wobei das zweite Auge häufig erst etwas später beteiligt ist. Neben der geröteten Bindehaut kann je nach Ursache wässriges (häufig bei Viruserkrankungen) oder schleimiges bzw. eitriges Sekret (bakterielle Erkrankungen) abgesondert werden (**Abb. K.41**). Das Sekret kann besonders nachts trocknen und zu verklebten Lidern führen.

Durch Papillen oder Follikel erhält die Lidbindehaut eine unregelmäßige Oberfläche. Besonders bei viralen, allergischen und toxischen Bindehautentzündungen kann eine Chemosis als durchsichtige, mitunter erhebliche Schwellung der Konjunktiva imponieren.

Bei schweren Bindehautentzündungen bilden sich oft Pseudomembranen und Membranen. Häufig ist außerdem der Lidrand entzündet. Besonders bei einer Konjunktivitis durch Viren und Chlamydien sind die Lymphknoten vor dem Ohr oder submandibulär geschwollen.

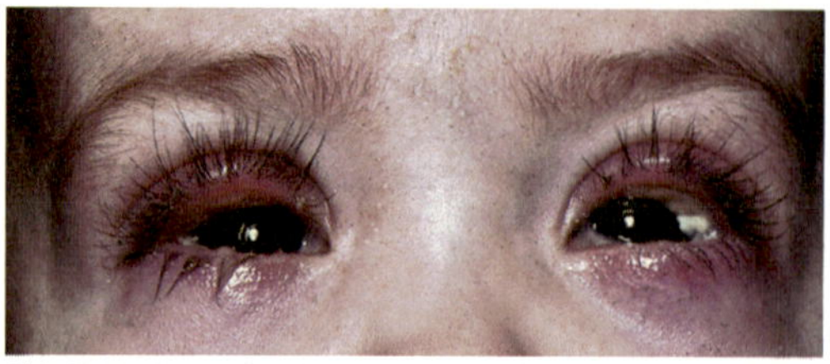

Abb. K.41 Konjunktivitis. Ausgeprägte beidseitige Konjunktivitis mit Bindehautrötung, Schwellung von Konjunktiva und Lidern sowie starker Sekretabsonderung.

Differenzialdiagnose

Alle Augenerkrankungen, die zu einem roten Auge führen, z. B. → Iritis, → Keratitis, müssen ausgeschlossen werden.

Therapie

Vor der Therapie muss ein Bindehautabstrich genommen werden, um den Erreger und mögliche Resistenzen zu bestimmen. Eine bakterielle Konjunktivitis wird mit einem Breitspektrumantibiotikum behandelt, eine virale mit Virustatika und eine chlamydienbedingte mit Erythromycin oder Tetracyclinen.

Bei der sehr ansteckenden Konjunktivitis durch Adenoviren ist dagegen keine spezifische Therapie möglich. Zu ihrer Behandlung werden lediglich mehrmals täglich künstliche Tränen verordnet. Eine allergische Konjunktivitis wird möglichst konservierungsmittelfrei z. B. mit einer Kombination aus einem Antihistaminikum und einem Vasokonstriktor oder Mastzellenstabilisatoren oder Levocabastin therapiert.

Prognose

Die meisten Bindehautentzündungen erreichen nach wenigen Tagen ihren Höhepunkt und klingen dann innerhalb von 10 – 14 Tagen ab. Allergische Konjunktivitiden sind oft chronisch und rezidivieren häufig.

Komplikationen

Besonders bei einer bakteriellen Konjunktivitis besteht die Gefahr, dass sich die Entzündung auf die Hornhaut ausdehnt und sich ein Hornhautgeschwür bildet.

Infobox

ICD-10:
H10.1, H10.3, H10.8, H10.9, B30.0, B30.1, A74.0

Literatur: Oestreicher, E. u. a.: HNO, Augenheilkunde, Dermatologie und Urologie für Pflegeberufe. Thieme, Stuttgart 2003

Kontaktekzem

► „Wie, unser Azubi ist erst mal krank geschrieben? Was hat er denn?", fragt Kalle gereizt. Er wollte mit dem Neuen heute auf eine andere Baustelle fahren und dort aufmessen. „Irgendwas mit der Haut an den Händen", antwortet Klaus, ein Kollege. „Wie mit der Haut an den Händen? Wo gibt's denn so etwas? Wir sind hier auf dem Bau und nicht in einem Kosmetikstudio." Kalle ist genervt. „Ich hab' die Hände gesehen", beschwichtigt Klaus, „sie sahen echt übel aus. Total aufgeplatzt. Der Junge hat mir richtig leid getan. Er hat ja gerade erst bei uns angefangen."

Definition

Bei einem Kontaktekzem handelt es sich um eine Hautentzündung durch den Kontakt mit einem Umweltstoff.

Synonyme: kumulativ-toxische Kontaktdermatitis, irritatives Ekzem.

Ursachen

Die Haut bietet dem Körper Schutz und dient als Barriere. Um diese Funktion zu gewährleisten, spielen u. a. Hornschicht (Epidermis), Talg- und Schweißsekretion, Besiedlung mit Bakterien und Pilzen sowie Zellen des Immunsystems zusammen. Durch den Kontakt mit einer geeigneten Noxe (Gift) bricht der Schutz zusammen und es entwickelt sich eine Entzündung. Oft unterstützt ein weiterer Faktor, der alleine noch kein Ekzem bewirkt, das Geschehen. Zu solchen Faktoren gehören z. B. eine ständig nasse oder sehr trockene Haut, UV-Licht sowie die Bildung einer sog. feuchten Kammer bzw. einer Okklusion unter dichten Handschuhen oder Folien.

Als Auslöser für ein Kontaktekzem kommt fast jede Substanz in Frage. Es können feste Materialien, auch ein Medikament, sein. Meist handelt es sich aber um Lösungen. Besonders häufig sind alkalische Seifen, Putzmittel, industrielle Lösungs- oder Kühlmittel und Baustoffe. In einigen Berufen ist das Risiko hoch: Hausarbeit, Nass- und Pflegeberufe, Berufe mit mechanischer Belastung (Bauarbeiter, Mechaniker usw.). Erfahrungsgemäß ist bei Personen mit → Neurodermitis die Barrierefunktion herabgesetzt, sodass sie häufiger Kontaktekzeme entwickeln.

Symptome

Kontaktekzeme entwickeln sich erst einige Zeit nach dem ersten Kontakt. Die typischen Entzündungszeichen wie Rötung, Schwellung und Juckreiz sind weniger ausgeprägt. Eher sind Risse zu sehen und der Betroffene spürt ein Brennen der Haut (**Abb. K.42**). Hautrisse („Rhagaden") können bluten und sind sehr schmerzhaft. Kontaktekzeme sind fast immer scharf begrenzt, Streureaktionen fehlen.

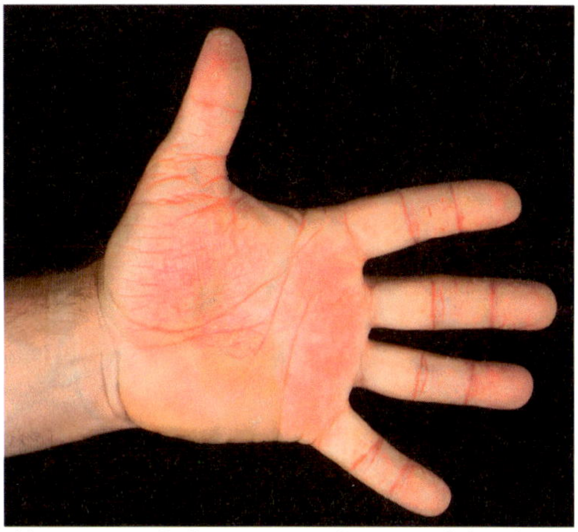

Abb. K.42 Kontaktekzem. Rötung, Schuppung und Rhagaden.

Diagnose

Die Diagnose erfolgt über eine exakte Anamnese, die den zeitlichen und lokalen Zusammenhang zwischen Exposition und Ekzem herstellt.

Differenzialdiagnose

Das → allergische Ekzem (Kontaktdermatitis) beruht auf einer allergischen Überreaktion des Immunsystems, das Kontaktekzem ist keine Allergie. Ein Routinetest auf Kontaktallergien mittels eines Epikutantests hilft, Zweifelsfälle oder gemischte Konstellationen zu erkennen. Kinder entwickeln außer der → Windeldermatitis fast nie Kontaktekzeme. Auszuschließen sind Infektionen wie → Erysipel und Tinea oder Ekzeme anderer Ursachen.

Therapie

Im Schub werden kortisonhaltige Salben und in Ausnahmefällen orale Kortikoide verwendet. Die wichtigste Maßnahme ist, die auslösende Substanz zu meiden. Eine optimierte Hautpflege ist zu empfehlen, evtl. sind geeignete Handschuhe und Hautschutzsalben zu verwenden.

Prognose

Falls es gelingt, die auslösende Substanz zu vermeiden, heilt ein Kontaktekzem auch nach jahrelangem Verlauf ab. Eine dauerhaft geschädigte Haut entwickelt allerdings oft auch auf andere Stoffe leichte Ekzeme.

Infobox

ICD-10: L24

Internetadresse: http://eczema.dermis.net

Kopfläuse

► „Lausalarm. In der Hasengruppe sind Kopfläuse aufgetreten…" Frau Plate steht vor dem Aushang im Kindergarten. „Waaas!? Das ist ja ekelhaft. Bei meiner Tochter kommen die nicht vor", ruft Frau Czerni hinter ihr entsetzt. Frau Plate dreht sich um. „Das ist aber doch normal. Die Kinder stecken ständig die Köpfe zusammen. Da verbreiten sich die Läuse ganz schnell." „Ich werde jetzt zur Leiterin gehen und mich beschweren. Das sind ja unglaubliche hygienische Verhältnisse" „Ja, tun Sie das. Wenn ich das richtig gehört habe, haben die Erzieherinnen die Viecher zuerst auf dem Kopf Ihrer Tochter entdeckt." Frau Plate dreht sich um und lässt Frau Czerni mit offenem Mund stehen.

Definition

Die Kopflaus (Pediculus humanus capitis) siedelt sich auf der Kopfhaut bzw. in den Haaren des Menschen an.

Gemäß § 34 Infektionsschutzgesetz besteht eine Meldepflicht für Kinder mit Kopfläusen, die in Einrichtungen für Kinder und Jugendliche (Kindergärten, Heime und Schulen) betreut werden.

Ursachen

Kopfläuse sind 2 – 3,5 mm große Insekten. Mit ihren sechs Beinen klammern sie sich an den Haaren fest. Befruchtete Weibchen legen täglich bis zu zehn Eier (Nissen), die sie mit einer wasserfesten Substanz an die Haare kleben. Dabei wird der Haaransatz bevorzugt, da dort eine günstige Temperatur von rund 30 °C herrscht.

Nach 7 – 10 Tagen schlüpfen die jungen Läuse (Nymphen genannt), die schließlich nach mehrmaligem Häuten Geschlechtsreife erreichen und dann infektiös werden.

Im Gegensatz zur landläufigen Ansicht ist Lausbefall kein Zeichen für schlechte Hygiene.

Symptome

Das Jucken der Kopfhaut ist das Leitsymptom. Bei langen Haaren sind Läuse relativ schlecht zu finden. Die Nissen sind eher zu entdecken (**Abb. K.43**). Kratzspuren und evtl. sogar Lymphknotenschwellungen sind dann Hinweise, die eine intensive Suche nach sich ziehen sollten.

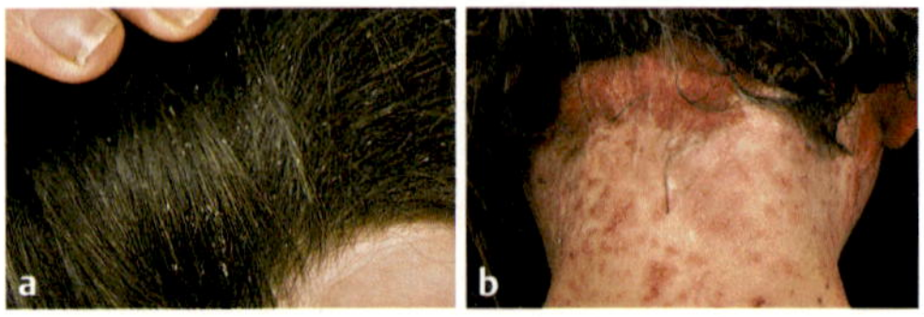

Abb. K.43 Kopfläuse. a Nissen, **b** Nackenekzem nach Lausbissen.

Diagnose

Mit der Lupe soll vor allem im Haaransatzbereich nach Nissen gesucht werden. Diese präsentieren sich als längliche helle Gebilde, die am Haar kleben und sich nur sehr schwer lösen lassen.

Die Läuse findet man ggf. mit Hilfe einer Lupe auf dem Kopfkissen, mit einem Läusekamm lassen sie sich aus dem Haar kämmen.

Differenzialdiagnose

Tierläuse gehen nicht auf den Menschen über, umgekehrt besiedeln Kopfläuse keine Haustiere. Kopfläuse können sich in Barthaar, Achselhaaren und Augenbrauen festsetzen und über Mützen, Kleidungsstücke, Kuscheltiere und sogar Polstermöbel übertragen werden.

Andere Läuse, die Menschen befallen, sind die Filzlaus (Phthirus pubis) und die Kleiderlaus (Pediculus humanus humanus oder corporis). Sie besiedeln bevorzugt Schamhaare bzw. die Kleidung. Bei lange andauerndem Lausbefall kann die Haut ekzemähnliche Ausschläge zeigen, die von → Skabies und Pilzbefall abgegrenzt werden müssen.

Therapie

Die Therapie mit permetrinhaltigen Präparaten gilt heute noch als Mittel der Wahl, allerdings sind vor allem im Ausland die ersten Resistenzen beobachtet worden. Als mögliche Alternative kann das Medikament Ivermectin oral gegeben werden. Die Behandlung sollte zweimal im Abstand von einer Woche erfolgen. Danach kann das Kind wieder z. B. für den Kindergarten zugelassen werden.

Prognose

Bei sorgfältiger Behandlung ist die Prognose in Deutschland gut, weil die Läuse hier derzeit nicht als Überträger von weiteren Infektionskrankheiten gelten. In anderen Ländern können Läuse z. B. Fleckfieber (Erreger: Ricksettsien) übertragen.

Infobox

ICD-10:
B85.0

Internetadressen:
http://www.insektenbox.de
http://www.medice.de
http://www.rki.de

Koronare Herzkrankheit

► Hubert quält sich aus dem Bett. Als Bäcker muss er früh raus und es fällt ihm immer schwerer, pünktlich um drei Uhr in der Backstube zu stehen. „Komm, wir müssen mit dem Mehrkornbrot voranmachen. Kannst Du mir mal bei dem Mehlsack helfen?", bittet ihn ein Kollege. Hubert drückt die Zigarette aus. Als die beiden den Sack über den Rand der Knetmaschine hieven, spürt Hubert einen stechenden Schmerz in der Brust und lässt den Sack los. „Bist du wahnsinnig", brüllt sein Kollege ihn an. Doch dann sieht er, dass Hubert sich vor Schmerzen krümmt. Als er ein paar Minuten gesessen hat, lässt der Schmerz nach. „Ich habe das schon öfter morgens gehabt", erklärt Hubert, „doch heute war es besonders schlimm."

Definition

Die koronare Herzkrankheit (KHK) ist eine Durchblutungsstörung des Herzmuskels aufgrund arteriosklerotisch verengter Herzkranzgefäße.

Ursachen

Der KHK liegt eine → Arteriosklerose der Herzkranzgefäße (Koronarsklerose) zugrunde. Hierbei sammeln sich in den Gefäßwänden der Koronararterien Plaques (Ablagerungen), die im Verlauf verkalken können. Das unflexible, starre Gefäß kann den erhöhten Blutbedarf nicht mehr decken und es kommt zum Sauerstoffmangel, der die typischen Beschwerden auslöst. Man spricht dann von einer ischämischen Herzerkrankung. Schreitet die Erkrankung fort, werden die Herzkranzgefäße durch die zunehmende Arteriosklerose immer enger und es kommt schon bei geringen Belastungen zu Beschwerden.

Das Herz wird von der linken und rechten Herzkranzarterie (Koronararterien) mit Blut versorgt. Die linke Herzkranzarterie verzweigt sich in zwei große Hauptäste und versorgt den vorderen Bereich des Herzens, die rechte den hinteren Teil (**Abb. K.44**). Je nachdem, wo die Verengungen bestehen, kann es im vorderen oder im hinteren Muskelabschnitt zu Durchblutungsstörungen kommen.

Die Extremform der KHK ist der Verschluss eines Herzkranzgefäßes, mit der Folge eines → Herzinfarkts. Abhängig von der Lokalisation der Verengungen ist die KHK eine Ein-, Zwei- oder Dreigefäßerkrankung. Je nachdem, wie sich die KHK manifestiert, spricht man von einer latenten, asymptomatischen oder einer manifesten, symptomatischen KHK.

Risikofaktoren

Risikofaktoren, die meist schon länger bestehen, begünstigen die Entwicklung von Arteriosklerose und damit der KHK. Zu den Faktoren zählen:

- Übergewicht (BMI $> 25\,kg/m^2$),
- Bewegungsmangel,

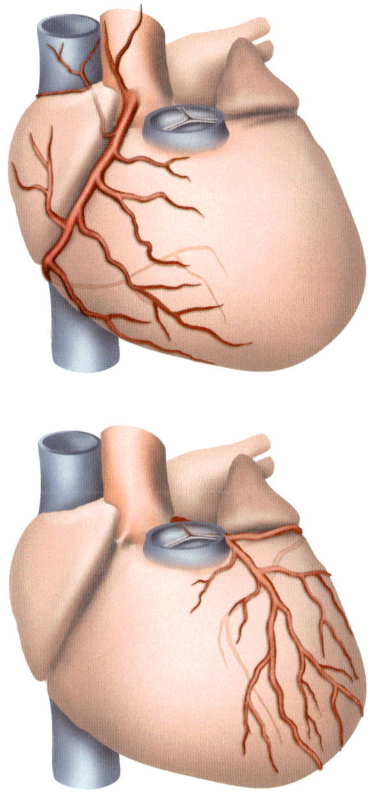

a

b

Abb. K.44 Versorgungsbereiche der Herzkranzgefäße. a Linke Koronararterie, **b** rechte Koronararterie.

- Rauchen,
- Fettstoffwechselstörungen (erhöhtes LDL-Cholesterin, niedriges HDL-Cholesterin) (**Abb. K.45**),
- → Hypertonie,
- → Diabetes mellitus,
- erbliche Faktoren.

Die typischen Beschwerden oder den Übergang von der latenten zur manifesten KHK wird meist von zusätzlich bestehenden Auslösern hervorgerufen wie:

- körperliche Belastung oder psychischer Stress,
- Fieber,
- Sauerstoffmangel bei zusätzlich bestehenden Lungenerkrankungen.

Symptome

Das Leitsymptom (Hauptsymptom) der koronaren Herzkrankheit ist die → Angina pectoris. Darunter versteht

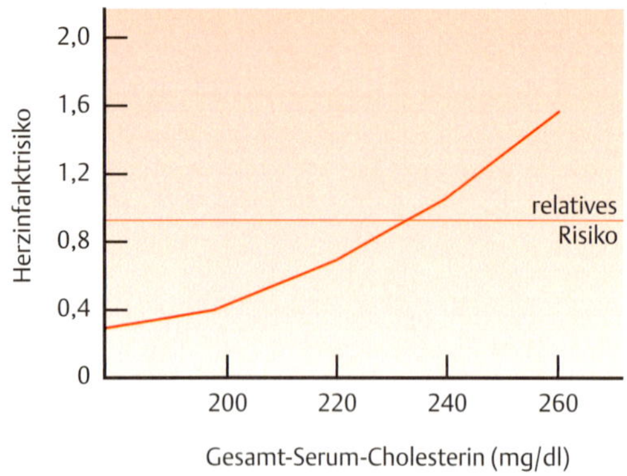

Abb. K.45 Risikofaktor Cholesterin. Relatives Risiko für einen Herzinfarkt bei Männern unter 50 Jahren in Abhängigkeit von der Cholesterinkonzentration im Serum (die Linie bezeichnet das durchschnittliche Herzinfarktrisiko: relatives Risiko = 1,0).

man meist drückend oder brennend geschilderte Schmerzen hinter dem Brustbein, die typischerweise oft durch eine körperliche oder seelische Belastung ausgelöst werden und häufig auch nach Belastung wieder verschwinden.

Die Schmerzen strahlen häufig in den rechten oder linken Arm, die Schultern, den Hals oder die Wangen, selten auch in die Magengegend aus (s. **Abb. A.71**, S. 80). Die Beschwerden kommen meist anfallsartig und treten oft in Verbindung mit Schweißausbruch, Atemnot, starken Angstgefühlen und eingeschränkter Leistungsfähigkeit auf. Die Angina-pectoris-Symptomatik wird in eine stabile und eine instabile Form unterteilt:

- **stabile Angina pectoris:** regelmäßig auslösbar, bessert sich oft spontan oder durch Nitratgabe, Kreislauf stabil,
- **instabile Angina pectoris:** zunehmende Schwere, Dauer oder Häufigkeit, keine Besserung in Ruhe, zunehmender Bedarf an Nitraten.

Akutes Koronarsyndrom. Die instabile Angina pectoris und den Herzinfarkt fasst man als sog. akutes Koronarsyndrom zusammen, da bei der instabilen Angina pectoris ein deutlich erhöhtes Herzinfarktrisiko besteht. Von Instabilität spricht man auch, wenn trotz Nitropräparaten keine Besserung eintritt. Dies kann ein Hinweis auf einen Herzinfarkt sein.

Diagnose

Oft weisen die typischen Beschwerden einer Angina pectoris auf die KHK hin. Die Erkrankung kann aber auch häufig ohne Beschwerden einhergehen (sog. stumme Ischämien), wie es bei ca. 50% der KHK-Patienten der Fall ist. Bei vielen Patienten macht die KHK auch mit einem Herzinfarkt zum ersten Mal auf sich aufmerksam. Regelmäßige Vorsorgeuntersuchungen sind wichtig, damit frühe Zeichen einer koronaren Herzkrankheit rechtzeitig erkannt und behandelt werden können. Es gibt mehrere Verfahren, mit denen eine KHK diagnostiziert werden kann:

Elektrokardiogramm (EKG). Es gibt durch auffällige Kurvenverläufe (Erregungsrückbildungsstörungen) Aufschluss über mögliche koronare Durchblutungsstörungen. Es kann auch als Belastungs-EKG durchgeführt werden.

Blutuntersuchung. Bei der instabilen Angina pectoris bzw. dem akuten Koronarsyndrom sind häufig die herzspezifischen Enzyme erhöht. Hierbei ist vor allem das kardiale Troponin von Bedeutung. Es zeigt an, ob Muskelzellen durch die Ischämie zugrunde gegangen sind.

Echokardiogramm. Bereits geschädigte Herzmuskelareale können identifiziert werden. Es kann auch als Belastungsechokardiogramm durchgeführt werden.

Angiografie (Herzkatheteruntersuchung). Bei dieser Röntgenuntersuchung der Herzkranzgefäße wird von der Leiste aus ein Katheter bis in die Herzkranzgefäße vorgeschoben und Verengungen oder Verschlüsse werden sichtbar gemacht (**Abb. K.46**). Diese Untersuchung gilt als genauestes und wichtigstes Verfahren, um Koronarstenosen beurteilen zu können. Man kann die Angiografie auch mit MRT-Technik durchführen (MR-Angiografie).

Myokardperfusionsszintigrafie. Hier werden minderdurchblutete Muskelareale mittels eines radioaktiven Stoffes dargestellt.

Differenzialdiagnose

Besonders wenn die Beschwerden nicht typisch geschildert werden, muss beim akuten Brustschmerz eine sehr breite Palette an differenzialdiagnostischen Überlegungen beachtet werden. Im Notfall ist immer zwischen kardialen und nichtkardialen Beschwerden zu unterscheiden. Die häufigsten sind:

- kardiale Ursachen:
  - Angina pectoris, Herzinfarkt,
  - hypertensive Entgleisung,
  - → Herzrhythmusstörungen (z. B. Tachyarrhythmie),
  - → Perikarditis, → Myokarditis.
- nichtkardiale Ursachen:
  - → Lungenembolie,
  - akute → Pankreatitis,
  - → Pleuritis,
  - verto-sklelettale Thoraxschmerzen (von Wirbelsäule oder Gelenken ausgehend),
  - → Pneumothorax,
  - → Refluxkrankheit, → Gastritis.

Therapie

Bei der Therapie ist es sinnvoll zwischen der Behandlung des akuten Angina-pectoris-Anfalls und der chronischen KHK zu unterscheiden.

Behandlung des akuten Angina-pectoris-Anfalls

Die Behandlung eines akuten Angina-pectoris-Anfalls erfolgt mit Nitratpräparaten (Nitroglyzerin; Nitrate; Nitro),

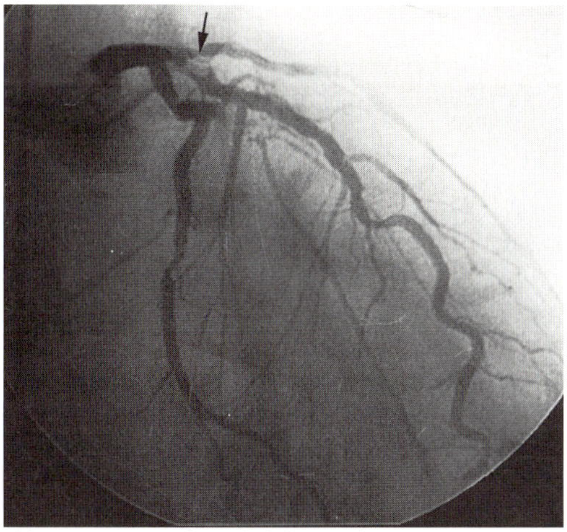

Abb. K.46 Angiografie. In der linken Herzkranzarterie eines Patienten mit instabiler Angina pectoris befindet sich ein intrakoronarer Thrombus (Pfeil).

wodurch sich die Kranzgefäße erweitern und die Blutversorgung verbessert wird. Wenn sich der Anfall rasch beenden lässt, besteht i.d.R. eine stabile Angina pectoris.

Die Behandlung der instabilen Angina pectoris muss rasch und notfallmäßig im Krankenhaus erfolgen, da ein erhöhtes Herzinfarktrisiko vorliegt. Es werden Sauerstoff, Nitrate und ggf. durchblutungsfördernde Medikamente (z. B. Heparin, ASS, Clopidogrel) gegeben. Falls der Patient nicht beschwerdefrei wird, wird eine Koronarangiografie mit einer Ballondilatation (s. u.) durchgeführt.

Behandlung der chronischen koronaren Herzkrankheit

Bei bestehender KHK besteht das Ziel, Angina-pectoris-Anfälle zu vermeiden bzw. die Häufigkeit der Anfälle zu reduzieren.

Vermeiden der Risikofaktoren

Die Basistherapie besteht in der Ausschaltung der Risikofaktoren wie:

- Gewichtsabnahme,
- körperliche Bewegung,
- Verzicht auf Nikotin,
- Behandlung von Hypertonie, Fettstoffwechselstörung, Diabetes mellitus.

Medikamentöse Therapie

Es werden Medikamente eingesetzt, die den Sauerstoffverbrauch senken und deren Kombination von den begleitenden Grunderkrankungen mitbestimmt wird. Gegeben werden z. B.:

- Thrombozytenaggregationshemmer (z. B. Aspirin, Clopidogrel), die die Aggregation (Verklumpung) von Blutplättchen hemmen,
- Nitrate, die die Herzkranzgefäße erweitern und den Sauerstoffverbrauch am Herzmuskel senken,
- Beta-Blocker, die die Herzfrequenz und den Blutdruck senken,
- ACE-Hemmer, die den Blutdruck senken.

Revaskularisierungsmaßnahmen

Sie werden angewendet, wenn die medikamentöse Therapie nicht ausreicht oder in der Koronarangiografie höhergradige Verengungen festgestellt werden.

Ballondilatation (PTCA). Meist wird direkt bei der diagnostischen Koronarangiografie ein zweiter Katheter eingeführt. An dessen Spitze befindet sich ein aufblasbarer Ballon, mit dem die Verengung aufgeweitet werden kann (perkutane transluminare coronare Angioplastie, PTCA). Damit das Herzkranzgefäß danach offen bleibt, wird oft gleichzeitig ein röhrenförmiges Metallgitter (Stent) als Gefäßstütze eingesetzt.

Bypassoperation. Sie ist notwendig, wenn die Ballondilatation zu keiner dauerhaften Verbesserung führt oder technisch nicht möglich ist. Hierbei werden die verengten Gefäße mittels einer aus dem Bein entnommenen Vene oder einer Überleitung zur Brustarterie überbrückt.

Prognose

Die Prognose bei einer koronaren Herzerkrankung hängt von der Lokalisation und der Anzahl der Engstellen ab (Ein-, Zwei- oder Dreigefäßerkrankung). Außerdem steigt das Infarktrisiko mit der Anzahl der Angina-pectoris-Anfälle. Ebenfalls prognostisch sehr ungünstig ist eine Herzschwäche, die sich aufgrund der Schädigung des Herzmuskels entwickelt hat.

Mit der kombinierten Therapie aus Medikamenten und Beseitigung der Verengungen in den Koronargefäßen kann die Erkrankung gestoppt werden. Grundvoraussetzung hierfür ist aber auch, dass zugrunde liegende Risikofaktoren beseitigt werden. Hierzu kann jeder Patient selbst beitragen.

Infobox

ICD-10:
I24.9, I25.9

Internetadressen:
http://www.herz.qualimedic.de
http://www.khk-aktuell.de
http://www.medizinfo.de

Literatur:
Hahn, J.-M.: Checkliste Innere Medizin. Thieme, Stuttgart 2003

Koxarthrose

► Erna Meyer (67) ist auf dem Lande groß geworden und hart im Nehmen. Sie liebt die Arbeit auf dem eigenen Bauernhof, aber die Schmerzen in der linken Hüfte ignoriert sie seit vielen Jahren. Eine alte Schulfreundin, die sie vor einer Woche nach langer Zeit einmal wieder besucht hat, meinte: „Wieso hinkst Du eigentlich? So bist Du doch früher nicht gelaufen!" Da die Schmerzen wirklich unerträglich geworden sind, geht Erna Meyer zu ihrem Hausarzt. Die Röntgenaufnahmen der Hüftgelenke zeigen, dass beide Gelenke bereits stark abgenutzt sind.

Definition

Koxarthrose ist die Abnutzung des Hüftgelenks mit degenerativen Veränderungen des Knorpels und des Knochens.

Ursachen

Primäre Koxarthrose. Die Ursache ist unklar. Wahrscheinlich spielen im Einzelfall mechanische Faktoren, biologische Alterungsprozesse sowie Übergewicht eine Rolle.

Sekundäre Koxarthrose. Sie beruht auf Achsfehlstellungen, angeborenen → Hüftgelenksluxationen (Hüftdysplasie) oder sind Spätfolge von Frakturen. Weitere Ursachen können rheumatische Erkrankungen, bakterielle Infektionen, Durchblutungsstörungen (z. B. bei Morbus Perthes) oder eine Epiphysenlösung sein (Epiphysiolysis capitis femoris).

Symptome

Primäre Koxarthrosen beginnen meist im sechsten Lebensjahrzehnt. Sekundäre Koxarthrosen können dagegen, je nach Schwere der Vorschädigung, bereits bei sehr jungen Menschen auftreten. Der Gelenkknorpel nutzt sich allmählich ab, das Gelenk wird lockerer und instabil. Später treten z. T. erhebliche Deformierungen des Hüftgelenk-Kopfes und der Hüftgelenk-Pfanne im knöchernen Becken auf.

Im Vordergrund steht die schmerzhafte und zunehmende Bewegungseinschränkung im Hüftgelenk. Das macht sich zuerst beim Treppensteigen, beim Aussteigen aus dem Auto oder beim Ankleiden bemerkbar.

Die Schmerzen bestehen in der Leisten- und Trochanter-Gegend sowie in der Gesäßregion und können bis in den Oberschenkel und ins Knie ausstrahlen (**Abb. K.47**). Anfangs besteht lediglich ein Belastungsschmerz, später kommen Ruheschmerzen, ggf. auch Rückenbeschwerden hinzu (Überlastung der Lendenwirbelsäule wegen schmerzbedingter Beugekontraktur im Hüftgelenk). Die Patienten hinken häufig wegen des Belastungsschmerzes oder der abnutzungsbedingten Beinverkürzung.

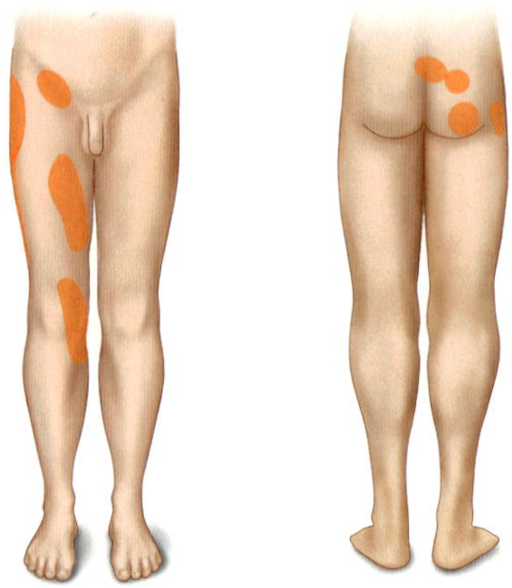

Abb. K.47 Schmerzlokalisation bei Koxarthrose rechts.

Diagnose

Bei der klinischen Untersuchung des Hüftgelenks fallen die schmerzhafte Einschränkung der Hüftbeweglichkeit sowie schmerzbedingte Kontrakturen der Beuge- und Adduktionsmuskulatur auf. Das Becken ist nach vorn gekippt, die Lendenwirbelsäule hyperlordiert.

Besteht ein Gelenkerguss, kann in der Leistenregion ein Druckschmerz ausgelöst werden. Auch das Klopfen auf den Trochanter major ist schmerzhaft. Auf dem Röntgenbild sind typische Abnutzungserscheinungen des Hüftgelenks zu erkennen.

Differenzialdiagnose

Damit die richtige Therapie eingeleitet werden kann, müssen die verschiedenen Ursachen von Hüftbeschwerden im Einzelfall ausgeschlossen werden.

Therapie

Die Behandlung erfolgt, je nach Stadium der Erkrankung, durch:

- konservative Therapie,
- gelenkerhaltende Operation,
- Endoprothetik (Einsatz eines künstlichen Hüftgelenks).

Konservative Therapie

Ein Handstock auf der nicht betroffenen Seite mindert beim Gehen die Belastung des arthrotischen Gelenks. Alternativ können Unterarm-Gehstützen für beide Seiten benutzt werden. Beinlängendifferenzen werden mit Absatzerhöhungen ausgeglichen. Pufferabsätze lindern die Belastung beim Gehen auf harten Untergründen.

Schmerzen können mit nichtsteroidalen Antiphlogistika bekämpft werden, die zugleich antientzündlich wirken.

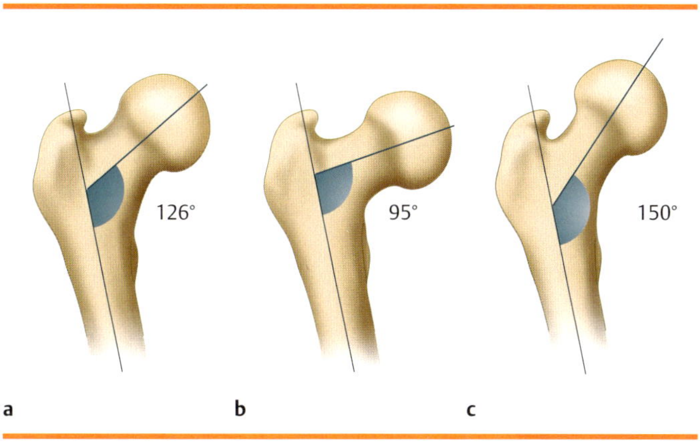

Abb. K.48 Centrum-Collum-Diaphysen-Winkel.
a Norm: CCD-Winkel 120 – 140°
b Coxa vara: CCD-Winkel < 120°
c Coxa valga: CCD-Winkel > 140°

Sie sollten wegen ihrer unerwünschten Nebenwirkungen jedoch nicht dauerhaft eingenommen werden.

Mit verschiedenen physiotherapeutischen Maßnahmen soll die Gelenkbeweglichkeit so lange wie möglich erhalten und Muskelkontrakturen vorgebeugt werden.

Gelenkerhaltende Operation

Prinzipiell versuchen Orthopäden wegen der begrenzten Haltbarkeit künstlicher Hüftgelenke die natürlichen Gelenkstrukturen so lange wie möglich zu erhalten. Das gilt wegen der zunehmenden Lebenserwartung insbesondere für Menschen unter 60 Jahren.

Mit gelenkerhaltenden Operationen kann die Mechanik des Hüftgelenks verbessert werden, etwa bei Coxa valga oder Coxa vara. Dabei wird per Umstellungsosteotomie der sog. Centrum-Collum-Diaphysen-Winkel (CCD-Winkel) korrigiert (**Abb. K.48**). Es ergibt sich eine verbesserte Stellung zwischen Hüftkopf und Hüftpfanne.

Endoprothetik

Das abgenutzte Hüftgelenk wird durch eine Hüft-Totalendoprothese (TEP) ersetzt. Dabei werden sowohl der Hüftkopf ausgetauscht als auch eine künstliche Hüftpfanne ins Becken implantiert. Dieses Verfahren wird bei weit fortgeschrittener Koxarthrose oder bei älteren Menschen angewendet. Es sind hunderte Prothesentypen mit unterschiedlichen Designs, Materialien und Größen sowie verschiedenen Verankerungstechniken (zementiert, nicht zementiert) auf dem Markt, sodass heute eine sehr individuelle endoprothetische Versorgung möglich ist.

In jüngster Zeit setzen sich zunehmend schonende Operationsverfahren durch, bei denen die großen Muskelgruppen, die über dem Hüftgelenk liegen, möglichst nicht mehr durchtrennt werden. Dies soll die postoperative Rehabilitationszeit der Patienten verkürzen.

Prognose

Die Koxarthrose verläuft immer progredient, sodass meistens früher oder später operiert werden muss. Operationsrisiken sind Blutungen, Thrombosen und Lungenembolien. Nervenbahnen können geschädigt werden mit dem Risiko von Muskellähmungen (z. B. Fußheber-Schwäche).

Künstliche Hüftgelenke können sich lockern oder luxieren. 90 – 95 % der heute implantierten Hüftgelenksprothesen halten 10 bis 15 Jahre, bevor ein Prothesenwechsel erforderlich wird. Im Einzelfall hängt das jedoch von der Schwere der Erkrankung und der Belastung des künstlichen Hüftgelenks ab.

Infobox

ICD-10:
M16.9

Internetadressen:
http://www.uni-duesseldorf.de/WWW/AWMF/ll/033 – 001.htm
http://www.endo-klinik.de
http://www.gesundheitpro.de/Arthrose-des-Hueftgelenks-Bewegungsapparat
http://www.medizinfo.de/becken/coxarthrose

Literatur:
Niethard, F.U., Pfeil, J.: Duale Reihe Orthopädie, 5. Aufl. Thieme, Stuttgart 2005

Kreuzbandruptur

► **Peter Meinhardt (39) ist am letzten Tag seines Skiurlaubs schwer gestürzt. Es tat zwar etwas weh im rechten Knie, aber er konnte die Abfahrt ins Tal noch fortsetzen. Am nächsten Tag war das Knie etwas geschwollen und er hatte leichte Schmerzen beim Laufen. Zu Hause hat Peter das Knie immer wieder gekühlt und so gut wie möglich geschont. Nach vier Wochen war es kaum noch geschwollen, aber auf unebenem Boden hat er immer das Gefühl wegzuknicken. Die klinische Untersuchung beim Arzt ergibt den Verdacht auf einen vorderen Kreuzbandriss.**

Definition

Eine Kreuzbandruptur ist ein teilweiser oder kompletter Riss des vorderen und/oder hinteren Kreuzbandes im Kniegelenk.

Synonym: Kreuzbandriss.

Ursachen

Meistens sind Gewalteinwirkungen ohne direkten Kontakt ursächlich, etwa ein Verdrehen im Kniegelenk bei Skifahrern oder Fußballern. Bei direkter Gewalteinwirkung von vorn (Anpralltrauma, z. B. Verkehrsunfall) wird das Kniegelenk überstreckt, sodass das hintere Kreuzband reißt. Umgekehrt kann aber auch eine übermäßige Flexion des Kniegelenkes zur Ruptur, diesmal des vorderen Kreuzbandes, führen.

Von Verletzungen des hinteren Kreuzbandes wurde bislang angenommen, dass sie relativ selten vorkommen. Nach neueren Erkenntnissen ist aber bei schweren Knieverletzungen in etwa 40 % der Fälle das hintere Kreuzband mit betroffen.

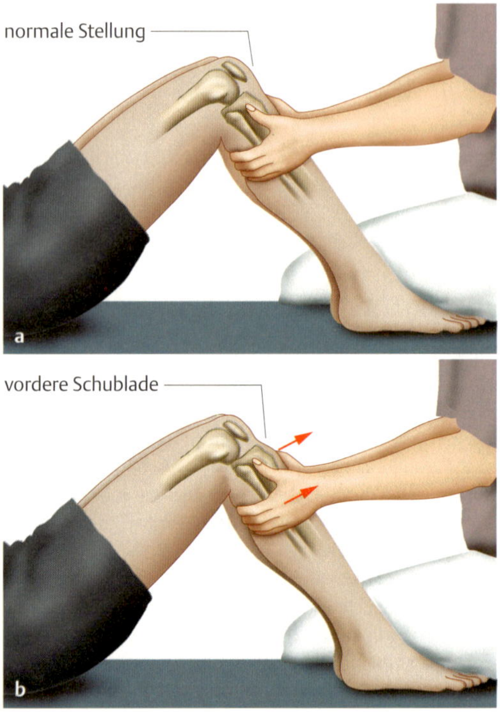

Abb. K.49 Prüfung der Kreuzbandstabilität anhand des Schubladenzeichens. a Der Patient liegt mit um 90° gebeugtem Knie auf der Untersuchungsliege. So befindet sich der Tibiakopf in normaler Position. **b** Der Tibiakopf lässt sich wie eine Schublade nach vorne ziehen. Das ist nur bei einem Riss des vorderen Kreuzbandes möglich. Die Untersuchung erfolgt im Seitenvergleich.

Symptome

Im Moment des Unfalls tritt ein heftiger Schmerz auf. Teilweise beschreiben die Patienten ein Zerreiß- oder Verschiebegefühl im Knie. Danach treten die Schmerzen v. a. bei Belastung auf. Weitere Symptome sind eine Schwellung und ein → Kniegelenkserguss, meist einige Stunden nach dem Unfall. Manchmal wird eine Kreuzbandruptur nicht sofort bemerkt und fällt erst später bei Unsicherheit im Gehen und durch eine Knieinstabilität auf (alte Kreuzbandruptur).

Diagnose

Die Rekonstruktion des genauen Unfallherganges ergibt wichtige Hinweise auf die Art der Verletzung. Die klinische Beurteilung der Kniegelenksstabilität ist in der Akutphase schmerzbedingt oft schwierig, weil die Patienten die Muskulatur anspannen. Klinisch kann durch bestimmte Handgriffe das sog. Schubladen-Phänomen geprüft werden (abnorme Verschiebbarkeit des Unterschenkels gegen den Oberschenkel) (**Abb. K.49**).

Massive Gelenksergüsse (→ Kniegelenkserguss) werden punktiert. Tritt dabei Blut auf (Hämarthros), ist es sehr wahrscheinlich, dass eine Kreuzbandruptur vorliegt, da die Kreuzbänder gut durchblutet sind.

Mit Röntgenaufnahmen werden knöcherne Verletzungen ausgeschlossen, also Ausrisse am Femur oder an der Tibia (Eminentia intercondylaris), an denen die Kreuzbänder ansetzen.

Mit der Magnetresonanztomografie kann das Ausmaß der Kniebinnenverletzungen genauer beurteilt werden (Kreuzbänder, Menisken, Erguss).

Die Arthroskopie (Gelenkspiegelung) wird nur angewendet, wenn zugleich therapeutische Maßnahmen geplant sind.

Differenzialdiagnose

Häufig sind weitere Kniebinnenstrukturen verletzt. Das wird bei der körperlichen Untersuchung und mit Hilfe der bildgebenden Verfahren ebenfalls ermittelt. Typisch ist die Kombination aus Ruptur des vorderen Kreuzbandes, des Innenbandes und des Innenmeniskus (unhappy triad).

Therapie

Zur Erstversorgung wird das Bein hoch gelagert und das Kniegelenk gekühlt. Bei komplexen Kniegelenksverletzungen wird eine Schiene angelegt.

Die Therapie hängt v. a. davon ab, wie stabil das Kniegelenk unter normaler Belastung ist, ob der Patient aktiv Sport betreiben möchte oder beruflichen Belastungen ausgesetzt ist, die eine hohe Stabilität des Kniegelenks erfordern. Entscheidend ist weiterhin, ob die vorhandene Muskulatur gut genug ausgebildet ist, damit die Instabilität bis zu einem bestimmten Grad ausgeglichen werden kann. Inwiefern die Art der Therapie sich auf die spätere Entwicklung einer Arthrose auswirkt, ist umstritten, da kaum Langzeituntersuchungen zu dieser Frage existieren.

Konservative Therapie

Konservativ behandelt wird v. a. bei Patienten in fortgeschrittenem Alter, bei bereits bestehender Arthrose und bei geringen Belastungsanforderungen. Schwerpunkte sind zunächst Kühlung, Entlastung durch Verwendung von Gehstützen und die Schmerztherapie. Bei starker Ergussbildung wird das Kniegelenk punktiert. Dann muss durch Physiotherapie die Muskulatur so weit gekräftigt werden, dass das Kniegelenk unter normaler Belastung stabil bleibt.

Sind weitere Kniebinnenstrukturen verletzt, werden z. T. Knieorthesen verordnet. Der Patient soll Bewegungen, die zu Verdrehungen im Kniegelenk führen, das Laufen auf unebenem Boden sowie abrupte Richtungswechsel meiden. Sportarten wie Radfahren oder Schwimmen mit Kraul-Beinschlag sind zu bevorzugen.

Operative Therapie

Die gerissenen Kreuzbänder werden heutzutage kaum noch vernäht.

Vorderes Kreuzband. Es wird durch ein körpereigenes Transplantat (Kreuzbandplastik) ersetzt. Dazu werden entweder Teile der Patellarsehne mit Knochenblöcken oder die Sehne des Musculus semitendinosus entnommen und als Ersatz des vorderen Kreuzbandes im Femur und im Tibiakopf fixiert (**Abb. K.50**). Der offene oder arthroskopische (Kniegelenksspiegelung) Eingriff erfolgt bei Kreuzbandrupturen einige Wochen nach dem Unfall, wenn die akute Phase der Verletzung abgeklungen und das Knie bereits gut beweglich ist.

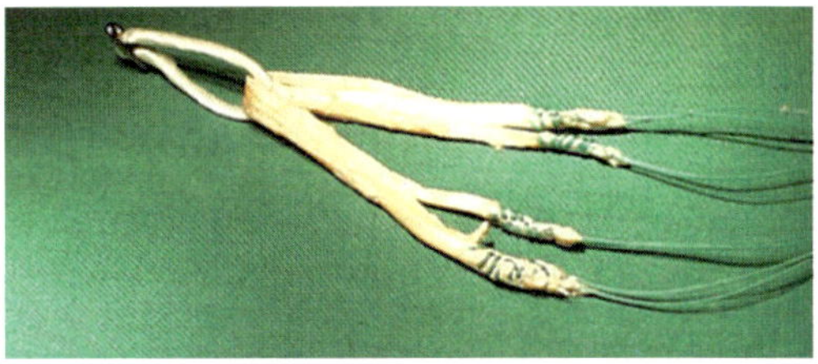

Abb. K.50 Kreuzbandplastik. Zur Operation vorbereitete gevierfachte Sehne des M. semitendinosus.

Hinteres Kreuzband. Die chirurgische Rekonstruktion ist schwieriger, weil sich in diesem Bereich wichtige Nerven- und Gefäßbündel befinden. Außerdem liegen hier meist schwere, kombinierte Knieverletzungen vor, so dass die Ergebnisse nicht so gut sind wie bei der vorderen Kreuzbandplastik.

Physiotherapie. Nach der Operation ist die frühe Übungsbehandlung wichtig, zunächst auf der Bewegungsschiene, später dann durch gezielte Physiotherapie mit Muskelaufbau sowie Koordinationsübungen.

Prognose

Ohne Behandlung führen Kreuzbandrupturen zu vorzeitigem Verschleiß des Kniegelenks mit Meniskus- und Knorpelschäden. Bei zu früher Operation besteht die Gefahr einer Gelenkversteifung (Arthrofibrose). Die Belastbarkeit des Kniegelenkes nach dem Einsetzen einer Kreuzbandplastik ist gut. Operationskomplikationen sind Wundheilungsstörungen, Infektionen, Gefäß- und Nervenverletzungen sowie die Transplantatlockerung.

Infobox

ICD-10:
S83.5; M23.5

Internetadressen:
http://www.leitlinien.net
http://www.dr-gumpert.de
http://www.gvle.de/kompendium/
http://www.orthopaedie-aachen.de/klinikum/de/html/vkb.html

Literatur:
Niethard, F. U., Pfeil, J.: Duale Reihe Orthopädie, 5. Aufl. Thieme, Stuttgart 2005

Krupp-Syndrom

► Um 22.18 Uhr geht in der Rettungsleitstelle der Notruf einer aufgeregten Mutter ein. Ihr zweijähriger Sohn bekomme keine Luft mehr und höre gar nicht mehr auf zu husten. Der diensthabende Sanitäter empfiehlt zunächst einmal das Fenster zu öffnen, damit kühle und feuchte Nachtluft ins Zimmer strömen kann und alarmiert sofort den Notarzt. Dr. Paul ist acht Minuten später vor Ort. Dem Kind geht es schon wieder viel besser, auch das pfeifende Atemgeräusch ist nicht mehr zu hören. Die Mutter erzählt, dass ihr Sohn bereits seit ein paar Tagen erkältet sei und auch leichtes Fieber hatte.

Definition

Unter Krupp-Syndrom versteht man eine akute Schleimhautentzündung, in erster Linie des Larynx (Kehlkopf) und der Trachea (Luftröhre) mit Obstruktion der Atemwege bei Kleinkindern (**Abb. K.51**).

Vier Krankheitsbilder werden häufig als Krupp-Syndrom bezeichnet, obwohl es sich eigentlich um Differenzialdiagnosen handelt:

- Infektkrupp (auch Pseudokrupp),
- echter Krupp (Kehlkopfdiphtherie),
- bakterielle Kehldeckelentzündung (Epiglottitis),
- rezidivierender/spastischer Krupp.

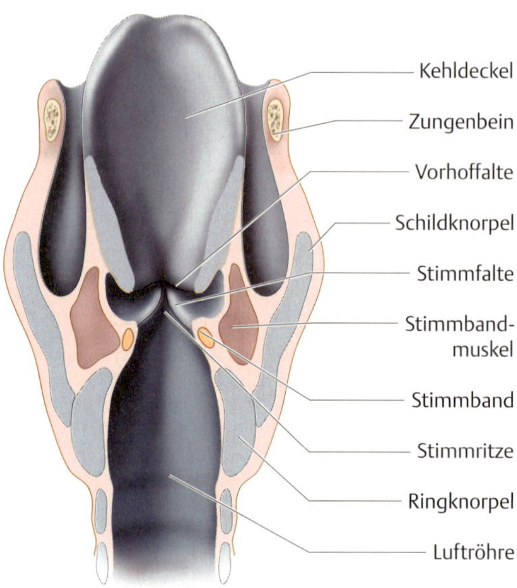

Abb. K.51 Kehlkopf (Larynx) im Querschnitt. Beim Krupp-Syndrom ist die Schleimhaut des Kehlkopfes und der Luftröhre entzündet. Besonders betroffen sind die Bereiche unter dem Kehldeckel. Die aus der Entzündung resultierende Schwellung kann bei kleinen Kindern zu einer Obstruktion der Atemwege führen.

Synonyme: Croup-Syndrom, akute obstruktive Laryngitis, Laryngotracheobronchitis, stenosierende Laryngotracheitis.

Ursachen

Am häufigsten wird das Krupp-Syndrom durch eine Virusinfektion ausgelöst (Infektkrupp/Pseudokrupp), z. B. durch → Influenza- und RS-Viren, die v. a. in den Herbst- und Wintermonaten auftreten.

Seltener ist eine bakterielle Infektion (phlegmonöse Epiglottitis). Sie verursacht eine eitrige Sekretion und Borkenbildung und wirkt dadurch verengend auf die Atemwege. Bakterielle Infektionen können sich viralen Infekten aufpfropfen (Superinfektion).

Einige Faktoren wirken sich begünstigend auf die Entstehung eines Krupp-Syndroms aus: Luftschadstoffe, Tabakrauch, Allergene oder psychischer Stress. Sie können für wiederkehrende Krupp-Anfälle sorgen (rezidivierender Krupp).

Der echte Krupp wird durch → Diphtherie-Erreger ausgelöst (Corynebacterium diphtheriae).

Symptome

Die Einengung unterhalb der Stimmlippen (subglottische Schleimhautschwellung) bzw. im oberen Tracheabereich verursacht die drei klassischen Symptome:

1. Krupp-Husten,
2. Heiserkeit,
3. Stridor (pfeifendes Atemgeräusch).

Infektkrupp tritt vor allem abends und nachts sowie in den Herbst- und Wintermonaten auf. Auch wenn der Zustand sich morgens verbessert hat, kann er sich nachts wieder verschlechtern. Auffallend sind v. a. der bellende Husten, die Heiserkeit und die pfeifende Atmung beim Ein-, später auch beim Ausatmen (inspiratorischer/exspiratorischer Stridor).

Das Kind ist unruhig, atmet schnell, sein Puls ist z. T. stark beschleunigt. Oft ist die Atemtätigkeit erschwert und es besteht subjektive Luftnot (Dyspnoe), teilweise mit jugulären oder thorakalen Einziehungen (Brustkorb zieht sich nach innen). In schweren Fällen tritt eine Zyanose (bläulich-rote Verfärbung von Haut und Lippen) mit Bewusstseinstrübung auf. Hier besteht akute Erstickungsgefahr.

Diagnose

Dem Infektkrupp ist oft eine Erkältung mit Schnupfen, Husten und Fieber vorausgegangen. Bei der Auskultation der Lunge ist die Einatemphase verlängert und in der Ausatemphase sind Giem- und Rasselgeräusche zu hören. Fieber kann, muss aber nicht auftreten. Die arterielle Sauerstoffsättigung (Pulsoximetrie) ist bei ausgeprägter Symptomatik verringert.

Differenzialdiagnose

Süßlich-faulig riechender Atem und eine grau belegte Rachenschleimhaut können Hinweise auf eine → Diphtherie sein (echter Krupp). Die akute Epiglottitis ist eine lebensbedrohliche, bakterielle Infektion des Kehldeckels. Sie ist durch Impfungen heute sehr selten geworden.

Die → Aspiration eines Fremdkörpers kann ebenfalls Atemnot und den bellenden Husten verursachen.

Therapie

Eine kausale Behandlung beim viralen Infektkrupp gibt es nicht. Oft reicht es aus, feucht-kühle Luft zuzuführen (Fenster öffnen, Dusche im Bad anstellen) sowie das Kind und die Angehörigen zu beruhigen. Unnötige Manipulationen am Kind sollten vermieden werden. Zusätzlich kann ein Prednison-Zäpfchen verabreicht werden. Möglich ist auch die Inhalation von Steroiden, wodurch die Schleimhäute abschwellen.

Bei erheblicher Atemnot mit Stridor sowie jugulären und epigastrischen Einziehungen muss das Kind auf die Intensivstation verlegt werden. Die Atemwege werden dort mit einem Vernebler permanent feucht gehalten, es wird Sauerstoff zugeführt und Adrenalin inhaliert. Die Intubation sollte möglichst vermieden werden, ist aber in schweren Fällen unumgänglich.

Die akute Epiglottitis erfordert die intensivmedizinische Behandlung sowie eine antibiotische Therapie (**Abb. K.52**).

Prognose

Die Prognose ist abhängig von der Schwere des Krankheitsbildes. In leichten Fällen eines Pseudokrupps kann ambulant behandelt werden, Rezidive sind allerdings häufig. Die akute Epiglottitis führt häufig zum Tod.

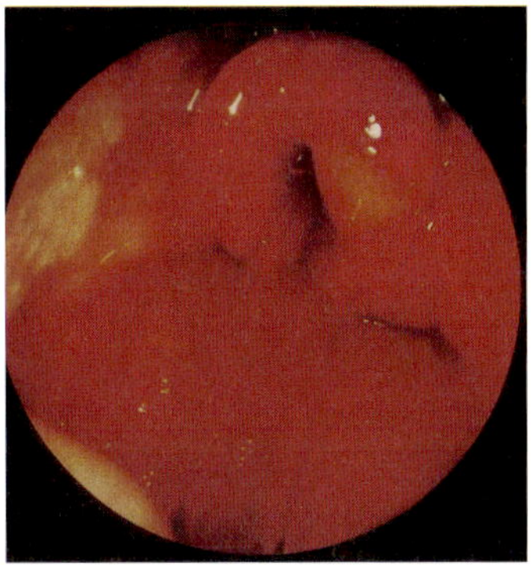

Abb. K.52 Akute Epiglottitis. Durch die Schwellung ist die Stimmritze nicht mehr zu sehen.

Infobox

ICD-10:
J05.0; J38.5; A36.2

Internetadressen:
http://www.leitlinien.net
http://www.akh-consilium.at
http://www.medicalforum.ch

Literatur:

Rossi, E. u. a.: Pädiatrie. 3. Aufl. Thieme, Stuttgart 1997
Hoehl, M., Kullick, P.: Kinderkrankenpflege und Gesundheitsförderung. 2. Aufl. Thieme, Stuttgart 2002

Kryptorchismus

► **Johanna (31) ist glücklich, dass die Geburt ihres Sohnes Max so einfach verlaufen ist. Bei der ersten Vorsorgeuntersuchung zeigt sich jedoch, dass ein Hoden nicht im Hodensack zu tasten ist. Johanna ist sehr beunruhigt, aber der Arzt rät ihr erst einmal abzuwarten.**

Definition

Wenn sich ein Hoden auch am Ende des ersten Lebensjahr noch nicht im Hodensack befindet, dann bezeichnet man das als Kryptorchismus (verborgener Hoden).

Synonym: Maldescensus testis.

Ursachen

Die Hoden entwickeln sich beim Embryo in der Bauchhöhle. Da dort die Körpertemperatur auf Dauer zu hoch ist, wandern die Hoden in den Hodensack. Dabei ziehen sie sowohl ihre Blutgefäße und Nerven als auch den Samenstrang durch den Leistenkanal hinter sich her in das sog. Skrotalfach des Hodensacks. Dieser Descensus testis (Abstieg der Hoden) ist bei 3% der Jungen bei der Geburt nicht abgeschlossen, bei ca. 0,7% auch nach einem Jahr noch nicht. Gründe für diesen Maldescensus testis sind nicht bekannt.

Symptome

Bis zum ersten Geburtstag ist nur ein Hoden im Hodensack tastbar. Entweder befindet sich der Hoden noch im Bauchraum (Kryptorchismus im engeren Sinne) oder in der Leiste (Leistenhoden, tritt bei ungefähr zwei Drittel der Fälle auf) (**Abb. K.53**). Meistens betrifft es den linken, in weniger als 10% der Fälle beide Hoden. Es liegt keine Anomalie der Harnwege vor, auch Schmerzen oder hormonelle Störungen bestehen nicht.

Diagnose

Das Tasten der Hoden ist nicht immer einfach. Helfen kann eine hinter den Hodensack gehaltene Taschenlampe oder eine Ultraschall-Untersuchung. Im Zweifelsfall prüft eine hormonelle Stimulation, ob Hodengewebe vorhanden ist.

Differenzialdiagnose

In seltenen Fällen wird der Hoden überhaupt nicht angelegt (Anorchie). Manchmal liegen beide Hoden zusammen in einem Skrotalfach. Bei Jungen mit einem zwitterhaften äußeren Genitale und beidseits nicht tastbaren Hoden besteht der Verdacht auf ein → adrenogenitales Syndrom (Störung der Hormonbildung in der Nebennierenrinde).

Ein sog. Gleithoden wird zwar in den Hodensack gezogen, gleitet aber sofort in den Leistenkanal zurück, während ein Pendelhoden einige Zeit im Hodensack bleibt, dann wieder in den Leistenkanal pendelt.

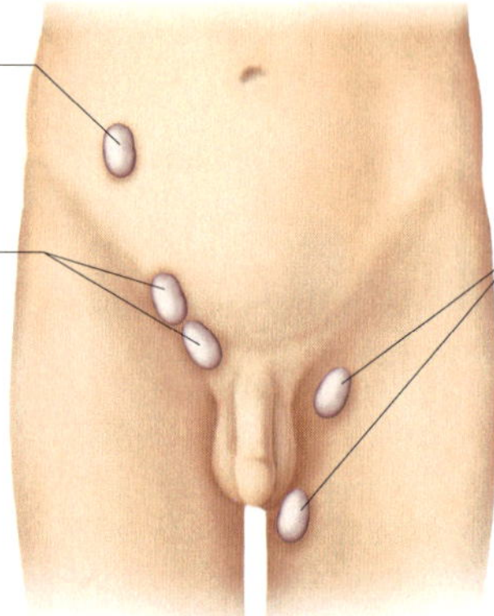

Abb. K.53 Kryptorchismus. Pathologische Hodenlagen.

Therapie

Innerhalb des ersten Lebensjahres kommt es häufig zu einem spontanen Descensus. Es kann auch versucht werden, den Descensus testis mit dem Hormon Choriogonadotropin anzustoßen. Dies ist in etwa einem Viertel der Fälle erfolgreich. Ansonsten muss bis zum Ende des 2. Lebensjahrs operiert werden. Dabei wird der Hoden in den Hodensack verlegt und dort an der Wand fixiert (Orchidopexie). Ist eine Verlegung nicht möglich, muss der Hoden entfernt werden.

Prognose

Bei einer Korrektur bis zum Ende des zweiten Lebensjahrs gibt es keine Spätfolgen. Falls ein Hoden entfernt werden muss, übernimmt der zweite sowohl seine hormonelle wie auch seine Fortpflanzungsfunktion.

Im Bauchraum oder dem Leistenkanal verbliebene Hoden sind funktionslos. Darüber hinaus besitzen sie ein deutlich höheres Entartungsrisiko.

Infobox

ICD-10:

Q53.1 – Einseitiger Kryptorchismus
Q53.2 – Beidseitiger Kryptorchismus

Internetadressen:

http://www.awmf.org/ll/043-005.htm

Literatur:

Baenkler, H.-W. u. a.: Duale Reihe, Innere Medizin. Thieme, Stuttgart 2001
Gerlach, U. u. a.: Innere Medizin für Pflegeberufe, 5. Aufl. Thieme, Stuttgart 2000

L

Labyrinthitis

► **Seit Tagen ist Herr Lutz stark erkältet und hat sich vorgenommen, heute zum Arzt zu gehen. Frau Lutz ist nicht sehr beeindruckt von seinem Leidensblick: „Wenn Männer krank sind. . .“ Doch als Herr Lutz die Stirn in die Hand stützt und die Augen schließt, schaut sie ihn skeptisch an: „Wird Dir schlecht?“ – „Nein, aber mir ist schwindelig, ich hab so ein dumpfes Gefühl im Ohr. . . das rauscht richtig! Seltsame Erkältung ist das diesmal. . .“ – „Dann soll Dich der Arzt gleich zum HNO überweisen, hörst Du? Sag ihm das!“**

Definition

Labyrinthitis ist eine Entzündung der Strukturen des Innenohres: Hörschnecke und Gleichgewichtsorgan (s. **Abb. H.63**, S. 438).

Ursachen

Eine Labyrinthitis kann entweder im Innenohr entstehen oder von außen auf das Innenohr übergreifen. Die Erreger können das Innenohr auf drei Wegen erreichen: über das Blut, über die Hirnhäute entlang des Hörnervs oder vom Mittelohr aus. Je nach Erregerart unterscheidet man eine virale und eine bakterielle Form der Erkrankung.

Bakterielle Labyrinthitis. Sie entsteht z. B. auf dem Boden einer eitrigen Mittelohrentzündung (→ akute Otitis media), die auf das Innenohr übergreift oder durch Einbruch eines Cholesteatoms (→ chron. Otitis media) in das Labyrinth. Ist der Patient an einer bakteriellen → Meningitis erkrankt, kann die Entzündung entlang des inneren Gehörgangs vom Gehirn zum Innenohr wandern. Seltener ist es, dass sich Erreger über den Blutweg (z. B. bei → Tuberkulose oder → Syphilis) im Innenohr absiedeln und so zu einer Labyrinthitis führen.

Virale Labyrinthitis. Sie tritt häufig im Zusammenhang mit einem Infekt der oberen Luftwege auf (z. B. durch Influenza-, Parainfluenza- oder Adenoviren). Es kann aber auch bei viraler → Meningitis zu einer meningogenen Beteiligung des Innenohres kommen, besonders häufig bei Kleinkindern, die an einer → Masern-, → Mumps- oder Parainfluenzameningitis erkrankt sind.

Symptome

Die Labyrinthitis hat folgende Symptome:

- Innenohrschwerhörigkeit bis zur Ertaubung,
- Schwindel, Ohrgeräusche,
- Übelkeit, Ohrenschmerzen.

Je nach Ursache können Fieber, Zeichen der → Meningitis und ein → Paukenerguss hinzukommen.

Diagnose

Die Labyrinthitis wird festgestellt durch:

- Ohrmikroskopie (man sieht z. B. einen Paukenerguss oder Entzündungszeichen),
- Hörprüfungen: Stimmgabeltest, Tonaudiometrie, Impedanzaudiometrie,
- Gleichgewichtsuntersuchung: Frenzel-Brille (**Abb. L.1**), thermische Vestibularisprüfung.

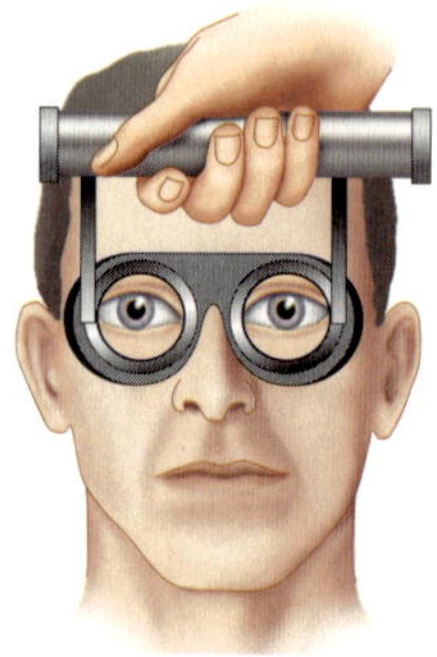

Abb. L.1 Frenzel-Brille. Unter der Frenzelbrille können schnelle Augenbewegungen (z. B. Nystagmen) beobachtet werden.

Auch ein hochauflösendes Felsenbein-CT kann evtl. erforderlich sein.

Differenzialdiagnose

Folgende Krankheiten müssen bei der Diagnose ausgeschlossen werden:

- Zoster oticus (Reaktivierung von Varizella-Zoster-Viren mit Befall des Hör- und Gleichgewichtsnervs und/oder des Gesichtsnervs, → Herpes zoster),
- Apoplex (→ Hirninfarkt),
- Ruptur des runden Fensters.

Therapie

Je nach Ursache erhält der Patient hoch dosiert Antibiotika und/oder Kortison intravenös. I.d.R. wird eine durchblutungsfördernde Infusionsbehandlung wie beim → Hörsturz durchgeführt. Zusätzlich wird ein → Paukenerguss über einen Trommelfellschnitt entlastet. Die Einlage eines Röhrchens verhindert dabei, dass sich der Schnitt sofort wieder schließt.

Prognose

Bei raschem Therapiebeginn ist die Prognose i.d.R. gut. Gelegentlich bleiben jedoch Schäden zurück wie Hörverlust oder Gleichgewichtsstörungen.

Infobox

ICD-10: H83.0
Internetadressen: http://www.hno.org
http://www.leitlinien.net

Larynxkarzinom

► **Herr Höpfele ist immer noch sauer. Gestern beim Stammtisch hatten seine Freunde nur böse Kommentare für ihn übrig, als er wieder mal wehmütig von seiner Frau erzählte. Sie ist vor zwei Jahren mit 61 Jahren an Krebs gestorben. „Als sie noch da war, hat sich das aber anders angehört...“ höhnten sie, „und wenn Du weiter so hustest, siehst Du sie bald wieder!“ Tatsächlich ist Herr Höpfele schon seit einigen Wochen heiser. Weil er dachte, dass es vom vielen Rauchen kommt, ist er nicht zum Arzt gegangen. Seit ein paar Tagen hat er aber eine schmerzhafte Schwellung am Hals bemerkt, die ihm nun doch etwas Angst macht.**

Definition

Das Larynxkarzinom ist eine bösartige Geschwulst im Kehlkopf. In über 80% der Fälle sind davon Männer betroffen.

Synonym: Kehlkopfkrebs.

Ursachen

Erhöhter Nikotin- und Alkoholkonsum gilt als Hauptursache des Larynxkarzinoms. Aber auch schädliche Stoffe aus der Umwelt (z. B. Asbest) erhöhen das Risiko, an Kehlkopfkrebs zu erkranken.

Symptome

Da bereits kleine → Tumoren im Bereich der Stimmbänder zu einer persistierenden Heiserkeit führen, werden die Larynxkarzinome häufig frühzeitig erkannt. Jeder Patient, bei dem eine Heiserkeit länger als 2 bis 3 Wochen anhält, sollte von einem HNO-Arzt daraufhin untersucht werden.

Bei supraglottisch und im Hypopharynx lokalisierten Tumoren dagegen tritt die Heiserkeit erst im späteren Stadium auf, wenn das Krebsgewebe sich bereits bis zu den Stimmlippen ausgebreitet hat. Weitere Symptome, bei denen ein Kehlkopfkrebs immer ausgeschlossen werden sollte, sind:

- Fremdkörpergefühl im Hals,
- ungeklärte Schluckstörung,
- Atemnot,
- chronisch rezidivierender Husten,
- unklare Hals- und Ohrenschmerzen,
- ungewollter Gewichtsverlust,
- Raumforderung im Bereich des Halses.

Diagnose

In der Anamnese erfragt der Arzt die genaue Art der Beschwerden und ermittelt mögliche Risikofaktoren, z. B. Rauchen, Alkoholkonsum oder bestehende Grunderkrankungen.

Bei der äußeren Untersuchung tastet er den Hals nach evtl. vergrößerten Lymphknoten oder anatomischen Veränderungen ab. Mit einer Ultraschall-Untersuchung können verdächtige Lymphknoten bereits unter 10 Millimeter Größe nachgewiesen werden.

Der HNO-Arzt untersucht die Stimmbänder entweder indirekt mit Hilfe eines Kehlkopfspiegels (**Abb. L.2**) oder direkt mit dem Lupenlaryngoskop über die Mundhöhle. Ist dies nicht möglich, z. B. weil der Patient trotz Oberflächenanästhesie einen Würgereflex hat, kann der Arzt mit einem flexiblen Endoskop über die Nase und den Rachenraum den Kehlkopf einsehen.

Zur Planung der Therapie muss die Ausdehnung des Tumors genau bestimmt und eine Gewebeprobe entnommen werden. Diese Maßnahmen erfolgen unter Narkose. Kehlkopf, Luftröhre und Speiseröhre werden als benachbarte Regionen mit untersucht. Evtl. wird eine Computertomografie oder eine Kernspintomografie durchgeführt.

Differenzialdiagnose

Vor allem im Frühstadium kann es schwierig sein, den Kehlkopfkrebs von einer Entzündung oder einem gutartigen Tumor zu unterscheiden. Dann ist eine Probebiopsie und eine histologische Untersuchung erforderlich.

Therapie

Die Art der Behandlung ist abhängig von der Größe und der Lokalisation des Tumors, aber auch vom Allgemeinzu-

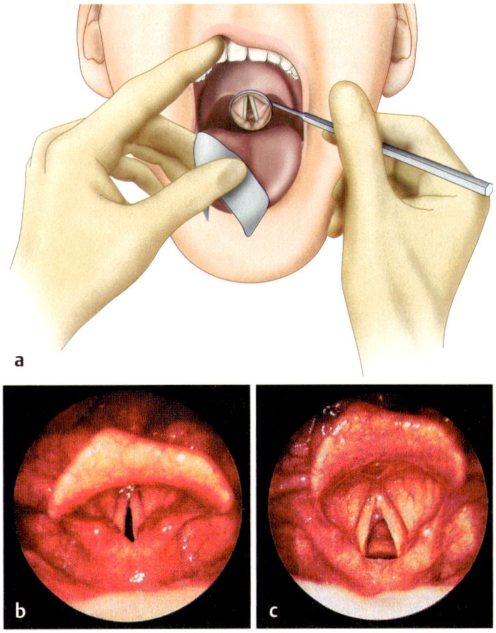

Abb. L.2 Kehlkopfspiegelung a Bei einem Neigungswinkel des Spiegels von 45° werden die Stimmbänder sichtbar. **b** Spiegelbild bei Phonation („hiii“). **c** Spiegelbild bei Respiration.

stand des Patienten und davon, ob der Tumor Metastasen gebildet hat. Drei Behandlungsmethoden werden einzeln oder in Kombination angewandt:
- Strahlentherapie,
- Chemotherapie,
- chirurgischer Eingriff.

Strahlen- und Chemotherapie. Bei kleinen Tumoren, die chirurgisch zu entfernen sind, kann u. U. auf eine Bestrahlung verzichtet werden. Es gibt auch Fälle, bei denen es sinnvoll ist, nur zu bestrahlen. Die Chemotherapie wird meist nur in Kombination mit der Strahlentherapie eingesetzt.

Chirurgischer Eingriff. Wird der Tumor im Frühstadium diagnostiziert, ist es häufig möglich, die Stimme und die natürliche Atmung zu erhalten, im fortgeschrittenen Stadium dagegen muss der Kehlkopf entfernt werden (Laryngektomie). Dann wird eine künstliche Öffnung im vorderen Teil des Halses angelegt (Tracheostoma, **Abb. L.3**). Besteht der Verdacht, dass sich bereits Metastasen gebildet haben, werden auch die regionalen Lymphknoten entfernt (Neck dissection).

Stimmrehabilitation. Nach einer Entfernung des Kehlkopfes kann der Patient nicht mehr auf natürliche Weise sprechen. Es gibt dann verschiedene Arten der Stimmrehabilitation:
- Training einer körpereigenen Ersatzstimme (Ösophagusersatzstimme),
- Implantation einer Sprechprothese,
- chirurgische Rekonstruktion,
- elektronische Hilfsgeräte.

Prognose

Bei früher Diagnose des Kehlkopfkarzinoms besteht eine Aussicht auf Heilung – je nach Art, Stadium und Ort des Tumors. Die Patienten sprechen jeweils unterschiedlich auf die verschiedenen Therapien an. So hat z. B. das Stimmlippenkarzinom die besten Heilungschancen, da es durch frühe Heiserkeit rascher auffällt und relativ spät Metastasen (Tochtergeschwülste) setzt. Wenn ein Patient nach der Therapie weiterhin raucht, ist das Risiko einer erneuten Tumorbildung sehr hoch.

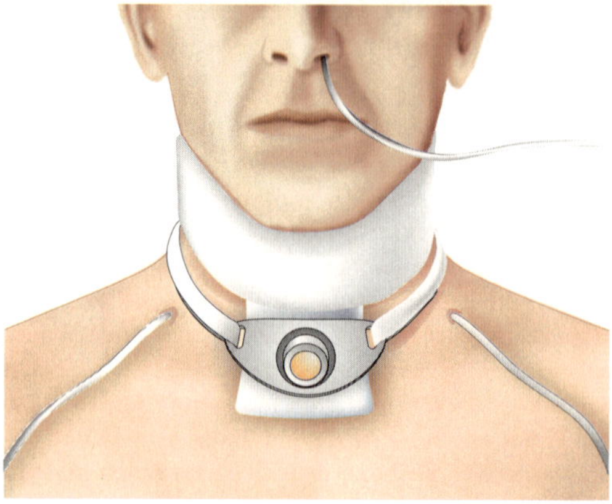

Abb. L.3 Tracheostoma. Beim laryngektomierten Patienten wird ein permanentes Tracheostoma angelegt.

Infobox

ICD-10:
J31.2

Internetadressen:
http://www.leitlinien.de
http://www.krebsgesellschaft.de
http://www.kehlkopfoperiert.ch
http://www.hno.org
http://www.uni-duesseldorf.de/WWW/AWMF
http://www.kehlkopflosenbundesverband.de

Leberkarzinom

► **„Ihr Mann ist sehr tapfer.“ Der Arzt versucht, die kleine alte Dame zu trösten. „Ja, mehr als ich. . .“ sagt sie leise und steckt das Taschentuch weg. Conrad Albrecht, 61 Jahre, ist gestern wegen Verschlechterung des Allgemeinzustandes und wiederholter Oberbauchbeschwerden ins örtliche Krankenhaus eingewiesen worden. Er war vor sieben Monaten an Leberzirrhose erkrankt. Bei einer Sonografie der vergrößerten, harten Leber sind nun drei krebsverdächtige Knötchen aufgefallen. Noch am selben Tag sicherte der Radiologe in einem CT das hepatozelluläre Karzinom. Trotz der schlechten Prognose entschied man sich für eine Leberteilresektion.**

Definition

Bei dem Leberkarzinom handelt es sich um eine bösartige Erkrankung der Leber mit unkontrolliertem Wachstum. Primäre Leberkarzinome können von verschiedenen Zellen der Leber ausgehen: den Leberzellen (hepatozelluläres Karzinom), den Gallengängen der Leber (cholangiozelluläres Karzinom) und sehr selten von den Blutgefäßen der Leber (Angiosarkom). Als sekundäre Leberkarzinome werden Tochtergeschwülste (Metastasen) anderer Tumoren in der Leber bezeichnet.

Das Leberkarzinom liegt auf Platz acht der weltweiten bösartigen Erkrankungen. In Deutschland werden etwa 2 – 3 Neuerkrankungen pro 100.000 Einwohner im Jahr verzeichnet. Männer erkranken etwa 3-mal häufiger als Frauen.

Synonym: Leberkrebs.

Ursachen

Bei den primären Leberkarzinomen ist als Ursache hauptsächlich die → Leberzirrhose zu nennen. Hierunter versteht man einen narbigen Umbau des Lebergewebes als Folge einer langjährigen Leberschädigung. Diese Schädigung kann durch Viren (→ Hepatitis) oder dauerhaften Alkoholmissbrauch (→ Alkoholkrankheit) auftreten. Insbesondere bei Hepatitis C- und Hepatitis-B-Erkrankungen muss langfristig (nach etwa 20 – 30 Jahren) mit einem Karzinom der Leber gerechnet werden.

Darüber hinaus können einige seltene chronische Lebererkrankungen Auslöser einer Leberzirrhose sein, welche wiederum zum Leberkrebs führt. Hierzu gehören die primäre Hämochromatose (Eisenspeicherkrankheit), die primäre biliäre Zirrhose (Zerstörung der Gallengänge in der Leber), die Autoimmunhepatitis (Autoaggressionskrankheit mit Entzündung der Leber) und der Alpha-1-Antitrypsin-Mangel (autosomal-rezessive Erbkrankheit).

Ein weiterer Faktor für das Entstehen eines Karzinoms ist das Pilzgift Aflatoxin B1. Es wird vom Pilz Aspergillus flavus gebildet und über entsprechend kontaminierte Nahrung vom Menschen aufgenommen.

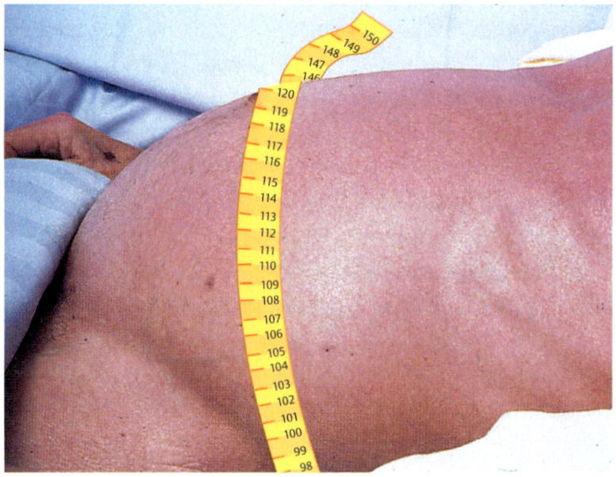

Abb. L.4 Aszites. Zur Beobachtung des Aszites sollte täglich der Bauchumfang an der gleichen Stelle gemessen werden.

Symptome

Es gibt keine eindeutigen, für ein Leberkarzinom typischen Symptome. Hinweise können zunehmende Abgeschlagenheit, Gewichtsverlust, ein dumpfer Schmerz im rechten Oberbauch und auftretende Gelbfärbung der Haut (Ikterus) sein. Dies sind aber nur unklare Zeichen. Das Anfangsstadium ist meist symptomlos.

Wasseransammlung in den Beinen (Ödeme) und im Bauch (→ Aszites) weisen auf ein schon fortgeschritteneres Stadium hin. Durch das Leberkarzinom kommt es zu Störungen des Eiweißhaushalts im Körper. Dadurch verbleibt das Wasser nicht mehr in den Blutgefäßen, sondern fließt in den Bauchraum oder das Beingewebe.

Diagnose

In der Anamnese werden mögliche Leberinfektionen oder ein überdurchschnittlicher Alkoholkonsum ermittelt. Die

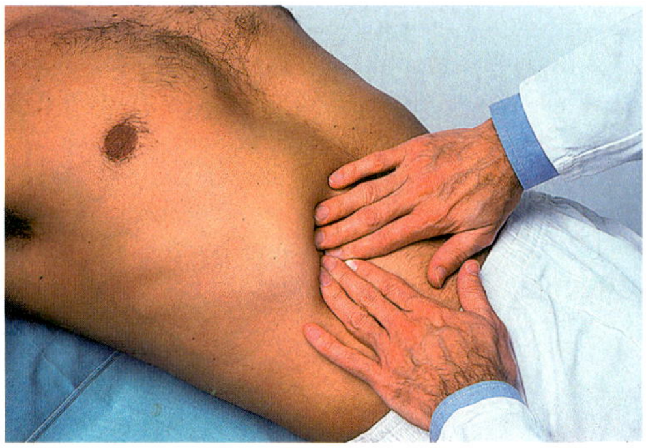

Abb. L.5 Palpation der Leber. Ca. 3 – 5 cm unterhalb des Rippenbogens in der Medioklavikularlinie des Oberbauches ist die Leber zu tasten.

körperliche Untersuchung schließt sich an. Die Lebergröße und -oberfläche wird ertastet und es wird geprüft, ob ein Druckschmerz im rechten Oberbauch auszulösen ist.

Neben den üblichen Blutwerten wird das Blut auf Tumormarker und Werte, die auf eine Hepatitisinfektion (erhöhte Aminotransaminasen) hindeuten, untersucht. Das Alpha-Fetoprotein (AFP) ist bei einem Leberkarzinom charakteristisch erhöht.

Bei jedem Verdacht auf ein Leberkarzinom wird eine Sonografie durchgeführt. Mit ihr können Unebenheiten und Veränderungen der Leber eingesehen werden. Besteht sonografisch der Verdacht auf einen Lebertumor, werden zusätzliche bildgebende Untersuchungsverfahren eingesetzt, z. B. Computer- oder Magnetresonanztomografie. Die Angiografie (Darstellung der Blutgefäße mittels eines Kontrastmittels) spielt bei der Diagnosestellung eine eher untergeordnete Rolle, wird aber dennoch gelegentlich eingesetzt.

Letzte Sicherheit bietet die Gewebeprobe (Biopsie) aus dem Tumor. Unter örtlicher Betäubung wird unter Ultraschall- oder Computertomografie-Kontrolle ein wenige Millimeter großes Gewebestück gewonnen und unter dem Mikroskop feingeweblich untersucht. Hierdurch lassen sich einerseits gutartige und bösartige Veränderungen und andererseits Leberzellkarzinome von Lebermetastasen anderer Tumoren unterscheiden.

Differenzialdiagnostik

Ähnliche Symptome zeigt die Hepatitis oder die Leberzirrhose. Bei entsprechenden Beschwerden oder sonografischem Nachweis einer intrahepatischen Raumforderung kann durch die Sonografie und Alpha-Fetoprotein-Bestimmung die Diagnose meist gesichert werden. Symptomatische Patienten zeigen in über 70 % der Fälle AFP-Erhöhungen über 500 IU/ml im Blut (Normalwert: bis 8 IU/ml).

Therapie

Bei der Behandlung von Leberkarzinomen hat die vollständige Entfernung des Krebsgewebes Priorität, denn nur dann ist grundsätzlich eine Heilung möglich. Zum Zeitpunkt des Tumornachweises sind allerdings etwa 80 % der Leberkarzinome nicht mehr operabel. Bei nur bei sehr wenigen Patienten kommt eine Lebertransplantation in Frage. Ist eine Operation nicht mehr möglich, können örtliche Verfahren angewendet werden:

- **perkutane Ethanolinjektion:** 95 %iger Alkohol wird ultraschallgesteuert in den Tumor injiziert, wodurch die Tumorzellen absterben. Das umgebende Lebergewebe wird hierdurch kaum geschädigt. Die Behandlung muss nach einigen Monaten wiederholt werden.
- **transarterielle Chemoembolisation:** Ein Katheter wird in die Leberarterie eingebracht und die zum Lebertumor führenden Blutgefäße nach Injektion eines Chemotherapeutikums verschlossen.
- **radiofrequenzinduzierte oder laserinduzierte Thermoablation:** Mittels Ultraschall- oder CT-Steuerung wird eine Sonde in den Tumor eingebracht und diese erhitzt. Dadurch können jeweils Gewebeareale von 3 – 5 Zentimetern Durchmesser verkocht werden. Im Gegensatz zur Alkoholinjektion muss dieses Verfahren nur einmal durchgeführt werden.

Durch diese Therapieverfahren wird in vielen Fällen eine deutliche Lebensverlängerung erreicht, eine Heilung ist allerdings sehr unwahrscheinlich.

Eine Chemotherapie oder eine Röntgenbestrahlung ist bei einem Leberkarzinom nicht geeignet, das Lebergewebe spricht schlecht auf beide Behandlungsmaßnahmen an.

Prognose

Die Prognose des Leberzellkarzinoms ist abhängig vom Tumorstadium, von seiner Größe und Ausdehnung, einem möglichen Lymphknotenbefall und Metastasen in anderen Organen. Weitere Prognosefaktoren sind Alter und Allgemeinzustand des Erkrankten sowie mögliche Vorerkrankungen und Begleiterscheinungen (z. B. eine fortgeschrittene Leberzirrhose). Je weiter der Leberkrebs zum Zeitpunkt der Diagnose fortgeschritten ist, desto schlechter ist die Prognose.

Komplikationen

Durch Einwachsen des Tumorgewebes in umliegende Blutgefäße können Blutungen auftreten, die schnell zum Tode führen können. Die Leber verliert zunehmend ihre Funktion. Durch das Karzinom werden die Leberzellen verdrängt, eine bestehende Leberzirrhose verschärft diese Situation. Die Folgen einer solchen Dekompensation sind therapeutisch sehr schwierig in den Griff zu bekommen.

Infobox

ICD-10:
C22.0

Internetadressen:
Deutsche Leberhilfe e. V.: http://www.leberhilfe.org
http://www.medizinfo.de/gastro/leberkarzinom.shtml
http://www.krebs-nrw.de
http://www.netdoktor.de/krankheiten/fakta/leberkrebs.htm

Leberversagen

► „Wo ist der Papa?" Der kleine Karl hüpft aufgeregt im Krankenzimmer umher. Beim letzten Besuch vor zwei Tagen hat er ein selbstgemaltes Bild versprochen, das möchte er nun zeigen. Doch Papa ist nicht im gewohnten Zimmer. Eine Schwester klärt Karls Mutter darüber auf, dass man ihren Mann überraschend in die Wachstation hätte verlegen müssen. Uwe Weber (39 Jahre) ist seit 5 Tagen wegen einer Leberzirrhose und einem ausgeprägten Aszites („Bauchwasser") in stationärer Behandlung. Als sich sein Zustand dramatisch verschlechtert und er zusehends eintrübte, wurde er sofort auf die Wachstation verlegt. Die Laboranalyse zeigt einen deutlichen Anstieg des Bilirubins und der Leberwerte sowie den Abfall der Gerinnungsfaktoren. Herr Weber wird maschinell beatmet und über eine Magensonde parenteral versorgt. Wegen der schlechten Syntheseleistung seiner Leber gehen die Mediziner von einem akuten Leberversagen aus.

Definition

Akutes Leberversagen ist eine Störung oder ein gänzlicher Ausfall der Leberfunktionen (Syntheseleistung, Entgiftung, Gallebildung) mit Enzephalopathie (Verminderung der Leistungsfähigkeit des Gehirns). Das Leberversagen entwickelt sich innerhalb kurzer Zeit (Tage bis wenige Wochen).

Die Häufigkeit des Krankheitsbildes variiert regional von ein bis zwei Fällen pro 6000 stationäre Aufnahmen.

Ursachen

Ursache des Leberversagens ist eine massive Leberzellnekrose und die dadurch bedingte Freisetzung von Mediatoren und toxischen Metaboliten. Grundsätzlich unterscheidet man:

- akutes Leberversagen (Ausfall der Leberfunktion ohne vorausgegangene chronische Lebererkrankung), z. B. durch:
  - fulminante Virus-→ Hepatitis (65 %),
  - toxische Leberschädigungen (z. B. durch Paracetamol oder Knollenblätterpilzgift),
  - Schwangerschaftsfettleber,
  - Schockleber,
- Leberversagen als Folge einer chronischen Erkrankung, z. B.:
  - → Leberzirrhose,
  - chronische → Hepatitis,
  - Morbus Wilson.

Die Permeabilitätsstörung der Hepatozyten führt im Blut zu einer Transaminasenerhöhung im Serum. Die Syntheseleistungsstörung führt zur Erniedrigung von Albumin, Cholinesterase und den Gerinnungsfaktoren. Die Glykogenbildung und Glukoneogenese (u. a. als Folge eines verminderten Insulinabbaus) führt zu Gallesekretionsstörungen. Daraus resultiert eine Erhöhung von Bilirubin, alkalischer Phosphatase und Gamma-GT (Glutamyltranspeptidase).

Symptome

Das Leberversagen macht sich entweder in Form plötzlicher Verschlechterung einer bestehenden Lebererkrankung bemerkbar oder es zeigen sich akute Symptome aus vorherigem Wohlbefinden heraus. Symptome und Beschwerden eines Patienten mit akutem Leberversagen setzen sich aus Zeichen der Leberschädigung zusammen, die gelegentlich durch Symptome der zu Grunde liegenden Erkrankung ergänzt werden können. Anzeichen für Leberversagen sind:

- Ikterus,
- Bewusstseinseintrübungen bis hin zum Koma (hepatische Enzephalopathie),
- Foetor hepaticus (charakteristischer Mundgeruch).

Hepatische Enzephalopathie. Wesentliches und charakteristisches Merkmal des Leberversagens sind die zentralnervösen Störungen. Die Enzephalopathie entwickelt sich beim Leberversagen praktisch immer und ist mit einem erhöhten Hirndruck verbunden.

Diagnose

In der Anamnese wird festgestellt, ob Risikofaktoren für ein Leberversagen vorliegen, z. B. Intoxikation mit Medikamenten, Hepatitis. Bei Kindern erhärtet sich der Verdacht auf Leberversagen, wenn ein Infekt festgestellt wird und zudem Azetylsalizylsäure eingenommen wurde (Reye-Syndrom). Klinischer Verdacht auf Leberversagen besteht bei zunehmendem Ikterus und rascher Eintrübung bis hin zum Koma (Zeichen der hepatischen Enzephalopathie, **Abb. L.6**).

Stadium	Symptome
I	Patient zeigt auffälliges Verhalten und Stimmungsschwankungen, wirkt geistesabwesend
II	Patient ist schläfrig und desorientiert
III	Patient schläft, ist durch Anruf und Berührung noch weckbar, Sprache verwaschen und unkoordiniert
IV	Patient ist in tiefem Schlaf, nicht mehr weckbar, Reflexe erloschen, Kussmaul-Atmung, alle Zeichen des Coma hepaticum

Abb. L.6 Stadien der hepatischen Enzephalopathie.

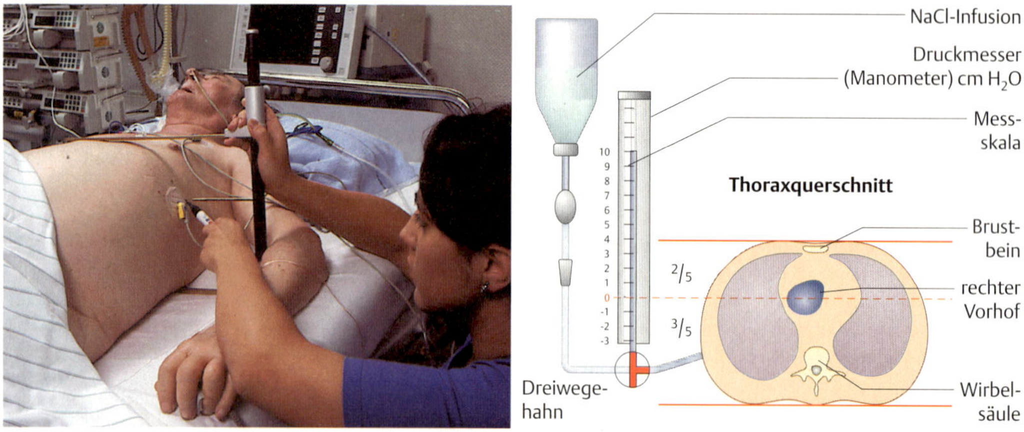

Abb. L.7 ZVD- Messung. Beim Leberversagen muss der zentrale Venendruck regelmäßig gemessen werden, um die Körperflüssigkeit genau zu bilanzieren.

Die massive Leberzellnekrose und die abnehmende Syntheseleistung und Ausscheidungsfunktion der Leber kann labordiagnostisch nachgewiesen werden: Leberwerte (Transaminasen GPT und GOT) und Bilirubin sind erhöht, Blutgerinnungswerte sind erniedrigt (Quickwert $< 20\%$).

Die Hepatitisserologie wird eingesetzt, um die Ursache des Leberversagens festzustellen, z. B. Kupfernachweis bei Morbus Wilson. Bei Schwangeren (akute Schwangerschaftsfettleber) erfolgt der Ausschluss sonstiger Ursachen im 3. Trimenon.

Therapie

Der Patient wird intensivmedizinisch überwacht (Flüssigkeitsbilanzierung unter ZVD-Messung, **Abb. L.7**), dazu kommt die Prophylaxe und Therapie des Leberkomas sowie der Gerinnungsstörungen. Das Blutbild wird regelmäßig untersucht (Kreatinin, Elektrolyte, Blutgase und Bilirubin).

Eine antibiotische Abschirmung (es besteht → Pneumonie- und → Sepsisgefahr) soll die Endotoxinämie und damit auch das Hirnödem positiv beeinflussen.

Der Patient wird beatmet (Hyperventilation zur Senkung des intrakraniellen Drucks) und erhält Antidote (Gegengifte) bei Intoxikationen (z. B. bei Paracetamolvergiftung). Es werden Überbrückungsmaßnahmen bis zur ausreichenden Regeneration der eigenen Leber eingeleitet (z. B. MARS-Dialyse).

Bei zunehmender Verschlechterung werden über die Parenterale Ernährung hochprozentige Glukoselösung und ggf. Fettlösungen appliziert. Etwa die Hälfte der Patienten mit akutem Leberversagen erhalten ein Lebertransplantat.

Prognose

Wichtig ist die frühzeitige Diagnose, um rechtzeitig mit einer spezifischen Therapie beginnen zu können und ungünstige Faktoren zu blockieren. Es kann sich eine postnekrotische Leberzirrhose mit entsprechenden Komplikationen (portale Hypertension, Blutungen) entwickeln.

Der günstigste Fall ist die volle Wiederherstellung der Leberfunktion und das völlige Verschwinden des Krankheitsbildes. Es werden nach Transplantation Überlebensraten von 75 – 90 % beschrieben.

Komplikationen

Folgende Komplikationen können auftreten:

- Hirnödeme,
- Blutungsneigung,
- Nierenversagen,
- Kreislaufversagen,
- Sepsis,
- Lungenfunktionsstörungen,
- hepatorenales Syndrom (seltener).

Die → Herzinsuffizienz und Stoffwechselstörungen mit Hypoglykämie, -kaliämie, -natriämie, -phosphatämie spielen eine untergeordnete Rolle.

Infobox

ICD-10:
K72.0

Internetadressen:
http://www.medicoconsult.de/Hepabook/Ledys.php
http://www.kliniken.de/lexikon/Medizin/Krankheit/Innere_Krankheit/Leberversagen.html

Leberzirrhose

► **Dass Holger, ihr Mann, zu viel trinkt, wollte Sabine Thiel lange nicht wahrhaben. Es wurde schlimmer, als er mit 51 Jahren arbeitslos wurde. Nach einer Phase schwerer Krisen hat sie schließlich resigniert. Doch nun macht sie sich ernste Sorgen, denn seit kurzem verändert er sich stark: Er nimmt plötzlich ab, ist appetitlos, fühlt sich schlapp und es quält ihn ein Druckgefühl im Oberbauch. Eins steht fest: Er muss zum Arzt. Doch er will nicht. Als sie ihn endlich dazu bringt, stellt der Doktor gleich bei der ersten Untersuchung Alarmsignale fest: Vergrößerung der Leber, knotig-höckrige Veränderung der Leberoberfläche, atypischer venöser Blutfluss. Herr Thiel wird mit Verdacht auf Leberzirrhose sofort ins Krankenhaus überwiesen. Sabine schämt sich etwas, wenn sie ihn besucht, aber sie besucht ihn täglich.**

Definition

Als Leberzirrhose bezeichnet man eine chronisch-progrediente Zerstörung der Leber, von der das gesamte Organ betroffen ist. Der Aufbau der Leberläppchen wird zerstört und fibrotisch (zu Bindegewebe) umgebaut.

Die Leberzirrhose kann das Endstadium unterschiedlicher Lebererkrankungen sein. Die Krankheit tritt am häufigsten zwischen dem 50. und dem 60. Lebensjahr auf. Männer sind öfter betroffen als Frauen.

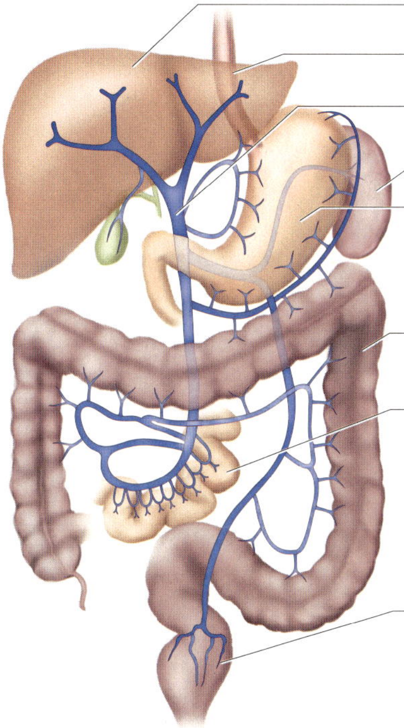

Abb. L.8 Physiologie. Die Pfortader verbindet den Magen-Darm-Kanal mit der Leber.

Ursachen

Die Leberläppchen werden zu narbigen Strukturen aus Leberzellen und Bindegewebe umgebildet (Fibrose). Die Leberfunktion ist nachhaltig gestört. Die Leber verhärtet sich, wird knotig und schrumpft schließlich. Das Blut aus Pfortader und Leberarterie fließt nicht ausreichend durch die Leber und staut sich zurück. Infolgedessen bildet sich ein Pfortaderhochdruck aus (**Abb. L.8**). Ursachen für eine Leberzirrhose sind:

- Alkoholmissbrauch (50 % der Fälle),
- chronische Virus-→ Hepatitis (B, C, D) (25 % der Fälle),
- autoimmune chronische Hepatitis (primär biliäre Zirrhose),
- angeborene Erkrankungen des Eisen-, Kupfer- und Fettstoffwechsels (z. B. Morbus Wilson, → Mukoviszidose),
- Gallenwegserkrankungen mit Gallenstau (sekundär biliäre Zirrhose),
- kardiovaskuläre Erkrankungen (z. B. Stauungsleber bei chronischer Rechtsherzinsuffizienz),
- Medikamente oder Gifte (seltener).

Symptome

Folgende Symptome treten bei einer Leberzirrhose auf (**Abb. L.9**):

- blasse, fahle Gesichtsfarbe,
- Appetitlosigkeit, Gewichtsverlust,
- Magen-Darm-Probleme mit Übelkeit, Verstopfung, Blähungen,
- bei Männern: weibliche Hormone werden nicht mehr abgebaut, dadurch Ausbildung von Brüsten (Gynäkomastie), Verlust der Schambehaarung (Abdominalglatze), Schrumpfung der Hoden, abnehmende Potenz und abnehmendes sexuelles Verlangen,
- kleine Gefäßspinnen auf der Haut (Spider naevi),
- Mundgeruch nach frischer Leber (foetor hepaticus),
- vermehrte Infekt- und Blutungsanfälligkeit,
- Gelbfärbung (Ikterus),
- Lippen und Zunge sind glatt und rot (Lacklippen und -zunge),
- Flüssigkeitsansammlung in der Bauchhöhle (→ Aszites),
- verstärkte Venenzeichnung am Bauch (caput medusae).

Diagnose

Der Arzt fragt in der Anamnese nach dem Alkoholkonsum und nach dem Risiko einer Hepatitis-Infektion.

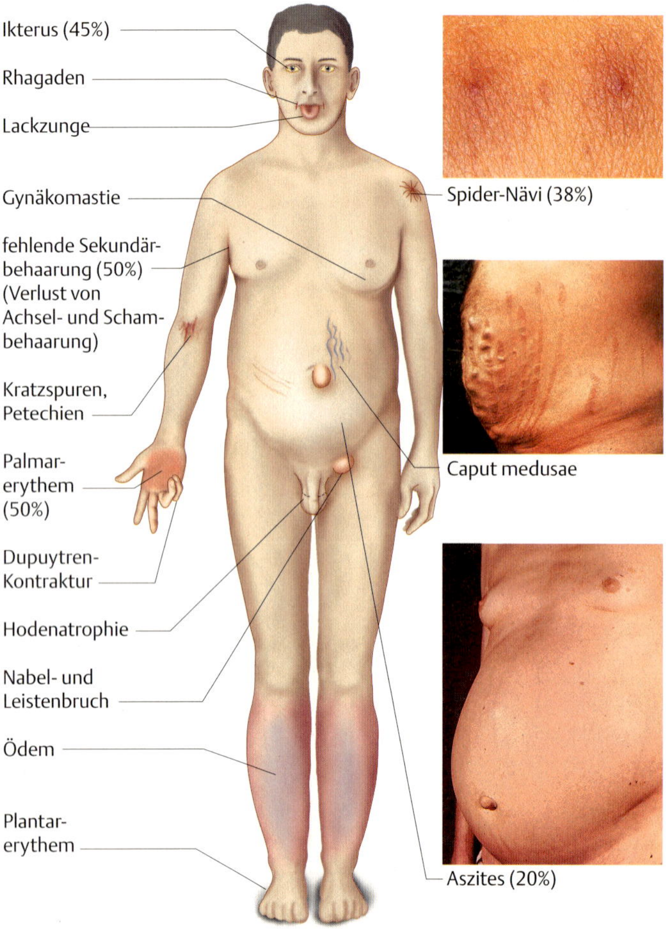

Abb. L.9 Symptomkomplex. Eine Leberzirrhose äußert sich durch Symptome im gesamten Organismus.

Körperliche Untersuchung. Der Arzt ertastet, wie groß die Leber ist, wie ihre Oberfläche beschaffen ist und ob sie sich hart anfühlt. Er überprüft die Größe der Milz und sucht im Bauchraum nach freier Flüssigkeit. Typische Leberzeichen wie Gelbfärbung, rote Handflächen und Spinnenäderchen deuten auf eine Leberzirrhose hin.

Blutuntersuchung. In der Blutuntersuchung wird festgestellt, dass Leberzellen zerstört sind. Leberenzyme (Transaminasen GPT und GOT), die normalerweise nur in geringen Mengen im Blut vorkommen, sind im Blutserum erhöht. Die Synthesestörung der Leber zeigt sich in erniedrigten Werten von Cholinesterase und Albumin und einem verminderten Quickwert (Blutgerinnungswert).

Sonografie. Ist die Leberoberfläche knotig verändert, der Lobus caudatus durch den Pfortaderhochdruck vergrößert oder der venöse Blutfluss atypisch verändert, liegt je nach Ausprägung mit hoher Wahrscheinlichkeit eine schwere Fibrose vor. Die Lebergröße nimmt im Anfangsstadium zu, im weiteren Verlauf aber schrumpft die Leber immer mehr zusammen.

Weitere Untersuchungen. In seltenen Fällen entnimmt der Arzt eine Gewebeprobe (Biopsie) mittels Laparoskopie (**Abb. L.10**). Etwaige → Ösophagusvarizen (Krampfadern in der Speiseröhre) oder eine Stauungsgastritis können mittels einer Ösophagogastroduodenoskopie (ÖGD, Magenspiegelung) festgestellt werden.

Differenzialdiagnose

Rechtsseitige Oberbauchbeschwerden und eine gelbliche Verfärbung der Haut können auch bei Gallenabflussstörungen auftreten, wie z. B. Gallenblasenentzündung (Cholezystitis), oder bei Gallensteinen (→ Cholelithiasis).

Auch bei → Gastritiserkrankungen, → Magen- und Zwölffingerdarmgeschwüren sind Schmerzen im Oberbauch möglich.

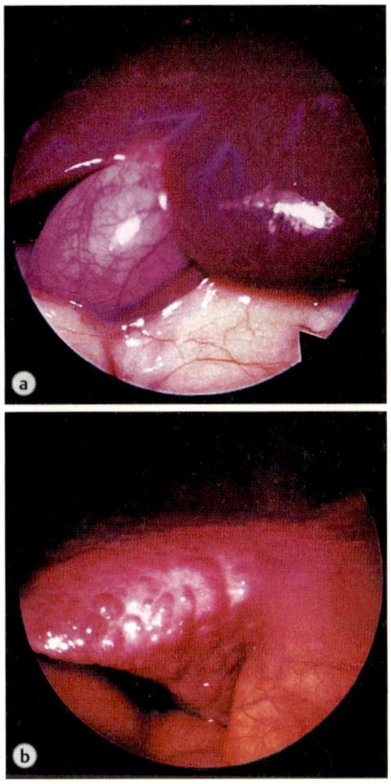

Abb. L.10 **Laparoskopische Sicht der Leber. a** Normale Leber mit Gallenblase, **b** Leberzirrhose mit narbig-bindegewebigem Umbau.

Therapie

Die angerichteten Schäden sind irreversibel, aber die rechtzeitige Behandlung kann die Beschwerden lindern. Alle Stoffe, die die Leber schädigen, müssen sofort gemieden werden: Alkohol, chlorierte Kohlenwasserstoffe, bestimmte Medikamente. Ist eine Hepatitis die Ursache, muss diese zunächst behandelt werden.

Medikamentöse Therapie. Bei Aszites oder Elektrolytstörungen werden harntreibende Medikamente (Diuretika) eingesetzt (z. B. Furosemid/Lasix), die das Wasser im Bauchraum ausschwemmen. Der Blutdruck wird wegen der Speiseröhrenkrampfadern medikamentös gesenkt. Damit verringert sich die Wahrscheinlichkeit, dass diese Blutgefäße platzen. Falls sie dennoch platzen, wird eine Endoskopie mit anschließender Verödung erforderlich. Alternativ kann eine Gummiligatur oder eine Laserkoagulation durchgeführt werden.

Transplantation. Alkoholkranke Patienten haben nach dem notwendigen Entzug Aussicht auf eine erfolgreiche Lebertransplantation – allerdings erst bei Versagen aller konservativen Maßnahmen.

Komaprophylaxe. Als Komaprophylaxe bei drohender Enzephalopathie empfiehlt sich eine Eiweißreduktion (< 40 g/Tag). Durch Einnahme von Laktulose (Bifiteral) und eines schwer resorbierbaren Antibiotikums kann außerdem die Resorption von Eiweiß im Darm gehemmt werden. Ein Leberkoma erfordert eine Intensivtherapie mit parenteraler Ernährung sowie Ersatz von Gerinnungsfaktoren und Vitamin K.

Prognose

Sind bereits Komplikationen (Ikterus, Blutungen, Aszites) aufgetreten, liegt die 5-Jahres-Überlebensrate mit nur 20 % niedriger als bei manchen Krebserkrankungen. Für die Prognose ist eine Bewertung der Untersuchungsergebnisse mit Hilfe der Child-Pugh-Klassifikation wichtig: Dort werden Parameter wie Aszites, Enzephalopathie und Laborwerte (Quick, Bilirubin, Serum-Albumin) in eine Punkteskala von 1 bis 3 eingeordnet. Bei kausaler Behandlungsmöglichkeit (insbesondere Alkoholkarenz) ist „Child A“ eine günstige Prognose. Eine Verschlechterung geht mit der Zunahme von Komplikationen einher. Die Mortalitätsrate nach einem Jahr liegt in der Kategorie „Child B“ bei > 20 %, in „Child C“ sogar bei > 40 %.

Komplikationen

Kann das Blut wegen der Vernarbungen der Leber nicht unbehindert durch die Gefäße strömen, muss es Umwege nehmen. In den Venen der unteren Speiseröhre herrscht deshalb ein hoher Druck. Die dadurch entstehenden Krampfadern können platzen. Lebensbedrohliche Blutungen sind die Folge. Die Leberzirrhose ist mit 80 % die häufigste Ursache des hepatozellulären Karzinoms.

Hepatische Enzephalopathie. Pro Jahr erkranken fünf von hundert Patienten mit Leberschrumpfung an hepatischer Enzephalopathie (durch die Leber verursachte Gehirnerkrankung). Diese entsteht, wenn die Leber nicht mehr alle Giftstoffe (z. B. Ammoniak) abbauen kann, die dann ungefiltert ins Blut gelangen. Ammoniak schädigt die Gehirnzellen. Im ersten Stadium der hepatischen Enzephalopathie sind die Patienten schläfrig und leicht verwirrt. Sie können sich nicht konzentrieren, haben eine verwaschene Sprache und manchmal eine „flatternde Hand“ (Tremor). Im zweiten Stadium werden die Patienten apathisch, im dritten und vierten Stadium steigert sich der Zustand bis zum Leberausfall-Koma bzw. Leberversagen.

Infobox

ICD-10:
K74

Internetadressen:
http://www.netdoktor.de/krankheiten/fakta/leberschrumpfung.htm
http://www.medizinfo.de/gastro/zirrhose.shtml
http://www.gastroenterologe.de/patient/erkrankungen/leber/leberzirrhose.htm

Legasthenie

► **„Das Audo vert in die Statt." „Nein, Leon! Bitte schreib: Das Auto fährt in die Stadt!" Der kleine Leon schafft es einfach nicht. Obwohl seine Eltern fleißig mit ihm üben, kommt er in der vierten Klasse beim Lesen und Schreiben nicht mit. Er setzt die Worte nicht flüssig zusammen, erkennt Silben nicht und verwechselt beim Schreiben ähnlich klingende Laute. Nicht nur in Deutsch scheitert Leon, auch in anderen Fächern, denn er kann die Aufgabentexte nicht schnell genug lesen und verstehen – die Schule wird für ihn zur Qual! Wenn er nach Hause kommt, ist er oft gestresst und aggressiv – er verliert schon Freunde deswegen.**

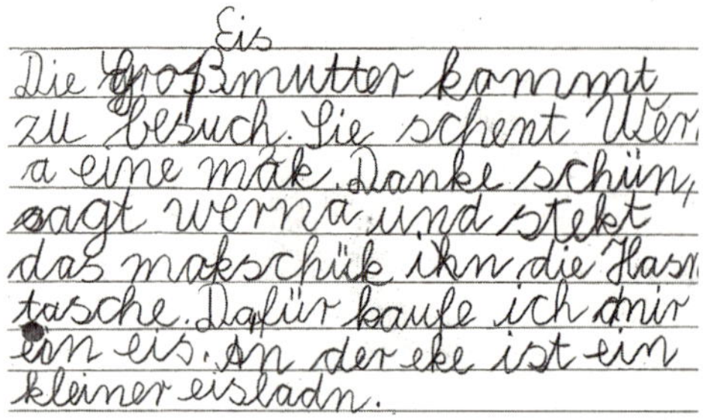

Abb. L.11 Legasthenie. Zustand eines 10-jährigen Jungen, 3. Klasse Grundschule, nach 1,5 Jahren Therapie.

Definition

Die Legasthenie („Probleme mit der Sprache") ist eine umschriebene Entwicklungsstörung schulischer Fertigkeiten. Bei sonst gesundem Gehirn und Körper entwickeln die Kinder deutliche Lese- und Rechtschreibdefizite im Vergleich zu ihren Alterskameraden und zu ihrer sonst normalen Intelligenz. Dies kann zu einer allgemeinen Lernbehinderung auch für andere Bereiche führen.

Jungen sind etwa 1,5-mal häufiger betroffen als Mädchen. Häufig zeigt schon die Vorgeschichte Entwicklungsverzögerungen des Sprechens. Die Lese- Rechtschreibstörung kommt in allen bekannten Sprachen vor.

Synonyme: Dyslexie, Lese-Rechtschreibstörung.

Ursachen

Wird die Ausreifung des Sprachzentrums in einem frühen Stadium gestört, kommt es zur Lese- und Rechtschreibstörung. Eine genetische Ursache wird ebenso diskutiert wie eine neurologische Störung oder ein Sozialisationshindernis.

Schwierigkeiten im Lesen und Rechtschreiben lassen sich nicht auf eine Ursache zurückführen. Vielmehr zeigen sich bei jedem betroffenen Menschen unterschiedliche Kombinationen zugrunde liegender Schwierigkeiten.

Symptome

Die Entwicklung der Lese- und Schreibfertigkeit des Kindes ist im Vergleich mit Altersgenossen deutlich gestört. Typisch sind:

- Auslassen, Umdrehen, Ersetzen, Erweitern oder Vergessen von Buchstaben, Wortteilen oder ganzen Wörtern (**Abb. L.11**),
- langsames und ungenaues Lesen, bisweilen ohne genaues Verstehen des Inhaltes; oft müssen inhaltliche Elemente hinzuerfunden werden, Zusammenhänge werden nicht erkannt: „Das Geschriebene bleibt ein Buchstabensalat",
- zögerliches Schreiben: Die Worte müssen jeweils neu erdacht und können nicht einfach reproduziert werden.

Typischerweise sind die Schulleistungen in anderen Bereichen (z. B. Mathematik, mündliche Leistungen in Sachkunde usw.) – zunächst – besser, d. h. das Leistungsprofil dieses Kindes ist uneinheitlich.

Eine allgemeine schulische Leistungsabnahme und wiederholtes Stören des Unterrichtes sind häufige Komplikationen. Durch fortgesetzte Entmutigung kann die Legasthenie das Erscheinungsbild allgemeinen Schulversagens annehmen.

Diagnose

Nachdem durch einen Neurologen, einen Augenarzt und einen Hals-Nasen-Ohren-Arzt organische Schäden als Ursache ausgeschlossen wurden, sollte die Diagnose multiprofessionell von einem Logopäden, einem Psychologen und einem Kinder- und Jugendpsychiater gestellt werden, am besten zusammen mit den Eltern und dem Deutschlehrer. Auch das Sozialverhalten des Kindes muss beobachtet werden.

Um die betroffenen Kinder gezielt fördern zu können, muss herausgefunden werden, welcher Aspekt des Lesens und Schreibens beeinträchtigt ist:

- Haben die Kinder Schwierigkeiten, ähnlich klingende Sprachlaute zu unterscheiden?
- Verwechseln sie ähnlich aussehende Buchstaben?
- Gerät die Reihenfolge der Buchstaben durcheinander?
- Springen die Augen beim Lesen in adäquater Weise von Wort zu Wort?

Psychologische Tests zur Diagnose der Lese- Rechtschreibstörung sind der Hamburg-Wechsler-Intelligenz-Test für Erwachsene (HAWIE, **Abb. L.13**, S. 571) oder die BGB-Testbatterie für Kinder.

Differenzialdiagnose

Im Bereich der umschriebenen Entwicklungsstörungen schulischer Fertigkeiten sind folgende Störungen zu unterscheiden:

- Lese- und Rechtschreibstörung,
- isolierte Rechtschreibstörung,
- Störung der Rechenfähigkeiten,
- kombinierte Störung verschiedener schulischer Fähigkeiten.

Abzugrenzen sind:

- erworbene Lese- und Schreibstörungen, z. B. durch eine → Enzephalitis,
- Kinder, die insgesamt ein schwaches Leistungsprofil in schulischen Anforderungen zeigen,
- graphomotorische Schwierigkeiten (Kinder können das geforderte Schreibtempo nicht einhalten).

Therapie

Ganz ausdrücklich hilft vermehrtes Üben nach der immer gleichen Methode nicht! Die Kinder sind nicht dumm, sondern kommen auf dem Weg, auf dem die meisten Kinder die schriftsprachlichen Fähigkeiten erwerben, nicht zum Ziel.

In einer begleitenden, niederfrequenten, ambulanten Psychotherapie bei einem Kinderpsychologen wird das Kind motiviert, trotz seiner Lese-Rechtschreibschwäche am Schulalltag so weit wie möglich teilzunehmen. In einem Familiengespräch werden die Eltern aufgeklärt. Logopädische Maßnahmen sind z. B. die „Lautgetreue Rechtschreibförderung" nach Reuter-Liehr oder das „Lautwortoperationsverfahren" nach Kossow.

Durch zusätzliche Hilfen wie z. B. außerschulische Lerngruppen oder Computerlernprogramme können die Kinder weiter unterstützt werden. Es ist zu bedenken, dass die Sozialisation des Kindes bereits gefährdet ist und jede zusätzliche Maßnahme im Freizeitbudget des jungen Patienten fehlt. Daher werden schulpsychologische Therapien nach kritischer Abwägung oft auch während des regulären Schulunterrichtes angeboten.

Prognose

Je eher eine Legasthenie erkannt und behandelt wird, desto reibungsloser kann die Schullaufbahn durchlaufen werden. Leider landen immer noch viele Schülerinnen und Schüler mit reiner Legasthenie auf Förderschulen.

Im Laufe des Älterwerdens können die Leseprobleme meist recht gut kompensiert werden, die Rechtschreibschwierigkeiten bleiben jedoch auch im Erwachsenenalter bestehen. Häufig wählen die Betroffenen später Berufe, in denen sie möglichst wenig schreiben müssen.

Infobox

ICD-10:
F81.0

Internetadressen:
http://www.duden.de/index2.html?schule/legasthenie/legas1_definition-schule.html
Legasthenikerverband: http://www.legasthenie.net
http://www.legasthenieverband.org
http://www.studentswholearn.fawco.org/german.doc

Legionellose

► **Die morgendliche Dusche ist für den rüstigen, 73 Jahre alten Rentner Alois Marquardt der beste Start in den Tag. Niemals würde er darauf verzichten, auch im Urlaub nicht – denn er verreist noch gern – „so lang der liebe Gott mich schickt", sagt er. Eines Tages wacht er auf und fühlt sich überhaupt nicht gut. Schnell entwickelt er hohes Fieber, dazu einen trockenen Husten. Der herbeigerufene Hausarzt weist ihn ins Krankenhaus ein. Die Röntgenaufnahme zeigt eine diskrete Vermehrung der Lungenzeichnung, jedoch ansonsten keinen auffälligen Befund. Dennoch verschlechtert sich der Zustand des Patienten rapide: Er bekommt starke Kopfschmerzen und Durchfall.**

Definition
Legionellose ist eine Bakterien-Infektion mit Legionella species.

Ursachen
Legionellen leben in Süßwasser und kommen auch in unserem Leitungswasser vor. Sie überleben die Chlor-Desinfektion durch Einnisten im Inneren von Amöben, die aufgrund ihrer Fähigkeit zur Zystenbildung relativ chlorresistent sind. Durch Wasseraerosole können diese Zysten oder auch freie Legionellen eingeatmet werden (z. B. beim Duschen).

Alveolarmakrophagen wollen die Fremdkörper beseitigen, wobei die Legionellen ein weiteres ungewöhnliches Talent offenbaren: Während andere Keime von den Makrophagen vernichtet werden, überleben Legionellen und können sich dort auch noch vermehren. Die mobilen Makrophagen verbreiten die Legionellen zusätzlich in der Lunge. Es entsteht das Bild einer atypischen → Pneumonie.

Symptome
Legionellose wird mit zwei Symptomkomplexen assoziiert:

1. Pontiacfieber,
2. Legionärskrankheit.

Pontiacfieber. Es ähnelt stark einer leichten Virusinfektion der oberen Luftwege. Symptome sind leicht erhöhte Temperatur, Erkältungssymptome und gelegentlich Kopfschmerzen. Etwa nach 7 Tagen verschwinden die Symptome von selbst. Eine Antibiotikabehandlung oder gar ein Krankhausaufenthalt sind i.d.R. nicht erforderlich.

Legionärskrankheit. Diese schwere atypische Pneumonie ist mit ZNS-Symptomen bis hin zu Halluzinationen oder auch Durchfällen verbunden. Die Schwere des Krankheitsbildes macht einen Krankenhausaufenthalt erforderlich, u. U. sogar auf der Intensivstation (**Abb. L.12**).

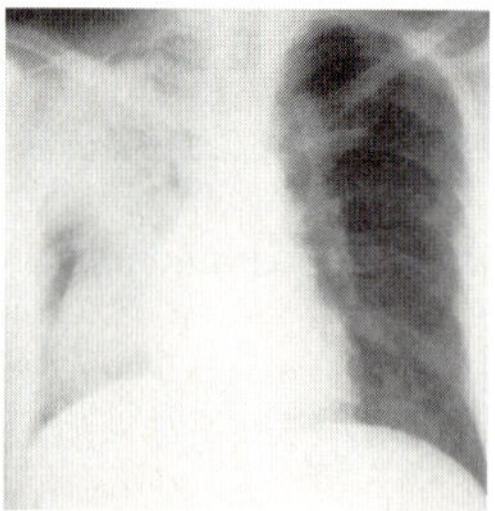

Abb. L.12 Legionärskrankheit. Deutlich ist die Infiltration der rechten Lunge zu erkennen.

Diagnose
Der Verdacht auf Legionellose kann durch eine Bronchoalveoläre Lavage (Spülen der Bronchioli über das Bronchoskop mit Rückgewinnung der Spülflüssigkeit) erhärtet werden. Das mikroskopische Bild zeigt dann feine gramnegative Stäbchenbakterien in relativ großer Anzahl.

Die Diagnose erfolgt mikrobiologisch: orientierend durch eine Immunfluoreszenzfärbung, anschließend kulturell. Für Legionella pneumophila Typ 1 steht ein Antigennachweis aus dem Urin zur Verfügung. Der Nachweis kann auch serologisch durch Nachweis von Antikörpern im Blut des Patienten (steigende Titer) geführt werden.

Differenzialdiagnose
Andere Erreger der atypischen Pneumonie, z. B. Chlamydia pneumoniae, Mycoplasma pneumoniae, Zytomegalievirus, müssen ausgeschlossen werden.

Therapie
Die Therapie wird antibiotisch durchgeführt, geeignete Mittel sind Makrolid-Antibiotika. Dazu kommt eine symptomatische Therapie je nach Bedarf.

Prognose
Bei rechtzeitig einsetzender Therapie ist die Prognose gut. Die Letalitätsrate bei alten Menschen und Menschen mit abwehrschwächenden Grunderkrankungen beträgt trotzdem bis zu 30 %.

Infobox

ICD-10: A48.1

Internetadressen:

Infektionserreger von A – Z: http://www.rki.de

Merkblatt Legionellose: http://www.auswaertiges-amt.de

Literatur:

Jassoy, C., Schwarzkopf, A. (Hrsg.): Hygiene, Mikrobiologie und Ernährungslehre für Pflegeberufe. Thieme, Stuttgart 2005

Leichte kognitive Störung

► Der 27-jährige Holger ist leidenschaftlicher Schachspieler: „Schachpartien sind wie Musikstücke", sagt er, „die Spieler sind Musiker, das Gehirn ist ihr Instrument. Und ich soll nicht mehr spielen können…" Vor 8 Jahren wurde bei Holger eine HIV-Infektion diagnostiziert. Antiretrovirale Medikamente hat er damals abgelehnt: Er befürchtete, sie würden ihm „den Kopf vernebeln". Vor 4 Jahren kam es zum Ausbruch von AIDS. Er entschloss sich, die Medikamente doch zu nehmen. Die AIDS-Erkrankung bildete sich zurück, heute ist seine Viruslast kaum noch messbar. Doch Holger beklagt Gedächtnisstörungen: „Vor zwei Jahren konnte ich mir alle Telefonnummern merken, heute fallen mir manchmal die Namen der Leute nicht ein." Auch beim Schachspielen mit seinem Freund David fällt es ihm schwer, Aufmerksamkeit und Konzentration aufrechtzuerhalten. Häufig verliert er jetzt Spiele.

Definition

Die leichte kognitive Störung ist ein nichtdemenzielles, chronisches, organisches Psychosyndrom. Die Störung

Untertest	Geprüfte Funktion	Beispiele, die den HAWIE-R-Testaufgaben ähneln
Verbalteil (sechs Untertests zu sprach- und bildungsabhängigen intellektuellen Leistungen)		
• allgemeines Wissen	– Allgemeinbildung, Interesse an der Umwelt	– Wer erfand die Glühbirne? Seit wann existiert menschliches Leben auf der Erde?
• allgemeines Verständnis	– Verständnis sozialer und ethischer Normen	– Warum verdienen Minderheiten einen besonderen Schutz?
• Zahlennachsprechen	– Zahlenspanne, Konzentrationsfähigkeit	– Sprechen Sie bitte die Zahlen „5-7-3-6" rückwärts nach!
• rechnerisches Denken	– Rechenfähigkeit, logisches Denken, Konzentration	– Wie viele CDs kann man für 100 Euro kaufen, wenn eine CD 20 Euro kostet?
• Gemeinsamkeiten finden	– Konzeptbildung, sprachliche Abstraktionsfähigkeit	– Was ist das Gemeinsame bei einer Birke und einer Eiche?
• Wortschatztest	– verbale Ausdrucksfähigkeit, Fähigkeit, Wortbedeutungen zu erläutern	– Was ist ein Gipfel? Ein Hurrikan?
Handlungsteil (fünf Untertests zu geschwindigkeitsabhängigen und handlungsbezogenen intellektuellen Leistungen)		
• Zahlen-Symbol-Test	– visomotorische Geschwindigkeit	– Symbole müssen unter Zeitdruck Zahlen zugeordnet werden
• Bilderordnen	– Erfassen komplexer Handlungszusammenhänge in ihrer zeitlichen Abfolge, logisches Denken	– Bildkärtchen müssen zu einer sinnvollen Geschichte zusammengelegt werden
• Bilderergänzen	– Wahrnehmungsgenauigkeit, Unterscheidung zwischen wichtigen und unwichtigen Details	– fehlende Details sollen auf Bildkärtchen erkannt werden
• Mosaiktest	– visuell-analytische Wahrnehmung	– mit verschiedenen farbigen Würfeln müssen geometrische Muster nachgelegt werden
• Figurenlegen	– bildhafte Vorstellungsfähigkeit, Gestalterfassung	– zerschnittene Figuren müssen ohne Vorlage zusammengelegt werden

Abb. L.13 HAWIE-Test. Untertests des Hamburg-Wechsler-Intelligenztests für Erwachsene.

tritt im Zusammenhang mit Gehirninfektionen und anderen körperlichen Erkrankungen auf. Sie kann auch das Vorstadium einer sich entwickelnden → Demenz sein.

Synonym: MCI (mild cognitive impairment).

Ursachen

Man unterscheidet zwei Ursachen der leichten kognitiven Störung:

- **Gehirninfektion:** Nervenzellen sterben ab und können nicht nachwachsen. Ihre Funktion kann nicht oder nur unzureichend durch andere Nervenzellen ersetzt werden.
- **Elektrolytveränderungen:** Werden die Gehirnfunktionen durch Elektrolytveränderungen beeinträchtigt, die Folge einer körperlichen Erkrankung sind, so können die Nervenzellen nach der somatischen Ausheilung ihre normale Tätigkeit meist wieder aufnehmen.

Symptome

Die Patienten klagen über Vergesslichkeit, Denkstörungen, Aufmerksamkeits-, Lern- und Konzentrationsschwächen. Meist ist eine vorhandene oder kürzlich überstandene körper- oder hirnorganische Erkrankung bekannt.

Diagnose

Durch psychologische Tests werden die kognitiven Hirnleistungen gemessen, z. B. mit dem Hamburg-Wechsler-Test (HAWIE, **Abb. L.13**) oder computerbasiert mit dem DemTec. Dabei zeigen die Betroffenen Ergebnisse, die entweder unter ihrem zuvor bekannten Niveau liegen oder überhaupt unter der Norm.

Eine neurologische Untersuchung mit einer analytischen Liquorpunktion schließt sich an, sowie eine kranielle Computertomografie (CCT, Schädel-CT), ein Elektro-Enzephalogramm (EEG) und evtl. eine Magnet-Resonanz-Tomografie (MRT).

Therapie

Neben der Behandlung der Grundkrankheit werden nootropische Medikamente verordnet (z. B. Ginkgo-Biloba-Extrakte, Memantin, z. B. Axura). Hier liegen allerdings noch keine weitreichenden Erfahrungen und nur eingeschränkte Zulassungen vor.

Durch kognitives Training, vor allem durch Ergotherapie, Arbeitstraining und durch den Einsatz von Computerlernprogrammen (z. B. Cogpac), kann die verbliebene Hirnleistung verbessert werden.

Wichtig ist auch die Beratung der Angehörigen des Erkrankten, damit sie ausreichendes Verständnis für die Störung aufbringen können.

Differenzialdiagnose

Abzugrenzen von der leichten kognitiven Störung ist das postenzephalitische Syndrom sowie das organische Psychosyndrom nach einem → Schädel-Hirn-Trauma. Auch darf für die Diagnose der leichten kognitiven Störung kein Delir, keine Demenz und kein organisches amnestisches Syndrom vorliegen.

Prognose

Wurde die leichte kognitive Störung durch eine Erkrankung außerhalb des Zentralnervensystems hervorgerufen, so bildet sie sich normalerweise einige Wochen nach der Ausheilung der Erkrankung zurück. Ist die Ursache jedoch eine Gehirninfektion, bleibt der Zustand meist bestehen. Sollte schließlich ein Frühstadium der Demenz vorliegen, so kann es nach einigen Jahren des Bestandes zur deutlichen Verschlechterung und dem Vollbild der Demenz kommen.

Infobox

ICD-10:
F06.7

Internetadressen:
http://www.kompetenznetz-demenzen.de/
http://www.onlineberatung-therapie.de/icd10/stoerung-schaedigung.html

Leistenhernie

► Matthias (16) könnte heulen vor Zorn: Leistenbruch. Aus der Traum vom neuen Computer – noch ein Jahr mit Vaters altem Rechner, der für Spiele einfach zu langsam ist. Matthias hatte sich einen Ferienjob im Supermarkt besorgt, um endlich eigenes Geld zu verdienen. Gleich am ersten Tag musste er schwere Pakete und Getränkekisten schleppen. Plötzlich spürte er ein unangenehmes Ziehen in der rechten Leiste. Das hat er früher schon gehabt, besonders beim Sport. So stark war es aber noch nie. Abends, zu Hause beim Duschen, bemerkt Matthias eine weiche Schwellung in der Leistengegend, die sich beim Husten verstärkt. Am nächsten Tag stellt der Hausarzt ohne zu zögern einen Leistenbruch fest – wahrscheinlich angeboren.

Definition

Bei der Leistenhernie (Hernia inguinalis) tritt ein Bruchsack mit Eingeweideanteilen durch eine Lücke oder Schwachstelle in der Bauchwand aus der Bauchhöhle nach außen. Der Bruchsack besteht aus dem parietalen Peritoneum, der von den weiteren Schichten der Bauchwand umhüllt wird (**Abb. L.14**). Im Bruchsack befinden sich meist Darm- und/oder Netzanteile. Betroffen sind zu 90% Männer. In mehr als 10 von 100 Fällen tritt der Leistenbruch beidseitig auf.

Synonym: Leistenbruch.

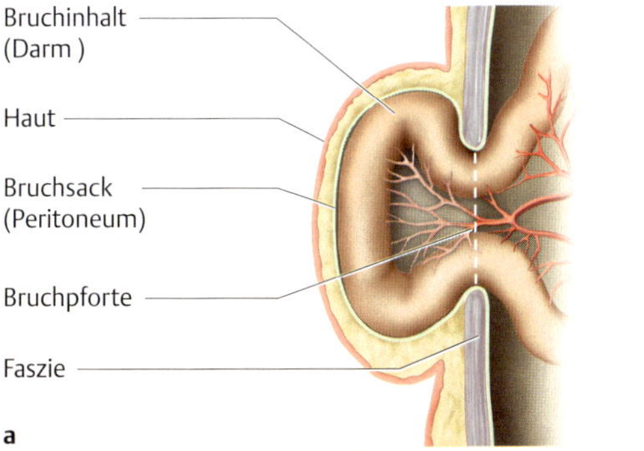

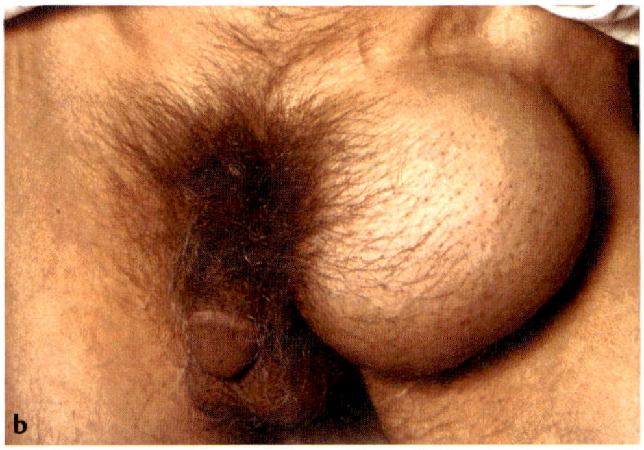

Abb. L.14 Leistenhernie. **a** Der peritoneale Bruchsack stülpt sich durch die Bruchpforte in das Unterhautfettgewebe. Bruchinhalt ist hier eine Darmschlinge. **b** Ungewöhnlich großer Leistenbruch links.

Formen

Es werden direkte und indirekte Leistenhernien unterschieden (**Abb. L.15**):

- **indirekte (laterale) Leistenhernie:** Hierbei tritt der Bruchsack lateral (seitlich) der epigastrischen Gefäße durch den Leistenkanal.
- **direkte (mediale) Leistenhernie:** Der Bruchsack durchdringt auf direktem Wege die Bauchwand, medial der epigastrischen Gefäße.

Inkarzerierte Leistenhernie. Eine eingeklemmte Leistenhernie ist ein Notfall! Darm- und/oder Netzanteile (bei kleinen Mädchen auch Eierstöcke) sind so in der Bruchlücke eingeklemmt, dass die Blutversorgung unterbrochen ist. Dies führt zu einer Darmgangrän (Darmbrand) und einem → Ileus (Darmlähmung). Die Darmwand wird durchlässig für Bakterien, sodass eine → Peritonitis (Bauchfellentzündung) entstehen kann. Dieser Zustand ist potenziell lebensbedrohlich. Ist es nicht möglich, die Hernie manuell zu reponieren, muss sofort operiert werden.

Ursachen

Leistenhernien sind entweder angeboren oder erworben.

Angeborene Leistenhernie. Sie kommt am häufigsten vor und ist stets indirekt (lateral). Ursache ist eine nicht komplett abgeschlossene Entwicklung der Bauchwand. Dadurch verbleibt eine Lücke oberhalb des Leistenbandes (innere Bruchpforte). Durch den Leistenkanal hindurch, am Hodensack bzw. an der großen Schamlippe (äußere Bruchpforte) tritt der Bruchsack gemeinsam mit dem Samenstrang bzw. dem Ligamentum teres uteri heraus.

Erworbene Leistenhernie. Direkte (mediale) Leistenhernien sind immer erworben. Zu ihrer Entstehung tragen viele Faktoren bei, z. B. Bindegewebsschwäche (Kollagensynthese-Störung) oder Übergewicht. Eine Druckerhöhung im Abdomen, etwa durch Anspannen der Bauchmuskeln beim Tragen schwerer Lasten, führt dann zum Leistenbruch.

Symptome

Zunächst treten ziehende Schmerzen in der Leistenregion auf. Später ist im Stehen eine leichte Vorwölbung zu sehen, die sich beim Husten oder Niesen verstärkt. In der ausgeprägten Form besteht die Schwellung ständig, d. h. die Eingeweideanteile liegen dauerhaft im Bruchsack und erscheinen als Schwellung in der Leistenregion (direkter Leistenbruch) oder drängen bis in den Hodensack (indirekter Leistenbruch).

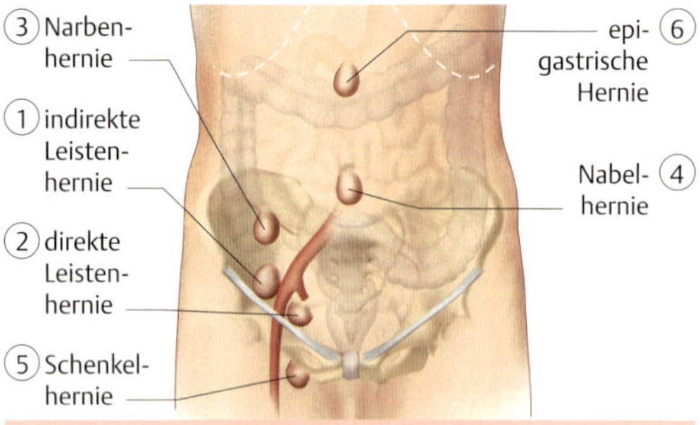

Bezeichnung	relative Häufigkeit	Bruchpforte	bevorzugtes Geschlecht
1 indirekte Leistenhernie	60 %	oberhalb des Leistenbandes, lateral der epigastrischen Gefäße	♂
2 direkte Leistenhernie	15 %	oberhalb des Leistenbandes, medial der epigastrischen Gefäße	♂
3 Narbenhernie	10 %	Bereich einer OP-Narbe	
4 Nabelhernie	6 %	Nabel	
5 Schenkelhernie	3 %	unterhalb des Leistenbandes	♀
6 epigastrische Hernie	3 %	Linea alba zwischen Xiphoid und Nabel	

Abb. L.15 **Hernien**. Lokalisation der wichtigsten Weichteilbrüche.

Diagnose

Wenn äußerlich noch nichts erkennbar ist, ertastet der Arzt beim stehenden Patienten den vergrößerten inneren Leistenring mit einem Finger und lässt den Patienten husten oder pressen. Dabei fühlt man ein „Anschlagen" des Bruchsackes. Vor allem bei sehr adipösen Patienten kann die Diagnose sonografisch gesichert werden.

Differenzialdiagnose

Leistenhernien müssen von Schenkelhernien (Hernia femoralis) unterschieden werden, die unter dem Leistenband liegen und vor allem bei Frauen vorkommen. Weitere Differenzialdiagnosen sind Lymphome, → Tumoren, → Abszesse, Hodenektopie (→ Hodenhochstand) oder Varikozele (Krampfaderbruch).

Therapie

Leistenhernien werden prinzipiell operiert, es sei denn, die Operationsfähigkeit des Patienten ist wegen eines schlechten Allgemeinzustandes erheblich eingeschränkt. Es stehen verschiedene chirurgische Techniken zur Verfügung; teils genügt dabei eine Lokalanästhesie, teils ist Vollnarkose erforderlich. Ziel ist es, den Inhalt des Bruchsackes komplett in die Bauchhöhle zurückzudrängen, die Bruchpforten zu verschließen und die Bauchwand zu verstärken, so dass es nicht erneut zum Leistenbruch kommt.

Bei der klassischen Operation wird, meist unter Lokalanästhesie, durch einen Hautschnitt oberhalb des Leistenbandes hindurch operiert.

Bei der laparoskopischen Hernienchirurgie (Laparoskopie – Bauchspiegelung) wird der Bauchraum mit Kohlendioxid aufgeblasen. Danach werden Kamera und Instrumente durch kleine Hautschnitte von außen in die Bauchhöhle eingebracht und die Bruchpforten werden von innen (intraperitoneal) verschlossen. Eine Sonderform ist die transkutane, jedoch laparoskopisch assistierte Methode.

Es werden Verfahren mit und ohne Netzeinlage praktiziert. Netze, z. B. aus Kunststoff, verstärken die Bauchwand und werden besonders dann eingelegt, wenn die Bauchwand nicht ausreichend stabil ist oder bereits ein Hernienrezidiv aufgetreten ist. Je nach Operationstechnik werden die Netze von außen oder intraperitoneal eingelegt und fixiert.

Prognose

Die inkarzerierte Leistenhernie ist potenziell lebensbedrohlich. Bei Leistenhernien-Operationen dagegen sind Komplikationen selten. Diese Operationen gehören zu den häufigsten Standardoperationen jedes Krankenhauses. Je nach individuellen Gegebenheiten und angewandter Operationstechnik treten in 0,5 bis 10 % der Fälle Hernienrezidive auf.

Infobox

ICD-10: K40.0 – K40.9

Internetadressen:
http://www.leitlinien.net
http://www.medizin-netz.de
http://www.onmeda.de

Literatur:

Paetz, B., Benzinger-König, B.: Chirurgie für Pflegeberufe, 20. Aufl. Thieme, Stuttgart 2004

Lendenwirbel-Fraktur

► Inline-Skating ist das neue Hobby von Ingrid Weber (52). Übermäßig sportlich ist sie zwar nie gewesen, aber als Kind ist sie viel Rollschuh gelaufen. So schnell wie auf ihren Inlinern war sie damit allerdings nicht: Bei einer Tour mit Freunden verliert sie plötzlich das Gleichgewicht und fällt hart auf das Gesäß. Danach tut ihr der Rücken heftig weh. Sie wird ins Krankenhaus gebracht. Diagnose: Kompressionsfraktur des ersten Lendenwirbelkörpers. Außerdem besteht der Verdacht auf Osteoporose.

Definition

Bei einer Lendenwirbelfraktur ist der Wirbelkörper eines der Wirbel L1 bis L5 gebrochen. Es können auch der Dornfortsatz bzw. die Querfortsätze betroffen sein (**Abb. L.16**). Besonders häufig ist die Fraktur der Wirbel am thorakolumbalen Übergang L1 sowie L2, in Kombination mit Verletzungen der Brustwirbel Th11 und Th12. Die Frakturen können stabil oder instabil sein.

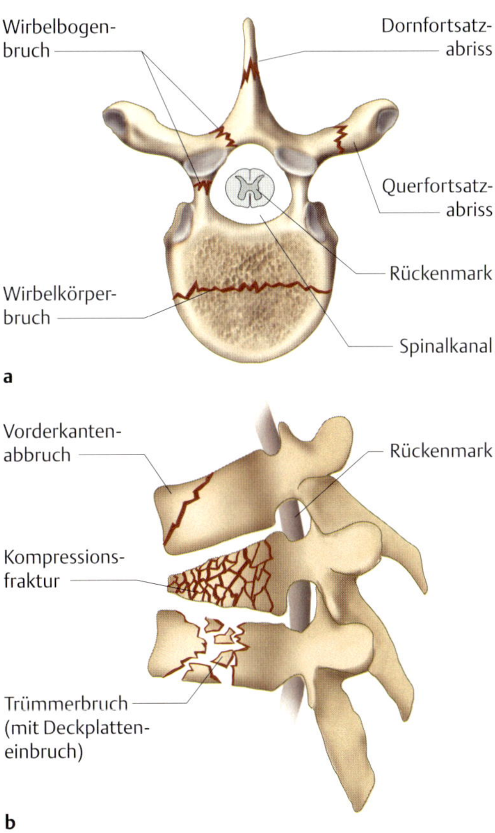

Abb. L.16 Wirbelbrüche. Die wichtigsten Frakturtypen.

Ursachen

Häufig ist indirekte Gewalteinwirkung die Ursache der Fraktur, etwa ein Fall auf das Gesäß mit axialer Stauchung der Wirbelsäule. Direkte Traumatisierungen kommen z. B. bei Verkehrsunfällen vor.

Bei axialer Stauchung werden die vorn liegenden Wirbelkörper komprimiert (Kompressionsfrakturen). Bei übermäßiger Beugung oder Streckung der Wirbelsäule kommt es zu Distraktionsverletzungen, also Zerreißungen ventraler oder dorsaler Anteile. Torsionskräfte führen ebenfalls zu spezifischen Frakturmustern. Die drei Frakturmechanismen (Kompression, Distraktion, Torsion) treten auch kombiniert auf. Die Frakturmuster resultieren aus dem speziellen anatomischen Aufbau der Wirbelsäule und ihrer ligamentären Verspannung. Dadurch entstehen bestimmte Druck- und Zugbelastungen. Übermäßig stark einwirkende Kräfte stören das Zusammenspiel von Wirbelkörpern, Wirbelgelenken, Bandscheiben, Bändern und Muskeln.

Daneben kommt es auch zu Spontanfrakturen der Wirbel, etwa bei → Osteoporose, → Osteomalazie oder bei → Tumoren in der Wirbelsäule – manchmal bereits bei alltäglichen Belastungen wie Bücken oder Heben.

Symptome

Bei unfallbedingten Lendenwirbel-Frakturen stehen die Schmerzen im Vordergrund, verbunden u. U. mit einer schmerz- oder deformitätsbedingten Zwangshaltung. Bei direkten Traumata sind Prellmarken sichtbar.

Bei Verletzungen des Rückenmarks oder der Nervenwurzeln kommt es zu neurologischen Ausfällen (Sensibilitätsstörungen oder Lähmungen an den unteren Extremitäten).

Spontanfrakturen bei älteren Menschen mit Osteoporose können dagegen klinisch stumm bleiben bzw. die Schmerzen unterscheiden sich kaum von Rückenbeschwerden anderer Genese. Deshalb werden Spontanfrakturen oft nur zufällig entdeckt. Der Rücken des Patienten kann auffällig verformt und seine Körpergröße verringert sein.

Diagnose

Es lässt sich ein Druck- oder Klopfschmerz auslösen. Den Hilfspersonen sollte stets klar sein, dass außer den Wirbeln weitere anatomische Strukturen verletzt sein können: Bandscheiben, Bänder, Rückenmark, Nerven, Gefäße. Deswegen muss gezielt nach Sensibilitäts- und motorischen Störungen in den Beinen gesucht werden.

Die bildgebende Basisuntersuchung ist die Röntgenaufnahme in zwei Ebenen. Bei Verdacht auf eine schwere Wirbelsäulenverletzung oder zur genaueren Beurteilung folgt eine Computertomografie bzw., bei Verdacht auf Weichteilverletzungen, eine Magnetresonanztomografie.

Es ist unbedingt zu klären, ob die Verletzungen zu einer Instabilität der Wirbelsäule geführt haben oder nicht:

- **stabile Frakturen:** z. B. eine isolierte Fraktur des Dornfortsatzes, eines Querfortsatzes oder eine wenig ausgedehnte Kompression des Wirbelkörpers.
- **instabile Frakturen:** z. B. ein Wirbelkörperberstungsbruch mit zusätzlicher Fraktur der Wirbelbögen sowie Verletzung der angrenzenden Bänder.

Therapie

Erstversorgung nach einem Unfall: Bei Verdacht auf eine Wirbelsäulenverletzung wird der Patient auf einer Vakuummatratze transportiert, um Bewegungen der Wirbelsäule weitgehend zu vermeiden.

Instabile Fraktur

Bei instabilen Frakturen oder wenn Nerven-/Rückenmarkskompressionen auftreten, muss offen operiert werden, um die nervalen Strukturen zu entlasten, Sekundärschäden zu verhindern und sofort eine gewisse Belastungsstabilität zu erreichen. Dazu werden von vorn oder hinten Metallimplantate eingesetzt (Osteosynthese, Fixateur interne, **Abb. L.17**), die permanent im Körper verbleiben.

Ein neues Verfahren, insbesondere bei osteoporotisch bedingten Frakturen oder → Tumoren, ist die Kyphoplastie (auch: Vertebroplastie). Dabei wird der Wirbelkörper mit einem Ballon wieder aufgerichtet und durch Einspritzen von Biozement stabilisiert. Dieses minimal-invasive Verfahren dient in erster Linie der Schmerzlinderung.

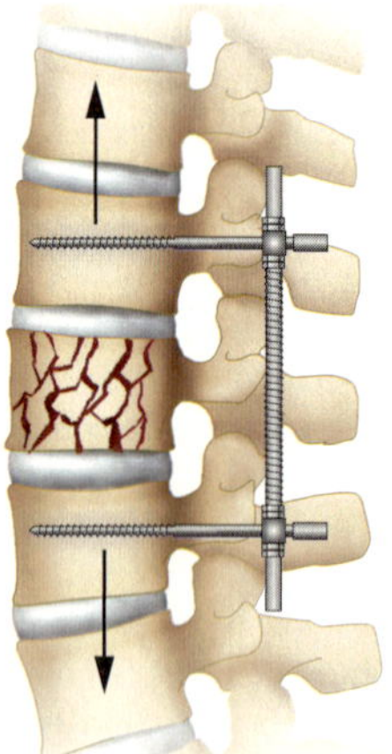

Abb. L.17 Fixateur interne. Bei instabiler Fraktur der BWS oder LWS.

Stabile Fraktur

Patienten mit stabilen Wirbelbrüchen ohne neurologische Ausfälle werden meist konservativ behandelt. Ziele der Therapie sind:

- Schmerzlinderung,
- Stabilisierung der Knochen,
- Erhaltung der neurologischen Funktionen,
- weitgehende Mobilisierung des Patienten.

Die medikamentöse Schmerztherapie wird nach einer kurzen Phase der Bettruhe durch physiotherapeutische Maßnahmen ergänzt, beginnend mit Spannungsübungen im Liegen. Der therapeutische Wert eines 3-Punkte-Mieders oder eines Rahmenstützkorsetts wird unterschiedlich beurteilt. Solche orthopädietechnischen Hilfsmittel können für etwa 12 Wochen angelegt werden.

Später folgt die allmähliche Mobilisierung außerhalb des Bettes. Übungen im Bewegungsbad schließen sich an. Ab der dritten Woche nach dem Unfall kann das Korsett zur Physiotherapie abgenommen werden. Im Laufe der weiteren Wochen folgt die Korsettentwöhnung zum Stehen, Gehen und Sitzen. Wichtig ist das Training des Patienten durch Verhaltenstherapie bzw. Rückenschule.

Bei erstmalig diagnostizierter → Osteoporose wird eine medikamentöse Behandlung eingeleitet.

Prognose

Die Statik der Wirbelsäule wird durch eine Wirbelfraktur dauerhaft verändert, je nach Ausmaß der Verletzung. Dies kann zur Überlastung benachbarter Bewegungssegmente mit entsprechenden Verschleißerscheinungen und Schmerzen führen. Sind Nerven leicht verletzt worden, bildet sich die neurologische Symptomatik teilweise wieder zurück, bei → Querschnittlähmungen jedoch ist die Prognose schlecht.

Bei osteoporotischen Wirbelfrakturen ist die Wahrscheinlichkeit für eine erneute Fraktur hoch.

Infobox

ICD-10:
S32.0, S32.8

Internetadressen:
http://www.medizin-netz.de (Stichwort: Wirbelbruch)
http://www.leitlinien.net
http://www.dr-gumpert.de
http://www.best-med-link.de (Stichwort: Kyphoplastie)

Literatur:
Rüter, A. u. a. (Hrsg.): Unfallchirurgie, 2. Aufl. Urban & Fischer, München 2003
Paetz, B., Benzinger-König, B.: Chirurgie für Pflegeberufe, 20. Aufl. Thieme, Stuttgart 2004

Lendenwirbelsäulen-(LWS-)Syndrom

► Susanne Kaiser (32) zieht um. Da gibt es einiges zu schleppen: Bücherkisten, Möbel, Hausgeräte. Jörg, Susannes Mann, fasst nichts Schweres an, wegen seines Bandscheibenvorfalls im letzten Jahr – vier Wochen war er damals krank. Susanne packt dafür umso mehr an. Als sie am nächsten Morgen aufstehen will, kann sie sich kaum bewegen, so tut ihr der Rücken weh. Die Rückenmuskulatur ist völlig verspannt. Der Hausarzt verordnet ihr ein Schmerzmittel und Wärme sowie Ruhe. Am zweiten Tag kann Susanne sich bereits wieder im Haushalt betätigen. Am dritten Tag sind die Schmerzen fast völlig verschwunden.

Definition

Lendenwirbelsäulensyndrom ist die allgemeine Bezeichnung für akute, immer wiederkehrende (rezidivierende) oder chronische Schmerzen im Bereich der Lendenwirbelsäule. Die Schmerzen können auch in die Sakralregion und in die Beine ausstrahlen.

Viele weitere Begriffe werden unter der Bezeichnung Lendenwirbelsäulensyndrom zusammengefasst: z. B. werden akute Kreuzschmerzen auch als Lumbago (volkstümlich: Hexenschuss) bezeichnet, chronische Kreuzschmerzen als Lumbalgie. Bei Ausstrahlung der Schmerzen in den Versorgungsbereich des Nervus ischiadicus spricht man von Lumboischialgie oder Ischiassyndrom.

Synonym: Lumbalsyndrom.

Ursachen

Die besonderen statischen und dynamischen Belastungen an der Lendenwirbelsäule bewirken, dass dort öfter als bei anderen Wirbelsäulenabschnitten Beschwerden auftreten. Überlastungen oder Traumen mit Zerrungen des Band- und Muskelapparates und Muskelverspannungen können akute Kreuzschmerzen auslösen, ohne dass bereits chronische Veränderungen der Wirbelsäule vorliegen müssen.

Mit zunehmendem Alter treten zunehmend degenerative Prozesse (Verschleiß) auf, was die vermehrte Häufigkeit von Rückenbeschwerden in höheren Altersgruppen erklärt. Alters- und Verschleißerscheinungen betreffen die Bandscheiben und Wirbelkörper (**Abb. L.18**) ebenso wie die kleinen Wirbelgelenke (Arthrose):

- → Osteoporose führt zu einem Höhen- und Stabilitätsverlust der einzelnen Wirbel, teilweise zu Wirbelfrakturen.
- Die Elastizität der Bandscheiben lässt im Laufe des Lebens nach, sodass Vorwölbungen (Protrusion, Prolaps) entstehen oder sich Teile ganz von der Bandscheibe ablösen (Sequester).
- Bandscheiben- oder Wirbelteile können benachbarte Nerven, die zwischen den Wirbeln aus dem Rückenmark austreten, komprimieren oder zu lokalen Entzündungsreaktionen führen.

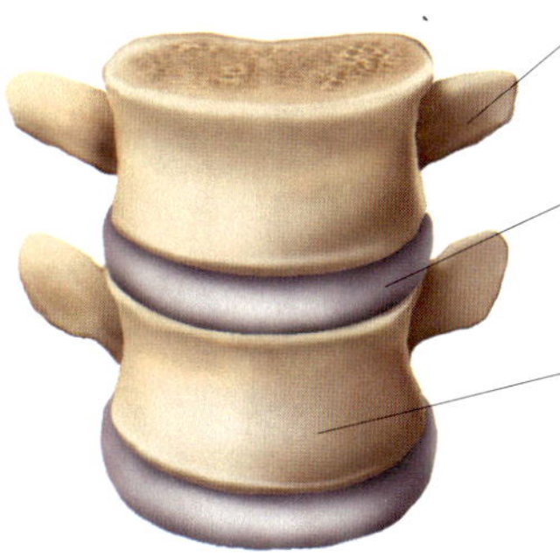

Abb. L.18 Bandscheibe. Zwischen je zwei Wirbelkörpern liegt eine Bandscheibe. Sie dämpft harte Stöße ab und ermöglicht Bewegungen der Wirbelkörper.

Angeborene Fehlstellungen im LWS-Bereich erklären eine Neigung zu Beschwerden, z. B. Skoliosen, eine verminderte LWS-Lordose oder eine Spinalkanalstenose. Weitere Ursachen können Infektionen, rheumatisch bedingte Entzündungen, → Tumoren oder traumatisch bedingte Verletzungen sein.

Stress, soziale Probleme und psychische Störungen wirken ebenfalls schmerzauslösend oder schmerzverstärkend.

Symptome

Die Patienten klagen über akute oder chronische Schmerzen im LWS-Bereich mit oder ohne Ausstrahlung ins Gesäß oder in die Beine.

Je nach Ursache der Beschwerden treten z. T. neurologische Störungen auf (Sensibilitätsstörungen), sowie teilweise oder komplette Lähmungen von Muskeln, was u. U. Probleme beim Gehen zur Folge hat (z. B. Fußheberschwäche bei → Bandscheibenvorfall in Höhe L4/5). Die Beweglichkeit der Wirbelsäule ist eingeschränkt.

Diagnose

Die ausführliche Anamnese weist auf Auslöser der Symptome hin. Es folgt eine detaillierte orthopädisch-neurologische Untersuchung, um die Ursache der Beschwerden herauszufinden.

Bildgebende Verfahren werden je nach Fragestellung ausgewählt: Das Röntgen als Basismaßnahme, die Computertomografie zur genaueren Beurteilung der knöchernen Strukturen, die Magnetresonanztomografie, mit der sehr gut Bandscheiben, Nervenwurzeln und Bänder dargestellt werden können, die Szintigrafie, die z. B. Hinweise auf Entzündungsprozesse gibt.

Bei Verdacht auf systemische Erkrankungen (Infektion, Rheuma, Tumorerkrankung) werden zusätzlich Laborparameter bestimmt.

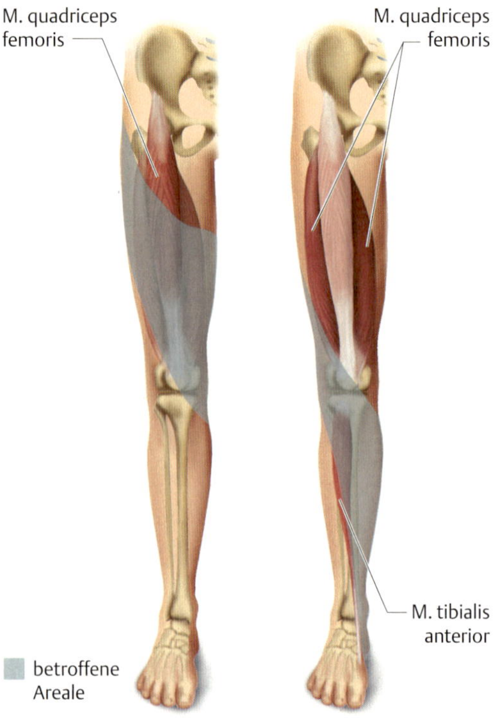

Abb. L.19 Schädigung der Wurzel. a L3 und **b** L4. Eingezeichnet sind jene Muskeln (Kennmuskeln), in denen eine Lähmung zu erwarten ist; schraffiert wurden die Hautgebiete, in denen eine Sensibilitätsstörung auftritt.

Kaudasyndrom. Eine Notfallsituation ist das Kaudasyndrom: Bei einem massiven Bandscheibenvorfall oder einer Lendenwirbelkörperfraktur ist die Cauda equina beschädigt. Folgen sind die Kardinalsymptome Reithosenanästhesie (Sensibilitätsstörungen im After-/Damm-/Geschlechtsbereich, etwa in der Ausdehnung des Reithosenbesatzes s. **Abb. Q.3**), Miktions- und Darmentleerungsstörungen und schlaffe Lähmungen an den unteren Extremitäten. Es muss sofort operiert werden!

Differenzialdiagnose

Rückenbeschwerden werden nicht nur in der Wirbelsäule ausgelöst, sondern auch in anderen Organen. Beispiele dafür sind → Koxarthrose, → Hüftkopfnekrose, Nierenerkrankungen, → Pankreatitis, → Tumoren des Rückenmarks oder retroperitoneale Tumoren.

Therapie

Ziel der Behandlung ist es, Schmerzen zu lindern und die körperliche Mobilität und Aktivität wiederherzustellen. Das Vorgehen im Einzelfall richtet sich nach der zugrunde liegenden Diagnose. Meist können einige Maßnahmen parallel eingesetzt werden.

Konservative Therapie

Wichtig ist zunächst die Aufklärung des Patienten über die Erkrankung, die Behandlungsmöglichkeiten und die Prognose. Konservative Maßnahmen sind:

- kurzzeitige (!) Entlastung und Stufenlagerung im Bett,
- medikamentöse Schmerztherapie (Antiphlogistika, Opioide, Muskelrelaxanzien, Antidepressiva),
- lokale Injektionen (Nervenwurzelblockaden, peridural, epidural, CT-gesteuert),
- Wärme, Kälte- und Elektrotherapie,
- manuelle Therapie,
- Gewichtsreduktion,
- psychologische Interventionen, Verhaltenstherapie,
- spezifische Physiotherapie,
- Massagen,
- Versorgung mit Stützmiedern oder Orthesen,
- Rückenschule,
- regelmäßige körperliche Aktivität zur Prävention.

Chirurgische Therapie

Unbedingt angezeigt ist der chirurgische Eingriff beim Kaudasyndrom und bei funktionell sehr stark beeinträchtigenden Lähmungen aufgrund eines Bandscheibenvorfalls. Operiert wird auch, wenn ein schmerzauslösender Befund klar identifiziert ist und die Beschwerden trotz konservativer Therapie anhalten.

Bei dem Eingriff werden Bandscheibenvorfälle entfernt und komprimierte Nervenwurzeln freigelegt. Dazu müssen u. U. auch Anteile der Wirbel entfernt werden. Bei schweren degenerativen Veränderungen sind Versteifungsoperationen notwendig, alternativ werden Bandscheibenprothesen implantiert.

Bei der chirurgischen Behandlung von Bandscheibenvorfällen werden verschiedene, kontrovers diskutierte Methoden praktiziert.

Prognose

Akute Rückenschmerzen ohne strukturelle Schäden verschwinden meist innerhalb weniger Tage von selbst bzw. unter konservativer Therapie. Auch bei der Mehrzahl der Bandscheibenvorfälle verschwinden die Beschwerden innerhalb von sechs Wochen, unabhängig davon, welche therapeutischen Maßnahmen ergriffen worden sind. Im Einzelfall ist die Prognose abhängig vom Ausmaß der Schäden.

Infobox

ICD-10: M40 – M54

Internetadressen:

http://www.leitlinien.net (Stichworte: LWS-Syndrom, Kreuzschmerz)
http://www.dr-gumpert.de
http://www.lws-syndrom.de

Lepra

► **Als Kianga Adu auf dem Flughafen Madrid landete, kam sie ins Paradies auf Erden, so schien es ihr. Die 20-jährige Afrikanerin hatte ihren Mann, einen Entwicklungshelfer, bei einem Brunnenbauprojekt in Zentralafrika kennen gelernt. Ein Jahr lang genossen beide das Glück ihres Lebens. Eines Tages fiel Kianga auf, dass sie sich oft grundlos müde und abgeschlagen fühlte. In ihrem Gesicht entdeckte sie drei Stellen, an denen die Haut ungleichmäßig und leicht entzündet aussah, jeweils umgeben von einem Wall aus kleinen Knoten. Ein Arzt versuchte es zuerst vergeblich mit Salben, schließlich nahm er Biopsien. Der histologische Befund und die mikrobiologische Untersuchung brachten Gewissheit: Kianga hatte Lepra.**

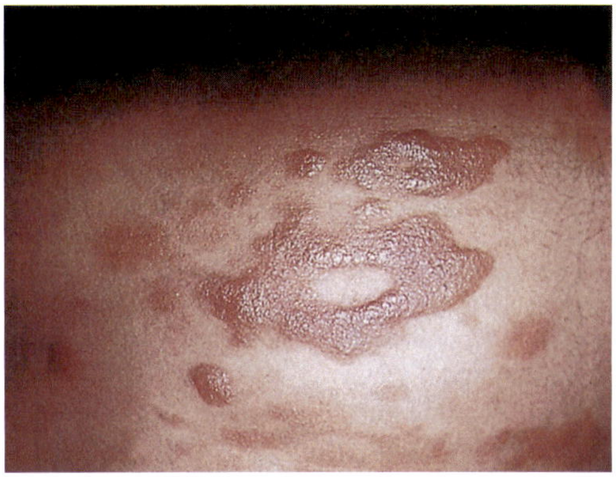

Abb. L.20 Lepra. Charakteristisch angeordnete, flach erhabene, bräunlich-rötliche Herde am Stamm eines 60-jährigen Mannes.

Definition

Als Lepra bezeichnet man die Infektion mit Mycobakterium leprae. Der Krankheitsverlauf hängt vom Zustand des Immunsystems ab sowie von der Anzahl der Mykobakterien. Es werden zwei Formen unterschieden:

- **pauzibazilläre Form** (bakterienarme Form),
- **multibazilläre Form** (bakterienreiche Form).

Der „Aussatz“ führte in früheren Zeiten zu drastischen Isolierungsmaßnahmen: Die Betroffenen mussten außerhalb der Siedlungen leben und mit Lärminstrumenten auf sich aufmerksam machen, wenn sie die Siedlungen betraten.

Auch heute noch gilt die Krankheit als gefährlich: Es besteht eine Meldepflicht nach § 6 des Infektionsschutzgesetzes.

Ursachen

Die Mykobakterien gelangen wahrscheinlich durch kleine Hautwunden oder durch die Nasen-Rachen-Schleimhäute in den Körper. Der Übertragungsmechanismus konnte bisher nicht eindeutig identifiziert werden.

Symptome

Symptome der Lepra sind leichte Entzündungen mit Verzerrung des Hautbildes (**Abb. L.20**) sowie knotige Auftragung der Nervenenden. Die pauzibazilläre Form kann selbstlimitierend sein. Die multibazilläre Form dagegen lässt sich ohne Therapie nicht stoppen und führt unbehandelt zum Tod. Durch die angegriffenen Nerven und Gefäße geht die Sensibilität verloren und durch Schädigung des Sehnervs kann eine Erblindung eintreten.

Die Inkubationszeit beträgt mehrere Monate bis Jahre. Dies ist auf die langsame Teilungsrate der Mykobakterien zurückzuführen. Langwierig ist auch der Verlauf der Krankheit.

Diagnose

Die Diagnose erfolgt durch die klinischen Zeichen (Hautbild, Sensibilitätsstörungen). Ein Erbgutnachweis mit der Polymerasekettenreaktion (PCR) identifiziert die Bakterien eindeutig.

Bei der multibazillären Form kann ein mikroskopischer Nachweis gelingen, bei der pauzibazillären Form sind dafür meist zu wenige Bakterien vorhanden.

Therapie

Die Therapie umfasst eine gute Ernährung mit Ergänzung des Vitamin- und Spurenelementehaushalts sowie ausreichend Flüssigkeit. Dazu wird über 12 Monate eine Antibiotikakombination (z. B. Rifampicin, Dapson, Clofamizin) verabreicht.

Prognose

Bei ausreichender Behandlung ist die Prognose für Lepra heutzutage gut.

Infobox

ICD-10:
A30.9

Internetadressen:
http://www.rki.de (Infektionserreger von A-Z)
http://www.dahw.de (mit Fallbildern)
http://www.lepra-tuberkulose.de

Leriche-Syndrom

► Der 59-jährige Herbert Müller hat von seinem Kegelclub eine Auszeichnung erhalten: den goldenen Aschenbecher. Seit 40 Jahren Raucher. Damit muss nun Schluss sein, sagt der Arzt. Doch das hat er schon oft gesagt. Herrn Müllers Beine fühlen sich seit drei Wochen kalt an und sind sehr blass. Zudem hat er immer wieder starke, krampfartige Bauchschmerzen. Dazu ständig Schmerzen in den Beinen. „Und mit der Erotik geht das auch nicht mehr so gut...", bestätigt er auf Nachfrage des Arztes. Herr Müller kommt ins Krankenhaus. Nach ausführlicher radiologischer Untersuchung wird das Leriche-Syndrom festgestellt. Herr Müller wird zur Operation in eine gefäßchirurgische Klinik überwiesen. Dort erhält er einen Bypass. Nach der Entlassung aus der Klinik sind die Beschwerden verschwunden. Den Aschenbecher versteckt er und raucht weiter.

Definition

Beim Leriche-Syndrom ist die Endaufgabelung der Aorta in die beiden Beckenarterien verengt oder verlegt. Benannt ist die Erkrankung nach dem französischen Chirurgen René Leriche (1879 – 1955).

Synonym: Aortenbifurkationssyndrom.

Ursachen

Chronisches Leriche-Syndrom. Meistens entwickelt sich ein Verschluss der Hauptschlagader langsam und über Jahre hinweg durch → Arteriosklerose – begünstigt oft durch eine ungesunde Lebensweise und Bewegungsmangel. Als Folge des behinderten Blutflusses in der Aorta entwickeln sich Umgehungskreisläufe, sog. Kollateralen. Sie überbrücken die Blutversorgung teilweise und verzögern das Auftreten von Beschwerden. Die Durchblutungsstörung äußert sich in zeitweiligem Hinken des Patienten. Er kann keine langen Gehstrecken mehr zurücklegen und muss immer wieder Pausen einlegen („Schaufensterkrankheit"). Am Leriche-Syndrom leiden vorwiegend Männer, häufig starke Raucher, zwischen 50 und 60 Jahren. Sie sind etwa viermal häufiger betroffen als Frauen.

Akutes Leriche-Syndrom. Der Verschluss der Bauchaorta kann auch plötzlich durch eine → Embolie aus dem Herzen entstehen. Betroffen sind meist herzkranke Menschen. Besonders hoch ist das Risiko für Patienten mit → Herzrhythmusstörungen oder absoluter Arrhythmie, aber auch für Patienten mit Herzschrittmacher oder künstlicher Herzklappe. Die Embolie kann tödlich enden, wenn Thromben einen Gefäßverschluss in der Lunge verursachen und damit eine → Lungenembolie auslösen. In vielen Fällen kommt es aber zum Verschluss der Beckenarterien (**Abb. L.21**). Ein totaler Verschluss kann zum Verlust beider Beine führen, wenn die Durchblutung nicht operativ wiederhergestellt werden kann.

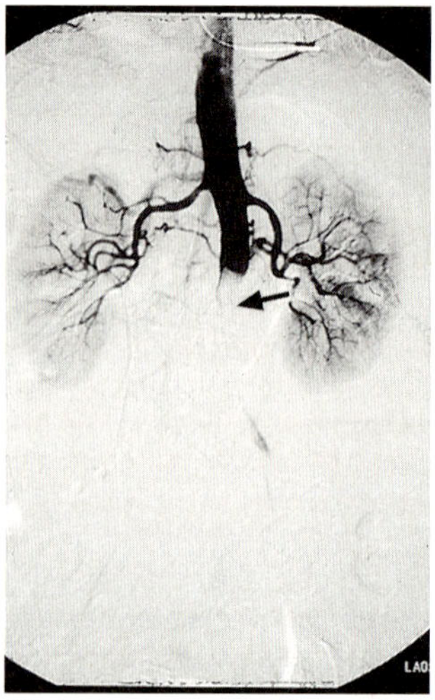

Abb. L.21 Akuter arterieller Verschluss. Kompletter infrarenaler Verschluss der Aorta abdominalis (Pfeil) in der DAS-Aortografie.

Symptome

Typische Symptome sind schnelles Ermüden und Schmerzen in den Beinen beim Gehen. Die Haut der Beine ist von einer blassgrauen, teils marmorierten Farbe und fühlt sich kalt an. In vielen Fällen bilden sich die Muskeln zurück. Wegen der Durchblutungsstörung leiden viele der Patienten an Impotenz oder erektilen Potenzstörungen.

Schreitet die Krankheit weiter fort, sind auch die Nierenarterien betroffen. Nierenfunktionsstörungen sind die Folge. Weitere Symptome sind, je nach Ort des Gefäßverschlusses: belastungsabhängige Schmerzen im Gesäßbereich, verminderte Darmdurchblutung oder auch Ruheschmerz in den Beinen.

Diagnose

Zur Diagnose des Leriche-Syndroms wird die Gerätemedizin genutzt.

Doppler-Verschlussdruckmessung. Durch eine Doppler-Verschlussdruckmessung der Knöchelarterien lässt sich der Schweregrad der Durchblutungsstörung beurteilen. Eine Blutdruckmanschette wird am Unterschenkel oberhalb der Knöchel aufgepumpt, bis am Fuß kein Pulssignal mehr nachweisbar ist. Der gemessene Blutdruckwert wird mit dem Blutdruck an den Oberarmen ins Verhältnis gesetzt. Normalerweise ist der Knöchelarterienblutdruck höher als der der Arme, bei Durchblutungsstörungen in den Beinen aber niedriger.

Farbcodierte Duplex-Sonografie. Sie zeigt Lage und Ausdehnung der Verschlüsse. Sie ermöglicht eine Darstellung des oberflächlichen und tiefen Venensystems ohne Kon-

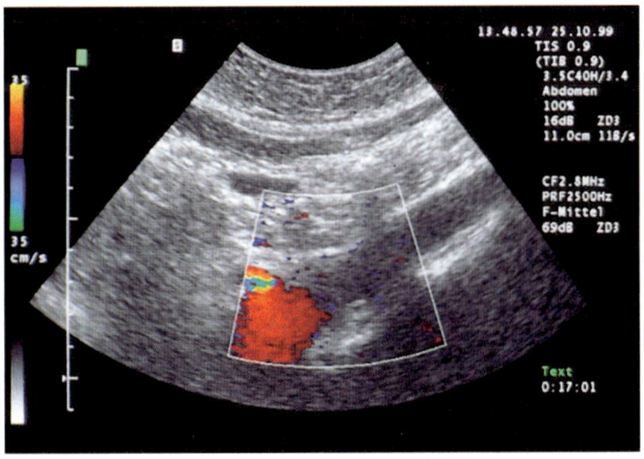

Abb. L.22 Leriche-Syndrom. Abbruch des durchströmten Lumens (rot) unmittelbar vor der Aortenbifurkation.

trastmittel und lässt Venenklappenschäden, Gefäßerweiterungen und -verengungen sowie Kalkablagerungen erkennen. Arterien und Venen werden farbig dargestellt.

Kernspin-Angiografie. Alle Gefäße des Beckens und der Beine können dargestellt werden. Dieses nichtinvasive Verfahren liefert Schnittbilder des menschlichen Körpers: Betroffene Körperstellen werden einem Magnetfeld ausgesetzt. Durch zusätzliche Hochfrequenz-Magnetfelder werden Teile von Atomen, aus denen das Gewebe besteht, zu Schwingungen angeregt. Nach Ausschalten des Magnetfeldes senden die zu Schwingungen angeregten Teile der Atome, die Protonen, ein Signal aus. Dieses wird gemessen und vom Computer in Form von Schnittbildern des Körpers dargestellt.

Therapie

Die Behandlung von Gefäßerkrankungen ist komplex, daher führt eine einzelne Methode selten zum Erfolg. Alle therapeutischen Zweige sind zu koordinieren, zwischen konservativen und chirurgischen Maßnahmen muss abgewogen werden.

Durchblutungsfördernde Medikamente sind bei Aorten- und Beckenarterienverschluss wenig wirksam, daher wird die Therapie des Leriche-Syndroms operativ durchgeführt. Mögliche Methoden sind:

- Herausziehen von thrombotischem Auflagerungsmaterial mit einem speziellen Katheter,
- Aufdehnung der Engstelle,
- Einsetzen von Gefäßstützen (Stent),
- Bypass.

Der Bypass wird bei größeren Verschlüssen im Gabelungsbereich der Aorta gelegt, beim akuten Leriche-Syndrom in Form einer Y-Prothese (**Abb. L.23**). Damit wird die Gefäßverbindung zwischen der Aorta und den beiden Beinarterien wiederhergestellt. Ohne diese Operation wäre bei längerem Verschluss der Arterien eine Amputation beider Beine wahrscheinlich. Bei fortgeschrittenen Gefäßverengungen sollte daher rechtzeitig eine Angiografie und eine Bypass-Operation durchgeführt werden.

Postoperativ bekommt der Patient nach einer Bypass-Operation oder einer Stent-Einlage Medikamente zur Thromboseprophylaxe. Blutverdünnende Medikamente sichern langfristig die Durchblutung und beugen der Thrombenbildung vor. Durch regelmäßige Kontrollen nach der Operation lässt sich rechtzeitig eine mögliche Veränderung an den operierten Gefäßen feststellen und behandeln.

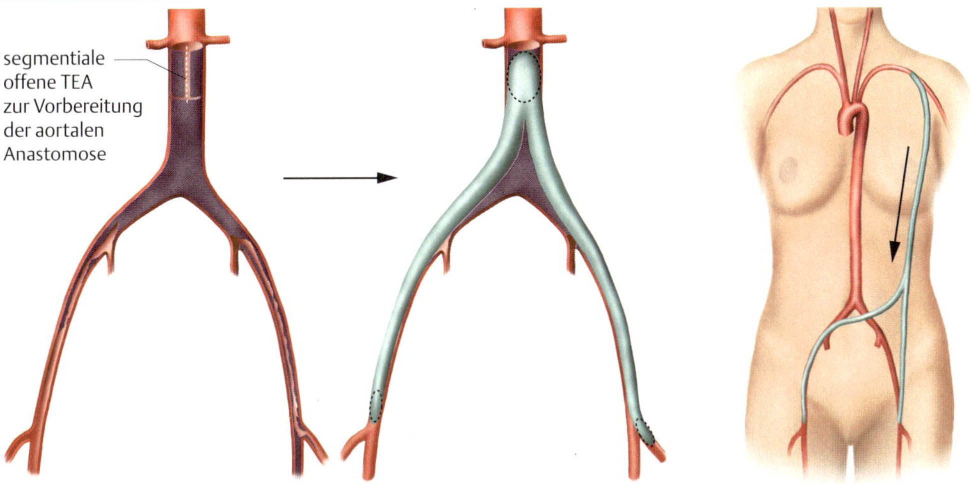

Abb. L.23 Rekonstruktionen bei aortobiiliakalen Verschlüssen. **a** Aortobifemoraler Bypass bei sog. „hohem" Verschluss (ab Abgang der Nierenarterien), **b** extraanatomischer axillobifemoraler Bypass.

Prognose

Studien besagen, dass die Durchgängigkeit der Prothesen auch nach fünf Jahren noch bei etwa 98% liegt. Etwa 3% der Patienten erleiden innerhalb der ersten 30 Tage nach der Operation einen Prothesenverschluss. Statistisch kann kein signifikanter Unterschied zwischen verschiedenen verwendeten Materialien nachgewiesen werden.

Die gute Prognose kann aber nur zutreffen, wenn der Patient dauerhaft seine Lebensweise und seine Ernährung verändert. Das Rauchen ist aufzugeben oder zumindest stark einzuschränken. Regelmäßige Bewegung und leichter Ausdauersport wirken vorbeugend. Das gezielte Training in einer Gefäßsportgruppe ist für Patienten nach Bypass-Operationen sehr empfehlenswert.

Komplikationen

Bei schon bestehendem → Aortenaneurysma kann der plötzliche Gefäßverschluss zum Druckanstieg in der Aorta und damit zum Reißen der Gefäßaussackung führen.

Infobox

ICD-10:
I74.0

Internetadressen:
http://www.katrinheckmann.de/dateien_krank/Arterien.doc
http://www.ruhr-uni-bochum.de/rubin/rbin2_97/rubin6.htm
http://www.gefaesschirurgie-bremen.de/Therapie/lerichekons.php
http://www2.uni-jena.de/med/ht/Lehre/vorlesungen/pdf/cohnert-avk.pdf
http://www.kup.at/kup/pdf/3949.pdf

Literatur:
J. Dahmer: Anamnese und Befund. Die ärztliche Untersuchung als Grundlage klinischer Diagnostik. Thieme, Stuttgart 2002
Hirner, A., Weise, K.: Chirurgie. Schnitt für Schnitt. Thieme, Stuttgart 2004

Lidfehlstellungen

► Der 17-jährige Marco ist auf dem Weg zum Augenarzt. Er hat es eilig und ist aufgeregt, denn so etwas hat er noch nie erlebt: Er kann plötzlich sein linkes Auge nicht mehr schließen, auch nicht mit größter Anstrengung; die Lidspalte bleibt trotzdem zwei Millimeter breit geöffnet. An einer Ecke rennt er fast eine Rentnerin um. „Na so was, die jungen Leute. . .!" Sie hebt müde die Augenlider. „. . . Schlafen mit offenen Augen! Wie die Hasen, hat man früher gesagt."

Definition

Bei einer Lidfehlstellung kann der Betroffene ein Auge nicht schließen oder nicht öffnen. Es gibt verschiedene Formen von Lidfehlstellungen (**Abb. L.24**):

- **Lagophthalmus** („Hasenauge"): unvollständiger oder fehlender Lidschluss,
- **Entropium:** der Lidrand ist nach innen gewendet,
- → **Ektropium:** der Lidrand ist nach außen gewendet,
- **Dermatochalasis:** die erschlaffte Lidhaut hängt über den Oberlidrand; häufiger im höheren Lebensalter,
- **Blepharochalasis:** seltene Erkrankung jüngerer Menschen mit dünner, faltiger, überschüssiger Lidhaut durch rezidivierende Lidödeme,
- **Ptosis:** Herabhängen des Oberlides von mehr als 2 mm über den oberen Hornhautrand mit unzureichender Fähigkeit, die Lidkante anzuheben.

Ursachen

Der Lagophthalmus wird häufig durch eine Fazialisparese (Gesichtslähmung) verursacht. Er kann aber auch durch ein sehr großes oder nach vorne tretendes Auge (Exophthalmus) bedingt sein bzw. durch ein ausgeprägtes Ektropium.

Häufige Ursachen von Entropium (→ Ektropium) und Ektropium sind altersbedingte Veränderungen der Lidstrukturen oder Narben im Lidbereich. Die Dermatochalasis ist ebenfalls eine Altersveränderung. Die Blepharochalasis ist eine Folge rezdivierender Lidödeme.

Eine Ptosis entsteht durch verschiedene Erkrankungen des M. levator palpebrae (Lidheber) oder seiner Innervation und kann angeboren oder erworben sein. Zu den erworbenen Ursachen zählen die Okulomotoriusparese, das Horner-Syndrom mit Ptosis und Miosis (enge Pupille), oder eine → Myasthenie. Die Myasthenie ist eine Autoimmunerkrankung, von der die Nervenschaltstellen betroffen sind. Beidseitige Ptosis bei Müdigkeit und im Verlauf des Tages sind typisch.

Symptome

Lidfehlstellungen sind kosmetisch störend. Symptome des Entropiums sind Fremdkörpergefühl und Tränenträufeln (Epiphora). Das Ektropium führt ebenfalls zu Epiphora. Eine ausgeprägte Dermatochalasis und eine Ptosis kön-

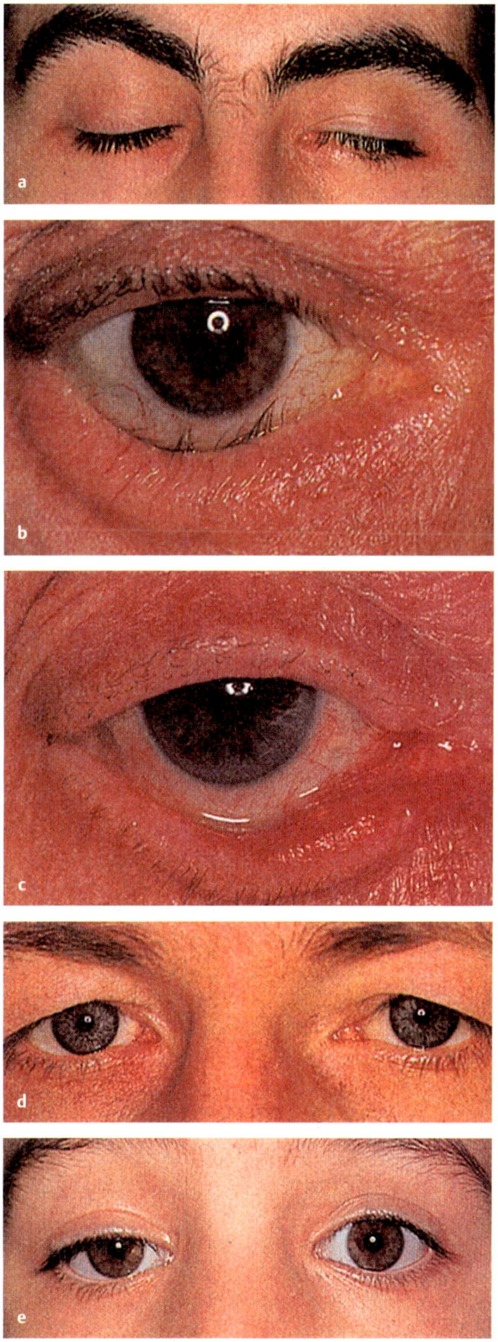

Abb. L.24 Lidfehlstellungen. **a** Lagophthalmus links, **b** Entropium, **c** Ektropium, **d** Dermatochalasis, **e** Ptosis rechts.

nen zu einer Sehverschlechterung führen, wenn die Pupille durch das Oberlid bedeckt ist.

Diagnose

Beim Entropium sind mit dem Lidrand auch die Wimpern nach innen gedreht und führen zu einer Trichiasis (Reiben fehlstehender Wimpern auf der Hornhaut). Das nach außen gewendete Lid beim Ektropium, das die rötliche Lidbindehaut freilegt, entzündet sich leicht. Außerdem kann die Tränenflüssigkeit nicht über das untere Tränenpünktchen ablaufen. Sie fließt stattdessen über die Lidkante auf die Wange. Bei der Dermatochalasis hängt die Lidhaut über den Oberlidrand.

Bei der Ptosis ist der Patient nicht in der Lage die Oberlidkante mehr als 2 mm über den oberen Hornhautrand anzuheben. Insbesondere bei Beidseitigkeit legen die Patienten deshalb den Kopf in den Nacken und runzeln die Stirn, um die Sicht etwas zu verbessern.

Wird ein Patient mit Lagophthalmus aufgefordert, die Lider zu schließen, so bleibt ein Spalt unterschiedlicher Weite offen.

Differenzialdiagnose

Die einzelnen Lidfehlstellungen müssen voneinander abgegrenzt werden, z. B. eine Dermatochalasis von einer Ptosis.

Therapie

Um den Lagophthalmus akut zu behandeln, verordnet der Arzt eine Brille mit anatomisch geformtem Seitenschutz und Tränenersatz-Augentropfen. Zur Nacht erhält der Patient einen Uhrglasverband und Dexpanthenol-Augensalbe (**Abb. L.25**).

Entropium, Ektropium, Dermatochalasis und Ptosis werden möglichst chirurgisch korrigiert. Bei einem Entropium durch ausgeprägte Narbenveränderungen oder Hauttumoren (z. B. bei → Neurofibromatose) kann zum Hornhautschutz eine therapeutische Kontaktlinse angepasst werden. Als Sofortmaßnahme bei einem Entropium wendet ein Zügelpflaster den Unterlidrand wieder nach außen und beseitigt die Trichiasis (**Abb. L.26**).

Prognose

Häufig können Lidfehlstellungen nur operativ korrigiert werden. Ist ein → Tumor oder eine Entzündung in der Orbita oder im Oberlid die Ursache für eine Ptosis, kann sich die Lidfehlstellung vollständig zurückbilden, nachdem die Ursache beseitigt wurde.

Komplikationen

Durch den unvollständigen Lidschluss beim Ektropium und beim Lagophthalmus wird die Hornhaut unzureichend benetzt und es bilden sich punktförmige, oberflächliche Defekte vorwiegend des unteren Hornhautanteils (Keratitis superficialis).

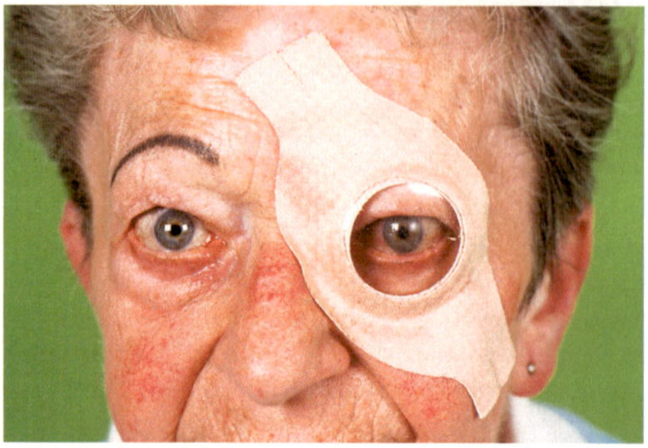

Abb. L.25 Lagophthalmus. Der Uhrglasverband schafft eine feuchte Kammer, die die Hornhaut vor dem Austrocknen schützt.

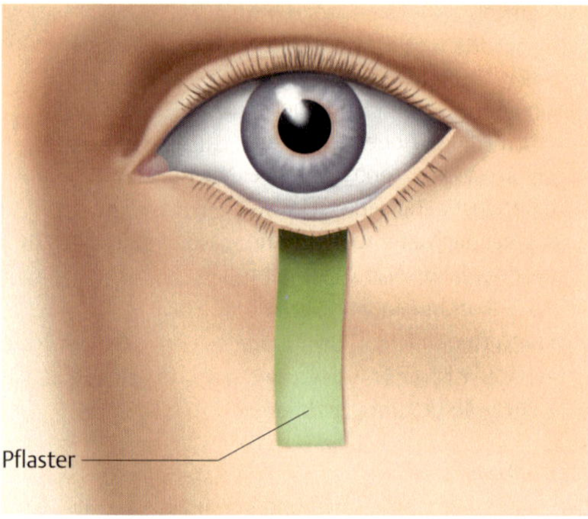

Abb. L.26 Entropium. Zügelpflaster zur vorübergehenden Behandlung eines Entropiums des Unterlids.

Das Reiben der Wimpern auf der Hornhaut beim Entropium hat einen ähnlichen Effekt und begünstigt Infektionen. Bei unzureichender Therapie können diese Veränderungen zu einem Hornhautgeschwür führen, zur Entzündung des ganzen Auges und im Extremfall sogar zu dessen Verlust. Bei Kindern kann eine Ptosis, die die Pupille teilweise oder vollständig verdeckt, eine irreversible Sehschwäche (Amblyopie) des betroffenen Auges zur Folge haben.

Infobox

ICD-10: H02.0 – H02.9

Internetadressen:
http://augen.uniklinikum-dresden.de/seite.asp?ID=157

Literatur:
Oestreicher, E. u. a.: HNO, Augenheilkunde, Dermatologie und Urologie für Pflegeberufe. Thieme, Stuttgart 2003

Lidrandentzündung

► **Frau Willinger ist 55 Jahre alt und seit einiger Zeit arbeitslos. Um wieder eine Stelle zu finden, besucht sie Fortbildungskurse, die ihr allerdings recht schwer fallen. Oft liest sie die halbe Nacht hindurch, bis sie die Augen nicht mehr offen halten kann. Eines Morgens wacht sie auf und erschrickt: Sie kann die Augen nicht öffnen! Die Lider sind verklebt und lassen sich nur mühsam mit den Fingerspitzen voneinander trennen.**

Definition

Bei einer Lidrandentzündung sind die Strukturen des Oberlid- und Unterlidrandes entzündlich verändert.

Synonym: Blepharitis.

Ursachen

Die Ursachen einer Lidrandentzündung sind Bakterien (Staphylokokken) oder eine Hauterkrankung (Seborrhö), häufig im Zusammenhang mit einem instabilen Tränenfilm. Begünstigend wirken Umweltfaktoren wie Staub und Wind oder auch eine zu schwache Brille, außerdem Schlafdefizit oder lange Naharbeit bei schlechtem Licht.

Der Lidrand kann auch bei akuten Entzündungen des übrigen Lids durch verschiedene Erreger mitbeteiligt sein, sowie bei →Herpes zoster (Gürtelrose) im Gesichtsbereich, bei Allergien und toxischen Reaktionen.

Symptome

Die Augen brennen, jucken und morgens sind die Lidränder oft verklebt. Die Lidränder sind gerötet und weisen Schuppen, Krusten sowie evtl. ölige Tröpfchen auf (**Abb. L.27**).

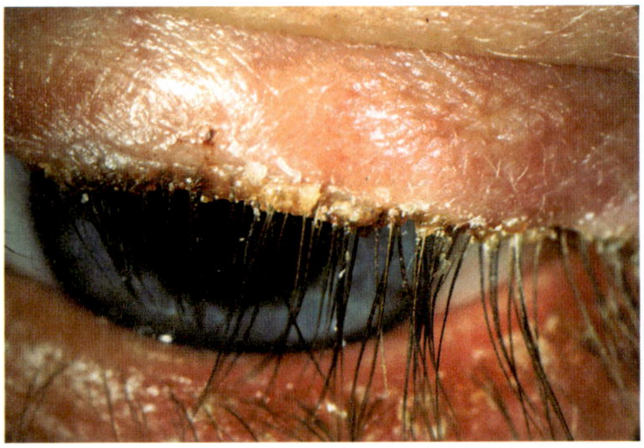

Abb. L.27 Lidrandentzündung. Die Lidränder sind leicht gerötet und etwas verdickt, die Wimpern verklebt.

Differenzialdiagnose

Insbesondere eine →Konjunktivitis muss ausgeschlossen werden. Sie kann aber auch zusammen mit einer Lidrandentzündung vorkommen bzw. durch sie verursacht sein.

Therapie

Der Patient mit chronischer Lidrandentzündung wird zur konsequenten Lidrandhygiene angeleitet: Zweimal täglich sollte er warme Kompressen für 5 – 10 Min. auf die geschlossenen Augen legen und anschließend die Lider und Lidkanten mit einem angefeuchteten Wattestäbchen vorsichtig reiben. Leidet der Patient nicht an einer Allergie, kann ein mildes Babyshampoo zugesetzt werden.

Ergänzend kann der Arzt vorübergehend eine antibiotische Salbe verschreiben, die der Patient mit frisch gewaschenen Händen bei geschlossenen Lidern in die Lidränder einmassiert.

Bei der akuten Lidrandentzündung wird die Grunderkrankung behandelt, z. B. bei Herpes zoster mit Aciclovir systemisch und lokal.

Prognose

Eine Lidrandentzündung kann folgenlos abheilen, wenn sich die Ursache beseitigen lässt. Eine chronische Lidrandentzündung mit permanent geröteten Lidrändern kann während des ganzen Lebens bestehen bleiben.

Komplikationen

Komplikationen der chronischen Lidrandentzündung sind Narbeneinziehungen der Lidkanten, Wimpernverlust (Madarosis) und weiße Wimpern (Poliosis).

Infobox

ICD-10:
H01.0

Internetadressen:
http://www.med.uni-marburg.de/stpg/ukm/lt/augenklinik/blepha.htm

Literatur:

Oestreicher, E. u. a.: HNO, Augenheilkunde, Dermatologie und Urologie für Pflegeberufe. Thieme, Stuttgart 2003

Lang, G.K. (Hrsg.): Augenheilkunde, 3. Aufl. Thieme, Stuttgart 2004

Lippen-Kiefer-Gaumenspalte

► Ultraschall: Dem Baby guten Tag sagen. Auch diesmal wieder hatte sich Annette Gerke darauf gefreut, das neueste Bild ihres kleinen Jungen mit nach Hause zu bringen. Als sich die Miene des Arztes plötzlich verfinsterte, bekam sie Angst. „Was ist, was sehen Sie?“ fragte sie. Der Arzt erschrak darüber, dass sie ihm die Entdeckung sofort angesehen hatte. Aber nun konnte er nicht mehr zurück. „Es könnte sein, dass Ihr Kind mit einer Gaumenspalte zur Welt kommt.“ Annette wurde blass. „Es ist nur ein Verdacht“, beeilte sich der Arzt zu erklären, „und man kann es sehr gut hinbekommen.“ – „Hinbekommen. . .“ flüsterte Annette. Nun wurde der Arzt blass.

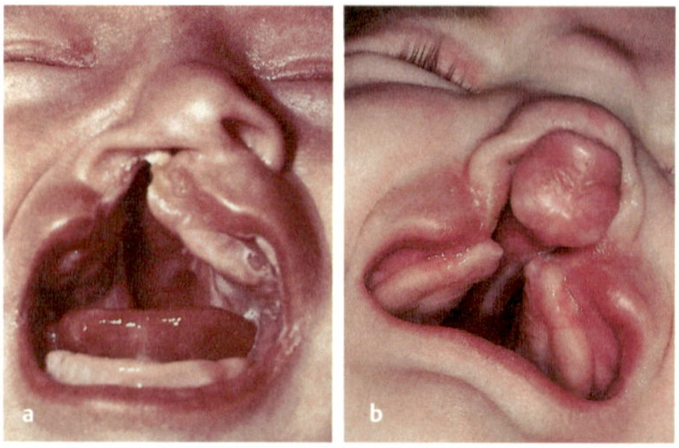

Abb. L.28 Lippen-Kiefer-Gaumenspalte. **a** Einseitige komplette Lippen-Kiefer-Gaumenspalte, **b** beidseitige komplette Lippen-Kiefer-Gaumenspalte.

Definition

Die Lippen-Kiefer-Gaumenspalte ist eine relativ häufige Fehlbildung der Lippen, des Oberkiefers und des weichen Gaumens. Es können alle Teile betroffen sein oder nur einzelne davon. Die Fehlbildung tritt bei einem von rund 500 Neugeborenen auf, in Deutschland pro Jahr etwa 1500-mal, bei Jungen häufiger als bei Mädchen.

Abgeschwächte Formen sind die Lippenkerbe (Hautdefekt der Oberlippe) und das geteilte Gaumenzäpfchen (Uvula bifida).

Ursachen

Die Ursachen der Spaltbildung sind nicht endgültig geklärt. Für eine genetische Ursache spricht, dass in rund 15 % der Fälle die Fehlbildung bereits früher in der betroffenen Familie aufgetreten ist. Auch äußere Faktoren scheinen eine Rolle zu spielen:

- Erkrankung der Mutter während der ersten drei Schwangerschaftsmonate,
- übermäßiger Konsum von Alkohol, Nikotin oder Drogen,
- erhöhte Strahlenbelastung mit Röntgen- oder radioaktiven Strahlen,
- starke körperliche und seelische Belastung der Mutter in den ersten Wochen der Schwangerschaft,
- Nährstoff-Unterversorgung der Mutter während der Schwangerschaft.

Oberkiefer und Oberlippe des Embryos werden während der 5. und 6. Woche der Schwangerschaft ausgebildet, harter und weicher Gaumen während der 8. und 9. Woche. Lippe, Kiefer und der vordere Teil des harten Gaumens entstehen aus einem anderen Gewebe als der hintere Teil des harten Gaumens und der weiche Gaumen.

Kommt es in dieser Phase zu einer Entwicklungsstörung, bildet sich ein Spalt, der unterschiedlich ausgeprägt sein kann: als einseitige, isolierte Lippenspalte oder als Lippen-Kiefer-Gaumenspalte auf beiden Seiten (**Abb. L.28**). Der Weichgaumen kann gespalten sein, es kann sich eine Furche im Zäpfchen bilden bzw. das Zäpfchen kann doppelt ausgeprägt sein. Es kann auch vorkommen, dass der knöcherne Gaumen gespalten ist, die darüber liegende Schleimhaut aber geschlossen (submuköse Gaumenspalte).

Symptome

Die Lippen-Kiefer-Gaumenspalte kann verschiedene Symptome hervorrufen:

- **erschwerte Nahrungsaufnahme:** Bei Neugeborenen ist das Saugen erschwert. Bei einer Gaumenspalte kann Nahrung in den Nasenraum gelangen (**Abb. L.29**).
- **Atembeschwerden:** Bei einer einseitigen Spalte kann die Nasenhöhle verengt sein.
- **veränderter Stimmklang:** Durch den fehlenden Abschluss des Weichgaumens zur Rachenhinterwand entsteht ein nasaler Stimmklang (→ Rhinophonie).
- **Probleme bei der Aussprache:** Insbesondere die k- und g-Laute können nicht richtig artikuliert werden.

Abb. L.29 Aspirationsprophylaxe. Eine halbsitzende bis aufrechte Stillposition beugt Aspirationen vor.

- **Probleme mit der Belüftung des Mittelohres:** Häufige Mittelohrentzündungen (→ akute Otitis media), → Mittelohrschwerhörigkeit, Paukenergüsse.
- **Zahnfehlstellungen:** Wenn der Oberkiefer betroffen ist, können Zähne unregelmäßig stehen oder ganz fehlen.
- **Psychische Probleme:** Fehlende Akzeptanz der Umgebung, z. B. Hänseleien durch Gleichaltrige.

Diagnose

Ab der 18. bis 20. Schwangerschaftswoche kann in der Ultraschalluntersuchung die Diagnose gestellt werden. Nach der Geburt führen verschiedene Fachärzte weitere Untersuchungen durch, um das Ausmaß der Schädigung festzustellen:

- Untersuchung der Ohren (Tubenfunktion, Mittelohrbelüftung, Gehör),
- phoniatrische Untersuchung (Stimm-, Sprechstörung),
- kieferorthopädische Untersuchung (Zahnstellung, Kaufunktion),
- Ausschluss weiterer kombinierter Fehlbildungen (Pädiater, Urologe).

Therapie

Durch die Zusammenarbeit von Ärzten verschiedener Fachrichtungen lässt sich ein normales Äußeres und eine korrekte Funktion des Mund- und Rachenraumes erreichen (Kauen, Atmen, Sprechen, Hören).

Zur Verbesserung der Nahrungsaufnahme wird in den ersten Lebenstagen eine herausnehmbare Gaumenplatte (Trinkplatte) angefertigt. Während des ersten Lebensjahres werden Lippe und Gaumen operativ verschlossen; es gibt dafür spezialisierte Therapiezentren. Häufig werden gleichzeitig Drainageröhrchen zur Belüftung des Mittelohres in das Trommelfell eingesetzt. Zur Verbesserung des Sprechens kann im Alter von ca. 4 – 6 Jahren das Gaumensegel an der Rachenhinterwand fixiert werden.

Mittelgesicht und Nase werden nach dem Abschluss des körperlichen Wachstums korrigiert. Meist sind dafür mehrere Eingriffe nötig. Ein HNO-Arzt übernimmt die regelmäßige Kontrolle des Hörvermögens und die Vorbeugung gegen Komplikationen, z. B. durch Einlage eines Paukenröhrchens.

Ein Sprachtherapeut unterstützt das Kind beim Erlernen der richtigen Lautbildung. Ein Kieferorthopäde sorgt dafür, dass sich die Zähne korrekt ausbilden. Ein Psychologe hilft der Familie dabei, die Probleme zu bewältigen, die mit der Krankheit verbunden sein können.

Prognose

Die Ergebnisse der Operationen und Therapieverfahren sind meist sehr gut, sowohl funktionell als auch kosmetisch. Bei guter ärztlicher Betreuung kann der Patient ein normales Leben führen.

Infobox

ICD-10:
Q35.9

Internetadressen:
http://www.leitlinien.de
Wolfgang-Rosenthal-Gesellschaft: http://www.lkg-selbsthilfe.de
http://www.lkgs.net (Austausch von Eltern und Betroffenen)

Listeriose

► **Lisa und Horst Weber betreiben eine Nebenerwerbslandwirtschaft mit Schafzucht. Lisa ist schwanger. Etwa 6 Wochen vor dem Geburtstermin erkrankt sie: Fieber – anscheinend eine Erkältung. Im Krankenhaus geht grünes, übel riechendes Fruchtwasser ab. Weil sich die Herztöne des Kindes verschlechtern, wird ein Kaiserschnitt eingeleitet. Das Baby ist mit stecknadelkopfgroßen, roten Pusteln übersät! Das eilig im Labor untersuchte Fruchtwasser enthält massenhaft feine, grampositive Stäbchen. Die Kultur bestätigt am nächsten Tag den Verdacht einer Listeriose. Dem Kind geht es inzwischen schon besser. Die Behandlung mit Amoxicillin hat Wirkung gezeigt. Ein paar Wochen später ist alles vergessen: Baby Annabell ist völlig fit und heißt jetzt „Pünktchen".**

Definition

Listeriose ist eine Infektion mit Listeria monocytogenes, einem grampositiven Stäbchenbakterium. Listerien kommen v. a. bei der Tierhaltung vor, insbesondere bei Schafen. Sie können in Epithelzellen des Menschen eindringen, wodurch sie die Barrierewirkung von Haut und Schleimhäuten aufheben. Sie sind Erreger sog. klassischer Zooanthroponosen (Erkrankungen, die vom Tier auf den Menschen übergehen). Man unterscheidet drei Formen:

- Schwangerenlisteriose,
- Neugeborenenlisteriose,
- Listeriose des Erwachsenen.

Es besteht Meldepflicht für das Labor gemäß § 7 IfSG.

Ursachen

Listerien gelangen durch Lebensmittel in den Körper (v. a. durch Rohmilchkäse, aber auch durch pflanzliche Lebensmittel). Über den Blutkreislauf breiten sie sich aus und können eine Hirnhautentzündung (→ Meningitis) auslösen oder über die Plazenta einen Embryo infizieren. Die Ausbreitungszeit ist abhängig von der aufgenommenen Dosis und beträgt durchschnittlich 3 Wochen.

Die Listerien können auch die Scheide besiedeln und dadurch das Baby bei der Geburt infizieren. Das resultierende Krankheitsbild ist dann eine Meningitis.

Symptome

Die Listeriose kann beim voll immunkompetenten Menschen nur selten eine Infektion auslösen. Wenn es dennoch dazu kommt, reicht die Symptomatik von einem unspezifischen, selbst limitierenden Krankheitsbild bis zur eitrigen Meningitis.

Meningitis. Symptome sind Nackensteifigkeit, Kopfschmerzen und ggf. verminderte Ansprechbarkeit, vereinzelt kommt es zu einer → Enzephalitis.

Kutane Listeriose. Hautlisteriose mit Pusteln kann eine Reaktion auf Listerienkontakt über Tiere oder kontaminierte Erde sein.

Schwangerenlisteriose. Sie ist gekennzeichnet durch einen unspezifischen Beginn, ähnlich einem leichten fiebrigen Infekt oder einer Erkältung. Der Embryo wird infiziert und je nach Stadium der Schwangerschaft kommt es zum septischen → Abort oder zu einer → Frühgeburt. In diesem Fall hat das Neugeborene eine akute → Sepsis. Die Listerien befallen dabei die Lunge und können auch die Haut befallen, was optisch wie rote Frieseln oder Punkte erscheint (Granulomatosis infantiseptica).

Neugeborenenlisteriose. Sie wird auch als Schwangerenlisteriose vom Spättyp bezeichnet. Das Neugeborene infiziert sich beim Durchtritt durch den Geburtskanal (asymptomatisch besiedelte Scheide) und erkrankt etwa eine Woche später an Meningitis.

Diagnose

Der mikroskopische Nachweis der grampositiven Stäbchen in geeigneten Untersuchungsmaterialien erhärtet den Verdacht. Der endgültige Nachweis wird kulturell erbracht, innerhalb von 24 Std. Nach weiteren 24 Std. steht ein Antibiogramm zur Verfügung. Da antibiotische Therapie der Listeriose mit Standardantibiotika nicht ausreicht, ist der mikrobiologische Nachweis obligat!

Differenzialdiagnose

Alle Meningitiden bzw. aufsteigenden Infektionen im Genitalbereich und während der Schwangerschaft müssen ausgeschlossen werden.

Therapie

Die Listeriose wird antibiotisch behandelt mit Aminopenicillinen (Amoxicillin in Kombination mit dem Aminolglycosid Gentamicin).

Prognose

Bei rechtzeitiger Therapie ist die Prognose gut. Neugeborene und Säuglinge sterben, wenn die Therapie nicht greift. Die Letalität bei der septischen Frühgeburt liegt nach wie vor bei rund 50 %. Wird die Ursache einer Meningitis beim Erwachsenen oder Säugling rechtzeitig erkannt, ist meistens eine Heilung ohne Defekte möglich.

Infobox

ICD-10: A32.9 – Neugeborenenlisteriose
P00.2 – Defektheilung
A32.1 – Meningitis

Internetadressen:
http://www.rki.de (Infektionserreger von A – Z

Literatur: Jassoy, C., Schwarzkopf, A.: Hygiene, Mikrobiologie und Ernährungslehre für Pflegeberufe. Thieme, Stuttgart 2005

Lochialstau

► Frau Anders kennt sich aus. Die 29-jährige hat vor einigen Tagen ihr drittes Kind zur Welt gebracht: „Schwester Elfie, irgendetwas stimmt nicht mit mir. Ich habe ganz unangenehme Kopfschmerzen und Bauchschmerzen, und außerdem ist der Wochenfluss anders als bei den anderen Schwangerschaften. Irgendwie ist es viel weniger und es riecht auch seltsam." Schwester Elfie nickt, auch sie kennt sich aus: Lochialstau.

Definition

Von Lochialstau spricht man, wenn der Wochenfluss nicht oder nicht ausreichend durch den Zervikalkanal abfließen kann (**Abb. L.30**). Ein Lochialstau ist immer mit einer Rückbildungsverzögerung der Gebärmutter verbunden.

Ursachen

Wenn sich der Gebärmutterhals zu schnell verschließt oder Blutkoagel und Eihautreste den Abfluss verhindern, staut sich das Lochialsekret in der Gebärmutter.

Symptome

Der Wochenfluss fließt wenig oder gar nicht mehr. Die Lochien haben einen unangenehmen Geruch. Die Gebärmutter ist groß, weich und druckschmerzempfindlich. Oft kommt es zu einem Temperaturanstieg mit charakteristischem Stirnkopfschmerz.

Diagnose

Meist genügt die klinische Diagnose. Manchmal kann eine Untersuchung auf dem gynäkologischen Stuhl notwendig sein.

Therapie

Zunächst wird ein Spasmolytikum gegeben. Zusätzliches Aufstehen, insbesondere Treppensteigen, unterstützt die Therapie. Es kann u. U. auch die manuelle Entfernung des Koagels erforderlich werden.

Bei einem Kaiserschnitt dehnt man zur Vermeidung eines Lochialstaus den Gebärmutterhals, damit das Sekret ausreichend abfließen kann.

Komplikationen

Durch die Vermehrung der Keime in der Uterushöhle kann sich die Gebärmutterschleimhaut entzünden. Um dies zu verhindern, muss die Therapie in jedem Fall früh einsetzen.

Infobox

ICD-10:
O90.8

Internetadressen:
http://www.krankenschwester.de
http://www.infektionsnetz.at/view.php?name=InfektionenKindbettfieber
http://www.schwangerschaft.medhost.de/kindbettfieber.html

Literatur:

Appel-Schiefer, M.: Wieder fit nach der Geburt. Rowohlt, Reinbek 2000
Heller, A.: Nach der Geburt. Wochenbett und Rückbildung. Thieme, Stuttgart 2002
Stüwe, M.: Wochenbett- und Rückbildungsgymnastik. Hippokrates, Stuttgart 2004

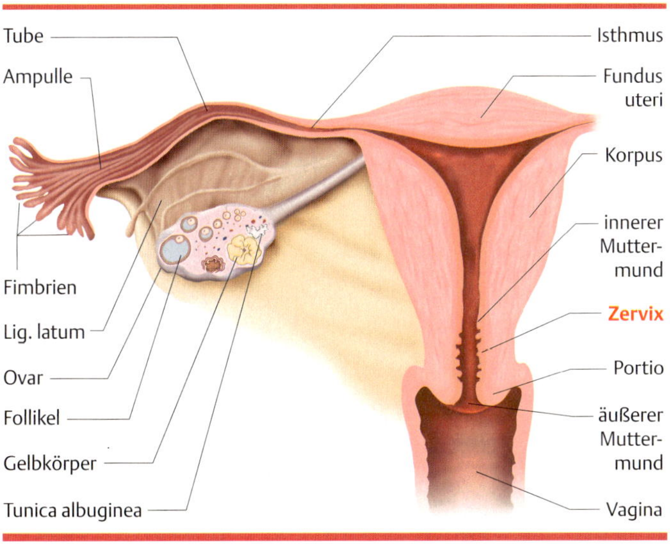

Abb. L.30 Anatomie. Die Abbildung zeigt einen Schnitt durch das Lumen der inneren Sexualorgane.

Luftembolie

► **Frau Kern taucht langsam aus der Narkose auf. Sie ist an der Schilddrüse operiert worden. Zunächst ist ihr etwas übel und sie fühlt sich schläfrig, ansonsten geht es ihr aber gut. Plötzlich ertönt das Rufsignal. Die Schwester eilt herbei. „Frau Kern, um Gottes Willen!" Frau Kern bekommt fast keine Luft mehr, sie hat starke Schmerzen in der Brust. Ihr Herz schlägt heftig.**

Definition

Bei einer Luftembolie werden Luftbläschen mit dem venösen Blutstrom verschleppt und verschließen Blutgefäße in der Lunge.

Ursachen

Eine Luftembolie kann bei einer Schilddrüsen- oder Gehirnoperation entstehen, bei einer vorzeitigen Plazentalösung am Ende der Schwangerschaft oder wenn bei einer Injektion oder Infusion zu viel Luft in die Vene gelangt (**Abb. L.31**). Auch bei Tauchern, die zu schnell auftauchen, kann eine Embolie auftreten (→ Dekompressionskrankheit). Die tödliche Menge einer Luftembolie beträgt 0,5 bis 1,5 ml pro Kilogramm Körpergewicht.

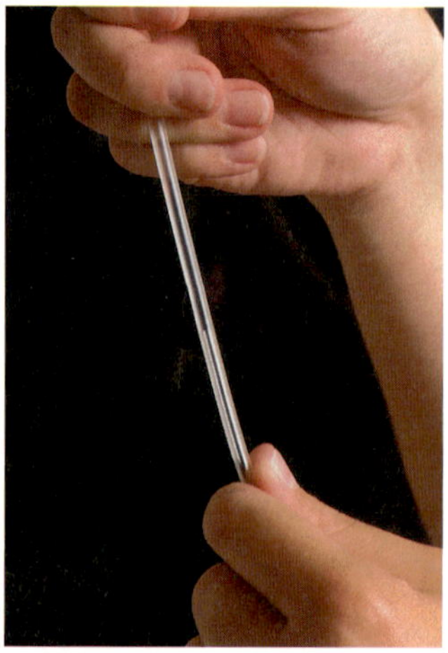

Abb. L.31 Luftembolie. Bei der Vorbereitung von Infusionen muss die Luft aus dem System entfernt werden.

Symptome

Die Patienten haben plötzlich Atemnot (Dyspnoe) und Schmerzen in der Brust oder im Oberbauch. Die Venen des Halses können gestaut sein. Das Herz schlägt schneller als gewöhnlich (Tachykardie), die Atemfrequenz ist erhöht (Tachypnoe). Es kommt zu Hustenanfällen und blutigem Auswurf (Hämoptyse). Die Patienten sind kaltschweißig, können bewusstlos werden und einen Schock erleiden.

Diagnose

Die klinischen Symptome weisen auf eine Lungenembolie hin. Eine Blutgasanalyse zeigt die Unterversorgung des Körpers mit Sauerstoff. Elektrokardiogramm, Röntgenaufnahme und Echokardiografie zeigen nur bei einem Teil der Patienten typische Veränderungen.

Der Verschluss der Gefäße kann mit einer Computertomografie dargestellt werden oder mit einer Magnetresonanztomografie in Kombination mit einer Angiografie, einer Perfusionsszintigrafie, einer Elektronenstrahltomografie oder einer Angiografie der A. pulmonalis.

Differenzialdiagnose

Ausgeschlossen werden müssen:

- → Lungenembolie durch Thromboembolie,
- bei Dyspnoe: → Asthma, → Pneumothorax, → Lungenödem,
- bei Schmerzen: → Herzinfarkt, → Angina pectoris, → Pleuritis,
- bei blutigem Auswurf: → Bronchialkarzinom, → Tuberkulose, Blutungen aus Nasen-Rachen-Raum/Magen.

Therapie

Der Patient wird halbsitzend gelagert und erhält 100% Sauerstoff über eine Nasensonde, Analgetika und bei Bedarf Diazepam zur Sedierung. Die Lufteintrittspforte wird, wenn möglich, sofort verschlossen. Bei Luftansammlungen im rechten Herzen kann die Luft aus dem rechten Vorhof mittels einer Punktion oder eines Herzkatheters abgesaugt werden. Patienten nach einem Tauchunfall werden in speziellen Druckkammern behandelt (→ Dekompressionskrankheit).

Prognose

Die Prognose hängt ab von der Menge der eingetretenen Luftbläschen, vom Schweregrad der Embolie, vom Alter des Patienten und seinen Vorerkrankungen. Je eher die Luftembolie diagnostiziert und behandelt wird, desto besser ist die Prognose.

Infobox

ICD-10: O88.0, T79.0

Internetadressen:

http://www.altenpflegeschueler.de/pflege/infusionen.php

http://www.thieme.de/volltext/tim/tim-566.html

Literatur:

Greten, H. (Hrsg.): Innere Medizin. Thieme, Stuttgart 2005

Hirner, A., Weise, K.: Chirurgie. Thieme, Stuttgart 2003

Ziegenfuß, T.: Checkliste Rettungsmedizin. Thieme, Stuttgart 1997

Lungenembolie

► **Bei Frau Wegmeyer wurde vor zwei Tagen die Gallenblase entfernt. Pflegeschülerin Marion macht gerade das Bett, als Frau Wegmeyer plötzlich anfängt schnell zu atmen und stark zu husten. „Ich habe das Gefühl, ich bekomme gar keine Luft mehr“, keucht die übergewichtige Dame. Marion klingelt schnell nach ihrer Kollegin.**

Definition

Bei einer Lungenembolie wird eine Lungenarterie durch Fremdmaterial verstopft. Der Embolus besteht am häufigsten aus einem Blutgerinnsel, das mit dem Blut verschleppt wurde (Thrombus), seltener aus Fett, Luft, Fruchtwasser oder Fremdkörpern. Etwa 1 – 2 % aller stationären Patienten entwickeln eine Lungenembolie.

Ursachen

In über 90 % der Fälle stammt der Embolus aus einer Becken- oder Beinvene und hat sich bei einer Thrombose der tiefen Beinvenen losgelöst (**Abb. L.32**). Seltener stammt der Embolus aus dem rechten Herzen oder aus dem Gebiet der oberen Hohlvene. Risikofaktoren für eine Thrombose sind:

- Rauchen, Übergewicht (→ Adipositas), Östrogenbehandlung (Pille), Tumorerkrankungen, → Herzinsuffizienz, Gerinnungsstörungen, Bettlägerigkeit, langes Sitzen mit abgeknickten Beinen („economy class syndrome“).

Der Thrombus kann sich beim morgendlichen Aufstehen, beim Stuhlgang oder plötzlicher körperlicher Anstrengung lösen und wird mit dem Blut verschleppt. Er gelangt über das rechte Herz in die Pulmonalarterie und kann diese oder ihre Äste verstopfen. Die rechte Lungenarterie ist häufiger betroffen als die linke, die meisten Lungenembolien sind im rechten Unterlappen lokalisiert.

Die Embolie bewirkt eine akute Druckbelastung des rechten Ventrikels (akutes → Cor pulmonale). Das Herzzeitvolumen nimmt ab, der Blutdruck sinkt und die Lunge wird nicht mehr ausreichend durchblutet. Folge ist ein akuter Sauerstoffmangel (Hypoxie). Der Herzmuskel wird nicht mehr ausreichend mit Sauerstoff versorgt, der Patient kann einen Kreislaufschock entwickeln.

Symptome

Die Patienten spüren Luftnot (Dyspnoe), atmen schnell (Tachypnoe), der Herzschlag ist rascher als gewöhnlich (Tachykardie). Sie haben Schmerzen im Thorax, Angst und ein Beklemmungsgefühl. Einige Patienten haben Husten, mit oder ohne blutigen Auswurf. Ein Kreislaufschock äußert sich durch Schweißausbrüche, Herzrasen und Bewusstlosigkeit. Dyspnoe, Tachypnoe und Tachykardie weisen insbesondere bei stationären Patienten auf eine Lungenembolie hin.

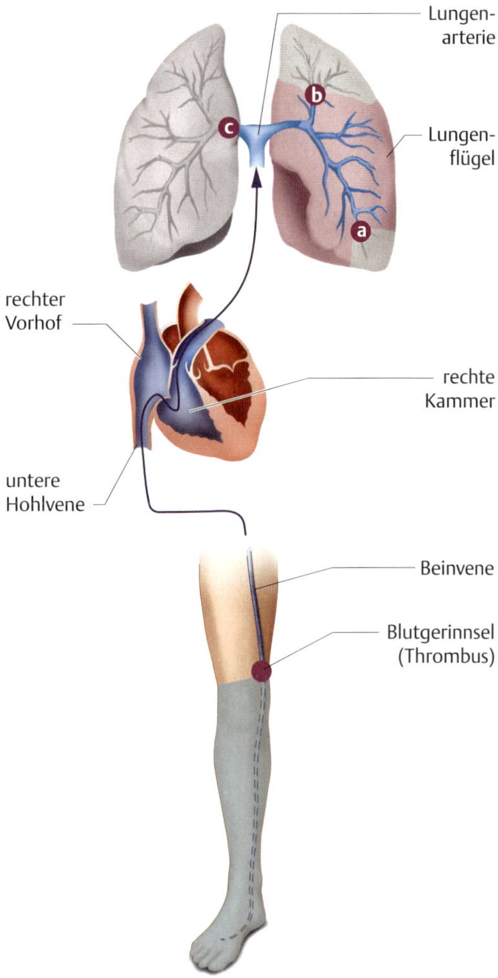

Abb. L.32 Lungenembolie. Weg des Thrombus in die Lungen.

Eine vorangegangene → Becken- und Beinvenenthrombose macht sich durch ziehende Schmerzen im betroffenen Bein bemerkbar, Spannungsgefühl, Überwärmung und Druckempfindlichkeit. Bei bettlägerigen Patienten fehlen diese Symptome jedoch häufig. Nur etwa 25 % der tiefen Beinvenenthrombosen, die eine Lungenembolie verursachen, haben sich vorher durch Symptome geäußert.

Diagnose

In der körperlichen Untersuchung können gestaute Halsvenen auffallen. In der Blutgasanalyse sind Sauerstoffpartialdruck (pO_2) und Kohlenmonoxidpartialdruck (pCO_2)

verringert. Im Blut sind die Fibrinogen-Fibrin-Spaltprodukte (D-Dimere) erhöht.

Das Elektrokardiogramm zeigt nur in 50% der Fälle typische Veränderungen. Mit der Echokardiografie werden andere Erkrankungen ausgeschlossen (z.B. Aortendissektion, Perikarderguss, ein Abriss der Mitralklappe). Indirekte Zeichen für eine Lungenembolie im Herzecho sind: Vergrößerung des rechten Ventrikels, Insuffizienz der Trikuspidalklappe, paradoxe Bewegung der Herzscheidewand.

Durch Computer- und Magnetresonanztomografie mit Angiografie, Perfusionsszintigrafie, Elektronenstrahltomografie oder durch eine Angiografie der A. pulmonalis kann der Embolus nachgewiesen werden (**Abb. L.33**).

Eine tiefe Beinvenenthrombose (TVT) wird mit Farbduplex-Sonografie und in unklaren Fällen mit einer Phlebografie diagnostiziert.

Differenzialdiagnose

Viele Krankheiten zeigen ähnliche Symptome (**Tab. L.1**).

Therapie

Der Patient wird halbsitzend gelagert, erhält Sauerstoff über eine Nasensonde, Analgetika gegen die Schmerzen und ggf. ein leichtes Beruhigungsmittel. Heparin verhindert die Entstehung weiterer Embolien; zunächst wird es als Bolus verabreicht, später als Dauerinfusion. Ein Schock wird mit Dopamin oder Dobutamin behandelt.

Der Embolus kann mit einer Fibrinolysetherapie aufgelöst werden. Hierzu wird rtPA (rekombinanter Plasminogen-Aktivator), Alteplase oder Urokinase gespritzt. Alternativ kann der Embolus über einen Rechtsherzkatheter mit Ultraschall mechanisch aufgelöst werden. Bei einer fulminanten Embolie und medikamentös nicht beherrschbarer Schocksymptomatik kann der Embolus in einer Operation entfernt werden (pulmonale Embolektomie).

Danach erhält der Patient für ein halbes Jahr Cumarine (Marcumar), um eine erneute Embolie zu verhindern.

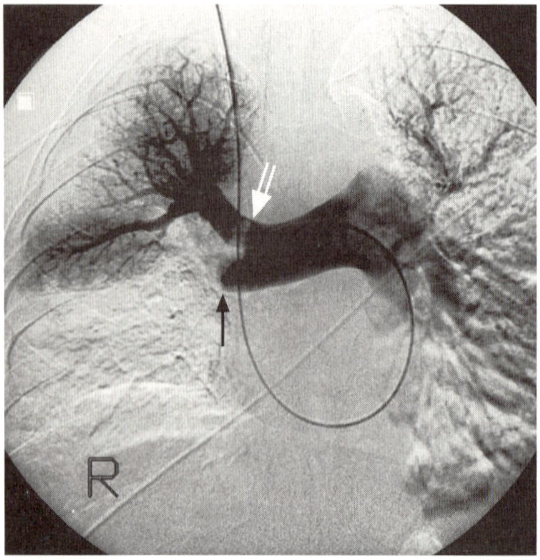

Abb. L.33 Pulmonalisangiografie. Gefäßabbruch der rechten Unterlappenarterie (Pfeil) und Thrombus in der rechten Oberlappenarterie (Doppelpfeil).

Tab. L.1 Differenzialdiagnose der Lungenembolie

Symptom	Krankheit
Atemnot (Dyspnoe)	▪ → Asthmaanfall ▪ → Pneumothorax ▪ → Lungenödem ▪ → Pneumonie ▪ psychogene → Hyperventilation
Schmerzen im Thorax	▪ → Herzinfarkt ▪ → Angina pectoris ▪ → Pleuritis ▪ → Perikarditis ▪ Aortendissektion
Schmerzen im Oberbauch	▪ Gallenkolik (→ Cholelithiasis) ▪ Perforation eines Ulkus ▪ → Pankreatitis ▪ Herzhinterwandinfarkt
blutiger Auswurf (Hämoptyse)	▪ → Bronchialkarzinom ▪ → Tuberkulose ▪ → Bronchiektasen ▪ Goodpasture-Syndrom ▪ Blutung aus Nasen-Rachen-Raum/Magen

Prognose

Die Prognose hängt vom Schweregrad der Lungenembolie ab, vom Alter des Patienten und von seinen Vorerkrankungen, vom Zeitpunkt der Diagnose und von etwaigen Komplikationen. Nach einer Lungenembolie können Bezirke der Lunge absterben (Lungeninfarkt), Lunge oder Rippenfell können sich entzünden (→ Pneumonie bzw. → Pleuritis), es können erneute Embolien auftreten und es kann sich ein Rechtsherzversagen bilden. Bei einer pulmonalen Embolektomie sterben bis zu 50% der Patienten.

Infobox

ICD-10: I26.9, O88.2, I26.0, I26.9

Internetadressen:
http://www.dgangiol.de
http://www.gefaesschirurgie.de

Literatur:

Greten, H. (Hrsg.): Innere Medizin, 12. Aufl. Thieme, Stuttgart 2005
Siegenthaler, W. (Hrsg.): Siegenthalers Differenzialdiagnose, 19. Aufl. Thieme, Stuttgart 2005

Lungenemphysem

► Herr Schubert, 65, übergewichtig, stellt sich bei seinem Hausarzt vor. „Ich bekomme in der letzten Zeit immer so schlecht Luft", erzählt er. „Wenn ich die Treppen zu meiner Wohnung im vierten Stock hochsteige, muss ich mehr als vier Mal anhalten." – „Rauchen Sie noch?" – „Ja." – „Wie viel denn, ungefähr?" – „Eine Schachtel am Tag." – „Aha." Dem Hausarzt fällt auf, dass Herr Schubert ganz blaue Lippen hat, obwohl es im Sprechzimmer sehr warm ist.

Definition

Bei einem Lungenemphysem sind die Lufträume in der Lunge erweitert. Durch Zerstörung des Lungengewebes ist die Anzahl an Lungenbläschen vermindert, wodurch sich die Lufträume in der Lunge erweitern. Die Erweiterungen sind nicht mehr rückgängig (irreversibel).

Synonym: Lungenblähung.

Ursachen

Das Lungenemphysem tritt entweder im Verlauf des normalen Alterungsprozesses (Altersemphysem) oder als Komplikation bei verschiedenen Krankheiten auf (sekundäres Lungenemphysem). Letzteres wird am häufigsten durch eine → chronische Bronchitis bei Rauchern verursacht.

Darüber hinaus kann ein Lungenemphysem entstehen, wenn Teile der Lunge überdehnt werden. Dies ist dann der Fall, wenn sich das Lungengewebe nach einer Lungenoperation zusammenzieht und andere Lungenbereiche dabei überdehnt werden (Narbenemphysem) oder bei Deformierungen des Thorax, etwa bei einer → Skoliose.

Ein Lungenemphysem bildet sich, weil das Verhältnis aus Proteasen und Proteaseninhibitoren gestört ist. Proteasen sind Enzyme, die Proteine abbauen. Bei jedem gesunden Menschen werden Proteasen aus den neutrophilen Granulozyten freigesetzt. Diese Proteasen werden durch Proteaseninhibitoren wie Alpha-1-Antitrypsin (AAT) neutralisiert. Bei einem Lungenemphysem werden entweder vermehrt Proteasen freigesetzt, zu wenig abgebaut oder es gibt zu wenig Proteaseninhibitoren. Eine erhöhte Freisetzung findet sich bei Infektionen der Luftwege oder beim → Asthma bronchiale. Ein Mangel an AAT kann entweder angeboren sein oder durch Zigarettenrauchen entstehen.

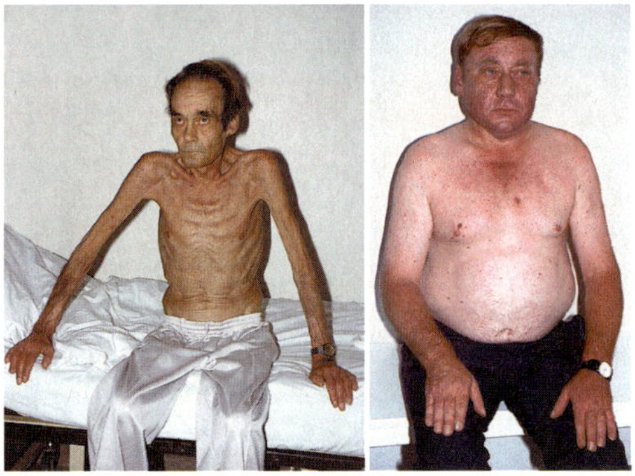

Abb. L.34 Emphysemtypen. a pink puffer, **b** blue bloater.

Symptome

Man unterscheidet beim Emphysem zwei Patienten-Typen (**Abb. L.34**):

- **„pink puffer":** ist dünn und hager und leidet unter starker Atemnot (Dyspnoe) und einem trockenen Reizhusten.
- **„blue bloater":** ist meist übergewichtig, seine Haut ist durch den Sauerstoffmangel bläulich gefärbt (Zyanose). Er leidet unter starkem Husten und Auswurf. Dyspnoe tritt seltener auf.

Patienten mit einem ausgeprägten Emphysem haben einen fassförmigen Thorax, die Atemexkursionen sind vermindert. Beim Ausatmen pressen viele Patienten die Lippen aufeinander (Presslippenatmung).

Diagnose

Vorgeschichte und Symptome weisen auf ein Emphysem hin. Bei der Perkussion äußert sich das Emphysem durch einen hypersonoren Klopfschall, ähnlich als würde man auf eine Schuhschachtel klopfen. Bei der Auskultation ist das Atemgeräusch abgeschwächt, die Herztöne sind leiser als gewöhnlich.

In der Röntgenaufnahme des Thorax erkennt man tief stehende Zwerchfellkuppen. Die Lunge ist durchlässiger für Strahlen und erscheint daher auf dem Röntgenbild dunkler als normal. Die Interkostalräume sind verbreitert, die Rippen verlaufen parallel (**Abb. L.35**).

Im Frühstadium lässt sich ein Lungenemphysem meist nur mit einer hoch auflösenden Computertomografie (HRCT) diagnostizieren. Bei der Lungenfunktionsprüfung sind das Gasvolumen sowie die totale Lungenkapazität erhöht. Die Einsekunden-Kapazität (FEV1) ist erniedrigt, der Widerstand in den Atemwegen ist erhöht (obstruktive Ventilationsstörung).

In der arteriellen Blutgasanalyse kann der Sauerstoffpartialdruck (pO_2) erniedrigt und der Kohlendioxidpartialdruck (pCO_2) erhöht sein. Ein angeborener AAT-Mangel wird mit einem Gentest nachgewiesen.

Differenzialdiagnose

Folgende Krankheiten müssen differenzialdiagnostisch abgegrenzt werden:

- → Pneumothorax,
- → Herzinsuffizienz,

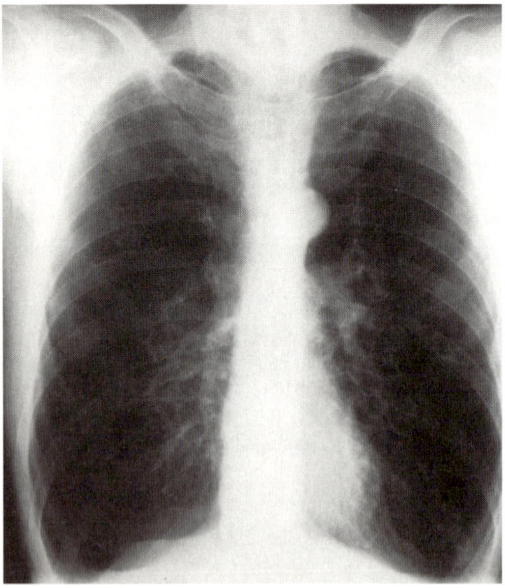

Abb. L.35 Röntgenbild Lungenemphysem. Tief stehende Zwerchfelle und blasenförmige Veränderungen, insbesondere im rechten Oberfeld.

- Lungenfibrose,
- Bronchiolitis,
- → Asthma bronchiale,
- → Chronisch obstruktive Bronchitis,
- → Pneumonie,
- → Herzklappenfehler,
- → Lungenembolie.

Therapie

Ziel der Therapie ist, dass das Emphysem nicht weiter fortschreitet. Der Patient sollte das Rauchen einstellen und für einen staubfreien Arbeitsplatz sorgen. Infekte der oberen Luftwege werden konsequent behandelt. Der Patient sollte gegen → Influenza und Pneumokokken (→ Pneumonie) geimpft werden.

Bei einem schweren AAT-Mangel kann das Enzym ersetzt werden. Wissenschaftler erforschen derzeit die Möglichkeit einer Gentherapie.

Um die Symptome zu lindern, sollte der Patient atemgymnastische Übungen durchführen und eine bestimmte Atmung erlernen. Hierbei atmet der Emphysematiker mit gespitzten Lippen aus, um einen Kollaps der Atemwege zu vermeiden („Lippenbremse"). Die obstruktive Ventilationsstörung wird nach dem Stufenschema mit inhalativen, kurz- oder langwirksamen Betamimetika oder Kortikoiden behandelt (→ chronisch obstruktive Bronchitis).

Bei einem Emphysem im Oberlappen kann eine Operation mit Reduktion des Lungenvolumens die Lungenfunktion verbessern. Eine pulmonale Hypertonie und ein → Cor pulmonale werden entsprechend mit Sauerstoff und Medikamenten behandelt. Bei gravierender Atemstörung bleibt als letzte Therapiemöglichkeit die Lungentransplantation.

Prognose

Die Prognose eines Emphysems hängt davon ab, wie früh die Veränderungen erkannt und behandelt werden. Am wichtigsten ist es, das Rauchen einzustellen: Die mittlere Lebenserwartung beträgt bei Rauchern 48 Jahre, bei Nichtrauchern 67 Jahre.

Bei einem schweren Lungenemphysem kann das rechte Herz überlastet werden und sich eine pulmonale Hypertonie oder ein Cor pulmonale bilden.

Infobox

ICD-10:
J43.9, J44.8

Internetadressen
http://www.emphysem.de
http://www.emphysemliste.de
http://www.emphysem-info.de
http://www.deutsche-emphysemgruppe.de
http://www.lungenemphysem-copd.de
http://www.atemwegsliga.de
http://www.pneumologie.de

Literatur:

Greten, H. (Hrsg.): Innere Medizin, 12. Aufl. Thieme, Stuttgart 2005
Hellmich, B.: Fallbuch Innere Medizin, 2. Aufl. Thieme, Stuttgart 2005

Lungenödem

► **Frau Braun hat den Notarzt gerufen. „Mein Erwin bekommt kaum noch Luft", erzählt die 69-Jährige aufgeregt. „Es wird immer schlimmer. Sein Atem hört sich an, als würde man mit einem Strohhalm Luft in ein Wasserglas pusten." Herr Braun sitzt mit blauen Lippen auf der Sofakante, schwer atmend und mit aufgestützten Armen.**

Definition

Bei einem Lungenödem tritt Flüssigkeit aus den kleinen Lungengefäßen aus und sammelt sich in der Lunge.

Ursachen

Ein Lungenödem kann durch Erkrankungen des Herzens (kardiales Lungenödem) oder durch andere Krankheiten (nichtkardiales Lungenödem) entstehen (**Tab. L.2**).

Das kardiale Lungenödem kommt am häufigsten vor: Durch verschiedene Herzkrankheiten pumpt das Herz nicht mehr richtig. Als Folge staut sich das Blut in die Lunge zurück. Dort erhöht sich der Druck, Flüssigkeit wird in das Lungengewebe und den Alveolarraum gepresst (**Tab. L.2**).

Ein nichtkardiales Lungenödem kann entstehen, wenn die Konzentration von Eiweiß im Blut, welches Wasser bindet (onkotischer Druck), erniedrigt ist, z. B. bei einer Niereninsuffizienz mit Überwässerung (**Tab. L.2**).

Bei einem allergischen Schock oder nach Einatmen toxischer Stoffe wie z. B. Magensaft in die Lunge, werden die kleinen Blutgefäße (Kapillaren) in der Lunge durchlässiger für Flüssigkeit und können so ein Lungenödem verursachen.

Beim Bergsteigen in großer Höhe (über 3000 m) kann der erniedrigte Druck in den Alveolen in Kombination mit Sauerstoffmangel ein Höhenlungenödem auslösen.

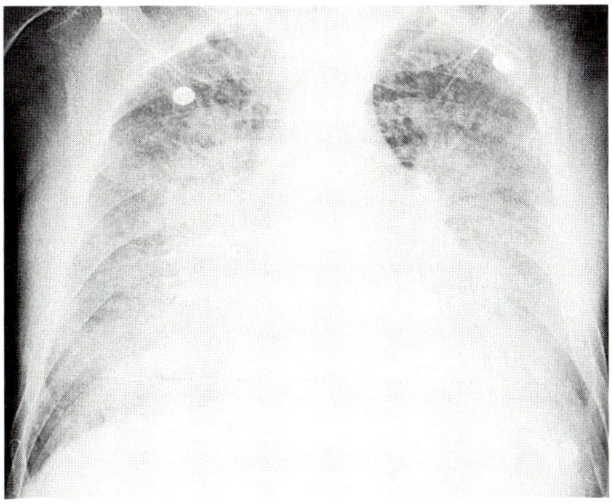

Abb. L.36 Alveoläres Lungenödem. Das Röntgenbild zeigt ein beidseitig ausgeprägtes alveoläres und interstitielles Lungenödem.

Tab. L.2 Ursachen des Lungenödems

Form des Lungenödems	Ursachen
Kardiales Lungenödem	▪ → Herzinfarkt ▪ → Myokarditis ▪ Hypertone Krise (→ Hypertonie) ▪ → Herzrhythmusstörungen ▪ schwerer → Herzklappenfehler
Nichtkardiales Lungenödem	▪ akutes Lungenversagen (→ Sepsis, → Schock, akute → Pankreatitis) ▪ Inhalation von toxischen Stoffen (Stickstoffdioxid, Chlor, Phosgen) oder Aspiration von Magensaft ▪ Beinahe-Ertrinken ▪ Aufenthalt in großer Höhe (> 3000 m) ▪ → chronische Niereninsuffizienz ▪ Schäden am Gehirn (Hirntrauma, gesteigerter Hirndruck)

Ein erniedrigter Alveolendruck kann auch auftreten, wenn ein großer Erguss im Pleuraraum zu schnell abpunktiert wird (Pleurapunktion).

Symptome

Bei beginnendem Lungenödem atmet der Patient schneller als gewöhnlich (Tachypnoe), das Atmen fällt ihm schwer (Dyspnoe) und er hustet. Mit zunehmendem Ödem verstärkt sich die Luftnot, der Patient hat große Angst. Die Haut verfärbt sich durch den Sauerstoffmangel bläulich, beginnend an Lippen und Fingernägeln (Zyanose).

Der Patient sitzt aufrecht und stützt sich mit den Händen ab, um das Atmen zu erleichtern (Orthopnoe). Die Haut ist durch die Aktivierung des Sympathikus feuchtschweißig.

Bei manchen Patienten kann man das Wasser in der Lunge als „blubberndes Atemgeräusch" hören. Der Patient hustet schaumigen Auswurf ab.

Diagnose

Dyspnoe, Husten und Tachypnoe weisen auf ein Lungenödem hin. Über der Lunge lassen sich mittel- bis grobblasige feuchte Rasselgeräusche auskultieren. Im Röntgenbild sieht man schmetterlingsförmige Verschattungen neben dem Lungenhilus, bei einer Linksherzinsuffizienz ist das Herz verbreitert.

Typisch für das Lungenödem sind die sog. Kerley B-Linien: Horizontale weiße Streifen in den unteren Lungenbereichen (**Abb. L.37**). Mit der Echokardiografie kann ein Lungenödem von anderen Krankheiten, insbesondere einer Lungenfibrose unterschieden werden.

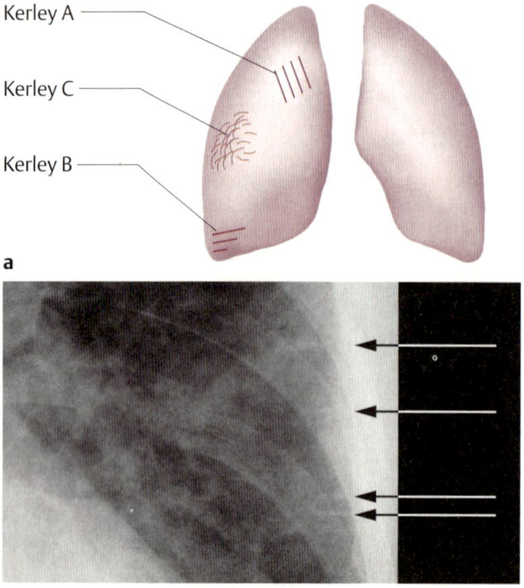

b Ausschnitt Kerley B-Linien (Pfeile)

Abb. L.37 Kerley-Linien. Typische horizontale weiße Streifen in den unteren Lungenbereichen.

Differenzialdiagnose

Unterscheidung zwischen kardialem und nichtkardialem Lungenödem:

- Kardiales Lungenödem:
  - Zeichen der Linksherzinsuffizienz (Atemnot, schneller Atem, Husten usw., Echokardiografie),
  - Druck in den Lungenkapillaren > 18 mmHg,
- Nichtkardiales Lungenödem
  - keine Zeichen der Linksherzinsuffizienz,
  - Druck in den Lungenkapillaren < 18 mmHg,

Abgrenzung zu anderen Krankheiten:

- → Pneumonie: Fieber, typischer Röntgenbefund,
- → Asthma bronchiale: Lungenerkrankung in der Vorgeschichte, trockene Haut, trockene Rasselgeräusche über der Lunge,
- Alveolitis,
- Lungenfibrose,
- Lymphangiosis carcinomatosa,
- → Bronchialkarzinom.

Therapie

Der Patient wird mit erhöhtem Oberkörper und tief hängenden Beinen gelagert, um den Druck in den Lungengefäßen zu senken. Er erhält Sauerstoff über eine Nasensonde sowie Diazepam oder Opiate (Morphin) gegen Angst und Unruhe.

Bei schwerem Sauerstoffmangel wird der Patient intubiert und mit Überdruck beatmet (positiver endexspiratorischer Druck, PEEP).

Bei einem kardialen Lungenödem wird Nitroglyzerin sublingual, als Spray oder über die Vene verabreicht und zusätzlich ein starkes Diuretikum (Furosemid) injiziert.

Ein Patient mit einem toxischen Lungenödem erhält hoch dosiert Glukokortikoide. Bei einem schweren toxischen Ödem kommt die extrakorporale Membranoxygenierung (EKMO) zum Einsatz.

Nach den Erstmaßnahmen wird die entsprechende Grundkrankheit behandelt.

Prognose

Das Lungenödem ist eine sehr ernste Erkrankung. Die Prognose hängt von der auslösenden Krankheit ab, von der intensivmedizinischen Therapie und von Begleiterkrankungen des Patienten.

Infobox

ICD-10:
J81, J68.1, I50.1

Internetadressen:
http://www.onmeda.de/krankheiten/lungenoedem.html
http://www.wikipedia.org/wiki/Lungenödem
http://www.pneumologie.de

Literatur:

Greten, H. (Hrsg.): Innere Medizin, 12. Aufl. Thieme, Stuttgart 2005
Lorenz, J.: Checkliste XXL Pneumologie. Thieme, Stuttgart 2003

M

Magengeschwür

► Der 48-jährige Manfred Boschert ist Fernfahrer, beruflich viel unterwegs und oft im Stress. Er raucht täglich zwei Schachteln Zigaretten, trinkt bis zu einem Liter Kaffee und achtet auch sonst nicht viel auf seine Ernährung. Bei seinem Arztbesuch erzählt er: „Mein Stuhl ist ganz schwarz verfärbt und insgesamt fühle ich mich in letzter Zeit müde und schlapp. Zudem vertrage ich auch das Essen nicht mehr so gut."

Definition

Bei einem Magengeschwür kommt es zu einer Entzündung der Magenschleimhaut und den tiefer gelegenen Magenwandschichten. Der Bereich der kleinen Kurvatur des Magens ist am häufigsten davon betroffen.

Synonym: Ulcus ventriculi.

Ursachen

Bei einem Magengeschwür ist das Gleichgewicht zwischen aggressiven Einflüssen (z. B. Magensäure, Gallensäure) und schützenden Faktoren (z. B. Schleimproduktion, gute Durchblutung) der Schleimhaut gestört. Verschiedene Faktoren begünstigen die Entstehung dieses Ungleichgewichts.

Exogene Faktoren

Zu den exogenen Faktoren zählen:

- das Bakterium Helicobacter pylori,
- medikamentöse Faktoren,
- Nikotin und Alkohol,
- psychische Faktoren.

Helicobacter pylori. Es ist überproportional häufig bei Menschen mit einem Ulkus zu finden (60 – 70 %). Es trägt zur Entstehung einer chronischen → Gastritis bei, die wiederum zu einem Magengeschwür führen kann.

Medikamentöse Faktoren. Durch die Einnahme von nicht-steroidalen Antiphlogistika (NSAR, z. B. Azetylsalizylsäure) oder Kortison kann die Magenschleimhaut geschädigt werden. Die Schädigung der Magenschleimhaut begünstigt Entzündungen und die Geschwürbildung. Eine regelmäßige Einnahme von NSAR hemmt die Umwandlung von Fettsäuren in Prostaglandine. Diese dienen durch ihre Säuresekretionshemmung dem Schutz der Magenschleimhaut. Bei einer Kortisontherapie hängt es von der Menge und der Dauer der Einnahme ab.

Nikotin und Alkohol. Nikotingenuss fördert die nächtliche Magensäureproduktion, die zu einem Ungleichgewicht zwischen Magensäure und Magenschutz im Magen führt. Hochprozentiger Alkohol begünstigt Magenschleimhautentzündungen.

Psychische Faktoren. Menschen mit Depressionen neigen häufiger zu einer Magengeschwürbildung. Beruflicher und privater Stress erhöhen das Risiko.

Endogene Faktoren

Zu den endogenen Faktoren zählt die übermäßige Bildung von Magensäure durch Gastrin, z. B. bei Zollinger-Ellison-Syndrom und beim primären → Hyperparathyreoidismus. Der Hyperparathyreoidismus hat eine Hyperkalzämie zur Folge. Dieser Überschuss an Kalzium stimuliert die gastrinbildenen Zellen.

Ebenfalls können Störungen der Magenperistaltik bei der Entstehung eines Magengeschwürs eine Rolle spielen. Durch eine verlangsamte Entleerung des Mageninhaltes kommt es zu einem vermehrten Rückstrom von Nahrung aus dem Zwölffingerdarm. Dieser Rückstrom ist mit Gallenflüssigkeit vermischt. Auf lange Sicht schädigt die Gallensäure die Magenschleimhaut.

Symptome

Eine ausführliche Anamnese ist infolge der unterschiedlichen Symptomatik äußerst wichtig. Druckgefühl und epigastrische (im Oberbauch) Schmerzen, die in Richtung Rücken und Brustbein ausstrahlen, sind oft die ersten Anzeichen. Schmerzen können bei der Nahrungsaufnahme oder auch als Nüchternschmerz nachts auftreten. Manchmal lindern sich die Schmerzen mit der Nahrungsaufnahme. Gewichtsverlust tritt als Folge von Erbrechen oder Speisenunverträglichkeit auf. Blutungen fallen durch Teerstuhl auf oder durch Bluterbrechen (Hämatemesis).

Es gibt viele Menschen, bei denen das Ulcus ventriculi beschwerdefrei verläuft.

Diagnose

Abtasten des Oberbauches, Laborbefunde (Blutbild) und eine Sonografie sind Möglichkeiten der Diagnostik.

Sehr wichtig ist allerdings die Gastroskopie (Magenspiegelung) (**Abb. M.1**). Dazu muss der Patient nüchtern sein, d. h. er darf für mind. 6 Std. nichts essen oder trinken. Mit einer lokalen Betäubung durch Xylocain-Spray wird der Würgereiz beim Einführen des Gastroskops in den Rachen unterdrückt. Zusätzlich erhält der Patient Diazepam zur Beruhigung. Während der Untersuchung werden Ge-

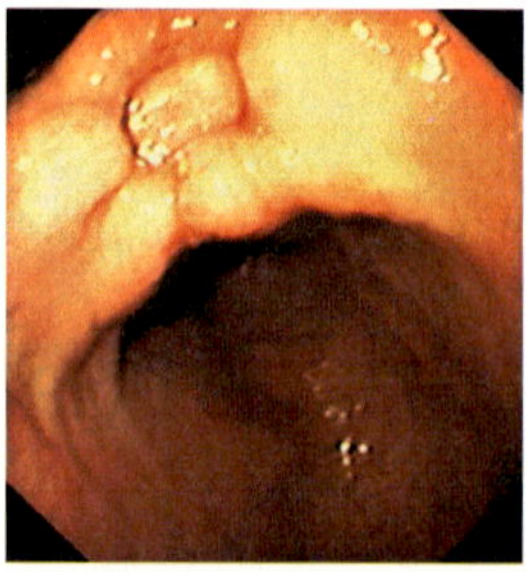

Abb. M.1 Gastroskopie. Mittels Gastroskopie wird ein Magengeschwür diagnostiziert.

webeproben für die feingewebliche Untersuchung (Histologie) entnommen. Nach zwölf Wochen sollte eine Kontroll-Gastroskopie stattfinden.

Lehnt der Patient die Magenspiegelung ab oder besteht ein erhöhtes Risiko, z. B. durch eine Störung der Blutgerinnung, ist als Alternative eine Röntgenaufnahme mit Kontrastmittel in Erwägung zu ziehen. Diagnostisch gesehen ist die Gastroskopie jedoch wesentlich aussagekräftiger.

Differenzialdiagnose

Differenzialdiagnostisch ist eine → Gastritis und ein → Magenkarzinom auszuschließen.

Therapie

Es gibt verschiedene Therapieformen. Ohne Komplikationen wird zunächst medikamentös behandelt. Heilt das Magengeschwür nicht ab oder treten Komplikationen auf, kann man operative Maßnahmen ergreifen.

Reizfaktoren wie Nikotin, Alkohol, Kaffee, fettige Speisen und Ähnliches sollten zugunsten der Heilung während und nach der Therapie weggelassen werden.

Medikamentöse Therapie

Bei der medikamentösen Behandlung stehen so genannte Säureblocker zur Verfügung. Diese werden zur Hemmung der Magensäureproduktion eingesetzt. Sehr wirksam sind die Protonpumpenhemmer (z. B. Omeprazol und Pantoprazol). Gut wirken auch H2-Rezeptorenblocker (z. B. Cimetidin oder Rantidin). Mit der verminderten Säureproduktion erholt sich die Magenschleimhaut und die Schmerzen lassen nach. Die Magenperistaltik wird durch Prokinetika (z. B. Metoclopramid, Domperidon) angeregt.

Ist der Helicobacter pylori die Ursache, wird er durch eine spezielle Therapie abgetötet. Diese wird Eradikation genannt. Über einen Zeitraum von 7 Tagen werden in festgelegter Dosierung Amoxillin, Clarithromycin und ein Protonenpumpenhemmer eingenommen.

Operative Therapie

Als Operationstechnik kommt z. B. die Billroth-Methode in Betracht (s. **Abb. Z.11,** S. 1368). Dabei wird der Magen zu $^2/_3$ entfernt. Anschließend erfolgt die End-zu-End-Vereinigung von Magenstumpf und Duodenum (Billroth I) oder ein Blindverschluss des Duodenums mit Seit-zu-End-Vereinigung von Jejunum und Magenstumpf (Billroth II).

Eine weitere Möglichkeit ist die selektive proximale Vagotomie. Sie umfasst die Durchtrennung des Nervus vagus insoweit, dass die säurebildenden Korpusabschnitte ausgeschaltet sind.

Ulkusblutungen können während einer Gastroskopie, z. B. durch Unterspritzen mit Adrenalin, gestillt werden. Bei größeren Blutungen ist eine offene Operation notwendig.

Prognose

Die Prognose ist gut, v. a. bei rechtzeitiger medikamentöser Therapie. Trotzdem bilden sich oft Rezidive.

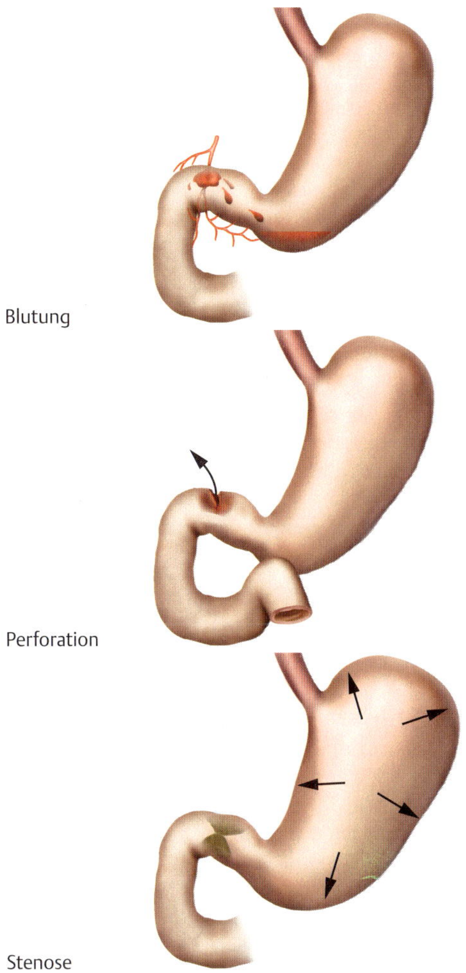

Abb. M.2 Komplikationen. Blutungen, Perforationen und Stenosen zählen zu den Komplikationen eines Magengeschwürs.

Komplikationen

Zu den Komplikationen zählen Blutungen, Perforationen des Magengeschwürs und Stenosen (**Abb. M.2**). Durch Narbenbildung kann eine Stenosierung entstehen, wobei die Magenwand schrumpft. Es bildet sich ein sog. Sanduhrmagen. Auch kann es zu einer narbigen Verengung des Magenausganges kommen. Durch chronische Ulzera erhöht sich das Risiko der Krebsbildung um etwa 3 %.

Infobox

ICD-10: K25.9

Internetadressen: http://www.netdoktor.de
http://www.ernaehrung.de
http://www.gastro-liga.de

Magenkarzinom

► **Der 62-jährige Klaus Meyer hat in letzter Zeit viel an Gewicht verloren. Bei seinem Hausarzt klagt er: „Ich habe so ein Druckgefühl im Oberbauch, keinen Appetit und vor Fleisch ekelt es mich richtig. Zudem leide ich unter diesem Schwächegefühl, dem häufigen Aufstoßen und der Übelkeit. Jetzt ist auch noch plötzlich mein Stuhlgang schwarz."**

Definition

Magenkarzinome sind bösartige Neubildungen von Magenzellen. Im frühen Stadium ist das Magenkarzinom gut behandelbar. Hierbei sind die bösartigen Gewebeveränderungen nur auf die Oberfläche der Magenschleimhaut begrenzt (**Abb. M.3**).

Häufig treten Magenkarzinome um das 60. Lebensjahr auf. Männer sind häufiger betroffen als Frauen. Durch die Verbesserung der Vorsorge- und Früherkennung ist seine Entwicklung weltweit rückläufig.

Synonym: Magenkrebs.

Ursachen

Die Ursache jeden bösartigen Tumors ist das unkontrollierte Wachstum entarteter Zellen. Genaue Ursachen sind bisher nicht eindeutig geklärt, jedoch tragen eine Reihe von Risikofaktoren zur Entstehung bei.

Risikofaktoren

Zu den Risikofaktoren zählen v. a.:

- chronische → Gastritis,
- Polypen (→ Polyposis intestinalis),
- Zigarettenrauch, Alkoholkonsum.

Auch erbliche Belastungen erhöhen das Risiko an Magenkrebs zu erkranken. Ebenso sind Menschen mit der Blutgruppe A statistisch gesehen überdurchschnittlich oft betroffen. Umwelteinflüsse können bösartige Neubildungen im Magengewebe begünstigen.

Bei der chronischen Gastritis wird die Magenschleimhautinfektion mit Helicobacter pylori-Bakterien als Risikofaktor für die Entstehung von Magenkrebs angesehen.

Rauchen erhöht deutlich das Risiko für ein Magenkarzinom. Krebserregende Substanzen aus dem Rauch lösen sich im Speichel und gelangen so in den Magen.

Übermäßiger Alkoholkonsum, der Verzehr nitrit- und nitrathaltiger Nahrungsmittel sowie der Verzehr von stark gesalzenen Lebensmitteln erhöhen ebenso das Risiko eines Karzinoms. Riskant kann auch der häufige Verzehr von gegrillten und geräucherten Speisen sein. Beim Räuchern und Grillen entstehen krebserregende Substanzen (Kanzerogene) durch unvollständige Verbrennung.

Symptome

Ein Magenkarzinom wächst häufig lange Zeit ohne Symptome hervorzurufen. Wenn es schließlich zu Symptomen kommt, werden diese, wegen ihrer geringen Beschwerden, häufig ignoriert. Mögliche Symptome im Frühstadium sind Oberbauchbeschwerden wie Druck- oder Völlegefühl, Übelkeit, Appetitlosigkeit, Schluckbeschwerden oder Sodbrennen. Ein weiterer Hinweis sind neu aufgetretene Nahrungsmittelunverträglichkeiten, z. B. gegenüber Fleisch oder Alkohol.

Im fortgeschrittenen Stadium kommt es zu Gewichtsverlust, Leistungseinschränkung, Schmerzen, Erbrechen, Blutverlust durch Magenbluten oder auch Blutarmut. Diese Symptome sind eher unspezifisch und können auch durch andere, gutartige Erkrankungen ausgelöst werden.

Im Spätstadium kommt es dann zu einer tastbaren Gewebsvermehrung im mittleren Oberbauch, zu → Aszites und zu tastbar vergrößerten Lymphknoten, v. a. über dem linken Schlüsselbein.

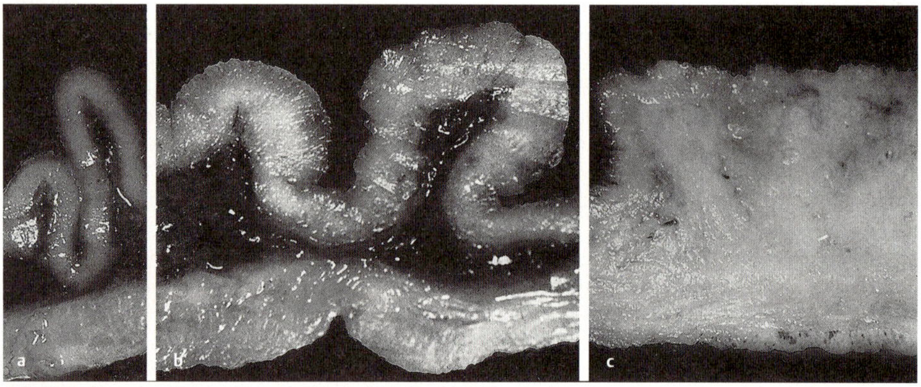

Abb. M.3 Magenkarzinom. **a** Normale Magenschleimhaut. **b** Frühes Stadium: Das Karzinom ist auf die verdickte Magenschleimhaut beschränkt. **c** Fortgeschrittenes Stadium: Das Magenkarzinom hat alle Wandschichten infiltriert, einzelne Schichten sind nicht mehr erkennbar.

Diagnose

Erste Hinweise auf ein Magenkarzinom gibt die Krankheitsgeschichte. Die wichtigste Untersuchung bei Verdacht ist die Gastroskopie (Magenspiegelung). Bei dieser Untersuchung betrachtet der Arzt mit einem Endoskop den Magen von innen und entnimmt Gewebeproben zur Untersuchung. Nur durch solche Gewebeproben, die mikroskopisch untersucht werden, ist die sichere Diagnose möglich.

Ist der Verdacht bestätigt, sind weitere Untersuchungen nötig, um die Ausdehnung des Karzinoms zu beurteilen und nach Metastasen zu suchen. Röntgenuntersuchungen, Computertomografie (CT) und Sonografie sind dabei ebenso wichtig wie Blutuntersuchungen. Im Blutserum lassen sich sog. Tumormarker feststellen, die zur Beurteilung des Therapieverlaufes hilfreich sind.

Differenzialdiagnose

Wegen der oft unspezifischen Beschwerden können andere Erkrankungen mit ähnlichen Symptomen ursächlich sein, z. B. → Magengeschwüre, Magenpolypen, Reizmagen oder Erkrankungen von Nachbarorganen.

Therapie

Nur die vollständige chirurgische Entfernung des Magenkarzinoms ermöglicht eine Heilung der Erkrankung.

Operative Therapie. Entscheidend für die teilweise oder komplette Entfernung des Magens ist die Lage und Größe des Tumors. Sind Lymphknotenmetastasen vorhanden, werden auch diese mit entfernt. Bei Karzinomen am Mageneingang muss ein Teil der unteren Speiseröhre entfernt werden. Der Magenrest wird mit dem Dünndarm verbunden (s. **Abb. Z.11,** S. 1368). Es wird, wenn möglich, operativ ein Ersatzmagen gebildet (**Abb. M.4**). Auch bei völliger Entfernung des Magens ist es möglich, fast normal zu essen. Allerdings ist die Aufnahme von Vitamin B_{12} dabei nicht mehr möglich, da hierfür ein vom Magen produziertes Koenzym nötig ist. Im Rahmen der Nachsorge muss deshalb in regelmäßigen Abständen Vitamin B_{12} gespritzt werden.

Chemotherapie. Die Chemotherapie hat sich bei Magenkarzinomen als weitgehend wirkungslos erwiesen, da die Tumorzellen nur mäßig darauf ansprechen. Sie wird hauptsächlich bei fortgeschrittenen, nicht mehr operablen Magenkarzinomen angewendet.

Strahlentherapie. Wenn nicht mehr operiert werden kann und die Nahrungspassage durch die Größe des Tumors behindert ist, wird die Strahlentherapie angewendet. Sie zerstört bzw. verkleinert das Tumorgewebe.

Immuntherapie. Eine Immuntherapie wird derzeit nur in klinischen Studien durchgeführt. Das körpereigene Immunsystem wird dabei stimuliert, um Tumorzellen durch körpereigene Immunzellen abzutöten.

Prognose

Wird das Magenkarzinom in einem frühen Stadium erkannt und operiert, ist die Überlebenswahrscheinlichkeit der Patienten nach fünf Jahren noch über 90 %. Die Erkrankung wird aber oft erst in einem sehr viel späteren Stadium entdeckt. Die relative 5-Jahres-Überlebensrate beträgt dann nur noch etwa 15 %. Erfreulich ist aber der Trend in Deutschland. Innerhalb der letzten 30 Jahre hat sich die Anzahl der Neuerkrankungen an Magenkrebs halbiert. Dieser stetige Rückgang hält an. Die Sterblichkeit nimmt ebenfalls ab.

Infobox

ICD-10: C16

Internetadressen:

http://www.krebsinformation.de
http://www.onmeda.de/ernaehrung

Literatur:

Holtz, H. u. a.: Magenkarzinom. Springer, Heidelberg 1989

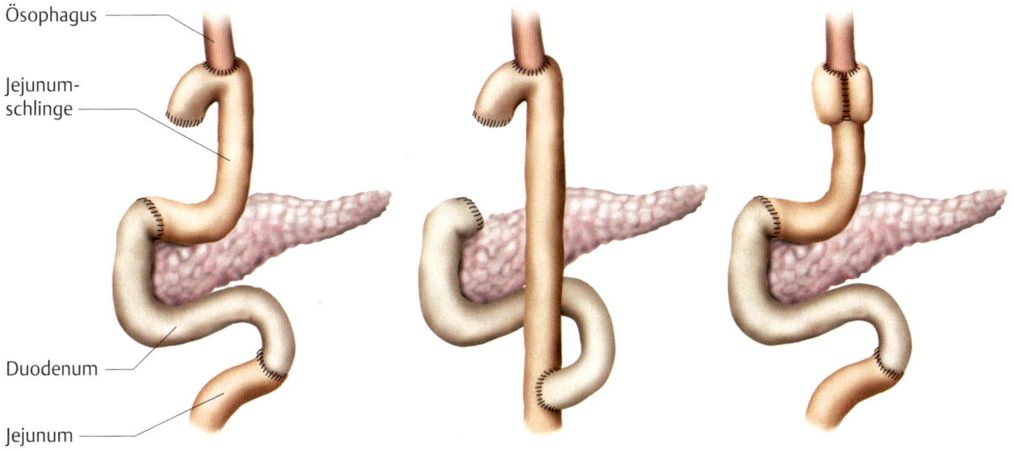

Abb. M.4 Therapie von Magenkarzinomen. Rekonstruktionsverfahren nach Entfernung des kompletten Magens.

Magenneurose

► **Melissa Bauer, 38 Jahre, berichtet dem Internisten von ihren Magenbeschwerden: „Völlegefühl, Übelkeit, Brennen, ab und zu auch Durchfall und Verstopfung! Dabei kann ich mir das bei meinem Beruf doch gar nicht erlauben!" Sie kreist mit einer Hand über dem Oberbauch. „Ich glaube, ich habe ein Magengeschwür!" „Wurde bei Ihnen schon mal eine Magenspiegelung durchgeführt?", möchte der Arzt wissen. „Naja, ich habe mal so einen Schlauch geschluckt. Der Arzt meinte, ich hätte einen Reizmagen! Das ist aber doch die Vorstufe eines Magengeschwürs!"**

Definition

Die Magenneurose ist eine hypochondrische, psychosomatische Störung mit dem Beschwerdebild im oberen Gastrointestinaltrakt. Eine Magenneurose muss der Definition nach mindestens mehrere Monate andauern.

Synonyme: psychogene Aerophagie, funktionelles Reizmagensyndrom, Dyspepsie, Pylorospasmus.

Ursachen

Bei gesundem Organsystem befürchtet der Betroffene bei großer Angst, erkrankt zu sein. Diese Ängste treten meist in Attacken auf. Dahinter verbergen sich jedoch Ängste, denen sich der Patient nicht unbedingt bewusst ist. Häufig lässt sich in der Biografie des Patienten eine Ursache der Störung ausmachen, z. B. großer beruflicher Stress, Mobbing oder finanzielle Sorgen.

Damit er diese Belastungen nicht mehr als bedrohlich empfindet, überdeckt der Betroffene sie, indem er sich mit einer vermeintlichen Magenerkrankung beschäftigt (Projektion) (**Abb. M.5**). Die Flucht in die vermeintliche Krankheit wird dadurch erleichtert, dass in unserer Gesellschaft eine organische Störung deutlich besser sozial akzeptiert wird als eine psychische.

Symptome

Die Patienten verspüren diffuse, drückende oder brennende Schmerzen in ihrem Magen. Manchmal tritt auch Schluckauf (Singultus) auf. Der Magen-Darm-Trakt ist jedoch organisch gesund. Zudem werden oft auch unklare Gefühle im Brustkorb geäußert. In Selbstmedikation werden vor allem Antazida eingenommen.

Wiederholte internistische Untersuchungen und die Bestätigung, dass die Verdauungsorgane gesund sind, verbessern die Situation nur für kurze Zeit. Danach bestehen die Betroffenen auf weiteren Untersuchungen, u. U. durch verschiedene Ärzte, um endlich als krank erkannt zu werden.

Je intensiver sich der Patient auf seine Magenbeschwerden konzentriert, umso sicherer ist er, organisch erkrankt zu sein.

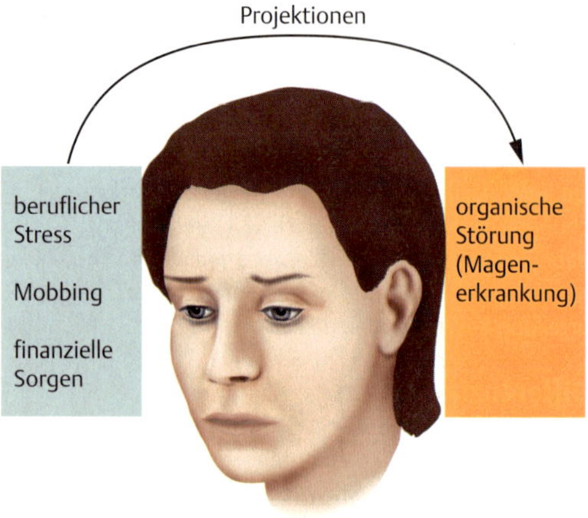

Abb. M.5 Magenneurose. Verschiedene Belastungen werden verdrängt, indem der Patient seine Ängste auf eine vermeintliche Magenerkrankung projiziert.

Diagnose

Da Erkrankungen des Gastrointestinaltrakts und des Herzens ähnliche Symptome verursachen können, werden diese routinemäßig untersucht. Erst wenn alle diese Untersuchungen sicher unauffällig sind, wird eine psychogene Ursache angenommen.

Sofern die Patienten gut an den Hausarzt angebunden sind, fallen sie früh auf, wenn sie wiederholt nach Überweisungen zum Spezialisten fragen. Mitunter können jedoch auch viele Ärztekonsultationen verstreichen, bis eine psychosomatische Störung in Erwägung gezogen und ein Psychologe oder Psychiater konsultiert wird. Dieser setzt Fragebögen, z. B. die Hamilton-Angstskala, ein und erhebt eine ausführliche Sozialanamnese. Im Untersuchungsgespräch werden Ängste und belastende Ereignisse der letzten Jahre intensiv angesprochen.

Differenzialdiagnose

Zunächst muss durch eine behutsame, ruhige, eher in den Hintergrund gestellte Diagnostik eine echte organische Erkrankung ausgeschlossen werden. So findet sich z. B. im Gegensatz zu einem Magenulkus kein zeitlicher Zusammenhang zwischen Nahrungsaufnahme und Auftreten der Beschwerden.

Abzugrenzen sind Persönlichkeitsstörungen, wahnhafte Störungen, posttraumatische Belastungsstörungen, Depressionen und simulierte Störungen sowie das Münchhausen-Syndrom.

Therapie

Dem Patienten sollte behutsam erklärt werden, dass seine Beschwerden psychischer Natur sind und ihm psychotherapeutisch geholfen werden kann. Häufig wird dies aber von dem Patienten nicht angenommen. Er reagiert mit Frustration oder Aggression und lehnt diese ärztliche Diagnose ab.

Sofern der Patient zur Therapie motiviert werden kann, werden psychotherapeutische und medikamentöse Verfahren eingesetzt wie:

- stützend-begleitende Gesprächstherapie,
- aufdeckend-analytische Gesprächstherapie,
- Verhaltenstherapie, in der der Patient lernt, sich bei Angstanfällen selbst beruhigen und angstauslösende Situationen zu vermeiden,
- kognitive Verfahren, in denen eingefahrene krankhafte Verhaltensmuster analysiert und korrigiert werden,
- Akupunktur,
- Entspannungsverfahren, z. B. progressive Muskelrelaxation, autogenes Training (**Abb. M.6**),
- selektive Serotonin-Wiederaufnahmehemmer (SSRI) wie Citalopram (z. B. Cipramil),
- Benzodiazepine wie Lorazepam (z. B. Tavor),
- selten Betablocker wie Metoprololsuccinat (z. B. Beloc zok).

Prognose

Sekundär kann sich eine „Angst vor der Angst" entwickeln, die weiterer Behandlung bedarf und zu sozialer Isolierung und Vermeidungsverhalten führen kann. Die Prognose bei therapiemotivierten Patienten ist für eine Heilung innerhalb von 1 – 2 Jahren gut, sofern keine psychiatrischen Begleiterkrankungen vorliegen.

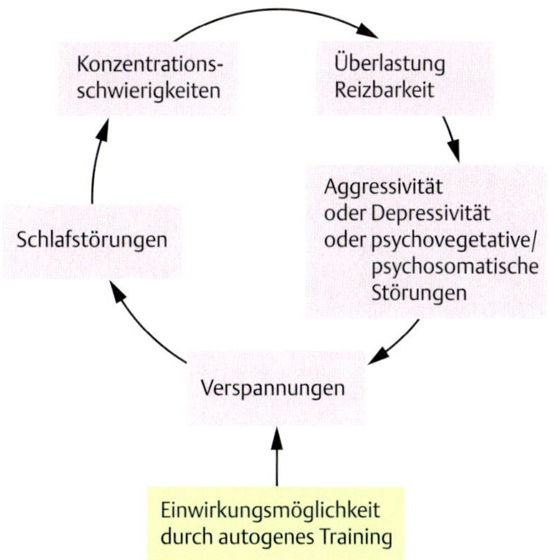

Abb. M.6 Autogenes Training. Durch autogenes Training kann der Teufelskreis von Verspannungen und psychosomatischen Störungen durchbrochen werden.

Infobox

ICD-10:
F45.31

Internetadressen:
http://www.psychosoziale-gesundheit.net

Makuladegeneration (altersabhängig)

► Eugen Hilberer (70) berichtet seinem Augenarzt: „Seit kurzem kann ich meine Zeitung kaum noch lesen. Mitten in der Schrift ist immer ein verschwommener Fleck. Anfangs waren nur wenige Buchstaben verzerrt, aber ich habe das Gefühl, der Fleck wird größer."

Definition

Die altersabhängige Makuladegeneration (AMD) ist eine bei älteren Patienten auftretende, meist beidseitige Erkrankung der Makula (Stelle des schärfsten Sehens der Netzhaut). Sie ist häufig mit fortschreitendem Sehverlust verbunden.

Synonyme: Makulopathie.

Ursachen

Die Ursache der AMD ist nicht bekannt. Sie kann familiär gehäuft auftreten. Es werden zwei Formen der AMD unterschieden, die trockene und die feuchte (exsudative) AMD.

Trockene AMD. Bei der trockenen AMD entwickeln sich große atrophische Areale am Augenhintergrund. Diese führen bei Fortschreiten zum irreversiblen Sehverlust. Die trockene AMD ist mit etwa 85% die häufigste Form.

Exsudative AMD. Als exsudative AMD wird die Ausbildung von neuen Gefäßen in der Aderhaut bezeichnet. Diese wachsen durch die Bruch-Membran unter die Netzhaut vor (choroidale Neovaskularisationen, CNV). Aus diesen Gefäßneubildungen können Blut und Exsudat austreten. Die exsudative AMD kann in ein Narbenstadium übergehen, welches das ohnehin bereits schlechte Sehvermögen noch weiter herabsetzt.

Symptome

Der Patient sieht verzerrt (Metamorphopsie). Wird z.B. ein kariertes Blatt betrachtet, so erscheinen die Linien verzogen.

Ein Verlust des zentralen Sehens ist möglich (**Abb. M.7**). Die Orientierungsfähigkeit über das periphere Gesichtsfeld bleibt jedoch erhalten.

Diagnose

Das Kennzeichen der AMD sind Drusen im Makulabereich. Dies sind kleine, gelb-weiße, punktförmige oder etwas größere, unscharf begrenzte Veränderungen in der Bruch-Membran (**Abb. M.8**). Ihre klinische Bedeutung erhalten sie durch die mit ihnen verbundenen Folgeveränderungen und ihrer Häufigkeit in der Bevölkerung. Während bei nur etwa 1,5% der Personen unter 64 Jahren Drusen zu erkennen sind, beträgt der Anteil der Betroffenen im Alter von 65–74 Jahren bereits 11% und im Alter von 75–85 Jahren etwa 28%.

Abb. M.7 Makuladegeneration. Bei Makuladegeneration kann es zum Verlust des zentralen Sehens kommen.

Intravenöse Farbstoffinjektionen (Fluoreszein, Indozyanin-Grün) ermöglichen die Darstellung von CNV bei der exsudativen AMD mittels Spezialkameras und Spezialgeräten (Fluoreszenzangiografie, Indozyanin-Grün-Videoangiografie).

Differenzialdiagnose

Differenzialdiagnostisch kommen eher seltene Erkrankungen infrage, z.B. die vitelliforme Makuladegeneration (M. Best) oder eine Myopie mit CNV.

Therapie

Gegen die Ausbildung von Drusen gibt es zur Zeit kein nachgewiesen wirksames Mittel. Die trockene AMD ist nicht therapierbar.

Bei der exsudativen AMD können bestimmte, gut abgrenzbare CNV gelasert werden. Eine seit kurzer Zeit verfügbare Behandlungsform ist die sehr teure photodynamische Therapie (PDT) für bestimmte unter der Fovea gelegene CNV. Sie kombiniert die intravenöse Injektion eines Farbstoffs, der sich in den Gefäßneubildungen ablagert, mit einer Laserkoagulation. Neu entwickelte Medikamente, die wie Macugen oder Lucentis in den Glaskörper des Auges oder wie Retaane hinter den Augapfel gespritzt werden müssen, hemmen VEGF (vascular endothelial growth factor) und verhindern damit die Gefäßneubildung.

Gibt es für den einzelnen Patienten keine Therapiemöglichkeiten (mehr), kann häufig eine vergrößernde Sehhilfe angepasst werden, z.B. eine Lupe.

Prognose

Der Spontanverlauf der AMD ist individuell verschieden. Bei etwa 10% der Erkrankten entwickelt sich ein Sehverlust. Die Makuladegeneration ist die häufigste Ursache für eine Erblindung im Sinne des Gesetzes.

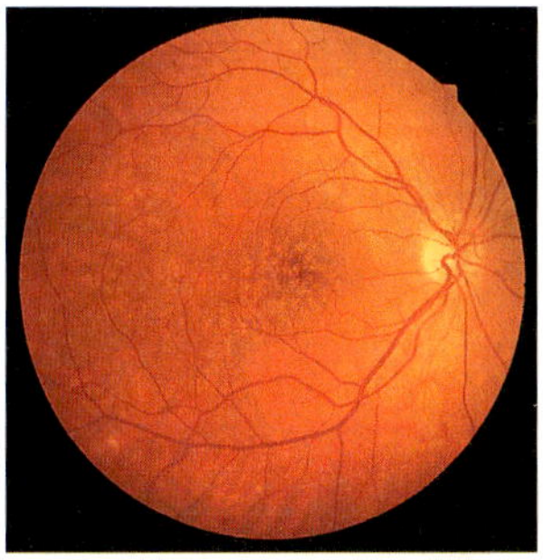

Abb. M.8 Makula mit harten Drusen. Im Frühstadium der AMD finden sich kleine, gelbliche Herde. Im weiteren Verlauf nehmen sie an Zahl und Größe zu.

Infobox

CD-10:
H35.3

Internetadresse:
http://www.makuladegeneration.org

Literatur:

Oestreicher, E. u. a.: HNO, Augenheilkunde, Dermatologie und Urologie für Pflegeberufe. Thieme, Stuttgart 2003

Burk, A., Burk, R.: Checkliste Augenheilkunde. 3. Aufl. Thieme, Stuttgart 2005

Malaria

► **Die 43-jährige Helga Lutz hat acht Tage nach einem Urlaub in Kenia Fieber bis 39 °C im Wechsel mit fieberfreien Perioden. Dem Hausarzt berichtet sie weiter: „Ich fühle mich abgeschlagen, habe Kopf- und Gliederschmerzen und Durchfall." Der Hausarzt hält es zunächst für einen grippalen Infekt. In den nächsten Tagen hat Helga Lutz weiterhin Fieberschübe. Am fünften Tag nach Erkrankungsbeginn wird sie immer schläfriger und die Harnmenge nimmt stark ab. Schließlich kommt kein Urin mehr.**

Definition

Die Malaria ist eine Infektion von roten Blutkörperchen (Erythrozyten) durch Plasmodien-Parasiten, die durch Stechmücken übertragen werden.

Ursachen

Erreger der Malaria sind die Plasmodien. Sie werden von weiblichen Anopheles-Mücken beim Blutsaugen übertragen. Die Insekten stechen in der Dämmerung und nachts.

Plasmodien durchlaufen mehrere Entwicklungsstadien in den Mücken und im Menschen. Beim Menschen vermehren sich die Plasmodien zunächst in Leberzellen, dann in Erythrozyten. Wenn infizierte Erythrozyten platzen und Merozoiten (Plasmoidenentwicklungsstadien) frei werden, führt dies zu Fieber (**Abb. M.9**). Die Merozoiten infizieren neue Erythrozyten, in denen wiederum eine Vermehrung stattfindet. Hierdurch kommt es zu einer lawinenartigen Vermehrung der Parasiten.

Die Malaria kann auch durch Bluttransfusionen und Organtransplantationen übertragen werden. Man unterscheidet mehrere Formen der Malaria, die durch verschiedene Plasmodienarten hervorgerufen werden (**Tab. M.1**).

Symptome

Eine Malaria tritt frühestens sieben Tage nach der Infektion auf. Man unterscheidet unkomplizierte Verlaufsformen von Verläufen mit schweren Komplikationen. Das Hauptsymptom ist Fieber, das meist mit Schüttelfrost, Kopf- und Gliederschmerzen und starker Abgeschlagenheit einhergeht. Bei der Malaria tertiana kommt es jeden zweiten Tag, bei der Malaria quartana jeden dritten Tag zu Fieber.

Tab. M.1 Formen der Malaria und ihre Erreger

Form	Erreger
Malaria tropica	Plasmodium falciparum
Malaria tertiana	Plasmodium vivax, Plasmodium ovale
Malaria quartana	Plasmodium malariae

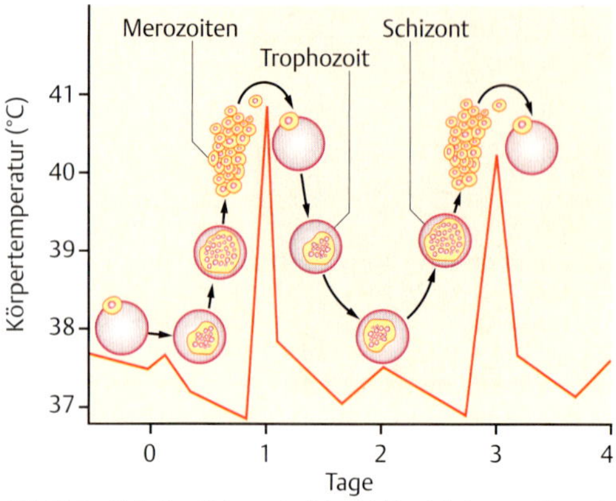

Abb. M.9 Malaria. Fieberverlauf in Abhängigkeit vom Vermehrungsprozess der Plasmodien.

Dazwischen sind fieberfreie Intervalle. Bei der gefährlichen Malaria tropica dagegen gibt es keinen charakteristischen Fieberverlauf.

Weitere häufige Symptome, v. a. bei Malaria tropica, sind Erbrechen, Durchfall und Husten. Schwere, lebensbedrohliche Komplikationen der Malaria tropica sind Bewusstseinsverlust bis zum Koma, Atemnot, Nierenversagen, Gerinnungsstörungen und der Funktionsverlust zahlreicher Organe (Multiorganversagen).

In seltenen Fällen kann das Fieber fehlen oder ist nur gering ausgeprägt. Bei Kindern fehlt meist der Schüttelfrost. Schwangere sind durch die Malaria besonders gefährdet. Vor allem in der zweiten Schwangerschaftshälfte ist der Verlauf der Malaria tropica oft sehr schwer. Außerdem kann es in Folge von Durchblutungsstörungen des Mutterkuchens zu Gedeihstörungen des Föten und zu einer Frühgeburt kommen.

Diagnose

Bei Verdacht auf Malaria ist stets eine Notfall-Sofortdiagnostik durchzuführen. Dazu wird der Erreger im Blut durch einen Ausstrich und mit dem sog. „dicken Tropfen" (Konzentrationsmethode zur raschen Erkennung des Erregers) mikroskopisch nachgewiesen (**Abb. M.10**). Schnelltests können die Zeit bis zum Vorliegen des Mikroskopieergebnisses überbrücken.

Ein negatives Ergebnis schließt eine Malariaerkrankung nicht aus. Bei fortbestehenden Symptomen sind deshalb Wiederholungsuntersuchungen erforderlich.

Differenzialdiagnose

Die Malaria gehört zu den heimtückischsten Erkrankungen. Die häufigste Differenzialdiagnose, aber auch häu-

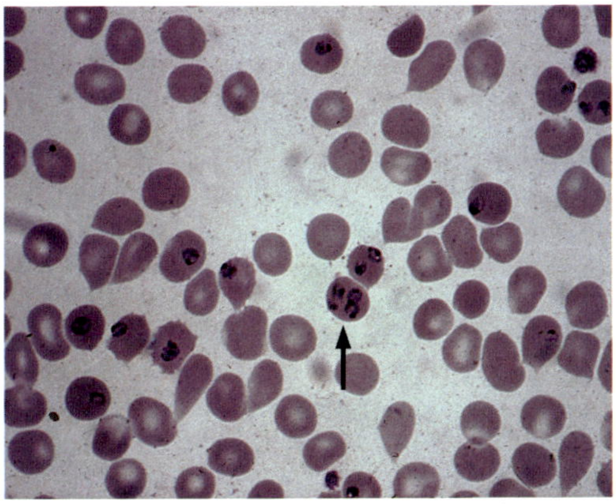

Abb. M.10 Malaria falciparum. Erythrozyten mit ringförmigen Parasiten (Pfeil).

figste tödliche Fehldiagnose bei Malaria tropica ist der grippale Infekt (→ Erkältung). Verschleppt wird die Diagnose, weil oft am Tag nach Erkrankungsbeginn vorübergehend Entfieberung und Besserung eintreten.

Therapie

Bei Erkennen der Erkrankung und sofortiger Therapie in den ersten 24–48 Std. ist jede Malaria leicht heilbar. Die Malaria tertiana und quartana werden i.d.R. mit Chloroquin behandelt. Die Behandlungsdauer beträgt drei bis vier Tage. Bei Malaria tertiana wird eine zwei- bis dreiwöchige Primaquinbehandlung angeschlossen.

Eine Malaria tropica sollte stationär behandelt werden. Anfangsstadien und die unkomplizierte Malaria tropica werden oral behandelt mit Mefloquin, Proguanil/Atovaquone, Chinin, evtl. auch mit Chloroquin. Bei Erbrechen oder bei Bewusstlosigkeit ist eine intravenöse Verabreichung notwendig. Dafür steht Chinin in Ampullenform zur Verfügung.

Bei einer komplizierten Malaria ist eine intensivmedizinische Überwachung und Behandlung erforderlich.

Prognose

Nach dem Beginn der Therapie sind noch bis zu vier Tage Plasmodien im Blut nachweisbar. Fieberschübe können noch fünf bis sieben Tage lang auftreten. Falls keine Medikamentenresistenz vorliegt, nimmt die Parasitenanzahl täglich ab. Die Fiebertendenz weist nach unten und die Zahl der Thrombozyten im Blut steigt allmählich wieder an. Die Krankheit heilt dann folgenlos aus.

Bei einer Verschleppung der Diagnose und des Therapiebeginns ist dagegen ab dem vierten Tag ein tödlicher Ausgang möglich. Bei der Malaria tertiana kann es, wenn sie nicht korrekt behandelt wurde, auch nach mehreren Jahren nochmals zu einem Krankheitsschub kommen.

Prophylaxe

Die Vorbeugung bei Reisen in Gebiete mit hoher Malariaverbreitung geschieht durch effektiven Schutz vor Mücken und der Einnahme von Mefloquin, Proguanil/Atovaquon oder Doxycyclin. Bei geringerem Malariarisiko wird die Mitnahme eines Medikaments zur Notfall-Selbstbehandlung empfohlen, sofern nicht die Möglichkeit besteht, innerhalb von 24 Std. nach Auftreten von verdächtigen Symptomen einen Arzt aufzusuchen. Schwangere müssen besonders sorgfältig auf einen Schutz vor Mückenstichen achten und für die Schwangerschaft unbedenkliche Medikamente zur Vorbeugung einnehmen.

Infobox

ICD-10:
B50-B54

Internetadresse:
Robert Koch Institut: http://www.rki.de

Literatur:

Lang, W., Löscher, T. (Hrsg.): Tropenmedizin in Klinik und Praxis, 3. Aufl. Thieme, Stuttgart 1999

Werner, D.: Where there is no doctor. A village health care handbook. Macmillan Education Ltd., London 2002

Janoy, C., Schwarzkopf, A. (Hrsg.): Hygiene, Mikrobiologie und Ernährungslehre für Pflegeberufe. Thieme, Stuttgart 2004

Malassimilationssyndrom

► Die Eltern des 16 Monate alten Fabians sind besorgt: „Fabian hat seit Tagen Durchfälle und ganz übel riechende Blähungen. Sein Körpergewicht hat auch abgenommen. Kein Wunder, dass er sich so unwohl fühlt und permanent quengelt." Der Kinderarzt weist Fabian sofort in die Kinderklinik ein. Hier wird mit einer parenteralen Flüssigkeitssubstitution begonnen, um das Flüssigkeitsdefizit sowie einen Vitamin- und Mineralienmangel auszugleichen.

Definition

Das Malassimilationssyndrom bezeichnet eine Gruppe ursächlicher Erkrankungen, in deren Folge die Verdauung der Nahrung eingeschränkt ist (Maldigestion) oder die Resorption der bereits aufgespaltenen Nährstoffe (Malabsorption) gestört ist.

Ursachen

Das Malassimilationssyndrom kann aus einer Maldigestion und/oder einer Malabsorption bestehen (**Abb. M.11**).

Maldigestion

Die Maldigestion ist eine Störung der enteralen Nahrungsaufspaltung durch einen Mangel an Pankreasenzymen. Ursachen dafür können z. B. eine Magenresektion, eine exokrine Pankreasinsuffizienz oder Leberkrankheiten sein. Verdauungsenzymdefekte in der Mukosa und Allergien, z. B. gegen Milcheiweiß, ebenso. Im Weiteren spielen auch bakterielle Fehlbesiedlung oder Dekonjugation von Gallensäuren eine Rolle.

Malabsorption

Darunter versteht man eine mangelhafte enterale Resorption (Aufnahme) der Nahrungsendprodukte bei intakter Verdauung. Man unterscheidet die primäre und die sekundäre Malabsorption.

Primäre Malabsorption. Sie bezeichnet Störungen der Transportvorgänge in der Dünndarmschleimhaut ohne gewebliche Veränderungen, z. B. Glukose-Galaktose-Malabsorption oder Disaccharidmalabsorption.

Sekundäre Malabsorption. Hier ist das Resorptionsepithel (obere Gewebeschicht) vermindert, entweder durch gewebliche Veränderungen der Schleimhaut oder durch Abflussbehinderungen aus den Epithelzellen. Sie entsteht bei reduzierter Magen-Darm-Oberfläche nach Operationen (z. B. Kurzdarmsyndrom) oder durch Entzündungen (z. B. → Morbus Crohn). Ursächlich sind auch Durchblutungsstörungen wie Angina abdominalis oder die seltene Erkrankung Zollinger-Ellison-Syndrom.

Allgemeine Störungen

Allgemeine Störungen der Verdauung und Resorption kommen bei zahlreichen Krankheiten des Magen-Darm-Trakts, der Galle, der Leber und der Bauchspeicheldrüse und im Verlauf anderer Grunderkrankungen vor.

Symptome

Die drei klassischen Leitsymptome sind:

- chronische Diarrhö (Durchfälle),
- übelriechend-voluminöse Fettstühle,
- Gewichtsverlust.

Durch die bakterielle Verwertung nicht resorbierbarer Kohlenhydrate kommt es zur Flatulenz und Diarrhö (**Abb. M.12**). Es können Mangelzustände auftreten, die teils klinisch, teils nur laborchemisch erfasst werden können (z. B. Ödeme, → Anämie, → Osteoporose).

Durch Vitamin A-Mangel treten symptomatisch die Nachtblindheit, durch Vitamin B-Mangel Neuropathien

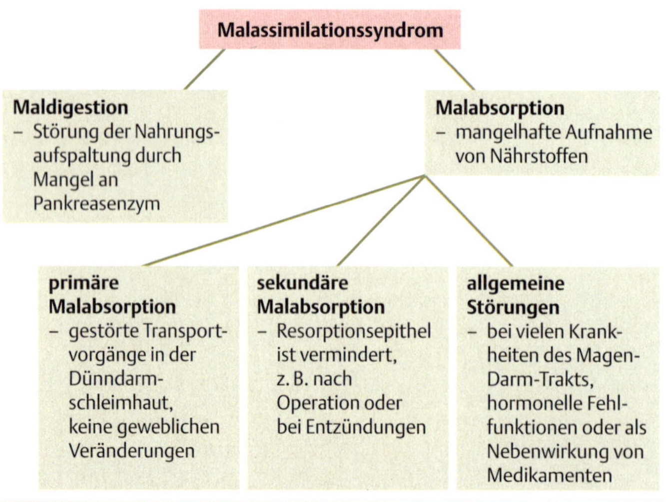

Abb. M.11 Ursachen des Malassimilationssyndroms.

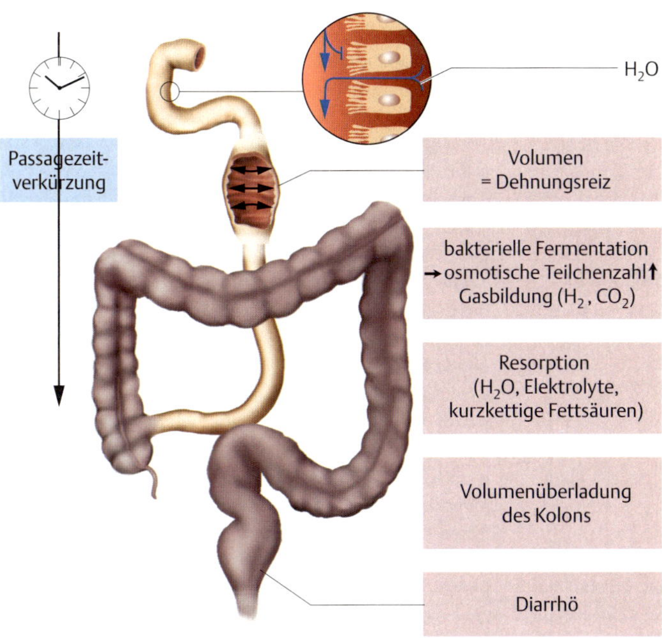

Abb. M.12 Pathophysiologie der Kohlenhydratmalassimilation. Eine Störung der Hydrolyse der vorverdauten Zucker in der Enterozytenmembran führt schon im Zwölffingerdarm zum Einstrom von Wasser und Natrium ins Darmlumen. Der Dünndarm wird durch größeres Volumen belastet, was zu einer beschleunigten Passage des Darminhalts führt. Bakterielle Fermentierung führt zu Gasbildung. Die Folge sind Diarrhö und Flatulenz.

und durch Vitamin D-Mangel Parästhesien (subjektive Missempfindung) und Knochenschmerzen auf.

Diagnose

Die Erkrankung wird häufig als Verdachtsdiagnose gestellt, z.B. bei typischer Symptomatik oder wenn in der Routinediagnostik entsprechende Veränderungen der Laborwerte festgestellt wurden. Eine Inspektion des Stuhlganges auf Konsistenz, Geruch und Farbe muss erfolgen.

Anamnese. Sie gibt Auskunft über Bauchoperationen (z.B. Dünndarm- oder Magenentfernung), Fieber (z.B. bei tropischen Krankheiten), Schmerzen im Bauchbereich, Milchunverträglichkeiten oder vielleicht Funktionsstörung der Bauchspeicheldrüse.

Stuhlfettbestimmung. Dieser wird immer sofort bei Verdacht auf ein Malabsorptionssyndrom vorgenommen. Dabei muss der Patient drei Tage lang den gesamten Stuhl unter einer Fettzufuhr von mindestens 70g sammeln. Ein Wert von über 7g Fettausscheidung gilt als pathologisch.

Endoskopie. Eine Endoskopie mit Biopsie (Probenentnahme) aus dem Dünndarm sagt wichtige Informationen über die Grunderkrankung aus. Mit Hilfe von Laboruntersuchungen kann der bestehende Mangel an Nährstoffen (z.B. Vitamine und Mineralien) nachgewiesen werden.

Röntgen. Das röntgenologische Erscheinungsbild ist weitgehend unspezifisch, es können aber → Tumoren oder Wucherungen nachgewiesen werden.

Therapie

Die Therapie richtet sich nach der vorliegenden Grunderkrankung. Eine Diätberatung ist in vielen Fällen Grundlage für einen Behandlungserfolg. Bei bakterieller Fehlbesiedlung ergibt sich eine antibiotische Therapie, z.B. mit Doxycyclin.

In der Akutphase und bei schlechtem Allgemeinzustand des Patienten sind vorübergehende, stufenweise gesteigerte, hochkalorische Infusionen indiziert. Bei Fettresorptionsstörungen empfiehlt sich die Gabe von mittelkettigen Triglyceriden und fettlöslichen Vitaminen über den parenteralen Weg. Bei exokriner Pankreasinsuffizienz beinhaltet die Therapie die Gabe von Enzymen.

Prognose

Die Prognose hängt von der Grunderkrankung ab. Das Malassimilationssyndrom ist aber gut therapierbar.

Infobox

ICD-10: K90.9

Internetadressen: http://www.akh-consilium.at
http://www.gastroenterologe.de/patient/erkrankungen/darmtrakt/malassimilationssyndrome

Literatur: Hahn, J.-M.: Checkliste Innere Medizin. 4. Aufl. Thieme, Stuttgart 2003

Malignes Melanom

► **„Und wenn der Arzt etwas findet? Dann darf ich nicht mehr in die Sonne." Janine steht mir ihren Mannschaftskolleginnen unter der Dusche. „Das ist ja völlig naiv", wirft Petra ein. „Ich würde die Muttermale an deiner Stelle untersuchen lassen. Du hast so viele." Andrea bestätigt: „Also bei mir war das so ein kleiner schwarzer Fleck. Der hat noch nicht mal gejuckt oder so. Meine Hautärztin hat ihn rausgeschnitten und siehe da – Krebs. Aber weil ich regelmäßig zur Kontrolle gehe, war die Stelle noch ganz klein und wahrscheinlich haben sich keine Metastasen gebildet. Die Sonne ist natürlich tabu."**

Definition

Beim malignen Melanom handelt es sich um einen bösartigen Tumor ausgehend von den Melanozyten der Haut.

Synonym: Schwarzer Hautkrebs.

Ursachen

Das maligne Melanom geht von den Melanozyten aus. Melanozyten sind Zellen der Oberhaut und Schleimhaut, die Melanin (schwarzes Pigment) zum Schutz vor UV-Strahlung bilden und an die Keratinzellen von Haut und Haaren abgeben.

Für die Schädigung der Zellen durch Sonneneinsstrahlung werden die UV-Strahlen verantwortlich gemacht. Da sie relativ kurzwellig und energiereich sind (100–400 nm), dringen sie tief in die Haut ein und schädigen die DNA. Diese Schäden können z. T. von den zelleigenen Reparatursystemen behoben werden oder die geschädigten Zellen sterben ab. Greifen diese Mechanismen nicht, kann sich ein Melanom entwickeln.

Das maligne Melanom macht etwa 2% aller Krebserkrankungen aus. Die Zahl der Erkrankten nimmt stark zu, bei hellhäutigen Menschen ist eine Verdoppelung alle 10–15 Jahre zu beobachten. Statistisch erkrankt jeder siebte hellhäutige Mensch irgendwann in seinem Leben. Das mittlere Alter bei der Diagnose liegt bei knapp über 50 Jahren, ungefähr 10% der Erkrankten sind jünger als 30 Jahre, Frauen sind etwas häufiger betroffen als Männer.

Die Gründe für die Zunahme der Erkrankungen sind nicht sicher bekannt. Eine wesentliche Rolle spielt wahrscheinlich das veränderte Freizeitverhalten. Als begünstigende Faktoren werden vermutet:

- Sonnenbrände im Kindesalter,
- Urlaub in den Tropen ohne Gewöhnungszeit,
- Solarium bei hellem Hauttyp,
- rötliches oder blondes Haar.

Menschen mit mehr als 50 dunklen Muttermalen sind überdurchschnittlich gefährdet. Mehr als die Hälfte der Melanome entsteht aus vorhandenen Muttermalen (dysplastische Naevuszellnaevi). Die familiäre Häufung ist sicher nachgewiesen.

Symptome

Leitsymptom ist das erstmalige Auftreten oder die Veränderung eines pigmentierten Hautmals, manchmal mit leichtem Juckreiz. Im fortgeschrittenen Stadium bilden sich kleine Ulzera mit Blutungen. Es werden vier Haupttypen unterschieden (**Abb. M.13**):

1. **Superfiziell spreitendes Melanom:** Der Durchmesser beträgt mehr als 6 mm, es wird langsam größer und dunkler. Die Pigmentierung ist unregelmäßig mit ab-

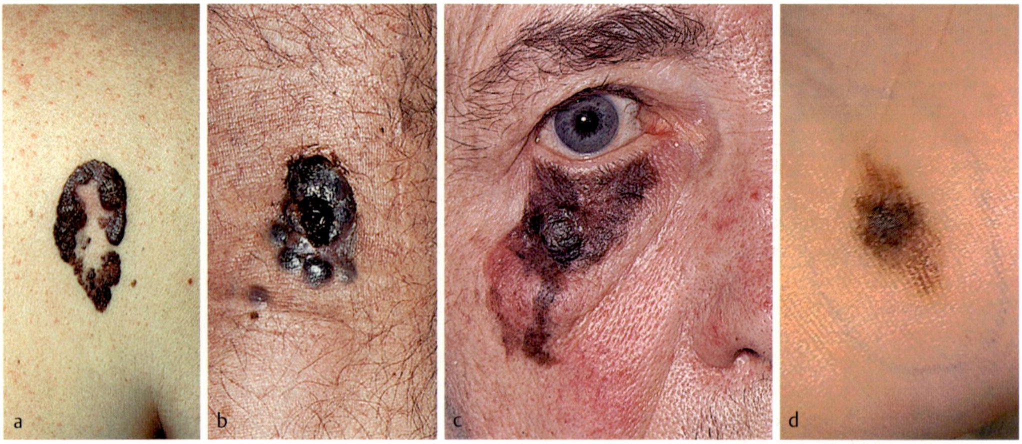

Abb. M.13 Malignes Melanom: Haupttypen. a Superfiziell spreitendes Melanom mit zentraler Regression und Abheilung, **b** noduläres Melanom mit zentraler Erosion und kutanen Satellitenmetastasen, **c** Lentigo-maligna-Melanom mit zentraler Ausbildung eines Melanomknotens, **d** akral-lentiginöses Melanom an der rechten Fußsohle.

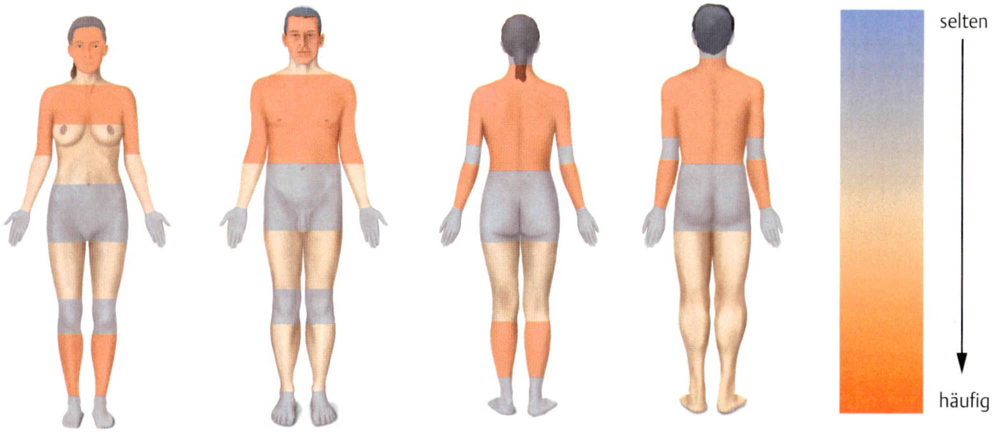

Abb. M.14 Lokalisation und Häufigkeit von malignen Melanomen. Zwischen Frauen und Männern bestehen Unterschiede in der Verteilung und Häufigkeit von Melanomen.

rupten Übergängen. Es macht mit 60 % den größten Teil der Melanome aus.

2. **Noduläres Melanom:** Es wächst schnell in tiefere Hautschichten und nach oben. Seine Pigmentierung ist regelmäßig dunkel. Es macht etwas 20 % der Melanome aus.
3. **Lentigo-maligna-Melanom:** Es entwickelt sich am häufigsten jenseits des 60. Lebensjahres und macht ungefähr 10 % aller Melanome aus. Das Melanom entsteht an Stellen, die langjährig der Sonne ausgesetzt sind, z. B. dem Gesicht. Es finden sich größere, unregelmäßig geformte und unscharf begrenzte dunkle Areale.
4. **Akral-lentiginöses Melanom:** Es macht 5 % der Melanome aus und ist an haarlosen Stellen, z. B. unter den Nägeln oder auf der Fußsohle zu finden.

Seltene Sonderformen sind das Melanom der Aderhaut des Auges und der Hirnhaut. Melanome der Mund-, Genital- und Analschleimhaut stellen zusammen höchstens 5 % aller Fälle dar.

Die Lokalisation zeigt Unterschiede zwischen Frauen und Männern. Mehr als die Hälfte der Melanome von Männern entwickeln sich am Stamm, nur ein Fünftel an den Beinen. Bei Frauen sind ein gutes Drittel an den Beinen, ein Viertel am Stamm lokalisiert (**Abb. M.14**).

Diagnose

Verdächtige Pigmentmale werden nach der „ABCDE-Regel" beurteilt:

- A = Asymmetrie,
- B = (unregelmäßige) Begrenzung,
- C = unterschiedliche Farbe bzw. Pigmentierung („Color"),
- D = Durchmesser (> 6 mm),
- E = Erhabenheit.

Der Arzt nutzt zur Beurteilung mindestens Lupenvergrößerung, besser jedoch ein Dermatoskop (Handmikroskop). Um die Veränderung besser erkennen zu können, kann der zeitliche Verlauf auf Video dokumentiert werden.

Obwohl die Treffsicherheit der Diagnose mit den genannten Mitteln sehr hoch ist, muss im Zweifel eine histologische Untersuchung angestrebt werden. Eine Probeexzision gilt wegen der großen Gefahr einer Streuung durch den Schnitt als obsolet. Das gesamte verdächtige Pigmentmal muss mit mehreren Millimetern Sicherheitsabstand entfernt und dann zur histologischen Untersuchung eingesendet werden.

Differenzialdiagnose

Ein Muttermal (Naevuszellnaevus) ist, wie die Lentigo (Linsenfleck), eine Anhäufung von Melanozyten. Die dysplastischen, d. h. unregelmäßigen Male sind oft erst in der Histologie von malignen Melanomen zu unterscheiden. Möglicherweise handelt es sich bei diesen Muttermalen um Vorstufen.

Ähnlich aussehen können auch pigmentierte Basaliome (Basalzell-Karzinome) und Spinaliome (Plattenepithel-Karzinome) sowie ein Morbus Bowen, ein schuppender Herd mit teilweise maligner Entartung. Der „Naevus bleu" ist ein sehr dunkelblauer linsengroßer Fleck von pigmentierten Zellnestern in der Unterhaut. Auf der Haut sitzen die dunklen sog. „seborrhoischen Warzen" oder „Alterswarzen".

Therapie

Die Exzision aus dem gesunden Gewebe mit 1 – 2 cm Sicherheitsabstand ist unbedingt erforderlich. Je nach Tumordicke und Infiltration der Hautschichten werden

Wächterlymphknoten, d. h. der nächste Lymphknoten in der Abflussbahn, und, wenn möglich, Fernmetastasen exzidiert.

Bestrahlung und Chemotherapie (z. B. mit Interferon) erfolgen bei ausgedehnten Fällen und Rezidiven. Eine immunstimulierende „Impfung" wird klinisch erprobt.

Prognose

Es werden immer mehr Melanome im frühen Stadium, d. h. ohne Eindringen in die Unterhaut und ohne Metastasierung entdeckt und exzidiert. Mit hoher Wahrscheinlichkeit ist der Betroffene damit bereits vollständig geheilt. Die 10-Jahres-Überlebensrate liegt bei über 90 %.

Die Prognose verschlechtert sich erheblich, wenn Fernmetastasen in der Haut auftreten. Bei Metastasen in inneren Organen oder dem Gehirn ist die Prognose sehr schlecht. Bei Fernmetastasen sinkt die 10-Jahres-Überlebensrate auf unter 5 %.

Komplikationen

Die Gefährlichkeit des Melanoms ergibt sich aus der frühen Metastasierung über die Lymphbahnen mit vielen kleinen Tochtergeschwülsten, die selbst wieder Metastasen bilden können. Todesursache ist nicht der Primärtumor, sondern die Vielzahl von (Mikro-)Metastasen in Lunge, Hirn und Leber.

Infobox

ICD-10:
C42.0 – C42.9

Internetadressen:
http://www.krebsinfo.de

Literatur:

Garbe, C. (Hrsg.): Interdisziplinäre Leitlinien zur Diagnostik und Behandlung von Hauttumoren. Thieme, Stuttgart 2005

Mammakarzinom

► **Die 50-jährige Gabriele Hochstetter erzählt ihrem Arzt: „Herr Doktor, ich habe hier einen Knoten in der Brust. Er tut zwar nicht weh, aber ich habe Angst, dass es Brustkrebs ist. Meine Schwester hat auch Brustkrebs; ihre Chemo hat sie gerade hinter sich. Sonst fühle ich mich gut, nur habe ich seit einiger Zeit öfters Rückenschmerzen."**

Definition

Das Mammakarzinom ist ein bösartiger epithelialer Tumor der Brustdrüse.

Synonym: Brustkrebs.

Häufigkeit

Der Brustkrebs ist die häufigste bösartige Erkrankung der Frau. Man geht davon aus, dass in Deutschland etwa jede 8. Frau im Laufe ihres Lebens an einem Mammakarzinom erkrankt.

Einen Anstieg der Erkrankungswahrscheinlichkeit findet man vom 20. bis zum 40. Lebensjahr und noch einmal in der Postmenopause. Der Brustkrebs gilt bei Frauen zwischen dem 35. und 55. Lebensjahr als häufigste Todesursache.

Morphologie

Man kann grob zwei Hauptformen unterscheiden (**Abb. M.15**):

- **duktale Karzinome:** Sie gehen von den Gangepithelien aus und machen 80% der Mammakarzinome aus. In einem Drittel aller Fälle entstehen sie multizentrisch, also an verschiedenen Stellen der Brust.
- **lobuläre Karzinome:** Sie kommen mit einem Anteil von 10–15% deutlich seltener vor. Sie gehen von den Drüsenläppchen aus.

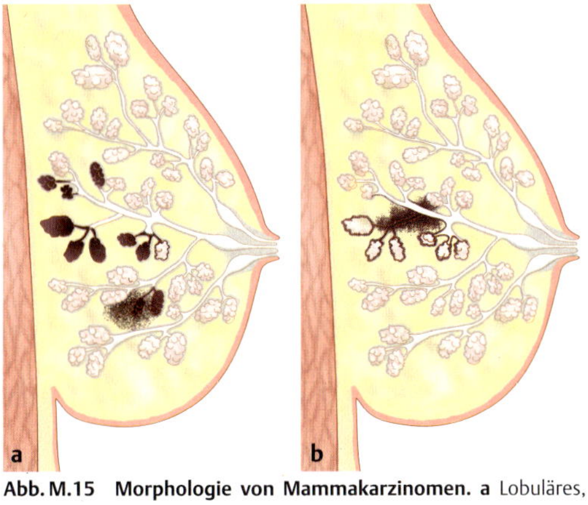

Abb. M.15 Morphologie von Mammakarzinomen. a Lobuläres, von den Drüsenläppchen ausgehendes Karzinom. **b** Duktales, von den Gangepithelien ausgehendes Karzinom.

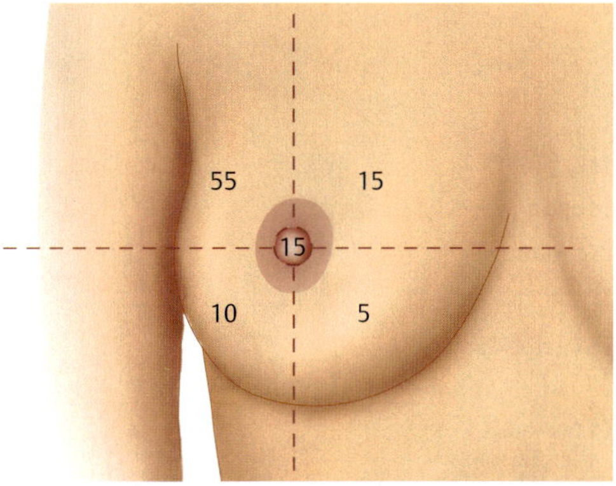

Abb. M.16 Lokalisation von Mammakarzinomen. Prozentuale Häufigkeitsverteilung von Mammakarzinomen in den einzelnen Quadranten der Brust.

Eine Sonderform des Mammakarzinoms ist der → Morbus Paget. Dabei breitet sich das duktale Karzinom auf der Brustwarze bzw. dem Warzenhof aus. Man findet dort ein rötliches, nässendes und schuppendes „Ekzem".

Lokalisation

Die häufigste Lokalisation für ein Mammakarzinom ist mit 55% der obere äußere Quadrant (**Abb. M.16**). Außerdem findet man es zu 53% in der linken Brust.

Metastasen

Das Mammakarzinom bildet häufig und frühzeitig Metastasen (Tochtergeschwülste). Auch Karzinome unter 5 mm Durchmesser können bereits streuen. Je größer der Tumor, desto wahrscheinlicher ist es, dass er Metastasen bildet. Sie breiten sich vornehmlich auf dem Lymphweg aus und betreffen sehr früh die Lymphknoten in der Achselhöhle (**Abb. M.17**). Je nach Sitz des Karzinoms kann sich der Tumor auch über die Lymphknoten über dem Schlüsselbein sowie neben und hinter dem Brustbein ausbreiten.

Fernmetastasen findet man insbesondere in den Knochen, wo sie Schmerzen verursachen. Weitere Metastasen können sich in Leber, Lunge, Pleura, Nebenniere, im zentralen Nervensystem und seltener in den Eierstöcken befinden.

Ursachen

Die eigentliche Ursache für die Entstehung des Mammakarzinoms ist noch nicht hinreichend geklärt. Man hat jedoch festgestellt, dass bestimmte Risikofaktoren mit einer unterschiedlich hohen Wahrscheinlichkeit das Auftreten eines Mammakarzinoms begünstigen.

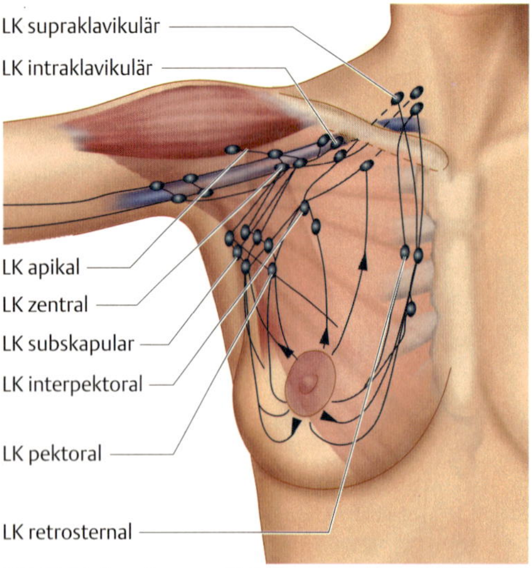

Abb. M.17 Lymphogene Metastasierung. Lymphabflüsse der Brustdrüse (LK = Lymphknoten).

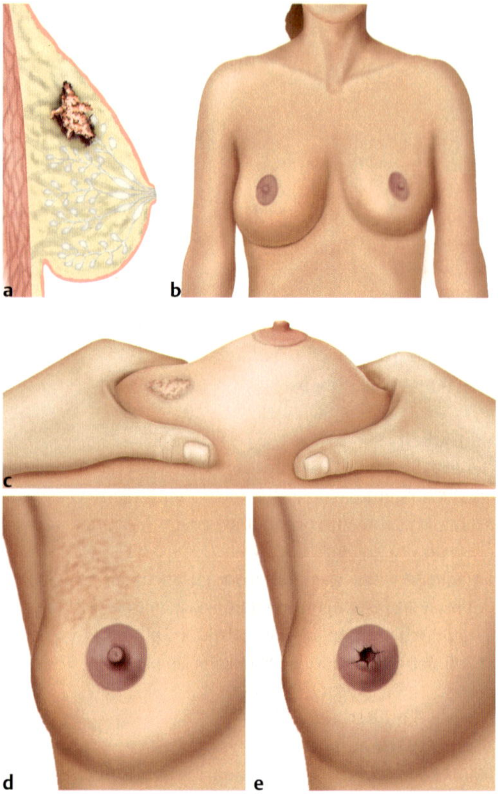

Abb. M.18 Symptome und Befunde bei Mammakarzinomen. a Tastbares Mammakarzinom mit unscharfen Rändern. **b** Asymmetrie bei vergrößerter rechter Brust. **c** Plateau-Phänomen: Teile der Haut werden durch den Tumor fixiert. **d** Orangenhaut durch tumorbedingte Lymphabflussstörungen. **e** Karzinombedingte Einziehung der Brustwarze.

Familiäre Belastung. Ist bereits eine Verwandte 1. Grades (Mutter, Tochter, Schwester) an einem Mammakarzinom erkrankt, steigt das Brustkrebsrisiko deutlich an. Außerdem erhöht das Brustkrebsgen BRCA 1 das Krankheitsrisiko. Das BRCA 1 ist ein defektes Gen, das mit einem Brustkrebsrisiko von bis zu 90 % verbunden ist.

Alter. In der Postmenopause erfolgt ein weiterer Anstieg für die Erkrankungswahrscheinlichkeit.

Hormone. Als endokrine Risikofaktoren gelten frühe Menarche (erste Menstruationsblutung), späte Menopause, also langer Östrogeneinfluss; keine Geburten.

Krankheiten. Als Risikofaktoren gelten auch ein ehemaliges Karzinom der anderen Brust, ein vorausgegangenes → Zervixkarzinom, ein → Ovarialkarzinom sowie eine → Mastopathie vom Grad III.

Allgemeine Risikofaktoren. Dies sind Adipositas, fleisch- und fettreiche Ernährung, Rauchen und Alkohol (> 20 g Ethanol/Tag).

Symptome

Das Mammakarzinom weist keine Frühsymptome auf. Folgende Symptome bzw. Befunde deuten jedoch auf einen Brustkrebs hin (**Abb. M.18**).

Tastbarer Knoten in der Brust. Es handelt sich hierbei gewöhnlich um den ersten Befund. Der Knoten ist meistens derb und schlecht verschieblich. Er ist unscharf von der Umgebung abzugrenzen und ist in den meisten Fällen nicht druckschmerzhaft.

Asymmetrie der Brüste. Bei ungleich großen Brüsten kann es sich auch um eine harmlose Anomalie handeln. Jedoch können Karzinome Schrumpfungsprozesse an der Brust hervorrufen, wodurch sich die Brust insgesamt verkleinert. Daher darf man nicht davon ausgehen, dass der Tumor in der größeren Brust zu finden ist.

Vergrößerte Lymphknoten. Das Mammakarzinom verursacht in erster Linie tastbare Lymphknoten im Bereich der Achselhöhle.

Plateau-Phänomen. Beim Mammakarzinom ist die Haut über dem Tumor so wenig verschieblich, dass sich beim Anspannen der Haut eine Einziehung („Plateau") bemerkbar macht.

Orangenhaut. Unter Orangenhaut versteht man hier ein begrenztes Areal mit großporiger Haut. Die Ursache für diese Erscheinung ist eine tumorbedingte Störung des Lymphabflusses mit nachfolgendem Lymphödem. Die Poren entstehen dadurch, dass die Haarfollikel vom Ödem verschont bleiben und so die charakteristischen Einsenkungen bilden.

Rötungen der Brust. Beim Mammakarzinom kann sich die Brust diffus und flächig röten. Man spricht dann vom prognostisch sehr ungünstigen inflammatorischen Mammakarzinom, welches man sorgfältig von der → Mastitis nonpuerperalis abgrenzen muss.

Veränderungen der Brustwarze. Die Brustwarze kann sich auf unterschiedliche Weise verändern. Eine dieser Veränderungen ist der Morbus Paget. Ebenso wie die Haut kann auch die Brustwarze durch den → Tumor fixiert und eingezogen werden wie bei einer Hohlwarze.

Absonderungen aus der Brustwarze. Bei vielen Erkrankungen der weiblichen Brust sondert die Brustwarze krankhaft Sekrete ab. Beim Mammakarzinom ist diese Sekretion einseitig und oft blutig.

Schmerzen. Schmerzen in der Brust treten beim Mammakarzinom selten auf. Auch der Tumor an sich ist nicht druckschmerzhaft. Daraus lässt sich allerdings nicht folgern, dass man bei Schmerzhaftigkeit ein Mammakarzinom ausschließen kann.

Diagnose

In der allgemeinen Anamnese wird nach aktuellen Beschwerden und Vorerkrankungen, in der Familienanamnese nach Brustkrebs bei Verwandten 1. Grades und bei der Medikamentenanamnese insbesondere nach Östrogen- oder Gestagenpräparaten gefragt. Bei der Inspektion sind die oben beschriebenen Symptome festzustellen. Der Arzt entdeckt Konsistenzunterschiede im Bereich der Brust selbst, tastet Tumoren, Tumorbeweglichkeit/-konsistenz sowie vergrößerte Lymphknoten.

Keines der aufgeführten Symptome ist ein Frühsymptom. Will man ein Mammakarzinom im Anfangsstadium diagnostizieren, so ist dies nur mit Hilfe von Apparaten möglich. Unter den apparativen Untersuchungsmethoden besitzt die Mammografie für die Brustkrebsdiagnostik die größte Aussagekraft.

Mammografie. Bei der Auswertung der mammografischen Bilder achtet der Arzt vor allem auf unscharf begrenzte, sternförmige Verschattungen mit strahlenförmigen Ausläufern. Ebenso wichtig sind gruppierte Mikroverkalkungen (**Abb. M.19**). Eine solche Gruppe gilt als Anhaltspunkt für ein Karzinom, wenn sie etwa zehn Verkalkungen umfasst. Die Mikroverkalkungen entstehen durch Zerfall von Zellen in den betroffenen Milchgängen, da die nekrotischen Zellen Kalk einlagern.

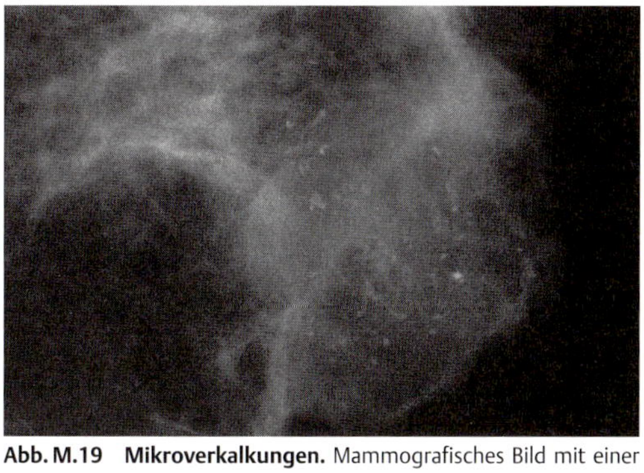

Abb. M.19 Mikroverkalkungen. Mammografisches Bild mit einer Vielzahl von Mikroverkalkungen.

Galaktografie. Die Galaktografie weist nach, wo sich in den Milchgängen der Tumor befindet und wie ausgedehnt er ist. Solche Tumoren machen sich z. B. durch Verengungen oder Gangabbrüche bemerkbar.

Sonografie. Mittels Ultraschalluntersuchung lassen sich vor allem zystische und solide Strukturen gut gegeneinander abgrenzen. Karzinome sind aufgrund ihres rapiden Wachstums gut durchblutet. Die damit verbundene Erhöhung der Gefäßversorgung lässt sich mit der Doppler-Sonografie nachweisen. Vorteilhaft ist, dass man auch sehr kleine Tumoren gut darstellen kann.

Biopsie. Die Biopsie ist die einzige Methode, die letzte Klarheit über die Art der Brusterkrankung bringen kann. Sie ist indiziert bei allen verdächtigen Befunden, wie tastbare Knoten, die nicht spontan verschwinden oder bei einer sezernierenden Brustdrüse.

Differenzialdiagnose

Differenzialdiagnostisch kommen einige Krankheiten in Frage, die jedoch nur in Teilaspekten an ein Mammakarzinom denken lassen. So ist die → Mastitis nonpuerperalis die wichtigste Differenzialdiagnose zum inflammatorischen Mammakarzinom, wobei beide Erkrankungen ausschließlich die Entzündungszeichen gemein haben.

Therapie

Zur Therapie des Mammakarzinoms stehen verschiedene Verfahren zu Verfügung, die kurativ und/oder palliativ eingesetzt werden. Eine kurative Therapie dient der Heilung, während eine palliative Behandlung die Krankheit lindert, ohne zu heilen.

Operative Therapie

Welche Operation gewählt wird, hängt davon ab, wie groß der Tumor ist und wie stark die Lymphknoten befallen sind.

Tylektomie. Unter Tylektomie versteht man eine brusterhaltende Operation mit alleiniger Ausschneidung des Tumors. Diese Operation wählt man nach Möglichkeit bei einem Low-risk-Tumor, d. h. bei einem beweglichen Tumor kleiner als 2 cm, ohne Multizentrizität und ohne Befall der axillären Lymphknoten. Bei der Tylektomie muss man feingeweblich sicherstellen, dass der Tumor mit ausreichendem Sicherheitsabstand vollständig entfernt wird. Hinzu kommt die Ausräumung der axillären Lymphknoten und die Nachbestrahlung der Brust.

Mastektomie. Wenn eine brusterhaltende Therapie unmöglich ist, wird bei einer Mastektomie der komplette Brustdrüsenkörper mit der Muskelfaszie entfernt. Der große Brustmuskel bleibt erhalten, sofern der Tumor nicht in den Muskel infiltriert ist. Wie beim brusterhaltenden Vorgehen entfernt man auch hier die axillären Lymphknoten.

Brustaufbau. Wenn die Patientin es wünscht, wird die Brust direkt während der Tumoroperation oder postoperativ nach etwa 3–6 Monaten aufgebaut. Meist werden Brustprothesen aus Silikon eingesetzt. Die Brust kann jedoch auch mit körpereigenem Gewebe aus einem Bauch- oder Rückenmuskel wiederaufgebaut werden. Später wird dann auch die Brustwarze rekonstruiert.

Chemotherapie

Eine Chemotherapie soll das Auftreten von Fernmetastasen vermindern, denn die meisten Patientinnen mit Mammakarzinom sterben an den Metastasen und nicht am Tumor selbst.

Im Gegensatz zur Bestrahlung, die lokal eingesetzt wird, wirkt die Chemotherapie systemisch, d. h. auf den gesamten Körper. Sie kann daher zur Behandlung von Metastasen eingesetzt werden, die sich der Strahlentherapie entziehen. Notwendig ist eine Chemotherapie vor allem bei Lymphknotenbefall, Tumoren mit hohem Risiko und bei sehr jungen Patientinnen.

In einer präoperativen Chemotherapie können große Karzinome so weit verkleinert werden, dass man eine brusterhaltende Operation anschließen kann.

Strahlentherapie

Da 5–25% der Mammakarzinome multizentrisch wachsen, ist die Nachbestrahlung von großer Bedeutung, denn beim Mammakarzinom besteht immer die Gefahr, dass sich sehr kleine unentdeckte Herde in der Brust befinden. Außerdem ist die Rezidivrate bei nachbestrahlten Patientinnen erheblich geringer.

Eine häufige Komplikation ist das Lymphödem des Arms. Es entsteht durch eine Behinderung des Lymphabflusses. Eine Kombination aus Operation und Strahlentherapie fördert das Auftreten dieses Lymphödems. Daher sollte die Achselhöhle nur dann bestrahlt werden, wenn sie stark befallen war. Eine alleinige Strahlentherapie wird bei inoperablen Patientinnen oder als palliativ-analgetische Bestrahlung bei Metastasen vorgenommen.

Hormontherapie

Bei postmenopausalen Patientinnen gehört die Hormontherapie mit dem Östrogenantagonisten Tamoxifen zum Standard. Voraussetzung ist allerdings, dass der Rezeptorbefund den Tumor als hormonempfindlich ausweist. Tamoxifen blockiert die Östrogenrezeptoren und hemmt so den Östrogeneinfluss und außerdem das Wachstum des Tumors. So vermindert es Rezidive und reduziert das Risiko eines Karzinoms in der anderen Brust.

Bei jüngeren (prämenopausalen) Patientinnen muss die eigene, innere Östrogenproduktion ausgeschaltet werden. Dazu bedient man sich überwiegend der Gonadotropin-Releasing-Hormon-Agonisten (GnRH-Agonisten). Bei diesen Patientinnen wird so ein Östrogenmangel erzeugt.

Prognose

Bei der Prognose des Mammakarzinoms ist der Lymphknotenbefall der aussagekräftigste Faktor. Daneben spielt das Alter der Patientin eine Rolle, denn Tumoren wachsen im fortgeschrittenen Alter meist langsamer. Daneben hängt die Prognose vom Rezeptorbefund ab: vorhandene Rezeptoren sind prognostisch günstig. Das Stadium, in dem der Tumor entdeckt wurde, ist ebenfalls von prognostischer Bedeutung.

Bei unbehandelten Mammakarzinomen beträgt die Lebensdauer im Mittel 3,5 Jahre.

Nachsorge

Rezidive sind beim Mammakarzinom nicht selten und können auch noch nach vielen Jahren auftreten.

Wegen des Vorkommens von Rezidiven beim Mammakarzinom ist eine regelmäßige Nachsorge sehr wichtig. Sie umfasst neben der körperlichen Untersuchung eine Bestimmung von Blutbild, Leberenzymen und Kalzium. Daneben wird ein Röntgenbild des Thorax angefertigt, die Lunge abgehört und der Oberbauch, insbesondere die Leber, untersucht.

Einmal im Jahr wird eine Mammografie gemacht. Auch die Klopfschmerzprüfung über den Knochen sowie die systematische Abklärung von Knochenschmerzen gehören zur Nachsorgeuntersuchung.

Infobox

ICD-10:
C50.9

Internetadressen:
http://www.krebsinformation.de
http://www.meb.uni.bonn.de

Literatur:
Unger, C. (Hrsg.): Metastasierendes Mammakarzinom. Patientinnen fragen – Ärzte antworten Thieme, Stuttgart 2004
Kemper, G. (Hrsg.): Jede Neunte . . . Orlanda, München 2003

Mandelentzündung

► „Kerstin, jetzt steh' aber auf. Jeden Morgen das gleiche Theater." Frau Schneider betritt das Zimmer ihrer Tochter. „Ich will nicht in die Schule", jammert Kerstin. Frau Schneider setzt sich ans Bett und fühlt Kerstins Stirn. „Ich glaube, Du hast Fieber. Du hast so glasige Augen. Warte mal, ich hole das Thermometer." „Mama, ich habe auch solche Halsschmerzen. Ich kann gar nicht schlucken." Frau Schneider misst über 39 °C. „Ich gehe runter und sage in der Firma Bescheid. Und Du ziehst dich an, damit wir zum Arzt gehen können."

Definition

Eine Mandelentzündung ist eine akute bakterielle Entzündung der Gaumenmandeln.

Synonyme: Angina tonsillaris, Angina lacunaris, Tonsillitis acuta, Streptokokkenangina.

Ursachen

Die akute Mandelentzündung wird in den meisten Fällen durch β-hämolysierende Streptokokken der Gruppe A, seltener durch Staphylokokken, Haemophilus influenzae oder Pneumokokken hervorgerufen.

Symptome

Die Patienten, meist Kinder, Jugendliche oder junge Erwachsene, klagen über starke Schluckbeschwerden und Schmerzen beim Schlucken, die in das Ohr ausstrahlen. Sie haben hohes Fieber, fühlen sich krankmatt. Durch die Schwellung im Rachenbereich sprechen die Patienten mit kloßiger Sprache.

Diagnose

In der klinischen Untersuchung findet der Arzt häufig geschwollene Kieferwinkellymphknoten. Bei der Inspektion des Rachens mit dem Spiegel sieht man im Anfangsstadium gerötete und geschwollene Gaumenmandeln, später weißliche Beläge auf den hoch roten Tonsillen (**Abb. M.20**).

In der Blutuntersuchung lässt sich eine vermehrte Leukozytenzahl (Leukozytose) und eine Erhöhung der Entzündungswerte (BSG, CRP) nachweisen.

Früher wurde der Erreger in Bakterienkulturen nachgewiesen. Da dieser Test bis zu einem Resultat 2–3 Tage dauert und die Therapie sich nach dem Erreger richten sollte, wurden Schnelltests mit Antikörpern entwickelt (**Abb. M.21**). Der Arzt entnimmt einen Abstrich von den Gaumenmandeln und trägt das Material auf Reaktionsplatten auf. Nach zehn Minuten liegt das Ergebnis vor.

Differenzialdiagnose

Die Mandelentzündung ist von folgenden Erkrankungen abzugrenzen:

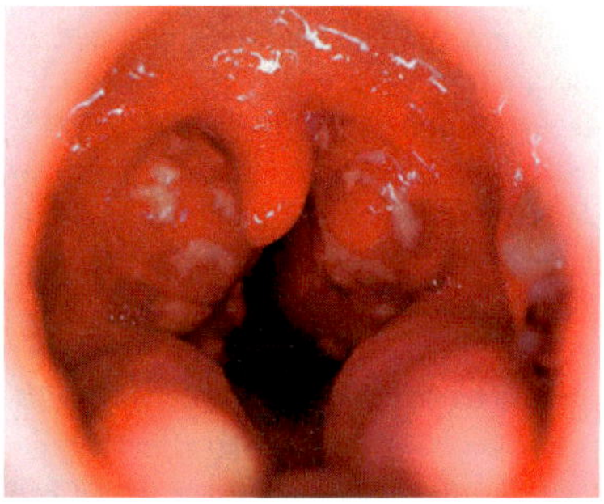

Abb. M.20 Mandelentzündung. Hochrote Schwellung und Beläge auf den Gaumentonsillen sind das typische Befundbild bei Angina tonsillaris.

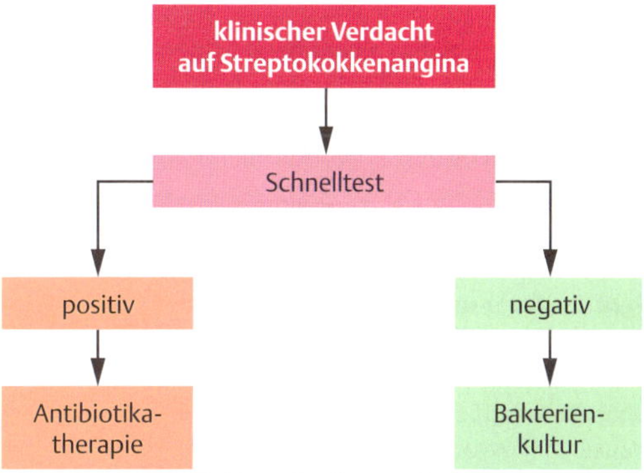

Abb. M.21 Streptokokkenschnelltest. Fällt der Test negativ aus, obwohl die Symptome auf eine Streptokokkenangina hinweisen, muss unbedingt eine Bakterienkultur angelegt werden.

- **Plaut-Vincent-Angina:** bakterielle Entzündung, bei der nur eine Gaumenmandel entzündet ist.
- **Spezifische Angina:** Bei einer → Syphilis können sich etwa acht Wochen nach der Erstinfektion weißliche Beläge auf den Gaumenmandeln und der Mundschleimhaut bilden.
- → **Tuberkulose:** Auf den Gaumenmandeln können sich flache Geschwüre bilden.
- → **Diphtherie:** Die weißlichen Beläge bluten bei Berührung leicht. Die Membranen reichen über die Gaumenmandeln hinaus und riechen süßlich.
- **Herpangina.** Die Infektion erfolgt durch Coxsackie-A-Viren. Auf den Gaumentonsillen und den Gaumenbögen bilden sich kleine Erosionen und Geschwüre. Die Patienten haben Fieber, die Lymphknoten sind stark geschwollen.
- → **Pfeiffer'sches Drüsenfieber:** Virenerkrankung, bei der die Gaumenmandeln verdickt und gerötet sind und grau-weißliche Beläge haben.

- → **Soor:** Pilzbesiedelung des Rachens. Es sind fest haftende, weiße Beläge im gesamten Rachenraum zu erkennen, die stark bluten, wenn sie entfernt werden.
- **Tonsillenkarzinom:** Ein bösartiger → Tumor der Gaumenmandel sieht aus wie ein Geschwür, das auf die Umgebung übergreift.
- **Hyperkeratose der Tonsillen:** Bei dieser Epithelverdickung finden sich weißliche Veränderungen, die einer Angina tonsillaris ähneln können. Die Erkrankung ist jedoch harmlos.

Therapie

Die Therapie richtet sich nach dem Erreger der Tonsillitis. Als Standardtherapie gegen Streptokokken erhält der Patient für mindestens sieben Tage Penicillin. Hat der Patient eine Allergie gegen Penicillin, verschreibt der Arzt Makrolide (Erythromycin, Roxithromycin) oder Cephalosporine. Gegen die Schmerzen werden Analgetika gegeben.

Prognose

Werden die Antibiotika ausreichend lange gegeben, heilt die Angina tonsillaris nach 1 – 2 Wochen ab.

Komplikationen

Sprechen die Erreger auf die Antibiotika nicht an oder wird die Behandlung zu kurz durchgeführt, können sich gravierende Komplikationen und Folgekrankheiten entwickeln:

Peritonsillarabszess. Die Tonsillitis breitet sich im Rachenraum aus und führt dort zu einem → Abszess. Wenige Tage nach einer akuten Tonsillitis klagen die Patienten über erneute, diesmal einseitige starke Schluckbeschwerden und Stiche ins Ohr. Die Betroffenen können den Mund nur schwer öffnen, die Sprache ist kloßig. Meist steigt das Fieber wieder an. Der Abszess muss eröffnet und drainiert werden.

Tonsillogene Sepsis. Die Erreger breiten sich über das Blut, die Lymphbahnen oder durch einen Peritonsillarabszess im ganzen Körper aus (tonsillogene → Sepsis). Eine Sepsis nach Angina ist durch eine adäquate Antibiotikatherapie selten und betrifft häufig Menschen mit geschwächtem Immunsystem. Die Patienten haben hohes Fieber und Schüttelfrost. Die Sepsis wird mit hoch dosierten, breit wirkenden Antibiotika (Cephalosporine, Gyrasehemmer, Breitspektrum-Penicilline) behandelt. Zusätzlich wird der Infektionsherd, die entzündeten Gaumenmandeln, entfernt und u. U. ein Abszess eröffnet.

Folgekrankheiten. Die Streptokokken können einen Autoimmunprozess bewirken. Der Patient bildet Antikörper gegen die Erreger, die eine Immunreaktion auslösen. 10 – 20 Tage nach einer Mandelentzündung bekommt der Patient erneut Fieber, zusätzlich Gelenk- und Kopfschmerzen (→ rheumatisches Fieber). Die Antigen-Antikörper-Reaktionen können darüber hinaus Erkrankungen der Nieren (akute → Glomerulonephritis) oder des Herzens (→ Endokarditis, → Myokarditis, → Perikarditis) verursachen. Diese Krankheiten müssen behandelt und die Gaumenmandeln unter Antibiotikaschutz entfernt werden.

Infobox

ICD-10:
J03.9

Internetadresse:
Dt. Gesellschaft für HNO-Heilkunde: http://www.hno.org

Literatur:

Arnold, W., Ganzer, U.: Checkliste HNO-Heilkunde, 4. Aufl. Thieme, Stuttgart 2005

Boenninghaus, H.-G., Lenarz, T.: HNO-Heilkunde, 12. Aufl. Springer, Heidelberg 2005

Probst, R. u. a.: HNO-Heilkunde, Thieme, Stuttgart 2004

Marfan-Syndrom

► **„Auswechseln! Ich kann nicht mehr." Carola winkt. Sie geht niedergeschlagen zu ihrem Lehrer. „Was ist denn los? Du bist schnell aus der Puste und immer tut Dir der Rücken weh. Du bist riesengroß und könntest die Bälle doch richtig reinhauen." Carola treten die Tränen in die Augen. „Ich habe so eine Krankheit. Meine Mutter möchte, dass ich mich vom Schulsport befreien lasse. Aber das will ich nicht."**

Definition

Das Marfan-Syndrom ist eine geschlechtsunabhängige vererbbare Bindegewebserkrankung.

Synonym: Achard-Marfan-Syndrom.

Ursachen

Auslöser des Marfan-Syndroms ist eine Mutation im Fibrillin-Gen. Fibrillin ist am Aufbau der Mikrofibrillen beteiligt, die wiederum das Grundgerüst für die überall im Körper befindlichen elastischen Fasern bilden. Die veränderten Fasern sind weiterhin am Bindegewebeaufbau beteiligt, machen es jedoch weniger widerstandsfähig. Da Bindegewebe in nahezu allen Organsystemen vorkommt, ist der gesamte Körper des Erkrankten betroffen. Dieses überaus seltene Syndrom betrifft nur einen von 10.000 Menschen.

Symptome

Die Betroffenen sind oft sehr groß, haben überlange schmale Gliedmaße und längliche Finger („Madonnenhände" oder Arachnodaktylie) (**Abb. M.22**). Sie haben ein verformtes Brustbein (Keil- oder Trichterbrust) oder eine zur Seite bzw. nach hinten verbogene Wirbelsäule (→ Skoliose oder Kyphose). Die samtartige Haut neigt zu Dehnungsstreifen, Gelenke sind überstreckbar, die Muskulatur ist nur schwach entwickelt.

Die Linse ist verschoben, abgelöst oder getrübt. Die Hornhaut kann sich verformen und die Netzhaut sich ablösen. Dadurch ist die Sehkraft stark beeinträchtigt. Betroffene können völlig erblinden.

Herzfunktionsstörungen oder Herzklappenentzündungen (→ Endokarditis) sind häufig. Vor allem im Bereich der Aorta können sich Dissektionen (lang gestreckte Risse) und Aneurysmen (→ Aortenaneurysma) bilden.

Diagnose

Erscheinungsbild des Erkrankten und dessen Komplikationen legen die Diagnose nahe. Die Diagnose wird durch eine Genanalyse bestätigt.

Differenzialdiagnose

Bei Verdacht müssen andere genetischen Erkrankungen wie Homozystinurie, → Klinefelter-Syndrom, angeborene Lageveränderungen der Linse (Ectopia lentis) und genetisch bedingte Aortendilatationen ausgeschlossen werden.

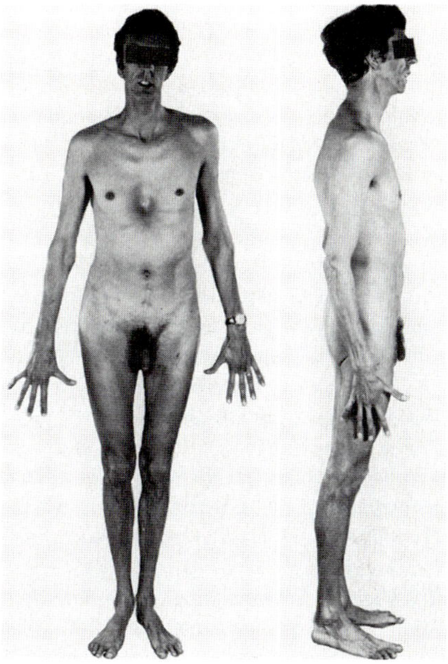

Abb. M.22 Marfan-Syndrom. Typisch für das Marfan-Syndrom sind lange Extremitäten, Spinnenfinger und Trichterbrust.

Therapie

Das Marfan-Syndrom ist nicht heilbar. Es ist allerdings möglich die Symptome zu therapieren. Um etwa die Störungen der Herzklappen rechtzeitig zu erkennen, ist eine regelmäßige Echokardiografie sinnvoll. Auch eine regelmäßige augenärztliche Kontrolle ist wichtig. Um übermäßiges Wachstum zu verhindern und Gelenk- und Knochenproblemen vorzubeugen, kann die Pubertät mit Hormonen früher eingeleitet werden.

Prognose

Wird das Syndrom nicht behandelt, ist die Lebenserwartung im Schnitt nicht höher als 35 Jahre. Erfolgt jedoch eine engmaschige und Disziplin übergreifende Kontrolle der körperlichen Veränderungen, ist die Lebenserwartung durchaus normal.

Infobox

ICD-10: Q87

Internetadressen:

http://www.marfan.de

http://www.klm-stuttgart.de

Masern

► **Frau Küster kommt mit ihrem 8-jährigen Sohn zur Kinderärztin: „Tim hatte vor ein paar Tagen Fieber, bis 40,2 °C. Dazu kamen Husten, tränende Augen und Schnupfen. Dann bekam er Ausschlag, erst hier im Gesicht und hinter den Ohren, heute auch am Oberkörper und an den Armen. Er fühlt sich auch ganz krank und konnte nicht zur Schule."**

Definition

Masern sind eine akute Krankheit mit Hautausschlag, Atemwegs- und Allgemeinsymptomen. Masern werden durch das Masernvirus verursacht und können durch eine Impfung verhindert werden (**Abb. M.23**).

Ursachen

Das Masernvirus ist hochgradig ansteckend und wird durch Tröpfcheninfektion, direkten Kontakt oder Luftzug über größere Entfernungen („fliegende Infektion" wie bei → Windpocken) übertragen. Nahezu jede Infektion führt auch zur Erkrankung.

Zunächst werden die Schleimhäute des Nasenrachenraums und die Bindehaut der Augen befallen, dann breitet sich das Masernvirus innerhalb von 1 – 2 Tagen in regionale Lymphknoten und in das Immungewebe aus. Am 5. – 7. Tag erfolgt über das Blut die Infektion der Haut und der Schleimhäute der oberen Atemwege.

Symptome

Etwa 7 – 10 Tage nach der Infektion fühlen sich die Infizierten krank und abgeschlagen, haben Hals- und Kopfschmerzen, Husten, Fieber, Bindehautentzündung, Schnupfen. Auf der Mundschleimhaut entsteht 10 – 12 Tage nach der Infektion ein charakteristischer Ausschlag: die weißen, kalkspritzerartigen Koplikschen Flecken.

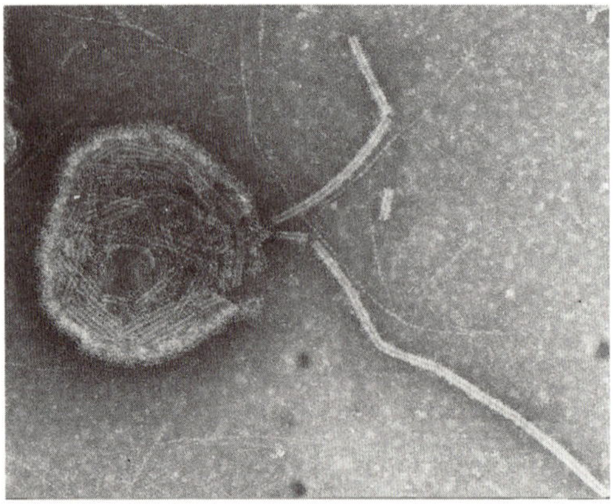

Abb. M.23 Ultrastruktur des Masernvirus (EM, Vergr. 1:200.000).

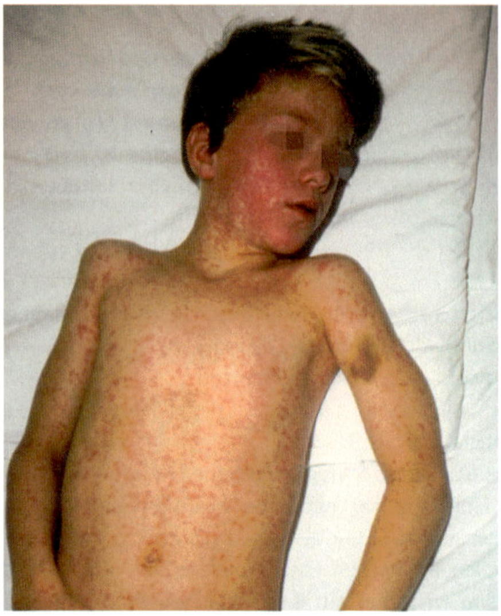

Abb. M.24 Masern. Typisches Masernexanthem.

Das von einem Fieberschub begleitete klassische Masernexanthem ist ein grobfleckiger, rötlicher Ausschlag (**Abb. M.24**). Er beginnt hinter den Ohren und im Gesicht und breitet sich über den Stamm bis zu den Füßen und Händen aus. Der Ausschlag tritt 14 – 15 Tage nach der Infektion auf, ist innerhalb von 1 – 2 Tagen voll entwickelt und blasst dann innerhalb von 3 – 5 Tagen wieder ab. Ab diesem Zeitpunkt sind die Masern nicht mehr ansteckend.

Diagnose

Die Masern sind heute bei uns selten. Die Diagnose lässt sich gut aus den klinischen Symptomen stellen, vor allem sobald bekannt ist, dass ein Patient nicht geimpft wurde und außerdem Kontakt zu einer an Masern erkrankten Person hatte.

Zur Bestätigung dient die serologische Untersuchung, bei der IgM-Antikörper gegen das Virus nachgewiesen werden.

Differenzialdiagnose

Zu Beginn, wenn unspezifische Krankheitszeichen vorliegen, ähnelt die Erkrankung der → Influenza. Insbesondere → Scharlach und → Pfeiffersches Drüsenfieber sowie eine toxische Medikamentenreaktion sollten differenzialdiagnostisch in Betracht gezogen werden.

Therapie

Ein Medikament, das die Vermehrung des Masernvirus hemmt, gibt es bisher nicht. Die Therapie besteht deshalb darin, dass man die Symptome behandelt und den Patienten pflegt. Wichtig ist, dass Komplikationen, insbesondere die → Pneumonie, rechtzeitig wahrgenommen und behandelt werden.

Prognose

Die Masern heilen meist folgenlos aus und führen zu einer lebenslangen Immunität.

Komplikationen

Masern verlaufen mit zunehmendem Alter schwerer. In 1 – 2 Fällen pro 100 Erkrankungen entsteht während oder kurz nach den Masern eine Masernenzephalitis. Sie kommt als Autoimmunreaktion gegen Hirnantigene insbesondere bei Jugendlichen und Erwachsenen vor (→ Enzephalitis).

Masern können eine Pneumonie zur Folge haben oder die Entstehung einer bakteriellen Pneumonie begünstigen. Sie können auch eine Gastroenteritis mit Durchfall sowie Darm- und Leberentzündung hervorrufen. Als Spätfolge einer Masernvirusinfektion kommt es sehr selten zu einer subakuten sklerosierenden Panenzephalitis (SSPE). SSPE ist ein auf das Gehirn beschränkter Krankheitsprozess mit Demenzentwicklung, der sich erst Jahre oder Jahrzehnte später zeigt.

Prophylaxe

Sowohl die Masern als auch alle Komplikationen werden durch eine Impfung zuverlässig verhindert. Es handelt sich um einen Lebendimpfstoff. Die 1. Impfung soll mit vollendetem 1. Lebensjahr durchgeführt werden. Die 2. Impfung geschieht vor vollendetem 2. Lebensjahr.

Eine passive Immunisierung ist ebenfalls möglich und kann einer Infektion innerhalb von 96 Stunden nach Kontakt vorbeugen. Sie führt zu einem abgeschwächten Verlauf der akuten Masern, meist ohne Hautausschlag.

Infobox

ICD-10:
B05

Internetadressen:
http://www.gesundes-kind.de
http://www.pädiatrie-in-bildern.de

Literatur:
Glück, T. u. a.: Infektionskrankheiten von A–Z. Wissenschaftliche Verlagsgesellschaft, Stuttgart 2005

Mastitis nonpuerperalis

► Frau Kathrin Giesen, 28 Jahre alt, konsultiert ihren Frauenarzt und berichtet: „Ich habe seit gestern eine Rötung an der linken Brust, die mir auch weh tut. Ansonsten fühle ich mich eigentlich nicht krank. Dass die Brust eine Woche vor der Regel größer wird und schmerzt, kenne ich ja schon seit Jahren. Aber eine Rötung hatte ich bisher noch nie. Die Schmerzen fühlen sich sonst auch ganz anders an."

Definition

Bei der Mastitis nonpuerperalis entzündet sich die Brustdrüse. Die Entzündung tritt außerhalb der Stillzeit auf und wird meistens von Stapylokokken verursacht. Gut 60 % der Betroffenen sind jünger als 30 Jahre.

Synonym: Brustentzündung.

Ursachen

Als Erreger der Mastitis nonpuerperalis kommen Staphylococcus aureus und Staphylococcus epidermidis am häufigsten vor. Aber auch Kolibakterien, Proteus, Streptokokken oder Fusobakterien verursachen die Entzündung.

Die Mastitis nonpuerperalis wird dadurch verursacht, dass sich Sekret in den Milchgängen der Brustdrüse staut und infiziert. Der Sekretstau entsteht bei der Mastitis nonpuerperalis nicht während der Stillzeit und daher nicht durch die physiologische Milchbildung. Vielmehr wird vermehrt Prolaktin ausgeschüttet – bedingt durch Medikamente, Hormone oder Stress. Aber auch eine erhöhte Sensibilität der Prolaktinrezeptoren kann die Milchbildung verstärken. Dann sind die Prolaktinwerte normal.

Symptome

Symptomatisch stehen Rötung, eine leichte Schwellung, Überwärmung und Schmerzen im Vordergrund (**Abb. M.25**). Der Allgemeinzustand ist meist nicht beeinträchtigt, auch ist die Körpertemperatur selten erhöht.

Im Gegensatz zur → Mastitis puerperalis tritt die Mastitis nonpuerperalis gewöhnlich nur einseitig auf. In 40 % der Fälle kommt es zu einer → Abszessbildung.

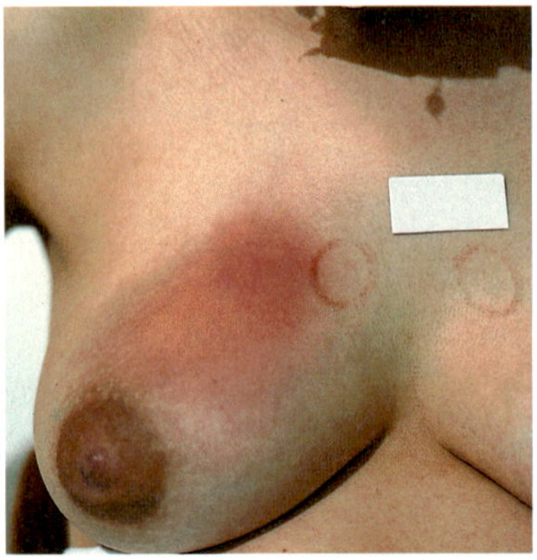

Abb. M.25 Mastitis nonpuerperalis. Rötung und Schwellung der erkrankten Brust.

Diagnose

Bei der Inspektion zeigen sich die Kardinalsymptome einer Entzündung (Rötung, Überwärmung, Schwellung, Schmerz). Im Rahmen der Tastuntersuchung findet der Arzt ein derbes Infiltrat. Das bedeutet, dass sich die Entzündung im Bindegewebe diffus (nicht abgrenzbar) und flächenhaft ausbreitet.

Bei rund 50% der Patientinnen sind außerdem die Lymphknoten vergrößert und die Blutkörperchensenkungsgeschwindigkeit (BSG) erhöht.

Differenzialdiagnose

Die Mastitis nonpuerperalis weist eine ähnliche Symptomatik wie das inflammatorische → Mammakarzinom auf. Hierbei handelt es sich um einen prognostisch ungünstigen → Tumor. Daher sollte man die Mastitits nonpuerperalis feingeweblich abklären, wenn eine Therapie erfolglos bleibt.

Therapie

Man therapiert die Mastitis nonpuerperalis, indem man die Ursache saniert. Medikamentös sind Prolaktinhemmer, Antibiotika und Antiphlogistika indiziert.

Falls das Krankheitsbild fortgeschritten ist und sich ein Abszess bildet, fördert man zunächst dessen Einschmelzung durch Wärmeanwendung mit Rotlicht oder feuchtwarmen Umschlägen (Therapie der → Mastitis puerperalis).

Danach wird der Abszess gespalten. Der Schnitt sollte groß genug sein, dass der Eiter abfließen kann. Gleichzeitig wird an der tiefsten Stelle der Wundhöhle ein weiterer Schnitt durchgeführt und eine Lasche eingelegt.

Prognose

Die Mastitis nonpuerperalis neigt dazu, chronisch zu werden.

Infobox

ICD-10:
N61

Internetadressen:
http://www.gesundheitpro.de
http://www.flexicon.doccheck.com
http://www.brust.qualimedic.de

Mastitis puerperalis

► **Die 29-jährige Nadine Seifert hat vor 16 Tagen entbunden und stillt ausschließlich. Sie erzählt ihrer Hebamme: „Heute Morgen habe ich gemerkt, dass die Brust hier links oben ganz rot ist. Es tut so weh, dass ich Sara heute dort noch gar nicht angelegt habe. Die Brust ist auch schon viel dicker als die andere. Jetzt habe ich Angst, die Brust ist entzündet. Muss ich abstillen? Dabei wollte ich unbedingt lange stillen."**

Definition

Bei der Mastitis puerperalis entzündet sich die Brust der stillenden Frau. Meistens verursachen Stapylokokken diese akute Entzündung.

Synonym: Brustentzündung der stillenden Frau.

Ursachen

In 94% der Fälle besteht eine Infektion mit Staphylococcus aureus. Die Erreger gelangen vom Nasenrachenraum des Pflegepersonals und der Mutter zum Kind. Ist der kindliche Nasenrachenraum mit Staphylokokken besiedelt, wird der Erreger beim Stillen vom Kind auf die Brust der Mutter übertragen. Von dort können die Keime in die Brust eindringen (**Abb. M.26**).

Ausbreitung der Erreger

Innerhalb der Brust breiten sich die Keime auf zwei verschiedenen Infektionswegen aus (**Abb. M.27**):

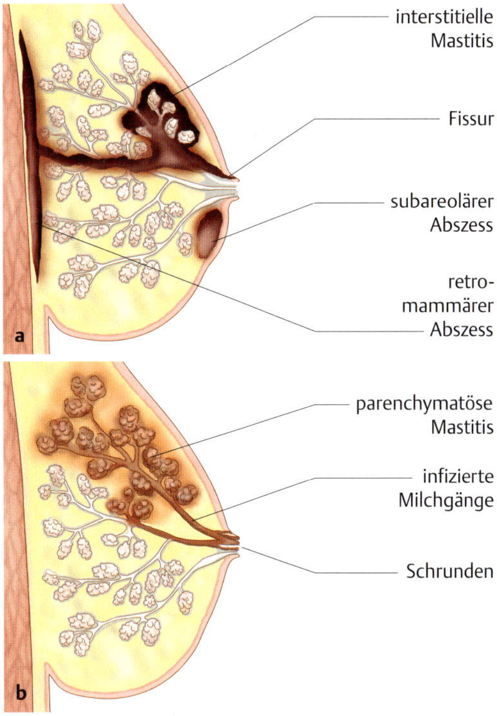

Abb. M.27 Mastitis puerperalis. Infektionswege. **a** Interstitielle Mastitis mit Abszedierung. **b** Parenchymatöse Mastitis.

1. **Lymphweg:** Über kleinste Verletzungen der Brustwarze dringen die Keime auf dem Lymphweg in die Tiefe ein und breiten sich über das Bindegewebe, das zwischen den einzelnen Drüsenläppchen liegt (Interstitium), aus. Es entwickelt sich eine phlegmonöse Entzündung (→ Phlegmone). Man spricht von einer interstitiellen Mastitis.
2. **Über die offenen Milchgänge:** Die Keime steigen über die offenen Milchgänge in die Milchdrüsen (Parenchym) auf. Diese wesentlich seltenere Form wird durch einen Milchstau begünstigt, da Milch ein idealer Nährboden für Keime ist. Man spricht von einer parenchymatösen Mastitis.

Beide Formen sind klinisch kaum zu unterscheiden, da sie ineinander übergehen.

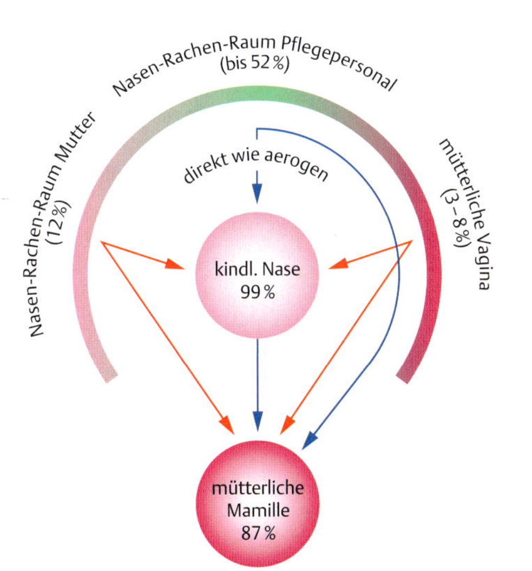

Abb. M.26 Infektionsweg. Verbreitung von Staphylokokken von der Mutter und dem Pflegepersonal über das Kind zur Mamille der Mutter.

Symptome

Die Kardinalsymptome einer Entzündung wie Schmerzen, Schwellung, Rötung, Überwärmung und Fieber erscheinen auch bei der Mastitis puerperalis. Außerdem ist die Stillfunktion eingeschränkt.

Zuerst klagen die Patientinnen über leichte, umschriebene Schmerzen in der Brust. Das Fieber tritt plötzlich auf und kann sehr hoch werden; oft kommt Schüttelfrost vor.

Manchmal ist das Fieber das einzige Symptom, und die Brust hat ein unauffälliges Aussehen.

Typische Kennzeichen der Mastitis puerperalis sind jedoch eine meist einseitige Schwellung der Brust mit Rötung und schmerzhafter Überwärmung. Es kann zudem zu einer Lymphangitis kommen. Dabei ziehen bläulich-rote Lymphgefäße über den betroffenen Quadranten (Viertel) zu den bereits frühzeitig vergrößerten und tastbaren Lymphknoten in der Achselhöhle.

Diagnose

Die Diagnose wird anhand der typischen Symptomatik gestellt. Für die Therapie ist es wichtig zu unterscheiden, welches Stadium der Entzündung erreicht ist: Infiltrat oder → Abszess.

Infiltrat. Bei einer Entzündung mit Staphylococcus aureus liegt in der Brust zunächst ein diffuses Infiltrat vor. Darunter versteht man die undeutlich abgegrenzte, flächenhafte Ausbreitung einer Entzündung im Bindegewebe.

Abszess. Die körpereigene Abwehr versucht, die Bakterien durch eine Membran einzukapseln. Hierbei kommt es durch Gewebeeinschmelzung zu einem Hohlraum, der von Leukozyten umgeben ist. Wenn so ein Abszess entstanden ist, kann man eine wellenartige Bewegung der abgekapselten Flüssigkeiten tasten, die man als Fluktuation bezeichnet.

Differenzialdiagnose

Bleiben die Symptome unter einer Therapie bestehen, muss mittels bildgebender Verfahren und einer Gewebebestimmung ein → Mammakarzinom ausgeschlossen werden.

Therapie

Die Therapie besteht zunächst in der Schonung der Brust, damit die Entzündung resorbiert (aufgenommen) wird. Eine Entzündung kann dadurch resorbiert werden, dass die Leukozyten nicht nur die Bakterien bekämpfen, sondern auch abgestorbenes Gewebe entfernen. Letztlich erreicht man auf diese Weise wieder den Ursprungszustand. Gelingt dies nicht, fördert man die Einschmelzung des Abszesses und spaltet ihn dann.

Brust schonen. Um die Brust zu schonen, hemmt man medikamentös die Prolaktinausschüttung, z. B. mit niedrig dosiertem Pravidel. Dabei muss nicht prinzipiell abgestillt werden. Im Zweifelsfall kann man die Keimzahl in der Muttermilch bestimmen und dann entscheiden, ob ein Weiterstillen für das Kind gefährlich ist. Von großer Bedeutung ist auch, dass die Brust immer gut entleert wird. Sie sollte außerdem gekühlt und hochgebunden werden.

Antibiotika geben. Wenn es innerhalb der ersten 12 Stunden nicht zur Entfieberung kommt, ist eine antibiotische Therapie mit einem staphylokokkenwirksamen Antibiotikum notwendig.

Einschmelzung fördern. Es kann sein, dass Schonung und Medikamente nicht helfen oder die Krankheit fortschreitet und sich ein Abszess zu bilden beginnt. Dann kann eine Resorption der Entzündung nicht mehr erwartet werden. Jetzt wird die Einschmelzung gefördert, um den Abszess chirurgisch zu sanieren. Einschmelzung bedeutet, dass ein Wall aus Granulozyten den Eiterherd abkapselt und so das umliegende Gewebe vor den Bakterien schützt. Man erreicht dies durch Wärmeanwendung mit Rotlicht oder feuchtwarmen Umschlägen.

Abszess spalten. Den richtigen Zeitpunkt für die Abszessspaltung erkennt man daran, dass das gesamte Infiltrat eingeschmolzen ist und gut tastbar fluktuiert. Man spaltet den Abszess durch einen Schnitt. Dieser sollte groß genug sein, damit der Eiter abfließen kann. Gleichzeitig wird an der tiefsten Stelle der Wundhöhle ein weiterer Schnitt durchgeführt und eine Lasche eingelegt. Auf saubere Wundverhältnisse ist zu achten. Bei der Abszessspaltung sollte möglichst kein gesundes Gewebe zerstört werden.

Prognose

Für viele Frauen stellt sich die Frage, ob das Stillen weiterhin möglich ist. Hier gibt es keine einheitliche Meinung. Wenn die Mastitis puerperalis in der Frühphase erfolgreich behandelt werden kann, ist ein Weiterstillen problemlos möglich.

Kommt es zu einem größeren Infiltrat oder ist die Abszessbildung nicht mehr aufzuhalten, sollte abgestillt werden. Der Wunsch der Patientin ist jedoch zu beachten. Auch nach chirurgischer Intervention besteht die Möglichkeit, das Stillen wieder aufzunehmen.

Komplikationen

Bei der interstitiellen Mastitis kann sich ein Abszess hinter der Brust ausbilden, wenn die Keime bis auf die Brustmuskelschicht vordringen. Verbreiten sie sich dicht unter der Brustwarzenhaut, spricht man von einem subareolären Abszess.

Infobox

ICD-10: O91.2

Internetadressen:
http://www.onmeda.de
http://www.akh.consilium.at

Literatur:

Guoth-Gumberger, M. u. Hormann, E.: Stillen. Gräfe & Unzer, München 2004

Mastoiditis

► Der kleine Tim (6) hatte vor 14 Tagen eine leichte Mittelohrentzündung, die aber ohne Behandlung wieder vergangen war. In der letzten Nacht hat er plötzlich hohes Fieber bekommen und wirkt apathisch. Seine Mutter bemerkt am nächsten Morgen eine Rötung und Schwellung hinter dem Ohr. Besorgt ruft sie beim Kinderarzt an.

Definition

Die Mastoiditis ist eine bakterielle Entzündung des Warzenfortsatzes des Schläfenbeins. Sie erscheint i.d.R. nach oder auch während einer Mittelohrentzündung (→ akute Otitis media) und gilt als ihre am häufigsten auftretende Komplikation.

Ursachen

Das Mastoid (Warzenfortsatz) ist ein hinter dem Ohr gelegener, von außen als Wulst tastbarer Teil des Schädelknochens. Er ist innerlich nicht aus solidem Knochen gebildet, sondern enthält viele kleine belüftete Hohlräume. Diese sind mit Schleimhaut ausgekleidet und stehen mit den Mittelohrstrukturen in Kontakt. Im Rahmen einer bakteriellen Mittelohrentzündung kann es zum Übergreifen der Entzündung auf das Mastoid kommen.

Begünstigt wird die Mastoiditis, wenn eine akute Mittelohrentzündung nicht oder nicht ausreichend lange behandelt wurde (z. B. Antibiotikaeinnahme wurde vorzeitig abgebrochen).

Symptome

Eine Mastoiditis kann während einer Mittelohrentzündung auftreten oder auch erst in deren Folge. Meistens ist eine akute Mittelohrentzündung bereits im Abklingen und nach 1–3 Wochen nehmen die Beschwerden plötzlich wieder zu. Die Ohrenschmerzen werden erneut stärker, das Fieber steigt an und das Hörvermögen verschlechtert sich. Weitere typische Symptome sind eine druckschmerzhafte Schwellung und Rötung hinter dem Ohr, evtl. mit abstehender Ohrmuschel, Anstieg der Entzündungsparameter im Blut (Leukozytose, CRP und BSG-Anstieg) und erhöhte Körpertemperatur.

Diagnose

Nach der Anamnese erfolgt die HNO-ärztliche Untersuchung. Bei der Inspektion des Ohres mit dem Ohrmikroskop findet sich meist ein auffälliger Trommelfellbefund. Das Trommelfell erscheint verdickt, intransparent, gelegentlich vorgewölbt. Es kann aber genauso auch eine Trommelfellperforation mit Ohrsekretion vorliegen. Bei den Hörprüfungen findet sich eine Schallleitungsschwerhörigkeit. Die Röntgenaufnahme (nach Schüller) zeigt eine Verschattung des Warzenfortsatzes und verwaschene Zellsepten.

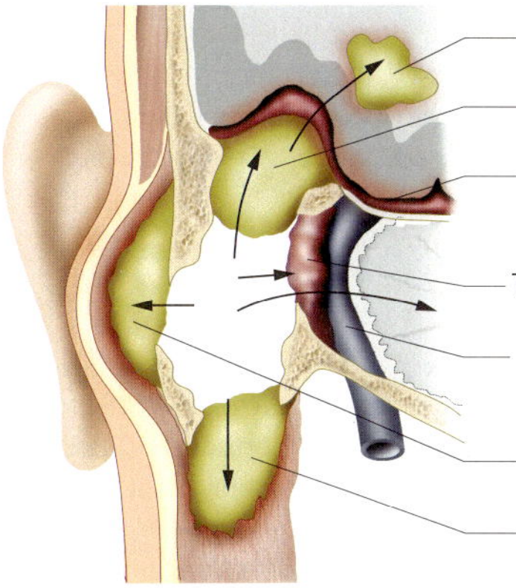

Abb. M.28 Komplikationen der Mastoiditis. Abszesse können sich unter der Haut (subperiostaler Abszess), in der Muskulatur (Bezold-Abszess) oder intrakraniell bilden. Die Infektion kann auch zu einer Meningitis oder zu einer septischen Thrombose des Sinus sigmoideus führen.

Differenzialdiagnose

Als Differenzialdiagnose gelten die Mittelohrentzündung oder die Gehörgangsentzündung mit angeschwollenen Lymphknoten.

Therapie

Die Behandlung erfolgt fast immer stationär. Nur wenn die Krankheitszeichen noch gering ausgeprägt sind, kann eine hochdosierte intravenöse Antibiotikatherapie in Kombination mit einem Trommelfellschnitt (Parazentese) erfolgreich sein. Besser ist aber die Operation in Kombination mit der Antibiotikatherapie. Hierbei werden die von der Entzündung betroffenen Anteile des Warzenfortsatzes entfernt.

Prognose

Bei erfolgreicher Operation heilt die Erkrankung ohne Folgen (Hörverlust) aus. Komplikationen der Mastoiditis sind in **Abb. M.28** zusammengestellt.

Infobox

ICD 10: H70.9

Internetadressen: http://www.hno.org
http://www.uni-duesseldorf.de/WWW/AWMF

Literatur:

Probst, R. u. a.: Hals-Nasen-Ohren-Heilkunde, 2. Aufl. Thieme, Stuttgart 2004

Oestreicher, E. u. a.: HNO, Augenheilkunde, Dermatologie und Urologie für Pflegeberufe. Thieme, Stuttgart 2003

Mastopathie

► Die 32-jährige Anette Schwelm stellt sich beim Arzt vor und berichtet: „Ich habe seit etwa 3 Monaten kurz vor Einsetzen der Regelblutung sehr starke Schmerzen in beiden Brüsten. Sie fühlen sich dann auch geschwollen an. Jede Erschütterung ist schmerzhaft, sodass z. B. Joggen unmöglich ist. Mit Beginn der Menstruation lassen die Schmerzen dann immer nach."

Definition

Bei einer Mastopathie verändert sich das funktionelle Brustdrüsengewebe abhängig von Hormonen. Das Gewebe vermehrt und verhärtet sich und es bilden sich Zysten.

Die Mastopathie ist die häufigste Erkrankung der Brustdrüse. Man findet sie bei jeder zweiten Frau in unterschiedlich starker Ausprägung. Das Erkrankungsalter liegt bei 35 – 50 Jahren.

Einteilung der Mastopathie

Nach Prechtel kann man die Mastopathie bezüglich der Epithelveränderungen in drei Grade einteilen:

- **Grad I:** einfache Mastopathie ohne Epithelzellwucherung und atypische Zellen,
- **Grad II:** Mastopathie mit Epithelzellwucherung, aber ohne atypische Zellen,
- **Grad III:** Mastopathie mit atypischer Epithelzellvermehrung.

Mastopathien vom Grad III können in ein Karzinom übergehen.

Ursachen

Die Ursache für die Mastopathie besteht in einem hormonellen Ungleichgewicht. Dabei ist Progesteron vermindert und Östrogen relativ erhöht.

Funktionsstörungen der Schilddrüse und ein erhöhter Prolaktinspiegel werden ebenfalls mit der Mastopathie verbunden.

Gewebsveränderungen durch Östrogen

Der Östrogenüberschuss führt zu einer gesteigerten Gewebsvermehrung der Brustdrüsen, vor allem in den Gangabschnitten und Endstücken. Innerhalb der Drüsengänge kommt es zu umschriebenen Wucherungen.

Dadurch, dass die Drüsen mehr Sekret abgeben, erweitern sich die Drüsengänge oder es bilden sich Zysten. Vermehrt sich dagegen das Stützgewebe, vermehrt sich dadurch das Bindegewebe krankhaft.

Warum bei manchen Frauen eher die Brustdrüse betroffen ist und andere stärker unter einer Zystenbildung leiden, ist nicht bekannt.

Symptome

Symptomatisch findet man folgende Trias:

1. Knoten unterschiedlicher Größe,
2. Mastodynie (schmerzhaftes Spannungsgefühl),
3. wässrige, milchige, zeitweilig auch bräunlich gefärbte Sekrete aus der Brustwarze.

Charakteristisch ist, dass sowohl die Knotengröße als auch die Brustschmerzen vom Zyklus der Frau abhängen: Die Symptome treten vornehmlich in der zweiten Zyklushälfte auf oder nehmen an Intensität zu. Sie klingen ab, wenn die Regelblutung einsetzt.

Diagnose

Bei Patientinnen mit Mastopathie sind vor allem im oberen äußeren Quadranten (Viertel) Verhärtungen zu tasten. Diese sind von unterschiedlicher Größe und Qualität, z. B. feinkörnig, knotig oder höckerig. Die Knoten sind gegen Unterlage und Haut gut verschieblich und häufig druckschmerzhaft. Eine spontane oder provozierte Sekretion aus den Brustwarzen ist möglich, aber selten.

In der Mammografie findet man undeutliche Verdichtungen des Brustdrüsengewebes (**Abb. M.29**). Außerdem dient die Mammografie dazu, ein Karzinom auszuschließen.

Eine Sonografie stellt besonders gut zystische Veränderungen dar. Bei einer zystischen Mastopathie ist es wichtig, Gewebsvermehrungen innerhalb der Zyste zu erkennen (**Abb. M.30**). Diese können nämlich bösartig sein, wenn auch nur sehr selten.

Differenzialdiagnose

Brustschmerzen können auch ein Symptom für ein → Mammakarzinom oder eine → Mastitis nonpuerperalis

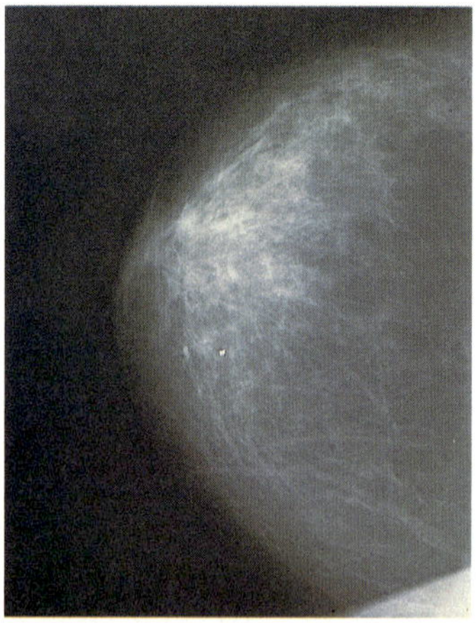

Abb. M.29 Mastopathie. In der Mammografie zeigt sich eine dichte, kleinknotige Struktur.

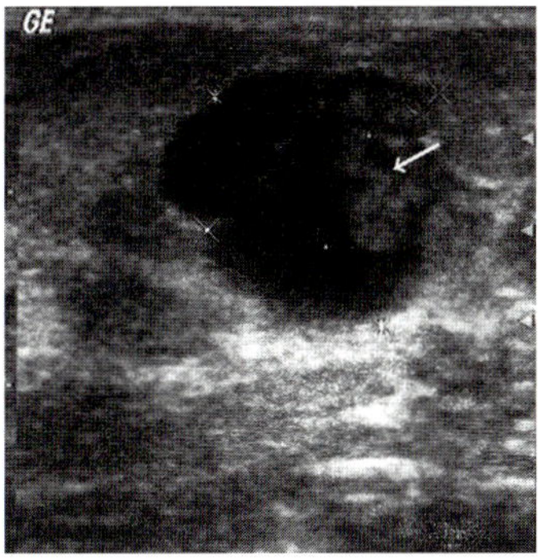

Abb. M.30 Ultraschallbefund. Gewebsvermehrung in der Zyste. (Pfeil).

sein. Aber auch ein prämenstruelles Syndrom oder eine Schwangerschaft bedingen Brustschmerzen. Darüber hinaus sollte abgeklärt werden, ob Interkostalneuralgien, ein → Hämatom oder ein Trauma die Symptome verursachen.

Therapie

Zur Behandlung der Mastopathie gibt es unterschiedliche Methoden. In leichten Fällen kann bereits ein Aufklärungsgespräch über die Ungefährlichkeit der Erkrankung die Symptome reduzieren. Die Patientinnen sollten einen gut sitzenden Büstenhalter tragen und Methylxanthine, die in Schokolade, Kaffee, Tee und Cola enthalten sind, vermeiden.

Medikamente. Die medikamentöse Behandlung ist i.d.R. symptomatisch. Da die Hormone nicht im Gleichgewicht sind, empfiehlt sich bei den Mastopathien vom Grad I und II die lokale Gabe von Progesteron, das man in Form eines Gels auf die Brust aufträgt. Systemisch helfen gestagenbetonte Ovulationshemmer.

Operation. Da die Mastopathie vom Grad III oft entartet, erwägt man eine subkutane Mastektomie. Dabei wird der gesamte Drüsenkörper entfernt; nur die Brustwarze wird belassen. Ist nur ein Teilbereich der Brust betroffen, kann die Operation auf diesen Teil der Brust beschränkt bleiben.

Prognose

Die einfache Mastopathie ist eine harmlose Erkrankung. Die Mastopathie Grad III mit atypischer Epithelzellvermehrung neigt dazu, zu entarten: In 3–4% der Fälle geht diese Form der Mastopathie in ein Mammakarzinom über.

Infobox

ICD-10:
N64.9

Internetadressen:
http://www.gesundheit.pro
http://www.brust.qualimedic.de
http://www.krebsinformation.de

Meckel-Divertikel

► **„Ich bringe Lena nach Hause. Ihr könnt ja hier noch etwas spielen", erklärt Frau Weymann ihrer Tochter Jana. Lena ist heute nach der Schule mit zu Jana gegangen. Die beiden wollten auf den Spielplatz. „Komm Lena, es ist ja nicht weit." Lena geht neben Frau Weymann her. „Ich habe solche Bauchschmerzen", wimmert sie. Die letzten Meter nimmt Frau Weymann Lena auf den Arm. Sie klingelt. Lenas Mutter öffnet die Tür. „Hallo Lenchen, was ist denn los?" Frau Weymann erzählt von Lenas Bauchschmerzen und dass sie auch schon erbrochen hat. „Oh je. Sie fühlt sich auch ganz heiß an. Da gehen wir wohl besser mal zum Arzt."**

Definition

Das Meckel-Divertikel ist eine Ausstülpung des Ileums (Teil des Dünndarms).

Synonym: Dünndarmausstülpung.

Ursachen

Ursache für die Entstehung eines Meckel-Divertikels ist eine unvollständig abgeschlossene Entwicklung des Darms in der Embryonalzeit. Die offene Verbindung zwischen Ileum und Nabel bleibt als Rest des Ductus omphaloentericus (Dottergang) bestehen. Ein Meckel-Divertikel kommt bei etwa 1 – 3 % der Bevölkerung vor. Die bindegewebige Aussackung wird zwischen 40 und 100 cm von der Bauhin's chen Klappe entfernt gefunden (**Abb. M.31**).

Symptome

Nur wenige Meckel-Divertikel verursachen jemals Beschwerden. Erst bei Komplikationen treten schwere spezifische Symptome auf. Gelangt z. B. Kot in den teilweise offenen Dottergang, kommt es zur Entzündung. Anfangs sind die Beschwerden ähnlich einer → Appendizitis. Bauchschmerzen, vor allem an der rechten Bauchseite, sowie Brechreiz, Fieber und Schweißausbrüche sind zu beobachten. Zusätzlich kann eine Blutung auftreten, die sich als Darmblutung mit starken Bauchschmerzen, harter Bauchdecke und Druckschmerzempfindlichkeit äußert.

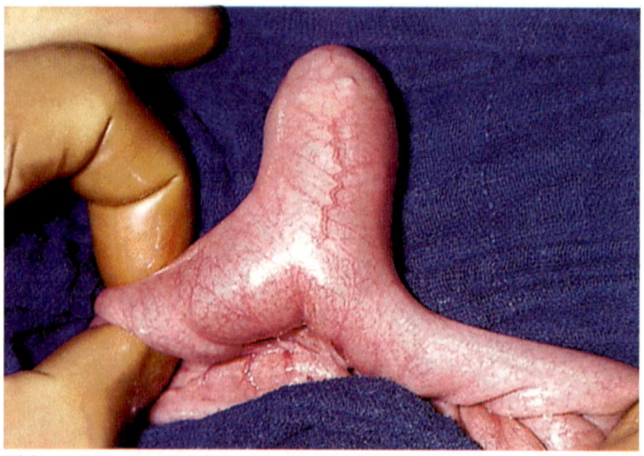

Abb. M.31 Meckel-Divertikel. Es handelt es sich um eine blindsackartige Aussackung am Dünndarm.

Diagnose

In den meisten Fällen ist kaum exakt zwischen Meckel-Divertikel und entzündetem Blinddarm zu unterscheiden. Eine massive peranale Blutung ist ein wichtiger Hinweis. Die richtige Diagnose kann aber oftmals erst bei der Operation gestellt werden.

Differenzialdiagnose

Durch ihre ähnlichen Symptome sind → Appendizitis, perforierte Appendizitis, → Ileus oder die Invagination eines Darmabschnitts als mögliche Ursachen für die Beschwerden zu beachten.

Therapie

Einzige erfolgreiche Therapiemöglichkeit bei Beschwerden ist, das Divertikel bzw. die Blutungsquelle operativ zu entfernen.

Prognose

Operierte Meckel-Divertikel haben gute Langzeitergebnisse. Komplikationen sind auch nach längerer Zeit nicht zu erwarten.

Komplikationen

Bei wiederholten Entzündungen besteht die Gefahr einer chronischen → Divertikulitis. In seltenen Fällen ist das Meckel-Divertikel nicht mit Dünndarmschleimhaut sondern mit Haut aus anderen Bereichen des Magen-Darm-Trakts ausgekleidet. In einem solchen Fall kann u. U. abgesondertes Sekret zu Geschwüren im Divertikel führen.

Infobox

ICD-10:
Q43.0

Internetadressen:
http://content-kiosk.de
http://www.docteam.de

Literatur:
Von Gaisberg, U. u. a.: Wirksame Hilfe bei Divertikeln. Thieme, Stuttgart 2000

Megaureter

► **„Joachim hat ständig erhöhte Temperatur", erzählt Frau Hay dem Kinderarzt. „Und er trinkt viel. Ich finde es ja gut und vielleicht kommt das ja auch durch die Temperatur." „Mama, ich muss wieder", meldet Joachim sich zu Wort. „Ja, geh nur. Du weißt ja, wo die Toiletten sind." Joachim verlässt das Zimmer. „Und wissen Sie. Er ist jetzt schon acht Jahre alt und macht öfter nachts ins Bett. Ich kann mir das nicht erklären. Ich habe zwar nicht den Eindruck, aber vielleicht hat er ja Probleme, über die er nicht reden möchte."**

Definition

Beim Megaureter handelt es sich um eine Erweiterung des Harnleiterlumens auf über 2 cm mit oder ohne Rückfluss von Harn in Harnleiter, Nieren oder Ostiumenge (**Abb. M.32**).

Ursache

Man unterscheidet den angeborenen, häufig doppelseitigen primären Megaureter vom sekundären Megaureter.

Primärer Megaureter. Bei dieser Form entsteht die Dilatation durch eine Verengung im terminalen Bereich des Ureters.

Sekundärer Megaureter. Bei dieser entweder refluxiven oder obstruktiven Form wirkt sich eine Harnstauung unterhalb der Harnblase sekundär über die Blase auf den Ureter aus. Dies kann über einen vesikoureteralen Reflux oder eine sich sekundär ausbildende Harnleiterstenose geschehen. Klappenbildungen in der hinteren Harnröhre wirken als angeborene Enge der Harnröhre bereits in der Fetalzeit als Hindernis und führen zu schweren Rückstauungsschäden.

Symptome

Megaureteren werden durch rezidivierende (wiederkehrende) fieberhafte Harnwegsinfektionen, im Säuglingsalter oftmals durch eine → Urosepsis symptomatisch. Mit zunehmendem Alter leiden die Betroffenen unter kolikartigen Schmerzen, Hämaturie, → Nephrolithiasis und afebrilen Harnwegsinfekten.

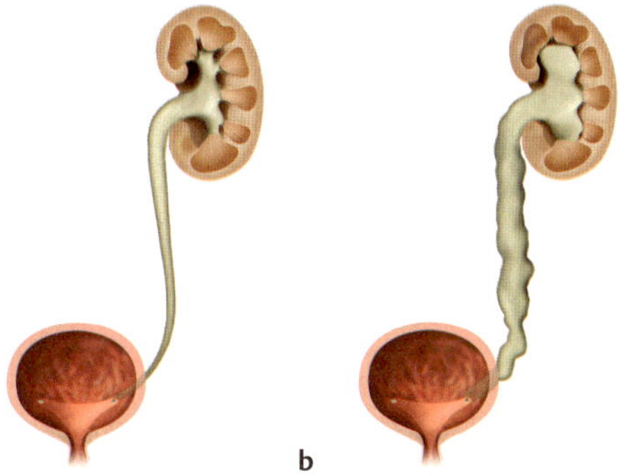

a b

Abb. M.32 Harnleiter. a Normaler Befund, **b** Megaureter.

Diagnose

Mittels verschiedener Untersuchungsverfahren ist es möglich, zwischen einem obstruktiven und refluxiven Megaureter sowie einer klinisch nicht bedeutsamen Harnleiterektasie (Erweiterung) zu unterscheiden. Zu solchen Maßnahmen gehören das Miktionszysturethrogramm (Refluxnachweis), ein Isotopennephrogramm und ggf. der Whitaker-Test. Anhand eines Urogramms werden fünf Schweregrade der Harntransportstörung und damit der Ureterdilatation unterschieden.

Therapie

Die Indikation zur Operation besteht z. B. bei:

- rezidivierenden Harnwegsinfektionen,
- einer Funktionseinschränkung der betroffenen Niere auf weniger als 40 %,
- einer durch regelmäßige sonografische und nuklearmedizinische Verlaufskontrollen nachgewiesenen Verschlechterung der Nierenfunktion um 10 %.

Je nach Art des Megaureters sind die operativen Maßnahmen unterschiedlich.

Primär obstruktiver oder refluxiver Megaureter. Dieser wird unter Exzision des engen Uretersegments antirefluxiv in die Harnblase eingepflanzt.

Sekundärer Megaureter. Hier gilt es, das auslösende Hindernis für den Harnabfluss zu identifizieren und z. B. durch eine Inzision von Harnröhrenklappen zu beseitigen.

Dekompensierter obstruktiver Megaureter. Dieser wird durch eine perkutane Harnableitung entlastet (perkutane Nephrostomie oder Anlage einer Ureterokutaneostomie).

Prognose

Eine postoperative Langzeitüberwachung mit regelmäßigen sonografischen Kontrollen und einer Infektbehandlung bzw. -prophylaxe ist notwendig. Nach 6 – 12 Monaten sollte eine Nierenfunktionskontrolle erfolgen.

Infobox

ICD-10:
Q62.2

Literatur:

Sigel, A., Ringert, R. H. (Hrsg.): Kinderurologie, Springer, Berlin 2002

Sadler, T. W.: Medizinische Embryologie, Thieme, Stuttgart 2003

Mekoniumaspiration

► „Nee, noch alles ruhig. Ich bin jetzt zwei Wochen über dem errechneten Termin. Du, ich muss jetzt los. Wieder zur Untersuchung. Wir telefonieren, ja?" Anja schnappt sich den Mantel und fährt ins Krankenhaus. Eine halbe Stunde später ruft sie ihren Mann an. „Die wollen mich direkt hier behalten. Du musst schnell kommen, ja? Sie wollen einen Kaiserschnitt machen. Komm schnell. Irgendetwas ist nicht in Ordnung. Sauerstoffmangel, oder so", erzählt sie aufgelöst.

Definition

Bei der Mekoniumaspiration atmet das Kind nach der Geburt Mekonium ein, das pränatal vom Fetus ausgeschieden worden ist.

Ursachen

Mekonium wird auch als Kindspech bezeichnet. Es wird in der Fetalperiode im Darm gebildet und besteht aus Darmepithelien, Fettsubstanzen, Gallepigment und Verdauungsfermenten. Es hat eine schwarzbraun-grüne Farbe. Normalerweise wird das Mekonium postnatal ausgeschieden.

Ein vorgeburtlicher Sauerstoffmangel steigert die Darmperistaltik des Fetus und führt zu einer reflektorischen Darmentleerung. Hierbei gelangt Mekonium in das Fruchtwasser. Da sich beim Fetus das Fruchtwasser auch in den oberen Luftwegen befindet, besteht nach der Geburt die Gefahr, dass das mekoniumhaltige Fruchtwasser in die unteren Atemwege eingeatmet wird. Dabei können die Atemwege mechanisch verlegt werden (**Abb. M.33**). Meist aspirieren untergewichtige Termingeborene oder übertragene Neugeborene Mekonium.

Abb. M.33 Mekoniumaspiration. Ursachen und Folgen.

Symptome

Das Mekonium färbt das Fruchtwasser schwarz-grünlich und verleiht ihm eine erbsbreiartige Konsistenz. Das Neugeborene selbst ist mekoniumverschmiert, hat einen schlaffen Muskeltonus und eine blass-zyanotische Hautfarbe. Häufig fehlt die Spontanatmung, der Blutdruck ist niedrig und die Pulsfrequenz verlangsamt. Bei vorhandener Atmung ist meist eine starke Dyspnoe zu verzeichnen.

Diagnose

Die Röntgen-Thoraxaufnahme zeigt dichte grobfleckige Infiltrate, herdförmige Lungenüberblähung, Luft außerhalb der Lungenbläschen und ein abgeflachtes Zwerchfell. Daneben ist die Durchführung einer arteriellen Blutgasanalyse und einer Pulsoxymetrie sinnvoll. Die Pulsoxymetrie ist ein Verfahren zur unblutigen Ermittlung der Sauerstoffsättigung mit einem aufsteckbaren Sättigungsaufnehmer.

Differenzialdiagnose

Aus radiologischer Sicht könnte auch eine perinatale → Pneumonie oder Lungenblutung vorliegen.

Therapie

Bei dem Verdacht auf vorzeitigen Mekoniumabgang sollte die Geburt möglichst schnell beendet und, sobald der Kopf geboren ist, die oberen Luftwege abgesaugt werden. In schweren Fällen können Maßnahmen notwendig sein, die vom trachealen Absaugen bis zur Reanimation reichen. Bei dem Verdacht auf eine Mekoniumaspiration darf keine primäre Maskenbeatmung vorgenommen werden.

Prognose

Durch im Mekonium enthaltene Substanzen entwickelt sich meist innerhalb von 1–2 Tagen eine chemische → Pneumonie. Zudem können verschiedene Eiweiße und Phospholipasen das Surfactantsystem inaktivieren. Surfactant setzt die Oberflächenspannung der Alveolen herab und verhindert, dass die Lungenbläschen kollabieren. Etwa 10 % der Neugeborenen mit Mekoniumaspiration sterben an den Folgen der Erkrankung.

Infobox

ICD-10:
P24.0

Internetadresse:
http://www.nestle-wissdienst.de

Literatur: Sitzmann, F. C.: Duale Reihe Pädiatrie, 2. Aufl. Thieme, Stuttgart 2002

Meningeom

► **Die 65-jährige Heike Weis zeigt seit einigen Monaten eine deutliche Wesensveränderung, oft ist sie aggressiv und aufbrausend. „Ich rieche fast nichts mehr. Außerdem ist mir immer übel und schwindelig!", klagt sie. Einige Tage später erleidet sie einen epileptischen Krampfanfall. Sie wird vom Notarzt in ein neurologisches Krankenhaus gebracht, wo sofort eine Computertomografie des Gehirns durchgeführt wird.**

Definition

Meningeome sind gutartige Hirntumore, die von den Zellen der weichen Hirnhaut ausgehen. Sie kommen hauptsächlich im mittleren Lebensalter vor und entwickeln sich über viele Jahre hinweg.

Ursachen

Ein Meningeom wird von den Zellen der weichen Hirnhaut (Arachnoidea) gebildet. Es verdrängt das Gehirn von außen her und kann enorme Größen (bis zu 10 cm Durchmesser) erreichen. Eine genaue Ursache ist nicht bekannt.

Symptome

Häufig kann man bei den Betroffenen Wesensveränderungen beobachten. Außerdem klagen sie über unspezifische Symptome wie Kopfschmerzen, Schwindel oder Übelkeit.

Je nach der Lokalisation des Tumors werden benachbarte Hirnregionen oder Hirnnerven durch Kompression geschädigt. Infolgedessen findet man spezifische Ausfallerscheinungen, z. B. Halbseitenlähmung, Geruchsstörung, Seh- oder Schluckstörungen. Nimmt die Tumorgröße zu, kann es zu epileptischen Anfällen kommen.

Diagnose

Erste Hinweise auf ein Meningeom erhält man durch die sorgfältige Anamnese. Mit Hilfe der körperlichen Untersuchung können neurologische Ausfälle erfasst und Rückschlüsse auf die Lokalisation des Tumors gezogen werden. Die endgültige Diagnosesicherung erfolgt entweder mit Computertomografie (cCT) oder mit einer Kernspintomografie (NMR) des Gehirns (**Abb. M.34**). Um das Risiko für epileptische Anfälle abzuklären, wird zusätzlich ein EEG (Hirnstrommessung) durchgeführt.

Differenzialdiagnose

Eine ähnliche Struktur und einen ähnlichen Krankheitsverlauf haben Neurinome, gutartige Tumore, die von den Nervenscheiden der Hirnnerven ausgehen. Auch alle anderen → Gehirntumoren können ähnliche Symptome verursachen. Allerdings ist in diesen Fällen der Krankheitsverlauf meist viel schneller fortschreitend. Eine Unterscheidung erfolgt mit Hilfe der Computertomografie bzw. Kernspintomografie. Nur in seltenen Fällen ist eine Gewebs-Biopsie notwendig.

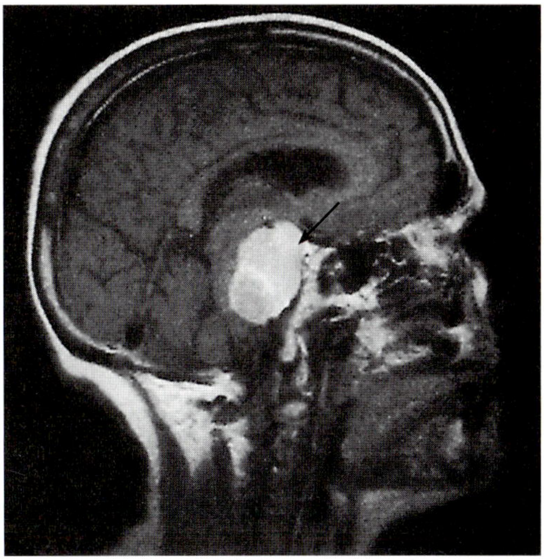

Abb. M.34 Meningeom (Pfeil). Kernspintomografischer Befund einer 69-jährigen Patientin mit Hirnstammkompression.

Therapie

Die meisten Meningeome lassen sich gut operativ entfernen. Nur bei einer ungünstigen Lokalisation, z. B. an der Hirnbasis, kann die Operation schwierig sein. Bei der OP entnimmt man vorübergehend ein Stück des Schädelknochens und entfernt den Tumor samt anliegender Hirnhaut.

Bei großen Tumoren hat die Operation bisweilen einen paradoxen Effekt: Durch die Entfernung kann sich das vorher verdrängte Gehirngewebe wieder ausbreiten. Es kommt häufig zu einem Hirnödem, das sich nach einiger Zeit wieder zurückbildet. Deshalb ist man heute bei älteren Betroffenen zurückhaltender mit einer Operation. Häufig werden zufällig entdeckte Meningeome über Jahre beobachtet und erst operiert, wenn schwerwiegende neurologische Ausfälle auftreten.

Prognose

Meningeome haben wegen ihres langsamen Wachstums und den guten Operationsmöglichkeiten eine günstige Prognose. Nur wenn der Tumor nicht vollständig entfernt werden kann, kommt es – in jedem zweiten Fall – zu einem Wiederauftreten (Rezidiv). Ganz selten kommen maligne Entartungen vor.

Infobox

ICD-10: D32.9

Internetadressen: http://www.dgn.de
http://www.neuroscipt.de/meningeom.htm

Meningitis

► Die 15-jährige Ilona hat es gestern in der Disco richtig „krachen lassen". Nun allerdings fühlt sie sich gar nicht gut. Sie hat Halsschmerzen, Kopfschmerzen und erhöhte Temperatur. Die Mutter vermutet einen grippalen Infekt und verabreicht ihrer Tochter Azetylsalizylsäure und Tee. Zwei Stunden später klagt das Mädchen auch über Nackensteifigkeit und immer stärker werdende Kopfschmerzen. Sie verdunkelt ihr Zimmer. Der Mutter fällt auf, dass sie nur noch verlangsamt auf Ansprache reagiert. Sie misst noch einmal das Fieber ihrer Tochter, die Temperatur beträgt nun 39,5 °C. Entsetzt ruft sie den ärztlichen Notdienst an, der eine sofortige Einweisung ins Krankenhaus veranlasst.

Definition

Als Meningitis wird die Entzündung der Hirnhäute bezeichnet. Als Erreger einer akuten Meningitis kommen vor allem Bakterien und Viren in Frage (**Abb. M.35**). Eine chronische Meningitis kann von Bakterien, Viren, Pilzen und Parasiten hervorgerufen werden. Wird auch das Gehirn infiziert, spricht man von einer Meningoenzephalitis.

Synonym: Hirnhautentzündung.

Ursachen

Die Erreger können auf dem Blutweg, z. B. nach einem Schädelbruch, über den Nasen-Rachenraum oder fortgeleitet über Zahnabszesse bzw. Innenohrentzündungen, in den Liquor (Gehirn-Rückenmark-Flüssigkeit) gelangen. Der Liquor bietet Bakterien und Pilzen ausgezeichnete Vermehrungsmöglichkeiten. Viren befallen dagegen bevorzugt Hirnzellen, um sich dort zu vermehren. Auch Pilze können eine Meningitis auslösen, wenn ein besonderer Zugang besteht, z. B. ein Liquorshunt (Ableitung in den Bauchraum) bei chronischem → Hydrozephalus („Wasserkopf").

Die Vermehrung der Erreger führt in jedem Falle zu einer massiven Entzündung der Hirnhäute. Manche Erreger treten in bestimmten Altersgruppen häufiger auf, andere können in jedem Alter eine entsprechende Infektion auslösen.

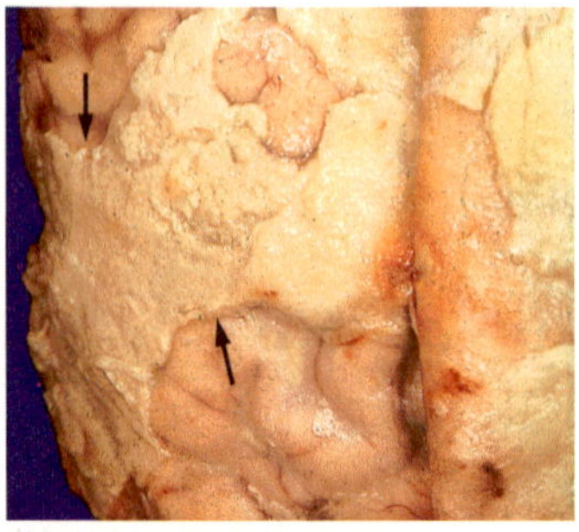

Abb. M.35 Eitrige Meningitis.

Bakterielle Meningitis

Typische Erreger der bakteriellen Meningitis sind:

- Neisseria meningitidis (Menigokokken),
- Steptococcus pneumoniae (Pneumokokken),
- Haemophilus influenzae Typ B (bei Kleinkindern),
- Listeria monocytogenes (→ Listeriose),
- Mycobacterium tuberculosis (→ Tuberkulose),
- Escherichia coli Kapseltyp K1 (bei Neugeborenen).

Nach Eingriffen in den Liquorraum (Punktionen, Kontrastmittelgabe, Operationen) kommen auch andere typische Infektionserreger infrage, z. B. Staphylococcus aureus, Streptokokken und Pseudomonas aeruginosa.

Meningokokken. Am leichtesten auf andere Menschen übertragbar und damit auch aus hygienischer Sicht am gefährlichsten ist die Meningokokkenmeningitis. Bei Verdacht, Erkrankung und Tod besteht Meldepflicht nach § 6 Infektionsschutzgesetz.

Pneumokokken. Die Pneumokokkenmeningitis kann die Folge einer Streuung über das Blut, ausgehend z. B. von einer eitrigen Bronchitis, sein. Pneumokokken können auch von einer Mittelohr- und späteren Innenohrentzündung die Meningen erreichen.

Haemophilus influenzae Typ B. Es tritt gleichfalls über den Nasen-Rachen-Raum ein, besonders bei Säuglingen und Kleinkindern. Diese werden, wenn möglich, durch eine Impfung mit HiB-Vakzine geschützt. In späteren Lebensaltern spielt dieser Erreger keine Rolle mehr.

Escherichia coli Kapseltyp 1. E. coli K1 kann vor allem bei Neugeborenen und Säuglingen in den ersten Lebensmonaten als Meningitiserreger in Erscheinung treten. Auch dieser Keim spielt in späteren Lebensjahren keine Rolle mehr.

Listeria monocytogenes. Es wird über Lebensmittel, z. B. Rohmilchkäse aus Schafsmilch und durch Umgang mit Tieren, vor allem Schafen akquiriert (→ Listeriose). Durch eine Schwangerenlisteriose vom Spättyp kann eine Neugeborenenmeningitis ausgelöst werden. Auch bei älteren Menschen lösen Listerien häufig eine Meningitis aus.

Virale Meningitis

Zahlreiche Viren können eine Hirnhautentzündung hervorrufen. Die häufigsten viralen Erreger einer Meninigitis sind Enteroviren (z. B. Poliomyelitis-Viren, Coxsackie-Viren).

Daneben können Infektionen durch folgende Viren eine Entzündung der Meningen verursachen: → Herpes-Simplex-Virus, → Frühsommermeningoenzephalitis-Viren (FSME) und gelegentlich auch → Windpocken-, → Masern-, → Mumps-, → Röteln- oder andere Viren.

Mykotische Meningitis

Als Erreger einer Shuntinfektion kommen neben Bakterien auch Spross- oder Hefepilze (z. B. Candida albicans) in Frage. Der Hefepilz Cryptococcus neoformans gilt als Meningitiserreger auch ansonsten gesunder Menschen. Jedoch sind Infektionen in Deutschland sehr selten.

Symptome

Mit nur geringen Abweichungen zeigt die akute Meningitis ein relativ einförmiges Krankheitsbild. Dieses besteht aus starken Kopfschmerzen, erhöhter Temperatur und wird ggf. begleitet von Symptomen an anderen Organen, z. B. Halsschmerzen bei der bakteriellen Meninigitis durch Meningokokken. Jeder Zug an den Hirnhäuten tut extrem weh. Deshalb nehmen die Patienten eine Schonhaltung ein (**Abb. M.36**). Die Beugung der Beine in der Hüfte wird mit einer sehr starken Schmerzreaktion quittiert. Die Symptome einer akuten viralen Meningitis und einer chronischen Meningitis sind i.d.R. milder.

Speziell die Meningokokken können auch eine Sepsis auslösen, die dann einen sehr schnellen, dramatischen Krankheitsverlauf bedingt (Waterhouse-Friederichsen-Syndrom). Patienten mit Verdacht auf Meningokokkenmeningitis, bzw. bei unbekanntem Erreger, werden wegen der möglichen Meningokokkengefahr im Krankenhaus strikt isoliert.

Diagnose

Bei Verdacht auf Meningitis ist eine Lumbalpunktion anzustreben. Eiter im dann trüben Liquor deutet bereits auf eine bakterielle Meningitis hin. Bei den viralen Meningitiden mag der Liquor klar sein, jedoch zeigt sich eine erhöhte Zellzahl, vor allem Lymphozyten, in der Hirnflüssigkeit. Sie liegt aber noch deutlich unter der Zahl der Granulozyten bei der bakteriellen Meningitis. Die Gramfärbung kann erste Hinweise auf den Erreger geben (**Abb. M.37**). Auch Antigennachweise stehen im gut ausgerüsteten mikrobiologischen Labor zur Verfügung. Bei Verdacht auf eine virale Meningitis kann das Virus im Liquor mit der Polymerase-Kettenreaktion (PCR) nachgewiesen werden.

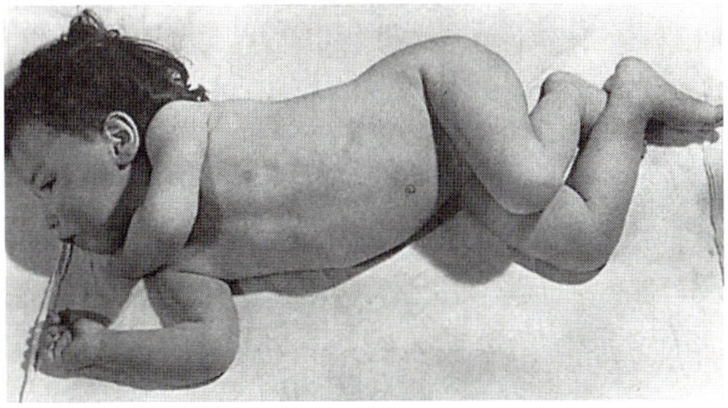

Abb. M.36 Schonhaltung bei Meningitis (Opisthotonus). Der Kopf wird zurückgebogen, Rumpf und Extremitäten werden überstreckt.

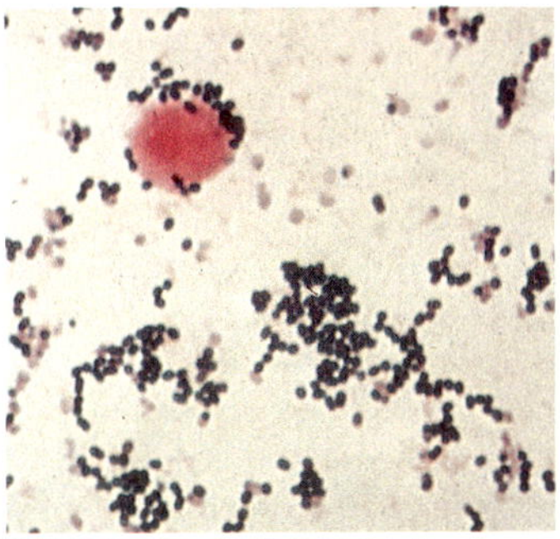

Abb. M.37 Grampräparat des Liquors eines Kindes. Zahlreiche grampositive Kokken beweisen eine Streptokokkenmeningitis.

Gibt es erste Hinweise auf den Erreger, kann die Therapie sofort beginnen. Werden andere Erreger als Meningokokken diagnostiziert, kann die Isolierung des Erkrankten aufgehoben werden. Denn nur die Meningokokken stellen ein direktes Risiko für das Pflegepersonal dar. Auch bei einer Meningokokkeninfektion wird die Isolierung nach erfolgreicher Behandlung innerhalb von 24 bis 48 Std. aufgehoben.

Zellzahl, Zellart und Eiweißgehalt des Liquors geben weitere Hinweise auf die Erregergruppe, auch dann, wenn initial im Grampräparat keine Erreger nachgewiesen werden konnten. In diesem Fall wird eine Kombinationstherapie angesetzt, welche die wichtigsten Erreger erfasst.

Differenzialdiagnose

Initial ist eine Verwechslung der Meningokokken-Meningitis mit schweren Infektionen der oberen Luftwege (z. B. → Influenza) denkbar. Das Krankheitsbild entwickelt sich jedoch sehr schnell typisch. Eine Liquoruntersuchung ist erforderlich, um die virale Meningitis von einer bakteriellen, mit Antibiotika therapierbaren Hirnhautentzündung zu unterscheiden.

Eine chronische Meningitis kann auch durch nichtinfektiöse Ursachen, z. B. → Tumoren und Autoimmunkrankheiten, bedingt sein.

Therapie

Bakterielle Meningitiden. Unverzüglich nach der ersten richtungsweisenden Diagnose beginnt die antibiotische Therapie. Bei Pneumokokken und Meningokokken sind Cephalosporine empfehlenswert. Bei Listerien sind Aminopenicilline die bessere Wahl. Bei allen anderen Erregern muss nach Antibiogramm therapiert werde. Die normalerweise für Antibiotika relativ undurchlässige Bluthirnschranke wird bei akuter Meningitis etwas durchlässiger, was die Therapie erleichtert.

Bei der tuberkulösen Meningitis ist eine Kombinationstherapie erforderlich. Aber auch dann ist das Krankheitsbild sehr langwierig.

Virale Meningitiden. Es wird symptomatisch behandelt. Nur im Fall einer Meningitis durch → Herpes-Simplex- oder Varicella-Zoster-Virus (→ Windpocken) wird mit Aciclovir oder einem ähnlichen antiviralen Medikament behandelt.

Prognose

Bei rechtzeitiger Therapie ist die Prognose im Allgemeinen gut. Ein langwieriger Verlauf ist bei der tuberkulösen Meningitis vorauszusehen. Die viralen Meningitiden heilen i.d.R. folgenlos aus.

Gelegentlich ist die Heilung verzögert und leichte neurologische Symptome, z. B. Kopfschmerzen oder eine Beeinträchtigung der geistigen Leistungsfähigkeit, können über einige Wochen bis Monate bestehen bleiben.

Komplikationen

Eine Meningitis birgt stets das Risiko einer so genannten Defektheilung, d. h. bestimmte Fähigkeiten des Gehirns gehen verloren. Bei der heutigen fortgeschrittenen Therapie ist dies jedoch ein seltenes Ereignis.

Bei den Meningitiden, die nicht rechtzeitig zur Therapie gelangen, bleibt das Risiko einer → Sepsis und einer Defektheilung bis hin zum Tod.

Infobox

ICD-10:

G00.9 – bakterielle Meningitis

A87.2 – virale Meningitis

Internetadressen:

Robert-Koch-Institut: http://www.rki.de

http://www.auswaertiges-amt.de (Merkblatt Meningitis)

http://de.wikipedia.org

Literatur:

Jassoy, Ch., Schwarzkopf, A.: Hygiene, Mikrobiologie und Ernährungslehre für Pflegeberufe. Thieme, Stuttgart 2004

Braunwald, E. u. a. (Hrsg.): Harrison's Principles of Internal Medicine, 15. Aufl. McGraw-Hill, New York 2001

Meniskusverletzung

► Zur Faschingszeit ist der Rock'n'Roll-Verein „Elvis" sehr gefragt. Ein Auftritt folgt dem anderen. Sabine Muntel (24) macht bereits seit sechs Jahren mit. In letzter Zeit war ihr linkes Knie immer mal leicht geschwollen. „Dies ist das erste Zeichen einer Überlastungsreaktion", meint ihr Hausarzt. Beim Warmtanzen vor dem nächsten Auftritt passiert es dann. Sabine und ihr Partner proben noch einmal eine Wurfnummer. Sie kommt ungünstig auf, spürt einen heftigen Schmerz im linken Knie und fällt hin. Danach kann sie das Knie nicht mehr richtig strecken und kaum noch auftreten.

Definition

Unter einer Meniskusverletzung versteht man eine Abnutzung (Degeneration) oder einen Riss des Außen- und/oder Innenmeniskus im Kniegelenk (**Abb. M.38**).

Ursachen

Meniskusläsionen treten unfallbedingt, bei sportlich oder beruflich bedingten Überlastungen, oder durch Abnutzungserscheinungen im Alter auf.

Unfälle passieren häufig beim Sport, z. B. in Folge eines Knieverdrehtraumas beim Skifahren oder Fußball. Werden die Menisken permanent überlastet, führt das zur vorzeitigen Degeneration. Dies ist nicht nur bei Sportlern der Fall. Auch in bestimmten Berufsgruppen, in denen überwiegend kniend gearbeitet werden muss (z. B. bei Fliesenlegern, Gärtnern oder Bergleuten) tritt dies häufig auf. Sind die Menisken vorgeschädigt oder liegen bereits andere Kniebinnenschäden vor, begünstigt dies das Entstehen von Meniskusrissen auch ohne erhebliche Gewalteinwirkung.

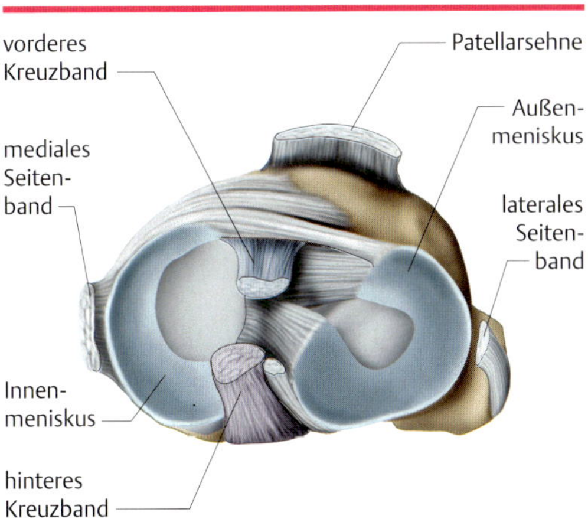

Abb. M.38 Normale Anatomie der Menisken. Das mediale Seitenband ist mit dem Innenmeniskus verwachsen, das laterale Seitenband ist vom Außenmeniskus getrennt.

Symptome

Typisch sind einschießende Schmerzen im Moment der Verletzung sowie nachfolgend die Blockierung des Gelenks. D.h., das Knie kann nach Unfällen nicht mehr komplett gestreckt oder gebeugt werden. Die Schmerzen werden im Bereich des Kniegelenkspaltes (innen/außen) angegeben.

Typisch ist die Schonhaltung des Beines mit leicht gebeugtem Knie. Schmerzbedingt hinken die Patienten (Entlastungshinken), z. T. geben sie ein Schnappen am Gelenkspalt an.

Diagnose

Über dem betroffenen Gelenkspalt ist ein Druckschmerz auslösbar. Manchmal besteht ein geringer → Kniegelenkserguss (tanzende Patella), der allerdings erst mit einer gewissen Zeitverzögerung am folgenden Tag auftritt.

Meniskuszeichen. Mit bestimmten Handgriffen bewegt der Untersucher das Knie durch und übt damit Stress auf den Außen- und Innenmeniskus aus. Die auf diese Weise provozierten Schmerzreaktionen werden als „Meniskuszeichen" bezeichnet:

- **Steinmann-Zeichen I:** Der Unterschenkel wird bei gebeugtem Knie rotiert. Außenrotationsschmerzen zeigen einen Innenmeniskus-Schaden an, Innenrotationsschmerzen einen Außenmeniskus-Schaden.
- **Steinmann-Zeichen II:** Während der Untersucher das Kniegelenk beugt, wandert der Schmerz von ventral nach dorsal.
- **Böhler-Zeichen:** Schmerzen am äußeren Kniegelenksspalt bei Abduktion des Unterschenkels in Relation zum Oberschenkel zeigen einen Außenmeniskus-Schaden an. Schmerzen am inneren Kniegelenksspalt bei Adduktion weisen auf einen Innenmeniskus-Schaden hin.
- **Payr-Zeichen:** Der Patient sitzt im Schneidersitz. Verursacht der Druck auf die Knieinnenseite Schmerzen, spricht das für eine Innenmeniskus-Verletzung.

Bei chronischen Meniskusläsionen findet sich am betroffenen Bein ein verringerter Oberschenkelumfang im Vergleich zum gesunden Bein (Atrophie des Musculus quadriceps).

Mit Röntgenaufnahmen in zwei Ebenen werden knöcherne Verletzungen ausgeschlossen. Per Magnetresonanztomografie (MRT) können Meniskus- und begleitende Knieverletzungen beurteilt werden. Meist ist jedoch eine Arthroskopie (Gelenkspiegelung) geplant, die zugleich einen therapeutischen Eingriff darstellt.

Meniskusrisse. Es werden verschiedene Rissformen unterschieden (**Abb. M.39**):

- **Korbhenkelriss:** Die Ruptur verläuft längs durch den Meniskus ohne Verbindung zum inneren Rand, bildlich vergleichbar mit der Form eines Korbhenkels oder mit dem Tragegriff einer Einkaufstasche.

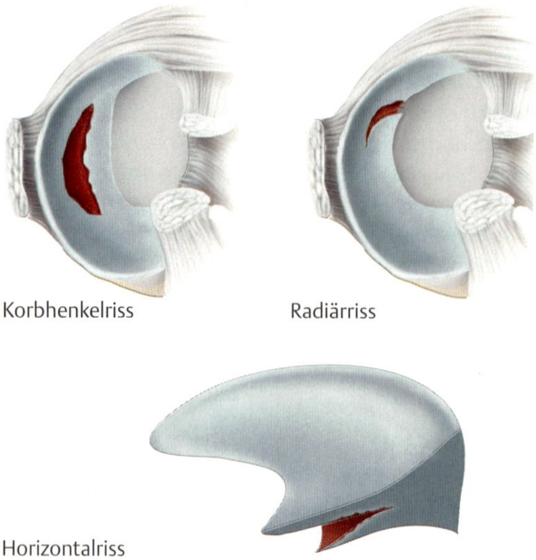

Abb. M.39 Verschiedene Formen von Meniskusrissen.

- **Radiärriss:** Die Ruptur geht vom Meniskus-Innenrand aus und verläuft entlang des Meniskusradius nach außen. Ist der Radiärriss so lang, so dass sich ein lappenartig losgelöster Teil gebildet hat, spricht man vom Lappenriss.
- **Horizontalriss:** Die Ruptur des Meniskus befindet sich in der Horizontalebene.

Differenziert wird außerdem zwischen Verletzungen des Meniskus-Hinterhorns und des Meniskus-Vorderhorns.

Differenzialdiagnose

Freie Gelenkkörper (abgesprengte Knorpelstückchen) verursachen ebenfalls Gelenkblockierungen. Häufig sind nicht nur die Menisken verletzt, sondern auch Knieseiten- und/oder Kreuzbänder. Weitere Differenzialdiagnosen sind Reizerscheinungen wegen einer hypertrophen Plica mediopatellaris (Schleimhautfalte an der Innenseite des Kniegelenks) sowie die → Arthrose des Kniegelenks.

Therapie

Es gilt nicht nur, die akuten Beschwerden zu beseitigen, sondern auch langfristig die Funktion des Kniegelenkes zu erhalten. Deshalb werden heute Menisken möglichst nicht entfernt, weil sie eine wichtige Pufferfunktion sowie eine große Bedeutung für die Stabilität des Kniegelenkes haben. Je nach Art und Ausmaß der Verletzung kommt die Meniskusnaht oder die Meniskus-Teilresektion infrage. Diese Operationen erfolgen arthroskopisch, solange keine anderen schweren Verletzungen, z. B. eine → Tibiafraktur, vorliegen.

Konservativ wird nur in Ausnahmefällen behandelt. Die konservative Behandlung umfasst eine Entlastung mit Gehhilfen, eine medikamentöse Schmerztherapie und eine Physiotherapie.

Prognose

Nach einer Meniskusteilresektion sind die Betroffenen i.d.R. innerhalb weniger Wochen wieder arbeitsfähig. Nach Meniskusnaht dauert der Heilungsprozess länger. Ist die komplette Meniskusentfernung notwendig, droht die rasche Abnutzung des Gelenks (Arthrose). Unbehandelt kommt es sehr rasch zur Atrophie der Quadriceps-Muskulatur.

Infobox

ICD-10:
S83.2 – akute Meniskusverletzung
M23.3 – sonstige Meniskusverletzung

Internetadressen:
http://www.leitlinien.net
http://www.orthinform.de
http://www.dr-gumpert.de

Mesenterialinfarkt

► In die Notaufnahme kommt die 74-jährige Rosemarie Lemke in Begleitung ihrer Tochter. „Sie hat seit einer Stunde heftigste Bauchschmerzen", berichtet die Tochter. „ Meine Mutter hat hohen Blutdruck und eine koronare Herzkrankheit." Der Untersuchungsbefund zeigt eine Symptomentrias von akuten Bauchschmerzen, weichem Bauch und ausgeprägter Leukozytose. Da der Verdacht auf einen Mesenterialinfarkt besteht, wird die ältere Dame zur weiteren Behandlung sofort stationär aufgenommen.

Definition

Beim Mesenterialinfarkt ist ein den Darm versorgendes Gefäß verschlossen.

Synonyme: Mesenterialverschluss.

Ursachen

Im Verlauf unterscheidet man den akuten und den chronischen Verschluss. In der Ursache gibt es den arteriell oder venös bedingten Mesenterialinfarkt.

Arterieller Mesenterialinfarkt

In 90 % der Fälle eines Mesenterialinfarkts liegt ein akuter arterieller Verschluss der Arteria mesenterica superior (obere Gekröseschlagader) vor (**Abb. M.40**). Der Verschluss kann thrombotisch (→ Thrombose) ausgelöst sein durch → Arteriosklerose, die häufig generalisiert ist. Einem embolischen Verschluss (→ Embolie) können verschiedene Ursachen zugrunde liegen, z. B.:

- Vorhofflimmern (Rhythmusstörung der Herzvorhöfe), das als Folge die absolute Arrhythmie hat,
- Herzwandaneurysma (umschriebene Aussackung der Herzwand, fast ausschließlich über dem Spitzenbereich des linken Ventrikels),
- Herzklappenvitium (angeborener oder erworbener → Herzklappenfehler),
- Schlussunfähigkeit oder Verengung der Herzklappen.

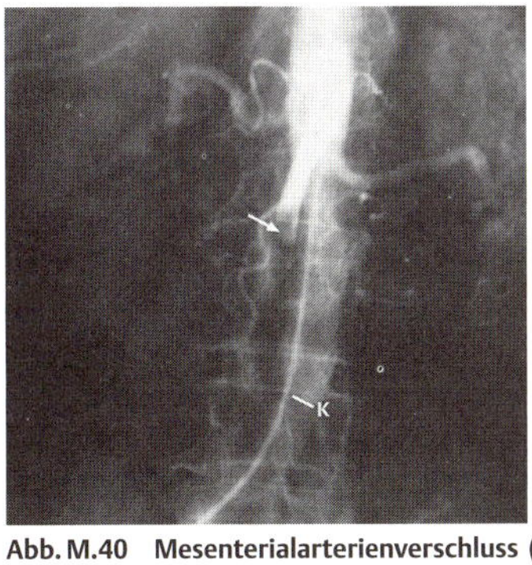

Abb. M.40 Mesenterialarterienverschluss (Angiografie). Akuter Verschluss der oberen Darmarterie durch Embolie (Pfeil); K: Angiografiekatheter.

Seltenere embolische Ursachen sind → Arteriitiden (Entzündungen der Schlagadern) und fibromuskuläre Dysplasie (Fehlbildung der muskulären Arterienwand). Selten ist der chronische arterielle Verschluss, der fast immer eine arteriosklerotische Ursache hat.

Venöser Mesenterialinfarkt

Ein venöser Verschluss tritt meist infolge von Erkrankungen im Pfortadergebiet auf. Die Pfortader ist die große Vene, die das gesamte, aus der Bauchhöhle zurückfließende venöse Blut, sammelt. Eine typische Erkrankung ist die portale Hypertension (erhöhter Druck in der Pfortader). Sie wird ausgelöst durch ein mechanisches Abflusshindernis, Entzündungen, → Tumoren und beim Zustand nach einer Laparotomie (operative Eröffnung der Bauchwand). Auch als sekundäre Folge nach Mesenterialinfarkt ist eine Pfortaderthrombose möglich.

Symptome

Die Symptome sind meist sehr vieldeutig. Unterschieden werden kann zwischen dem akuten und dem chronischen Mesenterialinfarkt. Beide Verläufe führen ohne rechtzeitige Diagnose und baldige Therapie zum Tod. Bei älteren Patienten mit bekannter diffuser Gefäßsklerose, absoluter Arrhythmie und plötzlich auftretenden kolikartigen Bauchschmerzen muss immer an einen akuten Mesenterialarterienverschluss gedacht werden!

Stadien des akuten Mesenterialinfarkts

Initialstadium. Im Initialstadium bestehen heftigste Bauchschmerzen und ein Schock. Hämorrhagische (blutige) Durchfälle sind möglich. Ansonsten ist der abdominelle Befund unauffällig. Dies steht in Diskrepanz zu den Beschwerden!

Latenzstadium. Im Latenzstadium kommt es zu einem trügerischen Nachlassen der Schmerzen (nach etwa 6 Std.), abnehmender Darmperistaltik („fauler Frieden") und zu einer Verschlechterung des Allgemeinzustandes. Das Abdomen ist weiterhin unauffällig!

Endstadium. Nach weiteren 6 Std. entwickelt sich ein irreversibles Darmgangrän (ein Geschwür, das wie verbrannt aussieht) mit paralytischem → Ileus (Verschluss durch Darmlähmung), Durchwanderungs-→ Peritonitis (fortschreitende Bauchfellentzündung in Folge einer Schädigung der Wand entzündeter Organe der Bauchhöhle, keine sichtbare Perforation) bis hin zur → Sepsis (Blutvergiftung) (**Abb. M.41**).

Stadien des chronischen Mesenterialinfarkts

Stadium I. Das Stadium I verläuft ohne Symptome (asymptomatisch). Es erscheint als Zufallsbefund bei einer Angiografie (röntgenologische Darstellung der Gefäße mittels Kontrastmittel).

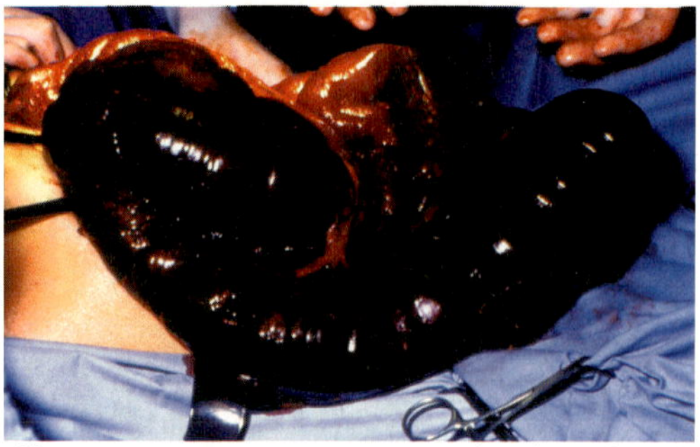

Abb. M.41 Darmgangrän. Der Darm ist komplett nekrotisch, schwarz und stinkend.

Stadium II. Im Stadium II kommt es zu einer Angina abdominalis (chronische Durchblutungsinsuffizienz des Darmkankals) aufgrund eines kurzstreckigen Mesenterialgefäßverschlusses oder einer Mesenterialgefäßstenose. Sie geht einher mit kolikartigen Schmerzen, Dauer etwa 15–30 Min., jeweils postprandial (nach der Mahlzeit) und wechselnder Lokalisation. Es besteht ein → Malassimilationssyndrom (Verdauungsinsuffizienz).

Stadium III. In dieser Phase besteht ein Dauerschmerz. Es kommt zur Hyperaktivität des Darmes und zum Meteorismus (geblähtes Abdomen infolge von Luft- bzw. Gasansammlung im Darm).

Stadium IV. Im Stadium IV entwickelt sich ein → akutes Abdomen mit paralytischem Ileus, einer Darmgangrän und einer Peritonitis.

Diagnose

Wichtige Hinweise liefern schon die Anamnese und die körperliche Untersuchung. Zur weiteren Diagnostik der möglichen Emboliequellen wird ein EKG (Elektrokardiogramm) und eine Echokardiografie (Ultraschall des Herzens) durchgeführt. Bei geringstem Verdacht auf einen Mesenterialinfarkt bietet sich die Zöliako- oder Mesenterikografie an, um wichtige Hinweise zu liefern. Diese röntgenologische Kontrastmitteldarstellung zeigt die wichtigen Blutgefäße, die den Darmbereich versorgen, auch die Arteria mesenterica superior. Eine Duplexsonografie der Mesenterialarterien gibt Auskunft über die Flussgeschwindigkeit in den Mesenterialgefäßen.

Bei der Blutentnahme zeigt sich im Labor eine Leukozytose von 20.000/ml und mehr. Die Blutgasanalyse ergibt eine meist hochgradige, schwer beherrschbare, metabolische Azidose (vermehrtes Auftreten von sauren Stoffwechselprodukten) und Laktatazidose (Milchsäureazidose). Bei fortgeschrittenem Verlauf erkennt man in der Röntgen-Abdomen-Übersicht den Ileus.

Differenzialdiagnose

Der Mesenterialinfarkt kann in jeder Verlaufsform eine andere abdominale Erkrankung vortäuschen, z. B. → Magengeschwür, Gallensteine (→ Cholelithiasis), Ileus (mechanisch oder paralytisch), Peritonitis.

Therapie

Akuter Mesenterialinfarkt. Bei einem akuten Gefäßverschluss ist nur im Anfangsstadium eine Thrombektomie (operative Entfernung des Thrombus) möglich. Im weiteren Verlauf wird eine Resektion (teilweise Entfernung von kranken Organteilen) des nekrotischen (abgestorbenen) Darmabschnitts durchgeführt.

Chronischer Mesenterialinfarkt. Im Stadium I und II besteht die Möglichkeit zur Revaskularisation (Wiederdurchgängigmachen eines verengten oder verschlossenen Gefäßes) mittels Bypass (Umgehungsplastik) oder TEA (Thrombendarteriektomie). Auch bei diesen gefäßchirurgischen Verfahren wird mit einer Ausschälplastik die Durchgängigkeit eines Gefäßlumens wiederhergestellt. In den späteren Stadien bleibt nur die teilweise Darmentfernung (Darmteilresektion).

Eine postoperative Intensivtherapie schließt sich an. Die metabolische Azidose wird mit Natriumbikarbonat (NaHCO3) über Infusionen ausgeglichen.

Prognose

Die Letalität beim akuten Mesenterialinfarkt liegt bei 60–90%, abhängig vom Zeitpunkt der Diagnosestellung oder der Laparotomie. Je früher eingegriffen wird, desto größer die Chance des Überlebens.

Infobox

ICD-10:
K55.0

Internetadressen:
http://www.cardiovasc.de
http://www.pathologie-online.de
Leitlinien der deutschen Gesellschaft für Gefäßchirurgie: http://www.leitlinien.net
http://de.wikipedia.org/wiki/Mesenterialinfarkt

Methicillinresistente Staphylococcus aureus (MRSA)

► **„Ich war wegen der offenen Beine im Krankenhaus. Die waren infiziert", erzählt Alwin seiner Familie, die mit ihm seinen 79. Geburtstag feiert. „Und dann haben sie eine Probe aus meinen Beinen genommen, um sie zu untersuchen." „Alwin, keine weiteren Details", stöhnt Alwins Schwägerin. „Und siehe da. Zwei Tage später hatte ich ein Einzelzimmer und die sind nur noch mit Kittel, Handschuhen und mit so einem Mundschutz zu mir gekommen, um den Verband zu wechseln." Alwin blickt stolz in die Runde. „Ich habe dann mal nachgefragt, was der Zirkus soll. Verstanden hab' ich's nicht, aber hier ist der Zettel, den sie mir gegeben haben." Er liest stockend vor: „Sta..phy..lo. . . mein Gott, das kann ja kein Mensch aussprechen."**

Definition

Als methicillinresistente Staphylococcus aureus werden Staphylococcus-aureus-Stämme bezeichnet, die durch eine Veränderung eines Oberflächenproteins (penizillinbindendes Protein, PbP) ihrer Zellwand gegen Penizilline resistent sind (**Abb. M.42**). Die vier Buchstaben MRSA werden jedoch auch als „multiresistente Staphylococcus aureus" gedeutet.

Synonyme: MRSA, ORSA (oxacillinresistente Staphylococcus aureus).

Ursachen

Ursprünglich waren alle S. aureus sensibel für beta-Lactamantibiotika (z. B. Penizilline, Cephalosporine) (**Abb. M.43**). Durch den leider unkritischen Einsatz dieser Medikamente entwickelten die Staphylokokken verschiedene Resistenzmechanismen. Zunächst entwickelten die Bakterien ein Enzym (Penizillinase), das Penizillinmoleküle spaltet, bevor Stoffwechsel und Zellwandsynthese des Bakteriums beeinflusst werden konnten. Die Entwicklung von penizillinaseresistenten Penizillinen (z. B. Methicillin, Oxacillin, Flucloxacillin, Dicloxacillin) und deren konsequenter Einsatz selektierte schließlich die MRSA. Deren *mecA*-Gen führt zu einem veränderten Protein in der Zellwand (penizillinbindendes Protein). Dieses Protein hat nur eine geringe Affinität zu den Antibiotika und ermöglicht dadurch die Zellwandsynthese und die weitere Vermehrung der Bakterien auch in Gegenwart der Wirkstoffe.

Heute sind MRSA die bekanntesten resistenten bzw. durch Erwerb weiterer Resistenzen gegen andere Antibiotikagruppen auch multiresistenten Erreger. Außer den MRSA treten vor allem Pseudomonas aeruginosa, ein Was-

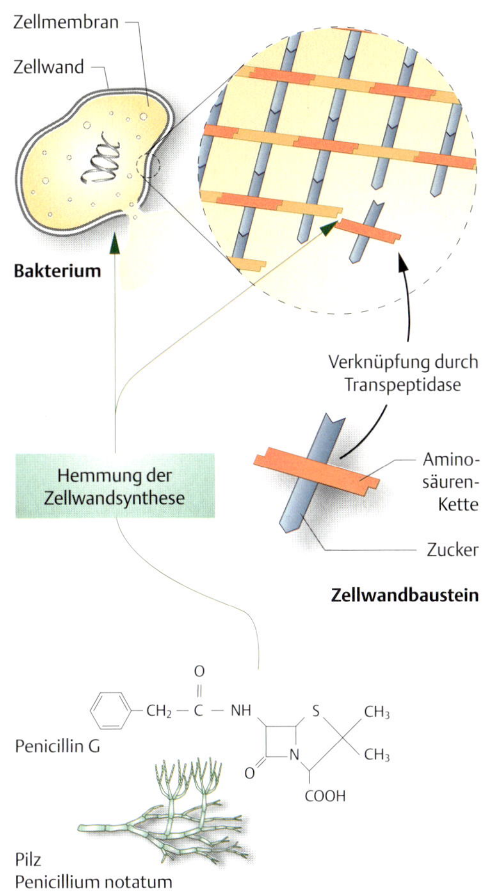

Abb. M.43 Wirkung von Penizillin. Das ursprünglich aus dem Pilz Penicillium notatum gewonnene Penizillin G unterbricht die Zellwandsynthese, indem es die Transpeptidase hemmt.

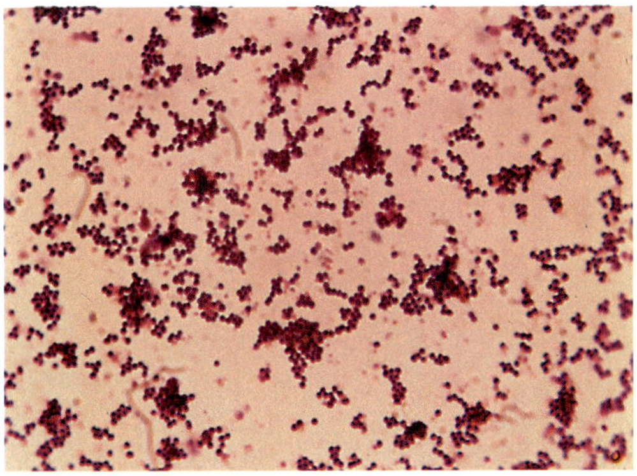

Abb. M.42 Staphylokokken unter dem Mikroskop. Die Kugelbakterien lagern sich in Haufen und Trauben zusammen.

serkeim, und die Darmbakterien Klebsiella, Serratia und Enterokokken öfter als multiresistent in Erscheinung.

Multiresistente Erreger stellen nur die auffallende Spitze einer generellen Häufung der Resistenzen aller menschenpathogenen Bakterien gegenüber häufig in der Therapie eingesetzten Antibiotika dar.

Symptome

MRSA können das gesamte Spektrum von staphylokokkentypischen Infektionen auslösen. Hierzu gehören im Krankenhaus vor allem Wundinfektionen, Abszesse und Empyeme, Gefäßkatheterinfektionen mit nachfolgendem septischem Krankheitsbild und → Pneumonien. Auch bei der Infektion von Implantaten sind Staphylokokken (auch Staphylococcus epidermidis) beteiligt. Auch bei Harnwegsinfektionen kommt Staphylococcus aureus als Erreger vor, ist jedoch gegenüber den gramnegativen Stäbchenbakterien deutlich in der Minderzahl.

Als sog. cMRSA (community acquired MRSA) können sie auch bei jungen Menschen ohne vorherigen Krankenhaus- oder Pflegeheimaufenthalt → Abszesse ohne Eintrittspforte auslösen. Bei älteren Menschen kann z. B. die Besiedlung mit cMRSA nach einer banalen Virusinfektion der oberen Luftwege eine schwere nekrotisierende → Pneumonie auslösen.

Weitaus häufiger aber besiedeln sie den Nasenvorhof und die Haut, d. h. Patient oder Mitarbeiter sind symptomlose Träger. Gesunde Menschen erleiden i.d.R. keine Infektion, geben aber das Bakterium vor allem in Einrichtungen des Gesundheitsdienstes an kranke Menschen weiter, die dann die typischen Symptome entwickeln.

Diagnose

Zunächst gilt es die Erreger zuverlässig nachzuweisen. Dazu wird ein Abstrich genommen und eine Bakterienkultur angelegt, mit der die Erreger und evtl. vorhandene Resistenzen innerhalb von 2 – 3 Tagen identifiziert werden können. Um diesen Zeitraum zu verkürzen und eine entsprechende Therapie bzw. Präventionsmaßnahmen früher einleiten zu können, wurden molekulare Diagnoseverfahren entwickelt, mit denen der Nachweis von MRSA maximal einen Tag dauert. Die Methoden basieren auf der Identifikation der Gene, die an der Resistenz von MRSA beteiligt sind.

Therapie

MRSA können i.d.R. mit Vancomycin oder Teicoplanin therapiert werden. Sollte dies nicht erfolgreich sein, stehen noch z. B. Synercid, eine feste Kombination aus Dalfopristin und Quinopristin, und Linezolid zur Verfügung. Ebenso ist eine Sanierung mit Mupirocin (z. B. Turixin) meist erfolgreich.

Prognose

Bei rechtzeitiger Behandlung ist die Prognose gut. Gelingt die Sanierung nicht, kann eine langjährige Besiedlung die Folge sein. In den meisten Fällen sind die MRSA jedoch nicht über lange Zeit erfolgreich, da die Normalflora den Keim auch ohne Sanierungsmaßnahmen eliminiert. Dies kann jedoch mehrere Wochen dauern.

Komplikationen

Nicht oder falsch behandelt, können Staphylokokkeninfektionen zu einer → Sepsis, einer → Endokarditis und schließlich zum Tod führen. Weitere typische Komplikationen sind Gelenkschäden nach → Gelenksempyem und Implantatverlust nach Infektion.

Infobox

ICD-10:
A49.0

Internetadresse:
http://www.rki.de

Literatur:
Jassoy, C., Schwarzkopf, A. (Hrsg.): Hygiene, Mikrobiologie und Ernährungslehre für Pflegeberufe. Thieme, Stuttgart 2004

Migräne

► Die 21-jährige Sina Pöhler leidet bereits seit fünf Stunden unter rasenden Kopfschmerzen in der rechten Kopfhälfte. Sie hat das Gefühl, in ihrem Kopf würde es pulsieren. Überdies ist ihr übel. Etwa eine halbe Stunde vor Beginn der Kopfschmerzen hat sie kurze Zeit „wandernde Lichtblitze" gesehen und konnte währenddessen kaum sprechen. Als die Kopfschmerzen angefangen haben, hat sie eine Aspirin-Tablette genommen, die aber kaum geholfen hat.

Definition

Migräne ist ein anfallartiger, sehr starker Kopfschmerz, der wiederholt und meist einseitig auftritt (Hemikranie, Halbseitenkopfschmerz). Oft wird er von vegetativen (Übelkeit), visuellen (Gesichtsfeldausfall) oder neurologischen Symptomen (Lähmung) begleitet.

Unter Migräne können Menschen jeden Alters leiden. Zu den ersten Anfällen kommt es meistens nach der Pubertät bis hin zum 25. Lebensjahr. Das erstmalige Auftreten nach dem 40. Lebensjahr ist sehr selten. Frauen sind rund dreimal häufiger betroffen als Männer.

Abb. M.44 Migräne mit Aura. a Gesichtsfeldausfall bei Beginn, **b** bei Vollbild.

Ursachen

Die Ursachen einer Migräne sind nicht endgültig geklärt. Mehrere Theorien versuchen, die Auslöser zu erklären.

Bei der Migräne kommt es zu übermäßiger Ausschüttung des Nervenbotenstoffes Serotonin. Nervenbotenstoffe sind Substanzen, die in Nervenzellen gespeichert und bei Zellerregung ausgeschüttet werden. So werden Signale an andere Organe, z. B. die Blutgefäße weitergegeben. Einer der Theorien zufolge bewirkt Serotonin bei Migräne eine Gefäßengstellung im Gehirn. Alternativ vermutet man, dass es bei der Migräne zum „Anspringen" eines sich im Hirnstamm befindlichen „Kopfschmerzgenerators" kommt. Auch genetische Faktoren könnten eine Rolle spielen.

Die Migräneattacken können durch bestimmte äußere Faktoren und deren Kombination provoziert werden: Stress, einige Medikamente (Nitrate), Rotwein, Schokolade, bestimmte Käsesorten. Bei einigen Frauen tritt die Migräne kurz vor oder während der Periodenblutung auf. Die Einnahme der Pille kann die Migräne dabei noch verstärken.

Symptome

Eine so genannte Aura (unmittelbar vor dem Anfall auftretende Wahrnehmungsstörungen) kann die Migräne ankündigen. Sie geht mit Sehstörungen (farbige Blitze und Gesichtsfeldausfälle), Geschmacks- und Geruchshalluzinationen, Sprachstörungen, Kribbeln und/oder Schwäche in einem Arm oder Bein einher. Man unterteilt die Migräne nach ihren Beschwerden in mehrere Formen. Die zwei häufigsten sind:

- Migräne ohne Aura,
- Migräne mit Aura (**Abb. M.44**).

Bei einem Migräneanfall kommt es zu halbseitigem, oft pulsierendem Kopfschmerz, v. a. hinter Augen oder Stirn. Die Schmerzen beginnen oft in den frühen Morgenstunden und können Stunden bis Tage lang andauern (bis zu 72 Std.). Zu den vegetativen Begleitsymptomen der Migräne gehören Übelkeit und Erbrechen, seltener Appetitlosigkeit, psychische Reizbarkeit und Schwitzen. Es kann eine Überempfindlichkeit auf Licht und Geräusche bestehen. Betroffene ziehen sich gerne in abgedunkelte, ruhige Räume zurück.

Bei einigen Migräneformen treten neurologische Symptome wie Sprechstörungen (Wortfindungsstörungen), Lähmungen und Missempfindungen (Kribbeln) auf.

Diagnose

Um Migräne zu diagnostizieren, muss der Patient ausführlich über seine Beschwerden befragt werden. Nach den Kriterien der International Headache Society müssen für die Diagnose Migräne zwei von fünf der folgenden Kriterien erfüllt sein:

- Halbseitenkopfschmerz (ein Seitenwechsel ist innerhalb einer Attacke und zwischen unterschiedlichen Attacken möglich),
- pulsierender oder pochender Schmerz,
- Verstärkung der Schmerzen durch körperliche Aktivität,

- erhebliche Beeinträchtigung der Alltagsaktivitäten,
- zusätzlich muss mindestens ein vegetatives Symptom, z. B. Appetitlosigkeit, Übelkeit, Erbrechen, Lärm/Lichtscheu, vorhanden sein und eine wiederauftretende Störung vorliegen (mindestens fünfmaliges Auftreten).

Bei einer Migräne mit Aura müssen zusätzlich noch mindestens zwei der folgenden Kriterien erfüllt sein:

- zentral erklärbare Symptome während der Aura, z. B. visuelle Phänomene (grelle Lichtblitze, Halbseitenblindheit oder Halluzinationen), Sprach- und Sprechstörungen, Kribbeln in den Händen oder auch Füßen oder Lähmung einer Körperhälfte,
- Auradauer weniger als eine Stunde,
- Intervall zwischen Aura und Kopfschmerz beträgt weniger als eine Stunde, wobei die Aura immer vor dem eigentlichen Kopfschmerz auftritt,
- mindestens ein Aura-Symptom entwickelt sich über mehrere Minuten hinweg.

Differenzialdiagnose

Bei erstmaligem Auftreten, aber auch bei Änderung bekannter Symptome müssen z. B. akute Blutungen zwischen den Hirnhäuten (→ Subarachnoidalblutung), eine → Meningitis (Hirnhautentzündung), ein → epileptischer Anfall oder eine → Hypertonie (hypertensive Krise) ausgeschlossen werden. Auch andere Kopfschmerzformen oder durch Medikamente verursachter Kopfschmerz, könnten zunächst den Verdacht der Migräne nahe legen.

Beim Ausschließen anderer Krankheiten mit ähnlichen Symptomen können Untersuchungen, z. B. EEG (Elektroenzephalogramm), Computertomografie (CT), Kernspintomografie (MRT) des Kopfes oder eine Dopplersonografie helfen.

Therapie

Migräne ist eine überaus komplexe Erkrankung und erfordert eine individuell angepasste Therapie. Für die langfristige Behandlung hat sich eine Kombination von medikamentösen und nicht medikamentösen Maßnahmen bewährt.

Akutbehandlung

Bei leichter Migräne helfen oft bereits Kleinigkeiten. Einige Betroffene ziehen sich in einen ruhigen abgedunkelten Raum zurück, um sich zu entspannen und/oder zu schlafen (**Abb. M.45**). Auch ein kühlender Umschlag auf der Stirn oder auf die Schläfen aufgetragenes Pfefferminzöl kann lindernd wirken.

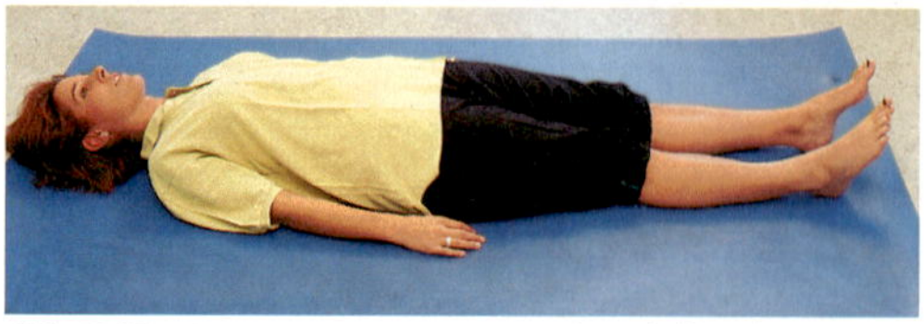

Abb. M.45 Entspannung. Entspannung kann helfen, die mit Kopfschmerzen verbundenen Verspannungen zu lösen und die Anzahl der Kopfschmerzattacken zu reduzieren.

Bei mittleren Migräneanfällen können Medikamente, sog. Antiemetika (Metoclopramid, Domperidon), bei der Besserung der Begleitsymptome (z. B. Übelkeit) helfen. Diese können durch weitere einfache Schmerzmittel ergänzt werden (Azetylsalyzilsäure, Paracetamol).

Bei schweren Migräneattacken kommen Serotoninrezeptorantagonisten (Triptane) zur Anwendung. Sehr selten greift man noch auf so genannte Ergotamine zurück.

Prophylaxe

Ab einer bestimmten Ausprägung der Migräne ist auch im anfallsfreien Intervall eine Migräneprophylaxe (vorbeugende Medikamenteneinnahme) sinnvoll. β-Blocker, Kalziumantagonisten, seltener Valproinsäure, Cyclandelat, Topiramat oder Naproxen können die Häufigkeit, Schwere und Dauer der Anfälle wesentlich reduzieren.

Hilfreich sind in bestimmten Fällen auch Akupunktur, Entspannungstraining oder Ausdauersportarten.

Prognose

Migräne ist nicht heilbar, durch eine adäquate Therapie jedoch gut in den Griff zu bekommen.

Infobox

ICD-10:
G43.0

Internetadressen:
http://www.migraene-info.de
http://www.migraeneliga-deutschland.de
http://www.stiftung-kopfschmerz.de
http://www.migraene-akademie.de

Milzbrand

► **Der 47-jährige Thomas Meise ist als Präparator schon seit einiger Zeit mit der Arbeit an einem Tierkadaver beschäftigt. Vor ein paar Tagen zog er sich eine kleine Stichverletzung zu. Er beachtete dies nicht weiter, sondern setzte seine Arbeit fort. Nun hat sich die Wunde entzündet und es bildet sich ein schwarzer Schorf. Irritiert sucht er seinen Hausarzt auf.**

Definition

Als Milzbrand werden Infektionen mit dem aeroben Sporenbildner Bacillus anthracis bezeichnet (**Abb. M.46**). Dieser wegen möglichem Bioterrorismus bekannt gewordene Keim ist in der Natur weit verbreitet und kommt z. B. in Tierkadavern vor. Milzbrandkeime finden sich folglich auch in der Erde sowie in den Fäkalien mancher pflanzenfressender Großtiere (z. B. Kühe).

Abhängig vom Ansteckungsweg unterscheidet man drei verschiedene Arten von Milzbrand:

- **Lungenmilzbrand:** Sporen werden über die Atemwege aufgenommen,
- **Darmmilzbrand:** Sporen werden über den Darm aufgenommen,
- **Hautmilzbrand:** Sporen werden über Wunden aufgenommen.

Synonym: Anthrax.

Ursachen

Die Sporen keimen aus und es entstehen kastenförmige, grampositive Stäbchen, die sich, vor der körpereigenen Abwehr durch eine Kapsel geschützt, rasch vermehren und die Infektion auslösen.

Durch ihren sehr aktiven Stoffwechsel führen sie, mit Ausnahme des Wundmilzbrandes, gravierende Infektionen herbei, indem sie Kapillaren durchlässig machen und damit eine Entzündungsreaktion und Blutungen auslösen.

Symptome

Nach einer Inkubationszeit von wenigen Stunden bis mehreren Tagen setzen je nach Ansteckungsweg die Symptome ein. Bei der Sporeninhalation kann es bis zum Ausbruch der Krankheit sogar länger als einen Monat dauern.

Aus allen Formen des Milzbrandes kann eine schwer beherrschbare → Sepsis entstehen, die früher fast immer zum Tod führte. Der Name Milzbrand entstand, da bei der Sektion v. a. die hochentzündete, hämorrhagische Milz auffiel.

Hautmilzbrand

Die Wundinfektion mit der Folge des Hautmilzbrandes ist die häufigste Erscheinungsform der Krankheit. Auf die Infektion durch die Keime reagiert die Haut, indem sie ein Knötchen bildet, dessen Zentrum schwarz ist (**Abb. M.47**). Daher hat der Bacillus anthracis (Anthrax: gr. Kohle) seinen Namen. Schließlich bilden sich mit Eiter gefüllte Bläschen bis hin zum Vollbild des Milzbrandkarbunkels (Pustula maligna).

Lungenmilzbrand

Durch Einatmen der Sporen, die an Tierhäuten und Tierhaaren hängen, kann in seltenen Fällen Lungenmilzbrand entstehen. Er verläuft ähnlich wie eine Lungenentzündung. Auffällig ist dabei blutiger, eitriger Auswurf, der hochgradig ansteckend ist. Hohes Fieber und Schüttelfrost zeigen den Einbruch der Bakterien in die Blutbahn an.

Darmmilzbrand

Durch Aufnahme von kontaminierten Lebensmitteln oder Milch (v. a. rohes Fleisch und ungekochte Milch) entsteht der Darmmilzbrand. Leitsymptome sind blutiges Erbrechen und blutiger Stuhl aufgrund der schweren Darmentzündung.

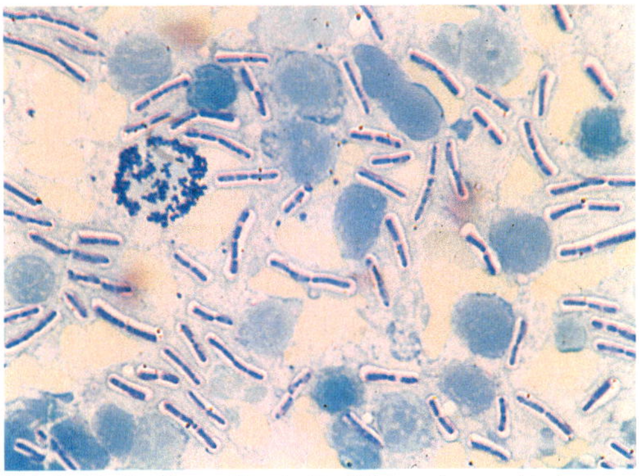

Abb. M.46 Bacillus anthracis. Der Milzbranderreger ist ein grampositives Stäbchenbakterium. Die deutlich erkennbaren Kapseln helfen, die körpereigene Abwehr zu täuschen.

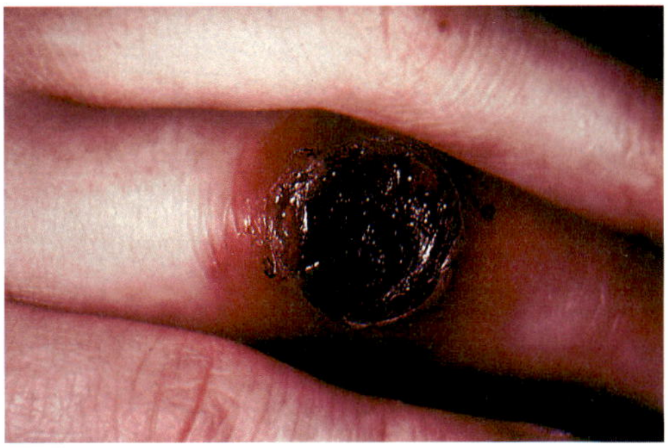

Abb. M.47 Anthrax. Eine Milzbrandnekrose am Finger.

Diagnostik

Hautmilzbrand. Eine Verdachtsdiagnose ergibt sich häufig schon durch den Beruf des Patienten (z. B. Tierarzt, Abdecker, Metzger, Präparator) oder aber durch Tierkontakte in der Krankengeschichte. Die mikroskopische Untersuchung eines Wundabstrichs mit Gramfärbung zeigt die kastenförmigen grampositiven Stäbchen, die gelegentlich wie Streptokokken in einer Reihe liegen und dann wie Bambusstäbe wirken. Die endgültige Diagnose wird durch Anlegen einer Kultur in einem Labor mit entsprechender Sicherheitsstufe gestellt.

Lungenmilzbrand. Hier wird Sputum, Blut oder eine bronchoalveoläre Lavage untersucht und eine Kultur angelegt.

Darmmilzbrand. Erkenntnisse werden v. a. durch Untersuchung des Stuhls des Patienten gewonnen.

Differenzialdiagnose

Hautmilzbrand. Im Frühstadium müssen zunächst andere granulomatöse Wundinfektionen (z. B. Mycobacterium marinum) ausgeschlossen werden. Bei fortschreitender Krankheitsdauer ist Hautmilzbrand sehr schnell durch die Entwicklung des typischen Bildes mit schwarzem Schorf zu erkennen.

Lungenmilzbrand. Blutiger Auswurf bei einer → Pneumonie wird normalerweise nur bei offener → Tuberkulose beobachtet. Dieses Krankheitsbild verläuft jedoch weit weniger rasant.

Darmmilzbrand. Andere Erreger, z. B. von Gastroenteritiden, müssen ausgeschlossen werden. Jedoch führt die starke Blutbeimengung im Stuhl in Verbindung mit einem einschlägigen Beruf oder einer entsprechenden Krankheitsgeschichte schnell zur Diagnose.

Therapie

Neben symptomatischen Maßnahmen wird eine Antibiotikatherapie mit Cipofloxacin, alternativ Penicillin G oder Markolidantibiotikum (z. B. Roxythromycin) durchgeführt. Bei Hautmilzbrand wird Penicillin G bevorzugt. Die Patienten müssen sofort isoliert werden.

Prognose

Bei rechtzeitig gestellter Diagnose und adäquater Therapie ist die Prognose gut. Wird die Diagnose nicht rechtzeitig gestellt oder eine ungeeignete Therapie gewählt, ist ein tödlicher Verlauf v. a. bei Lungenmilzbrand und Darmmilzbrand wahrscheinlich.

Infobox

ICD-10:
A22.2

Internetadressen:
http://www.auswaertiges-amt.de
http://www.rki.de Infektionskrankheiten von A–Z

Literatur:

Kayser, F. H. u. a.: Medizinische Mikrobiologie, 11. Aufl. Thieme, Stuttgart 2005

Doerr, H. W., Gerlich, W.H. (Hrsg.): Medizinische Virologie. Thieme, Stuttgart 2002

Milzruptur

► **Klara und ihre Freundin Kerstin machen einen Ausritt. Als Klara über einen quer liegenden Baumstamm springt, rutscht das Pferd bei der Landung plötzlich weg. Klara verliert das Gleichgewicht und stürzt. Sie fällt auf die linke Seite. Sie hat heftige Schmerzen und kann kaum atmen.**

Definition
Bei einer Milzruptur zerreißt die Milz, evtl. mit Abriss der Gefäße. Man unterscheidet:
- **einzeitige Milzruptur:** Das Milzparenchym und die Kapsel zerreißen gleichzeitig.
- **zweizeitige Milzruptur** (**Abb. M.48**): Zunächst liegt nur ein Parenchymriss vor, die Kapsel ist noch intakt. Wegen der Blutung steigt der Druck in der Kapsel an, so dass es nach Stunden oder Tagen spontan oder bei minimalem Trauma zur Kapselruptur kommt, wobei sich das Blut in die Bauchhöhle ergießt.

Ursachen
Stumpfe Bauchtraumen, etwa bei Arbeits- und Verkehrsunfällen, verursachen häufig Milzverletzungen. Direkte Verletzungen durch Schüsse oder Stiche sind vergleichsweise selten. Auch können linksseitige Rippenfrakturen die Milz direkt schädigen. Außerdem kann ein Beschleunigungstrauma die Milz aus ihrem anatomischen Halteapparat reißen, z. B. bei einem Verkehrsunfall.

Ist die Milz durch entzündliche, bösartige oder hämatologische Erkrankungen (→ Malaria, → Pfeiffersches Drüsenfieber) bereits geschädigt oder vergrößert, können bereits Bagatelltraumen wie z. B. ein leichtes linksseitiges Anstoßen zum Zerreißen der Milz führen. Es kann auch zur sog. Spontanruptur kommen.

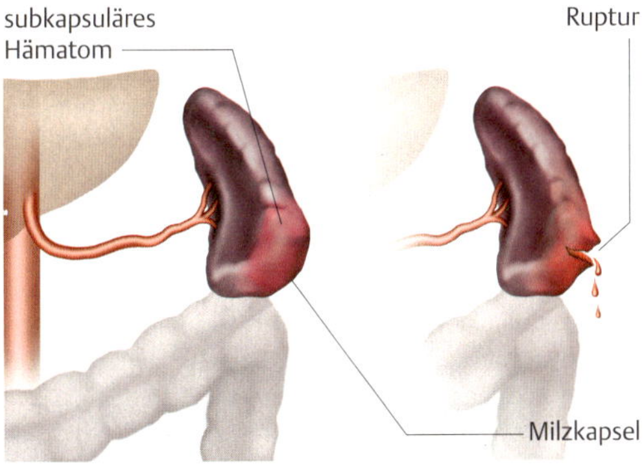

Abb. M.48 Zweizeitige Milzruptur. Bei Verletzung der Milz mit Einblutung innerhalb der Organkapsel besteht die Gefahr einer spontanen Zerreißung.

Symptome
Je nach Ausmaß der Milzverletzung und des Blutverlustes schwanken die klinischen Symptome. Es können leichte Schmerzen im linken Oberbauch auftreten mit Ausstrahlung in den linken Arm (Reizung des Nervus phrenicus wegen des Hämatoms im Bauchraum). Bei einzeitiger Ruptur mit starkem Blutverlust tritt schnell ein → Schock ein. Der Blutdruck fällt, der Puls ist erheblich beschleunigt, die Atmung ist flach (Schonatmung). Reißt die Milzkapsel erst später (zweizeitige Ruptur), tritt diese Symptomatik erst Stunden oder Tage nach dem eigentlichen Trauma auf.

Diagnose
Besteht bereits bei Beginn der Untersuchungen der Verdacht auf eine Milzruptur, wird meistens die Abdomen-Sonografie angewendet, die als sensitive Untersuchungsmethode gilt. Hierbei wird freie Flüssigkeit im Bauchraum nachgewiesen. Außerdem werden Blutbild und Kreislauf beurteilt. Ggf. kann eine Computertomografie durchgeführt werden. Manchmal kann die Diagnose nur während der Operation gesichert werden.

Differenzialdiagnose
Häufiger als isolierte Milzrupturen kommen kombinierte Organverletzungen vor.

Therapie
Wird vermutet, dass eine Milzruptur vorliegt, sollte sofort operiert werden. Dabei werden oberflächliche, geringe Blutungen gestillt (Fibrinkleber, Infrarot- oder Laserkoagulation, Umhüllung mit Vicrylnetz). Ziel ist dabei, die gesamte Milz oder zumindest einen Teil des Organs (Teilresektion) zu erhalten. Bei erheblicher Organschädigung oder gleichzeitiger Verletzung mehrerer Organe muss jedoch, um starke Blutverluste zu vermeiden, die Milz komplett entfernt werden (Splenektomie).

Prognose
Sie ist abhängig vom Blutverlust, den Begleitverletzungen sowie dem Alter des Patienten. Eine Komplikation nach Splenektomie ist das OPSI-Syndrom (overwhelming post-splenectomy infection). Diese rasant verlaufende bakterielle Infektion mit hoher Sterblichkeit kann durch Impfung und Antibiotika-Therapie verhindert werden.

Infobox

ICD-10: S36.0

Internetadresse: http://www.uni-duesseldorf.de/awmf/ll/006-112.htm

Literatur: Henne-Bruns, D. u. a. (Hrsg.): Chirurgie, 2. Aufl. Duale Reihe, Thieme, Stuttgart 2003

Mitralstenose/-insuffizienz

► **„Wir haben ja heute bei unserer ersten Stunde richtig Glück mit dem Wetter.“ Frau Pöck geht neben der Kursleiterin her. „Ja, es ist herrlich. Ich muss ja gestehen, ich habe Nordic Walking immer belächelt und jetzt bin ich selber hier gelandet. Ich bin lange Zeit jeden Tag gejoggt. Aber zur Zeit komme ich sofort aus der Puste und auch jetzt sehne ich mich schon nach einer Pause“, erzählt Frau Pöck. „Gut, dass Sie das ansprechen. Ich muss wissen, wenn Sie Probleme haben. Haben Sie etwas mit dem Herzen?“, erkundigt sich die Kursleiterin. „Mit dem Herzen? Nicht, dass ich wüsste“, antwortet Frau Pöck. „Lassen Sie sich am besten mal untersuchen.“**

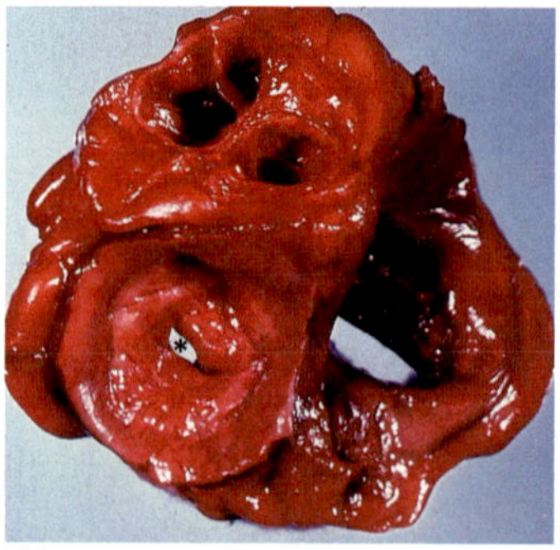

Abb. M.49 Mitralstenose. Verengte Mitralklappe (*) (Transversalschnitt durch das Herz).

Definition

Bei der Mitralstenose und der Mitralinsuffizienz handelt es sich um meist erworbene Fehler der Mitralklappe.

Ursachen

Die Mitralklappe trennt den linken Herzvorhof von der linken Herzkammer (Ventrikel) und öffnet sich in der Diastole, d. h. in der Erschlaffungsphase des Herzmuskels. Hierbei strömt Blut vom linken Vorhof in den Ventrikel ein, um bei der dann folgenden Kontraktionsphase wieder in den Kreislauf weitergepumpt zu werden. Bei einem Fehler der Mitralklappe ist der Blutfluss gestört. Man unterscheidet:

- **Mitralstenose** (**Abb. M.49**): Die Herzklappe ist verengt, der linke Vorhof kann sich unzureichend entleeren und das Blut strömt verzögert in die linke Herzkammer ein.
- **Mitralinsuffizienz:** Die Herzklappe schließt nur ungenügend. Dadurch strömt das Blut in der Kontraktionsphase entgegen der üblichen Richtung in den linken Vorhof zurück (Pendelfluss). Es kommt primär zu einer chronischen Volumenbelastung des linken Vorhofs und, durch das hin und her pendelnde Blut, auch des linken Ventrikels.

Beide Klappenfehler entstehen fast immer als Spätfolge einer Herzklappenentzündung (→ Endokarditis) oder → Myokarditis (Herzmuskelentzündung) auf dem Boden einer sog. rheumatischen Endokarditis. Die zugrunde liegende Entzündung kann dabei schon Jahre zurückliegen. Oft können sich die Patienten daher nicht mehr an dieses häufig symptomarme Ereignis erinnern.

Die → Herzklappenfehler entwickeln sich meist sehr langsam. Sie können einzeln oder auch in Kombination auftreten.

Die Mitralinsuffizienz tritt auch als Folge einer Vergrößerung (Dilatation) des Herzmuskels auf. Hierbei ist die Klappe nicht mehr in der Lage, sich komplett zu schließen, da sich die Größenverhältnisse des Herzmuskels verändert haben. Man spricht dann von einer relativen Mitralinsuffizienz. Selten kann auch eine akute Mitralinsuffizienz bei einem → Herzinfarkt auftreten.

Symptome

Mitralstenose

Bei der Mitralstenose staut sich das Blut wegen der verengten Klappe in den linken Vorhof und dann in den Lungenkreislauf zurück. Dadurch kommt es dort zu einer chronischen Druck- und später auch zu einer Volumensteigerung. Typische Folgen können sein:

- Thrombenbildung im linken Vorhof mit dem Risiko arterieller → Embolien,
- Dyspnoe durch chronische Lungenstauung, häufig zunächst im Liegen (oft nächtlicher Husten),
- weiterer Rückstau über die Lunge in den venösen Kreislauf (Rechtsherzinsuffizienz, → Herzinsuffizienz) und in der Folge Beinödeme.

Mitralinsuffizienz

Bei der Mitralinsuffizienz kommt es primär zu einer chronischen Volumenbelastung des linken Vorhofs und des linken Ventrikels. Die Symptome sind meist die gleichen wie bei der Mitralstenose, entwickeln sich aber deutlich langsamer, da der linke Ventrikel die Volumenbelastung im Gegensatz zur Druckbelastung wesentlich länger kompensieren kann.

Diagnose

Durch die Klappenfehler kommt es zu charakteristischen Herzgeräuschen, welche man bei der Herzauskultation mit dem Stethoskop hören kann. Sie weisen entscheidend auf den entsprechenden Herzklappenfehler hin. Bei der Mitralstenose lässt sich ein sog. Diastolikum im Anschluss an den zweiten Herzton abhören, bei der Mitralinsuffizienz besteht das Herzgeräusch im Anschluss an den ersten Herzton als sog. Systolikum.

Zur weiteren Diagnose wird ein EKG durchgeführt. Im Röntgen-Thorax zeigen sowohl Stenose als auch Insuffizienz typische Herzformen. Das Echokardiogramm ist das wichtigste Verfahren zur genauen Berechnung und Schweregradeinteilung der Klappenfehler. Eine Linksherzkatheter-Untersuchung ist für die Operationsplanung notwendig.

Differenzialdiagnose

Bei auftretenden Herzgeräuschen sind weitere Herz- und → Herzklappenfehler abzugrenzen:

- Aortenklappenstenose (Systolikum) oder Aortenklappeninsuffizienz (Diastolikum),
- Pulmonalklappenfehler,
- Trikuspidalklappeninsuffizienz (Systolikum),
- Vorhof- oder Ventrikelseptumdefekt.

Zusätzlich gibt es häufig sog. funktionelle Herzgeräusche, bei denen keine eigentliche Erkrankung vorliegt, sondern die von Kreislaufveränderungen herrühren. Darüber hinaus muss bei einer bestehenden Herzinsuffizienz immer an die Möglichkeit der ursächlichen Klappenerkrankung gedacht werden.

Therapie

Die konservative Therapie besteht bei beiden Klappenfehlern in der medikamentösen Behandlung der Herzinsuffizienz.

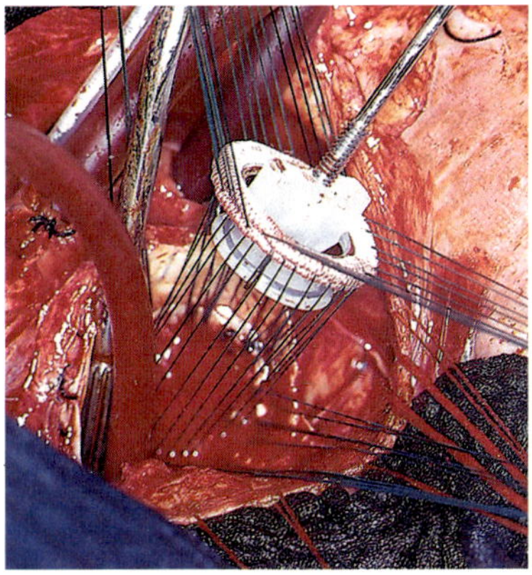

Abb. M.50 Mitralklappenersatz. Die Fäden werden im Herz und an dem Kunststoffbezug der Prothese fixiert. Dann wird die künstliche Herzklappe mit Führungsinstrumenten in ihre Position gebracht und festgeknotet.

Bei höhergradigen Klappenfehlern ist oft ein Mitralklappenersatz notwendig. Hierbei wird die verkalkte oder hochgradig insuffiziente Klappe operativ entfernt und durch eine neue Herzklappe ersetzt (**Abb. M.50**). Es werden sowohl biologische Herzklappen (i.d.R. vom Schwein) als auch künstliche Herzklappen (aus Metall oder Kunststoff) verwendet. Bei geschädigter Mitralklappe ist auch die Endokarditisprophylaxe therapeutisch wichtig. Hierbei wird vor operativen Eingriffen prophylaktisch ein Antibiotikum gegeben, um einen weiteren entzündlichen Befall der vorgeschädigten Klappe zu vermeiden.

Bei der Mitralstenose besteht ab einem gewissen Schweregrad zusätzlich die Möglichkeit der sog. Mitralklappensprengung mit Hilfe eines Ballonkatheters.

Prognose

Grundsätzlich hat die Mitralklappeninsuffizienz eine bessere Prognose als die Mitralstenose. Sie kann in leichter Form Jahrzehnte lang bestehen und hat oft keinerlei Einschränkung der Lebensqualität zur Folge.

Die Mitralstenose schreitet aufgrund der ungünstigeren Druckbelastung des Herzens häufig weiter fort. Entscheidend für die Prognose ist das Stadium der Herzfunktion vor der Operation. Eine operative Sanierung ist möglichst vor dem Eintreten einer schweren Herzinsuffizienz durchzuführen, da sich der Lungenhochdruck als Folge einer dauerhaften Herzinsuffizienz verselbstständigen kann und eine Operation dann nicht mehr sinnvoll ist.

Komplikationen

Wenn echokardiografisch ein Mitralklappenfehler festgestellt wird, kommt der Endokarditisprophylaxe eine entscheidende Bedeutung zu. Selbst wenn der Klappenfehler gering ausgeprägt ist, kann sich auf dem Boden einer vorgeschädigten Klappe eine erneute → Endokarditis mit entzündlicher Zerstörung des gesamten Klappenapparats entwickeln. Der Verlauf ist meist sehr langwierig und teilweise lebensbedrohlich.

Infobox

ICD-10:
I05.0, I05.2

Internetadressen:
http://www.medizinfo.de
http://www.onmeda.de
http://www.cardiologe.de

Mittelfußfraktur

► **Seit einem guten Monat arbeitet Harald Thiel (22) als Möbelpacker bei einer Umzugsfirma. Der Job ist anstrengend, besonders jetzt im Sommer. Es ist Freitagnachmittag. Harald und seine Kollegen tragen die letzten schweren Schrankteile einer Familie in die neu bezogene Wohnung im dritten Stock eines Mietshauses. Im engen Treppenhaus bleibt Harald plötzlich mit dem Schrank am Geländer hängen. Das Möbelstück rutscht ihm aus der Hand und knallt auf den rechten Fuß. Sein Turnschuh bietet keinen ausreichenden Schutz, der Fuß schwillt schnell an und tut höllisch weh.**

Definition

Als Mittelfußfraktur bezeichnet man den Bruch des Mittelfußknochens (**Abb. M.51**).

Synonym: Metatarsalfraktur.

Ursachen

Mittelfußfrakturen entstehen durch schwere Gegenstände, die von oben auf den Fuß herabfallen, oder durch Quetschungen bei Verkehrsunfällen. Nach langen Märschen oder bei Leistungssportlern treten auch → Ermüdungsfrakturen auf.

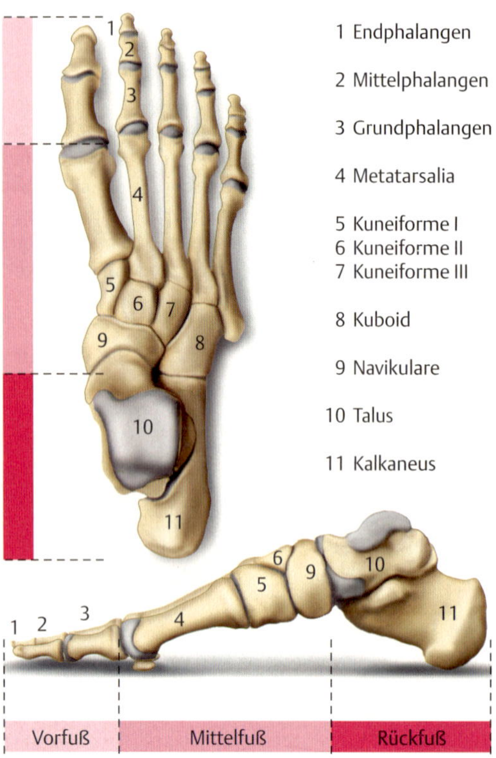

Abb. M.51 **Fußskelett.** Darstellung in der Aufsicht und von medial.

Symptome

Die äußerlich sichtbaren Veränderungen des Fußes nach Unfällen sind die Schwellung und der Bluterguss. Unter Belastung treten Schmerzen auf.

Diagnose

Es werden Röntgenbilder des Vorfußes angefertigt. Sollten Gelenke (Tarsometatarsal-, Intertarsalgelenke) mit betroffen sein, ist eine Computertomografie sinnvoll.

Therapie

Nicht dislozierte (seitlich oder längs verschobene) Ermüdungsfrakturen oder Schaftfrakturen werden für vier bis sechs Wochen im Gehgipsverband ruhig gestellt.

Operation. Andere Frakturen müssen offen reponiert und mit Kirschner-Drähten, Schrauben oder kleinen Metallplatten stabilisiert werden. Abrissfrakturen an der Basis des V. Mittelfußknochens werden mit einer Zuggurtungs-Osteosynthese versorgt. Dort setzt die kräftige Sehne des Musculus peronaeus brevis an, so dass bei instabiler Versorgung eine Pseudarthrose (Scheingelenk) entstehen kann.

Postoperative Nachbehandlung. Sie kann bei Schrauben- oder Platten-Osteosynthesen ohne Gips erfolgen, wenn der Fuß zunächst teilbelastet werden soll. Wurden die frakturierten Knochenenden mit Kirschner-Drähten fixiert, legt man unmittelbar nach der Operation einen Unterschenkel-Gehgips für vier bis sechs Wochen an.

Prognose

Sie ist abhängig vom Ausmaß der Fraktur (Trümmerbruch, einfache Fraktur). Periphere Durchblutungsstörungen verzögern den Heilungsverlauf bzw. erhöhen die Gefahr postoperativer Komplikationen (z. B. Infektionen).

Infobox

ICD-10: S92.3

Internetadresse:
http://www.med-kolleg.de

Literatur:

Wülker, N. (Hrsg.): Taschenlehrbuch Orthopädie und Unfallchirurgie. Thieme, Stuttgart 2005

Rüter, A. u. a.: Unfallchirurgie, 2. Aufl. Urban & Fischer, München 2003

Mittelgesichtsfraktur

► Nico Neuner (22) fährt die sechs Kilometer von der Arbeit nach Hause immer mit dem Fahrrad, auch bei schlechtem Wetter, denn er will fit bleiben. Heute regnet es besonders heftig und er kann kaum etwas sehen. Plötzlich betritt fünf Meter vor ihm ein Fußgänger die Straße. Nico bremst scharf, kommt ins Rutschen und stößt mit dem Mann zusammen. Er fällt über seinen Lenker und prallt mit dem Gesicht auf die Bordsteinkante.

Definition

Unter dem Begriff Mittelgesichtsfraktur werden Brüche der Mittelgesichtsknochen zusammengefasst, also Frakturen des Oberkiefers, der Jochbeine und des Nasenbeins, einzeln oder in Kombination.

Ursachen

Mittelgesichtsfrakturen entstehen durch direkte Gewalteinwirkung von vorn, z. B. bei nicht angeschnallten Autofahrern, Stürzen von Zweirädern, beim Treppensturz oder nach Schlägereien. Es wird unterschieden in:

- **laterale Mittelgesichtsfraktur:** Bruch des Jochbogens und/oder des Jochbeinkörpers. Bei Frakturen des Jochbeinkörpers ist die Orbita (Augenhöhle) ebenfalls beteiligt,
- **zentrale Mittelgesichtsfraktur:** Dazu gehören die LeFort-I-Fraktur (tiefe Querfraktur im Oberkiefer) und die LeFort-II-Fraktur (pyramidale Absprengung des Oberkiefers unter Einschluss der knöchernen Nase) (**Abb. M.52**),
- **zentrolaterale Mittelgesichtsfraktur:** Dazu gehört die LeFort-III-Fraktur (das gesamte Mittelgesichtsskelett ist von der Schädelbasis getrennt), (René LeFort: frz. Chirurg 1869 – 1951) (**Abb. M.52**).

Symptome

Allgemeine Symptome sind ein erheblich geschwollenes Mittelgesicht, Schwellung des Augenlids, ein Brillen- oder Monokelhämatom und → Nasenbluten. Häufig tritt eine Okklusionsstörung auf, d. h. die Zähne von Ober- und Unterkiefer passen beim Zusammenbeißen nicht mehr richtig aufeinander. Dieses Symptom ist für den Arzt nicht immer sichtbar, für den Patienten jedoch deutlich spürbar. Daher ist eine genaue Befragung wichtig.

Tritt Liquor aus der Nase und/oder besteht ein Brillenhämatom, liegt evtl. eine Fraktur der Schädelbasis (→ Schädelbasisfraktur) vor. Sensibilitätsstörungen im Wangen- und Oberlippenbereich rühren von einer Schädigung des Nervus infraorbitalis her und sind ein Symptom der Orbita-Jochbeinfraktur.

Durch erhebliche Schwellungen werden Frakturstufen oder die Asymmetrie des Gesichts oft verschleiert.

Diagnose

Die Augenbeweglichkeit wird überprüft und der Patient genau befragt, ob Doppelbilder auftreten (Verdacht auf Orbitafraktur). Röntgenaufnahmen des Schädels, insbesondere des Gesichtsschädels, und eine Computertomografie komplettieren den Befund.

Therapie

Zentrale und zentrolaterale Mittelgesichtsfrakturen werden stationär behandelt, während laterale Frakturen durch konservative Therapie ambulant erfolgen können.

Konservative Therapie

Wenn keine oder geringfügige Knochen-Dislokationen vorliegen, kann konservativ behandelt werden. Ggf. werden Gummizüge zwischen den Kiefern angelegt, um eine Okklusionsstörung zu beheben (intermaxilläre Fixation). Medikamente helfen bei starken Schmerzen und Schwellungen. Weiche Kost erleichtert die Ernährung. Bei ausge-

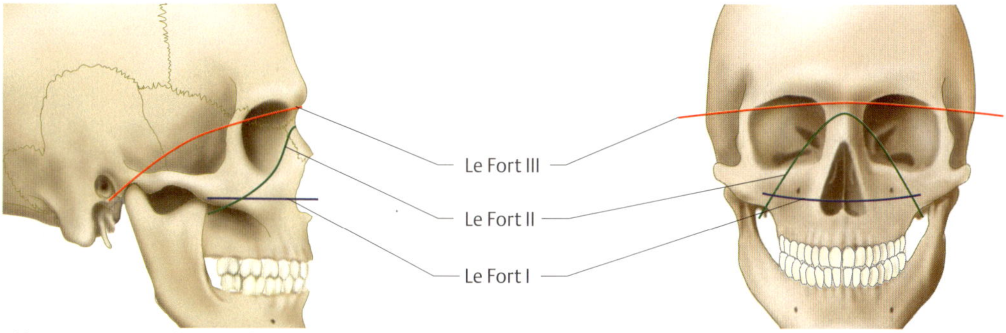

Abb. M.52 LeFort-Frakturen. Schematische Darstellung des Frakturverlaufs der drei LeFort-Frakturen.

dehnten Weichteildefekten und Hämatomen kann eine prophylaktische Antibiotikabehandlung erforderlich sein.

Chirurgische Therapie

Immer, wenn die Frakturen disloziert oder wenn Knochenfragmente instabil sind, muss operiert werden. Die frakturierten Knochenanteile werden mit Miniosteosyntheseplatten und Spezialmaterialien stabilisiert. Postoperativ folgen die physiotherapeutische Mobilisation sowie konservative Therapiemaßnahmen.

Komplikationen

Je nach Schwere der Verletzung sind eine Vielzahl von Komplikationen im Heilungsverlauf möglich. Dazu gehören bleibende Gesichtsdeformitäten und Funktionsstörungen beim Beißen und Kauen, Sprach- und Schluckstörungen, eine verminderte oder aufgehobene Geruchswahrnehmung, Störungen der Motorik und Sensibilität im Gesicht, chronische Schmerzen, Infektionen, Augenmotilitätsstörung und anderes mehr.

Infobox

ICD-10:
S02.7

Internetadresse:
http://www.mevis.de/~hhj/Mittelgesichtsfrakturen/MGF.html

Literatur:

Rüter, A. u. a.: Unfallchirurgie, 2. Aufl. Urban & Fischer, München 2003

Henne-Bruns, D. u. a. (Hrsg.): Chirurgie, 2. Aufl. MLP Duale Reihe, Thieme, Stuttgart 2003

Mittelhandfraktur

► Beim Hockey-Training in der Halle prallt der Ball Anna (15), beim Versuch ihn abzustoppen, mit Wucht auf die ungeschützte linke Hand. Sie schwillt schnell an, wird blau und tut heftig weh. Die Trainerin bringt Anna ins Krankenhaus, wo eine Röntgenaufnahme angefertigt wird.

Definition

Mittelhandfraktur ist der Bruch eines oder mehrerer Mittelhandknochen (Metacarpalia). Am Daumen werden verschiedene Sonderformen unterschieden (**Abb. M.53**):

- **Bennett-Fraktur:** Abriss der ulnar-palmaren Basis des Metacarpale I (Luxationsfraktur),
- **Rolando-Fraktur:** Y-förmige Fraktur an der Basis des Metacarpale I mit Gelenkbeteiligung. Synonym: Metacarpusfraktur,
- **Winterstein-Fraktur:** Querfraktur des Metacarpale I ohne Beteiligung des Sattelgelenks.

Ursachen

Verursacht wird die Mittelhandfraktur meist durch direkte Gewalteinwirkung auf die Mittelhand, z.B. bei einem Faustschlag. Dies führt zu subkapitalen Frakturen der Metacarpalia II bis V. Seltener sind Basis- oder Schaftfrakturen infolge von Stürzen oder nach Quetschungen.

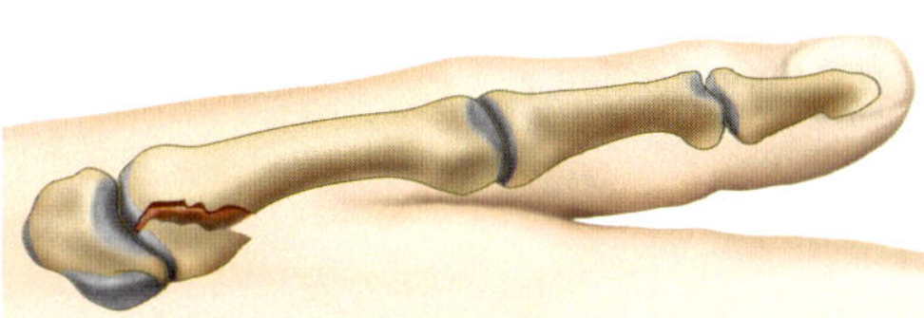

Bennett-Fraktur

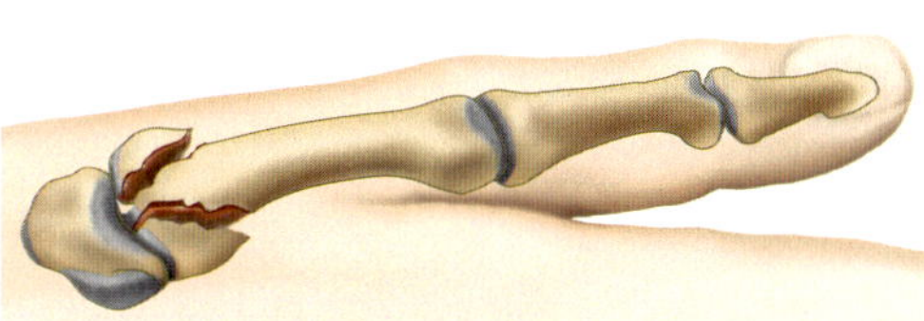

Rolando-Fraktur

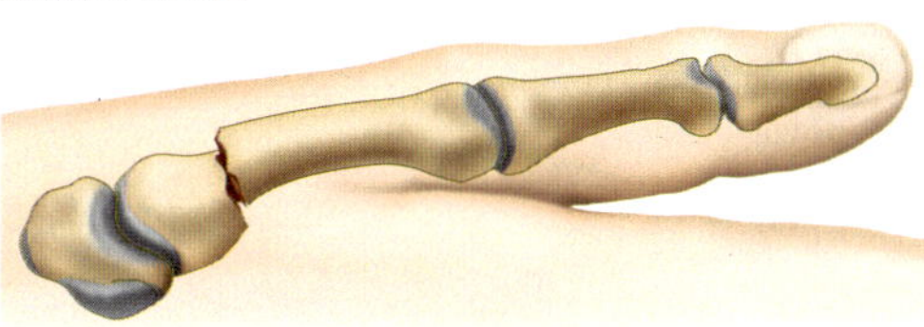

Winterstein-Fraktur

Abb. M.53 Basisnahe Frakturen des 1. Mittelhandknochens.

Symptome

Die Beweglichkeit ist schmerzhaft behindert, es besteht ein Druckschmerz. Die Hand ist geschwollen und es bildet sich ein Hämatom. Beim Faustschluss wird manchmal eine Rotationsfehlstellung des betroffenen Fingers sichtbar.

Diagnose

Die Hand wird in zwei Ebenen geröntgt. V. a. bei offenen Frakturen muss auf Begleitverletzungen geachtet werden (Sehnen, Nerven, Gefäße).

Therapie

Konservative Therapie. Bei unverschobenen, stabilen Frakturen ohne Rotationsfehlstellung oder nach gelungener Reposition wird ein Unterarmgips für meist vier Wochen angelegt. Dabei wird der verletzte Finger mit dem benachbarten gesunden Finger eingegipst. Um eine Verkürzung der Bänder und spätere Bewegungseinschränkungen zu vermeiden, muss diese Immobilisation bei etwa 70–90° gebeugtem MCP-Gelenk (Metacarpophalangeal-Gelenk) und ansonsten gestreckten Fingergelenken erfolgen. Die Bänder der betroffenen Gelenke sind dann angespannt. Nach Abnahme des Gipses wird mit Bewegungsübungen begonnen. Die volle Belastung der Hand ist i.d.R. nach sechs Wochen wieder möglich.

Chirurgische Therapie. Operiert wird immer dann, wenn sich die Frakturen konservativ nicht befriedigend reponieren lassen, Rotationsfehler bestehen oder es sich um eine offene Fraktur handelt. Insbesondere die häufig dislozierten Frakturen am Daumen werden meist chirurgisch stabilisiert. Die Fixation der Frakturen erfolgt mit Kirschner-Drähten, Schrauben oder Miniplatten (Osteosynthese).

Prognose

Meist ist die Prognose gut. Bei Weichteilschäden kann es zur → Pseudarthrose-Bildung kommen. Bei Bänderkontrakturen, etwa nach langer Fixation, wird eine aufwändige Nachbehandlung erforderlich, um die vollständige Beweglichkeit der Hand wiederzuerlangen.

Infobox

ICD-10: S62.2 – S62.4

Internetadresse:
http://www.mediplast.de

Literatur:

Rüter, A. u. a.: Unfallchirurgie, 2. Aufl. Urban & Fischer, München 2003

Wülker, N. (Hrsg.): Orthopädie und Unfallchirurgie, Thieme, Stuttgart 2005

Mittelohrschwerhörigkeit

► Ruth Schneider (75) ist für ihr Alter noch sehr rüstig und in ihrem Freundeskreis wegen ihrer Fröhlichkeit sehr beliebt. Ihr einziges Problem ist, dass sie in den letzten Jahren immer schlechter hört. Für ihre Familie und ihre Freunde ist das nicht immer ganz einfach, weil sie immer lauter mit ihr sprechen müssen. Oft fühlt Ruth sich bei gemeinsamen Treffen schon völlig ausgeschlossen.

Definition

Bei der Mittelohrschwerhörigkeit ist die Fortleitung der Schallwellen im Mittelohr mechanisch gestört.

Synonym: Schallleitungsschwerhörigkeit.

Ursachen

Schallwellen, die nichts anderes als Schwingungen der Luft darstellen, treffen am Ende des Gehörganges auf das Trommelfell und versetzen dieses in Schwingungen. Die Gehörknöchelchenkette im Mittelohr (Hammer, Amboss und Steigbügel) leitet die Schallwellen jenseits des Trommelfells weiter. Am Ende der Kette werden sie von der Fußplatte des Steigbügels, der wie ein Kolben in das Innenohr (Cochlea/Schnecke) ragt, auf dieses übertragen. Liegt irgendwo in dieser Folge eine Funktionsstörung vor, so resultiert eine Mittelohrschwerhörigkeit. Für diese Schallleitungsstörung gibt es verschiedene Ursachen.

Paukenerguss. Im Mittelohr sammelt sich Sekret an, welches die Schallübertragung behindert. Dies wird verursacht durch eine Belüftungsstörung der Eustachischen Röhre (Tuba auditiva, Ohrtrompete), meist ausgelöst durch einen Infekt der oberen Luftwege oder durch → Rachenmandelhyperplasie bei Kindern.

Trommelfelldefekt. Durch → Trommelfellverletzung von außen oder im Rahmen von Mittelohrentzündungen kann das Trommelfell nicht in Schwingungen versetzt werden.

Versteifung der Gehörknöchelchenkette. Häufige akute Mittelohrentzündungen oder auch deren chronischer Zustand kann zu Versteifungen der Gelenke zwischen den Knöchelchen führen (→ akute, → chronische Otitis media). Auch Unterbrechungen der Kette durch Verletzungen oder Entzündung sind möglich. Die sog. Otosklerose führt zur Verknöcherung der Fußplatte des Steigbügels im ovalen Fenster, kann aber auch auf das Innenohr übergreifen und so zu einer → Innenohrschwerhörigkeit führen.

Symptome

Der Betroffene bemerkt eine Einschränkung des Hörvermögens. Gelegentlich wird die eigene Stimme lauter wahrgenommen. Dies liegt daran, dass der Schall aus dem Körper nach außen ebenso schlecht fortgeleitet wird wie von außen nach innen. Manche Hörstörungen können auch mit Ohrgeräuschen einhergehen.

Diagnose

Der ausführlichen Anamnese folgt die Untersuchung des Patienten durch den HNO-Arzt:

- **ohrmikroskopische Untersuchung:** Diese zeigt Veränderungen des äußeren Ohres und des Trommelfells. Viele Ursachen von Mittelohrschwerhörigkeit können hier bereits festgestellt werden (Defekt im Trommelfell, Vernarbungen, → Paukenerguss),
- **Hörprüfungen:** Bereits bei der einfach durchzuführenden Stimmgabeluntersuchung (nach Rinne und Weber) lässt sich eine Innenohrschwerhörigkeit grob von einer Schallleitungsschwerhörigkeit abgrenzen,
- **Reinton-Audiometrie:** Sie zeigt das Ausmaß der Hörstörung im Frequenzverlauf und wird zur Überprüfung der Luftleitung mit einem Kopfhörer und zur Überprüfung der Knochenleitung mit dem sog. Knochenleitungshörer durchgeführt,
- **differenzierte Untersuchung von Luft- und Knochenleitung:** Diese ist wichtig, um zwischen Mittelohr- und Innenohrschwerhörigkeit zu unterscheiden,
- **Tympanometrie:** Hierbei wird die Beweglichkeit des Trommelfells und der Gehörknöchelchenkette ebenso geprüft wie der Mittelohrdruck,
- **weitere audiometrische Verfahren:** Diese werden ergänzend eingesetzt, dies sind z. B. Sprach-Audiometrie, Messung der Stapedius-Reflexe, überschwellige Hörtests (SiSi, Fowler, Langenbeck), Hirnstamm-Audiometrie (BERA) und Messung der otoakustischen Emissionen,
- **Röntgenaufnahmen des Felsenbeins und CT/MRT-Aufnahmen:** Diese recht speziellen Untersuchungen dienen dazu, den Ort der Störung bei einer Schwerhörigkeit festzustellen.

Differenzialdiagnose

Von der Mittelohrschwerhörigkeit sind andere Arten von Hörstörungen abzugrenzen. Die im äußeren Ohr verursachten Störungen sind diagnostisch relativ einfach festzustellen (z. B. Ohrenschmalzpfropf, Gehörgangsentzündung).

Innenohrschwerhörigkeit und zentrale Hörstörungen, haben ihre Ursachen nicht in einer mechanischen Störung der Mittelohrstrukturen. Zum Ausschluss sind weitergehende audiologische und otoneurologische oder auch bildgebende Untersuchungen nötig.

Therapie

Im Gegensatz zur Innenohrschwerhörigkeit ist die Mittelohrschwerhörigkeit häufig durch operative Maßnahmen zu beheben. Die Art des Eingriffes richtet sich nach der Ursache der Störung.

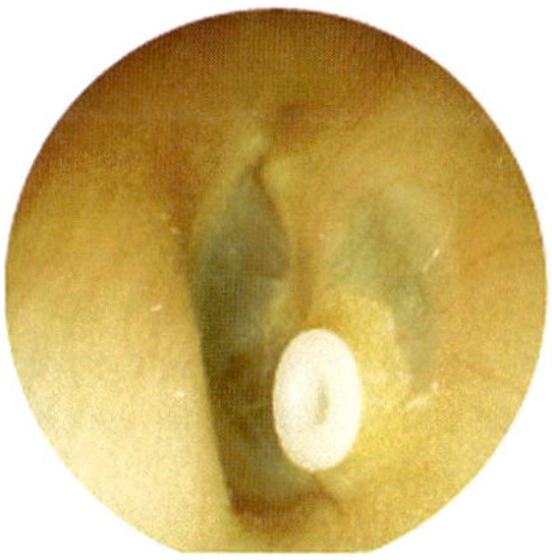

Abb. M.54 Paukenröhrchen. Das Paukenröhrchen im Trommelfell stellt die Belüftung der Paukenhöhle über den Gehörgang sicher.

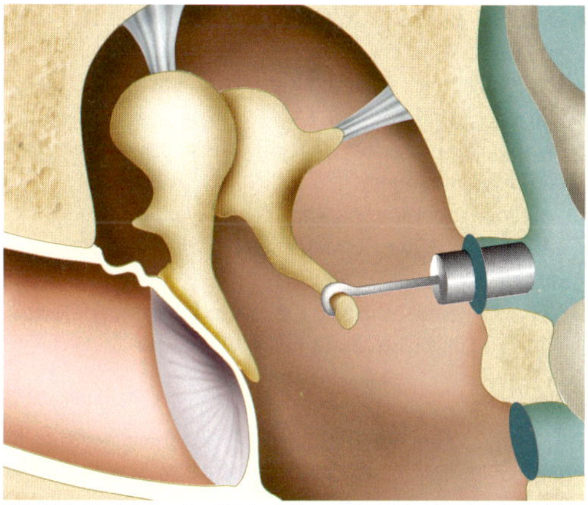

Abb. M.55 Stapesplastik. Anstelle des Steigbügels wird eine kleine Prothese in das ovale Fenster zur Schallübertragung eingesetzt.

Paukenerguss. Belüftende Maßnahmen sind wichtig, z. B. abschwellende Nasentropfen oder forcierte Belüftung über die Eustachische Röhre mit einem Ballon. Ist eine vergrößerte Rachenmandel bei Kindern der Grund für die Belüftungsstörung, so wird diese entfernt. Über einen Trommelfellschnitt kann der Erguss abgesaugt werden, gelegentlich ist die Einlage eines Drainageröhrchens über einen gewissen Zeitraum sinnvoll (**Abb. M.54**).

Trommelfelldefekt. Der Defekt kann operativ verschlossen werden.

Versteifung der Gehörknöchelchenkette. Einzelne Knöchelchen können durch Prothesen ersetzt werden, die Kette wird wieder beweglich gemacht (**Abb. M.55**). Bei der Otosklerose wird ein Loch in die verknöcherte Fußplatte des Steigbügels gebohrt und ein neuer Kolben in Form einer Prothese eingesetzt, der die Steigbügelbeweglichkeit wiederherstellt.

Prognose

Die meisten Arten der Mittelohrschwerhörigkeit lassen sich sehr gut operativ behandeln. (Ist dies nicht der Fall, so bleibt als weitere Möglichkeit die Anpassung eines Hörgerätes.) Lediglich die chronische Tubenbelüftungsstörung oder eine Otosklerose, die bereits das Innenohr befallen hat, ist schwierig zu behandeln.

Infobox

ICD 10:
H90.8

Internetadressen:
http://www.hno.org
http://www.uni-duesseldorf.de/WWW/AWMF
http://www.taubenschlag.de
http://www.schwerhoerigen-netz.de/MAIN/home.asp

Literatur:

Probst, R. u. a.: Hals-Nasen-Ohren-Heilkunde, 2. Aufl. Thieme, Stuttgart 2004

Morbus Addison

► **„Hallo Hedi, lange nicht gesehen. Warst Du im Urlaub oder gehst Du unter die Sonnenbank? Du bist so braun." „Ach Gerda, da bist Du nicht die Einzige, die das vermutet. Ich weiß auch nicht, wie ich zu der Hautfarbe komme. Die Sonne habe ich schon ewig nicht gesehen und ein Urlaub wäre schon klasse. Ich bin in letzter Zeit so müde und habe fünf Kilo abgenommen. Von Erholung also keine Spur."**

Definition

Bei einem Morbus Addison ist die Hormonpoduktion der Nebennierenrinde (NNR) durch eine Autoimmunentzündung verringert oder bleibt ganz aus.

Synonyme: primäre Insuffizienz der Nebennierenrinden, Hypokortisolismus, Addison-Krankheit.

Ursachen

Die Entzündung entsteht vermutlich durch Autoantikörper gegen die NNR. Die NNR wird zerstört, sodass die Produktion der Hormone Kortisol und Aldosteron verringert ist. Dadurch ist der Mineral-, Wasser- und Säure-Basen-Haushalt gestört. Die Ausschüttung von Kortisol aus der NNR wird durch ACTH (adrenocorticotropes Hormon) und CRH (Corticotropin-releasing Hormon) reguliert (s. **Abb. G.30**, S. 364).

Symptome

Symptome treten meist erst dann auf, wenn 90 % der NNR zerstört sind. Die Patienten ermüden rasch, nehmen Gewicht ab und sind weniger leistungsfähig. Haut und Schleimhäute sind dunkel pigmentiert (**Abb. M.56**). Charakteristisch sind außerdem Salzhunger, Appetitlosigkeit, Übelkeit, Erbrechen oder Kopfschmerzen.

Bei körperlichen oder psychischen Belastungen kann es zur Addison-Krise kommen: Der Blutdruck fällt massiv ab, der Harnfluss versiegt (Oligurie), die Patienten verlieren sehr viel Flüssigkeit (Exsikkose) oder erleiden einen → Schock.

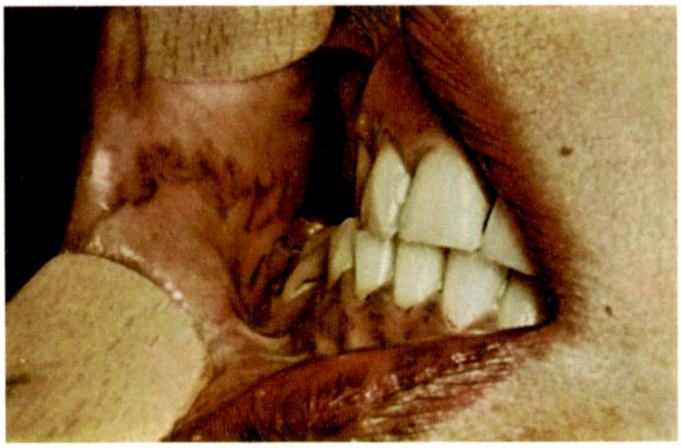

Abb. M.56 Morbus Addison. Braune Pigmentierung der Mundschleimhaut in Höhe der Zahnreihen.

Diagnose

Ein Morbus Addison fällt durch die klinischen Symptome auf. Beim ACTH-Test steigen die Kortisolspiegel im Serum eine Stunde nach ACTH-Gabe nicht an. Der basale ACTH-Wert im Plasma ist erhöht, die Kortisolwerte sind erniedrigt. Die Autoantikörper gegen die NNR können bei 80 % der Patienten im Blut nachgewiesen werden.

Differenzialdiagnose

Die Symptome weisen auch auf andere Erkrankungen hin, von denen der Morbus Addison abzugrenzen ist:

- Abgeschlagenheit und Gewichtsverlust durch → Tumoren oder Infektionskrankheiten,
- Hypoglykämie durch Tumoren oder Magen-Darm-Erkrankungen,
- Hyperkaliämie z. B. durch Niereninsuffizienz oder Medikamente,
- Hyponatriämie durch Diarrhö, Erbrechen, Herz- oder Lebererkrankungen,
- bei Kleinkindern: → Adrenogenitales Syndrom,
- bei Addison-Krise: Schock oder → akutes Abdomen anderer Ursache,
- Nebenniereninsuffizienz, z. B. durch Infektionen, Tumoren, Langzeitbehandlung mit Kortikoiden.

Therapie

Der Patient muss lebenslang täglich Glukokortikoide (z. B. Kortisonazetat oder Kortisol) einnehmen. Da durch die Entzündung auch die Bildung von Mineralokortikoiden und Sexualhormonen gestört ist, müssen auch diese z. B. durch Fludrokortison und Dehydroepiandrosteron substituiert werden. Bei allen Stresssituationen wie Sport, Unfällen oder Operationen müssen die Kortisoldosen erhöht werden. Bei der Addison-Krise werden Kochsalz- und Glukoselösungen infundiert und Hydrokortison gespritzt.

Prognose

Wird die Kortisoldosis in Stresssituationen nicht angepasst, kann es zu einer akuten Addison-Krise kommen, die tödlich verlaufen kann.

Infobox

ICD-10: E27.1

Internetadressen:
http://www.autoimmun.org
http://dermis.multimedica.de

Literatur:

Greten, H. (Hrsg.): Innere Medizin. Thieme, Stuttgart 2005

Baenkler, H.-W. u. a.: Duale Reihe Innere Medizin. Thieme, Stuttgart 2001

Morbus Basedow

► Die 41-jährige Elke Werner erzählt ihrer Hausärztin: „Mir ist immer so warm und ich habe häufig Herzklopfen. Mein Mann hat sich auch schon beklagt, dass ich oft nervös und reizbar bin. Und ich merke ja selbst, wie wenig belastbar ich bin. Am meisten stört mich diese innere Unruhe, die ich früher gar nicht kannte. Sind das etwa schon die Wechseljahre?"

Definition

Beim Morbus Basedow richten sich Antikörper gegen den TSH-Rezeptor in der Schilddrüse. Die Schilddrüse produziert dadurch mehr Schilddrüsenhormone als benötigt werden.

Eine solche Schilddrüsenüberfunktion wird Hyperthyreose genannt. Der Morbus Basedow verursacht etwa 40% der Fälle von Hyperthyreose in Deutschland.

Synonym: Immunogene Hyperthyreose.

Ursachen

Die Hypophyse bildet das Thyreoidea-stimulierende Hormon (TSH). Dieses Hormon reguliert in der Schilddrüse die Produktion der Hormone T3 und T4. Beim M. Basedow stimulieren Auto-Antikörper den TSH-Rezeptor und verursachen die übermäßige Bildung von T3 und T4 und damit eine Hyperthyreose.

Der Morbus Basedow wird vermutlich vererbt und durch bestimmte Faktoren wie Viren ausgelöst.

Symptome

Bei einer Hyperthyreose ist der Stoffwechsel gesteigert: Die Patienten sind daher häufig nervös, unruhig oder gereizt. Sie schwitzen leicht und können Wärme schlecht ertragen. Das Herz schlägt schneller als gewöhnlich (Tachykardie). Die Patienten haben mehr Appetit als sonst und haben mitunter Heißhunger-Attacken, nehmen aber trotzdem an Gewicht ab. Manche leiden unter Durchfällen.

Die Schilddrüse kann vergrößert sein. Eine Vergrößerung der Schilddrüse wird Struma genannt. In etwa 60% der Fälle verursacht der Morbus Basedow eine → Orbitopathie mit Lähmungen der Augenmuskeln und vorstehendem Augapfel (**Abb. M.57**). Etwa 5% der Patienten bekommen ein prätibiales Myxödem. Dabei lagern sich Proteine in das Unterhautgewebe am Schienbein ein.

Diagnose

Die Symptome weisen auf eine Hyperthyreose hin. Im Labor sind T3 und T4 erhöht und der basale TSH-Wert erniedrigt. Die Autoantikörper gegen den TSH-Rezeptor (TRAK) und gegen das Enzym Thyreoperoxidase (anti-TPO) sind erhöht.

Der Ultraschall zeigt ein echoarmes, also dunkles Bild; in der Szintigrafie ist die Aufnahme von Technetium in die gesamte Schilddrüse erhöht.

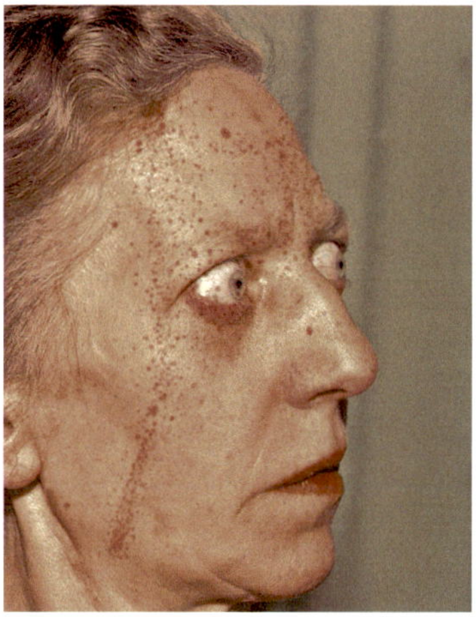

Abb. M.57 Morbus Basedow. Beidseitig hervorstehende Augäpfel bei schwerer immunogener Hyperthyreose.

Differenzialdiagnose

Ausgeschlossen werden müssen eine → Thyreoiditis, übermäßiges Schwitzen bei Hormonstörungen sowie neurologische Erkrankungen und → Tumoren. Auch Erkrankungen der Psyche oder des Herzens können Symptome wie bei einer Hyperthyreose verursachen. Auch Fieber oder die Einnahme von Kokain, Amphetaminen, anderen Drogen oder eine Überdosierung von Medikamenten können Symptome verursachen, die einem M. Basedow ähneln.

Therapie

Die Hyperthyreose wird mit Thyreostatika (Propylthiouracil, Thiamazol, Carbimazol) behandelt. Nach einem Jahr kann man versuchen, die Behandlung zu beenden. Tritt die Krankheit wieder auf, kann die Schilddrüse mit einer Radiojodtherapie bestrahlt oder entfernt werden.

Prognose

In etwa 40% der Fälle heilt der M. Basedow spontan. Bei etwa der Hälfte der Patienten entsteht die Erkrankung wieder, wenn die Medikamente abgesetzt werden.

Infobox

ICD-10: E05.0

Internetadressen:
http://www.endokrinologikum.com
http://www.charite.de
http://www.augeninfo.de

Morbus Bechterew

► **Der 39-jährige Hans-Peter Fengels erzählt Pfleger Markus in der orthopädischen Rehaklinik: „Eigentlich bin ich ja wegen der Schulteroperation hier. Dem Arzt fiel aber sofort auf, wie schlecht ich den Rücken beugen kann. Ich dachte immer, das kommt von meiner Arbeit als Landwirt, genau wie die Rückenschmerzen. Jetzt heißt es, ich hätte die Bechterew-Krankheit, die immer schlimmer wird. Wäre ich doch schon mal eher zum Arzt gegangen!"**

Definition

Beim Morbus Bechterew sind die Wirbelgelenke und das Ileosakralgelenk chronisch entzündet. Die Erkrankung verläuft schmerzhaft und verursacht im Spätstadium einen ausgeprägten Rundrücken.

Die Krankheit betrifft vor allem junge Männer zwischen dem 16. und 40. Lebensjahr.

Der Name Morbus Bechterew geht auf den russischen Neurologen Wladimir von Bechterew zurück, der sie 1893 erstmals beschrieb.

Synonym: Spondylarthritis ankylosans.

Ursachen

Die Ursache der Erkrankung ist unbekannt. Man vermutet aber genetische Faktoren, da ein gewisses Erbrisiko vorliegt und man bei vielen Erkrankten das Oberflächenmerkmal HLA B27 auf der Zellmembran nachweisen kann.

Symptome

Normalerweise sorgen kleine Gelenke an 23 unserer Wirbel sowie das Ileosakralgelenk für die Beweglichkeit unserer Wirbelsäule.

Da die Entzündung dieser Gelenke beim Morbus Bechterew langsam fortschreitet, sind die Symptome je nach Krankheitsstadium unterschiedlich.

Beginn. Im Anfangsstadium werden nächtliche Schmerzen in der Lendenwirbelsäule beschrieben, die evtl. in die Beine ausstrahlen. Die Schmerzen können so stark sein, dass die Betroffenen mitten in der Nacht aufstehen und herumlaufen, denn Bewegung lindert die Beschwerden. Erschütterungen der Wirbelsäule (Husten oder Niesen) sind schmerzhaft.

Verlauf. Ausgehend von der unteren Lendenwirbelsäule schreitet die Erkrankung nach oben fort und schränkt die Beweglichkeit der Wirbelsäule immer weiter ein. Die Wirbelsäule versteift knöchern (sog. Bambusstabwirbelsäule), so dass der Patient sich nicht mehr strecken, beugen, neigen oder drehen kann (**Abb. M.58**). Manchmal bleibt nur eine geringe Beweglichkeit der Kopfgelenke bestehen. In weit fortgeschrittenem Stadium besteht eine ausgeprägte Kyphose, d. h. ein Rundrücken: Der Patient ist immer in „Begrüßungshaltung".

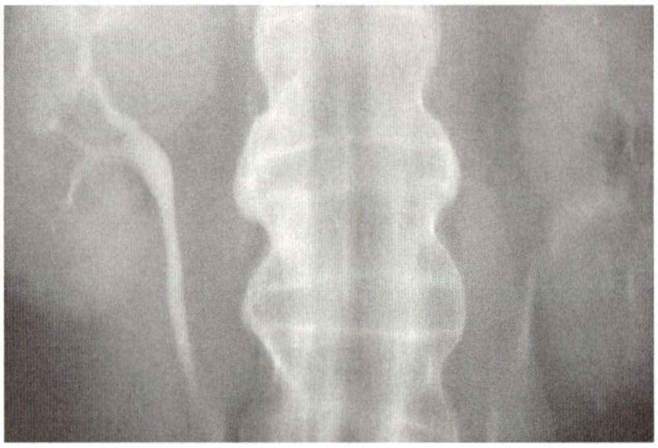

Abb. M.58 Bambusstabwirbelsäule. Bei Morbus Bechterew kommt es zu einer knöchernen Versteifung der Wirbelsäule.

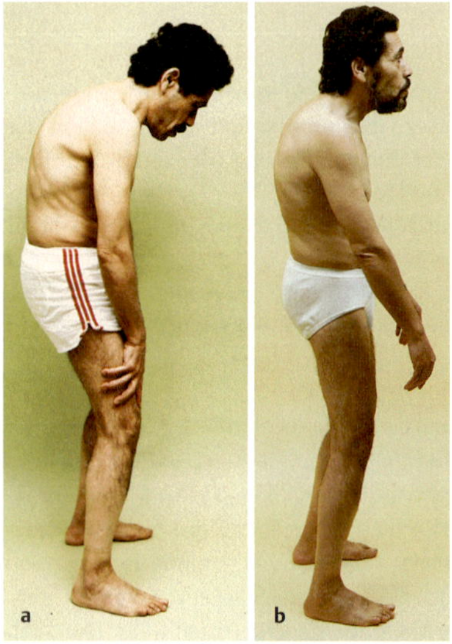

Abb. M.59 Aufrichtungsosteotomie. a 43-jähriger Patient mit Morbus Bechterew. **b** Zustand nach operativer Aufrichtung der Wirbelsäule. Man beachte die Änderung des Blickfeldes.

Weitere Symptome. Durch die Abnahme der Thoraxbeweglichkeit ist die Atmung eingeschränkt. Bei einem Drittel der Patienten sind auch Hüft-, Schulter- oder Kniegelenk betroffen. Die versteiften Hüftgelenke bedingen dann einen trippelnden Gang. Oft klagen die Patienten über Fersenschmerzen, die durch eine gereizte Achillessehne verursacht sind.

Ähnlich wie bei der → chronischen Polyarthritis können auch andere Organe entzündet sein. So kann es immer wieder zu einer → Iritis kommen. Innere Organe sind dagegen nur selten befallen.

Diagnose

Da die Symptome des Morbus Bechterew vor allem im Anfangsstadium recht unspezifisch sind, dauert es oft lange, bis die Diagnose gestellt wird. Richtungsweisend sind die Anamnese, die klinische Untersuchung und vor allem die Röntgenbefunde. Laborchemisch sind in den meisten Fällen eine Erhöhung des HLA-B 27 und, besonders im akuten Erkrankungsschub, erhöhte Entzündungswerte auffallend.

Differenzialdiagnose

Eine Entzündung des Ileosakralgelenks kann auch im Rahmen bakterieller Infekte, einer → Psoriasis oder einer chronisch entzündlichen Darmerkrankung (z. B. → Morbus Crohn) auftreten. Die Beschwerden bilden sich hier allerdings rasch zurück und führen nicht zu Folgeschäden.

Auch bei der → Osteoporose bildet sich mit der Zeit ein Rundrücken. Diese Skeletterkrankung ist nicht durch eine chronische Entzündung, sondern durch den Verlust der Knochensubstanz begründet.

Therapie

Morbus Bechterew ist nicht heilbar. Als wichtigste Therapiemaßnahme gelten tägliche krankengymnastische Übungen. Dadurch lässt sich zwar nicht komplett verhindern, dass die Wirbelsäule einsteift, doch Haltungsschäden durch die Wirbelsäulenverkrümmung lassen sich deutlich bessern.

Unterstützend kann man die Entzündung mit Medikamenten hemmen. Ist die Wirbelsäule in deutlicher Fehlstellung eingesteift, kann eine Aufrichtungsosteotomie helfen (**Abb. M.59**). Dabei wird die Wirbelsäule operativ aufgerichtet.

Prognose

Die Krankheit verläuft in Schüben, kann sich aber sehr unterschiedlich gestalten. In manchen Fällen kommt es zu einer raschen Versteifung der Wirbelsäule, während in anderen Fällen die Erkrankung nach wenigen Schüben zum Stillstand kommt.

Infobox

ICD 10:
M45.09

Internetadresse:
http://www.bechterew.com

Literatur:

Manger, B.: Checkliste XXL Rheumatologie, 3. Aufl. Thieme, Stuttgart 2005

Niethard, F. U. u. Pfeil, J.: Duale Reihe Orthopädie. 5. Aufl. Thieme, Stuttgart 2005

Morbus Crohn

► **Der 23-jährige Student Jens Schürmann klagt seinem Hausarzt: „Vor ein paar Wochen hatte ich am After einen dicken, schmerzhaften Abszess, den der Chirurg aufgeschnitten hat. Laut Chirurg ist die Sache verheilt, aber ich habe in letzter Zeit oft nasse Stellen in der Unterhose und auch gelegentlich starken Durchfall, was mir sehr unangenehm ist. Der Chirurg meinte, das spricht für eine Darmentzündung."**

Definition

Beim Morbus Crohn ist die Darmschleimhaut chronisch entzündet. Die Erkrankung verläuft schubweise und betrifft meist das Endstück des Dünndarms und das Anfangsstück des Dickdarms (**Abb. M.60**). Die Erkrankung kann aber im gesamten Verdauungstrakt auftreten.

Mit 3/100.000 Fällen ist der Morbus Crohn eine recht seltene Erkrankung, die besonders bei jüngeren Menschen auftritt. Der Erkrankungsgipfel liegt zwischen dem 20. und 30. Lebensjahr.

Synonym: Ileitis terminalis.

Ursachen

Die Krankheitsursache ist unklar. Man vermutet immunologische, psychische und genetische Einflüsse, denn es besteht ein gewisses Vererbungsrisiko.

Symptome

Als Symptome treten Durchfälle, Schmerzen, Gewichtsverlust und Fisteln auf.

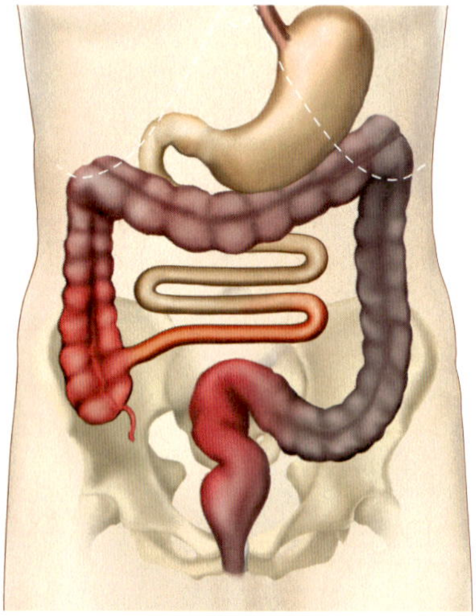

Abb. M.60 Organbefall bei Morbus Crohn. Am häufigsten sind der untere Dünndarm, die rechte Hälfte des Dickdarms und das Sigma betroffen.

Durchfälle. Die Erkrankung verläuft schubweise. Immer wieder kommt es zu schleimigen Durchfällen, z. T. bis zu 20-mal am Tag. Der Durchfall ist oft mit leichtem Fieber und krampfartigen Bauchschmerzen verbunden.

Schmerzen. Die Patienten klagen über Schmerzen im rechten Unterbauch, da die Erkrankung meist im Endstück des Dünndarms beginnt. Die Beschwerden ähneln daher denen einer → Appendizitis. Die Entzündung kann aber auch andere Organe betreffen. So sind z. B. Entzündungen der Augen, Gelenksentzündungen, Haut- oder Leberveränderungen nicht selten.

Gewichtsverlust. Da aufgrund der chronischen Darmentzündung die Nährstoffe aus der Nahrung nicht vollständig aufgenommen werden können, verlieren die Betroffenen an Gewicht. Es kommt auch zu Mangelerscheinungen. Typisch ist vor allem ein Vitamin B_{12}-Mangel, denn dieses Vitamin wird im Endstück des Dünndarms aufgenommen. Folge des Vitamin B_{12}-Mangels ist eine → Anämie.

Fisteln. Beim Morbus Crohn sind alle Wandschichten des entzündeten Abschnittes betroffen. Also kann sich die Entzündung durch die Wandschicht nach außen fortsetzen. Folge sind nicht selten Fisteln (→ Analfistel), d. h. kleine Wundkanäle, welche von der Entzündung bis an die Hautoberfläche reichen. Sie sind besonders häufig im Bereich des Afters zu finden und führen zu lokalen Schmerzen und → Abszessen. Nicht selten wird die Diagnose aufgrund dieser wiederkehrenden Entzündungen gestellt. Schwerwiegender sind Fisteln im Bauchraum, z. B. zu anderen Organen wie Blase, Vagina oder zu anderen Darmabschnitten (**Abb. M.61**).

Diagnose

Zur Diagnosestellung ist eine Koloskopie (Darmspiegelung) nötig. Typisch ist ein so genannter diskontinuierlicher Befall des Darmes, d. h., es finden sich neben erkrankten Schleimhautstellen auch gesunde Bereiche.

Differenzialdiagnose

Durchfall ist ein sehr häufiges Symptom. Entscheidend ist die Dauer und die Häufigkeit des Durchfalls. Klingt der Durchfall innerhalb weniger Tage von selbst ab, handelt es sich meist um eine sog. „Darmgrippe". Die häufigste Ursache für eine solche Darmentzündung sind Bakterien oder Viren. Treten dagegen immer wieder starke Durchfälle mit Blutbeimengungen auf, könnte außer dem Morbus Crohn auch eine → Colitis ulcerosa dafür verantwortlich sein.

Typisch für das → Reizdarmsyndrom sind der wiederkehrende Wechsel von Durchfall und Verstopfung. Es könnte sich aber auch eine Darmkrebserkrankung hinter diesem Wechsel der Stuhlgewohnheiten verbergen.

Ist der Durchfall sehr hell, glänzend und lässt sich schlecht wegspülen, handelt es sich um Fettstühle. Diese

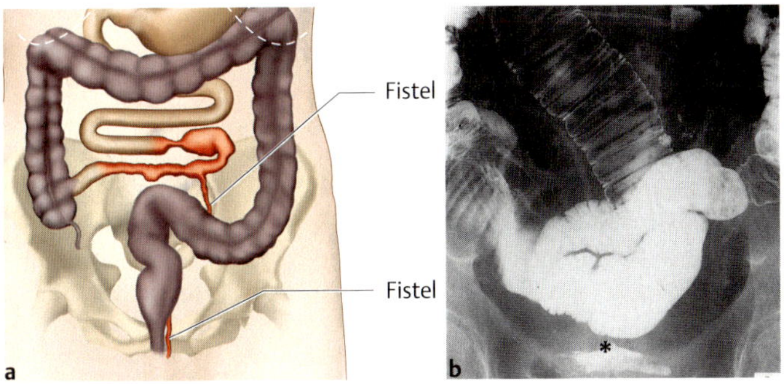

Abb. M.61 Morbus Crohn. a Entzündliche Stenosen mit Fistelbildung (hier Fistel zum Sigma und Analfistel) sind typisch für Morbus Crohn. **b** Bei der Kontrastmitteluntersuchung des Darmes füllt sich auch die Harnblase (*) über eine Fistel mit Kontrastmittel an.

können bei einer chronischen → Pankreatitis auftreten, hier ist die Aufnahme von Fett aus dem Darm gestört.

Therapie

Man unterscheidet zwischen diätetischen, medikamentösen und chirurgischen Therapiemaßnahmen.

Diät. Viele der Betroffenen leiden unter Nahrungsmittelunverträglichkeiten. So besteht z. B. bei 30 % der Patienten eine Laktoseintoleranz. Diese Nahrungsmittel sollten natürlich gemieden werden. Bei Mangel an bestimmten Nährstoffen (z. B. Vitamin B_{12}), müssen diese ersetzt werden (z. B. Vitamin B_{12} vierwöchentlich i. m.). Um den Darm nicht zusätzlich zu belasten, ist im akuten Schub eine ballaststoffarme Kost wichtig. Je nach Schwere des Schubes kann sogar eine parenterale Ernährung mittels Infusionen nötig sein.

Medikamente. Je nachdem, wie schwer der Schub und welcher Darmabschnitt befallen ist, wird Kortison in Tablettenform oder lokal (z. B. als Einlauf bei Rektumbefall) eingesetzt. Es wird häufig mit 5-Aminosalizylsäure (z. B. Salofalk, Azulfidine) kombiniert, einem Mittel zur lokalen Entzündungshemmung, das auch zur Rezidivprophylaxe eingesetzt wird. Nur in schweren Fällen ist eine Therapie mit Immunsuppressiva (z. B. Imurek) nötig.

Operation. Eine Heilung des Morbus Crohn ist operativ nicht zu erreichen. Bei Komplikationen, z. B. bei einer narbigen Stenose (Verengung), werden die betroffenen Darmabschnitte entfernt.

Psychotherapie. Wird eine psychische Ursache vermutet, kann sich eine begleitende Psychotherapie positiv auf den Krankheitsverlauf auswirken.

Prognose

Die Häufigkeit der Schübe ist sehr unterschiedlich. Bei optimaler Therapie hat die Mehrzahl der Betroffenen eine normale Lebenserwartung.

Komplikationen

Leider kommt es im Verlauf der Erkrankung oft zu Komplikationen: Die chronische Schleimhautentzündung führt dazu, dass die Wand des betroffenen Abschnitts verdickt und dadurch der Darm enger wird. Sind die Verengungen sehr ausgeprägt, kann der Stuhlgang sie nicht mehr passieren und es kommt zum mechanischen → Ileus.

Wenn die Entzündung zu einem Loch in der Darmwand führt, tritt Stuhl in die Bauchhöhle aus. Dann besteht die Gefahr einer lebensbedrohlichen → Peritonitis.

Infobox

ICD 10:
K50.9

Internetadressen:
http://www.kompetenznetz-ced.de
http://www.dccv.de

Literatur:

Andreae, S. u. a.: Krankheitslehre für Altenpflege. Thieme, Stuttgart 2001

Greten, H. (Hrsg.): Innere Medizin, 12. Aufl. Thieme, Stuttgart 2005

Morbus haemolyticus neonatorum

► Frau Evelyn Pieper (27) erzählt Pflegeschülerin Nadja auf der Gynäkologie: „Das ist ja schon meine zweite Schwangerschaft und bisher war doch alles in Ordnung. Jetzt sagt mir der Arzt, beim Kind hat sich Wasser gebildet. Wahrscheinlich muss es früher geholt werden. Ich bin total fertig, das ging mir jetzt alles zu schnell. Es liegt wohl an meiner Blutgruppe, dass das Baby Wasser hat."

Definition

Beim Morbus haemolyticus neonatorum werden kindliche Erythrozyten durch Anlagerung mütterlicher Antikörper beschleunigt abgebaut. Der Grund hierfür ist eine Blutgruppenunverträglichkeit zwischen Mutter und Kind.

Synonym: Morbus haemolyticus neonatorum fetalis.

Blutgruppenmerkmale

Die Erythrozyten (rote Blutkörperchen) tragen an ihrer Oberfläche unterschiedliche Merkmale, die als Antigene wirken. Aus dem Vorhandensein oder Fehlen dieser spezifischen Eigenschaften ergeben sich die Blutgruppen. Die Rhesuseigenschaft wird mit dem Buchstaben „D" abgekürzt, wobei ein großes „D" bedeutet, dass die Eigenschaft vorhanden ist. Dieser Mensch ist also Rhesus-positiv. Rhesus-negativen Menschen wird der Buchstabe „d" zugeschrieben.

Ursachen

Gegen Eigenschaften, die auf den eigenen Erythrozyten nicht vorhanden sind, bildet der Mensch Antikörper. Im AB0-System sind diese Antikörper bei den Nichtträgern immer vorhanden, bei der Rhesus-Eigenschaft dagegen erst dann, wenn eine Sensibilisierung stattgefunden hat. Die Rhesus-negative Mutter muss also erst mit Rhesus-positiven Erythrozyten Kontakt haben, um Antikörper bilden zu können.

Kindliche Erythrozyten können bei einer Fehlgeburt oder einer Eileiterschwangerschaft zur Mutter übertreten. Aber auch Blutungen oder eine Fruchtwasseruntersuchung stellen Sensibilisierungsmöglichkeiten dar. Die größte Anzahl roter Blutkörperchen tritt jedoch unter der Geburt und besonders bei der Plazentalösung über. Die Mutter reagiert mit der Bildung von Antikörpern. In dieser Schwangerschaft bleibt das meist ohne Folgen. Kommt es dann in der nächsten Schwangerschaft erneut zum Antigenkontakt, produziert die Mutter überproportional viele Antikörper, die die Plazenta problemlos passieren (**Abb. M.62**).

Symptome

Die Antikörper binden sich an die Rhesus-positiven Erythrozyten des Kindes und führen zu deren Zerstörung (Hämolyse), was zu einer → Anämie führt. Durch das vermehrt anfallende Bilirubin, das durch den Abbau des Hämoglobins ent-

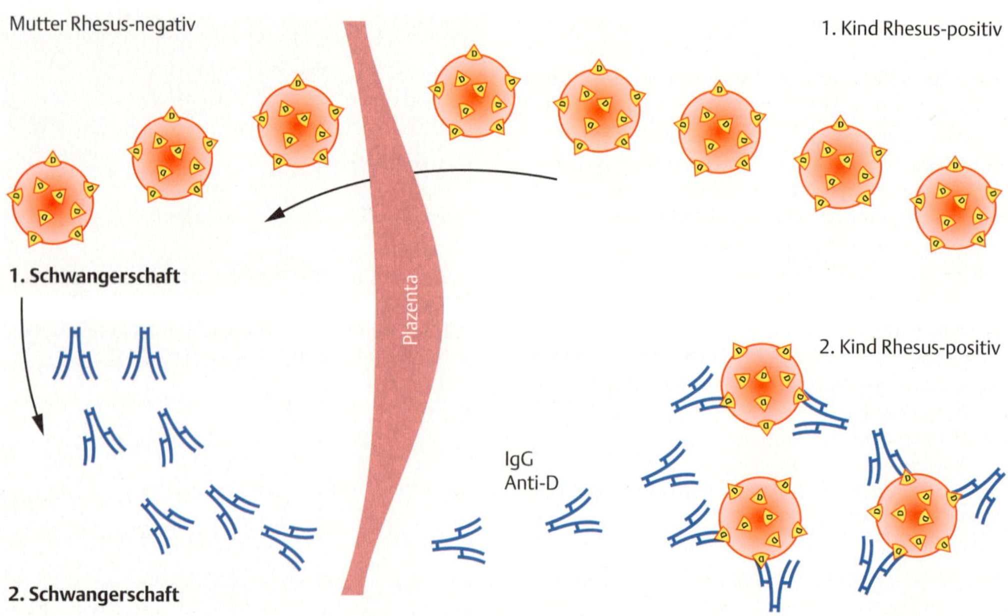

Abb. M.62 Morbus haemolyticus neonatorum. Kindliche Erythrozyten mit der Rhesuseigenschaft treten während der Schwangerschaft oder Geburt in den mütterlichen Kreislauf über die Plazenta ein. Die Mutter produziert Antikörper, die während einer zweiten Schwangerschaft mit Rhesus-positivem Kind über die Plazenta zum Kind gelangen und eine Hämolyse verursachen.

steht, kommt es beim Kind zur Gelbsucht. Aufgrund der Anämie werden in der Leber zu wenig Albumine gebildet. Dadurch bilden sich Ödeme, → Aszites, Perikard- oder Pleuraergüsse. Dabei kann auch ein Hydrops fetalis entstehen. Darunter versteht man eine generalisierte Flüssigkeitsansammlung, die sich über weite Teile des Körpers eines ungeborenen Kindes ausgebreitet hat und auch in serösen Körperhöhlen sowie in den Weichteilen vorkommt.

Diagnose

In der ersten Schwangerenvorsorgeuntersuchung wird die Rhesusblutgruppe der Mutter bestimmt und ein indirekter Coombs-Test durchgeführt. Hiermit weist man Anti-D-Antikörper im Blut der Schwangeren nach. Die Hämolyse beim Kind und damit seine Gefährdung kann jedoch nicht alleine durch die Titerbestimmung (Menge der Anti-D-Antikörper im Blut) abgeklärt werden.

Auch die Sonografie und die Dopplersonografie sind unverzichtbare Instrumente zur Abschätzung des fetalen Zustandes. Wasseransammlungen im Bauchraum und im Thorax oder generalisierte Ödeme sind die Zeichen einer Anämie.

Nach der Geburt wird im Blut der Nabelvene mit dem direkten Coombs-Test nach Anti-D-Antikörpern gesucht.

Differenzialdiagnose

Die Erhöhung des Bilirubins auf bis zu 15 mg/dl kann sich als → Icterus neonatorum äußern.

Therapie

Je nach Schwangerschaftsalter wird eine vorzeitige Entbindung oder eine intrauterine Austauschtransfusion durchgeführt. Hierbei wird dem Fetus direkt Rhesus-negatives, seiner AB0-Blutgruppe entsprechendes Blut in die Nabelschnurarterie transfundiert.

Die kausale Therapie der Rhesus-Inkompatibilität ist die Entbindung. Vor der Geburt wird die Lungenreife mit Kortikosteroiden gefördert. Nach der Geburt wird die Bilirubinkonzentration im Serum bestimmt. Das Kind kann dann entsprechend den kritischen Bilirubinwerten behandelt werden. Neben der Fototherapie steht die Austauschtransfusion zur Verfügung.

Rhesusprophylaxe

Um einer Sensibilisierung vorzubeugen, verabreicht man Rhesus-negativen Müttern von Rhesus-positiven Kindern innerhalb der ersten 72 Stunden nach der Geburt Anti-D-Immunglobulin.

Auch nach einer → Fehlgeburt, einem Schwangerschaftsabbruch oder einer Fruchtwasseruntersuchung muss Rhesus-negativen Frauen Anti–D-Immunglobulin verabreicht werden. Diese Immunglobuline setzen sich an die kindlichen Erythrozyten im mütterlichen Organismus und führen zu einer Hämolyse. So wird vermieden, dass das mütterliche Immunsystem Kontakt zu positiven Erythrozyten bekommt und selbst Antikörper bildet (**Abb. M.63**).

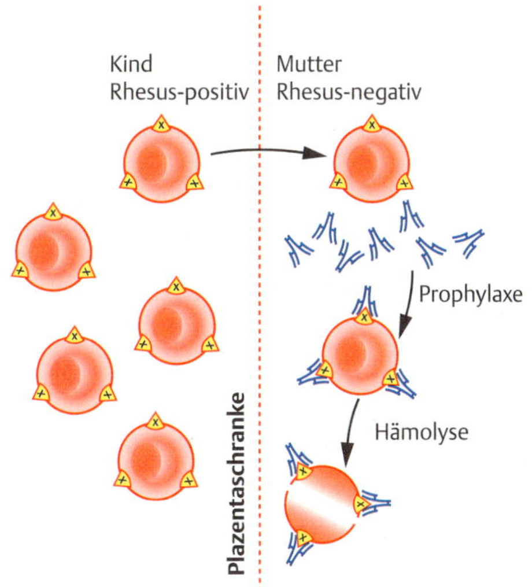

Abb. M.63 Rhesusprophylaxe. Der Mutter werden Antikörper gegen die Rhesuseigenschaft gespritzt. Diese hämolysieren die kindlichen Erythrozyten, die unter der Geburt in den mütterlichen Kreislauf gelangt sind. Jetzt bildet die Mutter keine eigenen Antikörper.

Prognose

Steigt der Bilirubinspiegel über ca. 25 mg/dl, lagert sich ausscheidungsunfähiges Bilirubin in den Basalganglien des Gehirns ab. Man spricht dann von einem Kernikterus. Die betroffenen Kinder sind vital gefährdet. Außerdem kann es zu Bewegungsstörungen, Taubheit und einer erheblichen Verzögerung der intellektuellen Entwicklung kommen, sodass die Kinder lebenslang behindert sind.

AB0-Inkompatibilität

Auch bei einer Mutter mit Blutgruppe 0 und einem Kind mit A oder B kann es zu Problemen kommen. Die Antikörper Anti-A und Anti-B, die von einer Mutter mit Blutgruppe 0 gebildet werden, sind Antikörper und somit plazentagängig. Im Vergleich zur Rhesusinkompatibilität erkrankt bereits das erste Kind in 40 – 50 % der Fälle, da Antikörper ohne vorherige Sensibilisierung im Serum vorliegen. Die übergetretenen Antikörper können für einen verstärkten Neugeborenenikterus verantwortlich sein, der durch die erhöhte Hämolyse hervorgerufen wird.

Infobox

ICD-10: P55.9

Internetadressen:
http://www.9monate.qualimedic.de
http://www.eltern.de
http://www.onmeda.de

Morbus Kienböck

► „Mensch Jungs. Ich muss mal 'ne Pause machen. Mein Handgelenk. Ihr wisst schon." Andreas gibt den Presslufthammer einem Kollegen, der sich weiter am Asphalt zu schaffen macht, und beginnt den LKW abzuladen. In der Pause sitzen alle zusammen im Schatten. „Ist das mit der Hand immer noch nicht besser?", möchte Klaus wissen. „Nee. Nach dem Urlaub war alles o. k., aber seit gestern bin ich wieder am Start. Ganz schön frustrierend." Andreas reibt sein Handgelenk. „Und ich mache mir natürlich auch Sorgen wegen des Jobs. Stellt Euch mal vor, Ihr könntet hier nicht mehr arbeiten. Es ist ja nicht so einfach etwas anderes zu finden. Ich will echt nicht daran denken."

Definition

Morbus Kienböck ist eine degenerative Erkrankung des Mondbeins (Os lunatum) (**Abb. M.64**). Ein Teil dieses Handwurzelknochens oder das gesamte Mondbein stirbt ab (aseptische Nekrose), was im Verlauf zur Malazie (Erweichung) und Auflösung der Knochenstrukturen führt.

Männer sind zwei- bis viermal häufiger betroffen als Frauen. Die Symptome treten meist im Alter zwischen 20 und 40 Jahren auf.

Synonyme: Lunatummalazie, Mondbeinnekrose (volkstümlich: Mondbeintod).

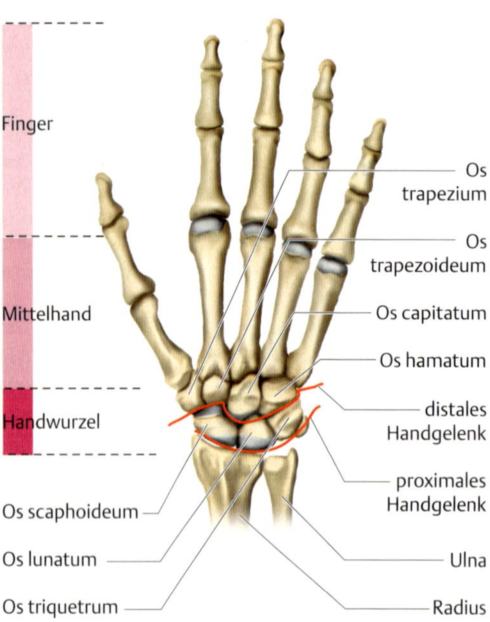

Abb. M.64 Knochen der rechten Hand.

Ursachen

Die Ursache der Erkrankung ist unbekannt. Es wird ein Zusammenhang mit handwerklichen Berufen und dem ständigen Arbeiten mit vibrierenden Werkzeugen wie Presslufthammer oder Schlagbohrmaschine vermutet. Deshalb wird Morbus Kienböck als Berufskrankheit anerkannt.

Womöglich ist die Knochennekrose Folge einer mangelhaften Durchblutung, etwa bei Gefäßanomalien, vorangegangenen Verletzungen oder wegen wiederholter Mikrotraumen. Dadurch stehen zu wenig Sauerstoff und Nährstoffe zur Verfügung.

Begünstigend wirkt wahrscheinlich eine Minus-Variante der Elle (Ulna), die man bei mehr als 70 % der Betroffenen beobachtet. Minus-Variante heißt, die Elle ist im Verhältnis zur Speiche (Radius) zu kurz. Weil das Mondbein mit beiden Unterarmknochen artikuliert, kommt es zur fehlerhaften Krafteinleitung, besonders bei starker Dorsalextension im Handgelenk.

Symptome

Im Handgelenk werden Schmerzen angegeben, die zunächst bei Belastung, später auch in Ruhe auftreten. Im fortgeschrittenerem Stadium schränkt sich die Beweglichkeit in alle Richtungen immer mehr ein. Es besteht ein Druckschmerz.

Diagnose

Zunächst wird das Handgelenk geröntgt (**Abb. M.65**). Allerdings sind die Aufnahmen im Frühstadium noch unauffällig. Mit der Magnetresonanztomografie (MRT) lassen sich dagegen bereits frühzeitig die partiellen Nekrosen des Mondbeins und ödematöse Veränderungen darstellen.

Meistens jedoch wird die Diagnose bei fortgeschrittenem Krankheitsverlauf gestellt. Dann sind auch auf dem Röntgenbild ein eindeutig deformiertes Mondbein, Knochenzysten, Knocheneinbrüche sowie arthrotische Veränderungen zu erkennen.

Differenzialdiagnose

Der Morbus Kienböck wird abgegrenzt von posttraumatischen Knochenveränderungen am Handgelenk. Ebenso können intraossäre Ganglien ähnliche Beschwerdebilder verursachen und sind kernspintomografisch detektierbar.

Therapie

Endgültige Behandlungsstandards existieren nicht. Es gibt teilweise umstrittene Empfehlungen, die sich an den Hypothesen zur Ursache des Morbus Kienböck orientieren wie die Verbesserung der Durchblutung oder der Gelenkartikulation. Im Spätstadium können die Schmerzen mit konventionellen und chirurgischen Maßnahmen lediglich gelindert werden.

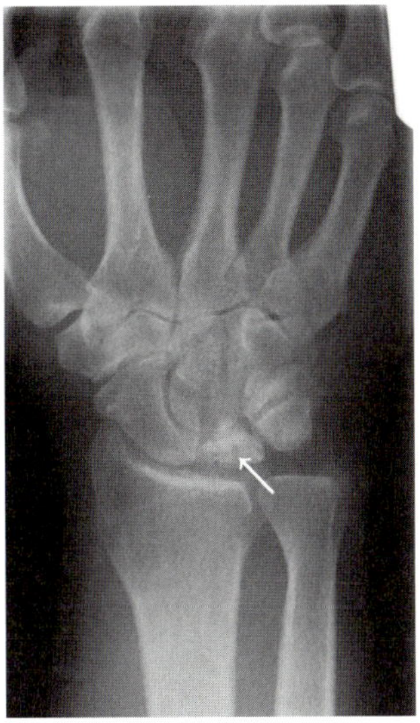

Abb. M.65 Morbus Kienböck. Das Röntgenbild zeigt eine Strukturverdichtung des Os lunatum.

Konservative Therapie. Der mindestens sechswöchigen Ruhigstellung des Handgelenks im Gipsverband wird allenfalls im Frühstadium eine gewisse Erfolgswahrscheinlichkeit eingeräumt. Die Schmerzen werden mit nichtsteroidalen Antirheumatika (NSAR) und physikalischen Maßnahmen gelindert.

Chirurgische Therapie. Eine Maßnahme, um die Schmerzen zu lindern, ist die Denervierung sensibler Nerven, d. h. die chirurgische Durchtrennung von Nerven (Neurotomie), am Unterarm. Die Durchblutung soll durch mehrfaches Anbohren des Mondbeins verbessert werden. Bei vorliegender Ulna-minus-Variante wird die Speiche (Radius) durchtrennt, um wenige Millimeter verkürzt und mit einer Osteosyntheseplatte stabilisiert. Dadurch werden die Druckverhältnisse im Handgelenk und die Gelenkartikulation verbessert.

Es gibt weitere Operationsvarianten. So wird z. B. das Erbsenbein (Os pisiforme) in das noch erhaltende Mondbein transplantiert. Oder das Mondbein wird teilweise oder vollständig durch andere Handwurzelknochen oder andere Interponate ersetzt. Welchen Erfolg solche Operationen haben, lässt sich erst nach einigen Monaten sagen.

Sind bereits arthrotische Veränderungen des Handgelenks eingetreten, wird es teilweise oder komplett versteift (selektive oder komplette Arthrodese des Handgelenks).

Prognose

Sehr häufig wird die richtige Diagnose erst in einem Stadium gestellt, in dem das Mondbein bereits deformiert und teilweise zerstört ist. Aber auch, wenn die Krankheit frühzeitig erkannt wird, sind die Verläufe oft unbefriedigend.

Infobox

ICD-10:
M93.1, M92.2

Internetadressen:
http://www.leitlinien.net
http://www.medinfo.de
http://www.akademie-fuer-handrehabilitation.de (Lunatummalazie)
http://www.mondbeinnekrose.de

Morbus Ménière

► Frau Schneider hat seit einigen Wochen wiederholte Schwindelanfälle. Sie ist mittlerweile total verzweifelt, da sie jeweils so hilflos war, dass ein Krankenwagen kommen musste. Außerdem hat sie inzwischen ein sehr lästiges, rauschendes Ohrgeräusch im linken Ohr, das gar nicht mehr weggeht.

Definition

Beim Morbus Ménière handelt sich um eine Erkrankung des Innenohres, die typischerweise mit den drei Symptomen Ohrgeräusch, Hörminderung und Schwindel anfallsartig auftritt.

Synonym: Ménière-Krankheit.

Ursachen

Im knöchernen Felsenbein eingebettet liegt das Innenohr. Es besteht aus der Schnecke (Cochlea), die für das Hören zuständig ist, und dem sog. Labyrinth, das für den Gleichgewichtssinn sorgt (**Abb. M.66**). Innerhalb dieser Strukturen befinden sich Räume, die durch Membranen voneinander getrennt und mit Flüssigkeiten, der sog. Endolymphe und der Perilymphe, ausgefüllt sind. Beide Flüssigkeiten unterscheiden sich in ihrer Konzentration an Elektrolyten (geladene Teilchen). Die Endolymphe ist reich an Kalium, die Perilymphe ist kaliumarm. Sie besitzen also ein unterschiedliches elektrisches Potenzial.

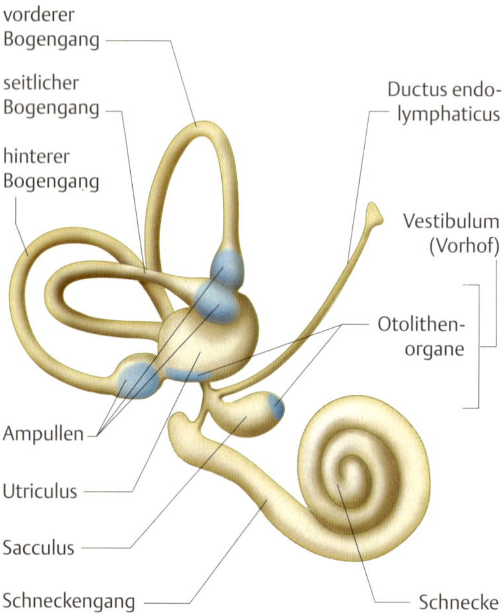

Abb. M.66 Innenohr. Das Innenohr besteht aus dem Labyrinth (drei Bogengänge), dem Vorhof und der Hörschnecke.

Die genaue Ursache, die zur Auslösung des M. Ménière führt, ist nicht geklärt. Man nimmt an, dass es durch eine Resorptionsstörung der Endolymphe im sog. Saccus endolymphaticus zu einem Überdruck im Endolymphraum kommt. Dies führt zum Einreißen der endolymphatischen Membran (Reissnersche Membran) und zur Vermischung von Endolymphe und Perilymphe. Durch die plötzliche Vermischung beider Flüssigkeiten kommt es zu einer Potenzialveränderung, was letztlich zu einer Erregung der Nervenzellen im Hör- und Gleichgewichtsorgan führt.

Symptome

Typisch für die Erkrankung ist die Symptomentrias aus: Schwindel, Hörstörung, Tinnitus.

Meist treten die Beschwerden beim M. Ménière anfallsartig auf. Oftmals kündigen sich die Beschwerden mit einer Art Aura an. D.h. der Patient verspürt zunächst ein Druckgefühl auf dem betroffenen Ohr oder evtl. eine Verstärkung oder Veränderung vorbestehender Ohrgeräusche. Durch den starken Drehschwindel, der oft mit Übelkeit und Erbrechen einhergeht, befindet sich der Betroffene in einer dramatischen, hilflosen Situation. Regelmäßig werden die Patienten bei solch einem Anfall mit dem Krankenwagen in eine Klinik gebracht. Gleichzeitig spürt der Patient i.d.R. eine Hörminderung, Ohrgeräusche und einen Druck auf dem betroffenen Ohr.

Die akuten Beschwerden klingen meist nach einigen Stunden wieder ab. Es kann für einige Tage noch ein Schwankschwindel oder ein Unsicherheitsgefühl bei den Betroffenen bestehen. Die Anfälle können sich nach Tagen oder Wochen wiederholen. Während die Symptome im Anfangsstadium der Erkrankung zwischen den Anfällen noch reversibel sind, kann es im weiteren Verlauf und bei Häufung der Anfälle zu einer dauerhaften Schädigung des Innenohres kommen. Diese zeigt sich i.d.R. in einer Hörstörung, die bis zur Ertaubung fortschreiten kann.

Diagnose

Während des Anfalls ist der Patient oft in einem schlechten Zustand, sodass die fachärztlichen Befunde erst nach Abklingen der akuten Beschwerden erhoben werden können. Während des Drehschwindelanfalls kann der Arzt unter der Frenzel-Brille einen horizontalen Nystagmus feststellen. Dabei handelt es sich um schnelle, zuckende Augenbewegungen, die durch eine Reizung des Gleichgewichtsorgans entstehen. Der Nystagmus ist anfangs als sog. Ausfallnystagmus zur gesunden Seite hin gerichtet und kann sich im weiteren Verlauf zur Gegenseite als sog. Erholungsnystagmus zeigen.

In einer Hörprüfung (Audiometrie) wird der Arzt eine Hörstörung feststellen können (**Abb. M.67**).

Bei der Untersuchung des Gleichgewichtssinns (Vestibularisdiagnostik) kann sich bei der thermischen Reizung

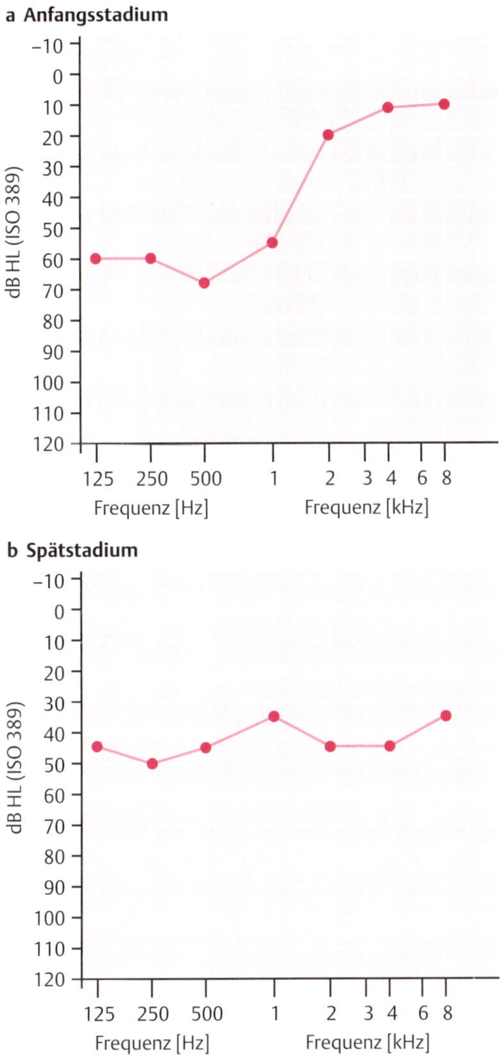

Abb. M.67 Tonaudiogramm bei Morbus Menière. a Im Anfangsstadium ist typischerweise der niederfrequente Bereich betroffen. **b** Im Spätstadium betrifft die Schwerhörigkeit alle Frequenzen.

sowohl eine Übererregbarkeit als auch eine Untererregbarkeit des betroffenen Organs zeigen. Weitergehende otoneurologische Untersuchungen sind nach Abklingen des Anfalls obligatorisch erforderlich (BERA, Messung der otoakustischen Emissionen, überschwellige Hörtests, evtl. MRT). Sie dienen dem Ausschluss anderer Erkrankungen, die mit ähnlichen Symptomen einhergehen können.

Differenzialdiagnose

Bei der Diagnose Morbus Menière handelt es sich um eine Ausschlussdiagnose. Andere Erkrankungen, die mit ähnlichen Symptomen einhergehen, sind auszuschließen:

- Akustikusneurinom (gutartiger → Tumor im Kleinhirn),
- → Hörsturz,
- akuter Ausfall des Gleichgewichtsorgans,
- Apoplex (→ Hirninfarkt),
- Cholesteatom.

Therapie

Eine ursächliche Behandlung des M. Menière existiert nicht. Im akuten Anfall werden die Patienten i.d.R. stationär aufgenommen. Es werden Antivertiginosa (z.B. Vomex) zur Linderung der Akutbeschwerden verabreicht. Zum Ausgleich eines Flüssigkeitsverlusts durch eingeschränkte Nahrungsaufnahme und/oder Erbrechen werden Infusionen gegeben.

Zur Verhinderung von Anfällen wird Betahistin (Aequamen) eingesetzt. Eine salzarme Diät und Gabe von Diuretika scheinen ebenfalls einen positiven Einfluss auf den Verlauf der Erkrankung zu haben.

In schweren Fällen greift man zur operativen Behandlung, deren Ziel die dauerhafte Ausschaltung des Gleichgewichtsorgans ist. Über einen Trommelfellschnitt (Parazentese) wird ein Drainageröhrchen in das Mittelohr eingeführt. Darüber werden dem Patienten mit einer Kanüle Medikamente in das Mittelohr geträufelt. Diese Medikamente (Aminoglykosid Antibiotika/Gentamycin) haben eine schädigende Wirkung auf das Innenohr. Sie werden in so niedriger Dosierung verabreicht, dass es möglichst nur zu einem Ausfall des Gleichgewichtssinns kommt. Da es bei dieser Behandlung ebenso zu einer Schädigung der Cochlea mit Ertaubung des Ohres kommen kann, ist die Indikation besonders kritisch zu stellen.

Andere operative Verfahren sind die Durchtrennung des Gleichgewichtsnervs oder Eröffnung des Innenohrs und Ausschaltung des Gleichgewichtsorgans. Sie werden aber eher selten angewandt.

Prognose

Der Verlauf der Erkrankung und die Häufigkeit und Intensität der Anfälle sind nicht vorhersehbar. Bei vielen Patienten führt die Krankheit im Laufe von Jahren zu einer Schwerhörigkeit.

Infobox

ICD-10: H81.0

Internetadressen: http://www.hno.org
http://www.netdoktor.de/krankheiten/fakta/meniere_krankheit.htm

Morbus Paget

► **„Guten Tag, Herr Doktor. Heute geht es um meinen Mann. Wir kommen, weil er oft Rückenschmerzen hat." Herr und Frau Schubert setzen sich. „Und wenn er es im Kreuz hat, ist er nicht zu ertragen. Er ist so wehleidig. Dabei geht es ihm ansonsten gut. Nicht wahr, Karl? Jetzt sag' doch auch mal was." Herr Schubert brummt in sich hinein. „Ja, so ist er eben. Dickköpfig wie immer. Und das im wahrsten Sinne des Wortes. Er braucht jetzt tatsächlich einen neuen Hut, weil ihm der alte nicht mehr passt."**

Definition

Der Morbus Paget ist eine gutartige Erkrankung der Knochen, bei der der Knochenumbau in bestimmten Knochen erhöht ist.

Synonyme: Osteodystrophia deformans, Ostitis deformans Paget.

Ursachen

Der Morbus Paget ist nach der → Osteoporose die zweithäufigste Knochenerkrankung. Die Ursache der Erkrankung ist unklar. Möglicherweise spielen Viren eine Rolle. Zunächst kommt es zu einem gesteigerten Knochenabbau. Später wird ungeordnet neuer Knochen angebaut, der jedoch weniger stabil ist. Die Knochen neigen daher zu Verformungen und brechen leicht.

Symptome

Etwa 1/3 der Patienten hat keine Symptome. Meist wird die Krankheit durch Zufall entdeckt. Einige Patienten haben brennende oder stechende Schmerzen in den Knochen. Die Haut über den betroffenen Knochen ist erwärmt. Die langen Röhrenknochen sind verdickt und verbiegen sich (Säbelscheidentibia).

Die Knochenneubildungen können Nerven oder Rückenmark komprimieren und zu Sensibilitätsstörungen oder Lähmungen führen. Am häufigsten erkranken Becken, Ober- und Unterschenkel, Schädel und Wirbelsäule. Ist der Schädel betroffen, kann es zu Schwerhörigkeit oder einer Zunahme des Kopfumfangs kommen (**Abb. M.68**).

Diagnose

Der Morbus Paget wird häufig zufällig bei einer Röntgenaufnahme wegen einer anderen Krankheit entdeckt. Im Labor ist die alkalische Phosphatase (AP) als Zeichen des gesteigerten Knochenumbaus erhöht. Im Urin werden vermehrt Pyridinium-Crosslinks (Bestandteile des Knochenkollagens und des Knorpels) als Marker für den Knochenabbau ausgeschieden. Im Röntgenbild sind die typischen Umbauvorgänge am Knochen erkennbar. In der Szintigrafie zeigen sich herdförmige Mehranreicherungen. Bei unklarem radiologischen Befund wird aus dem Knochen eine Gewebeprobe entnommen (Biopsie).

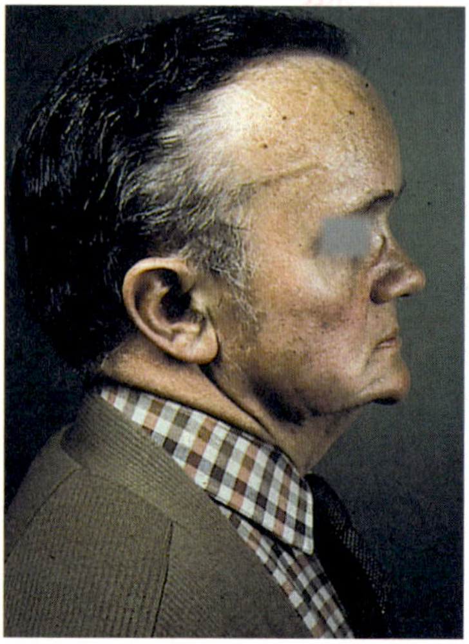

Abb. M.68 Morbus Paget. Dieser 57-jährige Patient bemerkte im Lauf der letzten Monate eine Zunahme der Hutgröße.

Differenzialdiagnose

Folgende Erkrankungen sind abzugrenzen: Knochentumoren, → Osteomyelitis, → Hyperparathyreoidismus, → Osteomalazie.

Therapie

Gegen die Schmerzen helfen Analgetika und nichtsteroidale Antiphlogistika. Bisphosphonate und Calcitonin hemmen den gesteigerten Knochenumbau. Frakturen, Knochenfehlstellungen oder Gelenkschäden werden mit einer Operation oder durch Ruhigstellen behandelt. Begleitend sollten die Patienten regelmäßig physiotherapeutische Übungen ausführen.

Prognose

Die Erkrankung heilt nicht aus. Die Umbauvorgänge können eine → Arthrose an den Gelenken, Frakturen, Fehlstellungen oder eine Kompression des Rückenmarks verursachen. Bei Befall der Schädelbasis kann es zu Schwerhörigkeit kommen. Bei ausgeprägtem Knochenbefall ist das Herzzeitvolumen erhöht. Selten entwickelt sich ein → Osteosarkom.

Infobox

ICD-10: M88.9

Literatur:

Greten, H. (Hrsg.): Innere Medizin. Thieme, Stuttgart 2005

Morbus Parkinson

► Karla und Angelika sitzen im Garten unter dem Kirschbaum. Ein paar Meter entfernt gehen Herr und Frau Gruber auf einem Weg am Grundstück vorbei, ganz langsam, wie es Herrn Grubers kleine Schritte zulassen. Frau Gruber winkt den beiden zu. Karla grüßt zurück. „Mensch, das tut mir so leid für die beiden. Herr Gruber kann fast nichts mehr machen. Er zittert nur noch und sieh mal wie er geht, mit dem gebeugten Oberkörper." „Ja, das ist wirklich schlimm. Das haben sich die beiden auch anders gedacht. Ein Leben lang haben sie gearbeitet und wollten als Rentner viel reisen. Und jetzt geht es nicht mehr."

Definition

Morbus Parkinson ist eine Erkrankung des Nervensystems, die unwillkürliche Bewegungsabläufe hervorruft und willkürliche in Mitleidenschaft zieht.

Der Londoner Arzt und Paläontologe James Parkinson beschrieb im Jahr 1817 erstmalig die Krankheit, die bis heute seinen Namen trägt.

Synonyme: Parkinson-Krankheit, Schüttellähmung, Paralysis agitans.

Häufigkeit

Meist erkranken ältere Menschen an Parkinson und erste Symptome zeigen sich zwischen dem 50. und 60. Lebensjahr. Mit zunehmendem Alter wächst die Wahrscheinlichkeit einer Erkrankung. Etwa 1% der über 60-Jährigen, 2% der über 70-Jährigen und 3% der über 80-Jährigen sind betroffen, in der Gesamtbevölkerung sind es etwa 160 von 100.000 Menschen, die Mehrzahl von ihnen Männer.

Ursachen

Morbus Parkinson verursacht den fortschreitenden Verlust bestimmter Hirnzellen, vor allem im Bereich der Substantia nigra, einer auffallend dunklen Region in der ansonsten weißlichen Gehirnmasse des Menschen (**Abb. M.69**). Die Zellen der Substantia nigra produzieren den Botenstoff Dopamin, der der Kommunikation mit dem Striatum (Streifenkörper), einer nahe gelegenen Hirnregion, dient. Substantia nigra und Striatum gemeinsam koordinieren willkürliche und unwillkürliche Bewegungsabläufe im Körper. Durch das Absterben der Dopamin produzierenden Zellen der Substantia nigra kommt es zu Dopaminmangel. Infolgedessen werden die Striatumzellen nur unzureichend stimuliert und der Bewegungsablauf ist parkinsontypisch gestört.

Die genaue Ursache des Absterbens der Dopamin produzierenden Zellen ist unbekannt. Parkinson wird sehr selten vererbt. In einem solchen Fall tritt die Erkrankung bereits bei jüngeren Patienten – oft vor dem 40. Lebensjahr (juveniler Parkinson) – auf. Die Vererbung ist autosomal-dominant.

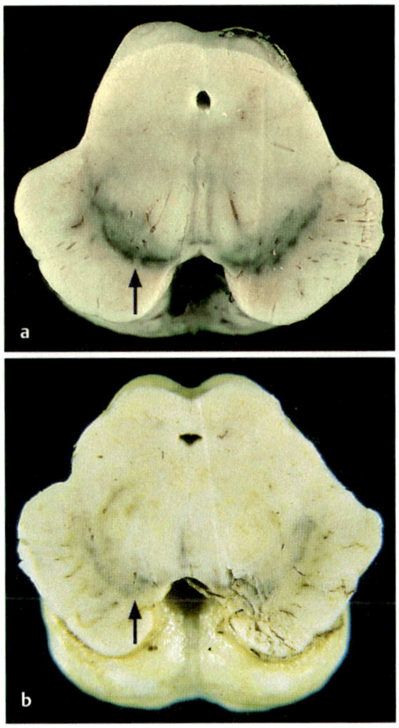

Abb. M.69 Substantia nigra. a Normalbefund, **b** M. Parkinson.

Symptome

Symptome des Morbus Parkinson können sich sehr langsam entwickeln. Verlauf und Ausprägung variieren individuell stark. Oft wird die engste Umgebung lange vor dem Patienten selbst auf seine Beschwerden aufmerksam. Die Stadien werden nach einer Skala beurteilt (**Tab. M.2**).

Im Anfangsstadium sind die Beschwerden oft auch von Ärzten nicht klar zuzuordnen. Durch Muskelsteifigkeit etwa haben Patienten oft Schmerzen in der Arm-Schulter-Region, was sie zum Orthopäden führt. Auch depressive Verstimmung, allgemeine Müdigkeit, Verstopfung und/oder allgemeine Unruhe sind denkbar, manchmal gar Persönlichkeitsveränderungen.

Ein bis zwei Jahre darauf folgen die für Parkinson typischen Störungen des willkürlichen Bewegungsablaufes. Die drei Hauptsymptome sind (**Abb. M.70**):

- **Rigor:** Starre der Muskulatur,
- **Akinesie:** Bewegungslosigkeit,
- **Tremor:** Zittern der Hände und Arme im entspannten Zustand, auch „Pillendrehen" oder „Münzenzählen" genannt.

Im Alltag fallen den Patienten feinmotorische Bewegungen wie das Zuknöpfen eines Hemdes zusehends schwerer. Die Handschrift verändert sich, wird kleiner und schlecht lesbar. Einmal begonnene Bewegungsabläufe

Tab. M.2 Stadien des Morbus Parkinson nach Hoehn und Yahr

Stadium	Symptome
0	keine klinischen Anzeichen einer Erkrankung
1	einseitige Symptomatik ohne oder allenfalls mit geringer Behinderung
2	leichte beidseitige Symptomatik, keine Gleichgewichtsstörungen
3	geringe bis mäßige Behinderung mit leichter Haltungsinstabilität, Arbeitsfähigkeit (in Abhängigkeit vom Beruf) noch erhalten
4	Vollbild mit starker Behinderung, der Patient kann aber noch ohne Hilfe gehen und stehen
5	der Patient ist an Rollstuhl oder Bett gebunden und auf Hilfe Dritter angewiesen

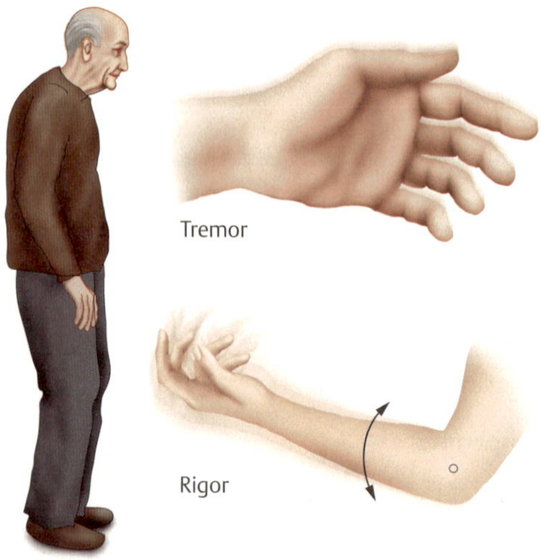

Abb. M.70 Morbus Parkinson. Die drei Hauptsymptome.

Abb. M.71 Parkinsonpatient. Das Gesicht zeigt typische Züge: offener Mund, nach vorn geneigter Kopf, ölige Gesichtshaut („Salbengesicht"), fehlende Mimik.

können Patienten immer schlechter kontrollieren. Sie gehen nur noch in kleinen Schritten, sind tief nach vorne gebeugt und die Arme schwingen beim Gehen immer weniger mit. Auch die Gesichtsmimik ist eingeschränkt, die Gesichtshaut ist ölig (**Abb. M.71**). Die Stimme wird leiser und monoton, der Speichelfluss ist erhöht.

Andere Gehirnfunktionen wie Bewusstsein, Aufmerksamkeit, Intelligenz und Gedächtnis sind meist nicht betroffen. Nur in 20 % der Fälle kommt es im Verlauf der Erkrankung zu Demenz.

Ein lebensbedrohlicher Zustand tritt in der akinetischen Krise auf, in der Bewegungsblockaden lange anhalten. Oft reagieren die Patienten in diesem Stadium nicht auf Parkinson bekämpfende Tabletten.

Diagnose

Im ersten Schritt muss mittels Differenzialdiagnostik sichergestellt werden, dass es sich wirklich um Morbus Parkinson handelt. Hierbei hilft eine gründliche Befragung des Patienten zu seinen Beschwerden. Manchmal sind die Krankheitssymptome aber auch so ausgeprägt, dass Parkinson auf den ersten Blick erkannt wird. Oft können enge Angehörige die früh auftretenden Symptome beschreiben und so bei der Diagnose behilflich sein. Anschließend wird eine neurologische Untersuchung der Patienten durchgeführt.

Durch eine Computertomografie (CT), eine Magnetresonanztomografie (MRT) oder ein Elektroenzephalogramm (EEG) des Kopfes können andere Gehirnerkrankungen ausgeschlossen werden. Kostspielige nuklearmedizinische Untersuchungen wie Positronenemissionstomografie (PET) und Single-Photon-Emissionscomputertomografie (SPECT) kommen nur bei erheblichen Diagnoseschwierigkeiten zum Einsatz.

Sind Symptomatik und Untersuchungsergebnisse nicht eindeutig, gibt man dem Patienten zum Test einmalig klassische Parkinson-Arzneien, meist L-Dopa oder Amorphin. Verbessern sie die Beschwerden, kann Parkinson diagnostiziert werden. Führen sie nicht zur Besserung, schließt dies eine Parkinsonerkrankung jedoch nicht aus.

Differenzialdiagnose

Andere degenerative Nervenerkrankungen mit parkinsonähnlichen Symptomen oder Syndromen (symptomatischer Parkinson, Parkinson-Syndrom) müssen ausgeschlossen werden, dies sind z. B.:

- Stoffwechselerkrankungen (Kupferstoffwechselstörung),
- enzephalitischer Parkinsonismus,
- traumatisches Parkinson-Syndrom (Boxerparkinson),
- medikamentös-toxisches Parkinson-Syndrom.

Therapie

Morbus Parkinson sollte individuell therapiert und so früh wie möglich altersgerecht und effizient behandelt werden.

Nichtmedikamentöse Therapie

Ziel der nichtmedikamentösen Therapie ist, die Selbstständigkeit des Patienten im Alltag so lange wie möglich zu erhalten. Mittels Physiotherapie und Ergotherapie versucht man vor allem, die motorischen Symptome zu bessern. Wird der Betroffene bettlägerig, müssen auch Folgekomplikationen wie Muskelverkürzung (Kontrakturen) oder → Pneumonie bedacht und behandelt werden.

Wichtig ist überdies, darauf zu achten, dass die Patienten nicht „austrocknen". Oft essen und trinken sie wenig, weil ihnen die motorischen Abläufe schwer fallen und sie sich vor häufigem Wasserlassen fürchten.

Medikamentöse Therapie

Eine medikamentöse Therapie stützt sich auf Arzneimittel, die den Dopaminmangel ausgleichen. Diese kommen erst zum Einsatz, wenn der Patient beruflich, sozial oder alltagsrelevant bedeutend behindert ist. Mehrere Wirkstoffe und Medikamentengruppen können hierbei hilfreich sein: L-DOPA (z. B. Levdopa), Dopaminagonisten (z. B. Bromocriptin), MAO-Hemmer (z. B. Selegin), COMT-Hemmer (z. B. Tolcapon), Anticholinergika (z. B. Biperiden) und NMDA-Antagonisten (z. B. Amantadin). Die Medikamente beseitigen meist nicht alle Symptome, können diese aber lindern.

Manche Patienten sprechen auf gewöhnliche Medikamentierung nicht an, sehr wohl aber auf das Medikament L-DOPA, das allerdings eine Reihe von Nebenwirkungen mit sich bringt. Bei diesen Patienten besteht die Möglichkeit, Stimulationselektroden ins Gehirn zu implantieren. Diese blockieren bestimmte Hirnregionen (Kerngebiete) mittels elektrischer Impulse und können so die Parkinson-Symptome verbessern. Diese Behandlung wird selten und nahezu ausschließlich bei ansonsten gesundheitlich vergleichsweise stabilen Patienten durchgeführt.

Prognose

Morbus Parkinson ist nicht heilbar und schreitet als chronische Erkrankung langsam fort. Eine geeignete medikamentöse Behandlung lindert die Beschwerden über viele Jahre hinweg, wenngleich die Dauertherapie mit Parkinsonmedikamenten aufgrund ihrer Nebenwirkungen und einer häufigen Gewöhnung an die verabreichte Dosis nicht immer einfach ist.

Trotzdem kann die Therapie die Lebenserwartung verlängern und vor allem die Lebensqualität des Patienten deutlich steigern. Wird der Patient effizient behandelt, können bis zu zwanzig Jahre vergehen, ehe er pflegebedürftig wird. Tödlich sind für die Patienten dann meist Infektionen der Atemwege (→ Pneumonie) oder die Folgen schwerer Stürze beziehungsweise Schluckstörungen.

Infobox

ICD-10:
G20

Internetadressen:
Dt. Parkinson Vereinigung (dPV): http://www.parkinson-selbsthilfe.de
http://www.neuro24.de/parkinson.htm

Literatur:
Grehl, R.: Checkliste Neurologie. Thieme, Stuttgart 2005

Morbus Scheuermann

► „Sitz gerade!", Matthias (12) rollt mit den Augen. Wie oft hat er das schon gehört, vor allem von den Großeltern. Die schlaffe Haltung hatte er schon immer und an den Anblick haben sich alle gewöhnt. „Mach' mal mehr Sport", fordern seine Eltern ihn ständig auf, aber mit Sport hatte er nie etwas am Hut. „Er hat jetzt auch einen neuen Sportlehrer. Das ist ein ganz Dynamischer", erzählt Matthias' Mutter einer Freundin. „Kennst Du ihn denn schon?" „Ja. Ich musste nach Mattes' erster Sportstunde zu ihm. Er hat mich gefragt, ob ich mit dem Jungen schon beim Orthopäden war. Der Buckel kann wohl auch eine echte Wirbelsäulenkrankheit sein. Davon habe ich bisher nichts gewusst."

Definition

Morbus Scheuermann ist ein bei Kindern und Jugendlichen auftretende Wachstumsstörung der Brust- und/oder Lendenwirbelsäule, und zwar an den knorpeligen Grund- und Deckplatten von mindestens drei Wirbelkörpern. Die Wirbelkörper wandeln sich zu Keilwirbeln um.

Synonyme: juvenile Kyphose, Adoleszenten-Kyphose, juvenile Osteochondrose der Wirbelsäule.

Ursachen

Die Ursache des Morbus Scheuermann ist unbekannt. Vermutet werden zum einen die ungenügende körperliche Bewegung der Kinder mit unzureichender Ausbildung der Muskulatur, zum anderen aber auch die Ausführung sehr kraftaufwändiger Sportarten (Leistungssport). Einfluss hat womöglich eine konstitutionell schlaffe Haltung mit herabhängenden Schultern und Rundrücken. Auch genetische Faktoren werden diskutiert, da die Krankheit familiär gehäuft auftritt. Eine Rolle können zudem Anomalien und eine Minderbelastbarkeit der Wirbelkörper sowie Vitaminmangelsyndrome spielen.

4–6% der Gesamtbevölkerung sind von Morbus Scheuermann betroffen. Es ist die häufigste Erkrankung im Jugendalter. Jungen sind doppelt so häufig betroffen wie Mädchen. Das typische Erkrankungsalter liegt zwischen dem 10. und 15. Lebensjahr.

Symptome

Eltern gehen mit ihren Kindern meist wegen der schlechten Haltung zum Arzt. Führendes Symptom ist die deformierte Wirbelsäule. Meist besteht ein deutlicher Rundrücken mit vorgezogenen Schultern, d.h. eine vermehrte Kyphose (dorsal konvexe Krümmung) der Brustwirbelsäule (BWS) mit kompensatorisch verstärkter Lordose (ventral konvexe Krümmung) der Lendenwirbelsäule (LWS). In einem solchen Fall besteht ein Hohlrundrücken. Ist der Übergangsbereich zwischen BWS und LWS betroffen (thorakolumbaler Übergang), spricht man vom totalen Rundrücken. Ist die Lordose der LWS aufgehoben, wird dies als Flachrücken bezeichnet (s. **Abb. W.5**, S. 1346).

Beschwerden geben die Patienten oft nicht an. Manchmal bestehen diffuse Rückenschmerzen oder Verspannungen. Ist die LWS betroffen, sind Schmerzen häufiger.

Stellen sich die Patienten erst im Erwachsenenalter vor, bestehen aufgrund der kompensatorischen Hyperlordose bereits Überlastungsbeschwerden im Hals- und Lendenwirbelsäulenbereich. Eine Spätfolge des Morbus Scheuermann sind ausgeprägte lumbosakrale Schmerzen.

Diagnose

Bei der klinischen Untersuchung wird festgestellt, inwiefern die Brustkyphose bereits fixiert ist. Dies kann z.B. mit dem Aufrichttest ermittelt werden (**Abb. M.72**): Der Patient liegt auf dem Bauch und versucht den Oberkörper zu heben, wobei der Untersucher die Beine festhält. Bleibt die Kyphose bei aufgerichtetem Oberkörper bestehen, ist die Deformität fixiert. Dies spricht für ein fortgeschrittenes Erkrankungsstadium.

Gesichert wird die Diagnose mit dem Röntgenbild. Darauf erkennt man keilförmig veränderte Wirbelkörper und verschmälerte Bandscheiben. Die Grund- und Deckplatten der Wirbelkörper erscheinen unregelmäßig, teilweise ist Bandscheibengewebe eingebrochen (Schmorl'sche Knötchen).

Differenzialdiagnose

Handelt es sich lediglich um eine Haltungsschwäche, ist die Brustkyphose nicht fixiert. Auch nach Unfällen oder durch Infektionen (etwa bei Knochentuberkulose, → Tuberkulose) treten Wirbelsäulendeformitäten auf. Zudem gibt es angeborene Kyphosen oder Flachrücken.

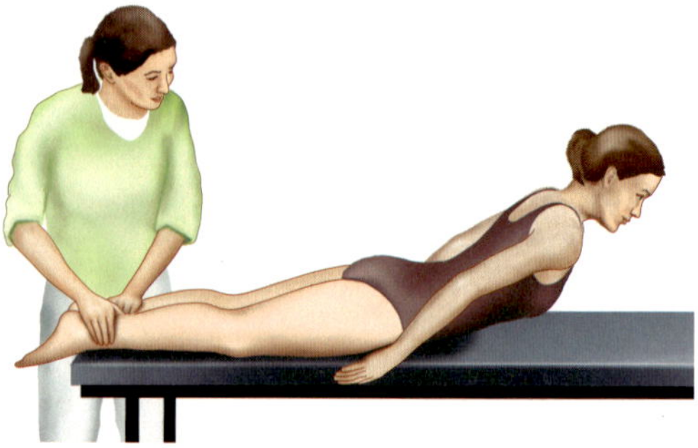

Abb. M.72 Aufrichttest. Auf dem Bauch liegend versucht die Patientin den Oberkörper zu heben. Die Untersuchende fixiert dabei die Beine. Verbleibt dabei eine Kyphose, ist die Deformität fixiert.

Therapie

Die Behandlungsstrategie ist abhängig von der Ausprägung und Lokalisation der Erkrankung. Bei der Berufswahl sollten Jugendliche mit Morbus Scheuermann körperlich anstrengende Tätigkeiten, die z. B. schweres Heben oder Tragen erfordern, meiden.

Konservative Maßnahmen

Mit dieser Therapie soll die Progression der Wirbelsäulenveränderungen verhindert und die Deformität möglichst korrigiert werden. Die Physiotherapie hat drei Ziele:

1. Kräftigung der Rumpfmuskulatur,
2. Dehnung verkürzter Muskelgruppen,
3. Erhalt der Flexibilität der betroffenen Wirbelsäulenabschnitte.

Empfohlene Sportarten sind Schwimmen, insbesondere Rückenschwimmen, und Wurfdisziplinen. Zu vermeidende Sportarten sind Sprungdisziplinen, Gewichtheben, Rudern und Geräteturnen.

Ist der Rundrücken bereits sehr ausgeprägt, können aufrichtende Korsetts verordnet werden, solange das Körperwachstum noch nicht abgeschlossen ist (Milwaukee-, Boston-Korsett). Dies entlastet besonders die ventralen Anteile der Wirbelkörper, sodass sich die Wirbelkörperform im besten Fall wieder normalisieren kann. Die Orthese darf lediglich zum Sport und zur Körperpflege abgelegt werden.

Chirurgische Maßnahmen

Bei schweren Verkrümmungen mit ästhetischen Beeinträchtigungen, Schmerzen, neurologischen Ausfällen oder auch wenn bereits die Lungenfunktion behindert wird, ist eine Operation indiziert. Sie erfolgt nach abgeschlossenem Körperwachstum. Die betroffenen Bandscheiben werden ausgeräumt, die Wirbelsäule aufgerichtet und die Bandscheibenräume mit körpereigenem Knochen aufgefüllt (Spondylodese). Die Wirbelsäule wird mit Metallstabsystemen fixiert (**Abb. M.73**).

Prognose

Meist können mit der konservativen Therapie gute Erfolge erzielt werden, eine Operation ist selten nötig. Nach Abschluss des Wachstums schreitet die Deformierung i.d.R. nicht mehr fort. Bei einem ausgeprägten Morbus Scheuermann können im Erwachsenenalter frühzeitig degenerative Veränderungen der Wirbelsäule zu Rückenbeschwerden führen.

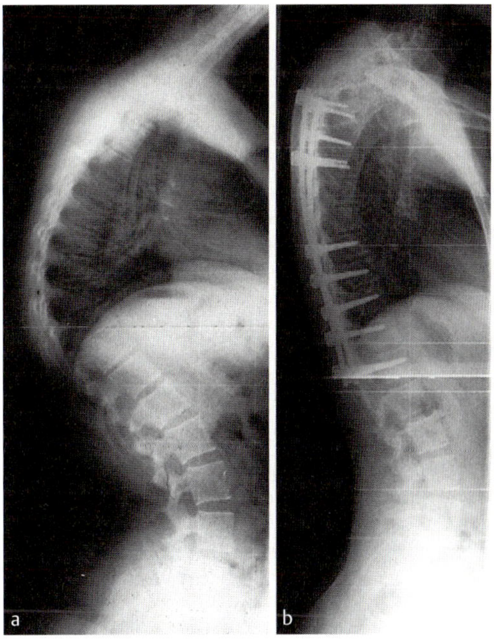

Abb. M.73 Operative Korrektur einer Scheuermann-Kyphose. **a** Präoperativer radiologischer Befund, **b** Röntgenbild nach Aufrichtung der Scheuermann-Kyphose mit dorsaler Schraubenstabinstrumentation.

Infobox

ICD-10:
M42.0

Internetadressen:
Leitlinien der AWMF (Morbus Scheuermann): http://www.leitlinien.net
http://www.dr-gumpert.de

Literatur:
Niethard F. U., Pfeil, J.: Orthopädie, 5. Aufl. Thieme, Stuttgart 2005

Mukoviszidose

► **„Lars wird den Husten aber auch gar nicht los." Petra und Claudia sitzen beim Tee in der Küche. „Nein, in diesem Jahr ist es wie verhext. Er hat jetzt schon zum dritten Mal eine Bronchitis und muss immer Antibiotika nehmen", erklärt Petra, Lars' Mutter. „In den Kindergarten kann er dann auch nicht. Er ist dann immer so müde. Ich bin froh, dass er heute mal mit Max spielt." „Na ja, er hat ja auch nicht viel zuzusetzen. So dünn, wie er ist", entgegnet Claudia. „Ich habe auch das Gefühl, dass er nicht richtig Luft bekommt. Schau mal jetzt. Er atmet viel schneller als Max. Du musst mal zum Spezialisten gehen." Petra nickt.**

Definition

Die Mukoviszidose ist eine Erbkrankheit, der eine fehlerhafte Funktion der Schleim produzierenden Zellen zu Grunde liegt.

Synonym: Zystische Fibrose.

Ursachen

Die Ursache liegt in den schleimbildenden Zellen der Organe. Sie produzieren ein sehr zähes Sekret, welches die Ausführungsgänge der Organe verstopft. Es kommt zu lokalen Entzündungen, welche die Organe zerstören. Langfristig verlieren die betroffenen Organe dadurch ihre Funktion.

Mit einer Häufigkeit von 1 : 2.500 Geburten ist Mukoviszidose die häufigste angeborene Stoffwechselkrankheit der weißen Bevölkerung. Sie wird autosomal rezessiv vererbt, d. h. die Betroffenen haben von beiden Elternteilen das entsprechende rezessive Gen geerbt.

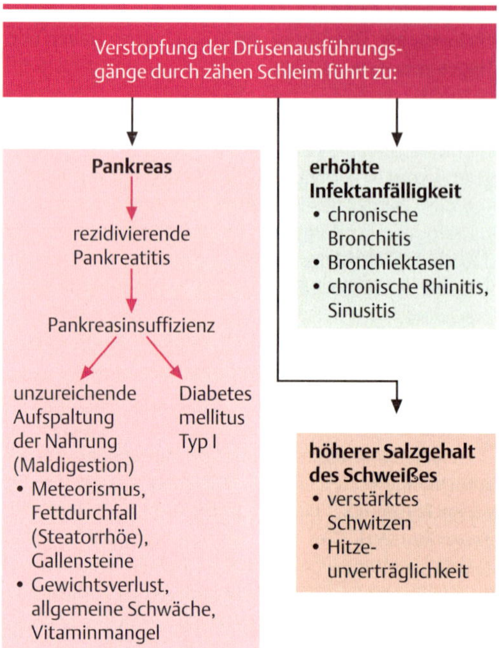

Abb. M.74 Symptome der Mukoviszidose. Bei der zystischen Fibrose können fast alle Organe in Mitleidenschaft gezogen sein. Meist beschränken sich die Störungen aber auf die Funktion des Pankreas, der Atmungsorgane und der Schweißdrüsen.

Symptome

Bei der Mukoviszidose handelt es sich um eine Multiorganerkrankung, d. h. fast jedes Organ, besonders aber Lunge, Bauchspeicheldrüse und Schweißdrüsen, kann betroffen sein (**Abb. M.74**). Je nach erkranktem Organ sind die Symptome unterschiedlich.

Darm. Meist tritt die Erkrankung schon kurz nach der Geburt in Erscheinung. Durch das zähe Sekret der Darmschleimhaut ist der Darminhalt weniger weich und flüssig. So kann ein Darmverschluss schon vor der ersten Stuhlentleerung des Neugeborenen, ein sog. Mekoniumileus, der erste Hinweis auf Mukoviszidose sein.

Schweiß- und Tränendrüsen. Da diese Drüsen ein sehr salzhaltiges Sekret bilden, fällt den Müttern manchmal auf, dass ihr Säugling „salzig" schmeckt.

Bauchspeicheldrüse. Sind die Ausführungsgänge der Bauchspeicheldrüse verstopft, fehlen wichtige Stoffe z. B. Verdauungsenzyme wie Proteasen oder Lipasen, die zur Aufspaltung der Nahrungsbestandteile im Darm nötig sind. Diese Bestandteile werden daher nicht verwertet sondern mit dem Stuhlgang ausgeschieden. Infolgedessen sind die Kinder meist untergewichtig, schwächlich und leiden unter häufigen Blähungen. Der Stuhlgang ist durch den hohen Fettgehalt gräulich und zäh. Neben dieser exokrinen ist auch die endokrine Funktion eingeschränkt. Bei zunehmender Funktionseinschränkung der Bauchspeicheldrüse entwickelt sich ein → Diabetes mellitus, da auch die blutzuckersenkenden Hormone der Bauchspeicheldrüse, z. B. Insulin, nicht mehr abgegeben werden können.

Lunge. Am meisten leiden die Betroffenen unter dem zähen Sekret der Lungenschleimhaut. Der Reinigungsmechanismus der Lunge ist gestört. Schleim sammelt sich in den Atemwegen und es entsteht ein chronischer, keuchhustenähnlicher Husten. Das gestaute Lungensekret ist ein ausgezeichneter Nährboden für Bakterien, Viren oder Pilze. Daher kommt es oft zu Lungeninfekten.

Leber. In der Leber sind die Bildung und der Abfluss des Gallensekretes gestört. Folge sind u. a. wiederkehrende Entzündungen der Gallenwege und die Bildung von Gallensteinen (→ Cholelithiasis). Im weiteren Verlauf kann sich eine → Leberzirrhose entwickeln.

Geschlechtsdrüsen. Sind diese Drüsen befallen, verstopft der zähe Schleim die Samenleiter bzw. die Eileiter. Folge ist der teilweise oder vollständige Verlust der Fortpflanzungsfähigkeit.

Diagnose

Zur Diagnosestellung kann man den Salzgehalt des kindlichen Schweißes messen. Da eine möglichst frühzeitige Diagnose für den Krankheitsverlauf sehr wichtig ist, wird heute bei jedem Neugeborenen der Albumingehalt im Mekonium gemessen. Ein Verdacht auf Muskoviszidose besteht bei erhöhten Werten. Am aussagekräftigsten aber ist der Nachweis des entsprechenden Gendefekts.

Differenzialdiagnose

Funktionsstörungen der Lunge können sich auch im Rahmen eines schweren → Asthmas oder einer → chronisch obstruktiven Bronchitis entwickeln. Diese Erkrankungen sind daher von einer Mukoviszidose abzugrenzen.

Therapie

Bisher kann man Mukoviszidose nicht heilen. Die Therapie erfolgt rein symptomatisch, d.h. man versucht die Beschwerden der Betroffenen zu lindern und Vorsorgemaßnahmen zu treffen.

Um die Lungenfunktion möglichst lange zu erhalten ist vor allem wichtig, den zähen Schleim zu lösen. Hierzu ist eine gute Atemgymnastik mit Klopfmassagen nötig. Regelmäßiges Inhalieren unterstützt die Therapie (**Abb. M.75**). Infolge der häufigen Lungeninfekte ist oft eine frühzeitige oder sogar eine dauerhafte Antibiotikagabe nötig. Bei chronischem Sauerstoffmangel werden die Betroffenen dauerhaft mit Sauerstoff versorgt. In schweren Fällen wird eine Lungentransplantation empfohlen.

Abb. M.75 Inhalation. Regelmäßiges Inhalieren unterstützt die Therapie.

Die Patienten verlieren mit dem Schweiß viel Salz. Um den Verlust auszugleichen, sollte die Nahrung recht salzhaltig sein. Außerdem können die fehlenden Pankreasenzyme in Tablettenform substituiert werden. Dadurch können mehr Nahrungsbestandteile aufgenommen werden. Fehlende Enzyme oder Vitamine müssen ebenfalls ersetzt werden.

Damit es nicht im Rahmen anderer Infektionen zu einer → Pneumonie kommt, sollten die Betroffenen alle Schutzimpfungen erhalten. Wichtig ist vor allem eine Impfung gegen Pneumokokken, den häufigsten Erregern einer Lungenentzündung. Wie bei allen chronischen Lungenerkrankungen gilt auch hier, dass zusätzliche schädigende Einflüsse vermieden werden müssen. Deshalb sollte in Anwesenheit erkrankter Personen nicht geraucht werden und auch die Betroffenen sollten natürlich nie zur Zigarette greifen!

Prognose

Die Ausprägung der Beschwerden ist sehr unterschiedlich. Die Lebenserwartung ist durch eine zunehmende Funktionseinschränkung der Lunge und des Herzens vermindert. Manche Betroffene zeigen nur wenig Symptome und erreichen sogar ohne Therapie das Erwachsenenalter. Die mittlere Lebenserwartung liegt bei ca. 32 Jahren. Viele erreichen aber das vierte Lebensjahrzehnt. Insgesamt aber ist die Mukoviszidose eine nicht heilbare Erkrankung mit meist tödlichem Ausgang.

Infolge der chronischen Entzündung bilden sich → Bronchiektasen (irreversible Aussackungen der Lungenbronchien). Hier staut sich das zähe Lungensekret, das nur sehr schwer abgehustet werden kann. Im Laufe der Erkrankung werden die Lungenbläschen zerstört und es entwickelt sich eine chronische Lungenüberblähung, das → Lungenemphysem. Folge ist eine chronische Atemnot der Kinder und eine zunehmende Herzschwäche, weil sich der Blutdruck in der Lunge erhöht und das rechte Herz mehr arbeiten muss (→ Cor pulmonale).

Infobox

ICD-10:
E84.9

Internetadressen:
http://www.muko.info
http://www.mukoviszidose.de

Literatur:

Sitzmann, F. C.: Duale Reihe Pädiatrie. Thieme, Stuttgart 2002

Multiple Sklerose

► **Anne (35) ist Grundschullehrerin und liebt es in ihrer 4. Klasse zu unterrichten. In ihrer Freizeit treibt sie viel Sport oder geht am Wochenende stundenlang mit ihrem Hund spazieren. Eigentlich fühlt sie sich glücklich und kerngesund. Aber seit ein paar Tagen sieht sie alles wie durch einen Schleier. Ihr linkes Auge schmerzt bei jeder Augenbewegung. Außerdem fühlt sie sich kraftlos in den Beinen und manchmal wird ihr schwindlig. Als sie auch noch ein Kribbeln im Oberarm und im Oberschenkel empfindet, meldet sie sich beunruhigt bei ihrem Hausarzt an.**

Definition

Multiple Sklerose (MS) ist eine chronisch verlaufende entzündliche Erkrankung der Nervenfasern im zentralen Nervensystem. Es ist eine Autoimmunerkrankung, eine Krankheit also, bei der körpereigene Zellen angegriffen werden. MS verläuft individuell unterschiedlich und oft in Schüben.

Synonym: Encephalomyelitis disseminata, disseminierte Sklerose, disseminierte Hirnerweichung, Sclerosis multiplex, Polysklerose.

Häufigkeit

Die Erkrankungshäufigkeit nimmt in beiden Erdhemisphären zu den Erdpolen hin zu. Es gibt auch ethnische Auffälligkeiten, wobei Menschen mit europäisch-kaukasischer Abstammung am häufigsten, Japaner hingegen selten erkranken. In Deutschland sind fünf von hunderttausend Menschen betroffen, Frauen doppelt so häufig wie Männer. Oft bricht MS zwischen dem zwanzigsten und vierzigsten Lebensjahr aus.

Ursachen

Die genaue Ursache der Multiplen Sklerose ist ungeklärt. Die Markscheiden (Myelinscheiden) bestimmter Nervenfasern in Rückenmark und Gehirn entzünden sich (**Abb. M.76**). Diese Hüllen aus Fettzellen und Eiweißen, die die Nervenfasern umgeben, werden zerstört und machen eine Weiterleitung des Nervensignals unmöglich (**Abb. M.77**). Da die Nervenfasern Befehle aus den Hirnzellen an verschiedene Regionen des Körpers leiten und umgekehrt, ist durch den Markscheidendefekt auch der Informationsaustausch dieser Regionen beeinträchtigt. Es kommt zu Störungen von Körperbewegungen (Motorik) und -empfindungen. Die Entzündung führt zu Bildung von Narben, die im Gehirngewebe wie Verhärtungen (Sklerose) aussehen.

Man vermutet, dass diese Autoimmunerkrankung durch eine in der Pubertät erworbene Virusinfektion verursacht wird, die nach einer Latenzzeit von ca. 15 Jahren zum Ausbruch von MS führt. Außerdem können genetische Veranlagungen eine Rolle spielen: Erkrankt ein eineii-

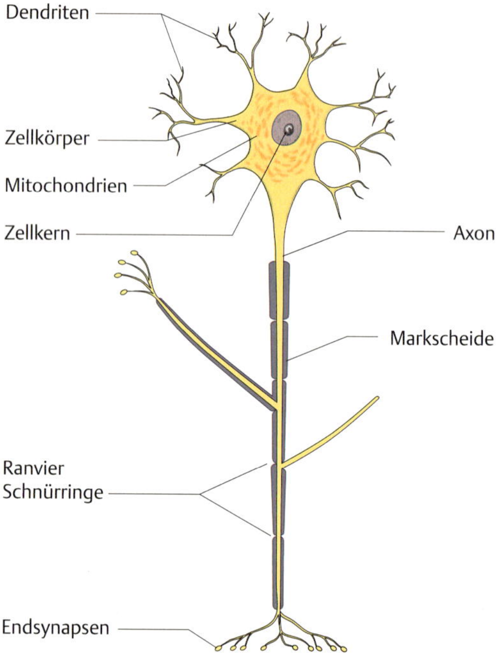

Abb. M.76 Physiologie. Markscheiden isolieren größere Strecken des Axons elektrisch gegen die Umgebung. Die Erregung springt von einem Schnürring zum nächsten, die Erregungsleitung wird bis zu 20-mal schneller.

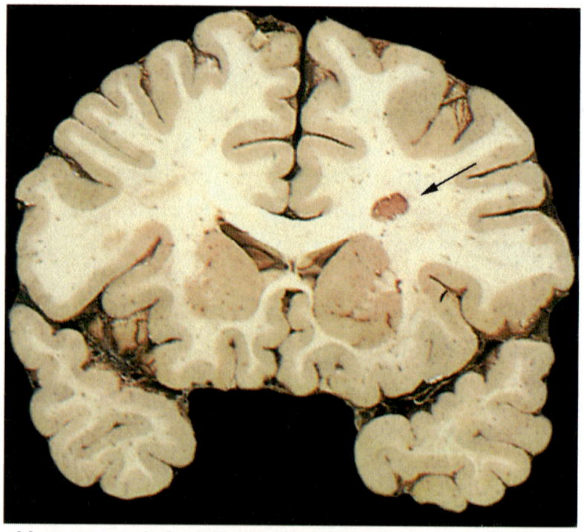

Abb. M.77 Pathologischer Befund bei MS. In der weißen Substanz finden sich lachsrote bis erdnussgroße frische Entmarkungsherde (Pfeil).

ger Zwilling an MS, ist in 33,3 % der Fälle auch der andere betroffen.

Symptome

Die Symptome der Multiplen Sklerose sind sehr vielfältig (**Abb. M.78**). Die Erkrankung differiert stark und verläuft besonders bei jungen Patienten in Schüben. Zwischen den Schüben können die Beschwerden völlig oder nur teilweise abklingen. V. a. bei älteren Patienten verläuft die Erkrankung chronisch fortschreitend. Das Risiko eines akuten Krankheitsschubes steigt in Stresssituationen, bei Fieber, Entzündungen und Infektionen. Bei einem akuten Schub kommt es zum Auftreten bisher unbekannter Beschwerden zusammen mit wiederkehrenden früheren Symptomen oder zur Verschlechterung der bisherigen Symptomatik für mindestens 48 Stunden. Folgende Symptome treten häufig zu Beginn der Krankheit auf.

Sehstörungen. Drei Viertel aller Patienten sind hiervon betroffen. Oft handelt es sich um eine einseitige Entzündung des Sehnervs. Die Schmerzen verstärken sich bei Bewegungen des Augapfels. Die Patienten sehen alles wie durch einen Schleier oder wie im Nebel. Manchmal kommt es auch zu einem Gesichtsfeldausfall. Wenn es sich um einen zentralen Feldausfall handelt, können die Betroffenen z. B. keine Druckschrift mehr lesen. Die Sehstörungen bilden sich meist nach Abklingen der Entzündung wieder zurück.

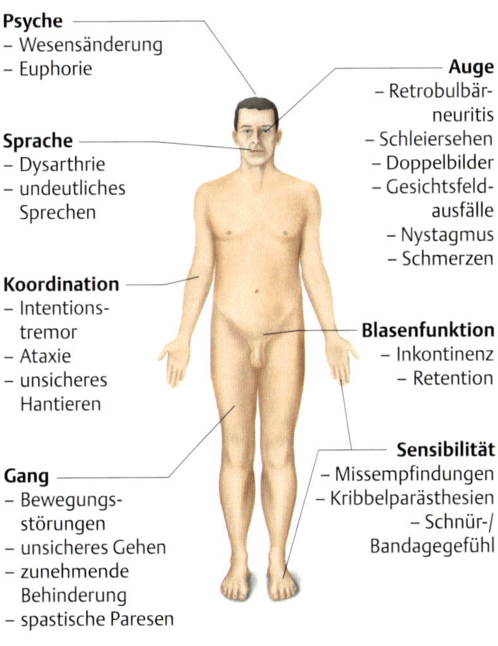

Abb. M.78 Symptome der Multiplen Sklerose. Die Symptome können sehr vielfältig sein und gleichzeitig oder versetzt auftreten.

Muskellähmung. Dieses Symptom tritt ebenso häufig auf. Folgen sind Schwäche in den Armen und Beinen; die Muskeln sind oft steif. Die Lähmung beginnt meist in einem Bein, kann aber auch eine ganze Körperseite betreffen.

Empfindungsstörungen. Häufig zählt dazu Taubheitsgefühl, Kribbeln, Schmerzen und verminderte Empfindsamkeit der Haut. Diese Gefühlsstörungen können am ganzen Körper auftauchen. Manchmal verspüren die MS-Patienten beim Vorbeugen des Kopfes einen blitzartigen Schlag entlang der Wirbelsäule.

Weitere Symptome. Viele Patienten klagen über Müdigkeit, Schwindel und Sprachstörungen. Bei einigen kommen Blasenschwäche, Verstopfung oder andere Störungen der Harnwege und Verdauungsorgane hinzu. Bei längerem Verlauf der Erkrankung können die Patienten unter Depressionen und Angststörungen leiden.

Diagnose

Mittels einer MRT-Untersuchung des Gehirns kann man die krankhaft veränderten Entzündungsherde schon frühzeitig nachweisen. Für die Diagnostik der Multiplen Sklerose sind nicht nur die akuten Beschwerden wichtig. Auch im Vorfeld aufgetretene Symptome des zentralen Nervensystems (ZNS), die scheinbar mit der jetzigen Symptomatik nicht in Zusammenhang stehen, müssen berücksichtigt werden.

Neurologische Untersuchungen können Störungen und Funktionsausfälle identifizieren und den Erkrankungsherden im ZNS zuordnen. Mittels neurophysiologischer Untersuchungen versucht man die Demyelinisierungsherde im Gehirn nachzuweisen:

- **Messung von visuell evozierten Potenzialen (VEP):** zeigt die Zeit an, die das Hirn benötigt, um über das Auge aufgenommene Informationen zu verarbeiten,
- **Messung von motorisch evozierten Potenzialen (MEP):** reizt magnetisch bestimmte Hirnregionen,
- **Messung von somatosensibel evozierten Potenzialen (SEP):** reizt bestimmte Nerven elektrisch.

Diese Untersuchungen ermöglichen eine Aussage über die Leitfähigkeit der Nerven des Zentralnervensystems. Um den Verlauf der Krankheit zu verfolgen, werden die Untersuchungsergebnisse festgehalten, damit sie mit späteren Untersuchungen verglichen werden können.

Findet man bei einer Untersuchung des Gehirnwassers (Liquors), eine erhöhte Zellzahl oder sind bestimmte Antikörper und Eiweiße erhöht, ist dies ein Hinweis auf eine entzündliche Erkrankung des Zentralnervensystems.

Differenzialdiagnose

Die Beschwerden einer Multiplen Sklerose können auch bei anderen Krankheiten auftreten. Die sehr individuellen Verläufe von MS erschweren v. a. im Anfangsstadium die Diagnose. Es müssen andere infektiöse Erkrankungen des zentralen Nervensystems in Erwägung gezogen werden, z. B. Neuroborreliose (→ Borreliose), eine Erkrankung, die durch Erreger (Borrelien) verursacht wird. Auch systemische Autoimmunerkrankungen wie etwa → Systemischer Lupus erythematodes müssen ausgeschlossen werden. Oft wird dazu eine MRT-Untersuchung des Gehirns angewendet.

Therapie

Umfangreiche Untersuchungen zu Beginn der Krankheit sind wichtig, damit der Verlauf der Erkrankung beurteilt werden kann. Ebenso ist eine umfassende Befragung, Aufklärung und Beratung des Patienten hilfreich.

Bei der Therapie geht es v. a. darum, eine hohe Lebensqualität der Betroffenen so lange wie möglich zu erhalten. Man unterscheidet:

- Therapie bei akuten Schüben,
- Therapie zur Schubprophylaxe,
- Therapie der Symptome.

Therapie bei akuten Schüben

Bei akuten Schüben werden dosierte Glukokortikoide (z. B. Kortison), über mehrere Tage verabreicht, um die Entzündung zu unterdrücken. Bei einem sehr schweren Schub kann eine Plasmapharese (Blutwäsche) erfolgen.

Therapie zur Schubprophylaxe

Diese Basistherapie dient zur Verlangsamung des Krankheitsverlaufs. Es werden Medikamente verabreicht, die das Immunsystem beeinflussen und so Häufigkeit und Schwere der Schübe lindern können. Dazu gehören Interferone, Glatirameracetat, Azathioprin und intravenöse Immunglobuline (IVIG).

Therapie der Symptome

Die begleitenden Symptome werden gezielt medikamentös behandelt, etwa mit Antidepressiva, Schmerzmitteln, muskelentspannenden Medikamenten und Antiepileptika bei Krampfanfällen.

Physiotherapie und regelmäßige sportliche Betätigung sind wichtig zum Erhalt von Muskelkraft und Beweglichkeit.

Bei zunehmender körperlicher Behinderung können die Patienten sehr stark unter der Erkrankung leiden. Dann ist die emotionale Unterstützung durch Familie, Freunde und Pfleger sehr wichtig. Auch das Erlernen von Entspannungstechniken kann dem Patienten helfen, mit der Krankheit umzugehen.

Prognose

Die Beschwerden der Multiplen Sklerose können häufig durch die Medikamente gelindert werden; heilbar ist diese Erkrankung jedoch bis heute nicht.

Infobox

ICD-10: G35

Internetadressen:
http://www.multiple-sklerose-e-v.de
http://www.dmsg.de

Literatur:
Masuhr, K.F., Neumann, M.: Duale Reihe Neurologie, 5. Aufl. Thieme, Stuttgart 2005
Haupt, W.F., u. a.: Neurologie und Psychiatrie für Pflegeberufe, 9. Aufl. Thieme, Stuttgart 2002
Krämer G., Besser R.: Multiple Sklerose, 5. Aufl. Trias, Stuttgart 2003

Mumps

► „Ich will nicht Fußball spielen", jammert Johannes. „Na, Dir muss es ja wirklich schlecht gehen. Komm doch mal her." Johannes' Oma streckt den Arm aus. „Oh je, Du bist ja ganz heiß. Kein Wunder, dass Du keinen Appetit hattest. Die Mama kommt in einer Stunde." Am nächsten Tag erkundigt sich Johannes' Oma nach ihrem Enkel. „Wie geht es dem Jungen? Bringst Du ihn gleich vorbei?". „Nein", antwortet ihre Tochter, „ich habe mir frei genommen. Er hat total geschwollene Wangen und kann schlecht schlucken. Wir gehen jetzt zum Arzt. Ich vermute, dass es Mumps ist. Das geht gerade um. Jetzt ärgere ich mich schon, dass ich immer gegen eine Impfung war."

Definition

Mumps ist eine akute, fieberhafte Erkrankung, hervorgerufen durch das Mumpsvirus.

Synonyme: Ziegenpeter, Parotitis epidemica.

Ursachen

Das Mumpsvirus wird über Tröpfchen und Speichel übertragen. Es vermehrt sich zunächst in den Schleimhautzellen und gelangt über das Blut in Drüsengewebe (Speicheldrüsen, Bauchspeicheldrüse, Hoden) und Zentralnervensystem. Erkrankungen sind Dank der Impfung heute selten, früher besonders häufig in den Wintermonaten.

Symptome

14–18 Tage nach der Infektion bekommt der Betroffene Fieber, er fühlt sich abgeschlagen, ist appetitlos und hat Gliederschmerzen. Innerhalb eines Tages, gelegentlich auch später, entzünden sich die Ohrspeicheldrüsen und schwellen an (→ Parotitis). Meist ist die Schwellung, die über mehrere Tage zunimmt, beidseitig, gelegentlich ist zuerst eine, dann die andere Seite betroffen, manchmal generell nur eine Seite (**Abb. M.79**).

Häufig hat der Patient Ohrenschmerzen. Druck auf die geschwollenen Stellen unter den Ohren ist ebenfalls schmerzhaft. Kauen, Schlucken und Reden sind erschwert. Innerhalb einer Woche gehen die Schwellung und die Beschwerden zurück. Die Infektion ist im Kleinkindalter allerdings oft wenig symptomatisch und verläuft dann wie ein grippaler Infekt (→ Erkältung).

Komplikationen

Erkranken Jugendliche und Erwachsene, kommt es häufig zu einer meist einseitigen Hodenentzündung (Orchitis). Der Hoden ist stark geschwollen und schmerzhaft. Eine andere häufige Komplikation ist die Meningitis. Gelegentlich entsteht eine Enzephalitis mit Bewusstseinsstörungen und hohem Fieber. Manchmal kommt es zur Entzündung der Bauchspeicheldrüse (→ Pankreatitis).

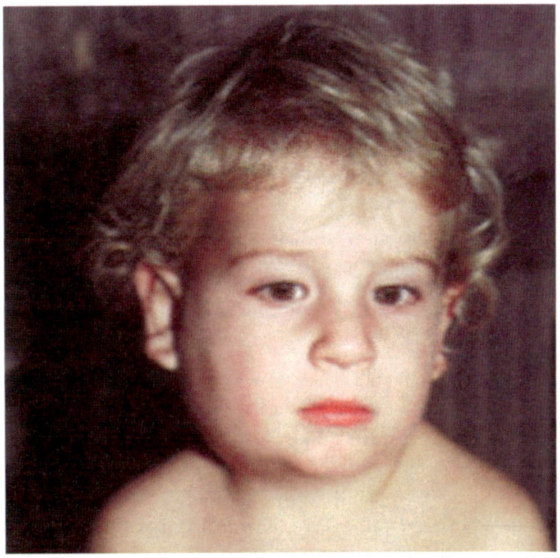

Abb. M.79 Mumps. Bei Mumps beginnt die Schwellung der Ohrspeicheldrüse zunächst oft auf nur einer Seite.

Diagnose

Die Diagnose lässt sich einfach stellen, wenn die Schwellung beidseits ist und wenn ein Kontakt mit einer erkrankten Person bekannt ist. Zur Bestätigung und Diagnostik bei einseitigem Mumps dient die serologische Untersuchung, bei der IgM-Antikörper gegen das Virus nachgewiesen werden. Außerdem kann das Virus aus Speichel, Rachenspülflüssigkeit und Urin sowie Rückenmarksflüssigkeit (bei → Meningitis) kultiviert werden.

Differenzialdiagnose

Schwellungen der Ohrspeicheldrüsen können durch andere Virusinfektionen, die Erkältungskrankheiten hervorrufen, verursacht werden.

Einseitige Schwellungen können Folge einer Zyste oder einem behinderten Speichelabfluss durch Steine, Verengung oder einen → Tumor hervorgerufen werden. Schließlich kann die Parotis-Speicheldrüse bei Autoimmunkrankheiten und → Diabetes anschwellen.

Wichtige Differenzialdiagnose bei → Meningitis sind andere virale Erreger, z. B. Enteroviren. Bei einer schmerzhaften Hodenschwellung muss auch an eine → Hodentorsion gedacht werden.

Therapie

Gegen das Mumpsvirus gibt es kein Medikament. Die Therapie ist deshalb symptomatisch. Schmerzmittel und warme oder kalte Kompressen auf die Schwellungen der Ohrspeicheldrüse können helfen. Schmerzen der entzündeten Hoden können mit kalten Umschlägen, Unterstützung

Abb. M.80 Handtuchverband zur Hochlagerung des Hodens. Bei einer Orchitis kann die Hochlagerung des Hodens Schwellungen und Schmerzen lindern.

unter dem Hodensack sowie Lokalanästhetika gebessert werden (**Abb. M.80**).

Eine Impfung verhindert in über 95% der Fälle eine Erkrankung. Die Impfung wird bei Kindern als Kombinationsimpfstoff zusammen mit den Impfungen gegen Masern und Röteln durchgeführt. Jugendliche und Erwachsene, besonders männliche, die keinen Immunschutz haben, sollen ebenfalls geimpft werden.

Prognose

Mumps heilt i.d.R. vollständig aus. Bei einer Meningitis kann jedoch aufgrund geschädigter Hirnnerven eine Beeinträchtigung, wie z. B. eine einseitige Taubheit, zurückbleiben. Nach einer → Enzephalitis bleiben häufig neurologische Folgeschäden zurück.

Im Anschluss an eine Orchitis bildet sich der Hoden oft zurück (Atrophie). Sind, wie in seltenen Fällen, beide Hoden betroffen, kann es zu Zeugungsunfähigkeit (Sterilität) kommen.

Infobox

ICD-10:
B26.9

Literatur:

Darai, G. u. a. (Hrsg.): Lexikon der Infektionskrankheiten des Menschen. Erreger, Symptome, Diagnose, Therapie und Prophylaxe, 2. Aufl. Springer, Berlin 2003

Mertens, T. u. a.: Diagnostik und Therapie von Viruserkrankungen. Leitlinien der Gesellschaft für Virologie, 2. Aufl. Urban & Fischer, München 2004

Suttorp, N. u. a. (Hrsg.): Infektionskrankheiten – verstehen, erkennen, behandeln. Thieme, Stuttgart 2003

Münchhausen-Syndrom

► „Er hat auch nichts gefunden. Und dann hat er mir unterstellt, ich würde simulieren. Da war das Maß voll. Ich bin aus dem Behandlungszimmer raus. Versteht mich denn niemand? Du verstehst mich doch, Gerhard, oder? Ich habe Bauchschmerzen und diese Lähmungen. Das ist doch schlimm. Warum finden die Ärzte nichts, wenn es mir so schlecht geht? Sie sind nicht fähig. Sie erkennen nicht, wie krank ich bin. Ich mache am besten einen Termin bei diesem neuen Internisten. Der findet mit Sicherheit die Ursache."

Definition

Das Münchhausen-Syndrom bezeichnet das Verhalten von Patienten, die körperliche oder psychische Beschwerden und Krankheitsbilder vortäuschen, um eine Krankenhausaufnahme und Behandlung zu erreichen. Zum Teil fügen sich die Patienten auch selbst Verletzungen zu. Die Erkrankung zählt zu den sog. artifiziellen Störungen.

Außer dem Münchhausen-Syndrom gibt es das Münchhausen-Stellvertreter-Syndrom, eine seltene Form der Kindesmisshandlung. Hier täuschen meistens Mütter bei ihren Kindern Krankheiten vor und fordern medizinische Maßnahmen.

Ursachen

Die Ursachen des seltenen Phänomens sind unklar. Das Münchhausen-Syndrom wird als psychische Störung gewertet, zu der verschiedene Faktoren beitragen können. Von großer Bedeutung ist vermutlich, dass sich die selbsternannten Kranken durch die Patientenrolle Aufmerksamkeit und Zuwendung verschaffen, die sie als Gesunde nicht bekommen. Oft haben die Betroffenen deutliche Persönlichkeits- und Beziehungsstörungen.

Symptome

Die Patienten sind beim Vortäuschen und Erzeugen von Beschwerden sehr einfallsreich. Symptome sind z. B.:

- diffuse Schmerzen,
- unklares Fieber,
- neurologische Störungen wie Lähmungen,
- Wundheilungsstörungen,
- Blutungen und Anämien,
- als Unfall kaschierte Verstümmelungen,
- Verdacht auf eine Krebserkrankung,
- Unterzuckerung,
- Blutdruckkrisen.

Wenn psychische Störungen geschildert werden, handelt es sich meistens um Gedächtnisverlust, Halluzinationen, Wahn, Schläfrigkeit und Depressionen. Die erfundenen Krankheitsgeschichten sind oft abenteuerlich, zeugen aber häufig auch von guten medizinischen Kenntnissen.

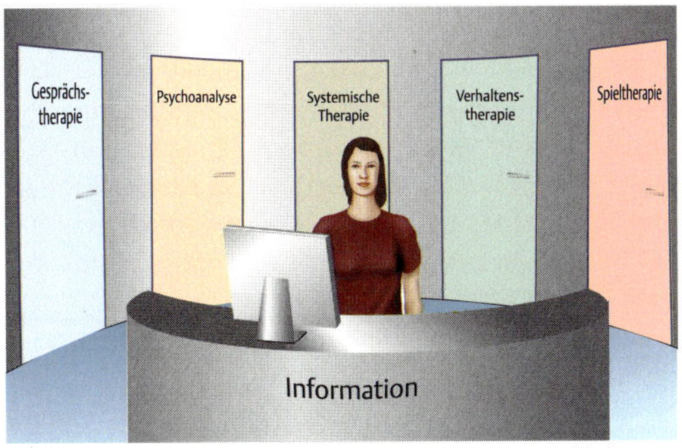

Abb. M.81 Psychotherapeutische Verfahren. Die Wahl der passenden Therapie steht am Anfang einer psychologischen Behandlung.

Diagnose

Die Diagnose ist schwierig, da die Patienten bei Verdacht auf ein Münchhausen-Syndrom meistens aus der Klinik flüchten und bald im nächsten Krankenhaus vorstellig werden. Indizien für ein Münchhausen-Syndrom sind anhaltende, rätselhafte Beschwerden und eine Vielzahl negativer Befunde bei der Diagnostik.

In der Anamnese finden sich häufig traumatisierende Ereignisse wie Heimerziehung, Alkoholmissbrauch eines Elternteils, körperlicher oder sexueller Missbrauch, frühes Versterben naher Angehöriger oder schwere körperliche Beeinträchtigungen. Häufig sind die Betroffenen von Beruhigungs- und Schmerzmitteln abhängig.

Differenzialdiagnose

Selbstverletzendes Verhalten kommt außer beim Münchhausen-Syndrom viel häufiger bei Patienten mit einer → Borderline-Persönlichkeitsstörung oder mit einer posttraumatischen Belastungsstörung vor. Ausgeschlossen werden müssen auch depressive Syndrome und Somatisierungsstörungen (viele körperliche Beschwerden ohne klinische Befunde).

Therapie

Therapie der Wahl sind psychotherapeutische Verfahren (**Abb. M.81**). Die Behandlung ist schwierig und langwierig. Viele Betroffene sind einer Therapie nicht zugänglich.

Prognose

Die Prognose wird als ungünstig eingeschätzt.

Infobox

ICD-10: F68.1

Literatur: Gregory, J.: Du hast mich krank gemacht. Ehrenwirth, Bergisch Gladbach 2004

Mundbodenabszess

► **Stefan Kellner hatte bereits seit ein paar Tagen leichte Zahnschmerzen im Unterkieferschneidezahn. Er wusste seit seinem letzten Zahnarztbesuch vor drei Wochen, dass eine Wurzelbehandlung ansteht. Aber seit heute Nacht haben die Schmerzen plötzlich derart zugenommen, dass er jetzt kaum noch reden oder schlucken kann. Er hat eine Schwellung am Hals und außerdem hohes Fieber. Beunruhigt bringt ihn seine Freundin sofort zu einem Arzt.**

Definition

Der Mundbodenabszess ist eine bakterielle Entzündung im Bereich der Zungengrund- und Mundbodenmuskulatur mit Einschmelzung.

Synonym: Angina Ludovici.

Ursachen

Über eine Verletzung der Schleimhaut, die Unterkieferspeicheldrüsen, einem entzündeten Lymphknoten oder auch dentogen (von einem kranken Zahn ausgehend) kann es zur Entzündung im Bereich der Mundbodens kommen. Die Erreger sind meist unspezifisch.

Symptome

Der Betroffene leidet an Schmerzen beim Schlucken und Sprechen. Außerdem besteht eine schmerzhafte Schwellung unterhalb des Unterkiefers (**Abb. M.82**). Eine Begleitschwellung der Halslymphknoten kann ebenso auftreten wie eine Kieferklemme (behinderte Mundöffnung).

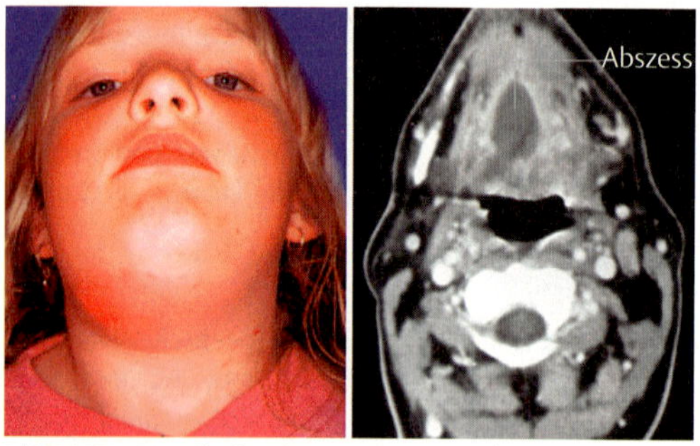

Abb. M.82 Mundbodenabszess. a Typisches klinisches Bild mit geröteter Schwellung im Mundbodenbereich. **b** Computertomografische Darstellung.

Die Beschwerden nehmen i.d.R. rasch zu und es entwickelt sich hohes Fieber bei stark reduziertem Allgemeinbefinden. Bei ausgeprägter Schwellung kann es zu Atemnotbeschwerden kommen.

Diagnose

Bei der Untersuchung sieht man oft eine glasige (ödematöse) Schwellung der Schleimhaut unter der Zunge. Der Mundboden tastet sich verhärtet. In der Ultraschalluntersuchung oder der Computertomografie (CT) kann die Einschmelzung (Abszess) nachgewiesen werden. In der Blutuntersuchung finden sich erhöhte Entzündungszeichen (Leukozytose, erhöhte BSG).

Differenzialdiagnose

Differenzialdiagnostisch sollte an → Tumoren, Entzündungen der Unterkieferspeicheldrüsen und der Zungengrundmandel und eine → Osteomyelitis des Unterkiefers gedacht werden.

Therapie

Bei Zeichen einer Einschmelzung (Abszedierung) ist die operative Therapie erforderlich. Hierbei wird die Entzündungshöhle vom Mundraum her großzügig eröffnet. Gelegentlich ist zusätzlich ein Schnitt von außen erforderlich.

Zusätzlich erfolgt eine hochdosierte, intravenöse Antibiotikatherapie. Bei drohendem Ersticken infolge von Schwellungen des Kehlkopfeingangsbereiches ist die sofortige Intubation oder ein Luftröhrenschnitt erforderlich.

Prognose

Bei adäquater Therapie heilt die Erkrankung folgenlos aus. Komplikationen können potenziell lebensbedrohlich sein.

Infobox

ICD 10:
K12.2

Internetadressen:
Deutsche Gesellschaft für HNO-Heilkunde:
http://www.hno.org
Leitlinien HNO:
http://www.uni-duesseldorf.de/WWW/AWMF

Mundhöhlenkarzinom

► **Herr Schulze hat seit einigen Wochen ein Brennen im Hals, wenn er etwas Scharfes isst. In der letzten Zeit bemerkte er zusätzlich eine harte Schwellung am Hals, die weh tut, wenn er draufdrückt. Er ist dem Alkohol nicht abgeneigt und raucht seit 30 Jahren 2 Packungen Zigaretten pro Tag.**

Definition

Die Mehrzahl der Mundhöhlenkarzinome sind Plattenepithelkarzinome (**Abb. M.83**). Sie haben ihren Ursprung in der Schleimhaut des Rachenraumes.

Männer sind ungefähr dreimal so häufig betroffen wie Frauen. Es handelt sich um die vierthäufigste bösartige Krebsart des Mannes insgesamt.

Synonym: Ororpharynxkarzinom.

Ursachen

Als die größten Risikofaktoren für die Entstehung eines Mundhöhlenkarzinoms wird Rauchen, Alkoholkonsum und mangelhafte Mundhygiene angesehen.

Symptome

Häufig verursachen Mundhöhlenkarzinome keine oder nur geringe Beschwerden. Oftmals wird vom Patienten selber eine Schleimhautveränderung bemerkt. Bei zunehmender Größe treten auch Schmerzen beim Sprechen und Schlucken, ein Brennen bei Aufnahme von scharfen Speisen, Mundgeruch oder Blutungen auf. Die Schmerzen strahlen nicht selten zum Ohr hin aus.

Diagnose

Der HNO-Arzt inspiziert den Mundraum. Mit einem Lupenlaryngoskop kann er die tieferen Rachenabschnitte bis hinunter zum Kehlkopf einsehen. Die genaue Größenausdehnung lässt sich oft besser tasten. Eine äußere Untersuchung der Halsweichteile dient der Feststellung von evtl. vorhandenen Lymphknotenmetastasen. Diese lassen sich auch mit einer Ultraschalluntersuchung sehr genau darstellen. Als weitere bildgebende Verfahren sind die Computertomografie und die Kernspintomografie einzusetzen.

Eine Biopsie aus einem suspekten Befund und die anschließende histologische Untersuchung dienen der Diagnosesicherung und der Therapieplanung.

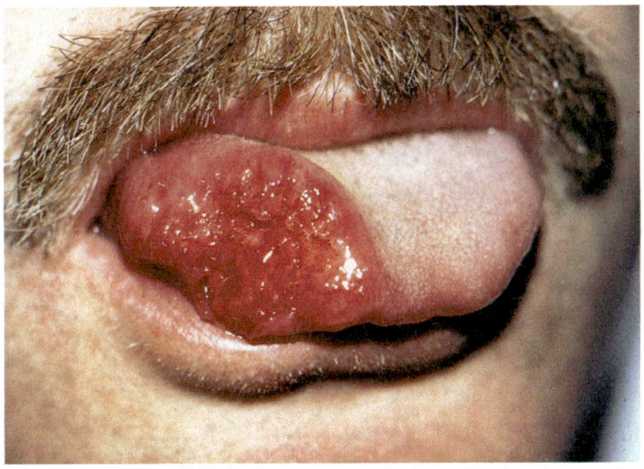

Abb. M.83 Mundhöhlenkarzinom. Plattenepithelkarzinom des rechten Zungenrandes.

Differenzialdiagnose

Folgende Mundschleimhautveränderungen müssen abgegrenzt werden:

- habituelle Aphthen,
- Leukoplakien,
- verschiedene gutartige → Tumoren.

Therapie

Es wird die chirurgische Entfernung des Tumors im Gesunden angestrebt, falls dies bei einem ausreichenden Funktionserhalt möglich ist. Wenn bereits mit einer Metastasierung in die lokoregionären Lymphknoten gerechnet werden muss, schließt sich eine ein- oder beiderseitige Neck dissection (Ausräumung der Lymphknoten) an. Eine anschließend durchgeführte Strahlentherapie erhöht die Heilungschancen.

Wenn der Tumor zu groß ist und durch eine Operation nicht mehr entfernt werden kann, oder wenn der durch die Operation verursachte Defekt zu groß wäre, wird eine alleinige Strahlentherapie durchgeführt. Eine alleinige Chemotherapie ist bei Mundhöhlenkarzinomen meist wenig erfolgversprechend, sie wird gelegentlich in Kombination mit einer Strahlentherapie durchgeführt.

Prognose

Mundhöhlenkarzinome haben eher eine schlechte Prognose. Selbst bei kleinen Tumoren liegt die 5-Jahres-Überlebensrate unter 70%.

Infobox

ICD 10:
C10.2

Internetadressen:
Deutsche Gesellschaft für HNO-Heilkunde:
http://www.hno.org
Leitlinien HNO:
http://www.uni-duesseldorf.de/WWW/AWMF

Myalgie

► **Renate (28) ist Sekretärin. Sie trägt zur Arbeit und in der Freizeit am liebsten Schuhe mit sehr hohem Absatz. An Ostern fährt sie mit ihrem Freund in ein Tenniscamp. Eifrig trainiert sie schon am ersten Tag mehrere Stunden. Als sie am nächsten Morgen aufstehen will, kann sie nicht mehr gehen. Ihre Wadenmuskeln sind hart wie Stein.**

Definition

Unter einer Myalgie versteht man Muskelschmerzen, die an einzelnen oder mehreren Muskeln auftreten können.

Ursachen

Ein Muskel besteht aus vielen nebeneinander liegenden Muskelzellen, den Muskelfasern. Diese können sich entzünden oder in Folge einer Überbeanspruchung reißen. Dadurch entstehen generelle oder örtlich auftretende Muskelschmerzen. Auch Erkrankungen der Knochen, Gelenke, Nerven oder der Psyche können Muskelschmerzen auslösen. Ursachen einer Myalgie sind häufig:

- Muskelkater: Überbeanspruchung,
- Muskelfaserriss: sehr starke kurzfristige Belastung,
- Muskelprellung: Unfall oder Sportverletzung,
- Muskelkrampf: Krampfadern oder Magnesiummangel,
- rheumatische Erkrankungen,
- grippale Infekte,
- psychische Erkrankungen,
- Medikamente: z. B. cholesterinsenkende Tabletten.

Symptome

Die Symptome einer Myalgie sind sehr unterschiedlich. Sie reichen von heftigen, akut auftretenden Schmerzen bei einem Muskelfaserriss bis hin zu einem ständig ziehenden Gefühl in den Muskeln. Die Muskeln sind druckempfindlich, teilweise lassen sich Verhärtungen tasten.

Diagnose

Zunächst erfolgt eine ausführliche Anamnese. Die weiterführende Diagnostik richtet sich dann nach den vermuteten Ursachen.

Finden sich Hinweise auf eine Störung der versorgenden Nerven wird die Nervenleitgeschwindigkeit gemessen, um deren Funktion zu überprüfen. Bei erhöhten Entzündungswerten ist eine Muskelbiopsie zum Ausschluss einer chronischen Muskelentzündung nötig. Der Verdacht einer Durchblutungsstörung lässt sich mittels einer Ultraschalluntersuchung oder einer Gefäßdarstellung überprüfen. Gelenkveränderungen als mögliche Ursache von lokalen Muskelschmerzen können meist röntgenologisch nachgewiesen werden.

Differenzialdiagnose

Neben den meist harmlosen gibt es auch schwerwiegende Erkrankungen mit Muskelschmerzen:

- **Polymyalgia rheumatica:** Eine rheumatische Erkrankung, die in den Oberarmen und Oberschenkeln bei älteren Menschen auftritt,
- →**Fibromyalgie:** Eine Form des Weichteilrheumatismus,
- **Durchblutungsstörungen** der Beinmuskulatur,
- **Polymyositis:** Eine seltene chronisch entzündliche Erkrankung der Skelettmuskulatur,
- →**Polyneuropathie:** Hier kann die Muskulatur nicht mehr ausreichend zur Kontraktion angeregt werden.

Therapie

Im Vordergrund stehen lindernde Maßnahmen und eine gezielte Vorbeugung. Die Therapie hängt v. a. von den Ursachen ab. Muskelschmerzen bei einem grippalen Infekt werden durch ein Erkältungsbad gelindert.

Muskelkater. Er ist durch vorsichtiges Training, Massage und Aufwärmen vor größeren Belastungen vermeidbar. Mit einer ausgiebigen heißen Dusche oder einem Entspannungsbad und einer anschließenden Abreibung mit Franzbranntwein (durchblutungsfördernd) kann ebenfalls vorgebeugt werden. Vor größeren Belastungen sollte man ausreichend Flüssigkeit zu sich nehmen.

Muskelkrämpfe. Sie können ein Hinweis auf Magnesiummangel sein. Deshalb wird zur Vorbeugung die Einnahme von Magnesiumpräparaten empfohlen. Ähnliches erreicht man durch entsprechende Energiegetränke. Bei einem Wadenkrampf sollte man den Fuß einige Sekunden anwinkeln, also die Zehen zu sich heranziehen, um den verkrampften Muskel zu dehnen.

Prognose

In den meisten Fällen lassen die Muskelschmerzen unter einer entsprechenden Behandlung rasch nach und hinterlassen keine Schäden.

Infobox

ICD 10: M79.1

Internetadressen:
http://www.dgn.org
http://www.myalgie.de

Literatur:

Niethard, F. U., Pfeil, J.: Duale Reihe Orthopädie. 5. Aufl. Thieme, Stuttgart 2005
Sturm, A., Zidek, W.: Checkliste XXL Differenzialdiagnose Innere Medizin. Thieme, Stuttgart 2003
Manger, B. u. a.: Checkliste XXL Rheumatologie, 3. Aufl. Thieme, Stuttgart 2005

Myasthenia gravis

► **An einem Sonntagabend macht es sich der 29-jährige Hannes zusammen mit seiner Ehefrau auf dem Sofa bequem und freut sich auf den Sonntagskrimi im Fernsehen. Plötzlich bemerkt er, dass er die Bilder doppelt sieht. Seiner Frau fällt auf, dass seine Augenlider merkwürdig herunterhängen. So etwas passiert ihm jetzt schon zum zweiten Mal. Außerdem fühlt er sich seit ein paar Wochen vor allem abends müde und schwach; morgens nach dem Aufstehen ist er aber wieder voll leistungsfähig.**

Definition

Myasthenia gravis ist eine Autoimmunkrankheit, bei der die Übertragung von Nervensignalen auf Muskelzellen gestört ist. Eine mögliche Folge ist eine schnelle Ermüdung der Muskulatur, ähnlich einer Lähmung.

Jährlich erkranken vier von 100.000 Menschen daran. Die Krankheit bricht meist um das dreißigste Lebensjahr herum aus, besonders häufig bei Frauen. Bei drei Prozent der Erkrankten kam Myasthenia gravis schon in ihrem familiären Umfeld vor.

Synonyme: Myasthenia gravis pseudoparalytica, Erb-Goldflam-Krankheit, Hoppe-Goldflam-Krankheit.

Ursachen

Bei einer Autoimmunerkrankung greift der Körper eigene Zellen an. Wie bei den meisten Krankheiten dieser Art ist auch bei der Myasthenia gravis die Ursache noch nicht genau geklärt.

Die neuro-muskuläre Signalübertragung findet an der sog. motorischen Endplatte statt, an der der Nerv mit der Muskelzelle mittels des Überträgerstoffes Azetylcholin kommuniziert (**Abb. M.84**). Normalerweise wird dieser Stoff vom Nervenende an der motorischen Endplatte freigesetzt und verbindet sich mit einem zu ihm passenden Azetylcholinrezeptor der Muskelzelle. Die Folge ist eine Kontraktion des Muskels, also eine Bewegung.

Bei der Myasthenia gravis sind die Azetylcholinrezeptoren durch Antikörper blockiert und verändert. Diese Antikörper kann man im Blut der meisten Erkrankten finden. Für die Bildung von Antikörpern ist die Thymusdrüse verantwortlich, die sich hinter dem Brustbein befindet.

Bei gesunden Erwachsenen ist diese Drüse zurückgebildet, bei über 70 % der an Myasthenia gravis erkrankten Patienten hingegen ist sie vergrößert (Thymushyperplasie). Manche leiden an Thymusentzündung (Thymitis), einige sogar an Thymuskrebs (Thymom).

Fiebrige Infekte, psychische Belastung, Schlafmangel sowie einige Medikamente können die Krankheit verschlechtern oder auch auslösen.

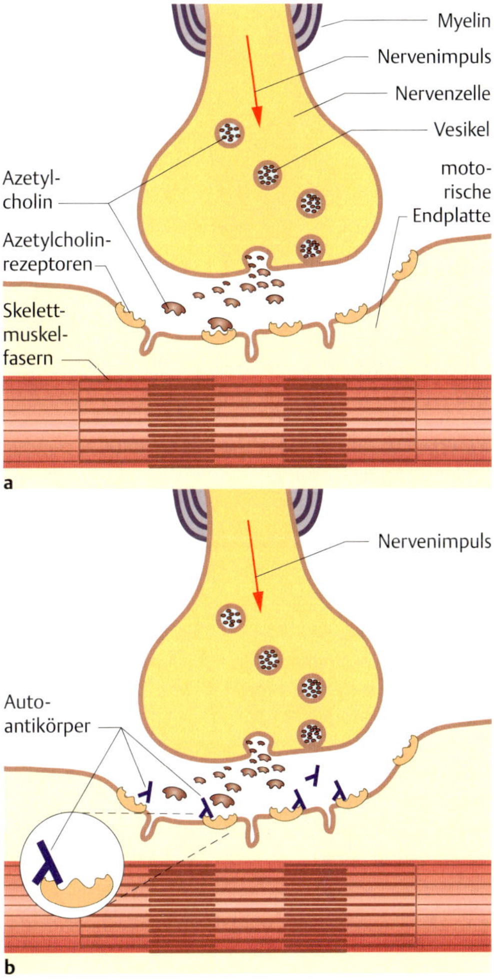

Abb. M.84 Motorische Endplatte. a Normalzustand: Ein Nervenimpuls führt zur Ausschüttung von Azetylcholin. Infolgedessen kontrahieren die innervierten Muskeln. **b** Myasthenia gravis: Autoantikörper blockieren die Azetylcholinrezeptoren.

Symptome

Symptome, Intensität und Verlauf sind sehr unterschiedlich (**Abb. M.85**). Zu Beginn der Erkrankung sind die Beschwerden noch sehr gering, zeigen sich oft in extremer Müdigkeit am Abend und bessern sich nach Ruhephasen oder verschwinden vorübergehend sogar vollständig.

Meist wenden die Patienten sich erst an einen Arzt, wenn Doppelbilder wahrgenommen werden. Begleitet wird dies oft von ein- oder beidseitig ungleich hängenden Augenliedern. Etwa 20 % der Patienten haben ausschließlich Augenbeschwerden.

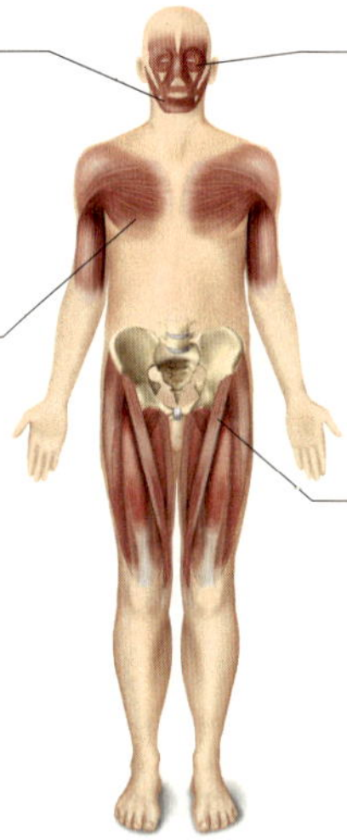

Abb. M.85 Myasthenia gravis. Die Symptome der Erkrankung können vom Patienten anfangs oft nicht genau benannt werden. Typisch sind jedoch die zunehmenden Lähmungserscheinungen verschiedener Muskeln.

Häufige zusätzliche Symptome sind Schluck- oder Kaubeschwerden sowie eine undeutliche Aussprache. Ist auch die Gesichtsmuskulatur betroffen, wird die Mimik ausdruckslos und schlaff.

In schweren Fällen ist die gesamte Skelettmuskulatur betroffen. Die Patienten stolpern oder stürzen oft, lassen Dinge ohne erkennbaren Grund fallen oder klagen, v.a. abends, über einen schweren Kopf. Manchmal ist auch die Atemmuskulatur davon betroffen, verbunden mit akuter Atemnot.

Diagnose

Die Diagnose wird unterstützt durch eine ausführliche Anamnese und neurologische Untersuchungen. Spezielle Nervenreizungen (Elektromyografie und Einzelfaserelektromyografie) zeigen die schnelle Ermüdbarkeit der Muskulatur.

Eine Blutuntersuchung weist bei den meisten Erkrankten, die für die Störung verantwortlichen Antikörper nach. Bei dem sog. Tensilon-Test injiziert man das Medikament Tensilon direkt in die Vene. Die Beschwerden verbessern sich binnen Sekunden deutlich, aber nur kurzzeitig. Bei Patienten mit neu diagnostizierter Myasthenia gravis muss eine Thymusvergrößerung oder ein Thymom mit Hilfe von Röntgenaufnahmen oder einer CT ausgeschlossen werden.

Der Verdacht auf eine Myasthenia gravis besteht immer dann, wenn schnell wechselnde Bewegungen (z.B. das Auf- und Zumachen der Faust) eine rasche Ermüdung auslösen.

Differenzialdiagnose

Andere Augenerkrankungen sowie diverse Muskelerkrankungen müssen ausgeschlossen werden. Auch das Gift Kurare verursacht ähnliche Beschwerden.

Therapie

Wird eine Thymusvergrößerung oder sogar ein Thymom festgestellt, sollte der Thymus operativ entfernt werden. Die Beschwerden klingen bei 75 % der Patienten danach deutlich ab. Medikamente wie Immunsuppressiva (Kortikosteroide oder Azathioprin) unterdrücken das Immunsystem und bringen oft langfristige Besserung. Cholinesterase-Hemmer bewirken dagegen nur eine kurzfristige Linderung und sind für eine Langzeittherapie daher ungeeignet. Manche Medikamente können die Beschwerden verstärken, so etwa einige Herzkreislaufmedikamente, Antibiotika, Rheuma-, Parkinson- und Narkosemittel.

Versagt bei schwerem Krankheitsverlauf die medikamentöse Therapie, können die Antikörper aus dem Blut entfernt werden (Plasmapharese) oder Proteine (Immunglobuline) zur Unterdrückung der körpereigenen Abwehrreaktion verabreicht werden.

Prognose

Myasthenia gravis ist nicht heilbar, führt aber heutzutage bei richtiger Therapie nicht mehr zu Lebensverkürzung. Viele Patienten können normal leben und sogar arbeiten. Sie sind zwar nicht voll belastbar, können aber lernen, mit dieser Einschränkung umzugehen.

Infobox

ICD 10:
G70

Internetadressen:
http://www.dmg-online.de/
http://www.dgm.org
http://www.myasthenia-gravis.de

Literatur:

Masuhr, K.F., Neumann, M.: Duale Reihe Neurologie, 5. Aufl. Thieme, Stuttgart 2005
Haupt, W.F., u.a.: Neurologie und Psychiatrie für Pflegeberufe, 9. Aufl. Thieme, Stuttgart 2002
Roche Lexikon Medizin, 5. Aufl. Urban & Fischer, München 2003

Myokarditis

► **Herr Kazmaier (67) bemerkt seit einigen Tagen, dass er die Treppen nur noch unter größter Anstrengung steigen kann, was ihm vorher mühelos gelang. Er ist völlig außer Atem, wenn er in seiner Wohnung im 3. Stock angekommen ist. Da sein Vater an einem Herzinfarkt gestorben ist, geht er besorgt zu seinem Hausarzt. Das EKG zeigt auffällige, aber für einen Herzinfarkt untypische Veränderungen. Er wird ins Krankenhaus eingewiesen. Genauer befragt, erzählt Herr Kazmaier, vor ca. 3 Wochen einen schweren grippalen Infekt gehabt zu haben.**

Definition

Myokarditis ist eine Entzündung des Herzmuskels, in deren Folge sich eine → Herzinsuffizienz, d.h. eine Herzschwäche mit einer eingeschränkten Pumpfunktion, entwickeln kann. Oft tritt die Myokarditis gemeinsam mit → Endokarditis oder → Perikarditis auf. Man unterscheidet:

- **akute Myokarditis:** In einigen Fällen verläuft sie rasch und bedrohlich,
- **chronische Myokarditis** (inflammatorische → Kardiomyopathie): Sie kann in eine sog. dilatative Kardiomyopathie übergehen.

Synonym: Herzmuskelentzündung.

Ursachen

Es kommen etliche Erreger in Betracht, die Ursache für die Erkrankung sein können, v a. verschiedene Viren (Enteroviren, Adenoviren, Zytomegalieviren, Herpesviren) und Bakterien. Sehr selten sind Pilze oder parasitäre Organismen Ursache der Erkrankung (**Abb. M.86**).

Eine akute Virusmyokarditis heilt oft folgenlos aus. Bei einem Teil der Patienten kann sie jedoch durch Viruspersistenz in ein chronisches Stadium übergehen. Eine genetische Disposition wird hier vermutet. Auch werden autoimmunologische Mechanismen als Ursache für die Erkrankung diskutiert, bei denen sich die körpereigene Immunabwehr gegen den eigenen Herzmuskel richtet.

Häufig gehen einer Myokarditis im Abstand von wenigen Wochen uncharakteristische Infektionen voraus (z.B. Infekte der oberen Luftwege oder Magen-Darm-Infektionen).

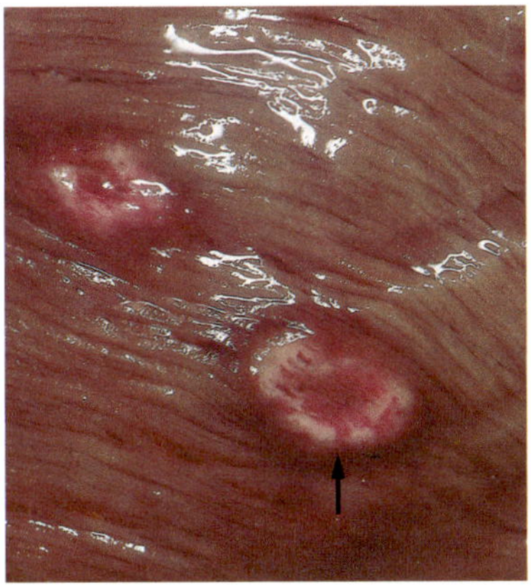

Abb. M.86 Myocarditis mycotica. Rundliche Pilzherde (Pfeil) im Myocard können z.B. bei immunschwachen Patienten auftreten.

Symptome

Bei jeder neu auftretenden Herzinsuffizienz mit verminderter körperlicher Belastbarkeit, Kurzatmigkeit oder Beinödemen muss an eine Myokarditis gedacht werden (**Abb. M.87**). Insbesondere dann, wenn ein grippaler Infekt oder eine Durchfallerkrankung (→ gastrointestinale Infektion) vorausging.

Akute Myokarditis. Typische Symptome sind eine rasch progrediente Herzinsuffizienz, Tachykardie, Atemnot, Blässe bzw. Zyanose (bläuliche Verfärbung der Haut) sowie retrosternale Schmerzen oder → Herzrhythmusstörungen. Außerdem ist ein schlechter Allgemeinzustand auffällig.

Chronische Myokarditis. Hier sind die Symptome untypischer. Sie äußern sich in z.B. Abgeschlagenheit, verminderter Leistungsfähigkeit, Gewichtsabnahme, Herzstolpern oder Herzrasen. Je nach Ausmaß kann bereits geringste körperliche Anstrengung zu einer starken Atemnot führen.

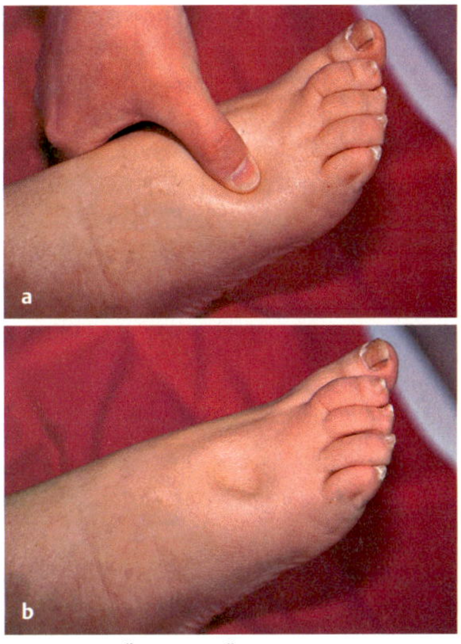

Abb. M.87 Ödem. Bei Ödemen, die anfangs vor allem im Knöchel- und Fußrückenbereich auftreten, bleibt typischerweise der Daumenabdruck einige Zeit sichtbar.

Diagnose

Da die Symptome unspezifisch sind, gibt es klinisch gesehen keine sicheren Zeichen einer akuten Myokarditis. Es ist daher erforderlich, die Diagnose aus dem Zusammenspiel von klinischer Untersuchung, Anamnese und apparativer Diagnostik zu stellen. Folgende Untersuchungen werden durchgeführt:

- **EKG:** Differenzialdiagnostische Beurteilung von Herzinfarktzeichen,
- **24-Stunden-Langzeit-EKG:** Beurteilung von Rhythmusstörungen,
- **Echokardiographie:** Messung der kardialen Funktion (differenzialdiagnostische Beurteilung anderer Herzerkrankungen),
- **Röntgen-Thorax:** Nachweis von Herzinsuffizienzzeichen,
- **Laboruntersuchungen:** Entzündungsdiagnostik (BSG, CRP, Leukozytose), Herzmuskelenzyme (CK, CK-MB, Troponin T),
- **Hämatoskopie:** Nachweis erregerspezifischer Antikörper z. B. gegen Viren im Blut (gelingt jedoch nur in etwa 10% der Fälle).

Myokardbiopsie. Das spezifischste Verfahren zum direkten Beweis einer Myokarditis ist die Myokardbiopsie mittels einer Herzkatheteruntersuchung. Die Biopsieproben werden mikroskopisch aufgearbeitet. Durch spezielle Färbemethoden und Antikörpernachweise ist eine Beurteilung des myokardialen Entzündungsprozesses möglich. Eine derartige Myokardbiopsie wird zumeist in spezialisierten Herzzentren durchgeführt.

Differenzialdiagnose

Da eine Myokarditis meist nicht sicher diagnostiziert werden kann, wird oft eine Ausschlussdiagnostik durchgeführt. Hierbei müssen sämtliche Erkrankungen, die zu einer akuten oder chronischen Herzinsuffizienz führen können, in Betracht gezogen werden. Insbesondere muss die Myokarditis abgegrenzt werden gegen:

- → Herzinfarkt,
- → Kardiomyopathie anderer Genese (z. B. ischämisch oder hypertensiv),
- → Lungenembolie.

Therapie

Eine kausale Therapie kann bei der Myokarditis nicht angewendet werden. Antivirale Medikamente zeigen i.d.R. keinen Erfolg, zumal der zugrunde liegende Infekt häufig bereits länger zurückliegt und die Entzündung des Herzmuskels über Immunmechanismen weiter aufrechterhalten wird.

Bei hochakuten Verläufen sind häufig Intensivmaßnahmen zur Kreislaufstabilisierung erforderlich. Weniger schwere Fälle akuter Myokarditis und chronischer Myokarditis werden medikamentös mit Diuretika, ACE-Hemmer, Betablocker und Aldosteronantagonisten behandelt (Herzinsuffizienztherapie). Sehr wichtig ist hierbei die körperliche Schonung des Patienten, ansonsten drohen Rückfälle oder eine Zunahme der Symptome.

Die Anwendung von Kortikosteroiden hat sich als nicht erfolgreich erwiesen. In sehr seltenen Fällen wird eine immunsuppressive Therapie mit Prednisolon oder Azathioprin empfohlen, hier sollte allerdings vorher eine Myokardbiopsie erfolgen.

Zur Vermeidung thrombembolischer Komplikationen sollte zusätzlich Heparin (ggf. auch Marcumar) verabreicht werden.

Schreitet die Herzinsuffizienz voran, muss als letztes Mittel eine Herztransplantation erwogen werden.

Prognose

Meist zeigt sich bei der Myokarditis ein günstiger Krankheitsverlauf mit vollständiger Ausheilung auch nach anfänglich schwerem Pumpversagen.

Es werden aber auch immer wieder schwere Verläufe beschrieben, in deren Folge die Patienten innerhalb weniger Tage an Herzrhythmusstörungen oder an einer akuten Pumpschwäche des Herzens sterben. Die Letalität (Sterblichkeit) beträgt ca. 25% und ist von den Komplikationen wie Herzrhythmusstörungen, Endokarditis, Perikarderguß oder Pumpversagen abhängig.

Bei der chronischen Entzündung folgt meist eine sog. dilatative Kardiomyopathie, d. h. eine Herzvergrößerung mit eingeschränkter Pumpfunktion. In diesen Fällen verschlechtert sich die Prognose beträchtlich, die 10-Jahres-Überlebensrate beträgt hier lediglich noch ca. 30%.

Infobox

ICD 10:
I40

Internetadressen:
http://www.medizin-aspekte.de/index.htm?/0605/goldene_regeln/
http://www.herzstiftung.de/

Literatur:
Greten, H. (Hrsg.): Innere Medizin, 12. Aufl. Thieme, Stuttgart 2005

Myoma uteri

► „Darf ich mal bitte durch. Danke. Ähm, darf ich mal eben. Danke.“ Gabi und Jutta sitzen im Kino – ‚Herr der Ringe‘. Gabi zwängt sich durch die Sitzreihen und ist endlich am Ausgang. Nach ein paar Minuten kommt sie wieder. „Was ist denn los?“, will Jutta wissen, „die haben noch nicht das Auenland verlassen und du musst schon auf Toilette?“ „Mensch Jutta. Ich bin total genervt“, flüstert Gabi. „Ich habe meine Tage so stark wie noch nie. Und das heute. Wie soll ich da alle drei Filme schaffen. Ich muss unbedingt mal zum Arzt. Vor allem habe ich die Blutungen seit ein paar Monaten immer ungefähr eine Woche. Das ist eindeutig zu lang.“

Definition

Das Myoma uteri ist ein gutartiger → Tumor des Uterus, der aus Muskel- und Bindegewebe besteht.

Synonym: Uterusmyom.

Ursachen

Die Ursachen für die Entstehung eines Myoma uteri sind nicht bekannt. Das Wachstum wird aber durch Östrogene positiv beeinflusst.

Symptome

Myome kommen sehr häufig vor. Das Uterusmyom ist rundlich, weiß und von derber Konsistenz. Es ist von einer Kapsel umgeben. Man geht davon aus, dass bei jeder fünften Frau über 35 Jahren ein solcher Tumor in der Gebärmutter zu finden ist. Die Symptomatik ist abhängig von der Lokalisation des Uterusmyoms (**Abb. M.88**).

Intramurales Uterusmyom

Intramural bedeutet, dass sich der Tumor in einer Organwand, in diesem Fall der Muskelschicht der Gebärmutter, befindet. Daraus resultiert eine Menorrhagie, d. h. eine verlängerte und verstärkte Regelblutung (→ Zyklusstörungen).

Im Rahmen der menstruellen Gewebeabstoßung entsteht eine blutende Fläche. Die Blutung wird u. a. dadurch gestillt, dass die Gefäße, die das Endometrium mit Blut versorgen, durch das Myometrium laufen und durch Muskelkontraktionen komprimiert werden. Liegt ein Uterusmyom vor, ist die Kompression der Gefäße an dieser Stelle behindert und es blutet länger und stärker.

Je nach Größe der Geschwulst können Druckerscheinungen auf Nachbarorgane wie Harnblase oder Darm möglich sein.

Subseröses Uterusmyom

Beim subserösen Uterusmyom liegt der Tumor unterhalb einer serösen Haut, die die Gebärmutter von außen umgibt (Perimetrium). Da der Tumor in dieser Lage weder die Gebärmutterschleimhaut berührt, noch die kontraktionsbedingte Blutstillung durch die Muskelschicht beeinträchtigt, ist nicht mit Blutungsstörungen zu rechnen. Jedoch kann sich der Tumor zu einem gestielten Myom entwickeln, d. h. er ist nur noch durch einen gefäßführenden Stiel mit der Gebärmutter verbunden (**Abb. M.89**).

Dies kann zu Komplikationen führen, falls sich der Stiel „verdreht“. Bei einer solchen Torsion werden die Gefäße, die der Blutversorgung des Tumors dienen, komprimiert. Die venösen Gefäße sind zuerst verlegt, da die Arterien ei-

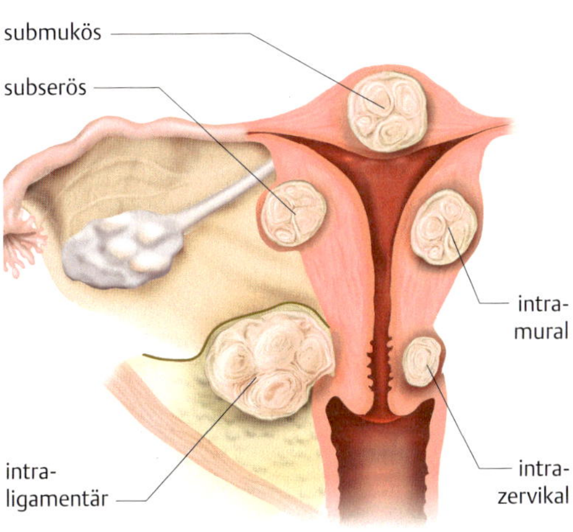

Abb. M.88 Lokalisation von Myomen. Myome können an unterschiedlichen Stellen innerhalb der Gebärmutter entstehen.

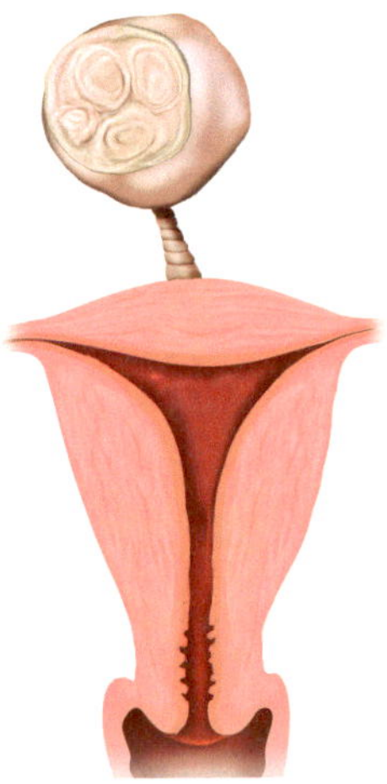

Abb. M.89 Gestieltes subseröses Myom mit Torsion. Die Verdrehung des Gefäßstiels kann zu einem akuten Abdomen führen.

nen höheren Innendruck aufweisen. Die Folge ist ein arterieller Zufluss bei behindertem venösen Abfluss. Dadurch staut sich das Blut und es kommt zu Gefäßzerreißungen im Uterusmyom mit darauf folgender Einblutung. Wird auch die Arterie blockiert, kommt es zu einer Ischämie mit nachfolgender Nekrose. Die Patientin erleidet in beiden Fällen ein → akutes Abdomen in der Gynäkologie.

Submuköses Uterusmyom

Der Begriff „submukös" verweist auf einen Prozess unterhalb der Schleimhaut. Der Tumor liegt direkt am Endometrium. Durch submuköse Uterusmyome regeneriert die darüber befindliche Schleimhaut unzureichend. Dies kann Blutungen außerhalb des Zyklus zur Folge haben. Man spricht von einer Metrorrhagie (→ Zyklusstörungen).

Außerdem besteht die Gefahr, dass sich das Uterusmyom zu einem gestielten Tumor entwickelt und in die Gebärmutterhöhle hineinwächst. Die Gebärmutter empfindet ihn als Fremdkörper, der durch Muskelkontraktionen entfernt werden soll. Daraus resultieren wehenartige Schmerzen und unter Umständen die „Geburt" des Uterusmyoms in den Gebärmutterhalskanal (**Abb. M.90**). Auch bei submukösen Tumoren sind Torsionen möglich.

Intraligamentäres Uterusmyom

Die bindegewebigen Bänder des menschlichen Körpers werden als Ligamente bezeichnet. Das intraligamentäre Myom ist aus der Gebärmutter herausgewachsen und befindet sich zwischen den Blättern des Ligamentum latum. Es besteht die Gefahr, dass der Harnleiter, Blutgefäße oder Nerven komprimiert werden. Blutungsstörungen treten nicht auf.

Diagnose

Die Diagnose stützt sich vornehmlich auf die Anamnese und den Tastbefund. Die Gebärmutter kann hierbei gleichmäßig vergrößert oder knollig verändert sein. Die Vaginalsonografie dient der Diagnose intramuraler und subseröser Myome. Eine Hysteroskopie oder Laparoskopie sind bei unklarem Befund indiziert.

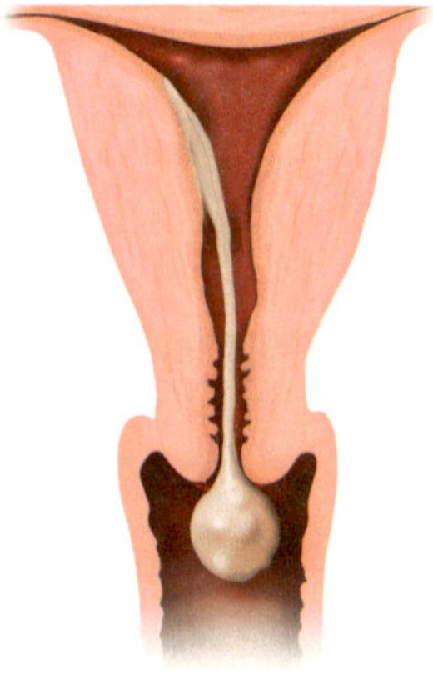

Abb. M.90 Submuköses Myom. Ein submuköses Myom kann in die Scheide „hineingeboren" werden.

Differenzialdiagnose

Von einem Uterusmyom abzugrenzen sind z. B.:

- solider Adnextumor (entspricht in etwa einem gestielten, subserösen Myom),
- → Zervixkarzinom (bakteriell infiziertes submuköses Myom),
- → Endometriumkarzinom.

Uterusmyom und Korpuskarzinom kommen häufig gleichzeitig vor. Daher sollte man, auch wenn bereits ein Myom festgestellt wurde, dem etwaige Blutungen zugeschrieben werden können, eine weiterführende Diagnostik durchführen.

Therapie

Je nach Indikation werden Uterusmyome konservativ oder operativ therapiert. Kleine, symptomlose Myome bedürfen keiner Therapie.

Konservative Therapie

Falls sich die Symptomatik der Patientin ausschließlich auf Blutungsstörungen beschränkt, kann eine konservative Behandlung in Betracht gezogen werden. Dies trifft umso mehr für Frauen zu, bei denen die Menopause kurz bevorsteht. In der Postmenopause ist das Wachstum der Uterusmyome erfahrungsgemäß abgeschlossen und die Myome verkleinern sich, da die Stimulation durch Östrogen ausbleibt. Folglich ist auch mit einem Ende der Blutungsstörungen zu rechnen.

Zur konservativen Therapie eignen sich zyklische Gaben von Gestagenen bzw. von gestagenbetonten Ovulationshemmern. Außerdem können Gonadotropin-releasing-Hormon-Agonisten verabreicht werden. Sie hemmen die Freisetzung des follikelstimulierenden und luteinisierenden Hormons und führen so zur Funktionsruhe des Eierstocks. Damit werden östrogenstimulierte Myome in ihrer Größe reduziert. Diese Medikamente dürfen allerdings nur über einen relativ kurzen Zeitraum (4 – 6 Monate) gegeben werden, da der künstliche Mangel an Östrogen sonst Begleiterscheinungen wie Hitzewallungen, Schweißausbrüche oder Demineralisierung der Knochen hervorruft.

Operative Therapie

Die Indikationen zu einer Operation sind z. B.:

- eine schnelle Vergrößerung des Tumors,
- ein Myomwachstum in der Postmenopause,
- eine unklare Organzugehörigkeit,
- Druckwirkung des Myoms auf Nachbarorgane, Blutgefäße oder Nerven,
- ständige Blutungen, die zu einer → Anämie führen können,

- Infertilität oder gehäufte →Fehlgeburten durch das Myom,
- akute Komplikationen, wie eine Totalnekrose des Myoms, Einblutungen oder eine Achsendrehung mit akutem Abdomen.

Manchmal empfiehlt es sich, nicht direkt zu operieren, sondern zunächst das Myom durch eine Hormontherapie zu verkleinern, um das Ausmaß des operativen Eingriffs zu verringern.

Als organerhaltende Operation kommt eine Myomenukleation infrage, bei der die Geschwulst ausgeschält wird. Sind jedoch akute Komplikationen, Druckerscheinungen oder eine blutungsbedingte Anämie vorhanden, ist eine operative Entfernung der Gebärmutter angezeigt, die je nach Befund vaginal oder abdominal erfolgen kann. Bei Patientinnen in der Postmenopause ist es empfehlenswert, auch die Ovarien zu entfernen, um einem Ovarialkarzinom vorzubeugen.

Prognose

Myome haben eine Entartungswahrscheinlichkeit von unter 0,5 %.

Komplikationen

Uterusmyom und Schwangerschaft

Sicherlich kann eine Frau, die ein Uterusmyom hat, schwanger werden. Es ergeben sich jedoch einige Probleme, die u. a. auch dadurch bedingt sind, dass sich Myome durch den hormonell bedingten Wachstumsreiz während der Schwangerschaft vergrößern. Zu den Komplikationen gehören dann z. B. folgende:

Gestörte Einbettung. Der Keimling nistet sich bevorzugt im Fundus uteri ein. Dieser Vorgang vermag jedoch durch ein größeres, submukös gelegenes Myom empfindlich gestört werden, da es einen Endometriumschaden hervorruft. Fehlgeburten können die Folge sein.

Lageanomalien. Tumoren sind raumfordernde Prozesse, die die Bewegungsfreiheit des Fetus einschränken können. Bei größeren Uterusmyomen sind Lageanomalien des Kindes häufiger. Die Entwicklung des Kindes kann gestört sein, da der Raum stark eingeengt ist. Die Fehlbildungsrate ist jedoch nicht erhöht.

Funktionseinschränkung der Plazenta. Man hat festgestellt, dass Teile der Plazenta in der Mehrzahl der Fälle über dem Myom liegen. Daraus kann die Plazenta in ihrer Funktion eingeschränkt sein. Außerdem ist die ungestörte Kontraktionsfähigkeit des Myometriums wichtig, damit sich die Plazenta in der Nachgeburtsperiode löst und die Blutung gestillt wird. Ist die Muskelschicht jedoch durch ein Myom in ihrer Funktion behindert, ist mit einer verzögerten Plazentablösung und einer atonischen, d. h. aufgrund einer Kontraktionsschwäche entstandenen Nachblutung zu rechnen.

Geburtshindernis. Myome können, speziell wenn es sich um intraligamentäre und zervikale Tumoren handelt, ein Geburtshindernis darstellen. Bei diesen Patientinnen ist ein Kaiserschnitt angezeigt.

Schwangerschaft nach Entfernung des Uterusmyoms

Nach einer Operation bilden sich Narben. Dies ist auch der Fall, wenn der Tumor ausgeschält wird. Eine Narbe ist jedoch ein Ort geringen Widerstands. Das bedeutet, dass die Gebärmutter im Bereich der Narbe eine niedrigere Wandstabilität aufweist, was im Fall einer Schwangerschaft zu schwerwiegenden Komplikationen (Narbenruptur) führen kann.

Infobox

ICD-10:
D25.9

Internetadressen:
http://www.medizin-netz.de
http://www.myom-ratgeber.de
http://www.netdoktor.de
http://www.onmeda.de

Literatur

Gauwerky, J. F. H.: Uterus myomatosus. Springer, Berlin 2003
Struck, D. u. a.: Wirksame Hilfe bei Myomen. Trias, Stuttgart 2000

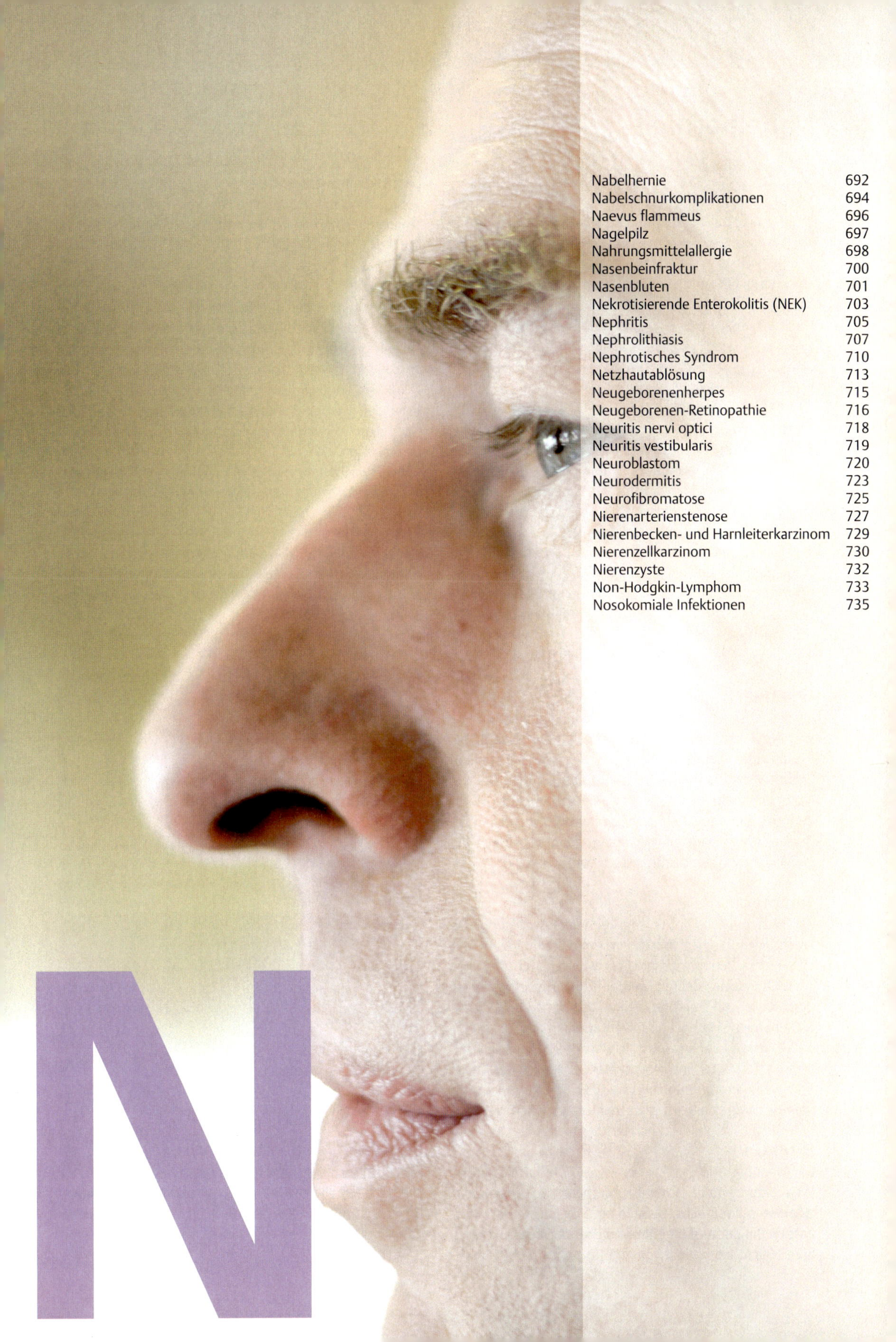

N

Nabelhernie

► Heinz Kessler (58) hat bei 172 cm Körpergröße und 110 kg deutliches Übergewicht. Schon vor einigen Monaten hat er eine Schwellung im Nabelbereich bemerkt, sich aber weiter keine Gedanken darüber gemacht. Seit gestern ist der Nabel hochrot und heute Vormittag hat Herr Kessler mehrfach erbrochen. Jetzt klagt er über heftige Bauchschmerzen. Der gerufene Hausarzt diagnostiziert einen eingeklemmten Nabelbruch und überweist ihn mit dem Notarzt ins Krankenhaus. Dort wird er sofort operiert. Es muss ein Stück des Dünndarms entfernt werden.

Definition

Bei der Nabelhernie besteht eine Faszienlücke (Bruchforte) im Bereich des Nabels. Hier kann sich das Peritoneum mit Baucheingeweiden ausstülpen. Eine Hernie besteht aus (s. **Abb. L.14 a**, S. 573):

- Bruchpforte (Muskel-Faszien-Lücke),
- Bruchsack (Peritoneum),
- Bruchinhalt (Baucheingeweide).

Bei Neugeborenen ist eine Nabelhernie physiologisch, da sich die Nabelnarbe meist erst bis zu Beginn des zweiten Lebensjahres bildet.

Synonym: Nabelbruch, Hernia umbilicalis.

Ursachen

Bei Erwachsenen besteht eine Schwäche der Bauchdecke, v. a. durch erhöhten intraabdominellen Druck, z. B. bei → Adipositas (Fettleibigkeit), → Aszites oder bei starkem Pressen wegen chronischer Verstopfung.

Bei Neugeborenen bildet sich eine Narbenplatte, nachdem das eingetrocknete Nabelschnurbett abgefallen ist. Ist dieser Verschluss unvollständig, kann sich durch die verbleibende Lücke der Bruchsack vorwölben.

Symptome

Bei Erwachsenen wölbt sich der mehr oder weniger große Bruchsack im Stehen sowie beim Pressen vor. Kleine Brüche verursachen oft stärkere Beschwerden als große, weil sie leichter eingeklemmt werden können. Der Nabel ist geschwollen und gerötet, teilweise schmerzhaft. Diese Nabelhernien sind häufig schwer reponierbar.

Bei Neugeborenen wölbt sich, v. a. beim Schreien und Pressen (erhöhter intraabdomineller Druck) der mehr oder weniger große Bruchsack vor. Er ist meist leicht mit dem Finger in den Bauchraum zurückzudrücken.

Diagnose

Die Diagnose erfolgt nach der Inspektion und Palpation. Wenn nötig wird der Patient aufgefordert zu husten oder zu pressen. Im Bruchsack befinden sich Netz- und Darmanteile. Bei der Auskultation sind ggf. Darmgeräusche zu hören (nicht bei → Ileus!).

Differenzialdiagnose

Supraumbilikale Hernien liegen oberhalb des Nabels. Manchmal kommen sie in Kombination mit Nabelhernien vor.

Therapie

Zur Verstärkung der Bauchwand ist es manchmal erforderlich, ein Kunststoffnetz zu implantieren. Sind bereits Teile des Netzes (Omentum) oder des Darmes (Gangrän) geschädigt, müssen diese entfernt werden.

Bei Säuglingen müssen Nabelhernien nur dann operativ behandelt werden, wenn sie sehr groß sind (3 bis 4 cm) oder wenn sie sich nicht spontan bis zum 3. Lebensjahr verschließen.

Bei Erwachsenen wird die Bruchpforte in Rückenmarksanästhesie oder Vollnarkose verschlossen (**Abb. N.1**).

Prognose

Bei Säuglingen ist eine spontane Inkarzeration selten, während sie bei Erwachsenen in einem Drittel der Fälle auftritt. Von diesen sterben 10 – 18 % der Patienten. Die

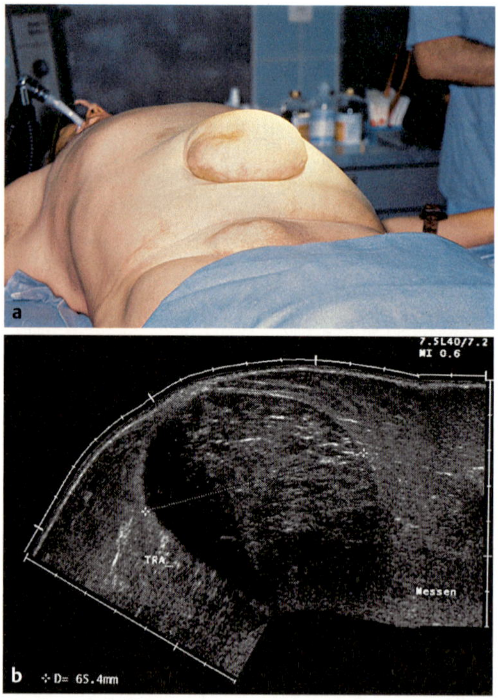

Abb. N.1 Nabelhernien. a Patient mit riesiger Nabel- und kleinerer Leistenhernie, die beide in einer Operation versorgt werden. **b** Ultraschallbild einer mit Dünndarmschlinge gefüllten Nabelhernie, die eine sofortige Notoperation erforderte.

Prognose nach der Operation ist gut, Hernienrezidive sind selten.

Komplikationen

Bei Erwachsenen ist das Risiko der Inkarzeration (Einklemmung von Eingeweideanteilen) groß. Dabei wird die Blutzufuhr in den eingeklemmten Anteilen des Netzes und/oder des Darmes unterbrochen, es kommt zur Gangrän, Austritt von Bakterien, → Peritonitis, mechanischem → Ileus (Darmverschluss) sowie, meist reflektorisch, zum paralytischen Ileus (Lähmung der Darmbewegungen). In dieser Situation besteht Lebensgefahr.

Infobox

ICD-10:
K42.0 – K42.9

Internetadressen:
http://www.aerzteblatt.de (Archiv-Suche: Nabelhernie)
http://www.leitlinien.net
http://www.aok.de (Gesundheitswissen/Krankheiten)

Literatur:
Henne-Bruns, D. u. a. (Hrsg.): Duale Reihe Chirurgie, 2. Aufl. Thieme, Stuttgart 2003
Rossi, E. u. a.: Pädiatrie. 3. Aufl. Thieme, Stuttgart 1997

Nabelschnurkomplikationen

► Frau Pister, eine 32-jährige Diabetikerin, entbindet ihr erstes Kind. Bis auf ein Polyhydramnion, also zu viel Fruchtwasser, ist die Schwangerschaft unauffällig verlaufen. Nach dem Blasensprung ist laut CTG der Puls des Kindes verlangsamt. Bei der vaginalen Untersuchung tastet der Arzt ein Pulsieren der Nabelschnur, die sich vor dem vorangehenden Kindsteil befindet.

Nabelschnurvorfall

Definition

Man spricht von einem Nabelschnurvorfall, wenn nach dem Blasensprung eine Schlinge der Nabelschnur vor den vorangehenden Kindsteil, also dem Kopf bei Schädellagen und dem Steiß bei Steißlagen, gelangt (**Abb. N.2**). Geschieht dies bei erhaltener Fruchtblase, handelt es sich um ein Vorliegen der Nabelschnur.

Ursachen

Die Nabelschnur dient als Transportweg zwischen mütterlichem und kindlichem Organismus. Sie ist etwa 50–60 Zentimeter lang und 1–2 Millimeter dick. Die Nabelschnur beinhaltet zwei Arterien, die kohlendioxidreiches und nährstoffarmes Blut vom Kind zur Plazenta leiten, und eine Vene, die „frisches" Blut von der Plazenta zum Kind leitet.

Ein Nabelschnurvorfall kann sich nur ereignen, wenn der vorangehende Kindsteil noch nicht in das kleine Becken eingetreten ist. Meist geht dem Vorfall ein Vorliegen der Nabelschnur voraus. Ein Nabelschnurvorfall kann auch beim →vorzeitigen Blasensprung auftreten. Die Nabelschnur wird u. a. durch die Sogwirkung des hinausfließenden Fruchtwassers vor den Kopf des Kindes gezogen.

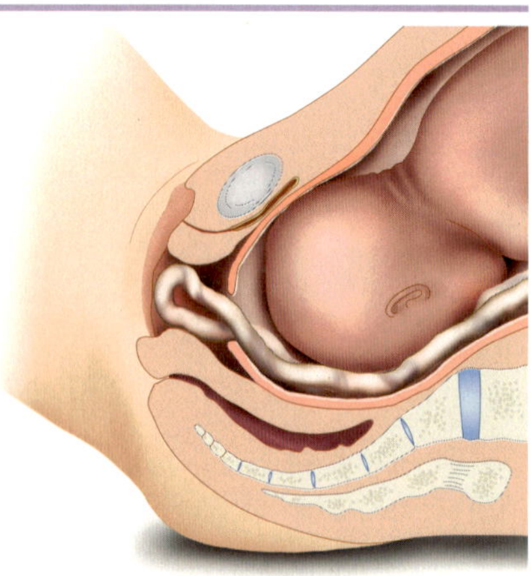

Abb. N.2 Nabelschnurvorfall. Nach dem Blasensprung fällt die Nabelschnur vor dem noch hoch über dem Becken stehenden Kopf in die Vagina.

Häufig ist der Nabelschnurvorfall mit Einstellungsanomalien verbunden. Die Quer- oder Fußlage kann das kleine Becken besonders schlecht abdichten, sodass die Nabelschnur u. U. vor dem vorangehenden Kindsteil dorthin gelangt. Frauen mit Mehrlingen, sehr kleinen Kindern, Frühgeburten und Kindern mit →Polyhydramnion sind häufiger betroffen.

Symptome/Diagnose

Das Ungeborene drückt mit seinem Gewicht auf das Becken und klemmt die Nabelschnur ab. Auf diese Weise reduziert es seine eigene Blut- und Sauerstoffversorgung. Dies macht sich durch eine anhaltende Bradykardie im CTG bemerkbar.

Das Vorliegen der Nabelschnur lässt sich nur in den seltensten Fällen vorher erfassen. Reagiert das Kind nach einem Blasensprung mit einer Bradykardie, muss eine vaginale Tastuntersuchung erfolgen. Hierbei kann man das Pulsieren der Nabelschnur vor dem vorangehenden Kindsteil tasten.

Therapie

Bei einem Vorliegen der Nabelschnur ist die erste Maßnahme eine Beckenhochlagerung oder die Seitenlage der Schwangeren. Häufig zieht sich dann die Nabelschnur spontan zurück. Falls diese Maßnahme nicht greift, beendet man die Entbindung vaginal operativ durch Zange oder Saugglocke oder aber per Kaiserschnitt.

Bei einem Nabelschnurvorfall muss nach der intrauterinen Reanimation, d. h. der Gabe von Wehen hemmenden Medikamenten zur besseren plazentaren Durchblutung, der umgehende Kaiserschnitt erfolgen. Das mütterliche Becken sollte hochgelagert werden. Zusätzlich muss der vorangehende Kindsteil nach oben gedrängt werden. Dies erfolgt durch eine vaginal belassene Hand des Arztes oder der Hebamme, auch beim Transport in den OP.

Prognose

Durch die Zirkulationsstörung in der Nabelschnur ist das Kind vital gefährdet.

Nabelschnurumschlingung

Definition

Bei der Nabelschnurumschlingung hat sich die Nabelschnur um den Körper oder den Hals des Fetus geschlungen.

Ursachen

Eine Umschlingung mit der Nabelschnur kommt durch die kindlichen Bewegungen zustande. Sie wird durch eine zu lange Nabelschnur oder durch ein Polyhydramnion begünstigt.

Symptome/Diagnose

Klinisch auffällig sind Nabelschnurumschlingungen, wenn sich die Schlinge beim Tiefertreten des Kopfes fester zusammenzieht und dann typische Zeichen des Sauerstoffmangels im CTG sichtbar werden.

Sinken die kindlichen Herztöne ab und verharren sie auf niedrigem Niveau, muss sofort der Arzt informiert werden.

Therapie

Die Einleitung der Geburt ist vom Zustand des Fetus abhängig. Ggf. ist ein Kaiserschnitt notwendig.

Prognose

Bei einer sehr langen Nabelschnur oder einem lebhaften Kind liegt bisweilen eine ein- oder mehrfache Umschlingung ohne Beeinträchtigung des Feten vor. Eine Gefährdung kann sich jedoch während der Austreibungsphase durch Beeinträchtigung der Zirkulation ergeben.

Nabelschnurknoten

Definition

Bei einem echten Nabelschnurknoten ist die Nabelschnur ein oder mehrfach geknotet. Als unechte Nabelschnurknoten werden knotige Gefäßaufknäuelungen in der Nabelschnur bezeichnet, die jedoch ohne Bedeutung sind (**Abb. N.3**).

Ursachen

Nabelschnurknoten kommen durch die Drehung des Kindes um die eigene Achse zu Stande.

Symptome/Diagnose

Nabelschnurknoten führen selten zu Problemen, weil die Gefäße durch die Wharton-Sulze, ein gallertiges, embryonales Bindegewebe in der Nabelschnur, vor Abklemmungen geschützt sind. Sie stellen meist einen Zufallsbefund dar, der erst nach der Entbindung entdeckt wird.

In manchen Fällen können sie jedoch Sauerstoffmangelzustände beim Fetus hervorrufen, die sich durch Bradykardie und CTG-Veränderungen bemerkbar machen.

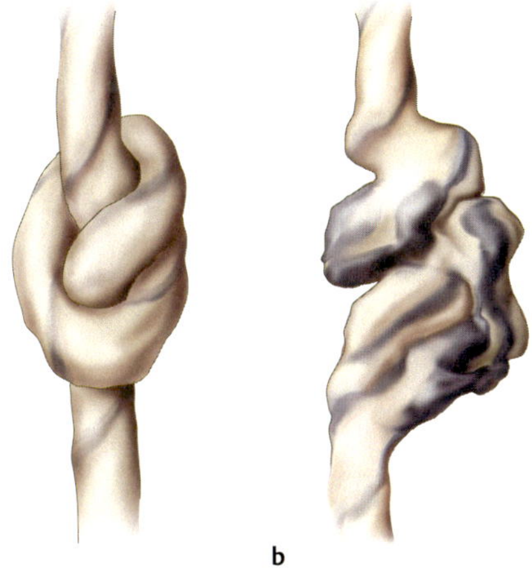

Abb. N.3 Nabelschnurknoten. a Einfacher echter Nabelschnurknoten. **b** Ein Knäuel von Varizen täuscht einen Knoten vor (falscher Nabelschnurknoten).

Therapie

Die Geburtseinleitung ist auch hier vom Zustand des Fetus abhängig. Im Falle eines fetalen Sauerstoffmangels kann ein Kaiserschnitt oder eine vaginal-operative Entbindung erforderlich werden.

Prognose

Unechte Knoten stellen keine Gefährdung für den Feten dar. Echte Knoten dagegen können sich akut zuziehen und so die Zirkulation vollständig unterbrechen.

Infobox

ICD-10:

P.02.4 – Nabelschnurvorfall

O.69.2 – Nabelschnurumschlingung, Nabelschnurknoten

Internetadressen:

http://flexicon.doccheck.com/Nabelschnurkomplikation

http://www.onmeda.de

http://www.schwangerschaft.medhost.de

Naevus flammeus

► Nach der Geburt zeigt sich auf dem Rücken des kleinen Lennert ein länglicher, roter Fleck. Die Eltern sind zunächst sehr beunruhigt. Doch ein Jahr später zeigt sich, dass die Ärzte mit ihrer Vermutung richtig lagen, das Feuermal wird immer blasser. Nach einer Rücksprache mit der Kinderärztin entscheiden sich die Eltern dafür weiter abzuwarten.

Definition

Ein Naevus flammeus ist eine angeborene begrenzte Fehlbildung der Gefäße mit Weitstellung oberflächlicher Kapillaren.

Synonym: Feuermal.

Ursachen

Es handelt sich um eine angeborene Fehlbildung der Gefäße. Die Differenzierung von embryonalem Keimmaterial ist aus unbekannten Gründen gestört. Es bilden sich Knäuel von weitgestellten Kapillaren (kleinste Blutgefäße) unmittelbar unter der Hautoberfläche. Die Gefäßwände sind nicht verdickt. Die mediale Form ist in der Körpermitte symmetrisch lokalisiert, die laterale erstreckt sich einseitig über das Versorgungsgebiet eines Nervs. Mädchen und Jungen sind gleich häufig betroffen (1 zu 200).

Symptome

Das Feuermal ist flach. Schon bei der Geburt zeigen sich rosa- oder dunkelrote Hautareale. Sie sind in den meisten Fällen rundlich oder länglich geformt und einige Zentimeter lang. Im Bereich des Nackenhaaransatzes findet sich häufig ein schwach ausgeprägtes Feuermal, der „Storchenbiss" (**Abb. N.4**).

I.d.R. lassen sich die Herde mit einem Glasspatel wegdrücken. Im ersten Lebensjahr werden die Herde nur wenig größer oder kleiner, der mediane Typ wird meist kleiner. Danach verändern sie sich nicht mehr.

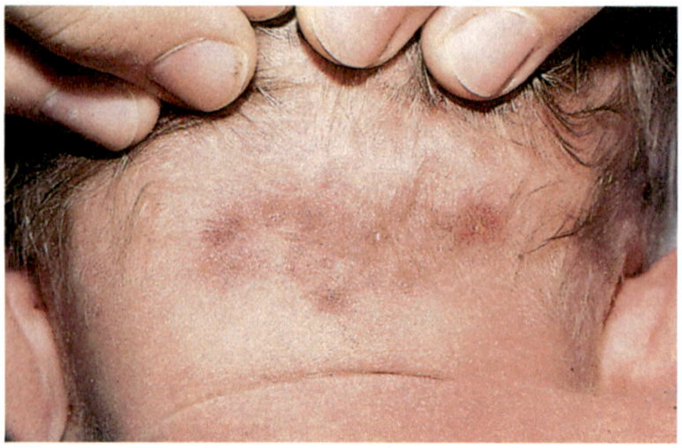

Abb. N.4 Naevus flammeus. Typische rote Flecken im Nacken („Storchenbiss").

Erst im Erwachsenenalter zeigt sich eine Veränderung: Die Herde werden erhaben mit knotiger Oberfläche, die Farbe wechselt ins bläuliche und wird kräftiger.

Diagnose

Die Herde werden dokumentiert, d. h. vermessen und fotografiert. Des Weiteren wird nach bisher nicht bekannten Lokalisationen gesucht.

Zum Ausschluss der Differenzialdiagnosen sind neurologische, orthopädische oder angiologische (das Gefäßsystem betreffende) Verfahren notwendig.

Differenzialdiagnose

In 5 % der Fälle ist ein Feuermal Teil der Zeichen eines komplexeren Syndroms. Ein halbseitiger Naevus flammeus im Gesicht kann ein Zeichen für das Sturge-Weber-Syndrom sein, bei dem Fehlbildungen der Gefäße der Hirnhaut und des Gehirns vorliegen. Folgen sind Lähmungen, → Epilepsie, geistige Behinderung und Augenerkrankungen.

Ein Feuermal an den Extremitäten ist ein Hinweis auf ein Klippel-Trenaunay-Syndrom mit Fehlbildungen der Gefäße und Knochen.

Ein Naevus araneus (Spinnweben-Muttermal) ist eine harmlose Gefäßerweiterung mit einem zentralen roten Punkt und auslaufenden feinen Ästen.

Therapie

Der Naevus flammeus selbst ist harmlos und ein „kosmetisches" Problem. Allerdings kann der Leidensdruck nicht nur für Kinder mit sichtbaren Malen groß sein.

Areale können durch Schminke überdeckt werden. Zur Verödung stehen verschiedene Laser auch schon im Kindesalter zur Verfügung.

Prognose

Feuermale werden im Lauf der Jahre fast immer, evtl. im Erwachsenenalter, leicht erhaben. Die Entfernung mittels Laser gelingt nicht immer vollständig.

Komplikationen

Wenn der Naevus flammeus nicht Teil eines Syndroms ist, gibt es keine Probleme.

Infobox

ICD-10: Q82.5

Internetadresse:
http://www.feuermal-behandlung.de

Literatur:

Ludwig, M. (Hrsg.): Angiologie in Klinik und Praxis. Thieme, Stuttgart 1998

Nagelpilz

► Die 43-jährige Erika Straub klagt ihrer Hausärztin: „In letzter Zeit sind meine Zehennägel ganz gelb und dick geworden. Außerdem sind sie ganz brüchig, so dass ich mir ständig die Strümpfe daran zerreiße."

Definition

Der Nagelpilz ist eine Infektion der Fuß- oder Fingernägel mit einem Pilz.

Synonyme: Onychomykose.

Ursachen

Erreger des Nagelpilzes ist zu fast 90% der Dermatophyt (Fadenpilz) Trichophytum rubrum. Dann folgen andere Fadenpilze und selten Hefen (Candida).

Die Sporen sind widerstandsfähig gegenüber Temperatur und Desinfektionsmitteln und wochenlang ansteckend. Sie finden sich in feuchter Umgebung, z. B. an Handtüchern, Badeschlappen und Lattenrosten. Der Sporen-Kontakt lässt sich kaum vermeiden. Für eine Infektion braucht es weitere Faktoren.

Risikofaktoren

Dazu zählen das Schwitzen der Füße und das Tragen von engen (Sicherheits-) Schuhen. Auch die mechanische Belastung der Nägel durch Sport ist ein Risikofaktor. Erkrankungen mit einer herabgesetzten Infektionsabwehr oder mit Durchblutungsstörungen, z. B. → Diabetes, bereiten den Boden für eine Infektion. Fast immer kommt es zuerst zum Befall der Zwischenzehenräume (Fußpilz, **Abb. N.5 a**). Erst bei ungünstigen Bedingungen werden dann auch die Nägel befallen; zu 80% trifft es die Großzehe.

Nagelpilz an den Fingern ist deutlich seltener und betrifft fast nur Menschen mit ständig nassen Händen oder mit schweren Grunderkrankungen.

Symptome

Der Nagel verfärbt sich gelblich oder weißlich. Die Infektion beginnt am Ende des Nagels, dort wo er abgeschnitten wird, und breitet sich langsam zuerst halbmondförmig an den Nagelrändern, dann zur Mitte und zur Nagelwurzel hin aus (**Abb. N.5 b**). Später hebt sich der Nagel ab, er wird dicker. Schließlich ist der gesamte Nagel verfärbt, er wird zusätzlich brüchig. Der Befall geht auf alle Nägel über.

Bei Hefen kann die Infektion auch am Nagelwall beginnen, d. h. zur Hand oder zum Fuß hin.

Diagnose

Beim Verdacht sollte ein Nachweis auf geeigneten Nährboden erfolgen. Damit lassen sich Dermatophyten und Hefen differenzieren. Die sofortige Schnellfärbung unter dem Mikroskop ist nicht sehr sicher.

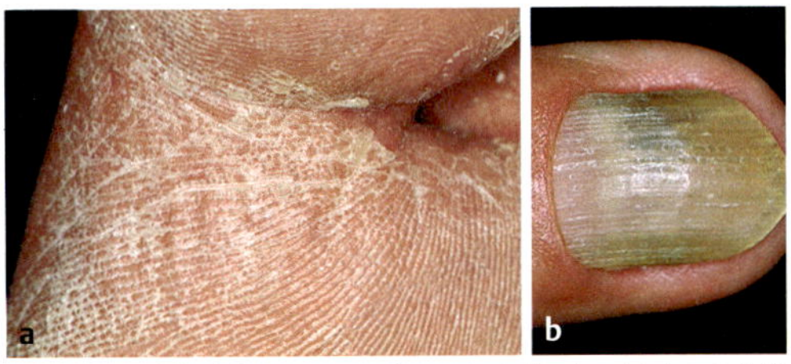

Abb. N.5 Pilzbefall. a Dermatophyten im Zehenbereich („Fußpilz"). **b** Nagelpilzerkrankung mit Verfärbung der Nagelplatte.

Differenzialdiagnose

Bei einer → Psoriasis können die Nägel ähnlich verfärbt und verformt sein. Auch ein → Hämatom nach Verletzung kann eine Mykose vortäuschen.

Therapie

Möglichst viel Material sollte mit Einmal-Feilen entfernt werden, ohne sich zu verletzen. Lösungen und Lacke mit Antimykotika bringen eine begrenzte Infektion zum Stillstand. Bei Befall mehrerer Nägel sind orale Antimykotika indiziert, die eine sorgfältige Überwachung der Laborparameter erfordern. Das Ziehen der Nägel ist überholt.

Prognose

Die Behandlung erfordert Mitarbeit des Patienten und Geduld, zieht sie sich doch Monate hin. Bei konsequenter Behandlung ist eine vollständige Heilung zu erwarten. Allerdings ist das Risiko einer neuen Ansteckung hoch.

Komplikationen

Die Onychomykose ist eine Eintrittspforte für das → Erysipel („Wundrose") durch Streptokokken.

Infobox

ICD-10:
B35.1

Internetadressen:
http://www.nagelpilz.ch

Literatur:
Bittig, F.: Bildatlas der medizinischen Fußpflege, 2. Aufl. Hippokrates, Stuttgart 2002

Nahrungsmittelallergie

► „Krabben? Ach ja, das schmeckt gut, habe ich erst einmal gegessen. Lass' uns doch welche bestellen!", freut sich Frau Gustorff. Sie ist von ihrem Mann in ein schickes Restaurant eingeladen worden. Die Krabben schmecken wirklich nicht schlecht. Doch plötzlich bemerkt sie ein komisch pelziges Gefühl um den Mund. Das ganze Gesicht scheint plötzlich zu spannen, als ob die Haut zu eng sei. „Ute, wie siehst Du denn aus? Dein Gesicht ist ja ganz geschwollen?!" ruft ihr Mann besorgt. Als seine Frau plötzlich über zunehmende Atemnot klagt, ruft Herr Gustorff den Notarzt und ein schöner gemütlicher Abend endet in der Notaufnahme. Krabben wird Frau Gustorff nicht mehr essen.

Definition

Eine Nahrungsmittelallergie ist eine Überempfindlichkeitsreaktion auf bestimmte Nahrungsmittel oder Nahrungsbestandteile.

Ursachen

Wieso genau manche Menschen auf bestimmte Nahrungsmittel allergisch reagieren, ist nicht bekannt. Man vermutet, dass die Anlage zur Allergie vererbt ist.

Der allergischen Reaktion liegt eine Störung des Immunsystems zugrunde. Normalerweise kann der Körper zwischen fremden, krank machenden Stoffen und harmlosen Umweltstoffen oder Nahrungsbestandteilen unterscheiden. Bei den Betroffenen aber werden harmlose Substanzen für einen gefährlichen Fremdkörper gehalten und bewirken eine Reaktion des Immunsystems.

Nach einem ersten Kontakt mit der Allergie auslösenden Substanz bildet der Körper Abwehrstoffe (Antikörper) gegen diese Substanzen. Bei einem erneuten Kontakt mit der Substanz setzen sich diese Antikörper auf Zellen, welche Histamin (einen gefäßerweiternden Stoff) freisetzen. Dies führt zu den klassischen Zeichen einer Allergie, z. B. Juckreiz oder Hautausschlag.

Nahrungsmittelallergien sind recht häufig, bis zu 2% der Bevölkerung sind betroffen. Besonders häufig sind Nahrungsmittelallergien bei Kleinkindern. In den allermeisten Fällen leiden die Betroffenen zusätzlich unter anderen Allergien, z. B. dem → Heuschnupfen oder einer → Haus-, Staub- und/oder Milbenallergie.

Prinzipiell kann jedes Nahrungsmittel eine Allergie auslösen. Die häufigsten Allergie auslösenden Nahrungsmittel bei Kleinkindern sind Kuhmilch und Eiweiß. Bei Erwachsenen stehen Nüsse, Fische und Schalentiere im Vordergrund. Man spricht von einer Kreuzallergie, wenn Menschen, welche unter Heuschnupfen leiden, auch allergisch auf bestimmte Nahrungsmittel reagieren. Diese ähneln den Pollenallergenen. So besteht, z. B. bei einer Allergie gegen Birkenpollen, nicht selten eine Allergie gegen bestimmte Obst- und Gemüsesorten.

Symptome

Nahrungsmittelallergien können an fast allen Organen eine allergische Reaktion auslösen. Meist treten die Symptome etwa 30 Min. nach dem Kontakt mit dem Nahrungsmittel auf. Aber auch verzögerte Reaktionen Stunden bis Tage nach der Nahrungsaufnahme sind möglich.

Am häufigsten zeigen sich Hautreaktionen mit Juckreiz und einem Hautausschlag. Allergische Reaktionen im Bereich der Atemwege äußern sich mit Nasenlaufen, plötzlich auftretender Atemnot infolge eines Anschwellens des Kehlkopfbereichs bis hin zum Asthmaanfall.

Nicht selten kommt es zu Beschwerden im Bereich des Verdauungstraktes mit Pelzigkeitsgefühl auf Lippen und Gaumen, aber auch Bauchkrämpfen und Durchfall.

In sehr seltenen Fällen kann eine starke allergische Reaktion zum Kreislaufversagen (→ anaphylaktischer Schock) führen. Er zeigt sich durch einen sehr schnellen Puls mit Blutdruckabfall und kann lebensgefährlich werden.

Diagnose

Neben speziellen allergologischen Testverfahren oder dem Nachweis von Antiköpern gegen die Nahrungsmittel lässt sich eine Nahrungsmittelallergie in einem Provokationstest nachweisen.

Differenzialdiagnose

Viel häufiger als Nahrungsmittelallergien sind Nahrungsmittelunverträglichkeiten, denen keine allergische Reaktion zugrunde liegt (**Abb. N.6**).

Bei manchen Menschen löst der Genuss von Milch Durchfall und Bauchschmerzen aus. Hier liegt keine allergische Reaktion auf Milch, sondern ein Enzymmangel vor. Die Betroffenen haben einen sog. Laktasemangel, d. h. es fehlt ihnen der Stoff, den wir brauchen, um Milch verdauen zu können. Man spricht von einer Laktoseintoleranz.

Lösen Getreideprodukte mit Weizen Durchfall und Bauchschmerzen aus, so muss man neben einer Allergie auch an die → Zöliakie denken. Hier liegt eine Unverträglichkeit für Gluten, einem Getreideeiweiß, vor.

Therapie

Die wirksamste Therapie ist die strikte Meidung der entsprechenden Nahrungsmittel. Dabei ist zu beachten, dass manche Nahrungsbestandteile „versteckt" in Nahrungsmitteln enthalten sein können (z. B. in Fertiggerichten). Bei schweren allergischen Reaktionen wird den Betroffenen ein Notfallset mit antiallergischen Medikamenten verordnet, welches sie immer bei sich tragen sollten.

Mütter, welche unter Allergien leiden, können ihr Neugeborenes schützen, indem sie diese über mindestens sechs Monate stillen. Dies soll die Häufigkeit von Allergien vermindern. Der Einsatz von hypoallergener Säuglingsnahrung (HA) als vorbeugende Maßnahme ist umstritten.

Abb. N.6 Nahrungsmittelunverträglichkeiten. Gluten und Laktose werden von vielen Menschen nicht vertragen. Dann sollte auf gluten- und laktosefreie Lebensmittel geachtet werden.

Prognose

I.d.R. verlaufen allergische Reaktionen harmlos. Sie sind eher störend als wirklich gefährlich. Nach jahrelangem Verzicht auf die Allergie auslösende Substanz kann die Allergie sogar verschwinden.

Bei Kindern ist dies in über der Hälfte der Fälle möglich. Bei Erwachsenen ist eine solche „Spontanheilung“ eher selten.

Infobox

ICD-10:
T78.1

Internetadressen:
http://www.allergie.medhost.de

Literatur:

Biesalski, H. u. a. (Hrsg.): Ernährungsmedizin, 3. Aufl. Thieme, Stuttgart 2004

Jung, E. (Hrsg.): 30 Jahre aktuelle Dermatologie. Thieme, Stuttgart 2005

Nasenbeinfraktur

► Markus Löffler (23) hat beim Handballspielen einen Ellenbogen ins Gesicht bekommen. Die Nase schwillt stark an, es blutet heftig und man erkennt eine deutliche Verschiebung nach rechts. Leider ist es nicht sein erster Nasenbeinbruch. Die Fraktur kann im Krankenhaus geschlossen gerichtet werden.

Definition

Bei einer Nasenbeinfraktur ist das knorpelige und/oder knöcherne Nasengerüst sowie das Nasenseptum gebrochen.

Synonym: Nasenbeinbruch.

Ursachen

Frakturen des Nasengerüsts gehören zu den häufigsten Mittelgesichtsverletzungen. Ursache ist eine von vorn oder von der Seite einwirkende stumpfe Gewalt (Sturz, Schlag), z. B. bei Kontaktsportarten (Fußball, Handball, Boxen), nach Verkehrsunfällen oder Schlägereien.

Symptome

Da die gut durchblutete Schleimhaut verletzt ist, blutet die Nase (Epistaxis). Die Nase schwillt schnell an. Je nach Art der Gewalteinwirkung erkennt man eine mehr oder weniger deutliche Formveränderung, eine Impression (Einsinken) der Nasenpyramide oder einen Schiefstand. Die starke Schwellung kann allerdings leichte Deformitäten oder Frakturstufen maskieren. Möglicherweise bildet sich ein Brillenhämatom.

Diagnose

Bei der vorsichtigen Palpation krepitieren (aneinander reiben, knirschen) die Fragmente. Gesichert wird die Diagnose mit Röntgenaufnahmen des Nasenprofils (seitlich) sowie der Nasennebenhöhlen.

Differenzialdiagnose

Es sollten schwerwiegendere Verletzungen des Mittelgesichts durch Prüfung der Sensibilität (N. infraorbitalis), der Augenbeweglichkeit (Doppelbilder) und eine evtl. auftretende Okklusionsstörung (Zusammenbiss der Zähne) ausgeschlossen werden.

Therapie

Erstversorgung. Die teilweise heftige Blutung wird von manchen Patienten als bedrohlich empfunden, der Blutverlust wird überschätzt. Ersthelfer sollten daher Ruhe ausstrahlen. Der Patient sitzt aufrecht, damit kein Blut aspiriert wird. Das Blut kann mit einem Gefäß aufgefangen werden, solange kein Material zur endonasalen Tamponade zur Verfügung steht. Es sollte kein Blut verschluckt werden, weil dies oft Brechreiz auslöst. Kalte Umschläge auf Stirn und Nacken fördern durch die reflektorische Gefäßkonstriktion die Blutstillung.

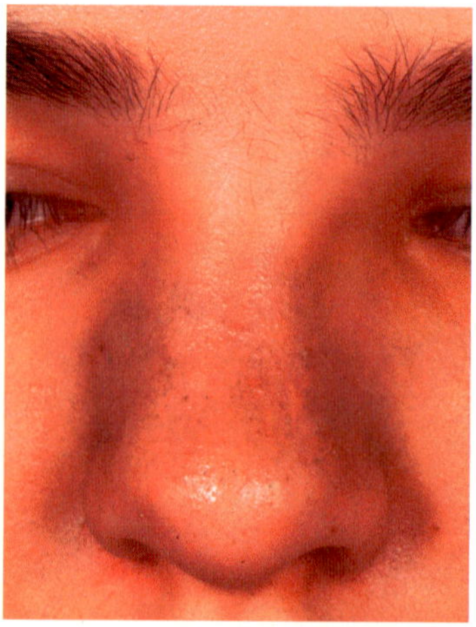

Abb. N.7 Nasenpyramidenfraktur. Schiefstand der äußeren Nase und Schwellung bei geschlossenem Weichteilmantel.

Konservative Therapie. Starke Blutungen werden tamponiert (s. **Abb. N.8** u. **N.9**, S. 701, 702). Geschlossene, nicht verschobene Nasenbeinbrüche bedürfen keiner besonderen Behandlung, evtl. wird ein Nasenstützverband angelegt.

Chirurgische Therapie. Ein verschobenes Nasengerüst sollte möglichst rasch (innerhalb von 24 Std.) in Narkose geschlossen reponiert (gerichtet) werden. Bei komplizierten Trümmerbrüchen oder offenen Frakturen ist die offene Reposition erforderlich. Liegen erhebliche Weichteilschäden vor, kann die Reposition manchmal erst nach Abklingen der akuten Gewebsreaktion erfolgen.

Prognose

Verzögert sich die Reposition, kann es zu Knorpel- und Knochennekrosen kommen mit erheblichen kosmetischen (Sattelnase) und funktionellen Folgen, z. B. einer dauerhaften Behinderung der Nasenatmung, Störung der Geruchswahrnehmung.

Infobox

ICD-10: S02.2

Internetadressen:

Leitlinien HNO: http://www.leitlinien.net

Literatur:

Probst, R. u. a.: Hals-Nasen-Ohren-Heilkunde, 2. Aufl. Thieme, Stuttgart 2004

Rüter, A. u. a. (Hrsg.): Unfallchirurgie, 2. Aufl. Urban & Fischer, München 2003

Nasenbluten

► Herr Müller hat jetzt wirklich die Nase voll. Seit Tagen ist er erkältet und jedes Mal, wenn er sich die Nase putzt, fängt sie an zu bluten. Er traut sich inzwischen nicht mal mehr zu schnäuzen. Heute Morgen nach dem Aufstehen hat es wieder angefangen, aber diesmal hat es nicht wieder aufgehört zu bluten. Deswegen soll er sich jetzt bei einem HNO-Arzt behandeln lassen. Seit seinem Schlaganfall nimmt er Blut verdünnende Medikamente ein, die das Blutungsrisiko erhöhen.

Definition

Beim Nasenbluten handelt es sich um ein relativ häufig auftretendes Symptom, dem meist eine harmlose Ursache zugrunde liegt.

Synonym: Epistaxis.

Ursachen

In etwa 80% der Fälle blutet es aus einem Gefäß im Bereich des vorderen Abschnittes der Nasenscheidewand (Locus Kiesselbach). In diesem Bereich treten Blutgefäße aus der Tiefe der Nasenscheidewand zur Oberfläche und biegen nahezu im rechten Winkel ab. Sie sind in ihrem Verlauf knapp unter der Schleimhautoberfläche besonders exponiert und verletzlich. Begünstigt werden Blutungen in diesem Bereich durch Verkrümmungen der Nasenscheidewand, die über eine vermehrte Verwirbelung der Atemluft zum Austrocknen und zu Verkrustungen der Schleimhaut beitragen.

Seltener liegt die Blutungsquelle im hinteren oder oberen Nasenabschnitt oder im Bereich der Nasennebenhöhlen.

Bestimmte systemische Erkrankungen wie Bluthochdruck (→ Hypertonie) oder Blutgerinnungsstörungen erhöhen das Risiko an Nasenbluten zu erkranken.

Symptome

Es kann sowohl nach vorne aus der Nase heraus oder auch in den Nasenrachen bluten. Die Blutung tritt meist plötzlich auf, z.B. bei körperlicher Anstrengung oder beim Schnäuzen.

Diagnose

Bei der Anamnese werden Erkrankungen wie Bluthochdruck, Blutgerinnungsstörungen und Einnahme von Medikamenten mit Einfluss auf die Blutgerinnung wie Marcumar oder ASS abgefragt. Wichtig ist auch zu erfahren, wie lange die Blutung bereits anhält, um den entstandenen Blutverlust einschätzen zu können.

Der HNO-Arzt untersucht die Nase mit dem Nasenspekulum oder genauer mit dem Endoskop nach vorherigem Abschwellen der Schleimhaut und Oberflächenanästhesie und versucht so die Blutungsquelle zu orten.

Der Blutdruck wird gemessen und eine Blutentnahme erfolgt zur Bestimmung von Hämoglobin (Hb) und Hämatokrit sowie der Blutgerinnungsparameter.

In einzelnen Fällen kann eine Computertomografie der Nase und der Nebenhöhlen sinnvoll sein, um chronische Nasennebenhöhlenentzündungen (→ chronische Sinusitis) oder → Tumoren auszuschließen. In einer Angiografie (Kontrastmitteluntersuchung der Blutgefäße) kann festgestellt werden, welches Blutgefäß betroffen ist.

Differenzialdiagnose

Erkrankungen, die zu Nasenbluten führen können, müssen ausgeschlossen werden:

- → Tumoren der Nase und der Nasennebenhöhlen,
- Gefäßerkrankungen (M. Osler).

Therapie

Der Betroffene soll den Kopf nach vorne neigen, damit das Blut nicht verschluckt wird. Durch das Auflegen eines feuchten, kalten Waschlappens in den Nacken verengen sich die Blutgefäße und oftmals stoppt die Blutung von alleine (**Abb. N.8**). Bei stärkerem Nasenbluten, oder wenn die Blutung von alleine nicht zum Stillstand kommt, sollte ein Arzt aufgesucht werden. Wenn der HNO-Arzt das verletzte Gefäß findet, kann er die Blutungsquelle elektrisch (bipolare Koagulation) oder chemisch (Silbernitrat) veröden.

Wenn dies nicht gelingt, so wird eine Tamponade in die Nase eingebracht um die Blutung zu stoppen. Manchmal reicht die Tamponade der vorderen Nasenabschnitte nicht aus, oder sie ist wegen einer ausgeprägten Verkrümmung der Nasenscheidewand nicht möglich; dann wird eine zusätzliche hintere Nasentamponade vom Nasenrachenraum aus (Bellocq-Tamponade) erforderlich (**Abb. N.9**). Die Tamponade muss für mindestens 2–3 Tage in der Nase verbleiben und ist für den Patienten sehr unangenehm. Wenn die Blutung mittels Tamponade nicht stillbar ist, so

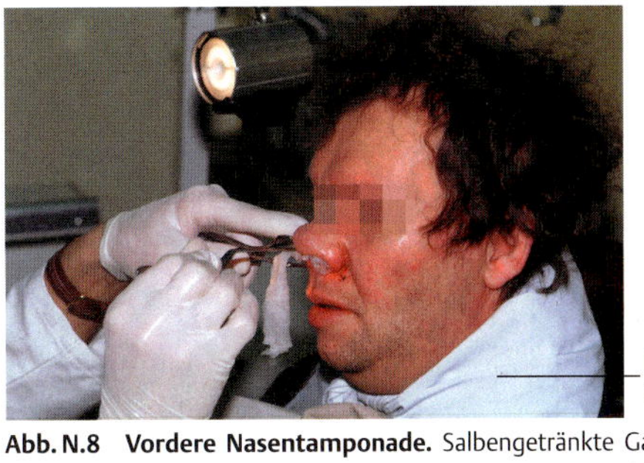

Abb. N.8 Vordere Nasentamponade. Salbengetränkte Gazestreifen werden schichtweise in beide Nasenhaupthöhlen eingeführt. Der Patient erhält einen Eisbeutel in den Nacken.

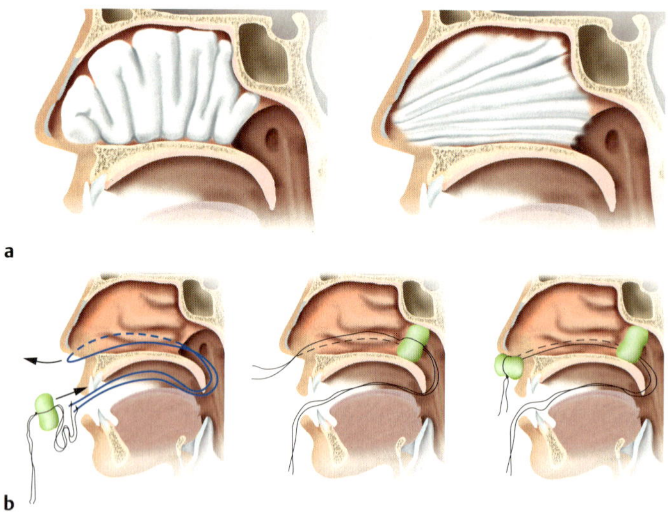

Abb. N.9 **Nasentamponaden. a** Vordere Tamponade. **b** Bellocq-Tamponade.

ist in seltenen Fällen eine Operation indiziert. Hierbei werden die zuführenden Blutgefäße unterbunden.

Bei systemischen Krankheiten wie Bluthochdruck oder Gerinnungsstörungen sind diese entsprechend mit zu behandeln. Die Einnahme gerinnungshemmender Medikamente sollte vorübergehend eingestellt werden, evtl. kann die Blutgerinnung durch Gabe von Gerinnungsfaktoren kurzfristig wieder verbessert werden.

Wenn es durch großen Blutverlust zu einem Volumenmangel oder einer → Anämie gekommen ist, werden dem Patienten Infusionen oder Bluttransfusionen verabreicht.

Prognose

I.d.R. kann die Blutung gestoppt werden und der Patient ist geheilt. Wenn systemische Erkrankungen die Blutungsneigung erhöhen, so sind diese mit zu behandeln, um rezidivierende Ereignisse zu vermeiden. Unstillbares Nasenbluten kann aber in einzelnen Fällen auch sehr schwierig in den Griff zu bekommen sein und zu potenziell lebensbedrohlichen Situationen führen.

Infobox

ICD 10:
R04.0

Internetadressen:
Deutsche Gesellschaft für HNO-Heilkunde: http://www.hno.org
Leitlinien HNO: http://www.uni-duesseldorf.de/WWW/AWMF

Nekrotisierende Enterokolitis (NEK)

► Felix ist ein Frühgeborenes der 28. Schwangerschaftswoche (SSW). In der 27. SSW kam es zum Blasensprung und Ansteigen von Entzündungszeichen. Aus diesem Grund wird er durch Kaiserschnitt entbunden. Felix ist vital in gutem Allgemeinzustand. Langsam kann die Nahrung gesteigert werden. Er erhält 12 mal 5 ml Muttermilch über eine Magensonde. Am 5. Tag erscheint der Bauch etwas gebläht. Felix ist nicht mehr so aktiv. Es folgen einzelne Apnoen von mehr als 20 Sek., gefolgt von Herzfrequenzabfällen (Bradykardien) auf 30/Min. Durch Stimulation erholt sich Felix aber immer wieder. In der Nacht zum 6. Lebenstag verschlechtert sich die Situation: Der Bauch ist stark gebläht, die Haut glänzend gespannt. Bei vorsichtiger Berührung zeigt Felix Schmerzreaktionen. Im Blutbild sind die Leukozyten vermindert auf 4,5/nl, die Thrombozyten normal. Felix erbricht gallig grünes Sekret. Als Erstmaßnahme wird die Nahrungszufuhr beendet und eine Magenablaufsonde gelegt. Unter dem Verdacht auf eine Sepsis bei nekrotisierender Enterokolitis wird eine antibiotische Therapie begonnen. Sein Zustand verschlechtert sich weiter und es wird die Indikation zur Operation gestellt. Intraoperativ wird festgestellt, dass eine Perforation des Darmes besteht und sich Darminhalt in den Bauchraum ergießt. Ein künstlicher Darmausgang wird in der rechten Flanke angelegt und der Bauch wieder verschlossen. Im weiteren Verlauf erholt sich Felix. Allerdings ist seine Gewichtszunahme nicht ganz befriedigend, da er viel Stuhl über den Anus praeter verliert. Trotzdem kann später bei einem Gewicht von 3,5 kg der Anus praeter zurückverlagert werden.

Definition

Bei der nekrotisierenden Enterokolitis (NEK) handelt es sich um eine transmurale nekrotisierende Entzündung der Darmwand eines Früh- oder Neugeborenen.

Betroffen ist meist das terminale Ileum und Colon ascendens, der Befall des gesamten Darmes ist jedoch möglich.

Eine NEK ist die häufigste Ursache für ein → akutes Abdomen beim Frühgeborenen. Meist tritt sie bei sehr unreifen Frühgeborenen in der zweiten bis vierten Lebenswoche auf. Selten sind sporadische Häufungen einiger betroffener Frühgeborener auf einer Station, was auf eine infektiöse Genese dieser Fälle hinweist.

Ursachen

Zur NEK können verschiedene Ursachen führen, letztlich aber immer eine Kombination aus Perfusionsstörung und Unreife bzw. Infektion des Darmes. Perfusionsstörungen der Darmwand treten z. B. in Folge eines hypovolämischen → Schocks, offenen Ductus arteriosus, → Hypotonie, Herzvitien (Herzfehler) mit Linksobstruktion (z. B. Aortenisthmusstenose), Polyglobulie, Hypoglykämie (→ hypoglykämischer Schock) und Hypoxämie auf.

Einerseits scheint ein früher enteraler Nahrungsaufbau, insbesondere mit Muttermilch, bei Frühgeborenen eine NEK zu verhindern. Andererseits weiß man, dass eine zu rasche Nahrungssteigerung, v. a. mit hyperosmolaren Nahrungen oder Medikamenten mit hoher Osmolarität, das Risiko einer NEK erhöht. Eine → Sepsis ist i.d.R. die Folge, nicht die Ursache der NEK.

Symptome

Leitsymptome sind ein geblähtes Abdomen mit fehlender Peristaltik und durch die Bauchdecke sichtbare, erweiterte Darmschlingen (**Abb. N.10**).

Es kommt zur Nahrungsunverträglichkeit mit Erbrechen und gallig blutigem Magensekret. I.d.R. wird kein Stuhl abgesetzt. Geschieht dies dennoch, so ist der Stuhl meist blutig tingiert (gefärbt). Sekundär kommt es zum septischen Krankheitsbild, wohl infolge einer Durchwanderungsperitonitis (→ Peritonitis).

Spätsymptome sind eine abdominelle Abwehrspannung und Schmerzen bei der Palpation. Eine Rötung der Flanken ist immer Spätsymptom einer Peritonitis und deutet oft auf eine Perforation des nekrotischen Darmes hin.

Diagnose

Entscheidend ist die kontinuierliche klinische Kontrolle des abdominellen Befundes. Weiterhin sind Blutbild, CRP, Blutkultur und eine Gerinnungsanalyse wichtig, um eine → Verbrauchskoagulopathie auszuschließen. Der Blutnachweis im Stuhl kann positiv sein.

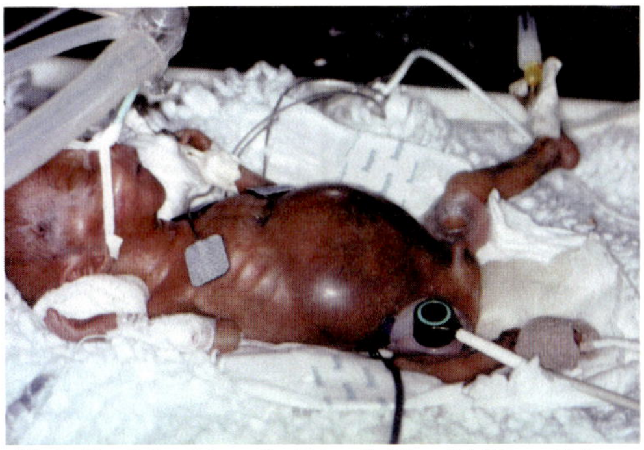

Abb. N.10 Nekrotisierende Enterokolitis. Geblähtes Abdomen mit fehlender Peristaltik und durch die Bauchdecke sichtbare, erweiterte Darmschlingen.

Radiologisch zeigt die Abdomenübersicht dilatierte Darmschlingen, verdickte Darmwände und häufig die pathognomonische Pneumatosis intestinalis (perlschnurartige oder blasenförmige intramurale Lufteinschlüsse), ggf. auch Luft in den Portalvenen. Im Falle einer Perforation lässt sich freie Luft im Abdomen nachweisen. Nicht jede NEK, und noch weniger jede Perforation, führt zu radiologisch erkennbaren Befunden.

Sonografisch lassen sich ebenfalls verdickte Darmwände und evtl. Luft in den Portalvenen als Spätzeichen erkennen. Im Stuhl lassen sich manchmal darmpathogene Erreger nachweisen, z. B. Adeno-, Parvo- oder Echoviren, die möglicherweise mit einer NEK assoziiert sind.

Therapie

Bei NEK-Verdacht wird sofort auf parenterale Ernährung umgestellt. Alle oralen Medikamente werden abgesetzt, eine Magenablaufsonde gelegt und eine Infusionstherapie mit parenteraler Ernährung begonnen. Da eine NEK immer zur Sepsis führt, wird antibiotisch wie bei der Sepsis behandelt, wobei auch an anaerobe Keime zu denken ist. Ziel der Therapie ist es, die Perfusion des Darmes zu verbessern, z. B. Duktusligatur bei PDA, Bluttransfusion. I.d.R. ist eine Beatmung erforderlich.

Eine operative Intervention ist bei Perforation, aber auch im fortgeschrittenen Stadium der Erkrankung indiziert. Sie soll die weitere Darmdistension (Ausdehnung) verhindern und damit die Perfusion der Darmwand verbessern. Nekrotisch aussehender Darm soll möglichst belassen und endgültig erst in einer Zweitoperation reseziert (entfernt) werden, da sich große Darmanteile wieder erholen können. I.d.R. muss vorübergehend ein Anus praeter angelegt werden.

Ein vorsichtiger Nahrungsaufbau, möglichst mit Muttermilch, kann begonnen werden, wenn das Abdomen klinisch wieder unauffällig ist.

Bei Anlage eines Anus praeter kann nach Rückbildung der NEK-Symptomatik der aborale Schenkel des Darmes mit Glukose 5 %, 1 : 1 mit NaCl 0,9 %, Muttermilch oder noch besser mit Stuhl aus dem Stoma gespült werden, um eine Atrophie der Darmmukosa zu verhindern. Der Effekt dieser Maßnahme ist aber nicht belegt.

Prognose

Die Prognose einer NEK ist nicht schlecht, wenn es gelingt, die Sepsis zu beherrschen. Die Letalität beträgt maximal 5 – 10 %. Bei ausgedehnten Nekrosen droht ein Kurzdarmsyndrom.

Der Zeitpunkt der Rückverlagerung eines Anus praeter wird individuell festgelegt. Meist wird ein Gewicht des Kindes von etwa 3 kg gefordert.

Infobox

ICD-10:
P77

Literatur:

Roos, R. u. a.: Checkliste Neonatologie. Das NEO-ABC, 2. Aufl. Thieme, Stuttgart 2003

Reinhardt D. (Hrsg.): Therapie der Krankheiten im Kindes- und Jugendalter, 6. Aufl. Springer, Berlin 2004

Nephritis

► Frau Hellmeyer kommt zur jährlichen Routineuntersuchung zu ihrer Hausärztin. „Mir geht es prima", erklärt die 55-Jährige. „Das Schmerzmittel, das sie mir gegen meine Arthrose verschrieben haben, wirkt richtig gut! Hm, und sonst? Ach ja, jetzt fällt es mir wieder ein. Ich habe vor ein paar Tagen beim Duschen so einen Ausschlag an der Brust und am Bauch bemerkt. Ich bin sonst gar nicht empfindlich mit der Haut. Ich habe keine Allergien oder so. Daher habe ich mich etwas gewundert. Aber sie können sich das ja mal anschauen."

Definition

Eine Nephritis bezeichnet eine Entzündung des Nierengewebes, meist unter Mitbeteiligung der Nierentubuli.

Synonyme: tubulointerstitielle Nierenerkrankung.

Ursachen

Man unterscheidet eine akute interstitielle Nephritis von einer chronisch verlaufenden Form.

Akute interstitielle Nephritis

Die akute interstitielle Nephritis ist in 10 – 15% der Fälle für ein → akutes Nierenversagen verantwortlich. Sie wird am häufigsten durch Medikamente hervorgerufen, die das Nierengewebe über eine allergische Reaktion schädigen. Eine derartige Überempfindlichkeitsreaktion wird von verschiedenen Medikamenten ausgelöst wie:

- Antibiotika (z. B. Penicillin, Sulfonamide),
- nichtsteroidale Antiphlogistika (z. B. Ibuprofen, Paracetamol),
- Diuretika (Thiazide, Furosemid).

Eine akute Nephritis kann darüber hinaus durch Infektionen verursacht werden. Das Nierengewebe kann sich dabei einerseits direkt durch die Erreger entzünden (→ Pyelonephritis) oder die Entzündung kann durch eine allergische Reaktion z. B. auf folgende Erreger ausgelöst werden (parainfektiös):

- Viren (z. B. Epstein-Barr-Virus, HIV),
- Bakterien (z. B. Streptokokken, Legionellen),
- Pilze (Histoplasmose),
- Parasiten (→ Toxoplasmose, Leishmaniose, → Malaria).

Weitere Ursachen einer akuten interstitiellen Nephritis sind immunologische Systemerkrankungen wie:

- → systemischer Lupus erythematodes,
- Sjögren-Syndrom,
- Kryoglobulinämie,
- akute → Transplantatabstoßung.

Ebenso können Pflanzentoxine eine Ursache für die Erkrankung sein. Ein seltenes Krankheitsbild ist die akute tubulo-interstitielle Nephritis in Kombination mit einer Entzündung der Aderhaut (→ Uveitis). Dieses sog. TINU-Syndrom tritt als Komplikation einer Infektion mit Epstein-Barr-Viren bei Jugendlichen oder im Rahmen eines Entzündungsprozesses bei jungen Frauen auf. In 10 – 20% der Fälle lässt sich keine Ursache für die akute Nephritis finden (idiopathische akute interstitielle Nephritis).

Chronische interstitielle Nephritis

Eine chronische interstitielle Nephritis entsteht am häufigsten bei Menschen, die über einen längeren Zeitraum Schmerzmittel einnehmen. Diese Analgetika-Nephropathie wird meist durch Mischpräparate aus Azetylsalizylsäure, Paracetamol und Koffein (APC) hervorgerufen (**Abb. N.11**). Selten entwickelt sich die chronische Nephritis als Komplikation einer nicht ausgeheilten akuten Nephritis.

Weitere seltene Ursachen sind chronische Vergiftungen mit Schwermetallen wie Kadmium oder Blei, Stoffwechselstörungen wie → Gicht, Hyperkalzämie oder Hypokaliämie, hämatologische Erkrankungen wie → Plasmozytom oder angeborene Nierenerkrankungen. In den Balkanländern tritt die chronische interstitielle Nephritis aus unbekannten Gründen häufiger auf (Balkannephritis).

Symptome

Die Patienten haben meist wenig Symptome. Eine durch Medikamente ausgelöste Nephritis kann Fieber, einen Ausschlag am Rumpf und an den Armen sowie Arthralgien (Gelenkschmerzen) auslösen. Der Urin kann sich durch Blutbeimengungen rot färben (Hämaturie).

Eine eingeschränkte Nierenfunktion äußert sich als akutes Nierenversagen durch nachlassenden Harnfluss (Oligurie, Anurie).

Patienten mit einer chronischen interstitiellen Nephritis durch Analgetika haben häufig Kopfschmerzen und leiden unter Müdigkeit. Die Haut ist schmutzig grau-bräunlich gefärbt.

Diagnose

Bei einer akuten Niereninsuffizienz in Kombination mit möglichen auslösenden Risikofaktoren wie Infektionen oder Medikamente, muss an eine akute interstitielle Nephritis als Ursache gedacht werden. Die Anamnese weist auf die auslösende Ursache hin.

Im Urinsediment lassen sich Erythrozyten, Leukozyten, Leukozytenzylinder und selten eine Vermehrung der Eosinophilen (Eosinophilie) nachweisen. Im 24-Stunden-Sammelurin wird die Menge an Protein bestimmt. Die Nierenschädigung äußert sich durch Zucker, Phosphat und Aminosäuren im Urin (Glukosurie, Phosphaturie, Aminoazidurie). Im Blut ist der Kreatininwert erhöht. Im Ultraschall erkennt man bei der akuten interstitiellen Nephritis mitunter vergrößerte Nieren. Bei der chronischen Form sind die Nieren klein, manchmal lassen sich Kalzifikationen nachweisen. In der Röntgenuntersuchung mit Kontrast-

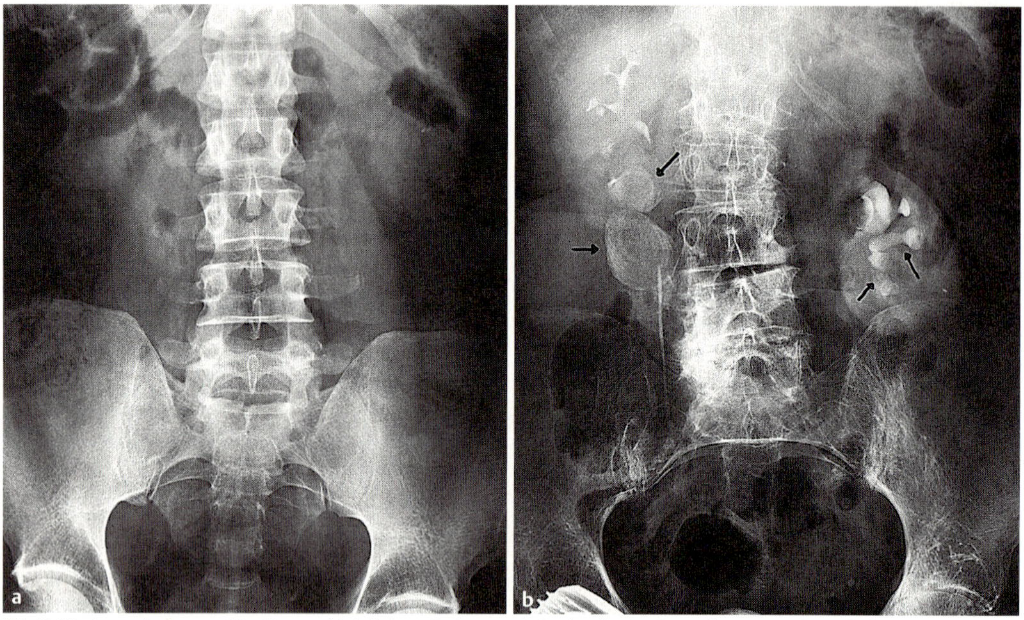

Abb. N.11 Leeraufnahme und i. v. Urographie bei einem Patienten mit Analgetika-Nephropathie. a Nierenleeraufnahme mit normal gelegenen und normal großen Nieren. **b** Nach Kontrastmittelgabe sieht man deutlich deformierte Kelche sowie Verkalkungen, ein typisches Zeichen einer Analgetika-Nephropathie (links). Die Verschattungen im Gallenblasenbereich rechts entsprechen Gallensteinen.

mittel (i. v. Pyelogramm) oder in der CT zeigen sich bei chronischer Nephritis Papillennekrosen. Mit einer Nierenbiopsie wird in unklaren Fällen das Nierengewebe untersucht und der Schaden an den Tubuluszellen nachgewiesen.

Differenzialdiagnose

Andere Ursachen eines akuten Nierenversagens wie Volumenmangel, Entzündungen der Nierenkörperchen (Glomerulonephritis), Infektionen, Gefäßerkrankungen, allergische Reaktionen oder Harnabflussstörungen müssen ausgeschlossen werden.

Therapie

Die auslösende Ursache der Nephritis muss beseitigt werden: Medikamente werden abgesetzt, Infektionen oder andere Grundkrankheiten entsprechend behandelt. Bei einer allergischen Nephritis durch Medikamente können Kortikosteroide wie Prednison den Verlauf günstig beeinflussen, die Wirksamkeit der Kortikoide ist aber nicht nachgewiesen.

Hat die Nephritis eine akute Niereninsuffizienz verursacht, wird diese mit Flüssigkeitsbilanzierung, Kontrollen von Elektrolyten und Kreatinin und Steigerung des Harnflusses mit Diuretika behandelt. Bei einer schweren Funktionseinschränkung wird das Blut mit der Dialyse gereinigt (siehe Kapitel Niereninsuffizienz).

Prognose

Die Prognose einer akuten Nephritis ist gut. Die Funktion der Nieren bessert sich meist innerhalb von Wochen bis Monaten. Bei einigen Patienten bleiben Defekte im Tubulussystem der Nieren oder eine kompensierte chronische Niereninsuffizienz bestehen. Eine akute Nephritis kann unabhängig von der Ursache zu einer chronischen Niereninsuffizienz führen. Die Prognose ist ungünstiger, wenn die Patienten älter sind oder ein akutes Nierenversagen über mehrere Wochen besteht.

Infobox

ICD-10: N.00.8, N.12, N.11.9, N.10

Internetadressen: http://www.nephrologie.de
http://www.medicalforum.ch
http://www.nierenportal.de

Literatur: Baenkler, H.-W. u. a.: Duale Reihe Innere Medizin. Thieme, Stuttgart 2001

Grabensee, B.: Checkliste Nephrologie. Thieme, Stuttgart 2002

Greten, H. (Hrsg.): Innere Medizin. Thieme, Stuttgart 2005

Hahn, J.-M.: Checkliste Innere Medizin. Thieme, Stuttgart 2003

Nephrolithiasis

► „Mensch Kalle, es ist vier Uhr in der Nacht. Versuch mal nicht an diesen Idioten von Chef zu denken und schlaf endlich“, murmelt Frau Merkle und zieht die Decke über die Schultern. Herr Merkle dreht sich weiter von einer Seite auf die andere und steht schließlich auf. Er geht zur Toilette und erbricht. In diesem Moment ist Frau Merkle hellwach. „Was ist denn los? Hast Du etwas Falsches gegessen?“ „Ich weiß auch nicht“, antwortet ihr Mann und stöhnt, als er sich wieder hinlegt. „Bis gerade hatte ich nur leichte Bauchschmerzen, aber im Moment sind sie total heftig.“ Er reibt sich den Unterbauch.

Definition

Bei der Nephrolithiasis bilden sich Harnsteine in der Niere und/oder den ableitenden Harnwegen (**Abb. N.12**). Harnsteine entstehen durch Störungen des physikalisch-chemischen Gleichgewichts des Harns. Sie bestehen aus vorwiegend kristallinen organischen und/oder anorganischen Bestandteilen.

Etwa 5 % aller Menschen in Deutschland erkranken im Laufe ihres Lebens an einem Harnstein. Erwachsene sind zwischen dem 30. und 50. Lebensjahr am häufigsten betroffen.

Synonyme: Harnsteinleiden, Nierensteinleiden, Urolithiasis.

Ursachen

Die Steinbildung ist noch nicht in allen Einzelheiten geklärt. Zwei Theorien versuchen die Steinbildung zu erklären:

- **Kristallisationstheorie:** Ausfall anorganischer Salze aus dem hoch konzentrierten Urin ist primäre Ursache für die Steinbildung,

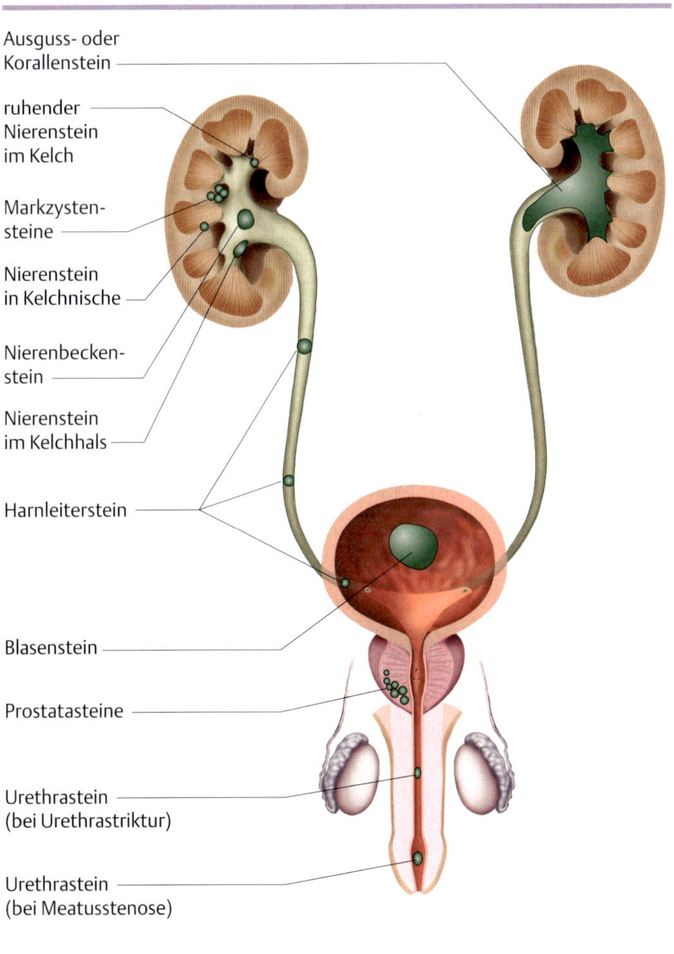

Abb. N.12 Nieren- und Harnleitersteine. Überblick über die möglichen Steinlokalisationen.

- **Kolloid- oder Matrixtheorie:** Ausfall organischer Verbindungen ist primär Ursache für die Steinbildung.

Verlauf

Normalerweise wandert ein in der Kelchnische einer Niere entstandenes Konkrement in das Nierenbecken. Dort löst es Beschwerden aus, wenn es die zweite physiologische Enge, den Nierenbeckenausgang, passieren will. Bleibt der Stein stecken und verlegt den Harnabfluss, staut sich der Harn zurück.

Der Druck im Nierenbecken steigt und es werden die Symptome einer typischen Nierenkolik empfunden. Gleitet der Stein spontan oder unter therapeutischen Maßnahmen wieder in das Nierenbecken zurück, bleibt er dort bis zum nächsten Startversuch stumm.

Die Koliken können mit oder ohne Prodromalsyndrome (z. B. unklare Bauchbeschwerden) akut einsetzen und in unregelmäßigen Abständen wieder auftreten. Der akute Schmerz bei einer Nierenkolik kann abklingen, wenn sich das elastische Nierenbecken erweitert. Man kann die erste Erweiterung des Nierenbeckens (Ektasie) als Schutzmaßnahme des Organismus auffassen. Bis zu einem bestimmten Grad ist diese Ektasie auch reversibel, d. h. nach Entfernung oder Abgang des Steines bildet sie sich restlos zurück.

Bei einem günstigen Verhältnis von Steingröße und Nierenbeckenausgang tritt der Stein in den oberen Harnleiter ein und wandert unter Koliken seiner „Geburt“ entgegen. Dabei muss er die nächsten distalen, physiologischen Engen – Gefäßkreuzung und Harnleiterostium – passieren.

Auf seiner Wanderung kann er vorübergehend wieder „stumm“ werden (anfallsweise in einem freien Intervall auftretende Kolik). Im Fall einer Steineinklemmung erweitert sich der Harnleiter im proximalen Teil. Dies führt bei längerer Dauer und fortgeleitet über das Nierenbecken nierenwärts zu einem Harnrückstau und zur Ektasie.

Nach Passage des Harnleiterostiums gelangt das wandernde Konkrement in die Blase, verursacht in dem weiten Reservoirorgan keine Beschwerden und wird bei der Miktion mit dem Harnstrahl ausgeschieden. Innere und äußere Harnröhrenöffnungen sind meist weit genug, um den Stein unter dem normalen Druck mühelos hinauszupressen.

Symptome

Bei einer Steineinklemmung kommt es zu akuten krampfartigen unterschiedlich ausstrahlenden Schmerzen (**Abb. N.13**). Diese Symptome werden Kolik genannt.

Zum klinischen Bild der Harnsteinkolik gehören Übelkeit, Erbrechen, Blähbauch und unter Umständen ein reflektorischer Subileus (→ Ileus). Der Steinkranke ist motorisch unruhig, krümmt sich vor Schmerzen, die wehenartigen Charakter mit einem schmerzfreien Intervall haben können.

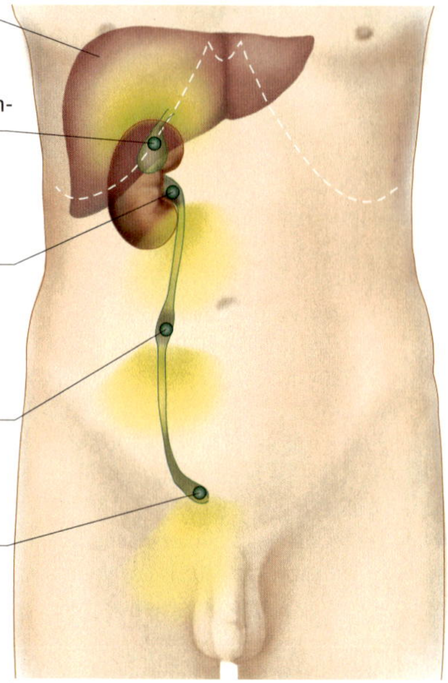

Abb. N.13 Koliken. Schematische Darstellung der Schmerzprojektionen beim Gallen-, Nieren- und Harnleiterstein.

Diagnose

Für eine Basisdiagnose werden folgende Untersuchungen durchgeführt:

- Anamnese:
  - Steinanamnese,
  - Ernährungsanamnese,
  - Medikamentenanamnese.
- klinische Untersuchung:
  - körperliche Untersuchung,
  - Sonografie.
- Blut:
  - Kreatinin,
  - Kalzium (ionisiertes Kalzium oder Gesamtkalzium und Albumin),
  - Harnsäure.
- Urin:
  - Urinstatus (Leukozyten, Erythrozyten, Nitrit, Eiweiß, pH-Wert, spezifisches Gewicht),
  - Urinkultur.

Der Urinstatus zeigt im Sediment vermehrt Erythrozyten, zuweilen eine leichte Makrohämaturie. Sonografie, Abdomenübersicht und Urogramm bzw. neuerdings das Spiral-CT sichern den Befund.

Bei Hochrisikopatienten wird die Basisdiagnose durch eine steinartspezifische Diagnostik erweitert. Die Steinzusammensetzung sollte durch die Infrarotspektrografie oder durch die Röntgendiffraktion untersucht werden. Harnsteine setzen sich häufig aus verschiedenen Substanzen zusammen. Bei anorganischen, kalziumhaltigen Steinen unterscheidet man Kalzium-Oxalate (70 – 80 %), Kalzium-Phosphate (5%), Magnesium-Ammonium-Phosphate (10%). Bei Harnsäuresteinen (15–20 %) sowie den seltenen Zystinsteinen (1%) handelt es sich um organische Steine.

Therapie

Behandlung der akuten Kolik

Die Therapie der akuten Steinkolik besteht in der intravenösen Gabe von Analgetika (z.B. Metamizol oder Tramadol, ggf. in Kombination). Tabletten, Tropfen, Suppositorien sind bei der akuten schweren Kolik kaum wirksam. Bei Stuhl- und Windverhaltung empfiehlt sich ein hoher Einlauf, um den Darm zu entleeren und zu regulieren.

Bei leichteren Beschwerden ist zur Entkrampfung ein körperwarmes bis heißes Vollbad wirksam. Harnsteine bis zu einer Größe von maximal 7 mm Durchmesser sind spontan abgangsfähig. Reichliches Trinken beliebiger Flüssigkeiten, wobei eine kontinuierliche Flüssigkeitszufuhr zu bevorzugen ist, fördert den Steinabgang.

Medikamentöse Therapie

Fernziel der Behandlung ist, Harnsteine durch oral eingenommene Medikamente aufzulösen. Die derzeit angebotenen Medikamente fördern im günstigsten Fall jedoch nur den Abgang kleinerer Steine oder verlangsamen das Größenwachstum. Sie können die Steine, ausgenommen Harnsäuresteine, nicht auflösen.

Bei Harnsäuresteinen ist die medikamentöse Alkalisierungstherapie heute die Methode der Wahl, um die Steine aufzulösen. Sie dient auch der Rezidivprophylaxe. Bei der Therapie wird der pH-Wert des Urins, der am günstigsten zwischen 6,4 und 6,7 liegt, eingestellt. Die Patienten kontrollieren 3-mal täglich den pH-Wert mit einem Spezialindikatorpapier und steuern danach die orale Medikamenteneinnahme selbst. Wird evtl. vorhandenes Übergewicht reduziert, kann das Risiko einer Steinentstehung gemindert werden.

Operative Steinentfernung

Extrakorporale Stoßwellenlithotripsie (ESWL)

Bei der extrakorporalen Stoßwellenlithotripsie wird eine Stoßwelle in einem abgekapselten Wasserbad durch eine Funkenentladung (Zündkerze), eine elektromagnetische Energieumwandlung (Lautsprecherprinzip) oder durch piezoelektrische Elemente ausgelöst. Die Stoßwellen werden über ein Ellipsoid oder eine akustische Linse fokussiert.

Mit Hilfe eines Röntgen- oder Ultraschallortungssystems wird der Brennpunkt der Stoßwellen auf den Stein gerichtet. Im Bereich des Steines trifft somit die höchste Energie auf, sodass das Konkrement durch Druck- bzw. Zugkräfte in sandkorngroße, spontan abgangsfähige Steinpartikel zerfällt.

Perkutane Nephrolithotomie (PCN)

Bei der perkutanen Nephrolithotomie wird nach der Punktion der Niere unter kombinierter Ultraschall- und Durchleuchtungskontrolle der Punktionskanal aufgedehnt und ein Endoskop in das Nierenbecken eingeführt. Kleine Steine werden durch entsprechende Fasszangen durch den Nephroskopschaft direkt entfernt.

Größere Steine werden durch Ultraschalllithotripsie, elektrohydraulische oder ballistische Lithotripsie zerkleinert. Nach der Operation wird ein Nephrostomie-Katheter in das Hohlsystem eingelegt.

Ureterorenoskopie

Geht ein Stein nicht spontan ab, sondern bleibt im Harnleiter stecken, kommt u.U. eine ureterorenoskopische Steinentfernung in Betracht. Für diese Behandlung sind besonders tief sitzende Harnleitersteine geeignet. Ein offener chirurgischer Eingriff ist nur noch in Ausnahmefällen erforderlich.

Prognose

Durch die modernen Behandlungsverfahren ist für den Patienten ein schonendes Vorgehen allgemein möglich. Eine Steinphrophylaxe ist trotzdem empfehlenswert.

Infobox

ICD-10:
N20.0

Internetadressen:
Leitlinien der AWMF (Harnsteinleiden):
http://www.leitlinien.net

Literatur:
Alken, C. E. u.a.: Harnsteinleiden. Thieme, Stuttgart 1982
Biesalski, H. K., Grimm, P.: Taschenatlas der Ernährung. Thieme, Stuttgart 2004

Nephrotisches Syndrom

► Frau Wegmeyer stellt sich bei ihrer Hausärztin vor. „Ich habe morgens immer so verquollene Augen", erzählt sie der Ärztin. „Im Laufe des Tages wird es aber besser. Aber dafür habe ich abends dann ganz dicke Beine." Außerdem sei ihr aufgefallen, dass ihr Urin seit einiger Zeit schaumig sei.

Definition

Das nephrotische Syndrom ist definiert durch die Ausscheidung von mehr als 3,5 g Protein pro Tag pro 1,73 m^2 Körperoberfläche. Dadurch sinkt die Albuminkonzentration im Blut, Cholesterin- und Triglyzeridwerte nehmen zu und es bilden sich Wasseransammlungen im Körper (Ödeme).

Ursachen

Ein nephrotisches Syndrom kann bei einer primären Schädigung der Glomeruli wie einer Glomerulonephritis oder sekundär durch eine Beteiligung der Niere bei anderen Erkrankungen entstehen. Die häufigste Ursache einer sekundären Schädigung der Glomeruli ist ein → Diabetes mellitus. Daneben können Systemerkrankungen, bösartige → Tumoren, Medikamente und viele andere Krankheiten ein nephrotisches Syndrom auslösen (**Tab. N.1**).

Die Krankheiten schädigen die Membran der Glomeruli so, dass die Wand durchlässiger wird. Dadurch verliert der Körper Proteine wie Albumin, Immunglobuline (IgG) oder den gerinnungshemmenden Stoff Antithrombin III.

Durch die geringere Konzentration von Albumin im Blut (Hypoalbuminämie) sinkt der osmotische Druck im Plasma. Als Konzentrationsausgleich wird Flüssigkeit vom Plasma in das Gewebe zwischen den Zellen (Interstitium) verschoben. Als Folge nimmt das Plasmavolumen ab. Dadurch wird das Renin-Angiotensin-Aldosteron-System aktiviert (→ Hyperaldosteronismus): Der Körper hält Wasser und Natrium zurück, es kommt zu Wassereinlagerungen an verschiedenen Stellen des Körpers (Ödeme).

Der Verlust von Albumin bewirkt, dass die Leber kompensatorisch mehr Lipoproteine bildet. Dadurch kommt es zu einer Hyperlipoproteinämie mit Erhöhung von Cholesterin und/oder Triglyzeriden. Da Albumin Kalzium bindet, geht dies ebenfalls verloren (Hypokalzämie).

Zusätzlich können über die Niere vermehrt Vitamin D3, Schilddrüsenhormone und Spurenelemente verloren gehen. Ein Mangel an T3 und T4 verursacht bei den Patienten i.d.R. jedoch keine Schilddrüsenunterfunktion. Durch den Mangel an Spurenelementen kann sich ein Kupfer-, Zink- oder Eisenmangel entwickeln.

Tab. N.1 **Ursachen eines nephrotischen Syndroms**

Primäre Erkrankungen an den Glomeruli

- Minimal change Glomerulonephritis (GN) (häufigste Ursache im Kindesalter)
- fokal-segmentale Glomerulosklerose
- mebranöse GN (30 – 50 % der Ursachen im Erwachsenenalter)
- membranoproliferative GN
- mesangiale IgA-Nephritis

Sekundäre Erkrankungen an den Glomeruli

Stoffwechselerkrankungen:	Nierenbeteiligung bei immunologischen Systemerkrankungen, z. B.:	Infektionskrankheiten:	Maligne Erkrankungen (paraneoplastisch):	Medikamente:	andere Ursachen:
▪ diabetische Nephropathie (häufigste Ursache) ▪ Myxödem bei Hypothyreose	▪ → systemischer Lupus erythematodes ▪ Mixed connective tissue disease ▪ Dermatomyositis ▪ Schoenlein-Henoch-Purpura ▪ systemische Vaskulitiden (z. B. Morbus Wegener, → Vaskulitis) ▪ Kryoglobulinämie	▪ infektiöse Endokarditis ▪ → Hepatitis B und C ▪ HIV (→ AIDS) ▪ → Syphilis ▪ → Zytomegalie ▪ → Pfeiffer'sches Drüsenfieber ▪ → Malaria ▪ → Toxoplasmose ▪ Schistosomiasis ▪ → Lepra	▪ → Hodgkin-Lymphom ▪ → Non-Hodgkin-Lymphome ▪ → chronisch lymphatische Leukämie ▪ multiples Myelom ▪ M. Waldenström ▪ Lungen-, → Magen-, → Kolon-, → Mammakarzinom ▪ Hypernephrom	▪ Gold ▪ Penicillamin ▪ Captopril ▪ Lithium ▪ Quecksilber ▪ Wismut ▪ Probenecid	▪ Schwangerschaft ▪ → M. Crohn ▪ → Osteomyelitis

Symptome

Die übermäßige Ausscheidung von Eiweiß kann sich durch schäumenden Urin bemerkbar machen. Die Ödeme äußern sich durch Schwellungen im Gesicht (**Abb. N.14**), an den Armen, um die Mamillen, am Skrotum und an den Beinen. Morgens zeigen sich die Wassereinlagerungen v. a. um die Augen herum und am Oberkörper und verlagern sich tagsüber durch Stehen in die Beine. Die Ödeme können Schmerzen in den Armen oder Beinen, Völlegefühl oder Atemnot verursachen.

Bei einem fortgeschrittenen nephrotischen Syndrom kann sich das Wasser in den Körperhöhlen ansammeln: Es kommt zu Wasseransammlungen im Bauch (→ Aszites) und im Brustkorb (Hydrothorax). Durch den Verlust von IgG leiden manche Patienten unter einer Abwehrschwäche und haben häufig Hautinfekte, → Pneumonien oder eine → Peritonitis. Der AT-III-Mangel kann zu einer → Thrombose oder einer Embolie führen.

Diagnose

Vorgeschichte und klinische Symptome weisen auf ein nephrotisches Syndrom hin. Durch die erhöhte Natriumkonzentration ist der Blutdruck eher erhöht. Die vermehrte Eiweißausscheidung im Urin wird mit einem Teststreifen nachgewiesen. Im Urin ist das spezifische Gewicht durch die Proteine erhöht. Beim nephrotischen Syndrom verliert der Körper v. a. niedermolekulare Proteine. Dies zeigt die Serumelektrophorese (**Abb. N.15**): Albumin und γ-Globuline sind erniedrigt, α2-Makroglobulin und γ-Globuline relativ dazu erhöht (Dysproteinämie).

Im Blut liegen die Cholesterin- und Triglyzeridwerte häufig oberhalb der Norm, der Albuminwert ist erniedrigt (Hypalbuminämie). Eine Niereninsuffizienz, z. B. im Rahmen eines Diabetes mellitus, äußert sich durch eine Zunahme von Harnstoff und Kreatinin und eine Abnahme der Kreatinin-Clearance.

Die zugrunde liegende Krankheit wird mit entsprechenden Labor- und technischen Untersuchungen nachgewiesen. Unter Umständen muss eine Nierenpunktion durchgeführt werden.

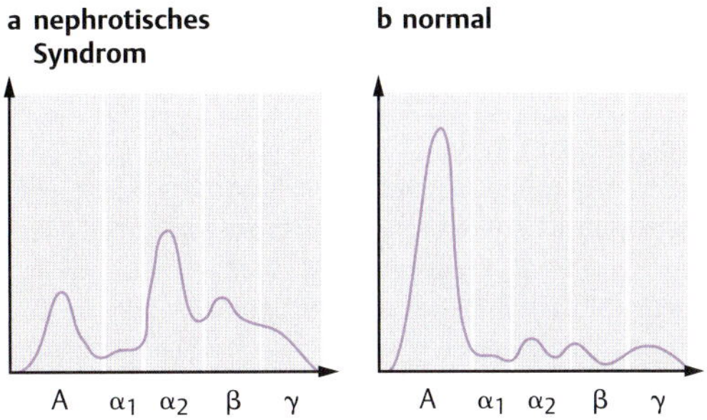

Abb. N.15 Serumelektrophorese. **a** Patient mit nephrotischem Syndrom **b** gesunder Mensch.

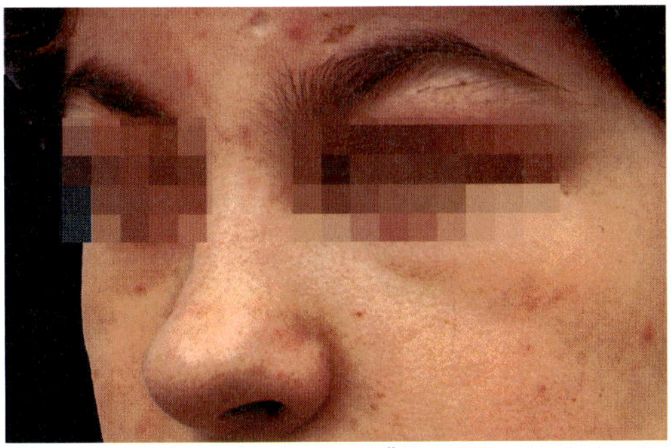

Abb. N.14 Nephrotisches Syndrom. Ödeme bei nephrotischen Patienten sammeln sich nicht nur lageabhängig an Knöcheln und Unterschenkeln, sondern finden sich auch in der periorbitalen Gegend.

Differenzialdiagnose

Sämtliche Ursachen einer primären oder sekundären Glomerulonephritis müssen in Betracht gezogen werden (s. **Tab. N.1**). Eine Proteinurie ohne weitere Symptome kann darüber hinaus durch vererbbare Nierenerkrankungen wie das Alport-Syndrom oder immunologische Systemerkrankungen hervorgerufen werden.

Therapie

Die Patienten erhalten eine eiweißarme Diät mit 0,8 g Protein/KG Körpergewicht/Tag und eine salzarme Kost mit etwa 3 g NaCl pro Tag. Gegen die Ödeme werden Diuretika verabreicht. Hierbei wird häufig ein kaliumsparendes Diuretikum mit einem Thiaziddiuretikum kombiniert. Bei einem Kreatininwert über 2 mg/dl erhält der Patient ein Schleifendiuretikum (z. B. Furosemid). Ist der onkotische Druck (osmotischer Druck, der durch die in den Körperflüssigkeiten gelösten Eiweiße hervorgerufen wird) stark erniedrigt und hat der Patient schwere Ödeme, kann die Albuminkonzentration mit salzarmen Humanalbuminlösungen vorsichtig angehoben werden. Das Albumin wird jedoch rasch wieder mit dem Harn ausgeschieden.

Wasser- und Elektrolythaushalt, Proteinurie, Nierenfunktion und Blutdruck müssen regelmäßig kontrolliert werden. Bei bakteriellen Infektionen werden Antibiotika verschrieben und bei Bedarf Immunglobuline verabreicht. Eine Hypercholesterinämie kann mit Statinen therapiert werden. Ein Bluthochdruck muss konsequent behandelt werden, da dieser die Niere zusätzlich schädigt.

Zur Thromboembolieprophylaxe wird Heparin gespritzt. Dauert das nephrotische Syndrom länger an, werden Thrombozytenaggregationshemmer wie Dicumarol gegeben. Bei erhöhtem PTH-Wert als Reaktion auf die Hypokalzämie wird Vitamin D3 (Cholecalciferol) verabreicht.

Bei einer Glomerulonephritis kann eine immunsuppressive Therapie mit Kortikoiden durchgeführt werden, wenn die Funktion der Nieren noch nicht zu stark eingeschränkt ist (Serumkreatinin < 2 mg/dl). Bei den sekundären Glomerulonephritiden muss die Grundkrankheit entsprechend behandelt werden.

Prognose

Der Verlauf eines nephrotischen Syndroms hängt vom Ausmaß der Nierenschädigung und der zugrunde liegenden Krankheit ab. Wegen des AT-III-Mangels haben die Patienten ein erhöhtes Risiko, eine arterielle oder venöse Thrombose oder eine → Embolie zu entwickeln. Abhängig von der Grunderkrankung und dem Ausmaß des nephrotischen Syndroms können Thrombosen der tiefen Beinvenen (→ Becken- und Beinvenenthrombose), der V. cava inferior, der V. iliaca, ein Zentralvenenverschluss im Gehirn, eine Thrombose der Nierenvene oder eine → Lungenembolie auftreten.

Nierenvenenthrombose. Etwa 2 – 33 % der Patienten mit einem nephrotischen Syndrom entwickeln eine Nierenvenenthrombose. Die Thrombose ist häufiger bei Patienten mit einer membranösen oder einer membranoproliferativen Glomerulonephritis. Die Nierenvenenthrombose äußert sich durch Flankenschmerzen, der Urin ist durch Erythrozyten rot gefärbt (Makrohämaturie). Häufig verursacht die Thrombose keine Symptome. Bei Verdacht werden eine Dopplersonografie und eine Magnetresonanztomografie durchgeführt. Der Patient wird zunächst mit Heparin behandelt und erhält später Thrombozytenaggregationshemmer wie Dicumarol. Eine Auflösung des Thrombus mit Medikamenten (Fibrinolyse) ist nur bei → akutem Nierenversagen oder einer gleichzeitig bestehenden → Lungenembolie indiziert, da diese mit einem hohen Blutungsrisiko verbunden ist.

Infobox

ICD-10:
N.04.0 – N.04.9

Internetadressen:
http://www.nephrologie.de
http://www.nierenportal.de
http://www.nierenstiftung.org
http://web.mannheim.de/nierenstiftung/info.html (Informationsbroschüre nephrotisches Syndrom)

Literatur:
Greten, H. (Hrsg.): Innere Medizin, 12. Aufl. Thieme 2005
Grabensee, B.: Checkliste Nephrologie, 2. Aufl. Thieme, Stuttgart 2002
Baenkler u. a.: Duale Reihe Innere Medizin. Thieme, Stuttgart 2001

Netzhautablösung

► Alex und seine Frau sitzen beim Frühstück und lesen Zeitung. „Mensch, das nervt." Kristina schließt die Augen und schüttelt den Kopf. „Was ist denn los?", fragt Alex. „Ich sehe dauernd so schwarze Krümel. Echt nervig. Und weißt du noch, als ich dir letztens von diesen Lichtblitzen erzählt habe? Die irritieren total. Man denkt immer, da ist etwas und schaut hin, aber da ist nichts. Ich muss unbedingt mal zum Augenarzt. Ich war ja schon ewig nicht mehr da."

Definition

Bei der Netzhautablösung sind Netzhaut und retinales Pigmentepithel durch Flüssigkeit getrennt.

Synonyme: Amotio retinae, Ablatio retinae.

Ursachen

Je nach Ursache unterscheidet man drei Formen.

Rissbedingte (rhegmatogene) Netzhautablösung

Durch ein Netzhautloch oder einen Netzhautriss gelangt Flüssigkeit unter die Netzhaut und hebt diese ab.

Traktionsbedingte (zugbedingte) Netzhautablösung

Verschiedene Augenhintergrunderkrankungen, z. B. → diabetische Retinopathie, können zur Bildung von Membranen unter oder über der Netzhaut sowie im Glaskörperraum führen. Wenn sich die Membranen im Krankheitsverlauf kontrahieren, ziehen sie die Netzhaut ab. Der Prozess der Membranbildung wird als proliferative Vitreoretinopathie (PVR) bezeichnet.

Exsudative Netzhautablösung

Sie entsteht, wenn Blut, Exsudat oder Transsudat unter die Retina gelangen und sie anheben, wie es bei einem Aderhautmelanom der Fall ist.

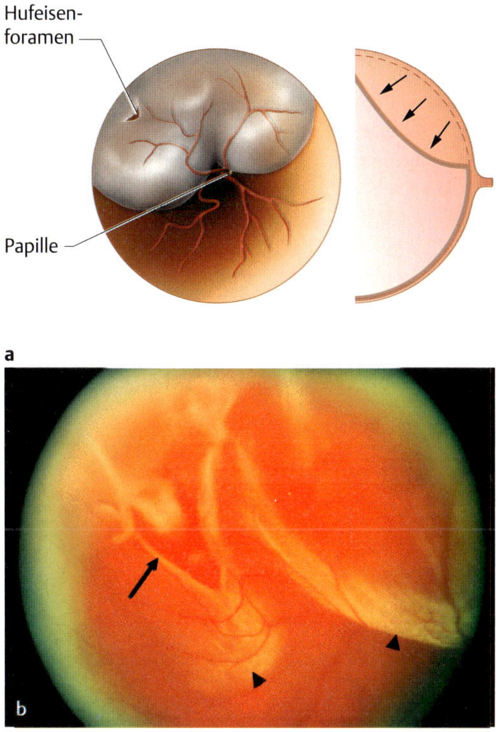

Abb. N.16 Rhegmatogene Netzhautablösung. Typischer Netzhauteinriss (Pfeil) und blasige Netzhautablösung (Pfeilspitzen).

Symptome

Charakteristische Symptome der Netzhautablösung sind Blitze, schwarze Punkte, ein Schatten oder Vorhang, die der Patient vor dem betroffenen Auge wahrnimmt. Sie treten plötzlich auf und bleiben bestehen. Ist die Makula (Stelle des schärfsten Sehens) beteiligt, verschlechtert sich das Sehvermögen.

Diagnose

Bei gutem Einblick ist bei der Ophthalmoskopie (Betrachtung des Augenhintergrunds) eine transparent bis grau erscheinende Vorwölbung der Netzhaut zu sehen, die sich bei Augenbewegungen wellenförmig mitbewegt.

Im Gegensatz zur exsudativen Netzhautablösung sind bei einer rhegmatogenen Netzhautablösung ein oder mehrere Netzhautlöcher oder -risse zu finden (**Abb. N.16**). Reißt die Netzhaut, kann ebenfalls ein Gefäß einreißen und zu einer Blutung in den Glaskörper führen. Im Fall einer traktionsbedingten Ablösung sind Membranen zu erkennen, die die Netzhaut abziehen.

Differenzialdiagnose

Eine Netzhautablösung muss z. B. von einer Retinoschisis (Aufspaltung der Netzhaut in zwei Schichten) abgegrenzt werden.

Therapie

Werden Netzhautlöcher und -risse so früh entdeckt, dass die umgebende Netzhaut noch nicht abgehoben ist, können sie mit Laserherden oder Kryoherden (mit einer Kältesonde applizierte Kälteherde) umstellt werden, die die Netzhaut im Randbereich und das darunterliegende Gewebe fest verbinden.

Ist die Netzhautablösung rhegmatogen oder traktionsbedingt, muss sie operativ versorgt werden (z. B. durch Aufnähen von Plomben, Cerclage, Vitrektomie, ggf. mit Gas oder Silikonöltamponade).

Prognose

Ohne eine Operation legt sich die rhegmatogene oder traktionsbedingte Netzhautablösung i.d.R. nicht wieder an. Wenn sich eine proliferative Vitreoretinopathie ausbildet bzw. fortschreitet, führen die Traktionsmembranen allmählich zu einer trichterförmigen Netzhautkontraktion und das Auge verliert seine Sehfähigkeit.

Die exsudative Netzhautablösung legt sich spontan wieder an, wenn es gelingt, die Grunderkrankung erfolgreich zu therapieren.

Infobox

ICD-10:
H33.0

Internetadressen:
http://www.netzhaut-selbsthilfe
http://www.onmeda.de/krankheiten/netzhautabloesung.html
http://www.medizinfo.de/augenheilkunde/netzhaut/abloesung.html

Literatur:
Oestreicher, E. u. a.: HNO, Augenheilkunde, Dermatologie und Urologie für Pflegeberufe. Thieme, Stuttgart 2003

Neugeborenenherpes

► „Martin, Martin! Irgendetwas ist mit Lynn." Frau Kleiber steht am Bett ihrer acht Tage alten Tochter. Sie bekommt keine Luft und liegt so schlaff im Bett. Ich messe mal die Temperatur und hol Du das Auto. Wir sollten in die Notaufnahme fahren." Noch während Frau Kleiber das Thermometer holt, bekommt Lynn einen Krampfanfall.

Definition

Neugeborenenherpes ist eine akute, schwere Infektion des Neugeborenen mit dem → Herpes-Simplex-Virus.

Ursachen

Meistens handelt es sich um eine Infektion mit HSV-2, gelegentlich mit HSV-1. Zum Zeitpunkt der Geburt besteht i.d.R. eine frische HSV-Infektion in den Geburtswegen, die Mutter hat jedoch oft keine Symptome.

Das Kind infiziert sich bei der Geburt oder kurz davor, wenn Viren in den Uterus gelangen. Ein Neugeborenenherpes kann sich auch entwickeln, wenn sich das Kind kurz nach der Geburt durch eine Kontaktpersonen mit Herpes (z. B. Herpes labialis) infiziert.

Symptome

Bei einer Infektion während der Geburt zeigen sich die Krankheitssymptome in der 1.–2. Lebenswoche, bei intrauteriner Infektion manchmal bereits sofort nach der Geburt. Bei einem Teil der Neugeborenen bilden sich Hautbläschen, die über den ganzen Körper und im Mund verteilt sind (**Abb. N.17**). Die Augen sind entzündet.

In den meisten Fällen jedoch entwickelt sich eine schwere Erkrankung von Leber, Lunge, Gehirn und Hirnhäuten mit Lethargie, Atemnot, Instabilität der Körpertemperatur, Krampfanfällen, Gerinnungsstörungen, häufig ohne dass sich Hautbläschen bilden. Eine dritte Verlaufsform führt zur → Enzephalitis ohne Beteiligung anderer Organe außer der Haut, den Augen und dem Mund.

Diagnose

Die Diagnose kann durch Nachweis des Virus aus Hautbläschen, Mund, Auge und Rückenmarksflüssigkeit in der Zellkultur oder durch PCR bestätigt werden.

Differenzialdiagnose

Infektionen, die im Geburtskanal oder nosokomial erworben werden und → Sepsis oder → Meningitis hervorrufen. Dazu zählen insbesondere bakterielle Infektionen mit Lisyterien, die intrauterin oder bei der Geburt übertragen wurden, B-Streptokokken, A-Streptokokken, gramnegative Bakterien wie E. coli, Klebsiellen und Enterokokken sowie verschiedene andere Bakterien (→ angeborene Infektionskrankheit).

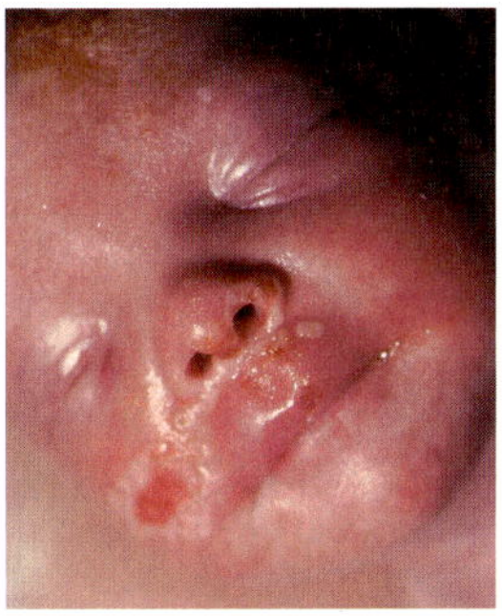

Abb. N.17 HSV-2. Neugeborenes mit einer Herpesvirus-Infektion.

Auch weitere virale Infektionen, z. B. durch Enteroviren, können eine Neugeborenensepsis hervorrufen. Bakterien- und Viruskulturen helfen bei der Diagnose.

Therapie

Bei der Betreuung von Schwangeren muss um den Geburtstermin auf eine Herpeserkrankung im Genitalbereich geachtet werden. Um die Übertragung zu vermeiden, ist bei Infektion ein Kaiserschnitt erforderlich.

Neugeborene werden bereits bei Verdacht auf Neugeborenenherpes intravenös mit Aciclovir behandelt. Ansonsten ist eine intensivmedizinische Betreuung mit Flüssigkeitsinfusionen, künstlicher Ernährung, Atemhilfe, Prophylaxe von Krampfanfällen und Gerinnungsstörungen usw. erforderlich. Herpes auf der Augenhornhaut muss mit einer antiviralen Salbe behandelt werden.

Prognose

Eine schwere Erkrankung verläuft unbehandelt in den meisten Fällen tödlich. 90 % der Überlebenden mit Enzephalitis tragen Folgeschäden am Zentralnervensystem davon. Auch Neugeborene mit der milden Form der Erkrankung zeigen nicht selten im 2. oder 3. Lebensjahr neurologische Defizite. Durch frühzeitige antivirale Behandlung und intensivmedizinische Betreuung heilt die Krankheit zumindest in 50 % der Fälle gut aus.

Infobox

ICD-10: B00.7

Literatur:

Petersen, E.: Infektionen in Gynäkologie und Geburtshilfe, 4. Aufl. Thieme, Stuttgart 2003

MSD Sharp & Dohme u. a. (Hrsg.): MSD-Manual der Diagnostik und Therapie, 6. Aufl. Urban & Fischer, München 2000

Neugeborenen-Retinopathie

► „Hallo Karl. Ich wollte mal hören, wie es Karin und der Kleinen geht." „Ach, hallo Regina. Den beiden geht es ganz gut. Julia ist über den Berg. Ein Glück. Sie hatte ja nur 1000 g, als sie auf die Welt kam, und hat in den 8 Wochen schon ordentlich zugelegt. „Das ist ja schön zu hören. Karin hat mir etwas von Augenarzt erzählt." „Mit Julias Augen gibt es wohl Probleme. Irgendwie wachsen Gefäße in den Glaskörper. So genau verstanden habe ich das nicht und wir müssen auch nochmal zum Augenarzt. Dann wird besprochen, wie es jetzt weitergeht."

Definition

Die Neugeborenen-Retinopathie ist eine Netzhauterkrankung, die fast ausschließlich bei Frühgeborenen mit einem Geburtsgewicht unter 1500 g vorkommt.

Synonym: Retinopathia praematurorum.

Ursachen

Sauerstofftherapie, neonataler Sauerstoffmangel, Bluttransfusionen, vielleicht Vitamin-E-Mangel und evtl. auch die Beleuchtung in der Neugeboreneneinheit stellen Risikofaktoren für die Entwicklung einer Neugeborenen-Retinopathie dar. Besonders gefährdet sind Neugeborene mit einem Geburtsgewicht unter 1000 g.

Symptome

In der Perinatalzeit ist die Neugeborenen-Retinopathie symptomlos. Die Erkrankung verläuft in verschiedenen Stadien. In Abhängigkeit vom Stadium können sich z. B. Schielen, Sehschwäche oder Sehverlust entwickeln.

Diagnose

Die Netzhaut von unreifen Neugeborenen ist, im Gegensatz zu termingerecht geborenen Kindern, im Randbereich in einem stärkeren Ausmaß noch nicht vaskularisiert (**Abb. N.18**). Ab der 4. Woche nach der Geburt müssen deshalb, wenn es der Allgemeinzustand zulässt, in bestimmten Abständen Augenhintergrundkontrollen in Mydriasis (Tropicamid 0,5 %) erfolgen.

Bilden sich mit der Zeit keine normalen Gefäße, sondern Gefäßproliferationen über das Netzhautniveau in den Glaskörper, wird i.d.R. eine Therapie eingeleitet, da sonst die Gefahr einer → Netzhautablösung besteht.

Differenzialdiagnose

Die Hauptdifferenzialdiagnose ist das Retinoblastom.

Therapie

Solange keine Gefäßproliferationen über das Netzhautniveau hinaus ausgebildet werden, kann abgewartet werden, da die Wahrscheinlichkeit recht groß ist, dass sich der Befund stabilisiert oder normalisiert.

Wachsen allerdings Gefäße in den Glaskörper hinein, erfolgt i.d.R. eine Laserkoagulation der Netzhaut. Mit diesem Verfahren wird die avaskuläre Netzhaut zerstört, der Reiz zur Bildung pathologischer Gefäße reduziert und damit die normal mit Gefäßen versorgte Netzhaut gerettet.

Löst sich die Netzhaut bereits ab, wird eine Vitrektomie (d. h. mikrochirurgischer Eingriff an Netzhaut und Glaskörper) erforderlich.

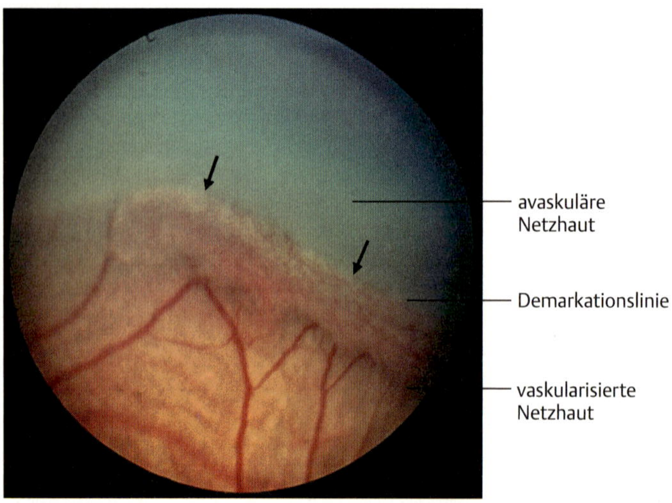

Abb. N.18 Neugeborenen-Retinopathie. An der Grenze von vaskularisierter und nicht-vaskularisierter Netzhaut (Demarkationslinie) entstehen fibrovaskuläre Proliferationen (Pfeile).

Prognose
In Frühstadien der Erkrankung ist in bis zu 80 % der Fälle eine spontane Rückbildung möglich. Bei etwa 20 % der Patienten erfolgt der Übergang in ein Narbenstadium mit schlechter Sehfunktion, da sich die Makula (Stelle des schärfsten Sehens) durch Narbenzug verlagert.

Komplikationen
Beispiele für Komplikationen sind → Amblyopie (Schwachsichtigkeit), sekundäres Winkelblockglaukom (→ Glaukom), Phthisis bulbi (Augapfelschrumpfung).

Infobox

ICD-10:
H35.1

Literatur:

Oestreicher, E. u. a.: HNO, Augenheilkunde, Dermatologie und Urologie für Pflegeberufe. Thieme, Stuttgart 2003

Burk, A., Burk, R.: Checkliste Augenheilkunde. Thieme, Stuttgart 2005

Neuritis nervi optici

► „Schau mal hier. Das sieht doch ganz gut aus. Wenn wir hier wohnen, dann können wir gleich vom Haus auf die Piste." „Echt? Zeig' mal." Martha reicht Ulrike die Broschüre und Ulrike blättert darin herum. „Mach doch mal bitte das Licht an." Ulrike blättert weiter. „Komisch, wenn ich ein Auge schließe, sind die Farben ganz blass." Mir tun meine Augen weh, wenn ich sie bewege. Echt blöd, so kurz vor dem Urlaub."

Definition

Die Neuritis nervi optici ist eine meist einseitige Entzündung des Sehnervs.

Synonym: Optikusneuritis.

Ursachen

Die Neuritis nervi optici kann unterteilt werden in:

- **Papillitis:** entzündliche Veränderung des Sehnervenkopfes,
- **Retrobulbärneuritis:** Entzündung des Sehnervs hinter der Papille.

Neben der → Multiplen Sklerose können seltene Autoimmunerkrankungen (z. B. → sytemischer Lupus erythematodes), → Sarkoidose, → Borreliose, → Syphilis sowie Viruserkrankungen zu einer Neuritis nervi optici führen.

Symptome

Den Patienten erscheint alles dunkler und Farben leuchten weniger. Etwa 90 % der Patienten haben Schmerzen bei Augenbewegungen.

Diagnose

Bei der Untersuchung lässt sich eine Sehminderung feststellen, die auch bei geringem Ausmaß mit einer erheblichen Störung des Farbensehens verbunden ist.

Der Swinging-flashlight-Test ergibt eine afferente Pupillenstörung auf der betroffenen Seite, d. h. bei abwechselnder Beleuchtung der Pupillen in einem abgedunkelten Raum fehlt auf der betroffenen Seite die initiale Pupillenverengung auf Licht und die Pupille wird stattdessen sogar weit.

Der typische Gesichtsfeldbefund ist ein Zentralskotom, d. h. ein Defekt im zentralen Gesichtsfeldbereich (**Abb. N.19**). Die Spezialuntersuchung der visuell evozierten Potenziale (VEP) ergibt eine pathologische Veränderung (Verlängerung der Latenzzeit).

Bei einer Papillitis ist die Papille erhaben und die umliegende Nervenfaserschicht ödematös, mit wenigen, streifigen Blutungen. Bei einer Retrobulbärneuritis sind mit dem Augenspiegel keine Veränderungen feststellbar („der Patient sieht nichts und der Arzt sieht auch nichts").

Eine neurologische Untersuchung ist erforderlich, um eine → Multiple Sklerose auszuschließen.

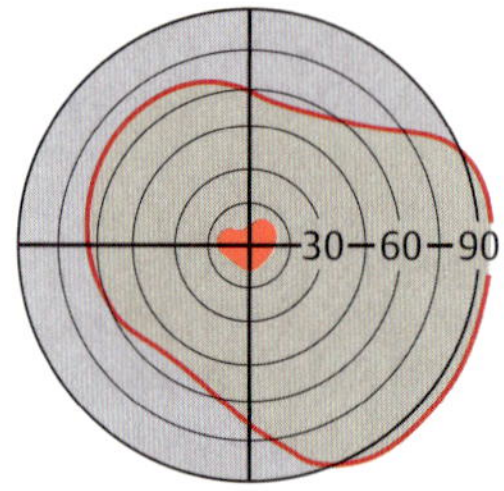

Abb. N.19 Gesichtsfeldausfälle. Zentralskotom: vom Zentrum des Gesichtsfeldes ausgehender Gesichtsfeldausfall.

Differenzialdiagnose

Ein → Gehirntumor, z. B. ein Optikusscheidenmeningeom, muss ausgeschlossen werden, wenn nach 14 Tagen keine Visusbesserung eingetreten ist. Bei einer Papillitis ist eine Papillenschwellung anderer Ursache, z. B. eine Drusen- oder eine Stauungspapille auszuschließen.

Therapie

Zurzeit wird, wenn Anzeichen für eine → Multiple Sklerose (Entmarkungsherde im MRT) vorliegen oder der Patient eine rasche Visusrehabilitierung wünscht, eine Kurzzeit-Megadosis-Methylprednison-Therapie eingeleitet. Eine weitere Therapiemöglichkeit zur Reduktion neuer Multiple-Sklerose-Veränderungen ist die Behandlung mit α-Interferon.

Bei einer bakteriellen Ursache erfolgt die Behandlung mit Antibiotika, bei anderen Grunderkrankungen werden diese therapiert.

Prognose

Mit und ohne Therapie erholt sich der durchschnittliche Visus des betroffenen Auges innerhalb eines Jahres nach Erkrankungsbeginn fast vollständig und weniger als 10 % der Betroffenen bleiben unter einer Sehschärfe von 0,5. Die meisten Patienten erreichen innerhalb von fünf Wochen wieder nahezu ihre Ausgangssehschärfe.

Infobox

ICD-10:
H46

Literatur:

Oestreicher, E. u. a.: HNO, Augenheilkunde, Dermatologie und Urologie für Pflegeberufe. Thieme, Stuttgart 2003

Neuritis vestibularis

► Frau Meyer wird mit dem Krankenwagen in die Klinik eingeliefert. Ihre Tochter hatte sie in der Nacht hilflos in der Wohnung vorgefunden. Frau Meyer war plötzlich schwindelig geworden und sie konnte nicht mehr alleine aufstehen. Mit letzter Kraft konnte sie das Telefon greifen und ihre Tochter zu Hilfe rufen.

Definition

Bei der Neuritis vestibularis handelt sich um einen plötzlichen Ausfall eines Gleichgewichtsorgans verbunden mit starkem Schwindel und Übelkeit.

Synonyme: akuter einseitiger Vestibularisausfall, Neuronitis vestibularis, Neuropathia vestibularis.

Ursachen

Die genaue Ursache bleibt oft ungeklärt. Vermutet werden Durchblutungsstörungen im Rahmen viraler Infekte (neurotrope Viren), welche die Funktion des Gleichgewichtsorgans beeinträchtigen.

Symptome

Die Neuritis vestibularis ist gekennzeichnet durch einen plötzlich auftretenden starken Drehschwindel einhergehend mit Übelkeit und/oder Erbrechen. Das Gehör ist nicht beeinträchtigt. Nach einigen Stunden bis Tagen geht der Drehschwindel zurück. Es kann aber noch für einige Zeit ein Unsicherheitsgefühl, vor allem bei schnellen Kopfbewegungen, zurückbleiben.

Diagnose

Der HNO-Arzt führt nach der Befragung des Patienten und Erhebung des HNO-Status eine Gleichgewichtsuntersuchung durch. Bei der Untersuchung mit der Frenzel-Brille findet sich ein Ausfallnystagmus (typische ruckartige Augenbewegungen) zum gesunden Ohr hin (**Abb. N.20**). Bei der thermischen Reizung (Gleichgewichtsprüfung) lässt sich dieser Nystagmus typischerweise bei Warmspülung des betroffenen Ohres nicht zur Gegenseite umkehren. Bei Verdacht auf Vorliegen einer Infektion mit neurotropen Erregern (z. B. → Borreliose) wird eine serologische Untersuchung des Blutes durchgeführt.

Nach Abklingen der akuten Beschwerden werden weitere otoneurologische Untersuchungen durchgeführt (BERA, Messung otoakustischer Emissionen). Diese dienen in erster Linie dazu andere mögliche Ursachen der Schwindelbeschwerden auszuschließen. Evtl. ergänzt die Diagnostik eine Computertomografie oder Magnetresonanztomografie des Schädels.

Differenzialdiagnose

Andere Ursachen für akuten Schwindel müssen ausgeschlossen werden, z. B.:

- → Morbus Ménière,
- benigner paroxysmaler Lagerungsschwindel,
- Apoplex (→ Hirninfarkt), → Hörsturz,
- Akustikusneurinom, → Labyrinthitis.

Therapie

I.d.R. erfolgt wegen des stark beeinträchtigten Allgemeinzustands des Patienten die stationäre Aufnahme. Die akuten Beschwerden können durch Gabe von Antivertiginosa (Vomex A) gelindert werden. Kommt es durch Erbrechen zu starkem Flüssigkeitsverlust, wird dieser durch Infusionen ausgeglichen. Die weitere Behandlung erfolgt analog zur Therapie des → Hörsturzes mit einer durchblutungsfördernden intravenösen Therapie. Bei hartnäckigeren Beschwerden kann ein spezielles Schwindeltraining sinnvoll sein.

Prognose

Normalerweise verschwinden die Beschwerden nach wenigen Tagen vollständig. In seltenen Fällen gehen sie in einen Dauerschwindel über, der über Monate persistieren kann und vor allem durch schnelle Kopfbewegungen ausgelöst wird.

Infobox

ICD 10:
H81.2

Internetadressen:
http://www.hno.org
http://www.leitlinien.net

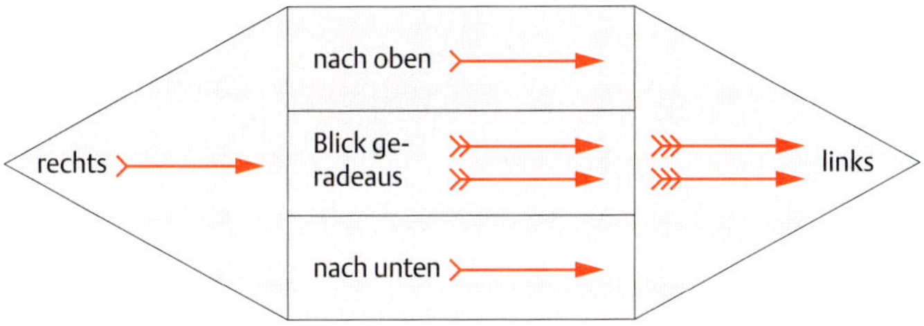

Abb. N.20 Frenzel-Schema bei Neuritis vestibularis rechts. Spontannystagmus nach links (Ausfallnystagmus) in allen Blickrichtungen.

Neuroblastom

► Marlies Quandt kommt mit ihrem 2-jährigen Sohn zur Kinderärztin: „Lukas hat am Samstag über Schmerzen im Bein geklagt und wollte gestern gar nicht mehr laufen. Abends hatte er plötzlich eine Beule am rechten Auge und heute ist dort ein richtiges Veilchen. Was kann das denn sein? Wir schlagen unser Kind doch nicht und gestoßen hat er sich auch nicht. Wir haben ihn doch nur noch getragen. Wir sind total in Sorge."

Definition

Das Neuroblastom ist ein bösartiger → Tumor beim Kind, der sich aus Zellen des sympathischen Nervensystems entwickelt.

Die Tumoren bilden sich z. B. an den Nebennieren, an Kopf und Hals, entlang der Wirbelsäule sowie im Brust-, Bauch- und Beckenbereich. Das Neuroblastom breitet sich örtlich aus und metastasiert auch sehr frühzeitig in Knochen, Knochenmark, Leber, Lymphknoten, Haut und Augenhöhle.

Häufigkeit

Das Neuroblastom ist nach den → Gehirntumoren der zweithäufigste bösartige solide Tumor im Kindesalter und kommt am häufigsten bei Säuglingen und Kleinkindern vor. Von 1 Million Kinder unter 15 Jahren erkranken 8,7.

Klassifikation

Es lassen sich fünf klinische Stadien unterscheiden (**Tab. N.2**). Über 60 % der Kinder werden im Stadium IV diagnostiziert. Vom Stadium IV mit Metastasen unterscheidet man wegen der besseren Prognose das Stadium IV-S. Es tritt im Säuglingsalter auf und ist durch eine fehlende Knochenmetastasierung gekennzeichnet.

Tab. N.2 Stadien des Neuroblastoms

Stadium	Befund
Stadium I	Der Tumor ist auf das Ursprungsorgan begrenzt
Stadium II	Der Tumor infiltriert die Umgebung, aber überschreitet die Mittellinie nicht, Lymphknotenbefall möglich
Stadium III	Der Tumor überschreitet die Mittellinie
Stadium IV	Der Tumor ist in andere Organe metastasiert
Stadium IV-S	Neuroblastom im Säuglingsalter mit Metastasen in Leber, Haut oder Knochenmark. Keine Skelettmetastasen; bessere Prognose als Stadium IV

Ursachen

Die Ursache für das Neuroblastom ist unbekannt. In seltenen Fällen tritt der Tumor familiär gehäuft auf.

Das Neuroblastom entsteht aus den Zellen der Neuralleiste, dem Ursprung der Ganglien des Sympathikus und des Nebennierenmarks. Es wird vermutet, dass die Amplifikation des Gens N-myc zum Fortschreiten des Neuroblastoms beiträgt. Amplifikation bedeutet, dass Gene oder Genabschnitte mehrfach vorkommen. Eine solche DNA-Veränderung kann zu Krebs führen. Im Stadium IV-S findet sich typischerweise ein triploider Chromosomensatz. Spontane Regressionen des Tumors sind bekannt.

Bei der Hälfte der Kinder entwickelt sich das Neuroblastom im Nebennierenmark. Andere Lokalisationen liegen entlang des Grenzstrangs (zervikal, thorakal und abdominal). Das Neuroblastom kann als sog. „Sanduhrtumor" mit einem intraspinalen, extraduralen Tumoranteil auftreten (**Abb. N.21**). Es hat nicht nur die Tendenz, lokal infiltrativ zu wachsen, sondern auch sehr frühzeitig zu metastasieren, in Knochen, Knochenmark, Leber, Lymphknoten, Haut und Orbita.

Symptome

Man unterscheidet Symptome, die der Tumor direkt auslöst, von solchen, die durch Metatstasen verursacht sind. Daneben gibt es hormonelle und neurologische Symptome.

Lokalisiertes Neuroblastom. Kinder mit einem lokalisierten Neuroblastom weisen typische lokale Symptome auf:

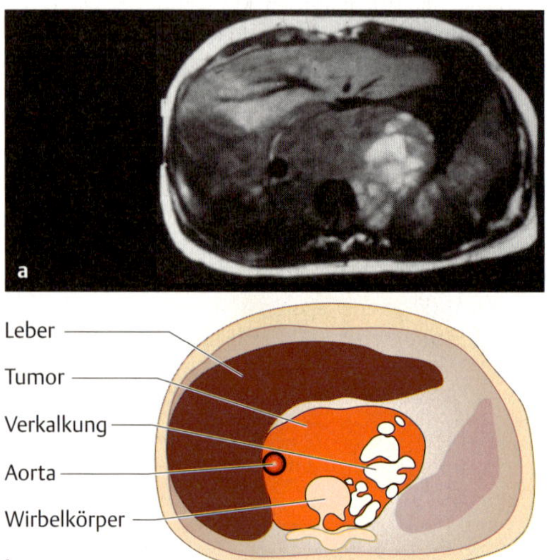

Abb. N.21 Kernspintomografie. Der Tumor hat einen intraspinalen, extraduralen Anteil („Sanduhr"-Form).

bei der Lokalisation am Hals ein → Horner-Syndrom, bei der Lokalisation im Brustraum Husten und Dyspnoe oder bei der Lokalisation im Bauch ein vorgewölbtes Abdomen. Außerdem kann beim sog. Sanduhrtumor eine → Querschnittlähmung auftreten.

Metastasierendes Neuroblastom. Bei Metastasen stehen Allgemeinsymptome wie Fieber, Schmerzen, mangelnder Appetit und Abgeschlagenheit sowie Knochenschmerzen im Vordergrund. Daneben finden sich Tumorschwellungen sowohl des Primärtumors als auch von Metastasen. Charakteristisch sind Hauteinblutungen der Augenlider bei Orbitainfiltration (**Abb. N.22**).

Weitere Symptome. Manchmal stehen Symptome im Vordergrund, die sich durch vom Tumor produzierte Hormone entwickeln wie arterielle → Hypertonie und chronische Diarrhö. Selten findet sich eine Enzephalopathie, die v. a. mit Muskelkrämpfen einhergeht.

Diagnose

Beim Neuroblastom scheiden die Patienten vermehrt Abbauprodukte des Katecholaminstoffwechsels (Vanillinmandelsäure, Homovanillinsäure) aus. Diese Katecholamine sind Tumormarker, also wichtige Werte zur Diagnose und Verlaufskontrolle. Erhöhte Werte im Urin oder Serum sind beweisend für ein Neuroblastom. Weiterhin können LDH, Ferritin und neuronspezifische Enolase (NSE) im Serum erhöht sein.

Eine Knochenmarkpunktion kann eine Metastasierung ins Knochenmark ausschließen. Der Tumor ist sonografisch, röntgenologisch und szintigrafisch darzustellen (**Abb. N.23**). Ein intraspinaler Tumoranteil („Sanduhrtumor") muss wegen der Gefahr einer Querschnittsymptomatik immer durch CT oder NMR ausgeschlossen werden.

Des Weiteren muss der Tumor immer auch molekularbiologisch untersucht werden. Klinisch und therapeutisch relevant ist dabei die Amplifikation des N-myc-Onkogens. Inwieweit die Genveränderung vorliegt, gibt der N-myc-Status an.

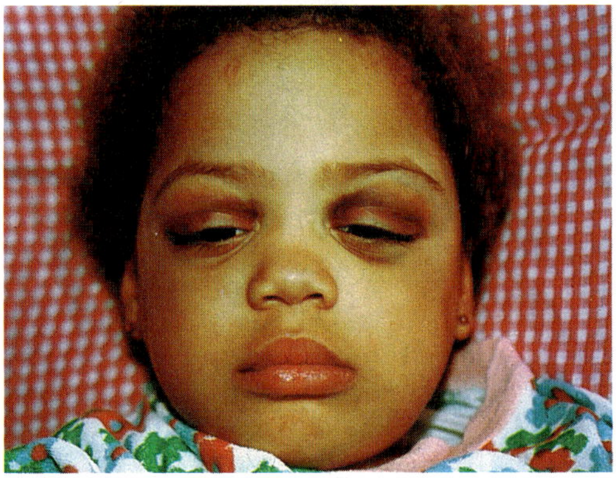

Abb. N.22 Orbitainfiltration. Typische Hauteinblutungen der Augenlider bei einem Mädchen mit Neuroblastom.

Abb. N.23 Szintigrafie. Darstellung eines Neuroblastoms paravertebral links.

Früherkennung. Ein Screening auf Katecholamine zur Früherkennung ist nicht sinnvoll: Die absolute Zahl der Kinder mit einem prognostisch ungünstigen Neuroblastom konnte hierdurch nicht gesenkt werden.

Differenzialdiagnose

Abzugrenzen sind das Nephroblastom, Lymphome und verschiedene Sarkome. Die wichtigste Untersuchung zur Differenzierung ist die Bestimmung der Katecholaminmetaboliten im Urin.

Therapie

Die Therapie des Neuroblastoms richtet sich nach dem Alter des Kindes, dem N-myc-Status und dem Stadium der Erkrankung. Sie sollte im Rahmen einer Therapiestudie durchgeführt werden.

Lokalisierte Tumoren werden primär operiert. Die weitere Therapie wird nach dem N-myc-Status gegliedert. Bei fehlender Amplifikation ist keine weitere Therapie indiziert. Selbst bei vorhandenem Resttumor kann abgewartet werden, ob sich der Tumor spontan zurückbildet. Ansonsten ist eine Kombinations-Chemotherapie und/oder Strahlentherapie notwendig.

Im Stadium IV ist nach primärer zytostatischer Therapie bei gutem Ansprechen eine Operation des Primärtumors indiziert. Die postoperative Therapie in diesem Stadium schließt eine weitere Chemotherapie ein, aber auch eine Strahlentherapie, eine ^{131}J-MIBG-Therapie und die Knochenmarktransplantation.

Im Stadium IV-S ist eine individuelle Therapie notwendig. Eine milde Chemotherapie steht im Vordergrund. Eine zwingende Indikation zur sofortigen Operation ist die drohende Querschnittlähmung bei „Sanduhrtumoren“. Die Gabe von Retinoiden und Antikörpern gegen Oberflächenantigene von Neuroblastomzellen wird im Rahmen von prospektiven Therapieoptimierungsstudien untersucht.

Prognose

Durch die Stratifizierung der Behandlung nach dem N-myc-Status kann heute bei annähernd der Hälfte der Kinder auf eine adjuvante Chemotherapie verzichtet werden. Die Heilungsraten sind im Stadium I und II mit über 90% sehr gut und im Stadium III und IV-S mit 60 – 70% gut. Kinder im Stadium IV und solche mit Rezidiven haben eine sehr schlechte Prognose.

Die wichtigsten prognostischen Parameter stellen die LDH, das Alter und die Resektabilität des Primärtumors dar. Je höher die LDH, je älter das Kind und je größer der Resttumor nach der Operation, desto schlechter ist die Prognose. Neben diesen Parametern geht die Amplifikation des N-myc-Onkogens mit einer schlechten Prognose einher.

Die Prognose bei Metastasen jenseits des 1. Lebensjahres ist sehr schlecht. Diese hat sich aber als Folge prospektiver multizentrischer Studien im Laufe der letzten Jahre eindeutig gebessert.

Infobox

ICD-10:
C47

Internetadressen:
http://www.kinderkrebsinfo.de
http://www.medizinfo.de

Neurodermitis

► Sarah (17) hatte als Säugling an der Stirn und am Kopf unter Milchschorf zu leiden. Als Kind klagte sie immer wieder über ein juckendes Ekzem in den Kniebeugen. Da ihr größter Wunsch ist Friseurin zu werden und da sie dabei sicher viel mit chemischen Substanzen zu tun haben wird, lässt sie sich zur Sicherheit vor Antritt der Lehrstelle testen und ausführlich beraten. Nach der Anamnese und einem Allergietest auf Friseurstoffe rät der Hautarzt von ihrem Traumberuf ab.

Definition

Neurodermitis ist eine überempfindliche, trockene Haut mit schubweise wiederkehrenden Ekzemen und erhöhter Allergieneigung.

Zwischen 10 und 20% aller Kinder in Industrieländern und 1 bis 3% der Erwachsenen leiden an Neurodermitis. Diese Zahlen haben sich in den letzten 30 Jahren verdoppelt.

Synonyme: Atopische Dermatitis, Endogenes Ekzem.

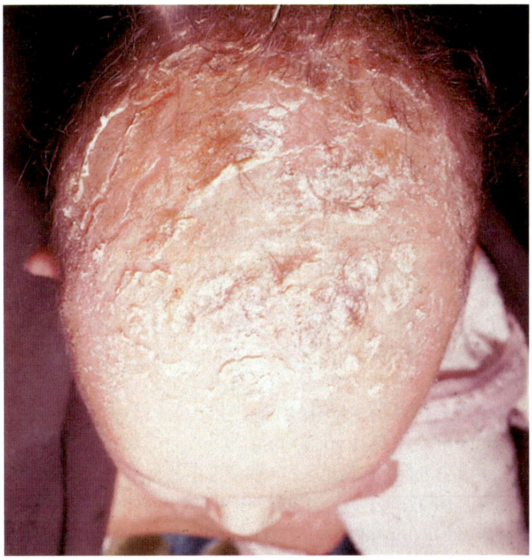

Abb. N.24 Milchschorf. Die Neurodermitis beginnt bereits im Säuglingsalter mit Milchschorf auf den seitlichen Gesichtspartien und der Kopfhaut.

Ursachen

Die Neurodermitis ist eine multigen erbliche Dispositionskrankheit. Das bedeutet zum einen, es gibt kein einzelnes defektes Gen, sondern mehrere Gene wirken zusammen. Zum anderen wird nur die „Bereitschaft" zur Krankheit vererbt, die individuellen Symptome lassen sich nicht vorhersagen. Mehrere Faktoren sind an der Entstehung beteiligt.

Immunsystem. Die zelluläre Immunität ist herabgesetzt; das bedeutet eine erhöhte Anfälligkeit gegenüber Infektionen. Außerdem spielt die veränderte Produktion und Funktionalität des für allergische Reaktionen verantwortlichen Immunglobulin E (IgE) eine Rolle. Seine Konzentration ist bei 80% der Betroffenen erhöht.

Vegetatives Nervensystem. Eine veränderte Rezeptor-Empfindlichkeit führt zu einer erhöhten Reagibilität. Die Juckreizschwelle der Haut ist deutlich erniedrigt, die Talgproduktion geringer und der Wasserverlust durch die Haut höher als im Durchschnitt.

Umweltfaktoren. Die innere Bereitschaft zur Neurodermitis wird durch Umweltfaktoren verstärkt, wie z. B. durch Infekte, Wetter oder Kontakt mit allergenen Substanzen wie Hausstaub, Pollen oder Arbeitsstoffen. Auch der Einfluss psychologischer Situationen trägt zum Ausbruch der Krankheit bei.

Symptome

Die Symptome sind außerordentlich vielfältig. I.d.R. verläuft die Krankheit schubweise und beginnt bereits im Säuglingsalter mit Milchschorf (**Abb. N.24**).

Eine geringe Ausprägung dieser fest haftenden, großen Schuppen mit leichter Entzündungsreaktion auf dem behaarten Kopf für einige Wochen ist ganz normal. Bei Kindern mit Neurodermitis sind für längere Zeit zusätzlich die Wangen und die Stirn betroffen. Später zeigen sich nässende, infizierte Ekzeme an Rumpf, Handrücken, in den Arm- und Kniebeugen sowie einzelne Herde im Gesicht (**Abb. N.25**).

Symptomatisch ist der quälende Juckreiz, hauptsächlich nachts. Es entstehen die typischen Kratzeffekte. Schließlich lichenifiziert die Haut, d. h. die Haut verdickt und die Hautfalten vergröbern sich mit leichter Rötung.

Viele Betroffene zeigen sog. Stigmata, die auf die Krankheit hinweisen, jedoch nicht beweisen. Dazu gehören eine Vertiefung der Hautlinien an Händen und Füßen,

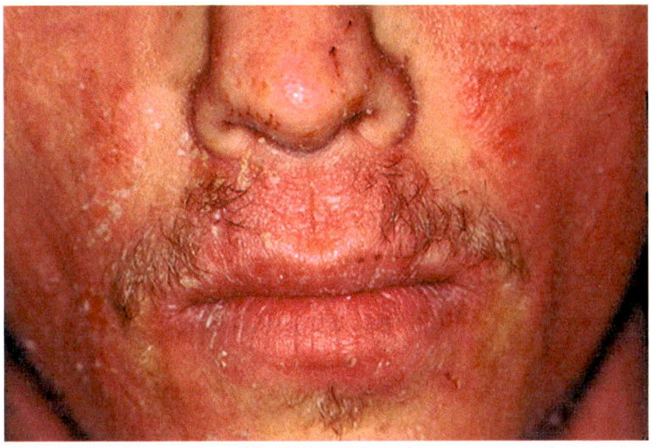

Abb. N.25 Neurodermitis. Diese Veränderungen der Haut treten insbesondere zur kalten Jahreszeit auf.

Fingerkuppenekzem, zusätzliche Falten am unteren Augenlid und das Ausdünnen der äußeren Haare der Augenbraue.

Neurodermitiker leiden sehr oft gleichzeitig unter anderen Krankheiten des sog. atopischen Formenkreises wie → Heuschnupfen, → allergischem Asthma und → allergischen Ekzemen.

Diagnose

Die Einzel- und Familienanamnese sowie das typische Beschwerdebild mit schubweisem Verlauf weisen den Weg. Darüber hinaus wird ein Allergietest durchgeführt. Fast alle Betroffenen reagieren auf eines der häufigen Allergene wie Tierhaare, Hausstaub oder Pollen. Das Gesamt-IgE ist in 80% der Fälle erhöht, das spezifische auf positiv getestete Allergene fast immer.

Differenzialdiagnose

Bei der seborrhoischen Dermatitis zeigen Säuglinge wenig juckende fettige Schuppen im Achsel- und Windelbereich. Ekzeme mit anderer Ursache wie z. B. → Kontaktekzeme oder → Ekzeme aufgrund von Vitaminmangel, können der Neurodermitis ähnlich sehen. Ein Befall mit der Krätzmilbe verursacht ebenfalls stark juckende Ekzeme mit Kratzeffekten (→ Skabies).

Therapie

Im akuten Schub werden, außer im Gesicht, kurzzeitig steroidhaltige Cremes eingesetzt. Oral können Antihistaminika und, nur in sehr schweren Fällen, Kortikoide eingesetzt werden. Der Einsatz von Kortison muss zeitlich befristet bleiben und ausgeschlichen werden. Große Erfolge werden mit dem Einsatz von Calcineurininhibitoren, Pimecrolimus und Tacrolimus erzielt, die in die T-Zellaktivierung eingreifen.

Außerhalb eines Schubes ist eine geeignete Hautpflege mit der täglichen Anwendung rückfettender Salben und Badezusätzen wichtig. Durch die immunmodulierende Wirkung ist v. a. im Winter die UV-Bestrahlung sinnvoll. Klimakuren an der Nordsee, im Hochgebirge und am Toten Meer bessern das Hautbild fast immer nachhaltig. Eine Psychotherapie kommt für Erwachsene infrage.

Es existiert eine Vielzahl von alternativen Behandlungen. In einzelnen Fällen werden damit gute Erfolge erzielt. Der Nachweis in doppelblinden Studien gelingt jedoch nur selten.

Prognose

Die meist schon im Säuglingsalter beginnenden Hautbeschwerden gehen im Laufe der Jugend bei mindestens zwei Dritteln deutlich zurück oder verschwinden sogar ganz.

Nicht selten treten allerdings andere Bilder aus dem atopischen Formenkreis auf. Eine erhöhte Empfindlichkeit der Haut, insbesondere der Hände, bleibt lebenslang bestehen. Entsprechende Tests und ausführliche Beratung bei der Berufswahl sind unbedingt erforderlich.

Komplikationen

Neurodermitiker sind anfällig gegen Infektionen. Virale Infektionen wie (Dell-) → Warzen führen zu besonders schweren Verläufen. → Herpesinfektionen infizieren sich leicht mit Eitererregern. Es entsteht das Ekzema herpeticatum.

Infobox

ICD-10:
L20.8- Neurodermitis atopica

Internetadressen:
http://www.selbsthilfe.ch
Deutsche Haut- und Allergiehilfe e. V.: http://www.dha-allergien.de
Allergie- und umweltkrankes Kind e. V.: http://www.members.aol.com/AUKGE

Literatur:
Dietrich Abeck, D., Fölster-Holst, R.: Was hilft meinem Kind bei Neurodermitis. Thieme, Stuttgart 2003
Szczepanski, R., Schon, M.: Neurodermitis: Das juckt uns nicht, 2. Aufl. Trias, Stuttgart 2001

Neurofibromatose

► Paul bekommt zum sechsten Geburtstag von seinen Eltern sein erstes Fahrrad geschenkt. Er ist überglücklich und will noch am gleichen Tag mit dem Üben beginnen. Geduldig hilft ihm sein Vater, hält das Fahrrad und rennt die kleine Spielstraße mit ihm rauf und runter. Aber es will und will nicht klappen. Paul ist total verzweifelt, er kann einfach das Gleichgewicht nicht halten.

Definition

Neurofibromatose ist eine gutartige Tumorerkrankung ausgelöst durch einen Gendefekt. Dabei treten Hautflecken und Knoten auf der Haut und am Nervengewebe auf. Man unterscheidet:

- **Typ I:** Defekt am Chromosom 17,
- **Typ II:** Defekt am Chromosom 22.

Von 3000 ist ein Neugeborenes betroffen, damit tritt die Krankheit häufiger auf als das → Down-Syndrom.

Synonym: Morbus Recklinghausen.

Ursachen

Die Chromosomendefekte werden zu 50% dominant vererbt, ansonsten sind es Neumutationen. Es fehlen Enzyme, die den Stoffwechsel von Nervenzellen regulieren. Die Knötchen der Haut bilden sich aus Nervenbindegewebe (Neurofibrome). Entlang der großen Nervenbahnen entstehen → Tumoren wie Gliome und Meningeome.

Symptome

Typ I. Symptome sind im 1. Lebensjahr auftretende bräunliche Hautflecken (Café-au-lait-Flecken). Später treten in den Achseln und Leisten Flecken auf, ähnlich den Sommersprossen. Ab dem 10. Jahr erscheinen hautfarbene Knötchen am gesamten Körper. Sie sind bis zu einige Zentimeter groß, weich, schmerzhaft, jucken und lassen sich in die Haut zurückdrücken. Auf der Iris zeigen sich Pigmentanreicherungen.

Bei der Hälfte der Erkrankten bleibt es bei diesen Symptomen. Ansonsten kann es auch zu → Skoliose, Minderwuchs und Tumoren des zentralen Nervensystems, z. B. Optikusgliome (Tumor des Sehnervs) kommen. Ungefähr ein Drittel der Patienten zeigt eine Lernschwäche. Selten kommt es zu monströsen Hautfalten (Elefantenmensch).

Typ II. Fast immer entwickeln sich beidseits Akustikusneurinome (Tumoren am Hörnerv). Dadurch entstehen Schwerhörigkeit und Gangstörungen, da sich das Gleichgewichtsorgan in der Nähe befindet.

Des Weiteren entwickeln sich Meningeome der Hirnhaut und des Rückenmarks sowie Linsenveränderungen mit Sehstörungen. Im Vergleich zum Typ I entstehen kaum Hautflecken und Knoten.

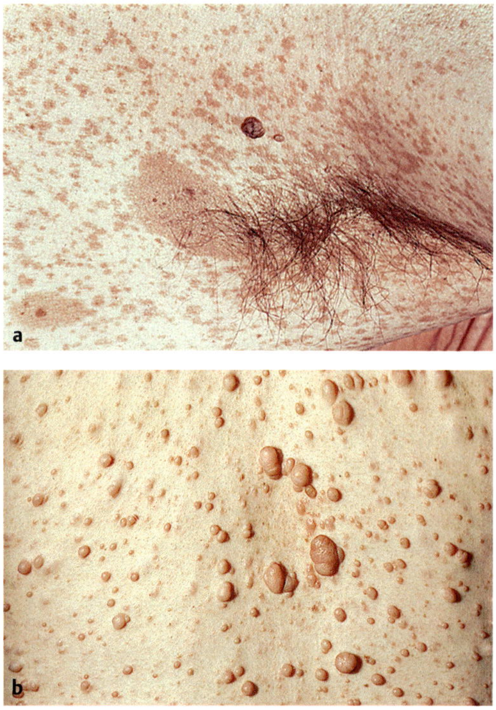

Abb. N.26 Neurofibromatose. **a** Zwei Café-au-lait-Flecken und kleinfleckige Hyperpigmentierung der Achsel, **b** multiple kleine und mittelgroße, weiche Neurofibrome der Rückenhaut.

Diagnose

Neurofibromatose liegt bei Erwachsenen meist vor, sobald mindestens sechs Café-au-lait-Flecken (= 1,5 cm) festgestellt werden. Es folgt dann eine umfangreiche, neurologische, augenärztliche und psychologische Untersuchung. Außerdem werden der Schädel und die Wirbelsäule geröntgt. Nach der Erstdiagnose erfolgen jährliche Kontrollen.

Differenzialdiagnose

Die Lernschwäche ist vom → Aufmerksamkeits-Defizit-Syndrom abzugrenzen. Café-au-lait-Flecken können vereinzelt auch auf nicht erkrankter Haut vorkommen.

Therapie

Neurofibromatose ist nicht heilbar. Hautknötchen können chirurgisch abgetragen werden. Innere Tumore müssen neurochirurgisch behandelt werden. Eine Lernschwäche kann durch eine individuelle Förderung aufgefangen werden.

Prognose

Ungefähr 30% der Betroffenen führen ein normales Leben, manchmal wird die Krankheit auch gar nicht erkannt. Die Schwere der Symptome lässt sich nicht voraussagen. Die Hälfte der Kinder von an Typ-I erkrankten Eltern erkrankt ebenfalls.

Komplikationen

In 5% der Fälle kommt es zu einer bösartigen Entartung der Hautknötchen (Neurofibrosarkom). Je nach Beteiligung der zentralen Nerven kann der Patient erblinden, taub oder querschnittgelähmt werden.

Infobox

ICD-10:
Q85.0

Internetadressen:
http://www.von-recklinghausen.org

Literatur:

Masuhr, K.F., Neumann, M.: Duale Reihe Neurologie, 5. Aufl. Thieme, Stuttgart 2005

Moll, I.: Duale Reihe Dermatologie, 6. Aufl. Thieme, Stuttgart 2005

Nierenarterienstenose

► Der 55-jährige Enno Krause leidet schon seit Jahren unter Bluthochdruck und nimmt Medikamente ein. Zur Kontrolle hat er sich ein eigenes Messgerät gekauft. Heute kommt er nach der Arbeit mal wieder total geschafft zu Hause an. Als er seinen Blutdruck misst, zeigt das Gerät trotz Medikamenten einen Wert von 230 an. Total beunruhigt entschließt er sich seinen Hausarzt aufzusuchen.

Definition

Unter einer Nierenarterienstenose versteht man die ein- oder doppelseitige Einengung der Arteria renalis oder ihrer Hauptäste. Je nach Ursache unterscheidet man:

- arteriosklerotische Nierenarterienstenose,
- fibromuskuläre Dysplasie.

Ursachen

Die → Arteriosklerose ist mit ca. 70 % die häufigste Ursache für die Nierenarterienstenose. Sie tritt meist bei Männern auf. Weniger häufig (mit ca. 20 %) tritt die fibromuskuläre Dysplasie, bei der einzelne Arterienwandschichten verdickt sind, als Ursache auf, dann bei überwiegend jüngeren Frauen. Möglich sind auch Aneurysmen der Aorta (→ Aortenaneurysma) oder der Nierenarterien, mechanische Kompression durch einen → Tumor oder eine Zyste, → Embolien und Thrombosen.

Symptome

Da die Niere durch die Nierenarterienverengung zu wenig Blut erhält, werden Hormone (v. a. Renin) ausgeschüttet, die zu einer Blutdrucksteigerung führen. Über den Renin-Angiotensin-Aldosteron-Kreislauf führt dies allerdings

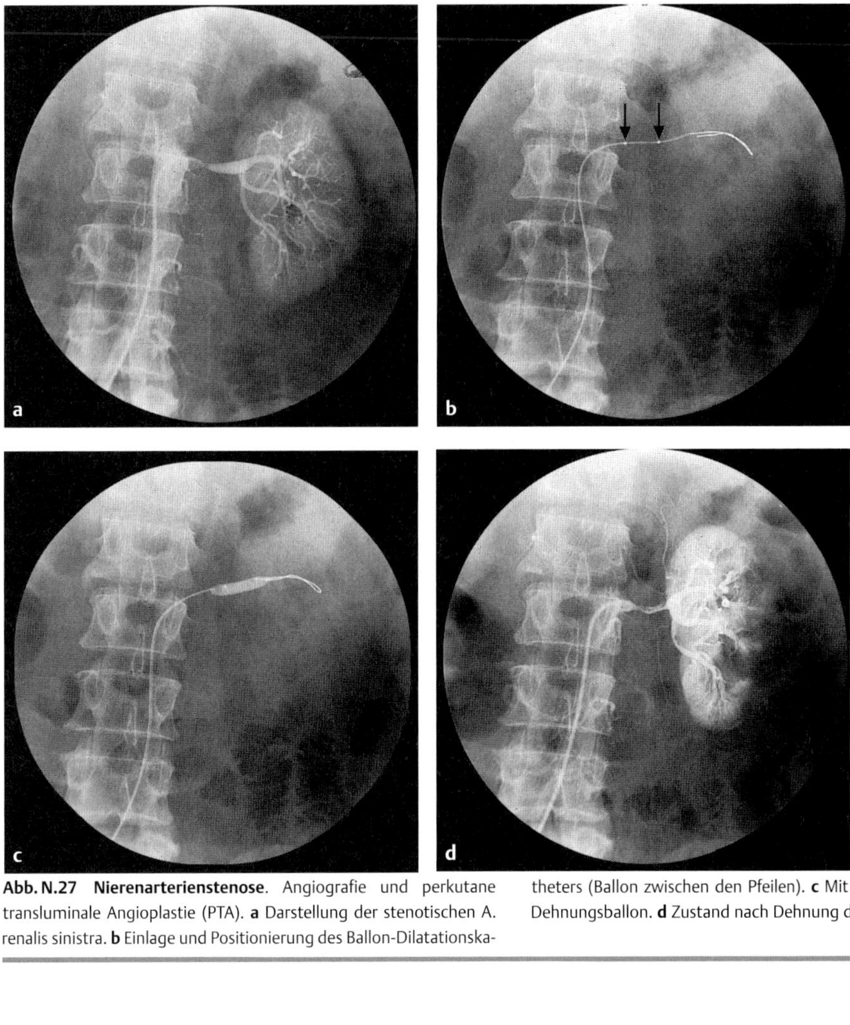

Abb. N.27 Nierenarterienstenose. Angiografie und perkutane transluminale Angioplastie (PTA). **a** Darstellung der stenotischen A. renalis sinistra. **b** Einlage und Positionierung des Ballon-Dilatationskatheters (Ballon zwischen den Pfeilen). **c** Mit Kontrastmittel gefüllter Dehnungsballon. **d** Zustand nach Dehnung der Stenose.

wieder zu einer zusätzlichen Verengung der Nierengefäße. Somit beginnt der Kreislauf, der zur → Hypertonie führt. Sie ist das bekannteste Kardinalsymptom und nur schwer medikamentös zu behandeln.

Gibt es einen plötzlichen Beginn eines arteriellen Bluthochdruckes vor dem 30. Lebensjahr, kann dies ebenfalls der Hinweis auf eine Nierenarterienstenose sein.

Diagnose

Zunächst gleicht die Diagnose der einer arteriellen Hypertonie.

Captopriltest. Er ist ein aussagekräftiges Mittel zur Diagnosefindung. Dabei wird nach Gabe des Medikamentes Captopril ein Seitenunterschied bei der Reninerhöhung im Nierenvenenblut festgestellt (durch die Hemmung des Angiotensin-Converting-Enzyms).

Duplexsonografie. Mit dieser kann man eine Nierenarterienstenose feststellen oder ausschließen. Dabei wird der Blutfluss als Farbsignal im Gefäß dargestellt. Das Röntgen-Kontrast-Bild liefert Beweise hinsichtlich der Ursache, des Alters und des Aussehens der Gefäßverengungen. In ihm lassen sich arteriosklerotische Nierenarterienstenosen von fibromuskulärer Dysplasie unterscheiden.

Laboruntersuchungen. Die Bestimmung des Serum-Kreatinins (Normalwert: 1 mg/dl) oder des Nierenharnstoffes (Normalwert: 10 bis 50 mg/dl) im Labor gibt Hinweise auf eine evtl. verminderte Nierendurchblutung, die zur Einschränkung der Nierenfunktion führt. Beide Substanzen sollten normalerweise über den Harn ausgeschieden werden.

Magnetresonanztomografie oder Angiografie wird in unklaren Fällen eingesetzt.

Differenzialdiagnose

Der Ausschluss von Niereninsuffizienz oder essenzieller Hypertonie erfolgt mit der oben genannten Diagnostik.

Therapie

Mit Hilfe der Angiografie kann eine Aufdehnung von innen durchgeführt werden (**Abb. N.27**). Diese heutzutage häufig eingesetzte Methode nennt man PTA (Perkutane transluminale Angioplastie). In seltenen Fällen wird eine Operation am offenen Bauch notwendig. Erfolge kann auch die Behandlung des Blutdruckes mit bestimmten Medikamenten bringen.

Besonders bei Patienten, bei denen die fibromuskuläre Dysplasie Ursache der Verengung darstellt, ist die Anlage eines Stützgitters (Stent) wichtig.

Risikofaktoren, die die Arteriosklerose als Ursache der Nierenarterienverengung verstärken, sollten vermieden werden.

Prognose

Die Prognose ist abhängig von der Ursache und dem Grad der Stenose. Je früher die Stenose erkannt wird, desto geringer ist die Wahrscheinlichkeit auf einen chronischen Nierenschaden.

Bereits gesetzte Organschäden durch einen bestehenden Hypertonus verschlechtern zwangsläufig die Prognose.

Komplikationen

Die dialysepflichtige → chronische Niereninsuffizienz im Sinne einer ischämischen Nephropathie oder die renovaskuläre Hypertonie können durch die Nierenarterienstenose verursacht werden.

Infobox

ICD-10:
I70.1

Internetadressen:
http://www.nierenbuch.de/3_erkrankung/460_nierenarterienstenose.htm
http://www.cardiovasc.de/hefte/2001/03/20.htm

Literatur:
Hahn, J.-M.: Checkliste Innere Medizin, 3. Aufl. Thieme, Stuttgart 2000

Nierenbecken- und Harnleiterkarzinom

► Heinz Marquardt (73) berichtet Schwester Gabi vom ambulanten Pflegedienst: „Schwester, ich hatte eine schlimme Nacht. Wegen einer Kolik musste ich den Notarzt rufen. Der wollte mich ins Krankenhaus schicken, aber ich wollte nicht. Es ging mir nach der Spritze ja schon wieder gut. Er meinte, es wäre die Niere. Ja gut, ich hatte jetzt auch öfter Blut im Urin und manchmal Schmerzen hier an der Seite. Aber das wird schon wieder weggehen."

Definition

Beim Nierenbecken- und Harnleiterkarzinom befällt ein bösartiger →Tumor die Schleimhäute von Nierenbecken und Harnleiter. Zu diesem Karzinomtyp zählen 1 % aller Tumoren der Urogenitalorgane.

Männer sind fast dreimal öfter betroffen als Frauen. Am häufigsten tritt die Krankheit im 7. Lebensjahrzehnt auf.

Ursachen

Wie beim →Blasenkarzinom begünstigt ein berufsbedingter Kontakt mit bestimmten Chemikalien (aromatische Amine) die Entstehung eines Nierenbecken- und Harnleiterkarzinoms. Ebenso ist das Zigarettenrauchen als begünstigender Faktor zu nennen.

Symptome

Nierenbecken- und Harnleiterkarzinome verursachen im Wesentlichen die gleichen Beschwerden. Besonders dann, wenn der Tumor in der Nähe des Nierenbeckenausgangs sitzt, kommt es früh zu Blutungen. Blutkoagel können den Urinabfluss stören und Koliken verursachen. Die Schmerzen strahlen in den Harnleiter aus.

Diagnose

Zunächst sucht man die Blutungsquelle. Das kann mit Hilfe eines Ausscheidungsurogramms (AUG), Sonografie und Urethrozystoskopie (Blasenspiegelung) geschehen. Evtl. wird eine retrograde Urografie (Kontrastmitteluntersuchung) mit gleichzeitiger Entnahme einer Spülzytologie (Zellmaterial, sog. Lavage) durchgeführt (**Abb. N.28**).

Die Diagnose wird durch die zytologische Untersuchung des Zellmaterials, eine Ureterorenoskopie und ggf. durch eine Computertomografie gesichert.

Differenzialdiagnose

Differenzialdiagnostisch kommen →Nierenzellkarzinome, nicht schattengebende Konkremente, Urogenitaltuberkulose, Papillennekrosen sowie Harnleiter-Kompression von außen durch Tumoren des kleinen Beckens infrage.

Therapie

Die Therapie besteht in der Entfernung von Niere und Harnleiter.

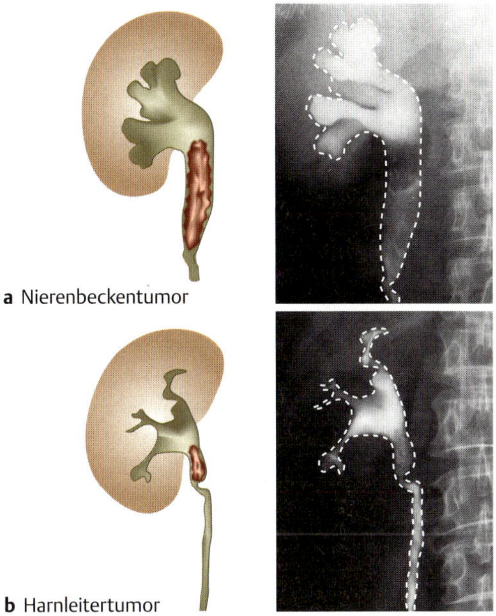

Abb. N.28 Retrograde Urografie. **a** Nierenbeckentumor, **b** Harnleitertumor.

Werden kleine Karzinomanteile mit dem Urinstrom verschleppt, können sich Metastasen im Harnleiter und in der Blase bilden. Um dies zu verhindern, werden mit der Niere der gesamte Harnleiter sowie eine Manschette der Blase mit dem Übergang zur Harnröhre entfernt.

Prognose

In 85 % der Fälle treten die Tumoren erneut auf. Daher müssen in den ersten drei Jahren regelmäßige Kontrolluntersuchungen erfolgen.

Infobox

ICD-10:
C65

Internetadresse:
http://www.gesundheit.pro.de

Literatur:

Sökeland J.: Urologie für Pflegeberufe, 7. Aufl. Thieme, Stuttgart 1999

Rübben, H. (Hrsg.): Uroonkologie, 3. Aufl. Springer; Berlin 2001

Nierenzellkarzinom

► Der 73-jährige Josef Trebinski berichtet seinem Urologen: „Zuerst hatte ich ein paar Mal Blut im Urin, aber keine Schmerzen. Dann kamen aber doch krampfartige Schmerzen dazu, richtige Koliken. Außerdem ist jetzt der linke Hoden geschwollen. Meine Frau hat mich gedrängt, jetzt herzukommen. Hoffentlich ist es nichts Schlimmes."

Definition

Beim Nierenzellkarzinom bildet sich ein bösartiger → Tumor an der Niere, der von den Tubuluszellen ausgeht. 3 % aller bösartigen Tumoren des Erwachsenen sind Nierentumoren. Das Verhältnis Männer zu Frauen beträgt 2–3,5 : 1. Betroffen sind vorwiegend Menschen im 5. und 6. Lebensjahrzehnt.

Synonyme: Grawitztumor, Hypernephrom.

Ursachen

Die Ursache der Tumorentstehung ist nicht bekannt; Ausgangspunkt des Nierenzellkarzinoms ist die Nierenrinde.

Symptome

Im Frühstadium macht ein Nierenzellkarzinom keine Beschwerden. Da das aggressive, sog. infiltrative Wachstum des Karzinoms u. a. auch Blutgefäße zerstört, kann es zu einer Blutung kommen. Sie zeigt sich häufig als Hämaturie (Blutbeimischung im Urin).

Eine plötzliche, ohne erkennbare Ursache auftretende schmerzlose Blutung ist ein alarmierendes Krankheitszeichen, allerdings ist dies ein Spätsymptom. Weitere Symptome sind:

- tastbarer Tumor,
- Flankenschmerz,
- Gewichtsverlust,
- Temperaturerhöhung,
- linksseitige Varikozele (Schwellung des Hodensacks).

Frühstadien werden zunehmend als Zufallsbefund bei der Sonografie erkannt.

Diagnose

Zunächst wird analysiert, ob im Urin eine makroskopische oder mikroskopische Hämaturie vorliegt. Das Blut wird auf eine Erhöhung der BSG (Blutsenkungsgeschwindigkeit), eine → Anämie sowie auf Blutbildveränderungen (Polyzytämie) untersucht.

Die Verdachtsdiagnose wird durch Sonografie, Urogramm, Computertomografie bzw. Kernspintomografie gesichert (**Abb. N.29**). Lunge und Knochensystem werden röntgenologisch bzw. szintigrafisch auf Metastasen hin überprüft.

Differenzialdiagnose

Durch Ultraschalldiagnostik und Computertomografie ist die Diagnostik sicherer geworden. Auszuschließen sind Angiomyolipome, → Nierenzysten und Hydronephrosen.

Therapie

Die Therapie besteht in der radikalen Nephrektomie (vollständige Entfernung der Niere) sowie der Lymphadenektomie (Entfernung der Lymphknoten) und ggf. der Adrenalektomie (Entfernung der Nebenniere). Wenn der Tumor unter 3 cm groß ist und in der Peripherie liegt, ist es auch möglich, nur den Tumor zu entfernen.

Nephrektomie. Die radikale Nephrektomie kann über eine Flankenschnitt, mit oder ohne Eröffnung der Bauchhöhle erfolgen. Bei ausgedehnten Lungen- und Knochenmetastasen ist die Nephrektomie nur dann sinnvoll, wenn der lokale Tumor Schmerzen oder anhaltende Blutungen verursacht.

Lymphadenektomie. Dieser Eingriff hat auf die Überlebensrate wahrscheinlich keinen entscheidenden Einfluss.

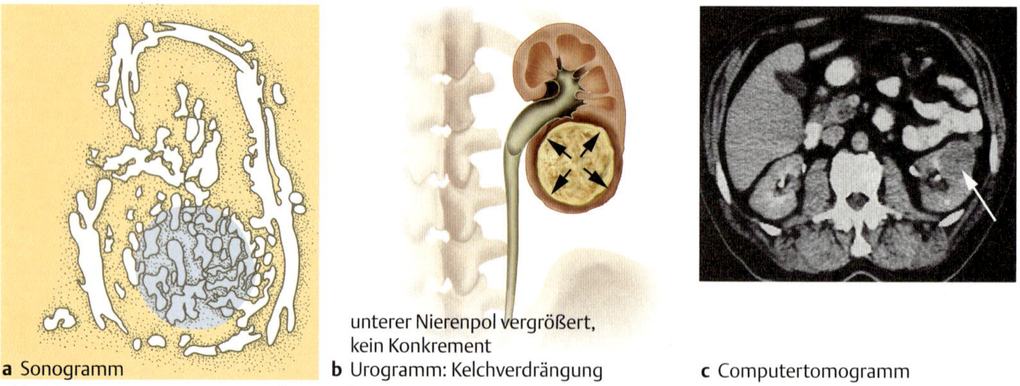

a Sonogramm **b** Urogramm: Kelchverdrängung **c** Computertomogramm

Abb. N.29 Nierentumor. Diagnostische Maßnahmen.

Er gilt aber als Stagingoperation, d. h. anhand des Befundes kann eine Prognose gestellt werden.
Adrenalektomie. Die Nebenniere ist in 7 % befallen. Zeigt das Computertomogramm eindeutig, dass die Nebenniere nicht befallen ist, muss sie nicht entfernt werden.
Weitere Therapien. Die adjuvante Strahlentherapie hat zu keiner Verbesserung der Überlebensraten geführt. Auch auf eine Chemotherapie spricht das Nierenzellkarzinom nicht an. Derzeit werden in Studien verschiedene Immuntherapiekonzepte beim metastasierenden Nierenzellkarzinom überprüft.

Prognose

Bei einer Operation im Frühstadium ist die Prognose günstig (T1-Tumor). Bei der Prognose spielen Tumorgröße, Malignitätsgrad (Grad der Bösartigkeit) und Lymphknotenbefall eine Rolle (→ Tumoren). Bei Patienten mit geringem Metastasenbefall und gutem Allgemeinbefinden sollte vor Einleitung der Immuntherapie die Tumornephrektomie diskutiert werden.

Infobox

ICD-10:
C64

Internetadresse:
http://www.akh-consilium.at

Literatur:

Rübben, H.: Uroonkologie, 3. Aufl. Springer, Berlin 2001

Sökeland J.: Urologie für Pflegeberufe, 7. Aufl. Thieme, Stuttgart 1999

Nierenzyste

► Der 57-jährige Klaus Behnert berichtet seinem Hausarzt bei der Untersuchung: „Wo Sie jetzt klopfen, da an der linken Seite, habe ich jetzt öfters so ein Druckgefühl. Aber ansonsten habe ich keine Beschwerden. Ich habe schon mal gedacht, es ist was an der Niere. Aber da ich gut Wasser lassen kann, habe ich die Beschwerden immer auf den Rücken geschoben.“

Definition

Bei Nierenzysten bilden sich Hohlräume in und an der Niere, die mit Flüssigkeit gefüllt sind. Bei der Hälfte der über 50-Jährigen finden sich kleinere, gelegentlich vielfache Zysten.

Ursachen

Die Ursache von Nierenzysten ist unklar. Ein genetischer Defekt liegt nicht vor.

Symptome

Die meisten Zysten machen keinerlei Beschwerden. Es kann zu Harnstauung, selten zu → Hypertonie oder zu Infektionen der Niere kommen. Bei großen Zysten kann ein Druckgefühl auftreten.

Da das funktionsfähige Nierengewebe verdrängt wird, können Nierenzysten gelegentlich eine bösartige Nierengeschwulst vortäuschen. Verlaufskontrollen mit Ultraschall und ggf. CT sind daher notwendig.

Diagnose

Kleine Zysten werden zufällig im Rahmen einer Sonografie entdeckt. Große Zysten gehen häufig mit den Zeichen eines raumfordernden Prozesses einher. Die Diagnose einer Zyste ist sonografisch sicher möglich (**Abb. N.30**).

Differenzialdiagnose

Bei allen Nierenzysten muss ein bösartiger → Tumor ausgeschlossen werden.

Therapie

Kleinere Zysten müssen nicht behandelt werden, wenn ein Tumor sicher ausgeschlossen ist; sie werden lediglich regelmäßig sonografisch kontrolliert.

Größere Zysten können ultraschallgesteuert punktiert, abgesaugt und verödet werden, indem man sie mit reinem Alkohol füllt. Bildet sich die Zyste erneut, wird sie mit einer sog. Marsupialisation operativ abgetragen.

Prognose

Nierenzysten sind häufige, gutartige Tumoren, die i.d.R. nicht entarten. Durch sonografische Kontrollen können seltene Komplikationen frühzeitig erkannt werden.

Infobox

ICD-10:
Q61.0 G

Internetadressen:
http://www.niere.org
http://www.ernaehrung.de

Literatur:
Sökeland J.: Urologie für Pflegeberufe, 7. Aufl. Thieme, Stuttgart 1999

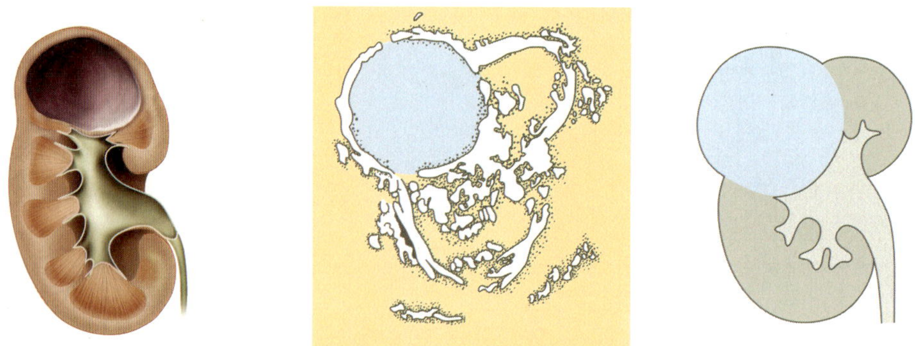

a anatomische Darstellung **b** Sonogramm **c** Urogramm

Abb. N.30 **Nierenzyste**. Verschiedene Darstellungen der Nierenzyste.

Non-Hodgkin-Lymphom

► „Ich lege mich hin. Ich bin so müde." Frau Kayser steht auf. „Mit Deinen 66 Jahren kannst Du doch nicht so schlapp sein", stellt ihr Mann fest. „Der Winterschlaf geht ja übergangslos in die Frühjahrsmüdigkeit über. Und wir wollten doch heute in die Weinberge." Herrn Kayser ist die Enttäuschung anzumerken. Auf dem Weg ins Schlafzimmer kommt Frau Kayser im Flur am Spiegel vorbei und bleibt stehen. Sie betrachtet ihr Gesicht und streicht mit einer Hand über die kleinen Knoten, die sie seit einiger Zeit seitlich am Hals tasten kann.

Definition

Non-Hodgkin-Lymphome (NHL) sind bösartige Erkrankungen des lymphatischen Gewebes. Aus den B- oder T-Lymphozyten bilden sich maligne Zellen, die sich selbstständig (autonom) vermehren. Man unterscheidet niedrigmaligne und hochmaligne Lymphome.

Ursachen

Je nach Zelltyp, Aussehen und Eigenschaften der Zellen gibt es viele verschiedene Non-Hodgkin-Lymphome. Man unterscheidet:

- ob die Lymphome aus B- oder T-Lymphozyten entstehen,
- ob sich die → Tumoren aus den Vorläuferzellen der Lymphozyten oder reiferen Zellen (peripheren Lymphozyten) entwickeln.

Die Entstehung der NHL ist nicht eindeutig geklärt. Einige Lymphome scheinen durch Infektionskrankheiten mit Viren (z. B. Epstein-Barr-Virus, HTLV 1 oder 2) oder Bakterien (z. B. Helicobacter pylori) ausgelöst zu werden.

Ein geschwächtes Immunsystem durch angeborene Immundefekte, eine Therapie mit Immunsuppressiva oder Zytostatika, → AIDS oder Autoimmunerkrankungen erhöhen das Risiko, ein NHL zu bekommen.

Maligne Lymphome treten häufiger nach Bestrahlung oder Exposition gegenüber radioaktiven Stoffen auf. Bei vielen NHL-Patienten lassen sich charakteristische genetische Veränderungen nachweisen. Am häufigsten erkranken ältere Menschen über 60 Jahren. Männer sind etwas öfter betroffen als Frauen.

Symptome

Die bösartigen Zellen verdrängen die Bildung von:

- Erythrozyten (führt zu Müdigkeit),
- Leukozyten (führt zu erhöhter Infektanfälligkeit),
- Thrombozyten (führt zu erhöhter Blutungsneigung bei Bagatellverletzungen und kleinen punktförmigen Blutungen in der Haut, den Petechien) (**Abb. N.31**). Die Lymphknoten am Hals, in der Leiste oder unter der Achsel sind geschwollen, schmerzen jedoch nicht.

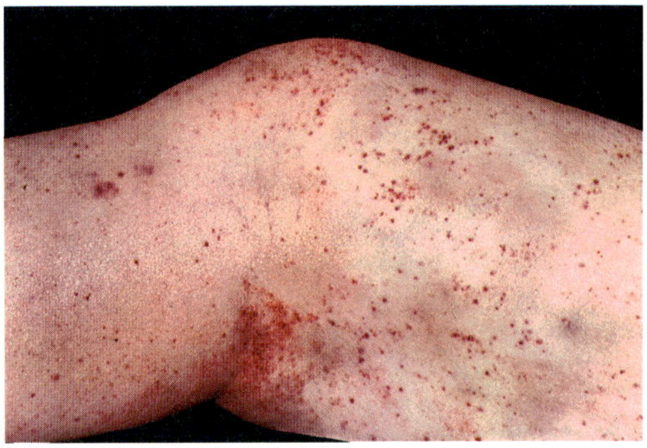

Abb. N.31 Petechien. Punktförmige Blutungen in der Haut.

Manche Patienten leiden unter den sog. B-Symptomen: Sie haben Fieber, müssen wegen starken Nachtschweißes mitunter mehrmals pro Nacht den Schlafanzug wechseln oder nehmen mehr als 10 % ihres Körpergewichts ab.

Diagnose

Die Vorgeschichte und die Symptome weisen auf ein NHL hin. In der körperlichen Untersuchung lassen sich vergrößerte Lymphknoten und eine vergrößerte Leber oder Milz tasten (Hepato- bzw. Splenomegalie). Im Blutausstrich sind besonders bei niedrigmalignen NHL die bösartigen Zellen nachweisbar. LDH-, Harnsäure- und Leberwerte können erhöht sein.

Die Diagnose wird durch eine Gewebeentnahme und anschließende histologische Untersuchung gesichert. Die Biopsie wird aus befallenen Lymphknoten oder in Ausnahmefällen aus dem Knochenmark entnommen. Ist der histologische Typ des Lymphoms diagnostiziert, wird das Stadium des Tumors bestimmt. Hierfür wird der Befall lymphatischer und extralymphatischer Gewebe mit Ultraschall, Röntgen und Computertomografie ermittelt.

Mitunter sind zusätzlich noch eine Skelettszintigrafie, Ösophago-Gastroskopie, Lumbalpunktion oder eine Positronenemissionstomografie notwendig. Die NHL werden nach Ann Arbor in vier Stadien eingeteilt (**Tab. N.3**).

Differenzialdiagnose

Verschiedene Erkrankungen können eine Vergrößerung der Lymphknoten verursachen und müssen ausgeschlossen werden: Infektionen wie HIV (→ AIDS), → Tuberkulose oder → Toxoplasmose, Systemerkrankungen wie → Sarkoidose oder Metastasen bösartiger Tumoren.

Therapie

Non-Hodgkin-Lymphome werden in speziellen Zentren nach Therapieprotokollen behandelt. Jeder Patient wird individuell therapiert. Die Therapie richtet sich nach der

Tab. N.3 Ann-Arbor-Klassifikation des Non-Hodgkin-Lymphoms

Stadium	Lymphknoten- oder Organbefall
I	1 Lymphknotenregion (I/N) oder 1 extralymphatisches Organ (I/E)
II	▪ ≥ 2 Lymphknotenregionen auf *einer* Seite des Zwerchfells (II/N) oder ▪ ≥ 1 Lymphknotenregionen auf *einer* Seite des Zwerchfells und ≥ 1 extralymphatische Organe (II/N/E)
III	▪ ≥2 Lymphknotenregionen, auf *beiden* Seiten des Zwerchfells (III/N) oder ▪ Lymphknotenregionen und extralymphatische Organe, auf *beiden* Seiten des Zwerchfells (III/E oder III/N/E)
IV	Diffuser Befall von ≥ 1 extralymphatischen Organen mit oder ohne Befall von Lymphknoten

Die Stadien werden zusätzlich durch die Parameter A oder B gekennzeichnet:
A: ohne Allgemeinerscheinungen
B: mit Fieber (> 38 °C) und/oder Nachtschweiß, und/oder Gewichtsverlust (> 10 %) in den letzten sechs Monaten

Art des NHL und dem Stadium. Patienten mit einem NHL im Stadium I oder II werden i.d.R. nicht behandelt, sondern der Verlauf der Erkrankung regelmäßig beobachtet. Einige Patienten erhalten eine Strahlentherapie und eine milde Chemotherapie. Patienten mit Stadium III oder IV werden mit einer Kombination verschiedener Medikamente behandelt.

Am häufigsten wird das CHOP-Schema (Cyclophosphamid, Doxorubicin, Vincristin = Oncovin, Prednison) eingesetzt. Einige Patienten erhalten zusätzlich den Antikörper anti-CD20 (Rituximab, R-CHOP). Patienten mit hochmalignen NHL können geheilt werden. Sie erhalten eine aggressive Chemotherapie (CHOP oder R-CHOP). Die Chemotherapie wirkt im Gegensatz dazu bei niedrigmalignen Lymphomen nur symptomatisch, die Patienten werden dadurch nicht geheilt. Ältere Patienten werden häufig nur mit Cyclophosphamid therapiert.

Bei einigen Patienten wird zusätzlich der Schädel bestrahlt oder Methotrexat in die Hirnhäute injiziert. Helfen die Medikamente nicht oder treten Rezidive auf, kann das Knochenmark mit einer Hochdosis-Chemotherapie abgetötet und Stammzellen transplantiert werden. In Studien wird z. Z. untersucht, ob Interferone, Purinanaloga oder eine Gentherapie beim NHL wirken.

Prognose

Die Prognose eines Non-Hodgkin-Lymphoms hängt von der Ausbreitung und dem histologischen Subtyp ab. Die meisten Patienten mit niedrigmalignen Non-Hodgkin-Lymphomen sterben an nicht beherrschbaren Infektionen oder Blutungen durch die niedrige Thrombozytenzahl. Diese Komplikationen müssen rechtzeitig erkannt und behandelt werden. Patienten mit einem niedrigmalignen NHL und generalisierter Erkrankung überleben 2 – 10 Jahre. Ist die Erkrankung lokalisiert, können etwa 50 % der Patienten geheilt werden.

Hochmaligne Lymphome breiten sich sehr schnell aus. Ohne Behandlung sterben die Kranken innerhalb weniger Wochen oder Monate. Mit Therapie werden etwa 50 % der Patienten geheilt. Eine ungünstige Prognose haben Patienten:

- die älter als 60 Jahre sind,
- die ein NHL im Stadium III oder IV haben,
- bei denen mehr als ein extralymphatisches Gewebe befallen ist,
- bei denen die LDH erhöht ist.
- die in einem schlechten Allgemeinzustand sind.

Infobox

ICD-10:
C82.0, C82.1, C82.2, C82.9, C83.0, C83.1, C83.3, C83.4, C83.5, C83.6, C85.9

Internetadressen:
http://www.dgho.de
http://www.krebsinformation.de
http://www.kompetenznetze-medizin.de
http://www.leukaemie-hilfe.de
http://www.lymphome.de
http://www.nhl-hilfe.de

Literatur:
Baenkler, H.-W. u. a.: Duale Reihe Innere Medizin. Thieme, Stuttgart 2001
Greten, H. (Hrsg.): Innere Medizin, 12. Aufl. Thieme, Stuttgart 2005

Nosokomiale Infektionen

► Der 73-jährige Hans Grange erzählt Pflegeschülerin Jessica nach seiner Hüft-TEP: „Nach der OP musste ich 2 Tage auf der Wachstation bleiben. Auch hier habe ich fast nur gelegen, hatte viel Schmerzen und war beim Aufstehen noch völlig unsicher. Ich konnte auch nicht richtig abhusten und gestern kam Fieber dazu. Das Röntgenbild hat ergeben, dass ich eine Lungenentzündung habe. Den ersten Tropfer habe ich schon hinter mir."

Definition

Bei nosokomialen Infektionen erleiden Patienten eine Infektion, während sie in Einrichtungen des Gesundheitsdienstes behandelt werden. Nosokomial bedeutet „im Haus erworben".

Synonym: Krankenhausinfektion.

Die häufigsten nosokomialen Infektionen

Nosokomiale Infektionen lassen sich in vier Hauptgruppen einteilen:

1. postoperative Wundinfektionen,
2. katheterassoziierte Harnwegsinfektionen,
3. beatmungsassoziierte (an eine Beatmung gekoppelte) und andere → Pneumonien,
4. katheterassoziierte → Sepsis.

Wundinfektionen. Infizierte Hüft- oder Knieprothesen gelten als nosokomial infiziert, wenn die Infektion bis zu einem Jahr nach dem Einbau diagnostiziert wird. Für alle anderen Operationen gilt ein Zeitraum von 30 Tagen. Wundinfektionen treten ggf. bei chronischen Wunden auch unter Therapie auf. Besonders fatal sind tiefe Wundinfektionen nach Einbau großer Implantate.

Harnwegsinfektionen. Etwa 40% der nosokomialen Infektionen sind Harnwegsinfekte (→ Blasenentzündung). Der Großteil davon wird bei einem transurethralen (in der Harnröhre liegenden Katheter) festgestellt (**Abb. N.32**). Dabei hängt das Infektionsrisiko vom verwendeten Kathetermaterial ab; Vollsilikonkatheter haben die geringste Infektionsrate. Bei Kathetern, die durch die Bauchdecke führen, sind Harnwegsinfektionen seltener. Eine Harnwegsinfektion gilt als nosokomial, wenn ein Katheter in der Einrichtung gelegt wurde und die Infektion innerhalb von 7 Tagen auftritt.

Pneumonie. Eine Pneumonie kann schon aufgrund von Immobilität entstehen wie im Fallbeispiel. Trotzdem sind die häufigsten Pneumonien im Krankenhaus beatmungsassoziiert, d. h. ohnehin schon schwerkranke Patienten erleiden durch die lebenserhaltende Beatmung eine zusätzliche Infektionserkrankung. Man schätzt, dass beatmungsassoziierte Pneumonien nur zu etwa 30% durch Hygienemaßnahmen verhindert werden können.

Sepsis. Aus gefäßkatheterassoziierten Infektionen kann eine Sepsis entstehen. Sie kann von peripheren oder zentralen Venenkathetern oder auch von Ports ausgehen. Wegen der meist noch guten Blutabwehr ist die katheterassoziierte Sepsis dennoch eine vergleichsweise seltene nosokomiale Infektion.

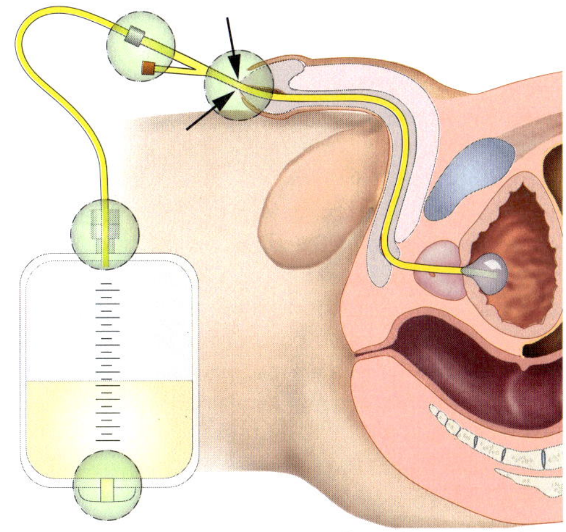

Abb. N.32 Harnwegsinfekte. Eintrittspforten für Keime sind: äußere Harnmündung, Verbindung Katheter-Ablaufschlauch, Rückschlagventil des Urinbeutels mit Tropfkammer und die Ablassvorrichtung.

Ursachen

Der medizinische Fortschritt hat immer invasivere und mehr abwehrschwächende Therapiemaßnahmen ermöglicht. Damit wurden viele Leben gerettet, sodass dieser Fortschritt selbstverständlich zu begrüßen ist. Andererseits gelangen so aber auch immer ältere und mehr abwehrgeschwächte Menschen in die Behandlung von Krankenhäusern und Pflegeeinrichtungen.

Als Ursache für nosokomiale Infektionen gelten natürlich in erster Linie die Erreger selbst. Daneben gibt es aber mehrere andere Faktoren, die nosokomiale Infektionen begünstigen. Patienten, die intensiv-medizinisch versorgt werden, haben oft eine schwere Grunderkrankung und eine geschwächte Abwehr.

Der Einsatz von Medizinprodukten, z. B. Katheter (in Harnwegen und Gefäßen, vor allem Venen) und ggf. eine maschinelle Beatmung, gefährdet sie besonders eine zusätzliche Infektion zu erleiden. Darüber hinaus entstehen nosokomiale Infektionen oft dann, wenn Keime resistent sind, d. h. auf Medikamente nicht wie gewünscht ansprechen. Aber auch verschiedene Therapeutika können nosokomiale Infektionen begünstigen.

Darmbakterien und Wasserkeime. Als Erreger kommen praktisch alle Bakterienarten in Betracht. Besonders häufig sind Darmbakterien (Escherichia coli, Enterobacter, Klebsiella, Serratia u. a.) und Wasserkeime (Pseudomonas aeruginosa, Burkholderia cepacia, Stenotrophomonas maltophila u. a.). Umweltkeime, z. B. Acinetobacter, treten vergleichsweise selten auf. Meistens lösen gramnegative Stäbchenbakterien (vor allem Darm-, aber auch Wasserkeime) sowie Staphylokokken und Enterokokken Harnwegsinfektionen aus.

Früher stellte die Darmflora eines Intensivpatienten auch dessen Hauptrisiko für Pneumonien dar. Die Darmkeime stiegen aus dem Darm auf und gelangten so letztlich in die Luftröhre. Den Weg durch den Magen konnten sie passieren, weil damals die Magensäure weggepuffert wurde, um zu vermeiden, dass sich ein Stressulkus bildet. Heute wird die Magensäure sehr viel vorsichtiger eingestellt, so dass derartige nosokomiale Infektionen seltener geworden sind.

Eitererreger. Sehr häufig sind auch sog. „menschassoziierte Eitererreger" wie Staphylococcus aureus und, schon seltener, Streptococcus pyogenes. Die Besiedlung der Patienten mit solchen potenziellen Erregern erhöht das Risiko für nosokomiale Infektionen. Heute weiß man z. B., dass Shuntinfektionen bei Dialysepatienten durch Staphylococcus aureus vermehrt dann auftreten, wenn der Patient selbst mit Staphylococcus aureus besiedelt ist. Der „eigene" Stamm wird sozusagen zum Infektionserreger.

Viren. Natürlich verursachen auch Viren nosokomiale Infektionen, wenn auch seltener. Unzureichend aufbereitete Medizinprodukte können Hepatitis B, C oder HIV übertragen. Ist die Isolierung in der Kinderklinik unvollständig, können sich virale Kinderkrankheiten verbreiten.

Medizinprodukte. Die überwiegende Mehrzahl der nosokomialen Infektionen ist an den Einsatz von Medizinprodukten gekoppelt. Da Katheter eine willkommene Eintrittspforte für Bakterien darstellen, sind z. B. 90 % der Harnwegsinfektionen im Krankenhaus mit dem Einsatz eines Harnwegskatheters verbunden. Auch die Wahrscheinlichkeit, eine Pneumonie zu bekommen, ist bei mechanischer Beatmung deutlich höher.

Resistenzen. Durch die reichliche Antibiotikagabe ist in den letzten Jahrzehnten ein genereller Anstieg von Resistenzen festzustellen. Dies betrifft insbesondere Bakterien, die hauptsächlich für nosokomiale Infektionen verantwortlich sind. Einige Krankenhäuser haben daher sog. „Hauskeime", die anhand ihrer Spezies und ihrem typischen Resistenzmuster wiedererkannt werden können. Sie werden relativ häufig auf andere Patienten übertragen, vor allem in Intensivstationen.

Therapeutika. Einige Infektionen stehen unmittelbar im Zusammenhang mit den eingesetzten Therapeutika. Antibiotika z. B. begünstigen die Darmbesiedlung mit Pilzen und können zu einem Soorpilzbefall durch Candida oder zu Infektionen mit Clostridium difficile führen. Daraus entsteht eine → pseudomembranöse Kolitis, die auch als antibiotikaassoziierte Kolitis bezeichnet wird.

Symptome

Wundinfektionen. Die klassischen Symptome einer Wundinfektion sind Dolor (Schmerz), Calor (Überwärmung), Tumor (Schwellung) und Functio laesa (gestörte Funktion). Wundinfektionen werden in drei Gruppen eingeteilt:

1. oberflächliche Wundinfektion: z. B. Nahtinfektion und oberflächliche Eiterung nach einem Stich,
2. tiefere Wundinfektion: tiefer liegendes Gewebe und Muskulatur entzünden sich,
3. tiefe Wundinfektion: Entzündung bricht in Körperhöhlen ein, z. B. → Gelenkempyem oder → Peritonitis. Knochen und Knochenmark können beteiligt sein.

Harnwegsinfektionen. Da eine nosokomiale Harnwegsinfektion an einen Katheter gekoppelt ist, sind typische Symptome wie Schmerzen beim Wasserlassen nicht gegeben. Der Urin enthält verstärkt Bakterien und Leukozyten. Er kann trüb sein und in der Menge vermindert.

Pneumonie. Die Symptome können denen einer typischen oder atypischen Pneumonie entsprechen. Die atypischen nosokomialen Pneumonien sind i.d.R. nicht beatmungsassoziiert; die → Legionellose gilt als die gefährlichste.

Sepsis. Diese Infektionen sind durch unregelmäßige Fieberschübe gekennzeichnet; die unspezifischen Entzündungsmarker CRP und Leukozytenzahlen sind erhöht.

Diagnose

Je nach vermutetem Erreger wird eine geeignete Diagnostik eingeleitet (**Abb. N.33**). Für die kulturelle Diagnostik werden Wundabstriche sowie Urin- und Sekretproben untersucht. Für die serologische Diagnostik werden Blutkulturen (möglichst nicht aus liegenden Kathetern!) angelegt (**Abb. N.34**). Gefäßkatheterspitzen und Implantate können nach Entfernung auf mikrobielle Besiedlung hin geprüft werden.

Differenzialdiagnose

Man muss unterscheiden zwischen Infektionen, die der Patient mitbringt, und denen, die er in der Einrichtung des Gesundheitsdienstes erwirbt.

Kommt ein Patient mit einer bestimmten Infektion zur Behandlung, ist die Infektion nicht nosokomial. Infektionen, deren Inkubationszeit bereits bei der Aufnahme angelaufen war, sind ebenfalls keine nosokomialen Infektionen, ebenso wie Besiedlungen mit pathogenen und/oder multiresistenten Erregern wie MRSA (→ Methicillin resistenter Staphylococcus aureus).

Therapie

Es ist oft eine sog. kalkulierte Chemotherapie erforderlich: Nachdem man Proben gewonnen hat, wählt man erst einmal eine Antibiotikakombination, die ein Großteil der ver-

Abb. N.33 Erregernachweis. **a** Bakterien auf Nährboden, **b** Protozoen mikroskopisch, **c** Viren serologisch.

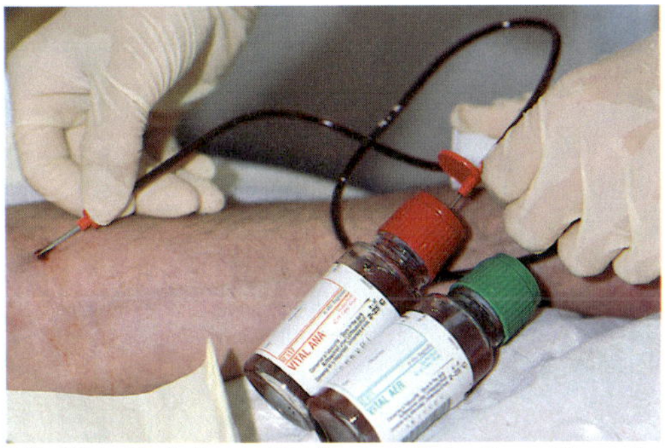

Abb. N.34 Blutkulturen. Für die serologische Diagnostik werden Blutkulturen angelegt.

muteten Erreger abdeckt. Sobald die mikrobiologischen Befunde vorliegen, passt man die Antibiotikatherapie an die nachgewiesenen Erreger an.

Hinzu kommt eine jeweils unterstützende symptomatische Therapie. Infizierte Katheter oder Implantate müssen entfernt werden.

Prognose

Die Prognose hängt von Art und Lage der Infektion, der Gesamtsituation des Patienten und von der rasch einsetzenden, wirksamen Therapie ab. Die meisten nosokomialen Infektionen werden innerhalb kurzer Zeit beherrscht und stellen dann kein Problem mehr dar. Es gibt jedoch nach wie vor tödliche Verläufe.

Komplikationen

Gelingt es nicht, die nosokomiale Infektion durch Antibiotika zu beherrschen, können die Folgen sehr weitreichend sein. Das kann z. B. bedeuten, dass eine eingebaute Prothese wieder entfernt werden muss. Die → Osteomyelitis und das → Gelenkempyem sind wegen bleibender Schäden besonders kritisch.

Eine Sepsis kann Folgen wie eine akute → Endokarditis, bei der z. B. ein Herzklappenersatz notwendig wird, oder eine thrombembolische Komplikation mit schlaganfallähnlicher Symptomatik haben (→ Hirninfarkt). In jedem Fall verlängern sich der Krankenhausaufenthalt und das Leiden des Patienten. Zusätzlich steigen die Kosten stark.

Prävention

Nicht alle nosokomialen Infektionen sind durch perfektes Hygienemanagement zu vermeiden. Schätzungen gehen davon aus, dass durch Hygienemaßnahmen etwa 30 – 50 % der nosokomialen Infektionen vermieden werden können.

Infektionsstatistik

Im Infektionsschutzgesetz fordert § 23 von Krankenhäusern und Einrichtungen für ambulantes Operieren eine Infektionsstatistik. Sie soll vermutete und bereits bestätigte nosokomiale Infektionen erfassen. Die Erfassung erfolgt nach gewissen Kriterien, die das RKI auf seiner Webseite (Stichwort: Infektionsschutz; Surveillance) empfiehlt. Wird die Statistik gewissenhaft geführt, können operative Einrichtungen und Akutkrankenhäuser ihre Qualität fortlaufend kontrollieren.

Die erfassten Infektionen werden im Team durchgesprochen. Dabei wird festgelegt, ob es sich tatsächlich um eine nosokomiale Infektion gehandelt hat und wenn ja, ob und wie sie zu vermeiden gewesen wäre.

Infobox

ICD-10:

–

Internetadressen:

http://www.rki.de
http://www.bmgf.gv.at

Literatur:

Jassoy, C., Schwarzkopf, A. (Hrsg.): Hygiene, Mikrobiologie und Ernährungslehre für Pflegeberufe. Thieme, Stuttgart 2005

O

Oligohydramnion

► **Die 32-jährige Vera Lütke ist in der 36. Woche schwanger: „Ich habe seit einigen Tagen das Gefühl, dass sich das Kind nicht mehr so oft und so stark bewegt. Mein Mann meinte, reg dich nicht auf, das Baby hat ja jetzt auch weniger Platz. Nachdem es sich heute gar nicht bewegt hatte, wurde ich richtig panisch. Auf dem Weg hierher habe ich aber doch wieder Bewegungen gespürt. Trotzdem habe ich das Gefühl, das etwas nicht stimmt mit dem Baby."**

Definition

Bei einem Oligohydramnion ist die Fruchtwassermenge der Schwangeren vermindert. Das kann beim Kind die Entwicklung der Lunge stören oder zu Missbildungen führen.

Ursachen

Das Oligohydramnion kann dadurch begründet sein, dass die Schwangere zu wenig Fruchtwasser produziert oder es zu stark aufnimmt. Außerdem kommen Störungen der Plazenta, meist im Zusammenhang mit Bluthochdruck (→ Hypertonie), in Frage. Aber auch bei einer → Übertragung oder bei einem → vorzeitigen Blasensprung kann es zu einer Verminderung des Fruchtwassers kommen.

Etwa ab dem sechsten Schwangerschaftsmonat trinkt das Kind Fruchtwasser und scheidet Urin in die Fruchthöhle aus. Dieser Urin trägt dazu bei, die Fruchtwassermenge aufrechtzuerhalten. Wenn der Harntrakt des Kindes missgebildet ist, kann die Fruchtwassermenge abnehmen.

Symptome

Beim Oligohydramnion ist der Leibesumfang der Schwangeren geringer als er sein sollte.

Zudem ist die Bewegungsfreiheit des Fetus durch die zu eng anliegenden Gebärmutterwände behindert. Dann bemerkt die Schwangere, dass sich das Kind weniger bewegt.

Diagnose

In der Anamnese gibt die Schwangere häufig an, dass sie seltener Kindsbewegungen spürt. Der Tastbefund ergibt, dass die Gebärmutter in Relation zum Schwangerschaftsalter zu klein ist.

Eine Ultraschalluntersuchung bestätigt die Diagnose. Dabei sollte nicht nur die Menge des Fruchtwassers, sondern auch die Nieren und die Harnblase des Fetus beurteilt werden.

Die normale Fruchtwassermenge beträgt in der 36.–37. Schwangerschaftswoche maximal 1000–1500 ml, bei einem Oligohydramnion weniger als 500 ml.

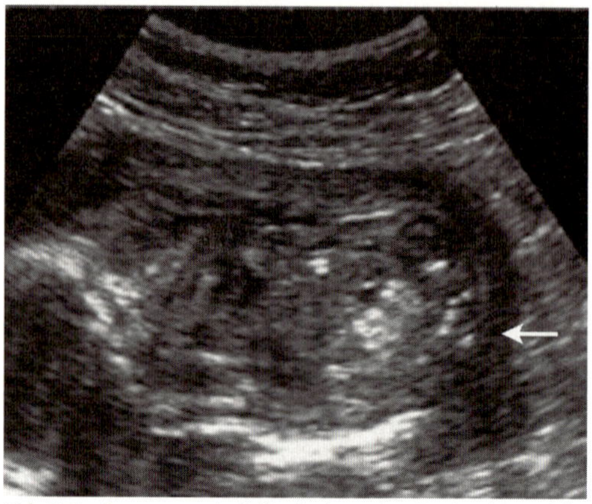

Abb. O.1 Sonogramm bei Oligohydramnion. Kopf und Rumpf des Kindes sind nur durch einen schmalen Saum von Fruchtwasser (→) umgeben.

Therapie

Eine spezifische Behandlung des Oligohydramnions gibt es nicht. Ist keine zugrunde liegende Störung zu finden, sollte die Schwangerschaft sorgfältig überwacht werden. Man sollte allerdings eine baldige Entbindung anstreben.

Einige klinische Zentren führen künstliche Fruchtwasserauffüllungen durch, um die Komplikationen für das Kind zu vermindern.

Prognose

Das Hauptproblem für das Kind liegt in der Lungenhypoplasie: Da die Lungen des Fetus weniger Platz zum Ausdehnen haben, bilden sie sich nicht richtig aus. Nach der Entbindung kommt es zum Atemnotsyndrom.

Da es in der Gebärmutter zu eng wird, kann es zu Skelettdeformierungen wie einem Schiefhals oder → Klumpfuß sowie zu Schädeldeformationen kommen.

Infobox

ICD-10:
O41.0

Internetadressen:
http://www.charite.de
http://www.swissmom.ch
http://www.leben- und-erziehen.de

Opiatvergiftung

► In einer öffentlichen Bahnhofstoilette entdecken Passanten eine junge Frau, die regungslos auf dem Boden vor dem Waschbecken liegt. Sie rufen sofort den Notarzt. „Hallo, hören Sie mich?“ Die junge Frau reagiert nicht auf die Zurufe des Notarztes, auch Schmerzreize wecken sie nicht auf. Es ist schwer zu erkennen, ob sie noch atmet, da ihr Brustkorb sich nicht hebt und senkt. Nur mit dem Stethoskop kann der Notarzt Atemgeräusche hören. Die Pupillen der Bewusstlosen sind nur noch stecknadelkopfgroß. In beiden Ellenbeugen findet er Narben von alten Einstichstellen.

Definition

Eine Opiatvergiftung ist eine Vergiftung, die akut nach Missbrauch oder Überdosierung von Opiaten auftritt und die Gesundheit und das Leben des Patienten bedroht.

Synonym: Opiatintoxikation.

Ursachen

Hinter einer Opiatvergiftung steckt meistens eine Überdosis Heroin. Für lebensgefährliche Überdosierungen gibt es verschiedene Gründe: Einmal können sie gewollt sein – also ein Suizidversuch. Oft liegt die Ursache aber auch darin, dass der Reinheitsgrad des illegal gekauften Heroins wechselt und mal weniger und mal mehr Heroin in einem „Schuss“ steckt.

Gefährlich sind auch so genannte „Mischintoxikationen“, wenn nicht nur Heroin, sondern weitere Drogen eingenommen werden – etwa Schlaftabletten, Kokain oder Alkohol.

Auch eine verminderte Toleranz kann eine Rolle spielen, wenn ein Drogensüchtiger z. B. einige Zeit abstinent war und sich dann wieder zum ersten Mal Heroin spritzt.

Symptome

2 – 5 Min. nachdem das Opiat intravenös gespritzt wurde, entwickeln sich die Vergiftungserscheinungen. Die drei typischen Symptome sind:

1. Bewusstlosigkeit,
2. sehr kleine Pupillen (Miosis),
3. verminderte Atmung (Atemdepression).

An der Atemdepression können die Patienten versterben.

Diagnose

Häufig gibt es Indizien für eine Opiatvergiftung, z. B. Spritzbesteck oder alte Einstichstellen in den Ellenbeugen. Meist wird die Diagnose durch diese Hinweise und die drei klinischen Symptome gestellt. Im Krankenhaus muss die Diagnose dann durch ein Drogenscreening des Blutes gesichert werden. Auch im Urin lassen sich Opiate nachweisen (s. **Abb. C.2**, S. 179).

Differenzialdiagnose

Bewusstlosigkeit bei jungen Menschen kann auch nach einem Krampfanfall auftreten. Typische Symptome sind hier das Einnässen oder der Zungenbiss. Auch Hirnblutungen können die Ursache von Bewusstlosigkeit sein. Ein Diabetes Typ 1 mit Unterzuckerung muss ebenfalls ausgeschlossen werden. Bei allen Differenzialdiagnosen fehlt jedoch die Miosis.

Therapie

Bei einer lebensbedrohlichen Opiatvergiftung muss sofort das Gegengift der Opiate verabreicht werden. Man spritzt zunächst nur wenig (0,1 mg) Naloxon (Narcanti) und wartet einige Minuten, ob eine Wirkung eintritt. Ist dies nicht der Fall, spritzt man vorsichtig weiter nach, während der Bewusstlose über eine Maske beatmet wird. Oft sind die Patienten nach wenigen Minuten wieder bei Bewusstsein. Beim Spritzen von Naloxon muss man vorsichtig vorgehen. Gibt man zu viel, können gefährliche Erregungszustände oder Krampfanfälle auftreten.

Manche Patienten, die durch das Naloxon wieder wach sind und sich orientieren können, lassen sich schwer dazu bewegen, mit ins Krankenhaus zu kommen. Sie müssen aber unbedingt auf der Intensivstation überwacht werden, da die Wirkung von Naloxon spätestens nach 45 Min. nachlässt, die meisten Opiate jedoch sehr viel länger wirken.

Prognose

Oft kommt ärztliche Hilfe bei der Opiatvergiftung zu spät. Wenn die Patienten rechtzeitig beatmet werden und das Naloxon schnell gespritzt wird, ist die Prognose gut. Die Langzeitprognose hängt sehr vom Ausmaß der Drogenabhängigkeit ab.

Infobox

ICD-10:

T40.0 – Vergiftung durch Opium
T40.1 – Vergiftung durch Heroin
T40.2 – Vergiftung durch sonstige Opioide (z. B. Kodein, Morphin)
T40.3 – Vergiftung durch Methadon

Internetadressen:

Deutsche Gesellschaft für Suchtmedizin e. V.: http://www.dgsuchtmedizin.de

Deutsche Hauptstelle gegen die Suchtgefahren e. V.: http://www.dhs.de

Literatur:

Reichl, F.-X.: Taschenatlas der Toxikologie, 2. Aufl. Thieme, Stuttgart 2002

Opioidmissbrauch

► „Ich bin ständig müde und manchmal ist mir auch schlecht.“ Der 23-jährige Alexander ist bei seinem Hausarzt. „Na ja, ich bin arbeitslos und vertreibe mir die Zeit mit meinen Kumpels. Da kann es auch schon mal passieren, dass wir Heroin spritzen. Was ist denn schon dabei? Ich habe sonst den ganzen Tag nichts zu tun und bei uns machen das alle!“ Er schiebt den Pullover hoch und zeigt dem Arzt vernarbte Einstichstellen. „Sehen sie. Ich mache das nicht oft.“

Definition

Opioidmissbrauch bedeutet, durch einen nicht ärztlich verordneten Opioidgebrauch gesundheitliche Schäden zu erleiden, jedoch (noch) nicht süchtig zu sein.

Ursachen

Zu den Opioiden gehören alle Substanzen, die am Opioidrezeptor im Gehirn wirken, so auch die Opiate. Diese Abkömmlinge des Opiums wurden chemisch gereinigt und verändert und sind so stärker wirksam. Zu den Opiaten gehören z. B. Morphium, Codein und Heroin.

Die Betroffenen erleiden durch den Drogengebrauch eine Infektion, die ihren Körper schädigt. Zu solchen Infektionen zählen häufig virale Infektionen wie die → Hepatitis (Hepatitis-B- und Hepatitis-C-Viren), → AIDS (HI-Virus) und bakterielle Entzündungen, z. B. → Myokarditis, durch in die Blutbahn gelangte Staphylokokken.

Ursachen dieser Infektionen sind Verunreinigungen der illegal auf dem Schwarzmarkt erworbenen Drogen, unsauberes oder gemeinsam genutztes, kontaminiertes Spritzbesteck oder unsachgemäße intravenöse Applikation. Durch ein vernachlässigtes Hygiene- und Ernährungsbewusstsein treffen Erreger oft auf einen bereits vorgeschädigten Körper. Vielleicht aus einer Art „Gesundheitsbewusstsein“ der Konsumenten heraus werden die Opiate in letzter Zeit zunehmend nach Erhitzen als Gas inhaliert.

Symptome

Die Patienten zeigen bei intravenösem Konsum meist viele Einstichstellen entlang der Venen, die oft entzündet oder durch Vernarbungen gezeichnet sind (**Abb. O.2**). Diese werden wegen ihres Aussehens als Injektionsstraßen bezeichnet. Beim Missbrauch ist es definitionsgemäß bereits zu einer Körperschädigung gekommen, die sich beim intravenösen Konsum üblicherweise in Infektionskrankheiten niederschlägt.

Durch die in einem solchen Fall oft vorliegenden Leberfunktionsstörungen aufgrund von Hepatitis B oder C juckt die Hautoberfläche oft sehr stark und ist chronisch entzündet. Auch am restlichen Körper außerhalb der Injektionsstraßen finden sich häufig Kratzspuren. Die Patienten klagen oft über Müdigkeit und Abgeschlagenheit als Symptome der Hepatitis.

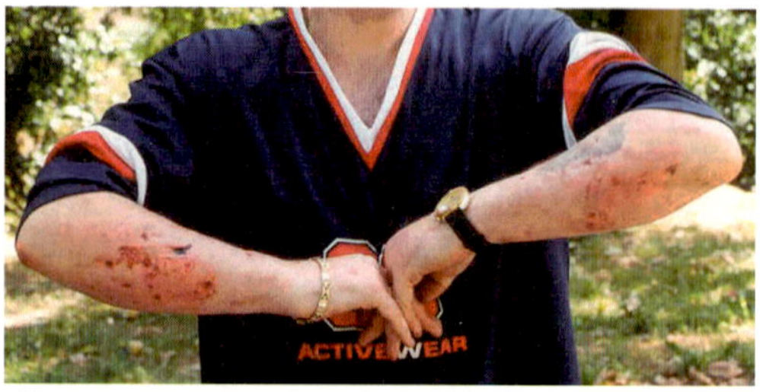

Abb. O.2 Intravenöser Konsum. Viele Einstichstellen sind entlang der Venen oft entzündet oder vernarbt.

Diagnose

In der Anamnese berichtet der Patient von intravenösem Opiatkonsum. Ein Urin-Drogentest muss nicht zwangsläufig positiv sein, da hier keine Suchterkrankung vorliegt und das Opiat eher nach einem zufälligen Muster eingenommen wird.

Differenzialdiagnose

Abzugrenzen ist die Opioidsucht, bei der es zu Entzugserscheinungen und einem Abhängigkeitssyndrom kommt. Soziale Probleme durch den Drogenkonsum zählen nicht zur Opioidmissbrauchsstörung.

Häufig liegt ein Gebrauch mehrerer Suchtmittel nebeneinander vor. Dann ist die Diagnose der → Polytoxikomanie zu stellen.

Therapie

Die Behandlung erfolgt zunächst internistisch, z. B. bei Hepatitis C mit Interferonen und bei bakteriellen Infektionen mit Antibiotika. Spritzenabszesse werden chirurgisch gespalten. Mit speziellen Drogenberatern können die Ursachen des Drogenkonsums erkannt und bearbeitet werden (z. B. eine Arbeitslosigkeit).

Prognose

Häufig entwickelt sich aus dem schädlichen Gebrauch eine Sucht. Sehr aufgeklärte, differenzierte Patienten, die eine Lebensperspektive entwickeln können, können dazu bewegt werden, vom weiteren Konsum abzulassen.

Infobox

ICD-10: F11.1

Internetadressen:
http://www.selbsthilfenetz.de
http://www.narcotics-anonymous.de

Orbitafraktur

► „Komm, ich fahre mit Dir ins Krankhaus," Charlotte zieht ihren Mann, der sich das rechte Auge zuhält, am Arm Richtung Auto. „Ich habe den Ball echt nicht kommen sehen. Diese komische Keule war davor. Ich hätte vielleicht nicht mit diesen englischen Profis spielen sollen", bemerkt Hans. „Aber es hat schon Spaß gemacht. Einfach so am Strand liegen, das ist halt nichts für mich." „Kannst Du denn sehen?", will Charlotte wissen. Hans nimmt die Hand weg und blinzelt. „Ja, eigentlich schon, aber alles doppelt. Und es tut ziemlich weh."

Definition

Eine Orbitafraktur ist eine Fraktur der Augenhöhle (Orbita) durch Gewalteinwirkung. Eine Blow-out-Fraktur ist eine Fraktur des Orbitabodens.

Ursachen

Eine Blow-out-Fraktur entsteht durch ein Objekt, das größer als der vordere knöcherne Orbitadurchmesser ist (z. B. eine Faust oder ein Tennisball) (**Abb. O.3**). Frakturen des Orbitadaches entstehen, indem Betroffene auf spitze Gegenstände (z. B. Fahrradlenker) fallen. Frakturen der anderen Orbitaknochen entstehen meistens durch sehr schwere Traumen (z. B. Verkehrsunfälle).

Symptome

Der Patient verspürt Schmerzen und sieht Doppelbilder, insbesondere beim Auf- und Abblick. Verschlechtert sich die Sehkraft, spricht dies für eine Orbitablutung.

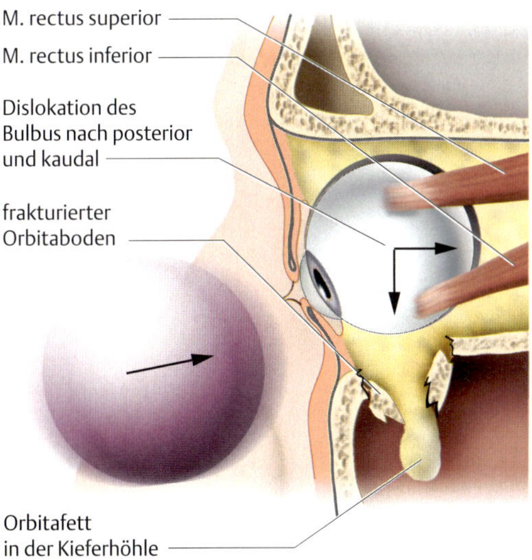

Abb. O.3 Orbitabodenfraktur. Durch einen Tennisball verursachte Blow-out-Fraktur.

Diagnose

Je nach Art der Gewalteinwirkung sind Augenumgebung, Lider und Bindehaut geschwollen und bluten. Bei einer Orbitabodenfraktur kann der Augapfel in die Augenhöhle zurücksinken (Enophthalmus). War die Gewalteinwirkung sehr stark, kann der Augapfel geprellt oder geborsten sein (→ Augapfelprellung, → perforierende Augenverletzung).

Die Überprüfung der Augenbeweglichkeit ergibt eine eingeschränkte Hebung und Senkung. Röntgenaufnahmen und CT zeigen am häufigsten eine Fraktur des Orbitabodens, seltener der medialen Orbitawand oder des Orbitadaches. Außerdem ist prolabierter Orbitainhalt zu erkennen, z. B. Orbitafett oder der M. rectus inferior (selten).

Differenzialdiagnose

Die Anamnese weist i.d.R. auf die Diagnose hin. Ansonsten müssen andere Ursachen für Doppelbilder, z. B. eine endokrine Ophthalmopathie, eine Myositis oder → Augenmuskellähmungen ausgeschlossen werden. Bei Orbitadachfrakturen erfordert eine Rhinorrhö (Austritt von klarer Flüssigkeit aus der Nase) den Ausschluss einer Liquorfistel.

Therapie

Eine HNO-ärztliche Betreuung ist erforderlich. Zunächst wird abgewartet bis die Schwellungen zurückgegangen sind. Dann wird der Befund kontrolliert. Eine operative Rekonstruktion des Orbitabodens erfolgt z. B. bei ausgeprägtem Enophthalmus oder Doppelbildern in Primärposition.

Prognose

Doppelbilder lassen sich nicht immer durch eine Rekonstruktion der Orbitaknochen beseitigen. Mitunter sind weitere Operationen an den äußeren Augenmuskeln erforderlich, damit der Patient im Gebrauchsblickfeld wieder doppelbildfrei sehen kann.

Komplikationen

Eine Kompression des Sehnervs durch eine Orbitablutung kann zu einem akuten Sehverlust führen und bedarf operativer Entlastung. Ein fortbestehender Enophthalmus ist kosmetisch unvorteilhaft.

Infobox

ICD-10:
S02.1, S02.3, S02.8

Literatur:
Burk, A., Burk, R.: Checkliste Augenheilkunde. Thieme, Stuttgart 2005

Orofaziale Störung

► „Lena, es gibt nicht immer nur Spagetti. Probier doch mal das Gemüse. Wenigstens ein bisschen", versucht Regina ihre Tochter zu überreden. „Gib ihr doch mal eine Möhre. Die sind doch so lecker", rät Andrea, Reginas Freundin. „Das kann man vergessen. Die sind ihr zu hart. Vielleicht stimmt ja etwas mit den Zähnen nicht. Sie lutscht ja auch noch am Daumen und spricht das ‚s' etwas merkwürdig", bemerkt Regina. „Geh doch mal zum Kieferorthopäden. Vielleicht kann der weiterhelfen", schlägt Andrea vor. „Es wäre schon blöd, wenn sie nie Gemüse und Obst isst, nur weil sie es nicht kauen oder schlucken kann."

Definition

Eine orofaziale Störung liegt vor, wenn durch ein muskuläres Ungleichgewicht Atmung, Nahrungsaufnahme und Artikulation beeinträchtigt sind.

Ursachen

Die Störungen sind vielfältig und können sowohl vor, während oder nach der Geburt entstehen oder erworben werden. Es können organische Veränderungen sein wie eine → Lippen-Kiefer-Gaumenspalte oder skelettale Veränderungen des Ober- und Unterkiefers. Auch ein angewachsenes Zungenbändchen führt zur mangelnden Beweglichkeit der Zunge und zu Kompensationen der umgebenden Muskulatur.

Eine zu kurze Stillzeit trainiert die Lippen und Zungenmuskulatur nicht ausreichend. Oft fehlt der Mundschluss und Infekte häufen sich. Gewohnheiten (Habits) wie Daumenlutschen, Schnuller oder Fläschchen zum Einschlafen, später Nägelkauen verhindern oft einen korrekten Mundschluss. Die Zunge findet nicht die richtige Positionierung im Mund. Dies führt zu Zahnfehlstellungen.

Symptome

Am offensichtlichsten ist der fehlende Mundschluss. Die Lippenstruktur ist unausgeglichen. Die Oberlippe ist meistens verkürzt, während die Unterlippe dick aufgeworfen ist. Die Kinder atmen durch den Mund. Oft ist eine Überproduktion an Speichel sichtbar. Die Zunge drückt beim Schlucken zwischen oder gegen die Frontzähne, auch ein seitliches Schlucken ist möglich. Beim Schlucken kompensiert v. a. der Kinnmuskel die fehlende Spannung.

An den Zungenrändern kann man die Impressionen der Zähne erkennen. In Ruhe liegt die Zunge am Mundboden oder an den Zähnen. Im Mundinnenraum fällt der hohe, enge Gaumen auf. Fehlgebildetete Laute sind „t", „d", „l", „s". Sie werden oft addental oder interdental gesprochen. Die Gesamtkörperspannung ist eher hypoton.

Diagnose

In der logopädischen Diagnose findet das Schlucken besondere Beachtung. Mit Hilfe einer Paste können die Fehlbewegungen der Zunge beim Schlucken sichtbar gemacht werden. Dazu werden Kraftdosierung und Ausdauer der Lippen- und Zungenmuskulatur überprüft.

Mit kleinen geometrischen Testkörpern, die auf die Zungenmitte gelegt und vom Kind erraten werden müssen, wird die Sensibilität der Zunge eingeordnet (Orale Stereognose, **Abb. O.4**).

Weiterhin sind Zahnstatus und Fehlstellungen der Zähne bedeutend. Oft lässt sich eine begleitende → Artikulationsstörung feststellen. Insgesamt geht es auch hier um eine ganzheitliche Erfassung des Patienten.

Therapie

Mit den Kindern wird eine myofunktionelle Therapie durchgeführt, bei der die Muskulatur des Gesichts und des

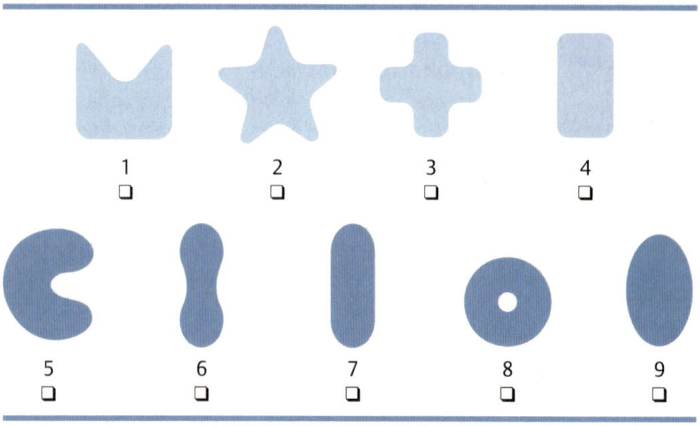

Abb. O.4 Orale Stereognose. Acrylplättchen werden in den Mund gelegt, um die Sensibilität der Zunge zu testen. Runde Formen können relativ leicht identifiziert werden, Kreuz und Stern eher schwierig.

Mundes wieder eine ausgeglichene Spannung erhalten soll. Diese Therapie vermittelt das physiologische Schluckmuster und hilft, dieses zu integrieren.

Der erste Schritt dafür ist die Zungenspitze an die richtige Stelle im Mund zu bringen und dort zu halten. Dazu muss die Zungenmuskulatur gestärkt werden (→ Artikulationsstörung). Die Lippen sollen beim Schlucken geschlossen sein und das Kind soll wieder durch die Nase atmen. Dafür werden Riechspiele (z. B. Duftmemory) und Atemübungen durchgeführt.

Als Übergang zum korrekten Schlucken wird das Ansaugen und Loslassen der Zunge an den Gaumen geübt. Ist die Zunge kräftig genug, werden drei kleine Gummiringe auf die Zungenspitze gelegt. Diese müssen an den Gaumen angesaugt werden und beim nachfolgenden Schlucken gehalten werden. Klappt das „trocken Schlucken", wird das neue Schlucken auch bei fester, weicher und flüssiger Nahrung geübt.

Unterstützend begleiten Körperübungen wie z. B. Balancieren die Therapie. Um eine dauerhafte Veränderung des Schluckmusters zu erhalten, sind Kontrollen nach dem Beenden der Therapie sehr wichtig.

Prognose

Ist die intraorale Wahrnehmung gut ausgebildet und übt der Patient regelmäßig, kann das muskuläre Gleichgewicht wieder hergestellt und das korrekte Schluckmuster wieder erlernt werden.

Infobox

ICD-10:
G24.4

Literatur:

Bigenzahn, W.: Orofaziale Dysfunktionen im Kindesalter. Thieme, Stuttgart 2002

Kittel, A.: Myofunktionelle Therapie. Schulz-Kirchner, Idstein 2000

Thiele E. u. a.: Myofunktionelle Therapie Bd. 1 und 2. Hüthig, Heidelberg 1992

Ösophagitis

► Iris Kaiser hat einen Termin beim Arzt. Sie berichtet: „Seit längerer Zeit leide ich unter einem chronischen Husten. Seit meiner großen Feier zum 40. Geburtstag habe ich zudem fast täglich nach dem Essen ein brennendes Gefühl hinter dem Brustbein. Wenn ich Alkohol oder Fruchtsaft trinke, habe ich die Beschwerden ebenso. Und in letzter Zeit treten diese Beschwerden verstärkt frühmorgens auf. Da quält mich ein saures Aufstoßen meist bis zum Frühstück."

Definition

Eine Ösophagitis ist eine Entzündung der Speiseröhrenschleimhaut. Sie entsteht durch häufigen und zu langen Übertritt von saurem Mageninhalt in den Ösophagus. Dieser ständige Reiz führt zur Entzündung an der betroffenen Stelle.

Synonym: Speiseröhrenentzündung.

Ursachen

Die häufigste Ursache einer Ösophagitis ist der Reflux (Rückfluss) von saurem Mageninhalt oder von Mageninhalt mit Galle in die Speiseröhre (→ Refluxkrankheit). Der Verschlussmechanismus zwischen Magen und Ösophagus funktioniert in diesem Fall nicht richtig. Diese Form verläuft oft chronisch.

Darüber hinaus können chemische, thermische, mechanische oder infektiöse Einwirkungen zu einer Entzündung in der Speiseröhre führen.

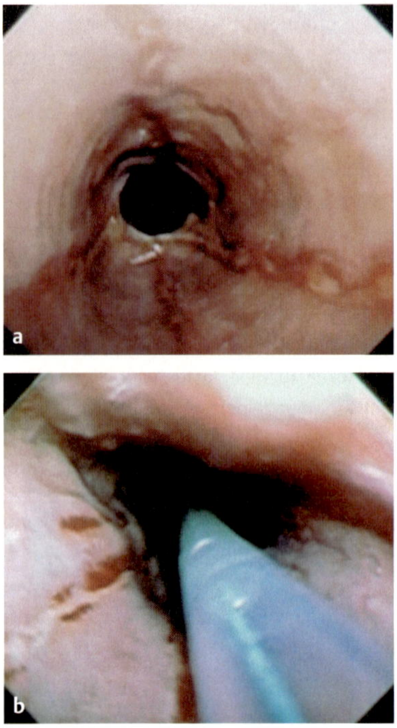

Abb. O.5 Gastroskopie. a Streifige Ösophagitis nach Alkoholexzess, **b** Ösophagitis bei liegender Magensonde.

Symptome

Sodbrennen ist das Hauptsymptom. Es ist ein brennendes Gefühl, welches vom Magen oder im unteren Brustanteil aufwärts Richtung Hals zieht. Allgemeine Symptome einer Ösophagitis können ein saurer Geschmack im Mund, Aufstoßen, Völlegefühl, Magen- bzw. Brustschmerzen oder ein brennender Schmerz beim Trinken heißer Getränke sein. Wie das Sodbrennen können diese Symptome auch nur zeitweise auftreten und besonders nach einer Mahlzeit stärker sein.

Seltenere Symptome, z. B. hartnäckiger Husten besonders zur Nacht, Asthmasymptome, Heiserkeit oder schwere Brustschmerzen, können auftreten. Diese erschweren die Diagnose, weil dadurch andere Erkrankungen imitiert werden können.

Diagnose

Bei Verdacht auf eine Ösophagitis ist die Anamnese wichtig. Besonders nach den Ernährungsgewohnheiten sollte der Patient gefragt werden.

Gastroskopie. Durch eine Spiegelung der Speiseröhre kann der Arzt sofort Veränderungen an der Schleimhaut feststellen (**Abb. O.5**). Bei Bedarf kann dabei eine Schleimhautprobe entnommen werden.

Sonografie. Wenn eine Gastroskopie aus medizinischen Gründen nicht möglich ist, kann die Speiseröhre per Sonografie untersucht werden. Entzündliche Veränderungen lassen sich so ebenfalls feststellen.

pH-Wert-Messung. Dies ist eine sichere Methode, um den Rückfluss von Mageninhalt in die Speiseröhre zu ermitteln. Über 24 Stunden wird kontinuierlich der pH-Wert des Ösophagus gemessen. Dazu wird für diese Zeit eine kleine Sonde in die Speiseröhre eingelegt.

Röntgen. Durch eine Röntgenuntersuchung mit Kontrastmittel können bei fortgeschrittener Erkrankung Geschwüre oder Verengungen nachgewiesen werden.

Differenzialdiagnose

Die chronische → Gastritis ist die häufigste Erkrankung mit ähnlichen Symptomen. Ebenfalls ähnliche Beschwerden machen die → koronare Herzkrankheit, ein → Magen- oder → Zwölffingerdarmgeschwür und ein → Ösophaguskarzinom.

Therapie

Die Therapie der Ösophagitis wird zumeist konservativ begonnen. Wichtige allgemeine Maßnahmen sind das

Hochstellen des Kopfendes am Bett, eine Gewichtsabnahme bei Übergewicht und Umstellung der Ernährungsgewohnheiten. Auf zu fette Speisen und Alkohol soll verzichtet werden, ebenso besteht Rauchverbot. Bei den meisten Patienten lässt sich so der Übergang in eine chronische Ösophagitis verhindern.

Ist die medikamentöse Behandlung nötig, wird damit hauptsächlich eine Hemmung der Magensäureproduktion bewirkt.

Falls die Behandlung mit Medikamenten keinen Erfolg hat, gibt es zwei endoskopische Operationsmöglichkeiten:

1. **Radiofrequenz-Therapie:** Durch Temperatureinwirkung wird ein Aufbau und damit eine Verdickung der Schleimhaut bewirkt,
2. **endoskopische Nahttechnik:** Öffnung zwischen Magen und Ösophagus wird durch Faltenbildung der angrenzenden Magenwand verkleinert (s. **Abb. R.9**, S. 1041).

Prognose

Mit zunehmender Schwere der Schleimhautschädigung sinken die Erfolgsaussichten einer medikamentösen oder chirurgischen Behandlung deutlich. Deshalb sollte möglichst frühzeitig mit der Therapie begonnen werden.

Komplikationen

In schwereren Fällen der Ösophagitis entsteht bei etwa 10 – 20 % der Betroffenen ein Barrett-Ösophagus (benannt nach dem englischen Chirurgen). Dabei kommt es zu einer Umwandlung der Ösophagus-Schleimhaut in Magenschleimhaut. Diese Zellfehlbildungen sind häufig die Vorstufe eines → Ösophaguskarzinoms.

Infobox

ICD-10:
K20

Internetadressen:
http://www.laparoscopy.de
http://www.onmeda.de
http://www.endoskopiebilder.de
http://www.magenspezial.de
http://www.klinikheute.de

Literatur:
Pohle, T. u. a.: Gastroösophageale Refluxkrankheit (GERD) – Barrett-Ösophagus. UniMed, Bremen 2002

Ösophagusatresie

► **Hebamme Christiane Heller klemmt die Nabelschnur des neugeborenen Benjamin ab. Anschließend saugt sie den Kleinen ab. Dabei fällt ihr auf, dass Benjamin ungewöhnlich viel Schaum und Speichel vor Nase und Mund hat und ganz blau ist.**

Definition

Eine Ösophagusatresie bezeichnet einen angeborenen Verschluss der Speiseröhre. Nach Vogt werden die Ösophagusatresien in verschiedene Typen eingeteilt. Am häufigsten kommen die Typen IIIa und IIIb vor, der Typ Ia ist am seltensten. Etwa 50% der Kinder haben zusätzlich andere Fehlbildungen, z. B. → persistierender (offener) Ductus botalli, Anomalien an Niere, Wirbelkörpern oder am Darm.

Ursachen

Warum die Speiseröhre sich nicht normal entwickelt, ist nicht bekannt. In der 4. bis 6. Schwangerschaftswoche trennen sich Verdauungs- und Atemwege nicht vollständig. In über 90% der Fälle ist der Ösophagus mit der Luftröhre verbunden. Diese ösophagotracheale Fistel kann vom oberen Teil der Speiseröhre oder vom unteren Teil ausgehen (**Abb. O.6**).

Symptome

Da der Fetus kein Fruchtwasser schluckt, ist die Menge an Amnionflüssigkeit erhöht (→ Polyhydramnion). Nach der Geburt fällt auf, dass die Neugeborenen Schaum und Speichel vor Nase und Mund haben. Die Kinder schlucken den Speichel nicht und atmen ihn ein. Dies führt zu Hustenattacken, die Kinder würgen schaumige Flüssigkeit aus. Da die Kinder nicht richtig atmen können, ist die Haut blau gefärbt (Zyanose).

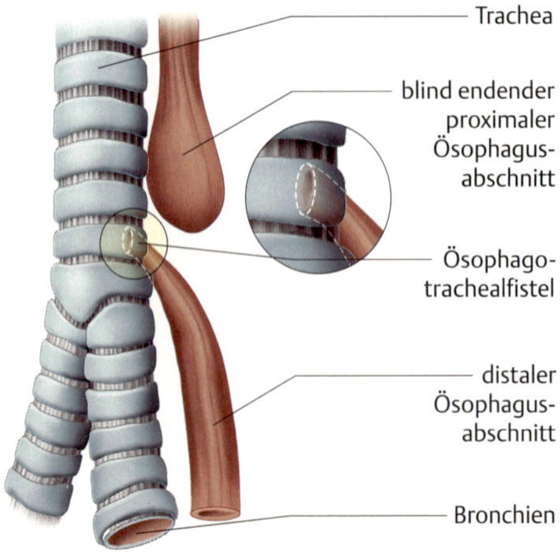

Abb. O.6 Ösophagotracheale Fistel.

Diagnose

Ein Polyhydramnion bei Schwangeren und das Aussehen des Neugeborenen weisen auf eine Ösophagusatresie hin. Eine weiche Magensonde wird über die Nase eingeführt. Nach etwa 10 cm kann die Sonde nicht mehr weitergeführt werden. Im Röntgenbild mit Kontrastmittel oder Luft zeigt sich die Atresie deutlich.

Differenzialdiagnose

Als Differenzialdiagnose kommen infrage:

- Atresie des Duodenums, Atresie der Choanen,
- → Ösophagusdivertikel, Ösophagusstenose, Ösophagusachalasie,
- gestörter Schluckreflex, Fruchtwasseraspiration,
- vermehrter Speichelfluss nach Sectio (Kaiserschnitt).

Therapie

Der Säugling sollte so bald als möglich operiert werden, um eine Aspiration von Speichel zu verhindern. Während der Operation wird der Brustkorb eröffnet, die Fistel zwischen Ösophagus und Luftröhre durchtrennt und die beiden Ösophagusstümpfe miteinander verbunden (End-zu-End-Anastomose).

Prognose

Sie hängt davon ab, wie entwickelt das Neugeborene bei der Geburt war und ob andere Fehlbildungen vorliegen.

Komplikationen

Durch Aspiration kann es zu einer Pneumonie kommen (→ Aspirationspneumonie). Eine Fistel kann sich in seltenen Fällen wieder eröffnen. Bei 10% der Kinder tritt eine Verengung (Stenose) der Anastomose auf, die aufgedehnt werden muss. 15–20% der Patienten leiden unter Schluckstörungen (→ kindliche Dysphagie) oder Reizhusten. Die Symptome verschwinden i.d.R. jedoch innerhalb der nächsten zwei Jahre von selbst.

Infobox

ICD-10: Q39.0, Q39.1

Internetadressen: http://www.dgkj.de
http://www.dgkic.de
http://www.leitlinien.net

Literatur:

Roos, R., Kurz, R.: Checkliste Pädiatrie, 2. Aufl. Thieme, Stuttgart 2000
Sitzmann, F. C.: Duale Reihe Pädiatrie, 2. Aufl. Thieme, Stuttgart 2002
Speer, Ch., Gahr, M.: Pädiatrie, 2. Aufl. Springer, Berlin 2004
Hirner, A., Weise, K.: Chirurgie. Thieme, Stuttgart 2003

Ösophagusdivertikel

► Der 70-jährige Heinz Metzger sucht seinen Hausarzt auf, da er in den letzten Wochen zunehmend Beschwerden bei bzw. nach den Mahlzeiten hat. „Das Essen rutscht nicht so runter wie sonst. Außerdem muss ich oft aufstoßen und dann habe ich Nahrungsreste im Mund", berichtet er. „Meine Frau macht sich auch Sorgen, besonders über meinen starken Mundgeruch."

Definition

Ösophagusdivertikel sind Ausstülpungen des Ösophagus (Speiseröhre). Unterschieden werden kann zwischen echten Divertikeln (Traktionsdivertikel), bei denen die gesamte Wand des Hohlorgans ausgestülpt ist, und den falschen (Pulsionsdivertikel), bei denen ausschließlich eine Ausbuchtung der Schleimhaut vorliegt (**Abb. O.7**).

Pulsionsdivertikel. Die meisten falschen Divertikel bilden sich im oberen Drittel der Speiseröhre aus, am Übergang vom Pharynx (Rachen) in den Ösophagus. Sie werden nach dem Dresdner Pathologen F.A. von Zenker benannt: → Zenker-Divertikel. Die Pulsionsdivertikel, die zwerchfellnah im unteren Drittel der Speiseröhre entstehen, sind epiphrenische (dem Zwerchfell aufsitzende) Divertikel und weitaus seltener.

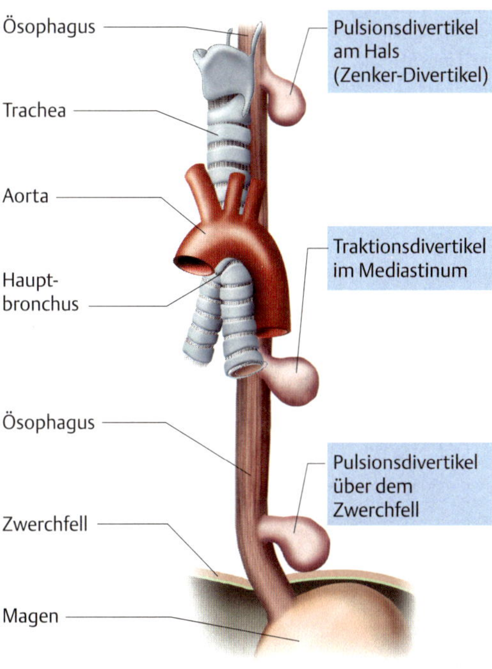

Abb. O.7 Ösophagusdivertikel. Sie entstehen bevorzugt an den drei physiologischen Engstellen des Ösophagus.

Traktionsdivertikel. Echte Divertikel, die sämtliche Wandschichten betreffen, finden sich ausschließlich im mittleren Bereich der Ösophagusenge. Aufgrund ihrer räumlichen Nähe zur Trachea (Luftröhre) und zur Bifurkation der Trachea (Luftröhrengabelung) werden sie auch parabronchiale Divertikel genannt.

Ursachen

Entweder sind Ösophagusdivertikel angeboren oder im Laufe des Lebens erworben. Sie treten selten auf. Die Ausbuchtungen sind lokal begrenzt und unterschiedlich groß. Sie entstehen bevorzugt an den drei physiologischen Engstellen des Ösophagus und werden entsprechend benannt (s. **Abb. O.7**): Zenker-Divertikel, epiphrenische Divertikel und parabronchiale Divertikel.

Die Ursachen sind je nach Lokalisation der Divertikel unterschiedlich.

Zenker-Divertikel. Dieses befindet sich häufig im sog. Kilian-Dreieck, ein muskelschwaches Dreieck an der Hinterwand des Pharynx. Aufgrund einer neuromuskulären (motorischen) Störung der Regulation beim Schluckakt entsteht eine Druckerhöhung im Ösophagus bei gleichzeitig vorhandener Schwäche in der Muskulatur. Durch den hohen Druck presst sich die Schleimhaut in diese Muskellücke und stülpt sich nach außen. Im Verlauf wird die Ausstülpung größer, verdrängt umliegendes Gewebe und drückt die Speiseröhre nach vorn.

Epiphrenische Divertikel. Dies sind Pulsionsdivertikel, die im unteren Drittel der rechten Ösophaguswand über dem Zwerchfell liegen. Auch hier liegt eine Druckerhöhung vor, bedingt durch eine motorische Koordinationsstörung am Übergang zum Magen. Es kommt zu einem Rückstau von Nahrungsresten beim Schlucken mit Druckerhöhung auf den Ösophagus. Sie sind selten, können sich jedoch sehr vergrößern.

Parabronchiale Divertikel. Diese Traktionsdivertikel treten bevorzugt an der Trachealbifurkation auf. Man nimmt an, dass Lymphknoten, die neben der Speiseröhre liegen, bei ihrer Schrumpfung infolge entzündlicher Prozesse die Speiseröhre mit sich ziehen. Weitere Ursache sind persistierende (anhaltende) Gewebeverbindungen aus der Fetalzeit oder eine → Ösophagusatresie (angeborener Verschluss des Ösophagus mit möglicher Fistelbildung zur Trachea).

Symptome

Zenker-Divertikel. Die Symptome entwickeln sich schleichend. Anfangs fällt ein häufiges Räuspern mit rauem Rachen auf und ein Fremdkörpergefühl. Mit Zunahme der Divertikelgröße entstehen Schluckbeschwerden bei fester Nahrungsaufnahme und gurgelnde Geräusche beim Schlucken von Flüssigkeiten. Durch die Ablagerung von Speiseresten kommt es zu einem Foetor ex ore (übel riechender Mundgeruch) und Aufstoßen von unverdauten Speisen. Nachts findet eine Regurgitation statt. Dabei strömt die Nahrung aus dem Divertikel zurück in die Mundhöhle. Es finden sich u. a. Speisereste auf dem Kissen. Fließen Nahrungsreste in die Trachea, lösen sie einen starken Hustenreiz aus. Als Komplikation besteht die Gefahr einer → Aspiration in die Lunge.

Epiphrenische Divertikel. Die Symptome sind unspezifisch: Schluckstörungen bei der Nahrungsaufnahme, Oberbauchschmerzen und nächtlicher Druckschmerz hinter dem Sternum. Auch hier kann es bei größeren Divertikeln zu einer Regurgitation kommen.

Parabronchiale Divertikel. Sie fallen erst durch entzündliche Prozesse auf. Dann verursachen sie Husten und Schluckbeschwerden. Manchmal sind sie ein Zufallsbefund bei einer Röntgenuntersuchung.

Diagnose

Ösophagus-Breischluck. Alle drei Formen sind mittels Ösophagus-Breischluck sehr gut zu erkennen (**Abb. O.8**). Der Ösophagus-Breischluck ist eine Röntgenkontrastuntersuchung mit einer Bariumsulfat-Lösung. Der Körper nimmt diese nicht auf, sondern scheidet sie unverändert wieder aus.

Ösophagusmanometrie. Bei Verdacht auf ein Pulsionsdivertikel kann eine Ösophagusmanometrie (Speiseröhrendruckmessung) erfolgen. Dabei wird mit Hilfe eines wassergefüllten Katheters beim Schlucken der Druck im Ösophagus gemessen.

Endoskopie. Sie wird eingesetzt, um eine mögliche Tumorbildung auszuschließen. Es besteht jedoch die Gefahr der Perforation bei einer vorgeschädigten Speiseröhrenwand.

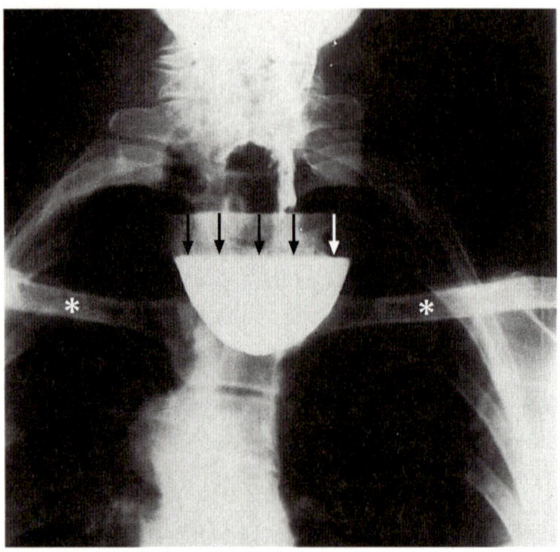

Abb. O.8 Zenker-Divertikel. Das geschluckte Kontrastmittel stellt sich in dem Speiseröhrendivertikel mit einem waagerechten Flüssigkeitsspiegel (Pfeile) dar. * : Schlüsselbeine.

Differenzialdiagnose

Die Symptomatik der epiphrenischen Divertikel ist unspezifisch und muss gegen andere Erkrankungen, z. B. → Gastritis (Magenschleimhautentzündung), → Refluxkrankheit (Rückstrom von Magensäure) und Achalasie (Speiseröhrenlähmung), abgegrenzt werden.

Therapie

Zenker-Divertikel. Die Therapie sollte bereits bei kleiner Größe chirurgisch erfolgen. Bei der offenen operativen Methode (Divertikuloplexie) wird das Divertikel bei freigelegter Speiseröhre im Halsbereich entfernt. Die transorale Divertikulotomie, ein neueres minimal-invasives Verfahren, erfolgt via Zugang über die Mundhöhle. Ist der Patient wegen schlechten Allgemeinzustandes nicht operationsfähig, können mit geregelter Ernährung, leichter Voll- und Breikost die Beschwerden gelindert werden.

Epiphrenische Divertikel. Die Beschwerden sind konservativ und medikamentös zu lindern. Gesunde Ernährung mit regelmäßigen kleinen Mahlzeiten und das Weglassen von allen fetthaltigen, sauren Speisen ist dafür nötig. Ebenso sollte Alkohol in größeren Mengen gemieden werden. Medikamentös helfen Antazida die Magensäure zu neutralisieren. Bei fortgeschrittenen Refluxbeschwerden werden zur Hemmung der Magensäureproduktion Protonenpumpenhemmer (z. B. Omeprazol) oder H_2-Rezeptorenblocker (z. B. Ranitidin) angewendet. Verschlechtert sich das Allgemeinbefinden stark, wird das Divertikel bei eröffnetem Brustraum operativ entfernt.

Parabronchiale Divertikel. Auf die gleiche Weise wie die epiphrenischen Divertikel werden die parabronchialen Divertikel entfernt, jedoch erst bei Komplikationen, z. B. einer Fistelbildung oder Größenzunahme mit eindeutigen Beschwerden aufgrund des Divertikels.

Prognose

Zenker-Divertikel. Durch eine operative Behandlung ist die Prognose sehr gut. Rezidive treten nach der Operation nur in 0,5 – 4 % der Fälle auf.

Epiphrenische Divertikel. Um die Beschwerden zu lindern, reicht die allgemeine und medikamentöse Therapie oft aus.

Parabronchiale Divertikel. Die Prognose ist ebenso gut, da der Patient meist keine Beschwerden hat. Nach der operativen Therapie ist der Erfolg genauso hoch wie bei den anderen Divertikelformen.

Infobox

ICD-10: K39.6

Internetadressen:

http://www.medizinfo.de

http://www.gastroenterologe.de

http://www.altenpflegeschueler.de/krankheiten/oesophagusdivertikel.php

Ösophaguskarzinom

► **Der 62-jährige Alois Geppert leidet immer öfter unter zunehmenden, nahrungsabhängigen Schmerzen im Epigastrium. Deshalb sucht er seinen Hausarzt auf: „Ich habe Schmerzen hinter dem Brustbein beim Essen, die immer schlimmer werden", berichtet er. Der Hausarzt weiß, dass Alois Geppert ein starker Raucher ist. Zum nächstmöglichen Zeitpunkt besorgt er Herrn Geppert einen Termin für eine Magenspiegelung. Während dieser Gastroskopie fällt dem Gastroenterologen eine Lumeneinengung im Bereich des Mageneingangs auf.**

Definition

Das Ösophaguskarzinom ist ein zu 99% maligner → Tumor, der vorwiegend an den drei physiologischen Engstellen der Speiseröhre (Ringknorpelenge, Einengung durch Aorta, Zwerchfellenge) lokalisiert ist (s. **Abb. O.7**). Er infiltriert und metastasiert meist früh in das lokale Bindegewebe.

Man unterscheidet das am häufigsten auftretende Plattenepithelkarzinom von dem selteneren Adenokarzinom. Beim Plattenepithelkarzinom handelt es sich um eine bösartige Neubildung der Ösophagusschleimhaut, beim Adenokarzinom um eine bösartige Wucherung des Drüsengewebes. Männer sind zwei- bis dreimal häufiger betroffen als Frauen. Gehäuft tritt ein Ösophaguskarzinom zwischen dem 50. und 60. Lebensjahr auf.

Synonym: Speiseröhrenkrebs.

Ursachen

Das Ösophaguskarzinom entsteht durch chronische Reizung und Schädigung der Ösophagusschleimhaut.

Zu den wichtigsten Risikofaktoren des Plattenepithelkarzinoms zählen der langjährige Konsum von Zigaretten und hochprozentigem Alkohol sowie die Achalasie (Speiseröhrenlähmung) und andere chronische Erkrankungen der Speiseröhre.

Weitere Risikofaktoren sind sehr heiße, scharf gewürzte Speisen und Narben; Säure- oder Laugenverätzungen als Risikofaktoren sind seltener. Bei der gastro-ösophagealen → Refluxkrankheit verändern sich die Schleimhautzellen der Speiseröhre (Barrettösophagus). Sozusagen ist dies die Vorstufe für Adenokarzinome.

Symptome

Zu Beginn ist das Ösophaguskarzinom asymptomatisch. Oft verlegt das Karzinom schon $^2/_3$ des Ösophaguslumens, wenn die ersten Beschwerden eintreten. Dann kommt es zu Schluckbeschwerden: Zuerst bei festen Nahrungsbestandteilen, später sogar bei weichen Speisen und Flüssigkeiten.

Unspezifische Beschwerden sind das Druckgefühl hinter dem Brustbein und Oberbauch oder seltener das Erbrechen von Blut. Spätzeichen sind Schmerzen und Beschwerden beim Schlucken. Als weitere Symptome werden Gewichtsverlust, Heiserkeit, fauliges Aufstoßen und Reizhusten beschrieben.

Diagnose

Von allergrößter Bedeutung ist die Diagnostik mittels Endoskop (Ösophagoskopie) samt Gewebeentnahme (Biopsie). Die Röntgenkontrastaufnahme mittels Ösophagus-Breischluck stellt in gleicher Weise eine aussagekräftige Methode dar.

Erst nach der histologisch gesicherten Diagnose erfolgt eine exakte Begutachtung des Tumorgebietes durch bildgebende Untersuchungen wie Sonografie (Ultraschall), Computertomografie (CT) oder Kernspintomografie (MRT). Die Suche nach Metastasen beginnt. In der Röntgenaufnahme des Thorax und in der Lungenspiegelung (Bronchoskopie) werden meist Metastasen in den Lungen gefunden.

Therapie

Operative Therapie. Für den Patienten ist eine radikale operative Entfernung des Tumors die einzige Chance auf Heilung. Dies ist aber nur bei Tumoren im mittleren und unteren Drittel der Speiseröhre möglich. Der Ösophagus wird dabei teilweise (Ösophagusresektion) oder ganz (Ösophagektomie) entfernt. Dann wird der Magen hochgezogen (Magenhochzug), weil er die fehlende Speiseröhre ersetzen muss (**Abb. O.10**).

Es ist auch möglich, ein Interponat aus Dünn- oder Dickdarm zwischenzuschalten. Je nach Tumorlokalisation

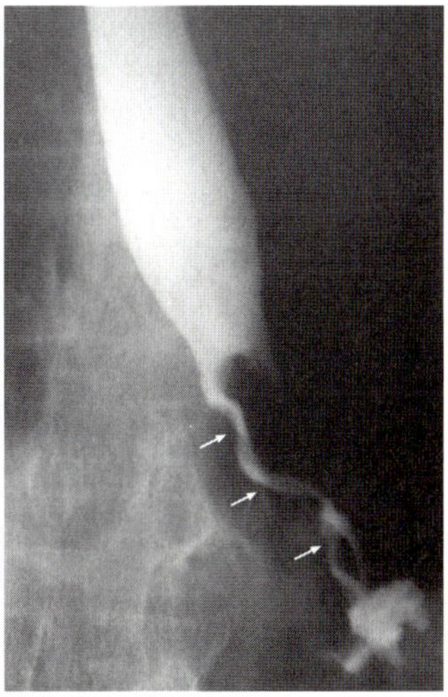

Abb. O.9 Kontrastmittelröntgen. Langstreckige Engstellung (Pfeile) der Speiseröhre vor dem Mageneingang.

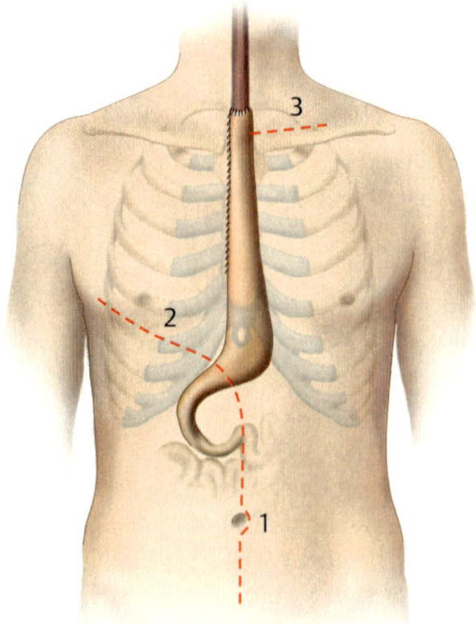

Abb. O.10 Magenhochzug als Speiseröhrenersatz. Die Operation erfordert eine Laparatomie (1) und eine Thorakotomie (2), einen sog. „Zweihöhleneingriff." Der zusätzliche Schnitt am Hals (3) ist erforderlich, um den Ösophagusstumpf und den hochgezogenen Magen zu verbinden.

und Ausdehnung wählt man die Thorakotomie oder die Laparotomie. Die Letalität ist bei dieser Operationsmethode mit etwa 8 % sehr hoch.

Strahlen- und Chemotherapie. Bei inoperablen Tumoren im oberen Ösophagusdrittel wird die Strahlentherapie angewandt. Durch eine Kombination von Bestrahlung und Chemotherapie kann ausnahmsweise auch ohne Operation eine Heilung erreicht werden, insbesondere beim Plattenepithelkarzinom. Grundsätzlich sprechen Ösophaguskarzinome aber nur mäßig auf eine Chemotherapie an, sie wird daher nur zur Palliativtherapie eingesetzt. Ziel der palliativen Chemotherapie ist die Steigerung der Lebensqualität.

Ernährungstherapie. Um das Lumen und die Nahrungspassage des Ösophagus freizuhalten, kann versucht werden, die Einengung durch ein Drahtgeflecht (Stent) zu überbrücken. Ist dies nicht möglich, kommt die Anlage einer Ernährungsfistel (perkutane endoskopische Gastrostomie) in Betracht. Durch wiederholte endoskopische Lasertherapie kann die tumorbedingte Verengung der Speiseröhre beseitigt werden. Ist das Tumorwachstum sehr fortgeschritten, muss der Patient mit flüssiger und hochkalorischer Nahrung über einen zentralen Venenkatheter (ZVK) oder eine Sonde ernährt werden.

Prognose

Die meisten Patienten sterben bereits nach wenigen Monaten. Nur 15% der Patienten mit Speiseröhrenkrebs überleben die nächsten fünf Jahre trotz intensivster Behandlung. Daher geht die Bemühung dahin, dem Patienten eine gute Lebensqualität zu sichern, z. B. indem die Schluckfunktion wiederhergestellt wird oder die Schmerzfreiheit erzielt wird.

Komplikationen

Postoperativ besteht die Gefahr der Dislokation (Lageveränderung) der liegenden Magensonde und die Anastomosenperforation (Durchbruch der operativ angelegten Verbindung) mit Einblutungen in den Bauchraum.

Infobox

ICD-10:
C15.9

Internetadressen:
http://www.netdoktor.de
http://www.gastroenterologe.de

Ösophagusvarizen

► Der 69-jährige Walter Schmidt ruft den Notarzt. Er hat starke Schmerzen in der Brust, mehrmals erbrochen und Blut gespuckt. Auf Nachfrage erfährt der Arzt, dass Herr Schmidt starker Raucher ist, schon seit etwa 30 Jahren regelmäßig Alkohol trinkt und an einer Leberzirrhose leidet. Eine angeratene Alkoholentziehung hat er immer abgelehnt. Wegen der großen Blutungsgefahr weist der Arzt Herrn Schmidt sofort zur Behandlung ins Krankenhaus ein.

Definition

Ösophagusvarizen sind erweiterte Speiseröhrenvenen als Folge des Pfortaderhochdruckes, der hauptsächlich bei Lebererkrankungen auftritt. Durch den sehr hohen Blutverlust bei einer Verletzung oder beim Platzen der Venen besteht Lebensgefahr.

Synonym: Krampfadern in der Speiseröhre.

Ursachen

Ösophagusvarizen treten hauptsächlich bei Lebererkrankungen im fortgeschrittenen Stadium auf, z. B. bei einer → Leberzirrhose oder → Hepatitis. Dabei fließt das Blut nicht mehr in ausreichendem Maße über die Leber in Richtung Herz, sondern sucht sich seinen Weg über den Pfortaderkreislauf. In diesem Fall sind das u. a. die Venen der Speiseröhre. Diese sind bei Varizenbildung stark mit Blut

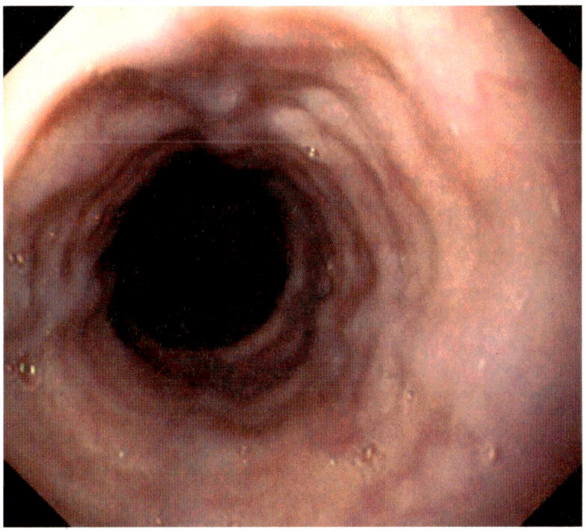

Grad I: Die Erweiterungen der Venen liegen noch in der Schleimhaut.

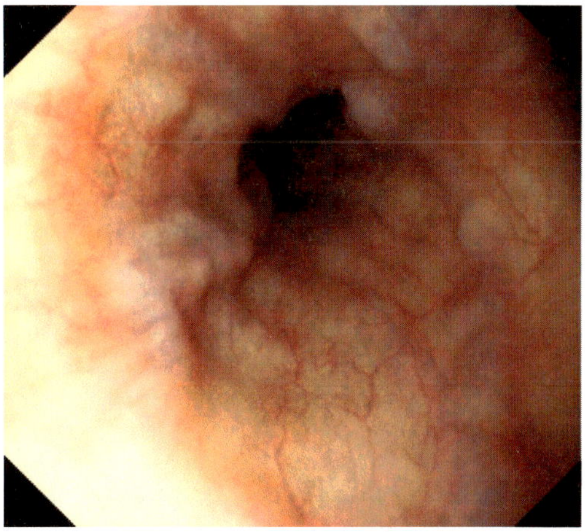

Grad II: Einzelne, gerade verlaufende Venenstränge reichen schon in den Ösophagus, ohne ihn jedoch merklich einzuengen.

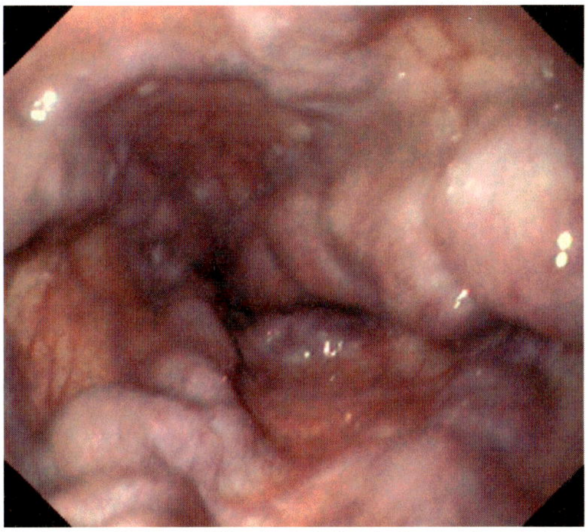

Grad III: Kräftige, geschlängelt verlaufende Venenstränge reichen weit in den Ösophagus hinein und engen ihn deutlich ein.

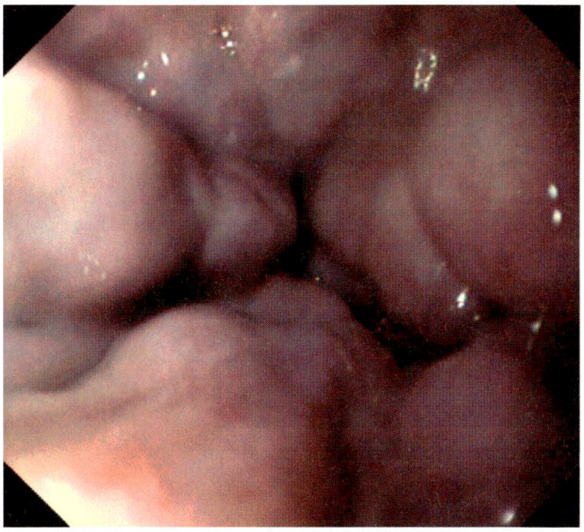

Grad IV: Es kommt zur fast völligen Verlegung des Ösophagus und Zeichen von Blutungsgefahr sind erkennbar.

Abb. O.11 Gradeinteilung von Ösophagusvarizen. Berücksichtigt werden die Lumeneinengung und die Größe.

gefüllt und durch den entstehenden Druck sehr anfällig für Verletzungen.

Weitere mögliche Ursachen sind eine Rechtsherzinsuffizienz (→ Herzinsuffizienz) oder auch ein → Tumor im Bereich der unteren Hohlvene, der Milzvene oder der Pfortader.

Symptome

Ösophagusvarizen verursachen oft Übelkeit und Druckgefühl im Oberbauch. Bei plötzlich auftretenden Blutungen kommt es zu schwallartigem starkem Bluterbrechen und zu sehr heftigen Schmerzen, die vom Patienten oft als Vernichtungsschmerz beschrieben werden. Sie zeigen dann auch deutliche Zeichen von Blutarmut (→ Anämie).

Des Weiteren sind oft Symptome der Grunderkrankung sichtbar, z. B. die einer Leberzirrhose.

Diagnose

Die Diagnose wird durch eine endoskopische Untersuchung (Gastroskopie) gestellt. Ösophagusvarizen können in vier verschiedene Grade ihres Erscheinungsbildes eingeteilt werden (**Abb. O.11**).

Differenzialdiagnose

Mögliche Blutungsursache kann das Mallory-Weiss-Syndrom sein, bei dem Schleimhauteinrisse vorliegen.

Therapie

Ösophagusvarizen müssen im Falle einer Blutung sofort behandelt werden. Dabei steht die endoskopische Blutstillung im Vordergrund. Die blutenden Varizen können mit Gummiringen versorgt oder verödet werden.

Zur Notversorgung gibt es kurzfristig auch die Möglichkeit einer Ballontamponade, bei der ein schlauchähnlicher Ballon in den Ösophagus eingeführt wird. Dieser wird mit Luft gefüllt und komprimiert die blutenden Varizen (**Abb. O.12**).

Sinnvoll ist es, nach aufgetretenen Blutungen den Pfortaderhochdruck medikamentös oder operativ zu senken. Damit kann weiteren Blutungen entgegengewirkt werden.

Prognose

Die Prognose hängt von einer erfolgreichen Blutstillung ab. Etwa 80 – 90 % aller blutenden Varizen können endoskopisch gestillt werden.

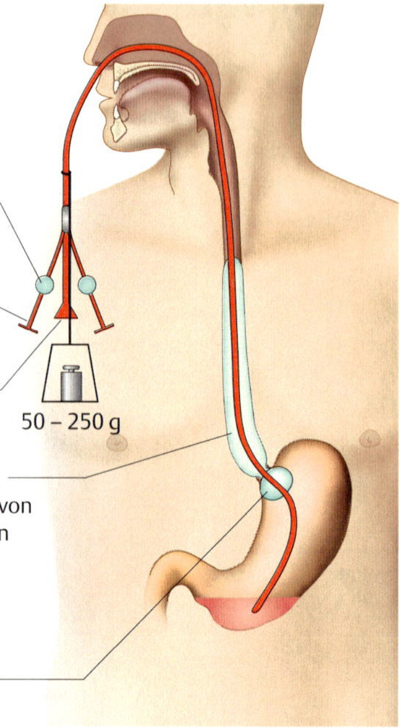

Abb. O.12 Ballontamponade. Die akute Blutung kann durch das Einführen einer Sengstaken-Blakemore-Sonde gestillt werden.

Komplikationen

Die dünnwandigen Varizen können schon durch geringe Anstrengungen, z. B. beim Pressen auf der Toilette, platzen. Beim Essen kann das Schlucken von härteren Speisen (z. B. Brotkruste) die Varizen verletzen. Auch eine vorliegende → Hypertonie kann zum Platzen von Ösophagusvarizen führen. Nur eine schnelle Blutstillung rettet dann den Patienten vor dem Verbluten.

Infobox

ICD-10: I85

Internetadressen:
http://www.lebertransplantation.de/oevarizen
http://www.swiss-magen-darm.com/de/leber
http://www.med-serv.de/ea-t2-e2-u49.html

Literatur:

Staubesand, J., Schöpf, E.: Neuere Aspekte der Sklerosierungstherapie. Springer, Heidelberg 1990

Osteitis

► Alfred Schmid (57) ist im Außendienst seiner Firma beschäftigt und viel mit dem Auto unterwegs. Letzten Donnerstag ist bei einem plötzlichen Bremsmanöver ein Lastwagen hinten aufgefahren und hat seinen Wagen über die Leitplanke gedrückt. Herr Schmidt wurde dabei verletzt und sofort ins Krankenhaus gebracht. Die Untersuchung ergab, dass das linke Schienbein gebrochen war. Bei der Operation wurde der Knochen mit einer Metallplatte stabilisiert. Aber drei Tage nach der Operation klagt Alfred Schmidt trotz Schmerzmittel noch immer über starke Schmerzen. Außerdem ist seine Körpertemperatur leicht erhöht.

Definition

Osteitis ist eine Knochenentzündung, bzw. die Entzündung der im Knochen verlaufenden Gefäßkanälchen (Havers- und Volkmann-Kanäle).

Wegen der engen räumlichen Beziehungen kommt die Osteitis oft gemeinsam mit einer → Osteomyelitis (Entzündung des Markraumes) und/oder einer → Periostitis (Entzündung der Knochenhaut) vor.

Synonyme: Ostitis, Knochenentzündung.

Ursachen

Nach einem Trauma dringen Bakterien zum Knochen vor und führen dort zu einer Entzündung. Die Ursache kann sowohl ein Unfall als auch eine Operation (iatrogene Ursache) sein. Offene Frakturen gelten prinzipiell als infiziert. Keime können aber auch aus einem infizierten Weichteilmantel in die Tiefe bis zum Knochen vordringen und dann die Knocheninfektion auslösen.

Außerdem ist eine hämatogene Verbreitung von Keimen aus anderen Infektionsherden in den Knochen möglich. Es handelt sich dann um eine kombinierte Osteomyelitis/Osteitis.

Ob eine Osteitis vorliegt, hängt auch von folgenden Faktoren ab:

- Anzahl und Virulenz (Aggressivität) der eingedrungenen Keime,
- lokale Abwehrlage des Körpers (z. B. ist bei Diabetikern die lokale Durchblutung durch Gefäßschäden verschlechtert),
- allgemeine Abwehrlage des Körpers (z. B. ist das Immunsystem durch chronische Krankheiten, Krebs oder durch Medikamente (Immunsuppressiva) geschwächt).

Werden die Gefäßkanälchen entzündungsbedingt verschlossen, stirbt lokal das Knochengewebe ab (Nekrose). Das tote Gewebe wird abgestoßen, wodurch sich Knochensequester bilden. Nekrotisches Gewebe ist ein idealer Nährboden für Bakterien.

Symptome

Lang anhaltende Wundschmerzen und Fieber können bereits frühzeitig auf eine beginnende Osteitis hinweisen. Lokale Entzündungszeichen sind Schwellung, Schmerzen und eine lokale Überwärmung.

Heilt die akute Osteitis nicht aus, geht sie in die chronische Osteitis/Osteomylitis mit Fistelbildungen über. In dieser Phase sind keine allgemeinen Entzündungszeichen wie Fieber oder eine Leukozytose zu erkennen. Aus den Fisteln tritt seröse Flüssigkeit oder Eiter aus.

Diagnose

Folgende Methoden unterstützen die Diagnose:

- **Bluttests:** Sie zeigen erhöhte serologische Entzündungsmarker (z. B. Leukozytose), erhöhte Blutkörperchensenkungsgeschwindigkeit (BSG), erhöhtes C-reaktives Protein (CRP) an. Das zugleich erstellte Antibiogramm gibt entscheidende Hinweise für die Behandlung.
- **Röntgen:** Die Bilder des betroffenen Skelettabschnitts zeigen anfangs nichts Auffälliges. Erst nach zwei bis drei Wochen sieht man Auflockerungen der Knochenstruktur sowie Demineralisierungszonen (**Abb. O.13**). Bei Verdacht auf eine vom Knochen ausgehende Fistel erfolgt die röntgenologische Fisteldarstellung. Dazu wird Kontrastmittel in den Fistelgang gespritzt.
- **Skelett-Szintigrafie:** Durch sie werden die Entzündungsherde im Körper identifiziert.
- **Computertomografie:** Der Einsatz ist sinnvoll bei unklaren knöchernen Befunden.
- **Magnetresonanztomografie:** Mit ihrer Hilfe können Markraumveränderungen und Ödeme am Knochen erkannt werden. Metallimplantate beeinträchtigen u. U. die Aussagekraft der Magnetresonanztomografie oder machen deren Ausführung unmöglich.

Differenzialdiagnose

Im Frühstadium mit klinisch noch nicht eindeutigen Symptomen muss differenzialdiagnostisch an ein → Kompartmentsyndrom gedacht werden. Dies wird, im Unterschied zur Osteitis, meist von neurologischen Auffälligkeiten begleitet.

Therapie

Da die Durchblutung von Knochen schlechter ist als bei anderen Geweben, gelangen systemisch verabreichte Antibiotika nur schlecht an den Infektionsherd. Deshalb ist die Behandlungsstrategie bei Osteitis in erster Linie chirurgischer Natur.

Vorrangiges Behandlungsziel ist es, die Keimzahl zu reduzieren. Dazu wird sämtliches totes sowie schlecht durchblutetes Gewebe möglichst vollständig entfernt. Implantate wie Platten, Schrauben, Kirschner-Drähte oder

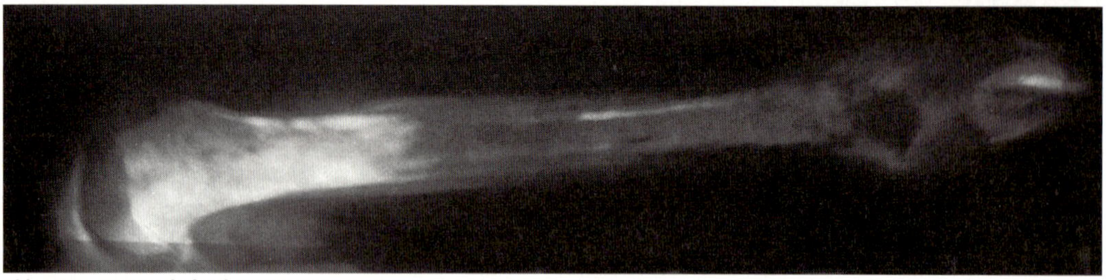

Abb. O.13 Röntgenbefund. Posttraumatische Osteitis mit Demineralisierung und Osteolyse im Humerusschaftbereich.

Prothesen müssen ggf. ebenfalls explantiert werden. Das infizierte Gebiet wird ausgiebig mit antiseptischer Lösung gespült und postoperativ drainiert. Außerdem werden dort Antibiotika enthaltende PMMA-Ketten (PMMA = Polymethylmethacrylat) oder resorbierbare Antibiotika enthaltende Materialien eingelegt. Zur Ruhigstellung des betroffenen Knochens dient meist ein Fixateur externe.

Chirurgisches Ausräumen von nekrotischem Gewebe sowie Spülungen müssen oft nach einigen Tagen oder mehrfach im Krankheitsverlauf wiederholt werden (Revisionseingriffe). Zugleich erfolgt eine systemische Antibiotika-Therapie, um die weitere Verbreitung der Keime im gesamten Körper zu verhindern.

Heilt die Osteitis aus, versucht man später mit verschiedenen Verfahren die Knochen- und Weichteildefekte wieder zu beheben. Bei chronischer Osteitis müssen immer wieder avitales (schlecht durchblutetes) Narbengewebe oder Fisteln entfernt werden. Manchmal ist die (Teil-) Amputation der Gliedmaße (z. B. Unterschenkel oder Fuß) unumgänglich, um eine Ausheilung zu erreichen und mit orthopädietechnischen Hilfsmitteln die Extremität wieder voll belasten zu können.

Prognose

Die Behandlung einer Osteitis ist sehr langwierig und dauert Wochen bis Monate. Gelingt es nicht, die Infektion einzudämmen, droht ein jahrelanger Verlauf mit immer wieder aufflammenden Infektrezidiven und Fistelungen.

Komplikationen

Verschiedene Komplikationen können auftreten:

- → **Sepsis:** Die Bakterien breiten sich im gesamten Körper aus und verursachen ein lebensbedrohliches Krankheitsbild.
- **Infektpseudarthrose:** Die Knochenverletzung kann wegen des bestehenden Infektes nicht verheilen und es bildet sich ein Scheingelenk (→ Pseudarthrose).
- **Fistelkarzinom:** Fistelgewebszellen können nach Jahren oder Jahrzehnten zu bösartigen, wuchernden Zellen entarten. Die Diagnose ist schwierig, eine Amputation ist oft unumgänglich.
- **Amyloidose:** Diese in Europa seltene Komplikation ist ebenfalls eine Spätfolge der Osteitis. Dabei lagern sich bestimmte Eiweiße (Amyloid) im Bindegewebe, an Gefäßen und in inneren Organen ab.

Infobox

ICD-10:
M86.9

Internetadresse:
http://www.ostitis.com

Literatur:
Rüter, A. u. a.: Unfallchirurgie, 2. Aufl. Urban & Fischer, München 2003

Osteomalazie

► Vor Jahren hatte Frau Haas (72) einen schweren Schlaganfall. Sie wird seither im Heim versorgt. Frau Haas kann das Bett nicht verlassen und muss über eine PEG-Sonde ernährt werden. Seit einiger Zeit fällt den Schwestern auf, dass sie bei jeder Berührung über Schmerzen klagt. Die hinzugerufene Ärztin vermutet eine Osteomalazie und veranlasst, dass der Sondennahrung Vitamin D und Kalzium zugefügt werden.

Definition

Osteomalazie ist die → Rachitis des Erwachsenen. Durch Vitamin-D-Mangel kommt es zur Verringerung der Knochendichte. Der Knochen wird weich und biegbar.

Synonym: Knochenerweichung.

Ursachen

Vitamin D fördert die Aufnahme von Kalzium aus dem Darm und spielt deshalb eine wichtige Rolle im Knochenstoffwechsel. Es kann einerseits durch die Nahrung aufgenommen werden, andererseits kann es der Körper mit Hilfe von Sonnenlicht selbst bilden.

Zum Vitamin-D-Mangel kann es durch fehlerhafte Ernährung, z. B. bei einer streng vegetarischen Nahrung, und bei immobilen Patienten aufgrund der fehlenden Sonneneinstrahlung kommen. Seltenere Ursachen sind eine mangelhafte Resorption von Vitamin D im Magen-Darm-Trakt oder eine fehlerhafte Umwandlung des Vitamins in seine aktive Form aufgrund schwerer Nieren- oder Leberfunktionsstörungen. Folge ist ein verminderter Einbau von Kalzium in den Knochen und damit eine Verringerung der Knochendichte. Bei Kindern nennt man dieses Krankheitsbild Rachitis, bei Erwachsenen Osteomalazie.

Symptome

An Osteomalazie erkranken Erwachsene höheren Lebensalters. Die Krankheit hat einen schleichenden Verlauf, denn die Beschwerden entwickeln sich über Monate oder Jahre. Typisch sind generalisierte Knochenschmerzen, verbunden mit Muskelschwäche. Langfristig kommt es durch die Knochenerweichung zu Fehlstellungen der Knochen, die stärker belastet werden (z. B. O-Bein, Krümmung der Wirbelsäule, Verschiebungen im Becken, **Abb. O.14**).

Diagnose

Bei den Röntgenaufnahmen zeigen sich typische Veränderungen, die Blutuntersuchung zeigt die Erhöhung bestimmter Enzyme, welche auf einen erhöhten Knochenumbau hindeuten. Bei unklarer Diagnose ist zur weiteren Differenzierung eine Knochenbiopsie nötig.

Differenzialdiagnose

Auch bei einer → Osteoporose kommt es zu Knochenschmerzen (hauptsächlich im Rücken).

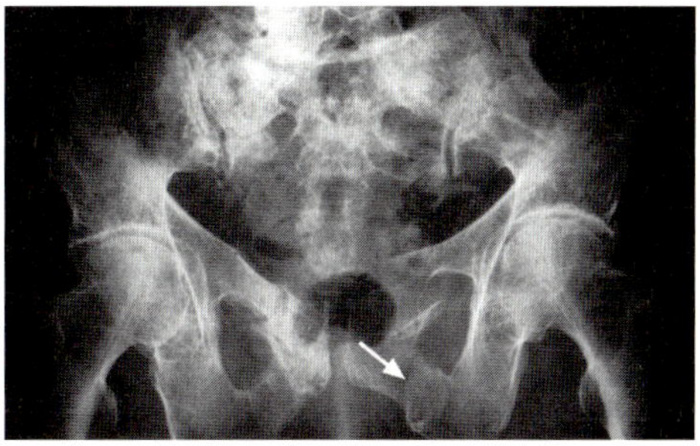

Abb. O.14 Osteomalazie. Typisch ist eine Transparenzerhöhung des Knochens, bei der im Gegensatz zur Osteoporose die Spongiosastruktur verwaschen und unscharf erscheint. Die Beckenübersichtsaufnahme zeigt außerdem Frakturen des Schambeins (Pfeil).

Auch bei der → Fibromyalgie sind generelle Schmerzen typisch. Hier liegt den Beschwerden allerdings eine Reizung der Muskeln, Sehnen und Bändern zugrunde.

Therapie

Je nach Ursache muss Vitamin D in Tabletten- oder Spritzenform zugeführt werden. Damit die Therapie erfolgreich ist, muss zusätzlich ausreichend Kalzium verabreicht werden. Dies kann ebenfalls über Tabletten oder durch die richtige Ernährung (Kalzium ist besonders in Milchprodukten enthalten) erfolgen.

Die Therapie führt meistens innerhalb weniger Wochen zur Beschwerdefreiheit. Ist es zu starken Knochenfehlstellungen gekommen, müssen diese u. U. mittels einer Operation zum Erhalt der Knochenstabilität korrigiert werden.

Prognose

Wird eine Osteomalazie rechtzeitig entdeckt und behandelt, heilt sie folgenlos ab. Hat die Erkrankung bereits zu Knochenfehlstellungen geführt, bilden sich diese nicht mehr zurück.

Infobox

ICD 10: M83.9

Internetadressen:
http://www.kliniken.de
http://www.meduniqua.at

Literatur:

Niethard, F. U., Pfeil, J.: Duale Reihe Orthopädie. Thieme, Stuttgart 2005

Andreae, S. u. a.: Krankheitslehre für Altenpflegeberufe. Thieme, Stuttgart 2001

Osteomyelitis

► Herr Niehammer brach sich bei einem Motorradunfall beide Unterschenkelknochen im linken Bein. Er wurde sofort operiert. Zu Beginn waren die Ärzte mit dem Heilungsverlauf zufrieden, doch nach einigen Tagen klagte Herr Niehammer über zunehmende Wundschmerzen. Das Bein begann anzuschwellen, war rot, überwärmt und im Blut zeigten sich erhöhte Entzündungswerte.

Definition

Die Osteomyelitis ist eine durch Bakterien verursachte Entzündung im Knochenmark.

Synonym: Knochenmarkentzündung.

Ursachen

Das Skelett eines Erwachsenen wird von 200 Knochen gebildet. Außen besteht der Knochen aus sehr stabilem Knochengewebe, innen ist er mit einer gallertartigen Masse, dem Knochenmark, gefüllt. Gelangen Bakterien in dieses Knochenmark, entwickelt sich eine Osteomyelitis. Die Bakterien können auf zwei Wegen ins Knocheninnere gelangen.

Von Außen. I.d.R. dringen Bakterien von außen in den Knochen ein, z. B. bei einem offenen Knochenbruch. Der Knochen ist so zersplittert, dass Knochenteile durch die Haut nach außen ragen. Wenn eine Entzündung der Haut, z. B. eine Nagelbettentzündung, in die Tiefe fortschreitet, kann es ebenfalls zur Knochenentzündung kommen. Auch im Rahmen einer Knochenoperation können Erreger in den Knochen gelangen, wenn nicht steril genug gearbeitet wurde.

Über die Blutbahn. Bei schweren Erkrankungen mit hohem Fieber, z. B. einer Lungenentzündung, besteht die Gefahr einer → Sepsis. Über die Blutbahn gelangen Erreger in andere Organe und lösen dort Entzündungen aus. So kann es auch im Rahmen einer Allgemeinerkrankung zu einer Osteomyelitis kommen. Diese Form der Knochenmarkentzündung tritt häufiger bei Kindern und Jugendlichen auf, bei Erwachsenen ist sie eher selten.

Symptome

In einem Knochenbereich zeigen sich plötzlich die Zeichen einer lokalen Entzündung. Der entzündete Knochen fühlt sich heiß an, die Haut ist in diesem Bereich geschwollen und gerötet. Die Betroffenen klagen über starke Knochenschmerzen und haben meist Fieber.

Diagnose

Hinweise auf eine Osteomyelitis ergeben sich aus den Symptomen zusammen mit erhöhten Entzündungswerten im Blut. Das Röntgenbild zeigt erst 2 – 3 Wochen nach der Entzündung Veränderungen am Knochen (**Abb. O.15**). Dagegen sieht man in der Knochenszintigrafie schon früh eine Veränderung in der entzündeten Knochenregion.

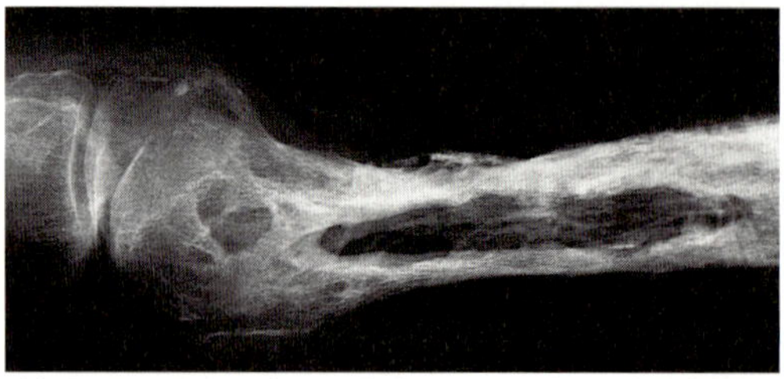

Abb. O.15 Osteomyelitis. Aufnahmen einer chronischen hämatogenen Osteomyelitis des Oberschenkels.

Differenzialdiagnose

Nicht jede entzündete Stelle eines Knochens ist eine Osteomyelitis. Viel häufiger sind Prellungen, Hautentzündungen oder Verstauchungen die Ursache einer Entzündung. Schwieriger ist die Differenzialdiagnose bei einer chronischen Osteomyelitis, denn auch bei Knochenzysten oder Knochentumoren (→ Osteosarkom) ist die Knochenstruktur teils erheblich verändert.

Therapie

Die Therapie richtet sich nach der Ursache der Osteomyelitis. Wurde sie durch eine Knochenoperation ausgelöst, muss das eingebrachte Material wieder entfernt und der Entzündungsherd ausgeräumt werden. Es werden Antibiotikaketten oder eine Spül-Saug-Drainage eingelegt, um die Entzündung lokal zu bekämpfen. Liegt die Ursache jedoch in einer Allgemeinerkrankung, muss diese zunächst behandelt werden.

Prognose

Bei rechtzeitiger Therapie heilt die Osteomyelitis i.d.R. rasch ab. Gefürchtet ist die chronische Osteomyelitis. Hier besteht die Entzündung im Knochen trotz Behandlung weiter. Nicht selten bilden sich Entzündungsgänge vom Knochen bis an die Hautoberfläche (Fisteln), aus der eitrige Flüssigkeit austritt. Es sind dann meist mehrere Operationen nötig, um den Knochen zu heilen.

Infobox

ICD 10: M86

Internetadresse:
http://www.knochenhautentzündung.de

Literatur:

Paetz, B., Benzinger-König, B.: Chirurgie für Pflegeberufe, 20. Aufl. Thieme, Stuttgart 2004

Henne-Bruns, D. u. a.: Duale Reihe Chirurgie, 2. Aufl. Thieme, Stuttgart 2003

Osteoporose

► „Schau mal Oma, ich bin schon größer als Du!" Der 13-jährige Benni steht aufrecht und stolz neben seiner 80-jährigen Großmutter. „Ja, ja mein Lieber, früher war ich aber deutlich größer, ich hatte Schwierigkeiten einen Mann zu finden, der ein klein wenig größer war als ich. Aber mit den Jahren bin ich immer kleiner und krummer geworden." Jetzt fällt Benni auch auf, dass seine Oma einen deutlichen Buckel hat.

Definition

Osteoporose ist eine generalisierte Skeletterkrankung mit Verlust an Knochensubstanz und erhöhter Frakturgefahr.

Synonym: Knochenschwund.

Häufigkeit

Bei bestimmten Konstellationen ist das Osteoporoserisiko erhöht. So kommt sie besonders häufig bei älteren Frauen vor, aber auch Männer sind davon betroffen. Die Vererbung scheint eine gewisse Rolle zu spielen, denn bei Fällen von Osteoporose in der Familie besteht ein erhöhtes Risiko. Auch eine Rassenzugehörigkeit ist erkennbar, denn die Erkrankung tritt bei weißen Frauen häufiger auf. Was den Körperbau betrifft, so kann man feststellen, dass es bei schlanken und grazilen Menschen häufiger zur Osteoporose kommt als bei Menschen mit adipösem und stämmigem Körperbau. Bewegungsmangel, z. B. eine rein sitzende Tätigkeit oder Genussmittel erhöhen das Erkrankungsrisiko. So ist der jährliche Knochenverlust bei Rauchern etwa doppelt so hoch wie bei Nichtrauchern.

Aufgrund des ständig wachsenden Anteils der älteren Bevölkerung ist Osteoporose heute eine der häufigsten Knochenkrankheiten der westlichen Welt. Betroffen sind ca. 7 Mio. Menschen in der BRD, mehr als jede dritte Frau über 60.

Ursachen

Auch wenn es nicht den Anschein hat, ist ein Knochen ein lebendes Gewebe, indem ständig Auf- und Abbauprozesse ablaufen. Zwei Zellarten sind hierfür verantwortlich:

- **Osteoklasten:** Sie bauen den Knochen ab. Das Hormon Parathormon der Nebenschilddrüse reguliert die Aktivität dieser Zellen,
- **Osteoblasten:** Sie sorgen für den Wiederaufbau der Knochensubstanz. Das Hormon Östrogen aktiviert die Zellen. Normalerweise besteht hier ein Gleichgewicht, sodass abgebauter Knochen sofort wieder aufgebaut wird und somit die Knochensubstanz konstant bleibt. Ab dem 40. Lebensjahr aber kommt es zum natürlichen, altersbedingten Knochenabbau (ca. 1 – 1,5 % pro Jahr). Vermehrter Knochenabbau bei vermindertem Knochenaufbau führt besonders zum Verlust an Spongiosa (Knochenbälkchen). Dadurch wird der Knochen porös und es besteht erhöhte Frakturgefahr (**Abb. O.16**).

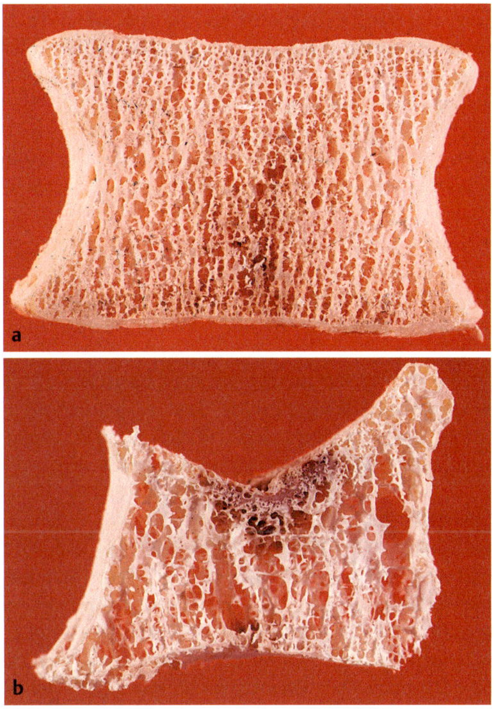

Abb. O.16 Osteoporose. **a** Normaler Lendenwirbel, **b** osteoporotischer Lendenwirbel.

Man unterscheidet die primäre von der sekundären Osteoporose.

Primäre Osteoporose

Bei ca. 95 % der Fälle handelt es sich um eine primäre Osteoporose, deren Ursache noch nicht vollständig geklärt ist. Man unterscheidet zwei Formen der primären Osteoporose.

Postmenopausale Osteoporose. Bei Mangel an Östrogen kommt es zu einer verminderten Kalziumaufnahme aus dem Darm und zu einer vermehrten Freisetzung dieses Minerals aus dem Knochen. Die Knochenmasse nimmt langfristig ab und es entwickelt sich eine Osteoporose. Betroffen sind daher v. a. Frauen in den Wechseljahren (Postmenopause), also ab dem 45. Lebensjahr.

Senile Osteoporose. Diese Form tritt erst ab dem 70. Lebensjahr auf und ist bedingt durch den normalen, schleichenden Knochenabbau im Alter. Zusätzlich wirken sich im Alter Bewegungsmangel und zu geringe Kalzium- und Vitamin-D-Spiegel im Körper negativ aus. Typischerweise treten besonders im Bereich des Oberschenkelhalses Veränderungen auf. Deshalb ist der Oberschenkelhalsbruch

(→ Schenkelhalsfraktur) eine häufige Komplikation im Alter.

Sekundäre Osteoporose

Von sekundärer Osteoporose spricht man, wenn die zu Grunde liegende Ursache bekannt ist. Mögliche Ursachen sind:

- langfristige, hochdosierte Kortisontherapie (Kortison ist ein Gegenspieler des Östrogens),
- Hyperthyreose (Schilddrüsenüberfunktion, der Stoffwechsel ist beschleunigt und somit der Knochenabbau verstärkt, → M. Basedow),
- längere Bettlägerigkeit, Gipsbehandlung oder Lähmungen (Inaktivitätsosteoporose),
- langjährige Nierenerkrankungen, bei denen übermäßig Kalzium ausgeschieden wird (um die lebenswichtige Kalziumkonzentration im Blut aufrechtzuerhalten, wird vermehrt Kalzium aus dem Knochen freigesetzt),
- langjährige Erkrankungen des Pankreas oder des Darmes (z. B. → Morbus Crohn, → Colitis ulcerosa, verhindern die Aufnahme von Kalzium aus dem Darm).

Symptome

Osteoporose ist eine schleichend verlaufende Krankheit, die lange Zeit keinerlei Beschwerden verursacht. Erst nach Jahren können akute und v. a. chronische Rückenschmerzen auftreten, da hauptsächlich die Wirbelsäule betroffen ist. Durch den Knochenschwund wird der Knochen instabil und kann leicht in sich zusammenbrechen. Die Folge ist eine Verformung der Wirbelsäule, die zu Fehlhaltungen, Muskelverspannungen und deshalb zu chronischen Schmerzen führt. Anfangs treten die Beschwerden nur bei besonderer Belastung auf, später gehen sie in Dauerschmerzen über.

Aufgrund der verminderten Festigkeit der Knochen kann es schon bei verhältnismäßig harmlosen Unfällen zu Knochenbrüchen kommen. Neben der unfallbedingten → Femurfraktur und der → Humerusfraktur sind auch spontane Wirbelfrakturen ohne Unfall nicht selten.

Die Veränderungen im Bereich der Wirbelsäule bewirken typische Änderungen der Körperstatur. Die zunehmende Kyphosierung (Krümmung) der Brustwirbelsäule führt zum Buckel, früher Witwenbuckel genannt (**Abb. O.17 a**). Die Verformung der Wirbelsäule kann so ausgeprägt sein, dass die unteren Rippen am Beckenkamm scheuern. Durch die Verformung der Wirbelkörper nimmt die Körpergröße kontinuierlich ab (bis zu 20 cm).

Es kommt zu einer Verschiebung der Hautfalten: Die Patientinnen berichten vom Verlust der Taille, weil der Bauch extrem vorgewölbt ist. Im Rückenbereich erkennt man das Tannenbaumphänomen (**Abb. O.17 b**). Die überflüssig gewordene Haut zieht sich in Falten entlang der Wirbelsäule nach unten. Durch die Abnahme der Körpergröße erscheinen die Arme als zu lang.

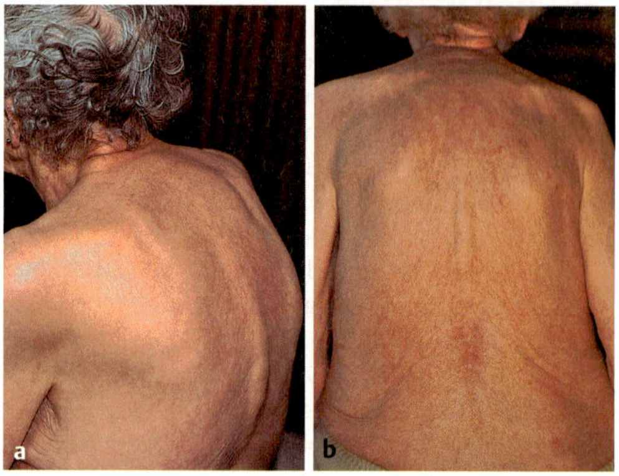

Abb. O.17 Veränderungen der Körperstatur in Folge von Osteoporose. **a** Typische Haltungsänderung („Witwenbuckel"), **b** Verschiebung der Hautfalten („Tannenbaumphänomen").

Diagnose

Bei schon bestehender Osteoporose lassen sich röntgenologisch typische Veränderungen nachweisen (**Abb. O.18**). Die Brustwirbelsäule ist verstärkt gekrümmt und einzelne Wirbel sind eingebrochen und in ihrer Form verändert (Fisch- und Keilwirbel).

Erst beim Verlust von 30 % der Knochenmasse sind im Röntgenbild osteoporotische Veränderungen sichtbar, deshalb ist die Osteodensitometrie (Knochendichtemessung) die beste Methode bei Verdacht auf Osteoporose oder zur Überprüfung der Therapie. In Erprobung ist die Bestimmung der Knochendichte mit Hilfe spezieller Ultraschallgeräte.

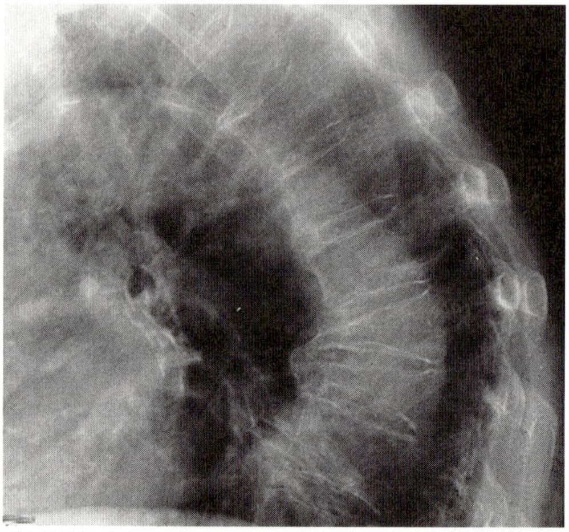

Abb. O.18 Altersosteoporose. Gut sichtbar sind die Wirbelkörpereinbrüche und die Kyphosierung der Wirbelsäule („Witwenbuckel").

Differenzialdiagnose

Bei Patienten, die bettlägerig sind und deshalb nie an die Sonne kommen, kann es durch Vitamin-D-Mangel zur → Osteomalazie (Knochenerweichung) kommen. Folge sind chronische Knochenschmerzen.

Die Osteochondrose ist eine Form der Arthrose (Gelenkverschleiß). Hier sind die kleinen Gelenke zwischen den einzelnen Wirbeln betroffen. Folge sind chronische Rückenschmerzen wechselnder Stärke. Im Gegensatz zur Osteoporose kommt es hier aber nicht zur Verkrümmung der Wirbelsäule.

Bei Knochentumoren (→ Osteosarkom) oder Knochenmetastasen kommt es wie bei der Osteoporose leicht zu Knochenbrüchen. Deshalb sollten diese Ursachen röntgenologisch ausgeschlossen werden.

Therapie

Zur Behandlung einer Osteoporose stehen verschiedene Medikamente und Maßnahmen zur Verfügung. Sie lassen sich in 3 Kategorien einteilen:

1. Basismedikamente, die eine Osteoporose verhindern,
2. Medikamente, die in den Knochenstoffwechsel eingreifen,
3. Unterstützende Maßnahmen.

Basismedikamente zur Verhinderung einer Osteoporose

Kalzium. Unsere Knochen bestehen hauptsächlich aus Kalzium. Eine ausreichende Kalziumzufuhr (1000 – 1500 mg/Tag) fördert sowohl die Knochenmasse als auch die Knochenfestigkeit. Die Häufigkeit der gefürchteten Knochenbrüche kann gesenkt werden. Gelingt eine ausreichende Zufuhr über die Nahrung nicht, kann Kalzium in Tablettenform eingenommen werden.

Vitamin D. Dieses Vitamin fördert die Aufnahme von Kalzium aus dem Darm und spielt deshalb eine wichtige Rolle im Knochenstoffwechsel. Es kann einerseits durch die Nahrung (Fisch, Lebertran) aufgenommen werden, andererseits kann es der Körper mit Hilfe von Sonnenlicht selbst bilden. Im Alter lässt diese Fähigkeit allerdings nach. Deshalb empfiehlt man besonders im Winter und bei immobilen Patienten, Vitamin D in Tablettenform einzunehmen. Beliebt sind Kombinationspräparate aus Kalzium und Vitamin D.

Östrogene. Eine häufig eingesetzte Therapie zur Verhinderung der postmenopausalen Osteoporose ist eine Östrogentherapie mit Beginn der Wechseljahre. Von einer langfristigen Einnahme von Östrogenen ist jedoch aufgrund des erhöhten Risikos für → Hirninfarkt, → Herzinfarkt oder Brustkrebs (→ Mammakarzinom) abzuraten.

Medikamente, die in den Knochenstoffwechsel eingreifen

Bisphosphonate. Sie sind in der Behandlung der Osteoporose sehr wirksam, da sie den Knochenabbau hemmen, die Knochenneubildung anregen und somit die Knochendichte erhöhen. Um die optimale Wirkung zu erreichen, sollten sie zusammen mit Kalzium und Vitamin D und über einige Jahre eingenommen werden. Erst dann ist eine bessere Knochendichte messbar.

Kalzitonin. Dieses Hormon wird in der Schilddrüse produziert. Es kann den Knochenverlust aufhalten, jedoch nicht zur Knochenneubildung beitragen. Es wird besonders bei akuten, osteoporotisch bedingten Knochenbrüchen eingesetzt, da es auch schmerzstillend wirkt.

Fluoride. Sie steigern die Knochenneubildung, allerdings erhöht sich damit nicht die Stabilität des Knochens. Sie wirken nur in Kombination mit Kalzium.

Raloxifen. Es hemmt den Knochenabbau in den Wechseljahren. Damit wirkt es ähnlich, jedoch schwächer als Östrogene. Es muss langfristig (2 – 3 Jahre) eingenommen werden.

Teriparatid. Dieses seit 2003 zugelassene Medikament ist ein gentechnisch hergestellter Teil des Hormons Parathormon aus der Nebenschilddrüse. Normalerweise wird unter Parathormon Knochen abgebaut, dieses Medikament hat aber die entgegengesetzte Wirkung. Man muss es einmal täglich subkutan spritzen. Wird zusätzlich Kalzium eingenommen, ist die Wirkung verstärkt.

Unterstützende Maßnahmen

Physiotherapie. Bei ausgeprägter Osteoporose steht die Schmerzlinderung im Vordergrund. Um einer zunehmenden Bewegungseinschränkung und Muskelverspannung vorzubeugen, ist regelmäßige Physiotherapie wichtig. Zur Muskelentspannung dienen lokale Wärmebehandlung, Massagen oder Elektrotherapie. Zu empfehlen ist ein gezieltes Training der Bauch- und Rückenmuskulatur. Schwimmen ist eine ideale Kombination aus Wirbelsäulenentlastung und Muskeltraining, da im Wasser die Wirbelsäule durch den Auftrieb entlastet wird. Generell wichtig aber ist die tägliche Bewegung an der frischen Luft, denn mit Hilfe des UV-Lichtes kann unser Körper Vitamin D bilden.

Ernährung. Zur Verhinderung einer Osteoporose im Alter ist die richtige Ernährung von Kindesalter an wichtig. Je größer das in der Jugend erworbene Knochen-Startkapital ist, desto weniger bedrohlich ist der normale Knochenabbau im Alter. Da der Knochen größtenteils aus Kalzium besteht, muss die richtige Ernährung eine ausreichende Menge Kalzium enthalten. Es kommt besonders in Milchprodukten vor. Deshalb sollten Milch und Käse ein täglicher Nahrungsbestandteil sein. Am besten sind saure Milchprodukte (Sauer-, Buttermilch, Joghurt o. ä.). Auch grünes Gemüse (Lauch, Brokkoli, Fenchel usw.) enthält Kalzium, allerdings in weit geringeren Mengen. Bevorzugen sollte man außerdem kalziumreiches und natriumarmes Mineralwasser, da Natrium die Kalziumausscheidung im Darm erhöht. Um eine ausreichende Zufuhr von Vitamin D sicherzustellen, empfiehlt es sich, einmal pro Woche Seefisch zu essen.

Nahrungsmittel mit einem hohen Phosphatgehalt dagegen verhindern die Kalziumaufnahme aus dem Darm. Phosphate sind z. B. in Wurst, Schokolade oder in Colagetränken enthalten. Diese sollten gemieden werden. Auch Bier und Wein sollten nur in geringen Mengen getrunken werden, sie sind ebenfalls Kalziumräuber.

Prognose

Durch richtige Ernährung und ausreichende Bewegung lässt sich die primäre Osteoporose verhindern oder zumindest verzögern. Wird die Osteoporose erst in einem fortgeschrittenen Stadium entdeckt, ist die Behandlung langwierig und schwierig.

Schreitet die Knochenerkrankung fort, kommt es im Laufe der Jahre zur zunehmenden Bewegungseinschränkung und z. T. zu erheblicher Wirbelsäulenverkrümmung.

Infobox

ICD 10: M81.9

Internetadressen:

http://www.osteoporose.org

http://www.osteoporose.com

Bundesselbsthilfeverband für Osteoporose e. V.: http://www.bfo-aktuell.de

Literatur:

Niethard, F. U., Pfeil, J.: Duale Reihe Orthopädie. 5. Aufl. Thieme, Stuttgart 2005

Andreae, S. u. a.: Krankheitslehre für Altenpflegeberufe. Thieme, Stuttgart 2001

Manger, B. u. a.: Checkliste XXL Rheumatologie, 3. Aufl. Thieme, Stuttgart 2005

Osteosarkom

► „Jetzt schone ich mich schon, weil es nach dem letzten Spiel mit dem Knie eine Katastrophe war, und es tut immer noch weh", klagt Peter. „Und das in Deinem jugendlichen Alter", sein Opa sieht ihn an. „Kannst Du nicht so eine Salbe draufschmieren? Da gibt es doch so viel neumodisches Zeug." „Mache ich doch schon, aber trotzdem ist das Knie geschwollen. Und in den letzten Wochen ist es immer schlimmer geworden", erzählt Peter. „Ich will endlich wieder Basketball spielen."

Definition

Das Osteosarkom ist der häufigste bösartige Knochentumor. Mit ca. 40 Neuerkrankungen pro Jahr handelt es sich aber um eine seltene Krebserkrankung. Jugendliche und junge Erwachsene in der pubertären Wachstumsphase sind am häufigsten betroffen, Mädchen und Jungen gleich häufig. Sie sind meist 10 – 20 Jahre alt.

Synonyme: Knochenkrebs, Knochensarkom.

Ursachen

Die Ursache dieses Knochentumors ist unklar. Nach einer Strahlentherapie besteht ein leicht erhöhtes Risiko. Ebenso kann man bei einem → Morbus Paget ein erhöhtes Erkrankungsrisiko beobachten.

Auch hat man festgestellt, dass nach einer überstandenen Tumorerkrankung im Kindesalter, besonders nach einem Retinoblastom, das Osteosarkom oft als Zweittumor auftritt.

Symptome

Die Hauptlokalisation dieser → Tumoren sind die Metaphysen, die Wachstumsfugen der Knochen. Die meisten Osteosarkome finden sich in der Nähe des Kniegelenks oder im Humerus (Oberarmknochen). Seltene Lokalisationen sind Becken, Wirbelsäule und Schädel.

Die Symptomatik ist sehr gering. Die Jugendlichen bemerken lokale Schmerzen, eine Schwellung und sind in der Bewegung eingeschränkt (**Abb. O.19**).

Diagnose

Aufgrund der meist sehr geringen Symptomatik wird ein Osteosarkom häufig erst spät diagnostiziert. Richtungsweisend sind der Röntgenbefund, unterstützt durch CT, Kernspinuntersuchungen und Knochenszintigrafie. Zur genauen Diagnosestellung ist eine Gewebeentnahme zur feingeweblichen Untersuchung nötig.

Bei ca. 10 % der Betroffenen sind bei der Diagnosestellung bereits Metastasen nachzuweisen. Das Osteosarkom metastasiert am häufigsten in die Lunge. Doch auch Metastasen in anderen Knochen oder die Lymphknoten sind nicht selten.

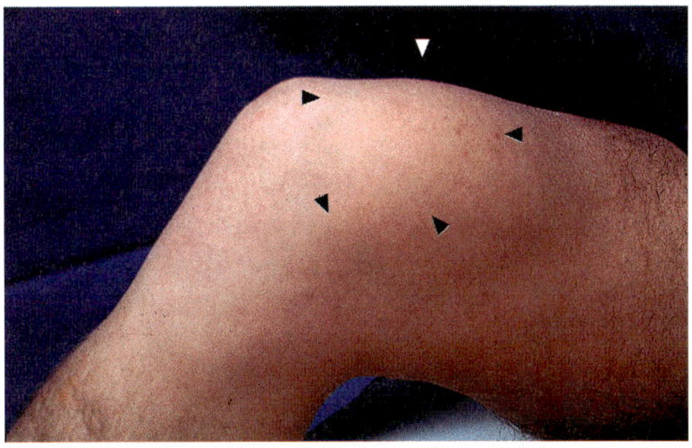

Abb. O.19 Osteosarkom. 18-jähriger Patient mit Schwellung oberhalb des Kniegelenkes.

Differenzialdiagnose

Der zweithäufigste kindliche Knochentumor ist das Ewing-Sarkom, ein Tumor, der besonders die platten Knochen und die Diaphysen befällt.

Auch bei einer → Osteomyelitis zeigen sich ähnliche Symptome wie bei einem Osteosarkom. Bei Erwachsenen sind differenzialdiagnostisch Knochenmetastasen und ein → Plasmozytom auszuschließen.

Therapie

Die Therapie besteht aus einer Kombination von Chemotherapie und Operation. Um den Tumor zu verkleinern und dadurch leichter entfernen zu können, wird vor der operativen Entfernung eine mehrwöchige Chemotherapie durchgeführt.

Der Tumor muss vollständig entfernt werden, auch wenn dadurch der befallene Körperteil amputiert werden muss oder eine Gelenkprothese nötig wird. An die Operation wird meist nochmals eine Chemotherapie angeschlossen. Lungenmetastasen sollten, wenn möglich, operativ entfernt werden.

Prognose

Die durchschnittliche 5-Jahres-Überlebensrate liegt bei 50 – 70 %. Sie ist abhängig vom Ansprechen der Chemotherapie, Größe und Lokalisation des Tumors.

Infobox

ICD-10: C41.9
Internetadresse: http://www.kinderkrebsinfo.de
Literatur: Niethard F. U., Pfeil, J.: Duale Reihe Orthopädie, 5. Aufl. Thieme, Stuttgart 2005
Sitzmann, F. C.: Duale Reihe Pädiatrie. Thieme, Stuttgart 2002

Ovarialkarzinom

► „Dein Erdbeerboden ist ja wieder eine Wucht." Hilde und Traudl haben es sich gemütlich gemacht, bevor die anderen Gäste eintreffen, um Hildes 62. Geburtstag zu feiern. „Probierst du denn selber gar nicht? Du hast auch abgenommen, oder?", fragt Rotraut besorgt. „Ich habe zur Zeit gar keinen Appetit und esse wirklich wenig", erklärt Hilde, „aber komischerweise passen mir die Hosen am Bauch trotzdem nicht mehr. Ich muss schon den obersten Knopf auflassen."

Definition

Das Ovarialkarzinom ist ein bösartiger, epithelialer → Tumor der Eierstöcke. Es ist der dritthäufigste Tumor des weiblichen Genitaltrakts.

Synonym: Eierstockkrebs.

Risikofaktoren

Die Wahrscheinlichkeit an dem Tumor zu erkranken, steht mit der Häufigkeit von Ovulationen im Zusammenhang. Häufige Ovulationen, wie z. B. bei kinderlosen Frauen, gehen mit einem höheren Karzinomrisiko einher. Umgekehrt senken Schwangerschaften oder die langjährige Einnahme von Ovulationshemmern die Wahrscheinlichkeit.

Zudem liegt ein geringes Risiko bei familiärer Disposition vor. Das Haupterkrankungsalter liegt zwischen dem 50. und 70. Lebensjahr, wobei Ovarialkarzinome prinzipiell in jedem Lebensalter auftreten können.

Ursachen

Der Eierstock setzt sich aus einer Vielzahl von Geweben zusammen, aus denen sich Tumore bilden können. Hierbei stellen die epithelialen Tumore die Hauptgruppe dar. Es herrschen v. a. die serösen Zystadenokarzinome vor. Darunter versteht man bösartige Tumoren des drüsenbildenden Gewebes mit zystischer Ausweitung der Drüsenschläuche (**Abb. O.20**).

In manchen Fällen sind Ovarialkarzinome jedoch keine Primärtumoren, sondern Tochtergeschwülste anderer Karzinome. Hier kommen Organe wie die Schilddrüse, Brustdrüse, Bronchien, Gallenblase oder die Bauchspeicheldrüse in Frage. Ovarielle Metastasen des → Magenkarzinoms werden als Krukenberg-Tumoren bezeichnet.

Metastasierung

Die Ausbreitung des Ovarialkarzinoms kann auf verschiedenen Wegen geschehen. Gut 50 % der serösen Ovarialkarzinome liegen bei Diagnosestellung schon beidseitig vor und breiten sich frühzeitig im Bauchfellraum aus (**Abb. O.21**). Dabei kommt es vornehmlich zu Absiedlungen im unteren Teil des kleinen Beckens, Oberbauch und Zwerchfell (Diaphragma). Eine lymphogene Metastasierung betrifft v. a. die Lymphknoten im Bereich des Beckens und der Aorta. Die Ausbreitung über den Blutweg mit Fernmetastasen in Leber, Knochen und Lunge ist seltener.

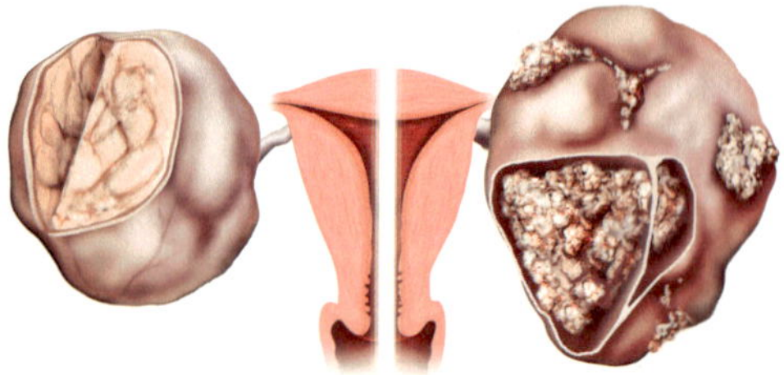

Abb. O.20 Ovarialkarzinome. Links: solides Karzinom, rechts: entartetes, papillär-seröses Zystadenom.

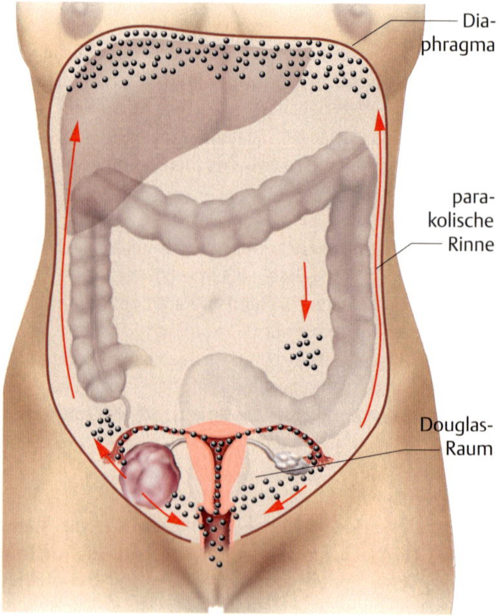

Abb. O.21 Ausbreitung des Ovarialkarzinoms. Gut 50 % der serösen Ovarialkarzinome liegen bei Diagnosestellung schon beidseitig vor und breiten sich frühzeitig im Bauchfellraum aus.

Symptome

Beim Ovarialkarzinom fehlen die Frühsymptome, woraus eine schlechte Prognose resultiert. Der Tumor wird erst in späteren Stadien symptomatisch, was eine heilende Behandlung oft unmöglich macht. Die Symptomatik ergibt sich hauptsächlich aus dem Befall der umliegenden Körperstrukturen und ist dementsprechend unspezifisch. Folgende Symptome können ein Hinweis auf ein Ovarialkarzinom sein:

- Gewichtsabnahme,
- Zunahme des Bauchumfangs,
- Völlegefühl, Schmerzen im Unterbauch,
- Störungen der Darmpassage, vermehrter Harndrang,
- Fieber, Erhöhung der Blutsenkungsgeschwindigkeit.

Ein wichtiges Hinweiszeichen für ein Ovarialkarzinom ist die → Aszitesbildung, also eine Ansammlung von Flüssigkeit in der freien Bauchhöhle. Es existieren auch Hormon produzierende Tumoren. Hier kommt symptomatisch hinzu:

- Schmierblutungen,
- Vermännlichungserscheinungen,
- bei jungen Mädchen vorzeitige Pubertätsentwicklung.

Ein Viertel der Geschwulste des Eierstocks sind bösartig. Daher ist jeder Ovarialtumor so lange als Karzinom anzusehen, bis das Gegenteil bewiesen ist.

Diagnose

Das Ovarialkarzinom ist der Diagnose nur schwer zugänglich. Neben Anamnese und Tastuntersuchung ist die Sonografie das wichtigste diagnostische Verfahren. Hierbei achtet der Gynäkologe ebenso auf die Größe und den Wandbau des Ovars, wie auch auf Metastasierungserscheinungen.

Falls der Tumor mit diesen Methoden nicht eindeutig diagnostizierbar ist, ist eine operative Abklärung indiziert. Im Labor kann der Tumormarker Ca125 auf ein Ovarialkarzinom hindeuten, ist jedoch nicht beweisend.

Differenzialdiagnose

Differenzialdiagnostisch kommen gutartige Ovarialtumoren wie seröse oder muzinöse Kystome infrage. Aber auch ein Karzinom des Eileiters kann mit einem Ovarialkarzinom verwechselt werden.

Therapie

Aufgrund der zumeist späten Entdeckung des Ovarialkarzinoms ist ein radikales Vorgehen bei der Operation notwendig. Daher werden folgende Strukturen entfernt:

- Ovarien und Eileiter,
- Gebärmutter,
- das große Netz und der Appendix,
- Lymphknoten in Becken- und Aortabereich,
- makroskopisch sichtbare Tumorreste, befallene Organabschnitte.

Die operative Therapie wird mit einer Chemotherapie kombiniert.

Tritt die Erkrankung wieder auf, wird erneut operiert. Ziel ist, möglichst große Tumormassen zu entfernen.

Hat sich Aszites gebildet, kann ein Zytostatikum intraperitoneal gegeben werden und ist in vielen Fällen hilfreich. Auch eine wiederholte Punktion kann vorübergehend Erleichterung verschaffen. Viele Patientinnen versterben nicht an dem Ovarialkarzinom, sondern an einem Darmverschluss (→ Ileus), der häufig Folge der Erkrankung ist. Daher ist bei auftretender Darmbeteiligung eine operative Behandlung, bei der meist ein künstlicher Darmausgang angelegt wird, indiziert.

Bei inoperabler Erkrankung kann eine primäre Zytostatikatherapie durchgeführt werden. Sie hat allerdings geringe Erfolgsaussichten.

Nachsorge

Aufgrund der schlechten Prognose liegt ein wesentlicher Teil der Nachsorge darin, Art und Zeitpunkt der nachfolgenden Therapie bei den mutmaßlich unheilbaren Patientinnen zu planen. Hierzu gehören:

- Verlaufskontrollen, falls ein wieder aufgetretener Prozess entfernt wurde oder wenn der Tumor nicht komplett entfernt werden konnte,
- apparative Untersuchungen wie Sonografie, Computertomografie und Kernspintomografie bei besonderen Fragestellungen,
- Kontrolle von Tumormarkern, da deren Wiederanstieg möglichen Symptomen 3 Monate vorausgehen kann,
- nach Ende der Primärtherapie kann bei symptomatisch und apparativ tumorfreien Patientinnen eine second-look-Laparotomie erfolgen, um die Tumorfreiheit zu bestätigen.

Prognose

Prognosekriterien sind:

- das Stadium der Erkrankung,
- der gewebliche Typ des Tumors,
- der Malignitätsgrad,
- die Größe des nach der Operation verbleibenden Resttumors.

Leider hat das Karzinom eine denkbar schlechte Prognose. Deshalb werden, wenn sich die Patientin in der Postmenopause befindet, die Eierstöcke im Rahmen anderer Operationen vorbeugend entfernt.

Infobox

ICD-10: C56

Internetadressen:
http://www.krebsinformation.de/index.html
http://www.pathologie-fuerth.de/Krebs/glossar.html
http://www.krebswegweiser-sh.de
http://www.preisglocke.de/selbsthilfegruppen.html

Literatur:

LeShan, L.: Diagnose Krebs, Wendepunkt und Neubeginn. Klett-Cotta, Stuttgart 2004
Rexrodt von Fircks, A.: Ich brauche euch zum Leben. Rowohlt (TB.), Reinbek 2004
Siegel, B. S.: Prognose Hoffnung. Ullstein (TB.), Berlin 2003

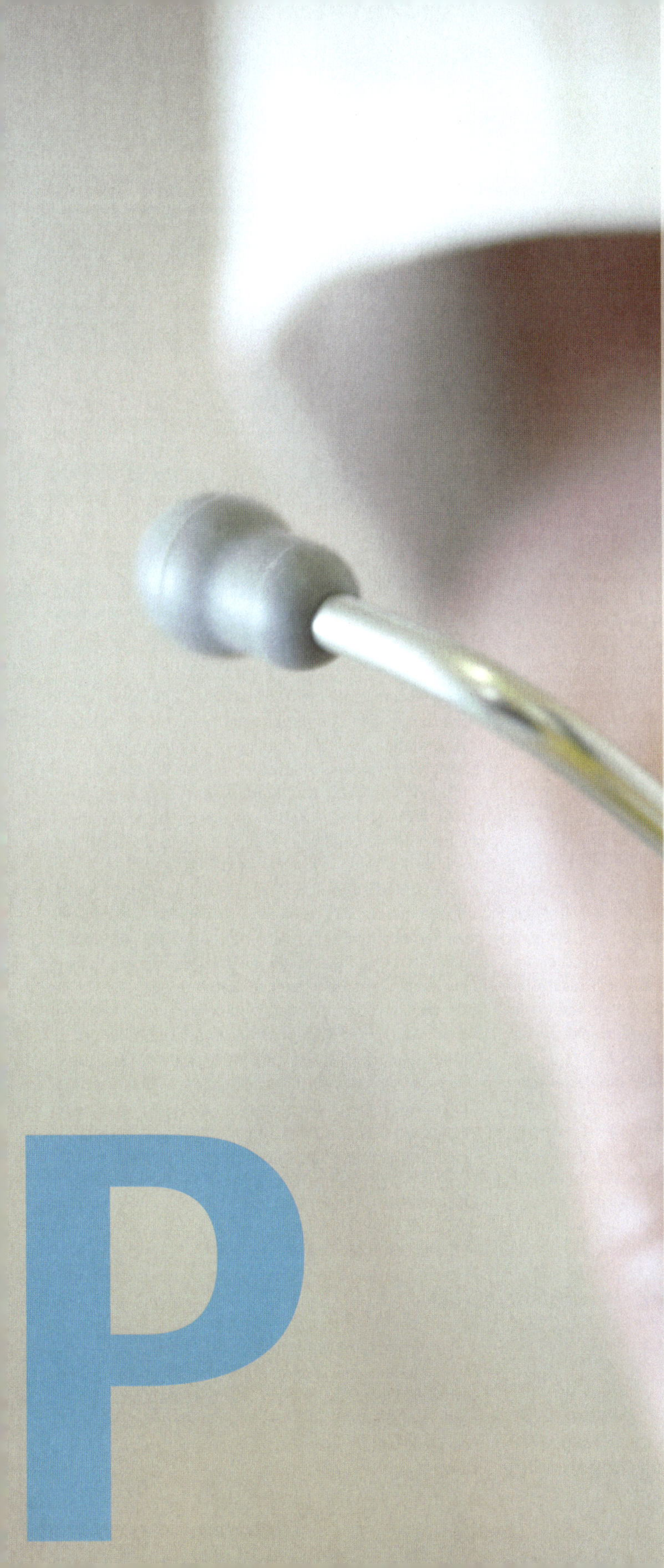

P

Pädophilie

► Karl hör doch mal was hier steht. Frau Mager liest aus der Tageszeitung vor: „Das Landgericht Hohenstein hat gestern den 63-jährigen Georg W. zu acht Jahren Haft verurteilt. Er hatte im vergangenen Jahr versucht, sich einem Mädchen sexuell zu nähern, das jedoch dem Täter entkommen konnte. Nach einer mehrere Tage dauernden Fahnung konnte Georg W. im Nachbarort gefasst werden. Es stellte sich heraus, dass er bereits früher wegen Pädophilie polizeilich auffällig geworden war. Damals erhielt er die Auflage sich einer psychiatrischen Behandlung zu unterziehen. Der Täter war noch bis vor zwei Jahren Jugendtrainer beim SC Hohenstein."

Definition

Die Pädophilie (gr. Kinderliebhaberei) ist eine sexuelle Störung, bei der Erwachsene triebhaft auf Kinder, meist im frühpubertierenden Alter, fixiert sind. Eine wirksame sexuelle Befriedigung ist nur durch intensive Phantasien, Beobachtung oder echten Geschlechtsverkehr mit den Kindern möglich. Ist diese Ausrichtung von homosexueller Natur, spricht man von Päderastie. Die Vornahme sexueller Handlungen an Kindern und Heranwachsenden ist durch das Strafgesetzbuch bei Freiheitsstrafe verboten.

Synonyme: Pädosexualität, sexuelle Deviation, sexuelle Perversion.

Ursachen

Oft wurden die Pädophilen selbst als Kinder missbraucht oder litten unter aggressiven Abhängigkeitsverhältnissen, wurden z. B. durch den Vater brutal geschlagen. Dadurch entwickelt sich häufig eine innere Selbstunsicherheit. Durch eine auch weiterhin gestörte sexuelle Sozialisation entstehen starke Triebimpulse, deren Befriedigung für den Gestörten nur an Kindern oder gerade eben pubertierenden Jugendlichen möglich erscheint (**Abb. P.1**).

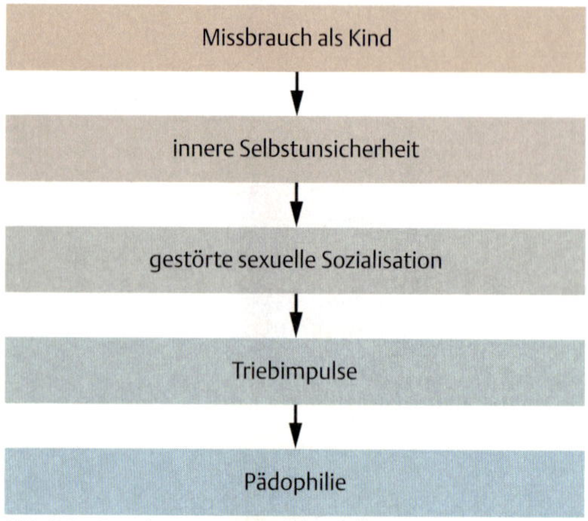

Abb. P.1 Ursachen von Pädophilie. Selbsterfahrener Kindesmissbrauch kann die Weichen für pädophile Neigungen stellen.

Beim Sex mit Erwachsenen empfinden die Betroffenen häufig Schuldgefühle, deren Ursache in der problematischen Beziehung zu den Eltern liegt. Anfänglich existieren die pädophilen Neigungen nur als verborgene, nicht geäußerte Phantasien. Die Betroffenen können durchaus auch normale sexuelle Kontakte haben, jedoch wird die Phantasie insbesondere im fortgeschritteneren Lebensalter zur Sucht.

Die Störung wird auch den Impulskontrollstörungen zugerechnet. Durch die selbstunsichere Persönlichkeit und Ängste vor der Abwertung als sexuell abartig suchen Pädophile häufig keine Hilfe auf.

Symptome

Die Pädophilen fallen oft erst auf, wenn sie die Sexualstraftat begangen haben. Es handelt sich dann überwiegend um Männer, die sich an Kindern oder früh pubertierenden Jugendlichen vergangen haben oder Kinderpornografie erworben haben oder bereits besitzen. Aktuell gelangen die Betroffenen vor allem über das Internet an dieses Material. Auch werden dort über Chatrooms Kontakte zu Kindern geknüpft (**Abb. P.2**). Meist werden die Opfer jedoch im familiären oder bekannten Umkreis gesucht. Die Pädophilen können durchaus verheiratet sein, oft wird sich auch an den eigenen Kindern vergangen.

Die Befriedigung wird oft durch Onanie erlangt. Der Pädophile masturbiert, während er sich Bilder oder Videos von nackten Kindern ansieht oder als „Spanner" Kinder beim Duschen oder am Badesee usw. beobachtet. Es kann aber auch zu pädoerotischen Berührungen des Kindes oder gar zum pädosexuellen Kontakt kommen: Die Kinder werden durch den Pädophilen dazu gebracht, ihn oral zu befriedigen oder werden von ihm vaginal oder anal penetriert. Den Opfern wird anschließend durch den Täter suggeriert, auf keinen Fall anderen von den Ereignissen zu erzählen. Gerät der Gestörte in panische Angst besteht die Gefahr, dass er sein Opfer auch tötet.

Diagnose

Es wird eine ausführliche Anamnese erhoben zu:

- selbst erlittener Gewalt,
- bisheriger sexueller Betätigung einschließlich Masturbation,
- sexueller Ausrichtung,
- Partnerwahl und Erleben einer evtl. Beziehung.

Die Partnerbeziehung und sexuell stimulierende Auslösesituationen werden gründlich analysiert. Wurde die Untersuchung aufgrund eines gerichtlichen Beschlusses vorgenommen, werden die Gerichtsakten, sofern zugänglich, studiert.

Abb. P.2 Pädophilie. Das Internet trägt zur Verbreitung von kinderpornografischem Material bei.

Differenzialdiagnose

Durch eine gründliche körperliche und neurologische Untersuchung werden organische Veränderungen als Störungsursache ausgeschlossen. Auch müssen Medikamenten- und Drogennebenwirkungen, insbesondere durch Hormon- oder Stimulanzienkonsum, ausgeschlossen werden. Zudem sind wahnhafte, depressive und ängstliche Störungen abzugrenzen.

Therapie

Je nach Schwere der Störung und evtl. Gefährdung anderer Menschen erfolgen verschiedene Therapien.

Verhaltenstherapie. Der Pädophile soll lernen, sich beim Anblick von Kindern selbst in seinem Trieberleben zu bremsen und sich der Abnormalität bewusst zu werden. Außerdem ist das Ziel, Durchbrüche des Triebimpulses selbst zu beenden ohne hierbei seinen pädophilen Neigungen nachzugehen.

Soziotherapie. Das Leben mit dem Ehepartner oder nichtkindlichem Lebensgefährten wird durch Gespräche stabilisiert. Auch das Zusammenleben mit anderen Menschen wird in der Gruppe geübt, um hier nicht nur auf sexuelle Teilaspekte fixiert zu sein.

Sexualtherapie. Der Pädophile soll, sofern ein nichtkindlicher Partner existiert, lernen, von dessen Reizen sexuell erregt zu werden.

Forensische Unterbringung. Bei Gefährdungspotenzialen kann per gerichtlicher Anordnung eine bis zu lebenslange Behandlung in einer geschlossenen Anstalt erfolgen. Hier finden regelmäßige Nachuntersuchungen und Therapie statt.

Medikamentöse Therapie. Durch langjährige Gabe von Antiandrogenen, wie Cyproteronacetat (z. B. Androcur), wird der Sexualtrieb hormonell gedämpft. Diese Therapie hat ein hohes Nebenwirkungsrisiko und stellt daher vor der Einweisung in eine forensische Klinik die letzte Chance dar.

Sofern durch den Pädophilen eine Gefährdung ausgeht oder er sich bereits an Kindern vergangen hat, muss der Therapeut nach Abwägung der Umstände evtl. seine ärztliche Schweigepflicht brechen und Anzeige erstatten!

Prognose

Diese sexuelle Abartigkeit bleibt leider oft unheilbar. Sofern sich die Pädophilen selbst ihrer Störung bewusst sind und therapeutische Hilfe in Anspruch nehmen besteht manchmal nur ein vermindertes Risiko, dass es zu sexuellen Übergriffen kommt. Insgesamt ist es jedoch eine oft kaum sicher zu entscheidende Frage, inwieweit ein Pädophiler von seiner Triebhaftigkeit Abstand genommen hat und wie stabil diese Distanzierung ist.

Infobox

ICD-10:
F65.4

Internetadresse:
http://www.itp-arcados.net

Panaritium

► „Hier, schließ du die Tür auf. Mir tut mein Finger zu weh." Herr Heise gibt seiner Frau den Schlüssel. Im Haus legt er seine Jacke ab. Vorsichtig versucht er, die Handschuhe auszuziehen. Millimeter für Millimeter zieht er den Stoff nach unten. Endlich ist er befreit. „Der Finger ist ja total rot und eitert!" Frau Heise ist entsetzt. „Es ist viel schlimmer als ich vermutet habe." „Was willst du denn damit sagen?" „Nun ja, ich dachte, du jammerst nur ein wenig. Es wäre ja auch nicht das erste Mal, dass du dir einfach nur mit dem Hammer auf die Finger gehauen hast".

Definition

Das Panaritium ist eine Entzündung der Fingerendglieder durch Eitererreger mit Abszessbildung.

Synonym: Umlauf.

Ursachen

Ein Panaritium beginnt fast immer nach einer kleinen Verletzung der Finger, z. B. durch eine Nadel oder Nagelschere. Durch den Stichkanal gelangen Eitererreger – meist Staphylokokken, seltener Mischflora – in das Gewebe. Die Entzündung entsteht besonders schnell und ist ausgedehnt, da Sehnenscheiden und Muskelfächer wie eine leitende Schiene die Ausbreitung der Keime begünstigen. An diesen anatomischen Strukturen mit Gelenkkapseln und Leitbahnen liegt es auch, dass sich typische → Abszesse bilden.

Symptome

Die auslösende Verletzung bleibt oft unbemerkt. Das Panaritium beginnt mit einer schmerzhaften Rötung, anfangs ist die Beweglichkeit noch nicht eingeschränkt. Kurze Zeit später folgen Spannungsgefühl und ein pochender Schmerz. Häufig entleert sich spontan Eiter, in manchen Fällen sieht man gelbe „Eiterstippen".

Das Panaritium cutaneum zeigt sich durch eine kleine Eiterblase an der Fingerkuppe. Bei einem Kragenknopf-Panaritium entsteht über einen dünnen Verbindungskanal in der Gelenkkapsel ein Abszess. Die heftigen Schmerzen scheinen dann nicht zu den wenigen sichtbaren Symptomen zu passen. Das Panaritium parunguale – der eigentliche Umlauf – legt sich wie ein geschwollener, druckschmerzhafter Reifen um das Nagelbett bzw. den seitlichen Nagel. Das Panaritium subunguale befindet sich unter dem Nagel, hebt diesen ab und macht ihn berührungsempfindlich (**Abb. P.3**).

In seiner Maximalvariante wird das Panaritium zu einer → Phlegmone. Mehrere Finger können nicht mehr gestreckt oder gebeugt werden, die Schmerzen sind sehr stark. Innenhand und Handrücken sind geschwollen. In späteren Stadien können die Lymphknoten des Arms anschwellen, es kommt zu Fieber und Schüttelfrost.

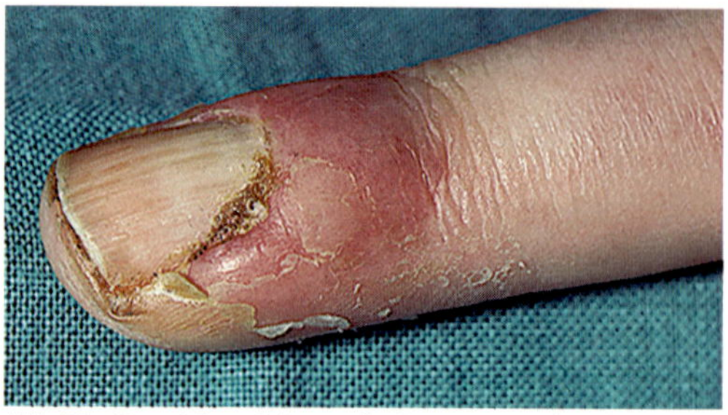

Abb. P.3 Panaritium. Subunguales Panaritium nach Verletzung bei inadäquater Nagelpflege.

Diagnose

Der kurze Zeitraum zwischen Verletzung und massiven Beschwerden weist auf ein Panaritium hin. Die meisten Panaritien sind aufgrund der Beschwerden eindeutig erkennbar. Wegen der Gefahr einer Gelenk- und Knochenbeteiligung wird eine Röntgenaufnahme angefertigt.

Differenzialdiagnose

Eine → Herpes-Infektion muss ausgeschlossen werden. Ebenso gibt es Eiter- und Abszessbildungen z. B. auch bei Verletzungen, Pilzinfektionen und Knochenbrüchen.

Therapie

Der Eiterherd wird eröffnet, der Abszess entleert. Bei Bedarf wird eine Lasche eingelegt oder kontinuierlich gespült. Nur bei Beteiligung der Lymphknoten wird systemisch mit Antibiotika behandelt, hier ist ein Abstrich sinnvoll. Der Tetanusschutz muss gewährleistet sein.

Prognose

Die Prognose ist bei konsequenter und frühzeitiger Behandlung gut. Wird nicht frühzeitig behandelt, kann sich eine V-Phlegmone entwickeln, die die gesamte Hohlhand umfasst. Sie entsteht aus einer Weiterleitung der Erreger entlang der Sehnen bis zur Handwurzel. Bei sehr ungünstiger Abwehrlage entsteht eine → Sepsis.

Infobox

ICD-10: L03.0

Internetadressen:

http://de.mimi.hu/krankheit/panaritium.html

Literatur:

Henne-Bruns, D. u. a.: Duale Reihe Chirurgie. Thieme, Stuttgart 2001

Panarteriitis nodosa

► „Mein Hausarzt hat mich zu Ihnen geschickt. Ich habe im letzten halben Jahr zehn Kilo abgenommen", erzählt Frau Roser (45) in der Spezialsprechstunde der Uni-Klinik. „Und immer wieder kommt ein unerklärliches Fieber dazu", fährt sie fort. „Mein Hausarzt hat nichts gefunden und wusste nicht recht weiter. Vor kurzem sind dann diese Knötchen am Unterschenkel aufgetaucht. Ich bin damit beim Hautarzt gewesen, aber er konnte dazu nichts sagen. Und jetzt bin ich hier bei Ihnen. Hoffentlich können Sie mir helfen. Vielleicht gibt es ja einen Zusammenhang zwischen dem Fieber und den Knötchen?"

Definition

Eine Panarteriitis nodosa ist eine Entzündung mit Wandverdickung der Arterien von Beinen und Armen. In einem späteren Stadium bilden sich auch Aneurysmen, die inneren Organe und teilweise die Haut sind betroffen.

Synonym: Periarteriitis nodosa.

Ursachen

Die genaue Ursache ist nicht bekannt. Es gibt aber Hinweise, dass eine Autoimmunreaktion vorliegt. Aufgrund des ungeklärten Entstehungsmusters wird die Panarteriitis nodosa sowohl zur Gruppe der Vaskulitiden (Gefäßentzündungen, Vaskulitis) als auch zu den Rheumaerkrankungen gezählt. Möglicherweise liegt eine immunologische Langzeitreaktion auf infektiöses Material vor. Bei sehr vielen Erkrankten konnte eine zurückliegende Infektion mit → Hepatitis B oder C festgestellt werden. Aber auch das Epstein-Barr-, das Coxsackie-, das Zytomegalie- und das Humane Herpes-Virus 6 sowie verschiedene Bakterien (z. B. Streptokokken) kommen als Auslöser infrage.

Das Krankheitsbild beginnt mit einer Entzündung der Wand kleiner und mittlerer Arterien. In deren Folge verdicken sich die Wände. Durch den Umbau des Gewebes entstehen Aussackungen der Gefäße (Aneurysma). Da der Blutfluss verlangsamt ist, entstehen Blutgerinnsel (Thromben), die im weiteren Verlauf die Arterien verschließen können. Darüber hinaus verengt sich der Querschnitt der Gefäße, weil die Gefäßwand durch die Entzündung quillt. Diese Mechanismen gefährden die arterielle Versorgung von inneren Organen wie Leber und Nieren, oder Hautarealen. Im Extremfall sterben betroffene Gewebe ab (Nekrose). Männer und Frauen sind gleich häufig betroffen.

Symptome

Die Beschwerden sind sehr vielfältig und nicht wegweisend (**Abb. P.4**). Vor allem die anfänglichen Symptome wie schubweises Fieber, allgemeines Schwächegefühl bei schneller Erschöpfung und Gewichtsverlust bei Appetitlosigkeit sind zu allgemein, um die Diagnose zu beweisen.

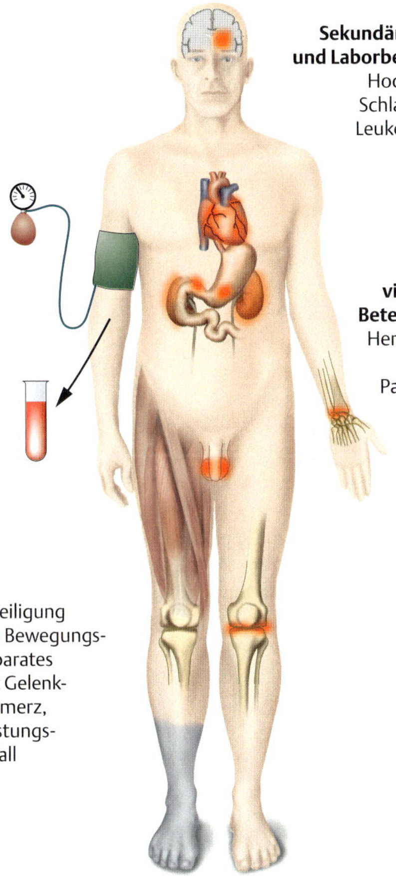

Abb. P.4 Panarteriitis nodosa. Die Befunde bei Panarteriitis nodosa sind sehr vielfältig.

Das trifft auch auf die diffusen Muskel- und Gelenkschmerzen im gesamten Körper zu. Bei gut der Hälfte der Patienten sind auch die Gelenke betroffen. Bei über zwei Dritteln der Fälle sind die Nieren beteiligt, was wesentlich die Prognose bestimmt. Im Labor zeigt sich die Erkrankung anfangs als Mikrohämaturie.

Auf der Haut kommt es zu flächenhaften, roten Ausschlägen, und auch Juckreizattacken im Sinne einer Nesselsucht können auftreten. Die Knötchen entlang der Arterien von Armen und Beinen, die der Krankheit den Namen geben, finden sich nur in weniger als der Hälfte der Fälle. Diese Knötchen sind weniger als einen Zentimeter groß, bläulich-rötlich und wie eine Perlenkette entlang der

Blutgefäße im Bereich der Ellenbogen oder Unterschenkel angeordnet.

Diagnose

Nur wenn alle erhobenen Daten zusammengestellt sind, ist eine korrekte Diagnose möglich, ein spezielles beweisendes Kennzeichen existiert nicht. Die wichtigsten Befunde stammen aus der histologischen Untersuchung und den Laborergebnissen.

Histologische Untersuchung. Die Probeexzision – i.d.R. aus Niere oder Muskel – muss ausreichend groß und tief erfolgen, um den Gewebeausschnitt beurteilen zu können. Dieser zeigt die beschriebenen Veränderungen der Gefäßwand.

Laboruntersuchung. Im Blutbild finden sich Entzündungszeichen wie eine hohe BSG sowie eine erhöhte Zahl an Leukozyten, Eosinophilen und Thrombozyten. Diese Veränderungen sind allerdings bei vielen anderen Erkrankungen ebenfalls zu sehen. Ein weiteres Kennzeichen einer Panarteriitis nodosa ist in einem Drittel der Fälle der Nachweis von anti-Neutrophilen-Zytoplasma-Antikörpern (engl. Abkürzung: p-ANCA). In ungefähr einem Viertel der Fälle sind die Rheumafaktoren positiv.

Angiografie. Die Veränderungen an den Gefäßen, also Wandverdickung, Aussackungen und Verschlüsse sind mittels einer Angiografie darstellbar (**Abb. P.5**). Dabei werden die Gefäße zuerst ohne und dann mit Kontrastmittel dargestellt und die Daten am Computer ausgewertet.

Differenzialdiagnose

Neben Erkrankungen aus dem rheumatischen Formenkreis sind vor allem Vaskulitiden (→ Vaskulitis) anderer Ursache abzugrenzen. Dies gelingt u. a. durch die (Immun-)Histologie und Untersuchung von Blutbildveränderungen.

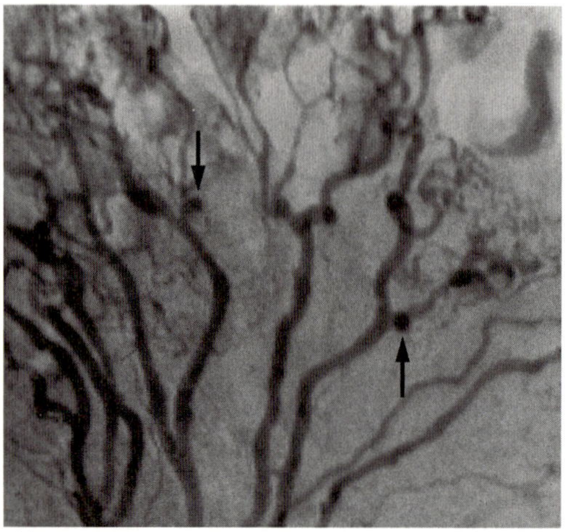

Abb. P.5 Angiografie. Entzündliche Aneurysmen im Bereich der Mesenterialgefäße.

Therapie

Die medikamentöse Therapie beginnt mit der Gabe hoch dosierten Kortisons. Dazu kommen Medikamente, die die Überreaktion des Immunsystems unterdrücken (Immunsuppressiva). Die verabreichten Mengen werden nach einigen Wochen vorsichtig gesenkt, grundsätzlich muss aber lebenslang therapiert werden. Falls nur Hautsymptome ohne Organbeteiligung vorliegen, wird die alleinige Gabe von Azetylsalizylsäure getestet.

Prognose

Man schätzt den Anteil der relativ harmlosen Form mit ausschließlich Hautbeschwerden auf 20%. Hier kann es sogar zu Spontanheilungen kommen. Beim Organbefall ist eine Heilung dagegen nicht möglich. Es zeigen sich schubweise Verläufe, die symptomfreien Zeiten sind unterschiedlich lang. Ohne Behandlung sterben mehr als 90% der Betroffenen innerhalb der ersten fünf Jahre. Mit dem konsequenten Einsatz der Kortikoide und der Immunsuppressiva lassen sich meist zufriedenstellende bis gute Ergebnisse erzielen. Die Überlebensrate liegt so bei über 90%.

Komplikationen

Die Panarteriitis nodosa mit Organbeteiligung ist eine lebensbedrohliche Erkrankung. Je nach Lokalisation der veränderten Gefäßbahnen kann es zu schwerwiegenden Folgen in den abhängigen Versorgungsgebieten kommen. Beispiele sind der → Hirninfarkt beim Befall hirnversorgender Arterien, der → Herzinfarkt beim Befall der Herzkranzgefäße, der Lungeninfarkt beim Befall der Lungengefäße sowie → Hypertonie und → akutes Nierenversagen bei den Nierenarterien. Im Bereich des Dünndarms kann ein Gefäßverschluss zur Nekrose eines Abschnitts führen, Bakterien gelangen in den Kreislauf und verursachen eine → Sepsis mit → Schock und multiplem Organversagen.

Aufgrund der Dauertherapie mit Kortikoiden kommt es regelmäßig zu Nebenwirkungen wie → Osteoporose, Erhöhung des Blutdrucks und des Blutzuckers.

Infobox

ICD-10:
M30.0, M30.1

Internetadresse:
http://www.rheumanet.org

Literatur:
Bitsch, T.: Klinikleitfaden Rheumatologie, 3. Aufl. Urban & Fischer, München 2001

Panikstörung

► Frau Gerlinde Schneider (52) kommt in die Sprechstunde ihres Hausarztes: „Schlagartig, wie'n Blitz aus'm Himmel bin ich auf einmal pitschnass geschwitzt! Dann so'n komisches Gefühl, alles wird unwirklich, ich bin irgendwie nicht mehr ich selbst! Das geht dann so 'ne halbe Stunde, danach ist alles wieder in Ordnung. Aber – irgendwie trau' ich mich gar net mehr vor's Loch und hab' immer die Angst im Nacken, dass des wiederkommt!"

Definition

Die Panikstörung ist eine psychiatrische Angsterkrankung. Sie ist gekennzeichnet durch anfallsartig auftretende schwere Angstattacken, die sich nicht auf eine konkrete auslösende Situation zurückführen lassen.

Synonym: episodisch paroxysmale Angst, Paniksyndrom.

Ursachen

Zum Einen werden genetische Faktoren mit Veränderungen der neuronalen Systeme im Gehirn als Ursache der Panikstörungen angenommen, vor allem der Serotonin-, Noradrenalin- und GABA-Neurone.

Zum Anderen gelten vorbewusste Ängste, also Ängste, deren sich der Patient nicht bewusst ist, als Ursache. Diese aus der Vergangenheit oder aus aktuellen Lebensumständen herrührenden Ängste stauen sich hinter der Fassade einer normalen Lebenssituation auf. Das Gefühlszentrum im Gehirn kann diesen Gegensatz plötzlich nicht mehr vereinen, es bricht unkontrollierbare Angst hervor, der Patient gerät in höchste Panik.

Das Gefühlszentrum sendet Alarmsignale an alle abhängigen Systeme. Das vegetative Nervensystem schaltet auf größte Not mit der Bereitschaft zu fliehen, der Adrenalinspiegel im Blut steigt rasant an. Da es keinen konkreten Anlass für diese Notsituation gibt, kann der Betroffene selbst auch nicht reagieren – er weiß weder, wohin er fliehen sollte, da es keine konkrete Bedrohung gibt, noch kann er sonst etwas gegen dieses maximal bedrohende Gefühl unternehmen.

Symptome

Die Patienten entwickeln ohne konkreten Anlass wiederholt, mehrfach täglich oder selten auch nur jährlich, eine Panikattacke mit mindestens einem der folgenden Symptome (**Abb. P.6**):

- Brustschmerz,
- Beklemmungsgefühle in der Brust,
- Atemnot,
- Erstickungsgefühle,
- Palpitationen (allgemeine Missempfindungen) wie Zittern, Hitze-, Kälte- oder Taubheitsgefühle.

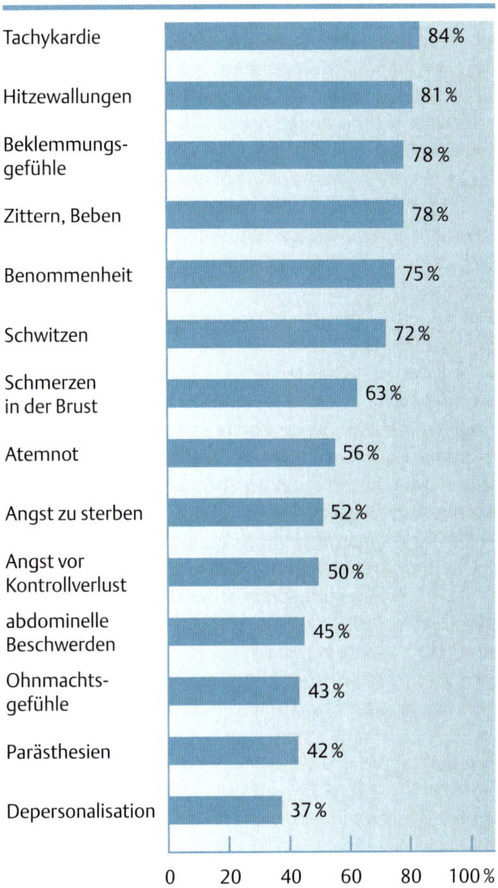

Abb. P.6 Panikattacke. Die häufigsten Symptome einer Panikattacke und deren Häufigkeit.

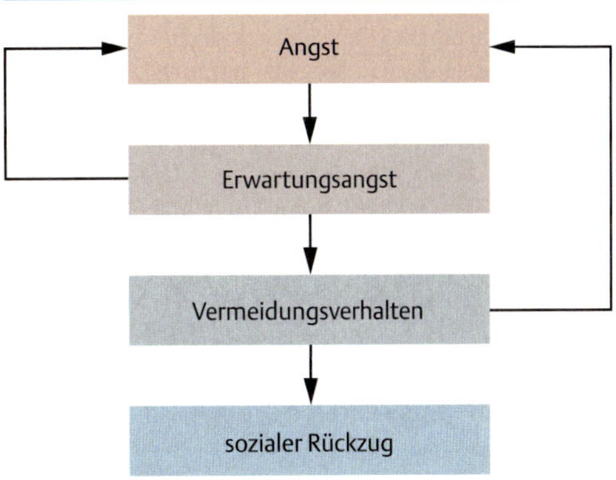

Abb. P.7 Folgen der Angst. Entwicklung und gegenseitige Verstärkung.

Es können auch Übelkeit, Bauchschmerzen, Verstopfungsgefühl, Stuhldranggefühl ohne echte Stuhlfüllung, Gefühl von Harndrang ohne echte Harnansammlung sowie Tachykardie (beschleunigter Puls), Tremor, Schwindel und das Gefühl nahender Ohnmacht auftreten. Weitere mögliche Symptome sind Depersonalisation, d. h. das Gefühl, die eigene Persönlichkeit oder den Körper zu verlieren, und Derealisation, also das Gefühl, die Wirklichkeit werde unwirklich.

Die Symptome treten plötzlich und innerhalb von wenigen Minuten in ihrer vollen Stärke ein, flauen dann nach etwa einer Viertelstunde langsam ab, manchmal aber auch erst nach einer Stunde oder später. Häufig erkennen die Patienten die Panikattacke nicht als Angstattacke, sondern leiden nur an den blitzartig eintretenden körperlichen Symptomen.

Dass die Attacken für den Erkrankten nicht vorhersehbar sind, wird typischerweise als besonders belastend empfunden. In der Folge entwickelt sich oft die Furcht durchzudrehen oder die Kontrolle über sich selbst zu verlieren sowie die Furcht zu sterben oder jetzt gleich ein schweres Unglück zu erleiden, z. B. einen Unfall oder eine akute Erkrankung wie Herzinfarkt.

Die Erkrankten wissen oft außerhalb der Panikattacken, dass die Gefühle während der Attacke unbegründet sind. Häufig folgt einer Panikattacke über viele Wochen anhaltend eine Erwartungsangst vor einer neuen Attacke (**Abb. P.7**). Oft sind die Patienten im Vorfeld bereits gründlich und auch wiederholt internistisch umfassend untersucht worden.

Diagnose

Die Diagnose wird durch die Anamnese und eine psychiatrische Exploration gestellt. Insbesondere muss sehr konkret nach den Symptomen der Panikattacken gefragt werden, da die Patienten diese häufig nicht von sich aus berichten. Die Patienten können angewiesen werden, ein sog. Angsttagebuch zu führen.

Zusätzlich kommen psychologische Fragen zum Angsterleben und zur Persönlichkeit des Patienten zum Einsatz, so der SKID-II, die Hamilton-Angstskala (HAMA). Die Qualität der Angst muss von der einer normalen, rational begründbaren Angst abweichen. Die zeitlichen Fenster der Angstattacken sind scharf begrenzt, sie treten innerhalb weniger Minuten in voller Stärke auf und flauen innerhalb weniger Stunden wieder komplett ab. Eine Erwartungsangst nach einer Attacke ist nicht der eigentlichen Panikattacke zuzurechnen.

Therapie

Als Therapien bieten sich Gesprächstherapie, Verhaltenstherapie und medikamentöse Therapie an.

Gesprächstherapie

Durch psychiatrische oder psychologische Gespräche bekommt der Patient vermittelt, dass seine Beschwerden ernst genommen werden und keinesfalls als „eingebildet" abgetan werden. Weiterhin dienen die Gespräche der Information des Patienten und seines sozialen Umfeldes über die Erkrankung.

Durch kognitive Therapien soll der Patient sich aber auch der Irrealität der Ängste bewusst werden und lernen, diese klar als krankhaft zu benennen. Bestehende Angstmuster sollen in ihrer Heimtücke für den Betroffenen erkennbar werden. Sofern der Patient ausreichend selbsteinsichtsfähig ist, lernt er, inwiefern er diese Muster selbst auch außerhalb der therapeutischen Sitzungen auflösen kann. In diesem Fall kann auch durch tiefenanalytische Verfahren eine vorbewusste Ursache gesucht und ggf. aufgearbeitet werden.

Verhaltenstherapie

Durch verhaltenstherapeutische Verfahren lernt der Patient, die ansteigende Angst einzugrenzen, z. B. durch Entspannungsrituale (**Abb. P.8**). Diese werden durch autogenes Training, Atemübungen, progressive Muskelentspannung usw. gestützt. Insbesondere soll dadurch auch die der Attacke nachfolgende Erwartungsangst gelindert werden. Ziel ist „ein Leben ohne diese Angst".

Vor allem nach langjährigen Verläufen muss u. U. auch soziotherapeutisch eine Wiedereingliederung in zwischenmenschliche Bereiche erarbeitet werden. Wenn es zum Arbeitsplatzverlust gekommen ist, wird mit einem Sozialarbeiter und Arbeitsagenturen o. ä. eine Schadensbegrenzung und möglichst ein Wiedereintritt ins Erwerbsleben angestrebt.

In schweren Fällen erfolgt eine bis mehrmonatige stationäre psychiatrische Behandlung.

Abb. P.8 Entspannungsrituale. Entspannungsübungen helfen dem Patienten u. a. mit der Erwartungsangst umzugehen.

Medikamentöse Therapie
Medikamentös werden in Akutsituationen schnellwirksame Benzodiazepine wie Lorazepam verabreicht. Manche ambulante Patienten tragen auch eine Tablette ständig mit sich, um sich im Falle einer Attacke selbst zu helfen. Lorazepam kann vorübergehend für einige Wochen nach einem festen, zum Ende hin ausschleichenden Schema gegeben werden. Man erreicht so eine Anxiolyse (Angstlösung), doch nach dem Absetzen kommen üblicherweise auch die Ängste wieder.

Für die längerfristige Therapie kommen Selektive Serotoninwiederaufnahme-Hemmer (SSRI, z. B. Paroxetin oder Fluvoxamin) zum Einsatz, die jedoch erst nach einigen Wochen ihre Wirkung entfalten. Wenn die körperlichen Symptome der Angststörung besonders belästigend sind, werden manchmal auch Beta-Blocker (z. B. Metoprololsuccinat) verordnet. Diese fangen die vegetativ-sympathischen Symptome etwas ab.

Differenzialdiagnose

Sicher ausgeschlossen werden muss eine depressive Störung.

Rückt die Erwartungsangst vor einer neuen Attacke in den Vordergrund und treten zugleich noch Panikattacken auf, kann sich daraus ein Vermeidungsverhalten entwickeln. Besonders beim Überschreiten großer Plätze oder in Menschenmengen befürchten die Patienten dann, jetzt gleich eine Angstattacke zu erleiden. Dann ist diese Störung erweitert als eine „Panikstörung mit Agoraphobie" zu bezeichnen („Agoraphobie" ist griechisch und bedeutet „die Angst vor dem Marktplatz", obwohl damit heute meist die Angst vor Menschenmengen bezeichnet wird).

Herrscht nur noch die Angst vor der Angst in panischer Art und Weise vor, kommt eine generalisierte → Angststörung in Frage. Tritt die Angst wiederholt bei einem speziellen Anlass auf (z. B. im Angesicht einer Spinne oder unter vielen Menschen zu sein), so ist von einer phobischen Störung auszugehen. Sind die Ängste einem in der Vergangenheit liegenden Ereignis zuzuordnen, ist an eine → akute Belastungsreaktion zu denken. Zeigt sich ein paranoides Verhalten, welches irreale Züge aufweist, liegt vielleicht gar eine Schizophrenie oder zumindest eine → schizoide Persönlichkeitsstörung vor. Insgesamt zeigt die Panikstörung eine Nähe zum → Morbus Ménière, doch es ist strittig, inwieweit Morbus Ménière auch eine Panikstörung ist.

Angststörungen durch Medikamentennebenwirkungen oder durch Drogengebrauch sowie aus organischer oder demenzieller Ursache sind auszuschließen. Vor allem MDMA (Ecstasy) kann zu Panikattacken führen, die jedoch dann als substanzinduziert und somit als Drogenmissbrauch zu werten sind.

Prognose

Die Panikstörung kann sich zu einer generalisierten Angststörung ausweiten. Sofern die unbewussten Ängste aber erkannt und bearbeitet werden können oder durch Veränderung äußerer Umstände für den Betroffenen an Schärfe und Gefahr verlieren, kann die Panikstörung allmählich ausheilen. Dann werden die Attacken seltener und schwächer, bis der Erkrankte sich schließlich davon gelöst hat.

Infobox

ICD-10:
F41.0

Internetadressen:
http://www.aphs.ch
http://www.neuro24.de
http://www.btonline.de

Pankreaskarzinom

► **Als der 52-jährige Rettungsassistent Eckhard Keller sich wieder einmal über seine andauernden Rückenschmerzen beklagte ging er nur widerwillig zum Arzt. Er schob die Rückenschmerzen auf seine bekannten Muskelverhärtungen im Schulter- und Rückenbereich. Bei der anschließenden körperlichen und sonografischen Untersuchung des Oberbauches fand sich jedoch eine Organvergrößerung der Bauchspeicheldrüse. Eine Computertomografie in der benachbarten Universitätsklinik brachte dann die Gewissheit. Es handelt sich um Bauchspeicheldrüsenkrebs.**

Definition

Das Pankreaskarzinom zählt zu den seltensten Krebsarten im Gastrointestinaltrakt und verfügt über eine sehr schlechte Prognose. Erst in einem späten Stadium treten unspezifische Symptome auf. Daher liegen bei ca. 80–90% der Patienten bei der Diagnose bereits Metastasen in anderen Organen vor.

Es besteht eine Inzidenz von ca. 10/100.000 Einwohner pro Jahr. Betroffen sind vorwiegend Menschen zwischen dem 50. und 60. Lebensjahr, Männer häufiger als Frauen (2:1).

Synonym: Bauchspeicheldrüsenkrebs.

Ursachen

Die Ursachen sind, wie bei anderen bösartigen Erkrankungen auch, noch weitestgehend unbekannt. Faktoren wie Rauchen, → Diabetes mellitus, übermäßiger Alkoholgenuss, ein erhöhter Konsum von tierischen Fetten oder die chronische → Pankreatitis werden als wahrscheinliche Ursachen angenommen.

Symptome

Da beim Pankreaskarzinom keine oder nur wenige unspezifische Frühsymptome hervorgerufen werden, wird es meist sehr spät entdeckt und ist dann eher ein Zufallsbefund. Symptome wie gelegentliche Übelkeit mit Verdauungsstörungen oder in den Rücken ausstrahlende Oberbauchschmerzen treten erst zu einem späteren Zeitpunkt auf, wenn der → Tumor häufig schon Metastasen gebildet hat. Gesteigerter Durst und Gewichtsverlust von ca. 10% des Körpergewichtes, Appetitlosigkeit, Leistungsschwäche und Durchfall, aber auch quälender Juckreiz, Fieber oder Nachtschweiß können weitere mögliche Symptome sein.

Eine Stenosierung des Ductus choledochus (Gallengang) ist wahrscheinlich, weil ca. $^2/_3$ aller Pankreaskarzinome im Pankreaskopf entstehen. Dann bilden sich ein schmerzloser progredienter Ikterus und eine prall gefüllte, palpable Gallenblase, was man als Courvoisier's ches Zeichen bezeichnet (**Abb. P.9**). Eine Neigung zu → Phlebothrombosen (tiefe Venenthrombosen) und → Thrombophlebitiden (oberflächliche Venenentzündungen) ist bekannt. Für das Pankreaskarzinom gibt es Einteilungen in verschiedene Stadien:

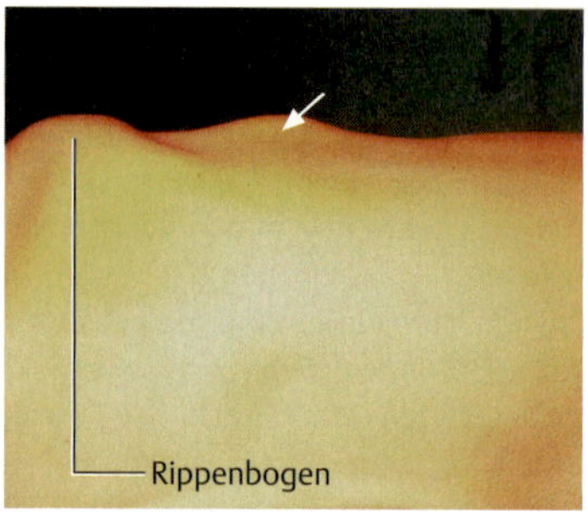

Abb. P.9 Courvoisier-Zeichen. Ikterisches Abdomen mit deutlich hervortretender Gallenblase (Pfeil).

- **Stadium I:** Das Karzinom ist nur auf die Bauchspeicheldrüse begrenzt,
- **Stadium II:** Das Karzinom hat sich auf nahe gelegene Organe wie Duodenum oder Gallengang ausgebreitet,
- **Stadium III:** Das Karzinom hat sich auf die in der Nähe liegenden Lymphknoten ausgebreitet, unabhängig davon, ob der Krebs bereits Organe befallen hat,
- **Stadium IV-A:** Pankreasnahe Organe wie Magen, Dickdarm oder Milz sind befallen, jedoch nicht entfernt liegende Organe wie Lunge und Leber,
- **Stadium IV-B:** Auch die entfernt liegenden Organe sind befallen.

Diagnose

Die diagnostischen Verfahren umfassen Anamnese, Routine-Laborparameter wie Blutbild, Tumormarker zur Verlaufs- und Therapiekontrolle und Pankreasfunktionstests, z.B. durch Laboruntersuchung von Stuhlproben. Neben der körperlichen Untersuchung kommen v.a. Bild gebende Verfahren zum Einsatz.

Die Endoskopische Retrograde Cholangio-Pankreatikografie (ERCP) ist eine aussagekräftige Methode zur Untersuchung des Gallen- und Pankreasganges. Mit einem beweglichen Endoskop kann der Arzt Magen und Dünndarm ansehen und bei Bedarf Gewebeproben für feingewebliche Untersuchungen entnehmen. Die Mündung des Gallen- und Pankreasganges in den Dünndarm wird unter Sicht durch einen winzigen Schlauch mit Kontrastmittel gefüllt. Dann wird eine Röntgenaufnahme angefertigt, welche die kontrastmittelgefüllten Gänge und ggf. tumorbedingte Gangunterbrechungen samt Abflussbehinderungen darstellen soll (**Abb. P.10**).

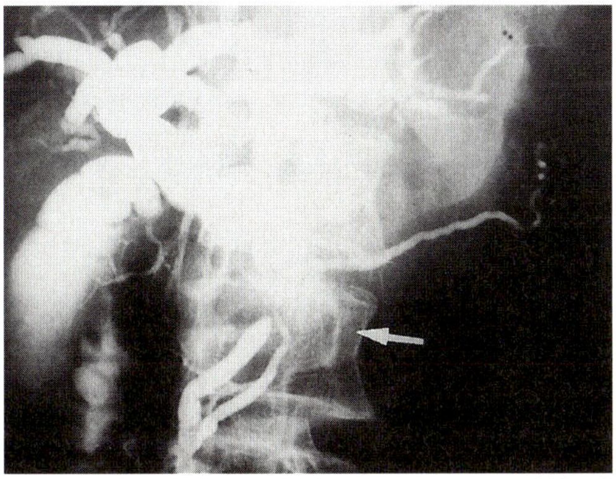

Abb. P.10 ERCP bei Pankreaskarzinom. Kontrastmittelabbruch durch typische Stenose des Ductus choledochus und des Ductus pancreaticus (Pfeil).

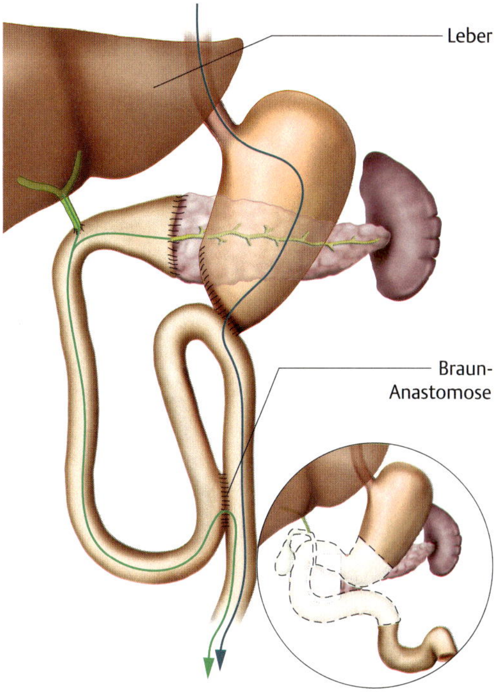

Abb. P.11 Whipple-Operation (partielle Duodenopankreatektomie). Die Kontinuitätswiederherstellung erfolgt durch Anastomosierung von Pankreasrest, Ductus hepaticus und Magen an eine Dünndarmschlinge. Im kleinen Bild sind die entfernten Organe ohne Farbe dargestellt.

Weitere Bild gebende Verfahren sind z. B. die Ultraschalluntersuchung des Bauches, die Computertomografie oder die Magnetresonanztomografie. Allerdings ist bei der CT und der MRT die Erkennung sehr kleiner Tumoren äußerst schwierig. Um die Größe und Ausdehnung des Tumors beurteilen zu können, wird in einigen Fällen auch die Bauchspiegelung (Laparoskopie) durchgeführt.

Ferner kommen die Angiografie und zunehmend die Positronen-Emissions-Tomografie (PET) zur Anwendung. Bei diesen Methoden wird ebenso nach Lokalisation und Größe von Strukturdefekten, Organvergrößerungen oder Metastasen gesucht.

Differenzialdiagnose

Die laborchemischen Veränderungen sind oft unspezifisch und zeigen in 15 – 20 % der Fälle entsprechende Symptome und Laborwerte einer akuten Pankreatitis. Dies ist auf die Obstruktion (Verengung) des Pankreasganges durch die bösartige Neubildung zurückzuführen.

Therapie

Die Therapie der Erkrankung hängt von der Art, dem Stadium des Pankreaskarzinoms, vom Alter des Patienten und von seinem Allgemeinzustand ab. Die Behandlung erfolgt primär operativ. Eine kurative Entfernung des befallenen Bereiches kommt aufgrund der späten Diagnosestellung nur in 10 – 20 % der Fälle in Frage. Deshalb werden vorwiegend palliative Maßnahmen mit dem Ziel der Symptomlinderung durchgeführt.

Therapie im Stadium I

Whipple-Operation (Abb. P.11). Dies ist die Bezeichnung für die kurative Entfernung des Pankreaskopf- und Papillenkarzinoms, auch partielle Duodenopankreatikotomie oder Rechtssekretion genannt. Kleine Tumoren mit lokaler und allgemeiner Operabilität, die nur auf das Organ beschränkt sind, werden ganz oder teilweise durch diese Operation entfernt. Bei der Operationsmethode werden $^2/_3$ des Magens, der Pankreaskopf, das Duodenum sowie alle regionalen Lymphknoten entfernt. Die Enden des übrig gebliebenen Pankreas und Restdünndarms werden wieder miteinander verbunden. Papillenkarzinome im Pankreaskopf können auf diese Weise in 70 % der Fälle geheilt werden. Es handelt sich allerdings um einen sehr großen chirurgischen Eingriff. Die Letalität konnte in den letzten Jahren auf unter 5 – 10 % gesenkt werden.

Totale Duodenopankreatektomie (Abb. P.12). Die gesamte Bauchspeicheldrüse und die umgebenden Organe werden entnommen, wenn z. B. ein Pankreaskörperkarzinom oder mehrere Tumoren in verschiedenen Anteilen der Bauchspeicheldrüse vorliegen. Allerdings ist die OP mit hohen postoperativen Komplikationsraten verbunden, da in der Bauchspeicheldrüse viele Biokatalysatoren wie Insulin gebildet werden. Sie müssen nach der operativen Entfernung der Bauchspeicheldrüse ggf. von außen in Form von Medikamenten zugeführt werden, da eine exokrine und endokrine Pankreasinsuffizienz durch die Resektion entstanden ist.

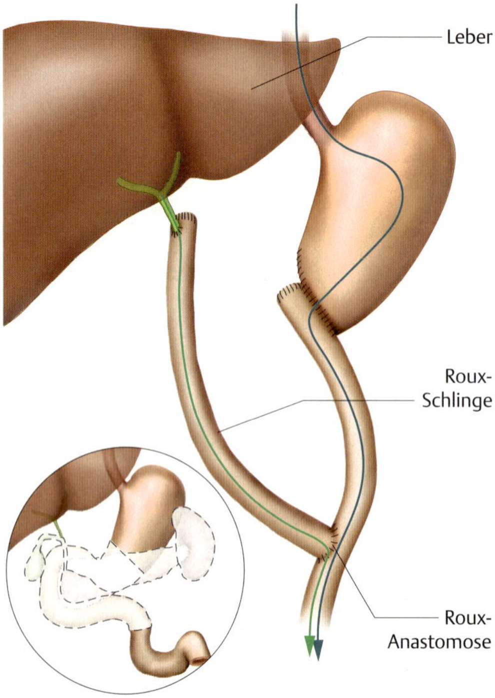

Abb. P.12 Totale Duodenopankreatektomie. Hier wurde die Roux-Schlinge als Rekonstruktionsmöglichkeit für die Anastomosierung gewählt. Im kleinen Bild sind die entfernten Organe ohne Farbe dargestellt.

Distale Pankreatektomie. Diese Linksresektion wird bei Pankreasschwanzkarzinomen durchgeführt. Dabei werden der Pankreasschwanz und meist auch die Milz entfernt.

Nach diesen drei Operationsmethoden kann eine Chemotherapie oder Bestrahlung erfolgen. Nach einer großen Pankreasoperation ist meistens ein Ersatz der Pankreasenzyme und evtl. des Insulins notwendig. Heutzutage können die Pankreasenzyme durch Medikamente ersetzt werden. Diese Medikamente müssen zu jeder Mahlzeit eingenommen werden. Die richtige Dosierung variiert von Patient zu Patient. Die eingenommene Menge ist dann richtig, wenn der Patient angibt, dass sein Völlegefühl und die Durchfälle mit Fettauflagerungen verschwunden sind. Die Präparate sind sehr gut verträglich.

Sollten nach der großen Bauchspeicheldrüsenoperation hohe Blutzuckerwerte auftreten, muss eine Behandlung wie bei einem → Diabetes-mellitus-Patient erfolgen. Dies bedeutet, bei nicht zu stark erhöhten Blutzuckerwerten ist eine Diät einzuhalten, evtl. zusätzlich mit Tabletten, die die Insulinfreisetzung fördern. Reicht diese Behandlung nicht aus, finden sich also weiterhin hohe Blutzuckerwerte, muss mit einer angepassten Insulinbehandlung begonnen werden.

Therapie im Stadium II

Ein Pankreaskarzinom im Stadium II kann durch einen chirurgischen Eingriff (totale oder partielle Duodenopankreatektomie) und mit oder ohne Chemotherapie und Bestrahlung therapiert werden. Andere Behandlungen zur Linderung von Symptomen sind indiziert.

Therapie im Stadium III

Die Therapie des Stadiums III unterscheidet sich nur insofern vom Stadium II, dass bei der Teilnahme an klinischen Studien zur Bestrahlung die gleichzeitige Einnahme von (radiosensitivitätssteigernden) Medikamenten erfolgt. Die Krebszellen sollen dadurch empfindlicher für eine Bestrahlung gemacht werden.

Therapie im Stadium IV-A

Im Stadium IV-A besteht die Therapie wieder aus dem chirurgischen Eingriff, der totalen oder partiellen Duodenopankreatektomie mit oder ohne anschließende Chemotherapie und Bestrahlung. Die Linderung von Symptomen steht auch hier im Vordergrund.

Therapie im Stadium IV-B

Immuntherapie. Sie basiert auf der Überlegung, dass sich Krebsgewebe von normalem Bauchspeicheldrüsengewebe unterscheidet und somit das Immunsystem künstlich angeregt werden kann, das körperfremde Krebsgewebe selbst zu bekämpfen. Sie wird derzeit nur in klinischen Studien durchgeführt.

Stent-Implantation. Bei fast 90% der Pankreaskarzinome kommt es im fortgeschrittenen Stadium durch das Tumorwachstum zu Verstopfungen der Gallengänge, des Magenausganges und zur Verlegung des Zwölffingerdarms. Zur Linderung der Beschwerden beim Aufstau des Pankreassaftes wird in den meisten Fällen ein Stent gelegt. Dieser sieht aus wie ein kleines Gittergerüst in Röhrchenform und dient der Aufdehnung von verengten Blutgefäßen oder anderen Körpergängen. Das Einlegen des Stents erfolgt endoskopisch über den Ösophagus.

Pankreatojejunostomie. In Einzelfällen wird der Pankreasgang durch eine Dünndarmschlinge verbunden. Dadurch werden die verengten Gänge wieder durchlässig gemacht, damit die Verdauungssäfte abfließen können und wieder eine Verbindung zwischen Gallen- und Pankreaswegen und Magen-Darm-Trakt existiert. Bei Komplikationen kann auch ein Zugang von außen erfolgen und die Flüssigkeit direkt durch die Bauchdecke nach außen abgeleitet werden.

Gastrojejunostomie. Findet sich eine Magenentleerungsstörung durch die Magenausgangs- oder Duodenalstenose wird operativ eine Gastroenterostomie durchgeführt. Dies ist eine künstliche Verbindung (Anastomose) zwischen Magen und Dünndarm (Jejunum). Dadurch wird eine Umgehung der tumorbedingten Stenose gewährleistet.

Palliative Therapie. Eine sorgfältige Abwägung zwischen Beeinträchtigung der Lebensqualität und voraussichtlicher Lebenserwartung sollte bei der palliativen Therapie erfolgen. Hierzu gehört die Schmerztherapie sowie die Chemo- und Strahlentherapie. Die alleinige Bestrahlung hat nach aktuellem Wissenstand noch nicht zu einer deutlich nachweisbaren Lebensverlängerung geführt

Prognose

Die Prognose ist mit durchschnittlichen Überlebensraten von 8 – 12 Monaten sehr schlecht. Dies liegt daran, dass zum Zeitpunkt der Diagnosestellung ca. 80 % der Erkrankten bereits Metastasen besitzen.

Ist das Krebswachstum nur auf die Bauchspeicheldrüse beschränkt, können durch eine größere Operation die Überlebenschancen erhöht werden. Fünf Jahre nach Diagnosestellung leben im Durchschnitt noch 4 von 1000 Patienten.

Komplikationen

In den häufigsten Fällen ist ein multiples Organversagen durch tumorbedingte Obstruktion (Verstopfung) der Verdauungsgänge und Abklemmen lebensnotwendiger Blutgefäße Todesursache.

Infobox

ICD-10:
C25:

Internetadressen:
http://www.netdoktor.de
http://www.krebs-kompass.de
http://www.meb.uni-bonn.de
http://www.onmeda.de

Literatur:

Hahn, J.-M.: Checkliste Innere Medizin, 3. Aufl. Thieme, Stuttgart 2000

Gerlach, U., u.a.: Innere Medizin für Pflegeberufe, 5. Aufl. Thieme, Stuttgart 2000

Pankreatitis

► **Die Ehefrau des 47 Jahre alten Elektrikers Olaf Paul ruft gegen drei Uhr am Morgen den hausärztlichen Bereitschaftsdienst, weil ihr Mann unter heftigen Bauschschmerzen leidet. Dieser trifft eine halbe Stunde später in der Wohnung des Patienten ein. Herr Paul schilderte einen plötzlichen gürtelförmigen Schmerz, Übelkeit und Herzrasen. Bei der körperlichen Untersuchung fällt dem Arzt eine Bauchdeckenspannung und eine erhöhte Körpertemperatur auf. Mit der Verdachtsdiagnose einer akuten Pankreatitis wird er in das nur zwei Straßen entfernte Kreiskrankenhaus zur weiteren Untersuchung eingeliefert.**

Definition

Als Pankreatitis wird die Entzündung der Bauchspeicheldrüse bezeichnet (**Abb. P.13**). Sie ist eine seltene, aber bedrohliche Erkrankung. Man unterscheidet die akute und die chronische Pankreatitis.

In Deutschland treten 100 bis 250 Fälle pro einer Million Einwohner auf. Die Pankreatitis führt je nach Schweregrad zu ödematösen Veränderungen des Pankreasgewebes bis hin zur Pankreasnekrose durch Autolyse (Selbstverdauung).

Synonym: Bauchspeicheldrüsenentzündung.

Ursachen

Bei der Pankreatitis liegt das Problem darin, dass Verdauungsenzyme der Bauchspeicheldrüse nicht in den Darm abgegeben werden, sondern schon am Ort ihrer Entstehung aktiv sind. Es kommt deshalb zur Selbstverdauung der Bauchspeicheldrüse, was die akute Pankreatitis lebensbedrohend macht.

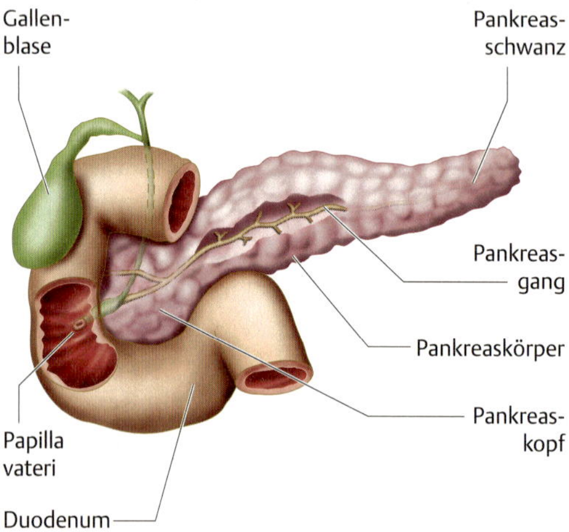

Abb. P.13 Anatomie der Bauchspeicheldrüse und angrenzender Organe. Die Bauchspeicheldrüse ist ca. 80 – 90 g schwer. Sie zieht sich in langgestreckter Form (15 – 20 cm Länge) quer über zwei Drittel des Oberbauches.

Akute Pankreatitis. In 50 – 60 % der Fälle handelt es sich um eine biliäre Pankreatitis. Sie entsteht durch eine Erkrankung der Gallenwege (z. B. → Cholelithiasis), durch die die Gallenflüssigkeit gestaut wird. 20 – 30 % der akuten Pankreatitiden werden durch Alkoholmissbrauch verursacht. Bei den restlichen 10 % entsteht die akute Pankreatitis ohne erkennbare Ursache (idiopathisch). Mechanische Ursachen wie penetrierende Ulzera oder eine Verengung des Zwölffingerdarms spielen nur eine untergeordnete Rolle. Etwa 80 % der Patienten erkranken meist angesichts überreichlicher Ernährung. Oft häufen sich an Weihnachten die Pankreaserkrankungen. Seltener sind Virusinfektionen die Ursache (z. B. → Hepatitis) oder auch Operationstraumen, → Fettstoffwechselstörungen (Hyperlipidämie), Überfunktion der Nebenschilddrüse (→ Hyperparathyreoidismus) und Nebenwirkungen von Medikamenten.

Chronische Pankreatitis. Sie wird in 70 – 80 % der Fälle durch Alkoholmissbrauch verursacht. Ca. 20 – 30 % sind idiopathisch entstanden. Werden die Ursachen bei der chronischen Pankreatitis nicht behoben, beginnt der Untergang der Pankreaszellen. Das führt zum Funktionsausfall der Bauchspeicheldrüse und als endokrine Folge entsteht z. B. der → Diabetes mellitus, als exokrine Folge kommt es zu Fettstoffwechselstörungen. Selten sind hier Gallenwegserkrankungen, Hyperlipidämien oder → Arteriosklerose die Ursache. Eine Sonderform existiert bei der chronisch obstruktiven Pankreatitis, die durch Narben und Verwachsungen entsteht. Patienten mit chronischer Pankreatitis haben ein erhöhtes → Pankreaskarzinomrisiko.

Symptome

Akute Pankreatitis. Symptome der akuten Pankreatitis sind heftige gürtelförmige Oberbauchschmerzen, Übelkeit, Erbrechen und oft eine Darmlähmung. Des Weiteren können Fieber, Tachykardie und eine Abwehrspannung der Bauchdecke auftreten. Abhängig vom Schweregrad und der Ursache ist mit Kreislaufreaktionen wie → Hypotonie und → Schocksymptomatik zu rechnen. → Aszites und → Pleuraergüsse können ebenfalls auftreten. Seltene und prognostisch ungünstige Zeichen sind periumbilikale („um den Nabel herum") Hauteinblutungen (Cullen-Zeichen) oder Hauteinblutungen an den Flanken (Grey-Turner-Zeichen). Die akute Pankreatitis wird in drei Stadien nach Schönborn und Kümmerle (Mainzer Klassifikation) eingeteilt:

- **Grad I** (ödematöse Pankreatitis): Es bestehen leichte Schmerzen und ein druckschmerzhaftes Epigastrium, hohe Serum- und Urinamylase und Lipase.

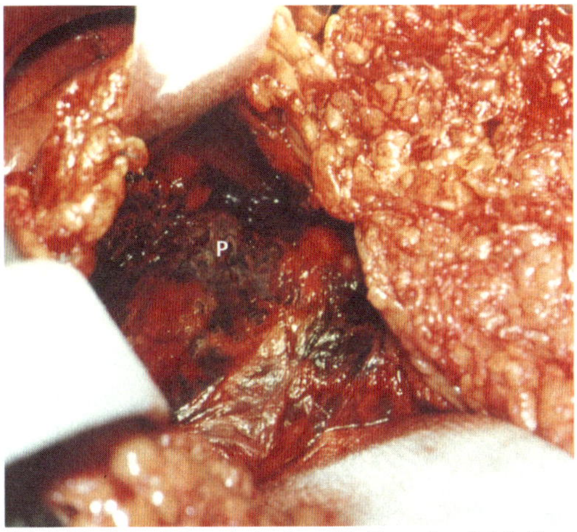

Abb. P.14 Nekrotisierende Pankreatitis (Operationsfoto). Abgestorbenes Pankreasgewebe in der Tiefe (P), rechts im Bild das große Netz (Omentum majus).

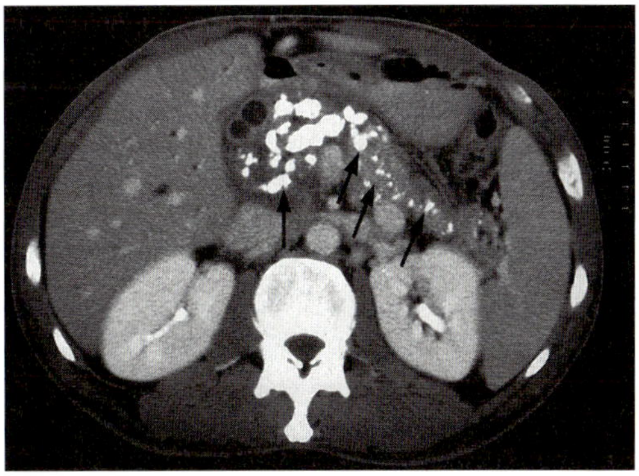

Abb. P.15 Computertomografie. Zu sehen sind ausgedehnte Verkalkungen (Pfeile) der Bauchspeicheldrüse bei chronischer Pankreatitis.

- **Grad II** (komplizierte Pankreatitis, limitierte Nekrosen): Es sind deutliche Schmerzen im Epigastrium und eine mäßige Abwehrspannung feststellbar. Subileus oder Ikterus und beginnende Schocksymptomatik sind für diesen Grad charakteristisch, ebenso der Leukozytenanstieg auf über 15.000/mm^3. Es befindet sich bräunliche, amylasereiche Flüssigkeit im Abdomen.
- **Grad III** (diffuse hämorrhagisch-nekrotisierende Pankreatitis, Totalnekrose) (**Abb. P.14**): Es treten Schocksymptomatik, Anurie und respiratorische Insuffizienz auf. Durch die Gerinnungsstörungen kann es zu gastrointestinalen Blutungen kommen. Die Leukozyten steigen auf über 20.000/mm^3. Es herrscht eine metabolische Azidose im Körper.

Chronische Pankreatitis. Hier kommt es im Stadium der rezidivierenden Entzündungsschübe zu wiederholten kolikartigen Schmerzen im Epigastrum, Verdauungsproblemen und Gewichtsabnahme. Aber der Verlauf kann häufig und über Jahre auch asymptomatisch sein (10% der Fälle). Im Spätstadium der chronischen Pankreatitis fällt die Funktion der Drüse aus und die Schmerzen bessern sich. Folge des Funktionsverlustes sind ein → Diabetes mellitus (endokrine Insuffizienz) und ein Maldigestionssyndrom (exokrine Insuffizienz).

Diagnose

Labor. Die Diagnose erfolgt mit Hilfe pankreasspezifischer Werte im Blut. Im Labor zeigen sich eine Erhöhung der Lipase und eine kurzfristige Erhöhung pankreasspezifischer Amylase im Serum und Urin. Je nach Ursache und Verlauf tritt auch eine Erhöhung von CRP, Harnstoff, Kreatinin oder Leukozyten auf. Ein Diabetes mellitus würde sich durch eine Hyperglykämie (→ hyperglykämischer Schock) darstellen. Bei einer Verlegung der Gallenwege im Zusammenhang mit Gallensteinen steigen auch die leberspezifischen Enzyme Gamma-GT, alkalische Phosphatase und LAP an.

Sonografie. Im sonografischen Befund können Anschwellungen (Pflasterstein-Relief) und ggf. Verkalkungen oder krankhafte Flüssigkeitsansammlung erkannt werden. Im Spätstadium wird meist eine Organverkleinerung und die Erweiterung des Ductus pancreaticus (> 3 mm) beobachtet.

Computertomografie. Sie ist notwendig, um das Ausmaß der Gewebezerstörung im Organ, die Beteiligung von Nachbarorganen, Verkalkungen und eine mögliche Blutung zu erkennen (**Abb. P.15**). Unter computertomografischer Sicht wird evtl. eine Biopsie aus dem erkrankten Organ vorgenommen. Im Punktat erfolgt danach ein Keimnachweis. Pankreasnekrosen sind zu 25% mit Keimen kontaminiert.

Endoskopie. Evtl. wird eine endoskopische Untersuchung (ERCP) angeschlossen, wenn der Verdacht auf Gallensteine besteht, um dann die Steine ggf. mit einer Schlinge zu entfernen.

Funktionstests. Restsekretionsleistung des exokrinen Pankreas kann durch verschiedene Verfahren bestimmt werden. Der direkte Nachweis beruht auf der Stimulierung der Pankreassaftausscheidung durch bestimmte Medikamente und die Überwachung der ausgeschiedenen Enzyme mittels eines in den Dünndarm vorgeschobenen Schlauches (Sekretin-Pankreozymin-Test). Die Messung der Ausscheidung von Chymotrypsin im Stuhl oder die Verabreichung einer Testmahlzeit mit Testsubstraten gehört zu den indirekten Methoden. Diese Testsubstrate werden durch die Pankreasenzyme gespalten und können technisch leicht nachgewiesen werden (NBT-PABA-Test, Pankreolauryltest).

Differenzialdiagnose

Die Diagnose ist erschwert, da zahlreiche andere Erkrankungen ähnliche Symptome verursachen, z. B. → Herzinfarkt, Darmlähmung (→ Ileus), stielgedrehtes → Ovarialkarzinom, → Appendizitis oder Bauchhöhlenschwangerschaft (→ extrauterine Schwangerschaft). Auch Nieren- und Gallenkoliken (→ Nephrolithiasis, → Cholelithiasis), → Mesenterialinfarkt oder → Lungenembolie verursachen solche Symptome.

Therapie

Die Ursache der Pankreatitis ist mitbestimmend für die Therapie. Laborchemische Untersuchungen können dabei wertvolle Hilfe leisten. Die Therapie verläuft in drei Stufen.

Therapie Stufe I – Therapie des akuten Schubes

Hier braucht der Patient eine Intensivüberwachung bis zur Stabilisierung, d. h. Bettruhe und eine Nahrungskarenz, um eine vollständige Abheilung des Organs zu gewährleisten. Auch Getränke sind verboten. Das Ziel die Bauchspeicheldrüse vollkommen ruhig zu stellen ist oberste Priorität. Während dieser Zeit wird der Betroffene unter Kontrolle von Serumelektrolyten, Bilanz und ZVD (zentrale Venendruckmessung) intravenös ernährt. Häufig werden bei Bedarf starke, nichtmorphiumhaltige Analgetika verordnet. Morphiumhaltige Analgetika würden zur Sphinkterverkrampfung führen und den Abfluss des Pankreassaftes behindern. Spasmolytika (Krampflöser) wie Buscopan oder das Analgetika Tramadol sind indiziert. Die Stressulkusprophylaxe kann mit Ranitidin erfolgen. Erst bei bestimmten Komplikationen kann eine Operation erforderlich werden.

Die Ziele der chirurgischen Maßnahmen bei hämorrhagisch-nekrotisierender Pankreatitis bestehen aus der Resektion von infiziertem bzw. nekrotischem Gewebe und der Aszites-Entfernung. Das funktionstüchtige Gewebe sollte dabei erhalten bleiben. Basis der Therapie ist aber i.d.R. eine konservative Behandlung.

Therapie Stufe II

Mit dieser Therapie wird beim Rückgang der Beschwerden begonnen. Sie besteht aus einem Kostaufbau mit leicht verdaulichen Kohlenhydraten wie Zwieback, Tee, Hafer- oder Reisschleim (mit Wasser zubereitet).

Therapie-Stufe III

Auf dieser Stufe wird mit der fettreduzierten Diät begonnen, wenn die Ernährung der Stufe II problemlos vertragen wurde (**Abb. P.16**). Es dürfen sogar fettarme Lebensmittel wie Gemüse, Kartoffeln, Obst oder fettarmer Käse bis 30 % Fett verzehrt werden. Brot darf erst gegessen werden, nachdem sich die Laborwerte wieder normalisiert haben.

Verboten sind schädliche Noxen wie Alkohol, Kaffee, Fett oder blähende Speisen (Hülsenfrüchte). Eine spezielle Pankreasdiät gibt es nicht. Sinnvoll sind häufige Mahlzeiten am Tag, d. h. 6 – 7 Portionen täglich. Bei einer exokrinen Pankreasinsuffizienz werden Pankreasenzyme als Tabletten verordnet.

Abb. P.16 Chronische Pankreatitis. Nach einem akuten Schub der Entzündung wird die Kost langsam und je nach Verträglichkeit aufgebaut.

Engmaschige Blutzuckerkontrolle

Eine weitere Therapiemaßnahme ist die engmaschige Blutzuckerkontrolle, möglichst zu Beginn der Erkrankung mit einem Tagesprofil. Bei einer schweren Pankreatitis sollten zuerst die Elektrolytstörungen ausgeglichen und der Patient mit Antibiotika abgeschirmt werden. Notfalls erfolgt die maschinelle Beatmung und Hämodialyse.

Ist das Organ durch ausgedehnte Nekrosen, bakterielle Infektionen oder einer Abszessbildung betroffen, wird ein chirurgischer Eingriff unumgänglich. Ggf. wird eine intraoperativ eingebrachte Drainage zur Spülung erforderlich.

Prognose

Bei der akuten Pankreatitis hängt die Letalität vom Schweregrad der Erkrankung ab. Bei Grad I erfolgt meist eine vollständige Ausheilung. Bei Grad II besteht eine Letalität von 10 – 20 %. Bei Grad III führen Komplikationen wie → Sepsis in bis zu 50 % der Fälle zum Tod.

Die Prognose ist günstig bei der chronischen Pankreatitis, wenn die Entzündung durch Choledochussteine oder Stenosen ausgelöst wurde und eine Operation die Abflussstauungen beseitigte. Andere Formen sind durch einen langen Leidensweg bei geringer Letalität gekennzeichnet. Wird in der Therapie die fettarme Diät und die Alkoholkarenz eingehalten, kann der Krankheitsverlauf positiv beeinflusst werden.

Komplikationen

Die Gefährlichkeit der akuten Pankreatitis wird zu Beginn der Erkrankung oft unterschätzt. Die Symptome sind in vielen Fällen erst relativ leicht, dafür wiederum kaum vorhersehbar. Lebensbedrohliche Komplikationen sind Kreislaufversagen mit nachfolgendem → akuten Nierenversagen und Schocklunge, → Sepsis und → Verbrauchskoagulopathie. Das untergegangene Gewebe könnte falsche Zysten bilden, die sich entzünden oder einbluten.

Eine schwere Komplikation stellt die → Pfortaderthrombose dar. Die Pfortader sammelt das ganze venöse Blut des Bauchraumes. Wenn sie durch eine Thrombose verstopft wird, bildet sich ein sog. prähepatischer Block. Dadurch kommt es zur portalen Hypertension und im ungünstigsten Fall zur → Ösophagusvarizenblutung. Besteht eine portale Hypertension sieht man dies an dem sichtbaren Kollateralkreislauf an der Bauchhaut des Patienten (Caput medusae). Auch ist der Bauch vorgewölbt (Aszites) und eine spürbare Fluktuationswelle tritt bei der Perkussion auf.

Infobox

ICD-10:

K85 akute Pankreatitis

K86.1 chronische Pankreatitis

Internetadressen:

http://www.medizinfo.de/gastro/pankreatitis.shtml

http://http://www.kgu.de/zim/medklinik2/pankrea.htm

http://www.talessin.de/scripte/medizin/pankreas.html

Literatur:

Hahn, J.-M.: Checkliste Innere Medizin, 3. Aufl. Thieme, Stuttgart 2000

Gerlach, U., u.a.: Innere Medizin für Pflegeberufe, 5. Aufl. Thieme, Stuttgart 2000

Papillom des Kehlkopfes

► Ein 51-jähriger Mann, von Beruf Lehrer, kommt in die HNO-Sprechstunde. Er berichtet, dass seine Stimme schon seit einigen Wochen immer heiserer wird. Hinzu kommen Atembeschwerden, die ihn nun sehr beunruhigen. Er rauche nicht, treibe regelmäßig Sport, beruflich und privat sei auch alles in Ordnung. Seine Stimme klingt etwas rau und verhaucht. Bei einer indirekten Laryngoskopie mit einem Endoskop zeigt sich dem Arzt ein grauweißes und scharf begrenztes Papillom. Er empfiehlt eine Operation.

Definition

Das Papillom des Kehlkopfes ist eine gutartige Geschwulst, die selten vorkommt, häufig aber zu Rückfällen (Rezidivbildung) neigt.

Es tritt sowohl im Kindesalter (Jungen und Mädchen sind gleichermaßen betroffen), als auch im späteren Erwachsenenalter auf. Dann betrifft es etwas häufiger Männer. Unterschieden werden:

- juvenile Variante (weich, multipel),
- adulte Variante (verhornt, einzeln).

Ursachen

Die Ursache war lange nicht klar. Die Virusgenese (Entstehung durch Viren) mit dem Papillomavirus gilt heute als allgemein erwiesen.

Das Virus gehört zu der Gruppe der Papovaviren und ist ein onkogenes (geschwulsterzeugendes) DNA-Virus. Die umfassende Familie der Human-Papilloma-Viren ist verantwortlich für diverse Infektionen, v. a. im Bereich der Genitalien sind es die HPV-Typen 6 und 11.

Auch beim Kehlkopfpapillom finden sich diese Virustypen wieder. Das erklärt auch die klinische Beobachtung, nach der die Anzahl der Fälle bei Kindern erhöht ist, wenn deren Mütter an spitzen Kondylomen (Feigwarze, Genitalwarze, → Warzen) erkrankten.

Symptome

Die Symptome sind zu Beginn unauffällig. Die mit der Zeit zunehmende Heiserkeit verschlechtert sich schleichend, aber stetig. Meist werden die Patienten erst im späteren Verlauf der Krankheit auf sie aufmerksam. Bis zu diesem Zeitpunkt können schon die ersten Anzeichen einer behinderten Atmung hinzukommen wie Atemnot, Stridor (pfeifendes Atemgeräusch) und Einziehungen im Jugulum (Schlüsselbein, Drosselgrube).

Diagnose

Die Diagnose erfolgt bei der Kehlkopfuntersuchung mittels indirekter Laryngoskopie. Dazu gibt es drei Möglichkeiten durch Lichtzufuhr in den Rachenraum zu schauen und das Kehlkopfinnere zu beurteilen:

- **Kehlkopfspiegel:** Ein kleiner runder Spiegel mit Stiel wird bei geöffnetem Mund eingeführt, durch die Stirnlampe des Arztes wird das Licht auf den Kehlkopf gespiegelt,
- **starre Optik:** Ein gerades Endoskop (dünnes Metallrohr), das Optiken für die Lichtzufuhr enthält, wird durch den Mund eingeführt,
- **Glasfaseroptik:** Ein biegsamer Schlauch wird endonasal (durch die Nase) eingeführt, er enthält ein Bündel mit Glasfaseroptiken für die Lichtzufuhr (**Abb. P.17**).

Adulte Papillome. Sie treten immer einzeln und mit scharfer Begrenzung auf, sind hart, verhornt und von grauweißer Farbe.

Juvenile Papillome. Sie weisen eine lappige oder blumenkohlartige Oberfläche auf (**Abb. P.18**). Außerdem zeigen sie gerötete und leicht blutende Schleimhautveränderungen mit flächenartiger Ausbreitung ähnlich wie ein unscharf begrenzter Teppich. Beim Befall der Stimmlippen findet sich meist eine Beteiligung in den Abschnitten, die ober- oder unterhalb der Stimmritze liegen (supra- und subglottisch).

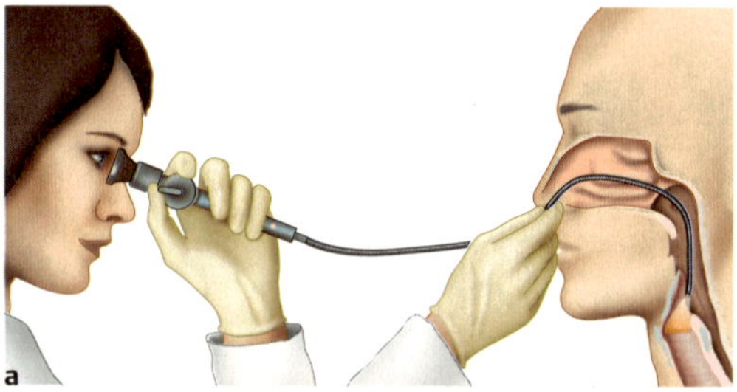
a

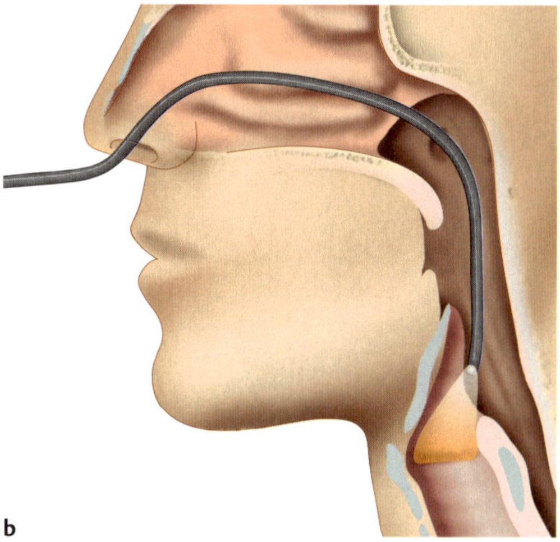
b

Abb. P.17 Indirekte Laryngoskopie mittels Glasfaseroptik.

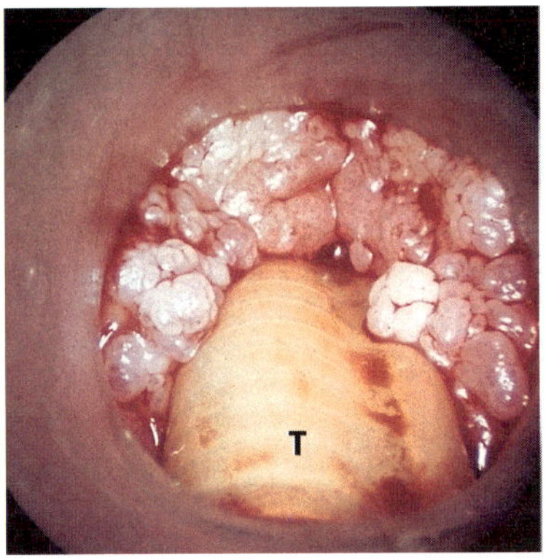

Abb. P.18 Papillome. Ausgedehnte rezidivierende Papillome des Kehlkopfes bei einem 5-jährigen Kind.

Differenzialdiagnose

Das Stimmlippenkarzinom (→ Larynxkarzinom) muss bei adultem Papillom ausgeschlossen werden. Auch ist der Übergang von einem dysplastischen, keratotischen Kehlkopfpapillom (verhornt, zellverändernd) zu einem papillären Plattenepithelkarzinom (warzenförmiges Epithelgewebe) fließend und makroskopisch nicht zu unterscheiden.

Therapie

Adultes Papillom. Es wird in einer Operation komplett entfernt, um das Gewebe auf Zellveränderungen zu untersuchen. Dazu bekommt der Patient eine Intubationsnarkose. Das starre Laryngoskop wird mit einer Halterung befestigt, ein Mikrolaryngoskop wird eingeführt und das Papillom wird vorsichtig und gezielt am Kehlkopf abpräpariert.

Juveniles Papillom. Es hat trotz Therapie eine häufige Rezidivbildung. Oberstes Prinzip ist den Luftweg freizuhalten und Stimmschäden zu vermeiden. Meist findet eine mikrochirurgische Abtragung statt, bei der vorsichtig gearbeitet wird, um Verletzungen und eine weitere Ausbreitung zu verhindern. Sie wird oft kombiniert mit vorsichtiger Verdampfung durch einen CO_2-Laser für das restliche Papillomgewebe.

Bei der medikamentösen Therapie können Podophyllin, Hormone, Antibiotika und Interferon verwendet werden. Für die örtliche Behandlung gibt es noch die Möglichkeit der Kryochirugie (Kältechirugie, Erzeugung tiefer Temperaturen) und Elektrokoagulation.

Strikt kontraindiziert ist eine Strahlentherapie von Papillomen, da die maligne Entartung eine Gefahr darstellt.

Prognose

Beginnt die Krankheit im frühen Alter, besteht oft eine Rezidivneigung. In einer Anzahl von Fällen tritt in der Pubertät eine Besserung ein. Oft stellen auch die Schäden durch häufige Mikrolaryngoskopien ein Problem dar, es entstehen z. B. Narben oder Stenosen im Kehlkopf. Gefürchtet ist die maligne Entartung des adulten Papilloms.

Infobox

ICD10:
D14.1

Internetadressen:
http://www.dysphonia.certec.lth.se
http://flexicon.doccheck.com

Paranoide Persönlichkeitsstörung

► **Für den 34-jährigen Peter Pohl ist die Situation klar: „Die anderen haben sich gegen mich verschworen! Und du hast mich ja sowieso schon immer betrogen! Das haben die alles mit Absicht gemacht, um mich zu ärgern! Ihr werdet alle noch sehen, mit wem ihr Euch angelegt habt! Ich werde mein Recht schon noch bekommen!"**

Definition

Bei der paranoiden Persönlichkeitsstörung sieht der Patient die Handlungen anderer als gegen sich gerichtet. Diese psychische Störung ist ein tief verwurzeltes, starres, andauerndes, vom Normalen abweichendes Verhaltensmuster des Erkrankten.

Synonym: expansiv-paranoische, fanatische, querulatorische oder sensitiv-paranoische Persönlichkeitsstörung.

Ursachen

Ein feines Ungleichgewicht der Aktivitäten der einzelnen Neurotransmittersysteme stört vermutlich die Außen- und Selbstwahrnehmung des Erkrankten. Es gibt Hinweise auf eine genetische Ursache dieser Störung, die vermutlich mit einer speziellen Form eines Dopamin-Rezeptor-Typus einhergeht. Auch die Sozialisation und die Erziehung nehmen eine wichtige Stellung bei der Ausprägung dieser Störung ein.

Die paranoide Persönlichkeitsstörung beruht nicht auf einer konkreten hirnorganischen Störung oder einer anderen psychiatrischen Erkrankung.

Symptome

Die Betroffenen zeigen ein gestörtes, starres und anhaltendes Verhaltensmuster: Eine prinzipiell misstrauische ungerechtfertigte Grundhaltung, oft kombiniert mit verstärkter Selbstwahrnehmung und übersteigertem Selbstbild. Sie hegen ständig Groll, sind unvermögend zu verzeihen und sehen die Umwelt als gegen sich gerichtet an.

Die Patienten glauben aber dennoch, eine sehr zentrale und wichtige Rolle einzunehmen, sind bisweilen auch überheblich. Selbst freundliche Verhaltensweisen anderer werten sie entweder ab oder sehen darin gar eine Verschwörung oder etwas Vorgespieltes. Sie zeigen oft überzogene Eifersucht und reagieren sehr empfindlich auf Zurückweisung.

Diese Verhaltensweisen bestehen üblicherweise bereits seit der frühen Jugend und setzen sich durch das Erwachsenenalter hin fort. Die Erkrankten leiden subjektiv deutlich.

Diagnose

Das abnorme Verhalten muss andauernd über mehrere Jahre bis Jahrzehnte bestehen. Zur Diagnose müssen deutliche soziale und berufliche Leistungseinschnitte aus der Eigen- oder Fremdanamnese im Untersuchergespräch nachweisbar sein. Es finden prinzipiell immer mehrere Gespräche statt, die zeitlich einige Monate auseinander liegen und die jeweils zu einer mindestens annähernd ähnlichen Diagnose gekommen sein müssen. Auch sind landes- und kulturspezifische Besonderheiten zu berücksichtigen.

	stimmt	stimmt nicht
1. Ich habe die Anleitung gelesen und bin bereit, jeden Satz offen zu beantworten.	○	○
2. Ich gehe abends gerne aus.	○	○
3. Ich habe (hatte) einen Beruf, der mich voll befriedigt.	○	○
4. Ich habe fast immer eine schlagkräftige Anwort bereit.	○	○
5. Ich glaube, dass ich mir beim Arbeiten mehr Mühe gebe, als die meisten anderen Menschen.	○	○

Abb. P.19 Freiburger Persönlichkeits Inventar. Die ersten fünf Fragen aus dem FPI.

Zur Erfassung kommen psychologische Persönlichkeitsfragebögen zum Einsatz, so das Minnesota Multiphasic Personality Inventory (MMPI), das mit entweder 566 oder in der Kurzform mit 221 Fragen die Störung eingrenzt. Ebenso eingesetzt wird das Freiburger Persönlichkeits Inventar (FPI), das durch 138 allgemein formulierte Selbstbeschreibungen, die dann als zu- oder unzutreffend gewertet werden müssen, eine Einschätzung ermöglicht (**Abb. P.19**). Auch die Rorschach-Klecksfiguren können hilfreich sein, genau wie der „Thematische Apperzeptions-Test" (TAT), bei denen der Patient zu teils dramatischen Bildern eine erfundene Geschichte erzählen soll (**Abb. P.20**).

Therapie

Die Therapie ist aufwändig und schwierig. Sie erfolgt im Wesentlichen durch Gesprächs- und Soziotherapie, zu der der Patient allerdings ausreichend motiviert sein muss.

Ziel der Therapie ist weniger die Störung zu heilen. Vielmehr soll der Patient lernen, das gesellschaftlich anstößige Verhalten zu korrigieren und das korrigierte Verhalten im Alltag außerhalb der Therapie einzusetzen. Weiter soll der Betroffene eine gewisse Selbstreflexionsfähigkeit erarbeiten, Emotionen in ihrer Entstehung deuten lernen, zumindest zum Therapeuten Vertrauen aufbauen lernen und Abstand von überzogener Selbstwahrnehmung nehmen.

Abb. P.20 Abbildungsvorlage in Anlehnung an den Thematischen Apperzeptions-Test. Wenn Patienten ein ähnliches Bild beschreiben, sprechen die Einen vielleicht von Selbstmordabsichten der Person auf der Brücke, Andere äußern sich evtl. abfällig darüber, dass die Frau Andere für sich arbeiten lässt.

In schwierigen Fällen erfolgt eine mehrmonatige bis halbjährige Behandlung in einer speziellen psychotherapeutischen Klinik. Hier lernt der Erkrankte vor allem auch durch die anderen Patienten, sich selbst etwas zurückzunehmen.

Differenzialdiagnose

Auszuschließen sind Hirnschädigungen und andere psychiatrische Erkrankungen, insbesondere aus dem schizophrenen Formenkreis (→ paranoide Schizophrenie) sowie hormonelle Störungen.

Prognose

Die paranoide Persönlichkeitsstörung beginnt etwa ab dem 30. bis 35. Lebensjahr in ihrer Schwere von alleine wieder abzunehmen. Sie bleibt jedoch als Restsymptomatik auch im hohen Alter noch, oder gerade wieder, erkennbar. Sofern ein guter therapeutischer Zugang erreicht werden kann, ist eine deutliche Besserung der Symptomatik zu erreichen. Leider kommt es häufig in der Erkrankungsgeschichte zum Missbrauch von Alkohol, Medikamenten oder Drogen, bisweilen auch zu Straffälligkeiten.

Infobox

ICD-10:
F60.0

Internetadressen:
http://www.psychiatriegespraech.de
http://www.panikattacken.at

Paranoide Reaktion

► „Marco ist voll durchgeknallt!", erzählt Pflegeschülerin Corinna ihrer Mitschülerin. „Gerade eine Woche nach der Schriftlichen ist er mit Feuerwehr und Polizei in die Psychiatrie! Er hat wohl Stimmen gehört und fühlte sich von Männern in schwarzen Anzügen verfolgt. Ob er bis zu seiner Praktischen wieder gesund ist? Seltsam, so völlig aus dem Nichts heraus! Er hatte sich vorher echt großen Stress gemacht. War wohl zu viel für ihn."

Definition

Die akute paranoide Reaktion ist eine akute psychotische, vorwiegend wahnhafte Störung. Es treten Wahnphänomene und Halluzinationen auf. Ein Wahn ist eine Fehlüberzeugung, von der sich der Erkrankte durch nichts abbringen lässt. Es erkranken besonders häufig junge Erwachsene an dieser Störung. Sie hält bis zu drei Monate an.

Synonym: psychogene paranoide Psychose.

Ursachen

Meistens verschiebt sich durch eine emotionale Überbelastung vorübergehend das Transmittergleichgewicht im Gehirn. Gestört sind insbesondere die Dopamin-Konzentrationen und die Empfindlichkeit der Dopamin-Rezeptoren in bestimmten Gehirnarealen, vor allem in den Hirnkernen (**Abb. P.21**).

Diese Störung kann jedoch auch ohne emotionale Belastungssituationen auftreten. Dann werden die gleichen Krankheitsmechanismen vermutet.

Symptome

Zuvor unauffällige Patienten treten innerhalb von weniger als 2 Wochen in einen psychotischen Zustand ein. Sie beschreiben häufig akustische Halluzinationen in Form von Stimmenhören oder es liegt z. B. Verfolgungs- oder Beziehungswahn vor. Der Patient ist oft antriebsgesteigert und innerlich stark angespannt. Das formale Denken ist häufig einwandfrei, aber das inhaltliche durch den Wahn tiefgreifend gestört. Die Symptome können sehr schnell wechseln, jedoch sind nicht die Kriterien einer Schizophrenie erfüllt.

Es gibt aber auch Fälle, in denen der Patient niemanden in sein wahnhaftes oder halluzinierendes Erleben einweiht. Der Grund ist oft die Angst für verrückt gehalten zu werden. Diese Patienten ziehen sich zurück, können sich schlecht konzentrieren und sind vergesslich.

Diagnose

Die Diagnose erfolgt über eine psychiatrische Befragung. Oft können auch Angehörige im Rahmen einer Fremdanamnese wertvolle Hinweise für eine zurückliegende Belastungssituation sowie zur Krankheitsvorgeschichte geben.

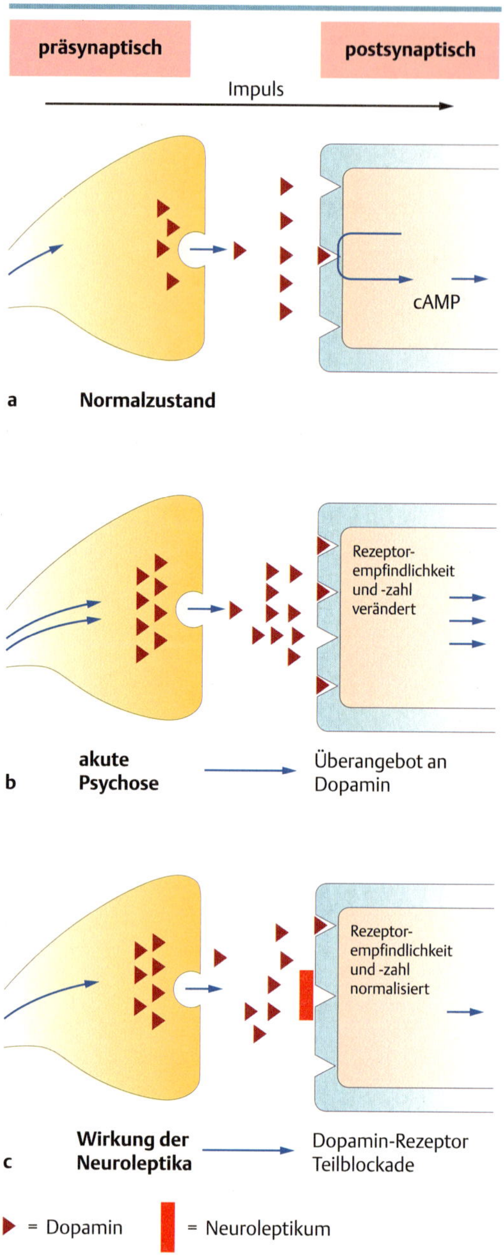

Abb. P.21 Dopamin-Konzentrationen und Empfindlichkeit von Dopamin-Rezeptoren (D). a Normalzustand. **b** Im Zustand einer akuten Psychose wird wahrscheinlich durch ein Überangebot von Dopamin die Empfindlichkeit und Zahl und der Dopamin-Rezeptoren verändert. **c** Bei Gabe von Neuroleptika werden Dopamin-Rezeptoren teilweise blockiert, die Rezeptorempfindlichkeit und -zahl normalisiert sich.

Therapie

Medikamentöse Therapie. In der Akutsituation werden Neuroleptika verabreicht, z. B. Haloperidol (Haldol) oder Olanzapin (Zyprexa) (**Abb. P.22**). Bei starken Ängsten werden zudem anxiolytische (angstlösende) Benzodiazepine wie Diazepam oder Lorazepam verabreicht.

Stationäre Therapie. Oft muss der Patient vorübergehend auf einer geschlossenen psychiatrischen Station untergebracht werden. Wenn der Patient nicht zur Therapie motiviert ist, wird er ggf. auch gegen seinen Willen zum Selbstschutz durch einen Beschluss des Vormundschaftsgerichts behandelt. Die Patienten fühlen sich durch die geschlossene Station aber auch beschützt und kommen im Idealfall durch Reizabschirmung zur Ruhe. Wenn der Patient die zurückliegende Belastungssituation nicht selbst anspricht, sollte man diese nicht thematisieren. Man sollte auch Familienangehörige, die den Patienten besuchen, darüber informieren und über den meist vorübergehenden Charakter der Störung aufklären.

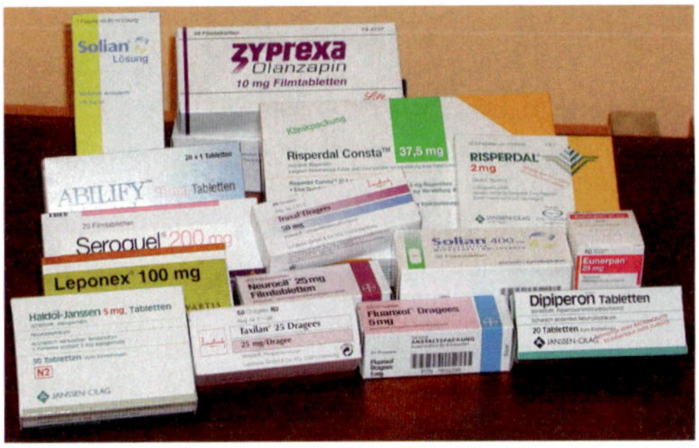

Abb. P.22 Beispiele für erhältliche Neuroleptika/Antipsychotika.

Ambulante Psychotherapie. Später kann sich eine ambulante Psychotherapie anschließen, damit der Patient künftige Belastungssituationen besser verarbeiten kann. Er erhält dann psychologische begleitende Gespräche, Verhaltenstherapie oder Tiefenanalyse. Übungen wie progressive Muskelrelaxation, autogenes Training oder Yoga ebenso wie Akupunktur können unterstützend helfen.

Differenzialdiagnose

Dauern die Wahnphänomene länger als drei Monate an, so liegt eine anhaltende → wahnhafte Störung vor. Wenn nur die Halluzinationen länger als drei Monate andauern, nicht jedoch ein Wahn, so ist von einer nichtorganischen psychotischen Störung auszugehen.

Ebenso sollten Drogenwirkungen, Schilddrüsenüberfunktionen (→ Morbus Basedow) und andere internistische Ursachen ausgeschlossen werden.

Prognose

Meist haben schnell eintretende Psychosen wie auch diese Störung eine eher gute Prognose. Sie heilen innerhalb von zwei bis drei Monaten völlig aus. Medikamente werden bei einer einmaligen Störung noch für etwa 6–12 Monate nach dem Zurückgehen der Symptome verordnet und danach versuchsweise abgesetzt.

Infobox

ICD-10:
F23.3

Internetadressen:
http://www.psychosoziale-gesundheit.de
http://www.epsy.dew

Paranoide Schizophrenie

► „Geht weg, Aliens! Ihr bestrahlt mich! Überall! Ich habe doch eine Mission! Und du Fratze! Weg! Ich erkenne Dich!". Der 45-jährige Olaf Kellner wirft mit Gegenständen nach den Polizisten, die ihn mit Hilfe des Rettungsdienstes aus seiner Wohnung holen. Dort hat er sich seit einigen Wochen verbarrikadiert und alle Stromleitungen aus der Wand gerissen. „Ach der wieder", bemerkt die Nachbarin Frau Schiller zu einem Polizisten. „Der war doch schon ein paar Monate in der Psychatrie und ist jetzt in Rente. Er war früher so ein feiner Mann."

Definition

Die paranoide Schizophrenie ist eine psychiatrische Erkrankung mit grundlegenden, typischen Störungen des Denkens und der Wahrnehmung sowie einem Verfolgungswahn (**Abb. P.23**). Die Störung muss über längere Zeit, mindestens einen Monat, vorliegen oder wiederholt auftreten.

Synonyme: Paraphrenie, paraphrene Schizophrenie.

Ursachen

Das erkrankte Gehirn kann aufgrund einer endogenen, von innen kommenden, Reizüberflutung nicht mehr zwischen realen und fiktiven Wahrnehmungen unterscheiden. Ängste und andere Emotionen können nicht mehr richtig eingeordnet werden und verselbstständigen sich.

Abb. P.23 Schizophrenie. Ein schizophrener Patient stellt seine Bewusstseinsspaltung dar.

Störung des dopaminabhängigen Systems

Hauptursache ist eine Störung der dopaminabhängigen Systeme im Gehirn. Dopamin ist vor allem ein Transmitter der Hirnkerne. Diese lassen als Filter und Modulator Informationen von den Sinnen zum Gehirn durch und beeinflussen zudem die Grundaktivität. Schon kleinere Störungen führen hier zu signifikanten Problemen. Die Dopaminrezeptoren an den Synapsen sind bei einer Störung so modifiziert, dass eine Nervenzelle die Empfindlichkeit von niedrig auf hoch umschalten kann. Durch ein Ungleichgewicht in der Dopaminwirkung ist die Informationsverarbeitung im Gehirn gestört. Es kann zu Über- oder Unteraktivierungen einzelner Areale kommen (s. **Abb. P.21**).

Dopaminrezeptoren werden in verschiedene Subtypen eingeteilt. Diese werden z. T. von verschiedenen Neuroleptika unterschiedlich stark beeinflusst.

Sonstige Ursachen der Schizophrenie

Eine genetische Ursache mit Veränderungen der Rezeptoren wird vermutet, da Schizophrenien familiär gehäuft auftreten. Bei der Erkrankung eines Angehörigen ersten Grades ist das Risiko 10fach erhöht. Sind beide Elternteile erkrankt, ist es sogar das 40fache. Daneben werden bei dieser sog. multifaktoriellen Genese auch diskutiert:

- hypoxische Zustände im Mutterleib oder als Kleinkind,
- emotionale Traumata,
- früherer Drogenkonsum (v. a. Haschisch und LSD),
- sozialer Stress,
- Ernährungsstörungen,
- Infektionen der Mutter während der Schwangerschaft.

Symptome

Je nach Über- oder Unteraktivierung bestimmter Gehirnareale kommt es entweder zu Plus- oder Minus-Symptomatik. Eine Plus-Symptomatik zeichnet sich durch eine produktive Übersteigerung aus, hingegen ist eine Minus-Symptomatik durch Affektverflachung und Antriebsarmut bis zur Katatonie gekennzeichnet (**Abb. P.24**). Neuroleptika können oft als Nebenwirkungen Minus-Symptomatiken auslösen.

Die Erkrankten zeigen oft schon Jahre vor dem Eintritt in den Wahn Vorbotensymptome wie soziale Zurückgezogenheit, Kontaktstörungen, bizarren Lebenswandel oder auch Alkoholabusus. Die Krankheit prägt sich oft über viele Jahre aus. Der Erkrankte kann die Wahnvorstellungen erst relativ spät nicht mehr für sich behalten, dekompensiert und wird psychiatrisch auffällig. Viele der Patienten können sich selbst nicht als krank erkennen. Die Grundsymptome der Schizophrenie sind:

Abb. P.24 Haltungsstereotypie. Stundenlanges Kauern in Hockstellung eines katatonen Schizophrenen.

Abb. P.25 Darstellung der Gedankeneingebung. „Meine Gedanken sind von außen ferngesteuert!"

- Assoziationsstörung: Denkzerfahrenheit, Gedankenlockerung,
- Affektstörung: affektive Verflachung, unpassende Stimmung,
- Ambivalenz, Entscheidungsunfähigkeit,
- schizophrener Autismus: abgeschottet sein von der Welt,
- Depersonalisationsphänomen (Störungen der eigenen persönlichen Wahrnehmung).

Daneben treten z. B. auf:

- Halluzinationen:
  - optische,
  - akustische,
  - gustatorische („alles bitter, alles vergiftet"),
  - olfaktorische („es riecht nach Gas"),
  - taktile (Leibhalluzinationen; z. B. Ungeziefer auf der Haut).
- Ich-Störungen:
  - Gedankeneingebung („andere steuern mich") (**Abb. P.25**),
  - Gedankenentzug („andere profitieren von meinem Wissen"),
  - Gedankenausbreitung („alle wissen, was ich denke"),
  - Willensbeeinflussung („ich bin Werkzeug der anderen").
- Wahn: Der Patient zieht formal-logische, in sich stimmige, jedoch völlig falsche Schlüsse aus einer Situation. Der Verfolgungswahn, bei dem sich der Erkrankte ständig bedroht fühlt, herrscht vor. Zudem können auftreten:
  - Größenwahn, Beeinflussungswahn,
  - hypochondrischer Wahn („mein Körper ist entstellt"),
  - sexueller Wahn (fehlerhafte Selbsteinschätzung, man sei sexuell abartig usw.),
  - politischer Wahn („ich habe eine Mission"),
  - nihilitischer Wahn („ich bin tot"),
  - religiöser Wahn („ich bin auserwählt").

Suizidalität kann auftreten, wenn imperative Stimmen dies befehlen oder der Patient dem Druck der Ängste nicht mehr Stand hält. Auch andere, nicht suizidale Situationen sind bedrohlich: Stromleitungen werden herausgerissen, im Winter verlässt der Patient die Wohnung nackt usw. Andere Personen können durch wahnhafte Verkennung gefährdet werden. Die psychische Integrität Dritter kann auch durch Stalking oder verbale Angriffe in Mitleidenschaft gezogen werden.

Das Haupterkrankungsalter für Schizophrenien i.A. liegt bei Männern im Schnitt um das 21. Lebensjahr, bei Frauen um das 26. Lebensjahr. Beide Geschlechter sind gleich häufig betroffen. Das Risiko an einer Schizophrenie zu erkranken, liegt bei 1 %. Die paranoide Schizophrenie ist die häufigste Form der Schizophrenie, sie tritt jedoch eher im etwas höheren Lebensalter auf.

Diagnose

Die Diagnose erfolgt durch eine psychiatrische Exploration. Die paranoide Schizophrenie muss gemäß der ICD-10 mindestens über einen Monat durchgängig vorliegen, nach dem DSM-IV mindestens über sechs Monate, oder wiederholt aufgetreten sein. Die Symptome werden in verschiedene Klassen eingeteilt, von denen eine Mindestzahl beim Patienten diagnostiziert werden muss.

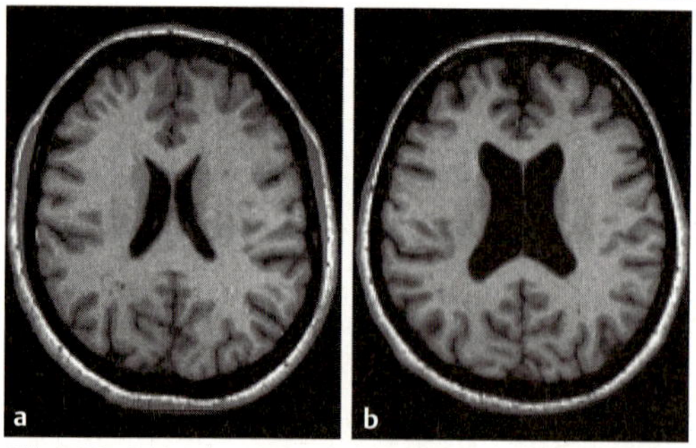

Abb. P.26 Schizophrenie im CCT. a Normalbefund. **b** Ventrikelerweiterung bei einem schizophrenen Patienten.

Differenzialdiagnose

Von der Schizophrenie müssen hirnorganische Veränderungen durch Bild gebende Verfahren wie kranielle Computertomografie (CCT), Kernspintomografie oder MRT abgegrenzt werden. Über ein Elektroenzephalogramm wird → Epilepsie ausgeschlossen. Ebenso muss sichergestellt werden, dass keine Schilddrüsenüberfunktion (→ Morbus Basedow) vorliegt.

Durch zeitlich nah zurückliegenden Drogenkonsum, vor allem von Stimulanzien wie Kokain, Amphetamin oder Ecstasy (MDMA), können drogeninduzierte Psychosen hervorgerufen werden, die dem wahnhaften Bild einer paranoiden Schizophrenie ähneln. Ebenso können akute polymorphe wahnhafte Störungen, die jedoch nicht länger als einen Monat dauern und meist innerhalb von 14 Tagen einsetzen (→ paranoide Reaktion), diese Symptome bieten.

Im späteren Verlauf der Erkrankung finden sich häufig auch morphologisch fassbare Veränderungen durch Zelluntergänge am Gehirn, wie eine Ventrikelerweiterung im CCT zeigen kann (**Abb. P.26**). Die Diagnose kann sich dann hin zu einer hirnorganischen Psychose verschieben.

Therapie

Die Therapie erfolgt hauptsächlich medikamentös durch antipsychotisch wirksame Neuroleptika. Sämtliche am Markt erhältlichen Antipsychotika wirken zumindest teilweise als Dopaminrezeptorantagonisten.

Antipsychotika der ersten Generation wie Haloperidol (z. B. Haldol) sind reine Dopaminantagonisten und beeinflussen damit effektiv sog. Positivsymptome, führen jedoch unter der klinisch benötigten Dosierung häufig zu motorischen Nebenwirkungen. Moderne Neuroleptika wie Amisulprid (z. B. Solian) werden als Atypika bezeichnet, da sie sich durch eine gezieltere Wirkung in ihren Nebenwirkungen erheblich unterscheiden.

Bei schwierigen Verläufen kann, wenn andere Medikamente nicht ausreichend wirkten, Clozapin (z. B. Leponex) verordnet werden. Wegen der selten auftretenden, jedoch gefährlichen, Agranulozytosen sind hier Blutbildkontrollen unerlässlich.

Treten extrapyramidal-motorische Symtome (EPMS) wie zitternde Beine, Starre, Zungenkrämpfe auf, wird ein Gegenmittel wie Biperiden (z. B. Akineton retard) verordnet. Selten tritt das maligne neuroleptische Syndrom als gefürchtete Nebenwirkung auf, das dringend intensivmedizinischer Behandlung bedarf.

Medikamente werden von den erkrankten Patienten häufig abgesetzt. Dies geschieht z. T. wegen ihrer Nebenwirkungen oder weil der Patient durch die Einnahme an die Krankheit erinnert wird oder sich der Patient unter der Medikation wieder als völlig gesund sieht und fühlt.

Neben der medikamentösen Therapie in der Akutsituation wird, wenn der Wahn ausreichend zurückgegangen ist, die Aufmerksamkeits- und Gedächtnisleistung durch Ergotherapie gesteigert.

In psychoedukativen Gruppen lernt der Patient Frühsymptome einer Schizophrenie selbst zu erkennen, um bei einem erneuten Ausbruch der Krankheit (Exazerbation) rechtzeitig reagieren zu können. Für Angehörige schizophrener Patienten existieren Gruppen, in denen die Krankheit erläutert wird. Der Kranke soll dadurch familiär integriert werden.

Prognose

Die Akutphase dauert etwa 1 – 3 Monate. Manchmal bleibt es bei einem einmaligen Ereignis, das sich innerhalb etwa eines halben Jahres völlig zurückbildet. Dann werden versuchsweise die Neuroleptika abgesetzt. Tritt die Schizophrenie erneut auf, geht man von einem chronischen Verlauf aus.

Vor allem durch medikamentöse Nebenwirkungen, die sog. tardiven Spätdyskinesien mit motorischen Störungen und durch eine induzierte Minus-Symptomatik mit erheblichen Leistungseinbußen, ist der Patient im chronischen Verlauf in seiner Lebensqualität erheblich beeinträchtigt. Die heutige Forschung hat zum Ziel durch immer gezieltere Selektivwirkung der Medikamente auf die Rezeptorsubtypen diese Nebenwirkungen zu reduzieren.

Bei schweren Verläufen, in denen mitunter der Wahn oder die Halluzinationen über Jahre hinweg nicht ausreichend kontrolliert werden können, kann eine gesetzliche Betreuung, gar eine Heimunterbringung oder das Leben in einer betreuten Wohngemeinschaft nötig sein. Ein bekanntes Phänomen ist der oft eintretende soziale Abstieg von schizophrenen Patienten (Drift-Hypothese).

Infobox

ICD-10:
F20.0

Internetadressen:
http://www.kompetenznetz-schizophrenie.de
http://www.psychiatrie-aktuell.de
http://www.schizophrenie-online.de

Patellafraktur

► Markus Hempel (24) erzählt dem herbeigerufenen Sanitäter: „Ich habe hier mit meinem Mountainbike beim Cross-Country-Rennen mitgemacht und bin in einer Kurve gestürzt. Jetzt kann ich das linke Knie gar nicht mehr durchdrücken und es tut sogar im Liegen höllisch weh. Das Knie ist auch schon ziemlich angeschwollen."

Definition

Bei der Patellafraktur ist die Kniescheibe gebrochen. Man unterscheidet zwischen Längs-, Quer-, Mehrfragment- und Trümmerfrakturen sowie zwischen Abrissen des oberen und unteren Patellapols.

Ursachen

Meist ist die Ursache eine direkte Gewalteinwirkung, etwa ein Sturz auf eine harte Oberfläche oder ein Anpralltrauma ans Armaturenbrett bei Verkehrsunfällen im Auto. Bei starkem Zug der Quadrizepssehne können Querfrakturen oder Polabrisse auftreten. Selten sind Fakturen bei → Patellaluxation, d. h. bei einer Verrenkung der Kniescheibe.

Symptome

Es bestehen erhebliche Bewegungsschmerzen. Dadurch kann das Bein nicht gestreckt angehoben werden. Bei direktem Trauma sind äußerlich Prellmarken, ein → Hämatom und eine Schwellung sichtbar.

Diagnose

Bei der klinischen Untersuchung besteht ein erheblicher Druckschmerz und ein Hämarthros (blutiger → Kniegelenkserguss). In der Kniescheibe ist eine Delle zu tasten.

Gesichert wird die Diagnose mit der Röntgenaufnahme des Kniegelenks in zwei Ebenen sowie ggf. einer Patella-Tangentialaufnahme. Bei dieser Aufnahme liegt der Patient auf dem Rücken und beugt das Knie zu 45°. Das Röntgenbild stellt die Gelenkflächen von Patella und Oberschenkel dar.

Differenzialdiagnose

Bei der angeborenen Fehlbildung Patella partita ist die Kniescheibe geteilt, weil die knöcherne Verschmelzung ausgeblieben ist. Außerdem können die Symptome auch für einen Riss der Quadrizeps-Sehne oder des Ligamentum patellae sowie ein Knorpelschaden sprechen.

Therapie

Konservative Therapie. Wenn das Kniegelenk noch gestreckt werden kann und die Frakturen unverschoben oder die distalen Polabrisse lediglich gering verschoben sind, kann konservativ behandelt werden. Das Kniegelenk wird punktiert, um es vom Hämarthros zu entlasten. Danach wird das Gelenk für wenige Tage ruhig gestellt (Hochlagerung, evtl. Gipsverband) und gekühlt. Es folgt

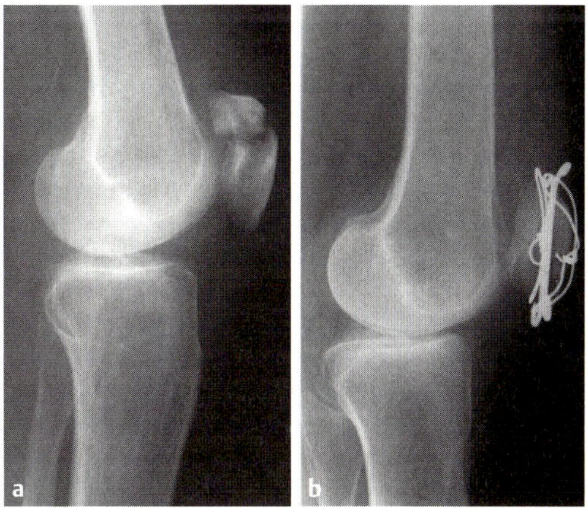

Abb. P.27 Patellafraktur. a Unbehandelter Zustand, **b** Zustand nach Zuggurtungs-Osteosynthese.

die frühfunktionelle Übungsbehandlung auf einer Kniemotorschiene unter Anleitung eines Physiotherapeuten.

Chirurgische Therapie. Verschobene Fragmente werden in einem offenen Eingriff am Knie reponiert, d. h. in die richtige Position gebracht. Bei der Zuggurtungs-Osteosynthese werden sie mit Drähten und evtl. zusätzlich mit Schrauben fixiert oder nur verschraubt (**Abb. P.27**). Sehr kleine Fragmente werden entfernt. Bei schweren Trümmerfrakturen muss die Kniescheibe komplett entfernt und der Streckapparat rekonstruiert werden. Zur postoperativen Nachbehandlung wird das Knie zunächst auf der Motorschiene passiv durchbewegt. Es folgt ein gezieltes Krafttraining mit Koordinationsübungen. Die Metallentfernung kann nach Abschluss der knöchernen Heilung erfolgen, ist aber nicht obligat.

Prognose

Bei zwei von drei Patienten mit Patellafrakturen ist mit guten und sehr guten Behandlungsergebnissen zu rechnen. Ein Drittel der Patienten klagt über Belastungs- oder Dauerschmerzen. Komplikationen sind → Pseudarthrosen (Scheingelenkbildung, Knochenfragmente wachsen nicht zusammen), erneute Verschiebung der Fragmente, Wundheilungsstörungen und Arthrose, also vorzeitiger Gelenkverschleiß aufgrund der Knorpelschäden.

Infobox

ICD-10: S82.0

Internetadressen:
http://www.leitlinien.net
http://www.gvle.de
http://www.dr-gumpert.de

Patellaluxation

► „Los Bohne, der nächste Ball ist für dich. Den versenkst du im 3-Meter-Raum", raunt Kalle, der Zuspieler, dem 1,93 m großen Mittelblocker zu. Andreas' Volleyball-Mannschaft führt und die Zuschauer toben. Georg schiebt den Pass zum Zuspieler, der stellt einen kurzen Ball, Andreas springt und schmettert am Block vorbei in den 3-Meter-Raum. Das ist der Sieg für seine Mannschaft. Die anderen laufen jubelnd auf ihn zu, doch Andreas liegt am Boden. „Bei mir ist er nicht auf den Fuß gesprungen", bemerkt der Blockspieler auf der anderen Seite. Andreas stöhnt auf. „Nee, das ist kein Bänderriss. Mir ist mal wieder die Kniescheibe rausgesprungen. Das hatte ich schon ein paarmal."

Definition

Bei einer Patellaluxation hat die Kniescheibe (Patella) ihr femorales Gleitlager verlassen. Meist ist sie nach lateral luxiert.

Synonym: Kniescheibenverrenkung.

Ursachen

Es werden die habituelle und die traumatische Patellaluxation unterschieden.

Habituelle Patellaluxation. Die Patella wird durch ihre anatomische Form, das femorale Gleitlager, Bänder und Muskeln stabilisiert (**Abb. P.28**). Sobald es Störungen dieser Faktoren gibt, neigt sie dazu, ihr Gleitlager zu verlassen. Das ist z. B. bei einer zu flachen Patellarückfläche, einem flachen femoralen Gleitlager, X-Beinen, Muskellähmungen oder Bandlaxität der Fall. Sind diese anatomischen Veränderungen ausgeprägt, luxiert die Patella auch ohne oder bei nur geringer Gewalteinwirkung.

Traumatische Patellaluxation. Solche Luxationen treten oft bei Verdrehunfällen im Sport oder bei direkter Gewalteinwirkung auf die Knieinnenseite auf.

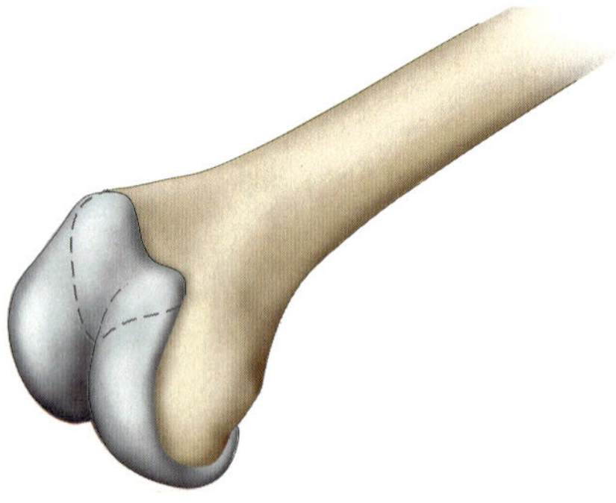

Abb. P.28 Femorales Gleitlager. Das Gleitlager für die Patella wird von der Facies patellaris gebildet.

Symptome

Das Knie schmerzt und sieht wegen der nach lateral verschobenen Kniescheibe deformiert aus.

Diagnose

Die Patella ist außerhalb ihres Gleitlagers tastbar. Es tritt ein Kniegelenkserguss auf, der oft blutig ist (Hämarthros). Wird das Kniegelenk gestreckt, gleitet die Patella oft spontan in ihr Lager zurück. Danach besteht ein Druckschmerz über dem medialen Retinakulum (Halteband). Das Knie wird in zwei Ebenen geröntgt sowie eine Tangentialaufnahme der Patella angefertigt, um Frakturen auszuschließen. Bei Verdacht auf Knorpelschäden wird eine Arthroskopie (Gelenkspiegelung) vorgenommen.

Differenzialdiagnose

Bei traumatischer Patellaluxation können zugleich eine → Patellafraktur sowie Verletzungen der Kreuz- und Seitenbänder (→ Kreuzbandruptur) sowie der Menisci (→ Meniskusverletzung) vorliegen.

Therapie

Konservative Therapie. Die Patella wird bei gestrecktem Kniegelenk nach medial gedrückt. Danach wird sie mit einem Gipstutor (Hülsenverband) oder einer Orthese ruhig gestellt, das Bein wird hoch gelagert und gekühlt. Es folgt eine Schmerz- und Physiotherapie, insbesondere um die Oberschenkelmuskulatur zu kräftigen.

Operative Therapie. Bei rezidivierenden Patellaluxationen werden, je nach individueller Ursache, korrigierende Eingriffe am Knie vorgenommen. Dabei wird z. B. das äußere Halteband der Patella durchtrennt (lateral release), um die lateralisierte Lage der Patella im Gleitlager nach medial zu korrigieren. Oder der Ansatz der Quadrizepssehne wird nach medial versetzt (Tuberositas-Osteotomie). Häufig werden mehrere Operationsverfahren kombiniert. Während der Luxation abgesprengte Knorpelfragmente werden arthroskopisch entfernt.

Prognose

Die Prognose ist bei rechtzeitiger und adäquater Behandlung gut. Bei Knorpelfrakturen treten frühzeitig Verschleißerscheinungen an der Patellarückfläche auf (Arthrose).

Infobox

ICD-10: S83.0, M22.0

Internetadressen:

Leitlinien der AWMF (Patellaluxation):
http://www.leitlinien.net
http://www.gvle.de (Kompendium)
http://www.dr-gumpert.de

Pathologischer Alkoholrausch

► Endlich haben Carolina und ihre Freunde das Abitur in der Tasche. Die Stimmung auf der Abifete ist ausgelassen. Die Band spielt und im Innenraum der Aula wird getanzt. In einer Ecke bildet sich eine Menschentraube. „Was is'n los?", fragt Carolina. „Ich glaube, Finn verträgt keinen Alkohol. Er zertrümmert gerade ein paar Stühle", erklärt Roland. Carolina reckt den Hals. „Marc will ihn gerade davon abhalten. Oh nein, Finn hat Marc eine Flasche über den Kopf gezogen." Ein paar Lehrern gelingt es, Finn zu beruhigen. „Seltsam. Ich hatte den Eindruck, dass er gar nicht so viel getrunken hat. Dafür war er ganz schön aggressiv", bemerkt Carolina.

Definition

Beim pathologischen Alkoholrausch, der sehr selten ist, und dessen Existenz von manchen Psychiatern sogar gänzlich angezweifelt wird, tritt kurz nach dem Trinken von Alkohol gewalttätiges Verhalten oder starke Aggressivität auf (**Abb. P.29**).

Juristisch kann das Vorliegen eines pathologischen Rausches, wenn dieser für den Erkrankten unvorhersehbar war, schuldbefreiend wirken.

Die Bezeichnung „pathologischer Alkoholrausch" wird vielfach fälschlich für einen starken Rausch mit Bewusstseinsstörungen nach starkem Konsum verwendet.

Ursachen

Alkohol wirkt vor allem an noradrenergen und dopaminergen Synapsen im Gehirn. Als Ursache für das plötzliche Durchbrechen von unerwarteter und untypischer Aggressivität ist eine Störung der Dopaminrezeptoren an den postsynaptischen Membranen zu vermuten.

Diese schalten durch den Alkohol unvermittelt in ein anderes Empfindlichkeitsniveau und enthemmen den dopaminergen Regelkreis stark. Eine genetische Veranlagung hierfür wird vermutet. Der Patient wird von aggressiven Gefühlen und Impulsen überschwemmt. Zusammen mit der bereits bestehenden normalen Enthemmung durch den Alkohol ist diese Stimmung nicht mehr beherrschbar.

Abb. P.29 Pathologischer Alkoholrausch. Schon der Genuss von geringen Alkoholmengen kann einen pathologischen Alkoholrausch auslösen.

Abb. P.30 Aggressivität. Beim pathologischen Alkoholrausch reagiert der Patient aggressiv.

Symptome

Nach dem Trinken einer relativ geringen bis mäßigen Menge Alkohol, die keinesfalls starke Vergiftungserscheinungen erwarten lässt, kommt es plötzlich zu starker Aggressivität und oft auch gewaltsamen Impulsdurchbrüchen des Erkrankten (**Abb. P.30**).

Bei den meisten anderen Menschen würde diese Menge keinesfalls derart starke Rausch- oder Vergiftungserscheinungen provozieren. Der Erkrankte ist nüchtern normalerweise nicht aggressiv und ist auch nicht alkoholabhängig. Den pathologischen Rausch gibt es nur beim Alkoholkonsum, nicht bei anderen Drogen.

Diagnose

Der Atem- oder Blutalkoholgehalt wird gemessen und daraus der Grad der Alkoholisierung bestimmt. Die Blutalkoholkonzentration, bzw. die umgerechnete Atemalkoholkonzentration, liegt je nach Trinkgewöhnung unter 2 Promille. Der Patient ist sehr aggressiv und wird mitunter polizeilich auffällig. Im nüchternen Zustand zeigt er jedoch keinerlei gesteigerte Aggressivitätsbereitschaft.

Differenzialdiagnose

Ausgeschlossen werden müssen ein → Schädel-Hirn-Trauma oder Vergiftungen durch die gleichzeitige Wirkung anderer Substanzen. In Zweifelsfällen können, z. B. durch einen Urin-Schnelltest, die am häufigsten in Betracht kommenden Substanzen ausgeschlossen werden. Dies sind vor allem Opiate und Benzodiazepine.

Zudem ist eine → Alkoholkrankheit durch psychiatrische Exploration und z. B. durch die (umstrittene) Bestimmung des carbodefizitären Transferrins (CDT), einem Marker für andauernden Alkoholkonsum, auszuschließen.

Therapie

In der Akutsituation ist oft ein beruhigender Talk-Down und eine Reizabschirmung ausreichend. In schweren Fällen kann es bis zur psychiatrischen Einweisung durch die Polizei kommen, dann reicht ein Abwarten bis zur Ausnüchterung aus, manchmal wird in geringer Dosierung ein niederpotentes Neuroleptikum wie Promethazin (z. B. Atosil) verabreicht.

Im nüchternen Zustand wird der Patient dann über sein erhöhtes Risiko für einen aggressiven Durchbruch schon bei geringen Alkoholkonsummengen aufgeklärt und ihm wird zu völliger Alkoholabstinenz geraten.

Prognose

Nach der Ausnüchterung verschwindet der pathologische Alkoholrausch ohne Residuum. Es besteht für den Patienten aber ein stark erhöhtes Risiko, nach Alkoholkonsum erneut zu erkranken. Bei konstanter Alkoholabstinenz tritt die Störung nicht mehr auf.

Infobox

ICD-10:
F10.07

Internetadressen:
http://www.recht.com
http://www.suchtfragen.de

Paukenerguss

► „Hallo Frau Sander, haben Sie kurz Zeit? Ich möchte mit Ihnen gerne über Sabine sprechen", begrüßt die Erzieherin Sabines Mutter. „Ich denke, Sie sollten mal Sabines Gehör untersuchen lassen. Mir ist aufgefallen, dass sie ziemlich undeutlich spricht und verschiedene Konsonanten falsch bildet. Außerdem zieht sie sich oft zurück und spielt alleine. Das sind eigentlich Zeichen dafür, dass sie nicht gut hören kann." Frau Sander denkt nach. „Das hat mir letztens auch eine Bekannte gesagt. Wenn man Sabine ruft, dann reagiert sie oft gar nicht. Ich habe bisher geglaubt, sie sei so in ihre Gedanken versunken."

Definition

Ein Paukenerguss bezeichnet eine Ansammlung von (nicht entzündlicher) Flüssigkeit innerhalb der Paukenhöhle (Mittelohr) und die daraus resultierende Schallleitungshörstörung.

Ursachen

Die Paukenhöhle (Mittelohr) ist ein normalerweise mit Luft gefüllter Hohlraum, der durch das Trommelfell nach außen hin abgeschlossen ist und über die Tuba auditiva (Eustachi'sche Röhre/Ohrtrompete) Verbindung zum Nasenrachenraum hat. Das Mittelohr ist mit Schleimhaut ausgekleidet. Die Schleimhaut resorbiert Luft und produziert Schleim. Dies hat zur Folge, dass sich in diesem Raum permanent ein leichter Unterdruck bildet. Dieser Unterdruck muss regelmäßig über die Tuba auditiva ausgeglichen werden.

Der Druckausgleich erfolgt durch ein kurzes Öffnen der Tube im Bereich ihrer Mündung zum Nasenrachenraum (Tubenostium), z. B. unmerklich durch Muskelzug während des Schluckaktes. Ist die Belüftung des Mittelohrs behindert, erhöht sich der Unterdruck und das Sekret kann nicht mehr zum Nasenrachenraum hin abfließen. Das Mittelohr füllt sich mit Sekret. Mögliche Ursachen sind:

- vergrößerte oder entzündete Rachenmandel (→ adenoide Vegetationen) beim Kind,
- akute Infekte der oberen Luftwege (Schnupfen, → akute Sinusitis),
- Allergien, → chronische Sinusitis,
- Verkrümmung der Nasenscheidewand (→ Septumdeviation),
- → Tumoren.

Symptome

Zu Beginn der Beschwerden, wenn die Paukenbelüftung nicht mehr ausreichend gewährleistet ist, spüren die Betroffenen einen Druck, manchmal auch Schmerzen im Ohr. Es entwickelt sich eine zunehmende Hörstörung, wobei häufig die eigene Stimme lauter wahrgenommen wird als sonst. Gelegentlich treten Ohrgeräusche oder ein Schwindelgefühl auf. Bei Kindern bleibt ein Paukenerguss oft lange unbemerkt und fällt erst durch eine Schwerhörigkeit, manchmal sogar erst durch eine verzögerte Sprachentwicklung auf.

Diagnose

Nach der allgemeinen Befragung untersucht der HNO-Arzt das Ohr mit dem Ohrmikroskop. Das Trommelfell ist i.d.R. eingezogen, der Erguss schimmert durch das Trommelfell durch. Es erscheint bei frischem, wässrigem Erguss rötlich gefärbt (**Abb. P.31**). Dies wird durch die durchscheinende Mittelohrschleimhaut verursacht und vom unerfahrenen Untersucher manchmal als entzündliches Geschehen fehlinterpretiert. Ein schon längere Zeit bestehender, zäher Erguss, erscheint eher gelblich bis bräunlich (bernsteinfarben). Anschließend werden Nase und Nasenrachenraum inspiziert. Dies erfolgt ggf. endoskopisch nach vorangehendem Abschwellen und oberflächlichem Betäuben der Nasenschleimhaut.

In der Hörprüfung findet sich eine Schallleitungshörstörung. Der Stimmgabelversuch nach Weber und Rinne zeigt den typischen Befund. In der Tympanometrie besteht ein flacher Verlauf der Kurve (**Abb. P.32**).

Weitere ergänzende Untersuchungen sind Ultraschall oder Röntgen der Nasennebenhöhlen, um eine Sinusitis auszuschließen, Allergietests und Computertomografie oder MRT vom Schädel, um z. B. Tumoren des Nasenrachenraums auszuschließen.

Differenzialdiagnose

Andere Ursachen einer Schwerhörigkeit wie entzündliche akute oder chronische Veränderungen des Mittelohres sind abzugrenzen (→ akute u. → chronische Otitis media). Bei über einen längeren Zeitraum bestehenden Ergüssen ist insbesondere bei Erwachsenen ein Tumor im Bereich von Nasenrachenraum oder eine → chronische Sinusitis auszuschließen.

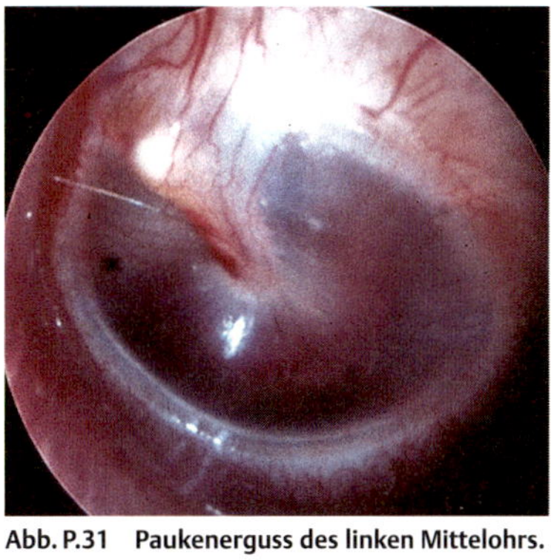

Abb. P.31 Paukenerguss des linken Mittelohrs.

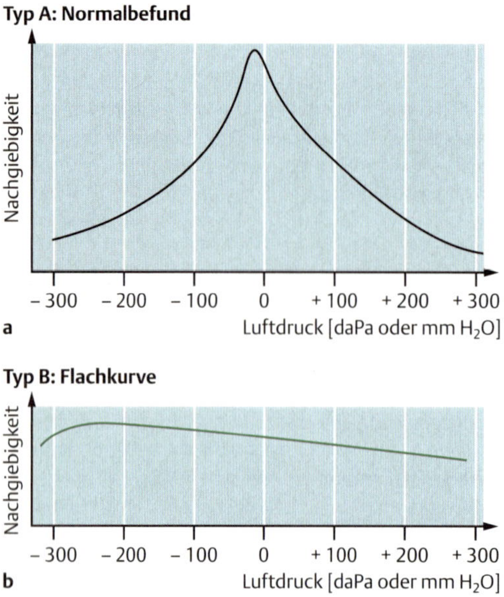

Abb. P.32 Tympanogramme. Während schwacher Luftdruckänderungen im Gehörgang von einem Unter- zu einem Überdruck wird die Nachgiebigkeit des Trommelfells gemessen. **a** Normalbefund. **b** Eine Flachkurve ist der typische Befund bei Paukenerguss. Das Trommelfell ist nicht beweglich.

Therapie

Die Behandlung erfolgt entsprechend der Ursache:

- belüftende Maßnahmen durch kurzfristige Gabe von abschwellenden Nasentropfen bei akuten Infekten,
- Entfernung der Rachenmandel bei Kindern,
- Korrektur der Nasenscheidewand, sanierende Nasennebenhöhlenoperation,
- antiallergische Behandlung.

Bei bereits längere Zeit bestehenden oder rezidivierenden Ergüssen ist gelegentlich ein Trommelfellschnitt und/oder Einlage von Paukenröhrchen sinnvoll, um die Belüftung zu gewährleisten.

Prognose

Beim Erwachsenen ist die Prognose abhängig von der Ursache. Bei Kindern treten aufgrund der engen anatomischen Verhältnisse oft rezidivierende Paukenergüsse auf. Nachdem die Rachenmandel entfernt wurde, sind die Betroffenen meist beschwerdefrei.

Infobox

ICD-10:
H65.9

Internetadressen:
http://www.leitlinien.net
http://www.hno.org

Peniskarzinom

► „Er hat bisher nichts davon bemerkt", erklärt Frau Burkow, als ihr 75-jähriger Vater nach einem leichten Schlaganfall untersucht wird. „Naja, sagen wir mal so. Er hat mir nichts davon erzählt und meiner Mutter bestimmt auch nicht. Das ist ja für Männer in seinem Alter nicht so leicht, über intime Dinge zu reden. Sie haben also so eine Stelle an der Eichel entdeckt und warten jetzt die Gewebeuntersuchung ab. Sehe ich das richtig? Und wie geht es dann weiter, wenn es wirklich Krebs ist?"

Definition

Ein Peniskarzinom ist ein bösartiger → Tumor des Penis. Das Peniskarzinom ist eine seltene Erkrankung der Männer ab dem 60. Lebensjahr mit weniger als 1.000 Fällen pro Jahr in Deutschland. Etwa jeder fünfte Betroffene ist jünger. Der Tumor geht fast immer von der Eichel oder der Vorhaut aus. Metastasen erscheinen zuerst in den Lymphknoten der Leisten.

Synonym: Peniskrebs.

Ursachen

Mehr als 95% der Peniskarzinome sind Plattenepithelkarzinome. Als Risikofaktoren sind gesichert:

- Rauchen,
- angeborene oder erworbene → Phimose (Vorhautverengung),
- Smegmaretention (Zurückbleiben von Talg zwischen Eichel und Vorhaut),
- Lichen sclerosus,
- Infektion mit bestimmten Typen der sexuell übertragbaren humanen Papillomaviren (HPV).

Als Präkanzerosen, aus denen sich nach mehr als 5 Jahren in mind. 30% der Fälle ein Karzinom entwickelt, gelten:

- Leukoplakie (chronische Entzündung mit Verringerung der Schleimhautdicke),
- Erythroplasie (Schleimhautvariante des Morbus Bowen, eine Dystrophie der Schleimhautzellen).

Symptome

Die Beschwerden sind anfangs sehr gering. Daher gehen die Patienten oft erst sehr spät zum Arzt. Nicht selten werden die Tumoren zufällig anlässlich einer sonstigen Untersuchung entdeckt. Schmerzen bestehen nicht.

Erste Symptome sind ein roter oder weißlicher Fleck von weniger als einem Zentimeter Durchmesser, der langsam größer wird und nach Monaten aufgrund leichter Blutungen Krustenauflagerungen zeigt. Das Gewebe ist verhärtet tastbar. Erst im späteren Stadium wächst der Tumor blumenkohlartig nach außen, jetzt finden sich auch geschwollene, evtl. schmerzhafte Lymphknoten in der Leiste (**Abb. P.33**).

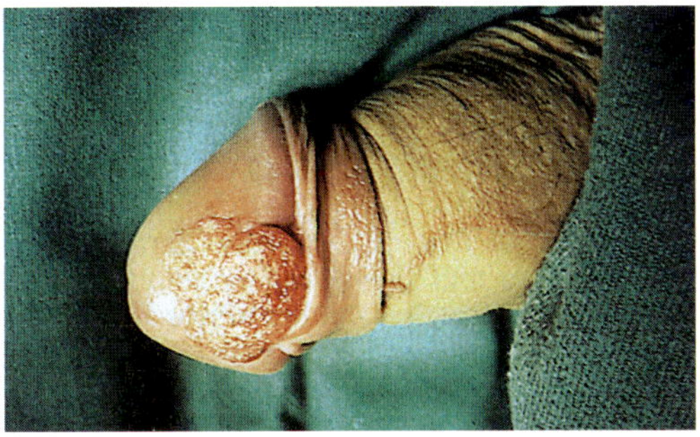

Abb. P.33 Peniskarzinom.

Diagnose

Die Fluoreszenzdiagnostik regt durch eine bestimmte Substanz entartete Zellen zum Leuchten an und macht diese sichtbar. Es handelt sich aber nicht um eine eindeutige Diagnose. Die Diagnose eines bösartigen Tumors wird durch die pathologische Untersuchung einer Biopsie gestellt. Sie erfolgt am sichtbaren Tumor bzw. durch die Entnahme eines verdächtigen Lymphknotens.

Differenzialdiagnose

Verschiedene Erkrankungen wie Infektionen mit Pilzen, Bakterien und Viren, insbesondere → Herpes und Condylomata (Feigwarzen, → Warzen), sind abzugrenzen.

Therapie

In frühen Stadien erfolgt eine lokale Strahlentherapie und der Tumor wird (laser)chirurgisch mit einem Sicherheitsabstand entfernt. In fortgeschrittenen Stadien werden Lymphknotenmetastasen ebenfalls entfernt. Außerdem ist i.d.R. eine (teilweise) Penisamputation notwendig. Eine Chemotherapie wird bei nicht heilbaren Fällen zur Schmerzlinderung durchgeführt.

Prognose

Nach fünf Jahren leben noch ca. 85% der Betroffenen. Wird frühzeitig behandelt, sind es deutlich mehr.

Die bekannten Nebenwirkungen der Chemotherapie belasten den Patienten sehr. Die (teilweise) Penisamputation ist für den Mann ein sehr erheblicher Eingriff.

Infobox

ICD-10: C60

Literatur: Köhn, F., Schill, W.: Von der Phimose bis zum Peniskarzinom. Sexualmedizin für den Arzt 2 (1999) 32

Sökeland, J.: Urologie für Krankenpflegeberufe. Thieme, Stuttgart 1999

Perikarditis

► „Ich wollte fragen, ob wir den Badmintoncourt absagen können. Ich bin nach diesem Husten von vor zwei Wochen noch nicht wieder fit", fragt Justus seinen Freund Andreas. „Ist kein Problem, aber ich dachte, es wäre schon wieder ganz ok", antwortet Andreas „Ja, das stimmt auch. Aber seit vorgestern ist es wieder schlimmer. Ich bin so schlapp und fühle mich, als hätte ich Fieber. Und dazu kommen noch die Schmerzen in der Brust, wenn ich liege oder husten muss. Ganz schön nervig, wenn man nicht so kann wie man möchte." Andreas überlegt. „Als meine Mutter eine Lungenentzündung hatte war das so ähnlich. Ich würde nochmal zum Arzt gehen."

Definition

Die Perikarditis ist eine meist fieberhafte Entzündung des Herzbeutels, bei der häufig gleichzeitig die anderen Herzschichten, Myokard und Endokard, entzündet sind.

Das Perikard ist die äußere Bindegewebshülle des Herzens, der sog. Herzbeutel (**Abb. P.34**). Daher ist die klinische Trennung zwischen → Myokarditis und Perikarditis nicht immer möglich und man spricht häufig von einer sog. Perimyokarditis.

Synonym: Herzbeutelentzündung.

Ursachen

In vielen Fällen wird die Perikarditis durch Viren verursacht, wobei das Erregerspektrum dem bei einer → Myokarditis sehr ähnlich ist (z. B. Coxsackie-Viren, Influenza-, Adeno- und Echoviren). Selten kommen auch bakterielle Entzündungen vor, z. B. wenn bakterielle Keime bei einer Zahnextraktion oder einer Lungenentzündung durch das Blut gestreut werden. Weitere Ursachen sind z. B.:

- Herzverletzungen (z. B. nach Herzoperationen oder Unfällen),
- → Herzinfarkt (sog. Postmyokardinfarkt- oder Dressler-Syndrom),
- Autoimmunerkrankungen oder → rheumatisches Fieber,
- bösartige → Tumorerkrankungen (Absiedelung von Metastasen im Herzbeutel),
- Urämie (Ansammlung toxischer Metaboliten bei Niereninsuffizienz),

Eine Perikarditis kann aber auch idiopathisch sein, d. h. es sind keine Ursachen zu erkennen.

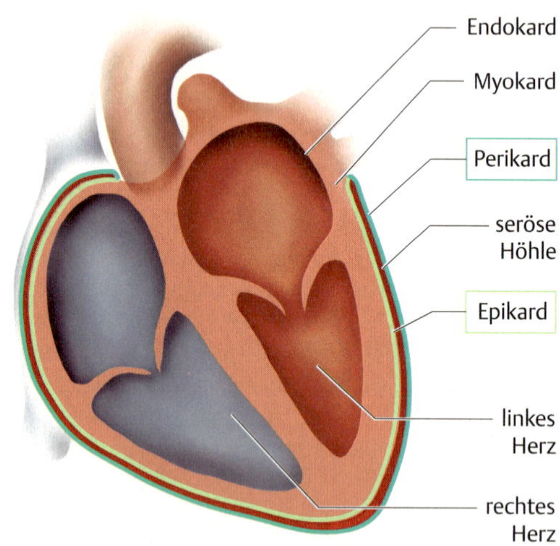

Abb. P.34 Herzbeutel. Das Herz gleitet in einer serösen Höhle, die vom Epikard (innen) und vom Perikard (außen) begrenzt wird. Beide Schichten sind durch einen sehr schmalen Spalt voneinander getrennt. In diesem Spalt kann sich bei einer Perikarditis ein Perikarderguss bilden.

Symptome

Die Perikarditis ist meist ein akutes Krankheitsbild, d. h. die Beschwerden bestehen meist erst seit kurzer Zeit oder setzen sehr rasch ein. Oft besteht plötzlich einsetzendes Fieber, körperliche Schwäche und geringe Belastbarkeit. Linksseitige thorakale Schmerzen machen die Abgrenzung zum akuten → Herzinfarkt schwierig. Typisch für eine Perikarditis ist aber hierbei die Schmerzverstärkung beim flachen Liegen, Husten oder Einatmen.

Ähnlich wie bei der Myokarditis findet sich häufig ein vorausgegangener Infekt. Bildet sich zusätzlich eine entzündliche Flüssigkeitsansammlung zwischen dem Perikard und Myokard (sog. Perikarderguss), kommt es i.d.R. zu einer akuten Rechtsherzschwäche (gestaute Halsvenen, Beinödeme, Atemnot, evtl. Kollaps). Nimmt der Erguss zu wird das Herz komprimiert und die Pumpleistung verringert. Dadurch kann es zu Blutdruckabfall und einer schockähnlichen Symptomatik kommen.

Diagnose

Die körperliche Untersuchung ist sehr wichtig. Anfänglich ist beim Abhören meist ein sog. Reibegeräusch (Perikardreiben) zu hören. Zusätzlich ist auf Tachykardie, Dyspnoe und vor allem Fieber zu achten. Im EKG zeigen sich Veränderungen, die im Akutstadium einem Herzinfarkt sehr ähnlich sein können. Bei der Laboruntersuchung sind fast immer erhöhte Entzündungszeichen (d. h. Leukozytose, BSG-Erhöhung, CRP-Erhöhung) nachweisbar. Zusätzlich sollten Autoimmunerkrankungen laborchemisch ausgeschlossen werden. Ein Tuberkulosetest vervollständigt die Diagnose.

In der Röntgenuntersuchung des Thorax ist der Herzschatten oft verbreitert (**Abb. P.35**). Sie gibt ansonsten meist keinen charakteristischen Befund. Zusätzlich kann beurteilt werden, ob eine → Herzinsuffizienz vorliegt.

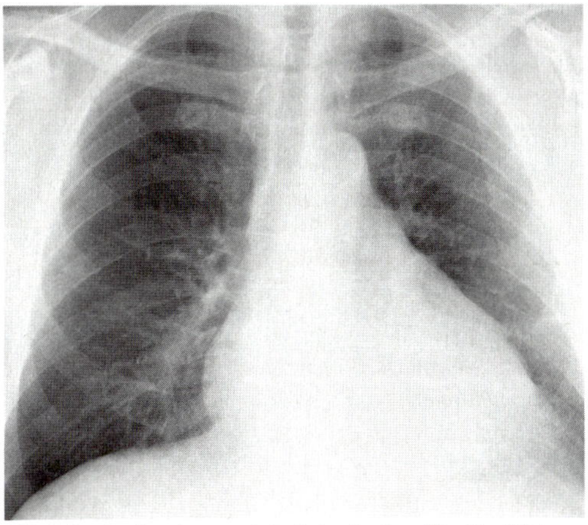

Abb. P.35 Perikarderguss bei viraler Perikarditis. Das Röntgenbild zeigt eine beidseitige Verbreiterung des Herzschattens, auf der linken stärker als auf der rechten.

Entscheidende Aussagen können in der Echokardiografie getroffen werden. Hier lassen sich Perikardergüsse direkt nachweisen und die Herzpumpfunktion kann beurteilt werden. Zur ursächlichen Bestimmung des Ergusses ist eine Perikardpunktion sinnvoll. Je nach Ausprägung des Ergusses, kann diese diagnostisch und therapeutisch erfolgen. Bei herzgesunden Personen lassen sich im Herzbeutel bis zu 15 ml Flüssigkeit nachweisen. Dagegen kommen blutreiche Perikardergüsse bei einer → Tuberkulose oder bei bösartigen → Tumoren vor, eitrige Ergüsse bei einer bakteriellen Perikarditis.

Differenzialdiagnose

Die wichtigste Abgrenzung zur Perikarditis ist der Herzinfarkt. Eine klinische Trennung ist häufig schwierig und auch das EKG und das Labor können teilweise keine eindeutigen Daten liefern. Weiterhin müssen die → Kardiomyopathie und verschiedene → Herzklappenfehler von der Perikarditis abgegrenzt werden. Dies gelingt meist mit einem Echokardiogramm.

Häufig sind die verschiedenen Ursachen der Herzschwäche auch miteinander vergesellschaftet und es ist im Einzelfall schwer zwischen Ursache und Wirkung zu trennen. Auch an nichtkardiale Erkrankungen wie → Pneumonie oder → Lungenembolie ist zu denken.

Therapie

Zunächst muss sich der Patient konsequent schonen. Eine kausale Therapie der viralen Perikarditis ist nicht möglich. Die medikamentöse Therapie besteht in diesem Fall in der Therapie des Thoraxschmerzes und der lokalen Entzündung, z. B. durch nichtsteroidale Antiphlogistika. Bei schwereren Verläufen ist eine zeitweilige medikamentöse Herzinsuffizienztherapie notwendig. Häufig werden Glukokortikoide eingesetzt.

Bei bakterieller Perikarditis werden zusätzlich Antibiotika gegeben. Hierzu ist ein sog. Antibiogramm aus der Ergussflüssigkeit sinnvoll. Im Fall einer Tuberkulose als Ursache wird die kombinierte Behandlung mit konventionellen Tuberkulostatika (z. B. Isoniazid, Pyrazinamid, Rifampicin) eingesetzt. Außerdem sollte immer eine Perikardpunktion mit Drainage (s. u.) angestrebt werden, damit der entzündliche Erguss abgeleitet werden kann. Geschieht dies nicht, kann eine → Herzbeuteltamponade entstehen, bei der die innenliegenden Herzmuskelschichten durch die Flüssigkeit komprimiert werden.

Bei den anderen Formen der Perikarditis steht die Therapie der Grunderkrankung im Vordergrund. Die ist z. B. bei Autoimmunerkrankungen (immunsuppressive Therapie) oder tumorbedingter Perikarditis (Chemotherapie oder Bestrahlung des Primärtumors) der Fall.

Prognose

Meistens heilt eine virale Perikarditis nach 1 – 3 Wochen folgenlos aus. Eine Entwicklung in die prognostisch ungünstige Pericarditis constrictiva ist selten. Idiopathische Perikarditiden verlaufen hingegen oft rezidivierend (wiederkehrend). Das episodische Auftreten kann sich dabei über Jahre hinziehen und wird häufig nicht richtig erkannt.

Die bakterielle Perikarditis geht wegen der oft ungenügenden Ansprechbarkeit durch Antibiotika mit einer hohen Letalität einher. Eine gefährliche Perikardtamponade ist in diesen Fällen häufig.

Komplikationen

Eine sog. → Herzbeuteltamponade ist die Extremform und wichtigste Komplikation des Perikardergusses. Es rei-

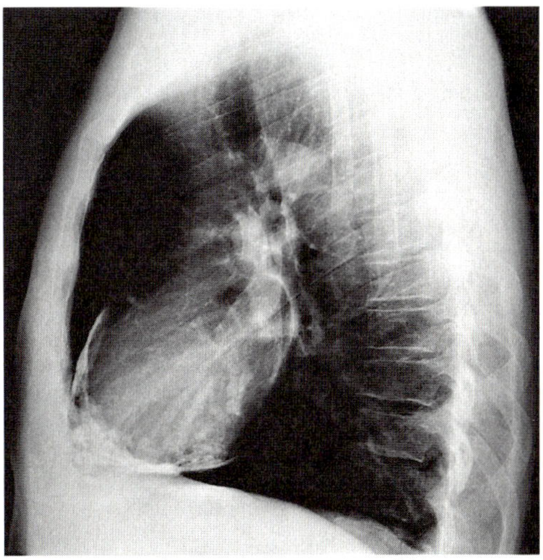

Abb. P.36 Pericarditis constrictiva. Im Röntgenbild ist eine massive Perikardverkalkung um die Kontur des rechten Ventrikels und der Herzbasis zu sehen.

chen bereits wenige 100 ml Erguss, um eine Tamponade zu bewirken. Bei chronischen Verläufen sind Ergussmengen bis zu mehreren Litern möglich. Die Komprimierung führt zu einer verminderten Füllung des Herzens und damit zu einem erniedrigten Schlagvolumen. Der Herzbeutel muss durch eine Perikardpunktion entlastet werden.

Bei der Pericarditis constrictiva bilden sich größere Ergussmengen, die zu einem narbigen Folgezustand mit einem verschwielten, verdickten und verklebten Herzbeutel führen. Dadurch verhärtet und verkalkt der Herzbeutel und wird narbig eingeschnürt (**Abb. P.36**). Füllung und Pumpfunktion des Herzens werden meist stark beeinträchtigt. Es kommt zwangsläufig zur → Herzinsuffizienz. Diese Entwicklung kann sich über mehrere Jahre erstrecken, wobei die Anfangsstadien häufig symptomlos sind. Diese Komplikation ist hierzulande nur noch sehr selten bei Tumorpatienten nach Bestrahlungen, nach Herzoperationen oder bei Autoimmunerkrankungen anzutreffen.

Infobox

ICD-10:
I30.0, I30.1, I30.8, I30.9, I31.0, I31.1, I31.9

Internetadressen:
http://www.medizinfo.de
http://www.medizin-aspekte.de
http://www.kliniken.de
http://www.vitanet.de

Peritonitis

► „Meiner Mutter geht es nicht gut", erzählt Cordula ihrer Freundin Janina, während sie durch den Wald laufen. „Ich weiß, sie ist mit 72 Jahren nicht mehr die Jüngste. Nachdem man ihr ein Stück Darm entfernt hat, hat sie sich nicht mehr erholt. Sie liegt jetzt auf der Intensivstation und ich müsste eigentlich bei ihr sein." „Jetzt mal kein schlechtes Gewissen. Es ist gut, dass du mal rauskommst", bemerkt Janina. „Was hat deine Mutter denn jetzt?", möchte sie wissen. „Sie hatte eine paar Tage nach der OP starke Bauchschmerzen und hat dann Fieber bekommen. Das Bauchfell hat sich entzündet, sagen die Ärzte. Irgendwie ist die Naht am Darm wohl nicht in Ordnung."

Definition

Die Peritonitis ist eine lebensbedrohliche, meist bakterielle Entzündung des serösen Bauchfells (Peritoneum).

Synonym: Bauchfellentzündung.

Ursachen

Das Bauchfell überzieht als glatte, gut durchblutete, nervenreiche Haut einen Großteil der Bauchorgane und die Wand der Beckenhöhle (**Abb. P.37**). Bei einer Entzündung ist ein Teil des Bauchraums vereitert und Krankheitserreger werden schnell über den Blutweg im gesamten Organismus verteilt. Man unterscheidet die primäre und die sekundäre Peritonitis.

Primäre (spontane) Peritonitis

Die primäre Peritonitis ist sehr selten. Sie wird durch eine Verschleppung von Bakterien über die Blutbahn (hämatogene Streuung), den Lymphweg oder aufsteigend über eine Entzündung der Eileiter und/oder Eierstöcke hervorgerufen. Es besteht keine offene Verbindung zwischen Bauchhöhle und Infektionsgebiet.

Sekundäre Peritonitis

Sie macht etwa 95 % der Peritonitiden aus und tritt als Folge einer bereits bestehenden Erkrankung im Bauchraum oder als Operationskomplikation (postoperative Peritonitis) auf.

Erkrankungen der Bauchorgane sind z. B. die → Appendizitis und die perforierenden → Magen- oder → Zwölffingerdarmgeschwüre (Peforationsperitonitis). Je mehr der Darmabschnitt während der Erkrankungszeit geschädigt wird, desto leichter können die Bakterien des Magen- oder Darminhalts in die Bauchhöhle wandern und zur Infektion führen (Durchwanderungsperitonitis). Im schlimmsten Fall perforiert jedoch die ganze Organwand und der gesamte bakterielle Inhalt ergießt sich in den Bauchraum. Kolibakterien, Streptokokken und Enterokokken führen dann zur Entzündung des Bauchfells (bakterielle Peritonitis). Eine diffuse oder generalisierte Peritonitis ist die Folge. Durch die Vielzahl der Blutgefäße im Bauchfell können sich Keime rasch im ganzen Organismus ausbreiten.

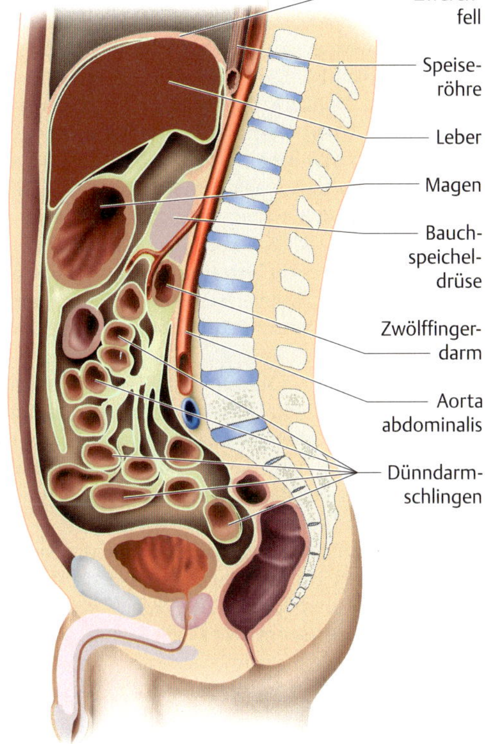

Abb. P.37 Bauchfell (Peritoneum). Das Bauchfell (farbig) umkleidet die so genannten intraperitonealen Organe Magen, Dünndarm, Leber und Milz beinahe vollständig.

Das Immunsystem versucht zwar die Bakterien zu bekämpfen, aber das System ist nicht in der Lage, die Keime vollständig zu eliminieren. Im Verlauf der Blutvergiftung (→ Sepsis) werden die Gefäße angegriffen. Dadurch erweitern sich die Blutgefäße und werden durchlässiger für Eiweiße, Flüssigkeiten und Elektrolyte. Das geschwächte Blutgefäßsystem kann seine Funktion nicht mehr ausreichend erfüllen und das Blut „versackt" schließlich, vor allem in die Leber.

Dadurch, dass ein Großteil des Blutes im großen Blutkreislauf fehlt, kommt es zu einem erheblichen (Blut-) Volumenmangel. Vor allem Darm, Niere und Leber leiden unter den Mikrozirkulationsstörungen und der Mangelversorgung.

Symptome

Im frühen Stadium der Bauchfellentzündung gibt es nicht viele Beschwerden, die zweifellos für eine Peritonitis sprechen. Bauchschmerzen, Abwehrspannung und gekrümmte Haltung bei Palpation des Bauches kann man als Frühsymptome ansehen. Wird der Bauch leicht eingedrückt, setzt die Abwehrspannung reflektorisch ein, da sich die Muskeln der Bauchdecke unwillkürlich zusammenziehen. Außerdem ist die Bauchatmung vermindert, weil der Patient dem Schmerz auszuweichen versucht. Dies geschieht auch unwillkürlich.

Es kommt zu zahlreichen pathologischen Reaktionen des Organismus, z. B. Fieber, Fehlregulationen des Herz-Kreislauf-Systems mit Herzfrequenzanstieg oder auch Gerinnungsstörungen. Ein verschlechterter Allgemeinzustand, heftige Bauchschmerzen, Erbrechen und Übelkeit sind weitere Anzeichen der sich u. U. rasant entwickelnden Krankheit.

In fortgeschrittenem Stadium fällt die Bauchfellentzündung durch fahles Aussehen, kalte Stirn und Hände, Atemstörungen und trockene, bräunlich belegte Zunge auf. Häufig finden sich auch Befunde, die mit einer eingeschränkten Nierenfunktion einhergehen. Diese Peritonitis ist immer lebensbedrohend.

Wird die Entzündung durch eine perforierte Gallenblase hervorgerufen ist eine typische gelbrote Hautfarbe zu beobachten, die durch direkte Einwirkung von Gallensäuren auf die Blutgefäße entsteht (Rubinikterus). Für dieses Krankheitsbild typisch ist auch eine verlangsamte Herzfrequenz, zu einem späteren Zeitpunkt schockbedingt aber eher tachykard (erhöht).

Starker Loslassschmerz manifestiert sich häufig bei der Gonokokkenperitonitis. Erste Beschwerden treten plötzlich und heftig ein. Bei dieser Form der Peritonitis ist das Abdomen nicht, wie üblich, bretthart.

Ein plötzlicher Krankheitsbeginn mit heftigen Symptomen lässt eine Pneumokokkenperitonitis vermuten. Aus voller Gesundheit heraus fiebert der Patient plötzlich sehr hoch, ist benommen und leidet unter Brechreiz und schweren Kopf- und Bauchschmerzen. Aber auch ein langsamer Krankheitsbeginn mit sich steigernden, schleichenden Beschwerden ist möglich. Dann steigern sich mäßige Symptome mit allgemeiner Schwäche bis zu starken Bauchschmerzen. Die harte Bauchdecke fehlt hier ebenfalls. Klingen die Beschwerden nach einigen Tagen ab und machen sich jetzt örtlich begrenzte Bauchbeschwerden bemerkbar, kann man die Diagnose sichern.

Eine Peritonitis kann örtlich begrenzt bleiben. Dann verursacht sie auch nur lokale Beschwerden, insbesondere starke Bauchschmerzen (**Abb. P.38**). Diese Bauchschmerzen sind aber lokal einzugrenzen. Das Kreislaufsystem ist nicht betroffen.

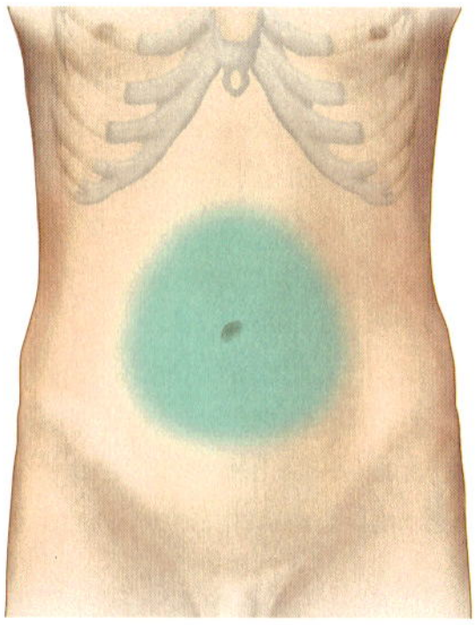

Abb. P.38 Schmerzlokalisation bei Peritonitis.

Diagnose

Die Befragung des Patienten gibt wichtige Hinweise auf die Ursache der Bauchfellentzündung. Beim Großteil aller Patienten ist ursächlich ein Bauchorgan geschädigt oder erkrankt.

Durch die Sonografie des Abdomens lassen sich Flüssigkeitsansammlungen gut darstellen. Sie ist die einfachste und effektivste Möglichkeit, den entzündlichen Prozess in der Bauchhöhle sichtbar zu machen. Mit dem Stethoskop wird der Bauch abgehört, um festzustellen, ob bereits eine reflektorische Darmlähmung (→ Ileus) eingetreten ist. Der Spannungszustand und der maximale Schmerzpunkt geben Hinweise auf die zu Grunde liegende Organerkrankung.

Schleimhäute von Mund und Zunge werden kontrolliert, um einen evtl. Flüssigkeitsmangel beurteilen zu können. Neben der klinischen Diagnostik stehen Laboruntersuchungen des Blutes (Leukozytose) und Bakteriensuche (Bakteriämie) im Bauchwasser, Sekret oder der Punktionsflüssigkeit an. Letzteres wird durch eine Bauchdeckenpunktion gewonnen.

Weitere Bild gebende Verfahren sind die röntgenologische Abdomenübersicht (freie Luft), die Thoraxaufnahme und ggf. die CT-Untersuchung. Weiterhin besteht die Möglichkeit einer diagnostischen Laparoskopie.

Differenzialdiagnose

Einige Erkrankungen des Bauchraums wie → Appendizitis, → Divertikulitis, → Pankreatitis, Ovarialzysten, → Nephrolithiasis oder die Cholezystitis, rufen ähnliche Symptome hervor.

Therapie

Um die Infektionsquelle zu bekämpfen und die Darmtätigkeit wieder herzustellen, sollte eine Antibiotikatherapie schnellstmöglich eingeleitet werden. Je nach Ursache wird entweder operiert oder medikamentös behandelt.

Etwa 99 % aller Bauchfellentzündungen bedürfen einer chirurgischen Therapie, da meist ein erkranktes oder geschädigtes Organ im Bauchraum die Entzündung bewirkt hat. Wenn man diesen Schaden beseitigt, beseitigt man auch die Ursache der meisten Bauchfellentzündungen. Bei

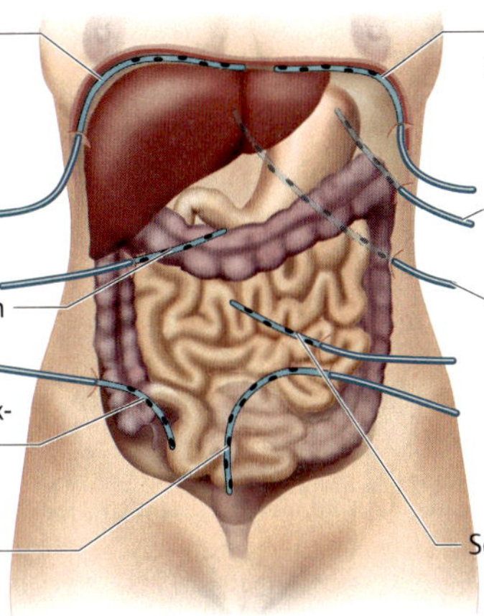

Abb. P.39 Drainagen in der Bauchhöhle. Häufige Lokalisationen.

der chirurgischen Behandlung wird in 50% der Fälle das erkrankte Organ operiert (Herdsanierung). So wird z. B. ein entzündeter Blinddarm entfernt oder ein Stück schlecht durchbluteten Darmes reseziert. Danach wird die Bauchhöhle mehrmals täglich mit steriler, erwärmter Kochsalz- oder Ringerlösung gespült, bis die Flüssigkeit vollständig klar ist (Lavage). Gegen Eiter- und Flüssigkeitsansammlungen an prädestinierten Stellen können Drainagen eingelegt werden (**Abb. P.39**).

Um die Vitalfunktionen zu sichern, wird der Patient intensivmedizinisch betreut. Zur Schocktherapie werden Blut oder Plasmaersatzstoffe gegeben.

Prognose

Werden frühzeitig Antibiotika eingenommen, ist die Prognose günstig. Die Letalität bei diffuser Peritonitis liegt als Folge der unkontrollierten Immunantwort des Patienten bei ca. 40%.

Komplikationen

Innerhalb der Bauchhöhle können sich → Abszesse entwickeln und Darmschlingen verkleben. Lebensbedrohliche Organschäden wie die Schockniere, Schockleber oder die Ansiedlung von Krankheitserregern an den Herzklappen sind möglich.

Infobox

ICD-10:
K65

Internetadressen:
http://www.gastroenterologe.de
http://www.medizinfo.de
http://www.praxisklinik-sauerlach.de

Peronäuslähmung

► Der 40-jährige Thomas Westphal kommt zum Neurologen. Schon beim Betreten des Sprechstundenzimmers fällt auf, dass er ein Bein beim Gehen nur mit Mühe und nur aus der Hüfte heraus anheben kann. Dem Arzt berichtet er: „Ich habe Probleme beim Treppensteigen. Immer wieder bleibe ich dabei mit dem Fuß an den Stufen hängen. Auch mein Fußrücken fühlt sich irgendwie taub an." Die Probleme traten gestern zum ersten Mal auf. Zuvor hatte Herr Westphal bei Bekannten einen Teppich verlegt.

Definition

Eine Peronäuslähmung tritt infolge einer Schädigung des N. peronaeus auf. „Lähmung" ist der Oberbegriff für die Minderung (Parese) bzw. den Ausfall (Paralyse) der Funktionen eines Nervs. Diese Lähmung geht mit Bewegungseinschränkung und/oder Sensibilitätsstörungen einher.

Die unteren Äste des N. peronaeus sind für das sensible Empfinden der Haut am äußeren Unterschenkel und zwischen erstem und zweitem Zeh verantwortlich. Zudem versorgen sie die Unterschenkelmuskeln motorisch, welche für die Fuß- und Zehenhebung verantwortlich sind. Der oberflächlich verlaufende Ast versorgt Unterschenkel-, Fuß- und Zehrückenhaut und die für eine Pronation (Senkung des inneren Fußrandes) verantwortlichen Muskeln.

Synonyme: Peronäusläsion, Parese des Nervus peronaeus.

Ursachen

Zu akuter Schädigung des N. peronaeus kommt es meist durch mechanischen Druck an der Außenseite des Knies (Fibulaköpfchen). Auslöser können z. B. sein:

- langes Sitzen mit übereinander geschlagenen Beinen,
- langes Knien,
- nicht ausreichend gepolsterter Beingips.

Zu einer Kompression und Minderversorgung des Nervs kann es auch infolge einer Einblutung oder einer Flüssigkeitsansammlung im Gewebe (Ödem) des Unterschenkelbereichs kommen.

Symptome

Je nach Ort der Schädigung differieren die Beschwerdebilder (**Abb. P.40**).

- Schäden in Knie oder Fibulaköpfchen führen zu einer Fuß- und Zehheberschwäche (Stepper-Gang und Pronationsausfall) sowie einer Störung der Hautempfindung an der Unterschenkelaußenseite, an Zeh- und Fußrücken,
- Verletzungen des tief verlaufenden Astes des N. peronaeus führen zu Fuß- und Zehheberschwäche sowie Störung der Sensibilität zwischen erstem und zweitem Zeh,
- ist der Oberflächenast geschädigt, ist eine Pronation des Fußes unmöglich.

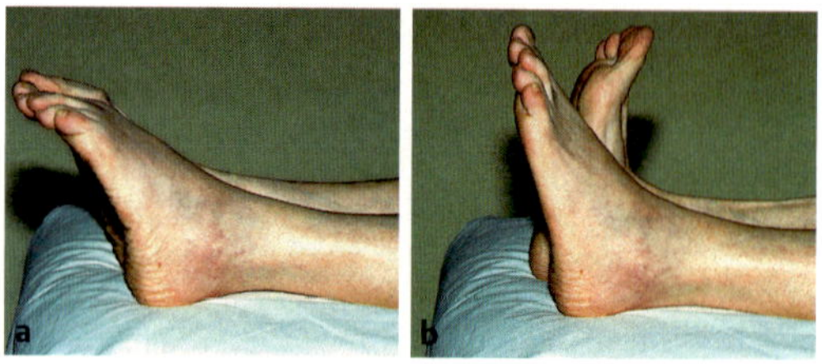

Abb. P.40 Peronäuslähmung. a Die Plantarflexion beiderseits ist intakt. **b** Links besteht eine Fuß- und Zeh-Heberschwäche.

Diagnose

Eine gründliche Befragung unterstützt die Diagnosestellung. Mittels neurologischer Untersuchung können geschädigte Nerven identifiziert werden. Der Schädigungsort kann durch Funktionsprüfung einzelner Muskeln und den Sensibilitätsausfall der Haut lokalisiert werden (z. B. verhindert eine Fußheberschwäche den normalen Hackengang).

Differenzialdiagnose

Schädigungen anderer Nerven, die ähnliche Symptome verursachen (z. B. N. ischiadicus) müssen ausgeschlossen werden.

Therapie

Die Therapie richtet sich nach der Art der Schädigung. Unerlässlich sind physikalische Bewegungsübungen. Die mechanische Beeinträchtigung kann operativ behandelt, getrennte Nerven können wieder zusammengenäht werden.

Prognose

Die Heilungschancen sind bei lang andauernden Schädigungen oder Nervendurchtrennung eher ungünstig.

Infobox

ICD-10:
G57.3

Internetadressen:
http://www.dgn.org

Literatur:

Geo Kompakt. Das Wunder Mensch. Nr. 2. Nervensystem – Kabelnetz zwischen Körper und Hirn, S. 98 ff. Gruner & Jahr, Hamburg 2005

Grehl, H., Reinhardt, F.: Checkliste Neurologie, 3. Aufl. Thieme, Stuttgart 2005

Masuhr, K. F., Neumann, M.: Duale Reihe Neurologie, 5. Aufl. Thieme, Stuttgart 2004

Persistierender Ductus Botalli

► Frau Klein stellt sich mit ihrer Tochter zur Routineuntersuchung bei der Kinderärztin vor. Die dreijährige Sarah kreischt vergnügt, als Dr. Wiechner sie durch Kitzeln von der Untersuchung ablenkt. Plötzlich hört die Ärztin mit dem Kitzeln auf, denn sie hört über dem Herzen während der Systole und der Diastole ein Geräusch.

Definition

Der persistierende Ductus Botalli gehört zu den Herzfehlern mit Links-rechts-Shunt. Dabei besteht eine Gefäßverbindung zwischen Aorta und Pulmonalarterie (**Abb. P.41**).

Synonyme: Persistierender Ductus arteriosus (PDA), offener Ductus Botalli.

Ursachen

Während der Schwangerschaft strömt Blut durch den Ductus arteriosus, um den Körper des Kindes mit Sauerstoff aus der Plazenta zu versorgen. Normalerweise verschließt sich die Gefäßverbindung in den ersten zwei Lebenstagen. Bei unreifen Frühgeborenen geschieht dies verzögert. Möglicherweise ist dies durch einen niedrigen Sauerstoffgehalt des Blutes und erhöhten Prostaglandinspiegel bedingt. Ist das Lumen (Durchmesser) des offenen Ductus klein, hat dies kaum Folgen für den Blutkreislauf und das Herz. Ist der Ductus weitlumiger, muss das Herz gegen das vermehrte Blutvolumen anpumpen und vergrößert sich (Linksherzhypertrophie).

Symptome

Meist ist das Lumen des offenen Ductus so klein, dass die Erkrankung keine Beschwerden verursacht. Kinder mit einem weit offenen Ductus sind körperlich weniger belastbar als ihre Altersgenossen. Bei Anstrengung haben sie Luftnot und wachsen nicht richtig. Der Körper wird nicht ausreichend mit Blut versorgt. Die Kinder haben daher häufig kalte Hände oder Füße.

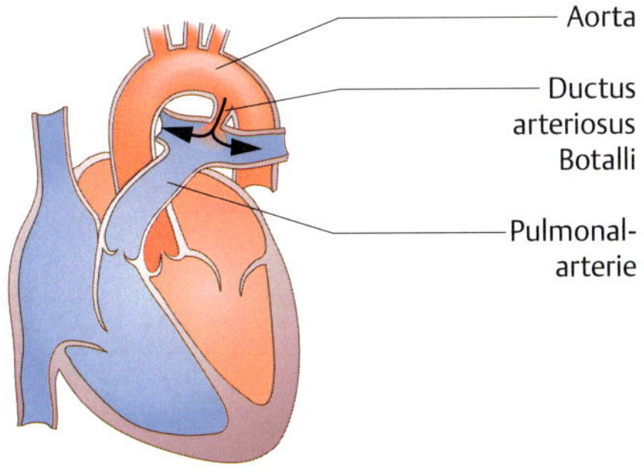

Abb. P.41 Persistierender Ductus Botalli. Es besteht eine Gefäßverbindung zwischen der Aorta und der Pulmonalarterie.

Diagnose

Oft wird ein offener Ductus Botalli im Rahmen einer Routineuntersuchung entdeckt. Das Herzgeräusch ist sowohl während der Systole als auch während der Diastole zu hören (Maschinengeräusch). Im EKG ist erkennbar, ob das linke Herz überlastet ist. Im Röntgenbild ist das Herz breiter als gewöhnlich. In der Echokardiografie kann bildlich dargestellt werden, wie das Blut aus der Aorta in die Pulmonalarterie fließt.

Differenzialdiagnose

Abzugrenzen sind ein aortopulmonales Fenster, ein → Ventrikelseptumdefekt mit Aorteninsuffizienz und arteriovenöse Fisteln.

Therapie

Bei Frühgeborenen kann der Prostaglandinsynthesehemmer Indometacin verabreicht werden, damit sich der Ductus von selbst schließt. Gelingt dies nicht, wird der Ductus mit einer Metallspirale oder einem Metallpfropf im Rahmen einer Herzkatheteruntersuchung verschlossen. Eine Operation ist nur in seltenen Fällen bei einem weitlumigen Ductus erforderlich.

Prognose

Wird der offene Ductus verschlossen, bevor es zu Komplikationen wie einer Überlastung des linken oder rechten Herzens kommt, ist die Lebenserwartung normal. Erhält das Kind in den ersten zwei Lebenswochen Indometacin, verschließt sich der Ductus in 95% der Fälle. Er kann sich jedoch, z. B. im Rahmen einer Infektion, wieder öffnen.

Infobox

ICD-10:
Q25.0

Internetadressen:
http://www.dgkj.de
http://www.dgkic.de
http://www.leitlinien.net
http://www.kinderherzzentrum-kiel.de/html/fetaler_kreislauf.html

Literatur:

Roos, R., Kurz, R.: Checkliste Pädiatrie, 2. Aufl. Thieme, Stuttgart 2000
Sitzmann, F. C.: Duale Reihe Pädiatrie, 2. Aufl. Thieme, Stuttgart 2002
Speer, Ch., Gahr, M.: Pädiatrie, 2. Aufl. Springer, Berlin 2004
Hirner, A., Weise, K.: Chirurgie. Thieme, Stuttgart 2003

Pertussis

► „Komm meine Kleine. Setz' dich mal hin, dann kann du besser husten." Frau Galuba stopft ihrer Enkelin ein Kissen hinter den Kopf. „Mama, ich will zu Mama", klagt Anja. „Ich habe sie schon angerufen. Morgen früh holt sie dich ab." Am nächsten Morgen ist Frau Schuster da. Sie trinkt mit ihrer Mutter einen Kaffee. „Ich habe wirklich gedacht, dass sie sich hier von der Erkältung erholen würde", erklärt sie mit schlechtem Gewissen. „Ich weiß", beschwichtigt Frau Galuba. „Die Erkältung hat sich über Tage hingezogen und dann kam nachts dieser wahnsinnige Husten dazu. Anja bekommt dann keine Luft mehr und hat auch schon mal gebrochen."

Definition

Als Pertussis wird die Infektion mit Bordetella pertussis (seltener B. parapertussis), einem gramnegativen Stäbchenbakterium, bezeichnet.

Synonym: Keuchhusten.

Ursachen

Das Bakterium wird aerogen aufgenommen und vermehrt sich im Respirationstrakt, vor allem der Trachea. Es produziert viele verschiedene Toxine, die die lokale Abwehr schädigen und den Bordetellen ermöglichen, sich zu vermehren. Dabei kann die Schleimhaut der Trachea teilweise zerstört werden. Die Toxine sind in der Lage, das Krankheitsbild auch alleine zu unterhalten. Daher sind nach einiger Zeit lebende Bakterien für den weiteren Verlauf der Krankheit nicht mehr erforderlich.

Symptome

Der Aufnahme über Sekrettröpfchen folgt eine Inkubationszeit von meist 7 – 14 Tagen. Die Krankheit verläuft in mehreren Stadien:

- **Stadium catarrhale:** wie ein sog. grippaler Infekt mit mäßiger Temperatur, etwa 1 – 2 Wochen.
- **Stadium convulsivum:** typische nächtliche Hustenattacken für 4 – 6 Wochen (**Abb. P.42**).
- **Stadium decrementi:** Erholungsstadium mit allmählichem Abklingen der Hustenanfälle, 6 – 10 Wochen.

Die Infektion mit B. parapertussis verläuft kürzer und weniger schwer. Säuglinge und Kleinkinder sind deutlich schwerer betroffen als ältere Kinder und Jugendliche. Deswegen ist die frühzeitige Pertussisimpfung heute für Säuglinge Standard.

Diagnose

In der Frühphase der Erkrankung können die Bordetellen aus einem Nasopharyngealabstrich angezüchtet werden. Die Diagnose wird aber i.d.R. aufgrund des typischen klinischen Bildes im Stadium convulsivum gestellt.

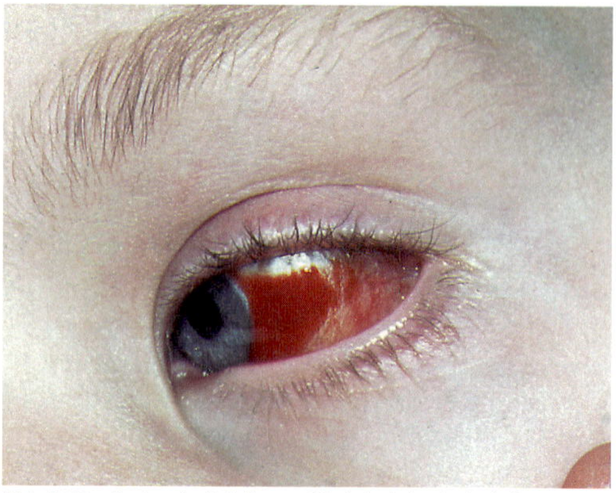

Abb. P.42 Pertussis. Bei diesem Kind sind durch die heftigen Hustenstöße Gefäße der Konjunktiva geplatzt.

Differenzialdiagnose

Im Stadium catarrhale sind virale Infektionen der oberen Luftwege differenzialdiagnostisch auszuschließen. Später weist der typische Verlauf zur richtigen Diagnose.

Therapie

Bei Verdacht auf Keuchhusten (z. B. durch Exposition im Kindergarten) ist es sinnvoll, frühzeitig, bei Auftreten der ersten „grippalen" Symptome Antibiotika (z. B. Erythromycin, Roxithromycin, Clarithromycin, Azithromycin) zu geben. Ist die Krankheit jedoch schon fortgeschritten, wird damit kein großer Effekt mehr erzielt. Ansonsten ist die Therapie symptomatisch.

Prognose

Die Prognose ist bei Pertussis im Allgemeinen gut.

Vor allem bei Babys und Säuglingen gibt es sehr schwere Verläufe. In sehr seltenen Fällen endet die Krankheit bei ihnen tödlich. Bei Schulkindern und Jugendlichen sind eher leichte Verläufe zu erwarten. Komplikationen ergeben sich höchstens aus „Trittbrett fahrenden", anderen Bakterien, die das Krankheitsbild durch → Pneumonie und → Otitis media verschlimmern.

Infobox

ICD-10: A37.0

Internetadressen:

http://www.rki.de

Literatur:

Jassoy, C., Schwarzkopf, A. (Hrsg.): Hygiene, Mikrobiologie und Ernährungslehre für Pflegeberufe. Thieme, Stuttgart 2004

Pest

► Vorsichtig steuert Selim seine Barkasse an den Pier des kleinen Hafens. Beim Aussteigen fällt ihm auf, dass trotz des hellen Sonnenscheins viele Ratten in der Hafenanlage umherlaufen. Auch liegen auffallend viele Rattenkadaver herum. Nachdem er etwa 100 Meter den Pier entlang gegangen ist, entdeckt er einen älteren, zitternden und schwitzenden Mann am Boden. Er erinnert sich an die Warnung der Regierung, dass die Pest ausgebrochen ist, und bekommt Angst.

Definition

Als Pest wird die Infektion mit dem gramnegativen Stäbchenbakterium Yersinia pestis bezeichnet. Bei Verdacht, Erkrankung oder Tod besteht nach §6 des Infektionsschutzgesetzes Meldepflicht.

Synonym: „Schwarzer Tod".

Ursachen

Das zur Gruppe der Enterobacteriaceae gehörende Bakterium befällt in erster Linie Ratten und andere Nagetiere. Stehen nicht mehr genügend Nager zur Verfügung, wird es durch Flöhe auf Menschen übertragen. Über die Stiche gelangen die Erreger in das Blut und in die Lymphknoten, die daraufhin anschwellen.

Symptome

Die Pest gibt es in verschiedenen Formen.

Beulen- oder Bubonenpest (Abb. P.43). Sie ist i.d.R. die Erstmanifestation nach einer Infektion und tritt nach einer Inkubationszeit von 1–7 Tagen nach Flohstich oder Kontakt mit infizierten Tieren (Eintrittspforte dann kleine Wunden) auf. Diese Form ist gekennzeichnet durch Fieber und Lymphknotenschwellungen. Die Folge einer Bubonenpest kann eine Pestsepsis sein. Diese kann auch ohne Lymphknotenschwellung mit Fieber, Delirium, Einblutungen in die Haut und schließlich Tod im Schock auftreten.

Lungenpest. Sie tritt auf, wenn yersinienhaltiges Aerosol eingeatmet wurde. Nach einer Inkubationszeit von 1–4 Tagen hat der Betroffene Fieber, Husten mit weiterer Streuung des Erregers und eine Halsentzündung.

Weitere mögliche Formen sind Hautpest und Pestmeningitis.

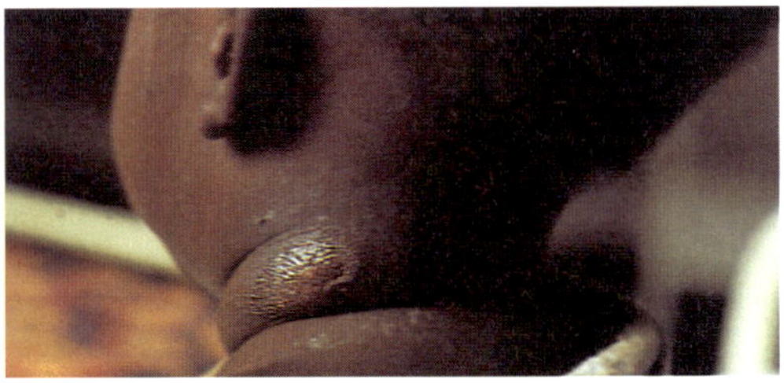

Abb. P.43 Beulenpest. Bubonen am Hals.

Diagnose

Pesterreger können in dafür zugelassenen medizinisch-mikrobiologischen Laboratorien angezüchtet werden. Hierzu können Eiter- und Sputumproben gewonnen und in Laboratorien mit der entsprechenden Sicherheitsstufe untersucht werden. Außerdem ist ein Antikörpernachweis aus dem Serum möglich.

Differenzialdiagnose

Die Pest ist von anderen Lympknoteninfektionen und → Pneumonie abzugrenzen.

Therapie

Die Pest kann heute durch Antibiotika wie Streptomycin, Gentamicin, Ciprofloxacin und Doxycyclin behandelt werden. Die Meldepflicht sowie Quarantäne- und Desinfektionsmaßnahmen verhindern eine Ausbreitung. Die berühmten Pestzüge des 14. und späterer Jahrhunderte werden sich also zumindest in weiten Teilen der Welt nicht wiederholen. In einigen Ländern – nicht in Deutschland – steht ein Totimpfstoff, der inaktivierte Bakterien enthält, zur Verfügung.

Prognose

Die Prognose ist bei adäquater und möglichst früh einsetzender Therapie gut.

Infobox

ICD-10:
A20.0, A20.2, A20.7

Internetadressen:
http://www.rki.de

Literatur:

Jassoy, C., Schwarzkopf, A. (Hrsg.): Hygiene, Mikrobiologie und Ernährungslehre für Pflegeberufe. Thieme, Stuttgart 2004

Pfeiffer'sches Drüsenfieber

► „Ich will für mein Sportabi trainieren und jetzt kann ich nicht. So ein Mist", flucht Florian laut in der Küche. Seine Mutter versucht ihn zu besänftigen. „Aber es ist doch auch noch Zeit und außerdem hast du Fieber. Da sollte man keinen Sport machen. „Ich weiß, dass es jetzt keinen Zweck hat. Ich fühle mich total schlapp und habe tierische Halsschmerzen. Wenn das morgen nicht besser ist, dann gehe ich zum Arzt. Dem kann ich ja dann auch die Knubbel seitlich am Hals zeigen."

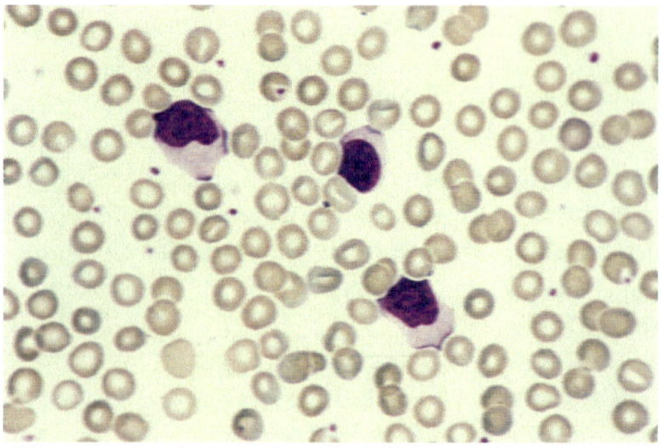

Abb. P.45 Charakteristisches Blutbild bei Pfeiffer'schem Drüsenfieber. Lymphozyten (mit angefärbtem Zellkern) sind vergleichsweise zahlreich im Blut vorhanden.

Definition

Das Pfeiffer'sche Drüsenfieber ist eine fieberhafte Erkrankung hauptsächlich jüngerer Menschen, die durch das Epstein-Barr-Virus hervorgerufen und über Speichel übertragen wird.

Synonym: Infektiöse Mononukleose.

Ursachen

Bei Kontakt mit virushaltigem Speichel kann es zu einer Infektion von Schleimhautzellen und B-Lymphozyten im Rachen kommen. Das Virus vermehrt sich in den infizierten Zellen. Die Virusvermehrung wird durch die Immunantwort schließlich eingedämmt, doch das Virus bleibt lebenslang im Körper erhalten. Gelegentlich kann es erneut im Speichel auftauchen. Wenn Jugendliche oder Erwachsene engen Kontakt mit dem Virus bekommen (z. B. beim Küssen) führt die Infektion von Schleimhaut und B-Lymphozyten zur Erkrankung.

Symptome

Beim Pfeiffer'schen Drüsenfieber treten nach einer Inkubationszeit von 1–4 Wochen Lymphknotenschwellungen und eine Rachenentzündung mit weißlichen Belägen auf den Mandeln auf (**Abb. P.44**). Die Erkrankten fühlen sich abgeschlagen und haben Fieber, evtl. auch Kopf- oder Bauchschmerzen. Daneben können sie Hautausschlag bekommen und die Milz kann geschwollen sein. Außerdem ist die Leber betroffen. Sie macht i.d.R. keine Beschwerden, allerdings sind die Transaminasen im Blutserum erhöht. Den Namen Mononukleose trägt die Erkrankung, weil das Blutbild eine starke Vermehrung von T-Lymphozyten mit großem Zellkern zeigt (**Abb. P.45**).

Kinder, die sich mit Epstein-Barr-Virus infizieren, entwickeln entweder keine Symptome oder eine Rachenentzündung (→ akute Pharyngitis) mit oder ohne → Mandelentzündung. Werden ältere Menschen mit dem Virus infiziert, kommt es ebenfalls nicht zum Pfeiffer'schen Drüsenfieber, sondern nur zu Fieber, Abgeschlagenheit und Gliederschmerzen. Bei dem Pfeiffer'schen Drüsenfieber handelt es sich daher um eine Erkrankung von Jugendlichen und jungen Erwachsenen.

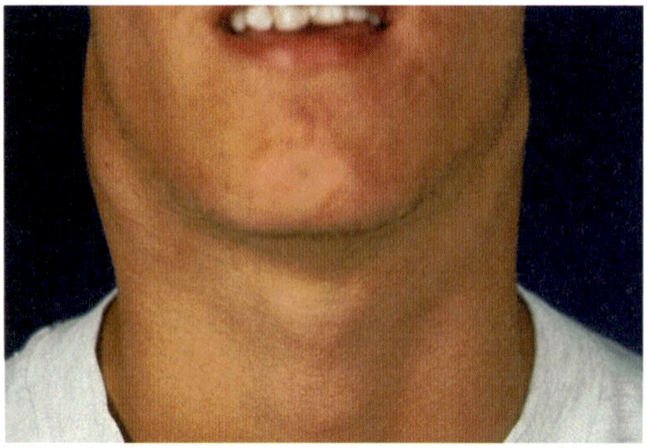

Abb. P.44 Pfeiffer'sches Drüsenfieber. Beidseitige Lymphknotenschwellung.

Diagnose

Das Pfeiffer'sche Drüsenfieber kann durch serologische Untersuchungen sicher diagnostiziert werden, indem IgM-Antikörper gegen das Viruskapsidantigen im Blut nachgewiesen werden.

Differenzialdiagnose

Rachenschmerzen mit geschwollenen Mandeln und Fieber findet man auch bei der Streptokokkenangina. Eine wichtige Differenzialdiagnose ist auch die akute HIV-Infektion (→ AIDS). Die Mononukleose durch → Zytomegalievirus zeigt eine ähnliche Symptomatik wie Pfeiffer'sches Drüsenfieber, jedoch ohne Rachenentzündung und geschwollene Halslymphknoten. Auch hier findet man im Blut die Vermehrung der Lymphozyten (Mononukleose). Auch die → Toxoplasmose geht mit Lymphknotenschwellung und Fieber einher. Die korrekte Diagnose lässt sich erst über serologische Untersuchungen stellen.

Therapie

Eine spezifische Therapie des Drüsenfiebers mit antiviralen Medikamenten ist bisher nicht möglich. Auch ein Impfstoff steht nicht zur Verfügung. Die Behandlung ist deshalb symptomatisch. Zu Beginn können Bettruhe und Fiebersenkung erforderlich sein. Bei Komplikationen kann eine Behandlung im Krankenhaus notwendig werden.

Prognose

Obwohl die Krankheit nur etwa 2–3 Wochen dauert, schließt sich häufig eine mehrere Wochen bis Monate dauernde Genesungsphase an, während der sich die Betroffenen abgeschlagen und matt fühlen. Die Erkrankung heilt jedoch i.d.R. folgenlos aus. In sehr seltenen Fällen kann die Erkrankung tödlich ausgehen.

Komplikationen

Beim Pfeiffer's chen Drüsenfieber können mehrere Organe in Mitleidenschaft gezogen werden. In den ersten zwei Krankheitswochen können sich → Meningitis und → Enzephalitis entwickeln. Andere neurologische Erkrankungen sind vorübergehende Lähmung der Hirnnerven und der Extremitäten (Guillain-Barré-Syndrom). Die Blutbildung kann gestört und die Anzahl der weißen Blutkörperchen und Thrombozyten sehr stark erniedrigt sein. Rote Blutkörperchen können durch immunologische Vorgänge zerstört werden und dadurch eine leichte → Anämie auftreten. Ebenfalls kann die Milz reißen (→ Milzruptur). Auch Herzmuskel, Herzbeutel, Lunge und Niere können sich entzünden.

Das Epstein-Barr-Virus infiziert neben Zellen in der Rachenschleimhaut die B-Lymphozyten. In seltenen Fällen können in diesen Zellen durch die Einwirkung des Virus nach vielen Jahren bösartige Zellwucherungen entstehen. So können sich bei einer schweren Immunschwäche (z. B. bei → AIDS) B-Zell-Lymphome entwickeln. Eine besondere Form dieser Leukämie ist das Burkitt-Lymphom, das hauptsächlich in Afrika vorkommt. Daneben verursacht das Virus auch eine seltene Form des Nasopharynxkarzinoms im Rachen. Bei Personen mit erblicher Erkrankung der Zellregulation (X-linked proliferatives Syndrom) entwickelt sich eine B-Zell-Leukämie (lymphoproliferatives Syndrom).

Infobox

ICD-10:
B27.0

Literatur:

Doerr, H.W., Gerlich, W.H. (Hrsg.): Medizinische Virologie. Thieme, Stuttgart 2002

Mertens, T. u. a.: Diagnostik und Therapie von Viruserkrankungen. Leitlinien der Gesellschaft für Virologie, 2. Aufl. Urban & Fischer, München 2004

Suttorp, N. u. a. (Hrsg.): Infektionskrankheiten. Thieme, Stuttgart 2003

Pfortaderthrombose

► Der 39-jährige Peter Beck klagt seinem Arzt: „Seit fünf Tagen habe ich zunehmende, krampfartige Oberbauchbeschwerden. Mir ist übel und ich habe gallig erbrochen." Bei der Gastroskopie finden sich Magenfundus- und Ösophagusvarizen. Bei der weiteren Untersuchung fällt eine portale Hypertension auf. Deutlich zeichnen sich Blutgefäße auf der Bauchhaut ab.

Definition

Die Pfortaderthrombose ist eine Thrombosierung im Bereich des Pfortadersystems (**Abb. P.46**). Sie kann auf die Pfortader beschränkt sein oder in die zuführenden Venenäste übergehen.

Synonym: Blutgerinnsel in der Pfortader.

Ursachen

Die Pfortaderthrombose tritt als Folge des verlangsamten Blutflusses in den Pfortadergefäßen bei portaler Hypertension auf. Durch sie können sich die Symptome der portalen Hypertension massiv verstärken. Andere Ursachen der Pfortaderthrombose sind: Blutgerinnungsstörungen, Infektionen der Bauchspeicheldrüse (→ Pankreatitis) oder der Gallenwege, Gefäßerkrankungen und → Tumoren.

Symptome

Patienten mit Pfortaderthrombose zeigen eher unspezifische Beschwerden, z. B. Übelkeit, Erbrechen, Durchfall und Gewichtsabnahme. I.d.R. treten Symptome der resultierenden portalen Hypertension (z. B. Zeichen einer gastrointestinalen Blutung) auf. Bei fortgeschrittener Thrombose sind verstärkt Abdominalschmerzen zu beobachten, da die Darmdurchblutung gestört ist.

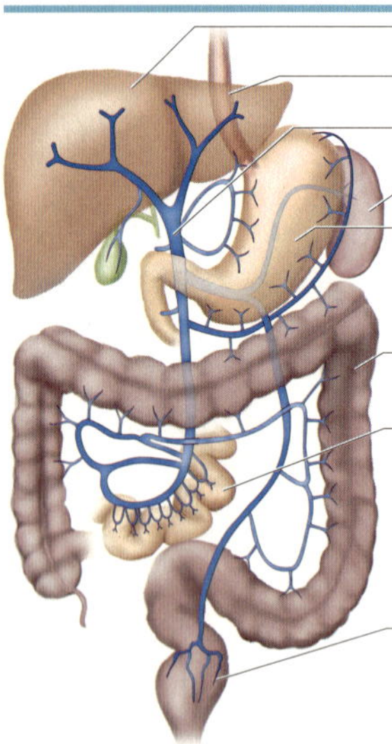

Abb. P.46 Physiologie. Die Pfortader verbindet den Magen-Darm-Kanal mit der Leber. Die aus dem Darm aufgenommenen Nährstoffe werden in der Leber entgiftet, gespeichert, verstoffwechselt und gleichmäßig an den großen Kreislauf abgegeben.

Differenzialdiagnose

Eine ähnliche Symptomatik findet sich bei der → Leberzirrhose, bei einem Verschluss der Lebervenen (Budd-Chiari-Syndrom) oder bei der Schistosomiasis, einer vorwiegend in tropischen Ländern bekannten → Wurmerkrankung.

Therapie

In jedem Fall steht eine Behandlung der Grunderkrankung im Vordergrund. Bei Komplikationen muss der Durchfluss der Pfortader wiederhergestellt werden. Die Art der Rekanalisation richtet sich nach der zu Grunde liegenden Erkrankung. Die am häufigsten angewandte Methode ist der transjuguläre intrahepatische portosystemische Shunt (TIPS).

TIPS. Der Überdruck der Pfortader wird durch die Anlage einer Umleitung (Stent) in der Leber reduziert. Kombiniert wird TIPS mit einer lokalen Lysetherapie (Auflösungstherapie). Hierbei wird vor der Implantation des Stents ein lysierendes Medikament direkt in die Pfortader oder in ein zuführendes Gefäß injiziert. In Abhängigkeit vom Erfolg der Lysetherapie kann die Stent-Einlage bis in die Pfortader hinein verlängert werden, um das Ergebnis zu optimieren.

Bei vielen Patienten kann die Pfortaderthrombose allein mittels TIPS und Pfortaderdilatation (Pfortadererweiterung) erfolgreich behandelt werden. In sehr schweren Fällen kann dem Patienten oftmals nur mit einer Lebertransplantation geholfen werden.

Prognose

Die Letalität der akuten Pfortaderthrombose liegt bei etwa 50 %. Die Fortführung der Lebensgewohnheiten, die häufig auch zu einer chronischen Pankreatitis geführt haben, bestimmt die Prognose eher als die Erkrankung selbst. Die Überlebensrate nach 10 Jahren beträgt etwa 75 %, wenn keine Leberzirrhose, → Sepsis oder ein Tumor Ursache der Erkrankung war.

Infobox

ICD-10: I81

Internetadressen:
http://www.medicoconsult.de
http://alf3.urz.unibas.ch/pathopic
http://www.aerzteblatt.de/v4/archiv

Literatur:
Hepp, W., Kogel, H.: Gefäßchirurgie. Urban & Fischer, München 2001

Phäochromozytom

► Seit Wochen leidet die 42-jährige Susanne Hofmann zeitweise unter starken Kopfschmerzen. Als weitere Symptome hinzukommen, ruft sie besorgt den Arzt. „ Oft bekomme ich während der Kopfschmerzen Nasenbluten", berichtet sie. „Es ist mir dabei schwindlig und immer wieder bemerke ich Anfälle von Herzrasen. Heute habe ich dabei erstmals Sehstörungen.". Der Arzt stellt stark erhöhten Blutdruck und einen erhöhten Blutzuckerwert fest. Frau Hofmann wird ins Krankenhaus gebracht.

Definition

Als Phäochromozytom wird der → Tumor des Nebennierenmarks bezeichnet. Durch die unkontrollierte Produktion und Abgabe von Katecholaminen verursacht er schwerwiegende Störungen des Hormon- und Kreislaufsystems.

Synonym: Nebennierentumor.

Ursachen

Das unkontrollierte Wachstum der Zellen des Nebennierenmarks bedingt eine ebenso unkontrollierte Abgabe von Adrenalin und Noradrenalin in den Blutkreislauf. Die Wirkung dieser Hormone führt zu den typischen Krankheitssymptomen.

Eine genaue Ursache der Entstehung von Tumorzellen in den Nebennieren ist schwer feststellbar. Liegen familiäre Veranlagungen durch einen Gendefekt vor, können noch weitere Hormondrüsen des Körpers betroffen sein. Eine mögliche Ursache kann dann z. B. die Von-Hippel-Lindau-Erkrankung (VHL) sein.

Symptome

Das häufigste Symptom des Phäochromozytoms ist die → Hypertonie (**Abb. P.47**). Dabei kann der überhöhte Blutdruck anfallsweise auftreten oder aber dauerhaft erhöht sein. Begleitet wird die Hypertonie gleichzeitig von Kopfschmerzen und Schwitzen. Eine Tachykardie tritt in den meisten Fällen auf. Nervosität und Unruhe, Blässe und Gewichtsverlust können jedoch die Hauptsymptome verschleiern. Seltener sind Übelkeit, Schwäche oder pektanginöse Beschwerden vorzufinden.

Diagnose

Zur Diagnostik werden Blut und Urin untersucht. Die Konzentration von Adrenalin und Noradrenalin in Blut und Blutserum wird bestimmt. Während die Blutuntersuchung schnelle Ergebnisse liefert, erfolgt die Urinuntersuchung über einen Zeitraum von 24 Std.

Bei erhöhten Werten erfolgt die weitere Untersuchung mit Bild gebenden Verfahren. Aussagekräftig sind hierbei die Computer- (CT) und Magnetresonanztomografie (MRT). In unklaren Fällen wird auch die Szintigrafie eingesetzt. Hier wird durch die Darstellung mit radioaktivem Kontrastmittel eine sehr sichere Diagnose ermöglicht (**Abb. P.48**).

Weitere Untersuchungsmöglichkeiten bei unklaren Befunden sind sog. Suppressionstests. Beim Clonidin-Test

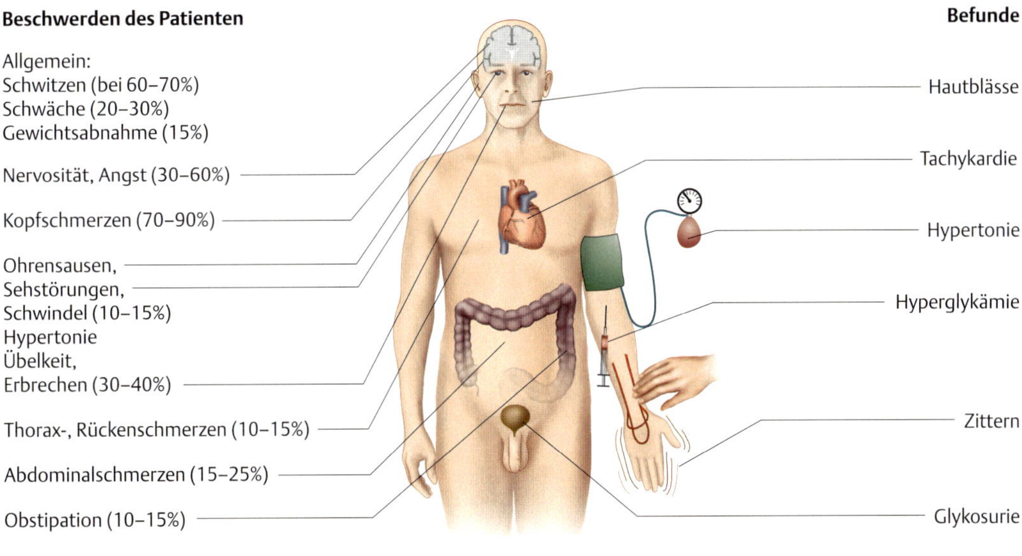

Abb. P.47 Symptome des Phäochromozytoms.

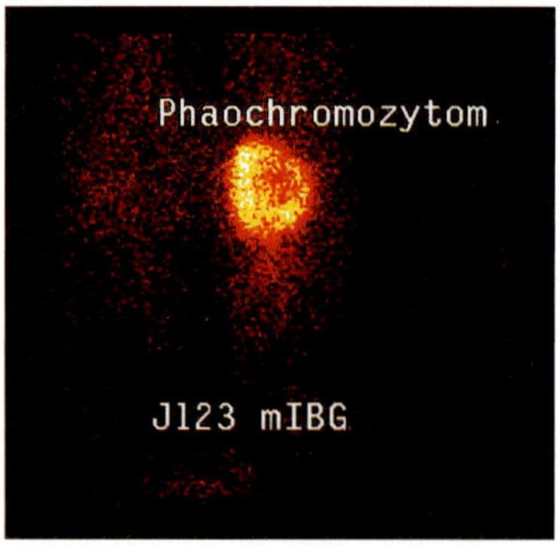

Abb. P.48 Phäochromozytom. Die Jod-123-mIBG-(Meta-Jodobenzyl-Guanidin-)Szintigrafie zeigt eine deutliche Substanzanreicherung im Bereich des rechten oberen Nierenpols.

wird durch gezielte Medikamentengabe die Bildung von Hormonen gehemmt. So kann der Katecholaminspiegel vor und nach der Verabreichung bestimmt werden. Der Regitin-Test bestimmt den systolischen Blutdruckabfall nach intravenöser Medikamentengabe.

Therapie

Wie bei jeder anderen Tumorerkrankung steht die operative Entfernung des Tumorgewebes an erster Stelle. Als Standardoperationsmethode hat sich mittlerweile die endoskopische Operation durchgesetzt. Besonderheit bei der Entfernung eines Phäochromozytoms ist der hohe Blutdruck. Dieser muss über einen längeren Zeitraum vor der Operation gesenkt und während der Operation genau überwacht werden. Nach Entfernung des Tumors pegelt sich der Blutdruck dann relativ schnell auf einen normalen Wert ein.

Ist eine operative Entfernung nicht möglich, wird die Chemotherapie angewendet. In über 50% aller Anwendungen kommt das Tumorwachstum dabei zum Stillstand, teilweise ist sogar eine Rückbildung zu beobachten.

Eine andere Möglichkeit ist die Behandlung mit Meta-Jodbenzyl-Guanidin, einem radioaktiven Medikament. Es lagert sich über eine längere Zeit in den Tumorzellen an und gibt seine Strahlung dann gleichmäßig ab. Der Therapieerfolg ist ähnlich dem der Chemotherapie.

Prognose

Nach 5 Jahren liegt die Überlebensrate nach gutartigem Tumor bei etwa 95%. War der Tumor bösartig mit Metastasenbildung, sinkt die 5-Jahres-Überlebensrate auf etwa 45%.

Komplikationen

Bleibt ein Phäochromozytom über längeren Zeitraum unbehandelt, sind Komplikationen wie → Apoplex, Myokardinfarkt, Nierenunterfunktion oder Veränderungen am Augenhintergrund zu erwarten.

Infobox

ICD-10:
C74

Internetadressen:
http://www.aerztekammer-bw.de/25/15medizin04/B26/1.pdf
http://www.glandula-online.de
http://www.handicap-network.de/handicap/Handicaps/hippel-lindau/hla.htm
http://www.freidok.uni-freiburg.de/volltexte/1072/

Phimose

► „Ja, heute war der Termin beim Kinderarzt.“ Frau Kling telefoniert mit ihrem Mann. „Die Impfung war kein Problem. Aber Julian muss an der Vorhaut operiert werden. Die ist doch so rüsselförmig und bläst sich immer auf, wenn er muss. Wie? Ja. Ich weiß, dass ich gesagt habe, es sei normal. Das ist bei Neugeborenen so, aber nicht bei Dreijährigen.“

Definition

Eine Phimose ist eine angeborene oder erworbene Enge des äußeren Vorhautrings. Bei der echten, narbigen Phimose unterscheidet man verschiedene Grade von der leichten Enge bis zur punktförmigen Öffnung, die den Harn nur tropfenweise passieren lässt.

Synonym: Vorhautverengung.

Ursachen

Bei Neugeborenen sind Glans und inneres Vorhautblatt physiologisch verklebt. Die rüsselförmige Vorhaut kann noch nicht über die Eichel zurückgezogen werden. Später lösen sich diese Verklebungen von selbst. Bei einer angeborenen Vorhautenge ist dies nicht der Fall. Solche narbigen Verengungen können auch infolge von Entzündungen entstehen. Die Häufigkeit einer Verengung bei Erwachsenen beträgt ca. 1%. Im Säuglingsalter kann die Vorhaut bei 50% der Jungen nicht über die Glans penis bis zur Kranzfurche (Sulcus coronarius) zurückgezogen werden.

Symptome

Eine Phimose kann Anlass für Entzündungen oder Schwierigkeiten beim Wasserlassen (Miktion) sein, die meist an einem abgeschwächten oder stark verdrehten Harnstrahl zu erkennen sind. Oft wölbt sich die Vorhaut bei der Miktion auch zu einem kleinen Ballon. Eine Rötung, Schwellung oder Schmerzen beim Wasserlassen weisen auf eine Entzündung hin.

Diagnose

Die Diagnose erfolgt durch Inspektion und vorsichtige Reposition der Vorhaut.

Therapie

Da eine Verklebung des inneren Vorhautblatts mit der Oberfläche der Eichel im Säuglingsalter noch physiologisch ist, sollte eine Vorhautdehnung unterbleiben. Auch kann sie durch Hausmittel, z. B. Salben oder Dehnen der Vorhaut nicht behoben werden. Bei einer Dehnung kann es zu kleinen Schleimhauteinrissen und damit zu Entzündungen und Vernarbungen kommen. Ein solches Vorgehen kann daher den Grad der Verengung noch verstärken. Aus einer „normalen“ Vorhautverengung entsteht dann eine narbige Phimose, die der Operation bedarf. Nur echte Verengungen sollten im Säuglingsalter operativ angegangen werden. Bei Erwachsenen können die Einschränkungen wie Probleme bei der Intimhygiene und beim Wasserlassen so stark sein, dass die Vorhaut operativ entfernt werden muss.

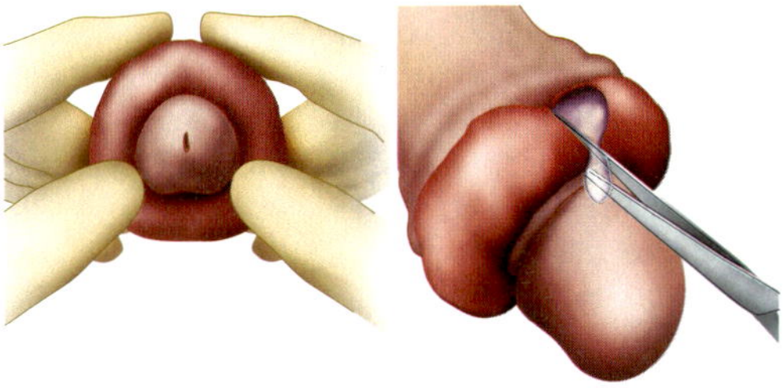

Abb. P.49 Therapiemöglichkeiten der Paraphimose.

Prognose

Nach einer Standardoperation ergeben sich keine Folgeerscheinungen.

Komplikationen

Aufgrund des erschwerten Zugangs zur Eichel steht eine intensivierte Intimhygiene – soweit dies möglich ist – an vorderer Stelle. Da die tägliche Reinigung des Vorhautsacks nicht mehr möglich ist, staut sich Sekret an und es kommt zu einer Entzündung (Balanitis). Im Alter kann sich auf dem Boden der chronischen Entzündung ein → Peniskarzinom entwickeln. Das Risiko beträgt 10 – 20%.

Durch die Schwellung der zurückgestreiften Vorhaut mit der Ausbildung eines Schnürrings kann es zur Paraphimose („spanischer Kragen“) kommen. Als therapeutische Maßnahme wird bei einer Paraphimose die Eichel mit den Fingerkuppen etwa 3 – 5 Min. unter gleichzeitiger leichter Massage komprimiert, bis sich das Ödem zurückbildet und unter die Vorhaut zurückgleitet. Ist diese Therapie nicht erfolgreich, hilft nur die Inzision des äußeren Schnürrings (**Abb. P.49**).

Infobox

ICD-10: N47

Internetadressen: http://www.medinfo.de
Video einer Beschneidung:
http://www.intact.ca/video.html

Literatur:

Sökeland, J.: Urologie für Krankenpflegeberufe. Thieme, Stuttgart 2000

Phlebitis

► Die Sekretärin Annemarie Meyer leistete sich zu ihrem 50. Geburtstag eine Flugreise nach Amerika. Kurz vor ihrer Ankunft bekommt sie Schmerzen in ihren Beinen. Dem Arzt am Flughafen berichtet sie: „Plötzlich hatte ich stark angeschwollene Beine. Stellenweise sind sie gerötet und sehr warm. Jede Berührung schmerzt mich zusätzlich.“ Der Arzt am Flughafen erkennt schnell die Phlebitis und verordnet ihr Kompressionsstrümpfe und ein entzündungshemmendes Medikament. Er empfiehlt Frau Meyer im Urlaub viel zu laufen und später auf dem langen Rückflug auf genügend Bewegung zu achten.

Definition

Die Phlebitis ist eine Entzündung von oberflächlichen Venen, welche von Schwellungen, Verhärtungen und Schmerzen gekennzeichnet ist. Frauen sind etwa viermal häufiger betroffen als Männer.

Synonym: Entzündung venöser Gefäße.

Ursachen

Virchow'sche Trias. Nach Rudolf Virchow (1821 – 1902) werden die drei grundlegenden Ursachen für die Entstehung einer Phlebitis als Virchow's che Trias bezeichnet:

1. **Strömungsverlangsamung in der Vene:** Der Blutstrom kann durch eine Erweiterung der Venen oder durch fehlende Bewegung wie bei Bettlägerigkeit oder nach langem Sitzen verlangsamt sein.
2. **Veränderung der Blutzusammensetzung:** Durch vermehrte oder verminderte Produktion bzw. Aktivierung von Gerinnungsfaktoren kommt es zu einem gestörten Gleichgewicht im Gerinnungssystem mit der Folge einer Neigung zu Thrombosen.
3. **Veränderungen der Gefäßwände:** Sie spielen v. a. bei Verletzungen, Entzündungen, Einwachsen von → Tumoren oder beim Schultergürtelkompressionssyndrom eine Rolle.

Symptome

Entzündungen der oberflächlichen Venen sind als schmerzhafte, hochrote und erwärmte Stränge sicht- und fühlbar (**Abb. P.50**). Betroffene Stellen sind teigig angeschwollen und verhärtet.

Diagnose

Die Phlebitis lässt sich durch die Anamnese und die lokalen Beschwerden relativ leicht diagnostizieren. Typisches Symptom ist ein druckschmerzempfindlicher Venenstrang mit entzündlicher Umgebungsreaktion.

Mittels der Duplex-Sonografie können die Blutgefäße dargestellt und gleichzeitig die Strömungsgeschwindigkeit des Blutes gemessen werden. Sie ist die sicherste Methode, um das Ausmaß einer Phlebitis zu bestimmen und eine Beteiligung des tiefen Venensystems auszuschließen.

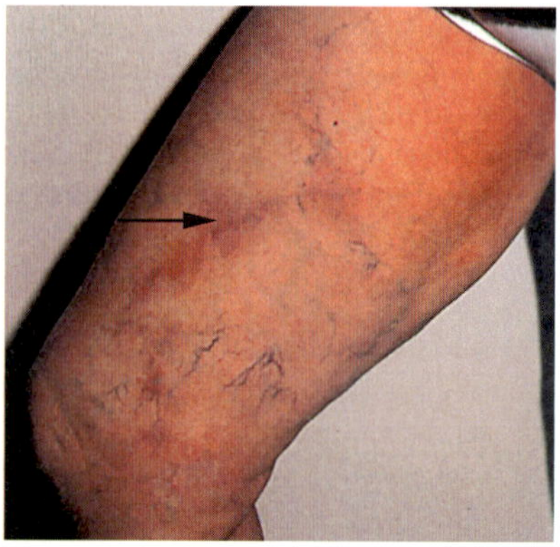

Abb. P.50 Phlebitis. Die entzündete Vene (Pfeil) ist gerötet, überwärmt und druckschmerzhaft.

Therapie

Da die Phlebitis häufig eine Thrombose nach sich zieht, ist eine sofortige Behandlung indiziert. Die Phlebitis wird i.d.R. mit entzündungshemmenden Medikamenten und elastischem Kompressionsverband behandelt. Damit klingt sie meist innerhalb von ein bis zwei Wochen ab.

Eine der wichtigsten therapeutischen Maßnahmen ist die Mobilisation der Patienten. Längeres Stehen und Sitzen sollte vermieden werden. Eine Therapie mit blutverdünnenden Medikamenten ist angezeigt bei bettlägerigen Patienten, die nicht mobilisiert werden können.

Prognose

Rechtzeitig erkannt und behandelt ist die Phlebitis in kurzer Zeit ohne Spätfolgen heilbar. Gefährlich ist das Übergreifen der oberflächlichen Prozesse auf das tiefe Venensystem. Wenn sich eine Thrombose bildet (→ Phlebothrombose), ist die Prognose deutlich schlechter. Zusätzlich besteht bei einer tiefen Venenthrombose die Gefahr einer → Lungenembolie durch Gerinnselbildung.

Eine Komplikation bei Thrombose stellt das venöse → Ulcus cruris („offenes Bein“) dar, eine offene, meist nässende und schlecht heilende Wunde am Unterschenkel.

Infobox

ICD-10: I80.9

Internetadressen:
http://www.vascular.de
http://www.angiologie-online.de

Literatur:

Marshall, M., Loew, D.: Venenerkrankungen. Springer, Berlin 2003

Phlebothrombose

► Andreas Müller (42) ist seit fünf Jahren LKW-Fahrer. Er ist schon seit seiner Schulzeit etwas übergewichtig. Einige Male hat er versucht abzunehmen, aber der Erfolg blieb aus. Das Essen und die Zigarette danach verleiten ihn immer wieder seine Vorsätze zu vergessen. Nach langen Fahrten hat er in den letzten Tagen Schmerzen, vor allem im linken Bein. Als die Beschwerden schlimmer werden, sucht er ein Krankenhaus auf. Dort berichtet er: „Mein linkes Bein schmerzt seit einigen Tagen. Es erscheint mir auch im Umfang größer als das rechte zu sein. Außerdem spannt es sehr und ist im Bereich der Wade bläulichrot verfärbt. Als ich versucht habe die Wade zu massieren, wurde es noch schlimmer." Nach der Untersuchung wird Andreas Müller gleich stationär aufgenommen.

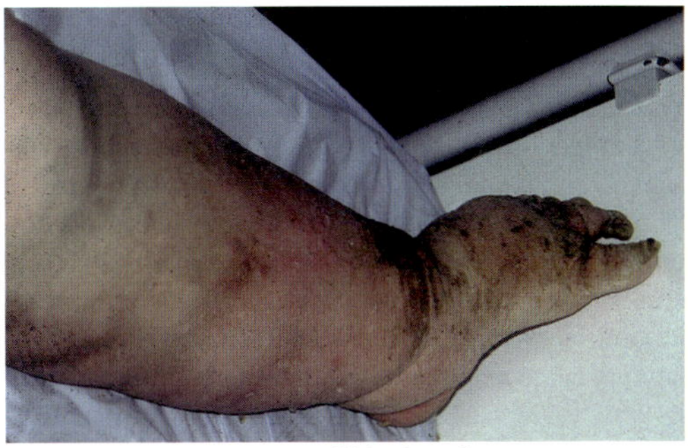

Abb. P.51 Symptome einer Phlebothrombose. Einseitige Beinschwellung mit bläulicher Verfärbung.

Definition

Die Phlebothrombose ist ein teilweiser oder vollständiger Verschluss der tief gelegenen Bein- oder Beckenvenen durch Thrombenbildung. Diese Blutgerinnsel bilden sich, wenn der Blutfluss in den Gefäßen stark verlangsamt ist oder im Blut verstärkt Gerinnungsfaktoren vorhanden sind.

Synonym: tiefe Venenthrombose (TVT).

Ursachen

Die Ursachen einer Phlebothrombose sind vielfältig, viele Risikofaktoren spielen dabei zusammen. Wie auch bei der → Phlebitis trifft die Virchow'sche Trias zu. Risikofaktoren sind:

- Verletzungen und Operationen,
- fortschreitende Schwangerschaft,
- Einnahme von schwangerschaftsverhütenden Medikamenten (Pille),
- Rauchen zusätzlich zur Pilleneinnahme,
- Störungen der Blutgerinnung, bei der sich vermehrt rote Blutkörperchen und -plättchen bilden (z. B. bei → Tumoren, Hormoneinnahme, erblicher Veranlagung,
- → Herzinfarkt,
- Bewegungsmangel (z. B. lange Flugreisen, längere Bettlägerigkeit),
- Übergewicht,
- Flüssigkeitsmangel.

Symptome

Die deutlichsten Symptome der Phlebothrombose sind Beinschmerzen in Ruhe wie auch bei Belastung. Weitere Hinweise sind ziehende Schmerzen wie beim Muskelkater und Spannungs- oder Schweregefühl in den Beinen. Eine Überwärmung sowie Schwellung der betroffenen Extremitäten und allgemeine Druckschmerzempfindlichkeit können auftreten.

In sehr schweren Fällen kann die Haut durch die Ödembildung straff gespannt und blau verfärbt sein, wobei am Fuß dann manchmal kein Puls mehr tastbar ist (**Abb. P.51**). Eine deutlich bläuliche Färbung als Zeichen von Minderdurchblutung tritt aber eher selten auf, bei etwa 50% der Betroffenen beginnt die Phlebothrombose gänzlich symptomlos.

Diagnose

Die Diagnostik beginnt mit allgemeiner körperlicher Untersuchung und Fragen zu Risikofaktoren. Es wird v. a. auf Unterschiede zwischen den Extremitäten, auf Schwellungen oder Druckschmerzempfindlichkeit geachtet. Zur weiteren Diagnostik stehen unterschiedliche Ultraschalltechniken zur Verfügung (→ Untersuchungen der Gefäße). Mit diesen lassen sich sowohl die Fließgeschwindigkeit des Blutes als auch die Durchgängigkeit der Venen feststellen. Auch die Größe schon vorhandener Gefäßverschlüsse ist dabei darstellbar.

Um eine Phlebothrombose sicher zu diagnostizieren, wird die Phlebografie angewendet. Bei dieser Untersuchung wird mit Kontrastmittel und Röntgenuntersuchung das Gefäßsystem dargestellt und so die Thrombose nachgewiesen. Die Laboruntersuchung kann wichtige Hinweise auf veränderte Gerinnungsfaktoren des Blutes liefern.

Differenzialdiagnose

Erkrankungen, die ähnliche Symptome verursachen, sind von der Phlebothrombose abzugrenzen:

- Erkrankungen, die Ödeme oder Schwellungen der Beine verursachen (Lymphödem, → Erysipel, chronisch venöse Insuffizienz),
- Krankheiten, die Schmerzen in den Beinen verursachen (Muskelfaserriss, Ischias-Syndrom, → akuter Arterienverschluss).

Treten Schwellungen gleichmäßig an beiden Beinen auf, sollte an Herz- und Kreislauferkrankungen gedacht werden. Aber auch Nieren- und Lebererkrankungen treten mit Ödembildung an den Beinen als Symptom in Erscheinung.

Therapie

Wichtigstes Ziel der Therapie ist es, den ungestörten Blutfluss wieder herzustellen und einer → Lungenembolie vorzubeugen. Kombiniert werden dabei Medikamente zur Blutverdünnung sowie Kompressionsverbände an den unteren Extremitäten. Für den Alltag werden dafür sog. Kompressionsstrümpfe verordnet. Durch die Kompression wird der venöse Blutstrom gefördert und einer Blutgerinnung entgegengewirkt. Die betroffene Extremität sollte nach Möglichkeit hochgelagert werden, ausreichende Bewegung ist sehr wichtig (**Abb. P.52**). Das Training der Wadenmuskulatur ist ein unverzichtbarer Bestandteil der Behandlung.

Bei größeren Gefäßverschlüssen wird das Blutgerinnsel operativ entfernt. Die Thrombektomie wird aber hauptsächlich angewendet, wenn die Beckenvenen betroffen sind (→ Becken- und Beinvenenthrombose).

Auch nach der Behandlung müssen Medikamente weiter eingenommen und die Kompressionsbehandlung fortgeführt werden. Die Dauer der Behandlung richtet sich individuell nach den jeweiligen Risikofaktoren des Patienten und der erfolgreichen Behandlung von Begleiterkrankungen.

Prognose

Nach der operativen Entfernung einer Phlebothrombose liegt der Heilungserfolg innerhalb eines 5-Jahres-Zeitraums bei etwa 70%. Ähnlich ist der Erfolg, wenn die medikamentöse Lysetherapie (Auflösungstherapie) angewendet wurde.

Bei etwa 30% der Patienten bildet sich ein postthrombotisches Syndrom mit Hautdefekten oder Geschwürbildung. Eine Lungenembolie betrifft etwa 3% der Betroffenen und eine erneute Phlebothrombose erleiden fast 10% der Patienten.

Abb. P.52 Therapie einer Phlebothrombose. Das Hochlagern der betroffenen Extremität gehört zur konservativen Therapie.

Komplikationen

Die gefährlichste Komplikation bei der Phlebothrombose ist eine → Lungenembolie. Dabei lösen sich Teile von den Gerinnseln und werden vom Blutkreislauf in die Lunge gespült. Dort kommt es dann zum Verschluss von Lungengefäßen, was häufig tödlich endet.

Infobox

ICD-10:
I80.2

Internetadressen:
http://www.medizinfo.de
http://www.toppharm.ch/ratgeber/krankheitsbilder/561.html
http://www.gefaesschirurgie.net
http://www.uni-kiel.de/1med/therapien/thrombose.htm

Literatur:
Altmeyer, P., Bacharach-Buhles, M.: Enzyklopädie Dermatologie, Allergologie, Umweltmedizin. Springer, Berlin 2002

Phlegmone

► „Ich habe Sie schon vor drei Wochen erwartet, denn man macht eigentlich einen Tag nachdem man einen Gips angelegt hat eine Gipsnachschau." „Tut mir leid, ich habe das wohl vergessen", bemerkt Herr Schneider zerknirscht. „Es war aber alles ok. Es hat nur ein bisschen gejuckt. Da habe ich ein wenig mit einer Stricknadel gestochert. Gestern hat mir die Hand aber total weh getan." Der Arzt entfernt den Gips und ist entsetzt: Die gesamte Hand ist geschwollen, rot und überwärmt. Auf dem Handrücken finden sich kleine, eiternde Schürfwunden.

Definition
Bei einer Phlegmone handelt es sich um eine Entzündung in den Gewebsspalten der Haut.

Ursachen
Die Bakterien (meist Streptokokken) dringen durch kleine Verletzungen oder durch eine Operation, meist an Fingern oder Hand, in die Haut ein. Es kommt zu einer eitrigen Entzündung.

Da die Entzündung nicht von einer Membran oder Körperhöhle begrenzt ist, kann sie sich zwischen den tiefen Hautschichten oder entlang von Sehnen und Muskeln ausbreiten.

Symptome
Eine Phlegmone kann sich überall am Körper bilden, ist aber meist an Beinen und Händen lokalisiert. Der Entzündungsbereich ist stark überwärmt, gerötet, sehr schmerzhaft und teigig geschwollen (**Abb. P.53**). In schweren Fällen kommt es zu eitrigen Einschmelzungen in der Tiefe des Gewebes. Die Betroffenen haben häufig Fieber und fühlen sich allgemein krank.

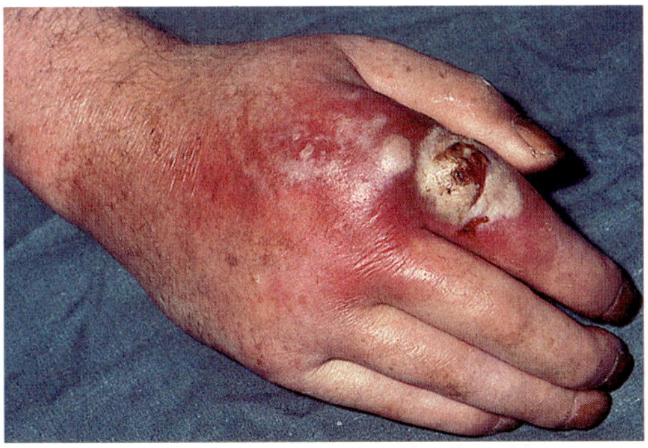

Abb. P.53 Phlegmone. Gerötete und geschwollene Phlegmone mit eitriger Einschmelzung am Zeigefinger.

Diagnose
Die Diagnose einer Phlegmone kann aufgrund des klinischen Befundes gestellt werden. Weitere Untersuchungen sind nicht nötig. Laboruntersuchungen ergeben typische Entzündungszeichen im Blut.

Differenzialdiagnose
Der Phlegmone sehr ähnlich ist das → Erysipel, auch Wundrose genannt. Es handelt sich um eine Entzündung, die sich in den oberflächlichen Hautschichten ausbreitet und meist scharf begrenzt ist.

Auch beim Erysipeloid, dem sog. Schweinerotlauf, kommt es zu einer Entzündung der Haut. Betroffen sind i.d.R. Metzger oder Landwirte, die sich an infiziertem Fleisch angesteckt haben. Folge ist eine Entzündung der Haut mit Schwellung der Finger und der Hand, die im Gegensatz zur Phlegmone scharf begrenzt ist und nicht zur Ausbreitung neigt.

Eine Phlegmone ist auch von einem → Abszess abzugrenzen, bei dem sich unter der Haut lokal Eiter ansammelt. Da der Entzündungsherd durch eine Membran abgegrenzt ist, breitet er sich nicht aus.

Therapie
Die lokale Entzündung wird mit Hilfe von Rivanol- oder Quarkumschlägen gelindert. Um die Ausbreitung der Entzündung zu verhindern, werden Antibiotika gegeben. Häufig ist zusätzlich eine Gipsbehandlung zur Ruhigstellung nötig. In schweren Fällen muss die Entzündung operativ ausgeräumt werden.

Prognose
Da die Entzündung nicht begrenzt ist, kann sie sich rasch in alle Richtungen ausbreiten und so zu schweren Entzündungen im Weichteilgewebe führen.

Infobox

ICD 10:
L03.9

Internetadresse:
http://www.medizinfo.de

Literatur:

Paetz, B. u.a.: Chirurgie für Pflegeberufe, 19. Aufl. Thieme, Stuttgart 2000

Moll, I.: Duale Reihe Dermatologie. Thieme, Suttgart 2005

Henne-Bruns, D. u.a. (Hrsg.): Duale Reihe Chirurgie, 2. Aufl. Thieme, Stuttgart 2003

Placenta praevia

► „Das ist supernett, dass du so schnell einspringen und auf Carina und Florian aufpassen kannst. Tut mir leid, dass ich dich so überrumpelt habe, aber die Blutungen hören nicht auf und ich möchte sofort zum Arzt", begrüßt Andrea ihre Freundin Claudia an der Haustür. „Ich hatte bei meinen anderen Schwangerschaften nie Probleme. Jetzt mache ich mir allerdings echt Sorgen. Wenn die drei Großen aus der Schule kommen, kannst du ihnen ja kurz Bescheid sagen. Ich bin jetzt weg." „Hey, warte mal. Ich fahre dich besser. Und die Kleinen nehmen wir mit", schlägt Claudia vor und zieht Carina und Florian die Schuhe an.

Definition

Als Placenta praevia bezeichnet man die Lokalisation der Plazenta im unteren Uterinsegment. Sie liegt vor, wenn sich der Embryo in den tiefen Abschnitten des Gebärmutterkörpers eingenistet hat, statt in dem oberen oder mittleren Drittel, oder wenn sich die Plazenta bis dort ausdehnt.

Synonym: tiefsitzende Plazenta.

Ursachen

Die Placenta praevia wird in drei Grade eingeteilt (**Abb. P.55**):

1. **Placenta praevia marginalis:** Der Plazentarand erreicht den inneren Muttermund.
2. **Placenta praevia partialis:** Der innere Muttermund ist teilweise durch die Plazenta bedeckt.
3. **Placenta praevia totalis:** Der innere Muttermund ist vollständig von der Plazenta überdeckt.

Die Bereiche nahe des Gebärmutterhalses haben für die Entwicklung des Fetus Nachteile. Zum einen ist dort die Blutversorgung der Plazenta nicht optimal. Daher ist die Placenta praevia im Schnitt oft 20–40% größer als ein normaler Mutterkuchen. Die größere Kontaktfläche soll die geringere Blutversorgung kompensieren. Zum anderen kommt es in diesem Bereich bereits während der Schwangerschaft zu wachstumsbedingten Flächenverschiebungen. Diese können bei einer tief sitzenden Plazenta schon relativ früh zu Blutungen führen.

Man hat festgestellt, dass bei Vielgebärenden aufgrund einer Schädigung der Gebärmutterschleimhaut tief sitzende Plazenten häufiger vorkommen. Des Weiteren nimmt man an, dass Schädigungen des Endometriums, z. B. durch einen Kaiserschnitt, Ausschabungen oder Entzündungen, die Placenta praevia begünstigen.

Symptome

Leitsymptom der Placenta praevia sind schmerzlose, sog. annoncierende Blutungen. Diese können in einer schwachen, häufig wiederkehrenden Form auftreten und sind als Vorboten für starke, u. U. lebensbedrohliche Blutungen anzusehen. Sie resultieren aus der Ausweitung des unteren Gebärmutterabschnitts in den letzten Schwangerschaftsmonaten. Die Plazenta kann sich den Veränderungen der Gebärmutterwand nicht anpassen und löst sich teilweise ab. Durch solch eine Abscherung von Plazentateilen werden hauptsächlich mütterliche, z. T. aber auch kindliche Gefäße eröffnet.

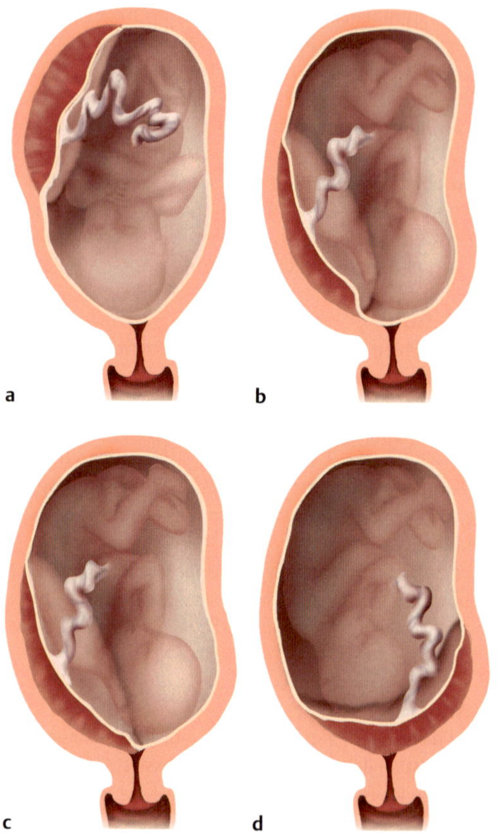

Abb. P.54 Ausprägungsgrade der Placenta praevia. **a** Normaler Plazentasitz, **b** Placenta praevia marginalis, **c** Placenta praevia partialis, **d** Placenta praevia totalis.

Diagnose

Bei Blutungen im letzten Schwangerschaftsdrittel wird der Verdacht auf eine Placenta praevia sonografisch erhärtet oder ausgeschlossen. Klinisch lassen Blutungen in der Anamnese eine Placenta praevia vermuten. Setzt die Wehentätigkeit ein, kommt es durch die Muttermunderöffnung zu einer stärkeren Blutung.

Die Diagnose darf nicht mit Hilfe der Tastuntersuchung durchgeführt werden, da sich die Plazenta dadurch lösen kann. Die Ultraschalluntersuchung, sowohl durch die Bauchdecke als auch von vaginal, sichert die Diagnose. Um eine fetale Blutung auszuschließen, sollte der Nachweis von HbF (fetales Hämoglobin) durchgeführt werden.

Differenzialdiagnose

Bei der Placenta praevia steht diagnostisch die Blutung im Vordergrund. Blutungen können aber auch andere Ursachen haben. Die häufigsten sind der → Abort, die → vorzeitige Plazentalösung und die → extrauterine Schwangerschaft. Man sollte jedoch auch gutartige → Tumoren wie → Myome, bösartige Tumoren wie das → Zervixkarzinom oder das → Endometriumkarzinom oder Entzündungen in Betracht ziehen.

Therapie

Die Therapie richtet sich nach der Symptomatik und dem Zustand von Mutter und Kind. Bei akutem Risiko für die Schwangere oder Anzeichen eines kindlichen Sauerstoffmangels ist die sofortige Durchführung einer Schnittentbindung (Kaiserschnitt) erforderlich.

Bei einer nur geringen Blutung führt man vor der 38. Schwangerschaftswoche eine abwartende Therapie mit Bettruhe, Wehenhemmung und Induktion der fetalen Lungenreife unter klinischer Beobachtung durch. Der Fetus muss überwacht und Blutkonserven müssen bereitgestellt werden. Dauert die Blutung an oder verstärkt sie sich, wird ein Kaiserschnitt durchgeführt.

Bei der Placenta praevia marginalis bzw. bei einem tiefen Sitz der Plazenta ist eine vaginale Entbindung möglich, wenn der tiefertretende Kopf eine Blutung verhindert. Dies muss im Einzelfall entschieden werden. Die Notwendigkeit einer Schnittentbindung kann sich jedoch immer noch ergeben.

Bei der Placenta praevia totalis ist die Geburt nur mit einem Kaiserschnitt durchführbar. Nach Möglichkeit sollte man die Schnittentbindung in der 37. Schwangerschaftswoche geplant durchführen, um einem Einsetzen der Wehentätigkeit und damit einer lebensbedrohlichen Blutung vorzugreifen.

Bei der Placenta praevia ist auch die Schnittentbindung mit einer verstärkten Blutung verbunden. Das untere Uterussegment verfügt über weniger Muskeln als die übrigen Uterusabschnitte. Daher kontrahiert sich dieser Teil der Gebärmutter nach der Entbindung nicht besonders gut. Die Plazentawunde kann also nicht adäquat verschlossen werden.

Prognose

Die Gefahr des Blutverlustes für die Mutter und das Kind steht klinisch im Vordergrund. Der Blutverlust kann in seiner Stärke oft schwer abgeschätzt werden. Für das Kind bestehen zwei Gefahren:

- durch den Verlust von Teilen der Plazenta ist es in seiner Versorgung eingeschränkt,
- Zottengefäße können einreißen, was durch den Blutverlust eine → Anämie oder gar einen → Schock bewirken kann.

Für das Kind resultiert eine deutlich stärkere Gefährdung, da man nicht unterscheiden kann, wie hoch der Anteil kindlichen Blutes am Gesamtverlust ist. Löst sich mehr als die Hälfte der Plazenta, ist mit dem Tod des Fetus zu rechnen. Infolge der insgesamt schlechteren Blutversorgung der Placenta praevia findet man häufig Mangelgeburten, sodass diese Kinder den zusätzlichen Blutverlust auch weniger gut ausgleichen können.

Infobox

ICD-10:
O44.1

Internetadressen:
http://www.baby-magazin.de
http://www.initiative-regenbogen.de/ursachen.htm
http://www.kinderpage.de/schwanger/lexikon.htm
http://www.praenatal-medizin.de

Plasmozytom

► „Ich höre auf. Mit dem Rücken geht es nicht. Anne, kannst du für mich einspringen?“. Frau Schneider geht vom Tennisplatz, setzt sich kurze Zeit auf die Bank und sieht ihren Freundinnen zu. Dabei versucht sie, ihren Rücken zu massieren. „Ich gehe schon mal duschen und dann in die Sauna“, ruft sie den anderen zu. Sie macht gerade ihren zweiten Saunagang, da kommt Anne. „Was ist denn mit deinem Rücken?“ möchte sie wissen. „Ich weiß auch nicht. Ich habe heute extra eine Aspirin genommen und mich schon ein paarmal massieren lassen. Aber das hat nichts genutzt. Ich dachte, ich könnte wieder spielen. Soll es das mit 65 Jahren jetzt etwa gewesen sein?“.

Definition

Ein Plasmozytom bezeichnet die Vermehrung von bösartig veränderten Plasmazellen im Knochenmark, die den Knochen zerstören und die normalen Blut bildenden Zellen verdrängen. Das Plasmozytom gehört zu den → Non-Hodgkin-Lymphomen.

Synonym: Multiples Myelom, Morbus Kahler.

Ursachen

Die Entstehung der Erkrankung ist unbekannt. In einigen Fällen scheinen ionisierende Strahlen oder Pestizide ein Plasmozytom auszulösen. Eine einzelne Plasmazelle im Knochenmark verändert sich bösartig (neoplastisch) und vermehrt sich ungehemmt (proliferiert).

Die bösartigen Zellen produzieren unkontrolliert große Mengen von Immunglobulinen der gleichen Klasse (monoklonale Gammopathie), die vermehrt über die Niere ausgeschieden werden und die Nierenfunktion einschränken können.

Zusätzlich bilden die Plasmazellen Faktoren, die Osteoklasten (knochenabbauende Zellen) aktivieren und Osteoblasten (knochenaufbauende Zellen) hemmen. Dadurch wird das Knochengewebe aufgelöst (Osteolyse) und die Knochenmasse nimmt ab (→ Osteoporose). Die Knochen brechen bei geringen Verletzungen sehr leicht.

Symptome

Die Patienten sind müde, nehmen Gewicht ab, haben eine erhöhte Temperatur und schwitzen nachts sehr schnell. Sie leiden unter diffusen oder lokalen Knochenschmerzen. Der Abbau des Knochens bewirkt eine Zunahme der Kalziumkonzentration im Blut und im Urin. Diese Hyperkalzämie kann, ebenso wie die monoklonale Gammopathie, die Funktion der Nieren beeinträchtigen und zu einer Niereninsuffizienz mit Oligurie (verringerte Urinausscheidung) führen.

Ein Mangel an Thrombozyten, Erythrozyten oder Leukozyten äußert sich durch Müdigkeit, eine erhöhte Blutungsneigung und Infektanfälligkeit. Die von den Plasmazellen gebildeten Immunglobuline sind nicht funktionstüchtig. Es kann daher zu einem Antikörpermangelsyndrom mit Infektionen kommen. Die zahlreichen Plasmazellen können die Viskosität des Blutes erhöhen. Dieses Hyperviskositätssyndrom kann zu Durchblutungsstörungen im Gehirn, an Fingern oder Zehen führen.

Diagnose

Die Symptome weisen auf ein Plasmozytom hin. Im Blut ist die BSG (Blutsenkungsgeschwindigkeit) und das Gesamteiweiß erhöht, das Albumin erniedrigt. Hämoglobin, Erythrozyten, Thrombozyten oder Leukozyten können erniedrigt sein. In der Eiweißelektrophorese (Serumelektrophorese) zeigt sich die Vermehrung der Gammaglobuline (**Abb. P.55**). Die Eiweißausscheidung im Urin ist erhöht (Proteinurie). 50% der Patienten scheiden leichte Ketten der Gammoglobuline mit dem Urin aus (Bence-Jones-Proteinurie). Etwa 30% der Patienten haben erhöhte Kalziumwerte im Blut (Hyperkalzämie).

Mit Röntgenaufnahmen, Computer- oder Magnetresonanztomografie werden Osteolyse, → Osteoporose oder Frakturen nachgewiesen (**Abb. P.56**). Im Knochenmarks-

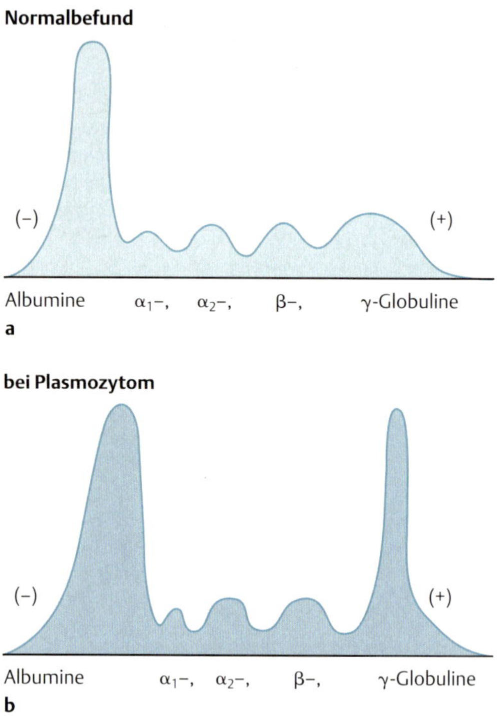

Abb. P.55 Auftrennung der Eiweißkörper im Blutserum im elektrischen Feld. a Normalbefund. **b** Patienten mit Plasmozytom zeigen eine Erhöhung von Gammaglobulinen.

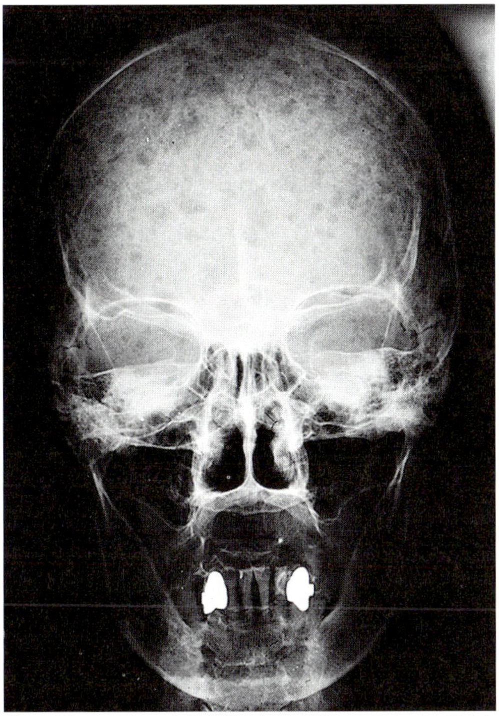

Abb. P.56 Osteolyse. Lokale Knochenzerstörungen am Schädel als Folge eines Plasmozytoms.

ausstrich erkennt man die bösartig veränderten Plasmazellen. Anhand verschiedener Kriterien wird das Plasmozytom in drei Stadien eingeteilt.

Differenzialdiagnose

Monoklonale Gammopathien, zu denen das Plasmozytom gehört, können auch bei anderen bösartigen Erkrankungen des Blutes (z. B. → chronische lymphatische Leukämie) oder bei Autoimmunerkrankungen vorkommen. Außerdem gibt es monoklonale Gammopathien unbestimmter Signifikanz (MGUS), bei denen ein monoklonales Protein ohne Hinweis auf eine ursächliche Erkrankung nachgewiesen werden kann.

Therapie

Das Plasmozytom wird in drei Stadien eingeteilt (Stadium I = niedrige Tumorzellmasse, Stadium III = hohe Tumorzellmasse). Ein Plasmozytom im Stadium I wird nicht behandelt, sondern nur regelmäßig kontrolliert. Ab dem Stadium II erhalten die Patienten eine Chemotherapie. Hierzu werden verschiedene zelltötende Medikamente (Zytostatika), z. B. Prednison und Melphalan, kombiniert. Alternativ kann das Knochenmark mit einer Hochdosis-Chemotherapie abgetötet und Knochenmarkstammzellen eines Spenders transplantiert werden (autologe Knochenmarktransplantation). Bei jüngeren Patienten verwendet man auch eigene Stammzellen (allogene Knochenmarktransplantation).

In Studien wird als Reservemedikament Thalidomid eingesetzt. Begleitend erhalten Plasmozytompatienten Bisphosphonate, die die Osteoklasten hemmen, und bei Bedarf Schmerzmittel oder Immunglobuline. Wegen der Infektanfälligkeit sollten die Patienten gegen Pneumokokken, Haemophilus und → Influenza geimpft werden.

Prognose

Der Verlauf der Erkrankung ist abhängig von der Menge der Tumorzellen, von ihren histologischen Eigenschaften und vom Stadium. Patienten im Stadium I überleben im Durchschnitt 64 Monate, Patienten im Stadium II dagegen 32 und Patienten im Stadium III 6 – 12 Monate.

Infobox

ICD-10:
C90.0

Internetadressen:
Leitlinien der AMWF (solitäres und multiples Myelom): http://www.leitlinien.net
http://www.krebshilfe.de (Infoangebot)
http://www.krebsinfo.de
http://www.krebsgesellschaft.de
http://www.myelom.de
http://www.multiples-myelom.ch

Literatur:
Baenkler, H.-W. u. a.: Duale Reihe Innere Medizin. Thieme, Stuttgart 2001
Greten, H. (Hrsg.): Innere Medizin. Thieme, Stuttgart 2005
Hahn, J.-M.: Checkliste Innere Medizin. Thieme, Stuttgart 2003
Riede, U.-N. u. a.: Allgemeine und spezielle Pathologie. Thieme, Stuttgart 2004

Platzbauch

► Frau Meyer wurde am Dickdarm wegen einer Divertikulitis operiert. Acht Tage nach der Operation läutet die Klingel aus ihrem Zimmer Alarm. „Mein Bauch ist offen“, ruft Frau Meyer dem herbeieilenden Pfleger Thorsten aufgeregt zu und schlägt ihre Bettdecke zurück. „Als ich gehustet habe, ist die Naht plötzlich geplatzt!“ Thorsten sieht, dass sich das Pflaster über der Wunde gelöst hat und die Wunde aufgerissen ist. Die Dünndarmschlingen liegen außerhalb des Bauches.

Definition

Bei einem Platzbauch weichen die Bauchdecken nach einer Operation auseinander (Dehiszenz).

Synonyme: Bauchwanddehiszenz, Fasziendehiszenz, Bauchwandruptur, Eviszeration.

Ursachen

Meist tritt ein Platzbauch zwischen dem 6. und 12. Tag nach einer Operation auf, kann aber auch schon früher oder sogar erst nach 30 Tagen entstehen. Männer sind etwas häufiger betroffen als Frauen. Bei einem inkompletten Platzbauch reißt zunächst das Bauchfell (Peritoneum), dann die Faszie. Geht auch die Haut auseinander, wird dies als kompletter Platzbauch bezeichnet (**Abb. P.57**).

Ein Platzbauch kann durch eine falsche Operationstechnik entstehen, z. B. wenn ein Knoten aufgeht oder ein Faden reißt. Zieht der Chirurg die Naht zu straff an, fasst zu wenig Gewebe vom Wundrand oder verwendet ungeeignetes Nahtmaterial, kann dies ebenfalls einen Platzbauch verursachen. Weniger die Operationstechnik allein, sondern mehrere Faktoren zusammen begünstigen die Entstehung eines Platzbauches:

- allgemeine Faktoren: hohes Alter, männliches Geschlecht,
- erhöhter Druck im Abdomen: Husten, Erbrechen, zu schnelle Mobilisierung nach der Operation, Blähungen, Verstopfung, → Aszites,
- verzögerte Wundheilung durch Begleiterkrankungen: z. B. → Diabetes mellitus, Herz-Kreislauf-Schwäche, Stoffwechselstörungen, → chronische Niereninsuffizienz,
- begleitende Therapien : z. B. Einnahme von Glukokortikoiden, Chemotherapie, Strahlentherapie,
- Art der Operation: Notfalleingriff, großer Bauchschnitt, chirurgische Technik, Nahtmaterial.

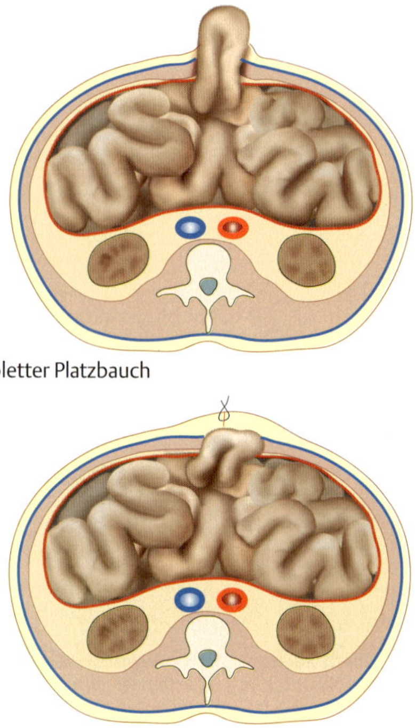

Abb. P.57 Kompletter und inkompletter Platzbauch. Äußere Faszie (blau) und das Peritoneum (rot) sind hervorgehoben.

Symptome

Der Patient gibt einige Tage nach einer Operation an, dass die Wundränder plötzlich „auseinandergerissen“ sind. Meist klaffen die Wundränder sehr plötzlich bei einem Hustenanfall oder einem erhöhtem Druck im Abdomen durch Blähungen auseinander. Bei einem kompletten Platzbauch verlagern sich Teile des Dünndarmes nach außen (Prolaps). Beim inkompletten Platzbauch ist die Haut noch verschlossen. Mitunter wird klare, blutige Flüssigkeit abgesondert.

Wird der inkomplette Platzbauch nicht bemerkt, kann er sich erst Tage später durch eine Lähmung des Darmes (Paralyse) bemerkbar machen. Manche Patienten mit einem Platzbauch atmen nur leicht ein und aus (Schonatmung).

Diagnose

Ein Platzbauch tritt fast immer überraschend und unerwartet auf. Die Diagnose des kompletten Platzbauches ist eindeutig: Die Wunde ist aufgerissen, Teile des Dünndarms liegen außerhalb des Bauches. Die Entzündungswerte im Blut sind meist normal.

Im Ultraschall oder in der Computertomografie sieht man bei einem inkompletten Platzbauch unter der intakten Bauchhaut die prolabierten, mit Flüssigkeit gefüllten Dünndarmschlingen zwischen den auseinander gewichenen Bauchdecken.

Differenzialdiagnose

Die Diagnose eines kompletten Platzbauches ist eindeutig. Ähnliche Symptome wie ein inkompletter Platzbauch können tiefer liegende Infektionen verursachen.

Therapie

Die Wunde muss schnellstmöglich erneut verschlossen werden (Revision), um eine Infektion zu verhindern. Ist die Diagnose gestellt, wird die Wunde noch auf der Station desinifziert und mit großen, sterilen Kompressen abgedeckt. Um einen weiteren Prolaps der Eingeweide zu verhindern, kann dem Patienten ein elastischer Verband angelegt werden, der erst auf dem Operationstisch entfernt wird (**Abb. P.58**).

Bei der Operation werden die Bauchdecken schichtweise erneut verschlossen. Dabei muss der Operateur darauf achten, die Wundränder spannungsfrei aneinander zu bringen. Das Operationsgebiet sollte genau inspiziert werden, um Verwachsungen oder eine Entzündung nicht zu übersehen.

Wenn der Platzbauch länger besteht, die Wundränder starr sind oder sich Verklebungen gebildet haben, können Stütznähte angelegt werden. Die Stütznähte werden unter der Haut, aber außerhalb des Bauchfells gelegt und sind an Plastikplättchen außerhalb des Abdomens fixiert.

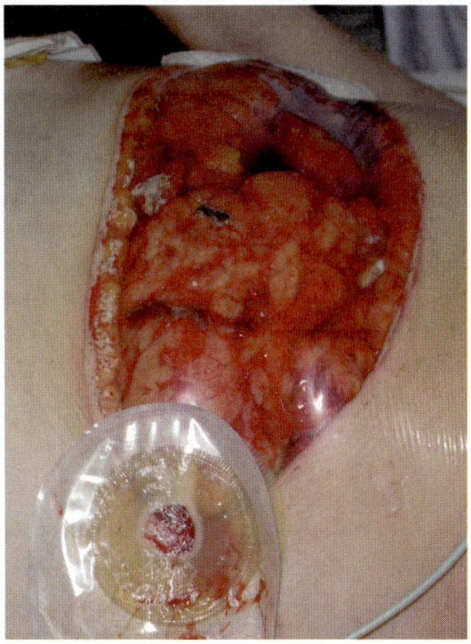

Abb. P.58 Platzbauch mit Folienverband.

Prognose

Die Prognose hängt vom Ausmaß des Platzbauches, vom Zeitpunkt der Diagnose und von Begleiterkrankungen ab. Die Wundränder oder das Operationsgebiet können sich entzünden. In etwa 5 – 8 % der Fälle tritt eine Wunddehiszenz erneut auf. Bei einigen Patienten bildet sich später ein Narbenbruch (Narbenhernie).

Um die Entstehung eines Platzbauches zu vermeiden, sollten Mangelzustände wie Vitamin-C-Mangel, Mangel an Gerinnungsfaktoren, Stoffwechselstörungen vermieden und die Leistung des Herz-Kreislauf-Systems optimiert werden. Die sicherste Operationsmethode, um einen Platzbauch zu verhindern, scheint ein fortlaufender Nahtverschluss mit langsam resorbierbarem Nahtmaterial zu sein.

Infobox

ICD-10:
T81.3

Internetadressen:
http://www.wikipedia.org/wiki/Platzbauch
http://www.dgch.de

Literatur:

Bruch, H.P., Trentz, O. (Hrsg.): Berchtold Chirurgie, 5. Aufl. Urban & Fischer, München 2005

Hirner, A., Weise, K. (Hrsg.): Chirurgie. Thieme, Stuttgart 2003

Plazentainsuffizienz

► „Ich rauche doch gar nicht so viel. Nur etwa zehn Zigaretten am Tag“, verteidigt sich Janine vor ihrer Freundin Annette. „Und bei meinen ersten zwei Kindern ist der Bauch immer normal dicker geworden. Jetzt ist aber schon lange nichts passiert.“ Sie streicht mit der Hand über ihren Bauch. „Ich habe ja nur vermutet, dass es am Rauchen liegen könnte“, erwidert Annette. „Außerdem bist du mit 36 Jahren auch nicht mehr die Jüngste. Warst du denn mal beim Arzt?“. „Nein, war ich noch nicht. Aber ich rufe gleich mal an.“

Definition

Eine Plazentainsuffizienz liegt vor, wenn ein Missverhältnis zwischen den Versorgungsleistungen der Plazenta und den Bedürfnissen des Kindes besteht.

Ursachen

Die Insuffizienz kann folgende Funktionen der Plazenta beeinflussen (**Abb. P.59**):

- die nutritive, d. h. ernährende Leistung,
- die respiratorische, für den Gasaustausch verantwortliche Leistung und hier insbesondere die Sauerstoffversorgung,
- die endokrine Funktion, d. h. die Hormonproduktion.

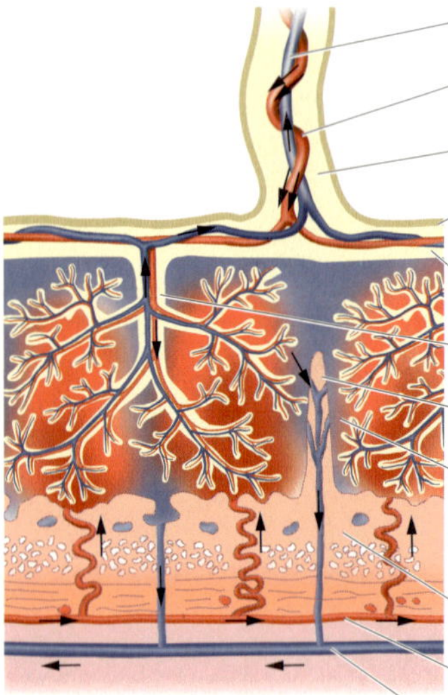

Abb. P.59 Die reife Plazenta. Über die Plazenta findet der Stoffaustausch zwischen Mutter und Kind statt, dabei besteht zwischen dem kindlichen und mütterlichen Kreislauf keine Verbindung.

Man unterscheidet eine chronische Form der Insuffizienz, bei der v. a. die Ernährung des Kindes gestört ist, von einer akuten Form, bei der die Sauerstoffunterversorgung im Vordergrund steht.

Chronische Form. Die chronische Plazentainsuffizienz wird auf unterschiedliche Ursachen zurückgeführt. So ist das Rauchen einer der wichtigsten Faktoren für eine Mangelentwicklung des Kindes. Ebenso spielt Drogenkonsum eine Rolle. Weitere Ursachen sind mütterliche Erkrankungen wie der → Diabetes mellitus, uterine Blutungen, Gestosen, → Myome und fieberhafte Infekte.

Bei 10% aller mangelentwickelten Kinder liegen Chromosomenanomalien oder Fehlbildungen vor, die mit einem geringen Geburtsgewicht einhergehen. Aber auch Infektionen innerhalb der Gebärmutter können zu Mangelgeburten führen. Nicht immer jedoch ist eine Ursache auszumachen.

Akute Form. Die akute Form der Plazentainsuffizienz kann auftreten, wenn sich eine chronische Unterversorgung, z. B. bei einer → Placenta praevia, plötzlich verschlechtert. Sie kann aber auch völlig neu in Erscheinung treten, z. B. wenn sich die Plazenta vorzeitig löst.

Chronisch unterversorgte Kinder sind i d.R. klinisch in einem besseren Zustand als Kinder mit einer akuten Unterversorgung, weil sich Erstere bereits an die Mangelsituation angepasst haben. Durch den Stress des Sauerstoffmangels wird von der kindlichen Nebenniere Kortison freigesetzt. Dieses regt frühzeitig die Lungenreifung an.

Symptome

Die Folge einer chronischen Unterversorgung des Kindes ist eine Mangelentwicklung. Verglichen mit einer normal entwickelten Vergleichsgruppe im gleichen Schwangerschaftszeitraum liegt ein Gewichtsdefizit vor. Dabei zeigen die Kinder alle Reifezeichen ihres Schwangerschaftsalters. Die Kinder wachsen zunächst ganz normal, stellen dann aber das weitere Wachstum ein oder nehmen nur noch minimal an Gewicht zu. Daher tritt die Retardierung des Kindes erst im letzten Schwangerschaftsdrittel auf.

Die Symptome einer akuten Plazentainsuffizienz sind die des Sauerstoffmangels. Hier stehen typische CTG-Veränderungen wie Herztonabfälle und Bradykardien im Vordergrund. Außerdem kann Mekonium (Kindspech) in das Fruchtwasser abgehen, das sich daraufhin grün verfärbt.

Diagnose

Die klinisch wichtigsten Zeichen einer kindlichen Mangelentwicklung sind:

- fehlendes Größenwachstum der Gebärmutter, erkennbar am Fundusstand oder am Bauchumfang (**Abb. P.60**),
- unterwertige Kindsmaße im Ultraschall (typischerweise ist das Wachstum auf den Normkurven erst normal,

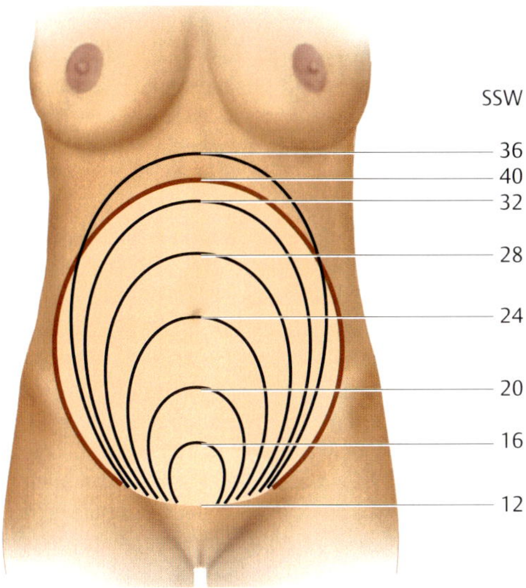

Abb. P.60 Höhenstand des Fundus uteri. Der für bestimmte Schwangerschaftswochen typische Höhenstand des Fundus wird der mütterlichen Anatomie zugeordnet: 12. SSW – Symphysenoberkante, 24. SSW – Nabel, 36. SSW – am Rippenbogen, 40. SSW – 1 – 2 Querfinger unter dem Rippenbogen. Zum Ende der Schwangerschaft senkt sich der Fundusstand wieder.

knickt dann jedoch ab; der Durchmesser des Brustkorbs ist davon stärker betroffen als der des Kopfes, dem das Fettpolster unter der Haut fehlt),

- → Oligohydramnion (zu wenig Fruchtwasser), weil die Plazenta ihre Fruchtwasserproduktion vermindert.

Aus diesen Zeichen ergibt sich die notwendige Überwachung der Schwangerschaft. Im Rahmen des Screenings wird zwischen der 30. und 32. Schwangerschaftswoche eine Ultraschalluntersuchung durchgeführt. Dabei ist das vorrangige Ziel, eine Mangelentwicklung auszuschließen.

Weitere Aufschlüsse kann die Doppler-Untersuchung geben, bei der die Durchblutung der Plazenta und die Durchblutung im Kind gemessen werden. Das CTG zeigt erst pathologische Muster, wenn bereits eine deutliche Unterversorgung vorliegt oder eine akute Verschlechterung eingetreten ist.

Therapie

Die Plazentadurchblutung kann durch Bettruhe und Liegen in Seitenlage verbessert werden. Natürlich sind Nikotin- und Drogenkonsum einzustellen.

Am wichtigsten ist die Schwangerschaft sorgfältig zu überwachen und den Zeitpunkt der optimalen Entbindung herauszufinden. Der Entbindungsmodus richtet sich nach dem fetalen Zustand. In Zweifelsfällen führt man einen Wehenbelastungstest durch, um zu sehen, ob ein chronisch gestresstes Kind die Belastung einer normalen Geburt tragen kann. Verschlechtert sich die Situation des Kindes unter der Geburt akut, muss intrauterin reanimiert werden. Dabei wird das Becken der Frau hoch gelagert. Zur besseren Durchblutung der Plazenta erhält sie zusätzlich ein Wehen hemmendes Medikament.

Abhängig vom geburtshilflichen Befund sollte man eine baldige Entbindung anstreben, manchmal ist auch eine sofortige Schnittentbindung notwendig.

Prognose

Nach der Entbindung sind die Kinder durch eine Unterzuckerung und Unterkühlung gefährdet, weil ihnen das Fettpolster zur Energiegewinnung und zur Isolierung fehlt. Nach einer Erholungszeit von etwa einem Jahr weisen die meisten Kinder dann aber eine normale neurologische, intellektuelle und psychomotorische Entwicklung auf.

Bei einer schweren Retardierung ist die Gefahr von bleibenden Schäden jedoch um den Faktor drei höher als bei normal versorgten Kindern.

Infobox

ICD-10:
O36.5

Internetadressen:
http://www.9 monate.de
http://www.schwangerschaft.medhost.de
http://www.fetomed.at/main_313_wellbeing.html
http://www.infos.muschel.net/definitionen.html
http://www.kinderpage.de/schwanger/lexikon.htm

Pleuraerguss

► „Komm Hedwig, wir rauchen jetzt eine", schlägt Frau Schlüter vor und will auf den Balkon gehen. „Nee, Jutta. Ich hab' doch aufgehört." „Echt? Das wusste ich ja gar nicht", ruft Frau Schlüter. „Warum denn?" „Seit einigen Wochen schaffe ich doch kaum die Treppen zu meiner Wohnung, weil ich keine Luft mehr bekomme", erzählt die 59-jährige Frau Schöneborn. „Da habe ich gedacht, jetzt ist Schluss mit dem Rauchen. Und ich war echt konsequent, obwohl es mir natürlich schwer fällt. Aber es ist immer noch nicht besser geworden. Sobald ich mich anstrenge habe ich Luftnot."

Definition

Als Pleuraerguss bezeichnet man eine Flüssigkeitsansammlung im Pleuraspalt.

Ursachen

Die Lunge ist von einer elastischen Hülle umgeben, der viszeralen Pleura. An der Thoraxwand grenzt die viszerale Pleura an eine ähnliche Struktur, die parietale Pleura. Dazwischen liegt der Pleuraspalt. Die Zellen der viszeralen und der parietalen Pleura bilden täglich wenige Milliliter Flüssigkeit, die wieder absorbiert werden, sodass im Pleuraspalt immer nur ein Feuchtigkeitsfilm vorhanden ist (**Abb. P.61**).

Bei einigen Krankheiten kann dieses Gleichgewicht gestört sein. Im Pleuraspalt sammelt sich Flüssigkeit und es entsteht ein Pleuraerguss. Er enthält oft einen halben bis zwei Liter Flüssigkeit, manchmal sogar noch mehr.

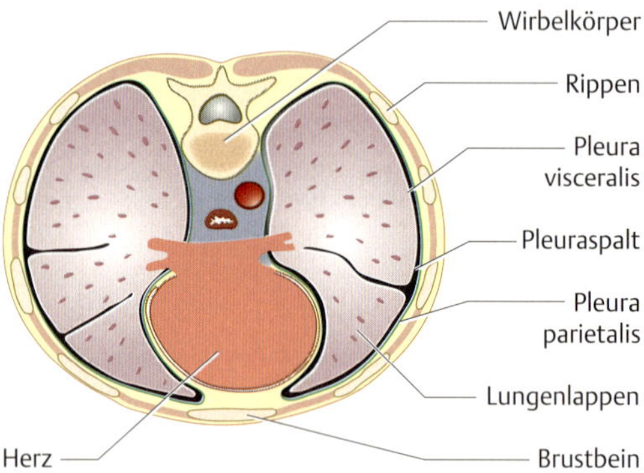

Abb. P.61 Anatomie. Die Pleura besteht aus der viszeralen Pleura, die die Oberfläche beider Lungen einhüllt und der parietalen Pleura, die die Innenwände des Brustkorbs, die Oberseite des Zwerchfells und den Herzbeutel bedeckt. Zwischen der viszeralen und der parietalen Pleura liegt der Pleuraspalt.

Ein Pleuraerguss kann punktiert und die Flüssigkeit (Punktat) aufgefangen und analysiert werden. Bei dem Punktat unterscheidet man zwischen Transsudat und Exsudat (**Tab. P.2**).

Einem Tanssudat zugrunde liegende Erkrankungen

Die häufigste Ursache für ein sog. Transsudat und für einen Pleuraerguss allgemein ist die Schwäche des linken Herzens, die Linksherzinsuffizienz (→ Herzinsuffizienz). Dabei ist die linke Herzkammer nicht mehr kräftig genug, um das gesamte Blut, das aus der Lunge zum Herzen strömt, weiter in den Körper zu pumpen. Besonders in den unteren Partien der Lunge staut sich deshalb langsam Flüssigkeit und es kann zum Pleuraerguss kommen. Oft treten die Pleuraergüsse bei der Linksherzinsuffizienz auf beiden Seiten auf, meistens sind sie aber rechts größer als links.

Bei einem ausgeprägten Eiweißmangel kann sich im Pleuraspalt ebenfalls ein Transsudat bilden. Proteine binden im Blut Flüssigkeit und halten so die Flüssigkeit in den Gefäßen. Fehlen sehr viele Proteine, kann Flüssigkeit ausströmen und sich u. a. auch in der Pleurahöhle sammeln. Diese Art von Pleuraerguss findet man auch bei einer bestimmten Nierenerkrankung, dem → nephrotischen Syndrom, bei dem die Patienten über die Nieren viel Eiweiß verlieren.

Auch bei einer → Leberzirrhose kann man ein Transsudat als Pleuraerguss finden. Meistens befindet sich dabei die Flüssigkeitsansammlung rechts.

Einem Exsudat zugrunde liegende Erkrankungen

Exsudate kommen am häufigsten bei → Pneumonien vor. Sie sind die zweithäufigste Ursache für Pleuraergüsse. Die Zahl der weißen Blutkörperchen ist hierbei oft sehr hoch, häufig über 10.000/μl. Ist solch ein Erguss mit Erregern infiziert, kommt es zum Pleuraempyem.

Eine weitere, häufige Ursache für Exsudate sind bösartige → Tumoren. Tochtergeschwülste können auch auf der Pleura auftreten (Pleurametastasen). Meistens ist der ursprüngliche Tumor ein → Bronchialkarzinom, aber auch bei → Mammakarzinom, → Ovarialkarzinom und bösartigen Lymphomen – einer bestimmten Form von Leukämie, → Non-Hodgkin-Lymphom, → Hodgkin-Lymphom – können Pleurametastasen auftreten. Das Auftreten dieses sog. malignen Pleuraergusses, bedeutet normalerweise, dass der Tumor nicht mehr heilbar ist. In der Hälfte der Fälle können bösartige Zellen im Punktat gefunden werden.

Auch bei der → Lungenembolie, dem Verschluss von Lungenarterien durch Blutgerinnsel, kann ein Exsudat auftreten.

Selten ist die Ursache für einen exsudativen Pleuraerguss eine → Tuberkulose. Bei Jugendlichen und Erwachsenen bis 40 Jahre tritt eine Tuberkulose häufiger in dieser

Form auf. Bei etwa einen Drittel der Fälle lassen sich dabei Tuberkelbakterien – säurefeste Stäbchen – im Punktat nachweisen.

Symptome

Je nachdem, welche Grunderkrankung hinter dem Erguss steckt, können die Patienten unterschiedliche Beschwerden haben. Den Pleuraerguss selber müssen sie nicht unbedingt bemerken. Nur bei ausgeprägten Ergüssen, wenn große Teile der Lunge sich nicht mehr entfalten können, klagen sie über Luftnot bei körperlicher Anstrengung oder auch über ein Gefühl der Enge im Brustkorb.

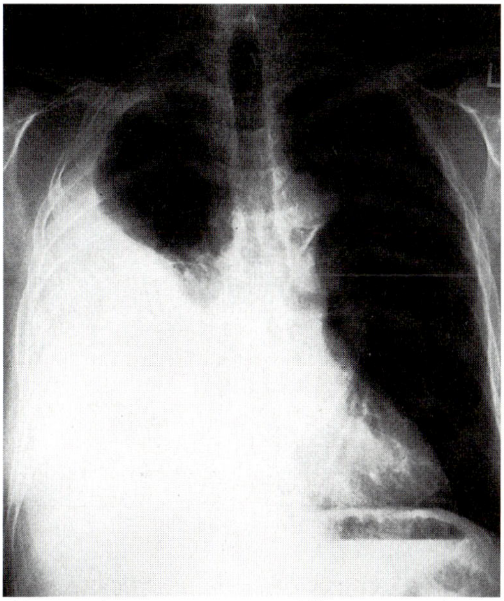

Abb. P.62 Pleuraerguss. Das Röntgenbild zeigt einen rechtsseitigen Pleuraerguss, der in typischer Weise seitlich ansteigt.

Diagnose

Größere Pleuraergüsse fallen schon beim Abklopfen der Lunge auf: Der Klopfschall klingt normalerweise über der Lunge hohl, weil sie so viel Luft enthält. Im Bereich des Ergusses ist der Klopfschall gedämpft, im Extremfall über einer ganzen Seite. Beim Abhorchen fehlt über einem Pleuraerguss das Atemgeräusch.

Wie ausgedehnt der Pleuraerguss genau ist, kann man gut mit einer Sonografie feststellen. Schon sehr kleine Ergüsse von 10 – 20 ml sind im Ultraschallbild sichtbar. Auch ein Röntgenbild vom Thorax – am stehenden Patienten – kann den Verdacht eines Pleuraergusses bestätigen: Man sieht dann einen homogenen Schatten (**Abb. P.62**). Allerdings werden die Ergüsse im Röntgenbild erst ab 300 ml Flüssigkeitsvolumen sichtbar.

Pleurapunktion

Um herauszufinden, welche Ursache der Pleuraerguss hat, muss man die Pleura punktieren und die Flüssigkeit im Pleuraspalt absaugen. Dazu muss vorher die Blutgerinnung kontrolliert werden, um sicher zu gehen, dass mit der Punktion keine größere Blutung ausgelöst wird. Die Ursache für einen Pleuraerguss kann oft nur durch eine Untersuchung des Punktats im Labor gefunden werden. Wichtig ist dabei der Unterschied zwischen einem Transsudat und einem Exsudat (**Tab. P.1**):

- **Transsudat:** Bei ihm sind das Kapillarsystem und der Zellverband, der die Oberfläche der Pleura bildet (das sog. Pleuramesothel), noch intakt. Die Flüssigkeit ist sozusagen ein Filtrat dieser Zellen.
- **Exsudat:** Bei einem Exsudat ist der Aufbau von Kapillarsystem und Zellverband zerstört.

Außer dem Trans- und dem Exsudat gibt es noch folgende Sonderformen des Pleuraergusses.

Tab. P.1 Unterscheidung zwischen Transsudat und Exsudat.

Kriterien	Transsudat	Exsudat
Integrität Zellstruktur	vorhanden	nicht vorhanden
Proteingehalt	< 30 g/l	> 30 g/l
Verhältnis Proteingehalt Erguss / Proteingehalt Serum	< 0,5	> 0,5
Laktatdehydrogenase LDH	< 0,6 U/l	> 0,6 U/l
Zellzahl	< 1000 pro µl	> 1000 pro µl
Farbe	serös	bernsteinfarben
ursächliche Erkrankungen	→ Leberzirrhose Linksherzinsuffizienz (→ Herzinsuffizienz) Eiweißmangel	→ Pneumonien bösartige → Tumoren → Lungenembolie → Tuberkulose

Pleuraempyem. Dabei handelt es sich um einen infizierten Erguss, der sehr viele weiße Blutkörperchen enthält, eitrig und von weißlich-grüner Farbe ist.
Chylothorax. Hier ist Chylus, eine milchartige Lymphflüssigkeit, die aus dem Magen-Darm-Trakt in einem großen Lymphgefäß, dem Ductus thoracicus, zur großen Vene im Thoraxraum geleitet wird, in den Pleuraspalt gelangt. Die Ursache ist oft ein Trauma. Daneben kann er auch bei bösartigen Erkrankungen der Lymphgefäße auftreten.
Hämatothorax. Der Pleuraerguss besteht fast ausschließlich aus Blut. Ein → Hämatothorax kommt fast ausschließlich bei Unfällen vor. Dabei muss immer nach Begleitverletzungen, etwa der Wirbelsäule, der Rippen, oder des Brustbeins gesucht werden.

Therapie
Bei großen Ergüssen bringt die Punktion des Pleuraergusses den Patienten kurzfristig Entlastung, die eigentliche Therapie ist aber die Behandlung der Grunderkrankung – etwa Herz stärkende Medikamente bei der Herzinsuffizienz oder Antibiotika bei einer Pneumonie. Transsudate heilen normalerweise ohne Folgen ab, wenn die Grundkrankheit gut behandelt werden kann.

Wenn ein Pleuraerguss immer wieder nachläuft, z. B. bei malignen Pleuraergüssen, kann chirurgisch eine Pleurodese durchgeführt werden. Dabei wird der Pleuraspalt mit Hilfe von Fibrinkleber oder anderen chemischen Substanzen verödet, sodass sich hier keine Flüssigkeit mehr sammeln kann.

Prognose
Die Prognose hängt von der Grunderkrankung ab. Bei malignen Pleuraergüssen ist sie oft sehr schlecht, häufig haben die Patienten eine Lebenserwartung von weniger als einem Jahr.

Infobox

ICD-10:
J90, J91

Internetadressen:
http://www.atemwegsliga.de
http://www.pneumologie.de

Pleuritis sicca

► Verstohlen gucken die anderen Patienten in der Ambulanz den 18-jährigen Boris Markow von der Seite an. Der schmächtige junge Mann kann sich kaum aufrecht halten. Er sitzt mit vorgebeugtem Oberkörper, atmet nur flach und hält eine Hand an die linke Brustwand. Boris Gesicht glänzt fiebrig. Als er husten muss, treten ihm vor Schmerz Tränen in die Augen. „Seit einigen Wochen hat der Junge so einen trockenen Reizhusten“, erzählt Boris Vater. „Dann hat er immer weniger gegessen und wurde schwächer und schwächer. Vorgestern bekam er Fieber und gestern fingen diese furchtbaren Schmerzen an.“

Definition

Eine Pleuritis sicca ist eine entzündliche Veränderung der Pleurablätter bei der kein → Pleuraerguss nachgewiesen werden kann.

Synonym: trockene Rippenfellentzündung, trockene Lungenfellentzündung.

Ursachen

Die Lunge ist von einer Hülle (Pleura) umgeben, in die die Lungenflügel eingestülpt sind wie in einen geschlossenen Sack. Die äußere Schicht dieses Sackes ist unten mit dem Zwerchfell und an allen anderen Seiten mit der Brustwand verwachsen (Pleura parietalis), die innere Schicht mit den Lungen (Pleura visceralis). Durch eine winzige Flüssigkeitsmenge zwischen diesen beiden Schichten gleiten diese beim Atmen aneinander vorbei (**Abb. P.63**).

Beim Gesunden sehen Pleura parietalis und Pleura visceralis aus wie glatte, spiegelnde Flächen. Ist die Pleura entzündet, sind diese Flächen wie „aufgeraut“ und die beiden Blätter reiben beim Atmen aneinander und werden gereizt. Durch die Reizung haben die Patienten starke Schmerzen. Eine Reihe von Krankheiten können eine Pleuritis sicca verursachen:

- → Pneumonie (häufig),
- → Tuberkulose (v. a. bei jungen Menschen),
- bösartige → Tumoren von Lunge und Pleura,
- Autoimmunerkrankungen,
- → Lungenembolie.

Hat sich ein → Pleuraerguss gebildet, nennt man die Erkrankung Pleuritis exsudativa. Oft tritt die Pleuritis sicca vor einer Pleuritis exsudativa auf.

Symptome

Die Patienten haben starke, stechende Schmerzen in der Brustwand. Da diese Schmerzen atemabhängig sind, atmen die Betroffenen flach. Bei tiefer Inspiration verstärkt sich der Schmerz und oft müssen die Patienten danach husten. Die Lokalisation beschreiben sie häufig als „flächenhaft“, bei einer basalen Pleuritis können die Schmerzen auch in die Schulter ausstrahlen.

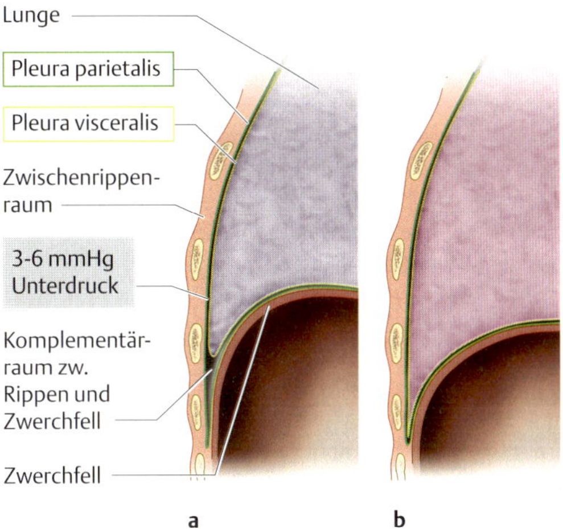

Abb. P.63 Pleurabewegung beim Atmen. a Bei Ausatmung wird der Pleuraraum von der Lunge nicht komplett ausgefüllt. Es bleibt ein Winkel zurück, in dem beide äußeren Blätter der Pleura aneinander liegen. **b** Füllt sich die Lunge mit Luft, schiebt sie sich in den Komplementärraum zwischen Rippen und Zwerchfell hinein. Dadurch wird das Lungenvolumen stärker vergrößert als durch die Bewegung des Zwerchfells allein.

Wenn die Pleuritis sicca in eine Pleuritis exsudativa übergeht, lassen die Beschwerden typischerweise nach, da die Pleurablätter durch den Pleuraerguss nicht mehr aneinander reiben.

Diagnose

Gesichert wird die Diagnose durch die Symptome und das bei der Auskultation hörbare Pleurareiben. Dieses typische, atemsynchrone Reibegeräusch bezeichnet man auch als „Lederknarren“.

Differenzialdiganose

Atemabhängige Brustwandschmerzen können auch auftreten bei:

- → Rippenfraktur/-prellung, Rippentumor oder Rippenosteomyelitis,
- → Pneumothorax,
- → Herpes zoster,
- Wirbelsäulenerkrankungen.

Bei Erkrankungen der Wirbelsäule können die Nerven, die von jedem Wirbelsäulensegment rechts und links an jeder Rippe zum Brustbein ziehen, gereizt sein. So strahlt der Schmerz in den Thorax aus.

Bei all diesen Differenzialdiagnosen sind die Schmerzen oft nicht flächig, sondern segmental begrenzt. Ein Reibegeräusch ist bei keiner dieser Erkrankungen hörbar. Ein raues Reiben kommt noch bei der Entzündung des Herzbeutels (→ Perikarditis) vor. Dieses ist aber nicht atem-, sondern pulssynchron.

Therapie

Mit Schmerzmitteln können die Patienten tiefer atmen und die Lunge wird besser belüftet. Ansonsten hängt die Therapie von der Grunderkrankung ab: Bei der Tuberkulose müssen die Patienten z. B. monatelang Tuberkulostatika einnehmen, bei der Pneumonie reichen manchmal Antibiotika für zwei Wochen. Bei bösartigen Tumoren hilft manchmal eine Bestrahlung.

Prognose

Bei einer Pneumonie oder einer Tuberkulose als Grunderkrankung ist die Prognose oft sehr gut, bei bösartigen Tumoren oft sehr schlecht. Bei einer chronischen Pleuritis kann sich als Komplikation eine Verwachsung der Pleurablätter, eine Pleuraschwarte, ausbilden.

Infobox

ICD-10:
R09.1

Internetadressen:
http://www.ersnet.org
http://www.rki.de

Plötzlicher Kindstod

► Die 23-jährige Vanessa Johnsen erzählt auf der Entbindungsstation: „Ich habe echt Angst um Kevin. Unser erstes Baby Maik ist am plötzlichen Kindstod gestorben. Er sah Kevin so ähnlich! Wir rauchen zwar jetzt nicht mehr und wissen wie unser Kind liegen soll. Aber ich brauche einen Monitor zu Hause, sonst kann ich nicht ruhig schlafen. Ich sitze ja jetzt schon ständig am Bettchen und passe auf! Und immer sehe ich Maik da liegen."

Definition

Beim plötzlichen Kindstod stirbt ein Säugling oder Kleinkind plötzlich und unerwartet. Der Tod kann auch durch sorgfältige Untersuchungen nicht ausreichend erklärt werden.

Synonyme: Plötzlicher Säuglingstod, SIDS (sudden infant death syndrome).

Häufigkeit

Der plötzliche Kindstod betrifft vor allem Säuglinge im 2.–4. Lebensmonat. Dagegen kommt er im 1. Lebensmonat sowie nach Ende des ersten Lebensjahres selten vor. Männliche Säuglinge sind etwa 1,5-mal häufiger betroffen als weibliche. Außerdem tritt der plötzliche Kindstod in der kalten Jahreszeit häufiger auf.

Der plötzliche Kindstod betrifft derzeit etwa eines von 2.000 Lebendgeborenen. In Deutschland wurden zuletzt etwa 350 Fälle pro Jahr registriert.

Ursachen

Die eigentliche Ursache des plötzlichen Kindstodes ist trotz intensiver Forschung noch nicht definitiv geklärt. Nach derzeitiger Ansicht sind am plötzlichen Kindstod viele Faktoren beteiligt (**Abb. P.64**).

Meist treffen eine endogene (zentralnervöse) Veranlagung, akute Probleme wie Atemwegsinfekte sowie exogene Auslöser, z. B. Nikotinbelastung, Bauchlage, Überwärmung usw. zusammen. Daraus kann eine besonders ungünstige Konstellation entstehen, sodass lebenswichtige Funktionen wie Atmung und Kreislauf versagen.

Eine gewisse Rolle dürften auch obstruktive Apnoen spielen. Dabei behindert z. B. eine instabile Rachenwand den Luftstrom in den oberen Atemwegen und die Atmung setzt aus. Dies kann lebensbedrohlich werden, wenn etwa weiche Kissen oder Infekte und Schleimhautschwellungen die Atemwege zusätzlich verlegen. Obstruktive Apnoen können dann auch dazu führen, dass die Pulsfrequenz sehr stark absinkt.

Daneben existieren aber noch zahlreiche andere Erklärungsversuche, z. B. die, dass die Ursache primär mit dem Herzen zu tun hat. Auch erscheint es denkbar, dass verschiedene Mechanismen zum plötzlichen Tod führen und kein einheitliches „Syndrom" vorliegt.

Diagnose

Die Diagnose erfolgt durch den Ausschluss anderer Todesursachen. Zu diesem Zweck ist eine Autopsie unumgänglich.

An plötzlichem Kindstod verstorbene Säuglinge zeigen bei der Obduktion u. a. petechiale Blutungen über dem Thymus sowie unter dem Epikard. Häufig werden auch eine Glia-Vermehrung im Gehirn (Gliose), vermehrt braunes Fettgewebe und geringe Zeichen eines respiratorischen Infektes gefunden. Bei Säuglingen, die in Bauchlage verstorben sind, bleiben häufig die Totenflecke um Mund und Nase ausgespart.

In allen Fällen sollten die wichtigsten Organe (zumindest Gehirn, Herz, Lunge) histologisch untersucht werden. Weiter sollten bei entsprechenden Hinweisen toxikologische und mikrobiologische Untersuchungen erfolgen.

Differenzialdiagnose

Differenzialdiagnostisch müssen alle Todesursachen bedacht werden, die einen plötzlichen Tod bedingen können. Dabei müssen in erster Linie schwer verlaufende Infektionen ausgeschlossen werden, z. B. → Sepsis, → Meningitis, → Pneumonie, akute Gastroenteritis mit Elektrolytentgleisung usw., aber auch angeborene Fehlbildungen (z. B. am Herzen), → Herzrhythmusstörungen sowie angeborene Stoffwechselerkrankungen.

Eine wichtige Differenzialdiagnose stellt auch der kriminelle Tod des Kindes (z. B. durch Ersticken) dar. Schätzungen zufolge werden etwa 5 % aller plötzlichen Kindstode gewaltsam herbeigeführt.

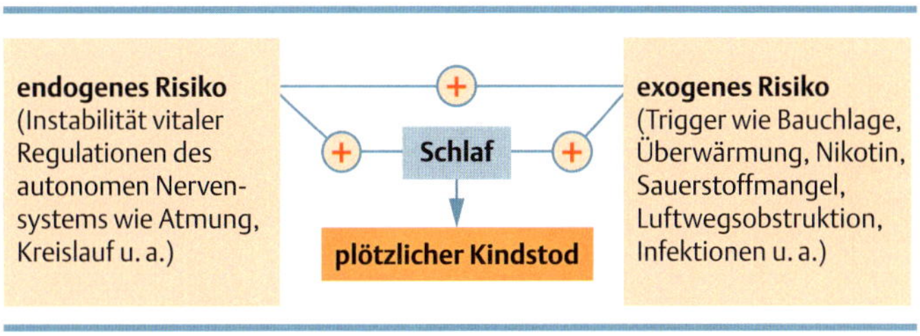

Abb. P.64 Pathogenese des plötzlichen Kindstods (Hypothese). Der plötzliche Kindstod tritt infolge einer Kombination von endogenen und exogenen Ursachen auf.

- das Baby sollte in Rückenlage zum Schlafen gebracht werden (im Wachzustand aber auch Bauchlage!)
- jeglicher Nikotinkontakt, auch indirekter, sollte vermieden werden (kein „co-sleeping")
- einer Überwärmung im Schlaf sollte entgegengewirkt werden (empfohlene Raumtemperatur um 18 °C)
- eigenes Bettchen für den Säugling, aber nach Möglichkeit im elterlichen Zimmer
- keine dicken Decken und Kopfpolster, ein Baby-Schlafsack ist zu bevorzugen
- Vermeiden großer Kuscheltiere oder anderer potenziell atembehindernder Gegenstände
- Säuglinge sollten nach Möglichkeit in den ersten Lebensmonaten gestillt werden
- Infekte (insbesonder der Atemwege) sind ernst zu nehmen und erfordern strenge Observanz
- eventuell Beruhigungsschnuller (ab 4. Lebenswoche bis Ende 1. Lebensjahr)

Abb. P.65 So sollte ein Baby schlafen. Diese Empfehlungen zur Prävention eines plötzlichen Kindstods werden in vielen Ländern mittels Broschüren, Plakaten, Videos und Internet an die Eltern junger Säuglinge weitergegeben. Durch sie konnte die Häufigkeit des plötzlichen Kindstodes weltweit deutlich reduziert werden.

Wenn ein plötzlicher Kindstod eingetreten ist

Der plötzliche Tod eines Kindes ist besonders für die betroffenen Eltern ein sehr dramatisches Ereignis. Umso wichtiger ist eine einfühlsame Vorgehensweise aller mit dem Todesfall befassten Personen.

Tritt der plötzliche Kindstod zu Hause ein, wird die Polizei am Ort des Geschehens Erhebungen anstellen. Dabei wird genau dokumentiert wie das Kind aufgefunden wurde. Eine derartige Analyse der Todesumstände mag für die Eltern zwar belastend sein. Aber ähnlich wie die Autopsie dient sie letztlich auch dazu, die Eltern von einem evtl. Schuldgefühl zu befreien. Wenn alle Untersuchungen abgeschlossen sind, sollte eine kompetente Person die Eltern über die Ergebnisse aufklären.

Darüber hinaus sollte man den Eltern psychologische Hilfe anbieten. Oft hilft auch die Mitgliedschaft in einer Selbsthilfegruppe (z. B. GEPS, s. Infobox), das dramatische Ereignis zu verarbeiten. Es mag für die Eltern auch tröstend sein zu erfahren, dass das Wiederholungsrisiko für den plötzlichen Kindstod gering ist.

Prävention

Sie beginnt bereits in der Schwangerschaft durch die allgemeine Gesundheitsvorsorge und die Vermeidung von Nikotin. Nach der Geburt sollen die drei Hauptrisikofaktoren Bauchlage im Schlaf, Nikotinbelastung und Überwärmung vermieden werden.

In bestimmten Fällen sollen Kinder mit einem Heimmonitor überwacht werden.

Obwohl die Ursache des plötzlichen Kindstodes nicht definitiv geklärt ist, haben präventive Maßnahmen zu einer Senkung der Todesrate um mindestens 50 % geführt (**Abb. P.65**).

Monitoring

Neben den allgemeinen Richtlinien gelten für Säuglinge mit entsprechender Vorgeschichte (mehrfache Kindstode in der Familie, frühe Geburt mit Komplikationen, frühere lebensbedrohliche Zwischenfälle usw.), noch zusätzliche Richtlinien. So ist bei entsprechender Indikation die Überwachung mit einem Heimmonitor angezeigt. Der Monitor registriert die Atem- und Herztätigkeit und evtl. auch die Sauerstoffsättigung. Er gibt bei bedrohlichen Zuständen Alarm und speichert die Alarmsituation auf einem Chip. Vor dem Einsatz eines Monitors müssen die Eltern in dessen Bedienung sowie in die Säuglingsreanimation eingewiesen werden. Die Indikation zum Monitoring ist auch wegen der Häufigkeit von Fehlalarmen streng zu stellen.

Eine Überwachung mit Billigmonitoren ist v. a. wegen der damit vermittelten „Pseudosicherheit" abzulehnen. Ebenso hat sich die routinemäßige Schlaflaboruntersuchung (Polygrafie) als prognostische Untersuchungsmethode nicht bewährt und wird daher nicht generell empfohlen. Ausnahmen sind Verdacht auf Hypoxämien, obstruktive Apnoen, zerebrale Anfälle u. a.

Infobox

ICD-10: R95

Internetadressen:

http://www.geps.de
http://www.sids.at
http://www.babyschlaf.de

Literatur:

Sitzmann, F.C.: Duale Reihe Pädiatrie. Thieme, Stuttgart 2006

Kurz, R. u.a.: Der plötzliche Säuglingstod. Springer, Wien 2000

Pneumonie

► Erna Bethke (78) berichtet Schwester Anne vom ambulanten Pflegedienst: „Mir ging es vor zwei Tagen schon nicht gut, als die Enkelkinder da waren. Dann kam ein Husten, und Schwester Ina hat Doktor Schulz geholt. Aber ich war zu schlapp, um in die Apotheke zu gehen. Nachts hatte ich auch Schüttelfrost. Können Sie mir nicht die Tabletten holen? Ich glaube, ich habe immer noch Fieber. Und was ich aushuste, ist ganz gelb."

Definition

Als Pneumonie wird eine tiefe Infektion der Lungen bezeichnet. Dabei sind auch die kleinsten Bronchien, die Bronchiolen und die Lungenbläschen oder Alveolen selbst betroffen (**Abb. P.66**).

Man unterscheidet zwei Arten: die typische und die atypische Pneumonie. Beide können auch als → nosokomiale Infektion vorkommen.

Synonym: Lungenentzündung.

Ursachen

Im Allgemeinen geht der Pneumonie eine banale Virusinfektion voraus, die die Abwehr der oberen Luftwege schwächt. Aber auch starke Raucher, Alkoholiker und Diabetiker tragen ein deutlich höheres Risiko. Dies gilt auch für Patienten mit → Lungenemphysem und immunsupressiver Therapie, z. B. bei Zytostatika. Bakterien nutzen diese Gelegenheiten, um zunächst eine eitrige Bronchitis (→ akute Bronchitis) auszulösen.

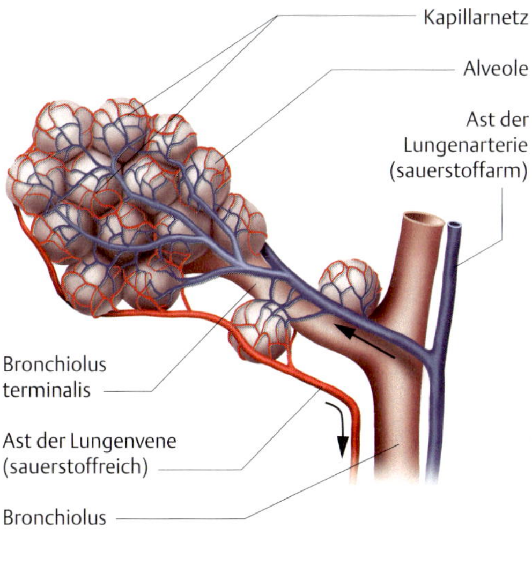

Abb. P.66 Anatomie. Die Lungenalveolen gruppieren sich wie Weintrauben an einem Stiel um einen Bronchiolus terminalis. Die Alveolen werden von einem Kapillarnetz umgeben. Hier findet der Gasaustausch statt.

Typische Pneumonie. Erreger sind hier Streptococcus pneumoniae (Pneumokokken), Staphylococcus aureus, Haemophilus influenzae, Klebsiella pneumoniae und andere Darmbakterien. Diese Infektion war früher sehr häufig.

Atypische Pneumonie. Dagegen bietet die atypische Pneumonie ein anderes Erregerspektrum. Hier sind unter den Bakterien zu nennen: Legionella pneumophila und andere Legionellenspezies, Chlamydia pneumoniae, Mycoplasma pneumoniae, Chlamydia psittaci.

Aber auch Viren kommen als Erreger der atypischen Pneumonien in Betracht, z. B. Adenoviren, Ebstein-Barr-Virus (EBV), Respiratory Syncytical (RS-) Viren, Coxsackieviren, Influenzaviren und andere. Bei dieser Erregergruppe entzünden sich nicht die Alveolen oder Bronchiolen, sondern das Interstitium, quasi das „Skelett" der Lunge.

Symptome

Die Symptome sind für die typische und die atypische Pneumonie jeweils unterschiedlich.

Typische Pneumonie. Die Symptome der typischen Pneumonie sind: hohe Temperatur, eitriger Auswurf, beim Abhören Rasselgeräusche. Die Symptome variieren aber auch erregerabhängig. Staphylococcus aureus löst z. B. eine abszedierende Pneumonie aus, bei der kleine Stayphlokokkenabszesse über weite Teile der Lunge verteilt sind. Pneumokokken erregen typischerweise die Lobärpneumonie, die sich auf einen Lungenlappen beschränkt.

Die relativ neue Erregergruppe der cMRSA (community acquired MRSA) kann eine nekrotisierende Pneumonie mit Defektheilung auslösen.

Atypische Pneumonie. Auch die Symptome der atypischen Pneumonie variieren erregerabhängig. Typisch für die → Legionellose ist z. B. das Auftreten weiterer Symptome bei ZNS und Darm. Im Allgemeinen besteht auch bei der atypischen Pneumonie eine mehr oder weniger hohe Temperatur, jedoch selten eitriger Auswurf; stattdessen eher glasiges Sputum. Auch der Auskultationsbefund und sogar der Röntgenbefund sind weniger eindrucksvoll, im Röntgenbild sieht man statt Abszessen oder verschattenden Lappen nur eine Zeichnungsvermehrung.

Diagnose

Die Verdachtsdiagnose wird klinisch anhand der Krankengeschichte und durch Bild gebende Verfahren gestellt. Besonders aufschlussreich ist ein Röntgenbild des Thorax (**Abb. P.67**). Sputum oder Blut werden kulturell angelegt, um die Erreger zu ermitteln. Antikörpernachweise aus Serum erhärten die Diagnose.

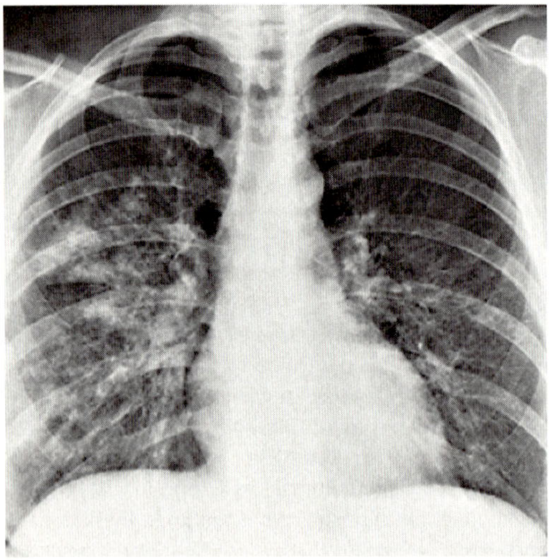

Abb. P.67 Pneumonie. Auf dem Röntgenbild ist eine überwiegend rechtsseitige Bronchopneumonie zu sehen.

Differenzialdiagnose

Inhalation von ätzenden Substanzen oder Rauch sowie die Aspiration von Erbrochenem können eine ähnliche Symptomatik zeigen (→ Aspirationspneumonie). Natürlich stellen auch diese Situationen ein erhebliches Infektionsrisiko durch Pneumoniebakterien dar.

Außerdem ist die Pneumonie gegen die Tracheitis (Luftröhrenentzündung) und die → akute Bronchitis abzugrenzen.

Therapie

Die Therapie richtet sich nach den vermuteten Erregern. Vor allem Antibiotika werden eingesetzt, bei viralen Pneumonien evtl. Virustatika oder auch Kortison.

Prognose

Bei rechtzeitiger Behandlung und gutem Allgemeinzustand ist eine völlige Heilung möglich. Gelegentlich bleiben Narben zurück. Gerade ältere Menschen können jedoch an Pneumonien versterben. Aus unbehandelten oder falsch behandelten bakteriellen Pneumonien kann sich eine → Sepsis mit schwerwiegenden Folgen entwickeln.

Komplikationen

Sowohl typische wie atypische Pneumonien können eine Infektion des Lungenfells oder zumindest dessen starke Reizung bewirken (→ Pleuritis). Daraus kann sich ein Pleuraempyem oder auch ein → Pleuraerguss entwickeln. Eine virale Pneumonie kann durch eine → Perikarditis noch gefährlicher werden.

Infobox

ICD-10:
J18.9 G

Internetadressen:
http://www.rki.de

Literatur:

Jassoy, Ch., Schwarzkopf, A. (Hrsg.): Hygiene, Mikrobiologie und Ernährungslehre für Pflegeberufe. Thieme, Stuttgart 2005

Pneumothorax

► „Ist ja nett, dass ihr vorbeischaut." Kalle strahlt seine Kollegen an. „Wir haben ja alle einen großen Schreck bekommen, als du da vor deiner Werkbank lagst. Ich dachte echt, es wäre ein Herzinfarkt." „Ich hatte ja so Schmerzen auf der linken Seite und dann auch Atemnot. Irgendwie ist meine Lunge wohl zusammengeschmurkelt. Auf so eine Größe", erklärt Kalle und formt die Hände zu einer Kugel. „Und da konnte ich natürlich auch nicht mehr richtig atmen."

Definition

Der Begriff Pneumothorax bezeichnet eine pathologische Ansammlung von Luft zwischen den beiden Blättern der Pleura (Lungenfell und Rippenfell). In diesem Spalt herrscht normalerweise ein Vakuum vor. Strömt Luft in dieses Vakuum, resultiert daraus ein kompletter oder teilweiser Lungenkollaps (**Abb. P.68**).

Ursachen

Da die Lunge sehr bindegewebsreich ist hat sie die Neigung, sich zusammenzuziehen. Durch den negativen Druck, der im Vakuum des sog. Pleuraspalts herrscht, haftet die Lunge an der Innenseite des Brustkorbs (Thorax) und am Zwerchfell. Durch die Atemarbeit wird beim Einatmen ein Zug an der Lunge ausgeübt, sodass Luft in die Lunge einströmen kann. Beim Ausatmen lässt der Zug nach, die Lunge zieht sich zusammen und die Luft strömt wieder aus. Damit die Pleurablätter während der Atmung nicht aneinander reiben, ist der Pleuraspalt mit einer geringen Menge Flüssigkeit gefüllt.

Dringt nun Luft in den Pleuraraum ein, wird das Vakuum aufgehoben. Die Lunge liegt nicht mehr an der Innenseite des Brustkorbs und dem Zwerchfell an, sie zieht sich zusammen und kann nur noch wenig oder auch gar nicht mehr gedehnt werden. Je nachdem wie der Pneumothorax entsteht unterscheidet man:

- → **Spontanpneumothorax:** Die kleinen Lungenbläschen (Alveolen) platzen meist ohne ersichtlichen Grund und unvorhersehbar, Luft gelangt in den Pleuraspalt.
- **Traumatischer Pneumothorax:** Dieser wird durch Verletzungen von Thorax oder Lunge (z. B. bei Unfällen, während Operationen o. ä.) ausgelöst.

Je nachdem, wo die Luftverbindung besteht, unterscheidet man auch:

- **offener Pneumothorax:** Die Brustwand ist von außen verletzt, sodass Außenluft in den Pleuraspalt eindringt.
- **geschlossener Pneumothorax:** Es besteht eine Verbindung zwischen der Lunge selbst und dem Pleuraspalt, sodass Luft in den Pleuraspalt dringt (z. B. wenn die Lunge von außen, z. B. durch einen Stich oder eine gebrochene Rippe, verletzt wurde, aber keine Verletzungsverbindung mehr nach außen besteht).
- **Spannungs- oder Ventilpneumothorax:** Er tritt in ca. 3–5% aller Pneumothoraces auf und kann sowohl spontan als auch traumatisch entstehen. Durch ein geplatztes Lungenbläschen dringt zwar Luft in den Pleuraspalt ein, während des Ausatmens verschließt sich die Öffnung jedoch wieder ventilartig. So kann die Luft nicht mehr entweichen und ein immer höherer Druck im Pleuraspalt baut sich auf.

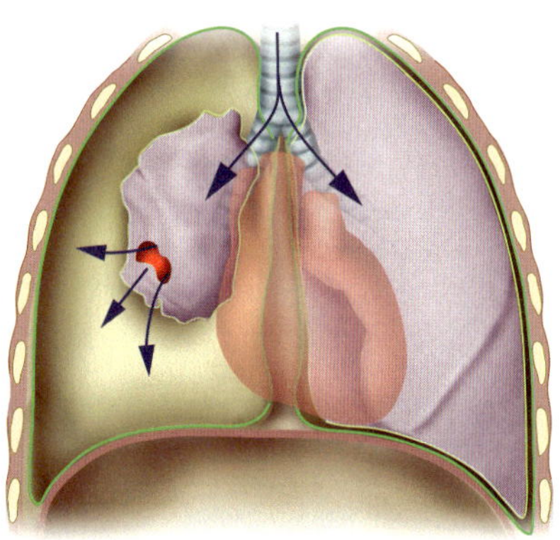

Abb. P.68 Pneumothorax. Beim Pneumothorax fällt der betroffene Lungenflügel wie ein Luftballon in sich zusammen.

Symptome

Je nachdem wie ausgeprägt der Lungenkollaps ist, kann die Symptomatik sehr unterschiedlich sein:

- plötzlich auftretender, stechender Brustschmerz,
- teilweise schwere Atemnot,
- Kreislaufbelastung, Tachykardie, Blutdruckabfall,
- gelegentlich trockener Reizhusten,
- Hautemphysem (zusätzliche Ansammlung von Luft unter der Haut, häufig bei traumatischer Ursache).

Diagnose

Meist ist der Pneumothorax schon mittels guter Anamnese und gründlicher körperlicher Untersuchung zu diagnostizieren. Wichtig ist die Auskultation, also das Abhören der Lungen, und die Perkussion, das Abklopfen des Brustkorbs, bei der sich ein hyposonorer Klopfschall zeigt. Das Atemgeräusch kann abgeschwächt sein oder ganz fehlen. Meist tritt der Pneumothorax nur einseitig auf, sodass i.d.R. eine Seitendifferenz der Befunde bei der Untersuchung zu verzeichnen ist.

Während der Atmung ist die Brustkorbbewegung über der betroffenen Lungenhälfte vermindert. Evtl. treten gestaute Halsvenen oder eine Zyanose mit einer kompensatorisch schnellen Atmung (Tachypnoe) auf.

Im Labor wird der Sauerstoffgehalt des Blutes (Blutgasanalyse, Sauerstoffsättigungsmessung) bestimmt. Außerdem wird ein Röntgenbild des Thorax in zwei Ebenen angefertigt. Es zeigt eine verminderte oder keine Lungenzeichnung auf der betroffenen Seite. Kollabierte Lungenanteile sind meist gut sichtbar (**Abb. P.69**). Eine Computertomografie des Thorax ist meist entbehrlich.

Differenzialdiagnose

Der Pneumothorax ist wegen der heftigen, akut auftretenden Thoraxschmerzen als Leitsymptom von vielen weiteren Erkrankungen abzugrenzen. Die wichtigsten sind:

- → akuter Herzinfarkt, → Angina pectoris,
- → Lungenembolie, → Pleuritis, → Pneumonie,
- → Pankreatitis, vertebragene Schmerzen.

Therapie

Bei einem gering ausgeprägten Pneumothorax ist meist keine Therapie notwendig, da die Luft im Laufe der Zeit resorbiert wird und sich die regulären Druckverhältnisse im Pleuraspalt von selbst wieder einstellen.

Bei größeren Luftmengen wird die Luft mittels einer Punktionsnadel abgesaugt. Bei schwerwiegenderen Befunden wird im Anschluss daran häufig über mehrere Tage eine Saugdrainage angelegt (**Abb. P.70**). Sie stellt über einen Sog das Vakuum wieder her, sodass die beiden Pleurablätter wieder anliegen.

Bei häufigen Rezidiven kann die Pleura auch künstlich, mittels chemischer Substanzen oder Medikamenten verklebt werden (Pleurodese). Evtl. muss ein vorgeschädigtes Lungenareal (z. B. ein chronisch überblähtes Areal mit sog. Bullae) operativ entfernt werden.

Bei einem Spannungspneumothorax muss die Luft mittels Entlastungspunktion als lebensrettende Maßnahme

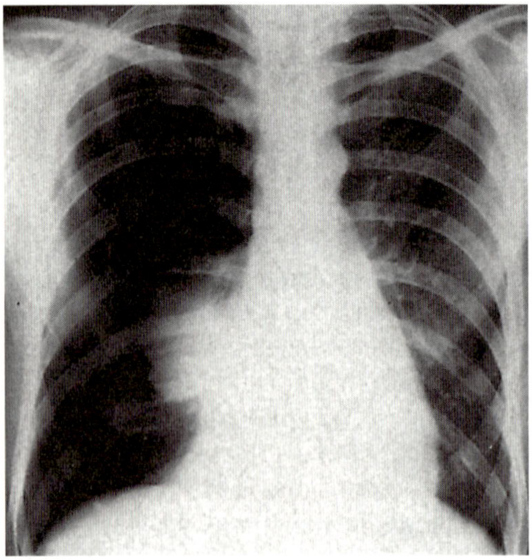

Abb. P.69 Kollabierte Lungenanteile bei Pneumothorax. Das Röntgenbild zeigt einen rechtsseitigen Pneumothorax: Die rechte Lunge ist zu einem schattendichten Gebilde in Hilusnähe kollabiert.

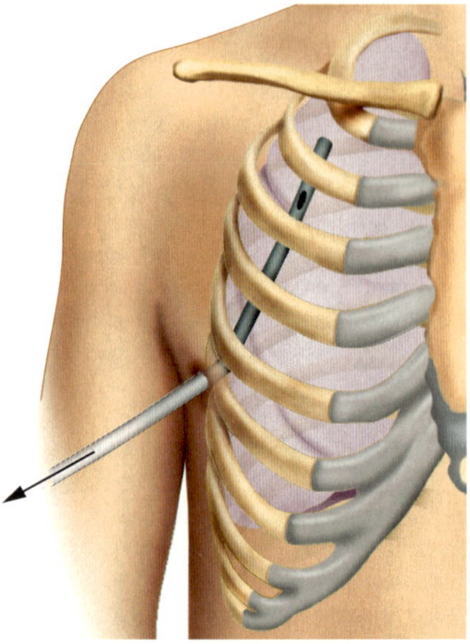

Abb. P.70 Thoraxdrainage. Die Thoraxdrainage liegt im Pleuraspalt und wird an eine Saugvorrichtung angeschlossen.

schnell entfernt werden, um den hohen Druck, der im Pleuraspalt herrscht, abzubauen.

Prognose

Sie ist beim Spontanpneumothorax meist sehr gut, da sich dieser meist von selbst oder mit geringer Hilfe zurückbildet und die meisten Patienten keine verkomplizierenden Grunderkrankungen haben. Dagegen ist sie beim bereits Lungenkranken wesentlich schlechter. Die Prognose des traumatischen Pneumothorax hängt von der Schwere der zugrunde liegenden Verletzungen ab.

Komplikationen

Vor allem bei traumatischen Pneumothoraces können sich Blut oder Eiter im Pleuraspalt ansammeln (→ Hämatothorax). In beiden Fällen muss punktiert oder drainiert werden, um die Flüssigkeit zu entfernen.

Die gefährlichste Komplikation stellt der Spannungs- oder Ventilpneumothorax dar. Meist verschlechtert sich die Atemnot sehr rasch, es kommt zur Kreislaufbelastung mit Tachykardie oder Einflussstauung (Rückstau des Blutes in die Venen). Die Bedrohung reicht bis zum kardialen Schock. Der Spannungspneumothorax kann unbehandelt in kurzer Zeit zum Tod führen.

Infobox

ICD-10: J93.0, J93.1, S27.0

Internetadresse:
http://www.spontanpneumothorax.de

Pocken

Die Pocken wurden durch umfangreiche Impfung, Quarantäne- und Beobachtungsmaßnahmen ausgerottet. Die WHO hat die Welt 1980 für pockenfrei erklärt. Der letzte natürliche Krankheitsfall trat 1977 in Somalia auf.

Aus historischen, wissenschaftlichen und epidemiologischen Gründen soll im Rahmen der Krankheitslehre dennoch auf die Besprechung der Pocken nicht verzichtet werden.

Definition

Die Pocken sind eine schwere Erkrankung mit Fieber, Hautausschlag und hoher Sterblichkeit. Pocken werden durch das Pockenvirus verursacht.

Synonyme: Schwarze Blattern, Variola.

Ursachen

Das Pockenvirus (Variolavirus) wird bei engem Kontakt über Tröpfchen übertragen. Nach der Vermehrung in der Schleimhaut der Atemwege gelangt es in die Lymphknoten und von dort über die Blutbahn in die Haut, Schleimhaut, Milz, Leber und das Knochenmark.

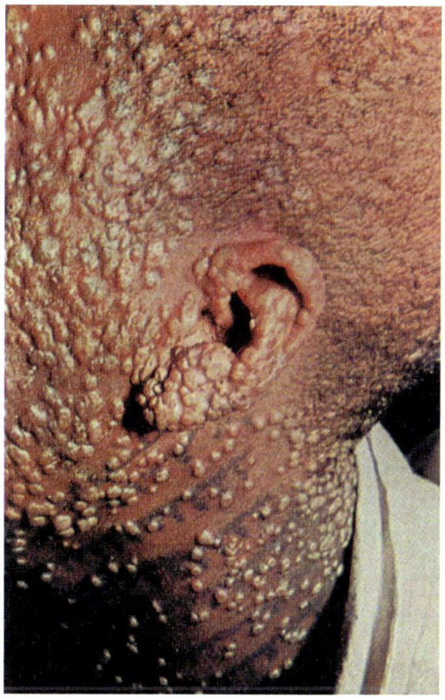

Abb. P.71 Pocken. Im Gegensatz zu den Windpocken zeigen die Pusteln alle das gleiche Stadium.

Symptome

1 – 3 Wochen nach der Infektion kommt es zu Fieber mit Schüttelfrost, Kopf- und Rückenschmerzen sowie gastrointestinalen Symptomen. Dazu kommt gelegentlich ein kurzzeitiger Hautausschlag.

Nach 3 – 4 Tagen sinkt die Körpertemperatur und auf der Haut erscheint ein zunächst makulo-papulöser Ausschlag (Flecken und Knötchen). Daraus entwickeln sich innerhalb von 2 – 3 Tagen Bläschen, die während der folgenden Tage vereitern und Pusteln bilden (**Abb. P.71**). Die Bläschen können einbluten und dann dunkel werden; daher der Name „Schwarze Blattern".

Der Ausschlag beginnt im Gesicht, und breitet sich dann auf die Extremitäten und schließlich am Stamm aus. Auch Mund und Rachen sind betroffen. Häufig kommt es zu einem erneuten Fieberschub.

Therapie

Pocken konnten mit Hilfe der Impfung ausgerottet werden. Das antivirale Medikament Cidofovir ist im Labor gegen das Pockenvirus wirksam.

Prognose

Die Erkrankungswahrscheinlichkeit bei Infektion beträgt 100%, wobei 5 – 40% der Infizierten sterben. Der Tod kommt meist am Ende der 2. Krankheitswoche. Wenn das Virus in eine Population eingebracht wurde, in der noch keine Pocken vorkamen, stirbt ein noch höherer Anteil. So starben z. B. von den etwa 12 Millionen Indianern Nordamerikas mindestens 6 Millionen und bei einer Epidemie in Island im Jahr 1707 17.000 von 25.000 Bewohnern der Insel an Pocken.

Wenn die Krankheit ausheilt, bleiben häufig Pockennarben zurück. Ursache dafür ist die Infektion von Schweißdrüsen, von denen viele im Gesicht sind.

Man befürchtet, dass Pockenviren in die Hände von terroristischen Gruppen und Regierungen zu einer erneuten Gefahr werden könnten. Da Kinder bei uns seit Mitte bis Ende der 70er Jahre nicht mehr gegen Pocken geimpft wurden, wären zumindest alle jüngeren Jahrgänge bei einem Ausbruch der Pocken gefährdet. Die Regierungen mehrerer Länder, darunter auch die Bundesrepublik Deutschland, haben viele Millionen Impfdosen eingelagert.

Infobox

ICD-10:
B03.G

Internetadressen:
http://www.onmeda.de
http://www.rki.de

Literatur:
W. Köhler u. a.: Medizinische Mikrobiologie, 8. Aufl. Urban & Fischer, München 2001

Poliomyelitis

► **Der 19-jährige Ayeki, Kriegswaise und Flüchtling aus Nigeria, erzählt: „In meinem Dorf gab es diese Lähmung. Mein kleiner Bruder hatte es auch. Erst mit Fieber und Schmerzen im Hals und Kopf, später mehr im Rücken und Nacken. Dann konnte er nicht mehr laufen; die Beine sind weggeknickt. Ich war sehr traurig, als ich ihn dalassen musste. Er ist doch mein einziger Bruder. Aber manche Leute werden auch wieder gesund."**

Definition

Die Poliomyelitis ist eine übertragbare Erkrankung, die Nervenzellen zerstört und dadurch Muskellähmungen auslöst. Poliomyelitis wird durch eine Virusinfektion verursacht.

Die Poliomyelitis kommt heute in Europa, Amerika und Australien nicht mehr vor und ist in Asien und Afrika sehr selten geworden.

Ursachen

Auslöser ist meist das Poliomyelitisvirus, selten Verwandte dieses Virus aus der Familie der Enteroviren. Die Viren werden fäkal-oral oder durch Speichel übertragen, entweder direkt oder über verunreinigtes Trinkwasser und Lebensmittel.

Durch die Infektion vermehren sich die Viren in den Epithelzellen des Magen-Darm-Trakts. Dann breiten sie sich in das lymphatische Gewebe im Körper aus. Zum Zentralnervensystem gelangt das Virus möglicherweise so: Es dringt in den Muskeln in die Endigungen von motorischen Nerven ein und wird im Nervenstrang bis zum Zellkörper transportiert. Dort führt es zum Untergang der Nervenzellen.

Symptome

Die meisten Infektionen mit Poliovirus verlaufen ohne Symptome. Nach einer Inkubationszeit von 7 – 10 Tagen stellen sich bei 5 % der Infizierten Fieber, Hals- und Kopfschmerzen sowie Abgeschlagenheit ein. Der überwiegende Teil der Erkrankten entwickelt keine weiteren Krankheitszeichen und gesundet nach 3 Tagen. Bei einem kleinen Teil der Infizierten befällt das Virus jedoch das Nervensystem. In 1 – 2 % dieser Fälle kommt es zu einer → Meningitis.

Eine Poliomyelitis tritt noch seltener auf (**Abb. P.72**). Dabei kommt es dann erneut zu Fieber, Muskel-, Rücken- und Nackenschmerzen und zunehmenden Lähmungen. Die Lähmungen betreffen eher die stammnahen Muskeln als die peripheren, besonders die Beine, aber auch die Arme und die Muskeln von Bauch, Brust oder Kopfbereich (**Abb. P.73**).

Die Muskulatur ist schwach und schlaff; Muskeleigenreflexe sind nicht mehr vorhanden. Sind Muskeln im Kopfbereich befallen, kommt es zu Schluckstörungen und Störungen bei der Stimmbildung. Das nennt man dann bulbäre Verlaufsform. Wenn das Atem- und Kreislaufzentrum im verlängerten Mark betroffen ist, kann es zu Atemstörungen und Kreislaufversagen kommen. Bei Schwangeren verläuft die Erkrankung schwerer.

Diagnose

Die Diagnose kann durch den Nachweis des Poliovirus im Stuhl oder im Rachensekret erfolgen. Dazu wird das Virus angezüchtet oder durch PCR nachgewiesen. PCR heißt Polymerase Chain Reaction und ist eine DNA- und RNA-Analyse.

Differenzialdiagnose

Akute Lähmungen und Verlust der motorischen Reflexe treten bei Nervenentzündungen auf, z. B. beim Guillain-Barré-Syndrom, auch → Polyradikuloneuritis genannt. Manchmal ist dabei auch die Atemmuskulatur betroffen, sodass eine künstliche Beatmung erforderlich wird. Die Erkrankung hat eine immunologische Ursache und findet sich gelegentlich im Zusammenhang mit Infektionen durch das Epstein-Barr-Virus (→ Pfeiffer'sches Drüsenfieber), → Herpesviren und weiteren Erregern sowie bei Lymphomen. Sie heilt meist folgenlos aus.

Therapie

Man kann nur die Symptome therapieren. U. U. ist intensivmedizinische Versorgung erforderlich. Bei Atemlähmung ist eine vorübergehende Intubation notwendig.

Die Impfung erfolgt ab dem 2. Lebensmonat und besteht aus einer Grundimmunisierung sowie weiteren Impfungen im 4. und 11.– 14. Lebensmonat. Eine Auffrischimpfung ist erneut ab dem 9.– 17. Lebensjahr sinnvoll. Verwendet wird die inaktivierte Polio-Vakzine (IPV).

Prognose

Meist bilden sich Lähmungen innerhalb von einigen Wochen bis Monaten zurück. Bei $^2/_3$ der Betroffenen bleiben jedoch neurologische Schäden zurück. Im Rachen vermehrt sich das Virus bis zu 3 Wochen. Im Stuhl kann es bis zu 2 Monate ausgeschieden werden. In dieser Zeit sind die Infizierten ansteckend.

Komplikationen

Intramuskuläre Injektionen nach Beginn der Erkrankung können eine Lähmung des gespritzten Beins begünstigen.

Gelegentlich schreitet die Lähmung 2 – 3 Jahrzehnte nach einer Poliomyelitis erneut langsam unter Schmerzen und Muskelschwund fort. Das nennt man Postpolio-Syndrom. Die Ursache dafür ist nicht bekannt. Möglicherweise ist das Syndrom dadurch zu erklären, dass die motorischen Nerven, die vorher die Funktion der zerstörten Nerven übernommen hatten, in ihrer Funktion nachlassen.

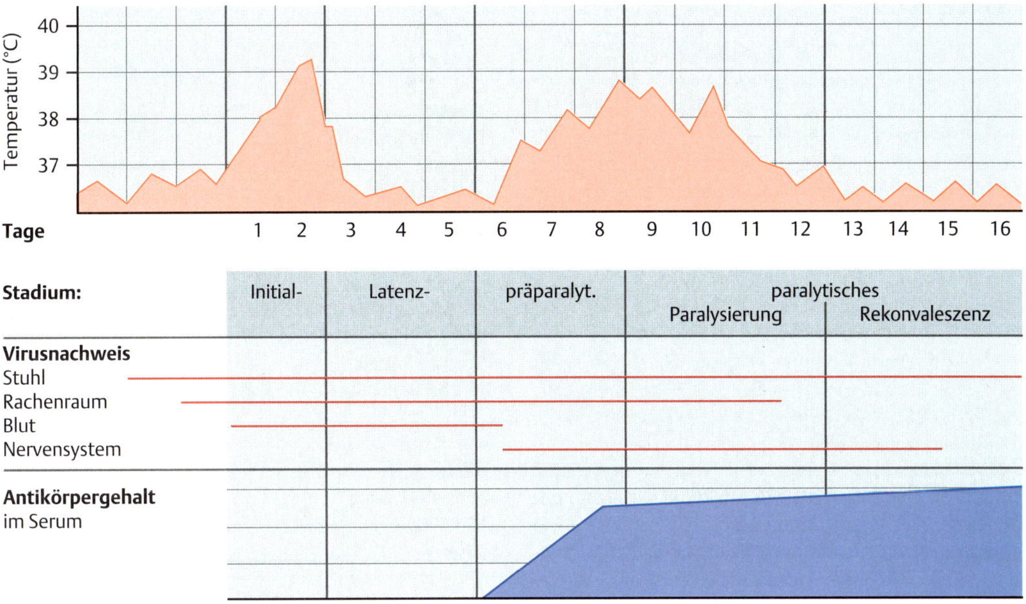

Abb. P.72 Stadien der Poliomyelitis.

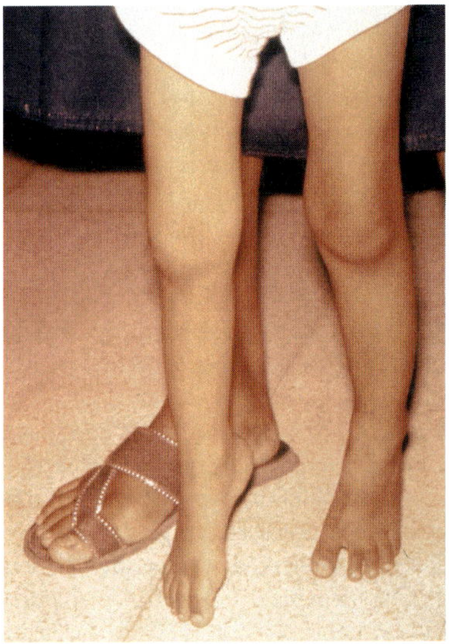

Abb. P.73 Poliomyelitis. Lähmung des Beins nach Poliomyelitis.

Infobox

ICD-10:
B91

Internetadressen:
http://www.polio.sh
http://www.polio-initiative-europa.de
http://www.rki.de

Poltern

► „Gut, dass Sie vorbeischauen Frau Saale, dann können wir mal in Ruhe über Andreas reden", begrüßt die Lehrerin Andreas' Mutter. „Also mir ist aufgefallen, dass Ihr Sohn sehr schnell spricht. Er bricht häufig Sätze mittendrin ab oder wiederholt Wörter und Sätze. Hin und wieder sind die Sätze grammatikalisch falsch. Manchmal scheint er nach dem richtigen Wort zu suchen." „Das ist mir auch schon mal aufgefallen. Es kommt mir so vor, als seien seine Gedanken schneller als er sie in Worte fassen kann", bestätigt Frau Saale. „Die Situationen, in denen er sich unverstanden fühlt, häufen sich. Das tut ihm nicht gut. Ich würde ihnen raten, zu einem Logopäden zu gehen."

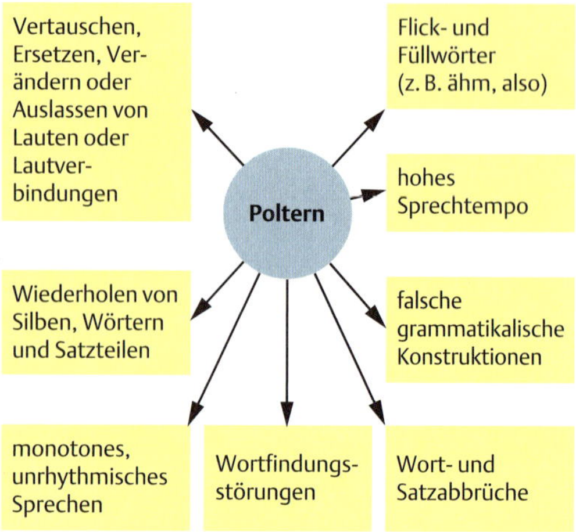

Abb. P.74 Symptome des Polterns.

Definition

Poltern ist eine sprachliche Gestaltungsschwäche mit schneller, überstürzter, undeutlicher Sprechweise. Die Störung liegt nicht beim Sprechvorgang selbst (→ Stottern), sondern in dessen gedanklicher Vorbereitung. Das Poltern ist wie das Stottern eine Störung des Redeflusses.

Ursachen

Die Ursachen des Polterns sind nach wie vor ungeklärt. Es gibt ältere und neuere Erklärungsansätze, die jedoch eine Grundstörung nicht von den Wechselbeziehungen der möglichen Symptome abzugrenzen vermögen. So werden in den Ansätzen folgende Faktoren als Ursachen angenommen:

- sprechmotorische Kontroll- und Timingstörungen,
- Wahrnehmungsstörungen (v. a. auditive),
- Verhaltensstörungen,
- neurophysiologische Störungen (z. B. frühkindliche Hirnschäden),
- genetische Disposition.

Symptome

Das Sprechen von polternden Menschen ist durch phonetische Auffälligkeiten gekennzeichnet, d. h. Laute oder Lautverbindungen werden vertauscht, ersetzt, verändert, miteinander verschmolzen oder ausgelassen (**Abb. P.74**). Auch überhöhtes Sprechtempo und Unflüssigkeiten gelten als charakteristisch. Diese Unflüssigkeiten können sich auf vielfältige Art und Weise äußern. Zum Einen werden Silben, Wörter und Satzteile locker wiederholt. Zum Anderen werden häufig Flick- oder Füllwörter, wie „ähm" und „also" usw., gebraucht. Selten werden einzelne Laute wiederholt. Auch Korrekturen oder Reparaturen von Äußerungen sowie Wort- und Satzabbrüche zählen zu den Unflüssigkeiten.

Häufig kann eine ganze Reihe weiterer Begleitsymptome beim Poltern beobachtet werden. So wirkt das Sprechen oft monoton und unrhythmisch oder es kann in der Lautstärke schwanken. Es werden falsche grammatikalische Konstruktionen verwendet (z. B. fehlende Pluralform oder Artikel), es treten Wortfindungsstörungen und Störungen der sprachlichen Strukturierung auf (z. B. nicht auf den Punkt kommen, fehlende Inhaltsbezüge).

Letztlich kann es zu Auffälligkeiten in der Kommunikation kommen, denn häufig scheint das „Turn-Taking" (Wechsel von Zuhörer- und Sprecherrolle) nicht klar und es kommt zu Irritationen der Gesprächspartner. Die genannten verbalen Symptome können sich auch beim Lesen und Schreiben äußern.

Diagnose

Nach einer ausführlichen Anamnese werden sog. Sprechproben durchgeführt und ausgewertet. Je nach Alter werden unterschiedliche Materialien eingesetzt.

Kinder können z. B. durch Bildergeschichten und Spiele zum Sprechen angeregt werden. Bei Jugendlichen und Erwachsenen sind Lesetexte und Themenvorgaben (z. B. „erzählen Sie von Ihrem letzten Urlaub") günstig. Es sollte möglichst ein Dialog per Audio- oder Videoaufzeichnung erfolgen, damit eine detaillierte Auswertung erfolgen kann.

In der Praxis ist weiterhin üblich die Symptomatik anhand des Nachsprechens und des Reihensprechens (Zahlen, Wochentage usw.) zu überprüfen. Auch nichtsprachliche Parameter wie Einsatz von Mimik und Gestik, Blickkontakt, Atmung, Körperhaltung und Betonung, müssen bewertet werden. Da Poltern häufig von einer Leserechtschreibschwäche (→ Legasthenie) begleitet wird, sollte eine Schriftsprachprobe erhoben werden.

Differenzialdiagnose

Die Diagnose sollte u.a. das Poltern und Stottern voneinander unterscheiden, wobei jedoch Mischformen auftreten können.

Poltern ist hauptsächlich von einem hohen Sprechtempo und phonetischen Auffälligkeiten gekennzeichnet! Das Stottern hingegen weist vorrangig Laut- und Silbenwiederholungen, Dehnungen von Lauten und Blockierungen auf, die mit Anstrengung, Anspannung in Form von Mitbewegungen einhergehen!

Therapie

Anhand der diagnostischen Ergebnisse werden Therapieschwerpunkte festgelegt. Vorab sollte die Therapiemotivation der Patienten besprochen und abgeklärt sein. Es existieren mehrere Hauptbereiche der logopädischen Therapie.

Selbstwahrnehmung und Symptomwahrnehmung. Ein Ziel der Therapie ist das eigene Sprechen kontrollieren zu können. Um das zu erreichen, muss die Wahrnehmung des eigenen Körpers und die taktil-kinästhetische Wahrnehmung geschult werden. Dies kann z.B. durch Pantomimeübungen, Beurteilung eigener Tonband- oder Videoaufnahmen, Variationen des Sprechtempos (schnell, langsam, normal), direktes Feedback des Therapeuten, erreicht werden.

Artikulation und Sprechtempo. Ein weiteres Ziel kann die Verbesserung der Artikulation darstellen. Hierfür eignen sich z.B. Lesetexte, die mit einem Korken zwischen den Zähnen vorgetragen werden. Auch Zeitlupensprechen oder das Aussprechen artikulatorisch anspruchsvoller Wörter und Sätze (z.B. Zungenbrecher) sind geeignete Übungsmöglichkeiten.

Sprachliche Strukturierung. Bei vielen Polterern fallen Schwierigkeiten in der sprachlichen Organisation auf. Um für die Zuhörer verständlicher zu werden, müssen die Äußerungen inhaltlich und grammatikalisch besser gegliedert und in kürzeren Satzkonstruktionen (keine Schachtelsätze!) vermittelt werden. Geeignete Übungen hierfür sind z.B. die Beschreibung von Begriffen, Gegenständen und Handlungsabfolgen wie auch Diskussionen.

Betonung und Intention (Vorstellung). Über die Arbeit mit Intention können verschiedene Parameter günstig beeinflusst werden. Zum Einen wird die Fähigkeit sprachlich zu formulieren verbessert, zum Anderen werden nonverbale Ausdrucksformen wie Mimik, Gestik und Betonung (z.B. Nachrichtensprecher) gestärkt (**Abb. P.75**).

Kommunikation und Pragmatik. Bezüglich kommunikativ-pragmatischer Fähigkeiten muss wiederum die Selbstwahrnehmung trainiert werden.

Abb. P.75 Therapie. Zur Therapie gehört die Stärkung von nonverbalen Ausdrucksformen wie Mimik und Gestik.

Prognose

Mit einer guten Prognose ist zu rechnen, wenn es dauerhaft gelingt, Familie und Freunde als „Stützen des Alltags" in die Therapie einzubeziehen. Da die Kinder meist Erinnerungshilfen benötigen, um die erarbeiteten Strategien in alltäglichen Situationen einsetzen zu können, kann durch die Einbindung des sozialen Umfelds ein dauerhafter Transfereffekt erzielt werden.

Infobox

ICD-10:
F.98.6

Internetadressen:
http://www.bvss.de

Literatur:

Mannhard, A.: Die Behandlung des Polterns bei Jugendlichen und Erwachsenen: ein Leitfaden für die Praxis. Forum Logopädie 3 (2005) 18

Sick, U.: Poltern. Theoretische Grundlagen, Diagnostik, Therapie. Thieme, Stuttgart 2004

Polyhydramnion

► Die 23-jährige Andrea ist im 8. Monat schwanger. Bisher ging es ihr prima, aber seit einiger Zeit leidet sie immer mal wieder unter Kreislaufbeschwerden und Atemnot. Sie sucht ihren Frauenarzt auf, der bei der körperlichen Untersuchung feststellt, dass der Bauchumfang größer ist, als es dem Schwangerschaftsalter entspricht. Der Uterus ist prall gespannt, Kindsteile sind nur schwer zu tasten.

Definition
Als Polyhydramnion wird eine überdurchschnittlich große Menge an Fruchtwasser während der Schwangerschaft bezeichnet. Die normale Fruchtwassermenge beträgt maximal 1000 – 1500 ml in der 36.– 37. Schwangerschaftswoche. Die Fruchtwassermenge bei Polyhydramnion beträgt über 1500 ml.

Gut die Hälfte der Schwangerschaften mit einem Polyhydramnion weisen keinerlei Auffälligkeiten auf, die das Entstehen eines Polyhydramnions begründen würden.

Ursachen
Zu den Ursachen eines Polyhydramnions gehören:
- Infektionen der Mutter und des Fetus (z. B. → Toxoplasmose),
- → Diabetes mellitus der Mutter,
- Fehlbildung des Kindes.

Diabetes mellitus der Mutter. Es muss an eine vermehrte Fruchtwasserbildung oder an eine gestörte Fruchtwasseraufnahme durch die Eihaut gedacht werden,

Fehlbildung des Kindes. Etwa ab dem 6. Schwangerschaftsmonat trinkt der Fetus Fruchtwasser und scheidet Urin in die Fruchthöhle aus. Wird der Fetus jedoch durch eine Fehlbildung am Trinken gehindert, verbleibt dieses Fruchtwasser in der Fruchthöhle. Dies kann durch einen Verschluss im Bereich des Verdauungstraktes, durch eine angeborene unvollständige Anlage des Großhirns bei fehlendem Schädeldach oder auch durch einen Herzfehler verursacht werden.

Symptome
Der Bauchumfang ist größer als es dem jeweiligen Stadium der Schwangerschaft entspricht. Aufgrund der erhöhten Hautspannung kommt es zu einer verstärkten Bildung von Schwangerschaftsstreifen. Die Gebärmutter ist prall gespannt, Kindsteile sind nur schwer zu tasten. Die Schwangere leidet vermehrt unter Kreislaufbeschwerden, Atemnot und Erbrechen.

Diagnose
Die Diagnose wird mit Hilfe einer Sonografie gestellt (**Abb. P.76**). Eine Faustregel besagt, dass ein Polyhydramnion vorliegt, wenn ein zweites Kind im Fruchtwasser Platz hätte.

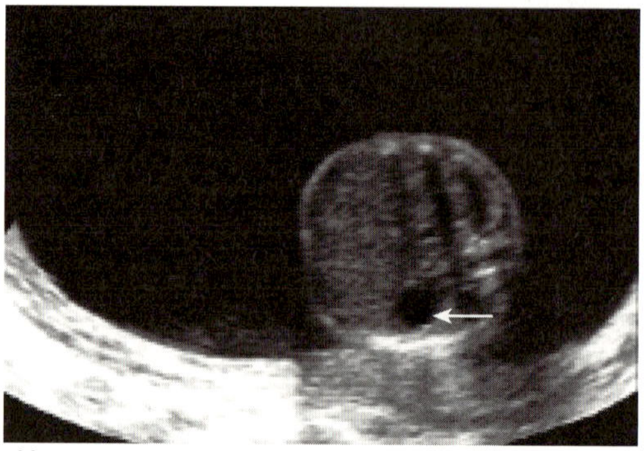

Abb. P.76 Sonogramm bei Polyhydramnion. Das größte Fruchtwasserdepot ist größer als 8 cm. Ein Verschluss im Bereich des Verdauungstraktes kann durch die dargestellte normale Magenblase (Pfeil) ausgeschlossen werden.

Differenzialdiagnose
Es sollte immer eine Infektion, ein → Diabetes mellitus und kindliche Missbildungen ausgeschlossen werden.

Therapie
Die Therapie orientiert sich an den Ursachen der Fruchtwasservermehrung. Im Falle schwerer kindlicher Missbildungen (z. B. Anenzephalus) besteht die Möglichkeit, die Fruchtblase zu öffnen und anschließend die Geburt einzuleiten.

Ist das Kind jedoch unauffällig, sollte bei vorzeitiger Wehentätigkeit eine Wehenhemmung durchgeführt werden. Zur Entlastung der Schwangeren kann die Punktion des Fruchtwassers notwendig sein. Diese ist unter sonografischer Kontrolle durchzuführen.

Komplikationen
Es kann in Folge eines Polyhydramnions zu vorzeitigen Wehen kommen, ebenso zu einem → vorzeitigen Blasensprung oder einer Lösung der Plazenta (→ vorzeitige Plazentaablösung).

Infobox

ICD-10:
O40

Internetadressen:
http://www.swissmom.ch
http://www.praenatal-medizin.de

Literatur:
Stauber, M., Weyerstahl, T.: Duale Reihe Gynäkologie und Geburtshilfe, 2. Aufl. Thieme, Stuttgart 2005

Polyneuropathie

► „Was knurrst du schon wieder so herum?", fragt Frau Bauer ihren Mann. „Gisela, du weißt doch. Immer wenn ich morgens aufstehe tun mir die Unterschenkel und die Füße weh. Mit 66 Jahren, eine Schande. Und es wird immer schlimmer." Er sinkt zurück ins Bett. „Ja, ich weiß. Am Anfang hast du immer von einem Kribbeln gesprochen", bestätigt sie. „Mittlerweile ist es eher ein Brennen und dann diese Schmerzen. Und. . .ah, schon wieder so ein blöder Krampf." Er stöhnt auf. „Ich fühle mich auch nicht mehr so sicher auf den Beinen."

Definition

Die Polyneuropathie ist eine ausgeprägte Erkrankung des gesamten peripheren Nervensystems. Betroffen sind dabei sowohl motorische und sensible, als auch vegetative Nerven. Durch zerstörte Nervenfasern, Nervenendigungen oder ihren Ummantelungen, den Myelinscheiden, kommt es zu deutlichen Empfindungs- und Bewegungsstörungen, vor allem in den Extremitäten.

Ursachen

Die Polyneuropathie ist keine eigenständige Erkrankung, sie tritt als Folge anderer Krankheiten auf. Dabei sind die Ursachen der Nervenentzündung sehr vielfältig. Etwa die Hälfte aller Polyneuropathien geht auf → Diabetes-mellitus-Erkrankungen und Alkoholmissbrauch (→ Alkoholkrankheit) zurück. Die Ursachen können allgemein in vier große Gruppen eingeordnet werden:

- Hormon- und Stoffwechselstörungen, z. B. → Diabetes mellitus, Nierenerkrankungen,
- Alkohol, Medikamente, Umweltgifte,
- entzündliche Erkrankungen, z. B. → Borreliose,
- Gefäßerkrankungen, z. B. im Rahmen einer rheumatischen Erkrankung.

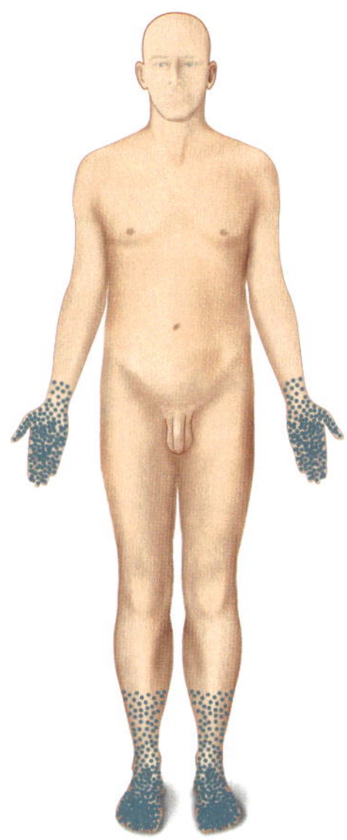

Abb. P.77 Polyneuropathie. Typische socken- oder handschuhförmige Empfindungsstörungen.

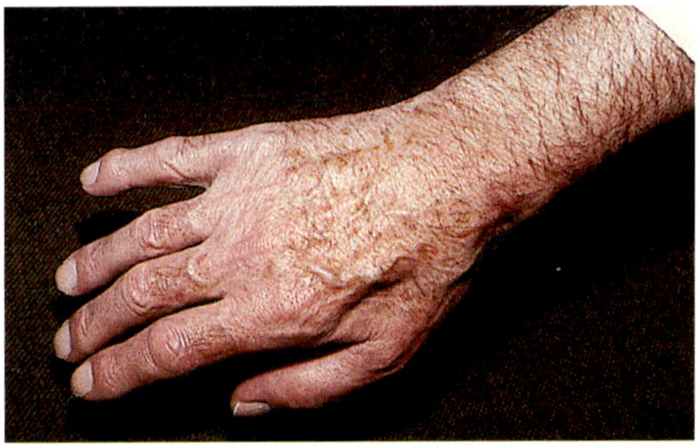

Abb. P.78 Atrophie kleiner Handmuskeln bei Polyneuropathie.

Symptome

Reizerscheinungen. Bei ihnen kommt es zu Missempfindungen, die von Patienten als Kribbeln, Ameisenlaufen oder als socken- bzw. handschuhförmige Empfindungsstörungen an Füßen und Händen beschrieben werden. Diese Sensibilitätsstörungen treten meist symmetrisch, peripher und v. a. in den unteren Extremitäten auf (**Abb. P.77**). Ein Schwächegefühl in den betroffenen Muskeln führt zu Bewegungsstörungen. An den Füßen betrifft dies die Großzehen- und Fußhebermuskulatur, was sich in unsicherem Stehen und Gehen äußert. An den Händen wird vor allem eine gestörte Feinmotorik beklagt.

Ausfallerscheinungen. Bei ihnen sind die typischen Symptome ein Taubheitsgefühl und im schlimmsten Fall eine Lähmung der betroffenen Muskulatur. Patienten beschreiben das Taubheitsgefühl beim Gehen als „Gehen wie auf Watte". Es kommt zu Koordinationsstörungen. Auch die Lähmungen treten meist symmetrisch, peripher und zuerst an den unteren Extremitäten auf.

Weitere Symptome. Von der Polyneuropathie kann auch das vegetative Nervensystem betroffen sein. Durch die Veränderungen bildet sich auf der Haut weniger Schweiß, wodurch Geschwüre entstehen können. Außerdem kann die Entleerung von Magen, Darm und Blase gestört sein, wie auch → Potenzstörungen und Muskelatrophien auftreten. Ebenso findet sich eine Ruhetachykardie des Herzens und eine veränderte Pupillenmotorik der Augen.

Diagnose

Zur Diagnostik einer Polyneuropathie ist die Krankengeschichte des Patienten äußerst wichtig. Rückschlüsse auf die Erkrankung geben Hinweise auf neurologische Erkrankungen in der Familie, einen bestehenden Diabetes, eine Alkohol- oder Medikamentenabhängigkeit oder auch andere bekannte infektiöse Erkrankungen.

Sensibilitätstests. Zur neurologischen Untersuchung gehört ein Sensibilitätstest, bei dem die Reaktion auf Kälte, Wärme sowie auf spitze und stumpfe Gegenstände überprüft wird. Ein weiterer aussagekräftiger Test ist der Stimmgabeltest. Mit ihm wird getestet, ob der Patient an den Füßen Vibrationen wahrnehmen kann. Mit einem Reflexhammer werden außerdem die Muskeldehnungsreflexe geprüft. Die vorhandene Muskelkraft gibt weitere Hinweise auf Veränderungen.

Laboruntersuchung. Bei der Laboruntersuchung wird der Blutzuckerwert in Blut und Urin ermittelt. Das Blut wird außerdem auf Entzündungsparameter, Gerinnungsstörungen und Zeichen von Mangelerscheinungen im Blut gesucht. Blut und Urin werden ebenso auf Spuren von aufgenommenen Giften untersucht. Bei Verdacht einer Borreliose als Ursache wird eine Liquorpunktion zum Nachweis des Erregers durchgeführt.

Elektroneurografie/Elektromyografie. Um die Nervenleitgeschwindigkeit und Reaktionszeiten der Nerven zu ermitteln, werden die Nerven mittels elektrischer Reize stimuliert. Deutlich verlangsamte Reaktionen sind Hinweise auf eine Polyneuropathie. Sollen einzelne Nerven getestet werden, bietet sich die Elektroneurografie an, bei der die Aktivität der Nerven gemessen wird. Die Aktivität von Muskeln wird mit der Elektromyografie getestet.

Differenzialdiagnose

Ähnliche Symptome treten bei einer akuten → Polyradikuloneuritis (Guillain-Barré-Syndrom) auf. Durch entzündliche Prozesse werden bei dieser Nervenerkrankung die Myelinscheiden der Nervenfasern dauerhaft geschädigt und damit die Reizleitung gestört. Es kommt anfangs zu aufsteigenden Gefühlsstörungen und später zu Lähmungen der Arme und Beine.

Auch eine funikuläre Myelose, bei der die Myelinscheiden an den Strängen des Rückenmarks unregelmäßig zerfallen, zeigt ähnliche neurologische Ausfälle.

In Betracht kommt auch eine Lebensmittelvergiftung (→ Botulismus). Das sich bildende Botulinumtoxin ist sehr giftig und verursacht schwerste Nervenschädigungen. Es kommt zu Lähmungserscheinungen, die hier abweichend aber anfangs die Muskeln im Kopf- und Halsbereich betreffen.

Therapie

Die Therapie einer Polyneuropathie erfolgt in erster Linie durch die Behandlung der jeweiligen Grunderkrankung.

Liegt z. B. eine diabetische Polyneuropathie vor, müssen die Blutzuckerwerte exakt eingestellt werden. Bei einer alkoholischen Polyneuropathie ist eine völlige Alkoholabstinenz das Wichtigste. Eine infektiöse Polyneuropathie wird durch Gabe von Antibiotika therapiert.

Abb. P.79 Handarbeit. Alle Formen der Handarbeit, hier z. B. Holzeinlegearbeiten, fördern die Feinmotorik.

Wichtig ist es, die Motorik der Patienten wieder herzustellen (**Abb. P.79**). Physikalische Therapien helfen dabei, Mobilität und Durchblutung zu verbessern. Durch weiterführende Behandlungen werden gelähmte Muskeln mobilisiert, z. B. durch Physiotherapie, Massagen, Elektrotherapien, Bewegungsbäder und Wärmeanwendungen.

Die Schmerzwahrnehmung wird durch Antidepressiva oder Schmerzmittel auf ein erträgliches Maß reduziert oder ausgeschaltet. Die Anwendung von krampflösenden Medikamenten verbessert die Prognose zur Heilung.

Prognose

Sie richtet sich nach der Grunderkrankung. Fakt ist, je früher die Erkrankung erkannt wird, umso besser und erfolgreicher sind die Aussichten auf eine völlige Rehabilitation. Allerdings beginnt eine Polyneuropathie oft schleichend. In einigen Fällen bleiben die Auslöser unbekannt. Je länger die Erkrankung andauert und je ausgeprägter die Nervenschädigungen sind, desto länger wird eine Therapie notwendig sein. Je nach betroffenem Organ ist eine völlige Wiederherstellung der Gesundheit nicht immer möglich.

Infobox

ICD-10: G60 – G64

Internetadressen:

http://www.polyneuropathie.com

http://www.neuro24.de

http://www.schmerz-therapie-deutschland.de

Literatur:

Dengler, R., Heidenreich, F.: Polyneuropathien. Kohlhammer, Stuttgart 1999

Polyposis intestinalis

► „Also wenn Sie mich so fragen – meine Verdauung ist nicht sehr regelmäßig. Ich habe versucht, mir einen Rhythmus anzugewöhnen. Immer morgens nach dem Frühstück, wissen Sie? Mein Hausarzt hat mir wegen der Verstopfung dazu geraten, aber funktioniert hat es nicht richtig. Ich habe ja auch nicht immer Verstopfung. Da ist auch mal Durchfall dabei. Und ich habe schon mal Blut im Stuhl. Machen Sie jetzt eine Darmspiegelung? Oh je, da muss man so Zeug trinken, oder? Eine Bekannte von mir hat Übles davon berichtet und mir richtig Angst gemacht", erzählt Frau Giebel aufgeregt dem Enterologen.

Definition

Unter einer Polyposis intestinalis versteht man die Ansammlung meist gutartiger → Tumoren (Polypen) in der Darmschleimhaut (**Abb. P.80**).

10 % der Bevölkerung (im Alter zunehmend) haben diese meist gutartigen Tumoren. Oft findet man mehr als 100 Polypen in der Darmschleimhaut. Die Polypen werden nach der gestielten, zottigen oder breitbasigen Wuchsform beurteilt und sind zu 95 % (gutartige) Adenome. Bei einem Durchmesser von über einem Zentimeter ist die Gefahr der Entartung besonders hoch (neoplastische Polyposis intestinalis). Bei 50 % der Patienten finden sich die Polypen im Enddarm.

Synonym: Dickdarmpolypen.

Ursachen

Die Ursachen sind weitgehend unklar, doch geht man davon aus, dass erbliche Veranlagungen oder Ernährungsgewohnheiten in den westlichen Ländern die Entstehung begünstigen.

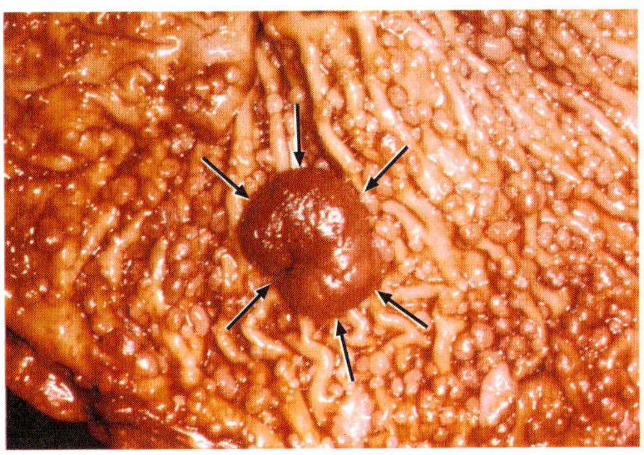

Abb. P.80 Polyposis intestinalis. Im operativ entfernten und aufgeschnittenen Dickdarm sieht man unzählige kleine Polypen, von denen einer zu einem großen Karzinom entartet ist.

Symptome

Kleinere Polypen verursachen i.d.R. keine Beschwerden. Die Symptombreite bei größeren Polypen kann aber von geringen Blutauflagerungen auf dem Stuhlgang bis zu wechselnden Stuhlgewohnheiten gehen. Bei den Betroffenen wechseln sich Diarrhö und Obstipation ab. Schleimabgänge, abdominelle Schmerzen und Darmpassagestörungen sind ebenso möglich.

Diagnose

Anamnestisch wird nach Polypen in der Familie gefragt. Im Labor erfolgt der Nachweis okkulten Blutes im Stuhl. Endoskopisch kommt die Koloskopie und Rektoskopie zur Anwendung. Während der Darmspiegelung wird eine Biopsie des Polypen genommen und anschließend feingeweblich untersucht. Um die Ausdehnung beurteilen zu können, wird der Betroffene mit Bild gebenden Verfahren wie Oberbauchsonografie, Computertomografie oder Kernspintomogramm untersucht.

Therapie

Während der Darmspiegelung wird jeder Polyp abgetragen und histologisch beurteilt. Waren Polypen histologisch auffällig, muss nach einiger Zeit zur Kontrolle eine weitere Darmspiegelung erfolgen.

In seltenen Fällen, wenn nicht alle Polypen abgetragen werden können, wird der gesamte Dickdarm (Kolektomie) entfernt. Nach dieser OP, in der Dünn- und Enddarm miteinander verbunden werden, ist noch ein normaler Stuhlgang möglich.

Prognose

Bei Patienten mit Darmpolypen besteht eine Rezidivrate von bis zu 50 %. An Anzahl, Form und Größe der Polypen ist das Krebsrisiko abzuschätzen, es ist aber mit nur unter 10 % sehr unwahrscheinlich. Je größer ein Polyp ist, desto höher ist das Dickdarmkrebsrisiko.

Wenn die Polypen nicht chirurgisch entfernt wurden, ist eine Entartung zum Karzinom möglich. Sehr große Polypen können auch die Darmlichtung (Lumen) verlegen. Daraus folgt ein → Ileus.

Infobox

ICD-10:
K63.5

Internetadressen:
http://www.pflegewiki.de/wiki/Polyp
http://www.netdoktor.de

Polyradikuloneuritis

► Der 6 Jahre alte Paul wird wegen Rückenschmerzen und Schwierigkeiten beim Gehen ins Krankenhaus eingewiesen. „Bis vor 2 Tagen war er völlig gesund“, berichtet die Mutter. Die neurologische Untersuchung zeigt eine leichte Nackensteifigkeit und Kraftminderung in den Beinen. Die Muskeleigenreflexe können an den Armen nur schwach, ansonsten gar nicht ausgelöst werden. Gefühlsstörungen sind nicht vorhanden. Bei der Lumbalpunktion wird im Liquor eine Eiweißvermehrung bei normaler Zellzahl festgestellt.

Definition

Die akute postinfektiöse oder idiopathische inflammatorische demyelinisierende Polyradikuloneuritis ist eine Entzündung der Nervenwurzeln (Radikulitis). Diese greift über auf die peripheren Nerven (Polyneuritis) und führt zu einer Demyelinisierung (Verlust der Myelinscheiden), die mitunter auch Rückenmark und Gehirn einbezieht (**Abb. P.81**). Es kommt zu schlaffen Lähmungen und zu Sensibilitätsstörungen.

Synonym: Guillain-Barré-Syndrom.

Ursachen

Bei etwa 80 % der Patienten ist etwa eine Woche vorher eine akute Infektion der Atemwege oder des Darmes bzw. ein banaler Infekt aufgetreten. Mitunter kann später ein Virus nachgewiesen werden (Epstein-Barr, → Zytomegalie). Auch eine Infektion mit Borrelien, Mycoplasma pneumoniae oder Chlamydien kommt in Frage. Wahrscheinlich entsteht die akute postinfektiöse Polyradikuloneuritis infolge einer „fehlgesteuerten Immunantwort“.

Eine Polyradikuloneuritis kann durch Toxine (Impfungen, z. B. gegen Tollwut oder Grippe), chemische Noxen (Alkohol, Blei) hervorgerufen werden oder im Rahmen einer metabolischen Störung auftreten (→ Diabetes mellitus). Bei der idiopathischen Polyradikuloneuritis ist die Ursache unklar.

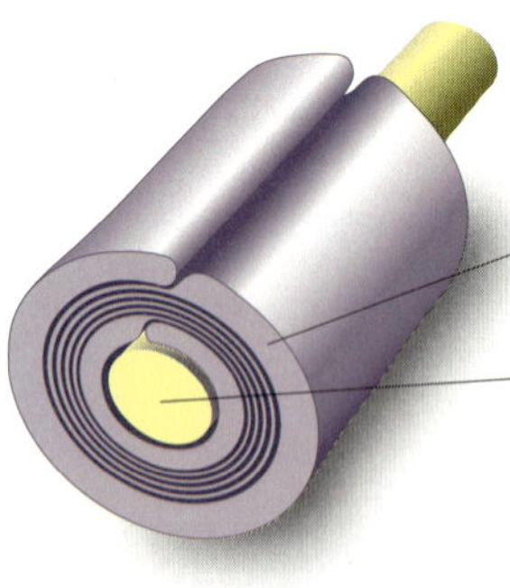

Abb. P.81 Myelinscheide (Aufbau). Das Axon ist von einer Myelinscheide umgeben, die aus Schwannschen Zellen besteht.

Symptome

Zu Beginn treten oft Rückenschmerzen, Nackensteifigkeit und Empfindungsstörungen auf. Diese sind stumpfförmig, nicht segmental ausgebreitet und können bei Kindern fehlen. Schlaffe Lähmungen beginnen im unteren (distalen) Bereich der Glieder. Sie sind symmetrisch und steigen nach proximal auf. Zunächst sind die Beine, dann auch die Arme betroffen. Hirnnervenparesen können hinzukommen (bei 35 %). Die Muskeln sind hypoton (schlaff), Muskeleigenreflexe lassen sich nicht auslösen. Vegetative Störungen (Blutdruck, Herzaktion, Atmung) kommen vor. Miktionsprobleme oder eine Darmlähmung sind selten.

Für die Variante Miller-Fisher-Syndrom sind Hirnnervenparesen und eine leichte Ataxie kennzeichnend. Die pharyngeal-zervikal-brachiale Variante betrifft vor allem den Schultergürtelbereich.

Diagnose

Verlauf und klinische Befunde sind hinweisend. Bestätigung bringt eine Liquoruntersuchung und die Bestimmung der Nervenleitungsgeschwindigkeit.

Differenzialdiagnose

Folgende Krankheiten müssen ausgeschlossen werden:

- → Poliomyelitis anterior acuta (asymmetrische Lähmungen, Vermehrung der Zellzahl im Liquor),
- spinale → Tumoren (Störung der Blasen-Darmfunktion, ausgeprägte Eiweißvermehrung),
- Traumafolgen,
- Myopathien,
- Stoffwechselstörungen,
- psychogene Lähmungen (normaler neurologischer Befund).

Die seltene chronische demyelinisierende Polyneuritis ist durch den Verlauf zu unterscheiden.

Therapie

Meist sind symptomatische Maßnahmen ausreichend. Bei raschem Verlauf wird eine Plasmapherese (Zellseparation, „Blutwäsche“) bzw. die Gabe von 7 S-Immunglobulinen erforderlich. Kortikoide sind nach kontrollierten Untersuchungen nicht wirksam (wohl aber bei der chronischen demyelinisierenden Polyneuritis). Wegen vegetativer Störungen ist eine Überwachung der Vitalfunktionen erforderlich (EKG, Atmung). Mitunter muss ein Schrittmacher implantiert werden.

Die Rückbildung der Paresen wird durch Physiotherapie und geeignete Maßnahmen der Rehabilitation unterstützt (**Abb. P.82**).

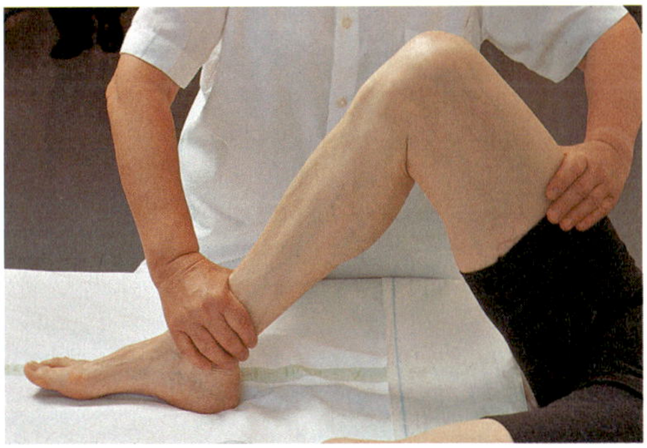

Abb. P.82 Therapie der Polyradikuloneuritis. Physiotherapie ist ein wichtiger rehabilitationsunterstützender Therapiebestandteil.

Prognose

Bei Kindern kommt es meist spätestens nach vier Wochen und in umgekehrter Reihenfolge ihres Entstehens zu völliger Heilung der Paresen.

Komplikationen

Gefährlich ist eine rasch aufsteigende Lähmung (Landry-Paralyse). Diese erfordert eine Beatmung und lässt sich mitunter nicht beherrschen.

Infobox

ICD-10:
G61.0

Internetadressen:
http://www.polio.sh
http://www.polio-initiative-europa.org

Literatur:

Lentze, M. u. a. (Hrsg.): Pädiatrie, Grundlagen und Praxis, 2. Aufl. Springer, Berlin 2003

Mortier, W.: Muskel- und Nervenerkrankungen im Kindesalter. Thieme, Stuttgart 1994

Polytoxikomanie

► **„Wie sieht es denn hier aus? Ich dachte, wir helfen nach der Fete ein wenig aufräumen und frühstücken dann gemütlich. Gestern, als wir gingen, war von diesem Desaster noch nichts zu sehen", bemerkt Corinna zu Joachim, ihrem Freund. „Hi, kommt ihr auch aufräumen?", ertönt eine Stimme aus der Küche. Jenny taucht auf. „Hier war echt was los. Nachdem ihr weg wart, kamen so komische Typen, die keiner von uns kannte. Die haben gesoffen wie die Löcher und ich glaube auch noch das ein oder andere geraucht. Jörg ließ sich nicht abhalten mitzumachen und hat dann wohl angefangen zu randalieren – wie man sieht. Wie alt soll der geworden sein, 23?"**

Definition

Unter Polytoxikomanie versteht man eine Abhängigkeit von verschiedenen Rauschgiften, die zum Zweck der Rauschintensivierung konsumiert werden (**Abb. P.83**).

Ursachen

Die Betroffenen sind von verschiedenen Rauschmitteln abhängig, weil ein Rauschgift alleine nicht mehr ausreicht, um die gewünschte Wirkung zu erzielen. Durch Gebrauch oft synergistisch wirkender, also sich gegenseitig in der Wirkung gleichender oder ergänzender Substanzen, wird das Rauscherlebnis potenziert.

Ebenfalls werden bewusst gegensätzliche Gifte eingenommen, um einen Rauschzustand gegen einen anderen auszutauschen, z. B. beim sog. Herunterrauchen durch Cannabiskonsum nach Ecstasy-(MDMA-) und Amphetaminkonsum. Die gleichzeitige Wirkung der verschiedenen Substanzen ruft oft unvorhersagbare Wechselwirkungen hervor, die für den Konsumenten als starker „Kick" empfunden werden, jedoch potenziell lebensbedrohlich sind.

Die Substanzen werden üblicherweise während eines Rauschintervalls nacheinander oder auch gleichzeitig konsumiert. Jeder Stoff ist alleine ausreichend potent, um eine Sucht zu begründen. Nicht gemeint ist hingegen der Gebrauch eines Ersatzstoffs, sofern dieser alleinig und nur anstelle eine Rauschgifts eingenommen wird. Ein Polytoxikomane ist somit multipel abhängig, z. B. von Alkohol, Nikotin, Haschisch, Diazepam.

Abb. P.83 Suchtmittel. Als Suchtmittel kommen ganz unterschiedliche Substanzen in Betracht.

Symptome

Die Patienten zeigen ein Mischbild der Symptome nach Konsum der Einzelsubstanzen. Auch kann es zu deliranten Bildern kommen. Es gibt körperlich-vegetative Symptome, z. B.:

- Veränderung der Pupillengrößen (enger oder weiter, aber immer beidseitig gleich),
- Verlangsamung der Pupillenlichtreaktion,
- Herz-Kreislauf-Störungen,
- Atemstörungen,
- Veränderungen der Körpertemperatur,
- Appetitstörungen,
- Kaltschweißigkeit oder Überwärmung,
- Urin-/Stuhlabgang, Erbrechen.

Außerdem zeigen sich deutliche psychiatrische Störungen, z. B.:

- Sprach- und Sprechstörungen,
- Aufmerksamkeits- und Gedächtnisstörungen,
- Orientierungsverlust,
- Bewusstseinsstörung: Stupor, Sopor oder Koma,
- Antriebsveränderungen,
- Störungen des inhaltlichen und formalen Denkens,
- Schlafstörungen,
- Wahn, Kontrollverlust, Halluzinationen,
- Stimmungsschwankungen, Dysphorie oder Manie bis zur Aggressivität,
- eigen- und fremdgefährdende Verhaltensimpulse.

Auffallend ist oft der erhebliche Kognitionsverlust mit nahezu aufgehobener Steuerungsfähigkeit während des Rausches.

Diagnose

Die Diagnose erfolgt durch die Anamnese. Der Verdacht kann durch einen Urin-Drogenschnelltest (s. **Abb. C.2**, S. 179) und eine Atemalkoholkontrolle objektiviert werden. Über Schnelltests sind jedoch z. B. LSD, Barbiturate oder Phencyclidin (PCP) oft nicht nachweisbar.

Bei Verdacht auf einen intravenösen Drogengebrauch sind Einstichstellen und auch sog. Drogenstraßen (→ Opioidmissbrauch) zu sehen. Bei diesen Untersuchungen muss auf die potenzielle Infektionsgefahr durch HIV (→ AIDS) und → Hepatitis geachtet werden. Die körperli-

Abb. P.84 Ergotherapie. Modellieren mit Ton gehört zum ergotherapeutischen Spektrum.

che Durchsuchung sollte mit stichsicheren Handschuhen erfolgen. Im Labor können häufig Leberwerterhöhungen (GOT, GPT und Gamma-GT) gezeigt werden.

Differenzialdiagnose

Auszuschließen sind → Schädel-Hirn-Traumata, → Epilepsien oder → intrazerebrale Blutungen und → Gehirntumoren ebenso wie ein → Alkoholentzugssyndrom.

Therapie

In der Akutsituation ist eine intensivmedizinische Überwachung notwendig, da sich vielfältige Komplikationen, bis hin zur Notfalldialyse oder einer Delirbehandlung, ergeben können. In internistisch stabilen Situationen kann bei erheblich eingeschränkter Steuerungsfähigkeit auch eine psychiatrische Zwangseinweisung zum Akutentzug erfolgen.

Ist der Abhängige nachhaltig an einer Entwöhnung interessiert, können in einer Langzeittherapieeinrichtung verhaltens- und ergotherapeutische Maßnahmen angewendet werden (**Abb. P.84**). Ebenso steht ein Psychologe zu regelmäßigen Gesprächen zur Verfügung. Durch Drogentests wird streng kontrolliert, ob der Patient während der Behandlung abstinent bleibt.

Zudem stehen Angebote von Selbsthilfegruppen zur Verfügung, in denen sich der Kranke wohnortnah stabilisieren kann. Wichtigstes therapeutisches Mittel ist letztlich die soziale Wiedereingliederung, vor allem ins Erwerbsleben.

Prognose

Ein Drogenabhängiger kann nie geheilt werden. Allenfalls ist eine lebenslange Abstinenz zu erreichen. Daher ist die Rückfallquote, gerade nach psychosozialen Stresssituationen, sehr hoch.

Infobox

ICD-10:
F19.2

Internetadressen:
http://www.narcotics-anonymous.de
http://www.raidblue.ch/D/infos_8.asp
http://www.fahrerlaubnisrecht.de/FeV/FeV14.htm

Polytrauma

► „Jetzt beginnt wieder die Motorradsaison in der Eifel. Die ersten warmen Sonnenstrahlen locken natürlich. Die Unfälle mit Beteiligung von Motorrädern sind zwar zurückgegangen, aber es sind immer noch viel zu viele", berichtet Lothar Lange, Rettungssanitäter. „Erst letztes Wochenende hatten wir etliche Einsätze. Ein junger Mann war dabei, 23 Jahre. Er ist mit seinem Bekannten ein Rennen gefahren, in einer Kurve von der Fahrbahn abgekommen und gegen eine Baum geprallt", erzählt er. „Wir haben ihn mit einem schweren Schädel-Hirn-Trauma, etlichen Frakturen und Quetschwunden ins Krankenhaus gebracht. Die Leute lernen es einfach nie und man kann Starenkästen aufstellen, bis man schwarz wird."

Definition
Polytrauma bedeutet, dass mehrere Körperregionen oder Organsysteme so stark geschädigt sind, dass mindestens eine der Verletzungen oder deren Kombination lebensbedrohlich ist. Die häufigsten Kombinationsverletzungen sind Frakturen, → Schädel-Hirn-Trauma, Thoraxtrauma und stumpfes → Bauchtrauma.

Ursachen
Als Ursache kommen Unfälle aller Art infrage wie Arbeits- und Freizeitunfälle, Unfälle im Haushalt, Katastrophen. Die häufigste Ursache sind jedoch Verkehrsunfälle. Hinzu kommen Gewaltverbrechen.

Typische Unfallmechanismen sind Beschleunigungstraumen (Stürze aus großer Höhe, Herausschleudern aus dem Fahrzeug), Quetschungen, Aus- oder Abrissverletzungen, penetrierende Verletzungen sowie thermische, chemische oder Strahlenverletzungen (**Abb. P.85**).

Stumpfe Thorax- und Bauchtraumen führen zu inneren Blutungen und beeinträchtigen die Organfunktionen (z. B. → Hämatothorax, → Herzbeuteltamponade). Nach einem Schädel-Hirn-Trauma können → intrakranielle Blutungen oder ein Hirnödem auftreten, die zu druckbedingten neurologischen Ausfällen oder Bewusstseinsstörungen führen können. Drei von vier polytraumatisierten Patienten haben Frakturen.

Symptome
Die Symptomatik richtet sich nach Art und Schwere der Verletzung. Es treten erhebliche Schmerzen auf, ggf. äußere Blutungen. Die Patienten sind bei Knochenbrüchen oder Gelenkluxationen bewegungsunfähig.

Weitere Symptome sind Unruhe oder Bewusstlosigkeit. Nach Entkleidung sind Prellmarken, → Hämatome sowie äußere Verletzungen sichtbar.

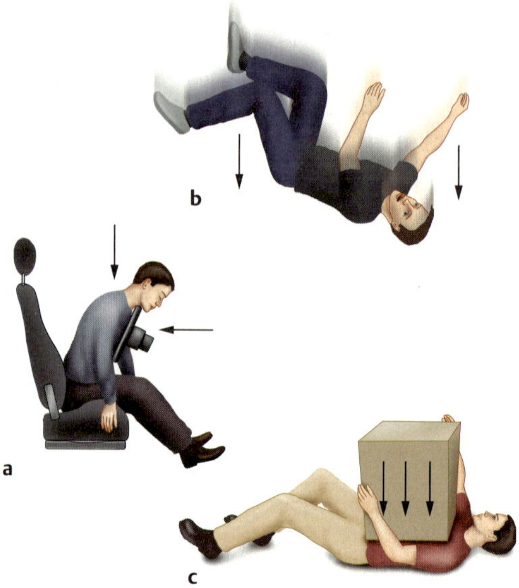

Abb. P.85 Unfallmechanismen. **a** Anpralltrauma, **b** Sturz aus großer Höhe (ein Sturz aus 20 m Höhe entspricht ca. 70 km/h), **c** Kompression.

Diagnose
Diagnostik und Therapie laufen bei polytraumatisierten Patienten nach einem festen Schema und teilweise parallel ab (Polytrauma-Management) (**Abb. P.86**).

Zunächst erfolgt die Elementardiagnostik. In der Akutphase schließen sich lebensrettende Sofortmaßnahmen an. Es folgt die Primärphase, mit der detaillierten klinischen und technischen Untersuchung sowie die Notfalltherapie in der Klinik. Manche Behandlung erfolgt zunächst provisorisch, etwa die Stabilisierung von Knochenfrakturen mit Fixateur externe. In der Sekundärphase wird der Gesundheitszustand mit weiteren intensivmedizinischen und dringlichen Operationen stabilisiert, was stets weitere diagnostische Maßnahmen voraussetzt. In der Rehabilitationsphase schließlich erfolgen aufgeschobene Operationen sowie die Rehabilitation des Patienten mit entsprechenden Kontrolluntersuchungen.

Der personelle und technische Aufwand ist sehr hoch. Die einzelnen Teams aus Spezialisten müssen gut organisiert und abgestimmt zusammenwirken. Krankenhäuser halten für solche Fälle speziell ausgestattete Schockräume vor. Reicht die technische Infrastruktur eines Krankenhauses (Diagnostik, Therapie) für die Versorgung nicht aus, müssen betroffene Patienten nach Stabilisierung der Vitalfunktionen in eine andere Klinik verlegt werden.

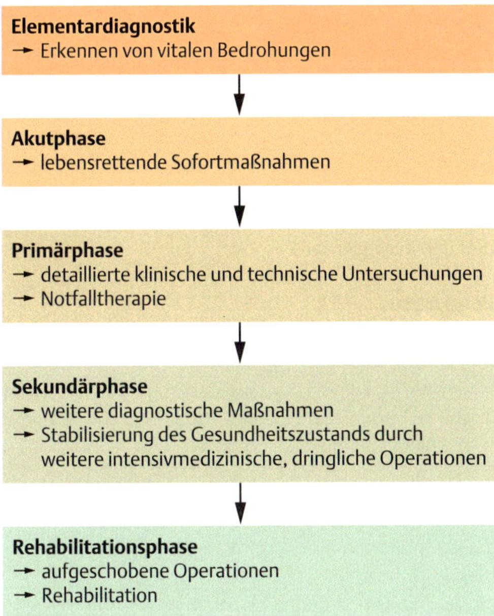

Abb. P.86 Polytraumamanagement. Vorgehensweise für Diagnostik und Therapie bei Polytrauma-Patienten.

Elementardiagnose

Es gilt eine vitale Bedrohung wie einen beginnenden Schock rasch zu erkennen oder vorauszusehen. Dazu werden Atmung, Bewusstsein und Zirkulation manuell sowie, wenn vorhanden, mit technischen Hilfsmitteln (EKG-Gerät, Pulsoxymeter) überprüft (ABC-Regel).

Erweiterte Diagnose

Sie beinhaltet zunächst die genaue klinische Untersuchung am komplett entkleideten Patienten von Kopf bis Fuß. Ist der Unfallhergang bekannt, kann dabei gezielt nach unfalltypischen Verletzungen gesucht werden. Zugleich werden die Vitalfunktionen des Patienten permanent und mit den Möglichkeiten der Intensivmedizin überwacht: Elektrokardiogramm (EKG), Puls, Blutdruck, Atmung, Körpertemperatur.

Klinische Untersuchung. Es ist auf Folgendes zu achten:

- **Kopf:** Prellmarken, Hämatome, offene Schädelverletzung, Blutungen, Austritt von Liquor aus Nase oder Ohren (→ Schädelbasisbruch!), Augenverletzungen, Pupillendifferenz, Augenmotorik,
- **Thorax:** gleichseitige Atembewegungen, Einziehungen, Prellungen, offene Wunden/Penetrationen,
- **Wirbelsäule:** Fehlstellungen, sensible und/oder motorische Ausfälle, Schluckbeschwerden (retropharyngeales Hämatom), unwillkürlicher Harn- oder Stuhlabgang,
- **Abdomen:** sichtbare Verletzungen, Penetrationsverletzungen, Druckschmerz oder Abwehrspannung bei Palpation,
- **Becken:** äußere Verletzungen, sichtbare Deformation, Druckschmerz bei Kompression auf Darmbeinschaufeln,
- **Arme und Beine:** Prellungen, Hämatome, offene Frakturen, Amputationsverletzung, Fehlstellung, Beweglichkeit und Kraft, periphere Pulse.

Bildgebende Verfahren. Mit verschiedenen Verfahren werden die Organsysteme systematisch nach Verletzungen abgesucht:

- Röntgen des Thorax zum Erkennen eines → Hämato-, → Pneumo- oder → Spannungspneumothorax sowie → Rippenserienfrakturen,
- Röntgen der Wirbelsäule, des Beckens und der Extremitäten,
- Abdomensonografie zum Ausschluss innerer Blutungen („freie Flüssigkeit im Abdomen") – gelegentlich muss zur Diagnostik innerer Blutungen die Bauchhöhle im OP chirurgisch eröffnet werden (Laparotomie),
- Herzsonografie (bei Gefahr einer → Herzbeuteltamponade!),
- Computertomografie für Untersuchungen des Schädels, der Wirbelsäule, der Extremitäten sowie bei Verdacht auf innere Verletzungen (**Abb. P.87**).

Laboruntersuchungen. Hinzu kommen diverse Laboruntersuchungen des venösen und arteriellen Blutes, z. B.:

- Hämoglobin,
- Hämatokrit,
- Blutgruppe,
- Gerinnungsparameter,
- Nieren- und Leberwerte,
- Elektrolyte, Blutzucker,
- Blutgasanalyse u. a.

Bei bewusstlosen Patienten ist die Befragung von Unfallzeugen oder Angehörigen wichtig, um etwas über den Unfallhergang, chronische Erkrankungen (z. B. → Diabetes mellitus, Gerinnungsstörungen, Infektionen wie → Hepatitis und HIV) sowie regelmäßige Medikamenteneinnahme zu erfahren.

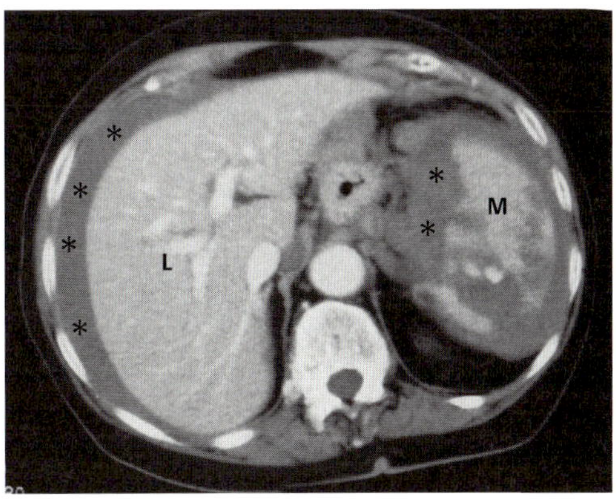

Abb. P.87 Milzverletzung durch ein stumpfes Bauchtrauma. Das CT zeigt freies Blut (*) in der Bauchhöhle. M: Milz, L: Leber.

Differenzialdiagnose

Das lebensbedrohliche Polytrauma wird definitionsgemäß unterschieden von Mehrfachverletzungen ohne Lebensgefahr sowie von schweren Einzelverletzungen mit Lebensgefahr.

Therapie

An erster Stelle muss dafür gesorgt werden, dass alle lebenswichtigen Organsysteme ausreichend mit sauerstoffreichem Blut versorgt werden. Dazu gehören bei Bedarf alle Maßnahmen der Reanimation wie:

- Herzdruckmassage,
- Beatmung mit Sauerstoff,
- provisorisches Stillen von Blutungen,
- das Legen mehrerer venöser Zugänge,
- Zufuhr von Flüssigkeiten und Medikamenten.

Offene Verletzungen werden steril abgedeckt. Um beim Transport des Patienten keine zusätzlichen Verletzungen zu verursachen, wird der Patient z. B. auf einer Vakuummatratze und/oder mit einer Zervikalorthese zur Stabilisierung der Halswirbelsäule, sachgerecht gelagert. Während des Transports werden die Vitalparameter ständig überwacht und die Behandlung wird fortgesetzt.

Priorität im Krankenhaus haben intensivmedizinische und chirurgische Eingriffe, die lebenswichtige Funktionen sichern. Dazu gehören die endgültige Blutstillung sowie die Druckentlastung der Organe, der Lunge und des Zentralnervensystems. Dazu müssen ggf. eine Thoraxdrainage gelegt oder medikamentöse/chirurgische Maßnahmen zur Druckentlastung des Gehirns oder des Rückenmarks bei Blutungen oder Ödemen ergriffen werden. Danach werden verletzte Hohlorgane, parenchymatöse Organe sowie große Gefäßverletzungen chirurgisch versorgt.

Parallel werden starke Schmerzmittel, Antibiotika, Infusionen und Herz-Kreislauf-wirksame Medikamente sowie die Tetanusprophylaxe gegeben. In weiteren Schritten unternimmt man in den folgenden Tagen alle weiteren erforderlichen chirurgischen Eingriffe, also z. B. bei Frakturen der Extremitäten, des Beckens, der Wirbelsäule, des Schädels und der Gelenke.

Prognose

Das Polytrauma ist die führende Todesursache bei unter 44-jährigen Menschen. Jeder fünfte polytraumatisierte Patient stirbt. Zur Abschätzung der Prognose im Einzelfall existieren verschiedene Scores, die statistische Aussagen in den Behandlungsphasen zulassen.

Infobox

ICD-10:
T07

Internetadressen:
http://www.leitlinien.net

Literatur:

Bühren, V., Trentz, O.: Checkliste Traumatologie. Thieme, Stuttgart 2005

Rüter, A. u. a. (Hrsg.): Unfallchirurgie. Urban & Schwarzenberg, München 1995

Polyzythämie

► Der 58-Jährige Lothar Köhler stellt sich bei seinem Hausarzt vor: „Ich habe in der letzten Zeit so häufig Kopfschmerzen. Manchmal ist mir auch schwindelig und ich bekomme Nasenbluten. Außerdem komme ich in der letzten Zeit so schnell aus der Puste, wenn ich im Stadtpark joggen gehe. Wenn ich danach heiß dusche, juckt es fürchterlich am ganzen Körper. Es ist immer wieder etwas anderes."

Definition

Eine Polyzythämie ist eine bösartige Erkrankung des Knochenmarks. Dabei vermehren sich Erythrozyten, Thrombozyten und Granulozyten. Die „Blutfülle" des Körpers wird als Plethora bezeichnet. Man unterscheidet die Polycythaemia vera von sekundären Polyzythämien.

Synonym: Morbus Vasquez-Osler.

Ursachen

Bei der Polycythaemia vera ist die Stammzelle, also die Vorläuferzelle der blutbildenden Zellen so verändert, dass sich die Zellen autonom (selbstständig) vermehren. Der Grund dieser Veränderung ist nicht bekannt.

Sekundäre Polyzythämien werden reaktiv durch verschiedene Krankheiten oder Medikamente verursacht. Dabei ist häufig Erythropoetin (EPO; ein Hormon, das die Bildung von Erythrozyten anregt) erhöht, z. B. durch → Tumoren, eine Nierenerkrankung, als Reaktion auf eine Lungen- oder Herzerkrankung oder durch Sauerstoffmangel im Gebirge. Aber EPO kann auch durch Doping mit Zufuhr von EPO, oder durch eine Hormonverschiebung, erhöht sein. Das ist z. B. bei → Morbus Cushing oder durch Medikamente wie Kortikoide oder Androgene der Fall.

Symptome

Die erhöhte Zellzahl stört die Durchblutung. Die Patienten leiden daher unter kalten Fingern und Händen, Kopfschmerzen, Ohrensausen, Schwindel, Ohnmachtsanfällen, Seh- oder Gefühlsstörungen. Finger- und Zehenspitzen sind häufig bläulich verfärbt. Das vermehrte Blutvolumen führt zu Atemnot bei Belastung. Vor allem nach heißem Duschen kann es zu starkem Juckreiz kommen.

Diagnose

In der körperlichen Untersuchung fallen die hochroten Wangen und die bläulichen Zehen- und Fingerspitzen auf (**Abb. P.88**). Die Milz ist häufig vergrößert (Splenomegalie). Im Blut sind Hämatokrit, Erythrozytenzahl, Thrombozyten und Leukozyten sowie Harnsäure erhöht. Die EPO-Konzentration ist vermindert. Im Knochenmarkausstrich lässt sich die gesteigerte Blutbildung nachweisen.

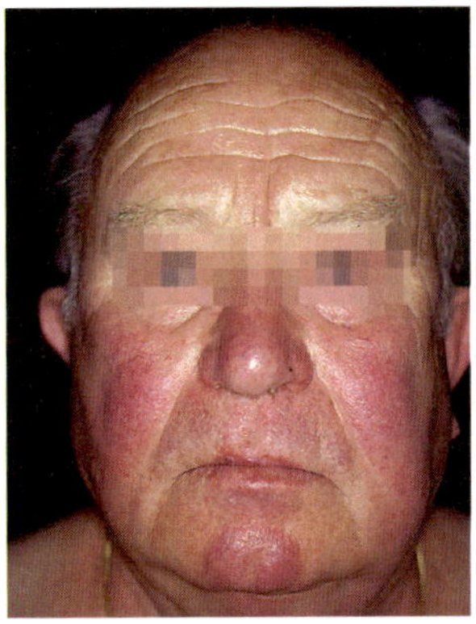

Abb. P.88 Charakteristische Gesichtsveränderungen bei Polycythaemia vera. Hochrote Nase, Wange und Kinn.

Differenzialdiagnose

Viele andere Erkrankungen können zu einer Vermehrung der Blutzellen führen. Daher muss man die Polycythaemia vera klar von den sekundären Polyzythämien abgrenzen.

!Von einer relativen Polyglobulie spricht man z. B. bei ein!er Dehydratation. Dann werden pro µl Blut zu viele Erythrozyten angegeben, weil zu wenig Flüssigkeit vorhanden ist. Die Polyzythämie fällt dagegen unter den Oberbegriff der absoluten Polyglobulien.

Therapie

Zur Therapie der Polycythaemia vera werden Aderlässe eingesetzt oder die Erythrozyten in einer sog. Erythrapherese mit einem Zellseparator aus dem Blut entfernt. Außerdem werden Medikamente wie Interferon-alpha, pegyliertes Interferon, Anagrelid, Hydroxyharnstoff oder Azetylsalizylsäure verabreicht. Gegen den Juckreiz helfen Antihistaminika oder UV-Licht, gegen erhöhte Harnsäurewerte Allopurinol. Bei den sekundären Polyzythämien muss zunächst die Grundkrankheit behandelt werden.

Prognose

Mit einer Therapie überleben die meisten Patienten mit Polycythaemia vera 10 – 15 Jahre. Etwa 10 % der Patienten entwickeln eine → akute Leukämie. Die Prognose der sekundären Polyzythämien hängt von der Grundkrankheit ab.

Infobox

ICD-10: D45

Internetadressen:

http://www.netdoktor.at

http://www.meduniwien.ac.at

Porphyrie

► **Der 12-jährige Erik klagt über starke Bauchschmerzen und Übelkeit. Seit Stunden liegt er in seinem Bett und hat sich schon mehrere Male erbrochen. Als seine Mutter ihm einen neuen Schlafanzug anzieht, bemerkt sie dunkle Flecken in der Hose. Sie benachrichtigt sofort den Kinderarzt.**

Definition

Eine Porphyrie ist eine angeborene oder erworbene Stoffwechselerkrankung, bei denen die Bildung des roten Blutfarbstoffes Häm durch unterschiedliche Enzymdefekte gestört ist. Die Vorläufer von Häm stauen sich im Körper an und werden mit dem Stuhl und Urin ausgeschieden. Man unterscheidet:

- akute hepatische Porphyrie (akute intermittierende Porphyrie = AIP),
- chronische hepatische Porphyrie (porphyria cutanea tarda = PCT),
- erythropoetische Porphyrie.

Ursachen

Einige Porphyrieformen manifestieren sich:

- durch Einnahme von Medikamenten (z. B. die Pille),
- bei der Hämodialyse,
- nach übermäßigem Alkoholgenuss.

Symptome

Akute hepatische Porphyrie. Symptome einer AIP sind:

- kolikartige Bauchschmerzen,
- Kopfschmerzen, schneller Herzschlag,
- Übelkeit, Erbrechen, Verstopfung oder Durchfall (wie bei einem → akuten Abdomen),
- neurologische Symptome (Schwächegefühl in den Beinen, Gefühlsstörungen, Nervosität, Schlafstörungen).

Chronische hepatische Porphyrie. Leitsymptom ist die Fotosensibilität. An Körperstellen, die dem Sonnenlicht ausgesetzt sind, treten sekretgefüllte Bläschen auf. Typisch sind weiterhin die leichte Verletzbarkeit der Haut, Hyperpigmentisierung und Hypertrichosis (krankhaft vermehrte Körperbehaarung). Die PCT ist fast immer mit milden bis schweren Lebererkrankungen assoziiert.

Diagnose

Die klinischen Symptome weisen auf eine Porphyrie hin. Der Urin ist rötlich und dunkelt nach, wenn man ihn stehen lässt (**Abb. P.89**). Manche Kinder haben dunkle Flecken in der Unterwäsche. Im Urin lassen sich die aufgestauten Vorläuferstoffe von Häm nachweisen. Der Enzymmangel kann in den Erythrozyten nachgewiesen werden.

Abb. P.89 Porphyrie. Urin bei Porphyrie (links) im Vergleich zu normalem Urin.

Differenzialdiagnose

Differenzialdiagnose der akuten hepatischen Porphyrie:

- Bleivergiftung (Blei hemmt die Hämbildung),
- → akutes Abdomen,
- neurologische und psychiatrische Erkrankungen,
- → Panarteriitis nodosa.

Die Differenzialdiagnose der chronischen hepatischen Porphyrie umfasst verschiedene andere Hauterkrankungen.

Therapie

Akute hepatische Porphyrie. Sie wird intravenös mit Hämarginat und Glukose behandelt. Gegen die Symptome werden Betablocker, Spasmolytika, Analgetika oder Antiemetika verabreicht. Die Patienten sollten ausreichend über ihre Krankheit aufgeklärt werden und einen Notfallausweis erhalten.

Chronische hepatische Porphyrie. Die Patienten müssen darauf achten, auslösende Noxen wie Alkohol oder die Pille zu meiden. Durch Aderlässe kann die Erythrozytenzahl verringert werden. Chloroquin führt zur Ausscheidung von Hämvorläufern. Die Patienten sollten ihre Haut keinem starken Sonnenlicht aussetzen und eine Sonnencreme mit hohem Lichtschutzfaktor auftragen.

Prognose

Eine kausale Behandlung der Porphyrie ist bislang noch nicht möglich. Um Symptome zu verhindern, sollten auslösende Faktoren vermieden werden.

Infobox

ICD-10: E80.0, E80.1., E80.2

Internetadressen: http://www.medicoconsult.de http://www.epp-deutschland.de

Literatur:

Roos, R., Kurz, R.: Checkliste Pädiatrie, 2. Aufl. Thieme, Stuttgart 2000

Speer, C.P., Gahr, M.: Pädiatrie, 2. Aufl. Springer, Heidelberg 2005

Herold, G.: Innere Medizin. Eigenverlag, Köln 2005

Greten, H. (Hrsg.): Innere Medizin, 12. Aufl. Thieme, Stuttgart 2005

Potenzverlust

► Der 53-jährige Karl-Heinz Thürmer antwortet Pfleger Alexander auf die Frage, wie verträglich die Strahlentherapie ist: „Na ja, nach der Darmoperation musste es sein, es war ja Krebs. Mir war auch kaum übel, das nicht. Ich habe bloß kaum noch Lust. Und falls doch, geht nichts mehr. Obwohl ich vorher wusste, dass es so kommen kann, ist es für die Ehe schon sehr belastend. Und ich frage mich natürlich auch, ob das so bleibt . . .“

Definition

Beim Potenzverlust lässt die körperliche Fähigkeit zum Geschlechtsverkehr nach. Der Begriff wird fast ausschließlich für Männer verwendet.

Ein Potenzverlust ist meist ein Symptom, das auf andere Erkrankungen, Zustände oder Behandlungen folgt. Dadurch ist der Potenzverlust graduell von der → Impotenz und der → Erektilen Dysfunktion abgegrenzt.

Ursachen

Der Potenzverlust tritt als Folge einer anderen Grunderkrankung oder einer Behandlung auf (**Abb. P.90**). So gilt der Potenzverlust als mögliche Folge einer Strahlentherapie beim → Prostatakarzinom oder anderen → Tumoren des Bauchraumes. Bei mehr als 50% der Patienten schwindet die Fähigkeit zur ausreichenden Erektion. Gleichzeitig geht auch das Verlangen nach sexueller Aktivität zurück.

Auch bei den Nebenwirkungen von Medikamenten kann ein Potenzverlust auftreten. Zu den fraglichen Medikamenten zählen ACE-Hemmer, Betablocker und Diuretika. Weiterhin zu nennen sind Psychopharmaka sowie fast alle Lipidsenker, Gicht- und Epilepsiemittel.

Ein Potenzverlust zeigt sich auch nach längerem Verlauf eines → Diabetes mellitus. Er tritt auch bei Abhängigkeit von Alkohol (→ Alkoholkrankheit) oder anderen Drogen auf, z.B. bei Cannabis, Opiaten und langfristig auch bei Kokain (→ Opioidmissbrauch).

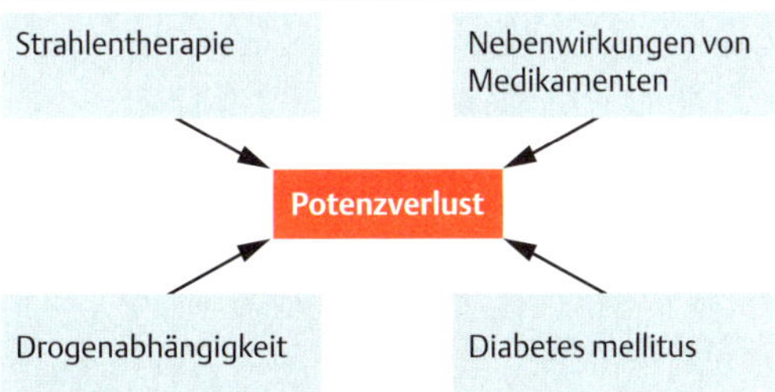

Abb. P.90 Ursachen für Potenzverlust.

Symptome

Im Vordergrund steht die Unfähigkeit, eine für sich selbst und/oder die Partnerin befriedigende Erektion zu bekommen oder zu halten. Weder Dauer noch Grad der Erektion entsprechen den Erwartungen bzw. den vormals bekannten Verhältnissen.

Diagnose

Eine sorgfältige Anamnese steht am Anfang. Wann haben die Beschwerden begonnen, welche sonstigen Erkrankungen und Lebenssituationen bestehen? Es folgt eine internistische und andrologische Untersuchung.

Differenzialdiagnose

Das Wichtigste ist das Erkennen einer möglicherweise nicht optimal behandelten Grunderkrankung. So mancher Altersdiabetes (→ Diabetes mellitus) wird über den Potenzverlust erstmals diagnostiziert.

Therapie

Medikamente können gegen andere ausgetauscht werden, die ein günstigeres Nebenwirkungsprofil aufweisen. Eine verursachende Erkrankung muss optimal behandelt werden. Psychologisch stützende Verfahren greifen an den nichtkörperlichen Ursachen an.

Symptomatisch stehen seit einigen Jahren wirksame Medikamente zur Verfügung.

Prognose

Sie entspricht bei den körperlichen Ursachen der Prognose der Grunderkrankung. Die Medikamente zur Behandlung der Erektionsschwäche wirken in mehr als 90% der Fälle.

Aufgrund des nach wie vor bestehenden Tabus, über Potenzstörungen zu sprechen, werden Hilfen oft sehr spät in Anspruch genommen.

Infobox

ICD-10
F52.2

Internetadressen:
http://www.impotenz-selbsthilfe.de

Literatur:
Kockott, G. u. Fahrner, E.-M. (Hrsg.): Sexualstörungen. Thieme, Stuttgart 2004.

Prämenstruelles Syndrom

► **Frau Schmitter ist 38 Jahr alt und klagt ihrem Gynäkologen bei der Vorsorgeuntersuchung: „Kurz vor der Periode fühlt sich die Brust immer so gespannt an und ich habe starke Unterleibschmerzen. Oft kommt es auch zu Konflikten mit meinem Mann. Er meint, ich wäre dann immer so reizbar und schlecht gelaunt. Aber ich kann nichts dafür; ich bin dann einfach überhaupt nicht belastbar und würde mich am liebsten verkriechen."**

Definition

Beim prämenstruellen Syndrom (PMS) bestehen regelmäßig körperliche und psychische Beschwerden, bevor die Regelblutung einsetzt. Die Beschwerden verschwinden typischerweise zu Beginn des Zyklus wieder. Betroffen sind vor allem Frauen jenseits des 35. Lebensjahres.

Ursachen

Die Ursachen des prämenstruellen Syndroms konnten bis heute nicht endgültig geklärt werden. Man nimmt jedoch an, dass sich in der zweiten Zyklushälfte aufgrund eines Ungleichgewichts von Östrogen und Gestagen Wasser ins Gewebe einlagert. Dies wiederum führt zu Schwellungen, z. B. an den Brüsten, welche ein schmerzhaftes Spannungsgefühl bewirken.

Zunehmend rückt jedoch die Theorie in den Vordergrund, dass es sich beim prämenstruellen Syndrom eher um eine psychiatrische Erkrankung aus der Gruppe der Depressionen handelt. Der psychogene Hintergrund kann darin liegen, dass die Frau die Menstruation negativ erlebt und ihre weibliche psychosexuelle Rolle nicht akzeptiert. Ein unerfüllter Kinderwunsch kann das Syndrom verstärken.

Symptome

Beim prämenstruellen Syndrom fühlt sich die Frau körperlich nicht wohl und hat daneben seelische Beschwerden. Es tritt meist nur ein Teil der folgenden Beschwerden auf:

- **körperliche Symptome:** Wasseransammlungen im Körper, Krämpfe im Unterbauch, schmerzhaftes Ziehen in den Brüsten, Kopf- und Rückenschmerzen, Müdigkeit, Abgeschlagenheit, Heißhunger oder Appetitlosigkeit,
- **psychische Symptome:** Stimmungsschwankungen, Reizbarkeit, Antriebslosigkeit oder Hyperaktivität, Traurigkeit oder Euphorie sowie Angstzustände.

Bewegungsmangel, schlechte Ernährung und Stress können die Symptome verstärken.

Diagnose

Für die Diagnose sind in erster Linie die typischen Beschwerden, die nur in den Tagen vor der Menstruation auftreten, von Bedeutung. Daher ist eine detaillierte Anamnese wichtig, die durch eine körperliche Untersuchung ergänzt werden sollte.

Abb. P.91 Ernährung. Eine ausgewogene Ernährung kann sich auf die Symptome des prämenstruellen Syndroms positiv auswirken.

Differenzialdiagnose

Ähnliche Beschwerden können mit dem Beginn des → Klimakteriums oder bei Schilddrüsenerkrankungen (z. B. → Morbus Basedow) auftreten. Sie sind jedoch nicht an den Zyklus gebunden.

Therapie

Regelmäßige körperliche Aktivität und ausgewogene Ernährung haben oft eine positive Wirkung auf die Beschwerden (**Abb. P.91**). Vor allem entspannende Maßnahmen wie Spaziergänge oder Radfahren an der frischen Luft können die Beschwerden ebenso lindern wie Massagen, Bäder oder autogenes Training.

Das prämenstruelle Syndrom kann man auch medikamentös therapieren. Häufig helfen pflanzliche Präparate mit Auszügen aus Mönchspfeffer. Schmerzen und Wassereinlagerungen können symptomatisch mit Ibuprofen und Spironolacton behandelt werden. Die psychische Symptomatik therapiert man mit trizyklischen Antidepressiva.

Prognose

Anders als bei anderen Erkrankungen ist es schwierig, eine allgemein gültige Therapie für das PMS zu finden. Das Problem liegt darin, dass die Beschwerden vielfältig und im hohen Maße dem subjektiven Empfinden der Frau unterworfen sind.

Infobox

ICD-10: N94.3 G

Internetadressen:
http://www.frauen.qualimedic.de
http://www.netdoktor.de
http://www.v-laitenberger.de

Primäre angeborene Hypothyreose

► **Volker Starke, Vater einer 8 Wochen alten Tochter, erzählt auf der Kinderstation: „Ich bin immer noch geschockt, dass Mareike so krank ist. Anfangs hatte sie eine Gelbsucht, später oft Verstopfung und hat schlecht getrunken. Ich hab' einfach gedacht, das Kind ist anders, eben ruhiger. Aber als jetzt der dicke Bauch und die blasse Haut dazu kamen, sind wir zum Arzt. Jetzt machen wir uns Sorgen, dass Mareike etwas zurückbehält."**

Definition

Die Hypothyreose bezeichnet eine Unterfunktion der Schilddrüse. Dadurch werden die Körperzellen nicht ausreichend mit Schilddrüsenhormonen versorgt. Die Häufigkeit liegt bei 1 : 3.500 – 4.000.

Synonym: Schilddrüsenunterfunktion.

Ursachen

Zu den häufigen Ursachen gehören Dysgenesien (Fehlbildungen), Missbildungen oder ein Enzymmangel. Seltene Ursachen sind Genmutationen oder der Einfluss von Antikörpern.

Dysgenesien. Man unterscheidet Athyreose und Dystrophie. Bei der Athyreose ist die Schilddrüse gar nicht angelegt. Bei der Dystrophie hat sie sich schon vor der Geburt zurückgebildet. Man findet dann eine zu kleine Schilddrüse an normaler Stelle. Die Ursache für Dysgenesien ist unbekannt.

Ektopie. Sie ist eine Hemmungsmissbildung. Die Schilddrüse entsteht während der embryonalen Entwicklung am Zungengrund und wandert dann normalerweise zum Kehlkopf. Bei der Ektopie bleibt die Schilddrüse am Zungengrund liegen und bildet oft schon sofort nach der Geburt zu wenig Hormone. Manchmal reicht die Hormonproduktion noch über längere Zeit aus, sodass die Unterfunktion sich erst im Laufe von Monaten oder Jahren bemerkbar macht.

Hormonsynthesestörungen. Seltener fehlen Enzyme, die für die Synthese des Schilddrüsenhormons aus Tyrosin und Jodid notwendig sind. Dabei ist die Schilddrüse normal strukturiert und liegt an normaler Stelle. Sie ist jedoch i.d.R. vergrößert, was man Kropf oder → Struma nennt. Das Ausmaß des Hormonmangels ist geringer als bei Dysgenesie, die Prognose daher auch günstiger.

Genmutationen. In seltenen Fällen können auch Genmutationen (TTF1, TTF2, PAX8) infolge von Hemmungsmissbildungen der Schilddrüse eine primäre Hypothyreose bedingen. Meist sind dann auch andere Organe missgebildet.

Antikörper. Durch die Plazenta übertragene blockierende Schilddrüsenantikörper der Mutter (TSH-Rezeptor-AK, TPO-AK, Tg-AK) führen zu vorübergehender primärer Hypothyreose des Kindes.

Symptome

Die angeborene Hypothyreose verläuft schleichend. Mit wenigen Ausnahmen schwerster Formen von Athyreose sind die Kinder bei der Geburt unauffällig. Im Laufe der folgenden Wochen stellen sich zunehmend Symptome und Befunde des Hormonmangels ein.

Der Stoffwechsel läuft wie auf Sparflamme, es kommt zu Verdauungsstörungen: Verstopfung, Erbrechen, Appetitlosigkeit, dicker Bauch. Daneben gehören u. a. Ikterus (→ Icterus neonatorum), → Hypotonie, Hypothermie (Unterkühlung), Bradykardie, marmorierte und trockene Haut, sprödes Haar, Apathie sowie eine verlangsamte Psychomotorik mit ausdrucksloser Mimik zu den typischen Folgen (**Abb. P.92**). Das Nervensystem kann sich bei Schilddrüsenhormonmangel nicht normal entwickeln.

Diagnose

Die Schilddrüsenhormone Thyroxin (T4) und Trijodthyronin (T3) sind erniedrigt, das hypophysäre Thyreotropin (TSH) ist erhöht (**Abb. P.93**).

Bei jedem Neugeborenen wird in einem sog. Screening routinemäßig am 3. Lebenstag Blut auf Hypothyreose untersucht (TSH-Bestimmung im Trockenblut).

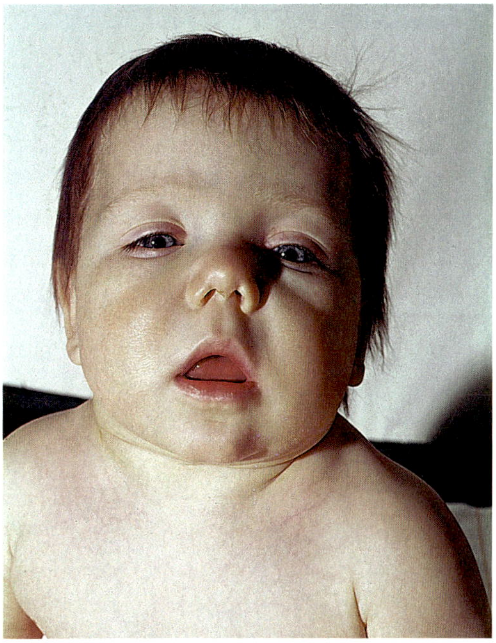

Abb. P.92 Symptome bei Schilddrüsenunterfunktion. Der dreijährige Junge zeigt eine ausdruckslose Mimik, große Zunge und eine tiefsitzende Nasenwurzel.

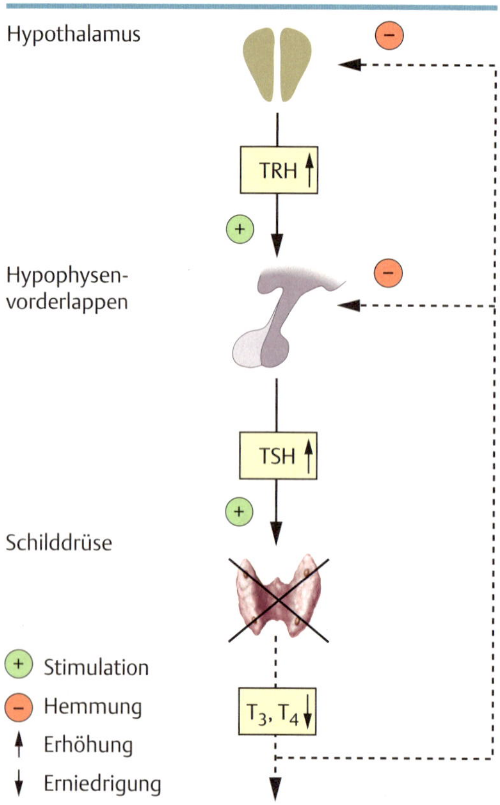

Abb. P.93 Primäre angeborene Hypothyreose. Ist die Schilddrüse nicht vorhanden oder nicht in der Lage ausreichend Thyroxin (T4) und Trijodthyronin (T3) zu bilden, fehlt die hemmende Wirkung dieser Hormone auf die Hypophyse. Deswegen ist das hypophysäre Thyreotropin (TSH) erhöht.

Therapie

Zur Therapie gibt man das Schilddrüsenhormon Thyroxin; anfangs 50 µg pro Tag. Die Dosis wird je nach dem Hormonspiegel und der Entwicklung des Kindes erhöht.

Hinsichtlich der Langzeitbetreuung sind regelmäßige Kontrollen wichtig. TSH und T4 sowie die Entwicklung des Kindes (Gewicht, Länge, Kopfumfang; Meilensteine der Entwicklung usw.) sollten im ersten Jahr alle 3 Monate, danach alle 6 Monate kontrolliert werden.

Komplikationen

Setzt die Therapie nicht frühzeitig innerhalb der ersten 3 – 6 Wochen nach der Geburt ein, können sich als Spätfolgen eine herabgesetzte Antriebslage, Sprachstörungen, Gangstörungen und Probleme bei der sozialen Integration ergeben.

Prognose

Wird der Hormonmangel schon im Frühstadium ausgeglichen, wenn das Kind noch unauffällig ist, kann sich das Kind körperlich, neurologisch und psychointellektuell normal entwickeln. Dies ist nur möglich, wenn die Hypothyreose mit Hilfe des Screenings in den ersten Lebenstagen erkannt und behandelt wird. Danach sind die Schäden am Nervensystem nicht mehr reparabel.

Infobox

ICD-10:
E03.1G

Internetadressen:
http://www.medizinfo.de
http://www.neoscreening.de

Literatur:

Sitzmann, F. C.: Duale Reihe Pädiatrie. 2. Aufl. Thieme, Stuttgart 2002

Proliferative Vitreoretinopathie

► Timo Matzke, 23-jähriger Zimmermann, spricht bei der Augenärztin vor: „Ich habe vor einem Jahr beim Nägeleinschlagen einen Metallsplitter ins linke Auge bekommen. Der Splitter wurde in der Augenklinik rausgeholt und ich hatte nie Probleme. Ich hätte da wohl noch mal hingehen sollen, aber ich hab's verschwitzt. Auf einmal kann ich links schlechter sehen. Das kann doch nichts mit der Sache letztes Jahr zu tun haben, oder?"

Definition

Die proliferative Vitreoretinopathie ist eine Erkrankung des Glaskörpers und der Netzhaut. Dabei bilden sich Membranen (Häutchen) unter, auf und über der Netzhaut.

Ursache

Die proliferative Vitreoretinopathie wird z. B. oft von folgenden Faktoren und Erkrankungen ausgelöst:

- → Diabetes mellitus (→ diabetische Retinopathie),
- offene → Augenverletzungen mit und ohne → Fremdkörper im Auge,
- Netzhautrisse und -löcher, → Netzhautablösung,
- → Neugeborenen-Retinopathie.

Symptome

Es ist möglich, dass sich die Sehkraft so weit verschlechtert, dass es zur Erblindung kommt.

Diagnose

Bei der Augenhintergrunduntersuchung sind zunächst nur Pigmentansammlungen im Glaskörper und auf der Netzhaut sowie eine Glaskörpertrübung zu erkennen.

Im weiteren Verlauf bilden sich Membranen und Stränge unter, auf und über der Netzhaut. Wenn diese sich im Krankheitsverlauf zusammenziehen, ziehen sie die Netzhaut ab und es bilden sich Netzhautfalten (**Abb. P.94**, s. **Abb. N.16**, S. 719).

Die Membranbildung kann so massiv sein, dass die Netzhaut trichterförmig zusammengezogen wird und die Papille nicht mehr zu erkennen ist. Die Papille ist der Bereich der Netzhaut, an dem sich die Nervenfasern bündeln und als Sehnerv das Auge verlassen.

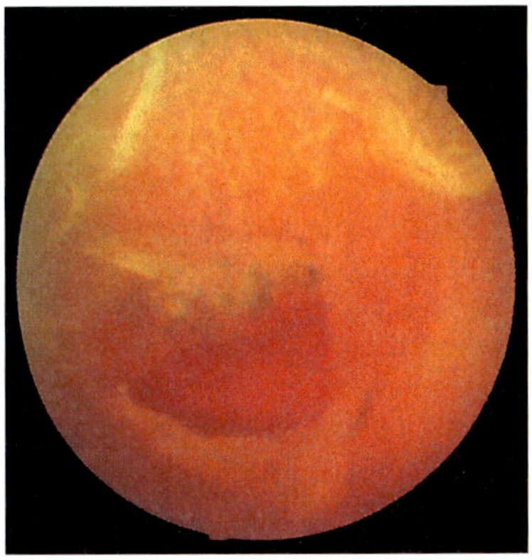

Abb. P.94 Proliferative Vitreoretinopathie. Netzhautloch mit eingerolltem Rand, Netzhautablösung und Strangbildung unter der Netzhaut.

Differenzialdiagnose

Differenzialdiagnostisch werden die verschiedenen Ursachen der Erkrankung gegeneinander abgegrenzt, z. B. eine diabetische proliferative Vitreoretinopathie von einer proliferativen Vitreoretinopathie nach einer perforierenden Augenverletzung durch einen Fremdkörper.

Therapie

Als Therapie wird die sog. extreme vitreoretinale Chirurgie angewandt. Deren Ziel ist es, die Zug ausübenden Membranen und Stränge vollständig zu beseitigen und die Netzhaut wieder anzulegen. Bei der Vitrektomie wird z. B. der pathologisch veränderte Glaskörper mikrochirurgisch entfernt und zur Tamponade der Netzhaut durch Gas- oder Silikonöl ersetzt.

Prognose

Ohne eine Operation kann die Erkrankung im Frühstadium zum Stillstand kommen, aber auch bis zur vollständigen Netzhautablösung fortschreiten. Bei 50 – 90 % der Patienten gelingt es mit der extremem vitreoretinalen Chirurgie, die Netzhaut anatomisch wieder anzulegen. Das Sehvermögen nach einer solchen Operation ist individuell unterschiedlich.

Komplikationen

Schreitet die Erkrankung fort, sind z. B. der Verlust des Sehvermögens und/oder ein Neovaskularisationsglaukom möglich. Bei diesem → Glaukom ist der Augeninnendruck durch Gefäßneubildungen auf der Iris und im Kammerwinkel erhöht. Im Endstadium der proliferativen Vitreoretinopathie schrumpft der Augapfel.

Infobox

ICD-10:
H35.2

Literatur:

Burk, A., Burk, R.: Checkliste Augenheilkunde. 3. Aufl. Thieme, Stuttgart 2005

Prostatakarzinom

► Der 69-jährige Jupp Weber klagt bei seinem Hausarzt: „Ich habe seit einiger Zeit oft starke Kreuzschmerzen, weiß aber nicht, warum. Ich bewege mich regelmäßig, aber ich hebe nichts und mache keine schweren Arbeiten. Sonst habe ich keine Beschwerden und fühle mich kerngesund. Nur nachts muss ich zum Wasserlassen ein paar Mal aufstehen. Aber deswegen geht man ja nicht gleich zum Arzt."

Definition

Beim Prostatakarzinom ist das Gewebe der Vorsteherdrüse bösartig verändert. Der → Tumor geht von den Epithelien der äußeren Drüsenanteile aus. Das Prostatakarzinom ist der häufigste urologische Krebs. Meistens tritt er um das 7. Lebensjahrzehnt auf.

Synonym: Vorsteherdrüsenkrebs.

Ursachen

Die Entstehungsursachen sind weitgehend unbekannt. Damit das Karzinom wächst, scheint eine Stimulation durch männliche Hormone notwendig zu sein. Dafür spricht, dass dieser Krebs bei Eunuchen nicht vorkommt und Therapieerfolge mit Östrogenen erzielt wurden.

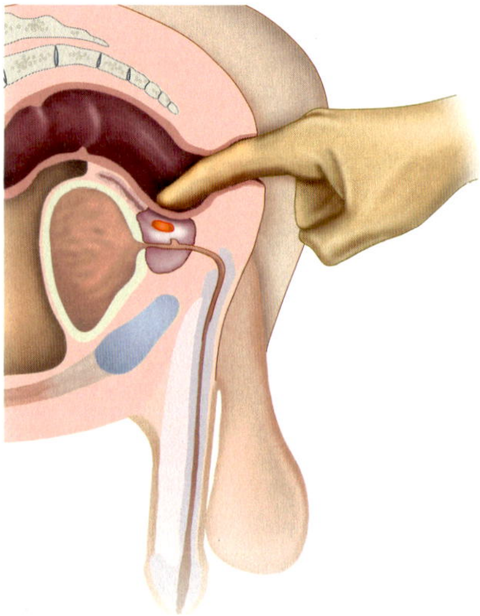

Abb. P.95 Diagnose eines Prostatakarzinoms. Bei der rektalen Palpation kann ein Prostatakarzinom als derber Knoten ertastet werden.

Symptome

Frühbeschwerden beim Prostatakarzinom sind äußerst selten. Kleine Geschwulstknoten, die noch auf das Organ begrenzt sind, bewirken weder Schmerzen noch andere Beschwerden. Erst das Fortschreiten des Krebses führt zu den Beschwerden, die auch bei der → benignen Prostatahyperplasie geläufig sind (Abschwächung des Harnstrahls, häufiges und nächtliches Wasserlassen).

Tiefe Rückenschmerzen, Ischiasbeschwerden oder ziehende Schmerzen im Beckenbereich können durch Knochenmetastasen verursacht werden. Daher deuten Kreuzschmerzen bei Männern über 45 Jahren stets auf ein Prostatakarzinom hin.

Diagnose

Die rektale Untersuchung als Vorsorgeuntersuchung wird bei allen Männern über 45 Jahren empfohlen, unabhängig davon, ob Beschwerden vorliegen oder nicht (**Abb. P.95**).

Neben der rektalen-digitalen Untersuchung und der transrektalen Sonografie ist heute der PSA-Wert, der Spiegel des prostataspezifischen Antigens im Blut, ein wichtiger Anhaltspunkt.

Die Biopsie, die vom Enddarm und seltener vom Damm aus vorgenommen wird, sichert die Diagnose. Die Probe kann in lokaler Betäubung oder in Kurznarkose entnommen werden. Röntgenuntersuchungen des Beckens und ggf. der ableitenden Harnwege sowie die Knochenszintigrafie zum Ausschluss von Knochenmetastasen ergänzen die Befunde.

Auch bei klinisch eindeutigen Fällen mit massivem Tastbefund und röntgenologisch nachweisbaren Knochenmetastasen mit hohen PSA im Serum muss histologisch untersucht werden. Aus dem Ergebnis der pathologischen Zelldifferenzierung kann man Anhaltspunkte für die Therapie und Rückschlüsse auf die Prognose erhalten.

Therapie

Das Stadium des Prostatakarzinoms zum Zeitpunkt der Diagnosestellung entscheidet darüber, welches Therapiekonzept gewählt wird. Je nach Stadium stehen Operation, Strahlentherapie, Chemotherapie oder die Hormonbehandlung zur Verfügung.

Operation

Ein organbegrenzter Tumor kann durch eine radikale Prostatektomie (Prostataentfernung) kurativ operiert werden, nicht dagegen ein lokal fortgeschrittenes oder bereits metastasiertes Prostatakarzinom (**Abb. P.96**). Treten beim Prostatakarzinom Blasenentleerungsstörungen auf, kann man durch eine Elektroresektion der Prostata den Harnabfluss verbessern. Dieser Eingriff führt jedoch nicht zur Heilung des Karzinoms.

Strahlentherapie

Im frühen Tumorstadium kann die lokale Strahlenbehandlung (z. B. Brachytherapie) eine Alternative zur radikalen Prostatektomie sein.

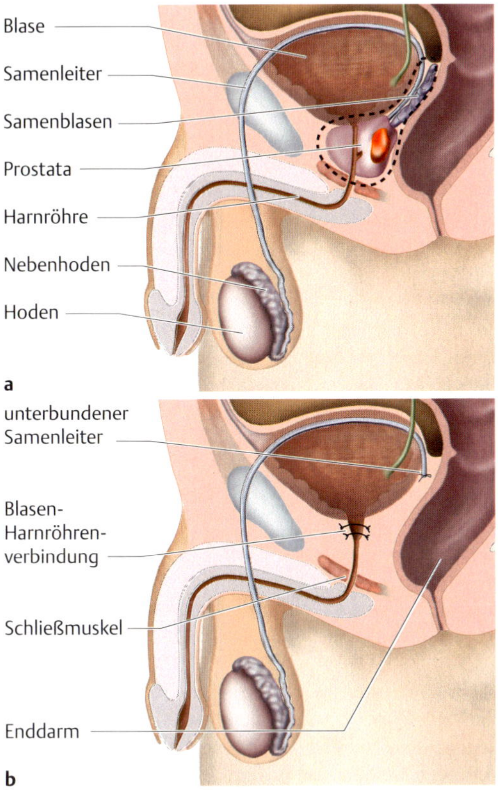

Abb. P.96 Radikale Prostatektomie. Entfernung von Prostata und Samenblasen, **a** vor der Radikaloperation, **b** nach der Radikaloperation.

Chemotherapie

Eine bewährte hormonelle Therapie in Kombination mit einem Zytostatikum ist als Zweittherapie bei Fortschreiten der Erkrankung mit Estramustinphosphat möglich. Neuere zytostatische Medikamente wie Taxane versprechen höhere Ansprechraten als die bisher verwandten Zytostatika.

Hormontherapie

Östrogenbehandlung. Die Behandlung mit weiblichen Hormonen war seit den Untersuchungen von Huggins (1941) neben der Orchiektomie (operative Entfernung des Hodengewebes) beim metastasierendem Prostatakarzinom die Therapie der Wahl. Huggins erhielt 1956 für die Entdeckung, dass das Wachstum des Prostatakrebses hormonabhängig ist, den Nobelpreis. Die Östrogenbehandlung wird wegen der Nebenwirkungen → Gynäkomastie (Vergrößerung der männlichen Brust), Ödemneigung sowie Herz-Kreislauf-Komplikationen heute nicht mehr angewandt. Fast alle medikamentösen Maßnahmen haben einen Kastrationseffekt zur Folge.

Hormonabsenkende Therapie. Heute ist die Hormonabsenkung der Grundpfeiler der Therapie des fortgeschrittenen Prostatakarzinoms, da männliche Hormone als fördernd für einen Prostatakrebs gelten. Auch die Orchiektomie ist zur Behandlung des Prostatakarzinoms seltener geworden. Die Hormone werden i.d.R. eher medikamentös mit sog. Luteinisierungshormon-Releasing-Hormon-Analoga oder Antiandrogenen abgesenkt. Analoga sind synthetische Stoffe, die im Körper die Wirkungsweise natürlicher Stoffe nachahmen.

Das natürlich vorkommende Luteinisierungshormon-Releasing-Hormon (LHRH) stimuliert die Freisetzung der Gonadotropine, des Luteinisierungshormons und follikelstimulierenden Hormons aus dem Hypophysenvorderlappen. Als Folge wird Testosteron aus den Leydig-Zellen der Hoden frei. LHRH wirkt im Körper nur, wenn es in Form von Wellen freigesetzt wird. Gibt man Patienten mit Prostatakarzinomen jedoch dauerhaft starke LHRH-Analoga, führt das dazu, dass das Luteinisierungshormon aus der Hypophyse entleert wird und die Rezeptoren für LHRH abgeschwächt werden. Als Folge wird die Hypophyse gegenüber weiterer Stimulierung unempfindlich. Auf diese Weise wird bei den Betroffenen wie beabsichtigt Gonadotropin unterdrückt und die Testosteronkonzentration im Serum gesenkt.

Die Medikamente werden in Depotform auf Monats- oder Dreimonatsdepots unter die Haut injiziert. Nebenwirkungen sind Hitzewallungen sowie psychische Probleme des Patienten mit Verlust der Libido (Geschlechtstrieb). Der Therapieerfolg ist vergleichbar mit der Kastration. Der Androgenentzug ist allerdings reversibel. Jede begonnene Hormonbehandlung muss konsequent bis an das Lebensende fortgeführt werden, eine intermittierende Behandlung wird z. Z. erprobt.

Prognose

Im Frühstadium ist eine Heilung durch Radikaloperation möglich; vergleichbare Ergebnisse werden durch die Bestrahlung erreicht. In späteren Stadien lassen sich durch eine antiandrogene Therapie das Fortschreiten bzw. die Beschwerden deutlich bessern.

Die Tumornachsorge soll frühzeitig erkennen, ob eine behandelte Tumorerkrankung wieder auftritt bzw. fortschreitet und/oder sich tumorbedingte Nebenwirkungen zeigen. Da das Prostatakarzinom auch im fortgeschrittenen Stadium keine direkten Warnzeichen setzt und man es nur durch die regelmäßige Untersuchung erfassen kann, sind die gezielte Fahndung nach diesem Karzinom und die Verlaufskontrollen besonders wichtig.

Infobox

ICD-10: C61 G

Internetadressen: http://www.prostata.de
http://www.prostatakrebs-bps.de

Prostatitis-Syndrom

Definition

Das Prostatitis-Syndrom bezeichnet Reizerscheinungen, akute oder chronische Infektionen der Prostata. Das Syndrom tritt bei jedem zweiten Mann im Laufe seines Lebens zumindest zeitweise auf. Die Prostata ist als drüsiges, gut durchblutetes, regelmäßig physiologischen Beanspruchungen (Miktion, Defäkation, Koitus) unterworfenes Organ, häufig Sitz von Reizerscheinungen.

Das Prostatitis-Syndrom wird entsprechend einer Einteilung des National Institute of Health (NIH) in drei Erkrankungen aufgegliedert:

- akute bakterielle Prostatitis,
- chronische bakterielle Prostatitis,
- chronisch abakterielles Schmerzsyndrom des Beckens.

Akute bakterielle Prostatitis

► Ein 27-jähriger Patient erkrankt mit hohen Temperaturen und klagt über Schmerzen beim Wasserlassen bei fast ständigem Harndrang. Außerdem bestehen Schmerzen im Dammbereich, die sich bei Stuhlgang verstärken. Die Prostata ist rektal stark druckempfindlich.

Definition

Bei der akuten bakteriellen Prostatitis handelt es sich um eine bakterielle Entzündung der Prostata.

Ursachen

Es kommen mehrere Ursachen für die akute bakterielle Prostatitis in Frage:

- eine fortgeleitete Harnwegsinfektion (→ Urethritis, Zystitis [→ Blasenentzündung], → Epididymitis),
- zurückliegende urologische Eingriffe (Katheterisierung, Urethrozystoskopie) (**Abb. P.97**).

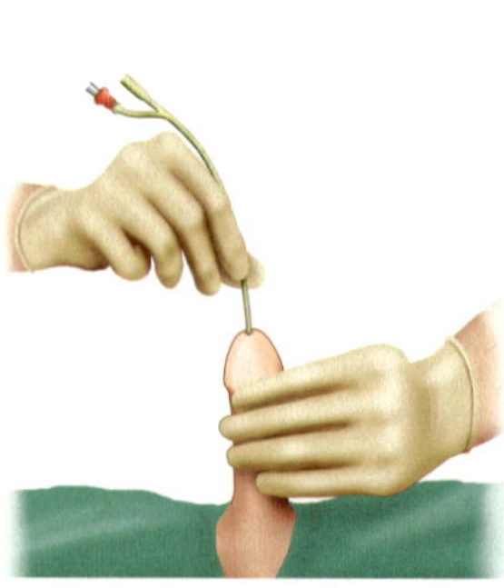

Abb. P.97 Prostatitis. Direkte Traumen (z. B. Katheterisierung) können zu infektiösen Komplikationen führen.

Symptome

Wie bei einer Blasenentzündung finden sich zunächst Pollakisurie, Dysurie, Algurie und starker Harndrang. Darüber hinaus treten hohes Fieber mit Schüttelfrost, Dammschmerzen als Ausdruck des Spannungs- und Druckgefühls in der Prostata, Stuhldrang und Schmerzen bei der Stuhlentleerung sowie zuweilen ein leichter Ausfluss aus der Harnröhre auf.

Diagnose

Der typische Beschwerdenkomplex mit Fieber und Schüttelfrost weist auf die Erkrankung. Bei der rektalen Untersuchung ist die Prostata schmerzhaft, die Kontur der Prostata nicht exakt abgrenzbar.

Therapie

Therapeutische Maßnahmen sind:

- geregelte Darmentleerung,
- analgetische und spasmolytische Suppositorien,
- hoch dosierte Antibiotikatherapie.

Prognose

Wenn die diffuse eitrige Entzündung nicht gestoppt wird, kann es zur Einschmelzung und zum Prostataabszess kommen. Mitunter erfolgt eine suprapubische Harnableitung. Unter einer konsequenten Infekttherapie ist es möglich, dass sie Erkrankung ausheilt. Die Überführung in einen chronischen Verlauf sollte vermieden werden.

Chronische bakterielle Prostatitis

► Ein 54-jähriger Mann gibt ziehende Beschwerden im Damm- und Leistenbereich an, gelegentlich bestehen unklare Kreuzschmerzen. Sexualstörungen sind seit längerer Zeit bekannt. Die Kälteempfindlichkeit ist störend.

Definition

Bei der chronisch bakteriellen Prostatitis handelt es sich um eine blande afebril verlaufende chronische Entzündung der Prostata.

Ursachen

Eine chronisch bakterielle Prostatitis entwickelt sich durch eine persistierende bakterielle Infektion nach akuter Prostatitis bzw. chronischem Harnwegsinfekt.

Symptome

Es besteht ein leichtes Spannungs- und Druckgefühl in der Dammgegend, das von dort in die Hoden und Leisten ausstrahlt. Weiterhin sind Kreuzschmerzen, verstärkt beim Aufrichten nach längerem Sitzen, Kälteempfindlichkeit und Störungen der Sexualfunktion zu beobachten.

Abb. P.98 Belastungen des Beckenbodens. Ungewohnte körperliche Belastungen des Beckenbodens durch Reiten oder Radfahren können eine chronische Prostatitis negativ beeinflussen.

Diagnose
In der Anamnese finden sich eine akute Prostatitis, eine → Epididymitis oder eine → Urethritis. Wird rektal betastet, fällt eine Druckempfindlichkeit auf. Im Exprimat (herausgedrücktes Sekret) oder Ejakulat können Entzündungselemente und Bakterien nachgewiesen werden.

Therapie
Ein wichtiger therapeutischer Aspekt ist die Aufklärung des Patienten darüber, dass es sich um eine chronische, lang anhaltende Erkrankung handelt, die einer länger dauernden Behandlung bedarf. Antibiotika werden nach dem Antibiogramm verabreicht. Ferner werden sedierende, spasmolytische und durchblutungsfördernde Mittel auf pflanzlicher Basis gegeben. Bei Obstipation erfolgt eine Stuhlregulierung. Darüber hinaus kann eine psychosomatische Behandlung angeraten sein, da der sensible Patient sich u. U. auf die Beschwerden fixiert und einer medikamentösen oder auch psychotherapeutischen Unterstützung bedarf.

Prognose
Die hartnäckigen Beschwerden neigen dazu, von Zeit zu Zeit wiederzukehren. Zusätzliche Belastungen wie Kältereize oder ungewohnte körperliche Belastungen des Beckenbodens insbesondere beim Radfahren und Reiten sollten vermieden werden (**Abb. P.98**).

Chronisch abakterielles Schmerzsyndrom des Beckens

► **Ein 34-jähriger Patient gibt ziehende Schmerzen im Becken- und Dammbereich an, die in die Hoden ausstrahlen. Außerdem klagt er über zunehmende Nervosität, über Schlafstörungen und Sexualprobleme.**

Definition
Unter dem chronisch abakteriellen Schmerzsyndrom des Beckens werden die chronisch abakterielle Prostatitis, das vegetative Urogenitalsyndrom und die Prostatodynie zusammengefasst.

Ursachen
Die Ursachen sind weitgehend unbekannt, jedoch wird diskutiert, ob ein Harneintritt die Samenwege bzw. Prostata reizt.

Symptome
Die Symptomatik entspricht der chronisch bakteriellen Prostatitis.

Diagnose
Die diagnostischen Maßnahmen entsprechen der Diagnostik bei der chronisch bakteriellen Prostatitis. Charakteristisch ist, dass Bakterien nicht nachgewiesen werden können.

Therapie
Es bedarf der sorgfältigen Aufklärung des Patienten, dass es sich um funktionelle Beschwerden handelt. Es werden daher keine Antibiotika gegeben. Sedierende und durchblutungsfördernde Mittel auf pflanzlicher Basis werden verabreicht. Bei einer Obstipation erfolgt eine Stuhlregulierung. Darüber hinaus kann psychosomatisch behandelt werden.

Prognose
Eine langwierige Behandlung ist häufig. Je nach Ursache muss Fachgebiet übergreifend behandelt werden.

Infobox

ICD-10:
N41.0, N41.1

Internetadresse:
http://www.prostata.de

Literatur:
Sökeland, J.: Urologie für Pflegeberufe, 7. Aufl. Thieme, Stuttgart 2000

Pseudarthrose

► „Was ist denn mit Elisabeth passiert? Ich habe gehört, sie ist mit dem Rad gestürzt", erkundigt sich Regina bei Elisabeths Mann Rainer. „Ja, das war ein wirklich schwerer Unfall. Sie hat sich das Schienbein gebrochen. Und die Wunde war dann auch noch offen, sodass viel Dreck reingekommen ist." „Und wie geht es ihr jetzt?" „Nicht so gut. Der Bruch und auch die Wunden heilen nicht richtig. Sie ist ja Diabetikerin und hat Durchblutungsprobleme in den Beinen. Das macht die Sache schwierig, obwohl sie, glaube ich, sehr gut behandelt worden ist."

Definition

Eine Pseudarthrose liegt vor, wenn eine Fraktur nach mindestens sechs Monaten noch nicht knöchern verheilt ist. Man unterscheidet (**Abb. P.99**):

- **hypertrophe Pseudarthrose** (Elefantenfuß-Pseudarthrose): überschießende Kallusbildung zwischen den Frakturenden bei guter Durchblutung,
- **atrophe Pseudarthrose** (Defektpseudarthrose): fehlende Kallusbildung zwischen den Frakturenden wegen Durchblutungsstörungen. Es kommt zu Knochendefekten.

Synonym: Falschgelenkbildung.

Ursachen

Verschiedene Faktoren können die Knochenheilung verhindern, z. B.:

- mechanische Instabilität (nicht diagnostizierte Fraktur, mangelhafte Ruhigstellung einer behandelten Fraktur),
- Infektionen,
- Durchblutungsstörungen,
- Interposition von Weichteilgewebe zwischen den Frakturenden.

Besonders gefährdet sind z. B. Trümmerfrakturen, die sich schwer stabilisieren lassen oder Patienten mit chronischen Krankheiten wie → Diabetes mellitus, die einerseits abwehrgeschwächt sind (Infektionsgefahr!), andererseits bereits Gefäßveränderungen und damit Durchblutungsstörungen aufweisen, vor allem an den unteren Extremitäten.

Weitere Faktoren, die eine Falschgelenkbildung begünstigen, sind ein hohes Alter des Patienten, die Dauerbehandlung mit bestimmten Medikamenten (Kortikosteroide, Zytostatika) sowie Bestrahlung.

Paarige Knochen (Unterarm: Radius und Ulna, Unterschenkel: Tibia und Fibula) haben eine Sperrwirkung auf den jeweils verletzten Nachbarknochen, was die Heilung ebenfalls verzögern kann.

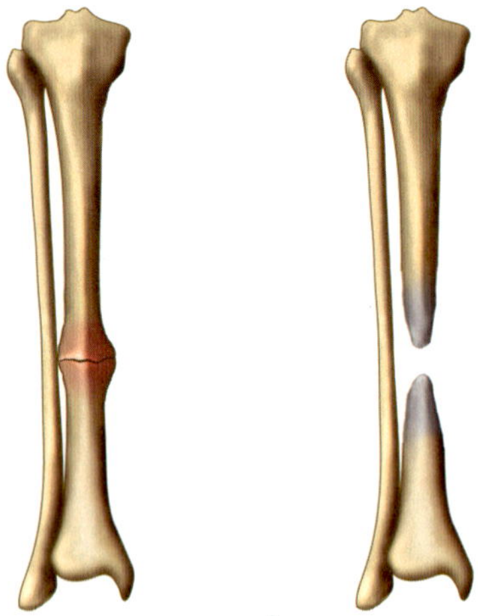

a b

Abb. P.99 Klassifikation der Pseudarthrosen. a Hypertrophe Pseudarthrosen kommen hauptsächlich bei Instabilität im Frakturbereich vor. **b** Atrophe Pseudarthrosen treten vorwiegend bei Weichteilschäden und/oder Fragmentnekrosen auf.

Symptome

Der betroffene Knochen ist abnorm beweglich. Es treten Schmerzen bei Belastung auf, ggf. auch Schwellungen.

Diagnose

Auf den Röntgenbildern kann im Krankheitsverlauf kein knöcherner Durchbau festgestellt werden (**Abb. P.100**). In Zweifelsfällen erfolgt die Knochenszintigrafie.

Differenzialdiagnose

Die Pseudarthrose muss abgegrenzt werden von einer verzögerten Heilung (innerhalb von 4–6 Monaten) und angeborenen Pseudarthrosen, also bereits bei Geburt vorhandenen Falschgelenken, z. B. an der Tibia. Bricht ein bereits verheilter Knochen wieder an derselben Stelle, handelt es sich um eine Refraktur.

Therapie

Hypertrophe Pseudarthrosen sind noch biologisch reaktionsfähig. Verbessert man die Stabilität durch einen Gipswechsel bei gebrochenem Gips, erneute Osteosynthese oder Wechsel des Osteosyntheseverfahrens, kann damit die Knochenheilung erreicht werden.

Bei atrophen Pseudarthrosen reicht die Stabilisierung alleine nicht aus. Totes, schlecht durchblutetes oder infiziertes Gewebe muss entfernt und regenerationsfähiges Gewebe implantiert werden. Dies geschieht durch die Transplantation autologen (körpereigenen) Knochens in den knöchernen Defektbereich (Spongiosaplastik). Das Knochenmaterial wird dazu an einer anderen Stelle des Körpers, z. B. am Beckenkamm, entnommen.

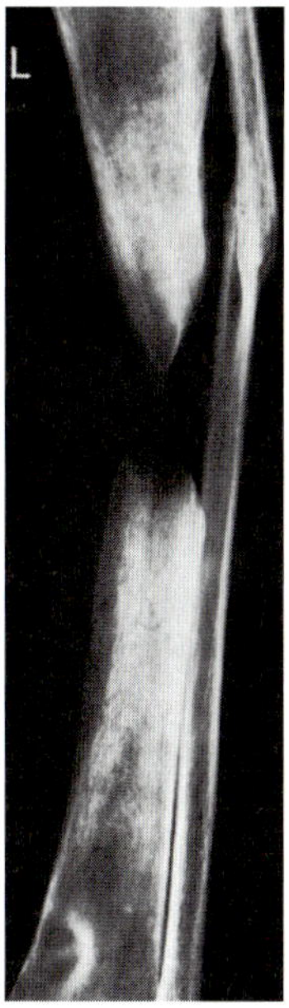

Abb. P.100 Röntgenbild eines Unterschenkelbruchs. Die Bruchstücke des Schienbeins wachsen nicht zusammen.

Prognose

Die individuelle Prognose ist abhängig von der Art und Lokalisation der Fraktur sowie vielen weiteren Begleitumständen, die Einfluss auf den Heilungsprozess haben können (s. Ursachen).

Infobox

ICD-10:
M84.1 - M84.19, M96.0

Literatur:

Niethard F. U., Pfeil, J.: Duale Reihe Orthopädie, 5. Aufl. Thieme, Stuttgart 2005
Henne-Bruns, D. u.a. (Hrsg.): Duale Reihe Chirurgie, 2. Aufl. Thieme, Stuttgart 2003

Pseudomembranöse Kolitis

► „Du bist aber auch arm dran“, bemitleidet Johanna ihren Mann Wilhelm. „Erst die Durchblutungsstörungen an den Beinen durch den Diabetes, dann die Behandlung der Wunden mit den Antibiotika. Wie lange ist das jetzt her?“. Wilhelm brummt unwirsch: „Vor drei Wochen habe ich das letzte genommen. Ich dachte, die Wunden heilen nie, doch mit diesem Cocktail, der mich so umgekloppt hat, ging es dann ja. Aber jetzt habe ich so Bauchkrämpfe und Durchfall. Toll! Die Krankheiten geben sich die Klinke in die Hand.“

Definition

Als pseudomembranöse Kolitis wird die Infektion durch Clostridium difficile bezeichnet. Es handelt sich dabei um eine langwierige, rezidivierende Enteritis (Darmentzündung). Derartige Enteritiden sind auch nach Zytostatikagabe beobachtet worden.

Synonym: antibiotikaassoziierte Kolitis.

Ursachen

Clostridium difficile, ein grampositives, anaerobes Stäbchenbakterium, gehört gelegentlich zu den normalen Darmbewohnern von Mensch und Tier, ist dort jedoch nur in sehr geringen Mengen vertreten.

Die Darmflora selbst repräsentiert ein empfindliches Gleichgewicht von 300 – 500 Bakterienarten, die unsere Verdauung erst ermöglichen, von denen einige aber fakultativ pathogen sind. Diese Bakterien kontrollieren sich gegenseitig in ihrer Vermehrung. Antibiotika stören dieses Gleichgewicht. Viele Bakterienarten werden durch Antibiotika stark beeinträchtigt. Dagegen neigt Clostridium difficile stark zur Sporenbildung und ist dann für Antibiotika nicht angreifbar, da Sporen keinen aktiven Stoffwechsel haben und Antibiotika nicht aufnehmen.

C. difficile kann sich daher nach Antibiotikagabe rasant vermehren und die frei gewordenen Nischen in der Darmflora besetzen. Mit ihren Enterotoxinen A und B greifen sie die Darmwand an, was zu Zellschäden und Resorptionsstörung für Flüssigkeit führt. Die Reaktion des Darms zeigt sich durch sog. Pseudomembranen (**Abb. P.101**).

Symptome

Nach einer Inkubationszeit von zwei Tagen bis zu drei Wochen treten heftige Bauchkrämpfe und breiig-wässrige, später blutige Durchfälle, oft verknüpft mit einer Temperaturerhöhung, auf. Erbrechen ist für dieses Krankheitsbild sehr untypisch, was eine Differenzialdiagnose zu anderen Enteritiden erlaubt.

Diagnose

Durch einen relativ schnellen ELISA-Test können Toxine in der Stuhlprobe nachgewiesen werden. Er gilt bereits als beweisend. Clostridum difficile kann auch im mikrobiologischen Labor kultiviert werden.

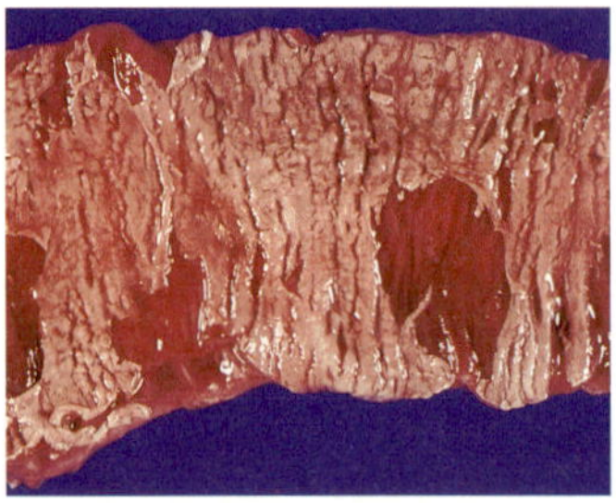

Abb. P.101 Pseudomembranöse Kolitis. Nicht wegwischbare Beläge (Pseudomembranen) aus Schleim, Fibrin und Zelldetritus.

Differenzialdiagnose

Die pseudomembranöse Kolitits ist von anderen Formen der Enteritis abzugrenzen. Vor allem die Lebensmittelinfektionen durch → Salmonellen, Campylobacter u. a. müssen als Differenzialdiagnose in Erwägung gezogen werden, die Stuhlprobe gibt hier jedoch schnell Aufschluss.

Therapie

Obwohl durch Antibiotika ausgelöst, muss auch die pseudomembranöse Kolitis antibiotisch behandelt werden. Mittel der Wahl sind Metronidazol und Vancomycin, wobei in letzter Zeit zunehmend Resistenzen gegen Metronidazol festzustellen sind.

Prognose

Pseudomembranöse Kolitis ist ein rezidivierendes Krankheitsbild, oft haben gerade abwehrgeschwächte Patienten sehr lange Verläufe.

Durch die Exsikkose kann es zu Herz-Kreislauf-Problemen und thrombembolischen Komplikationen kommen. Im akuten Verlauf sind toxisches Megakolon (Aufweitung des Dickdarms durch Lähmung der Darmmuskulatur) oder sogar eine Darmperforation möglich.

Infobox

ICD-10: A04.7

Internetadressen:

http://www.medizin.uni-tuebingen.de/mikrobiologie/kh-hygieneplan.html

http://www.medizin.de

Literatur:

Jassoy, C., Schwarzkopf, A. (Hrsg.): Hygiene, Mikrobiologie und Ernährungslehre für Pflegeberufe

Psoriasis

► „In die Therme? Nee, das ist nichts für mich. Obwohl das bei den Temperaturen draußen schön wäre", seufzt Cordula. „Warum denn nicht? Ich habe auch Gutscheine, dann ist es nicht so teuer", erwidert Isabel. Cordula schaut sie an. „Ich habe gerade wieder so einen Schub mit meiner Schuppenflechte, besonders an den Knien. Da mag ich nicht nackt in der Sauna sitzen." „Quatsch. Das ist doch nicht ansteckend." „Ja, das stimmt auch", bestätigt Cordula, „aber die Leute schauen mich immer leicht angewidert an."

Definition

Unter Psoriasis versteht man eine schubweise verlaufende, gutartige Hauterkrankung mit Schuppen auf geröteter Haut.

In Mitteleuropa sind ca. 2 – 3 % der Menschen betroffen. Beide Geschlechter erkranken gleich häufig, Kinder mit erkrankten Eltern deutlich häufiger.

Synonym: Schuppenflechte.

Ursachen

Trotz intensiver Suche konnte die Ursache der Psoriasis bisher nicht ermittelt werden. Am ehesten ist die Schuppenflechte (Psora altgr. = Schuppe) eine multifaktoriell bedingte Erkrankung. Die Vererbung spielt eine wichtige Rolle.

Das Geschehen in der Haut entspricht einem Autoimmunprozess: T-Zellen werden durch körpereigene Antigene stimuliert. Die daher vermehrt vorhandenen Leukozyten schütten Entzündungsgsfaktoren (Interleukine) aus. Diese regen die Keratinozyten zur übermäßigen Teilung an und unterhalten eine Entzündung. Die oberste Hautschicht bildet sich damit ungefähr zehnmal schneller als bei gesunden Menschen. Es entstehen große Schuppen auf entzündeter, geröteter Haut.

Gesichert sind einige sog. Triggerfaktoren, die bei Veranlagung einen Schub auslösen. Eine Streptokokkeninfektion der Atemwege oder Staphylokokken auf der Haut können wegen der Ähnlichkeit der Bakterienwand mit Bestandteilen der Keratinozyten das Immunsystem fälschlicherweise alarmieren.

Von einigen Medikamenten ist bekannt, dass sie eine Schuppenflechte anstoßen können. Dazu zählen die sehr häufig verwendeten Betablocker. Weitere Wirkstoffe sind Interferon und Chloroquin sowie das in der Psychiatrie verwendete Lithium.

Ein weiterer Auslöser sind Schnittverletzungen oder ein sehr starker mechanischer Reiz, z. B. ein einschneidender Tragriemen (Köbner-Phänomen). Erhöhter Stress kann eine Schuppenflechte sichtbar machen. Nicht zuletzt sind Raucher und Alkoholiker signifikant häufiger betroffen und auch ein einmaliger Alkoholexzess reicht aus.

Symptome

Die Symptome der Psoriasis sind sehr variabel. Die Herde jucken gar nicht, wenig oder stark. Leitbeschwerden sind die Schuppen auf geröteter Haut. Die Herde sind weniger als 1 cm bis tellergroß. Die silbrigen Schuppen lassen sich schichtweise vorsichtig abheben, dieser Vorgang erinnert an das Abkratzen eines Wachstropfens und wird als Kerzentropfenphänomen bezeichnet. Bei Erreichen der eigentlichen Hautoberfläche glänzt diese aufgrund der Entzündung rötlich (Phänomen des letzten Häutchens). Beim nächsten Kratzer blutet die Haut leicht punktförmig (Auspitz-Phänomen). Größere Herde finden sich typischerweise auf den Streckseiten der großen Gelenke (Knie und Ellenbogen) (**Abb. P.102**).

Im Genitalbereich fehlen die typischen Schuppen, so zeigt sich auf der Eichel nur eine Rötung. Die Pofalte (Rima ani) zeigt ebenso wie die Haut unter den Brüsten oder in der Achsel ebenfalls eine Rötung ohne Schuppen, diese Ausprägung wird als intertriginöse Psoriasis bezeichnet. Auch im Gesicht steht die entzündliche Rötung im Vordergrund.

Auf dem behaarten Kopf entwickeln sich stark entzündliche, runde, scharf begrenzte Herde mit großen Schuppen. An Händen und Füßen sieht man in der Hohlhand oft Bläschen, an den Fingern gelbliche Pusteln. Die Nägel können deformieren und kleine trichterförmige Defekte (Tüpfelnägel) oder gelblich-bräunliche Verfärbungen („Ölfleck") aufweisen (**Abb. P.103**).

Eine Sonderform der Schuppenflechte – ungefähr jeder zehnte Fall – betrifft die großen Gelenke. Vermutlich werden diese in einem Autoimmunprozess chronisch entzündlich deformiert, es kommt zur Psoriasisarthritis oder Psoriasis arthropathica. Darüber hinaus gibt es Formen mit starker Entzündung und Rötung der gesamten Haut sowie mit feinen Pusteln.

Diagnose

Falls die Symptome nicht ausreichende Klarheit geben, wird Gewebe entnommen und der Verdacht durch die anschließende histologische Untersuchung bewiesen.

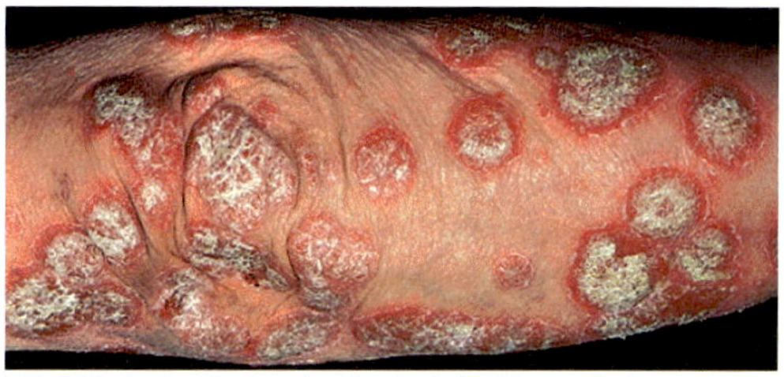

Abb. P.102 Psoriasis vulgaris. Typische Hautveränderungen mit Rötung und Schuppung auf Plaques.

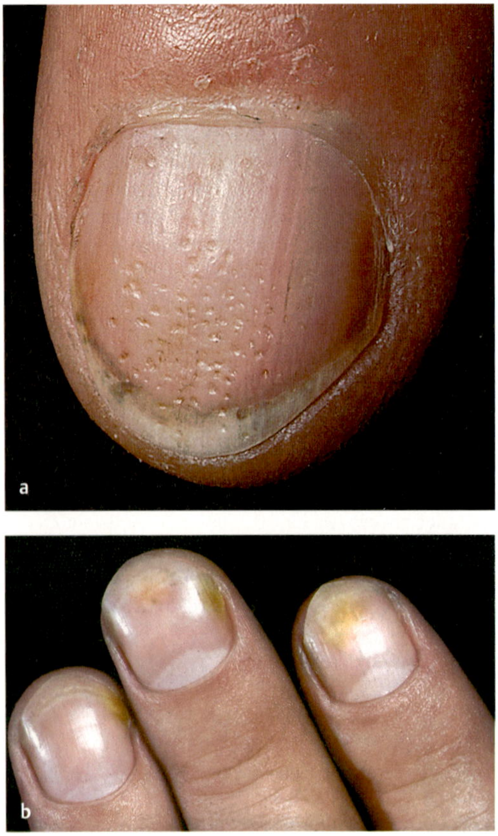

Abb. P.103 Nagelveränderungen bei Psoriasis. a Tüpfelnagel, **b** gelb-bräunliche Verfärbungen („Ölfleck").

Differenzialdiagnose

Andere entzündliche Hauterkrankungen mit möglicher Schuppenbildung sind Pilzinfektionen oder das seborrhoische Ekzem. Aber auch → Ekzeme oder ein umschriebener Schub einer → Neurodermitis können ähnlich aussehen.

Bösartige → Tumoren wie der Morbus Bowen oder ein Basaliom sind in Einzelfällen auszuschließen. Gegenüber der Schuppenflechte mit Gelenkbeteiligung sind andere Erkrankungen des rheumatischen Formenkreises abzugrenzen (z. B. → chronische Polyarthritis).

Therapie

Eine Heilung gibt es nicht, die Therapie ist symptomatisch. Zum Abschuppen werden Externa mit Salizylsäure verwendet. Andere Wirkstoffe sind Vitamin-D-Analogika, Dithranol und Teer. Kortikoide sollen nur zurückhaltend eingesetzt werden. Zum Einen gibt es besser wirksame Mittel, zum Anderen kommt es fast immer zum sog. Rebound-Effekt und die Beschwerden treten nach kurzer Zeit wieder auf, und zwar stärker.

Aufgrund des günstigen Effekts von Sonnenlicht helfen Bestrahlungen mit UVA-Licht. Diese werden ergänzt durch die Anwendung von Psoralen, das die Haut lichtempfindlicher werden lässt (PUVA-Therapie). Auch die Bade-PUVA, bei der die Haut mit salzhaltigem Wasser vorbehandelt wird, beruht auf diesem Prinzip. Eine Klimakur am Toten Meer bringt in Einzelfällen sehr gute Ergebnisse.

Systemische Medikamente sind schweren Fällen vorbehalten. Eingesetzt werden: Retinoide, Fumarsäure und Immunsuppressiva. Am Anfang der Verwendung in der Praxis stehen die sog. Biologicals. Dabei handelt es sich um biotechnologisch hergestellte Substanzen, die in den Autoimmunprozess eingreifen.

Prognose

Die Schuppenflechte ist eine nicht ansteckende, gutartige Hauterkrankung mit schubweisem Verlauf ohne Möglichkeit der Heilung. Leichte und mittelschwere Schübe können fast immer durch die modernen Mittel ohne Nebenwirkungen zügig abgefangen werden. Schwere Schübe und die Gelenkbeteiligung erfahren dadurch eine Linderung.

Komplikationen

Die Patienten sind wegen des jahrelangen Verlaufs mit teilweise großflächigen Herden stark belastet. Sie werden von anderen Menschen, die die Harmlosigkeit nicht kennen, oft „geschnitten". Die Gelenkbeteiligung kann die Gliedmaßen deformieren und deren Funktion einschränken.

Infobox

ICD-10:
L40

Internetadressen:
http://www.psoaktuell.com
http://www.psoriasis-bund.de
http://www.psoriasis-selbsthilfe.org

Literatur:
Christophers, E. u. a.: Psoriasis auf einen Blick. Thieme, Stuttgart 2003

Psychogene Darmstörung

► „Ach Beate, nicht schon wieder die Probleme mit der Verdauung. Nie können wir etwas unternehmen", mault Herr Gerhards. „Ich habe mich so auf den Ausflug mit den Kindern gefreut." Frau Gerhards hält sich den Bauch. „Du hast einfach kein Verständnis", wirft sie ihm vor. „Ich habe nun mal was am Darm." „Aber der Internist hat doch nichts gefunden", entgegnet er. „Ich verstehe das nicht. So geht es auf keinen Fall weiter. Und weißt du was? Ich glaube, das ist psychisch bedingt." „Waaas?", schreit Frau Gerhards auf, „du hältst mich für bekloppt?" „Nein. Jetzt beruhige dich doch. Unser Hausarzt hat doch auch schon mal so etwas angedeutet?"

Definition

Die psychogene Darmstörung ist eine somatoforme autonome Funktionsstörung des unteren Verdauungssystems. Das Verdauungssystem selbst ist gesund, es liegt auch keine → Nahrungsmittelallergie oder Ähnliches vor. Jedoch befürchten die Patienten, an einer Darmkrankheit zu leiden und berichten von Darmproblemen. Sie beschäftigen sich intensiv mit dieser Erkrankungsmöglichkeit und richten oft ihr Leben danach aus.

Synonyme: psychogene Flatulenz, psychogenes Colon irritable, psychogene Diarrhö.

Ursachen

Bei vielen Patienten kann man psychosoziale Stressoren und Probleme ausmachen, die ihnen jedoch selbst nicht bewusst sind oder die sie sich nicht eingestehen. Vermutlich kommt es durch die innere Anspannung zu nervös bedingten Verdauungsproblemen und einer verstärkten Aufmerksamkeit für solche Unbehaglichkeiten (**Abb. P.104**).

Das kann in eine selbstverstärkende Angstschleife mit einem eigenen Krankheitswert ausarten. Außerdem werden die Betroffenen durch die Beschäftigung mit dieser Erkrankung von den psychosozialen Stressoren oder Problemen abgelenkt. Ebenso kann es zu einem sog. sekundären Krankheitsgewinn durch eine soziale Schonung oder Aufmerksamkeitszuwendung des Umfeldes kommen.

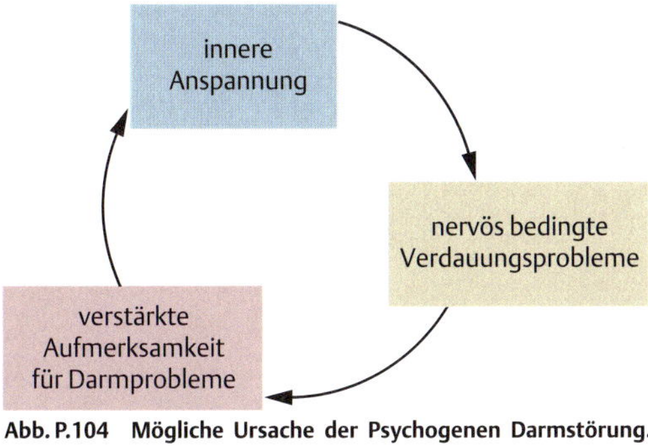

Abb. P.104 Mögliche Ursache der Psychogenen Darmstörung. Selbstverstärkende Angstschleife.

Symptome

Die Patienten beklagen Flatulenz, Diarrhö oder Verstopfung, Schmerzen, Ziehen oder Drücken im Bauch. Sie sind sich sicher, dass die Ursache dieser Beschwerden vom Darm herrühren.

Sie wurden bereits komplett internistisch untersucht und für gesund befunden, können sich jedoch nicht damit abfinden und zweifeln an den diagnostischen Ergebnissen. Eine psychogene Ursache lehnen sie ab.

Diagnose

Nach den Befundergebnissen aus den internistischen Untersuchungen regt der steuernde Arzt eine psychologische oder psychiatrische Untersuchung an. Dort erfolgt eine ausführliche Gesprächsexploration mit dem Schwerpunkt auf zu Grunde liegenden Ängsten, Stressoren oder sonstigen psychisch belastenden Problemen (**Abb. P.105**). Durch Angstskalen wie die Hamilton-Angstskala kann der Betroffene systematisch befragt werden.

Therapie

Dem Patient wird behutsam erklärt, dass seine Beschwerden psychischer Natur sind und ein Psychologe oder Psychiater ihm helfen kann. Wird dies nicht akzeptiert, sind die Betroffenen oft frustriert und reagieren aggressiv gegen den Arzt oder Therapeuten.

Daraufhin gehen die Patienten oft selbst zu einem Homöopathen. Dort erfahren sie durch die intensive Aufmerksamkeitszuwendung und durch für sie stimmige Erklärungsmodelle Linderung.

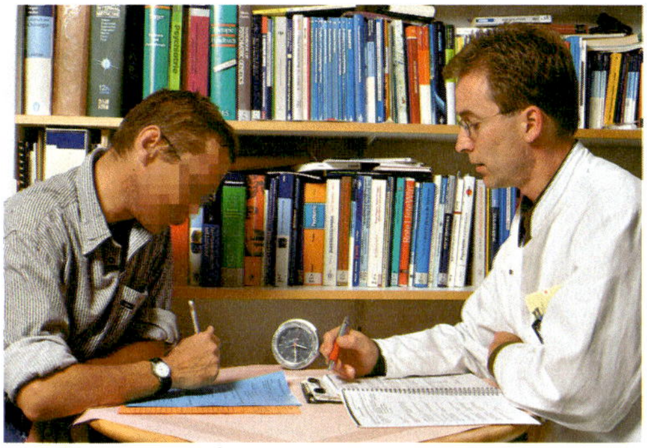

Abb. P.105 Strukturiertes Interview. Zur Diagnose einer psychogenen Darmstörung wird im Gespräch nach möglicherweise zugrunde liegenden Ängsten, Stressfaktoren oder anderen psychisch belastenden Problemen gefragt.

Sofern der Patient zur Therapie motiviert werden kann, wird psychotherapeutisch und medikamentös behandelt, z. B. mit:

- Anpassung der Ernährung: Reizstoffreduktion (kein Kaffee, kein Nikotin), darmfloraregulierende probiotische Produkte, wenig Fett,
- stützend-begleitende Gesprächstherapie,
- aufdeckend-analytische Gesprächstherapie,
- Soziotherapie: Bearbeitung der Stellung im sozialen Umfeld,
- sozialarbeiterische Dienste: ggf. Wechsel des beruflichen Umfeldes, u. U. der Wohnraumsituation,
- Verhaltenstherapie und Entspannungsverfahren: z. B. progressive Muskelrelaxation, autogenes Training,
- kognitive Verfahren, bei denen eingefahrene krankhafte Verhaltensmuster analysiert und korrigiert werden,
- Gabe von trizyklischen Antidepressiva wie Amitriptylin (z. B. Saroten), selektiven Serotoninwiederaufnahme-Hemmern (SSRI) wie Citalopram (z. B. Cipramil), vorübergehend von Benzodiazepinen (z. B. Lorazepam), oder, selten, Medikamenten, die die Darmmotilität beeinflussen wie Loperamid (z. B. Imodium).

Differenzialdiagnose

Auszuschließen sind echte Angsterkrankungen (→ Angststörung), → wahnhafte Störungen sowie echte internistische Krankheitsbilder und → Nahrungsmittelallergien.

Prognose

Die Störung kann sich in eine andere somatoforme Funktionsstörung wandeln wie → Herzphobie o. ä. Auch kann sich eine Angststörung entwickeln.

Suffizient behandelt ist die Prognose für eine stetige Besserung bis hin zum Ausheilen nach ein paar Jahren gut. Eine Reduktion der psychischen Belastung trägt erheblich zur Heilung bei.

Infobox

ICD-10:
F45.32

Internetadressen:
http://www.dgvs.de (Leitlinien)
http://www.panik-attacken.de

Psychogener Anfall

► „Das hat meine Frau noch nie gehabt. Rufen Sie den Notarzt, schnell.“ Herr Gunter kniet neben seiner Frau und hält ihren Kopf. Sie zuckt und krampft am ganzen Körper. Nach ein paar Minuten lässt der Krampf nach und Frau Gunter liegt bewusstlos auf dem Boden. Herr Gunter redet verzweifelt auf sie ein. „Wach auf, Renate. Ich weiß, unser Streit war völlig unnötig, aber du kannst mich doch nicht einfach alleine lassen. Du musst aufwachen.“ Endlich kommt der Notarzt. „Sie ist während des Essens einfach vom Stuhl gekippt und diese fürchterlichen Krämpfe haben angefangen“, erzählt Herr Gunter dem Arzt.

Definition

Bei dem psychogenen Anfall handelt es sich um eine Art Krampfanfall, ausgelöst durch seelische Konflikte.

Ursachen

10% aller Krampfanfälle sind psychogen bedingt („von der Psyche kommend“). Während epileptische Anfälle (→ Epilepsie) körperliche Ursachen haben, liegen psychogenen Anfällen schwere psychische Belastungen wie körperlicher oder seelischer Missbrauch im Kindes- und Jugendalter, Trennung oder Tod eines nahen Angehörigen zugrunde.

Je nach persönlicher Veranlagung überschreiten solche Ereignisse die psychische Belastbarkeit und es kommt zu psychogenen Anfällen. Diese Anfälle können in jedem Lebensalter auftreten. Sie kommen am häufigsten bei jungen Erwachsenen (bes. bei Frauen) vor.

Symptome

Psychogene Anfälle können sehr verschieden ablaufen. Häufig sind Zuckungen, Überstreckung des Körpers, Wälzbewegungen oder ein Zittern (**Abb. P.106**). Es kommt aber auch vor, dass der Patient schlaff, reglos und mit starrem Blick „wie tot“ daliegt. Man spricht hier, im Gegensatz zum „Bewegungssturm“, vom „Totstellreflex“. Diese Abläufe können stundenlang anhalten oder sich kurz hintereinander wiederholen.

Diagnose

Die Diagnose lässt sich aus der Anamnese erahnen und kann nur gestellt werden, wenn aus dem psychologischen oder sozialen Hintergrund eine überzeugende Erklärung für das Auftreten der Erkrankung gegeben werden kann.

Gelingt es, einen psychogenen Anfall zu filmen, so zeigt sich ein etwas anderer Ablauf als bei einem epileptischen Anfall. Auch ist ein während des Anfalls aufgezeichnetes EEG, die Messung der Hirnströme, im Gegensatz zur Epilepsie völlig unauffällig.

Differenzialdiagnose

Differenzialdiagnostisch ist immer eine Epilepsie auszuschließen.

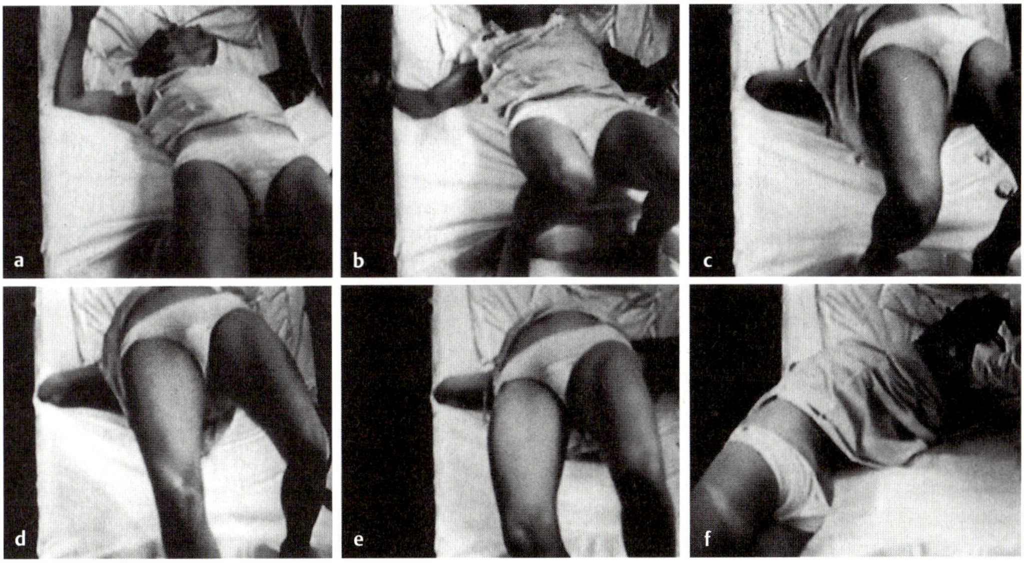

Abb. P.106 Videoaufnahmen eines psychogenen Anfalls. Nach kurzer Hyperventilation werden die Arme über den Kopf geschlagen, die Beine gespreizt und das Gesäß angehoben (**a**,**b**). Es folgt ein minutenlang anhaltender opisthotoner Krampf (**c**,**d**). Zum Ende sinkt die Patientin ohne sich zu verletzen aus dem Bett (**e**,**f**).

Therapie
Durch intensive Gespräche, am besten im Rahmen einer Psychotherapie, muss die den Anfällen zu Grunde liegende seelische Belastung herausgearbeitet werden.

Prognose
Ungefähr die Hälfte der Patienten wird nach einer entsprechenden Therapie anfallsfrei.

Infobox

ICD-10:
F44.5

Internetadresse:
http://www.swissepi.ch

Literatur:
Masuhr, K. F., Neumann, M.: Duale Reihe Neurologie. Thieme, Stuttgart 2005

Psychosomatose

▶ Simone Harte (36) konsultiert ihre Hausärztin: „Die Magenspiegelung letzte Woche hat ergeben, dass ich ein Magengeschwür habe. Ich hatte auch weiter Schmerzen. Besonders schlimm ist es, wenn meine Tochter und ich streiten. Lisa ist jetzt 12 und in der Pubertät. Leider gibt es in letzter Zeit häufig Streit, weil Lisa momentan sehr schwierig ist. Ich komme manchmal einfach nicht mehr mit ihr zurecht."

Definition

Bei einer Psychosomatose werden krankhafte Organveränderungen oder Erkrankungen durch psychisch belastende Situationen oder Einflüsse ausgelöst.

Eine Psychosomatose ist ein wichtiges Alarmzeichen des Körpers. Sie signalisiert, dass das körperlich-seelische Wohlbefinden aus dem Gleichgewicht geraten ist.

Ursachen

Bei der Entstehung der Psychosomatose spielen psychosoziale Faktoren eine Rolle. Darunter versteht man psychische und soziale Einflüsse, die auf Dauer zu krankhaften Veränderungen führen können (**Abb. P.107**).

So empfinden z. B. viele den drohenden Arbeitsplatzverlust als belastende Situation, andere leiden unter einem zu großen Arbeitsdruck oder fühlen sich in ihrer Partnerschaft unterdrückt oder vernachlässigt. Daher nehmen Erkrankungen zu, die durch dauerhafte psychische Belastungen ausgelöst sind.

Symptome

Bei klassischen Psychosomatosen bilden sich verschiedene Organerkrankungen aufgrund psychischer Gegebenheiten. Die Betroffenen beklagen dann die Symptome der jeweiligen Erkrankung. Ein möglicher Zusammenhang mit psychischen Faktoren ist ihnen i.d.R. nicht bewusst.

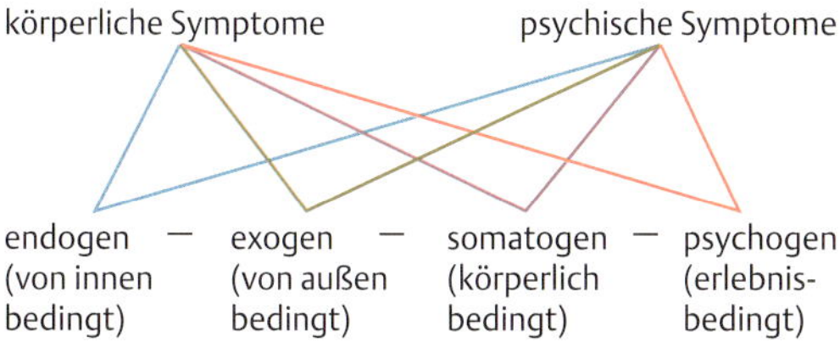

Abb. P.107 Ursachen körperlicher und psychischer Symptome. Bei der Entstehung körperlicher und psychischer Symptome sind viele Faktoren beteiligt.

Psychische Einflüsse führen i.d.R. zu folgenden Erkrankungen: → Hypertonie, Hautveränderungen (z. B. → Neurodermitis), → Asthma bronchiale, Essstörungen (besonders → Anorexia nervosa, → Bulimia nervosa), → Magen- und → Zwölffingerdarmgeschwür, entzündliche Darmerkrankungen (→ Morbus Crohn, → Colitis ulcerosa) sowie → Migräne.

Nicht immer sind die oben genannten Erkrankungen psychogen bedingt. So kann eine Hypertonie auch aufgrund von Hormonstörungen auftreten und ein Asthma bronchiale durch eine Pollenallergie bedingt sein (→ allergisches Asthma).

Diagnose

Richtungweisend ist die Anamnese. Bevor eine Psychosomatose diagnostiziert wird, muss immer eine organische Ursache für die Symptome (z. B. Helicobacter pylori als Verursacher eines Magengeschwürs) ausgeschlossen werden.

Differenzialdiagnose

Viele Menschen klagen in psychisch belastenden Situationen über Magenbeschwerden oder Appetitlosigkeit. Man nennt dies psychosomatische Beschwerden. Im Gegensatz zu einer psychosomatischen Erkrankung sind hier aber keine krankhaften Organveränderungen feststellbar.

Therapie

Am wichtigsten ist die Aufklärung. Die Patienten müssen sich der Ursache ihrer Beschwerden bewusst sein. Neben einer medikamentösen Therapie wird, wenn nötig, zur Psychotherapie geraten.

Prognose

Die Prognose hängt von der Erkrankung ab. Die Anorexia nervosa ist z. B. weit schlechter zu behandeln als ein Asthma bronchiale.

Infobox

ICD 10:
F45.0 -45.9

Internetadressen:
http://www.schmerz-therapie-deutschland.de

Literatur:
Haupt, W.F. u. a.: Neurologie und Psychiatrie für Pflegeberufe. Thieme, Stuttgart 2002

Psychovegetative Erschöpfung

► „Ich bin aber auch nahe am Wasser gebaut", schluchzt Frau Salié und wischt sich die Tränen vom Gesicht. „Das kommt in letzter Zeit so häufig vor. Erst gestern, als mein Chef mich nur gebeten hat, noch ein kleines Zusatzprojekt zu erledigen. Da fange ich an zu heulen." Sie überlegt. „Vielleicht ist es auch der Stress zu Hause. Mein Sohn ist gerade in der Pubertät. Er hängt mit seinen Freunden rum, hat angefangen zu rauchen und wir haben dauernd Streit. Mein Mann ist ja den ganzen Tag nicht da und bekommt das nicht so mit. Es wird mir einfach alles zu viel. Und dann werden in meiner Firma auch noch Stellen abgebaut."

Abb. P.108 Entspannung. Psychovegetative Erschöpfungszustände können durch bewusste Phasen der Entspannung gelindert werden.

Definition

Als psychovegetative Erschöpfung bezeichnet man einen körperlichen und seelischen Zusammenbruch aufgrund psychischer Überlastung.

Synonym: Burnout-Syndrom.

Ursachen

Psychosoziale Belastungen spielen in der Krankheitsentstehung eine zunehmende Rolle. Die Anforderungen im Beruf steigen ständig, hinzu kommen oft finanzielle und private Probleme.

Je nach Persönlichkeit können diese Belastungen mit der Zeit zu einem Gefühl des „Ausgebranntseins" führen.

Symptome

Eine psychovegetative Erschöpfung äußert sich oft in einem erhöhten Schlafbedürfnis, wobei der Schlaf nicht immer als erholsam empfunden wird. Zuvor unternehmungslustige Menschen werden lustlos, zunehmend gereizt, ungeduldig, launisch und oft auch aggressiv. Es kommt zu Konzentrations- und Gedächtnisschwächen, was besonders die Situation am Arbeitsplatz negativ verstärkt.

Typisch sind psychosomatische Reaktionen, d.h. die seelischen Probleme lösen körperliche Beschwerden aus. Das körperliche Abwehrsystem kann schwächer und der Betroffene für Infekte anfälliger werden. Häufig treten Herzklopfen, Kopfschmerzen, Verdauungsstörungen oder Gewichtsveränderungen auf.

Diagnose

Die ausführliche Anamnese ist das wichtigste Instrument zur Diagnosefindung.

Differenzialdiagnose

Laborchemisch sollte eine Funktionsstörung der Schilddrüse (z.B. → Morbus Basedow) ausgeschlossen werden, denn diese kann ähnliche Symptome verursachen. Je nachdem welche Symptome im Vordergrund stehen, müssen andere organische Ursachen, wie Herz-, Magen- oder Darmerkrankungen, abgeklärt werden.

Therapie

Am wichtigsten ist die Aufklärung. Die Patienten müssen sich der Ursache ihrer Beschwerden bewusst werden. Bei leichteren Beschwerden helfen allgemeine Maßnahmen wie Entspannungsübungen, Bewegung oder Abwechslung (**Abb. P.108**). Wenn möglich, sollten Maßnahmen eingeleitet werden, die die psychische Belastung verbessern. Wenn nötig unterstützt durch eine begleitende Psychotherapie.

Prognose

Die Prognose ist gut, wenn es gelingt, die Persönlichkeit zu stärken und die psychosoziale Belastung zu verbessern.

Infobox

ICD-10:
F48.0

Literatur:

Möller, H.-J. u.a: Duale Reihe Psychiatrie und Psychotherapie. Thieme, Stuttgart 2005

Pulmonalstenose

► Sabine (35) hat eine schwere Geburt hinter sich. Ihr Mann Jan stand ihr die ganzen 9 Stunden hilfreich zur Seite. Nun ist der kleine Tobias endlich da und die Eltern sind überglücklich. Bei der Erstuntersuchung des Neugeborenen stellt der Kinderarzt jedoch ein lautes Herzgeräusch fest. Das Kind scheint körperlich gesund und zeigt keine Atemnot. Zur genaueren Untersuchung werden Mutter und Kind in die Kinderkardiologie der Universitätsklinik verlegt

Definition

Pulmonalstenosen sind unterschiedliche Ausflussbehinderungen des rechten Ventrikels. Je nachdem auf welcher anatomischen Ebene die Flussbehinderung besteht, unterscheidet man (**Abb. P.109**):

- **valvuläre Pulmonalstenose** (Pulmonalklappe),
- **subvalvuläre Pulmonalstenose** (unterhalb der Klappe),
- **supravalvuläre Pulmonalstenose** (oberhalb der Klappe),
- **periphere Pulmonalstenose** (im Bereich der Lungenarterien).

Die isolierte valvuläre Pulmonalstenose (auch Pulmonalklappenstenose genannt) kommt am häufigsten vor (90 % aller Pulmonalstenosen). Insgesamt ist die Pulmonalstenose ein sehr seltenes Krankheitsbild.

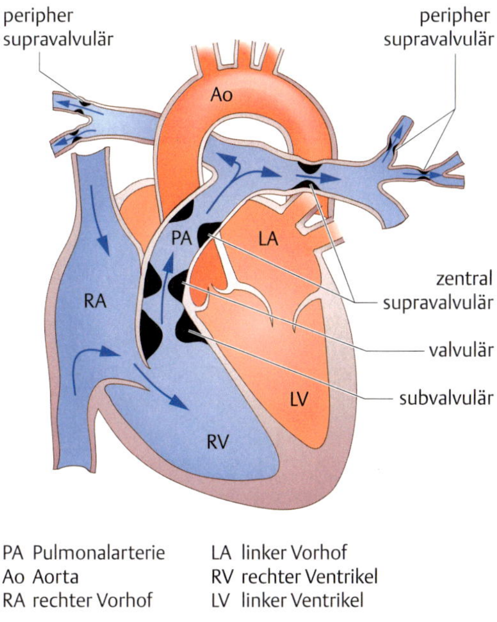

Abb. P.109 Pulmonalstenosen. Je nach anatomischer Ebene der Ausflussbehinderung werden vier Formen von Pulmonalstenosen unterschieden.

Ursachen

Die Pulmonalstenose gehört zu den angeborenen Herzfehlern, die bei ca. 1 % aller Neugeborenen vorkommen. Die Pulmonalstenose macht hiervon ca. 13 % aus. Angeborene Herzfehler können verschiedene Ursachen haben. Vielfach lassen sich diese aber nicht eindeutig bestimmen.

Wenn es in der empfindlichen Periode der Schwangerschaft (ca. 2. bis 12. Woche) zu genetischen Schäden kommt, kann eine Störung der Herz- oder Gefäßentwicklung eintreten. Diese Schäden können verursacht werden durch:

- Alkoholeinwirkung,
- Medikamente,
- Infektionen (z. B. → Röteln),
- vererbliche Chromosomenschäden (z. B. → Down-Syndrom).

Bei der eigentlichen Pulmonalklappenstenose kommt es meist zu einer Verschmelzung der Klappenränder. In der Folge ist die Pulmonalarterie durch den erhöhten Pressdruck erweitert (poststenotische Dilatation).

Periphere Pulmonalstenosen sind sehr selten und kommen meist als Komponente eines komplexen, angeborenen Syndroms vor (z. B. → Rötelnembryopathie).

Symptome

Durch die Verengung des Ausflusstraktes des rechten Herzens, kommt es zu einem Druckanstieg im rechten Ventrikel und zu einem Druckabfall in den Lungenarterien mit verminderter Lungendurchblutung. Dies führt zu rascher körperlicher Ermüdbarkeit, Atemnot und Zeichen von → Herzinsuffizienz.

Anfangs zeigt der Patient keine Zyanose (Blaufärbung der Lippen oder Extremitäten bei Sauerstoffmangel). Kommt es jedoch im weiteren Verlauf zu einer Dehnung des rechten Vorhofs, resultiert ein sog. Rechts-links-Shunt auf Vorhofebene, d. h. es kommt zum Übertritt von venösem Blut des rechten Herzens in den linken Vorhof, wo es sich mit arteriellem Blut vermengt. Dies hat dann eine Zyanose zur Folge (**Abb. P.110**).

Diagnose

Die klinische Untersuchung ist oft schon wegweisend und zeigt eine Herzinsuffizienz und im fortgeschrittenen Stadium eine Zyanose. Meist hört man bei der Auskultation des Herzens ein lautes systolisches Austreibungsgeräusch. Das Geräusch wird vermehrt in die Lunge fortgeleitet und ist häufig zwischen den Schulterblättern zu hören. Bei höhergradiger Stenose findet sich sogar ein über dem Brustkorb tastbares systolisches Schwirren.

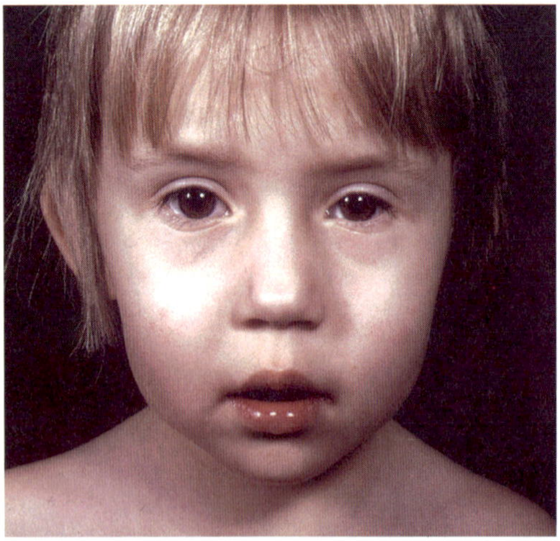

Abb. P.110 Zyanose. Bläuliche Verfärbung von Haut und Schleimhaut bei vermindertem Sauerstoffgehalt im Blut.

Die apparative Diagnostik umfasst:

- EKG (zeigt Rechtsherzbelastungszeichen),
- Röntgen-Thorax (zeigt Herzvergrößerung und Herzinsuffizienzzeichen),
- Echokardiografie (genaue Berechnung der Druckwerte),
- Herzkatheterisierung (Ausschluss zusätzlicher Anomalien des Herzens im Rahmen einer geplanten Katheterintervention),
- Pulsoxymetrie (Messung des Sauerstoffgehalts des Blutes),
- MR-Tomografie.

Die Verdachtsdiagnose kann meist durch die körperliche Untersuchung und das EKG gestellt werden. Eine Echokardiografie reicht meist aus, um die Diagnose zu sichern. Mit dieser Methode lassen sich die Lokalisation und die Schweregradeinteilung der Stenose erfassen und ein evtl. bestehender Rechts-links-Shunt auf Vorhofebene nachweisen. Oft kann auch schon pränatal ein solcher Herzfehler echokardiografisch gesehen werden. Bei weiter peripher liegenden Stenosen ist eine Herzkatheterisierung oder MR-Tomographie notwendig.

Differenzialdiagnose

In jedem Fall müssen zusätzliche Anomalien durch invasive Diagnostik (Herzkatheter) ausgeschlossen werden. Hierzu gehören vor allem die Obstruktionen des linken Herzens wie die Aortenklappenstenose oder die Aortenisthmusstenose.

Therapie

Das Therapieverfahren der Wahl stellt heute die Ballondilatation (Ballonvalvuloplastie) der verengten Klappe dar. Diese kann sich der Herzkatheterisierung unmittelbar anschließen. Auch bei peripheren Pulmonalstenosen ist eine sog. interventionelle Behandlung (ggf. mit Stentimplantation) möglich. Ernsthafte Komplikationen gibt es bei diesem Eingriff selten, die Langzeitergebnisse sind gut.

Eine Operationsindikation ist meist nur bei Versagen der Intervention und bei schwerwiegenden und kritischen valvulären Pulmonalstenosen des Neugeborenen gegeben.

Bei Rechtsherzinsuffizienz muss diese durch geeignete Medikamente behandelt werden, ohne den geplanten Eingriff zu verzögern.

Prognose

Bei frühzeitiger Therapie kommt es meistens zu guten Langzeitergebnissen mit nahezu normaler Lebenserwartung.

Ohne Therapie ist der Spontanverlauf vom Schweregrad der Stenose abhängig. Die Patienten erreichen zwar meist das Erwachsenenalter, es zeigen sich aber im Verlauf oft zunehmende Komplikationen durch Klappenverkalkungen und Herzinsuffizienz.

Komplikationen

Nach allen Behandlungsformen kann es zu Restenosierungen kommen, d. h. zur erneuten Verengung. Zusätzlich kann die Klappe sich aufweiten (dilatieren) was zu einer Undichtigkeit (Klappeninsuffizienz) führen kann. Regelmäßige Kontrolluntersuchungen (Echokardiogramm) sind daher notwendig.

Infobox

ICD-10:
I37.0

Internetadressen:
http://www.kliniken.de/lexikon/Medizin/Innere_Medizin/Kardiologie/Pulmonalstenose
http://www.kinderkardiochirurgie.de
http://www.herzkinderinfo.de/Mediawiki/index.php/Herzfehler

Literatur:
Greten, H. (Hrsg.): Innere Medizin, 12. Aufl. Thieme, Stuttgart 2005

Pyelonephritis

► „Mensch Helga. Jetzt habe ich diese Blasenentzündung endlich hinter mir, aber ich bin immer noch so schlapp und müde. Ich glaube, ich habe auch erhöhte Temperatur. Geh mal besser alleine Laufen." „Das ist ja schade. Ich hatte mich schon so darauf gefreut. Die ganze Zeit alleine rumzurennen – das hatte ich ja schon die vergangenen Wochen. Die Blasengeschichte ist wohl doch noch nicht ganz ausgestanden", erwidert Helga. „Nee, so richtig nicht. Ich fühle jetzt so einen Druck in der Nierengegend." „Na dann schone dich auf jeden Fall noch und geh nochmal zum Arzt. Wie gut, dass ich bisher damit nichts zu tun hatte. Noch nicht."

Definition

Bei der Pyelonephritis handelt es sich um eine interstitielle, bakterielle, destruktive Entzündung des Niereninterstitiums und Nierenbeckenkelchsystems.

Die Pyelonephritis ist eine der häufigsten Nierenerkrankungen. 20 % der Bevölkerung sind betroffen. In etwa 80 % der Fälle wird eine chronische Pyelonephritis nicht erkannt und führt dann bei etwa 20 % zu einem terminalen Nierenversagen (→ akutes Nierenversagen). Die Pyelonephritis ist bei Frauen 2- bis 3-mal häufiger als bei Männern.

Ursachen

Erreger sind vorwiegend Escherichia coli, Proteus, Klebsiellen, Enterokokken, Pseudomonas aeruginosa und Staphylokokken.

Die enge anatomische Verbindung von Nierenparenchym und Hohlwegen führt zu einer unspezifischen Entzündung beider Systemanteile. Die Infektionswege sind kanalikulär, also entlang von Gangsystemen (ca. 80 – 90 %), seltener hämatogen oder lymphogen. Wichtige prädisponierende Faktoren sind:

- Schwangerschaft (Pyelonephritis gravidarum),
- Stoffwechselerkrankungen (→ Diabetes mellitus, → Gicht),
- Prostatahyperplasie mit Harnrückstau (→ benigne Prostatahyperplasie),
- Missbrauch peripher wirksamer Analgetika,
- Immunsuppression,
- funktionelle Störungen (→ vesikoureteraler Reflux, → Querschnittslähmung).

Nach der Entstehungsursache unterscheidet man (**Abb. P.111**):

- akute primäre (unkomplizierte) Pyelonephritis,
- akute sekundäre (komplizierte) Pyelonephritis.

Nach dem Verlauf grenzt man eine chronische Pyelonephritis ab.

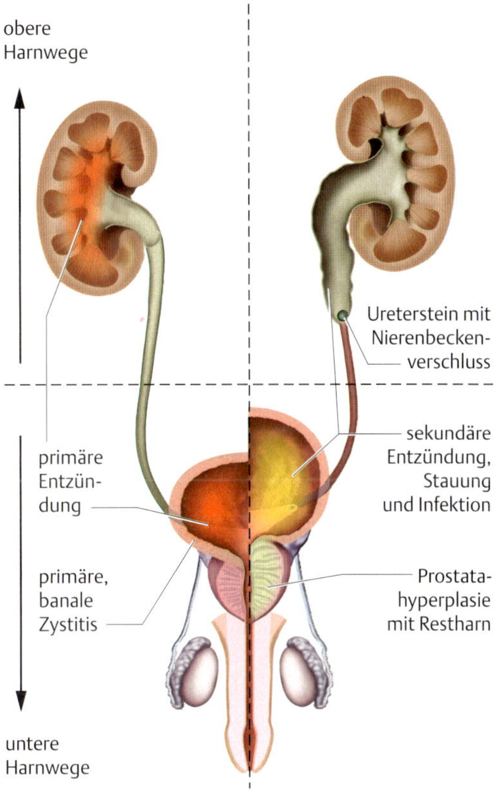

Abb. P.111 Pyelonephritis. Bei normalen anatomischen und funktionellen Verhältnissen spricht man von einer primären Pyelonephritis. Eine sekundäre Pyelonephritis liegt vor, wenn noch eine weitere urologische Erkrankung, z. B. ein Ureterstein hinzukommt.

Chronische Pyelonephritis

Eine chronische Pyelonephritis (interstitielle Nephritis) kann nach einer nicht ausgeheilten Pyelonephritis entstehen und/oder durch Infektion fördernde (prädisponierende) Faktoren ausgelöst werden. Prädisponierende Faktoren der chronischen Pyelonephritis sind:

- Harnabflussstörungen: Fehlbildungen, Obstruktion (Steine, Harnröhrenstrikturen, → Tumoren), Blasenfunktionsstörung (z. B. Querschnittslähmung), lange Bettlägerigkeit,
- hormonelle Veränderungen: Schwangerschaft, Östrogenmangel, hormonelle Empfängnisverhütung,
- Stoffwechselstörungen: Diabetes mellitus, Gicht,
- iatrogene (durch den Arzt bedingte) Ursachen: Eingriffe an den Harnwegen, Spinalanästhesie,

- allgemeine und lokale Abwehrschwäche: chronische Erkrankungen, Infektionskrankheiten und chronische Infekte, hohes Alter,
- Medikamente: Analgetika, Antibiotika, Kortikoide,
- genetische Faktoren: Bakterienadhärenz.

Symptome

Akute primäre Pyelonephritis. Nach einem einleitenden (initialen) Schüttelfrost kommt es zu einem dumpfen Spannungsgefühl in der Niere mit hohem kontinuierlichen Fieber. Leichtere Blasenbeschwerden können vorausgehen oder bestehen gleichzeitig. Als Folge der Infektion kommt es zu Appetitlosigkeit, Übelkeit und Obstipation.

Akute sekundäre Pyelonephritis. Es zeigt sich ein schweres Krankheitsbild mit folgenden Symptomen:

- hohes Fieber,
- Schüttelfrost,
- drohende → Sepsis von Seiten der Harnorgane,
- ausgeprägte Druckempfindlichkeit einer oder beider Nieren,
- rote, trockene oder bräunlich belegte borkige Zunge,
- der Urin ist eiweißpositiv, es finden sich granulierte Zylinder, massenhaft Leukozyten und Bakterien.

Chronische Pyelonephritis. Die Erkrankung ist oft nahezu symptomlos, unspezifische Allgemeinerscheinungen sind:

- Ermüdbarkeit,
- Kopfschmerzen,
- Appetitlosigkeit,
- Blutarmut (Anämie),
- Blutdruckanstieg,
- Nierenfunktionsstörung.

Bei einem akuten Schub treten Schmerzen im Nierenlager, Fieberschübe, Bakteriurie und Leukozyturie auf.

Diagnose

Akute primäre Pyelonephritis. Charakteristisch sind:

- ein plötzlicher fieberhafter Beginn,
- Druck- und Klopfempfindlichkeit meist nur einer Niere (**Abb. P.112**),
- leichtes häufiges Wasserlassen (Pollakisurie),
- massenhaft Leukozyten und Bakterien im Urinsediment,
- der Urin ist schwach eiweißpositiv, es finden sich vereinzelt Zylinder.

Sonografie, Abdomenübersicht und Urogramm werden zum Ausschluss von Begleiterkrankungen, z. B. Abflussstörungen, durchgeführt.

Akute sekundäre Pyelonephritis. Durch Sonografie, Abdomenübersicht und Urogramm können Abflussstörungen, z. B. angeborene Harnabflussstörungen, Steine, Entleerungsstörungen der Blase mit Restharn usw. ausgeschlossen werden.

Chronische Pyelonephritis. Diagnostische Maßnahmen sind:

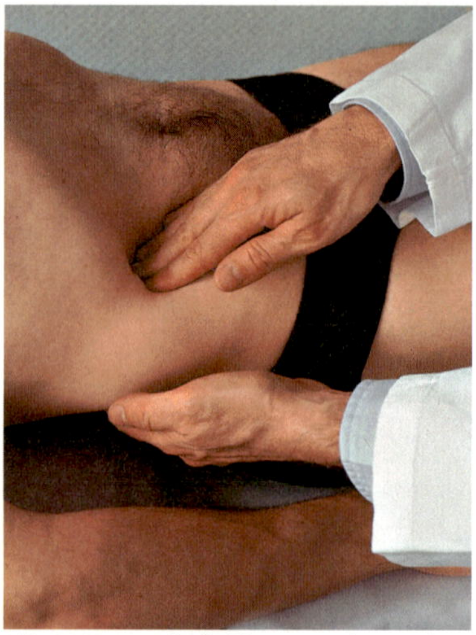

Abb. P.112 Empfindlichkeit. Vorsichtige Palpation bei einem Patienten mit Pyelonephritis.

- Urinstatus,
- Erregerresistenzprüfung,
- Sonografie,
- Abdomenübersicht,
- Urogramm,
- Miktionszystourethrogramm zum Ausschluss eines Refluxes,
- Nierenfunktionsprüfung.

Therapie

Akute Pyelonephritis. Die Therapie besteht aus Bettruhe, guter Spülung der Harnwege durch Trinken beliebiger schmackhafter Flüssigkeiten, leichter Kost, Obstipationsbehandlung, Antibiotika.

Besonders ist auf ausreichende Flüssigkeitszufuhr und Ernährung zu achten. Trotz einer Pollakisurie sollte der Patient weiterhin genügend Flüssigkeit zu sich nehmen. Der Patient hat wegen der subjektiven Beschwerden bei der Pollakisurie die Tendenz zu wenig zu trinken. Unter Umständen muss auf ärztliche Anordnung eine Infusionstherapie erfolgen. Bei der Ernährung ist dem Patienten zur Entlastung der Nieren zu einer salz- und eiweißarmen Diät zu raten.

Akute sekundäre Pyelonephritis. Es ist notwendig, den Patienten in eine Klinik einzuweisen. Da das hoch fieberhafte Krankheitsbild durch eine Stauung oder durch Begleiterkrankungen unterhalten wird, kann eine hoch dosierte antibiotische Therapie das Krankheitsbild bessern und verschleiern, aber nicht ausheilen. Primäres Therapieziel ist die Beseitigung der Harnstauung bzw. der Begleiterkrankung. Bei einseitigen Prozessen – bei → Urosepsis – erfolgt notfalls eine Nephrektomie.

Chronische Pyelonephritis. Im akuten Schub erfolgt eine gezielte antibiotische Therapie, evtl. eine mikrobiologische Langzeitbehandlung und die Verhütung eines Rezidivs.

Prognose

Eine akute Pyelonephritis ist unter konsequenter Therapie gut beeinflussbar. Die Beschwerden der chronischen Pyelonephritisformen sind unter Langzeitherapie zu bessern, akute Schübe zu vermeiden.

Infobox

ICD-10:
N10, N11

Internetadresse:
http://www.evidence.de

Literatur:

Hofstetter, A. (Hrsg.): Urogenitale Infektionen. Springer, Heidelberg 1999

Pylorusstenose

► **Frau Breitberger stellt sich mit ihrem 3 Wochen alten Säugling beim Kinderarzt vor. „Mein Benjamin bricht jedes Mal nach dem Stillen", erzählt die junge Mutter. „Er spuckt die Milch in so einem hohen Bogen aus, dass sein Bettchen und die Umgebung immer ganz vollgekleckert werden."**

Definition

Bei einer Pylorusstenose ist die Muskulatur des Pylorus hypertrophiert (verdickt) und engt den Pyloruskanal (Ausgang des Magens) ein (**Abb. P.113**).

Synonym: Magenpförtnerverengung, hypertrophe Pylorusstenose.

Ursachen

Die Ursache der Pylorusstenose ist unklar. Möglicherweise wird die Krankheit vererbt. Sie kommt etwa 4 – 5-mal häufiger bei Jungen als bei Mädchen vor.

Symptome

Im Alter von 2 – 4 Wochen erbrechen die Säuglinge während oder kurz nach der Mahlzeit schwallartig in hohem Bogen. Das Erbrochene riecht stark sauer.

Die Kinder haben ein kummervolles, greisenhaftes Gesicht mit gerunzelter Stirn und eingefallenen Augen. Die Magenkontraktionen sind sehr schmerzhaft und äußern sich durch einen gequälten Gesichtsausdruck. Durch das ständige Erbrechen können die Kinder Flüssigkeit verlieren (Dehydratation).

Diagnose

Im Oberbauch kann man bei einigen Kindern eine erhöhte Peristaltik des Magens erkennen. Der hypertrophierte Pylorusmuskel ist im Ultraschall sichtbar. Außerdem lassen sich im Blut Elektrolytstörungen nachweisen: erniedrigte Kalium- und Natriumwerte (Hypokaliämie und Hyponatriämie), Anstieg der Chloridwerte oder eine Alkalose (Erhöhung des pH-Wertes über den Normbereich).

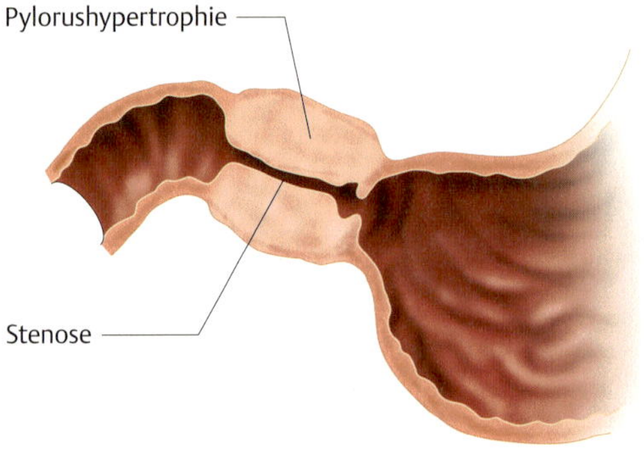

Abb. P.113 Pylorusstenose. Durch die Hypertrophie der Muskulatur des Pylorus wird der Pyloruskanal eingeengt.

Differenzialdiagnose

Folgende Erkrankungen müssen ausgeschlossen werden:

- → Nahrungsmittelallergien,
- Infektionskrankheiten (→ Pneumonie, → Meningitis),
- Herzfehler (z. B. → Herzklappenfehler),
- → Adrenogenitales Syndrom,
- → Zwerchfellhernie,
- gastroösophagealer Reflux (→ Refluxkrankheit),
- funktioneller Pylorospasmus,
- Fehlbildungen (Pylorusatresie).

Therapie

Der verengte Pyloruskanal wird in einer Operation nach Weber-Ramstedt verbreitert. Hierzu erfolgt ein winziger Querschnitt im rechten Oberbauch. Die Schleimhaut des Pylorus wird längs aufgeschnitten und der Muskel mit einem Spezialspreizer erweitert. Vor der Operation wird eine etwaige Alkalose behandelt und ggf. Flüssigkeit und Elektrolyte ersetzt. Sechs Stunden nach der OP kann der Säugling wieder gefüttert werden.

Bei einer leichten Pylorusstenose kann konservativ behandelt werden mit häufigen kleinen Mahlzeiten, Hochlagerung und leichter Sedierung mit Phenobarbital.

Prognose

Die Prognose der Erkrankung ist sehr gut. In 0,5 % der Fälle tritt eine erneute Stenose des Pyloruskanals auf. Durch die Operation kann es zu einer → Peritonitis (Entzündung des Bauchfelles) kommen.

Infobox

ICD-10:
Q40.0, K31.1

Internetadressen:
http://www.dgch.de
http://www.dgkic.de
http://www.netdoktor.de

Literatur:

Sitzmann, F. C.: Duale Reihe Pädiatrie, 2. Aufl., Thieme, Stuttgart 2002
Hirner, A., Weise, K.: Chirurgie. Thieme, Stuttgart 2004

Q

Querschnittlähmung

► Ein 79-jähriger Patient wird aus dem Altersheim in die Klinik gebracht. Die Kommunikation mit ihm ist schwierig; er ist zwar wach, aber sehr verwirrt. Den Angaben des Pflegepersonals zur Folge ist der ansonsten leicht altersdemente aber grundsätzlich agile Mann vor ein paar Tagen auf einer Stufe gestolpert und gestürzt, seitdem nicht mehr mobil und hat durch das Stillliegen einen fiebrigen Infekt entwickelt. Seit dem Sturz hat er das Bett nicht mehr verlassen und bewegt seine Beine, auch nach einem Schmerzreiz, nicht mehr. Bei der Untersuchung zeigt der Patient eine erhöhte Anspannung (Tonus) der Muskulatur und die Muskelreflexe sind gesteigert.

Definition

Bei einer Querschnittlähmung kommt es zu einer vollständigen oder teilweisen Schädigung des Rückenmarksquerschnitts und somit zu einer Unterbrechung der spinalen Nervenleitung.

Synonyme: Querschnittläsion, Querschnittsyndrom.

Ursachen

Das Rückenmark befindet sich im Rückenmarkskanal der Wirbelsäule und erstreckt sich bis etwa zur Höhe des ersten Lendenwirbels (L1) hin, wo es als Conus medullaris endet. Ab dem ersten oder zweiten Lendenwirbel ist der Rückenmarkskanal nur von Spinalnervenwurzeln ausgefüllt. Diese ziehen sich vom Rückenmarksende zu den entsprechenden Austrittslöchern zwischen den Wirbelkörpern. Dieses Endstück wird auch Cauda equina (Pferdeschwanz) genannt und ähnelt auch optisch einem solchen (**Abb. Q.1**).

Die Folge einer Schädigung des Rückenmarks sind neurologische Ausfälle der motorischen, sensiblen und vegetativen Funktionen. Je nach Ort der Rückenmarksverletzung kommt es zu einer bestimmten Kombination von Beschwerden:

- Lähmungen der Gliedmaßen und der Rumpfmuskulatur (motorischer Ausfall),
- Empfindungsstörung der Haut (sensibler Ausfall),
- Störungen des vegetativen Nervensystems (z. B. Herzkreislauf- oder Temperaturregulation).

Die Querschnittlähmung kann akut auftreten oder sich langsam und kontinuierlich (chronisch-progredient) verschlechtern.

Die Ursachen einer Querschnittlähmung können traumatisch sein, etwa durch einen Wirbelkörperbruch, eine Wirbelkörperluxation oder einen → Bandscheibenvorfall, der das Rückenmark „abdrückt". So können die Nervensignale vom und zum Gehirn nicht durch das Rückenmark weitergeleitet werden; die „abgedrückten" (oder je nach Art der Querschnittlähmung auch durchtrennten) Regionen sind nicht mehr funktionstüchtig.

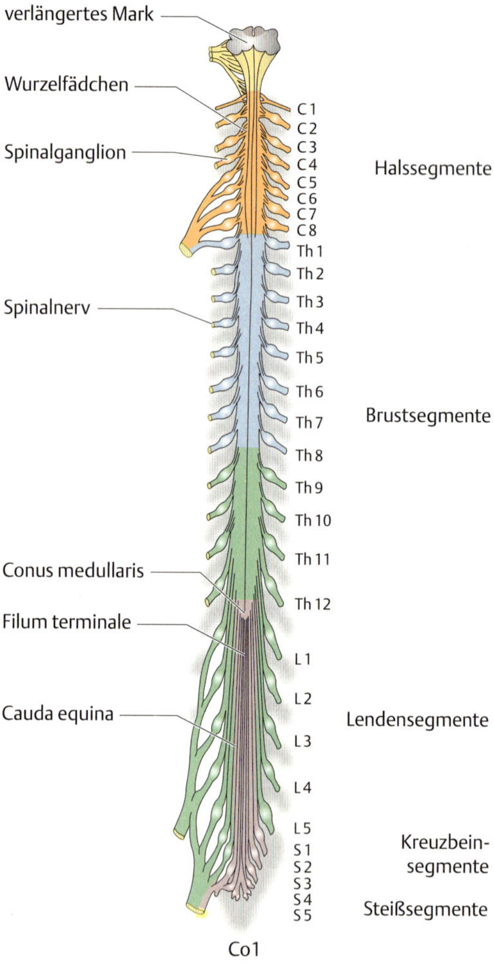

Abb. Q.1 Rückenmark und Spinalnerven. Das eigentliche Rückenmark endet etwa auf Hohe des 12. Brustwirbels (Th_{12}) oder ersten Lendenwirbels (L_1).

Auch nichttraumatische Ursachen wie → Tumorwachstum im Rückenmark oder in der Wirbelsäule, Entzündung, Durchblutungsstörung oder andere spezielle Erkrankungen (etwa → Multiple Sklerose) können zu einer Lähmung führen.

In den industrialisierten Ländern erleiden etwa zwanzig von einer Million Menschen eine akute traumatische Rückenmarksverletzung (z. B. bei einem Autounfall) meist im Alter zwischen 30 und 50, wobei Männer drei Mal häufiger betroffen sind als Frauen.

Symptome

Die Symptome einer Rückenmarksschädigung differieren abhängig von Verletzungsausmaß und -ort. Die Unterbrechung der Nervenleitung zwischen Gehirn und Muskeln führt zur Lähmung der Muskulatur der Gliedmaßen und des Rumpfes sowie zum Sensibilitätsausfall – Empfindungsstörungen für Schmerz, Temperatur, Berührung und Lagesinn (das Wissen um den Aufenthalt der eigenen Körperteile). Vegetative Symptome einer Rückenmarksverletzung können Störungen der Darm-, Blasen- oder Sexualfunktion, der Herzkreislauf-, Temperatur- oder Schweißsekretionsregulation sein.

Bei vollständiger Unterbrechung des Rückenmarks treten alle oben genannten Beschwerden auf; bei partieller Querschnittverletzung bleiben einige Muskelfunktionen oder Hautempfindung auch unterhalb der nachgewiesenen Rückenmarksverletzung erhalten.

Vor allem bei einer akuten Querschnittlähmung kann die Erkrankung mit Depressionen und Angststörungen einhergehen.

Spinaler Schock. Die Folge akuter Schädigung des Rückenmarks, etwa bei einem Trauma, ist zunächst ein sog. spinaler Schock: In der Muskulatur unterhalb des Schädigungsortes kommt es zu einer schlaffen Lähmung und zum Erlöschen der Muskelreflexe. Dort spürt der Patient auch keinen Schmerz. Auf Höhe der Verletzung aber strahlt der Schmerz auf die Haut ab und führt zu starken, rundum verlaufenden Schmerzen. Auch die Blasen- und Mastdarmfunktion ist gestört.

Chronisches Querschnittsyndrom. Nach einigen Tagen und spätestens sechs Wochen entwickelt sich ein chronisches Querschnittsyndrom, das mit erhöhtem Muskeltonus (Spastik) und gesteigerten Muskelreflexen einhergeht. Aus der Blasen- und Mastdarmfunktionsstörung entwickeln sich eine Behinderung der Sexualfunktion (→ Sexuelle Funktionsstörungen) und Störungen der vegetativen Funktionen. Die Hautsensibilität in den abgetrennten oder „abgedrückten“ Regionen kehrt nicht zurück.

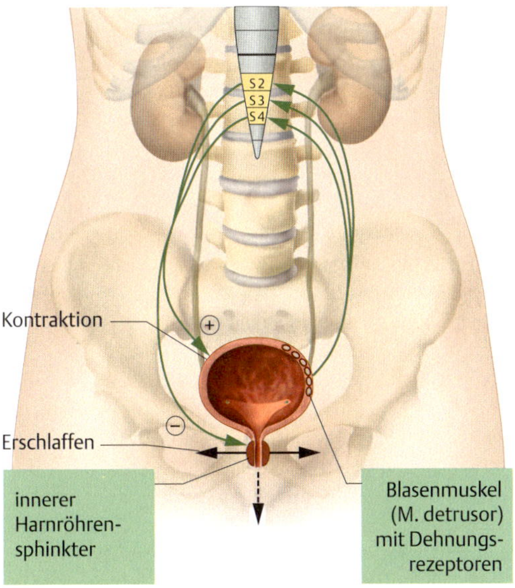

Abb. Q.2 Sakrales Miktionszentrum (S_2–S_4). Läsionen oberhalb führen zur spastischen, unterhalb zur schlaffen Lähmung.

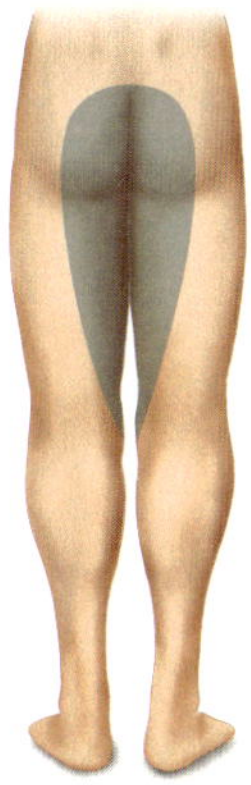

Abb. Q.3 Reithosenareal. Sensibilitätsausfall in den Dermatomen S3–S5 (gleichzeitig sind immer Miktion, Defäkation und Sexualfunktion gestört).

Lähmungsarten

Je nach Ort der Rückenmarksschädigung unterscheidet man typische Beschwerdebilder einer vollständigen Muskellähmung (Plegie).

Tetraplegie. Das Rückenmark ist oberhalb des ersten Brustwirbels verletzt. Es kommt zur Lähmung aller vier Extremitäten (tetra = vier) mit Erhöhung des Muskeltonus (Spastik) sowie zu Sensibilitätsverlust in den zugehörigen Hautarealen. Eine Schädigung des Halsrückenmarkabschnittes oberhalb des vierten Halswirbels (C4) kann sogar zu Beeinträchtigung der Atmung führen.

Paraplegie. Die sog. Paraplegie ist eine Verletzung des Rückenmarks unterhalb des ersten Brustwirbelkörpers. Neben der entsprechenden Sensibilitätsstörung sind spastische Lähmungen der Rumpf- und Beinmuskulatur die Folge.

So genannte paraplegiale Conus- oder Kauda-Syndrome entstehen durch eine Verletzung unterhalb des ersten Lendenwirbels. Hierbei kommt es zu Ausfall der Blasen-, Mastdarm- und Sexualfunktion, zu schlaffer Lähmung der Beine und zur Aufhebung der Hautsensibilität im sog. Reithosenareal (Oberschenkelinnenseiten, **Abb. Q.3**).

Diagnose

Bei akuter Verletzung müssen zunächst die konkreten Beschwerden des Patienten abgefragt werden. Nicht nur Beschwerdebild und -verlauf, auch Unfallhergang und Zeitintervall seit Eintreten des Traumas sind wichtig für die Diag-

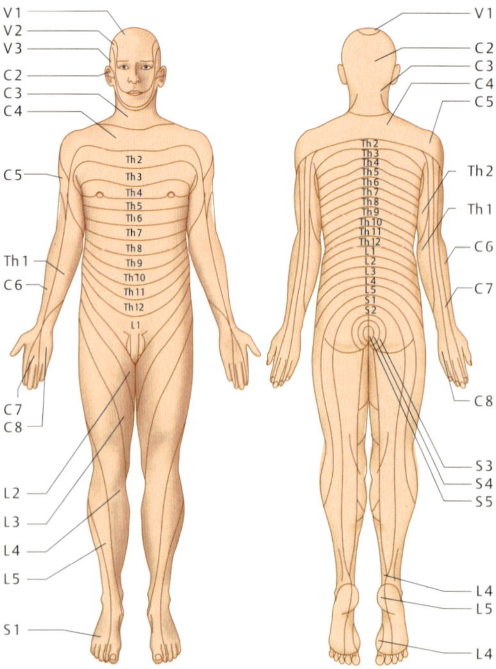

Abb. Q.4 Dermatome. Segmentale Innervation der Haut.

nose. Sollte der Patient selbst nicht ansprechbar sein, müssen Begleitpersonen befragt werden.

Sensibilitätsprüfung. Für die Diagnose ist eine umfassende neurologische Untersuchung unerlässlich. Da bestimmte Hautareale (Dermatome) das Versorgungsgebiet bestimmter Rückenmarksnerven repräsentieren, kann man mit einer Sensibilitätsprüfung der Hautareale den betroffenen Nerv lokalisieren und damit auf die Höhe der Verletzung in der Wirbelsäule rückschließen (**Abb. Q.4**).

Funktionsprüfungen. Auch die Prüfung der Muskelfunktion und der Reflexe dient der Lokalisation der Verletzung. Eine Untersuchung der Blasenfunktion kann über mögliche Harninkontinenz Aufschluss geben. Auch Mastdarm-, Sexual-, Herzkreislauffunktion und Schweißsekretion werden kontrolliert.

Bild gebende Diagnostik. Bei sehr schwer verletzten, polytraumatisierten Patienten hilft ein CT Wirbelsäulenverletzung zu lokalisieren. Sollte sich die Diagnose mittels CT oder Röntgenuntersuchung nicht sicher stellen lassen, erfolgt eine MRT-Untersuchung.

Seltener greift man auf eine Myelografie zurück. Hier injiziert man Kontrastmittel in die Nervenflüssigkeit und lässt dieses mittels CT- oder MRT-Untersuchung darstellen, um so die Verdrängungsprozesse im Spinalkanal besser sichtbar machen zu können.

Differenzialdiagnostik

Bei nicht traumatischen Querschnittsyndromen kann man Prozesse, die im Rückenmark ablaufen, mittels einer MRT-Untersuchung gut erfassen und mittels einer Untersuchung des Liquors (Nervenwasser) einen entzündlichen Prozess ausschließen.

Vor allem bei den nicht traumatischen Querschnittlähmungen müssen Erkrankungen des Gehirns, neuromuskuläre Erkrankungen und Erkrankungen der peripheren Nerven ausgeschlossen werden.

Therapie

Bei der Behandlung einer Querschnittlähmung unterscheidet man zwischen akuter und Langzeittherapie. Die Akuttherapie ist abhängig von der Ursache, die spezifisch behandelt wird. Ergänzend sollte eine unspezifische Akuttherapie erfolgen. Die Langzeittherapie orientiert sich an den verbliebenen Körperfunktionen und versucht, den Erkrankten bei der Bewältigung ihres Alltags zu helfen.

Spezifische Akuttherapie. Traumatische Rückenmarksverletzungen mit nachweisbarer Kompression durch Wirbelkörperbruch oder → Bandscheibenvorfall (Diskushernie) müssen operativ behandelt werden. Hierbei wird das Rückenmark möglichst rasch chirurgisch entlastet und die Wirbelsäule stabilisiert. Die medikamentöse Therapie erfolgt mit einem Kortison-Präparat (Methylprednisolon) zur Milderung von Muskelverkrampfungen und Entzündungen.

Bei einer nicht traumatischen Rückenmarksschädigung (wie einer spinalen Blutung, einem Tumor oder einem spinalen Engesyndrom) sollte das Rückenmark binnen 24 Stunden chirurgisch entlastet werden. Eine Wassereinlagerung in das Rückenmarksgewebe wird mit Kortison therapiert, eine Rückenmarksentzündung mit Antibiotika.

Unspezifische Akuttherapie. Alle akuten Rückenmarksschädigungen werden unabhängig von der Ursache behandelt. Der Patient wird intensivmedizinisch überwacht (Kreislaufüberwachung und Kontrolle der Atemfunktion). Es folgt eine engmaschige neurologische Untersuchung, um eine mögliche Verschlechterung der Beschwerden zu erfassen und entsprechend zu therapieren. Wenn eine Verletzung der Halswirbelsäule die Atmung stark einschränkt, muss intubiert und maschinell beatmet werden. Eine Urin-Ableitung mittels Blasenkatheter verhindert Harnabflussstörungen und beugt Entzündungen der Blase und Niere vor. Der Stuhlgang sollte mittels Abführmitteln reguliert werden.

Zur Vermeidung von Komplikationen und Folgeschäden wie Muskelverkürzungen (Kontrakturen), Gelenkversteifungen und Druckstellen der Haut (→ Dekubitus) ist es wichtig den Patienten richtig zu lagern und regelmäßig umzulagern.

Langzeittherapie. Dabei stehen die Wiedereingliederung des Patienten in sein normales Leben und die Nachbehandlung der Erkrankung, die lebenslang notwendig ist, im Vordergrund. Sollte sich der akute Zustand des Betroffenen stabilisieren, ist eine Rehabilitation in Spezialzentren empfehlenswert. Intensive Physiotherapie zum Training der verbliebenen motorischen Fähigkeiten, Massagen, Krankengymnastik, Schwimmen, Hippotherapie (Reiten) sowie Ergotherapie können lebenslang fortgesetzt werden.

Ein Rollstuhl oder eine der Behinderung angepasste Wohnungseinrichtung sowie die wichtige Unterstützung durch Familie, Freunde, Psychologen und Sozialarbeiter helfen auch langfristig, das Leben des Patienten zu erleichtern.

Prognose

Für eine günstige Prognose ist ein früher Therapiebeginn, idealerweise innerhalb der ersten Stunden nach der Verletzung, wichtig.

Sehr viele Betroffene bleiben für immer behindert und brauchen lebenslange Hilfe und Unterstützung bei der Bewältigung ihres Alltags und den mit der Lähmung einhergehenden Komplikationen (etwa bei Atmung, Blase, Niere, Darm oder Haut). Heutzutage kann man bei der Paraplegie von einer normalen Lebenserwartung ausgehen, bei der Tetraplegie ist die Lebenserwartung eingeschränkt.

Infobox

ICD-10:
G82.

Internetadressen:
Forum Querschnittlähmung:
http://www.wheelscape.net
Bundesverband Selbsthilfe Körperbehinderter e. V.:
http://www.bsk-ev.de
Deutschsprachige Medizinische Gesellschaft für Paraplegie DMPG e. V.: http://www.dmpg.at
Deutsche Stiftung Querschnittlähmung:
http://www.dsq.de
Fördergemeinschaft der Querschnittgelähmten in Deutschland e. V.: http://www.fgq.de

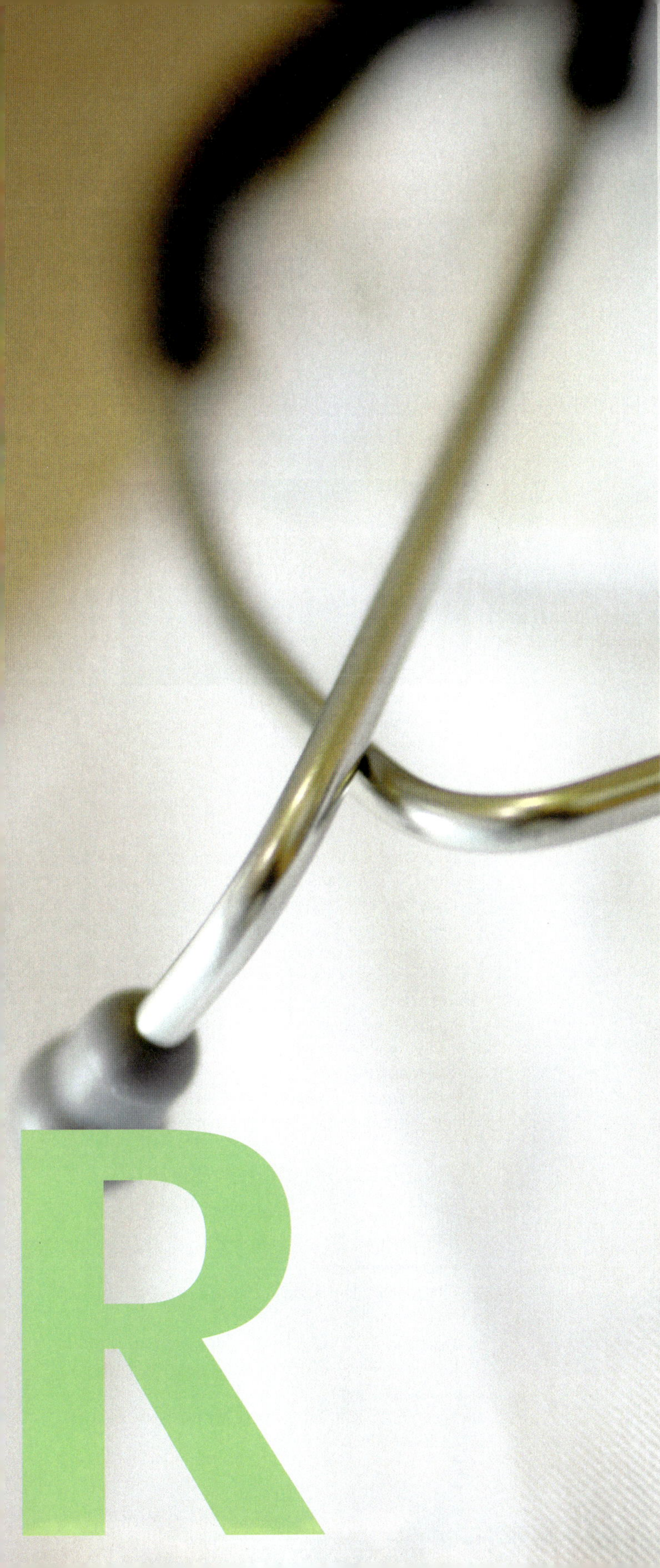

R

Rachitis

► **Herr Jüngers kommt mit seiner drei Monate alten Tochter zum Kinderarzt. „Meiner Kleinen geht es nicht gut", erzählt der junge Vater. „Sie trinkt schlecht, nimmt nicht genügend zu und ist häufig so unruhig. Liegt es daran, dass wir sie vegetarisch ernähren?"**

Definition

Rachitis ist eine Stoffwechselstörung bei Kindern, bei der die Mineralisierung der Knochensubstanz durch einen Mangel an Kalzium und Phosphat gestört ist.

Ursachen

Ist im Körper nicht genügend aktives Vitamin D (Calcitriol) vorhanden, kann nicht genügend Kalzium in den Knochen eingebaut werden.

Vitamin-D-Mangel-Rachitis. Ursache ist ein Mangel an aktivem Vitamin D durch ungenügende Zufuhr mit der Nahrung oder Resorptionsstörungen. Vitamin D aus der Nahrung wird in der Haut mit Hilfe von Sonnenlicht in 1,25-(OH)2-Cholecalciferol umgewandelt. Fehlt Sonnenlicht, kann ebenfalls eine Rachitis entstehen.

Phosphatmangelrachitis. Sie tritt häufiger bei Frühgeborenen auf.

Vitamin-D-resistente Rachitis. Sie wird durch Erkrankungen an der Niere wie eine → chronische Niereninsuffizienz verursacht. In der Niere entsteht mit Hilfe von Parathormon (PTH) Vitamin D3 (Calcitriol).

Symptome

Folgende Symptome bei Säuglingen können auftreten:

- sie wachsen nicht ausreichend,
- sie sind unruhig und schreckhaft,
- sie trinken schlecht und schwitzen häufig,
- der Schädel ist quadratisch verformt (Kraniotabes),
- an verschiedenen Knochen wie Rippen oder Unterarm sind die Enden aufgetrieben (rachitischer Rosenkranz, Marfanzeichen, **Abb. R.1**),
- der Brustkorb kann sich glockenförmig verformen,
- der Bauch kann sich aufblähen (Froschbauch),
- die Muskeln verkrampfen sich (Tetanie).

Diagnose

Klinische Symptome und körperliche Untersuchung weisen auf eine Rachitis hin. Im Blut ist das Kalzium meist normal. Alkalische Phosphatase (AP) und Parathormon (PTH) sind erhöht, Calcitriol und Phosphat erniedrigt. Ein Röntgenbild zeigt die Auftreibungen an den Knochen.

Differenzialdiagnose

Zur Differenzialdiagnose gehören:

- Hypophosphatasie (Aktivität der AP vermindert),
- Pseudohypoparathyreoidismus,
- primärer → Hyperparathyreoidismus,
- metaphysäre Dysostosen.

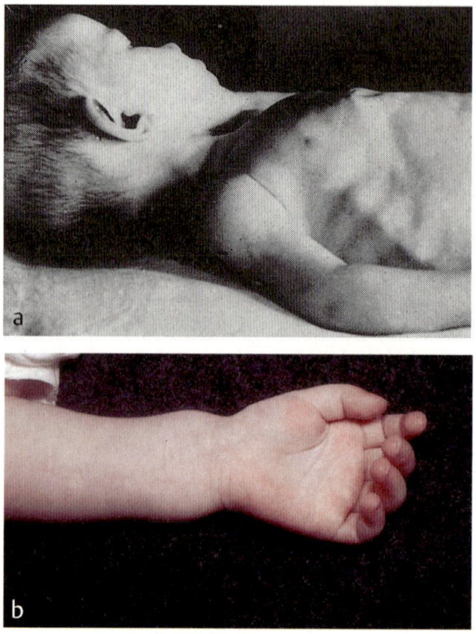

Abb. R.1 Vitamin-D-Mangel-Rachitis. a Stark ausgeprägter rachitischer Rosenkranz, **b** Marfanzeichen am Handgelenk bei einem bereits 2-jährigen Kind mit nicht behandelter Rachitis.

Therapie

Bei Vitamin-D-Mangel erhalten die Kinder für 4–6 Wochen Vitamin D3 über die Vene und gleichzeitig als Tablette. Bei Phosphatmangel wird Natriumhydrogenphosphat verabreicht. Bei einer Vitamin-D-resistenten Rachitis erhalten die Kinder Calcitriol. Häufig muss zusätzlich Kalzium gegeben und die Phosphatzufuhr beschränkt werden.

Prognose

Wird die Krankheit nicht behandelt, kann es zu bleibenden Knochenveränderungen kommen. Um eine Rachitis zu verhindern, erhalten alle Neugeborenen Vitamin-D-Tabletten im ersten Lebensjahr. Man sollte darauf achten, dass Kinder ausreichend Sonnenlicht erhalten.

Infobox

ICD-10: E64.3

Internetadressen:
http://www.liga-kind.de
http://www.fke-do.de

Literatur:

Roos, R., Kurz, R.: Checkliste Pädiatrie, 2. Aufl. Thieme, Stuttgart 2000

Speer, C.P., Gahr, M.: Pädiatrie, 2. Aufl. Springer, Heidelberg 2005

Radiusfraktur

► Das alte Gebäude, in dem Jana und Frank (7 Jahre alt) zur Schule gehen, hat ein schönes breites Treppenhaus. Wenn das Pausenzeichen ertönt, kann man dort nebeneinander um die Wette herunterrennen. Auch heute versuchen die beiden so schnell wie möglich nach unten zu kommen. Frank nimmt zwei Stufen auf einmal. Plötzlich verpasst er eine Stufe und fällt vornüber auf den nächsten Absatz, wobei er reflexartig versucht sich mit den Armen abzufangen. Die Klassenlehrerin findet ihn kurz darauf laut weinend. Er hält sich den schmerzenden rechten Unterarm. Das Handgelenk sieht deformiert aus.

Definition

Eine Radiusfraktur ist der Bruch des daumenseitigen Unterarmknochens (Speiche). Zu unterscheiden sind:

- distale Radiusfraktur,
- Radiusköpfchenfraktur,
- Radiushalsfraktur,
- Radiusschaftfraktur.

Die Kombination aus distaler Radiusschaftfraktur und Luxation der distalen Ulna (Elle) aus dem Radioulnargelenk wird als Galeazzi-Fraktur bezeichnet.

Synonym: Speichenbruch.

Ursachen

Distale Radiusfraktur. Jede vierte Knochenverletzung bei Erwachsenen ist eine distale Radiusfraktur. Sie kommt aber auch bei Kindern häufig vor und ist deshalb die häufigste Knochenverletzung überhaupt. Ursache ist meist ein Sturz auf die gestreckte Hand (Colles-Fraktur), seltener auf die gebeugte Hand (Smith-Fraktur). Bei alten Menschen mit → Osteoporose reichen bereits Bagatelltraumen, um die Speiche brechen zu lassen.

Radiusköpfchen- und Radiushalsfraktur. Sie entstehen meist bei einem Sturz auf die Hand bei gestrecktem Ellenbogen.

Außer indirekten können auch direkte Traumen zu Radiusfrakturen führen, z. B. bei Unfällen oder als Folge tätlicher Auseinandersetzungen (Parierverletzung).

Symptome

Distale Radiusfraktur. Hier erscheint das Handgelenk deformiert. Bei den meist vorliegenden Colles-Frakturen ist es dorsal (handrückenwärts) abgewinkelt. Von der Seite betrachtet erinnert diese Deformation an einen Gewehrlauf mit aufgepflanztem Bajonett, daher auch die gebräuchliche Bezeichnung Bajonett-Stellung. Bei den selteneren Smith-Frakturen ist das Handgelenk volar (handflächenwärts) abgeknickt (**Abb. R.2**).

Weitere Symptome aller Radiusfrakturen sind Schwellung, Schmerzen (v. a. bei Bewegung) und Druckschmerzen sowie die eingeschränkte Beweglichkeit.

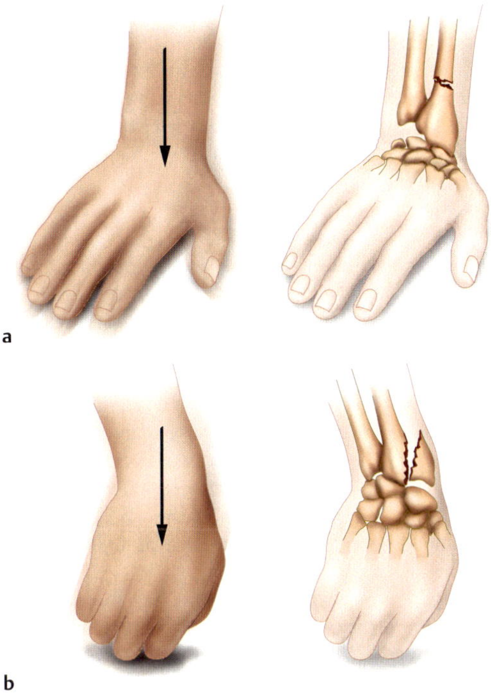

Abb. R.2 Distale Radiusfraktur. **a** Meistens ist das körperferne Fragment nach dorsal gekippt (Colles-Fraktur), **b** seltener nach volar (Smith-Fraktur).

Diagnose

Bei der klinischen Untersuchung fallen der lokalisierte Druckschmerz und die Krepitation (Aneinanderreiben von Knochenenden) auf. Die Diagnose erfolgt anhand von Röntgenaufnahmen in zwei Ebenen (Handgelenk, ganzer Unterarm oder Ellenbogengelenk, je nach Lokalisation). Ggf. werden auch Schrägaufnahmen angefertigt.

Bei der Auswertung der Röntgenaufnahmen ist es wichtig festzustellen, ob Gelenkflächen von der Fraktur betroffen sind oder nicht, was Auswirkungen auf die Therapie und Prognose hat. Zugleich muss nach typischen Begleitverletzungen gesucht werden. Das sind bei distalen Radiusfrakturen Luxationen oder Frakturen der Handwurzelknochen sowie Band- und Sehnenverletzungen. Um Hinweise auf Begleitverletzungen von Nerven und Gefäßen zu erlangen, werden Motorik, Durchblutung und Sensibilität der Hand und Finger überprüft.

Differenzialdiagnose

Es kann eine unvollständige Fraktur vorliegen wie z. B. Fissur oder → Grünholzfraktur bei Kindern. Differenzialdiagnosen bei distaler Radiusfraktur sind Verletzungen im

Handwurzelbereich, Handgelenksarthrose, angeborene Deformitäten oder alte Frakturen.

Therapie

Erstversorgung

Bei extremer Fehlstellung mit Weichteilschäden, motorischen und sensiblen Nervenausfällen sowie bei Durchblutungsstörungen muss die Fraktur vor Ort reponiert und geschient werden (zwei Helfer sind erforderlich). Offene Frakturen werden steril abgedeckt.

Konservative Therapie

Distale Radiusfraktur. Stabile sowie nur gering verschobene Frakturen des distalen Radius werden nach der Reposition für 4 – 6 Wochen eingegipst oder mit einem aushärtenden Kunststoffverband versorgt. Unmittelbar nach Anlegen des Gipses erfolgen die Röntgenkontrolle sowie die Kontrolle von Motorik, Durchblutung und Sensibilität der Hand. Diese Kontrollen werden im Heilungsverlauf mehrfach wiederholt. Die Patienten sollen sich bei zunehmenden Schmerzen oder Gefühlsstörungen in den Fingern sofort beim Arzt vorstellen (mögliche Komplikationen: → Kompartmentsyndrom, erneute Frakturdislokation mit Nerven- und Gefäßverletzung).

Radiusköpfchenfraktur. Liegt keine Dislokation vor, wird das Frakturhämatom per Gelenkpunktion entlastet und zugleich ein Lokalanästhetikum in den Frakturspalt injiziert. Danach darf der Patient den Ellenbogen schmerzadaptiert bewegen. Wegen der Gefahr späterer Bewegungseinschränkungen sollte in diesen Fällen keine Ruhigstellung erfolgen.

Radiushalsfraktur. Nicht oder kaum dislozierte Fragmente werden 2 – 4 Wochen im Oberarmgips ruhiggestellt.

Radiusschaftfraktur. Nicht oder kaum verschobene Brüche werden 4 – 6 Wochen eingegipst (Oberarmgips).

Chirurgische Therapie

Distale Radiusfraktur. Operiert werden muss bei instabilen und stark verschobenen Frakturen mit erheblicher Gelenkbeteiligung, bei Weichteilschäden, Durchblutungsstörungen und neurologischen Ausfällen. Die Refixation der Fragmente erfolgt mit Bohrdrähten, Schrauben und/oder Platten (**Abb. R.3**). Bei schweren Trümmerfrakturen ist die äußere Fixation mit einem Fixateur externe nötig.

Radiusköpfchenfraktur. Die verschobenen Fragmente werden offen reponiert und mit Minischrauben oder resorbierbaren Kunststoffstiften versorgt. Liegt eine Trümmerfraktur vor, muss das gesamte Radiusköpfchen entfernt werden.

Radiushalsfraktur. Die Fragmente werden mit einem intramedullärem Draht oder mit Miniplatten stabilisiert.

Radiusschaftfraktur. Bei Kindern werden verschobene Brüche mit einer gedeckten Markraumdrahtung geschient, bei Erwachsenen erfolgt die Plattenosteosynthese. Bei offenen Frakturen wird der Unterarm zunächst mit dem Fixateur externe ruhiggestellt, später erfolgt die endgültige Operation mit Plattenosteosynthese.

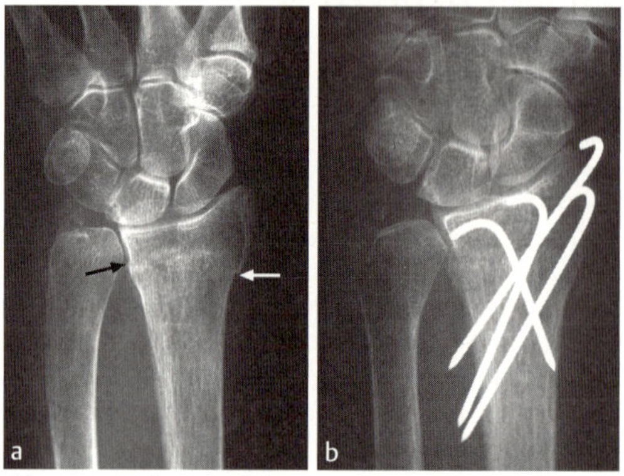

Abb. R.3 Distale Radiusfraktur. **a** Fraktur der Speiche an typischer Stelle (Pfeile), **b** Spickdrahtosteosynthese.

Prognose

Innerhalb von 4 – 6 Wochen heilen v. a. stabile Frakturen problemlos aus.

Komplikationen

Komplikationen hängen von der Fraktur und/oder der Behandlung ab. Gips- und aushärtende Kunststoffverbände können zu Druckschäden mit Nerven- und Gefäßschäden führen. V. a. nach wiederholten Repositionen und persistierenden Schmerzen droht die Gefahr eines → Sudeck-Syndroms (sympathische Reflexdystrophie). Weitere Komplikationen sind Implantatlockerungen, → Pseudarthrosen, Infektionen, Arthrosen, Bewegungseinschränkungen, Kraftminderung, chronische Schmerzen.

Infobox

ICD-10: S52.1, S52.3, S52.5

Internetadressen:

http://www.leitlinien.net
http://www.gvle.de (Kompendium: Unterarmfraktur)
http://www.dr-gumpert.de
http://www.medizin-netz.de

Literatur:

Hirner, A., Weise, K.: Chirurgie, Schritt für Schritt. Thieme, Stuttgart 2004

Niethard, F. U., Pfeil, J.: Duale Reihe Orthopädie, 4. Aufl. Thieme, Stuttgart 2003

Radiusköpfchenluxation

► Der sechsjährige Max ist vom Klettergerüst gestürzt. Er hält sich weinend den rechten Arm, besonders im Ellenbogen tut es weh. Max will den Arm gar nicht mehr bewegen. Die Röntgenaufnahme in der Notambulanz des Krankenhauses sieht zunächst unauffällig aus. Gebrochen ist nichts.

Definition
Bei der Radiusköpfchenluxation ist der Radius am Ellenbogengelenk ausgerenkt.

Ursachen
Die isolierte Radiusköpfchenluxation, z. B. nach einem Sturz, ist selten. Meist kommt diese Luxation im Zusammenhang mit anderen Verletzungen vor.

Monteggia-Luxationsfraktur. Hier besteht eine Ulnaschaftfraktur mit Radiusköpfchenluxation. Die Verletzung entsteht bei einem Sturz auf den Arm bei gestrecktem Ellenbogen und proniertem (einwärtsgedrehtem) Unterarm (**Abb. R.4**).

Komplette Ellenbogenluxation. Diese tritt z. B. nach Sportunfällen auf. Ursächlich kommen v. a. Kontaktsportarten (Fußball, Eishockey) sowie Sportarten mit erhöhter Sturzgefahr (Reiten, Radfahren, Skifahren) infrage.

Subluxation des Radiusköpfchens bei Kleinkindern. Dies wird auch Pronatio dolorosa, nurse elbow, Kindermädchen-Ellenbogen genannt. Durch starken Zug am Unterarm, etwa beim Halten oder Hochreißen eines stolpernden Kindes am Arm oder beim Wegreißen vom Straßenrand, springt das Radiusköpfchen teilweise aus dem Gelenk und klemmt das Ligamentum anulare zwischen Radius und Humerus ein. Es resultiert eine Pseudolähmung (→ Chassaignac-Lähmung).

Symptome
Bei kompletter Ellenbogenluxation erscheint der Ellenbogen äußerlich deformiert und es fällt die schmerzhaft federnde Fixation des Ellenbogengelenkes auf. Ist die Ulna gebrochen, stehen die typischen Frakturzeichen (Schmerzen, Schwellung, Druckschmerz, Bewegungseinschränkung) im Vordergrund, das nach ventral luxierte Radiusköpfchen kann in der Ellenbeuge tastbar sein.

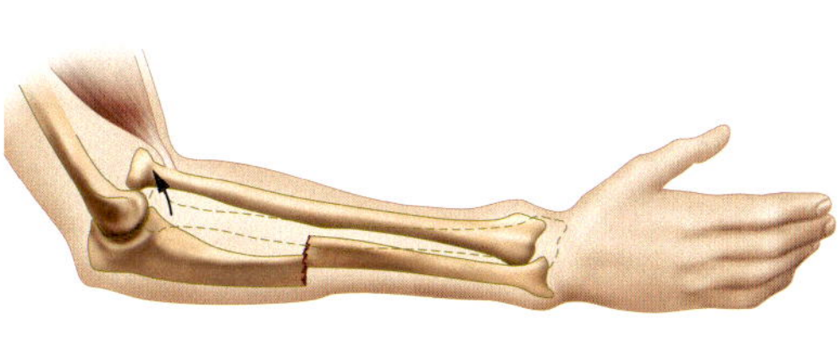

Abb. R.4 Monteggia-Fraktur. Kombination aus Ulnafraktur und Luxation des Radiusköpfchens.

Kleinkinder mit subluxiertem Radiusköpfchen klagen sofort über Schmerzen im Ellenbogen, benutzen den betroffenen Arm nicht, lassen ihn herunterhängen (Pseudolähmung) und meiden jede Bewegung im Ellenbogen (Schulter wird dagegen noch bewegt).

Diagnose
Die Diagnose wird mit Röntgenbildern in zwei Ebenen gesichert. Die Luxation wird bei oberflächlicher Bildanalyse schnell übersehen.

Differenzialdiagnose
Ellenbogenschmerzen können auch degenerative (Arthrose) oder entzündliche (Arthritis, Rheuma) Ursachen haben. Es gibt auch angeborene Fehlbildungen des Ellenbogens oder angeborene Luxationen (selten).

Therapie
Monteggia-Luxationsfraktur. Die Ulnafragmente werden reponiert und das Radiusköpfchen eingerenkt. Im Allgemeinen ist dafür eine Operation mit Stabilisierung der Ulna durch Plattenosteosynthese erforderlich. Anschließend wird der Arm für einige Tage ruhig gestellt. Dann folgt die funktionelle Nachbehandlung.

Komplette Ellenbogenluxation. Der Ellenbogen wird in Vollnarkose oder Leitungsanästhesie reponiert. Bei Begleitverletzungen wird operiert. Danach erfolgt die Ruhigstellung.

Subluxation des Radiusköpfchens bei Kleinkindern. Das Radiusköpfchen wird mit einem speziellen Handgriff reponiert. Dazu sind keine Narkose und keine spätere Ruhigstellung erforderlich.

Prognose
Die Prognose ist abhängig von der Schwere der (Begleit-) Verletzungen. Kinder mit Radiusköpfchen-Subluxation können nach der Reponation ihren Arm sofort wieder benutzen. Wird eine Radiusköpfchenluxation übersehen und erst verzögert behandelt, kann die Gelenkfunktion oft nicht mehr komplett wiederhergestellt werden.

Infobox

ICD-10: S53.0, S53.1, S52.0

Internetadressen:
http://www.medinfo.de
http://www.gvle.de (Kompendium: Luxation des Ellenbogengelenks)

Literatur:
Hirner, A., Weise, K.: Chirurgie, Schritt für Schritt. Thieme, Stuttgart 2004
Niethard, F. U., Pfeil, J.: Duale Reihe Orthopädie, 4. Aufl. Thieme, Stuttgart 2003

Raynaud-Syndrom

► Die Pflegerin Astrid kommt an einem kalten Januarmorgen zum Frühdienst. „Schaut Euch mal meine Hände an", sagt sie zu ihren Kolleginnen. Die Fingerspitzen von Astrid sind an beiden Händen ganz weiß. „Es tut richtig weh", klagt sie.

Definition

Das Raynaud-Syndrom bezeichnet Durchblutungsstörungen im Bereich der Finger und Zehen.
Synonym: vasomotorische Akroasphyxie.

Ursachen

Primäres Raynaud-Syndrom. Die Ursache ist unbekannt. Durch Kälte oder emotionalen Stress verengen sich die Arterien (Spasmen). Finger oder Zehen werden nicht mehr ausreichend durchblutet. Die Krankheit tritt häufig bei jungen Frauen auf.

Sekundäres Raynaud-Syndrom. Es entsteht durch:

- Gefäßverschlüsse (→ Arteriosklerose),
- Entzündungen der Gefäße (z. B. → Sklerodermie, → syst. Lupus erythematodes, → chron. Polyarthritis),
- Erkrankungen des Blutes (z. B. Kryoglobuline, Kälteagglutinine, → Plasmozytom, → Polyzythämie),
- maligne Lymphome (z. B. → Non-Hodgkin-Lymphom),
- Medikamente (z. B. Ergotamin, Betablocker, hormonelle Antikonzeptiva, Zytostatika),
- Vibrationstrauma (z. B. durch Presslufthammer),
- Schädigung der Nerven durch → Polyneuropathie.

Symptome

Das Raynaud-Syndrom verläuft meistens in drei Phasen:

1. Die Finger oder Zehen färben sich durch die Verengungen der Arterien weiß (**Abb. R.5**),
2. Die Venen erweitern sich, sodass sich die Haut blau verfärbt (Zyanose),
3. Es kommt reaktiv zu einer vermehrten Durchblutung, Finger oder Zehen werden rot.

Beim sekundären Raynaud-Syndrom können Bereiche der Finger- oder Zehenendglieder absterben (Nekrose).

Diagnose

Primäres Raynaud-Syndrom. Die Spasmen treten symmetrisch auf und lassen sich durch kaltes Wasser auslösen. BSG (Blutsenkungsgeschwindigkeit) und CRP (C-reaktives Protein) können als Entzündungszeichen erhöht sein.

Sekundäres Raynaud-Syndrom. Kälte- und Wärmeantikörper, Antikörper gegen Doppelstrang-DNA oder gegen das Sm-Antigen, antinukleäre Antikörper und andere Antikörper werden bestimmt. Mit der Kapillarmikroskopie kann ein erhöhter Durchmesser der Kapillaren nachgewiesen werden. Mit Doppler-Untersuchung, Oszillografie, Plethysmografie oder Angiografie werden die Verschlüsse bei einem sekundären Raynaud Snydrom lokalisiert.

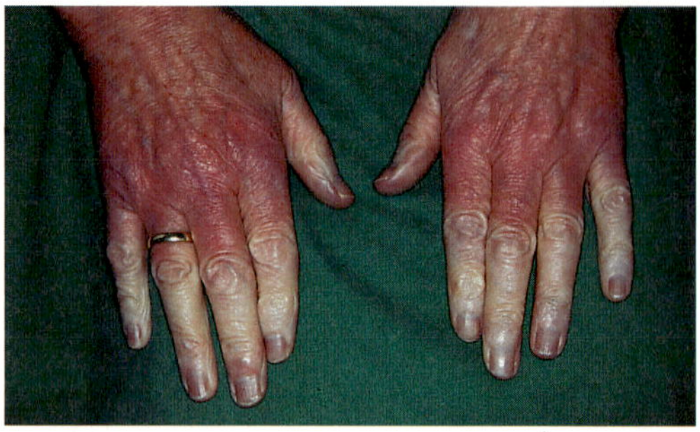

Abb. R.5 Raynaud-Syndrom. Akute symmetrische Weißverfärbung der Finger nach Kälteexposition.

Differenzialdiagnose

Abgegrenzt werden müssen → Embolie in den Extremitätenarterien und periphere → arterielle Verschlusskrankheit.

Therapie

Beim primären Raynaud-Syndrom wird symptomatisch behandelt. Der Patient sollte sich vor Kälte schützen und das Rauchen einstellen. Einigen Patienten helfen Entspannungsmethoden wie autogenes Training, Yoga oder Biofeedback. Medikamente, die die Gefäße verengen, sollten abgesetzt und Arbeiten mit vibrierenden Werkzeugen vermieden werden. In schweren Fällen kann Nitroglyzerinsalbe aufgetragen oder Medikamente wie Kalziumantagonisten, ACE-Hemmer oder Alpharezeptorenblocker eingenommen werden. Mitunter helfen Prostaglandin-Infusionen. Beim sekundären Raynaud-Syndrom wird parallel dazu die Grundkrankheit behandelt.

Prognose

Die Prognose des primären Raynaud-Syndroms ist sehr günstig. Bei einigen Frauen hören die Anfälle nach den Wechseljahren auf. Der Verlauf des sekundären Raynaud-Syndroms hängt von der Grundkrankheit ab.

Infobox

ICD-10: I73.0

Internetadressen:
http://www.dgangiol.de
http://www.rheuma-liga.de
http://www.rheumanet.org

Literatur:

Herold, G.: Innere Medizin. Eigenverlag, Köln 2005
Greten, H. (Hrsg.): Innere Medizin, 12. Aufl. Thieme, Stuttgart 2005

Reaktive episodische depressive Störung

► Gerda Krause weint. „Ich bekomme nichts mehr hin. Der Haushalt, die Kinder, die Hunde – alles ist mir zu viel! Nachts kann ich nicht mehr schlafen, dauernd kreisen die Gedanken. Das geht jetzt schon seit zwei Monaten so! Ich packe das alles nicht mehr." Sie schluchzt. „Haben Sie schon einmal daran gedacht, sich etwas anzutun?", möchte ihr Hausarzt wissen. Frau Krause laufen die Tränen über das Gesicht. „Ehrlich gesagt denke ich manchmal darüber nach. Wenn ich so mit den Hunden am Rhein spazieren gehe – jetzt einfach ins Wasser, dann hätte ich meine Ruhe."

Definition

Die reaktive episodische depressive Störung ist eine depressive Episode von mindestens zwei Wochen Dauer. Sie wird in drei Schweregrade (leicht, mittel, schwer) eingeteilt.

Synonym: Major depression ohne psychotische Symptome, psychogene Depression.

Ursachen

In den Gefühlskerngebieten des Gehirns kommt es durch einen relativen Mangel der Neurotransmitter Serotonin und Noradrenalin zur Armut an Freude und Lust. Diese Situation kann durch äußere Einwirkungen wie Stress oder Mangel an Zuwendung, aber auch durch anhaltende ängstigende Situationen ausgelöst werden. Vermutlich liegt eine genetische Disposition vor.

Symptome

Kennzeichnend ist eine anhaltend niedergedrückte Stimmung ohne größere Schwankungen. Oft sind nur vorbewusste Ängste vorhanden. Vereinzelt oder gemeinsam treten folgende Symptome auf:

- Interessensverlust,
- Freud- und Antriebslosigkeit, psychische Kraftlosigkeit,
- leichte Ermüdbarkeit, Schlaflosigkeit (**Abb. R.6**), Morgentief,
- Konzentrations- und Aufmerksamkeitsstörungen,
- vermindertes Selbstwertgefühl, Mangel an Selbstvertrauen, Gefühl von Wertlosigkeit,
- düstere Zukunftserwartungen, Gefühl der Perspektivlosigkeit,
- Schuldgefühle,
- Suizidgedanken oder erfolgte Selbstbeschädigungen,
- Appetitreduktion und Gewichtsverlust,
- Libidoverlust.

Statistisch erleidet jeder fünfte Mensch einmal im Leben eine reaktive episodische depressive Störung!

Diagnose

Die Diagnose wird durch eine psychiatrische Exploration gestellt. Wichtig ist hierbei vor allem die Anamnese und die Sozialanamneseerhebung. Dabei soll festgestellt werden, ob es sich um ein erstmaliges Auftreten handelt und wo ggf. die Ursachen liegen. Der Patient muss unbedingt nach suizidalen Gedanken gefragt werden!

Differenzialdiagnose

Eine eingehende internistische Untersuchung ist notwendig, um die reaktive episodische depressive Störung gegen Störungen des Stoffwechsels und des Hormonhaushalts abzugrenzen. Ebenso sind durch → Bild gebende Diagnostik (CCT, MRT) hirnorganische Ursachen (z. B. ein → Tumor) und durch ein EEG (Elektroenzephalografie) eine → Epilepsie auszuschließen. Die Symptome werden auch durch Interaktion und Nebenwirkungen von Medika-

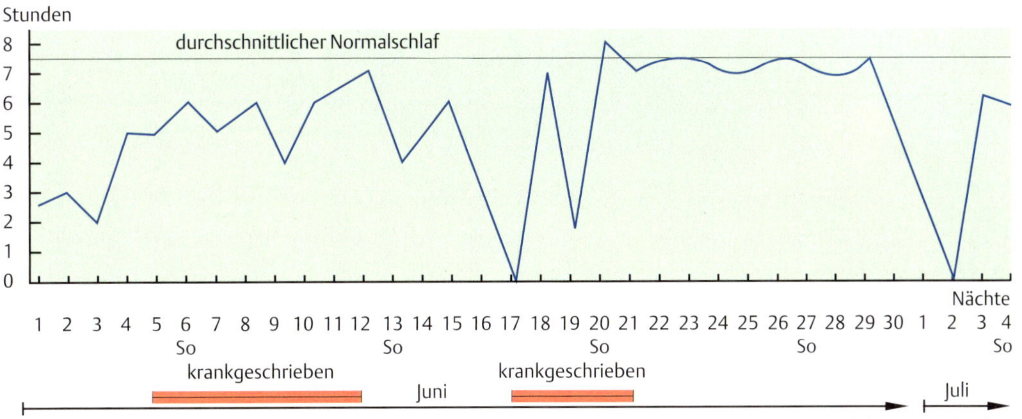

Abb. R.6 Schlafstörungen. Aufzeichnungen eines 45-jährigen Lehrers über den Verlauf seiner insbesondere durch Schlafstörungen charakterisierten Depression.

menten (z. B. Parkinsonmedikamente, Kortison) oder Drogenkonsum verursacht.

Ebenso ist festzuhalten, ob in der Krankheitsgeschichte neben dem depressiven Zustand auch einmal eine Manie vorgelegen hat. In einem solchen Fall liegt eine → bipolare affektive Störung vor. Hat zuvor schon einmal eine Depression vorgelegen, ist eine → rezidivierende depressive Störung zu diagnostizieren. Tritt eine ausgeprägte schizophrene Symptomatik hinzu, ist an eine → schizoaffektive Störung zu denken. Ist das Bild insgesamt eher diffus, könnte auch eine Persönlichkeitsstörung vorliegen. Auch können demenzielle Störungen depressive Symptome auslösen.

Therapie

Neben einer haltgebenden, entlastenden Gesprächstherapie kann es sinnvoll sein, den Betroffenen vorübergehend aus dem Alltagsleben herauszunehmen. Dadurch soll u. a. vermieden werden, dass sich der Patient „verkriechen" kann. In der Akutsituation, und meist nur für die ersten Wochen, können Medikamente wie Benzodiazepine, (z. B. Diazepam) und dämpfende trizyklische Antidepressiva wie Trimipramin (z. B. Stangyl) gegeben werden. Besteht eine konkrete Suizidalitätsgefährdung („Eigengefährdung"), erfolgt eine Aufnahme auf eine geschlossene Station.

Bei anhaltender Symptomatik wird ein modernes Antidepressivum, z. B. ein selektiver Serotoninwiederaufnahme-Hemmer (SSRI, wie Sertalin, z. B. Zoloft) oder ein Serotonin-Noradrenalin-Wiederaufnahme-Hemmer (SNRI, wie Venlafaxin, z. B. Trevilor), verordnet.

Im Sonderfall der postmenopausalen Depression kann durch Hormongaben endokrinologisch therapiert werden.

Prognose

Die Prognose ist ungewiss. Die Entwicklung zu einer → rezidivierenden depressiven Störung ist ebenso möglich wie eine Heilung. Durch moderne Antidepressiva sind die Ergebnisse der Therapie i.A. befriedigend.

Infobox

ICD-10:
F32.1, F32.1, F32.2

Internetadressen:
http://www.depression.ch
http://www.kompetenznetz-depression.de

Reaktivierte Infektion

► Zwei Monate nach einer Knochenmarkstransplantation bekommt der 43-jährige Josef Petri Fieber. Er fühlt sich abgeschlagen und ist appetitlos. „Nach einigen Tagen hat sich ein quälender, trockener Husten entwickelt", berichtet Josef Petri. Dem Arzt fällt auf, dass Herr Petri viel schneller atmet als normal.

Definition

Reaktivierte Infektionskrankheiten sind Erkrankungen, bei denen sich bereits im Körper vorhandene Viren oder Bakterien vermehren. Sie infizieren neue Organe und Gewebe und schädigen diese.

Ursachen

Verschiedene Krankheitserreger können nach einer Infektion jahre- oder lebenslang im Körper verbleiben, z. B.:

- Herpesviren (→ Herpes-simplex-Virus, → Varizella-zoster-Virus, Epstein-Barr-Virus, → Zytomegalie-Virus, Humanes Herpesvirus 6 und 8),
- → Hepatitis-B-Virus, Hepatitis-C-Virus,
- Adenoviren und Polyomaviren,
- → Tuberkulose-Bakterien, → Toxoplasmen.

Diese Mikroorganismen und Viren werden durch das Immunsystem in Schach gehalten. Kommt es aufgrund einer Erkrankung oder durch eine Therapie zu einer Immunschwäche, können sie sich erneut ausbreiten.

Reaktivierung mit Immunschwäche. Besonders typisch treten reaktivierte Infektionskrankheiten bei → AIDS und während der Immunsuppression vor bzw. nach einer Organ- oder Knochenmarkstransplantation auf. Auch Patienten mit Krebserkrankungen im Endstadium oder bei Zytostatikagabe können betroffen sein.

Reaktivierung ohne Immunschwäche. Manchmal kommt es zur Reaktivierung und Erkrankung auch ohne erkennbare immunologische Beeinträchtigung. Bei sonst Gesunden und nicht immunsuppressiv behandelten Personen kann z. B. die Tuberkulose ausbrechen. Dies ist vor allem bei sehr alten Menschen möglich. Daher warnt das Robert-Koch-Institut vor einer Zunahme der Tuberkulose-Erkrankungen in Altenpflegeeinrichtungen.

Auch die Reaktivierungen vom Herpes-simplex-Virus (Lippenherpes) und Varizella-zoster-Virus (Gürtelrose) kommen ohne medizinisch bedeutsame Immunschwäche vor.

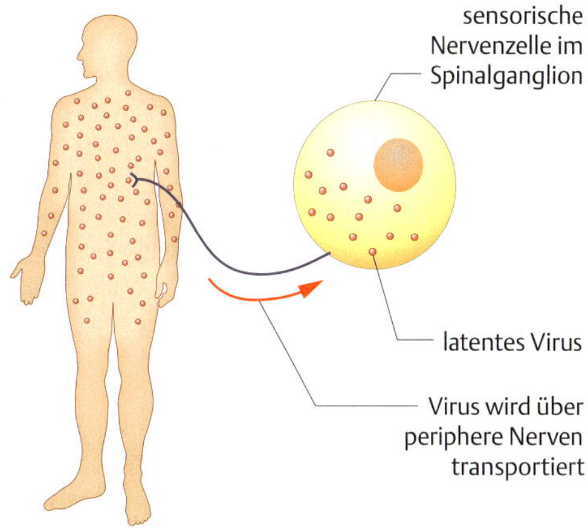

a Varizella (Windpocken)

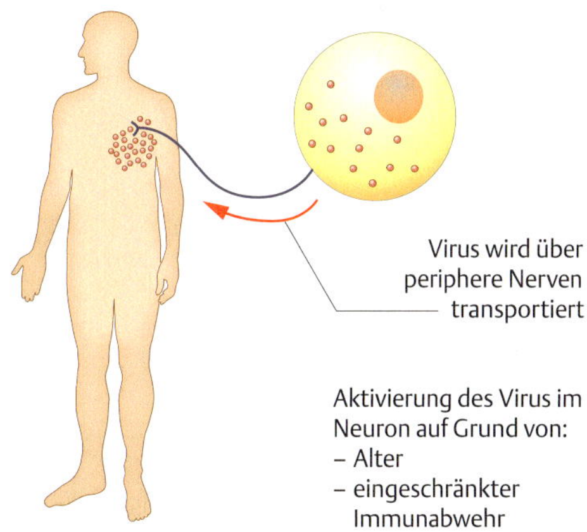

b Zoster (Gürtelrose)

Abb. R.7 Reaktivierte Infektion (Beispiel Herpes zoster). Die Viren überleben in den Spinalganglien sensibler Hautnerven nahe des Rückenmarks und können reaktiviert werden.

Symptome

Reaktivierte Infektionen bei AIDS-Patienten und Transplantatempfängern sind z. B.:

- Augennetzhautentzündung, Dickdarm- und Hirnentzündung (→ Enzephalitis) sowie → Pneumonie durch → Zytomegalievirus,
- B-Zell-Tumoren oder B-Zellleukämie durch Epstein-Barr-Virus,
- neurologische Störungen durch → Toxoplasmose im Gehirn,
- Hirnerkrankung (Enzephalopathie) durch Polyomaviren,
- → Tuberkulose.

Je nach betroffenem Organ sind die Symptome unterschiedlich. B-Zelltumoren und Toxoplasmose sind häufig im Gehirn und führen zu Kopfschmerz, Fieber, Lähmungen und zerebralen Krampfanfällen. Die Dickdarmentzündung verursacht Fieber, Durchfälle, Bauchkrämpfe, die Augennetzhautentzündung führt zu Sehstörungen, die bis zur Erblindung führen. Die Enzephalopathie zeigt sich unter anderem durch Sehstörungen, Lähmungen und Wesensänderungen.

Tuberkulose-Erreger wurden in früheren Lebensjahren von der körpereigenen Abwehr eingekapselt, konnten so aber unter Umständen Jahrzehnte überleben. Die ersten Symptome einer Reaktivierung sind meist Müdigkeit, Abgeschlagenheit und ein starkes Ruhebedürfnis, sodass gelegentlich eine Behandlung auf Depression erfolgt. Gewichtsabnahme bei normalem Essverhalten, Nachtschweiß, Temperaturerhöhung und schließlich zunächst trockener, leichter Husten sind weitere mögliche Symptome. Setzt keine adäquate Behandlung ein, wird das Vollbild mit Kavernenbildung und blutigem Auswurf erreicht.

Toxoplasma gondii, ein bananenförmiger Einzeller (Protozoon), bildet Zysten im Gehirn, die normalerweise verkalken und bei sonst Gesunden i.d.R. unbemerkt bleiben. Wenn sie sich ausbreiten, können weitere Ansiedlungen im Gehirn zum Verlust von Gedächtnis und intellektuellen Fähigkeiten führen. Im Extremfall kommt es zu einer kompletten Wesensveränderung, z. B. hielt sich ein Schreiner für einen genialen Börsenmakler und verspielte mit hochriskanten Wertpapieren in kurzer Zeit das ganze Familienvermögen.

Diagnose

Fieber bei Organtransplantierten kann ein erster Hinweis auf eine reaktivierte Infektion sein. Serologische Untersuchungen zeigen oft eine Erhöhung der Antikörper gegen das Virus. Dies ist jedoch nicht immer der Fall. Zytomegalievirus-Eiweiße lassen sich in weißen Blutkörperchen nachweisen und das Virus kann aus dem erkrankten Gewebe angezüchtet werden.

Durch die Polymerase-Kettenreaktion (PCR) kann das Herpes-simplex-Virus nachgewiesen werden. Die Reaktivierung des Polyomavirus im Gehirn zeigt Veränderungen in der Kernspintomografie des Schädels.

Bei Verdacht auf Reaktivierung einer Tuberkulose kann ein Röntgenbild des Thorax Aufschluss geben. Wenn möglich, wird bei einer Bronchoskopie aus verdächtigen Bereichen eine Spülprobe (Broncho-alveoläre Lavage, BAL) gewonnen. Mittels Erbgutnachweis durch PCR kann innerhalb von 24 Std. die Diagnose bestätigt werden. Eine Kultur wird nach etwa zwei Wochen positiv. Bei entsprechender Vorgeschichte ist auch eine tuberkulostatische Behandlung ohne Erregernachweis indiziert, in diesem Falle besteht Meldepflicht nach § 6 IfSG.

Eine reaktivierte Toxoplasmose wird durch Ansteigen der Antikörper, vor allem des IgM (Immunglobulin M), diagnostiziert. Ein innerhalb von wenigen Tagen festgestellter Anstieg stellt die Behandlungsindikation dar. Bildgebende Verfahren ergänzen die Diagnose.

Differenzialdiagnose

Fieber bei transplantierten oder HIV-infizierten Personen kann durch eine Reihe anderer Infektionskeime und Viren hervorgerufen werden.

Bei AIDS sind es die sog. opportunistischen Infektionen mit Krankheitserregern, die bei Immungesunden praktisch nie zur Erkrankung führen. So muss bei einer Pneumonie neben der Zytomegalie-Reaktivierung u. a. an eine Infektion mit Pneumocystis jiroveci gedacht werden. Durchfallerkrankungen bei AIDS-Patienten können ebenfalls durch eine Reihe anderer Krankheitserreger verursacht sein.

Die Differenzialdiagnose der Tuberkulose besteht aus anderen Infektionskrankheiten, die unspezifisch beginnen.

Therapie

Zur Behandlung der reaktivierten Infektionen mit Herpes-simplex- und Zytomegalievirus, Toxoplasmose und Tuberkulose stehen verschiedene Medikamente zur Verfügung. Hirnabszesse und Tumoren im Gehirn müssen u. U. operativ entfernt werden.

Bei der HIV-Infektion führt die Behandlung der Grundinfektion durch Medikamente gegen HIV dazu, dass sich das Immunsystem wieder stabilisiert. So hilft das Immunsystem dabei mit, die anderen Krankheitserreger in die Schranken zu weisen.

Prognose

Reaktivierungen der genannten Krankheitserreger verursachen nicht selten einen tödlichen Krankheitsverlauf, wenn sie nicht durch Medikamente behandelt werden. Besonders hilfreich ist die Verbesserung der allgemeinen Immunitätslage. Dies ist jedoch, z. B. im späten Stadium von AIDS, nicht immer möglich.

Komplikationen

Die Reaktivierung einer Zytomegalievirus-Infektion bei Transplantierten kann zu einer tödlichen Organerkrankung führen. Besonders betroffen ist das transplantierte Organ, das dabei zerstört wird.

Polyomavirus-Reaktivierungen kommen bei AIDS vor und führen zum Tod, wenn die Immunschwäche nicht abgewendet wird.

Auch Tuberkulose kann zu einem schnellen (Mykobakteriensepsis) oder langsameren (Miliartuberkulose, Kavernenbildung mit zunehmendem Verlust der Lungenfunktion), fatalen Ende führen.

Infobox

ICD-10: B00

Internetadresse:
http://www.rki.de

Literatur:

Jassoy, Ch., Schwarzkopf, A.: Hygiene, Mikrobiologie und Ernährungslehre für Pflegeberufe. Thieme, Stuttgart 2005

Refluxkrankheit

► „Pah, heute Morgen ist das Aufstoßen aber besonders schlimm. Ich traue mich gar nicht, etwas zu essen, weil es dann ja noch schlimmer wird." Sabine sitzt mit Bernd, ihrem Mann, am Frühstückstisch und drückt mit einer Hand auf ihr Brustbein. „Es brennt so in der Brust und der saure Geschmack ist natürlich auch nicht so klasse. Es wird Zeit, dass dieser Quakfrosch endlich rauskommt." Sie schaut auf ihren dicken Bauch. „Na ja, aber eigentlich kann ich mich auch nicht beklagen. Es gibt Schwangere, die mehr Probleme haben." Bei der nächsten Untersuchung erzählt sie ihrem Frauenarzt davon. „Ach, da sind sie in guter Gesellschaft – fast jede Schwangere hat in den letzten Monaten vor der Geburt solche Beschwerden!"

Definition

Unter Refluxkrankheit versteht man die wiederkehrende Reizung der Speiseröhre durch aufsteigende Magensäure.

Synonym: Refluxösophagitis.

Ursachen

Refluxbeschwerden zählen zu den häufigsten Beschwerden im Magenbereich. Am Übergang der Speiseröhre zum Magen befindet sich ein Verschlussmechanismus (Sphinkter), der verhindert, dass Magensaft in die Speiseröhre aufsteigt. Ein geringes Aufsteigen in die untere Speiseröhre ist, besonders nach fettreichem Essen, normal. Eine dadurch ausgelöste vermehrte Kontraktion der Speiseröhre und der muskuläre Verschlussmechanismus verhindern einen massiveren Reflux.

Bei der Refluxkrankheit ist dieser Verschlussmechanismus gestört. Es fließt vermehrt Magensaft in die Speiseröhre und schädigt dort die Schleimhaut, die im Gegensatz zur Magenschleimhaut nicht gegen die Salzsäure des Magensafts geschützt ist.

In den meisten Fällen ist die genaue Ursache einer Refluxkrankheit unbekannt. Generell können aber alle Veränderungen oder Krankheiten, die mit einem erhöhten Druck im Bauchraum einhergehen, zum Zurückfließen des Magensafts in die Speiseröhre führen. So haben die meisten Mütter gegen Ende der Schwangerschaft oder stark übergewichtige Menschen mit Sodbrennen zu kämpfen.

Eine sehr häufige krankhafte Ursache der Refluxkrankheit ist die Hiatushernie (→ Zwerchfellhernie). Hier sind, meist aufgrund einer Bindegewebsschwäche, Magenanteile in den Brustkorb verlagert. Infolgedessen schließt auch hier der Mechanismus am Ende der Speiseröhre nicht mehr vollständig.

Doch auch andere Ursachen wie psychisch belastende Situationen, Stress, Alkoholgenuss oder bestimmte Medikamente führen häufig zur vermehrten Magensaftbildung und dadurch gelegentlich zu Refluxbeschwerden. Nikotin entspannt den Verschlussmechanismus und kann dadurch die Symptome verursachen.

Symptome

Die Betroffenen klagen über Sodbrennen, hinter dem Brustbein lokalisierte Schmerzen oder saures Aufstoßen. Letzteres führt oft zu einem salzigen oder seifigen Geschmack im Mund. Die Beschwerden nehmen beim Bücken, flachen Liegen, nach dem Essen (besonders nach reichhaltigen Mahlzeiten) und bei körperlicher Anstrengung zu, denn in diesen Situationen kann der Magensaft aufgrund der Schwerkraft und des erhöhten Drucks im Bauchraum leichter in die Speiseröhre übertreten.

Doch auch nächtlicher Husten, chronische Heiserkeit oder eine Reizung des Rachens können Symptome einer Refluxkrankheit sein. Nicht selten entwickeln die Betroffenen im Laufe der Zeit eine Schluckstörung.

Diagnose

Richtungsweisend sind die geschilderten Beschwerden. Um Schäden an der Speiseröhre auszuschließen ist eine Magenspiegelung erforderlich (**Abb. R.8**).

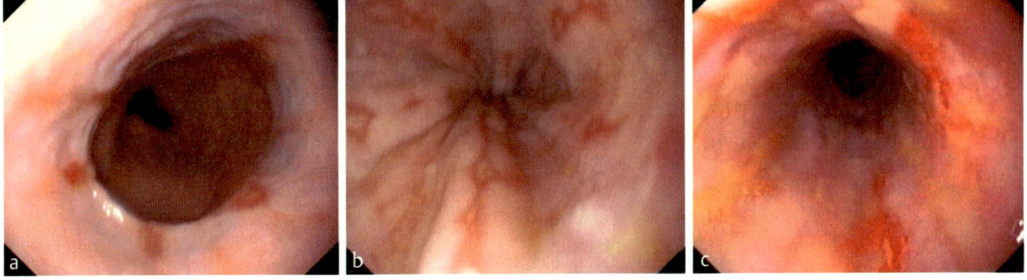

Abb. R.8 Gradeinteilung der Refluxkrankheit. **a** Grad I, **b** Grad II, **c** Grad III.

Differenzialdiagnose

Die wichtigste Differenzialdiagnose ist die → Angina pectoris, denn auch bei Durchblutungsstörungen im Herzen verspürt man ein Brennen und Schmerzen hinter dem Brustbein.

Therapie

Die therapeutischen Maßnahmen lassen sich in verschiedene Gruppen untergliedern:

Allgemeine Maßnahmen

Schon mit Ernährungs- und Lebensumstellung lassen sich teils erhebliche Besserungen der Beschwerden erzielen:

- bei Übergewicht vermindert eine Gewichtsnormalisierung den Druck im Bauchraum und dadurch den Reflux,
- weite Kleidung und abführende Maßnahmen bei Obstipation vermindern den Druck im Bauchraum,
- Zigaretten und Alkohol vermeiden,
- eiweißreiche, fettarme Kost zu sich nehmen, da Eiweiß den Verschlussmechanismus fördert, Fett ihn hemmt,
- mehrere kleine Mahlzeiten über den Tage verteilt verringern die Magensaftproduktion,
- säurehaltige Getränke (Wein, Obstsaft), Kaffee, Alkohol (Schnaps o. ä.) und stark kohlensäurehaltige Getränke vermeiden, denn sie erhöhen die Magensaftbildung,
- keine Mahlzeiten am späten Abend zu sich nehmen,
- nach dem Essen eher bewegen als einen Mittagsschlaf halten,
- Oberkörper beim Schlafen leicht erhöhen, um die Schwerkraft als Refluxbremse zu nutzen,
- bei starkem Sodbrennen verschafft ein Glas verdünnter, warmer Milch oder ein Stück Weißbrot Erleichterung, weil dadurch die Magensäure neutralisiert wird.

Medikamentöse Therapie

Zur Verfügung stehen verschiedene Medikamentengruppen, die über unterschiedliche Mechanismen die Beschwerden lindern. Mittel der Wahl bei einer Refluxkrankheit sind die Protonenpumpenhemmer (z. B. Pantozol). Diese Medikamente hemmen die Bildung der Magensäure vollständig und führen so am schnellsten und längsten zur Linderung. Eine ähnliche, aber schwächere Wirkung haben die so genannten H2-Blocker (z. B. Ranitidin).

Meist in Tropfenform werden Medikamente verabreicht, welche den Speisetransport in der Speiseröhre beschleunigen und den Verschlussmechanismus am Übergang zum Magen verbessern (z. B. MCP-Tropfen). Durch eine Neutralisierung des Magensaftes führen auch die Antazida zur Beschwerdebesserung (z. B. Maaloxan).

Operative Therapiemethoden

Bei therapieresistenten Beschwerden kann man endoskopisch eine Fundoplikation durchführen. Um den Mageneingang zu verengen und somit den Reflux zu verhindern, wird dabei der obere Teil des Magens um den Mageneingang geschlungen und vernäht (**Abb. R.9**).

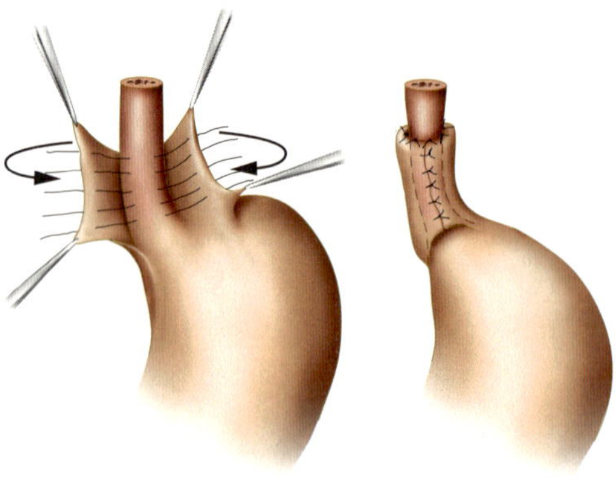

a b

Abb. R.9 Fundoplikation. a Der Magenfundus wird um die Kardia herumgeschlagen und mit einer Naht fixiert. **b** Es entsteht ein ventilartiger Verschluss des Mageneingangs.

Prognose

Eine Refluxkrankheit heilt i.d.R. unter entsprechender Therapie folgenlos ab.

Komplikationen

Es kann allerdings auch zu teils schwerwiegenden Komplikationen kommen. Die im Magensaft enthaltene Salzsäure führt langfristig zur chronischen Entzündung der Schleimhaut in der Speiseröhre (Refluxösophagitis). Ausgeprägte Entzündungen können narbig abheilen und die Speiseröhre verengen. Die Folge sind Schluckbeschwerden.

Hat die Entzündung die Schleimhaut zerstört, bilden sich Schleimhautdefekte, die stark bluten können. Bei langjähriger ausgeprägter Speiseröhrenentzündung kommt es zur Umwandlung der Schleimhaut in der unteren Speiseröhre (Barrettösophagus), der als Vorstufe des Speiseröhrenkrebses (→ Ösophaguskarzinom) gilt!

Infobox

ICD-10:
K21.9

Internetadresse:
http://www.1-refluxkrankheit.de

Literatur:

Andreae, S. u. a.: Krankheitslehre für Altenpflegeberufe. Thieme, Stuttgart 2001

Paetz, B., Benzinger-König, B.: Chirurgie für Pflegeberufe, 20. Aufl. Thieme, Stuttgart 2004

TIM, Thiemes Innere Medizin. Thieme, Stuttgart 1999

Reisekrankheit

► „Es war schon immer mein Traum mit Delfinen zu schwimmen. Die Reisetabletten wirken hoffentlich", flüstert Anna ihrer Freundin Greta beschwörend zu. Die beiden sitzen mit 16 anderen auf dem Boot, das gerade den Hafen verlässt. „Hoffentlich kommen die Delfine auch, wenn wir im Wasser sind", antwortet Greta und blickt auf die hohen Wellen. Sie dreht sich zu ihrer Freundin um, doch die verlässt gerade fluchtartig den Platz und gesellt sich zu anderen, die alle den Kopf über die Reling halten.

Definition

Unter Reisekrankheit versteht man Übelkeit, Erbrechen oder ähnliche Beschwerden, ausgelöst durch verstärkte Reizung des Vestibularapparats.

Synonym: Kinetose.

Ursachen

Die Fähigkeit, aufrecht zu gehen und zu stehen sowie bei komplizierten Bewegungen wie dem Tanzen oder im Sport das Gleichgewicht halten zu können beruht auf einem ausgeklügelten Zusammenspiel zwischen Auge, Vestibularapparat (Gleichgewichtsorgan im Ohr) und Gehirn (**Abb. R.10**).

Auge und Vestibularapparat unterrichten das Gehirn über jede Änderung unserer Körperhaltung. Damit wir nicht umfallen und das Gleichgewicht halten, steuert das Gehirn die Muskeltätigkeit. Bei einer verstärkten Reizung unseres Gleichgewichtsorgans wird allerdings das Brechzentrum im Gehirn aktiviert. Dies verursacht Übelkeit und Erbrechen. Die Reisekrankheit ist sehr häufig, besonders betroffen sind Kinder und Jugendliche.

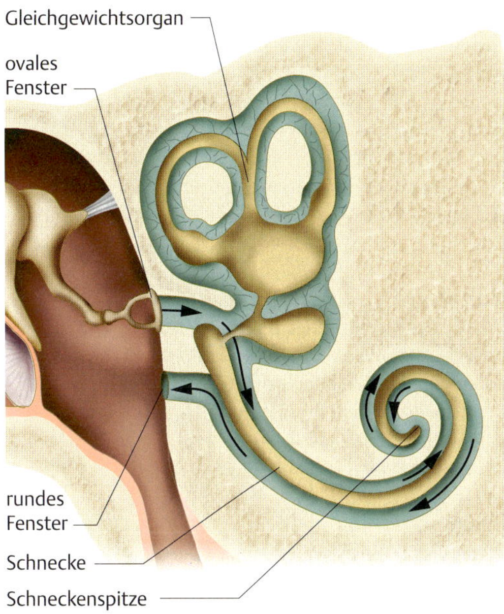

Abb. R.10 Innenohr. Hinter der Paukenhöhle beginnt ein Labyrinth aus flüssigkeitgefüllten Gängen. Ein Teil, die Schnecke, gehört zum Hörsystem, der andere Teil macht das Gleichgewichtsorgan aus.

Symptome

Die bekannteste Reisekrankheit ist die Seekrankheit. Ursache ist eine übermäßige Reizung des Vestibularapparats durch das Schlingern, Stampfen und Schaukeln des Schiffes. Typischerweise beklagen die Betroffenen Übelkeit, Schwindel, Erbrechen, Schweißausbrüche, Herzklopfen bis hin zu Kollapszuständen.

Doch nicht nur Schiffsreisen, auch die Beschleunigung im Auto, das Schaukeln eines Busses oder eines Flugzeugs kann bei Menschen mit einem empfindlichen Gleichgewichtsorgan diese Beschwerden auslösen.

Diagnose

Sie wird anhand der geschilderten Beschwerden gestellt.

Therapie

Wenn man weiß, dass man bei bestimmten Unternehmungen zu Übelkeit neigt, sollte man bestimmte Vorsichtsmaßnahmen ergreifen. Es ist sinnvoll, vor Antritt einer Reise nur wenig und leichte Kost (z. B. trockene Kekse oder Zwieback) zu sich zu nehmen.

Die richtige Sitzplatzwahl ist wichtig. Im Auto oder Bus sind Vorderplätze, in Flugzeug oder Schiff eher Mittelplätze ratsam. Bei Schiffsreisen ist es manchmal besser, an Deck zu bleiben. Das Fixieren eines Punktes in der Ferne hilft gelegentlich, der Blick in ein Buch dagegen verstärkt meist die Übelkeit. Helfen diese Maßnahmen nicht, wirken Antihistaminika (z. B. Dimenhydrinat) lindernd.

Prognose

Die Symptome bessern sich i.d.R. innerhalb von 2–3 Tagen von selbst. Ganz sicher aber verschwinden die Beschwerden, wenn die Betroffenen wieder festen Boden unter den Füßen haben.

Infobox

ICD-10: T75.3

Internetadresse:
http://reisemedizin.wetteronline.de

Literatur:
Wenzel, P.: Hausapotheke. Gräfe und Unzer, München 2000
TIM, Thiemes Innere Medizin. Thieme, Stuttgart 1999

Reizblase

► „Tja Harald. Das war doch schon immer so. Die Männer warten, während die Frauen jede Stunde zur Toilette gehen. Also was regst du dich auf?". Harald nickt. „Ich müsste mich in den ganzen Ehejahren daran gewöhnt haben, aber manchmal geht es mir einfach auf den Keks. Auf Urlaubsreisen – stell dir mal vor. Wir sind gerade irgendwo angekommen, schon kräht Gela nach einer Toilette. Wir haben Stunden damit zugebracht, von einer Toilette zur anderen zu laufen."

Definition

Als Reizblase bezeichnet man unklare Reizzustände der Blase. Die Reizblase gilt als funktionelles Syndrom, da typischerweise – analog der Prostatopathie – ein korrelierender organpathologischer Befund fehlt. Das Syndrom der Reizblase wird fast ausschließlich beim weiblichen Geschlecht diagnostiziert.

Ursachen

Unter psychologischen und neurophysiologischen Aspekten lässt sich die Reizblase gut über Störungen im vegetativen Nervensystem erklären. Pathophysiologisch wird von einer Dyssynergie (Störung der Koordination) der Blasen- und Beckenbodenmuskulatur ausgegangen. Eine distale Urethraenge kann die Ursache des klinischen Bildes der Reizblase sein.

Symptome

Eine Reizblase äußert sich durch typische zystitische Beschwerden, ohne dass ein pathologischer Harnbefund oder entzündliche Schleimhautveränderungen vorliegen. Im Symptombild stehen ständiger Harndrang und Pollakisurie (Entleerung kleiner Harnmengen) im Vordergrund. Patientinnen mit typischen Reizblasensymptomen sind i.d.R. kontinent. Bei der Reizblasensymptomatik fehlt die Strangurie (Brennen beim Wasserlassen), obwohl einige Patientinnen gelegentlich einen schmerzhaften Dauerreiz verspüren.

Diagnose

Da der Symptomkomplex sowohl von Veränderungen der Blasenschleimhaut und der Harnröhre als auch von gynäkologischen Erkrankungen ausgelöst werden kann, ist eine eingehende urologische und gynäkologische Untersuchung erforderlich. Objektivierbare organpathologische Befunde im Harnblasenbereich lassen sich bei der Reizblase aber nicht erheben.

Die distale Urethraenge wird mit der Uroflowmetrie gesichert. Im Miktionszystourethrogramm zeigen sich deutlich Kaliberunterschiede zwischen dem mittleren und dem distalen Anteil der Harnröhre. Die Kalibrierung mit Bougie à boule deckt das enge Segment auf (**Abb. R.11**).

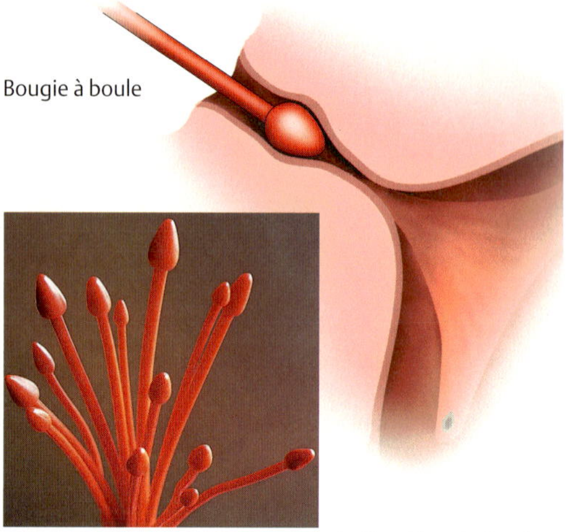

Abb. R.11 Bougie à boule. Die Weite der Harnröhre der Frau kann mit speziell geformten Bougies (frz. = Kerze) geprüft werden.

Differenzialdiagnose

Die Reizblase muss von einer rezidivierenden „echten" → Blasenentzündung abgegrenzt werden. Bei dieser gehen neuere psychosomatische Modelle von einer psychoimmunologischen Sichtweise aus. Sie interessieren sich besonders für die pathophysiologisch intermediären Prozesse, die zu einer lokalen Immunschwäche führen.

Therapie

Sind alle organischen Ursachen ausgeschaltet, ist bei Patientinnen eine psychosomatische Behandlung angezeigt. Unterstützend können Spasmolytika, α-Sympathikolytika und bei älteren Patientinnen auch eine lokale Östrogenapplikation verordnet werden.

Prophylaxe

Grundsätzlich sollten die Patientinnen auf ausreichende Flüssigkeitszufuhr, Körperreinigungs- und -pflegeprodukte ohne Parfümzusätze achten. Die Reinigung nach dem Stuhlgang sollte immer von vorne nach hinten durchgeführt werden. Außerdem ist eine warme Bekleidung wichtig.

Infobox

ICD-10: N32.8

Internetadresse: http://www.evidence.de

Literatur: Hofstetter, A. (Hrsg.): Urogenitale Infektionen. Springer, Heidelberg 1999

Reizdarmsyndrom

► Heike Messner stellt sich bei einem Gastroenterologen vor. „Meine Hausärztin hat mich überwiesen", erzählt die 44-Jährige. „Ich habe seit fünf Monaten Bauchschmerzen. Seitdem leide ich auch ständig unter Verstopfung. Der Stuhl ist immer ganz hart und fest." Die Schmerzen seien vor allem im Unterbauch und besserten sich gewöhnlich nach dem Stuhlgang.

Definition

Das Reizdarmsyndrom beschreibt gastrointestinale Beschwerden mit Störung der Stuhlausscheidung. Diese sind nicht auf organische Ursachen zurückzuführen.

Synonyme: Colon irritabile, Reizkolon, spastisches oder irritables Kolon.

Ursachen

Das Reizdarmsyndrom ist sehr häufig. Etwa 20% der Menschen in den Industrieländern leiden unter einem Colon irritabile. Frauen sind zweimal häufiger betroffen als Männer. Die Ursache der Erkrankung ist unbekannt. Die Patienten leiden häufiger unter psychischen Störungen. Die Funktion ihres Darmes reagiert auf Stress stärker als bei gesunden Menschen. Die Motilität (Beweglichkeit) des Darmes ist gesteigert.

Symptome

Die Patienten leiden unter krampfartigen Bauchschmerzen, einem Druck- oder Völlegefühl und einem geblähten Abdomen. Die Schmerzen verschwinden meist nach dem Stuhlgang. Der Stuhl kann hart wie Schafskot oder weich bis wässrig sein. Mitunter haben die Patienten das Gefühl, ihren Darm beim Stuhlgang nicht richtig entleeren zu können. Häufig bessern sich die Beschwerden im Urlaub oder bei anstrengenden Tätigkeiten, wenn die Patienten abgelenkt sind. Sie konzentrieren sich dann nicht mehr so sehr auf ihre Symptome.

Diagnose

Die Diagnose ist eine Ausschlussdiagnose. Die ausführliche Anamnese weist auf ein Reizdarmsyndrom hin. Mit der körperlichen Untersuchung sowie entsprechenden Labor- oder technischen Untersuchungen werden organische Erkrankungen ausgeschlossen. Hierzu gehören die Blutabnahme mit Bestimmung von BSG, kleinem Blutbild, Leber- und Nierenwerten. Der Stuhl wird auf Erreger untersucht. Weiterhin erfolgt die rektale Untersuchung, Sonografie, Rektoskopie und Koloskopie.

Differenzialdiagnose

Viele andere Erkrankungen können ähnliche Symptome verursachen, z. B.:

- → Divertikulitis,
- Ureterkolik,
- → Leistenhernie,
- → Adnexitis,
- → Endometriose,
- Kolonadenom, → Kolonkarzinom,
- chronisch entzündliche Darmerkrankungen, z. B. → Morbus Crohn,
- Angina abdominalis,
- → Zöliakie,
- unerwünschte Wirkungen von Medikamenten,
- Laktoseintoleranz,
- bakterielle Fehlbesiedelung,
- Infektionen (Lamblien),
- psychiatrische Erkrankungen.

Therapie

Eine effektive Therapie ist nicht bekannt. Die Patienten sollten ausführlich über ihre Erkrankung aufgeklärt werden („kleine Psychotherapie"). Unterstützend wirken Entspannungstechniken, z. B. autogenes Training.

Einigen Patienten hilft eine Umstellung der Ernährung: Blähende, fette, sehr heiße oder kalte Speisen sollen gemieden werden. Eine faserreiche Kost, ergänzt durch Weizenkleie oder Muzilaginosa (Schleimdrogen) und viel Flüssigkeit beschleunigen die Darmpassage. Eine Wärmflasche oder Fencheltee mit Kümmelextrakt lindern die Beschwerden.

Mebeverinhydrochlorid (z. B. Duspatal) und Pfefferminzöl (z. B. Mentacur) entspannen die glatte Muskulatur des Darmes und wirken krampflösend. Psychopharmaka mit beruhigendem Effekt werden nur selten eingesetzt. Bei sehr hartem Stuhl können rektale Entleerungshilfen (z. B. Mikroklyst) eingesetzt werden. Bei 30–50% der Patienten bessern sich die Symptome mit Plazebotabletten.

Prognose

Die meisten Patienten haben lebenslang Beschwerden. Aus einem Reizdarmsyndrom entwickelt sich i.d.R. keine organische Darmerkrankung. Ändern sich die Symptome, sollte der Patient ausführlich untersucht werden, um eine organische Erkrankung nicht zu übersehen.

Infobox

ICD-10: K58, K58.0, K58.9, F45.3

Internetadressen:
http://www.reizdarm.ch
http://www.igibs.ch
http://www.reizdarm-selbsthilfe.at
http://www.dgvs.de

Literatur:

Baenkler, H.-W., u. a.: Duale Reihe Innere Medizin. Thieme, Stuttgart 2001
Greten, H. (Hrsg.): Innere Medizin, 12. Aufl. Thieme, Stuttgart 2005

Rektumkarzinom

► **Der 57-jährige Gerd Ruhler stellt sich bei seinem Hausarzt vor und klagt: „Ich habe in der letzten Zeit so häufig Verstopfung. Manchmal tut es richtig weh im Bauch und ich kann trotzdem nicht auf die Toilette. Der Stuhl war in den letzten Wochen häufig ganz dünn geformt, ohne dass es Durchfall war. Das hatte ich früher nie."**

Definition

Ein Rektumkarzinom ist ein bösartiger → Tumor, der von der Schleimhaut des Enddarmes ausgeht. Definitionsgemäß ist ein Rektumkarzinom weniger als 16 cm von der Anokutanlinie (Übergang von Analschleimhaut zur Haut) entfernt.

Etwa 90 % der Kolon- und Rektumkarzinome (→ Kolonkarzinom) sind Adenokarzinome, gehen also von den normalen Drüsenzellen der Darmschleimhaut aus.

Synonym: Mastdarmkrebs.

Einteilung

Das Rektumkarzinom wird anhand der TNM-Klassifikation (**Tab. R.1**) eingeteilt (→ Tumoren). Die Einteilung hängt davon ab:

- wie groß der Tumor ist bzw. in welche Gewebsschichten er eingedrungen ist,
- wie stark die Lymphknoten befallen sind,
- ob Fernmetastasen vorliegen.

Tab. R.1 ***TNM-Klassifikation des Rektumkarzinoms***

Bezeichnung	Befund
Tis	Sog. präinvasives Karzinom: intraepithelial oder mit Infiltration der Lamina propria mucosae (z. B. Adenom mit schwerer Atypie)
T1	Tumor erstreckt sich in die Submukosa
T2	Tumor erstreckt sich in die Muscularis propria
T3	Tumor erstreckt sich durch die Muscularis propria hindurch in die Submukosa oder in nicht peritonealisiertes perikolisches oder perirektales Gewebe
T4	Tumor durchschreitet das viszerale Peritoneum und erstreckt sich direkt in andere Organe oder Gewebe
N0	Keine Lymphknotenmetastase (Aussage nur erlaubt, wenn zumindest 12 Lymphknoten untersucht sind)
N1	Befall von 1 – 3 parakolischen/perirektalen Lymphknoten
N2	Befall von 4 oder mehr parakolischen/perirektalen Lymphknoten
NX	Die Minimalerfordernisse zur Beurteilung liegen nicht vor (z. B. keine Lymphknoten am Präparat vorhanden)
M0	Keine Fernmetastasen
M1	Fernmetastasen vorhanden
MX	Fernmetastasen können nicht beurteilt werden

Metastasierung

Das Rektumkarzinom kann Metastasen (Tochtergeschwülste) in verschiedenen Organen bilden. Welches Organ betroffen ist, richtet sich danach, wo der Tumor lokalisiert ist: Tumoren im oberen Rektum metastasieren über die Pfortader in die Leber und in die Lunge und von dort in andere Organe wie das Skelett. Tumoren im unteren Drittel können zusätzlich über die Vena cava direkt in die Lunge absiedeln. Auf direktem Wege kann das Karzinom in Nachbarorgane wie Blase oder weibliche Geschlechtsorgane einwachsen oder die Bauchhöhle infiltrieren.

Ursachen

Warum ein Rektumkarzinom entsteht, ist nicht eindeutig geklärt. Es entwickelt sich durch genetische Mutationen in mehreren Schritten. Aus normalem Epithel entsteht zunächst ein Adenom mit mehr oder weniger veränderten Zellen. Daraus kann später ein Karzinom entstehen. Die Tumoren können daher unterschiedlich differenziert, d. h. entwickelt sein.

Selten entsteht ein Rektumkarzinom aus hormonproduzierenden Zellen; dann nennt man es Karzinoid. Ebenfalls selten entwickelt es sich aus dem Lymph- oder Muskelgewebe. Diese Tumoren nennt man Lymphome bzw. Sarkome.

Risikofaktoren

Verschiedene Faktoren erhöhen das Risiko, dass die Zellen der Darmschleimhaut bösartig entarten. Menschen, deren Verwandte an einem Kolon- oder Rektumkarzinom erkrankt sind, die Darmpolypen (→ Polyposis intestinalis) haben, unter einer chronisch entzündlichen (→ Morbus Crohn, → Colitis ulcerosa) oder einer vererbbaren Darmerkrankung leiden, haben ein erhöhtes Risiko, ein Rektumkarzinom zu bekommen.

Eine weitere Rolle kann die Ernährung spielen: Eine fettreiche, ballaststoffarme Nahrung mit viel Fleisch trägt möglicherweise zur Entstehung eines Rektumkarzinoms bei. Darüber hinaus haben Menschen mit anderen Krebserkrankungen wie → Mammakarzinom oder → Ovarialkarzinom ein erhöhtes Risiko.

Auch ein Lebensalter über 40 Jahre sowie ein langjähriger Nikotinabusus oder Alkoholkonsum erhöhen das Risiko, am Rektumkarzinom zu erkranken.

Symptome

Die Symptome eines Rektumkarzinoms sind häufig uncharakteristisch. Der Tumor kann Verstopfung verursachen, abwechselnd auch phasenweise Durchfall. Die Patienten leiden häufig unter schmerzhaftem Stuhldrang. Viele Patienten bemerken Blutauflagerungen auf dem Stuhl. Engt der Tumor das Darmlumen (Öffnungsweite des Darms) stark ein, können die Stühle dünn wie ein Bleistift aussehen. Mitunter setzen die Patienten Stuhl ab, obwohl sie eigentlich nur Wind ablassen wollten. Dieses Phänomen wird „falscher Freund" genannt.

Die Tumorerkrankung kann sich durch Allgemeinsymptome wie Leistungsminderung, Müdigkeit, Gewichtsverlust oder Fieber äußern. Blutungen aus dem Tumor können eine → Anämie verursachen. Ein Spätsymptom des Rektumkarzinoms ist ein → Ileus mit akuten Bauchschmerzen.

Diagnose

Der Patient wird nach Risikofaktoren und Darmkrebs in der Familie befragt. Jede plötzliche Änderung der Stuhlgewohnheiten und Blutauflagerungen auf dem Stuhl sind verdächtig auf ein Rektumkarzinom. In der körperlichen Untersuchung können große Tumoren als Resistenz (Verhärtung) im linken Unterbauch getastet werden. Niedrig sitzende Rektumkarzinome lassen sich oft mit dem Finger tasten.

Mit dem Rektoskop wird der Tumor diagnostiziert, eine Probe entnommen und histologisch untersucht. Um einen Zweittumor auszuschließen, sollte der gesamte Dickdarm mit Hilfe einer Koloskopie begutachtet werden. Engt das Rektumkarzinom das Darmlumen so stark ein, dass das Koloskop nicht hindurch kann, wird eine Röntgenuntersuchung mit einem Kontrasteinlauf durchgeführt. Nur in seltenen Fällen ist eine Computer- oder Magnetresonanztomografie erforderlich.

Um die Ausbreitung des Rektumkarzinoms zu ermitteln, ist eine Sonografie des Abdomens und eine Röntgenuntersuchung der Lunge erforderlich. Im Blut wird das karzinoembryonale Antigen (CEA) als Verlaufsparameter bestimmt. Bei Verdacht auf Metastasen oder Befall von Nachbarorganen werden entsprechende Untersuchungen wie Zystoskopie oder gynäkologische Untersuchungen durchgeführt.

Differenzialdiagnose

Das Rektumkarzinom muss gegen gutartige Tumoren des Darms, z. B. Polypen oder Adenome sowie gegen Divertikeltumoren (→ Divertikulitis), → Colitis ulcerosa und → Morbus Crohn abgegrenzt werden.

Therapie

Der Tumor wird in einer Operation mit einem ausreichenden Sicherheitsabstand entfernt. Bei 85 % der Rektumkarzinome kann die Kontinenz erhalten werden. Die anderen Patienten erhalten einen künstlichen Darmausgang. Die Art der Operation richtet sich danach, wo der Tumor liegt

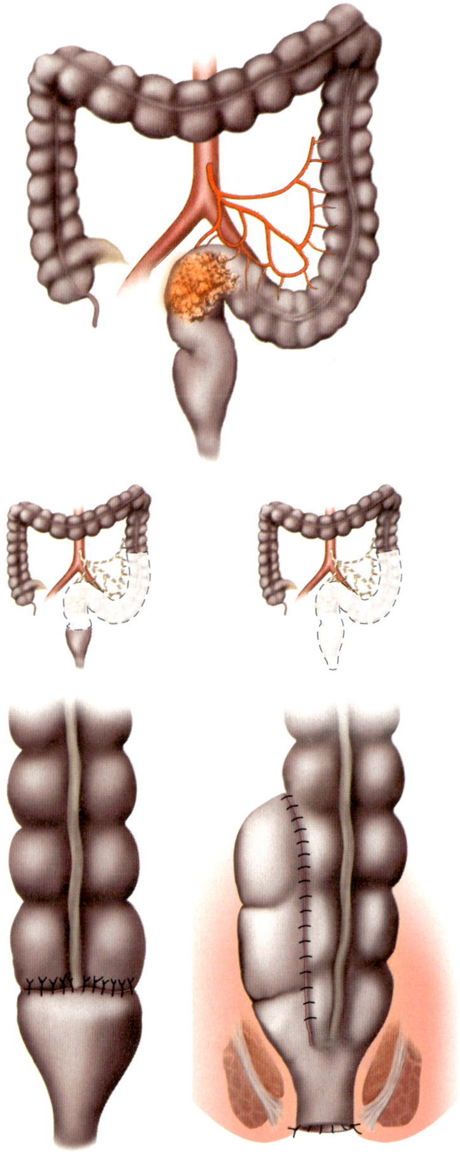

a b c

Abb. R.12 Anteriore Rektumresektion. **a** Rektumkarzinom im oberen Drittel mit der Möglichkeit, die Kontinenz zu erhalten. **b** Direkte koloanale Anastomose mit einem durchgezogenen Kolonanteil. **c** Rektumersatz mit Reservoirbildung durch einen Kolonpouch und direkter pouchanaler Anastomose.

und wie groß er ist. Darüber hinaus stehen Strahlen- und Chemotherapie zur Verfügung.

Operationsverfahren. Karzinome mit genügend Abstand zur Anokutanlinie werden mit einer anterioren Rektumresektion entfernt, die die Kontinenz des Patienten erhält. Zusätzlich wird das Gewebe, an dem das Rektum im Bauchraum befestigt ist, vollständig oder teilweise mit entfernt (**Abb. R.12**). Dieser Eingriff wird partielle bzw. totale mesorektale Exzision, oder kurz TME genannt. Kleine Tumoren können mit einer transanalen Lokalexzision durch den Anus hindurch entfernt werden.

Liegt der Tumor sehr nahe am Übergang zwischen Darmschleimhaut und Anus, wird eine abdominoperineale Rektumexstirpation durchgeführt. Der Stuhl wird dabei über das Kolon durch die Bauchhaut in einen Anus praeter abgeführt (**Abb. R.13**).

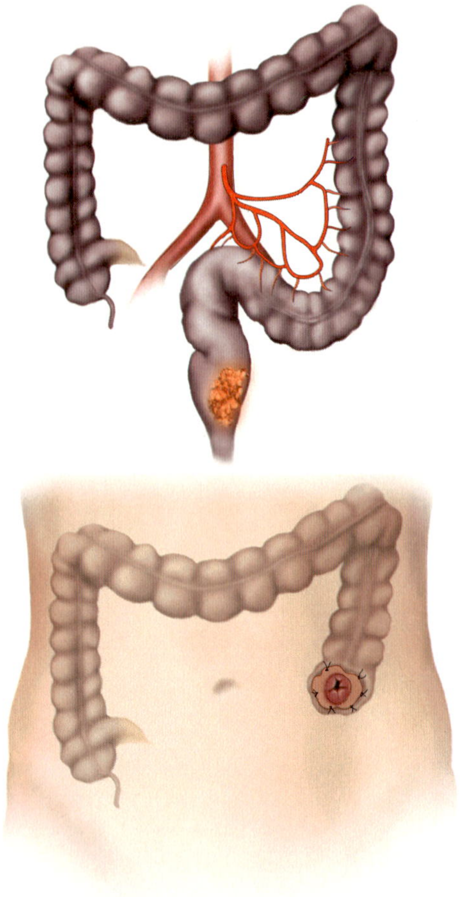

Abb. R.13 Abdominoperineale Rektumexstirpation.

Einzelne Metastasen in der Lunge oder der Leber können mit einer Operation entfernt werden. Bei Befall des Peritoneums kann dieses entfernt und intraoperativ Chemotherapeutika appliziert werden.

Strahlen- und Chemotherapie. Patienten mit Lymphknotenmetastasen oder weit fortgeschrittenen Tumoren werden vor der Operation in einer Radiotherapie bestrahlt und erhalten eine Chemotherapie mit 5-Fluoruracil. Das nennt man neoadjuvante Therapie. Patienten mit Tumoren im Stadium II und III erhalten nach der OP eine Radio-Chemotherapie mit 5-FU (adjuvante Therapie). In Studien wird zurzeit überprüft, welchen Nutzen eine intraoperative Bestrahlung des Tumors hat.

Prognose

Die Prognose des Rektumkarzinoms hängt von der Art, der Größe und der Ausbreitung des Tumors ab. Nach fünf Jahren leben noch etwa 40 – 50 % der Patienten.

Die Patienten sollten regelmäßig nachuntersucht werden. Hierzu gehört eine ausführliche Anamnese und körperliche Untersuchung, Bestimmung des CEA, Sonografie des Abdomens, Koloskopie und bei Bedarf eine Computertomografie.

Prophylaxe

Ab dem 50. Lebensjahr sollten sich alle Menschen einmal jährlich einer Darmkrebsvorsorgeuntersuchung unterziehen. Mit dem Hämoccult-Test kann Blut im Stuhl nachgewiesen werden. Der Anus sollte inspiziert und das Rektum mit dem Finger ausgetastet werden.

Mit etwa 55 Jahren sollte eine Koloskopie durchgeführt werden. Ist der Befund unauffällig, sollte die Untersuchung alle 10 Jahre wiederholt werden. Bei Menschen, die eine Koloskopie ablehnen, sollte der Stuhl alle zwei Jahre auf Blut untersucht werden. Patienten mit Risikofaktoren wie familiäre oder entzündliche Darmerkrankungen müssen häufiger untersucht werden.

Infobox

ICD:10
C18.9

Internetadressen:
http://www.leitlinien.net
http://www.kolo-proktologie.de
http://www.krebsinfo.de

Literatur:
Hirner, A. u. Weise, K.: Chirurgie. Schnitt für Schnitt. Thieme, Stuttgart 2003.

Rekurrensparese

► Barbara Strelow (42) hat sich vorgenommen den Speicher aufzuräumen. Sie mistet den alten Schrank aus und füllt Altkleidersäcke. Beim Heruntertragen der Säcke und beim Hochlaufen der Treppen bemerkt sie ein seltsames Atemgeräusch. „Seit meiner Schilddrüsenoperation habe ich bei jeder Anstrengung ein seltsames Geräusch beim Einatmen", berichtet Frau Strelow ihrem Hausarzt. „Nachdem ich aus der Narkose aufgewacht bin, ist mir auch eine Veränderung meiner Stimme aufgefallen."

Definition

Die Rekurrensparese ist eine Lähmung des Nervus laryngeus inferior (= N. recurrens).

Synonym: Stimmbandlähmung.

Ursachen

Die Stimmbänder werden motorisch von den Stimmbandnerven N. laryngeus superior und N. laryngeus inferior versorgt. Sie sind Äste des N. vagus (10. Hirnnerv), der durch das Foramen jugulare die Schädelbasis nach unten verlässt. Der obere Stimmbandnerv enthält sensible und motorische Fasern, er ist somit auch für die Sensibilität der Kehlkopfschleimhaut zuständig, der untere ist rein motorisch. Während der obere von beiden auf direktem Wege von der Schädelbasis zum Kehlkopf verläuft, nimmt der untere N. recurrens einen Umweg über den Brustraum und nähert sich dem Kehlkopf von unten.

Die Rekurrensparese ist die häufigste Form der Stimmbandlähmung. Da der N. laryngeus inferior in unmittelbarer Nähe zur Schilddrüse verläuft, ist er bei Operationen an der Schilddrüse besonders gefährdet.

Eine andere häufige Ursache einer Rekurrensparese ist ein → Bronchialkarzinom, das den N. recurrens in seinem Verlauf durch den Brustraum infiltrieren kann. Weitere mögliche Ursachen sind:

- → Aortenaneurysma,
- → Ösophaguskarzinom,
- Eingriffe an Herz, Lunge, Aorta,
- → Schilddrüsenkarzinom,
- virale Infektionen (durch sog. neurotrope Viren: z. B. → Herpes simplex oder → Influenzaviren).

Wenn die Ursache einer Stimmbandlähmung unklar bleibt, spricht man von einer idiopathischen Parese.

Symptome

Bei einseitiger Rekurrensparese besteht eine leichte Heiserkeit. Zur Luftnot kommt es i.d.R. nur bei körperlicher Belastung. Ein Reizhusten kann durch Aspiration von Speichel entstehen. Bei beidseitiger Lähmung des N. recurrens kommt es zu Atemnot mit einem inspiratorischen Stridor (deutlich vernehmbares Einatemgeräusch). Die Stimme ist jedoch gut.

Bei einer Lähmung der oberen Stimmbandnerven kommt es aufgrund des Sensibilitätsverlustes der Schleimhaut häufiger zum Überschlucken mit Aspiration (Übertreten vor allem flüssiger Speisen in die Luftröhre). Die Stimme ist geringer beeinträchtigt. Betroffen sind hier v. a. die hohen Töne und die Singstimme.

Diagnose

Nach der allgemeinen Befragung des Patienten wird der Kehlkopf indirekt mit dem Lupenlaryngoskop (Kehlkopfspiegel) untersucht. Ist dies nicht möglich, z. B. weil der Patient stark würgt, kann der HNO-Arzt mit einem dünnen flexiblen Endoskop über Nase und Rachenraum den Kehlkopf einsehen. Hierbei lässt sich die Stimmbandfunktion beurteilen.

Bei einer frisch aufgetretenen Rekurrensparese steht das betroffene Stimmband in der Mitte der Kehlkopföffnung still und bewegt sich beim Atmen nicht zur Seite (**Abb. R.14**). Bei Phonation (Stimmgebung) kann ein kleiner Restspalt sichtbar sein.

Wenn die Stimmbandlähmung bereits längere Zeit bestanden hat, kann sich der Befund bereits verändert darstellen. Das gesunde Stimmband kann bei Phonation über die Mittellinie zum kranken Stimmband hinüber bewegt werden und es kommt dadurch wieder zum kompletten Verschluss der Stimmritze (Glottis). Hierdurch wird die Stimmgebung verbessert, man spricht in diesem Falle von einer Kompensation.

Bei einer beidseitigen Rekurrensparese stehen beide Stimmbänder in der Mittellinie still und geben beim At-

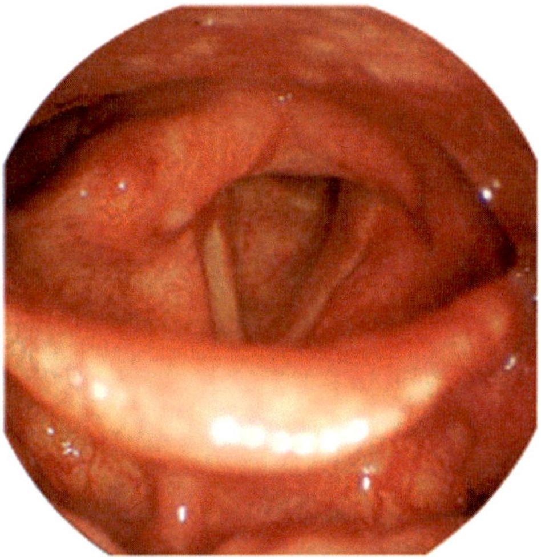

Abb. R.14 Lupenlaryngoskopie. Rechtsseitige Rekurrensparese während der Respiration: während die linke Stimmlippe lateral steht, verharrt die Rechte in Paramedianstellung.

men die Stimmritze nicht frei. Den beim Einatmen entstehenden Ton bezeichnet man als Stridor. Dadurch kommt es zur Atemnot. Mittels einer Lungenfunktionsprüfung kann das Ausmaß der Atemstörung festgestellt werden.

Ist keine unmittelbare Ursache für die Lähmung feststellbar (z. B. Schilddrüsenoperation) so ist eine ausführliche weitere Diagnostik erforderlich. Diese umfasst Bild gebende Verfahren zur Darstellung der Regionen, durch welche der N. laryngeus inferior verläuft:

- Computertomografie (CT) bzw. Kernspintomografie (MRT) von Schädelbasis, Hals und Mediastinum,
- Röntgenübersichtsaufnahme des Thorax,
- Ultraschall (Sonografie) von Halsweichteilen und Schilddrüse,
- evtl. Schilddrüsenszintigrafie.

Außerdem können konsiliarische Untersuchungen beim Phoniater, Neurologen, Kardiologen oder Lungenfacharzt erforderlich sein. Die serologische Untersuchung des Blutes kann Hinweise auf eine Infektion mit neurotropen Erregern liefern.

Differenzialdiagnose

Folgende Krankheiten müssen abgegrenzt werden:

- Luxation der Stimmbänder in Folge von Intubation (→ Intubationsschaden),
- → Larynxkarzinome,
- → Tumoren im Verlauf des N. laryngeus superior und N. recurrens (Speiseröhre, Lunge, Schilddrüse),
- zentrale Paresen im Rahmen eines → Hirninfarkts oder → Gehirntumors.

Therapie

Nach ausführlicher Diagnostik zur Feststellung und ggf. Behandlung des Grundleidens wird bei einseitiger Parese zunächst abgewartet. Die Stimmbandfunktion kann sich, wenn der Nerv nicht komplett durchtrennt ist, innerhalb von 6 – 12 Monaten wieder normalisieren (Spontanheilung). In dieser Zeit kann im Rahmen einer logopädischen Behandlung (Stimmübungsbehandlung) die Stimmfunktion trainiert werden.

Bei beidseitiger Stimmbandlähmung mit Atemnot kann jedoch gelegentlich ein Luftröhrenschnitt zur Gewährleistung einer ausreichenden Atemfunktion erforderlich sein.

Handelt es sich um eine idiopathische Parese wird eine durchblutungsfördernde Therapie mit Kortison (nach Stennert-Schema) durchgeführt.

Kommt es innerhalb des Zeitrums von 6 – 12 Monaten nicht zu einer spontanen Verbesserung der Symptomatik, so können weitere operative Verfahren zur Verbesserung der Stimm- und Atemfunktion in Erwägung gezogen werden. Bei einer einseitigen Lähmung wird das Ziel eines solchen Eingriffes eine Verbesserung der Stimmfunktion sein. Diese kann z. B. durch Unterfütterung eines Stimmbandes oder Unterspritzung mit Kollagen erreicht werden.

Bei beidseitiger Lähmung wird die Stimmritze durch Verlagerung oder Resektion des Stimmbandes erweitert, was zur Verbesserung der Atmung bei gleichzeitiger Verschlechterung der Stimme führt.

Prognose

Die Prognose ist von der Ursache der Erkrankung abhängig. Wenn der Nerv in seiner Kontinuität erhalten ist, kommt es relativ häufig zur Spontanheilung innerhalb von 6 – 12 Monaten.

Infobox

ICD-10:
J38.0

Internetadressen:
http://www.hno.org
http://www.leitlinien.net

Retinitis pigmentosa

► Die 40-jährige Karin Schulte berichtet besorgt ihrem Hausarzt: „Gestern Abend war ich im Kino. Ich konnte mich in dem abgedunkelten Saal überhaupt nicht mehr orientieren. Zum Glück war ich nicht alleine." Dem Arzt fällt Karin Schultes große Angst auf. Sie erzählt weiter: „Zwei Familienmitglieder haben eine nicht heilbare Augenerkrankung, die zur Erblindung führt."

Definition

Die Retinitis pigmentosa ist eine erbliche, beidseitige Netzhauterkrankung mit typischen Augenhintergrundveränderungen und Funktionsausfällen.

Synonym: Retinopathia pigmentosa.

Ursachen

Bei etwa der Hälfte der Patienten wird ein verändertes Gen mit autosomal-rezessivem, autosomal-dominantem oder X-chromosomal-rezessivem Erbgang vererbt. Bei den übrigen Betroffenen ist kein Verwandter mit einer Retinitis pigmentosa bekannt (Simplex-Fälle).

Symptome

Die Erkrankung beginnt oft mit Orientierungsschwierigkeiten in der Dunkelheit, die in Nachtblindheit übergehen.

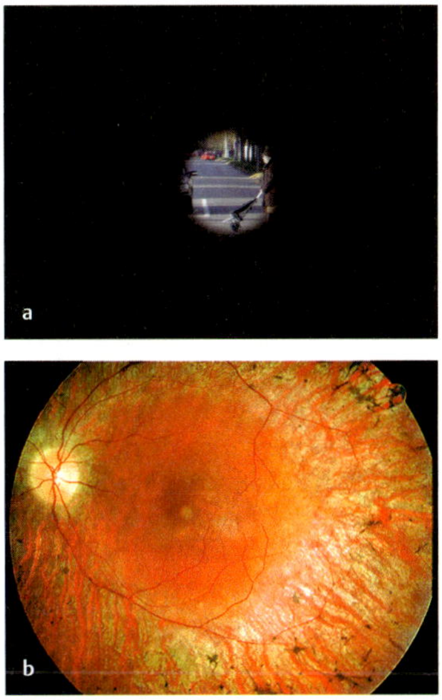

Abb. R.15 Retinitis pigmentosa. a Tunnelgesichtsfeld, **b** Trias aus knochenbälkchenartigen Pigmentverklumpungen, verengten arteriellen Gefäßen und wachsgelber (atrophischer) Papille.

Diagnose

Das äußere Gesichtsfeld fällt im Krankheitsverlauf allmählich aus, während das zentrale Gesichtsfeld und eine gute zentrale Sehschärfe lange erhalten bleiben (Tunnelgesichtsfeld, **Abb. R.15 a**). Bei der Augenspiegelung sind in einem fortgeschrittenen Stadium enge arterielle Gefäße, Zellen im Glaskörper, „knochenbälkchenartige" Netzhautpigmentierungen und im Endstadium eine blasse Papille als Zeichen einer Optikusatrophie zu sehen (**Abb. R.15 b**). Mit einem Elektroretinogramm (ERG) lassen sich bereits im frühen Stadium krankhafte Veränderungen der Stäbchen der Netzhaut nachweisen.

Die Retinitis pigmentosa kann mit einer Hörschwäche assoziiert sein.

Differenzialdiagnose

Differenzialdiagnostisch müssen andere, in Europa seltene Krankheiten mit Nachtblindheit (z. B. Vitamin-A-Mangel), Pigmentverschiebungen am Augenhintergrund (z. B. kongenitale Syphilis) oder traumatische Netzhautveränderungen (Retinopathia sclopetaria) ausgeschlossen werden.

Therapie

Eine effektive Therapie existiert derzeit nicht. Versuche, die Netzhaut oder Teile derselben zu transplantieren, befinden sich noch im Anfangsstadium.

Wichtig ist die Patienten- und Familienberatung einschließlich der genetischen Beratung, im Hinblick z. B. auf Schule, Berufswahl und Familienplanung. Der Schutz vor kurzwelligem Licht wird empfohlen. Bei Blendungsempfindlichkeit ist die Verordnung von Kantenfiltergläsern, die fast ausschließlich den UV-Anteil des Lichtes absorbieren, möglich. Vergrößernde Sehhilfen, z. B. Lupen und Bildschirmgeräte, können erforderlich sein sowie die Betreuung durch eine Institution für Sehbehinderte und Blinde.

Prognose

Die Erkrankung schreitet in unterschiedlichem Tempo und Ausmaß fort. Die zunehmende Gesichtsfeldeinschränkung führt zu einem Orientierungs- und Mobilitätsverlust. Mit 50 Jahren haben etwa 50% der Patienten eine Sehschärfe von 0,1.

Eine Cataracta complicata führt zu weiterer Beeinträchtigung.

Infobox

ICD-10: H35.5

Literatur:

Oestreicher, E., u. a.: HNO, Augenheilkunde, Dermatologie und Urologie für Pflegeberufe. Thieme, Stuttgart 2003

Rezidivierende depressive Störung

► Herr Schmied schüttet bei seinem Hausarzt sein Herz aus. „Meine Frau hat sich völlig verändert. Sie ist so antriebslos geworden. Sie kommt morgens gar nicht aus dem Bett. Dauernd jammert sie, dass ihr alles zu viel wird und dass sie keine Kraft mehr hat. Selbst zu dem wöchentlichen Treffen mit ihren Freundinnen kann sie sich nicht mehr aufraffen. Ich weiß schon, dass ihr zur Zeit die Fehlgeburt unseres Sohnes zu schaffen macht. Das ist zwar 18 Jahre her, aber trotzdem. Sie wollte sich damals das Leben nehmen. Ich möchte ihr gerne helfen, aber ich weiß nicht wie."

Definition
Die rezidivierende (wiederkehrende) depressive Störung ist eine wiederholte depressive Episode von jeweils mindestens zwei Wochen, gewöhnlich aber zwischen 3 und 12 Monaten Dauer. Dabei können auch wahnhafte Elemente auftreten. Zwischen den depressiven Phasen bildet sich die Störung meist vollständig zurück.

Man unterscheidet verschiedene Schweregrade (leicht, mittel, schwer) und „remittiert", wenn sich der Patient in der Zwischenphase ohne Depression befindet.

Ursachen
Wie bei der → reaktiven episodischen depressiven Störung herrscht in den Gefühlskerngebieten des Gehirns ein Mangel der Neurotransmitter Serotonin und Noradrenalin. Dadurch erleben die Betroffenen Freude und Lust nur noch sehr gedämpft. Äußere Stressfaktoren, Mangel an Zuwendung und ängstigende Situationen sind oft die Auslöser für die Depression. Vermutlich liegt auch hier eine genetische Disposition vor.

Symptome
Die Symptome entsprechen denen der → reaktiven episodischen depressiven Störung. In der Vorgeschichte liegt mindestens eine Phase dieser Störung.

Frauen erkranken etwa doppelt so häufig wie Männer. Die Erkrankung tritt besonders häufig ab dem 50. Lebensjahr auf (**Abb. R.16**).

Diagnose
Die Diagnose wird durch eine psychiatrische Exploration gestellt. In der Anamnese findet sich oft ein akut belastendes, auslösendes Ereignis. Wie bei der → reaktiven episodischen depressiven Störung muss der Patient unbedingt gefragt werden, ob er suizidale Gedanken hat!

Differenzialdiagnose
Sie entspricht der → reaktiven episodischen depressiven Störung. Abgegrenzt werden müssen:

- Störungen des Stoffwechsels und des Hormonhaushalts,

Abb. R.16 Wahrnehmung. Darstellung einer depressiven Patientin, wie sie die Welt sieht (Sammlung Prof. G. Laux, Wasserburg).

- hirnorganische Ursachen wie ein → Gehirntumor,
- → Epilepsie,
- Interaktionen und Nebenwirkungen von Medikamenten (z. B. Parkinsonmedikamente, Kortison),
- Drogenkonsum,
- demenzielle Störungen.

In der Vorgeschichte dürfen keine Episoden gesteigerter, manischer oder hypomanischer Stimmungslagen liegen, da die Symptomatik dann einer → affektiven bipolaren Störung zuzuordnen wäre.

Therapie
Die Therapie entspricht der der → reaktiven episodischen depressiven Störung. Außerdem können bei der rezidivierenden Depression Mood-Stabilizer (Stimmungsstabilisierer) wie Lithium (z. B. Quilonum retard) gegeben werden, die bei schweren wiederkehrenden Verläufen oft eine Besserung erzielen. Vor allem bei Lithium ist eine Überdosierung zu vermeiden, da dies zu schweren klinischen Symptomen führt!

Prognose
Es besteht lebenslang ein erhöhtes Suizidrisiko! Die Depression kann durch belastende Ereignisse oft wieder ausgelöst werden.

Infobox

ICD-10: F33.0, F33.1, F33.2, F33.3, F33.4

Internetadressen:
http://www.depression.ch
http://www.kompetenznetz-depression.de

Rheumatisches Fieber

► Die Ärztin wird ins Asylbewerberheim gerufen. In gebrochenem Deutsch macht ihr eine Frau klar, dass ihre 10-jährige Tochter Ashanti hohes Fieber und starke Gelenkschmerzen hat. Außerdem klage sie seit mehr als einer Woche über Halsschmerzen. Bei der körperlichen Untersuchung fallen der Ärztin stark geschwollene, überwärmte und gerötete Knie-, Sprung- und Handgelenke auf, welche bei Bewegung sehr schmerzen. Im Hals sieht sie deutlich geschwollene und eitrig belegte Mandeln. Die Körpertemperatur beträgt 39,5 °C. Sie macht der Mutter klar, dass Ashanti ins Krankenhaus muss, um weitere Komplikationen zu verhindern.

Definition

Beim rheumatischen Fieber treten Gelenkentzündungen im Anschluss an eine Streptokokkeninfektion der oberen Luftwege auf.

Am häufigsten betroffen sind Kinder zwischen 5 und 15 Jahren. Dank einer heute meist rasch eingeleiteten Antibiotikatherapie ist das rheumatische Fieber bei uns eine Seltenheit. Doch in Ländern mit schlechterer medizinischer Versorgung und einem niedrigeren hygienischen Standard ist das rheumatische Fieber die häufigste entzündlich-rheumatische Erkrankung im Jugendalter.

Ursachen

Streptokokken sind Bakterien, die häufig eitrige → Mandelentzündungen hervorrufen. Im Rahmen dieser Entzündung setzen sie Giftstoffe frei. Der Körper bildet gegen diese Gifte Abwehrstoffe (Antikörper).

Manche Eiweiße, besonders in den Gelenken und den Herzklappen sind den Giftstoffen der Streptokokken aber so ähnlich, dass die Antikörper nicht nur die Giftstoffe, sondern auch gesunde Organe angreifen (**Abb. R.17**). Deshalb kann es nach einer Mandelentzündung u. a. zu Gelenkbeschwerden und zur Herzklappenentzündung kommen.

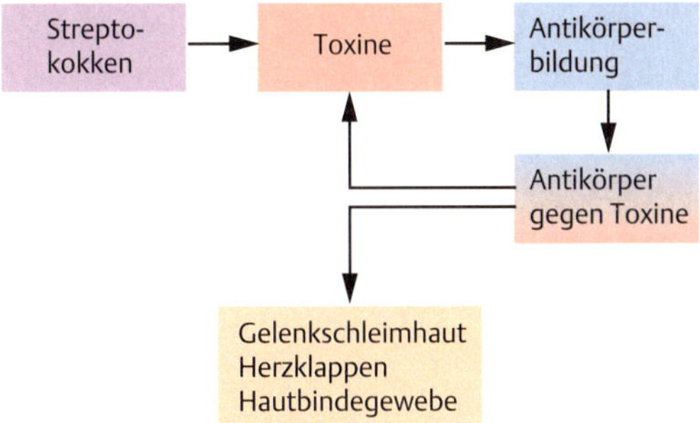

Abb. R.17 Wirkung der Streptokokkentoxine. Antigen-Antikörper-Reaktion bei rheumatischem Fieber.

Symptome

10–20 Tage nach einer unbehandelten Mandelentzündung kommt es plötzlich zu gravierenden Symptomen. Man sagt, das rheumatische Fieber „leckt die Gelenke und beißt ins Herz". Die Kinder haben hohes Fieber. Gleichzeitig klagen sie über starke Gelenkschmerzen.

Gelenkschmerzen. Betroffen sind meist die großen Gelenke wie Knie-, Ellenbogen-, Sprung oder Handgelenke (**Abb. R.18**). Sie sind geschwollen, gerötet und überwärmt. Besonders bei Berührungen und Bewegungen bestehen starke Schmerzen. Die Entzündung springt von Gelenk zu Gelenk. Auch die kleinen Hand- und Fußgelenke und sogar die Wirbelsäulengelenke können befallen sein.

Schädigung des Herzens. Nicht selten wird auch das Herz angegriffen. Da alle Herzwandschichten entzündet sein können, finden sich Symptome einer → Myokarditis (Herzmuskelentzündung), aber auch eine → Perikarditis (Herz-

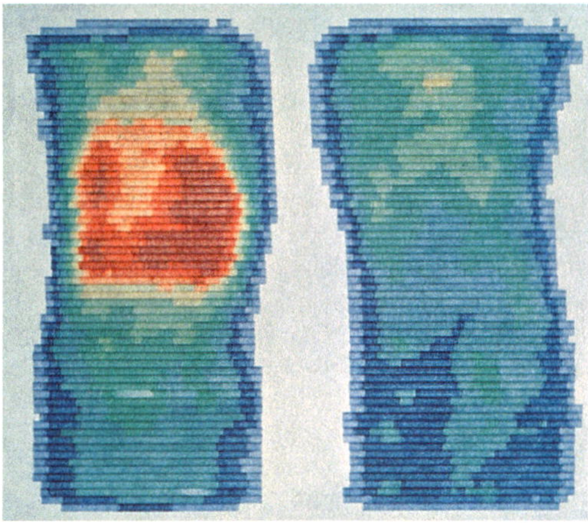

Abb. R.18 Kniegelenkentzündung. Szintigrafische Darstellung.

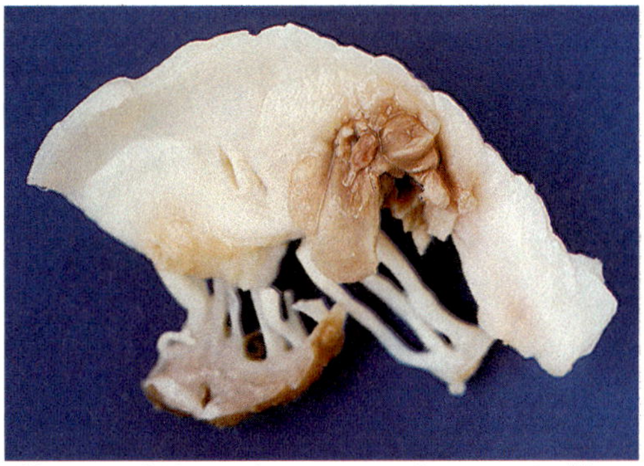

Abb. R.19 Schädigung des Herzens. Deformierte Mitralklappe nach rheumatischem Fieber.

beutelentzündung) ist nicht selten. Ist die Herzinnenwand (Endokard) betroffen, führt dies zu Veränderungen der Herzklappen. I.d.R. sind die Klappen des linken Herzens (Mitral- und Aortenklappe) betroffen (**Abb. R.19**). Ein Befall des Herzens zeigt sich in → Herzrhythmusstörungen, neu aufgetretenen Herzgeräuschen oder Zeichen einer Herzschwäche (→ Herzinsuffizienz).

Hautveränderungen. Auch an der Haut können sich Veränderungen zeigen. Es kommt, z. B. zu Hautrötungen oder Bildung kleiner Hautknötchen.

Schädigungen des Gehirns. In seltenen Fällen treten Monate nach einer eitrigen Mandelentzündung Schäden im Bereich des Gehirns auf, der sog. Veitstanz (Chorea minor). Es kommt zu unkontrollierten Bewegungen der Hände. Die Betroffenen verschütten z. B. Suppe, lassen Geschirr fallen u.ä.

Diagnose

Die Diagnose ist anhand der Symptome sehr eindeutig zu stellen und gut nachweisbar. Im Labor finden sich erhöhte Entzündungswerte. Außerdem kann man erhöhte Antikörper gegen Streptokokken nachweisen (Antistreptolysintiter). Im Rachenabstrich finden sich Streptokokken.

Zum Ausschluss einer Schädigung des Herzens ist die Echokardiografie (Ultraschalluntersuchung des Herzens) wichtig.

Differenzialdiagnose

Gelenkentzündungen im Rahmen einer Infektion sind nicht selten. Doch sie sind weder so schmerzhaft wie beim rheumatischen Fieber, noch sind sie von sehr hohem Fieber begleitet.

Beschränkt sich die Entzündung auf ein einzelnes Gelenk könnte auch eine → Osteomyelitis die Ursache sein. Auch bei der seltenen → chronischen Polyarthritis (Rheumaerkrankung) im Kindes- und Jugendalter sind Gelenksentzündungen typisch.

Therapie

Neben Allgemeinmaßnahmen wie Bettruhe und körperlicher Schonung steht die Bekämpfung des Infektes im Vordergrund. Hier ist eine frühzeitige Penizillintherapie wichtig. Zusätzlich werden entzündungshemmende Medikamente, z. B. Azetylsalizylsäure oder Kortison verabreicht. Zur Vorbeugung wird das Antibiotikum nach Abklingen des akuten Infektes über mehrere Jahre weiter gegeben!

Zusätzlich können die Mandeln als Entzündungsherd entfernt werden. Eine engmaschige Überwachung ist besonders in den ersten fünf Jahren wichtig, denn in diesem Zeitraum kommt es am häufigsten zu Rezidiven.

Prognose

Das rheumatische Fieber heilt i.d.R. innerhalb von 2–3 Monaten folgenlos aus. Die Gelenkbeschwerden können sich mit wiederkehrenden Fieberschüben über Wochen hinziehen. Doch Gelenkschäden bleiben meist nicht zurück.

Ist es jedoch zu einer Schrumpfung der Herzklappen im Rahmen der Entzündung gekommen, so sind → Herzklappenfehler die Folge. Diese bilden sich nicht mehr zurück.

Infobox

ICD 10:

I00 Rheumatisches Fieber ohne Angabe einer Herzbeteiligung

I01 Rheumatisches Fieber mit Herzbeteiligung

Internetadresse:

http://www.pediatric-rheumatology.printo.it

Literatur:

Niethard, F. U., Pfeil, J.: Duale Reihe Orthopädie, 5. Aufl. Thieme, Stuttgart 2005

Sitzmann, F. C.: Duale Reihe Pädiatrie, 2. Aufl. Thieme, Stuttgart 2002

Manger, B. u. a.: Checkliste XXL Rheumatologie, 3. Aufl. Thieme, Stuttgart 2005

Greten, H. (Hrsg.): Innere Medizin, 12. Aufl. Thieme, Stuttgart 2005

Rhinophonie bei LKG-Fehlbildungen

► Die 4-jährige Anna spielt bereits mit den im Wartezimmer der logopädischen Praxis bereit gestellten Spielsachen. Schon bei der Begrüßung, einem leisen „Hallo", sind ihre veränderte Aussprache und der nasale Stimmklang hörbar. Sie hüpft auf den Schoß der Mutter und schaut sich neugierig um. Eine sichtbare Narbe zieht sich vom linken Naseneingang bis zum Lippenrot, der linke Nasenflügel steht etwas ab. Anna möchte gleich zum Spielen mitkommen, sie ist sehr beweglich und probiert viel aus. Sprachlich ist sie sehr schwer verständlich, häufig muss sie das Gesagte wiederholen. Dabei ist ihre Anstrengung deutlich zu sehen und zu hören.

Definition

Unter einer Rhinophonie versteht man eine zu hohe oder zu geringe Beteiligung der suprapalatinalen Räume (Nasenrachenraum, Nasenhöhle und Nasennebenhöhlen) bei der Stimmgebung und Lautbildung. Ist eine zu geringe Nasenresonanz vorhanden spricht man von einem geschlossenen Näseln (Rhinophonia clausa). Von einem offenen Näseln (Rhinophonia aperta) spricht man, wenn eine zu starke Nasenresonanz erfolgt. Eine dritte Form bildet das gemischte Näseln (Rhinophonia mixta).

Synonym: Näseln.

Ursachen

Die häufigste der angeborenen, organischen Ursachen für eine Rhinophonie bildet die Gruppe der Lippen-Kiefer-Gaumen-Segel-Fehlbildungen (→ Lippen-Kiefer-Gaumenspalte). Die Entstehungsursachen der LKGS-Fehlbildungen sind bis heute nicht vollständig erforscht. Es wird davon ausgegangen, dass sowohl endogene, also erbliche Faktoren mit 20–30% und Chromosomenanomalien mit 10%, als auch exogene Faktoren wie Virusinfektionen, toxische Stoffe, Mangelernährung eine Rolle spielen.

Bei den Ursachen der Rhinophonie wird zum einen zwischen den drei Formen des Näselns unterschieden und zum anderen zwischen organisch und funktionell bedingten Ursachen (**Tab. R.2**).

Symptome

Rhinophonia aperta. Die Klangstörung der Vokale ist beim offenen Näseln das auffälligste Symptom, die Luft entweicht zu sehr durch die Nase. Es kommt zu einer schlaffen, unscharfen Artikulation der Laute f, s, sch und einer abgeschwächten Artikulation von p, b, d, t, k, g, da die Luftstauung nicht möglich ist und auch hier zu viel Luft durch die Nase entweicht. Um dennoch deutlich zu sprechen, strengen sich die Betroffenen oft zu sehr an, was Verspannungen im Hals-, Schulter-, Nacken- und Gesichtsbereich nach sich zieht. Auch die Überbelastung der Stimme kann eine Folgeerscheinung sein (→ kindliche Stimmstörungen). Gelegentlich kann beim Schlucken Nahrung durch die Nase entweichen.

Rhinophonia clausa. Der dumpfe, „verschnupfte" Stimmklang ist typisch für das geschlossene Näseln. Die Vokale sind klangarm und dumpf, die Bildung der Nasallaute m, n und ng ist fast nicht möglich. Durch die behinderte Nasenluftpassage kommt es häufig zu einer Mundatmung. Es kann zudem zu Geruchs- und Geschmacksstörungen kommen.

Rhinophonia mixta. Beim gemischten Näseln kommt es zu einer Kombination der oben genannten Symptomatik, also einer verminderten Nasalität der Nasale und einer erhöhten Nasalität der Vokale und Konsonanten. Teilweise heben sich einige Details gegenseitig auf.

Diagnose

Anamneseerhebung. Eine ausführliche Anamnese wird zu Beginn der logopädischen Diagnostik erhoben. Wichtige Fragestellungen beziehen sich auf Schwangerschaft und Geburt, Ess- und Trinkverhalten im Säuglingsalter, Operationen im HNO-Bereich, motorische Entwicklung, Sprachentwicklung usw. Da genetische Faktoren angenommen werden, wird nach dem Vorkommen bezüglich Spaltbildungen in der Verwandtschaft gefragt.

Inspektion. Eine Inspektion des orofazialen Bereichs, bzgl. Zahnstatus, Kiefer- und Gaumenform, Aussehen der Zunge usw. des Kindes ist wünschenswert, muss jedoch sehr behutsam erfolgen, da diese oft negativ besetzt ist.

Lautstatus und Nasalitätsproben. Ein Lautstatus und die Überprüfung der Spontansprache gibt Aufschluss über Störungen und Fähigkeiten der Artikulation, der Sprachentwicklung und der Stimme. Zusätzlich werden sog. Nasalitätsproben durchgeführt, die über die geschlossenen und offenen Anteile des Näselns Auskunft geben sollen.

Bei der A – I Probe nach Gutzmann werden mehrmals hintereinander die Vokallaute a – i – a – i – a – i gesprochen. Die Nase wird intermittierend mit Daumen und Zeigefinger zugehalten und wieder geöffnet: beim offenen Näseln kommt es zu einer Klangveränderung, normalerweise hört man fast keinen Unterschied.

Bei der Czermack'schen Spiegelprobe wird ein Spiegel unter die Nasenöffnung gehalten. Beim offenen Näseln beschlägt dieser bei Lauten wie p, t, k – normalerweise ist auf dem Spiegel nichts zu sehen. Beim geschlossenen Näseln hingegen gibt es bei den Lauten m oder n keinen Beschlag, der normalerweise vorhanden sein müsste. Einen oberflächlichen Eindruck vermittelt die Palpation der Nasenflügel: bei offenem Näseln sind hier Vibrationen spürbar.

Weitere Prüfungen. Als weiterer Teil der Diagnostik werden die Motorik und insbesondere die mundmotorischen Fähigkeiten (→ Artikulationsstörungen), sowie die mimische Muskulatur überprüft. Der Wahrnehmungsprüfung,

Tab. R.2 Ursachen der Rhinophonie

Rhinophonieform	Organische Ursachen	Funktionelle Ursachen
Rhinophonia clausa	▪ → Septumdeviation ▪ Nasenpolypen (→ adenoide Vegetationen) ▪ Schnupfen ▪ Nasenmuschelhyperplasie ▪ Schwellungszustände der Nasenmuscheln (allergisch, entzündlich, infolge medikamentöser Behandlung) ▪ Verwachsungen (Synechien) ▪ stenosierende (verengende) Narbenbildungen ▪ → Tumoren ▪ Choanalatresie (angeborener Verschluss der hinteren Nasenöffnung) ▪ Nasenrachenfibrom ▪ Rachenmandelhyperplasie (bei Kindern häufig durch Infektionen)	▪ habituelle Dauerkontraktionen ▪ falsche Sprechgewohnheiten ▪ wenn man auf dem Kopf steht
Rhinophonia aperta	▪ Missbildungen des Gaumens (alle Arten der Spaltbildungen, z. B. Lippen-Kiefer-Gaumen-Segel, Uvula bifida, submuköse Gaumenspalte) ▪ verkürztes Gaumensegel oder Gaumen, z. B. bei kraniofazialen Dysplasien ▪ Gaumensegellähmung infolge peripherer oder zentraler Paresen (z. B. → infantile Zerebralparesen, zerebrale Durchblutungsstörungen, bei vielen chronisch-progredienten Erkrankungen des ZNS) ▪ Folgen operativer Eingriffe ▪ Unfälle (z. B. Pfählungsverletzungen) ▪ Schädigungen des ZNS (z. B. Schlaganfälle, Schädel-Hirn-Trauma) ▪ Neuritiden (Nervenentzündungen teils entzündlicher, teils degenerativer Art)	▪ falsche Sprechgewohnheiten ▪ postoperative Schonhaltung nach Adenotomie, Tonsillektomie ▪ Schwerhörigkeit
Rhinophonia mixta	▪ raumbeengende Veränderungen im vorderen und hinteren Teil der Nase (geschlossener Anteil) ▪ organische Hindernisse des velopharyngealen Abschlusses (offener Anteil)	▪ funktionelle Unterlassung des velopharyngealen Abschlusses (offener Anteil)

insbesondere der auditiven, ist besondere Beachtung zu schenken. Auch das Spielverhalten, Konzentrations- und Aufmerksamkeitsfähigkeit und das Interaktionsverhalten zwischen Eltern und Kind sollte beobachtet werden.

Therapie

Tonus regulierende Maßnahmen. Einen vorbereitenden Bereich in der logopädischen Behandlung bilden Tonus regulierende Maßnahmen: Zu viel Spannung soll abgebaut werden, zu wenig Spannung aufgebaut werden. Zudem unterstützen z. B. Übungen für die Bauchmuskulatur (mit den Füßen etwas transportieren – wie ein Kran) und vorsichtige Widerstandsübungen (Hände wegdrücken, „Fahrradfahren") die Gaumensegelmuskulatur!

Wahrnehmungsförderung. Dies ist ein weiterer Baustein in der Therapie und umfasst v. a. Inhalte zur Verbesserung der Raumorientierung (auch im Mundraum!), der Feinmotorik, der auditiven Wahrnehmung (Unterscheiden und Lokalisieren von Geräuschen, Reimwörter usw.) und der Körpereigenwahrnehmung (Körperbild, Massieren, Verbinden usw.).

Atem- und Stimmtherapie. Elemente aus der Atem- und Stimmtherapie (→ kindliche Stimmstörungen), sowie der Rhythmik, Eurhythmie, Singen können genutzt werden um über Bewegung den Atemvorgang und die Stimmfunktion zu regulieren.

Therapie bei LKG-Fehlbildungen. In die Therapie müssen kontinuierlich Übungen für Lippen, Zunge und Gaumensegel eingebaut werden. Bei diesen Übungen ist jedoch eine besonders sensible und geduldige Vorgehensweise zu wählen, da man hier der Spaltstelle sehr nahe kommt. Es sollten keine gymnastischen Übungen gewählt werden, sondern eher lust- und spaßvolle Angebote sein: Eincremen, Massieren der Lippen, Ablecken von Schokostreuseln, Gummibärchen ablecken usw. (**Abb. R.20**).

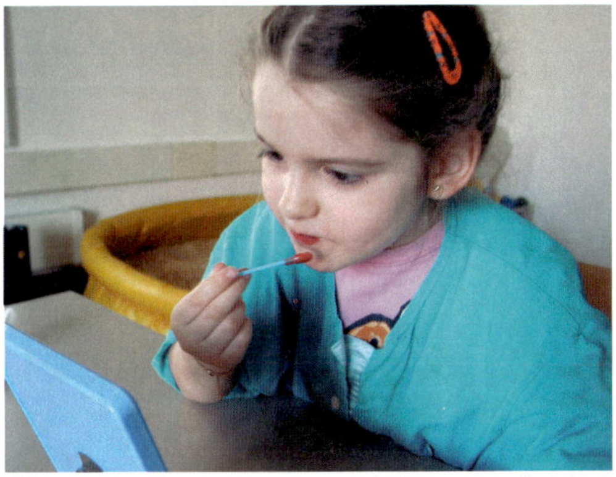

Abb. R.20 Kombination von Fein- und Zungenmotorik. Mit einem Wattestäbchen auf die Lippen aufgetragene Konfitüre wird abgeleckt.

Ist der orofaziale Bereich weitgehend normalisiert, kann mit speziellen Lautbildungsübungen begonnen werden (→ Artikulationsstörungen).

Prognose

Zu jeder Zeit muss mit erheblichen Unterbrechungen des Therapieverlaufs gerechnet werden: die hohe Infektanfälligkeit, anstehende Operationen, zahlreiche Mittelohrprozesse – um einige Gründe zu nennen. Das Funktionieren der interdisziplinären Zusammenarbeit und die Unterstützung der Eltern sind u. a. mitentscheidend für den Behandlungsverlauf.

Infobox

ICD- 10:
R 49.2

Internetadresse:
http://www.lkg-selbsthilfe.de

Literatur:

Naumann, S.: Frühförderung bei Lippen-Kiefer-Gaumen-Segel-Fehlbildungen. Schulz-Kirchner, Idstein 2000

Pfeifer u. a. (1981): Lippen-Kiefer-Gaumen-Spalten. Ernst Reinhardt, München 1981

Rippenserienfraktur

► Auf einer Großbaustelle löst sich beim Montieren einer Betonwand plötzlich der Kran aus seiner Verankerung. Ein schwerer Betonklotz prallt gegen Manfred Pohl (36). Er konnte zwar im letzten Moment noch mit dem Kopf ausweichen. Jetzt jedoch liegt er am Boden, der linke Unterschenkel ist unter dem Betonteil begraben. Manfred schreit vor Schmerzen. Das Betonteil kann relativ rasch entfernt werden, zwei Kollegen versuchen, das Bein provisorisch zu schienen. Niemand bemerkt die zunehmende Luftnot und die blauen Lippen. Erst der eintreffende Notarzt stellt fest, dass auch der Brustkorb etwas abbekommen hat. Die Atmung ist inzwischen flach. Der Notarzt leitet sofort eine Narkose und die maschinelle Beatmung per Endotrachealtubus ein. Im Krankenhaus bestätigt sich der Verdacht auf einen Hämatothorax bei Serienfraktur der 3. bis 7. Rippe links. Es sind mehrere Liter Blut in den Pleuraspalt geflossen.

Definition

Bei einer Rippenserienfraktur sind drei oder mehr benachbarte Rippen einer Seite gebrochen. Rippenserienfrakturen müssen als schweres Thoraxtrauma eingestuft werden, da Organe im Thoraxinneren (Lunge, Herz) und/oder intraabdominelle Organe (Leber, Milz, Nieren) ebenfalls verletzt sein können. Folge der Rippenserienfrakturen ist eine instabile Thoraxwand.

Ursachen

Ursache von Rippenserienfrakturen ist die direkte Gewalteinwirkung, etwa bei Stürzen auf den Brustkorb, bei Arbeitsunfällen, Unfällen im Straßenverkehr oder beim Sport.

Symptome

Die Betroffenen klagen über atemabhängige Schmerzen im betroffenen Thoraxbereich. Diese Schmerzen verstärken sich beim Husten oder tiefen Einatmen sowie bei einem Lagewechsel des Patienten. Auch die Atmung selbst kann stark beeinträchtigt sein mit flacher Schonatmung, Zyanose, erhöhter Atemfrequenz (Tachypnoe) bis hin zur Atemhemmung.

Auffällig ist beim entkleideten Patienten die paradoxe Atmung: Beim Einatmen erkennt man die thorakale Einziehung, beim Ausatmen die Vorwölbung des Thorax (Brustwandflattern).

Diagnose

Es sind lokale Prellmarken, evtl. ein → Hämatom oder ein Hautemphysem (Luft aus der Lunge ist in die Haut gelangt) erkennbar.

Palpation. Es sind z. T. Stufen tastbar und es tritt ein lokaler Druckschmerz auf. Außerdem ist ein Kompressionsschmerz durch seitliche oder sagittale Kompression des Brustkorbs auslösbar (**Abb. R.21**). Im Frakturbereich sind Krepitationen (aneinanderreibende Frakturenden) tastbar.

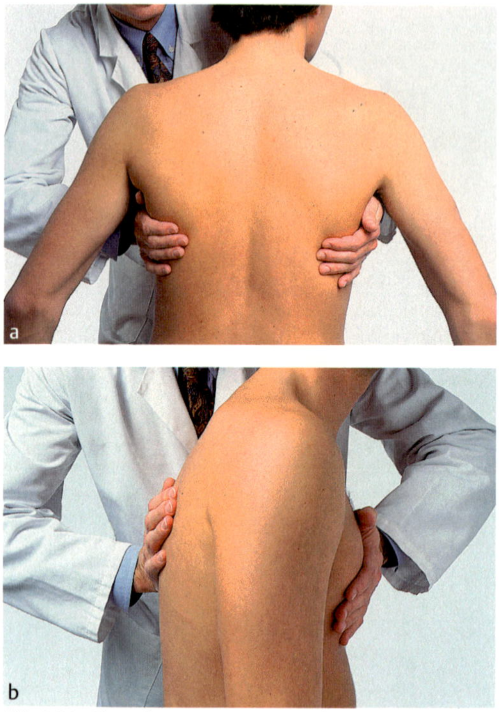

Abb. R.21 Thoraxkompression. Provokationsmanöver zur Schmerzauslösung bei Rippenfrakturen oder Thoraxinstabilitäten anderer Ursache. **a** Frontalebene **b** Sagittalebene.

Auskultation. Beim Abhören des Thorax mit dem Stethoskop fallen im Vergleich mit der unverletzten Seite verminderte Atemgeräusche auf (Verdacht auf → Pneumothorax/ → Hämatothorax!).

Röntgen-Thorax. Röntgenaufnahmen des Thorax dienen sowohl der Beurteilung des knöchernen Brustkorbs (Rippen, Brustbein, Brustwirbelsäule) als auch der Weichteile und des Mediastinums (Blutungen, Luft im Mediastinum bei Lungenverletzung). Die Thoraxaufnahme erfolgt zunächst in zwei Ebenen. Zur Sicherung von Rippenfrakturen sind manchmal Röntgen-Zielaufnahmen erforderlich. Mit den Bildern werden der Verdacht auf einen → Pneumothorax (Luft im Pleuraspalt und kollabierter Lungenflügel) oder → Hämatothorax (Blut im Pleuraspalt) gesichert (**Abb. R.22**).

EKG und Pulsoxymetrie. Im Elektrokardiogramm sind bei Herztraumen Veränderungen zu erkennen. Zudem sollte

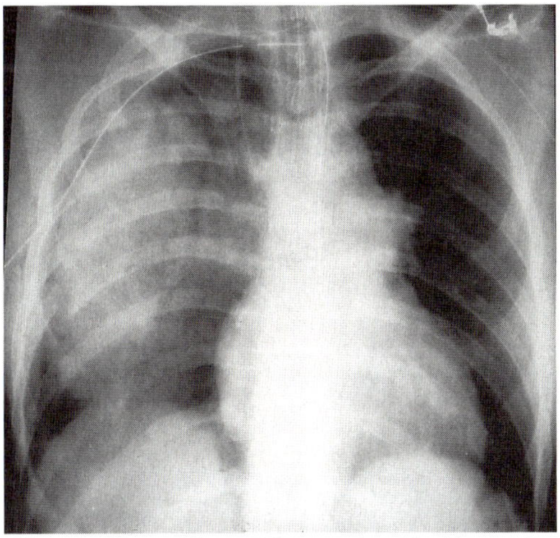

Abb. R.22 Röntgen-Thorax. Schwere rechtsseitige Rippenserienfraktur mit Lungenkontusion (26-jährige Motorradfahrerin). Der aufgetretene Pneumothorax wurde bereits mit einer Thoraxdrainage versorgt.

der Sauerstoffgehalt des Blutes gemessen werden (Pulsoximeter, später Blutgasanalyse).

Differenzialdiagnose

Eine Thoraxprellung, eine Fraktur von weniger als drei Rippen oder eine Sternumfraktur müssen ausgeschlossen werden.

Therapie

Rippenserienfrakturen sind meist Folge eines erheblichen Thoraxtraumas. Deshalb ist das Krankheitsbild oft dramatisch und die Entwicklung eines Schockzustands möglich (→ Schock). Solche Patienten sind daher permanent überwachungsbedürftig, um sofort erkennen zu können, wenn sich der Allgemeinzustand verschlechtert.

Der Oberkörper wird hoch gelagert und Sauerstoff verabreicht. Ausreichend Schmerzmittel sollen u. a. die schmerzbedingt eingeschränkte Atemfunktion verbessern. Bei unzureichender Atmung muss der Notarzt ggf. noch am Unfallort intubieren und maschinell beatmen. Ein Spannungspneumothorax (Luft dringt in den Pleuraraum ein, kann aber nicht mehr entweichen) muss rasch entlastet werden, z. B. mit mehreren großkalibrigen Kanülen. Ansonsten droht der Totalkollaps der Lunge.

Liegt ein Pneumo- oder Hämatothorax vor, wird eine Saugdrainage in die Pleurahöhle gelegt. Damit wird ein Unterdruck erzeugt, sodass Luft, Blut oder ein Erguss aus dem Pleuraraum abgesaugt werden und sich der betroffene Lungenflügel wieder ausdehnen kann.

Nur selten werden Rippenfrakturen chirurgisch mit Metallimplantaten stabilisiert. Im Allgemeinen reicht die maschinelle Beatmung aus, um die gebrochenen Rippen „von innen" so lange zu schienen, bis die Thoraxwand stabilisiert ist.

Prognose

Die Prognose ist v. a. abhängig vom Ausmaß der inneren Verletzungen. Rippenfrakturen verheilen meist gut.

Komplikationen

Die Schonatmung führt zu einer Minderbelüftung von Lungenanteilen und erhöht dadurch die Infektionsgefahr (→ Pneumonie). Insbesondere ältere Patienten sind gefährdet. Da unter jeder Rippe ein Interkostalnerv verläuft, der bei dem Trauma mit verletzt werden kann, sind später chronische Schmerzen möglich (Interkostalneuralgie).

Infobox

ICD-10:
S22.4

Internetadresse:
http://www.dr-gumpert.de

Literatur:
Bühren, V.; Trentz, O.: Checkliste Traumatologie, Thieme, Stuttgart 2005

Rosazea

► Eine in der Modebranche tätige Dame (39) behandelt seit Jahren ihr rotes Gesicht mit einer Kortison-Creme. „Die Salbe habe ich mir von einer Freundin ausgeliehen“, berichtet sie dem Arzt. „Aber sie hilft nicht mehr. Meine rote Nase wird immer schlimmer.“ Nach der Aufforderung, diese Salbe unbedingt wegzulassen, wirken nach Monaten die Antibiotika und der Rauchverzicht.

Definition

Bei der Rosazea handelt es sich um eine Rötung der Gesichtshaut mit Entzündungsreaktionen.

Synonym: Kupferfinne.

Ursachen

Die Ursache ist nicht bekannt. Die familiäre Häufung deutet auf eine erbliche Komponente hin. Betroffen sind Erwachsene meist zwischen dem 40. und 60. Lebensjahr, Frauen etwas häufiger. Eine Rolle spielt die Neigung der Haut rot anzulaufen, z. B. bei Stress, Temperaturwechsel oder Alkoholgenuss (Flush).

Aufgrund einer verstärkten Durchblutung entwickelt sich eine flächenhafte Rötung und eine Erweiterung der Blutgefäße (Teleangiektasien, „geplatzte Äderchen“). Als Folge schwillt das Bindegewebe an und die Talgdrüsen entzünden sich.

Ein Kofaktor ist die Besiedlung der Talgdrüsen mit der harmlosen Milbe Demodex follicularis. Das Rauchen ist für das Hautbild ungünstig. Ein Zusammenhang zwischen Bakterien im Darmtrakt wird vermutet.

Symptome

Ein Frühsymptom kann das Rotwerden sein. Irgendwann geht die Rötung nicht mehr weg, sie bleibt typischerweise in einem schmetterlingsförmigen Areal auf beiden Wangen bestehen, weniger um den Mund herum. Auch auf der Stirn finden sich rote Bezirke (**Abb. R.23**). Die Augenpartie selbst ist meist frei. Selten sind die Augenlider betroffen. Immerhin jeder zwanzigste berichtet von Bindehaut- und Hornhautproblemen. Frei bleiben ebenfalls der Hals und die Ohren. Juckreiz wird selten angegeben, häufiger ein Spannungsgefühl.

Nach einiger Zeit entstehen hartnäckige Pusteln. Schuppen und Mitesser bilden sich kaum. Der Befall der Nase ist besonders unangenehm: nach Jahren kommt es, fast nur bei Männern, zur Bildung einer „Knollennase“ (Rhinophym) mit einer wuchernden, geröteten Oberhaut.

Diagnose

Die Diagnose wird anhand der Beschwerden gestellt. Eine Probeentnahme ist nur selten notwendig.

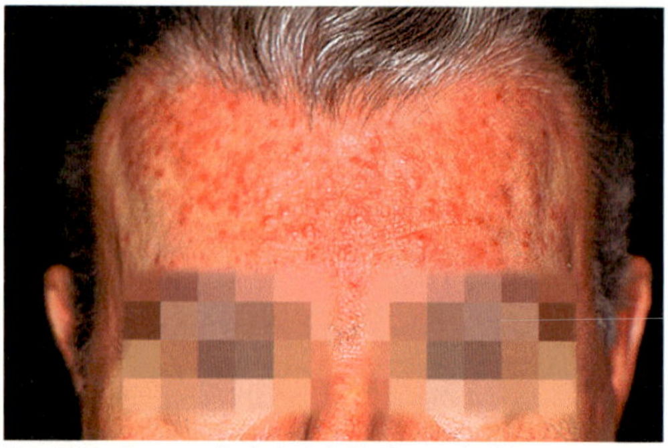

Abb. R.23 Rosazea. Typische Lokalisation an der Stirn.

Differenzialdiagnose

Als Differenzialdiagnose ist die periorale Dermatitis abzugrenzen. Diese ist mehr um den Mund herum lokalisiert und eher fleckig. Möglich ist auch der Missbrauch von kortisonhaltigen Salben. Er bewirkt ein ähnliches Erscheinungsbild wie die Rosazea. Für die Akne sind ein jüngeres Alter und Mitesser typisch.

Therapie

Eine sichtbare Linderung bringt oft die Reinigung ohne Seifen, wenig Schminke, Rauchverzicht, Meiden von UV-Strahlen und scharfem Essen. Äußerlich werden Cremes mit den Wirkstoffen Azelain, Adapalen, Metronidazol oder Isotretinoin angewandt. In starken Fällen greift man zu oralen Antibiotika (Tetrazyklinen), bei sehr starken zu Retinoiden. Das Rhinophym wird chirurgisch mittels einer Dermabrasio der obersten Hautschicht abgeschält. Einzelne Äderchen können mit einem Laser entfernt werden.

Prognose

Bei strikter Vermeidung der Triggerfaktoren und mehrmonatiger Therapie ist ein günstiger Verlauf zu erwarten. Auch der Eingriff beim Rhinophym zeigt gute Ergebnisse.

Komplikationen

Die auffällige Rötung im Gesicht und die angebliche „Säufernase“ belasten die Patienten erheblich. Eine psychische Begleitung kann hier angezeigt sein.

Infobox

ICD-10: L71

Internetadresse: http://www.rosazea.net

Literatur: Schöfer, H. (Hrsg.): Rosazea. Klinik und aktuelle Therapie. Thieme, Stuttgart 2003

Rotatorenmanschettenruptur

► Zwölf Jahre hat Andreas Diemer (49) in einem Malerhandwerksbetrieb gearbeitet. Tapezieren, Streichen, Ausbesserungsarbeiten,... das war sein Alltag. Oft handelte es sich dabei um Überkopfarbeiten. Schon damals traten immer mal wieder Schmerzen in der linken Schulter auf, die er mit Salben und Schmerzmitteln bekämpft hat. Jetzt ist Andreas zu einem Transportunternehmen gewechselt. Beim Entladen eines Kleintransporters wird ihm eine etwa 10 kg schwere Kiste von oben in die Arme geworfen. Es treten sofort heftige Schmerzen in der linken Schulter auf und er kann den Arm nicht mehr richtig anheben.

Definition

Eine Rotatorenmanschettenruptur ist ein teilweiser oder kompletter Riss einer oder mehrerer Sehnen der Rotatorenmanschette. Zur Rotatorenmanschette gehören die Sehnen folgender Muskeln (**Abb. R.24**):

- Musculus supraspinatus,
- Musculus infraspinatus,
- Musculus subscapularis,
- Musculus teres minor.

Diese Muskeln stabilisieren mit ihren Sehnen das Schultergelenk, sorgen für die Innen- und Außenrotation sowie das Abspreizen (Abduktion) des Armes.

Synonyme: Impingementsyndrom der Schulter im Stadium III, Pseudoparalyse der Schulter, Rotatorenmanscchetteninsuffizienz.

Ursachen

In den meisten Fällen sind die Sehnen der Rotatorenmanschette bereits vorgeschädigt, bevor es zur Ruptur kommt. Ein zufälliges Trauma ist daher oft der letzte Auslöser der Verletzung nach einem bereits lange schwelenden Erkrankungsprozess. Die Rotatorenmanschette reißt häufig, ohne dass eine akute Gewalteinwirkung stattgefunden hat. So hat man bei Autopsien bei einem Viertel der über 60-jährigen Menschen und der Hälfte der über 80-jährigen Menschen Defekte der Rotatorenmanschette festgestellt.

Degenerative Sehnenveränderungen. Als Ursachen kommen in Betracht:

- Durchblutungsstörungen,
- wiederholte Mikrotraumen bei Überlastung (ständige Überkopfarbeiten, Überkopf-Armbewegungen bei Wurfsportarten oder Tennis),
- systemische Grunderkrankungen wie → Gichtarthritis oder → chronische Polyarthritis.

Rotatorenmanschettenruptur. Auslöser können sein:

- maximale Abduktions-Außenrotationsbewegung (Abscheren des Sehnenansatzes),
- plötzliche Bewegung des Oberarmknochens nach kaudal (z. B. Auffangen eines schweren Gegenstandes),
- forcierte Außen- oder Innenrotation.

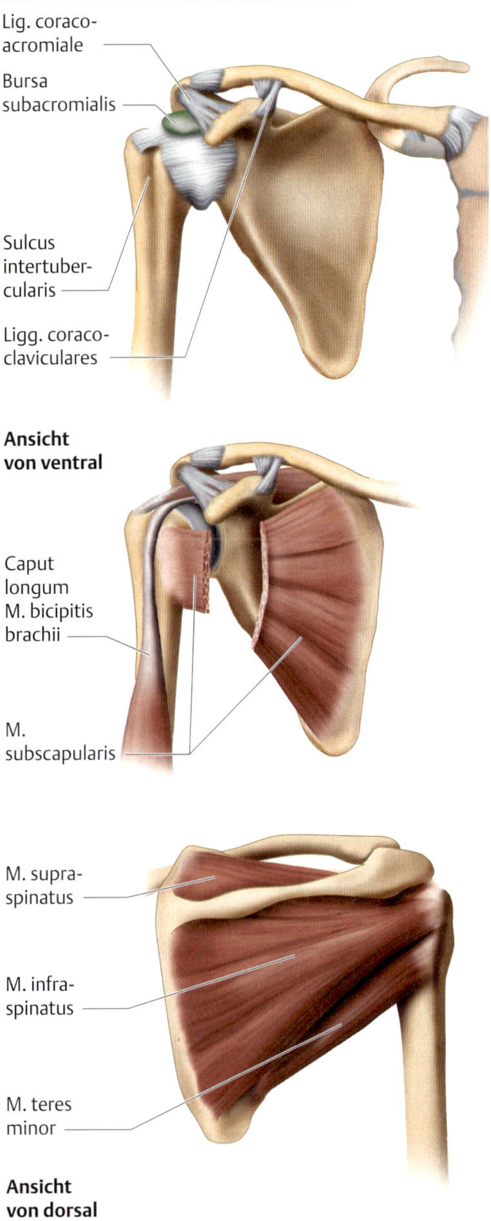

Abb. R.24 Rotatorenmanschette. Anatomie des Schultergelenks.

Die resultierende Funktionsstörung der Rotatorenmanschette geht einher mit einem Engpass-Syndrom zwischen Humeruskopf und Akromion (subakromiales Impingement). Dabei wird der Raum oberhalb des Musculus supraspinatus immer enger (s. **Abb. R.24**). Verstärkt wird dieses Phänomen evtl. durch die angeborene Form des Akromions (flach bis hakenförmig), knöcherne Anbauten am Akromion (Osteophyten) sowie Verdickungen des subakromialen Schleimbeutels. Es kommt zu lokalen Ödemen und Fibrosierungen, schließlich partiellen Rissen oder zur kompletten Ruptur.

Symptome

Die Symptome entwickeln sich meist schleichend. Betroffen sind v. a. Menschen von 40 bis 50 Jahren. Ventral und lateral des Akromions werden belastungsabhängige Schmerzen angegeben, besonders beim Anheben des Armes. Auch nachts treten Schmerzen auf.

Der betroffene Arm erscheint geschwächt, leichte Gegenstände (z. B. Tassen) können nicht angehoben werden (Pseudoparalyse). Dieses Symptom kann bei schleichendem Verlauf wegen Kompensationsmechanismen fehlen, d. h. die aktive Beweglichkeit kann trotz teilweise oder komplett rupturierter Rotatorenmanschette erhalten sein (außer im Endstadium der Erkrankung), die Kraft ist jedoch abgeschwächt.

Bei akuter Ruptur wird ein Zerreißungsgefühl beschrieben. Es bestehen starke Schmerzen. Abduktion und Außenrotation sind aktiv nicht möglich, während die passive Beweglichkeit nicht eingeschränkt ist.

Diagnose

Körperliche Untersuchung. Klinisch fällt bei subakromialem Impingement eine Muskelatrophie auf. Es besteht ein Druckschmerz, insbesondere über der Infra- und Supraspinatussehne. Die aktive Abduktion des Armes ist zwischen 60 und 120° schmerzhaft (schmerzhafter Bogen, painful arc). Verschiedene Muskelfunktionsprüfungen zeigen den Kraftverlust an.

Impingement-Test. Ein Lokalanästhetikum wird in den subakromialen Schleimbeutel (Bursa subacromialis) injiziert. Sind die Schmerzen danach verringert, wird es als positiver Impingement-Test bezeichnet. Dies bedeutet, die Beschwerden sind offenbar auf ein subakromiales Impingement zurückzuführen. Über das Verletzungsausmaß erfährt man damit allerdings nichts.

Bildgebende Verfahren. Die endgültige Diagnose erfolgt mit bildgebenden Verfahren. Auf den Röntgenaufnahmen der Schulter in zwei Ebenen sind Sklerose-Zonen am Humeruskopf und an der Akromion-Unterseite sowie Osteophyten am Akromion zu erkennen. Der Abstand zwischen Humeruskopf und Akromion ist deutlich verschmälert. Im Einzelfall kommen weitere bildgebende Methoden hinzu: Sonografie, Magnetresonanztomografie (MRT), Arthroskopie.

Differenzialdiagnose

Wichtige Differenzialdiagnosen sind die Omarthrose (Arthrose im Schultergelenk) und die Arthrose des Akromioklavikulargelenks (AC-Gelenk). Eine Muskelschwäche kann auch von Nervenläsionen verursacht sein (Nervenwurzeln C5 und C6).

Therapie

Ziel ist es, die Schmerzen zu lindern und die Schulterfunktion wiederherzustellen.

Konservative Therapie. Zunächst wird mit schmerzlindernden und entzündungshemmenden Medikamenten sowie physikalischen Maßnahmen behandelt. Physiotherapeutisch erfolgen passive Bewegungsübungen zur stufenweisen Muskelkräftigung, anschließend wird Ergotherapie angewendet (Beschäftigungs- und Arbeitstherapie).

Operative Therapie. Bessern sich die Beschwerden innerhalb eines halben Jahres nicht oder bestehen deutliche Funktionseinschränkungen, ist eine chirurgische Behandlung angezeigt. Allerdings müssen das Alter und künftige Ansprüche an das Schultergelenk, der allgemeine und lokale Zustand ebenso berücksichtigt werden wie die Tatsache, dass die postoperative Nachbehandlung eine gute Mitarbeit des Patienten erfordert. Der Chirurg versucht, die Rotatorenmanschette am Oberarmkopf wieder zu fixieren bzw. Defekte zu schließen.

Prognose

Bei unbehandelter Rotatorenmanschettenruptur entwickelt sich eine Defektarthropathie mit erheblicher Funktionseinschränkung.

In den meisten Fällen ist unter konservativer Therapie mit einer ausreichenden Beschwerdebesserung zu rechnen, wobei relativ oft eine Muskelschwäche verbleibt. Die Ergebnisse der chirurgischen Therapie sind von individuellen Faktoren, der Operationstechnik sowie der Qualität der Nachbehandlung abhängig.

Infobox

ICD-10:
M75.1; S46.0

Internetadressen:
http://www.gvle.de (Kompendium)
http://www.dr-gumpert.de
http://www.leitlinien.net

Literatur:
Wülker, N. (Hrsg.): Taschenlehrbuch Orthopädie und Unfallchirurgie. Thieme, Stuttgart 2005

Rotavirusinfektion

► Jan ist ein aufgeweckter 2-jähriger Junge. Am liebsten spielt er auf dem Spielplatz und mit Autos. Seit gestern Abend hat er Durchfall. Heute Morgen hat er sich mehrmals erbrochen und fühlt sich fiebrig an.

Definition

Eine Rotavirusinfektion ist eine Ansteckung mit dem Rotavirus. Dieser Erreger verursacht Gastroenteritiden (Magen-Darm-Erkrankungen).

Ursachen

Rotaviren sind die häufigsten Erreger von Gastroenteritiden bei Säuglingen und Kleinkindern im Alter von 6–24 Monaten. Vor dem 7. Lebensmonat sind Kinder durch IgA-Antikörper im Kolostrum und in der Muttermilch weitgehend vor der Erkrankung geschützt. Bei Erwachsenen kommen ebenfalls Infektionen vor, z. B. bei Eltern infizierter Kinder, bei geriatrischen Patienten, bei Immungeschwächten und bei Fernreisenden.

Die Infektion erfolgt fäkal-oral direkt, über Lebensmittel und Trinkwasser sowie über Aerosol, da das Virus auch in die Atemwegssekrete freigesetzt wird. Bei uns kommen Infektionen v. a. in den Wintermonaten vor. Das Virus infiziert und zerstört Schleimhautzellen im Darm. Dadurch kann die Nahrung schlechter aufgenommen werden und wird aus osmotischen Gründen zusammen mit Flüssigkeit ausgeschieden.

Symptome

Nach einer Inkubationszeit von 1–3 Tagen kommt es zu Bauchkrämpfen, Erbrechen und wässrigem Durchfall für 4–5 Tage. In Einzelfällen kann es bis zu 30 Tage dauern. Gelegentlich tritt Fieber auf. Häufig sind Atemwegssymptome wie Schnupfen ebenfalls vorhanden.

Durch den Wasser- und Elektrolytverlust kann es zur Austrocknung (Exsikkose) des Körpers kommen (**Abb. R.25**). Bei älteren Kindern und Erwachsenen sind die Symptome meist weniger stark ausgeprägt.

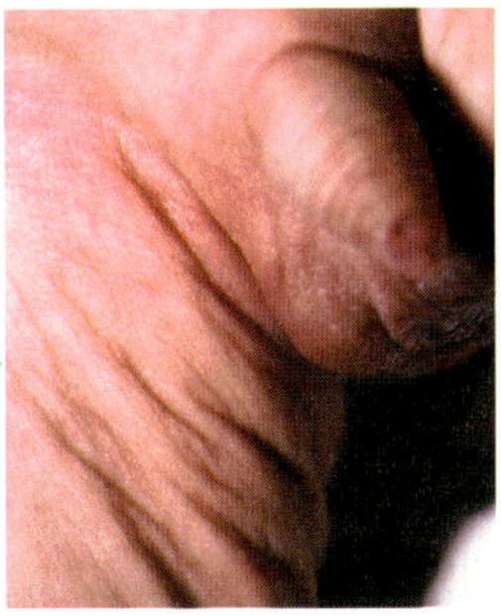

Abb. R.25 Rotavirusinfektion. Exsikkose bei einem Säugling mit deutlichen Hautfalten aufgrund starken Flüssigkeitsverlusts.

Diagnose

Klinisch unterscheidet sich die Erkrankung nicht von Gastroenteritiden durch andere Krankheitserreger. Um eine Rotavirusinfektion nachzuweisen, wird der Stuhl der Erkrankten im Labor im Antigen-Test untersucht.

Differenzialdiagnose

Gastroenteritiden können hervorgerufen werden durch:

- andere Viren (z. B. Norovirus, seltener Astro-, Saproviren),
- Bakterien (z. B. Staphylococcus aureus, → Salmonellen, Clostridium difficile, E. coli, Bacillus-Arten, Campylobacter),
- Parasiten (z. B. Lamblien).

Um den Erreger zu identifizieren sind bakteriologische und virologische Untersuchungen des Stuhls sowie ggf. der eingenommenen Nahrungsmittel erforderlich.

Therapie

Eine spezifische Therapie gegen das Virus gibt es nicht. Der Verlust von Wasser und Salzen muss durch entsprechende orale Flüssigkeitszufuhr wieder ausgeglichen werden. Gelingt der orale Wasser- und Elektrolytausgleich nicht, muss parenteral Flüssigkeit zugeführt werden. Ein Impfstoff gegen das Virus ist in Entwicklung.

Prognose

Jährlich sterben in Entwicklungsländern etwa 600.000 Kinder an einem Rotavirusinfekt, begünstig durch Unterernährung, unzureichende Pflege und Behandlung der Erkrankten. Bei entsprechender Pflege heilt die Erkrankung folgenlos aus. Nach der Infektion bleibt eine Immunität gegen das Virus zurück. Allerdings lässt sie mit der Zeit nach. Außerdem gibt es mehrere verschiedene Virusstämme, sodass weitere Infektionen möglich sind.

Infobox

ICD-10: A08.0

Internetadressen:

http://www.fwiegleb.de/rotavir

http://www.flexicon.doccheck.com/Rotavirusinfektion

Literatur:

Hof, H., Dörries, R.: Duale Reihe Medizinische Mikrobiologie, 3. Aufl. Thieme, Stuttgart 2005

Jassoy, Ch., Schwarzkopf, A. (Hrsg.): Hygiene, Mikrobiologie und Ernährungslehre für Pflegeberufe. Thieme, Stuttgart 2005

Röteln

► Thomas (23) studiert in München Medizin im 2. Semester. Es war schon immer sein größter Berufswunsch Arzt zu werden und er nimmt das stressige Studium gern in Kauf. Aber heute morgen fühlt Thomas sich besonders abgeschlagen und appetitlos. Mühsam schleppt er sich zu den Vorlesungen. Am nächsten Morgen bemerkt er einen Hautausschlag im Gesicht und auf der Brust und fühlt, dass die Lymphknoten im Nacken geschwollen sind.

Definition
Röteln sind eine akute Infektion, hervorgerufen durch das Rötelnvirus und verursachen Fieber, Lymphknotenschwellung, Hautausschlag und weitere mögliche Krankheitserscheinungen.

Ursachen
Die Übertragung des Rötelnvirus erfolgt als Tröpfcheninfektion über die Schleimhaut der Atemwege. Das Virus vermehrt sich zunächst in den regionalen Lymphknoten und breitet sich von dort über das Blut im Körper aus. Ursache des Hautausschlags ist eine immunologische Reaktion, die durch die Virusinfektion in Gang gesetzt wird.

Symptome
Die Infektion mit Rötelnvirus im Kindesalter verläuft zu 50% symptomfrei oder so symptomarm, dass sie nicht erkannt wird. Ansonsten kommt es nach einer Inkubationszeit von 10 – 21 Tagen zunächst zu Temperaturerhöhung, Abgeschlagenheit und Appetitlosigkeit. Anschließend entwickelt sich ein kleinfleckiger Hautausschlag, der sich vom Kopf her nach unten über den Körper ausbreitet (**Abb. R.26**), begleitet von Lymphknotenschwellungen insbesondere im Nacken, am Hals und hinter den Ohren. Nach 3 – 5 Tagen verblasst das Exanthem.

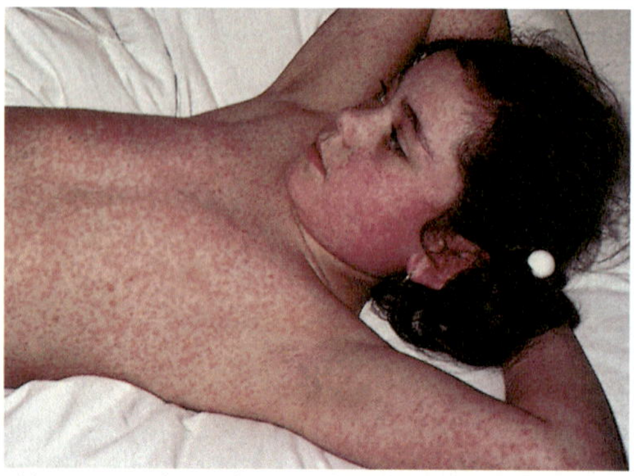

Abb. R.26 Rötelnexanthem. Runde und ovale, klein- bis mittelgroße, gering erhabene, rosarote Effloreszenzen.

Diagnose
Die Infektion kann durch Nachweis von IgM-Antikörpern im Serum diagnostiziert werden. Bei Neugeborenen mit → Röteln-Embryopathie kann das Virus aus Rachensekret und Urin im Labor angezüchtet werden.

Differenzialdiagnose
Die Lymphknotenschwellungen lassen an eine → Toxoplasmose denken. → Scharlach, Ringelröteln (→ Erythema infectiosum) und Enterovirusinfektionen verursachen manchmal einen ähnlichen Hautausschlag.

Therapie
Die Therapie richtet sich nach den Symptomen. Eine Lebendimpfung wird meist als eine Komponente des Masern-Mumps-Röteln-Impfstoffs mit vollendetem 1. Lebensjahr verabreicht. Die Impfung wird am Ende des 2. Lebensjahres sowie ggf. zur Schließung von Impflücken bei Mädchen vor Eintritt der Pubertät wiederholt.

Schwangere dürfen nicht gegen Röteln geimpft werden. Die Impfung deren Kinder ist jedoch möglich, da kein Ansteckungsrisiko für die Mutter besteht. Eine Schwangere, die nicht immun ist, sollte sofort nach der Geburt geimpft werden.

Prognose
I.d.R. ist die Heilung problemlos möglich und hat eine lebenslange Immunität zur Folge.

Komplikationen
Seltene Komplikationen sind Gelenkentzündungen an Fingern, Knien und Handgelenken, die meist bei Frauen vorkommen und mehrere Wochen anhalten können. Selten kommt es zu einer → Enzephalitis (in 20 – 50% der Fälle tödlich) oder Erkrankung anderer Organe.

Gefürchtet ist die Infektion während der ersten drei Monate der Schwangerschaft. Hierbei kann es zur Infektion des Embryos und zur → Röteln-Embryopathie kommen.

Infobox

ICD-10: B06

Internetadressen:
http://www.kinderaerzteimnetz.de
http://www.gesundheitpro.de

Literatur:

Hof, H., Dörries, R.: Duale Reihe Medizinische Mikrobiologie, 3. Aufl. Thieme, Stuttgart 2005

Jassoy, Ch., Schwarzkopf, A. (Hrsg.): Hygiene, Mikrobiologie und Ernährungslehre für Pflegeberufe. Thieme, Stuttgart 2005

Rötelnembryopathie

► Jana (26) ist Kindergärtnerin und dadurch immer mal wieder ansteckenden Krankheiten ausgesetzt, die von den Kleinen eingeschleppt werden. Nun ist sie in der 12. Woche schwanger und ausgerechnet jetzt ist ein Kind an Röteln erkrankt. Jana hatte Röteln zwar schon als Kind und glaubt, sie sei eigentlich immun gegen diese Krankheit. Trotzdem fühlt sie sich unsicher und sucht ihren Frauenarzt auf.

Definition

Eine Rötelnembryopathie ist eine Behinderung des Kindes von Geburt an. Sie entsteht durch eine während der Schwangerschaft über die Mutter erworbene Schädigung. Die Ursache ist eine Infektion der Mutter mit dem Rötelnvirus.

Synonym: Gregg-Syndrom (benannt nach dem Erstbeschreiber).

Ursache

Die Rötelnembryopathie ist eine der schwersten infektiösen Embryopathien und wird durch das Röteln- (Rubella-) Virus verursacht. Nach einer Inkubationszeit von 14 – 16 Tagen kommt es zu Hauterscheinungen, Lymphknoten- und Milzschwellungen, mitunter auch Gelenkbeschwerden. Die Krankheit ist meist harmlos und verläuft oft so mild, dass sie kaum bemerkt wird.

Wird eine schwangere Frau während der ersten Schwangerschaftshälfte infiziert, so kann das Virus über die Plazenta auch den Embryo infizieren und die sich entwickelnden Organe schädigen. Die Gefahr ist umso größer, je früher in der Schwangerschaft die Infektion eintritt. Bis zur 6. Woche führen 56% der mütterlichen Rötelninfektionen zu einer solchen Embryopathie, in der 7. – 10. Woche 25%, in der 13. – 17. Woche 10% und von der 18. – 21. Woche 4%. Danach sind kindliche Schädigungen durch Röteln sehr selten.

Symptome

Das Krankheitsbild ist insgesamt sehr variabel, von einer milden Trübung der Augenlinse bei ansonsten gesundem Kind (**Abb. R.27**) bis zu einer schweren Mehrfachbehinderung. Das klinische Bild der Rötelnembryopathie umfasst v. a.:

- Augenfehlbildungen wie Linsentrübung, Mikrophthalmie (zu kleiner Augapfel),
- Fehlbildungen des Ohres (→ Innenohrschwerhörigkeit bis zur kompletten → Gehörlosigkeit),
- Herzfehler (am häufigsten → Ventrikelseptumdefekt).

Seltener sind:

- Skelettveränderungen,
- Störungen der Zahnentwicklung,
- → Lippen-Kiefer-Gaumenspalten,
- Mikrozephalie (zu geringer Kopfumfang),
- geistige Behinderung unterschiedlichen Schweregrades.

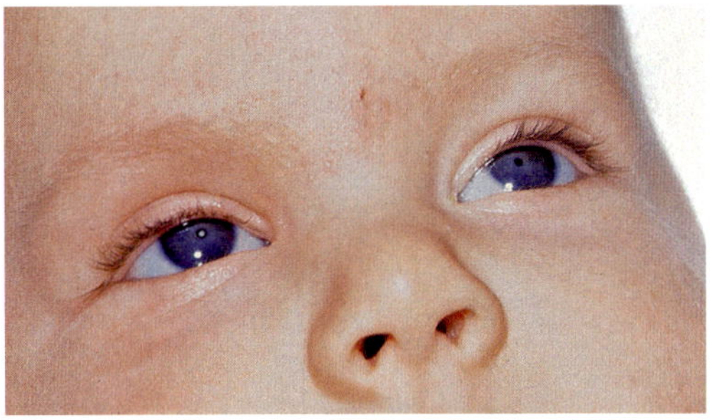

Abb. R.27 Rötelnembryopathie. Grauer Star (Katarakt) bei einem Säugling mit intrauteriner Rötelninfektion.

Diagnose

Entscheidend ist die frühzeitige Erkennung einer möglichen Rötelninfektion der Mutter in der Schwangerschaft. Bei geringstem Verdacht auf Rötelnkontakt muss eine serologische Antikörperbestimmung im Blut durchgeführt werden, bei der auch zwischen einer frischen und damit gefährlichen Infektion und einer vorher bestehenden Immunität unterschieden werden kann. Im Rahmen der Mutterschaftsvorsorge werden bei allen Schwangeren die Röteln-IgG-Antikörper bestimmt. Ein Titer von 1 : 16, 1 : 8 oder darunter bedeutet keinen sicheren Schutz vor einer Infektion.

Besteht nach der Serologie der Mutter der Verdacht auf eine frische Infektion, so kann durch eine Amniozentese bzw. Nabelschnurpunktion (**Abb. R.28**) im Fruchtwasser bzw. im Blut des Kindes geklärt werden, ob es infiziert worden ist. Die bei einem infizierten Kind noch nach der Geburt hohen Antikörpertiter können bei der Ursachenklärung verdächtiger Fehlbildungen helfen.

Differenzialdiagnose

Eine Embryopathie kann ebenso verursacht werden durch einige Medikamente oder Alkohol (→ fetales Alkoholsyndrom). Aber auch Infektionen der Mutter mit anderen Krankheitserregern (z. B. → Toxoplasmose, → Listeriose) können die Ursache sein (→ angeborene Infektionserkrankungen).

Therapie

Nach einer Röteln-Exposition muss eine Schwangere ohne ausreichenden Immunschutz innerhalb von 48 Std. mit Röteln-Hyperimmunglobulin behandelt werden; spätestens 5 Tage nach der Infektion ist es aber wirkungslos. Antivirale Medikamente, die gegen Rötelnviren wirksam wären, gibt es bislang nicht.

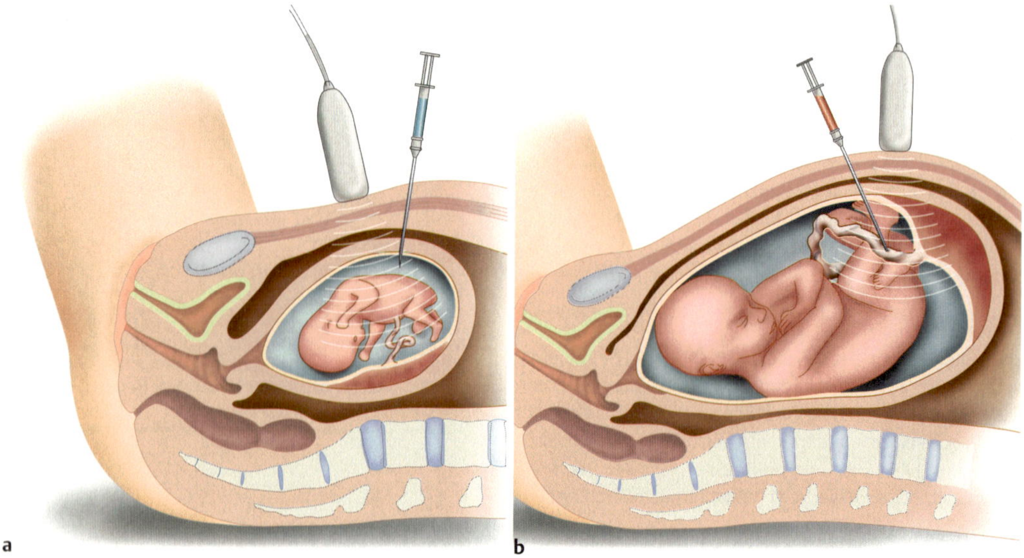

Abb. R.28 Mutterschaftsvorsorge. **a** Schematische Darstellung der Amniozentese, **b** sonografisch geführte Punktion der Nabelschnur.

Ist eine Infektion des Kindes nachgewiesen und mit einer Rötelnembryopathie zu rechnen, kann auf Wunsch der Schwangeren nach ausführlicher, auf den Einzelfall bezogener Beratung, ein Schwangerschaftsabbruch aus medizinischer Indikation erwogen werden.

Prognose

Eine natürliche Rötelninfektion hinterlässt zumeist eine lebenslange Immunität. Leider werden Röteln oft mit anderen Kinderkrankheiten verwechselt, so dass die Erinnerung einer Frau, die Röteln „irgendwann durchgemacht" zu haben, keinesfalls ausreicht.

Prophylaxe

Jedes Mädchen sollte vor Beginn des gebärfähigen Alters gegen Röteln geimpft werden, am besten im Rahmen der allgemein empfohlenen Dreifachimpfung Masern-Mumps-Röteln. Da eine Röteln-Impfung keine sichere dauerhafte Immunität hinterlässt, sollte bei bestehendem Kinderwunsch eine Antikörperbestimmung und, falls nötig, eine Auffrischungsimpfung vor der Schwangerschaft erfolgen.

Da es sich um eine Lebendimpfung handelt, soll ein Abstand von drei Monaten zwischen Impfung und Schwangerschaft eingehalten werden. Nach einer versehentlichen Rötelnimpfung während der Schwangerschaft ist das Risiko einer Embryopathie dennoch gering, so dass deshalb kein Schwangerschaftsabbruch in Betracht kommt.

Infobox

ICD-10:
P35.0

Internetadressen:
http://www.rki.de (Infektionskrankheiten von A–Z)

Literatur:

Enders, G.: Infektionen und Impfungen in der Schwangerschaft. Urban & Fischer, München 2006

Rotes Auge

▶ Schwester Maren vom ambulanten Pflegedienst berichtet der Augenärztin: „Ich bin gerade bei Herrn Schmitter und wollte die Augentropfen geben. Sein linkes Auge ist ganz rot. Er sagt, es ist alles in Ordnung und tut nicht weh. Möchten Sie sich das Auge zur Sicherheit mal ansehen? Er hatte dort doch zuletzt erst einen Glaukomanfall. Dann würde ich die Tochter anrufen, damit sie Herrn Schmitter zu Ihnen fährt."

Definition

Das Auge erscheint rot, wenn seine Bindehautgefäße oder die Gefäße der Episklera vermehrt gefüllt sind. Die Episklera ist die Bindegewebsschicht zwischen Lederhaut und Bindehaut.

Auch eine Bindehautunterblutung lässt das Auge rot erscheinen. Die vermehrte Blutfülle der Bindehautgefäße wird als konjunktivale Hyperämie oder konjunktivale Injektion bezeichnet. Bei der ziliaren Injektion sind die episkleralen Gefäße vermehrt mit Blut gefüllt.

Ursache

Ein rotes Auge kann eine harmlose Ursache haben, z. B. eine vermehrte Durchblutung der Bindehautgefäße nach einer schlaflosen Nacht oder nach Alkoholgenuss. Es kann aber auch eine die Sehkraft bedrohende Erkrankung, z. B. ein akutes → Glaukom anzeigen oder ein Zeichen für eine ansteckende → Konjunktivitis (Bindehautentzündung) sein.

Eine Bindehautunterblutung entsteht durch geplatzte Gefäße in Folge direkter Gewalteinwirkung oder z. B. durch starkes Husten oder Pressen. Die konjunktivale Hyperämie ist bei allen entzündlichen Reizungen der Bindehaut sowie z. B. bei Fremdkörpern verschiedener Art, Allgemeinerkrankungen und bestimmten Medikamenten zu finden. Die ziliare Injektion signalisiert eine Entzündung des Augeninneren, z. B. eine → Iritis (Regenbogenhautentzündung).

Symptome

Die Symptome bei einem rot erscheinenden Auge sind abhängig von der Ursache. Es können z. B. starke Schmerzen bei einem akuten Winkelblockglaukom, Lichtempfindlichkeit bei einer → Iritis oder → Keratitis und ein starker Juckreiz bei einer allergischen → Konjunktivitis auftreten.

Diagnose

Die konjunktivale Hyperämie erkennt man an den stark durchbluteten, angeschwollenen Bindehautgefäßen der Augapfel- und Lidbindehaut. Die ziliare Injektion ist als ein zirkuläres, rosarotes Band neben der Hornhaut zu sehen.

Die Bindehautunterblutung ist eine flache Blutung mit scharfen Rändern unter der Bindehaut mit der Tendenz, allmählich zum Limbus zu wandern. Der Limbus ist der Übergang von Hornhaut zu Binde- und Lederhaut.

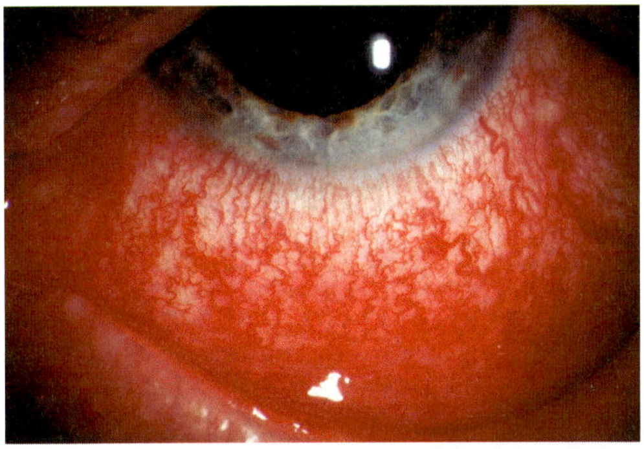

Abb. R.29 Konjunktivale Hyperämie. Deutlich sichtbare, hellrote Bindehautgefäße mit vermehrter Füllung, die in Richtung Limbus corneae abnimmt.

Differenzialdiagnose

Folgende Erkrankungen können zu einem roten Auge führen und müssen voneinander abgegrenzt werden:

- → Konjunktivitis,
- → Glaukom (Winkelblockglaukom; Glaukomanfall),
- → Iritis, Iridozyklitis,
- → Keratitis, Ulcus corneae und Erosio corneae (Hornhautgeschwür und oberflächlicher Hornhautdefekt),
- → Tumoren des Augeninneren.

Therapie

Die Behandlung richtet sich nach der Grunderkrankung.

Prognose

Die konjunktivale und die ziliare Injektion bilden sich zurück, wenn die Ursache beseitigt ist. Das Auge wird wieder „weiß". Eine Bindehautunterblutung wird i.d.R. in 7 – 14 Tagen von selbst resorbiert.

Komplikationen

Einige Ursachen des roten Auges wie akutes Winkelblockglaukom oder chronisch rezidivierende Iritis können unbehandelt zur Erblindung führen.

Infobox

ICD-10:
H57.9 G

Internetadresse:
http://www.auge-online.de

Literatur: Oestreicher, E. u. a.: HNO, Augenheilkunde, Dermatologie und Urologie für Pflegeberufe. Thieme, Stuttgart 2003

Ruhr

► Der 31-jährige Bert Söpel klagt seinem Arzt: „Ich wurde vor 10 Tagen hierher zur deutschen Botschaft versetzt. Ich war anfangs so fasziniert von Delhi, dass ich immer ganz lange unterwegs war. Dann habe ich öfters auf dem Markt etwas gegessen. Die Kollegen hatten mich ja gewarnt: „Boil it, peel it or forget it!", aber ich hatte eben Hunger. Jetzt habe ich plötzlich Durchfall. Es ist auch Blut und Schleim dabei."

Definition

Bei der Ruhr entzünden sich akut Dünn- und Dickdarm und es kommt zu starken Durchfällen. Die Ruhr wird entweder durch Entamoeba histolytica (Amöbenruhr) oder Shigellen (bakterielle Ruhr) ausgelöst.

Ursachen

Amöbenruhr. Entamoeba histolytica ist ein Einzeller, der über fäkal kontaminiertes Wasser oder Lebensmittel aufgenommen werden kann. Die Amöben, die monatelang außerhalb ihrer Wirte lebensfähig sind, können sich auch im Darm zunächst unauffällig verhalten. Wenn sie sog. Magnaformen bilden, werden sie infektiös und greifen die Darmwand an.

Bakterielle Ruhr. Auch die Shigellen werden über Wasser oder Lebensmittel übertragen, aber auch von Mensch zu Mensch und über Fliegen. Die Infektionsdosis (10 bis 100) ist sehr niedrig. Vier Spezies können die Krankheit auslösen, wobei in Europa v. a. Shigella sonnii und Shigella flexnerii verbreitet sind. Die Shigellen dringen in die Epithelzellen des Dickdarms ein und zerstören diese, so dass z. T. sehr weitläufige Entzündungen entstehen können (**Abb. R.30**).

Symptome

Amöbenruhr. Nach einer Inkubationszeit von etwa zwei Wochen entsteht Durchfall, der bald durch Blut- und Schleimabgang gezeichnet ist. Eine Temperaturerhöhung wird i.d.R. nicht beobachtet. Ohne Behandlung wird das Krankheitsbild häufig chronisch. Dennoch sind asymptomatische Besiedelungen mit Amöben am häufigsten.

Bakterielle Ruhr. Nach einer Inkubationszeit von 1 – 7 Tagen (i.d.R. 2 – 3 Tage) setzen die Symptome ein: Heftige Krämpfe, Fieber und blutige Durchfälle. Bis zu 30 Stuhlentleerungen mit jeweils geringen Mengen pro Tag sind möglich. Das Krankheitsbild endet meist auch ohne Therapie von selbst, kann aber im Einzelfall bis zu einem Monat dauern. Die häufige „Reisediarrhö" durch Shigella sonnei verläuft i.d.R. leicht.

Diagnose

In beiden Fällen erfolgt die Diagnose über eine Stuhlprobe, die mikrobiologisch untersucht wird. Bei den Amöben sucht man in einer mikroskopischen Untersuchung nach Amöbenzysten. Shigellen lassen sich dagegen auf entsprechenden Nährböden anzüchten und können so nachgewiesen werden. Die Speziesbestimmung erfolgt mittels biochemischer und serologischer Differenzierung.

Leberabszesse oder der Befall anderer Organe werden mittels Bild gebenden Verfahren (Sonografie, Computertomografie) dargestellt.

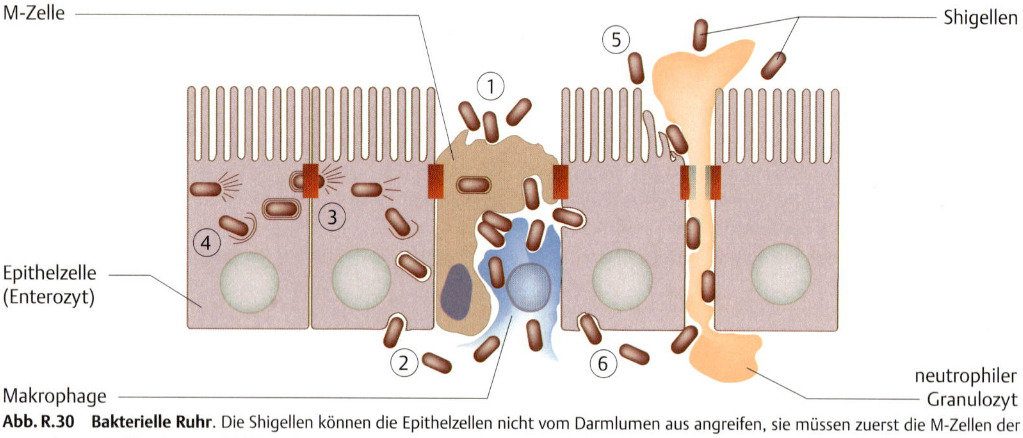

Abb. R.30 Bakterielle Ruhr. Die Shigellen können die Epithelzellen nicht vom Darmlumen aus angreifen, sie müssen zuerst die M-Zellen der Peyer-Plaques (zahlreiche Lymphfollikel) überwinden (**1**), und können dann von hinten in die Epithelzellen eindringen (**2**). Anschließend wandern sie immer weiter von Zelle zu Zelle (**3**), (**4**). Durch die intrazelluläre Vermehrung werden die Epithelzellen geschädigt und es kommt zu Nekrosen. Jetzt ist die Bahn frei für den direkten Zugang der Shigellen (**5**), die sich dann von Zelle zu Zelle noch mehr ausbreiten (**6**). Typisch für die Shigellose ist die Darmulzeration mit Blutungen und schmerzhaftem Stuhlgang (Tenesmen).

Differenzialdiagnose

Amöbenruhr. Als wichtigste Differenzialdiagnose zur Amöbenruhr wird die → Colitis ulcerosa genannt. Ein anderer, häufig Darminfektionen auslösender Parasit ist Giardia lamblia, der ohne Behandlung gleichfalls chronische Verläufe auslösen kann.

Bakterielle Ruhr. Die Differenzialdiagnose der bakteriellen Ruhr umfasst andere Enteritiserreger, die fieberhafte Infektionen auslösen, z. B. → Salmonelleninfektion oder Campylobacter, seltener → Rota- oder Caliciviren.

Therapie

Amöbenruhr. Die Therapie der Amöbenruhr besteht in der Gabe von Metronidazol und seinen Abkömmlingen (z. B. Tinidazol). Falls erforderlich, werden Elektrolyte und Flüssigkeit ergänzt.

Bakterielle Ruhr. Normalerweise reicht es aus, Wasser und Elektrolyte ausreichend zuzuführen und dem Patienten Bettruhe zu verordnen. Bei längeren Verläufen kann nach einem Antibiogramm eine Antibiotikatherapie angesetzt werden.

Komplikationen

Amöbenruhr. Unbehandelt kann die Amöbenruhr chronisch werden. Als besondere Komplikation ist ein Leberabszess möglich, der zu hohem Fieber und einer Leukozytose führt. Selten ist eine Zusammenballung der Amöben im Darm (sog. Amöbom).

Bakterielle Ruhr. Bis auf seltene, sehr ausgedehnte Darmentzündungen stellen sich normalerweise keine Komplikationen ein. Bei Patienten mit entsprechenden Grunderkrankungen kann jedoch die Herz-Kreislauf-Belastung durch den Durchfall zu Problemen führen.

Prognose

Bei beiden Erregern bzw. Erregergruppen ist die Prognose bei rechtzeitig einsetzender Behandlung gut.

Infobox

ICD-10:

A06.0 – Amöbenruhr

A3.9 – Bakterielle Ruhr

A3.1 – 3.3 – verschiedene Shigellenspezies

Internetadressen:

http://www.rki.de

http://www.netdoktor.de

Literatur:

Jassoy, C., Schwarzkopf, A. (Hrsg.): Hygiene, Mikrobiologie und Ernährungslehre für Pflegeberufe. Thieme, Stuttgart 2005

S

Salmonelleninfektion

► Familie Bergemann hat ihren Hausarzt herbeigerufen; die Mutter klagt: „Herr Doktor, wir haben alle Durchfall. Gestern haben wir noch so schön Annas Einschulung gefeiert. Bei den Kindern fing das Fieber und danach Erbrechen schon nachts an, später kam starker Durchfall dazu. Jetzt haben wir es auch. Kann das am Tiramisu liegen, das die Oma mitgebracht hatte? Vor allem Tom und Anna haben da richtig zugeschlagen."

Definition

Bei der Salmonelleninfektion befällt das Darmbakterium Salmonella enterica subspecies enterica die Darmwand. Die so entstehende Enteritis (Darmentzündung) äußert sich durch Fieber und Durchfall.

Weltweit gibt es über 2.000 Biovare (Abkömmlinge) der Salmonellen. Sie werden in zwei Gruppen unterteilt: Enteritis-Gruppe und → Typhus-Gruppe. Letztere unterscheiden sich in Verbreitung und vom klinischen Bild her.

Eine Salmonelleninfektion ist meldepflichtig nach §6 IfSG bei zwei oder mehr Fällen (bei Küchenpersonal auch im Einzelfall), Labormeldepflicht namentlich in jedem Fall (§7 IfSG).

Ursachen

Die Salmonellen werden meist mit Lebensmitteln aufgenommen, die etwa mit Rohei hergestellt wurden, wie im Fallbeispiel das Tiramisu. Auch andere, frische oder sogar gefrorene Geflügelprodukte sowie andere tierische Lebensmittel sind häufig mit Salmonellen kontaminiert. Werden Lebensmittel falsch gelagert und unzureichend gegart, können sich die Salmonellen stark vermehren. Auch Auftauwasser von Tiefkühlgeflügel kann andere Lebensmittel kontaminieren.

Salmonellen lagern sich nach einer Aufnahme der Infektionsdosis von ca. 100.000 bei gesunden Erwachsenen (weniger bei Kindern und Kranken) an die Darmwand an, infizieren sie und lösen damit den Durchfall aus.

Symptome

Nach einer Inkubationszeit von 5 Stunden bis 3 Tagen steigt die Temperatur und es setzt regelhaft Durchfall, seltener Erbrechen, ein. Der breiig-wässrige Durchfall wird schnell schleimig; Blut tritt später selten auf.

Salmonellen können jedoch auch außerhalb des Darms Infektionen auslösen. So wurden sie gelegentlich in Wirbelkörperabszessen und auch als Erreger einer → Pneumonie nachgewiesen, z. B. bei schwer abwehrgeschwächten Patienten mit → AIDS. Neurologische Erkrankungen, eine → Perikarditis und Gelenkentzündungen sind selten.

Normalerweise dauert das Krankheitsbild etwa eine Woche und endet von selbst. Die Erreger können aber erheblich länger ausgeschieden werden.

Diagnose

Salmonellen können im mikrobiologischen Labor leicht aus Stuhl angezüchtet werden, was die Verdachtsdiagnose sichert. Verdächtige Kulturen können mit speziellem Serum als Salmonellen identifiziert werden. Mit einer Serumpalette gegen Oberflächen- und Geißelantigene erfolgt dann die Feintypisierung zur Bestimmung des Biovars (Bakterienstämme einer Art, die sich durch biochemische Methoden nicht unterscheiden lassen).

Differenzialdiagnose

Differenzialdiagnostisch kommen andere typische Enteritiserreger in Frage, insbesondere Campylobacter oder → Rotavirus.

Therapie

Eine symptomatische Therapie mit Wasser- und Elektrolytersatz und ggf. weiteren Maßnahmen bei Grunderkrankungen, z. B. Herz-Kreislauf-Schwäche ist meistens ausreichend. Wird eine antibiotische Therapie erwogen, werden i.d.R. bei Erwachsenen Chinolone und bei Kindern Ampicillin eingesetzt.

Prognose

Die Prognose ist im Allgemeinen gut.

Komplikationen

Die Salmonellenenteritis nimmt meist einen unkomplizierten Verlauf. Komplikationen können sich also nur bei entsprechenden Grunderkrankungen ergeben. In etwa 5% der Fälle gelangen Salmonellen in die Blutbahn und lösen hohes Fieber, Schüttelfrost und gelegentlich einen Kollaps aus.

Manchmal werden die Salmonellen nach einer Infektion nicht vollständig eliminiert und dann sehr lange oder sogar lebenslang ausgeschieden. Eine solche Person wird dann zum sog. Dauerausscheider.

Infobox

ICD-10:
A2.0 – Salmonellenenteritis
A2.9 – Salmonelleninfektion

Internetadressen:
http://www.rki.de
http://www.netdoktor.de

Literatur:

Jassoy, Ch., Schwarzkopf, A. (Hrsg.): Hygiene, Mikrobiologie und Ernährungslehre für Pflegeberufe. Thieme, Stuttgart 2005

Sarkoidose

► Die 27-jährige Stationsschwester Simone erzählt: „Ich habe schon die ganze Schicht über gehustet und glaube, ich habe Fieber. Außerdem sind meine Knöchel geschwollen und tun total weh. Gerade habe ich gesehen, dass ich an beiden Unterschenkeln rötlichbraune Knoten habe. Wenn die Knoten nicht wären, würde ich denken, ich bekomme eine Grippe."

Definition

Bei der Sarkoidose bilden sich sehr kleine Bindegewebsknoten an Organen und stören deren Funktion. Die Erkrankung verläuft schubweise und befällt zu 90% die Lunge. Es gibt eine akute und eine chronische Form.

Synonyme: Morbus Boeck, Morbus Besnier-Boeck-Schaumann.

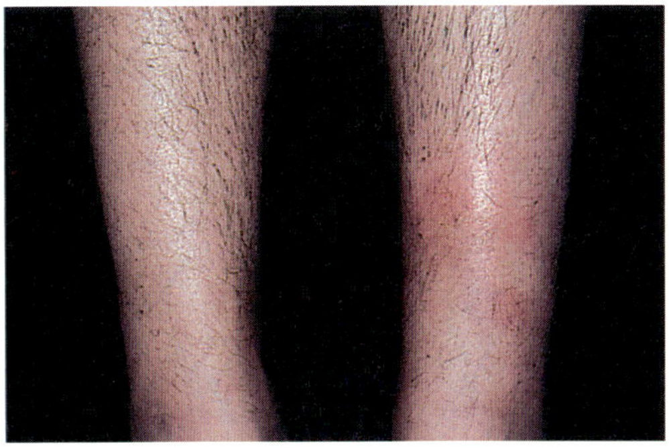

Abb. S.1 Erythema nodosum. Druckschmerzhafte gerötete Schwellungen bevorzugt an den Unterschenkelstreckseiten.

Ursachen

Die Ursache ist unbekannt. Eine Entzündung als Ursache konnte bislang nicht bewiesen werden. Genetische Faktoren scheinen eine Rolle zu spielen. In den befallenen Geweben bilden sich Granulome (Bindegewebsknoten) mit Langhans'schen Riesenzellen. Die Funktion der T-Lymphozyten ist gestört, die Aktivität der B-Zellen erhöht.

Symptome

Akute Sarkoidose (Löfgren-Syndrom). Es erkranken v. a. junge Frauen. Das Löfgren-Syndrom äußert sich durch geschwollene, schmerzhafte Sprunggelenke, rot-bläuliche Knoten an den Unterschenkeln (Erythema nodosum) und eine beidseitige Schwellung der Lymphknoten in der Lunge (**Abb. S.1**). Zusätzlich leiden die Patienten unter Husten, Atemnot oder Fieber.

Chronische Sarkoidose. Betrifft die chronische Form die Lunge, leiden die Patienten unter trockenem Husten, der manchmal von blutigem Auswurf begleitet ist. Später kann es unter Belastung zu Atembeschwerden kommen. Ein Befall von Organen äußert sich z. B. durch Hautveränderungen mit rötlichen Knötchen oder bläulichen Flecken, Lymphknotenschwellungen, Entzündungen der Augen (→ Uveitis, → Iritis), der Ohrspeicheldrüse (→ Parotitis) oder der Knochen (→ Osteitis). Außerdem kann das Nervensystem oder die Funktion von Herz, Nieren, Milz oder Leber gestört sein.

Diagnose

Im Röntgenbild des Thorax oder in der hochauflösenden Computertomografie (HRCT) ist zu erkennen, dass Lunge oder Herz befallen sind. Nach dem Ausmaß des Befalls wird die Sarkoidose in die Stadien I–IV eingeteilt.

Mittels einer Biopsie der Lunge oder befallener Organe wird Gewebe gewonnen und histologisch untersucht. Die mit einer bronchoalveolären Lavage gewonnene Spülflüssigkeit aus der Lunge zeigt eine erhöhte Anzahl der T-Lymphozyten. Im Blut können das Angiotensin-Converting-Enzyme (ACE), der Kalziumwert oder die Gammaglobuline erhöht sein.

Differenzialdiagnose

Ähnliche Lungensymptome treten auch beim malignen → Hodgkin-Lymphom, → Bronchialkarzinomen, → Tuberkulose, allergischer Alveolitis, Ornithose und Staublungenerkrankungen auf. Daneben muss beim Erythema nodosum und geschwollenen Knöcheln auch an Infektionen oder an die → chronische Polyarthritis gedacht werden.

Therapie

Die akute Sarkoidose kann bei Bedarf mit nichtsteroidalen Antiphlogistika (Azetylsalizylsäure, Indometacin) behandelt werden. Glukokortikoide (Prednison) werden nur in Ausnahmefällen gegeben.

Patienten mit chronischer Sarkoidose erhalten Kortikoide, wenn sich die Lungenfunktion verschlechtert, Organe befallen sind oder schwere Allgemeinsymptome bestehen.

Prognose

Die akute Sarkoidose heilt in über 95% der Fälle innerhalb einiger Monate von selbst.

Bei etwa 5 – 10% der Patienten mit chronischer Sarkoidose entsteht eine Überlastung des rechten Herzens (→ Cor pulmonale), eine respiratorische Insuffizienz, eine → Herzinsuffizienz oder → Herzrhythmusstörungen. Etwa 5% der Patienten sterben an der Erkrankung.

Infobox

ICD-10: 086.8, D86.9

Internetadressen:
http://www.sarkoidose.de
http://www.pathologie-online.de

Schädelbasisbruch

► Moritz (8) stürzt beim Spielen von einem Klettergerüst zwei Meter in die Tiefe. Mit dem Hinterkopf landet er auf dem Asphalt. Er ist zunächst bewusstlos und wird mit dem Krankenwagen in die Klinik eingeliefert. Aus einem Ohr läuft Blut, ihm ist schwindelig. Im CT finden sich Zeichen einer Schädelfraktur.

Definition

Der Schädelbasisbruch ist ein Bruch in der Schädelbasis infolge eines Traumas. Er tritt als Längs- oder Querfraktur auf.

Synonyme: Felsenbeinfraktur, otobasale Fraktur.

Ursachen

Zu einer Schädelbasisfraktur kommt es durch direkte Gewalteinwirkung auf den Schädel, z. B. im Rahmen von Verkehrsunfällen oder Schlägereien.

Symptome

Je nachdem, ob es sich um eine Längs- oder Querfraktur des Felsenbeins handelt, stehen andere Symptome im Vordergrund.

Die Felsenbeinlängsfraktur ist mit einem Anteil von 85 % der deutlich häufigere Typ der Schädelbasisfrakturen. Der Bruchspalt verläuft durch Gehörgang, Mittelohr, Trommelfell, Warzenfortsatz, Tube (Eustachi's che Röhre) und Fazialiskanal (Gesichtsnerv). Es kann zu Stufenbildungen im äußeren Gehörgang, zur Zerreißung des Trommelfells, zur Unterbrechung der Gehörknöchelchenkette oder einer Schallleitungshörstörung kommen. Die Lähmung des Gesichtsnervs ist bei dieser Frakturform seltener.

Die Felsenbeinquerfraktur verläuft durch den inneren Gehörgang, den Fazialiskanal und/oder das Labyrinth. Entsprechend steht die Innenohr-Symptomatik im Vordergrund. Es kommt zu Ertaubung und zum Ausfall des Gleichgewichtssinns. Gesichtsnervenlähmungen sind wesentlich häufiger als bei der Längsfraktur.

Bei beiden Formen kann es zur Otoliquorrhö (Abfluss von Gehirnflüssigkeit) kommen.

Diagnose

Oft sind die Patienten durch den Unfall mehrfach verletzt (Polytrauma) und werden in einer Intensivstation versorgt. Der HNO-Arzt führt die Untersuchungen durch, die der Allgemeinzustand des Patienten zulässt. Nach der allgemeinen HNO-Untersuchung inspiziert er den äußeren Gehörgang, wobei er auf Stufenbildung oder Ohrsekretion achtet. Ist das Trommelfell intakt, findet sich häufig ein Hämatotympanon (Blutansammlung im Mittelohr).

Falls möglich wird die Hörfunktion geprüft. Bereits mit der Stimmgabel lässt sich i.d.R. eine Störung der Mittelohrfunktion (→ Mittelohrschwerhörigkeit) von einer → Innenohrschwerhörigkeit unterscheiden. Die Gleichgewichtsfunktion wird unter der Frenzel-Brille beurteilt. Besteht ein Ausfall des Gleichgewichtsorgans, kommt es zum typischen Nystagmus (Augenzittern).

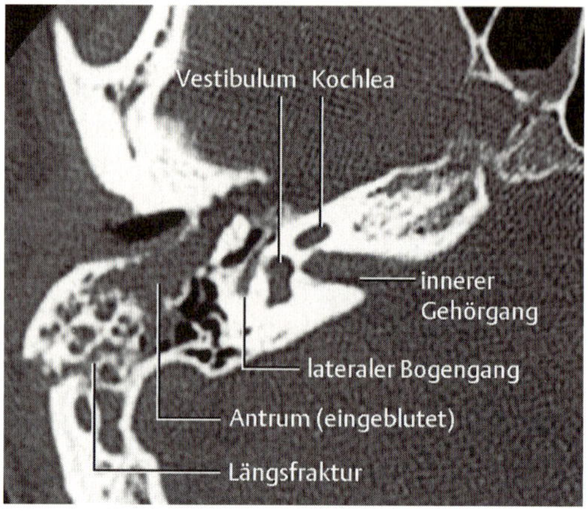

Abb. S.2 Felsenbeinlängsfraktur im axialen CT.

Bei der Beurteilung der Gesichtsnerven ist besonders darauf zu achten, ob sich eine evtl. auftretende Gesichtslähmung erst allmählich entwickelt oder von Anfang an voll ausgeprägt war. Diese Unterscheidung ist wichtig für die Prognose aber auch für das weitere Vorgehen. Die röntgenologische Diagnostik erfolgt i.d.R. mittels einer Computertomografie (CT) (**Abb. S.2**).

Therapie

Die Therapie richtet sich nach dem Ausmaß der Schädigung. Der Gehörgang wird gereinigt und steril abgedeckt. Bei Innenohrschwerhörigkeit wird eine rheologische Behandlung ähnlich wie beim → Hörsturz eingeleitet. Schwindelbeschwerden werden symptomatisch mit Antivertiginosa behandelt.

Eine sofortige, komplette Fazialisparese stellt eine Indikation zur Operation dar. Hierbei wird versucht, die Kontinuität des Gesichtsnerven wieder herzustellen.

Prognose

Bei Längsfrakturen ist in den meisten Fällen nicht mit Folgeschäden zu rechnen. Bei Querfrakturen mit Beeinträchtigung von Innenohrfunktion und Gesichtsnerv ist ein bleibender Funktionsausfall zu erwarten.

Infobox

ICD-10: S02.1

Internetadressen: http://www.hno.org
http://www.leitlinien.net

Schädel-Hirn-Trauma

► Die Vögel zwitschern, die Sonne scheint. Die Reitergruppe nähert sich einem kleinen Wald, der Weg wird ein wenig breiter. „Wir können ja mal galoppieren", schlägt Caroline vor, „das machen wir hier immer." Doch Gerd lehnt ab. „Das ist mir heute zu heikel. Die Pferde sind sehr unruhig. Lass uns einfach ein wenig traben." Er drückt die Schenkel zusammen und sein Pferd fällt in den Trab. Die anderen folgen ihm. Plötzlich fällt ein Schuss. Die Pferde scheuen, Carolines Reitkappe fliegt in hohem Bogen ins Gebüsch und Caroline landet mit dem Kopf auf dem Asphalt. Sie ist bewusstlos und Gerd ruft sofort den Notarzt.

Definition

Beim Schädel-Hirn-Trauma entsteht durch äußere Gewalteinwirkung oder eine Hirnwunde eine Funktionsstörung des Gehirns. Das Trauma wird je nach Dauer der posttraumatischen Bewusstseinsstörung in drei Schweregrade eingeteilt (**Tab. S.1**).

Die Begriffe Hirnerschütterung (→ Commotio cerebri), Hirnprellung (Contusio) oder Hirnquetschung (Compressio) sind nicht geeignet, den Schweregrad anzugeben.

Ursachen

Der kindliche Kopf ist wegen seiner relativen Größe bei Unfällen besonders gefährdet. Bei Säuglingen und Kleinkindern resultieren Schädel-Hirn-Traumen bevorzugt aus häuslichen Unfällen und v. a. Misshandlung (Battered-Child-Syndrom). Im Vorschul- und Schulalter werden die Verletzungen v. a. durch Unfälle im Straßenverkehr verursacht. Jungen sind häufiger betroffen als Mädchen. Entwicklungsstörungen oder Verhaltensauffälligkeiten können disponierende Faktoren sein.

Symptome

Meist tritt unmittelbar nach dem Trauma, selten später, eine Bewusstseinsstörung auf, die jedoch bei einem isolierten Schädelbruch fehlen kann. Durch ein traumatisch bedingtes, zytotoxisches Hirnödem, das sehr rasch oder auch protrahiert (verzögert) entsteht, nimmt der intrakranielle Druck zu, Bewusstlosigkeit und Koma sind die Folge.

Tab. S.1

Schweregrad	Dauer der Bewusstseinsstörung	Glasgow-Koma-Skala
leicht	< 1 Stunde	17 – 19
mittel	1 bis 24 Stunden	12 – 16
schwer	> 24 Stunden	< 11

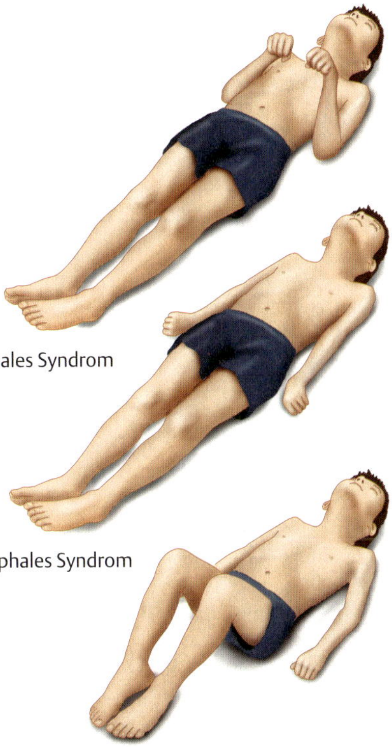

a Dienzephales Syndrom

b Mesenzephales Syndrom

c Bulbäres Syndrom

Abb. S.3 Unterschiedliche Körperhaltung bei Einklemmungssyndromen.

Vor allem bei kortikalen Verletzungen treten als fokale Symptome Lähmungen und Anfälle (Frühest- und Frühanfälle) auf. Häufig sind vegetative Symptome wie Erbrechen, Blutdruckanstieg, → Schock, Bradykardie bzw. Tachykardie, Hyper- oder Hypoventilation (periodische Atmung, Schnappatmung, Cheyne-Stokes-Atmung) oder Atemstillstand.

Eine bestimmte Körperhaltung und Streckkrämpfe deuten darauf hin, dass Hirnstrukturen eingeklemmt sind (dienzephales und mesenzephales bzw. bulbäres Syndrom) (**Abb. S. 3**). Für eine unterschiedlich lange Zeit vor dem Unfall besteht retrograde Amnesie. Das Gedächtnis kehrt erst nach Wiedererlangen des Bewusstseins zurück.

Diagnose

Unmittelbar nach dem Unfall sind die Vitalfunktionen zu sichern. Puls, Blutdruck, Atmung, Pupillenreaktion, Reflexe und Urinausscheidung müssen regelmäßig überwacht werden. Bereits vor Ort sind anamnestische Angaben zum

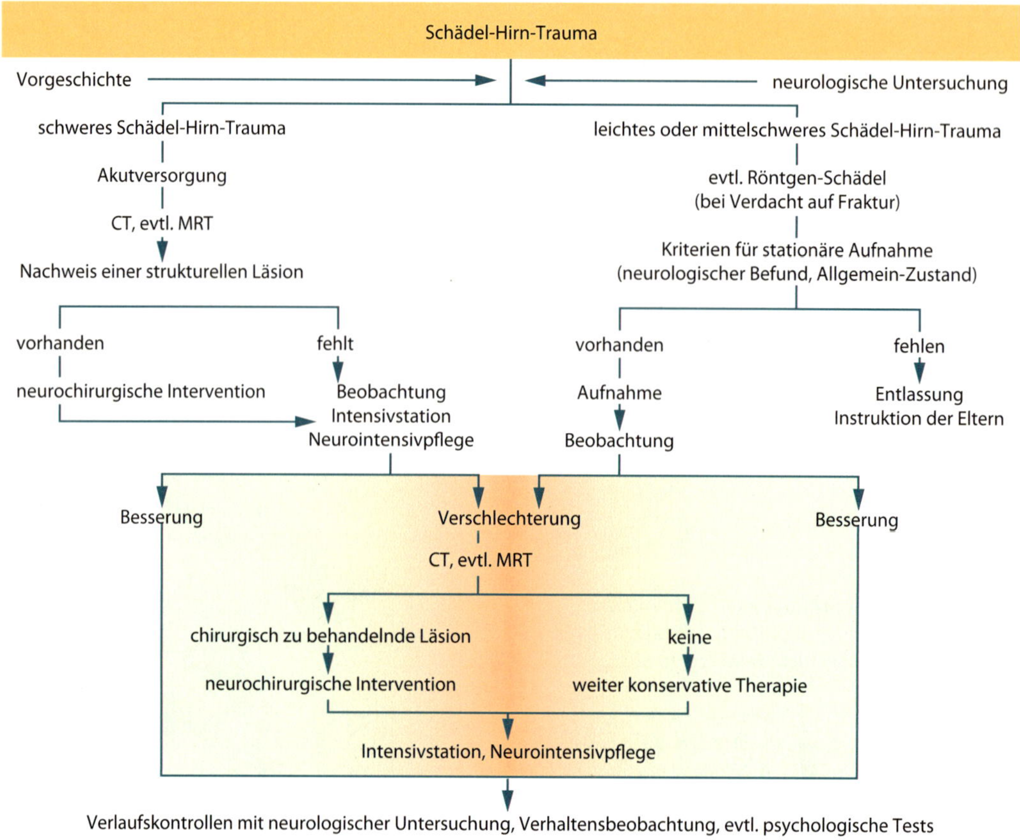

Abb. S.4 Diagnostisches Vorgehen bei Schädel-Hirn-Trauma.

Unfallhergang und erhobene Befunde, auch wegen der oft nachfolgenden versicherungsrechtlichen Fragen, genau zu dokumentieren.

Besteht ein Widerspruch zwischen Anamnese und Traumafolgen, ist eine Misshandlung als Ursache möglich. Es ist auf weitere Verletzungen an Skelett und Abdomen zu achten. Bei Verdacht auf ein Polytrauma werden weitere Untersuchungen, wie Röntgenaufnahmen, Sonografie, Peritoneallavage erforderlich, da Symptome durch die Bewusstlosigkeit verschleiert sein können (**Abb. S.4**).

Die Bewusstseinslage ist mit der Glasgow-Koma-Skala festzulegen (s. **Abb. K.39**, S. 542), bei der neurologischen Untersuchung wird v. a. auf Pupillenreaktion, Hirnnervenausfälle, proprio- und exterozeptive Reflexe, Abwehrbewegungen und Körperhaltung bei Stimulation geachtet.

Bildgebende Diagnostik, wie CT bzw. MRT zum Nachweis von umschriebenen Läsionen, Blutungen, Ödembildung, sollte rasch erfolgen, v. a. wenn einseitige Mydriasis (Pupillenerweiterung durch Okulomotoriuslähmung) und Halbseitensymptome auf ein intrakranielles Hämatom hindeuten (**Abb. S.5**). Mit Röntgenaufnahmen werden Kalotten- und Basisfrakturen erfasst.

Differenzialdiagnose

Als Differenzialdiagnose kommen akute → Subarachnoidalblutung (Aneurysmablutung), → Tumoren, epileptische Anfälle (→ Epilepsie), Intoxikationen und Entzündungen in Frage. Anamnese und äußere Verletzungen geben die entscheidenden Hinweise.

Therapie

Nach Erstversorgung mit Stabilisierung der Vitalfunktionen (ggf. Intubation, Beatmung, Herzmassage) und Schockbekämpfung (Infusion) ist unverzüglich mit geeignetem Transportmittel (stabile Lagerung bei leicht angehobenem Kopf) die Klinikeinweisung zu organisieren.

Bei leichtem Trauma reicht es aus, den Betroffenen zu überwachen. Wegen der Gefahr einer Blutung muss dieses aber für mindestens 24 Std. gewährleistet sein. Kinder werden dabei auch in der Nacht geweckt, um eine sekundäre Bewusstlosigkeit nicht zu übersehen. Eine offene Fraktur muss rasch versorgt werden, eine Impressionsfraktur von mehr als Kalottenbreite ist operativ zu beheben. Bei Kindern kann durch Zwischenschieben von Dura (Hirnhaut) eine wachsende Fraktur (Verbreiterung des

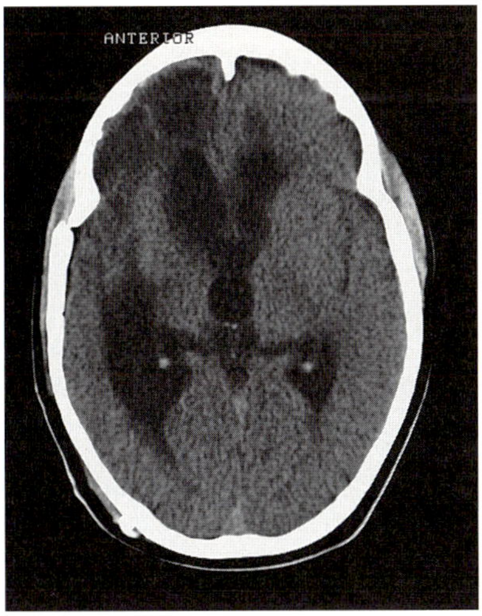

Abb. S.5 Schädel-Hirn-Trauma. In diesem CT ist rechts frontal ein ausgeprägtes Ödem zu erkennen. Der Seitenventrikel und der 3. Ventrikel sind erweitert.

Bruchspaltes nach Wochen bzw. Monaten) entstehen, die dann operiert werden muss.

Neurointensivbehandlung mit evtl. weiteren diagnostischen Maßnahmen (z. B. Angiografie) werden bei einem Wert von weniger als 11 in der Glasgow-Koma-Skala nötig. Vitalfunktionen und, bei schwerem Trauma, auch die intrakraniellen Druckwerte müssen regelmäßig überwacht werden (epi- oder subduraler Druckfühler). Treten Anfälle auf, sind Antikonvulsiva zu verabreichen, oft werden wegen Infektionsgefahr auch Antibiotika gegeben.

Sekundäre Schäden kann man verhindern, indem man den intrakraniellen Druck senkt z. B. durch:

- schonende Manipulationen,
- leichte Hochlagerung des Kopfes,
- spezielle Beatmung mit Hyperventilation,
- Gabe von Barbituraten und Diuretika oder Kortikoiden (nach kontrollierten Untersuchungen wenig wirksam); neuroprotektive Mittel werden erprobt,
- chirurgische Dekompression (Entfernen der Schädelkalotte).

Günstig ist besonders bei Kindern, wenn vertraute Personen auf der Intensivstation anwesend sind. So kann das „Dornröschenschlaf-Syndrom" als Reaktion auf die beängstigende Umgebung vermieden werden. Sobald wie möglich sollten rehabilitative Maßnahmen erfolgen (Physiotherapie, Ergotherapie, Logopädie usw.).

Prognose

Die Schwere des Traumas wie die Ausdehnung und Lokalisation der Verletzung, aber auch das Ausmaß des Hirnödems und der dadurch bedingten Komplikationen, bestimmt die Aussichten auf Erholung. Diese kann vollständig sein, doch können auch Restsymptome oder eine schwere Behinderung zurückbleiben, z. B.:

- Lähmungen, v. a. spastische Halbseitenparese,
- Aphasie oder Apraxie (Störung der Sprache bzw. Handlungsplanung) und andere sog. Werkzeugstörungen,
- psychoorganisches Syndrom,
- epileptische Anfälle (v. a. bei kortikalen Verletzungen),
- auch Jahre nach dem Trauma auftretende Anfälle,
- → apallisches Syndrom.

Beim apallischen Syndrom kommt es zu einer funktionellen Trennung zwischen Kortex und dienzephal-mesenzephalen Zentren. Die Patienten erscheinen wach (Coma vigile), reagieren aber nicht auf visuelle oder akustische Reize, auch treten verschiedene automatische Reaktionen auf. Eine Rückbildung der Symptome ist möglich, allerdings mit bleibenden Folgen.

Komplikationen

Komplikationen drohen durch intrakranielle Blutungen, wenn diese das Gehirn komprimieren und verlagern. Beim → Epiduralhämatom muss die Blutung aus der Arteria meningea media unverzüglich gestoppt werden. Ein → Subduralhämatom durch venöse Blutung aus Brückenvenen entsteht langsam. Ursache ist bei Säuglingen und Kleinkindern nicht selten eine Misshandlung, man findet dann oft auch Netzhautblutungen und Knochenfrakturen. Bei der traumatischen → Subarachnoidalblutung kommt es zu tiefer Bewusstlosigkeit und Einklemmungserscheinungen.

Infektionen, besonders bei Hirnwunden, können zu → Abszessen führen. In Folge eines Schädelbasisbruchs entsteht gelegentlich eine Liquorfistel. In einem solchen Fall läuft wasserklare, glukosehaltige Flüssigkeit aus Nase oder Ohren, es besteht Infektionsgefahr (posttraumatische → Meningitis). Falls es nicht zu spontanem Verschluss kommt, ist operative Behandlung nötig.

Wichtig ist v. a. im Kindesalter eine Unfallprävention durch geeignete Aufklärung. Schutzhelme müssen bei allen gefährdenden Aktivitäten unbedingt getragen werden.

Infobox

ICD-10: S06

Internetadressen:

http://www.kuratorium-zns.de
http://www.schaedel-hirnpatienten.de
http://www.schritt-fuer-schritt.de

Literatur:

Bauer, H. B. L., Kuhn, T. J.: Severe Head Injuries – Pathology, Diagnosis, and Treatment. Springer, Berlin 1997

Ritz, A., Schulte, F. J.: Verletzungen des zentralen Nervensystems. In Lentze, M. J. u. a.: Pädiatrie, Grundlagen und Praxis, 2. Aufl. Springer, Berlin (2003) 1446

Scharlach

► Frau Wölke stellt ihre 11-jährige Tochter der Kinderärztin vor: „Seit gestern klagt Nathalie über Halsschmerzen und hat hohes Fieber. Als ich ihr in den Hals geschaut habe, waren die Mandeln geschwollen und hatten Eiterstippchen. Auch die Zunge ist ganz rot und dick. Heute geht es Nathalie noch schlechter, sie hat jetzt auch einen Ausschlag auf der Haut und im Mund. Kann das Scharlach sein, wegen der Zunge?"

Definition

Als „Scharlach" wird die Infektion mit Streptococcus pyogenes, die das erythrogene Toxin A oder C erzeugen, bezeichnet.

Ursachen

Streptococcus pyogenes, auch als Streptokokken der serologischen Gruppe A bezeichnet, erregen v. a. bei Kindern eitrige → Mandelentzündungen (Angina lacunaris). Sie lösen auch Wundinfektionen wie das → Erysipel aus. Einige Stämme tragen Toxingene. Sie erzeugen das erythrogene Toxin A oder C und führen zu Scharlach.

Symptome

Das Krankheitsbild beginnt meist mit hohem Fieber und starken Halsschmerzen. Die Halsentzündung (→ akute Pharyngitis) bleibt bestehen, Scharlachexanthem (Hautausschlag) und Enanthem (Ausschlag auf den Schleimhäuten) kommen hinzu (**Abb. S.6**). Seltener geht Scharlach von Wundinfektionen aus.

Charakteristisch ist die sog. Himbeerzunge. Damit ist eine Entzündung der Zunge gemeint, die zu einer Rötung führt und zur Schwellung der Geschmackspapillen, was entfernt an Himbeeren erinnert (**Abb. S.6 b**).

Diagnose

Das Krankheitsbild ist eindeutig.

Für die Diagnose der Angina steht ein Schnelltest mit Farbumschlag zur Verfügung.

Vor allem bei Penizillinallergie sollte die unkomplizierte mikrobiologische Anzucht mit einer Resistenztestung durchgeführt werden, um evtl. Resistenzen gegen Makrolide (neuere Antibiotika-Art) zu erkennen. Auch Antikörpernachweise (z. B. Anti-Streptolysintiter, ASL) stehen zur Verfügung.

Therapie

Die Halsentzündung endet i.d.R. auch ohne Therapie nach einer Woche. Die Scharlachausschläge enden nach zwei Wochen, wobei sich anschließend die Handflächen und Fußsohlen schuppen.

Obwohl das Krankheitsbild spontan endet, wird wegen der relativ unangenehmen Komplikationen eine Therapie mit Penizillin oder Makroliden durchgeführt. Auch Zephalosporine werden erfolgreich eingesetzt.

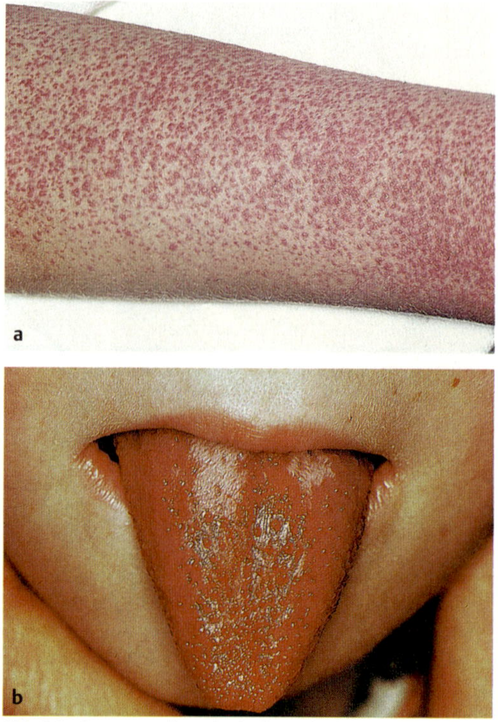

Abb. S.6 Symptome bei Scharlach. a Scharlachexanthem, **b** Himbeerzunge.

Prognose

Wegen der frühzeitig einsetzenden Therapie ist die Prognose heute gut. Infektionen mit Streptococcus pyogenes können Folgeerkrankungen nach sich ziehen. Das akute → rheumatische Fieber ist eine nichteitrige Gelenksentzündung mit erhöhter Temperatur, die akute diffuse Glomerulonephritis eine Nierenentzündung mit erhöhter Ausscheidung von Proteinen und roten Blutkörperchen im Urin.

Infobox

ICD-10: A38

Internetadressen:
http://www.rki.de
http://www.onmeda.de

Literatur:

Jassoy, Ch. u. Schwarzkopf, A. (Hrsg.): Hygiene, Mikrobiologie und Ernährungslehre für Pflegeberufe. Thieme, Stuttgart 2004

Schenkelhalsfraktur

► Elfriede Vehrke (73) erzählt Pflegeschülerin Steffi: „Heute Morgen bin ich zu Hause gestolpert und hingefallen. Ich konnte nicht selbst aufstehen und kam auch nicht ans Telefon. Erst mittags hat meine Tochter mich dann gefunden. Seit mein Mann tot ist, lebe ich allein. Ich kann mich noch ganz gut selbst versorgen, aber ich gehe nicht mehr gerne aus dem Haus. Manchmal ist mir nämlich so schwindlig."

Definition

Bei der Schenkelhalsfraktur bricht der Femur (Oberschenkelknochen) zwischen Hüftkopf und Trochanter.

In Deutschland werden pro Jahr etwa 100.000 Schenkelhalsfrakturen pro Jahr gezählt; die Tendenz ist steigend. Die Behandlungskosten belaufen sich auf jährlich 2,5 Milliarden Euro.

Einteilung

Schenkelhalsfrakturen gehören wie die pertrochantäre und subtrochantäre → Femurfraktur zu den proximalen, also körpernahen, Oberschenkelfrakturen (**Abb. S.7**). Man unterscheidet mediale Schenkelhalsfrakturen und laterale Schenkelhalsfrakturen.

Mediale Schenkelhalsfraktur. Hier verläuft die Frakturlinie innerhalb der Gelenkkapsel. Die mediale Schenkelhalsfraktur lässt sich nach dem Grad der Fragmentverschiebung (Garden-Klassifikation) oder nach dem Frakturlinienverlauf (Pauwels-Klassifikation) weiter klassifizieren. Die Faktoren haben Einfluss auf die Art der Therapie.

Laterale Schenkelhalsfraktur. Bei dieser seltenen Form verläuft die Frakturlinie außerhalb der Gelenkkapsel.

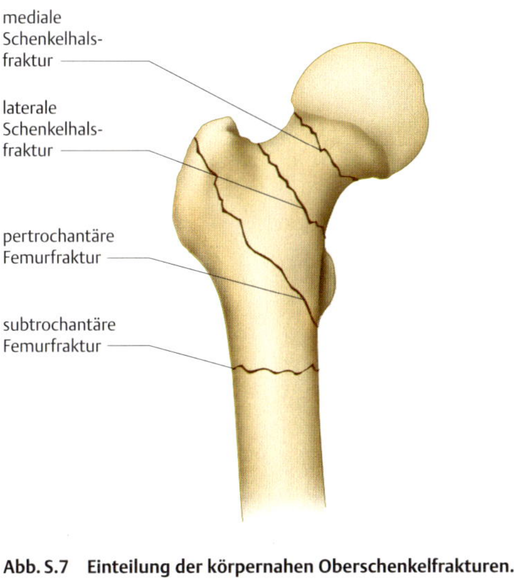

Abb. S.7 Einteilung der körpernahen Oberschenkelfrakturen.

Ursachen

Bei den meist betroffenen alten Menschen ist oft ein Sturz auf die Hüfte zu Hause vorausgegangen. Grund dafür sind z. B. Seh-, Gleichgewichts- oder Koordinationsprobleme. Liegt eine → Osteoporose vor, können bereits Bagatelltraumen den Schenkelhals brechen lassen.

Bei jungen Menschen ist die Ursache eine erhebliche Gewalteinwirkung bei Verkehrsunfällen, Stürzen vom Fahrrad oder beim Skifahren sowie Stürze aus großer Höhe.

Symptome

Es bestehen starke Schmerzen in der Hüfte, die z. T. ins Knie ausstrahlen. Die Patienten können nicht gehen und das Bein nicht aktiv von der Unterlage heben. Auch die passive Beweglichkeit ist schmerzhaft eingeschränkt. Bei instabilen Frakturen mit Verschiebung der Frakturenden erscheint das Bein verkürzt und ist nach außen rotiert. Manchmal sind Prellmarken und → Hämatome zu sehen.

Bei eingestauchten Schenkelhalsfrakturen fehlen dagegen manchmal die Frakturzeichen. Diese Patienten laufen teilweise noch und stellen sich erst mit Verzögerung wegen zunehmender Schmerzen beim Arzt vor.

Diagnose

Typisch bei der klinischen Untersuchung sind ein Leistendruck- und Trochanterklopfschmerz. Zusätzlich werden die Durchblutung (Pulse) und die Sensibilität des betroffenen Beines untersucht, um begleitende Gefäß- und Nervenschäden zu erkennen.

Das Becken wird geröntgt und eine axiale Röntgenaufnahme des proximalen Femurs angefertigt (**Abb. S.8**). Meist ist das für die Beurteilung der Fraktur und die Operationsplanung ausreichend. Sind keine sicheren Frakturzeichen zu erkennen, erfolgt die Computertomografie.

Differenzialdiagnose

Bei pertrochantärer und subtrochantärer → Femurfraktur treten ähnliche Symptome auf wie bei einer Schenkelhalsfraktur. Möglich sind auch Frakturen der Hüftpfanne, des Hüftkopfes oder die vordere → Beckenringfraktur sowie die traumatische → Hüftgelenksluxation. Im günstigsten Fall liegt lediglich eine Hüftprellung vor.

Therapie

Je nach Alter stehen unterschiedliche Therapieziele im Vordergrund. Alte Menschen mit Schenkelhalsfraktur sollen so schnell wie möglich wieder laufen können. Das mindert das Thrombose-/→ Embolie-Risiko und verkürzt die Rehabilitationszeit, denn bettlägerige Menschen verlieren sehr schnell Muskelmasse, die von alten Menschen nur schwer wieder aufgebaut werden kann.

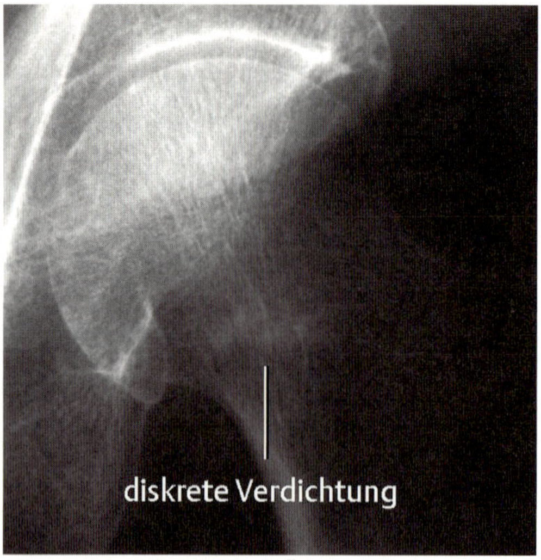

Abb. S.8 Schenkelhalsfraktur. Nicht immer ist bei einer Schenkelhalsfraktur ein Fraktur-„Spalt" zu erkennen.

Bei biologisch jungen Menschen (meist unter 65 Jahre) wird versucht, möglichst den Hüftkopf zu erhalten, da Gelenkprothesen nur eine begrenzte Haltbarkeit haben. Deshalb ist die schnellstmögliche Behandlung erforderlich, um eine → Hüftkopfnekrose in Folge von Durchblutungsstörungen zu verhindern (Abknicken von Gefäßen, hoher Druck in Gelenkkapsel wegen Frakturhämatom).

Wird nicht sofort operiert, etwa weil ein erhöhtes Operationsrisiko besteht (alte, multimorbide Patienten), werden instabile Frakturen in Extension gelagert, z. B. in Schienbeinkopf-Extension auf der Braun'schen Schiene oder im Extensionsbett. Bei stabilen Frakturen erfolgt die Lagerung in einer Schaumstoffschiene.

Konservative Therapie

Allenfalls bei stabilen Frakturen oder wenn Kontraindikationen gegen eine Operation bestehen, wird nicht operiert. Das Hüftgelenk wird dann punktiert, um das Frakturhämatom zu entfernen. Dabei kann zugleich ein Lokalanästhetikum zur Schmerzlinderung injiziert werden. Das Bein wird gelagert, es erfolgt eine medikamentöse Schmerztherapie sowie eine Thromboseprophylaxe. Je nach Heilungsverlauf, der durch Röntgenaufnahmen kontrolliert wird, beginnt später die Physiotherapie und die allmähliche Mobilisation des Patienten.

Chirurgische Therapie

Entweder wird hüftkopferhaltend operiert (Osteosynthese) oder der Hüftkopf ersetzt (Endoprothese). Zu den Osteosynthesen gehören die dynamische Hüftschraube (DHS) und die Schraubenosteosynthese, zu den Endoprothesen die Totalendoprothese und die Hemiprothese.

Osteosynthese

Das Prinzip ist, die Fraktur zu reponieren, also in die richtige Lage zu bringen, und mit Schrauben zu fixieren. Das Operationsergebnis wird radiologisch kontrolliert. Vorteil der Osteosynthese ist, dass während des Eingriffs wenig Weichteile verletzt werden.

Da das Bein nach der Operation nicht sofort voll belastet werden darf, muss die Knochensubstanz noch ausreichend stabil sein. Außerdem muss der Patient in ansonsten guter körperlicher Verfassung sein, da er postoperativ mindestens sechs Wochen an Unterarmgehstützen laufen und das betroffene Bein entlasten muss. Die Metallimplantate werden nach ein bis zwei Jahren entfernt, manchmal aber auch belassen.

Dynamische Hüftschraube (DHS). Dies ist eine Schenkelhalsschraube mit einer zusätzlichen abgewinkelten Platte, die am Femurschaft angeschraubt wird. Die Schraube verläuft durch den Schenkelhals in den Hüftkopf und kann hin- und hergleiten. Dies verursacht einen Stauchungseffekt im Frakturbereich. Diese dynamische Kompression soll den Heilungsprozess beschleunigen.

Kanülierte Schraubenosteosynthese. Drei Schrauben werden mit kurzem Gewinde in den Hüftkopf eingebracht, sodass dieser in stabiler Position auf dem distalen Fragment sitzt.

Endoprothese

Das Prinzip ist, das Hüftgelenk durch ein künstliches Gelenk zu ersetzen; bei der Hemiprothese teilweise und bei der Totalendoprothese komplett (**Abb. S.9**). Vorteil der Endoprothese ist, dass der Patient nach der Operation rasch voll belasten darf. Von Nachteil ist, dass der Eingriff

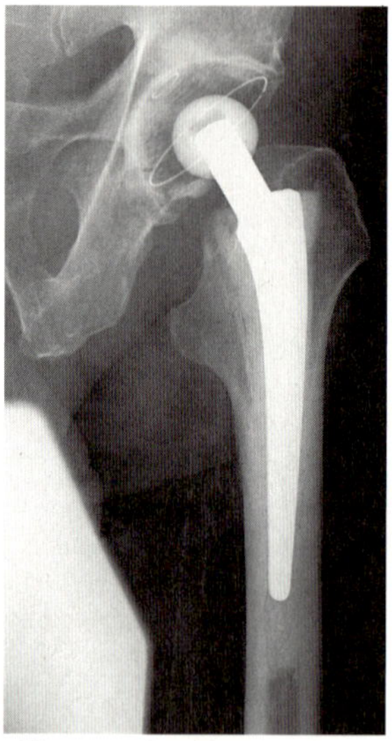

Abb. S.9 Hüftendoprothese. Diese Hüftendoprothese ist mit Knochenzement im Femurschaft befestigt worden.

vergleichsweise ausgedehnt und mit erheblicher Weichteiltraumatisierung verbunden ist.
Hemiprothese. Lediglich der Hüftkopf wird ersetzt, der dann mit der natürlichen Hüftpfanne artikuliert. Vorteil ist die kurze Operationsdauer und der geringe Blutverlust, sodass dieser schonende Eingriff besonders für alte, multimorbide Patienten geeignet ist.
Hüfttotalendoprothese (Hüft-TEP). Sie besteht aus einem künstlichen Hüftkopf, der mit einem Schaft im Femur verankert ist, sowie einer Metallpfanne mit Kunststoff-Inlay, die in das Becken an Stelle der natürlichen Hüftgelenkspfanne implantiert wird.

Postoperative Nachbehandlung

Ab dem zweiten postoperativen Tag sollten die Patienten aufstehen und unter physiotherapeutischer Anleitung mobilisiert werden. Nach einer Osteosynthese wird unter Teilbelastung des Beines, nach einem Hüftgelenksersatz unter Vollbelastung mobilisiert.

Zusätzlich erfolgt die medikamentöse Thromboseprophylaxe mit Heparin sowie eine Schmerztherapie. Besonders bei alten Patienten muss man die Koordination trainieren und gezielt Muskeln aufbauen.

Prognose

Die Sterberate ist gering und liegt bei etwa 6%. Die Hälfte der Patienten mit Schenkelhalsfraktur ist später in ihren Alltagsaktivitäten langfristig beeinträchtigt, ein Viertel benötigt Hilfe auf Dauer.

Mit einer Endoprothese lernen alte Menschen schnell wieder zu laufen. Bei sehr aktiven jungen Menschen können sich Hüftendoprothesen jedoch relativ rasch lockern.

Komplikationen

Bei etwa 20% der konservativ behandelten Patienten mit Schenkelhalsfraktur treten im weiteren Verlauf Dislokationen auf, d.h. der Knochen verschiebt oder verdreht sich. Relativ häufige Komplikationen nach einer Osteosynthese sind die → Hüftkopfnekrose sowie die → Pseudarthrose, also eine Scheingelenkbildung im Frakturspalt.

Etwa 20% der osteosynthetisch versorgten Patienten benötigen später eine Endoprothese. Spätinfektionen der Hüfte kommen in 1 bis 2% der Fälle vor.

Infobox

ICD-10:
S72.0

Internetadressen:
http://www.leitlinien.net
http://www.dr-gumpert.de
http://www.flexicon.doccheck.com

Schielen

► „Hast du schon den Kleinen von Annette gesehen?", möchte Julia von ihrer Freundin wissen. „Ja, sie war gestern bei mir. Das letzte Mal habe ich sie kurz vor der Geburt gesehen. Es war echt nett, wir hatten uns viel zu erzählen." „Nee, ich meine Julius. Hast du gesehen, wie er schielt. Er hat so einen richtigen Silberblick", wendet Julia ein. „Hab ich gesehen. Annette meinte, sie wollte mit ihm zum Arzt gehen. Sie hat wohl als Kind auch geschielt und ist sogar deswegen operiert worden."

Definition

Als Schielen wird die Abweichung eines Auges von der geforderten Blickrichtung bezeichnet. Man unterscheidet folgende Abweichungen (**Abb. S.10**):

- **Strabismus convergens** (Esotropie, Innenschielen): Ein Auge weicht von der geforderten Blickrichtung nach innen ab.
- **Strabismus divergens** (Exotropie, Außenschielen): Ein Auge weicht von der geforderten Blickrichtung nach außen ab.
- **Höhenschielen:** Ein Auge weicht nach oben (Hypertropie) oder unten (Hypotropie) ab.

Synonym: Strabismus.

Ursachen

Je nach Ursache des Schielens werden Strabismus concomitans und Strabismus incomitans unterschieden:

Strabismus concomitans. Die Ursachen sind nicht bekannt. Er tritt familiär gehäuft auf und eineiige Zwillinge schielen zu 90% gleich. Strabismus concomitans wird auch Begleitschielen oder Heterotropie genannt.

Strabismus incomitans. Es handelt sich um das sog. Lähmungsschielen oder paralytische Schielen. Es kann auf Erkrankungen der äußeren Augenmuskeln in der Orbita oder auf Lähmungen der sie versorgenden Hirnnerven (III, N. oculomotorius; IV, N. trochlearis; VI, N. abducens) zurückgeführt werden (s. u.).

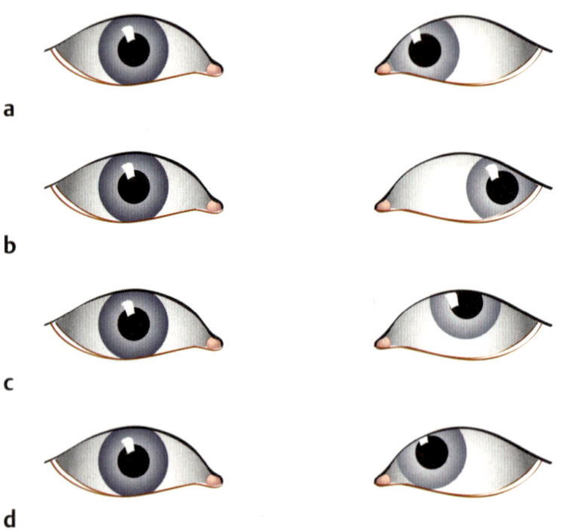

Abb. S.10 Schielformen. Rechts: schielendes Auge. **a** Innenschielen, **b** Außenschielen, **c** Höhenschielen, **d** Kombiniertes Höhen- und Innenschielen.

Symptome

Die Wahrnehmung von Doppelbildern stellt das Leitsymptom der Lähmung eines oder mehrerer Augenmuskeln dar. Beim Strabismus concomitans werden jedoch selten Doppelbilder angegeben.

Ein in den ersten Lebensjahren (von der Geburt bis etwa zum 8. Lebensjahr) ständig von der geforderten Blickrichtung abweichendes, also schielendes Auge, lernt nicht richtig zu sehen. Es wird amblyop (→ Amblyopie, schwachsichtig), wenn nicht rechtzeitig therapiert wird. Außerdem ist bei diesen Patienten das Stereosehen erheblich eingeschränkt.

Diagnose

Strabismus concomitans. Das Auge ist abgesehen von der Augenstellung normal. Der Schielwinkel ist in allen Blickrichtungen annährend gleich (konkomitant). Es ist manifest, wenn eine ständige Abweichung von der geforderten Blickrichtung besteht, und latent, wenn es nur bei Unterbrechung der Fusion (des Zusammenspiels beider Augen) beobachtet wird.

Die meisten schielenden Kinder haben eine Fehlsichtigkeit, die objektiv und unter Ausschaltung der Akkommodation (Skiaskopie in Zykloplegie) ermittelt werden muss. Am häufigsten ist eine Hyperopie (Weitsichtigkeit).

Strabismus incomitans. Lähmungsschielen zeichnet sich dadurch aus, dass der Schielwinkel bei einer Blickwendung in die Wirkungsrichtung des gelähmten Muskels zunimmt (inkomitant ist).

In die Richtung, in die der Muskel das Auge eigentlich drehen sollte, erfolgt häufig außerdem eine ausgleichende kompensatorische Kopfneigung. Der Patient dreht z. B. bei einer Lähmung des linken, äußeren geraden Augenmuskels (M. rectus lateralis links) den Kopf nach links.

Differenzialdiagnose

Der Strabismus incomitans kann im Gegensatz zum Strabismus concomitans lebensbedrohliche Ursachen haben, z. B. eine Hirnnervenlähmung durch einen → Gehirntumor oder eine Hirnblutung (→ intrazerebrale Blutung), und muss vom Strabismus concomitans abgegrenzt werden.

Therapie

Strabismus concomitans

Die Beseitigung oder Prophylaxe einer Amblyopie ist das Hauptziel der Therapie, die Parallelstellung der Augen mit einem chirurgischen Eingriff ist sekundär. Eine vorhandene Fehlsichtigkeit wird optimal mit einer Brille korrigiert. Es kann sein, dass allein der Ausgleich der Hyperopie das Schielen beseitigt oder den Schielwinkel deutlich reduziert (akkommodatives Schielen). Zur Behandlung der Amblyopie wird das nicht schielende Auge bzw. besser sehende Auge durch ein lichtdichtes Okklusionspflaster je nach dem Lebensalter des Kindes stunden- oder tageweise vollständig abgedeckt (**Abb. S.11**). Hierdurch wird das schielende Auge gezwungen, die Fixation aufzunehmen und die Sehschärfe bessert sich.

Der Zeitpunkt eines chirurgischen Eingriffs zur Parallelstellung der Augen liegt meist vor der Einschulung des Kindes. Er soll eine bessere Zusammenarbeit der Augen gewährleisten und damit einem Rezidiv der Amblyopie vorbeugen. Um die präoperativ durch die Amblyopiebehandlung erreichte gleiche Sehschärfe beider Augen zu erhalten, muss postoperativ noch längere Zeit weiter okkludiert werden, wenn auch nicht mehr so intensiv. Außerdem sollten Sehschärfe und die Entwicklung der Fehlsichtigkeit in regelmäßigen Abständen kontrolliert werden. Hyperopien (Weitsichtigkeit) gehen in den ersten Lebensjahren oft deutlich zurück, Myopien (Kurzsichtigkeit) nehmen eher zu. Brillen müssen entsprechend aktualisiert werden.

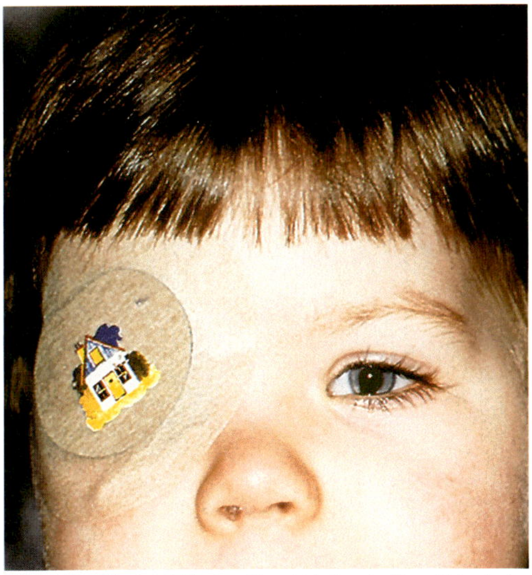

Abb. S.11 Pflasterokklusion. Das nicht abgedeckte schielende Auge wird gezwungen zu fixieren. Die Sehschärfe wird so verbessert.

Strabismus incomitans

Beim Lähmungsschielen wird in erster Linie die Grunderkrankung behandelt. Ein chirurgischer Eingriff an den Augenmuskeln, um Doppelbildfreiheit im Gebrauchsblickfeld zu erreichen, wird bei Erwachsenen meist nicht vor dem 12. Monat nach dem Beginn der Lähmung durchgeführt. Bis zu diesem Zeitpunkt kann man erwarten, dass sich die Symptome spontan zurückbilden oder deutlich bessern.

Zu einem späteren Zeitpunkt ist dies selten der Fall. Wenn in der Zwischenzeit die Doppelbilder sehr stören, kann das Abkleben eines Auges (meist des gelähmten) mit einem Okklusionspflaster oder einer Okklusionsfolie auf der Brille erforderlich sein.

Prognose

Je früher ein Kleinkind mit Begleitschielen behandelt wird, umso eher ist eine volle Sehschärfe auf beiden Augen zu erlangen. Operativ können die Augen i.d.R. parallel gestellt werden. Vollwertiges Stereosehen ist mit den derzeitigen Therapiemöglichkeiten nicht zu erreichen. Die Prognose des Lähmungsschielens ist abhängig davon, ob die Ursache zu behandeln ist.

Infobox

ICD-10:
H49.0 – 9, H50.0 – 4

Internetadressen:
http://www.augeninfo.de/patinfo/strab.htm

Literatur:

Kaufmann, H. (Hrsg.): Strabismus. Thieme, Stuttgart 2003

Schilddrüsenkarzinom

► „Ach, ich bin ja immer aufgeregt, wenn ich zur Kontrolle muss", erzählt Frau Schmünke ihrer Nachbarin. „Warum müssen Sie denn immer wieder zum Arzt? Sie haben das mit der Schilddrüse doch schon seit Jahren, oder nicht?" „Stimmt. Sie ist schon lange vergrößert und der Knoten ist auch schon ewig da. Aber der Knoten kann ja wachsen und das muss man eben überprüfen." Frau Schmünke fasst mit der Hand an ihre Schilddrüse. „Er war beim letzten Mal ungefähr 1 cm groß. Ich habe natürlich jedes Mal Angst, dass er gewachsen ist. Mein Heinrich sagt zwar immer, ich soll mir nicht so viele Gedanken machen, aber er hat ihn ja auch nicht im Hals."

Definition

Ein Schilddrüsenkarzinom bezeichnet einen bösartigen → Tumor der Schilddrüse, der sich aus den Schilddrüsenzellen entwickelt.

Das Schilddrüsenkarzinom gehört zu den selteneren Tumoren. Pro Jahr erkranken in Deutschland etwa 2.000 Menschen an einem bösartigen Tumor der Schilddrüse.

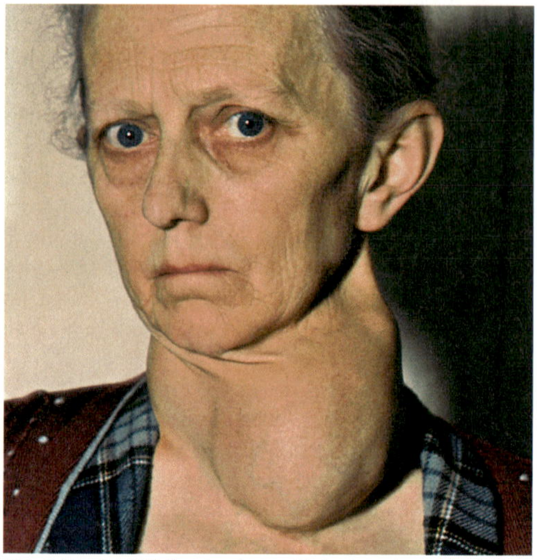

Abb. S.12 Schilddrüsenkarzinom. Patientin mit anaplastischem Schilddrüsenkarzinom und oberer Einflussstauung.

Ursachen

Das Karzinom entsteht aus dem Zusammenwirken mehrerer Faktoren. So begünstigen radioaktive Strahlen wie beim Tschernobyl-Unfall oder bei der Bestrahlung von Tumoren im Halsbereich die Entstehung eines Schilddrüsenkarzinoms. Zusätzlich spielen genetische Faktoren eine Rolle.

Je nachdem, von welchen Zellen das Karzinom ausgeht und wie differenziert (entwickelt) die Zellen sind, unterscheidet man 4 verschiedene Typen von Schilddrüsenkarzinomen (**Tab. S.2**).

Differenzierte Schilddrüsenkarzinome wie das papilläre oder follikuläre Karzinom haben eine bessere Prognose als undifferenzierte Tumoren. Das follikuläre Karzinom metastasiert meistens über das Blut (hämatogen) in Lunge oder Knochen, das papilläre Karzinom v.a. über die Lymphwege (lymphogen). Das medulläre Schilddrüsenkarzinom geht von den C-Zellen der Schilddrüse aus. Diese Zellen produzieren Calcitonin. Das medulläre Schilddrüsenkarzinom kann im Rahmen einer multiplen endokrinen Neoplasie in Kombination mit einem → Hyperparathyreoidismus, einem → Phäochromozytom oder Erkrankungen des Nervensystems auftreten.

Tab. S.2 Typen von Schilddrüsenkarzinomen und ihre Häufigkeit

Typ	Häufigkeit
papilläres Karzinom	50–60 %
follikuläres Karzinom	30–40 %
medulläres Karzinom	5–7 %
anaplastisches (undifferenziertes) Karzinom	5–15 %

Symptome

Ein Schilddrüsenkarzinom äußert sich durch einen harten, derben Knoten in der Schilddrüse. Ist der Tumor sehr groß, können die Lymphknoten im Halsbereich anschwellen. Wächst der Tumor in den Nervus laryngeus recurrens ein, kann der Patient durch die Lähmung des Stimmbandnervs heiser werden.

Eine Lähmung des Sympathikusnervenstrangs kann zu einem → Horner-Syndrom mit engen Pupillen (Miosis), herabhängendem Oberlid (Ptosis) und einem eingefallenen Augapfel (Enophthalmus) führen.

Differenzierte Karzinome können sich über Jahre entwickeln, während anaplastische Tumoren innerhalb weniger Wochen rasch wachsen und wegen ihrer Größe zu Schluckbeschwerden, Engegefühl im Hals oder gestauten Halsvenen führen können (**Abb. S.12**).

Diagnose

Bei vielen Patienten mit einer vergrößerten Schilddrüse bilden sich irgendwann ein oder mehrere Knoten innerhalb der Schilddrüse. Weniger als 1 % von diesen sind jedoch bösartig. Wächst ein Knoten zwischen zwei Kontrolluntersuchungen sehr rasch, weist dies auf ein Schilddrüsenkarzinom hin. In der Anamnese wird nach möglichen

Auslösern des Karzinoms (z. B. eine Exposition gegenüber Strahlen) gefragt.

Das Karzinom lässt sich als derber, höckriger Knoten tasten (Palpation). Der Knoten ist in der Umgebung fixiert und verschiebt sich nicht beim Schlucken. Beim medullären Schilddrüsenkarzinom kann der Calcitoninwert im Blut erhöht sein.

Im Ultraschall stellt sich das Karzinom als unregelmäßig begrenzter, echoarmer (schwarzer) Knoten dar. In der Schilddrüsenszintigrafie speichert der Knoten kein Technetium („kalter Knoten"). Die Diagnose wird durch eine Feinnadelbiopsie mit histologischer Untersuchung bestätigt. Die regionale Ausdehnung des Tumors und die Ausbreitung im Körper werden mit Computer- bzw. Magnetresonanztomografie, Röntgen, Knochenszintigrafie (**Abb. S.13**) oder Positronenemissionstomografie bestimmt.

Differenzialdiagnose

Neben einem Schilddrüsenkarzinom können andere Knoten in der Schilddrüse auftreten. Gutartige Tumoren können ebenfalls Knoten in der Schilddrüse verursachen. Ebenso gibt es in der Schilddrüse Metastasen bösartiger Tumoren oder Knoten eines malignen Lymphoms (→ Hodgin-Lymphom, → Non-Hodgin-Lymphom, → Plasmozytom).

Therapie

Die gesamte Schilddrüse und die Lymphknoten am Hals werden vollständig operativ entfernt. Drei bis vier Wochen nach der radikalen Thyreoidektomie wird eine Radiojodtherapie durchgeführt. Bei dieser Therapieform werden Tabletten mit radioaktivem Jod gegeben, das sich in Schilddrüsenzellen anreichert. Das Jod zerstört die Tumorzellen, die mit der OP nicht entfernt wurde, sowie Zellen, die sich bereits an anderen Stellen des Körpers abgesiedelt haben (Fernmetastasen).

Darüber hinaus werden Schilddrüsenkarzinome, die nicht chirurgisch entfernt werden können oder in einer ersten Operation nicht vollständig entfernt wurden, sowie Lokalrezidive, Lymphknoten- und Fernmetastasen bestrahlt.

Nach der Operation erhalten alle Patienten Schilddrüsenhormone (z. B. LT4). Dies verhindert einerseits eine Schilddrüsenunterfunktion, andererseits wird dadurch das körpereigene thyreoideastimulierende Hormon (TSH) gehemmt, das die Schilddrüsenzellen zum Wachsen anregt. Bei fortgeschrittenen Tumoren kann eine Chemotherapie durchgeführt werden.

Prognose

Etwa 20 % der Patienten mit differenzierten Schilddrüsenkarzinomen entwickeln Lokal- oder Fernmetastasen (**Abb. S.13**). Etwa alle sechs Monate wird die Entwicklung mit Ultraschall, Röntgen-Thorax und Bestimmung von Thyreoglobulin (TG) kontrolliert. TG wird sowohl von den normalen Schilddrüsenzellen als auch von differenzierten Zellen eines Schilddrüsenkarzinoms gebildet. Die Synthese von TG bleibt nach einer radikalen Thyreoidektomie

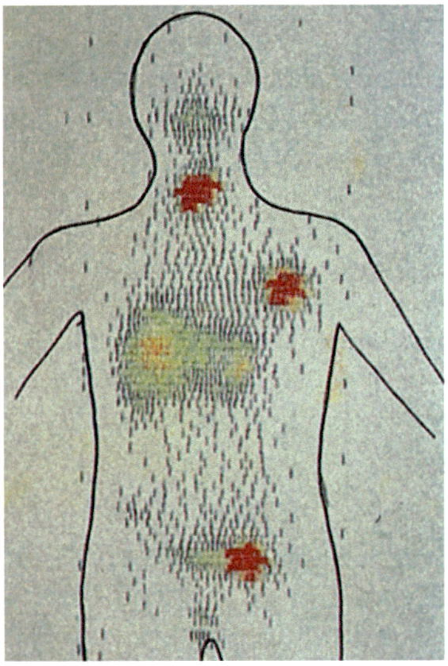

Abb. S.13 Metastasierendes Schilddrüsenkarzinom. Im Ganzkörperszintigramm mit ^{131}Jod stellen sich die Schilddrüsenreste (Zustand nach operativer Entfernung des Organs) sowie Metastasen im Bereich der Lunge und des knöchernen Beckens dar (rote Bereiche). Darüber hinaus speichert auch die gesunde Leber die Radioaktivität (gelber Bereich).

aus. Ein Anstieg von TG weist daher auf ein Rezidiv oder Metastasen hin. Bei medullären Karzinomen wird zusätzlich Calcitonin bestimmt.

Die Prognose des Schilddrüsenkarzinoms hängt vom Stadium des Tumors und vom histologischen Typ ab. Die 10-Jahres-Überlebensrate beträgt bei einem papillären Schilddrüsenkarzinom über 95 %, bei einem follikulären über 90 % und bei einem medullären Karzinom etwa 50 %. Patienten mit einem anaplastischen Karzinom überleben durchschnittlich nur sechs Monate.

Infobox

ICD-10: C73

Internetadressen:

http://www.dkfz.de (Schilddrüsenkarzinom)

http://www.krebshilfe.de (Schilddrüsenkrebs)

Verfahrensanweisung zum Radioiodtest:
http://www.leitlinien.net

Literatur:

Baenkler, H.-W. u. a.: Duale Reihe Innere Medizin. Thieme, Stuttgart 2001

Greten, H. (Hrsg.): Innere Medizin, 12. Aufl. Thieme, Stuttgart 2005

Hirner, A., Weise, K.: Chirurgie. Thieme, Stuttgart 2003

Schünke, E. u. a.: PROMETHEUS Hals und Innere Organe. Thieme, Stuttgart 2005

Schizoaffektive Störung

► Die 23-jährige Ute Pfau wird von zwei Freundinnen in die psychiatrische Notaufnahme begleitet: „Wir wissen nicht weiter! Seit zwei Tagen belagert uns Ute schon in unserer WG. Sie klingelte vorgestern Morgen bei uns und hält uns nur auf Trab. Sie erzählt ständig, sie sei eine ‚kuschelbedürftige Polychemistin', ist vollkommen von sich selbst überzeugt und bezieht alles in merkwürdiger Weise auf sich. Sie hat in den zwei Tagen lediglich ein paar Minuten geschlafen, phantasiert ständig irgendeine Lösung gefunden zu haben. Sie hat uns die Lösung auch schon mehrfach erklärt, aber wir können ihr nicht folgen. Es ist alles so verrückt. Irgendwie habe ich auch den Eindruck, dass sie große Angst hat. Ab und zu redet sie leise vor sich hin, als ob sie zu jemandem spricht, der gar nicht da ist. Bitte helfen Sie uns!"

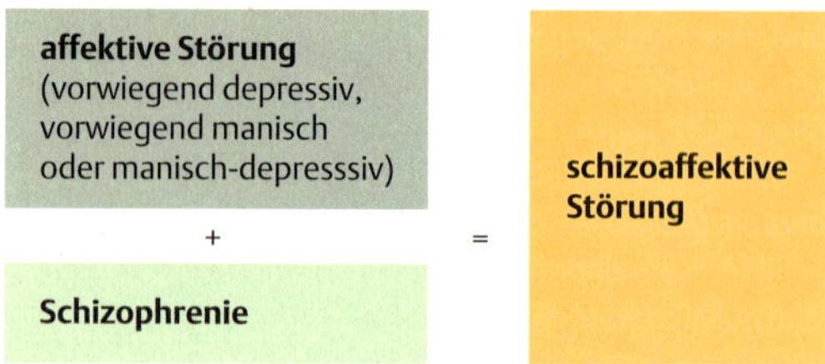

Abb. S.14 Schizoaffektive Störung. Die schizoaffektive Störung vereint Symptome der affektiven Störung und der Schizophrenie.

Definition

Bei der schizoaffektiven Störung liegen gleichzeitig die Vollbilder der Symptome einer Schizophrenie und einer affektiven Störung vor. Diese müssen definitionsgemäß mindestens für zwei Wochen anhalten.

Einteilung

Die affektive Störung kann überwiegend depressiv, überwiegend manisch oder auch manisch-depressiv wechselnd sein (**Abb. S.14**). Durch die Verknüpfung der beiden Störungen ergibt sich ein ganz eigenes Krankheitsbild. In einigen Fällen zeichnet es sich durch nahezu vollständige Remission außerhalb der Störungsepisoden aus.

Schizoaffektive Störung, gegenwärtig manisch. Sie zeigt das Vollbild einer Schizophrenie und zudem Manie mit übersteigertem Antrieb, Euphorie und Realitätsverkennung (→ paranoide Schizophrenie). Synonyme: manischer Typ der schizoaffektiven Psychose, manischer Typ der schizophreniformen Psychose.

Schizoaffektive Störung, gegenwärtig depressiv. Sie zeigt das Vollbild einer Schizophrenie mit einer Depression (→ rezidivierende depressive Störung). Synonyme: depressiver Typ der schizoaffektiven Psychose, depressiver Typ der schizophreniformen Psychose.

Gemischte schizoaffektive Störung. Vollbild einer Schizophrenie und zudem → bipolare affektive Störung. Depressive und manische Episoden wechseln sich mitunter schnell ab. Synonyme: zyklische Schizophrenie, gemischte schizophrene und affektive Psychose.

Ursachen

Die genaue Ursache ist noch nicht geklärt. Es liegt vermutlich ein gleichzeitiges Ungleichgewicht des dopaminergen Systems und des serotonerg-noradrenergen Systems vor, evtl. bedingt durch eine genetische Ursache.

Häufig triggern (auslösen) akute psychosoziale Belastungssituationen in den Tagen vor Krankheitsbeginn den Ausbruch dieser Störung. Veränderungen des Dopamins sind für die Schizophrenie verantwortlich. Veränderungen des Noradrenalins und Serotonins dagegen sind für die Gefühls- und Antriebsstörungen (affektive Störungen) verantwortlich. Durch die resultierende Komplexität aus der Störung mehrerer Systeme sind Patienten mitunter sehr unberechenbar.

Symptome

Die Störung wird häufiger bei Frauen diagnostiziert und tritt meist im frühen Erwachsenenalter erstmals auf.

Die schizoaffektive Psychose beginnt üblicherweise mit Stimmungs- und Antriebsschwankungen (affektive Symptome): Die Patienten sind entweder depressiv (z. B. deprimiert, lustlos, ängstlich, haben ein Morgentief) oder manisch (z. B. euphorisch, übersteigerter Antrieb, erhöhte Risikobereitschaft, manchmal auch leichte Reizbarkeit).

Recht schnell, innerhalb von Wochen, treten dann schizophrene Symptome hinzu, z. B. Halluzinationen, Wahngedanken, Denkstörungen, irreale Ängste, Störungen des Ich-Erlebens, Beeinflussungsgefühle oder -phantasien.

In diesem Mischbild der schizoaffektiven Psychose, besonders in depressiven Episoden, besteht ein stark erhöhtes Risiko für Suizid oder Fremdgefährdung. Die Patienten werden häufig zur psychiatrischen Behandlung zwangseingewiesen, nachdem sie im häuslichen Umfeld nicht mehr beherrschbar waren. Sie sind oft überhaupt nicht mehr realitätsorientiert, vollkommen unberechenbar und keineswegs absprachefähig. Daher wird regelmäßig eine Behandlung auf einer geschlossenen Station notwendig.

Die schizoaffektive Psychose hält unbehandelt für einige Wochen bis wenige Monate an. Nach dem Abklingen der schizophrenen Krankheitsanteile halten die affektiven Symptome i.d.R. noch für einige Tage bis Wochen vor.

Diagnose

In der psychiatrischen Exploration wird die Diagnose gestellt. Meist unverzichtbar ist eine Fremdanamnese, da die Wirklichkeit für den Patienten oft derart verzerrt ist, dass daraus kaum verwendbare Rückschlüsse zu ziehen sind.

Diese sind aber sehr wichtig zur Abschätzung des Gefahrenpotenzials.

Durch die Dynamik der Erkrankung kann die Diagnose oft erst nach einigen Wochen stationärer Beobachtung ausreichend sicher gestellt werden bzw. u. U. modifiziert werden. Zudem wird die psychiatrische Routinediagnostik vorgenommen: Blutanalyse einschl. TSH (Thyreoidea stimulierendes Hormon), EEG-Ableitung, Computertomografie des Schädels (cCT) oder Kernspintomografie (MRT), neurologische Untersuchung.

Differenzialdiagnose

Die Übergänge zwischen den affektiven und den schizophrenen Störungen sind leider in der Praxis eher fließend. Liegt aber eine überwiegende affektive Störung vor, bei der lediglich als Nebensymptome schizophrene Anteile auftreten, so ist dies als eine affektive Störung mit schizophrenen Symptomen zu klassifizieren (z. B. wahnhafte Depression).

Liegt hingegen eine ausgeprägte Schizophrenie vor und handelt es sich lediglich um eine eher begleitende affektive Störung, ist dies als eine Schizophrenie zu diagnostizieren (z. B. bei der postschizophrenen reaktiven depressiven Episode). Es wird geschätzt, dass etwa ein Fünftel bis ein Viertel aller als Schizophrenie diagnostizierten Störungen tatsächlich eine schizoaffektive Störung sind.

Tritt das Symptombild sehr schnell ein und ist von eher stark wechselhafter Natur, kann u. U. eine vorübergehende akute polymorphe Störung vorliegen. Organisch bedingte psychische Störungen müssen ausgeschlossen werden.

Therapie

Am wichtigsten in der Akutphase ist der Schutz des Patienten und seiner Umwelt durch eine geschlossene psychiatrische stationäre Behandlung bis hin zur vorübergehenden Fixierung am Bett (**Abb. S.15**). An Medikamenten werden stark wirksame Neuroleptika, v. a. Zuclopenthixol (z. B. Ciatyl-Z Accuphase) als intramuskuläre Injektion verabreicht. Bei schweren Verläufen und später auch ggf. zur Prophylaxe kommt als Mood-Stabilizer entweder Lithium (z. B. Quilonum retard), Carbamazepin (z. B. Tegretal) oder Valproinsäure (Valproat, z. B. Ergenyl) zum Einsatz. Bei stabil-depressiven Zustandsbildern kann ein Antidepressivum vorsichtig eindosiert werden.

Nach dem Abklingen der Akutsymptomatik kann eine prophylaktische Verordnung eines atypischen Neuroleptikums für einige Monate bzw. bei wiederholtem Auftreten für einige Jahre erfolgen. Mitunter kann die gerichtliche Bestellung eines gesetzlichen Betreuers notwendig werden, um den Verlauf künftiger Erkrankungen durch rechtzeitige Einweisung in eine Psychiatrie gem. § 1906 BGB zu verbessern und die sozialen Auswirkungen (Überschuldung, Wohnungsverlust) einzugrenzen.

Im späteren Verlauf der Behandlung können Ängste in psychologischen Gesprächen gemildert und eine Ursache der Störungsauslösung versuchsweise ergründet werden. Angewendet werden u. a. Selbstbewertungsbögen zur Angst. Auch nach dem Rückbilden der Akutphase besteht ein Risiko des sozialen Rückzugs aus Angst vor einer Wiedererkrankung. Deshalb kann in manchen Fällen auch eine sich anschließende ambulante Psychotherapie sinnvoll sein. Ergotherapeutisch kann ein Wiedererlangen der geistigen Leistungsfähigkeit gefördert werden.

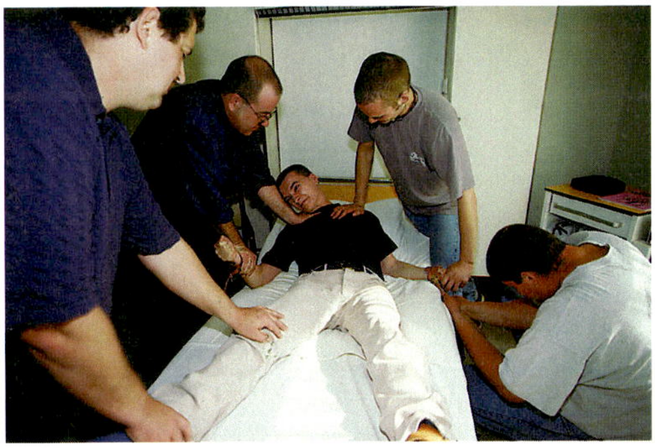

Abb. S.15 Fixierung. Um den Patienten vor sich selber zu schützen ist manchmal eine Fixierung am Bett notwendig.

Durch eine Psychoedukation können manche Patienten in die Lage versetzt werden, ein Wiederauftreten („Exazerbieren") der Erkrankung selbst zu bemerken, um sich dann in ärztliche Behandlung zu begeben. In größeren Städten werden oft Angehörigengruppen angeboten. Hier können die Familie und andere Menschen aus dem Umfeld des Patienten Informationen über schizophrene und affektive Störungen erhalten, um so Ängste abzumildern.

Prognose

Die Erkrankung tritt häufig nach einigen Monaten bis Jahren erneut auf. Erst wenn für etwa fünf bis zehn Jahre keine Symptome aufgetreten sind, kann man vorsichtig von einem Ausheilen ausgehen. Die Prognose ist etwas günstiger als bei reinen Schizophrenien aber schlechter als bei reinen affektiven Störungen. In den symptomfreien Intervallen tritt oft eine komplette Remission auf, es gibt jedoch vereinzelt auch schwere soziale Beeinträchtigungen und Restsyndrome.

Infobox

ICD-10: F25
F25.0 Schizoaffektive Störung, gegenwärtig manisch
F25.1 Schizoaffektive Störung, gegenwärtig depressiv
F25.2 gemischte schizoaffektive Störung

Internetadressen:
http://www.psychiatriegespraech.de/stoer.php
http://www.psychoedukation.net

Schizoide Persönlichkeitsstörung

► Klaus Stegemann (35) erzählt seiner Frau nach einer Dienstreise: „Erinnerst Du Dich noch an Julian? Wir waren doch zusammen auf der Schule. Den habe ich gestern im Zug getroffen. Du, ich saß dem direkt im Abteil gegenüber, und der hat so getan als erkennt er mich gar nicht! Hatte kein Interesse am Gespräch, kein Lächeln, nix. Wie ein Eisblock. Zuerst dachte ich, das wäre seine Masche. Aber als ihn dann eine ältere Frau ansprach und ihn um den Platz bat, hat er nur irgendwie durch die hindurchgeschaut und blieb sitzen. Na ja, der war früher auch immer schon so ein Einzelgänger."

Abb. S.16 Schizoide Persönlichkeitsstörung. Die Betroffenen fallen durch emotionale Kälte und Zurückgezogenheit auf.

Definition

Die schizoide Persönlichkeitsstörung ist eine psychische Störung. Die Betroffenen haben ständig ein unnormal und unpassend kühles, distanziertes Verhalten, nur eine eingeschränkte Emotionalität und vermeiden soziale Beziehungen (**Abb. S.16**).

Die schizoide Persönlichkeitsstörung ist keine Form der Schizophrenie.

Ursachen

Als Ursache werden frühkindliche und kindliche psychische Traumata ebenso wie eine genetische Veranlagung diskutiert.

Symptome

Die Symptome zeigen sich meist schon in der Kindheit oder der frühen Jugend und manifestieren sich bis zur Adoleszenz:

- wenige oder keine Tätigkeiten bereiten Freude,
- eingeschränkte Emotionalität: wenig bis nahezu kein Ausdruck von Freude, Liebe oder Ärger,
- scheinbare Gleichgültigkeit gegenüber Lob und Kritik,
- wenig bis kein Interesse an Sex mit anderen Menschen,
- Desinteresse an und mangelnde Feinfühligkeit für gesellschaftlich anerkannte Normen und Regeln,
- „Einzelgängertum", es existieren außer zu Eltern und Geschwistern kaum soziale Kontakte,
- gesteigerte Vorliebe für Phantasie,
- in sich gekehrte Zurückhaltung.

Im privaten und beruflichen Bereich ergeben sich dadurch deutliche Beeinträchtigungen. Durch das Internet und die damit verbundene Möglichkeit, sich aus dem normalen Alltag nahezu komplett herauszunehmen, zeigen manche Betroffene eine ständige Beschäftigung mit diesem Medium und kommunizieren überwiegend nur noch virtuell im Cyber-Space der Chat-Rooms (**Abb. S.17**).

Diagnose

Das abnorme Verhalten muss andauernd und eindeutig unpassend sein und sich stetig in verschiedenen Situationen gleichartig wiederholen. Durch eine psychologische Exploration und durch die Persönlichkeitsstruktur erfassende Fragebögen, z. B. Freiburger Persönlichkeitsinventar (FPI), wird die Störung objektiviert.

Eine Fremdanamnese durch Befragung von Familienangehörigen, Lehrern oder dem weiteren sozialen Umfeld gibt oft wertvolle Hinweise.

Abb. S.17 Internet. Hier fällt es leicht, Phantasiewelten aufzubauen.

Differenzialdiagnose

Differenzialdiagnostisch auszuschließen sind neurologische Ursachen, z. B. ein organischer Hirnschaden, und psychiatrische Erkrankungen, z. B. das Asperger-Syndrom (eine Form des Autismus), die Schizophrenie, die → wahnhafte Störung und die schizotype Störung.

Therapie

Das Ziel ist weniger eine Heilung, denn eine möglichst weitgehende Herstellung einer Gesellschaftsfähigkeit durch das Eintrainieren von gesellschaftlich akzeptablen Verhaltensmustern. Dies funktioniert jedoch nur, wenn der Patient eine ausreichende Therapiemotivation hat. Das ist jedoch eher selten.

Zunächst wird vom Psychotherapeuten versucht, ein Vertrauen zum Patienten aufzubauen. Die Familie des Betroffenen kann hier manchmal wertvolle Hilfe leisten. Leider brechen jedoch viele Patienten schon bei dem Versuch des Beziehungsaufbaus den Kontakt zum Therapeuten wieder ab. Falls nicht kommen v. a. verhaltenstherapeutische Methoden und spezifische Spezialtherapien, z. B. die übertragungsfokussierte Psychotherapie (TFP), zur Anwendung.

Der Einsatz von Psychopharmaka ist umstritten. Bisweilen wurden mit einer geringen Dosis eines Neuroleptikums, z. B. Olanzapin (Zyprexa velo tabs), gute Erfahrungen gemacht.

Prognose

Meist tritt nur bei ausreichender Therapiemotivation und frühem Therapiebeginn eine mäßige Besserung ein. Vereinzelt kann auch die Beziehungsaufnahme zu einem Ehepartner oder das Gründen einer Familie die Störung deutlich bessern.

Infobox

ICD-10: F60.1 (Häufig wird von Psychologen statt dem ICD-10 die DSM-IV oder DSM-III-Definitionen, die sich in Störungsachsen ausdrücken, gewählt. Bei Persönlichkeitsstörungen ist v. a. die sog. Achse II betroffen)

Internetadressen:

http://www.koerperfremde.de
http://www.psychiatriegespraech.de

Schizophrene Katatonie

► Frau Semrau erzählt dem herbeigerufenen Hausarzt: „Meine Mutter sitzt so komisch da und kann sich nicht bewegen. Sie reagiert auch nicht, aber ich glaube, sie ist wach und hat Angst. Sie sitzt schon seit einer ganzen Zeit so. Wir haben erst gedacht, es ist eine Art Scherz, aber mit der Zeit kam es uns merkwürdig vor. In letzter Zeit hatte Mutter sich verändert. Sie hat oft Stimmen gehört oder Dinge gesehen, die gar nicht da waren."

Definition
Die schizophrene Katatonie ist eine relativ seltene Unterform der Schizophrenie (→ paranoid halluzinatorische Schizophrenie). Bei ihr sind vor allem die Bewegungen gestört.

Ursachen
Die Schizophrenie zählt zu den endogenen Psychosen. Endogen bedeutet „von innen heraus". Das Auftreten einer schizophrenen Erkrankung beruht auf einem Zusammenwirken folgender Faktoren:
- angeborene Anfälligkeit für die Erkrankung,
- ungünstige körperliche und psychosoziale Einflussfaktoren (z. B. ungünstige familiäre Bedingungen), aktuelle Belastungen.

Im individuellen Einzelfall kann die Gewichtung dieser Faktoren sehr unterschiedlich sein. Bei den Erkrankten findet man eine Störung im Gleichgewicht verschiedener Botenstoffe zwischen den Nervenzellen des Gehirns.

Symptome
Von den Grundsymptomen der Schizophrenie sind bei der katatonen Schizophrenie die Antriebs- und Bewegungsstörungen typisch. Wie bei den anderen Formen der Schizophrenie verläuft auch diese meist in Schüben, wobei die gesunden Phasen unterschiedlich lange andauern. Die Störungen der Motorik äußern sich sowohl in einem vermehrten Bewegungsdrang bei der katatonen Erregung als auch in einer stark eingeschränkten Beweglichkeit beim katatonen Stupor.

Katatoner Stupor. Hierbei ist der Patient bewegungslos, sein Bewusstsein aber voll erhalten. Er liegt wie erstarrt, spricht nicht, erscheint aber sehr erregt und oft verängstigt. Häufiger ist eine noch teilweise erhaltene Bewegungsfähigkeit. Die Patienten verbiegen ihre Arme und Beine ähnlich einer Gliederpuppe in verschiedene Stellungen, die Muskelbewegung wirkt wächsern (**Abb. S.18**).

Die verschiedenen Bewegungsstörungen können über einen längeren Zeitraum anhalten. Sehr selten, aber lebensbedrohlich ist die maligne Katatonie. Die Patienten bewegen sich nicht, sind aber hochgradig erregt, haben Fieber, Kreislaufstörungen und Herzrasen.

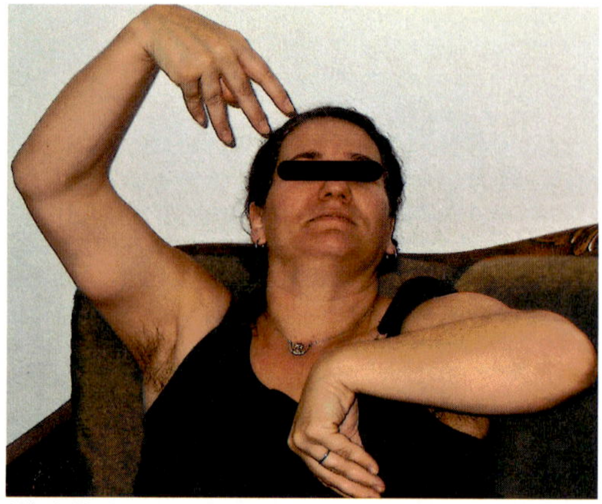

Abb. S.18 Katatoner Stupor. Die Patientin verharrte über einen längeren Zeitraum mit fixierter Armhaltung.

Katatone Erregung. Diese Form stellt das Gegenteil zum katatonen Stupor dar; die Patienten sind sehr unruhig. Dies kann sich im Herumwälzen, Um-sich-Schlagen, Herunterreißen der Kleider o. ä. äußern.

Neben den Bewegungsstörungen zeigt das Verhalten der Patienten die für die katatone Schizophrenie typischen Besonderheiten. So kann der Patient z. B. genau das Gegenteil von dem machen, was von ihm verlangt wird. Oder aber er führt mechanisch alles Verlangte aus. Wenn alles Gesprochene nachgesprochen wird, nennt man das „Echolalie". Manchmal werden Wörter oder Satzteile unzählige Male wiederholt.

Diagnose
Wichtig ist eine ausführliche Eigen- und Fremdanamnese. Man muss mit dem Patienten selbst und mit seinen Angehörigen sprechen. Bevor die Diagnose einer Schizophrenie gestellt werden kann, müssen immer mögliche organische Ursachen der psychischen Veränderungen ausgeschlossen werden.

Differenzialdiagnose
Hirnorganische Erkrankungen, Funktionsstörungen der Schilddrüse und andere psychische Erkrankungen oder Persönlichkeitsstörungen können ebenfalls Ursache psychomotorischer Veränderungen sein.

Therapie
Die Therapie ruht auf mehreren Pfeilern. Es wird medikamentös, verhaltens- und sozialtherapeutisch, z. B. im Rahmen einer Verhaltens- oder Arbeitstherapie, und psychotherapeutisch behandelt (**Abb. S.19**).

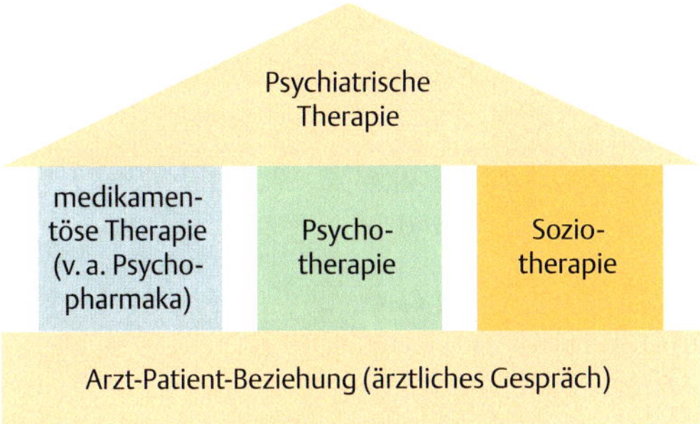

Abb. S.19 Pfeiler der psychiatrischen Therapie.

Prognose

Die Heilungschancen eines akuten Schubes sind relativ günstig. Die Patienten sind aber verstärkt anfällig für weitere Krankheitsschübe; diese Anfälligkeit nimmt sogar mit der Zahl von Krankheitsepisoden zu. Es kann sich im längeren Krankheitsverlauf ein → Schizophrener Residualzustand entwickeln.

Infobox

ICD 10:
F20.2

Literatur:

Möller, H.-J. u. a.: Psychiatrie und Psychotherapie, 3. Aufl. Duale Reihe. Thieme, Stuttgart 2005.
Haupt, W.F. u. a.: Psychiatrie und Neurologie für Pflegeberufe, 9. Aufl. Thieme, Stuttgart 1997

Schizophrener Residualzustand

► Pflegeschüler Mick erzählt einer Mitschülerin: „Ich mach' mir Sorgen um meinen Vater. Er hat seine Schizophrenie noch nie behandeln lassen. Früher fühlte er sich von der „Abwehr" beobachtet und hatte Angst vor feindlichen Strahlen; die Schübe hätten fast die Firma und seine Ehe ruiniert. Jetzt hat er kaum noch Schübe, ist aber total verändert. Er ist so scheu geworden, geht kaum noch raus und ist zu keiner Unternehmung zu bewegen."

Definition

Beim schizophrenen Residualzustand ist das Wesen und das Verhalten eines Patienten mit Schizophrenie (→ paranoid halluzinatorische Schizophrenie) verändert. Das Krankheitsbild ist hauptsächlich durch verminderten Antrieb und Affekte (Gefühle und Gefühlsäußerungen) gekennzeichnet.

Ursachen

Die Schizophrenie verläuft meist in Schüben. Nach jedem Schub können Wesens- und Verhaltensänderungen zurückbleiben. Nach mehrjähriger Erkrankung werden die schizophrenen Schübe seltener und die sog. Negativsymptome sowie teils erhebliche Persönlichkeitsveränderungen überwiegen (**Abb. S.20**).

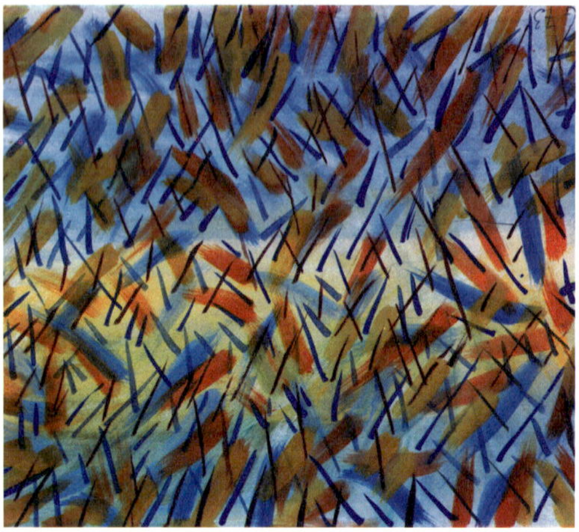

Abb. S.20 Schizophrener Residualzustand. Das Gemälde des Malers Gabritschevsky ist im chronischen Residualzustand seiner Schizophrenie entstanden. Es ist im Vergleich zu seinen Werken aus früheren Jahren eher monoton und kann als Ausdruck der Negativsymptomatik interpretiert werden.

Symptome

Typisch ist, dass der Antrieb und die Affektivität verarmen. Anfangs bestehen meist nur Leistungsschwäche, Kontaktschwierigkeiten, Konzentrationsstörungen und depressive Verstimmungen.

In schweren Fällen kommt es zu einer extremen Einschränkung der Interessen:

- Hobbys werden aufgegeben, Freunde vernachlässigt,
- die Patienten „igeln" sich immer mehr ein.

Infolge der Antriebs- und Interessenlosigkeit verarmen beim Patienten die Affekte und er vernachlässigt die Körperpflege.

Diagnose

Die Diagnose stellt der Arzt anhand der Eigen- und besonders der Fremdanamnese, dem Gespräch mit der Familie oder den betreuenden Personen.

Differenzialdiagnose

Eine schwere Depression (→ reaktive Depression, → Involutionsdepression), eine beginnende → Demenz oder schwere Funktionsstörungen der Schilddrüse müssen ausgeschlossen werden.

Therapie

Man sollte medikamentöse, verhaltens- und psychotherapeutische Therapien kombinieren.

Prognose

Je ausgeprägter der Residualzustand ist, desto schlechter ist die Prognose.

Infobox

ICD 10:
F20.5

Literatur:

H-J. Möller u. a.: Duale Reihe Psychiatrie und Psychotherapie, 3. Aufl. Thieme, Stuttgart 2005
W.F. Haupt u. a.: Psychiatrie und Neurologie für Pflegeberufe, 9. Aufl. Thieme, Stuttgart 1997

Schlafapnoesyndrom

► Herr Luitpold ist seit Monaten ständig müde und abgeschlagen. Er ist häufig gereizt und fühlt sich den täglichen Anforderungen im Beruf immer weniger gewachsen. Seine Frau hat ein starkes nächtliches Schnarchen mit häufigen langen Atempausen bemerkt. Sie macht sich deswegen Sorgen.

Definition

Beim Schlaf-Apnoe-Syndrom (SAS) handelt es sich um eine schlafbezogene Atemstörung. Dabei kommt es regelmäßig nachts zu Atemaussetzern.

Man geht davon aus, dass in Deutschland ungefähr 2 Mio. Menschen darunter leiden. Männer sind häufiger betroffen als Frauen, die Krankheit tritt ab dem mittleren Lebensalter vermehrt auf.

Ursachen

Man unterscheidet zwei Gruppen schlafbezogener Atemstörungen (SAS): die seltenere zentrale Form einer Minderung des Atemantriebes im Gehirn, und die weitaus häufiger auftretende Form des **o**bstruktiven **S**chlaf-**A**pnoe-**S**yndroms (**OSAS**), bei der es während des Einatmens zum Verschluss der oberen Luftwege kommt.

Der Ort des Verschlusses liegt i.d.R. in Höhe des Zungengrundes. Verschiedene Faktoren scheinen das Auftreten einer OSAS zu begünstigen. Neben einer anatomischen Prädisposition kann ein erhöhter Widerstand der oberen Luftwege (z.B. Verkrümmung der Nasenscheidewand, Polyposis nasi, → chronische Sinusitis, Allergien), Übergewicht (führt zur Verengung des Rachenraumes) und Alkoholkonsum (führt zur Erschlaffung der Muskulatur) eine Rolle spielen.

Durch die Atemaussetzer, welche v.a. im Tiefschlaf auftreten, kommt es zu einem Sauerstoffabfall im Blut, der als Schutzreaktion zu einer Aufwachreaktion und verstärktem Atemantrieb führt. Durch die ständigen Aufwachphasen (Arousals) kommt der Betroffene weniger in den Tief- und REM-Schlaf.

Symptome

Die Störung der Schlafarchitektur führt bei den Betroffenen zu einer vermehrten Tagesmüdigkeit. Weitere Symptome eines OSAS können sein:

- lautes Schnarchen,
- mehrmaliges nächtliches Aufwachen,
- Konzentrationsstörungen,
- Libidoverlust, Impotenz,
- Persönlichkeitsveränderungen,
- häufige Kopfschmerzen.

Als Folge eines unbehandelten OSAS können bestimmte internistische Erkrankungen auftreten, z.B. → Hypertonie, → Herzinfarkt, → Hirninfarkt.

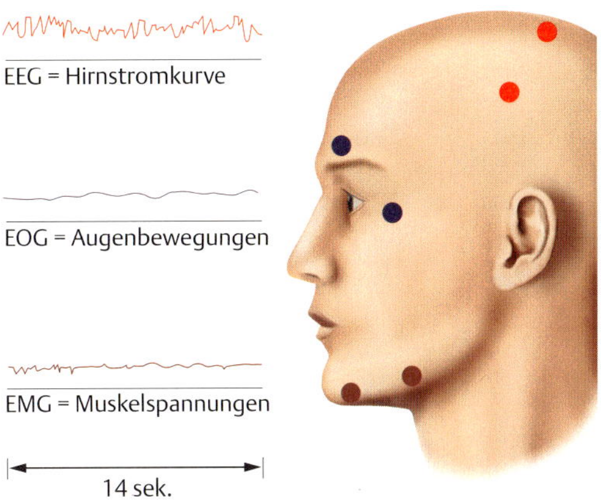

Abb. S.21 Messungen im Schlaflabor.

Diagnose

Bei Verdacht auf Vorliegen eines OSAS erfolgt eine Stufendiagnostik. Nach der Anamnese (Stufe 1) folgt die körperliche Untersuchung (Stufe 2), wobei besonders auf Engstellen im Bereich der oberen Luftwege geachtet wird. Die nächste Stufe (3) ist eine Untersuchung des Schlafes mit Hilfe eines Testgerätes, das der Patient nachts während des Schlafens zu Hause trägt. Dieses Gerät zeichnet verschiedene Vitalfunktionen (Sauerstoffpartialdruck, Atemfluss, EKG, Pulsfrequenz, Körperlage usw.) auf. Mit Hilfe dieser Untersuchung kann die Diagnose OSAS bereits sicher gestellt werden. Stufe 4 beinhaltet die stationäre Untersuchung bzw. Einleitung der Behandlung in einem Schlaflabor (**Abb. S.21**). Andere → Schlafstörungen sind auszuschließen: Insomnie, Narkolepsie, Restless-Leg-Syndrome.

Therapie

Die Standardtherapie des OSAS ist die Anpassung einer CPAP-Maske. Diese wird i.d.R. über der Nase getragen, sie verhindert durch einen leichten Überdruck den Kollaps der oberen Luftwege. In bestimmten Fällen kann ein OSAS durch operative Behandlung oder durch Aufbissschiene günstig beeinflusst werden.

Prognose

Die Erkrankung an sich ist selten heilbar, wenn sie behandelt wird, können negative Folgen vermieden werden.

Infobox

ICD-10: G47.3

Internetadressen: http://www.leitlinien.net
http://www.vdk.de/fachverband-schlafapnoe/

Schlafmittelvergiftung

► „Und weißt du, er wollte noch nicht einmal mehr mit mir reden.“ Caroline schluchzt. „Ich verstehe das nicht. Er hat einfach so Schluss gemacht. Ohne eine Erklärung. Lass uns morgen nochmal telefonieren. Ich kann eh nicht mehr reden.“ Tränen laufen über Carolines Gesicht als sie den Hörer auflegt. Sie sitzt noch eine Weile auf ihrem Bett und geht dann ins Bad. Ihr Blick fällt auf den Schrank mit den Medikamenten. Caroline nimmt die Schlaftabletten ihrer Oma heraus, zerstampft sie in einer Schale, rührt das Pulver mit Wasser an und trinkt. Ihre Eltern finden sie spät am Abend auf dem Boden liegend. „Mama“, flüstert sie schläfrig. Die Eltern rufen sofort den Notarzt.

Definition

Die Schlafmittelvergiftung ist ein durch Überdosierung von Schlaf fördernden Medikamenten hervorgerufener, lebensbedrohlicher Zustand. Dieser erfordert eine dringende ärztliche Behandlung, um den Patienten vor schweren körperlichen Folgen oder dem Tod zu bewahren.

Ursachen

Die Ursache ist meistens eine bewusste Überdosierung von Benzodiazepinen, auch Psychopharmaka genannt. Seltener werden Barbiturate eingenommen, die sedierend, hypnotisch und narkotisch wirken. In suizidaler Absicht werden oft große Mengen dieser Medikamente eingenommen und mit Alkohol kombiniert, der die Wirkung der Medikamente auf das zentrale Nervensystem erheblich verstärkt.

Symptome

Einnahme von Benzodiazepinen. Die Wirkung von Benzodiazepinen ist breit gefächert und die letale Dosis sehr hoch. Daher kommt es nach der alleinigen Einnahme fast nie zu tödlichen Vergiftungen. Typische Symptome sind hier anfangs Übelkeit und Erbrechen, später beginnen Bewusstseinsstörungen. Der Patient reagiert dann meist nur noch auf starke Schmerzreize. Besonders auffallend sind die allgemein erschlafften Muskeln und eine zunehmende Areflexie (Reflexe fallen vollständig aus). Durch die Wirkung der Medikamente nimmt die Atemdepression stetig zu. Liegt die Einnahme längere Zeit zurück, ist eine Hypothermie (absinkende Körpertemperatur) und in einigen Fällen auch eine Hypoglykämie zu erwarten.

Einnahme von Barbituraten. Bei einer Vergiftung mit Barbituraten ist der Zustand sehr viel kritischer. Bereits wenige Gramm des Medikaments sind letal. Der Patient wird sehr schnell somnolent bis komatös. Auffallend und deutlicher Hinweis sind stark verengte Pupillen, wobei trotz dieser Miosis die Lichtreaktion erhalten ist. Die Haut erscheint aschgrau bis bräunlich. Eine zunehmende Areflexie liegt ebenfalls vor. Auffällig ist die stark verlangsamte Atmung (Bradypnoe). Liegt die Einnahme länger zurück, kommen eine Hypothermie und rapider Blutdruckabfall hinzu. Die fortschreitende Atemdepression führt zum Atemstillstand. Wenn keine rechtzeitige Therapie erfolgt, versagt der Kreislauf.

Diagnose

Die wichtigsten Hinweise zur Diagnose erbringen eine gründliche Anamnese und die Symptome des Patienten. Sind Gründe für eine suizidale Absicht bekannt oder ist ein Abschiedsbrief vorhanden (**Abb. S.22**)? Sind leere Medikamentenverpackungen zu finden oder wurde zusätzlich Alkohol getrunken? Das Vorgehen sollte wie bei jeder anderen Vergiftung sein. Dazu gehören folgende 7 Fragen:

- Welches Medikament wurde eingenommen?
- Wer hat es eingenommen?
- Wann wurde es eingenommen?
- Wie viel davon wurde eingenommen?
- Wie wurde das Medikament eingenommen?
- Warum hat der Patient es eingenommen?
- Welchen Zustand hat der Patient?

Aus diesen Fragen ergibt sich eine erste Diagnose und es kann gezielt auf die Gefährdung des Patienten reagiert werden. Sehr hilfreich ist die Bezeichnung oder der Handelsname der eingenommenen Medikamente. Über eine Giftnotrufzentrale sind in kurzer Zeit Hinweise für das weitere Vorgehen zu bekommen.

Therapie

Die Therapie bei der Schlafmittelvergiftung erfordert als wichtigste Maßnahme, Atmung und Kreislauf zu stabilisieren und aufrechtzuerhalten. Die Gefahr, dass Betroffene Erbrochenes oder schaumiges Sekret aspirieren, ist recht hoch. Sind die Vitalfunktionen gesichert, kann die Wirkung der Medikamente durch eine gezielte Antidotbehandlung abgeschwächt oder aufgehoben werden.

Innerhalb der ersten Stunde ist es sinnvoll den Magen zu spülen, um das Gift zu entfernen (**Abb. S.23**). Später ist es von Vorteil, wenn die Medikamente durch die Gabe medizinischer Kohle neutralisiert werden. In jedem Fall ist es wichtig, den Patienten ständig zu überwachen. Flüssigkeitszufuhr über Infusionen, Sauerstoffgabe und medikamentöse Ausschwemmung der Giftstoffe verbessern den Zustand des Patienten deutlich.

Fünf-Finger-Regel. Hilfreich bei der Therapie ist die allgemeingültige Fünf-Finger-Regel bei Vergiftungen:

1. Stabilisierung der vitalen Funktionen des Patienten,
2. Antidotbehandlung,
3. Giftentfernung,
4. Asservierung von Material, welches zur Giftanalyse hilfreich ist,
5. Transport in ein geeignetes Krankenhaus.

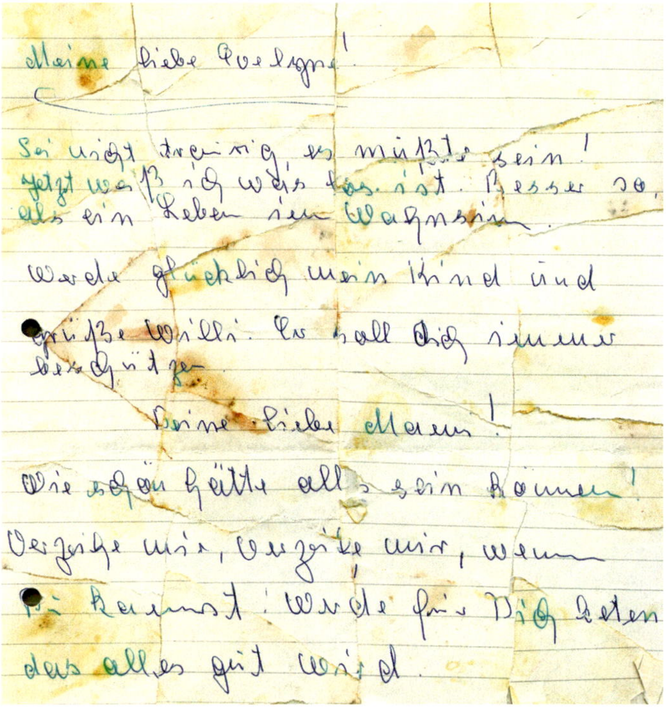

Meine liebe [illegible]!

Sei nicht traurig, es mußte sein! Jetzt weiß ich was los ist. Besser so, als ein Leben im Wahnsinn.

Werde glücklich mein Kind und grüße Willi. Er soll Dich immer beschützen.

Deine liebe Mama!

Wie schön hätte alles sein können! Verzeihe mir, verzeihe mir, wenn Du kannst! Werde für Dich beten das alles gut wird.

Abb. S.22 Suizid. Abschiedsbrief einer zum Suizid entschlossenen Patientin.

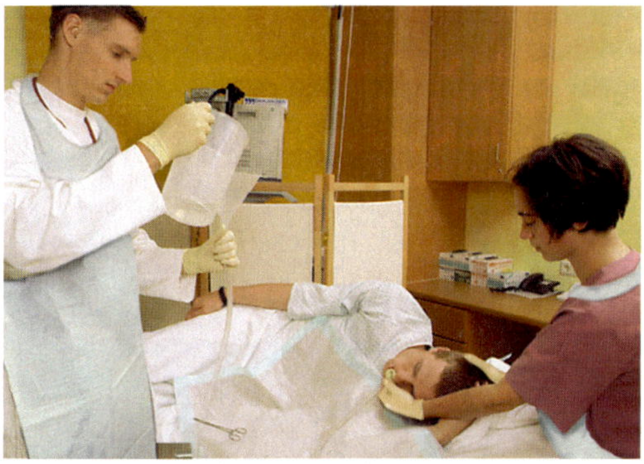

Abb. S.23 Magenspülung. Durch Anheben des Trichters kann das Wasser zum Spülen in den Magen laufen, durch Tiefhalten des Trichters wird die Spülflüssigkeit in einen Eimer abgeleitet.

Infobox

ICD-10:
T42.7

Internetadressen:
http://content.grin.com/binary/hade_download/8969.pdf
http://www.drogen-forum.com (Barbiturate)
http://www.netdoktor.de (Giftinformationszentralen)
http://www.meb.uni-bonn.de/giftzentrale
http://www.toxi.ch (Tranquilizer)

Literatur:
Lewin, L.: Gifte und Vergiftungen – Lehrbuch der Toxikologie. Haug, Stuttgart 1992

Prognose

Bei der Schlafmittelvergiftung ist die Prognose immer von der Menge der eingenommenen Medikamente und von der Zeit zwischen der Einnahme bis zum Behandeln des Patienten abhängig. Je kürzer die Zeit ist, umso günstiger ist die Prognose.

Komplikationen

Bei schweren Schlafmittelvergiftungen können Organschäden die Folge sein. Komplikationen entstehen durch Nierenschäden, durch die der Patient dialysepflichtig werden kann.

Schlafstörungen

► „Na, wie war dein Tag? Bist du gut voran gekommen?", möchte Andreas von seiner Freundin Juliane wissen. „Frag nicht. Eine Katastrophe. Ich war so was von tot. Meine Augen haben gebrannt und ich konnte mich nicht konzentrieren. Und in zwei Wochen habe ich die erste Prüfung. Kannst du mir mal sagen, wie ich das packen soll?" „Ach, du schaffst das schon." „So einen dämlichen Satz muss ich mir immer anhören", kontert Juliane, „aber das hilft mir auch nicht. Ich schlafe ja kaum noch und mir graut schon vor der kommenden Nacht. Das kann doch nicht sein, dass man tagsüber so kaputt ist und dann nachts nicht schlafen kann. Das macht mich völlig fertig."

Definition

Unter Schlafstörungen werden vielfältige Störungen des gesunden Schlafes zusammengefasst. Die Störungen werden nach Dauer, Form und der Ursache unterschieden: akute Schlafstörungen bezeichnen Störungen bis zu drei Wochen, chronische Schlafstörungen dauern länger als drei Wochen. Formen der Schlafstörungen sind:

- Insomnien/Hyposomnien: Störungen des Ein-, bzw. Durchschlafverhaltens (**Abb. S.24**),
- Störungen des Schlaf-wach-Rhythmus,
- Hypersomnien: erhöhte Schlafneigungen,
- Parasomnien: krankhafte Begleitsymptome des Schlafes.

Synonym: Dyssomnie.

Ursachen

Die Ursachen können grob in sechs Kategorien eingeteilt werden:

- physikalische Ursachen (exogene Schlafstörungen): z. B. Lärm, störendes Licht, falsch regulierte Zimmertemperatur,
- physiologische Ursachen: z. B. Schichtarbeit, falsche Schlafhygiene,
- psychologische und psychiatrisch-neurologische Ursachen (psychoreaktive Schlafstörung): z. B. Ärger, Stress, Ängste, Depression, → Epilepsie,
- pharmakologische Ursachen: z. B. Konsum von Alkohol oder Kaffee, Nebenwirkungen von Medikamenten,
- organische Ursachen: z. B. Schmerzen, internistische Erkrankungen (Atemnot, Schilddrüsenüberfunktion), Restless-Leg-Syndrom.

Die Schlafstörungen zählen zu den häufigsten psychosomatischen Beschwerden. Jeder dritte Erwachsene leidet gelegentlich unter Ein- bzw. Durchschlafstörungen. Bei jedem Zehnten ist diese Störung bereits chronisch geworden. Die über 65-Jährigen leiden besonders oft an Schlafproblemen. Sie machen einen Anteil von 40 % aus. Frauen sind in diesem Alter öfter betroffen als Männer.

Symptome

Schlafstörungen können sich auf unterschiedliche Weise äußern. Hierbei spielen die Formen der Schlafstörung eine Rolle.

Hypo- und Insomnien. Bei den am häufigsten vorkommenden Hypo- und Insomnien dauert es bis zum Einschlafen über 30 Minuten, manchmal sind es sogar Stunden. Tagesschläfrigkeit, Leistungs- und Konzentrationsschwäche, Kopfschmerzen und Stimmungsschwankungen sind die Folge.

Störungen des Schlaf-Wach-Rhythmus. Die persönliche Schlaf-Wach-Zeit stimmt meist nicht mit den sozialen Zeitgebern (Nacht bedeutet Schlafen) überein. Dadurch treten Befindlichkeitsstörungen oder Übermüdung in der Wachzeit auf.

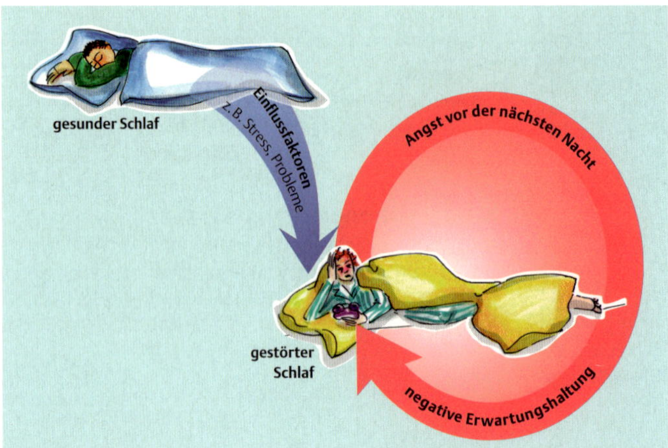

Abb. S.24 Teufelskreis des gestörten Schlafs. Bei Angst vor dem Nicht-schlafen-Können kann nur das Durchbrechen des Gedankenmusters und der Erwartungshaltung helfen.

Hypersomnien. Vor allem bei Hypersomnien steht eine gesteigerte Müdigkeit mit Neigung zum Einschlafen während des Tages im Vordergrund. Sie werden auch als EDS-Syndrome (EDS für exzessive diurale Schläfrigkeit) bezeichnet. Zu den Hypersomnien gehören:

- → Schlaf-Apnoe-Syndrom (Atempause während des Schlafes),
- Narkolepsie („Schlafkrankheit"),
- Restless-Leg-Syndrom,
- schlafabhängiger Myoklonus (kurzes ruckartiges Zucken einzelner Muskeln).

Parasomnien. Sie sind relativ häufig, auch wenn sie nicht als eigentliche Schlafstörung wahrgenommen werden. Sie treten häufig bei Kindern an der Schwelle vom Schlaf zum Wachsein auf. Dazu gehören Angstträume, Schlafwandeln (Somnambulismus), nächtliches Aufschrecken (Pavor nocturnus), Einnässen (Enuresis nocturna) und Zähneknirschen (Bruxismus).

Diagnose

Aus der Anamnese der Patienten und deren Angehörigen können Beschwerden, Alkohol- und Medikamentenkonsum, psychische Belastungen oder fehlende körperliche Aktivität erfragt werden. Ebenso erhält man Hinweise auf Schnarchen und ggf. Atempausen. Es folgen körperliche und neurologische Untersuchungen. Bei organischen Erkrankungen empfiehlt sich die apparative Diagnostik. Mit Hilfe eines Schlafprotokolls (Schlaftagebuch) kann jeder Patient ohne Aufwand einen Anhaltspunkt für die Ursache seiner Schlafstörungen finden (**Abb. S.25**).

Im Schlaflabor können chronische Schlaflosigkeit, Schlaf-Apnoe-Syndrome, Albträume oder Restless-Leg-Syndrome weiter abgeklärt werden. Dabei werden die Gehirnströme mit dem Elektroenzephalogramm (EEG), die Herzfrequenz mit dem Elektrokardiogramm (EKG), die Augenbewegung mittels Elektrookulografie (EOG) und die Muskelaktivität durch die Elektromyografie (EMG) aufgezeichnet. Die Pulsoxymetrie misst zeitgleich die aktuelle Sauerstoffsättigung im Blut.

Differenzialdiagnose

Psychiatrisch-psychologische Erkrankungen sollten sorgsam ausgeschlossen werden.

Therapie

Bei der Behandlung von Schlafstörungen ist es wichtig, erst einmal deren Ursache zu erkennen. Bei organischen oder psychischen Erkrankungen sind diese Grundkrankheiten als Erstes zu behandeln. Es sollte so lange wie möglich versucht werden ohne Schlafmittel auszukommen.

Schlafhygiene. Diese erreicht man z. B. mit genügend Bewegung im Laufe des Tages, jedoch nicht noch direkt vor dem Schlafengehen. Ebenso sind schwere Mahlzeiten belastend. Alkohol fördert zwar den Schlaf, lässt den Patienten jedoch schneller wieder aufwachen. Koffeinhaltige Getränke wie Cola, Tee oder Kaffee sollten ebenfalls gemieden werden. Der Schlafraum ist zu lüften, Licht und Geräusche zu minimieren. Der Betroffene sollte erst ins Bett gehen, wenn er müde ist.

Entspannungstechniken. Diese fördern den Schlaf. Dazu gehören Muskelentspannungen und autogenes Training (**Abb. S. 26**).

Bäder und Tees. Ein warmes Vollbad bei 37 – 38 °C mit Baldrian, Melisse oder Lavendel wirkt ebenso Schlaf fördernd. Kalte Armbäder über zehn bis 30 Sek. beruhigen Herz und Kreislauf. Einigen Patienten helfen warme Getränke – sie wirken beruhigend und ausgleichend. Hier sind es v. a. die Teesorten mit Hopfen, Lavendel oder Weißdorn.

Medikamentöse Therapie. Sind die Schlafstörungen mit den genannten Maßnahmen nicht zu behandeln, kann eine medikamentöse Therapie eingeleitet werden. Es sollten jedoch alle nichtmedikamentösen Maßnahmen ausgeschöpft sein, Kontraindikationen abgewogen werden und die kleinste wirksame Medikamentendosis nur kurz angewendet werden. Das Schlafmittel sollte nicht abrupt abgesetzt werden. Zuerst sollten milde Präparate wie Baldrian- und Hopfendragees eingenommen werden. Diese haben aber eine minimale hypnotische Wirkung. Antihis-

Name											
Datum	Aufgestanden um	Nächtliche Wachzeiten	Bewertung des Schlafes (1 = gut bis 10 = sehr schlecht)	Speisen nach 16 Uhr	Getränke nach 16 Uhr	Aktivitäten nach 16 Uhr	Besondere Ereignisse am Tag	Schlafzeiten tagsüber	Zu Bett gegangen um	Medikamente Name/Zeiten	Bemerkungen/ Besonderheiten

Abb. S.25 Schlafprotokoll. Um den Schlaf über einen längeren Zeitraum hinweg zu beurteilen, kann ein Schlafprotokoll angefertigt werden. Mit Hilfe der protokollierten Beobachtungen können Hinweise auf die Schlafstörung und dessen Ursache gewonnen werden.

Abb. S.26 Autogenes Training. Die Selbstentspannung wird in spezieller Körperhaltung durchgeführt.

taminika haben eine beruhigende Wirkung, jedoch auch eine geringe hypnotische Wirkung.

Für kürzere schnelle Wirkungen empfehlen sich Benzodiazepine, die aber ein starkes Suchtpotenzial verbreiten. Als letzte Gruppe gibt es die niederpotenten Neuroleptika (z. B. Eunerpan), die auch antipsychotisch wirken. Dadurch, dass der Organismus sich schnell an die Einnahme von Schlaftabletten gewöhnt, kann es leicht passieren, dass man eine immer höhere Dosis zum Einschlafen benötigt. Auch können noch Überhänge (hang-over) von deren Wirkung am nächsten Tag auftreten, was zu einer erhöhten Unfall- und Sturzgefahr führen kann. Die Anwendung von Antidepressiva scheint bei Depressionen sinnvoll, da die sedierenden Antidepressiva eine Schlaf anstoßende Wirkung besitzen.

Prognose

Eine spontane Heilung bei chronischen Schlafstörungen ist äußerst selten. Die Statistik besagt, dass zwei Drittel der Schlafgestörten bereits ein bis fünf Jahre darunter leiden, bei fast der Hälfte der Patienten sind es sogar mehr als fünf Jahre. Akute Schlafstörungen verschwinden meist nach kurzer Zeit wieder.

Komplikationen

Treten Schlafstörungen über einen längeren Zeitraum auf, sind gesundheitliche, psychische und soziale Folgen vorprogrammiert.

Infobox

ICD-10:
F51.0

Internetadressen:
http://www.onmeda.de
http://www.schlafstoerungen-online.de
http://www.schlafgestoert.de

Schmerzsyndrom

▶ „Schau dir nur mal meine Hand an, Hilde." Elisabeth streckt ihren Arm aus. „Mein Gott, die sieht ja furchtbar aus. So geschwollen und rot. Und so trockene Haut. Du kannst ja wahrscheinlich gar nichts damit machen. Tut sie dir auch weh?", bemitleidet Hilde ihre Freundin Elisabeth. „Und wie. Wenn ich die Hand nur leicht berühre, könnte ich an die Decke gehen. Und mir hilft kein Schmerzmittel. Ich mache mir wirklich Sorgen, dass der Bruch nicht wieder richtig zusammengewachsen ist. Das hätte ich mir vor drei Monaten auch nicht träumen lassen, dass ich so lange Probleme damit habe. Man denkt ja immer, so etwas passiert einem nicht."

Definition

Mit dem Oberbegriff Schmerzsyndrom fasst man Erkrankungen zusammen, die mit chronischen – mehr als sechs Monate andauernden – dauerhaften und/oder intermittierenden (immer wiederkehrenden) Schmerzen einhergehen. Es werden vier Grundtypen von chronischen Schmerzen unterschieden:

- Nozizeptorenschmerz,
- neuropathischer Schmerz,
- myofaszielles Schmerzsyndrom,
- psychogener Schmerz.

Da diese Gruppen sich hinsichtlich Ursache, Symptomatik und Therapie grundlegend unterscheiden, werden sie in jeder der folgenden Unterrubriken getrennt voneinander behandelt.

Entstehung von Schmerzen

Eine plötzliche Schädigung des Körpers (etwa ein Unterarmbruch) oder Störung der körperlichen Funktion (Gallenkolik bei Gallensteinen) verursacht einen akuten Schmerz. Dieser Schmerz dient als Warnsignal, welches eine Fehlfunktion oder Schädigung signalisiert und den Körper vor weiterer Beeinträchtigung schützen soll.

Im Gegensatz zu akutem Schmerz ist chronischer Schmerz kein natürlicher Zustand des Körpers. Der chronische Schmerz hat sich von der ursprünglichen Funktion des Schmerzes – der Schutzfunktion – abgelöst und existiert nun sozusagen selbstständig weiter. Das Gehirn meldet in diesem Fall Schmerzen, obwohl diese Schmerzmeldung keine Funktion mehr erfüllt. Ab diesem Punkt werden die empfundenen Schmerzen als Schmerzsyndrom eingestuft. In Deutschland leiden nach Angaben der Deutschen Schmerzliga mindestens acht Millionen Menschen unter chronischen Schmerzen.

Ursachen

Die Ursachen der chronischen Schmerzen sind sehr vielfältig.

Nozizeptorenschmerz

Nozizeptoren sind spezielle Neuronen (Nervenzellen), die für die Schmerzwahrnehmung verantwortlich sind. Bei einer Entzündung, Verletzung oder bei Druck werden diese Neuronen lokal erregt und leiten die Reize zum Gehirn weiter, wo die Schmerzempfindung ausgelöst wird.

Nozizeptorenschmerz tritt etwa bei chronischen entzündlichen Erkrankungen wie → chronischer Polyarthritis, → Appendizitis, → Pankreatitis, Zahnschmerzen oder Wundschmerzen auf. Auch eine übermäßige Kontraktion von glatter Muskulatur der inneren Organe kann diese Schmerzen hervorrufen. Ebenso kann eine mechanische Irritation zu Nozizeptorschmerzen führen, etwa ein Stein in der Gallenblase (→ Cholelithiasis) zu Gallenkolik oder toxische Substanzen in der Nahrung zu einer → Gastritis. Wenn der Schmerz der Gallenkolik oder der Gastritis über sechs Monate hinaus bestehen bleibt, sollten die betreffenden Patienten fortan zusätzlich zur Behandlung der Gastritis usw. auch auf Schmerzsyndrom hin behandelt werden.

Neuropathischer Schmerz

Dieser Schmerz, auch Nervenschmerz oder Neuralgie genannt, tritt auf, wenn periphere Nerven oder zentralnervöse Strukturen geschädigt oder durchtrennt wurden. Die Verbindung zwischen den betroffenen Regionen (etwa der Haut) und dem Gehirn ist verändert und der Informationsfluss gestört. Die Schmerzrezeptoren sind in diesem Fall nicht mehr an der Kommunikation beteiligt.

Beispiele sind die → Trigeminusneuralgie, Schmerzen nach → Herpes zoster (Post-Zoster-Neuralgie), bei Engpasssyndromen (→ Karpaltunnelsyndrom oder → Bandscheibenvorfall), bei → Polyneuropathien und nach Rückenmarksverletzungen. Zum neuropathischen Schmerz gehören verschiedene Sonderformen wie etwa Phantomschmerzen nach einer Amputation. Nach einem Knochenbruch sowie einer Operation oder Bagatellverletzung der Hand kann es zum → Sudeck-Syndrom kommen, einer Fehlfunktion, die durch das sympathische Nervensystem verursacht wird und u. a. zu massiven Schmerzen in der Hand führt.

Myofaszielle Schmerzsyndrome

Dies sind regionale Schmerzsyndrome im Bereich einzelner Muskeln oder Muskelgruppen (myo = Muskel, Muskelgewebe; fascia = kollagenbindegewebige Muskelhülle). Ausgelöst werden sie durch Berührung bestimmter Punkte der Muskulatur (Triggerpunkte). Das myofaszielle Schmerzsyndrom ist häufig Ursache von Gesichts- und Rückenschmerzen.

Psychogener Schmerz
Der psychogene Schmerz hat keine organische Ursache. Vielmehr handelt es sich um eine körperliche Ausdrucksform unbewältigter psychischer oder psychosozialer Probleme, z. B. → Migräne nach psychischer Belastung (**Abb. S.27**). Solche Schmerzen können auch begünstigt werden, wenn durch die Schmerzäußerung soziale Vorteile zu erwarten sind.

Symptome

Nozizeptorenschmerz
Dieser Schmerz kann ein gut lokalisierbarer Oberflächenschmerz mit „hellem" Charakter sein – etwa bei einer Schnittwunde. Ein Schmerz der inneren Organe (Tiefenschmerz) hingegen ist schlecht lokalisierbar und von vegetativen Begleitsymptomen wie Verdauungs- und Atmungsstörungen oder Schwitzen begleitet. Oft wird dieser Schmerz der inneren Organe auf Hautareale übertragen, in sog. Head-Zonen (**Abb. S.28**). Das erkrankte Organ wird von dem gleichen Segment des Rückenmarks innerviert wie das Head-Zonen-Hautareal, das in diesem Fall auch schmerzhaft ist.

Neuropathischer Schmerz
Hierbei kommt es im betroffenen Gebiet zu intensiv brennenden, elektrisierenden, einschießenden, intervallartigen Schmerzen, Wassereinlagerung im Gewebe, Schwitzen, Bewegungseinschränkung und Hautveränderung (Hautfarbe, trockene Haut). Die Symptome treten entweder gleich nach der Verletzung oder auch mehrere Wochen bis zu Monaten später auf.

Oft kann man im betroffenen Gebiet durch normalerweise nicht schmerzhafte Reize Schmerz auslösen (Allodynie). So können abnorme unangenehme Empfindungen (Dysästhesien) oder Überempfindlichkeit (Hyperästhesie) auftreten. Bei einem Phantomschmerz kommt es zu schmerzhaften Empfindungen in einem amputierten Körperteil.

Abb. S.27 Schmerz. Schmerzen, z. B. Kopfschmerzen bei Migräne, können die Lebensqualität erheblich beeinträchtigen.

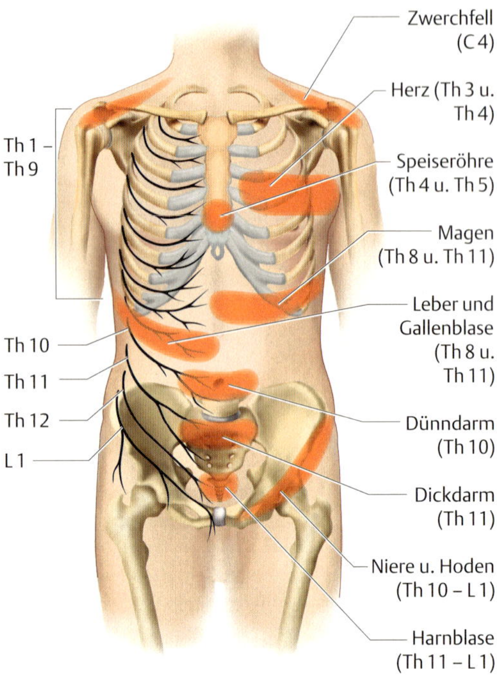

Abb. S.28 Head-Zonen. Überempfindliche Hautareale (farblich markiert) lassen auf das erkrankte Organ rückschließen.

Bei Morbus Sudeck kann am Anfang der Erkrankung eine lokale Überwärmung, Rötung und vermehrtes Schwitzen der betroffenen Extremität (meist an der Hand) beobachtet werden. Im späteren Verlauf kann es z. B. zu → Osteoporose, Gelenkversteifung oder zu Abbau der Muskulatur, der Haut und der Nägel kommen.

Myofaszielles Schmerzsyndrom
Schmerzen entstehen entweder spontan oder bei Druck auf einen Auslösepunkt (Triggerpunkt) eines verhärteten Muskels. Am häufigsten treten myofaszielle Schmerzen am Schulter- und Beckengürtel, in der Nacken- und Kaumuskulatur auf.

Psychogene Schmerzen
Sie sind anatomisch-physiologisch nicht einzuordnen. Die Schmerzen haben einen nicht klar zu definierenden Schmerzcharakter (s. u.) und ändern sich nicht durch Maßnahmen wie Ruhe, Belastung oder Analgetika. Die Patienten haben ein sehr demonstratives Schmerzverhalten und zeigen bei medikamentöser Therapie atypische Medikamentenreaktionen. Oft haben sich die Patienten zu Beginn der Beschwerden in schweren psychosozialen Konfliktsituationen befunden.

Diagnose

Leiden die Patienten unter Schmerzen, ist es wichtig, mehr über den Schmerzcharakter – dumpf, brennend, ziehend, drückend, elektrisierend – zu erfahren. Weiterhin wichtig sind die Lokalisation (betroffene Region und Ausstrahlung des Schmerzes; zeitlicher Ablauf), der Beginn des Schmerzes sowie seine Häufigkeit und Dauer. Handelt es sich um Attackenschmerz oder Dauerschmerz? Nimmt der Schmerz im zeitlichen Verlauf zu oder ab? Ist er beeinflussbar oder tritt generell – ganz gleich bei welcher Art der Therapie – keine Linderung ein?

Bei der Beurteilung der Schmerzstärke helfen heutzutage elfstufige, visuelle Analogskalen, mit Hilfe derer die Patienten ihren Schmerz mit einer Nummer zwischen 0 und 10 einstufen (0 = kein Schmerz, 10 = maximal vorstellbarer Schmerz) (**Abb. S.29**).

Eine weitere wichtige Frage ist, wie beeinträchtigt sich der Patient im Alltag fühlt. Auch die psychosozialen Faktoren – Umfeld, Belastungsfaktoren – spielen bei Schmerzen eine wichtige Rolle.

	Analgetika	Beispiel
Stufe III	starkes Opioid +/– Nichtopiod-analgetikum +/– Adjuvanz	Buprenorphin, Hydromorphon, Morphinin retard.
	persistierender/ verstärkter Schmerz	
Stufe II	schwaches Opioid +/– Nichtopiod-analgetikum +/– Adjuvanz	Tramadol, Dihydrocodein, Tilidin (+ Naloxon)
	persistierender/ verstärkter Schmerz	
Stufe I	Nichtopioid-analgetikum +/– Adjuvanz	Metamizol, Diclofenac, Azetylsalizylsäure, Ibuprofen

Abb. S.30 Schmerztherapie. WHO-Dreistufenplan zur medikamentösen Schmerztherapie.

Differenzialdiagnose

In jedem Fall müssen im Rahmen einer körperlichen, neurologischen und orthopädischen Untersuchung organische Ursachen mit Hilfe von Laborwerten sowie Bild gebenden Verfahren (Röntgen, CT oder MRT), EEG oder EMG ausgeschlossen werden.

Therapie

Die Schmerzsymptome werden je nach Schmerzform therapiert. Bei allen Formen der chronischen Schmerzen kann eine Psychotherapie mit Verhaltenstherapie und Biofeedback helfen. Beim Biofeedback wird dem Patienten unwiderlegbar gezeigt, dass eine Besserung eintritt, etwa indem bei beruhigenden Maßnahmen parallel der Blutdruck gemessen wird und der Patient beobachten kann, wie dieser sinkt. Erst dann fühlt er sich auch tatsächlich beruhigt.

Nozizeptorenschmerzen

Die Therapie dieser Schmerzen orientiert sich an dem WHO-Stufenschema (**Abb. S.30**). Bei nicht mehr ausreichender Wirksamkeit der niedrigeren Stufe soll jeweils ein Wechsel zu Medikamenten der nächst höheren Stufe erfolgen. Demzufolge werden Nichtopioidanalgetika (z. B. Paracetamol, Diclofenac, Ibuprofen, Metamizol), Opioidanalgetika (z. B. Tramadol, Tilidin, Piritramid, Pethidin, Morphin) und Adjuvanzien (z. B. Antidepressiva, Antikonvulsiva und andere) unterschiedlich kombiniert.

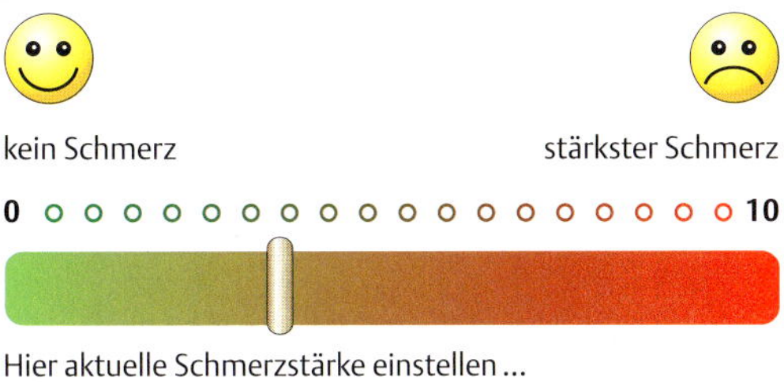

Abb. S.29 Visuelle Analogskala. Schmerzskalen helfen dabei, Schmerzempfindungen zu erfassen.

Neuropathische Schmerzen

Diese versucht man stets abhängig von ihrer Ursache und der Schmerzsymptomatik zu therapieren. Bei einschießenden Schmerzen sind Antikonvulsiva hilfreich, bei brennenden Schmerzen eher Antidepressiva. Bleibt der Erfolg aus, wird nach WHO-Stufenschema therapiert.

Einige Formen von neuropathischen Schmerzen können mittels Einspritzen von Lokalanästhetika (z. B. Lidocain, Tocainid) in die Nähe des betroffenen Nervs therapiert werden. Durch eine transkutane elektrische Nervenstimulation (TENS) werden Nervenstrukturen auf der Haut durch Stromimpulse gereizt und können den Schmerz lindern. Phantomschmerzen kann man am besten durch eine in Regionalanästhesie durchgeführte Amputation vorbeugen.

Bei Morbus Sudeck hilft z. B. die betroffene Extremität ruhig zu stellen und zu kühlen und, nachdem der Patient schmerzfrei ist, eine schonende, individuell angepasste Physiotherapie. Gleichzeitig sollte eine mehrere Tage anhaltende Sympathikusblockade in Kombination mit einer Analgetikatherapie erfolgen. Weiterhin können Lymphdrainage, Akupunktur und autogenes Training hilfreich sein.

Myofaszielles Schmerzsyndrom

Beim myofaszialen Schmerzsyndrom werden Muskelgruppen durch Physiotherapie gestärkt und entlastet. Medikamente haben sich als nicht hilfreich erwiesen.

Psychogene Schmerzen

Bei diesen Schmerzen helfen körperbezogene Therapieformen wie Biofeedback, Verhaltenstherapie, Stressbewältigung, Entspannungsübungen oder autogenes Training. Manchmal kann eine Umstellung der Lebensgewohnheiten – wie veränderte Ernährung, oder sogar Wechsel des Arbeitsplatzes – die Beschwerden lindern.

Prognose

Für alle Formen des Schmerzsyndroms gilt: Wird frühzeitig und adäquat behandelt, verbessert sich die Prognose. Dabei hängt es von der Art des Syndroms ab, ob es geheilt werden kann oder nicht. Bei Nozizeptorenschmerz etwa ist generell eine Linderung bis hin zu vollkommener Schmerzfreiheit relativ wahrscheinlich, bei einem neuropathischen Schmerz nach einer zentralnervösen Schädigung (etwa bei → Querschnittslähmung oder → Hirninfarkt) hingegen recht unwahrscheinlich.

Infobox

ICD-10:
R52.1

Internetadressen:
http://www.medizinfo.de/schmerz/thwho.htm
http://www.schmerzinfo.ch
http://www.sudeck.foren-city.de
http://www.schmerzliga.de

Literatur:
Ramachandran, V. S.: Die blinde Frau die sehen kann – Rätselhafte Phänomene unseres Bewusstseins, 2. Aufl. Rowohlt, Reinbek 2001

Schnittverletzungen

► „Hey Gerda, heute willst du's aber wissen", raunt Hans seiner Kollegin zu, „nimm aber besser die Haltevorrichtung". Sie steht an der Brotschneidemaschine in der Großküche des Internats und schneidet einen Laib nach dem anderen in Scheiben. „Ich bin halt spät dran. Die Kinder kommen gleich zum Frühstück." Sie schneidet hastig weiter. „Hallo Gerda", flötet die 8-jährige Angelina. „Hallo Gina. Was macht dein Kaninchen?" „Hase, es ist ein Hase." „Oh, Verzeihung – ahhh." Gerda zuckt zurück und hält sich ihre Hand. Blut quillt zwischen den Fingern hervor und sie sinkt an den Kühlschrank gelehnt zu Boden. „Gina, hol Doktor Kreis und sag ihm, dass ich mich geschnitten habe."

Definition

Schnittverletzungen sind Verletzungen, die durch scharfkantige, schneidende Gegenstände verursacht werden. Dabei können die oberen Hautschichten, aber auch Gefäße, Sehnen oder Nerven durchtrennt werden.

Ursachen

Schnittverletzungen werden z. B. durch Messer, Skalpell, (Motor-)Sägen oder Glasscherben verursacht.

Symptome

Die Wunden nach Schnittverletzungen haben glatt begrenzte Wundränder, die meist auseinander klaffen und stark bluten (**Abb. S.31**). Bei einfachen Schnittwunden sind lediglich die oberen Hautschichten verletzt. Sind zugleich Gefäße, Sehnen oder Nerven durchtrennt worden, spricht man von einer komplizierten Schnittverletzung.

Ist eine Arterie verletzt, erkennt man eine pulsierende oder spritzende Blutung. Wurden Hautnerven durchtrennt, tritt ein Taubheitsgefühl im entsprechenden Versorgungsareal auf. Verletzte Sehnen führen zu Bewegungseinschränkungen.

Diagnose

Es ist wichtig, den genauen Unfallmechanismus zu erfragen, um tief gelegene Verletzungen von Gefäßen, Nerven oder Sehnen nicht zu übersehen oder ggf. gezielt nach in der Wunde verbliebenen Fremdkörpern suchen zu können.

Weiterhin muss geklärt werden, ob eine Kontamination mit Krankheitserregern erfolgt ist. Das gilt insbesondere für Arbeitsunfälle (verschiedene Handwerksberufe, medizinische und veterinärmedizinische Berufe), bei denen stets eine Diagnostik beim Durchgangsarzt (D-Arzt) erfolgen muss.

An erster Stelle steht die Frage nach dem Tetanusimpfschutz (Impfausweis!). Für den Kontakt mit potenziell infektiösem Material (z. B. Blut) existieren Leitlinien von

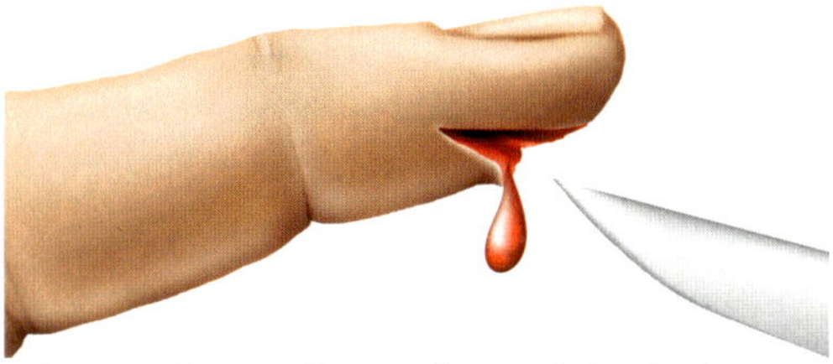

Abb. S.31 Schnittwunde. Eine Schnittwunde hat glatt begrenzte, auseinander klaffende und stark blutende Wundränder.

Fachgesellschaften zur Prävention von Hepatitis- und HI-Vireninfektionen.

Differenzialdiagnose

Je nach Art der Gewalteinwirkung müssen Schnittwunden von Hieb-, Stich-, Kratz-, Riss-, Quetsch- und Platzwunden unterschieden werden. Ausgeschlossen werden sollten Verletzungen größerer Gefäße, von Nerven und Sehnen.

Therapie

Die Wundränder kleiner, oberflächlicher Schnittwunden werden mit Pflaster anatomisch adaptiert. Bei längeren und tieferen Schnittwunden erfolgt die Therapie nach den chirurgischen Prinzipien der Wundbehandlung. Frische, unkomplizierte Wunden (weniger als 6 Std. alt) werden primär genäht (**Abb. S.32**).

Alte, tiefe, fremdkörperhaltige Wunden werden offen behandelt und können bei sauberer Granulation nach einigen Tagen sekundär genäht werden. Das betroffene Körperteil wird ruhig gestellt. Bei nicht nachweisbarem Tetanusimpfschutz innerhalb der vergangenen 5 Jahre erfolgt die Tetanusprophylaxe (je nach Impfstatus passiv und/oder aktiv).

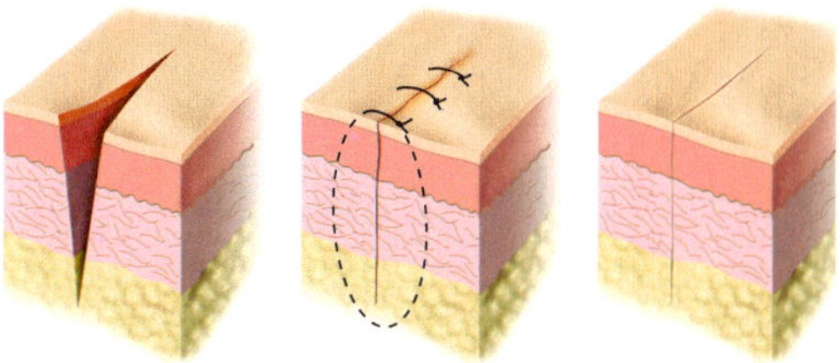

a b c

Abb. S.32 Wundheilung. a Saubere frische Wunde, **b** primärer Wundverschluss, **c** Primärheilung mit schmaler Narbe.

Bei Kontamination mit potenziell infektiösem Material sollte man die Wunde mindestens eine Minute weiter bluten lassen, die Blutung ggf. anregen (Wundränder spreizen, Blut ausdrücken, aber nicht die Wunde quetschen) sowie anschließend mit Ethanol (> 80 Vol %) und PVP-(Povidon-)Jod desinfizieren. Ggf. erfolgt die Hepatitis-B-Impfung oder die Postexpositionsprophylaxe gegen eine Infektion mit HIV.

Prognose

Oberflächliche Schnittwunden verheilen problemlos innerhalb von 10 – 14 Tagen. Große Schnittverletzungen der Hand, insbesondere in Kombination mit Verletzungen tiefer gelegener Strukturen, sollten vom Handchirurgen behandelt werden, um postoperative Funktionseinschränkungen weitgehend zu vermeiden.

Das Übertragungsrisiko von Krankheiten bei Kontakt mit infektiösem Material ist u. a. abhängig von der Virulenz des Erregers, der Erregerlast des Indexpatienten, der Dauer der Kontamination und dem Zeitintervall bis zum Ergreifen effektiver therapeutischer Maßnahmen.

Infobox

ICD-10:
T14.5, T14.6, S61.0, S91.3

Internetadressen:
http://www.leitlinien.net
http://www.rki.de
http://www.thieme.de/viamedici

Schock

▶ „Papa, guck mal." Leonie zeigt auf einen Mann, der sich an einem Blumenkübel festhält und langsam zu Boden sinkt. Herr Meier, Leonies Vater, geht auf den Mann zu. „Brauchen Sie Hilfe?" „Ich habe starke Schmerzen in der Brust", antwortet er leise. Herr Meier ruft den Notarzt an und kniet neben dem Mann nieder. Er hält seinen Kopf. Der Mann hat kalten Schweiß auf der Stirn und ist sehr blass. Endlich bahnt sich der Arzt den Weg durch die Menschentraube, die sich mittlerweile gebildet hat. Er stellt einen sehr niedrigen Blutdruck fest und das angelegte EKG bestätigt einen Myokardinfarkt.

Definition

Der Schock resultiert aus einem Missverhältnis zwischen Sauerstoffbedarf und Sauerstoffangebot in Organen und Geweben. Aufgrund verminderter Durchblutung kommt es zur Unterversorgung im gesamten Körper (**Abb. S.33**). Der durch verschiedene Ursachen ausgelöste, fortschreitende pathologische Vorgang verläuft unbehandelt tödlich.

Synonym: Kollaps.

Ursachen

Ein Schock kann verschiedene Ursachen haben, nach denen er letztendlich auch bezeichnet wird.

Hypovolämischer Schock. Der Schock wird durch einen Volumenmangel, der durch Blut-, Wasser- und Elektrolytverluste verursacht wird, ausgelöst. Zu diesem Mangel kann es durch Erkrankungen oder Verletzungen kommen, die mit erheblichen Flüssigkeitsverlusten verbunden sind, so z. B. schwere innere Blutungen nach einem Unfall oder auch großflächige Verbrennungen oder Verbrühungen.

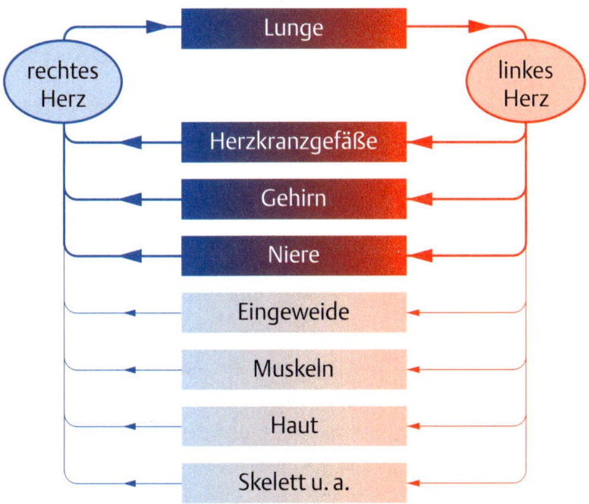

Abb. S.33 Zentralisation. Bei einem Kreislaufschock ist die Durchblutung von Herz, Lunge, Gehirn und Nieren begünstigt.

Anaphylaktischer Schock. Er tritt unmittelbar nach einer starken allergischen Reaktion auf Nahrungsmittel, Medikamente oder Gifte auf. Hierbei bewirkt der akute Blutdruckabfall eine Minderdurchblutung.

Septischer Schock. Diese Form entwickelt sich aus Infektionen. Durch freigesetzte Gifte und Bakterien im Blutkreislauf entsteht eine innere Vergiftung, in deren Folge sich der Schock ausbildet.

Kardiogener Schock. Ein kardiogener Schock tritt als Folge von Herzerkrankungen auf. Akut verminderte Pumpleistung oder Herzversagen führen zu verminderter Durchblutung der peripheren Gefäße und damit zu Sauerstoffmangel.

Neurogener Schock. Er wird durch Erkrankungen oder Verletzungen des Gehirns ausgelöst. Durch Schädigung wichtiger Hirnregionen werden Signale zur Kreislaufregulationen nicht mehr verarbeitet.

Symptome

Die Symptome eines Schocks sind unabhängig von der Ursache und damit immer gleich. Auffällig ist eine sehr blasse bis graue, zyanotische Hautfarbe des Betroffenen. Durch die periphere Minderdurchblutung friert die Person, die Extremitäten fühlen sich kalt an und es bildet sich kalter Schweiß. Die Nagelbettprobe bestätigt eine deutliche Zirkulationsstörung. Unruhe oder auch Starre und Teilnahmslosigkeit des Patienten sind möglich.

Der Puls ist sehr schnell, was ein Zeichen für eine Ausgleichstachykardie ist. Anfangs lässt sich der Puls noch als hart und pochend ertasten, später ist er flach und nur noch schwach und fadenförmig zu fühlen. Bei einer Blutdruckmessung zeigt sich ein stark abgefallener arterieller Blutdruck.

Die Pupillen sind stark erweitert und die Augen erscheinen tief in die Augenhöhlen eingesunken. Die Schleimhäute sind blass und trocken, auch an der Zunge ist das deutlich zu sehen. Ein unwillkürlicher Abgang von Stuhl und Urin ist möglich. Das Allgemeinbefinden ändert sich sehr rasch. Anfangs ist der Patient noch wach und ansprechbar, trübt aber schnell ein und es kann sich ein komatöser Zustand entwickeln.

Diagnose

Der Zeitfaktor ist das wichtigste Kriterium für die Diagnostik. Je schneller ein Schock erkannt wird, umso sicherer ist eine erfolgreiche Behandlung durchführbar. Dazu gehört auch, die Ursache zu erkennen und, wenn möglich, abzustellen oder zu bekämpfen.

Die erste Diagnose eines Schocks ist durch Sehen, Fühlen und Hören möglich. Je nach Ursache erfolgt die weitere Diagnostik nach der jeweils zugrunde liegenden Erkrankung oder Verletzung.

Therapie

Wenn der Schock auch zu Beginn nicht bedrohlich erscheint, besteht für den Patienten doch akute Lebensgefahr! Jeder Schock bedarf einer dringenden ärztlichen Behandlung. Wichtig ist dabei, dass nicht nur die Schocksymptomatik, sondern auch die ursächliche Erkrankung oder Verletzung behandelt wird. Wichtige allgemeine Maßnahmen sind v. a.:

- Lagern,
- Aufrechterhalten der vitalen Funktionen,
- Wiederherstellen eines ausreichenden Blutkreislaufes,
- Wärmeerhalt,
- Ruhe,
- ständige Betreuung,
- Beseitigen der auslösenden Ursachen (wenn möglich).

Lagern. Effektiv ist die Schocklagerung. Dabei wird der Patient flach hingelegt, seine Beine werden etwa 30 cm erhöht gelagert. Dadurch wird der Kreislauf unterstützt. Beim kardiogenen und neurogenen Schock wird allerdings eine Lagerung mit leicht erhöhtem Oberkörper gewählt, um eine zusätzliche Belastung von Herz oder Gehirn zu vermeiden (**Abb. S.34**).

Aufrechterhalten der vitalen Funktionen. Besonders beim kardiogenen Schock besteht die Gefahr des Herzversagens. Durch die verminderte Kontraktionskraft ist der Herzmuskel nicht mehr in der Lage, eine ausreichende Pumparbeit zu leisten. Der Kreislauf muss in diesem Fall mit Medikamenten stabilisiert werden. Erfolgt die Behandlung nicht rechtzeitig, ist mit einem Herzstillstand zu rechnen. Dann kann nur noch eine kardiopulmonale Reanimation das Leben des Patienten retten (**Abb. S.35**). Ausreichende Sauerstoffzufuhr, am effektivsten über ein Beatmungsgerät, sowie Kreislaufmedikamente verbessern die Erfolgsaussichten dabei erheblich.

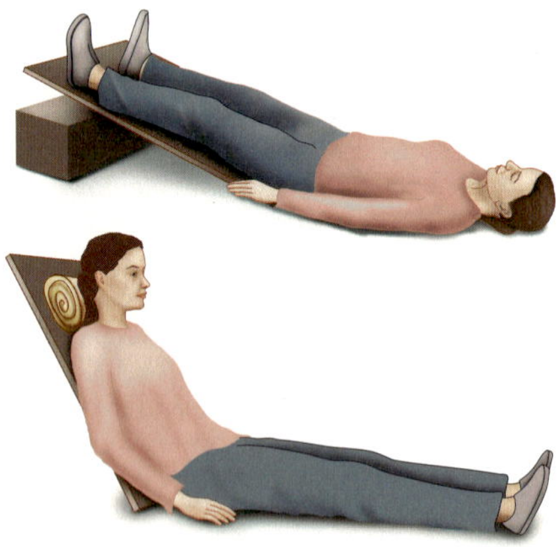
a
b

Abb. S.34 Lagerungsformen. a Hochlagern der Beine bei hypovolämischem Schock zur Verbesserung des venösen Rückstroms. **b** Hochlagern des Oberkörpers bei kardiogenem Schock zur Senkung der kardialen Vorlast.

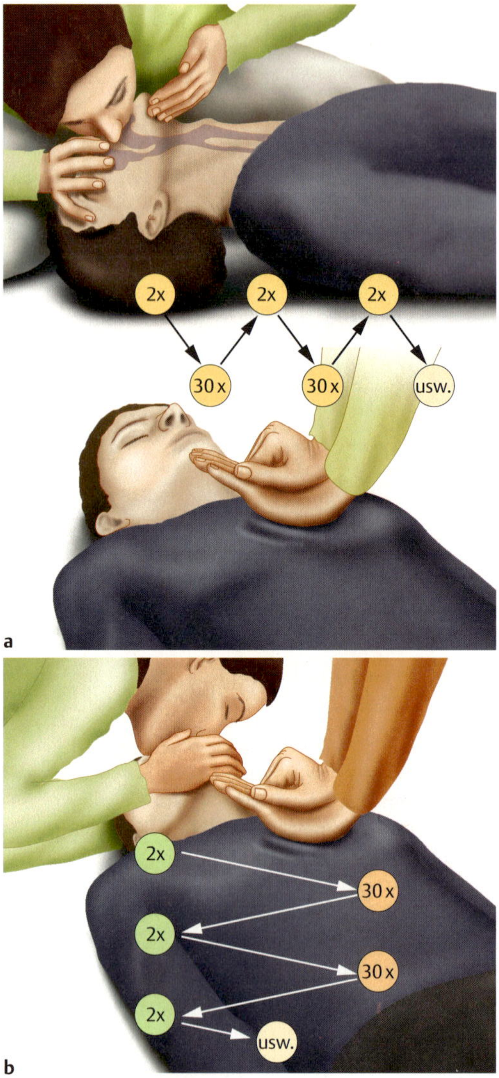

a
b

Abb. S.35 Kardiopulmonale Reanimation. a Ein-Helfer-Methode, **b** Zwei-Helfer-Methode.

Kardiopulmonale Reanimation bei Kindern. Aufgrund der anatomischen Verhältnisse kommt es bei Säugling und Kleinkind bei einem Schock sehr schnell zum Kreislaufversagen. Dann ist es wichtig, die kardiopulmonale Reanimation für diese Altersgruppe zu beherrschen (**Abb. S.36**, **S. 37**). Zur Sicherung der Atemwege wird der Kopf nur ganz leicht überstreckt. Eine Reanimation wird entsprechend dem Alter an Frequenz und Volumen der Atmung sowie an die Herzfrequenz angepasst. Bei Säuglingen, die jünger als ein Jahr sind, wird mit der Herzdruckmassage schon bei einem Puls unter 80/Min. begonnen. Die Pulskontrolle erfolgt an der Innenseite der Oberarme.

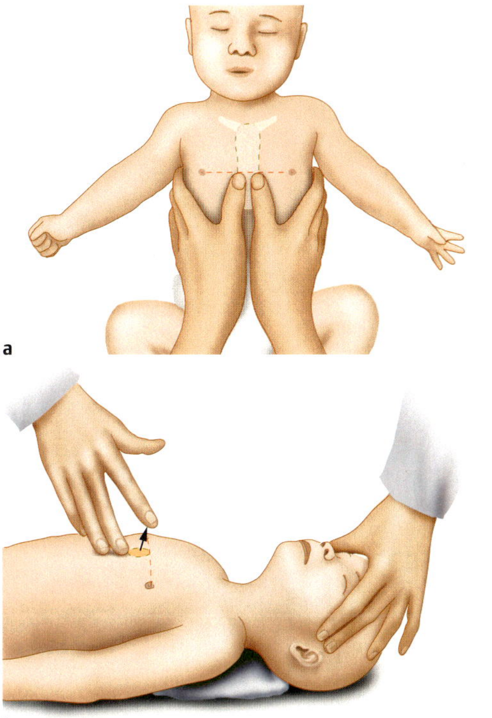

a

b

Abb. S.36 Technik der externen Herzdruckmassage bei Säuglingen und Kleinkindern. a Thoraxumfassende Zwei-Daumentechnik: Der Thorax wird von beiden Händen ganz umschlossen, beide Daumen üben Druck aus. Diese Methode ist effektiver als die Zwei-Finger-Kompressionstechnik. **b** Zwei-Finger-Kompressionstechnik: Hierbei werden die Spitzen zweier Finger annähernd senkrecht auf das Sternum aufgesetzt. Bei Säuglingen sollte der Druckpunkt ein Fingerbreit unter der Intermamillarlinie liegen. Bei Kleinkindern liegt der Druckpunkt ein bis zwei Fingerbreit über Sternumende. Die Kompressionstiefe sollte 2 – 3 cm betragen.

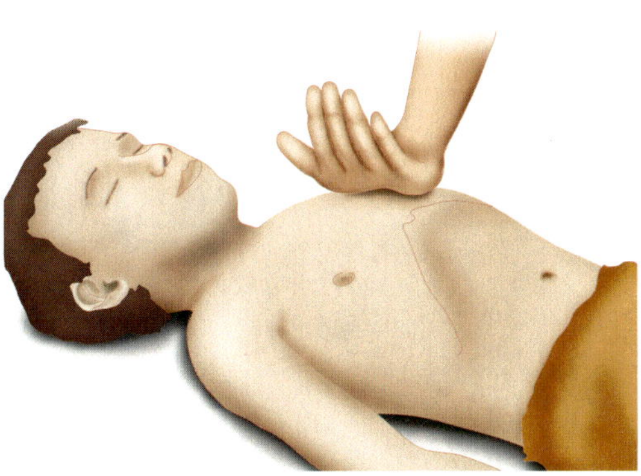

Abb. S.37 Technik der externen Herzdruckmassage bei Schulkindern. Bei der Handballentechnik liegt der Druckpunkt in der unteren Sternumhälfte. Die Kompressionstiefe sollte 3 – 5 cm betragen.

Prognose

Die Prognose richtet sich danach, wie lange ein Schock bestanden hat. Schnell erkannt und behandelt, sind alle funktionellen Veränderungen reversibel. Dauert der Schock länger an, führen eingeschwemmte Mikrothromben zu schweren Organschäden oder im schlimmsten Fall zu einem Multiorganversagen.

Komplikationen

Die Komplikationen treten beim Schock mit zunehmender Dauer auf. Anfangs bewirken Adrenalinausschüttung und Gefäßverengung eine Zentralisation des Kreislaufs. Es werden nur noch lebenswichtige Organe wie Gehirn, Herz und Lunge vorrangig mit Blut versorgt und es kommt zur Minderdurchblutung in der Peripherie.

Dauert die Durchblutungsstörung länger an, dickt das Blut in den Kapillargefäßen ein. Es entsteht ein Sauerstoffmangel, der zum Zelltod führt. Es bildet sich eine intrazelluläre Azidose, die im weiteren Verlauf zur Dekompensation führt. Durch die Übersäuerung bleiben Gegenregulationsmechanismen aus und Blut kann wieder durch die Kapillaren fließen. In diesen haben sich zwischenzeitlich Thromben und Toxine gebildet, die jetzt ausgeschwemmt werden.

Da die venösen Gefäße nach den Kapillaren noch verengt sind, lagern sich die Erythrozyten aneinander (Geldrollenphänomen). Das wechselnde Erweitern und Verengen der Gefäße spült Mikrothromben, die sich von den abgelagerten Erythrozyten lösen, in den Körperkreislauf. In den Körperorganen werden die Gefäße verschlossen. Besonders Nieren und Lunge sind davon zuerst betroffen. Schlimmste Komplikation ist dann ein irreversibles Multiorganversagen, welches tödlich endet.

Infobox

ICD-10:
R57

Internetadressen:
http://www.herold-innere-medizin.de/pdf/schock.pdf
http://www.kliniken.de (Lexikon, Schock)
http://www.pathologie-online.de (Schock)
http://www.notmed.info/msyschoc.html
http://www.netdoktor.at/baby_und_kind/schock_kind.htm
http://regelwerk.unfallkassen.de/daten/s_inform/SI_8453_UKS.pdf

Literatur:
Empfehlungen zur Diagnostik und Therapie der Schockformen der IAG Schock der DIVI. Deutscher Ärzte-Verlag, Köln 2004
Reichert, M., Weicker, R.: Kindernotfälle – Erste Hilfe bei Säuglingen, Kleinkindern und Kindern. Gehlen, Bad Homburg 1999

Schulter-Arm-Syndrom

► „Was ist denn mit dir los?", fragt Georg erstaunt, als sich Bernd zu ihm umdreht. „Ich kann mich schon seit Wochen nicht mehr bewegen", stöhnt Bernd und fasst sich in den Nacken. „Erst dachte ich ja, ich hätte Zug bekommen. Lach nicht, ich weiß, ich höre mich an, wie meine eigene Großmutter. Ich kann den Nacken nicht bewegen. Die Arbeit am Monitor ist echt eine Qual und Autofahren geht eigentlich gar nicht. Mir tut auch der Arm weh und die Finger werden schon taub." „Ok, es muss echt schlimm sein, denn so jammerig kenne ich dich sonst nicht", bemerkt Georg. „Geh doch mal zum Arzt. Ich habe gehört, dass es Bandscheibenvorfälle nicht nur unten im Rücken gibt."

Definition

Mit Schulter-Arm-Syndrom werden Beschwerden bezeichnet, die von der mittleren und unteren Halswirbelsäule (HWS) ausgehen.

Der Begriff Schulter-Arm-Syndrom wird teilweise auch für eine Form des → Sudeck-Syndroms (sympathische Reflexdystrophie) verwendet, das an dieser Stelle nicht besprochen wird. Weiterhin kommt diese Bezeichnung in der Praxis allgemein beschreibend für sämtliche Schulter-Arm-Schmerzen vor, d. h. es werden damit auch andere Symptome als die mit zervikalen Ursachen zusammengefasst. Um die diagnostische Bezeichnung so präzise wie möglich zu wählen und Missverständnisse zu vermeiden, kommt es deshalb darauf an, die Ursachen von Schulter-Arm-Beschwerden genau zu identifizieren.

Synonyme: Zervikobrachialgie, Zervikobrachialsyndrom, zervikales Nervenkompressionssyndrom, Halswirbelsäulensyndrom, Nacken-Schulter-Arm-Syndrom.

Ursachen

Für das Schulter-Arm-Syndrom kommen verschiedene Ursachen in Frage.

Muskelhartspann. Verschiedene Fehlhaltungen des Kopfes, z. B. die kyphotische Zwangshaltung der HWS bei der Schreibtischarbeit oder sportliche Überlastung, können zu schmerzhaften Muskelverspannungen im Nacken führen, die in die Schulter und den Oberarm ausstrahlen. Solche Verspannungen werden auch durch psychische Einflüsse hervorgerufen oder verstärkt.

Mechanische Ursachen. Degenerative Veränderungen der Halswirbelsäule wie → Bandscheibenvorfälle und Knochensporne an Wirbeln, reizen oder komprimieren die in unmittelbarer Nähe austretenden Nervenwurzeln. Die Arthrose der Wirbelgelenke führt zu einem reflektorischen Muskelhartspann. Möglich sind auch angeborene Wirbelfehlbildungen, → Skoliosen oder Spondylolisthese (Wirbelgleiten).

Traumatische Ursachen. Traumatische Gründe für Schulter-Arm-Beschwerden sind Wirbelfrakturen und das HWS-Beschleunigungstrauma mit Muskel- und Bänderverletzungen.

Entzündliche Ursachen. Dazu gehören Infektionen der Wirbelsäule mit Bakterien, die z. B. von einer Lungenerkrankung herrühren und → Abszesse an der Wirbelsäule verursachen, oder Entzündungen aufgrund von Krankheiten des rheumatischen Formenkreises.

Hinzu kommen Erkrankungen, die meist den gesamten Körper betreffen wie → Osteoporose, → Osteomalazie oder → Tumoren an der Wirbelsäule.

Symptome

Im Vordergrund stehen Nacken-Schulter-Schmerzen, die in Arm, Hände, Finger oder den Hinterkopf ausstrahlen. Die Kopfbeweglichkeit ist evtl. schmerzbedingt eingeschränkt. Teilweise nehmen die Patienten eine fixierte Entlastungshaltung des Kopfes ein.

Eine Kompression der Nervenwurzeln (häufig der unteren HWS) äußert sich in Missempfindungen in den Versorgungsbereichen der Nerven am Arm und der Hand, mit Sensibilitätsstörungen, vermindertem Schmerzempfinden (Hypalgesie) und ggf. auch Schwächung der Muskelkraft bis hin zu Muskelatrophien. Diese Symptome können anatomisch einer bestimmten Nervenwurzel in einem Bewegungssegment zugeordnet werden (radikuläre Symptome, radicula, lat.: kleine Wurzel) (**Abb. S.38**).

Davon abzugrenzen sind pseudoradikuläre Beschwerden. Dabei handelt es sich eher um diffuse Schmerzen, die sich nicht einem bestimmten Nervenversorgungsbereich zuordnen lassen. In einem solchen Fall sind auch keine Ausfälle der Sensibilität oder Motorik zu beobachten. Dagegen sind vegetative Störungen, z. B. der Schweißsekretion oder der Vasomotorik, möglich.

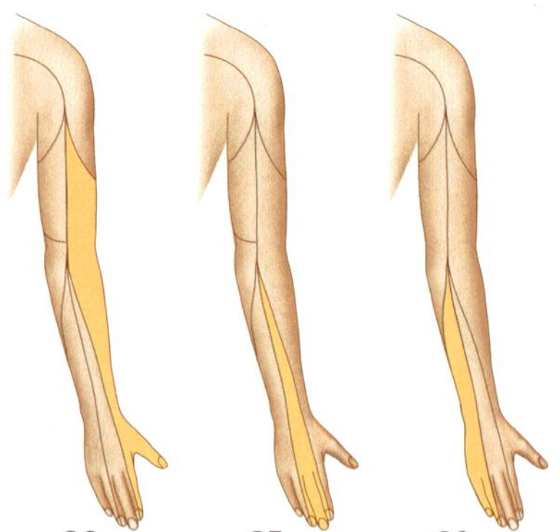

Abb. S.38 Nervenwurzelsyndrome C6, C7 und C8. Darstellung der den Nervenwurzeln zugeordneten Dermatome.

Diagnose

Es wird ein detaillierter klinisch-neurologischer Befund erhoben, bei dem die aktive und passive Beweglichkeit der HWS sowie der Arme, Hände und Finger, deren Motorik und Sensibilität sowie die Reflexe überprüft werden (**Abb. S.39**). Mit bestimmten Provokationstests an der Halswirbelsäule (nicht nach einem Trauma!) lassen sich die Symptome evtl. verstärken. Wichtige bildgebende Verfahren sind je nach Fragstellung z. B.:

- Röntgenaufnahmen der HWS in zwei Ebenen,
- Schräg- und Funktionsaufnahmen (Extension, Flexion),
- Magnetresonanztomografie (MRT), v. a. zur Darstellung des Rückenmarks, der Nervenwurzeln und der paravertebralen Weichteile,
- Computertomografie (CT).

Bei Verdacht auf periphere Nervenschädigungen kommen neurophysiologische Untersuchungen in Betracht.

Differenzialdiagnose

Die geschilderten Untersuchungen dienen der differenzialdiagnostischen Klärung der Ursache. Weitere Ursachen von Beschwerden im Schulter-Arm-Bereich können sein:

- Thoracic-outlet-Syndrom (Engpass-Syndrom an Skalenuslücken, bei Halsrippen u. a.),
- Entzündungen oder Arthrosen am Schultergelenk,
- Spinalkanalstenose,
- Erkrankungen des Rückenmarks,
- Gefäßanomalien.

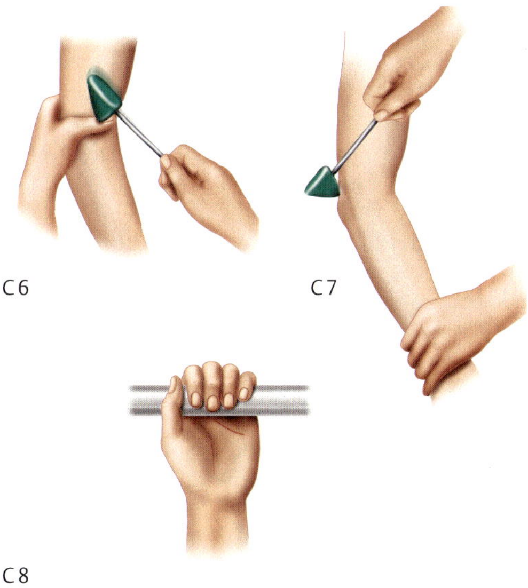

Abb. S.39 Nervenwurzelsyndrome C6, C7 und C8. Darstellung der den Nervenwurzeln zugeordneten Reflexausfälle (C6, C7) und der Kennmuskeln (C8).

Therapie

Die Behandlungsstrategie, konservativ oder chirurgisch, richtet sich nach den Ursachen des Schulter-Arm-Syndroms.

Konservative Therapie. Dazu zählen:

- Schmerztherapie mit nichtsteroidalen Antirheumatika (NSAR), Opioiden, Muskelrelaxanzien, Lokalanästhetika,
- kurzfristige Ruhigstellung der HWS mit einer Halskrawatte,
- physikalische Anwendungen (Wärme, Kälte),
- Physiotherapie,
- psychotherapeutische Interventionen und Verhaltenstherapie,
- Akupunktur,
- manuelle Therapie bei akuten Wirbelblockierungen,
- bei Infektion: Ruhigstellung der HWS und Antibiotikatherapie.

Chirurgische Therapie. Sie besteht aus:

- verschiedenen Techniken zur Beseitigung eines Bandscheibenvorfalls und/oder von Knochenteilen,
- Versteifungsoperationen (Spondylodese),
- Implantation von Bandscheibenprothesen,
- stabilisierende Eingriffe an der HWS.

Diese Maßnahmen sind angezeigt bei:

- sehr starken, konservativ kaum zu beeinflussenden, radikulären Schmerzen,
- akuten und funktionell erheblich beeinträchtigenden Muskellähmungen,
- im Krankheitsverlauf zunehmenden neurologischen Ausfällen,
- Nervenkompression mit erfolgloser konservativer Therapie über sechs bis acht Wochen,
- Tumoren, schweren Infektionen mit Abszessbildung, Wirbelfrakturen.

Prognose

Die Prognose von Schulter-Arm-Beschwerden ist abhängig von den Ursachen und im Einzelfall schwer vorherzusagen.

Infobox

ICD-10:
M50, M54, M47, M48, M99

Internetadressen:
http://www.zervikobrachialgie.de
http://www.leitlinien.net

Schultergelenksluxation

► „Hallo Peter. Heute nur zum Anfeuern in der Halle?“ Carola und Nina setzen sich auf die Tribüne. „Ja, leider. Ich habe mir doch die Schulter ausgekugelt.“ „Echt? Das wussten wir nicht. Wie ist das denn passiert?“ „Ein Foul beim letzten Handballspiel. Ich habe mit erhobenen Armen abgewehrt, wie man das halt so macht, und der Angreifer ist einfach in mich reingerannt.“ „Und dann?“ Carola und Nina schauen Peter mit offenen Mündern an. „Es hat höllisch weh getan. So ein stechender Schmerz und ich konnte die Schulter nicht mehr bewegen. Im Krankenhaus haben sie sie dann wieder eingerenkt. Jetzt muss ich erst mal Pause machen. Total blöd. Wir haben noch so wichtige Spiele und könnten aufsteigen.“

Definition

Unter einer Schultergelenksluxation versteht man die vollständige Ausrenkung des Schultergelenks nach vorn, unten oder hinten. Man unterscheidet die akute Erstluxation von der habituellen Schulterluxation, die wegen dauerhafter Instabilität des Schultergelenks immer wieder auftritt.

Ursachen

Das Schultergelenk wird in erster Linie von der Muskulatur in Position gehalten. Wegen der kaum vorhandenen knöchernen Gelenkführung und geringen Stabilisierung durch Gelenkkapsel und Ligamente handelt es sich bei fast der Hälfte aller Luxationen von Gelenken um Luxationen der Schulter. Betroffen sind v. a. junge Sportler, bei denen die Schulter durch kräftige Überkopfbewegungen oder Stürze auf den ausgestreckten Arm luxiert. Bei älteren Menschen ist die Muskulatur der Rotatorenmanschette geschwächt, sodass der Humeruskopf ungenügend stabilisiert ist und die Schulter deshalb leichter luxieren kann.

Besteht bereits eine chronische Instabilität wegen vorangegangener Verletzungen des Kapsel-Band-Apparats, tritt der Humeruskopf bereits bei geringen Belastungen aus seinem Lager.

Symptome

In der Mehrzahl der Fälle ist der Humeruskopf nach vorn luxiert. Die Betroffenen bemerken das Herausspringen des Humeruskopfes im Moment des Unfalls und haben heftige Schmerzen. Bei schlanken Menschen fällt die veränderte Schulterform auf. Die Patienten halten den Arm oft adduziert und außenrotiert.

Diagnose

Bei schlanken Menschen sind die leere Gelenkpfanne und der ausgetretene Humeruskopf tastbar. Dies gelingt nicht, wenn die Muskulatur gut ausgebildet ist. Außerdem sollte auf Störungen der Sensibilität und motorische Ausfälle, die aufgrund begleitender Nervenverletzungen (z. B. des Nervus axillaris) auftreten können, geachtet werden. Ebenfalls kann, z. B. durch Verletzung der Arteria axillaris, die Durchblutung gestört sein.

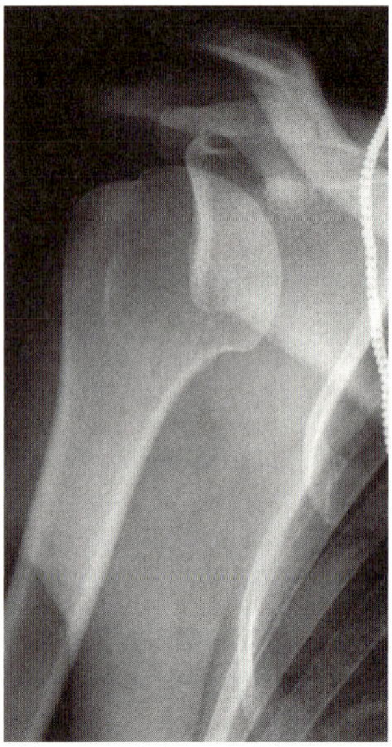

Abb. S.40 Schultergelenksluxation. Die Gelenkpfanne ist leer, der Humeruskopf steht tief.

Gesichert wird die Diagnose mit Röntgenbildern (**Abb. S.40**). Begleitverletzungen (Impressionsfraktur am Oberarmkopf, Kapsel-Labrum-Läsion) können per Magnetresonanztomografie diagnostiziert werden.

Differenzialdiagnose

Bei entsprechendem Unfallmechanismus kann auch eine Humeruskopffraktur (→ Humerusfraktur) vorliegen. Manchmal luxiert der Oberarmkopf nicht vollständig (Subluxation).

Therapie

Um Folgeschäden zu vermeiden, muss die Schulter so rasch wie möglich wieder eingerenkt werden. Dies ist mit verschiedenen Techniken möglich, z. B. (**Abb. S.41**):

- Reposition nach Arlt: Der Patient sitzt seitlich auf einem Stuhl, der luxierte Arm wird über die gepolsterte Lehne gehängt. Der Zug erfolgt am gebeugten Ellenbogen oder mit Hilfe eines Gewichts.
- Reposition nach Hippokrates: Der Helfer stemmt einen Fuß in die Axilla des Patienten und zieht gleichzeitig und kontinuierlich am luxierten Arm.

Das Repositionsmanöver kann einige Minuten dauern und erfordert eine möglichst entspannte Muskulatur. Deshalb

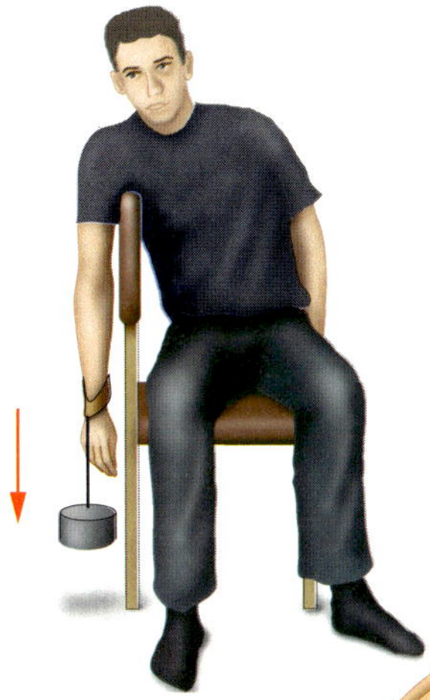

a

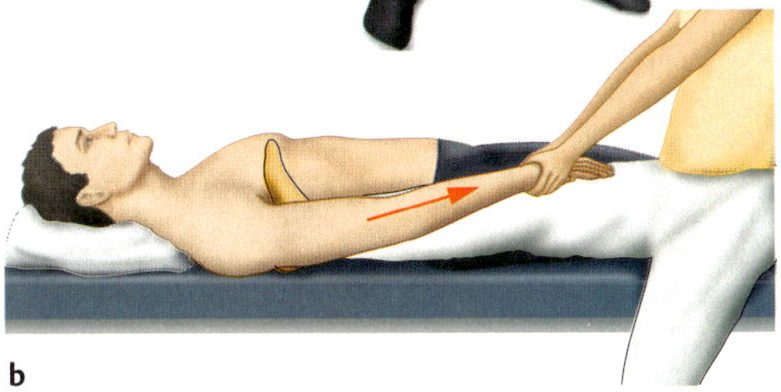

b

Abb. S.41 Repositionsmanöver bei Schultergelenksluxation. a Nach Arlt, **b** nach Hippokrates.

wird meist eine intravenöse Sedierung und Muskelrelaxation vorgenommen. Nach der Reposition werden Durchblutung, Sensibilität und Motorik erneut überprüft und der Arm in einer Schlinge oder einem Gilchrist-Verband ruhig gestellt. Begleitverletzungen müssen ggf. operativ versorgt werden. Sind die Schmerzen abgeklungen, folgen Bewegungs- und Kräftigungsübungen.

Prognose

Es kann eine chronische Instabilität mit rezidivierenden Luxationen auftreten.

Infobox

ICD-10:
S43.0; M24.4

Internetadressen:
http://www.dr-gumpert.de
http://www.medizin-netz.de
http://www.netdoktor.de

Schultergürtelkompressionssyndrom

► „Susi, kannst du mal für mich weitertippen. Mir tut der Arm so weh.“ „Kein Problem. Den Brief noch, dann können wir ja Mittagspause machen!“ Die beiden schlendern in den nahe gelegenen Park. „Ich habe die Schmerzen ja schon seit Wochen, aber heute ist mir der Arm plötzlich eingeschlafen.“ Simone bewegt den Arm und versucht die Hand auf und zu zu machen. „Es wird immer schlimmer. Mit Volleyball habe ich schon aufgehört. Aber ich befürchte dass ich auf Dauer nicht mehr als Sekretärin arbeiten kann.“

Definition

Das Schultergürtelkompressionssyndrom steht als Oberbegriff für verschiedene neurovaskuläre Kompressionssyndrome, bei denen Nerven oder Blutgefäße im oberen Thoraxbereich geschädigt sind, z. B.:

- Halsrippen-, Scalenus-anterior-Syndrom oder Syndrom der 1. Rippe: Kompression der Skalenuslücke (Lücke zwischen den Skalenusmuskeln),
- Kostoklavikularsyndrom: Kostoklavikularspalt (Spalt zwischen Schlüsselbein und Rippe) ist geschädigt,
- Hyperabduktionssyndrom: Störung des Korakopektoralraums mit Schmerzen bei Anheben des Armes.

Synonym: Thoracic-outlet-Syndrom.

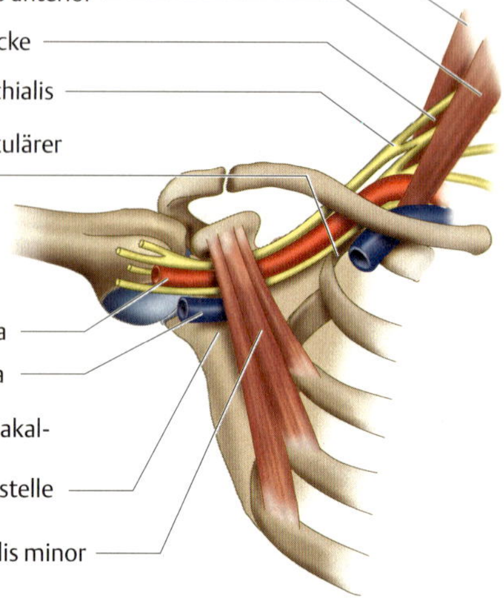

Abb. S.42 Plexus brachialis. Das Nervengeflecht zieht von der Halswirbelsäule bis in den Arm.

Ursachen

Diese Erkrankungen entstehen meist durch eine Läsion (dauerhafte Schädigung) von Arterien, Venen oder des Plexus brachialis (Schulter- und Armnervengeflecht). Dieses Nervengeflecht zieht von der Halswirbelsäule unter die Klavikula (Schlüsselbein) bis in den Arm (**Abb. S.42**). Die Ursachen für diese Läsionen können vielfältig sein. Da beim Schultergelenk Nerven in den Knochenführungen vergleichsweise wenig geschützt sind und eine große Bewegungsfreiheit des Schultergürtels vorliegt, treten mechanische Schäden relativ häufig auf. Ursachen des Syndroms sind z. B.:

- **Sturz:** z. B. bei Zweiradunfällen, dabei ist es möglich, dass Nerven erheblich geschädigt oder sogar aus dem Rückenmark gerissen werden.
- **Geburt:** Bei etwa 1 – 2 % aller Geburten kann es zu mechanischen Beeinträchtigungen des Neugeborenen (z. B. → Armplexuslähmungen) kommen.
- **Operationen:** Bei lang andauernden OPs können Fehllagerungen des Armes Plexuslähmungen zur Folge haben.
- **Fehlbildungen:** Auch in der Wachstumsphase bei Jugendlichen kann es durch Fehlbildungen oder anatomische Besonderheiten (z. B. Halsrippen) zu einem Schultergürtelkompressionssyndrom kommen.
- **Tumoren:** Bösartige Tumoren, v. a. → Mammakarzinome, können in das Armnervengeflecht einbrechen.
- **Neuralgische Schulteramyotrophie:** Sie entsteht meist ohne vorangegangenes auffälliges Ereignis, erst einige Tage nach einer Impfung oder Entzündung. Die genaue Ursache dafür ist nicht bekannt. Vermutlich besteht eine Druckschädigung durch vergrößerte Lymphknoten oder allergisch-entzündliche Prozesse.

Symptome

Das Schultergürtelkompressionssyndrom verursacht je nach Ursache, Ausmaß und Ort der Nervenschädigung zunächst Schmerzen im Unterarm, der Hand und bei gewissen Bewegungen des Kopfes (drehend) oder bei Rückwärtsbewegungen der Arme. Diese verschlimmern sich v. a. bei Belastung. Möglich sind Störungen der Sensibilität (Außenseite Ober- und Unterarm), der Funktion (Streckmuskeln Ellenbogen) und der Durchblutung. Ebenso können Thrombosen vorkommen.

Klumpke-Lähmung. Ist der untere Bereich des Plexus betroffen, tritt eine sog. Klumpke-Lähmung auf. Dabei sind v. a. die Handmuskeln und das Handgelenk gelähmt. Wenn Neugeborene den Arm und die Schulter nicht bewegen, aber der Greifreflex erhalten ist, liegt vermutlich eine Plexusläsion unter der Geburt vor (→ Armplexuslähmung). Diese Schädigung ist reversibel (heilbar).

Neuralgische Schulteramyotrophie. Die Symptome entwickeln sich innerhalb von Stunden bis Tagen. Zuerst werden starke Schulterschmerzen ausstrahlend in den Arm wahrgenommen, später nimmt die Lähmung des Arms zu. Diese Form des Syndroms ist auch reversibel. Die komplette Ausheilung kann jedoch ein paar Jahre dauern.

Diagnose

Aus der Anamnese und den Symptomen können erste Hinweise auf eine mögliche Läsion im Bereich des Armplexus gezogen werden. Die Nervenschädigung sollte lokalisiert werden. Außerdem ist zu klären, ob die Nervenwurzel beteiligt ist.

Neurovaskuläre Provokationstests. Beim sog. Adson-Test atmet der Patient tief ein, während er den Kopf nach hinten und zur erkrankten Seite neigt (**Abb. S.43**). Bei auftretenden Schmerzen ist die Schädigung an der Skalenuslücke lokalisiert (Scalenus-anterior-Syndrom). Werden Schmerzen beim stehenden Patienten festgestellt, dem die Schulter und der gestreckte Arm passiv nach hinten bewegt wird, liegt die Schädigung am Kostoklavikularspalt (Kostoklavikularsyndrom). Bei Störungen im Korakopektoralraum (Hyperabduktionssyndrom) kann der Patient seine Faust nicht schließen, während er seinen erhobenen Arm gegen einen Widerstand presst.

Bild gebende Verfahren. Die weitere Diagnostik kann z. B. mit einer Myelografie erfolgen. Dabei wird der Kanal der Rückenmarknerven in Röntgenaufnahmen sichtbar gemacht. Eine genaue Beurteilung der Gewebestrukturen ist mit der Computertomografie (CT) möglich. Eine noch genauere Aussage liefert erst die Kernspintomografie. Dabei sollte bei älteren Patienten (> 50 Jahre) auf Tumoren im Schulterbereich geachtet werden.

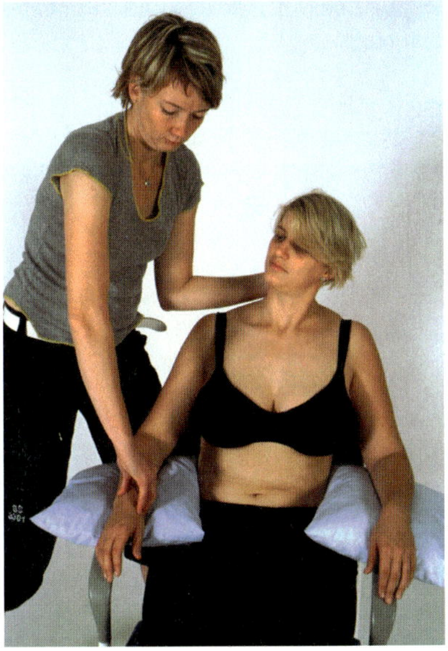

Abb. S.43 Adson-Test. Treten bei Kontraktion oder Dehnung der Skalenusmuskulatur bei gleichzeitiger Einatmung Schmerzen auf, handelt es sich um das Scalenus-anterior-Syndrom.

Differenzialdiagnose

→ Bandscheibenvorfälle, → Tennisellenbogen oder → Karpaltunnelsyndrome können ähnliche Beschwerden hervorrufen.

Therapie

Je nach Ursache wird unterschiedlich behandelt. Eine frühzeitige Therapie ist in jedem Fall sinnvoll, denn Operationen können dann vielfach vermieden werden und je länger eine Nervenschädigung anhält, desto schwerer und dauerhafter ist der Heilungsprozess.

Bei Beschwerden durch Druck auf das Nervengeflecht, z. B. von behindernden Knochen oder Lymphknoten, ist eine operative Druckentlastung das Ziel. Dabei wird der Plexus freigelegt und alle beengenden anatomischen Anlagen entfernt. Um eine gestörte Durchblutung zu beheben, werden evtl. gefäßchirurgische Maßnahmen getroffen. Die Schmerzen und Parästhesien nehmen nach einer solchen Operation meist ab. Es gibt jedoch auch medikamentöse Möglichkeiten, um den Druck zu mindern. Dazu werden z. B. schmerzstillende und entzündungshemmende Medikamente wie bei der Neuraltherapie z. B. Lokalanästhetika oder Kortisoninjektionen gegeben. Die Muskelrelaxanzien und zentral wirksame Schmerzmittel sind des Weiteren indiziert.

Bei Armplexuslähmungen nach Unfällen wird der betroffene Arm erst einmal 4 – 6 Monate entlastet und mit einer Schiene ruhig gestellt. Bessern sich die Beschwerden in diesem Zeitraum nicht, sollte operiert werden. Bei Schnittverletzungen fällt die Indikation zur Operation schneller. Die Operationsmethoden reichen hier von Nervennaht bis zur Nerventransplantation, manchmal bringen diese Eingriffe aber keinen kompletten Rückgang der Symptome.

Bei beiden Erkrankungstypen dürfen Physiotherapie und physikalische Maßnahmen wie Bäder oder Massagen nicht vergessen werden.

Prognose

Beim Schultergürtelkompressionssyndrom kann das tägliche Leben vorübergehend oder, durch bleibende Lähmungen, auch vollständig beeinträchtigt sein. Ebenso kann der Betroffene berufsunfähig werden. Bereits bestehende, schwere motorische Ausfälle bessern sich durch eine Operation nicht mehr.

Komplikationen

Möglich sind der dauerhafte Sensibilitätsverlust und die eingeschränkte Motorik des betroffenen Armes.

Infobox

ICD-10: G54.0

Internetadresse:
http://www.medizinfo.de/orthopaedie/engpass/thoracic_outlet_syndrom.shtml

Schussverletzung

► „Die Ehefrau sitzt nebenan. Sie hat ihren Mann hier auf dem Boden liegend gefunden, als sie vom Einkaufen kam, und hat uns sofort gerufen", erzählt einer der Rettungsassistenten der Notärztin. „Wir haben dann versucht zu reanimieren, weil der Verdacht auf einen Herzinfarkt bestand, aber vergeblich. Er war 65 Jahre alt." Die Ärztin schaut sich den Mann genau an. Ihr fällt die erhebliche Blässe auf. Sie entkleidet den Oberkörper und findet eine kleine runde Wunde im Thoraxbereich. Der Verdacht auf eine Schussverletzung wird sich später bestätigen: Auf den Mann wurde mit einer kleinkalibrigen Handfeuerwaffe geschossen.

Definition

Unter einer Schussverletzung versteht man eine penetrierende Verletzung durch Geschosse aus Feuerwaffen. Man unterscheidet im Wesentlichen:

- **Prellschuss:** Das Geschoss ist nicht in den Körper eingedrungen, sondern abgeprallt,
- **Streifschuss:** Das Geschoss hat eine oberflächliche Hautverletzung verursacht,
- **Durchschuss:** Das Geschoss ist in den Körper eingedrungen, hat ihn durchwandert und wieder verlassen,
- **Steckschuss:** Das Geschoss ist in den Körper eingedrungen und hat ihn nicht verlassen.

Ursachen

Schussverletzungen entstehen bei kriegerischen Auseinandersetzungen oder kriminellen Handlungen. In Friedenszeiten sind sie jedoch vorwiegend Folge von Selbstmordversuchen oder Unglücksfällen (z. B. Jagdunfall, unsachgemäßer Umgang mit Waffen von Polizisten oder Soldaten).

Das Ausmaß der Verletzung ist u. a. abhängig von der Art des Geschosses, seinem Kaliber, seiner Geschwindigkeit und der Schussdistanz. So verursachen Hochgeschwindigkeitsgeschosse (high velocity missiles) mit Mündungsgeschwindigkeiten über 750 m/s (Gewehre, Schnellfeuerwaffen) andere Verletzungen als Niedriggeschwindigkeitsgeschosse (low velocity missiles) mit Mündungsgeschwindigkeiten unter 350 m/s (Handfeuerwaffen).

Beim Eindringen von Hochgeschwindigkeitsgeschossen werden starke Druckwellen erzeugt, die dem Geschoss sehr schnell vorauslaufen und die Umgebung des Schusskanals schädigen und eine Kavitationshöhle entstehen lassen. Zugleich entsteht hinter dem Geschoss kurzzeitig ein Unterdruck, der Fremdkörper, Schmutz oder Knochensplitter in den Körper saugt. Bei Niedriggeschwindigkeitsgeschossen wird nur das Gewebe geschädigt, das direkten Kontakt mit dem Geschoss hatte.

Nahschüsse aus Schrotflinten, Verletzungen durch Dum-Dum-Geschosse (Teilmantelprojektil oder abgefeiltes Vollmantelprojektil) aus Kleinkaliberwaffen sowie Explosivgeschosse verursachen ähnlich schwere Verletzungen wie Hochgeschwindigkeitsgeschosse.

Symptome

Prellschüsse verursachen lediglich eine Quetschung von Weichteilen.

Nach Durchschüssen finden sich am Körper eine Ein- und Austrittsstelle des Projektils (**Abb. S.44**). Die Einschussstelle erkennt man an dem meist runden Gewebsdefekt, dessen Wundränder nicht adaptierbar sind, d. h. die Ränder klaffen auseinander und lassen sich nicht annähern oder zusammenlegen. In der Wundumgebung finden sich verschiedene Spuren (Schmutzring des Projektils, Schürfsaum, Stanzmarke bei aufgesetztem Schuss, Pulvereinsprengungen). Die Wundränder der schlitz- oder sternförmigen Ausschusswunde sind dagegen adaptierbar. Die Ausschussverletzung ist oft, aber nicht immer, größer als der Einschussdefekt.

Ansonsten sind die Symptome abhängig davon, welche Organe geschädigt worden sind. Eine geringe äußere Verletzung lässt nicht unbedingt auf die Schwere der inneren Verletzungen schließen! Schussverletzungen können auch getarnt sein, wenn natürliche Körperöffnungen wie Mund, Ohr oder After als Einschusspforte benutzt worden sind. Insbesondere bei Schusswunden am Rumpf, Hals und Kopf muss man von lebensbedrohlichen Verletzungen ausgehen. Die Geschädigten entwickeln dann eine → Schocksymptomatik.

Diagnose

Äußerlich werden die Einschuss- und Ausschusswunden, der Wundsaum sowie Spuren um die Wunden herum beurteilt. Für Rechtsmediziner ergeben sich daraus Hinwei-

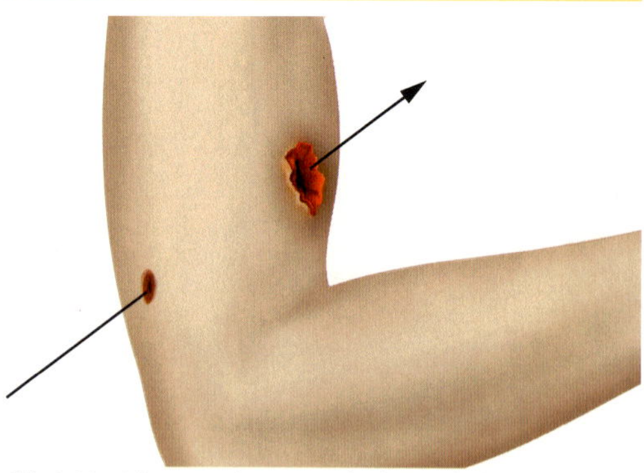

Abb. S.44 Schusswunde. Bei Durchschüssen findet sich eine Ein- und eine Austrittsstelle.

se, wie es zur Schussverletzung gekommen ist, ob sich z. B. die Person den Schuss selbst beigebracht hat oder ob es sich um Fremdeinwirkung handelt.

Das Ausmaß der Weichteilverletzungen kann oft erst während der Operation (oder bei Toten bei der Obduktion) ermittelt werden. Bei Steckschüssen wird die Lokalisation von Projektilen röntgenologisch ermittelt. Bei kreislaufstabilen Patienten wird zur detaillierten Diagnostik und Operationsplanung eine Computertomografie vorgenommen.

Differenzialdiagnose

Eine Schussverletzung ist von einer Stich- oder Hiebverletzung abzugrenzen.

Therapie

Zunächst gilt es, die Vitalfunktionen zu sichern. Um Blutungen zu stillen, ist u. U. eine Notoperation erforderlich. Bei penetrierenden Thoraxverletzungen mit Kollaps der Lunge wird eine Thoraxdrainage angelegt.

Hochgeschwindigkeitsgeschosse verursachen ausgedehnte Nekrosen, die vollständig exzidiert werden müssen. Da das Projektil oft auch Fremdmaterial (z. B. Teile der Kleidung) in das Körperinnere mitreißt, besteht eine erhöhte Infektionsgefahr. Auch diese Fremdkörper müssen komplett entfernt werden.

Hinzu kommt die Antibiotika- und Tetanusprophylaxe. Je nach verletzten Organen werden die Patienten von einem Team aus Fachchirurgen (Abdominalchirurg, Traumatologe, Neurochirurg, Gefäßchirurg), Intensivmedizinern, Internisten und ggf. weiteren Fachärzten versorgt.

Prognose

Die Prognose ist abhängig von der Schwere der Verletzungen sowie von der Qualität und Geschwindigkeit der medizinischen Versorgung. Bei Überlebenden können schwere Spätschäden zurückbleiben.

Infobox

ICD-10:
T14.1

Internetadressen:
http://www.drk-bildungszentrum.de/aktuell/download.htm (Schusswaffen)
http://www.forensicmed.co.uk/gunshot_wounds.htm
http://www.notfallzentrum.insel.ch/753.html
http://rechtsmedizin.uni-leipzig.de (Schussverletzung)

Schwangerschaftsdiabetes

► Bei Anette Haas (32) wurde in der 26. Schwangerschaftswoche aufgrund leichten Übergewichts und einem erblich erhöhten Risiko für Diabetes ein oraler Glukosetoleranztest durchgeführt. Die Patientin war zu dem Zeitpunkt beschwerdefrei, der Wert war mit 278 mg/dl nach 2 Std. jedoch deutlich erhöht. Der Gynäkologe schickte Frau Haas zur Weiterbehandlung zu einem Diabetologen, welcher eine ambulante intensivierte Insulinbehandlung begann und mit der Patientin ein ausführliches Schulungsprogramm absolvierte.

Definition

Beim Schwangerschaftsdiabetes handelt es sich um eine Erhöhung des Blutzuckers, der erstmalig während der Schwangerschaft auftritt bzw. erkannt wird. Er ist eine der häufigsten Schwangerschaftskomplikationen und kommt bei ca. 5% aller Schwangerschaften vor.

Synonym: Gestationsdiabetes.

Ursachen

Verschiedene Faktoren tragen zum Schwangerschaftsdiabetes bei.

Schwangerschaftshormone. Einige Hormone (z. B. Östrogen, humanes Plazentalaktogen) wirken als Gegenspieler zum Insulin und können zu einer Erhöhung des Blutzuckerspiegels führen.

Allgemeine Risikofaktoren. Sie sind im Wesentlichen mit den Risikofaktoren für den → Diabetes mellitus Typ 2 identisch:

- Übergewicht,
- höheres Alter,
- Diabetes Typ-2 in der Familienanamnese,
- auffällige frühere Geburten (z. B. mehrfache Aborte, Makrosomie, d. h. Kinder mit mehr als 4500 g Geburtsgewicht).

Ernährung. In der Schwangerschaft kommt es häufig zu einer Überernährung (sog. „für zwei essen"). Die Insulinausschüttung kann dann erheblich ansteigen. Der Pathomechanismus ist aber ähnlich wie beim Diabetes mellitus Typ-2. Die Organzellen sind verändert (Rezeptordefekt), sodass die schon gesteigerte Insulinproduktion der Bauchspeicheldrüse häufig nicht ausreicht, da das überproduzierte Insulin an den Zellen nicht wirken kann (Insulinresistenz). Hinweise für eine Vergesellschaftung mit Diabetes Typ-1 liegen bislang nicht vor.

Symptome

Das Hauptsymptom des Schwangerschaftsdiabetes bei der Mutter ist die Erhöhung des Blutzuckers mit teilweise schwerwiegenden Überzuckerungen. Bei der Schwangerschaft gehen Nährstoffe über die Plazenta und die Nabelschnur auf das Kind über.

Dies führt dazu, dass das Kind auf die hohen Blutzuckerwerte mit einer erhöhten eigenen Insulinproduktion reagiert (**Abb. S.45**). Hierdurch wird das Kind dicker und größer (Makrosomie) und produziert mehr Urin (**Abb. S.46**). Die Fruchtwassermenge nimmt dadurch zu, was wiederum einen Risikofaktor für eine Frühgeburt darstellt. Die Geburt eines großen Kindes ist insgesamt schwieriger.

Diagnose

Oraler Glukosetoleranztest (oGTT). Da die Grenzen von normalen zu pathologischen Blutzuckerwerten fließend

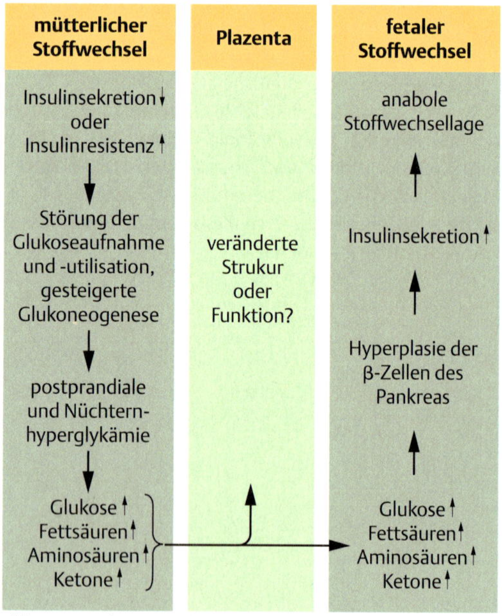

Abb. S.45 Schwangerschaftsdiabetes. Physiologische Auswirkungen auf den Fetus.

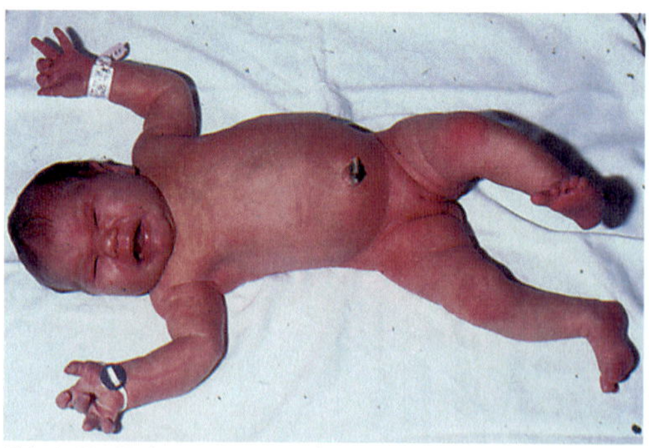

Abb. S.46 Makrosomie. Neugeborenes einer diabetischen Mutter.

sein können, sollte bei Schwangeren mit Risikofaktoren dieser Zuckerbelastungstest erfolgen. Er wird i.d.R. als standardisierter 2-Stunden-Test morgens und nüchtern durchgeführt:

- Blutentnahme bei nüchterner Patientin,
- 75 g Glukosetrinklösung oral innerhalb von 10 Min.,
- erneute Blutentnahme nach 1 und 2 Std.

Für die Diagnosestellung gibt es folgende Grenzwerte:

- nüchtern: 90 – 110 mg/dl,
- nach einer Stunde: bis 180 mg/dl (10 mmol/l),
- nach zwei Stunden: bis 155 mg/dl (8,6 mmol/l).

Wenn nur ein Wert überschritten wird, spricht man von einer eingeschränkten Glukosetoleranz. Sind zwei oder drei Werte überschritten, liegt ein Schwangerschaftsdiabetes vor.

Screeningtest. Dieser etwas vereinfachte Test kann bei allen Schwangeren durchgeführt werden. Die Schwangere muss hierfür nicht nüchtern sein, nimmt nur 50 g Glukosetrinklösung zu sich und nach einer Stunde wird der Blutzucker bestimmt. Bei einem Wert von 140 mg/dl oder größer, muss dann ein oGTT durchgeführt werden.

Urinkontrolle. Die allgemeinen Mutterschaftsrichtlinien sehen auf jeden Fall diese Kontrolle vor. Aber die Zuckerausscheidung im Urin (Glukosurie) ist ein sehr unzuverlässiger Parameter, denn nur die Hälfte der Schwangerschaftsdiabetikerinnen hat eine Glukosurie. Umgekehrt hat nur ca. die Hälfte der Schwangeren mit einer Glukosurie auch einen Schwangerschaftsdiabetes.

Therapie

Beim Schwangerschaftsdiabetes gelten sehr strenge Behandlungsziele. Der Blutzucker muss so schnell wie möglich auf einen optimalen (d. h. möglichst normalen) Wert gebracht werden. Hierbei gelten die Werte 60 – 90 mg/dl vor den Mahlzeiten, bzw. < 120 mg/dl 2 Std. nach den Mahlzeiten als Grenzwerte. Um diese zu erreichen wird i.d.R. sofort mit einer Insulintherapie begonnen. Um die optimale Zuckersenkung zu erreichen und extrem schwankende Werte zu vermeiden, empfiehlt es sich eine ICT (intensivierte Basis-Bolus-Therapie) oder eine Therapie mittels einer Insulinpumpe durchzuführen.

Eine Ernährungsumstellung ist, v. a. bei adipösen Patientinnen, ebenfalls sinnvoll. Hierbei sollte z. B. auf eine Kalorienreduktion, Einschränkung der Fettaufnahme und die Verwendung von langsam resorbierbaren Kohlehydraten geachtet werden.

Die Gabe von blutzuckersenkenden Medikamenten (orale Antidiabetika) ist in der Schwangerschaft kontraindiziert.

Prognose

Nach der Geburt besteht für Frauen mit Schwangerschaftsdiabetes ein erhöhtes Risiko an Diabetes mellitus zu erkranken. Wahrscheinlich trifft dies auch für das weitere Leben des Kindes zu. Regelmäßige Untersuchungen des Blutzuckers sind deshalb nötig. Auch eine erhöhte Rate an Kaiserschnitten und Schwangerschaftsbluthochdruck wird beschrieben.

Der Schwangerschaftsdiabetes bildet sich nach der Schwangerschaft meistens, aber nicht immer, zurück. Bei Wöchnerinnen mit Schwangerschaftsdiabetes sollen Blutzuckerbestimmungen am 2. Tag nach der Geburt nüchtern und ca. 2 Stunden nach dem Frühstück durchgeführt werden. Ergeben sich erhöhte Werte, sollten die Patientinnen diabetologisch weiter betreut werden.

Auch wenn sich nach der Geburt wieder normale Blutzuckerwerte einstellen, gilt die Patientin als Risikopatientin für ein erneutes Auftreten eines Diabetes Typ-2. Es sollte daher ein Glukosebelastungstest 6 – 12 Wochen nach der Entbindung durchgeführt werden (bei normalem Ergebnis erneut mindestens alle zwei Jahre). Durch eine Behandlung des Schwangerschaftsdiabetes lassen sich die Risiken für das Auftreten eines Diabetes Typ-2 auf das Risiko einer gesunden Schwangeren senken.

Infobox

ICD-10:
024

Internetadressen:
http://www.diabetesgate.de
http://www.diabetes.uni-düsseldorf.de
http://www.diabsite.de
http://www.diabetes-world.net
http://www.diabetes-kids.de
http://www.diabetes-news.de

Schwangerschaftshypertonie/Präeklampsie

► Frau Pütter, 32 Jahre, ist zu einer routinemäßigen Kontrolluntersuchung erschienen. Sie befindet sich in der 34. Woche einer bis dahin unauffälligen Schwangerschaft. Heute klagt sie jedoch über Kopfschmerzen. Außerdem habe sie Ödeme im Bereich des Knöchels entdeckt.

Definition

Schwangerschaftshypertonie. Eine Schwangerschaftshypertonie liegt vor, wenn der Blutdruck systolisch über 140 mmHg oder diastolisch über 90 mmHg liegt. Bei Werten systolisch über 160 mmHg oder diastolisch über 110 mmHg spricht man von einer schweren → Hypertonie. Ebenfalls als pathologisch anzusehen ist ein Blutdruckanstieg durch die Schwangerschaft systolisch von mehr als 30 mmHg und diastolisch von mehr als 15 mmHg.

Präeklampsie. Sie liegt vor, wenn zu einer Schwangerschaftshypertonie eine Proteinurie hinzukommt. Treten zu der Präeklampsie noch Krampfanfälle auf, handelt es sich um eine → Eklampsie (**Abb. S.47**).

Früher wurde die Kombination aus Hypertonie, Ödemen und Proteinurie als EPH-Gestose oder Schwangerschaftsvergiftung bezeichnet.

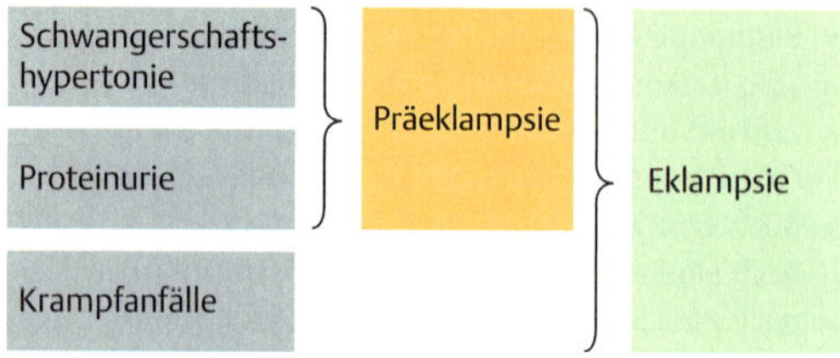

Abb. S.47 Begriffsbestimmung.

Ursachen

Die genauen Ursachen der Präeklampsie sind noch nicht bekannt. Man weiß aber, dass der Störung eine fehlerhafte Interaktion zwischen kindlichem Trophoblasten (Anteil der Blastozyste, aus dem sich die Plazenta bildet) und mütterlichem Immunsystem zugrunde liegt. Bei der Einnistung des Trophoblasten kommt es normalerweise zu einer Erweiterung der Spiralarterien der Gebärmutterwand. Der Embryo sorgt somit selbst dafür, dass genügend mütterliches Blut für ihn zur Verfügung steht. Dieser Mechanismus ist bei der Präeklampsie gestört.

Als Folge dieser fehlenden Anpassung des mütterlichen Organismus an die Bedingungen der Schwangerschaft kommt es zu einem Ungleichgewicht der Prostaglandine. Folgen sind:

- Gefäßschäden der Kapillaren verschiedener mütterlicher Organe,
- Gerinnungsaktivierung.

Im Detail sind die genauen Zusammenhänge noch nicht geklärt. Aus dem generalisierten Krankheitsbild erklären sich viele der für die Präeklampsie typischen Symptome (**Abb. S.48**).

Symptome

Die Präeklampsie kann sich in unterschiedlichem Maße bemerkbar machen. Die Leitsymptome der leichten Präeklampsie sind Bluthochdruck und Proteinurie bei subjektivem Wohlbefinden der Patientinnen. Bei der schweren Präeklampsie kommen die Störungen der einzelnen Organsysteme dazu.

Kopf/Augen. Augenflimmern und Kopfschmerzen sind für die klinische Beurteilung des Allgemeinzustandes von großer Bedeutung. Sie sind Ausdruck einer Störung der Mikrozirkulation des Gehirnes und werden auch als Vorboten bezeichnet. Die Steigerung sind schwangerschaftsbedingte Krampfanfälle (→ Eklampsie).

Nieren. Ausdruck der Nierenschädigung ist bereits die Proteinurie. Es kommt zusätzlich zur Flüssigkeitsretention mit Verminderung der Urinausscheidung und Ödembildung. Diese findet man bevorzugt im Gesicht (klassischer gedunsener Gesichtsausdruck) und in den Händen (Händedruck). Ebenso kann ein Lungenödem auftreten.

Leber. Typischerweise klagen die Patientinnen mit einer Leberbeteiligung über Schmerzen im rechten Oberbauch. Es kann zu einer Ruptur der Leberkapsel mit nachfolgender Schocksymptomatik kommen.

Uterus und Plazenta. Es liegt ein erhöhtes Risiko für eine vorzeitige Plazentalösung vor. Die Plazentadurchblutung ist gestört und verursacht eine Unterversorgung des Kindes.

Diagnose

Für die Diagnose einer Präeklampsie ist es von besonderer Bedeutung, die Schwere des Krankheitsbildes klinisch abzuschätzen, um die Gefährdung für Mutter und Kind richtig beurteilen zu können. Stets muss die Verlängerung der Schwangerschaftsdauer und das Frühgeburtsrisiko gegen die Gesundheit von Mutter und Kind abgewogen werden.

Diagnostik der Mutter. Regelmäßige Blutdruckmessungen über den ganzen Tag hinweg sind notwendig. So kann eine plötzliche Veränderung festgestellt und auf weitere auftretende Symptome reagiert werden. Mittels der Augenhintergrundspiegelung lassen sich Veränderungen erkennen, die durch die Hypertonie entstanden sind. Im Labor werden Blut und Urin untersucht. Je nach klinischem Verlauf werden die Blutuntersuchungen mehrmals täglich wiederholt. Bei leichten Verlaufsformen genügen wöchentliche Kontrollen.

Eiweißausscheidungen über die Nieren misst man am besten im Sammelurin über 24 Stunden. Zur Orientierung

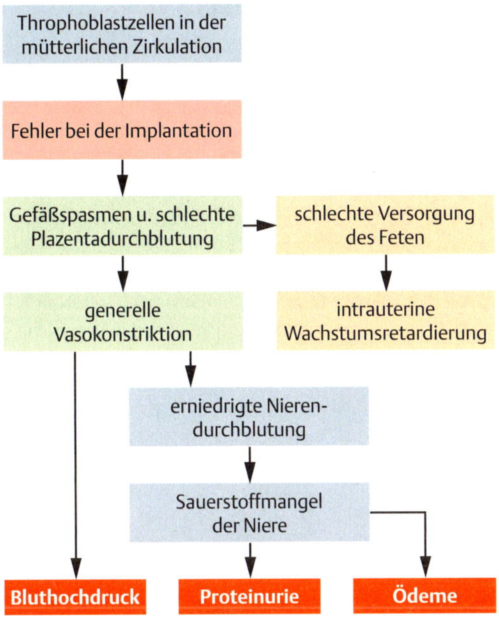

Abb. S.48 Ursachen und Folgen der Präeklampsie.

kann man jedoch auch einen Urin-Stix-Test durchführen. Diese Suchmethode wird bei jeder Vorsorgeuntersuchung in der Schwangerschaft durchgeführt.

Diagnostik des Kindes. Diese umfasst v. a. das Ableiten eines CTGs. Besondere Bedeutung kommt auch der Doppler-Sonografie zu. Hier wird die Durchblutung der Plazenta und des Kindes erfasst. Sie hat sich zugleich als Verlaufsbeobachtung bewährt, da pathologische CTG-Muster bereits Ausdruck einer fetalen Unterversorgung sind. Auch hier gilt es, den Zeitpunkt zu bestimmen, ab dem die extrauterine Versorgung für das Neugeborene mehr Vorteile bringt als das Verbleiben im Uterus.

Therapie

Zunächst sollten allgemeine blutdrucksenkende Maßnahmen mit der Patientin besprochen werden. Dazu zählt ein geregelter Tag- und Nachtrhythmus, regelmäßige Pausen tagsüber und die Vermeidung unnötigen Stresses. Zusätzlich werden bei der schweren Hypertonie blutdrucksenkende Medikamente eingesetzt. Während der Schwangerschaft werden i.d.R. nur solche Mittel verwendet, bei denen man eine embryotoxische Wirkung ausschließen kann. Die Therapie der Präeklampsie hängt vom Schweregrad der Erkrankung und vom Schwangerschaftszeitpunkt ab:

- **leichte Präeklampsie:** Diese behandelt man zunächst mit Stressreduktion, Bettruhe und Antihypertensiva. Als weitere allgemeine Maßnahme wird genügend Flüssigkeit und eiweißreiches Essen empfohlen (eine kochsalzarme Diät wird nicht mehr propagiert).
- **schwere Präeklampsie:** Intensive Überwachung und Stabilisierung des mütterlichen Zustandes stehen im Vordergrund, um einen eklamptischen Krampfanfall zu verhindern. Die Patientinnen werden i.d.R. entbunden, sobald es der mütterliche Zustand zulässt.

Zur Therapie werden Antihypertensiva (im akuten Fall meist als Dauerinfusion), Magnesium und Antikonvulsiva eingesetzt.

Antihypertensiva. Das antihypertensive Mittel der Wahl ist Nepresol (Dihydralazin), es wird über einen Perfusor (Dosierpumpe) gegeben. Als Nebenwirkung ist auf Tachykardie und Kopfschmerzen zu achten. Der Blutdruck darf nur langsam und nicht zu stark gesenkt werden, um eine ausreichende Durchblutung der Plazenta zu gewährleisten. ACE-Hemmer gelten als fruchtschädigend und sind daher kontraindiziert.

Magnesiumtherapie. Magnesium wirkt zum einen über eine Entspannung der glatten Muskulatur gefäßerweiternd und führt so zu einer Absenkung des Blutdrucks. Außerdem wirkt es antikonvulsiv und kann somit einem Krampfanfall vorbeugen. Magnesium wirkt jedoch auch atemdepressiv, sodass eine sorgfältige Überwachung der Patientin bei Dauerinfusion notwendig ist. Bei einer Magnesiumüberdosierung kann es auch zu einem Herzstillstand kommen.

Zum Vorgehen: Zunächst wird ein Bolus i.v. gegeben, dann eine Dauerinfusion angelegt. Die Dosierung wird über den Patellarsehnenreflex angepasst. Wenn dieser nicht mehr auslösbar ist, ist die maximale Dosis erreicht.

Antikonvulsiva. Während eines Krampfanfalls werden Valium oder Rivotril i.v. gegeben. Die Medikamente sollten im Kreißsaal in Spritzen aufgezogen bereitliegen. Ein Gummikeil verhindert Selbstverletzungen der Patientin.

Entbindung. Die Beendigung der Schwangerschaft ist die einzige ursächliche Therapie, da diese der Auslöser der Erkrankung ist. Je nach geburtshilflichem Befund wird man in der Mehrzahl der Fälle einen Kaiserschnitt vornehmen. In weniger schweren Fällen kann die Entbindung eingeleitet werden. Immer ist eine sorgfältige CTG-Überwachung notwendig. Die Möglichkeit einer Notsectio muss gegeben sein.

Infobox

ICD-10: O13 (Schwangerschaftshypertonie, leichte Präeklampsie)
O14.0 (mäßige Präeklampsie)
O14.1; O14.9 (schwere Präeklampsie)

Internetadressen:
http://www.geburtskanal.de
http://www.gestose.de

Literatur:
Klockenbusch, W., Fischer T. (Hrsg.): Präeklampsie. Uni-Med, Bremen 2005

Schwangerschaftsspezifische Veränderungen

► Die 22-jährige Beate Märtens ist zum ersten Mal schwanger. Sie berichtet ihrem Gynäkologen bei der Vorsorgeuntersuchung, dass sie in letzter Zeit Probleme mit dem Magen hat. „Da ist einmal dieses fürchterliche Sodbrennen und ein Völlegefühl, das ich sogar nach kleinen Mahlzeiten habe" erzählt sie. Außerdem klappt es nicht mehr so recht mit dem Stuhlgang, und manchmal verspürt sie ein Pulsrasen.

Der Körper der Schwangeren muss sich während der Schwangerschaft umstellen. Dies geschieht aufgrund:

- der sich vergrößernden Gebärmutter mit ihren Kompressions- und Verdrängungserscheinungen,
- des Mehrbedarfs an Sauerstoff und Nährstoffen durch den heranwachsenden Fetus,
- der hormonellen Umstellung, wobei das muskelrelaxierende Progesteron für viele der schwangerschaftsspezifischen Veränderungen verantwortlich ist.

Zugleich dienen viele der Veränderungen der Vorbereitung auf die Geburt.

Körperliche Veränderungen

Herz und Kreislauf

Erhöhte Herzleistung. Während der Schwangerschaft nimmt die Gebärmutter an Größe zu. Außerdem entwickelt sich durch die Plazenta ein neuer Kreislauf im Körper der Schwangeren. Dies zieht die Notwendigkeit einer erhöhten Herzleistung nach sich:

- Vergrößerung des Herzmuskels um etwa 25 g,
- Erhöhung der Herzfrequenz um bis zu 20 Schläge pro Minute (Pulsfrequenz von bis zu 100 Schlägen pro Minute in Ruhe gilt noch als normal),
- Herzzeitvolumen ist um etwa 50% gesteigert (ca. 6 l/Min.).

Blutdruck. Dieser fällt zu Beginn der Schwangerschaft ein wenig ab, entspricht bis zum letzten Schwangerschaftsdrittel (Trimenon) gemeinhin der Norm und kann dann u. U. leicht ansteigen.

Vena-cava-Kompressionssyndrom. Befindet sich die Schwangere in Rückenlage, kann es zu einem empfindlichen Blutdruckabfall kommen. Dieser ist darauf zurückzuführen, dass die Gebärmutter in dieser Körperhaltung die untere Hohlvene komprimiert. Folge ist ein geringerer Rückfluss des venösen Blutes zum Herzen, damit verbunden ein verringertes Herzzeitvolumen und ein Blutdruckabfall. Hieraus resultiert wiederum eine eingeschränkte Hirndurchblutung, was bis zum Kollaps führen kann. Man spricht hier von einem Vena-cava-Kompressionssyndrom.

Wenn also eine Schwangere im letzten Trimenon über Schwindel, Übelkeit, Herzklopfen in Rückenlage klagt und sich die Haut kalt anfühlt und von kaltem Schweiß bedeckt ist, sollte man immer an ein Vena-cava-Kompressionssyndrom denken. Die erste Maßnahme ist es, die Schwangere auf die Seite zu drehen. Dadurch verschiebt sich das Gewicht des Ungeborenen und das Blut in der Vena cava kann wieder ungehindert strömen. Die Symptome sind innerhalb kurzer Zeit verschwunden.

Venendruck. Dieser kann während der Schwangerschaft v. a. im Bereich der unteren Extremitäten um das 4 – 5fache zunehmen. Durch die schwere Gebärmutter kommt es zu einer Kompression der Beckenvenen und der unteren Hohlvene, wodurch sich der Druck in den vorgeschalteten Gebieten erhöht. Folge des erhöhten Druckes ist die Entstehung von neuen Krampfadern oder die Verstärkung schon vorhandener (→ Varikosis). Hiervon sind nicht nur die Beine betroffen, sondern auch Vulva, Scheide und die Analregion (→ Hämorrhoiden).

Blut

Aufgrund der Zunahme der uterinen Blutstromgebiete erfährt auch das Blutvolumen in der Schwangerschaft eine Steigerung um ca. 30%. Nicht alle Blutbestandteile nehmen in gleichem Maße zu:

- Plasmavolumen steigt um 35%,
- Volumen der roten Blutkörperchen steigt nur um 25%.

Wegen dieser Verschiebung ergibt sich eine relative Verminderung des Hämatokritwertes und der Hämoglobinwerte. Die Anzahl der weißen Blutkörperchen ist mit Werten bis 15.000/mm^3 physiologisch gesteigert.

Infolge steigender Östrogenwerte ist der Großteil der Gerinnungsfaktoren erhöht, was zu einer vermehrten Gerinnbarkeit des Blutes führt. Die Zahl der Blutplättchen ändert sich normalerweise nicht.

Atmungstrakt

Auch im Atmungstrakt ergeben sich Veränderungen. Sie werden verursacht durch:

- gesteigerten Sauerstoffbedarf des Fetus,
- Hochdrängen des Zwerchfells.

Das Atemminutenvolumen steigt um etwa 40%. Da der Mehrbedarf jedoch nur bei 20% liegt, spricht man von einer Hyperventilation. Durch das Höhertreten des Zwerchfells sinkt das Residualvolumen (Volumen, das nach maximaler Ausatmung in der Lunge verbleibt), ebenso wie das exspiratorische Reservevolumen (Volumen, das nach einer normalen Ausatmung noch maximal ausgeatmet werden kann). Das Fassungsvermögen während der Einatmung wird jedoch aufgrund einer Erweiterung des Brustkorbs durch die Lockerung der Zwischenrippenmuskulatur gesteigert, sodass sich an der Vitalkapazität (Volumen, das nach maximaler Einatmung maximal ausgeatmet werden kann) nichts ändert.

Nieren
Das Blutvolumen und das Herzminutenvolumen sind während der Schwangerschaft erhöht. Dies führt zu einem Anstieg des Plasmaflusses und der glomerulären Filtrationsrate (Volumen, das pro Minute im Glomerulum filtriert wird). Die Kapillaren im Glomerulum sind etwas durchlässiger, sodass ein geringer Nachweis von Zucker und Eiweiß im Urin während der Schwangerschaft als normal anzusehen ist.

Ableitende Harnwege
Unter dem Einfluss des Progesterons entsteht während der Schwangerschaft eine Ausweitung der ableitenden Harnwege. Dadurch wird ein Aufstieg von Keimen in das Nierenbecken erleichtert.

Die vergrößerte Gebärmutter übt Druck auf die Harnblase aus. Diese Raumbeengung bewirkt den gesteigerten Harndrang bei Schwangeren.

Magen-Darm-Trakt
Völlegefühl. Das Wachstum der Gebärmutter im letzten Drittel der Schwangerschaft führt zu einer Verlagerung des Magens. Daher stellt sich bei der Schwangeren schnell ein Völlegefühl nach dem Essen ein.

Sodbrennen. Die Ausschüttung der Magensäure reduziert sich während des ersten und zweiten Schwangerschaftsdrittels. Dennoch leidet etwa die Hälfte der Schwangeren unter Sodbrennen. Zu erklären ist dies durch ein Zurückfließen der Magensäure in die Speiseröhre. Hierfür sind zwei Faktoren verantwortlich:

- Der Schließmuskel an der Grenze zur Speiseröhre ist während der Schwangerschaft erschlafft.
- Der Druck innerhalb des Bauchraums ist durch die sich vergrößernde Gebärmutter erhöht.

Da die Ursache des Sodbrennens nicht in einer Übersäuerung des Magens liegt, ist eine Therapie mit säurehemmenden Medikamenten nur eingeschränkt wirksam. Die Schwangere muss vielmehr selbst darauf achten, z. B. nach dem Essen mit erhöhtem Oberkörper zu ruhen, da bei horizontaler Lage die Gefahr eines Zurückfließens des Mageninhaltes in die Speiseröhre größer ist. Bei der Ernährung können Säurebinder wie Milch oder Zwieback hilfreich sein.

Stuhlverstopfung. Sie tritt bei einem Großteil der schwangeren Frauen auf. Verstopfungserscheinungen sind jedoch nicht auf die wachsende Gebärmutter zurückzuführen, sondern auf eine geringere Aktivität der Darmmuskulatur. So ist auch die Tatsache zu erklären, dass die Obstipation bereits in der Frühschwangerschaft auftritt. Als sinnvolle Gegenmaßnahme empfiehlt es sich viel zu trinken. Daneben ist eine Diät, die sich v. a. aus schlackenreicher Kost zusammensetzt, sinnvoll. Bei stärkerer Obstipation können Quellmittel angewendet werden.

Haut/Haare
Hyperpigmentationen. Bei Schwangeren finden sich charakteristische Hyperpigmentationen im Bereich der Brustwarzen, des Nabels sowie im Genital- und Analbereich. Bisweilen kann es auch im Gesicht zur Bildung von gelbbraunen Flecken kommen, die v. a. an Stirn, Wangen und Schläfen auftreten. Sie werden als sog. Schwangerschaftsmaske bezeichnet und bilden sich nach der Geburt nahezu immer zurück (**Abb. S.49**). Ursache für die Hyperpigmentation ist eine vermehrte Sekretion von Melanozyten stimulierendem Hormon (MSH) aus der Hirnanhangsdrüse. Aus dem erhöhten MSH-Spiegel resultiert eine verstärkte Bildung und Ablagerung des Farbstoffs Melanin in der Haut.

Schwangerschaftsstreifen (Striae gravidarum). Durch die starke Dehnung der Bauchhaut während der Schwangerschaft können elastische Fasern zerreißen und schrumpfen. Dies äußert sich in einer Streifenbildung auf der Haut (**Abb. S.50**). Zunächst sind diese Streifen blaurot, um dann später ein grau-weißes, narbenähnliches Aussehen anzunehmen. Diese Veränderungen bilden sich nicht mehr zurück.

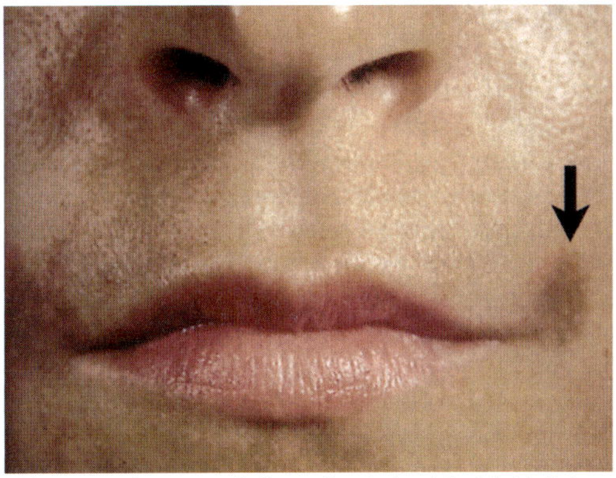

Abb. S.49 Schwangerschaftsmaske. Es handelt sich hierbei um gelb-braune Flecken, die sich im Normalfall nach der Schwangerschaft komplett zurückbilden.

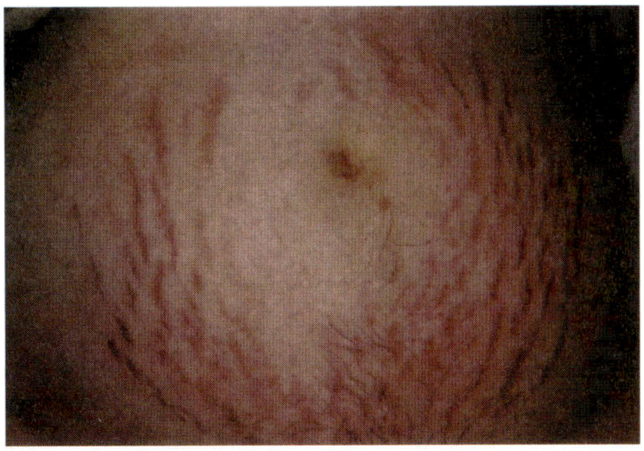

Abb. S.50 Schwangerschaftstreifen.

Haarausfall. Eine kosmetisch unangenehme Begleiterscheinung ist ein Haarausfall, der v. a. in der Spätschwangerschaft und im Wochenbett auftreten kann und u. U. bis zur Glatzenbildung reicht. Eine spezifische Behandlungsmöglichkeit hierfür gibt es nicht, in den meisten Fällen normalisiert sich der Haarwuchs drei Monate nach Ende der Schwangerschaft wieder.

Schilddrüse

Während der Schwangerschaft kann es zu einer Vergrößerung der Schilddrüse kommen. Ursache ist die verstärkte Jodausscheidung durch die Nieren. Die Schilddrüsenhormone T3 und T4 sind nicht erhöht, obwohl sich der Grundumsatz um 20% gesteigert hat. Dies ist zu erklären, da über die Plazenta mehr Sauerstoff verbraucht wird.

Halte- und Stützapparat

Viele Schwangere leiden unter unangenehmen Rückenschmerzen. Dies ist durch den vermehrten Zug auf die Bänder zu erklären, die von der Gebärmutter zum Rücken ziehen. Auch wird im Bereich des Skeletts insbesondere der Beckenring belastet, der während der Schwangerschaft aufgelockert wird.

Brustdrüse

In der Frühschwangerschaft kommt es neben einer Mehrdurchblutung zu einem vermehrten Wassergehalt in der Brust. Außerdem entwickeln sich neue Drüsenfelder. Aus diesen beiden Faktoren resultiert eine Größenzunahme, die von einem Spannungsgefühl in der Brust begleitet wird. Ab dem 2. Schwangerschaftsdrittel kann bereits Vormilch gebildet werden. Der Warzenhof ist einer verstärkten Pigmentierung unterworfen, außerdem besteht auch hier die Möglichkeit der Striaebildung.

Adaptive Veränderungen der Genitalorgane während der Schwangerschaft

Gebärmutter. Das Gewicht der Gebärmutter steigert sich während der Schwangerschaft um das 20fache und erreicht Werte bis zu 1,5 kg. Die Gewichtszunahme ist in erster Linie der verdickten Muskulatur des Myometriums zuzuschreiben (**Abb. S.51**). Die Dicke der Gebärmutterwand wird jedoch im Verlauf der Schwangerschaft auf etwa 0,5 – 1 cm reduziert, da der heranwachsende Fetus die Wand mehr und mehr dehnt.

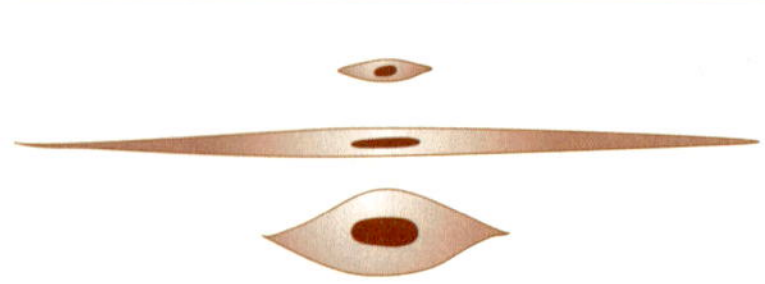

Abb. S.51 Muskelzellen des Uterus. Größenveränderungen der Muskelzellen des Uterus vor (oben), während (Mitte) und nach der Schwangerschaft (unten).

Scheide. Die Vagina wird im Verlauf der Schwangerschaft durch Vergrößerung ihrer Muskelzellen länger und weiter. Auch ihre Dehnbarkeit nimmt in Vorbereitung auf den Geburtsvorgang zu. Außerdem kommt es zu folgenden Veränderungen:

- **Lividität:** durch die verbesserte Durchblutung verfärbt sich die Vaginalschleimhaut blauviolett,
- **Transsudation:** vermehrte Absonderung von Flüssigkeit in die Scheide, was einen oft unangenehmen flüssigen Ausfluss nach sich zieht,
- **Keimbefall:** wird erleichtert durch eine Verschiebung des sauren Scheidenmilieus in den alkalischen Bereich.

Eierstock. Im Eierstock entsteht zunächst ein Schwangerschaftsgelbkörper, der Raum beansprucht. Daraus resultiert eine Vergrößerung des Ovars, die ab Ende des 2. Schwangerschaftsmonats mit der Degeneration des Gelbkörpers wieder abnimmt.

Psychische Veränderungen

Während einer Schwangerschaft kann die Frau unterschiedliche psychische Veränderungen erfahren. Diese sind jedoch nicht so einfach zu erfassen wie die organischen, da sie häufig nicht ursächlich begründbar sind.

In der Schwangerschaft können u. a. hormonell bedingte Stimmungsschwankungen auftreten. Es wäre jedoch ein Fehler, das Gefühlsleben der Schwangeren auf hormonelle Veränderungen zu reduzieren, denn es handelt sich letztlich um sehr unterschiedliche und breit gefächerte Vorgänge, die von der individuellen Persönlichkeit, dem sozialen Umfeld und der persönlichen Lebenssituation geprägt werden.

Deshalb ist es besonders für Arzt, Hebamme und Pflegepersonal wichtig, die Frau während der Schwangerschaft zu unterstützen und zu begleiten. So können durch Verständnis, Vertrauen und die Vermittlung von Informationen evtl. auftretende psychische Veränderungen aufgefangen werden. Ggf. kann der Schwangeren auch eine fachärztliche bzw. psychosoziale Beratung weiterhelfen.

Infobox

Internetadressen:

http://www.rund-ums-baby.de
http://www.tk-online.de
http://www.g-netz.de/Fit_for_Life/Schwangerschaft
http://www.wikipedia.org/wiki/Schwangerschaft

Literatur:

Holzgreve, B.: 300 Fragen zur Schwangerschaft. Der große GU Kompass. Gräfe und Unzer, München 2003

Huch, R.: Glücklich schwanger von A–Z. Trias, Stuttgart 2005

Preuschoff, G.: Mein Buch für die Schwangerschaft. Papyrossa, Köln 2002

Schwere Intelligenzminderung

► Gleich nach Tims Geburt konnte man es schon sehen: Er leidet am Down-Syndrom. Neben körperlichen Auffälligkeiten war auch seine gesamte Entwicklung sehr verzögert. Mit 7 Jahren ging er dann auf eine Sonderschule. Dank der Liebe und Geduld seiner Eltern konnte er dort einen Abschluss machen und fand anschließend Arbeit bei einem Getränkehändler. Dieser ist froh über Tim, denn einfache Aufgaben führt er problemlos aus und ist sehr fleißig.

Definition

Es wird unterschieden in:

- angeborene Intelligenzminderung,
- erworbene Intelligenzminderung.

Die Definition richtet sich nach dem Intelligenzquotienten (IQ):

- IQ von ca. 100: normale Intelligenz,
- IQ unter 70: Intelligenzminderung,
- IQ unter 35: schwere Intelligenzminderung.

Circa 5 % der Bevölkerung weist eine Intelligenzstörung auf. Schwere Formen sind insgesamt selten (**Abb. S.52**).

Synonym: Oligophrenie.

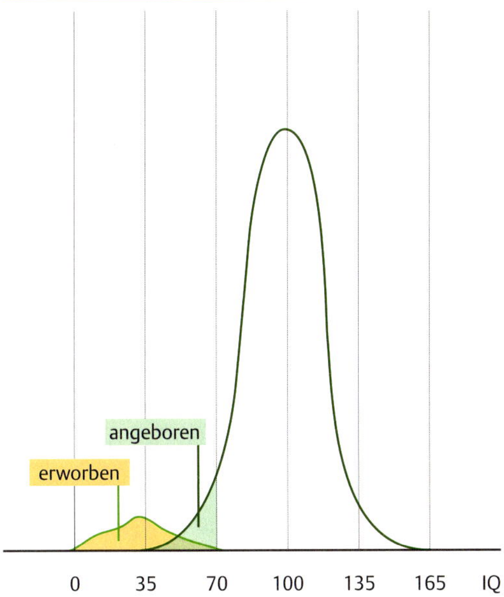

Abb. S.52 IQ-Verteilung der angeborenen und der erworbenen Intelligenzminderung. Der IQ verteilt sich in der Bevölkerung näherungsweise wie eine Gauß-Kurve. Angeborene (familiäre) Intelligenzminderungen befinden sich innerhalb der Normalverteilung und unterscheiden sich somit von erworbenen (organisch bedingten) Formen der Intelligenzminderung, die ein eigenes Verteilungsmuster besitzen.

Ursachen

Die Ursachen einer Intelligenzminderung sind häufig unklar.

Erworbene Intelligenzminderung

Eine erworbene Intelligenzminderung kann durch verschiedene schädigende Einflüsse vor, während und nach der Geburt hervorgerufen werden:

- vor der Geburt:
  - Gehirnentzündungen durch Viren oder Bakterien (→ Enzephalitis),
  - Alkohol-, Drogen- oder Medikamentensucht der Mutter (→ embryofetales Alkoholsyndrom),
- während der Geburt: z. B. Sauerstoffmangel,
- nach der Geburt:
  - extreme Neugeborenengelbsucht mit Schädigung des Gehirns (→ Icterus neonatorum),
  - Unfälle mit Schädel-Hirn-Verletzungen,
  - bestimmte Formen kindlicher → Epilepsien,
  - → Gehirntumoren,
  - angeborene Enzymdefekte,
  - schwere angeborene Schilddrüsenunterfunktion,
  - psychologische Faktoren wie ungünstiges, familiäres Milieu.

Angeborene Intelligenzminderung

Eine angeborene Intelligenzminderung wird meist durch eine genetische Störung verursacht. Am bekanntesten ist das → Down-Syndrom (**Abb. S.53**).

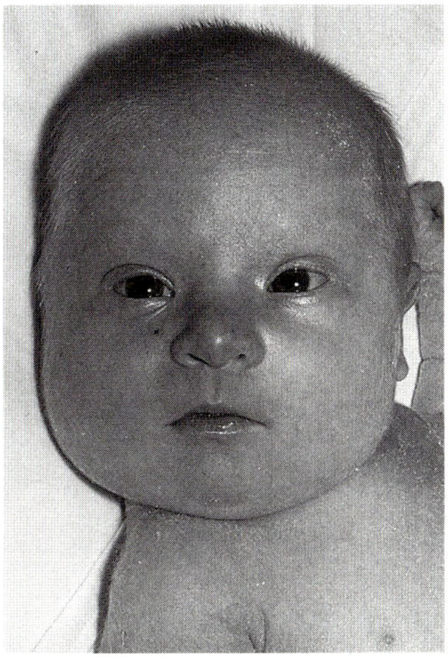

Abb. S.53 Down-Syndrom. Typisches Erscheinungsbild eines Neugeborenen.

Symptome

Folgende Symptome fallen bei Kindern oder Erwachsenen auf:

- sie entwickeln sich langsamer,
- sie lernen später als ihre Altersgenossen Gehen und Sprechen,
- sie versagen in den ersten Schuljahren oder sie fallen durch die Schulreifeprüfung,
- sie sind geistig schwerfällig, d. h. ihre Wahrnehmung, Phantasie und das Denken sind verlangsamt,
- sie nehmen nur lückenhaft Dinge auf, da die Wahrnehmung eine Verarbeitung der aufgenommenen Sinneseindrücke voraussetzt. So nehmen sie z. B. nur Dinge wahr, die der persönlichen Bedürfnislage entsprechen,
- sie sind in ihrer Aufmerksamkeit und Konzentrationsfähigkeit oft stark eingeschränkt,
- sie haben ein zurückgebliebenes Gedächtnis und eine eingeschränkte Merkfähigkeit (einfache, sich wiederholende Aufgaben können jedoch erlernt werden),
- sie denken wenig differenziert und bleiben auf einem kindlichen Niveau stehen,
- ihre Persönlichkeitszüge bleiben meist kindlich,
- ihre Gefühlsregungen wie Freude, Lust, Unlust oder Dankbarkeit können, besonders wenn sie sich überfordert fühlen, leicht in extreme Äußerungen umschlagen wie Wut oder Aggression.

Insgesamt handelt es sich meist um liebenswerte, aber insgesamt unreife und in mancherlei Hinsicht hilfsbedürftige Menschen.

Diagnose

Die Intelligenz lässt sich anhand verschiedener Intelligenztests einstufen.

Differenzialdiagnose

Mögliche organische Ursachen einer Intelligenzminderung müssen ausgeschlossen werden. Während bei einer Störung der Intelligenz eine gewisse Unfähigkeit des Lernens vorliegt, handelt es sich bei der → Demenz um das umgekehrte Phänomen, nämlich bereits erlernte Fähigkeiten gehen wieder verloren.

Therapie

Die Therapie richtet sich nach der zugrunde liegenden Ursache. Am wichtigsten ist eine gezielte Frühförderung in Zusammenarbeit mit der Familie. Später ist es wichtig, geeignete Lebens- und Arbeitsräume zu schaffen. In schweren Fällen sind ein Betreuer und die Unterbringung in einer betreuten Wohneinrichtung nötig.

Prognose

Die Prognose hängt von der Schwere der Intelligenzminderung und von der Betreuung der Betroffenen ab. Ein sorgendes familiäres Umfeld, stete geistige und motorische Förderung ermöglicht es den Kindern, sich ihren Möglichkeiten entsprechend zu entwickeln.

Infobox

ICD 10:
F72.0

Internetadressen:
http://homepage.ruhr-uni-bochum.de/Sven.Bielski/Ursac.htm

Literatur:

Möller, H.-J., u. a.: Duale Reihe Psychiatrie und Psychotherapie, 3. Aufl. Thieme, Stuttgart 2005

Masuhr, K.F., Neumann, M.: Duale Reihe Neurologie, 5. Aufl. Thieme, Stuttgart 2005

Sitzmann, F.C.: Duale Reihe Pädiatrie, 2. Aufl. Thieme, Stuttgart 2002

Sehnenscheidenentzündung

► Einmal mit dem Kanu rund um Koh Phi Phi. Heute ist es soweit. Maike und Stefan leihen sich ein Boot und paddeln los. Gegen Mittag legen sie an einer einsamen Bucht an. „Ist es nicht toll? Das Wasser ist glasklar“, schwärmt Maike. Stefan reibt seine Handgelenke. „Ja, traumhaft. Komm, wir fahren weiter. Es ist ja noch ein Stück.“ Die beiden erreichen die andere Seite der Insel. Das Meer ist rauer, sie haben Gegenwind und müssen ordentlich paddeln, um voranzukommen. Gegen Abend haben sie es geschafft. „Das war anstrengender als gedacht“, stöhnt Stefan. „Ich kann meine Hände nicht mehr bewegen. Da wäre kein Meter mehr drin gewesen.“ Am nächsten Tag muss Maike die Koffer alleine packen. Stefans Handgelenke schmerzen und die Finger sind steif.

Definition

Bei der Sehnenscheidenentzündung handelt es sich um eine Entzündung der Sehnenscheiden und Sehnen. Meistens sind die Sehnenscheiden des Unterarms, der Hand und des Handgelenks betroffen. Prinzipiell kann sich jede Sehnenscheide entzünden, auch z. B. am Fuß.

Sonderformen der Sehnenscheidenentzündung sind:

- **Tendovaginitis stenosans:** Entzündung der Hand-Beugesehnen mit Ausbildung eines Sehnenknotens. Dieser führt zum Phänomen des „schnellenden Fingers“ (auch: Schnappfinger).
- **Tendovaginitis stenosans de Quervain:** stenosierende Tendovaginitis des ersten Strecksehnenfaches der Hand. Betroffen sind die Sehnen des Musculus extensor pollicis brevis und Musculus abductor pollicis longus.

Syn.: Tendovaginitis, Tendosynovialitis, Tenosynovitis.

Ursachen

Fast immer handelt es sich bei einer Sehnenscheidenentzündung um eine abakterielle Entzündung. Hauptursachen sind die chronische Überlastung und Fehlhaltungen im Beruf, bei bestimmten Sportarten oder bei ungewohnten Belastungen (handwerkliche Hobbys, Umzug). Betroffen sind v. a. Menschen, die am Computer oder an der Schreibmaschine arbeiten, Handwerker und Musiker. Bei den Sportlern sind besonders Ruderer, Geräteturner und Kletterer für Sehnenscheidenentzündungen prädestiniert.

Die Fehlhaltung und immer wiederkehrende Bewegungsabläufe verursachen wiederholte Mikrotraumen, die schließlich die Entzündungsprozesse auslösen. Die entstehende Schwellung verengt das Sehnenfach, die Sehne reibt verstärkt in der Sehnenscheide, wodurch die Entzündungsreaktion zunimmt.

Weitere Ursachen sind Prellungen und andere Gewalteinwirkungen von außen oder Erkrankungen des rheumatischen Formenkreises.

Symptome

Zunächst treten Schmerzen bei Bewegung der Sehne auf, später auch Ruheschmerzen. Ggf. ist eine Schwellung und Rötung zu erkennen. Die Reibung der Sehne in der Sehnenscheide ist teilweise wahrzunehmen sowie tastbar (Tendovaginitis crepitans). Es tritt ein Druckschmerz auf.

Tendovaginitis stenosans. Die Patienten beschreiben anfangs eine Steifigkeit der Finger, später ein Bewegungshindernis. Der betroffene Finger kann nicht mehr komplett gestreckt oder gebeugt werden, weil der Sehnenknoten nicht mehr oder nur mit vermehrter Anstrengung durch das Ringband in Höhe des Fingergrundgelenks passt. Es resultiert das Schnapp-Phänomen („schnellender Finger“). Der Sehnenknoten ist an der Handinnenfläche über dem Fingergrundgelenk tastbar.

Tendovaginitis stenosans de Quervain. Es treten Belastungsschmerzen an der radialen Seite des Handgelenks auf, v. a. beim festen Greifen und Halten von Gegenständen (Auswringen von Wäsche, Aufdrehen eines Dosendeckels).

Diagnose

Die Diagnose wird in erster Linie klinisch gestellt (s. Symptome). Hilfreich bei der Diagnostik der Tendovaginitis stenosans de Quervain ist der Finkelstein-Test: Die Faust umfasst den Daumen, bei ulnarer Abduktion des Handgelenks wird ein Schmerz provoziert (**Abb. S.54**).

Durch Röntgenaufnahmen werden lediglich knöcherne Veränderungen ausgeschlossen. Die betroffene Sehne kann sonografisch dargestellt werden.

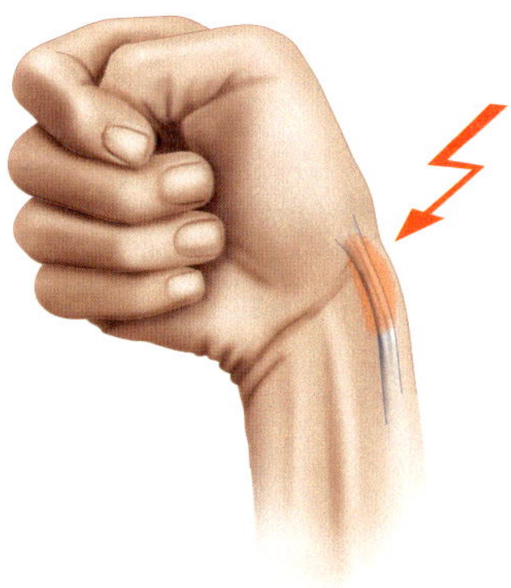

Abb. S.54 Finkelstein-Test. Bei ulnarer Abduktion des Handgelenks können in Höhe des 1. Strecksehnenfaches Schmerzen ausgelöst werden.

Differenzialdiagnose

Abzugrenzen sind Arthrosen, Nervenkompressionssyndrome oder Ganglien (Überbeine).

Therapie

Patienten mit Sehnenscheidenentzündungen werden i.d.R. erfolgreich konservativ behandelt. Operationen kommen lediglich bei stenosierender Tendovaginitis in Frage.

Konservative Therapie

Entzündungsauslösende Bewegungen müssen vermieden werden, d.h. die betroffenen Gliedmaßen werden ruhig gestellt. Dazu kann es sinnvoll sein, vorübergehend eine Schiene anzulegen. Die Entzündung wird mit entzündungshemmenden Salben und/oder oralen Antiphlogistika, die zugleich die Schmerzen lindern, bekämpft. In schweren Fällen werden ein oder zwei Kortisoninjektionen in die Sehnenscheide gesetzt. Weitere Maßnahmen sind die lokale Kühlung und die Iontophorese (Einbringen von Medikamenten durch die Haut mit Hilfe von galvanischem Strom).

Sind die Symptome abgeklungen, kann unter Anleitung von Physiotherapeuten mit Bewegungsübungen begonnen werden. Es sollten Maßnahmen ergriffen werden, um erneute Sehnenscheidenentzündungen zu verhindern, z.B. durch eine veränderte Arbeitsplatzergonomie (Position von Stuhl, Tisch und Tastatur an Computerarbeitsplätzen).

Chirurgische Therapie

Bei stenosierender Tendovaginitis oder De-Quervain-Tendinitis sind konservative Maßnahmen allenfalls im Frühstadium erfolgreich. Bessern sich die Symptome nicht oder bestehen bereits Beweglichkeitseinschränkungen, wird das dafür verantwortliche Ringband bzw. das Strecksehnenfach der Daumensehnen (De-Quervain-Tendinitis) meist in Armplexusanästhesie gespalten (**Abb. S.55**).

Prognose

Je früher mit der Behandlung begonnen wird, desto eher wird die volle Belastbarkeit wieder erreicht.

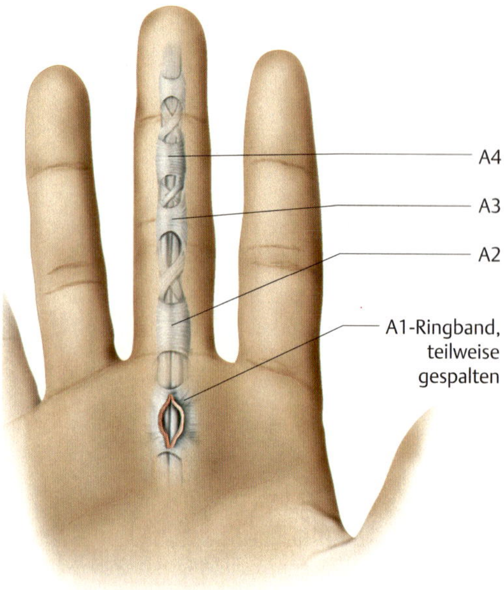

Abb. S.55 Spaltung eines Ringbandes. Beim typischen Schnapp-Phänomen wird das A1-Ringband gespalten.

Komplikationen

Wird zu lange in Gips oder Schienen ruhig gestellt, kann die Gelenkbeweglichkeit abnehmen, die Muskulatur wird geschwächt. Bei Operationen besteht ein gewisses Risiko für Gefäß-, Sehnen- oder Nervenverletzungen. Schrumpfende Narben verursachen an der Hand manchmal Bewegungseinschränkungen, sodass Korrekturoperationen notwendig werden.

Infobox

ICD-10:
M65

Internetadressen:
http://www.akademie-fuer-handrehabilitation.de (Stichwort: Tendovaginitis)
http://www.hand-fusschirurgie.de (Info-Download)
http://www.onmeda.de
http://www.sehnenscheidenentzündung.net

Sehverschlechterung

► In der Mathematikstunde schreibt der Lehrer eine Rechenaufgabe an die Tafel. Die Schüler sollen diese abschreiben und anschließend lösen. Während Herr Bauer durch die Reihen geht fällt ihm auf, dass der 13-jährige Felix beim Abschreiben Schwierigkeiten hat. Er kneift die Augen zusammen und es hat den Anschein, dass er die Zahlen kaum erkennen kann.

Definition

Eine Sehverschlechterung ist eine Reduktion der besten Sehschärfe eines Auges. Sie kann plötzlich oder allmählich auftreten, anhaltend oder vorübergehend sein.

Synonym: Visusminderung.

Ursachen

Zu den Ursachen von Sehverschlechterung zählen:

- optische Störungen (z. B. nicht auskorrigierte Refraktionsfehler, → Katarakt, → Hornhauttrübung),
- Makulaveränderungen (z. B. → Makuladegeneration),
- Erkrankungen des Sehnervs und der Sehbahnen im Gehirn (z. B. Optikusgliom, Hypophysentumor),
- Gefäßerkrankungen führen plötzlich (→ Zentralarterienverschluss; → Arteriitis temporalis) oder allmählich (→ Zentralvenenverschluss) zu einer Sehminderung.

Symptome

Die Sehschärfe ist auf einem oder beiden Augen herabgesetzt. Man sieht verschwommen oder doppelt (Diplopie).

Diagnose

Anamnese. Sie gibt Hinweise auf die Grunderkrankung, z. B. kann ein langjähriger → Diabetes mellitus zu einem Makulaödem führen und so die Sehschärfe herabsetzen.

Visusprüfung. Sie objektiviert die Sehverschlechterung. Bei augengesunden Patienten beträgt die Sehschärfe bei der Prüfung mit dem Normsehzeichen Landolt-Ring 1,6 bis 2,0. Wird mit Zahlenreihen untersucht, kann i.d.R. eine Sehschärfe von 1,25 bis 1,6 erreicht werden (**Abb. S.56**). Visusergebnisse unter diesen Werten zeigen ein eingeschränktes Sehvermögen auf.

Probiergläser im Phoropter. Damit kann untersucht werden, ob sich die Sehverschlechterung mit einer Brillenkorrektur beheben lässt.

Augenhintergrunduntersuchung. Dadurch können Gefäßverschlüsse, Makulaveränderungen oder Papillenveränderungen (Papillenatrophie) ausgeschlossen werden.

Gesichtsfelduntersuchung (Perimetrie). Diese kann bei Ausfällen im Gesichtsfeld einen Hinweis auf die Ursache geben (z. B. die rechte temporale und die linke nasale Gesichtsfeldhälfte fallen bei einer Veränderung in der linken Hemisphäre aus).

Pupillenreaktionen. Störungen können Hinweise auf einen krankhaften Prozess im Sehnerv oder Gehirn geben.

Abb. S.56 Visusprüfung. Diese Lesetafel wird in einem Abstand von 5 m gelesen. Der zur Zahlenreihe gehörende Visus ist angegeben. Kann ein Patient nur die erste Zeile lesen, hat er einen Visus von 0,3.

Differenzialdiagnose

Die möglichen Ursachen einer Sehverschlechterung müssen voneinander abgegrenzt werden, z. B. eine Katarakt von einem → Gehirntumor oder einem Gefäßverschluss.

Therapie

Die Therapie ist ebenfalls von der Ursache abhängig, z. B.:

- Operation bei Katarakt oder Gehirntumor,
- eine Laserbehandlung kann bei einem Makulaödem bei Diabetes mellitus zu einer Sehverbesserung führen,
- die Anpassung einer Brille oder Kontaktlinse kann die Änderung eines Refraktionsfehlers (z. B. Zunahme einer Kurzsichtigkeit) ausgleichen.

Prognose

Die Prognose ist abhängig von der Ursache. Bei optischen Störungen, z. B. einer Katarakt oder einem Refraktionsfehler ist die Sehschärfe nach der Operation bzw. der Brillen- oder Kontaktlinsenversorgung meistens wieder recht gut. Ist der Sehnerv längere Zeit einer Kompression ausgesetzt gewesen (z. B. bei einem Gehirntumor), kann es vorkommen, dass trotz der operativen Entfernung Gesichtsfelddefekte und eine Sehminderung bestehen bleiben.

Infobox

ICD-10: H53

Internetadressen: http://www.auge-online.de/Beschwerden/Sehverschlechterung
http://www.medizinfo.de/augenheilkunde/symptome

Literatur: Schiefer, U. u. a. (Hrsg.): Praktische Neuroophthalmologie. Kaden, Heidelberg 2004

Sepsis

► Vor zwei Monaten bekam der 19-jährige Thomas plötzlich Fieber und Schüttelfrost. Er fühlte sich abgeschlagen und hatte typische Erkältungssymptome. Als ihn seine Freundin 2 Stunden später besucht, reagiert er kaum noch. Sie ruft sofort einen Notarzt. Dieser vermutet eine Lungenentzündung und bringt Thomas ins Krankenhaus. Die Untersuchungen ergeben, dass sich aus der Lungenentzündung eine schwere Sepsis entwickelt hat. Auf der Intensivstation beginnt ein Wettlauf mit der Zeit. Es droht ein Lungenversagen. Schließlich muss er beatmet werden. Anfangs haben die Ärzte wenig Hoffnung, sein Leben retten zu können. Doch die intensive Behandlung mit Antibiotika zeigt Erfolg.

Definition

Sepsis ist eine Invasion von Mikroorganismen und/oder ihrer Toxine in den Blutstrom zusammen mit der Reaktion des Organismus auf diese Invasion. Diese moderne Definition veröffentlichte der US-amerikanische Intensivmediziner Roger C. Bone (1941 – 1997) im Jahr 1989. Sie hat auch heute noch ihre Gültigkeit.

Synonyme: Blutvergiftung, Wundfäule.

Ursachen

Eine meist harmlose, örtlich begrenzte Entzündung oder Wunde kann Auslöser einer Sepsis sein, wenn das Immunsystem die eingedrungenen Erreger nicht bekämpfen kann. Ist die Immunabwehr geschwächt, verbreiten sich die Bakterien, Viren oder Pilze rasend schnell über den Blutkreislauf im gesamten Organismus. Dort lösen sie weitere Entzündungen aus.

Der Körper antwortet darauf mit einer übermäßigen Abwehrreaktion. Um die Krankheitserreger schnellstmöglich unschädlich zu machen, werden dazu alle verfügbaren Abwehrkräfte eingesetzt. Durch die heftige Reaktion werden aber auch körpereigene Zellen geschädigt. Der Zustand des Patienten verschlechtert sich dramatisch.

Symptome

Erste Symptome einer Entzündung sind Schmerzen, Rötung und Schwellung. Sehr schnell verschlechtert sich dann aber der Zustand des Betroffenen. Seine Haut erscheint blassgrau, es können sich rötliche Hautausschläge bilden. Hohes Fieber mit Schüttelfrost setzt ein, der Patient hat Bewusstseinsstörungen oder wirkt verwirrt bis apathisch (**Abb. S.57**).

Als Kreislaufreaktion ist ein erhöhter, aber schwacher Puls feststellbar. Der Blutdruck fällt rapide ab und die Atmung ist deutlich schneller. Kann der Kreislauf jetzt nicht stabilisiert werden, kommt es zum septischen Schock. Es besteht akute Lebensgefahr für den Patienten. Sein Kreislauf bricht zusammen. Die Körperorgane werden nicht mehr ausreichend mit Sauerstoff versorgt und stellen ihre Funktion ein.

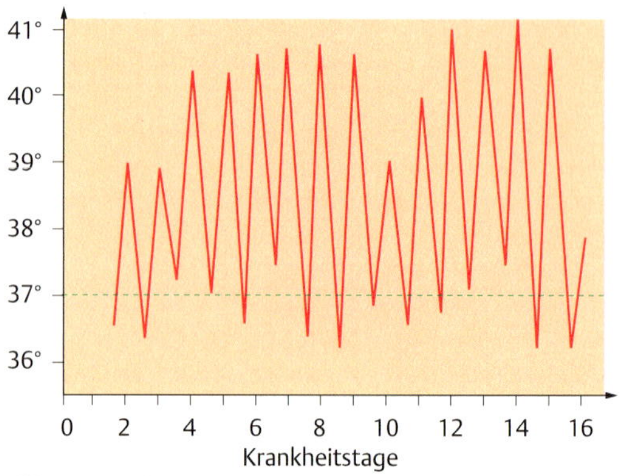

Abb. S.57 Fieberkurve bei Sepsis. Typisch ist der intermittierende Temperaturverlauf mit normalen Temperaturen am Morgen und steilem Fieberanstieg im Tagesverlauf.

Gradeinteilung. Die Schwere einer Sepsis wird in 4 Grade eingeteilt:

1. **SIRS-Syndrom (Systemic Inflammatory Response Syndrome):** allgemeine entzündliche Abwehrreaktion auf verschiedene Krankheitsbilder, ohne dass dabei eine Infektion vorhanden ist.
2. **Sepsis:** entzündliche Abwehrreaktion, die durch eine Infektion verursacht wird. Dabei kommt es noch zu keiner Organdysfunktion.
3. **schwere Sepsis:** Es kommt zu weit reichenden Komplikationen (Organversagen). Besonders Lunge, Leber und Nieren sind stark gefährdet.
4. **septischer Schock:** schwerste und zugleich schlimmste Form der Sepsis, da der therapieresistente niedrige Blutdruck zum Multiorganversagen führt.

Diagnose

Die Diagnose der Sepsis ist anfangs recht schwierig, da die Symptome nicht spezifisch sind. Klinische Symptome lassen sich nicht eindeutig zuordnen.

Laboruntersuchung. Wichtige Hinweise erbringen die Laboruntersuchungen, bei der Blut auf Entzündungszeichen wie erhöhte Leukozytenanzahl und Gerinnungsstörungen hin untersucht wird. Ist zusätzlich die Anzahl der Erythrozyten sehr niedrig, erhärtet sich der Verdacht. Einen sicheren Nachweis, welcher Krankheitserreger im Blut vorhanden ist, lässt sich mit einer angelegten Blutkultur ebenfalls im Labor feststellen (**Abb. S.58**).

Bildgebende Verfahren. Durch die Gerätemedizin lassen sich Veränderungen an inneren Organen feststellen, besonders an Leber und Milz. Bei einer Sepsis sind diese Or-

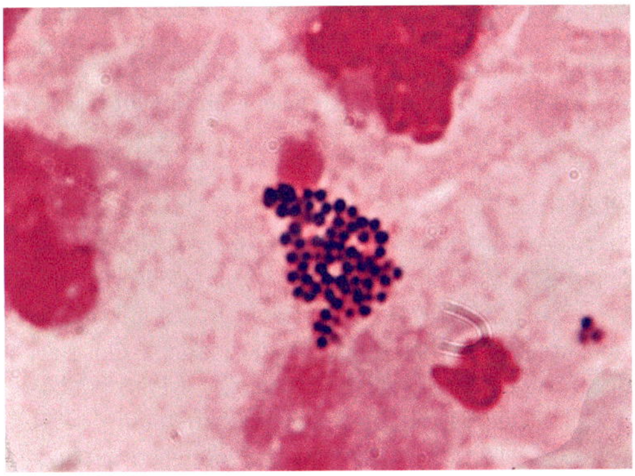

Abb. S.58 Eiterpräparat zum Erregernachweis. Man erkennt grampositive Haufenkokken (Staphylococcus aureus).

gane oft vergrößert. Meist wird dies mit Hilfe der Sonografie dargestellt.

Differenzialdiagnose

Bei einer rapiden Verschlechterung des Zustandes ist auch an eine Meningokokken- → Meningitis zu denken.

Therapie

Eine intensivmedizinische Behandlung ist in jedem Fall zwingend erforderlich, da der klinische Verlauf der Sepsis sehr schwer ist. Die Verlaufsform kann sich in kürzester Zeit dramatisch von leicht bis schwer entwickeln. Der Erfolg einer Behandlung setzt sich aus vier Therapiepfeilern zusammen.

1. Entzündungsherd entfernen. In den meisten Fällen ist es das Ziel, den Entzündungsherd operativ zu entfernen. Mittels direkter Operation oder durch Katheter-Techniken wird krankhaft verändertes Gewebe entfernt.

2. Kreislauf stabilisieren. Besonders die Infusionstherapie zur Blutdrucksteigerung und zum Ausgleichen von Wasser- und Elektrolytverlusten ist indiziert. Weiterhin werden Bluttransfusionen gegeben und die Thrombenbildung im Blut durch Antikoagulanzien (z. B. Heparin) verhindert.

3. Organfunktionen erhalten. Alle intensivmedizinischen Möglichkeiten werden ausgeschöpft, um Atmungs-, Kreislauf- und Organfunktionen des Patienten zu sichern.

4. Antiinflammatorisch behandeln. Ein Wiederaufflammen der Infektion wird durch geeignete Antibiotika oder chemotherapeutische Medikamente verhindert und die Krankheitserreger werden zerstört.

Prognose

Die Prognose hängt von der Schwere der Sepsis und den Vorerkrankungen des Patienten ab. Trotz modernster intensivmedizinischer Möglichkeiten sterben innerhalb des 1. Monats nach Beginn der Erkrankung 20–35% aller Patienten an einer Sepsis und 40–60% an einem septischen Schock.

Infobox

ICD-10:
A41

Internetadressen:
http://webanae.med.uni-jena.de
http://www.talessin.de/scripte/medizin/sepsis.html
http://www.zeit.de/2004/16/M-Sepsis
http://de.wikipedia.org/wiki/SIRS
http://www.intensivdocs.de/intro.aspx

Literatur:
Werdan, K., u. a.: Sepsis und MODS, 4. Aufl. Springer, Berlin 2005

Septumdeviation

► Herr Peukert hat sprichwörtlich die Nase voll. Schon seit der Pubertät bekommt er ständig schlecht Luft durch die Nase. Das stört ihn ganz besonders beim Sport, wo er bereits bei kleinster Anstrengung durch den Mund atmen muss. Nachts schnarche er, sagt seine Frau. Und er hat morgens häufig einen trockenen Hals. Als Kind sei er mal von der Schaukel gefallen, sagt er, mitten auf die Nase.

Definition

Bei der Septumdeviation handelt es sich um eine Fehlstellung der knöchernen und/oder knorpeligen Nasenscheidewand, d.h. dass diese nicht in der Mittellinie steht.

Synonym: Nasenscheidewandverkrümmung.

Ursachen

Bei den meisten Erwachsenen ist die Nasenscheidewand verkrümmt. Dies ist gewissermaßen als ein Normalzustand anzusehen. Eine Verkrümmung kann z. B. Folge eines Nasentraumas in der Kindheit (Folge äußerer Gewalteinwirkung) mit Fraktur des Knorpels und daraus resultierender Wachstumsstörung sein. Auch beim Erwachsenen kann ein Trauma zur Septumdeviation führen, indem es zur Knorpelfraktur mit anschließender Defektheilung und Knickbildung kommt.

Eine Septumdeviation kann aber auch ohne äußere Gewalteinwirkung auftreten. So kann es während des Körperwachstums entlang der Grenzen zwischen knöchernen oder knorpeligen Anteilen der Nasenscheidewand zu unterschiedlich schnellem Wachstum kommen, was zu Spannungen und Verkrümmungen führt.

Symptome

Das typische Symptom einer Septumdeviation ist die Behinderung der Nasenatmung. Je nach Form der Nasenscheidewand treten die Beschwerden ein- oder beidseitig auf. Bei geringer Ausprägung fallen die Beschwerden nur bei forcierter Atmung, also z. B. beim Sport auf.

Häufig bestehen neben der Septumdeviation parallel noch andere Ursachen für die Nasenatmungsbehinderung. So können vergrößerte untere Nasenmuscheln, eine Allergie oder chronische Nasennebenhöhlenentzündungen (→ chron. Sinusitis) die Symptome verstärken. Durch die Belüftungsstörung nachgeschalteter Organe können verschiedene Begleiterkrankungen auftreten:

- Geruchsstörungen,
- nächtliches Schnarchen bis zum → Schlaf-Apnoe-Syndrom,
- chronische Entzündungen der Nasennebenhöhlen (→ chron. Sinusitis),
- Belüftungsstörungen des Mittelohres bis hin zur chronischen Mittelohrentzündung (→ chron. Otitis media),
- Kopfschmerzen,
- chronische Hals- und Rachenentzündungen (→ chron. Pharyngitis).

Diagnose

Nach der allgemeinen Befragung untersucht der HNO-Arzt die Nase. Häufig fällt bereits im Bereich des Naseneingangs eine Schiefstellung des Septums auf. Diese Schiefstellung erkennt man besonders gut, indem man die Nasenspitze mit dem Finger etwas anhebt. Wenn der unterste Anteil der Nasenscheidewand neben dem Nasensteg sicht- oder tastbar ist, spricht man von einer Subluxatio septi (**Abb. S. 59**).

Die mittleren und hinteren Anteile der Nase werden mit dem Spekulum bzw. dem Endoskop angeschaut. Interessant ist der Vergleich des Befundes vor und nach Abschwellen der Nase (z. B. mit Privin), um den Einfluss des Schwellungszustandes der Nasenmuscheln auf die Atmungsbehinderung einschätzen zu können.

Ergänzt werden die Untersuchungen durch eine Röntgenübersichtsaufnahme der Nasennebenhöhlen, bzw. eine Ultraschalluntersuchung zum Ausschluss einer chronischen Nebenhöhlenentzündung und/oder einen Allergietest zum Ausschluss einer allergischen Rhinitis (→ Heuschnupfen).

Differenzialdiagnose

Krankheiten, welche ebenfalls mit einer Behinderung der Nasenatmungspassage einhergehen sind:

- chronische Nasennebenhöhlenentzündung (→ chron. Sinusitis),
- → Heuschnupfen,
- Hyperplasie der unteren Nasenmuscheln.

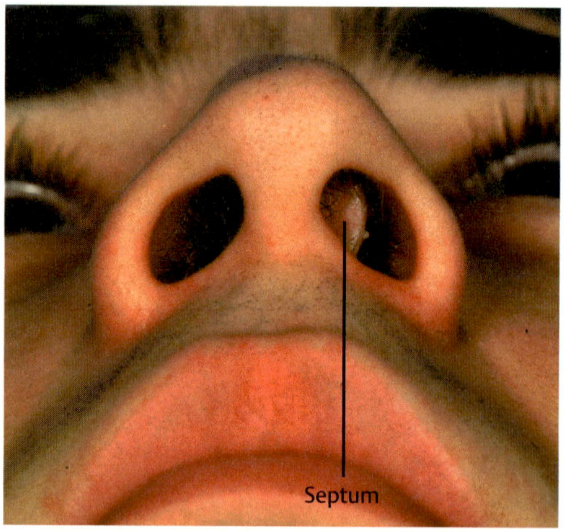

Abb. S.59 Subluxatio septi. Links neben dem Nasensteg ist der unterste Anteil der Nasenscheidewand sichtbar.

Therapie

Eine Therapie mit abschwellenden Nasentropfen ist nicht sinnvoll, da ein Dauereinsatz dieser Präparate zu einem Gewöhnungseffekt (Abhängigkeit!) und einer Schädigung der Nasenschleimhaut führt.

Wenn die Verkrümmung der Nasenscheidewand ein Ausmaß hat, das für den Betroffenen zu Beschwerden führt, dann ist die operative Korrektur (Septumplastik) indiziert. Diese wird im Allgemeinen unter stationären Bedingungen und in Vollnarkose durchgeführt.

Septumplastik

Der Operateur führt einen kleinen Schnitt im Bereich des Naseneinganges entlang der Septumvorderkante durch und löst die Schleimhaut vom Knorpel und Knochen ab. Wenn die knorpelige- und knöcherne Nasenscheidewand frei liegt, kann sie begradigt werden. Dies erfolgt im vorderen knorpeligen Anteil durch Anritzen und Durchtrennen des Knorpels, bis dieser spannungsfrei in der Mittellinie steht.

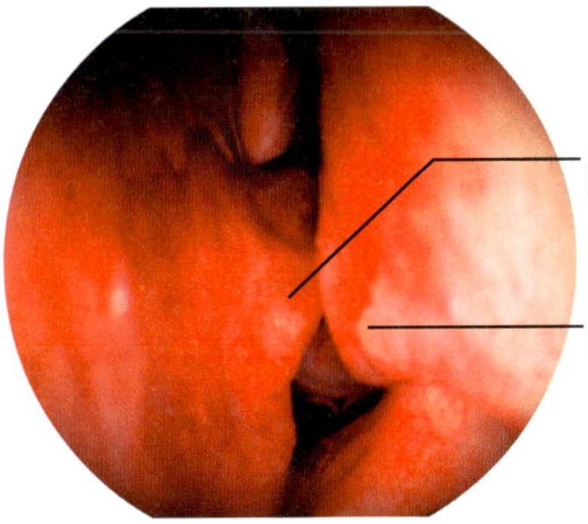

Abb. S.60 Knöcherne Spornbildung. Endoskopische Darstellung eines knöchernen Sporns der Nasenscheidewand mit Kontakt zur unteren Nasenmuschel.

Im hinteren knöchernen Anteil ist es manchmal erforderlich knöcherne Sporne oder Leisten abzutragen und zu entfernen (**Abb. S. 60**). Teilweise werden die einzelnen Teile nachdem sie bearbeitet wurden, wieder eingesetzt. Nachdem die knorpelig-knöcherne Nasenscheidewand begradigt wurde, wird für die Dauer von 1 – 3 Tagen eine Schaumstofftamponade in die Nase eingebracht, die einerseits dazu dient, dass die Schleimhaut dicht anliegt und sich kein Bluterguss bildet, andererseits als eine Art Schiene dafür sorgt, dass die Nasenscheidewand mittig verheilt.

Der Eingriff der Septumplastik dauert ca. 30 – 40 Min. Er ist mit einem 4 – 5-tägigen stationären Aufenthalt verbunden. Die Nase sollte anschließend über einen Zeitraum von ungefähr 2 Wochen nach der Operation regelmäßig von einem HNO-Arzt kontrolliert und gereinigt werden.

Die Operation wird durch die Krankenkassen bezahlt, da es sich hierbei nicht um einen kosmetischen Eingriff handelt, sondern um einen funktionellen.

Prognose

Wenn die Indikation zur Operation sorgfältig gestellt wurde und der Eingriff korrekt durchgeführt wurde, dann sind die Chancen sehr gut, dass der Patient auf Dauer von seiner Nasenatmungsbehinderung befreit wird.

Infobox

ICD-10:
J34.2

Internetadressen:
http://www.hno.org
http://www.leitlinien.net

Sexuelle Funktionsstörungen

► Miriam räuspert sich: „Hm, schwieriges Thema, aber ich muss mal darüber reden. Mit Rüdiger und mir läuft es im Bett nicht mehr so. Er kann einfach nicht mehr so wie früher", erzählt sie ihrer Freundin Carla und schaut sie ein wenig verlegen an. „Dabei hatten wir früher so guten Sex! Das Ganze geht jetzt schon seit knapp einem Jahr so, etwa seitdem er arbeitslos ist. Ich möchte einfach nicht, dass daran unsere Beziehung zerbricht. Das hört sich ja erst mal albern an, aber es ist schon schwierig. Er macht sich Vorwürfe und setzt sich unter Druck – und dann ist das letzte bisschen Erektion auch weg! Meinst Du es liegt vielleicht an mir, bin ich ihm nicht mehr attraktiv genug?".

Definition

Unter sexuellen Funktionsstörungen versteht man sich hauptsächlich auf das Sexualverhalten auswirkende Funktionsstörungen wie Veränderungen des sexuellen Verlangens, der Erregungsfähigkeit und des Orgasmuserlebens.

Störungen der Geschlechtsidentität zählen nicht zu den sexuellen Funktionsstörungen.

Ursachen

Eine sexuelle Funktionsstörung kann organische und psychische Ursachen haben, wobei nahezu jede psychische oder psychiatrische Störung eine sexuelle Funktionsstörung bewirken kann (**Abb. S. 61**).

Organische Ursachen. Dies sind z. B.:

- Störungen des Hormonhaushalts (z. B. durch Leberveränderungen nach Alkoholkonsum) beeinträchtigen durch Auswirkungen auf die Sexualhormonspiegel die Lust und Liebesfähigkeit,
- akute Drogen- und Alkoholwirkungen können eine abnorme sexuelle Erregung auslösen,
- Herz-Kreislauf-Erkrankungen und Durchblutungsstörungen beeinträchtigen die Erektion,
- Pilze und bakterielle Infektionen ebenso wie Stoffwechselkrankheiten können das Milieu der Scheide und damit die Befeuchtung und Schmerzhaftigkeit verändern,
- → Diabetes mellitus bewirkt im Rahmen der eintretenden → Polyneuropathie eine Verminderung der Sensibilität in den Geschlechtsorganen,
- organische Veränderungen ebenso wie Operationen, Entzündungen oder Vernarbungen stören durch mechanische Verlegung oder Reizung und Schmerz die sexuelle Funktion,
- Medikamentennebenwirkungen; gerade einige moderne Antidepressiva und Neuroleptika stören durch ihre dopaminergen Interaktionen das sexuelle Befinden erheblich,
- demenzielle Störungen.

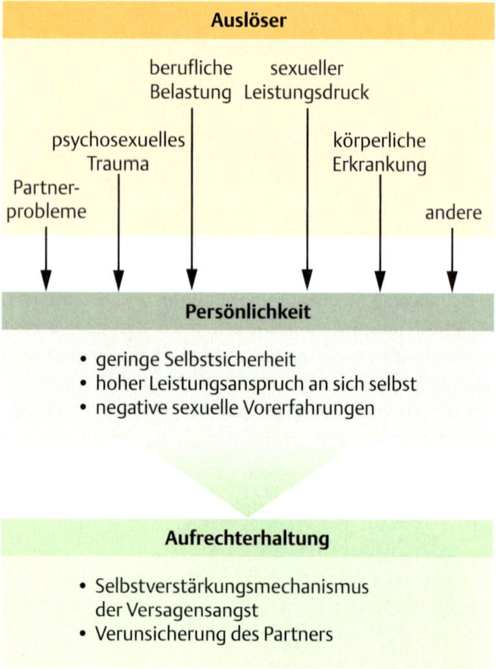

Abb. S.61 Funktionelle Sexualstörungen. Entstehung und Aufrechterhaltung.

Psychische Ursachen. Dies sind z. B.:

- Störungen der sexuellen Entwicklung,
- Depressionen,
- schizophrene und substanzabhängige Störungen,
- Persönlichkeitsstörungen,
- Belastungsreaktionen usw.

Bei Drogenabhängigen ist meist nur im Rausch eine befriedigende Sexualität aufrechtzuerhalten, was dann die Drogensucht weiter bestärkt!

Symptome

Mangel oder Verlust an sexuellem Verlangen. Die Erektionsfähigkeit ist vorhanden, jedoch ist insgesamt das sexuelle Interesse stark reduziert. Der partnerschaftliche gegenseitige sexuelle Befriedigungswille kann nicht mehr erfüllt werden. Synonyme: Frigidität, sexuelle Hypoaktivität.

Sexuelle Aversion. Der Patient empfindet Furcht oder Abneigung bis hin zu Ekel vor Sexualkontakten.

Mangelnde sexuelle Befriedigung. Die Orgasmusreaktion wird zwar durchlaufen, erzeugt aber kein innerlich befriedigendes Gefühl. Synonym: sexuelle Anhedonie.

Abb. S.63 Paartherapie. Ist ein partnerschaftlicher Konflikt die Ursache der sexuellen Funktionsstörung, kann eine Paartherapie helfen.

Versagen genitaler Reaktionen. Bei Männern sind dies vor allem Erektionsstörungen, bei Frauen vor allem mangelnde vaginale Feuchtigkeitsproduktion mit dann mangelnder Gleitfähigkeit des eindringenden Penis. Synonym: psychogene Impotenz.

Orgasmusstörung. Der Orgasmus ist nur sehr schwer und verzögert oder gar nicht auslösbar. Insbesondere Männer leiden sehr stark darunter und machen sich Vorwürfe, während die öfter betroffenen Frauen bisweilen dem Partner einen Orgasmus nur vorspielen, um der Situation zu entkommen.

Ejaculatio praecox. Hierbei handelt es sich um einen vorzeitigen Samenerguss bis hin zum Samenerguss vor dem Eindringen in die Scheide oder ohne Erektion.

Nichtorganischer Vaginismus. Durch einen Krampf der weiblichen Beckenbodenmuskulatur wird die Vagina versperrt, das Eindringen des Penis ist entweder unmöglich oder zumindest sehr schmerzhaft.

Nichtorganische Dyspareunie. Während des Sexualverkehrs treten Schmerzen auf. Entweder liegen örtliche organische Veränderungen wie Entzündungen oder Pilzbefall vor oder dieser dann somatisierte Schmerz wird aufgrund einer psychischen Ursache empfunden.

Gesteigertes sexuelles Verlangen. Meist stehen Teenager oder junge Erwachsene, oft auch unter Drogen- oder Alkoholeinfluss, unter dem inneren Druck nach sexueller Befriedigung. Synonyme: Nymphomanie, Satyriasis.

Diagnose

Die Patienten haben im Allgemeinen große Schwierigkeiten, das ihnen selbst als oft sehr peinlich empfundene Thema gegenüber dem Arzt oder Therapeuten anzusprechen. Gemäß dem PLISSIT-(„**p**ermission, **l**imited **i**nformation, **s**pecific **s**uggestions, **i**ntensive **t**herapy"-)Schema ist der Behandelnde gefordert, frühzeitig und einfühlsam den Gesprächswunsch über dieses Thema zu entdecken und es dann am besten selber behutsam anzusprechen (**Abb. S. 62**).

Dem Patienten soll Gelegenheit gegeben werden zu erkennen, dass der Therapeut gewillt und fähig ist, auch über derart sensible Dinge zu sprechen. Manchmal ist es angebracht, dem Patienten einen geschlechtsgleichen Behandelnden zuzuweisen. Oft ist das Besprechen des Problems mit einem Dritten, wie dem Arzt, schon eine Therapie für den Patienten.

Danach wird der Patient körperlich untersucht. Bei Verdacht auf Infektionen werden ggf. Abstriche der betroffenen Hautareale genommen und es wird eine Blutuntersuchung durchgeführt. Der Patient wird einem Internisten zum Ausschluss systemisch-organischer Ursachen vorgestellt, zudem dem Urologen bzw. Gynäkologen.

Sofern eine rein organische Ursache vorliegt, sollte man nicht von einer sexuellen Funktionsstörung sprechen, sondern primär die entsprechende Grunderkrankung benennen und sekundär auf die funktionellen Einbußen hinweisen (z. B. „Polyneuropathie durch Diabetes mellitus II b mit Störung der Penissensibilität und sekundärer sexueller Funktionsstörung").

Sofern keine primär organische Ursache vorliegt, werden in einer psychologisch-psychiatrisch geführten Exploration mögliche psychische Ursachen erfasst. Dabei wird vor allem auf eine ausführliche Sexualanamnese und Analyse der Partnerbeziehung Wert gelegt. Der Zugang zum Patienten kann durch den Einsatz von Fragebögen, die schriftlich ausgefüllt werden sollen, vereinfacht werden.

Permission	Limited Information	Specific Suggestions	Intensive Therapy
Der Therapeut gibt zu erkennen, direkt oder indirekt, dass er willens ist, sexuelle Fragen zu besprechen	Der Therapeut gibt wichtige Informationen über sexuelle Störungen	Der Therapeut gibt direkte Ratschläge oder Anweisungen zur Lösung des Problems	Eigentliche intensive Therapiephase

Abb. S.62 PLISSIT-Schema. Sexualtherapeutische Beratung und Behandlung.

Therapie

Sofern eine Infektion oder systemische (z. B. internistische) Erkrankung vorliegt, erfolgt eine kausale Therapie (z. B. mit Antibiotika).

Bei einer psychischen Ursache werden dem Patienten, gemäß dem PLISSIT-Behandlungsplan, in allgemeiner Form zunächst Informationen zu sexuellen Störungen gegeben. Dann schließen sich in späteren Sitzungen direkte Ratschläge und Handlungsanweisungen an, z. B. die Empfehlung, die Start-Stopp-Technik bei Ejaculatio praecox (vorzeitigem Samenerguss) anzuwenden.

Sofern ein Partnerschaftskonflikt die Ursache ist, wird eine Paartherapie angestrebt (**Abb. S. 63**). Einige wenige der praktizierenden Sexualtherapeuten haben sich darauf spezialisiert, Techniken und Denkmodelle zur Störungsbearbeitung zu vermitteln. In der sich anschließenden Intensivtherapiephase wird individuell die zugrunde liegende Problematik vertieft bearbeitet, was sich in Einzelfällen auch zu einer langjährig begleitenden, psychodynamisch-stützenden Therapie ausweiten kann.

Bei → erektilen Dysfunktionen (zu schwache oder keine Erektion) kann man dem Patienten auch medikamentös durch die Gabe von Sildenafil (z. B. Viagra) oder Tadalafil (z. B. Cialis) helfen. Die Medikamente verbessern jedoch lediglich die Erektionsfähigkeit, beeinflussen aber nicht die psychische Stimulation. Auch können von dem Patienten selbst kurz vor dem Geschlechtsverkehr lokal Schwellkörpermittel in den Penis injiziert werden.

Sofern eine andere psychiatrisch signifikante Grunderkrankung wie eine Depression vorliegt, sollte diese Grunderkrankung behandelt werden. Geht die Hauptstörung zurück, bessern sich i.d.R. auch die sexuellen Funktionsstörungen. Die Behandlung sexueller Funktionsstörungen ist letztlich immer dem konkreten Einzelfall anzupassen.

Differenzialdiagnose

Nicht unter die sexuellen Funktionsstörungen fallen Störungen der Sexualpräferenz (Paraphilien) wie Transvestismus, Fetischismus, Exhibitionismus, Voyeurismus, → Pädophilie und Sadomasochismus. Ebenso sind Störungen der Geschlechtsidentität wie Transsexualismus und der Transvestismus unter Beibehaltung beider Geschlechterrollen andernorts klassifiziert.

Prognose

Die Störung kann episodisch nur für einige Monate auftreten aber auch einen chronischen Verlauf nehmen. Dies kann sich bis zum Verlust des Wunsches nach Sexualität, Suizidalität oder Depressionen ausweiten. Der Verlauf ist sehr vom Einzelfall abhängig. Liegt ein stabiles, tragfähiges Partnerschaftssystem vor, sind die Chancen auf eine Heilung im Allgemeinen besser.

Infobox

ICD-10:
F52

Internetadressen:
http://www.impodoc.de
http://www.viagra.de
http://www.cialis.de

Sexueller Missbrauch und sexuelle Misshandlung

► Lena (8) wird von ihrer Mutter wegen depressiver Symptome und nächtlicher Angstzustände beim Kinderarzt vorgestellt. Die Mutter berichtet: „Die soziale Situation der Familie ist schwierig. Ich arbeite in einer Fabrik, mein Mann ist seit mehreren Jahren arbeitslos und verbringt viel Zeit zu Hause." Das schüchtern und verschlossen wirkende Mädchen sagt bei näherer Befragung durch den Arzt: „Mein Vater hat mich schon oft zwischen den Beinen angefasst und dort gestreichelt. Ich habe ihm gesagt, dass ich das nicht mag, aber er hört nicht damit auf."

Definition

Unter sexuellem Missbrauch versteht man die Einbeziehung von Kindern und Jugendlichen in sexuelle Aktivitäten, deren Funktion und Tragweite sie nicht überschauen können. Sexueller Missbrauch liegt auch dann vor, wenn diese Handlungen nicht ausdrücklich gegen den Willen des Kindes und ohne Anwendung von Gewalt erfolgen.

Von sexueller Misshandlung wird gesprochen, wenn die sexuellen Aktivitäten gegen den Willen des Kindes herbeigeführt werden und es zur Gewaltanwendung kommt.

Häufigkeit

Am häufigsten kommt sexueller Missbrauch in der Familie oder im Bekanntenkreis vor. Über die Hälfte der Fälle ereignet sich innerhalb der Familie und über ein Drittel wird durch bekannte Personen begangen, während völlig unbekannte Täter nur 12 % ausmachen.

Formen von Missbrauch

Sexueller Missbrauch von Kindern und Jugendlichen kommt in sehr unterschiedlichen Formen und mit unterschiedlichen Begleitumständen vor (intrafamiliär oder extrafamiliär, mit oder ohne Gewaltanwendung). Eine häufige Form des sexuellen Missbrauchs ist der Inzest, d. h. die Ausübung des Geschlechtsverkehrs mit Familienangehörigen. Dabei kommen sexuelle Beziehungen zwischen Vater und Tochter bzw. Stiefvater und Stieftochter am häufigsten vor. Jeder dieser Fälle ereignet sich in einer asymmetrischen Macht- und Abhängigkeitssituation zu Ungunsten des kindlichen Opfers.

Ohne Gewaltanwendung findet i.d.R. die sexuelle Verführung Minderjähriger statt, wobei es aber fast regelmäßig zur Ausübung eines erheblichen psychischen Druckes kommt. Zuverlässige Angaben zu einzelnen Formen sexueller Misshandlung sind schwer zu machen. Nach retrospektiven Angaben von Erwachsenen über ihre Kindheit stehen bei Opfern beiderlei Geschlechts Vaginal- oder Analverkehr an erster Stelle, gefolgt von orogenitalen Kontakten bei männlichen und genitalen Manipulationen bei weiblichen Opfern. Andere Praktiken kommen bei Opfern beiderlei Geschlechts etwa gleich häufig vor.

Diagnose und Differenzialdiagnose

Der Untersucher muss an die Möglichkeit sexuellen Missbrauchs denken und entsprechende Verdachtsmomente ernst nehmen. Mögliche Hinweise können sein:

- altersunangemessenes Sexualverhalten oder -wissen des Kindes,
- Aussage des Kindes über sexuellen Missbrauch,
- körperliche Hinweise, die einen sexuellen Missbrauch vermuten lassen (**Abb. S. 64**),
- Bericht eines Geschwisterkindes oder andere Informationen über einen sexuellen Missbrauch,
- gestörtes Verhalten oder Verhaltensänderung des Kindes,
- Verknüpfung mit anderen Formen der Misshandlung,
- Beschuldigungen durch Eltern, Verwandte oder andere Erwachsene.

Die Diagnostik ist stets kompliziert, da es keine eindeutigen Symptome bzw. Merkmale gibt, weder beim Kind noch beim Täter. Da sich körperliche Hinweise nur bei einem kleinen Teil der Opfer von sexuellem Missbrauch finden, erhält die psychiatrische Diagnostik einen hohen Stellenwert.

Allgemeine diagnostische Prinzipien bei sexuellem Missbrauch

Der Untersucher sollte sich an folgende allgemeine diagnostische Prinzipien halten.

Prinzip der Verhältnismäßigkeit. Art und Gründlichkeit der diagnostischen Bemühungen sollten in vernünftiger Relation zum Ausmaß des Verdachts stehen.

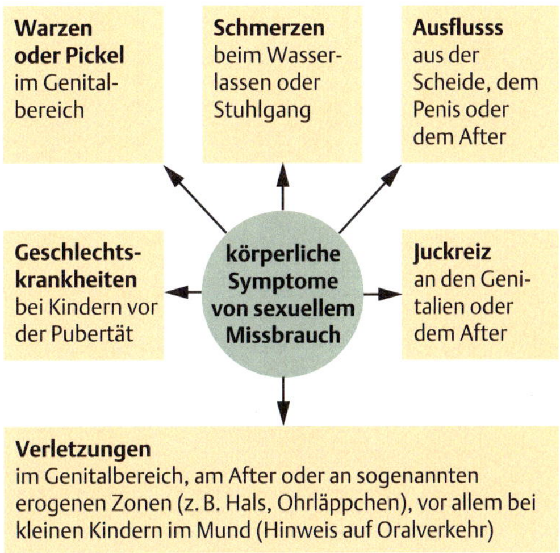

Abb. S.64 Sexueller Missbrauch. Mögliche körperliche Symptome.

Vermeidung traumatischer Konsequenzen. Die körperliche Untersuchung sollte z. B. bei Widerstand des Kindes aufgeschoben und Berührungen auf das Notwendigste beschränkt werden. Multiple Untersuchungen sollten vermieden werden. Die zuerst gewählte Vertrauensperson sollte das Kind zu allen Untersuchungen begleiten.

Externe Informationsquellen. Diese sollten soweit wie möglich genutzt werden. Dabei geht es in erster Linie um eine Objektivierung von Verhaltensänderungen oder Auffälligkeiten des Kindes, ohne dass der Missbrauchsverdacht vorzeitig mitgeteilt wird.

Prüfung der Glaubwürdigkeit. Bei Aussagen von Kindern oder Jugendlichen ist stets auch deren Glaubwürdigkeit zu bedenken. Falsche Aussagen durch Kinder sind eher selten, kommen im Jugendalter jedoch häufiger vor. Auch die Möglichkeit einer Falschbezichtigung muss erwogen werden, insbesondere wenn es sich um psychisch auffällige Jugendliche handelt

Therapie

Die psychotherapeutischen Maßnahmen sind stets in ein Vorgehen zu integrieren, das alle Betroffenen und darüber hinaus alle mit dem Fall befassten Instanzen, z. B. Jugendamt, Gericht, Klinik, einbezieht. Zunächst erfolgt die akute Intervention und Indikationsstellung für das weitere Vorgehen. Man muss sich ein Bild über Art und Ausmaß des sexuellen Missbrauchs/der Misshandlung machen und die akute Gefährdung für das Kind abschätzen.

Deshalb empfiehlt es sich in jedem Fall, die Gefahr einer weiteren Misshandlung durch die Trennung des Kindes vom Täter zu unterbinden. Dies kann juristische Maßnahmen erforderlich machen. Danach muss über das weitere Vorgehen entschieden werden. Alle Aspekte des Kindeswohls müssen dabei berücksichtigt werden. Psychotherapeutische Interventionen haben einen hohen Stellenwert.

Prognose

Die kurz-, mittel- und langfristigen Folgen des Missbrauchs sind sowohl von der Art des Missbrauchs als auch von den Begleitumständen abhängig (z. B. Gewaltanwendung, Täter aus der Familie, Heimlichkeit). Kurzfristige Folgen sind z. B. körperliche Verletzungen, Schmerzen, Enttäuschung, Misstrauen, Resignation und Depression, Beeinträchtigung des Selbstwertgefühls, Gefühl der Ohnmacht und des Ausgeliefertseins, Leistungsversagen in der Schule, sozialer Rückzug, Suizidgedanken oder Suizidversuche.

Mittel- bis langfristige Folgen sind z. B. Beeinträchtigungen der sexuellen Erlebnisfähigkeit, Störungen in der Partnerschaft, Störungen der Identitätsentwicklung oder psychische Störungen im engeren Sinne. Häufig treten depressive Verstimmungen, Appetit- und Schlafstörungen, Suizidgedanken, massive Lern- und Leistungsstörungen, Verwahrlosungstendenzen, ausgeprägtes Oppositionsverhalten, hysterische Reaktionen und Konversionssyndrome auf.

Infobox

ICD-10:

T74 Missbrauch von Personen
T74.1 körperlicher Missbrauch
T74.2 sexueller Missbrauch
T74.3 psychischer Missbrauch

Internetadressen:

Deutsche Gesellschaft für Kinder- und Jugendpsychiatrie: http://www.dgkjp.de

Beratungsstellen, auch mit anonymer Beratung und Foren: http://www.wildwasser.de

http://www.allerleirauh.de

Literatur:

Remschmidt, H. (Hrsg.): Kinder- und Jugendpsychiatrie, 4. Aufl. Thieme, Stuttgart 2005

Sick-Sinus-Syndrom

► Holger Futterer probt gerade mit seinem Orchester, als er plötzlich für Sekunden das Bewusstsein verliert. Der herbeigerufene Rettungsdienst bemerkt schnell den unregelmäßigen Herzschlag und den hohen Blutdruck von 200/110 mmHg. Der Blutzucker ist in Ordnung. Der 64-Jährige berichtet: „Seit drei Tagen habe ich so ein Herzstolpern und Schwindelanfälle." Der gerufene Notarzt bemerkt eine deutliche Bradykardie von etwa 45 Herzschlägen/Min. Er entschließt sich den Patienten unter EKG-Beobachtung in das nächste Krankenhaus zu transportieren. Eine medikamentöse Therapie erfolgt im Rettungswagen nicht. Holger Futterer wird während der stationären Behandlung die Implantierung eines Herzschrittmachers empfohlen. Sein Sinusknoten hat vermutlich Schaden von seinem jahrzehntelangen Bluthochdruck genommen.

Definition

Eine allgemeine Definition des Sick-Sinus-Syndroms existiert nicht. Es beschreibt das Auftreten von → Herzrhythmusstörungen mit auffällig niedrigen oder hohen Herzfrequenzen (Tachykardie-Bradykardie-Syndrom). Diese Störungen des Sinusknotens werden durch andere Herz-Kreislauf-Erkrankungen hervorgerufen. Die folgenden typischen Befunde des EKG-Bildes werden nach der Art der Rhythmusstörungen unter dem Sick-Sinus-Syndrom zusammengefasst:

- inadäquate Sinusbradykardie,
- Sinusknotenstillstand,
- sinuatrialer Block (SA-Block),
- Vorhofflimmern oder Vorhofflattern,
- supraventrikuläre Extraschläge,
- supraventrikuläre Tachykardien.

Synonym: Sinusknotensyndrom.

Ursachen

Der arterielle Bluthochdruck (→ Hypertonie), der zu einer dauerhaften Druckbelastung der Vorhöfe führt, stellt vermutlich die häufigste Ursache des Sick-Sinus-Syndroms dar. Aber auch unterschiedliche pathogenetische Mechanismen der Vorhofmuskulatur können zu einem Defekt der Sinusknotenfunktion führen (**Abb. S. 65**):

- Ischämische Schädigungen, z. B. → koronare Herzkrankheit,
- entzündliche Schädigungen, z. B. → Myokarditis, → Perikarditis,
- degenerative Schädigungen, z. B. → Kardiomyopathie, → Mitralklappenfehler.

Das typische EKG-Bild eines Sinusrhythmus mit stets wechselnder tachykard-normofrequent-bradykarder Frequenz (zu schneller-normaler zu langsamer Herzschlag) entsteht, wenn der physiologische Schrittmacher (Sinusknoten) entlang der Reizleitung in Richtung AV-Knoten wandert. Die Folge ist die Verlangsamung der Herzfrequenz. Erholt sich die Vorhofmuskulatur, schlägt das Herz wieder schneller.

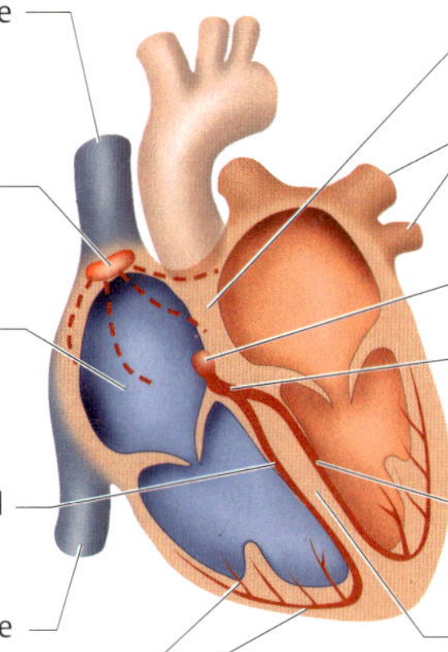

Abb. S.65 Funktion des Sinusknoten. Der Sinusknoten, das herzeigene Nervenzentrum, befindet sich im rechten Vorhof und bildet einen kurzen elektrischen Reiz. Dieser wird über den Atrioventrikularknoten und die eigenen Nervenbahnen der Herzkammern (Tawara-Schenkel) auf die Kammermuskulatur übertragen. Der Sinusknoten gibt also den Befehl zum Herzschlag.

Symptome

Anfangs verläuft das Sick-Sinus-Syndrom oft asymptomatisch. Kein Anstieg der Sinusknotenfrequenz oder eine wechselnde Herzfrequenz unter körperlicher Belastung (chronotrope Insuffizienz) kann zu Symptomen führen. Anhaltende Sinusbradykardien und Sinuspausen sind typisch. Weiterhin können aber auch die Tachykardie (schnelle Herzfrequenz), eine Arrhythmie (unregelmäßige Herzfrequenz) oder ein Wechsel zwischen schneller und langsamer Herzfrequenz auftreten (Bradykardie-Tachykardie-Syndrom).

Bei einer Bradykardie leiden die Patienten unter Schwindel, Müdigkeit oder kurzfristigem Bewusstseinsverlust (Synkope), bei der Tachykardie unter Herzstolpern (Palpitationen), Herzschwäche und akuter Brustenge (→ Angina pectoris). Bei Medikamenteneinnahme, die auf die Sinusknotenfunktion wirken (Betablocker, Antiarrhythmika, Digitalis), können symptomatische bradykarde Herzrhythmusstörungen auftreten.

Diagnose

Das Ruhe- und Langzeit-EKG ist das wohl effektivste Diagnostikum. Reizleitungsstörungen können beim Langzeit-EKG über 24 Std. aufgezeichnet werden. Sinnvoll scheint auch eine Echokardiografie und eine Röntgenaufnahme des Brustkorbs, die Aufschluss über kardiale Grunderkrankungen und den Therapieerfolg geben. Seltener notwendig ist ein Belastungs-EKG, bei dem Kontraktionsstörungen unter körperlicher Belastung besser erkannt werden können. Eine Langzeitblutdruckmessung oder eine Herzkatheteruntersuchung werden selten notwendig.

In speziellen Zentren kann in einigen Fällen auch eine elektrophysiologische Untersuchung durchgeführt werden. Dabei wird der Arzt versuchen, Herzrhythmusstörungen mittels Herzkatheter künstlich auszulösen. Dadurch erhält er Aufschluss über die Art, den Entstehungsort der Herzrhythmusstörungen und die Wirksamkeit der Medikamente.

Differenzialdiagnose

Herzrhythmusstörungen können auch psychogen, atemabhängig oder z. B. durch Nikotin auftreten. Diese bedürfen eigentlich keiner Therapie.

Therapie

Mit der Behandlung der Grunderkrankung sollte begonnen werden. Medikamente wie Betablocker und Amiodaron haben sich bewährt. Bei bereits bestehender Vergrößerung des Vorhofes und diagnostiziertem Vorhofflimmern, sollte sofort mit der Antikoagulationstherapie mit Cumarinen begonnen werden.

Implantation eines Herzschrittmachers

Bei bradykarden Herzrhythmusstörungen (z. B. Sinusbradykardie, SA-Block) ist die Implantation eines Herzschrittmachers angebracht (**Abb. S. 66**). Vor allen Dingen bei Patienten, die sehr stark unter den Symptomen des Sick-Sinus-Syndroms leiden, werden 2-Kammer-Schrittmachersysteme (AV-synchron, Vorhof und Herzkammer) implantiert. Diese neuen Stimulationssysteme garantieren eine sehr gute automatische Anpassung an die Herzfrequenz und verbessern die Lebensqualität. Sie stabilisieren die Vorhoffunktion (Minimierung von Vorhofflimmern) und verhindern weitere Komplikationen (Thromboembolien).

Da viele Schrittmacherpatienten gleichzeitig antiarrhythmische Medikamente einnehmen müssen, besteht die akute Gefahr einer zusätzlichen AV-Blockierung. Moderne Systeme verfügen deshalb über die Möglichkeit eines Moduswechsels (Mode-Switch). Tritt plötzlich ein Vorhofflimmern ein, wechselt das Schrittmachersystem schnell in einen VVI-Modus (Kammerstimulation bei Bedarf durch einen Einkammerschrittmacher). Nach Wiederherstellung des Sinusrhythmus wird dagegen die ursprüngliche AV-synchrone Stimulation wieder aufgenommen.

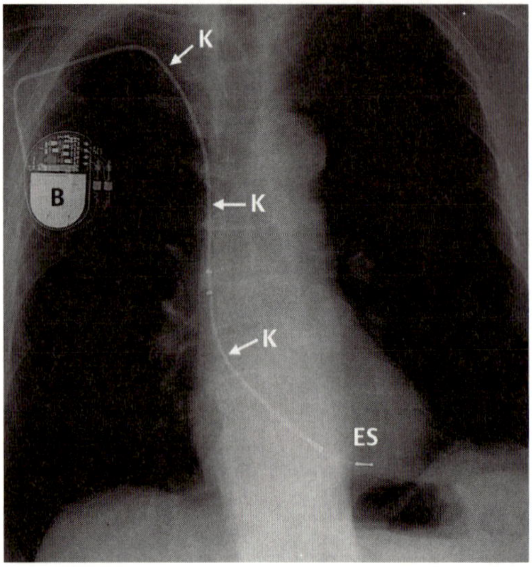

Abb. S.66 Herzschrittmacher. Röntgenbild, B: Batterie, K: Kabel, ES: Elektrodenspitze im Herzen.

Prognose

Auch wenn Patienten das Sick-Sinus-Syndrom als äußerst bedrohlich empfinden, ist es zunächst harmlos. Nur in Zusammenhang mit anderen Herzerkrankungen kann es manchmal zum plötzlichen Herztod kommen. Denn bei Herzrhythmusstörungen, z. B. Vorhofflimmern, kommt es zur Bildung von Blutgerinnseln (Thromben) im Herzen. Diese Thromben können, wenn sie in die Blutbahn gelangen, Teile des Gefäßsystems verstopfen.

Komplikationen

Die bradykarden Rhythmusstörungen können zur verminderten Durchblutung der rechten Herzkranzarterie führen. Dies hat im schlimmsten Fall eine schwere Herzmuskelschädigung des rechten Vorhofes zur Folge. Bei weiterer Schädigung des Herzmuskels kann auch eine akute Linksherzinsuffizienz (→ Herzinsuffizienz) mit → Lungenödem auftreten.

Infobox

ICD-10:
I49

Internetadressen:
http://www.cardiovasc.de
http://www.medizinfo.de
http://www.wikipedia.de

Skabies

► Die 37-jährige Hanna Winter ist Mitarbeiterin eines ambulanten Pflegedienstes. Eines Tages bemerkt sie an den Beugeseiten der Handgelenke eine kleine juckende Entzündung. Nach ein paar Tagen treten ganz ähnliche Stellen in den Leistenbeugen und um die Brustwarzen auf. Ihrem Arzt berichtet sie: „Die entzündeten Stellen an den Handgelenken werden mehr und auch die Ellenbeugen sind inzwischen befallen. Der Juckreiz ist fast unerträglich. Einige Stellen habe ich mir sogar schon aufgekratzt." Der Hausarzt diagnostiziert zunächst ein unklares Ekzem und verordnet eine Kortisonsalbe. Tatsächlich werden die Beschwerden kurze Zeit besser, gehen jedoch nicht weg. Die Überweisung zum Hautarzt führt zur Diagnose.

Definition

Als Skabies wird der Befall von Menschen mit dem Ektoparasiten Sarcoptes scabiei (Krätzmilbe) bezeichnet.

Bei betroffenen Kindern und Jugendlichen, die in Schulen, Horten oder Heimen betreut werden, besteht eine namentliche Meldepflicht an das Gesundheitsamt gemäß § 34 Infektionsschutzgesetz.

Synonym: Krätze.

Ursachen

Die Krätzmilbe gehört zu den Spinnentieren und ist daher achtbeinig. Die Übertragung erfolgt durch direkten Kontakt und über Textilien. Gelangt sie auf die Haut, gräbt sie sich innerhalb von etwa 30 Min. in das Stratum corneum (oberste Hautschicht) ein. Dort beginnt das Weibchen Eier zu legen (**Abb. S.67**).

Aus den Eiern schlüpfen Larven, die sich in zunächst noch geschlechtslose Nymphen umwandeln. Während einer etwa zwei Wochen (bei Männchen etwas kürzer) dauernden Entwicklung, differenzieren sich die Nymphen in Männchen oder Weibchen. Nach der Begattung graben sich die Weibchen einen neuen Tunnel in die Haut und beginnen mit dem Eierlegen. Der quälende Juckreiz wird durch den nahe der Tunnelmündung deponierten Kot hervorgerufen. Etwa 10% eines Geleges wachsen zu erwachsenen Tieren aus.

Die Milbe ist resistent gegen Händedesinfektionsmittel. Pflegepersonen müssen sich daher vor einer Infektion mit Handschuhen und Schutzkleidung schützen.

Symptome

Die Krätze gibt es in zwei Verlaufsformen:
1. klassische Verlaufsform: Skabies oder Krätze,
2. krustöse Krätze: Scabies norvegica.

Der Erreger ist in beiden Fällen der gleiche, jedoch macht die Anzahl der Milben den Unterschied.

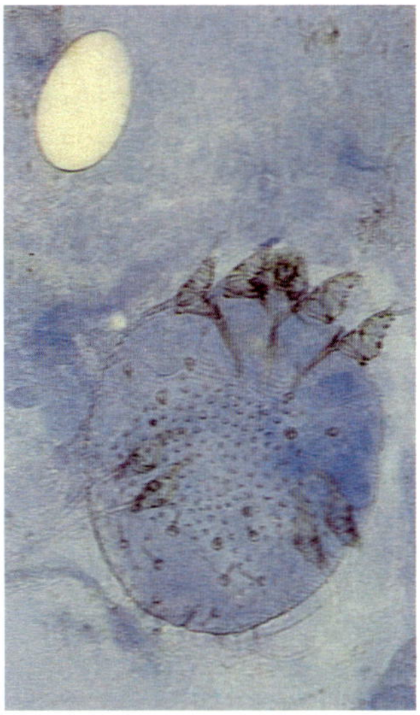

Abb. S.67 Sarcoptes scabiei. Krätzmilbe mit Ei.

Klassische Verlaufsform. Bei der klassischen Skabies tragen Betroffene i.d.R. etwa 11 – 12 Milben. Die Symptome sind kleine entzündete Stellen und starker Juckreiz. Befallen werden in geringen Mengen die Beugeseiten von Handgelenken, Ellenbogen, Leisten, Fingerzwischenräume, Umgebung der Brustwarzen sowie bei Männern der Penisbereich (**Abb. S.68**). Die sog. Kragenlinie wird nicht überschritten, d. h. der Kopf bleibt frei.

Krustöse Krätze. Bei der Scabies norvegica tragen Betroffene zw. 200 – 1000 Milben. Es gibt keinen ausschließlichen Befall der typischen Lokalisationsstellen. Durch die hohe Zahl der Milben werden auch der Kopf, Rumpf, Vor-

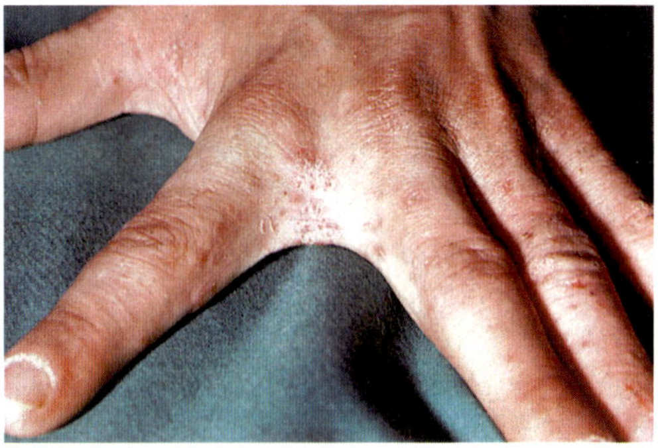

Abb. S.68 Skabies. Gangartige Effloreszenzen, hier in den Fingerzwischenräumen, charakterisieren das klinische Bild.

der- und Rückseite sowie alle typischen Lokalisationsstellen befallen. Die Infektiosität der Scabies norvegica ist deutlich höher als bei der klassischen Skabies. Dies hängt mit der großen Erregerzahl zusammen.

Diagnose

Entscheidend ist das „daran Denken". Oft machen es bakterielle Sekundärinfektionen der aufgekratzten Tunnelmündungen mit eitrigen Krusten schwer, das Krankheitsbild zu identifizieren. Bei bestimmten Hauttypen können die Bohrgänge der Milben durch die intakte Haut gesehen werden. Dies gelingt jedoch nicht immer. Das klinische Bild ist daher das Hauptdiagnosekriterium.

Differenzialdiagnose

Initial kann an andere Hautveränderungen gedacht werden. Das Scheitern einer Kortisontherapie sollte jedoch unverzüglich in Richtung Skabies (bei einschlägiger Krankheitsgeschichte) denken lassen.

Therapie

Wirksame Präparate können auf die Haut aufgebracht werden (Details hierzu s. Internetseite des Robert-Koch-Institutes).

Als Alternative, v. a. bei Scabies norvegica, ist die Einmalgabe von Ivermectin zu erwägen. Wichtig dabei ist, dass alle exponierten Personen gleichzeitig behandelt werden, d. h. in Pflegeeinrichtungen auch das Personal.

Prävention

Bei der Skabiesbekämpfung ist die Prävention wichtig. Skabiesmilben können in sämtlichen textilen Materialien, die mit Betroffenen Kontakt hatten, sitzen (z. B. Bettzeug, Kleidung, Kuscheltiere, Handtücher, Polstermöbel usw.). Diese sollten dann bei 60 °C, besser 90 °C, gewaschen werden. Ist dies nicht möglich, kann eine Sanierung auch durch Aushungern der Milben erreicht werden. Dazu werden Wäsche und Plüschtiere in Plastiktüten gegeben, Möbel abgedeckt und 5 bis 14 Tage stehen gelassen. Das schmerzlich vermisste Kuscheltier kann durch eine Nacht in der Tiefkühltruhe bei minus 18 °C saniert werden.

Das Pflegepersonal verhütet eine Übertragung durch geeignete Schutzkleidung.

Prognose

Die Prognose ist bei gestellter Diagnose und treffender Behandlung sehr gut.

Komplikationen

Komplikationen können sich aus einer bakteriellen Sekundärinfektion der aufgekratzten Milbengänge ergeben. Ebenfalls kann es nach erfolgreicher Behandlung zu späteren Reaktionen des Körpers auf „Milbenleichen" kommen. Dies wird jedoch selten beobachtet.

Infobox

ICD-10:
B86

Internetadressen:
Robert-Koch-Institut (Infektionskrankheiten von A–Z – Skabies):
http://www.rki.de
http://www.onmeda.de
http://www.netdoctor.de

Literatur:
Jassoy, Ch., Schwarzkopf, A.: Hygiene, Mikrobiologie und Ernährungslehre für Pflegeberufe. Thieme, Stuttgart 2005

Skleritis und Episkleritis

► Irmgard Hauser (55) sucht einen Augenarzt auf. „Ich habe kaum noch ertragbare Schmerzen in meinem rechten Auge“, klagt sie. „ In meinem Kosmetikspiegel konnte ich neben der Pupille ein dunkelrotes Knötchen erkennen.“ Durch Nachfragen erfährt der Arzt, dass Frau Hauser seit längerem unter chronischer Polyarthritis leidet.

Definition

Die Episkleritis ist eine meist umschriebene, rötliche Entzündung des lockeren Bindegewebes zwischen Lederhaut und Bindehaut.

Als Skleritis wird die Entzündung der Lederhaut des vorderen Augenabschnitts (Scleritis anterior) und/oder des hinteren Augenabschnitts (Scleritis posterior) bezeichnet.

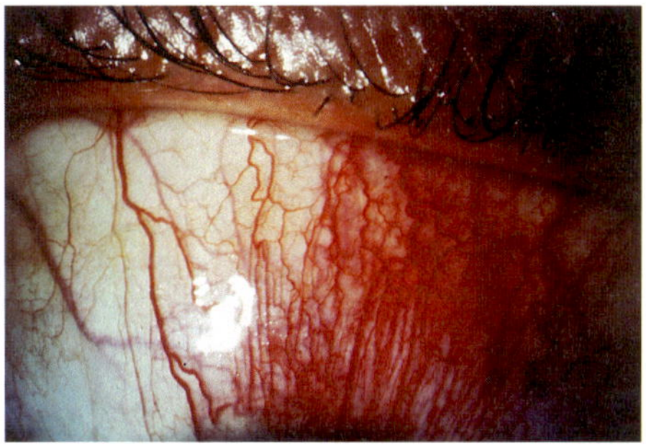

Abb. S.69 Episkleritis. Typisch für Episkleritis sind die Blutstauung und die Entzündung der radiär angeordneten episkleralen Gefäße.

Ursachen

Bei Patienten mit einer Episkleritis liegt oft eine außergewöhnliche körperliche oder seelische Belastung in der direkten Vorgeschichte vor.

Bei der Skleritis können schwere rheumatische oder autoimmunologische Erkrankungen des Auges festgestellt werden (→ chron. Polyarthritis). Auch Infektionen des Auges und/oder des Körpers, z. B. → Syphilis, → Tuberkulose, sind möglich. Mitunter ist aber trotz aufwändiger Diagnostik keine Ursache zu finden.

Symptome

Die Patienten empfinden Schmerzen, die von einem Berührungsschmerz bei der Episkleritis bis zu nicht mehr ertragbaren Schmerzen bei der Skleritis reichen können.

Diagnose

Episkleritis. Die typische Episkleritis zeichnet sich durch eine umschriebene, ovale oder runde Rötung eines Episklerabereichs aus. Sie ist oft knotenförmig (nodulär), mit darüber verschiebbarer Bindehaut. Die tiefen episkleralen Gefäße im Bereich der Veränderung sowie die angrenzenden Bindehautgefäße sind vermehrt blutgefüllt und verantwortlich für die rote Farbe (**Abb. S.69**). Das übrige Auge kann normal weiß sein.

Scleritis anterior. Sie kann als dunkelroter bis bläulicher Knoten in Erscheinung treten oder als diffuse Rötung von Episklera und Bindehaut mit Chemosis und Skleraödem. Eine sehr bedrohliche Form ist die nekrotisierende Skleritis mit Gefäßverschlüssen im Bereich der Lederhautveränderung und weiß-gelblichen Nekrosegebieten. Als Folge der Skleritis wird die Lederhaut dünner und es kommt zur Ausbildung von Staphylomen (umschriebene Vorwölbungen von verdünnter Leder- und Aderhaut), die häufig blau oder dunkel erscheinen.

Scleritis posterior. Sie ist seltener und lässt sich durch eine Skleraverdickung im Ultraschall feststellen sowie indirekt durch Augenhintergrundveränderungen, Lidödem, Chemosis, Bewegungseinschränkung des Augapfels und Exophthalmus.

Differenzialdiagnose

Andere Ursachen eines roten Auges, z. B. eine → Konjunktivitis oder → Iritis, müssen ausgeschlossen werden.

Therapie

Episkleritis. Die Behandlung besteht in der lokalen Gabe von kortikosteroidhaltigen oder nichtsteroidalen Antiphlogistika. Bei fehlender Besserung erfolgt die Verordnung von systemischem Indometacin.

Skleritis. Sie wird lokal wie die Episkleritis behandelt. Zusätzlich erhält der Patient, je nach Schweregrad und dem Ansprechen auf die Therapie, systemisch Flurbiprofen, Indometacin, Prednisolon und evtl. ein Immunsuppressivum oder Zytostatikum.

Prognose

Die Episkleritis ist meistens eine eher gutartige, zwar rezidivierende, aber häufig selbstlimitierende Erkrankung. Dagegen sind etwa 25 % der Skleritispatienten nach 5 Jahren an ihrer Grunderkrankung verstorben. Ein Skleritisschub kann 6 Monate bis 6 Jahre dauern.

Komplikationen

Bei der Skleritis ist die Sklera im Staphylombereich sehr dünn. Es besteht die Gefahr einer Perforation, die zum Verlust des Auges führt.

Infobox

ICD-10: A18, A52, B02, H15, H19, M10, M79

Literatur: Burk, A., Burk, R.: Checkliste Augenheilkunde, 3. Aufl. Thieme, Stuttgart 2005

Sklerodermie

► Ingeborg Heine klagt bei ihrer Hausärztin: „Seit Monaten fühle ich eine zunehmende Antriebslosigkeit." Die Patientin ahnt nicht, dass die weißlichen, harten Stellen am Oberschenkel, von denen sie später berichtet, mit ihrer Müdigkeit zu tun haben. Erst als damit die Sklerodermie erkannt wird, bringt der Hausarzt alle Symptome in den richtigen Zusammenhang.

Definition

Die Sklerodermie ist eine Entzündung des Bindegewebes der Haut mit nachfolgender Verhärtung. Man unterscheidet folgende Formen:

- zirkumskripte oder bandförmige Sklerodermie: auf die Haut beschränkt,
- progressive systemische Sklerodermie (PSS): auch innere Organe sind befallen.

Ursachen

Vermutlich spielen ursächlich mehrere Faktoren zusammen. Eine vererbte Disposition ist wegen des gehäuften Antreffens bestimmter Konstellationen des HLA-Systems anzunehmen.

Die Sklerodermie wird zum rheumatischen Formenkreis bzw. zu den Autoimmunkrankheiten gerechnet. Die Krankheit äußert sich in der vermehrten Bildung von Kollagen, dem wesentlichen Protein des Bindegewebes.

Symptome

Zirkumskripte/bandförmige Sklerodermie. Die Haut-Variante beginnt mit einem roten Fleck von wenigen Zentimetern Durchmesser. Später entsteht eine weißlich glänzende Verhärtung. Das Gewebe ist als „Platte" tastbar. Die Haare und die Hautfelderung gehen verloren. Oft besteht einige Zeit am äußeren Rand ein rötlich-lila-farbener Ring (lilac ring). Juckreiz besteht in wechselnder Ausprägung. Bei Befall der Mundregion ist die Mundöffnung verkleinert mit straffer Fältelung („Tabaksbeutelmund") (**Abb. S.70**).

Progressive systemische Sklerodermie. Die innere Beteiligung zeigt sich u. a. an Gelenk- und Muskelschmerzen (→ Myalgie) oder trockener Schleimhaut (Sjögren-Syndrom). Zu den möglichen Symptomen zählen Durchblutungs-, Schluck- oder Verdauungsstörungen. Das → Raynaud-Syndrom kann ein Frühsymptom sein. Dabei kommt es bei Stress und Kälte zum Weißwerden der Finger, die anschließend überschießend rot werden. Der Befall der Lunge zeigt sich in Kurzatmigkeit bei Belastung. Sind die Nieren befallen, zeigt sich eine Filtrationsstörung.

Bei beiden Formen der Sklerodermie treten Beschwerden wie Müdigkeit und Gewichtsverlust auf.

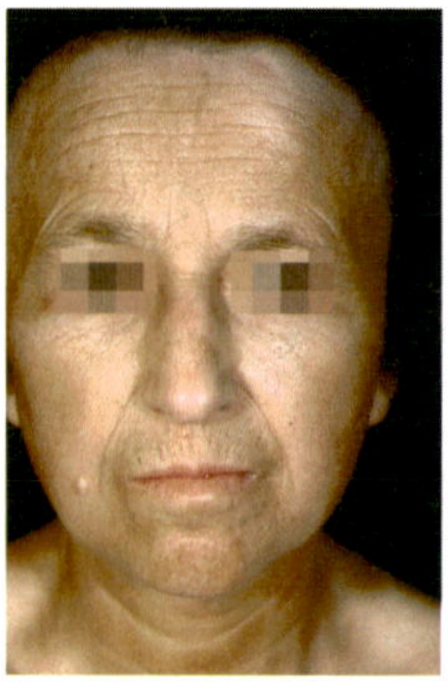

Abb. S.70 Sklerodermie. Falten rund um den Mund und eine verkleinerte Mundöffnung sind typische Symptome der Sklerodermie.

Diagnose

Die Diagnose wird durch eine Gewebeprobe gestellt. Dazu wird im Labor nach Autoantikörpern gesucht.

Differenzialdiagnose

Die Symptome werden oft spät erkannt. Ausgeschlossen werden müssen → Ekzeme und Infektionen sowie andere rheumatische Erkrankungen.

Therapie

Rheuma-Medikamente wie D-Penicillamin oder Methotrexat werden angewendet, in Einzelfällen auch UVA-Bestrahlung. Die systemische Form wird zusätzlich mit Kortison-Sprays behandelt. Bei Nierenbeteiligung haben sich ACE-Hemmer bewährt.

Ganz wichtig ist der frühzeitige Beginn von Physiotherapie und Wärmeanwendungen.

Prognose

Eine Heilung gibt es nicht, der Verlauf ist nicht vorhersehbar. Die Hautherde verändern sich nach einiger Zeit nicht mehr, sie „brennen aus". Die Organbeteiligung hat eine schlechte Prognose. Bei Befall von Herz, Nieren und Lunge liegt die Überlebensrate nach 5 Jahren bei 35 – 70 %. Die Beteiligung von Herz, Lunge und Nieren setzt die Lebenserwartung deutlich herab.

Infobox

ICD-10: L94.0, L94.1, M34
Internetadressen: http://www.scleroliga.de
http://www.sklerodermie-selbsthilfe.de
Literatur: Wurm, K. u. a. (Hrsg.): Sarkoidoseleitfaden, 2. Aufl. Thieme, Stuttgart 2000

Skoliose

► Man hört lautes Lachen. Danach ein Platschen. Annika und ihre Freundin Laura toben im Nichtschwimmerbecken. Ihre Mütter, Regina und Claudia, liegen in der Sonne. „Schön, dass wir uns mal kennen lernen", bemerkt Regina. „Ja, das finde ich auch. Die beiden spielen ja viel zusammen", bestätigt Claudia, Lauras Mutter. Nach einer Weile räuspert sie sich. „Ich weiß nicht, ob ich das sagen darf, aber ich bin ja Physiotherapeutin und mir ist Annikas asymmetrischer Rücken aufgefallen." „Ich dachte, es würde vom Schwimmen weggehen. Meinen Sie, ich muss etwas unternehmen?", möchte Regina wissen. „Ich würde Annika mal vom Orthopäden untersuchen lassen", bekräftigt Claudia.

Definition

Die Skoliose ist eine Deformität der Wirbelsäule, die durch eine fixierte Seitausbiegung (skolios, griech.: krumm, gebogen) und durch eine mehr oder weniger starke Verdrehung der Wirbelkörper um die kraniokaudale Achse (Torsion) gekennzeichnet ist.

Einteilung der Skoliose

Unterschieden werden:

- primäre (idiopathische) Skoliosen mit unbekannter Ursache,
- sekundäre Skoliosen mit bekannter Grunderkrankung (werden nach Grunderkrankung benannt, **Tab. S.3**).

Je nach Erkrankungsalter unterteilt man die primäre Skoliose in:

- infantile Skoliose (0. – 3. Lebensjahr),
- juvenile Skoliose (4. – 10. Lebensjahr),
- Adoleszenten-Skoliose (ab 11. Lebensjahr).

Je nach Lokalisation des Scheitelwirbels, also dem Wirbel im Zentrum der Krümmung, werden Skoliosen unterteilt in (**Abb. S.71**):

- **thorakale Skoliosen:** der Scheitelwirbel liegt im Bereich der Brustwirbelsäule,
- **lumbale Skoliosen:** der Scheitelwirbel liegt im Bereich der Lendenwirbelsäule.
- **thorakolumbale Skoliosen:** der Scheitelwirbel liegt am Übergang zwischen Brust- und Lendenwirbelsäule.

Weiterhin gibt es auch Menschen mit gleichzeitig vorliegender thorakaler und lumbaler Skoliose (S-förmig).

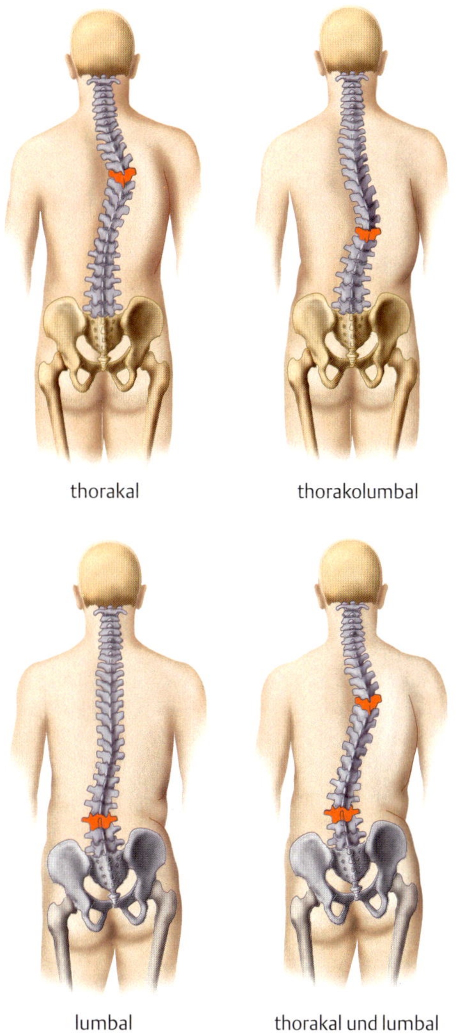

Abb. S.71 Formen der Skoliose. Die Scheitelwirbel sind zur Verdeutlichung rot markiert.

Ursachen

Die Ursachen der primären (idiopathischen) Skoliosen sind unbekannt. Eine familiäre Häufung wird jedoch beschrieben. Die Skoliosen treten v. a. in Phasen raschen Körperwachstums auf. Dabei wachsen die Wirbel in eine Richtung langsamer als in die andere, wodurch sich einzelne Wirbelkörper drehen und damit die ganze Wirbelsäule rotiert.

Mehr als 80 % der Betroffenen haben eine primäre Skoliose, die meist zwischen dem 10. und 12. Lebensjahr diagnostiziert wird. Mädchen sind in diesem Alter etwa viermal häufiger betroffen als Jungen.

Die selteneren, sekundären Skoliosen beruhen auf einer Grunderkrankung, nach denen sie auch benannt werden. Solche Erkrankungen betreffen z. B. das Nervensystem, die Muskulatur oder den Stoffwechsel (**Tab. S.3**). Angeborene Skelettfehlbildungen führen zu kongenitalen Skolio-

Tab. S.3 Grunderkrankungen sekundärer Skoliosen

Grunderkrankung	Sekundäre Skoliose
▪ geschädigtes Nervensystem, z. B.: – Poliomyelitis – spinale Muskelatrophie	neuropathische Skoliose
▪ Muskelerkrankung, z. B.: – Muskelatrophie	myopathische Skoliose
▪ → Marfan-Syndrom ▪ Ehlers-Danlos-Syndrom	mesenchymale Skoliose
▪ → Neurofibromatose ▪ Myelomeningozele	kongenitale Skoliose
▪ → Rachitis ▪ Osteogenesis imperfecta (→ Glasknochenkrankheit) ▪ juvenile → Osteoporose	metabolische Skoliose
▪ Entzündungen der Wirbelsäule	inflammatorische Skoliose
▪ Unfälle mit Verletzung der Wirbelsäule	posttraumatische Skoliose

sen, etwa bei Fehlwachstum der Wirbel beim Neugeborenen (z. B. Keilwirbel) oder wenn die Bewegungssegmente gestört sind (z. B. Blockwirbel oder Spangenbildung zwischen den Wirbeln).

Symptome

Patienten mit adoleszenter Skoliose sind zunächst beschwerdefrei. Die leichte Verkrümmung der Wirbelsäule ist daher meist ein Zufallsbefund. Bei Patienten mit unbehandelten Skoliosen in fortgeschrittenem Stadium ist die deformierte Wirbelsäule mit einem Rippenbuckel offensichtlich (**Abb. S.72**). Der Rumpf ist verschoben und verkürzt. Die Fehlstatik führt zur vorzeitigen Abnutzung der Wirbelsäule, aber auch Überlastungserscheinungen weiterer Skelettanteile, sodass vermehrt Schmerzen auftreten.

Erhebliche Deformierungen der Wirbelsäule und damit auch des gesamten Brustkorbes beeinträchtigen die Funktion von Lunge und Herz und wirken so auf die Leistungsfähigkeit der Betroffenen. Es treten gehäuft Infekte auf. Auch Magen-, Darm- und Nierenfunktion können im Extremfall betroffen sein.

Bei Säuglingen mit kongenitaler Skoliose fällt die schiefe Lage des Kindes auf, die nicht ausgeglichen werden kann. Der Säugling hält den Kopf schief, eines der Hüftgelenke ist meist nach innen gedreht (Adduktionsstellung des betroffenen Beines).

Diagnose

Klinische Untersuchung. Bei der klinischen Untersuchung des entkleideten Patienten fällt der verschobene Rumpf auf. Die Dornfortsätze der Wirbel bilden keine gerade Linie, die Taillendreiecke sind asymmetrisch.

Die verdrehten Wirbelkörper wirken über ihre anatomische Verbindung mit den Rippen auf die Form des Brustkorbs. Durch die Torsion der Wirbel zur konvexen Seite bildet sich ein Rippenbuckel, der verstärkt wird, wenn sich der Patient nach vorn beugt (**Abb. S.72**). Dieser Vorbeugetest dient auch als Screeningmethode bei der Routineuntersuchung von Kindern und Jugendlichen, weil damit bereits beginnende Skoliosen erkannt werden können.

Bei thorakalen Skoliosen fällt zudem das unterschiedliche Schulterniveau rechts/links auf. Bei lumbalen Skoliosen besteht ein Lendenwulst.

Röntgenologische Untersuchung. Es wird eine Röntgenaufnahme der gesamten Wirbelsäule im Stehen angefertigt. Darauf werden die Krümmungswinkel ausgemessen (Winkelmessung nach Cobb) sowie eine indirekte Rotationsmessung vorgenommen.

Bestimmung der Therapiekriterien. Weiterhin wird die Skelettreife anhand der Ossifikation der Beckenkamm-Apophyse (Risser-Zeichen) bestimmt. So kann man ermitteln, inwiefern das Körperwachstum bereits abgeschlossen ist, denn gerade während der Wachstumsschübe muss mit einem erheblichen Voranschreiten der Skoliose gerechnet werden. Anhand des Risser-Zeichens ist es möglich abzuschätzen, wie stark die Skoliose noch zunehmen wird. Davon ist u. a. abhängig, ob eine Korsetttherapie sinnvoll ist.

Ein weiteres Therapiekriterium ist die Rigidität der Skoliose. Diese wird mit Traktionsaufnahmen ermittelt, bei denen geprüft wird, inwiefern die Skoliose unter Zug korrigiert werden kann.

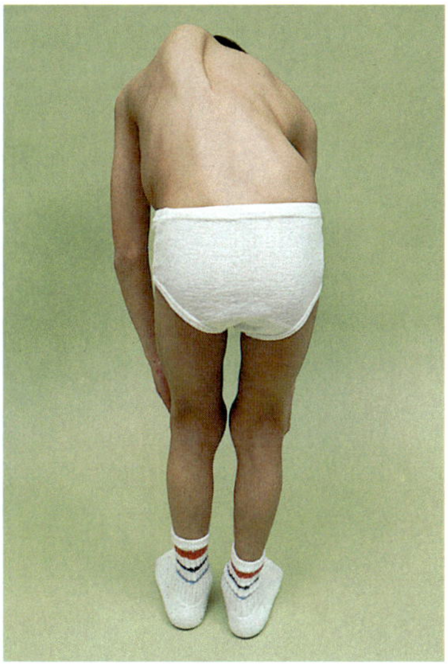

Abb. S.72 Vorbeugetest. In dieser Stellung kann ein evtl. vorhandener Rippenbuckel beurteilt werden.

Operative Therapie

Operiert wird ab Verkrümmungen von 50° nach Cobb. Es existieren verschiedene Operationsverfahren, mit denen die Wirbelsäule begradigt und mit Hilfe von Metallimplantaten stabilisiert wird. Dabei werden betroffene Wirbelsäulenabschnitte versteift (Spondylodese).

Um neurologische Komplikationen durch die Korrekturoperation zu verhindern (Nerven-, Plexus-, Rückenmarksschädigung), erfolgt zuvor eine Traktionsbehandlung über 3 – 4 Wochen, um die die Wirbelsäule umgebenden Weichteile zu lockern. Dazu wird am Schädel ein Metallring angebracht, über den mit Gewichten Zug auf die Wirbelsäule ausgeübt werden kann (z. B. Halo-Schwerkrafttraktion [**Abb. S.73**]).

Prognose

Säuglingsskoliosen haben eine günstige Prognose. Skoliosen nehmen im Wachstumsalter allmählich zu. Unbehandelte Skoliosen im Wachstumsalter führen zu vorzeitigem Verschleiß der Wirbelsäule, → Bandscheibenvorfällen, je nach Ausmaß auch zu Funktionsbeeinträchtigungen innerer Organe und in schweren Fällen zur Invalidisierung. Auch die Lebenserwartung kann verkürzt sein.

Differenzialdiagnose

Erst wenn andere Grunderkrankungen ausgeschlossen sind (s. **Tab. S.3**), kann von einer idiopathischen Skoliose gesprochen werden. Dazu sind ggf. eine Reihe weiterer Untersuchungen erforderlich.

Therapie

Bei noch nicht abgeschlossenem Körperwachstum ist das Behandlungsziel, das weitere Fortschreiten der Skoliose mit konservativen Maßnahmen zu verhindern. Korrekturoperationen werden bei erheblichen Skoliosen vorgenommen, möglichst in der Zeit, in der das Wachstum abgeschlossen wird.

Konservative Therapie

Bei beginnender Skoliose wird mit Physiotherapie behandelt. Damit soll eine aktive Korrektur der Deformitäten erreicht und die Rigidität der Skoliose verringert werden.

Korsetttherapie. Bei Krümmungswinkeln zwischen 20 und 50° nach Cobb ist die Korsetttherapie angezeigt. Es wird zwischen Aktivkorsetts (z. B. Milwaukee-Korsett) und Passivkorsetts (z. B. Boston-Korsett) unterschieden. Beim Aktivkorsett wird das Kind mit Hilfe einer sog. Mahn-Pelotte unter dem Kinn dazu angehalten, aktiv eine aufrechte Position einzunehmen. Ein Passivkorsett liegt, individuell angepasst, eng am Körper an. Damit wird die Wirbelsäule nicht nur gestützt, sondern ein korrigierender Druck ausgeübt. Zugleich soll mit Korsetts die Wachstumsrichtung der Wirbelsäule korrigiert werden. Das Korsett muss permanent und bis zum Wachstumsabschluss getragen werden. Säuglinge mit Skoliosen werden auf dem Bauch gelagert und physiotherapeutisch behandelt.

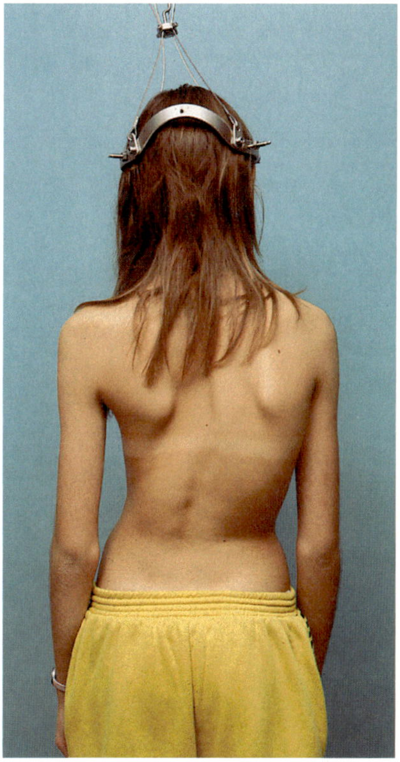

Abb. S.73 Halo-Schwerkrafttraktion. Der Kopfring wird in örtlicher Betäubung mittels vier Schrauben im Schädel fixiert. Anschließend wird mit Gewichten Zug auf die Wirbelsäule ausgeübt.

Mit Korsetts kann hauptsächlich die Verschlechterung der Skoliose aufgehalten werden, der Ausgangsbefund bessert sich während einer konsequenten Korsettbehandlung, nach Abschulung vom Korsett verbleibt jedoch ein mehr oder weniger starker Restbefund. Ein bekanntes Problem ist die oft schlechte Compliance (Therapietreue) der Betroffenen, was das konsequente Tragen des Korsetts betrifft.

Die versteifenden Operationen behindern im Brustwirbelsäulenbereich kaum, im unteren Lendenwirbelsäulenbereich ggf. schon. Neurologische Komplikationen treten bei 1 – 2% der operierten Patienten auf. Nicht zu vernachlässigen sind die psychosozialen Probleme der Betroffenen.

Infobox

ICD-10:
M41

Internetadressen:
http://www.leitlinien.net
http://www.bundesverband-skoliose.de
http://www.onmeda.de
http://www.orthopaedie-aachen.de (Patienteninfo)

Somatisierungsstörung

▶ Herr Winter ist verzweifelt: „Mensch Heike, alle halbe Jahr hast Du eine andere Krankheit! Erst ist's der Magen, dann Deine Regelbeschwerden, dann juckt Dir der ganze Körper! Jedes Mal hat Dich der zuständige Facharzt gründlich untersucht, und jedes Mal sagten die, Du seist komplett gesund. Aber Du glaubst das natürlich nicht. Ich jedenfalls glaube, Dir hilft nur noch der Psychiater!"

Definition

Die Somatisierungsstörung ist eine psychosomatische Erkrankung. Sie zeichnet sich durch vielfältige, wiederholt über mehrere Jahre auftretende Symptome aus, die durch organische Ursachen nicht erklärt werden können.

Die Störung tritt bei Frauen erheblich häufiger auf als bei Männern und beginnt üblicherweise im frühen Erwachsenenalter.

Synonyme: Briquet-Syndrom, multiples Beschwerdesyndrom, multiple psychosomatische Störung.

Ursachen

Ängste, denen sich der Patient nicht unbedingt bewusst ist, werden durch die Beschäftigung mit vermeintlichen körperlichen Erkrankungen überdeckt. Die Ängste erscheinen somit vorübergehend weniger bedrohlich. Es erfolgt eine Projektion.

Zudem wird in unserer Gesellschaft eine organische Störung deutlich besser sozial akzeptiert als eine psychische. Das erleichtert eine Flucht in die vermeintliche körperliche Krankheit.

Symptome

Die Symptome sind vielfältig, von hohem Leidensdruck begleitet und betreffen wechselnd verschiedene Organe und Körperteile (**Abb. S. 74**). Sie reichen von gastrointestinalen Beschwerden über diffuse Hautmissempfindungen wie Kribbeln, Brennen, Taubheitsgefühlen. Auch sexuelle Beschwerden und Zyklusunregelmäßigkeiten der Menses sind häufig.

Die Erkrankten haben oft eine langwierige Anamnese mit zahlreichen Spezialistenkonsultationen und regelmäßig unauffälligen körperlichen Untersuchungsbefunden hinter sich. Ein Psychiater wird oft erst sehr spät aufgesucht, auch da eine psychische Ursache keinen Platz im Krankheitsvorstellungsmodell der Erkrankten hat.

Die Patienten lehnen hartnäckig eine psychische Verursachung ab, da sie sich dadurch abgewertet fühlen. Ihre Symptome sind aber subjektive, psychische Realität. Durch die Symptome und die damit verbundenen Verhaltensänderungen treten soziale Beeinträchtigungen auf.

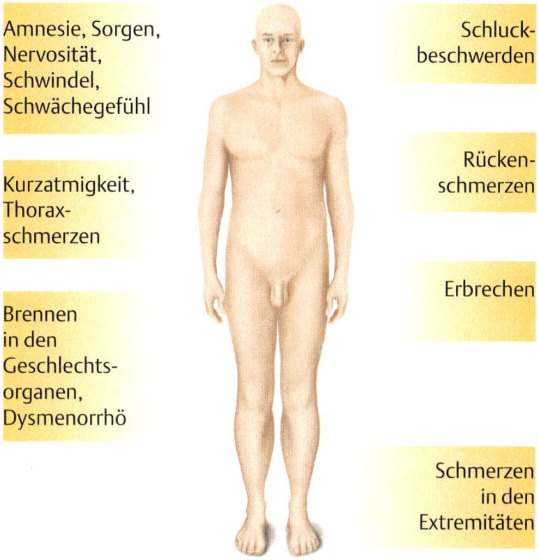

Abb. S.74 Somatisierungsstörung. Die Symptome der Somatisierungsstörung sind vielfältig.

Diagnose

Sofern eine gute Hausarztanbindung existiert, fallen die Patienten durch wiederholte Anfragen nach Überweisungen zum Spezialisten bereits früh auf. Mitunter können jedoch auch viele Jahre und viele Ärztekonsultationen verstreichen, bis die Diagnose einer psychosomatischen Störung in Erwägung gezogen wird und die Überweisung zum Psychologen oder Psychiater erfolgt.

Diagnostische somatische Maßnahmen, sofern sie nicht schon in der Krankheitsvorgeschichte gelaufen sind, sollten ruhig und eher in den Hintergrund gestellt werden, es sei denn es geht um den notfallmäßigen Ausschluss bedrohlicher Akut-Erkrankungen.

Der Psychiater setzt Fragebögen, z. B. die Hamilton-Angstskala, ein und erhebt eine ausführliche Sozialanamnese. Im Untersuchungsgespräch werden Ängste und belastende Ereignisse der letzten Jahre intensiv angesprochen.

Therapie

Der Arzt sollte dem Patienten behutsam erklären, dass seine Beschwerden psychischer Natur sind und ihm psychotherapeutisch geholfen werden kann. Der Patient kann dies aber häufig nicht gleich annehmen. Er reagiert dann mit Frustration oder Aggression und lehnt die ärztliche Diagnose ab. Sofern der Patient zur Therapie motiviert werden kann, kommen psychotherapeutische und medikamentöse Ansätze zum Einsatz.

Psychotherapeutische Therapie

Hier steht z. B. die stützend-begleitende oder aufdeckend-analytische Gesprächstherapie zur Verfügung. In der Familientherapie wird das familiär eingespielte gemeinsame, auf die vermeintlichen Erkrankungen abstellende Interaktionsmuster aufgearbeitet und korrigiert. Die Verhaltenstherapie sucht Lösungen dafür, wie der Patient sich bei Angstanfällen selbst beruhigen und wie er angstauslösende Situationen vermeiden kann (**Abb. S.75**).

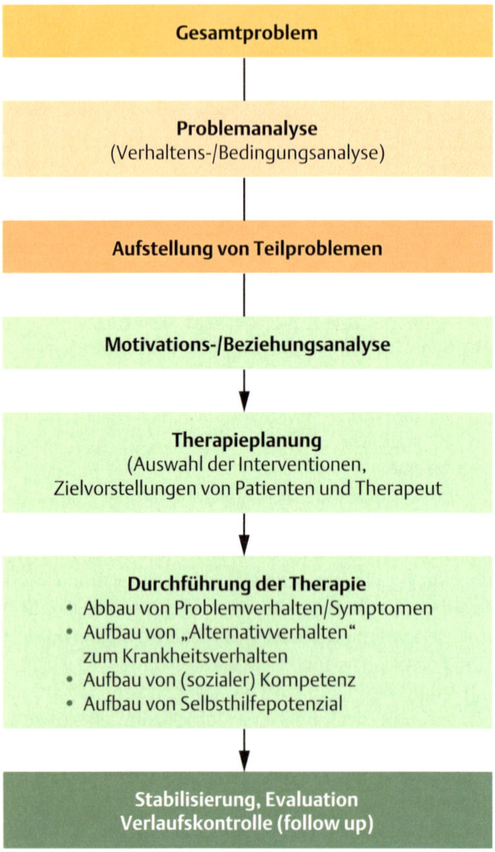

Abb. S.75 Strategie der Verhaltenstherapie (Modell).

Mit Hilfe kognitiver Verfahren werden eingefahrene krankhafte Verhaltensmuster analysiert und korrigiert, und der Patient gewinnt eigene Einsichten. Akupunktur, Entspannungsverfahren, z. B. progressive Muskelrelaxation und autogenes Training sind weitere unterstützende Ansätze.

Medikamentöse Therapie

Zur medikamentösen Therapie können trizyklische Antidepressiva, z. B. Amitriptylin (Saroten), selektive Serotoninwiederaufnahme-Hemmer (SSRI), z. B. Citalopram (Cipramil) und Benzodiazepine, z. B. Lorazepam (Tavor), verordnet werden.

Differenzialdiagnose

Liegt nur ein einzelnes, isoliert betroffenes Körpersymptom vor, liegt eine einfache somatoforme Störung nahe, z. B. die → Magenneurose oder die → Herzphobie.

Auszuschließen ist die bewusste Simulation und das → Münchhausen-Syndrom.

Prognose

Sekundär kann sich eine „Angst vor der Angst" entwickeln, die weiterer Behandlung bedarf und zu sozialer Isolierung und Vermeidungsverhalten führen kann (→ Panikstörung, → phobische Störung). Die Prognose bei therapiemotivierten Patienten ist für eine Heilung innerhalb von eins bis zwei Jahren gut, sofern keine psychiatrischen Begleiterkrankungen vorliegen.

Infobox

ICD-10:
F45.0

Internetadressen:
http://www.psychosomatik.at

Literatur:

Rauh, E. u. Rief, W.: Somatisierungsstörung und Krankheitsängste. Informationen für Betroffene und Angehörige. Hogrefe, Göttingen 2006.

Soor

► „Mensch Carina, was soll das denn? Du kommst nach Hause und schleuderst einfach deine Tasche in die Ecke?", beschwert sich Carinas Mutter. „Ballett war total ätzend. Ich war total schlapp und mir war so kollerig im Bauch, echt nervig", klagt Carina, „warum habe ich überhaupt diese Antibiotika genommen?". „Seltsam. Ich denke, wir gehen morgen noch mal zum Arzt", beschließt Carinas Mutter. Am nächsten Tag sitzen sie bei Dr. Heinrichs. Der schaut sich Carinas Hals an. Ihre Zunge ist dick und weißlich belegt und auch die Wangenschleimhaut zeigt weiße Stellen. Dr. Heinrichs nimmt einen Abstrich. Zwei Tage später steht das Ergebnis fest.

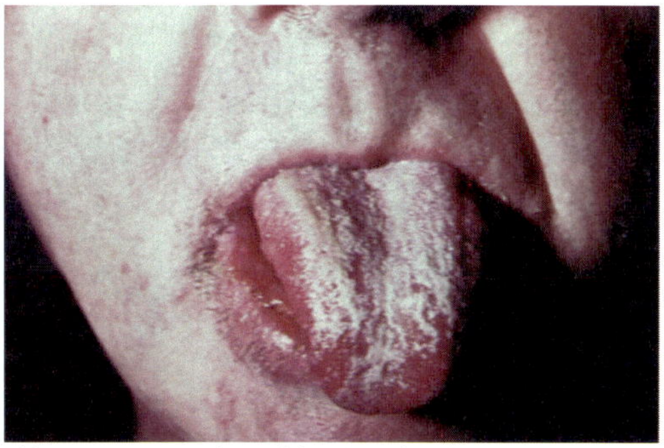

Abb. S.76 Soor. Orale Kandidose (Mundsoor).

Definition

Bei einem Soor handelt es sich um eine Infektion mit einem Hefepilz, i.d.R. der Gattung Candida.

Ursachen

Praktisch jeder gesunde Mensch besitzt in seiner Darmflora geringe Mengen von Hefepilzen. Gelegentlich besiedeln sie in nicht auffälligen Mengen auch die Mundhöhle.

Geraten Mund- oder Darmflora aus dem Gleichgewicht (z.B. durch Antibiotikagabe, → Alkoholkrankheit, Zytostatikatherapie, langes Liegen in feuchten Windeln oder bei → Diabetes mellitus) können sich die Pilze rasant vermehren und die Schleimhäute von Mund, Speiseröhre und Darm besetzen. Normalerweise dringen sie dabei nicht tief in das Gewebe ein, sondern verbleiben an der Oberfläche. Durch ihren Stoffwechsel greifen sie in die Verdauung ein, was zu Blähungen und leichten Durchfällen führen kann. Als Pathogenitätsfaktor besitzen sie spezifische IgA-Proteasen, mit denen sie die gegen sie gerichteten Antikörper spalten und inaktivieren können.

Bei abwehrgeschwächten Personen können sie durch die Fähigkeit zur Pseudomyzelbildung schwere Infektionen auslösen, da die in einem solchen Stadium lang gestreckten Zellen in der Lage sind, in tiefere Gewebsschichten einzudringen.

Symptome

Die eher lästige als gefährliche Besiedlung der Mundschleimhäute und des Darms stellt normalerweise das Hauptsymptom dar (**Abb. S. 76**). Bei schwer abwehrgeschwächten Personen, z.B. → AIDS-Patienten, dringen die Pilze jedoch in tiefere Gewebeschichten, v.a. der Speiseröhre (Soorösophagitis), vor. Disponierte Personen empfinden ein generelles körperliches Unwohlsein, das durch z.T. resorbierte Stoffwechselprodukte der Pilze ausgelöst wird. Genitalmykosen durch Hefen sind ebenfalls möglich.

Diagnose

Der Befall der Wangenschleimhaut und Zunge ist sehr typisch. Der Nachweis erfolgt durch Anzucht der Hefen im mikrobiologischen Labor (**Abb. S.77**). Die Pilze sind in der Gram-Färbung positiv und deutlich sichtbar.

Differenzialdiagnose

Treten nur Darmsymptome auf, müssen andere Erreger, einschließlich Parasiten, durch eine Stuhluntersuchung ausgeschlossen werden.

Therapie

Soorpilzinfektionen können normalerweise unkompliziert mit Antimykotika (z.B. Nystatin) therapiert werden, solange sie oberflächlich sind. Nystatin wirkt ausschließlich auf Pilze und wird nicht resorbiert, sodass es lokal im Darm eingesetzt werden kann. „Pilzdiäten" sind bei Darmsoor unsinnig, jedoch sollte auf überflüssige Kohlenhydrate verzichtet werden.

Bei der Soorösophagitis oder Pilzsepsis muss eine systemische Therapie, z.B. mit Fluconazol oder anderen, in einem Antimykogramm als wirksam bestimmten Substanzen, durchgeführt werden. Bei Genitalmykosen ist auf jeden Fall eine Partnerbehandlung erforderlich!

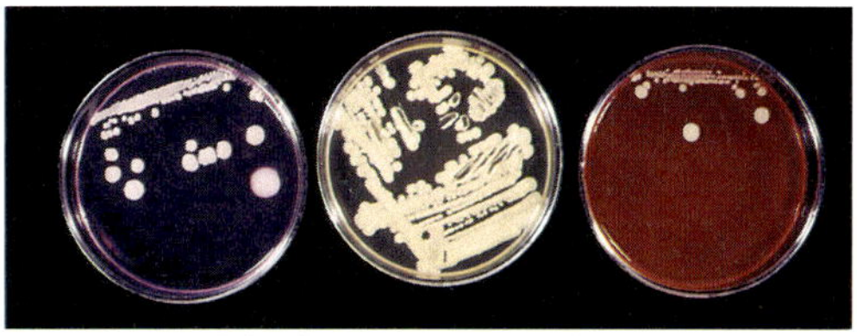

Abb. S.77 Candida albicans. Auf verschiedenen Nährböden sind weiße oder cremefarbene Kolonien gewachsen.

Prognose

Der Soor ist, außer bei abwehrgeschwächten Personen, auch unbehandelt kein kritisches, jedoch langwieriges Krankheitsbild. Ist die ursprüngliche Ursache beseitigt, können sich die Symptome auch ohne Therapie bessern und ganz verschwinden. Mit einer Therapie bessern sich die Symptome i.d.R. schnell. Dabei ist es wichtig, eine geraume Zeit über Symptomfreiheit hinaus zu behandeln, um Rezidive zu vermeiden.

Komplikationen

Bei abwehrgeschwächten Patienten, zu denen AIDS-Patienten und auch Intensivpatienten gehören, kann eine Fungämie (Pilze in der Blutbahn) oder Pilzsepsis mit Absiedlung in den Organen auftreten. In diesem Fall haben die Patienten erhöhte Temperatur. Auch Katheter oder Ports können mit Pilzen infiziert sein. Die Pilzzellen werden dann unregelmäßig abgegeben und führen zu unregelmäßigen Temperaturerhöhungen.

Infobox

ICD-10:
B.37.0 – 9 (je nach Lokalisation)

Internetadressen:
http://www.rki.de (Candida)
http://www.medizininfo.de
http://www.netdoctor.de
http://www.onmeda.de

Literatur:
Jassoy, C., Schwarzkopf, A. (Hrsg.): Hygiene, Mikrobiologie und Ernährungslehre für Pflegeberufe. Thieme, Stuttgart 2005

Soziale Phobie

▶ „Ich halte auf keinen Fall ein Referat", sträubt sich Thomas, doch sein Deutschlehrer redet weiter auf ihn ein. „Jeder ist mal dran. Du hast das doch schon so gut vorbereitet." Thomas treten die Tränen in die Augen. „Ich kann das nicht und ich will das nicht", stammelt er panisch. „Dir reißt keiner den Kopf ab. Das haben doch auch schon andere gemacht. Ist denen etwas passiert?", beschwichtigt der Lehrer. Am nächsten Tag steht Thomas stotternd vor der Klasse. Er schwitzt und hat einen hochroten Kopf. Seine Stimme zittert. Plötzlich wirft er seine Unterlagen auf das Pult und rennt aus dem Klassenzimmer.

Definition

Die soziale Phobie zählt zu den Angststörungen. Betroffene haben Angst davor, im Mittelpunkt zu stehen und von anderen negativ bewertet zu werden. Sie versuchen daher, solche Situationen zu vermeiden. Die Personen wissen, dass ihre Angst übertrieben oder unvernünftig ist. Die Hauptbefürchtung besteht darin, dass etwas Peinliches, Demütigendes oder Beschämendes passieren könnte.

Ursachen

Genetische Faktoren tragen zu Angststörungen bei. Außerdem kommen Störungen spezifischer Neurotransmittersysteme (Noradrenalin, Serotonin, Glutamat) und Stresshormone (Kortisol, Kortikotropin) als Auslöser in Betracht.

Symptome

Die Angst geht mit körperlichen Symptomen einher, z. B.:

- Herzrasen und -klopfen,
- Schweißausbrüche,
- Hitzegefühl oder Kälteschauer,
- Zittern,
- Mundtrockenheit,
- Atembeschwerden,
- Beklemmungsgefühl,
- Übelkeit,
- Schwindel oder Schwäche,
- Erröten,
- Vermeiden von Blickkontakt,
- Händezittern,
- Harndrang.

Die Beschwerden können nur auf öffentliche Auftritte beschränkt sein oder in fast allen sozialen Situationen außerhalb des Familienkreises auftreten. Zwei Drittel der Betroffenen haben weitere psychische Probleme, etwa spezifische Phobien, Alkoholmissbrauch oder Depressionen. Soziale Phobien sind i.d.R. mit einem niedrigen Selbstwertgefühl und Furcht vor Kritik verbunden (**Abb. S.78**).

Abb. S.78 Niedriges Selbstwertgefühl. Eine soziale Phobie ist in der Regel mit einem niedrigen Selbstwertgefühl (hier dargestellt von einer Schauspielerin) verbunden.

Diagnose

Die Patienten sprechen von sich aus ihre sozialen Probleme selten an. Hinweise sind wiederholte, häufig spontan auftretende Panikattacken, die abrupt beginnen und mehrere Minuten dauern. Bei Verdacht auf eine soziale Phobie sollten die einzelnen Symptome vom Arzt erfragt werden. Eine soziale Phobie ist häufig. Bis zu 11% aller Menschen erkranken im Laufe ihres Lebens daran, oft bereits im Jugendalter.

Differenzialdiagnose

Ausgeschlossen werden müssen Allgemeinerkrankungen als Auslöser für vegetative (unbewusste) Beschwerden, z.B. Herz- und Lungenkrankheiten, Hormonstörungen oder Störungen des Glukosestoffwechsels. Gedacht werden sollte außerdem an Missbrauch oder Entzug von Drogen und Medikamenten und an andere psychiatrische Erkrankungen wie Schizophrenie, Zwangs- oder Persönlichkeitsstörungen.

Therapie

Die soziale Phobie kann mit Medikamenten sowie mit psychoanalytischen, verhaltens- und gesprächstherapeutischen Verfahren behandelt werden. Bei sog. Konfrontationsverfahren wird versucht, die Patienten durch Konfrontation mit Angst auslösenden Situationen an diese zu gewöhnen. Außerdem werden Strategien zur Selbstkontrolle erarbeitet.

Bei der medikamentösen Therapie kommen folgende Substanzklassen zum Einsatz:

- Tranquilizer (z. B. Benzodiazepine), v. a. zur Akuttherapie bei starker Symptomatik,
- Antidepressiva, in erster Linie MAO-Hemmer (z. B. Moclobemid und Serotonin-Wiederaufnahmehemmer).

Psychotherapie und Medikamente sind gut kombinierbar.

Prognose

Bei guter Therapie ist die Prognose günstig bis sehr günstig. Ansonsten besteht die Tendenz zur Chronifizierung und Ausweitung durch zunehmendes Vermeidungsverhalten.

Infobox

ICD-10:
F40.1

Internetadressen:
http://www.sozphobie.de
http://www.sozialphobie.de

Spina bifida

► Kirsten Mahler (29) hatte eine normale Schwangerschaft, aber gleich nach der Geburt des kleinen Tobias fiel bei ihm eine rötliche Vorwölbung im Lendenbereich auf. Außerdem war bei dem sonst kräftigen, lebensfrischen Neugeborenen eine Bewegungsarmut der Beine festzustellen. Am nächsten Tag wurde der Defekt in der Rückenhaut verschlossen. Die Beweglichkeit der Beine blieb jedoch unverändert eingeschränkt. In der 2. Lebenswoche nahm der Kopfumfang deutlich zu, es fielen weite Schädelnähte und Knochenlücken in der Kalotte auf. Die Magnetresonanztomografie zeigte eine Verlagerung des Kleinhirns in den Rückenmarkskanal. Kirsten und ihr Mann machten sich große Sorgen um ihren kleinen Sohn.

Definition

Spina bifida ist eine Fehlbildung der Wirbelsäule und des Rückenmarks infolge eines mangelnden Verschlusses des Neuralrohres in den ersten Schwangerschaftswochen (Dysraphie, Neuralrohrdefekt). Es wird unterschieden in (**Abb. S.79**):

- **Spina bifida occulta:** Es fehlen lediglich Wirbelbogen,
- **Spina bifida cystica:** Rückenmarkshäute (Meningozele) und/oder Rückenmark wölben sich vor (Meningomyelozele),
- **Spina bifida aperta:** Das Rückenmark liegt ohne Bedeckung im Niveau der Rückenhaut (Myelozele, Rachischisis).

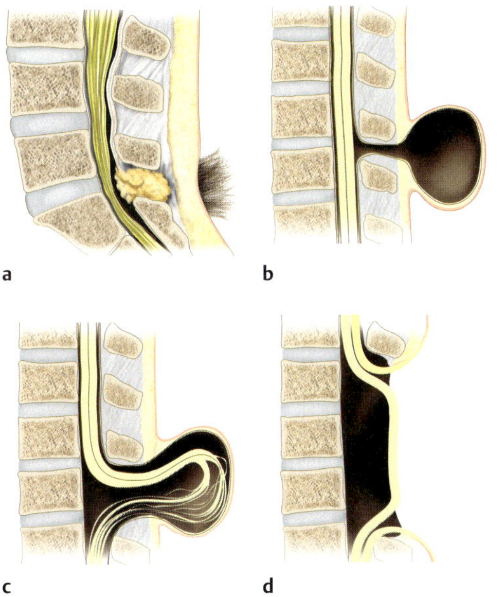

Abb. S.79 Formen der Spina bifida. a Spina bifida occulta, **b** Spina bifida cystica: Meningozele, **c** Spina bifida cystica: Meningomyelozele, **d** Spina bifida aperta: Myelozele.

Häufigkeit

Es gibt geografische, säkulare und jahreszeitliche Schwankungen. In Deutschland ist mit einer Häufigkeit von 1 – 2 von 1000 Neugeborenen zu rechnen. Die Wiederholungswahrscheinlichkeit für Geschwister beträgt 2 – 3 %.

Ursachen

Genetische Faktoren wirken zusammen mit weitgehend unbekannten Umwelteinflüssen zur Störung der Neurulation (Bildung des Neuralrohrs als Anlage des späteren Zentralnervensystems beim Embryo). Dabei spielt Folsäure eine wichtige Rolle. Die Einnahme von Valproat erhöht das Risiko.

Symptome

Die Spina bifida kommt meist lumbal und sakral, selten zervikal oder thorakal, in Ausnahmefällen auch ventral vor. Im unteren Bereich ist sie immer von Haut bedeckt. Grübchen, abnorme Behaarung, Pigmentierung, Hämangiom, evtl. auch Lipom weisen auf eine Dysrhaphie und ein Tethered cord hin (abnorme Befestigung des Rückenmarks durch ein verdicktes Filum terminale). Dies behindert eine wachstumsbedingte Verschiebung und kann zu neurologischen Störungen führen:

- Oft besteht gleichzeitig eine Arnold-Chiari-Anomalie vom Typ II, d. h. das abnorm geformte Kleinhirn ist nach kaudal in den Wirbelkanal verlagert (dies kann zur Kompression von Hirnnerven und Atemzentrum führen),
- die Fehlbildung des Rückenmarks verursacht unterhalb der Schädigungsebene ein komplettes oder inkomplettes Querschnittsyndrom mit schlaffen (selten später auch spastischen) Lähmungen, Sensibilitätsstörung und Beeinträchtigung der Blasen-Darm-Funktion,
- durch mangelndes Zusammenspiel von Austreibungs- und Verschlussmuskulatur entsteht eine Durchlauf- oder eine Überlaufblase mit ständigem Harnträufeln (infolge Restharnansammlung werden Infektionen begünstigt),
- die Parese des Sphincter ani kann zum Analprolaps führen; sie begünstigt durch Eintreten von Luft das Entstehen einer hartnäckigen Obstipation (Bildung von Kotsteinen),
- es kommt zu Gelenkkontrakturen, Deformitäten und (Kypho)→ Skoliose,
- trophische Störungen führen leicht zu schlecht heilenden Dekubitalgeschwüren (→ Dekubitus),
- bei 80 – 90 % kann ein → Hydrozephalus entstehen, was sich in abnormer Zunahme des Kopfumfangs durch weite Schädelnähte und Sonnenuntergangsphänomen der Iris sowie Hirndrucksymptome äußert.

Diagnose

Der klinische Befund ist eindeutig (**Abb. S.80**). Auf eine Spina bifida occulta weisen Hautveränderungen im Lumbalbereich hin. Durch Sonografie und Magnetresonanztomografie ist die Diagnose zu sichern. Bei der Röntgenuntersuchung können Lückenschädel und Wirbelveränderungen nachgewiesen werden. Mittels Sonografie muss der Restharn bestimmt werden, die Nierenfunktion ist genau zu prüfen.

Differenzialdiagnose

Als Differenzialdiagnose kommen eine geburtstraumatische → Querschnittslähmung, selten auch spinale Tumoren in Frage. Eine pränatale Diagnose kann durch Ultraschalluntersuchung sowie durch Bestimmen von Alphafetoprotein (AFP) und Azetylcholinesterase in der Amnionflüssigkeit erfolgen (als Screening auch Nachweis im mütterlichen Blut möglich).

Therapie

Eine frühzeitige Operation ist notwendig, um Infektionen zu verhindern. Die Verlagerung der Meningo- oder Meningomyelozele unter die Haut hat keinen Einfluss auf die Ausfallserscheinungen, kann diese mitunter sogar verstärken. Falls erforderlich muss ein Shuntsystem implantiert werden, bevorzugt ventrikulo-peritoneal.

Für die weitere Entwicklung des Kindes ist eine gut abgestimmte, differenzierte und interdisziplinäre Betreuung (Physiotherapie, Ergotherapie, evtl. Logopädie; neuropädiatrische, neurochirurgische, urologische, orthopädische Maßnahmen, psychologische und pädagogische Betreuung) wesentlich.

Prognose

Die Entwicklung des Kindes hängt vom Ausmaß und von der Lokalisation der Fehlbildung ab. Bei der Geburt kann noch nicht eindeutig abgesehen werden, ob die Entwicklung günstig verläuft oder es zu einer schweren Mehrfachbehinderung kommt. Komplikationen drohen v. a. durch den Hydrozephalus, seitens der Nieren und durch Gelenkprobleme.

Eine Prävention ist durch Einnahme von Folsäure 4 Wochen vor und in den ersten 6 – 8 Wochen nach der Empfängnis möglich (0,4 mg pro Tag; bei gegebenem Wiederholungsrisiko 4 mg/Tag).

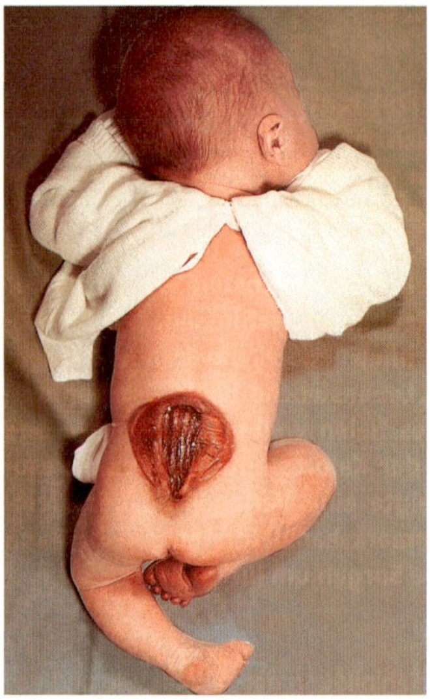

Abb. S.80 Spina bifida cystica.

Infobox

ICD-10:
Q05.0

Internetadressen:
http://www.asbh.de,
http://www.ifglobal.org,
http://www.besondere-kinder.de,
http://www.muetter.besondere-kinder.de

Literatur:

Lentze, M.J., u. a.: Pädiatrie, 2. Aufl. Springer, Berlin 2003

Hoehl, M., Kullick, P. (Hrsg.): Kinderkrankenpflege und Gesundheitsförderung, 2. Aufl. Thieme, Stuttgart 2002

Spinaliom

► „Wo ich gerade hier bin. Schauen sie mal hier." Der 79-jährige Herr Tülle dreht sein Gesicht zur Seite und zeigt dem untersuchenden Arzt seine rechte Wange. „Den Knubbel habe ich schon seit Monaten. Ich war damit nie beim Arzt, wissen Sie. Das hat nie wehgetan und in meinem Alter marschiert man damit nicht mehr los." Der Arzt schaut sich die gerötete Erhebung mit einem Durchmesser von etwa 3 cm und einer geschwürartigen Erhebung in der Mitte genauer an.

Definition

Ein Spinaliom ist ein bösartiger Haut- und Schleimhauttumor. Es gehört zu den Plattenepitheltumoren.

Im Mitteleuropa erkranken jährlich bis zu 0,03% der Menschen an einem Spinaliom. Es handelt sich häufig um wenig pigmentierte, hellhäutige Menschen, meist um das siebzigste Lebensjahr.

Synonyme: Plattenepithelkarzinom, Epithelioma spinocellulare, spinozelluläres Karzinom, Stachelzellkrebs, Gesichtshautkarzinom.

Ursachen

Das Spinaliom entwickelt sich aus Stachelzellen. Diese gehören gemeinsam mit anderen Zellen zur Oberhaut, die aus einem mehrschichtigen, verhornenden Plattenepithel aufgebaut ist.

Spinaliome entstehen durch chronische Schädigung der DNA in den Stachelzellen. Häufigste Ursache sind Sonnenstrahlen (UVB-Strahlen), chronische Wunden und Entzündungen, Narben, Verbrennungen, bestimmte Hauterkrankungen sowie starke Einwirkung ionisierender Strahlen und bestimmter Substanzen wie Arsen und Teerinhaltsstoffe.

Symptome

Spinaliome haben ein sehr vielfältiges Erscheinungsbild – meist handelt es sich um einen harten, kleinen, schmerzfreien Tumor, der oft unscharf begrenzt ist und oberflächlich ein Geschwür oder einen Knoten mit Hornschicht bilden kann (**Abb. S.81**). Durch seine Lage an der Hautoberfläche wird er frühzeitig bemerkt.

Spinaliome wachsen meist an der Unterlippe, den Geschlechtsteilen, der Mundschleimhaut oder im Gesicht. Sie setzen über Lymphbahnen und Gefäße sehr frühzeitig Metastasen in nahe gelegenen Lymphknoten oder Organen ab.

Diagnose

Typische Hautveränderungen erleichtern die Diagnose. Zur Sicherung wird Tumorgewebe mittels einer Gewebeprobe (Biopsie) entnommen und pathologisch untersucht.

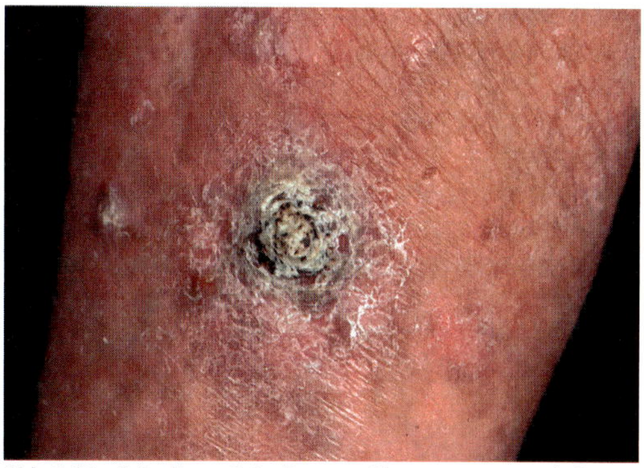

Abb. S.81 Spinaliom. Spinaliom am Oberarm eines Landarbeiters (75-jährig).

Spinaliome breiten sich über die Lymphbahnen frühzeitig aus. Daher sollten die benachbarten Lymphknoten abgetastet und sonografisch beurteilt werden. Röntgen und CT schließen Fernmetastasen in anderen Organen wie der Lunge aus.

Differenzialdiagnose

Andere gutartige und bösartige Hauterkrankungen müssen ausgeschlossen werden.

Therapie

→ Tumor und verdächtige Lymphknoten müssen früh umfassend entfernt werden. Bei Befall vieler Lymphknoten oder weiterer Organe ist eine Chemo- oder/und Strahlentherapie notwendig.

Prognose

Für die günstige Prognose ist es wichtig, den bestehenden Tumor frühzeitig zu entfernen. Vermeidung der Risikofaktoren verringert die Wahrscheinlichkeit eines Karzinoms. Haben sich bereits Metastasen gebildet, sinkt die Lebenserwartung.

Infobox

ICD-10:
C44.- („-" gibt die Lokalisation an)

Internetadressen:
http://www.hautkrebs.de (Plattenepithelkarzinom)
http://www.krebsinformationsdienst.de (Hautkrebs)

Spondylose

► „Hast du solche Schmerzen, Christel?", fragt Frau Krönke ihre Freundin, die auf einen Kaffee vorbeigekommen ist. „Ach, lass mich erst mal sitzen." Frau Merdl setzt sich vorsichtig und stützt sich dabei mit den Händen auf die Lehne. Endlich hat sie Platz genommen. „Ach Annemarie, du machst dir keinen Begriff. Ich habe solche Rückenschmerzen. Es wird immer schlimmer. Ich kann mich kaum noch beugen oder drehen." „Warst du denn mal beim Arzt?". „Ich bin jetzt 72 Jahre. Da machen die ja eh nichts mehr."

Definition

Die Spondylose gehört zu den degenerativen Wirbelsäulenerkrankungen, die altersbedingt bzw. durch Verschleiß entstehen. Die degenerativen Veränderungen treten dabei an den Wirbelkörpergrund- und -deckplatten der Bandscheiben auf. Sie tritt oft nach dem 60. Lebensjahr, meist am Übergang von Brust- zu Lendenwirbelsäule, auf.

Synonyme: Spondylosis deformans, Spondylopathie, zervikale Spondylose.

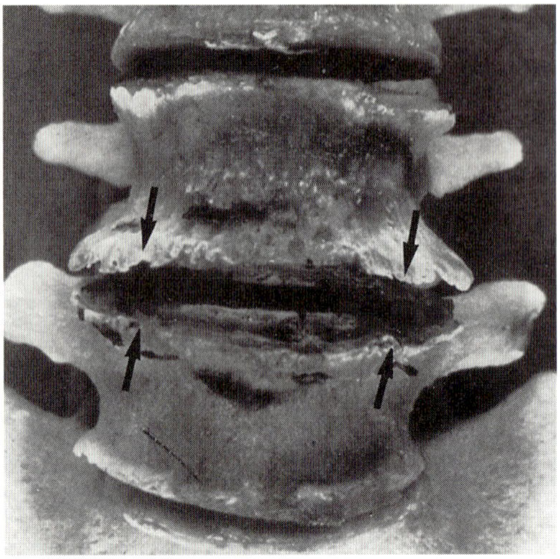

Abb. S.82 Spondylose. Im morphologischen Präparat sind ausgeprägte Knochenneubildungen zu sehen (Pfeil).

Ursachen

Durch dauerhafte, regelmäßige Überlastung oder altersbedingten Verschleiß können die Bandscheiben nicht mehr ausreichend als Puffer der Wirbelsäule fungieren. Oft ist die Höhe des Zwischenwirbelraums vermindert. Es kommt zu einer Fehlbelastung der Wirbelsäule.

Die Knochen der angrenzenden Wirbelkörper werden dadurch stärker belastet und kompensieren dies durch Erhöhung der Knochendichte. Dadurch bilden sich an den Wirbelkörperdeck- und -grundplatten Randwülste (Osteophyten), die eine knöcherne Brücke zwischen den Wirbelkörpern herstellen können. Die knöchernen Randanbauten am Wirbelkörper nennt man auch Spondylophyten (**Abb. S.82**). Daher der Name Spondylose.

Symptome

Spondylosepatienten haben starke Rückenschmerzen, die sich bei jeder Bewegung (Hinsetzen, Aufstehen, Laufen) bemerkbar machen. Die Beweglichkeit der Wirbelsäule ist eingeschränkt. Bei längerem Verlauf der Erkrankung kann die Wirbelsäule versteifen oder der Spinalkanal bzw. die Zwischenwirbellöcher können verengt werden.

So ist es möglich, dass Rückenmark oder auch Rückenmarksnerven abgedrückt werden, wobei im Extremfall Beschwerden (Schmerzen, Hautempfindungsstörungen, Bewegungseinschränkung) der Gliedmaßen auftreten.

Diagnose

Auf eine genaue Befragung des Patienten über seine Symptome folgen Röntgenaufnahmen der Wirbelsäule in mehreren Ebenen. Bei der Spondylose kann man an den Wirbelkörpern die Osteophyten in Form von Spangen, Höckern oder Randzacken sehen. CT oder MRT schließen andere Wirbelsäulenerkrankungen aus, die Myelografie (Spinalkanalkontrastierung plus CT oder MRT) zeigt mögliche Einengungen des Spinalkanals.

Differenzialdiagnose

Andere Wirbelsäulenerkrankungen wie → Bandscheibenvorfall oder Wirbelkörperbruch (→ Lendenwirbelfraktur) müssen ausgeschlossen werden.

Therapie

Schmerzmildernde Medikamente, v. a. nichtsteroidale Antiphlogistika, wie Ibuprofen und/oder Diclofenac, sind hilfreich. Bei Druck auf das Rückenmark oder die Rückenmarkswurzel ist eine Operation unumgänglich.

Prognose

Die Krankheit kann man nur schwer aufhalten. Es können lediglich die Schmerzen therapiert werden.

Infobox

ICD-10:
M47.0, M47.1, M47.2, M47.8, M47.9

Internetadressen:
http://www.patientenleitlinien.de (Rückenschmerz)
http://www.rheuma-online.de

Spontanpneumothorax

► „Mensch Jan, was ist passiert. Hast du dich beim Holzhacken verletzt?“, fragt Frau Julen besorgt, als ihr Sohn heftig und flach atmend vor ihr steht. Nachdem er sich gesetzt hat, kann er endlich stockend antworten. „Nein, ich habe mich nicht verletzt. Ich habe plötzlich so starke Schmerzen auf der linken Seite in der Brust und bekomme kaum Luft.“ Frau Julen schaut ihn an. „Wir fahren ins Krankenhaus. Das ist mir unheimlich. Du hast auch ganz blaue Lippen.“

Definition

Der Spontanpneumothorax ist eine ohne äußere Einwirkung auftretende, plötzliche Luftansammlung im Pleuraspalt, die zum teilweisen oder völligen Zusammenfallen eines oder beider Lungenflügel führt (s. **Abb. P.68**, S. 837).

Ursachen

Beim Spontanpneumothorax ist in vielen Fällen keine Ursache nachweisbar (idiopathischer Pneumothorax). Meist liegen jedoch bestimmte Vorerkrankungen oder Bedingungen vor, die einen Spontanpneumothorax begünstigen können, z. B.:

- frühere Verletzungen des Thorax,
- → Lungenemphysem, Lungenfibrose,
- → Asthma bronchiale,
- starkes Rauchen.

Sehr häufig sind schlanke und große Männer im Alter zwischen 20 und 35 Jahren betroffen.

Symptome

Die Symptome eines Spontanpneumothorax setzen plötzlich ein. Zunächst treten stärker werdende, stechende Schmerzen auf. Fällt der gesamte Lungenflügel zusammen, entwickelt sich relativ schnell eine Zyanose, was an einer bläulichen Färbung der Haut, besonders an den Lippen erkennbar ist.

Wegen der Schmerzen atmet der Patient flacher, wodurch eine ausreichende Sauerstoffversorgung verhindert wird und sich die Luftnot verstärkt. Der Patient versucht vergeblich, die Luftnot mit erhöhter Atemfrequenz auszugleichen. Die Leistungsfähigkeit des Betroffenen ist stark gemindert. Als Begleiterscheinung entwickelt sich eine leichte Tachykardie.

In seltenen Fällen beginnt der Spontanpneumothorax mit so geringen Symptomen, dass er erst nach einigen Tagen diagnostiziert wird. Der Patient sucht dann den Arzt auf, weil keine Besserung der Symptome eintritt.

Diagnose

Die Diagnose eines Spontanpneumothorax ist durch die körperliche Untersuchung möglich. Bei der Auskultation (Abhören der Lunge) ist ein abgeschwächtes oder fehlendes Atemgeräusch der betroffenen Lungenseite feststellbar. Bei der Perkussion, dem Abklopfen des Thorax, ist ein veränderter Klopfschall zu hören.

In einer nachfolgenden Röntgenuntersuchung der Lunge wird das Ausmaß des Pneumothorax sichtbar (s. **Abb. P.69**, S. 838). Zusätzlich sind noch Laboruntersuchungen des Blutes hilfreich. Der Nachweis eines gestörten Sauerstoffaustausches erbringt die Blutgasanalyse, bei der der Sauerstoffgehalt im Blut bestimmt wird.

Differenzialdiagnose

Als Differenzialdiagnose sind atemabhängige Schmerzen, Atem- und Kreislaufstörungen zu bedenken. Eine ischämische Herzerkrankung, → Pleuritis oder → Perikarditis, → Lungenembolie oder auch ein → akutes Abdomen können mit ähnlichen Symptomen auftreten.

Therapie

Bei nur teilweise kollabierter Lunge wird unter ständiger Beobachtung abwartend therapiert. Es wird Sauerstoff verabreicht und der schrittweise Aufbau der Lunge beobachtet, bis diese sich wieder völlig ausgedehnt hat.

In allen anderen Fällen ist die Einlage einer Thoraxsaugdrainage die sicherste Behandlungsmethode. Unter kontinuierlichem Sog, durch den das Vakuum zwischen Lunge und Pleurawand wieder hergestellt wird, kann die Lunge sich sehr schnell wieder entfalten. Ist aufgrund einer Vorerkrankung ein Rückfall zu erwarten, wird die Lunge operativ an der Pleurawand vernäht oder verklebt.

Prognose

Die Rückfallrate nach einem ersten Spontanpneumothorax liegt bei etwa 30 %. Bei Rückfällen steigt diese Rate sprunghaft an. Nach dem zweiten Pneumothorax liegt sie bei etwa 50 %, nach dem dritten sogar bei über 80 %.

Komplikationen

Zu den möglichen Komplikationen beim Spontanpneumothorax zählt ein stark erniedrigter Sauerstoffgehalt im Blut, eine sog. Hypoxämie. Bei einer Mediastinalverlagerung können Kreislaufstörungen auftreten. In diesem Fall wird der Blutrückfluss aus der großen Körpervene, der Vena cava, ins Herz behindert, weil die Vene seitlich verschoben und teilweise abgedrückt wird.

Infobox

ICD-10: J93.1

Internetadressen:

http://www.laekb.de (Spontanpneumothorax)

http://www.mevis.de/~hhj/Lunge/Sammlung-MedFr.html

http://www.uni-ulm.de (Spontanpneumothorax)

Sprachentwicklungsbehinderung bei Down-Syndrom

► „Schön, dass Du vor deinem Praktikum mal in unserem Kindergarten vorbeischaust", begrüßt Frau Eiben Lena. „Hier ist die Gruppe, in der Du mitarbeiten wirst. Wie Du siehst haben wir auch mehrere behinderte Kinder." Ein kleines Mädchen kommt auf die beiden zugehüpft. „Das ist Janine", erklärt Frau Eiben weiter. „Sie wurde mit dem Down-Syndrom geboren. Sie ist sehr freundlich und ihr werdet euch bestimmt gut verstehen." Janine hält Lena einen Ball hin. „Ball", sagt sie und schaut Lena an. „Sie möchte mit Dir spielen. Wenn du magst, kannst du gerne mit ihr ein wenig rausgehen." Lena nimmt die strahlende Janine an die Hand.

Definition

Die Sprachentwicklungsbehinderung beim → Down-Syndrom umfasst einen Komplex verschiedener angeborener Fehlbildungen.

Ursachen

Die Behinderung der Sprachentwicklung beruht auf dem Down-Syndrom, einer genetischen Erkrankung, bei der das Chromosom 21 in jeder Zelle drei- statt zweifach vorhanden ist.

Die Sprachentwicklung bei Kindern mit Down-Syndrom wird von verschiedenen anatomischen Besonderheiten aber auch von den kognitiven Fähigkeiten der Kinder beeinflusst. Zahlreiche Anomalien oder Funktionsbeeinträchtigungen der Sprechorgane können durch das Down-Syndrom verursacht sein. Allerdings ist eine große Variabilität gegeben und viele Auffälligkeiten sind beim kleinen Kind noch nicht ausgeprägt. Sie ergeben sich z. T. erst als Folge eines abweichenden Entwicklungsprozesses.

Folgende Anomalien oder Funktionsbeeinträchtigungen behindern bei Kindern mit Down-Syndrom die Sprachentwicklung.

Nase. Kinder mit Down-Syndrom haben eine relativ kleine Nase (Akromikrie, **Abb. S.83**), ca. ein Drittel der Kinder haben eine auffällig flache Nasenwurzel. Anomalien im Bereich der Kieferhöhlen, Keilbeinhöhle und Stirnhöhle erschweren die Nasenatmung so stark, dass eine vorwiegende Mundatmung die Folge ist.

Kiefer und Zähne. Der Durchbruch der ersten Zähne erfolgt bei Kindern mit Down-Syndrom häufig mit 2 – 6 Monaten Verzögerung, die Durchbruchfolge ist häufig verändert. Der Durchbruch der bleibenden Zähne ist meist um bis zu zwei Jahre verzögert. Fehlstellungen der Zähne sind oft zu beobachten. Mit zunehmendem Alter entwickelt sich oftmals ein vorstehender Unterkiefer (Progenie). Die schlaffen Bänder des Kiefergelenks und die Mundatmung bewirken ein Hängenlassen des Unterkiefers. Außerdem weicht das Größenverhältnis der Kiefer zueinander von der Norm ab. Diese Fehlstellungen beeinflussen die Saug-, Schluck- und Kaubewegungen erheblich.

Gaumen. Bei vielen Kindern ist der Gaumen oft hoch und sehr eng (gotischer Gaumen), die Zahndämme sind dagegen auffallend breit und haben eine grobe Struktur. Häufig liegen auch offene oder submuköse Gaumenspalten vor.

Gaumensegel. Nahezu die Hälfte der Kinder weisen eine mehr oder weniger ausgeprägte Beeinträchtigung der Gaumensegelbeweglichkeit auf. Dies führt oft zu veränderter Lautbildung.

Zunge. Die Zunge weist bei fast allen Menschen mit Down-Syndrom eine typische Symptomatik auf: Sie ist hypoton, gefurcht, deutlich vorverlagert und stützt sich oft auf den unteren Schneidezähnen oder der Unterlippe ab. Da die Zunge meist zwischen den Lippen liegt, geht man fälschlicherweise oft von einer vergrößerten Zunge aus, meistens ist aber die Mundhöhle im Vergleich zur Zunge zu klein.

Gehör. Es wird davon ausgegangen, dass bei 60 % der Kinder eine ständige oder rezidivierende Schwerhörigkeit vorliegt. Der Gehörverlust liegt zwischen 20 und 55 dB. Diese geringen Hörstörungen werden bei jüngeren Kindern häufig nicht erkannt, können sich aber erheblich auf den Spracherwerb auswirken.

Muskeln und Motorik. Der hypotone Muskeltonus wirkt sich auch ungünstig auf den Gesichts- und Halsbereich aus. Die hypotone Hals- und Nackenmuskulatur führt häufig zu einer anomalen Kopfhaltung (Reklination des Kopfes), wodurch sich der Unterkiefer verschiebt.

Intelligenz. Obwohl die Intelligenzentwicklung nicht bei allen Kindern gleich verläuft, wurde bei allen Kindern eine verminderte Intelligenz festgestellt. Meistens besteht eine mittlere bis leichte Form der geistigen Behinderung. Durchschnittlich wird von einem IQ um 50 ausgegangen, der IQ kann vereinzelt auch 20 oder 100 betragen.

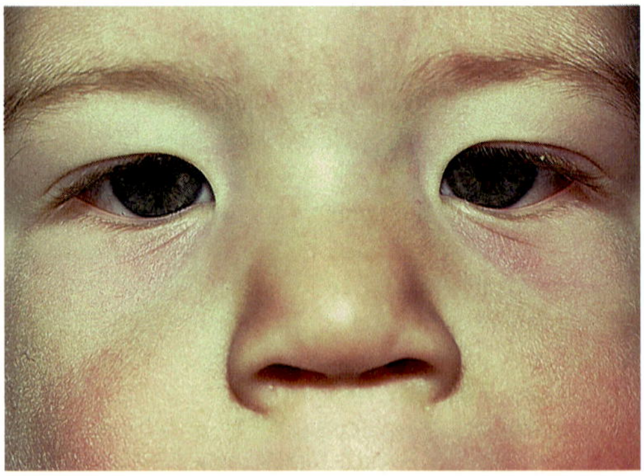

Abb. S.83 Akromikrie. Kleine Nase mit einer auffällig flachen Nasenwurzel.

Symptome

Auffälligkeiten im Bereich der Sprachentwicklung

Die individuell erreichbare Sprachkompetenz bei Kindern mit Down-Syndrom ist sehr verschieden. Sie muss immer im Zusammenhang mit den unterschiedlich ausgeprägten Schädigungen gesehen werden. Sicher ist allerdings, dass die Sprachentwicklung mehr oder minder verzögert ist. Nach Buckley ist die Entwicklung der kognitiven und sprachlichen Fähigkeiten bis zum Alter von 18 Monaten in etwa gleich, danach setzt eine zunehmende Verzögerung des Sprechens ein.

Normal entwickelte Kinder beginnen Zwei-Wort-Sätze zu bilden, wenn sie ca. 50 Wörter einzeln benutzen. Kinder mit Down-Syndrom beginnen mit der Bildung von Zwei-Wort-Sätzen dagegen erst, wenn sie mindestens 80 – 100 einzelne Wörter produzieren können. Auch der Aufbau des Wortschatzes ist bei Kindern mit Down-Syndrom verzögert.

Präverbale Kommunikation und Lallphase

Schon in der Frühphase werden Unterschiede zwischen geistig Behinderten und normal entwickelten Kindern deutlich. Bei Kindern mit Down-Syndrom bleibt das frühkindliche Saug-Schluck-Muster über die ersten sechs Monate hinaus erhalten. Der Eintritt in das Lallstadium geschieht verspätet und mit geringerer Ausprägung, die Kinder schreien und lallen weniger, die Variationen beim Lallen sind geringer, typische Silbenverdoppelungen treten seltener auf, die Eigen- und Fremdwahrnehmung ist erschwert, auf Ansprache der Mutter reagieren sie verzögert oder weniger als erwartet. Einige Kinder kommen nicht über das Lallstadium und ein sehr eingeschränktes Sprachverständnis hinaus.

Ein- und Mehrwortsätze

Die Phase der Einwortsätze kann sich bis zum 9. Lebensjahr und länger hinziehen, wobei auch zu beachten ist, dass das Sprechen i.d.R. mit deutlicher Verzögerung beginnt, durchschnittlich zwischen dem 3. und 7. Lebensjahr, in Ausnahmefällen erst mit dem 10. Lebensjahr.

Bei den Mehrwortsätzen fällt auf, dass affektiv Bedeutsames, z. B. Freude, Schmerz oder Angst, im Mittelpunkt stehen. Begriffe werden teilweise auch noch im Alter von ca. neun Jahren sehr pauschal verwendet. Die Beeinträchtigung der sprachlichen Fähigkeiten geistig Behinderter steht in engem Zusammenhang mit dem IQ (je niedriger der IQ, desto größer die Beeinträchtigung).

Sprachverständnis

Das Sprachverständnis ist bei diesen Kindern erheblich besser als ihr Sprechvermögen vermuten lässt. Jedoch bezieht sich das Verstehen häufiger auf die gesamte Situation als auf einzelne Wörter.

Sprachstörungen

Artikulation

Die vielfältigen Störungen der Artikulation und die dadurch bedingte eingeschränkte Verständlichkeit der Sprache ist ein sehr großes Problem von Kindern und Erwachsenen mit Down-Syndrom. Artikulationsprobleme treten seltener auf, wenn Wörter unmittelbar nachgesprochen werden können, was eine geringere auditive Gedächtnisleistung erfordert.

Grammatik

Bei den meisten Kindern liegt eine Einschränkung des Wortschatzes vor. Viele sprechen nur in Ein-Wort-Sätzen oder wenig gegliederten Mehr-Wort-Sätzen. Substantive, die Dinge mit individueller Bedeutsamkeit bezeichnen, werden relativ differenziert erworben, Verben und Adjektive weisen typische Einschränkungen auf. Einfache Sätze können von vielen Kindern gebildet werden, Fehler in der Ein- und Mehrzahlbildung, der Wortstellung, der Beugung usw. treten häufig auf, Nebensätze sind sehr selten. Längere Sätze und grammatikalische Strukturen werden oft nur mit Einschränkungen erfasst.

Redeflussstörungen

Diese Störungen treten bei Kindern mit Down-Syndrom häufig auf. Der Beginn des Stotterns liegt vielfach zwischen dem 8. und 10. Lebensjahr. Sowohl organische, intellektuelle und motorische Beeinträchtigungen, aber auch psychische Komponenten (Ängste, Reaktionen der Umwelt usw.) scheinen bei den Sprechauffälligkeiten, z. B. übereiltes Sprechen, Wiederholungen, Verzögerungen und Blockierungen, eine Rolle zu spielen.

Therapie

Sprachförderung bei Kindern mit Down-Syndrom ist keine rein verbale Sprachtherapie, die sich auf isoliertes Training von Einzelbereichen oder auf die Behandlung einzelner Symptome beschränkt. Die Therapie kann nur als umfassende und ganzheitliche Maßnahme gesehen werden. Die Therapieziele müssen für jedes Kind individuell abgestimmt werden. Die Förderung soll so früh wie möglich, also bereits kurz nach der Geburt, beginnen.

Das Erlernen des Kauens und Saugens fördert die Zungenbeweglichkeit, stärkt die Wangenmuskulatur und stabilisiert den Unterkiefer.

Ein sprachtherapeutischer Schwerpunkt liegt in der orofazialen Therapie (z. B. nach Castillo Morales), mit der die schlaffe Muskulatur im mundmotorischen Bereich aufgebaut wird. Wichtig ist auch die Physiotherapie, um die Gesamtkörperspannung aufzubauen. Mit der motorischen Förderung wird auch die Sprache gefördert.

Durch kurze gesprochene Sätze, Bilderbücher zur optischen Unterstützung, Benennen von Gegenständen und das ständige Wiederholen der Begriffe durch Eltern oder Therapeuten werden Sprachverständnis und Aufbau des

Abb. S.84 Down-Syndrom. Das Vorlesen aus Bilderbüchern unterstützt die sprachliche Entwicklung von Menschen mit Down-Syndrom.

Abb. S.85 Kommunikationsanbahnungsgerät. „Paletto" (Fa. Rehavista) für geistig behinderte Kinder.

Wortschatzes gefördert (**Abb. S.84, S.85**). Einzelne Laute werden spielerisch erlernt. Kinderreime und Lieder, gekoppelt mit Körperbewegungen oder Berührungen helfen dem Kind einen Zugang zur Lautunterscheidung zu bekommen.

Berücksichtigt werden sollte, dass jedes Kind andere Bedürfnisse hat. Gerade auf Kinder mit Down-Syndrom sollte bei der Sprachentwicklung kein Druck ausgeübt werden, da v. a. diese Kinder darauf sehr sensibel reagieren und bei ihnen dadurch fast immer eine völlige Sprachverweigerung hervorgerufen wird.

Für nicht oder kaum sprechende Menschen kann alternativ oder ergänzend zur Lautsprache die gestützte Kommunikation und die gebärdenunterstützte Kommunikation angeboten werden. Wichtig ist auch die frühzeitige und regelmäßige Überprüfung der Hörfähigkeit.

Prognose

Eine ursächliche Therapie gibt es nicht, d. h. eine Heilung ist beim Down-Syndrom nicht möglich. Das Ziel der Sprachförderung, die ein wichtiger integrierter Bestandteil der allgemeinen Förderung ist, sollte sein, dem Erwachsenen eine gewisse Selbstständigkeit und somit eine positive Stellung in der Gesellschaft zu ermöglichen.

Infobox

ICD-10:
Q90.9

Internetadresse:
http://www.down-syndrom.org.

Literatur:

Morales, C.: Die orofaziale Regulationstherapie. Pflaum, München 1991

Wilken, E.: Sprachförderung bei Kindern mit Down-Syndrom. Spiess, Berlin 2000

Sprachentwicklungsstörungen

▶ „Es ist so herrlich. Die Sonne lockt einen wirklich vor die Tür. Sollen wir nicht in den Zoo fahren?", schlägt Herr Reiners seiner Familie vor. Frau Reiners hakt sofort ein. „Das ist eine super Idee. Ich habe gelesen, dass viele Tiere jetzt Junge haben. Das gefällt dir doch bestimmt Anna, oder?". Die Dreijährige horcht auf. „Totodil?" „Ja Anna, Krokodile gibt es da auch." Zu ihrem Mann gewandt sagt sie mit einem Lächeln: „So viel zum Thema kleine schnuckelige Junge. Ich glaube, da ist was nicht in Ordnung." „Viel mehr Sorgen macht mir ihre Aussprache", entgegnet er. „Warst du eigentlich mal beim Logopäden?"

Definition

Von einer Sprachentwicklungsstörung (SES) wird gesprochen, wenn der Erwerb der Muttersprache quantitativ und qualitativ von der Entwicklungsnorm abweicht. Eine Sprachentwicklungsstörung deutet nicht auf eine Intelligenzbeeinträchtigung hin oder kann damit erklärt werden.

Ursachen

Die Sprachentwicklungsstörung betrifft verschiedene Bereiche der Sprache (**Abb. S.86**).

Sprachverständnis. Kinder führen Anweisungen falsch aus, verstehen Geschichten nicht, lassen sich durch zu viel sprachliche Information verwirren

Erwerb des Lautsystems (zu unterscheiden von Lautbildungsfehlern), wenn z. B.:

- noch nicht alle Laute der Sprache entdeckt wurden,
- das Kind nicht weiß, welche Kombinationsregeln die Sprache zulässt (z. B. ist die Lautkombination „bl" an Wort- und Silbenanfängen, nicht jedoch am Wort- oder Silbenende möglich),
- die Sprachmelodie, die Informationen über den Satzbau vermittelt, nicht erfasst wird,
- keine mehrsilbigen Wörter gebildet werden.

Erwerb des Wortschatzes. Häufig sind bestimmte Wortarten besonders betroffen. Insbesondere die Verben sind für die weitere Entwicklung wichtig, da sie die Grundlage jedes Satzbaus sind. Mit grammatikalischen Wörtern wie Fragewörtern (Wer? Wie? Was?) und Konjunktionen (und, weil, wenn usw.) kann das Kind nichts anfangen, und damit auch nicht mit den Satzstrukturen, in denen diese Wörter verwendet werden.

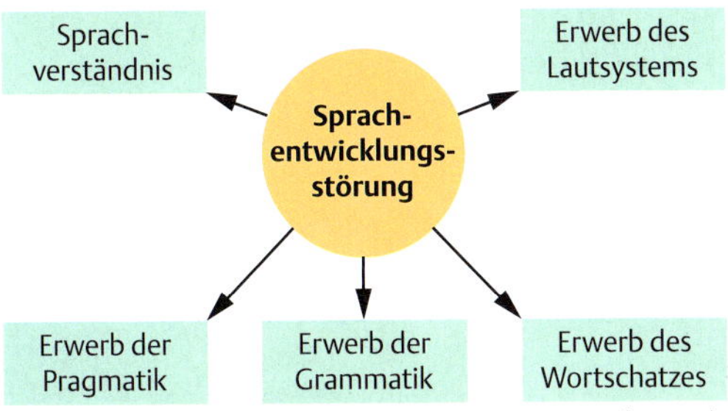

Abb. S.86 Sprachentwicklungsstörung. Eine Sprachentwicklungsstörung betrifft einen oder mehrere Bereiche der Sprache.

Erwerb der Grammatik. Das Kind bildet entweder überhaupt keine Sätze oder verfügt nur über ein starres Muster. Oder die grammatikalischen Markierungen innerhalb eines Satzes stimmen nicht. Es könnte Sätze bilden wie „der Hase knabbern die Karotte", in dem die Personalform des Verbs nicht korrekt ist.

Erwerb der Pragmatik. Hinter jeder Äußerung steht eine Intention – man möchte etwas Bestimmtes damit sagen oder erreichen. Es gibt Kinder, die sich in ihren Äußerungen darauf beschränken, andere Menschen zu etwas aufzufordern, jedoch nicht erzählen, berichten oder etwas beschreiben können. Sie sind damit stark in ihren kommunikativen Fähigkeiten eingeschränkt.

Wie aus den obigen Beispielen ersichtlich gibt es keine eindeutigen Gründe für eine SES. Weder kann alleine das Umfeld dafür verantwortlich gemacht werden, noch liegen die Ursachen alleine bei dem Kind. Häufig sind jedoch Wahrnehmungsauffälligkeiten zu beobachten (→ auditive Wahrnehmungsstörungen, → taktil-kinästhetische Wahrnehmungsstörung). Allgemein können alle Faktoren, die normalerweise zum Gelingen der Sprachentwicklung beitragen, bei ungünstiger Ausprägung auch Ursache einer Sprachstörung sein.

Symptome

Am auffälligsten sind die mehr oder weniger misslingenden Kommunikationsversuche. Oft muss die Kommunikation abgebrochen werden, d. h. das, was gesagt werden soll, bleibt ungesagt, weil es keinen Weg zur Verständigung gibt. Entweder weichen die Äußerungen des Kindes – je nach Ausprägung – stark von der Umgebungssprache ab oder das Kind versteht sein Gegenüber aufgrund seiner Verständnisschwierigkeiten nicht. Die am Gespräch Beteiligten empfinden die Erfahrung als belastend.

Eltern beschreiben oft einen späten Sprachbeginn. Der Wortschatz ist eingeschränkt. Die Länge der Äußerungen ist für das Lebensalter zu kurz (z. B. Zweiwortäußerungen mit 24 Monaten). Äußerungen erscheinen starr, das Kind verwendet immer dasselbe Satzmuster wie eine Formel, an die es sich krampfhaft hält. Der Satzbau ist oft nicht korrekt. Die grammatikalischen Formen (Plural, Kasus) stimmen nicht. Die Kinder können daher Ereignisse nicht in verständlicher Weise wiedergeben. Den Gesprächspartnern wird nicht klar, wann die Geschichte gespielt hat, was Ursache, was Folge war, wer überhaupt daran beteiligt war, ob es selbst Erlebtes oder eine gehörte Geschichte ist, usw.

Auch das Sprachverständnis ist nicht altersgemäß. Fragen werden nicht korrekt beantwortet, obwohl die Antwort bekannt ist. Das Kind versteht Aufforderungen und Anweisungen falsch. Mit erzählten oder vorgelesenen Geschichten sind die Kinder überfordert.

Je älter und intelligenter die Kinder sind, desto mehr sind sie sich ihrer Störung bewusst, versuchen zu kompensieren oder verweigern sich. Auffallender als die eigentliche Sprachstörung sind dann die Kompensationsstrategien.

Diagnose

Beschreibungen der Eltern geben viele Hinweise auf die Art der Ausprägung und mögliche Ursachen. Um den genauen Sprachstatus festzustellen, werden unterschiedliche Methoden oft parallel angewendet.

Mit sog. normierten und standardisierten Tests kann festgestellt werden, ob das Kind altersgemäß entwickelt ist oder ob eine Notwendigkeit zur Therapie besteht. Um genau herauszufinden worin das Kind gefördert werden muss, sind genauere Untersuchungen des Lautinventars, Wortschatzes (**Abb. S.87**), der Grammatik, des Textverständnis, der Textproduktion und der Kommunikationsstrategien erforderlich.

In der Verlaufsdiagnostik wird immer wieder die Entwicklung überprüft. Die Beobachtungen der Eltern ergänzen und korrigieren die des Therapeuten.

Differenzialdiagnose

Sprachentwicklungsstörungen sind von Sprachentwicklungsbehinderungen abzugrenzen. Dabei handelt es sich um Auffälligkeiten in der Sprachentwicklung, die mit anderen kognitiven Einschränkungen einhergehen. So ist bei geistiger Behinderung die Sprachfunktion eingeschränkt.

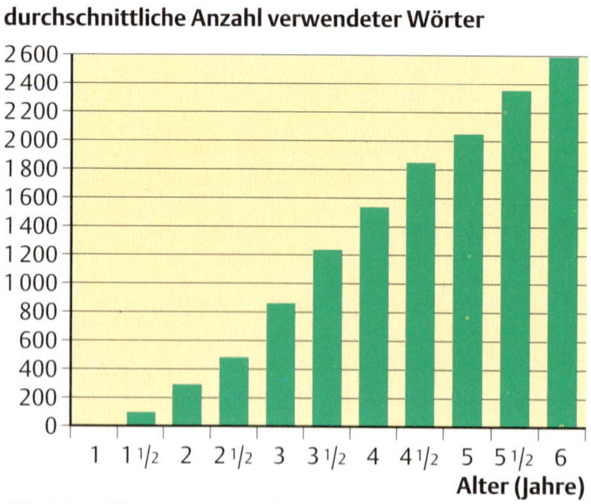

Abb. S.87 Wortschatz. Durchschnittliche Anzahl verwendeter Wörter im Kindesalter.

Therapie

Zunächst wird gemeinsam mit den Eltern und, wenn möglich, mit den Kindern ein Therapieziel formuliert, z. B., dass das Kind besser verstanden wird oder, dass es freier kommunizieren kann und sich nicht mehr zurückzieht. Der Therapeut wählt dann die dazu notwendigen Therapieschritte aus, z. B. Arbeit am Aufbau des deutschen Lautsystems oder Training von Kommunikationsstrategien.

Die Kunst einer guten Therapie bei einer Sprachentwicklungsstörung besteht darin, dem Kind die nötigen sprachlichen Informationen so genau, so dosiert und so entwicklungsspezifisch wie möglich anzubieten, damit es seinen nächsten Entwicklungsschritt vollziehen kann. Gleichzeitig muss die Therapie für das Kind so anregend, faszinierend und lustig sein, dass es immer mehr Freude an sprachlicher Kommunikation gewinnt und immer neugieriger sprachliche Fähigkeiten entdeckt. Im besten Fall sehen Therapien mit SES-Kindern nach fröhlichen Spielstunden aus (**Abb. S.88**). Dahinter stecken jedoch genau geplante Therapieschritte!

Äußerungen kleiner Kinder auch ohne sprachliche Schwierigkeiten erscheinen uns Erwachsenen fehlerhaft. Betrachtet man jedoch die Sprachentwicklung genauer, handelt es sich bei den Abweichungen von der Umgebungssprache um notwendige Stufen, damit Kinder das komplizierte Regelwerk der Sprache erwerben können. Für die Therapie bedeutet das, dass diese sprachlichen Entwicklungsschritte angestoßen werden müssen. Man beginnt also nicht wie im Fremdsprachenunterricht mit der Grammatik der Erwachsenen, sondern unterstützt das sprachentwicklungsgestörte Kind darin, die Schritte eines sich unauffällig entwickelnden Kindes zu durchlaufen. Wird in der Therapie eine angemessene Entwicklungsstufe erreicht, erwerben die Kinder die nächsten Stufen oft selbstständig. Durch die Therapie werden die Kinder sozusagen aus einer Sackgasse ihrer Entwicklung herausgeholt.

Dabei dürfen sog. Zeitfenster nicht verpasst werden. Ein normal entwickeltes Kind hat im vierten Lebensjahr bereits das grammatikalische System erworben! Alles was

Abb. S.88 Therapie. Freude an sprachlicher Kommunikation und spielerisches Lernen sind sehr wichtig.

- Scheuen Sie sich nicht, den Kindern mitzuteilen, dass Sie sie nicht verstanden haben. Manchmal befürchten wir, die Kinder damit zu kränken. Allerdings spüren auch schon die kleinsten Gesprächspartner, wann wir sie ernst nehmen. Sie werden dann bereitwilliger noch einen Kommunikationsversuch starten.
- Haben die Kinder eine Formulierung nicht verstanden, versuchen Sie, das Gesagte in anderen Worten zu wiederholen. Einfache, kurze Sätze sind hilfreich.
- Sprechen Sie nicht lauter und nicht übertrieben langsam. Das verzerrt die Sprechmelodie, die hilfreich für das Verstehen von Sprache ist.
- Verdeutlichen Sie Ihre sprachlichen Äußerungen z. B. mit Gesten. Wenn Sie ein Kind auffordern mitzukommen, können Sie ihm dazu die Hand entgegenstrecken oder es zu sich winken.
- Kinder, die Sprache schlecht verstehen, werden auf ungewohnte Situationen u. U. ängstlich reagieren. Versuchen Sie sie, so gut es geht, aufzuklären (s. → auditive Wahrnehmungsstörungen).
- Es ist möglich, sich in die Sprache der Kinder einzuhören. Sie werden verwundert sein, wie viel Sie nach einiger Zeit kommunizieren können!

Abb. S.89 Sprachentwicklungsgestörte Kinder. Hinweise zum Umgang.

danach noch gelernt wird, sind Verfeinerungen. Verfügt z.B. ein sechsjähriges Kind noch nicht über Haupt- und Nebensatzstrukturen, besteht nur noch eine geringe Chance, diese zu erwerben!

Bevor ein Kind mit ca. einem Jahr das erste Wort spricht, hat es sich bereits aus dem, was es hört Sprachregeln abgeleitet, d. h. es verfügt über Hypothesen, wie es seine Äußerungen formulieren muss. Im Laufe der Entwicklung wird es dann seine Hypothesen ständig korrigieren, indem sie immer wieder mit der Umgebungssprache verglichen werden. Am Ende einer gelungenen Sprachentwicklung beherrscht das Kind dann die Regeln der Umgebung.

Um Sprache zu erwerben, ist es also notwendig, Gehörtes zu verarbeiten. Z.B. beschäftigt sich das Kind in seiner Entwicklung mit den Artikeln. Heißt es *der*, *die* oder *das* Hund? Um das herauszubekommen, muss es auf das hören, was um es herum gesprochen wird und dann die richtige Antwort herausfiltern. Dazu sind SES-Kinder nicht in ausreichendem Maße in der Lage. Deswegen müssen dem Kind in der Therapie verstärkt diese Informationen angeboten werden. Dabei müssen die bevorzugten Lernwege der Kinder berücksichtigt werden. Ist das Kind ein visueller Lerntyp, werden ihm die Artikel zusätzlich mit visuellen Symbolen angeboten. Lernt es eher taktil, müssen für diesen Weg Hilfsmittel angeboten werden.

Die Sprachentwicklung wird als eigenständiger Entwicklungsbereich angesehen. So können z.B. motorisch eingeschränkte Kinder oder blinde Kinder Sprache erwerben. Für die Sprachtherapie bedeutet das, dass der Erwerb sprachlicher Fähigkeiten über Sprache erfolgen muss! Immer wieder tauchen Ansätze auf, die nahe legen, dass sprachauffällige Kinder bei musikalischer, feinmotorischer o. ä. Förderung sprachliche Defizite überwinden könnten. Kinder werden dadurch gefördert, spezifische sprachliche Schwierigkeiten lassen sich jedoch so nicht beheben!

Hinweise zum Umgang

Rein sprachliche Kommunikation mit sprachentwicklungsgestörten Kindern ist manchmal mühsam. Entweder verstehen die Kinder den Gesprächspartner nicht oder umgekehrt. Einfache Richtlinien erleichtern die Kommunikation und sollten beachtet werden (**Abb. S.89**).

Prognose

Wie bei vielen Entwicklungsauffälligkeiten ist die Prognose besser, je früher die Intervention beginnt. Mittlerweile ist es möglich, mit Hilfe von Elternfragebögen einjährige Risikokinder zu erkennen. Sprachtherapien können durchaus mit 2 oder 3 Jahren beginnen. Das bedeutet nicht, dass die Kinder jahrelang therapiert werden. Oft kann durch eine frühe Intervention eine langwierigere, später beginnende Therapie vermieden werden. Ziel der Therapie ist der Besuch der Regelschule, was in sehr vielen Fällen auch möglich ist!

Infobox

ICD-10: F80.1, F80.2
Internetadressen: http://www.leitlinien.net
Dt. Bundesverband für Logopädie:
http://www.dbl-ev.de
Literatur: Mehr Zeit für Kinder e.V. u. a. (Hrsg.): Sprich mit mir! Frankfurt 2004

Sprunggelenksfraktur

► Werner (57) steht in luftiger Höhe auf der Leiter und repariert die Dachrinne. Nun ist er fertig. Sprosse um Sprosse tastet er sich nach unten. Doch die Vorsicht nützt wenig. Zwei Meter über dem Boden rutscht er ab und fällt. Er kommt mit den Füßen zuerst auf und knickt beim Aufprall mit dem linken Fuß um. Werner stöhnt. Er richtet sich auf, doch auftreten kann er nicht. „Gisela, Gisela!", ruft er nach seiner Frau. Endlich erscheint ihr Kopf am Fenster. Sie schaut die Leiter hoch. „Hier unten. Hier zwischen den Büschen. Ich kann nicht mehr auftreten." „Mein Gott, was machst du denn für Sachen? Warte, ich komme", ruft sie entsetzt.

Definition

Bei der Sprunggelenksfraktur handelt es sich um einen Bruch der Sprunggelenksgabel, entweder außen und/oder innen.

Synonyme: Mallelolarfraktur, Knöchelbruch.

Einteilung

Je nach Beteiligung der verschiedenen Strukturen und Lokalisation der Fraktur unterscheidet man:

- **Bimallelolarfraktur:** Außen- und Innenknöchel sind gebrochen.
- **Trimallelolarfraktur:** Zusätzlich zu Außen- und Innenknöchel ist noch ein Stück der Tibia-Hinterkante, das sog. Volkmann-Dreieck, abgebrochen.

Die Frakturen können mit einem Riss der Syndesmose (bandartige, bindegewebige Verbindung zwischen zwei Knochen) zwischen Tibia und Fibula einhergehen.

Die Außenknöchelfrakturen werden im klinischen Alltag als Weber-Frakturen bezeichnet und folgendermaßen unterteilt (**Abb. S.90**):

- **Weber-A-Fraktur:** Der Außenknöchel ist unterhalb der Syndesmose gebrochen.
- **Weber-B-Fraktur:** Der Außenknöchel ist in Höhe der Syndesmose gebrochen.
- **Weber-C-Fraktur:** Die Fibula ist oberhalb der Syndesmose gebrochen.
- **Maisonneuve-Fraktur:** Bei dieser Form handelt es sich um eine hohe Fibulafraktur mit Innenknöchelfraktur und Längsruptur der Membrana interossea. Sie ist eine seltene Sonderform der Weber-C-Fraktur.

Ursachen

Hauptursache von Sprungelenksfrakturen sind Subluxationen oder Luxationen des Sprungbeins (Talus) dadurch, dass der Fuß beim Gehen oder Rennen nach außen oder innen umknickt. Seltener sind direkte Gewalteinwirkungen auf die Knöchel, etwa bei Unfällen oder bei Kontaktsportarten, die Ursache.

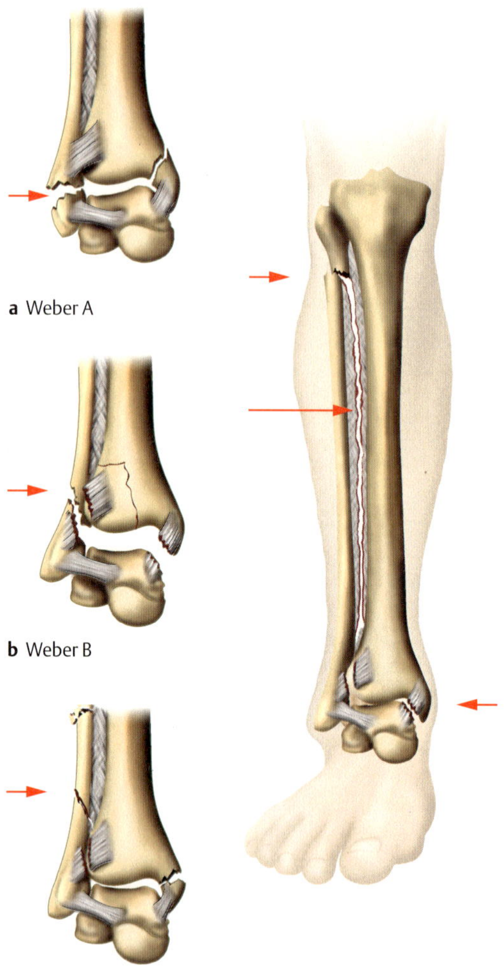

a Weber A **b** Weber B **c** Weber C **d** Maisonneuve-Fraktur

Abb. S.90 Sprunggelenksfrakturen.

Symptome

Sofort nach dem Unfall treten heftige Schmerzen im Knöchelbereich und eine ausgeprägte Schwellung auf. Die Deformität und die zusätzliche Verfärbung durch ein Hämatom weisen auf die knöcherne Verletzung hin. Je nach Ausmaß der Fraktur(en) ist der betroffene Fuß kaum oder nicht belastbar. Die Beweglichkeit im oberen Sprunggelenk ist eingeschränkt.

Diagnose

Es besteht ein lokaler Druckschmerz. Beurteilt werden müssen Durchblutung (Hautkolorit, Pulse), Motorik und

Sensibilität distal der Fraktur. Das Sprunggelenk wird in zwei Ebenen geröntgt, bei Verdacht auf eine hohe Fibulafraktur wird der gesamte Unterschenkel geröntgt.

Differenzialdiagnose

Schwellungen und Schmerzen am oberen Sprunggelenk werden auch durch Verletzungen der Bänder am Außen- oder Innenknöchel hervorgerufen. Es können andere oder zusätzliche Knochen in der Region, z. B. das Sprungbein (Talusfraktur), das Fersenbein (Kalkaneusfraktur) oder die untere Tibia (intraartikuläre Stauchungsfraktur oder Pilonfraktur) gebrochen sein.

Therapie

Erstversorgung

Besteht eine Luxation oder ist die Fraktur deutlich verschoben, muss so rasch als möglich reponiert (gerichtet) werden, um Schäden an Gefäßen, Nerven und Druckgeschwüre an der Haut zu verhindern. Zum Transport des Verletzten wird die Extremität auf einer Schiene ruhig gestellt und hoch gelagert. Offene Verletzungen werden steril abgedeckt.

Ob die weitere Behandlung konservativ oder chirurgisch erfolgt, hängt v. a. von der Stabilität der Fraktur ab sowie davon, wie stark die Knochenfragmente verschoben sind. In den meisten Fällen lässt sich die Operation nicht vermeiden.

Konservative Therapie

Stabile und nicht verschobene Außenknöchelfrakturen (Weber-A- und Weber-B-Fraktur) sowie nicht verschobene Innenknöchelfrakturen ohne Syndesmosenverletzung werden im Unterschenkelgipsverband oder einer Gipsschiene ruhig gestellt. Nach 3 – 4 Wochen kann dieser Verband gegen einen Unterschenkelgehgips ausgetauscht werden. Solange noch eine Schwellung vorhanden ist, wird das betreffende Bein weiterhin hoch gelagert. Zusätzlich bekommen die Patienten Schmerzmittel sowie eine Thromboseprophylaxe mit Heparin-Spritzen (subkutan). Der Heilungsverlauf wird mehrfach klinisch und röntgenologisch überprüft.

Chirurgische Therapie

Alle nicht ausreichend reponierbaren und instabilen Sprunggelenksfrakturen werden offen chirurgisch gerichtet und mit Metallimplantaten stabilisiert (**Abb. S.91**). Frische Frakturen werden sofort operiert. Ist die Schwellung jedoch sehr stark, würde die Operation mit einer erhöhten Infektionsgefahr einhergehen. Deshalb wartet man in diesen Fällen ab, bis der Fuß abgeschwollen ist. Die Frakturenden werden mit Schrauben und Metallplatten (Osteosynthese) fixiert. Außerdem rekonstruiert der Chirurg den Kapsel-Band-Apparat des Sprunggelenks mit Nähten.

Bei komplexen Verletzungen wird der Unterschenkel postoperativ im Gipsverband ruhig gestellt. Ansonsten

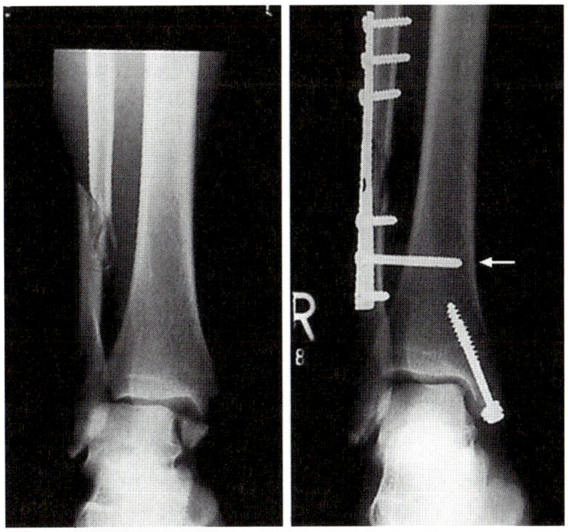

Abb. S.91 Chirurgische Therapie. a Weber-C-Fraktur, **b** operative Versorgung durch Plattenosteosynthese der Fibula, Stellschraube (Pfeil) und Verschraubung des Innenknöchels.

beginnen bereits früh nach der Operation Bewegungsübungen für das Sprunggelenk. Bei stabiler Osteosynthese können die Patienten an Gehstützen unter Teilbelastung des Fußes laufen. Etwa sechs Wochen postoperativ dürfen die Patienten den Fuß allmählich voll belasten.

Die Osteosynthesematerialien werden nach 6 – 12 Monaten wieder entfernt. Teilweise werden sie aber auch im Körper belassen, besonders bei älteren Patienten, soweit die Implantate keine Probleme bereiten.

Prognose

Sprunggelenkfrakturen verheilen i.A. gut und das Sprunggelenk ist innerhalb eines Vierteljahrs wieder normal belastbar. Bei verzögerter Reposition des Gelenks treten Druckgeschwüre auf. Unter konservativer Behandlung können die Frakturenden abrutschen (Dislokation) oder es kann sich ein Scheingelenk bilden (→ Pseudarthrose). Operationskomplikationen sind z. B. Infektionen oder die Verletzung von Nerven oder Gefäßen. Metallimplantate können sich lockern oder brechen manchmal unter Belastung. Durch Knorpelschäden kann das Gelenk rasch verschleißen (Arthrose).

Infobox

ICD-10: S82.6, S82.8

Internetadressen:

http://www.dr-gumpert.de

http://www.leitlinien.net

http://www.onmeda.de (Stichwort: Sprunggelenksbrüche)

Stammhirnsyndrom

► Eine 65-jährige Frau wird vom Notarzt ins Krankenhaus gebracht. Beim Friseur hatte sie eine heftige Schwindelattacke, während der sie „verwaschen" sprach und nicht stehen konnte. Die Patientin klagt jetzt über ein Taubheitsgefühl um den Mund herum.

Definition

Das Stammhirnsyndrom ist ein neurologisches Krankheitsbild mit typischer Symptomkonstellation. Es entsteht durch krankhafte Prozesse im Hirnstamm. Dieser befindet sich am Übergang zwischen Großhirn und Rückenmark und wird vom Mittelhirn, der Brücke (Pons) und dem verlängerten Rückenmark (Medulla oblongata) gebildet. Abhängig vom Ort der Schädigung unterscheidet man:

- **Weber-Syndrom:** Mittelhirnschädigung,
- **Wallenberg-Syndrom:** Schädigung des verlängerten Rückenmarkes,
- **Millard-Gubler-Syndrom:** Schädigung der Brücke.

Syn.: Hirnstammsyndrom, Hirnstammischämie, vertebrobasiläre Durchblutungsstörung, Hirnstamminsult.

Ursachen

Häufigste Ursache eines Stammhirnsyndroms sind Durchblutungsstörungen (Ischämie) der den Hirnstamm versorgenden Arterien. Weitere Ursachen können z. B. → Tumoren, traumatische Schädigungen, Infektionskrankheiten oder auch → Multiple Sklerose sein.

Symptome

Die Beschwerden treten entweder auf der gleichen (ipsilateral) oder auf der entgegengesetzten (kontralateral) Seite der Hirnstammschädigung auf (**Abb. S.92**). Häufige ipsilaterale Beschwerden sind:

- Schwindel, Nystagmus (Augenzittern),
- → Augenmuskellähmung mit Doppelbildern,
- Pupillenstörung,
- beeinträchtigte Bewegungsablaufskoordination (Ataxie),
- ausgeprägte Sprechstörung (Dysarthrie),
- Schluckstörungen oder Verziehung des Gaumensegels.

Kontralateral kann es zu einer halbseitigen Lähmung kommen.

Weber-Syndrom. Typisch sind ipsilaterale Augenmuskellähmung und kontralaterale Halbseitenlähmung.

Wallenbergsyndrom. Häufig sind eine ipsilaterale Empfindungs- und Schweißsekretionsstörung, Kaumuskellähmung, Gaumensegellähmung, Nystagmus, Gang- und Koordinationsstörungen sowie die kontralaterale Störung von Schmerz- und Temperaturempfinden bei erhaltener Berührungs- und Tiefensensibilität.

Millard-Gubler-Syndrom. Ipsilaterale Gesichtslähmung und kontralaterale Halbseitenlähmung treten auf.

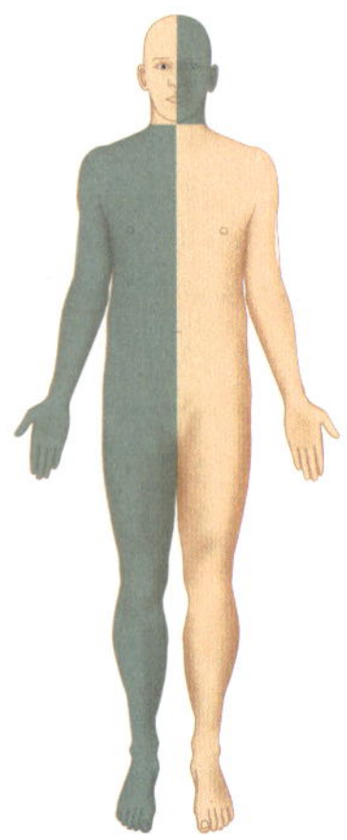

Abb. S.92 Sensomotorische Ausfälle beim Stammhirnsyndrom.

Diagnose

Für die Diagnose ist eine sorgfältige Patientenbefragung hilfreich. Des Weiteren werden neurologische Untersuchungen sowie eine Computertomografie des Schädels (cCT), eine Magnetresonanztomografie (MRT), eine Angiografie, eine Doppler- und Nervenflüssigkeitsuntersuchung und ein Enzephalogramm (EEG) durchgeführt.

Differenzialdiagnose

Blutungen und andere Hirnraum beanspruchende Erkrankungen, z. B. → Tumoren sowie Entzündungen im Hirnstammbereich müssen ausgeschlossen werden.

Therapie

Das akute Hirnstammsyndrom erfordert eine intensivmedizinisch engmaschige Überwachung von Herzkreislauf, Atmung und Bewusstsein. Bei Durchblutungsstörungen wird eine lokale Lyse-Therapie zur Auflösung und Vermeidung von Blutgerinnseln durchgeführt.

Prognose

Die Prognose eines Hirnstammsyndroms richtet sich nach der Ursache. Bei akutem ausgedehnten Gefäßverschluss liegt die Todeswahrscheinlichkeit bei 80 %.

Infobox

ICD-10: I64, G46.3
Internetadressen: http://www.dgn.org
http://www.schwindelambulanz-muenchen.de

Stauungspapille

► Herr Kutscherov kommt mit seinem 12-jährigen Sohn zum Augenarzt: „Arkadi trägt ja schon seit der Grundschule eine Brille. Mittlerweile muss er sie ständig tragen. Jetzt sind wir hier, weil er in letzter Zeit manchmal verschwommen sieht. In den vergangenen Tagen war er manchmal sogar unsicher beim Laufen und hat über Kopfschmerzen geklagt. Bitte schauen Sie doch mal, ob er eine neue Brille braucht."

Definition

Bei der Stauungspapille besteht ein beidseitiges Papillenödem. Beim Papillenödem ist der Sehnervenkopf geschwollen. Das Krankheitsbild tritt bei erhöhtem Hirndruck auf.

Ursachen

Die Ursache einer Stauungspapille besteht in einem erhöhten Hirndruck, der durch zahlreiche Erkrankungen hervorgerufen werden kann. Die wichtigste auszuschließende Diagnose ist ein → Gehirntumor. Der Verdacht besteht, bis das Gegenteil bewiesen ist.

Zu den weiteren Erkrankungen, die zu einer Hirndrucksteigerung führen können, gehören die Hirnblutungen (→ intrazerebrale Blutungen). Dazu gehören z. B. ein → subdurales Hämatom nach einem schweren Kopftrauma oder eine → Subarachnoidalblutung in Folge eines geplatzten Aneurysmas (Gefäßerweiterung) im Gehirn. Auch eine → Meningitis oder ein → Hydrozephalus können eine Hirndrucksteigerung verursachen.

Symptome

Der Patient gibt meistens keine Sehminderung an. Er klagt aber möglicherweise über Obskurationen, d. h. über vorübergehendes Verschwommensehen und zeitweise Verdunklungen. Die Hirndrucksteigerung kann zu Kopfschmerzen, Übelkeit und Erbrechen führen.

Diagnose

Bei der Augenspiegelung ist eine deutlich über das Netzhautniveau erhabene, vorgewölbte Papille mit unscharfer Begrenzung zu erkennen. Die Gefäße im Papillenbereich sind vermehrt durchblutet und erweitert (**Abb. S.93**). In der angrenzenden ödematösen Nervenfaserschicht liegen streifige Blutungen. Im Gesichtsfeld ist der blinde Fleck vergrößert.

Zur weiteren Abklärung sind neurologische und allgemeinmedizinische bzw. internistische Untersuchungen sowie bildgebende Verfahren (z. B. Computertomografie, Magnetresonanztomografie) erforderlich.

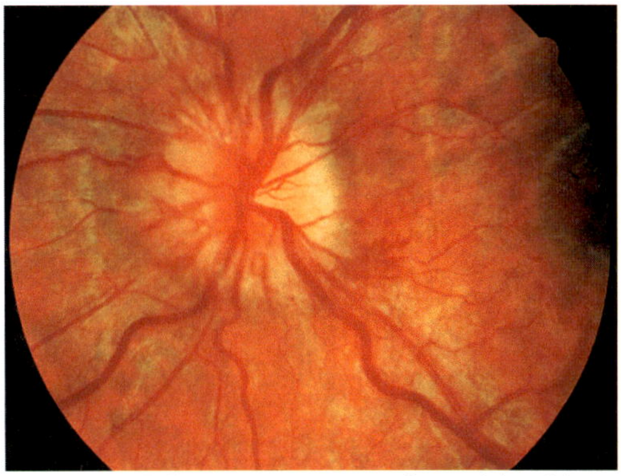

Abb. S.93 Frühphase einer Stauungspapille. Deutlich sind die unscharfe Begrenzung der Papille und die Erweiterung der Gefäße zu erkennen.

Differenzialdiagnose

Die Papille kann auch bei anderen Erkrankungen geschwollen sein, z. B. bei → Neuritis N. optici oder → Arteriitis temporalis oder bei schwerer arterieller → Hypertonie.

Therapie

Die Behandlung besteht in der Therapie der Grunderkrankung.

Prognose

Nachdem die Grunderkrankung beseitigt ist, bildet sich die Papillenschwellung innerhalb von 6 – 10 Wochen zurück. Meist bleiben keine Schäden zurück. Eine chronische Papillenschwellung führt zu einer Optikusatrophie (Rückbildung des Sehnervs) und zu einem Sehverlust.

Infobox

ICD-10:
H47.1

Internetadressen:
http://www.gesundheitpro.de

Literatur:

A. Burk u. R. Burk: Checkliste Augenheilkunde.Thieme, Stuttgart 2005.
U. Schiefer u. a. (Hrsg.): Praktische Neuroophthalmologie. Kaden, Heidelberg 2004

Steißbeinfraktur

► Der 19-jährige Hannes erzählt in der Notaufnahme: „Letzte Woche habe ich einen Inlinerkurs gemacht und war heute das erste Mal auf Tour. Eine Traumstrecke für Anfänger: gut asphaltiert und keine Steigungen. Nach einiger Zeit habe ich Gas gegeben, ich fühlte mich ja sicher. Dann musste ich einem Fußgänger ausweichen und bin voll auf den Hintern gefallen. Die Schmerzen sind echt heftig, ich kann kaum sitzen."

Definition

Bei der Steißbeinfraktur ist das Steißbein (Os coccygis) gebrochen (**Abb. S.94**).

Ursachen

Ursache für eine Steißbeinfraktur ist direkt einwirkende Gewalt, etwa bei einem Sturz auf das Gesäß.

Symptome

Die Weichteile über dem Steißbein sind geschwollen und es besteht ein Druckschmerz. Auch das Sitzen ist schmerzhaft (Kokzygodynie).

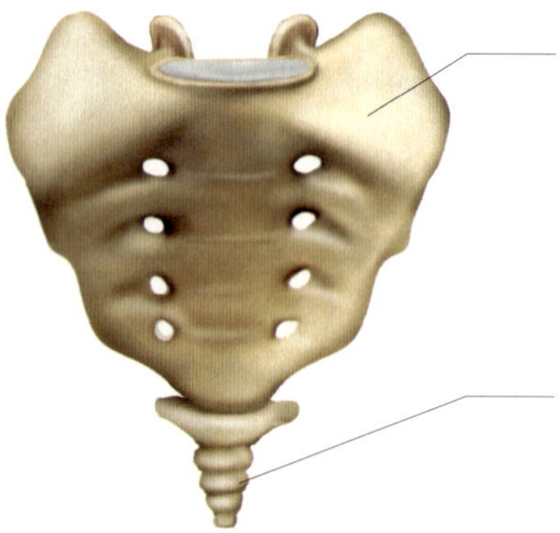

Abb. S.94 Kreuzbein und Steißbein.

Diagnose

Eine rektal-digitale Untersuchung (Untersuchung des Enddarms mit dem Finger) löst Schmerzen im Frakturbereich aus. Gesichert wird die Diagnose mit einer Röntgen-Beckenübersichtsaufnahme sowie einer seitlichen Aufnahme.

Differenzialdiagnose

Das Steißbein kann auch geprellt oder subluxiert (teilweise verrenkt) sein. Oder die Schmerzen kommen von einer schweren Geburt, von chronischen Mikrotraumen durch zu langes Sitzen, Neuralgien oder tiefsitzenden Rektumtumoren.

Therapie

Man behandelt konservativ mit Analgetika sowie Bettruhe, bis die Fraktur verheilt ist. Die operative Entfernung des Steißbeins ist zwar möglich, ohne dass sich dies später einschränkend auswirkt, allerdings werden die Beschwerden damit oft nicht beseitigt, da die Narbe weiter schmerzt.

Bestehen die Schmerzen weiter, sollten die Patienten das Steißbein beim Sitzen z. B. mit einem Sitzring entlasten. Teilweise werden auch Analgetika oder Kortison lokal injiziert.

Prognose

Oft handelt es sich um eine langwierige Erkrankung.

Infobox

ICD-10:
S32.2

Internetadresse:
http://www.leitlinien.net (Stichwort: Kokzygodynie)

Sterilität der Frau

► Die 29-jährige Tine Sterckmanns klagt bei der Gynäkologin: „Ich bin erfolgreich im Job, meine Ehe ist glücklich und es geht uns finanziell gut. Aber ich bin oft deprimiert, weil ich nicht schwanger werde. Dabei habe ich vor fünf Monaten die Pille abgesetzt. Bis auf die Endometriose bin ich gesund. Mein Mann hat zwei Kinder aus erster Ehe und ist daher doch bestimmt zeugungsfähig. Wir möchten so gerne, dass es klappt."

Definition

Bei der Sterilität wird die Frau innerhalb eines Jahres nicht schwanger, obwohl sie regelmäßig Geschlechtsverkehr hat.

Man unterscheidet eine primäre Sterilität, bei der die Frau noch niemals schwanger war, von einer sekundären Sterilität, bei der nach einer Schwangerschaft keine weitere eintritt.

Synonym: Unfruchtbarkeit der Frau.

Häufigkeit

In Deutschland bleiben ca. 10% der Paare ungewollt kinderlos. Die Ursachen liegen zu etwa gleichen Teilen bei Mann (→ Sterilität beim Mann) und Frau wobei aber in 15% auch beide Partner Störungen aufweisen. In 10–20% der Fälle kann keine Ursache gefunden werden.

Ursachen

Die Ursachen der Sterilität können unterschiedlicher Natur sein.

Hypothalamisch-hypophysäre Störungen

Bei einer hypothalamisch-hypophysären Störung besteht ein Ungleichgewicht von GnRH (Gonadotropin-releasing-Hormon) oder FSH (follikelstimulierendes Hormon) und LH (luteinisierendes Hormon). GnRH wird in einzelnen Impulsen aus dem Hypothalamus ausgeschüttet. Dadurch setzt die Hypophyse FSH und LH frei, die wiederum den Menstruationszyklus steuern.

Ein erhöhter Prolaktinspiegel etwa stört das empfindliche Gleichgewicht zwischen GnRH und FSH und LH. Häufig erhöhen Auslöser wie Stress den Prolaktinspiegel, selten dagegen ein → Tumor der Hypophyse. In vielen Fällen bleibt die Ursache des erhöhten Prolaktinspiegels ungeklärt.

Auch Erkrankungen der Hypophyse, etwa Adenome, können die Abgabe von LH und FSH beeinträchtigen. Die hormonellen Störungen führen zu einem unregelmäßigen Menstruationszyklus und zu einer Funktionsstörung des Ovars (Eierstock).

Störungen der Ovartätigkeit

Kann das Ovar selbst auf die von der Hypophyse ausgeschütteten Hormone LH und FSH nicht reagieren, spricht man von primärer ovarieller Insuffizienz. Wenn FSH das Follikel nicht ausreichend stimuliert, wachsen zwar Follikel heran, aber sie reifen nicht bis zuletzt aus und der Eisprung unterbleibt. Dann bilden sich immer wieder sog. funktionelle Zysten, da die nicht gesprungenen Follikel weiter Flüssigkeit aufnehmen. Solche Zysten können selbst Hormone, vor allem Östrogene, produzieren. Diese Hormone bringen den Zyklus noch weiter aus dem Gleichgewicht.

Von einer Corpus-luteum-Insuffizienz (Gelbkörperinsuffizienz) spricht man, wenn das Progesteron aus dem Gelbkörper nicht ausreicht, um die Gebärmutterschleimhaut in der zweiten Zyklushälfte so zu verändern, dass sich die befruchtete Eizelle dort einnisten kann.

Weitere ovarielle Ursachen sind genetische Ursachen und Fehlbildungen (z. B. → Turner-Syndrom), polyzystisches Ovarsyndrom (Stein-Leventhal-Syndrom), Ovarialtumoren (→ Ovarialkarzinom) und → Endometriose im Ovar (Schokoladenzysten).

Veränderungen am Eileiter

Die Durchgängigkeit der Eileiter ist Voraussetzung für eine Schwangerschaft. Frühere Eileiterentzündungen (→ Adnexitis) sind eine häufige Ursache für primäre und sekundäre Sterilität, weil sie Verklebungen der Eileiter zur Folge haben können.

Auch eine Endometriose kann im erheblichen Ausmaß die Eileiter verkleben oder in ihrer Beweglichkeit beeinträchtigen. Das Flimmerepithel der Eileiter ist sehr empfindlich. Rauchen lähmt die Bewegung und mindert so die Empfängnisfähigkeit. Auch das hormonelle Gleichgewicht beeinflusst die Bewegungen der Flimmerhaare.

Uterine Ursachen

In seltenen Fällen ist der Uterus (Gebärmutter) die Ursache für eine Sterilität. Myomknoten (→ Myoma uteri) kommen eher als Ursache für wiederholte Fehlgeburten in Frage, können eine Schwangerschaft aber auch ganz verhindern. Wenn eine Patientin viele Ausschabungen hinter sich hat, kann es zu Verklebungen in der Gebärmutterhöhle kommen. Dann ist die befruchtete Eizelle nicht in der Lage, sich einzunisten.

Als eine weitere Ursache für Sterilität gilt das Fehlen des für die Empfängnis wichtigen Drüsenfeldes am Gebärmutterhals, z. B. durch eine vorangegangene Konisation (diagnostische und/oder therapeutische Gewebsentnahme; → Zervixkarzinom) oder als Folge einer Geburtsverletzung. Dann finden die Spermien kein günstiges Milieu vor und leben kürzer.

Sonstige Faktoren

Neben den genitalen Erkrankungen können auch extragenitale Veränderungen zur Sterilität beitragen. Aus der Fülle der Möglichkeiten sind vor allem wegen ihrer Häufigkeit die Schilddrüsenerkrankungen (→ Morbus Basedow) zu nennen. Schwere allgemeine Erkrankungen wie ein schlecht eingestellter → Diabetes mellitus, → Alkoholkrankheit und Drogenabhängigkeit, Dialysepflichtigkeit (→ akutes Nierenversagen, → chronische Niereninsuffizienz) oder schwere Erkrankungen des Hormonsystems können ebenfalls zur Sterilität führen.

In sehr seltenen Fällen bildet die Frau Antikörper gegen Spermien des Mannes. Die Antikörper werden dann ins Zervixsekret abgegeben und hemmen die Beweglichkeit der Samenzellen.

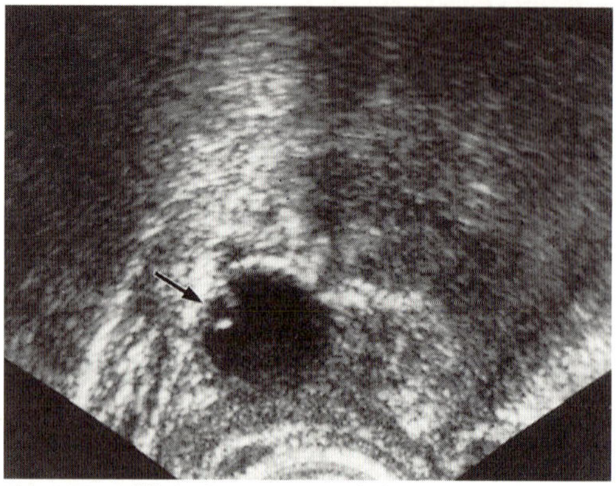

Abb. S.95 Follikelreifung. Ein vaginal durchgeführter Ultraschall zeigt einen sprungbereiten Graaf-Follikel. Der Pfeil deutet auf den Eihügel hin.

Diagnose

In der Sterilitätsberatung ist es enorm wichtig, beide Partner einzubeziehen (→ Sterilität beim Mann).

Anamnese. Zunächst wird die Anamnese erhoben, bei der auch nach dem Stand der Aufklärung geforscht werden sollte. Dabei spielen Sexualpraktiken und Konzeptionsoptima eine wichtige Rolle. Das Konzeptionsoptimum ist der Zeitpunkt im weiblichen Zyklus, an dem eine Empfängnis am wahrscheinlichsten ist. Umweltfaktoren, Arbeitsplatz und Arbeitszeiten sowie psychische Faktoren sind ebenso zu beachten.

Gynäkologische Untersuchung. Nach der Anamnese wird die Frau gynäkologisch untersucht; Zervix (Gebärmutterhals) und Zervixschleim werden dabei besonders beachtet. Eine Ultraschalluntersuchung kann weiteren Aufschluss geben. Mit der Sonografie kann normalerweise in der Zyklusmitte ein reifer, d. h. sprungbereiter Follikel (Eibläschen) nachgewiesen werden (**Abb. S.95**).

Hormontests. Hat die Frau keine Regelblutungen, sind hormonelle Provokationstests möglich, um die Ursache der Störung zu finden. Die Hormone der Schilddrüse und das Prolaktin sollten bestimmt werden.

Beobachtung des Menstruationszyklus. Ist die hormonelle Regulation gestört, muss im nächsten Schritt der Menstruationszyklus beobachtet werden. Hierzu wird die Patientin gebeten, für die nächsten drei Monate die Basaltemperatur, d. h. die Körpertemperatur vor dem Aufstehen, zu messen und zu dokumentieren. Zu erwarten ist ein Anstieg um ca. 0,5 °C in der Zyklusmitte. Diese Temperaturerhöhung sollte 12–14 Tage anhalten (**Abb. S.96**). Ein zu früher Temperaturabfall deutet auf eine Gelbkörperinsuffizienz hin, ein verzögerter Temperaturanstieg auf eine Follikelreifungsstörung. Findet keine Temperaturänderung statt, liegt mit hoher Wahrscheinlichkeit ein Zyklus vor, bei dem es nicht zu einem Eisprung kommt.

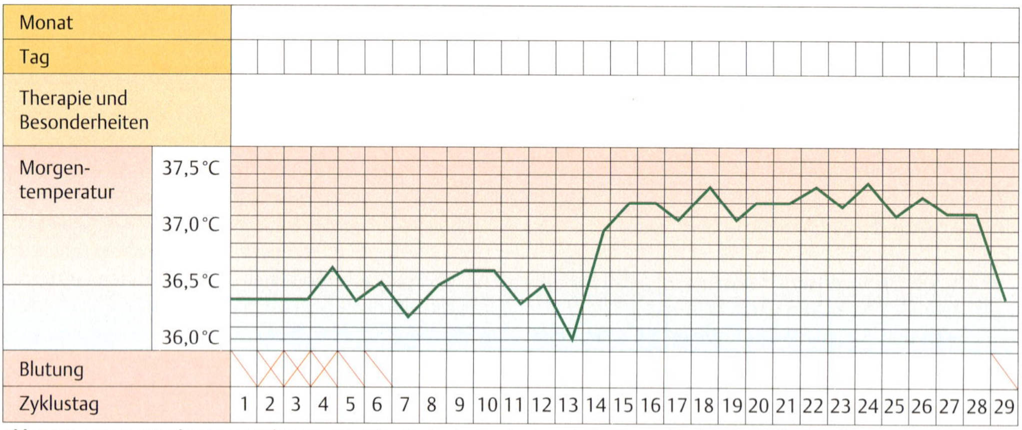

Abb. S.96 Temperaturkurve. So sieht eine normal verlaufende Basaltemperaturkurve aus. Der Eisprung löst eine Temperaturerhöhung um 0,5 °C aus, die 12–14 Tage anhält.

Postkoitaltest. Der Postkoitaltest nach Sims-Huhner wird durchgeführt, um zu überprüfen, ob die Samenzellen den zervikalen Schleim durchdringen können. Dazu wird 12 Stunden nach einem Geschlechtsverkehr ein Abstrich aus dem Gebärmutterhals im Mikroskop betrachtet.

Zur Abklärung des sog. Tubenfaktors wird mit unterschiedlichen Verfahren die Durchgängigkeit der Eileiter überprüft. Eine weitergehende Aussage lässt die Laparoskopie zu, die mit einer Gebärmutterspiegelung kombiniert werden sollte.

Therapie

Als Therapie bieten sich hormonelle und operative Therapie sowie Insemination und künstliche Befruchtung an.

Hormonelle Therapie

Welches Hormonpräparat gegeben wird, richtet sich nach der Art der Hormonstörung. Ist diese zentral bedingt und die Sekretion von GnRH gestört, verabreicht man GnRH pulsatil, d. h. in gleichmäßigen Intervallen. Der „Zyklomat“, eine Minipumpe, ahmt den natürlichen Rhythmus nach. Damit erreicht man in vielen Fällen eine Ovulation (Eisprung).

Kostengünstiger ist eine gezielte Stimulationstherapie mit LH- und FSH-Präparaten. Wenn unter dieser Behandlung sprungreife Follikel herangewachsen sind, löst eine Injektion von hCG ein Eisprung aus. Das Follikelwachstum kontrolliert man in kurzen Abständen durch Ultraschalluntersuchungen, damit der richtige Zeitpunkt für den Eisprung festgelegt werden kann.

Auch Clomifen ist ein häufig eingesetztes Medikament. Es löst bei leichteren Störungen eine Ovulation aus. Clomifen wirkt als Antiöstrogen und führt so zu einer vermehrten Freisetzung von LH und FSH. Im Prinzip handelt es sich hierbei um eine Überstimulation.

Nachteile. Ein Problem der Stimulationstherapie ist das sog. Überstimulationssyndrom, bei dem zu viele Follikel heranwachsen. Es entstehen sehr große Ovarialzysten, → Aszites und Ödeme. Gefährdet sind die Patientinnen außerdem wegen Elektrolytverschiebungen und der Gefahr einer Thrombose. Bei einem solchen Verfahren häufen sich außerdem die Mehrlingsgeburten.

Operative Therapie

Sind die Eileiter der Frau nicht durchgängig, kann man operativ mit Hilfe mikrochirurgischer Techniken versuchen, die Verwachsungen zu lösen. Mitunter lässt sich eine Verwachsung während einer Laparoskopie beheben. Auch Myome und Scheidewände, die die Gebärmutterhöhle durchziehen, werden operativ entfernt. Ist die Sterilität auf eine Sterilisation zurückzuführen, kann man diese nur in wenigen Fällen wieder rückgängig machen.

Insemination

Die Insemination bessert minderwertige Spermien auf und vergrößert die Chancen auf eine Befruchtung. Zunächst bereitet man das Ejakulat auf und führt es dann entweder mittels Portiokappe zur Zervix oder bringt es direkt in die Gebärmutter ein (**Abb. S.97**).

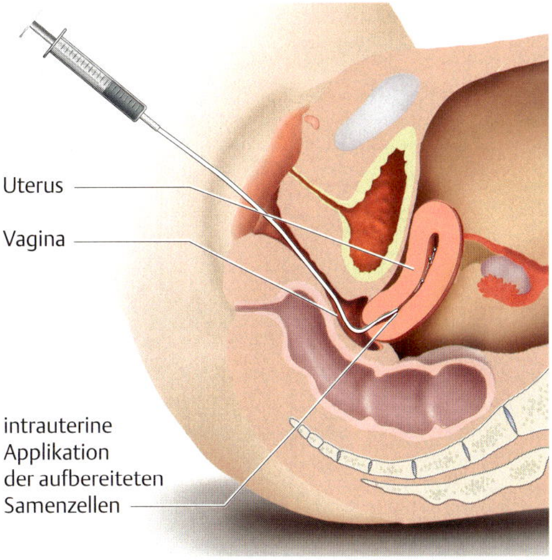

Abb. S.97 Insemination. Bei der Insemination wird das aufbereitete Ejakulat direkt in die Gebärmutter eingespritzt.

Künstliche Befruchtung

Weiterführende und technisch hoch differenzierte Methoden der künstlichen Befruchtung wurden in den späten 70-er Jahren entwickelt („Retortenbaby“). Für die In-vitro-Fertilisation (IVF) erzeugt man zunächst durch Überstimulation genügend reife Follikel. Diese punktiert man unter Ultraschallkontrolle und gewinnt die Eizellen. Im Reagenzglas werden dann die Spermien des Mannes oder eines anonymen Spenders hinzugegeben (**Abb. S.98**).

Um das Eindringen des Spermiums in das Ei zu erleichtern, entwickelte man die Technik intrazytoplasmatische Spermieninjektion (ICSI). Hier wird die Samenzelle mittels angeschliffener Kanüle direkt in die Eizelle eingebracht.

Beide Verfahren unterliegen den strengen Kontrollen des Embryonengesetzes.

Prognose

Die ungewollte Kinderlosigkeit ist ein schwieriges Problem für das betroffene Paar. Oft sind es nicht nur körperliche Faktoren, sondern auch die psychosoziale Situation, die ein Hemmnis darstellen. Besonders wenn sich ein Paar in eine Therapie begibt, kommt noch ein enormer Erwartungsdruck hinzu.

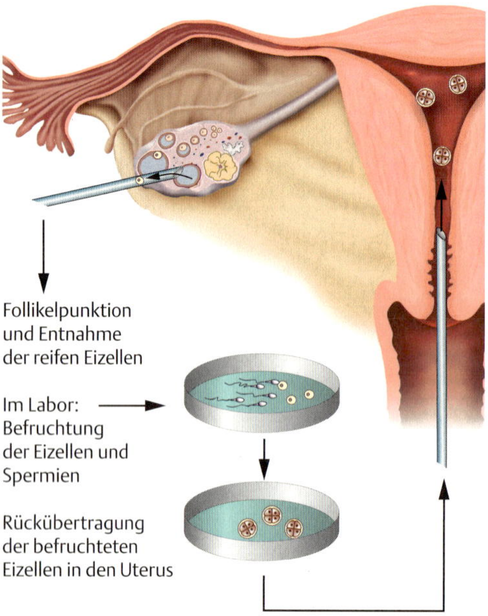

Abb. S.98 In-vitro-Fertilisation. Dargestellt sind die einzelnen Schritte einer In-vitro-Fertilisation. Die Embryonen werden im Vierzellstadium in die Gebärmutter rückgeführt.

Infobox

ICD-10:
N97.9

Internetadressen:
http://www.wunschkinder.net
http://www.kinderwunsch-hh.de

Literatur:

West, Z.: Kinderwunsch. Dorling Kindersley, München 2004

Wischmann, T. u. Stammer, H.: Der Traum vom eigenen Kind. Kohlhammer, Stuttgart 2003

Jutta Fiegl, J.: Unerfüllter Kinderwunsch. Walter, Meilen 2004

Heike Stammer, H. u. a.: Paarberatung und -therapie bei unerfülltem Kinderwunsch. Hogrefe, Göttingen 2004

Sterilität des Mannes

► Frank Peters (35) und seine gesunde Frau bekommen kein Kind. Herr Peters spricht mit seinem Urologen: „Wegen eines Tumors musste bei mir ein Hoden entfernt werden. Der andere Hoden war tumorfrei. Trotzdem wird meine Frau nicht schwanger." Im Spermiogramm finden sich aus unbekannten Gründen nur wenige Spermien. Mit Hilfe der ICSI (Intrazytoplasmatische Spermieninjektion) kann seine Frau dennoch schwanger werden.

Definition

Die Sterilität bezeichnet die Unfruchtbarkeit des Mannes gleich welcher Ursache. Der Begriff wird verwendet, wenn entweder überhaupt keine Spermien (mehr) gebildet werden oder wenn sich im Ejakulat zu wenig gesunde Spermien finden.

Synonym: Unfruchtbarkeit des Mannes.

Ursachen

Die Gründe können in einer Störung der hormonellen Regulation liegen (sekundärer und tertiärer → Hypogonadismus). Dabei schütten die Hirnanhangdrüse und der Hypothalamus keine anregenden Hormone aus.

Sehr selten werden die Hoden in der Embryonalentwicklung nicht angelegt. Beim Sertoli-cell-only-Syndrom (SCOS) sind Hoden vorhanden, die eigentlichen Keimzellen jedoch fehlen. Eine ebenfalls vorgeburtliche Störung ist der → Hodenhochstand (Maldescensus testis): Ein oder beide Hoden wandern nicht aus dem Bauchraum in den Hodensack. Gelangen sie dort zu spät an, verlieren sie die Fähigkeit zur Spermienbildung.

Als weitere Ursache kommt das → Klinefelter-Syndrom in Betracht. Dies ist eine Erbkrankheit mit mindestens einem überzähligen X-Chromosom. Die Hoden bilden keine Spermien, in einzelnen Fällen eine zu geringe Zahl.

Weitere Ursachen sind Entzündungen (Orchitis) durch Viren, z. B. bei → Mumps. Infektionen mit Chlamydien, Ureaplasmen oder Trichomonaden werden ebenso als Ursachen vermutet. Die Varikozele (krampfaderähnliche Entwicklung der den Hoden versorgenden Gefäße) ist ein Kofaktor der Sterilität.

Oft lässt sich keine Ursache finden. Eine Rolle spielen wohl Medikamente, Umweltgifte, Rauchen, Alkohol, radioaktive Strahlung und Röntgenstrahlung.

Zu den mechanischen Gründen zählt die (unbeabsichtigte) Beschädigung der Samenwege durch Operationen, z. B. bei der → Leistenhernie.

Symptome

Die Männer wenden sich meist wegen eines unerfüllten Kinderwunsches an entsprechende Ärzte und Einrichtungen. Darüber hinaus bestehen i.d.R. keine Beschwerden.

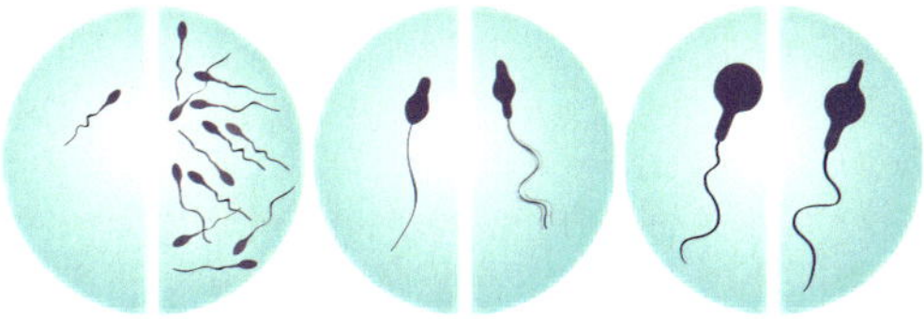

Abb. S.99 Spermiogramm. Bestimmt werden Gesamtspermamenge, Spermienanzahl, Beweglichkeit und Form der Spermien. Zusätzlich werden einige Stoffwechselparameter gemessen sowie auf Keime oder Blutzellen (z. B. Leukozyten) geachtet.

Diagnose

Neben der Frage nach Vorerkrankungen oder Voroperationen, Bestrahlungen und Medikamenten ist ein Spermiogramm notwendig. Damit kann die Zahl und Qualität der Spermien beurteilt werden (**Abb. S.99**). Weitere Maßnahmen sind die Probebiopsie beider Hoden, Ultraschall (Sonografie) zur Beurteilung der Anatomie und eine Untersuchung des Chromosomensatzes.

Differenzialdiagnose

Bei unerfülltem Kinderwunsch muss auch die Partnerin untersucht werden. Eine → erektile Dysfunktion und Libidoverlust bedeuten nicht die Unfruchtbarkeit.

Therapie

Der Verzicht auf Tabak und Alkohol sowie eine Stressreduktion kann bei verminderter Qualität der Spermien zu einer Verbesserung führen. Ggf. werden auch Hormone (z. B. Testosteron) gegeben. Meist liegen allerdings die Gründe für die Sterilität im Dunkeln oder sind nicht mehr beeinflussbar. Sind zumindest einige Spermien im Ejakulat oder im Hoden nachweisbar, können reproduktionsassistierende Methoden, z. B. die ICSI (Intrazytoplasmatische Spermieninjektion), versucht werden.

Prognose

Eine „apparative" Befruchtung ist nur denkbar, wenn eine geringe Anzahl von Spermien vorhanden ist. Falls absolut keine Spermien gebildet werden, gibt es keine Chance auf ein leibliches Kind.

Infobox

ICD-10: N46
Internetadresse: http://www.elternnetz.de
Literatur: Krause, W., Weidner, W. (Hrsg.): Andrologie, 3. Aufl. Thieme, Stuttgart 1999

Stottern

► Der 5-jährige Jonathan antwortet der Logopädin nach anfänglicher Zurückhaltung: „I-i-ich spiele ge-ge-ge-ge-gerne – – - mit Lego". Die Eltern fügen hinzu: Wir machen uns große Sorgen, vor allem, was die kommende Einschulung angeht. Im Kindergarten wissen ja alle, dass Jonathan so spricht und er ist gut integriert. Aber in der Schule kommt es ja oft zu Hänseleien. Vielleicht getraut sich Jonathan dann nicht mehr, etwas zu sagen."

Definition

Beim Stottern ist der Redefluss unfreiwillig und überdurchschnittlich häufig unterbrochen. Die Unterbrechungen sind durch Wiederholungen von Lauten, Silben und Wörtern, Blockierungen und Dehnungen gekennzeichnet. Die Betroffenen empfinden das Sprechen außerdem als übermäßig anstrengend.

Bei etwa 1 % der Kinder tritt das Stottern bis ins Erwachsenenalter auf.

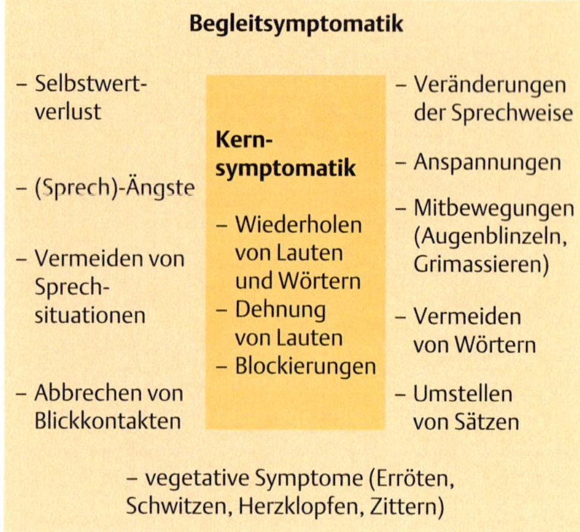

Abb. S.100 Symptome des Stotterns. Man unterscheidet zwischen Kernsymptomatik und Begleitsymptomatik.

Sprachentwicklung

Zu Beginn der Sprachentwicklung durchlaufen viele Kinder eine Phase, in der der Sprechablauf unflüssig ist. Bleiben diese Unflüssigkeiten, die den Stottersymptomen ähneln, länger bestehen und lösen Verunsicherung und Besorgnis aus, sollten sie abgeklärt werden.

Ursache

Die Ursache des Stotterns ist unbekannt. Es entsteht i.d.R. im Kindesalter; zwischen 3 und 6 Jahren. Neben der unflüssigen Rede treten meist vielfältige Begleit- und Folgeerscheinungen auf, die die Kommunikation mehr oder weniger stark stören.

Eine Vielzahl von Faktoren können diesen multiplen Symptomenkomplex entstehen lassen, auslösen und aufrechterhalten: familiäre Disposition (häufig befinden sich weitere Stotterer in der Verwandtschaft), frühkindliche Hirnschäden, → Sprachentwicklungsstörungen, Traumata. Außerdem könnten sich Umgebungsfaktoren, wie ungünstiges Zuhörerverhalten, ungünstige Sprachvorbilder, Zeitdruck und ungünstige familiäre Interaktion auswirken. Auch ein Ungleichgewicht zwischen äußerlichen und innerlichen Anforderungen und Fähigkeiten auf verschiedenen Ebenen wie Sprachniveau, Kognition, Emotion, Motorik können eine Rolle spielen.

Symptome

Stottern ist ein Symptomenkomplex und individuell sehr unterschiedlich ausgeprägt. Man unterscheidet zwischen der Kernsymptomatik und der Begleitsymptomatik (**Abb. S.100**).

Kernsymptomatik. Zur Kernsymptomatik zählen das Wiederholen von Lauten („k-k-k-kommst du. . ."), Silben („ko-ko-ko-kommst du . . .") und Wörtern („ich-ich- ich will . . .") sowie die Dehnung von Lauten („sssssssag doch . . ."), d. h. ein Laut wird länger artikuliert. Bei Blockierungen („- – - mit. . .") verzögert sich der Sprecheinsatz aufgrund einer übermäßigen Anspannung der am Sprechen beteiligten Muskulatur lautlos.

Begleitsymptomatik. Umwelt und Kind reagieren auf das Stottern in vielfältiger Weise. Die Erscheinungen, die ursprünglich als Strategien gegen das Stottern eingesetzt werden, manifestieren sich häufig auffälliger und irritierender als die Redeunflüssigkeiten selbst. Diese Begleitsymptomatik kann sich auf verschiedenen Ebenen äußern: emotional durch Selbstwertverlust, (Sprech-) Ängste usw. Beim Verhalten fällt auf, dass oft Sprechsituationen vermieden oder Blickkontakte abgebrochen werden. Auch die Sprechweise ist verändert. Aus motorischer Sicht kommt es oft zu Anspannungen, Mitbewegungen wie Augenblinzeln, Grimassieren, Arm- Kopfbewegungen usw. Sprachlich fällt auf, dass die Patienten Wörter vermeiden, Sätze umstellen oder z. B. Floskeln benutzen. Vegetativ kommt es zu Erröten, Schwitzen, Herzklopfen oder Zittern.

Diagnose

Ziel der Stotterdiagnostik ist zum Einen festzustellen, ob das Kind überhaupt ein behandlungsbedürftiges Stottern hat. Zum Anderen sollen auslösende und aufrechterhaltende Faktoren des Stotterns identifiziert werden. Die Befunderhebung beginnt mit einer ausführlichen Anamnese. Neben Fragen zur Allgemeinentwicklung oder zum familiären, sozialen Umfeld sind spezielle Fragen zum Thema Stottern erforderlich. Man fragt z. B. danach, welche Ursache die Eltern vermuten, wie sie selbst, andere und das Kind mit dem Stottern umgehen, wann das Stottern am stärksten, wann am geringsten ist, ob es situationsbedingt oder personenabhängig ist, welche Gefühle dabei auftreten, usw.

Da sich Stottersymptome auf vielfältige Weise zeigen, sollten Äußerungen des Kindes zur genauen Dokumentation und Auswertung auf Band oder Video aufgenommen werden. Anhand von freiem Spiel, Bildergeschichten, Lesetexten oder Gesprächen können die Patienten zu Äußerungen angeregt werden. Das aufgezeichnete Gespräch liefert Wortmaterial, anhand dessen die Stottersymptome festgestellt werden können: Wie häufig kommt es zu einem Symptom und wie lange dauert es? So kann z. B. die Dauer einer Blockade von weniger als 1 Sek. bis zu einigen Sekunden variieren. Ebenso unterschiedlich kann die Häufigkeit der Lautwiederholungen sein.

Die Fahndung nach der Begleitsymptomatik ist entscheidend um festzustellen, ob das Stottern behandlungsbedürftig ist oder nicht. Fallen Risikofaktoren wie Defizite in der allgemeinen Sprachentwicklung (z. B. Wortschatz, Grammatik) auf, muss die Diagnostik dahingehend erweitert werden.

Differenzialdiagnose

Die Diagnose sollte u. a. das → Poltern und Stottern voneinander unterscheiden. Das Poltern ist hauptsächlich von einem hohen Sprechtempo und phonetischen Auffälligkeiten gekennzeichnet. Das Stottern hingegen weist vorrangig Laut-und Silbenwiederholungen, Dehnungen von Lauten und Blockierungen auf, die mit Anstrengung, Anspannung in Form von Mitbewegungen einhergehen. Es treten jedoch auch Mischformen auf.

Therapie

Für das Störungsbild Stottern gibt es eine große Vielfalt an Therapieansätzen. Sie lassen sich grob in direkte und indirekte Verfahren unterteilen. Für beide Verfahren gilt, dass das Thema Stottern nicht tabuisiert werden darf. Die Therapie, die meist eine sehr intensive Zusammenarbeit mit Kind und Eltern bedeutet, sollte nicht abrupt beendet werden, sondern langsam ausklingen.

Indirekte Verfahren

Die Therapie richtet sich hier nicht direkt an das Kind, sondern die Eltern werden trainiert und beraten. Diese Trennung ist jedoch eher theoretischer Natur, denn in der Praxis hat sich die Kombination zwischen der Arbeit mit dem Kind und der Arbeit mit den Eltern bewährt.

Direkte Verfahren

Beim direkten Ansatz wird das Stottern selbst durch das Training der Sprechtechniken therapiert. Dabei werden die am Sprechen beteiligten Bereiche trainiert, also Atmung, Stimme und Artikulation. Ein anderer Ansatz hat zum Ziel, das Stottern zu modifizieren, d. h. zu „verflüssigen“. Ein weiterer Baustein in der Therapie ist das Pseudostottern (**Abb. S.101**).

Training von Sprechtechniken
Atmung, Stimme und Artikulation werden z. B. durch Atemübungen verbessert.

Modifikationen des Stotterns
Durch die Schulung der Wahrnehmung des Kindes kann das Stotterereignis verändert werden.

Pseudostottern
Absichtliches Stottern fördert die Eigenwahrnehmung, baut Ängste ab, enttabuisiert das Stottern und verbessert die Sprechflüssigkeit.

Abb. S.101 Therapiebausteine. Zu den direkten Verfahren gehören das Training von Sprechtechniken, die Modifikation des Stotterns und das Pseudostottern.

Atmung, Stimme, Artikulation. Hierbei verbessern Atemübungen die häufig gestörte Koordination zwischen Atmung und Sprechen. Für die Stimme gilt es, weiche Stimmeinsätze zu erarbeiten, wie sie z. B. bei einem „oh“ oder „ah“ vorkommen. Dies vermindert den Tonus (Muskelspannung) der Stimmlippen. In Hinsicht auf die Artikulation gilt das gleiche Prinzip: Es sollen weichere Kontakte erzielt werden, die dem Stottern entgegenwirken. Hierzu werden z. B. bei /p/ die Lippen locker aufeinander gelegt. Das metrische Sprechen, also das Sprechen auf einen vorgegebenen Takt, verhindert oder reduziert einerseits Stotterereignisse. Doch die Sprechweise wird sowohl vom Sprecher als auch vom Zuhörer als sehr künstlich erlebt.
Modifikationen des Stotterns. Das Stotterereignis wird hierbei stufenweise verändert: 1. direkt nach dem Auftreten eines Symptoms 2. während des Auftretens 3. bevor das Symptom eintritt. Um jedoch das Stottern beeinflussen zu können, muss die Wahrnehmung des Kindes intensiv geschult und die Auseinandersetzung sowie eine Desensibilisierung gefördert werden. Eltern und Kind sollen für das Stottern und die Reaktionen darauf unempfindlicher gemacht werden, sodass ein leichterer Umgang damit entstehen kann.
Pseudostottern. Dies bedeutet, dass die Therapeutin und das Kind absichtlich stottern. Das Erlernen des Pseudostotterns bietet einigen therapeutischen Nutzen: Es fördert die Eigenwahrnehmung für die motorischen Abläufe, baut Ängste ab, enttabuisiert das Stottern und verbessert die Sprechflüssigkeit.

Spielerisch haben die Kinder die Möglichkeit, sich ihrem Thema zu nähern. Ein Beispiel ist „Erwisch mich“ – das Kind soll bei der Therapeutin Stottersymptome aufdecken und erhält dafür Punkte. Später ist ein Rollentausch möglich. Um erarbeitete Therapieinhalte sozusagen auf ihre Alltagstauglichkeit zu erproben, wird die Arbeit „ins Leben“ verlagert. Das Kind ruft z. B. die Therapeutin an und erledigt die zuvor besprochene Sprechaufgabe am Telefon.

Umgang mit Stotternden

Beim Umgang mit Stotternden sollte man Blickkontakt halten, nicht für den Stotternden sprechen, Verständnis und Geduld aufbringen und ruhig zuhören. Denn für den Stotterer gilt: Lieber stottern statt schweigen!

Prognose

Über den Erfolg einer Behandlung kann nichts Eindeutiges gesagt werden. Grundsätzlich ist eine frühe therapeutische Intervention für die Prognose als günstig zu bewerten. Der Erfolg einer Stottertherapie kann darin liegen, dass die Sprechunflüssigkeiten seltener und weniger intensiv auftauchen oder dass das Kind weniger Sprechängste hat. In manchen Fällen verliert sich das Stottern gänzlich. Keine Therapie kann jedoch von vornherein eine Heilung garantieren.

Infobox

ICD-10:
98.5

Internetadressen:
http://www.bvss.de

Literatur:

Sandrieser P., Schneider, P.: Stottern im Kindesalter, 2. Aufl. Thieme, Stuttgart 2003

Ochsenkühn, C., Thiel, M.: Stottern bei Kindern und Jugendlichen. Springer, Berlin 2004

Struma

► Der 35-jährige Andreas Jarling spricht einen Freund an, der Krankenpfleger ist: „Sag mal Till, Du kennst dich doch aus. Ich frage mich, warum mir mein Hemdkragen nicht mehr passt. Als ich mich heute Morgen für meinen Tag im Büro anziehen wollte, ging der oberste Knopf nicht zu. Dabei habe ich gar nicht zugenommen. Hier am Kehlkopf kommt mir der Hals dicker vor. Schlucken kann ich ganz normal. Hast Du eine Ahnung, was das sein kann?"

Definition

Die Struma (Kropf) ist ein Symptom einer Schilddrüsenerkrankung mit normaler Hormonproduktion, die durch Jodmangel ausgelöst wird. Die Schilddrüse bildet dabei Knoten (Struma nodosa) oder eine diffuse Vergrößerung (Struma diffusa).

Die Kombination eines Kropfes mit einer Schilddrüsenunter- oder Schilddrüsenüberfunktion nennt man hypothyreote Struma bzw. hyperthyreote Struma. Bilden Knoten vermehrt Schilddrüsenhormone nennt man sie „heiße Knoten". Bilden sie weniger oder keine Hormone mehr, werden sie als „kalte Knoten" bezeichnet.

Da Deutschland eines der jodärmsten Gebiete der Erde ist, treten bei 10–20% der Bevölkerung Jodmangelstrumen auf (**Abb. S.102**). Frauen sind fünfmal häufiger betroffen als Männer, die Erkrankungshäufigkeit liegt zwischen dem 20. und 40. Lebensjahr.

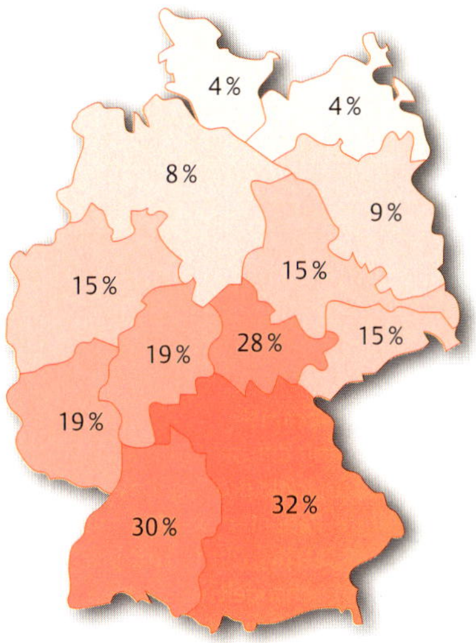

Abb. S.102 Häufigkeit von Strumen in Deutschland. Auffällig ist die Zunahme von Nord nach Süd.

Ursachen

Der ernährungsbedingte Jodmangel ist die häufigste Ursache für das Entstehen eines Kropfes. Jod wird für die ausreichende Bildung der Schilddrüsenhormone gebraucht. Wenn zu wenig Jod vorhanden ist, muss die Schilddrüse wachsen, um das Defizit auszugleichen. Die Drüsenzellen können sich vergrößern, damit vermehrt Hormone produziert werden können.

Der Kropf kann aber auch durch gutartige (benigne) oder eher seltene, bösartige (maligne) Erkrankungen entstehen. Bestimmte Medikamente oder Wechselwirkungen von Schilddrüsenhormonen können ebenfalls eine Struma hervorrufen.

Symptome

Die Struma verursacht häufig keine oder nur geringe Beschwerden. Deutliche Vergrößerungen am Hals können zu Enge- und Kloßgefühlen, Atemnot, Schluckbeschwerden oder Heiserkeit führen. Dies geschieht durch Durchblutungsstörungen an Halsgefäßen oder Druck auf die Luftröhre. Besteht ferner noch eine Schilddrüsenfunktionsstörung, so können noch Beschwerden einer Hypo- oder Hyperthyreose (→ Morbus Basedow) vorkommen (**Abb. S.103**).

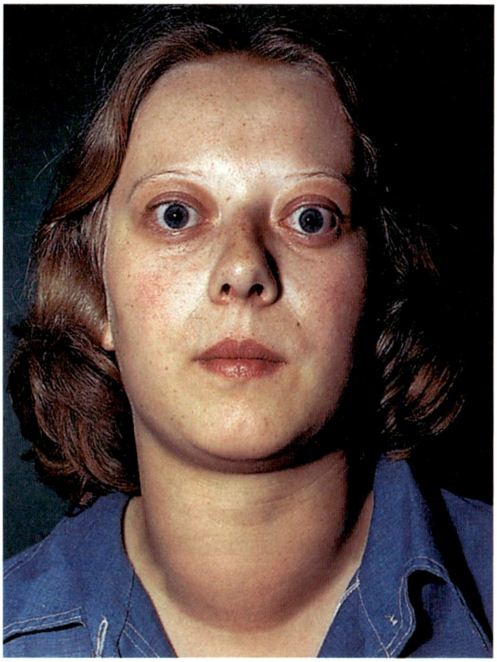

Abb. S.103 Struma. Schilddrüsenüberfunktion mit Struma und Exophthalmus (Morbus Basedow).

Die Schilddrüse kann in verschiedene Bereiche wachsen. Möglich ist, dass die Anzahl der Schilddrüsenzellen oder vor allem bei alten Menschen die einzelnen Schilddrüsenzellen zunehmen, oder der Follikelinhalt sich vermehrt. Ebenso kann das Bindegewebe wuchern, das Organ mehr durchblutet werden oder die Blutgefäße sich vervielfältigen.

Nach der WHO (Weltgesundheitsorganisation) gibt es folgende Stadieneinteilungen:

- **Grad 0:** keine Struma,
- **Grad I:** tastbare Struma,
- **Grad I a:** nicht tastbar bei normaler Kopfhaltung, kleiner Knoten bei normaler Größe der Struma,
- **Grad I b:** tastbare Struma, die bei zurückgebeugtem Hals sichtbar ist,
- **Grad II:** bei normaler Kopfhaltung sichtbare Struma,
- **Grad III:** sehr große, sichtbare Struma; Druck und Verdrängung anderer Organe im Halsbereich.

Diagnose

Die Anamnese und Untersuchung des Patienten stehen an erster Stelle. Die klinische Einteilung der Struma stützt sich auf die oben genannte Klassifikation der WHO. Wegen der möglichen Fehleinschätzung ist sie aber alleine nicht ausreichend. Weiter stehen Sonografie, Labor, Punktion und zusätzliche diagnostische Verfahren zur Verfügung.

Tastuntersuchung

Die Tastuntersuchung und Messung des Halsumfanges (in 3 Ebenen) geben Hinweise auf eine Umfangszunahme des Halses. Wird eine vergrößerte Schilddrüse festgestellt, wird sie nach Größe, Beschaffenheit und Verschiebbarkeit beurteilt. Ebenso wird nach lokalen Komplikationen wie Heiserkeit, Druckschmerz, angeschwollener Lymphknoten oder eine Luftröhrenverlagerung gesucht.

Sonografie

Zum Standard gehört die sonografische Volumenbestimmung, die mehr Aufschluss über die Größe des Organs gibt. Sie sollte bei erwachsenen Männern nicht mehr als 25 ml und bei erwachsenen Frauen nicht mehr als 18 ml betragen. Außerdem zeigt die Sonografie auch Herdbefunde (Knoten) an, bevor sie tastbar werden.

Des Weiteren können damit ebenso die Gewebebeschaffenheit beurteilt und evtl. Veränderungen der Schilddrüse bemerkt werden. Auch angrenzende Strukturen der Halsregion werden differenzialdiagnostisch unter die Lupe genommen und andere Erkrankungen im Halsbereich ausgeschlossen.

Laboruntersuchung

Im Labor gibt der Spiegel des Regelhormons TSH (Thyreoidea stimulierendes Hormon) die Funktionslage der Schilddrüse an. Das CRP (C-reaktives Protein, Entzündungsparameter) und die Schilddrüsenantikörper geben Auskunft über eine mögliche Entzündung der Schilddrüse.

Präzisere Aussagen bieten jedoch die Schilddrüsenhormone Thyroxin (T4) und Trijodthyronin (T3). In der Szintigrafieuntersuchung kann festgestellt werden, ob es sich um einen „heißen Knoten" (dunkle Darstellung) mit vermehrter oder um einen „kalten Knoten" (hellere Darstellung) mit fehlender Hormonproduktion handelt.

Punktion

Bei kalten Knoten wird generell ab einer Größe über einem Zentimeter eine kaum schmerzhafte Feinnadelpunktion empfohlen, da „kalte Knoten" ein erhöhtes Malignitätsrisiko aufweisen. Das Punktat wird dann mikroskopisch nach Bösartigkeit untersucht.

Zusatzdiagnostik

Eine erweiterte Diagnostik mit HNO-Untersuchungen, Röntgen von Thorax und Trachea, CT oder MRT wird bei großen Strumen mit mechanischer Beeinflussung notwendig. Im Valsalva-Pressversuch wird eine mögliche Wandinstabilität der Trachea ausgeschlossen. Ferner gibt der Ösophagusbreischluck eine Aussage über Verengungen in diesem Bereich. Selten findet sich eine dystope (am falschen Ort gelegene) Lokalisation der Struma hinter dem Brustbein (retrosternale Struma), in der Trachea (intratracheale Struma) oder im seitlichen Halsbereich (laterale Halsstruma).

Differenzialdiagnose

Ebenfalls zu Hals- und Schluckbeschwerden können Halszysten, Lymphome, HNO-Tumoren (z. B. → Larynxkarzinom), Metastasen oder Ösophagustumoren (→ Ösophaguskarzinom) führen. Der Ausschluss kann oftmals über die Sonografie des Halses erfolgen.

Therapie

Es bestehen drei Möglichkeiten zur Behandlung von Schilddrüsenvergrößerungen:

- medikamentöse Therapie,
- operative Therapie,
- Radiojodtherapie.

Alle Therapien zielen darauf ab, die Schilddrüse zu verkleinern.

Medikamentöse Therapie

Jüngeren Patienten mit diffuser Struma ersetzt man Jod in der Dosis von 200 µg Jodid pro Tag. Das nennt man Jodidsubstitution. Ältere Patienten werden mit Schilddrüsenhormonen wie z. B. L-Thyroxin (50 µg pro Tag steigernd auf 100 µg pro Tag) behandelt.

Man kann die Gabe von Jodid und L-Thyroxin auch kombinieren. Eine vorsorgliche Prophylaxe mit einer reduzierten Jodid-Dosis von 100 µg pro Tag nimmt dauerhaft den Wachstumsreiz der Schilddrüse.

Operative Therapie

Wenn erhebliche Beschwerden bestehen, die medikamentöse Therapie erfolglos ist und die Knoten groß sind, wird in einer Operation der Großteil der Schilddrüse entfernt. Diesen Eingriff nennt man subtotale Strumaresektion (**Abb. S.104**). Der Zugang geschieht mit einem queren Schnitt knapp oberhalb des Brustbeins (Kocher'scher Kragenschnitt). Um die Gefahr des Strumawachstums postoperativ zu minimieren erfolgt auch hier eine Rezidivprophylaxe mit L-Thyroxin.

Radiojodtherapie

Sprechen Gründe gegen eine Operation, bietet sich noch die Radiojodtherapie an. Die ein- bis zweiwöchige Bestrahlung zielt darauf ab, dass sich die Schilddrüse durch Anreicherung von radioaktivem Jod im Organ verkleinert. Meistens führen innerhalb von sechs bis zwölf Monaten alle drei Therapiemöglichkeiten zu einer Volumenverkleinerung der Schilddrüse.

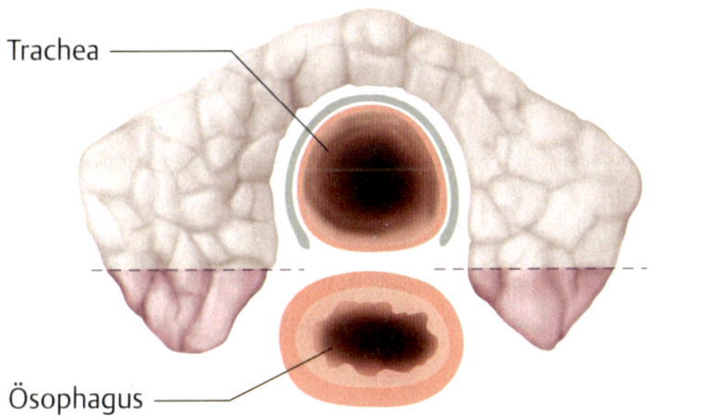

Abb. S.104 Subtotale Resektion. Bei der subtotalen Resektion verbleibt ein etwa „daumenendgliedgroßer“ Schilddrüsenrest.

Prognose

Nach einer Operation und unter der Rezidivprophylaxe mit Schilddrüsenhormonen besteht eine gute Prognose.

Komplikationen

1 % der operierten Schilddrüsenpatienten behält eine bleibende einseitige → Rekurrenzparese (Stimmbandnervlähmung). Weiterhin ist die vorübergehende oder bleibende Unterfunktion der Nebenschilddrüse möglich (→ Hypoparathyreoidismus).

Dehnt sich der Kropf hinter das Brustbein aus, verlagert und verengt sich die Luftröhre. Man hört ein pfeifendes Atemgeräusch und als Folge tritt Atemnot auf. Durch den Druck auf die nahen Blutgefäße kommt es zur Rechtsherzbelastung (→ Herzinsuffizienz), was als „Kropfherz“ bezeichnet wird.

Infobox

ICD-10:
E04.9

Internetadressen:
http://www.medizinfo.de
http://www.netdoktor.at

Subarachnoidalblutung (SAB)

► „Solche starken Kopfschmerzen habe ich noch nie gehabt!" Die 35-jährige Lisa Blatter will gerade die Blumentöpfe anheben, als sie einen heftigen, stechenden Kopfschmerz verspürt, der in den Nacken ausstrahlt. Weil ihr so übel ist, legt sie sich ins Bett. Als nach 2 Stunden keine Besserung eintritt, holt ihr Mann den Hausarzt. Der stellt bei Frau Blatter eine massive Nackensteifigkeit fest. Sofort lässt er sie vom Notarzt in das nächste neurologische Krankenhaus bringen.

Definition

Eine Subarachnoidalblutung (SAB) ist eine meist akut verlaufende Blutung aus den Gehirn versorgenden Arterien in den Subarachnoidalraum.

Ursachen

Als häufigste Ursache ist bei einer Subarachnoidalblutung die Gefäßaussackung einer Hirnarterie geplatzt (Hirnarterienaneurysma). Diese sackförmigen Ausbuchtungen können sich an allen Gehirnarterien bilden. Typischerweise findet man sie am Arterienring der Hirnbasis. Sie sind meist angeboren und verursachen an sich keinerlei Beschwerden. Diese Hirnarterienaneurysmen können platzen, meist bei körperlicher Anstrengung wie Lastenheben oder Pressen beim Stuhlgang, manchmal aber auch ohne Auslöser. In seltenen Fällen kann im Rahmen einer Gehirnverletzung durch äußere Gewalteinwirkung (→ Schädel-Hirn-Trauma) eine Gehirnarterie zerreißen, ohne dass ein Hirnarterienaneurysma besteht.

Das Blut tritt aus dem geplatzten Gefäß aus und breitet sich im Subarachnoidalraum aus. Dabei handelt es sich um den mit Gehirnflüssigkeit (Liquor) gefüllten Raum zwischen dem Gehirngewebe und der Hirnhaut (**Abb. S.105**). Durch das Blut werden die weichen Gehirnhäute verklebt und die Zirkulation des Liquors behindert, es kommt akut zu einem Druckanstieg im Gehirn (Hirnödem) und einer Vermehrung des Liquors (→ Hydrozephalus). Nach einigen Tagen kann durch das Blut im Liquor eine krampfartige Verengung (Vasospasmus) der Gehirnarterien ausgelöst werden, die dann zum → Hirninfarkt führt. Wiederholte Blutungen aus dem Aneurysma sind häufig.

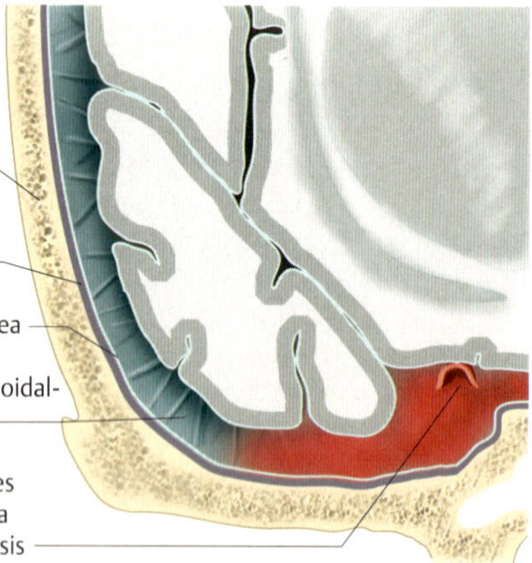

Abb. S.105 Subarachnoidalblutung nach Aneurysmaruptur. Es kommt zu einem direkten Bluteintritt in den Subarachnoidalraum.

Symptome

Kopfschmerzen. Die Betroffenen klagen über plötzlich auftretende Kopfschmerzen mit einer vorher nicht gekannten Intensität. Diese strahlen meist in den Hinterkopfbereich aus.

Nackensteife. Es zeigt sich eine extreme Nackensteife (Meningismus). Gleichzeitig besteht häufig Übelkeit und Erbrechen.

Bewusstseinstörungen. In vielen Fällen kommt es zu Bewusstseinstörungen, die von Schläfrigkeit (Somnolenz) bis zum Koma reichen können.

In schweren Fällen treten epileptische Anfälle, Sprachstörungen (Aphasie) oder Halbseitenlähmungen (Hemiparesen) auf.

Die Kombination von plötzlich auftretenden Kopfschmerzen und Nackensteife sollte sofort durch einen Arzt abgeklärt werden.

Diagnose

Neurologische Untersuchung. Neben der Nackensteife, die eine Reizung der Hirnhäute anzeigt (**Abb. S.106**), findet man häufig unterschiedlich große Pupillen (Anisokorie) und Augenmuskelstörungen, die Doppelbilder verursachen können.

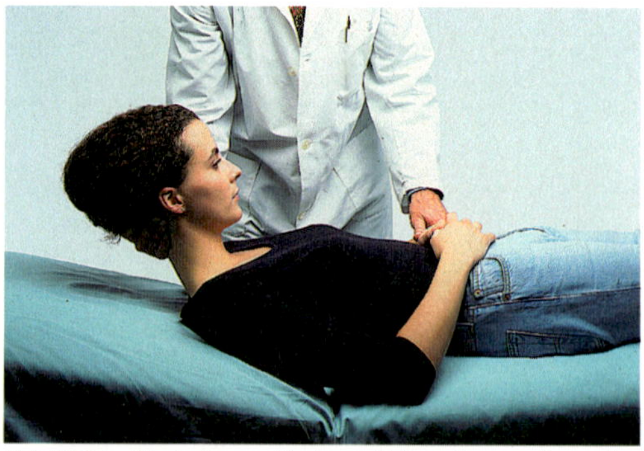

Abb. S.106 Meningismus. Nackensteife kann festgestellt werden, wenn man den Kopf des Patienten passiv beugt. Bei Schmerzen oder Widerstand ist eine meningeale Reizung anzunehmen.

Computertomografie des Schädels (cCT). Anschließend wird die Diagnose umgehend mit Hilfe einer cCT gesichert.
Lumbalpunktion. Nur wenn sich bei der cCT keine eindeutige Aussage treffen lässt, wird eine Entnahme von Gehirnwasser vorgenommen, mit der Blut im Liquor nachgewiesen werden kann.
Zerebrale Angiografie. Nach der Diagnosesicherung muss die Blutungsquelle gesucht werden, die meist in einem Hirnarterienaneurysma besteht. Dafür werden umgehend die Hirnarterien mit Hilfe eines Katheters untersucht, um die genaue Lage des Aneurysmas darzustellen.
Transkranielle Doppler-Sonografie. Um einen Gefäßkrampf (Vasospasmus) frühzeitig erkennen zu können, muss der Blutfluss in den Hirnarterien regelmäßig durch eine Ultraschalluntersuchung gemessen werden.
Kernspintomografie des Gehirns (NMR). Aufgrund verbesserter Techniken lassen sich heute mit der NMR des Gehirns und der Hirnarterien auch kleine Blutungen und Aneurysmen darstellen.

Differenzialdiagnose

Migräne. Am schwierigsten ist die häufig auftretende → Migräne von der Subarachnoidalblutung zu unterscheiden, allerdings fehlt hier die Nackensteife.
Meningitis. Bei einer → Meningitis ist eine Nackensteife wiederum charakteristisch, allerdings sind die begleitenden Kopfschmerzen nicht schlagartig und weniger stark.
Hirnblutungen. Bei allen Formen von Hirnblutungen (→ subdurales Hämatom, → Epiduralhämatom oder → intrazerebrale Blutung) kommen schwere neurologische Ausfälle wie → Koma, Halbseitenlähmung oder epileptische Anfälle (→ Epilepsie) vor.

Therapie

Intensivmedizinische Behandlung. Wie alle anderen Hirnblutungen ist auch die Subarachnoidalblutung ein Notfall. Durch eine Infusionstherapie mit Nimodipin wird versucht, das Auftreten eines Vasospasmus zu verhindern.
Gehirnoperation. In vielen Fällen wird versucht, das Hirnarterienaneurysma mit kleinsten Metallklemmen (Klipping) zu verschließen. Ist dies zu gefährlich, so werden über einen Katheter Platinspiralen eingebracht und das Aneurysma so verschlossen (Coiling).

Prognose

Die Subarachnoidalblutung ist immer noch eine der gefährlichsten Hirnblutungen. Insgesamt stirbt rund die Hälfte aller Betroffenen. Je früher die Patienten operiert werden und je weniger neurologische Ausfälle während der Blutung auftreten umso besser ist die Prognose. Schnelles Handeln ist deshalb wichtig. Überlebt der Patient die Blutung, so führen v. a. → Hydrozephalus oder Hirninfarkte nach einem Vasospasmus zu bleibenden Bewusstseinsstörungen, Hemiparesen oder schweren Hirnleistungsschwächen.

Infobox

ICD 10:
I60.9

Internetadressen:
http://www.dgn.org
http:://www.neuroscript.com

Literatur:

Kunze, K. (Hrsg.): Praxis der Neurologie, 2. Aufl. Thieme, Stuttgart 1999

Subclavian-Steal-Syndrom

► Herr und Frau Mayer sitzen vor dem Fernseher und sehen Tagesschau. Nach der Wettervorhersage steht Herr Mayer auf, um das Gerät auszuschalten. Plötzlich schwankt er, wird ohnmächtig und stürzt auf den Boden. Seine Frau ruft panisch den Notarzt. Als dieser eintrifft, ist der 71-Jährige bereits wieder bei Bewusstsein.

Definition

Bei einem Subclavian-Steal-Syndrom ist die Arteria subclavia vor dem Abgang der Arteria vertebralis verschlossen. Dadurch fließt das Blut nicht in das Gehirn, sondern entgegen der Strömungsrichtung über die A. vertebralis in den Arm (**Abb. S.107**).

Synonyme: Vertebralisanzapfsyndrom, Subclavian-Steal-Phänomen.

Ursachen

Am häufigsten wird ein Subclavian-Steal-Syndrom durch eine → Arteriosklerose verursacht. Hierbei führen Ablagerungen aus Fett und Bindegewebe zu einer Verengung oder einem Verschluss von Blutgefäßen (Stenose). Diese Stenose kann auch durch Entzündungen an den Gefäßen (→ Endangiitis obliterans oder Takayasu-Arteriitis) oder durch eine Gefäßerweiterung des Aortenbogens (→ Aortenaneurysma) entstehen.

Kollateralkreislauf im Gehirn

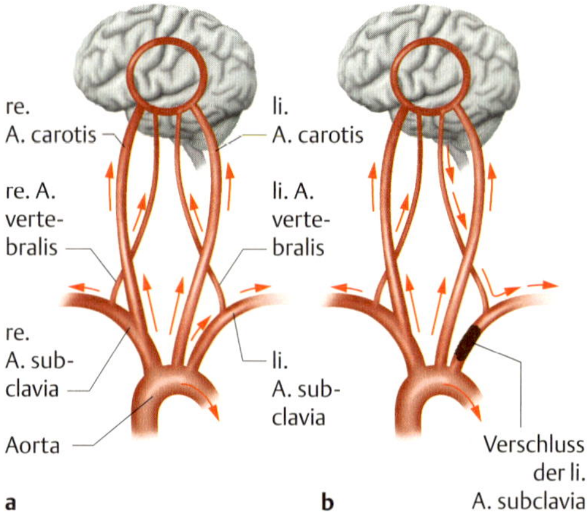

Abb. S.107 Subclavian-Steal-Syndrom. a Im Normalzustand wird das Gehirn über vier Arterien versorgt. Sie stehen im Schädel über einen Kreislauf in Verbindung. **b** Wird eine A. subclavia verschlossen, erfolgt die Blutversorgung des gleichseitigen Armes indirekt über den Gehirnkreislauf. Dabei wird die gleichseitige A. vertebralis retrograd durchströmt.

Tab. S.4 Differenzialdiagnose einer Synkope (nach Herold, 2005)

Ursache	Krankheitsbild
Herz wirft zu wenig Blut aus	▪ Aortenstenose ▪ hypertrophische, obstruktive Kardiomyopathie ▪ Pulmonalstenose ▪ Lungenembolie ▪ Herzinfarkt mit Pumpversagen ▪ Perikardtamponade ▪ Herzrhythmusstörungen
Störungen im Herz-Kreislauf-System	▪ orthostatische Synkope ▪ vasovagale Synkope ▪ postprandiale Synkope ▪ hypovolämische Synkope ▪ pressorische Synkope ▪ Synkope bei autonomer Neuropathie (Diabetes) ▪ Synkope durch Medikamente (z. B. Antihypertonika)
Störungen im Gehirn	▪ Narkolepsie ▪ Durchblutungsstörungen in den Gehirnarterien
Stoffwechselstörungen	▪ Hypoxie ▪ schwere Anämie

Symptome

Die Patienten leiden unter Schwindel und können bewusstlos werden. Dies dauert meist nur kurz und die Patienten werden i.d.R. von selbst wieder wach. Die Symptome treten meist dann auf, wenn der Patient den Arm bewegt und der Blutfluss aus dem Gehirn über die A. vertebralis in den Arm verstärkt wird. Manche Patienten haben wegen der Durchblutungsstörungen Hör-, Sprach-, Schluck- oder Sehstörungen. Mitunter treten vorübergehende Lähmungen auf.

Diagnose

Schwindelanfälle und kurzzeitige Bewusstlosigkeit weisen auf eine Durchblutungsstörung im Gehirn. Die Symptome können durch mehrmaliges Öffnen und Schließen der Faust provoziert werden (Faustschlussprobe). Die Doppler-Sonografie und die farbkodierte Duplexsonografie zeigen die Stenose in der A. subclavia. Die Verengung kann mit der Angiografie dargestellt werden. Nur in seltenen Fällen ist eine Computer- oder Magnetresonanztomografie erforderlich.

Differenzialdiagnose

Eine Bewusstlosigkeit, bei der der Patient nach kurzer Zeit wieder von selbst wach wird (Synkope), kann viele Ursachen haben (**Tab. S.4**).

Therapie

Der Patient muss nicht behandelt werden, wenn die Stenose keine Symptome verursacht, ansonsten muss operiert werden. Hierbei wird die A. subclavia an die A. carotis communis angeschlossen. Alternativ kann die Stenose durch einen Bypass aus Kunststoff (Dacron) behoben werden. Bei kurzstreckigen Stenosen kann das Gefäß mit einem Ballonkatheter aufgedehnt und durch ein Drahtnetz (Stent) offen gehalten werden.

Prognose

Der Verlauf der Erkrankung hängt vom Ausmaß des Verschlusses, vom Zeitpunkt der Diagnose und von der Therapie ab.

Infobox

ICD-10:
G45.8

Internetadressen:
http://www.dgangio.de
http://www.angiologie-online.de/Anzapfphaenomene.htm
http://www.kup.at/kup/pdf/5404.pdf
http://www.gefaesschirurgie.de

Literatur:

Greten, H. (Hrsg.): Innere Medizin, 2. Aufl. Thieme, Stuttgart 2005
Herold, G: Herold – Innere Medizin. Eigenverlag, Köln 2006
Hirner, A., Weise, K.: Chirurgie. Thieme, Stuttgart 2003

Subdurales Hämatom (SDH)

► „Nein Schwester Marie, mir ist nichts Ernstes passiert!" Das linke Auge der 78-jährigen Lina Weber ist tiefblau. „Ich bin gestern Abend in der Toilette gestürzt, aber es geht mir schon wieder gut!" Doch der aufmerksamen Altenpflegerin fällt auf, wie verlangsamt die ansonsten rüstige Rentnerin reagiert. Beim Frühstück rutscht ihr sogar das Wasserglas aus der rechten Hand. Sie begleitet die immer schläfriger wirkende Bewohnerin in deren Appartement. Dabei fallen ihr unterschiedlich große Pupillen auf. Sie ruft den Notarzt, der Frau Weber in das nächste neurologische Krankenhaus bringen lässt.

Definition

Ein subdurales Hämatom ist eine sowohl akut als auch chronisch verlaufende Blutung aus den venösen Blutleitern, die sich unterhalb der harten Hirnhaut (Dura mater) ausbreitet.

Ursachen

Innerhalb der harten Hirnhaut, die das Gehirn und das Gehirnwasser (Liquor) umgibt, verlaufen große Venen, die das venöse Blut aus dem Gehirn abtransportieren. Diese venösen Gefäße können v. a. bei älteren Menschen leicht zerreißen, sodass sich eine Blutung zwischen der harten (Dura mater) und der weichen Hirnhaut (Arachnoidea) bildet (**Abb. S.108**).

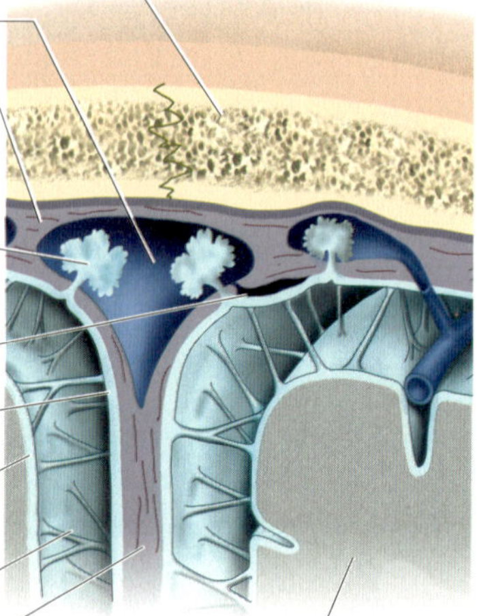

Abb. S.108 Entstehung eines subduralen Hämatoms. Bei einem subduralen Hämatom werden durch Gewalteinwirkung die kleinen Venen, die aus dem Sinus zum Gehirn hin aussprossen, abgeschert. Die Folge ist eine Blutung zwischen der harten (Dura mater) und der weichen Hirnhaut (Arachnoidea).

Ursache ist im Normalfall eine Krafteinwirkung auf den Schädel, z. B. ein Sturz auf den Kopf. Ein erhöhtes Risiko besteht besonders bei älteren Patienten, bei Stoffwechsel- und Gefäßerkrankungen sowie bei chronischer Alkoholkrankheit.

Je nachdem, wo sich die Blutung im Gehirn befindet und wie groß sie ist, wird das restliche Gehirngewebe verdrängt, es kann zu einer Erhöhung des Hirndrucks und Gehirnschwellung (Hirnödem) kommen. Dadurch werden neurologische Ausfälle und Bewusstseinsstörungen verursacht. Falls nur ein kleines Gefäß gerissen ist, schreitet die Blutung sehr langsam voran und verursacht erst nach Tagen bis Wochen Symptome, in diesem Fall spricht man von einem chronischen subduralen Hämatom.

Symptome

Beim akuten subduralen Hämatom treten bei den Betroffenen innerhalb weniger Stunden nach dem Trauma Bewusstseinsstörungen auf, die anfangs eher gering ausgeprägt sind, selten bis hin zum Koma reichen. Beim chronischen subduralen Hämatom kann man häufig nur geringe, langsam zunehmende psychische Auffälligkeiten wie z. B. Verwirrtheit oder Persönlichkeitsveränderungen beobachten.

Eindeutige Hinweise für beide Formen sind eine unterschiedliche Pupillengröße (Anisokorie), meist mit einer Pupillenvergrößerung (Mydriasis) auf der betroffenen Seite und einer Halbseitenlähmung der Gegenseite (kontralaterale Hemiparese).

Diagnose

Beim Verdacht auf eine Hirnblutung wird als Erstes eine neurologische Untersuchung durchgeführt, bei der die Pupillendifferenz und die Bewusstseinsstörungen auffallen. Anschließend wird eine Computertomografie des Schädels (cCT) durchgeführt, mit der die Diagnose gestellt wird (**Abb. S.109**). Nur in seltenen Fällen ist eine Kernspintomografie (NMR) des Schädels nötig.

Differenzialdiagnose

Alle anderen Formen von Hirnblutungen (→ Subarachnoidalblutung, → Epiduralhämatom oder → intrazerebrale Blutung) können ähnliche Symptome verursachen, allerdings sind die Bewusstseinsstörungen typischerweise schneller fortschreitend. Liegt ein chronisches subdurales Hämatom mit einem langsamen Verlauf über Wochen vor, so muss auch an einen → Gehirntumor gedacht werden.

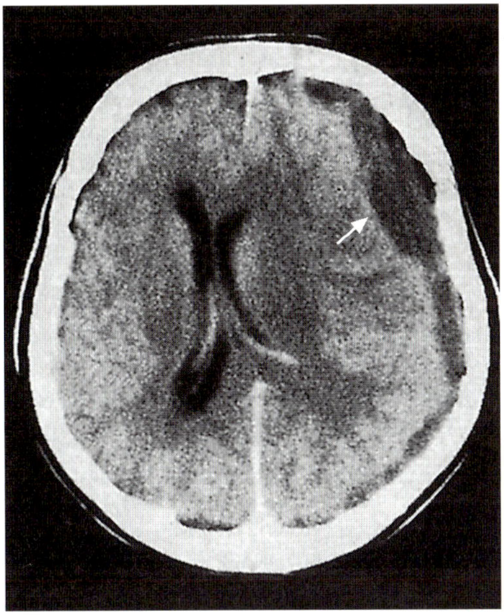

Abb. S.109 Computertomografie des Schädels (cCT) bei einem subduralen Hämatom. Die Blutung ist zwischen dem Schädelknochen und dem linken Gehirn als sichelförmiger dunkelgrauer Streifen (Pfeil) zu erkennen. Die Gehirnmittellinie ist durch das Hämatom nach rechts verschoben.

Therapie

Bei großen Blutungen wird sofort eine Gehirnoperation durchgeführt. Bei diesem unkomplizierten Eingriff wird das Blut über ein Bohrloch abgesaugt. Vor allem bei älteren Patienten mit einem kleinen subduralen Hämatom ohne neurologische Ausfälle wartet man zunächst ab, bevor operiert wird.

Prognose

Die Patienten erholen sich meist vollständig, allerdings kann es wiederholt zu Blutungen kommen.

Infobox

ICD 10:
I62.0

Internetadressen:
http://www.dgn.org
http://neuroscript.com/subdural.htm
http://www.hydrocephalus.de

Literatur:
Masuhr, K.F., Neumann, M.: Duale Reihe Neurologie, 5. Aufl. Thieme, Stuttgart 2005

Sudeck-Syndrom

► Die Schmerzen sind das Hauptproblem von Markus Sutter (27). Trotz der Schmerzmittel sind sie sein ständiger Begleiter. Vor einem Jahr ist Markus von einer niedrigen Mauer heruntergesprungen und dabei mit dem rechten Fuß umgeknickt. Folge war eine Köchelfraktur und er bekam einen Gipsverband. Doch vier Wochen nach dem Unfall schwollen Fuß und Unterschenkel plötzlich an. Brennende Schmerzen, besonders bei Berührung, traten auf, sodass Markus gar keinen Socken mehr anziehen konnte. Da der Knochen gut verheilt war, wurden die Beschwerden als vorübergehend eingeschätzt. Ein Fehler, wie sich herausstellen sollte. Jetzt hat sich Markus bei einem Orthopäden vorgestellt. Die Beweglichkeit des Sprunggelenks ist bereits erheblich eingeschränkt.

Definition

Das Sudeck-Syndrom ist ein regionales Schmerzsyndrom an einer Extremität mit Gewebe-Funktionsstörungen, Atrophie (Schrumpfung) von Muskulatur, Haut und Knochen und schließlich der Einsteifung von Gelenken (nach Paul H. Sudeck, Hamburger Chirurg, 1866 – 1945).

Synonyme: sympathische Reflexdystrophie, Algodystrophie, Sudeck-Dystrophie, Morbus Sudeck.

Ursachen

Welche Vorgänge genau für das Krankheitsbild verantwortlich sind, ist unklar. Die typischen Symptome werden u. a. auf eine Fehlregulation des sympathischen Nervensystems zurückgeführt. Manche Theorien favorisieren spezifische Entzündungsreaktionen. Inwieweit psychosoziale Faktoren eine Rolle spielen, ist umstritten.

Die Größe oder Schwere der Verletzung ist jedoch nicht ausschlaggebend dafür, ob ein Sudeck-Syndrom entsteht oder nicht und wie ausgeprägt die Symptomatik ist. Auslöser können sein:

- Traumen,
- Operationen,
- Bagatellverletzungen,
- Nervenerkrankungen,
- Herzerkrankungen,
- Schilddrüsen-Überfunktion (Hyperthyreose),
- Medikamente, z. B. bestimmte Schlafmittel (Barbiturate). Dies ist jedoch relativ selten.

Bei einem Viertel der Patienten ist überhaupt keine Ursache auszumachen.

Symptome

Im Vordergrund stehen die oft als brennend beschriebenen Schmerzen, sensible und motorische sowie trophische Störungen. Das Krankheitsbild ist individuell sehr verschieden ausgeprägt. Die Patienten sind oft ängstlich, wirken depressiv und emotional labil. Die Erkrankung verläuft in drei Stadien. Die Übergänge zwischen den Stadien sind fließend.

Stadium I (Entzündungsstadium). Die betroffene Extremität ist teigig verschwollen, die Haut gerötet und überwärmt, betroffene Gelenke wirken entzündet. Die Schmerzen treten teilweise bei geringster Berührung auf und werden durch Bewegung verstärkt. Die Patienten klagen oft über vermehrtes Schwitzen. Das Haar- und Nagelwachstum kann beschleunigt sein.

Stadium II (Dystrophie-Stadium). Die lokale Schwellung und Überwärmung verschwindet allmählich. Die Weichteile werden zunehmend atrophisch, derber und verlieren an Elastizität, was v. a. im Seitenvergleich mit der nicht betroffenen Extremität auffällt (**Abb. S.110**). Die Haut wirkt bläulich oder blass, ist kühl, teilweise glänzend. Die Gelenkbeweglichkeit nimmt ab, Schmerzen bestehen weiterhin.

Stadium III (Atrophie-Stadium). Haut, Muskeln und Sehnen sind geschrumpft, betroffene Gelenke sind eingesteift (Kontrakturen). Die Schmerzen nehmen ab.

Diagnose

Die Diagnose wird in erster Linie anhand der klinischen Symptome gestellt. Diese können jedoch individuell erheblich variieren, weshalb die Diagnose teilweise schwierig ist. Bestätigt wird sie mit einer Knochenszintigrafie, in der sich die applizierten Radiopharmaka lokal anreichern. Ab Stadium II erkennt man auf Röntgenbildern eine fleckige → Osteoporose der Knochen, die in eine diffuse Osteoporose übergeht (**Abb. S.111**).

Differenzialdiagnose

Die Symptomatik kann dem Erscheinungsbild anderer Erkrankungen ähneln, z. B. einem → Kompartmentsyndrom, einem Lymphstau, Nervenschädigungen anderer

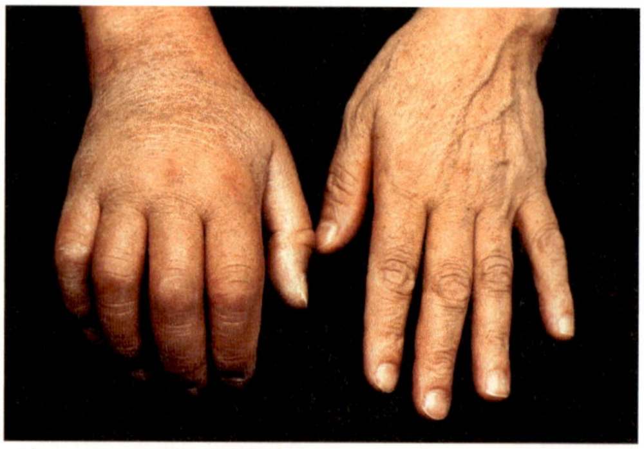

Abb. S.110 Morbus Sudeck der rechten Hand. Klinisches Bild im Stadium II (Dystrophie-Stadium).

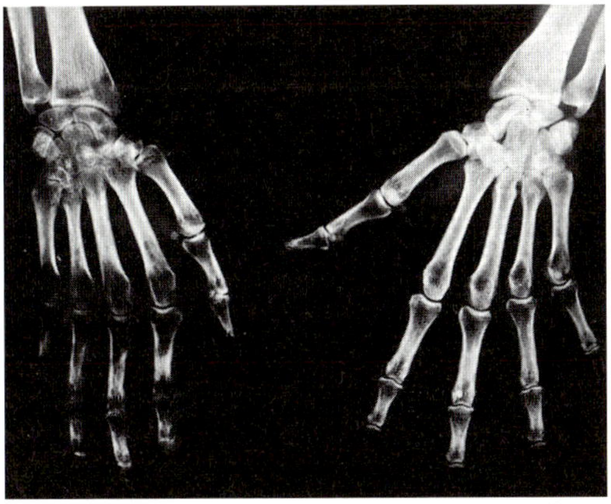

Abb. S.111 Röntgenbefund im Stadium III (Atrophie-Stadium). Verlust von Knochenmaterial (Osteoporose) in der rechten Hand.

Ursache oder chronisch-entzündlichen Erkrankungen des rheumatischen Formenkreises.

Therapie

Es wird abhängig vom Stadium behandelt. Allerdings gibt es keine allgemein anerkannten Therapiekonzepte. In allen Erkrankungsstadien wird eine psychologische Betreuung empfohlen.

Stadium I. In diesem akuten Stadium stellt man die betroffene Extremität zunächst ruhig und legt kühlende Umschläge an. Zur Linderung der Schmerzen werden nichtsteroidale Antirheumatika (NSAR), gelegentlich auch Morphine verabreicht oder es werden invasive Methoden der Schmerztherapie angewandt. Calcitonin oder Bisphosphonate wirken dem Knochenabbau entgegen. Die überschießende Sympathikus-Aktivität kann mit der Sympathikusblockade gehemmt werden. Dabei wird ein Lokalanästhetikum an den Grenzstrang injiziert (Ganglion stellatum oder lumbaler Grenzstrang). Weitere Therapieoptionen sind die manuelle Lymphdrainage, Elektrotherapie und vorsichtige Physiotherapie.

Stadium II. Es wird verstärkt versucht, der Gelenkeinsteifung und Muskelatrophie mit physikalischen und physiotherapeutischen Maßnahmen entgegenzuwirken. Andere Maßnahmen werden wie im Stadium I gehandhabt.

Stadium III. Bei Patienten, die erst in diesem Stadium den Arzt aufsuchen, versucht man mit dehnenden Maßnahmen die Gelenke beweglicher zu machen. Ansonsten erfolgt ein aktives Bewegungs- und Muskeltraining sowie eine Schulung der Fein- und Grobmotorik (Ergotherapie).

Prognose

Alle 3 Erkrankungsstadien können sich über Wochen bis Monate hinziehen. Die Gewebeveränderungen bilden sich z. T. im Verlauf spontan zurück oder verbleiben permanent.

Infobox

ICD-10:
M89

Internetadressen:
http://www.dr-gumpert.de
http://www.leitlinien.net
http://www.rsdfoundation.org

Symphysenschaden

► Bettina Jütten (29) und ihre Nachbarin sitzen beim Kaffee und unterhalten sich über ihre Schwangerschaften: „Die ganze Schwangerschaft verlief im Grunde total problemlos. Ich bin sogar bis zum siebten Monat fast jeden Tag geritten. Dann begannen die Beschwerden. Ich bekam furchtbare Schmerzen im Bereich des Schambeins. Wenn ich lief, wurde es immer schlimmer, es zog bis in den Rücken hinein. Ich konnte gar nicht mehr auf der Seite liegen."

Definition

Die Schambeinfuge (Symphysis pubica) ist der vordere Kontaktpunkt, an dem das rechte und linke Schambein miteinander verbunden sind. Ein Symphysenschaden ist entweder eine Lockerung, Ruptur oder Sprengung der Schambeinfuge.

Ursachen

Symphysenlockerung. Zwischen den knöchernen Anteilen liegt eine Bandscheibe, die die Verbindung flexibel hält, was später für den Geburtsverlauf von Bedeutung ist. Während der Schwangerschaft wird diese Faserknorpelverbindung aufgrund hormoneller Veränderungen besonders weich und flexibel. In manchen Fällen kann es zu einer Symphysenlockerung während der Schwangerschaft oder der Geburt kommen. Sie ist funktionell bedingt.

Eine Auflockerung der Bänder und Gelenke, besonders im Becken, ist in der Schwangerschaft durch den Einfluss der Östrogene normal. Dabei kann es auch zu einer Beckenringlockerung kommen.

Symphysenruptur. Diese ist unter der Geburt heute sehr selten geworden. Bei einer schweren Geburt mit großem Kind, Zangen- oder Vakuumentbindung, kann die Symphyse bei einem engen Becken verletzt werden.

Symptome

Die Patientinnen klagen häufig über Schmerzen im Bereich der Symphyse, der bei Bewegung schlimmer wird. Sie können nicht schmerzfrei auf der Seite liegen. Die Schmerzen strahlen häufig zum Kreuzbein oder in den Oberschenkel aus. Im Fall einer Symphysenruptur treten oft schwere Gehstörungen auf (Watschelgang).

Diagnose

Um die klinische Diagnose zu sichern und das Ausmaß des Schadens abzuschätzen, wird das Becken geröntgt. Ein erweiterter Symphysenspalt oder eine Stufenbildung weisen auf einen Symphysenschaden hin (**Abb. S.112**).

Therapie

Bei geringeren Problemen helfen symptomatische Maßnahmen, wie Schmerzmittel und Schonung. Manchmal ist die orthopädische Versorgung mit einer festen Leibbinde oder einem Stützkorsett notwendig.

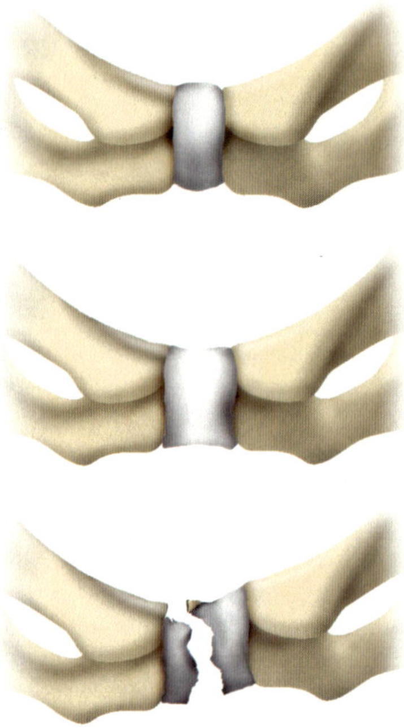

a b c

Abb. S.112 Symphysenschäden im Wochenbett. Die schematischen Darstellungen von Röntgenbildaufnahmen zeigen verschiedene Ausprägungen eines Symphysenschadens. **a** Schmaler Symphysenspalt, **b** weiter Symphysenspalt (Ruptur nicht auszuschließen), **c** Symphysenruptur mit Knochenfragment und Dislokation.

Prognose

Die schwangerschaftsbedingte Symphysenlockerung heilt i.d.R. ohne größeren therapeutischen Aufwand aus. Dieser Prozess lässt sich jedoch mit gezielter Physiotherapie beschleunigen. Eine endgültige Beschwerdefreiheit kann sich erst einige Wochen nach der Geburt ergeben.

Infobox

ICD-10: O26.7

Internetadresse:

http://radiologie.charite.de

Literatur:

Skibbe, X., Löseke, A.: Gynäkologie und Geburtshilfe für Pflegeberufe. Thieme, Stuttgart 2001

Syphilis

► Der 43-jährige Heribert Sauer starrt entsetzt auf sein „bestes Stück". Schon seit ein paar Tagen hat er ein „Knötchen" an der Eichel beobachtet. „Jetzt fühlt es sich hart an," berichtet er dem Hautarzt. „Allerdings habe ich keine Schmerzen an dem Geschwür." Er denkt an seinen Bangkok-Urlaub mit Sex vor vier Wochen. Der Hautarzt stellt fest, dass auch die regionalen Lymphknoten geschwollen sind. Er gewinnt vorsichtig einen Abstrich von dem Geschwür und nimmt Blut ab. Dann verordnet er Penizillin. Zwei Tage später bekommt Heribert Sauer die Mitteilung, dass der HIV-Test negativ ist. Aber die eigentliche Diagnose erschreckt ihn noch genug.

Definition

Als Syphilis wird die sexuell übertragbare Infektion mit Treponema pallidum bezeichnet. Dieses zu den Spirochäten (Schraubenbakterien) gehörende, spiralig gewundene Stäbchenbakterium ist im Lichtmikroskop nativ (natürlich) nicht zu sehen und kann auf den üblichen Nährmedien für Bakterien nicht angezüchtet werden.

Die mittels Spezialfärbungen, Dunkelfeldmikroskopie oder serologisch gestellte Diagnose ist anonym meldepflichtig durch das Labor (§ 7 IfSG).

Synonym: Lues.

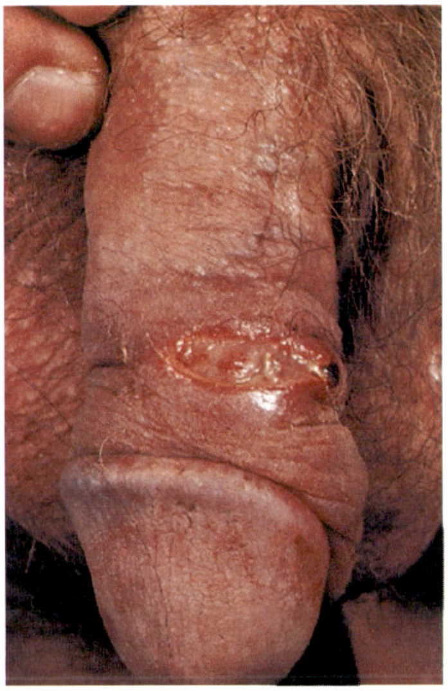

Abb. S.113 Primärstadium. Ulcus durum (harter Schanker) bei Syphilis.

Ursachen

Vor allem beim Sexualakt dringen die Treponemen durch kleine Hautläsionen und intakte Schleimhäute in den Körper ein. Die Pathogenitätsfaktoren sind noch nicht sicher bekannt. Die Erreger befallen regionale Lymphknoten, breiten sich aber bei weiterem Verlauf im ganzen Körper aus. Nun werden Schäden an Haut, Schleimhäuten und Hautanhangsgebilden beobachtet. Nach einer mehr oder weniger langen Latenzzeit befallen die Bakterien alle Organe, schließlich auch das Zentralnervensystem.

Bei infizierten Schwangeren können die Treponemen auf das Kind übertragen werden (→ angeborene Infektionen). Wenn es die Infektion überlebt, wird es mit einer kongenitalen Syphilis (Lues connata) geboren. Gelegentlich ist der Verlauf der Krankheit verzögert und die Diagnose wird erst im Kleinkindalter gestellt (Lues connata tarda).

Symptome

Die Syphilis kann in vier Stadien eingeteilt werden, die durchlaufen werden, wenn nicht behandelt wird. Die Dauer hängt von patienteneigenen Faktoren ab.

Primärstadium – Lues I

Nach einer Inkubationszeit von etwa 10 – 30 Tagen bildet sich der Primärkomplex (Lues I) (**Abb. S.113**). Dieser besteht aus einem harten Geschwür (Ulcus durum, „harter Schanker") und einer Schwellung der zugehörigen regionalen Lymphknoten. Das erste Stadium endet von selbst. Allerdings verteilen sich die Bakterien im ganzen Körper.

Sekundärstadium – Lues II

Meist etwa acht Wochen nach Verschwinden des Ulcus durum, manchmal jedoch früher oder deutlich später, treten Ausschläge auf (**Abb. S.114**). Dazu kommen Schleimhautentzündungen und, z. B. perianal, Feigwarzen (Condylomata lata). Kleinfleckiger Haarausfall ergänzt das Bild. Es können aber auch Symptome wie Fieber, Übelkeit und Erbrechen auftreten und Beschwerden aller Organe. So sollte bei unklaren Krankheitsbildern auch an die Syphilis gedacht werden.

Wird die Diagnose nicht gestellt, kann die Krankheit nach einem Jahr oder später ins nächste Stadium übergehen.

Tertiärstadium – Lues III

Die Haut zeigt braunrote Knoten (Syphilide) mit Geschwürbildung. Diese heilen ab, wobei Narben zurückbleiben. In der Unterhaut, in den Knochen und in anderen Organen gelegene Knoten werden als Gummata bezeichnet. Nach Jahren kann die Schlagader angegriffen werden, dies kann zum Aneurysma dissecans (→ Aortenaneurysma) führen. Dessen Platzen kann zum Tod des Patienten führen.

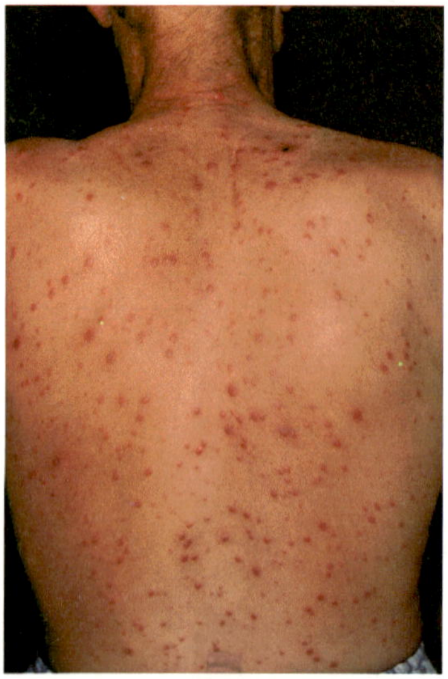

Abb. S.114 Sekundärstadium. Typischer Hautausschlag nach längerer Infektion bei Syphilis.

Quartärstadium – Lues IV, Neurolues

Dieses Stadium wird oft auch der Lues III zugeordnet. Es beinhaltet den Befall des Gehirns. Je nach Lokalisation können Demenz, Persönlichkeitsveränderungen, Gangunsicherheit und Reflexverlust die Folge sein.

Lues connata

Eine infizierte Mutter überträgt die Erreger in der zweiten Schwangerschaftshälfte auf ihr Kind. Je nach Fruchtalter kann ein → Abort, Totgeburt oder die Geburt eines kranken Kindes die Folge sein.

Frühsymptome sind blutiger Schnupfen, Hautmanifestationen, generalisierte Lymphknotenschwellungen und Hepatosplenomegalie. Spätsymptome sind: Hornhautentzündung des Auges, → Innenohrschwerhörigkeit und rundliche, kariesanfällige „Tonnenzähne" (Hutchinson-Trias).

Diagnose

Der mikroskopische Nachweis ist auf die Frühphase der Lues I beschränkt und somit von begrenztem Nutzen. Daher werden Serumantikörper nachgewiesen. Dafür wird zunächst ein Suchtest, Treponema-pallidum-Hämagglutinationstest (TPHA), durchgeführt. Ist er positiv, wird der FTA-abs-Test (indirekter Immunfluoreszenztest) angeschlossen.

Da beide Tests auch nach erfolgreicher Behandlung positiv ausfallen, wird weiter ein Aktivitätstest durchgeführt. Hierzu werden Antikörper gegen bestimmte Lipide nachgewiesen, z. B. mittels Cardiolipin-Komplementbindungsreaktion oder VDRL-Test. Der VDRL-Test wird spätestens ein Jahr nach erfolgreicher Behandlung negativ.

Differenzialdiagnose

Auch eine Infektion mit Haemophilus ducreyi führt zu einem Geschwür. Dieses hat jedoch einen weichen Boden und ist schmerzhaft (Ulcus molle, „weicher Schanker"). Die Syphilis-Symptome im Stadium Lues II sind relativ unspezifisch. Daher sind andere Haut- und Organerkrankungen abzugrenzen. Auch die heute sehr seltene Neurolues muss von anderen ZNS-Erkrankungen abgegrenzt werden, was i.d.R. auf Grund der Krankengeschichte gelingt.

Therapie

Das Mittel der Wahl ist Penizillin. Eingesetzt werden können auch Makrolide und Chephalosporine oder Tetracyclin.

Prognose

Bei rechtzeitig einsetzender Therapie ist die Prognose gut. Bei später einsetzender Therapie kommt es evtl. zu Defektheilungen. Unbehandelt werden die Stadien bis zum Ende durchlaufen.

Infobox

ICD-10:
A50 Syphilis connata
A51 Frühsyphilis
A52 Spätsyphilis
A53 sonstige und nicht näher bezeichnete Syphilis

Internetadresse:
http://www.rki.de

Literatur:
Jassoy, Ch., Schwarzkopf, A.: Hygiene, Mikrobiologie und Ernährungslehre für Pflegeberufe. Thieme, Stuttgart 2004

Systemischer Lupus erythematodes (SLE)

► Es ist Spätsommer, die Ferienzeit ist vorbei. Auch Dr. Coesfeld ist aus dem Urlaub in Italien zurück und arbeitet seit heute wieder in seiner rheumatologischen Praxis. „Die Sonnenhungrigen kommen zurück," hat er morgens noch zur Helferin gesagt. Am Nachmittag kommt eine 36-jährige Frau in die Sprechstunde. Sie klagt über Muskelschmerzen. Auch ihre Gelenke schmerzen, außerdem fühlt sie sich ständig müde und schwach. „Waren Sie kürzlich im Urlaub" – „Ja." – „Im Süden?" – Ja, in Italien." – „Ach...!" Eigentlich verträgt sie gar keine Sonne, stellt sich heraus, nur ihrem Freund zuliebe ging es diesmal nicht nach Norwegen. Sonnenbaden ist ihr unangenehm, selbst ein Strandspaziergang macht ihr Probleme. Ihre Haut verändert sich durch die Sonne, wird dünn und empfindlich. Selbst jetzt noch hat sie ein gerötetes Gesicht, vor allem im Bereich der Wangen und des Nasenrückens.

Definition

Systemischer Lupus erythematodes ist eine entzündliche Autoimmunerkrankung des Bindegewebes, die in Schüben verläuft und zu den sog. Kollagenosen gehört. Sie führt zu Hautveränderungen, Entzündungen der Gefäße, Gelenke, Muskeln und verschiedener Organe.

Unter 100.000 Personen treten ca. 10 bis 30 Fälle auf, betroffen sind insbesondere jüngere Frauen zwischen 30 und 40 Jahren.

Ursachen

Wodurch Lupus ausgelöst wird, ist unbekannt. Wie bei allen Autoimmunerkrankungen kommt es auch hier zu einer Abwehrreaktion gegen körpereigene Zellstrukturen, was zu chronischer Entzündung führt. Es entstehen Autoantikörper im Blut.

Man vermutet als Ursache bestimmte äußere Faktoren (Sonnenlicht, Nahrungsmittel, Medikamente) im Zusammenspiel mit genetischer Veranlagung. Auch körperlicher oder seelischer Stress beeinflusst den Krankheitsverlauf.

Symptome

Systemischer Lupus betrifft verschiedene Organe in unterschiedlichem Maße, was zu vielfältigen Beschwerden und individuellen Krankheitsabläufen führt. Mögliche Symptome sind (**Abb. S.115**):

- **Allgemein:** Fieber, Leistungsschwäche, Müdigkeit, Gewichtsabnahme,
- **Haut** (**Abb. S.116**): schmetterlingsförmige entzündliche Hautrötung (Erythem) an den Wangen und am Nasenrücken, Lichtempfindlichkeit der Haut, rote schuppende Knötchen, Haarausfall,

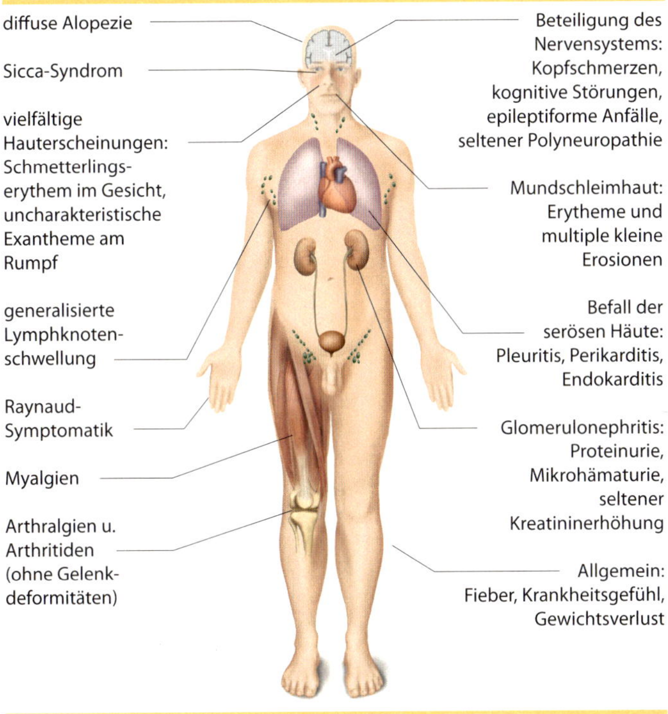

Abb. S.115 Systemischer Lupus erythematodes. Möglicher Organbefall.

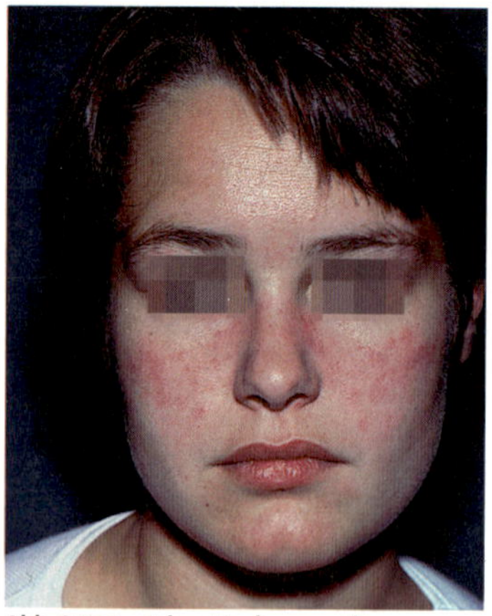

Abb. S.116 Schmetterlingserythem.

- **Gelenke:** Schmerzen mit oder ohne Entzündung, in einigen Fällen mit Gelenkdeformation,
- **Raynaud-Syndrom:** hier kommt es wiederholt zu mangelnder Durchblutung, vor allem der Finger, seltener der Zehen. Die betroffenen Gliedmaßen werden erst blass und kalt, anschließend schmerzhaft und bläulich,
- **Muskeln:** Schmerzen und Entzündungen,
- **Gefäße:** Entzündung der Gefäßwände,
- **Nieren:** Nierenentzündung (Lupusnephritis) bis hin zum Nierenversagen,
- **Herz:** Entzündung des Herzbeutels (→ Perikarditis) oder Herzmuskels (→ Myokarditis),
- **Rippenfell:** Entzündung (→ Pleuritis),
- **Blut:** → Anämie (wenig rote Blutkörperchen), Leukopenie (wenig weiße Blutkörperchen), → Thrombopenie (wenig Thrombozyten),
- **Lungen:** Entzündung, Atmungsstörungen,
- **Nervensystem:** Nervenschmerzen.

Diagnose

Lupus wird mit einer Blutuntersuchung (Autoantikörperbestimmung) oder mit einer feingeweblichen Hautprobenuntersuchung diagnostiziert. Meist sind auch die Entzündungsparameter im Blut erhöht.

Das American College of Rheumatology (ACR) hat Diagnosekriterien zusammengestellt. Vier der elf folgenden charakteristischen Befunde sind erforderlich, um systemischen Lupus in Betracht ziehen zu können:

1. Schmetterlingserythem (schmetterlingsförmige Rötung im Bereich der Wangen),
2. scharf begrenzte, scheibenförmige Hautveränderungen,
3. Lichtempfindlichkeit,
4. Geschwüre der Schleimhaut,
5. Gelenkentzündung an zwei oder mehr peripheren Gelenken,
6. Entzündung des Zwerchfells oder des Herzbeutels,
7. Nierenbeteiligung: Eiweiß im Urin, mehr als 0,5 g pro Tag (normal sind bis zu 150 mg am Tag),
8. Nervensystembeteiligung: Psychosen oder Krampfanfälle,
9. Blutbild: Anämie oder Leukopenie oder Thrombopenie,
10. Immunologische Befunde: Anti-dsDNA-Antikörper, Anti-Sm-Antikörper, Antikardiolipin-Antikörper,
11. antinukleare Antikörper im Blut ohne Einnahme Lupus erythematodes auslösender Medikamente.

Therapie

Da die Ursache der Erkrankung nicht bekannt ist, können nach derzeitigem Wissensstand nur die Symptome behandelt werden. Die Medikation richtet sich nach der Schwere des Krankheitsbildes. Entzündungen behandelt man mit Schmerzmitteln (Aspirin, Ibuprofen, Diclofenac), die überschießende Aktivität des Immunsystems mit Antimalariamitteln (Chloroquin), Glukokortikoiden (Kortison), Immunsuppressiva (Azathioprin, Ciclosporin) und Zytostatika (Methotrexat, Cyclophosphamid). Vor allem bei Hautbeschwerden kommen Antimalariamittel zum Einsatz. Erst wenn Niere oder andere wichtige Organe betroffen sind, greift man auf Immunsuppressiva und Zytostatika zurück.

Differenzialdiagnose

Durch sorgfältige Untersuchung müssen andere Kollagenosen (entzündliche Erkrankungen des Bindegewebes) ausgeschlossen werden. Lupus-ähnliche Symptome können auch durch einige Medikamente ausgelöst werden, klingen aber nach dem Absetzen der Medikamente ab.

Prognose

In rund zwei Dritteln der Fälle verläuft die Krankheit schubweise; zwischen den Schüben sind die Patienten nahezu oder gänzlich beschwerdefrei. Es ist aber auch möglich, dass ein Großteil der Symptome bestehen bleibt. Bei einem Drittel der Betroffenen verläuft die Erkrankung ohne Schübe, stetig und langsam.

Systemischer Lupus erythematodes schränkt zwar nicht die Lebenserwartung, aber die Lebensqualität der Betroffenen ein. Wichtig ist das frühzeitige Erkennen und die schnellstmögliche Behandlung der Krankheit.

Infobox

ICD-10: M32.9

Internetadressen:

http://www.lupus-selbsthilfe.de

http://www.lupus.rheumanet.org

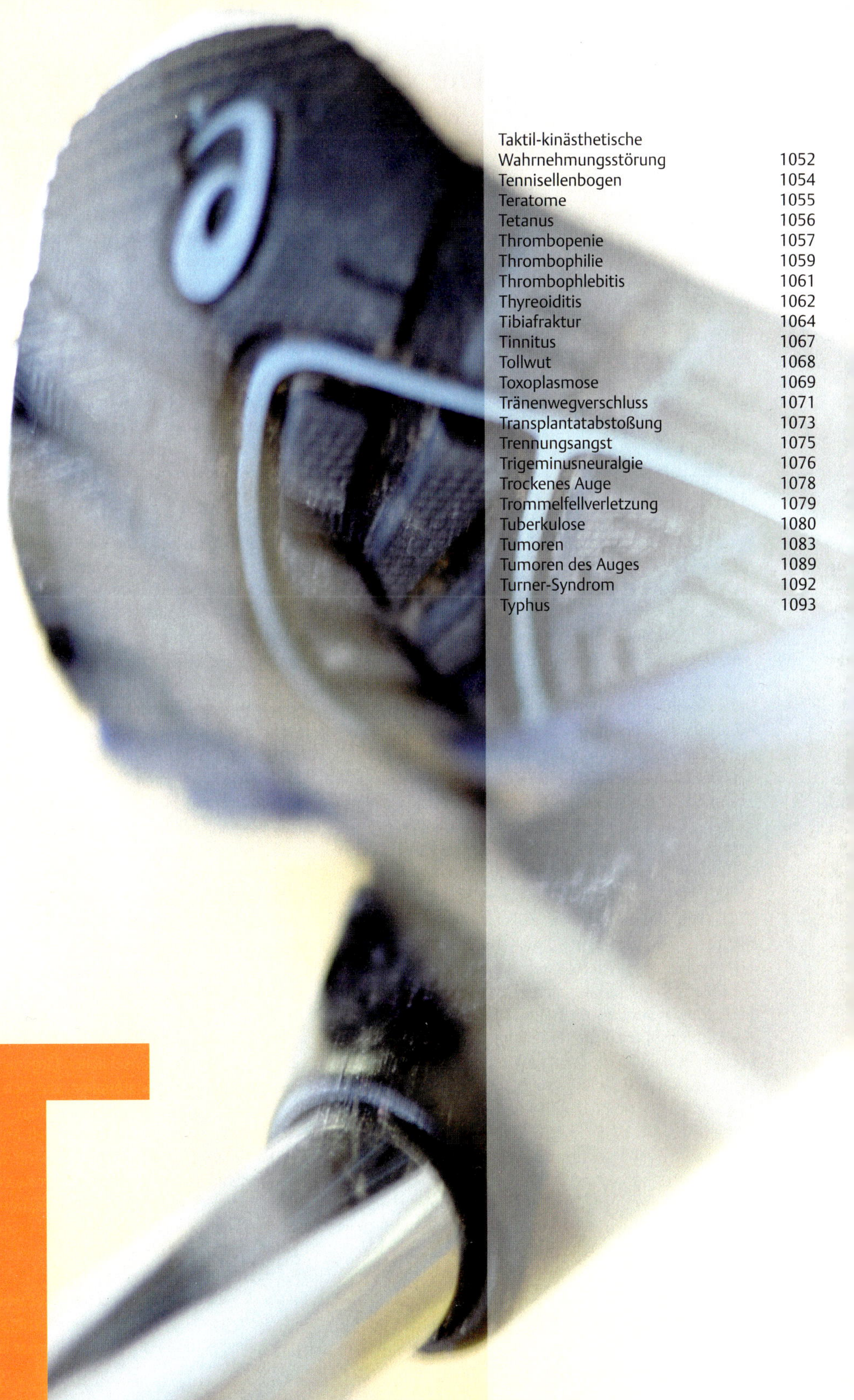

T

Taktil-kinästhetische Wahrnehmungsstörung

► **„Linus war schon immer ein wenig seltsam", erzählt Frau Grundel dem Kinderarzt. „Wenn man ihn als Baby auf das Schaffell gelegt hat, hat er sich nicht beruhigt. Man kann auch nicht mit ihm kuscheln, während seine Schwester Johanna nie genug bekommen kann. Will er dann aber mit seiner Schwester schmusen, rennt sie davon, weil ihr seine Umarmungen weh tun. Er ist oft so grob, dass er im Kindergarten gemieden wird. Dabei ist er kein Rabauke. Außerdem hat uns letztens die Erzieherin auf seine Sprache hingewiesen. Er kann wohl einige Laute nicht aussprechen, ist schwer zu verstehen und grenzt sich dadurch noch mehr ab. Und darunter leidet er sehr."**

Definition

Bei einer taktil-kinästhetischen Wahrnehmungsstörung werden taktile und/oder kinästhetische Reize nicht adäquat aufgenommen, weitergeleitet oder im Gehirn verarbeitet.

Ursachen

Die taktile Wahrnehmung (Wahrnehmung von Berührungen, Oberflächensensibilität) umfasst die Perzeption von Reizen wie Berührung, Druck, Schmerz oder Temperatur über Rezeptoren der Haut. Die kinästhetische Wahrnehmung (Bewegungs- oder propriorezeptiver Sinn, Tiefensensibilität) erhält Informationen über Rezeptoren in Gelenken, Sehnen und Muskeln und ist die Eigenwahrnehmung des Körpers. Die Kombination aus beiden Komponenten, die taktil-kinästhetische Wahrnehmung, ist grundlegend, um die Umwelt zu erforschen und Feinmotorik zu entwickeln. Sie zählt, im Gegensatz zu den Fernsinnen – Sehen und Hören – zu den sog. Nahsinnen.

Das Begreifen der Umwelt wird nach Piaget und Affolter erst durch das Wahrnehmen, also das Ablutschen von Gegenständen, das Greifen, Tasten und Betasten möglich. Eigenschaften von Gegenständen werden zunächst über Berührungen und Bewegungen wahrgenommen und bilden somit die Grundlage für höhere kognitive Funktionen und damit auch für die Sprache. Für die Artikulation ist eine gute Kontrolle der Mundbewegungen notwendig, doch Kinder mit taktil-kinästhetischen Auffälligkeiten spüren ihre Lippen, die Zunge, den Gaumen, die Wangen usw. nicht so differenziert, als dass sie ihre Bewegungen exakt steuern könnten.

Auffälligkeiten in der taktil-kinästhetischen Wahrnehmung sind angeboren. Für das Kind sind taktile und kinästhetische Reize unangenehm bis beängstigend.

Symptome

Auffälligkeiten der taktilen Wahrnehmung sind:

- leichte Berührungen werden als schmerzhaft empfunden,
- Schmerz wird kaum wahrgenommen,
- Körpergrenzen sind nicht bewusst, was zu Distanzlosigkeit führen kann,
- bestimmte Materialien, v. a. klebrige wie Teig, Fingerfarbe oder Sand, werden gemieden,
- Kleidungsstücke aus Wolle, anderen rauen Materialien, Rollkragenpullis, Strumpfhosen oder Schals werden abgelehnt.

Auffälligkeiten der kinästhetischen oder propriozeptiven Wahrnehmung sind:

- dem Kind fällt ständig etwas herunter,
- das Kind stößt sich häufig,
- Bewegungen sind tollpatschig,
- das Kind zerbricht häufig etwas, da es Probleme mit der Kraftdosierung hat,
- bei einfachen alltäglichen Verrichtungen sind die Kinder ungeschickt.

Weil die taktilen und propriozeptiven Reize nicht adäquat verarbeitet werden, sind sie für das Kind bedrohlich und es reagiert mit Abwehr.

Diagnose

Die Diagnose erfolgt durch Beobachtung, Befragung der Eltern und des Kindes und/oder über „Takiwa", ein speziell entwickeltes Verfahren zur Untersuchung taktil-kinästhetischer Wahrnehmungsleistungen.

Therapie

Je nach Störungsbild des Kindes werden ergotherapeutische oder logopädische Maßnahmen eingeleitet.

Ziel der Therapie ist es zum Einen, das Kind und die Eltern über die Wahrnehmungsstörung und die daraus resultierenden Verhaltensweisen aufzuklären und damit zu entlasten. Zum Anderen soll das Kind durch spezielle Reizangebote lernen seine Umwelt im wahrsten Sinne des Wortes anders anzufassen. Wichtig sind dabei Materialien, die eindeutig zu spüren sind (fest, stehend und nicht wegrollend, kantig und nicht rund, **Abb. T.1**).

Besonders prägnant wird dies bei den feinsten Bewegungsabläufen des menschlichen Organismus, der Mundmotorik. So können Materialien, die sich nicht mit Speichel auflösen – z. B. Karottenstückchen – mit den Lippen und der Zunge abgetastet und gezielt im Mundraum bewegt werden. Dadurch erhält das Kind wiederum Rückmeldungen über seine motorischen Bewegungen. Diese klaren Rückmeldungen erleichtern es, neue Artikulationsbewegungen zu finden und fehlende Laute zu erlernen.

Hinweise zum Umgang

Folgendes sollte im Umgang beachtet werden:

- Nähern sie sich den Kindern von vorne, sodass die Situation für das Kind visuell kontrollierbar ist.

Abb. T.1 Ergotherapie. Beim Tast-Memory ertastet das Kind die Materialien.

- Wenn Sie das Kind anfassen müssen, sollte das mit eindeutigem, etwas festerem Griff geschehen. Auf leichte Berührungen wird das Kind mit Abwehr reagieren.
- Akzeptieren Sie, wenn das Kind abseits stehen will. So kann es Berührungen von anderen Personen aus dem Weg gehen.

Prognose

Das Kind wird bei einer adäquaten Therapie lernen, Materialien so zu manipulieren, dass sie nicht mehr unangenehm sind. Als Folge wird es sich forschend und nicht abwehrend mit der Umwelt beschäftigen. Auf diese Weise wird es auch sprachliche Fortschritte durchlaufen.

Infobox

ICD-10:
Nicht klassifiziert. Symptome, die durch die taktil-kinästhetische Wahrnehmungsstörung provoziert werden, sind gelistet (z. B. Sprachentwicklungsstörung F80.1, F80.2, orofaziale Störung G24.4).

Internetadressen:
http://www.mqs.es.schule-bw.de/lernprobleme.htm
http://www.mi.med.uni-goettingen.de/PhonPaed/taktil04.htm

Literatur:
Affolter, F.: Wahrnehmung, Wirklichkeit und Sprache. Neckar, Villingen-Schwenningen 1987
Nacke, A.: Ergotherapie bei Kindern mit Wahrnehmungsstörungen. Thieme, Stuttgart 2005

Tennisellenbogen

► Herr Aberle sucht seinen Hausarzt auf, weil er seit einigen Wochen bei Bewegung Schmerzen im rechten Ellenbogen verspürt. Diese seien besonders stark, wenn er Tennis spiele, sein neues Hobby. Nach einer kurzen Untersuchung rät ihm aber sein Hausarzt, den Tennisschläger für die nächsten Wochen in die Ecke zu stellen, denn die ungewohnte Betätigung habe zu einem „Tennisellenbogen" geführt.

Definition

Von einem Tennisellenbogen spricht man bei bewegungsabhängigen Schmerzen im Ellenbogenbereich.

Synonyme: Epicondylitis humeri radialis, Tennisarm.

Ursachen

Die Unterarmmuskeln setzen über Sehnen seitlich am Ellenbogen an (**Abb. T.2**). Werden diese Muskeln überstrapaziert kommt es zu Reizungen an den Sehnenansatzstellen. Man spricht vom „Tennisellenbogen", weil es zu Schmerzen im Ellenbogenbereich häufig nach sportlicher Belastung, also z. B. Tennis oder Golf spielen kommt.

Auch bei sonstiger starker Beanspruchung der Unterarmmuskeln, z. B. im Handwerk, kann es zu solchen Beschwerden kommen. Seltenere Ursachen sind Durchblutungsstörungen im Sehnenansatzbereich, psychische Einflüsse, hormonelle Störungen, Stoffwechselerkrankungen.

Symptome

Die Schmerzen seitlich des Ellenbogengelenkes treten meist nur bei Bewegungen des Armes auf, in ganz schlimmen Fällen sind sie aber auch in Ruhe vorhanden. Gelegentlich strahlen die Schmerzen in den zur entzündeten Sehne gehörenden Muskel aus. In schweren Fällen kommt es zur Kraftminderung im betroffenen Arm.

Diagnose

Sie wird aufgrund der geschilderten Beschwerden gestellt. Außerdem ist ein Druckschmerz im Bereich der Sehnenansatzstellen auslösbar. Ein Anspannen der am Ellenbogen ansetzenden Muskeln ist ebenfalls schmerzhaft.

Differenzialdiagnose

Auch nach einer Ellenbogenprellung bestehen Schmerzen im Ellenbogen, die sich unter Bewegung verstärken.

Therapie

Wie bei allen Entzündungen oder Reizungen ist eine Schonung des Ellenbogengelenkes schmerzlindernd. Zur Entlastung reicht meist ein elastischer Verband, in schweren Fällen muss bis zum Abklingen der Beschwerden ein Gips angelegt werden. Eine Kühlung der schmerzhaften Stellen kann Erleichterung bringen.

In chronischen Fällen werden schmerz- und entzündungshemmende Medikamente sowie Wärmetherapie eingesetzt. Nur selten ist eine operative Therapie nötig.

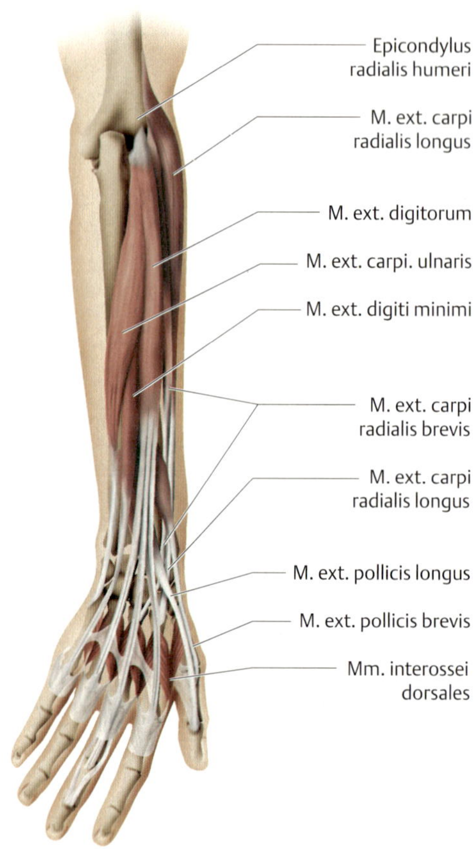

Abb. T.2 Tennisellenbogen. Überlastungen der Streckmuskulatur der Finger und des Handgelenks führen zu Schmerzen im Bereich ihres Ursprungs am Epicondylus radialis humeri.

Prognose

Im Allgemeinen heilt ein Tennisellenbogen folgenlos aus.

Infobox

ICD 10: M77.1

Internetadresse: http://www.dr-gumpert.de

Literatur:

Niethard, F.U., Pfeil, J.: Duale Reihe Orthopädie, 5. Aufl. Thieme, Stuttgart 2005

Manger, B.: Checkliste Rheumatologie, 3. Aufl. Thieme, Stuttgart 2005

Henne-Bruns, D. u. a. (Hrsg.): Duale Reihe Chirurgie, 2. Aufl. Thieme, Stuttgart 2003

Teratome

► Frau Lukas ist 30 Jahre alt. Sie stellt sich beim Arzt vor, weil sie seit einigen Tagen Schmerzen im linken Unterbauch hat. Andere Beschwerden verneint sie. Bei der Tastuntersuchung fühlt der Arzt eine Schwellung im Bereich des linken Eierstocks. Im Ultraschallbild ist ein Tumor zu erkennen, der zystische Anteile mit echodichteren Herden aufweist.

Definition

Teratome sind Keimzell-Tumoren, die überwiegend bei Frauen während der fortpflanzungsfähigen Phase vorkommen. Man unterscheidet zwischen den unreifen und den reifen Teratomen, wobei die Malignität mit zunehmender Ausreifung sinkt. Am häufigsten kommen die reifen zystischen Teratome vor, die auch Dermoidzysten oder Dermoide genannt werden.

Morphologie

Dermoidzysten treten in 10 – 25 % der Fälle beidseitig auf, wachsen langsam und weisen eine durchschnittliche Größe von 8 cm auf. Sie haben eine teigige Konsistenz und eine glatte Oberfläche (**Abb. T.3 a**). Im Inneren des → Tumors befinden sich häufig Haare, die bei Teratomen älterer Frauen sogar grau werden können.

Daneben existieren unterschiedliche Gewebeanteile, z. B. Oberhaut, Schleim, Knochen, Talg, Knorpel, Nervengewebe, Organanteile oder Zähne (**Abb. T.3 b**). Eine besondere Form ist die Struma ovarii. Es handelt sich hierbei um ein Teratom, das zu großen Teilen aus aktivem Schilddrüsengewebe besteht, welches auch Hormone produziert. Es finden sich demzufolge erhöhte Thyroxinwerte im Blut.

Auch bei den eigentlich gutartigen Dermoidzysten kann es zur Entartung einzelner Gewebeanteile kommen, sodass sich im Tumor z. B. ein Plattenepithel- oder Adenokarzinom entwickelt.

Ursachen

Teratome entstehen aus embryonalen Stamm(keim)zellen und enthalten Anteile aller drei Keimblätter (Ektoderm, Mesoderm und Endoderm).

Symptome

Die Symptomatik ist abhängig von der Tumorgröße. Vereinzelt kommt es zu einer Zunahme des Bauchumfanges oder zu Unterbauchschmerzen.

Ab einer Größe von 5 cm neigt der Tumor zunehmend zur Stieldrehung mit der Folge eines akuten Abdomens (→ akutes Abdomen in der Gynäkologie). Liegt eine Struma ovarii vor, leidet die Patientin unter den Zeichen einer Schilddrüsenüberfunktion (→ Morbus Basedow).

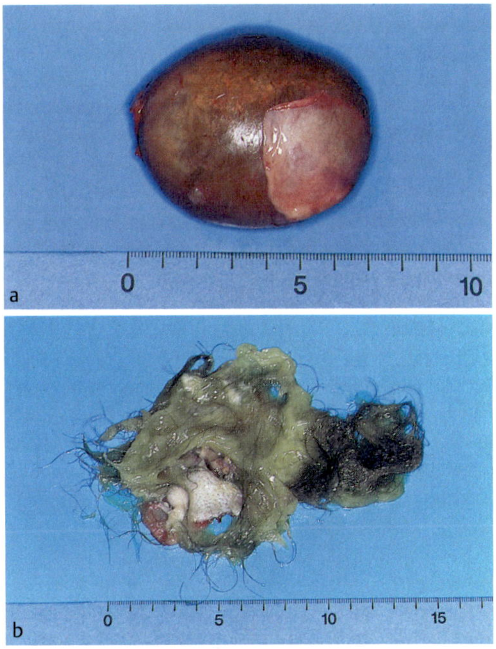

Abb. T.3 Teratom (Dermoidzyste). a Es hat eine teigige Konsistenz und eine glatte Oberfläche. **b** Eröffnetes Teratom: Der Inhalt besteht hier aus Talg, Haaren, Haut und Zähnen.

Diagnose

Der Tumor kann im Rahmen der gynäkologischen Untersuchung getastet werden. Mit dem Ultraschall kann man zystische Strukturen erkennen. Knochen und Zähne werden röntgenologisch nachgewiesen.

Therapie

Die Therapie besteht in der Ausschälung des Teratoms oder ggf. einer Entfernung des betroffenen Eierstocks. Da der Tumor auch beidseitig auftritt, müssen beide Eierstöcke untersucht werden.

Prognose

Die Prognose ist gut, da die Entartungswahrscheinlichkeit bei nur etwa einem Prozent liegt.

Infobox

ICD-10: D48.9

Internetadressen: http://www.drhilgart.de/OP-Bilder/Dermoidzyste/body_dermoidzyste.html
http://www.onkodin.de

Tetanus

► Auf der Flucht vor Feinden springt der 23-jährige Ranjid C. in einen Innenhof auf einen Haufen Schrott. Dabei bohrt sich ein Holzstück in seine Wade. Er entkommt, aber weder er noch seine Freunde haben die Möglichkeit die Wunde ordentlich zu versorgen. Alsbald zeigen Rötung, Überwärmung und Schmerzen eine Infektion an. Schließlich verkrampft sich die Muskulatur, die mimische Muskulatur erstarrt zu einem hämischen Grinsen. Die entsetzten Freunde versuchen noch einen Arzt herbeizuschaffen. Doch als er kommt ist es schon zu spät.

Definition

Als Tetanus werden Infektionen mit dem grampositiven Sporenbildner Clostridium tetani bezeichnet. Während eine Wundinfektion jederzeit möglich ist, wird das Vollbild des Wundstarrkrampfes mit spastischer Lähmung nur bei mangelhafter Wundversorgung und fehlender Impfung erreicht.

Synonym: Wundstarrkrampf.

Ursachen

Das obligat anaerobe, Sporen bildende grampositive Stäbchenbakterium Clostridium tetani kommt v. a. im Erdreich, in Fäkalien und auch im Staub vor (**Abb. T.4**). Unversport bilden sie zwei Exotoxine (Tetanolysin und Tetanospasmin), wobei Letzteres den Wundstarrkrampf hervorruft. Die Infektion findet bevorzugt in Verbindung mit Fremdkörpern (Holzsplittern, Dornen, Metallstücken) in schlecht durchblutetem Gewebe statt oder bei Mischinfektionen mit Sauerstoff verbrauchenden Bakterien.

Symptome

Generalisierte Form. Diese Form beginnt neben Eiterinfektionszeichen an der Eintrittspforte mit chronischen Spasmen der Skelettmuskulatur wie im Fallbeispiel. Schluckstörungen und Krämpfe ganzer Muskelgruppen ergänzen das klinische Bild. Betroffen sind hauptsächlich der Rumpf und die Muskulatur entlang der Wirbelsäule; die Extremitäten sind oft unbeteiligt. Mögliche Todesursachen sind Ateminsuffizienz und Herzstörungen. Die Inkubationszeit kann dabei zwischen einem Tag und mehreren Monaten liegen, i.d.R. 3 Tage bis 3 Wochen.

Lokale Tetanuserkrankung. Wenn eine Impfung zu lange zurückliegt (Teilimmunität) kann es zur lokalen Tetanuserkrankung kommen. Hier erstreckt sich die Muskellähmung auf die direkte Umgebung der Verletzung, die als Eintrittspforte diente.

Neonatale Form. Diese entwickelt sich bei nicht geimpften Müttern und unzureichender Nabelhygiene. Leitsymptome sind Trinkschwäche, Krämpfe und Starrheit der Muskulatur.

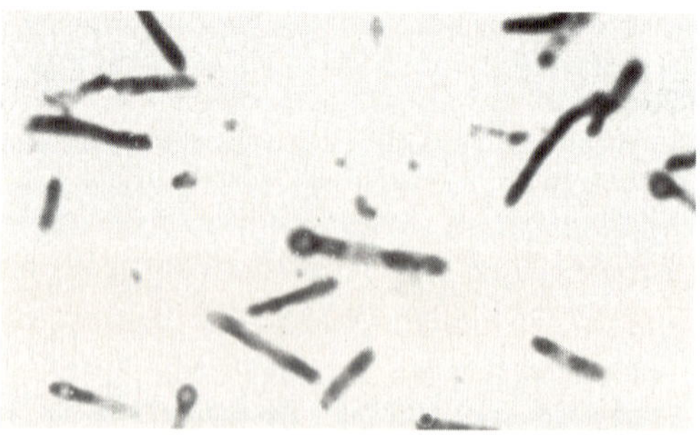

Abb. T.4 Clostridium tetani. Im lichtmikroskopischen Bild sind die Endosporen im terminalen Bereich des Bakteriums erkennbar (typische Streichholzform).

Diagnose

Der typische klinische Befund ist wegweisend. Eine Kultur gelingt meist nicht. Daher werden immer noch zwei Mäuse mit dem Serum oder Wundmaterial des Patienten beimpft, die eine Maus erhält zusätzlich Antitoxin. Wenn die ungeschützte Maus eine „Wespentaillie“ als Zeichen einer Spastik zeigt, ist die Krankheit erwiesen.

Differenzialdiagnose

Im Anfangsstadium kommen andere Erreger einer Wundinfektion in Frage, im weiteren Verlauf ist die Diagnose wegen des absolut typischen Verlaufs aber eindeutig.

Therapie

Tetanusimmunglobulin wird zur passiven Impfung appliziert. Eine gründliche chirurgische Wundversorgung und die Gabe von Antibiotika (Penicillin) reduzieren die Tetanuserreger. Als sehr gute Alternative eignet sich Metronidazol. Die Intensivtherapie unter Freihaltung der Atemwege verhindert Komplikationen der Lunge.

Prognose

Bei rechtzeitiger Behandlung ist die Prognose gut. Während der akuten Erkrankung kann durch weitere Bakterien die Lunge geschädigt werden.

Infobox

ICD-10: A35

Internetadressen:
http://www.rki.de
http://www.netdoktor.de

Literatur:

Jassoy, C., Schwarzkopf, A.: Hygiene, Mikrobiologie und Ernährungslehre für Pflegeberufe. Thieme, Stuttgart 2004

Thrombopenie

► Die 42-jährige Monika Schwertner, stationär auf der onkologischen Abteilung, erzählt Pflegeschülerin Petra: „Ach, eigentlich vertrage ich die Chemo ganz gut, zumindestens hatte ich es mir schlimmer vorgestellt. Es geht mir immer nur einen Tag richtig schlecht. Und ich brauche ja die Therapie . . . nur habe ich seit einigen Tagen immer mehr kleine rote Punkte auf der Haut. Wissen Sie vielleicht, was das sein kann?"

Definition

Bei der Thrombopenie ist die Anzahl von Thrombozyten im Blut auf < 150.000/ μl vermindert.

Synonym: Thrombozytopenie.

Ursachen

Angeborene, familiäre Thrombopenien sind selten. Viel häufiger sind folgende erworbene Thrombopenien.

Medikamenteninduzierte Thrombopenie. Tritt eine Thrombozytopenie erstmalig nach der Einnahme eines Medikamentes auf (z.B. Schmerzmittel, Antibiotika u.v.a.), muss ein Zusammenhang vermutet werden.

Heparininduzierte Thrombopenie. Heparin wird zur Verhinderung einer Thrombose eingesetzt. Selten verursacht Heparin eine immunologische Reaktion, die zu einem Thrombozytenabfall und einer verstärkten Thromboseneigung führt.

Thrombopenie durch Zytostatika und Chemotherapie. Auch diese Medikamente verursachen aufgrund ihres Wirkprinzips häufig einen Thrombozytenabfall sowie andere Blutbildveränderungen.

Thrombopenie bei Infektionen. Bei einigen Infektionen können die Thrombozyten abfallen: HIV (→ AIDS), → Röteln, → Pfeiffer'sches Drüsenfieber, → Malaria u. a.

Thrombopenie bei Lymphomen. Unter einem Lymphom versteht man eine bösartige Erkrankung des Immunsystems (z.B. → Non-Hodgkin-Lymphom). Einerseits verdrängen Lymphome das Knochenmark, wo die Thrombozyten gebildet werden, andererseits kommt es auch zu immunologischen Veränderungen.

Thrombopenien in der Schwangerschaft. Einige Schwangere entwickeln im Schwangerschaftsverlauf eine Thrombopenie.

Weitere Erkrankungen. Folgende Erkrankungen können eine Thrombopenie auslösen oder mit ihr vergesellschaftet sein:

- akuter und chronischer Alkoholkonsum (→ Alkoholkrankheit),
- Immunerkrankungen der Schilddrüse (z.B. → Morbus Basedow),
- andere Immunerkrankungen: → Chronische Polyarthritis, → sytemischer Lupus erythematodes usw.

Symptome

Bei einer Thrombozytenzahl unter 30.000/μl kommt es bereits bei geringsten Stößen zu Petechien (punktförmige Einblutungen, **Abb. T.5**) oder zu → Hämatomen. Zudem vermehren sich auch die Einblutungen in die Schleimhäute. Außerdem können Periodenblutungen verstärkt sein oder die Patientin bemerkt, dass sie bei kleinen Verletzungen länger als gewohnt blutet. Bei schweren Verläufen können auch Blutungen im Gehirn auftreten.

Diagnose

Grundlage der Diagnose ist immer eine ausführliche Untersuchung und Anamnese. Insbesondere muss nach einer Medikamenteneinnahme gefragt und auf Anzeichen anderer Erkrankungen (Lymphknotenvergrößerung bei Lymphomen) geachtet werden.

Im abgenommenen Blutbild sind nur die Thrombozyten vermindert, während Erythrozyten und Leukozyten normal sind. Thrombozyten-Antikörper müssen bestimmt werden. Auch die Knochenmarkuntersuchung kann wichtig sein zur Diagnose einer Leukämie oder von Lymphomen. Auch können ein Lungen-Röntgenbild oder eine Ultraschalluntersuchung des Bauches zu einer Tumorsuche sinnvoll sein.

Die medikamentös bedingte Thrombopenie wird nur durch wiederholte Anamnesen ausgeschlossen und wird anhand eines bestimmten Kriterienkatalogs diagnostiziert. Beim Verdacht auf eine medikamenteninduzierte Thrombopenie sind Antikörper gegen die Thrombozyten im Blut zu finden. Dieses Verfahren ist jedoch in seiner Aussagekraft beschränkt.

Differenzialdiagnose

Die Thrombopenie stellt das Symptom einer Erkrankung dar. Daher sollte in alle Richtungen geforscht werden, worauf die Thrombopenie zurückzuführen ist.

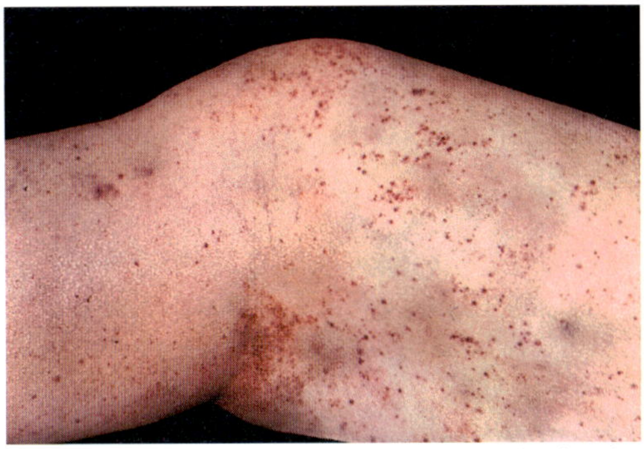

Abb. T.5 Thrombopenie. Petechiale Hautblutungen bei Thrombopenie.

Therapie

Die Therapie richtet sich vorrangig nach der Ursache. Kommt es zu einem lebensbedrohlichen Abfall der Thrombozyten, können diese mit Transfusionen ersetzt werden. Da diese Therapie sehr teuer ist, gibt es eine strenge Indikationsstellung. Eine Indikation wäre z. B. eine Chemotherapie.

Setzt man bei der medikamenteninduzierten Thrombopenie die Medikamente ab, erholen sich die Thrombozyten innerhalb weniger Tage von selbst. Bei der heparininduzierten Thrombopenie muss man dagegen abwägen, ob eine Heparinbehandlung weiter notwendig ist. Nach dem Absetzen, manchmal auch unter Fortführung der Therapie, bilden sich die Thrombozyten spontan zurück.

Eine weitere Maßnahme, die Immunglobulintherapie, erzielt bei Kindern gute Erfolge; die Rückfallquote und chronische Verläufe sind seltener. Bei erhöhter Blutungskomplikation, die medikamentös nicht kontrollierbar ist, kann eine Splenektomie (Entfernung der Milz) erwogen werden. Vorher wird ein Szintigramm mit radioaktiv markierten Thrombozyten (möglichst eigene) durchgeführt, um evtl. fehlgesteuerte Lymphknoten zu lokalisieren. Bei erhöhter Blutungsneigung können Thrombozytenkonzentrate transfundiert werden. Um dabei die Bildung von zusätzlichen Antikörpern zu unterdrücken, wird eine Zytostatikabehandlung erforderlich. Häufig heilt die Erkrankung auch spontan.

Prognose

Die Heilungsrate ist durch die auftretende Selbstheilung gut. Jedoch sterben ca. 4% der Patienten immer noch an einer Gehirnblutung (› intrazerebrale Blutung).

Infobox

ICD-10:
D69.61

Internetadressen:
http://www.rheuma-online.de
http://www.hiv.net
http://www.onkodin.de

Thrombophilie

► **Die 38-jährige Vesna Stepic kommt in die Notfallambulanz und berichtet: „Ich habe starke Schmerzen in der rechten Wade, das ganze Bein ist auch total angeschwollen. Meine Mutter hatte schon zweimal Thrombose und ich selbst habe auch viele Krampfadern. Das liegt doch in der Familie, oder? Aber bei meiner Mutter fing alles erst mit über 60 an. Kann ich denn in meinem Alter schon eine Thrombose haben?“**

Definition

Bei der Thrombophilie besteht durch eine Störung der Blutgerinnung eine erhöhte Neigung zur Thrombose und zu Thromboembolien (→ Embolie).

Eine Thrombophilie kann angeboren, also familiär bedingt, oder im Laufe des Lebens erworben sein.

Synonym: Thrombose-Neigung.

Grundlagen der Blutgerinnung

Das menschliche Gerinnungssystem ist komplex aufgebaut. In einem Verletzungsfall verstärkt es sofort seine Gerinnungsaktivität und fördert die Blutstillung, um ein Verbluten zu verhindern.

Um den Organismus jederzeit zu schützen, werden im intakten Gefäßsystem ständig minimale Mengen Fibrin als Endprodukt der Blutgerinnung gebildet und durch das fibrinolytische System wieder aufgelöst.

Zusätzlich kontrolliert das körpereigene System seinen Gerinnungsablauf an mehreren Stellen, um eine Thrombose zu verhindern. Sind beide Systeme im Gleichgewicht, ist der Organismus gleichermaßen vor Blutungen und Thrombosen geschützt.

Ursachen

Das komplexe Gerinnungssystem wird dadurch gestört, dass einzelne Faktoren übermäßig oder gar nicht aktiv sind oder ein Gerinnungsfaktor gebildet wird, der nicht richtig funktioniert.

Für einige Zeit kann bei der Thrombophilie der Körper selbst die Störung ausgleichen, aber das Risiko für eine Thrombose oder Embolie ist deutlich erhöht. Die Ursachen dafür sind angeboren oder erworben. Oft ist eine Kombination von beidem für die Thromboseneigung verantwortlich.

Angeborene Risikofaktoren

Protein-C- und Protein-S-Mangel. Beide Proteine sind Vitamin-K-abhängig. Protein C bremst den Faktor V durch eine Verstärkung mit dem Protein S. Ein Mangel oder Defekt führt zur Thrombophilie.

AT-III-Mangel. Antithrombin III gehört zu den wichtigsten Gerinnungsfaktoren. Es wirkt mit anderen Gerinnungsfaktoren zusammen, bildet einen Thrombin-Antithrombin-III-Komplex und bremst eine überschießende Thrombinaktivierung. Dieser Mangel kann angeboren oder erworben (z. B. bei → Leberzirrhose) sein.

Prothrombinmutation. Hier ist der Prothrombinkomplex genetisch verändert. Dadurch steigen bestimmte gerinnungsfördende Faktoren an und verschieben sich in Richtung Thromboserisiko.

Fibrinolysestörung. Das System, das die Blutgerinnung auflöst, kann durch verschiedene Faktoren gestört werden. Durch eine Störung verschiebt sich das Gleichgewicht in Richtung Thrombose.

Erworbene Risikofaktoren

Die erworbenen Risikofaktoren sind sehr vielfältig. Bei einer Kombination verschiedener Risikofaktoren steigt die Thromboseneigung stark an.

Zu den erworbenen Risikofaktoren gehören z. B. Alter, Antikörperbildung bei Autoimmunerkrankungen, Nierenerkrankungen, → Tumoren, Einnahme der „Pille“, → Herzinsuffizienz, Östrogentherapie, Bettlägerigkeit von mehr als 7 – 10 Tagen, Verletzungen und Operationen, längere Auto-, Bus- und Flugreisen (sog. „Economy-Class-Syndrom“), Übergewicht (→ Adipositas) und → Varikosis.

Auch Schwangerschaft, Wochenbett und Stillzeit erhöhen die Neigung zur Thrombose. Eine normale Schwangerschaft erhöht das Thromboserisiko ca. um das 5fache, bis kurz nach der Geburt steigt es auf das 25fache an.

Symptome

Die Folgen sind vielfältig, angefangen bei Beschwerden der Beine durch Schmerz, Spannungs- und Schweregefühl über → Ulcus cruris bis hin zur Thrombose und zur → Lungenembolie, die zum Tod des Patienten führen kann.

Die häufigste Lokalisation einer Thrombose ist die tiefe Beinvenenthrombose (→ Becken- und Beinvenenthrombose, → Phlebothrombose). Sind die Augenvenen betroffen, droht ein Sehverlust. Eine Thrombose im Gehirn bedeutet die Gefahr eines → Hirninfarktes, in der Gebärmutter verursacht sie möglicherweise wiederholte Fehlgeburten (→ Abort).

Seltener sind Arterien betroffen. Bei verschiedenen Formen der Thrombophilie gibt es Hinweise auf ein gehäuftes Auftreten der → Herzinsuffizienz.

Diagnose

Die Thrombophilie ergibt sich z. T. aus der Anamnese und kann vom Arzt mit Hilfe von Labortests frühzeitig erkannt werden. Dadurch besteht die Möglichkeit, bei einer entsprechenden Risikosituation wie einer Schwangerschaft eine Thrombose zu verhindern.

Für die Diagnose werden i.d.R. verschiedene Gen- und Gerinnungstests durchgeführt.

Therapie

Die Therapie besteht in der Vorbeugung. Die Art des Risikos entscheidet, ob nur physikalische oder zusätzlich medikamentöse Thromboseprophylaxe notwendig ist. Die folgenden physikalischen Prophylaxen sind für jede Risikogruppe empfehlenswert:

- Wärme über 28 °C vermeiden (z. B. Sauna, Wärmflasche, Sonneneinstrahlung),
- überwiegend sitzende oder stehende Tätigkeit vermeiden, nach 1 Stunde aufstehen und laufen,
- geschwollene Beine nachts hoch lagern, keinen Keil unter das Knie legen (Gelenk sonst überstreckt),
- Füße, Beine und Unterschenkel mindestens zweimal am Tag für 5 – 10 Min. kalt abduschen,
- häufiges, schweres Heben und festes Pressen vermeiden,
- Sportarten wie Schwimmen, Laufen und Radfahren bevorzugen, Sportarten mit hohem Verletzungsrisiko (z. B. Fußball) und abruptem Abstoppen (z. B. Tennis) vermeiden,
- ausreichend viel trinken (vor allem ältere sowie sportlich aktive Menschen),
- Umfang der Beine messen (Wade, Knöchel), Besonderheiten notieren (**Abb. T.6**),
- Schuhe mit flachen Absätzen tragen, hohe Absätze vermeiden,
- bei Krampfadern „Pille“ und Rauchen vermeiden.

Mit einem Vitamin-B-Präparat kann der Homozysteinspiegel im Blut normalisiert werden. Sind Risikosituationen absehbar, z. B. Operationen, längere Flugreisen, Bettlägerigkeit oder Schwangerschaft, kann mit subkutanen Heparininjektionen Vorbeugung getroffen werden. Patienten oder Angehörige können das Spritzen selbst erlernen und sind damit unabhängiger von Arzt und Pflegedienst. Sind schon mehrfach Thrombosen aufgetreten, wird eine lebenslange Heparinisierung oder Marcumarisierung notwendig.

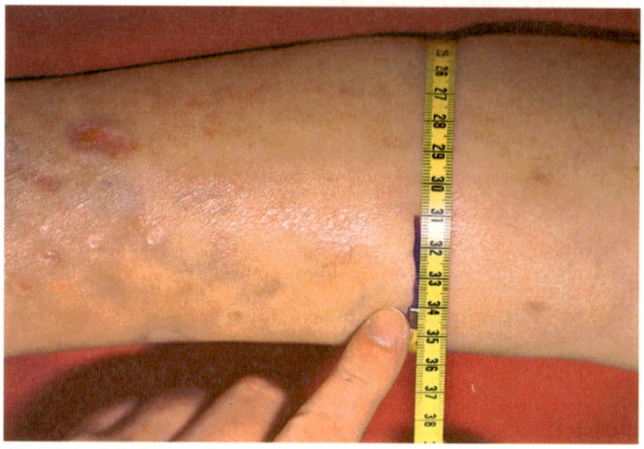

Abb. T.6 Wadenumfang. Dieser wird mit einem Maßband immer an der gleichen angezeichneten Stelle gemessen.

Prognose

Eine Beratung und regelmäßige Betreuung durch den Arzt sind auf jeden Fall sehr wichtig. Der Patient hat heute einige Möglichkeiten seine Unabhängigkeit zu bewahren.

Infobox

ICD-10:
I82.9

Internetadressen:
http://www.die-thromboseneigungen.de
http://www.vorsorge-online.de
http://www.medizinfo.de

Thrombophlebitis

► Alfred Herrmanns (76) erzählt dem gerufenen Hausarzt: „Seit heute Vormittag habe ich Schmerzen am rechten Unterschenkel. Am Schienbein ist eine Stelle ganz rot und heiß. Da habe ich ja auch die dicken Krampfadern." Seine Frau fügt hinzu: „Alfred ist richtig krank, sonst hätte er es nicht zugelassen, dass ich Sie anrufe. Er kann wegen der großen Schmerzen schlecht laufen und hatte nachts Schüttelfrost."

Definition

Bei der Thrombophlebitis entzünden sich die oberflächlichen Venen. Oft bildet sich dabei ein Thrombus, d. h. ein Blutpfropf. Die Thrombophlebitis tritt zu 90% an den Beinen auf, kann aber auch Armvenen betreffen.

Synonym: oberflächliche Venenentzündung.

Ursachen

Die Ursache einer Thrombophlebitis sind Bagatellverletzungen an bestehenden Krampfadern (→ Varikosis). An Armvenen entsteht die Entzündung häufig durch venöse Verweilkanülen, die sich infizieren (→ Nosokomiale Infektion).

Symptome

An einem Venenstrang sind die bekannten Entzündungszeichen wie Wärme, Schmerz, Rötung, Bewegungseinschränkung und Schwellung zu finden. Die Schwellung ist lokal begrenzt, es besteht ein empfindlicher Druckschmerz. Bei einer bakteriellen Thrombophlebitis kommen noch Schüttelfrost und Fieberanstieg hinzu. Der Patient fühlt sich krank.

Diagnose

Wichtig ist das klinische Bild und die Anamnese. Über eine Duplex-Sonografie, bei der gleichzeitig die Weichteilstruktur und der Blutstrom dargestellt werden, kann die Bildung eines verschließenden Thrombus ausgeschlossen werden.

Differenzialdiagnose

Differenzialdiagnostisch sollte eine tiefe Beinvenenthrombose (→ Becken- und Beinvenenthrombose, → Phlebothrombose) ausgeschlossen werden.

Therapie

Zur Therapie wird ein Kompressionsverband angelegt, der auch nachts verbleibt (**Abb. T.7**). Der Patient darf laufen, sollte aber beim Liegen und Sitzen das entzündete Bein hochlegen und die betroffene Stelle kühlen.

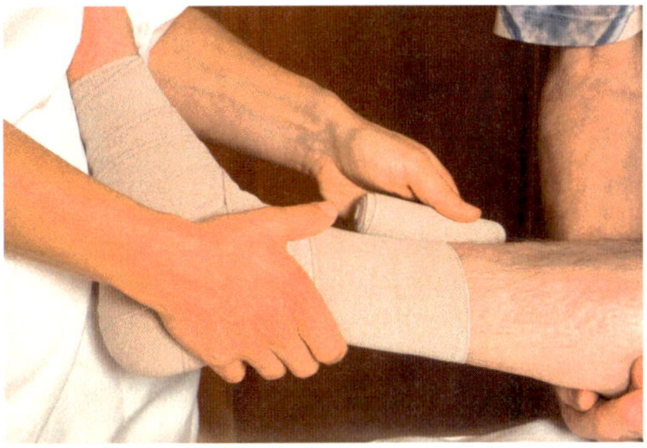

Abb. T.7 Thrombophlebitis. Zur Therapie wird ein Kompressionsverband angelegt, der auch nachts verbleibt.

Je nach Größe des Thrombus wird eine Stichinzision vorgenommen, d. h. die Vene wird durch einen Einschnitt mit dem Skalpell eröffnet. Dabei wird der Thrombus entleert.

Bei einer Thrombophlebitis durch einen venösen Zugang ist dieser sofort zu entfernen, da die Gefahr einer → Sepsis droht. Bei starken Schmerzen können entzündungshemmende Antiphlogistika (z. B. Diclofenac) verordnet werden. Bei einer infektiösen Ursache ist u. U. eine Antibiotikatherapie angezeigt.

Prognose

Die Prognose ist bei konsequenter Behandlung gut. Eine mögliche Weiterbehandlung vorhandener Krampfadern ist notwendig. Bei venösen Zugängen gilt, diese immer nur so lange wie nötig zu belassen.

Infobox

ICD-10:
I80.9

Internetadressen:
http://www.derma.de
http://www.venenratgeber.de
http://www.toppharm.ch

Thyreoiditis

► Martha Heugel bemerkt bereits seit vier Wochen eine Schwellung ihres Halses, sie hat seit letzter Woche dazu ein Gefühl, als ob sie einen Fremdkörper in der Speiseröhre hätte. Abends hat sie immer wieder Fieberschübe bis 39 °C. Als die 62-jährige Frau Heugel im Krankenhaus befragt wird, stellt sich heraus, dass sie vor zwei Monaten eine Erkältung hatte. Diese sei aber ausgeheilt. Bei der Untersuchung äußert Frau Heugel Druckschmerzen am Hals, die bis zum Kiefergelenk ausstrahlen. Ihr Herzschlag ist deutlich beschleunigt. Die Laboruntersuchung des Blutes ergibt stark erhöhte Entzündungsparameter. Das wird durch eine Sonografie bestätigt und zudem eine verminderte Durchblutung sowie eine Knötchenbildung in der Schilddrüse festgestellt. Die Diagnose lautet De-Quervain-Thyreoiditis. Frau Heugel werden Schmerzmittel und entzündungshemmende Medikamente verordnet. Sie wird jetzt oft zur Kontrolle zum Arzt bestellt.

Definition

Thyreoiditis ist die Entzündung des Schilddrüsengewebes durch verschiedene Einflüsse. Je nach ihrem Verlauf wird sie als akute, subakute oder chronische Thyreoiditis bezeichnet.

Synonym: Schilddrüsenentzündung.

Ursachen

Jede Verlaufsform einer Thyreoiditis hat ihre eigenen Ursachen.

Akute Thyreoiditis. Vor allem Bakterien sind Auslöser dieser Verlaufsform. Innerhalb kurzer Zeit rufen sie eine Entzündung hervor.

Subakute Thyreoiditis. Sie betrifft v. a. Frauen im mittleren Alter. Die Ursachen sind nicht mit Sicherheit nachzuweisen. Besonders nach Virusinfekten tritt diese Form auf. Es werden dabei erbliche Faktoren als Auslöser vermutet. Die subakute Form wird auch als De-Quervain-Thyreoiditis bezeichnet, benannt nach dem Schweizer Theologen Alfred de Quervain, 1896 – 1968.

Chronische Thyreoiditis. Sie tritt sehr häufig als Autoimmunerkrankung in Erscheinung. Bei der Entzündungsreaktion der Schilddrüse bilden sich Antikörper gegen körpereigenes Gewebe. Auch hier werden erbliche Faktoren als Auslöser angesehen. Bei dieser Form sind Frauen etwa dreimal so oft betroffen wie Männer. Im Verlauf wird die Schilddrüse weitgehend zerstört. Die chronische Form wird auch als Hashimoto-Thyreoiditis bezeichnet, benannt nach dem japanischen Pathologen Hakaru Hashimoto, 1881 – 1934.

Symptome

Auch bei den Symptomen wird nach den drei Verlaufsformen unterschieden.

Akute Thyreoiditis. Sie beginnt mit plötzlichem Fieber. Die Schilddrüse selbst ist angeschwollen und schmerzt stark. Die Haut ist im Bereich darüber sehr warm und gerötet. Die Schmerzen strahlen besonders in Richtung Ohren aus, die Lymphknoten sind vergrößert.

Subakute Thyreoiditis. Die Symptome entwickeln sich langsam über mehrere Tage. Auch hier ist die Schilddrüse schmerzhaft angeschwollen. Die Patienten zeigen eine Leistungsschwäche und fühlen sich abgeschlagen. Es treten in vielen Fällen Schluckstörungen auf. Die Schmerzen strahlen v. a. Richtung Ohr oder Kiefer aus und können wechselhaft sein.

Chronische Thyreoiditis. Sie beginnt unauffällig, daher bemerken die Patienten sie sehr spät. Manchmal bleibt die Erkrankung unbemerkt, weil keine Beschwerden und Schmerzen auftreten. In anderen Fällen bemerken die Patienten ein Spannungs- oder Druckgefühl im Bereich des Kehlkopfes.

Diagnose

Die Erkrankung ist relativ schwer feststellbar, denn viele Symptome sind uncharakteristisch. Eine äußere Tastuntersuchung bringt nur ungenügende Ergebnisse zu einer veränderten Schilddrüse. Die Gerätemedizin ist daher zur Diagnostik unverzichtbar. Durch Sonografie lassen sich die Veränderungen der Schilddrüse sowohl in der Größe als auch in der Struktur sehr gut nachweisen. Unterstützend werden dazu die Laborwerte aus dem Blut untersucht. Sind bei der Untersuchung der Schilddrüsenhormone deutliche Veränderungen feststellbar, werden erweiterte Untersuchungen durchgeführt.

Mit einer Szintigrafie kann die veränderte Schilddrüse ähnlich wie bei der Röntgenuntersuchung dargestellt werden. Ein leicht radioaktives Kontrastmittel wird in eine Vene gespritzt. Das radioaktive Material lagert sich an der Schilddrüse an und mit spezieller Kameratechnik wird dieses sichtbar gemacht (**Abb. T.8**). Knotige Veränderungen in der Schilddrüse sind so sehr sicher festzustellen.

Eine weitere Untersuchungsmöglichkeit ist die Feinnadelbiopsie. Mit ihr wird eine kleine Gewebeprobe entnommen, um evtl. bösartige Gewebeveränderungen feststellen zu können.

Therapie

Akute Thyreoiditis. Es wird eine gezielte Therapie mit Antibiotika angewendet. Damit wird verhindert, dass sich größere Eiterherde bilden können. Sind solche bei Therapiebeginn schon vorhanden, müssen diese über eine Drainage oder einen chirurgischen Eingriff entfernt werden, um ein Durchbrechen in Trachea oder Ösophagus zu ver-

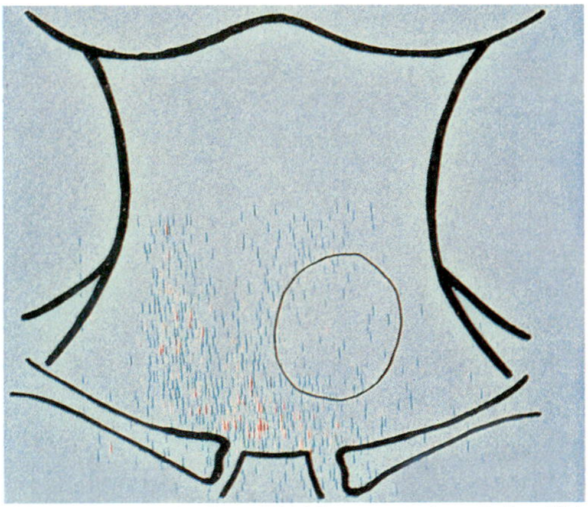

Abb. T.8 Szintigrafie der Schilddrüse. Verminderte Radionuklidaufnahme bei akuter bakterieller Thyreoiditis.

hindern. Zusätzlich zur medikamentösen Behandlung lindern kalte Umschläge im Bereich der Schilddrüse die Beschwerden.

Subakute Thyreoiditis. Sie wird mit schmerz- und entzündungshemmenden Medikamenten behandelt. Dabei geht es vorrangig darum die Symptome zu lindern. Die Ursache selbst lässt sich nicht behandeln. Wenn in einigen Fällen bei einer Überfunktion zu viele Schilddrüsenhormone ausgeschüttet werden, können mit Beta-Blockern oder Medikamenten zur Hemmung der Hormonbildung die Beschwerden gelindert werden. Bei längerer Krankheitsdauer kann sich auch eine vorübergehende Unterfunktion der Schilddrüse zeigen. Diese wird dann mit der Gabe von Schilddrüsenhormonen behandelt. Kommt es immer wieder zu Rückfällen, ist eine operative Entfernung der Schilddrüse notwendig.

Chronische Thyreoiditis. Sie ist nicht heilbar. Da es zum Untergang von Schilddrüsengewebe kommt, muss die Therapie lebenslang fortgeführt werden. Ziel ist ein Ausgleich des Hormonspiegels im Körper. Dabei sind engmaschige Kontrollen nötig, um Schwankungen des Hormonspiegels zu erkennen und die Therapie darauf einzustellen. Bei der chronischen Form wird medikamentös auf die vorliegende Unterfunktion Einfluss genommen. Eine Operation ist dann anzuraten, wenn bösartige Veränderungen oder massive Schluckstörungen auftreten.

Prognose

Während die akute Thyreoiditis nach Behandlungsbeginn schnell abklingt, dauert die subakute Verlaufsform bis zu einem Jahr an. Beide Formen sind aber vollständig heilbar. Bei der chronischen Verlaufsform ist lebenslang die Einnahme von Schilddrüsenhormonen notwendig, um ein beschwerdefreies Leben führen zu können. Eine Heilung ist aber dennoch nicht möglich.

Infobox

ICD-10:
E06

Internetadressen:
http://www.gesundheitpro.de/Schilddruesenentzuendung-Hormonsystem
http://www.charite.de/stoffwechsel/content
http://www.kup.at/journals/abbildungen/gross/4651.html
http://www.autoimmun.org/erkrankungen/hashimoto_thyreoiditis.html

Literatur:
Pfannenstiel, P., Hotze, L.-A.: Wirksame Hilfe für die Schilddrüse. Trias, Stuttgart 2003

Tibiafraktur

► **Beim Landen mit seinem Gleitschirm kommt Michael (23) etwas zu schnell runter und trifft hart mit dem rechten gestreckten Bein zuerst auf den unebenen Boden. Sofort verspürt er Schmerzen im Knie, das schnell anschwillt. Michael geht von einem Bänderriss aus. Allerdings kann er vor Schmerzen nicht auftreten. Nach der Röntgenaufnahme des Knies und des Unterschenkels diagnostiziert der Ambulanz-Arzt in der Klinik eine laterale Tibiakopffraktur. Außerdem besteht der dringende Verdacht auf Band- und Meniskusverletzungen.**

Definition

Die Tibiafraktur ist ein Bruch des Schienbeins. Unterschieden werden die Tibiakopffraktur, die Tibiaschaftfraktur und die distale Tibiafraktur.

Tibiakopffraktur. Dabei handelt es sich um einen Bruch der proximalen Tibia mit Beteiligung der Gelenkflächen. Ist eine Seite des Tibiakopfes gebrochen, spricht man von unikondylärer Fraktur, sind sowohl die mediale als auch die laterale Seite betroffen von bikondylärer Fraktur. Begleitend finden sich oft Knorpel- und Band- sowie Meniskusverletzungen.

Tibiaschaftfraktur. Die Tibia ist im Bereich des Schaftes gebrochen. Prinzipiell müssen offene von geschlossenen Frakturen unterschieden werden. Je nach Art und Ausmaß der Knochenverletzung gibt es einfache Quer-, Schräg- und Spiralbrüche sowie Keilfrakturen und Trümmerfrakturen.

Distale Tibiafraktur. An der distalen Tibia gibt es Frakturen ohne Gelenkbeteiligung (extraartikuläre Fraktur) und die sog. Pilon-tibiale-Fraktur (von frz. pilon = Stampfe, Stößel, pilonner = zerstampfen), einer intraartikulären Fraktur mit meist ausgedehnten Zertrümmerungen des distalen Schienbeins.

Ursachen

Tibiakopffrakturen. Sie entstehen meistens bei indirekten Traumen, z. B. bei Stürzen aus der Höhe, aber auch bei direkter Gewalteinwirkung in Verbindung mit Rotationskräften.

Tibiaschaftfrakturen. Diese entstehen z. B. bei einem Verdrehtrauma beim Skifahren (Spiralfraktur) oder bei direkten Rasanztraumen, z. B. bei Verkehrsunfällen. Tibiaschaftfrakturen gehören zu den häufigsten Knochenbrüchen bei Kindern und Jugendlichen (**Abb. T.9 a**).

Pilonfraktur. Ursache einer Pilonfraktur der Tibia kann ein Sturz aus großer Höhe sein, wobei Betroffene mit den Füßen zuerst auf den Boden treffen (axiale Gewalteinwirkung, Stauchung, **Abb. T.9 b**). Schwere Zerstörungen finden sich auch nach Quetschungen durch Überrollen oder bei Verschütteten.

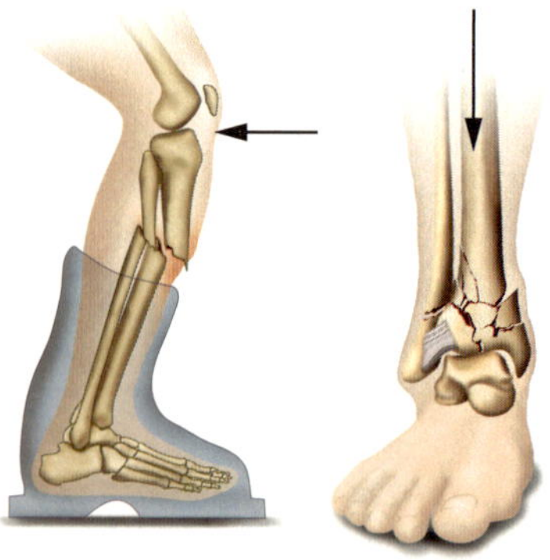

a „Skischuhrandbruch“ **b** Pilonfraktur

Abb. T.9 Tibiafrakturen. **a** Tibiaschaftfraktur durch Biegungstrauma (sog. Skischuhrandbruch), **b** Pilonfraktur durch Stauchungstrauma.

Symptome

Tibiakopffraktur. Die Patienten haben starke Schmerzen bei Belastung des betroffenen Beines, meist sind sie gehunfähig. Es fällt eine Weichteilschwellung sowie ein Hämatom im Kniebereich auf. Oft besteht ein blutiger Gelenkerguss (Hämarthros).

Tibiaschaftfrakturen. Auch nach Tibiaschaftfrakturen sind die Betroffenen gehunfähig. Es bestehen Druck- und Bewegungsschmerzen, der Unterschenkel ist deformiert. Weil die umgebenden Weichteile oft erheblich mitverletzt sind, ist der Unterschenkel geschwollen. Bei offenen Frakturen erkennt man u. U. ein Knochenfragment in der offenen Wunde.

Pilonfrakturen. Die Bewegungsschmerzen und die Schwellung befinden sich im Bereich des oberen Sprunggelenks.

Diagnose

Bei der klinischen Untersuchung bestehen lokale Druckschmerzen, die Instabilität des Knochens ist tastbar. Da begleitend Gefäß- und Nervenverletzungen vorliegen können, müssen stets Motorik, Sensibilität und Durchblutung (Fußpulse!) überprüft werden.

Die Frakturdiagnose wird mit Hilfe von Röntgenaufnahmen in zwei Ebenen gestellt, z. T. werden Spezialaufnahmen oder, v. a. zur Operationsplanung, eine Computertomografie angefertigt. Bei Verdacht auf Gefäßverletzungen erfolgt eine Doppler-Sonografie (Ultraschall-Untersuchung unter Ausnutzung des Doppler-Effekts, Bestimmung der Blutflussgeschwindigkeit), ggf. schließt sich eine Angiografie an.

Aufgrund der erheblichen Zunahme des Volumens im Unterschenkel (Blutungen, Ödeme), kann sich der Druck in den einzelnen Muskellogen (Kompartments) erhöhen und ein → Kompartmentsyndrom entstehen. Zeichen dafür sind eine sehr schmerzhafte sowie druckschmerzhafte, prallharte Schwellung der Haut mit Muskelschwäche und Sensibilitätsstörungen. Besteht der Verdacht, wird eine Kompartmentdruckmessung vorgenommen.

Bei offenen Frakturen wird ein Wundabstrich zur bakteriologischen Untersuchung entnommen.

Differenzialdiagnose

Die Pilon-tibiale-Fraktur wird von den Knöchelfrakturen (→ Sprunggelenksfrakturen) abgegrenzt. Die Fibula kann stets ebenfalls oder isoliert verletzt sein (Fraktur, Luxation des Fibulaköpfchens).

Therapie

Notfallversorgung

Das Bein wird hoch gelagert und geschient. Offene Wunden werden steril abgedeckt. Bei erheblichen Blutungen kann kurzfristig ein Kompressionsverband angelegt werden.

Konservative Therapie

Konservativ wird nur bei Fissuren und unverschobenen, stabilen Frakturen behandelt oder wenn ein chirurgischer Eingriff aus medizinischen Gründen nicht möglich ist. Allerdings kommt es bei langwieriger Ruhigstellung, etwa im Gipsverband, zur Atrophie und Gelenksteifigkeit, weshalb oft die Operation bevorzugt wird.

Gipsverband. Patienten mit einfachen Quer- oder Schrägfrakturen des Tibiaschaftes können mit einem gespaltenen Oberschenkelgipsverband versorgt werden. Bei instabilen Schaftfrakturen wird zuvor eine Fersenbein-Extension mit Gewichten angelegt (**Abb. T.10 a**). Ist der Unterschenkel abgeschwollen, wird ein geschlossener Liegegips angelegt, nach Konsolidierung der Fraktur (Röntgenkontrolle) ein Gehgipsverband.

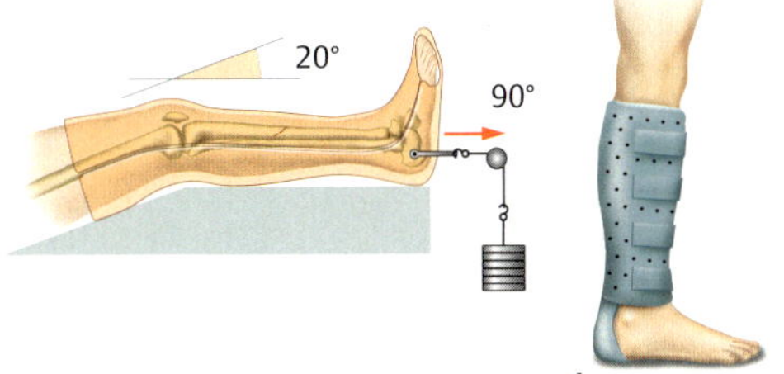

Abb. T.10 Konservative Therapie bei Tibiafraktur. a Fersenbeinextension, **b** Unterschenkel-Brace nach Sarmiento.

Sarmiento-Brace. Bei einfachen geschlossenen Tibiafrakturen wird teilweise auch die Sarmiento-Technik (nach Prof. Augusto Sarmiento, USA) zur frühfunktionellen Therapie praktiziert. Ziel ist es, eine langdauernde Immobilisierung der Extremität zu verhindern. Statt eines Gipsverbandes erhalten die Patienten Kunststoff-Manschetten (Sarmiento-Brace), die eng am Unterschenkel anliegen (**Abb. T.10 b**). Diese Behandlungsmethode wird auch nach Extensionsbehandlung oder nach Behandlung mit Fixateur externe (s. u.) angewendet.

Ergänzende medikamentöse Therapie. Zusätzlich erfolgt die medikamentöse Schmerztherapie, bei infizierten Wunden eine Antibiotikatherapie sowie die Thromboseprophylaxe mit Heparin.

Chirurgische Therapie

Die Knochenfragmente werden offen reponiert und danach mit Osteosynthese-Materialien wie Schrauben, Platten oder dem Markraumnagel fixiert (**Abb. T.11 a**). Besonders die beteiligten Gelenkflächen müssen präzise reponiert werden, um die Gelenkfunktion weitgehend wieder herzustellen. Zudem werden verletzte Muskeln, Sehnen, Nerven und Gefäße versorgt. Ziel der Operation ist eine möglichst übungsstabile Stabilisierung, die die postoperative Physiotherapie ermöglicht. Je nach Stabilität der Osteosynthese wird nach der Operation ein Gipsverband/eine Gipsschiene angelegt.

Bei offenen Frakturen oder Trümmerbrüchen sowie bei erheblichem Weichteilschaden wird zunächst ein Fixateur externe angelegt (**Abb. T.11 b**). Dazu bringt der Operateur Schrauben durch die Haut in den Knochen ein. Diese Schrauben werden außerhalb des Beines durch ein Stab-

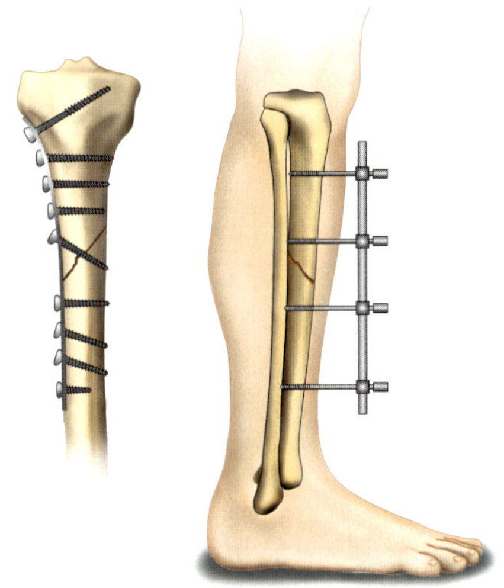

Abb. T.11 Operative Therapie bei Tibiafraktur. a Gelenknahe Plattenosteosynthese und interfragmentäre Zugschraube, **b** Fixateur externe bei offener Tibiafraktur.

system miteinander verbunden. Dadurch gelingt es, die Knochenfragmente fernab der Fraktur zu stabilisieren, sodass zunächst die verletzten Weichteile ausreichend heilen können. Die endgültige Versorgung der Fraktur erfolgt zeitversetzt mit Osteosynthese-Materialien. Knochendefekte werden mit Spongiosa aufgefüllt.

Nachbehandlung

Zur postoperativen Behandlung gehört die Schmerztherapie und Thromboseprophylaxe sowie, wenn nötig, die Antibiotikatherapie. Der knöcherne Heilungsverlauf wird mit Röntgen-Kontrollaufnahmen verfolgt. Abhängig von der Fraktur und der Art der Osteosynthese erfolgt die Krankengymnastik unter Anleitung von Physiotherapeuten. Ob die Osteosynthese-Materialien später entfernt werden, wird individuell entschieden.

Prognose

Heilen einfache Frakturen innerhalb von etwa sechs Wochen belastungsstabil aus, kann es bei komplizierten Tibiafrakturen mehrere Monate dauern. Abhängig ist der Heilungsverlauf nicht nur von der Frakturform und dem begleitenden Weichteilschaden, sondern auch von einer Reihe anderer Faktoren: Alter des Patienten, Begleiterkrankungen, Nikotin- und Alkoholabusus, Mitarbeit des Patienten. Sind Gelenkflächen beteiligt, muss oft mit einer posttraumatischen Arthrose gerechnet werden.

Komplikationen

Heilen die Frakturenden nicht zusammen, z. B. bei Durchblutungsstörungen, bildet sich eine → Pseudarthrose (Scheingelenk).

Eine schwere Komplikation, insbesondere bei offenen Frakturen mit schweren Weichteilschäden, ist die → Osteomyelitis. Diese klingt oft nur nach wiederholten Operationen ab, kann aber immer wieder aufflammen. Weitere wesentliche Gefährdungen des Unterschenkels sind das → Kompartmentsyndrom und Thrombosen.

Infobox

ICD-10:
S82

Internetadresse:
http://www.leitlinien.net

Literatur:

Henne-Bruns, D. u. a.: Duale Reihe Chirurgie, 2. Aufl. Thieme, Stuttgart 2003

Tinnitus

► **„Kinder, was pfeift denn hier so? Hört Ihr das denn nicht, diesen hellen, pfeifenden Ton?“ Als Frau Müller feststellt, dass keiner aus ihrer Familie diesen Ton hört, ist die beruflich sehr belastete Pharmavertreterin verunsichert. Als das besonders nachts sehr störende Ohrgeräusch tagelang nicht verschwindet, sucht sie einen Facharzt auf. Dieser stellt einen Tinnitus fest. Unter einer entsprechenden Therapie und einigen Tagen Ruhe verschwindet das Geräusch zum Glück wieder. Frau Müller nimmt sich vor, in Zukunft weniger zu arbeiten.**

Definition

Unter einem Tinnitus versteht man meist einseitige Geräusche wie Pfeifen, Rauschen, Zischen oder Summen. Sie werden nur vom Betroffenen gehört und nicht in der Umgebung („ich höre was, was Du nicht hörst“).

Tinnitus ist keineswegs selten, man schätzt, dass ca. 8 % aller Erwachsenen im Laufe ihres Lebens betroffen sind. Hiervon vernehmen wiederum 10 % dauerhaft Tinnitusgeräusche (chronischer Tinnitus) wahr.

Synonym: Ohrgeräusche.

Ursachen

Es gibt verschiedene Krankheitsbilder, die mit Ohrgeräuschen einhergehen, oft bleibt die Ursache unklar. Man vermutet, dass die Geräusche aufgrund von Durchblutungsstörungen der kleinsten Innenohrgefäße auftreten.

Symptome

Die Ohrgeräusche stören die Betroffenen unterschiedlich stark. Während einige die Geräusche zwar registrieren, sich davon aber nicht sehr gestört fühlen, sind andere dadurch sehr beeinträchtigt. Es kann zu Symptomen wie Schlafstörungen (in Ruhe sind die Geräusche störender), Konzentrationsstörungen, sogar zu → Angststörungen und Depression kommen.

Diagnose

Ein Tinnitus ist ein rein subjektives Ohrgeräusch, man kann es nicht objektivieren. Deshalb dient die Untersuchung beim HNO-Arzt meist dem Ausschluss von Ohrerkrankungen als Ursache des Tinnitus.

Differenzialdiagnose

Ohrgeräusche können bei verschiedenen Krankheiten oder Gegebenheiten auftreten; z. B. durch starke Lärmbelastung bei Jugendlichen, welche in einem Konzert zu nahe an den Boxen standen (→ akuter Lärmschaden).

Dass Ohrgeräusche auch psychische Ursachen haben können, lässt sich daran erkennen, dass sie in Stresssituationen gehäufter vorkommen und nicht selten psychosomatisch bedingt sind.

Doch auch bei Mittelohrentzündung (→ akute Otitis media), verstopften Ohren (z. B. durch übermäßige Ohrenschmalzproduktion) oder → Trommelfellverletzungen können Ohrgeräusche auftreten. Beklagen die Betroffenen neben dem Tinnitus auch eine Hörminderung, kann es sich um einen → Hörsturz handeln. Auch beim → Morbus Ménière, einer Störung des Innenohrs können Ohrgeräusche vorkommen.

Bei Stoffwechselerkrankungen wie erhöhtem Cholesterinspiegel, → Hypertonie oder Durchblutungsstörungen der Kopf- oder Wirbelsäulengefäße sowie bei neurologischen Erkrankungen wie der → Multiplen Sklerose, können Ohrgeräusche vorkommen. Erkrankungen der Halswirbelsäule sollten ebenfalls ausgeschlossen werden.

Eine eher seltene Ursache sind → Gehirntumoren, besonders das Akustikusneurinom (Tumor des Hörnervs).

Therapie

Ohrgeräusche können spontan verschwinden, häufig sind aber therapeutische Maßnahmen nötig. Diese greifen besser, je früher sie eingesetzt werden. Neben der Behandlung der Grundkrankheit stehen Ruhe und körperliche Schonung im Vordergrund, zusätzlich wird meist eine Infusionstherapie mit durchblutungsfördernden Medikamenten, evtl. mit Zugabe von Kortison empfohlen. In den meisten Fällen kommt es innerhalb einiger Tage zur Beschwerdebesserung.

Entwickelt sich allerdings ein chronischer Tinnitus (therapieresistente Ohrgeräusche), lässt sich medikamentös nur selten eine Besserung erzielen. Bei großem Leidensdruck wird versucht, eine Gewöhnung an die störenden Ohrgeräusche zu erreichen. Neben Entspannungstechniken und Hilfen zur besseren Stressverarbeitung kann ein „Noiser“ eingesetzt werden, der wie ein Hörgerät getragen wird und ständig ein leises therapeutisches Geräusch an das Gehirn sendet, um die Überempfindlichkeit gegenüber dem Tinnitus abzuschwächen.

Prognose

Allgemein gilt: Je früher der Behandlungsbeginn, desto besser die Prognose.

Infobox

ICD-10: H93

Internetadressen: http://www.tinnitus-liga.de

Literatur: Niethard, F.U., Pfeil, J.: Duale Reihe Orthopädie. Thieme, Stuttgart 2005

Andreae, S. u. a.: Krankheitslehre für Altenpflege. Thieme, Stuttgart 2001

Probst, R.: Hals-Nasen-Ohrenheilkunde, 2. Aufl. Thieme, Stuttgart 2004

Tollwut

► Eine 32-jährige Rucksacktouristin erkrankt 2 Monate nach ihrem Urlaub in Nepal an Fieber, Abgeschlagenheit, Kopf-, Hals- und Gliederschmerzen. Zwei Tage später, in denen sie zwischendurch immer wieder ungewöhnlich erregt und verwirrt ist, bekommt sie Schluckkrämpfe beim Trinken und reagiert empfindlich auf laute Geräusche. Nach weiteren zwei Tagen verliert sie allmählich das Bewusstsein.

Definition

Die Tollwut ist eine akute Erkrankung des Zentralnervensystems, die durch das Tollwutvirus hervorgerufen und meist über Speichel von Tieren übertragen wird.

Synonyme: Rabies, Lyssa.

Ursachen

Der Erreger der Tollwut ist das Tollwutvirus, das weltweit in verschiedenen warmblütigen Wirtstieren vorkommt. Die Übertragung auf den Menschen erfolgt über den Biss, durch Speichel auf eine offene Wunde oder Kratzen durch ein infiziertes Tier. Das Virusreservoir in Europa stellen Füchse, in anderen Gegenden Hunde, Wölfe, Waschbären und Fledermäuse. Das Virus kann auch von Mensch zu Mensch über Organtransplantate übertragen werden.

Das Virus vermehrt sich zunächst an der Bissstelle im Unterhautgewebe und im Muskel, gelangt dann in Nerven und wird zum Gehirn und Rückenmark transportiert. Im Gehirn befällt es zunächst das Limbische System. Anschließend gelangt das Virus ins Großhirn. Vom Gehirn aus erfolgt die Ausbreitung in andere Organe, u. a. in die Speicheldrüsen. Über den Speichel wird das Virus weiter übertragen.

Symptome

Nach einer Inkubationszeit von 14 Tagen bis zu mehreren Jahren kommt es zu Fieber, Kopfschmerz, Abgeschlagenheit, Muskel- und Halsschmerzen sowie Husten. Gleichzeitig bestehen sehr häufig Missempfindungen oder Muskelzuckungen um die Bissstelle. Anschließend kommt es zu übermäßiger motorischer Aktivität, Erregung, Angstzuständen, Aggression, Krampfanfällen, Lähmungen, Meningismus, Halluzinationen und Verwirrtheitszuständen. Unterbrochen werden diese symptomreichen Phasen von normalen Zuständen.

Das Fieber steigt auf bis über 40 °C. Es besteht eine Überempfindlichkeit gegenüber Licht, Berührung und Geräuschen und es kommt zum Sehen von Doppelbildern, Fazialis-Lähmung und Schluckstörung. Viele weitere neurologische Symptome können auftreten.

Die Infizierten entwickeln eine Hydrophobie, d. h. eine Verkrampfung der Muskulatur vom Schlund bis zum Zwerchfell beim Versuch zu trinken. Aufgrund der Schluckstörung und Hydrophobie sowie einer durch die Infektion bedingten Stimulation der Speicheldrüsen kommt es zum „Schaum vor dem Mund“. Innerhalb von wenigen Tagen fällt der Infizierte ins Koma und stirbt an Atemversagen.

Diagnose

Ein Erregernachweis ist zum Zeitpunkt der Erkrankung nicht immer möglich. Es kann versucht werden, das Virus aus Speichel oder Tränenflüssigkeit durch eine PCR nachzuweisen. Später findet man auch Antikörper gegen das Virus im Serum. Eine sichere Diagnose ist erst nach dem Tod aus Hirngewebe möglich.

Differenzialdiagnose

Zu Beginn ähnelt die Symptomatik einer Influenza. Charakteristisch für die Tollwut ist jedoch bereits in diesem Stadium die Missempfindung um die Bissstelle.

Anschließend zeigt sich das Bild einer → Enzephalitis, wie sie auch durch andere Viren hervorgerufen werden kann. Schließlich wird die Symptomatik so charakteristisch, z. B. durch die Schlucklähmung und Hydrophobie, dass die Diagnose spätestens zu diesem Zeitpunkt eindeutig ist.

Therapie

Aufgrund der langen Inkubationszeit ist eine Impfung auch nach Kontakt mit dem Virus noch wirksam. Zusätzlich zu der aktiven Impfung erhält der Patient bis spätestens 96 Std. nach der Bissverletzung Hyperimmunglobulin.

Wurde die Prophylaxe versäumt und kommt es zur Erkrankung, kann versucht werden, die Erkrankung intensivmedizinisch und durch Gabe des antiviralen Medikaments Ribavirin zu behandeln.

Prognose

Die Erkrankung endet praktisch immer tödlich. Nur wenige Einzelfälle sind bekannt, bei denen die Infektion überlebt wurde.

Infobox

ICD-10:
A82.9

Internetadresse:
http://www. rki.de

Literatur:

Hof, H.; Dörries, R.: Duale Reihe Medizinische Mikrobiologie, 3. Aufl. Thieme, Stuttgart 2005

Toxoplasmose

► Die 18-jährige Melanie Niemeyer ist unglücklich. Der Vater ihres Kindes, das in etwa 3 Monaten geboren werden soll, hat sie verlassen. Trost bieten einige junge putzige Katzen, die im Nachbarhaus leben und die sie hingebungsvoll streichelt. Nach drei Wochen findet der Arzt bei einer Routineuntersuchung leicht geschwollene Lymphknoten im Halsbereich. Zuvor hatte sie über leichte Temperaturerhöhung, Müdigkeit und Abgeschlagenheit geklagt. Nachdem er von den Katzen gehört hat, ordnet der Arzt eine serologische Untersuchung auf Toxoplasmose an. Die Werte sind – im Gegensatz zur Untersuchung am Anfang ihrer Schwangerschaft – positiv. Wegen der Gefahr für die Schwangerschaft wird sofort eine Behandlung eingeleitet.

Definition

Als Toxoplasmose wird die Infektion mit Toxoplasma gondii, einem Einzeller (Protozoen) bezeichnet. Je nach Situation der Betroffenen sind unterschiedliche Krankheitsverläufe möglich. Die konnatale Toxoplasmose ist meldepflichtig gemäß §7 Infektionsschutzgesetz (ohne Namensnennung).

Synonym: Katzenkrankheit.

Ursachen

Das in Trophozoitenform bananenförmige Sporozoon Toxoplasma gondii infiziert v. a. freilaufende Katzen, die den Erreger dann ein bis drei Wochen lang ausscheiden. Betroffen sind vor allem Jungkatzen, ältere Katzen haben diese Krankheit i.d.R. durchgemacht und sind dann lebenslang immun. Die Übertragung auf den Menschen erfolgt

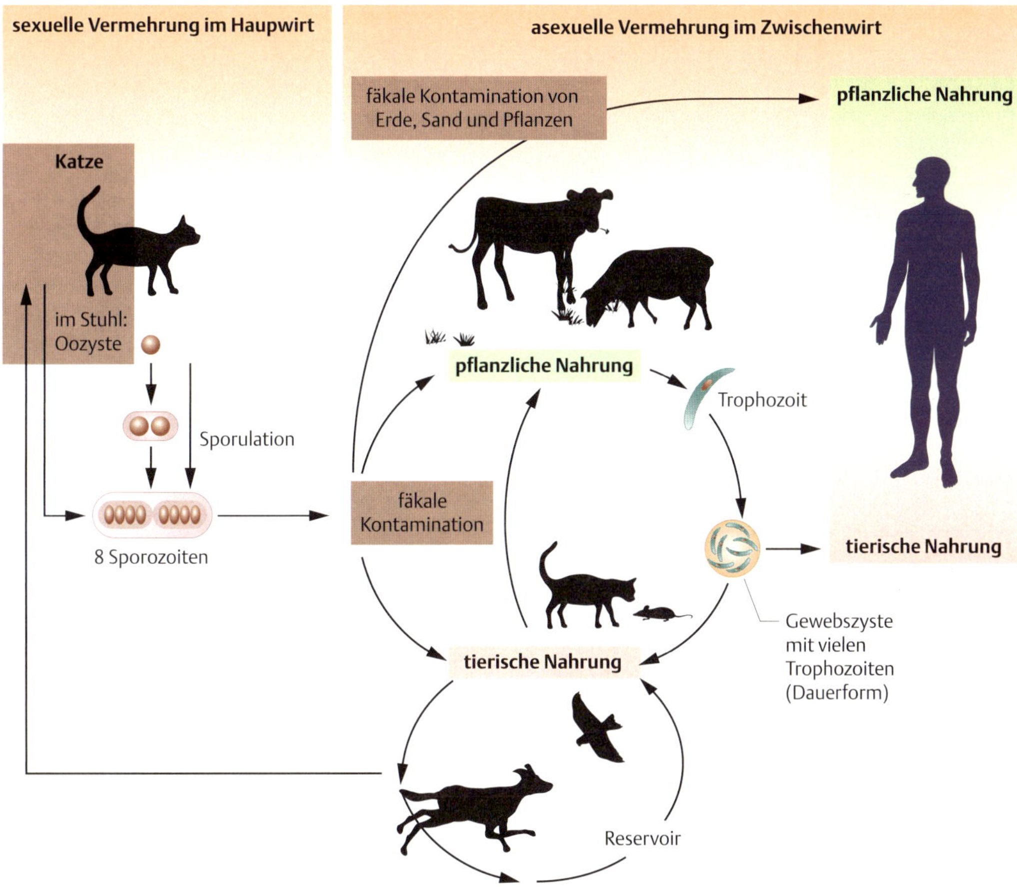

Abb. T.12 Toxoplasmose. Entwicklungszyklus.

durch Oozysten aus dem Katzenkot sowie durch Schmutzkontamination und Genuss vom rohen Fleisch. Die direkte Übertragung von Katzen ist eher unwahrscheinlich, da die Oozysten (eiähnliche Gebilde) erst nach ein bis drei Tagen nach Absetzen aktiv werden (Sporulation). Danach sind sie allerdings über einen langen Zeitraum infektiös. Somit kommen auch verschmutztes Fallobst, ungenügend gereinigte Erdbeeren und sonstige schmutzkontaminierte, oral aufgenommene Gegenstände als Ursache in Frage. Nach Aufnahme wandeln sie sich in die aktiven Trophozoiten um (**Abb. T.12**).

Im Menschen siedeln die Toxoplasmen in der quer gestreiften Muskulatur, im Herzmuskel und am häufigsten im Gehirn ab. Lebenslang können die Toxoplasmosen, allerdings in Schach gehalten durch die körpereigene Abwehr, verharren. Dann haben sie Zystenform angenommen.

Symptome

Je nach körpereigener Abwehr des Wirtes ist der Verlauf der Infektion unterschiedlich. Die Erstinfektion wird normalerweise gar nicht bemerkt. Dies ändert sich jedoch bei Schwangerschaft. Kommen junge Frauen während ihrer ersten Schwangerschaft (v. a. im 3. Trimenon ist die Infektionsgefahr für das Kind am größten) mit den Oozysten erstmalig in Berührung, besteht die Gefahr einer konnatalen Toxoplasmose für das Kind (→ angeborene Infektionskrankheiten). Das seltene (ca 1% der Fälle) Vollbild besteht aus:

- intrazerebralen Verkalkungen (Toxoplasmenzysten mit Kalkeinlagerungen),
- → Hydrozephalus („Wasserkopf" durch Verlegung der Liquorwege durch Toxoplasmenzysten),
- Netzhautentzündung (kann auch erst später im 2. oder 3. Lebensjahrzehnt auftreten, während bei der Geburt keine Symptome festzustellen waren),
- Taubheit und geistiger Redatierung.

Vor allem bei → AIDS-Patienten können Toxoplasmenzysten im Gehirn reaktiviert werden und dann Hirnabszesse auslösen, die eine Ausbreitungstendenz haben (→ Reaktivierte Infektion). Bei schwerer Abwehrschwäche ist außerdem eine sog. generalisierte Toxoplasmose denkbar, die lebensbedrohlich und sehr selten ist.

Diagnose

Die Diagnostik erfolgt durch Nachweis von IgM-Antikörpern (Akutinfektion) und IgG-Antikörpern (latente Infektion) aus Serum. So erfolgt auch das Screening bei Bekanntwerden einer Schwangerschaft. Bei negativem Titer werden weitere Kontrollen während der Schwangerschaft durchgeführt, um eine sog. Serokonversion (Auftreten von IgM-Antikörpern als Infektionsindikator) rechtzeitig zu erkennen und die Behandlung einzuleiten.

Im CT sind häufig Rundherde zu erkennen (**Abb. T.13**).

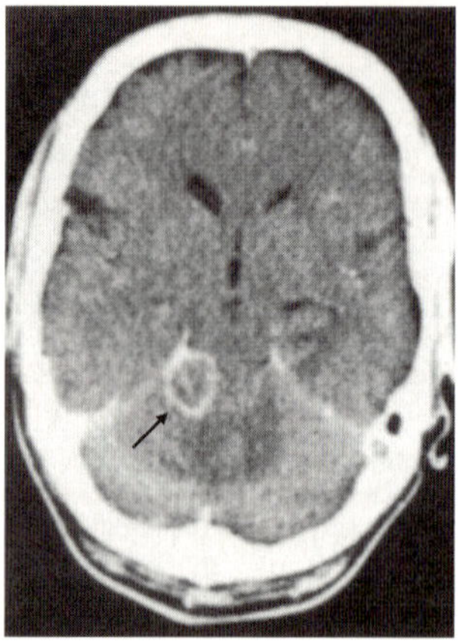

Abb. T.13 Toxoplasmose. Im CT eines AIDS-Kranken ist ein Rundherd zu erkennen.

Differenzialdiagnose

Abzugrenzen sind Lymphome des Zentralnervensystems, bei HIV-Patienten mit zerebraler Symptomatik muss auch die tuberkulöse → Meningitis ausgeschlossen werden.

Therapie

Die frische Toxoplasmoseinfektion wird in der Schwangerschaft medikamentös behandelt. Die restlichen Toxoplasmoseformen sind selbst limitierend. Die Behandlung erfolgt bis zum Ende der 15. Schwangerschaftswoche mit Spiramycin, anschließend mit einer Kombination von Pyrimethamin, Sulfadiazin und Folinsäure für mindestens 3 und ca. bis 6 Wochen. Toxoplasmose-/Hirnabszesse bei AIDS-Patienten müssen evtl. auch länger behandelt werden.

Prognose

Normalerweise ist die Infektion selbst limitierend, die Prognose bei konnataler Toxoplasmose bei rechtzeitiger Behandlung ist gut.

Bei Toxoplasmose besteht lebenslang die Gefahr der Reaktivierung, wenn es erneut zu einer Abwehrschwäche kommt (→ Reaktivierte Infektion).

Infobox

ICD-10: B58.1 – 9 je nach Lokalisation

Internetadressen:

http://www.rki.de – Infektionskrankheiten von A–Z
http://www.hiv-net.de
http://www.onmeda.de

Literatur:

Jassoy, C., Schwarzkopf, A. (Hrsg.): Hygiene, Mikrobiologie und Ernährungslehre für Pflegeberufe. Thieme, Stuttgart 2005

Tränenwegverschluss

► **Frau Kerner fällt bei ihrem ansonsten gesunden vier Wochen alten Säugling im linken Auge ein ständiges Tränenträufeln auf. „Besonders nach dem Aufwachen finden sich immer Absonderungen im inneren Lidwinkel", erzählt sie der Ärztin bei der dritten Vorsorgeuntersuchung.**

Definition

Der Tränenwegverschluss ist ein angeborener oder erworbener kompletter oder inkompletter Verschluss im Bereich der ableitenden Tränenwege, d. h. der Tränenpünktchen, des Tränenkanälchens, Tränensacks oder Tränennasengangs, der den normalen Abfluss der Tränenflüssigkeit verhindert (**Abb. T.14**).

Ein inkompletter Verschluss durch eine Enge in den ableitenden Tränenwegen wird als Tränenwegstenose oder Dakryostenose bezeichnet.

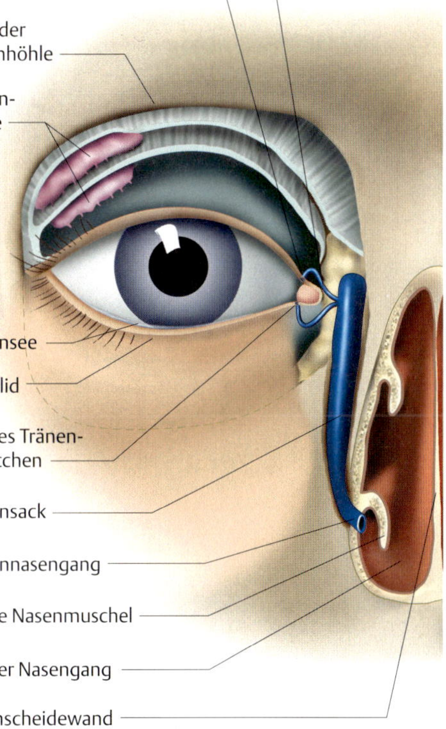

Abb. T.14 **Anatomie**. Ableitende Tränenwege.

Ursachen

Die kongenitale (angeborene) Tränenwegstenose ist auf die in den ersten Lebensmonaten fehlende spontane Öffnung des unteren Endes des Tränennasengangs (Hasner-Klappe) zurückzuführen.

Erworbene Stenosen oder Verschlüsse der Tränenwege können durch Fremdkörper oder → Tumoren verursacht sein. Sie können aber auch durch eine akute oder chronische Dakryozystitis (Tränensackentzündung) oder Kanalikulitis (Entzündung des Tränenkanälchens) hervorgerufen werden.

Symptome

Tränenträufeln (Epiphora) ist häufig das einzige Symptom eines chronischen Tränenwegverschlusses. Bei der kongenitalen Tränenwegstenose fällt den Eltern etwa 2 – 6 Wochen nach der Geburt der betroffenen Kinder Tränenträufeln auf. Häufig bilden sich im weiteren Verlauf Absonderungen im inneren Lidwinkel und im unteren Bindehautsack.

Die akute Tränensackentzündung kann mit Allgemeinsymptomen wie Kopfschmerzen und Abgeschlagenheit einhergehen.

Bei einem Tränenwegverschluss durch eine akute Dakryozystitis, kann der Patient Fieber und geschwollene Lymphknoten vor dem Ohr haben. Die Tränensackregion ist geschwollen, gerötet, überwärmt und stark berührungsempfindlich.

Diagnose

Solange bei der kongenitalen Tränenwegstenose keine bakterielle Entzündung hinzukommt, ist die Bindehaut nicht gerötet und die Absonderungen sind nicht eitrig. Ein Bindehautabstrich kann eine Keimbesiedlung ausschließen.

Blutiges Tränenträufeln oder blutiger Reflux aus den Tränenwegen erfordert den Ausschluss eines Tumors im Bereich der Tränenwege.

Eine Tränenwegspülung mit Kontrastmittel und Bild gebenden Verfahren kann den Ort einer Stenose oder eines Verschlusses darstellen.

Differenzialdiagnose

Tränenträufeln bei Säuglingen kann auch bei angeborenem → Glaukom (Buphthalmus) vorkommen. Weitere Differenzialdiagnosen mit Epiphora sind z. B. → Konjunktivitis oder eine → Hornhautabschürfung.

Therapie

Eine kongenitale Tränenwegstenose bessert sich häufig allein durch Augenpflege und Tränensackmassagen. Xylometazolin-Tropfen können zum Abschwellen und antibiotische Augentropfen und -salben bei bakteriellen Entzündungen verordnet werden. Wenn diese Maßnahmen nicht zum Erfolg führen kann eine therapeutische Tränenwegspülung und -sondierung in Kurznarkose die Tränenwege öffnen. Mitunter ist bei Erwachsenen eine Dakryozystorhinostomie (operative Wiederherstellung eines Tränenwegs) erforderlich.

Prognose

Bei 95% der Kinder mit einer kongenitalen Tränenwegstenose erfolgt die Öffnung der Hasner-Klappe spontan bis zum 12. Lebensmonat.

Infobox

ICD-10:
H04.5

Literatur:

Oestreicher, E. u. a.: HNO, Augenheilkunde, Dermatologie und Urologie für Pflegeberufe, Thieme, Stuttgart 2003

Burk, A., Burk, R.: Checkliste Augenheilkunde, 3. Aufl. Thieme, Stuttgart 2005

Transplantatabstoßung

► **Frau Müller kommt zur Kontrolluntersuchung zu ihrem Nephrologen. „Nach der Nierentransplantation fühle ich mich wie ein neuer Mensch", berichtet die 55-Jährige. „Allerdings bin ich in den letzten Monaten häufig müde und abgeschlagen. Ich denke, es ist die Frühjahrsmüdigkeit, aber mein Mann hat mir geraten, Ihnen davon zu erzählen. Und wissen Sie, ab und zu tut es mir im Rücken weh. Schauen Sie, hier." Sie deutet mit der Hand in die Nierengegend.**

Definition

Eine Transplantatabstoßung bezeichnet die Unverträglichkeit zwischen einem transplantierten Organ und dem Körper des Menschen, dem das Organ eingepflanzt wurde.

Ursachen

Bei der Transplantation von Organen zwischen genetisch verschiedenen Menschen werden die Organe ohne eine entsprechende Medikation immer abgestoßen. Die Gewebe von Organspender und -empfänger haben unterschiedliche Antigene auf der Oberfläche ihrer Zellen. Der Empfänger erkennt diese Histokompatibilitätsantigene (human leukocyte antigen, HLA) des Spenderorgans als fremd, da sie in seinem eigenen Körper nicht vorkommen. Er reagiert darauf mit einer Immunreaktion, die durch T- und B-Lymphozyten vermittelt wird (**Abb. T.15**).

Eine Abstoßungsreaktion geht in den meisten Fällen vom Empfänger aus, der das Transplantat als fremd erkennt und es zerstört (host versus graft reaction). Sind im Transplantat Immunzellen vorhanden, kann das verpflanzte Organ mit einer Abstoßungsreaktion auf den Empfänger reagieren (graft versus host reaction).

Die Abstoßungsreaktion wird in verschiedene Formen eingeteilt (**Tab. T.1**).

Hyperakute Abstoßung. Sie tritt meist wenige Minuten bis Stunden nach der Transplantation auf. Der Empfänger hat bereits zuvor Antikörper gegen das Spendergewebe gebildet, die an die Endothelzellen der Blutgefäße binden. In den Gefäßen bilden sich Thromben, die die Gefäße verschließen. In der Folge stirbt das Organ ab. Das Transplantat ist i.d.R. nicht mehr zu retten.

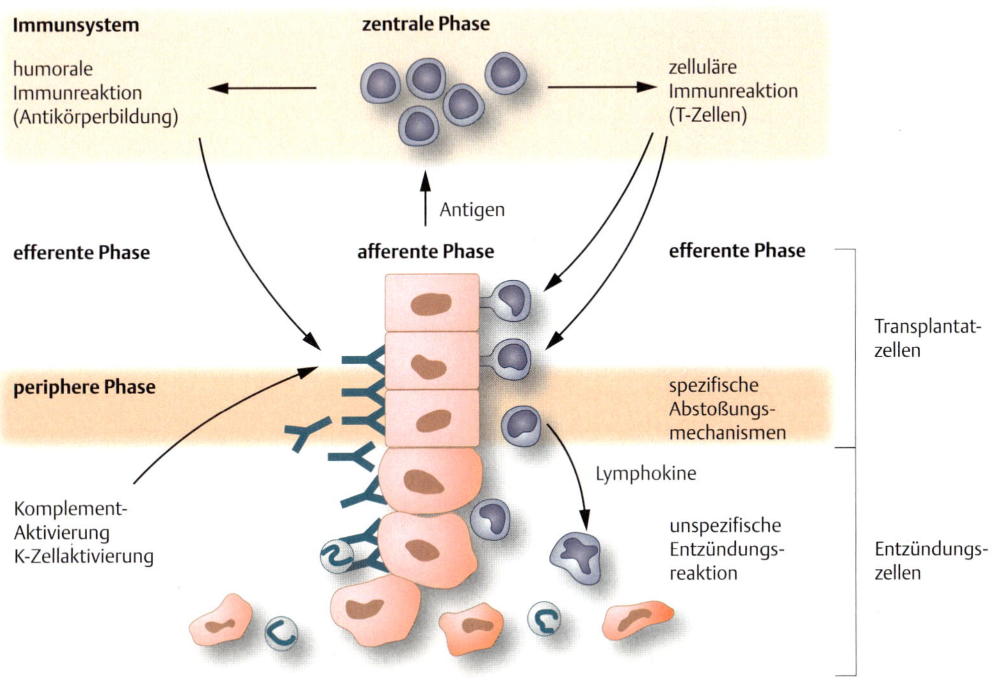

Abb. T.15 Abstoßungsreaktion bei allogener Transplantation. In der zentralen Phase gelangen Antigene aus dem Transplantat (Bildmitte) in das Immunsystem (afferente Phase) und lösen dort die Bildung von Antikörpern (humorale Immunreaktion) und von sensibilisierten T-Zellen (zelluläre Immunreaktion) aus. Antikörper und T-sensibilisierte T-Zellen werden auf dem Blutweg zum Transplantat gebracht (efferente Phase). Nach Bindung an die Transplantatsantigene werden die Transplantatzellen z. T. direkt geschädigt. Darüber hinaus wird eine unspezifische Entzündungsreaktion (vermittelt durch Komplementaktivierung oder aus Lymphozyten freigesetzten Lymphokinen) ausgelöst (periphere Phase).

Tab. T.1 Formen der Transplantatabstoßung

Typ der Abstoßung	Zeitraum zwischen Transplantation und Reaktion	Ursache	Ansprechen auf Therapie
hyperakut	Minuten, Stunden bis drei Tage nach der Transplantation	Empfänger besitzt bereits Antikörper gegen Antigene vom Spenderorgan	therapieresistent
akute Abstoßung	meist 1 – 3 Monate nach der Transplantation	Bildung von T-Lymphozyten und Antikörpern nach der Transplantation	höhere Dosierung immunsuppressiver Medikamente
chronische Abstoßung	Wochen bis Jahre	Immunzellen und Antikörper werden aktiviert, langsame Reaktion gegen die Blutgefäße des Transplantats	schlechtes Ansprechen auf immunsuppressive Therapie

Akute Abstoßung. Sie äußert sich meist einige Tage bis Wochen nach der Transplantation. Ursache ist häufig eine ungenügende Immunsuppression mit Medikamenten.
Chronische Abstoßung. Sie entwickelt sich über Monate und Jahre. Durch Immunzellen und Antikörper wird das fremde Organ immer mehr geschädigt und das Transplantat wird in seiner Funktion immer mehr eingeschränkt.

Symptome
Die akute Abstoßung äußert sich durch einen verschlechterten Allgemeinzustand: Die Patienten sind schlapp und müde, haben Gliederschmerzen oder Fieber und fühlen sich krank. Im Bereich des transplantierten Organs, bei einer Nierentransplantation z. B. im Flankenbereich, kann es zu Schmerzen oder einem Druckgefühl kommen.

Bei der chronischen Abstoßung sind im Gegensatz zur akuten Form kaum Symptome vorhanden. Einige Patienten berichten über Müdigkeit und Abgeschlagenheit.

Diagnose
Die Anamnese weist auf eine Abstoßung hin. Bei einer Abstoßungsreaktion der Niere ist ein Anstieg des Kreatinins im Serum als Zeichen einer eingeschränkten Nierenfunktion nachweisbar. Im Ultraschall ist die geschwollene Niere zu erkennen, das Nierengewebe ist verdichtet. Die Diagnose wird mit einer Nierenbiopsie und einer mikroskopischen Untersuchung gesichert.

Differenzialdiagnose
Von einer Transplantatabstoßung sind abzugrenzen:
- → akutes Nierenversagen durch Ciclosporin A (Immunsuppressivum),
- Schäden der Nierentubuli,
- postrenale Harnabflussstörungen,
- Infektionen (Pilze, Viren, Bakterien, Pneumocystis carinii).

Therapie
Die hyperakute Abstoßung kann meist nicht behandelt werden und führt häufig innerhalb kurzer Zeit zum Verlust des Organs. Bei der akuten Abstoßung erhält der Patient über fünf Tage bzw. in Abhängigkeit vom histologischen Befund intravenös Kortisol (Methylprednisolon). Bei einer Immunreaktion gegen die Gefäße werden Lymphozytenantikörper gegeben. Wirkt Kortisol nicht, können andere Immunsuppressiva wie Tacrolimus oder Antikörper gegen Lymphozyten verabreicht werden. Hierbei muss der Patient isoliert werden, da die Gefahr von schweren Infektionen besteht.

Eine chronische Abstoßung spricht meist schlecht auf die immunsuppressive Therapie an. Die Dosis der Medikamente wird u. U. erhöht oder auf ein anderes Präparat wie Tacrolimus umgestiegen.

Prognose
Sie hängt von der Art der Abstoßung und dem Ausmaß der Organschädigung ab. Um eine Abstoßung zu vermeiden, muss eine Abstoßungsreaktion beim Empfänger mit Immunsuppressiva unterdrückt werden. Hierzu stehen eine Vielzahl von Präparaten wie Kortisol, Cyclosporin, Tacrolimus, Azathioprin, Mycophenolat, Mofetil, Sirolimus u. a. zur Verfügung.

Infobox

ICD-10: T86.1 – 5, T86.8, T.86.9

Internetadressen:
http://www.nephrologie.de
http://www.nierenportal.de
http://www.transplantation.de

Literatur:
Bruch, H.-P., Trentz, O. (Hrsg.): Berchtold Chirurgie, 5. Aufl. Elsevier, München 2005
Grabensee, B.: Checkliste XXL Nephrologie. Thieme, Stuttgart 2002
Hirner, A., Weise, K.: Chirurgie. Thieme, Stuttgart 2004
Siewert, J. R.: Chirurgie. Springer, Heidelberg 2001

Trennungsangst

► Es ist Montagmorgen und Lars (12 Jahre) muss in die Schule. Seine Mutter hat es eilig zur Arbeit zu gehen und hat eigentlich keine Zeit zu verlieren. Aber Lars klagt schon wieder über Bauchschmerzen. Er sagt, er sei krank und könne auf keinen Fall in die Schule. Das geht nun schon seit Wochen so. Mehrere Untersuchungen beim Kinderarzt haben keinerlei Hinweis auf eine gastrointestinale Erkrankung ergeben. Doch Lars klagt immer häufiger über Bauchschmerzen, wenn er morgens in die Schule soll. Darüber hinaus will er nicht, dass seine Mutter zur Arbeit geht, da er Angst hat, dass ihr etwas zustoßen könnte. So kommt es fast jeden Morgen zu lauten Auseinandersetzungen.

Definition

Bei der Trennungsangst handelt es sich um eine emotionale Störung im Kindesalter. Es besteht eine ausgeprägte Angst vor der realen oder befürchteten Trennung von nahen Bezugspersonen.

Eine besondere Manifestation der Trennungsangst ist die sog. Schulphobie, die bei entsprechend disponierten und ängstlichen Kindern auftreten kann.

Ursachen

Für die Entstehung der Störung spielt die familiäre Dynamik eine große Rolle. Charakteristisch ist eine übermäßig enge Bindung zwischen der Bezugsperson und dem betroffenen Kind, die i.d.R. bereits in der frühesten Kindheit begonnen hat und sich bis in die Adoleszenz fortsetzt. Die Kinder sind oft ängstlich, kontaktgehemmt und haben häufig eine sehr ängstliche Mutter, die keine Ablösung gestattet.

Symptome

Die Trennungsangst ist durch Schulverweigerung, eine Reihe massiver körperlicher Beschwerden (z. B. morgendliche Übelkeit, Kopfschmerzen, Bauchschmerzen) insbesondere vor dem Schulgang und eine übermäßig enge Bindung an eine Bezugsperson (meist die Mutter) gekennzeichnet. Obwohl diese Form der Störung auch als Schulphobie bezeichnet wird, liegt die Ursache der Störung nicht in der Schule, sondern zu Hause.

Die Angst kann sich bei diesem Syndrom auf sehr vielfältige Weise manifestieren. Durch die reale oder befürchtete Trennungssituation kommt es sekundär zur Schulverweigerung, die dann in erster Linie mit den körperlichen Symptomen begründet wird. Diese führen dazu, dass die Eltern das Kind oder den Jugendlichen zu Hause lassen und zunächst eine körperliche Untersuchung durchgeführt wird. Daher ist der Haus- oder Kinderarzt häufig die erste Person, die mit der Trennungsangst konfrontiert wird. Charakteristisch ist, dass die körperlichen Symptome vor dem anstehenden Schulgang oder am Wochenanfang besonders ausgeprägt sind, während sie in den Ferien weitgehend fehlen. Die Häufigkeit für das Auftreten von Trennungsangst bei Kindern und Jugendlichen liegt um 5%.

Diagnose

Die Diagnose erfolgt aufgrund der Anamnese und der Symptomatik.

Differenzialdiagnose

Es ist wichtig, die Trennungsangst (Schulphobie) von Schulangst und Schuleschwänzen zu unterscheiden. Kinder mit Trennungsangst sind i.d.R. begabt und haben mit der Schulleistung meist keine Schwierigkeiten.

Sie haben auch bei detaillierter Exploration keine Angst vor Personen oder Situationen innerhalb der Schule. Kinder mit Schulangst zeigen hingegen deutliche Ängste, die mit schulischen Faktoren direkt zusammenhängen, sei es Leistungsangst, Angst vor Lehrern oder auch vor anderen Schülern.

Beim Schuleschwänzen sind i.d.R. deutliche dissoziale Tendenzen vorhanden. Der Oberbegriff für alle drei Syndrome ist Schulverweigerung. Differenzialdiagnostisch abgegrenzt werden müssen ferner organische Erkrankungen, depressive Syndrome und schizophrene Psychosen.

Therapie

Das Kind sollte so schnell wie möglich wieder in die Schule integriert werden. Je länger die Schulverweigerung andauert, umso häufiger kommt es in der Familie zu einem sekundären pathogenen Prozess, der zusätzliche Symptome und Befürchtungen in Gang setzt.

Prognose

Die Prognose ist umso günstiger, je jünger das Kind ist und je früher es behandelt wird.

Infobox

ICD-10:
F93.0

Internetadresse:
http://www.dgkjp.de

Literatur:
Remschmidt, H. (Hrsg.): Kinder- und Jugendpsychiatrie, 4. Aufl. Thieme, Stuttgart 2005

Trigeminusneuralgie

► **Frau Schumann kommt in die neurologische Ambulanz. Die 61-Jährige berichtet mit leiser Stimme über blitzartige, heftige, stechende Schmerzen im Wangen- und Unterkieferbereich der rechten Gesichtshälfte. Sie wirkt äußerst niedergeschlagen und vermeidet Bewegungen und Berührungen des Kopfes. „Am Anfang hat es einfach plötzlich weh getan, ohne erkennbare Ursache, aber jetzt schmerzt es auch, wenn ich ans Gesicht komme, etwas Kaltes trinke, spreche oder kaue." Sie erzählt, dass sie täglich unter unzähligen Schmerzattacken leidet.**

Definition

Die Trigeminusneuralgie ist ein heftiger, attackenartiger, meist einseitiger Gesichtsschmerz im Versorgungsgebiet des Nervus trigeminus (V. Hirnnerv). Man unterscheidet:

- Tic douloureux: tritt idiopathisch, d. h. ohne erkennbare Ursache auf,
- symptomatische Form: Symptom einer anderen Krankheit.

Ursachen

Die Ursachen des Tic douloureux sind ungeklärt. Man vermutet nervliche Kurzschlüsse zwischen schmerzleitenden Nervenfasern und solchen für den Tastsinn. In manchen Fällen wird der Trigeminus an seinem Austrittspunkt aus dem Hirnstamm durch Blutgefäßschlingen gequetscht bzw. mechanisch gereizt.

Symptomatische Trigeminusneuralgien treten z. B. bei Entmarkungskrankheiten wie der → Multiplen Sklerose, als Folge von → Tumoren oder des Costen-Syndroms (ein Gesichtsschmerz, der von der Gesichtsmuskulatur aufgrund einer Fehlfunktion des Kiefergelenks ausgeht) auf. Weiterhin können entzündliche Prozesse, → Herpes zoster (Gürtelrose) und in seltenen Fällen auch ärztliche Eingriffe zu einer Trigeminusneuralgie führen. Erblich bedingte Trigeminusneuralgien sind äußerst selten.

Symptome

Es kommt zu blitzartigen, heftigen Schmerzattacken, die in Serie und täglich bis zu hundert Mal auftreten. Betroffen sind meist die Versorgungsgebiete des zweiten Trigeminusastes (**Abb. T.16 a**). Die stechenden Schmerzen können durch Berührung, Kälte, Sprechen und Kauen ausgelöst werden. Als Reaktion auf die Schmerzen sind die Patienten traurig, ängstlich, antriebslos, haben keinen Appetit, schlafen schlecht und fühlen sich schwach. Das kann so weit gehen, dass sie an Selbstmord denken.

Diagnose

Beim Tic douloureux ist der neurologische Befund unauffällig. Bei einer symptomatischen Trigeminusneuralgie kann eine Hypästhesie (verminderte Empfindlichkeit für Berührungsreize) im Bereich des ersten Trigeminusastes (**Abb. T.16 b**) und eine Abschwächung des Kornealreflexes (durch lokalen Reiz ausgelöster Lidschluss mit verstärktem Tränenfluss) vorkommen. Sie werden mittels Magnetresonanztomografie (MRT) oder Computertomografie (CT) sowie einer Untersuchung des Liquors abgeklärt.

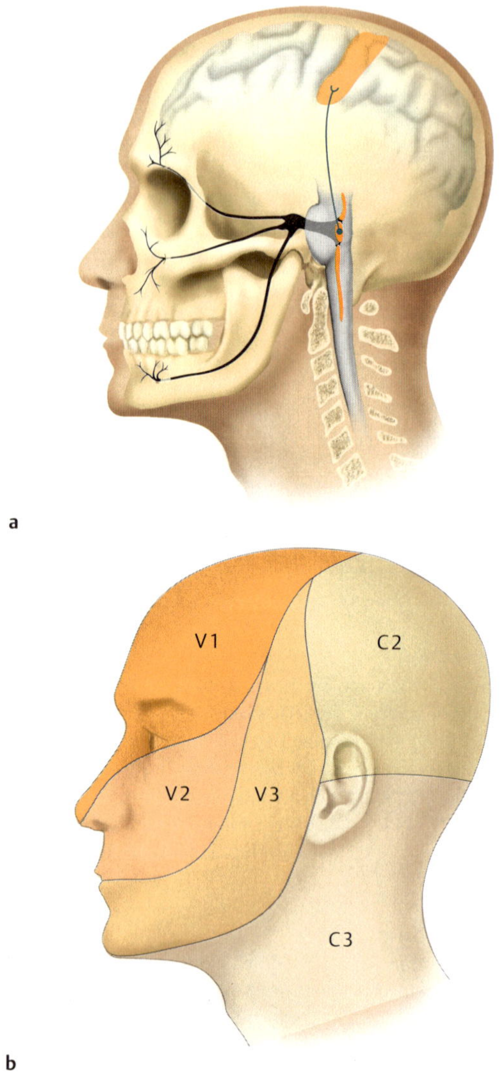

Abb. T.16 Gesichtsinnervation. a Die Hauptäste des N. ophthalmicus (V1), N. maxillaris (V2) und N. mandibularis (V3) vereinigen sich im Ganglion semilunare und treten seitlich am Hirnstamm ein. **b** Periphere sensible Versorgung des Gesichts. Innervationsbereiche der drei Trigeminusäste und der angrenzenden Gebiete.

Differenzialdiagnose

Differenzialdiagnostisch muss die Trigeminusneuralgie von symptomatischen Formen abgegrenzt werden, die ihre Ursachen in Nasenhöhlenprozessen, Zahn- oder Augenerkrankungen haben.

Therapie

Das Mittel der Wahl ist Carbamazepin. Es wird an mehreren aufeinanderfolgenden Tagen mit steigender Dosierung gegeben, bis die Schmerzen nachlassen. Wichtig ist die Kontrolle der Serumkonzentration des Medikaments und die Überwachung der Herztätigkeit per EKG, da die Gefahr von → Herzrhythmusstörungen besteht.

Verträgt der Patient die Medikamente nicht, kommt eine operative Therapie in Frage. Dabei werden Blutgefäße, die den Nervus trigeminus einengen, entfernt.

Prognose

Häufig verschwinden die Schmerzen spontan. Die schmerzfreien Phasen können Monate bis Jahre anhalten. 80% der Patienten werden unter Carbamazepin schmerzfrei. Nach der operativen Therapie kommt es in 10% der Patienten zu Rückfällen.

Infobox

ICD-10:
G50.0

Internetadressen:
http://www.netdoktor.de
http://www.dgn.org

Literatur:

Bromm, B.: Das Lächeln des Fakirs. Gehirn & Geist 4 (2003) 40

Grehl H., Reinhard, F.: Checkliste Neurologie. Thieme, 2005

Paetsch, M., Trepel, M.: Im Netz der Signale. GEO kompakt 2 (2005) 98

Trockenes Auge

► **„Komm Gundi, wir machen da vorne eine Pause. Ich quäle mich ziemlich auf meinem Fahrradsattel“, schlägt Carola vor. Die beiden suchen sich einen Platz in der warmen Frühlingssonne und Gundula setzt die Sonnenbrille ab. „Mensch, wie siehst du denn aus? Total verheult.“ „Ja, das ist wie verhext. Wenn ich auf dem Rad sitze, tränen mir die Augen ohne Ende, aber in geschlossenen Räumen brennen sie total, weil sie so trocken sind. Ich kann meine Augen dann häufig nicht mehr offen halten, weil sie so müde sind.“**

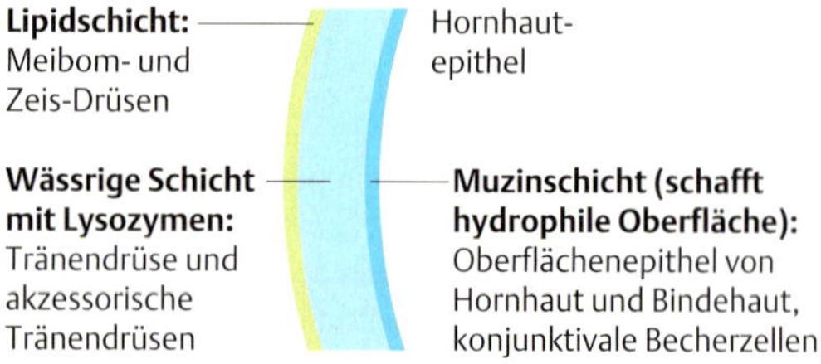

Abb. T.17 Anatomie. Tränenfilm.

Definition

Als trockenes Auge wird die unzureichende Benetzung von Bindehaut und Hornhaut durch eine veränderte Zusammensetzung der Tränenflüssigkeit und/oder eine verminderte Tränensekretion bezeichnet.

Synonym: Sicca-Syndrom.

Ursachen

Trockene Augen können verursacht werden durch:

- Schwund der tränenbildenden Gewebe und dessen vermehrte Umwandlung in Bindegewebe mit zunehmendem Alter (ein Drittel aller Personen über 40 Jahren ist hiervon betroffen),
- → Tumoren, die das Tränengewebe zerstören,
- chronische Entzündungen, die den Tränenfilm verändern,
- verminderte Tränensekretion durch eine Autoimmunerkrankung der Tränen- und Speicheldrüsen (Sjögren-Syndrom), die mit trockenem Mund verbunden ist,
- rheumatische Erkrankungen (verursachen häufig starke Symptome),
- verminderte Lipidschicht des Tränenfilms und Benetzungsstörung durch Sekretstau der Lidranddrüsen (**Abb. T.17**).

Arbeit in trockener, heißer Umgebung oder am Bildschirm begünstigt die Entwicklung.

Symptome

Der Patient klagt über Brennen, ein Fremdkörpergefühl und müde Augen. Da die Tränenfilmqualität zur konstanten Befeuchtung der Augenoberfläche nicht ausreicht, reagiert das Auge bei der geringsten Reizung mit einer überschießenden Reflextränenproduktion (paradoxe Reaktion des Augentränens bei trockenem Auge).

Diagnose

Die Bindehaut ist in unterschiedlichem Ausmaß gerötet. Untersuchungen der Tränensekretion (z. B. Schirmer-Test) sind pathologisch. An der Spaltlampe können Hornhaut- und Bindehautveränderungen (Keratoconjunctivitis sicca), neben lidkantenparallelen Hautfalten und vermehrten Schleimfäden auch punktförmige Hornhautdefekte und Hornhautepithelfäden (Keratitis filiformis) beobachtet werden.

Differenzialdiagnose

Von trockenen Augen abzugrenzen sind z. B.:

- → Konjunktivitis,
- Hornhautfremdkörper (→ Fremdkörper im Auge),
- → Hornhautabschürfung, → Lidrandentzündungen.

Therapie

Als Behandlung werden Tränenersatz-Augentropfen und -salben („künstliche Tränen“) verordnet, die, je nach Ausprägung, mehrmals täglich bis stündlich appliziert werden. Zusätzlich kann eine dexpanthenolhaltige Augensalbe zur Nacht verordnet werden.

Bei starker Ausprägung des trockenen Auges kann ein vorübergehender Tränenpünktchenverschluss mit keilförmigen Silikonstöpseln oder ein dauerhafter Verschluss der Tränenpünktchen durch Kauterisation (Gewebezerstörung mit einem Elektrobrennstab) indiziert sein.

Prognose

Das trockene Auge ist eine chronische Erkrankung. Meistens lindern sich die Beschwerden, eine vollständige Heilung ist eher selten.

Es besteht eine erhöhte Infektionsgefahr für die Hornhaut. → Hornhauttrübungen, die Ausbildung eines Hornhautgeschwürs und Narbenbildung sind möglich. Hier sind besonders Patienten mit Autoimmunerkrankungen, v. a. aus dem rheumatischen Formenkreis, gefährdet.

Infobox

ICD-10: H04.1

Literatur: Burk, A., Burk, R.: Checkliste Augenheilkunde. Thieme, Stuttgart 2005

Oestreicher, E. u. a.: HNO, Augenheilkunde, Dermatologie und Urologie für Pflegeberufe. Thieme, Stuttgart 2003

Trommelfellverletzung

► „Werner, was treibt Dich denn hierher?". Die Dienst habende Chirurgin ist ganz erstaunt ihren Bekannten in der Ambulanz anzutreffen. „Ja, mir ist was ganz Doofes passiert. Ich war beim Volleyballtraining. Alex hat angegriffen und ich dachte, der Ball würde ins Aus gehen. Ich habe mich noch weggedreht, aber es hat halt nicht gelangt. Der Ball ist voll auf mein Ohr drauf. Und jetzt höre ich auf dem Ohr nichts mehr. Wo Alex hinschlägt, wächst kein Gras mehr." „Na, dann werden die HNO-Kollegen wohl gleich eine Ohrspiegelung machen und sich mal das Trommelfell anschauen. Komm, ich bring Dich hin. In dem Gewirr von Gängen findet man sich ja nicht wirklich leicht zurecht."

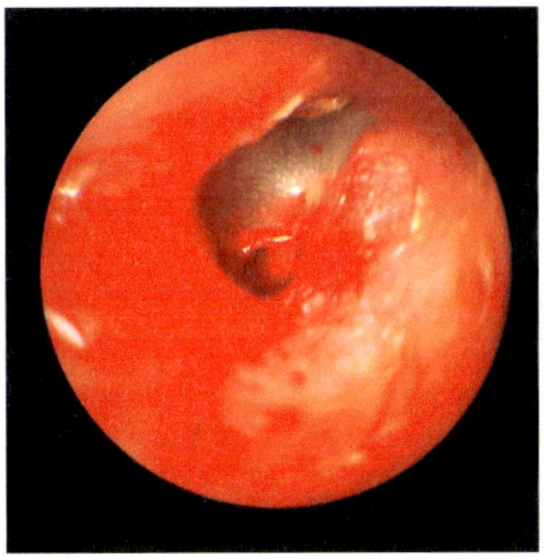

Abb. T.18 Falsche Ohrreinigung. Traumatische Trommelfellperforation durch Stricknadel.

Definition

Unter einer Trommelfellverletzung versteht man einen offenen Defekt im Trommelfell.

Synonym: Trommelfellperforation.

Ursachen

Trommelfellverletzungen können durch direkte Verletzungen (z. B. falsche Ohrreinigung, **Abb. T.18**), durch starke Explosionen in unmittelbarer Nähe oder einen Schlag auf das Ohr entstehen.

Aber auch schwere Mittelohrentzündungen (→ akute Otitis media) können zum Trommelfelldefekt führen (s. **Abb. C.17**, S. 197).

Symptome

Typisch für die Trommelfellverletzung ist eine schlagartige Hörminderung auf dem betroffenen Ohr, oft verbunden mit Ohrgeräuschen. Spürt der Patient bei einer Entzündung im Ohr plötzlich keine Schmerzen mehr, liegt eine Trommelfellperforation nahe, da der im Mittelohr angesammelte Eiter durch den Defekt abfließen kann. Dadurch bessern sich die Beschwerden.

Diagnose

Den Defekt im Trommelfell kann man bei einer Ohrspiegelung erkennen. Der Hörtest bestätigt die subjektive Hörminderung.

Differenzialdiagnose

Von einer Trommelfellverletzung abzugrenzen ist die Ansammlung von Ohrenschmalz, das den Gehörgang verstopft und ebenfalls die Hörleistung beeinflussen kann. Außerdem sind Ohrgeräusche verbunden mit einer Hörminderung typische Symptome eines → Hörsturzes.

Therapie

Das Trommelfell hat eine sehr große Selbstheilungstendenz. Deshalb heilen kleine Defekte von selbst ab. Bei größeren Schäden muss das Trommelfell evtl. mit einer Plastik abgedeckt werden, um die beschädigte Stelle abzudichten. Diese Behandlung nennt man Trommelfellschienung. Dabei werden Silikon- oder Papierstreifen nach dem Glätten der eingerollten Trommelfellränder aufgelegt. Unter dieser Befestigung heilt das Trommelfell besser.

Bei jeder Trommelfellverletzung besteht die Gefahr, dass Krankheitserreger in das Mittelohr gelangen. Deshalb verabreicht man vorbeugend ein Antibiotikum. Reicht diese Behandlung nicht aus, muss der Defekt operativ verschlossen werden.

Prognose

Eine Trommelfellverletzung heilt unter entsprechender Behandlung i.d.R. folgenlos ab.

Infobox

ICD-10:
H72.9

Literatur:

Oestreicher, E. u. a.: HNO, Augenheilkunde, Dermatologie und Urologie für Pflegeberufe. Thieme, Stuttgart 2003

Probst, R. u. a.: Hals-Nasen-Ohrenheilkunde. Thieme, Stuttgart 2004

Tuberkulose

► **„Du musst dir leider jemand anderen suchen, der mit zum Konzert geht. Aber mit meinem Husten brauche ich da gar nicht aufzutauchen. Das stört alle und mir ist es furchtbar unangenehm", erklärt Andreas seinem Freund Martin. „Verstehe ich, aber ich habe mich so darauf gefreut. Du hast diesen blöden trockenen Husten jetzt schon so lange." „Ja, stimmt. Ich habe ja auch viel abgenommen. Erst fand ich das klasse – mit 37 Jahren beginnt man ja wirklich anzusetzen – aber ich fühle mich nicht richtig gut. Und ich wache nachts manchmal schweißgebadet auf."**

Definition

Als Tuberkulose werden Organinfektionen mit den Bakterien des sog. Tuberkulosekomplexes bezeichnet. Hierzu gehören außer Mycobacterium tuberculosis auch M. bovis, M. africanum sowie M. microti und M. canetti.

Die Lungentuberkulose ist gemäß § 6 Infektionsschutzgesetz meldepflichtig bei Erkrankung und Tod. Meldepflichtig sind außerdem der Beginn einer tuberkulostatischen Behandlung, auch ohne Erregernachweis, sowie der Abbruch einer Behandlung.

Synonym: Schwindsucht.

Ursachen

Bei Mykobakterien handelt es sich um Stäbchenbakterien, die für einen Nachweis aufgrund des hohen Lipidanteils ihrer Zellwand nach Ziehl-Neelsen angefärbt werden. Sie sind relativ resistent gegenüber schwankenden Umweltbedingungen und können von Mensch zu Mensch durch Aerosole beim Sprechen und Husten oder auch über Lebensmittel übertragen werden. Aufgrund ihrer sehr langen Generationszeit (18 – 24 Std.) haben sie eine Inkubationszeit von mehreren Monaten und die Behandlung muss über viele Monate fortgeführt werden.

Symptome

Die Lunge wird durch die Aufnahme feinster, erregerhaltiger Sekrettröpfchen (Aerosol) infiziert. Die Inkubationszeit bis zum Nachweis einer positiven Tuberkulinreaktion beträgt meist 6 – 12 Wochen.

Je nach Abwehrlage des Patienten kann sich das Krankheitsbild höchst unterschiedlich entwickeln: Nach Einatmen der Mykobakterien entsteht – oft im linken oberen Lungenfeld – der sog. Primärkomplex, bestehend aus einem kleinen Mykobakterienabszess in den Alveolen und einem Befall des dazugehörigen Lymphknotens. Bei guter Abwehrlage ist es möglich, dass die Mykobakterien in diesem Stadium durch die körpereigene Abwehr eingekapselt werden. In einem solchen Fall wird eine Infektion evtl. gar nicht bemerkt. Die Bakterien werden aber nicht abgetötet, sondern können zu einem späteren Zeitpunkt reaktiviert werden.

Gelingt es der Abwehr nicht, die Erkrankung in diesem Stadium unter Kontrolle zu bringen, breiten sich die Mykobakterien in den Alveolen weiter aus. Müdigkeit, Abgeschlagenheit, Nachtschweiß, Fieber oder erhöhte Temperatur sowie Gewichtsverlust sind in dieser Phase typische, aber leider nicht sehr spezifische Symptome. Später kann ein trockener Husten hinzukommen. Wird die Diagnose jetzt nicht gestellt und eine Therapie begonnen, schreitet das Krankheitsbild weiter voran.

Die befallene Fläche vergrößert sich und schließlich entsteht im Lungengewebe eine Höhlung (Kaverne), die mit mykobakterienhaltigem Sekret gefüllt ist. Bricht die Kaverne nun in einen Bronchus oder Bronchiolus ein, reizt die auslaufende Flüssigkeit zum Husten und Sekret wird samt Mykobakterien ausgehustet. Nun wird Sputum produziert, das gelegentlich – v. a. nach längerer Erkrankung – blutig sein kann (Bluthusten). Dies bezeichnet man als offene Tuberkulose. Die Patienten sind nun sehr infektiös.

Wird auch dann nicht behandelt, können sich die Mykobakterien auch auf dem Blutweg verbreiten und überall in den Organen kleine Abszesse bilden. Dieses Krankheitsbild wird als Miliartuberkulose bezeichnet.

Daneben sind unterschiedliche Organtuberkulosen wie die tuberkulöse Meningitis, Hirntuberkulose, Darmtuberkulose, Hauttuberkulose und Tuberkuloseabsiedlungen in Wirbelkörpern möglich, bei denen die Lunge zusätzlich befallen sein kann. Eine Tuberkulosesepsis (Landouzy-Sepsis), die meist tödlich verläuft, ist selten.

Diagnose

Es wird der Stempel-Test (**Abb. T.19 a**) oder der Mendel-Mantoux-Test (**Abb. T.19 b**) durchgeführt, bei denen man

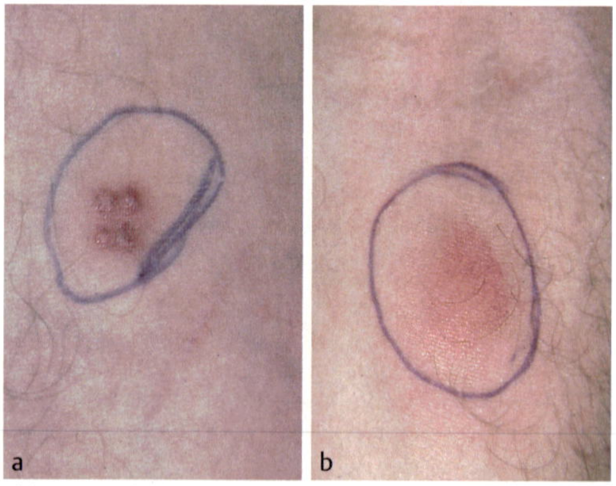

Abb. T.19 Tuberkulinreaktionen. **a** Positiver Stempel-Test (Tine-Test), **b** positiver Mendel-Mantoux-Test (mit 10 Testeinheiten durchgeführt); nach 2 – 3 Tagen kann man die Reaktion nicht nur sehen, sondern auch fühlen.

sog. Tuberkulin aus Kulturen der Bakterien auf die Haut aufbringt oder in abgestuften Dosen unter die Haut spritzt. Führen sie zu einer Hautreaktion, folgen weitere Untersuchungen. Bei geimpften Personen sollte der Stempeltest nicht durchgeführt werden. Die Stärke der Reaktion wird in diesen Fällen durch einen abgestuften Mendel-Mantoux-Test ermittelt, wobei bei neu infizierten Personen eine stärkere Reaktion zu erwarten ist.

Mykobakterien können aus Sputum und einer bronchoskopisch gewonnenen Spüllösung (bronchoalevoläre Lavage, BAL) angezüchtet werden. Bei den anderen Organtuberkulosen gelingt dies aus Liquor, Urin oder Biopsiebzw. Abszessmaterial. Die Anzucht auf Spezialnährmedien erfordert allerdings Geduld: Positive Resultate sind erst nach etwa zwei Wochen zu erwarten, im negativen Fall muss die Kultur sechs Wochen lang bebrütet werden, bevor sie endgültig als negativ erklärt werden kann.

Molekularbiologische Verfahren (Polymerasekettenreaktion, PCR) weisen das Erbgut der Mykobakterien innerhalb von 24 bis 48 Std. nach. Außerdem erlaubt die PCR auch die Unterscheidung zu anderen Mykobakterien (Mycobacteria other than tubercle bacilli, MOTT). Unter dem Mikroskop ist die Gram-Färbung erfolglos, in der Ziehl-Neelsen-Färbung imponieren die Mykobakterien als säurefeste Stäbchenbakterien rot auf blauem Grund (**Abb. T.20**). Auch eine Auraminfärbung ist möglich. Weitergehende Untersuchungen dürfen nur in Speziallaboratorien mit entsprechender Sicherheitsstufe durchgeführt werden. Hier wird eine genaue Differenzierung durchgeführt und ein Antibiogramm angelegt.

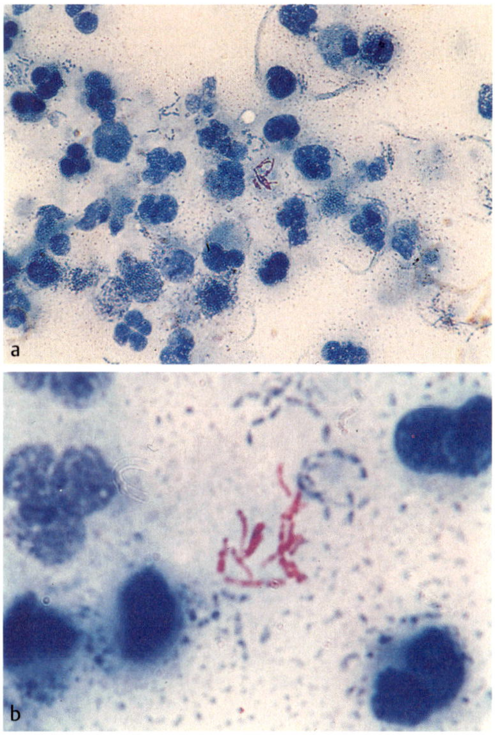

Abb. T.20 Tbc-Bakterien. a Sputum nach Ziehl-Neesen-Färbung, die Mykobakterien sind rot dargestellt, Granulozyten und andere Zellen blau, **b** Großaufnahme.

Differenzialdiagnose

Bei der Lungentuberkulose ist die wichtigste Differenzialdiagnose die Besiedlung oder Infektion mit MOTT. Dieses Akronym steht für „Mycobacteria other than tubercle bacilli“ und beschreibt die große Gruppe der im Wasser lebenden, früher als atypisch bezeichneten Mykobakterien (z. B. M. avium, M. intracellulare, M. marinum u. a.). Gewonnen aus Sputum oder BAL, sehen die Bakterien unter dem Mikroskop wie Mykobakterien des Tuberkulosekomplexes aus, sodass der alleinige Nachweis von säurenfesten Stäbchenbakterien für Lungentuberkulose keineswegs beweisend ist.

Auch bei der Hauttuberkulose ist die wichtigste Differenzialdiagnose Mycobacterium marinum und andere MOTT. Bei tuberkulöser Meningitis kommen prinzipiell auch andere Meningitiserreger in Frage, die Analyse des Liquors und die relativ typischen fokalen Ausfälle weisen jedoch in Richtung M. tuberculosis.

Der Primärkomplex wird gelegentlich fälschlicherweise als eine Depression behandelt, da die ersten Symptome wie Müdigkeit, Abgeschlagenheit, Gewichtsverlust, mangelndes Interesse an sozialen Kontakten oder erhöhtes Schlafbedürfnis auch diesem Krankheitsbild ähneln können und an Tuberkulose einfach nicht gedacht wird.

Therapie

Für die Therapie der Tuberkulose steht eine eigene Antibiotikapalette zur Verfügung, die sonst kaum für die Therapie anderer Erreger eingesetzt wird. Sie werden als Tuberkulostatika bezeichnet. Um zu vermeiden, dass sich Resistenzen entwickeln, muss obligat eine Kombinationstherapie angewandt werden. Diese muss i.d.R. mindestens sechs, oft neun Monate verabreicht werden. Typische Tuberkulostatika sind Isoniazid, Rifampicin, Pyrazinamid, Ethambutol und Streptomycin.

Prognose

Setzt die Behandlung rechtzeitig ein, kann der Betroffene wieder völlig geheilt werden. Jedoch ist zu beachten, dass die Mykobakterien nicht vollständig abgetötet werden und daher durch abwehrschwächende Krankheiten (→ AIDS, Malignome) und Therapien wie Zytostatika- oder Kortisongabe oder auch durch hohes Alter wieder reaktiviert werden können. Das bedeutet den neuen Ausbruch der Erkrankung!

Komplikationen

Die gefährlichsten Komplikationen ergeben sich aus dem fortschreitenden Verlauf der Krankheit selbst. Die zunehmende Schwäche der Patienten kann auch zu Infektionen mit anderen Erregern führen. Tuberkulöse Kavernen können auch nach Abheilung bzw. Stillstand der Tuberkulose durch Schimmelpilze besiedelt werden (→ Aspergillom).

Infobox

ICD-10:
A16.7

Internetadessen:
http://www.dahw.de
http://www.netdoktor.de
http://www.rki.de

Literatur:

Jassoy, C., Schwarzkopf, A. (Hrsg.): Hygiene, Mikrobiologie und Ernährungslehre für Pflegeberufe. Thieme, Stuttgart 2004

Tumoren

► **Der 62-jährige Erich Küfer stellt sich bei seinem Hausarzt vor. Er erzählt, dass er in den letzten Wochen etwa 8 kg an Gewicht verloren habe und häufig ein Druckgefühl im Oberbauch spüre. Er fühle sich schlapp und müde und habe deshalb sein wöchentliches Rudertraining mit seinen Kollegen aufgegeben. Auch das Essen schmecke ihm gar nicht mehr, nicht einmal seine sonst so geliebten Schnitzel und Steaks.**

Definition

Tumor bedeutet Schwellung oder Geschwulst. Im weitesten Sinne bezeichnet ein Tumor jede lokalisierte Schwellung, die z. B. durch ein Ödem oder eine Entzündung entstanden ist. Mitunter wird der Begriff für eine Volumenzunahme eines gesamten Organs benutzt.

Im engeren Sinne bedeutet die Bezeichnung Tumor eine Neubildung körpereigenen Gewebes, was auch als Neoplasie oder Neoplasma bezeichnet wird. Körpereigene Zellen wachsen dabei selbstständig (autonom), unkontrolliert und überschießend. Charakteristisch für Tumoren ist, dass sie sich nicht in das normale Gewebe eingliedern und auch dann noch weiterwachsen, wenn der auslösende Reiz nicht mehr wirkt.

Formen von Tumoren

Die Begriffe Tumor, Geschwulst oder Neoplasie geben keine Auskunft darüber, wie sich ein Tumor im Körper verhält. Dieses biologische Verhalten (Dignität) wird durch die Begriffe gutartig und bösartig charakterisiert (**Tab. T.2**).

Gutartige (benigne) Tumoren

Gutartige Tumoren kopieren meist genau das Gewebe, aus dem sie hervorgehen. So zeigen z. B. Myome (gutartige Tumoren des Muskelgewebes) unter dem Mikroskop die gleichen Strukturen wie normale Muskelzellen. Die Tumorzellen haben jedoch die Fähigkeit verloren, sich zu kontrahieren. Viele benigne Tumoren übernehmen auch die Funktion der Ursprungszellen: So produziert das Insulinom, ein gutartiger Tumor der Bauchspeicheldrüse, das Hormon Insulin.

Gutartige Tumoren sind meist scharf begrenzt und wachsen verdrängend in das umgebende Gewebe ein (**Abb. T.21**). Die Geschwülste wachsen langsam, siedeln nicht in andere Körperregionen ab (metastasieren) und treten i.d.R. nicht noch einmal auf, wenn sie chirurgisch entfernt worden sind (Rezidiv).

Gutartige Tumoren verursachen meist nur wenige Symptome. In den meisten Fällen führen sie nicht zum Tode. Mitunter kann jedoch auch ein gutartiger Tumor tödlich sein, z. B. wenn er so ungünstig liegt, dass er lebenswichtige Strukturen zusammendrückt (z. B. → Gehirntumoren). Hormonproduzierende Tumoren wie Insulinome können zu viel Insulin bilden, sodass es zu einer Stoffwechselentgleisung mit Unterzuckerung kommen kann.

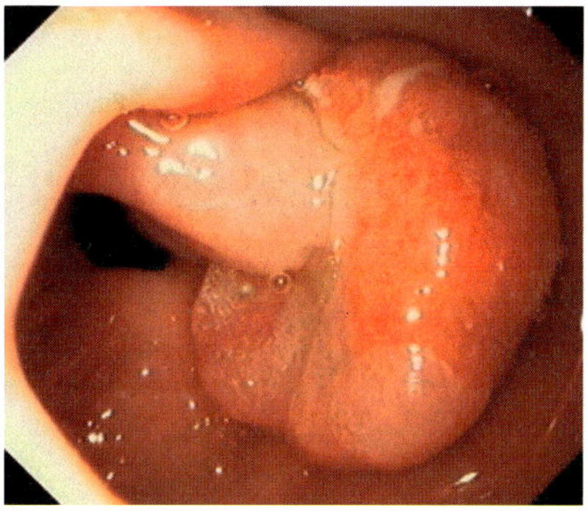

Abb. T.21 Gutartiger Tumor. Gestielter Magenpolyp, histologisch Adenom.

Bösartige (maligne) Tumoren (Malignome)

Die Zellen bösartiger Tumoren zeigen ebenfalls Ähnlichkeiten mit dem Gewebe, aus dem sie hervorgehen. Gut differenzierte bösartige Tumoren ähneln von der Form und vom Inhalt der Zellen (Kern und Zytoplasma) sehr dem Ursprungsgewebe. Bei wenig oder schlecht differenzierten bösartigen Tumoren sehen die Tumorzellen meist völlig anders (atypisch) als die Ursprungszellen aus.

Bösartige Tumoren werden häufig mit dem Begriff Krebs bezeichnet. Krebs im engeren Sinne beschreibt jedoch nur bösartige Tumoren, die aus Epithelzellen hervorgehen (**Tab. T.3**). Malignome wachsen schnell, dringen invasiv in das umliegende Gewebe ein und zerstören es (**Abb. T.22**). Über die Blut- oder Lymphgefäße breiten sich die Tumorzellen im Körper aus und bilden Tochtergeschwülste (Metastasen).

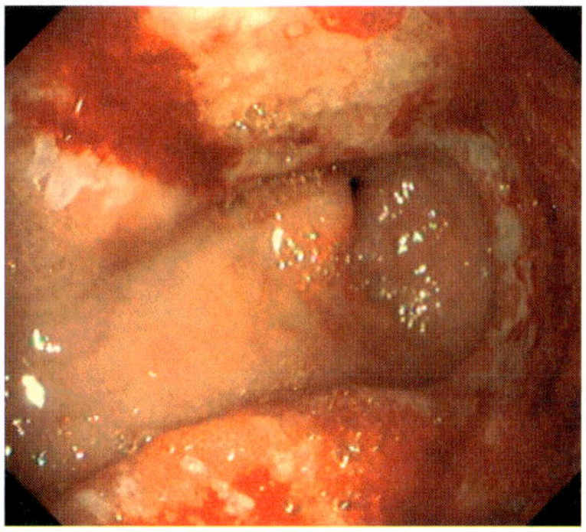

Abb. T.22 Bösartiger Tumor. Der Tumor dringt invasiv in das umliegende Gewebe ein.

Tab. T.2 Klinische Unterscheidung von gut- und bösartigen Tumoren

Merkmal	Gutartiger Tumor	Bösartiger Tumor
Alter	häufiger Jugendliche oder Patienten im mittleren Lebensalter	meist ältere Menschen
Symptome	meist wenig Symptome	viele Symptome, die aber meist erst in fortgeschrittenem Stadium auftreten
Allgemeinzustand	meist nur leicht beeinträchtigt	verschlechtert sich zunehmend
Verlauf	lang, nicht tödlich	kurz, tödlich
Wachstum des Tumors	langsam, verdrängend	schnell, invasiv und zerstörend
Metastasen	keine	häufig
Rezidive	sehr selten	häufig

Ein bösartiger Tumor verursacht am Anfang meist nur wenig Symptome. Später ist der Allgemeinzustand des Patienten häufig deutlich beeinträchtigt: Seine Leistungsfähigkeit nimmt ab, er leidet unter Müdigkeit und nimmt stark an Gewicht ab (Tumor-Kachexie).

Auch wenn ein bösartiger Tumor durch eine Operation, eine Chemotherapie oder Bestrahlung behandelt wird, wächst er häufig nach (Rezidiv). Unbehandelt führt er in den meisten Fällen zum Tod des Patienten. Eine Ausnahme sind langsam wachsende bösartige Tumoren wie das Prostatakarzinom: Bei vielen obduzierten Männern wird in der Autopsie ein Prostatakarzinom gefunden, das sich klinisch noch gar nicht bemerkbar gemacht hatte.

Halb-bösartige (semimaligne) Tumoren

Halb-bösartige Tumoren haben Eigenschaften von gutartigen und bösartigen Tumoren. Sie wachsen verdrängend und invasiv wie ein bösartiger Tumor in das umgebende Gewebe ein, metastasieren aber nur sehr selten. Häufigster halb-bösartiger Tumor ist das Basaliom der Haut.

Bezeichnung von Tumoren

Tumoren werden i.d.R. anhand des Gewebes bezeichnet, aus dem sie hervorgehen (**Tab. T.3**). Grundlage hierfür ist die Entwicklung des Körpers aus drei Keimblättern: Ektoderm, Mesoderm und Entoderm. Gutartige Tumoren, die aus dem Epithel entstehen, sind Adenome, Polypen oder Papillome. Alle bösartigen epithelialen Tumoren werden als Karzinom bezeichnet.

Tumoren, die sich aus dem mittleren Keimblatt entwickeln, heißen mesenchymale Tumoren. Die gutartigen mesenchymalen Tumoren werden mit der Endsilbe -om oder -iom und dem Ursprungsgewebe beschrieben (z. B. Fibrom, Lipom), die bösartigen Tumoren erhalten die Endung -sarkom (z. B. Fibrosarkom, Liposarkom).

Risikofaktoren von Tumoren

In den letzten Jahren haben Wissenschaftler in großen Studien eine Vielzahl von Faktoren identifiziert, die die Entstehung von Tumoren begünstigen:

- Erbfaktoren (genetische Veranlagung),
- Ernährung,
- Alter,
- Hormone/Geschlecht,
- Umweltfaktoren,
- Chemische Faktoren
- Infektionen,
- Strahlen.

Erbfaktoren/genetische Veranlagung

Eine Tumorerkrankung ist keine Erbkrankheit. Trotzdem lässt sich bei vielen Tumoren ein Vererbungsmuster nachweisen. Verwandte von Frauen mit Brustkrebs erkranken z. B. 3 – 6-mal häufiger ebenfalls an einem → Mammakarzinom als Frauen ohne Familienangehörige mit Brustkrebs.

Meist wird die Entstehung von Tumoren durch Veränderungen (Mutationen) an Genen ausgelöst. Doch oftmals bewirken die Genveränderungen allein nicht die Entstehung eines Tumors: Zusätzlich wirken Faktoren aus der Umwelt oder ein bestimmter Lebens- und Ernährungsstil, sodass sich aus einer gesunden Zelle eine Tumorzelle entwickelt. Darüber hinaus reagiert jeder Körper individuell auf Genmutationen oder krebsauslösende Stoffe: Manche Menschen können schädliche Substanzen besser abbauen oder eine defekte DNA besser reparieren als andere.

Ernährung

Fett. In großen internationalen Studien mit Tausenden von Patienten wurde gezeigt, dass die Ernährung eine wichtige Rolle für die Entwicklung eines Tumors spielt. Nehmen Menschen mit der täglichen Nahrung zu viel Fett auf, haben sie ein erhöhtes Risiko, einen bösartigen Tumor des Dickdarms, der Brust, der Gebärmutterschleimhaut

Tab. T.3 Formen von Tumoren

Ausgangsgewebe	Gutartiger Tumor	Bösartiger Tumor
Bindegewebe	Fibrom	Fibrosarkom
Glatte Muskulatur (Magen-Darm-Trakt, Harnwege, Blutgefäße)	Leiomyom	Leiomyosarkom
Quergestreifte Muskulatur (Skelettmuskulatur)	Rhabdomyom	Rhabdomyosarkom
Fettgewebe	Lipom	Liposarkom
Knorpelgewebe	Chondrom	Chondrosarkom
Knochengewebe	Osteom	Osteosarkom
Blutgefäße	Hämangiom	Hämangiosarkom
Lymphgefäße	Lymphangiom	Lymphangiosarkom
Hirnhäute	Meningeom	Meningeosarkom
Melanozyten	Naevuszell-Naevus	malignes Melanom
Lymphatisches Gewebe	–	→ maligne Lymphome, Leukämien
Blutbildendes Gewebe (Hämatopoetische Zellen)	–	→ Leukämien
Plasmazellen	–	→ Plasmozytom
Epithelzellen (Haut, innere Organe)	Adenome, Papillome, Polypen	Karzinom

oder der Gallenblase zu bekommen. Inzwischen kennt man bei einigen Tumoren den zugrunde liegenden Mechanismus. Fett bewirkt im Magen-Darm-Trakt die Sekretion von Gallensäuren. Diese werden von den Darmbakterien in tumorerzeugende Stoffe (Karzinogene) umgewandelt.

Ballaststoffe. Das Risiko für ein → Kolonkarzinom (Dickdarmkrebs) scheint dagegen umso geringer zu sein, je mehr Ballaststoffe man zu sich nimmt: Faserstoffe können die Gallensäuren binden und verhindern so, dass sie in Karzinogene umgewandelt werden. Menschen in den westlichen Industriestaaten mit faserarmer, fleischreicher Ernährung haben ein vielfach höheres Risiko für Dickdarmkrebs als manche Völker in Afrika, die sich sehr faserreich ernähren.

Antioxidative Substanzen. Eine weitere wichtige Bedeutung für die Krebsentstehung haben antioxidativ wirkende Substanzen. Der Körper ist täglich einem hohen Ausmaß von oxidativem Stress ausgesetzt. Durch UV-Licht, Zigarettenrauch, Medikamente, Umweltgifte oder körperliche Belastung werden sog. freie Radikale freigesetzt. Sie schädigen die Zellstrukturen und das Genom und können zu Krebs führen. Antioxidativ wirkende Substanzen wie Vitamin A, C, E, Flavonoide oder Polyphenole (z. B. Lycopen in Tomaten oder Resveratrol in Weintrauben) können gegen freie Radikale wirken und somit die Entstehung von Krebs verhindern.

Alkohol. Alkoholiker erkranken häufiger als Nichtalkoholiker an bösartigen Tumoren. Chronischer Alkoholkonsum erhöht v. a. das Risiko für → Mundhöhlenkarzinome, → Larynxkarzinome und → Ösophaguskarzinome. Zusätzlich scheint Alkohol das Risiko für Tumoren von Dickdarm, Bauchspeicheldrüse und Brustdrüse zu erhöhen. Alkohol hemmt ein Enzym, das Karzinogene (krebserregende Substanzen) entgiften kann und wirkt selbst toxisch auf die Zellen.

Zigarettenrauch. Raucher und Passivraucher haben ein deutlich erhöhtes Krebsrisiko, v. a. für Lungenkrebs. Zigarettenrauch ist der wichtigste tumorerzeugende Faktor in den westlichen Industrieländern. Er enthält Karzinogene wie Benz(a)pyren oder Nitrosamine, die über Genmutationen zu Krebs führen können.

Alter

Die meisten Tumoren entstehen erst im höheren Lebensalter. Im Laufe eines Lebens summieren sich die Schäden durch Kanzerogene (krebserzeugende Substanzen) an der DNA und führen bei entsprechenden zusätzlichen Umweltfaktoren oder anderen Einflussfaktoren wie der Ernährung dazu, dass gesunde Zellen bösartig werden und sich ein Tumor entwickelt.

Doch auch Kinder können an einem bösartigen Tumor erkranken. Maligne Tumoren sind nach Unfällen die häufigste Todesursache bei Kindern. Tumoren bei Kindern entwickeln sich meist aus undifferenzierten Zellen, d. h. Zellen, die noch nicht ihre vorgesehene Form und Funktion haben, oder aus Blutzellen, die sich nicht mehr weiter entwickeln. Man nimmt an, dass sich die meisten kindlichen Tumoren schon im Mutterleib gebildet haben.

Hormone/Geschlecht

Es ist noch nicht genau geklärt, inwiefern die Hormonspiegel oder das Geschlecht bei der Entstehung von Tumoren eine Rolle spielen. Hormone beeinflussen jedoch auf verschiedene Weise das Wachstum und die Differenzierung von Körperzellen. Sexualhormone binden an die gleichen Rezeptoren wie Wachstumsfaktoren für Körperzellen. Viele Hormone lösen innerhalb einzelner Zellen ähnliche Vorgänge aus wie Vorläufer von krebserzeugenden Genen.

Umweltfaktoren

Der Lebensort und die Lebensweise spielen eine entscheidende Rolle dabei, wie häufig die Menschen Tumoren bekommen und an welcher Form von Krebs sie erkranken. Bestimmte Tumoren kommen in verschiedenen Regionen oder Bevölkerungsgruppen häufiger vor als bei anderen.

Menschen in Japan erkranken zehnmal häufiger an einem → Magenkarzinom als Bewohner der westlichen Industriestaaten. Wandern Japaner in die USA aus, haben ihre Nachkommen nach einigen Generationen das gleiche Risiko wie die US-Amerikaner. Faktoren in der Umwelt oder der Nahrung in Japan sind wahrscheinlich für das erhöhte Magenkarzinomrisiko verantwortlich.

Menschen in China haben ein deutlich erhöhtes Risiko für einen bösartigen Tumor der Speiseröhre. Auch Hühner erkranken häufiger an diesem Tumor. Ein Umweltgift, vermutlich das Gift der Schimmelpilze (Aflatoxin) scheint hierfür verantwortlich zu sein. In China tritt auch der → Leberkrebs und der bösartige Tumor des Nasen-Rachen-Raumes häufiger auf. Dies liegt vermutlich an Infektionen mit → Hepatitis B (Leberkrebs) und Epstein-Barr-Virus (Nasopharyngealkrebs).

Hautkrebs befällt sehr häufig rothaarige Menschen in Nordaustralien, die Nachkommen der keltischen Einwanderer sind. Diese haben aufgrund ihrer Gene keinen ausreichenden Pigmentschutz gegen die starke Sonneneinstrahlung.

Frauen, deren Geschlechtspartner beschnitten sind, erkranken nur sehr selten an Gebärmutterhalskrebs. Dieser Tumor tritt dagegen sehr häufig bei Frauen mit einer chronischen Infektion durch humane Papillomviren (HPV) auf.

Chemische Faktoren

In unserer Umwelt gibt es Tausende von krebserregenden Stoffen (kanzerogene Karzinogene), die Tumoren auslösen können. Im Folgenden werden die wichtigsten chemischen Kanzerogene aufgezählt.

Aromatische polyzyklische Kohlenwasserstoffe. Sie (z. B. Benzpyren) entstehen durch unvollständige Verbrennung von Kohle und Öl und lassen sich im Tabakrauch und Auspuffgasen nachweisen. Schon 1775 hat der englische Arzt Percival Pott entdeckt, dass Jungen, die Kamine reinigen, häufiger Hodenkrebs bekamen.

Aromatische Amine. Sie wurden lange Zeit zur Herstellung von Farbstoffen verwendet und können Harnblasenkrebs auslösen (z. B. Beta-Naphthylamin). Dimethylaminoazobenzol (Buttergelb) kann Leberkrebs verursachen.

Halogenierte Kohlenwasserstoffe. Sie werden in der PVC (Polyvinylchlorid) verarbeitenden Industrie eingesetzt (z. B. Vinylchlorid). Bei PVC-Arbeitern treten häufiger Leber-Hämangiosarkome auf.

Nitrosamine. Sie sind hochkarzinogen und können in fast allen Organen Tumoren hervorrufen. Der Körper selbst bildet aus Nitraten (nitrathaltige Gemüse wie Spinat, rote Bete, Kohl, Trinkwasser) oder Nitrit (gepökelte Speisen), die mit der Nahrung aufgenommen werden, die giftigen Nitrosamine. Wie groß die Menge an Nitrosaminen ist, die gebildet wird, hängt von der Menge an schützenden Substanzen wie Vitamin C, E oder Polyphenolen ab, die die Umwandlung zu Nitrosaminen hemmen.

Mykotoxine. Dies sind karzinogene Stoffe aus Pilzen. Das Schimmelpilzgift Aflatoxin reichert sich in Getreide bei unsachgemäßer Lagerung mit einer zu hohen Luftfeuchtigkeit an und löst im Körper die Entstehung von bösartigen Lebertumoren aus.

Pyrrolizidine. Sie kommen in Pflanzen, Kräutern, Gewürzen (Muskatnuss), Gemüse (Hülsenfrüchte) und verschiedenen Tees (Huflattich, Mate) vor. Auch sie können Leberkrebs auslösen.

Anorganische Stoffe. Diese können ebenfalls karzinogen wirken (z. B. Asbest, Blei oder Arsen). Arsen wird als Pflanzenschutzmittel im Weinbau verwendet und kann Hauttumoren verursachen.

Chemische Karzinogene. Die meisten von ihnen sind sog. Pro-Karzinogene. Im Körper werden sie durch Enzyme abgebaut, erst dadurch entstehen die krebserregenden Stoffe. Diese bewirken alleine oder zusammen mit anderen Faktoren aus der Umwelt oder der Ernährung Veränderungen an der DNA und können so zu Krebs führen.

Infektionen

Viren können einerseits die DNA schädigen, andererseits das Immunsystem des Körpers so herabsetzen, dass es die Entstehung eines Tumors nicht verhindern kann:

- **humane Papillomviren (HPV):** Sie können gutartige Tumoren an der Haut und am Kehlkopf verursachen und sind an der Entstehung von Gebärmutterhalskrebs (→ Zervixkarzinom) und Tumoren an Anus und Genitalbereich beteiligt,

- **Hepatitis-B-Viren:** Sie sind an der Entwicklung von Leberkrebs involviert,
- **Epstein-Barr-Viren:** Sie spielen eine große Rolle bei B-Zell-Lymphomen, Karzinomen des Nasen-Rachen-Raumes und manchen Hauttumoren,
- **humane T-Zell-Leukämie-Viren (HTLV-1):** Sie können eine → akute Leukämie verursachen.

Strahlen

Bereits kurz nach der Entdeckung der Röntgenstrahlen bemerkte man, dass Ärzte und Physiker, die ungeschützt mit den Strahlen hantierten, nach 10–15 Jahren Hautkrebs bekamen. Ein erschreckender Beweis für die tumorauslösende Wirkung von Strahlen lieferte schließlich der Atombombenabwurf von Hiroshima und Nagasaki 1945. Bei den Betroffenen traten Leukämien und andere Tumoren wie → Schilddrüsenkarzinome auf.

Menschen, die wegen eines Tumors bestrahlt werden müssen, haben ein erhöhtes Risiko für bösartige Knochentumoren (→ Osteosarkom). Das früher verwendete Röntgenkontrastmittel Thorotrast kann bösartige Tumoren der Blutgefäße auslösen. In vielen Studien ist die karzinogene Wirkung des Sonnenlichts gezeigt worden; UV-B-Strahlen können Hauttumoren verursachen. Das → maligne Melanom tritt besonders häufig auf, wenn Menschen früh in ihrem Leben Sonnenbrände hatten.

Entstehung von Tumoren

Eine gesunde Zelle entwickelt sich nicht direkt zu einer Geschwulst, sondern durchläuft mehrere Stadien, bis ein gutartiger oder bösartiger Tumor entsteht.

Intraepitheliale Neoplasien/Dysplasien. Chronische Entzündungen oder Reize können dazu führen, dass sich Größe, Struktur und Inhalt einer Zelle verändern: Die Zelle wird dysplastisch. Dieser Zustand ist i.d.R. reversibel. Kommen jedoch kanzerogene Stoffe, genetische Veränderungen oder Ernährungsfaktoren hinzu, kann sich aus dysplastischen Zellen schließlich ein Tumor entwickeln.

Präneoplasien. Dies sind Veränderungen des Gewebes, die sich mit einem bestimmten Risiko zu einem bösartigen Tumor entwickeln. Ursache für die Veränderungen sind Genmutationen. Präneoplasien des Epithelgewebes werden als Präkanzerosen bezeichnet. Eine wichtige Präkanzerose ist die aktinische Keratose: UV-B-Strahlen bewirken Mutationen an verschiedenen Genen, die zu typischen Hautveränderungen führen. In 1% der Fälle entwickelt sich aus der aktinischen Keratose ein invasiver Tumor.

In situ Neoplasie. Haben sich die Zellen eines Gewebes zu einem bösartigen Tumor entwickelt, ohne invasiv zu wachsen, wird dies als In-situ-Neoplasie und bei Epithelgeweben als Carcinoma in situ bezeichnet. Wichtiges Beispiel ist das Carcinoma in situ des Gebärmutterhalses.

Klassifikation der Tumoren

Staging. Alle bösartigen Tumoren werden nach ihrer Größe und der Ausbreitung im Körper nach dem TNM-Stadium eingeteilt:

- T gibt die Größe des Tumors an (T0-T4),
- N gibt den Befall der Lymphknoten an (N0-N4),
- M gibt das Vorliegen von Fernmetastasen an (M0-M1).

Wann ein Tumor als T1 oder T2 bezeichnet wird, hängt von der jeweiligen Tumorart ab: Ein Magenkarzinom, das sich bis in die Muskelschicht ausgebreitet hat, wird als T2 bezeichnet, beim Brustkrebs wird ein Tumor von der Größe 2–5 cm als T2 klassifiziert. Ähnliches gilt für das N- und M-Stadium. Ein X hinter dem jeweiligen Buchstaben bedeutet, dass die Größe des Tumors, der Befall der Lymphknoten oder das Vorliegen von Fernmetastasen nicht bestimmt werden kann.

Grading. Dieses gibt an, wie gut ein Tumor entwickelt (differenziert) ist. Das Grading der Tumoren ist wichtig für die Prognose der Patienten: Ein Tumor, der hoch differenziert ist, d.h. bei dem die Zellen noch sehr dem Ursprungsgewebe ähneln, hat eine bessere Prognose als ein Tumor, bei dem die Zellen völlig entartet sind.

R-Klassifikation. Chirurgen teilen Tumoren nach der Operation und der Untersuchung durch den Pathologen noch nach einem weiteren Kriterium ein. Mit der R-Klassifikation (Residual-Tumor-Klassifikation) kennzeichnen sie:

- R0-Resektion: Tumor wurde vollständig entfernt,
- R1-Resektion: Der Pathologe hat in der histologischen Untersuchung festgestellt, dass am Schnittrand noch Tumorreste übrig sind,
- R2-Resektion: In der Operation selbst wurde festgestellt, dass der Tumor nicht im Gesunden entfernt werden konnte,
- RX-Resektion: Es kann nicht genau beurteilt werden, ob der Tumor im Gesunden entfernt wurde.

Wachstum und Metastasierung von Tumoren

Während gutartige Tumoren lokal begrenzt bleiben, wachsen bösartige Tumoren invasiv in die Umgebung ein. Die Tumorzellen produzieren hierfür bestimmte Stoffe, die das umliegende Gewebe zerstören. Gleichzeitig bildet der Tumor neue Gefäße (Neoangiogenese), damit der wachsende Tumor mit Sauerstoff und Nährstoffen versorgt werden kann.

Charakteristikum von bösartigen Tumoren ist, dass sie in andere Körperregionen absiedeln können. Diese Metastasierung erfolgt in mehreren Schritten. Zunächst lösen sich einige Tumorzellen aus ihrem Zellverband, dringen in ein Lymph- oder Blutgefäß ein, werden mit dem Blut- oder Lymphstrom verschleppt, durchbrechen die Gefäßwand an einer bestimmten Körperstelle und siedeln sich dort ab.

Lymphogene Metastasierung. Sie erfolgt über das Lymphgefäßsystem. Hiermit gelangen die Tumorzellen zu den lokalen Lymphknoten, breiten sich über die Lymphflüssigkeit aus und gelangen später über die großen Lymphgefäße in das Blut und damit in alle Regionen des Körpers.

Hämatogene Metastasierung. Hier brechen die Tumorzellen in die Blutgefäße ein und bewegen sich mit dem Blutstrom fort. Je nachdem wo sich der Primärtumor befindet, können die Tumorzellen verschleppt werden über:

- Lungenarterien und den großen Kreislauf (Lungentyp),
- Lebervenen (Lebertyp),
- obere oder untere Hohlvene (Kavatyp),
- Pfortader (Pfortadertyp).

Rezidive

Während gutartige Tumoren i.d.R. nie wieder auftreten, nachdem sie chirurgisch entfernt worden sind, können bösartige Tumoren an der gleichen Stelle immer wieder entstehen. Ein derartiges Rezidiv entsteht meistens dadurch, dass an der ursprünglichen Stelle auch bei histologisch freien Tumorrändern Tumorzellen in der Umgebung zurückbleiben, die sich nach einer gewissen Zeit wieder zu einem bösartigen Tumor entwickeln.

Komplikationen

Allein aufgrund ihrer Größe oder Lage können Tumoren erhebliche Komplikationen verursachen. So können gutartige wie bösartige Tumoren Blutgefäße zusammendrücken und damit Durchblutungsstörungen verursachen. Wird die Durchblutung dauerhaft gestört, stirbt das betroffene Gewebe ab (Nekrose). Ein Darmtumor kann das Darmlumen so einengen, dass die Nahrung die Engstelle nicht mehr passieren kann.

In fortgeschrittenem Tumorstadium wird der gesamte Körper in Mitleidenschaft gezogen. Der Patient hat keinen Appetit mehr, kann Nahrung nicht mehr richtig aufnehmen oder verdauen und nimmt deutlich Gewicht ab. Der von den Tumorzellen produzierte Tumor-Nekrose-Faktor bremst den Appetit und fördert Energieverbrauch und Eiweißabbau. Es kommt zur sog. Tumor-Kachexie (griech.: schlechtes Befinden). Zusätzlich leiden viele Tumorkranke unter Blutarmut (→ Anämie) durch einen blutenden Tumor oder Knochenmetastasen, die die blutbildenden Zellen verdrängen.

Tumorassoziierte Syndrome (paraneoplastische Syndrome)

Vor, während oder nach einer Tumorerkrankung entwickeln etwa 15% aller Tumorkranken paraneoplastische Syndrome. Diese äußern sich durch Störungen im Hormonsystem, Krankheiten des Nervensystems, der Knochen, der Haut oder des Blutes oder machen sich durch Elektrolytstörungen bemerkbar. Häufigstes paraneoplastisches Syndrom ist das → Cushing-Syndrom bei einem → Bronchialkarzinom. Durch den Tumor kommt es zur Produktion von ACTH, das eine überschießende Bildung von Kortisol bewirkt.

Infobox

Internetadressen:

http://de.wikipedia.org/wiki/Tumor
http://www.pathologie-online.de

Literatur:

Riede, U.-N., Werner, M., Schaefer, H.-E.: Allgemeine und spezielle Pathologie, 5. Aufl. Thieme, Stuttgart 2004

Kasper, H.: Ernährungsmedizin und Diätetik, 10. Aufl. Urban & Fischer, München 2004

Tumoren des Auges

Zu den häufigsten bösartigen Tumoren des Auges gehören:

- Basaliom,
- malignes Melanom der Aderhaut,
- Retinoblastom.

Basaliom

► Herbert Fritsch (52) fährt schon seit seiner Jugend zur See. Bei jedem Wetter ist er draußen an der Luft, aber besonders gerne natürlich, wenn die Sonne scheint. Seit einiger Zeit bemerkt er eine weißgelbliche Hautveränderung mit einer zentralen Delle am rechten Unterlid, die nicht abheilt und an Größe zunimmt.

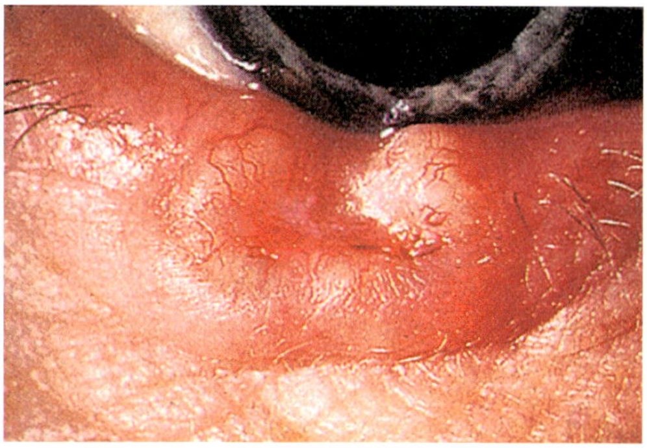

Abb. T.23 Basaliom des Unterlids. Erhabener, fester, perlmuttfarbener Knoten mit zentralem Krater und erweiterten Gefäßen.

Definition

Das Basaliom ist ein bösartiger Tumor der primären epithelialen Keimzellen der Basalzellschicht des Epithels. Das Basaliom ist mit 85–95% der häufigste bösartige Lidtumor.

Ursachen und Symptome

Die Ursache ist unbekannt. Extensive Sonnenbestrahlung begünstigt die Krankheit. Der Patient hat keine Beschwerden.

Diagnose

Das Basaliom tritt in verschiedenen Formen in Erscheinung:

- **noduloulzeratives Basaliom:** perlmuttfarbener Tumor mit erweiterten Gefäßen auf der Oberfläche und einem zentralen Krater (**Abb. T.23**),
- **superfiziales Basaliom:** rötlicher Fleck mit schuppender Oberfläche und perlmuttartigem Rand sowie Verkrustungen und möglichen Pigmentierungen,
- **sklerosierendes Basaliom:** mitunter nur als verhärtete, flache Hauterhebung zu erkennen.

Differenzialdiagnose

Vom Basaliom abzugrenzen sind folgende Erkrankungen:

- gutartige Haut- → Warzen,
- seltenes, bösartiges Talgdrüsenkarzinom (kleiner fester Knoten, der einem Chalazion gleicht).

Therapie

Basaliome werden zweizeitig chirurgisch entfernt: Zunächst wird das erkrankte Gewebe exzidiert und zur Begutachtung an ein Labor für Pathologie gesandt. Wird dort festgestellt, dass die Entnahmeränder tumorfrei sind, kann die Defektdeckung oder Lidrekonstruktion in einem zweiten operativen Eingriff erfolgen (**Abb. T.24**). Lässt sich feingeweblich noch Tumorgewebe nachweisen, ist vor der Lidrekonstruktion eine Nachexzision erforderlich.

Prognose

Das Basaliom ist bösartig, weil es in die angrenzenden Strukturen hineinwächst und diese dabei zerstört. Es bildet aber sehr selten Metastasen. Die Prognose ist sehr gut, wenn die vollständige chirurgische Entfernung gelingt.

Malignes Melanom der Aderhaut

► Brigitte Schmid (52) hat seit einiger Zeit Probleme beim Lesen. Sie vermutet, dass ihre Brille stärkere Gläser benötigt und sucht ihren Augenarzt auf. Als dieser ihren Augenhintergrund untersucht, stellt er eine bräunliche Vorwölbung fest und überweist sie in die Augenklinik. Frau Schmid ist darüber äußerst erstaunt, weil sie doch überhaupt keine Beschwerden hatte.

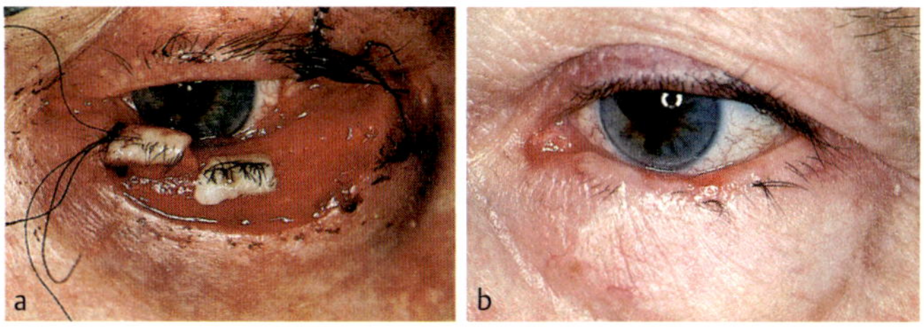

Abb. T.24 Lidrekonstruktion. Nachdem in einer ersten Operation ein Basaliom entfernt wurde und kein Tumor mehr im Randbereich nachzuweisen war, erfolgte die Lidrekonstruktion. **a** Zur Lidrandtransplantation wurde Gewebe aus dem Unterlid der Gegenseite und dem Oberlid des betroffenen Auges entnommen. **b** Befund nach 1 Jahr.

Definition

Das maligne Melanom der Aderhaut ist ein bösartiger Primärtumor des Auges.

Ursachen und Symptome

Die Ursache ist nicht bekannt, evtl. spielen Chromosomenanomalien eine Rolle. Solange die Makula nicht in den Krankheitsprozess einbezogen ist, hat der Patient keine herabgesetzte Sehschärfe und ist symptomfrei. Evtl. bemerkt er eine Gesichtsfeldeinschränkung.

Diagnose

Das typische Aderhautmelanom besteht aus einer knotigen, braunen, deutlich erhabenen Augenhintergrundveränderung, welche die Netzhaut vor sich wölbt (**Abb. T.25**). Eine begleitende → Netzhautablösung kann vorhanden sein. Wenn sich der Tumor oder die Netzhautablösung zur Makula hin ausdehnen, ist die Sehschärfe herabgesetzt. Tumor und Netzhautablösung führen zu einer Gesichtsfeldeinschränkung, die sich mit einer Gesichtsfelduntersuchung darstellen lässt.

Bei der Diagnose helfen verschiedene Bild gebende Verfahren. Außerdem ist eine allgemeinärztliche bzw. internistische Untersuchung zum Ausschluss von Metastasen, die v. a. in der Leber zu finden sind, erforderlich.

Differenzialdiagnose

Als Differenzialdiagnosen kommen z. B. in Frage:

- Aderhautnävus,
- Metastasen eines → Mammakarzinoms,
- → Bronchialkarzinom,
- einfache → Netzhautablösung,
- Aderhautamotio.

Therapie

Die Therapie ist auf den einzelnen Patienten abgestimmt. Behandlungsmöglichkeiten sind z. B.:

- Aufnähung eines radioaktiven Applikators,
- Spezialröntgenbestrahlungen (z. B. Protonenbestrahlung),
- Argon- oder Xenonlaserbehandlung (bei kleinen Tumoren),
- Enukleation (Entfernung des Augapfels).

Sollte eine Enukleation erforderlich sein, wird der Patient anschließend zunächst mit einer provisorischen und später mit einer individuell angefertigten Augenprothese versorgt.

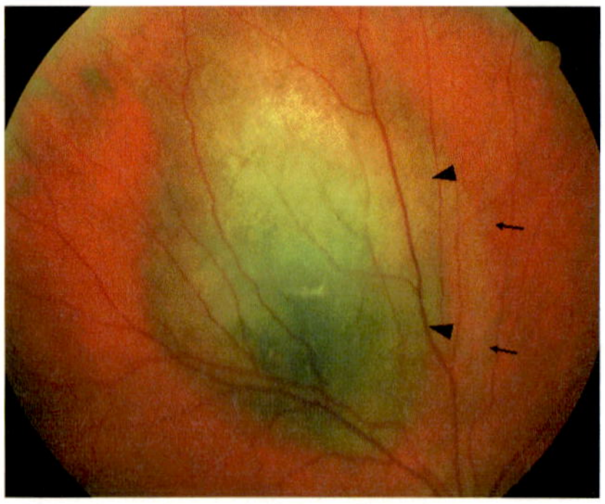

Abb. T.25 Malignes Melanom der Aderhaut. Prominenter gelbbrauner Tumor der Aderhaut (Pfeilspitzen) mit seröser Ablösung der Netzhaut (Pfeile).

Prognose

Die 5-Jahres-Überlebensrate beträgt nach der Enukleation etwa 75 %, die 10-Jahres-Überlebensrate 65 %. Lassen sich Fernmetastasen feststellen, sinkt die mittlere Überlebensrate der Patienten unter 6 Monate. Prognostisch ungünstig und mit einer hohen Metastasierungsrate verknüpft ist der Nachweis einer Chromosomenanomalie (Monosomie 3) im Tumorgewebe.

Retinoblastom

► **Regina Schreiner ist gerade beim Stillen ihres 2 Monate alten Sohnes Torsten, als sie plötzlich bemerkt, dass seine linke Pupille nicht mehr schwarz, sondern weiß ist. Sie hat so etwas noch nie gesehen und ruft irritiert bei ihrem Kinderarzt an.**

Definition

Das Retinoblastom ist ein bösartiger Netzhauttumor, der typischerweise vor dem 4. Lebensjahr auftritt. Man unterscheidet:

- **endophytisches Retinoblastom:** Tumor wächst in den Glaskörper vor,
- **exophytisches Retinoblastom:** Tumor breitet sich unter der Retina aus bewirkt eine vollständige Netzhautablösung,
- **trilaterales Retinoblastom:** beiderseitige Retinoblastome sind mit einem → Gehirntumor kombiniert.

Ursachen

Die Ursache des Retinoblastoms ist bei 30 – 40 % der Patienten eine erbliche Veränderung des Genmaterials. Zur Abschätzung des Risikos das Retinoblastom zu vererben, ist deshalb eine genetische Beratung erforderlich.

Symptome

Etwa 60 % der Säuglinge und Kleinkinder mit einem Retinoblastom werden dem Augenarzt wegen der weißen Pupille (Leukokorie) vorgestellt (**Abb. T.26**). Außerdem schielen etwa 20 % bereits bei der Erstvorstellung.

Diagnose

Bei der Augenspiegelung ist ein Tumor zu erkennen, der in den Glaskörper vorwächst, weiß bis cremefarben rosa ist und bei Verkalkungen hüttenkäseähnlich aussieht (endophytisches Retinoblastom). Der Tumor kann sich aber

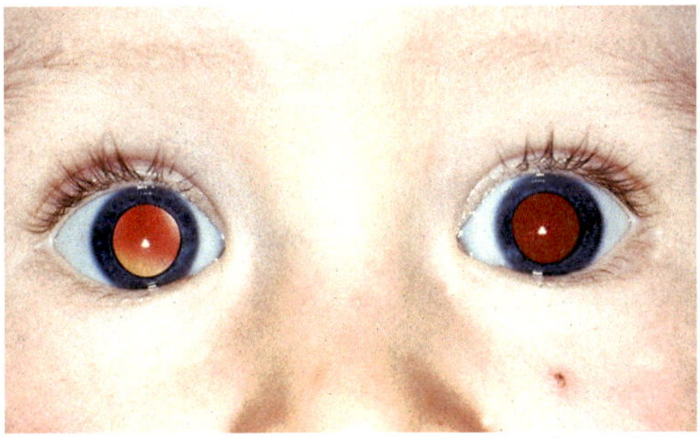

Abb. T.26 Leukokorie. Das weißliche Aufleuchten der Pupille des rechten Auges ist ein typischer Befund beim Retinoblastom.

auch vorwiegend unter der Retina ausbreiten und mit einer vollständigen Netzhautablösung verbunden sein (exophytisches Retinoblastom).

Bei fehlendem Einblick auf den Augenhintergrund ermöglichen Bild gebende Verfahren (z. B. Ultraschalluntersuchung, Magnetresonanztomografie) die Diagnosestellung.

Differenzialdiagnose

Abzugrenzen sind ebenfalls mit einer Leukokorie bei Kindern einhergehende Augenerkrankungen:

- angeborene → Katarakt,
- primärer persistierender hyperplastischer Glaskörper,
- Toxokariasis (→ Wurmerkrankung des Auges).

Therapie

Sie wird auf den einzelnen Patienten abgestimmt und erfordert in jedem Fall eine kinderärztlich-onkologische Betreuung. Therapeutische Möglichkeiten sind:

- Entfernung des Auges (Enukleation),
- Röntgen-Bestrahlung,
- Xenon-Fotobehandlung des Tumors,
- zusätzliche Zytostatika.

Regelmäßige, lebenslange Kontrolluntersuchungen zunächst zum Ausschluss von Rezidiven und später von Zweittumoren sind erforderlich.

Bei beidseitiger Erblindung oder starker Sehbehinderung benötigen die betroffenen Kinder zur späteren sozialen, schulischen und beruflichen Integration eine Frühförderung für Sehbehinderte.

Prognose

Ohne Therapie liegt die Sterblichkeit bei 99 %, mit Behandlung unter 10 %. Metastasen werden bei weniger als 10 % der Patienten festgestellt. Das trilaterale Retinoblastom hat auch mit Behandlung eine hohe Sterblichkeitsrate. Ist das Retinoblastom vererbt, sind im späteren Leben andere bösartige Tumoren zu erwarten, deren Behandlung oft schwierig ist.

Die betroffenen Patienten können durch die Erkrankung beiderseits erblinden oder stark sehbehindert sein.

Infobox

ICD-10:
C44.1 (Basaliom)
C69.3 (Aderhautmelanom)
C69.2 (Retinoblastom)

Internetadressen:
http://www.onmeda.de/krankheiten/basaliom

Literatur:

Burk, A., Burk, R.: Checkliste Augenheilkunde, 3. Aufl. Thieme, Stuttgart 2005

Oestreicher, E. u. a.: HNO, Augenheilkunde, Dermatologie und Urologie für Pflegeberufe. Thieme, Stuttgart 2003

Turner-Syndrom

► **„Was ist denn los, Jana?", fragt Frau Rögener ihre 14-jährige Tochter. „Ach, nichts", wehrt Jana ab. „Ich merke doch, dass du etwas hast", bohrt Frau Rögener weiter. Jana druckst ein wenig herum. „Die anderen Mädchen in meiner Klasse habe schon alle einen Busen", flüstert sie leise. „Erst war ich ja froh, dass es bei mir dauert, aber jetzt gucken die schon komisch. Und meine Tage habe ich auch noch nicht." Frau Rögener nimmt ihre Tochter in den Arm. „Weißt du was? Wenn du möchtest, machen wir mal einen Termin bei meiner Frauenärztin. Die ist sehr nett und man kann gut mit ihr reden."**

Definition

Das Turner-Syndrom ist eine Erkrankung bei Mädchen oder Frauen, die auf eine veränderte Chromosomenanzahl zurückgeht. Die Betroffenen haben statt der üblichen zwei X-Chromosomen nur eines.

Synonyme: Ullrich-Turner-Syndrom (UTS), Monosomie X, gonosomale Monosomie.

Ursachen

Normalerweise besitzen Mädchen oder Frauen den Karyotyp 46,XX, also 44 Autosomen und 2 Gonosomen (Geschlechtschromosomen). Beim Turner-Syndrom fehlt eines der X-Chromosomen, der Karyotyp ist 45,X0. Die Ursache für die chromosomale Veränderung ist unbekannt. Die Fehlverteilung könnte die Ursache dafür sein, dass während der Fetalentwicklung das Lymphgefäßsystem nicht korrekt angelegt wird.

Das Turner-Syndrom tritt bei etwa 60 % der Betroffenen in allen und bei etwa 40 % der Betroffenen in nur einem Teil der Körperzellen auf (Mosaik) und wird bei ca. einem von 2000 neugeborenen Mädchen diagnostiziert. Etwa neun von zehn Feten mit Turner-Syndrom sterben während des ersten und zweiten Trimenons im Mutterleib.

Symptome

Die Symptome sind je nach Alter der Betroffenen sehr unterschiedlich. Bei neugeborenen Mädchen mit Turner-Syndrom fallen Schwellungen an Hand- und Fußrücken auf, die durch ein Lymphödem bedingt sind. Die Kinder haben einen tiefen Haaransatz. Im Nacken ist häufig überschüssige Haut vorhanden (Hygroma colli), aus der sich später flügelförmige seitliche Falten am Hals entwickeln können (Pterygium colli). Die Finger der Babys sind kurz, die Nägel an Finger und Zehen nicht korrekt entwickelt. Es können Fehlbildungen am Herzen wie eine Aortenisthmusstenose oder an den Nieren auftreten. Die inneren Geschlechtsorgane sind nur rudimentär angelegt. Einige Babys mit Turner-Syndrom haben im ersten Lebensjahr Trinkschwierigkeiten. Sie neigen zu Durchfällen und einer chronischen Mittelohrentzündung (→ chron. Otitis media).

Manche Kinder fallen allein dadurch auf, dass sie mit 4 – 5 Jahren sehr klein sind. Die Patientinnen werden meist nicht mehr als 150 cm groß. Brust und äußeres Genitale entwickeln sich nicht altersgerecht, die Pubertät bleibt aus. Bei manchen jungen Mädchen wird ein Turner-Syndrom erst dann diagnostiziert, wenn sie ihre Regel nicht bekommen (primäre Amenorrhö). Die geistige Entwicklung und die Intelligenz sind bei den Betroffenen normal.

Diagnose

Anamnese und körperlicher Untersuchungsbefund können auf ein Turner-Syndrom hinweisen. Die Chromosomenaberration lässt sich in der Chromosomenanalyse eindeutig nachweisen. Ist ein Turner-Syndrom diagnostiziert, müssen Fehlbildungen an den inneren Organen mit entsprechenden Untersuchungen abgeklärt werden.

Differenzialdiagnose

Andere Erkrankungen sind ausgeschlossen, da die Chromosomenanalyse eindeutige Ergebnisse liefert.

Therapie

Ungefähr ab dem 12. Lebensjahr werden weibliche Geschlechtshormone (Östrogene) gegeben, damit sich Brust und äußere Genitalorgane entwickeln und die Menstruation einsetzt. Mit Wachstumshormonen lässt sich vermeiden, dass die Frauen später sehr klein sind. Fehlbildungen müssen u. U. in einer Operation korrigiert werden.

Prognose

30 – 40 % der Mädchen haben Fehlbildungen der Nieren und ableitenden Harnwege. Die Funktion der Nieren ist jedoch selten gestört. Wird eine → chronische Otitis media nicht rechtzeitig erkannt und behandelt, kann die Betroffene schwerhörig werden. Frauen mit Turner-Syndrom sind unfruchtbar und können keine Kinder bekommen.

Infobox

ICD-10:
Q96.8, Q96.9

Internetadressen:
http://www.dgkj.de
http://www.turner-syndrom.de

Literatur:

Kurz, R., Ross, R.: Checkliste Pädiatrie. Thieme, Stuttgart 2000

Sitzmann, F. C.: Duale Reihe Pädiatrie. Thieme, Stuttgart 2002

Speer, C. P., Gahr, M.: Pädiatrie. Springer, Heidelberg 2005

Typhus

► **So richtig erholt fühlt sich Elke Wagner nach ihrem Urlaub in Sri Lanka nicht. Als richtige Feinschmeckerin hatte sie die heimische Küche durchprobiert. Kopfschmerzen, Gliederschmerzen und Verstopfung machen ihr jetzt zu schaffen. Erst als sie noch Fieber bekommt, sucht sie den Hausarzt auf. Als Frau Wagner ihm dann von ihrem Urlaub erzählt, nimmt er zur Sicherheit eine Stuhl- und Blutprobe.**

Definition

Als Typhus wird die Darminfektion mit dem Bakterium Salmonella enterica biovar Typhi (kurz: Salmonella Typhi) bezeichnet.

Ein ähnliches Krankheitsbild, jedoch in milderer Verlaufsform, ist der Paratyphus, ausgelöst durch Salmonellen-Biovar Paratyphi A, B oder C.

Etwa 80 Typhusfälle und 100 Paratyphusfälle treten jährlich in Deutschland auf und werden meist aus Indien, Pakistan, Sri Lanka u. a., aber auch aus der Türkei und Marokko eingeschleppt. Typhus und Paratyphus sind meldepflichtig gemäß § 6 Infektionsschutzgesetz bei Verdacht, Erkrankung und Tod.

Ursachen

Salmonella Typhi und Paratyphi werden typischerweise mit fäkalkontaminierten Lebensmitteln oder Wasser aufgenommen. Auch kontaminierte Gegenstände können (wenn auch sehr selten) über die Hände die Infektion übertragen, denn im Gegensatz zu den Salmonellen der Enteritisgruppe (→ Salmonelleninfektion) ist die Infektionsdosis von Typhus und Paratyphus deutlich niedriger.

Die Salmonellen dringen in die Darmwand ein und befallen die Lymphknoten. Von da aus verbreiten sie sich im ganzen Körper (systemisches Krankheitsbild).

Symptome

Im Gegensatz zu anderen Darminfektionen beginnt der Typhus nach einer Inkubationszeit von 3 – 30 Tagen (Paratyphus 1 – 10 Tage) nicht mit Erbrechen oder Durchfall. Im Vordergrund stehen Beschwerden wie:

- Gelenkschmerzen, Kopfschmerzen,
- erhöhte Temperatur, die schnell in hohes Fieber übergeht,
- Verstopfung,
- erbsbreiartiger Stuhlgang (nach etwa einer Woche).

Der Paratyphus verläuft milder, eher entsprechend einer Gastroenteritis.

Diagnose

Typhus- und Paratyphus-Salmonellen lassen sich problemlos anzüchten. Am Anfang sind Blutkulturen optimal, während der Stuhl oft noch negativ ist. Später ist es umgekehrt, wobei auch hier negative Stuhlproben vorkommen können. Daher ist es sinnvoll Antikörper ergänzend nachzuweisen.

Weitere Differenzierungen und ggf. antibiotische Tests müssen jedoch in Laboratorien mit einer entsprechenden Sicherheitsstufe stattfinden.

Differenzialdiagnose

Initial sind aufgrund des untypischen Verlaufs nicht Gastroenteritiden, sondern eher Erkrankungen des rheumatischen Formenkreises (Gelenkschmerzen) oder Virusinfektionen in Erwägung zu ziehen. Allerdings sollte man z. B. nach einem Auslandsaufenthalt eine Blutkultur anzüchten und eine Stuhlprobe nehmen.

Therapie

Im Gegensatz zur Salmonellen-Enteritis durch einheimische Salmonellen wird beim Typhus eine antibiotische Therapie empfohlen. Verwendet werden Ciprofloxacin oder Ceftriaxon. Darüber hinaus erfolgt eine symptomatische Therapie.

Die vorbeugende Typhusimpfung gewährt in ca. 60 % der Fälle Schutz für ca. 2 – 3 Jahre. Offensichtlich ist es aber auch für Geimpfte sinnvoll, die Regel „Koch es, schäl es oder vergiss es“ zu berücksichtigen und sich immer sorgfältig die Hände zu waschen.

Komplikationen

Bei sehr schweren Infektionen sind Komplikationen wie Darmperforation mit nachfolgender → Peritonitis denkbar. Durch Streuung über das Blut gelangen die Salmonellen aber auch in Knochen (→ Osteomyelitis), Herzklappen (→ Endokarditis) oder sogar Hirnhäute (→ Meningitis).

Vergleichsweise häufig können Typhus und Paratyphus einen Dauerausscheiderstatus bedingen, d. h. die Salmonellen nisten sich in der Gallenblase ein und werden dann über einen sehr langen Zeitraum immer wieder ausgeschieden. Dies hat v. a. Konsequenzen für Menschen, die in der Lebensmittelherstellung arbeiten. Wenn es nicht gelingt, die Salmonellen antibiotisch zu entfernen, können sie ihren Beruf nicht mehr ausüben.

Infobox

ICD-10: A01.0 – Typhus, A01.4 – Paratyphus

Internetadressen:

http://www.rki.de

http://www.auswaertiges-amt.de

http://www.tropenmedizin.de

Literatur:

Jassoy, Ch., Schwarzkopf, A. (Hrsg.): Hygiene, Mikrobiologie und Ernährungslehre für Pflegeberufe. Thieme, Stuttgart 2005

U

Übertragung

► Frau Dahmen hatte den errechneten Geburtstermin bereits mehr als zwei Wochen überschritten. Sie wurde mittels Kaiserschnitt entbunden, da das CTG pathologische Herzfrequenzmuster aufwies und der Oxytocin-Belastungstest vermuten ließ, dass das Kind der Belastung einer Spontangeburt nicht gewachsen sein würde. Das Kind wies nach der Geburt eine trockene, an Händen und Füßen rissige Haut auf und hatte keine Käseschmiere.

Definition

Man unterscheidet eine absolute Übertragung, die als Überschreitung des Geburtstermins um 14 Tage (oder mehr) definiert wird, von der relativen Übertragung, bei der eine Insuffizienz der Plazenta bereits vor dem errechneten Termin zu verzeichnen ist (**Abb. U.1**). In der Zeit vom 280. – 293. Tag spricht man von verlängerter Tragzeit.

Ursachen

Oftmals ist keine Ursache zu finden, jedoch können sowohl vom Kind als auch von der Mutter Störungen ausgehen, die zu einer Übertragung führen. Auf der kindlichen Seite sind Fehlbildungen, das Ausbleiben fetaler Anreize für das Einsetzen der Wehen oder hormonelle Störungen der Plazenta denkbar. Auf Seiten der Mutter führt das Ausbleiben einer fristgemäßen Freisetzung der Prostaglandine möglicherweise zu einer Übertragung.

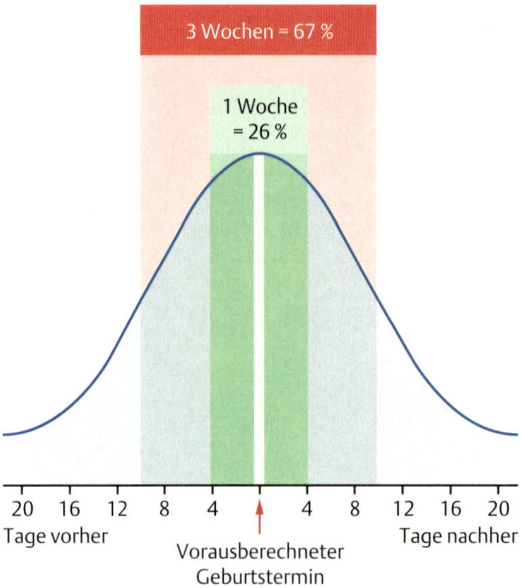

Abb. U.1 Verteilung der Geburtstermine (Gauß-Kurve). 26 % der Kinder werden ca. eine Woche um den vorausberechneten Geburtstermin herum geboren. 67 % aller Geburten finden drei Wochen um den vorausberechneten Geburtstermin statt. Wird der errechnete Termin um 14 Tage oder mehr überschritten, spricht man von Übertragung.

Symptome

Die Plazenta der Frau ist nur zeitlich begrenzt funktionstüchtig. Das bedeutet, sie altert und hat nach neun Monaten ihre maximale Lebensdauer erreicht. Wird diese Zeit überschritten, kommt es zu einer Plazentainsuffizienz. Diese Funktionseinschränkung stellt auch das Problem bei der Übertragung dar. Die Mutter kann z. B. aufgrund einer reduzierten plazentaren Produktion des Fruchtwassers die Abnahme des Leibesumfangs beobachten. Beim Kind kann es aufgrund der Mangelversorgung zu einem pathologischen Herzfrequenzmuster im CTG oder einem vorzeitigen Mekoniumabgang ins Fruchtwasser kommen. Übertragene Kinder zeichnen sich typischerweise aus durch:

- trockene Haut und rissige Hände und Füße („Waschfrauenhände"),
- lange Fingernägel,
- fehlende Käseschmiere.

Diagnose

Am Anfang der Diagnostik steht zunächst eine Anamnese, in deren Rahmen die Tragzeit möglichst genau berechnet wird. Oft ist dies nur eingeschränkt möglich, da der genaue Konzeptionstermin selten bekannt ist. So ist eine fehlerhafte Diagnose „Übertragung" bei Geburtsterminen, die nach der letzten Regelblutung berechnet sind, sehr viel häufiger als bei einer genauen Bestimmung (**Abb. U.2**).

Die Ultraschalldiagnostik spielt bei der Kontrolle der übertragenen Schwangerschaft eine wesentliche Rolle. So kann der Arzt eine Biometrie des Fetus durchführen und die Fruchtwassermenge überprüfen. Darüber hinaus kann die Fruchtwasserspiegelung einen vorzeitigen Mekoniumabgang ins Fruchtwasser und das CTG pathologische Herzfrequenzmuster nachweisen, wenn die Versorgung des Kindes durch die Plazenta nicht mehr ausreicht.

Datum	+	**7**	–	**3**	+	**1**	+	**X**
(1. Tag d. letzten Regel)		(Tage)		(Mon.)		(Jahr)		(Tage, Abweichung vom 28-Tage-Zyklus)

= Geburtstermin

Beispiel:			2.4.01
letzte Periode am 2.4.01,	+ 7 Tage	=	9.4.01
32-Tage-Zyklus	– 3 Monate	=	9.1.01
	+ 1 Jahr + 4 Tage	=	13.1.02

Abb. U.2 Geburtstermin. Berechnung des Geburtstermins mit der erweiterten Naegele-Regel.

Therapie

Bei Anzeichen einer Plazentainsuffizienz oder bei bereits vermuteten Schädigungen des Kindes wird die Geburt eingeleitet. Für die Methode der Einleitung sind das Befinden des Kindes und der geburtshilfliche Tastbefund maßgeblich. Bei einer sehr starken Gefährdung ist, unabhängig von der Geburtsreife, eine Schnittentbindung indiziert.

Wehenbelastungstest. Eine gute Möglichkeit, eine Zustandsbeschreibung des Kindes zu bekommen, ist die Durchführung eines Wehenbelastungstests. Dazu bekommt die Mutter Oxytocin in steigender Dosierung bis zum Auslösen regelmäßiger Kontraktionen. Die Herztöne des Kindes werden dabei kontinuierlich abgeleitet. Werden hier bereits Auffälligkeiten festgestellt, ist das Kind der Belastung einer Spontangeburt nicht gewachsen und es muss eine Schnittentbindung erfolgen. Zeigt der Test keine Auffälligkeiten, ist die Geburtseinleitung auf normalem Weg möglich oder es kann sogar weiter auf einen spontanen Geburtsbeginn gewartet werden.

Prognose

Als Folge der Aspiration mit mekoniumhaltigem Fruchtwasser kann es beim Kind zu einer → Pneumonie kommen oder es können sich Atelektasen entwickeln, die zu einer späteren ungenügenden Belüftung der Lungen führen. Schädigungen des Zentralnervensystems sind ebenfalls möglich.

Infobox

ICD-10:
O48

Internetadressen:
http://www.pflege-kurse.de/info/standart/standard71.htm
http://www.embryology.ch/allemand/jfetalperiod/geburt03.html

Ulcus cruris

► Die 58-jährige Frau Schlink stellt sich besorgt bei ihrer Hausärztin vor: „Ich habe hier eine kleine Wunde am rechten Innenknöchel, die nicht heilt. Die Beine sind auch oft so schwer und tun mir weh. Bei meiner Arbeit als Verkäuferin stehe ich ja auch viel. Dazu kommen Krampfadern und vor drei Jahren eine Thrombose. Abends sind die Beine immer geschwollen und in letzter Zeit juckt es am rechten Unterschenkel ganz fürchterlich."

Definition

Ulcus cruris bezeichnet ein Unterschenkelgeschwür, d. h. einen Substanzdefekt der Haut am Unterschenkel. Das Ulcus cruris ist als Symptom zu betrachten.

Synonym: Unterschenkelgeschwür.

Ursachen

Die vaskulär, d. h. gefäßbedingten Unterschenkelgeschwüre sind verursacht durch:

- chronisch venöse Insuffizienz (CVI = Venenschwäche, ca. 80 % der Fälle),
- arterielle (pAVK) oder arterioläre (diabetische Angiopathie) Durchblutungsstörungen (→ arterielle Verschlusskrankheit, → Diabetes mellitus),
- in seltenen Fällen durch eine → Vaskulitis.

Liegt ein Ulcus cruris bei kombinierter arterieller und venöser Durchblutungsstörung vor, spricht man von einem Ulcus mixtum (CVI+pAVK).

Strahlung, mechanische (Trauma) und thermische Einflüsse können ebenfalls ein Ulkus hervorrufen. Auch Hautkrankheiten kommen als Ursache in Frage, z. B. eine entzündliche Dermatose wie das Pyoderma gangraenosum. Ferner können virale, bakterielle und durch Protozoen verursachte Infektionen sowie Mykosen in Betracht gezogen werden.

Weitere Ursachen können ulzerierte Hauttumoren sein, z. B. Basaliom (→ Tumoren des Auges), Plattenepithelkarzinom, Kaposi-Sarkom und → malignes Melanom. Neurotrophische, also neurologisch bedingte Ulzera kommen v. a. bei Diabetikern und Alkoholikern vor.

Bluterkrankungen wie die Sichelzellanämie (→ Anämie), Sphärozytose und die Thalassämie sowie myeloproliferative Erkrankungen wie die Polycythaemia vera (→ Polyzythämie) oder die Thrombozythämie können ebenfalls ein Ulcus cruris verursachen.

Symptome

Das venöse Unterschenkelulkus befindet sich meist in der Innenknöchelgegend. Das Ulkus selbst ist feucht, der Wundgrund gelblich-schmierig belegt. Schwarze Wundränder weisen auf ein Ulcus mixtum hin, also auf eine zusätzliche arterielle Durchblutungsstörung. Umfasst das Ulkus den gesamten Umfang der Knöchel- und Unterschenkelregion, spricht man vom Gamaschenulkus (**Abb. U.3**).

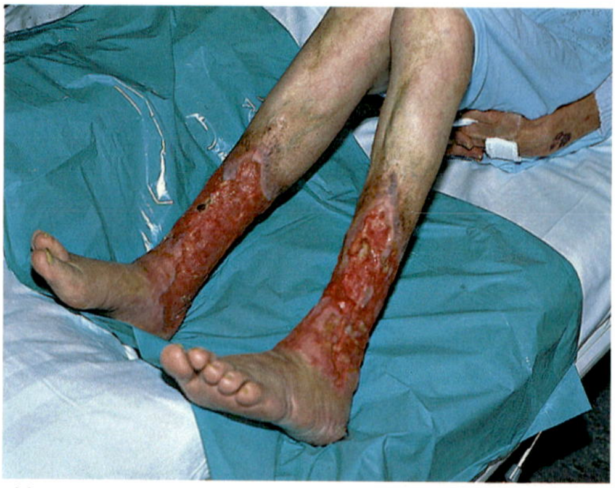

Abb. U.3 Gamaschenulkus. Patient mit Ulcus cruris an beiden Unterschenkeln.

Typisch sind Krampfadern (→ Varikosis) oder besenreiserartige Venen in der Ulkusumgebung. Die Haut am Unterschenkel ist hyperpigmentiert, d. h. rotbraun verfärbt. Bei lang andauernder venöser Insuffizienz kommt es zu einer Verhärtung von Haut und Subkutangewebe, die Dermatoliposklerose genannt wird. In schweren Fällen bildet sich eine Atrophie blanche: weiße, atrophische münz- bis handtellergroße Herde. Meist sind Ekzeme vorhanden, was Stauungsdermatitis genannt wird. Oft sind die Knöchel als Zeichen einer venösen Stauung ödematös geschwollen.

Ein arterielles Ulcus cruris findet sich eher an der Unterschenkelaußenseite. Arterielle Durchblutungsstörungen sind nachweisbar, Stauungszeichen fehlen (es sei denn, es liegt ein Ulcus mixtum vor).

Diagnose

Zur Diagnose nutzt der Arzt die Anamnese und die körperliche Untersuchung. Neben Ultraschalluntersuchungen stehen noch weitere Methoden zur Diagnostik zur Verfügung.

Anamnese. Bei der Anamnese werden Beschwerden des Patienten, Vorerkrankungen, familiäre Disposition und das Vorhandensein von Risikofaktoren erfragt: bereits erlittene Thrombosen (z. B. → Phlebothrombose) → Adipositas, stehende/sitzende Berufstätigkeit, → Varikosis, Alkohol- und Tabakkonsum sowie die Entstehung des Ulkus, z. B. nach Verletzung oder stumpfem Trauma.

Körperliche Untersuchung. Bei der Untersuchung werden die Beine inspiziert, ein Wundstatus erhoben, Schwellungen, Krampfadern und Hautveränderungen begutachtet sowie eine orientierende neurologische (Sensibilität) und orthopädische (Beweglichkeit des oberen Sprunggelenkes, Fußdeformität) Untersuchung durchgeführt. Zudem erfolgt eine Tastuntersuchung der Waden.

Beim Hustentest wird die Mündung der Vena saphena magna getastet, ohne diese zu komprimieren. Bei einer geschwächten Mündungsklappe kann eine retrograde (rückläufige) Blutströmungswelle getastet werden, während der Patient hustet.

Ultraschalluntersuchungen. Der Doppler-Ultraschall dient der Beurteilung der Strömungsverhältnisse in den Blutgefäßen. Mit ihrer Hilfe können retrograde Strömungen in den Stammvarizen nachgewiesen werden. Mit dem Duplex-Ultraschall kann man die Gefäßanatomie darstellen und z. B. Obstruktionen erkennen. Zudem ermöglicht eine Duplex-Sonografie eine funktionelle Beurteilung der Blutgefäße. Fließt das venöse Blut zurück statt zum Herzen, spricht man von Reflux.

Weitere Untersuchungen. Fotoplethysmografie und Lichtreflexionsrheografie dienen der Beurteilung der venösen Pumpfunktion. Mit der Phlebografie kann eine Thrombose nachgewiesen und lokalisiert werden. Zudem werden Laborparameter, z. B. Blutbild und Blutzucker sowie weitere Parameter abhängig vom klinischen Befund bestimmt.

Differenzialdiagnose

Die verschiedenen Ursachen eines Ulcus cruris müssen voneinander abgegrenzt werden.

Therapie

Die Behandlung des Ulcus cruris muss immer an der zu Grunde liegenden Ursache orientiert sein. Sowohl bei venösen als auch bei arteriellen Unterschenkelgeschwüren muss unbedingt an eine adäquate Schmerztherapie gedacht werden.

Abb. U.4 Therapie bei venös bedingtem Ulcus cruris. Hochlagern der Beine.

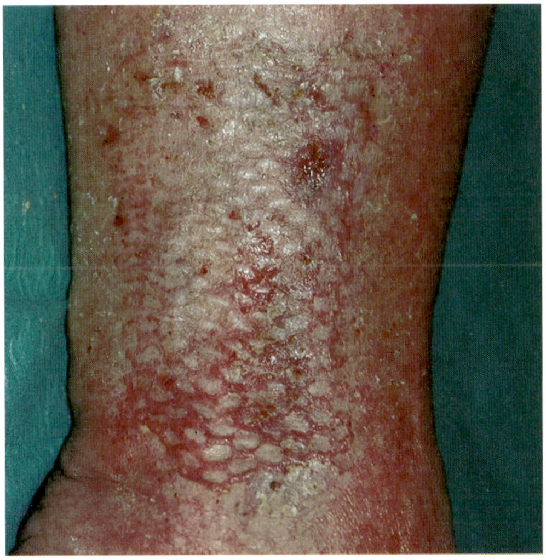

Abb. U.5 Chirurgische Therapie. Ulcus cruris vier Monate nach Shave-Therapie und Meshgraft-Transplantation.

Venös bedingtes Ulcus cruris

Beim venös bedingten Ulcus cruris hat die Beseitigung der venösen Stauung oberste Priorität. Dies beinhaltet eine konsequente Kompressionstherapie (maßgefertigte Kompressionsstrümpfe, Kompressionsverbände, intermittierende apparative Kompressionstherapie), Lymphdrainage, Mobilisation und Gehtraining (3S-3L Regel: **S**tehen und **S**itzen ist **S**chlecht. **L**ieber **L**aufen oder **L**iegen) sowie abendliche Hochlagerung der Beine zur Entstauung (**Abb. U.4**). Eine Optimierung des Ernährungszustandes sollte angestrebt werden.

Chirurgische Therapie. Gefäßchirurgisch können Krampfadern durch Verödung oder durch Varizenstripping (bei schwerer Ausprägung) behandelt werden. Das Ulkus kann ausgeschält (Shave-Therapie) und anschließend mit einem Eigenhauttransplantat (Meshgraft) gedeckt werden (dies ist jedoch nur nach Beseitigung des venösen Rückstaus sinnvoll) (**Abb. U.5**).

Wundbehandlung. Sie richtet sich nach dem Lokalbefund: Zunächst müssen vorhandene Fibrinbeläge entfernt werden (chirurgisch, durch Hydrogele, in schweren Fällen mittels Madentherapie). Infektionen können durch Einsatz silberhaltiger Wundauflagen behandelt werden (bei systemischen Infektionszeichen erfolgt eine gezielte systemische Antibiotikagabe nach Antibiogramm). Schaumstoffverbände gewährleisten ein gutes Exsudatmanagement, lassen sich atraumatisch entfernen und sind auch unter Kompressionstherapie anwendbar. Diese hypoallergenen Wundtherapeutika sollten insbesondere auch deshalb eingesetzt werden, da Kontaktallergien und Ekzeme eine besonders häufige Komplikation beim Ulcus cruris darstellen (durch Salben, Tinkturen und Lokalantibiotika verursacht). Der wundumgebenden Haut muss Beachtung geschenkt werden. Wunddesinfektiva (z. B. Octenisept) sollten nur bei vorliegender Infektion eingesetzt werden, Mittel der Wahl zur Wundspülung ist Ringer-Lösung. Bei belegten, infizierten Ulcerationen hat sich die Madentherapie gut bewährt.

V.A.C.-Therapie. Auch die „Vakuumversiegelung" (vacuum assisted closure) kann beim Ulcus cruris eingesetzt werden. Sie wird nach chirurgischem Débridement im Zeitraum bis zum Wundverschluss (durch Sekundärnaht oder plastisch-chirurgische Deckung) angewendet und dient der Wundkonditionierung.

Wachstumsfaktoren. Sie sollten aufgrund hoher Kosten nur indikationsgerecht bei chronifizierten Ulzerationen mit geringer bis fehlender Heilungstendenz angewandt werden (Ultima ratio). In Studien bewährt hat sich hier FXIII (Faktor XIII).

Medikamente. Systemisch verabreichte Medikamente können die Ulkusbehandlung ergänzen (z. B. Diuretika, Pentoxifyllin, Azetylsalizylsäure). Eine ausreichende Versorgung mit Schmerzmitteln ist ebenfalls Therapiebestandteil.

Arteriell bedingtes Ulcus cruris

Beim arteriellen Ulcus cruris sollten zunächst so weit als möglich vorhandene Risikofaktoren eliminiert werden (→ Adipositas, Rauchen, arterielle → Hypertonie, Hyperlipidämie).

Revaskularisierung. Eine gefäßchirurgische Diagnostik und Therapie ist erforderlich, denn unter mangelhafter Durchblutung kann das Ulkus nicht abheilen. Die Revaskularisierung umfasst: Eröffnung der stenosierten Gefäße durch interventionelle oder gefäßchirurgische Maßnahmen (z. B. Ballondilatation, Bypass-OP).

Gehtraining. Beim Vorliegen einer arteriellen Durchblutungsstörung sind Kompressionsmaßnahmen (Kompressionsstrümpfe, elastische Wickelung) kontraindiziert. Um die Durchblutung zu verbessern muss ein Gehtraining durchgeführt werden. Beim liegenden Patienten sollten die Beine tief gelagert werden. Eine durchblutungsfördernde Medikation ergänzt die Behandlung.

Trockene Nekrosen. Es kann (sofern keine Entzündungszeichen vorliegen) zunächst abgewartet werden, denn oftmals demarkieren und lösen sie sich von selbst ab. Nekrotische Fußzehen können sich vollständig ablösen, man spricht dabei von einer Autoamputation.

Feuchtes Gangrän. Dieses muss sofort therapiert werden, es besteht ein großes Risiko aufsteigender Infektionen (→ Phlegmone), die bis zu Extremitätenverlust und → Sepsis führen können. Hier wird die Wunde gereinigt, eine Infektsanierung durchgeführt und nach erfolgter Revaskularisierung ein Wundverschluss durch granulations- und epithelisierungsfördernde Wundtherapeutika oder durch Hauttransplantate herbeigeführt.

Prognose

Die Behandlung des venösen Ulcus cruris ist meist langwierig und die Rückfallrate mit 60 – 75 % hoch. Daher sollten die Patienten gut darin geschult werden, ihre Haut zu pflegen und zu beobachten, sich zu bewegen, die Kompressionsstrümpfe zu tragen sowie sich gesund zu ernähren. Auch nachdem das Ulkus verheilt ist, sollten die Betroffenen konsequent weiter betreut werden.

Komplikationen

Es drohen Kontaktallergien, Wundinfektion, Extremitätenverlust und → Sepsis.

Infobox

ICD-10:
L97

Internetadressen:
http://www.derma.de
http://www.dgphlebologie.de
http://www.medizinfo.de

Literatur:
Fritsch, Peter O.: Dermatologie, Venerologie. Grundlagen, Klinik, Atlas. 2. Aufl. Springer, Berlin 2005
Deutsche Gesellschaft für Phlebologie (Hrsg. Rabe, E.): Leitlinien und Diagnostik zur Therapie von Venenerkrankungen. Schattauer, Stuttgart 1999

Unterernährung beim Kind

► Pflegeschülerin Güner erzählt ihrer Mitschülerin Kristin: „Auf der K2 wurde gestern ein dreijähriger Junge aufgenommen, der schrecklich dünn ist. Die Mutter war wohl seit Monaten psychisch krank und hat ihm immer seltener etwas zu essen gegeben. Zum Glück ist der Junge normal groß und wird keine körperlichen Schäden behalten. Aber er sieht schlimm aus, nur Haut und Knochen. Und recht verstört wirkte er auch."

Definition

Beim Untergewicht wiegt das Kind im Verhältnis zur Körperlänge zu wenig. Besteht ein erhebliches Untergewicht lange fort, wächst das Kind nicht richtig. Auch die Hirnreifung kann dann beeinträchtigt sein.

Synonym: Malnutrition.

Einschätzung einer Ernährungsstörung

Wie schwerwiegend eine Ernährungsstörung ist, wird mit Hilfe des Längensollgewichts (LSG) bzw. des Body-Mass-Index (BMI) eingeschätzt.

Längensollgewicht. Das Längensollgewicht wird bevorzugt bei Kindern unter 16 Jahren benutzt. Es gibt an zu wie viel Prozent ein Kind einer bestimmten Größe ein empfohlenes Gewicht besitzt. Das Normalgewicht ist mit 90 – 110 % definiert; Übergewicht mit 110 – 120 %; Untergewicht mit unter 90 % und Adipositas mit über 120 %.

Wenn ein Mädchen 115 cm groß ist, beträgt das dazugehörige 100 % Relativgewicht 20,2 kg. Wenn ein Mädchen bei der gleichen Größe 23 kg wiegt, dann beträgt sein LSG 23 geteilt durch 20,2 mal 100 gleich aufgerundet 114 %. Wiegt es nur 18 kg, beträgt sein LSG 18 geteilt durch 20,2 mal 100 gleich aufgerundet 90 %.

Body-Mass-Index. Bei Kindern über 12 Jahren bzw. nach der Pubertät wird der BMI benutzt, der auch Quetelet-Index genannt wird. Der BMI bezeichnet das Verhältnis von Größe und Gewicht eines Menschen. Er wird berechnet, indem man das Körpergewicht in Kilogramm durch die Körpergröße zum Quadrat teilt. Ganz korrekt wird er in kg/m^2 angegeben, gebräuchlich ist er ohne diese Einheit.

Der empfohlene BMI für Erwachsene unterscheidet sich aber von dem für Kinder ab 12 und für Teenager. Daher gibt eine BMI-Perzentilenkurve den altersgerechten BMI wieder (**Tab. U.1**). Diese Perzentilenkurve zeigt die Zunahme des Gewichts in Abhängigkeit zum Alter. Die 50er Perzentile gibt z. B. an, wie viele Kinder einen bestimmten BMI haben oder darunter liegen (→ Adipositas beim Kind).

So hat z. B. ein 16-jähriges Mädchen mit Anorexie eine BMI-Perzentile $< 5 = < 17\ kg/m^2$; ein 16-jähriger Junge mit Adipositas hat eine BMI-Perzentile $> 85 = > 23\ kg/m^2$.

Tab. U.1 BMI-Normalwerte – 50er Perzentile

Geschlecht	12 Jahre	14 Jahre	16 Jahre	18 Jahre
weiblich	18,3	19,4	20,3	20,6
männlich	18,4	19,8	20,9	21,8

Ursachen

Als Ursache für eine Unterernährung gilt, dass über einen längeren Zeitraum zu wenig energiehaltige Nahrung und/oder Protein zugeführt werden (Protein-Energie-Malnutrition).

Symptome

Unterernährung geht bei Kindern immer mit einer Gedeihstörung einher. Eine Gedeihstörung ist eine auf die altersnormale Körperlänge bezogene, kontinuierlich nach unten abweichende Verminderung des Gewichts.

Dystrophie bzw. Atrophie (Längensollgewicht unter 85 – 80 % der Altersnorm) stellen schwerste Folgen einer Protein-Energie-Malnutrition dar. Eine Atrophie, bei Kindern aus Entwicklungsländern als Marasmus bezeichnet, ist Folge einer extrem unterkalorischen Ernährung bei noch weitgehend bilanzierter Zusammensetzung der Makro- und Mikronährstoffe (**Abb. U.6**).

Ist bei normaler oder reduzierter Energiezufuhr zusätzlich oder vornehmlich der Proteingehalt der Nahrung reduziert, z. B. wenn nach dem Abstillen vorwiegend mit Mais- oder Bohnenmehlbreien ernährt wird, entwickelt sich das Krankheitsbild des Kwashiorkor (**Abb. U.7**).

Diagnose

Perzentilenkurven geben Aufschluss darüber, wie stark Größe und Gewicht von der Altersnorm abweichen und wie groß das Ausmaß der Gedeihstörung ist.

Während bei Atrophie und Marasmus ein Verlust des subkutanen Fettgewebes und der Muskulatur vor-

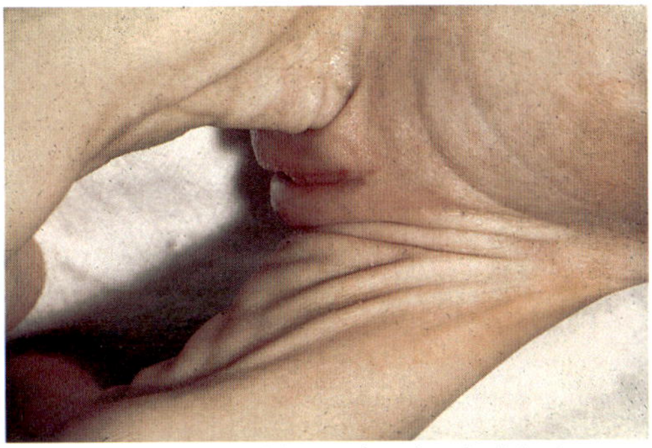

Abb. U.6 Atrophie. Hautfalten an den Oberschenkeln eines neun Monate alten Mädchens mit Hungeratrophie.

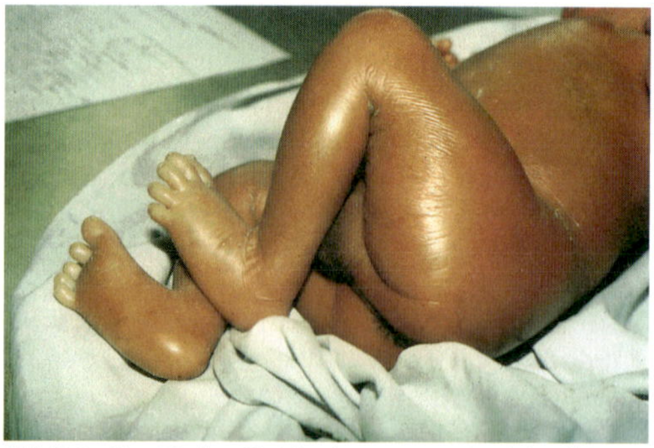

Abb. U.7 Kwashiorkor. Ein Jahr alter Junge mit deutlichen Ödemen bei Kwashiorkor.

herrscht, findet man beim Kwashiorkor zusätzlich Eiweißmangelödeme, Elektrolytverschiebungen und eine Hepatomegalie (vergrößerte Leber).

Differenzialdiagnose

Unterernährung kann auch durch chronische Maldigestion (Fehlverdauung), z. B. bei → Mukoviszidose oder Störungen der Resorption im Dünndarm wie bei → Zöliakie sowie chronische Darmentzündungen (→ Morbus Crohn, HIV-Enteropathie) begründet sein.

Auch Störungen des psychosozialen Umfeldes (Vernachlässigung und Misshandlung, Modediäten, → Anorexia nervosa) müssen in Betracht gezogen werden. Die Anorexia nervosa ist eine schwere psychogene Essstörung in der Pubertät.

Therapie

Bei der Therapie steht die Behandlung der Grundkrankheit im Vordergrund. Ein der Grundkrankheit angepasstes Ernährungskonzept hilft, die Gedeihstörung schneller zu kompensieren. In vielen Fällen ist eine spezielle Schulung oder auch eine begleitende psychiatrische bzw. heilpädagogische Begleitung notwendig.

Prognose

Bei früher Erkennung besteht in den meisten Fällen eine gute Prognose.

Komplikationen

Folgen einer längeren Gedeihstörung sind Kleinwuchs, Pubertätsaufschub und sogar verzögerte Hirnreifung. Außerdem treten vielfältige Zeichen von Vitaminmangel auf, vor allem → Rachitis bzw. → Osteomalazie bei Vitamin-D-Mangel, Gerinnungsstörungen bei Vitamin-K-Mangel (z. B. → Thrombopenie) und Sehstörungen bei Vitamin-A-Mangel.

Die bewusst herbeigeführte Mangelernährung bei Anorexia nervosa führt nicht nur zu Kachexie mit typischen Folgesymptomen wie Herzbeutelerguss oder sekundärer Amenorrhö (Ausbleiben der Monatsblutung). Auch Wundheilungsstörung, Hautatrophien, Haarausfall und Pigmentverluste treten auf.

Infobox

ICD-10:
E46

Internetadressen:
http://www.magersucht.de
http://www.was-wir-essen.de

Literatur:
Sitzmann, F.C.: Duale Reihe Pädiatrie. 2. Aufl. Thieme, Stuttgart 2002

Unterkühlung

▶ Das Blitzeis war schon angekündigt, aber trotzdem sind einige Autofahrer zu schnell unterwegs. Auf der A4 kommt es zu einer Massenkarambolage mit mehreren Verletzten. Zuerst werden die Schwerverletzten versorgt und in die umliegenden Krankenhäuser transportiert. Ein 63-jähriger Mann wird mit Verdacht auf Unterschenkelfraktur als vital nicht bedroht eingeschätzt und muss bei Temperaturen unter 5 °C einige Minuten warten, bis auch er in ein Krankenhaus gebracht werden kann. Dort ist er zwar noch ansprechbar, seine Reaktionen sind jedoch deutlich verlangsamt, Hände und Füße sind blass und eiskalt. Bei der Aufnahmeuntersuchung wird eine Körperkerntemperatur von 34 °C gemessen.

Definition

Bei einer Unterkühlung ist die Körperkerntemperatur unter 35 °C abgesunken.

Synonym: Hypothermie.

Ursachen

Hierzulande kommen Unterkühlungen am häufigsten bei Obdachlosen oder Bewusstlosen (Unfallopfer, Alkoholvergiftung, Drogenintoxikation) vor. Bereits Außentemperaturen von um die 15 °C reichen aus, um eine Unterkühlung auszulösen. Dies geschieht vor allem dann, wenn die Personen unzureichend bekleidet und erschöpft sind, sich nicht bewegen oder lange keine Nahrung zu sich genommen haben. In solchen Fällen kann der Stoffwechsel nicht genügend Energie aufbringen, um Wärme zu generieren. Auch ein längerer Aufenthalt in mäßig kaltem Wasser (Freibad) kann zur Unterkühlung führen. Säuglinge und Kleinkinder verlieren über den unbedeckten Kopf rasch Körperwärme.

Die Körperkerntemperatur wird aber z. B. bei herz- oder neurochirurgischen Eingriffen kontrolliert gesenkt, um die Ischämietoleranz der Organe zu verlängern (kontrollierte Hypothermie).

Symptome

Erstes Symptom einer beginnenden Unterkühlung ist das Muskelzittern. Körperschutzmechanismen bewirken, dass sich zunächst die peripheren Gefäße zusammenziehen, um einen weiteren Wärmeverlust zu verhindern. Dementsprechend ist die Haut blass und kalt. Später nimmt die Reaktionszeit ab, die Betroffenen sind müde, das Kältezittern lässt nach, es treten Bewusstseinsstörungen auf, die Atmung wird flacher, die Pulsfrequenz sinkt. Bei Körperkerntemperaturen unter 30 °C werden die Patienten komatös, der Puls ist kaum tastbar, die Pupillen zeigen unter Umständen keine Reaktion auf Licht (**Abb. U.8**).

Stadium (Kerntemperatur °C)	Symptome	Stoffwechsel	Bewusstseinslage	Herz-Kreislauf, Atmung	Wiedererwärmung
I Erregung (37, 35, 33, 32)	• Kältezittern, • Schmerzen (Akren)	• erhöhter Stoffwechsel • Hyperglykämie • erhöhter O_2-Verbrauch	• hellwach, erregt ↓ • verwirrt	• Tachykardie • periphere Vasokonstriktion • erhöhter Blutdruck	• warmer Raum • Decke
II Erschöpfung (31, 29, 28)	• Muskelstarre • Pupillenreflex noch auslösbar	• Hypoglykämie • reduzierter Stoffwechsel	• Halluzinationen, somnolent ↓ • bewusstlos	• Bradykardie • Atemdepression • **Arrhythmien** ↓	• Heizdecken • warme Infusion • u. U. Hämodialyse
III Lähmung	• weite, lichtstarre Pupillen	• sehr stark reduzierter Stoffwechsel	• Koma	• **Kammernflimmern** • **Asystolie** • **Apnoe**	• extrakorporale Zirkulation

Abb. U.8 Stadien der Unterkühlung. Die verschiedenen Stadien der Hypothermie zeichnen sich durch unterschiedliche Symptome aus und erfordern spezifische Maßnahmen der Wiedererwärmung.

Bei einer → Erfrierung wird dagegen Gewebe mit vorübergehenden oder dauerhaften Auswirkungen lokal durch Kälte geschädigt. Betroffen sind Finger, Zehen, Ohren und Nase.

Diagnose

Die Körperkerntemperatur wird rektal gemessen. Bei erheblicher Unterkühlung sind dazu unter Umständen Spezialthermometer erforderlich (Intensivstation). Auf dem Elektrokardiogramm (EKG) sind veränderte Erregungsmuster oder ein Kammerflimmern zu erkennen.

Therapie

Bei leichter Unterkühlung reichen heiße, gezuckerte Getränke, Decken sowie trockene, wärmende Kleidung, um die Körpertemperatur zu normalisieren.

Bei Bewusstlosigkeit und nicht tastbaren Pulsen erfolgen alle Maßnahmen der Reanimation. Dabei gilt der Satz: „No one is dead until he is warm and dead!" (Niemand gilt als tot, solange er nicht warm und tot ist!). Damit ist gemeint, dass die Reanimation bei Unterkühlten so lange fortgesetzt wird, bis die Körperkerntemperatur mit anderen Maßnahmen wieder normalisiert worden ist. Erst wenn dann keine Lebenszeichen erkennbar werden, ist es gerechtfertigt, die Reanimation erfolglos abzubrechen.

Zur allmählichen Erwärmung erhalten die Patienten im Krankenhaus angewärmte Infusionen und angewärmten Sauerstoff. Wenn möglich erfolgt eine Hämodialyse, bei der das Blut erwärmt wird.

Prognose

Die Prognose ist abhängig vom Allgemeinzustand sowie vom Ausmaß der Unterkühlung. Reanimationen bei Unterkühlten können auch nach 30 – 60 Min. noch erfolgreich sein.

Infobox

ICD-10:
T68

Internetadressen:
http://www.drk.de/erstehilfe/der_kleine_lebensretter
http://www.netdoktor.de
http://www.onmeda.de

Untersuchungen der Atemwege und der Lunge

Man kann die Untersuchungen der Atemwege und der Lunge in zwei Gruppen einteilen.

1. Untersuchungen der Atmung und Überprüfung des Organs auf krankhafte Veränderungen mit folgenden Untersuchungen:
   - Beobachtung der Atemformen und evtl. Atemnebengeräusche,
   - Lungenperkussion,
   - Lungenauskultation,
   - Röntgenuntersuchung der Lunge,
   - Sonografie des Pleuraraums,
   - Pleurapunktion,
   - Sputumuntersuchung.
2. Lungenfunktionsdiagnostik, bei der geprüft wird, ob große und kleine Lungenwege durchgängig sind und die Lunge problemlos arbeitet, mit folgenden Untersuchungen:
   - Spirometrie,
   - Bodyplethysmografie,
   - Perfusionsszintigrafie,
   - Ventilationsszintigrafie,
   - Blutgasanalyse,
   - Bronchoskopie.

Beobachtung von Atemformen und Atemnebengeräuschen

Definition

Die Beobachtung der Atemformen und Atemnebengeräusche umfasst die Beobachtung des Atemrythmus und Auskultation („Abhorchen") der Lunge mittels eines Stethoskops.

Indikation und Prinzip

Die Untersuchungen werden durchgeführt, um anhand der verschiedenen Atemformen und der Atemnebengeräusche Hinweise auf mögliche Erkrankungen zu erhalten.

Die Atemform beschreibt dabei den Atemrhythmus und die Atemtiefe. In **Abb. U.9** sind einige Beispiele von Atemformen und deren Ursachen beschrieben.

Ebenso verhält es sich mit den Atemnebengeräuschen. Eine normale Atmung ist geräuschlos. Hört man bei der Atmung allerdings die in der **Tab. U.2** beschriebenen Geräusche, erhält man dadurch Hinweise auf Erkrankungen der Atemwege. Keuchen bei körperlicher Anstrengung oder Schnarchen sind jedoch keine krankhaften Atemnebengeräusche.

Durchführung

Hinweise auf Veränderungen des Atemrhythmus und der Atemtiefe ergeben sich meist aus der Beobachtung des Patienten. Weitere Hinweise ergeben sich bei der Lungenauskultation (s. u.).

Bewertung

Bespiele für die Bewertung der verschiedenen Atemformen und Atemnebengeräusche sind in **Abb. U.9** und **Tab. U.2** aufgeführt.

Lungenperkussion

Definition

Bei der Lungenperkussion handelt es sich um eine Klopfuntersuchung der Lunge.

Indikation und Prinzip

Die Lungenoberfläche wird abgeklopft, um Rückschlüsse über die Luftfüllung der beiden Lungenflügel zu erhalten.

Durchführung

Eine Klopfuntersuchung wird in einer ruhigen Umgebung am Sitzenden durchgeführt. Der Oberkörper muss entkleidet sein.

Nun legt der Untersucher einen Finger locker auf die Lunge und beklopft diesen mit den Fingerkuppen des zweiten und dritten Fingers der anderen Hand (**Abb. U.10**). Diese Untersuchung wird an beiden Lungenflügeln über allen Lungenabschnitten durchgeführt (**Abb. U.11**).

Bewertung

Luft wirkt schallleitend. Somit ist der Klopfschall über gut belüfteten Lungen verstärkt, bei Minderbelüftung vermindert. Wasser, das sich im Pleuraspalt (→ Pleuraerguss) gesammelt hat, schluckt den Schall vollständig, über diesen Arealen ist kein Klopfschall hörbar.

Ist eine Lunge überbläht (z. B. bei einem → Lungenemphysem) oder in sich zusammengefallen (→ Pneumothorax, → Spontanpneumothorax), ist der Klopfschall dagegen verstärkt. Um diese Veränderungen beurteilen zu können, ist immer der Vergleich mit der Gegenseite entscheidend!

Lungenauskultation

Definition

Bei einer Lungenauskultation werden die Atemgeräusche in der Lunge mit Hilfe eines Stethoskops überprüft.

Indikation und Prinzip

Mit diesem Verfahren wird die Lungenbelüftung überprüft und krankhafte Atemnebengeräusche werden ausgeschlossen.

Atemform	Beschreibung	mögliche Ursachen
normale Atmung 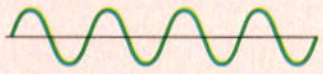	• regelmäßige und gleichmäßige Atemzüge • die Dauer der Einatmung ist etwas kürzer als die der Ausatmung • normal bei Erwachsenen: 16 – 20 Atemzüge pro Minute	
beschleunigte Atmung (Tachypnoe) 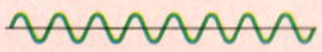	• deutlich erhöhte Atemfrequenz • Sauerstoffmangel im Blut soll ausgeglichen werden	• physiologische Ursachen (gesunde Person): – körperliche Anstrengung – psychische Erregung – hohe Außentemperatur • pathologische Ursache (kranke Person): – Fieber – Erkrankungen der Lunge oder Atemwege – Herzschwäche – Blutarmut – Schock
verlangsamte Atmung (Bradypnoe) 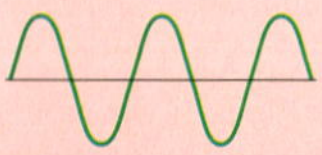	• erniedrigte Atemfrequenz	• physiologische Ursache: – Ermüdung, Schlaf – Entspannung – Leistungssportler • pathologische Ursache: – erhöhter Hirndruck – Schädigung des Atemzentrums – Vergiftung (z. B. Schlaftabletten)
erschwerte Atmung (Dyspnoe)	• Luftnot • Kurzatmigkeit • Beklemmungsgefühl	• Verengung der Luftröhre (Trachealstenose) • Asthmaanfall • Lungenembolie • schwere Bronchitis oder Pneumonie • Herzinfarkt
Schonatmung	• oberflächliche Atmung	• starke Schmerzen im Bauch- oder Brustraum • körperliche Schwäche
Kußmaulatmung 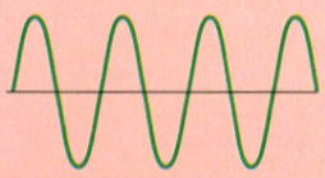	• regelmäßige, sehr tiefe und lange Atemzüge	• schwere Übersäuerung (Azidose) des Körpers (z. B. im diabetischen Koma)
Cheyne-Stokes-Atmung 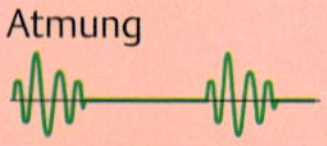	• periodisches An- und Abschwellen der Atmung mit Atempausen	• Schädigung des Atemzentrums (z. B. bei schwerem Herzinfarkt (Apoplex)) • oft bei Sterbenden zu beobachten
Biot-Atmung 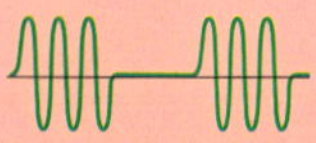	• kräftige Atemzüge von gleicher Tiefe werden plötzlich von einer Atempause unterbrochen • Atmung setzt wieder ein, wenn der Sauerstoffspiegel im Blut gefährlich stark abgesunken ist	• schwere Störung des Atemzentrums • Verletzungen des Gehirns
Schnappatmung 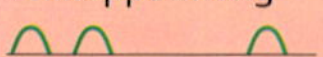	• kurze, unregelmäßige und schnappende Atemzüge	• schwerste Schädigung des Atemzentrums, meist durch Sauerstoffmangel im Gehirn (z. B. bei Herzstillstand) • Zeichen des nahenden Todes

Abb. U.9 Atemformen und ihre Ursachen.

Tab. U.2 Atemnebengeräusche und ihre Ursachen

Nebengeräusch	Beschreibung	Mögliche Ursachen
Giemen und Brummen (trockene Rasselgeräusche)	▪ verursacht durch Schwingungen von Schleimfäden in den Atemwegen	▪ akuter Asthmaanfall ▪ chronische Bronchitis
Stridor	▪ pfeifendes, lang gezogenes Geräusch	▪ Stridor bei der Einatmung (inspiratorischer Stridor) durch Verengung der Atemwege ▪ Stridor bei der Ausatmung (exspiratorischer Stridor) bei Verengung der Bronchien (z. B. beim Asthma)
feuchte Rasselgeräusche	▪ klingt ähnlich dem Ausatmen unter Wasser ▪ verursacht durch Luft, die durch Sekret oder Wasser in den Atemwegen strömt	▪ Lungenödem bei Linksherzschwäche

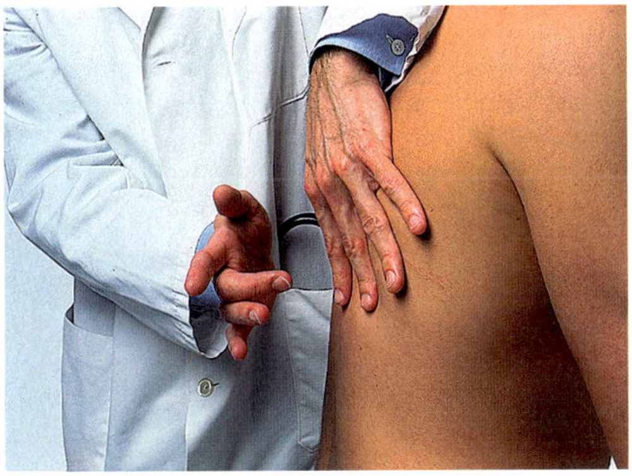

Abb. U.10 Lungenperkussion.

Durchführung

Auch die Auskultation wird in einer ruhigen Umgebung am Sitzenden durchgeführt. Der Oberkörper muss entkleidet sein. Der Untersucher bittet den Patienten langsam und tief durch den Mund ein- und auszuatmen. Währenddessen setzt er das Stethoskop langsam auf alle Lungenabschnitte beider Lungenflügel.

Bewertung

Die Lungenauskultation ist eine der wichtigsten Untersuchungen zur Beurteilung der Lunge. Bei der normalen Atmung hört man während der Einatmung ein recht hohes Atemgeräusch, welches in der Ausatmung deutlich leiser wird. Bei einer Lungenüberblähung (→ Lungenemphysem) ist das Atemgeräusch viel leiser.

Über → Pleuraergüssen ist kein Atemgeräusch zu hören. Bei einer Entzündung der Pleura ist über dem entzündeten Bereich ein atemabhängiges Knistern und Knarren hörbar, das Pleurareiben oder sog. Lederknarren.

Da sämtliche Atemnebengeräusche durch ein Stethoskop deutlicher zu hören sind, lässt diese einfache Untersuchung Rückschlüsse auf viele Lungenerkrankungen zu.

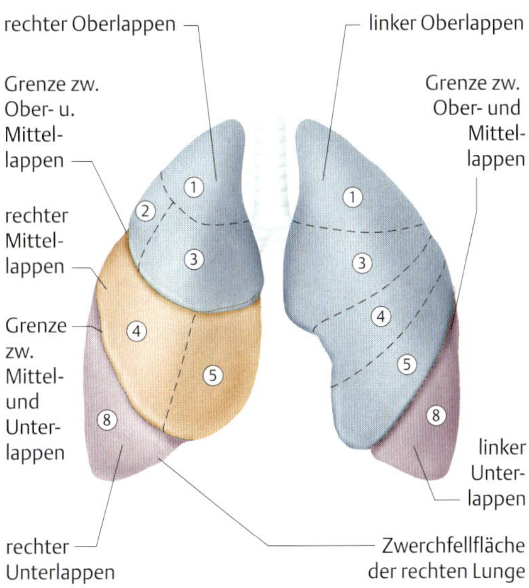

Abb. U.11 Lungenanatomie. Die linke Lunge besitzt eine große Aussparung für das Herz und besteht deswegen nur aus zwei anstelle von drei Lungenlappen (farbig dargestellt). Innerhalb jeden Lappens sind die Segmente (meist zehn beim rechten Lungenflügel) weitgehend unabhängige Einheiten und können daher auch notfalls einzeln chirurgisch entfernt werden.

Röntgenuntersuchung der Lunge

Definition

Bei einer Röntgenuntersuchung durchdringen die von einem Röntgengerät ausgesendeten Strahlen den Körper und erzeugen ein Bild auf einem Röntgenfilm.

Indikation und Prinzip

Mit einer Röntgenuntersuchung der Lunge werden viele Beschwerden im Bereich der Atemwege abgeklärt. So sollte z. B. ein lang andauernder Husten, besonders bei Rauchern, röntgenologisch untersucht werden. Aber auch bei Luftnot, Verdacht auf → Pneumonie oder Schmerzen im Thoraxbereich führt die Röntgenuntersuchung häufig zur Diagnose.

Das Prinzip einer Röntgenuntersuchung ist einfach: Von einer Röntgenröhre werden Röntgenstrahlen ausgesendet. Diese durchdringen den Körper und werden je nach Gewebeart verschieden stark abgeschwächt. Diese Abschwächung führt auf dem Röntgenfilm zur unterschiedlichen Schwärzung des Films.

Durchführung

Eine Röntgenuntersuchung der Lunge wird im Stehen oder Liegen durchgeführt. Der Oberkörper sollte entkleidet sein und Metallteile (Ketten, Piercing usw.) sollten abgenommen werden.

Um die Lunge genauer beurteilen zu können, werden i.d.R. in zwei Ebenen Bilder gemacht: Bei der Frontalaufnahme stellt sich der Patient so zwischen Röntgenfilm und Röntgengerät, dass der Oberkörper dem Röntgenfilm aufliegt. Wird die Aufnahme im Liegen durchgeführt, legt man den Röntgenfilm unter den Oberkörper, das Röntgengerät hängt darüber.

Bei der seitlichen Aufnahme befindet sich die Schulter des stehenden oder liegenden Patienten in direkter Nähe zum Röntgenfilm. Die Röntgenaufnahme wird, wenn möglich, während der Einatmungsphase erstellt.

Bewertung

Ein Röntgenbild ist seitenverkehrt, da es im Grunde das Abbild eines vor dem Untersucher stehenden Menschen ist. Luft stellt sich auf einem Röntgenbild immer dunkel dar, weil sie von den Strahlen ungehindert durchdrungen wird und diese den Film schwärzen. Flüssigkeit, Tumoren, Entzündungen oder die Rippen erscheinen dagegen hell, weil sie weniger strahlendurchlässig sind (**Abb. U.12**).

Sonografie des Pleuraraums

Definition

Bei einer Sonografie (Ultraschalluntersuchung) des Pleuraraums wird der Spalt zwischen den Pleurablättern mit Ultraschall untersucht.

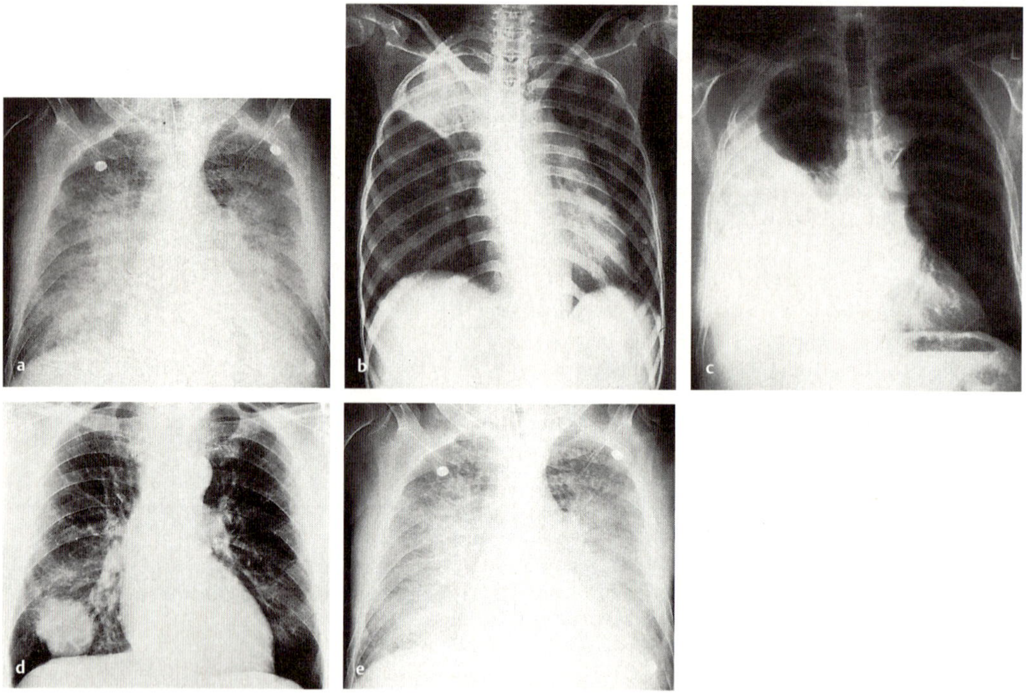

Abb. U.12 Typische Röntgenbefunde der Lunge. a Normale Lunge: Charakteristisch sind die schwarzen Lungenflügel, welche oben und seitlich durch die Rippen, unten durch das Zwerchfell begrenzt sind. **In der Mitte sieht man das Herz als helle Silhouette. b** Lungenentzündung: Die Entzündung ist als heller Schatten im rechten Oberlappen der Lunge sichtbar. **c** Pleuraerguss: In der rechten Lunge ist eine Flüssigkeitsansammlung sichtbar. **d** Bronchialkarzinom (Lungenkrebs): Das Krebsgeschwür zeigt sich als Rundherd in der unteren rechten Lunge. **e** Lungenödem: Die Lunge ist streifig, da durch gestaute Flüssigkeit in den Luftwegen vermehrt Strahlung resorbiert wird.

Indikation und Prinzip

Das Lungengewebe lässt sich mit den üblichen Sonografiemethoden nicht darstellen. Einen großen Nutzen aber hat die Ultraschalluntersuchung, um Flüssigkeit im Pleuraraum auszuschließen. Diese Flüssigkeit kann vor allem im Rahmen eines → Pleuraergusses auftreten.

Das Prinzip der Ultraschalluntersuchung beruht auf der Reflektion von Schallwellen, die von einem Schallkopf in den Körper gesendet werden. Der Körper wirft diese Wellen wie eine Art Echo zurück, das vom Ultraschallgerät erfasst wird. Das Gerät erzeugt aus der Menge und der zeitlichen Abfolge der Schallechos Bilder.

Durchführung

Sonografische Untersuchungen werden in leicht abgedunkelten Räumen durchgeführt. Eine spezielle Vorbereitung ist bei der Sonografie des Pleuraraums nicht nötig. Der Schallkopf wird beidseits unterhalb des Rippenbogens aufgesetzt. Geschallt wird während der Einatmung, denn dabei senkt sich das Zwerchfell, die Lunge tritt tiefer und wird somit sichtbar.

Bewertung

Führt man die Untersuchung wie beschrieben durch, schieben sich die untersten Lungenabschnitte wie ein schwarzer Vorhang unter dem Rippenbogen hervor. Findet sich Flüssigkeit im Pleuraspalt ist dieser Vorhang heller getönt als bei einem gesunden Menschen.

Pleurapunktion

Definition

Bei einer Pleurapunktion wird Flüssigkeit aus dem Pleuraspalt entnommen.

Indikation und Prinzip

Um die Ursache eines → Pleuraergusses feststellen zu können, muss die Ergussflüssigkeit (Punktat) untersucht werden. Bei sehr ausgedehnten Ergüssen kann die Lunge außerdem durch eine Punktion entlastet werden.

Durchführung

Vor der Untersuchung muss der Patient vom Arzt aufgeklärt werden. Um den → Pleuraerguss genau zu lokalisieren, wird vor der Punktion eine Ultraschalluntersuchung des Pleuraraums durchgeführt und die Punktionsstelle markiert. Abgesehen von einer Rasur der Punktionsstelle bei starker Behaarung ist keine spezielle Vorbereitung des Patienten nötig.

Um die Zwischenrippenräume maximal zu dehnen, muss der Oberkörper während der Punktion überstreckt werden (**Abb. U.13**). Während der Punktion sitzt der Patient. Nach lokaler Desinfektion und der sterilen Abdeckung wird die markierte Punktionsstelle mit einem lokalen Betäubungsmittel unterspritzt. Um keine Gefäße zu verletzen, wird senkrecht am Rippenoberrand eingestochen und Ergussflüssigkeit abgezogen (**Abb. U.14**).

Nachbereitung

Der Patient wird mit leicht erhobenem Oberkörper gelagert. Evtl. wird die Punktionsstelle mit einem Sandsack komprimiert. Die Vitalzeichen wie Blutdruck, Puls, Atmung sollten nach der Punktion für einige Stunden engmaschig kontrolliert werden. Strenge Bettruhe ist nicht nötig. Beklagt der Patient lokale Schmerzen oder Atemnot, sollte eine Röntgenuntersuchung veranlasst werden, um einen → Pneumothorax ausschließen zu können.

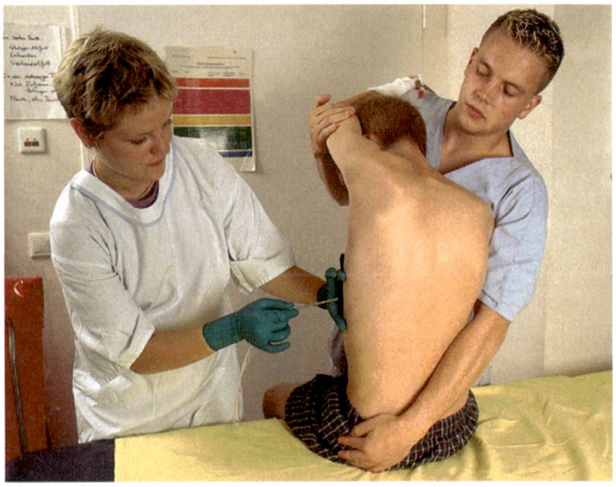

Abb. U.13 Lagerung zur Pleurapunktion. Die Überstreckung des Oberkörpers soll die Zwischenrippenräume auseinander ziehen.

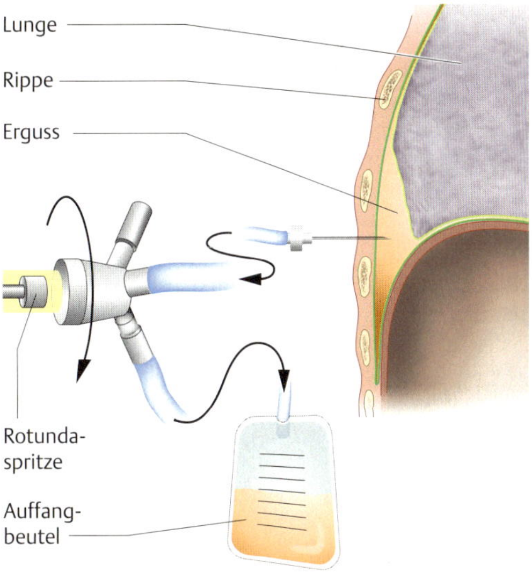

Abb. U.14 Prinzip der Pleurapunktion.

Die abgezogene Flüssigkeit (Punktat) wird mit dem Namen des Patienten beschriftet und zur weiteren Untersuchung ins Labor gebracht.

Bewertung

Das Punktat wird nach dem Aussehen beurteilt und im Labor auf den Eiweißgehalt, vorhandene Zellen oder Bakterien untersucht.

Bei der Betrachtung der Pleuraflüssigkeit fällt vor allem die Farbe auf. Normales Pleurapunktat hat eine klare, helle Farbe. Bei einer Rotfärbung muss von einer lokalen Blutung ausgegangen werden, die z. B. durch eine Rippenserienfraktur hervorgerufen werden kann. Hat die Flüssigkeit ein milchig-trübes Aussehen, könnte es sich um Lymphflüssigkeit handeln.

Wenig Eiweiß in der Pleuraflüssigkeit (Transsudat) spricht für eine unauffällige Pleura, d. h. der Erguss wird nicht durch eine Entzündung verursacht, sondern ist z. B. Folge einer schweren Herzschwäche. Ein hoher Eiweißgehalt (Exsudat) dagegen gilt als Hinweis auf eine entzündliche oder gar bösartige Erkrankung der Pleura. So findet man ein Exsudat z. B. bei einer → Pleuritis, einer → Pneumonie oder Metastasen im Pleuraraum.

Sputumuntersuchung

Definition

Bei der Sputumuntersuchung wird das Sputum – Absonderungen der Atemwegsschleimhäute, welche abgehustet werden – analysiert. Umgangssprachlich wird Sputum auch als Auswurf bezeichnet.

Indikation und Prinzip

Durch eine Sputumuntersuchung lassen sich Rückschlüsse auf die zu Grunde liegende Lungenerkrankung ziehen.

Durchführung

Normales Sputum ist fast keimfrei. Um weitestgehend zu verhindern, dass sich Mundkeime mit dem Sputum vermischen, muss man die Mundkeime vor der Sputumentnahme vermindern. Der Patient muss die Zähne putzen, den Mund mit frischem Wasser ausspülen und in ein steriles Gefäß abhusten, das anschließend sofort verschlossen wird.

Um das Abhusten zu erleichtern, kann man zuvor ein schleimlösendes Mittel geben. Bei beatmeten Patienten oder im Rahmen einer Bronchoskopie kann Sputum abgesaugt werden.

Bewertung

Beurteilt werden Konsistenz, Farbe und Geruch des Sputums. Ergänzt werden diese Beobachtungen durch laborchemische Untersuchungen auf Keime. Folgende Kriterien sind ausschlaggebend:

- **Konsistenz:** Die Variationsbreite reicht von dünnflüssigem über zähem bis zu klumpigem, eher trockenem Sputum.
- **Farbe:** Die wichtigsten Farben sind farblos, eitrig-grünlich (infolge einer bakteriellen Entzündung) oder blutig.
- **Geruch:** Normalerweise riecht Sputum nicht. Ein fauliger Geruch kann z. B. auf einen Lungenabszess oder Bronchiektasen hinweisen.

Spirometrie

Definition

Die Spirometrie ist ein Verfahren zur Berechnung der ein- und ausgeatmeten Luftmengen und zur Messung der Luftströmung.

Indikation und Prinzip

Die Spirometrie ist die Basis der Lungenfunktionsdiagnostik. Obstruktive und restriktive Lungenfunktionsstörungen sind ebenso wie eine Lungenüberblähung feststellbar.

Gemessen werden die Luftmengen, welche wir bei bestimmten Atemmanövern bewegen können. Eine der wichtigsten Messungen ist die der maximalen Atemstromstärke, also die Menge Luft, die bei einer starken Ausatmung abgeatmet werden kann. Diese kann jeder zu Hause mittels eines Peak-flow-Meters bestimmen. Verringert sich der üblicherweise gemessene Wert, zeigt dies eine Verschlechterung der Lungenfunktion an.

Durchführung

Die Untersuchung wird am sitzenden Patienten durchgeführt. Dieser atmet durch ein Mundstück in das Messgerät, während die Nase mit einer Klammer verschlossen ist. Es werden die bewegten Luftmengen und die Strömungsgeschwindigkeit der Atemluft bestimmt. Die ermittelten Werte werden meist direkt an einen Computer zur weiteren Auswertung und grafischen Darstellung übermittelt.

Zunächst soll der Patient einige Male ruhig ein- und ausatmen. Es folgt eine maximale Ausatmung mit sofort anschließender maximaler Einatmung. Ist die Lunge gefüllt, wird der Patient gebeten mit aller Kraft schnell auszuatmen. Dieses Manöver (Tiffeneau-Test oder Einsekundenkapazität) wird mehrmals wiederholt und der Versuch mit dem besten Ergebnis wird gewertet.

Bewertung

Im Gegensatz zur Bodyplethysmografie ist die spirometrische Untersuchung sehr von der Motivation und Mitarbeit des Patienten abhängig.

Die Normalwerte der Lungenvolumina sind je nach Geschlecht, Gewicht und Alter verschieden. Oft werden die gemessenen Werte auch in Form einer Fluss-Volumen-Kurve dargestellt (**Abb. U.15**).

Bei einer Lungenerkrankung mit Verengung der Bronchien, also einer obstruktiven Lungenerkrankung, ist besonders die Einsekundenkapazität vermindert, denn die

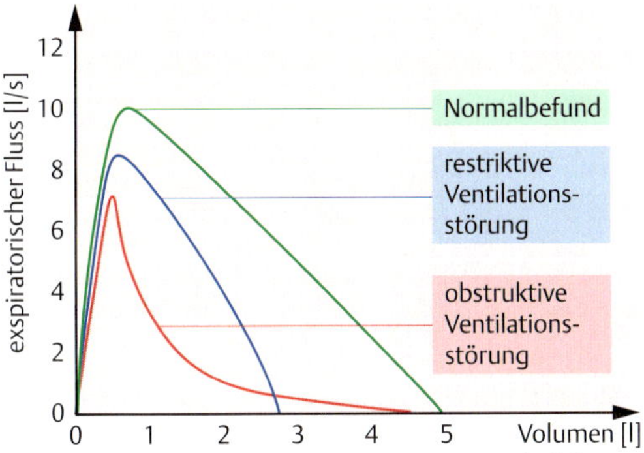

Abb. U.15 Fluss-Volumen-Kurve. Typische Kurvenverläufe bei normalen Lungenvolumina sowie obstruktiver und restriktiver Ventilationsstörung.

Luft ist in der Lunge „gefangen", der Patient kann sie deutlich schlechter abatmen.

Bei einer restriktiven Lungenerkrankung ist das intakte Lungengewebe verringert. Deshalb sind die Werte aller gemessenen Lungenvolumina kleiner. Die Lungenüberblähung ist daran erkennbar, dass hier die Menge Luft, die in der Lunge verbleibt, stark erhöht ist, weshalb sich besonders für das Residualvolumen erhöhte Werte finden.

Bodyplethysmografie

Definition

Unter der Bodyplethysmografie versteht man ein Verfahren zur Messung des Residualvolumens und des Atemwegswiderstandes.

Synonym: Ganzkörperplethysmografie.

Indikation und Prinzip

Die Indikationen für diese Untersuchung sind ähnlich denen der Spirometrie, insbesondere dient das Verfahren zur Diagnostik von obstruktiven Lungenerkrankungen.

Der Patient sitzt in einer Kammer und atmet über ein Mundstück in einen anderen Raum. In der Kammer entstehen durch die Atmung Druckschwankungen, welche zur Berechnung bestimmter Lungenparameter herangezogen werden.

Durchführung

Der Patient sitzt in einer luftdicht verschlossenen Kammer, ähnlich einem Telefonhäuschen. Er atmet über ein Mundstück ruhig aus und ein, besondere Atemmanöver sind nicht nötig.

Bewertung

Gemessen werden die Atemwegswiderstände, d. h. ob die Luft problemlos die Bronchien passieren kann oder ob dies infolge einer Verengung erschwert ist. Eine zweidimensionale Aufzeichnung der Messwerte ergibt ein Druck-Volumen-Diagramm, die sog. Atemschleife. Die Form dieser Schleife ist für bestimmte Lungenerkrankungen charakteristisch.

Zusätzlich kann das Residualvolumen bestimmt werden, welches ein wichtiger Messwert zur Beurteilung einer Lungenüberblähung ist (s. o.).

Perfusionsszintigrafie

Definition

Die Perfusionsszintigrafie dient der Beurteilung der Lungendurchblutung durch intravenöse Gabe von radioaktiven Substanzen.

Indikation und Prinzip

Perfusion bedeutet Durchblutung. Um eine optimale Versorgung des Blutes mit Sauerstoff zu gewährleisten, sind besonders die Lungenbläschen, in welchen der Gasaustausch stattfindet, von einem dichten Netz aus feinen Blutgefäßen umgeben. Kommt es zu einem Verschluss von Lungengefäßen (→ Lungenembolie), werden Teile der Lunge nicht mehr ausreichend durchblutet. Die Sauerstoffversorgung des Blutes sinkt, weil in diesen Lungenabschnitten der Gasaustausch gestört ist. Die Diagnostik einer Lungenembolie ist die Hauptindikation dieser Untersuchung.

Das Prinzip der Untersuchung ist recht einfach: Dem Patienten werden radioaktiv markierte Eiweißteilchen in eine Vene gespritzt. Sie gelangen mit dem Blutstrom in die Lunge, wo sie in einigen feinsten Blutgefäßen hängen bleiben. In Bereichen mit verminderter Durchblutung gelangen weniger der radioaktiven Teilchen. Daher wird dieser Lungenteil auf den Bildern, die mit der Gammakamera gemacht werden, weniger stark abgebildet.

Durchführung

Nach der Aufklärung des Patienten wird ihm die Substanz im Sitzen oder Liegen gespritzt. Eine Stunde später werden mit einer speziellen Kamera Aufnahmen der Lunge gemacht.

Nachbereitung

Eine Isolierung des Patienten ist nicht nötig, da die Strahlenbelastung so gering ist, dass für die Umgebung keine Gefahr besteht. Die radioaktiven Substanzen werden im Körper innerhalb weniger Stunden abgebaut.

Bewertung

Liegen Durchblutungsstörungen der Lunge vor, lässt sich in diesen Bereichen keine Strahlung nachweisen. Um festzustellen, ob die Belüftung ebenfalls gestört ist, wird die Perfusionsszintigrafie oft mit einer Ventilationsszintigrafie kombiniert.

Ventilationsszintigrafie

Definition

Bei der Ventilationsszintigrafie wird die Lungenbelüftung durch Einatmen von radioaktiver Substanz beurteilt.

Synonym: Inhalationsszintigrafie.

Indikation und Prinzip

Ventilation heißt Belüftung. Natürlich ist auch bei einer gestörten Lungenbelüftung der Gasaustausch gestört. In der sog. Lungenszintigrafie werden die Perfusions- und die Ventilationsszintigrafie meist miteinander kombiniert. So ist ein direkter Vergleich zwischen Belüftung und Durchblutung der Lunge möglich. Bei der Ventilationsszintigrafie atmet der Patient ein radioaktives Edelgas ein und aus.

Durchführung

Nachdem der Patient das Gas einige Male ein- und ausgeatmet hat, werden mit einer Gammakamera Aufnahmen der Lunge gemacht.

Nachbereitung

Auch hier ist eine spezielle Nachbereitung nicht nötig, denn das eingeatmete Edelgas wird vom Körper nicht aufgenommen, sondern sofort wieder abgeatmet. Die Strahlenbelastung für die Umgebung ist auch hier sehr gering.

Bewertung

Bei einer unauffälligen Lungenbelüftung ist das Gas gleichmäßig in der gesamten Lunge verteilt. Für eine → Lungenembolie spricht eine auffällige Perfusionsszintigrafie bei unauffälliger Ventilationsszintigrafie, denn die Ursache ist ein Durchblutungs- und kein Belüftungsproblem.

Blutgasanalyse

Definition

Die Blutgasanalyse ist ein Verfahren zur Messung des Sauerstoff- und Kohlendioxidgehalts des Blutes sowie zur Kontrolle des Säure-Basen-Haushalts.

Indikation und Prinzip

Die Aufgabe unserer Lungen ist es, den Körper mit Sauerstoff zu versorgen und Kohlendioxid, welches als Abfallstoff bei der Verbrennung von Sauerstoff im Gewebe entsteht, abzuatmen. Der pH-Wert, welcher ebenfalls bei einer Blutgasanalyse gemessen wird, beschreibt die Menge der H^+-Ionen im Blut. Er muss immer bei einem Wert von ca. 7,4 liegen, denn die Stoffwechselvorgänge im Körper funktionieren nur bei diesem pH-Wert.

Eine weitere wichtige Aufgabe der Lunge ist die Regulierung dieses Säure-Basen-Haushalts. Ist die Abatmung von Kohlensäure über die Lunge gestört, bildet sich im Blut vermehrt Kohlensäure und das Blut wird sauer, denn der pH-Wert sinkt. Umgekehrt steigt der pH-Wert an, wenn vermehrt Kohlensäure abgeatmet wird.

Tab. U.3 Normwerte einer Blutgasanalyse

Bestimmung	Normwert
pH-Wert	7,36–7,44
pO_2 (O_2-Partialdruck des Blutes)	> 80 mmHg
pCO_2 (CO_2-Partialdruck des Blutes)	38–45 mmHg
O_2-Sättigung (Menge der mit Sauerstoff beladenen Erythrozyten)	92–96 %
HCO_3^- (Bicarbonat)	22–26 mmol/l
BE (Basenüberschuss)	–2–+2 mmol/l

Weitere Messwerte der Blutgasanalyse sind das Bicarbonat und Basenüberschuss, als BE abgekürzt. Bicarbonat ist eine Puffersubstanz, die in der Lunge aus Kohlendioxid entsteht. Sie kann H^+-Ionen binden und abgeben und ist somit eine wichtige Puffersubstanz im Blut. Der Basenüberschuss beschreibt, ob im Blut viele oder zu wenige Puffersubstanzen enthalten sind.

Eine Blutgasanalyse ist besonders bei schweren Lungenerkrankungen und intensivpflichtigen Patienten, z. B. im Rahmen einer Beatmung, nötig.

Durchführung

Den genauesten Wert einer Blutgasanalyse erhält man bei der Blutentnahme aus einer Arterie. Es kann aber auch Kapillarblut aus dem Ohrläppchen verwendet werden. Die Blutentnahme wird wie folgt durchgeführt:

- **arterielle Blutentnahme:** Man ertastet die Arterie am überstreckten Handgelenk. Nach sorgfältiger Desinfektion wird diese punktiert.
- **Kapillarblutentnahme:** Das Ohrläppchen wird mit einer durchblutungsfördernden Salbe eingerieben. Nach einigen Minuten wird die Einstichstelle desinfiziert und punktiert. Die meist geringe Blutmenge wird mit einem dünnen Röhrchen angesaugt.

Bewertung

Bei der Bewertung sind die in **Tab. U.3** aufgeführten Normwerte von Bedeutung. Eine Lungenfunktionsstörung ist anhand von Abweichungen von diesen Werten sicher zu beurteilen und zu differenzieren.

Bronchoskopie

Definition

Bei einer Bronchoskopie werden die Luftwege durch ein Bronchoskop betrachtet.

Indikation und Prinzip

Bei einer Bronchoskopie werden die Bronchien mit einem biegsamen Endoskop, ähnlich wie mit einer Kamera, betrachtet. Im Zuge dieser Untersuchung können außerdem sowohl Gewebsproben entnommen als auch die Bronchialflüssigkeit abgesaugt werden. Deshalb ist eine Bronchoskopie, besonders bei Verdacht auf Lungenkrebs oder zur Erregerdiagnostik bei unklaren Entzündungen, indiziert.

Mit diesem Verfahren können jedoch auch Fremdkörper aus der Lunge entfernt, bei verengten Luftwegen Stents (Röhrchen) eingelegt oder Kontrastmittel in die Bronchien eingespritzt werden. Letzteres nennt man eine Bronchografie, mit der z. B. der Fehlbildungen der Bronchien festgestellt werden können.

Durchführung

Der Patient muss vom Arzt über die Untersuchung aufgeklärt werden. Er sollte vor einer Bronchoskopie mindestens vier Stunden nüchtern sein und zwölf Stunden nicht geraucht haben. Die Untersuchung wird in Rückenlage durchgeführt. Zur Beruhigung werden über einen venösen Zugang ein Beruhigungsmittel und Atropin gespritzt, welches die Schleimbildung unterdrückt.

Das biegsame Bronchoskop wird über die Nase eingeführt (**Abb. U.16**). Während es in die Lunge vorgeschoben wird, werden über das Bronchoskop immer wieder kleine Mengen Betäubungsmittel (Lokalanästhetikum) abgegeben, um den Hustenreiz zu unterdrücken.

Mit einer Zange, die über das Bronchoskop eingeführt wird, können Gewebsproben entnommen werden. Bei einer Bronchiallavage werden die Bronchien mit einer Kochsalzlösung durchgespült. Die abgesaugte Flüssigkeit wird auf Tumorzellen, Pilze oder entzündliche Erkrankungen hin untersucht.

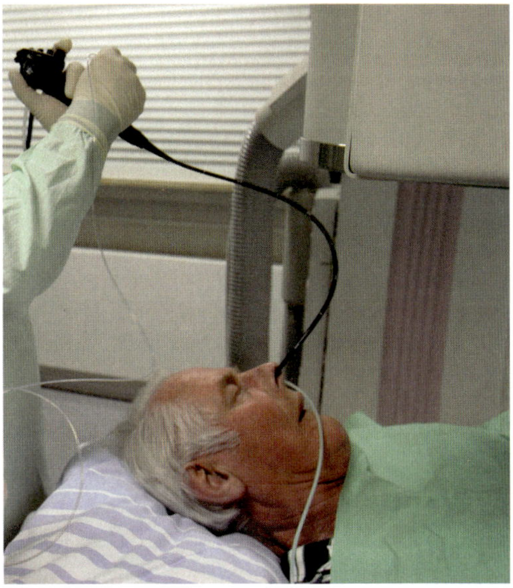

Abb. U.16 Bronchoskopie. Das biegsame Bronchoskop wird über die Nase eingeführt.

Nachbereitung

- **Patient**. Der Patient muss nach der Untersuchung noch so lange überwacht werden, bis er wieder vollständig wach und orientiert ist. Er darf erst eine Stunde später wieder trinken, nach zwei Stunden wieder essen.
- **Untersuchungsmaterial**. Die gewonnenen Gewebsproben oder die abgesaugte Flüssigkeit werden in speziellen Behältern, welche mit dem Patientennamen beschriftet sind, ins Labor oder zum Pathologen gebracht.

Untersuchungen der Augen

Die Augenheilkunde benötigt für die Dokumentation, Diagnostik und Verlaufskontrolle neben den Basisuntersuchungen eine Vielzahl spezieller Untersuchungsmethoden wie die Laserscannertomografie, optische Kohärenztomografie, Ultrasonografie, Angiografie und Elektroretinografie. In diesem Kapitel wird ein Auszug wichtiger Basisuntersuchungen dargestellt:

- Bestimmung der Sehschärfe,
- Untersuchung der Tränensekretion,
- Untersuchung der ableitenden Tränenwege,
- Untersuchung der Lider,
- Untersuchung der Augenvorderabschnitte,
- Messung des Augeninnendrucks,
- Untersuchung des Augenhintergrundes,
- Untersuchung des Farbsinns,
- Gesichtsfelduntersuchung (Perimetrie).

Bestimmung der Sehschärfe

Definition

Die Ermittlung der Sehschärfe (Visus, V) erfolgt nach DIN-Norm 58220. Dem Patienten werden als Sehzeichen (Optotypen) in 5 m Abstand und bei vorgegebener Beleuchtung sog. Landolt-Ringe einer bestimmten Größe gezeigt (**Abb. U.17**).

Indikation und Prinzip

Die Bestimmung der Sehschärfe ist Bestandteil jeder Augenuntersuchung. Eine Routineuntersuchung informiert darüber, ob der Patient entsprechend seines Alters sieht. Klagt der Patient über eine Sehverschlechterung, kann mit dieser Untersuchung das Ausmaß bestimmt und dokumentiert werden.

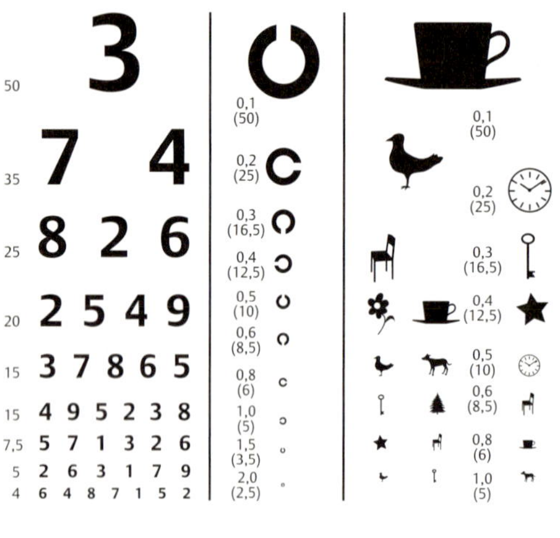

Abb. U.17 Ermittlung der Sehschärfe. Sehprobentafel mit Zahlen, Landolt-Ringen und bildhaften Optotypen.

Durchführung

Der Patient sitzt im Normabstand gegenüber einer Tafel, auf die bei definierter Beleuchtung und mit definiertem Kontrast Normsehzeichen projiziert werden. Zunächst wird jedes Auge ohne Korrektur einzeln geprüft und hierzu das jeweils andere Auge abgedeckt. Der Patient soll von mindestens vier Sehzeichen einer Visusstufe in einer Reihe, mindestens drei innerhalb einer Sekunde erkennen.

Die kleinste unter diesen Bedingungen erkannte Sehzeichenreihe entspricht der Sehschärfe ohne Korrektur (Visus s. c., Visus sine correctione). Erreicht der Proband nicht die volle Sehschärfe, wird die Untersuchung mit einer Brille wiederholt. Abschließend wird die Sehschärfe mit beiden Augen geprüft.

Das Sehen in der Nähe wird mit speziellen Lesetafeln im Leseabstand ohne oder mit Lesekorrektur geprüft.

Bewertung

Die Sehschärfe (Visus, V) ist gleich 1,0, wenn das Normsehzeichen, der Landolt-Ring, dessen Lücke und Balkenbreite unter dem Winkel einer Bogenminute erscheint, erkannt wird. Ein Visus von 1,0 entspricht nicht der normalen Sehschärfe. Diese liegt bei Augengesunden bezüglich der Landolt-Ringe nach der DIN-Norm 58220 bei bis zu 2,0 und höher. Mit Zahlenreihen als Sehzeichen wird eine Sehschärfe von 1,25 bis 1,6 erreicht. Zahlen sind keine Normsehzeichen, werden aber trotzdem noch häufig verwendet.

Eine Herabsetzung der Sehschärfe kann viele Ursachen haben, z. B.:

- → Hornhauttrübung oder Entzündung,
- Trübung der Augenlinse (→ Katarakt),
- Sehnerventzündung bei → Multipler Sklerose,
- Blutung in das Augeninnere bei → Diabetes mellitus,
- → Netzhautablösung,
- → Tumoren im Bereich der Sehbahn (Gliom, → Meningeom, Hypophysenadenom),
- → Augenverletzungen und Sehnervverletzungen.

Untersuchung der Tränensekretion

Definition

Mit der Untersuchung der Tränensekretion werden die normale Zusammensetzung des Tränenfilms und die Tränenmenge überprüft.

Indikation und Prinzip

Die Hauptindikation für die Untersuchung der Tränensekretion ist das → trockene Auge (Sicca-Syndrom).

Durchführung

Schirmer-Test. Mit diesem Test wird geprüft, ob die Tränensekretion ausreichend ist. Hierzu wird nach dem Abtupfen überschüssiger Tränenflüssigkeit ein 3,5 cm langer und 0,5 cm breiter Lackmuspapierstreifen abgeknickt und zwischen äußerem und mittlerem Drittel über die Unterlidkante gehängt (**Abb. U.18**). Der Patient soll während der Untersuchung ruhig geradeaus blicken. Wird 60 Sek. vor der Untersuchung zusätzlich ein Lokalanästhetikum instilliert, kann die Tränenbasissekretion bestimmt werden.

Tränenfilmaufreißzeit (Break-up-time, BUT). Über diesen Test erhält man Informationen über die Qualität des Tränenfilms. An der Spaltlampe wird ein Kobaltblaufilter vorgeschaltet und der Arzt gibt einen Tropfen sterilen Fluoresceins in den unteren Bindehautsack. Nach einem Lidschlag wird die Zeit bis der Tränenfilm reißt, d. h. bis im zunächst homogenen Fluoresceinfilm dunkle Flecken erscheinen, gemessen.

Nachbereitung

Wird der Schirmer-Test mit einem Lokalanästhetikum durchgeführt, wird der Patient angewiesen, im Anschluss an die Untersuchung eine Stunde lang nicht die Augen zu reiben, da er unbemerkt die Hornhaut verletzen könnte.

Bewertung

Schirmer-Test. Beim Schirmer-Test ohne Lokalanästhetikum sind im Normalfall nach fünf Min. mehr als 15 mm des Lackmusstreifens angefeuchtet, mit örtlicher Betäubung sind nach dieser Zeit mehr als 10 mm des Lackmusstreifens angefeuchtet.

Tränenfilmaufreißzeit. Die Zeit ist normal, wenn es mehr als 15 Sek. dauert bis die ersten dunklen Flecken erscheinen.

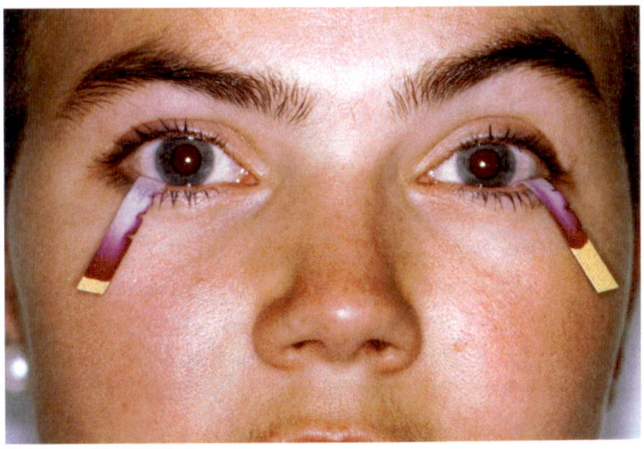

Abb. U.18 Schirmer-Test. Zur Messung der Tränensekretion werden Lackmuspapierstreifen am Ende umgeknickt und zwischen äußerem und mittlerem Drittel über die Unterlidkante gehängt. In 5 Min. werden normalerweise mindestens 15 mm des Teststreifens angefeuchtet.

Untersuchung der ableitenden Tränenwege

Definition

Bei der Untersuchung der ableitenden Tränenwege werden Tränenpünktchen, Tränenkanälchen, Tränensack und Tränennasengang auf Durchgängigkeit oder Stenosen geprüft.

Indikation und Prinzip

Bei dem Verdacht auf eine Verengung oder einen Verschluss der ableitenden Tränenwege wird eine Tränenwegspülung durchgeführt. Dies ist z. B. nach einer Entzündung des Tränensacks oder bei einigen Säuglingen der Fall, wenn sich in den ersten Lebensmonaten eine Hautfalte im unteren Tränennasengang (Hasner-Klappe) noch nicht geöffnet hat.

Durchführung

Nach Tropfanästhesie (z. B. mit Oxybuprocain 0,4% Augentropfen) stellt sich der Untersuchende hinter den sitzenden Patienten und zieht den seitlichen Lidwinkel zur Darstellung des Tränenpünktchens nach außen. Er sondiert mit einer sterilen konischen Sonde das untere Tränenpünktchen. Anschließend wird physiologische Kochsalzlösung über eine Tränenwegkanüle injiziert (**Abb. U.19**). Eine Tränenwegdarstellung kann mit Kontrastmittel erfolgen und mit Bild gebenden Verfahren dokumentiert werden.

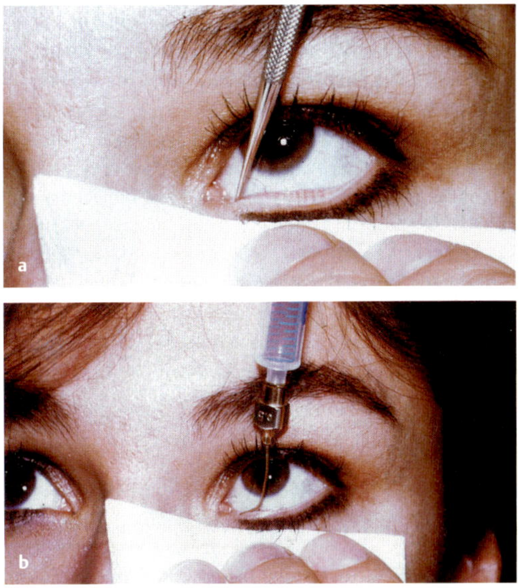

Abb. U.19 Spülung der Tränenwege. a Mit einer konischen Sonde wird durch Drehbewegungen das Tränenpünktchen erweitert. **b** Anschließend wird mittels einer Tränenwegkanüle physiologische Kochsalzlösung injiziert. Es sollte besonders auf Durchflussleichtigkeit und zurückfließende Kochsalzlösung geachtet werden.

Bewertung

Sind die Tränenwege durchgängig, nimmt der Patient Flüssigkeit im Rachen wahr. Es erfolgt kein Reflux der physiologischen Kochsalzlösung und der Tränensack schwillt nicht an. Mit Kontrastmitteln und Bild gebenden Verfahren lässt sich ein Stopp des Kontrastmittels oder ein verminderter Durchfluss an einer Einengung der Tränenwege auf einem Bildschirm oder Röntgenbild darstellen.

Untersuchung der Lider

Definition

Die Untersuchung der Lider erfolgt durch Inspektion. Um die Lidunterseiten und die obere und äußere Bindehautumschlagsfalte (Fornix) betrachten zu können, müssen die Lider ektropioniert, also einfach oder doppelt umgestülpt werden.

Indikation

Das Ektropionieren der Lider ist z. B. bei Verdacht auf einen Fremdkörper unter dem Lid erforderlich.

Durchführung

Damit der untere Bindehautsack beurteilt werden kann, wird das Unterlid durch nach unten gerichtetes Ziehen an der Haut mit dem Finger vorsichtig unter der Unterlidkante ektropioniert.

Das Ektropionieren des Oberlids erfolgt durch den Arzt. Der Patient wird aufgefordert, mit beiden Augen nach unten zu blicken. Der Arzt fasst vorsichtig mit einer Hand die Wimpern, während er das Lid mit der anderen Hand und einem Glasstab oder einem ähnlich geeigneten Gegenstand am Tarsusoberrand (zu erkennen an der Deckfalte) nasenwärts des äußeren Liddrittels vorsichtig eindrückt. Anschließend zieht er die Lidkante herum und kann nun die Lidinnenseite betrachten. Der Glasstab kann entfernt werden während der Patient weiterhin nach unten blickt.

Soll die Untersuchung beendet werden, nimmt der Arzt die Hand weg und lässt den Patienten nach oben schauen. Das Oberlid nimmt hierdurch sofort wieder seine normale Position ein. Zur Betrachtung des oberen Bindehautsacks kann das Oberlid mit einem speziellen Desmarres-Lidhaken doppelt ektropioniert werden (**Abb. U.20**). Verrutschte Kontaktlinsen oder andere Fremdkörper können entdeckt und entfernt werden.

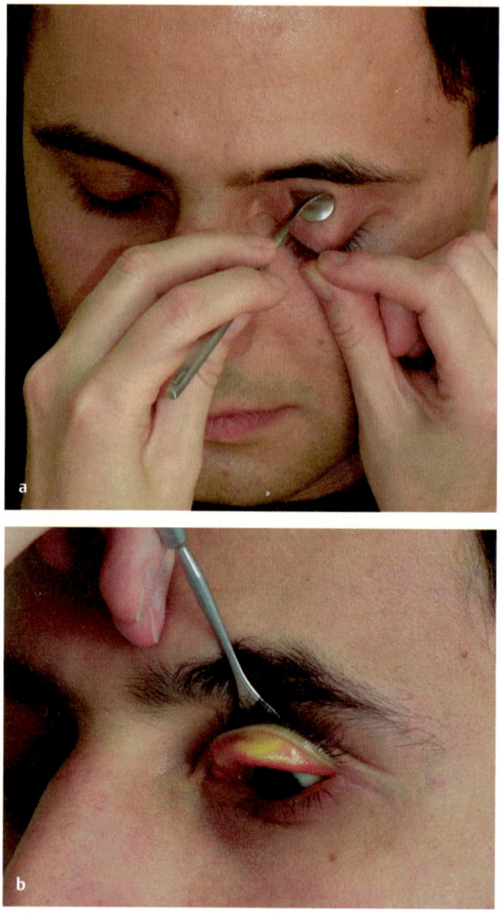

Abb. U.20 Doppeltes Ektropionieren. a Das Oberlid wird um einen Desmarres-Lidhaken gekippt. **b** Oberlid und oberer Bindehautsack können nun beurteilt werden.

Bewertung

Beim Normalbefund der Lidinspektion bedeckt das Oberlid den oberen Hornhautrand etwa 2 mm. Oberhalb des Tarsus ist die lidkantenparallele Deckfalte zu erkennen. Das Unterlid lässt einen schmalen, weißen Streifen Bindehaut mit durchscheinender weißer Lederhaut unterhalb des Hornhautrandes frei. Die Lidspalte ist etwa 9 mm weit. Im nasenwärts gelegenen Lidwinkel (medialer Kanthus) sind eine halbmondförmige Bindehautfalte (Plica semilunaris) und ein warzenartiger Schleimhauthöcker (Karunkel) zu erkennen. Außerdem liegen hier das obere und das untere Tränenpünktchen. Temporal (schläfenwärts) treffen sich Oberlid und Unterlid im seitlichen Lidwinkel (lateraler Kanthus).

Die beim Ektropionieren dargestellte Lidbindehaut ist pathologisch, wenn z. B. reiskornähnliche Vorwölbungen (Follikel) zu erkennen sind oder die Oberfläche samtartig verändert ist, beides kann bei einer Bindehautentzündung der Fall sein. Bei einem dunkel pigmentierten und erhabenen Fleck auf der Lidbindehaut kann es sich um einen bösartigen Tumor (→ malignes Melanom) handeln.

Untersuchung der Augenvorderabschnitte

Definition

Die Untersuchung der Augenvorderabschnitte umfasst die Inspektion von Lidern, Bindehaut, Lederhaut, Horn-

Abb. U.21 Untersuchung der Augenvorderabschnitte. Der Untersucher betrachtet das Auge durch eine Lupe. Gleichzeitig beleuchtet er das Auge von der Seite mit einer Visitenlampe.

haut, Augenvorderkammer und Augenlinse entweder bei Tageslicht, mit Handlampen oder an der Spaltlampe – einem binokularen Mikroskop, das in die Untersuchungseinheit des Augenarztes integriert ist (**Abb. U.21**).

Indikation und Prinzip

Die Untersuchung der Augenvorderabschnitte gehört zu jeder Augenuntersuchung. → Lidrandentzündungen, Tumoren, Bindehaut- oder Hornhautentzündungen (→ Keratitis, → Konjunktivitis), eine → Katarakt (Trübung der Augenlinse) und eine Entzündung der Iris (→ Iritis) können auf diese Weise entdeckt werden.

Durchführung

Die Spaltlampe ermöglicht es dem Untersuchenden, Veränderungen des vorderen Augenabschnitts mit einem binokularen Mikroskop zu betrachten. Untersucht wird mit einem Lichtspalt. Mit Zusatzoptik, z. B. einem Kontaktglas, ist auch die Inspektion des Kammerwinkels möglich. Außerdem können Spezialfilter, z. B. ein Kobaltblaufilter, in den Strahlengang gebracht werden und so z. B. mit Fluorescein angefärbte Hornhautveränderungen besser dargestellt werden.

Bewertung

Bei der Inspektion der Lider ist z. B. ein Hordeolum (Gerstenkorn) als rötliche Schwellung im Oberlid zu erkennen oder ein Ektropium als Auswärtswendung des Unterlids. Mit der Spaltlampe lassen sich besonders gut oberflächliche und tiefe Hornhautdefekte wie Erosionen oder Ulzera als Einbuchtungen darstellen.

Die Anfärbung mit Fluorescein lässt diese Hornhautveränderungen noch deutlicher hervortreten. Bei einer → Iritis (Regenbogenhautentzündung) sind mit der Spaltlampe Zellen und eiweißreiches Kammerwasser als Entzündungszeichen der Augenvorderkammer zu beobachten. Die Eiweiße leuchten im Licht der Spaltlampe so ähnlich auf wie Staub, der von einem durch ein Kirchenfenster fallenden Lichtstrahl angeleuchtet wird.

Messung des Augeninnendrucks

Definition

Mit der Messung des Augeninnendrucks (intraokularer Druck, IOD, Tensio) wird der auf der Augeninnenwand lastende Druck bestimmt.

Indikation und Prinzip

Die Augeninnendruckmessung sollte Bestandteil jeder augenärztlichen Untersuchung von über 40-jährigen Patienten sein. Sie kann den Hinweis auf ein primär chronisches Offenwinkelglaukom (→ Glaukom) geben.

Bei jüngeren Patienten wird der Augeninnendruck gemessen, wenn Augenerkrankungen bestehen oder Veränderungen vorliegen, bei denen ein erhöhtes Glaukomrisiko besteht (z. B. höhere Myopie), oder Glaukomerkrankungen in der Familie des Patienten vorkommen.

Durchführung

Geräte, mit denen der Augeninnendruck bestimmt werden kann, werden als Tonometer bezeichnet. Ein Applanationstonometer misst die Kraft, die erforderlich ist, um die zentralen 7,35 mm^2 der Hornhaut abzuflachen (zu applanieren). Die Applanationstonometrie nach Goldmann an der Spaltlampe gilt als Standardmethode, mit der alle anderen Geräte verglichen und in ihrer Messgenauigkeit beurteilt werden (**Abb. U.22**). Bei dem Applanationstonometer nach Goldmann handelt es sich um einen Spezialaufsatz an der Spaltlampe mit einer Halterung für auswechselbare Messkolben und einer Messtrommel. Der Messkolben weist eine Skala von 0 – 180° auf.

Um den Augeninnendruck messen zu können, muss zunächst die Hornhaut anästhesiert und Fluorescein in den Bindehautsack appliziert werden, wobei Kontaktlinsen vorher entfernt werden müssen. Es wird jeweils ein Tropfen (z. B. Thilorbin) in beide Augen appliziert. Die Wirkung setzt nach ungefähr 30 Sek. ein. Der Patient hält die Augen in dieser Zeit am besten geschlossen. Einige Patienten empfinden ein brennendes Gefühl, bis der anästhesierende Effekt einsetzt. Über die Lidränder mit vermehrter Tränenflüssigkeit austretendes Fluorescein wird mit einem Zellstofftupfer abgetupft. Der Arzt führt den Messkolben des Applanationstonometers an die Hornhaut heran und dreht an der Messtrommel, bis sich zwei, im Okular der Spaltlampe erkennbare Halbringe innen berühren. Der Augeninnendruck ist jetzt an der Skala der Messtrommel ablesbar. Neben dem gemessenen Augeninnendruckwert wird auch die Uhrzeit notiert.

Beispiele für weitere Tonometer sind das Non-contact-Tonometer, das den Augeninnendruck mit einem Luftimpuls misst und transportable Tonometer wie das Tonometer nach Perkins und der Tonopen.

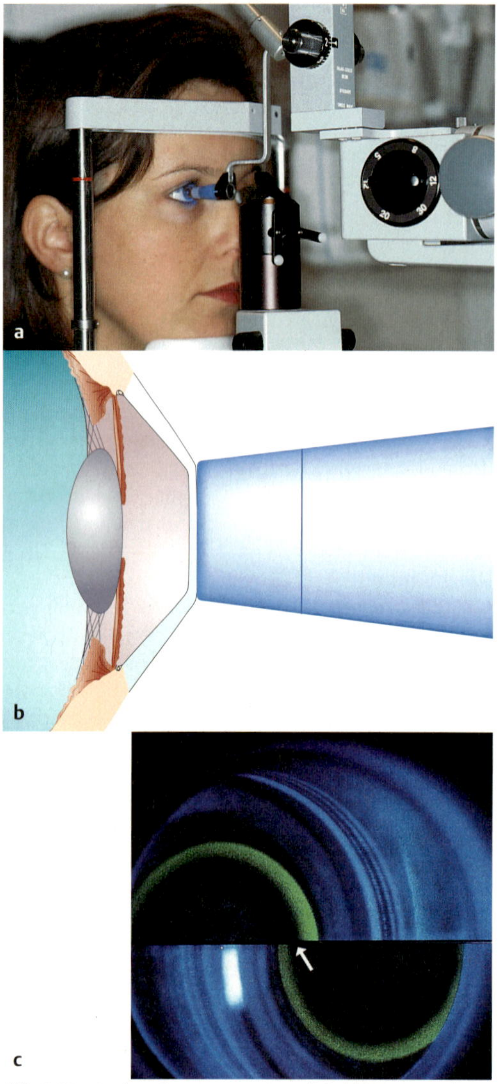

Abb. U.22 Applanationstonometrie nach Goldmann. a Nach Gabe von fluoresceinhaltigen anästhesierenden Tropfen wird der Messkolben des Applanationstonometers auf die Hornhaut aufgesetzt. **b** Wird die Hornhaut auf genau 7,35 mm^2 abgeplattet, entspricht der dafür notwendige Druck dem Augeninnendruck. **c** Blick durch die Spaltlampe: Berühren sich die beiden Innendurchmesser der Fluoresceinhalbkreise (Pfeil), kann der Augeninnendruck abgelesen werden.

Nachbereitung

Der Patient soll nach der Gabe lokal anästhesierender Augentropfen die Augen etwa eine Stunde lang nicht reiben. Ungefähr für diesen Zeitraum ist die Empfindlichkeit der Hornhaut herabgesetzt, woraus sich eine erhöhte Verletzungsgefahr ergibt.

Bewertung

Im Normalfall beträgt der Augeninnendruck 15 ± 3 mmHg (SI-Einheit: 1,995 kPa, wobei 1 mmHg 0,133 kPa entspricht). Tageszeitliche Schwankungen von bis zu 4 mmHg innerhalb des Normbereichs gelten als normal.

Untersuchung des Augenhintergrundes

Definition

Die Untersuchung des Augenhintergrundes ermöglicht die Inspektion von Glaskörper-, Netzhaut-, Aderhaut-, Gefäß- und Sehnervveränderungen.

Synonyme: Fundusuntersuchung; Ophthalmoskopie.

Indikation und Prinzip

Die Untersuchung des Augenhintergrundes ist Bestandteil der Basisuntersuchung eines Patienten. Indiziert ist sie bei jeglichem Verdacht auf eine Erkrankung von Glaskörper, Netz- und Aderhaut, Augenhintergrundgefäßen und/oder des Nervus opticus. Auch neurologische Fragestellungen wie der Ausschluss einer Stauungspapille bei einem → Schädel-Hirn-Trauma stellen eine Indikation dar.

Durchführung

Die einzelnen Strukturen des Augenhintergrundes können nur mit speziellen Geräten sichtbar gemacht werden. Eine medikamentöse Pupillenerweiterung (Mydriasis) wird angeordnet, wenn der Netzhautrandbereich nicht ausreichend zu überblicken ist. Die Applikation Pupillen erweiternder Augentropfen darf nur erfolgen, wenn kein Engwinkelglaukom vorliegt.

Kontaktlinsen werden vor der Applikation der Tropfen herausgenommen und in den Aufbewahrungsbehälter gegeben. Zur Pupillenerweiterung wird Tropicamid (z. B. Mydrum, Mydriaticum Stulln) einmal in beide Augen getropft (mitunter auch zusätzlich Phenylephrin 5% oder Cyclopentolat). Die Untersuchung erfolgt nach 20 Min. Mit dem Augenspiegel (Ophthalmoskop) ist eine direkte Beobachtung der Netzhaut möglich.

Indirekte Ophthalmoskopie

Für das indirekte Augenspiegeln werden ein indirektes Ophthalmoskop und Lupen mit einer Stärke von 14 – 30 dpt (Dioptrien) oder die Spaltlampe und Lupen mit einer Stärke von 60 – 90 dpt benötigt. Vorteile dieses Verfahrens sind der bessere Überblick und die geringere Beeinträchtigung der Bildqualität durch Trübungen von Hornhaut, Linse oder Glaskörper.

Kontaktglasuntersuchung

Die Kontaktglasuntersuchung erfolgt an der Spaltlampe. Nach Tropfanästhesie der Hornhaut und Applikation eines Kontaktgels auf die Kontaktfläche des Dreispiegelkontaktglases, wird dieses direkt auf die Hornhaut des Patienten aufgesetzt. Bei weit gestellter Pupille kann durch vorsichtiges Drehen und Ausrichten der Spaltlampe auf die in das Kontaktglas eingearbeiteten Spiegel nahezu der gesamte Augenhintergrund beurteilt werden. Auch die Untersuchung des Kammerwinkels (Gonioskopie) ist möglich.

Ist die Untersuchung beendet, wird das Kontaktgel mit einem weichen, fusselfreien Tuch vorsichtig vom Kontaktglas abgerieben und dieses dann desinfiziert. Bevor das Kontaktglas erneut verwendet werden kann, muss es unter fließendem Leitungswasser abgespült und mit einem weichen, fusselfreien Tuch getrocknet werden.

Weitere Untersuchungen zur Augenhintergrund- und Sehnervendiagnostik

Angiografie. Veränderungen der Arterien und Venen des Augenhintergrundes, z. B. bei → Diabetes mellitus, erfordern mitunter Gefäßdarstellungen mit intravenösen Farbstoffen. Deren Ausbreitung im Auge kann mit Filmen oder digitalen Bildspeichern festgehalten werden (Fluoreszenzangiografie, S. 1173, Indozyaningrün-Angiografie).

ERG. Bei der Elektroretinografie werden durch Lichtstimulation der Retina ausgelöste elektrische Spannungsschwankungen aufgezeichnet, die bei bestimmten Netzhauterkrankungen verändert sind oder fehlen (z. B. erloschenes ERG bei fortgeschrittener → Retinitis pigmentosa).

VEP. Visuell evozierte Potenziale werden bei Verdacht auf eine Entzündung des Sehnervs (Neuritis nervi optici,) abgeleitet. Diese Potenziale sind z. B. bei einer Entzündung durch → Multiple Sklerose verändert. Die VEP stellen eine über der Sehrinde am Hinterkopf des Patienten mit Elektroden ableitbare Reizantwort des Zentralnervensystems auf eine optische Reizung der Netzhaut dar.

Nachbereitung

Der Patient wird darüber informiert, dass erweiterte Pupillen das Sehvermögen beim Autofahren beeinträchtigen, weshalb für ca. 3 – 4 Std. ein Fahrverbot besteht (bei anderen Pupillen erweiternden Augentropfen, z. B. Atropin, kann die Fahruntüchtigkeit sehr viel länger bestehen).

Bewertung

Mit der Augenhintergrunduntersuchung lässt sich z. B. die Papille (Sehnervkopf) beurteilen. Bei erhöhtem Hirndruck schwillt sie an und ist gegenüber dem übrigen Netzhautniveau deutlich erhaben. Eine große, tiefe und zentrale Aushöhlung (Exkavation) der Papille spricht dagegen für ein → Glaukom.

Außerdem sind Veränderungen der Netzhaut zu diagnostizieren, z. B. Blutungen aus neu gebildeten Gefäßen bei → Diabetes mellitus oder ein Verschluss der zentralen Netzhautarterie. In einem solchen Fall erscheint die Makula bei sehr eng gestellten Gefäßen weiß mit einem zentralen, kirschroten Fleck. Mitunter kann ein Aderhautmelanom, ein maligner Augentumor, als braungrünliche Vorwölbung unter der Netzhaut beobachtet werden.

Untersuchung des Farbsinns

Definition

Der Farbsinn ist die Fähigkeit des Sehsystems Farben wahrzunehmen.

Indikation und Prinzip

Die Sinneszellen zur Farbwahrnehmung, die Zapfen, liegen in der Netzhaut. Sie absorbieren drei unterschiedliche Wellenlängen des sichtbaren Lichts:

- Blau bei 420 nm (Blauzapfen),
- Grün bei 530 nm (Grünzapfen),
- Rot bei 660 nm (Rotzapfen).

Der Farbtüchtige kann alle Farben des sichtbaren Spektrums aus diesen drei Zapfentypen generieren. Untersuchungen des Farbsinns erfolgen mit Spezialtafeln oder Spektralfarbenmischapparaten.

Eine Untersuchung des Farbsinns ist bei Eignungsprüfungen für bestimmte Berufe oder bei Verdacht auf Erkrankungen der Zapfen der Netzhaut (Zapfendysfunktionen oder -dystrophien) oder des Sehnervs indiziert.

Durchführung

Zur Untersuchung einer Rot-Grün-Farbsinnstörung werden neben dem Anomaloskop, einem Spektralfarbenmischapparat zur Diagnostik von Rot-Grün-Störungen, auch die pseudoisochromatischen Ishihara-Tafeln eingesetzt.

Beim Anomaloskop müssen spektrales Rot (Wellenlänge 671 nm) und spektrales Grün (Wellenlänge 546 nm) vom Probanden so gemischt werden, dass dieses Farbverhältnis genauso aussieht wie ein definiertes Natriumgelbfeld (Wellenlänge 589 nm). Der normale Farbtüchtige (Trichromat) mischt Rot und Grün in einem ganz bestimmten Verhältnis, während z. B. bei einem Patienten mit einer Rotschwäche (Protanomalie) die Rot-Grün-Mischung und das Gelb erst gleich erscheinen, wenn er im Vergleich zu einem normal Farbtüchtigen zu viel Rot dazu gemischt hat. Ein grünschwacher Patient (Deuteranomalie) mischt zu viel Grün zum Rot damit die Rot-Grün-Mischung dem gelben Vergleichslicht entspricht.

Bei den pseudoisochromatischen Ishihara-Tafeln erscheint auf einer bestimmten Anzahl von Tafeln jeweils eine Zahl, die aus vielen verschiedenen Farbtupfern zusammengesetzt ist, auf einem Untergrund aus andersfarbigen oder grauen Farbtupfern. Die Farben von Zahl und Untergrund sind so gewählt, dass sie für den Farbuntüchtigen schwer zu unterscheiden sind. Er liest keine oder eine verkehrte Zahl. Der Farbtüchtige erkennt die Zahl dagegen richtig (**Abb. U.23**).

Bewertung

Eine Störung des Farbsinns kann angeboren oder erworben sein. Angeborene Farbsinnstörungen werden rezessiv geschlechtsgebunden vererbt und kommen bei 8 % der Männer und bei 1 % der Frauen vor. Die Augen sind völlig

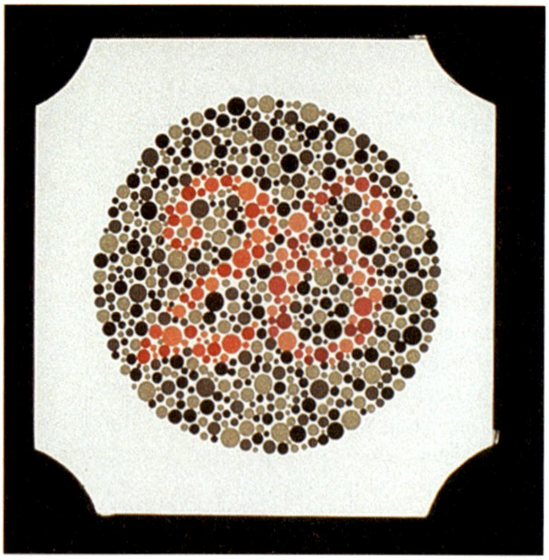

Abb. U.23 Pseudoisochromatische Ishihara-Tafel. Der Farbtüchtige erkennt die Zahl 26.

normal. Farbschwächen für Rot (Protanomalie), Grün (Deuteranomalie) oder Blau (Tritananomalie) sind häufiger als der vollständige Ausfall eines Zapfentyps.

Rotblindheit (Protanopie) liegt vor, wenn die Rotzapfen ausfallen, Grünblindheit (Deuteranopie) bei Ausfall der Grünzapfen und Blaublindheit (Tritanopie), wenn die Blauzapfen nicht funktionieren. Die Betroffenen verwechseln Farben oder können, wie bei Protanopie, einen Teil des sichtbaren Lichtspektrums gar nicht sehen. Es können auch zwei oder alle drei Zapfentypen ausfallen. Im letzteren Fall liegt vollständige Farbenblindheit (Achromatopsie) vor.

Erworbene Farbsinnstörungen werden z. B. bei neurologischen Erkrankungen beobachtet (z. B. Neuritis nervi optici bei → Multipler Sklerose) oder bei Dystrophien der zentralen Netzhaut (z. B. Zapfen-Stäbchen-Dystrophie) mit einer typischen Makulaveränderung mit Atrophien und Hyperpigmentierungen, die einer Schießscheibe gleicht (Schießscheibenmakulopathie).

Gesichtsfelduntersuchung

Definition

Das Gesichtsfeld ist definiert als Summe aller Richtungen aus denen vom fixierenden Auge gleichzeitig Licht wahrgenommen werden kann. Die Gesichtsfelduntersuchung (Perimetrie) dient der Feststellung von Gesichtsfelddefekten.

Als Gesichtsfelddefekte (Skotom) wird ein Ausfall des Gesichtsfeldes bezeichnet. Im Bereich eines absoluten Skotoms wird selbst der stärkste und größte Lichtreiz nicht wahrgenommen, während im Bereich eines relativen Skotoms nur kleinere und schwächere Lichtreize nicht gesehen werden, die im Normalfall erkannt werden müssten. Geräte zur Untersuchung des Gesichtsfeldes werden als Perimeter bezeichnet.

Indikation und Prinzip

Die Hauptindikationen sind die Diagnostik und Verlaufskontrolle des Glaukoms und neurologische Fragestellungen.

Durchführung

Bei der Planung der Untersuchung ist zu berücksichtigen, dass die Gesichtsfelduntersuchung nicht mit weiter Pupille und nicht nach einer Augeninnendruckmessung durchgeführt wird. Beides kann das Ergebnis verfälschen.

Neben dem von Hand zu bedienenden Goldmann-Perimeter werden heute meist computergesteuerte, vollautomatische Geräte eingesetzt. Die Gesichtsfelduntersuchung erfolgt für beide Augen getrennt, das nicht untersuchte Auge wird abgedeckt. Der Patient legt seinen Kopf auf eine Stütze und blickt während der ganzen Untersuchung, die für ein Auge etwa 10 – 20 Min. dauert, eine zentrale Fixiermarke in einer Halbkugel an. Er darf die Augen nicht bewegen.

Bei der kinetischen Perimetrie wird nun eine Prüfmarke mit konstanter Geschwindigkeit an verschiedenen Stellen im Abstand von 15 – 30° von außen nach innen an das Zentrum der Perimeterhalbkugel herangeführt. Wenn der Patient die Prüfmarke wahrnimmt, betätigt er einen Knopf. Die Punkte, an denen die Prüfmarke jeweils das erste Mal vom Patienten erkannt worden ist, werden miteinander verbunden. Diese Verbindungslinie wird als Isoptere bezeichnet. Es wird mit Prüfmarken unterschiedlicher Helligkeit und Größe untersucht. Je kleiner und/oder weniger hell die Prüfmarke ist, umso später wird sie erkannt und die Isoptere rückt näher an das Zentrum heran.

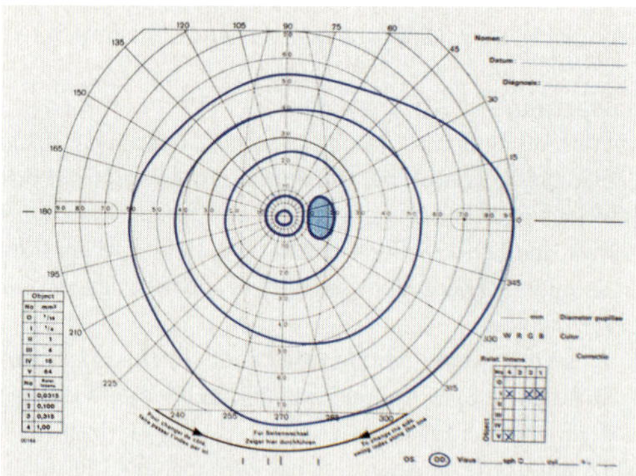

Abb. U.24 Regelrechter Gesichtsfeldbefund. Die Daten wurden mit einem Halbkugelperimeter nach Goldmann ermittelt. Nasenwurzel und Orbitadach schränken das Gesichtsfeld nasal und temporal ein. Der blinde Fleck liegt beim rechten Auge normalerweise ca. 10° – 20° rechts vom Zentrum.

Bei der statischen Perimetrie wird die Prüfmarke dagegen nicht bewegt, sondern leuchtet an definierten Stellen in der fixierten Halbkugel auf. Sie wird in der Helligkeit so lange gesteigert bis sie wahrgenommen wird.

Für die Gesichtsfelduntersuchung mit kleinen Prüfmarken ist die optimale Brillenkorrektur erforderlich, bei alterssichtigen Patienten die Nahkorrektur (ungefähr ab einem Alter von 45 Jahren). Je nach Gerät kann die entsprechende Brille getragen werden oder es werden die erforderlichen Gläser vorgesteckt.

Bewertung

Das normale Gesichtsfeld dehnt sich vom Fixierpunkt jeweils 70° nach nasal (nasenwärts) und unten und 70° nach temporal (schläfenwärts) aus. Seine Größe ist abhängig von der Helligkeit, Farbe und Darbietungsdauer der Prüfmarke sowie von der Pupillengröße. Der blinde Fleck ist ein physiologischer absoluter Gesichtsfelddefekt im Bereich der Nervenaustrittsstelle (**Abb. U.24**).

Typische pathologische Gesichtsfelddefekte sind z. B. ein bogenförmiges Skotom im zentralen Gesichtsfeld bei einem → Glaukom oder der Ausfall der beiden temporalen Gesichtsfeldhälften bei einem Chiasmatumor.

Untersuchungen des Bauchraumes

Zur Feststellung und Beurteilung von Verletzungen oder Erkrankungen im Bauchraum sind die folgenden invasiven Untersuchungsmethoden von Bedeutung:

- Peritoneallavage,
- Laparoskopie.

Peritoneallavage

Definition

Die Peritoneallavage ist eine Bauchhöhlenspülung zum Nachweis einer intraperitonealen Blutung nach Erkrankungen oder Verletzungen. Die minimal-invasive Untersuchungstechnik wird als endoskopisches Verfahren unter örtlicher Betäubung der Einstichstelle angewendet oder im Rahmen eines operativen Eingriffs bei offener Bauchdecke durchgeführt. Der Vorteil ist die einfache und schnelle Durchführbarkeit. Nachteil der Untersuchung ist, dass zwar eine Blutung festgestellt, die Blutungsquelle aber nicht genau lokalisiert werden kann.

Indikation und Prinzip

Die Untersuchung dient dem Nachweis von Blut oder freier Flüssigkeit im Peritoneum. Wenn aufgrund eines Unfalls oder eines Krankheitsverlaufs der Verdacht auf Verletzungen von Bauchorganen besteht, kann schnell eine vorliegende Blutung diagnostiziert werden. Die Untersuchung ist sinnvoll, um schnell zu klären, ob operationspflichtige Abdominalverletzungen vorliegen.

Durchführung

Die Vorbereitung einer Peritoneallavage beginnt mit Rasur und Desinfektion des Unterbauchs. Dann wird die Haut um den Einstichbereich mit sterilen Operationstüchern abgedeckt bzw. abgeklebt. Der Katheter wird etwa zwei Fingerbreit unterhalb des Bauchnabels per Stichinzision eingeführt. Die einzelnen Spülvorgänge werden mit jeweils 50 – 100 ml vorgewärmter physiologischer Kochsalzlösung vorgenommen.

Für das Spülen und Aufsaugen der Spülflüssigkeit wird für jeden Spülgang eine separate Einmalspritze verwendet. Findet die Lavage im Rahmen einer Operation bei offener Bauchdecke statt, wird die Spülflüssigkeit i.d.R. maschinell abgesaugt. Flüssigkeitsreste werden anschließend mit sterilen Tupfern aufgenommen.

Nachbereitung

Patient. Zum Abschluss der Peritoneallavage muss die Spülflüssigkeit restlos aus dem Bauchraum beseitigt werden. Die Einstichstelle wird, nachdem der Katheter entfernt wurde, mit chirurgischem Nahtmaterial verschlossen und mit sterilem Pflaster versorgt. Der Patient wird entsprechend der vorliegenden Verletzung oder Erkrankung weiter versorgt.

Spülflüssigkeit. Bei Verdacht auf Organverletzungen oder -rupturen wird die entnommene Spülflüssigkeit im verschlossenen Behälter zum Labor transportiert. Dort wird sie auf Erythrozyten als Zeichen von Blutungen oder auf Leukozyten und Amylasen als Zeichen von Darmverletzungen untersucht. Ebenso wird auf Spuren von Galle, Harn oder Krebszellen hin analysiert.

Bewertung

Die Peritoneallavage eignet sich besonders zur unterstützenden Diagnostik, wenn andere Methoden wie eine Sonografie keine ausreichenden Ergebnisse liefern. Als alleinige Untersuchungsmethode ist sie nicht geeignet, da ihre Ergebnisse zu unspezifisch sind.

Laparoskopie

Definition

Die Laparoskopie ist eine Bauchhöhlenspiegelung mit einem endoskopischen Instrument. Über eine Optik sind die Organe des Bauchraumes sichtbar und über spezielle, zusätzliche Instrumente können kleinere operative Eingriffe durchgeführt werden (**Abb. U.25**).

Dieses minimal-invasive Verfahren, auch Schlüsselloch-Operation genannt, wird unter Narkose durchgeführt. Dem Patienten werden dadurch Schmerzen während der Untersuchung erspart. Der Vorteil der Laparoskopie besteht darin, dass Diagnostik und operative Versorgung zeitgleich durchgeführt werden können und nur kleinere Hautschnitte in der Bauchdecke des Patienten nötig sind.

Der Nachteil der Laparoskopie ist die erforderliche Aufblähung der Bauchdecke. Das verwendete Kohlendioxid verstärkt während der Untersuchung den intrakraniellen Druck und verringert die Darmdurchblutung. Außerdem muss ein erfahrener Operateur die Untersuchung durchführen, um Verletzungen innerer Organe zu vermeiden.

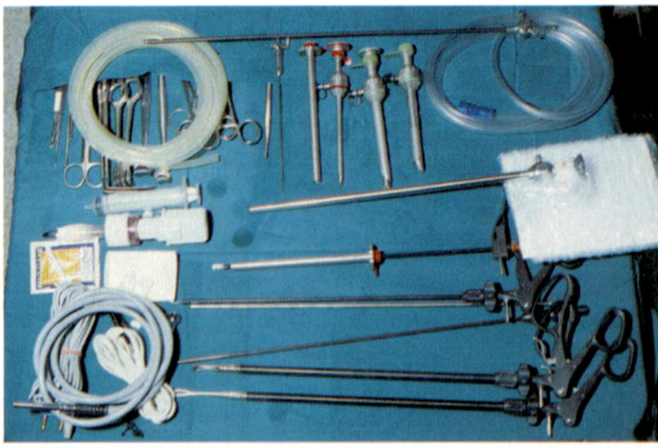

Abb. U.25 Videoendoskopische Instrumente.

Indikation und Prinzip

Die Laparoskopie wird heute hauptsächlich bei operativen Eingriffen angewendet, ist aber auch zur Diagnostik wichtig. Krankhafte Veränderungen an Bauchorganen können beurteilt und zeitgleich zur Untersuchung für den Operateur durch eine Optik auf großen Monitoren sichtbar gemacht werden.

Ebenso können sofort Gewebeproben zur Laboruntersuchung entnommen werden. Große Bedeutung hat die Laparoskopie in der Gynäkologie. Hier wird Diagnostik und Therapie sinnvoll verbunden, um die Belastung für die Patientinnen zu verringern. Ebenso ist die Laparoskopie fester Bestandteil bei Operationen von Blinddarm und Gallenblase geworden. Verwachsungen im Bauchraum, die bei Patienten Schmerzen verursachen, können mittels Laparoskopie festgestellt und gleichzeitig gelöst werden.

Durchführung

Zur Vorbereitung ist es wichtig, dass der Patient etwa sechs bis acht Stunden nichts isst oder trinkt. Am Abend vor der Untersuchung kann ein Abführmittel gegeben werden. Vor Beginn der Laparoskopie müssen die Gerinnungsfaktoren durch eine Blutuntersuchung analysiert werden, um starke Blutungen ausschließen zu können. Außerdem wird der Bauchbereich rasiert, vor Beginn der Untersuchung desinfiziert und um den Einstichbereich der Instrumente mit Operationstüchern abgedeckt bzw. abgeklebt.

Befindet sich der Patient in Narkose, wird die Bauchdecke nahe am Bauchnabel durchstochen und über ein dünnes Röhrchen etwa 2 – 3 Liter Kohlendioxid in den Bauchraum geleitet. Dadurch hebt sich die Bauchdecke von den Organen ab und ermöglicht dem Operateur einen Überblick auf die Bauchorgane.

Bei genügender Blähung wird das kleine Röhrchen durch einen sog. Trokar ersetzt. Durch dieses etwas dickere Rohr wird die Optik in den Bauchraum geführt. Alle weiteren notwendigen Trokare für benötigte Instrumente können jetzt unter Sichtkontrolle gesetzt werden (**Abb. U.26**). Die Einstichstellen werden dafür seitlich am Abdomen gewählt.

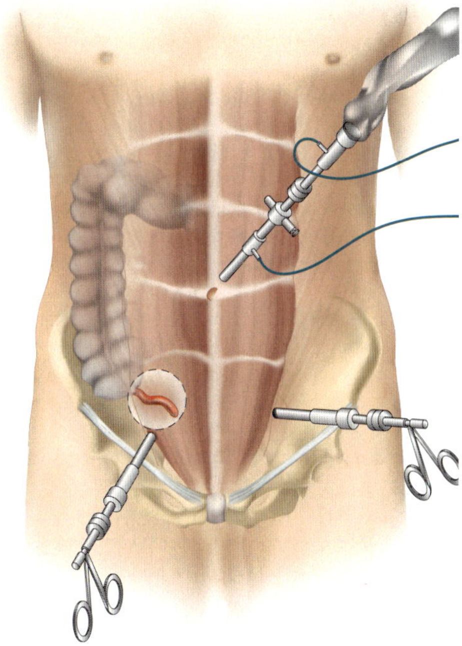

Abb. U.26 Laparoskopie. Trokarpositionen für die laparoskopische Entfernung des Blinddarms.

Nachbereitung

Patient. Ist die Untersuchung beendet, werden die Trokare entfernt und das Kohlendioxid dabei aus dem Bauchraum abgelassen. Die Einstichstellen werden mit chirurgischem Nahtmaterial verschlossen und jeweils mit sterilem Pflaster abgedeckt. Der Patient wird die ersten Stunden nach dem Eingriff im Aufwachraum überwacht und bekommt schmerzlindernde Medikamente. Nach größeren Eingriffen sind noch 24 Std. Bettruhe nötig, um Nachblutungen zu vermeiden. Wurde nur eine Untersuchung durchgeführt, darf der Patient am selben Tag aufstehen.

Gewebeproben. Falls während der Laparoskopie Gewebeproben entnommen wurden, werden diese in verschlossenen Behältern ins Labor transportiert. Dort erfolgen Untersuchungen auf Gewebeveränderungen, meist speziell auf Krebszellen hin.

Bewertung

Eine Untersuchung oder Operation durch Laparoskopie ist für den Patienten schonend und weniger belastend als eine normale Operation. Da keine großen Hautschnitte notwendig sind, ist eine schnelle Rehabilitation der Patienten möglich. Die Risiken sind gegenüber einer großen Operation mit Hautschnitt und eröffneter Bauchdecke sehr viel geringer.

Untersuchungen des Bewegungssystems

Um die Ursache von Beschwerden des Stütz- und Bewegungsapparates zu ermitteln und eine Diagnose stellen zu können, wird stets ein standardisierter Handlungsablauf verfolgt. Er besteht aus folgenden Teilaspekten:

- Anamnese (Befragung des Patienten),
- klinische Untersuchung des Stütz- und Bewegungsapparates (Inspektion, Palpation, Funktionsüberprüfung),
- ergänzende technische Untersuchungen.

Allein mit der umfassenden Anamnese können 50% der orthopädischen Krankheitsbilder hinreichend geklärt werden. Bei der klinischen Untersuchung grenzt man die Möglichkeiten weiter ein bzw. bestätigt die Verdachtsdiagnose.

Ob und in welchem Ausmaß technische Untersuchungen (Bildgebung, Laboruntersuchungen) angeschlossen werden, hängt davon ab, ob die Verdachtsdiagnose weiter gesichert werden muss. Außerdem muss Folgendes bedacht werden:

- Ist der zu erwartende technische Befund für den Patienten überhaupt relevant?
- Hat der Befund therapeutische Konsequenzen?
- Sind mit der Untersuchung Risiken verbunden?
- Steht die Untersuchung in Relation zum erwarteten Nutzen?
- Sind die Kosten der Untersuchung gerechtfertigt?

Anamnese

Zunächst schildert der Patient seine Krankengeschichte. Anschließend fragt der Untersuchende gezielt nach vier wichtigen Leitsymptomen:

1. Schmerzen,
2. Bewegungseinschränkung,
3. Schwellung,
4. Deformität.

Schmerzen. Die Schmerzanamnese umfasst die fünf „W“: Wo? Wann? Wie? Was? Warum?. Mit diesen Fragen lässt sich näher eingrenzen, ob der Schmerz z. B. entzündlicher oder degenerativer Natur ist, ob der Entstehungsort in den Gelenken, in Knochen oder in der Muskulatur zu suchen ist oder ob es sich um weitergeleitete Schmerzen handelt.

- „Wo?“ beschäftigt sich mit dem/den genauen Ort(en) der Schmerzen. Dies weist meistens (aber nicht immer!) auf den Ort der Gewebeläsion hin.
- „Wann?“ fragt nach dem Zeitpunkt des Auftretens (morgens, abends, chronisch, episodisch), nach der Dauer sowie nach Ruhe- und/oder Belastungsschmerzen.
- „Wie?“ ermittelt die Art des Schmerzes und die Schmerzqualität (genau lokalisierbar oder diffus, ausstrahlend, dumpf, stechend, brennend, stark, leicht).
- „Was?“ ermittelt, was der Patient selbst getan hat, um die Schmerzen zu lindern (Kälte, Wärme, Bewegung, Ruhe) und ob es geholfen hat,
- „Warum?“ erfragt, ob der Patient selbst eine Erklärung für die Ursache der Schmerzen hat (z. B. Trauma, Beruf, bekannte Krankheiten, psychische Probleme).

Bewegungseinschränkung. Sich nur noch eingeschränkt bewegen zu können, gehört zu den häufigsten Gründen, warum Menschen medizinische Hilfe suchen. Die Beweglichkeit kann lediglich aktiv eingeschränkt sein (z. B. bei Muskellähmung, Sehnenabriss) oder aktiv und passiv vermindert sein (z. B. versteiftes Gelenk bei Rheuma). Schmerzen oder Muskelschwäche in den unteren Extremitäten führen zu einem hinkenden Gangbild, in den oberen Extremitäten zu funktionellen Behinderungen im Alltag.

Schwellung. Schwellungen können verschiedene Ursachen haben, z. B. einen entzündlich bedingten Gelenkerguss oder eine chronisch degenerative Veränderung von Knochen und Gelenken, ein akutes Trauma (→ Hämatom) oder einen → Tumor (bös- oder gutartige Gewebeneubildungen).

Deformität. Unterschieden werden angeborene Deformitäten, z. B. Fehlbildungen von Gliedmaßen, und erworbene Deformitäten, z. B. bei fortgeschrittener Arthrose des Knies (→ Gonarthrose).

Klinische Untersuchung des Stütz- und Bewegungsapparates

Bestandteile der klinischen Untersuchung, mit denen die anamnestisch ermittelten Angaben weiter verfolgt sowie ein Allgemeinstatus erhoben werden, sind:

- Inspektion,
- Palpation,
- Funktionsprüfung.

Inspektion. Bei der Inspektion beurteilt der Untersucher die Konstitution und das Gewicht des Patienten, die Kopfhaltung, den Schulter- und Beckenstand, die Statik der Wirbelsäule, die Fuß- und Beinachsen sowie die Gelenkkonturen. Es werden Deformitäten, Schwellungen, Fehlstellungen, Haltungsanomalien sowie die Muskulatur eingeschätzt.

Palpation. Bei der Palpation (palpare, lat.: tasten) können mit der Hand weiche und derbe Schwellungen, lokale Überwärmungen (Entzündung!) oder Druck- und Klopfschmerzen festgestellt werden. Äußerlich nicht sichtbare Strukturen werden dem Untersucher durch Palpation zugänglich (z. B. Zysten, Muskelhartspann, leere Gelenkpfanne nach Luxation).

Funktionsprüfung. Die Bewegungsausmaße einzelner Gelenke werden aktiv und passiv überprüft sowie komplexe Bewegungsabläufe wie das Gehen beurteilt.

Prüfen einzelner Gelenke

Neutral-Null-Methode

Um das Bewegungsausmaß der Gelenke einheitlich dokumentieren zu können, wird die Neutral-Null-Methode angewendet. Damit steht zugleich eine Methode zur Kontrolle des Verlaufes vieler Erkrankungen des Bewegungsapparates zur Verfügung.

Alle Bewegungen werden ausgehend von der Neutral-Null-Stellung gemessen, d.h. vom aufrecht stehenden Menschen mit herabhängenden Armen und nach vorn zeigenden Daumen. Der Bewegungsumfang bezieht sich auf die drei Raumebenen (**Abb. U.27**):

- **Frontalebene:** Ebene, die parallel zur Stirn verläuft,
- **Sagittalebene:** Ebene in Pfeilrichtung (sagitta, lat.: der Pfeil), also von dorsal nach ventral,
- **Transversalebene:** quer liegende, horizontale Ebene.

Die Bewegung aus der Ausgangsstellung heraus wird in Winkelgraden angegeben, und zwar mit drei Zahlen. Die normale Ausgangsstellung beim Gesunden wird mit 0° bezeichnet und steht in der Mitte der drei Ziffern. Der Bewegungsumfang wird oft sowohl aktiv als auch passiv gemessen, wobei die passive Beweglichkeit meist größer ist. Beispiele für Befund nach der Neutral-Null-Methode sind Folgende.

Kniegelenk. Flexion/Extension 150°/0°/5° bedeutet, dass das Kniegelenk aus der normalen, leicht gebeugten Ausgangsstellung (0°) um 150° gebeugt und um 5° gestreckt bzw. überstreckt werden kann (Sagittalebene). Dies entspricht einer normalen Beweglichkeit.

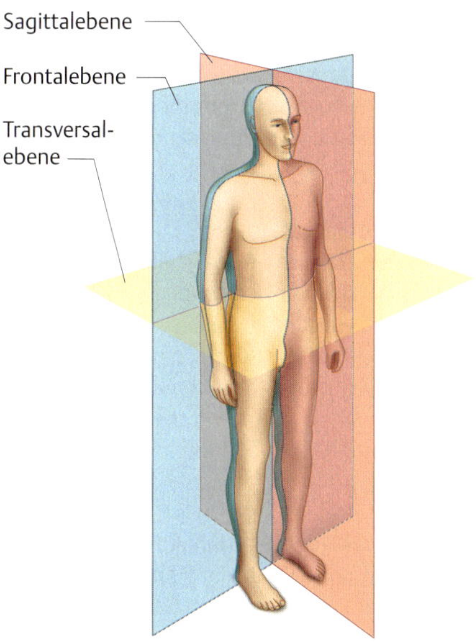

Abb. U.27 Die drei Raumebenen des menschlichen Körpers.

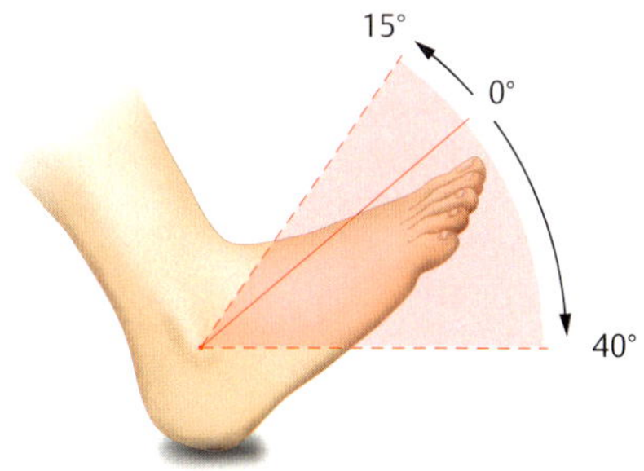

a Dorsalextension/Plantarflexion 15/0/40

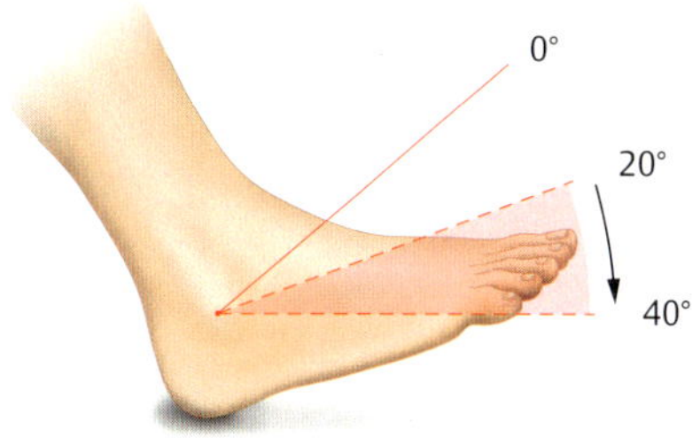

b Dorsalextension/Plantarflexion 2/20/40

Abb. U.28 Neutral-Null-Methode. Befunde für das obere Sprunggelenk. **a** Normalumfang der Sprunggelenksbeweglichkeit: Dorsalextension/Plantarflexion 15°/0°/40°. **b** Sprunggelenksbeweglichkeit bei kontraktem Spitzfuß: Dorsalextension/Plantarflexion 0°/20°/40°.

Oberes Sprunggelenk (Abb. U.28). Dorsalextension/Plantarflexion 15°/0°/40° bedeutet, dass das obere Sprunggelenk aus seiner im Stehen rechtwinkligen Ausgangsstellung in Relation zum Unterschenkel (0°) den Fuß um 15° anheben und um 40° senken kann. Hat ein Patient jedoch einen kontrakten Spitzfuß, kann die Beweglichkeitsangabe so aussehen: Dorsalextension/Plantarflexion 0°/20°/40°. Das bedeutet, fußrückenwärts ist keine Bewegung möglich (Dorsalextension: 0°); der Fuß befindet sich in einer Fehlstellung von 20° Plantarflexion (pathologische Ausgangsstellung), die Plantarflexion ist bis 40° von Neutral-Null (!) möglich, also um 20° von der krankheitsbedingten Fehlstellung aus.

Schultergelenk. Abduktion/Adduktion 180°/0°/30° (passiv) heißt, dass der Arm vom Untersucher in der Frontalebene um 180° seitwärts abgespreizt und um 30° körperwärts bewegt werden kann (Normalbefund). Lässt man die Bewegung aktiv vom Patienten wiederholen, könnte Folgendes herauskommen: Abduktion/Adduktion 40°/0°/30° (aktiv). In diesem Fall ist die aktive Abspreizung erheblich eingeschränkt, womöglich aufgrund einer Muskelschwäche, deren Ursache ergründet werden muss.

Prüfen der Muskulatur

Eine verminderte Beweglichkeit geht meist auch mit einem Verlust an Muskelmasse einher (Muskelatrophie).

Dies kann auf einfache Weise mit Hilfe eines Maßbands dokumentiert werden (außer bei Ödemen oder Lymphstau), indem die Muskelumfänge an definierten Messpunkten rechts und links im Vergleich bestimmt werden (z.B. jeweils 15 cm unterhalb und oberhalb des Kniegelenkspalts). Außerdem wird die Kraft der Extremitätenmuskulatur bei der klinischen Untersuchung im Seitenvergleich grob beurteilt.

Prüfen des Gangbilds

Zur Funktionsüberprüfung gehört auch die Ganganalyse. Im klinischen Alltag erfolgt dies visuell, für wissenschaftliche Zwecke werden Videoaufzeichnungen angefertigt. Beurteilt werden Stand- und Schwungphase, die Bodenfreiheit in der Schwungphase, die Schrittlänge, die Ganggeschwindigkeit, Verzögerungen der Schrittmuster. Weiterhin: Wie sieht der Abrollvorgang der Füße aus? Sind Knie- und Hüftgelenke durchgestreckt, die Beine innen- oder außenrotiert? Sind Rumpf- und Schulterschwingung gleichmäßig und harmonisch? Hinkt der Patient oder pendelt der Rumpf hin und her? usw.

Neurologische Untersuchung

Bei Erkrankungen des Bewegungsapparates ergeben sich oft Überschneidungen mit neurologischen Krankheitsbildern, z.B. Sensibilitäts- und motorische Störungen eines Beines nach Bandscheibenvorfall oder bei Lähmungen, z.B. einer Fallhand oder einer Krallenhand aufgrund orthopädischer Erkrankungen oder Unfälle. Deswegen gehört die klinisch-neurologische Untersuchung ebenfalls zur Funktionsdiagnostik des Bewegungsapparates.

Es wird geklärt, ob und wo Störungen der Sensibilität vorliegen, ob die Muskelaktivität beeinträchtigt ist (Teil- oder komplette Lähmung, schlaffe oder spastische Lähmung) oder ob vegetative Funktionsstörungen vorliegen (z.B. Blasen- und Mastdarmlähmung beim Kaudasyndrom). Bei Säuglingen und Kleinkindern wird zudem der motorische Entwicklungsstand beurteilt (Kopf- und Rumpfkontrolle, Greifen, Kriechen, Sitzen, Aufstehen, Gehen usw.).

Ergänzende technische Untersuchungen

Bildgebende Verfahren

Zu den wichtigsten bildgebenden Verfahren gehören:

- Röntgenuntersuchung,
- Computertomografie,
- Magnetresonanztomografie,
- Sonografie,
- Knochenszintigrafie.

Röntgenuntersuchung

Mit der Röntgenuntersuchung lassen sich Knochen und Gelenke gut darstellen. Beurteilt werden:

- Knochen- und Gelenkkonturen,
- Knochenkontinuität,
- Stellung der Gelenkanteile zueinander,
- Gelenkspalt,
- Knochendichte,
- Implantate.

Im Kindesalter gibt es radiologische Merkmale des wachsenden Skeletts. So werden das Auftreten der Knochenkerne, die Epiphysen und deren allmähliche Ossifikation beurteilt. Anhand von Skelettatlanten und Diagrammen kann die Skelettreife im Individualfall bestimmt werden.

Funktionsaufnahmen. Mit ihnen werden ein gestörter Bewegungsumfang oder gestörte Beweglichkeit dargestellt. Beispiel: gehaltene Aufnahme am Knie- oder Sprunggelenk im Seitenvergleich (rechts/links), um Instabilitäten und Bandverletzungen zu erfassen.

Schichtaufnahmen (Tomografie). Damit können kleine Defekte im Knochen erfasst werden, die auf Standardaufnahmen nicht sichtbar sind. Beispiel: Osteolysen in Wirbelkörpern.

Kontrastmitteluntersuchungen. Hohlräume werden mit einem speziellen, röntgendichten Kontrastmittel und/oder Luft gefüllt. Dazu gehört z.B. die Arthrografie des Knie- oder Sprunggelenks – ein Verfahren, das zugunsten moderner bildgebender Methoden kaum noch angewendet wird. Bei der Fistulografie werden Fistelgänge und Zysten mit Kontrastmittel gefüllt und geröntgt, etwa zur Operationsplanung.

Computertomografie

Vorteil der Computertomografie (CT) ist, dass außer den knöchernen Strukturen auch die Weichteile gut dargestellt werden. Daher wird eine CT immer dann angewendet, wenn die Lagebeziehung zwischen Knochen und Weichteilen wichtig ist. Das trifft z. B. auf Verletzungen der Wirbelsäule zu, die teilweise mit Beeinträchtigungen des Nervensystems einhergehen. Auch Erkrankungen der Hüfte (→ Hüftkopfnekrose, Pfannenfraktur) sowie des Schultergelenks (→ Schultergelenkluxation) sind mit der CT besser zu beurteilen als mit einer Standardröntgenaufnahme. Nachteil der CT ist die hohe Strahlenbelastung.

Magnetresonanztomografie

Die Magnetresonanztomografie (MRT oder Kernspintomografie) zeichnet sich durch eine besonders gute Weichteildarstellung aus. Deshalb wird sie eingesetzt bei:

- Wirbelsäulen- oder Gelenkerkrankungen mit Beteiligung des Nervensystems und von Bändern, Knorpel und Muskulatur.
- Veränderungen des Knochenmarks,
- Tumoren,
- Infektionen.

Moderne CT- und MRT-Geräte ermöglichen darüber hinaus die dreidimensionale Darstellung von Organen und Körperregionen, die virtuell von allen Seiten betrachtet werden können. Davon wird vor komplexen chirurgischen Eingriffen zur Operationsplanung Gebrauch gemacht, z.B. vor manchen Gelenkersatzoperationen. Nachteile der

MRT sind u. a. die hohen Kosten und die von Patienten teilweise als belastend empfundene Untersuchung (räumliche Enge, Lärm).

Sonografie

Die Sonografie (Ultraschalluntersuchung) ist eine technisch nicht aufwändige und rasch verfügbare Methode, um Weichteile zu beurteilen und Ansammlungen von Flüssigkeiten in Geweben oder Gelenken festzustellen. Sie wird daher z. B. bei Sehnenrupturen (Achillessehne) oder Gelenkergüssen angewendet.

Im ersten Lebensjahr ist die Hüftsonografie bei Säuglingen eine Screening-Methode zur Diagnostik von → Hüftgelenksdysplasien. Am Schultergelenk kann das Gleitvermögen des Humeruskopfes beim Durchbewegen sichtbar gemacht werden. Außerdem sind degenerative Veränderungen der Rotatorenmanschette darstellbar.

Knochenszintigrafie

Bei der Knochenszintigrafie wird ein Radiopharmakon verabreicht, das sich dann vermehrt in Knochenregionen anreichert, die besonders stoffwechselaktiv sind, z. B. Tumoren und Entzündungen. Deshalb ist das Verfahren für die Suche nach Skelettmetastasen oder primären Knochentumoren, bei Verdacht auf eine gelockerte Endoprothese (lokale Entzündung) oder auf unverschobene Frakturen, die im Röntgenbild nicht sicher erkennbar sind, geeignet.

Nachteil: Die Methode ist relativ unspezifisch – auch bei degenerativen Veränderungen oder am wachsenden Skelett treten Mehrspeicherungen auf. Daher folgen der Szintigrafie meist weitere Untersuchungen.

Labor- und Funktionsdiagnostik

Zu den wichtigsten Labor- und Funktionsuntersuchungen im Zusammenhang mit Verletzungen und Erkrankungen des Bewegungsapparates gehören:

- Blutuntersuchung,
- Gelenkpunktion,
- Biopsie,
- Arthroskopie.

Blutuntersuchung

Bei Verletzungen und Erkrankungen des Bewegungsapparates gehören zu den wichtigsten Faktoren, die nach der Blutabnahme im Labor untersucht werden:

- Hämoglobin und Hämatokrit (z. B. Blutverluste, → Anämie, Knochenmarkserkrankung mit verminderter Blutbildung),
- Leukozytenzahl im Serum, die Blutkörperchensenkungsgeschwindigkeit (BSG) und das C-reaktive Protein (CRP) (Entzündungsparameter, Tumorerkrankungen),
- Blutgerinnung und Blutgruppe (bei Blutverlusten, vor Bluttransfusion),
- Kalzium, Phosphat und alkalische Phosphatase im Serum (bei systemischen Knochenerkrankungen, z. B. → Rachitis, → Osteomalazie);
- Rheumafaktor, antinukleäre Faktoren, Antikörper gegen mikrobielle Antigene, HLA-Antigen B27 zur Diagnostik von Erkrankungen des rheumatischen Formenkreises.

Hinzu kommen mikrobiologische Erregerbestimmungen bei Wund- und Knocheninfektionen, mit deren Hilfe eine gezielte Antibiotikatherapie möglich wird.

Gelenkpunktionen

Mit Gelenkpunktionen (punctio, lat.: Einstich) kann die Art und die Ursache eines Gelenkergusses ermittelt werden: Ist die gewonnene Flüssigkeit klar, trüb oder blutig? Dies ermöglicht die Differenzierung zwischen einem entzündlichen, infektiösen, degenerativen oder traumatischen Geschehen. Im Labor kann die Gelenkflüssigkeit (Synovialflüssigkeit) zudem auf Leukozytenzahl und die für bestimmte Krankheiten typischen Kristalle untersucht werden (z. B. Uratkristalle bei → Gicht).

Oft dient die Gelenkpunktion zugleich therapeutischen Zwecken, etwa zur Entlastung eines erheblichen → Kniegelenksergusses oder zur zeitgleichen intraartikulären Injektion von Medikamenten. Gelenkpunktionen müssen unter streng sterilen Bedingungen vorgenommen werden, um eine Verschleppung von Erregern, z. B. von der Haut in das Gelenkinnere, zu verhindern (**Abb. U.29**).

Biopsie

Bei der Biopsie handelt es sich um eine Probeentnahme von kleinen Gewebeteilen aus dem Körper. Sie dienen in der Orthopädie und Unfallchirurgie der Diagnostik entzündlicher Veränderungen (z. B. → Osteomyelitis, Synovialitis) oder von Tumorerkrankungen (z. B. Knochentumoren, → Osteosarkom). Mit Spezialinstrumenten werden kleine Knochenzylinder oder wenig Weichteilgewebe entnommen, die danach histologisch, histochemisch, zytologisch oder mikrobiologisch analysiert werden können (s. S. 1289).

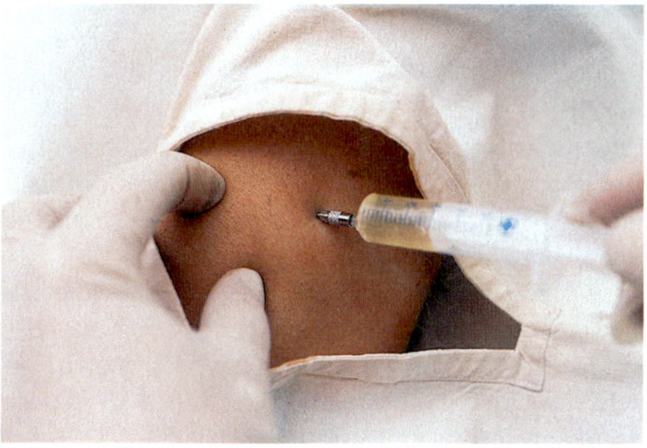

Abb. U.29 Gelenkpunktion. Die Punktion des serösen, bernsteinfarbenen Kniegelenkergusses wird unter streng aseptischen Bedingungen (inkl. steriler Handschuhe) vorgenommen.

Arthroskopie

Eine direkte Möglichkeit, morphologische Veränderungen von Gelenken zu beurteilen, ist die Arthroskopie (arthros, griech.: Gelenk; skopein, griech.: betrachten; deutscher Begriff: Gelenkspiegelung). Nach Auffüllen des Gelenks mit Flüssigkeit (z. B. Ringer-Lösung) wird das Innere des Gelenks mit einem Endoskop betrachtet. Die Bilder werden heute meist auf einem Monitor abgebildet (alternativ schaut der Untersucher durch eine Optik).

Die am häufigsten arthroskopierten Gelenke sind das Knie- und das Schultergelenk. Aber auch das obere Sprunggelenk, das Hand- und Ellenbogengelenk sowie das Hüftgelenk sind dieser Untersuchungstechnik zugänglich. Je nachdem, welches Gelenk untersucht werden soll, wird die Arthroskopie in Lokalanästhesie (z. B. Kniegelenk) oder in Vollnarkose (z. B. Schultergelenk) vorgenommen.

Unterschieden werden die diagnostische und die therapeutische Arthroskopie. Die diagnostische Arthroskopie dient der Sicherung einer Diagnose, z. B. dem Verdacht auf eine Meniskus- oder Kreuzbandverletzung im Kniegelenk.

Bei der therapeutischen Arthroskopie können mit endoskopischen Instrumenten z. B. Knorpelverletzungen geglättet und zerrissene Bänder genäht oder durch Transplantate ersetzt werden, ohne dass das Gelenk eröffnet werden muss. Vorteile sind eine geringere Traumatisierung des Gelenks als bei offener Gelenkchirurgie, eine verringerte Infektionsgefahr und die rasche Mobilisierbarkeit des Patienten nach der Operation.

Untersuchung der Wirbelsäule

Definition

Die klinische Untersuchung der Wirbelsäule umfasst die Inspektion, Palpation und Überprüfung der Beweglichkeit. Damit werden ggf. gezielte technische Zusatzuntersuchungen vorbereitet.

Indikation und Prinzip

Es sollen die Ursachen von Schmerzsyndromen, Deformitäten oder Bewegungseinschränkungen ergründet werden.

Inspektion

Zunächst erfolgt die Inspektion der Wirbelsäule am stehenden, entkleideten Patienten von vorn, von der Seite und von hinten. Dabei wird vor allem auf die Symmetrie des Rumpfes geachtet.

Halswirbelsäule (HWS). Es wird die spontane Kopfhaltung beurteilt. Besteht eine Seitneigung nach rechts oder links? Besteht eine vermehrte Vor- oder Rückneigung? Besteht eine Rotationsfehlstellung? Ist die HWS-Lordose (Krümmung nach vorn) normal ausgebildet?

Brust- und Lendenwirbelsäule (BWS/LWS). Geachtet wird auf den Schulterstand (beide Schultern müssen gleich hoch stehen), die Thoraxsymmetrie, die Ausprägung der BWS-Kyphose (Krümmung nach hinten) sowie der LWS-Lordose. Bei der Betrachtung von hinten schaut man auch auf die Stellung der Schulterblätter – das einseitige Abstehen eines Schulterblatts kann eine Verkrümmung der Wirbelsäule anzeigen. Ein gutes Mittel zur Beurteilung der Rückensymmetrie sind die Taillendreiecke (Abstand zischen dem Rumpf in Taillenhöhe und dem herabhängenden Arm) rechts und links sowie die Dornfortsätze der Wirbel, deren Position lotrecht sein sollte. Das Becken beim Gesunden steht gerade, was bei Betrachtung der vorderen oberen Darmbeinstachel (Spinae iliacae anteriores superiores) festgestellt werden kann. Ein Beckenschiefstand deutet u. U. auf eine einseitige Beinverkürzung hin, die zur Untersuchung der Wirbelsäule mit Brettchen ausgeglichen wird.

Beispiele für pathologische Wirbelsäulenbefunde sind:

- gebeugte Haltung mit vermehrter BWS-Kyphose: z. B. bei alten Menschen mit → Osteoporose und osteoporosebedingten Wirbelkörperfrakturen, bei Jugendlichen mit → Morbus Scheuermann, bei → Morbus Bechterew,
- Seitausbiegung der Wirbelsäule nach rechts oder links: z. B. bei → Skoliose,
- Schiefhals (Torticollis): z. B. bei Verkürzung des Musculus sternocleidomastoideus oder bei → Bandscheibenvorfall im HWS-Bereich.

Palpation

Mit dem Daumen wird zwischen den Dornfortsätzen ein Druck ausgeübt. Zudem werden die einzelnen Wirbelkörper sowie die Iliosakralgelenke mit der Faust (Kleinfingerballen) abgeklopft. Dazu sollte der Patient in leicht gebeugter Haltung sitzen. Weiterhin kann am auf dem Bauch liegenden Patienten versucht werden, durch Rütteln an den Dornfortsätzen einen Rüttelschmerz auszulösen.

Schmerzen bei der Palpation deuten auf degenerative oder entzündliche Prozesse an der Wirbelsäule oder auf lokale Instabilität hin. Ein umschriebener Klopfschmerz ist charakteristisch für lokal begrenzte Befunde, etwa einen → Bandscheibenvorfall oder eine Wirbelkörperfraktur. Diffuse Klopfschmerzen sprechen dagegen eher für eine Systemerkrankung, z. B. → Osteoporose, rheumatische Erkrankungen oder diffuse Wirbelsäulenmetastasierung.

Funktionsüberprüfung Wirbelsäule

Bei der Funktionsüberprüfung wird die Beweglichkeit der Wirbelsäule einerseits mit der Neutral-Null-Methode beurteilt, andererseits mit klinischen Parametern wie dem Finger-Boden-Abstand, dem Kinn-Jugulum-Abstand (Jugulum: Drosselgrube), dem Schober-Zeichen sowie dem Ott-Zeichen. Dabei ist zu beachten, dass sich die Messungen stets auf eine große Anzahl von miteinander gekoppelten Gelenken beziehen.

Beweglichkeit der Halswirbelsäule

Beurteilt werden das Ausmaß der Vorneigung des Kopfes (Inklination), der Rückneigung (Reklination), der Seitneigung rechts/links sowie der Rotation rechts/links (Neutral-Null-Methode). Bei der Vorneigung kann der Abstand zwischen Kinn und Brustbein (Kinn-Jugulum-Abstand) gemessen werden, der normalerweise 0–2 cm beträgt, mit zunehmendem Alter aber größer wird. Teilweise wird der Kinn-Jugulum-Abstand auch in Rückneigung dokumentiert. Des Weiteren wird bei maximaler Rückneigung der Hinterhaupt-Wand-Abstand gemessen (Flèche cervicale – Abstand der Protuberantia occipitalis externa zur Wand: 0 cm).

Beweglichkeit der Brust- und Lendenwirbelsäule

Für die Dokumentation der Vorneigung wird der Abstand zwischen Fingerspitzen und Boden (Finger-Boden-Abstand) gemessen (normal: 0–10 cm) sowie die Änderung der Messstrecke zwischen den Dornfortsätzen in Vor- und Rückneigung bestimmt (**Abb. U.30**).

Schober-Zeichen. Dabei handelt es sich um eine Maßangabe für die Beweglichkeit der LWS. Beim aufrecht stehenden Patienten wird 10 cm oberhalb des ersten Sakraldornfortsatzes (S1) ein Punkt markiert. Bei Rückneigung verkürzt sich die Messstrecke zwischen S1 und dem Punkt um etwa 4 cm oder weniger, bei Vorneigung verlängert sich die Messstrecke durch Entfaltung der Dornfortsätze um 4–6 cm (Beispiel: Schober [S1] 7/10/17 cm).

Ott-Zeichen. Es handelt sich um eine Maßangabe für die Beweglichkeit der BWS. 30 cm unterhalb von C7 wird ein Punkt markiert. Bei Rückneigung kommt es zu einer geringen Verkürzung der Messstrecke, bei maximaler Vorneigung zu einer Verlängerung um 3–4 cm (Beispiel: Ott [C7] 29/30/32 cm).

Abweichungen von den Normwerten werden als „positives Schober-Zeichen" oder „positives Ott-Zeichen" bezeichnet und treten z. B. bei degenerativen Wirbelsäulenveränderungen oder bei → Morbus Bechterew (Spondylitis ankylosans) auf.

Seitneigung und Rotationsfähigkeit der BWS/LWS. Bei der Seitneigung versucht der Patient, mit den Fingerspitzen den seitlichen Kniebereich zu erreichen. Zum Seitenvergleich kann man den Abstand zwischen Fingerspitzen und Kniegelenksspalt messen. Die Untersuchung der Rotation erfolgt im Sitzen, um das Becken zu fixieren. Das Ausmaß der Rotation wird in Winkelgraden angegeben.

Matthias-Test. Mit dem Matthias-Test wird, besonders bei Kindern, die Rumpfmuskulatur beurteilt. Der Untersucher betrachtet den Patienten von der Seite und fordert ihn auf, die Arme nach vorn waagerecht auszustrecken und diese Position bei geschlossenen Augen 30 Sek. lang zu halten. Bei einer Haltungsschwäche kommt der Patient in dieser Zeit in eine vermehrte Hohlkreuzstellung, weil er sich zunehmend nach hinten neigt. Kann die Position gehalten werden, wird dies als haltungsgesund bezeichnet.

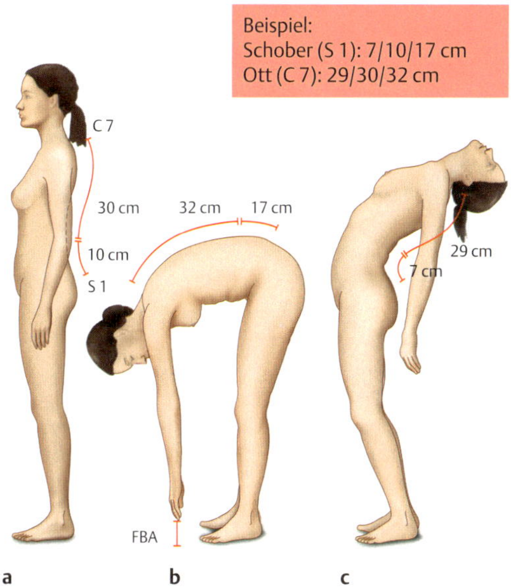

Abb. U.30 Untersuchung der Beweglichkeit von Brust- und Lendenwirbelsäule. a Im Stand wird eine Messstrecke 10 cm oberhalb von S1 (**Schober-Zeichen**) und 30 cm unterhalb von C7 (**Ott-Zeichen**) markiert. **b** Bei maximaler Vorbeugung kommt es normalerweise zu einer Vergrößerung der Messstrecken. Zusätzlich wird in dieser Position der Finger-Boden-Abstand (FBA) bestimmt. **c** Beugt sich der zu Untersuchende zurück, sollten sich die Messstrecken verkürzen.

Beweglichkeit der Iliosakralgelenke

Das Kreuzbein (Os sacrum) artikuliert mit den Darmbeinen über die Iliosakralgelenke. Mit dem Menell-Handgriff können Kreuz- und Darmbein gegeneinander bewegt und dadurch bei Überlastung, degenerativen Veränderungen oder bei Entzündungen Schmerzen ausgelöst werden. Dazu liegt der Patient auf der Seite oder auf dem Bauch. Mit einer Hand fixiert der Untersucher das Kreuzbein und mit der anderen Hand überstreckt er das gestreckte Bein des Patienten im Hüftgelenk. Dabei wird ein Schermechanismus zwischen Kreuz- und Darmbein ausgelöst.

Neurologischer Untersuchungsgang

Erkrankungen der Wirbelsäule gehen aufgrund der anatomischen Nähe zum Rückenmark und seinen Nervenwurzeln oft mit neurologischen Symptomen einher. Deshalb gehört ein neurologischer Untersuchungsbefund routinemäßig zur klinischen Funktionsüberprüfung der Wirbelsäule hinzu. Erfasst werden dabei Veränderungen der Sensibilität und Motorik (Muskelschwäche oder -lähmung) an Armen und Beinen, Blasen- und Mastdarmstörungen werden erfragt (Kaudasyndrom), und es werden die Reflexe überprüft (Untersuchungen des Nervensystems, S. 1239).

Nervendehnungszeichen

Vor allem aufgrund ihrer Bedeutung bei der Diagnostik degenerativer Wirbelsäulenerkrankungen sollen an dieser Stelle die Nervendehnungszeichen besprochen werden. Diese treten bei lumbosakralen oder zervikalen Nervenwurzel-Syndromen infolge von Bandscheibenvorfällen auf.

Lasègue-Zeichen. Der Untersucher hebt beim auf dem Rücken liegenden Patienten das gestreckte Bein an (Beugung im Hüftgelenk) (**Abb. U.31**). Dadurch wird der Nervus ischiadicus gedehnt. Dies ist normalerweise nicht schmerzhaft. Treten plötzlich Schmerzen in der Kniekehle, an der Oberschenkelrückseite oder im Gesäß auf, wird dies als positives Lasègue-Zeichen bezeichnet. Schmerzen oberhalb von 60° Beugung werden jedoch nicht mehr als positiv gewertet (Muskeldehnungsschmerz). Beispiele: → Bandscheibenvorfall untere LWS, Ischiassyndrom, Meningismus.

Bragard-Zeichen. Am liegenden Patienten wird das gestreckte Bein bis kurz vor Auftreten des Lasègue-Zeichens angehoben, dann der Fuß nach dorsal gestreckt. Damit wird wie beim positiven Lasègue-Zeichen ein Nervendehnungsschmerz ausgelöst.

Umgekehrtes Lasègue-Zeichen. Der Patient liegt auf dem Bauch. Das Bein wird vom Untersucher angehoben, es erfolgt also eine Überstreckung im Hüftgelenk. Dadurch kann ein Überdehnungsschmerz des Nervus femoralis ausgelöst werden. Beispiel: hoher lumbaler → Bandscheibenvorfall.

Zervikale Dehnungszeichen. Dabei bewegt der Untersucher den gestreckten Arm im Schultergelenk passiv nach hinten. Dadurch werden die Nervenwurzeln im HWS-Bereich gedehnt, was bei degenerativen HWS-Veränderungen Schmerzen auslösen kann.

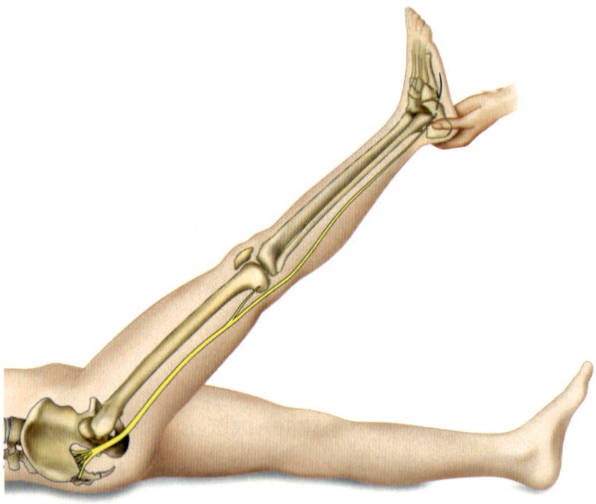

Abb. U.31 Lasègue-Zeichen. Der Patient liegt auf dem Rücken. Nun wird der Nervus ischiadicus gedehnt, indem das im Kniegelenk gestreckte Bein passiv angehoben wird. Plötzlich auftretende Schmerzen in der Kniekehle, an der Oberschenkelrückseite oder im Gesäß werden als positives Lasègue-Zeichen gedeutet.

Untersuchung der oberen Extremität

Definition

Die Untersuchung der oberen Extremität umfasst Ober- und Unterarm, das Schulter-, Ellenbogen- und Handgelenk sowie die Finger.

Indikation und Prinzip

Mit dem Untersuchungsgang sollen die Ursachen von Schmerzen, von Bewegungseinschränkungen, angeborenen oder erworbenen Deformitäten ergründet und die erkrankten oder verletzten Gewebe genau identifiziert werden, z. B. bei Frakturen und Luxationen mit begleitenden Weichteilverletzungen.

Inspektion

Bei der Inspektion wird auf Schwellungen und Deformitäten geachtet, werden die Gelenkkonturen und die Haut (Durchblutung, trophische Störungen) im Seitenvergleich beurteilt. Muskeln können atrophisch oder gelähmt sein. Auch die Handmuskulatur (Mm. interossei, Daumenballen) darf nicht vergessen werden – so tritt bei → chronischer Polyarthritis relativ früh eine Atrophie der Handmuskulatur auf.

Palpation

Bei der Palpation ist vor allem die Druckempfindlichkeit über den Ansätzen von Bändern und Muskeln sowie in der Region von Schleimbeuteln wichtig, da sie Ausgangspunkt von Schmerzen sind. Die Durchblutung wird visuell und durch Tasten der verschiedenen Pulse überprüft (A. brachialis, A. radialis, A. ulnaris).

Schulter. Palpiert werden der Processus coracoideus des Schulterblatts, das Akromioklavikulargelenk, die Bursa subacromialis, das Tuberculum majus des Oberarmknochens (Ansatz der Außenrotatoren) und der Sulcus intertubercularis, in dem die lange Bizepssehne verläuft.

Ellenbogen. Schwellungen werden mit Zeige- und Mittelfinger oder mit dem Daumen zwischen Olekranon und den Epikondylen getastet (z. B. Entzündung der Bursa olecrani). Druckschmerzen treten bei Epikondylitis auf (→ Tennisellenbogen).

Hand. Die Palpation führt der Untersucher mit beiden Händen zugleich unter abwechselndem Druck der Daumen auf die dorsolaterale Seite des Fingergelenks aus. Dabei dienen die Zeigefingerkuppen des Untersuchenden als Widerlager. Beim Gaenslen-Handgriff werden alle Fingergrundgelenke zusammengedrückt. Dies löst bereits im Frühstadium einer → chronischen Polyarthritis Schmerzen aus. Des Weiteren werden Ganglien oder Knoten ertastet und es wird überprüft, ob diese verschieblich sind. Sehnen und Sehnenscheiden werden auf Druckschmerz und

Schwellungen hin getestet. Am Handgelenk ertastet man das Ulnaköpfchen sowie den Processus styloideus radii.

Frakturzeichen. Sichere Frakturzeichen an Extremitäten sind die Dislokation des gebrochenen Knochens, sichtbare Knochenfragmente bei offenen Frakturen, die Fehlstellung, die abnorme Beweglichkeit im Frakturbereich und die Krepitation der Frakturenden. Unsichere Frakturzeichen sind: Schwellung, Spontanschmerzen, Druckschmerzen, Ödeme oder → Hämatome, Sensibilitätsstörungen und Funktionsstörungen der Extremität.

Funktionsüberprüfung Schulter

Die Beweglichkeit der Schulter wird aktiv und passiv nach der Neutral-Null-Methode beurteilt. Dazu gehören die Anteversion/Retroversion, Abduktion/Adduktion, Tiefrotation (Innen- und Außenrotation bei angelegtem Oberarm und mit 90° gebeugtem Ellenbogengelenk) sowie Hochrotation (Innen- und Außenrotation bei 90° abgespreiztem Oberarm und gebeugtem Ellenbogen). Außerdem haben sich weitere aktive Beweglichkeitstests etabliert, die gut die Kombination der Einzelbewegungen dokumentieren (**Abb. U.32**):

- **Nackengriff:** Mit beiden Händen wird in den Nacken gefasst (Anteversion, Außenrotation, Abduktion im Schultergelenk).
- **Schürzengriff:** Beide Hände werden hinter den Rücken geführt, als ob man eine Schürze zubinden wollte (Retroversion, Innenrotation, Adduktion im Schultergelenk).
- **Überkopfgriff:** Hand und Unterarm werden über den Kopf zum gegenseitigen Ohr geführt (Abduktion, Außenrotation).

Beispiel für einen pathologischen Befund: Schmerzhafter Bogen (painful arc). Beim Abspreizen des Armes (Abduktion) treten zwischen 45° und 150° Schmerzen auf. Dies ist ein Zeichen für eine Erkrankung der Rotatorenmanschette und der Bursa subacromialis aufgrund von Einklemmungserscheinungen (Impingement-Syndrom).

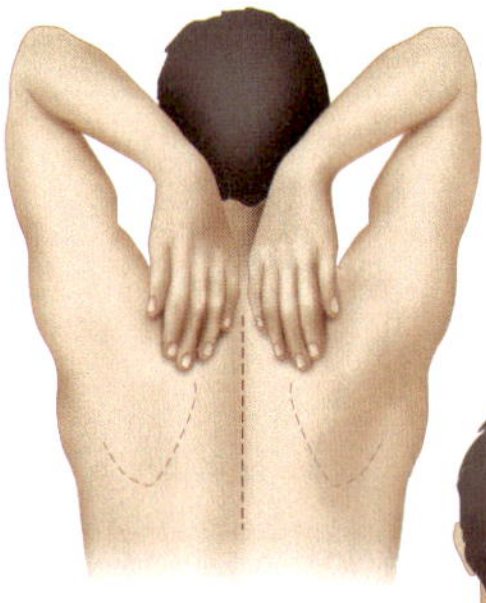

a

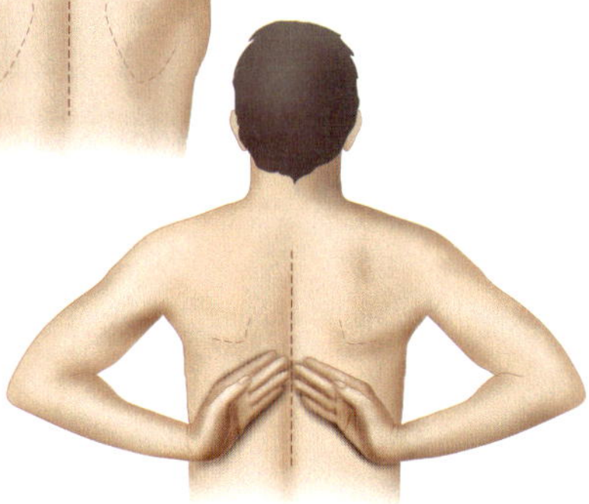

b

Abb. U.32 Aktive Beweglichkeitstests der Schulter. a Nackengriff: Normalerweise werden der 2.–5. BWK erreicht. **b** Schürzengriff: Normalerweise werden der 5. BWK–2. LWK erreicht.

Funktionsprüfung des Ellenbogengelenks

Die Beweglichkeit des Ellenbogengelenks wird aktiv und passiv nach der Neutral-Null-Methode beurteilt. Dazu gehören die maximale Beugung und Streckung (Flexion/Extension) sowie bei gebeugtem Ellenbogengelenk die Innenrotation des Unterarmes (Pronation) sowie die Außenrotation des Unterarmes (Supination) (**Abb. U.33**).

Beispiel für pathologischen Befund: Im Bereich des Radiusköpfchens bestehen Druck- und Bewegungsschmerzen. Es wird der Verdacht auf eine Radiusköpfchen-Fraktur geäußert, die mit einem Röntgenbild bestätigt wird. Die Radiusköpfchenfraktur gehört zu den häufigsten Frakturen des Ellenbogens.

Funktionsprüfung der Hand- und Fingergelenke

Nach der Neutral-Null-Methode überprüft der Untersuchende im Handgelenk die Dorsalextension/Palmarflexion und die Radial-/Ulnar-Abduktion, die Spreizung der Finger sowie den vollständigen Faustschluss (alle Langfinger müssen die Handinnenfläche berühren).

Zur Überprüfung der Daumenbeweglichkeit wird der Patient aufgefordert, den Daumen ab- und anzuspreizen sowie zu strecken und zu beugen. Außerdem muss der Gesunde in der Lage sein, alle Langfingerkuppen mit dem Daumen zu berühren (Beweglichkeit, Koordination).

Beispiel für pathologischen Befund: Bei maximaler Dorsalextension der Hand über eine Minute treten ein Taubheitsgefühl und Missempfindungen (Parästhesien) an der

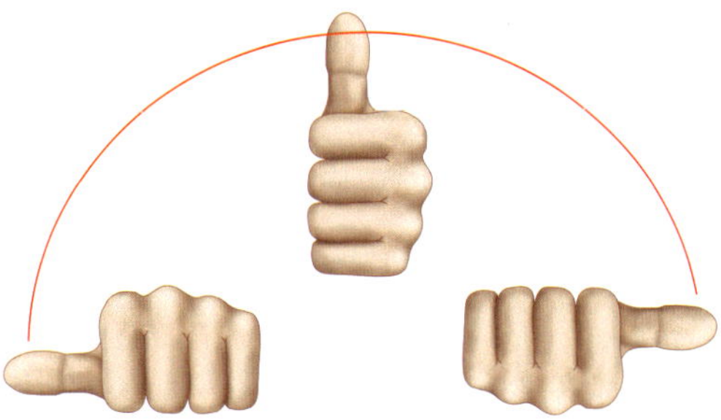

Abb. U.33 Pronation und Supination des Unterarms. Das normale Bewegungsausmaß beträgt 90°/0°/90°.

Beugeseite der ersten drei Finger auf (Phalen-Zeichen) – dies spricht für ein → Karpaltunnelsyndrom.

Untersuchung der unteren Extremität

Definition

Die Untersuchung der unteren Extremität umfasst Ober- und Unterschenkel, die Hüftgelenke und das Becken, Knie- und Sprunggelenke sowie Füße und Zehen.

Indikation und Prinzip

Im Vordergrund einer orthopädischen Untersuchung der unteren Extremitäten stehen die Statik und die Belastbarkeit. Nach Traumata werden Knochen- und Gelenkfrakturen, Gelenkluxationen und Weichteilverletzungen erfasst.

Inspektion

Bei der Inspektion wird auf den Beckengeradstand (Beinlängendifferenz ggf. ausgleichen), auf die Beinachsen (Genu varum, Genu valgum, Genu recurvatum) und die Fußstellung (Fußgewölbe, Rückfußstellung) geachtet. Schwellungen können auf Ödeme, → Hämatome oder Gelenkergüsse hindeuten, Deformitäten auf Frakturen, Knochenanomalien oder → Tumoren. Betrachtet man die Haut, können (vor allem im Seitenvergleich) Durchblutungs- oder trophische Störungen auffallen.

Palpation

Wichtige Palpationspunkte an der unteren Extremität sind Ansätze von Bändern und Muskeln sowie Schleimbeutel, denn diese Punkte sind oft der Grund für Schmerzen. Außerdem wird auf lokale Überwärmungen geachtet und es können die verschiedenen Pulse am Bein getastet werden (A. femoralis, A. poplitea, A. dorsalis pedis, A. tibialis posterior).

Palpation der Hüftgelenke. Klopfschmerzen über dem Trochanter major sowie Druckschmerzen in der Leistengegend treten z. B. bei → Koxarthrose oder Hüftgelenkserguss auf (**Abb. U.34**). Über dem Trochanter major befindet sich auch ein Schleimbeutel (z. B. Klopfschmerz bei → Bursitis).

Palpation der Kniegelenke. Es werden der mediale und laterale Kniegelenksspalt, oberer und unterer Patellapol, die Tuberositas tibiae sowie die Kniekehle (z. B. Baker-Zyste) und der obere Gelenkrezessus abgetastet. Ein → Kniegelenkserguss kann festgestellt werden, indem man am liegenden Patienten mit gestrecktem Bein das Knie mit beiden Händen von oben und unten komprimiert. Lässt sich dann die Kniescheibe mit dem Zeigefinger federnd nach unten drücken (tanzende Patella), ist ein Kniegelenkserguss wahrscheinlich (**Abb. U.35**). Geachtet werden sollte auch auf eine Überwärmung des Kniegelenks (Seitenvergleich!), die bei Entzündungen auftritt.

Palpation von Füßen und Sprunggelenken. Vor allem nach → Sprunggelenksfrakturen oder nach → Außenbandrupturen treten im Frakturbereich bzw. im Knöchelbereich Druckschmerzen auf. Außerdem palpiert werden der Ansatz der Achillessehne im Fersenbereich (evtl. tastbare Lücke bei Ruptur) sowie die Sehnenansätze des M. peronaeus longus und brevis am lateralen Fußrand sowie die Plantarfaszie (Sehneninsertionsschmerzen). Die Zehenge-

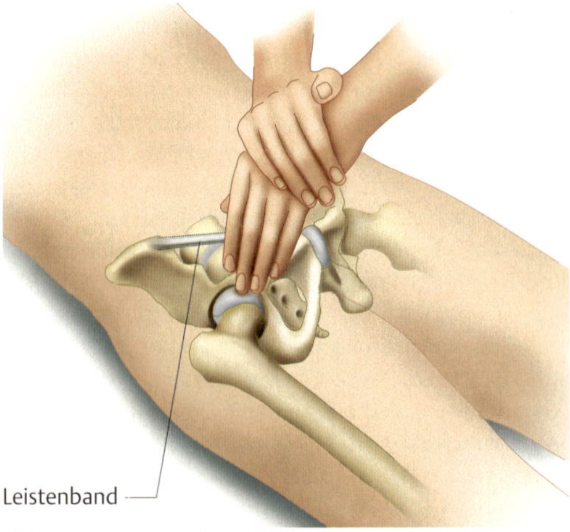

Abb. U.34 Palpation des Hüftgelenks. Das Hüftgelenk liegt unmittelbar hinter dem Leistenband. Deswegen kann bei den meisten Hüftgelenkserkrankungen ein Leistendruckschmerz beobachtet werden.

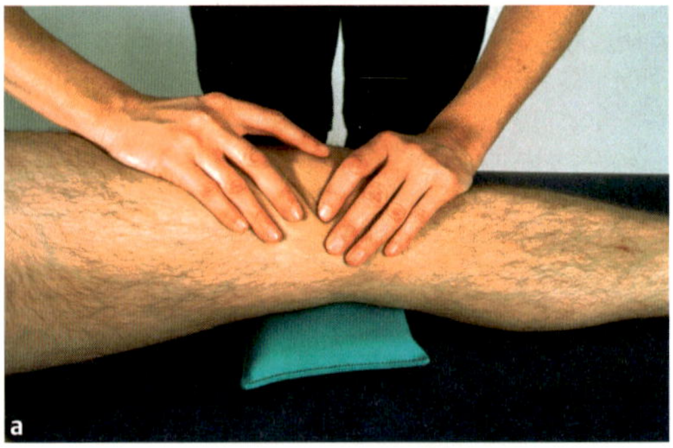

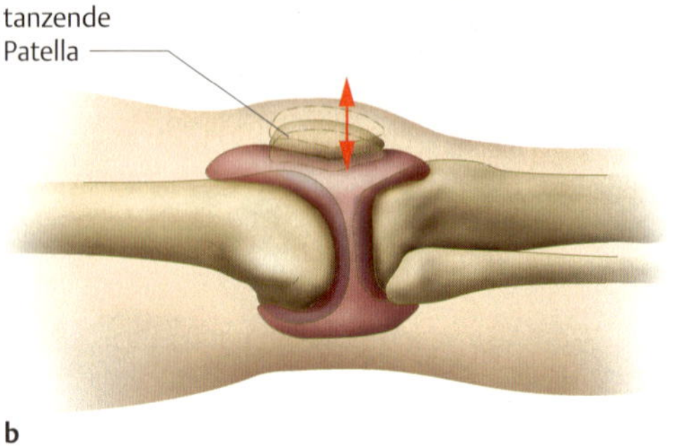

Abb. U.35 Tanzende Patella. Bei Druck auf die Kniescheibe wird der Erguss verdrängt. Ohne den Druck federt die Kniescheibe wieder nach oben.

lenke palpiert der Untersucher mit beiden Händen unter abwechselndem Druck beider Daumen, wobei die Zeigefinger des Untersuchers als Widerlager dienen. Beim Gaenslen-Handgriff werden alle Zehengrundgelenke mit der Hand zusammengedrückt. Der Griff ist schmerzhaft bei → chronischer Polyarthritis. Ein hochrotes, überwärmtes und schmerzhaftes Großzehengrundgelenk gilt als Indikatorgelenk bei akuter → Gichtarthritis.

Frakturzeichen. Sichere Frakturzeichen an Extremitäten sind die Dislokation des gebrochenen Knochens (Deformität), sichtbare Knochenfragmente bei offenen Frakturen, die Fehlstellung, die abnorme Beweglichkeit im Frakturbereich und die Krepitation der Frakturenden. Unsichere Frakturzeichen sind: Schwellung, Spontanschmerzen, Druckschmerzen, Ödeme oder Hämatome, Sensibilitätsstörungen und Funktionsstörungen der Extremität.

Funktionsprüfung des Hüftgelenks

Neutral-Null-Methode. Am auf dem Rücken liegenden Patienten wird das Hüftgelenk maximal gebeugt und gestreckt (Flexion/Extension). Das gestreckte Bein wird maximal abgespreizt und zur Gegenseite geführt (Abduktion/Adduktion). Die Beurteilung der Innen- und Außenrotation erfolgt bei in 90° gebeugter Hüfte und in 90° gebeugtem Knie.

Thomas-Handgriff. Er dient der Diagnose einer einseitigen Kontraktur der Hüftbeugemuskulatur (Hüftbeugekontraktur). Der Patient liegt auf dem Rücken. Der Untersucher schiebt eine Hand unter die Lendenwirbelsäule und beugt mit der anderen Hand das Bein maximal im Hüftgelenk, bis die Lendenlordose aufgehoben ist. Dabei betrachtet er das andere Bein. Hebt sich der Oberschenkel von der Unterlage ab, ist das ein Zeichen für eine Hüftbeugekontraktur, die in Winkelgraden angegeben wird (**Abb. U.36**). Beispiel: → Koxarthrose.

Trendelenburg-Zeichen. Damit kann eine geschwächte Gesäßmuskulatur erkannt werden. Der Patient steht, der Untersucher betrachtet den Patienten von hinten. Der Patient wird aufgefordert, ein Bein anzuheben (Einbeinstand). Dabei muss normalerweise das Becken gerade bleiben (Darmbeinschaufeln sind auf gleicher Höhe). Bei geschwächter Glutäalmuskulatur oder bei Dysplasiekoxarthrose sinkt das Becken zur gesunden Seite ab (positives Trendelenburg-Zeichen) (**Abb. U.37**).

Funktionsprüfung des Kniegelenks

Neutral-Null-Methode. Der Patient liegt auf dem Rücken oder auf dem Bauch. Das Knie wird vom Untersucher maximal gebeugt (Flexion). Die physiologische Überstreckbarkeit (Extension) wird überprüft, indem der Oberschenkel auf der Unterlage fixiert wird und der Untersucher die

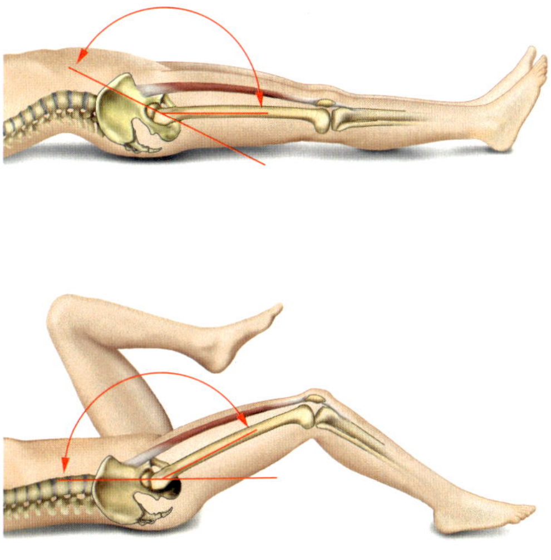

Abb. U.36 Thomas-Handgriff. Auf dem Untersuchungstisch wird eine Hüftbeugekontraktur durch die ausgleichende Lendenlordose verschleiert. Wird das gegenseitige Bein angehoben und im Hüftgelenk maximal gebeugt, kann die Lendenlordose ausgeglichen und das Ausmaß der Hüftbeugekontraktur dargestellt werden.

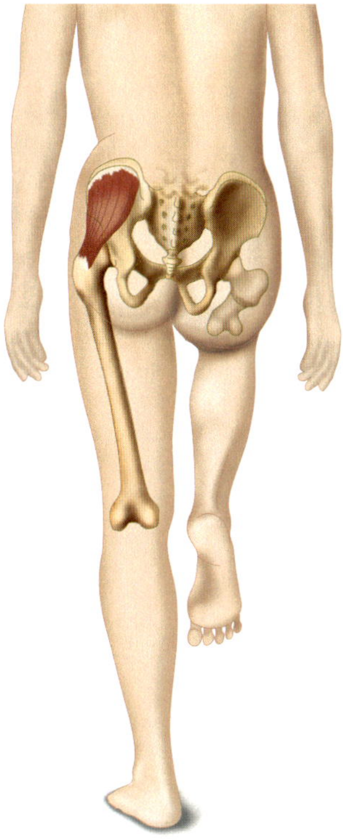

Abb. U.37 Trendelenburg-Zeichen. Für diesen Test muss der Patient ein Bein anheben. Sinkt das Becken zur gesunden Seite ab, ist das Trendelenburg-Zeichen positiv. Das spricht für eine (hier links) geschwächte Glutäalmuskulatur.

Ferse anhebt. Außerdem werden Innen- und Außenrotation des Unterschenkels im Kniegelenk beurteilt.

Seitenbandstabilität. Dazu wird überprüft, ob das Kniegelenk medial oder lateral aufklappbar ist (Valgus- und Varusstress). Eine Hand des Untersuchers befindet sich außen am Kniegelenk, die andere Hand an der Innenseite des Unterschenkels und der Untersucher bewegt den Unterschenkel nach außen. Eine vermehrte Aufklappbarkeit im Vergleich zum unverletzten anderen Bein zeigt eine Innenbandläsion an. Um das Außenband zu überprüfen wird genau anders herum verfahren. Die Untersuchung wird in Streck- und ca. 20°-Beugestellung des Kniegelenks vorgenommen.

Meniskuszeichen. Es bestehen teilweise eine akute Streckhemmung sowie Druckschmerzen auf der betroffenen Seite. Mit verschiedenen klinischen Tests kann der Verdacht auf eine → Meniskusverletzung erhärtet werden: Böhler-Zeichen, Steinmann I, Steinmann II, Payr-Zeichen (**Abb. U.38**).

Schubladentest. Mit ihm wird die Stabilität des vorderen und hinteren Kreuzbandes geprüft. Der Patient liegt auf dem Rücken, das Bein ist angestellt und im Kniegelenk 90° gebeugt. Der Untersucher umfasst den Unterschenkel und bewegt ihn nach vorn und hinten. Die abnorme Beweglichkeit nach vorn spricht für eine Läsion des vorderen Kreuzbandes, die abnorme Beweglichkeit nach hinten spricht für eine Läsion des hinteren Kreuzbandes (→ Kreuzbandruptur). Die Untersuchung bedarf einiger Erfahrung.

Lachman-Test. Ähnlich wie die vordere Schublade. Das Kniegelenk ist jedoch nur leicht gebeugt (10 – 20°), sodass das Kniegelenk weniger durch den Tractus iliotibialis und Seitenbänder stabilisiert wird.

Funktionsprüfung von Sprung- und Zehengelenken

Mit der Neutral-Null-Methode werden die Plantarflexion und Dorsalextension im Sprunggelenk gemessen sowie die Pronation (Eversion) und Supination (Inversion). Das Gleiche gilt für die Mittelfuß- und Zehengelenke. Im Zusammenhang mit der Ganganalyse wird außerdem das Abrollverhalten der Füße beurteilt.

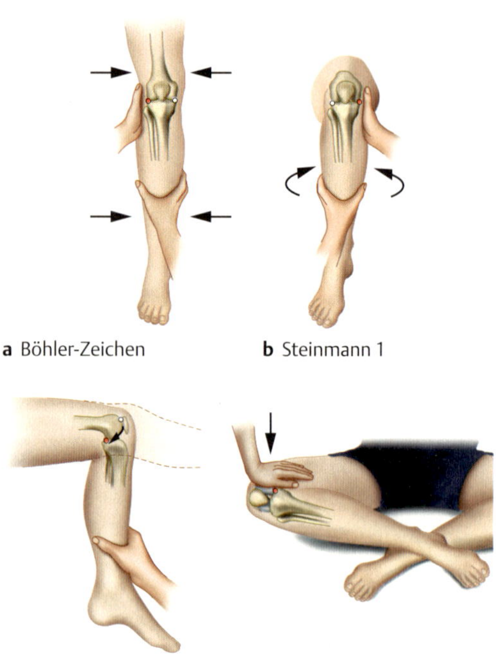

a Böhler-Zeichen **b** Steinmann 1

c Steinmann 2 **d** Payr-Zeichen

Abb. U.38 Meniskuszeichen. a Böhler-Zeichen: Der Außenmeniskus ist beschädigt, wenn bei Valgusstress Schmerzen am lateralen Gelenkspalt entstehen. Schmerzen am medialen Gelenkspalt bei Varusstress deuten auf eine Innenmeniskusläsion. **b** Steinmann I: Hier wird das um 90° gebeugte Kniegelenk rotiert. Bei Rotation nach außen und medialen Schmerzen liegt eine Innenmeniskusläsion vor. Lateraler Schmerz bei Innenrotation wird durch eine Außenmeniskusläsion hervorgerufen. **c** Steinmann II: Bei passiver Beugung des Knies wird bei Meniskusverletzung ein von ventral nach dorsal wandernder Druckschmerz ausgelöst. **d** Payr-Zeichen: Kann man einen Schmerz am medialen Gelenkspalt auslösen, wenn man im Schneidersitz die Knie bodenwärts drückt, besteht eine Innenmeniskusläsion.

Untersuchungen aus Blut und Knochenmark

Untersuchungen, die Blut und Knochenmark betreffen, können je nach Indikation sowohl an Vollblut, an Plasma oder Serum und am Knochenmark durchgeführt werden.

Die moderne Laboratoriumsmedizin verfügt über ausgereifte, automatische Verfahren, die sehr schnell Ergebnisse liefern können. Jedoch ist nach wie vor auch „Handarbeit“, z. B. eine Zellanalyse mit Farbstoffen und Mikroskop, notwendig.

Die Vorbereitung der Proben (z. B. durch Zentrifugieren) findet möglichst bald nach Gewinnung der Probe statt. Da viele Krankenhäuser nur noch ein Basislabor vorhalten, werden viele Proben an große Laboratorien geschickt.

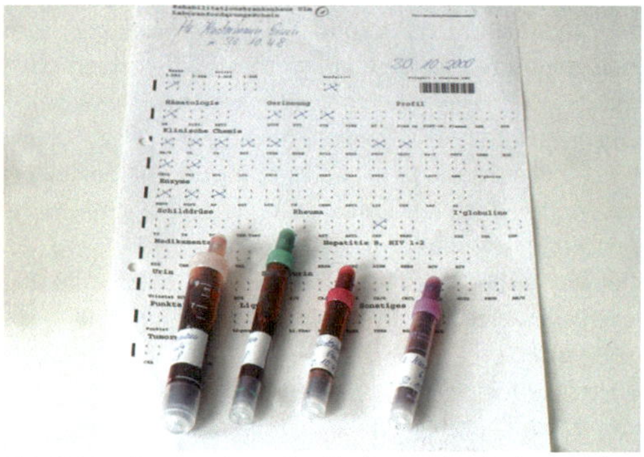

Abb. U.39 Blutentnahme. Blutröhrchen und Anforderungsschein für das Labor.

Blutentnahme

Nach Anlegen von Einmalhandschuhen und Hautdesinfektion wird das Blut mittels einer sterilen Kanüle aus angestauten Venen oder, wie es seltener der Fall ist, aus Arterien gezogen. Dies kann mit einer einfachen Einmalspritze geschehen, die anschließend vorsichtig in vorbereitete Röhrchen entleert wird.

Für viele Untersuchungen darf das Blut nicht gerinnen, daher sind in manchen Röhrchen Gerinnungshemmer wie EDTA, Natriumzitrat oder Heparin enthalten. Bei manchen Blutentnahmesystemen ist an der Kanüle ein Stutzen vorhanden, auf den die mit einer Gummimembran verschlossenen Röhrchen aufgesteckt werden können. Die Röhrchen saugen das Blut durch Unterdruck ein. Die Verwendung eines solchen Systems erspart Einmalspritze und Umfüllen.

Für Vollblut-, Plasma- und Serumuntersuchungen muss der Patient meist nicht vorbereitet werden, jedoch sollte er sich hinlegen, um bei einer evtl. auftretenden Ohnmacht einem Sturz vorzubeugen.

Blutproben sollten so schnell wie möglich in das Labor gebracht werden, um zu vermeiden, dass die Probe durch Auflösen von roten und weißen Blutkörperchen verfälscht wird (**Abb. U.39**).

Untersuchungen aus Vollblut

Zusammensetzung des Blutes

Zur Darstellung der Zusammensetzung des Blutes werden z. B. folgende Parameter bestimmt:

- Zellzahlen (Erythrozyten, Granulozyten, Lymphozyten, Thrombozyten),
- Zell-/Plasmaverhältnis (Hämatokrit),
- Zellbild: Erythrozyten (Form, Hämoglobingehalt), Granulozyten (neutrophile, eosinophile), Lymphozyten (Th1, Th2 sowie Oberflächenmarker wie CD4, CD8 usw.).

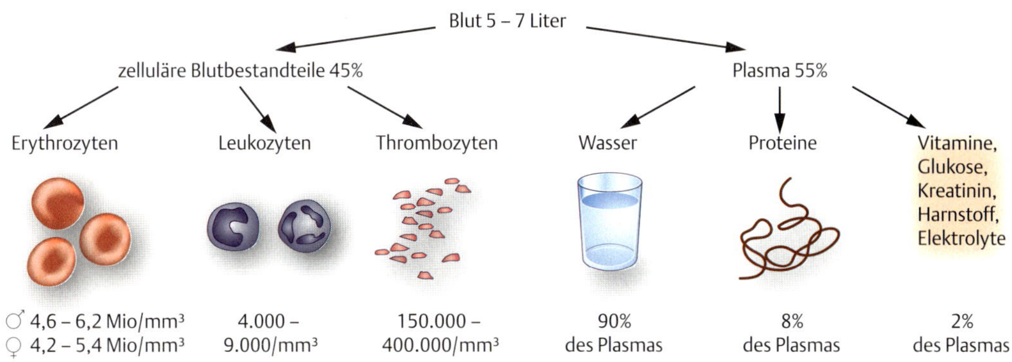

Abb. U.40 Feste und flüssige Bestandteile des Blutes.

Blutbilder

Eine Übersicht über den Blutzellenstatus geben die verschiedenen Blutbilder. Damit wird eine Übersicht über die Funktion der körpereigenen zellulären Abwehr (Leukozyten), des Sauerstofftransports (Erythrozyten) und dem zellulären Anteil der Gerinnung (Thrombozyten) erhoben und es ist eine orientierende Aussage zum Flüssigkeitshaushalt (Hämatokrit) möglich (**Abb. U.40**).

Die Zellen werden mikroskopisch oder maschinell erfasst und bewertet. Dafür können die Zellen, je nach Fragestellung, spezifisch gefärbt werden.

Kleines Blutbild. Für das kleine Blutbild werden i.d.R. Parameter untersucht, die in **Tab. U.4** aufgeführt sind. Dazu gehören:

- Hämoglobingehalt der Erythrozyten,
- Erythrozytenzahl,
- Hämatokrit,
- mittlerer Hämoglobingehalt der Blutkörperchen,
- mittleres Erythrozyteneinzelvolumen,
- Sättigungsindex,
- Thrombozytenzahl,
- Leukozytenzahl.

Differenzialblutbild. Das Differenzialblutbild teilt die Leukozyten weiter auf und erlaubt Rückschlüsse auf den Abwehrstatus oder die Auseinandersetzung mit Fremdeiweißen, z. B. bei Parasitenbefall eines Patienten (**Tab. U.5**). Für das Differenzialblutbild werden folgende Parameter untersucht:

- basophile, eosinophile, neutrophile Granulozyten,
- Monozyten,
- B-Lymphozyten,
- NK-Zellen,

Tab. U.4 Laborparameter des kleinen Blutbildes

Parameter	Normwerte	Probenmaterial
Hämoglobingehalt der Erythrozyten (Hb)	Mann 14 – 18 g/dl Frau 12 – 16 g/dl	EDTA-Vollblut
Erythrozytenzahl (ERY)	Mann 4,5 – 6,3 × 10^{12}/l Frau 4,2 – 5,5 × 10^{12}/l	EDTA-Vollblut
Hämatokrit (Hk)	Mann 42 – 52 % Frau 37 – 47 %	EDTA-Vollblut
mittlerer Hämoglobingehalt der Blutkörperchen (mean corpuscular haemoglobin, MCH)	0,4 – 0,53 fmol	EDTA-Vollblut
mittleres Erythrozyteneinzelvolumen (mean corpuscular volume, MCV)	80 – 94 fl	EDTA-Vollblut
Sättigungsindex (mean corpuscular haemoglobin concentration, MCHC)	4,81 – 5,74 mmol/l Erythrozyten	Berechnung aus Hämoglobin und Hämatokrit (Plausibilitätskontrolle)
Thrombozytenzahl	100 000 – 350 000 / µl	EDTA-Vollblut
Leukozytenzahl	4,3 – 10 × 10^9/l	EDTA-Vollblut

Tab. U.5 Laborparameter des Differenzialblutbildes

Parameter	Normwerte	Probenmaterial
basophile Granulozyten	20 – 200 × 10^9/l	EDTA-Vollblut oder Zitratblut
eosinophile Granulozyten	50 – 700 × 10^9/l	EDTA-Vollblut oder Zitratblut
neutrophile Granulozyten	2 000 – 7 500 × 10^9/l	EDTA-Vollblut oder Zitratblut
Monozyten	200 – 900 × 10^9/l	EDTA-Vollblut oder Zitratblut
B-Lymphozyten	100 – 500 × 10^9/l	EDTA-Vollblut oder Zitratblut
NK-Zellen	100 – 600 × 10^9/l	EDTA-Vollblut oder Zitratblut
T-Lymphozyten CD4	450 – 2 000 × 10^9/l	EDTA-Vollblut oder Zitratblut
T-Lymphozyten CD8	200 – 1 000 × 10^9/l	EDTA-Vollblut oder Zitratblut

- T-Lymphozyten CD4,
- T-Lymphozyten CD8.

Großes Blutbild. Das große Blutbild besteht aus dem kleinen Blutbild und dem Differenzialblutbild.

Rotes Blutbild. Das rote Blutbild betrachtet ausschließlich die Erythrozyten. Bei bestimmten Fragestellungen, z. B. → Anämie, Thalassämie oder Leukämie, werden die Zellen noch genauer betrachtet und z. B. der Anteil an unreifen Zellen bestimmt.

Funktion und Eigenschaften des Blutes

Die wichtigsten Funktionen des Blutes sind Gerinnung (Abdichtung bei Verletzungen) und natürlich der Sauerstofftransport. Letzterer hängt aber auch von der Lungenfunktion und der Sauerstoffaufnahme ab.

Das Blut hat durch die Blutgruppen auch Eigenschaften, die zur Unverträglichkeit von Bluttransfusionen führen können. Eine exakte Bestimmung der Blutgruppe und die sog. Kreuzprobe sind daher bei Transfusionen unverzichtbar und gesetzlich vorgeschrieben (Transfusionsgesetz). Zur Darstellung der Funktion und Eigenschaften des Blutes werden folgende Parameter bestimmt:

- Gerinnungsstatus: Gerinnungsparameter, Gerinnungszeit,
- arterielle Blutgase zur Kontrolle der Beatmungsparameter,
- Nachweis bestimmter Gene (z. B. bei Gerinnungsstörungen),
- Kreuzprobe vor Bluttransfusionen,
- Blutgruppenbestimmung mittels Kartentest.

Gerinnungsstatus

Die Blutgerinnung zur Abdichtung von Verletzungen ist nicht nur für Unfallopfer wichtig. Gerinnungsstörungen können innere Blutungen oder → Herzinfarkt, → Lungenembolie und → Hirninfarkt nach sich ziehen. Die sog. → Verbrauchskoagulopathie ist in der Intensivmedizin gefürchtet und muss rasch bekämpft werden.

Direkt am Krankenbett kann nach Desinfektion und Lanzettenstich die Blutungszeit aus der Haut (normal 4–6 Min.) bestimmt werden. Alle anderen Tests werden im Labor durchgeführt. Als Globaltests für die Funktion gelten neben der Thrombozytenzahl (**Tab. U.4**) die in **Tab. U.6** dargestellten Parameter.

Tab. U.6 ***Parameter zur Blutgerinnung***

Parameter	Normwerte	Probenmaterial
aktivierte partielle Thromboplastinzeit (aPTT)	24–36 Sek.	Zitratplasma
Antithrombin (AT)	80 – 120 %	Zitratplasma
Fibrinogen	2 – 4 g/l	Zitratplasma
Thromboplastinzeit (Quick-Wert, TPZ)	70 – 130 %	Zitratplasma

Jede signifikante Abweichung führt zu einer detaillierten Ursachensuche mittels weiterer Untersuchungen. Bei thrombembolischen Ereignissen, etwa einem → Hirninfarkt, kann heute in entsprechend qualifizierten Laboratorien nach seltenen, genetischen Abweichungen gesucht werden. Die Thromboplastinzeit wird auch zur Überwachung von gerinnungshemmenden Therapien, z. B. mit Marcumar, herangezogen.

Blutgase

Die fortlaufende Messung der Blutoxygenierung mittels Licht-Fingersonde ermöglicht ein fortlaufendes Monitoring der Atmungsfunktion und ist heute bei beatmeten oder kritischen Patienten mit schwacher Atmung unverzichtbar. Die Blutgasanalyse erlaubt eine noch differenziertere Betrachtung und gibt Rückschlüsse auf den Atmungsanteil des Säure-Basen-Haushalts (Untersuchungen der Atemwege und Lunge, S. 1112).

Nachweis von Entzündungen und Infektionen

Zum Nachweis von Entzündungen und Infektionen bestimmt man:

- Blutsenkung (unspezifischer Entzündungsmarker),
- mikroskopischer Nachweis von Blutparasiten (z. B. → Malaria),
- Blutkultur (in Nährboden zum Nachweis von Erregern),
- PCR zur Viruslastbestimmung, z. B. bei → Hepatitis C.

Das Blut ist bei Infektionen im gesamten Körper automatisch beteiligt. Abwehrzellen strömen mit dem Blut durch die Kapillaren, um zum Einsatzort zu gelangen und sind vermehrt im Blut zu finden. Die Oberflächen der Erythrozyten verändern sich durch Entzündungen. Aber das Blut kann bei einer Sepsis auch selbst Infektionsort sein. Im Folgenden werden Parameter aus Vollblut, Blutplasma und Serum dargestellt.

Unspezifische Entzündungs- und Infektionsparameter

Nicht alle Entzündungen und Infektionen sind offensichtlich. Im Blut können unspezifische Infektionsparameter gemessen werden. Neben dem Differenzialblutbild (Leuko- oder Lymphozytose) geben das sog. C-reaktive Protein und die Senkungsgeschwindigkeit der Blutkörperchen Hinweise (**Tab. U.7**). Auffälligkeiten ziehen eine weitergehende Diagnostik auch mit Bild gebenden Verfahren nach sich.

Mikroskopischer Nachweis von Parasiten als Krankheitserreger

Parasiten, z. B. Plasmodien als Erreger der verschiedenen Formen der → Malaria, werden im Vollblut nachgewiesen. Ein Blutstropfen trocknet hängend oder wird über einen Glasobjektträger ausgestrichen und eingefärbt. Geübte Personen durchmustern die Erythrozyten im Ausstrich

Tab. U.7 Unspezifische Entzündungsparameter

Parameter	Normwerte	Probenmaterial
C-reaktives Protein (CRP)	< 10 mg/l, bei Dialysepatienten oft leicht erhöht	Natriumzitratblut (1,6 ml Blut + 0,4 ml Natriumzitrat)
Blutsenkungsgeschwindigkeit (BSG)	Mann < 15 mm/Std Frau < 20 mm/Std	Natriumzitratblut (1,6 ml Blut + 0,4 ml Natriumzitrat)

oder im sog. dicken Tropfen auf Anzeichen für Plasmodien (**Abb. U.41**).

Nachweis von Bakterien und Pilzen in der Blutkultur
Blut des Patienten wird in eine Flasche gespritzt, in der sich eine sterile Nährlösung befindet. Anschließend wird der Ansatz bei 36 °C bebrütet (**Abb. U.42**). Zeigt sich ein Wachstum von Mikroorganismen, wird zunächst eine Probe aus der Flasche entnommen und nach Gram-Färbung mikroskopiert (Untersuchungen in der Mikrobiologie, S. 1229).

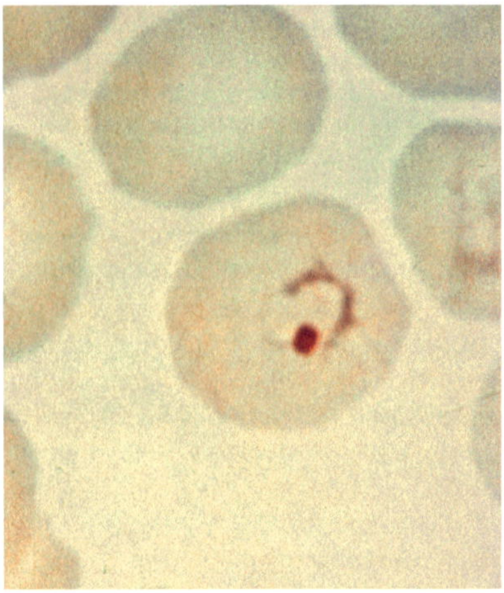

Abb. U.41 Malaria. Ringform von Plasmodium vivax in einem Erythrozyt.

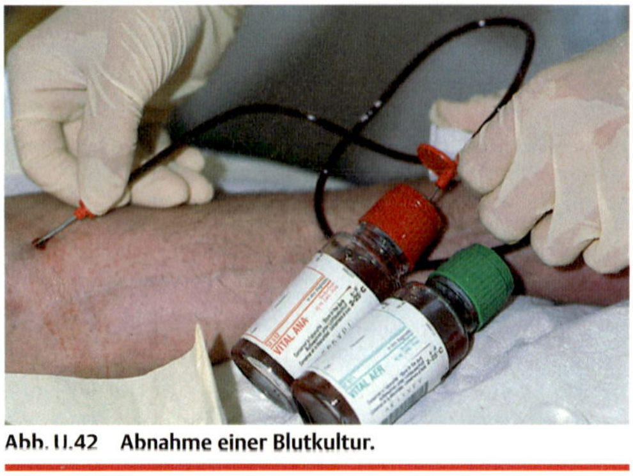

Abb. U.42 Abnahme einer Blutkultur.

Der Befund bzgl. der Mikroorganismen (z. B. gramnegative Stäbchenbakterien) wird den behandelnden Ärzten gemeldet, damit diese z. B. passende Antibiotika auswählen oder eine bestehende Therapie anpassen können. Anschließend werden die Erreger weiter differenziert und gegen verschiedene Antibiotika getestet.

Nachweis von Antikörpern
Antikörper werden von bestimmten Zellen des Knochenmarks gebildet. Sie richten sich gelegentlich aber nicht nur gegen Erreger, sondern auch gegen das körpereigene Gewebe.

ELISA. Für einen Antikörpernachweis stehen verschiedene Testsysteme wie der sog. ELISA (enzyme linked immunosorbent assay), zur Verfügung. Beim ELISA sind die zu den gesuchten Antikörpern passenden Antigene auf einer Trägerplatte aufgebracht. Die Trägerplatte wird mit Patientenserum überschichtet. Evtl. vorhandene Antikörper aus dem Patientenserum binden an die Antigene auf dem Trägermedium. Der Überstand wird abgeschüttet und die Platte sorgfältig abgewaschen. Übrig bleiben die Antikörper aus dem menschlichen Serum, die an die Antigene auf der Trägerplatte gebunden haben. Man weist diese mit einem weiteren, enzymmarkierten Antikörper nach, der gegen die menschlichen Antikörper gerichtet ist und der über eine enzymatische Reaktion detektiert werden kann.

Titerbestimmung. Durch Anfertigen einer Verdünnungsreihe wird der Titer bestimmt, der die Menge an vorhandenen Antikörpern im Blut des Patienten angibt. Durch Unterscheidung von Immunglobulin G (IgG) und Immunglobulin M (IgM) kann ermittelt werden, ob eine akute Infektion (hoher oder steigender Gehalt an IgM) oder eine ältere Infektion (IgG) vorliegt.

Agglutinationstests. Eine andere Möglichkeit zum Antikörpernachweis sind sog. Agglutinationstests, die z. B. vor einer Bluttransfusion durchgeführt werden (**Abb. U.43**). Beim unmittelbar vor der Transfusion durchzuführenden Bedside-Test wird auf einer Pappkarte Blut des Patienten in farbige und mit Blutgruppenmerkmalen (AB0-System) beschrifteten Feldern verstrichen. Diese sind mit entsprechenden Antikörpern beschichtet, sodass eine Verklumpung der aufgebrachten Erythrozyten eine positive Reaktion anzeigt. Auch die zuvor im Labor durchgeführte Kreuzprobe gehört zu den Agglutinationstests. Agglutinationstests können mit dem bloßen Auge oder einer Lupenvergrößerung ausgewertet werden.

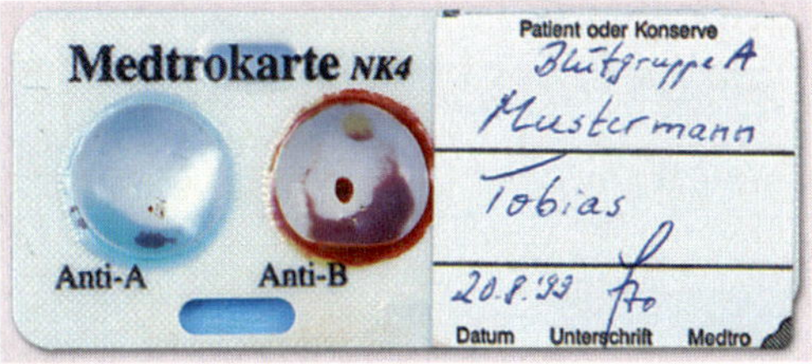

Abb. U.43 Agglutinationstest. Im linken, blauen Testfeld (Anti-A) bildete sich ein kleines Blutgerinnsel. Im rechten, roten Testfeld (Anti-B) fand keine Reaktion statt. Der Patient hat also Blutgruppe A.

Polymerasekettenreaktion – Ein molekularbiologisches Untersuchungsverfahren

Die Polymerasekettenreaktion (PCR) ist ein molekularbiologisches Untersuchungsverfahren, bei dem Stücke der menschlichen DNA untersucht und auch Erreger im Blut nachgewiesen werden können. Kurze DNA-Fragmente binden spezifisch an die DNA und rahmen einen bestimmten Bereich ein, der in vielen Reaktionszyklen mit unterschiedlichen Temperaturen exponentiell vermehrt wird. Anschließend kann z. B. die Größe des PCR-Produktes bestimmt werden, nachdem es, proportional zu seiner Größe, im elektrischen Feld durch eine Gelmatrix gewandert ist. Ein Größenvergleich verschiedener Produkte kann dann z. B. Hinweise auf einen bestimmten Parasiten geben.

Beurteilung der aktuellen Stoffwechselsituation

Diese Untersuchung wird an Kapillarblut durchgeführt. Beispiele sind:

- Zuckertest mit Streifen (**Abb. U.44**),
- Laktatnachweis.

Das Kapillarblut wird nach Lanzettenstich aus der Fingerbeere oder dem Ohrläppchen gewonnen. Seinen Namen hat es von den früher zum Aufnehmen verwendeten Glaskapillaren oder von den kleinsten Blutgefäßen in der Haut, die ebenfalls als Kapillaren bezeichnet werden.

Kapillarblut dient heute meist der mehrmals täglichen Blutzuckermessung auf Station oder zu Hause. Im Krankenhaus kann der Verlauf von metabolischen Azidosen durch Laktatbestimmung verfolgt werden. Da das Blut ohne große Vorbereitung leicht zu gewinnen ist und heute automatisch untersucht werden kann, wird es gerne für therapiebegleitende Erfolgskontrollen verwendet. Je nach Ergebnis kann dann die Therapie (z. B. Insulingabe) angepasst werden.

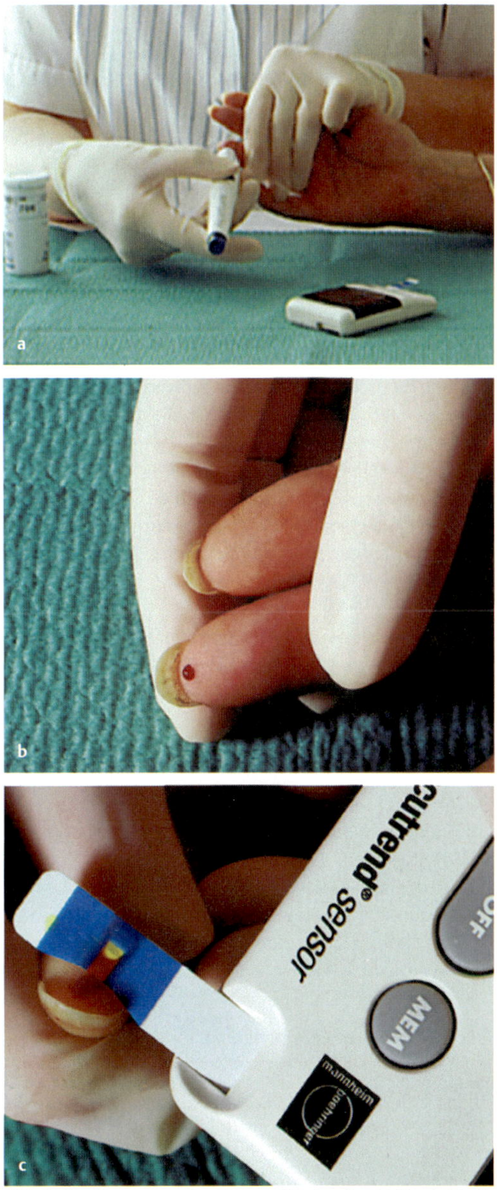

Abb. U.44 Blutzuckerschnelltest. a Mit einer Stechhilfe wird in die Fingerbeere gestochen. **b** Diese Menge eines hängenden Bluttropfens reicht für die Blutzuckerbestimmung aus. **c** Der Bluttropfen wird vom Teststreifen selbstständig aufgesogen.

Untersuchungen aus Plasma oder Serum

Die folgenden Untersuchungen werden mit Plasma, das nach der Gerinnung gewonnen wird, und Serum, bei dem die Blutzellen durch Zentrifugation abgetrennt wurden, durchgeführt.

Stoffwechselparameter. Der Stoffwechsel von Organen und Muskeln wird z. B. überprüft durch:

- Nachweis von Schadensindikatoren (z. B. Enzyme bei → Herzinfarkt),
- Hormone (z. B. Schilddrüsenhormone).

Wasser- und Eiweißhaushalt. Dieser wird überprüft durch:

- Elektrolyte (Natrium, Kalium, Eisen usw.),
- Proteinbestimmung (Gesamteiweiß, Eiweißfraktionen).

Entzündungen und Abwehrstatus. Diese werden bestimmt über:

- Entzündungsparameter (C-reaktives Protein, CRP),
- Antikörper:
  - Gesamtabwehrstatus (z. B. gesamtes Immunglobulin G),
  - Impferfolg,
  - Mutterschutz (Antikörper gegen ausgewählte Erreger wie → Röteln, → Toxoplasmose; Rhesusfaktor),
  - Infektionsdiagnostik (z. B. Nachweis von Immunglobulin M als Zeichen der akuten Infektion),
  - Autoimmunerkrankungen.

Beispiele für sonstige Untersuchungen sind:

- Drug monitoring, um die notwendige Dosis zur Verabreichung von Medikamenten zu bestimmen,
- Bestimmung von sog. Tumormarkern, die mit dem Auftreten von → Tumoren assoziiert sind.

Stoffwechselparameter der Organe und Muskeln

Hier können je nach Indikation Blutfraktionen wie Plasma (Überstand nach Gerinnung der zellulären Bestandteile, Blutkuchen) oder Serum (Überstand nach Abtrennen der Zellen durch Zentrifugation), untersucht werden. Die Ergebnisse dienen einem schnellen Überblick über die Funktion einzelner Organe oder Organsysteme, indem entweder Enzyme, Steuerungshormone oder Abbauprodukte bestimmt werden.

Wird der Flüssigkeitshaushalt analysiert, geht es um das Gleichgewicht von Wasser- und Eiweißgehalt in Zellen, Geweben und Gefäßen. Dadurch wird auch der Elektrolytgehalt bestimmt, der ebenfalls von der Elektrolytaufnahme und der Nierenfunktion abhängt.

Tab. U.8 Parameter zur Bestimmung des Wasserhaushalts

Parameter	Normwerte	Probenmaterial
Gesamteiweiß	62 – 82 g/l	Serum
Osmolarität	280 – 295 mosmol/kg	Serum

Flüssigkeitshaushalt und Elektrolyte

Der menschliche Körper besteht zu einem wesentlichen Teil aus Wasser. Dieses befindet sich in Blutplasma, Lymphe und Gewebe. Orientierende Auskunft über den Flüssigkeitshaushalt geben der Hämatokrit (**Tab. U.4**), das Gesamteiweiß und die Osmolalität (**Tab. U.8**). Die Wasserverteilung bestimmt auch den Anteil der Elektrolyte in Plasma und Gewebe.

Ein absoluter Mangel oder Überschuss einzelner Elektrolyte, z. B. durch die Ernährung oder mangelnde Ausscheidung, können für den Patienten gravierende Folgen bis hin zum Herzstillstand haben. Daher gehört die Bestimmung der Elektrolyte zum Standardlaborprogramm. Abweichungen von den Normwerten können auf weiter zu diagnostizierende Organstörungen oder fehlende Flüssigkeit hinweisen. Die wichtigsten Parameter sind in **Tab. U.9** dargestellt.

Fett- und Zuckerstoffwechsel

Viele Menschen in Europa sind heute überernährt. Hinzu gesellt sich häufig Bewegungsmangel. Diese Faktoren begünstigen die Entstehung von Stoffwechselstörungen. Doch diese Störungen können auch angeboren sein. Die

Tab. U.9 Routinemäßig bestimmte Elektrolyte

Parameter	Normwerte	Probenmaterial
Chlorid (Cl)	80 – 118 mmol/l	
Harnsäure	180 – 420 µmol/l	Serum, Plasma
Kalium (K)	3,6 – 4,8 mmol/l	Serum
Kalzium, gesamt (Ca ges.)	2,1 – 2,65 mmol/l	Serum, Li-Heparinat-Vollblut
Kalzium, frei (Ca)	1,15 – 1,35 mmol/l	Serum, Li-Heparinat-Vollblut
Magnesium (Mg)	0,7 – 1,1 mmol/l	Serum, Plasma
Natrium (Na)	132 – 145 mmol/l	Serum
Phosphat	0,87 – 1,67 mmol/l	Serum, Plasma
Eisen (Fe)	Mann 12,7 – 36 µmol/l Frau 11,1 – 31 µmol/l	Serum

Tab. U.10 Parameter des Fett- und Zuckerstoffwechsels

Parameter	Normwerte	Probenmaterial
Fettstoffwechsel		
Cholesterin	< 240 mg/dl	nüchtern Serum, Plasma
Triglyceride	50 – 200 mg/dl	nüchtern Serum, Plasma
Zuckerstoffwechsel		
Glukose	50 – 100 mg/100 ml	nüchtern Kapillarblut
Glukose	< 130 mg/100 ml	Kapillarblut

Bestimmung einiger Blutfettfraktionen und des Glukosegehalts geben Hinweise auf mögliche Erkrankungen.

Glukosebelastungstest. Die Patienten sollten morgens nüchtern einbestellt werden. Beim Glukosebelastungstest bekommt der Patient nach der Blutentnahme einen Trunk mit definiertem Glukoseanteil (75 g), um den Ausgangswert zu bestimmen. Anschließend wird die Reaktion der Blutglukosewerte auf diese Zuckerbelastung gemessen. Hierzu wird dem Patienten nach spätestens 120 Min., oft schon nach 30, 60 und 90 Min. Blut abgenommen und der Blutzuckerwert bestimmt. Außerdem wird festgestellt, ob der Urin Zucker enthält.

Der → Diabetes mellitus mit seinen ererbten und zunehmend – schon bei Kindern – erworbenen Formen ist heute keine Seltenheit mehr. Neben den aktuellen Werten der Blutglukose (**Tab. U.10**) interessieren bei behandelten Diabetikern Langzeitparameter, die den mittleren Blutglukosegehalt über mehrere Wochen abbilden.

Fettstoffwechsel. Cholesterin und Triglyceride stellen die Übersichtsparameter für den Fettstoffwechsel dar (**Tab. U.10**). Bei Auffälligkeiten, aber auch bei → Herzinfarkt oder → Hirninfarkt, folgt eine detaillierte Untersuchung weiterer Fraktionen. Bestimmt werden dann die high und low density Lipoproteine (HDL und LDL), eine Lipoproteinelektrophorese erlaubt einen Überblick über die Anteile der verschiedenen Fraktionen.

Beispiele für Organparameter

Natürlich ist es im Notfall sehr wichtig, direkt einen orientierenden Überblick über die Organfunktion zu bekommen. Aber auch bei Krankheiten oder chronischen Erkrankungen, wie → Kardiomyopathie oder → Hepatitis, geben die entsprechenden Parameter Auskunft über den Verlauf. Intervention und Therapie werden je nach Befund angepasst. In **Tab. U.11** sind die Normwerte angegeben.

Tab. U.11 Parameter verschiedener Organe

Parameter	Normwerte	Probenmaterial
Herz		
Iso-Kreatinkinase (CK-MB)	Vergleich der Ausgangsgröße mit dem Wert nach 6 und 24 Stunden	Serum, Li-Heparinatplasma
Laktatdehydrogenase (LDH)	< 240 U/l	Serum
Myoglobin	35 – 55 µg/l	Serum
Leber		
Gamma-Glutamyl-Transferase (γ-GT)	Mann < 60 U/l Frau < 40 U/l	Vollblut; EDTA- und Heparinblut
Glutamat-Pyruvat-Transaminase (GPT), jetzt Alanin-Aminotransferase (ALT) genannt	< 23 U/l bei 25 °C < 50 U/l bei 37 °C	Serum, Plasma
Glutamat-Oxalazetat-Transaminase (GOT), jetzt Aspartat-Aminotransferase (AST)	< 17 U/l bei 25 °C < 50 U/l bei 37 °C	Serum, Plasma
Laktat	1,0 – 1,8 mmol/l	Kapillarblut
Niere		
Harnstoff und Im	2 – 8 mmol/l	nüchtern Serum, Plasma
Kreatinin	Mann 62 – 106 µmol/l Frau 53 – 97 µmol/l	Serum, Plasma
Pankreas		
Lipase	< 190 U/l	Serum

Herz. Besonders wichtig ist hier die schnelle unterstützende Labordiagnose des → Herzinfarkts, z. B. mit den Enzymen Iso-Kreatinkinase (CK-MB) und Laktatdehydrogenase. Als Frühindikator gilt der Anstieg des Myoglobins in den ersten Stunden nach einem Infarkt. Auch verschiedene → Kardiomyopathien können mittels Labordiagnostik diagnostiziert werden.

Leber. Der empfindlichste Indikator für das „Wohlbefinden" der Leber ist das Enzym Gamma-Glutamyl-Transferase. Die Transaminasen Glutamat-Pyruvat-Transaminase (GPT), Alanin-Aminotransferase, Glutamat-Oxalazetat-Transaminase (GOT) und Aspartat-Aminotransferase vervollständigen das Bild. Laktat wird bei Verdacht auf Leberversagen bestimmt.

Niere. Die Ausscheidungsfunktion der Niere kann anhand des Harnstoff- und Kreatiningehalts überprüft werden. Im Verdachtsfall schließen sich weitere Untersuchungen des Harnes und des Bluts, z. B. die Kreatinin-Clearance, an.

Pankreas. Die Funktion der Bauchspeicheldrüse kann orientierend mit Analyse der Lipaseaktivität geprüft werden. Bei Verdacht schließen sich weitere Tests an.

Schilddrüse und Nebenschilddrüse. Fehlfunktionen dieser Hormonproduzenten unter den Organen haben weit reichende Folgen. Die Hypothyreose (Schilddrüsenunterfunktion) verlangsamt die Funktionen des Menschen bis hin zum Kretinismus, Hyperthyreose führt dagegen zu innerer Unruhe bis hin zum Kreislaufzusammenbruch. Mit Thyroxin und dem von der Hypophyse stammenden thyreoideastimulierendem Hormon (TSH) wird die Funktion der Schilddrüse geprüft. Die Nebenschilddrüse nimmt entscheidenden Einfluss auf den Kalzium- und damit auf den Knochenstoffwechsel. Hier ist Parathormon der Analyt.

Untersuchungen aus Knochenmark

Untersuchungen, die am Knochenmark durchgeführt werden, betreffen z. B.:

- blutbildende Zellen,
- Zellbildung: Stammzellen, Zellen der körpereigenen Abwehr, Erythrozyten.
- Typisierung für Transplantationen.

Indikation. Untersuchungen des Knochenmarks werden durchgeführt, wenn der Verdacht auf eine massive Störung der Blutbildung (für alle Zellgruppen möglich) besteht. Dies ist z. B. bei der Leukämie (→ akute Leukämie) oder → Anämie der Fall, kann aber z. B. auch die Folge ei-

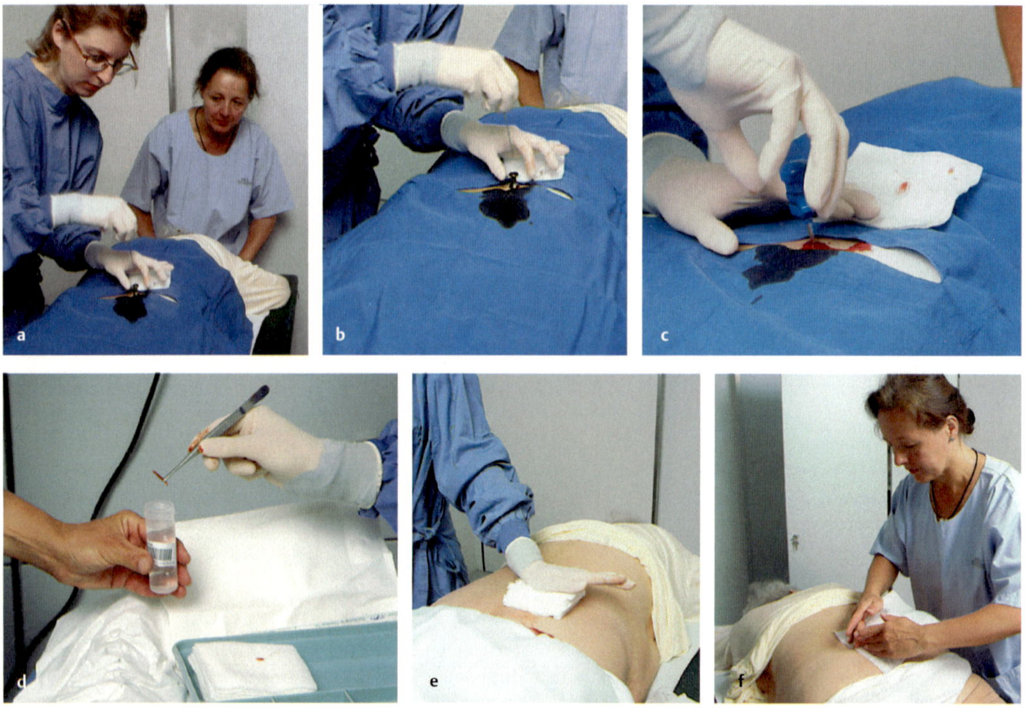

Abb. U.45 Durchführung einer Knochenmarkspunktion. a Die Punktionskanüle wird in den Beckenkamm eingestochen. **b** Eine Spritze wird auf die Punktionskanüle aufgesetzt. Damit aspiriert der Arzt Knochenmark. **c** Mit der Stanznadel wird in den Beckenkamm eingestochen, die Kanüle wird entfernt. **d** Das entnommene Material wird in die bereitgestellte Fixierlösung gegeben. **e** Die Punktionsstelle muss mindestens 3 Min. lanq komprimiert werden. **f** Anschließend wird die Einstichstelle mit einem Druckverband versorgt.

ner Benzolvergiftung sein. Außerdem können Erkrankungen des Knochenmarks, wie die Knochenmarksfibrose, diagnostiziert werden.

Durchführung. Eine Knochenmarkspunktion ist ein kleiner Eingriff. Der Patient wird aufgeklärt und seitlich gelagert. Probengefäße mit Formaldehyd stehen bereit. Die Haut wird sorgfältig desinfiziert und steril abgedeckt. Nachdem die Wirkung des Lokalanästhetikums eingetreten ist und nach einem kleinen Hautschnitt, wird mittels einer Stanze das Knochenmark, i.d.R. aus dem hinteren Beckenkamm des Patienten gewonnen und in die Probengefäße gegeben (**Abb. U.45**).

Das Knochenmark wird ausgestanzt und/oder angesaugt (Aspiration). Im Labor wird es dann histologisch aufbereitet und gefärbt, um die verschiedenen Zelltypen in ihren unterschiedlichen Reifestadien darzustellen.

Knochenmark, aus dem Stammzellen für eine autologe Stammzelltherapie gewonnen werden sollen, darf nicht in Formaldehyd gegeben werden (**Abb. U.46**). Dieses Knochenmark wird als Pharmarohstoff aufbereitet und versendet.

Nachbereitung. Durch Kompression wird eine Nachblutung reduziert. Der Patient hält noch ein paar Stunden Bettruhe.

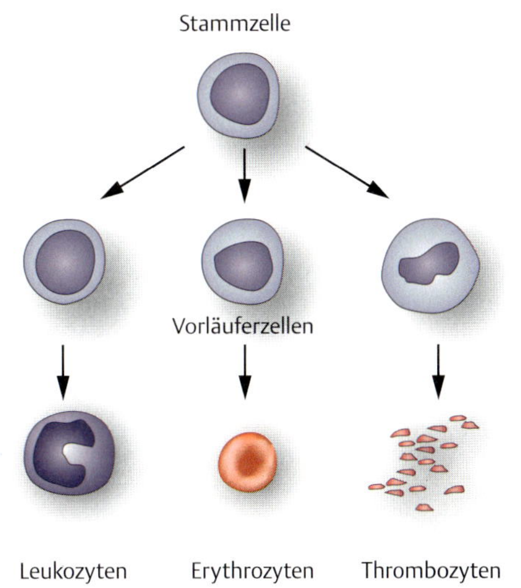

Abb. U.46 Physiologie. Alle Blutkörperchen entstehen aus gemeinsamen Stammzellen, die sich aber schon in der Embryonalzeit zu spezialisieren beginnen. Im Knochenmark liegen alle Vorstufen nebeneinander vor.

Untersuchungen des Darms

Der Darm wird mit folgenden Bild gebenden oder endoskopischen Methoden ausführlich untersucht:

- Abdomenübersichtsaufnahme,
- Dünndarm-Doppelkontrastdarstellung,
- Koloskopie,
- Proktoskopie,
- Duodenoskopie,
- Kolonkontrasteinlauf.

Abdomenübersichtsaufnahme

Definition

Die Abdomenübersichtsaufnahme ist ein röntgenologisches, Bild gebendes Verfahren zum Nachweis freier Luft im Bauchraum. Sie gehört zur Standarduntersuchung und ist eine schmerzlose, schnelle Möglichkeit, um lebensbedrohliche Erkrankungen zu diagnostizieren. Die Aufnahme kann im Stehen, in Rücken- oder Linksseitenlage durchgeführt werden.

Indikation und Prinzip

Der Verdacht auf eine Magen-Darm-Perforation ist die Hauptindikation für eine solche Untersuchung. In der Abdomenleeraufnahme sind die Strukturen des Bauchraums aufgrund der Dichteunterschiede sichtbar.

Durchführung

Die Abdomenleeraufnahme sollte den Bereich zwischen den Zwerchfellkuppeln und dem Schambein abbilden. Bei der Aufnahme im Stehen ist nichts Besonderes zu beachten. In Linksseitenlage sollte der Patient allerdings zehn Minuten liegen bevor die Aufnahme erfolgt, damit sich mögliche freie Luft im Abdomen sammeln kann. Bei bettlägerigen Patienten kommt die Aufnahme in Rückenlage zur Anwendung. Es ist keine besondere Nachbereitung notwendig.

Bewertung

In einem luftfreien Abdomen bilden alle Bauchorgane graue Schatten. Mit Aufnahmen in Rücken- oder Bauchlage werden besonders intraabdominelle Raumforderungen durch →Tumoren, →Abszesse oder →Hämatome nachgewiesen. Ebenso sind Nieren- und Gallensteine (→Nephrolithiasis, →Cholelithiasis), Verkalkung bei chronischer →Pankreatitis, Gefäßverkalkungen und auch verschluckte Fremdkörper erkennbar (**Abb. U.47**).

Freie Luft- oder Flüssigkeitsansammlungen lassen sich ebenfalls in Rückenlage beurteilen, z. B. die Darmgasverteilung in den einzelnen Darmabschnitten. Eine Magen-Darm-Perforation macht sich durch Luftsicheln unter dem Zwerchfell bemerkbar. Bei einem →Ileus (Darmverschluss) kann man in den Darmschlingen einen typischen „Spiegel" zwischen Flüssigkeit und Luft erkennen (**Abb. U.48**).

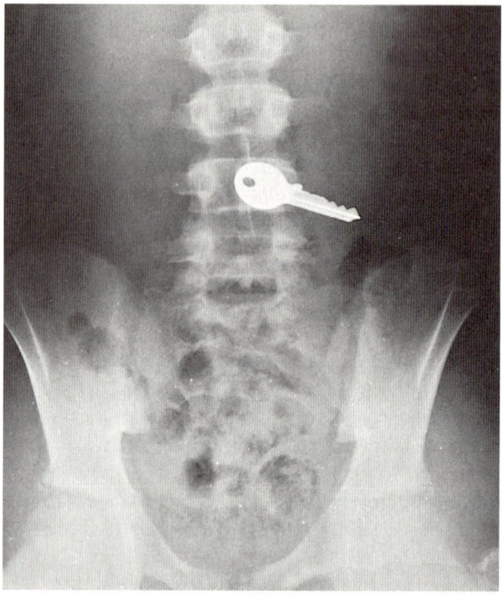

Abb. U.47 Verschluckte Fremdkörper. Röntgenologische Lokalisation eines verschluckten Schlüssels.

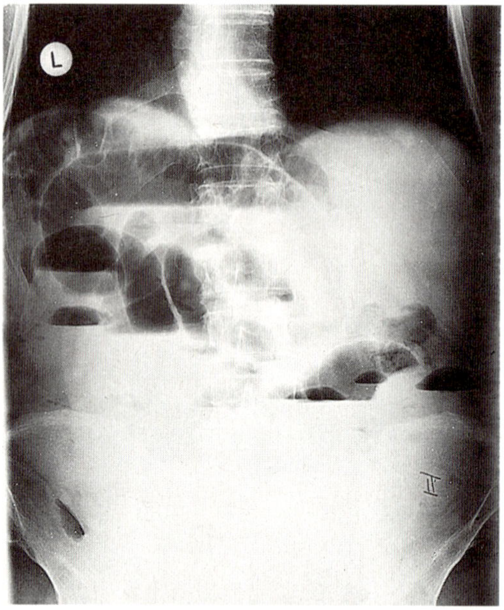

Abb. U.48 Ileus in der Abdomenleeraufnahme. In den geblähten Dünndarmschlingen sind „Spiegel" zwischen Flüssigkeit und Luft erkennbar.

In Linksseitenlage lassen sich insbesondere Verlagerungen der freien Luft im Bauchraum erkennen. Auch geringere Luftmengen sind hier besser sichtbar.

Dünndarm-Doppelkontrastdarstellung

Definition

Die Dünndarm-Doppelkontrastdarstellung (nach Sellink), auch Doppelkontrasteinlauf genannt, ist ein Bild gebendes Verfahren zum Nachweis von auch geringsten Veränderungen der Darmwand. Dabei wird ein Kontrastmittel appliziert, das die Darmwand bei der Durchleuchtung sichtbar macht.

Durch die Einbringung von zusätzlicher Luft durch einen Magenschlauch oder mittels Granulaten oder Pulver (s. Indikation und Prinzip) kann es bei dieser Untersuchungsmethode zu unangenehmen Blähungsgefühlen und zwickenden Bauchschmerzen kommen.

Das Verfahren wird als „Doppelkontrastverfahren" bezeichnet, weil das Kontrastmittel auf der Röntgenaufnahme fast weiß erscheint, die eingeblasene Luft hingegen nahezu schwarz.

Indikation und Prinzip

Mit diesem Verfahren ist es möglich, Darmwandveränderungen durch → Tumoren, Entzündungen oder Anomalien in den einzelnen Dünndarmabschnitten darzustellen (**Abb. U.49**). Dabei wird über ein Endoskop im Bereich des oberen Dünndarms das Kontrastmittel eingebracht. Die Luft im Magen-Darm-Trakt entsteht durch die Gabe von Gas bildenden Granulaten oder Pulver (z. B. 1 g Natriumbicarbonat) sowie eine entsprechende Menge an Zitronensäure. Ansonsten kann dem Magen Luft nur über eine Magensonde zugeführt werden. Es werden Aufnahmen in verschiedenen Positionen angefertigt.

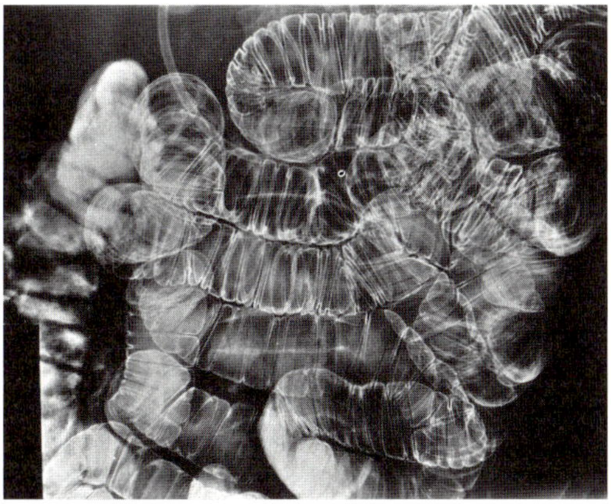

Abb. U.49 Doppelkontrastuntersuchung nach Sellink. Darstellung des Dünndarms bei anteroposteriorem Strahlengang (Strahlenquelle vor dem Patienten, Bildfolie hinter dem Patienten). Ansicht von ventral. Das Bild zeigt einen Normalbefund.

Das Kontrastmittel bindet hauchdünn an die Darmwand und auch an Darmpolypen (→ Polyposis intestinalis), während die Luft im so genannten Darmlumen verbleibt. In der Schwarz-Weiß-Darstellung kann man Veränderungen an der Darmwand sehr gut erkennen. Weißliche Darmpolypen ragen in das Darmlumen hinein und grenzen sich gegen die schwarze Luftumgebung ab.

Durchführung

Vor dieser Untersuchung ist eine vollständige Darmentleerung notwendig. Am Untersuchungstag erhält der Patient dafür ein Abführmittel (z. B. X-Prep) und reichlich flüssige Kost (drei Liter). Am Vortag oder kurz vor der Untersuchung kann noch ein Einlauf durchgeführt werden.

Der Patient sollte am Untersuchungstag vollkommen nüchtern sein, Zahnprothesen sind zu entfernen. Als Erstes erhält der Patient eine Rachen- oder Nasenschleimhautbetäubung mittels eines Sprays oder Gels (Lokalanästhetikum). Es können Atropin (als Nervus-vagus-Schutz) oder Spasmolytika (Krampflöser) i. m. oder i. v. appliziert werden.

Danach wird durch Mund oder Nase eine dünne Sonde bis in den oberen Teil des Dünndarms vorgeschoben. Dort angekommen, wird mittels eines Pumpensystems unter Röntgensicht ein Kontrastbrei mit Bariumsulfat und in Wasser gelöster Zellulose in den Dünndarm gespült. Über einen Magenschlauch oder mittels spezieller Granulate wird in den Dünndarm Luft eingeblasen. Um die Darmwand optimal beurteilen zu können, werden Zielaufnahmen des Dünndarms in verschiedenen Körperpositionen angefertigt.

Nachbereitung

Nach der Untersuchung soll der Patient reichlich trinken, um einer Verstopfung durch das Kontrastmittel vorzubeugen. Eine Weißfärbung des Stuhles ist durch das Kontrastmittel bedingt.

Bewertung

Eine gesunde Darmwand ist nicht uneben, sondern glatt. Die geblähten Darmschlingen mit den einzelnen Abschnitten sind gut zu erkennen. Eine erkrankte Darmwand ist uneben und es können Aussparungen des Kontrastmittels sichtbar sein.

Die Doppelkontrastuntersuchung des Dünndarms ist ein risikoarmes Verfahren. Selten kann es zu Übelkeit, Durchfall oder Krämpfen kommen. Bei einer bestehenden Allergie auf das Kontrastmittel darf die Untersuchung nicht durchgeführt werden. Dieses Verfahren ist besser für eine Beurteilung der Schleimhaut geeignet als die komplette Kontrastmittelfüllung im Darm.

Koloskopie

Definition

Die Koloskopie ist eine endoskopische Methode zur Untersuchung des Dickdarms und ggf. des endenden Dünndarms. Dabei wird ein flexibler Gummischlauch mit einer Optik über den Analkanal in den Dickdarm vorgeschoben. Dieses kann in Einzelfällen auch unter Röntgenkontrolle geschehen.

Der Patient empfindet die Untersuchung u. U. als unangenehm. Durch die neuesten, flexiblen Endoskope sind die Untersuchungen jedoch weniger traumatisch. Vor der Untersuchung werden i.d.R. Beruhigungsmittel oder schmerzlindernde Medikamente verabreicht, seltener wird eine kurze Narkose notwendig.

Indikation und Prinzip

Während der Dickdarmspiegelung wird die Darmwand auf mögliche Veränderungen durch Tumoren, Polypen, Stenosen oder Blutungsquellen hin untersucht (**Abb. U.50**). Weiterhin dient die Untersuchung der Abklärung von Stuhlgangsunregelmäßigkeiten oder unklaren Bauchschmerzen durch Darmerkrankungen wie → Morbus Crohn oder → Colitis ulcerosa.

Werden Blutungsquellen gefunden, kann die Blutung über das Endoskop gestillt und Polypen mit einer Schlinge abgetragen werden. In vielen Fällen wird durch eine Biopsie (Gewebeprobe) die Diagnosesicherung vorgenommen.

Durchführung

Als Erstes wird der Patient über diese Untersuchung samt möglicher Polypenentfernung aufgeklärt. Der Gerinnungsstatus sollte im Normbereich liegen.

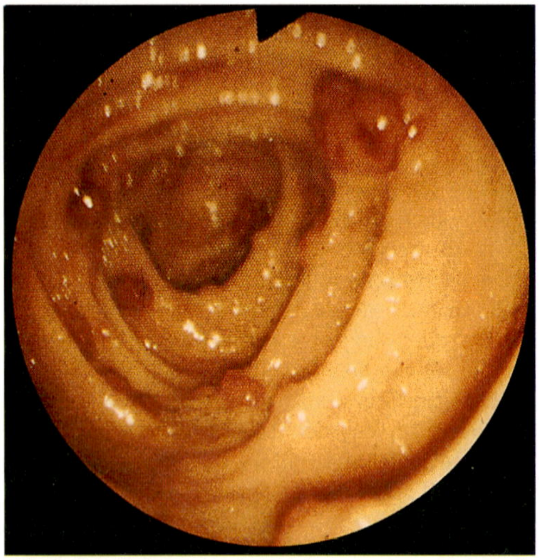

Abb. U.50 Koloskopie. Bei der Dickdarmspiegelung wurden mehrere Dickdarmpolypen gefunden.

Zwei Tage vor der Untersuchung muss der Patient (außer bei Darmobstruktionen) mit einem stark wirksamen Abführmittel (z. B. X-Prep oder Makrogol) abgeführt haben. Die Gefahr einer Elektrolyt- oder Flüssigkeitsverschiebung ist bei diesen Substanzen relativ gering. So können auch herzinsuffiziente Patienten unter Vorsicht behandelt werden. Anschließend nimmt der Patient nur (ballaststoffreiche) klare Brühe und Tee zu sich und muss 2 – 3 Liter trinken. Am Vortag der Untersuchung wird noch einmal abgeführt und abends ein hoher Einlauf durchgeführt. Es ist auch möglich ein zusätzliches Abführmittel (z. B. Dulcolax) statt der Klistiere zu applizieren. Die Prämedikation kann mit dem Beruhigungsmittel Midazolam erfolgen.

Am Untersuchungstag werden noch einmal zwei Klistiere gereicht, um den Darm auf die Untersuchung vorzubereiten. Die Pulsoxymetrie wird angeschlossen und ein Überwachungsprotokoll angelegt. In Linksseitenlagerung werden zunächst die äußere Inspektion und eine digitale Austastung vorgenommen. Das Sichtgerät wird vorsichtig in den Analkanal gesteckt. Das Gerät wird nun weiter, unter ständiger Begradigung durch die Assistenz eines Pflegenden, bis zum Zäkum (vorderer Abschnitt des Dickdarms) geschoben. Durch die Drehung und Streckung des Endoskops werden die Schlaufen, die vor allem im S-förmigen Kolon (Sigmaschleife) auftreten, begradigt. Bei der Untersuchung kann gespült und abgesaugt werden. Außerdem sind endoskopisch-operative Eingriffe möglich. Weiterhin können Biopsiezangen, Elektroschlingen oder Injektionskanülen benutzt werden. Videoaufzeichnungsgeräte oder Farbdrucker stehen zur Dokumentation zur Verfügung.

Es kann sein, dass bei aller Mühe eine vollständige Koloskopie durch Verwachsungen oder besondere Schlingenbildung und Schmerzen des Patienten nicht möglich ist. Um eine schmerzhafte Stelle zu überwinden, können zusätzliche Schmerzmittel gegeben werden.

Nachbereitung

Die gewonnenen Gewebeproben werden im Labor histologisch auf Bösartigkeit untersucht. Der Patient sollte nach der Untersuchung für ca. zwei Stunden engmaschig überwacht werden. Als Komplikationen können Blutungen, Perforationen oder Schmerzen auftreten.

Nach zwei bis drei Stunden darf der Patient wieder essen, wenn keine Tumoren oder Biopsien entnommen wurden und auch keine Gefahr einer Aspiration durch vorherige Gabe von Lokalanästhetika oder Sedierung mehr besteht.

Bewertung

Gegenüber radiologischen Untersuchungen liegt der Vorteil der Koloskopie in der Möglichkeit, Gewebeproben für histologische Untersuchungen entnehmen zu können.

Unter guten Bedingungen kann man bereits am Analkanal → Hämorrhoiden, Fissuren oder → Tumoren erkennen.

Außerdem sind während der ganzen Untersuchung endoskopisch-operative Eingriffe, z. B. Blutstillung, Mukosektomie (Abtragung von Mukosa bei Karzinomen), Polypektomie (Polypenabtragung), Stenteinlagen (Überbrückung bei Stenosen) und Lasertherapie von Tumoren durchführbar.

Proktoskopie

Definition

Eine Proktoskopie ist eine endoskopische Untersuchung, die es ermöglicht, den analnahen Darmabschnitt zu inspizieren. Mit einem kurzen, starren Rohr mit seitlicher Öffnung lassen sich → Hämorrhoiden und andere Erkrankungen in Afterbereich optimal darstellen und ggf. behandeln.

Indikation und Prinzip

Eine Proktoskopie ist bei Störungen und Erkrankungen wie Entzündungen und unklaren Blut- oder Schleimabgängen indiziert. Diese Methode eignet sich besonders bei Erkrankungen und Verletzungen der sensiblen Enddarmregion.

Durchführung

Wie für alle endoskopischen Untersuchungen müssen Gerinnungsstatus und die schriftliche Einverständniserklärung des Patienten vorliegen. Die Analregion sollte gründlich gesäubert werden, um optimale Untersuchungsbedingungen zu schaffen. Dafür bekommt der Patient eine Stunde vor der Untersuchung ein Klistier verabreicht. Weiter ist keine besondere Vorbereitung notwendig.

Nachbereitung

Es sollte auf das Allgemeinbefinden (RR, Puls, Schmerzen, Hautfarbe) sowie Veränderungen des Abdomens und der Stuhlausscheidung geachtet werden. Biopsien werden im Labor auf Bösartigkeit untersucht.

Bewertung

Der Arzt kann durch diese Methode → Hämorrhoiden des Enddarms diagnostizieren. Es wird auf Veränderung der Schleimhaut mit evtl. knotenförmigen Erweiterungen der Gefäße im Afterbereich geachtet. Weiterhin sind → Analfisteln (eiternde Gangsysteme), juckende Ekzeme oder Fissuren (kleine Einrisse) im Analbereich feststellbar.

Duodenoskopie

Definition

Bei der Duodenoskopie kann mittels eines flexiblen Endoskops der Zwölffingerdarm, meist in Zusammenhang mit Speiseröhre (Ösophagus) und Magen (Gaster), betrachtet werden. Wenn alle diese Untersuchungen zusammen durchgeführt werden, bezeichnet man sie als Ösophago-Gastro-Duodenoskopie (ÖGD). Diese Untersuchung kann durch den ausgelösten Brechreflex unangenehm sein.

Indikation und Prinzip

Diese Variante der Diagnostik eignet sich besonders, um Veränderungen der Darmwand in den drei genannten Abschnitten zu erkennen. Diagnostische Indikationen sind Dyspepsie (Reizmagen), Reflux (Sodbrennen) oder Dysphagie (Schluckstörungen), ebenso unklare Oberbauchbeschwerden und Tumorsuche.

Therapeutische Indikationen sind eine endoskopische Blutstillung, Polypektomie (Polypentfernung) oder die Entfernung verschluckter Fremdkörper. Die Duodenoskopie eignet sich auch zur Nachkontrolle von bereits bekannten Darmveränderungen.

Durchführung

Bei diesem Eingriff wird der Patient zunächst über den Untersuchungsverlauf aufgeklärt. Ein Gerinnungsstatus sollte bei Verdacht auf gastrointestinale Blutungen bestimmt werden. Der Patient muss ab dem Abend vorher nüchtern bleiben.

Kurz vor Beginn der Duodenoskopie erhält der Patient eine Prämedikation in Form von Psyquil (gegen Übelkeit), Dolantin (Schmerzmittel) und Atropin (Schutz des Vagusnervs). Zahnprothesen sollten herausgenommen werden. Der Rachenring kann mit einem Lokalanästhetikum betäubt werden.

Der Beißring wird eingesetzt und das Endoskop langsam in die Speiseröhre vorgeschoben. Hierbei kann schon die Speiseröhrenschleimhaut und der Mageneingang auf mögliche Veränderungen begutachtet werden. Finden sich im Magengrund und Magenausgang (Pförtner) keine Anomalien und Erkrankungen der Schleimhaut, wird das Endoskop vorsichtig bis in den Zwölffingerdarm (Duodenum) geschoben (**Abb. U.51**). Hier wird auf Polypen, Blutungen und Tumoren geachtet. Finden sich Polypen, können sie mit einer Schlinge entfernt werden. Blutungen lassen sich endoskopisch mit Laser- oder Elektrokoagulation behandeln.

Nachbereitung

Die durchgeführten Maßnahmen werden dokumentiert. Wegen der Rachenringanästhesie besteht eine einstündige Nahrungskarenz, die sich bei Biopsien bis auf 4 – 6 Std. ausweiten kann. Ambulante Patienten werden in den Ruheraum gebracht und für etwa eine Stunde kreislaufüberwacht (Pulsoxymetrie, O_2-Gabe, Absaugung, RR-Kontrolle usw.).

Nach der Polypektomie (Entfernung von Polypen) wird auf Nachblutungen und Schmerzäußerungen des Patienten geachtet. Der Polyp oder die Biopsie eines Tumors werden im Labor histologisch auf Bösartigkeit untersucht. Durch die Prämedikation ergibt sich eine Fahruntüchtigkeit für 24 Std.

Bewertung

Mit diesem Verfahren erhält man die Möglichkeit, die Darmwand zu diagnostizieren und ggf. eine Gewebepro-

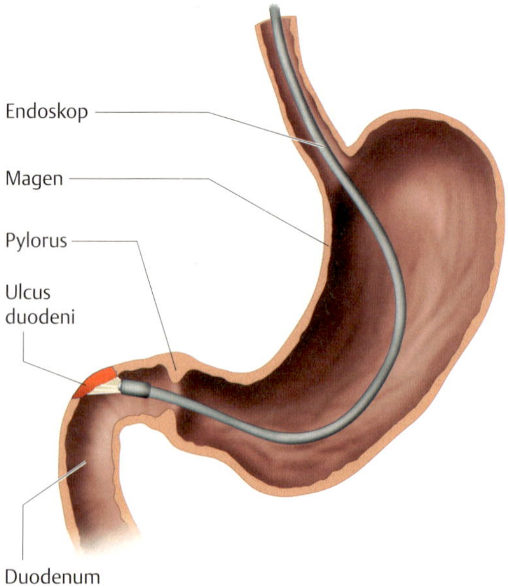

Abb. U.51 Duodenoskopie. Mit einem flexiblen Endoskop können Speiseröhre, Magen und Zwölffingerdarm untersucht werden.

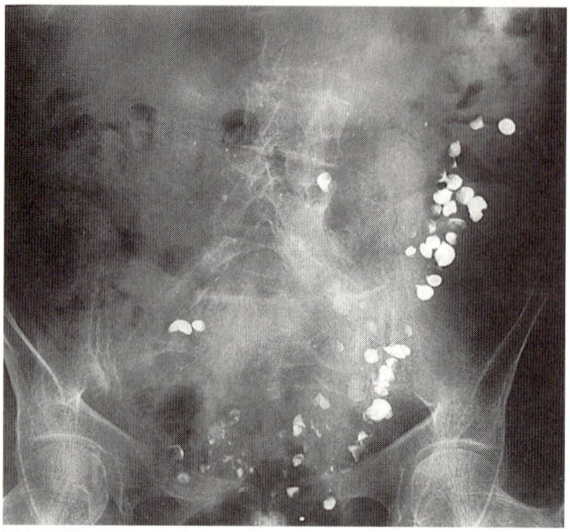

Abb. U.52 Röntgenkontrastmitteluntersuchung des Dickdarms. Mit Kontrastmittel gefüllte Kolondivertikel.

be entnehmen und histologisch auf Bösartigkeit untersuchen zu können.

Kolonkontrasteinlauf

Definition

Es handelt sich um ein Bild gebendes Verfahren, bei dem zur Darstellung des Dickdarms ein Kontrastmitteleinlauf verabreicht wird. Meistens wird diese Methode als Doppelkontrastuntersuchung durchgeführt. Der Vorteil der Untersuchung besteht darin, dass der gesamte Dickdarm einsehbar ist, was bei der endoskopischen Untersuchung nicht immer möglich ist.

Indikation und Prinzip

Bei dieser Röntgenkontrastmitteluntersuchung des Dickdarms beurteilt man die Beweglichkeit der einzelnen Organe und sucht vor allem nach Tumoren, Divertikeln, Entzündungen und Polypen (**Abb. U.52**). Diese lassen sich mit der Untersuchung überlagerungsfrei darstellen bzw. ausschließen. Der Radiologe fertigt dann Zielaufnahmen des Dickdarms in verschiedenen Körperpositionen an. Durch den Doppelkontrast entsteht ein fast plastisches Bild des Dickdarms. Polypen, Divertikel oder in das Darmlumen hineinragende Tumoren sind durch den Schwarz-Weiß-Kontrast sehr gut darstellbar.

Durchführung

Der Patient sollte zunächst über die seltenen Nebenwirkungen aufgeklärt werden, denn bei vorgeschädigtem Darm oder noch nicht verheilten Operationswunden besteht das Risiko, dass Kontrastmittel durch eine Undichtigkeit der Darmwand in den Bauchraum austritt. Als Vorsichtsmaßnahme wird dann ausschließlich wasserlösliches Kontrastmittel verwendet. Falls der Patient eine Allergie auf jodhaltige Stoffe hat, muss er dies vor der Untersuchung unbedingt angeben. Ebenso ist eine Überfunktion der Schilddrüse zu erfragen.

Zum Untersuchungsbeginn muss der Darm komplett entleert werden. Patienten führen dazu vor der Untersuchung oral (z. B. mit X-Prep) ab und bekommen danach nur noch flüssige Kost. Es sollen über drei Liter getrunken werden. Direkt vor der Untersuchung kann noch ein Reinigungseinlauf stattfinden. Dabei ist auf Veränderungen des Stuhlgangs (Blutauflagerungen usw.) zu achten.

Zu Beginn lässt man Kontrastbrei (barium- oder jodhaltiges, wasserlösliches Kontrastmittel) in den natürlichen Darmausgang des liegenden Patienten einlaufen. Vor der eigentlichen Doppelkontrastdarstellung wird möglichst viel Kontrastmittel wieder aus dem Dickdarm entfernt. Jetzt können Spasmolytika zur Darmentspannung gegeben werden. Durch vorsichtiges Einblasen von Luft dehnt sich der Dickdarm. Jetzt erscheint er durchsichtig und ist auf dem Röntgenbild komplett entfaltet. In der ersten viertel Stunde nach Beginn der Untersuchung ist auf Kontrastmittelunverträglichkeiten wie plötzlicher Juckreiz oder Unwohlsein zu achten.

Nachbereitung

Nach der Untersuchung soll eine Verstopfung durch Kontrastmittel verhindert werden, indem der Patient reichlich trinkt. Zusätzlich kann ein Abführmittel gegeben werden. Eine weißliche Verfärbung des Stuhlgangs ist normal.

Bewertung

Viele Patienten empfinden diese Untersuchung im Vergleich zu einer Darmspiegelung als weniger belastend. Bei einem auffälligen Befund kann beim Kolonkontrasteinlauf jedoch keine Gewebeprobe entnommen werden. Werden erst eine Darmspiegelung mit Biopsie und dann eine Kontrastmitteldarstellung durchgeführt, müssen mindestens drei Tage dazwischen liegen.

Untersuchungen in der Endoskopie

Definition

Endoskopie kann man mit „Innenspiegelung" übersetzen. Man versteht darunter die Ausleuchtung und Betrachtung verschiedener Organsysteme von innen (**Abb. U.53**). Dies geschieht mit Hilfe eines Endoskops. Untersuchungen mittels eines Endoskops finden heute in vielen Bereichen der Medizin statt, z. B.:

- Spiegelung des Magen-Darm-Trakts:
  - Speiseröhre (Ösophagoskopie),
  - Magen (Gastroskopie, S. 1261),
  - Zwölffingerdarm (Duodenoskopie, S. 1147), oft verbunden mit einer Röntgenuntersuchung der Gallengänge und des Pankreasganges (ERCP, S. 1222),
  - Dünndarmspiegelung (Enteroskopie),
  - Dickdarmspiegelung (Proktoskopie S. 1147, Rektoskopie, Sigmoidoskopie, Koloskopie, S. 1146).

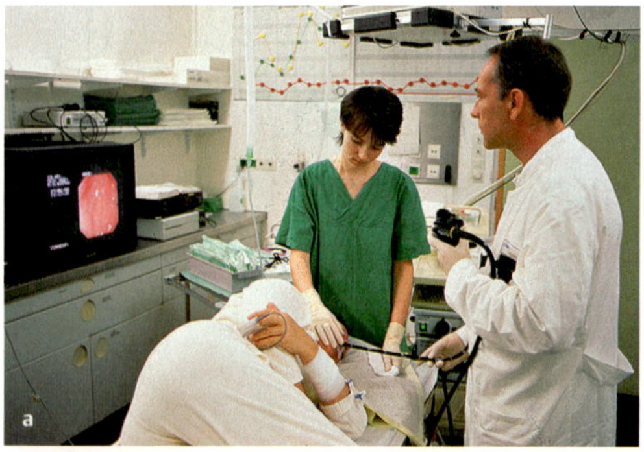

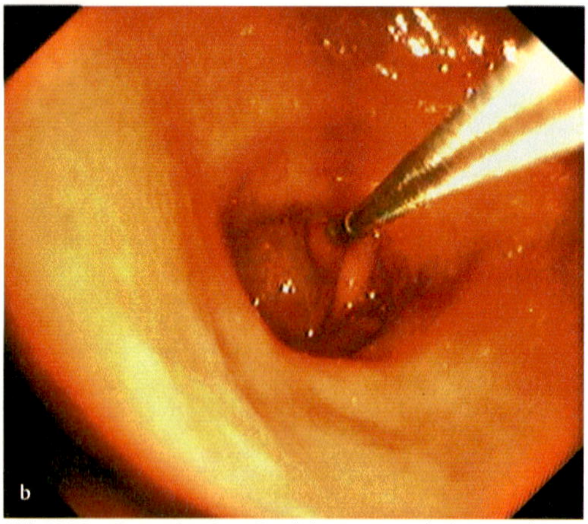

Abb. U.53 Gastroskopie. a Durch biegsame Endoskope ist die Betrachtung des Körperinneren, wie hier z. B. bei einer Magenspiegelung, möglich. **b** Während der Spiegelung können mit einer Zange Proben von der Schleimhaut entnommen werden.

- Spiegelung des Atmungssystems:
  - Kehlkopfspiegelung (Laryngoskopie, S. 1187),
  - Luftröhrenspiegelung (Bronchoskopie, S. 1113).
- Spiegelung der Gelenke:
  - Gelenkspiegelung (Arthroskopie, S. 1128).
- Spiegelung des Harnsystems:
  - Harnblasenspiegelung (Urethrozystoskopie, S. 1258),
  - Harnleiterspiegelung (Ureterorenoskopie, S. 1256).
- Spiegelung anderer Organe:
  - Spiegelung der Vagina (Scheide) und des in der Vagina gelegenen Muttermundes (Kolposkopie, S. 1156),
  - Gebärmutterspiegelung (Hysteroskopie),
  - Bauchhöhlenspiegelung (Laparoskopie, S. 1122).

Im weiteren Sinne zählen zur Endoskopie auch:

- Nasenspiegelung (Rhinoskopie, S. 1233) mit dem Spekulum oder flexiblen Rhinoskop,
- Spiegelung des Rachenraums (Pharyngoskopie, S. 1186) mit einem Laryngoskop,
- Gehörgangs- und Trommelfellspiegelung mit einem Otoskop (Otoskopie, S. 1265).

Besondere Formen der Endoskopie sind Folgende.

Endosonografie. Bei dieser „Ultraschalluntersuchung von innen" sitzt am Ende des Endoskops ein Schallkopf, der mit einer Art Wasserballon überzogen ist. Mit Hilfe dieser Methode kann z. B. die Tiefenausdehnung eines → Tumors in der Speiseröhre festgestellt werden.

Kapselendoskopie. Nach einer Darmreinigung schluckt der Patient eine kleine verkapselte Mikrokamera (**Abb. U.54**). Diese wandert durch den gesamten Verdauungstrakt und macht Aufnahmen, welche anschließend

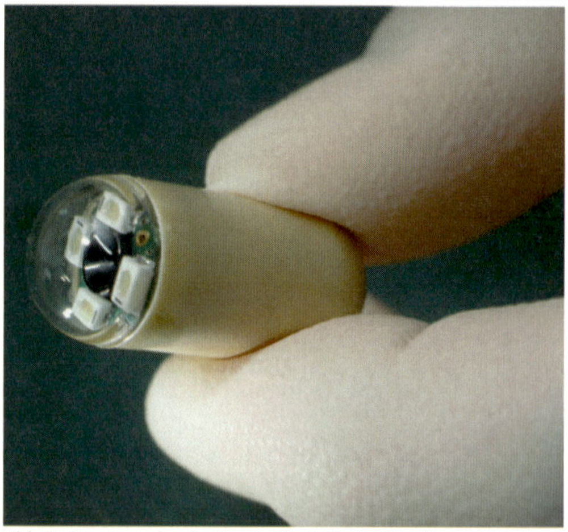

Abb. U.54 Kapselendoskopie. Der Patient schluckt eine kleine verkapselte Mikrokamera, die auf ihrem Weg durch den Darmtrakt Aufnahmen anfertigt.

ausgewertet werden können. Diese Methode ist besonders für die Untersuchung des Dünndarms hilfreich, denn bisher ist eine vollständige Spiegelung dieses Darmabschnittes nicht möglich.

Virtuelle Koloskopie. Nach der Darmreinigung werden, ähnlich wie bei einer Computertomografie, Schichtaufnahmen vom Dickdarm gemacht. Diese werden am Computer zu einem dreidimensionalen Bild verarbeitet. Die Unannehmlichkeiten einer endoskopischen Untersuchung bleiben dem Patienten erspart. Allerdings sind hier, wie bei der Kapselendoskopie, keine diagnostischen oder therapeutischen Eingriffe möglich.

Indikation und Prinzip

Endoskopische Untersuchungen ermöglichen ein weites Feld an Diagnostik und Therapie. Die Bandbreite reicht von reiner Betrachtung über Tumordiagnostik bis zu kleineren operativen Eingriffen, z. B.:

- Entnahme einer Gewebsprobe (Biopsie), z. B. bei der feingeweblichen Untersuchung zum Ausschluss einer bösartigen Veränderung (s. **Abb. U.53**),
- Absaugen, z. B. bei einer massiven Magenblutung, Spülung der Luftwege im Rahmen einer Bronchoskopie,
- Blutstillung, z. B. bei einem blutenden Magengeschwür,
- Steinentfernung, z. B. bei der Entfernung von Gallensteinen im Zuge einer ERCP (endoskopische retrograde Cholangiopankreatikografie) oder von Nierensteinen aus Harnblase oder Harnleiter während einer Harnblasen- oder Harnleiterspiegelung,
- Entfernung von Fremdkörpern, z. B. einer Murmel aus einem Nasenloch oder den Bronchien,
- Tubuseinlage, z. B. bei einem einengend wachsenden Tumor (z. B. in der Speiseröhre, den Bronchien oder Gallenwegen),
- operative Eingriffe, z. B. einer operativen Versorgung eines Kreuzbandrisses am Knie oder der Entfernung defekter Menisken,
- Entfernung von Gewebe, z. B. die endoskopische Abtragung eines Polypen im Darm,
- Platzierung von Ernährungssonden, z. B. die Einlage einer PEG (perkutane endoskopische Gastrostomie),
- Eröffnung von Engstellen, z. B. Schlitzen der Papille im Zwölffingerdarm bei Steineinklemmung,
- Kontrastmittelabgabe, z. B. Einspritzen von Kontrastmittel in die Pankreas- und Gallengänge im Rahmen einer ERCP.

Man unterscheidet zwischen starren und flexiblen Endoskopen.

Starre Endoskope. Sie erinnern an ein dünnes Metallrohr. Sie sind entweder mit einer Vergrößerungsoptik versehen, daher auch der Ausdruck „Spiegeln", oder mit Optik zur Bildübertragung auf einen Monitor. Sie werden heute nur noch bei wenigen Untersuchungen verwendet, z. B. bei der Rektoskopie oder der Arthroskopie.

Flexible Endoskope. Sie werden i. d. R. verwendet. Im Prinzip handelt es sich um biegsame Schläuche, die mit einem Kunststoffmantel überzogen sind. Über eine Drehvorrichtung kann der Untersucher die letzten Zentimeter des Endoskops in alle Richtungen bewegen, sodass er jeden Winkel des Organs sehen kann. Die Länge und der Durchmesser des Endoskops sind abhängig von dem zu untersuchenden Organ. Im Inneren befindet sich ein Kanalsystem, über das Wasser abgesaugt und abgegeben werden kann, und ein Arbeitskanal, in welchen Instrumente eingeführt werden können. Die Bilder der Kamera am Ende des Endoskops werden auf einen Monitor übertragen.

Das Endoskop ist an die Endoskopieeinheit angeschlossen. Hier finden sich Lichtquelle, Prozessor, Monitor und Absauganlage (**Abb. U.55**). Alle wichtigen Daten und Bilder können gespeichert und ausgedruckt werden.

Durchführung

Der Patient muss über die geplante Untersuchung aufgeklärt werden und eine schriftliche Einverständniserklärung abgeben. Je nach Untersuchung muss er zuvor abgeführt haben (Koloskopie) oder nüchtern sein (Gastroskopie). Eine Endoskopie kann nur bei einer normalen Blutgerinnung durchgeführt werden. Deshalb müssen vor der Untersuchung die Blutgerinnungswerte bestimmt werden.

Die Funktionstüchtigkeit des Endoskops wird kurz vor dem Gebrauch nochmals überprüft. Außer bei der Arthroskopie und der Laparoskopie (Untersuchungen bei denen ein künstlicher Zugang geschaffen werden muss) wird ein Endoskop in die natürlichen Organöffnungen eingeführt.

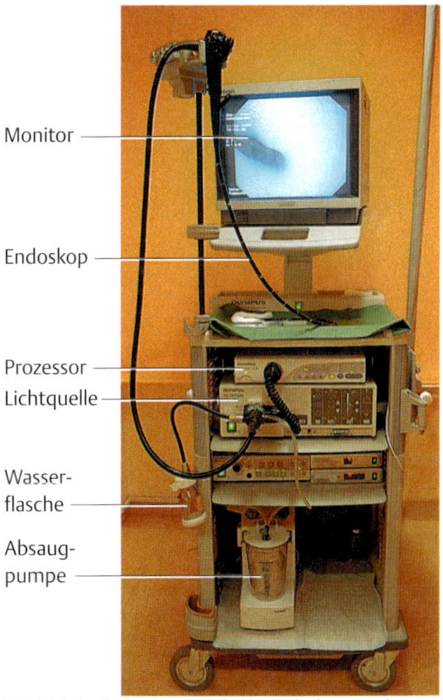

Abb. U.55 Endoskopieeinheit. Endoskop an der Versorgungseinheit mit Lichtquelle, Prozessor, Monitor und Absauganlage.

Wenn möglich wird die Einführungsstelle (z. B. der Rachen bei einer Gastroskopie) vor der Untersuchung örtlich betäubt. Oft bekommt der Patient ein beruhigendes und schläfrig machendes Medikament, wenn nötig auch ein Schmerzmittel, gespritzt.

Der Patient wird so gelagert, dass er während der Untersuchung problemlos überwacht werden kann und gleichzeitig gute Untersuchungsbedingungen herrschen. Bei lange dauernden Untersuchungen ist des Weiteren darauf zu achten, dass es nicht zu Druckschäden an Knochenvorsprüngen o. ä. kommt. Während der Untersuchung werden regelmäßig Blutdruck, Atmung und Puls überprüft. Nach Beendigung der Endoskopie informiert der Arzt den Patienten über das Untersuchungsergebnis. Das Ergebnis einer feingeweblichen Untersuchung steht erst einige Tage später fest.

Ist der Patient nach der Untersuchung noch ein wenig schläfrig wird er überwacht bis er wieder wach und voll orientiert ist. Bei einer ambulanten Untersuchung darf er, falls er ein Beruhigungsmittel bekommen hat, innerhalb der nächsten 24 Std. nicht Auto fahren. Evtl. entfernte Gegenstände wie Brille oder Zahnprothese werden ihm wieder ausgehändigt.

Um eine Keimverschleppung auf den nächsten Patienten zu vermeiden, muss das Endoskop gereinigt und desinfiziert werden. Meist geschieht dies in speziellen Spülmaschinen.

Bewertung

Die Endoskopie ist es eine risikoarme Untersuchung. Trotzdem kann es in seltenen Fällen zu Komplikationen kommen. Verletzungen der Wand des Organs können ebenso vorkommen wie oberflächliche Schleimhautverletzungen. Gravierender, aber sehr selten, ist das Durchstoßen (Perforation) der Wand des untersuchten Organs. Bei Gewebeentnahme oder nach Abtragung von Polypen besteht die Gefahr lokaler Blutungen, die i.d.R. nach kurzer Zeit von selbst aufhören. Bei Patienten, die ein beruhigendes und schläfrig machendes Medikament bekommen haben kann es zu Störungen der Atemfunktion und des Herz-Kreislauf-Systems kommen.

Speziellere Komplikationen sind z. B. Gebissschäden im Rahmen einer Magenspiegelung oder eine Reizung der Stimmbänder bei einer Bronchoskopie.

Untersuchungen der Frau

Die gynäkologische Untersuchung umfasst folgende Teilbereiche:

- Anamnese,
- Inspektion der äußeren Genitalien,
- Spekulumuntersuchung,
- Abstriche,
- Fluordiagnostik,
- Kolposkopie,
- Schiller-Jodprobe,
- Palpation,
- Sonografie,
- Inspektion und Palpation der Brust,
- Mammografie.

Anamnese

Vor der gynäkologischen Untersuchung steht die Erhebung der Anamnese. Hierbei ist es wichtig, Fragen zur aktuellen Problematik zu stellen und Informationen zur Vorgeschichte der Patientin zu erhalten (**Abb. U.56**).

Inspektion der äußeren Genitalien

An das Gespräch schließt sich die gynäkologische Untersuchung an. Diese findet, um einen besseren Überblick über das Genitale zu bekommen und eine einigermaßen entspannte Tastuntersuchung zu ermöglichen, in Steinschnittlage auf dem gynäkologischen Stuhl statt. Für diese Untersuchung sollte die Patientin die Harnblase entleert haben.

Die Inspektion beginnt mit der Betrachtung der äußeren Genitalien, wobei der Arzt auch Anus und Damm untersucht. Dann spreizt man vorsichtig die großen Schamlippen, um die kleinen Schamlippen, Klitoris, Scheideneingang und Harnröhrenöffnung zu inspizieren (**Abb. U.57**). Hierbei achtet man sowohl auf Hautveränderungen wie Ekzeme oder Warzen als auch auf Kratzspuren, die auf eine Infektion hinweisen können. Außerdem lässt der Arzt die Patientin kräftig husten oder pressen, um eine Gebärmuttersenkung oder Inkontinenz auszuschließen.

Spekulumuntersuchung

Definition

Bei einem Spekulum, das in der Gynäkologie verwendet wird, handelt es sich um ein flaches oder rinnenförmiges Instrument, mit dem Scheide und Portio betrachtet werden können.

Indikation und Prinzip

Die Spekulumuntersuchung dient der Betrachtung des Muttermunds und der Scheidenwände. Bevor eine Tastuntersuchung vorgenommen wird, muss eine Spekulumuntersuchung erfolgen, da jede Irritation der Portio das Ergebnis der Zytologie verfälschen kann.

Durchführung

Man verwendet entweder ein einteiliges, sog. Entenschnabelspekulum, oder die zweiteiligen Spiegel. Durch ein kaltes Spekulum spannt sich die Muskulatur an und das Einführen des Instruments in die Vagina bzw. die Untersuchung selbst wird für die Patientin unnötig unangenehm. Daher sollten Spekula im Wärmeschrank oder unter fließendem, warmem Wasser vorgewärmt werden. Letzteres erleichtert besonders bei älteren Frauen mit trockener Scheidenschleimhaut das Einführen des Spekulums.

Der Arzt führt das Spekulum zunächst parallel zum Oberschenkel seitlich in die Scheide ein. Dann spreizt er die Branchen auseinander und zieht sie durch eine 90°-Bewegung in Richtung Damm. Dabei gelangt der hintere Teil der Spiegel hinter die Portio, wodurch man Gebärmuttermund und -hals sehen kann (**Abb. U.58**). Danach werden Abstriche entnommen und die kolposkopische Untersuchung durchgeführt. Beim Herausziehen der Spiegel wird die Scheidenwand von allen Seiten inspiziert. Eine Nachbereitung ist nicht notwendig.

Bewertung

Im Rahmen der Spekulumuntersuchung werden alle sichtbaren Bereiche der Scheide und der Portio betrachtet. Falten und Einbuchtungen der Scheidenwand und das Scheidengewölbe werden auf Veränderungen (z. B. Schleimhautveränderungen oder Verhärtungen) untersucht. Zu dokumentieren sind alle Veränderungen, z. B.:

- Farbveränderungen (z. B. die Lividität in der Schwangerschaft oder die Leukoplakie, eine Verhornungsstörung, die mit der Entstehung weißer Herde einhergeht),
- Beschaffenheit des Zervixschleims,
- gutartige Neubildungen (z. B. → Warzen oder Polypen),
- karzinomverdächtige Bereiche.

Abstriche

Definition

Ein Abstrich ist die Entnahme von Untersuchungsmaterial von der Haut- oder Schleimhautoberfläche mittels Abstrichnadel, -öse, -spatel oder -tupfer zu diagnostischen Zwecken.

Indikation und Prinzip

Abstriche können genommen werden, nachdem die Portio mittels des Spekulums eingestellt wurde. Man unterscheidet zwischen mikrobiologischen Abstrichen, die dem Nachweis von Keimen dienen, und zytologischen Abstrichen, bei denen man nach Krebszellen oder deren Vorstufen sucht.

Eigenanamnese	im Einzelnen zu erhebende anamnestische Daten
▶ aktuelle Beschwerden (Leitsymptom) ▶ aktuelles Anliegen	die **Frau berichtet mit eigenen Worten** über den Grund ihres Arztbesuches
symptombezogene spezielle Krankheitsanamnese	
▶ Unterleibsschmerzen	• Charakter, Stärke, Lokalisation, Dauer • Beziehung zum Zyklus • Beziehungen zu Nachbarorganen (z. B. Blase) • Auftreten in Beziehung mit Kohabitation
▶ Senkungsbeschwerden	• Druckgefühl, Kreuzschmerzen, Harninkontinenz
▶ Kinderwunsch	• Dauer des Kinderwunsches • primäre oder sekundäre Sterilität – Zyklusanamnese – frühere diagnostische und therapeutische Maßnahmen • somatische Ursachen – gynäkologische Anamnese (V. a. Adnexitiden, Endometriose, Operationen, z. B. perforierte Appendizitis) • Partnerdiagnostik – Zeugungsfähigkeit • Sexualverhalten
gynäkologische Anamnese	
▶ **Blutungsanamnese** (der letzten 4 – 6 Monate)	• letzte Periode (Datum) – (primäre/sekundäre Amenorrhö?) – Zykluslänge (1. Tag Menstruation bis letzter Tag vor nächster Blutung) – Blutungsdauer – Blutungsstärke (Anzahl Vorlagen/Tampons pro Tag) – Blutungszeitpunkt innerhalb des Zyklus (Zwischenblutung, Mittelblutung) • Dysmenorrhö (Dauer, Maximum, Schmerzlokalisation) • Zeitpunkt Menarche bzw. Sistieren der Periodenblutung (Menopause)
▶ **Antikonzeption**	• hormonelle Kontrazeption, Implantate, hormonelles Intrauterinsystem (IUS), IUP, Sterilisation, natürliche, mechanische, chemische Kontrazeption
▶ **Fluoranamnese**	• Stärke, Konsistenz, Farbe, Geruch, Blutbeimengung • Frage nach möglichen Ursachen: – Erkrankung (z. B. Diabetes), Medikamente (z. B. Antibiotika, Hormoneinnahme) – Sonstiges: Scheidenspülungen, Fremdkörper (z. B. vergessene Tampons)
▶ **Schwangerschafts- und Geburtsanamnese**	• Zahl und Verlauf der Schwangerschaften, Komplikationen während der Schwangerschaften • Zahl der Geburten (Zeitpunkt, Ort, Art der Entbindung, Komplikationen sub partu postpartal) • Fehlgeburten (Zeitpunkt, Ort, Schwangerschaftsalter, Ursachen) • Extrauteringraviditäten • Interruptiones
▶ **gynäkologische Erkrankungen**	• Adnexitis (Zeitpunkt, Art der Therapie) • Geschlechtskrankheiten • gynäkologische Operationen (Zeitpunkt, Ort, Komplikationen) • gynäkologische Tumorerkrankungen
erweiterte Eigenanamnese	
▶ **nicht gynäkologische Erkrankungen**	• Infektionserkrankungen (z. B. Kinderkrankheiten, Hepatitis, HIV) • Allgemeinerkrankungen (z. B. Diabetes, Nierenerkrankungen, Hypertonie, Varikosis, Allergien)
▶ **nicht gynäkologische Operationen**	• z. B. Appendektomie, Operationen im Bereich der Niere und ableitenden Harnwege, Gallensteinoperationen
▶ **Medikamentenanamnese**	• z. B. Hormoneinnahme außer Antikonzeption
▶ **Suchtanamnese**	• Nikotin-, Alkohol-, Drogenanamnese
psychosoziale Anamnese	
▶ **soziales Umfeld** ▶ **berufliches Umfeld**	• Partnerschaft, Familie • Art der beruflichen Tätigkeit (Vollzeit, Teilzeit) • Noxen am Arbeitsplatz (wichtig z. B. während der Schwangerschaft)

Abb. U.56 Anamnese in der Gynäkologie.

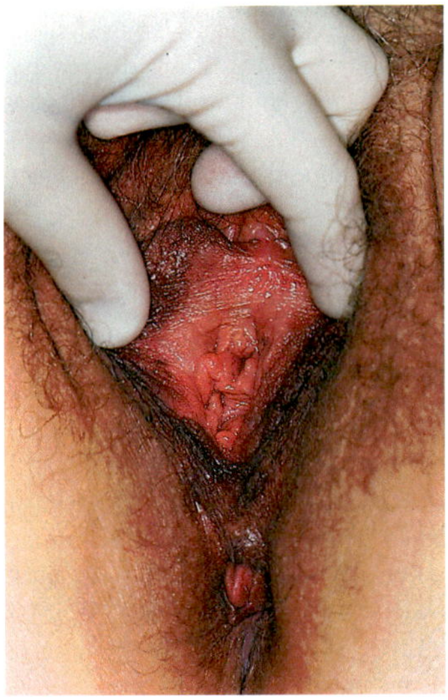

Abb. U.57 Inspektion der äußeren Genitalien. Darstellung der kleinen Schamlippen und des Scheideneingangs.

Durchführung

Bei Verdacht auf eine Infektion wird aus dem Zervikalkanal oder dem hinteren Scheidengewölbe mittels eines Watteträgers Sekret entnommen. Zytologische Abstriche aus dem Zervikalkanal sind Bestandteil der gesetzlichen Krebsfrüherkennungsuntersuchung. Hierzu wird mit je einem Wattetupfer ein Abstrich von der Portiooberfläche sowie aus dem Zervikalkanal entnommen (**Abb. U.59**).

Nachbereitung

Bei Verdacht auf eine Infektion wird das Untersuchungsmaterial in ein Nährmedium gebracht. Die weiteren Untersuchungen finden im Labor statt, indem Kulturen zur Erregersuche angesetzt werden (Untersuchungen in der Mikrobiologie, S. 1230).

Die Abstriche zur zytologischen Untersuchung werden auf einem mit Namen beschrifteten Objektträger ausgerollt. Das Untersuchungsmaterial wird entweder mit einem Spray oder in 96%igem Ätheralkohol sofort fixiert. Im zytologischen Labor werden diese Abstriche gemäß dem Spezialverfahren nach Papanicolaou (Pap) gefärbt und klassifiziert.

Bewertung

Neben der Suche nach Erregern einer Infektion spielt die zytologische Bewertung des Abstrichs eine wesentliche Rolle. Rund 50% der Zervixkarzinome werden im Rahmen der Früherkennung entdeckt. Hierbei erbringt der zytologische Befund jedoch nur die Verdachtsdiagnose, die durch eine Gewebeentnahme und eine histologische Untersuchung gesichert werden muss.

Fluordiagnostik

Definition

Bei der Fluordiagnostik wird der Ausfluss untersucht.

Indikation und Prinzip

Man spricht von einem Fluor genitalis, wenn die Menge des weißlich-schleimigen Vaginainhalts von der Frau als übermäßig empfunden wird. Die Ursachen hierfür können

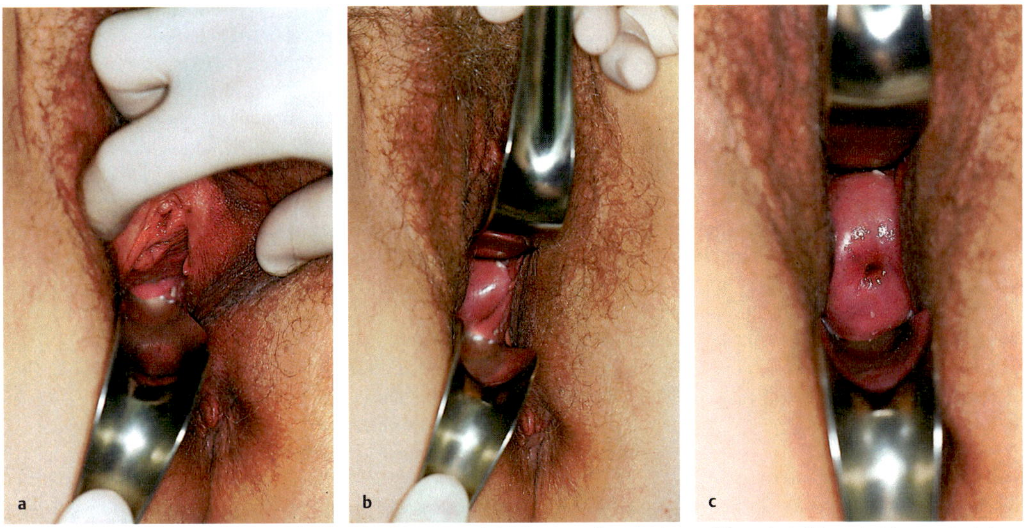

Abb. U.58 Spekulumuntersuchung. a Haltung des hinteren Spekulums unmittelbar vor dem Einführen. **b** Einführen des hinteren Spekulums und Einsetzen des vorderen Spekulums. **c** Das hintere Spekulum ist vollständig eingeführt, so dass die Portio untersucht werden kann.

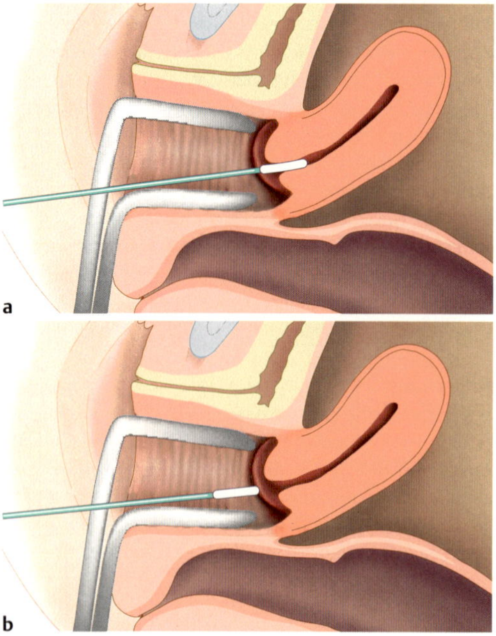

Abb. U.59 **Abstrichentnahme. a** Aus dem Zervikalkanal, **b** von der Portiooberfläche.

im Bereich der Vulva, Scheide, Gebärmutter oder Eierstöcke gesucht werden. Der Fluor kann einen unangenehmen Geruch haben und zusammen mit Brennen und Juckreiz und/oder Veränderungen der Haut im äußeren Genitalbereich einhergehen.

Durchführung

Wichtig ist es, vor allem im Rahmen der Anamnese, Angaben der Patientin bezüglich der Art des Fluors und aktueller oder durchgemachter Erkrankungen einzuholen. Hierzu gehört auch die Regelanamnese, da ein Ausfluss auch im Rahmen einer Frühschwangerschaft vorkommen kann. Ebenso können Farbe und Konsistenz wichtige diagnostische Hinweise geben (s. **Tab. F.2**, S. 1303).

Will man während der Untersuchung selbst einen ersten Eindruck gewinnen, kann man ein Nativpräparat anfertigen. Hierzu werden einige Tropfen physiologische Kochsalzlösung auf einen Objektträger gebracht und mit dem gewonnenen Sekret vermischt. Mit einer mikrobiologischen Untersuchung des Sekrets im Labor wird die Suche nach dem Erreger abgeschlossen (Untersuchungen in der Mikrobiologie, S. 1230).

Nachbereitung und Bewertung

Das Untersuchungsmaterial wird auf einen Objektträger aufgebracht, mit einem Deckglas abgedeckt und mit dem Mikroskop auf Hefepilze, Bakterien oder Trichomonaden abgesucht.

Bei konkretem Verdacht kann man einen Amintest durchführen. Hierunter versteht man das Vermischen des gewonnenen Scheidensekrets mit 10%iger KCl-Lösung. Liegt eine Infektion mit dem Bakterium Haemophilus vaginalis vor, tritt typischerweise Fischgeruch auf (Aminkolpitis). Mittels pH-Indikatorpapier lässt sich der intravaginale pH-Wert leicht feststellen. Normalerweise ist das Scheidenmilieu mit einem pH-Wert von 4–4,4 sauer. Höhere Werte zeigen ein gestörtes Milieu und ggf. eine Infektion an.

Kolposkopie

Definition

Bei der Kolposkopie handelt es sich um eine Lupenuntersuchung, bei der die Portio in 10- bis 40facher Vergrößerung dargestellt werden kann. Es können jedoch auch die Vulva und Vaginalwände mit dem Kolposkop inspiziert werden.

Indikation und Prinzip

Das Oberflächenepithel von Scheide und Portio kann in der Vergrößerung besser beurteilt werden als mit bloßem Auge. Die Kolposkopie dient daher zum Einen der Krebsfrüherkennung, zum Anderen der Diagnose von Epithelveränderungen oder -schäden. Bei Auffälligkeiten können gezielt Abstriche oder Proben entnommen werden.

Durchführung

Die Brennweite des Kolposkops ist so bemessen, dass es vor dem Scheideneingang belassen werden kann. Zunächst wird mit einem Spekulum der Muttermund dargestellt. Durch das Aufbringen von 3%iger Essigsäure auf die Portio werden Eiweißstoffe ausgefällt, wodurch das Bild klarer wird.

Auffällige Befunde können durch eine Knipsbiopsie umgehend histologisch abgeklärt werden. Bestehen Zellveränderungen mit atypischen Zellen (Pap IV a oder Pap III D, benannt nach Papanicolaou, dem griechischen Begründer der Zytodiagnostik) über einen längeren Zeitraum, ist eine Konisation angezeigt. Hierbei wird in Narkose ein kegelförmiger Gewebezylinder aus dem Gebärmutterhals geschnitten und sorgfältig histologisch untersucht (**Abb. U.60**). Eine Nachbereitung ist bei alleiniger Kolposkopie nicht notwendig.

Bewertung

Die Bewertung kolposkopischer Befunde wird in vier Klassen eingeteilt:

1. normale Befunde:
   - originäres Plattenepithel,
   - Ektopie (Zylinderepithel),
   - Umwandlungszone (Transformationszone, Grenze zwischen Platten- und Zylinderepithel).
2. suspekte Befunde (innerhalb/außerhalb der Umwandlungszone):

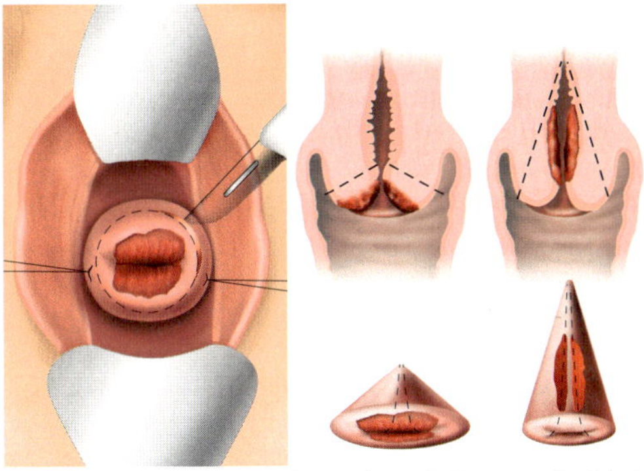

Abb. U.60 Konisation. Je nach Lage der Veränderung ergibt sich ein flacher oder tiefer Konus.

 - essigweiße Bezirke,
 - Punktierung,
 - Mosaik (Felderung),
 - Leukoplakie,
 - atypische Gefäße,
 - jodnegative Bezirke (Schiller-Jodprobe).
3. eingeschränkte Beurteilbarkeit:
 - Grenze zwischen Platten- und Zylinderepithel nicht sichtbar,
 - schwere Entzündung oder Atrophie,
 - Portio nicht einstellbar.
4. andere Befunde:
 - Entzündung,
 - Erosion,
 - Polyp,
 - Kondylome,
 - Papillome,
 - Retentionszyste (Ovulum Nabothi).

Schiller-Jodprobe

Definition
Die Schiller-Jodprobe wird im Rahmen der Spekulumuntersuchung durchgeführt und stellt ein Färbeverfahren dar, mit dem karzinomverdächtige Bezirke identifiziert werden sollen.

Indikation und Prinzip
Indikation der Schiller-Jodprobe ist die Suche nach karzinomverdächtigen Arealen auf der Portio. Die Anfärbbarkeit des Gewebes durch die Jodlösung hängt von seinem Glykogengehalt ab. Glykogen ist ein Zuckerspeicherstoff. Da Karzinomzellen oder deren Vorläuferzellen wegen ihres erhöhten Stoffwechsels wenig oder kein Glykogen speichern, lassen sie sich durch die Jodlösung nicht färben.

Durchführung
Bei der Schiller-Jodprobe wird die Portiooberfläche mit einer 3%igen, wässrigen Jod-Jodkaliumlösung betupft und die Färbung der Portio beobachtet.

Bewertung
Normales Plattenepithel speichert Glykogen und wird deswegen blau-braun angefärbt. Karzinomzellen dagegen bleiben hell. Dies ist für eine pathologische Veränderung Hinweis gebend, allerdings nicht beweisend.

Palpation

Definition
Die Palpation ist eine Tastuntersuchung, die Scheide, Gebärmutter, Adnexe und ggf. auch das Rektum umfasst.

Indikation und Prinzip
Die Palpation gehört zum Standard der gynäkologischen Untersuchung, findet aber auch bei speziellen Fragestellungen (z. B. der Tumorsuche) Anwendung.

Durchführung und Bewertung
Palpation. Die gynäkologische Tastuntersuchung beginnt mit dem Austasten der Scheide. Man führt zunächst den Zeigefinger, dann auch den Mittelfinger in die Vagina ein (**Abb. U.61**). So kann der Arzt unter anderem die Scheidenwände, Scheidengewölbe und die Portio ertasten. Hierbei achtet man auf Elastizität des Gewebes, Resistenzen (Widerstände), Schmerzhaftigkeit und anatomische Veränderungen.

Bimanuelle Untersuchung. Hier unterscheidet man die „innere Hand", die die Scheide palpiert, von der „äußeren Hand", die von außen die Bauchdecke abtastet. Die innere Hand hebt die Zervix an und schiebt so die Gebärmutter gegen die Bauchdecke. Die äußere Hand umgreift dabei den Gebärmutterkörper (**Abb. U.61**). Hierdurch können die Größe, Lage, Form, Konsistenz und Schmerzhaftigkeit vom Uterus beurteilt werden. Verschiebt man den Gebärmutterhals zwischen innerer und äußerer Hand, kann der für eine Entzündung des inneren Genitales typische Portioschiebeschmerz ausgelöst werden. Die Eierstöcke sind gelegentlich schwierig zu palpieren. Bei den Eileitern gelingt dies bei Normalbefund äußerst selten, da sie sich als sehr dünne, zarte Strukturen darstellen.

Zum Abtasten der Eierstöcke wird der untersuchende Finger in das seitliche Scheidengewölbe vorgeschoben. Dann hebt die innere Hand die Eierstöcke der äußeren Hand entgegen, die sie durch die Bauchdecke abtastet. Die Ovarien sind druckschmerzhaft. Der bei der Untersuchung verursachte Schmerz muss daher keinen krankhaften Hintergrund haben.

Rektale Untersuchung. Zusätzliche Informationen über die Uterushinterfläche und die Rektumschleimhaut bringt die rektale Untersuchung, die nach der vaginalen durchgeführt wird. In besonderen Fällen, z. B. um eine Tumor-

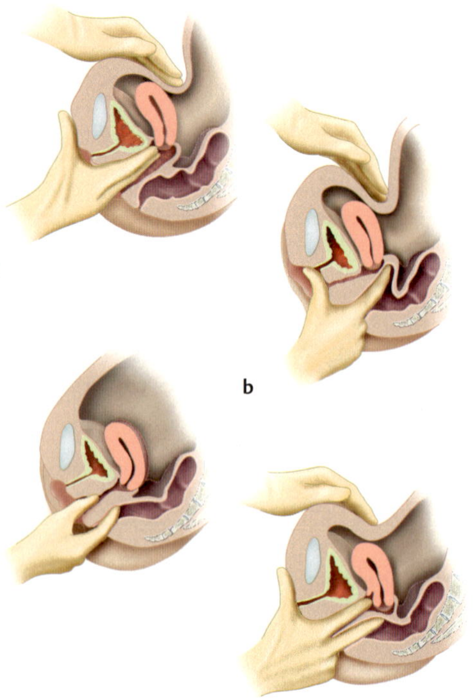

Abb. U.61 Palpation. a Vaginale und äußere Untersuchung durch die Bauchdecke, **b** rektale Untersuchung, **c** u. **d** rektovaginale Untersuchung.

ausbreitung zu beurteilen, kann der Arzt auch gleichzeitig von vaginal und rektal untersuchen. Hierbei werden die Parametrien beurteilt. Eine Nachbereitung ist nicht notwendig (**Abb. U.61**).

Sonografie

Definition

Die Sonografie gehört zu den Bild gebenden Verfahren. Sie beruht auf der Anwendung von Ultraschall. Hierbei handelt es sich um eine Schallwelle, die von einem Schallkopf aus in den Körper übertragen wird. Im Körper werden die Schallwellen dann von den verschiedenen Gewebestrukturen unterschiedlich reflektiert.

Indikation und Prinzip

Die vaginale und abdominale Sonografie zählen zu den Bild gebenden Routineverfahren in der Gynäkologie. Der Indikationsbereich reicht hier von der Empfängnisverhütung bis zur Diagnose von Tumoren oder Zysten. Zusätzlich zur Tastuntersuchung kommt dem Ultraschall eine wichtige Rolle zu. Mittels eines intravaginalen Schallkopfes ist es möglich, Gebärmutter und Adnexe darzustellen. So kann z. B. die Struktur von Adnextumoren Hinweis auf die Gut- oder Bösartigkeit des Prozesses geben. Es ist auch möglich, die Dicke der Gebärmutterschleimhaut zu beurteilen, was während einer Hormontherapie wichtig ist.

Durchführung

In der Gynäkologie wird sowohl die abdominale als auch die vaginale Sonografie durchgeführt.

Abdominale Sonografie. Sie wird bei Jungfrauen oder Patientinnen mit engen Scheidenverhältnissen angewendet, dient aber auch der Beurteilung von großen Ovarialtumoren oder einer sehr großen Gebärmutter mit Myomen. Für dieses Verfahren ist eine gefüllte Harnblase notwendig, weil dadurch störende Darmschlingen verdrängt werden. Die Patientin sollte daher eine Stunde vor der Untersuchung einen Liter Flüssigkeit trinken.

Vaginale Sonografie. Dieses Verfahren kann man nach der körperlichen Untersuchung in Steinschnitt-Lage oder auf einer Liege durchführen. Hierfür sollte die Harnblase der Patientin leer sein. Im Gegensatz zur abdominalen Sonografie, bei der man den Schallkopf über die Bauchdecke führt, wird bei der vaginalen Ultraschalluntersuchung der Schallkopf in die Scheide eingeführt. Der Vorteil dieses Verfahrens liegt darin, dass die Organe direkt beschallt werden können und die Darstellung von krankhaften Veränderungen damit verbessert wird.

Bewertung

Im Rahmen der Ultraschalluntersuchung wird die Gebärmutter nach Lage, Größe und Form beurteilt. Im Anschluss an den Gebärmutterhals kann man die Scheide mit reflexbetonten Doppelkonturen darstellen. Die Eierstöcke sind nahe der Gebärmutter als echoärmere, ovale Gebilde zu finden. Sie variieren in ihrer Größe und unterliegen zyklusbedingten Veränderungen. Die Eileiter können bei Normalbefund nicht sonografisch dargestellt werden.

Raumfordernde Prozesse kann man mit der Sonografie ab einer Größe von 1 – 2 cm diagnostizieren. Hier erhält der Untersucher Hinweise auf die Dignität, d. h. ob es sich um einen gut- oder bösartigen Tumor handelt. Ein Beweis hierfür ist jedoch mittels Sonografie nicht möglich.

Inspektion und Palpation der Brust

Zunächst erfolgt die Inspektion der Brust im Stehen oder aufrechten Sitzen. Hier ist auf Seitendifferenzen oder Hauteinziehungen zu achten. Die Palpation erfolgt mit beiden Händen und erfasst alle Quadranten der Brust (**Abb. U.62**). Manchmal ist es hilfreich, sowohl bei der liegenden als auch bei der sitzenden Patientin zu tasten, zumal tastbare Knoten für eine Operation im Liegen zu orten sind. Jeder unklare Tastbefund muss abgeklärt werden. Zusätzliche Informationen liefern die Ultraschalluntersuchung und die Mammografie.

Mammografie

Definition

Die Mammografie ist ein Bild gebendes Verfahren, bei dem Röntgenstrahlen angewendet werden. Sie stellt die apparative Untersuchungsmethode mit der größten Aussagekraft für die Brustkrebsdiagnostik dar.

Indikation und Prinzip

Indikation und Untersuchungsintervalle gestalten sich folgendermaßen:

- Basismammografie mit 30 Jahren,
- ab dem 40. Lebensjahr evtl. alle zwei Jahre,
- bei erhöhtem Risiko (Vorerkrankungen der Brust) ggf. jährlich,
- bei familiärer Belastung wird fünf Jahre vor dem Erkrankungsalter der Verwandten (falls diese jünger als 30 Jahre waren) eine Basismammografie angefertigt; abhängig vom Befund werden die weiteren Intervalle bestimmt,
- unmittelbar bei verdächtigem Befund, Karzinomsymptomatik, Beschwerden oder anderen Symptomen (z. B. Knoten).

Durchführung

Die Mammografie sollte man nach Beendigung der Regelblutung vornehmen, weil die Brust vor der Menstruation oft druckempfindlicher und gespannt sein kann.

Für die Untersuchung wird die Brust zwischen zwei strahlendurchlässige Plexiglasscheiben möglichst flach zusammengedrückt. Routinemäßig wird die Brust in zwei Ebenen dargestellt, einmal von oben nach unten (kraniokaudaler Strahlengang) und einmal schräg von der Mitte her zur Seite (schräger Strahlengang) (**Abb. U.63**). Durch den Vergleich der beiden Bilder ist der Arzt in der Lage, einen räumlichen Eindruck von der Lage einzelner Strukturen in der Mamma zu gewinnen.

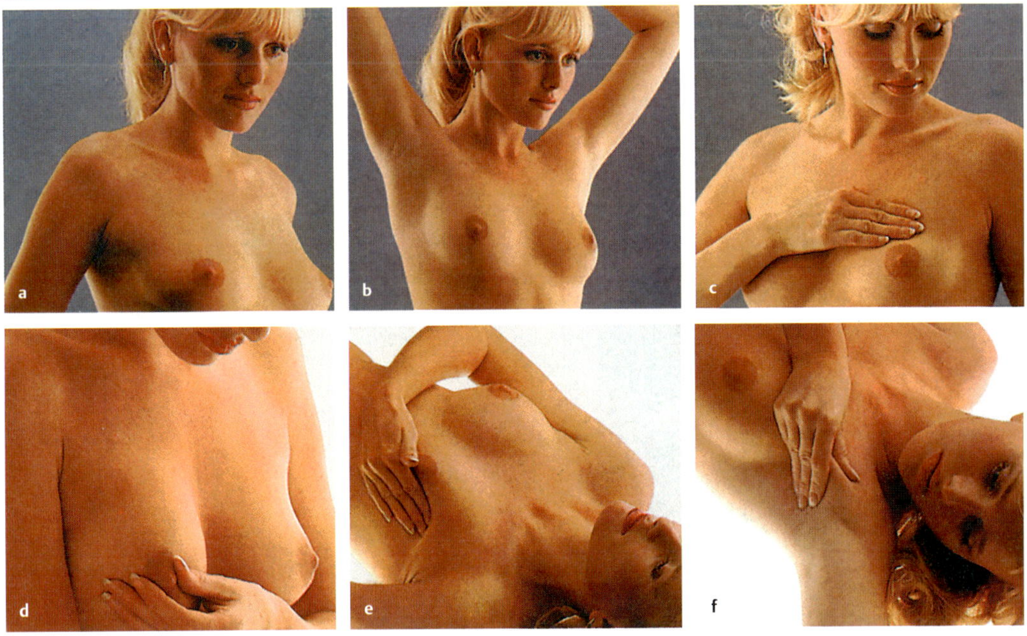

Abb. U.62 Inspektion und Palpation der Brust (Selbstuntersuchung). Wiederholen Sie diese Selbstuntersuchung monatlich, nach Möglichkeit während der Regelblutung. Sollten Ihnen Knoten oder irgendwelche anderen Veränderungen auffallen, berichten Sie bitte Ihrem Arzt darüber. Sie brauchen sich jedoch nicht zu beunruhigen, denn die meisten Veränderungen sind gutartig. **a** Betrachten Sie vor dem Spiegel mit am Körper anliegenden Armen Ihre Brust und suchen Sie dabei aufmerksam nach einer kürzlich eingetretenen Veränderung des Umfangs, der Form, des Aussehens der Haut oder der Brustwarzen. **b** Heben Sie die Arme hoch und betrachten Sie – jeweils von vorne und von beiden Seiten – Form und Größe der Brüste. Achten Sie besonders auf Falten, Vorwölbungen oder Hauteinziehungen, Hautveränderungen oder Einziehungen der Brustwarze. Vergleichen Sie beide Brüste und achten Sie auf neu auftretende, bisher unbekannte Unterschiede. **c** Tasten Sie dann – zunächst im Stehen – Ihre Brust mit allen Fingern der flach aufliegenden Hand ab, die rechte Brust mit der linken, die linke Brust mit der rechten Hand. Tasten Sie dabei jeweils ein Viertel der Brust sorgfältig ab. Im oberen äußeren Viertel ist die Brustdrüse bei den meisten Frauen dichter. **d** Dann drücken Sie jede Brustwarze einzeln zwischen Daumen und Zeigefinger. Wenn Flüssigkeit erscheint, achten Sie auf die Farbe. **e** Anschließend wiederholen Sie das Abtasten der Brust im Liegen – wieder kreisförmig ein Viertel nach dem anderen. Besonders die unteren Bereiche der Brust können so noch besser untersucht werden. **f** Suchen Sie mit den Fingern, ob Lymphknoten in den Achselhöhlen tastbar sind. Sie sind nicht außergewöhnlich. Es ist nur wichtig, ihr kürzliches Auftreten oder eine Veränderung zu erkennen.

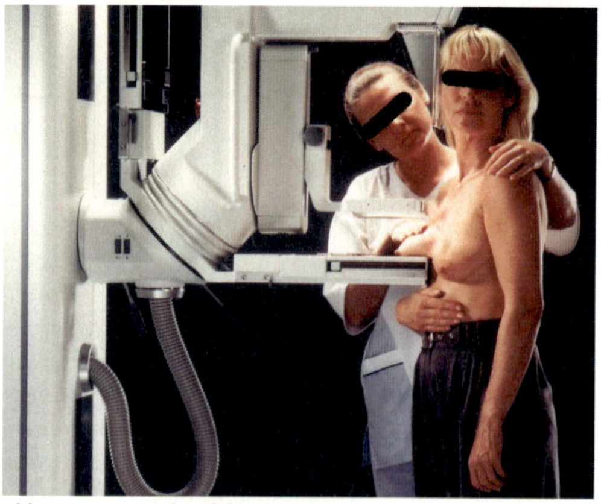

Abb. U.63 Kraniokaudaler Strahlengang. Hier wird die Brust von oben nach unten dargestellt.

Bewertung

Das mammografische Bild der Brust ist abhängig von der Verteilung der Drüsen-, Binde- und Fettgewebe. Röntgendichte Strukturen wie Zysten oder Verkalkungen führen zu einer Aufhellung im Röntgenbild. Fettgewebe stellt sich dagegen als relativ dunkler Bereich dar.

Bei der Auswertung der mammografischen Bilder achtet der Arzt vor allem auf unscharf begrenzte, sternförmige Verschattungen, die mit strahlenförmigen Ausläufern versehen sind. Ebenso wichtig sind gruppierte Mikroverkalkungen. Eine solche Gruppe gilt als Anhaltspunkt für ein Karzinom, wenn sie etwa zehn Verkalkungen umfasst. Die Mikroverkalkungen entstehen durch Zerfall von Zellen in den betroffenen Milchgängen. Die nekrotisierenden, zerfallenden Zellen lagern Kalk ein.

Untersuchungen der schwangeren Frau

Die Untersuchung der Schwangeren umfasst die Untersuchungen der Frau selbst und auch die des ungeborenen Kindes. Zu den wichtigsten Untersuchungen gehören:

- Anamnese,
- Schwangerschaftstest,
- Labor und Vitalzeichen,
- körperliche Untersuchung,
- Sonografie,
- Kardiotokografie,
- Mikroblutgasuntersuchung.
- Chromosomenanalyse: Amniozentese, Chorionzottenbiopsie, Fetalblutanalyse und Nabelschnurpunktion, Triple-Test.

Anamnese

Definition

Als Anamnese bezeichnet man das Gespräch des Arztes mit dem Patienten, bei dem auch die Befragung des Patienten stattfindet.

Indikation und Prinzip

Meist geht die Frau wegen typischer Anzeichen wie das Ausbleiben der Regel oder morgendlicher Übelkeit zum Arzt, um sich ihren Verdacht einer Schwangerschaft bestätigen zu lassen. Man unterscheidet unsichere und sichere Schwangerschaftszeichen. Die unsicheren Schwangerschaftszeichen sind Veränderungen des weiblichen Körpers, die auf eine Schwangerschaft hinweisen, aber auch andere Ursachen haben können. Die sicheren Zeichen weisen das Kind nach und lassen keine Zweifel offen.

Unsichere Schwangerschaftszeichen. Dies sind:

- Ausbleiben der Regel,
- morgendliche Übelkeit,
- abnorme Essgelüste,
- Vergrößerung der Brust,
- Auflockerung und Vergrößerung der Gebärmutter,
- Stuhlverstopfung,
- Hyperpigmentierung (Gesicht, Mittellinie),
- häufiges Wasserlassen.

Sichere Schwangerschaftszeichen. Dies sind:

- positiver Schwangerschaftstest,
- Nachweis kindlicher Herzaktionen im Ultraschall,
- Fühlen und Sehen von Kindsbewegungen,
- Fühlen von Kindsteilen.

Nachdem eine Schwangerschaft festgestellt wurde, wird zunächst eine Anamnese erhoben.

Durchführung und Bewertung

Wenn bereits Schwangerschaften und Geburten stattgefunden haben, muss deren Verlauf ausführlich erfragt werden. Besonders wichtig ist dies, wenn Probleme aufgetreten sind wie:

- schwangerschaftsspezifische Erkrankungen,
- geburtshilfliche Komplikationen,
- Probleme in der Nachgeburtsperiode.

Aber auch Schwangerschaften, die nicht über den normalen Zeitraum ausgetragen wurden (z. B. Fehl- oder → Frühgeburten, → Abort) erfasst der Arzt im Rahmen der Anamnese. Verschiedene Faktoren können dazu führen, dass die Schwangerschaft als Risikoschwangerschaft eingestuft werden muss. Dazu gehören:

- Operationen am Uterus: Eine vorausgegangene Konisation oder die Entfernung eines → Myoms erhöht die Gefahr einer Fehlgeburt oder einer Uterusruptur.
- schwierige frühere Schwangerschaften oder Geburten: Sie lassen Probleme auch in der aktuellen Schwangerschaft erwarten, sodass diese Frauen intensiver überwacht werden müssen.
- schwere Allgemeinerkrankungen der Mutter, bei denen die bereits bestehende Therapie der Schwangerschaft ggf. angepasst werden muss, z. B.:
  - Herz- und Kreislauferkrankungen,
  - Erkrankungen der Nieren- und Harnwege,
  - → Diabetes mellitus oder Schilddrüsenerkrankungen,
  - Infektionskrankheiten.

Weitere Punkte der Anamnese sind:

- Familienanamnese: Sie befasst sich in erster Linie mit der familiären genetischen Belastung. Ist eine Erbkrankheit bekannt, kann im Vorfeld eine mögliche Schädigung des Kindes durch pränatale Diagnoseverfahren erkannt werden.
- Arbeits- und Sozialanamnese: Schwierige soziale Umstände oder eine hohe psychische Belastung können sich negativ auf die Schwangerschaft auswirken.

In der Geburtshilfe bezeichnet man Frauen, die schwanger sind, als Gravida. Je nach Anzahl der Schwangerschaften mit I, II, III usw., unabhängig davon, ob die Schwangerschaft ausgetragen wurde. Man unterscheidet (**Abb. U.64**):

- **Nulligravida:** eine Frau, die bisher noch nicht schwanger war,
- **Primigravida** (Erstgravida): eine Frau, die zum ersten Mal schwanger ist,
- **Plurigravida:** eine Frau, die zwei- bis fünfmal schwanger war,
- **Multigravida:** eine Frau, die sechsmal und häufiger schwanger war.

Der Begriff Para bezeichnet die Anzahl der bisher geborenen Kinder. Zur Parität zählen auch Totgeburten ab einem Geburtsgewicht von > 500 g. Man unterscheidet:

- **Nullipara:** eine Frau, die noch nicht geboren hat,
- **Primipara** (Erstgebärende): eine Frau, die erstmalig entbunden wird,
- **Pluripara** (Mehrgebärende): eine Frau, die zwei bis fünf Kinder zur Welt gebracht hat,

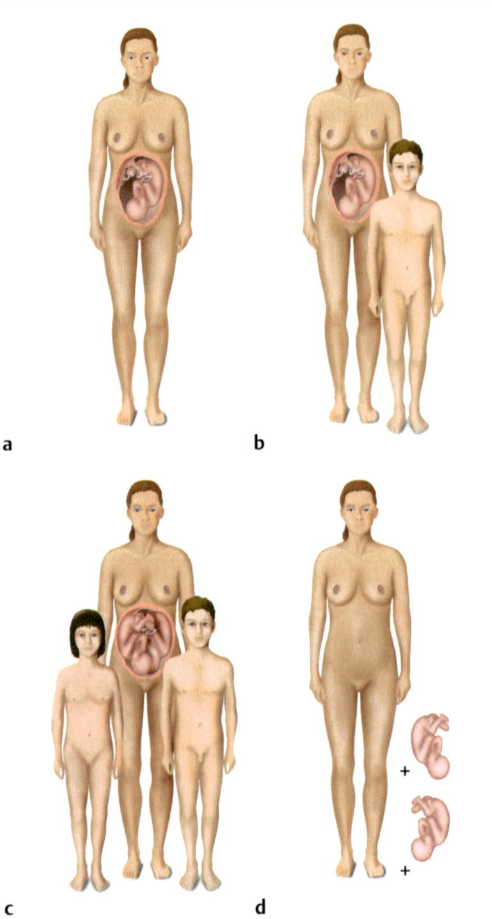

Abb. U.64 Gravidität/Parität. **a** Gravida 1 (Primigravida), **b** Gravida 2 – Para 1, **c** Gravida 3 – Para 2 (Plurigravida, Pluripara), **d** Gravida 2 – Para 0 (Plurigravida, Nullipara).

- **Multipara** (Vielgebärende): eine Frau, die sechs und mehr Kinder geboren hat.

Beispiel: Eine Frau hat zwei Kinder geboren, einen Abort und eine Eileiterschwangerschaft. Sie ist jetzt erneut schwanger. Sie wäre also eine V gravida II para. Wenn sie sich unter der Geburt befindet, spricht man bei der Geburt des dritten Kindes von Drittpara.

Schwangerschaftstest

Definition

Um eine Schwangerschaft sicher nachzuweisen, führt man einen Schwangerschaftstest durch. Es handelt sich hierbei um eine Laboruntersuchung.

Indikation und Prinzip

Das Hormon hCG (humanes Choriongonadotropin) wird im Urin oder im Blut nachgewiesen. Dieses Hormon ist spezifisch für eine Schwangerschaft. Es wird von den Trophoblastenzellen, dem Anteil der Blastozyste, aus dem sich die Plazenta bildet, bereits kurz nach der Einnistung gebildet und sorgt für den Erhalt des Gelbkörpers im Eierstock der Mutter. Seine Bedeutung lässt nach der zehnten Schwangerschaftswoche nach, weil dann die Plazenta ausreichend Hormone produzieren kann und sich die Schwangerschaft ohne Gelbkörper selbst erhält.

Durchführung und Bewertung

Der Schwangerschaftstest ist ein immunologischer Test (Agglutinationshemmtest). Das im Urin vorhandene hCG wird mit einer Testsubstanz zusammengebracht, die Anti-hCG-Antikörper enthält. Jetzt gibt man Erythrozyten hinzu, die mit hCG beladen sind. Da die in der Testsubstanz befindlichen Antikörper bereits verbraucht sind, kommt es jetzt nicht zu einer Agglutination (Verklumpung) (**Abb. U.65**). Die freiverkäuflichen Testsysteme basieren ebenfalls auf einer Antigen-Antikörper-Reaktion, die meist durch einen Farbpunkt oder Streifen dargestellt wird.

Es besteht ebenso die Möglichkeit, hCG im Serum der Schwangeren nachzuweisen. Hierzu gibt es spezielle La-

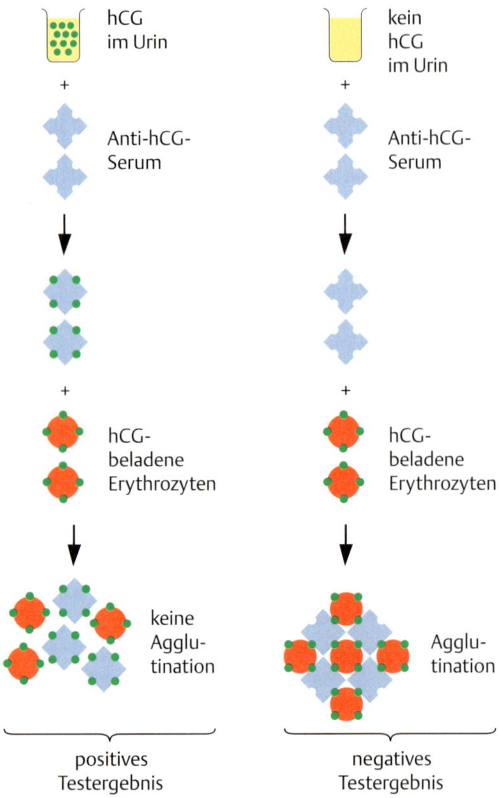

Abb. U.65 Prinzip des Schwangerschaftstests. Ein positives Testergebnis bedeutet, dass im Urin das schwangerschaftsspezifische Hormon hCG nachweisbar ist.

bormethoden. Manchmal ist es erforderlich, eine genaue Titerhöhe des hCG im Serum zu ermitteln, z. B. bei Bauchhöhlenschwangerschaften (→ extrauterine Schwangerschaft), bei → Blasenmolen oder in der Nachsorge des → Chorionkarzinoms.

Labor und Vitalzeichen

Definition

Die verschiedenen Untersuchungen der Schwangerenvorsorge werden während einer Schwangerschaft zu verschiedenen Zeitpunkten und unterschiedlich häufig durchgeführt. Bestandteile jeder Untersuchung in der Schwangerenvorsorge sind:

- Körpergewicht,
- Blutdruck,
- Stand der Gebärmutter,
- Herzaktion und Lage des Kindes,
- Muttermundbefund,
- pH-Wert der Vagina: Infektionsscreening (Abstrich!),
- Labor: Urin-Status und Bestimmung des Hämoglobins.

Sonografie:

- 1. Screeninguntersuchung 9. – 12. SSW,
- 2. Screeninguntersuchung 19. – 22. SSW,
- 3. Screeninguntersuchung 29. – 32. SSW.

Spezielles Labor bei der Erstuntersuchung:

- Lues-Suchreaktion,
- Röteln-HAH,
- HIV-Antikörper (freiwillig),
- Blutgruppe, Rhesusfaktor, erster Antikörpersuchtest.

Weitere serologische Untersuchungen:

- zweiter Antikörpersuchtest in der 24. – 27. SSW,
- Hepatitis B: HBsAg-Bestimmung nach der 32. SSW.

Indikation und Prinzip

Im Folgenden werden einige der genannten Untersuchungen weiter erläutert.

Zervixabstrich. Hierbei wird auf eine Infektion mit Chlamydia trachomatis untersucht. Sie ist die häufigste sexuell übertragene Erkrankung und hat einen chronischen, aber meist symptomlosen Verlauf. Eine Chlamydieninfektion erhöht nicht nur das Risiko für eine Frühgeburt, sondern ist bei der Passage durch den infizierten Geburtskanal auf das Kind übertragbar. Folgen können Bindehautentzündung der Augen (→ Konjunktivitis), eine → akute Otitis media, → Pneumonie sowie Wachstumsstörungen des Kindes sein.

Urinuntersuchung. Der Urin der Schwangeren wird mit einem kombinierten Teststreifen untersucht. Hierzu muss Mittelstrahlurin gewonnen werden. Mit der Bestimmung der Werte können Harnwegsinfekte, Entzündungen, Veränderungen der Nierenfunktion, Störungen des Leberstoffwechsels, → Diabetes mellitus oder eine Gestose (→ Schwangerschaftshypertonie) diagnostiziert werden.

Lues (→ Syphilis). Bei vorbestehender Erkrankung der Mutter kommt es meist ab dem 4. – 5. Schwangerschaftsmonat durch die Plazenta zu einer Infektion des Feten. Das Krankheitsbild stellt sich je nach Infektionszeitpunkt sehr unterschiedlich dar (→ angeborene Infektionskrankheit). Die Diagnose wird mit dem VDRL-Test (venereal disease research laboratory-Test) und dem TPHA-Test (Treponema-pallidum-Hämagglutinationstest) gestellt.

Röteln. Eine → Rötelnembryopathie kann nur bei Erstinfektion der Mutter vorkommen. Dabei ist das Ausmaß der kindlichen Schädigung vom Infektionszeitpunkt abhängig. Je früher eine Infektion eintritt, desto größer ist die Gefahr für das Kind. Eine frische Infektion weist man mit einem Titeranstieg beim HAH-Test (Hämagglutinationshemmtest) nach. Zudem kann nach Röteln-IgG oder Röteln-IgM gesucht werden.

HIV-Test. Der Arzt sollte jeder Schwangeren einen HIV-Antikörpertest mit einer persönlichen Beratung anbieten. Die Durchführung des HIV-Tests ist an die ausdrückliche Zustimmung der Schwangeren gebunden. Es werden Such- und Bestätigungstests (ELISA und Western-Blot) angewendet. Bei positivem Testergebnis sollte eine weitere Beratung über das Übertragungsrisiko, Kontrolluntersuchungen und den Verlauf der HIV-Infektion beim Kind erfolgen. Bei der Therapie muss der Arzt das Wohl der werdenden Mutter und das des Kindes abwägen. HIV-Infektionen des Kindes sind nach der Geburt vermeidbar, wenn die infizierte Mutter nicht stillt.

Blutgruppen/Antikörpersuchtest. Die Bestimmung der Blutgruppen beschränkt sich primär auf die AB0-Gruppen und den Rhesusfaktor D. Kommen noch während der Schwangerschaft oder in der Nachgeburtsperiode gehäuft Blutungen vor, können rechtzeitig Bluttransfusionen bereitgestellt werden. Darüber hinaus kann man aber auch die Gefahr einer Blutgruppenunverträglichkeit erkennen. Bei einer Blutgruppenunverträglichkeit zwischen Mutter und Kind (rhesusnegative Mutter und rhesuspositives Kind) kann es zu einem → Morbus haemolyticus neonatorum bzw. fetalis kommen. Hierunter versteht man den beschleunigten Abbau kindlicher Erythrozyten durch Anlagerung mütterlicher Antikörper. In der ersten Schwangerenvorsorgeuntersuchung wird die Rhesusblutgruppe der Mutter bestimmt und ein indirekter Coombs-Test durchgeführt. Hiermit weist man Anti-D-Antikörper im Blut der Schwangeren nach.

Hepatitis B. Das → Hepatitis-B-Virus kann während oder nach der Geburt übertragen werden. Die Hepatitis B verläuft beim Neugeborenen meist ohne Symptome, jedoch muss man bei einem Großteil der betroffenen Kinder mit einem chronischen Verlauf rechnen. Bei gut einem Drittel dieser Fälle entwickelt sich später eine → Leberzirrhose. Die Diagnose erfolgt serologisch durch den Nachweis der entsprechenden Antikörper. Werden diese im Serum der Mutter nachgewiesen, muss das Neugeborene nach der Geburt gegen Hepatitis B aktiv und passiv geimpft werden. Hiermit kann man mehr als 90 % der chronischen Hepatitiden verhindern.

Körperliche Untersuchung

Definition

Bei der körperlichen Untersuchung wird eine Reihe von Veränderungen kontrolliert, die bereits in der Frühschwangerschaft mehr oder weniger deutlich sichtbar sind.

Indikation und Prinzip

Betrachtung der Vulva. Schwangerschaftsspezifische Farbveränderungen können festgestellt werden.

Bimanuelle Tastuntersuchung. Mit Hilfe dieser Untersuchung können bereits in der Frühschwangerschaft verschiedene klinische Zeichen getastet werden. Im Zeitalter der Sonografie haben sie an Bedeutung verloren, stellen aber dennoch typische Veränderungen in der Schwangerschaft dar.

Fundusstand. Der Fundusstand verändert sich während der Schwangerschaft in typischer Weise.

Leopold-Handgriffe. Diese Handgriffe dienen der äußeren Untersuchung der Schwangeren.

Durchführung und Bewertung

Betrachtung der Vulva. Bei dieser Untersuchung fällt die violett-dunkelblaue Verfärbung (Lividität) der Haut auf. Nach Entfaltung der kleinen Schamlippen wird die Lividität des gesamten Scheideneinganges, besonders zwischen Klitoris und Harnröhrenmündung, deutlich. Diese Verfärbung kommt durch die vermehrte Durchblutung des Genitales in der Schwangerschaft zustande. Ebenso ist die Schleimhaut der Scheide besser durchblutet, sodass auch diese etwas kräftiger in der Farbe erscheint als sonst. Die Auflockerung des Bindegewebes in der Schwangerschaft führt dazu, dass sich die Schleimhaut der Scheide bei der Schwangeren samtartig anfühlt. Außerdem ist die Vagina weiter und dehnbarer als im nicht schwangeren Zustand. Die Portio zeigt ebenso wie die Scheide eine Blauverfärbung.

Bimanuelle Tastuntersuchung. Zunächst tastet sich die schwangere Gebärmutter wesentlich weicher als ein nicht schwangerer Uterus. Die Korpusmuskulatur verliert ihre derbe Konsistenz und fühlt sich teigig-weich an. Typisch ist auch ein Konsistenzwechsel, der durch die Kontraktion der Gebärmuttermuskulatur zustande kommt. Während der Untersuchung können ebenfalls kleine örtlich begrenzte Kontraktionen ausgelöst werden. Die typische Auflockerung zwischen der derben Portio und dem sich auf den Berührungsreiz hin zusammenziehenden Gebärmutterkörper nennt man Hegar-Schwangerschaftszeichen (**Abb. U.66**).

Fundusstand. Die Vergrößerung der Gebärmutter ist die nach außen eindrucksvollste Veränderung. Bis zum Ende des 3. Monats jedoch liegt die Gebärmutter noch im kleinen Becken und ist nicht zu sehen. Erst danach kann der Fundusstand von außen abgetastet und so auf die Schwangerschaftsdauer geschlossen werden (**Abb. U.67**).

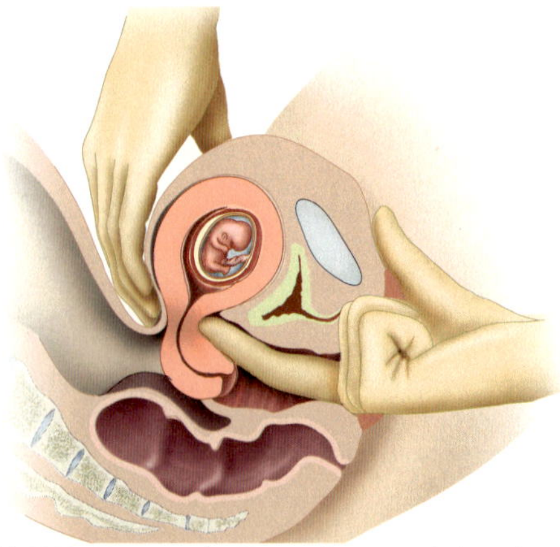

Abb. U.66 Ertastung des Hegar-Schwangerschaftszeichens.

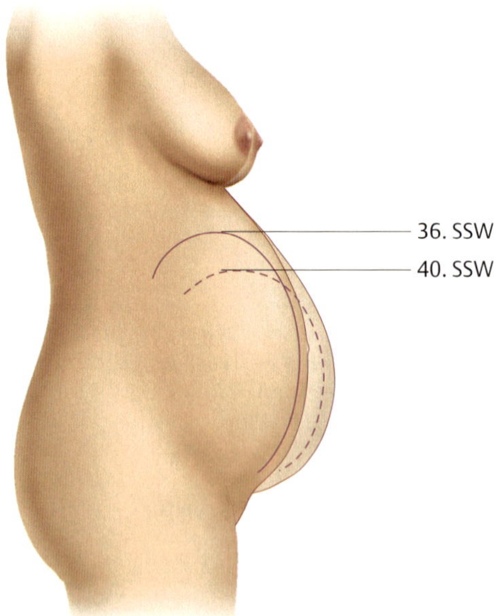

Abb. U.67 Fundusstand. Der Fundusstand im Verlauf der Schwangerschaft. Nach der 36. SSW senkt sich der Kopf des Kindes in das kleine Becken. Dies ist außen deutlich zu sehen.

Der Fundusstand verändert sich während der Schwangerschaft in typischer Weise. Nach der 36. Schwangerschaftswoche tritt der Kopf in das kleine Becken der Frau ein. Dadurch sackt der vorher nach oben ausladende Bauch ab. An der äußeren Silhouette kann man so erkennen, ob der Kopf schon in das kleine Becken eingetreten ist. Die individuellen Unterschiede sind jedoch sehr groß, sodass Gebärmuttergröße und Fundusstand nur ein sehr ungenaues Maß zur Abschätzung des Schwangerschaftsalters ist.

Leopold-Handgriffe. Die Höhe des Fundus wird klinisch mittels des 1. Leopold-Handgriffs ermittelt. Der 2. Leo-

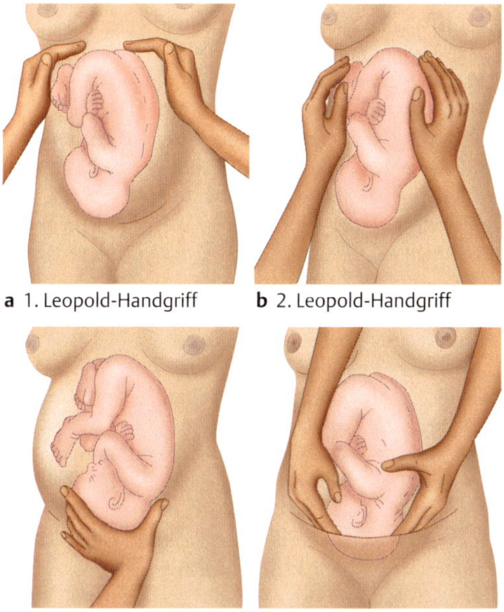

a 1. Leopold-Handgriff **b** 2. Leopold-Handgriff

c 3. Leopold-Handgriff **d** 4. Leopold-Handgriff

Abb. U.68 Leopold-Handgriffe. a 1. Leopold-Handgriff: Mit beiden Händen wird der Fundus uteri ertastet und seine Höhe mit der mütterlichen Anatomie in Beziehung gesetzt. **b** 2. Leopold-Handgriff: Die Stellung und die Lage des Kindes werden mit dem seitlich an den Uterus gelegten Handinnenflächen getastet. **c** 3. Leopold-Handgriff: Die oberhalb der Symphyse aufgesetzte Hand tastet nach dem vorangehenden Kindsteil. Der Kopf wird am Ballottement vom Steiß unterschieden. **d** 4. Leopold-Handgriff: Die Finger beider Hände tasten vorsichtig zwischen vorangehendem Kindsteil und Beckenkamm, um den Höhenstand zu bestimmen.

pold-Handgriff ertastet den Rücken des Kindes und stellt die Lage und die Stellung fest. Der 3. Leopold-Handgriff wird benötigt, um den vorangehenden Kindsteil zu ertasten. Wie tief dieser bereits in das Becken eingetreten ist, kann man mittels des 4. Handgriffs ermitteln. Der Kopf fühlt sich härter und runder an als der Steiß, außerdem ist der Kopf beweglicher (**Abb. U.68**).

Diese klinischen Untersuchungen sind in ihrer Bedeutung in den letzten Jahren zurückgegangen, da der Ultraschall eine wesentlich präzisere Beurteilung der Situation ermöglicht, vor allem bei adipösen Schwangeren.

Sonografie

Definition

Die Sonografie gehört zu den Bild gebenden Verfahren. Sie beruht auf der Anwendung von Ultraschall. Hierbei handelt es sich um Schallwellen, die von einem Schallkopf aus in den Körper übertragen und dort von verschiedenen Gewebestrukturen unterschiedlich reflektiert werden. Die Ultraschalluntersuchung ist in der Geburtshilfe von sehr großer Bedeutung und hat einige Vorteile gegenüber anderen Verfahren, z. B.:

- sie ist schmerzfrei,
- keine Strahlenbelastung für die Mutter und das ungeborene Kind,
- Darstellungsmöglichkeit in verschiedenen Ebenen,
- räumliche Darstellbarkeit von Organen oder Gewebsstrukturen,
- exakte Größen- und Volumenbestimmungen mit daraus resultierender Optimierung der Verlaufsbeobachtung.

Indikation und Prinzip

Die Mutterschaftsrichtlinien sehen drei Ultraschalluntersuchungen vor, doch können in Problemfällen oder bei pathologischen Untersuchungsergebnissen weitere Ultraschalluntersuchungen nötig werden. Zeitpunkte der regulären Sonografie sind:

9. – 12. SSW. Es sollen der richtige Sitz und die Vitalität des Feten dargestellt werden. Außerdem wird die Länge des Fetus gemessen und der genaue Geburtstermin bestimmt. Große, deutliche Fehlbildungen können bereits zu diesem Zeitpunkt entdeckt werden.

19. – 22. SSW. Der Arzt achtet besonders auf Fehlbildungen und führt außerdem eine Wachstumskontrolle durch. Der Sitz der Plazenta und die Fruchtwassermenge werden beurteilt.

29. – 32. SSW. Hier stehen die zeitgerechte Entwicklung, das Bewegungsmuster des Kindes, die Plazenta und die Fruchtwassermenge im Mittelpunkt der Untersuchung.

Mit Hilfe der Dopplerdiagnostik, einem speziellen Verfahren der Sonografie, ist es z. B. möglich, die Durchblutung der Nabelschnur und der Plazentagefäße zu beurteilen. In der Blutflussmessung werden Ultraschallwellen von den fließenden roten Blutkörperchen abgestrahlt. Aus den Messwerten ergeben sich wichtige Hinweise auf die Versorgungssituation des Fetus. Indikation der Dopplerdiagnostik:

- Verdacht auf Wachstumsrückstand,
- → Schwangerschaftshypertonie, Präeklampsie, Eklampsie,
- nach untergewichtig oder zu früh geborenem Kind,
- nach → intrauterinem Fruchttod,
- Auffälligkeiten der kindlichen Herzfrequenz,
- Verdacht auf Fehlbildung oder fetale Erkrankung,
- Verdacht auf Herzfehler.

Durchführung

Normalerweise ist keine besondere Vorbereitung der Patientin notwendig. Die Untersuchung wird in Rücken- oder Seitenlage durchgeführt. Auf die Bauchhaut wird zuerst ein Kontaktgel aufgetragen, um sowohl eine unbehinderte Weiterleitung der Echos zwischen Schallkopf und Haut als auch ein gutes Gleiten des Schallkopfes zu gewährleisten. Eine spezielle Nachbereitung ist nicht erforderlich.

Bewertung

In der Ultraschalldiagnostik wird der fetale Wachstumsverlauf dokumentiert. Dabei werden folgende Daten erhoben:

- BPD: biparietaler Kopfdurchmesser,
- SSL: Scheitel-Steiß-Länge,
- ATD: abdominaler Transversaldurchmesser (Durchmesser des Brustkorbs).

Die gewonnenen Daten werden mit Normkurven verglichen. Dadurch kann der Arzt sehen, ob ein Kind normgerecht wächst. Ein zu kleines Kind wird als hypotroph, ein zu großes als hypertroph bezeichnet. Bei beiden Abweichungen müssen mögliche Schädigungen weiter abgeklärt werden.

Außerdem kann der Arzt anhand typischer, einfach zu erkennender Hinweiszeichen oft schwer zu ermittelnde Fehlbildungen ausmachen. Ein Hinweiszeichen für die Trisomie 21 (→ Down-Syndrom) ist ein Nackenödem im ersten Schwangerschaftsdrittel, das bei der sog. Nackenfaltenmessung festgestellt werden kann. Ein weiteres Zeichen ist eine Veränderung in der Kopfanatomie des Feten, die für eine Spina bifida, dem sog. offenen Rücken, spricht. Die sonografischen Befunde können verschiedenen Entwicklungsstörungen zugeordnet werden, z. B.:

- Anhydramnie, → Oligohydramnie (z. B. Fehlbildung der Nieren, → vorzeitiger Blasensprung),
- → Polyhydramnie (z. B. Stenose oder Atresie oberer Darmabschnitte, neurologische Problematik),
- Dysproportion (z. B. Skelettdysplasie, Chromosomenaberration),
- Wachstumsretardierung (z. B. Mangelernährung, Chromosomenaberrration),
- Umrissstörung (z. B. Anenzephalus, ventrale oder dorsale Spaltbildung, Steißteratom),
- intrafetale Zysten (z. B. → Hydrozephalus, Lungenzysten),
- kardiale Auffälligkeiten (z. B. Herzfehler, Arrhythmien),
- Hydrops fetalis (z. B. immunologischer und nichtimmunologischer Hydrops).

Kardiotokografie

Definition

Bei der Kardiotokografie (CTG) werden die Herzaktionen des Kindes zusammen mit den Wehen über einen Kardiotokografen (Wehenschreiber) aufgezeichnet. Hierzu wird eine Drucksonde extern in Höhe der Gebärmutter aufgelegt. Die Methode ist nichtinvasiv und für die Schwangere schmerzfrei.

Indikation und Prinzip

Die Indikation für ein CTG ist vielfältig:

- vorzeitige Wehentätigkeit,
- drohende → Frühgeburt,
- → Plazentainsuffizienz,
- → Placenta praevia,
- hypertensive Schwangerschaftserkrankung,
- Verdacht auf Wachstumsretardierung,
- vaginale Blutungen,
- Mehrlingsschwangerschaft,
- → Übertragung.

Das Prinzip der CTG beruht darauf, dass die Herzfrequenz kontinuierlichen Schwankungen unterworfen ist. Die Herzaktionen des Kindes werden mittels Ultraschall ähnlich dem Doppler-Prinzip aufgenommen. Modernere Geräte können außerdem noch Kindsbewegungen registrieren, man spricht dann von einer Kineto-CTG. Ist die Ableitung der kindlichen Herzaktionen durch die mütterliche Bauchdecke unter der Geburt schlecht, ist es auch möglich, eine kleine Kopfschwartenelektrode in die kindliche Kopfhaut zu drehen und so die Herzfrequenz direkt abzuleiten.

Stress- oder Wehenbelastungstest. Er ist eine Sonderform der CTGs. Dieser Test wird v. a. bei einer Übertragung eingesetzt, d. h. wenn der berechnete Entbindungstermin überschritten ist. Da es in diesen Fällen zu einer Plazentainsuffizienz kommen kann, unterstützt der Belastungstest bei der Beurteilung, ob weiterhin ein spontaner Geburtsbeginn abgewartet werden sollte. Außerdem hilft er bei einer beginnenden Plazentainsuffizienz, den Entbindungsmodus festzulegen. Die kindlichen Herztöne werden unter einer stimulierten Wehentätigkeit oder Kreislaufbelastung der Mutter aufgezeichnet und beurteilt. Anhand der Testergebnisse gilt es abzuwägen, ob ein Kind den Belastungen einer Geburt mit einer länger andauernden Wehentätigkeit gewachsen ist. I.d.R. wird der standardisierte Oxytocinbelastungstest durchgeführt. Dazu bekommt die Mutter das Kontraktionen erzeugende Oxytocin per Dauerinfusion verabreicht.

Durchführung

Das CTG wird sowohl in der antepartalen Zeit, ab ca. der 25. Schwangerschaftswoche, als auch während des Geburtsvorgangs eingesetzt. Die kindlichen Herztöne werden gemeinhin von außen über die Bauchdecke der Mutter mittels Doppler-Ultraschallköpfen abgeleitet. Die optimale Ableitungsstelle befindet sich auf der Höhe des kindlichen Rückens. Die Mutter nimmt dabei die Seitenlage ein. Das CTG wird über mindestens 30 Min. abgeleitet.

Bewertung

Beim CTG werden verschiedene Kriterien bewertet (**Abb. U.69**).

Herzfrequenz. Die Frequenz kann Hinweise geben, ob der Fetus im Bauch gestresst ist. Die Basalfrequenz als der Mittelwert der fetalen Herzfrequenz liegt normalerweise zwischen 110 und 150 Schlägen pro Min. Bei mehr als 150 Schlägen pro Min. spricht man demnach von einer fetalen Tachykardie. Ursachen hierfür können ein intrauteriner Sauerstoffmangel, ein fetaler Schock, Infektionen oder Fieber sein. Treten weniger als 110 Schläge pro Min. auf, spricht man von einer Bradykardie. Sie kann z. B. durch ein

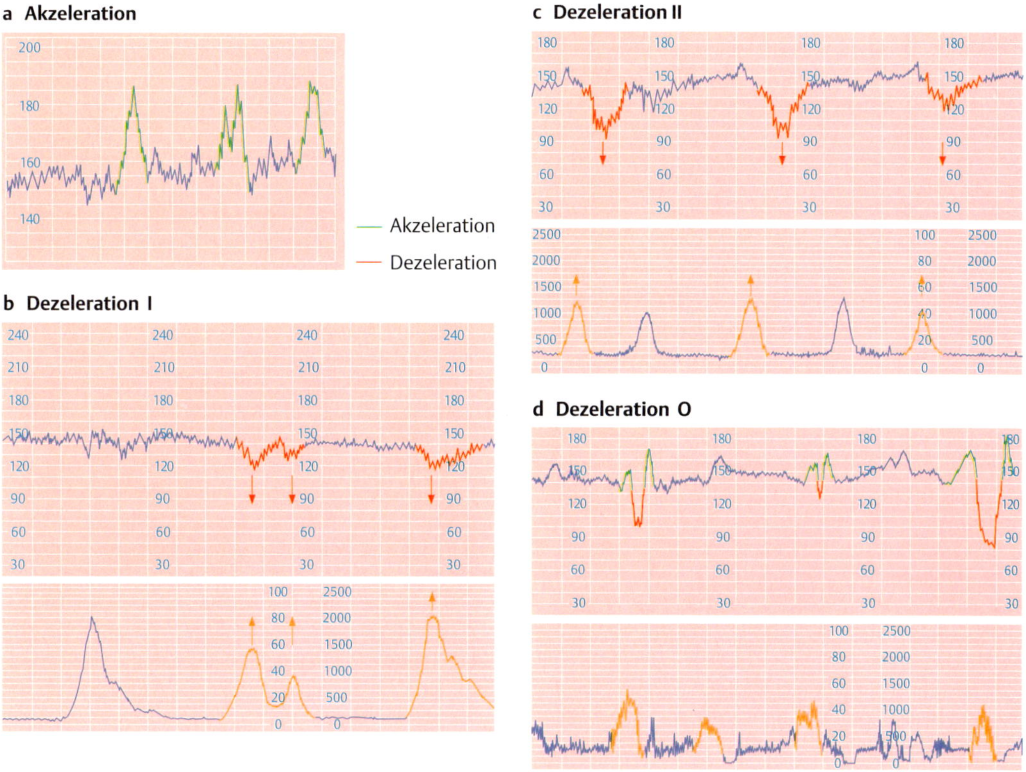

Abb. U.69 Akzeleration und Dezeleration. Kurzzeitige Frequenzveränderungen heißen Akzelerationen und Dezelerationen. Beim Letzteren unterscheidet man verschiedene Formen in zeitlicher Abhängigkeit vom Auftreten von Wehen. **a** Akzeleration, **b** wehensynchrone Dip I, **c** der Abfall der Herztöne erfolgt erst nach einer Wehe (Dip II), **d** bei den variablen Dip 0 besteht kein zeitlicher Bezug zu einer Wehe, sie sind oft von Akzelerationen begleitet.

Vena-cava-Syndrom, mütterlichen Blutdruckabfall, Nabelschnurkompressionen oder eine Verminderung der uterinen Durchblutung verursacht werden.

Akzeleration. Damit sind kurzfristige Anstiege der Herzfrequenz gemeint. Sie können eine Reaktion auf kindlichen Stress darstellen, sind aber häufig mit Kindsbewegungen verbunden und in diesem Fall normal. Fehlende Anstiege treten als Zeichen einer kindlichen Beeinträchtigung auf. Sie sind jedoch auch zu verzeichnen, wenn der Fetus schläft.

Dezeleration. Mit Dezeleration sind Herztonabfälle des Fetus gemeint. Dezelerationen beurteilt man im Zusammenhang mit der Wehenkurve. Treten sie gleichzeitig mit einer Wehe auf, also wehensynchron, heißen sie Dip I und spiegeln einen Vagusreflex wider, der durch den Druck der Wehe auf den kindlichen Kopf ausgelöst wird. Sinkt die Herzfrequenz aber erst nach einer Wehe, liegt ein Dip II vor, der ein Zeichen einer kindlichen Hypoxie sein kann. Von variablen Dezelerationen spricht man, wenn der Herztonabfall keinen Bezug zu einer Wehe hat.

Oszillationsfrequenz/Amplitude. Unter einer Oszillation versteht man die Schwankungen der fetalen Herzfrequenz um einen gedachten Mittelwert. Die Oszillationsfrequenz beschreibt die Veränderung der fetalen Herzfrequenz von Schlag zu Schlag. Die Norm liegt hier bei 4–6 Schlägen pro Min., eine geringere Oszillationsfrequenz ist pathologisch.

Die Oszillationsamplitude steht für die Größe der Schwingungen der Herzfrequenzkurve. Sie sind bei der Beurteilung des fetalen Zustandes wichtig. Normal ist eine Oszillationsamplitude von 10–25 Schlägen, besondere Aufmerksamkeit ist bei einem silenten Kardiotokogramm notwendig, wenn die Amplitude unter fünf Schlägen liegt. Große Schwankungen mit Amplituden über 25 Schlägen gehen meist mit kräftigen Kindsbewegungen einher und werden saltatorisch genannt.

Mikroblutgasuntersuchung

Definition

Die Mikroblutgasuntersuchung (MBU) ist eine apparative Untersuchung kleinster Blutproben beim Kind.

Indikation und Prinzip

Zeigt das CTG unter der Geburt ein auffälliges Frequenzmuster, muss weiter abgeklärt werden, ob beim Kind ein Sauerstoffmangel vorliegt. Dies kann durch eine Mikroblutgasanalyse festgestellt werden. Dabei kann die kindliche Gefährdung anhand des pH-Wertes besser prognostiziert werden als anhand des sehr variablen arteriellen Sauerstoffpartialdrucks.

Durchführung

Um die Untersuchung durchführen zu können, muss der Muttermund eröffnet sein, damit der Arzt Zugang zum kindlichen Kopf hat. Zunächst wird der Kopf des Fetus mit einem Amnioskop eingestellt. Dann entfernt man mit einem Tupfer Fruchtwasser, Blut und Ähnliches. Nachdem am fetalen Skalp die Durchblutung mit etwas durchblutungsfördernder Salbe (z. B. Finalgon) angeregt wurde, kann der Arzt das Blut nach einem kleinen Einschnitt in einem heparinisierten Kapillarröhrchen gewinnen (**Abb. U.70**).

Nachbereitung

Patient. Unter Umständen muss die Schnittverletzung am Kopf des Fetus mit einem Tupfer komprimiert werden, um die Blutung zu stoppen.
Punktat. Durch die Drehung des Röhrchens wird das Blut mit dem Heparin gemischt und anschließend in das Blutgasmessgerät gegeben.

Bewertung

Über die MBU kann eine Azidose ausgeschlossen werden. Die MBU bzw. der pH-Wert wird wie folgt bewertet:

- pH-Wert 7,30: normal,
- pH-Wert 7,25 – 7,30: Hinweis auf Präazidose; nach einer Wehenhemmung über 15 – 30 Min. kann die vaginale Entbindung erneut angestrebt werden,

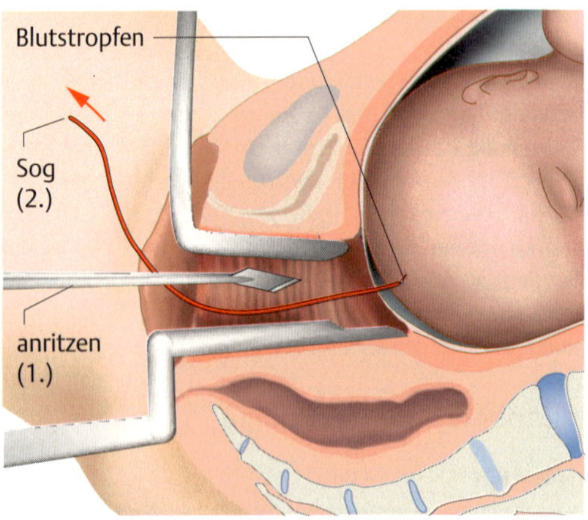

Abb. U.70 Mikroblutuntersuchung. Zur Abklärung des fetalen Zustandes wird eine Blutentnahme durchgeführt.

- pH-Wert 7,25 oder niedriger: Azidose; es sollte eine umgehende Entbindung erfolgen!

Chromosomenanalyse

Definition

Durch die Chromosomenanalyse können neben einigen Stoffwechselerkrankungen auch Chromosomenanomalien wie Trisomie 8, 13, 18 oder 21 diagnostiziert werden. Es existieren verschiedene Möglichkeiten, eine Chromosomenanalyse durchzuführen.
Amniozentese. Unter einer Amniozentese versteht man die Punktion von ca. 20 ml Fruchtwasser aus der Amnionhöhle, die man auch als Fruchtwasserhöhle bezeichnet.
Chorionzottenbiopsie. Eine alternative Methode zur Amniozentese stellt die Chorionzottenbiopsie dar. Dabei wird jedoch kein Fruchtwasser, sondern Gewebe aus der Plazenta entnommen.
Fetalblutanalyse und Nabelschnurpunktion. Unter einer Fetalblutanalyse versteht man die Entnahme von Fetalblut mittels einer Punktion der Nabelschnurvene (Chordozentese).
Triple-Test. Der Triple-Test ist eine mathematische Risikoberechnung für das Auftreten einer Trisomie 21. Die Methode ist nicht invasiv und für die Schwangere schmerzfrei.

Indikation und Prinzip

Die meisten Feten mit chromosomalen Störungen sterben bereits sehr früh während der Schwangerschaft. Nur wenige dieser Störungen sind mit dem Leben vereinbar. Dazu gehören zum Beispiel die Trisomie 21 (→ Down-Syndrom), die Trisomie 13 (Pätau-Syndrom), die Trisomie 18 (Edwards-Syndrom), das → Turner-Syndrom (X0) oder → Klinefelter-Syndrom, die mit entsprechenden Untersuchungen diagnostiziert werden können. Aber auch andere genetische Krankheiten, z. B. verschiedene → Muskeldystrophien, das → Marfan-Syndrom oder → Chorea Huntington können festgestellt werden.

Eine genetische Abklärung erfolgt auf Wunsch der Eltern. Ab dem 35. Lebensjahr der Frau wird eine solche Untersuchung empfohlen, da im höheren Lebensalter mit einem größeren Risiko z. B. bezüglich der Trisomie 21 gerechnet werden muss. Sollten bereits Kinder mit chromosomalen Störungen geboren sein, ist ebenfalls eine Diagnostik indiziert. Immer ist eine sorgsame Beratung der Eltern notwendig.
Amniozentese. Eine Amniozentese wird in Zusammenhang mit genetischen Fragestellungen durchgeführt. Es kann allerdings auch die Konzentration des α-Fetoproteins, die bei Neuralrohr- oder Bauchdeckendefekten erhöht ist, bestimmt werden. Indiziert ist die Untersuchung z. B. bei:

- mütterlichem Alter > 35 Jahre,
- erblichen Chromosomenstörungen bei Geschwisterkindern oder den Eltern selbst,

- Vorkommen erblich bedingter Erkrankungen in der Familie,
- Fehlbildungen des Gehirns oder der Wirbelsäule bei Geschwisterkindern,
- auffälligen Ergebnissen bei anderen Untersuchungen.

Chorionzottenbiopsie. Sie ist indiziert z. B. bei:

- mütterlichem Alter > 35 Jahre,
- erblichen Chromosomenstörungen bei Geschwisterkindern oder den Eltern selbst,
- Vorkommen erblich bedingter Erkrankungen in der Familie,
- verschiedenen Stoffwechselerkrankungen, z. B. → Mukoviszidose,
- auffälligen Ergebnissen bei anderen Untersuchungen, z. B. eine Nackentransparenz des Fetus um Ultraschall, die ein Hinweis auf eine Trisomie 21 ist.

Fetalblutanalyse und Nabelschnurpunktion. Eine Nabelschnurpunktion findet Anwendung bei von der Norm abweichenden Ultraschallbefunden oder auffälligen Blutwerten der Mutter. Es handelt sich allerdings nicht um eine Routineuntersuchung. Daher sollte eine umfassende Beratung der Eltern vorausgehen. Die Blutuntersuchung bietet folgende Möglichkeiten:

- Chromosomenanalyse (ab der 20. SSW möglich),
- Blutgruppenbestimmung,
- Antikörperbestimmung,
- Diagnose der Blutgruppenunverträglichkeit,
- Blutgasanalyse,
- Untersuchung einer fetalen Anämie,
- Nachweis von Erregern.

Neben der Punktion zu Untersuchungszwecken ermöglicht der Zugang zum fetalen Kreislauf die Gabe von Medikamenten.

Triple-Test. Für den Triple-Test werden die Mengen des humanen Choriongonadotropins (hCG), unkonjugierten Östriols und des α-Fetoproteins (AFP) im Serum der Mutter gemessen. Dem liegt zugrunde, dass Östriol und AFP bei Feten mit Trisomie 21 erniedrigt sind und hCG im Vergleich zu einer unauffälligen Schwangerschaft erhöht ist. Zusammen mit dem Alter der Mutter und dem Schwangerschaftsalter wird das individuelle Risiko für eine Trisomie 21 berechnet.

Durchführung

Amniozentese. Sie wird ab der 16. SSW durchgeführt, da jetzt genügend Fruchtwasser vorhanden und das Abortrisiko niedrig ist. Zunächst wählt man unter Ultraschalluntersuchung eine günstige Einstichstelle aus. Dann wird die Bauchdecke der Patientin sorgfältig desinfiziert. Unter fortlaufender sonografischer Kontrolle führt der Arzt eine dünne Nadel durch die Bauchdecke in die Fruchtwasserhöhle ein und saugt eine kleine Menge Fruchtwasser ab (**Abb. U.71**). Der Eingriff selbst bereitet der Patientin nur wenig Schmerzen und ist von kurzer Dauer.

Chorionzottenbiopsie. Die Chorionzottenbiopsie kann sowohl von abdominal als auch von vaginal zu einem früheren Zeitpunkt als die Amniozentese, nämlich ab der 9. Schwangerschaftswoche, durchgeführt werden. Hierbei werden unter Ultraschallsicht einige der kleinen haarähnlichen Gewebefäden aus dem Chorion der Plazenta abgesaugt (**Abb. U.72**). Die Fruchthöhle wird dabei ausgespart.

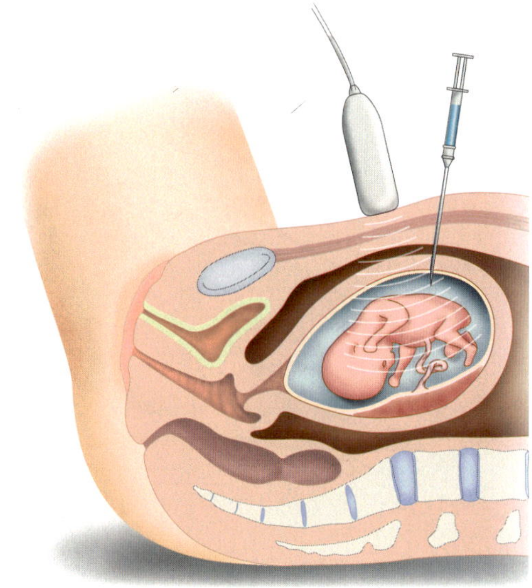

Abb. U.71 Amniozentese. Die Amnionhöhle wird unter Ultraschallkontrolle durch die Bauchdecke punktiert. Mit einer Spritze wird Fruchtwasser abgezogen.

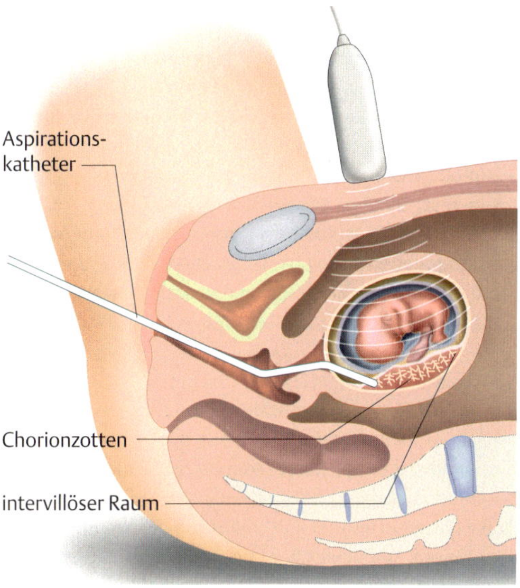

Abb. U.72 Chorionzottenbiopsie. Unter Ultraschallsicht wird ein kleiner Katheter durch den Zervixkanal bis zum Embryo vorgeschoben. Unter Sog werden Chorionzotten in die Spritze gezogen. Eine Chorionzottenbiopsie ist auch von abdominal her möglich.

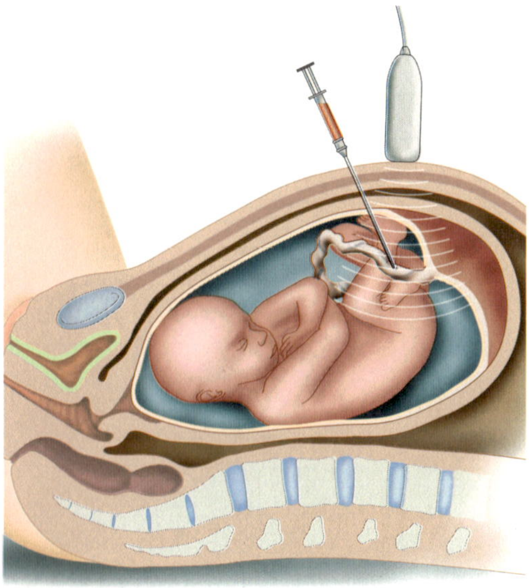

Abb. U.73 Punktion der Nabelschnur. Unter sonografischer Kontrolle wird eine Nadel durch die Bauchdecke in die Nabelschnurvene des Ungeborenen eingeführt und Blut abgenommen.

Fetalblutanalyse und Nabelschnurpunktion. Die Untersuchung erfolgt unter Ultraschallkontrolle. Es wird eine Nadel durch die Bauchdecke der Schwangeren in die Nabelschnurvene des Ungeborenen eingeführt und Blut entnommen (**Abb. U.73**).

Triple-Test. Der Test wird zwischen der 14. und 16. SSW durchgeführt. Es werden die Laborwerte von humanem Choriongonadotropin, unkonjugiertem Östriol und α-Fetoprotein geprüft. Eine Nachbereitung ist nicht notwendig.

Nachbereitung

Amniozentese. Nach der Amniozentese sollte sich die Patientin 1 – 2 Std. ausruhen und sich an den darauffolgenden Tagen schonen. Die Risiken einer Amniozentese liegen in der Auslösung einer Fehlgeburt durch Wehen oder einen Blasensprung. Daher sollte die Schwangere nach dem Eingriff auf Anzeichen solcher Komplikationen beobachtet werden. Die gewonnenen Zellen werden zunächst in einer Zellkultur vermehrt.

Chorionzottenbiopsie. Die eingriffsbedingten Abortraten sind in etwa vergleichbar mit denen der Amniozentese. Daher sollte die Patientin nach dem Eingriff auf Anzeichen einer Fehlgeburt beobachtet werden. Die Schwangere sollte sich zudem an den darauffolgenden Tagen schonen. Eine Anzucht von Zellen des Biopsats in der Zellkultur ist nicht nötig, sodass das Ergebnis sehr viel rascher feststeht als bei der Fruchtwasseruntersuchung.

Fetalblutanalyse und Nabelschnurpunktion. Das Blut des Punktats wird in das Labor gegeben, wo es auf die unterschiedlichen Fragestellungen hin untersucht wird. Die Chromosomenanalyse steht nach fünf bis sieben Tagen zur Verfügung, die Ergebnisse der Blutuntersuchung auf → Anämien oder Infektionen erfolgen i.d.R. schneller.

Triple-Test. Die Nachbereitung ergibt sich aus den angewendeten Verfahren.

Chromosomenanalyse

Nachdem das Zellmaterial gewonnen wurde müssen die Chromosomen bildlich dargestellt werden, um sie beurteilen zu können. Hierzu werden Verfahren wie das Karyogramm oder die Fluoreszenz-in-situ-Hybridisierung (FISH) angewendet.

Karyogramm. Die einzelnen Chromosomen einer Zelle werden geordnet dargestellt. Die Chromosomen müssen sich zu diesem Zweck in der Metaphase der Zellteilung befinden, in der sie maximal kondensiert sind. Sie werden isoliert und gefärbt, wodurch sich ein für jedes Chromosom charakteristisches Bandenmuster darstellen lässt. Die Chromosomen werden durch ein Mikroskop fotografiert und am Monitor nach Größe des Chromosoms, Bandenmuster und Lage des Zentromers zu Paaren angeordnet, wie sie bei einem diploiden Chromosomensatz typisch sind. Auf diese Weise wird ermittelt, ob einzelne Chromosomen fehlen, mehr als zweifach vorliegen oder auch anormal aussehen.

FISH (Fluoreszenz-in-situ-Hybridisierung). Sie wird insbesondere in der vorgeburtlichen Diagnostik verwendet. Vorteilhaft ist, dass sich die Zellen nicht im Stadium der Zellteilung befinden müssen. Es werden allerdings spezielle DNA-Fragmente (Sonden) benötigt, die mit fluoreszierenden Farbstoffen markiert sind und an bestimmte Bereiche der Chromosomen binden. Dadurch ist man in der Lage ganze Chromosomen, die Zentromere, die Enden der Chromosomen oder auch bestimmte Gene zu färben und spezifisch nachzuweisen.

Bewertung

Amniozentese. Die Chromosomenanalyse (s. o.) wird aus den im Fruchtwasser schwimmenden, abgeschilferten fetalen Zellen durchgeführt. Da sie erst in einer Zellkultur vermehrt werden müssen, dauert es ca. 3 Wochen, bis das Untersuchungsergebnis eintrifft.

Außerdem kann aus dem Fruchtwasser noch die Konzentration des α-Fetoproteins bestimmt werden, das bei Neuralrohr- oder Bauchdeckendefekten erhöht ist. Unter einem Neuralrohrdefekt versteht man z. B. eine → Spina bifida. Bei dieser Entwicklungsstörung sind die Wirbelbögen nicht geschlossen. Das Rückenmark liegt offen.

Chorionzottenbiopsie. Das Untersuchungsmaterial wird ausgewertet. Die Informationen über die Chromosomen des Kindes liegen nach etwa 2 – 3 Tagen vor. So können neben einigen Stoffwechselerkrankungen auch Chromosomenanomalien wie Trisomie 21, Trisomie 13, Trisomie 18 oder Trisomie 8 diagnostiziert werden. Neuralrohr- oder Bauchwandfehlbildungen sind im Gegensatz zur Amniozentese nicht nachweisbar.

Fetalblutanalyse und Nabelschnurpunktion. Im Fall einer Anämie, dem Vorhandensein von Erregern usw. müssen die entsprechenden therapeutischen Maßnahmen wie eine Antibiotikatherapie eingeleitet werden. Bei Chromosomenanomalien gibt es keine kausale Therapie. Daher, muss sich bei positivem Untersuchungsbefund ein Beratungsgespräch anschließen.

Triple-Test. Der Triple-Test kann ca. 60 % der Trisomien erkennen. Er hat aber den großen Nachteil, dass sehr viele falsch positive Ergebnisse erbracht werden, d. h. der Test ergibt ein erhöhtes Risiko obwohl das Kind gesund ist. Da die mathematischen Hintergründe auf Wahrscheinlichkeitsrechnungen beruhen, ist vor der Durchführung dieses Tests eine sorgfältige Beratung notwendig, um die Eltern nicht unnötig zu beunruhigen.

Untersuchungen der Gefäße

Alle Gefäße im menschlichen Körper können aufgrund von Erkrankungen oder Verletzungen geschädigt werden. Daher gibt es eine Reihe von wichtigen Untersuchungsmethoden, die hilfreich sind, solche Schädigungen zu erkennen, z. B.:

- Kontrastmitteluntersuchung,
- Angiografie,
- Fluoreszenzangiografie,
- Phlebografie,
- digitale Subtraktionsangiografie (DSA),
- Lymphografie,
- Allen-Test,
- nichtinvasive Blutdruckmessung,
- invasive Blutdruckmessung,
- Doppler-Untersuchung,
- Lichtreflexionsrheografie,
- Oszillografie,
- Phlebodynamometrie,
- Ratschow-Lagerungsprobe,
- Tourniquet-Test,
- Trendelenburg-Test,
- Ankle-Brachial-Index,
- Laufbandergometrie,
- Pulsstatus,
- Verschlussdruckmessung.

Kontrastmitteluntersuchung

Definition

Die Kontrastmitteluntersuchung ist eine Anwendung von Arzneimitteln, die zur Darstellung von Blutgefäßen des Körpers in bildgebenden Untersuchungen geeignet sind. Sie ist keine eigenständige Untersuchung, sondern dient der besseren Diagnostik verschiedener Untersuchungsmethoden.

Indikation und Prinzip

Kontrastmittel werden vor allem eingesetzt, um die Diagnostik bei Röntgenuntersuchungen zu unterstützen. Aber auch bei Magnetresonanztomografie und Sonografie werden bessere Untersuchungsergebnisse erzielt. Da Kontrastmittel Röntgenstrahlen stärker absorbieren als das Körpergewebe, können sonst nicht sichtbare Strukturen sichtbar gemacht werden.

Durchführung

Die Durchführung richtet sich nach der jeweiligen Untersuchungsmethode. Generell wird zur Gefäßdarstellung ein jodhaltiges Kontrastmittel, das die Röntgenstrahlen absorbiert, in die zu testenden Blutgefäße injiziert. Die Nachbereitung richtet sich wiederum nach der angewendeten Untersuchungsmethode.

Bewertung

Die Kontrastmitteluntersuchung ist ein unverzichtbarer Bestandteil zur Diagnostik bei Gefäßuntersuchungen. Ohne Kontrastmittel wären Röntgenuntersuchungen der Blutgefäße nicht möglich.

Angiografie

Definition

Die Angiografie ist eine Röntgenuntersuchung mit Kontrastmittel, mit deren Hilfe Arterien, Venen oder Lymphgefäße dargestellt werden können. Die Untersuchung selbst ist für den Patienten schmerzfrei, lediglich ein Einstich für eine Hohlnadel ist notwendig.

Vorteil der Untersuchung ist die Möglichkeit der zusammenhängenden Darstellung großer und kleiner Gefäße. Der Nachteil ist, dass die Untersuchung mit jodhaltigem Kontrastmittel durchgeführt werden muss. Bei vorliegender Jodallergie und bei Schilddrüsenüberfunktion ist die Untersuchung daher nicht durchführbar.

Indikation und Prinzip

Die Angiografie ist für vielfältige Untersuchungen geeignet. Ein Beispiel ist die Herzkatheteruntersuchung, mit der die Herzkranzgefäße dargestellt werden. Bei der zerebralen Angiografie werden die Hirngefäße untersucht. Um Bein- und Beckenarterien abzubilden, wird sie als Arteriografie durchgeführt (**Abb. U.74**). Tiefe Bein- und Beckenvenen werden mit der Phlebografie (s. u.) untersucht. Die Untersuchung der Lymphwege ist mit der Lymphografie (s. u.) möglich. Veränderte oder erkrankte Arterien, Venen oder Lymphgefäße werden bei diesen Untersuchungen sicher erkannt.

Durchführung

Zur Vorbereitung der Angiografie wird dem Patienten einige Tage vorher Blut abgenommen, um Blutgerinnungs- und Kreatininwerte bestimmen zu können. Ab etwa 4 Std. vor der Angiografie darf der Patient nichts mehr essen und trinken. Falls erforderlich, wird die Haut um die Einstichstelle rasiert und danach desinfiziert. Die Untersuchung erfolgt im Liegen.

Unter örtlicher Betäubung wird eine größere Hohlnadel in eine Arterie oder Vene eingeführt. Über diese wird das Kontrastmittel injiziert und anschließend die zu untersuchende Körperregion durch eine Röntgenuntersuchung bildlich dargestellt. Zudem ist es während der Angiografie möglich, mittels Ballonkatheter Verschlüsse oder Engstellen zu weiten und, falls erforderlich, auch eine Gefäßstütze einzusetzen. Dem Patienten kann man so eine offene Operation geschädigter Gefäße ersparen. Zu diesem Zweck werden spezielle Katheter über die Hohlnadel bis zu den geschädigten Stellen vorgeschoben.

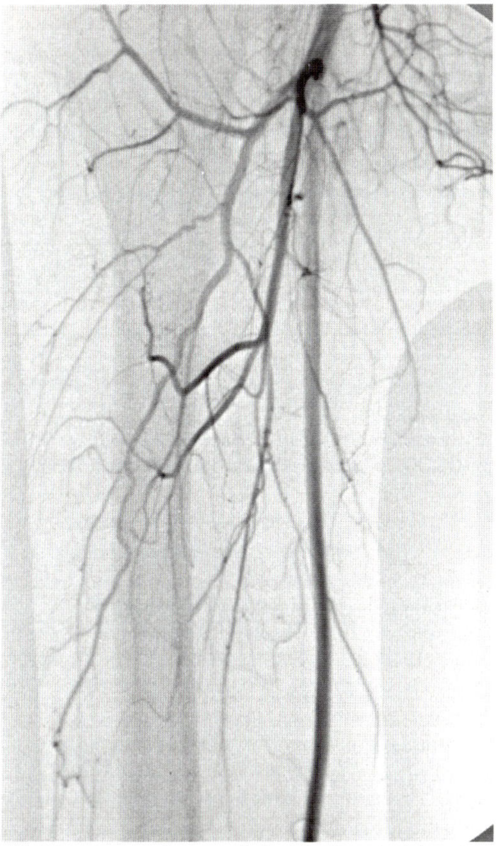

Abb. U.74 Angiografie. Normalbefund der Oberschenkelarterien.

Nachbereitung

Patient. Nach Abschluss der Untersuchung werden Katheter und Hohlnadel entfernt und die Punktionsstelle abgedrückt, bis die Blutung zum Stillstand kommt. Anschließend wird ein Druckverband angelegt. Der Patient hat dann für 24 Std. Bettruhe, um Nachblutungen zu vermeiden.

Bildmaterial. Die Untersuchungsergebnisse werden über Röntgenbilder ausgewertet.

Bewertung

Durch den Schwarz-Weiß-Kontrast auf dem Röntgenbild heben sich die Gefäße vom umgebenden Gewebe deutlich ab. Die Gefäße werden dabei auf dem Röntgenbild weiß dargestellt. Das Kontrastmittel erhöht die Dichte der zu untersuchenden Strukturen und macht sie besser sichtbar, weil das Kontrastmittel die Röntgenstrahlen absorbiert. Somit wird die Untersuchung von zusammenhängenden Gefäßstrukturen ermöglicht und die Diagnostik erleichtert.

Fluoreszenzangiografie

Definition

Die Fluoreszenzangiografie ist eine Darstellung der Gefäße des Augenhintergrundes mittels eines intravenös verabreichten Farbstoffs. Das Bild gebende Verfahren selbst ist schmerzfrei, lediglich ein Einstich für die Injektionskanüle ist notwendig.

Indikation und Prinzip

Ein wichtiger Faktor um die Sehkraft der Augen zu erhalten, ist deren Durchblutung. Mit der Fluoreszenzangiografie ist es möglich, eine Durchblutungsstörung, die durch verschiedene Erkrankungen verursacht werden kann, zu untersuchen und vorliegende Netzhaut- oder Aderhauterkrankungen nachzuweisen. Anwendung findet die Fluoreszenzangiografie meist bei Patienten mit folgenden Grunderkrankungen:

- Entzündungen oder Durchblutungsstörungen der Netzhaut,
- → Diabetes-mellitus-Erkrankungen,
- → Makuladegenerationen, vor allem bei älteren Patienten,
- bei Verdacht auf Tumorerkrankungen, die zu Gefäßveränderungen am Auge führen können.

Durchführung

Der Patient erhält zur Vorbereitung zunächst Pupillen erweiternde Augentropfen. Danach wird ihm der wasserlösliche Farbstoff Natriumfluorescein oder Indozyangrün in die Armvene injiziert. Der Farbstoff erscheint nach etwa 20 Sek. im Augenhintergrund.

Durch spezielle Kameratechnik, bei der Farbfilter verwendet werden, lassen sich die Gefäße von Netz- und Aderhaut darstellen und fotografieren (**Abb. U.75**). Für die Aufnahmen stützt der Patient Kinn und Stirn auf eine Auflage vor der Augen-Videokamera.

Nachbereitung

Patient. Durch die Pupillenerweiterung kann der Patient durch helles Licht sehr stark geblendet werden. Ihm ist für den Heimweg eine abgedunkelte Brille zu empfehlen. Er ist wegen des verschlechterten Sehens bis zu 5 Std. nicht fahrtüchtig. Haut und Urin des Patienten verfärben sich durch den verabreichten Farbstoff dunkel, was bis etwa 24 Std. nach der Untersuchung anhalten kann. Allergische Reaktionen sind sehr selten, können aber auftreten.

Bildmaterial. Die aufgenommene Bilderserie wird digital gespeichert. Auswertungen sind sowohl am Computermonitor, als auch über Ausdrucke auf Fotopapier möglich.

Bewertung

Die Fluoreszenzangiografie hat gegenüber der Augenhintergrundspiegelung einen entscheidenden Vorteil. Durchblutungsstörungen oder Gefäßschäden der Netzhaut und der tiefer liegenden Aderhaut können sichtbar gemacht und so rechtzeitig behandelt werden.

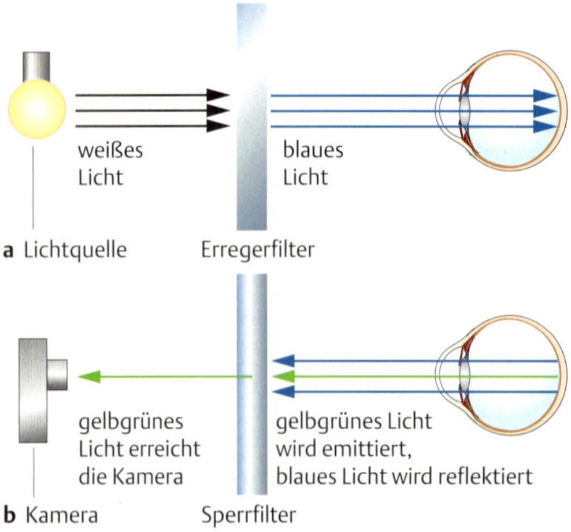

Abb. U.75 Fluoreszenzangiografie. Ein Erreger- und ein Sperrfilter werden in den Strahlengang einer Spiegelreflexkamera eingeschwenkt. **a** Der Erregerfilter filtert blaues Licht aus dem weißen heraus. Das blaue Licht regt das zuvor injizierte Natriumfluorescein in den Fundusgefäßen an. **b** Das reflektierte blaue Licht wird vom Sperrfilter zurückgehalten. Gelbgrünes, vom Natriumfluorescein emittiertes Licht erreicht die Kamera.

Beim gesunden Auge ist der Augenhintergrund auf dem Bild glatt und mit Gefäßen durchzogen. Bei Gefäßschäden erscheinen unregelmäßige Erhebungen, Ödeme oder Thrombosen.

Phlebografie

Definition

Die Phlebografie ist eine Bild gebende Kontrastdarstellung venöser Blutgefäße mittels eines intravenös verabreichten Kontrastmittels. Die Untersuchung selbst ist für den Patienten schmerzfrei, lediglich ein Einstich für die Injektionskanüle ist notwendig.

Der Vorteil einer Phlebografie ist die sehr genaue Darstellung von Venen und Venenklappen. Thrombosen werden dadurch sehr sicher erkannt. Der Nachteil ist, dass jodhaltiges Kontrastmittel verwendet werden muss. Bei vorliegender Jodallergie und bei Schilddrüsenüberfunktion ist die Untersuchung nicht durchführbar.

Indikation und Prinzip

Mit der Phlebografie können vor allem Beinvenenverschlüsse durch Thrombose, aber auch Varizen (→ Varikosis) oder Gefäßschäden nachgewiesen oder ausgeschlossen werden. Ist eine operative Behandlung von Krampfadern geplant, wird diese Untersuchung ebenfalls zur präoperativen Diagnostik angewendet. Bei vorliegenden Gefäßveränderungen sind die Engstellen oder Verschlüsse auf den Röntgenbildern deutlich sichtbar und die Behandlung kann zielgerichtet erfolgen.

Durchführung

Der Patient sollte etwa 3–4 Std. vor der Untersuchung nichts essen und trinken. Eine weitere Vorbereitung ist nicht erforderlich.

Während der Phlebografie liegt der Patient in Rückenlage. Für die Untersuchung wird das Blut in Knöchelhöhe mit einer Staubinde gestaut und die Haut an der Einstichstelle desinfiziert. Danach wird eine Kanüle in eine oberflächliche Vene am Fußrücken eingestochen, die Stauung wird gelöst und das Kontrastmittel eingespritzt. Dieses fließt über das Venensystem des Beines in den Körperkreislauf. Die zu analysierenden Gefäße werden durch konventionelle Röntgentechnik aufgenommen. Die Untersuchung dauert zwischen 15 und 30 Min.

Nachbereitung

Patient. Nach der Untersuchung wird die Kanüle entfernt und die Einstichstelle bis zum Stillstand der Blutung komprimiert. Der Druckverband kann im Normalfall nach einer Stunde entfernt werden. Um einer Thrombose vorzubeugen, ist ausreichend Bewegung wichtig, längeres Sitzen oder Stehen sollte vermieden werden. Das Kontrastmittel wird nach und nach über die Nieren ausgeschieden.

Bildmaterial. Die Auswertung der Untersuchungsergebnisse erfolgt über Röntgenbilder.

Bewertung

Bei nicht geschädigten Gefäßen zeigen die Röntgenbilder eine normale und konstante Gefäßweite. Die Gefäße sind weder abgeknickt noch verengt. Die Venen erscheinen verzweigt wie ein Baum und verjüngen sich in der Peripherie harmonisch.

Verengte Gefäße erkennt man an einem plötzlichen Sprung im Gefäßverlauf, auch als Kalibersprung bezeichnet. Der Verschluss eines Gefäßes erscheint auf der Röntgenaufnahme als Gefäßabbruch. Beim Seitenvergleich der betroffenen Seite, bei der eine Verzweigung fehlt, zur nicht betroffenen Seite ist das gleiche Gefäß in seiner normalen, anatomischen Aufteilung sichtbar (s. **Abb. A.32**, S. 36).

Lymphografie

Definition

Hierbei handelt es sich um eine röntgendiagnostische Methode zur direkten Darstellung der Lymphgefäße und Lymphknoten mit einem Kontrastmittel.

Indikation und Prinzip

Verwendet werden Kontrastmittel in wässriger und öliger Lösung. Es gibt unterschiedliche Untersuchungsmöglichkeiten, das Ergebnis ist aber immer dasselbe. Entweder wird ein Kontrastmittel gewählt, das im Röntgenbild gut sichtbar ist (jodhaltige Kontrastmittel), oder das Kontrastmittel ist schwach radioaktiv, sodass dessen Strahlung mit geeigneten Detektoren registriert werden kann.

Mittels geeigneter Geräte werden aus den Detektorenbildern anatomische Übersichtsbilder umgewandelt (Lymphszintigrafie). Bei der Röntgen-Lymphografie wird zwischen direkter und indirekter Lymphografie und Lymphszintigrafie unterschieden.

Durchführung

Vor Durchführung der Untersuchung muss der Gerinnungsstatus (Quick, INR, PTT, Thrombozyten) getestet werden. Von äußerster Wichtigkeit ist die Abklärung einer evtl. bestehenden Kontrastmittelallergie, da vor allem jodhaltige Kontrastmittel zur Untersuchung eingesetzt werden. Vor der Untersuchung muss zudem eine latente Schilddrüsenüberfunktion (Hyperthyreose) durch Bestimmung des schilddrüsenregulierenden Hormons TRH bzw. TSH sicher ausgeschlossen werden. Denn bei der Untersuchung würde diese Schilddrüse bei der Untersuchung Jod erhalten und es könnte sich eine thyreotoxische Krise mit Herzrhythmusstörung, Tachykardie, Fieber, ausgeprägter Unruhe, Exsikkose, Desorientierung, Bewusstseinstrübung bis hin zum Koma entwickeln.

Zudem muss nach einer chronischen Niereninsuffizienz gefragt werden, da die Kontrastmittelgabe ein akutes Nierenversagen auslösen kann.

Direkte Lymphografie

Dies ist ein sehr aufwändiges Verfahren, welches vorwiegend für die Lymphabflusswege der Arme und Beine und den weiteren Lymphabfluss im Körperstamm eingesetzt wird. Der Vorteil liegt in der genauen Darstellung der anatomischen Verhältnisse. Somit lassen sich auch kleine Veränderungen und feine Strukturen darstellen. Zu Beginn der Untersuchung wird ein Farbstoff am Fußrücken injiziert. Dieser Farbstoff wird gut von der Lymphflüssigkeit aufgenommen.

Das nun sichtbare Lymphgefäß wird mit einem kleinen Hautschnitt freigelegt, dies erfolgt operativ in örtlicher Betäubung. Nach Einlegen der hauchdünnen Nadel wird eine direkte Kontrastmittelinjektion (16 – 20 ml) in die Lymphbahnen vorgenommen. Dies geschieht mit einer speziellen Pumpe über einen Zeitraum von 2 Std. Röntgenaufnahmen in diesem Zeitraum lassen das Abströmen des Kontrastmittels im lymphatischen System sichtbar werden, die nachgeschalteten Lymphbahnabschnitte können erfasst werden.

Nach ungefähr 24 Std. erfolgt ein Röntgen der Lymphbahnen und Lymphknoten, die das Kontrastmittel speichern. So können gut Veränderungen in diesem Abstromgebiet wie Karzinommetastasen oder Lymphome erkannt werden.

Indirekte Lymphografie

Dieses Verfahren ist ungenauer, aber auch weniger zeitintensiv. Bei dieser Methode wird das Röntgenkontrastmittel in bzw. unter die Haut gespritzt. Durch die Gewebelymphe wird es in die örtlichen Lymphbahnen und Lymphknoten abtransportiert. Damit werden Lymphbahnen und -knoten im Röntgenbild sichtbar.

Da nur sehr geringe Mengen des Kontrastmittels eingesetzt werden und der Abtransport nicht immer funktioniert, eignet sich diese Methode nur zur Untersuchung der örtlichen Lymphbahnen und Lymphknoten. Eingesetzt wird diese Methode bei Lymphtransportstörungen oder entzündlichen Erkrankungen.

Nachbereitung

Lymphknoten können das Kontrastmittel bis zu 12 Monate speichern. Dies kann möglicherweise andere Röntgenaufnahmen stören, eine eigentliche Nachbereitung ist nicht nötig.

Bewertung

Die Kontrastmitteldarstellung der Lymphbahnen wird heute nur noch in Ausnahmefällen durchgeführt, da die Computertomografie i.d.R. gleichwertige Informationen liefert.

Digitale Subtraktionsangiografie

Definition

Die digitale Subtraktionsangiografie (DSA) ist eine spezielle Röntgendarstellung mit Kontrastmittel, bei der ein umfassendes Bild bestimmter Blutgefäße gewonnen wird. Aufnahmen werden vor und nach Kontrastmittelgabe gemacht. Die Untersuchung ist schmerzfrei, der Patient kann aber kurzzeitig ein Wärme- oder Spannungsgefühl haben. Der Einstich einer Punktionskanüle ist notwendig. Vorteil ist die gute Bildqualität sowie die geringe Strahlen- und Kontrastmitteldosis. Nachteil ist die umfangreiche Vorbereitung.

Indikation und Prinzip

DSA ist derzeit das gebräuchlichste Verfahren, um Gefäßerkrankungen zu untersuchen. Bei dieser Methode werden computertechnisch wichtige von unwichtigen Gewebestrukturen getrennt, also subtrahiert, sodass lediglich die zu analysierenden Gefäße sichtbar sind. Dieses ist durch einen elektronischen Bildwandler möglich, der statt herkömmlicher Röntgenfilme verwendet wird.

Angewendet wird die Untersuchung z. B. bei Durchblutungsstörungen der Beine, der Hände, der Karotis sowie der Nieren und bei Verdacht auf ein Aneurysma oder Missbildungen an Gefäßen. Anhand der erstellten Bilder lässt sich recht schnell beurteilen, ob für den Patienten eine medikamentöse Therapie oder eine Operation erforderlich ist.

Durchführung

Der Patient sollte etwa 2 – 3 Std. vor der Untersuchung nicht essen, trinken und rauchen. Die Einstichstelle wird, wenn nötig, rasiert. Gefäße an Arm oder Leistenbeuge werden nach Desinfektion und örtlicher Betäubung mit ei-

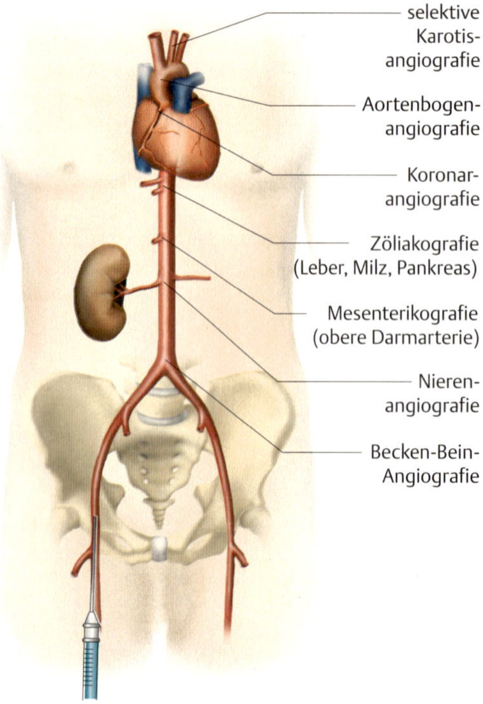

Abb. U.76 Intraarterielle Angiografie. Das Kontrastmittel wird über einen von der Leistengegend vorgeschobenen Katheter injiziert. Abhängig von der Lage der Katheterspitze (s. Beschriftung) erhält man entsprechende Angiogramme.

ner dünnen Nadel punktiert. Über diese Nadel wird zunächst ein Führungsdraht eingeschoben, über den, nachdem die Nadel entfernt wurde, ein etwa 1 mm dicker Katheter eingeführt wird. Dieser wird bis in die Höhe des zu untersuchenden Gefäßes vorgeschoben. Anschließend wird auch der Führungsdraht entfernt. Über den Katheter wird schnell jodhaltiges Kontrastmittel in das Gefäß injiziert (**Abb. U.76**).

Die erste Aufnahme erfolgt unmittelbar vor der Kontrastmittelgabe, die zweite Aufnahme danach. Die Röntgenbilder werden digital im Computer gespeichert. Die Untersuchung dauert etwa eine Stunde.

Nachbereitung

Patient. Nachdem der Katheter entfernt wurde, wird ein Druckverband angelegt. Wurde ein venöses Gefäß punktiert, muss der Patient noch etwa 2 Std. nach der Untersuchung liegen bleiben. Bei der Punktion eines arteriellen Gefäßes beträgt die Liegezeit 24 Std., um Nachblutungen an der Punktionsstelle zu vermeiden. Das Kontrastmittel wird nach und nach über die Nieren ausgeschieden.

Bildmaterial. Zur Aufbereitung des Bildmaterials werden spezielle Computerprogramme angewendet, die Knochen und Weichteilschatten subtrahieren. Das Ergebnis ist

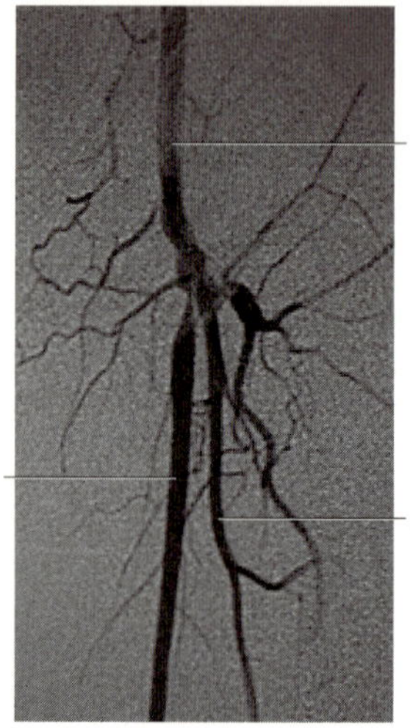

Abb. U.77 DSA. Angiografie der linken Leiste in Subtraktionstechnik. Nur die Arterien sind dargestellt. Die Knochen sind durch die Subtraktionstechnik nicht mehr sichtbar.

eine Abbildung der Gefäße ohne Überlagerung durch andere Körperstrukturen. Alle Gefäßstrukturen werden deutlich wiedergeben.

Bewertung

Bei der DSA werden die Gefäße in einer sehr hohen Abbildungsqualität dargestellt (**Abb. U.77**). In Studien wurde eine bessere diagnostische Qualität als bei konventioneller Angiografie nachgewiesen. Sklerosen, Aneurysmen, Stenosen oder Thrombosen sind auf den Bildern sehr sicher zu diagnostizieren.

Allen-Test

Definition

Der Allen-Test gilt als einfacher und aussagekräftiger Funktionstest des Palmarkreislaufs. Der manuelle Test ist für den Patienten schmerzfrei. Die Untersuchung ist nur ein hinweisender Test, es muss anschließend die weiterführende Diagnostik erfolgen.

Indikation und Prinzip

Der Allen-Test ist ein klinischer Funktionstest, mit dem die Durchblutung der Arteria radialis und der Arteria ulnaris getestet wird. Er dient außerdem der orientierenden Überprüfung der Kollateralversorgung zwischen den Gefäßen. Die Überprüfung der Reperfusionszeit der Fingerspitzen gibt Aufschluss über die Durchblutung beider Arterien.

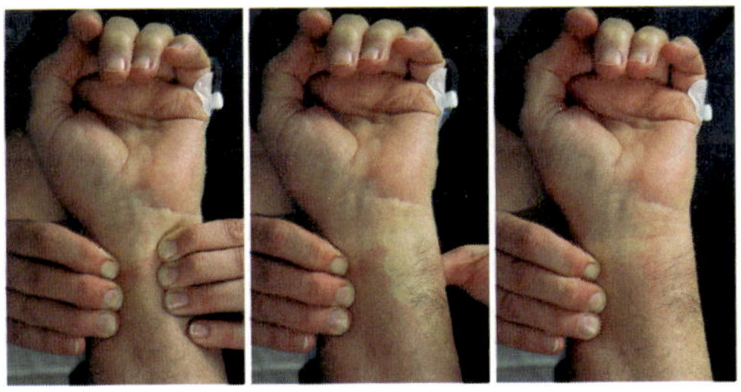

Abb. U.78 Allen-Test. Mit dem Allen-Test können Verschlüsse der A. radialis oder A. ulnaris erkannt werden. **a** A. radialis und A. ulnaris werden komprimiert. **b** Die deutlich blasse Hautfarbe ist nach Freigabe der A. ulnaris gut sichtbar. **c** Die blasse Hautfarbe ist rückläufig.

Durchführung

Am Handgelenk des Patienten werden die Arteria radialis und die Arteria ulnaris vom Untersuchenden gleichzeitig abgedrückt, bis die Blutzufuhr unterbrochen ist. Der Patient muss die Hand so lange öffnen und schließen, bis seine Handfläche weiß erscheint. Jetzt wird eine der Arterien losgelassen und überprüft, ob die Hand wieder durchblutet wird (**Abb. U.78**). Danach wird der Test für die zweite Arterie wiederholt. Eine spezielle Nachbereitung ist nicht erforderlich.

Bewertung

Wenn die Hand des Patienten innerhalb von 5 – 7 Sek. wieder normal durchblutet wird, gilt der Test als negativ. Die Haut der Fingerspitzen und Handfläche ist dann wieder rosig gefärbt.

Als positiv gilt der Test, wenn die Zeit weit überschritten wird oder die normale Durchblutung ausbleibt. Dies gilt als Hinweis auf Gefäßveränderungen. Die weitere Diagnostik muss sich anschließen.

Nichtinvasive Blutdruckmessung

Definition

Die nichtinvasive Blutdruckmessung ist eine einfache Untersuchung, um den arteriellen Blutdruck zu messen. Das Verfahren wurde 1896 von Riva Rocci entwickelt und trägt die nach ihm benannte Abkürzung RR. Die schmerzlose Untersuchung ist jederzeit schnell durchführbar.

Indikation und Prinzip

Die Untersuchung dient der Kontrolle von Herz- und Kreislauffunktion. Es wird der Druck in den Arterien am Oberarm gemessen. Dabei schwankt der Blutdruck zwischen einem Maximalwert, dem systolischen Wert, wenn das Herz Blut in die Gefäße pumpt, und einem Minimalwert, dem diastolischen Wert, wenn sich das Herz wieder mit Blut füllt. Ein genaues Bild erhält man nur durch mehrere, über den Tag verteilte Messungen.

Durchführung

Vor der Messung sollte der Patient etwa 3 Min. ruhig sitzen. Der Blutdruck wird mit einem Blutdruckmessgerät gemessen. Die Manschette wird am Oberarm oberhalb der Ellenbeuge angelegt und aufgepumpt, bis der Blutfluss zum Stillstand kommt. Mit einem Stethoskop, welches an der Ellenbeuge über der Arterie aufsetzt wird, wird das Strömungsgeräusch (Korotkow-Geräusche) kontrolliert, während die Luft abgelassen wird (**Abb. U.79**).

Das erste hörbare Geräusch ist der systolische Wert, wenn das Geräusch verstummt, ist der diastolische Wert erreicht. Beide Werte werden auf dem am Blutdruckmessgerät angebrachten Manometer in Millimeter Quecksilbersäule abgelesen. Es ist keine Nachbereitung erforderlich.

Bewertung

Beim gesunden Menschen sollte der ideale Blutdruck um 130/85 mmHg liegen.

Hypertonie. Von hypertonem Blutdruck spricht man bei Werten ab 140 mmHg (systolisch) oder über 90 mmHg (diastolisch). Da sich bei hohem Blutdruck Gefäß- und Organschäden entwickeln können, sollte eine Hypertonie immer behandelt werden.

Hypotonie. Sie beginnt bei systolischen Werten unter 105 mmHg oder diastolischen Werten unter 60 mmHg. Durch niedrige Blutdruckwerte entstehen keine Schäden, sie sind nur bei Beschwerden behandlungsbedürftig.

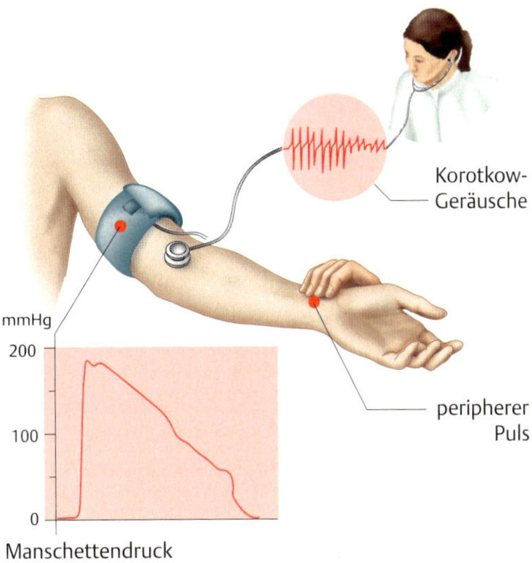

Abb. U.79 Prinzip der nichtinvasiven Blutdruckmessung. Die aufblasbare Manschette unterbindet vorübergehend den Blutstrom im Oberarm. Während die Luft abgelassen wird, kontrolliert man mit einem Stethoskop das Strömungsgeräusch. Das erste hörbare Geräusch ist der systolische Wert. Der diastolische Wert ist erreicht, wenn kein Geräusch mehr hörbar ist.

Invasive Blutdruckmessung

Definition

Die invasive Blutdruckmessung ist eine direkte (blutige) RR-Messung, die bei schwerkranken Patienten oder bei großen Operationen angewendet wird. Die Messung selbst ist für den Patienten schmerzfrei, nur für die Punktionskanüle ist ein Einstich erforderlich. Vorteil der Untersuchung ist die sehr genaue und kontinuierliche Messung, ein Nachteil ist das Infektionsrisiko.

Indikation und Prinzip

Es gibt zwei Messformen, je nachdem ob der Druckwandler extern oder intravasal (im Blutgefäß) platziert wird. In beiden Fällen wird ein Katheter in das Blutgefäß eingebracht. Indikationen für eine invasive Blutdruckmessung sind z. B.:

- eine kontinuierliche Blutdruck- und/oder Blutgaskontrolle,
- instabile Kreislaufverhältnisse,
- starke oder erwartete starke Blutverluste,
- ausgedehnte operative Eingriffe,
- → Schock,
- Operationen an der Lunge,
- → Sepsis,
- Multiorganversagen,
- → Polytrauma,
- Beatmung,
- schwere Brandverletzungen (→ Verbrennungskrankheit).

Durchführung

Lokalisationen der ersten Wahl sind die A. radialis und die A. femoralis, Lokalisationen der zweiten Wahl A. ulnaris, A. brachialis und A. axillaris.

Bevor eine arterielle Druckmessung gelegt wird ist zu prüfen, ob ein arterieller Umgehungskreislauf der Hand besteht. Hierzu dient der Allen-Test. Zur Vorbereitung wird die Haut desinfiziert und ggf. rasiert.

Mit einer Punktionskanüle wird die gewünschte Arterie punktiert. Wird eine Verweilkanüle gewählt, muss diese fixiert und vor Herausziehen gesichert werden. Soll die Überwachung länger dauern, wird ein Katheter verwendet (z. B. A.-femoralis-Katheter). Dieser wird zur Sicherheit mit einer Naht nach Seldinger-Technik fixiert. Dann wird die Druckmessung angeschlossen. Die Zuleitung wird mit dem Druckaufnehmer (Transducer) verbunden und die Druckmesseinrichtung kalibriert. Der arterielle Zugang muss regelmäßig mit einer NaCl/Heparin-Lösung gespült werden (**Abb. U.80**).

Um eine Infektion zu verhindern, muss die Blutdruckmonitoreinheit alle 48 Std. ausgewechselt werden. Der Katheter muss eindeutig (z. B. mit „Arterie") markiert werden, um eine versehentliche intraarterielle Injektion auszuschließen.

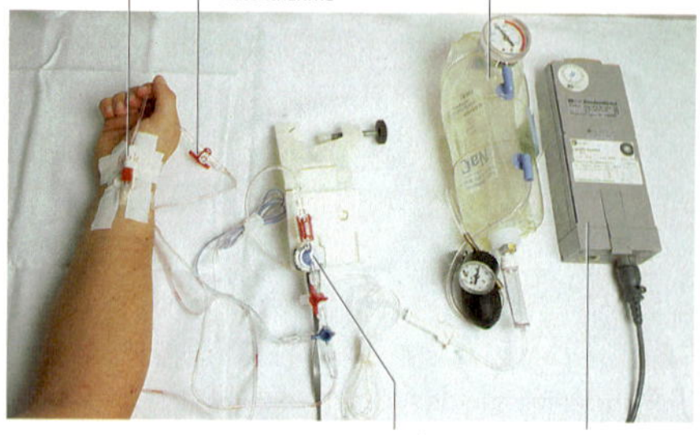

Abb. U.80 Invasive Blutdruckmessung. Aufbau der Messkette zur invasiven Blutdruckmessung.

Nachbereitung

Nachdem die Verweilkanüle oder der arterielle Katheter entfernt wurden, wird die Punktionsstelle für mindestens 5 Min. komprimiert. Anschließend wird bis zum Stillstand der Blutung ein Druckverband angelegt. Die Blutstillung muss genau kontrolliert werden, da sich bei Blutungen größere Hämatome bilden können.

Nach Entfernen des Druckverbandes wird die Arterie auf mögliche Strömungsgeräusche, die einen Hinweis auf eine evtl. vorhandene AV-Fistel (arteriovenöse Fistel) geben, auskultiert.

Bewertung

Die direkte Blutdruckmessung ist die optimale Messmethode, besonders bei Intensivpatienten. Bei Hypotonie, niedrigem Herzzeitvolumen und peripherer Gefäßkonstriktion liefert sie die genauesten Druckwerte. Das technische Prinzip ist seit Jahren unverändert. Zu beachten sind mögliche Fehlerquellen auf Seiten der Anwender, z. B.:

- Luftblasen im System,
- nicht zugelassene Verlängerungen,
- nicht durchgeführter Nullabgleich,
- falsche Höhe des Druckaufnehmers,
- mangelnder Druck auf der Spüllösung.

Doppler-Untersuchung

Definition

Die Doppler-Untersuchung ist die am häufigsten verwendete, schmerzfreie Sonografiemethode zur Diagnose des venösen Rückflusses. Sie gibt Auskunft über die Durchgängigkeit sowie den Klappenzustand der tiefen Leitvenen (**Abb. U.81**). Gefäßdurchblutungsstörungen dieser Venen werden erkannt.

Indikation und Prinzip

Die Indikationen zur Doppler-Untersuchung bei Venenerkrankungen sind:

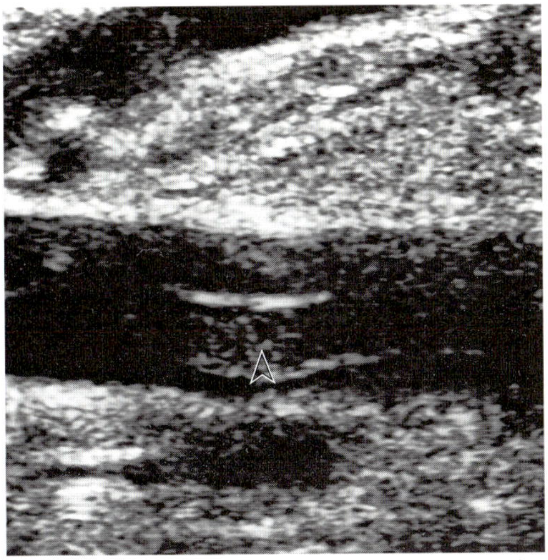

Abb. U.81 Venenthrombose. Der Pfeil zeigt auf den umspülten Thrombus.

- Lokalisation und Bestimmung des Ausmaßes einer Venenklappeninsuffizienz bei Krampfadern (→ Varikosis) oder chronischer Veneninsuffizienz,
- Differenzierung zwischen primärer und sekundärer Venenklappeninsuffizienz,
- Lokalisation und Beurteilung der Ausdehnung tiefer → Becken- und Beinvenenthrombosen,
- Ausschluss des Befalls tiefer Leitvenen bei oberflächlicher → Thrombophlebitis,
- Darstellung venöser Angiome.

Das physikalische Prinzip des Dopplers besteht in der Aussendung von Ultraschallwellen, die von den fließenden roten Blutkörperchen reflektiert werden. Es entsteht eine der Bewegungsgeschwindigkeit proportionale Frequenzverschiebung (Doppler-Effekt), die in hörbare Schallwellen umgesetzt wird. Damit ist der Doppler das Stethoskop des Gefäßchirurgen. Das Hagen-Poiseuille-Gesetz besagt, dass eine Flüssigkeit umso schneller fließt, je kleiner der Rohrdurchmesser ist.

Das Doppler-Gerät besteht aus einer Sonde mit einem Sender und einem Empfänger. Bei der Untersuchung oberflächlicher Gefäße wird der Frequenzbereich 7 – 10 Megahertz, bei tief gelegenen Gefäßen der Frequenzbereich 3,5 – 5 Megahertz gewählt.

Es gibt drei unterschiedliche Geräteformen: Nichtdirektionale Doppler-Geräte geben das Doppler-Signal nur akustisch, direktionale Geräte optisch und bidirektionale Geräte sowohl akustisch wie optisch wieder.

Durchführung

Die Doppler-Sonografie peripherer Venen erfolgt von der Körpermitte in Richtung Peripherie. Während des ersten Untersuchungsgangs, bei dem die tiefen Venen untersucht werden, liegt der Patient auf dem Rücken. Im zweiten Untersuchungsgang werden am stehenden Patienten die oberflächlichen Venen geprüft. Im Anschluss an diese Untersuchung werden Verbindungsvenen zwischen tiefem und oberflächlichem Venensystem aufgesucht. Es ist keine besondere Nachbereitung erforderlich.

Bewertung

Mit der Doppler-Sonografie steht eine risikoarme Untersuchungsmethode des arteriellen und venösen Gefäßsystems zur Verfügung, insbesondere hinsichtlich einer Durchblutungsstörung im arteriellen Bereich sowie einer Klappenfunktionsstörung im Venensystem (**Abb. U.82, U.83**). Weiterhin können Funktionen vor und nach invasiver Therapie kontrolliert werden.

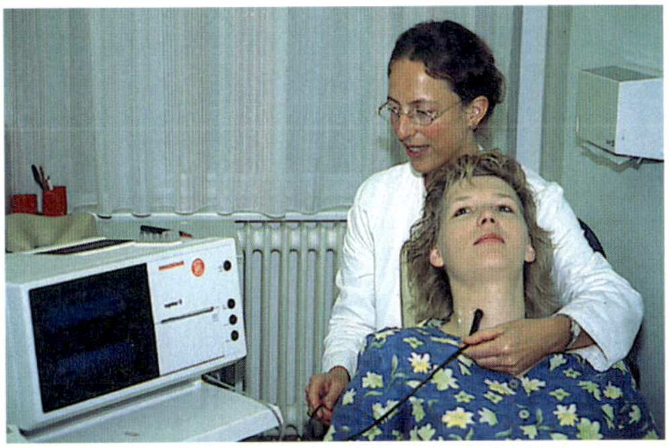

Abb. U.82 Doppler-Sonografie. Untersuchung der Strömungsverhältnisse in der Halsschlagader.

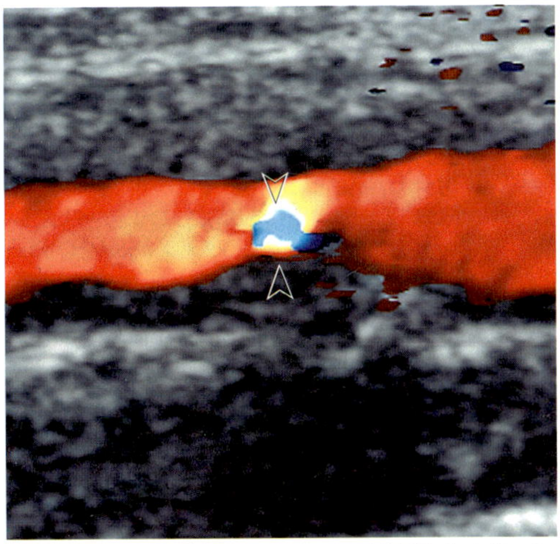

Abb. U.83 Stenose der A. carotis interna. Mit Hilfe der farbkodierten Duplexsonografie ist eine hochgradige Stenose der A. carotis interna erkennbar. Die Stenose bewirkt eine Flussbeschleunigung, die in diesem Fall farblich heller dargestellt ist.

Mögliche Fehler. Bei der Durchführung und Beurteilung der Untersuchung müssen einige Fehlermöglichkeiten beachtet werden. Dies sind z. B.:

- eine zu hohe oder zu niedrige Hauttemperatur,
- Hautveränderungen,
- ein Erythem oder Ekzem,
- Narben,
- Infektionen oder Salbenreste im Untersuchungsbereich,
- eine Mediasklerose.

Lichtreflexionsrheografie

Definition

Lichtreflexionsrheografie ist eine nichtinvasive Untersuchungsmethode, mit der die venöse Durchblutung der Beine mit Hilfe von Infrarotlicht getestet werden kann. Die Screening-Methode ist völlig schmerzfrei und kann schnell und ohne aufwändige Vorbereitung durchgeführt werden. Nachteil der Untersuchung ist, dass die Ergebnisse nur zur Orientierung ausreichen. Bei Abweichungen müssen genauere Untersuchungen folgen.

Indikation und Prinzip

Die Untersuchung dient dem Nachweis funktionaler Veränderungen am oberflächlichen und tiefen Venensystem. Mit dem Verfahren wird die Wiederauffüllzeit der Venen bestimmt. Angewendet wird die Methode bei Verdacht auf eine venöse Insuffizienz oder zur Kontrolle von therapeutischen Maßnahmen an den Venen.

Das Prinzip der Untersuchung beruht auf der Bestrahlung mit Infrarotlicht, welches von der Haut umso mehr reflektiert wird, je weniger sie durchblutet ist. Blut absorbiert das infrarote Licht stärker als das restliche Gewebe. Daher kann von der Menge des reflektierten Lichtes direkt ein Rückschluss auf den Blutgehalt der Gefäße gezogen werden.

Durchführung

Eine spezielle Vorbereitung ist nicht notwendig. Zur Untersuchung sitzt der Patient, der Beinwinkel soll dabei 110° betragen. Oberhalb des Knöchels wird ein spezieller Messfühler mit einem Photodetektor aufgeklebt. Nach Aufforderung hebt und senkt der Patient etwa zehnmal seine Fußspitzen. Er aktiviert damit die Venenpumpe, d. h., der Blutfluss aus den Beinvenen in Richtung Herz wird angeregt. Dann stellt der Patient den Fuß ruhig und entspannt auf. In dieser Ruhephase wird mit dem Infrarotlicht die Wiederauffüllzeit der Venen gemessen. Die Untersuchung dauert etwa 10 Min. Eine spezielle Nachbereitung ist nicht erforderlich.

Bewertung

Die Wiederauffüllzeit der Venen gibt über den Zustand des Venensystems Aufschluss. Schließen die Venenklappen nicht vollständig, kann Blut zurückfließen. Bei Venenschäden erfolgt die Füllung über Sog und Rückfluss schneller als bei gesunden Venen.

Gesunde Venen haben Auffüllzeiten über 25 Sek. Bei 20 – 25 Sek. liegen leichte Blutabflussstörungen vor, eine leichte Kompressionsbehandlung reicht noch aus. Zeiten von 10 – 20 Sek. erfordern dringend weitere Diagnostik. Bei Auffüllzeiten unter 10 Sek. bestehen schwere Venenstörungen, die sofortiger Behandlung bedürfen.

Oszillografie

Definition

Die Oszillografie stellt ein älteres Untersuchungsverfahren dar, mit dem Gefäßverschlüsse mit aufblasbaren Manschetten, die am Oberschenkel, Unterschenkel, oder an Zehen und Fingern angelegt werden, lokalisierbar sind. Es ist ein schmerz- und nebenwirkungsfreies Untersuchungsverfahren.

Indikation und Prinzip

Bei der mechanischen und elektronischen Oszillografie werden die mit dem Herzzyklus auftretenden Volumenschwankungen in Extremitätensegmenten (Oberschenkel, oberer und unterer Unterschenkel, Fuß, Oberarm, Unterarm) erfasst, verstärkt und aufgezeichnet.

Die höchsten Ausschläge (oszillografischer Index) erhält man bei einem Manschettendruck, der in etwa dem mittleren arteriellen Druck der umschlossenen Arterie entspricht. Mit der elektronischen Oszillografie kann auch die Pulswelle an den Zehen und Fingern registriert werden.

Da die Absolutwerte der Amplitudenhöhe von geringer Aussagekraft sind, wird das Oszillogramm im Seitenvergleich beurteilt. Verbindliche Normalwerte können nicht angegeben werden.

Durchführung

Typische Messstellen der mechanischen Oszillografie an den Beinen sind der distale Oberschenkel, der stärkste Wadenumfang, die Knöchelregion und der Fußrücken. An den Armen wird am Oberarm, am Unterarm und an der Handwurzel gemessen. Direkte Rückschlüsse auf die Durchblutung sind mit dieser Methode nicht möglich, da die Pulswelle weitgehend unabhängig von der Blutströmung verläuft.

Mit der elektronischen Oszillografie ist wegen der besseren Verstärkung eine orientierende Untersuchung über Großzehe oder Daumen ausreichend. Um die Verschlusshöhe zu bestimmen, kann anschließend eine elektronische Segmentoszillografie durchgeführt werden. Eine Nachbereitung ist nicht notwendig.

Bewertung

Die Form der Kurven sowie die Höhe der Amplitude geben Hinweise auf Verengungen, eine krankhafte Kurve weist auf eine vor dem Messort gelegene Verengung hin. Bei

Verengungen im Oberschenkelbereich finden sich krankhafte Kurven daher am Unterschenkel und am Fuß.

Mit der elektronischen Oszillografie können aufgrund der größeren Verstärkung bessere Aussagen gemacht werden. Die Bedeutung der Oszillografie ist heutzutage vorwiegend in der Dokumentation und Bestätigung des Pulstastbefundes zu sehen.

Phlebodynamometrie

Definition

Die Phlebodynamometrie ist eine invasive Methode, bei der der Patient Venenpunktionen über sich ergehen lassen muss. Hierbei wird eine kleine Nadel in den jeweiligen zu untersuchenden Venenabschnitt eingeführt und der Blutdruck direkt innerhalb des Gefäßes gemessen.

Indikation und Prinzip

Die Phlebodynamometrie gibt die Druckverhältnisse im Venensystem in Ruhe und unter Belastung wieder. Die Untersuchung besitzt eine hohe Aussagekraft. Es ist eine Standard- und Referenzmethode bei wissenschaftlichen Untersuchungen am Venensystem.

In der Routinediagnostik ist die Methode wegen der unvermeidlichen Venenpunktion nur bei speziellen Fragestellungen üblich.

Durchführung

Nach der Venenpunktion führt der Patient zehn Zehenstände aus. Hierbei kommt es unter normalen Bedingungen zu einem schrittweisen Druckabfall. Bei einem vorgeschalteten Hindernis (Venenverschluss) am Unterschenkel, Oberschenkel oder im Beckenbereich bleibt dieser Druckabfall u. U. aus oder der Druck steigt sogar an.

Nachbereitung

Nachdem die Venenkanüle gezogen wurde, wird ein steriler Verband angelegt. Kurzfristig empfiehlt es sich Druck auszuüben, um eine starke Nachblutung zu verhindern.

Bewertung

Man kann mit diesem Verfahren zwar das Ausmaß einer Beinvenenschwäche zuverlässig beurteilen, doch die Methode hat nur in Einzelfällen Vorteile gegenüber der Aussagekraft von unblutigen Untersuchungsmethoden. Mit der Phlebodynamometrie können venöse Abflussstörungen gut gemessen werden.

Normal ist ein Blutdruck der Fußrückenvene im Stehen von 85–95 mmHg und ein Druckabfall während Belastung von mehr als 50 mmHg. Nach Belastung sollte der Ruhedruck innerhalb einer Zeit von 25 Sek. wieder erreicht werden.

Ratschow-Lagerungsprobe

Definition

Die Ratschow-Lagerungsprobe ist eine manuelle Funktionsprüfung. mit der arterielle Durchblutungsstörungen an den unteren Extremitäten nachgewiesen werden können. Der Test ist ohne Vorbereitung schnell ausführbar. Da die Ratschow-Lagerungsprobe aber nur hinweisend ist, muss anschließend die weiterführende Diagnostik erfolgen.

Indikation und Prinzip

Die Untersuchung wird bei Erkrankungen der Beinarterien (periphere arterielle Verschlusskrankheit, pAVK) durchgeführt.

Durchführung

Der Patient liegt auf dem Rücken, die Beine sind nach oben gestreckt. Über 2–4 Min. beschreibt der Patient mit den Füßen Kreise (**Abb. U.84**). Danach wird der Patient zum Aufsitzen aufgefordert, sodass die Beine frei von der Liege herunterhängen. Der gesunde Patient ist bei den kreisenden Bewegungen schmerzfrei und nach dem Aufsitzen rötet sich der Fuß innerhalb von 5 Sek. Zudem füllen sich die Venen innerhalb der nächsten 5 Sek.

Bei einer → arteriellen Verschlusskrankheit kommt es schon während des Fußkreisens zu einer Blässe des Beins. Nach dem Aufsitzen entwickelt sich erst nach einer Verzögerung eine Rötung des betroffenen Beines und die Venen füllen sich deutlich verspätet. Eine Nachbereitung ist nicht nötig.

Bewertung

Die Lagerungsprobe nach Ratschow ist ein Basisverfahren im Rahmen der Diagnostik der arteriellen Verschlusskrankheit und liefert erste Hinweise über das funktionelle Ausmaß der Verschlusserkrankung. Normalwerte sind:

- < 5 Sekunden, bis eine leicht diffuse Rötung der Füße erreicht ist,

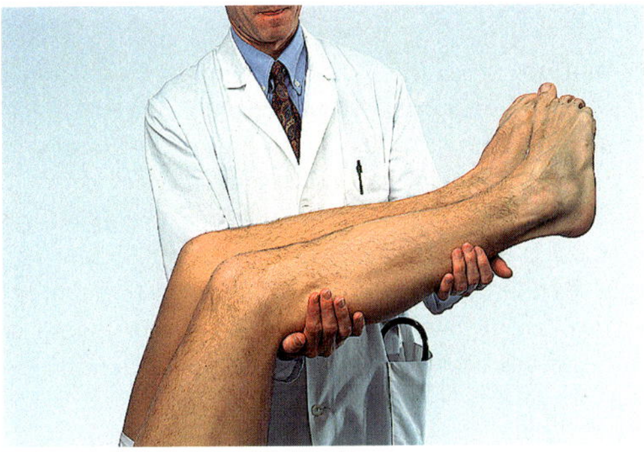

Abb. U.84 Ratschow-Lagerungsprobe. In Rückenlage werden ca. 2–4 Min. kreisende Bewegungen mit den Füßen ausgeführt. Anschließend wird im Sitzen die Rötung der Füße beurteilt.

- < 12 Sekunden, bis die Venenfüllung am Fußrücken erreicht ist,
- < 20 Sekunden, bis die Venen prall gefüllt sind.

Tourniquet-Test

Definition

Bei diesem Test werden die Schmerzschwelle (ischämischer Schmerz) und auftretende inflammatorische Reaktionen durch Tourniquet (z. B. Blutdruckmanschette) geprüft. Durch die künstlich erzeugte Ischämie treten beim Patienten während des Tests Muskelschmerzen auf. Ein Vorteil ist die nichtinvasive, schnelle Untersuchungsmöglichkeit. Ein Nachteil ist, dass die Methode nicht zur Thrombosediagnostik geeignet ist.

Indikation und Prinzip

Das Prinzip beim Tourniquet-Test ist die Kompression von Gefäßen und die damit verbundene Unterbrechung des Blutkreislaufs. Der Test dient der Funktionsdiagnostik des venösen Systems. Es lassen sich unterschiedliche Durchblutungssituationen herbeiführen und dadurch verursachte Schmerzzustände und Gefäßreaktionen feststellen.

Durchführung

Beim Tourniquet-Test wird der Druck einer Blutdruckmanschette am Oberarm auf einen Punkt zwischen systolischen und diastolischen Blutdruck eingestellt und dort für 5 Min. belassen. Sind danach auf dem Unterarm auf einem „square inch" (6,25 cm^2) zwanzig oder mehr Petechien (Hauteinblutungen) sichtbar, gilt der Test als positiv. Der Test erfordert keine Nachbereitung.

Bewertung

Mit dem Tourniquet-Test kann zwischen venösen Funktionseinschränkungen im oberflächlichen und tiefen Venensystem orientierend differenziert werden. Eine weitere Diagnostik ist notwendig.

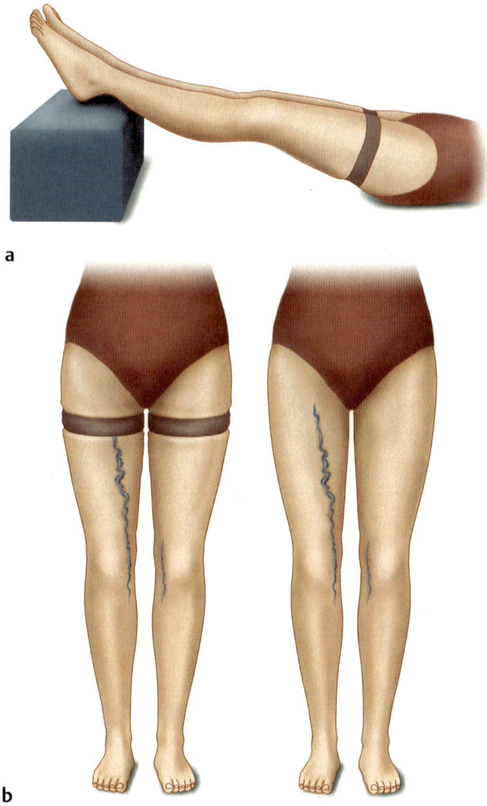

a

b

Abb. U.85 Trendelenburg-Test (Durchführung). **a** Die Varizen werden vom Arzt am angehobenen Bein nach proximal ausgestrichen. Anschließend wird in der Mitte des Oberschenkels eine Stauung angelegt. **b** Der Patient steht nun auf. **c** Die Stauung wurde nach 30 Sek. gelöst. Eine langsame Wiederauffüllung der epifaszialen Stammvenen von distal nach proximal ist normal (linkes Bein).

Trendelenburg-Test

Definition

Der Trendelenburg-Test ist eine manuelle Funktionsprüfung zum Nachweis venöser Insuffizienzen an den unteren Extremitäten. Er zeigt, ob eine Funktionsstörung der Klappen der oberflächlichen Venen oder der Verbindungsvenen zwischen oberflächlichem und tiefem System vorliegt. Der Test ist ohne Vorbereitung schnell ausführbar. Da der Trendelenburg-Test aber nur ein hinweisender Test ist, muss anschließend die weiterführende Diagnostik erfolgen.

Indikation und Prinzip

Mit dem Trendelenburg-Test lassen sich Klappeninsuffizienzen der V. saphena magna und der V. saphena parva einfach nachweisen.

Durchführung

Beim Trendelenburg-Test liegt der Patient mit nackten, hochgelagerten Beinen auf dem Rücken. Das Blut wird vom Arzt aus dem Bein gestrichen und ein schmaler Verband um den Oberschenkel gelegt. Dann lässt man den Patienten aufstehen.

Füllen sich die Venen von distal nach proximal (unten nach oben) nur langsam innerhalb von 30 Sek., dann sind die Venae communicantes (Verbindungsvenen zwischen oberflächlichem und tiefem Venensystem) intakt.

Füllt sich die Vena saphena magna sehr schnell, dann sind die Venae communicantes insuffizient. Wird die Stauung nach 30 Sek. geöffnet und es kommt zu einer schnellen Füllung der V. saphena magna von proximal nach distal, deutet das auf eine insuffiziente Krosse (Mündungsebene) und insuffiziente Klappen der V. saphena magna hin. Eine Nachbereitung ist nicht nötig.

Bewertung

Dieser Test wurde früher häufig durchgeführt. Durch die Ultraschall-Doppler-Untersuchung hat er an Bedeutung eingebüßt.

Ankle-Brachial-Index

Definition

Als nichtinvasive Untersuchung bei einer → Arteriosklerose bietet sich der Ankle-Brachial-Index (ABI), auch Knöchel-Arm-Index genannt, an. Der Index ist der Quotient aus Blutdruck am Unterschenkel und Blutdruck am Oberarm. Ein pathologischer ABI stellt einen Risikoindikator für kardiovaskuläre Ereignisse dar.

Indikation und Prinzip

Die ABI-Untersuchung kann ohne Vorbereitung des Patienten durchgeführt werden und ist kostengünstig. Mit der Untersuchung kann bereits sehr früh eine Arteriosklerose erkannt und behandelt werden, die periphere → arterielle Verschlusskrankheit (pAVK) wird bereits im asymptomatischen Stadium erfasst.

Durchführung

Der Index wird mittels Doppler-Sonografie ermittelt. Dazu wird am linken und rechten Unterschenkel jeweils der Blutdruck des hin- und rückfließenden Blutes bestimmt (**Abb. U.86**). Außerdem wird der Blutdruck an beiden Oberarmen gemessen. Der ABI-Wert berechnet sich, jeweils für rechte und linke Seite getrennt, aus dem höheren der beiden Unterschenkeldrücke geteilt durch den höheren der beiden Oberarmdrücke.

Ein ABI unterhalb von 0,9 gilt als Hinweis auf eine pAVK, ein ABI unterhalb von 0,7 spricht für höhergradige Gefäßveränderungen. Spezielle Nachbereitungen sind nicht notwendig.

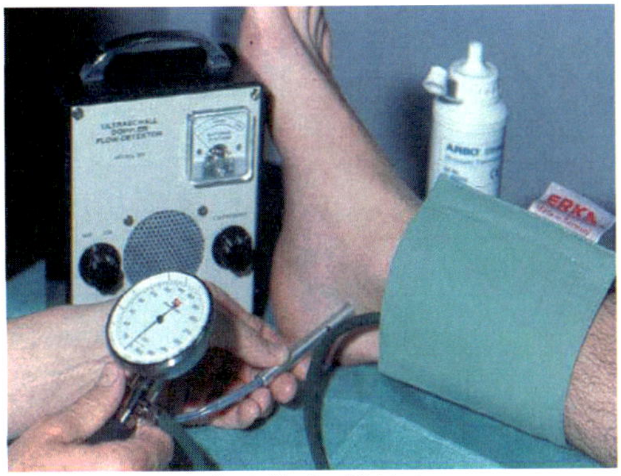

Abb. U.86 Messung des Ankle-Brachial-Index.

Bewertung

Laut einer Studie aus dem Jahr 2004 bedeutet ein erniedrigter ABI für über 65-Jährige im Vergleich zur Normalbevölkerung gleichen Alters ein dreifach erhöhtes Todesrisiko innerhalb eines Jahres. Mit der Bestimmung des ABI kann die pAVK als aussagekräftiges Kennzeichen für die generalisierte Arteriosklerose einfach und zuverlässig diagnostiziert werden, auch wenn sie noch nicht symptomatisch ist. Deshalb sollte der ABI als Screening-Untersuchung einen festen Platz in der hausärztlichen Routine finden.

Laufbandergometrie

Definition

Mit der Laufbandergometrie wird die beschwerdefreie Gehstrecke eines Patienten standardisiert bestimmt. Die Gehstrecke, die der Patient zurücklegen kann wird gemessen. Außerdem kann mit Hilfe dieser Methode die arterielle Verschlusskrankheit diagnostiziert und der jeweilige therapeutische Erfolg eines Gefäßtrainings überprüft werden.

Indikation und Prinzip

Viele Beschwerden können nur bei körperlicher Belastung festgestellt werden. Da fast jeder Patient laufen kann, wird für ihn mit dem Laufband eine standardisierte Belastungssituation hergestellt. So können Durchblutungsstörungen der Gefäße oder belastungsabhängige Störungen besser diagnostiziert werden. Die objektive Belastbarkeit der Patienten lässt sich mit der Laufbandergometrie sehr gut ermitteln.

Durchführung

Der Patient geht auf einem Laufband mit 12% Steigung und 3 km/Std. Ermittelt wird die Gehstrecke, bei der erste Beschwerden auftreten (relative Gehstrecke) bzw. bei der ein Weitergehen nicht mehr möglich ist (absolute Gehstrecke). Die Untersuchung erfordert keine Nachbereitung.

Bewertung

Um normale und pathologische Gehstrecken objektiv bestimmen zu können, wird das Ergebnis der Laufbandergometrie nach dem Fontaine-Stadium für die arterielle Verschlusskrankheit beurteilt. Demnach gilt eine beschwerdefreie Gehstrecke über 200 m als normale Gehstrecke. Durch gezielte Therapie kann diese noch verlängert werden.

Als pathologisch gelten Gehstrecken, wenn unter 200 m schon Schmerzen und Beschwerden auftreten. Die genaue Ermittlung des Fontaine-Stadiums ist dann für die gezielte Therapie nötig (**Tab. U.12**).

Tab. U.12 Einteilung der Stadien der arteriellen Verschlusskrankheit nach Fontaine

Fontaine-Stadium	Symptome	Therapieziel	Therapie
I	▪ stenosierende Gefäßveränderungen, klinisch noch asymptomatisch	▪ Verhinderung der Progression der pAVK	▪ Gehtraining ▪ Risikofaktorintervention
IIa	▪ schmerzfreie Gehstrecke über 200 m	▪ Verbesserung der Gehstrecke	▪ zusätzlich spezifische medikamentöse Therapie
IIb	▪ schmerzfreie Gehstrecke unter 200 m	▪ Extremitätenerhalt ▪ Schmerzfreiheit ▪ Verbesserung der Gehstrecke	▪ zusätzlich invasive/gefäßrekonstruktive Maßnahmen
III	▪ Ruheschmerz	▪ Verbesserung der Gehstrecke	▪ adjuvante Therapie
IV	▪ trophische Störung: – Nekrose – Ulkus – Gangrän	▪ Extremitätenerhalt ▪ Schmerzfreiheit ▪ Verbesserung der Gehstrecke	▪ zusätzliche invasive/gefäßrekonstruktive Maßnahmen ▪ adjuvante Therapie

Pulsstatus

Definition
Der Pulsstatus ist ein Bestandteil der körperlichen Untersuchung. Dabei werden bestimmte oberflächliche Arterienpulse ertastet und beurteilt. Der Pulsstatus ist ein einfacher, schmerzfreier Test zur ersten Orientierung.

Indikation und Prinzip
Von der Qualität des Pulses kann auf mögliche Gefäßverengungen geschlossen werden. Hinter einer Verengung kann der Puls schwächer als davor oder im Vergleich zur Gegenseite sein. Ist das Gefäß vollständig verschlossen, fehlen die Pulse gänzlich.

Durchführung
Der Untersuchende tastet manuell die Arterienpulse von A. carotis, A. axillaris, A. radialis, A. femoralis, A. dorsalis pedis und A. tibialis posterior ab (**Abb. U.87**). Der Pulsstatus erfordert keine Nachbereitung.

Bewertung
Durch den Pulsstatus lassen sich Gefäßstenosen, aber auch das Frühstadium der → Arteriosklerose feststellen. Ein Arterienverschluss ist z. B. häufig in der Oberschenkelarterie lokalisiert. In einem solchen Fall ist der Puls in der Leiste vorhanden, in der Kniekehle jedoch nicht tastbar.

Arterielle Durchblutungsstörungen können Ursache oder komplizierende Begleiterkrankung einer spontan aufgetretenen oder durch Verletzung entstandenen Wunde sein. Falls die Pulse auffällig sind, muss die weitere Diagnostik erfolgen.

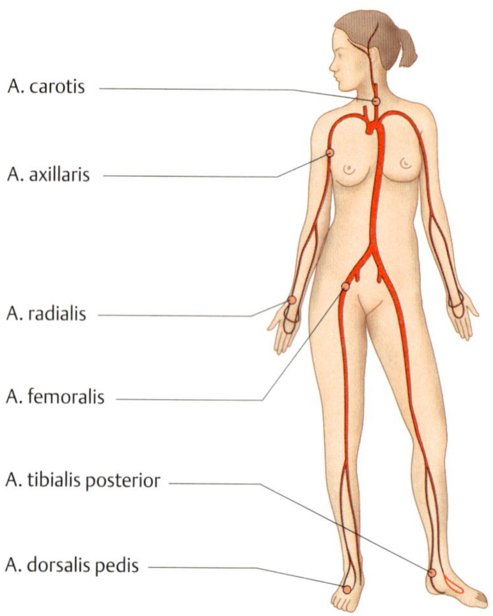

Abb. U.87 Periphere Pulse. Typische Stellen zur Palpation.

Verschlussdruckmessung

Definition
Mit der Verschlussdruckmessung können Venen bei venösen Thrombosen und Krampfadern beurteilt werden. Die Untersuchung ist einfach und schmerzfrei. Es entsteht lediglich ein Druck durch die angelegten Blutdruckmanschetten.

Indikation und Prinzip

Mittels zweier Blutdruckmanschetten wird das Blut an beiden Oberschenkeln gestaut. Über Messstreifen an den Unterschenkeln kann anschließend die venöse Volumenzunahme an den Beinen beurteilt werden. Nachdem die Stauung gelöst wurde, lässt sich der venöse Abstrom beurteilen.

Durchführung

Die Messungen erfolgen am liegenden Patienten mit leicht angehobenen Beinen. Am hochgelegten Bein (45°) wird am Oberschenkel eine zirkuläre Manschette auf 80 – 100 mmHg aufgepumpt. Bei voll erhaltenem arteriellem Einstrom wird zunächst das Fassungsvermögen des venösen Gefäßsystems bestimmt (venöse Kapazität). Nachdem die Kurve ein Plateau erreicht hat, wird die Manschette schlagartig abgelassen, sodass das venöse Blut jetzt zum rechten Herzen zurückströmen kann. Dies erlaubt die Messung des maximalen Ausstroms. Die Messungen erfolgen mit Hilfe eines sog. Dehnungsmessstreifens, der an der Wade angelegt wird.

Mit Hilfe dieses Streifens, der in Abhängigkeit von seiner Dehnung einen wechselnden elektrischen Widerstand hat, kann am stehenden Patienten auch die Pumpfunktion der sog. Gelenkmuskelpumpe ermittelt werden. Dabei muss der Patient ohne die Oberschenkelmanschetten nach Takt eines Metronoms zehn Zehenstände ausführen. Eine Nachbereitung ist nicht erforderlich.

Bewertung

Die Verschlussdruckmessung erlaubt eine erste Beurteilung des Schweregrades der arteriellen Durchblutungsstörung. Die Verschlussdruckmessung wird beim Diabetiker, ebenso wie bei Patienten mit → chronischer Niereninsuffizienz, oft durch die sog. Mediakalzinose erschwert. Durch Gefäßwandverkalkungen sind Gefäße nicht komprimierbar, wodurch zu hohe Doppler-Druckwerte gemessen werden.

Untersuchungen des Halses

Der Untersuchung der Mundhöhle, des Oropharynx und des Hypopharynx sollte eine organspezifische Anamnese vorausgehen. Es ist insbesondere nach Schmerzen, Fremdkörpergefühl, Schluckbeschwerden, Stimmveränderungen, Atembeschwerden, Schwellungen, Geschmacksstörungen zu fragen. Nikotin- und Alkoholkonsum spielen bei den Erkrankungen der oberen Luft- und Speisewege häufig eine Rolle und sind ebenso abzufragen. Bei der Diagnostik spielen die folgenden Untersuchungen eine Rolle:

- Inspektion der Mundhöhle und des Oropharynx,
- Untersuchung des Nasopharynx, Hypopharynx und Larynx/Lupenlaryngoskopie,
- Palpation,
- bildgebende Verfahren.

Inspektion der Mundhöhle und des Oropharynx

Die Inspektion der Mundhöhle und des Oropharynx erfolgt mit der Stirnlampe und dem Spatel (**Abb. U.88**). Zunächst hält der Patient den Mund halb geöffnet, damit der Arzt die Lippen untersuchen kann. Mit einem Spatel wird anschließend die Wangenschleimhaut angehoben und der Mundvorhof untersucht. Dies schließt die Beurteilung der Zähne, des Zahnfleisches und des Ausführungsgangs der Ohrspeicheldrüse ein. Dieser mündet an der Schleimhaut im Bereich der Oberkieferbackenzähne.

Dann öffnet der Patient seinen Mund komplett. Mit dem Spatel wird die Zungenspitze angehoben und die Zungenunterseite und der Mundboden inspiziert. Im vorderen Bereich des Mundbodens münden die Ausführungsgänge der Unterkiefer- und Zungenspeicheldrüse gemeinsam. Sieht man bei der Inspektion auffällige Befunde, so sind diese abzutasten.

Zur Beurteilung des hinteren Anteils der Mundhöhle und des Oropharynx wird die Zunge in der Mitte mit dem Spatel nach unten gedrückt. Nun ist der Blick auf die Tonsillen frei. Mit einem zweiten Spatel kann durch Druck auf die Tonsillenvorderfläche deren Luxierbarkeit geprüft werden. Wenn die Tonsillen nicht luxierbar sind, dann ist dies häufig ein Zeichen für Vernarbungen in Folge stattgefundener Entzündungen.

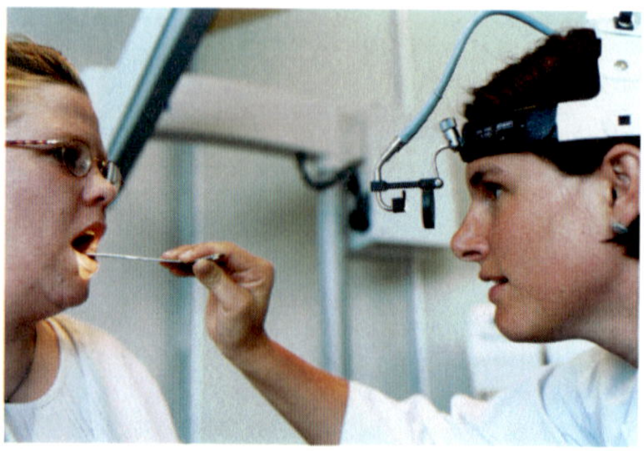

Abb. U.88 Inspektion der Mundhöhle.

Untersuchung des Nasopharynx, Hypopharynx und Larynx/Lupenlaryngoskopie

Die Untersuchung erfolgt mit Spiegeln oder mit Endoskopen, da die Gebiete nicht direkt einsehbar sind.

Nasopharynx. Um den Nasopharynx einzusehen, benutzt der Arzt ein kleines an einem langen Griff angebrachtes Spiegelchen. Dieses muss zunächst mit einer Wärmequelle auf Körpertemperatur erwärmt werden, damit es bei der Untersuchung nicht beschlägt. Der Patient öffnet seinen Mund weit, der Arzt hält in der einen Hand einen Spatel, mit dem er die Zunge herunter drückt, mit der anderen Hand wird das Spiegelchen in Position gebracht. Das Spiegelchen dient einerseits dazu, das Licht von der Stirnlampe des Untersuchers in den Nasenrachenraum zu lenken, andererseits schwenkt der Betrachter den Spiegel hin und her, und überblickt so den Nasenrachenraum.

Hypopharynx und Larynx. Die Untersuchung von Hypopharynx und Larynx erfolgt in ähnlicher Weise. Allerdings muss hierfür die Zunge des Patienten durch den Untersucher mit zwei Fingern nach vorne gezogen werden um den Blick in den Hypopharynx zu eröffnen. Damit die Zunge nicht abrutscht, wird sie mit einem Stückchen Mull oder einem Zungenläppchen gegriffen. Allerdings gelingt es auf diese Art und Weise nicht immer, den Kehlkopf ausreichend zu beurteilen. Eine weitere Möglichkeit besteht in der endoskopischen Untersuchung mit einer Winkeloptik (Lupenlaryngoskop) oder mit dem flexiblen Endoskop das durch die Nase und den Nasenrachenraum bis in den Hypopharynx vorgeschoben wird (**Abb. U.89**). Diese Untersuchung erfolgt üblicherweise nach vorangehendem Abschwellen und Oberflächenanästhesie der Schleimhaut, ist für den Patienten aber nicht belastend.

Palpation

Die Tastuntersuchung des Halses erfolgt in sitzender Position mit leicht nach vorn gebeugtem Kopf. Der Arzt tastet mit beiden Händen zunächst im Bereich unterhalb des Unterkiefers nach hinten in Richtung Kieferwinkel. Besonderes Augenmerk gilt hier den großen Speicheldrüsen, also der Glandula submandibularis und der Glandula parotis. Diese sollen sich weich und nicht druckschmerzhaft tasten.

Anschließend wird entlang der Halsgefäßscheide und nuchal (am Nacken) nach unten und im vorderen Bereich die Schilddrüse abgetastet. Zu achten ist auf vergrößerte Lymphknoten, druckschmerzhafte Schwellungen, wobei deren Verschieblichkeit und die Ausdehnung von besonderer Bedeutung sind.

Bildgebende Verfahren

Finden sich bei der Inspektion oder Palpation suspekte Befunde, dann ist zur weiteren Diagnostik oftmals eine Bildgebung erforderlich. Als Bild gebende Verfahren werden im Halsbereich die Sonografie mit B-Scan (Ultraschall), die Computertomografie und die Magnetresonanztomografie durchgeführt.

Die Ultraschalluntersuchung bietet als vollkommen strahlenfreie Untersuchung, die unkompliziert und schnell durchzuführen ist, heute in den allermeisten Fällen ein befriedigendes Ergebnis. Die Magnetresonanztomografie bildet die Weichteile sehr gut ab, ist ebenfalls strahlungsfrei, aber in der Durchführung wesentlich aufwändiger und teurer als die Ultraschalluntersuchung. Die Computertomografie hat Vorteile bei der Darstellung knöcherner Strukturen, geht aber mit einer Strahlenbelastung einher.

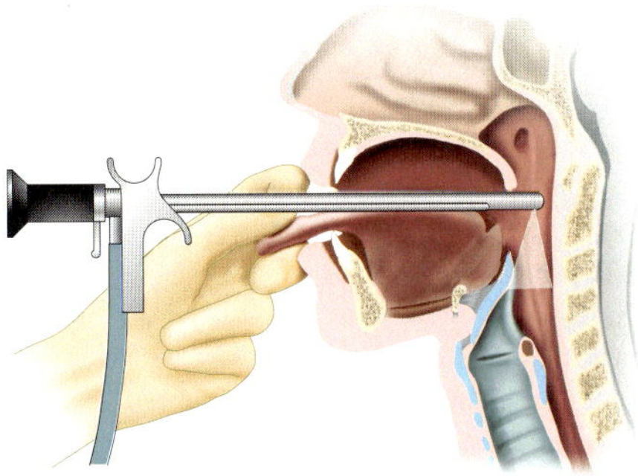

Abb. U.89 Lupenlaryngoskopie. Untersuchungssituation.

Untersuchungen von Haut, Haaren und Nägeln

Fast alle Veränderungen der Haut sind mit bloßem Auge sichtbar. Zur exakten Zuordnung zu einer bestimmten Erkrankung genügt der „diagnostische Blick" meist aber nicht; es haben sich definierte Untersuchungsmethoden teilweise mit apparativer Unterstützung etabliert. Zu den Methoden gehören:

- Anamnese,
- klinische Untersuchung,
- apparative Diagnostik,
- allergologische Diagnostik: Reibe- und Scratch-Test, Prick-Test, Epikutantest, In-vitro-Tests,
- mykologische Diagnostik: Nativpräparat, Kultur, Histologie,
- Haardiagnostik: Trichogramm, Trichoscan,
- Probebiopsie.

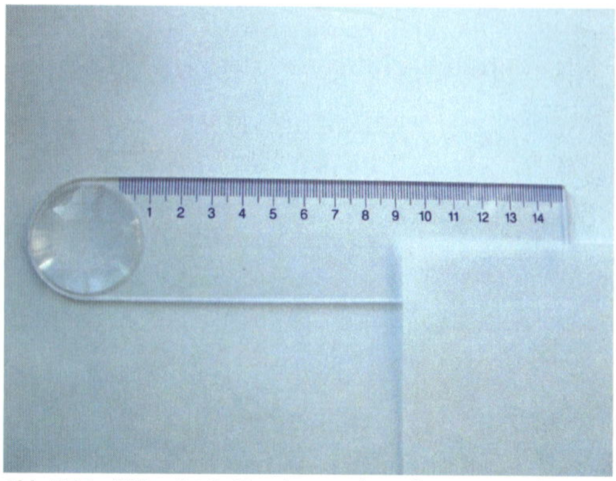

Abb. U.90 Hilfsmittel für dermatologische Untersuchungen. Durchsichtiges Lineal mit Lupe.

Anamnese

Wie in allen anderen Bereichen der Medizin steht die Anamnese an erster Stelle des ärztlichen Vorgehens. Typische Fragen beim Verdacht auf Hautkrankheiten sind:

- Wo sind Veränderungen zu sehen?
- Wann wurden die Veränderungen zum ersten Mal bemerkt? In welchem Zeitraum kommen und gehen sie?
- Ist die Hauterscheinung seit ihrem ersten Auftreten größer, kleiner, blasser, röter usw. geworden? Sind neue Herde an anderen Stellen aufgetaucht?
- Welche Beschwerden hat der Patient (beschwerdefrei, Juckreiz, Brennen usw.)?
- Was hat der Patient bisher dagegen unternommen und wie entwickelte sich die Veränderung darauf?

Im nächsten Schritt erfolgt die Klärung der möglicherweise relevanten gesundheitlichen und privaten Situation:

- andere bekannte Erkrankungen,
- Medikamenteneinnahme,
- Ernährung,
- Beruf,
- Freizeit (z. B. wegen der Exposition gegenüber UV-Strahlen),
- bekannte Allergien.

Klinische Untersuchung

Die sorgfältige Untersuchung des Hautorgans stellt den wesentlichen Schritt zur Sicherung der Diagnose und zur Verlaufskontrolle dar.

Durchführung

Es muss genügend Zeit zur Verfügung stehen und die Untersuchung sollte bei Tageslicht in einem ausreichend hellen und angenehm warmen Raum stattfinden. Immer soll der ganze Körper von den Kopfhaaren bis zu den Fußnägeln untersucht werden. Auch die hautnahen Schleimhäute gehören dazu: Mund und Rachen, Nase, Genital- und Analbereich sowie die Lymphknoten, insbesondere in den Achseln und Leisten.

Mit durchsichtigen Linealen mit eingezeichneten Durchmessern lässt sich die Größe von Hautherden dokumentieren (**Abb. U.90**). Ein Spatel prüft, ob sich Hauterscheinungen, insbesondere Rötungen, „wegdrücken" lassen, d. h., ob sie aus Gefäßerweiterungen oder Gewebeveränderungen bestehen. Das Dermatoskop aus einer tragbaren, vergrößernden, beleuchteten Optik, hat sich bei der Untersuchung von Muttermalen sehr bewährt (**Abb. U.91**). Für die Untersuchung wird zwischen Linse und Haut eine viskose Flüssigkeit aufgetragen.

Mit einem Spatel oder z. B. einem Bleistift lässt sich der Dermografismus prüfen: Nach kräftigem Reiben der Haut entsteht eine rote Quaddelspur oder im Gegenteil eine weiße Linie. Damit lassen sich Rückschlüsse auf die Erregbarkeit und nervöse Versorgung der Oberhaut ziehen.

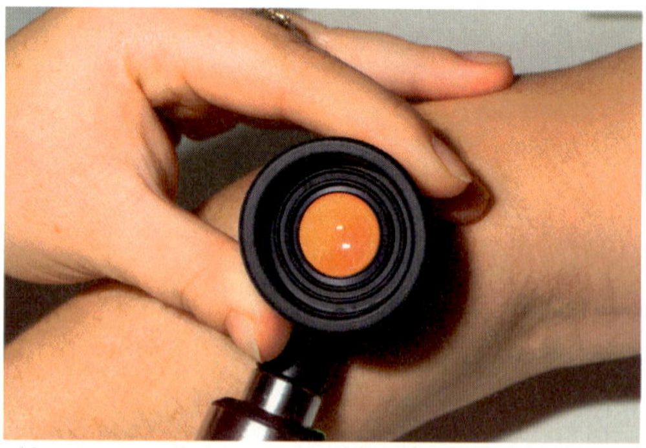

Abb. U.91 Monokulares Dermatoskop.

Bewertung
Bei der klinischen Untersuchung werden die Hautveränderungen, die auch als Effloreszenzen („Hautblüten") bezeichnet werden, beurteilt. Primär sind Effloreszenzen, wenn sie auf gesunder Haut entstehen, sekundäre bilden sich im zeitlichen Verlauf aus den primären (**Abb. U.92**).
Primäreffloreszenzen. Dies sind:
1. Fleck (Makula),
2. Quaddel (Urtika),
3. Knötchen oder Papel (Papula),
4. Knoten (Nodus),
5. Bläschen (Vesikula),
6. Blase (Bulla),
7. Pustel (Pustula).

Sekundäreffloreszenzen. Dies sind:
1. Schuppe (Squama),
2. Nekrose,
3. Erosion,
4. Exkoriation,
5. Geschwür (Ulkus) oder Aphthe,
6. Atrophie,
7. Narbe (Zikatrix).

Einige Effloreszenzen gehen ineinander über oder bestehen nebeneinander.

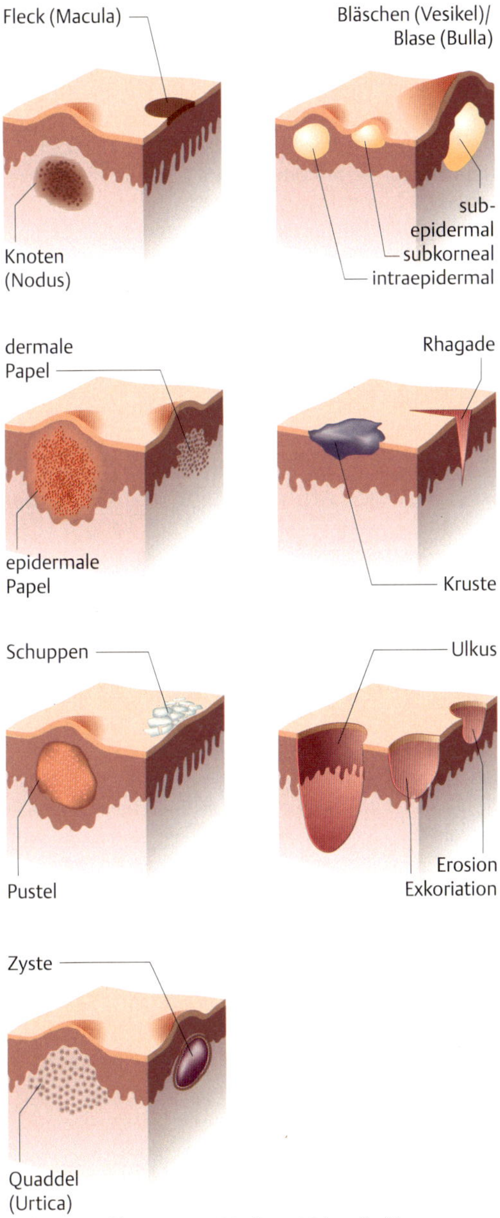

Abb. U.92 Effloreszenzen. Primär- und Sekundäreffloreszenzen.

Apparative Diagnostik

Bild gebende Geräte wie Ultraschall- oder Röntgengeräte unterstützen nur in Einzelfällen und fast ausschließlich in der Phlebologie (Untersuchungen des Gefäßsystems, S. 1174). Eine Ultraschalluntersuchung wird zur Beurteilung von → Tumoren herangezogen. Die fotodynamische Diagnostik beruht auf dem Prinzip, dass in Tumoren nach Einwirken bestimmter Wirkstoffe vermehrt Porphyrine gebildet werden. Diese fluoreszieren im Licht bestimmter UV-Wellenlänge (sog. Wood-Licht), sodass die Ausbreitung des veränderten Gewebes sichtbar wird. Das Wood-Licht wird auch dazu verwendet, Korynebakterien beim Erythrasma nachzuweisen.

Allergologische Diagnostik

Allergie auslösende Stoffe können sowohl in-vivo, d. h. durch auf der betroffenen Haut durchgeführte Tests, als auch über In-vitro-Methoden, d. h. im Labor gemessene Werte, identifiziert oder ausgeschlossen werden. Die Auswahl des am besten geeigneten Tests ist abhängig von den Symptomen des Patienten und dem vermuteten Allergen.

Reibe- und Scratch-Test
Beim Reibetest wird ein Stoff, z. B. eine Tomate oder ein Büschel Katzenhaare, auf einem Hautbezirk mit mäßigem Druck zehnmal kräftig hin- und hergerieben. Liegt eine Sensibilisierung vor, bilden sich nach einiger Zeit an dieser Stelle Quaddeln.

Der Scratch-Test ist ein modifizierter Reibetest, bei dem die Haut zusätzlich mit einer Lanzette eingeritzt wird (**Abb. U.93**). Damit erhöht sich die Wahrscheinlichkeit, dass sich eine sichtbare Quaddel bildet.

Pricktest
Der Pricktest ist das mit Abstand am häufigsten eingesetzte allergologische Testverfahren. Es wird mit standardisierten, industriell hergestellten Lösungen getestet (**Abb. U.94**). Ein Tropfen wird auf die Beugeseite des Un-

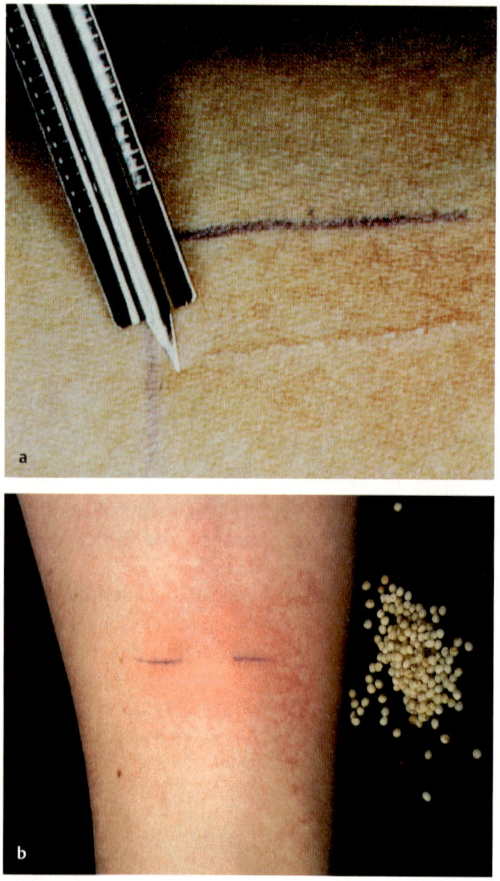

Abb. U.93 **Scratch-Test. a** Einritzen der Haut mit einer Lanzette. **b** Ergebnis nach Testung mit Hirse.

Abb. U.94 **Standardisierte Pricktestlösungen.**

terarms aufgebracht und dann mit einer Lanzette oberflächlich eingeritzt. Eine juckende Quaddel an dieser Stelle zeigt nach 20–30 Min. eine positive Reaktion an.

Zur Kontrolle werden immer eine wässrige Lösung ohne Wirkstoff und eine Lösung mit Histamin „mitgeprickt". Die erste darf nicht, die zweite muss eine Reaktion auslösen. Die Einnahme bestimmter Medikamente, insbesondere von Antihistaminika oder Kortikoiden, beeinträchtigt die Aussagekraft des Ergebnisses.

Epikutantest

Um den Auslöser bei Kontaktallergien (allergisches Ekzem) zu bestimmen, wird ein Epikutantest durchgeführt. Die zu prüfenden Materialien werden in einen Trägerstoff, meist Vaseline, eingebracht. Die kleinen Scheiben werden auf dem Rücken aufgeklebt und mit einem Klebestreifen fixiert.

Nach 24 Std. werden Pflaster und Scheiben entfernt und nochmals nach 48 und 72 Std. abgelesen. Eine positive Reaktion zeigt sich durch ein lokales → Ekzem. Diverse Testreihen sind im Handel erhältlich (Standard-, Friseur-, Kosmetikareihe usw.). Es können aber auch individuelle Testeinheiten mit eigenen Stoffen oder in verschiedener Konzentration bestellt oder selbst angefertigt werden. Für besondere Fragestellungen, z. B., wenn es um eine Sensibilisierung durch Sonnenlicht geht, lässt sich ein Epikutantest mit einer UV-Bestrahlung kombinieren.

Alle Tests auf der Haut oder Schleimhaut stellen eine Provokation dar; sie können daher einen → anaphylaktischen Schock oder ein → allergisches Asthma auslösen. Daher sollen nicht zu viele Stoffe in kurzer Zeit getestet und eine sofortige Notfallbehandlung gewährleistet sein.

In-vitro-Tests

RAST (Radio-Allergen-Sorbent-Test) ist ein In-vitro-Test, mit dem die für die Typ-I-Reaktion verantwortlichen Immunglobuline vom Typ E (IgE) im Blutserum nachgewiesen werden. Das Antigen (z. B. Birkenpollen) wird von industriellen Herstellern an kleine Papierscheiben angeheftet. Wird es mit Serum eines Patienten, der auf Birkenpollen reagiert und dessen Serum IgE gegen Birkenpollen enthält, zusammengebracht, bildet sich ein spezifischer Antigen/IgE-Komplex. Anschließend wird ein spezieller, radioaktiv markierter Anti-IgE-Komplex-Antikörper zugegeben und über Messung der Radioaktivität bestimmt, wie viel Anti-IgE-Komplex-Antikörper gebunden hat. Daraus lässt sich die Menge des ursprünglich vorhandenen Birkenpollen-IgEs bestimmen. Ein ähnliches Verfahren ist der CAP-RAST, der statt Papier Zellulose verwendet.

Es existieren weitere Methoden zum Nachweis des spezifischen IgEs. Besondere Bedeutung hat der CLA (Chemolumineszenzassay). Dieser wird u. a. als Suchtest für Säuglinge verwendet, die nicht auf der Haut getestet werden können. Das Serum des Patienten wird mit einer festen Kombination aus z. B. 20 Antigenen getestet. Ist eine Reaktion positiv, leuchtet der entsprechende Indikator durch Chemilumineszenz auf.

Bewertung

Alle Tests werden protokolliert, bei positiver Reaktion wird dem Patienten ein Allergiepass ausgestellt und mitgegeben. Diesen sollte er immer bei sich führen und bei jedem Arztkontakt unaufgefordert vorzeigen.

Mykologische Diagnostik

Der Nachweis von Pilzmaterial gelingt mit einem Nativpräparat, eine Anzüchtung auf geeigneten Nährböden oder eine histologische Untersuchung mit speziellen Färbungen. In allen Fällen ist darauf zu achten, dass das Material z. B. nicht durch Anflugkeime verunreinigt ist. Dazu wird die Entnahmestelle mit 70 %igem Alkohol abgewischt und ca. 15 Sek. gewartet.

Dann werden Hautschuppen, Haare, Finger- oder Fußnägel usw. mit einem sterilen Wattebausch, einer Schere, Stanze oder anderen Werkzeugen entnommen und auf vorbereitete Objektträger oder Petrischalen verbracht.

Nativpräparat

Das Material wird mit 30 %iger Kalilauge getränkt. Mittels eines Deckglases wird eine feuchte Kammer hergestellt, wodurch die Zellwände von Nichtpilzen zerstört werden. Nach ungefähr einer Stunde wird das Präparat mit 100- bis 400-facher Vergrößerung im Mikroskop betrachtet. Hyphen und Konidien der Pilze lassen sich meist einfach erkennen.

Kultur

Das Material wird auf einen Nährboden – in der Praxis meist Sabouraud-Glukose-Agar – aufgetragen, luftdicht verschlossen und bis zu vier Wochen bei Raumtemperatur inkubiert. Beim Ablesen orientiert man sich am Wachstum der Kolonien, ihrer Farbe bzw. Oberfläche. Bei Bedarf schließt sich eine mikroskopische Untersuchung an. Für bestimmte Pilzarten, insbesondere Hefen, gibt es spezielle Nährböden und andere Ablesezeiten.

Histologie

Das Entnehmen einer Gewebeprobe zur Sicherung einer mykologischen Verdachtsdiagnose ist nur in Ausnahmefällen sinnvoll, Nativpräparat und Kultur reichen fast immer aus. Allerdings stellt sich bei Probeentnahmen manchmal die Frage, ob es sich nicht doch um eine Pilzinfektion handelt. In diesen Fällen kann Pilzmaterial in den oberen Hautschichten bzw. der Schleimhaut mittels Spezialfärbungen sichtbar gemacht werden.

Haardiagnostik

Trichogramm

Mit Hilfe eines Trichogramms wird geprüft, ob Haarausfall vorliegt. Für diesen so genannten klassischen Haarwurzelstatus werden 50 – 100 Haare ausgezupft und die Wurzeln mikroskopisch untersucht. Anhand der Form des Haarschaftes bzw. der -wurzel wird der Anteil von Haaren in der Wachstumsphase (Anagenhaare, normal sind 80 – 95 %), in der Ruhephase (Telogenhaare, bis 20 %) und in der Übergangsphase (Katagenhaare, 0 – 5 %) bestimmt.

Ebenfalls erkennbar ist der relative Anteil an dystrophischen Haaren (normal bis 2 %), die die Folge von Infekten, inneren Erkrankungen oder Medikamenten sein können. Die Zuordnung veränderter Prozentzahlen zu bestimmten Ursachen ist schwierig. Vor einem Trichogramm sollte 6 – 8 Wochen auf Tönungen, Färbungen oder Dauerwellen verzichtet werden.

Trichoscan

Eine Weiterentwicklung des Trichogramms ist der Trichoscan, bei dem die Haare nicht ausgerissen werden müssen. Ein repräsentativer Haarbezirk von ungefähr 1,5 × 1,3 cm wird rasiert und drei Tage später mit einem speziellen Farbstoff gefärbt. Dieser Bereich wird sofort und einige Tage später fotografiert.

Aus der unterschiedlichen Intensität der Färbung und der Länge der nachgewachsenen Haare berechnet ein Computerprogramm die Daten zum Haarwurzelstatus.

Probebiopsie

Probeentnahmen sind aus allen Bezirken der Haut und hautnahen Schleimhaut möglich. Angestrebt ist die Entnahme an einer nicht vorbehandelten Stelle, erfasst werden soll möglichst der Übergang zwischen der verdächtigen Läsion und dem gesunden Gewebe. Die Entnahme muss genügend tief bis zur subkutanen Fettschicht erfolgen. Bei vielen Fragestellungen genügt eine kreisrunde Stanzbiopsie von 3 – 6 mm. Die Entnahmestelle kann dann mit einem Faden adaptiert werden. Bei Verdacht auf ein → malignes Melanom darf keine Probe entnommen werden, sondern der ganze Herd muss sofort mit Sicherheitsabstand exzidiert werden.

Das Gewebe wird unmittelbar in Formalinlösung verbracht und im pathologischen Labor in Paraffin eingebettet. Die Färbung erfolgt standardmäßig mit Hämatoxylin-Eosin (HE-Färbung). Danach wird die Probe unter dem Mikroskop beurteilt. Betrachtet wird die Struktur der einzelnen Hautschichten bzw. der Drüsen, Haarfollikel usw., die Morphologie der Zellen, die Wände angeschnittener Gefäße, Anlagerung und Infiltration von Entzündungszellen und alle anderen üblichen histologischen Merkmale der Haut. Mit Sonderfärbungen lässt sich u. a. Pilzmaterial nachweisen.

Immunhistologie. Ein weiteres Spezialverfahren ist die Immunhistologie. Hier werden bei Tumorverdacht mittels gentechnisch hergestellter Antikörper bestimmte Zellbestandteile nachgewiesen. Die Immunfluoreszenz dient der Darstellung von Antigenen oder Komplementfaktoren u. a. bei Autoimmunerkrankungen. Die Antikörper, die Bestandteile der Testlösung sind und z. B. aus Ziegenblut gewonnen werden, bilden im ersten Schritt einen Antigen/Antikörper-Komplex. An diesen bindet dann im zweiten Schritt ein gentechnisch hergestellter weiterer Antikörper, der eine Struktur trägt, die unter Licht einer bestimmten Wellenlänge sichtbar fluoresziert.

Beurteilung

Zu beachten ist, dass histologische Verfahren in der Dermatologie meist keine eindeutige Diagnose ermöglichen. Vielmehr geben sie im Sinne einer Ausschlussdiagnose Hinweise oder grenzen die möglichen Diagnosen ein. Immer werden die Beschwerden des Patienten und die Ergebnisse der klinischen Untersuchung einbezogen.

Untersuchungen des Herz-Kreislauf-Systems

Die Untersuchung des Herz-Kreislauf-Systems ist von zentraler Bedeutung, um den Gesamtzustand des Patienten beurteilen zu können. Vor allem in der Notfallmedizin können für das Patientenschicksal entscheidende Aussagen getroffen werden. Neben der körperlichen Untersuchung sind die Basisuntersuchungen wie Blutdruckmessung und EKG, meist schnell und einfach verfügbar.

Aufwändigere Untersuchungen wie transösophageales Echo oder die Herzkatheteruntersuchung, stellen bei speziellen Fragestellungen oft den Goldstandard dar, d. h. sie liefern sichere und beweisende Aussagen. Folgende diagnostische Verfahren sind bei der Untersuchung des Herz-Kreislauf-Systems von Bedeutung:

- klinische Untersuchung,
- Blutdruckmessung,
- Elektrokardiogramm (EKG),
- Langzeit-EKG,
- Belastungs-EKG (Ergometrie),
- Echokardiografie (UKG),
- transösophageales Echokardiogramm,
- Herzkatheteruntersuchung.

Klinische Untersuchung

Definition

Die klinische Untersuchung des Herz-Kreislauf-Systems besteht aus der allgemein gültigen Untersuchungsabfolge Inspektion, Palpation, Perkussion, Auskultation und ist meist eingebettet in die komplette körperliche Untersuchung des Patienten.

Sie stellt die Basis der Herz-Kreislauf-Beurteilung dar und liefert bereits ohne aufwändige Apparate wegweisende Informationen. Oft kann durch die alleinige Untersuchung, in Verbindung mit der sorgfältigen Anamneseerhebung, schon eine Diagnose oder zumindest eine Verdachtsdiagnose gestellt werden.

Durchführung

Es ist sinnvoll, die Untersuchung in systematischer Abfolge durchzuführen. Es bietet sich an, zuerst im Stehen, dann im Sitzen und zum Schluss im Liegen zu untersuchen. Der Patient sollte sich so weit wie nötig entkleiden.

Inspektion

Die allgemeine Inspektion erfolgt schon bei der Anamneseerhebung. Speziell ist zu achten auf:

- allgemeines Hautkolorit (blass, gelblich), Beschaffenheit der Haut (Schweißigkeit), Exantheme (Rötungen), Effloreszenzen (z. B. Flecken, Ausschläge usw.),
- Atmung (Dyspnoe, Tachypnoe),
- sichtbare Gefäße (gestaut Halsvenen, Varizen),
- Stauungszeichen (Ödeme, Zeichen chronisch venöser Insuffizienz),
- Zyanosezeichen,
- Exsikkosezeichen (stehende Hautfalten, trockene Zunge),
- Anämiezeichen (blasse Konjunktiven).

Palpation

Palpation des Pulsstatus. Bei der Palpation ist vor allem der Pulsstatus wichtig, der stets komplett erhoben bzw. dokumentiert werden sollte. Mit den mittleren drei Fingern der rechten Hand werden die Gefäße beidseits entlang ihres anatomischen Verlaufs an den typischen Stellen getastet (**Abb. U.95**):

- A. radialis (Unterarm kurz vor Handgelenk daumenseits),
- A. ulnaris (Unterarm kurz vor Handgelenk zeigefingerseits),
- A. carotis beidseits,
- A. femoralis (Oberschenkel am Leistenband),
- A. poplitea (Kniekehle),
- A. tibialis posterior (hinter dem Innenknöchel),
- A. dorsalis pedis (Fußrücken).

Dabei ist auch auf die Frequenz, die Regelmäßigkeit und die Pulsqualitäten zu achten (hart oder weich, flach oder hoch usw.).

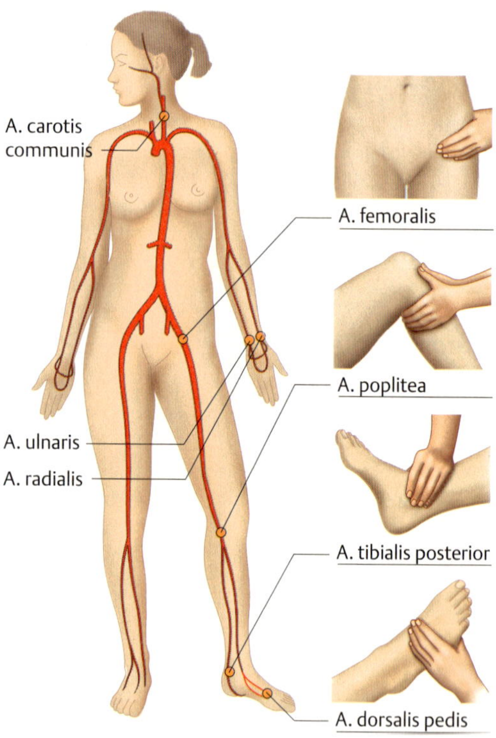

Abb. U.95 Typische Stellen zur Palpation des Pulses.

Herzpalpation. Eine direkte Palpation des Herzens ist natürlich nicht möglich. Allerdings kann man bezüglich der Herzgröße oder der Volumenbelastung durch Tasten des sog. Herzspitzenstoßes zwischen den Rippen linksthorakal in Höhe der vorderen Axillarlinie eine Aussage machen.
Palpation von Ödemen. Die Beschaffenheit von Ödemen lässt Rückschlüsse auf deren Genese zu. Auch sind kardial bedingte Ödeme meist weich und zeigen beim Wegdrücken typische Dellen (**Abb. U.96**). Lymphödeme hingegen sind meist derber, bei ihnen bilden sich keine Dellen.

Perkussion

Die Perkussion spielt bei der Untersuchung des Herz-Kreislauf-Systems eine untergeordnete Rolle. Die früher durchgeführte Herzgrößenbestimmung durch Palpation ist sehr ungenau und wird durch Bild gebende Untersuchungen wie Röntgenthorax (S. 1275) oder Echokardiografie (s. u.) ersetzt.

Auskultation

Das Herz wird am liegenden und danach bei Bedarf zum Vergleich am sitzenden, leicht nach vorne gebeugten Patienten untersucht. Der Patient sollte für kurze Zeit den Atem anhalten, um eine Überlagerung durch das Atemgeräusch zu verhindern. Es wird an drei typischen Auskultationspunkten abgehört (**Abb. U.97**):

- Erb-Punkt: 3./4. Intercostalraum (ICR) links parasternal,
- Aortenklappenregion: 2. ICR rechts parasternal,
- Mitralklappenregion: über der Herzspitze.

Weitere Auskultationspunkte, die allerdings im klinischen Alltag in den Hintergrund getreten sind, sind für die Pulmonal- und die Trikuspidalklappenregion beschrieben.

Beurteilt werden die normalen Herztöne (1. und 2. Herzton) und die meist pathologischen Herzgeräusche.
Herztöne. Man hört den 1. und 2. Herzton charakteristisch voneinander getrennt. Der 1. Herzton entsteht durch den Mitral- und Trikuspidalklappenschluss, der 2. Herzton entsteht durch den Aorten- und Pulmonalklappenschluss. Durch verschiedene Belastungen kann es zu charakteristischer Spaltung der Herztöne kommen.
Herzgeräusche. Die Beurteilung der Herzgeräusche unterliegt einer klaren Nomenklatur. Sowohl die Charakteristika (z. B. rau, systolisch-diastolisch), als auch die Lautstärke (1/6 – 6/6 nach Levine) werden beurteilt. Je nachdem von welcher Klappe das Herzgeräusch ausgelöst wird, kommt es zu einer charakteristischen Ausstrahlung entweder in die Axilla (bei Geräuschen, die von der Mitralklappe ausgelöst werden) oder in die Karotiden (bei Geräuschen, die von der Aortenklappe ausgelöst werden). Die Herzgeräusche kommen meist durch Fehler der Herzklappen (Klappenvitien) wie Stenose oder Insuffizienz zu Stande.
Auskultation der Gefäße. Um die Untersuchung zu vervollständigen, sollten die großen Gefäße (A. carotis, A. abbdominalis, A. femoralis) auskultatorisch auf Verengungen (Stenosen) geprüft werden. Das Stethoskop wird hierbei nur leicht auf das Gefäß aufgelegt, um das Gefäß nicht künstlich zu komprimieren. Bei höhergradigen Stenosen lassen sich charakteristische Stenosegeräusche abhören.

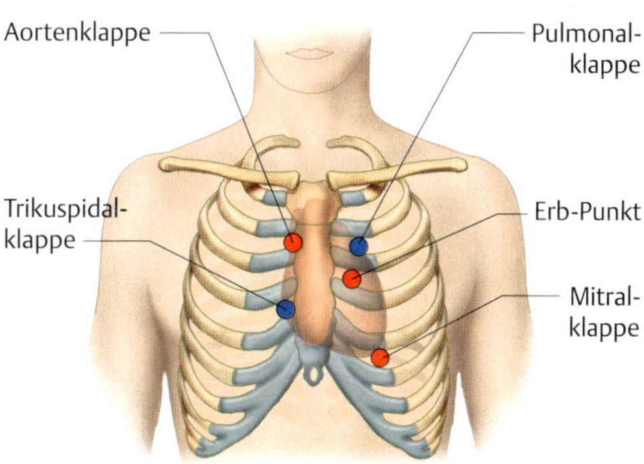

Abb. U.97 Verschiedene Areale zum Auskultieren der Herztöne.

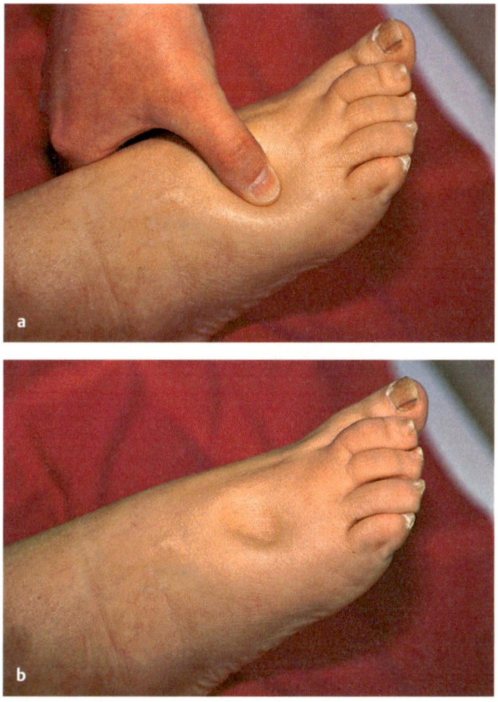

Abb. U.96 Ödem. Kardial bedingte Ödeme hinterlassen beim Wegdrücken meist typische Dellen. Sie treten vor allem anfangs meist im Knöchel- und Fußrückenbereich auf.

Blutdruckmessung

Definition

Unter der Blutdruckmessung versteht man i.d.R. die sog. indirekte Blutdruckmessung nach Riva-Rocci (RR). Sie erfolgt mit Hilfe eines Blutdruckmessgerätes. Die meisten Blutdruckmessgeräte bestehen aus einer einfachen aufblasbaren Gummimanschette, die über einen Schlauch mit einer geeichten Messskala verbunden ist. Neuere Geräte verwenden teilweise auch elektronisch unterstützte Druckabnehmer.

Indikation und Prinzip

Mit der Untersuchung werden die Druckverhältnisse im arteriellen Blutkreislauf und damit die allgemeine Kreislaufstabilität eines Patienten beurteilt. Das Prinzip beruht auf einer Kompression einer Arterie (meist eines Oberarms) auf Höhe des Herzens. Durch den Manschettendruck wird die Arterie komprimiert, bis kein Blut mehr strömen kann.

Distal der Kompression wird das Stethoskop auf das Gefäß aufgelegt. Wird der Druck langsam reduziert, fließt wieder Blut durch das komprimierte Gefäß und charakteristische Strömungsgeräusche, die sog. Korotkow-Geräusche, können mittels des Stethoskops über dem Gefäß abgehört werden. Der ermittelte Wert (in mmHg) entspricht dem sog. systolischen Blutdruck, der dem Auswurfdruck des Herzens (Systole) gleichzusetzen ist (**Abb. U.98**).

Wird der Manschettendruck weiter reduziert, verschwinden die Geräusche langsam, da die Gefäßkompression nachlässt und das Blut laminar, d.h. ohne Turbulenzen, fließen kann. Der Wert der angezeigt wird, wenn die Geräusche gerade nicht mehr zu hören sind, entspricht dem sog. diastolischen Blutdruck. Dieser wird dem Druck gleichgesetzt, der in der Erschlaffungsphase des Herzens herrscht (Diastole).

Durchführung

Am liegenden oder sitzenden Patienten wird die Manschette oberhalb der Ellenbeuge fixiert. Die Manschette wird bis über den erwarteten systolischen Wert (z.B. 180 mmHg) aufgeblasen. Dann wird das Stethoskop unterhalb der Blutdruckmanschette über der Arteria brachialis aufgesetzt und der Druck langsam abgelassen bis die Korotkow-Geräusche zu hören sind. Bei weiterem Ablassen verschwinden die Geräusche wieder, was dem diastolischen Druck entspricht. Ein Auf- oder Abrunden in 5er-Schritten ist zulässig, da eine genaue Grenze der Geräusche meist nicht sicher gehört werden kann.

Neuere Geräte verwenden elektronisch unterstützte Druckabnehmer, sodass ein Stethoskop nicht notwendig ist. Diese Geräte können am Unterarm oder Handgelenk angelegt werden, wobei zu beachten ist, dass sich das Gerät exakt auf Herzhöhe befindet (**Abb. U.99**). Eine alleinige Messung des systolischen Blutdrucks ist auch palpatorisch möglich, indem man beim Ablassen des Manschetten-

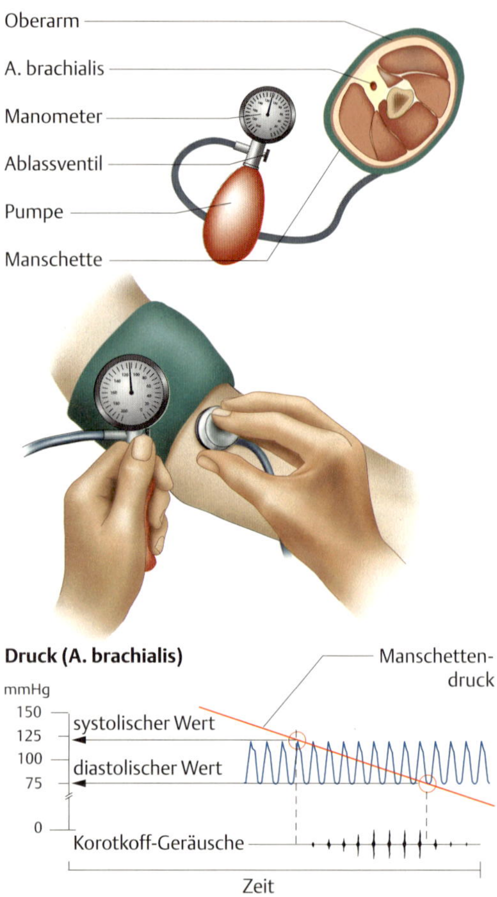

Abb. U.98 Blutdruckmessung. Zusammenhang zwischen dem Luftdruck in der Manschette und dem Blutdruck in der Armarterie.

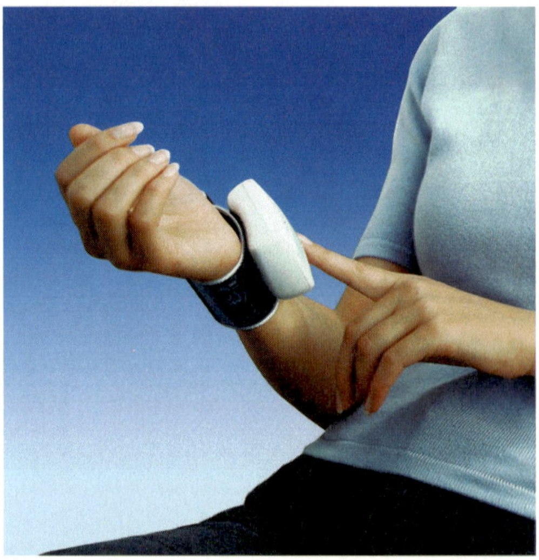

Abb. U.99 Elektronische Blutdruckmessung. Die Geräte müssen sich zur Bestimmung der Blutdruckwerte auf Herzhöhe befinden.

drucks den Radialispuls fühlt. Dieser lässt sich dann tasten, wenn der systolische Blutdruck gerade unterschritten wird. Eine spezielle Nachbereitung ist nicht notwendig.

Bewertung

Das Ergebnis wird in mmHg angegeben, der allgemein nach WHO anerkannte Normwert ist derzeit mit 130/85 mmHg festgelegt. Eine sog. Grenzwerthypertonie besteht bei Werten zwischen 130 – 140/85 – 90 mmHg. Von einer arteriellen Hypertonie spricht man ab 140/90 mmHg. Kritische Werte, die sich zu einer sog. Hochdruckkrise entwickeln können, bestehen ab 200/110 mmHg. Zu beachten ist, dass der Blutdruck möglichst korrekt gemessen wird. Fehlerquellen sind:

- zu häufige Messungen hintereinander,
- fehlender Vergleich zur gegenüberliegenden Seite (daher zumindest einmal beidseits messen),
- zu breite oder zu schmale Manschette (je nach Armumfang genormt),
- falsche Lagerung des Patienten, Position der Manschette,
- zu starkes Knicken des Armes.

Elektrokardiogramm

Definition

Im Elektrokardiogramm (EKG) werden die elektrischen Impulse des Herzens abgeleitet und in einer Kurve aufgezeichnet. Der charakteristische Stromkurvenverlauf entsteht durch die Ausrichtung der bioelektrischen Erregung des Reizleitungssystems während der Herzschläge (**Abb. U.100**). Das normale EKG am liegenden Patienten wird als Ruhe-EKG bezeichnet.

Indikation und Prinzip

Mit dem EKG wird die elektrische Erregbarkeit des Herzens geprüft. Die normale Erregung des Herzens läuft nach einem bestimmten Muster ab, welches von einem Schrittmacher, dem Sinusknoten, gesteuert wird. Vom Sinusknoten gelangt der Impuls über den AV-Knoten zur Muskulatur der Herzkammern, welche dadurch zur Kontraktion angeregt werden. Mit einem Elektrokardiogramm können wertvolle Aussagen getroffen werden über:

- → Herzrhythmusstörungen: veränderte Herzfrequenz und Unregelmäßigkeiten,
- Störung der Erregungsausbreitung,
- Lagetyp des Herzens,
- → Herzinfarkt,
- Durchblutungsstörung des Herzens (Verengung der Herzkranzgefäße).

Durchführung

Die Untersuchung erfolgt am liegenden Patienten in Ruhe. Unnötige Bewegung oder zu rasche Atmung sollte kurzzeitig vermieden werden, um eine Überlagerung durch Muskelstromimpulse zu vermeiden.

Die Stromimpulse werden mit Hilfe von Metallplättchen (Elektroden) an der Körperoberfläche abgeleitet (**Abb. U.101**). Die Plättchen werden hierzu mittels eines Gels oder Sprays desinfiziert und angefeuchtet. Die Elektroden werden dazu in einer festgelegten Ordnung am Brustkorb (Brustwandableitungen V1 – 6) und an den Extremitäten (bipolare Extremitätenableitungen I, II, III nach Einthoven oder unipolare Extremitätenableitungen aVR, aVL, aVF nach Goldberger) angebracht. Das klassische EKG ist ein sog. 12-Kanal-EKG, d. h. es besteht aus 12 verschiedenen Aufzeichnungen. Jede der sechs Brustwandableitungen bildet eine Aufzeichnung für sich (V1 – 6). Die vier Extremitätenelektroden werden im EKG-Gerät insgesamt sechsmal auf verschiedene Art und Weise miteinander verschaltet, sodass sechs weitere Ableitungen entstehen.

Die abgeleiteten Impulse werden dann im EKG-Gerät elektronisch verstärkt und mit Hilfe eines Schreibers auf Papier aufgezeichnet. Eine spezielle Nachbereitung des Patienten ist nicht notwendig. Die EKG-Technik ist völlig ungefährlich, da sie lediglich die körpereigenen Stromim-

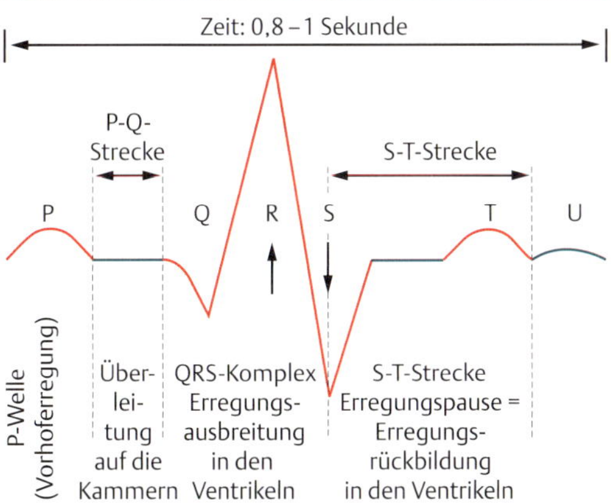

Abb. U.100 Elektrokardiogramm. Herzzyklus im normalen EKG.

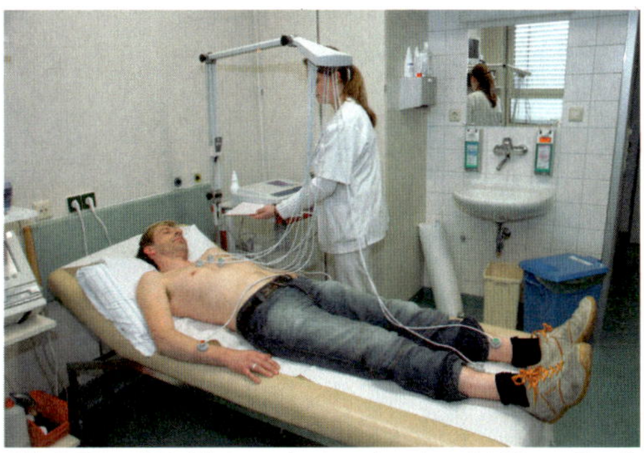

Abb. U.101 EKG. Ableitung der Stromimpulse mit Hilfe von Metallplättchen (Elektroden).

pulse aufzeichnet und keinerlei elektrischen Einfluss auf den Patienten ausübt.

Bewertung

Die Auswertung des EKGs sollte immer nach dem gleichen, standardisierten Schema erfolgen:

- **Herzfrequenz:** Tachykardie (schnell), Bradykardie (langsam),
- **Grundrhythmus:** z. B. Sinusrhythmus oder Vorhofflimmern,
- **Lagetyp:** Bestimmung der sog. elektrischen Herzachse; Veränderungen können auf eine Links- oder Rechtsbelastung hinweisen,
- **Erregungsausbreitungsstörungen:** z. B. Blockbilder, Kammerkomplexverbreiterungen,
- **Erregungsrückbildungsstörungen:** Beurteilung der sog. Endstrecken (ST-Strecke und T-Welle) des EKG-Komplexes als Hinweis für koronare Durchblutungsstörungen.

Diesem Grundschema folgend, kann der erfahrene Untersucher oft schon differenzierte Diagnosen erstellen. Zusätzlich lassen sich an der Morphologie der EKG-Kurve spezifische Veränderungen erkennen, die für spezielle Erkrankungen charakteristisch sind. Besondere Bedeutung kommt dem EKG bei der Beurteilung von → Herzinfarkten und der Differenzierung von → Herzrhythmusstörungen zu.

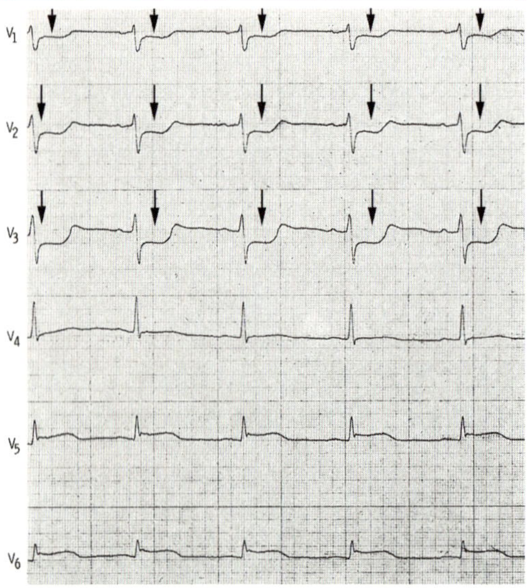

Abb. U.102 EKG-Veränderung nach einem Herzinfarkt. Deutlich erkennbar ist eine ST-Strecken-Senkung in den EKG-Brustwandableitungen (Pfeile). Dies ist typisch für einen frischen Herzinfarkt als Zeichen einer Innenschichtläsion.

Langzeit-EKG

Definition

Im Unterschied zum Ruhe-EKG werden beim Langzeit-EKG die Impulse über einen Zeitraum von meist 24 Std. aufgezeichnet. Verwendet werden hierzu kleine, tragbare Aufzeichnungsgeräte, die die Impulse elektronisch speichern. Diese können nach dem Ende der Aufzeichnung am Computer ausgelesen oder bei Bedarf ausgedruckt werden.

Indikation und Prinzip

Das Prinzip ist das Gleiche wie beim Ruhe-EKG. Hauptindikationen für die Langzeit-EKG-Aufzeichnung sind das Erkennen z. B. von:

- verschiedenen, evtl. nachts oder unbemerkt auftretenden → Herzrhythmusstörungen,
- rhythmusbedingten Kollapszuständen oder anderen Beschwerden (z. B. Herzrasen, Schwindelattacken, unklare Brustschmerzen).

Außerdem werden bei der Untersuchung folgende Aspekte überprüft:

- Notwendigkeit einer Herzschrittmachertherapie,
- Verlauf einer bestehenden Herzschrittmachertherapie,
- Frequenzvariabilität,
- Verlauf einer Therapie mit Frequenz beeinflussenden Medikamenten.

Durchführung

Ähnlich wie beim Ruhe-EKG werden die Elektroden an definierten Punkten an der Körperoberfläche angebracht. Da eine genaue morphologische Aussage aber nicht notwendig ist, reichen weniger Elektroden aus, um insgesamt 2–3 Ableitungen aufzuzeichnen. Die Elektroden werden möglichst fest aber hautschonend am Körper fixiert .Das kleine Aufzeichnungsgerät von der Größe einer Zigarettenschachtel kann am Gürtel oder umgehängt getragen werden.

Um das EKG besser auswerten zu können ist es wichtig, dass der Patient während der Aufzeichnung evtl. Beschwerden mit Zeitpunkt des Auftretens notiert. Dadurch kann später leichter ein Zusammenhang zwischen den Beschwerden und den Rhythmusereignissen hergestellt werden. Auch sollte der ungefähre Tagesablauf notiert werden (z. B. Sport, Ruhezeiten, spezielle Vorkommnisse).

Nachbereitung

Die elektronisch gespeicherten Daten werden am Computer ausgelesen und über ein Bearbeitungsprogramm vom Arzt ausgewertet. Auf diese Weise wird der gesamte Aufzeichnungszeitraum analysiert.

Bewertung

Beim Langzeit-EKG erfolgt eine differenzierte Rhythmusanalyse. Bei den meisten Bearbeitungsprogrammen werden die evtl. Rhythmusstörungen nach morphologischen Kriterien vorsortiert und vom Arzt auf Richtigkeit und Relevanz geprüft.

Normalerweise besteht ein Sinusgrundrhythmus mit einer physiologischen Frequenzadaptation unter Alltagsbedingungen. Hiervon abweichend gibt es eine Vielzahl von kurzzeitig oder dauerhaft auftretenden Rhythmusstörungen, die hier ausgewertet werden können.

Belastungs-EKG

Definition

Mit Belastungs-EKG wird die EKG-Aufzeichnung unter körperlicher Belastung bezeichnet. Diese wird meist in sitzender oder halbliegender Position auf einem fixierten Fahrrad durchgeführt (**Abb. U.103**). Die körperliche Leistungsstufe kann am Fahrrad eingestellt werden und wird in Watt angegeben.

Indikation und Prinzip

Die EKG-Technik entspricht der des Ruhe-EKGs. Unter körperlicher Belastung wird untersucht, ob sich der Stromkurvenverlauf in charakteristischer Weise verändert. Gleichzeitig werden Blutdruck und Herzrhythmus überprüft. Das Belastungs-EKG liefert wichtige Hinweise bei folgenden Fragestellungen:

- Verdacht auf belastungsabhängige Durchblutungsstörungen und damit auf Erkrankungen der Herzkranzgefäße,
- krankhafte Erhöhung des Blutdrucks unter Belastung,
- Verdacht auf belastungsabhängige Rhythmusstörungen,
- allg. körperliche Belastbarkeit (z. B. nach Herzinfarkt, Operationen),
- sportliche Indikation (körperliche Kondition).

Durchführung

Nachdem die optimale Körperposition für den Patienten eingestellt ist, werden die Elektroden fixiert. Zunächst werden EKG und Blutdruck in Ruhe aufgezeichnet. Danach folgen die unterschiedlichen Phasen der Belastung. Die Leistungsstufen können am Fahrrad programmiert werden und entsprechen ungefähr folgendem Niveau:

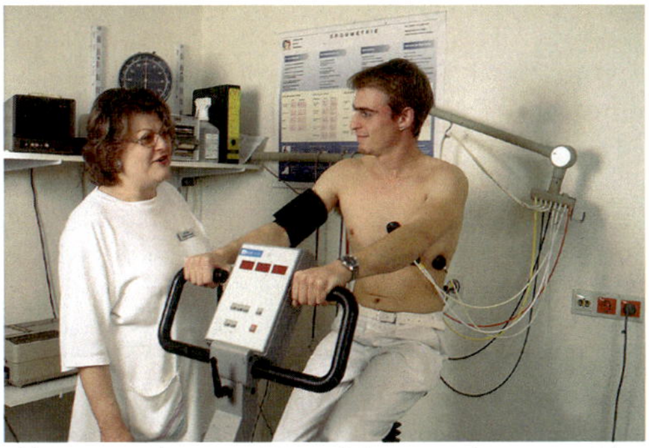

Abb. U.103 Belastungs-EKG. Kardiale Untersuchung unter Belastung.

- 25 – 50 Watt: normales bis zügiges Gehen,
- 75 – 100 Watt: Treppensteigen, langsames Radfahren,
- 125 – 150 Watt: Joggen, schnelles Radfahren,
- > 150 Watt: extremere sportliche Aktivitäten.

Die Untersuchung beginnt meist auf niedrigem Niveau (25 – 50 Watt). Dann wird die Belastungsintensität in festgelegten Zeitintervallen (meist 2 – 3 Min.) sukzessive erhöht. Am Ende jeder Belastungsstufe werden das EKG und der Blutdruck registriert.

Die Untersuchung wird regulär beendet, wenn der Kreislauf des Patienten altersentsprechend ausbelastet oder der Patient muskulär erschöpft ist. Die Kreislaufausbelastung wird durch Puls- und Blutdruck bestimmt. Für den Puls gilt als grober Näherungswert die Regel: 220 – Lebensalter = Ausbelastungsfrequenz. Da das Lebensalter als einziger Maßstab für die körperliche Fitness ein sehr unzureichender Parameter ist, kann diese Formel nur als grober Anhaltspunkt dafür dienen, ab wann eine körperliche Erschöpfung zu erwarten ist. Für den Blutdruck gibt bzgl. der Ausbelastung keine festgelegte Altersgrenze.

Treten folgende Situationen auf, wird die Untersuchung vorzeitig beendet:

- → Angina-pectoris-Beschwerden,
- vermehrte, höhergradige → Herzrhythmusstörungen,
- extreme Blutdruckerhöhung (> 250/120 mmHg),
- fehlender Blutdruckanstieg oder Blutdruckabfall unter Belastung,
- Kreislaufbeschwerden (Schwindel, schwere Atemnot, Blässe),

Auch in der folgenden Ruhephase werden EKG und Blutdruck registriert.

Nachbereitung

Nachdem die Elektroden entfernt wurden, sollte sich der Patient etwas ausruhen. Die EKG-Aufzeichnungen unter den verschiedenen Belastungsphasen werden nun vom Arzt ausgewertet und verglichen.

Bewertung

Mit einem Belastungs-EKG kann die allgemeine Leistungsfähigkeit und die Anpassungsfähigkeit des Kreislaufs an Belastungssituationen gut beurteilt werden. Eine weitere Hauptdomäne ist die Beurteilung einer → koronaren Herzkrankheit (KHK). Die Spezifität eine KHK zu diagnostizieren beträgt allerdings nur ca. 50 – 60 %, d. h. eine KHK kann häufig trotz unauffälligem Belastungs-EKG bestehen.

Entscheidend für die Aussagekraft eines Belastungs-EKGs sind allerdings auch die korrekte Durchführung der Untersuchung und die Steigerung an eine valide obere Lastgrenze. Zusätzlich verändert sich der Stromkurvenverlauf beim Belastungs-EKG häufig auch unspezifisch, was eine Abgrenzung zur KHK-Diagnostik erschwert. Bei Beschwerden oder zweifelhaftem Verlauf sollte daher, je nach Risikoprofil, eine zusätzliche Herzkatheteruntersuchung (s. u.) erfolgen, um eine KHK ausschließen oder beweisen zu können.

Echokardiografie

Definition

Die Echokardiografie ist eine Ultraschalluntersuchung des Herzens. Dabei wird das Herz am liegenden Patienten mittels einer von außen auf die Brust gesetzten Ultraschallsonde untersucht (**Abb. U.104**). Die Ultraschalltechnik ist für den Patienten völlig ungefährlich und erfordert keinerlei Vorbereitung.

Die Echokardiografie stellt die zentrale Untersuchung der Herz-Kreislauf-Situation des Patienten dar, da sie sehr viele verschiedene Informationen liefern kann.

Indikation und Prinzip

Die Ultraschallsonde sendet hochfrequente, unhörbare Schallwellen aus, welche von den verschiedenen Geweben im Körper in unterschiedlicher Weise reflektiert werden. Diese reflektierten Wellen werden von der Sonde wieder aufgenommen, an ein Ultraschallgerät geleitet und elektronisch, je nach Frequenz, in verschieden helle Kontraste übertragen. Das Zusammenspiel der Kontraste ergibt dann auf einem Bildschirm ein Bild (sog. B-Bild). Auf diese Weise kann das Herz sowohl morphologisch als auch in seiner Beweglichkeit exakt sichtbar gemacht werden.

Zusätzlich kann über die sog. Doppler-/Duplexultraschallfunktion die Beweglichkeit des Herzens, der Herzklappen und die Blutflussgeschwindigkeit gemessen werden. Treffen die Ultraschallwellen auf die sich bewegenden Strukturen des Herzens und auf das fließende Blut, kann der Blutfluss mittels der Doppler-Funktion hörbar gemacht werden. Auch die Fließgeschwindigkeit kann so gemessen werden. Mittels der Duplexfunktion kann der Blutfluss auch in Farbsignale übertragen und so Turbulenzen oder Strömungsänderungen sichtbar gemacht werden (Farbdoppler).

Die Messwerte in der Echokardiografie werden auf standardisierte Art und Weise erhoben. So können letztendlich über verschiedene Rechenprogramme vielfältige Aussagen über Herzfunktion und Herzschädigungen gemacht werden:

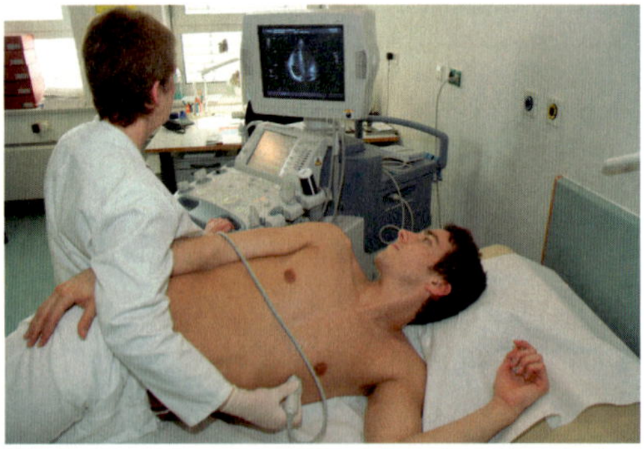

Abb. U.104 Echokardiografie. Der Patient wird in Linksseitenlage untersucht.

- Herzpumpfunktion und Bewegungsstörungen (z. B. bei → Herzinfarkt; Infarktnarben),
- Herzklappenmorphologie (z. B. zur Klärung einer Klappenoperation, Aneurysmen, Wandverdickungen, Herzbeutelveränderungen, Verkalkungen),
- Herzklappenfunktion (Verengungen oder Klappenschlussdefekte),
- Herzgröße (Korrelation der anatomischen Teile zueinander; sog. Korrelation der Diameter),
- Belastungszeichen des Herzens (z. B. durch hohen Blutdruck oder Lungenerkrankungen),
- Beurteilung des Blutflusses als Zeichen verschiedener Störungen (Hämodynamik).

Durch Kombination der verschiedenen Techniken (B-Bild, Doppler, Duplex) und durch Interpretation der verschiedenen Daten und Bilder erhält der erfahrene Untersucher wichtige diagnostische Hinweise auf die verschiedenen Erkrankungen:

- Herzklappenerkrankungen (z. B. → Herzklappenfehler),
- → Herzinfarkt,
- Thrombenbildung (Blutgerinnsel im Herzen),
- Herzmuskelerkrankungen (z. B. → Kardiomyopathie),
- Fehlbildungen,
- Herzbeutelerkrankungen (z. B. → Perikarditis).

Ein Echokardiogramm reicht allerdings nicht aus, um die Durchblutung der Herzkranzgefäße und damit eine koronare Herzerkrankung beurteilen zu können.

Durchführung

Hat der Patient den Oberkörper freigemacht, wird er in Linksseitenlage untersucht. Die Schallsonde wird mit einem Kontaktgel befeuchtet, um eine bessere Leitfähigkeit der Schallwellen zu gewährleisten. Der Untersucher setzt die Schallsonde mit leichtem Druck auf die Brust auf und stellt die Standardpositionen ein. Da die Anlotung des Herzens je nach Anatomie und Schallposition sehr verschieden sein kann, sind die Schallpositionen des Herzens international genormt. Standardmesswerte der verschiedenen Herzebenen sind z. B.:

- parasternale Anlotung, kurze und lange Achse (seitlich nahe des Brustbeins),
- apikale Anlotung (linksseitig am Brustkorb auf Höhe der Herzspitze); hier spricht man von den verschiedenen „Kammerblicken", die je nach Schallkopfposition in den sog. 2 – 5-Kammerblick unterteilt werden.

An diesen verschiedenen Positionen wird nacheinander im B-Bild und in den Doppler-/Duplextechniken gemessen. Zusätzlich können die Bilder elektronisch gespeichert oder als Ultraschallfilm mitgeschnitten werden. Die Daten werden dann in möglichst einheitlicher Nomenklatur beurteilt. Eine spezielle Nachbereitung ist nicht notwendig.

Bewertung

Aufgrund der erhobenen Daten kann der Untersucher Herzfunktion und Funktionsstörungen beurteilen. Trotz möglichst hochgradiger Standardisierung ist die Bewertung letztendlich jedoch auch vom Untersucher abhängig. Auch die Schallbedingungen sind von Patient zu Patient sehr unterschiedlich, sodass die Untersuchungen nicht immer gleich aussagekräftig sind.

Transösophageales Echo

Definition

Das transösophageale Echo (TEE) ist eine Spezialform der Echokardiografie, bei der die Ultraschallsonde an der Spitze eines langen, flexiblen Schlauchs sitzt. Die Ultraschallsonde ist drehbar, sodass verschiedene Schallpositionen eingestellt werden können (multiplane Sonde). Der Schlauch wird, ähnlich wie bei einer Gastroskopie, durch aktives Schlucken in die Speiseröhre eingeführt. Die Ultraschalltechnik ist identisch zur normalen Echokardiografie.

Indikation und Prinzip

In manchen Fällen zeigt die Ultraschalluntersuchung von außen nur sehr unbefriedigende Bilder, da die Schallwellen immer durch den Brustkorb dringen müssen. Die Untersuchung ist auch dadurch eingeschränkt, dass die Ultraschallwellen schlecht oder gar nicht durch lufthaltiges Lungengewebe dringen. Die TEE-Untersuchung wird bei bestimmten Fragestellungen, welche durch das normale Echo nicht oder nur unzulänglich beantwortet werden können, eingesetzt. Indikationen sind z. B.:

- eine genauere Beurteilung von → Herzklappenfehlern,
- Verdacht auf Gerinnselbildung in den Herzhöhlen,
- Beurteilung der Aorta thoracalis (z. B. → Aortenaneurysma, Plaques),
- Beurteilung einer → Endokarditis,
- bessere Beurteilung angeborener Herzfehler,
- offenes Foramen ovale.

Durchführung

Die Vorbereitung bei einem TEE ist im Vergleich zur normalen Echokardiografie aufwändiger. Da es sich um einen potenziell invasiven Vorgang handelt, muss der Patient über Risiken und Komplikationen der Untersuchung aufgeklärt werden (Aufklärungspflicht) und dies per Unterschrift dokumentieren. Insgesamt sind Untersuchungsrisiko und Komplikationsrate jedoch sehr gering. Potenzielle Risiken kommen durch die Invasion zu Stande und sind:

- Verletzungen von Zähnen, Rachen, Stimmbändern, Schleimhaut, Speiseröhre durch das Gerät,
- Blutungen,
- kurzzeitige → Herzrhythmusstörungen,
- Atemstörungen.

Die Untersuchung erfolgt meist in Linksseitenlage, ein Venenzugang ist erforderlich. Das Einführen des Gerätes wird vom Patienten i.d.R. als unangenehm empfunden. Daher wird der Mund-Rachen-Bereich mittels eines Lokalanästhetikums (Spray) leicht betäubt. Um dem Patienten den unangenehmen Schluckakt zu erleichtern, sollte er leicht intravenös sediert werden. Danach läuft die Untersuchung nach folgendem Schema ab:

- Das Gerät wird mit sanftem Druck über Mund und Rachen bei gleichzeitigem Schluckakt des Patienten eingeführt.
- Das Gerät wird unter Beobachtung am Monitorbild in die Speiseröhre vorgeschoben.
- Die Sonde wird in verschiedenen, standardisierten Positionen platziert, um die Herzebenen beurteilen zu können. Hierbei werden verschiedene Techniken kombiniert (B-Bild, Doppler, Farbduplex), um sich ein Gesamtbild zu verschaffen.
- Die Sonde wird unter weiterer Inspektion und Beurteilung der Aorta thoracalis zurückgezogen.

Während der Untersuchung bemerkt der Patient allenfalls das Vor- und Zurückschieben des Schlauches, die eigentlichen Ultraschallwellen sind völlig schmerzlos. Die Untersuchung dauert ca. 20 Min.

Nachbereitung

Die Bilder können direkt während der Untersuchung beurteilt und müssen nicht aufbereitet werden. Wurde ein Betäubungsspray gegeben oder der Patient sediert, sollte in der Aufwachphase nach der Untersuchung eine Nahrungs- und Flüssigkeitskarenz (ca. 60 – 90 Min.) eingehalten werden. Die Sonde wird gründlich gereinigt und desinfiziert.

Bewertung

Die TEE-Untersuchung stellt quasi ein „Echokardiogramm von Innen" dar. Da die Speiseröhre hinten direkt dem Herzen anliegt, kann diese Methode wesentlich genauere Bilder liefern als die Echokardiografie. Die Ultraschallwellen werden in diesem Fall nicht durch den Brustkorb gestört. Da viele Fragen aber schon im normalen Echokardiogramm beantwortet werden können, bleibt das TEE eine Domäne der oben genannten, speziellen Fragestellungen.

Herzkatheteruntersuchung

Definition

Die Linksherzkatheteruntersuchung ist ein invasives (d. h. in den Körper eingreifendes), Bild gebendes Verfahren mittels Röntgenkontrastmittel. Mit diesem Verfahren können krankhafte Veränderungen der Herzkranzgefäße, der Herzklappen und des Herzmuskels beurteilt werden.

Synonym: Koronarangiografie.

Indikation und Prinzip

Die Untersuchung spielt in der Kardiologie eine zentrale Rolle, da mit ihrer Hilfe verschiedene Aussagen über das Herz zuverlässig und genau getroffen werden können.

Diagnostik/Therapie KHK/Angina-pectoris. Lage, Ausmaß und Art der Herzkranzgefäßveränderungen können mittels des Kontrastmittelbildes erkannt werden. Gleichzeitig ist es möglich, Herzkranzgefäße therapeutisch zu erweitern. Dazu wird ein spezieller Ballonkatheter in den verengten oder verschlossenen Gefäßabschnitt gelegt und dort auf einen bestimmten Druck aufgepumpt, sodass das verengte Gefäß gedehnt wird (Ballondilatation, perkutane transluminale koronare Angioplastie, PTCA). Meist wird direkt im Anschluss ein sog. Stent (eine Art Gitterschlauch aus Metall) durch Anpressen an die Gefäßwand eingesetzt.

Untersuchung nach Herzinfarkt. Nach einem → Herzinfarkt kann das Ausmaß der Gefäßverengungen erfasst und weitere Verengungen, die potenziell Infarkt auslösend sind, vorbeugend gedehnt werden. Je nach zeitlichem Ablauf wird ggf. auch das verschlossene Infarktgefäß selbst aufgedehnt, um zu verhindern, dass sich das Infarktgebiet vergrößert.

Auffälligkeiten im EKG. Bei EKG und Belastungs-EKG kann der Stromkurvenverlauf auffällig sein, ohne dass eine KHK bewiesen oder widerlegt ist. Bei Verdacht auf eine KHK sollte im Zweifelsfall immer eine Linksherzkatheteruntersuchung durchgeführt werden.

Kardialer Notfall. Beim akuten Herzinfarkt sollte möglichst rasch eine Herzkatheteruntersuchung durchgeführt werden, um das Ausmaß der Gefäßverengung zu bestimmen bzw. den Verschluss zu lokalisieren. Vom Ergebnis der diagnostischen Herzkatheteruntersuchung hängt auch ab, ob mit einer sofortigen Ballondilatation der Infarktablauf verhindert werden kann. Dies ist bei einem entsprechend frühen Eingriff möglich.

Unklare Thoraxschmerzen. Können solche Beschwerden nicht eindeutig von einer → Angina pectoris abgegrenzt werden, ist eine Herzkatheteruntersuchung zur Klärung sinnvoll.

OP-Planung. Die lokalen Verhältnisse am Herzen müssen vor einer geplanten OP (z. B. Herzklappenoperation) geprüft werden. Dadurch können ggf. weitere Veränderungen erkannt werden, die in die OP-Planung mit einbezogen werden müssen (z. B. gleichzeitige Bypass-OP).

Über eine Kathetersonde wird Kontrastmittel in die Herzkranzgefäße und in die Herzhöhlen appliziert. Durch das Röntgenkontrastmittel erkennt der Untersucher direkt am Monitor, wo genau z. B. Herzkranzgefäße verändert sind. Bei der Untersuchung kann ggf. gleichzeitig therapiert werden, indem man z. B. mittels eines zweiten Katheters eine Verengung erweitert.

Durchführung

Bei der Herzkatheteruntersuchung wird mit der Kathetersonde direkt am Herzen gearbeitet. Aufgrund der seltenen aber evtl. schwerwiegenden möglichen Komplikationen muss der Arzt den Patienten zuvor gründlich über die Untersuchung aufklären und sein schriftliches Einverständnis zur Durchführung einholen. Der Patient wird wie folgt vorbereitet:

- er sollte mindestens 6 Std. nüchtern sein, Medikamente dürfen regulär eingenommen werden,
- Voruntersuchungen: Laborkontrolle des Blutes, Röntgenaufnahme des Brustkorbs, EKG, ggf. andere Spezialuntersuchungen des Herzens,

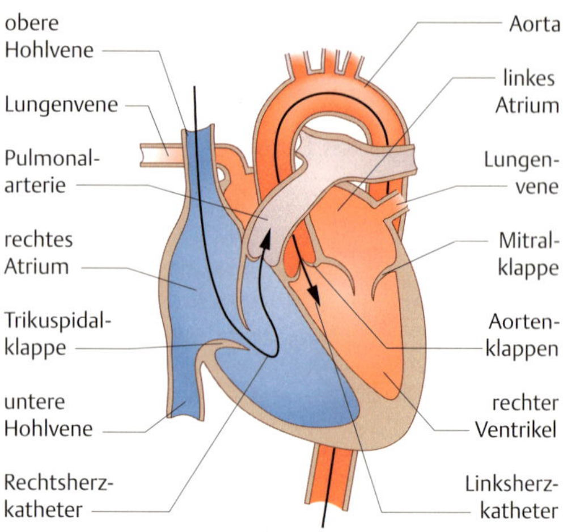

Abb. U.105 Herzkatheterisierung. Verschiedene Wege beim Links- und Rechtsherzkatheter.

- Rasur und Desinfektion der Leistenregion (Punktionsstelle),
- Legen einer venösen Kanüle, ggf. Verabreichen eines Beruhigungsmittels (z. B. Midazolam).

Eine Vollnarkose ist nicht notwendig. In lokaler Anästhesie wird eine Leistenarterie (seltener auch eine Armarterie) punktiert. Es wird dort eine sog. Schleuse angeschlossen, über die ein Katheterwechsel während der Untersuchung mühelos möglich ist. Dann wird eine Kathetersonde entgegen dem Blutfluss über die Beckenarterie und die Aorta bis zum Abgang der Herzkranzgefäße und ggf. in die linke Herzkammer vorgeschoben (**Abb. U.105**). Hiervon spürt der Patient nichts.

Über diese Sonde injiziert man das Röntgenkontrastmittel direkt in die Herzkranzgefäße (Koronarangiografie) und je nach Fragestellung auch in die linke Herzkammer (Ventrikulografie). Gleichzeitig werden Röntgenaufnahmen des Herzens aus verschiedenen Ebenen angefertigt und zur späteren Beurteilung digital gespeichert.

Der Untersucher entscheidet direkt vor Ort, ob eine Ballondilatation möglich, sinnvoll oder notwendig ist. Hierzu wird die „diagnostische" Kathetersonde entfernt und über die Schleuse ein zweiter, sog. Ballonkatheter eingeführt. Unter Röntgenkontrolle wird der Katheter an der Stelle der Verengung platziert und der Ballon für kurze Zeit mit hohem Druck aufgedehnt (dilatiert). Meist wird direkt ein Stent (s. o.) eingesetzt, um das Dilatationsergebnis zu fixieren.

Komplikationen

Die Komplikationen und Risiken einer solchen Untersuchung sind insgesamt selten, häufig beherrschbar, aber evtl. auch sehr schwerwiegend:

- **Nachblutungen/Aneurysmenbildung:** im Bereich der Punktionsstelle; Bildung eines sog. „Aneurysma spurium" bei unvollständigem Gefäßverschluss nach Abschluss der Untersuchung,
- **vegetative Reaktionen:** z. B. Schweißausbruch, Übelkeit und Blutdruckabfall,
- **Herzrhythmusstörungen:** sehr selten bis hin zu schweren Rhythmusstörungen mit Versagen der Pumpfunktion (durch mechanische Irritationen des Katheters im Herzen ausgelöste Rhythmusstörungen sind fast immer reversibel),
- **Risse oder Teileinrisse der Aorta:** Blutungen; Aneurysmata, im Extremfall Ruptur. Extreme aber sehr seltene Komplikationen, welche oft eine Notfall-OP zur Folge haben,
- **Embolien:** insbesondere Gehirnembolien mit → Hirninfarkt (kleine Plaques der häufig veränderten Gefäßwände können sich lösen und weiter peripher gelegene Blutgefäße verstopfen)
- **Kontrastmittelallergie:** vor allem bei allergieanfälligen Patienten,
- **Schilddrüsenüberfunktion:** durch „Aktivierung" einer latent vorbestehenden Überfunktion durch Kontrastmittel,
- **Herzinfarkt:** durch Plaques in den Herzkranzgefäßen oder bei der „Ballondilatation" kann auch ein akuter Herzinfarkt ausgelöst werden,
- **Koronare Ruptur:** sehr seltene Komplikation, Riss oder Teileinriss des Herzkranzgefäßes meist bei der Dilatation.
- **Nervenverletzung:** bei der Punktion der Gefäße können angrenzende Nerven verletzt werden.

Insgesamt beträgt das Risiko einer leichten bis schweren Komplikation aufgrund der Untersuchung ca. 1 %, abhängig von den Vorerkrankungen des Patienten. Die Untersuchung dauert i.d.R. etwa 30 – 60 Min., kann sich aber je nach Befund wesentlich verlängern.

Nachbereitung

Nach der Untersuchung wird die Schleuse gezogen und die Punktionsstelle für ca. 20 Min. komprimiert. Dann wird ein Druckverband im Bereich der Punktionsstelle angelegt, der für ca. 13 Std. verbleibt und durch den Nachblutungen vermieden werden sollen. Während dieser Zeit muss der Patient Bettruhe einhalten. Nach der Untersuchung wird die Kreislauffunktion für einige Stunden auf einer Spezialstation (Intensiv, intermediate care) überwacht. Zusätzlich wird meist mittels EKG und Untersuchung der Herzenzyme im Labor kontrolliert.

Bewertung

Die Untersuchung wird vom Untersucher direkt oder im Anschluss mittels Nachbearbeitung bewertet.

Normaler Befund. Alle Herzkranzgefäße sind frei durchgängig (**Abb. U.106**). Koronarsklerosen oder höher gradige Stenosierungen (KHK) können sicher ausgeschlossen werden.

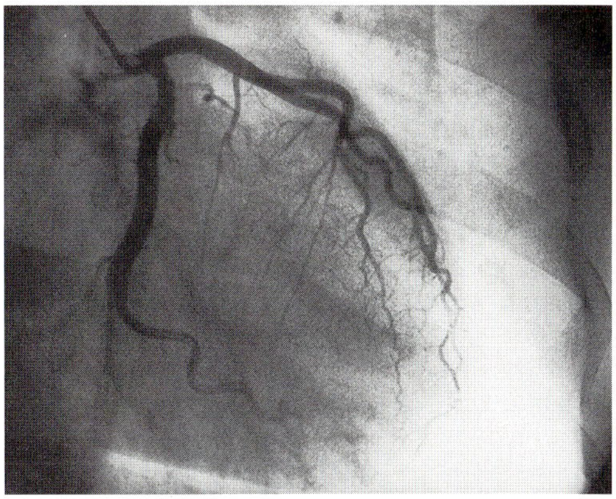

Abb. U.106 Koronarogramm. Normalbefund der linken Herzarterie.

Koronare Herzkrankheit. Häufige Veränderungen sind eingeengte Herzkranzgefäße (Stenosen), die sich als dünner Kontrastmittelstrich oder Aussparung darstellen. Sie werden in verschiedene Grade eingeteilt. Signifikant ist, wenn das Gesamtlumen eines betroffenen, großen Gefäßes zu mehr als 70 % verengt ist. 50 – 70 % gelten als grenzwertig im Bezug auf das Auslösen von Ischämien. Bei verschlossenen Gefäßen kann geprüft werden, ob eine Kollateralisierung (d. h. die Versorgung des Herzmuskelareals über ein anderes Kranzgefäß) vorliegt.

Herzfunktion / Wandbewegungsstörungen. Nach einem Herzinfarkt, einer → Myokarditis oder bei → Herzinsuffizienz kann eine globale oder regionale Störung der Muskelkontraktilität auftreten.

Eine häufige Angabe ist die „ejection fraction" (EF) in Prozent. Ein vermindertes Schlagvolumen von weniger als ca. 65 % gilt als pathologisch (abhängig von Alter, Geschlecht und Trainingszustand) und es bestehen globale Kontraktionsstörungen.

Die Bewegung des Herzens stellt sich normalerweise gleichmäßig dar, alle Wandanteile sind an der Bewegung beteiligt. Bei Herzinfarkten oder danach stellen sich die infarzierten Wandareale regional als hypokinetisch (verminderte, träge Kontraktion) oder akinetisch (keine wesentliche Kontraktion) dar.

Herzklappeninsuffizienz. Der Schweregrad einer Klappeninsuffizienz oder -stenose kann genau berechnet werden. Dies ist sowohl für die Prognose als auch für eine evtl. OP-Planung wichtig.

Therapie. Bei der Herzkatheteruntersuchung werden bezüglich der weiteren Therapie Weichen gestellt. Vor allem für die Therapie der koronaren Herzkrankheit wird entschieden, ob eine Operation mit Anlage eines Bypasses notwendig ist, ob alternativ verengte Gefäße gedehnt werden (PTCA oder Stent) oder medikamentös therapiert wird. Nach Ausschluss einer koronaren Herzkrankheit ist evtl. keine weitere Herztherapie notwendig.

Vorsorgeuntersuchungen im Kindesalter

Vorsorgeuntersuchungen im Kindesalter dienen nicht nur dem rechtzeitigen Erkennen von Erkrankungen, sondern sind auch hilfreich bei der Ermittlung der geistigen und körperlichen Entwicklung. Dadurch können frühzeitig entwicklungsfördernde oder korrigierende Maßnahmen (z. B. Ergotherapie oder kieferorthopädische Apparate) eingeleitet werden. Beratungen der Eltern und Kinder (z. B. Ernährungs- oder Hygieneberatung) können aufgrund präventiver Untersuchungen angeboten werden, um Folgeerkrankungen zu verhindern.

Aus diesen Gründen beinhalten Vorsorgeuntersuchungen im Kindesalter nicht nur die körperlichen Untersuchungen, sondern werden unter Berücksichtigung der physiologischen Reflexe, Verhaltens- und Sprachentwicklung sowie der motorischen Entwicklung in den verschiedenen Altersstufen durchgeführt. Hierzu muss der untersuchende Arzt die entsprechenden Kriterien der unterschiedlichen Entwicklungsstufen dem Alter des Kindes zuordnen können und ist zusätzlich auf die Informationen von den Eltern bzw. den betreuenden Personen angewiesen.

Gesetzlicher und zeitlicher Rahmen. Das Sozialgesetzbuch V § 26 legt den gesetzlichen Rahmen für Vorsorgeuntersuchungen im Kindesalter fest. Bis zum Ende des 5. Lebensjahres werden insgesamt neun Untersuchungen (U1 bis U9) vorgeschrieben, die in einem sog. Untersuchungsheft dokumentiert werden. Nach Vollendung des 10. Lebensjahres kann eine freiwillige Vorsorgeuntersuchung stattfinden, während die Vorsorgeuntersuchung J1 im 14. Lebensjahr empfohlen wird. Insgesamt werden also 10 bzw. 11 Vorsorgeuntersuchungen bis zum 14. Lebensalter angeboten, wobei die Entwicklung des Kindes im 1. Lebensjahr in einem wöchentlichen bzw. monatlichen Zeitraum vom betreuenden Kinder- und Jugendarzt oder in der Kinderklinik untersucht wird.

Untersuchungsheft. Im Untersuchungsheft werden die Untersuchungen fortlaufend dokumentiert. Die darin enthaltenen Informationen sowie die Aussagen der Eltern über die Entwicklung ihres Kindes sind hilfreich, um eine adäquate Therapie und angepasste Interventionen, z. B. auch in der Klinik, anbieten bzw. weiterführen zu können. Eltern sollten das Untersuchungsheft bei Arztbesuchen oder bei der Aufnahme ihres Kindes in die Klinik immer bei sich tragen, um den Entwicklungsverlauf ihres Kindes anhand der Dokumentationen aufzeigen zu können.

Beurteilen der körperlichen Entwicklung

Messen der Körpergröße

Zur Ermittlung der Körpergröße kommen bei Kindern verschiedene Verfahren zur Anwendung. So kann die Messung mit einem Messtisch/Messbrett, einem Maßband oder einer Messlatte erfolgen. Die Wahl des Hilfsmittels ist abhängig vom Alter des Kindes und von dessen Fähigkeit, gerade zu stehen.

Messen im Liegen

Der Messtisch mit seitlicher Skala zum Ablesen des ermittelten cm-Wertes, wird häufig bei Früh- und Neugeborenen, Säuglingen und Kleinkindern angewendet. Um eine korrekte Messung durchführen zu können und die Sicherheit des Kindes zu gewährleisten, werden für die Messung zumeist 2 Personen benötigt. Um dem Kind die Maßnahme etwas angenehmer zu gestalten, wird der Messtisch mit einer Stoffwindel bedeckt. Dann wird das Kind vorsichtig darauf gelegt, wobei der Scheitel dem oberen, feststehenden Teil des Messtisches anliegen muss.

Eine Person hält nun das Kind seitlich an den Schläfen fest. Die zweite Person streckt dann vorsichtig die Beinchen des Kindes und führt den beweglichen Schieber des Messtisches zu den Füßchen. Diese sollten sich in einer 90°-Stellung befinden. Das Anlegen des Kopfes, das Strecken der Beinchen sowie die Einstellung der Füßchen in den 90°-Winkel muss besonders bei Früh- und Neugeborenen sehr vorsichtig erfolgen, um Verletzungen besonders der Fontanelle zu vermeiden. Danach kann an der Messskala die Körperlänge abgelesen werden (**Abb. U.107**).

Eine andere Möglichkeit der Messung der Körperlänge bei einem liegenden Kind besteht in der Verwendung eines Maßbandes. Hierzu wird das Kind auf den Rücken oder auf die Seite gelegt und das Maßband (0 cm) in Scheitelhöhe oder an der Ferse angelegt. Die Knie des Kindes werden ganz sanft durchgedrückt und die Beinchen vorsichtig ausgestreckt. Das Maßband wird zunächst nur bis zum Hüftgelenk angelegt, dann erfolgt ein Umgreifen und das Weitermessen. Die Körperlänge kann nun in Höhe der Fußsohlen oder der Scheitelhöhe abgelesen werden. Diese Methode der Größenmessung kann auch bei Frühgeborenen im Inkubator angewendet werden.

Ist das Kind bereits älter, kann oder darf aber nicht aufrecht stehen, erfolgt die Messung folgendermaßen:

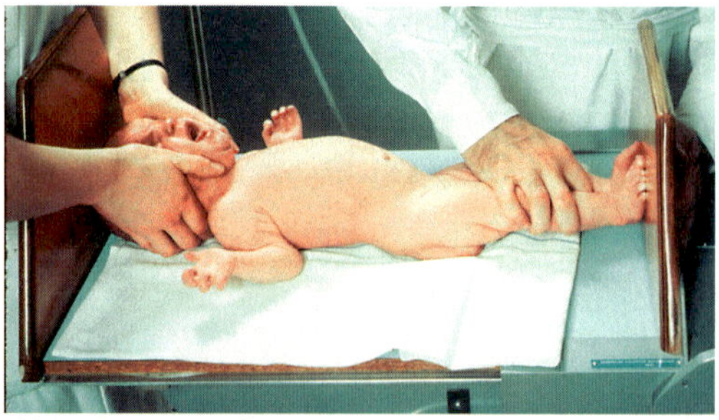

Abb. U.107 Messtisch.

- das Kind auf eine mit einem glatten Tuch bespannte Unterlage legen und evtl. durch eine Person gestreckt halten,
- in Scheitel- und Fußsohlenhöhe eine Markierung auf dem Tuch anbringen,
- das Kind von der Unterlage nehmen,
- die Entfernung der beiden Punkte mittels Maßband ermitteln.

Messen im Stehen

Die Messung erfolgt an einer geeichten Messlatte, die entweder an der Wand oder an einer Waage befestigt ist. Befindet sich die Messlatte an einer Waage, so muss sie auf Tritthöhe geeicht sein. Gemessen wird immer die „Scheitel-Sohlen-Länge“. Für die Messung muss das Kind aufrecht, mit dem Rücken zur Messlatte, mit geschlossenen Fersen und gestreckten Knien stehen. Der Hinterkopf lehnt hierbei leicht gegen die Messlatte.

Der Untersucher hält mit beiden Händen Wangen und Unterkiefer des Kindes und hebt den Kopf mit leichtem Zug nach oben. Das Kind blickt dabei geradeaus. Die Schieberplatte wird nun von einer zweiten Person auf den Scheitel des Kindes aufgelegt – alternativ kann auch ein Lineal verwendet werden – und die genaue Höhe abgelesen (**Abb. U.108**).

Messen des Körpergewichtes

Zur Ermittlung des Körpergewichtes kommen je nach Alter und Zustand des Kindes verschiedene Waagetypen zur Anwendung. Die Stand- oder Sitzwaage wird bei Klein- und Schulkindern verwendet. Für die Bestimmung des Körpergewichtes bei einem Früh-, Neugeborenen und Säugling stehen die Neigungswaage, die Digitalwaage sowie die integrierte Waage im Inkubator zur Verfügung.

Die Neigungswaage und Digitalwaage bestehen im Wesentlichen aus Waagschaale und Anzeigenfeld. Bei der Digitalwaage erfolgt die Anzeige des Gewichtes elektronisch, z. B. 3840 g, während bei der Neigungswaage das Gewicht auf der Grammskala abgelesen wird.

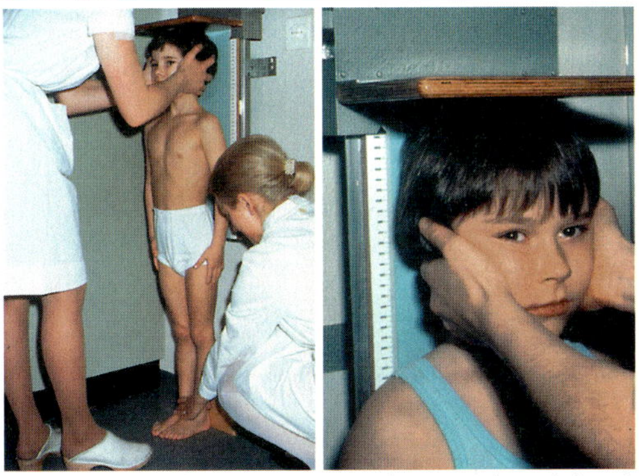

Abb. U.108 Messlatte. **a** Die Füße werden am Boden gehalten. **b** Kopfhaltung des Kindes.

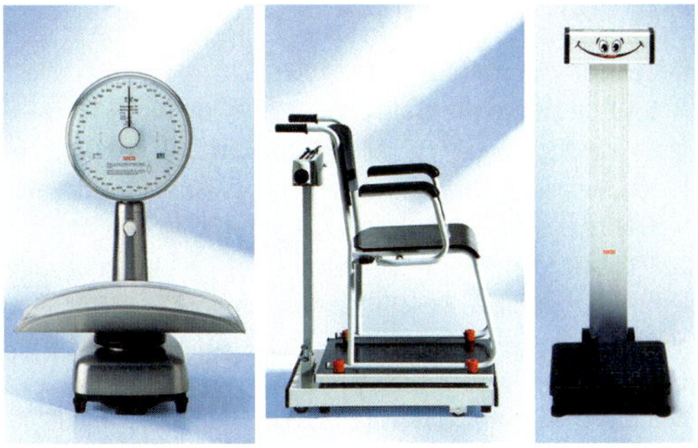

Abb. U.109 Verschiedene Waagetypen (seca). **a** Neigungswaage, **b** Sitzwaage (Schiebegewichtwaage), **c** Stehwaage.

Es ist darauf zu achten, dass die jeweilige Waage auf einem ebenen, festen Untergrund steht und vor jeder Ermittlung des Körpergewichtes tariert wird. Hierzu muss bei den mechanischen Waagen der Zeiger auf Null stehen und bei der Digitalwaage die Libelle in der Anzeige im Lot sein.

Zur Gewichtsermittlung wird die Waage mit einem Tuch, z. B. einer Stoffwindel oder einem Fell ausgelegt, das Gewicht des Tuchs notiert und der Säugling unbekleidet auf die Waagschale gelegt. Um objektive Messdaten zu erhalten, sollte sich das Kind möglichst wenig/gar nicht bewegen und nicht schreien. Möglicherweise kann dem Kind ein Schnuller bzw. der eigene Daumen oder die Hand zum Saugen in den Mund gegeben werden. Nach dem Ablesen des Gewichtes wird das Gewicht des verwendeten Tuches abgezogen, und das eigentliche Gewicht des Kindes dokumentiert.

Auffällige Veränderungen des Körpergewichtes können Rückschlüsse auf die Erkrankung zulassen und müssen sofort mitgeteilt werden. Sie können ausschlaggebend für die Diagnose und die einzuleitende Therapie sein.

Während des Wiegens darf ein Säugling oder Kleinkind nie unbeaufsichtigt bleiben, d.h. der Untersucher darf sich nicht entfernen. Er muss direkt vor der Waagschale

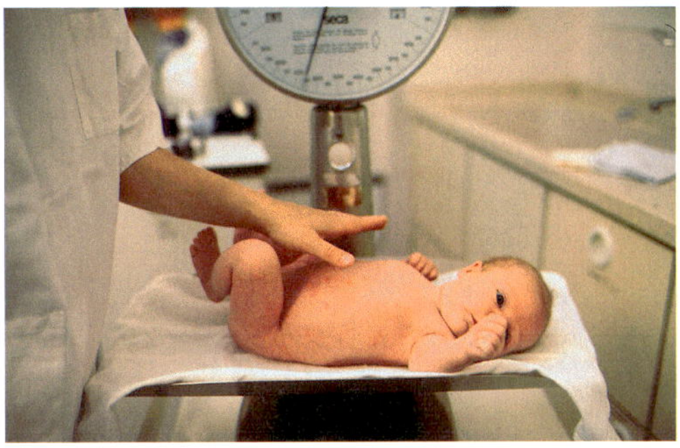

Abb. U.110 Körpergewichtsermittlung beim Säugling. Wichtig ist die sichernde Hand über dem Kind.

stehen und immer eine ausgestreckte Hand über das zu wiegende Kind halten, um einem möglichen Sturz des Kindes vorzubeugen (**Abb. U.110**).

Zur Ermittlung des Körpergewichtes im Inkubator wird das Frühgeborene von einer Person von der Unterlage gehoben, während eine zweite Person die Waage tariert. Danach wird das Kind auf die Unterlage zurückgelegt und das Gewicht an der Anzeige abgelesen. Diese Messmethode ist sehr störanfällig. Es müssen alle Gegenstände aus dem Inkubator entfernt werden, und es ist darauf zu achten, dass nichts an der Wand des Inkubators anliegt.

Bewertung

Will man das Körpergewicht eines Neugeborenen/Säuglings bewerten, muss zusätzlich die Körpergröße und die Schwangerschaftswoche, in der das Kind geboren ist, berücksichtigt werden:

- Reife Neugeborene haben ein Gewicht in Abhängigkeit von der Körpergröße von 3000 – 4000 g,
- Neugeborene mit niedrigem Geburtsgewicht haben ein Gewicht von < 2500 g,
- extrem untergewichtige Neugeborene wiegen < 1500 g.

Ein Neugeborenes verliert in den ersten 3 – 7 Tagen etwa 10 % seines Geburtsgewichtes. Diese physiologische Gewichtsabnahme ist auf die geringe Aufnahme an Nahrung, die Umstellung des Körpers auf die Lungenatmung, und die Urin- und Stuhlausscheidung zurückzuführen. Nach ca. 10 – 14 Tagen sollte ein Neugeborenes das Geburtsgewicht wieder erreicht haben.

Säuglinge, die in den ersten 6 Monaten ausschließlich mit Muttermilch ernährt werden, nehmen schneller zu. Sie werden jedoch zwischen dem 6. und 12. Lebensmonat von den mit Fertignahrung ernährten Kindern überholt. Entscheidend ist die Überwachung der stetigen Gewichtszunahme, die unter Zuhilfenahme des Somatogramms (s. u.) im Rahmen der kinderärztlichen Untersuchung kontrolliert wird.

Die weitere Gewichtsentwicklung des Kindes ist abhängig von den Ernährungsgewohnheiten und dem körperlichen Gesundheitszustand des Kindes. Sie wird auch beeinflusst von soziokulturellen Faktoren, z. B. der Fürsorge der Eltern. Ihre Einstellung zur Ernährung und ihr Körperbewusstsein wirkt sich prägend auf die Kinder aus.

Perzentilenkurven

Die Entwicklung von Gewicht und Körpergröße wird in sog. Perzentilenkurven eingetragen. Die Perzentilenkurven können eine Übersicht über den aktuellen Entwicklungsstand geben und zusätzlich Aussagen über den Entwicklungsverlauf und etwaige Abweichungen machen.

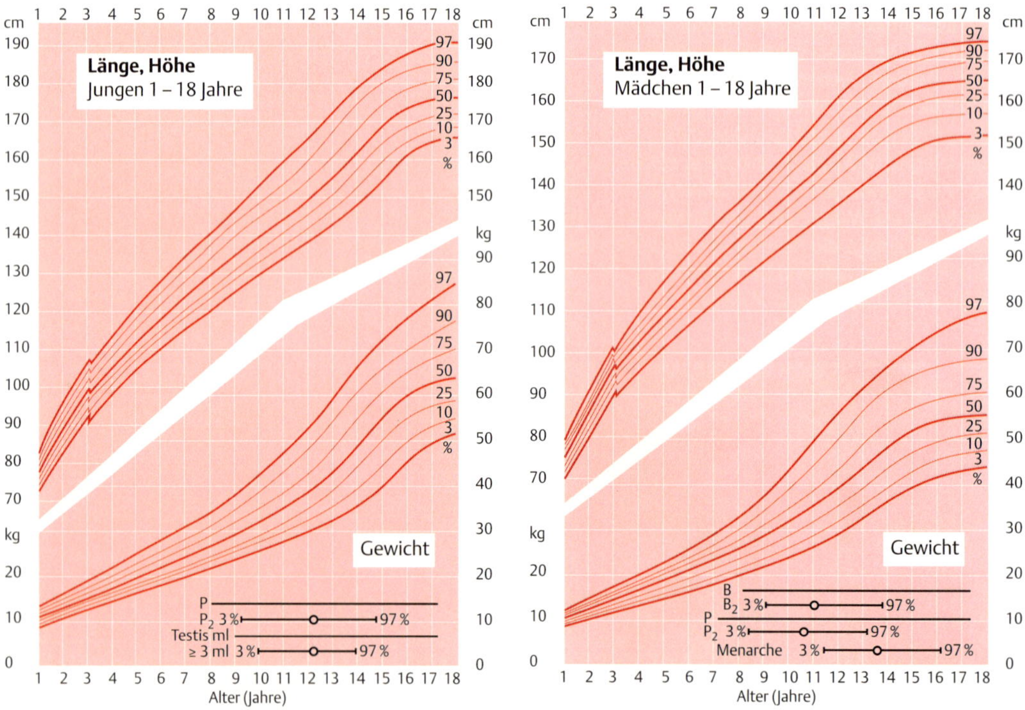

a P = Entwicklung der Schambehaarung **b** B = Brustentwicklung

Abb. U.111 Perzentilenkurve Kinder/Jugendliche (1 – 18 Jahre). **a** Länge, Höhe und Gewicht Mädchen. **b** Länge, Höhe und Gewicht Jungen.

In Ergänzung und Differenzierung zu dem Somatogramm (s. u.), welches den Entwicklungsstand eines Kindes beschreibt, kann mit Hilfe der Perzentilenkurve der Entwicklungsverlauf eines Kindes beschrieben werden.

Bei den Perzentilenkurven handelt es sich um Normalverteilungskurven, die von Carl-Friedrich Gauss (1777 – 1855 Mathematiker und Astronom) ermittelt und in Hunderstelwerte, den Perzentilen, umgerechnet wurden.

Die Perzentilenkurven werden als Diagramm dargestellt. Auf dem vertikalen Schenkel ist die Körpergröße in Zentimetern, auf dem horizontalen Schenkel das Alter in Monaten angegeben. Bei den verschiedenen Vorsorgeuntersuchungen wird nun jeweils die Größe entsprechend dem Alter eingetragen, sodass eine Kurve entsteht (**Abb. U.111**).

In den 9 Vorsorgeuntersuchungen werden die Ergebnisse in der Kurve dokumentiert und der Entwicklungsverlauf des Kindes so beurteilt.

Um eine Abweichung von der Norm schnell feststellen zu können, sind meistens bereits die 97., 50. und 3. Perzentile eingezeichnet. Diese Perzentilen bedeuten:

- **97. Längenperzentile:** Von 100 Kindern eines bestimmten Alters sind 97 so groß oder kleiner und 3 größer als der abgelesene Wert,
- **50. Längenperzentile:** Diese Perzentile wird auch als die Medianperzentile bezeichnet, da sie den mittleren Durchnittswert angibt,
- **3. Längenperzentile:** Von 100 Kindern eines bestimmten Alters sind 3 so groß oder kleiner und 97 größer.

Alle ermittelten Werte, die zwischen der 3. und 97. Längenperzentile liegen, gelten als Normwerte. Abweichungen nach oben oder nach unten kennzeichnen eine vermehrtes oder vermindertes Längenwachstum.

Die Ermittlung der Körpergröße eines Neugeborenen erfolgt direkt nach der Geburt. Als Normwerte werden hier 45 – 55 cm angesehen.

Etwa 5 % der Neugeborenen werden vor der 37. SSW geboren. Sie sind laut Definition „Frügeborene“, wenn auch ihr Gewicht unter 2500 g liegt. Bei Frühgeborenen misst man definitionsgemäß eine Körperlänge unter 47 cm. Sie ist abhängig von der Schwangerschaftsdauer.

Mädchen

Jahre	cm	±2σ	kg	±2σ
	177		67,5	
	176		66,8	
	175		66,1	
	174		65,4	
	173		64,7	
	172		64,0	
	171		63,0	
	170		62,0	
	169		61,0	
	168		60,0	
	167		59,0	
19	166	11	58,0	
	165		56,0	
	164		54,5	+19,0
	163		53,5	–13,5
14	162	13	52,5	
	161		50,8	
	160	13	49,2	+19,0
	159		47,6	–13,5
13	158		46,0	
	157		45,1	
	156		44,2	
	155	14	43,3	+19,0
	154		42,4	–13,0
12	153		41,5	
	152		40,9	
	151		40,3	
	150	14	39,4	+16,5
	149		38,5	–11,0
	148		37,5	
11	147		36,6	

Abb. U.112 Somatogramm. Es lässt anschaulich den Entwicklungsstand beurteilen (Beispiel eines 13-jährigen Mädchens).

Somatogramm

Das Somatogramm bietet zusätzlich die Möglichkeit, das Alter, die Größe und das Gewicht in Relation zueinander zu setzen, um zu erkennen, ob und wie sich das Kind seinem Alter entsprechend bzgl. Körpergewicht und Körperlänge entwickelt.

Beim Somatogramm handelt sich um eine Tabelle, in der Alter, Größe und Gewicht eines Kindes in Beziehung gesetzt werden (**Abb. U.112**). Hierzu werden die verschiedenen Daten eines Kindes in den entsprechenden Spalten markiert und durch eine Linie miteinander verbunden.

Da in den seltensten Fällen die Linien gerade verlaufen und einen optimalen Entwicklungsstand zeigen, befinden sich jeweils neben den Spalten mit den Normalwerten, Spalten, die eine mögliche Abweichung angeben. Diese Spalten sind mit ± 2σ gekennzeichnet (doppelte Standardabweichung) und geben die noch in die Norm fallende Abweichung an. Sie entsprechen dem Abstand zwischen der 3. und 97. Perzentile (s. o.).

So würde z. B. ein 13 Jahre altes Mädchen mit einer Größe von 160 cm und einem Gewicht von 44,2 kg immer noch in der Norm liegen. Bei der Betrachtung der ermittelten Werte wird dann die Körpergröße mit dem Alter in Beziehung gesetzt und geprüft, ob ein vermindertes oder beschleunigtes Längenwachstum vorliegt. Dasselbe erfolgt mit Alter und Gewicht sowie Körpergröße und Gewicht.

Verfahren zur Messung elektrischer Potenziale

Im Kindesalter können Messungen von elektrischen Potenzialen an bestimmten Körperregionen durchgeführt werden. Diese Untersuchungen können auch in Kombination, z. B. bei der so genannten Polysomnografie, durchgeführt werden.

Polysomnografie

Die Polysomnografie ist eine fortlaufende und gleichzeitige Aufzeichnung mehrerer Organfunktionen. Dabei werden parallel ein Elektrokardiogramm (EKG), ein Elektroenzephalogramm (EEG) sowie die Aufzeichnung der Augenbewegungen, des nasalen Luftstroms, der Sauerstoffsättigung, der thorakalen und abdominalen Atembewegungen und die Messung von Sauerstoff- und Kohlendioxidpartialdruck durchgeführt.

Diese Untersuchung wird speziell bei ehemaligen Frühgeborenen durchgeführt, die ihren errechneten Geburtstermin erreicht haben, um bestimmte Formen von Atempausen diagnostizieren zu können.

Elektrokardiografie

Das Elektrokardiogramm (EKG) im Kindesalter unterscheidet sich vor allem in den ersten Lebensmonaten von dem des Erwachsenen. Dies wird ausschließlich durch die unterschiedliche Morphologie und die anatomische Lage des Herzens bestimmt.

Die Ableitung des EKGs bei Kindern erfolgt wie bei den Erwachsenen, lediglich die Herzstromkurven der Ableitungsarten unterscheiden sich (**Abb. U.113**). Die Ausschläge des EKGs sind häufig klein. In den ersten beiden Lebenswochen sind überwiegend R-Zacken (d. h. die Vorhoferregungen) zu erkennen, die ab der zweiten Lebenswoche kleiner werden. Die S-Zacken (d. h. Erregungsrückbildung der Kammern) sind dann entsprechend größer. Zwischen dem dritten und sechsten Lebensmonat besteht das gleiche Muskelmassenverhältnis, das dem Herzen des Erwachsenen entspricht.

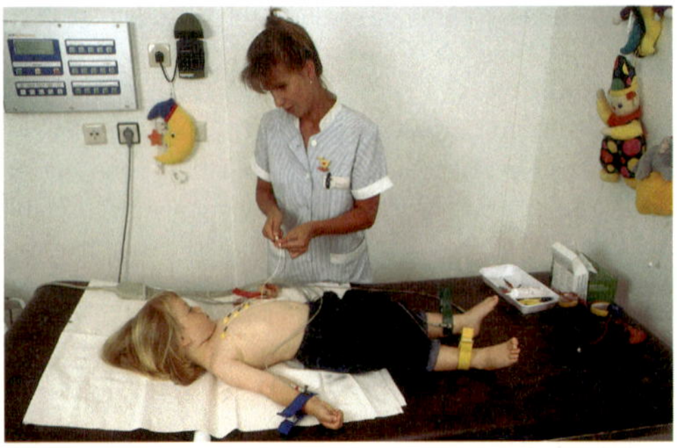

Abb. U.113 Elektrokardiografie. Verschiedene Farben zeigen an, wo die Extremitätenableitungen angebracht werden.

Im Säuglings- und Kleinkindalter kommt es durch das Wachstum von Herz und Thorax zur Änderung der Herzlage. Im EKG nach Einthoven zeigen sich dann tiefe S-Zacken in Ableitung I und eine tiefe Q-Zacke in der Ableitung III. Ab dem sechsten Lebensmonat entspricht das EKG-Bild dem des Erwachsenen. Diese Änderungen erfolgen immer nur schrittweise und nie abrupt. Herzrhythmusstörungen im Kindesalter können folgende Ursachen haben:

- kardiochirurgische Eingriffe,
- angeborene Herz-Gefäß-Fehlbildungen,
- entzündliche Herzerkrankungen,
- pränataler Genussmittelmissbrauch der Mutter, z. B. Nikotin oder Alkohol,
- Immunerkrankungen.

Langzeit-EKG

Die Langzeit-EKG-Überwachung im Kindesalter gewinnt ebenfalls immer mehr an Bedeutung. Dies ist durch die verbesserte kardiochirurgische Betreuung begründet, die einer langjährigen Überwachung und Kontrolle dieser Kinder bedarf. Eine Langzeit-EKG-Überwachung bei Jugendlichen wird oft aufgrund von Herzrasen oder diffusen Bewusstseinsstörungen angeordnet. Das Langzeit-EKG wird über eine Zwei-Kanal-Aufzeichnung und mindestens über 24-Stunden bis mehrere Tage abgeleitet. Zusätzlich soll ein EKG-Monitor, insbesondere bei einer Lageanomalie des Herzens oder bei einer Schrittmachertherapie, zur Verfügung stehen, um die Darstellung der p-Welle, der Vorhoferregung besser zu kontrollieren.

Insbesondere im Säuglingsalter ist auf eine gute Fixierung der speziellen Langzeit-EKG-Elektroden zu achten, da diese Kinder sich sehr viel bewegen. Die Haut wird entfettet und mit Sandpaste aufgeraut. Der Elektrodenkontakt zur Haut wird zusätzlich durch ein vor Austrocknung schützendes Gel verbessert. Zum Schluss werden die Elektroden und die Kabel zugfrei und in Zügeln mit hautfreundlichem Heftpflaster fixiert. Die Pflegeperson oder die Eltern übernehmen die Protokollierung der Besonderheiten, z. B. Weinen, Krabbeln, Nahrungsaufnahme, Schlaf oder Medikamenteneinnahme, die während der Betreuung des Kindes auftreten.

Elektroenzephalografie – Evozierte Potenziale

Die Ableitungskurven des Elektroenzephalogramms (EEG) ändern sich altersentsprechend und sind dementsprechend zu interpretieren. Das EEG kann in verschiedenen Lebenssituationen, z. B. in der Wachheitsphase oder im Schlaf sowie als Langzeit- oder Schlafentzugs-EEG, angeordnet werden.

Für die EEG-Ableitung muss das Kind den Kopf ruhig halten. Zum besseren Sitz der Elektroden wird die Haut ein wenig aufgeraut, entfettet und mit einer leitfähigen Creme versehen. Bei Früh- und Neugeborenen und für Langzeitableitungen werden die Elektroden mittels Kleberingen aufgeklebt. Für Kleinkinder ist dies oft schwierig und wird durch die Angst vor den Elektroden noch verschlimmert. Um eine erfolgreiche EEG-Ableitung bei einem Kleinkind zu gewährleisten ist oft eine angeordnete Sedierung (= die Gabe von Beruhigungsmitteln) notwendig. Die Überwachung der Bewusstseinslage sowie der Atmung und des Pulses fällt der betreuenden Pflegeperson zu. Für die betreuenden Pflegepersonen und die Eltern ist es wichtig darauf zu achten, dass die Kinder trotz beruhigender Mittel nicht vor der EEG-Ableitung einschlafen, um die gewünschte EEG-Ableitung während der Einschlafphase nicht zu übergehen. Die Kinder sollen außerdem nicht hungrig sein und mit ihren gewohnten Einschlafutensilien für die EEG-Ableitung vorbereitet werden.

Schlafentzugs-EEG

Für ein Schlafentzugs-EEG muss das Kind ab einem angeordneten Zeitpunkt in der Nacht wachgehalten werden. Diese Aufgabe kann auch von den Eltern übernommen werden. Das „Wachhalten" bedarf einer entsprechenden Vorbereitung, die eine Beschäftigung des Kindes und die Sicherung des Schlafes für andere Patienten beinhaltet. Das Kind wird zur angeordneten Zeit vom Pflegepersonal geweckt und in einem anderen Zimmer, z. B. Spielzimmer oder Aufenthaltsraum, wachgehalten. Nach dem EEG muss für eine ruhige Umgebung für das Kind und seine Eltern gesorgt werden, um den entbehrten Schlaf nachholen zu können.

Aktionspotenziale können über Oberflächenelektroden von der Hirnrinde oder von anderen Stellen des Körpers abgeleitet werden. Zur Überprüfung des Hörnervs N. acusticus und der Hörbahn, z. B. bei Patienten im Koma oder mit Hirndruck, werden mittels Kopfhörer Klickreize gesendet, die Aktionspotenziale hervorrufen. Diese akustisch evozierten Potenziale (AEP) werden über eine halbe Stunde abgeleitet. Zur Überprüfung der sensiblen Nervenbahnen im Rückenmark, des Hirnstammes und der sensiblen Hirnrinde werden an bestimmten Ableitungspunkten somatosensorisch evozierte Potenziale (SSEP) hervorgerufen. Durch die visuell evozierten Potenziale (VEP) werden der N. opticus und die Sehbahn mittels Schachbrettmuster über einen Monitor oder Blitzreize über eine LED-Brille überprüft.

Generell müssen die Kinder für diese evozierten Potenziale völlig entspannt und ruhig liegen bleiben. Deshalb werden diese Untersuchungen insbesondere bei Säuglingen, Kleinkindern oder geistig behinderten Kindern nach einem Schlafentzug durchgeführt.

Regelimpfungen und Auffrischimpfungen

Die ständige Impfkommission (STIKO) am Robert-Koch-Institut (RKI) empfiehlt Schutzimpfungen (**Tab. U.13**). Die sog. Grundimmunisierung sollte bis zum 15. Lebensmonat bei Kleinkindern gegen folgende Infektionskrankheiten durchgeführt werden:

- Tetanus,
- Diphtherie,
- Pertussis,
- Poliomyelitis,
- Hepatitis B,
- Haemophilus influenzae Typ b,
- Masern,
- Mumps,
- Röteln.

Impfstatus. Zwischen dem 15. und 23. Lebensmonat erfolgt eine Überprüfung des Impfstatus der Dreifachimpfung von Masern/Mumps/Röteln (MMR). Evtl. muss diese Impfung wiederholt werden. Zwischen dem 5. und 6. Lebensjahr wird die Schutzimpfung von Diphtherie und Tetanus aufgefrischt.

Kinder und Jugendliche können gegen Hepatitis A geimpft werden. Jugendliche bis zum 18. Lebensalter sollten versäumte Schutzimpfungen nachholen bzw. Auffrischimpfungen durchführen lassen, z. B. gegen Pertussis zwischen dem 11. und 18. Lebensalter. Diese Möglichkeit wird im Jugendarbeitsschutzgesetz in Zusammenhang mit der Vorsorgeuntersuchung J1 aufgezeigt. Ab dem 16. Lebensjahr können Jugendliche selbst entscheiden, ob sie sich impfen lassen wollen.

Auffrischimpfungen im Erwachsenenalter (z. B. von Diphtherie oder Tetanus) sollten alle 10 Jahre erfolgen.

Vorsorgeuntersuchung 1 (U1)

Die erste Vorsorgeuntersuchung eines Kindes erfolgt in den ersten fünf Lebenstagen. Diese Untersuchung wird in den meisten Fällen direkt nach der Geburt durchgeführt und zusätzlich durch ergänzende Untersuchungsmethoden, z. B. durch den sog. APGAR-Wert, unterstützt.

APGAR-Wert

Er wird nach einer Minute, nach fünf und nach zehn Minuten nach der Geburt ermittelt. Das APGAR-Schema wurde von der amerikanischen Ärztin Virginia Apgar 1953 entwickelt und berücksichtigt die Beobachtung folgender Kriterien (**Tab. U.14**):

- **Herzfrequenz:** Sie sollte zwischen 120 und 160 pro Min. liegen, um eine adäquate Organdurchblutung zu gewährleisten.
- **Atemtätigkeit:** Die Atemfrequenz sollte zwischen 30 bis 60 pro Min. ohne Pausen zwischen Ein- und Ausatmung betragen. Eine zu geringe Atmung kann z. B. ein Hinweis auf eine Asphyxie sein, eine Tachypnoe kann eine Obstruktion der Atemwege anzeigen.
- **Muskeltonus:** Ein Neugeborenes sollte sofort aktiv oder nach Stimulation (z. B. beim Abtrocknen) seine Extremitäten bewegen. Bewegt sich das Baby nicht, kann z. B. eine Asphyxie vorliegen.
- **Reflexerregbarkeit:** Beim Berühren der Extremitäten sollte das Neugeborene seine Extremitäten wegziehen können und auf Reize, z. B. beim Absaugen des Mund-Nasen-Rachen-Raumes, mit Grimassieren oder Schreien reagieren. Zeigt das Baby keine Reaktionen, kann z. B. eine Hypoxie vorliegen oder mütterliche Medikamente (z. B. Narkotika) können dafür verantwortlich sein.

Tab. U.13 Impfplan und Impfempfehlungen der STIKO Deutschland (Stand 2006)

Alter	STIKO Impfempfehlung
ab 1. Lebensmonat	Postexpositionelle Hepatitis-B- Prophylaxe bei Neugeborenen von HBsAg-positiven Müttern bzw. von Müttern mit unbekanntem HbsAg-Status
ab 2. vollendetem Lebensmonat	1. Impfung gegen: Diphtherie, Tetanus, Pertussis, Haemophilus influenzae, Poliomyelitis, Hepatitis B in folgender Kombination: DtaP (oder DT und aP) plus HIB, IPV, HB* oder Kombiimpfstoff: 1. 6-fach-Impfung (Diphtherie-Tetanus-Pertussis-Polio-Haemophilus infl. Typ-B-Hepatitis B, DTPa-IPV-Hib-HepB) 1. Pneumokokken-Konjugat-Impfung bei erhöhter gesundheitlicher Gefährdung**
ab 3. vollendetem Lebensmonat	2. Impfung gegen: Diphtherie, Tetanus, Pertussis, Haemophilus influenzae, Poliomyelitis, Hepatitis B oder 2. 6-fach-Impfung 2. Pneumokokken-Konjugat-Impfung
ab 4. vollendetem Lebensmonat	3. Impfung gegen: Diphtherie, Tetanus, Pertussis, Haemophilus influenzae, Poliomyelitis, Hepatitis B oder 3. 6-fach-Impfung 3. Pneumokokken-Konjugat-Impfung
ab 11. - 14. Lebensmonat	4. Impfung gegen: Diphtherie, Tetanus, Pertussis, Haemophilus influenzae, Poliomyelitis, Hepatitis B oder 4. 6-fach-Impfung 1. Impfung gegen Masern, Mumps, Röteln (MMR) 1. Impfung gegen Windpocken (Varizellen)
ab 15. – 23. Lebensmonat	2. Impfung gegen Masern, Mumps, Röteln (MMR)
ab 2. Lebensjahr ab 3. Lebensjahr	4. Pneumokokken-Konjugat-Impfung Kinder mit erhöhter gesundheitlicher Gefährdung sollten in Ergänzung der Impfung mit Pneumokokken-Konjugat-Impfstoff im 3. Lebensjahr eine Impfung mit Pneumokokken-Polysaccharid-Impfstoff erhalten (im Mindestabstand von 2 Monaten)
ab 5. – 6. Lebensjahr	Auffrisch-Impfung Tetanus-Diphtherie-Pertussis (TdaP), reduzierter Gehalt an Diphtherie-Toxin
9. – 17. Lebensjahr	Auffrisch-Impfung Poli (IPV) Auffrisch-Impfung Tetanus-Diphtherie (Td) (im Rhythmus von 10 Jahren) Auffrisch-Impfung Pertussis (aP, vorzugsweise kombiniert mit Td als TdaP) Masern-Mumps-Röteln (MMR) für alle Kinder und Jugendliche, die bisher nicht geimpft wurden oder mit unvollständigem Impfschutz Hepatitis B für ungeimpfte Jugendliche Windpocken-Impfung für Jugendliche ohne Windpockenerkrankung
ab 18. Lebensjahr	Auffrischimpfung Tetanus-Diphtherie (Td) , jeweils 10 Jahre nach der letzten vorangegangenen Dosis
ab 60. Lebensjahr	Standardimpfungen mit allgemeiner Anwendung = Regelimpfungen: jährliche Influenza-Impfung mit dem von der WHO empfohlenen Impfstoff Impfung mit Pneumokokken-Polysaccharid-Impfung, Wiederimpfung im Abstand von 6 Jahren

* DtaP: Diphtherie-Tetanus- und azelluläre Keuchhusten-Impfung
DT: Diphtherie- und Tetanus-Impfung
aP: azelluläre Keuchhustenimpfung
HIB: Haemophilus-influenzae-B-Impfung
IPV: inaktivierte Polioimpfung
HB: Hepatitis-B-Impfung

** Kinder (ab vollendetem 2. Lebensmonat), Jugendliche und Erwachsene mit erhöhter gesundheitlicher Gefährdung: angeborene und erworbene Immundefekte mit T- und/oder B-zellulärer Restfunktion (z. B. Krankheiten der Blut bildenden Organe, HIV-Infektion, neoplastische Krankheiten, nach Knochenmarktransplantation), chronische Krankheiten (z. B. Herz-Kreislauf-Krankheiten, Diabetes mellitus, Niereninsuffizienz, vor Organtransplantation), Frühgeborene (< 38 W), Kinder mit niedrigem Geburtsgewicht (< 2500 g), Säuglinge und Kinder mit Gedeihstörungen oder neurologischen Erkrankungen (z. B. Zerebralparesen)

Tab. U.14 APGAR-Schema

Kriterium	Wertungspunkt 0	Wertungspunkt 1	Wertungspunkt 2
Herzfrequenz	fehlend	< 100 Schläge/Min.	> 100 Schläge/Min.
Atemtätigkeit	fehlend	langsam oder unregelmäßig	kräftiges Schreien
Muskeltonus	schlaff	partielle Beugung der Extremitäten	aktive Bewegung
Reflexerregbarkeit	keine	Grimassieren	kräftiges Schreien bzw. Niesen
Hautfarbe	blass/blau	Extremitäten: blau Stamm: rosig	völlig rosig

- **Hautfarbe:** Alle Neugeborenen haben nach der Geburt eine bläuliche Hautfarbe. Nach ca. 60 Sek. sind die meisten Neugeborenen bis auf ihre Füße und Hände rosig. Eine bläuliche Hautfarbe, die länger als 90 Sekunden trotz Sauerstoffzufuhr anhält, kann eine Lungenerkrankung (z. B. Atemnotsyndrom) anzeigen. Ein bestehendes blasses Hautkolorit des Neugeborenen deutet z. B. auf eine schwere Asphyxie hin.

Der Apgar-Wert ergibt sich aus der Addition dieser Einzelkriterien, die jeweils mit 0, 1 oder 2 bewertet werden und eine Höchstpunktzahl von 10 ergeben können. Je höher die Punktzahl, umso besser ist die Anpassung des Neugeborenen.

Nabelschnur-pH-Wert

Ein weitere Untersuchung zur Erfassung einer Neugeborenenasphyxie ist die Bestimmung des Nabelschnur-pH-Wertes und der Blutgase im Blut, das aus einem Segment der A. umbilicalis nach Abklemmen der Nabelschnur abgenommen wird. Der normale Nabelschnur-pH-Wert sollte höher als 7,2 sein. Ein Nabelschnur-pH-Wert unter 7,0 lässt eine schwere intrauterine Asphyxie vermuten.

Körperliche Untersuchung

Die erste Vorsorgeuntersuchung des Neugeborenen erfasst seine Anpassung nach der Geburt, ermöglicht Fehlbildungen rechtzeitig zu erkennen und ermittelt seinen körperlichen Entwicklungsstand. Sie erfolgt in den ersten Lebensstunden und umfasst Folgendes:

- Das Köpfchen wird auf etwaige Verformungen abgetastet.
- Eine Verengung der hinteren Nasenöffnung, sog. Choanalstenose, kann durch eine erschwerte Atmung des Babys angezeigt werden, da Neugeborene nur durch ihre Nase atmen.
- Eine Gaumenspalte ist nicht immer erkennbar und wird durch das Ertasten des Gaumens mit einem Finger ausgeschlossen.
- Zeigt das Neugeborene einen vermehrten Speichelfluss, so muss die Speiseröhre bis zum Magen und beide Naseneingänge mittels eines Absaugkatheters sondiert und abgesaugt werden, um die Durchgängigkeit zu überprüfen.
- Die Haut sowie die gesamte Wirbelsäule vom Hinterkopf bis zur Gesäßfalte, werden optisch und palpatorisch auf Unversehrtheit untersucht.
- Eine genaue Inspektion des Urogenital- und des Analbereiches wird durchgeführt, um z. B. eine Analatresie zu erkennen.
- Die Inspektion der Form der Hände und Füße sowie die Ermittlung der Anzahl von Finger und Zehen schließen die erste Untersuchung des Neugeborenen ab.

Vorsorgeuntersuchung 2 (U2)

Die zweite Vorsorgeuntersuchung des Neugeborenen erfolgt zwischen dem 5. und 10. Lebenstag durch einen Kinder- und Jugendarzt.

Reflexkontrolle. Diese Untersuchung beinhaltet eine Untersuchung der sog. Neugeborenenreflexe oder frühkindlichen Reflexe, die sich teilweise in den ersten zwei Lebensjahren wieder zurückbilden (**Tab. U.15**). Die Reflexkontrolle erlaubt einen Rückschluss auf die Entwicklung des zentralen Nervensystems und kann dementsprechend auf etwaige Entwicklungsstörungen des Gehirns hinweisen. Die Reflexe werden durch unterschiedliche Reize (z. B. Berührungen) ausgelöst und führen zu bestimmten Bewegungsmechanismen. Beim Berühren der Handinnenfläche kommt es z. B. zum sog. palmaren Greifreflex der Finger und das Baby hält sich am Finger des Untersuchenden fest.

Körperliche Untersuchung. Die körperliche Untersuchung beinhaltet zusätzlich die Auskultation des Herzens und der Lunge, die Kontrolle der Muskelkraft und der Hüftentwicklung, die durch eine gleichseitige Länge der Beine und eine gleichmäßige Gesäßfalte erkennbar ist.

Neugeborenenscreening. Die Früherkennung von Stoffwechselerkrankungen erfolgt ebenfalls in der ersten Lebenswoche mittels des sog. Neugeborenenscreenings, wofür eine kapillare Blutentnahme beim Neugeborenen notwendig ist.

Tab. U.15 Neugeborenenreflexe mit Bewegungsmustern und den Altersstufen des physiologischen Auftretens

Neugeborenenreflex	Physiologisch bis	Bewegungsmuster
Puppenaugenphänomen	10. Lebenstag	Bei seitlicher Drehung des Kopfes bleiben die Augen zurück.
Suchreflex	Ende 1. Lebensmonat	Nach Bestreichen der Wange wird der Mund verzogen und der Kopf zum Reiz hin gewendet.
Schreitphänomen (Marche automatique)	1. Lebensmonat	In senkrechter Haltung werden durch Berühren einer Unterlage mit den Füßen Schrittbewegungen ausgeführt.
Saugreflex	ca. 3. Lebensmonat	Sobald ein Gegenstand (z. B. Finger oder Sauger) in den Mund gesteckt wird, werden saugende Bewegungen ausgeführt.
Moro- oder Umklammerungsreflex (**Abb. U.114**)	4.–6. Lebensmonat	Bei Erschütterung der Unterlage oder plötzlichem Senken des Kindes, werden die Arme und Finger gespreizt und die Arme anschließend langsam über der Brust zusammengeführt.
Rückrat- oder Galantreflex	4.–6. Lebensmonat	Nach Bestreichen des Rückens längs der Wirbelsäule biegt sich diese galant zur gereizten Seite hin.
Handgreif- und Fußreflex	4.–6. Lebensmonat	Nach Bestreichen der Handinnenfläche wird diese zur Faust geschlossen. Die Zehen führen bei Berühren der Fußsohle eine umgreifende Bewegung aus.
Asymmetrisch tonischer Nackenreflex (ATR, Fechtstellung) (**Abb. U.115**)	6. Lebensmonat	Bei passivem Wenden des Kopfes zu einer Seite in Rückenlage werden Arm und Bein auf der „Gesichtsseite" gestreckt, auf der anderen Seite gebeugt.
Fluchtreflex	Ende 2. Lebensjahr	Bei Bestreichen der Fußsohle erfolgt ein Zurückziehen des Beines, Heben des äußeren Fußrandes und Dorsalflexion eines oder mehrerer Zehen.

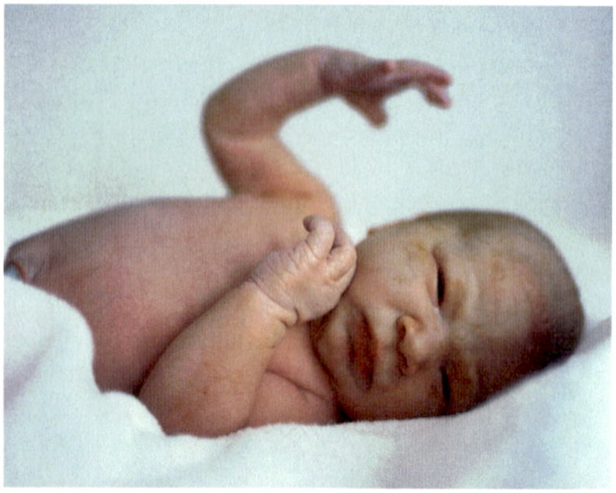

Abb. U.114 Moro-Reflex. Die Arme und Finger sind gespreizt und werden dann langsam über der Brust zusammen geführt.

Beratung der Eltern. Die Eltern werden auf die sog. Rachitis- und Karies-Prophylaxe hingewiesen, die dem Baby ab dem 10. Lebenstag angeboten werden sollte. Außerdem werden die Eltern über die tägliche orale Applikation von Vitamin D und Fluor mittels einer Tablette beraten.

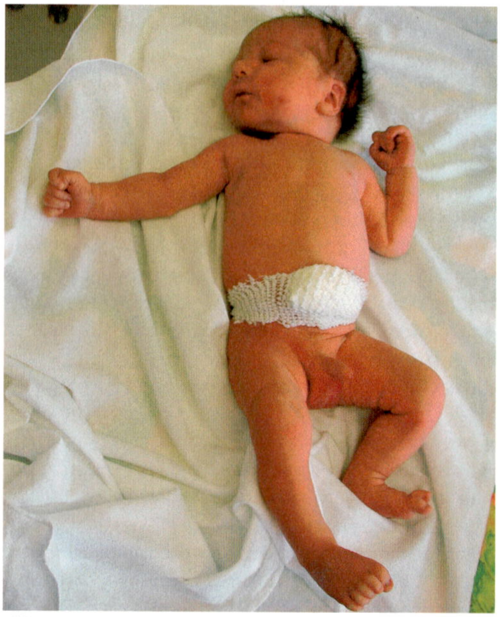

Abb. U.115 Asymmetrisch tonischer Nackenreflex (ATR). Der ATR ist beim Neugeborenen sehr dominant, entweder nach rechts oder nach links.

Neugeborenenscreening

Mit dem Neugeborenenscreening (Guthrie-Test) erfolgt eine vorsorgliche Untersuchung von möglichen Stoffwechselerkrankungen, die im Neu- bzw. Frühgeborenenalter diagnostiziert und vorsorglich behandelt werden können. Diese Früherkennung erfasst z. B. folgende Stoffwechselerkrankungen:

- Phenylketonurie,
- Galaktosämie,
- Hypothyreose,
- Adrenogenitales Syndrom.

Durchführung

Folgende Kriterien müssen bei der Durchführung beachtet werden, um mögliche Fehlerquellen zu reduzieren bzw. auszuschließen.

Blutentnahmezeitpunkt. Die Blutentnahme muss zwischen dem vierten bis spätestens siebten Lebenstag erfolgen. Das Baby soll mindestens vier Tage Muttermilch oder Säuglingsanfangsmilch aufgenommen haben, um einen ausreichenden Nachweis für Phenylalanin zu erhalten. Es soll außerdem in diesem Zeitraum keine Antibiotikatherapie durchgeführt werden, da Antibiotika den Nachweis der phenylalaninabhängigen Bakterien hemmen und verfälschen können. Um frühzeitig eine Hypothyreose feststellen zu können, soll der Test bis zum fünften Lebenstag erfolgen. Bei einer Antibiotikatherapie wird eine Wiederholung des Testes innerhalb der festgesetzten Zeit nach Abschluss der Antibiotikatherapie angestrebt.

Blutentnahmetechnik. Um die Testergebnisse nicht zu beeinflussen, werden vor der Blutentnahme keine durchblutungsfördernden Salben verwendet und das Spezialpapier nur am Rand berührt. Zudem muss das alkoholhaltige Desinfektionsmittel vollständig getrocknet sein.

Applikation. Die Kreise auf dem Spezialpapier werden direkt von der Ferse auf das Filterpapier mit je einem Tropfen gewonnenen Nativ-Blutes vollständig, den Kreis ausfüllend und die Rückseite durchdringend, benetzt (**Abb. U.116**). Das mehrmalige Benetzen des gleichen Kreises oder das Aufbringen von Blut auf der Rückseite soll unterbleiben, um die Werte nicht zu verfälschen.

Trocknung. Unter Vermeidung von Sonnenlicht muss das Blut auf dem Spezialpapier bei Raumtemperatur eine Stunde trocknen.

Versand. Nach dem Trocknen wird die vollständig ausgefüllte Testkarte in die vorgesehene Hülle gesteckt und mit dem ebenfalls ausgefüllten Laborschein am Tag der Entnahme an die entsprechende Landesstelle geschickt.

Ergebnismitteilung. Die Kliniken erhalten wöchentlich über die Post die negativen Befunde. Fällt der Screening-Test positiv aus, werden die Abteilungen telefonisch informiert mit der Bitte um Wiederholung des Testes bzw. um Einleitung entsprechender diagnostischer und therapeutischer Maßnahmen.

Bundesweit werden beim Neugeborenenscreening die Phenylketonurie, die Galaktosämie und die Hypothyreose erfasst. Weitere Untersuchungen sind auf der Ebene der Bundesländer geregelt. Beim Neugeborenenscreening müssen die Anweisungen für Zeitpunkt und die Technik der kapillaren Blutentnahme sowie Applikation, Trocknung und Versand der Blutprobe unbedingt eingehalten werden. Eine fehlerhafte Durchführung kann das Ergebnis verfälschen.

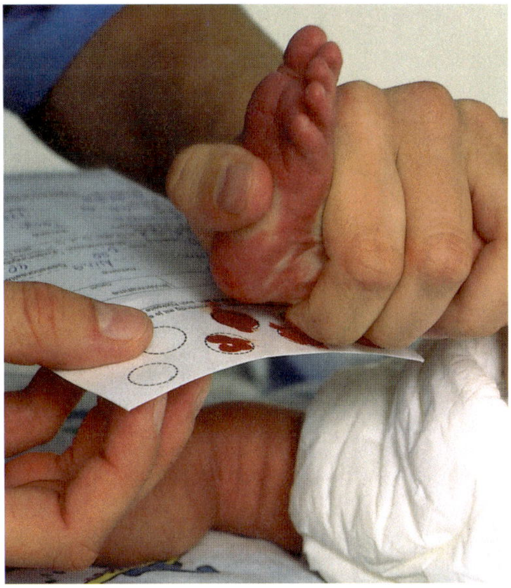

Abb. U.116 Neugeborenenscreening. Die Kreise auf der Testkarte werden vollständig mit Fersenblut benetzt und durchtränkt.

Vorsorgeuntersuchung 3 (U3)

Im zweiten Lebensmonat, zwischen 4. und 7. Lebenswoche, sollte die dritte Früherkennungsuntersuchung stattfinden.

Gespräch. Um adäquate Hilfestellungen anbieten zu können, werden in einem Gespräch mit den Eltern Hinweise über die Ernährung, die Ausscheidung und die familiären Besonderheiten ermittelt. Folgende Fragen können dabei hilfreich sein:

- Wie oft und wie viel trinkt das Baby?
- „Spuckt" das Kind nach dem Essen?
- Weint es viel?
- Scheidet das Baby regelmäßig Stuhl aus?
- Gibt es Allergien in der Familie?

Körperliche Untersuchung. Sie beinhaltet zusätzlich die Erfassung des Körpergewichtes und des Größenwachstums, die einen Hinweis auf die Ernährung des Kindes geben. Es werden auch bei dieser Vorsorgeuntersuchung die Reflexe und die körperliche Entwicklung, z. B. das Sehvermögen, die Bildung von Lauten, die Reaktion auf Ansprache der Eltern und die Kopfhaltung, überprüft. Des Weiteren wird die Hüftentwicklung zum Ausschluss einer Hüftdysplasie mittels einer Ultraschalluntersuchung festgestellt (**Abb. U.117**).

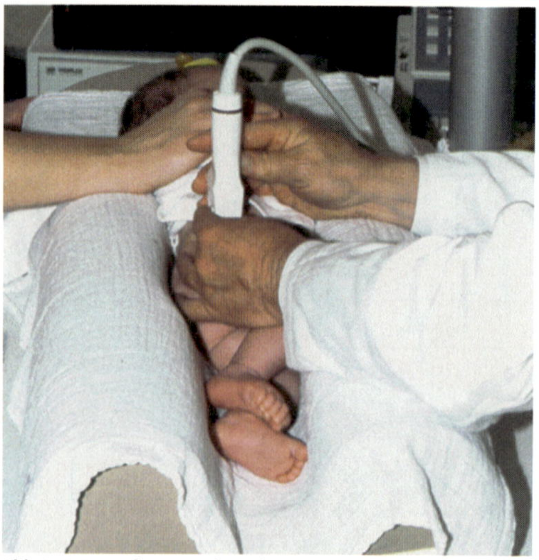

Abb. U.117 Hüftsonografie. Halterungseinrichtung und Hüftsonografie nach R. Graf.

Die Eltern erhalten zusätzlich Informationen über die ab der 9. Lebenswoche anstehenden Impfungen.

Vorsorgeuntersuchung 4 (U4)

Die vierte Vorsorgeuntersuchung im 3. und 4. Lebensmonat gestattet dem Untersuchenden auf spielerische Art und Weise mit dem Säugling einen Kontakt aufzubauen, z. B. durch direkte Ansprache und Anlächeln. Dadurch können die Reaktionsweisen und die Entwicklung der Sinne (z. B. das Seh- und Hörvermögen) des Kindes beurteilt und mögliche Entwicklungsstörungen, insbesondere des Gehirns, erkannt werden (**Abb. U.118**). Außerdem getestet werden:

- die Reflexe, z. B. sollte der Saugreflex kaum noch auslösbar sein,
- die Motorik, z. B. das Strecken der Beine beim Hochhalten oder das selbstständige Halten des Köpfchens für ca. 30. Sek.,

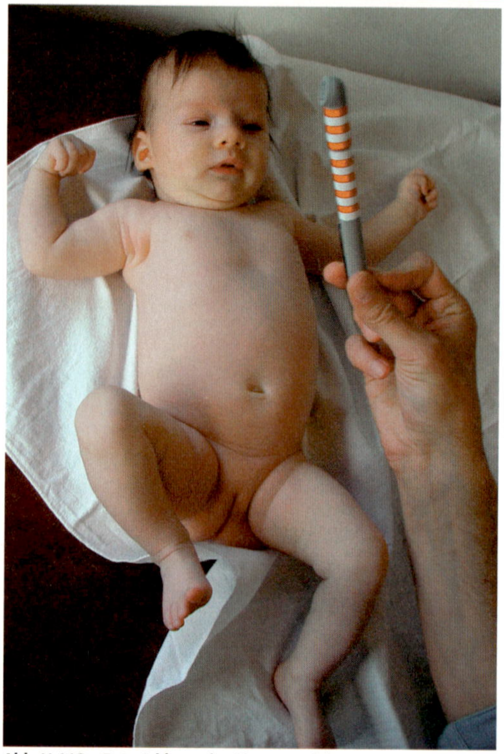

Abb. U.118 Entwicklung der Sinne. Verfolgen von Gegenständen über die Mittellinie beidseits.

- die sich zuerst entwickelnde Hand-Augen-Koordination,
- die Entwicklung der Stimme und Sprache.

Häufig erfolgt bei der U4 die zweite Schutzimpfung.

Vorsorgeuntersuchung 5 (U5)

Die Früherkennungsuntersuchung zwischen dem 6. und 7. Lebensmonat erfasst die differenziertere sprachliche Entwicklung (z. B. Lallen oder Silbenverdopplung „ba-ba")

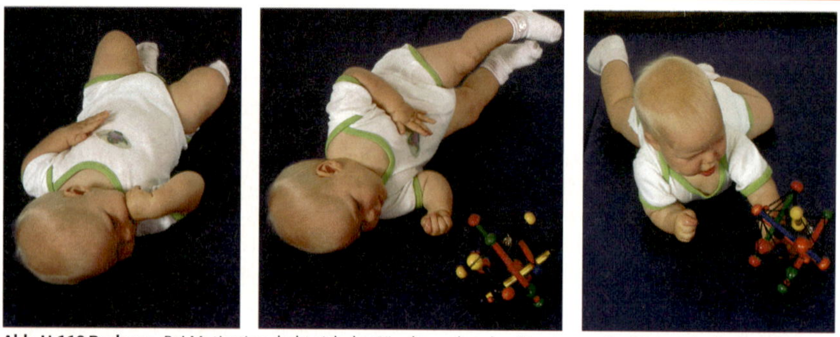

Abb. U.119 Drehung. Bei Motivation dreht sich der Säugling schraubenförmig von der Rücken- in die Bauchlage.

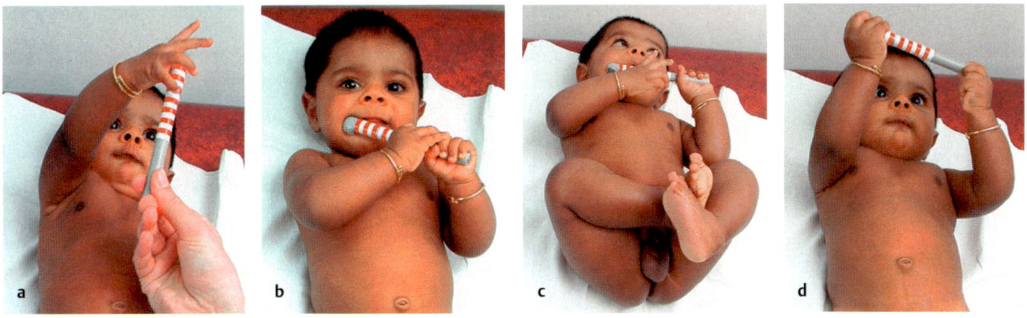

Abb. U.120 Motorische Reaktionen. **a** Kind greift gezielt, **b** führt Gegenstand zum oralen Erkunden in den Mund, **c** greift „bipedal", **d** wechselt den Gegenstand von Hand zu Hand.

und die motorische Entwicklung (z. B. das Drehen des Säuglings vom Rücken auf den Bauch und umgekehrt) (**Abb. U.119**). Die neurologische Entwicklung kann zusätzlich durch bestimmte motorische Reaktionen, z. B. das Wechseln von Gegenständen in den Händen oder das „Erfahren" von Gegenständen durch Hände, Füße, Mund und direkte soziale Reaktionen (z. B. direktes Lachen) beim Ansprechen und Spielen erfasst werden (**Abb. U.120**).

Vorsorgeuntersuchung 6 (U6)

Die letzte Vorsorgeuntersuchung im Säuglingsalter findet zwischen dem 10. und 12. Lebensmonat statt. Diese präventive Untersuchung wird nach bestimmten Untersuchungsverfahren durchgeführt, z. B. nach der sog. Münchner funktionellen Entwicklungsdiagnostik. Dabei werden die verschiedenen Aspekte der kindlichen Entwicklung, z. B. die Motorik bzw. Feinmotorik, das Sprachvermögen und das Sozialverhalten erfasst. Die Untersuchungen sind sehr umfassend und richten sich nach festgelegten Kriterien. Kinder in diesem Alter sollten z. B. folgende Dinge beherrschen:

- krabbeln und sicher sitzen,
- sich an Möbelstücken hochziehen (**Abb. U.121**),
- Schrittbewegungen ausführen,
- Gegenstände genau untersuchen oder in Behältnisse werfen,
- den sog. Zangen- bzw. Pinzettengriff, d. h. Gegenstände werden entweder mit gebeugtem Zeigefinger und gegenübergestelltem Daumen oder mit gestrecktem Zeigefinger und Daumen ergriffen (**Abb. U.122**).

Das Sprachvermögen sowie die Reaktion auf Aufforderungen oder Gesten können im Spiel mit dem Kind und seinen Eltern überprüft werden. Im Spiel kann auch das Sozialverhalten beurteilt werden, z. B. sollte sich das Kind beim plötzlichen Auftauchen einer vertrauten Person freuen oder skeptisch gegenüber fremden Personen sein und evtl. die Bezugsperson aufsuchen.

Bei der U6 kann das Kind 6 Monate nach der letzten Impfung weitere Impfungen erhalten.

Abb. U.121 Vom Vierfüßlerstand zum Stehen. **a** Kind vom Vierfüßlerstand, **b** über den Einbeinkniestand, **c** durch das Hochziehen am Stuhl in die aufrechte Position.

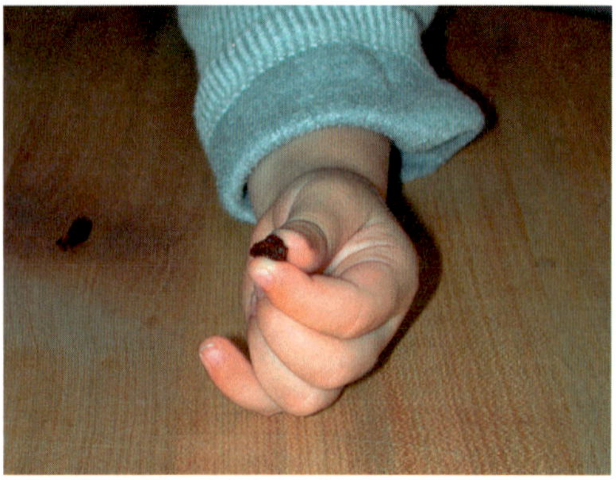

Abb. U.122 Pinzettengriff. Die Rosine wird mit Zeigefinger und Daumen ergriffen.

Abb. U.123 Motorische Entwicklung. a Kind ist konzentriert bei der funktionellen Tätigkeit, **b** kann eine vertikale Linie malen, **c** baut einen Turm mit einer Hand auf, **d** schaut Bilderbücher an.

Vorsorgeuntersuchung 7 (U7)

Die siebte Früherkennungsuntersuchung zum Ende des zweiten Lebensjahres (zwischen 20. und 24. Lebensmonat) erleben Kleinkinder oft als ein unangenehmes Ereignis, da sie den Untersuchenden kaum kennen und entsprechende Angst haben können. Der Untersuchende weiß um diese physiologische Angst- und Schreireaktion der Kinder und wird die Eltern in die Untersuchung noch mehr einbinden und auf das Kind beruhigend einwirken.

Sozialverhalten. Aufgrund dieser psycho-sozialen Reaktion bzw. Interaktion kann der Kinder- und Jugendarzt das Sozialverhalten des Kindes und die Beziehung zu seinen Eltern gut beurteilen. Zusätzlich führt der Arzt ein Elterngespräch, um weitere soziale Entwicklungen des Kindes zu erfahren, da das Kind sich in diesem Alter in der sog. Trotzphase befindet. Er erfragt z. B., ob das Kind auch mit anderen Kindern spielt, wie es sich in der Familie verhält oder ob es Kleidungsstücke alleine anziehen möchte.

Hör- und Sprachvermögen. Dies wird untersucht, indem das Kind in ein Gespräch eingebunden wird, währenddessen es auch bestimmte Gegenstände (z. B. ein Buch oder Figuren) näher zeigen und erläutern soll. Das Kind sollte seinen Vornamen kennen, Tiere und Menschen unterscheiden sowie mindestens 10 Worte sprechen und ca. 250 Worte verstehen können.

Motorik. Die motorische Entwicklung wird beim Spielen beobachtet. Die Feinmotorik sollte so weit ausgebildet sein, dass das Kind z. B. einen Turm mit jeder Hand aufbauen kann, eine vertikale Linie malen kann und synchrone Bewegungen aufzeigt (**Abb. U.123**). Die Grobmotorik wird beim Spielen mit dem Ball beobachtet, dabei wird z. B. das Vorwärts- bzw. Rückwärtslaufen oder das Werfen mit zwei Händen beurteilt.

Die U7 bietet außerdem die Möglichkeit, alle ausstehenden Impfungen noch nachzuholen.

Vorsorgeuntersuchung 8 (U8)

Im 44. bis 48. Lebensmonat erfolgt die achte Vorsorgeuntersuchung.

Körperliche Entwicklung. Der Kinder- und Jugendarzt unterhält sich ausführlich mit den Eltern, um Hinweise auf die körperliche Entwicklung zu erhalten. So sollte z. B. das Sehvermögen vollständig entwickelt sein, das Kind zumindest über Tag die Toilette aufsuchen und keine Probleme beim Laufen haben. Die umfangreiche körperliche Untersuchung des Kindes auf internistische oder orthopädische Erkrankungen, z. B. Stoffwechsel- und Nierenerkrankungen oder Knochenwachstumsstörungen, und das Gespräch mit den Bezugspersonen können weitere Rückschlüsse über die Entwicklung des Kindes geben.

Sozialverhalten. Das psycho-soziale Verhalten kann aufgrund des Gespräches (z. B. anhand der Frage nach dem Schlafverhalten des Kindes) oder bei der Interaktion mit dem Kind (z. B. ob das Kind besonders aggressiv ist) beurteilt werden.

Feinmotorik/Wahrnehmungsfähigkeit. Im Spiel wird die Feinmotorik des Kindes (z. B. das Malen eines Kreises) und die Wahrnehmungs- und Konzentrationsfähigkeit beobachtet (z. B. das Erkennen unterschiedlicher Längen von gemalten Strichen und Figuren oder das Ausschneiden mit einer Hand) (**Abb. U.124**).

Vorsorgeuntersuchung 9 (U9)

Die neunte Früherkennungsuntersuchung zwischen dem 60. und 66. Lebensmonat findet auch unter Berücksichtigung der bevorstehenden Einschulung statt. Der Kinder- und Jugendarzt untersucht das Kind auf seine:

- **körperliche Entwicklung:** Das Kind sollte z. B. sicher im sog. Zehen-Hackengang vorwärts gehen können,

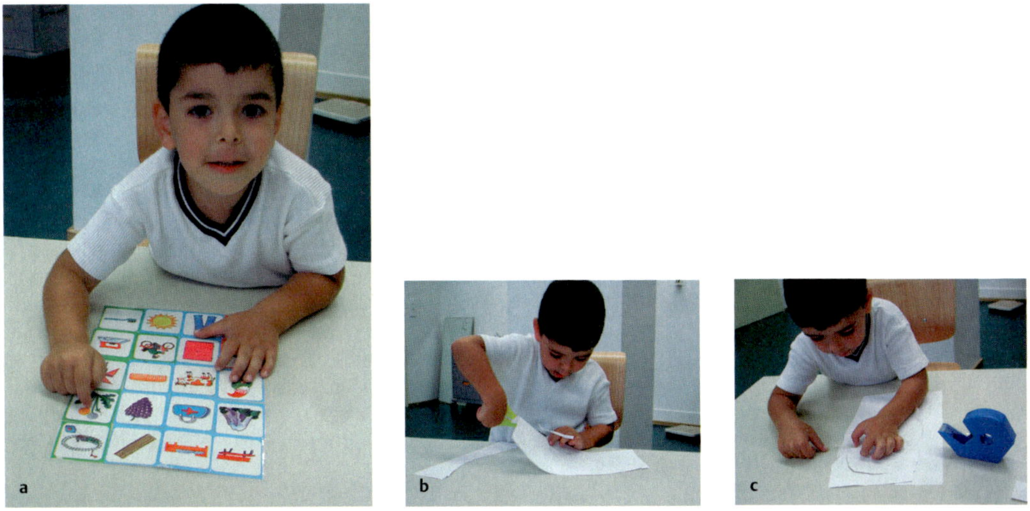

Abb. U.124 Wahrnehmungsfähigkeit und Feinmotorik. a Kind erkennt und benennt verschiedene Figuren, **b** schneidet mit einer Hand aus **c** und repariert mit Klebeband.

- **sprachliche Entwicklung:** Das Kind sollte z. B. von seinen Erlebnissen im Kindergarten erzählen können, es gebraucht Nebensätze und gibt Erklärungen,
- **kognitive Entwicklung:** Das Kind sollte z. B. einer Bilderbuchgeschichte ohne Unterbrechung folgen und einen „6-Teile-Mensch“ malen können (**Abb. U.125**),
- **soziales Verhalten:** Dies kann anhand der Kooperation während der Untersuchung erfasst werden.

Zur Beurteilung dieser Kriterien führt der Untersuchende eine klinische Untersuchung durch, unterhält sich und spielt ausgiebig mit dem Kind, um es adäquat beobachten zu können. Das Elterngespräch ist auch bei dieser Untersuchung ein Schwerpunkt bei der Erfassung der gesamten Entwicklung des Kindes.

Bei der U9 können auch Auffrischimpfungen durchgeführt werden.

Vorsorgeuntersuchung J1

Diese Vorsorgeuntersuchung im Jugendalter, deshalb auch J1 genannt, wird im Alter von 14 Jahren durchgeführt und erfasst den gesundheitlichen Allgemeinzustand und die Entwicklung des Jugendlichen. Die Jugendlichen sollten sich selbst für diese Untersuchung entscheiden können, da ein Vertrauensverhältnis zum Kinder- und Jugendarzt bestehen sollte und das Verantwortungsbewusstsein für sich selbst gestärkt wird. Um dieser Verantwortung nachzukommen, sollten die Jugendlichen den Kinder- und

Abb. U.125 Kognitive Entwicklung. **a** Das Kind baut Corsi-Würfel korrekt zusammen. **b** Kramer-Bildertest: Das Kind erkennt Geschichten und Formulierungen. **c** Das Kind erkennt und beschreibt Stimmungen und Launen anhand von Fotos. **d** Steckbrett auf Zeit.

Jugendarzt auch alleine aufsuchen können. Die Ergebnisse der Untersuchung können den Eltern telefonisch und in Absprache mit ihrem Kind weitergegeben werden.

Fragebogen. Gemeinsam mit dem Jugendlichen und seinen Eltern kann vorab ein Fragebogen ausgefüllt werden. Hierüber werden Informationen erhalten:

- zur familiären Situation (z. B. über bestehende Herz-Kreislauf-Erkrankungen bei Familienangehörigen oder durchlaufene Kinderkrankheiten),
- zu schulischen Leistungen (z. B. Leseschwäche),
- zu weiteren Besonderheiten (z. B. gehäuftes Auftreten von Rückenschmerzen oder Kopfschmerzen).

Die Beurteilung der Feinmotorik kann anhand des Schriftbildes beurteilt werden.

Klinische Untersuchung. Sie umfasst die Erfassung:

- des Gewichts,
- der Körpergröße,
- des Blutdruckes,
- möglicher Körperfehlhaltungen,
- Bewegungseinschränkungen,
- der äußeren Merkmale der Pubertätsentwicklung.

Gespräch. Die eigentliche Früherkennung findet in einem ausführlichen Gespräch mit dem Jugendlichen statt. So können z. B. Problembewältigungsstrategien des Jugendlichen Hinweise auf eine Gesundheitsgefährdung (z. B. durch einen vermehrten Alkohol- und Nikotinkonsum) oder das soziale Verhalten geben (z. B. durch ein erhöhtes Gewaltpotenzial). Pubertätsspezifische Probleme können auf Wunsch des Jugendlichen besprochen werden. Im Gespräch können die Ernährungsgewohnheiten erörtert und Hinweise für eine ausgewogenere Ernährung angeboten werden.

Untersuchung des Körpers

Neben der Anamnese spielt die körperliche Untersuchung eine zentrale Rolle, um Krankheitszustände zu beurteilen. Hier werden die Weichen zur Differenzialdiagnose gestellt und geprüft, ob weitere Untersuchungen notwendig sind. Sehr viele Diagnosen, oder zumindest Verdachtsdiagnosen, können einzig anhand der sorgfältigen Anamneseerhebung und der körperlichen Untersuchung gestellt werden.

Am Ende der Anamnese und der körperlichen Untersuchung sollte immer eine Verdachtsdiagnose oder zumindest eine Arbeitshypothese stehen, auf der sich dann die weitere, sinnvolle Diagnostik aufbaut. Eine ungenügende körperliche Untersuchung und eine oberflächliche Anamnese sind Ursache vieler Fehldiagnosen und unnötiger Folgeuntersuchungen.

Die körperliche Untersuchung setzt sich aus vier grundlegenden, strukturellen Komponenten zusammen:

1. **Inspektion:** genaues Anschauen (Inspizieren) des Patienten,
2. **Palpation:** Betasten/Abtasten des Patienten,
3. **Perkussion:** Beklopfen/Abklopfen des Patienten (z. B. der Lunge),
4. **Auskultation:** Abhören.

Bei der Untersuchung der einzelnen Organsysteme geht man, vor allem am Anfang, sinnvollerweise strikt schematisch vor, um nichts zu übersehen. Je nach Organsystem sind bei der Untersuchung natürlich nicht immer alle Komponenten erforderlich. Die körperliche Untersuchung sollte aber möglichst immer in derselben, oben genannten Reihenfolge durchgeführt werden, wobei natürlich die Situation und der Zustand des Patienten im Vordergrund stehen sollten. Mit einer gewissen Erfahrung wird sich die Struktur der Untersuchung zu einem mehr symptomorientierten Vorgehen verändern.

Zusätzlich zu den bloßen Händen (bedarfsweise mit Untersuchungshandschuhen) und den Augen braucht man zur körperlichen Untersuchung nur wenige Instrumente (**Abb. U.126**):

- Stethoskop,
- Reflexhammer,
- Taschenlampe,
- Holzspatel,
- Bandmaß,
- ggf. Winkelmesser, Instrumente zur sensorischen Wahrnehmung (Stimmgabel, Riechproben, Instrumente zur Tastempfindung),
- Blutdruckapparat.

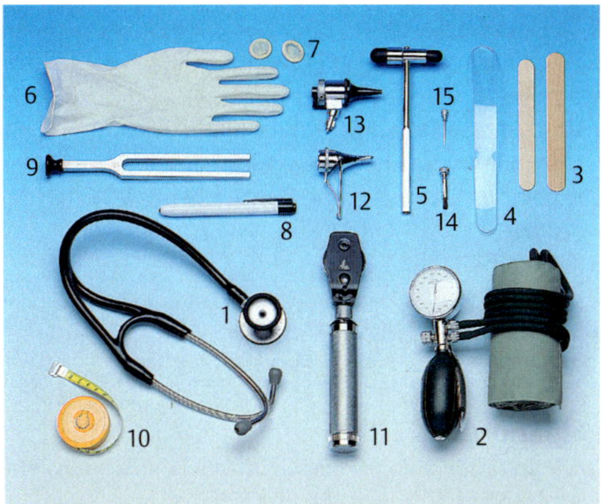

Nr.	Bezeichnung	Verwendung
1	Stethoskop	Auskultation Herz, Lunge, Abdomen, Gefäße
2	Blutdruckapparat	Blutdruckmessung nach Riva-Rocci
3	Spatel, Mundspatel	Inspektion Mundhöhle, Zungengrund, Rachen
4	Glasspatel	Wegdrückbarkeit von Hautrötungen (Hyperämie, Teleangiektasien sind wegdrückbar, zelluläre Infiltrationen nicht)
5	Reflexhammer	Auslösung von Muskeleigenreflexen
6	Latex-Handschuhe	Blutentnahme, Palpation Anogenitalbereich
7	Fingerlinge	digital rektale Untersuchung (mit Vaseline), Palpation Mundhöhle
8	Stablampe	Beleuchtung Mundhöhle, Auslösung Pupillenreaktion auf Licht
9	Stimmgabel	Vibrationsempfinden
10	Maßband	Umfangsmessung Hals, Waden, Oberarme; Längenmessung Bein; Schober-, Ott-Maß, Finger-Boden-Abstand, Taille-Hüft-Umfang
11	Augenspiegel	Fundusbeurteilung
12	Rhinoskop	Inspektion Nase
13	Otoskop	Inspektion Gehörgang und Trommelfell
14	Pinsel	Oberflächensensibilität
15	Nadel	Spitz-Stumpf-Diskrimination

Abb. U.126 Körperliche Untersuchung. Einfache Geräte und ihre Verwendung.

Inspektion

Mit der Inspektion wird der Gesamtzustand des Patienten und die äußerlich sichtbaren pathologischen Veränderungen erfasst. Treten typische Veränderungen auf, kann ein erfahrener Untersucher gelegentlich sogar eine Blickdiagnose (Prima-vista-Diagnose) stellen. Bei der Inspektion müssen viele Punkte beachtet werden:

- Bewusstseinszustand (z. B. getrübt, erregt usw.),
- Mimik/Gestik (ggf. Hinweis auf psychische Auffälligkeiten),

- Körperhaltung/Gang (sowohl Ausdruck als auch körperliche Fähigkeit),
- Motorik/Beweglichkeit,
- Ernährungszustand.

Genauso wichtig wie das Beachten der einzelnen Punkte ist, sich einen allgemeinen Gesamteindruck vom Patienten zu verschaffen.

Der Untersucher sucht den Patienten bei Verdacht auf bestimmte Krankheiten außerdem nach typischen Zeichen ab. Vor allem typische Hautzeichen spielen hierbei eine Rolle:

- Hautfarbe,
- Ausschläge,
- Hautbeschaffenheit,
- Ödeme.

Palpation

Nach der Inspektion erfolgt die manuelle Palpation. Auf die folgenden wichtigen Bereiche sollte routinemäßig geachtet werden:

- Palpation der Pulse,
- Palpation der Lymphknoten,
- Palpation des Halses/der Schilddrüse,
- Palpation des Abdomens,
- Palpation der Wirbelsäule.

Weiterhin werden Lokalbefunde bei der Inspektion wie Schwellungen, Rötungen oder Exantheme zusätzlich palpiert und z. B. auf Schmerzhaftigkeit oder Erwärmung geprüft. Die Palpationstechniken sind zur besseren Objektivierbarkeit standardisiert.

Perkussion

Bei der Perkussion kann die Gewebsbeschaffenheit über Klopfschallphänomene beurteilt werden. Der Klopfschall eines Gewebes ist z. B. vom Luftgehalt abhängig. Mittels bestimmter Klopftechniken ist es möglich, Organgrenzen zu bestimmen. Die Perkussion spielt insbesondere bei der Untersuchung der Lunge eine große Rolle, da die Kombination von Perkussions- und Auskultationsphänomenen differenzialdiagnostisch sehr aussagekräftig ist. Die Perkussion ist aber auch bei der Untersuchung des Thorax und des Abdomens sehr wichtig.

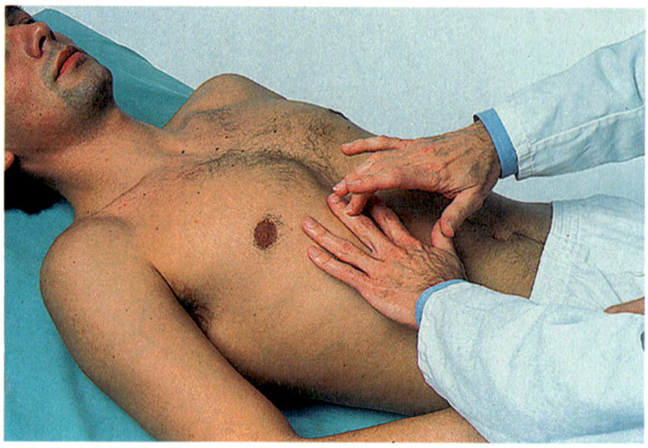

Abb. U.127 Perkussion der Leber. Bei der Perkussion klopft der Mittelfinger der rechten Hand auf das Endglied des Mittelfingers der linken Hand.

Technisch erfolgt die Perkussion durch direktes Beklopfen der Körperoberfläche mit den zusammengefügten mittleren Fingern. Zur besseren Schallausbreitung wird aber auch ein indirektes Beklopfen durchgeführt. Dabei erfolgt die Perkussion des Endgliedes des Mittelfingers der linken Hand mit dem Mittelfinger der rechten Hand (**Abb. U.127**).

Auskultation

Am Ende der körperlichen Untersuchung findet die Auskultation statt. Folgende Punkte werden mit dem Stethoskop in liegender und sitzender Position auskultiert:

- **Thorax:** Abhören des Herzens und der Lunge an bestimmten Auskultationspunkten; die Lunge beidseits im Seitenvergleich von oben nach unten,
- **Abdomen:** Beurteilung der Darmtätigkeit,
- **Gefäße:** an bestimmten Punkten zur Beurteilung von evtl. vorhandenen Strömungsgeräuschen.

Mit Hilfe dieser vier grundlegenden Untersuchungstechniken können die verschiedenen Organsysteme untersucht werden. Je nach Organsystem existieren meist klassische pathologische Auffälligkeiten, die von den Normalbefunden abweichen.

Untersuchungen von Leber und Gallenblase

Hinweise auf eine Lebererkrankung oder Funktionsstörungen im Bereich der Gallenwege liefern schon recht einfache Untersuchungen:

- Anamnese,
- körperliche Untersuchung,
- Blutuntersuchung,
- Ultraschall.

Zur genaueren Untersuchung bei bestimmten Fragestellungen, die durch die o. g. Untersuchungen nicht geklärt werden können, dienen folgende Maßnahmen:

- ERCP,
- Leberpunktion,
- Computertomografie (CT, S. 1277) und Kernspintomografie (MRT, S. 1279).

Anamnese

Definition

Anamnese heißt übersetzt „Erinnerung", man bezeichnet damit die Befragung und das Gespräch mit dem Patienten.

Indikation und Prinzip

Die Anamnese spielt eine zentrale Rolle im Arzt-Patienten-Kontakt. Durch die Befragung des Patienten oder von Angehörigen lassen sich die Beschwerden sowie evtl. Ursachen der Krankheitssymptome herausfiltern.

Durchführung

In einer ruhigen und angenehmen Atmosphäre erhält der Patient die Möglichkeit, seine Beschwerden zu schildern. Durch gezieltes Nachfragen versucht der Arzt diese zu sortieren und sie evtl. einem Krankheitsbild zuzuordnen.

Bewertung

Leber- und Gallenwegserkrankungen sind bei bestimmten Begebenheiten häufiger, deshalb sind folgende Fragen richtungsweisend:

- Sind die Beschwerden nach einer Auslandsreise aufgetreten, könnte dies ein Hinweis auf eine → Hepatitis (Leberentzündung) sein.
- Alkohol und Drogen schädigen die Leber. Deshalb sollte nach einem entsprechenden Konsum gefragt werden.
- Oberbauchschmerzen verbunden mit Übelkeit und Erbrechen sind typische Zeichen einer Hepatitis
- Eine Gewichtszunahme verbunden mit einer Zunahme des Bauchumfanges kann auf eine Wasseransammlung im Bauch (→ Aszites) hinweisen.
- Juckreiz könnte ein Hinweis auf eine Gallenwegserkrankung sein.
- Eine rasche Gewichtsabnahme ohne Ursache ist immer ein verdächtiger Hinweis auf eine bösartige Erkrankung.
- Bei Schmerzen im Bereich der Gallenblase evtl. verbunden mit Zeichen einer Entzündung (z. B. Fieber) ist immer nach Gallensteinen zu fragen (→ Cholelithiasis). Denn diese sind nicht selten die Ursache von Gallenblasenschmerzen oder -entzündungen.
- Farbveränderungen von Stuhlgang und Urin sind meist bedingt durch Abflussstörungen der Galle.

Körperliche Untersuchung

Definition

Die gründliche Untersuchung des Patienten dient zur Überprüfung der Vitalfunktionen (Atmung, Blutdruck und Puls) sowie des allgemeinen Gesundheitszustandes.

Indikation und Prinzip

Besonders chronische Erkrankungen von Leber und Gallenwegen führen zu Veränderungen, welche bei einer gründlichen körperlichen Untersuchung entdeckt werden können.

Durchführung

Eine körperliche Untersuchung sollte in einer ruhigen Atmosphäre und einem angenehm temperierten Raum stattfinden. Eine vollständige Entkleidung ist nicht nötig, das Schamgefühl des Patienten sollte respektiert werden. Zur Beurteilung von Leber und Gallenwegen dienen besonders die Inspektion des Patienten sowie die Perkussion und Palpation des Bauches.

Leberperkussion. Zur Klopfuntersuchung der Leber legt der Arzt zwei Finger auf die Leber und fährt vom Leberoberrand zum -unterrand. Währenddessen klopft er mit dem Zeigefinger der anderen Hand auf die Finger. Das untere Ende der Leber ist an einem veränderten Klopfschall erkennbar (**Abb. U.128**).

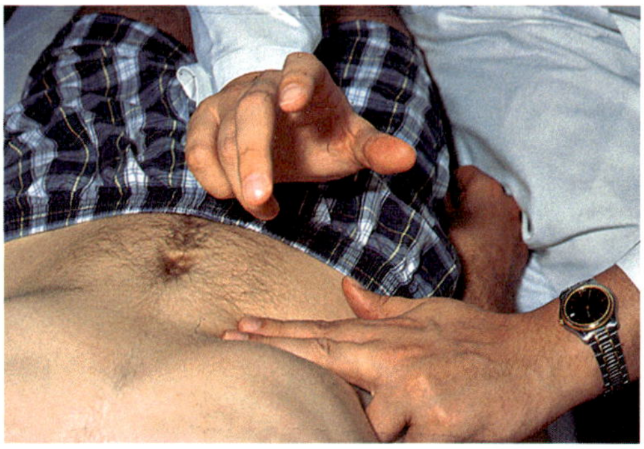

Abb. U.128 Leberperkussion. Man erkennt das untere Ende der Leber an einem veränderten Klopfschall.

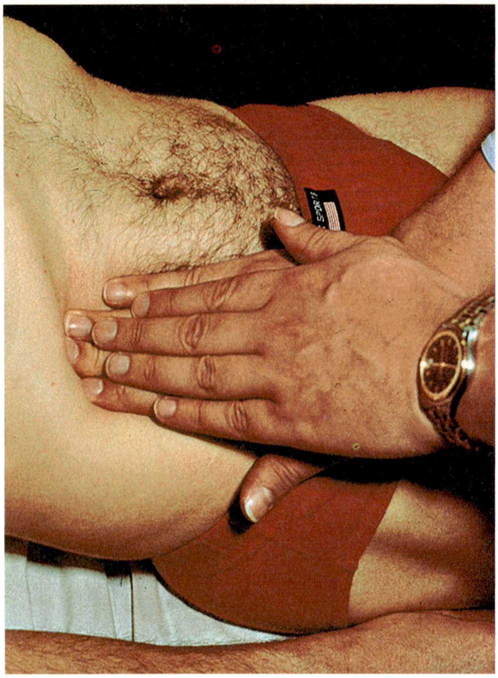

Abb. U.129 Leberpalpation. Die Hände werden flach auf den rechten Oberbauch des Patienten gelegt. Atmet dieser nun tief ein und hält die Luft an, kann man die Leber gut ertasten.

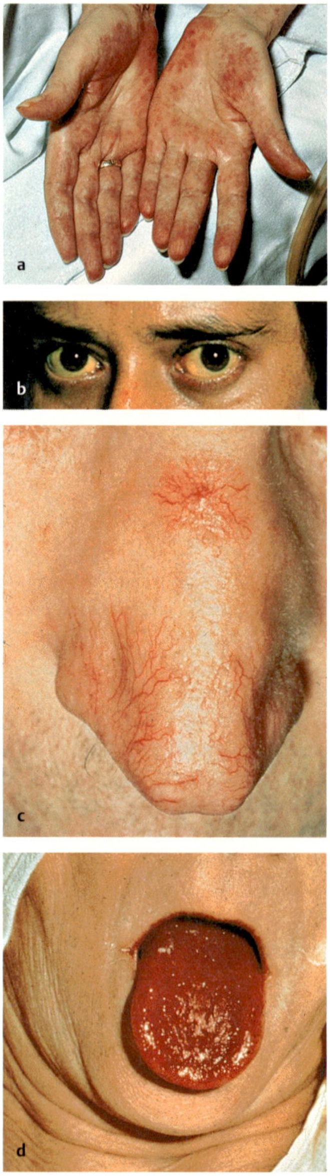

Abb. U.130 Leberhautzeichen. a Palmarerythem, **b** Gelbsucht der Skleren, **c** Gefäßspinnen (Spider-Nävi), **d** Lackzunge.

Leberpalpation. Der Arzt legt die Hände flach auf den rechten Oberbauch unter den Rippenbogen. Der Patient wird aufgefordert tief einzuatmen und die Luft anzuhalten. Dabei senkt sich die Leber in den Bauchraum und kann gut ertastet werden (**Abb. U.129**).

Bewertung

Chronische Lebererkrankungen zeigen sich u. a. durch die sog. Leberhautzeichen (Veränderungen im Bereich der Haut) (**Abb. U.130**):

- Von einem Palmarerythem spricht man bei einer Rötung im Bereich der Handinnenflächen.
- Eine Gelbsucht (Ikterus) entsteht durch erhöhte Bilirubinwerte im Blut. Sie ist besonders deutlich an den Skleren (Bindehaut des Auges) zu sehen.
- Gefäßspinnen (Spider-Nävi) entstehen durch eine Erweiterung der Hautgefäße.
- Lacklippe oder Lackzunge nennt man eine übermäßige Rötung von Lippen und Zunge.
- Kann infolge der Lebererkrankung das Blut der Pfortader dieses Organ nicht mehr ungehindert durchfließen, sucht es sich andere Wege, welche z. B. zu Gefäßerweiterungen in der Speiseröhre (→ Ösophagusvarizen) führen. Im Extremfall kann auch ein sog. „Caput medusae“ (Erweiterung der Bauchhautvenen) in der Bauchdecke zu sehen sein.
- Beinödeme und ein mit Wasser gefüllter Bauch sind meist Folge einer verminderten Bildung von Eiweiß in der Leber. Bei einer chronischen Lebererkrankung kommt es zur Erhöhung der weiblichen Geschlechtshormone im Blut. Folge ist eine „Verweiblichung“ des Köpers. Dies zeigt sich besonders in einem gesteigerten Brustwachstum (→ Gynäkomastie) und einer Reduktion der männlichen Behaarung („Bauchglatze“).

Die Perkussion der Leber gibt Hinweis auf eine krankhaft veränderte Lebergröße. Hinweise auf eine Erkrankung der Leber und Gallenwege im Rahmen der Leberpalpation sind:

- lokale Schmerzen,
- eine veränderte Leberkonsistenz,
- Schmerzen bei der Untersuchung,
- tastbar vergrößerte Gallenblase.

Blutuntersuchung

Definition

Überprüfung der Funktion von Leber und Galle durch Bestimmung der spezifischen Blutwerte.

Indikation und Prinzip

Die körperliche Untersuchung kann Hinweise auf eine Erkrankung der Organe liefern. Zur genaueren Beurteilung und Klassifizierung werden oft Blutuntersuchungen veranlasst.

Durchführung

Bei der Blutentnahme kann der Patient sitzen oder liegen. Meist wird eine Vene in der Ellenbeuge punktiert. Der Arm sollte gestreckt gelagert werden. Die venöse Stauung wird eine Handbreit über der Punktionsstelle angelegt. Die Stauung sollte so fest angelegt sein, dass die Pulse am Handgelenk noch tastbar sind. Nachdem eine geeignete Vene ertastet wurde, desinfiziert der Arzt die Punktionsstelle. Der Patient wird auf den nun folgenden Einstich hingewiesen. Die Kanüle wird in einem Winkel von 30° mit dem Schliff nach oben in die Vene eingeführt und ungefähr einen Zentimeter vorgeschoben.

Die Bestimmung der Blutwerte erfolgt aus dem Blutserum. I.d.R. reichen einige Milliliter Blut aus. Die Blutstauung wird kurz vor der Entfernung der Kanüle gelockert. Ein frischer Tupfer wird auf die Kanüle gelegt und diese zügig herausgezogen. Sofort danach muss der Tupfer fest auf die Punktionsstelle gedrückt werden.

Nachbereitung

Die Punktionsstelle wird mit einem Pflasterverband verschlossen. Es sollte auf evtl. Nachblutungen oder Kreislaufstörungen des Patienten geachtet werden.

Die Blutprobe wird mit dem Patientennamen versehen und zur Untersuchung ins Labor gebracht.

Bewertung

Bei einer Lebererkrankung finden sich im Blut erhöhte Werte der sog. Transaminasen. Es handelt sich um Leberenzyme, die bei Schäden der Leberzellen freigesetzt werden. Eine Funktionsstörung im Bereich der Gallenwege zeigt sich meist durch erhöhte Cholestasewerte (Bilirubin, AP, GGT). Bilirubin ist ein Abbauprodukt des Farbstoffes der roten Blutkörperchen, welcher mit der Galle ausgeschieden wird.

Die Leber ist eines unserer wichtigsten Stoffwechselorgane. Chronische Schäden führen deshalb zu Funktionsstörungen und somit zur verminderten Bildung verschiedener Stoffe. So ist z. B. die Bildung von Eiweiß vermindert oder die Blutgerinnung gestört. Die Leber baut auch Stoffe ab (Entgiftungsfunktion). Auch diese Funktion kann bei Lebererkrankungen vermindert sein.

Speziellere Blutuntersuchungen sind z. B. zur Bestimmung von Abwehrstoffen bei einer Hepatitis oder bei Verdacht auf eine bösartige Erkrankung nötig.

Ultraschall

Definition

Eine Ultraschalluntersuchung ist die bildliche Darstellung eines Organs durch reflektierte Schallwellen. So können innere Organe beurteilt werden. Diese Untersuchung ist für den Patienten ungefährlich und absolut schmerzfrei. Daher wird sie häufig eingesetzt.

Synonym: Sonografie.

Indikation und Prinzip

Viele krankhafte Veränderungen im Bereich der Leber und der Gallenwege sind durch eine Ultraschalluntersuchung feststellbar.

Das Prinzip der Ultraschalluntersuchung beruht auf einer Schallwellenreflektion. Von einem Schallkopf werden Schallwellen in den Körper gesendet. Man kann es sich wie Töne vorstellen, welche in den Körper hineingerufen werden. Diese werden vom Körper als eine Art Echo zurückgeworfen. Dieses Echo wird vom Ultraschallgerät gemessen

Durchführung

Ultraschalluntersuchungen sollten in einem leicht abgedunkelten, wohl temperierten Raum stattfinden. Der Patient liegt auf dem Rücken, der Oberbauch ist entkleidet. Auf die Oberbauchregion wird Kontaktgel (verbessert die Abbildungsqualität) aufgetragen. Der Untersucher setzt den Schallkopf im rechten Oberbauch auf. Der Patient wird gebeten, tief einzuatmen und die Luft anzuhalten. Leber und Gallenblase treten dadurch tiefer und können so gut beurteilt werden.

Bewertung

Eine Sonografie erlaubt eine Beurteilung verschiedenster Organveränderungen:

- Lebergröße und -form sind problemlos zu beurteilen.
- Veränderungen der Leberstruktur sind meist gut erkennbar.
- Gefäße, welche die Leber durchziehen, lassen sich darstellen.
- Größe, Form, Wandbeschaffenheit der Gallenblase sind gut zu sehen, ebenso evtl. vorhandene Gallensteine.

Das Ergebnis einer Sonografie könnte z. B. ein eingeklemmter Gallenstein sein. Ist es aufgrund des Gallensteins zum Verschluss der Gallenwege gekommen, sind diese erweitert. Diese Veränderung ist i.d.R. bei einer Sonografie zu sehen.

ERCP

Definition

Die ERCP (endoskopisch retrograde Cholangio-Pankreatikografie) ist die röntgenologische Darstellung der abführenden Gallenwege (Cholangio) und des Bauchspeicheldrüsenganges (Pankreatiko). Die Darstellung erfolgt mittels Kontrastmittel. Dieses wird endoskopisch eingebracht. Da das Endoskop über den Mund eingeführt wird, ist diese Untersuchung für den Patienten unangenehm und belastend.

Indikation und Prinzip

Mit Hilfe einer ERCP kann der Arzt Veränderungen der Gallenwege und Bauchspeicheldrüsengänge feststellen. Der Gallengang mündet gemeinsam mit dem Ausführungsgang der Bauchspeicheldrüse in den Zwölffingerdarm. Das Prinzip der ERCP ist eine Kombination aus endoskopischer und röntgenologischer Untersuchung. Es dient zur Darstellung der Ausführungsgänge und kann daher bei Erkrankungen, die zu Veränderungen dieser Gänge geführt haben, indiziert sein.

Alternativ kann heute auch durch eine Kernspintomografie (ohne Endoskopie) eine Darstellung der beiden Gangsysteme erfolgen (MRCP). Diese Untersuchung ist für den Patienten weniger belastend, sie hat weniger Nebenwirkungen, ermöglicht aber keine Eingriffe (s. Bewertung).

Durchführung

Wie bei jeder endoskopischen Untersuchung des oberen Verdauungstraktes muss der Patient nüchtern und über den Eingriff aufgeklärt sein. Er muss zuvor schriftlich der Untersuchung zugestimmt haben. Das Vorgehen entspricht im Prinzip dem einer Gastroskopie (S. 1261).

Bei einer ERCP wird das Endoskop bis in den Zwölffingerdarm zur Mündungsstelle von Gallengang und Bauchspeicheldrüsengang vorgeschoben. Über einen Arbeitskanal im Endoskop wird ein dünner Katheter in die Mündungsstelle eingeführt. Durch diesen kann nun Kontrastmittel gegen die Flussrichtung (retrograd) in die Ausführungsgänge gespritzt werden. Unter Durchleuchtung werden Röntgenaufnahmen der sich füllenden Gänge gemacht (**Abb. U.131**).

Nachbereitung

Sie entspricht der Nachbereitung nach Gastroskopie (S. 1262). Zusätzlich sollten am Tag nach der Untersuchung die Pankreaswerte im Blut bestimmt werden, da es im Rahmen einer ERCP zu einer Entzündung der Bauchspeicheldrüse kommen kann.

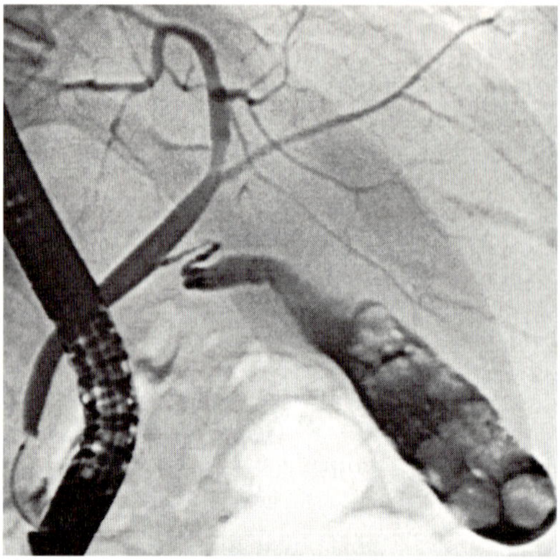

Abb. U.131 ERCP. Am unteren Bildrand links befindet sich das Endoskop. Ein dünner Füllkatheter wird durch die Papille in den Gallengang vorgeschoben. Die intra- und extrahepatischen Gallenwege stellen sich nach der Füllung mit Kontrastmittel normal schlank dar. In der Gallenblase befinden sich mehrere bis 8 mm große Steine.

Bewertung

Im Rahmen einer ERCP sind auch Eingriffe möglich. Dazu führt man über die Arbeitskanäle des Endoskops spezielle Instrumente ein. Mit Hilfe einer Zange können Gewebeproben bei Verdacht auf eine bösartige Veränderung entnommen werden. Falls notwendig wird die Mündungsstelle der Ausführungsgänge durch einen Schnitt erweitert.

Gallensteine im Gallengang können mit einer Schlinge oder einem „Körbchen" entfernt werden.

Sind die Ausführungsgänge verengt, z. B. durch einen → Tumor oder eine Narbe, kann ein stabilisierendes Röhrchen (Stent) eingelegt werden, damit die Galle und der Bauchspeichelsaft abfließen können.

Leberpunktion

Definition

Bei einer Leberpunktion wird Lebergewebe durch einen Einstich (Punktion) in das Organ gewonnen.

Indikation und Prinzip

Benötigt man zur weiteren Diagnostik eine feingewebliche Untersuchung des Lebergewebes, ist eine Leberpunktion nötig. Meist wird die Leber heute unter Ultraschallkontrolle punktiert. Früher wurde häufiger eine sog. „Blindpunktion" (ohne Ultraschallkontrolle) veranlasst. Möglich ist auch eine Punktion unter Sicht im Rahmen einer Laparoskopie (S. 1122).

Durchführung

Leberpunktion unter Ultraschallkontrolle. Vor einer Punktion muss, wie vor allen Eingriffen, der Patient vom Arzt über die Indikation und die Vorgehensweise genau informiert werden. Die Punktionsstelle wird ggf. rasiert und gut desinfiziert. Die genaue Einstichstelle wird mittels Ultraschall festgelegt und markiert. Der Arzt unterspritzt die Stelle mit einem lokal wirkenden Betäubungsmittel. Um eine Kontamination der Stichstelle mit Keimen zu vermeiden trägt der Arzt sterile Handschuhe. Nach erneuter Desinfektion erfolgt die Punktion. Verwendet wird eine spezielle Punktionsnadel. Sie ist vorne sehr scharf, recht dick und innen hohl. Durch den Sog mit einer aufgesetzten Spritze bleibt nach dem Einstich das Gewebe in der Nadel hängen.

Laparoskopische Leberpunktion. Ist eine auffällige Region in der Leber im Ultraschall nicht erreichbar, bietet eine Punktion unter Sicht die Möglichkeit zur Gewebeentnahme (**Abb. U.132**). Im Rahmen einer Laparoskopie wird die Leber unter Sicht durch eine Führungshülle von außen punktiert.

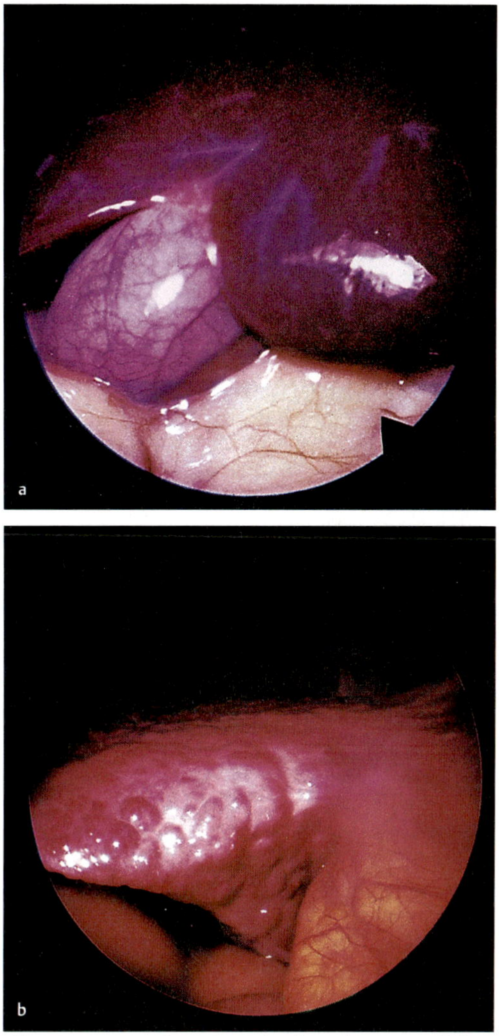

Abb. U.132 Laparoskopische Sicht der Leber. Aus auffälligen Regionen können Gewebeproben unter Sicht entnommen werden. **a** Normale Leber mit Gallenblase, **b** Leberzirrhose mit narbig-bindegewebigem Umbau.

Nachbereitung

Patient. Die Hauptkomplikation nach einer Leberpunktion ist die Blutung in die Leber oder Bauchhöhle. Diese kann von außen kaum durch eine Kompression verhindert werden. Trotzdem sollte der Patient einige Stunden auf der Punktionsstelle liegen oder diese wird mit einem Sandsack beschwert. Dadurch wird zumindest die Nachblutungsgefahr in das Unterhautgewebe verringert. Zur Vermeidung einer lokalen Infektion, wird die Punktionsstelle steril verbunden. Um eine innere Blutung rasch zu erkennen, müssen Blutdruck und Puls engmaschig kontrolliert werden. Zur Feststellung lokaler Nachblutungen sollte der Verband kontrolliert werden.

Punktat. Das Material wird in ein Röhrchen mit Konservierungsmittel gegeben. Das Röhrchen muss mit dem Namen des Patienten und der Bezeichnung des enthaltenen Gewebes versehen zur feingeweblichen Untersuchung weitergeleitet werden.

Bewertung

Das entnommene Lebergewebe wird von einem Pathologen histologisch (feingeweblich) untersucht. D.h., er betrachtet den Aufbau und evtl. Veränderungen der entnommenen Zellen.

Eine feingewebliche Untersuchung ist generell die beste Möglichkeit, unklare Lebererkrankungen zu diagnostizieren.

Untersuchungen des Mannes

In Deutschland bleibt jede sechste Partnerschaft ungewollt kinderlos. In knapp unter einem Drittel davon wird die Ursache beim Mann gefunden und in einem Fünftel spielen andrologische Faktoren eine Rolle. Andrologie bedeutet Männerheilkunde und ist eine Spezialisierung der Dermatologie und Urologie. Die Untersuchungen der Andrologie umfassen:

- Anamnese,
- klinische Untersuchung,
- Spermiogramm,
- mikrobiologische Untersuchung,
- Hodenbiopsie.

Anamnese

Die Anamnese steht an erster Stelle. Empfohlen wird erst ein Gespräch mit dem Mann, später gemeinsam mit der Frau. Die Familienanamnese betrifft das Vorliegen von Erbkrankheiten, aber auch Angaben zu Eltern und Geschwistern. Die Eigenanamnese erfasst die Kinder-, Stoffwechsel-, und neurologischen Krankheiten, Becken- und Genitalverletzungen sowie Operationen im Bereich des kleinen Beckens und des Unterbauchs einschließlich Nierenlager, Retroperitonealraum und am Genitale selbst. Wichtig ist die Frage nach einem → Hodenhochstand und dessen Behandlung sowie urogenitalen Infektionen oder einer Nebenhodenentzündung, aber auch nach funktionellen Störungen wie dem Bettnässen.

Außerdem ist von Bedeutung, welchen Stoffen/Drogen der Mann beruflich ausgesetzt ist und welche er freiwillig zu sich nimmt. Besondere Bedeutung hat der (übermäßige) Alkoholkonsum. Die Einnahme von Medikamenten – auch nicht verschreibungspflichtigen – muss besprochen werden.

Weitere Fragen betreffen die Sexualität. Wann hat die Pubertät mit welchen Zeichen begonnen, wie wird die Libido eingeschätzt? Seit wann bestehen sexuelle Kontakte, gibt es Kinder aus anderen/früheren Beziehungen? Wie lange besteht der unerfüllte Kinderwunsch schon, gibt es Erektionen und Samenergüsse (Masturbation)? Nach der Anamnese werden weitere Untersuchungen notwendig.

Klinische Untersuchung

Definition

Der Patient wird vom Arzt körperlich in Augenschein genommen und untersucht.

Indikation und Prinzip

Wegweisende Verdachtsdiagnosen können bereits jetzt gestellt werden. Eine sorgfältige klinische Untersuchung erspart unnötigen zeitlichen und apparativen Aufwand.

Durchführung

Es ist eine vollständige Untersuchung von Kopf bis Fuß erforderlich. Besonderes Augenmerk wird auf die Inspektion und Palpation der Genitalorgane einschließlich der sekundären männlichen Geschlechtsmerkmale (Schamhaare, Bart, Achselhaare) gelegt. Sind Operationsnarben oder Schwellungen zu sehen oder zu tasten? Ist die Brust besonders weiblich ausgebildet (→ Gynäkomastie)?

Der nächste Schritt ist die Untersuchung des Penis und des Hodensacks (**Abb. U.133**). Sind entzündliche Veränderungen sichtbar, lässt sich die Vorhaut leicht zurückziehen? Sind die Schwellkörper des Penisschaftes verhärtet (Induratio penis plastica, Fibrose)? Sind beide Hoden mit Nebenhoden im Hodensack tastbar?

Besonders wichtig ist die Bestimmung der Hodengröße (Orchidometrie). Ihr Volumen wird in Millilitern angegeben. Dazu bedient man sich des Orchidometers (Methode nach Prader), einer Schublehre (Methode nach Schirren) oder dem Vergleich mit Hodenattrappen (Methode nach Takihara). Eine spezielle Nachbereitung ist nicht erforderlich.

Bewertung

Ein auffälliger Behaarungstyp kann auf Hormonunregelmäßigkeiten hinweisen, OP-Narben auf eine mechanische Schädigung der genitalen Funktion. Fehlt ein Hoden, muss im Leistenkanal getastet oder mit Ultraschall usw. im Bauchraum nach dem Hoden gesucht werden.

Als untere Grenze des Hodenvolumens gelten 18 ml, bei andrologischen Störungen ist das Volumen jedoch meist geringer. Es existiert eine direkte Beziehung zwi-

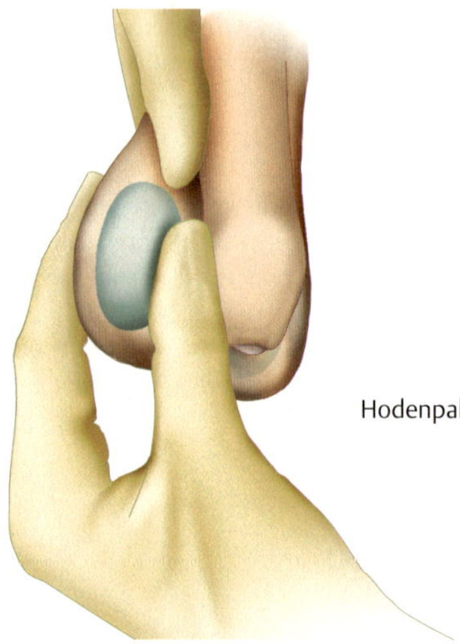

Abb. U.133 Palpation der Hoden mit beiden Händen.

schen Hodenvolumen und Qualität der Spermatogenese. Sie lautet: Je größer das Volumen, umso besser ist die Qualität.

Spermiogramm

Definition

Die Untersuchung des Ejakulats stellt den zentralen Punkt der andrologischen Diagnostik dar. Die Gewinnung der Probe berührt die Intimsphäre des Patienten sehr stark und wird daher vom Patienten als unangenehm und peinlich empfunden. Es ist jedoch eine einfache Untersuchung, die wertvolle Ergebnisse liefert.

Indikation und Prinzip

Die Qualität der Spermiogenese und die Funktionsfähigkeit der anderen Bestandteile kann leicht überprüft und der mögliche Defekt eingegrenzt werden. Wegen der Entwicklungszeit der Spermien von bis zu drei Monaten sind wiederholte Untersuchungen sinnvoll.

Durchführung

Der Abstand zur letzten Ejakulation sollte vier bis fünf Tage betragen, um ein repräsentatives Ergebnis zu erhalten. Das Ejakulat wird durch Masturbation gewonnen, die regelmäßig in der Praxis oder der Klinik und nur in Ausnahmefällen zu Hause durchgeführt wird.

Die Probe sollte zur Untersuchung nicht älter als ein halbe Stunde sein und in einem sterilen Gefäß aufgefangen werden. Hände und Penis sollten vorher gründlich gewaschen werden, damit die Probe möglichst keimarm gewonnen werden kann.

Nachbereitung

Unmittelbar nach dem Herausschleudern ist das Ejakulat zähflüssig, um das Herausfließen aus der Scheide zu erschweren. Nach ungefähr 30 Min. wird es dünnflüssig. Jetzt wird die Probe leicht geschüttelt, durchmischt und 10 Mikroliter werden in eine spezielle Zählkammer eingebracht.

Bei der Betrachtung der Spermien im Mikroskop mit 400facher Vergrößerung geht es vor allem um drei Parameter:

1. Konzentration (Anzahl),
2. Beweglichkeit (Mobilität),
3. Gestalt (Morphologie).

Wegen des definierten Volumens der Zählkammer kann die Zahl der Spermien nach Auszählung eines gekennzeichneten Bereichs errechnet werden. Danach wird die Beweglichkeit und Gestalt der Spermien betrachtet (**Abb. U.134**).

Bewertung

Das Volumen eines Ejakulats beträgt 2 – 5 ml. Ein geringeres Volumen deutet auf eine Minderfunktion der Samenbläschen hin, die für den weitaus größten Anteil verantwortlich sind. Der zweitgrößte Anteil besteht aus Sekret der Prostata, das für einen pH-Wert von 7,2 – 7,8 verantwortlich ist. Aus den Hoden selbst kommt weniger als 5 % des Ejakulatvolumens. Das von den Samenbläschen produzierte Sekret enthält eine spezifische Fruktose, die als Energielieferant für die Beweglichkeit der Spermien sorgt.

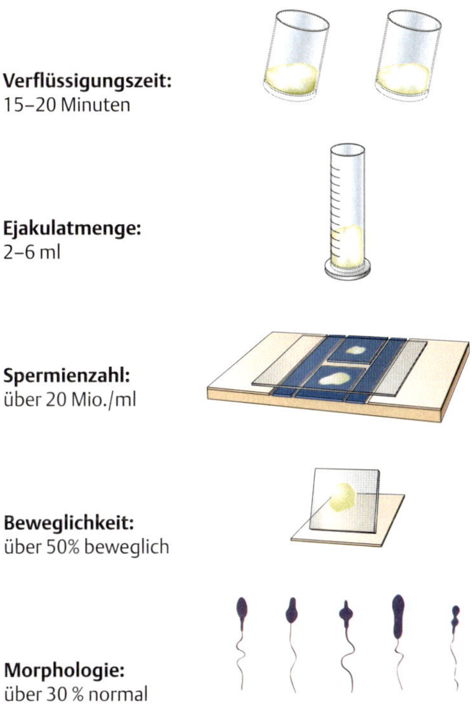

Abb. U.134 Spermauntersuchung.

Als unterer Normalwert der Konzentration der Spermien gelten 20, als oberer 150 Mio. Spermien pro ml Ejakulat. Mindestens bei der Hälfte der Spermien sollte eine lebhafte, gleichmäßige Vorwärtsbewegung zu sehen sein und mindestens die Hälfte sollte regelmäßig gebaut sein. Die so genannten Rundzellen sind Vorstufen der Spermienentwicklung und umfassen alle Zellen des Ejakulats, die nicht typische Spermiengestalt haben. Zu ihnen gehören Frühstufen der Spermiogenese, abgeschilferte Epithelzellen oder auch so genannte Entzündungszellen bei entzündlichen Prozessen in der Prostata. Im Spermiogramm wird festgestellt, ob sich der Anteil an Rundzellen im Normbereich bewegt.

Die Befunde der mikroskopischen Betrachtung bzw. des Spermiogramms werden wie folgt bezeichnet:

- Normozoospermie: Normalbefund,
- Hypospermie: Volumen zu gering,
- Polyspermie: Volumen zu groß,
- Kryptospermie: nur vereinzelte Samenzellen,
- Oligozoospermie: wenig Samenzellen,

- Polyzoospermie: zu viele Samenzellen,
- Asthenozoospermie: schlechte Beweglichkeit,
- Teratozoospermie: zu viele fehlgeformte Samenzellen,
- Nekrospermie: keine Beweglichkeit,
- Leukospermie: Entzündungszellen.

Mikrobiologische Untersuchung – Drei-Gläser-Probe

Definition

Mit einer mikrobiologischen Untersuchung werden Infektionen im Urogenitalbereich nachgewiesen, die Auswirkungen auf die Spermienentwicklung haben können.

Indikation und Prinzip

Werden mehr als 1 Mio. peroxidasepositive Leukozyten pro ml Ejakulat nachgewiesen, ist eine bakteriologische Aufarbeitung des Ejakulats angezeigt.

Durchführung

Proben des Ejakulats werden auf Antikörper gegen Erreger getestet, ggf. werden Kulturen angelegt, mit denen die Erreger nachgewiesen werden können.

Die Drei-Gläser-Probe prüft, ob sich im normalerweise keimfreien Urin Erreger befinden. Urin wird beim Wasserlassen in drei Gläsern aufgefangen – zuerst wenig Urin (Inhalt der Harnröhre), dann die Hauptmenge aus der Blase und schließlich der Rest des Urins, evtl. nach rektaler Massage gemischt mit Prostatasekret (**Abb. U.135**). Die drei Proben werden getrennt untersucht.

Nachbereitung

Das Ejakulat und die Urinproben werden labormedizinisch auf Antikörper, z. B. gegen Chlamydia trachomatis, Ureaplasma urealyticum und Mycoplasma hominis, untersucht. Außerdem werden Kulturen angelegt, mit denen z. B. auf die Anwesenheit von Staphylokokken und Pilzen getestet wird.

Bewertung

Das Vorliegen von mehr als 1000 aerober Bakterien pro ml Urin oder Ejakulat wird als therapiebedürftige Bakteriospermie angesehen. Positive Befunde werden mit Antibiotika behandelt.

Hodenbiopsie

Definition

Bei einer Hodenbiopsie wird Hodengewebe entnommen und aufgearbeitet. Es ist das einzige invasive Verfahren in der andrologischen Routine und relativ komplikationslos.

Indikation und Prinzip

Können die Fragen nicht mittels Spermiogramm geklärt werden und insbesondere, wenn sich keine Spermien im Ejakulat befinden, wird eine Hodenbiopsie durchgeführt.

Durchführung

In Vollnarkose (selten wird eine Periduralanästhesie gewünscht) werden beide Hoden freigelegt, die Hüllen durchtrennt und jeweils ein etwa erbsengroßes Gewebestück entnommen und histologisch untersucht.

Nachbereitung

Das Gewebe wird in spezielle Fixierlösungen eingebracht. Die histologische Aufarbeitung erfolgt mittels spezieller Färbeverfahren.

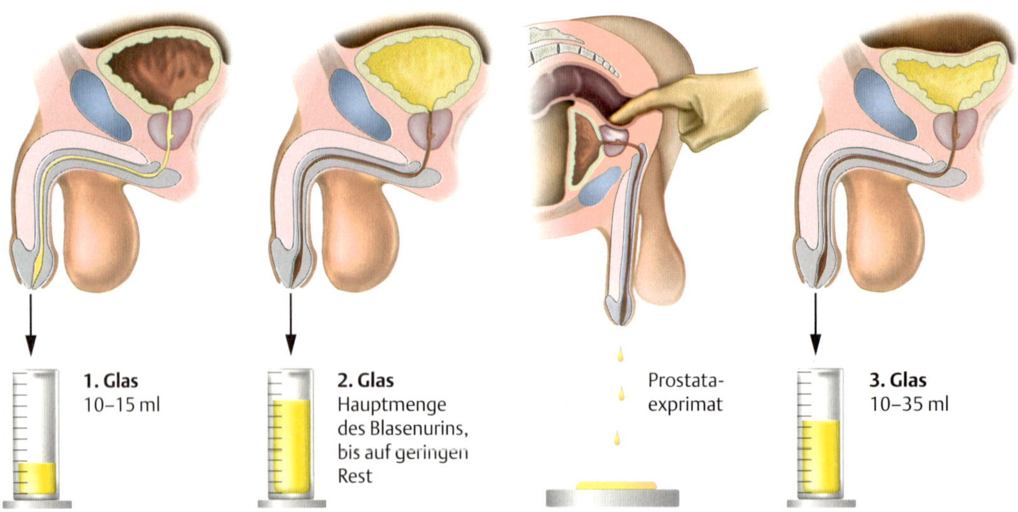

Abb. U.135 3-Gläserprobe. Harnuntersuchung anhand der 3-Gläserprobe.

Bewertung

Fast immer kann die Ursache der Azoospermie, das Fehlen von Spermien, geklärt werden. Es zeigt sich, dass entweder bei normaler Produktion im Hoden die ableitenden Samenwege verschlossen sind oder eine Störung im spermienproduzierenden Gewebe des Hodens selbst vorliegt.

Sonstiges

Doppleruntersuchung. Sie gibt Aufschluss über das Vorhandensein einer Varikozele (Krampfaderknäuel der Venen im Hodensack).

Sonografie des Hodens. Sie schließt Tumoren weitgehend aus.

Röntgen- oder Kernspinuntersuchungen. Bei speziellen Fragestellungen werden Unterbauch oder auch, bei hormonellen Störungen der Hypophyse, der Schädel mit diesen Verfahren untersucht.

Chromosomentests. Im weiteren Sinne gehören auch solche Methoden zur andrologischen Untersuchung. Dabei kann z. B. ein Klinefelter- oder Down-Syndrom bewiesen werden, die i.d.R. eine Sterilität bedingen.

Test mit Hormonanalogika. Mit diesen gentechnisch hergestellten Substanzen kann der Regelkreis aus jeweils stimulierenden und blockierenden Hormonen der Spermiogenese, die im Hypothalamus des Gehirns, in der Hypophyse (Hirnanhangdrüse) und Hoden gebildet werden, getestet werden. Ebenso spielen Schilddrüsen- und Nebennierenrindenhormone eine Rolle.

Untersuchungen in der Mikrobiologie

Als mikrobiologische Untersuchungen werden alle Untersuchungen mit Materialien von Menschen und Tieren bezeichnet, die den Nachweis eines Krankheitserregers (Bakterium, Virus, Pilz, Parasit) zum Ziel haben (**Abb. U.136**). Dies kann z. B. aus frisch im Labor eingetroffenem Material (mittels Mikroskop und Farbstoffen) geschehen.

Bei sog. kulturellen Untersuchungen wird das Probenmaterial zur Anzucht auf geeigneten Nährböden mit nachfolgender Differenzierung und Resistenzbestimmung verteilt. Zum Nachweis bestimmter Viren sind Zellkulturen notwendig.

Schwer oder gar nicht anzüchtbare Erreger werden serologisch (indirekt durch Nachweis von Antikörpern im Patientenblut) nachgewiesen.

Seit einigen Jahren stehen molekularbiologische Nachweise durch Polymerase-Kettenreaktion (PCR) zur Verfügung, mit denen der Erregernachweis auch bei geringen Mengen und ggf. auch eine erste Einordnung gelingen.

Die wichtigsten mikrobiologischen Untersuchungen sind also:

- mikroskopischer Nachweis von Mikroorganismen,
- kulturelle Anzucht von Mikroorganismen,
- Differenzierung und Antibiogramm,
- serologische Untersuchung,
- Polymerase-Kettenreaktion (PCR).

Geeignete Untersuchungsmaterialien

Je nach Krankheitsverlauf und vermuteter Ursache werden geeignete Untersuchungsmaterialien gewonnen. Von Kopf bis Fuß betrachtet sieht das z. B. so aus:

- Liquor zum Nachweis einer Hirnhautentzündung (→ Meningitis, in der Frühphase ggf. Rachenabstrich, später evtl. zusätzlich Blutkultur),
- Nasenabstrich (→ MRSA),
- Gehörgangsabstrich (bei Otitis externa und Neugeborenen mit Verdacht auf konnatale Infektion),
- Rachenabstrich (→ akute Pharyngitis, → akute Laryngitis, → Scharlach),
- Zungen- oder Wangentaschenabstrich (→ Soor),
- Nasopharyngealabstrich (→ Pertussis),
- Trachealsekret (bei beatmeten Intensivpatienten oder Trachealkanülenträgern, → nosokomiale Infektionen),
- Sputum (→ Pneumonieerreger),
- bronchoskopisch gewonnene Spülflüssigkeit (bronchoalveoläre Lavage, BAL) zum Nachweis von Pneumonieerregern und → Tuberkulose,
- Pleurapunktat (bei Verdacht auf Infektionen des Lungenfells, → Pleuritis),
- Blutkultur (bei Verdacht auf → Sepsis oder streuende andere Infektionserkrankungen),
- Serum (zum Nachweis von Antikörpern gegen Infektionserreger, die anders schwer oder gar nicht nachweis-

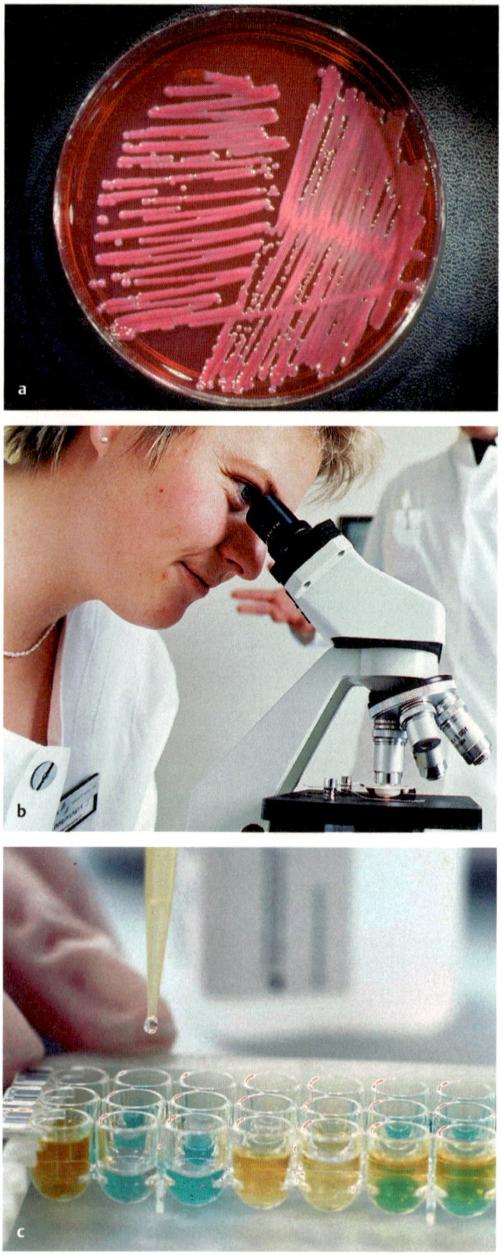

Abb. U.136 Verschiedene Methoden der Mikrobiologie. **a** Bakterien können mit unterschiedlichen Nährböden untersucht werden. **b** Protozoen kann man mikroskopisch nachweisen. **c** Viren werden serologisch nachgewiesen.

bar sind, z. B. → Syphilis, → Toxoplasmose oder → Hepatitis und HIV, → AIDS),
- Magenbiopsie (zum Nachweis von Helicobacter pylori, → Magengeschwür),
- Nabelabstrich (bei Neugeborenen und Säuglingen bei Infektionsverdacht),
- Rektalabstrich (zum Nachweis von Shigellen und bei Verdacht auf Neugeboreneninfektionen),
- Stuhlprobe (zum Nachweis von Enteritiserregern und Darmparasiten, → Rotavirusinfektion, → Salmonelleninfektion, → Wurmkrankheiten),
- Urin (bei Verdacht auf Harnwegsinfektionen),
- Exprimaturin (bei Verdacht auf Prostatainfektionen),
- Scheiden- bzw. Penisabstriche (bei Verdacht auf Genitalmykosen),
- Scheidenabstrich (bei Vaginosen und Besiedlung mit Streptokokken der serologischen Gruppe B),
- Gelenkspunktate (→ Gelenksempyem),
- Hautgeschabsel (Pilzinfektionen),
- Hautbiopsien bei granulomatösen Hautinfektionen (Aktinomykosen, MOTT, Nokardiose),
- Nagelmaterial (→ Nagelpilz),
- Wund- und Fistelabstriche (Wundinfektionen),
- Katheterspitzen (bei Verdacht auf katheterassoziierte Sepsis).

Natürlich können dies nur Beispiele sein. Bei den einzelnen Krankheiten von A–Z wird die jeweilige Diagnostik ausführlicher beschrieben.

Mikroskopischer Nachweis von Mikroorganismen

Vor allem bei Materialien, bei denen es auf eine schnelle Diagnose ankommt (z. B. Liquor, Wundabstrich, Blutkultur) steht die mikroskopische Untersuchung am Anfang der mikrobiologischen Untersuchung.

Mikroskopische Vergrößerungen, die routinemäßig in der Mikrobiologie eingesetzt werden, sind:
- **hundertfach:** Zum Gewinnen der Übersicht über das Präparat und zum Einstellen interessanter Bereiche,
- **vierhundertfach:** Für das Aufsuchen besonders aussichtsreich erscheinender Stellen und Abschätzung der Leukozyten- oder Epithelienzahl, auch zur Suche nach Parasiten,
- **tausendfach:** Zur Begutachtung und zur Zählung von Bakterien und Pilzen.

Zum Nachweis beweglicher Parasiten kann die mikroskopische Untersuchung von „nativem", d. h. ohne Färbung oder Aufbereitung direkt unter das Mikroskop gelegtem Untersuchungsmaterial, sinnvoll sein. Bakterien und Pilze nativ zu betrachten (d. h. ohne sie einzufärben) ist nur bedingt sinnvoll.

Stuhl. Stuhl wird für eine parasitologisch-mikroskopische Untersuchung aufbereitet und anschließend mikroskopiert. Gesucht werden Amöbenzysten, Zysten anderer Einzeller z. B. von Giardia lamblia und Wurmeier.

Viren. Das Lichtmikroskop ist chancenlos, wenn Viren direkt nachgewiesen werden sollen. Aus geeigneten Materialien gelingt der Virusnachweis gelegentlich elektronenmikroskopisch. Einige Virusinfektionen können indirekt durch bestimmte Zellen (z. B. atypische Lymphozyten bei Infektion mit Zytomegalievirus) oder typische Gewebsläsionen nachgewiesen werden.

Färbungen

Gramfärbung. Die Standardfärbung in der Bakteriologie ist die nach einem dänischen Pathologen benannte Gramfärbung. Bakterien mit dickerer Peptidoglykanschicht stellen sich dabei als grampositiv (blau) dar, Bakterien mit entsprechend dünnerer Zellwand als gramnegativ (rot) (**Abb. U.137**).

Ziehl-Neelsen-Färbung. Tuberkuloseerreger und MOTT (engl. mycobacteria other than tuberculosis) werden besser mit der Ziehl-Neelsen-Färbung und anderen entsprechenden Färbungen dargestellt (**Abb. U.138**).

Immunfluoreszenz. Die direkte Immunfluoreszenz ist eine Möglichkeit, Bakterien oder Einzeller bereits gattungs- oder speziesselektiv zu färben. Hierzu werden Antikörper verwendet, die sich gegen den gesuchten Erreger richten. Diese Antikörper sind mit einem Fluoreszenzfarbstoff markiert, der dann, unter einem Mikroskop mit UV-Licht geeigneter Wellenlänge, zum Leuchten gebracht wird.

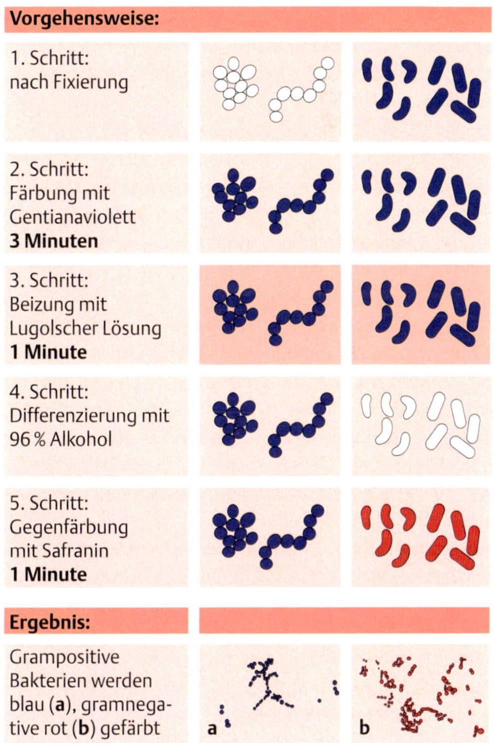

Abb. U.137 Gram-Färbung.

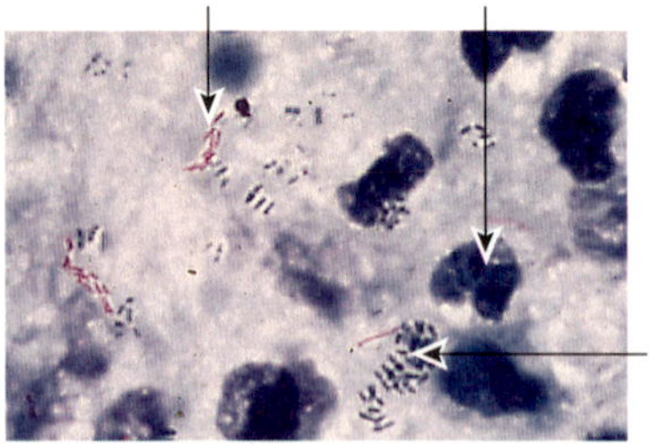

Abb. U.138 Ziehl-Neelsen-Färbung. Nur die „säurefesten" Stäbchen von Mycobacterium tuberculosis bleiben, trotz Entfärbung mit starker Säure, rot.

Leuchtet das Präparat auf, ist der gesuchte Erreger vorhanden, wenn nicht, ist das Präparat diesbezüglich negativ.

Daneben stehen noch einige andere Färbungen, die speziellen Fragestellungen vorbehalten sind, zur Verfügung.

Beurteilung

Mikroskopische Befunde werden semiquantitativ mitgeteilt, d. h. Leukozyten und Bakterien oder Pilze werden in ihrer Häufigkeit von (+) „ganz vereinzelt" bis (+++) „massenhaft" mitgeteilt.

Kulturelle Anzucht von Mikroorganismen

Bei Bakterien und Pilzen streben Mikrobiologen danach, eine Kultur anzulegen, um die anwachsenden Erreger weiter untersuchen zu können. Hierzu stehen unterschiedliche Nährmedien und Nährlösungen zur Verfügung. Bluthaltige Nährmedien ohne Antibiotikazusatz sind darauf angelegt, einem möglichst breiten Erregerspektrum das Wachstum zu ermöglichen.

Allerdings kann man auch Antibiotika zugeben oder Mischungen aus Nährstoffen und Antibiotika verwenden, um das genaue Gegenteil zu erreichen. In diesem Fall wird von „Selektivnährböden" gesprochen. Diese werden eingesetzt, um aus der Flora verschiedener Bakterien spezielle Infektionserreger heraus zu züchten. Dazu muss die natürliche Flora gehemmt werden, was durch die Selektivnährböden gewährleistet wird.

Kulturatmosphäre. Weitere Möglichkeiten, den Anzuchtserfolg zu verbessern, ergeben sich durch die Kulturatmosphäre. Anaerobier z. B. mögen keinen Sauerstoff und manche Keime wachsen besser, wenn der CO_2-Gehalt der Atmosphäre bei der Bebrütung erhöht ist.

Färbende Nährmedien. Moderne Nährböden können sogar in Abhängigkeit vom Stoffwechsel der Bakterien den Kolonien einzelner Spezies unterschiedliche Farben verleihen. So gibt es Nährböden, auf denen Pilzkolonien verschiedener Spezies unterschiedliche Farben ausbilden und so schon vordifferenziert sind.

In der Bakteriologie gibt es Nährbodenkompositionen, auf denen darmpathogene Salmonellen auf Grund der charakteristischen Färbung sofort in der großen Menge der Bakterien im Stuhl zu erkennen sind.

Weitere Spezialnährmedien. Auch Tuberkuloseerreger benötigen Spezialnährmedien. Darüber hinaus wird das Material (z. B. Sputum) vorher so aufbereitet, dass so viel Begleitflora aus Luftröhre und Rachenraum wie möglich abgetötet wird.

Legionellen werden besonders reichhaltige Nährböden angeboten, die Aktivkohle zur Adsorption von Toxinen der Begleitflora enthalten.

Flüssige Nährmedien erlauben gelegentlich auch die Anzucht von durch Antibiotikatherapie oder Transport vorgeschädigten Bakterien oder Pilzen. Flüssigkeitsmedien sind auch sehr dazu geeignet, ganz geringe Keimzahlen aus Abstrichtupfern nachzuweisen.

Für Schimmelpilze und Dermatophyten gibt es gleichfalls Spezialnährmedien.

Differenzierung und Antibiogramm (Resistenztestung)

Der Anzucht schließt sich eine Differenzierung (Bestimmung der Art) und die Resistenztestung an. Auch hierzu stehen unterschiedliche Verfahren zur Verfügung. Prinzipiell werden den Bakterien zur Differenzierung verschiedene „Futterquellen" angeboten. Wenn sie diese verstoffwechseln, kommt es zu einer chemischen Reaktion, die mit einem Farbindikator dargestellt wird. Dies geschieht heute in den meisten Laboratorien bereits weitgehend automatisiert (**Abb. U.139**).

Flüssigmedium. Die Resistenztestung auf verschiedene Antibiotika oder Antimykotika kann im Flüssigmedium stattfinden und dann gleichfalls automatisch ausgewertet werden.

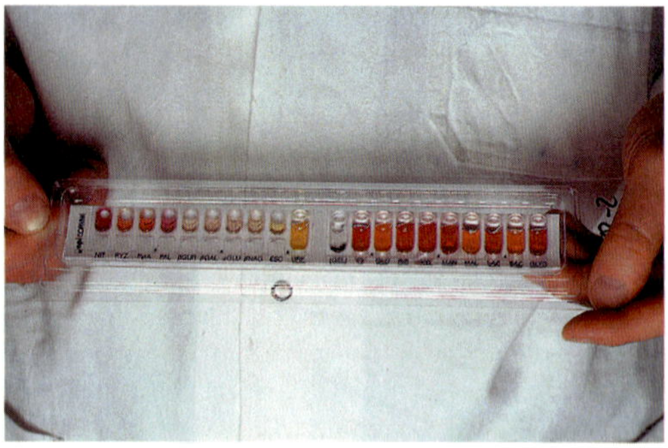

Abb. U.139 Differenzierung von Bakterien. Je nachdem, bei welchen Nährstoffen das Bakterium sich vermehrt und den Farbindikator zum Umschlagen bringt, können die Keime Familien und Spezies zugeordnet werden.

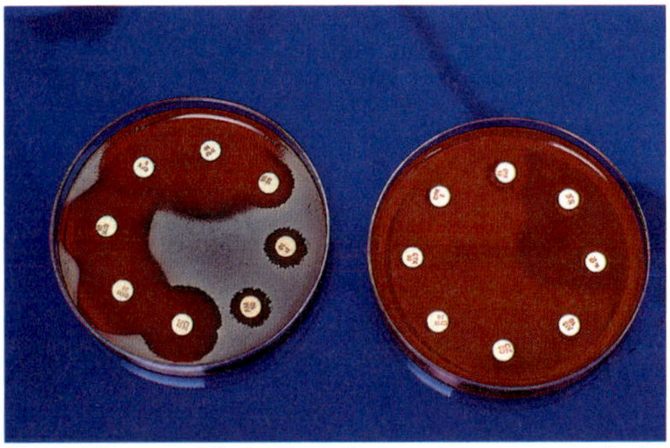

Abb. U.140 Agardiffusionstest. Die zu untersuchenden Bakterien werden zusammen mit einer Nährbouillon auf dem Nährboden ausgestrichen. Danach werden die Antibiotikablättchen aufgelegt. Nach der Bebrütung kann festgestellt werden, inwieweit die Bakterien in ihrem Wachstum durch das aus den Blättchen diffundierende Antibiotikum gehemmt wurden.

Agardiffusionstest. Weit verbreitet ist aber auch noch der sog. Agardiffusionstest, bei dem auf ein mit Bakterien beimpften, standardisierten Nährboden Antibiotikaplättchen aus Papier mit bestimmter Dosierung ausgelegt werden. Wenn die Bakterien über Nacht bis an den Plättchenrand heranwachsen konnten, muss man davon ausgehen, dass eine Resistenz vorliegt. Konnten sie das nicht und ein sichtbarer Freiraum (Hemmhof) ist entstanden, kann man davon ausgehen, dass sie sensibel oder intermediär (schwach sensibel) sind (**Abb. U.140**). Das muss allerdings nachgemessen werden, um den Ärzten einen genauen Befund geben zu können.
Antimykogramm. Für Pilze insbesondere Hefepilze können entsprechende Differenzierungen durchgeführt werden. Hierfür gibt es teilweise auch fertige Testsysteme, die nur noch mit einer verdünnten Erregersuspension beschickt werden und nach Herstellerangaben bebrütet werden müssen.

Bewertung

Mikrobiologische Befunde werden nun aus dem mikroskopischen Ergebnis, dem semiquantitativen und qualitativen kulturellen Ergebnis sowie den Antibiogrammen der geprüften Erreger zusammengestellt und mitgeteilt.

Nur bei Urinbefunden wird auch das kulturelle Ergebnis quantitativ in Zehnerpotenzen ermittelt. Denn eine „signifikante Bakteriurie", bei der die Keimzahl eine Infektion nahe legt, liegt erst oberhalb von 10^3 bis 10^4 Erregern pro ml vor.

Serologische Untersuchungen

Kann ein Erreger nur ausgesprochen mühsam oder gar nicht angezüchtet werden (z. B. Treponema pallidum, der Erreger der → Syphilis), muss er indirekt über die Antikörperbildung des Patienten gefunden werden. Hierzu werden verschiedene Serumproben im Abstand von mehreren Tagen gewonnen und nach IgM-Antikörpern (als Zeichen der akuten Infektion) und IgG-Antikörpern (als Zeichen einer vor längerer Zeit durchgemachten Infektion) gesucht.

Auch Viren, deren Anzucht – wenn überhaupt möglich – sehr aufwändig ist, da dies nur in Kulturen mit lebenden Zellen gelingt, werden häufig über die gegen sie erzeugten Antikörper nachgewiesen. Für diese Antikörpernachweise stehen eine Menge unterschiedlicher Tests zur Verfügung, z. B.:

- ELISA (Enzyme linked Immunosorbent Assay),
- Agglutinationstests,
- indirekte Immunofluoreszenz,

Viele weitere Tests stehen erregerspezifisch zur Verfügung. Krankheitsbilder können serologisch verfolgt werden, wenn je nach Stadium verschiedene Erregerantigene oder spezifische Antikörper auftauchen. Ein gutes Beispiel hierfür sind die → Hepatitis-B-Viren oder der Epstein-Barr-Virus (→ Pfeiffer'sches Drüsenfieber).

ELISA

Sehr häufig eingesetzt wird der sog. ELISA (Enzyme linked Immunosorbent Assay). Hier sind Erregerbestandteile auf einer Trägerplatte aufgebracht. Die Trägerplatte wird mit Patientenserum überschichtet und evtl. vorhandene Antikörper aus dem Patientenserum legen sich an die Erregerbestandteile auf dem Trägermedium an.

Der Überstand wird heruntergewaschen und im nächsten Schritt werden enzymmarkierte Antikörper gegen menschliche Antikörper eingesetzt. Haben sich menschliche Antikörper angelagert (d. h. der Patient setzt sich mit der Infektion auseinander), finden die enzymmarkierten Antikörper diese menschlichen Antikörper und markieren sie.

Durch Anfertigen einer Verdünnungsreihe wird der Titer bestimmt, der Titer entspricht in etwa der Menge an vorhandenen Antikörpern des Patienten. Je mehr Antikörper, desto aktueller das Infektionsgeschehen.

Agglutinationstests

Bei diesen Tests werden entweder Latexpartikel oder rote Blutkörperchen mit Erregerbestandteilen beladen und von den Antikörpern im Serum des Patienten verklumpt. Das wird als Agglutination bezeichnet und kann gleichfalls zu einer Aussage mit Titern führen, wenn entsprechende Verdünnungsreihen eingesetzt werden. Agglutinationstests können mit dem bloßen Auge ausgewertet werden.

Indirekte Immunofluoreszenz

Mit der indirekten Immunfluoreszenz ist eine optische Darstellung einer Antikörperreaktion möglich. Hier wird ein Objektträger mit Erregern (z. B. Toxoplasmen oder Treponema pallidum) beladen, die dann auf dem Objektträger „festgeklebt" sind. Das Patientenserum wird auf den

Objektträger gegeben, evtl. vorhandene Antikörper reagieren mit den Erregern auf dem Objektträger. Wieder wird „Anti-Mensch-Serum“ angesetzt, anstatt eines Enzyms wird nun aber ein Fluoreszenzfarbstoff zur Markierung verwendet. Sind Antikörper beim Patienten vorhanden, leuchten die dann unter dem Mikroskop gut zu erkennenden Erreger bei entsprechender Stimulation des Farbstoffs auf.

Polymerase-Kettenreaktion – molekularbiologisches Untersuchungsverfahren

Die raschen Fortschritte der Molekularbiologie in den letzten Jahren haben auch einen Fortschritt in der mikrobiologischen Diagnostik gebracht. Durch die Polymerase-Kettenreaktion (PCR) können heute erregerspezifische DNA oder mit entsprechendem Mehraufwand erregerspezifische RNA amplifiziert (d.h. vermehrt) werden. Hierzu werden zwei erregertypische Primer (kurze DNA-Stücke) als Start- und Endpunkt für die DNA-Vermehrung eingesetzt.

Anschließend wird das PCR-Produkt in eine Gelmatrix aufgebracht und man kann dann aufgrund seiner Größe eine Aussage darüber machen, ob der gesuchte Erreger vorhanden ist oder nicht (**Abb. U.141**).

Besonders bewährt hat sich die PCR z. B. in der Tuberkulosediagnostik und zum Nachweis von Noroviren oder Hepatitis C. Bei Hepatitis C wird mittels PCR die Viruslast im Blut auch quantitativ ermittelt.

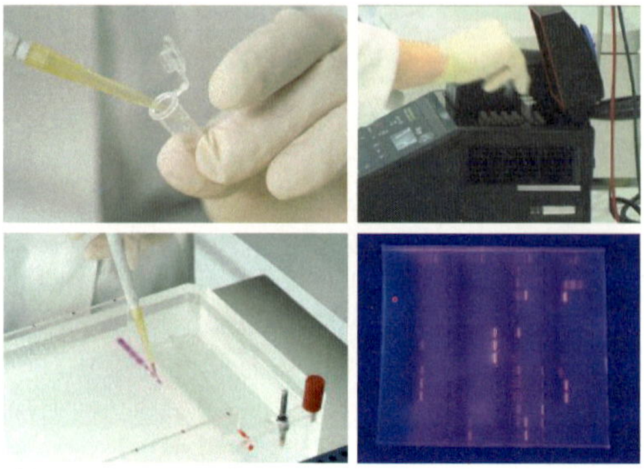

Abb. U.141 PCR. a Patientenprobe und Reagenzien werden zusammengegeben. **b** Die PCR findet in einem Thermogerät statt. **c** Die fertigen Proben werden mit Farbstoff versehen und zur elektrophoretischen Auftrennung auf ein Gel aufgetragen. **d** Mit UV-Licht kann angefärbte DNA sichtbar gemacht werden. Das Bandenmuster zeigt, welche Probe Infektionserreger enthält.

Untersuchungen der Nase und der Nasennebenhöhlen

Vor der Untersuchung der Nase und der Nasennebenhöhlen ist eine spezifische Anamneseerhebung durchzuführen. Gefragt werden sollte u. a. nach Behinderung der Nasenatmung, Nasensekretion, Schmerzen, Geruchsstörungen und Allergien. Zur Untersuchung der Nase und der Nasennebenhöhlen gehören folgende Untersuchungsmethoden:

- Inspektion des Nasenäußeren,
- Inspektion des Naseninneren,
- Nasenendoskopie,
- Rhinomanometrie, nasaler Provokationstest,
- Geruchsprüfung,
- bildgebende Verfahren.

Inspektion des Nasenäußeren

Die Untersuchung des Äußeren der Nase beginnt mit dem Abtasten der Nase und des Gesichts über den Nasennebenhöhlen. Geachtet wird auf Schwellungen oder Rötungen der Haut. Im Falle von vorausgegangenen Traumen achtet man auf Stufenbildungen im Knochen des Nasengerüsts, der Stirnhöhlenvorderwand, im Bereich der Augenbrauen und der Kieferhöhlenvorderwand.

Geprüft wird auch die Hautsensibilität im Gesichtsbereich. Die Austrittspunkte des sensiblen Gesichtsnervs (N. trigeminus) im Bereich der Augenbrauen und an der Wange werden auf Druckschmerzhaftigkeit untersucht.

Inspektion des Naseninneren

Das Innere der Nase wird mit einem Stirnspiegel oder einer Stirnlampe unter Zuhilfenahme eines Nasenspekulums untersucht (**Abb. U.142**). Der Untersucher hält dabei das Nasenspekulum mit der einen Hand, führt es in die Nase ein und spreizt es so weit auf, bis er in das Naseninnere hineinschauen kann. Dabei kann er mit der anderen Hand den Kopf des Patienten an der Stirn halten und ihn in die für ihn optimale Position bringen.

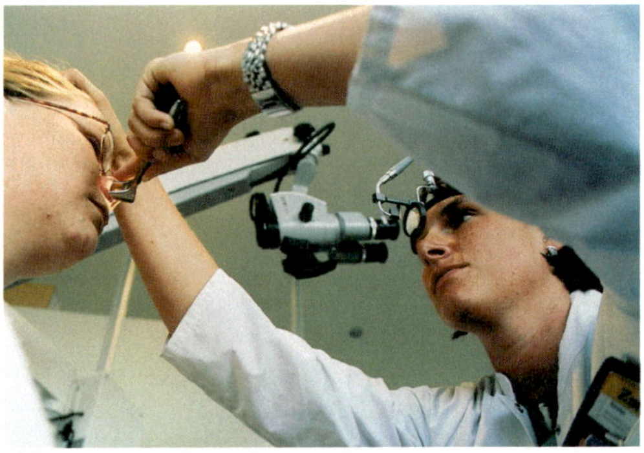

Abb. U.142 Inspektion des Naseninneren.

Die Untersuchung ist für den Patienten nicht unangenehm. Im vorderen Anteil der Nase achtet der Untersucher insbesondere auf Verkrümmungen der Nasenscheidewand, auf Schwellungszustände der Nasenschleimhaut oder der Nasenmuscheln und auf die Beschaffenheit des Schleims.

Wenn der Blick in die weiter hinten gelegenen Anteile der Nase nicht möglich ist, dann wird die Nasenschleimhaut abgeschwollen. Dies kann durch Einlage einer in einer Medikamentenmischung (z. B. Privin/Xylocain) getränkten Watte erfolgen. Nachdem diese einige Minuten eingewirkt hat, sind i.d.R. die hinteren Anteile der Nasenhöhle einsehbar.

Nasenendoskopie

Die hinteren Anteile der Nasenhöhle lassen sich am besten mit Hilfe eines Endoskops beurteilen (**Abb. U.143**). Hierbei handelt es sich um eine ca. 4 mm dicke, starre Optik, welche meist einen Betrachtungswinkel von 30° hat. Die Untersuchung erfolgt nach vorausgehendem Abschwellen und Oberflächenanästhesie.

Die Untersuchung ist für den Patienten nicht mit Schmerzen verbunden. Der Untersucher achtet auf evtl. vorhandene Nasenpolypen, welche meist im sog. mittleren Nasengang zwischen unterer und mittlerer Nasenmuschel anzutreffen sind. Nasenpolypen sind stets Zeichen einer chronischen Nasennebenhöhlenentzündung (→ chron. Sinusitis). Unter endoskopischer Sicht können auch kleinere Eingriffe durchgeführt werden, z. B. Entfernung von Polypen, Entnahme von Proben aus suspekten Schleimhautveränderungen oder das Stillen von → Nasenbluten.

Der Blick in die Nasennebenhöhlen selbst ist bei normalen anatomischen Verhältnissen nicht möglich. Wenn nach vorausgegangenen Operationen die Zugänge zu den Nasennebenhöhlen allerdings erweitert worden sind (Fensterung), dann kann über diese Fenster die Schleimhaut in den Nebenhöhlen beurteilt werden.

Bei der Nasenendoskopie achtet man außerdem auf Art und Menge des Nasensekrets. Dieses kann z. B. vermehrt wässrig sein, was ein Hinweis auf Allergien sein kann, oder eitrig bis zäh, was auf bakterielle Entzündungen hinweist.

Nachbereitung

Die Nasenendoskope müssen nach jeder Untersuchung aufbereitet werden. Dies erfolgt zunächst durch Abwischen mit einer alkoholischen Lösung. Anschließend werden die Endoskope mindestens 5 Min. in ein Desinfektionsbad eingelegt.

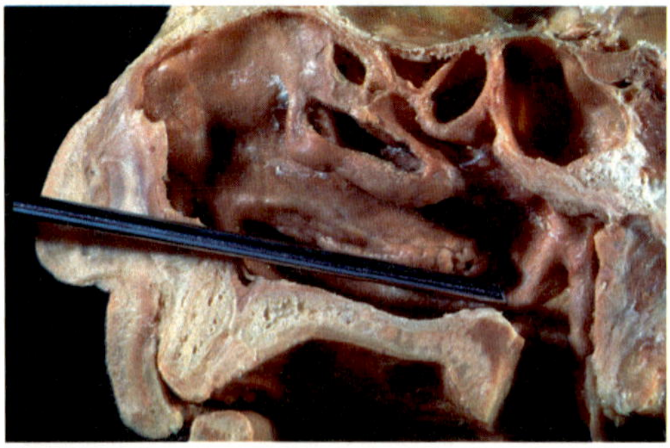

Abb. U.143 Nasenendoskopie. Anatomisches Präparat mit Nasenoptik. Die Spitze des Endoskops liegt im Nasenrachenraum.

Rhinomanometrie, nasaler Provokationstest

Die Rhinomanometrie ist eine apparative Untersuchung die zur Quantifizierung einer Nasenatmungsbehinderung eingesetzt wird.

Das Empfinden für eine Behinderung der Nasenatmung ist von Mensch zu Mensch sehr unterschiedlich ausgeprägt. Mit Hilfe der Rhinomanometrie kann die tatsächliche Durchflussmenge der Luft durch die Nase pro Zeiteinheit gemessen werden. Die Messung erfolgt als so genannte anteriore Rhinomanometrie mit Hilfe einer Maske, die der Patient aufsetzt.

Eine Drucksonde wird in ein Nasenloch eingesetzt, diese misst den Druck, der im Nasenrachenraum herrscht. Eine zweite Sonde misst den Druck in der Maske. Während der Patient ein- und ausatmet wird der Luftstrom in Abhängigkeit von der Druckdifferenz gemessen. Dies kann vor und nach dem Abschwellen erfolgen, um den Einfluss der Schleimhaut- und Nasenmuschelschwellung auf die Nasenatmung zu ermitteln. Als Normalwerte werden ca. 500 ml/s bei 150 Pa Druckdifferenz ohne Abschwellen angesehen.

Nasaler Provokationstest. Ein besonderer Einsatzzweck der Messung liegt in der Allergiediagnostik. Dem Patienten wird dabei eine Lösung mit einer verdünnten Allergensubstanz in die Nase eingesprüht. Nach einem definierten Zeitraum wird erneut eine Rhinomanometrie durchgeführt. Eine deutliche Zunahme des Atemwegswiderstands ist ein Indiz für eine stattgefundene allergische Reaktion.

Geruchsprüfung

Man unterscheidet subjektive und objektive Riechprüfungen. Sie dienen der Abklärung von Störungen des Geruchssinns.

Objektive Riechprüfung. Olfaktorisch evozierte Potenziale werden gemessen. Es handelt sich um eine recht komplizierte Untersuchung, die in der täglichen Praxis kaum Bedeutung hat und nur in wenigen Zentren meist bei gutachterlichen Fragestellungen durchgeführt wird.

Subjektive Riechprüfung. Diese wird standardmäßig angewandt und erfolgt als Schnüffelprobe. Hierbei werden dem Patienten bestimmte Geruchsstoffe angeboten, die er erkennen soll. Die Messung erfolgt vor und nach Abschwellen der Nase, die Seiten getrennt. Die Riechstoffe befinden sich entweder in kleinen Fläschchen oder standardisiert in speziellen Riechstiften. Getestet werden reine Riechstoffe wie Kaffee, Nelke, Vanille, welche ausschließlich von den Riechzellen über den N. olfactorius wahrgenommen werden und gemischte Riechstoffe, welche zusätzlich eine Reizung des N. trigeminus (Menthol) oder N. glossopharyngeus (Chloroform) auslösen.

Bildgebende Verfahren

Die bildgebenden Untersuchungen werden zur Darstellung der Nasennebenhöhlen eingesetzt, sie sind jeweils mit spezifischen Vor- und Nachteilen behaftet.

Sonografie

Die sonografische Untersuchung der Nasennebenhöhlen hat den Vorteil, dass sie schnell und nebenwirkungsfrei durchzuführen ist. Der Schallkopf wird dem Patienten auf die Wange über den Kieferhöhlen und auf die Stirn über der Stirnhöhle aufgesetzt.

Bei luftgefüllten Nebenhöhlen kommt es zur Schallauslöschung, andernfalls ist ein Echo der Rückwand der Höhle sichtbar. Nachteil der Untersuchungsmethode ist, dass nur die vordersten Höhlen untersucht werden können, bei auffälligem Befund sind außerdem keine genaueren Aussagen über den Inhalt der Nebenhöhlen möglich (Flüssigkeit? Polypen? Zysten? Schleimhautschwellung?).

Konventionelle Röntgenaufnahme

Zur Darstellung der Nasennebenhöhlen erfolgen Übersichtsaufnahmen mit definiertem Strahlengang (okzipitomental, okzipito-frontal). Zur Abklärung einer Nasenbeinfraktur erfolgt die seitliche Aufnahme (bitemporal). Bei Gesichtsfrakturen eine Schädelaufnahme in 2 Ebenen.

Vorteil der Übersichtsaufnahme ist die einfache Durchführbarkeit und relativ geringe Strahlenbelastung. Nachteil ist die nur zweidimensionale Darstellung, die heutzutage in der Diagnostik der Nasennebenhöhlen den Aufnahmetechniken in Schichttechnik klar unterlegen ist.

Computertomografie und Magnetresonanztomografie

Die Computertomografie bietet heute die genaueste Darstellung der knöchernen Begrenzungen der Nasennebenhöhlen (**Abb. U.144**). Bei höherer Strahlenbelastung als die Übersichtsaufnahme hat sie sich als Standardmethode in der Diagnostik von Nasennebenhöhlenerkrankungen wegen der dreidimensionalen Beurteilbarkeit des Nebenhöhlensystems durchgesetzt.

Die Magnetresonanztomografie hat den Vorteil der Strahlenfreiheit, sie hat ihre Stärken aber in der Darstellung der Weichteilstrukturen und ist deshalb der Computertomografie in der Diagnostik der Nasennebenhöhlen unterlegen.

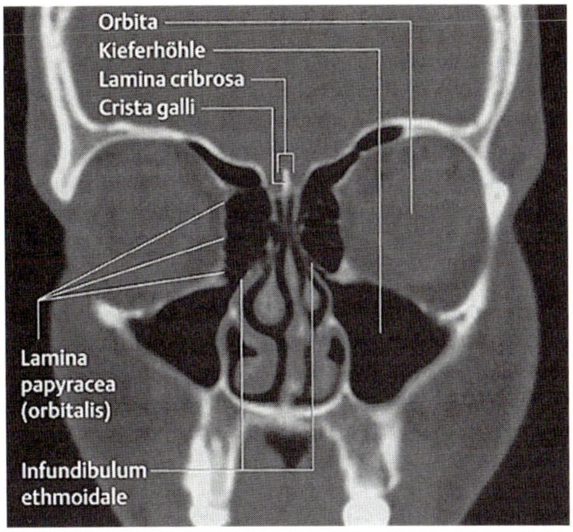

Abb. U.144 Computertomogramm der Nasennebenhöhlen. Normalbefund.

Untersuchungen des Nervensystems

Für eine möglichst gesicherte neurologische Diagnose reicht eine Befragung zur Krankheitsvorgeschichte (Anamnese) und die zum Standard gehörende oberflächliche neurologische Untersuchung nicht aus. Bei Verdacht auf eine Erkrankung mit neurologischen Ursachen ist eine vertiefende neurologische Untersuchung notwendig. Nur so können konkrete Funktionsstörungen im Nervensystem ausgeschlossen, eingegrenzt oder lokalisiert werden.

Neben den körperlichen Untersuchungen (z. B. Sensibilitätsprüfung) werden in diesem Fall auch verschiedene apparative diagnostische Methoden und Mittel (z. B. Röntgen oder EMG) genutzt. Zu den wichtigsten neurologischen Untersuchungen gehören:

- Untersuchung der Hirnnerven,
- Untersuchung der Motorik, z. B. Kraft, Halteversuch, Muskeldehnungsreflex, Fremdreflex, Pyramidenbahnzeichen, Muskeltonus, Muskeltrophik,
- Untersuchung der Koordination,
- Untersuchung der Sensibilität,
- neuropsychologische Untersuchung,
- Lumbalpunktion,
- Elektromyografie (EMG),
- Elektroneurografie (ENG,
- Untersuchung mittels evozierter Potenziale (visuell, akustisch, motorisch).

Untersuchung der Hirnnerven

Definition

Mittels verschiedener körperlicher Untersuchungen werden die Funktionen der einzelnen Hirnnerven, wenn möglich seitlich voneinander getrennt, überprüft.

Indikation und Prinzip

Die spezifischen Hirnnervenfunktionen werden auf unterschiedliche Weise geprüft. Man unterscheidet zwölf paarig angelegte, jeweils zu linker und rechter Hirnregion gehörige, Hirnnerven, die direkt aus dem Gehirn austreten.

Alle Hirnnerven haben einen Eigennamen und werden zudem mit einer römischen Nummer bezeichnet, die der Reihenfolge ihres Austretens aus dem Gehirn entspricht. Zu den Hirnnerven gehören (**Abb. U.145**):

I. Nervus olfactorius, Riechnerv mit Rezeptoren in der Nasenschleimhaut,
II. Nervus opticus, Sehnerv,
III. Nervus oculomotorius, er versorgt Muskeln, die das Auge bewegen,
IV. Nervus trochlearis, er versorgt einen von den Muskeln, die das Auge bewegen,
V. Nervus trigeminus, er versorgt die Gesichtshaut sensibel und die Kaumuskulatur motorisch,
VI. Nervus abducens, er versorgt einen Muskel, der das Auge bewegt,
VII. Nervus facialis, er versorgt die Gesichtsmuskulatur motorisch und sensibel die vorderen zwei Drittel der Zunge,
VIII. Nervus vestibulocochlearis, Hör- und Gleichgewichtsnerv,
IX. Nervus glossopharyngeus, er versorgt sensibel die Paukenhöhle (Teil des Mittelohres) und einen Teil des Pharynx (Rachens) sowie das hintere Drittel der Zunge,
X. Nervus vagus, er hat verschiedene sensible, motorische und parasympathische (Herz, Lunge und Kreislauf beeinflussende) Funktionen,
XI. Nervus accessorius, er versorgt den Trapezmuskel und den Musculus sternocleidomastoideus (einen Halsmuskel),
XII. Nervus hypoglossus, er versorgt die Zungenmuskulatur und einige Muskeln des Halses.

Durchführung

Nervus olfactorius. Dieser Nerv wird mit Hilfe unterschiedlicher, starker Riechstoffe (z. B. Kaffee, Zimt) untersucht, die in Reagenzgläser aufgefüllt unter die Nase des Patienten gehalten werden. Der Patient muss nicht den Riechstoff erkennen, sondern eine Leerprobe ausgrenzen.
Nervus opticus. Die Sehstärke wird mit Hilfe von Lesetafeln beurteilt. Der Patient muss in gewissem Abstand von der Lesetafel Buchstaben oder Zahlen unterschiedlicher Größe vorlesen. Der Augenhintergrund wird zudem mit Hilfe eines Ophthalmoskops (einem Gerät, mit dem man den Augenhintergrund betrachten kann) untersucht. Mit einer weiteren Untersuchung beurteilt man das Gesichtsfeld (wahrgenommener Sehradius).
Nervus oculomotorius, Nervus trochlearis, Nervus abducens. Diese Nerven werden gemeinsam untersucht, indem man die Augenbeweglichkeit in alle Richtungen, die spontane Augenstellung und die Breite der Lidspalte beurteilt. Überdies werden Pupillenweite und Lichtreaktion beider Augen untersucht. Bei der Lichtreaktion leuchtet man mit einer Lampe in je ein Auge und beobachtet, ob sich die Pupille des jeweiligen Auges zusammenzieht.
Nervus trigeminus. Die Sensibilität der ganzen Gesichtshaut wird mit Hilfe eines Wattebausches beiderseits überprüft. Auch die Hornhaut (Kornea) wird mit einem Wattebausch berührt, was bei gesunden Patienten einen Lidschluss verursacht (Kornealreflex). Um die Funktion der Kaumuskulatur zu prüfen, lässt man den Patienten die Zähne stark zusammen beißen. Bei einem Erkrankten weicht der Kiefer zu einer Seite hin aus.
Nervus facialis. Zur Funktionsprüfung der mimischen Muskulatur lässt man den Patienten die Stirn runzeln, die Zähne blecken, den Mund spitzen, die Nase rümpfen und die Augen zusammenkneifen. Dabei achtet der Untersucher auf seitengleiche Mimik. Für eine Geschmacksprü-

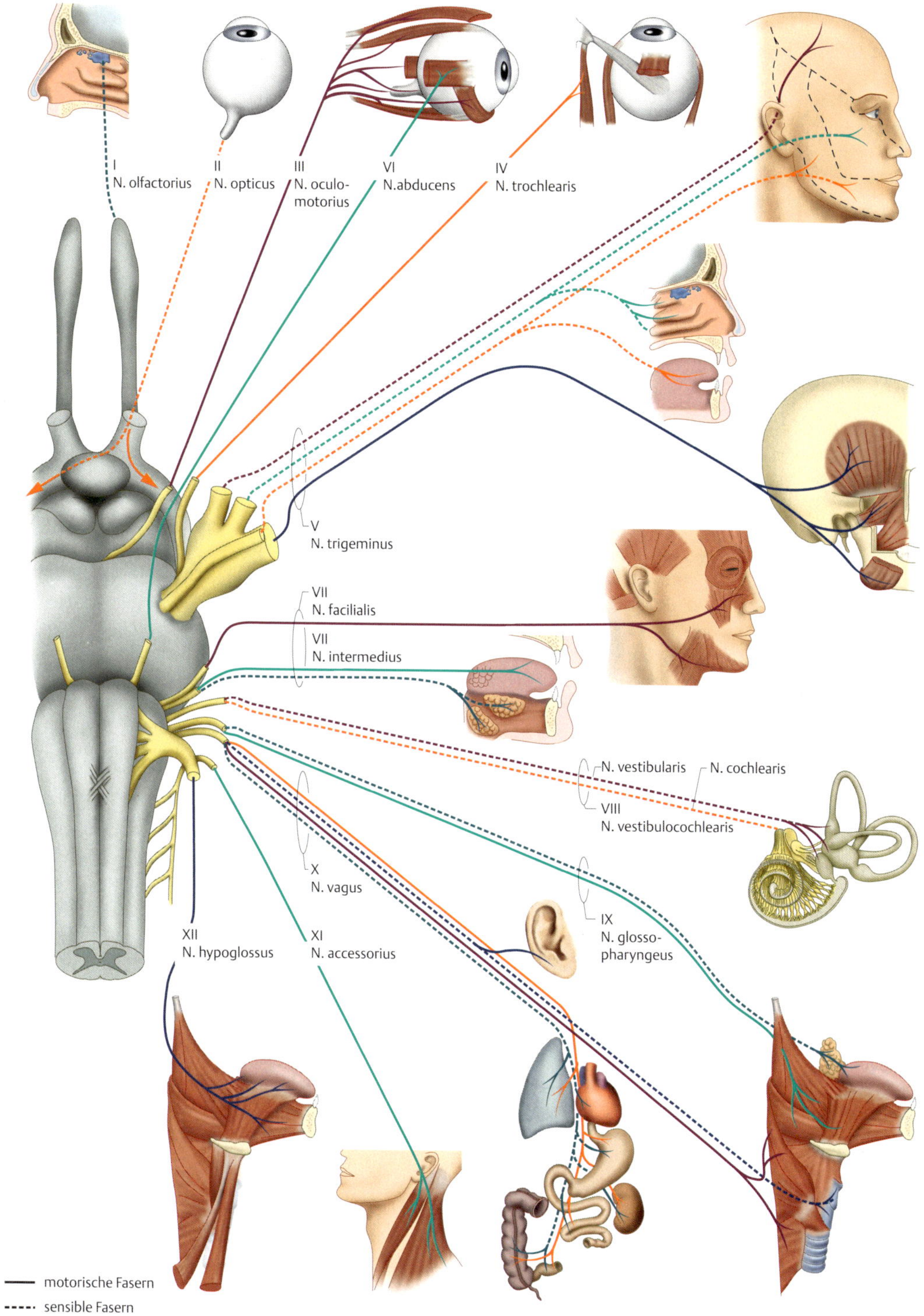

Abb. U.145 Hirnnerven. Die zwölf paarigen Hirnnerven versorgen motorische und sensible Funktionen.

fung der vorderen zwei Drittel der Zunge muss der Patient vier verschiedene Geschmacksqualitäten erkennen (Zuckerlösung/süß, Kochsalzlösung/salzig, Zitronensäurelösung/sauer und Chininlösung/bitter). Wie beim Nervus trigeminus wird zudem auch hier der Kornealreflex geprüft.

Nervus vestibulocochlearis. Das Gehör wird orientierend (leise/laut) in Flüster- und Umgangssprache im Seitenvergleich geprüft. Hierbei wird jeweils ein Ohr des Patienten zugehalten. Der Patient wird zudem aufgefordert, geflüsterte Zahlen oder Wörter nachzusprechen. Hört der Patient auf einem Ohr schlecht, versucht man die Hörstörung mit Hilfe einer schwingenden Stimmgabel zu lokalisieren (Weber- und Rinne-Versuch, S. 1266). Außerdem beobachtet man die Augen des Patienten, um einen evtl. Nystagmus (krankhafte, unwillkürlich-ruckartige Augenbewegungen) zu erkennen.

Nervus glossopharyngeus. Das Geschmacksempfinden des hinteren Drittels der Zunge wird untersucht (Zuckerlösung/süß, Kochsalzlösung/salzig, Zitronensäurelösung/sauer und Chininlösung/bitter). Das Bittere ist am besten zu spüren. Darüber hinaus berührt man mit Hilfe eines Spatels leicht die Rachenhinterwand und testet so den Würgereiz. Bei Erkrankten ist dieser nicht auslösbar.

Nervus vagus. Der Patient wird gebeten, den Mund weit zu öffnen, sodass der Untersucher den weichen Gaumen (den hinteren Teil des Gaumens in Richtung Rachen) beurteilen kann. Bei einer Lähmung eines Nervus vagus sieht man ein seitlich herabhängendes Gaumensegel. Patienten mit geschädigtem Vagusnerv leiden auch unter Sprech- und Stimmstörungen. Sie haben eine nasale Stimme oder sind heiser, weil sie die Stimmlippen nicht normal bewegen können. Bei beidseitiger Vagus-Schädigung sind die Betroffenen nahezu stimmlos und haben Probleme mit dem Schlucken.

Nervus accessorius. Der Patient hebt die Schultern nach oben gegen den Widerstand des Arztes. Bei Gesunden sollte dies seitengleich möglich sein. Danach wird der Patient gebeten, den Kopf erst zu der einen und dann zu der anderen Seite hin zu drehen. Dies geschieht bei einem gesunden Menschen seitengleich.

Nervus hypoglossus. Der Patient wird gebeten, die Zunge weit herauszustrecken, damit der Arzt diese beurteilen kann. Eine gesunde Zunge ist symmetrisch und weicht beim Herausstrecken zu keiner Seite hin ab.

Bewertung

Stellt der Arzt bei der Untersuchung eine Seitendifferenz oder gar einen Ausfall der Hirnnervfunktionen fest, muss nach der Ursache gesucht werden. Hierbei werden entweder weitere spezifischere Untersuchungen der Nerven durchgeführt oder weitere Untersuchungsmethoden hinzugezogen, die sich nach den Symptomen richten, unter denen der Patient leidet.

Bei den mittels einer neurologischen Untersuchung festgestellten Schädigungen kann es sich um eine Schädigung des Kernes des Hirnnervs oder eine Schädigung im Verlauf des Nervs handeln. Diesen Schädigungen können Entzündungen, Traumata mit Verletzung, Tumorwachstum oder andere Raum fordernde Anomalien zu Grunde liegen.

Untersuchung der Motorik

Definition

Unter Motorik versteht man die Gesamtheit der vom zentralen Nervensystem kontrollierten Bewegungsabläufe. Zur Untersuchung der Motorik gehören eine Reihe verschiedener körperlicher Untersuchungen. Diese dienen der Feststellung von Lähmungen und Paresen (unvollständige Lähmungen), der Prüfung des Muskeltonus (Muskelspannung) sowie der Beobachtung von Muskelabbau (Atrophien) und unwillkürlicher Bewegungen.

Diese nicht schmerzhaften Untersuchungen werden vom Arzt gezielt durchgeführt und richten sich nach den Beschwerden des Patienten.

Indikation und Prinzip

Mit Hilfe der Motorikprüfung können Art und Ort einer Schädigung von peripherem und zentralem Nervensystem genauer lokalisiert werden.

Durchführung

Zur Untersuchung der Motorik gehören:

- Untersuchung der Kraft,
- Vorhalteversuche,
- Untersuchung der Muskeleigenreflexe (MER),
- Untersuchung der Fremdreflexe,
- Untersuchung der Pyramidenbahnzeichnung,
- Untersuchung des Muskeltonus,
- Betrachtung der Muskeltrophik.

Untersuchung der Kraft

Der Patient wird aufgefordert, eine bestimmte Bewegung gegen den Widerstand des Untersuchers auszuführen, z. B. den Arm zu beugen. Systematisch untersucht man so mehrere Muskeln im Seitenvergleich. Mittels dieser Prüfung können Lähmungen diagnostiziert werden.

Vorhalteversuche

Der Patient wird aufgefordert, die ausgestreckten Arme mit den Handflächen nach oben bei geschlossenen Augen länger als zehn Sek. waagerecht zu halten. Eine langsame Drehung der Hand und/oder ein Absinken des Armes deuten auf eine Erkrankung hin.

Alternativ wird der Patient in liegender Position gebeten, die Beine mit einer 90°-Beugung in Knie und Hüftgelenk bei geschlossenen Augen länger als zehn Sek. zu halten. Senkt sich der Unterschenkel ab, deutet dies auf eine Erkrankung hin (**Abb. U.146**).

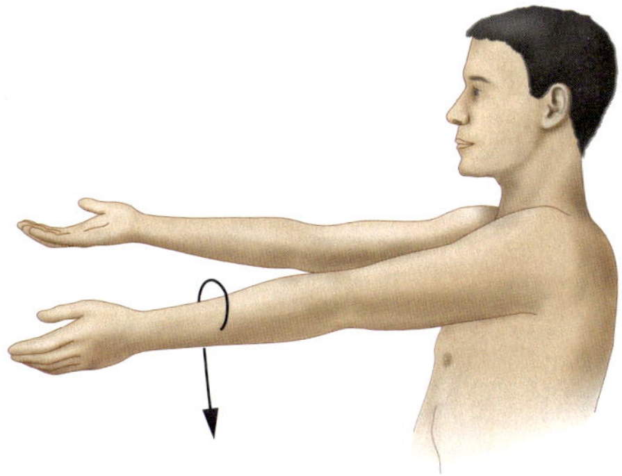

a

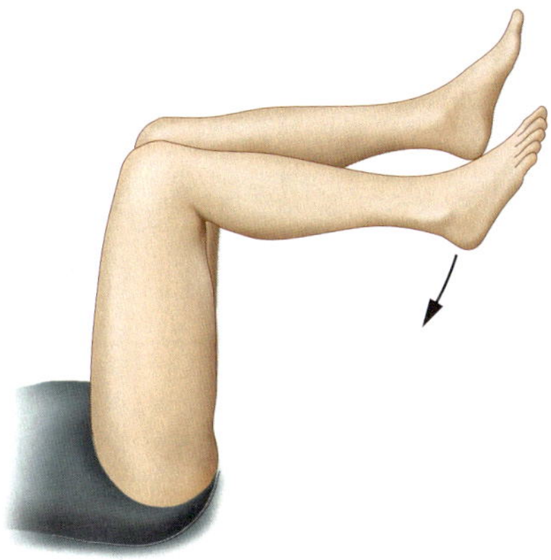

b

Abb. U.146 Vorhalteversuche. a Armhalteversuch: Eine langsame Drehung und Absinktendenz deuten auf eine Erkrankung hin. **b** Beinhalteversuch: Sinkt der Unterschenkel ab, ist das ein Hinweis auf eine Erkrankung.

Untersuchung der Muskeleigenreflexe (MER)

Leichtes Schlagen mit einem Reflexhammer auf die Muskelsehne löst eine Kontraktion des betreffenden Muskels aus. Die Prüfung wird seitengleich ausgeführt und die Muskelkontraktionen werden miteinander verglichen. Bei gesunden Patienten ist die Muskelkontraktion gut sichtbar und fällt auf beiden Seiten mehr oder weniger gleich aus. Reagiert der Untersuchte auf einer Seite gar nicht oder extrem stark, liegt eine Schädigung der entsprechenden Region vor. Zu den wichtigsten Untersuchungen der Muskeleigenreflexe gehören die Folgenden (**Abb. U.147**).

Bizepssehnenreflex. Der Arzt legt seinen Finger auf die Bizepssehne in der Ellenbeuge des Patienten, wobei der Ellenbogen entspannt ist. Mit einem Reflexhammerschlag auf den Finger des Arztes wird beim Patienten eine Bizeps-Kontraktion, evtl. sogar eine Unterarmbeugung ausgelöst.

Trizepssehnenreflex. Bei entspanntem und gebeugtem Ellenbogen schlägt der Arzt auf die Trizepssehne. Dies löst bei Gesunden eine Streckung des Armes aus.

Patellarsehnenreflex. Bei sitzenden Patienten, deren Beine herabhängen, schlägt der Arzt leicht mit dem Reflexhammer auf die Sehne unterhalb der Kniescheibe des Patienten. Dies löst eine Anspannung der Oberschenkelmuskulatur (Quadrizepsmuskel) oder sogar eine Streckung des Beines aus.

Achillessehnenreflex. Der Patient kniet auf einem Stuhl, wobei die Füße herunterhängen. Der Arzt schlägt auf die Achillessehne und löst so eine Anspannung der Wadenmuskulatur aus.

Untersuchung der Fremdreflexe

Durch Berührung der Haut wird eine Muskelkontraktion ausgelöst.

Bauchhautreflexe. Rasches Streichen der Bauchhaut von außen nach innen, in drei Etagen (oberhalb des Bauchnabels, in der Nabelhöhe und am Unterbauch) löst bei Gesunden eine Kontraktion der Bauchmuskulatur auf der Seite und im Bereich der Reizung aus.

Kremasterreflex. Entlangstreichen an der Innenseite des Oberschenkels löst beim Mann den Kremasterreflex aus und führt so zu einem Hochsteigen des Hodens auf der gleichen Seite.

Analreflex. Entlangstreichen an der Perianalhaut (die den Anus umgebende Haut) mit einem Spatel löst eine Kontraktion des Schließmuskels aus. Ein Fehlen derselben weist auf eine Pyramidenbahnläsion (Schädigung bestimmter Nervenbahnen im Rückenmark) hin.

Bulbokavernosusreflex. Leichtes Kneifen in die Eichel führt beim Mann zur Kontraktion der Beckenbodenmuskulatur.

Untersuchung der Pyramidenbahnzeichen

Alle Pyramidenbahnzeichen sind krankhafte Reflexe, die bei einem gesunden Patienten nicht auslösbar sind. Der Babinski-Reflex ist unter ihnen der wichtigste. Hierbei kratzt man in einem Bogen die Fußsohle von außen unten nach innen oben entlang. Krankhaft ist als Reaktion darauf ein Spreizen der Zehen, wobei der Großzeh nach oben Richtung Knie zeigt (**Abb. U.148**).

Untersuchung des Muskeltonus

Der Muskeltonus (Spannungszustand der Muskulatur), wird durch passives Bewegen der Gelenke (Ellenbogen, Knie und Handgelenke) untersucht. Die Muskelspannung kann krankhaft erhöht oder reduziert sein. Bei erhöhtem Muskeltonus unterscheidet man zwischen Spastik (Verkrampfen der Muskulatur) und Rigor (Steifheit der Muskulatur).

Spastik. Bei einer Spastik ist die Erhöhung der Muskelspannung umso größer, je rascher der Muskel gedehnt wird. Ein plötzliches Nachlassen der Spannung bei Dehnung der Muskulatur wird als Taschenmesser-Phänomen bezeichnet.

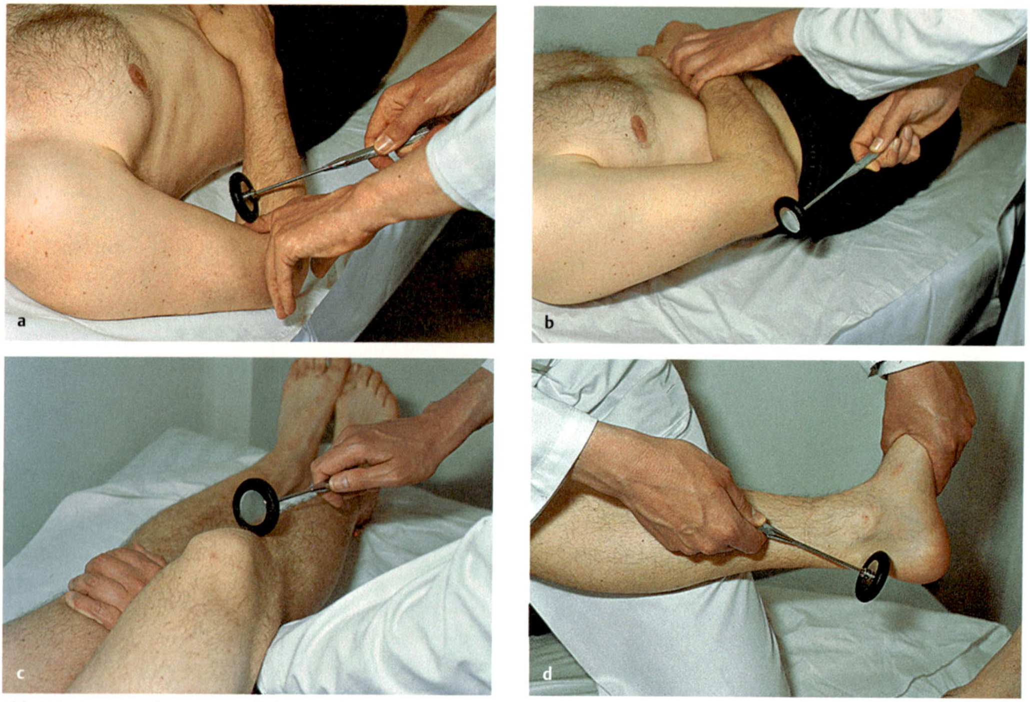

Abb. U.147 Die wichtigsten Muskeleigenreflexe. **a** Bizepssehnenreflex: Durch Beklopfen der Ansatzsehne in der Ellenbeuge wird eine Beugung des Ellenbogens ausgelöst. **b** Trizepssehnenreflex: Durch Beklopfen der Ansatzsehne an der Rückseite des Ellenbogens löst man eine Streckung des Ellenbogens aus. **c** Patellarsehnenreflex: Ein Beklopfen der Ansatzsehne des M. quadriceps femoris unterhalb der Kniescheibe löst eine Streckung im Knie aus. **d** Achillessehnenreflex: Beklopft man die Achillessehne über dem Fersenbein, senkt sich der Vorderfuß.

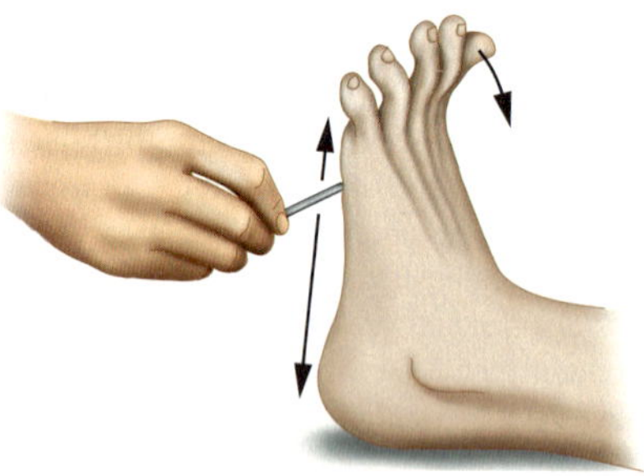

Abb. U.148 Babinski-Reflex. Der pathologische Reflex wird durch das Streichen über den äußeren Fußsohlenrand ausgelöst. Als Folge davon bewegt sich die Großzehe in Richtung Knie und die übrigen Zehen werden gespreizt und gebeugt.

Rigor. Bei einem Rigor findet sich während einer passiven Bewegung ein anhaltender passiver Widerstand. Die reduzierte Anspannung der Muskulatur zeigt sich beim Anheben der betroffenen Extremität: Der Patient kann sie nicht in Position halten und Hand oder Bein fallen herab.

Untersuchung der Muskeltrophik

Die Muskeltrophik (Stoffwechselzustand und Aufbau der Muskulatur) wird vor allem durch das Betrachten (Inspektion) des entkleideten Patienten untersucht. Bei Gesunden ist die Muskulatur seitengleich und symmetrisch aufgebaut.

Bewertung

Treten bei der Untersuchung der Motorik krankhafte Befunde zu Tage, müssen diese dokumentiert werden. Mit Hilfe unterschiedlicher Motorikuntersuchungen können Schädigungsort und -art näher lokalisiert werden, wobei es sich um Krankheiten des peripheren Nervensystems, Rückenmarks oder des Gehirns handeln kann.

Untersuchung der Koordination

Definition

Bei einer Koordinationsprüfung werden die Abstimmung und das Zusammenwirken der Körpermuskulatur bei Bewegungsabläufen überprüft. Diese Prüfung setzt sich aus einer Reihe unterschiedlicher körperlicher Untersuchungen zusammen, die auf die Verdachtsdiagnose und die Beschwerden des Patienten abgestimmt werden. Feinmotorik, Stand und Gang, Zielbewegungen, Tremor (Zittern) und viele andere Aspekte können Teil der Koordinationsprüfung sein.

Der Betroffene muss sich auf die Koordinationsprüfung nicht gesondert vorbereiten. Sie erfordert aber seine Kooperation. Die Untersuchung ist im Normalfall nicht schmerzhaft.

Indikation und Prinzip

Nur eine aufeinander abgestimmte und reibungslos zusammenarbeitende Skelettmuskulatur führt zielgerichtete und fließende Bewegungen durch. Gesteuert werden die Bewegungsabläufe des Menschen durch eine Kooperation von Gehirn, Rückenmark und peripherem Nervensystem.

Treten Schädigungen in einem der genannten Gebiete auf, geht oft das geordnete Zusammenspiel der Muskeln verloren. Maß und Geschwindigkeit der Bewegungen geraten außer Kontrolle. Mögliche Begleiterscheinungen sind Schwindel, Gleichgewichtsstörungen, Fallneigung, Stand- und Gangunsicherheit.

Durchführung

Das komplizierte Koordinationssystem kann auf unterschiedliche Art und Weise untersucht werden. Die wichtigsten und gängigsten Methoden werden im Folgenden beschrieben.

Stand und Gang

Der Patient soll wenn möglich mehrere Meter gehen, wobei Bewegungsfluss, Mitbewegung der Arme und Haltung beobachtet und beurteilt werden.

Romberg-Versuch. Der Patient soll mit maximal eng zusammengestellten Füßen stehen. Zunächst mit offenen, später mit geschlossenen Augen. Einem gesunden Menschen gelingt dies problemlos. Ein Erkrankter schwankt mitunter auch mit offenen Augen bis hin zur Fallneigung.

Unterberger-Tretversuch. Der Patient soll mit geschlossenen Augen auf der Stelle mind. fünfzig Schritte machen. Kommt es dabei zu einer Körperdrehung um mehr als 45°, muss von einer Schädigung des Kleinhirns ausgegangen werden (**Abb. U.149**).

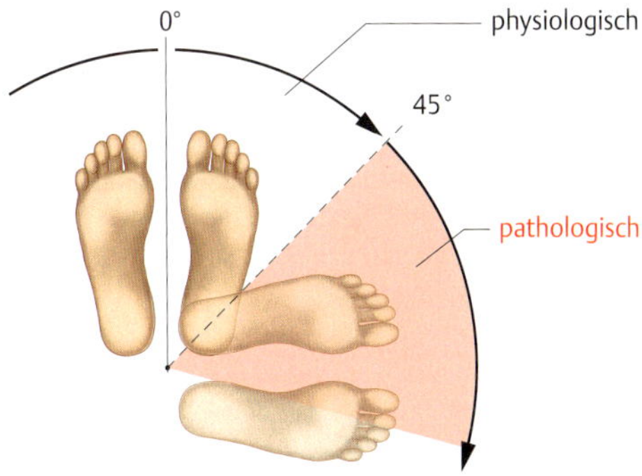

Abb. U.149 Unterberger-Tretversuch. Findet beim Unterberger-Tretversuch eine Drehung um mehr als 45° statt, ist das ein Hinweis auf eine Schädigung des Kleinhirns.

Zielbewegungen

Hierbei greift man auf Zeigeversuche zurück, die der Patient mit geschlossenen Augen durchführt.

Finger-Nasen-Versuch. Der Patient soll in langsamer, bogenförmiger Bewegung mit dem Zeigefinger die Nase treffen. Gelingt dies nicht, kann man von einer Koordinationsstörung ausgehen.

Knie-Hacke-Versuch. Der Patient soll im Liegen die Ferse auf die Kniescheibe des jeweils anderen Beins aufsetzen und dann an der Vorderkante des Schienbeins bis zum Sprunggelenk herunterfahren. Bei Misserfolg besteht Verdacht auf Koordinationsstörung.

Feinmotorik

Diadochokinese. Der Patient soll schnelle Bewegungen, z. B. das Drehen der Hände (dem Bewegungsablauf beim Einschrauben einer Glühbirne vergleichbar), durchführen. Eine sehr verlangsamte oder gar aufgehobene Drehbewegung deutet auf eine Erkrankung der Motorik hin.

Prüfung der Feinmotorik der Finger. Erfolgreiches rasch aufeinander folgendes Tippen aller Finger einer Hand auf den gleichseitigen Daumen zeugt von gesunder Motorik.

Reboundphänomen. Hier wird das Zusammenwirken der Muskeln geprüft. Der Arzt legt eine Hand auf die frei schwebende Hand des Patienten und drückt diese mit entsprechender Kraft nach unten. Der Patient drückt mit aller ihm zur Verfügung stehenden Kraft gegen den Widerstand. Wenn der Untersucher nun unvermittelt den Gegendruck wegnimmt (selbst also keine Kraft mehr aufwendet) wird die Bewegung bei einem Erkrankten nur wenig abgebremst. Die Hand des Erkrankten schnellt weit nach oben, oft bis über die eigene Schulter hinaus.

Bewertung

Eine Koordinationsstörung kann unterschiedliche Ursachen haben. Alle Untersuchungen der Koordination dienen als Hinweis auf Erkrankungen des Nervensystems, deren konkrete Ursache im Folgenden noch weiter untersucht werden muss.

In den meisten Fällen liegen Koordinationsstörungen akute und chronische Schädigungen des Kleinhirns (Alkohol, Tumor, Medikamentenüberdosierung), des Rückenmarks und Vestibularapparates zu Grunde. Aber auch psychogene Störungen können sich als Koordinationsstörung äußern und Ursache für diese sein.

Untersuchung der Sensibilität

Definition

Unter Sensibilität versteht man die Wahrnehmung von Empfindungsqualitäten (Berührung, Schmerz, Temperatur) und die Wahrnehmung von Bewegungen. Der Patient kann, z.B. auch mit geschlossenen Augen zuverlässig nachvollziehen, wohin sein Arm von dem ihn untersuchenden Arzt bewegt wird.

Die Prüfung der Sensibilität umfasst eine Reihe körperlicher Untersuchungen, bei denen die Qualität und Intensität der Wahrnehmung eines adäquaten Reizes beurteilt wird. Diese vom Arzt durchgeführten Untersuchungen verlangen keine spezielle Vorbereitung von Seiten des Patienten; wohl aber seine Kooperation. Die Untersuchung kann unter Umständen leicht schmerzhaft sein.

Indikation und Prinzip

Sensibilität ist die Fähigkeit zur Wahrnehmung verschiedener Reize, die durch Rezeptoren vermittelt werden. In der Haut sitzen Rezeptoren für Druck, Berührung, Vibration, Temperatur und Schmerzempfinden, die gemeinsam für die Oberflächensensibilität der Haut verantwortlich sind.

Weitere Rezeptoren, die in den Muskeln, Sehnen und Gelenken zu finden sind, vermitteln die Tiefensensibilität. Sie informieren das Gehirn über Muskellänge, Gelenkstellung und Muskelspannung und damit den Menschen über Lage und Bewegungen des eigenen Körpers. Mit Hilfe der Sensibilitätsuntersuchung kann man Ausfälle der Oberflächen- und Tiefensensibilität diagnostizieren.

Durchführung

Bei der Sensibilitätsprüfung werden die einzelnen Empfindungsqualitäten der Reihe nach untersucht.

Berührungsempfinden. Die Haut des Patienten wird mit Wattestäbchen oder Finger an den Gliedmaßen und am Rumpf im Seitenvergleich berührt. Der Patient soll bei geschlossenen Augen angeben, ob er den Reiz verspürt und ob das entsprechende Gefühl auf der linken und rechten Körperseite bei jeweiliger Berührung gleich ist. Ist dies nicht der Fall, weist der Unterschied in der Wahrnehmung auf eine mögliche Schädigung eines Nervs hin.

Schmerzempfinden. Die Untersuchung wird ähnlich wie die Berührungsuntersuchung durchgeführt, aber mit Hilfe einer Nadel. Erst wird der gesunde und dann der potenziell geschädigte Bereich berührt und der Patient wird gefragt, ob der Reiz seitengleich ist. Bei einer Störung kann das Schmerzempfinden auf einer Seite vermindert sein oder sogar fehlen. Weiter wird die Spitz-Stumpf-Diskrimination geprüft. Dies ist die Fähigkeit, die Berührung mit einem spitzen von der Berührung mit einem stumpfen Gegenstand zu unterscheiden. Die Nadel wird abwechselnd mit der Spitze oder dem Kopf auf die Haut aufgesetzt. Der Untersuchte soll mit geschlossenen Augen jeweils spitz oder stumpf angeben.

Temperaturempfinden. Zwei gleichgroße, mit kaltem und warmem Wasser gefüllte Reagenzgläser, werden in unregelmäßigem Wechsel auf die Haut aufgelegt. Der Patient soll kalt und warm unterscheiden. Ein Gesunder macht hierbei kaum Fehler, einem Erkrankten hingegen fällt dies schwer.

Vibrationsempfinden. Eine schwingende Stimmgabel wird beidseits auf Knochenvorsprünge aufgesetzt, z.B. das Großzehen- und das Daumengrundgelenk. Verspürt der Patient keine Vibration mehr, liest man anhand der Stimmgabelskala den Wert ab, bei dem das Vibrationsempfinden ausgesetzt hat. Beim Erkrankten ist das Vibrationsempfinden vermindert oder gar aufgehoben. Bereits kurz nach dem Aufsetzen der Stimmgabel verspürt er keine Vibrationen mehr.

Bewegungsempfinden. Zehen oder Finger des Untersuchten werden angefasst und in den Grundgelenken auf und ab bewegt. Der Patient soll bei geschlossenen Augen die Bewegungsrichtung angeben. Ein gesunder und kooperativer Patient macht maximal einen Fehler pro zehn Bewegungen.

Bewertung

Alle Empfindungsqualitäten werden im Seitenvergleich untersucht; die Grenzen der Ausfälle werden dokumentiert. Das Verteilungsmuster des Sensibilitätsausfalls ist ein sehr wichtiger Hinweis, mit dessen Hilfe man die Diagnose stellen kann.

Bei einer Schädigung eines peripheren Nervs fällt die Oberflächensensibilität im Versorgungsbereich des Nervs aus. Bei einer polyneuropathischen Erkrankung hingegen hat der Patient in einem bestimmten Bereich keinerlei Berührungssensibilität mehr. Die Berührungssensibilität schwindet mit Fortschreiten der Krankheit mehr und mehr. Und zwar so, wie man einen Handschuh oder Socken überzieht, d.h. von den Fingerspitzen über die Gelenke, hinab bis zu den Fingeransätzen, dann über den Handrücken usw.

Bei Schädigung eines Rückenmarksnervs findet man ein streifenförmiges Ausfallmuster der Sensibilität. Bei einer Querschnittslähmung schließlich kann man anhand der Grenze des Sensibilitätsausfalls feststellen, auf welcher Höhe sich die Rückenmarksschädigung befindet (**Abb. U.150**).

Neuropsychologische Untersuchung

Definition

Neurologische Erkrankungen können oft von psychischen Symptomen begleitet werden. Neuropsychologische Untersuchungen erfassen oder schließen diese Erkrankungen aus. Sie gestalten sich fast immer als ein Arzt-Patienten-Gespräch, das für den Patienten physisch in keiner Weise unangenehm ist.

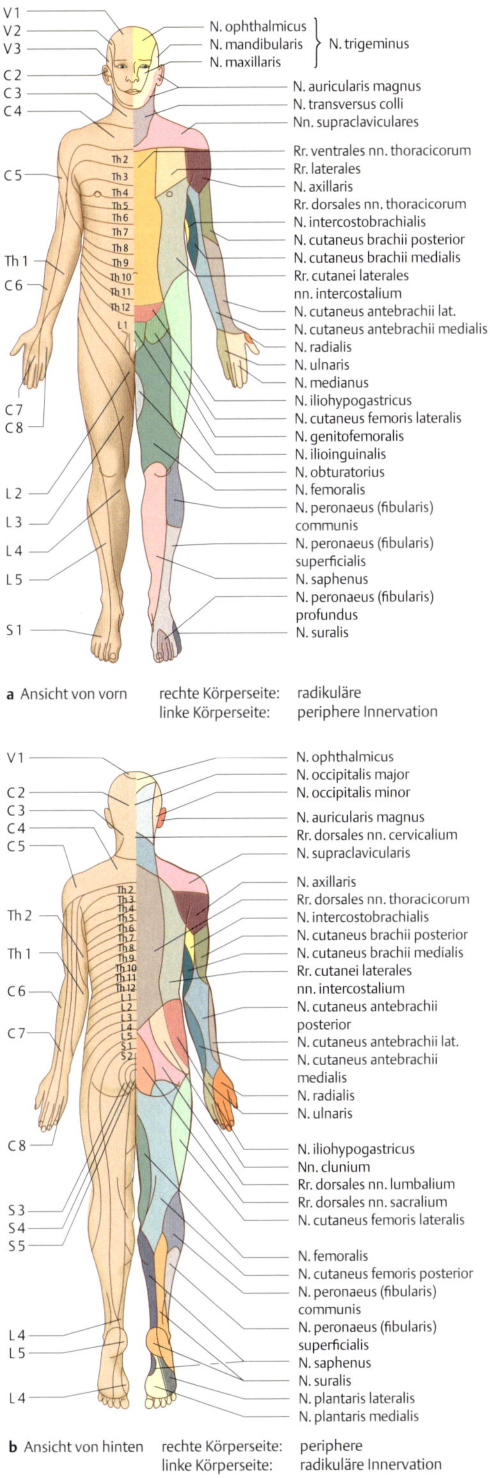

Abb. U.150 Sensible Versorgung der Haut. Die Haut wird von Nervenwurzeln und von peripheren, aus verschiedenen Nervenwurzeln stammenden Nerven innerviert. **a** Ansicht von vorn, **b** Ansicht von hinten.

Indikation und Prinzip

Mit Hilfe neuropsychologischer Untersuchungen kann man psychische Symptome, z. B. eine Störung der Orientierung, Wachheit (Vigilanz) und Gedächtnisstörungen sowie intellektuelle (kognitive) Leistungen oder Störungen (z. B. Sinnestäuschungen) beurteilen.

Durchführung

Störung der Wachheit. Nach dem Grad der Wachheitsminderung unterscheidet man Somnolenz, Sopor und Koma. Unter Somnolenz versteht man eine abnorme Schläfrigkeit. Der Patient ist gut weckbar und öffnet die Augen auf Ansprache. Sopor ist ein schlafähnlicher Zustand, aus dem der Patient durch äußere Reize nicht vollständig erweckbar ist. Ein Schmerzreiz wird mit adäquater Abwehrbewegung beantwortet. Bei einem Patienten im Koma löst auch ein Schmerzreiz keine Reaktion aus. Eine zunehmende Störung der Wachheit zeichnet sich durch Minderung der beschriebenen Reaktionen aus, zuerst auf optischer, dann auf akustischer und zuletzt auch bei Reaktionen auf der Schmerzreiz-Ebene.

Orientierungsstörung. Durch gezieltes Fragen kann der Arzt feststellen, ob der Patient zeitlich (z. B.: Welcher Tag, Monat, welche Jahreszeit ist heute?), örtlich (z. B.: Wo sind sie jetzt?) und in Bezug auf seine eigene Person (z. B.: Was arbeiten Sie?) orientiert ist.

Gedächtnisstörung. Im Gespräch mit dem Patienten werden dessen Merkfähigkeit in Bezug auf Gegenwart (Beschwerden der neu auftretenden Erkrankung, Unfallhergang) und Vergangenheit (Vorerkrankungen) hin beurteilt.

Sinnestäuschung. Der Patient berichtet von visuellen Halluzinationen (Muster, Bilder von Tieren oder Menschen), akustischen Halluzinationen, Geschmacks- oder Geruchshalluzinationen.

Kognitive Störungen. Bei einem Patienten mit geistiger Behinderung fällt eine Störung des Denkens, der verbalen und nonverbalen Kommunikation auf. Eine Störung des Kritikvermögens und des logischen Denkens ist v. a. bei älteren Patienten zu beobachten.

Bewertung

Alle oben aufgeführten Untersuchungen sind grobe Erhebungen, die der Orientierung über den Zustand des Patienten dienen. Für eine genaue Diagnose bedarf es noch weiterer, tiefer greifender Untersuchungen.

Störung der Wachheit. Sie kann bei Schädigungen des Gehirns vorkommen, die z. B. durch ein Trauma, Tumorwachstum, Gefäßprozesse, eine Stoffwechselerkrankung oder Entzündung verursacht werden.

Orientierungsstörung. Bei Fieber oder im Delirium können die Patienten zeitlich und örtlich desorientiert sein. Dieser Orientierungsverlust ist aber begrenzt und verschwindet mit Ausheilen der Grundkrankheit. Patienten mit beginnender Demenz sind oft zeitlich unbegrenzt desorientiert.

Gedächtnisstörung. Erinnert sich der Patient an einen bestimmten Zeitraum nicht, spricht man von einer Amnesie. Anterograde Amnesie ist eine Gedächtnislücke, die sich auf die Zeit nach dem Unfall bezieht. Retrograde Amnesie beschreibt einen Erinnerungsverlust vor dem Unfall.

Sinnestäuschung und Wahn. Ursachen für Halluzinationen können Fieber, Alkoholdelirium oder Drogenmissbrauch sein, aber auch Symptome psychischer Krankheiten, z. B. einer Psychose.

Kognitive Störungen. Bei Kindern sind kognitive Störungen v. a. genetisch bedingt, z. B. bei → Down-Syndrom. Bei älteren Patienten handelt es sich oft um Demenz.

Lumbalpunktion

Definition

Unter Lumbalpunktion versteht man eine Punktion des Rückenmarkkanals zur Entnahme der Nervenflüssigkeit (Liquor cerebrospinalis) mittels eines Einstichs mit einer speziellen dünnen Nadel in den Bereich der Lendenwirbelsäule (lumbal).

Die Untersuchung wird oft als angstbeladen empfunden, weil viele Patienten eine Verletzung des Rückenmarks fürchten. Diese ist zwar nicht vollkommen auszuschließen, kommt aber überaus selten vor. Vor der eigentlichen Lumbalpunktion wird die Haut der Einstichstelle betäubt. Selten spüren die Patienten dennoch einen leichten Druck an der Punktionsstelle.

Synonym: Spinalpunktion.

Indikation und Prinzip

Mit der Lumbalpunktion wird Nervenflüssigkeit (Liquor) gewonnen, der Liquordruck gemessen oder es können Medikamente in den Liquor injiziert werden (Spinalanästhesie).

In der neurologischen Untersuchung wird der gewonnene Liquor auf seine Bestandteile (Glukose, Proteine, Blut, Bakterien, Zellart und -zahl) hin untersucht. Mittels dieser Untersuchungsergebnisse können z. B. entzündliche Krankheiten des Gehirns oder der Hirnhäute (→ Meningitis), tumorbedingte Erkrankungen, Blutungen oder auch unklare komatöse Zustände ausgeschlossen oder näher bestimmt werden.

Für die Punktion wird eine lange dünne am besten atraumatische Hohlnadel mit Mandrin genutzt. Meist erfolgt der Einstich im Lendenwirbelsäulenbereich, zwischen dem dritten und vierten (L3/L4) oder vierten und fünften (L4/L5) Lendenwirbeldornfortsatz.

Zu einer tatsächlichen Rückenmarksverletzung könnte es an dieser Stelle nur kommen, wenn das Rückenmark extrem lang wäre. Für gewöhnlich endet es aber in der Höhe des zwölften Brustwirbels (Th12, Conus medullaris). Im Bereich der Lendenwirbelsäule, an dem normalerweise die Lumbalpunktion vorgenommen wird, befinden sich vom Rückenmark abgehende und zu deren Austrittslöchern ziehende Spinalnerven, die den Cauda equina (Pferdeschwanz) bilden.

Durchführung

Um Folgekomplikationen zu reduzieren erfolgt vor der eigentlichen Punktion zusätzlich zu einem aufklärenden Gespräch eine Kontrolle der Gerinnungswerte. Somit wird die Gefahr von Nervenschädigungen durch nach der Punktion auftretende Blutungen und eine Blutergussbildung im engen Spinalkanal verringert. Ein vorhandener erhöhter Hirndruck wird, falls nötig, mittels Spiegelung des Augenhintergrundes ausgeschlossen.

Während der Punktion ist der Patient bei Bewusstsein. Er wird gebeten, sich zu setzen oder sich hinzulegen und den unteren Rücken maximal zu krümmen (einen Katzenbuckel zu machen und das Kinn auf die Brust zu legen). In dieser Position erweitert sich der Abstand der Fortsätze der Wirbel und die Zwischenwirbelräume sind gut tastbar. Dies erleichtert das Einführen der Nadel.

Absolute Sterilität ist für das Vermeiden von Infektionen unerlässlich. Nach mehrmaligem desinfizierendem Abwaschen und sterilem Abdecken des Rückens sucht der Arzt die Punktionsstelle, wobei er sich an den Darmbeinkämmen orientiert. Deren Verbindungslinie entspricht dem Zwischenwirbelraum L3/L4. Die Punktionsnadel mit Mandrin wird streng mittig zwischen den Dornfortsätzen nach Platzierung des Trokars (einer Art kurze, dickere „Wegweisernadel") eingeführt und bis in den Spinalkanal vorgeschoben. Tritt nach Entfernung des Mandrins Liquor aus, lässt man drei bis fünf Milliliter pro sterilem Proberöhrchen abtropfen. Es werden bis zu drei Röhrchen abgenommen. Danach wird die Nadel entfernt und die Punktionsstelle mit einem Verband versorgt (**Abb. U.151**).

Nachbereitung

Patient. Nach gelungener Punktion empfiehlt sich Bettruhe von mindestens einer Std., wobei der Patient reichlich Flüssigkeit zu sich nehmen sollte. Mehrere Std. nach der durchgeführten Punktion muss kontrolliert werden, ob der Patient seine Beine ungehindert bewegen kann. Ist dies nicht der Fall, kann dies ein Indiz für einen Bluterguss im Spinalkanal ein, der die Nerven abdrückt und operativ behandelt werden muss.

Liquor. Die entnommene Nervenflüssigkeit sollte möglichst steril behandelt und weiter verwendet werden. Die Röhrchen müssen mit dem Namen des Patienten beschriftet und möglichst schnell ins Labor gebracht werden.

Bewertung

Nach der Entnahme wird der Liquor auf Farbe, Zellbestandteile und Zusammensetzung sowie weitere Aspekte untersucht. Eine Veränderung der Zusammensetzung des Liquors weist auf eine Erkrankung hin (**Tab. U.16**).

Für gewöhnlich ist Liquor wasserklar und enthält Zellen, Eiweiße, Glukose und Laktat (**Abb. U.152**). Bei den Zellen handelt es sich normalerweise um Monozyten und Lymphozyten, bis zu fünf Zellen/µl. Der Gesamteiweißwert liegt zwischen 0,15 und 0,45 g/l, der Glukosegehalt ist mit 48 – 70 mg/dl etwa halb so hoch wie im Serum. Ein normaler Laktatwert liegt unter 2,0 mmol/l.

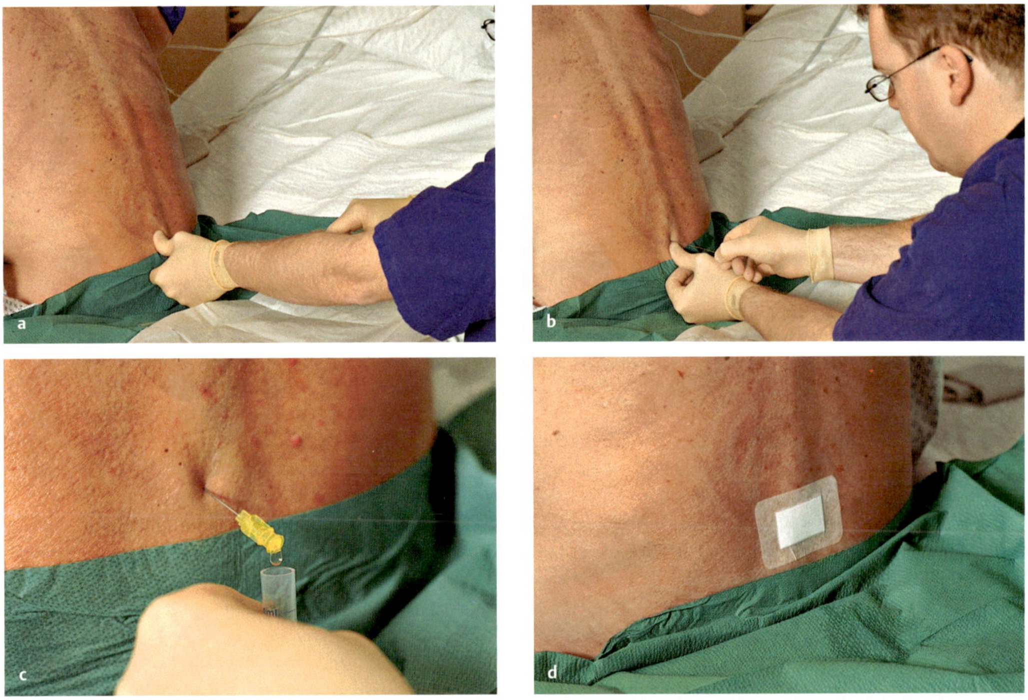

Abb. U.151 Lumbalpunktion. a Der Arzt sucht die Punktionsstelle. **b** Die Punktionsnadel wird eingeführt und bis in den Spinalkanal vorgeschoben. **c** Der Liquor wird in einem sterilen Proberöhrchen aufgefangen. **d** Die Punktionsstelle wird mit einem sterilen Verband versorgt.

Tab. U.16 Beurteilung des lumbal entnommenen Liquors (Masuhr u. Neumann, 2005)

Bestandteile des Liquors	Normalbefund	Pathologischer Befund
Farbe	wasserklar	blutig, trüb
Zellzahl	≤ 5 Zellen/μl	> 5 Zellen/μl
Differenzialzellbild	etwa 2/3 Lymphozyten, 1/3 Monozyten	Verschiebung des Zellverhältnisses, Auftreten von Plasmazellen, Granulozyten, Makrophagen, Tumorzellen
Eiweiß	200 – 450 mg/l	Vermehrung des Gesamtproteins
Glukose	45 – 75 mg/dl	erhöhte oder verminderte Glukosekonzentration
Laktat	10 – 20 mg/dl	erhöhte oder verminderte Laktatkonzentration
Liquordruck	< 200 mmH_2O	> 250 mmH_2O

Bei einigen Erkrankungen des Nervensystems, z. B. einer Entzündung der Hirnhäute (Meningitis) oder Blutung im Liquorraum, verändern sich Zusammensetzung und Aussehen der Nervenflüssigkeit. Ein trüber oder eitriger Liquor deutet auf eine Zellzahlerhöhung hin. Ist der Liquor blutig, kann es sich um eine Blutung in den Liquorraum oder um eine artifizielle (künstliche, hier durch die Punktion verursachte) Blutung handeln. Um die Ursache festzustellen kann man bei der Punktion die Nervenflüssigkeit nacheinander in drei verschiedene Röhrchen abtropfen lassen, wobei bei artifizieller Blutbeimischung allmählich mit einer Entfärbung zu rechnen ist. Bei einer Blutung im Liquorraum sind alle drei Röhrchen gleich verfärbt.

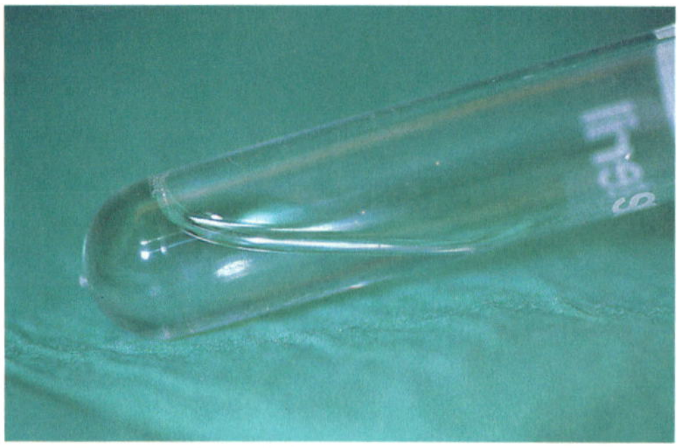

Abb. U.152 Mittels Lumbalpunktion entnommener Liquor.

Entnommene Liquorflüssigkeit kann mikroskopisch beurteilt werden. Bei viralen und bakteriellen Infektionen des zentralen Nervensystems ist die im Liquor enthaltene Zellzahl erhöht, und es sind Granulozyten zu finden. Weiter sind Bakterien, speziell Meningokokken, bei einer Meningitis auffindbar.

Bei einer bakteriellen Entzündung ist mit Abfall des Glukosegehaltes und Anstieg des Laktat- und Proteinwertes im Liquor zu rechnen. Mittels Untersuchung der Immunglobuline kann die Herkunft dieser Proteine bestimmt werden.

Elektromyografie (EMG)

Definition

Die Elektromyografie ist ein technisches Untersuchungsverfahren zur Ermittlung elektrischer Muskelaktivität. Hierbei werden dünne Elektrodennadeln in den zu untersuchenden Muskel gestochen oder Oberflächenelektroden auf den zu untersuchenden Muskel aufgeklebt. Die bei Spontan- und Willküraktivität auftretenden oder durch eine elektrische Stimulation provozierten Aktionsströme im Muskelgewebe werden registriert. Die abgeleiteten Ströme werden mit Hilfe eines Gerätes sicht- oder hörbar gemacht. Stärke und Ausmaß entstehender Impulse ermöglichen eine Aussage über Muskelfunktion und mögliche Muskel- und Nervenschädigungen.

Die Untersuchung ist unangenehm. Der Einstichschmerz wird jedoch von den meisten Patienten als erträglich eingestuft.

Indikation und Prinzip

Mit Hilfe der Elektromyografie können Art und Schwere verschiedener Muskel- (myogen) und Nervenschädigungen (neurogen) erkannt werden. Die EMG folgt der körperlichen neurologischen Untersuchung und somit der Verdachtsdiagnose. Erst diese ermöglicht die Untersuchung spezifischer Muskeln und somit ein gezieltes Einsetzen der EMG.

Die EMG macht sich die physiologischen Muskeleigenschaften und -funktionen zu Nutze. Eine Erregung der Muskelzellen führt zu einer Kontraktion des Muskels, die z. B. als Handbewegung sichtbar wird. Diese Erregung kann als elektrische Aktivität in Form von Aktionspotenzialen (Aktionsströmen) mit Hilfe von Elektrodennadeln registriert werden. Ein gesunder und innervierter (Impulse empfangender) Muskel zeigt eine bestimmte Form von Aktionspotenzialen, die man von den „kranken" Aktionspotenzialen unterscheiden kann.

Durchführung

Bei der Nadel-EMG wird die Haut an der Einstichstelle gut desinfiziert und die dünne Elektrodennadel direkt in den Muskel des Patienten eingestochen (**Abb. U.153**). Die Untersuchungsnadel ist über einen Draht mit dem Endgerät (Computer) verbunden, durch den die abgeleiteten Ströme verstärkt und akustisch über Lautsprecher (Rauschen und Knattern) oder optisch (Wellen auf dem Bildschirm) weitergegeben werden. Die genaue Analyse der Signale erfolgt im Anschluss an die computergesteuerte Untersuchung. Die EMG setzt sich aus drei aufeinander folgenden Untersuchungsschritten zusammen:

1. Die elektrische Aktivität des Muskels, die während des Nadeleinstichs und unmittelbar danach (in Ruhephase) entsteht, wird beobachtet.
2. Die Muskelaktionspotenziale werden bei mäßiger Willkürinnervation (vorsichtigem Anspannen der Muskeln) registriert und am Bildschirm hinsichtlich ihrer Dauer, Amplitude (Ausschlagshöhe) und Form beurteilt.
3. Die Muskelaktionspotenziale werden bei maximaler Willkürinnervation (größtmöglichem Anspannen der Muskeln) beurteilt.

Kontraindikation. Bei Patienten, die unter Gerinnungsstörung leiden oder blutverdünnende Medikamente einnehmen, sollte die EMG-Untersuchung nicht durchgeführt werden.

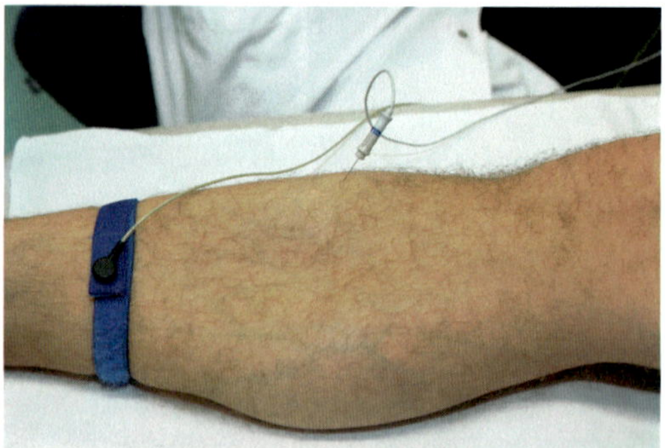

Abb. U.153 Elektromyografie.

Nachbereitung

Die Elektromyografie wird oft gemeinsam mit der Elektroneurografie durchgeführt und dauert, abhängig von der Anzahl der zu untersuchenden Nerven bzw. Muskeln, etwa eine halbe Std. Der Patient kann danach seinen normalen Aktivitäten nachgehen. Einige Tage nach der Untersuchung kann der Muskel noch schmerzen oder sich taub anfühlen.

Die Auswertung der elektrischen Muskelaktivitäten erfolgt mit Hilfe eines Computers.

Bewertung

Normalerweise ist bei einem ruhenden, völlig entspannten Muskel keine elektrische Aktivität zu beobachten. Ist z. B. die Verbindung zwischen Nerv und Muskel getrennt (Muskeldenervierung), zeigt der ruhende Muskel hingegen sehr wohl elektrische Aktivität.

Schon bei leichtem Zusammenziehen des Muskels entsteht eine elektrische Aktivität, die sogar bei stärkeren Muskelbewegungen zunimmt. Diese elektrischen Potenziale weisen am Bildschirm eine charakteristische Form und Länge auf. Die gemessenen Muskelaktionspotenziale von gesunden und kranken Muskeln unterscheiden sich deutlich.

Elektroneurografie (ENG)

Definition

Bei der Elektroneurografie werden mit Hilfe angebrachter Oberflächenelektroden die elektrische Aktivität und Leitfähigkeit peripherer, motorischer und sensibler Nerven gemessen und untersucht. Anhand der Ergebnisse kann die Nervenleitgeschwindigkeit ermittelt werden, mit der ein Nerv elektrische Signale weiter leitet. Bei einer Schädigung des Nervs kommt es zur Verlangsamung oder Blockade der Nervenimpulse. Auch die Stärke einer Muskelkontraktion, die durch eine elektrische Reizung eines motorischen Nervs hervorgerufen wird, kann mittels der ENG gemessen werden.

Die Elektroneurografie ist eine für den Patienten unangenehme Untersuchung, da die elektrische Stimulation eines motorischen Nervs Muskelzuckungen verursacht. Der Schmerz wird von Patienten als erträglich eingestuft.

Indikation und Prinzip

Durch Identifizierung und Verlaufsbeobachtung peripherer Nervenschädigungen mit Hilfe der ENG kann der Verletzungsort des Nervs genau lokalisiert werden. Zudem ist bei Heilungseintritt eine Beobachtung der Fortschritte möglich. Mit Hilfe der Untersuchungsergebnisse kann eine Nervenerkrankung eingeordnet und meist deren Schwere und Ausmaß gut abgeschätzt werden.

Sehr häufig wird diese Methode zur Differenzierung von → Polyneuropathien genutzt. Oft werden Elektroneuro- und Elektromyografie unmittelbar nacheinander durchgeführt. Über Klebeelektroden wird der Nerv elektrisch stimuliert oder es werden fortgeleitete elektrische Impulse gemessen.

Durchführung

Für diese Untersuchung bedarf es keiner spezifischen Vorbereitung des Patienten. Zur gezielten Untersuchung der Nerven ist im Vorfeld eine neurologische und danach zur Überprüfung eine beidseitige elektroneurografische Untersuchung ratsam.

Motorische Neurografie. Bei der motorischen Neurografie werden zwei Elektroden (oft herkömmliche EKG-Elektroden) auf die gereinigte Haut im Verlauf des zu untersuchenden Nervs platziert. Für die richtige Platzierung sind anatomische Kenntnisse unerlässlich. Die dritte Elektrode (Ableitungselektrode) wird über den zum Nerv gehörigen und von diesem gesteuerten Muskel geklebt. Der Abstand zwischen den aufgeklebten Elektroden wird schriftlich festgehalten (**Abb. U.154**). Nun wird der zu untersuchende Nerv mind. zweimal über zwei Elektroden mit einem schwachen, sehr kurzen Stromimpuls stimuliert. Dieser Reiz wird vom Nerv weitergeleitet. Über die Ableitungselektrode registriert man nun die Muskelkontraktion. Die Zeit zwischen Nervenreizung und Muskelkontraktion wird mit Hilfe von Computern gemessen und beträgt wenige tausendstel Sek. Nachdem der Nerv über beide Elektroden stimuliert wurde, kann aus der Differenz der Leitungszeiten und der Strecke zwischen den beiden Elektroden die Nervenleitgeschwindigkeit ermittelt werden.

Sensorische Neurografie. Bei der Messung der sensiblen Nervenleitgeschwindigkeit werden die Reizelektroden auf der Haut, z. B. am Finger, platziert, die Ableitelektrode hingegen direkt über dem zu untersuchenden Nerv (**Abb. U.155**). Mit Hilfe des elektrischen Reizes wird die Haut der Finger mehrfach stimuliert. Über die Ableitelektrode wird nun der elektrische Impuls gemessen. Die Ner-

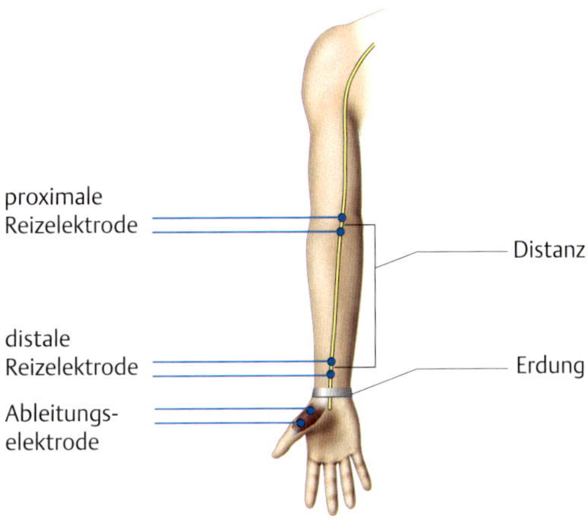

Abb. U.154 Motorische Neurografie. Messung der motorischen Nervenleitgeschwindigkeit des M. medianus.

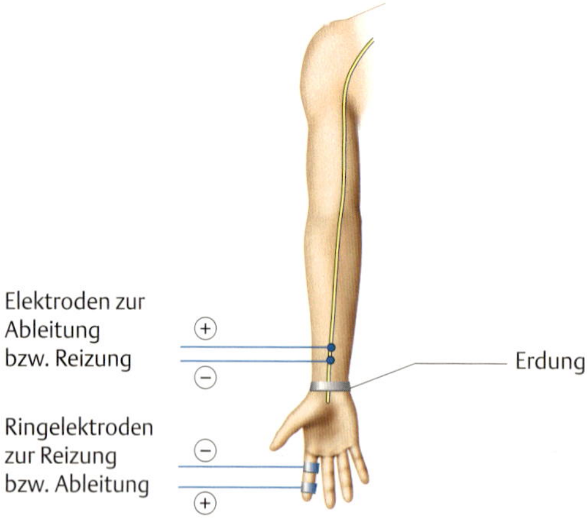

Abb. U.155 Sensorische Neurografie. Bestimmung der sensorischen Nervenleitgeschwindigkeit des M. medianus.

venleitgeschwindigkeit errechnet sich anhand der gemessenen Weiterleitungszeit und der Entfernung der beiden Elektroden.

Nachbereitung

Die Auswertung der bei der Untersuchung gewonnenen Daten erfolgt mittels Computer, wobei die Latenz (Zeit zwischen Impuls und Reizantwort) und auch die Amplitude des Aktionspotenzials untersucht werden.

Der Patient kann nach der Untersuchung ungehindert seinen normalen Aktivitäten nachgehen.

Bewertung

Jeder Nerv des Körpers hat eine bestimmte charakteristische Nervenleitgeschwindigkeit. Eine Verlangsamung oder gar ein Ausbleiben der Reizantwort deutet auf eine Schädigung des Nervs hin.

Evozierte Potenziale

Definition

Evozierte Potenziale sind bewusst hervorgerufene elektrische Ströme. Durch akustische und visuelle Reize werden die elektrischen Ströme im Gehirn erzeugt. Mittels Messinstrumenten werden sie beim Patienten ermittelt und aufgezeichnet. Die Untersuchung ist nicht schmerzhaft.

Indikation und Prinzip

Zu den Untersuchungen, bei denen das Prinzip der Erzeugung elektrischer Ströme genutzt wird, gehören:

- Untersuchung der visuell (optisch) evozierten Potenziale,
- Untersuchung der akustisch evozierten Potenziale,
- Untersuchung der motorisch evozierten Potenziale.

Mittels visueller Reize wird die Funktion der Sehbahn untersucht. Die Sehbahn geht vom Sehnerv bis hin zur Sehrinde im Gehirn, wo das Gesehene verarbeitet wird. Anhand der so visuell evozierten Potenziale im Gehirn kann die Funktion abgelesen und beurteilt werden.

Auf Basis desselben Prinzips können durch akustische Reize Schädigungen des Hörnervs getestet und anhand der akustisch evozierten Potenziale im Gehirn abgelesen werden.

Im Gegensatz zu den beiden anderen Untersuchungen wird bei der Überprüfung motorischer Schädigungen ein Reiz direkt im Gehirn erzeugt. Die motorisch evozierten Potenziale werden anhand der Reaktionen der Extremitäten-Muskulatur auf diese Reize mit auf der Haut angebrachten Elektroden abgelesen.

Durchführung

Visuell evozierte Potenziale. Auf den Kopf des Patienten werden Oberflächenelektroden zur Ableitung (Sichtbarmachung auf einem Monitor) der Potenziale (elektrische Stromimpulse mit einem bestimmten Verlauf) geklebt. Der Patient beobachtet einen Fernsehmonitor, auf dem ein Schachbrettmuster zu sehen ist. Dieses Muster verschiebt sich und erzeugt die über Ableitelektroden wahrgenommenen Potenziale.
Akustisch evozierte Potenziale. Bei dieser Prüfung setzt sich der Patient Kopfhörer auf. Über diese Kopfhörer hört er dann einseitig (die Ohren werden getrennt untersucht) einen Laut einer bestimmten Stärke, um 80 Dezibel (dB). Zur Ableitung werden zwei Elektroden am Kopf befestigt und so die evozierten Potenziale abgeleitet.
Motorisch evozierte Potenziale. Zur Untersuchung motorisch evozierten Potenziale werden Ableitelektroden auf die Haut über den Skelettmuskeln angebracht. Über die Elektroden werden nun die elektrischen Stromimpulse abgeleitet. Die Impulse werden durch ein sich rasch änderndes Magnetfeld einer Kupferspule erzeugt, die in der Nähe der Wirbelsäule oder auf dem Kopf positioniert wird (**Abb. U.156**).

Nachbereitung

Die abgeleiteten Potenziale werden nach der Untersuchung vom Computer ausgewertet, wobei Latenz (die Zeit, die ein Stromimpuls von A nach B benötigt) und Amplitude (max. am Monitor ablesbare Ausschlagshöhe des Impulses) der Potenziale beurteilt werden.

Nach der Untersuchung ist der Patient in keiner Weise beeinträchtigt.

Bewertung

Alle oben beschriebenen Untersuchungen können auf eine Erkrankung des Nervensystems hinweisen. Oft werden sie spezifisch zur Diagnostik bestimmter Erkrankungen eingesetzt, die eine Minderung der Leitgeschwindigkeit oder der Amplitude eines bestimmten Nervs verursachen. Hier ein paar Beispiele für den möglichen Einsatz der Untersuchung mittels evozierter Potenziale:

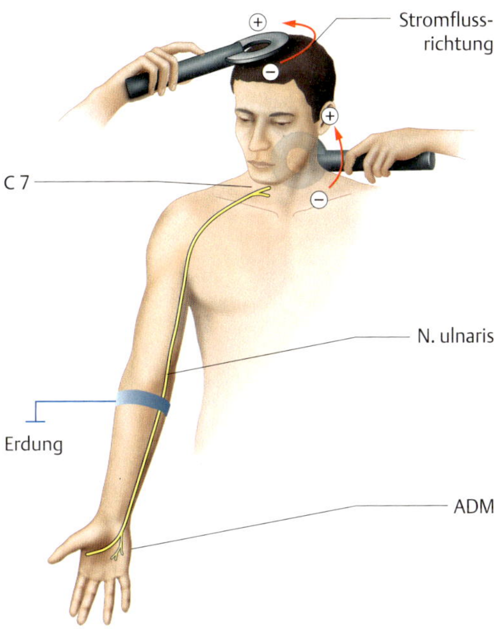

Abb. U.156 Motorisch evozierte Potentiale. Der Kortex bzw. die spinalen Vorderwurzeln in Höhe C7 werden magnetisch stimuliert und die motorisch evozierten Potenziale am M. abductor digiti minimi (ADM) abgeleitet. Die zentrale motorische Leitungszeit ergibt sich aus der Differenz der gemessenen Latenzen von Kortex bzw. C7 zu Muskel.

- Visuell evozierte Potenziale: Feststellung einer Sehnerventzündung bei → Multipler Sklerose (MS),
- akustisch evozierte Potenziale: Schädigung des Hörnervs, v. a. als einfach zu handhabender Hörtest bei kleinen Kindern,
- motorisch evozierte Potenziale: Schädigungen peripherer Nerven, z. B. bei Multipler Sklerose und → amyotrophischer Lateralsklerose (ALS).

Untersuchungen der Niere und Harnwege

Hinweise auf eine Nierenerkrankung liefern die:
- Anamnese,
- körperliche Untersuchung.

Zur genaueren Diagnostik sind Blut- und Urinuntersuchungen nötig:
- Bestimmung der durch die Nierenfunktion beeinträchtigten Blutwerte,
- Urinstatus,
- Uricult-Test,
- Analyse des Urinsediments,
- Analyse des Sammelurins,
- Ultraschalldiagnostik,
- Röntgenuntersuchung,
- Ureterorenoskopie,
- urodynamische Untersuchungen,
- Katheterismus,
- Urethrozystoskopie.

Anamnese

Definition
Mit Anamnese bezeichnet man die Befragung und das Gespräch mit dem Patienten. Anamnese heißt übersetzt „Erinnerung".

Indikation und Prinzip
Die Anamnese spielt eine zentrale Rolle beim Kontakt zwischen Arzt und Patient. Beschwerden und mögliche Ursachen der Krankheitssymptome lassen sich durch die Befragung des Patienten oder von Angehörigen herausfiltern.

Durchführung
In einer ruhigen und angenehmen Atmosphäre erhält der Patient die Möglichkeit seine Beschwerden zu schildern. Durch gezieltes Nachfragen versucht der Arzt diese zu sortieren und sie evtl. einem Krankheitsbild zuzuordnen.

Bewertung
Bei anamnestischen Hinweisen auf eine Erkrankung der Nieren oder Harnwege handelt es sich besonders um Schmerzen und Beschwerden beim Wasserlassen. Dabei weisen die Symptome auf eine mögliche Grunderkrankung hin, z. B.:
- Schmerzen im Bereich der Nieren, häufig verbunden mit Fieber: Nierenbeckenentzündung,
- Schmerzen im Nierenbereich mit wehenartigem Verlauf (erst sehr stark und dann plötzlich nachlassend): Nierenkolik,
- Unterbauchschmerzen oder ein Druck im Unterbauch: Probleme im Bereich der Harnblase,
- Schmerzen beim Wasserlassen und häufiger Harndrang mit kleinen Urinmengen: Entzündung der Harnblase (→ Blasenentzündung),
- verminderte Urinmengen bei abnehmendem Harnstrahl: Vergrößerung der Prostata oder eine Harnröhrenverengung,
- blutiger Urin: hochgradige Entzündung oder eine bösartige Erkrankung der Nieren oder Harnblase sind auszuschließen,
- sehr große Harnmengen (über 2 000 ml/24 Stunden): → Diabetes mellitus,
- sehr kleine Harnmengen (unter 500 ml/24 Stunden): Nierenschwäche (→ Niereninsuffizienz).

Körperliche Untersuchung

Definition
In der körperlichen Untersuchung werden die Vitalfunktionen Atmung, Blutdruck und Puls sowie der allgemeine Gesundheitszustand des Patienten überprüft.

Indikation und Prinzip
Im Rahmen der körperlichen Untersuchung wird nach Organveränderungen der Nieren und Harnblase gesucht. Diese sind generell schwer zu tasten, weil die Organe schlecht zugänglich sind. Deshalb muss nach weiteren Hinweisen auf eine Nierenerkrankung gesucht werden.

Durchführung
Eine körperliche Untersuchung sollte in einer ruhigen Atmosphäre und einem angenehm temperierten Raum stattfinden. Eine vollständige Entkleidung ist nicht nötig, das Schamgefühl des Patienten sollte respektiert werden. Zur Beurteilung von Nieren und Harnblase dient die Palpation und Perkussion der Organe.

Nierenpalpation. Der Patient liegt entspannt auf dem Rücken und der Arzt steht auf der Seite der zu untersuchenden Niere. Die Nieren werden mit beiden Händen palpiert. Eine Hand liegt in der Lendengegend, die andere liegt unter dem rechten bzw. linken Rippenbogen. Nun werden beide Hände gegeneinander gedrückt und man versucht mit den Fingerspitzen die Nieren zu ertasten (**Abb. U.157**).

Palpation der Blase. Sie ist nur bei einer gefüllten Blase möglich – eine leere Blase kann nicht ertastet werden, denn sie liegt verborgen hinter der Schambeinfuge im Becken. Beide Hände werden flach auf den Unterbauch gelegt. Während man mit den Fingerspitzen den Bauch abtastet, bewegt man sich langsam Richtung Bauchnabel bis man den Oberrand der Blase ertasten kann.

Nierenperkussion. Dabei handelt es sich um eine Klopfuntersuchung. Der Patient sitzt und der Untersucher klopft mit der Faust von hinten auf die Nierengegend (**Abb. U.158**).

Blasenperkussion. Bei der Perkussion werden zwei Finger auf die Blase gelegt. Während der Untersucher mit den Fingern Richtung Nabel wandert, klopft er mit dem Zeige-

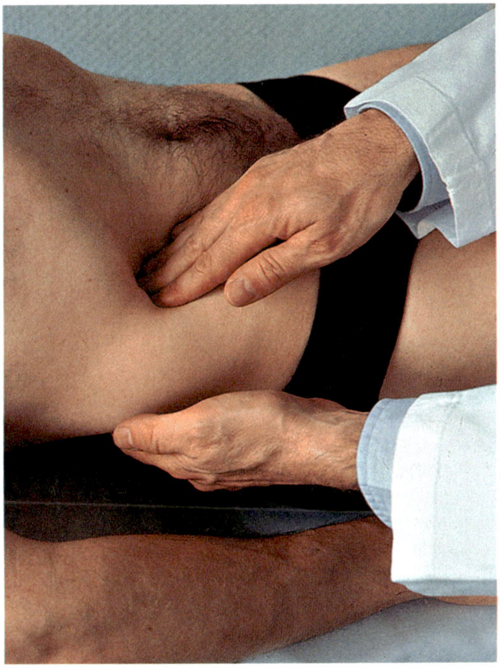

Abb. U.157 **Palpation der rechten Niere.**

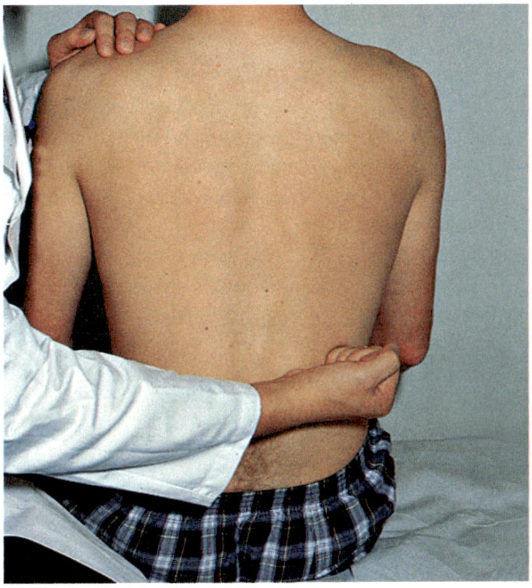

Abb. U.158 **Perkussion der rechten Niere.**

finger der anderen Hand auf die Finger. Der Blasenoberrand ist an einem veränderten Klopfschall erkennbar.

In der weiteren Untersuchung muss besonders der Blutdruck kontrolliert werden. Finden sich Wasseransammlungen im Gewebe, die so genannten Ödeme, könnte dies ebenfalls ein Hinweis auf eine Nierenerkrankung sein.

Bewertung

Mittels Palpation und Perkussion lassen sich nur grobe Veränderungen feststellen:

- bei schlanken Menschen sind Größenveränderungen der Nieren zu ertasten,
- Schmerzen bei der Klopfuntersuchung der Nieren könnten Hinweis auf eine Entzündung oder einen Harnstau sein.

Bei chronischen Nierenerkrankungen lassen sich bei einer gründlichen körperlichen Untersuchung andere Veränderungen finden:

- sehr hohe Blutdruckwerte können Hinweis auf Nierengefäßerkrankungen oder eine Glomerulonephritis sein.
- Wasseransammlungen (Ödeme) besonders im Lid- und Gesichtsbereich sind verdächtig für eine Nierenerkrankung.
- Eine → chronische Niereninsuffizienz führt zu den sog. Urämiezeichen. Der Allgemeinzustand ist sehr schlecht, die Patienten klagen u. a. über starken Juckreiz, Sensibilitätsstörungen, haben einen nach Urin riechenden Körpergeruch, nicht selten beklagen sie Übelkeit mit Erbrechen.

Blutuntersuchung

Definition

Bei der Blutuntersuchung wird die Nierenfunktion durch Bestimmung ausgewählter Blutwerte geprüft.

Indikation und Prinzip

Die körperliche Untersuchung kann Hinweise auf eine Erkrankung der Organe liefern. Zur genaueren Beurteilung und Klassifizierung werden oft Blutuntersuchungen veranlasst.

Durchführung

Bei der Blutentnahme kann der Patient sitzen oder liegen. Meist wird eine Vene in der Ellenbeuge punktiert. Der Arm sollte gestreckt gelagert werden. Die venöse Stauung wird eine Handbreit über der Punktionsstelle angelegt. Die Stauung sollte so fest angelegt sein, dass die Pulse am Handgelenk noch tastbar sind. Nachdem eine geeignete Vene ertastet wurde, desinfiziert der Arzt die Punktionsstelle. Der Patient wird auf den nun folgenden Einstich hingewiesen (**Abb. U.159**). Die Kanüle wird in einem Winkel von 30° mit dem Schliff nach oben in die Vene eingeführt und ungefähr einen Zentimeter vorgeschoben.

Die Bestimmung der Blutwerte erfolgt aus dem Blutserum. Dafür reichen i.d.R. einige Milliliter Blut aus. Die Blutstauung wird kurz vor der Entfernung der Kanüle gelockert. Ein frischer Tupfer wird auf die Kanüle gelegt und diese zügig herausgezogen. Sofort danach muss der Tupfer fest auf die Punktionsstelle gedrückt werden.

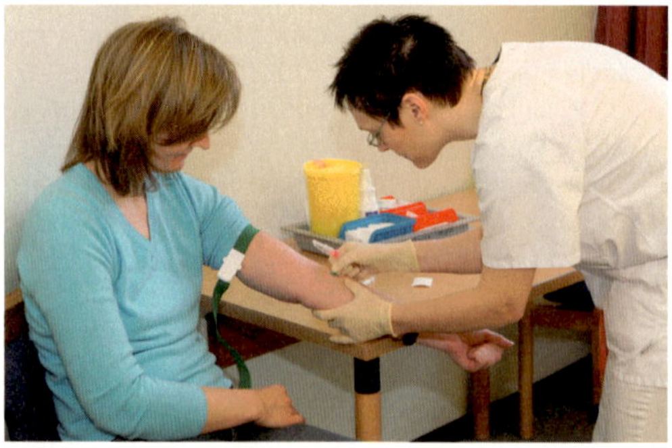

Abb. U.159 Blutentnahme.

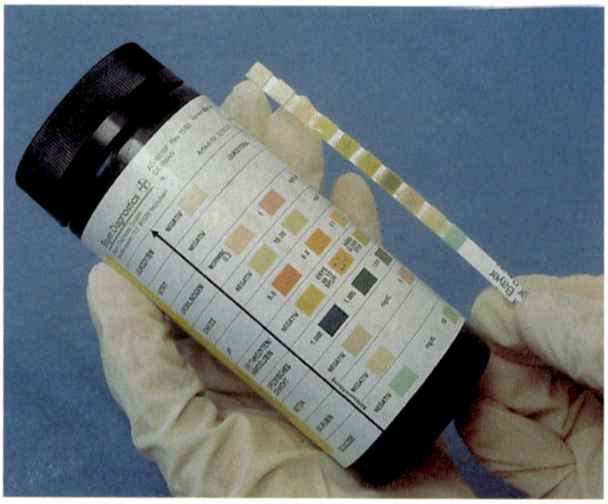

Abb. U.160 Urinuntersuchung. Mit Harnteststreifen können verschiedene Werte des Urins analysiert werden.

Nachbereitung

Die Punktionsstelle wird mit einem Pflasterverband verschlossen. Es sollte auf evtl. Nachblutungen oder Kreislaufstörungen des Patienten geachtet werden. Die Blutprobe wird mit dem Patientennamen versehen und zur Untersuchung ins Labor gebracht.

Bewertung

Bei manchen Stoffwechselvorgängen entstehen giftige Substanzen. Diese müssen mit dem Urin ausgeschieden werden, um eine Vergiftung des Körpers zu verhindern. Diese Stoffe werden daher als harnpflichtige Substanzen bezeichnet. Zur laborchemischen Überprüfung der Nieren muss der Gehalt der harnpflichtigen Stoffe im Blut bestimmt werden. Zu diesen Substanzen gehören:

- Kreatinin, das im Muskelstoffwechsel entsteht (normal sind 0,1 – 1,1 mg/dl),
- Harnstoff, der das Endprodukt des Eiweißstoffwechsels darstellt (normal sind 10 und 50 mg/dl),
- Kalium (normal sind 3,5 – 5,4 mmol/l); eine erhöhte Konzentration gibt einen Hinweis auf eine chronische Nierenerkrankung, da die Nieren den Elektrolyt- (Blutsalze) und Wasserhaushalt regeln,
- Erythropoetin, ein Hormon der Niere, das zur Bildung der roten Blutkörperchen nötig ist; ein Mangel führt zur Blutarmut, der sog. renalen → Anämie.

Urinstatus

Definition

Unter einem Urinstatus versteht man die Urinuntersuchung mittels Harnteststreifen.

Indikation und Prinzip

Diese Form der Urinuntersuchung ist sehr einfach durchführbar. Sie ermöglicht in der Praxis, auf Station oder beim Krankenbesuch eine schnelle und zuverlässige Diagnostik. Die Indikationen für diese Untersuchung sind vielfältig. Am häufigsten wird ein Urinstatus zur Diagnostik eines Harnwegsinfektes eingesetzt. Aber auch bei Routineuntersuchungen, zur Verlaufskontrolle oder zur Überprüfung der Einnahme verbotener Substanzen, z. B. bei Dopingkontrollen oder in Suchtkliniken, ist er eine gängige Untersuchungsmethode.

Harnteststreifen bestehen aus Reagenzpapier. Sie sind in verschiedene Testzonen unterteilt. Nach einem kurzen Eintauchen der Teststreifen in den Urin verfärben sich die Testfelder unterschiedlich (**Abb. U.160**).

Durchführung

Für die Untersuchung benötigt man Urin, der möglichst frei ist von Verunreinigungen. Deshalb sollte Mittelstrahlurin verwendet werden, der in der Mitte des Urinierens gewonnen wird. Dabei wird die erste Portion Urin normal in die Toilette gelassen und so Verunreinigungen und evtl. vorhandene Keime aus der Harnröhre und den äußeren Genitalien mit dem Urin weggespült. Die zweite Portion Urin wird in einem Becher aufgefangen.

Um direkten Kontakt mit dem Urin zu vermeiden, werden Schutzhandschuhe getragen. Der Teststreifen wird für maximal eine Sekunde in den Harn eingetaucht. Alle Testfelder müssen benetzt sein. Beim Herausnehmen wird der überschüssige Harn abgeschüttelt oder am Becherrand abgestreift. Innerhalb einer Minute werden die Testfelder mit der Farbskala auf dem Etikett des Behälters verglichen.

Bewertung

Bei einem Urinstatus werden verschiedene Werte getestet:

- **pH-Wert:** Er gibt die Menge der H^+-Ionen im Urin an. Dieser Wert verändert sich bei schweren Stoffwechselstörungen.
- **Nitrit:** Es wird von Bakterien aus Nitrat gebildet wird. Ein positiver Nachweis spricht daher für einen Harnwegsinfekt.

- **Bilirubin:** Es entsteht beim Abbau des Farbstoffes der roten Blutkörperchen. Erhöhte Mengen Bilirubin im Urin können auf eine Störung in den Gallenwegen hindeuten.
- **Zucker:** Steigt der Zuckergehalt im Blut über einen bestimmten Wert, wird er mit dem Urin ausgeschieden. Deshalb findet man im Rahmen eines → Diabetes mellitus erhöhte Werte im Urin. Der Urin eines Gesunden ist zuckerfrei.
- **rote Blutkörperchen:** Erhöhte Werte finden sich bei einem Infekt der Nieren oder Harnblase, können aber auch Hinweis auf eine bösartige Erkrankung oder eine Glomerulonephritis sein.
- **Eiweiß:** Erhöhte Werte finden sich z. B. bei einer chronischen Nierenerkrankung.
- **spezifisches Gewicht:** Es gibt die Menge der im Urin gelösten Stoffe an. Es gibt Aussage über die Verdünnung des Urins, d. h. je höher das spezifische Gewicht, desto konzentrierter der Urin und desto weniger also trinkt der Patient.
- Möglich sind auch der Nachweis von weißen Blutkörperchen (erhöht bei einem Harnwegsinfekt), Ketone (Hinweis auf veränderte Stoffwechsellage) oder körperfremde Stoffe wie Drogen oder Medikamente.

Uricult-Test

Definition
Beim Uricult-Test handelt es sich um eine Nachweismethode von Bakterien im Urin, bei der die Bakterien auf Nährböden angezüchtet werden.

Indikation und Prinzip
Ein Uricult-Test dient zum Nachweis von Bakterien im Urin. In einem erweiterten Testverfahren kann mit diesem Test die Bakterienart bestimmt und ein wirksames Antibiotikum ermittelt werden. Die klassische Indikation ist daher eine weitergehende Diagnostik bei Harnwegsinfekten.

Durchführung
Ein steril verpackter, beidseits mit unterschiedlichen Nährböden (für verschiedene Bakteriensorten) überzogener Objektträger wird kurz vollständig in frischen Mittelstrahlurin getaucht (**Abb. U.161**). Anschließend muss der Objektträger 24 Std. in einem Wärmeschrank bei 37 °C aufbewahrt werden.

Bewertung
Sofern die Urinprobe Bakterien enthielt, sind diese als Kolonien auf den Nährböden zu sehen. Durch Auszählen dieser Kulturen kann man die Keimzahl bestimmen. Um ein wirksames Antibiotikum zu ermitteln, werden die Bakterien auf einem Nährboden verteilt, die zu testenden Antibiotika auf Filterpapierchen aufgebracht und diese Papierchen dann auf den Nährboden gelegt.

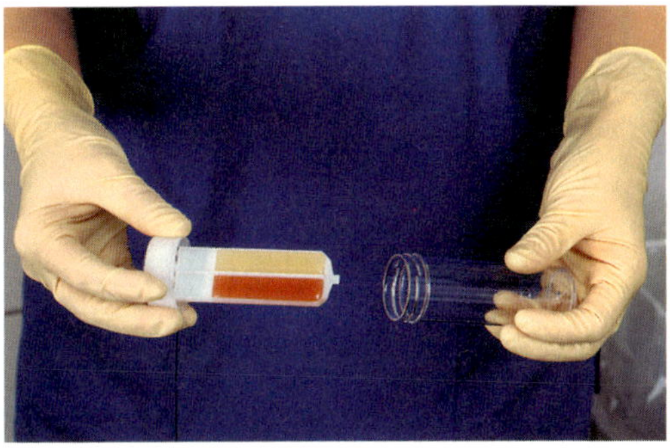

Abb. U.161 Uricult-Test. Urinobjektträger mit verschiedenen Nährböden.

Das Antibiotikum diffundiert in den Nährboden und es bildet sich ein Hemmhof mit der höchsten Wirkstoffkonzentration nahe am Filterpapier. Ist ein Antibiotikum nicht wirksam, können auch die Bakterien dicht am Papier wachsen und sichtbare Kolonien bilden. Ist das Antibiotikum wirksam, kann man anhand der Größe des Hemmhofs erkennen, wie wirksam es ist.

Analyse des Urinsediments

Definition
Bei der Analyse des Urinsediments werden Urinbestandteile unter dem Mikroskop betrachtet (**Abb. U.162**).

Indikation und Prinzip
Bei manchen Erkrankungen finden sich im Harn Zellteile oder Stoffwechselprodukte. Besteht der Verdacht auf eine

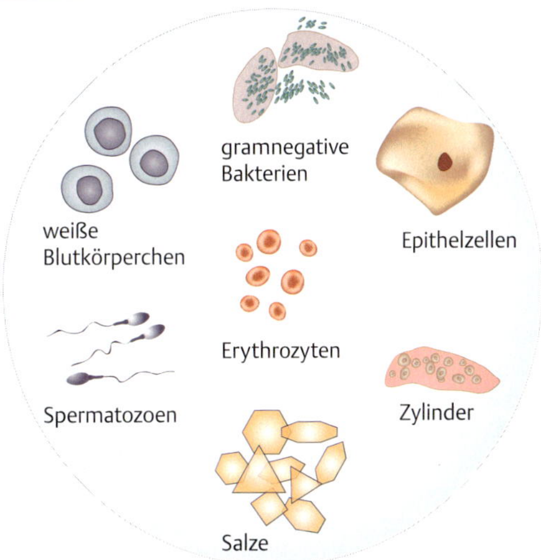

Abb. U.162 Analyse des Urinsediments. Sedimentbefunde bei der mikroskopischen Harnuntersuchung.

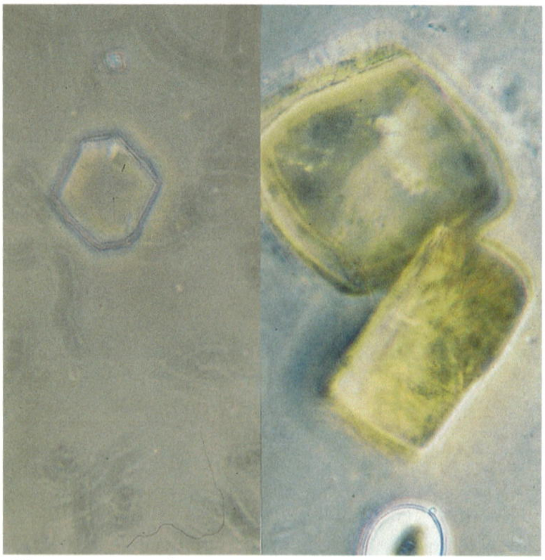

Abb. U.163 Urinsediment im Phasenkontrastmikroskop. Ein sechseckiger Zystinkristall und Harnsäurekristalle deuten auf erhöhte Harnsäuremengen, z. B. bei einer Gichtarthritis, hin.

solche Erkrankung, ist eine Untersuchung des Urinsediments angezeigt.

Durchführung

10 ml Urin werden bei 3000 Umdrehungen für fünf Minuten zentrifugiert (geschleudert). Ein Tropfen des Sediments wird auf einen Objektträger gegeben und unter dem Mikroskop bei 400facher Vergrößerung betrachtet.

Bewertung

Finden sich rote Blutkörperchen im Sediment, kann man an ihrer Form die Herkunft erkennen. Je nach Form geben sie Hinweis auf eine Erkrankung der Nierenkörperchen oder eine Blutung in den Harnwegen.

Vermehrte Harnsäurekristalle im Urin deuten auf erhöhte Harnsäuremengen im Urin, z. B. bei einer → Gichtarthritis, hin (**Abb. U.163**). In einem weiteren Schritt kann man das Sediment anfärben um evtl. vorhandene Bakterien sichtbar zu machen.

Analyse des Sammelurins

Definition

Bei der Analyse des Sammelurins wird eine Urinprobe, die über einen Zeitraum von 24 Std. gesammelt wurde, untersucht.

Indikation und Prinzip

Für einige speziellere Laboruntersuchungen ist eine Urinprobe nötig, welche über einen langen Zeitraum gesammelt wurde. Dies ist z. B. bei bestimmten Stoffwechselerkrankungen wichtig, denn die Konzentration der ausgeschiedenen Stoffe ist tageszeitlich sehr unterschiedlich. Zur genauen Nierenfunktionsdiagnostik ist oft ebenfalls Sammelurin nötig.

Durchführung

Der Beginn der Sammelzeit wird auf dem Auffangbehälter dokumentiert (**Abb. U.164**). Zu Beginn der Sammelperiode muss der Patient Urin lassen. Dieser wird nicht gesammelt. Ab diesem Zeitraum muss er jeden Urin über 24 Std. in das Sammelgefäß geben.

Die Gesamtmenge wird zusammen mit der Sammeldauer dokumentiert. Der Urin wird durchmischt und eine Probe entnommen. Diese wird mit dem Namen des Patienten versehen zur weiteren Diagnostik in das Labor gebracht.

Bewertung

Große Mengen Eiweiß im Sammelurin, können ein Hinweis auf eine schwere Nierenschädigung sein. Durch die Bestimmung der Kreatininmenge im Sammelurin und im Serum kann man die sog. Kreatininclearance berechnen. Sie besagt, wie viel Blut von den Nieren innerhalb einer Minute von Kreatinin gereinigt wurde. Durch diese Methode können Funktionsstörungen der Niere schon in einem frühen Stadium entdeckt werden.

Ultraschalldiagnostik

Definition

Die Sonografie ist ein bildgebendes Verfahren, das statische und dynamische Beurteilung der Organe in zwei, bei neueren Geräten auch drei Schnittebenen erlaubt. Die von einem Schallkopf ausgesendeten, hoch frequenten Schall-

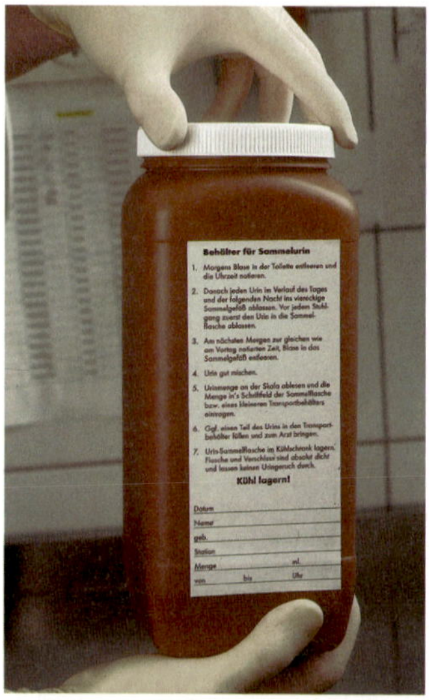

Abb. U.164 Behälter für Sammelurin.

wellen werden an den Grenzflächen der Organe reflektiert. Die zeitliche Verschiebung zwischen Aussenden und Empfang der Schallwellen wird vom Gerät in Bilddaten umgerechnet und die Organe auf einem Monitor sichtbar gemacht. Die Untersuchungen sind völlig schmerzlos und ergänzen die übrigen Untersuchungsbefunde nachhaltig.

Indikation und Prinzip
Indiziert ist die Ultraschalluntersuchung bei Verdacht auf Hodentumoren und Nebenhodenveränderungen, z. B. Spermatozele, Hydrozele oder Varikozele. Die Nieren lassen sich in Rückenlage des Patienten von der Flanke oder von vorne darstellen. Zur Dokumentation empfiehlt sich ein Longitudinal- und ein Transversalschnitt. Bei der Harnblase können die Kontur, aber auch Divertikel, → Tumoren sowie Blasensteine festgestellt werden.

Auch eine Restharnbestimmung ist sonografisch möglich. Struktur und Ausdehnung der Vorsteherdrüse kann transrektal mit speziellen Schallköpfen dargestellt werden. → Prostatakarzinome sind in 67 % der Fälle schallarm und daher ebenfalls mit Ultraschall zu vermuten. Es lassen sich Kapselüberschreitungen sowie Asymmetrien nachweisen. Für eine exakte Krebsdiagnose ist jedoch eine Biopsie notwendig (transrektale ultraschallkontollierte Biopsie!).

Durchführung
Der Patient muss für die Untersuchung nicht nüchtern sein. Die Körperposition des Patienten ist nicht festgelegt. Die zu untersuchende Region wird reichlich mit schallleitendem Gleitmittel versorgt und der betreffende Schallkopf in verschiedenen Ebenen aufgesetzt (**Abb. U.165**). Die Untersuchung setzt entsprechende Erfahrungen des Untersuchers voraus. Für die Diagnose werden verschiedene Schallköpfe und Frequenzen verwendet:

- Organe im Bauchbereich: 2,5 – 7,5 MHz,
- Hoden, Nebenhoden, Penis und Prostata: 5 – 9,5 MHz, z. B. mit transrektalen Schallköpfen,
- Oberflächensonografie: 10 – 20 MHz.

Eine spezielle Nachbereitung ist nicht erforderlich.

Bewertung
Die Ultraschalluntersuchung ist eine der wichtigsten schmerzfreien Untersuchungen für die Untersuchung der Nieren und ableitenden Harnwege, die weiterführende Informationen vermittelt.

Durch die unterschiedlichen Dichtigkeitswerte werden im Bild differenzierte Grautöne der Organe übermittelt, die über Größe, Ausdehnung und Struktur der untersuchten Gebilde – Niere, Blase, Prostata, Hoden – Auskunft geben. Nierensteine geben z. B. einen Reflex mit einem Schallschatten hinter dem Stein.

Restharnbestimmung. Mittels Sonografie kann auch die Menge des Restharns, der immer pathologisch ist, über folgende Formel bestimmt werden:

Blasenvolumen (ml) = $^1/_2$ × Länge × Breite × Tiefe der Blase

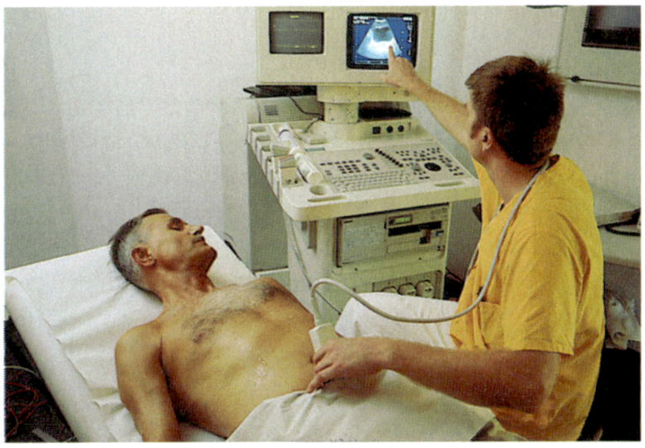

Abb. U.165 Ultraschalluntersuchung der Niere.

Röntgenuntersuchung/Urogramm

Definition
Mit der Abdomenübersichtsaufnahme und dem Urogramm, der intravenösen Kontrastmittelfüllung der Harnwege, lassen sich die ableitenden Harnwege röntgenologisch darstellen.

Indikation und Prinzip
Neben anderen Erkrankungen lassen sich mit diesem Verfahren Tumoren, Steinerkrankungen und Harnstauungen erkennen. Bereits auf der Übersichtsaufnahme des Abdomens können oft die Schatten der Niere und der Harnblase abgegrenzt werden.

Beim intravenösen Urogramm wird ein jodhaltiges Kontrastmittel intravenös injiziert, das von den Nieren ausgeschieden wird und im Röntgenbild eine Kontrastdarstellung der ableitenden Harnwege ermöglicht.

Durchführung
Der Patient muss für die Untersuchung nicht nüchtern sein. Die Untersuchung erfolgt i.d.R. in Rückenlage, gelegentlich Bauch- oder Seitenlage. Nach der Gabe des Kontrastmittels werden nach 7 und 15 Min. Aufnahmen angefertigt, auf denen sich in der urografischen Phase die Nieren, anschließend die Nierenbeckenkelchsysteme, partiell die Harnleiter und später die Blase darstellen.

Bewertung
Die Übersichtsaufnahme lässt Konkremente und Fremdkörper erkennen. Die Schatten des M. psoas, Lymphknoten- oder Gefäßverkalkungen sind differenzierbar. Genauere morphologische Einzelheiten stellen sich aber erst nach Kontrastmittelapplikation dar.

Durch die Ultraschalluntersuchungen wird die Röntgendarstellung der Nieren und ableitenden Harnwege z. T. überflüssig, sodass die Strahlenbelastung für den Patienten entfällt.

Ureterorenoskopie

Definition
Bei der Untersuchung handelt es um ein endoskopisches Verfahren, mit dem sowohl Harnleiter als auch das Nierenbecken untersucht werden können. Die Ureterorenoskopie dient der Diagnose, aber vor allem der Therapie. Die Untersuchung wird erst angewendet, wenn andere zur Verfügung stehende Verfahren ausgeschöpft sind. Sie wird unter Vollnarkose oder Spinalanästhesie durchgeführt.

Indikation und Prinzip
Die Indikation zu einer Ureterorenoskopie ist bei folgenden diagnostischen oder therapeutischen Maßnahmen gegeben:
- Ureter- und Nierenbeckendiagnostik unter Sicht,
- Schleimhautbiopsie,
- Tumorbehandlung,
- Uretersteinzertrümmerung und Steinentfernung.

Von der Harnblase aus wird in Narkose oder lokaler Schmerzbekämpfung transurethral unter Sicht ein starres oder flexibles Ureterorenoskop in den Harnleiter u. U. bis zum Nierenbecken eingeführt.

Ein modernes Ureterorenoskop ist etwa 9 Charrière stark.

(Charrière [Charr] ist eine Einheit für die Dicke von Kathetern, 1 Charr entspricht 0,33 mm).

Durch starre oder flexible Fiberglasoptiken kann man Harnleiter und Nierenbecken betrachten und durch einen dünnen Arbeitskanal Instrumente zur Behandlung einführen. Da die Maßnahmen unter optischer Kontrolle erfolgen, ist das Verfahren sicher und organschonend.

Durchführung
Der Patient wird wie für eine Narkose üblich vorbereitet. Nach Lagerung des Patienten in Steinschnittlage wird unter Narkose ein Ureterorenoskop, wie ein Zystoskop, unter Sicht in die Harnblase eingeführt. Dort wird das Ureterostium aufgesucht, ggf. mit einer Sonde aufgedehnt bzw. mit einem Führungsdraht sondiert. Danach wird das Ureterorenoskop in das Ostium eingeführt und der Harnleiter bis zum Nierenbecken eingesehen und beurteilt. Ggf. können Eingriffe (z. B. Steinentfernung, Biopsien usw.) durchgeführt werden.

Gewebsproben können entnommen und für die histologische Untersuchung vorbereitet werden.

Nachbereitung
Nach ausgedehnteren Eingriffen, bei denen eine Ausflussstörung durch Verschwellungen usw. drohen könnte, kann eine Ureterschiene – eine dünne Plastiksonde, die sich im Nierenbecken und der Harnblase aufrollt – eingelegt werden, um die Harnableitung zu sichern.

Bewertung
Die Ureterorenoskopie hat in der Diagnostik die retrograde Pyelografie weitgehend und die Schlingenoperationen bei Harnleitersteinen vollkommen ersetzt.

Urodynamische Untersuchungen

Definition
Als urodynamische Untersuchungen bezeichnet man in der Urologie Druck- und Flussmessungen sowie die Aufzeichnung von Muskelströmen. Diese Untersuchungen dienen vornehmlich der Diagnostik und Therapie bei neurologisch-urologischen Erkrankungen, z. B. bei Querschnittläsionen usw. Zu diesen Untersuchungen gehören Funktionsuntersuchungen im Bereich der ableitenden Harnwege:
- Uroflowmetrie,
- Zystometrie,
- Elektromyografie.

Indikation und Prinzip
Bei allen organischen oder funktionellen Störungen der Harnblasenentleerung kann es zu einer Minderung des Harnstrahl-Sekundenvolumens kommen. Daher wird z. B. in diesen Fällen eine Uroflowmetrie empfohlen.

Uroflowmetrie. Die Angaben von Patienten über die gestörte Miktion sind oft subjektiv. Der Harnstrahl wird als schwach, verzögert, träufelnd usw. geschildert. Das tatsächliche Ausmaß der Störung lässt sich aus diesen Angaben nicht bestimmen. Mit der Uroflowmetrie (Harnflussmessung) kann man den Miktionsablauf objektivieren, da eine gestörte Miktion als Zahlenwert erfasst wird.

Zystometrie. Bei Störungen der Nervenfunktion der Blase ist die Zystometrie indiziert. Dieses Verfahren der Blasendruckmessung zeichnet die Druckwerte in der Blase unter verschiedenen Füllungszuständen kontinuierlich auf.

Elektromyografie. Die Untersuchung der elektromyografischen Aktivitäten (Muskelströme) des Beckenbodens dient ebenfalls der Differenzialdiagnose nervaler Blasenfunktionsstörungen. Mit der Elektromyografie werden die Muskelströme des Beckenbodens gemessen. Im Wesentlichen reicht es aus, die Aktivität der Muskulatur während der Miktion gegenüber der in Ruhephasen zu unterscheiden.

Durchführung
Uroflowmetrie. Mit diesem Verfahren lassen sich die Gesamtmiktionszeit und das maximale und durchschnittliche Miktionsvolumen pro Zeiteinheit erfassen. Dieses Harnsekundenvolumen ist abhängig vom Miktionsdruck und dem Harnröhrengesamtwiderstand. Der Patient muss mit voller Blase den Harn in ein Gefäß entleeren, in dem mit einer speziellen Apparatur die entleerte Harnmenge in Bezug auf die Entleerungszeit registriert wird.

Zystometrie. Ein dünner, ein- oder doppelläufiger Katheter aus Plastik, über den der Blasendruck bestimmt werden kann, wird in die Blase eingelegt. Gleichzeitig wird mit einer speziellen Apparatur der Druck im Abdominalraum über einen Ballonkatheter im After gemessen. Aus diesen beiden Druckwerten ergibt sich über die Druckdifferenz der echte Blasendruck, d. h. der Druck, der durch die Blasenmuskulatur ohne die Bauchpresse erreicht wird.

Elektromyografie. Die Muskelströme werden mit Hilfe von Elektroden gemessen, die auf die Haut am Damm aufgeklebt werden.

Bewertung

Normalwerte für die Uroflowmetrie sind bei Männern > 15 ml/s, bei Frauen > 20 ml/s. Der Grenzbereich liegt unter 15 ml/s, sicher pathologische Befunde liegen unter 10 ml/s (**Abb. U.166**).

Die drei Methoden werden meist miteinander kombiniert (kombinierte Videozystomanoflowmetrie).

Katheterismus

Definition

Unter Katheterismus versteht man die Sondierung der Harnröhre und Drainage der Blase. Die Untersuchung ist unangenehm, darf aber, korrekt ausgeführt, nicht schmerzhaft sein. Der Eingriff soll schonend und vorsichtig ausgeführt werden.

Indikation und Prinzip

Die Untersuchung dient nur in Ausnahmefällen der Harngewinnung, die i.d.R. als Mittelstrahlurin gewonnen wird, oder der Restharnbestimmung, die im Regelfall mit der Ultraschalluntersuchung erfolgt. Zu therapeutischen Zwecken ist sie jedoch gelegentlich unabdingbar, z. B. beim Harnverhalt. Bei einem Harnverhalt kann die Blase aus verschiedenen Gründen, z. B. nervengestörte Harnblase, → benigne Prostatahyperplasie, → Prostatakarzinom oder eine Harnröhrenenge (→ Urethrastriktur) nicht entleert werden.

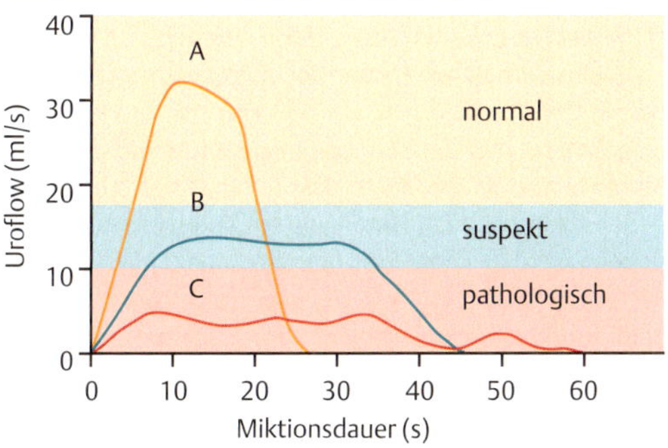

Abb. U.166 Bewertung der Ergebnisse einer Uroflowmetrie.

Durchführung

An die Wahrung der Intimsphäre des Patienten ist immer wieder zu denken. Der Patient sollte zudem bequem gelagert werden (Schaumgummiunterlage). Dies gilt insbesondere für ältere Patienten, Querschnittsgelähmte und Behinderte. Eine Prämedikation ist zeitlich mit dem Arzt genau abzustimmen.

Zur Vorbereitung der diagnostischen Eingriffe ist eine Minderung der Bakterienzahl im Bereich des äußeren Genitales durch sorgfältige Reinigung anzustreben. Darüber hinaus sollte das Genitale mit einer aseptischen Lösung (z. B. Polyvidon-Jod-Waschdesinfiziens) desinfiziert werden. Die Oberschenkel sind in den Reinigungsvorgang mit einzubeziehen.

Das zum Katheterismus erforderliche Material wird in einem entsprechenden Set oder auf einer Ablage bereitgelegt. Der Einmalkatheter aus Plastik wird in steriler Packung geliefert und nach einmaligem Gebrauch entsorgt. Als Verweilkatheter dient, meist als Ballonkatheter, das Nelaton-Modell.

Vor dem Eingriff sollte sich der Untersucher die Hände waschen, desinfizieren und sterile Handschuhe tragen. Je nach klinikinternem Standard liegen dem Set zwei bzw. drei sterile Handschuhe bei. Liegen drei Handschuhe vor, sollten an der Hand, mit der desinfiziert wird, ein zweiter Handschuh getragen werden, der vor dem Einführen des Katheters ausgezogen wird. Auf diese Weise wird der Katheter nur mit sterilen Handschuhen berührt.

Flüssigkeit zum Blocken. Bei der Wahl der Flüssigkeit zum Blocken sollte man Aqua dest. bzw. sterile Glyzerinlösung (8 – 10 %) bevorzugen, da isotonische Kochsalzlösung nach längerem Liegen des Katheters u. U. auskristallisiert. Die Flüssigkeit aus dem Ballon kann dann nicht mehr abgelassen (entblockt) werden.

Katheterismus beim Mann

Für die Katheterisierung beim Mann sind die weichen Silikon- oder Plastikkatheter (Charr 14 – 18) am zweckmäßigsten.

Das Umfeld des Gliedes wird mit einem sterilen Lochtuch abgedeckt (mit der Öffnung über dem Glied) und eine sterile Nierenschale zwischen den Oberschenkeln platziert. Die Vorhaut wird zurückgestreift und Orifizium (Harnröhrenöffnung) und Glans (Eichel) mit einem Schleimhautdesinfektionsmittel mit mehreren sterilen Tupfern gereinigt. Zuletzt wird die Mündung der Harnröhre gereinigt.

Die Verwendung eines Gleitmittels ist heute Standard und macht die Katheterisierung für den Patienten wesentlich angenehmer. Mittlerweile gibt es Gleitmittel und Schleimhautanästhetikum in Fertigspritzen kombiniert (z. B. Instillagel). Zunächst werden einige Tropfen des Gleitmittels auf das Orifizium getropft, denn dieses ist besonders empfindlich. Nach Aufsetzen des Konus der Gleitmittelspritze auf das Orifizium wird die Harnröhre gestreckt und instilliert. Damit erhält die gesamte Harnröhre einen Gleitfilm, der die Reibung zwischen Fremdkörper (Katheter) und Schleimhaut verringert und den Katheter weitgehend schmerzlos in die Blase gleiten lässt.

Nach der Instillation kann eine sterile Penisklemme aufgesetzt werden, damit das Gleitmittel nicht zurückfließt und das Schleimhautanästhetikum einwirken kann. In eiligeren Fällen reicht eine kurzzeitige manuelle Kompression der Harnröhrenmündung aus.

Durch einen leichten Zug wird die Harnröhre gestreckt, die Katheterspitze zunächst 5 cm tief eingeführt und der Katheter dann durch wiederholtes kurzes Nachfassen in gleitenden Zügen vorgeschoben. Bei einem Tiemann- oder Mercier-Katheter muss dabei die Spitze nach oben zeigen.

Beim Katheterisieren darf keine Gewalt angewendet werden. Meistens entsteht am Sphincter externus ein leichter Widerstand, der mit gleichmäßig sanftem Druck überwunden werden kann. Durch die Streckung des Gliedes beim Katheterismus wird die vordere Harnröhrenkrümmung ausgeglichen und die Sondierung erleichtert.

Sobald der Katheter ca. 25 cm tief eingeführt ist, läuft der Urin ab. Das Katheterauge befindet sich jetzt unmittelbar jenseits des inneren Schließmuskels. Nach dem Vorschieben um weitere 3 cm liegt die Katheterspitze ausreichend tief in der Blase, sodass auch durch Bewegen des Gliedes das Katheterauge nicht mehr verschoben werden kann. Dieses Vorschieben ist beim Anlegen eines Dauerkatheters besonders wichtig, da der Ballon bei korrekter Lage in der Blase noch geblockt werden muss.

Katheterismus bei der Frau

Bei der Frau wird ein kurzer Plastikkatheter von 8 cm Länge und Charr 12 – 14 benutzt. Das Lochtuch wird so platziert, dass die Harnröhrenöffnung sichtbar ist.

Die großen Schamlippen werden mit je einem Tupfer vom Schambein (Symphyse) zum Anus hin desinfiziert. Danach werden die großen Schamlippen mit Daumen und Zeigefinger gespreizt. Die kleinen Schamlippen werden in der gleichen Weise desinfiziert. Die eine Hand spreizt während des gesamten Vorgangs die Labien. Mit der anderen Hand wird die Katheterisierung durchgeführt.

Nach der Instillation von sterilem Gleitmittel (z. B. Instillagel) wird der Katheter in die Harnröhrenöffnung eingeführt und langsam vorgeschoben. Hat er die Blase erreicht, fließt Urin ab.

Soll der Katheter als Dauerkatheter verbleiben, wird ein Ballonkatheter verwendet. Vor dem Auffüllen des Ballons wird der Katheter noch etwa 3 cm weiter in die Blase vorgeschoben. Dann wird der Ballon mit 10 ml sterilem Aqua dest. oder steriler Glyzerinlösung (8 – 10 %ig) geblockt. Der Katheter wird vorsichtig zurückgezogen und so der Sitz geprüft.

Nachbereitung

Das äußere Genitale sollte sorgfältig gepflegt und regelmäßig mit Wasser, Seife und einem Schleimhaut-Desinfektionsmittel gereinigt werden. Die Verbindungsstelle zwischen Beutel und Schlauch muss gesichert werden. Beutel mit Rückschlagventil verhindern ein Aufsteigen von Urin bzw. Bakterien in die Blase.

Bewertung

Bei Dauerkatheterträgern kommt es i.d.R. trotz sorgfältigster Katheterpflege nach etwa 3 Tagen zu einer aufsteigenden Infektion. Der transurethrale Blasenverweilkatheter ist eine der wichtigsten Ursachen nosokomialer Harnwegsinfektionen. Bei richtiger Handhabung sollten bei liegenden Dauerkathetern in den ersten 3 Tagen keine Bakterien eintreten; auch bei länger liegenden Kathetern darf die Infektion nicht ausufern.

Urethrozystoskopie

Definition

Im Vergleich zur Zystoskopie, bei der die Harnröhre blind passiert und nur die Blase eingesehen wird, ist die routinemäßige Urethrozystoskopie die logische Entwicklung der endoskopischen Technik. Sie wird unter Direktsicht mit flexiblen Instrumenten besonders schonend durchgeführt. Die Urethrozystoskopie steht in der Urologie erst am Ende des Untersuchungsgangs.

Indikation und Prinzip

Bei der Urethrozystoskopie wird die Harnröhre in ihrer ganzen Länge bis zur Blase beurteilt. Angeborene Harnröhrenengen, erworbene Stenosen, Divertikel, Tumoren und entzündliche Veränderungen sind genau zu lokalisieren.

Besonders wichtig ist die Methode zur Beurteilung der prostatischen Harnröhre u. U. für die Indikationsstellung zu operativen Eingriffen im Blasenhalsgebiet, speziell für die TUR (transurethrale Resektion) der Prostata. Unter Narkose können, falls erforderlich, Gewebeproben entnommen werden.

Durchführung

Die Untersuchung kann in lokaler Harnröhrenanästhesie, in Prämedikation oder Kurznarkose durchgeführt werden.

Das Instrument wird, mit einer „Geradeausoptik" versehen, in Steinschnittlage in üblicher Weise in die Harnröhre eingeführt. Unter dem Spülstrom erweitert sich die Harnröhre vor dem Endoskop, sodass unter allmählichem Vorgehen die Harnröhre in ihrer ganzen Länge bis zur Blase inspiziert werden kann. Hat das Instrument die Blase erreicht, bleibt der Schaft liegen und die Optik wird mit einem anderen Blickwinkel (70°) zur Inspektion der Blase ausgetauscht. Daher die Bezeichnung Urethrozystoskopie. In der mit Wasser gefüllten, hell erleuchteten Blase sind alle Einzelheiten als direktes aufrechtes Bild gut sichtbar.

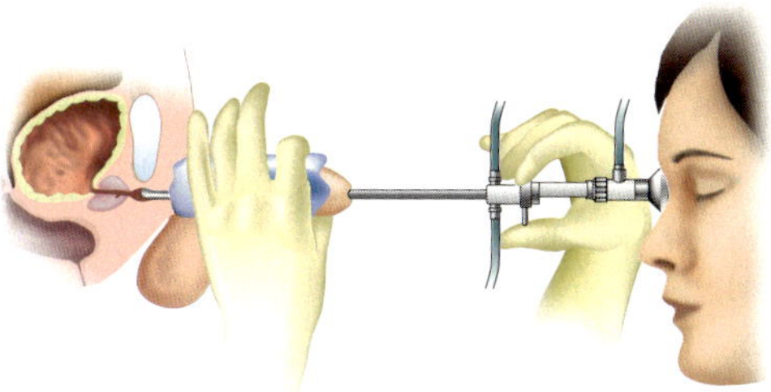

Urethroskopie (12° Optik)

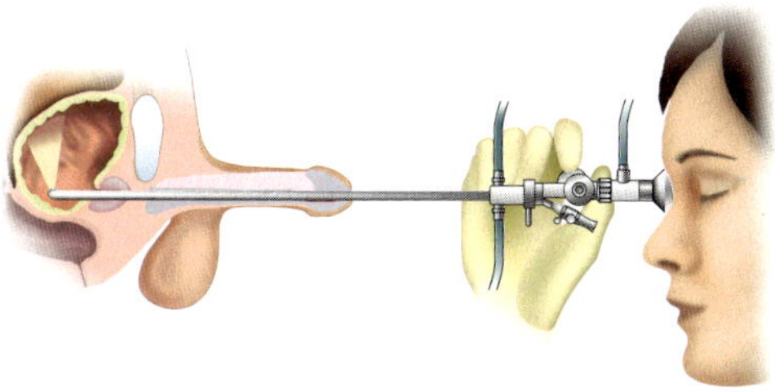

Zystoskopie (70° Optik)

Abb. U.167 Prinzip der Urethrozystoskopie.

Bewertung

Bei der Urethrozystoskopie ist die diagnostische Ausbeute in einem Arbeitsgang erheblich größer als bei der einfachen Zystoskopie, da auch die Harnröhre optisch mitbeurteilt wird. Die Harnröhre und Blase wird wie mit einem Fernglas angesehen, sodass der Arzt krankhafte Veränderungen direkt erkennen kann.

Untersuchungen des Ösophagus und des Magens

Eine Vielzahl von Erkrankungen oder Veränderungen an Ösophagus und Magen können der Auslöser von z. T. heftigen Beschwerden sein. Um die Ursache der Beschwerden ermitteln zu können, werden verschiedene Untersuchungsmethoden angewendet.

- Ösophagusmanometrie,
- Gastroskopie,
- Magen-Darm-Passage (MDP).

Ösophagusmanometrie

Definition

Die Ösophagusmanometrie ist eine spezielle Druckmessung in der Speiseröhre, um Funktionsstörungen im Bereich des unteren und oberen Schließmuskels der Speiseröhre festzustellen. Außerdem dient sie dem Nachweis krankhafter Veränderungen der Speiseröhrenmuskulatur und sie wird zur Verlaufs- und Therapiekontrolle bereits bekannter Erkrankungen des Ösophagus eingesetzt. Die Ösophagusmanometrie unterteilt sich nach der Art der Ausführung in Durchzugsmanometrie und Mehrpunktmanometrie.

Durchzugsmanometrie. Mit diesem Verfahren wird die Sphinkterfunktion beurteilt. Hierbei wird der Katheter, wie unten beschrieben, in kleinen Schritten zurückgezogen und die jeweiligen Druckwerte werden an jeder Stelle gemessen.

Mehrpunktmanometrie. Mit dieser Form der Ösophagusmanometrie, auch 24-Std.-Manometrie genannt, wird die Ösophagusmotilität beurteilt. Der Katheter hat mehrere Messpunkte und bleibt über die gesamte Zeit der Messung im Ösophagus liegen. Durch die Messung der Druckwerte an mehreren Stellen gleichzeitig ist es möglich, Motorik und Druckverhältnisse an den einzelnen Speiseröhrenabschnitten zeitgleich und über einen längeren Zeitraum zu beurteilen.

Da ein Katheter in die Speiseröhre eingeführt wird, kann der Patient während der Untersuchung ein unangenehmes Druckgefühl verspüren. Vorteil der Untersuchung ist die schnelle Durchführbarkeit und gute Eignung zur Differenzialdiagnostik. Der Nachteil ist, dass keine Bilder zur Auswertung vorliegen, bei krankhaften Veränderungen müssen weitere Untersuchungen folgen.

Indikation und Prinzip

Mit der Ösophagusmanometrie werden verschiedene Ursachen von Magenbeschwerden abgeklärt, z. B.:

- Schluckstörungen (Dysphagien),
- Verdacht auf primäre Ösophagusmotilitätsstörungen (→ Sklerodermie, Achalasien, Ösophagusspasmen, Nussknackerösophagus),
- Verdacht auf sekundäre Ösophagusmotilitätsstörungen oder Ösophagusmotilitätsstörungen im Rahmen systemischer Erkrankungen,
- nichtkardiale Thoraxschmerzen,
- Refluxösophagitis (→ Refluxkrankheit).

Das Verfahren wird ebenfalls vor geplanten Anti-Reflux-Operationen und bei postoperativ persistierenden Beschwerden nach einer Anti-Reflux-OP eingesetzt.

Auf den unteren Schließmuskel wirkt ein ständiger Druck (Ruhedruck) ein. Da im Magen ein höherer Druck vorliegt als im Ösophagus, würde bei Erschlaffung des Schließmuskels ständig Säure vom Magen in die Speiseröhre zurückfließen und dort zu schweren Entzündungen führen. Die Nahrung muss diesen Muskel aber auch passieren können. Dies ist durch einen Reflex beim Schlucken möglich, der den Muskel öffnet, um die Nahrung durchzulassen. Beim Schlucken kontrahiert die obere Speiseröhre und eine peristaltische Welle setzt sich anschließend nach unten fort, um die Nahrung aktiv nach unten zu transportieren. Diese Peristaltik wird bei der Druckmessung ausgenutzt, um Funktionsstörungen ermitteln zu können.

Durchführung

Zur Vorbereitung der Untersuchung gehört, dass der Patient etwa ab 6 Std. vorher nüchtern bleibt. Medikamente, die die Motilität des Ösophagus beeinflussen, sollten etwa 72 Std. vor der Untersuchung abgesetzt werden.

Die Untersuchung wird am liegenden Patienten durchgeführt. Nachdem die Nasenschleimhaut mit speziellem Gel betäubt wurde, wird ein dünner Katheter mit mehreren Messableitungen über die Nase in die Speiseröhre eingeführt und bis in den Magen vorgeschoben. Der Plastikkatheter von etwa 4 mm Durchmesser besitzt an seiner Spitze einen länglichen Ballon.

Nachdem der Katheter eingeführt wurde, wird er an ein Messgerät angeschlossen. Ist der Katheter richtig platziert, wird der Ballon mit Wasser gefüllt und dann in Schritten von 0,5 – 1 cm durch die Speiseröhre zurückgezogen. Dabei muss der Patient nach jedem Zurückziehen 5 ml Wasser schlucken. Der Druck, den das Schlucken in der Speiseröhre auslöst, überträgt sich auf den Ballon und wird gemessen.

Da man nur die Schluckakte auswerten kann, die auf Anordnung erfolgen, muss ein bestimmter Zeitabstand zwischen zwei Schluckakten eingehalten werden. Die Druckveränderungen werden von einem Gerät gespeichert und später als Grafik dargestellt. Die Untersuchungsdauer beträgt etwa 30 Min. Eine spezielle Nachbereitung entfällt. Der Patient darf nach der Untersuchung wieder essen und trinken. Mobilität und Fahrtüchtigkeit sind nicht beeinträchtigt.

Bewertung

Als Normwerte der Ösophagusmotilität gelten (**Abb. U.168**):

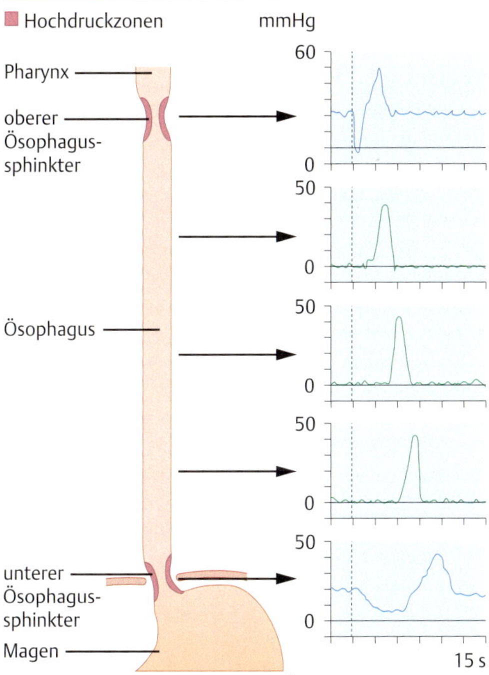

Abb. U.168 Normale Drücke im Ösophagus während des Schluckaktes. Im oberen Ösophagus beträgt der Ruhedruck im Durchschnitt 30 mmHg, im unteren Ösophagus 20 mmHg. Deshalb werden die beiden Sphinkteren auch Hochdruckzonen genannt.

- für den unteren Schließmuskel:
  - 9 – 32 mmHg,
  - feuchte Relaxation 96 % +/– 10 %.
- für den tubulären Ösophagus (feucht):
  - Druck: Amplitude proximal 35 – 120 mmHg, Amplitude distal 27 – 100 mmHg,
  - Kontraktionsdauer: proximal 3,3 – 6,2 Sek., distal 3,3 – 6,6 Sek.,
  - 94,5 % der Kontraktionen werden orthograd propagiert (fortschreitende Ausbreitung).

Gastroskopie

Definition

Die Gastroskopie ist ein Bild gebendes Untersuchungs- und Diagnoseverfahren, bei dem Speiseröhre (Ösophagus), Magen (Gaster) und der obere Anteil des Zwölffingerdarms (Duodenum) mit einem Endoskop gespiegelt werden (**Abb. U.169**) Das Einführen des Gastroskops in den Magen kann vom Patienten als unangenehm empfunden werden, ist aber nicht schmerzhaft. Gelegentlich wird ein Würgereflex ausgelöst.

Der Vorteil einer Gastroskopie liegt in der sehr sicheren Diagnosestellung mit gleichzeitiger Therapiemöglichkeit. Nachteil für den Patienten ist, dass ein relativ dicker Schlauch geschluckt werden muss. Es besteht ein geringes Risiko von Schleimhautverletzungen oder Organperforationen. Mittlerweile gehört die Gastroskopie zu den diagnostischen Standarduntersuchungen und verursacht in den meisten Fällen keinerlei Komplikationen.

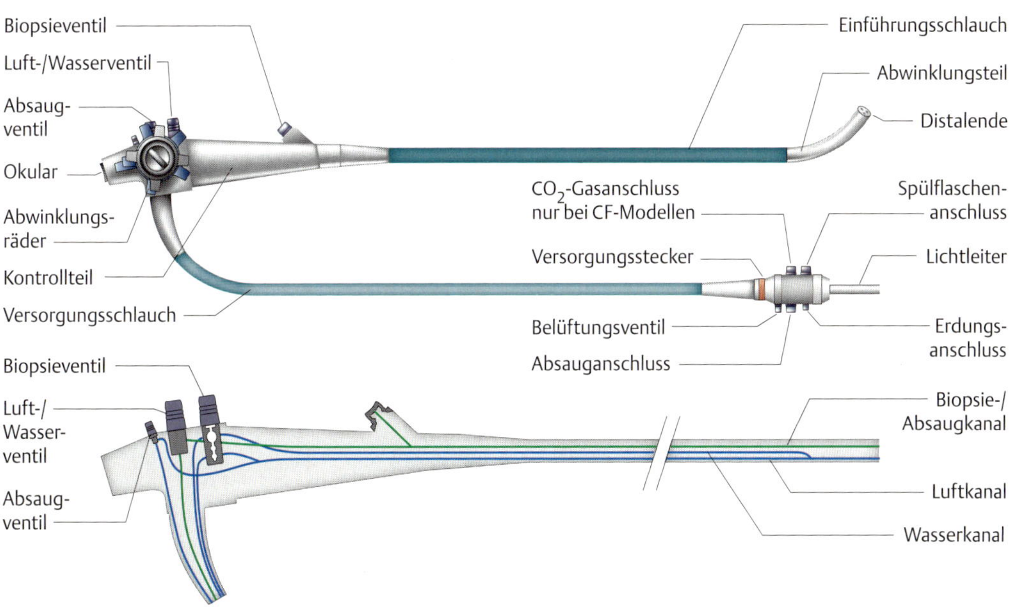

Abb. U.169 Endoskop. a Aufbau, **b** Längsschnitt.

Indikation und Prinzip

Die Gastroskopie ist zur sicheren Diagnose von Magenerkrankungen sinnvoll, da während des Verlaufs einer Gastroskopie auch operative Eingriffe möglich sind. Hierfür werden mikrochirurgische Instrumente verwendet. Die Gastroskopie wird bei Beschwerden durchgeführt wie:

- wiederkehrende Magenschmerzen,
- Übelkeit,
- Erbrechen,
- unerklärlicher Gewichtsverlust,
- Bluterbrechen,
- schwarz gefärbter Stuhlgang.

Weitere Einsatzmöglichkeiten der Endoskopie sind:

- Verlaufskontrolle nach Operationen,
- Entnahme von Gewebeproben (Biopsien),
- Abtragen von Polypen, um diese mikroskopisch zu untersuchen,
- Entfernung von Fremdkörpern,
- Eingriffe zur Blutstillung,
- Verödungen,
- Laseranwendungen.

Folgende Befunde und Diagnosen lassen sich mit der Untersuchung stellen:

- Entzündungen der Speiseröhre (→ Ösophagitis),
- Magenschleimhautentzündungen (→ Gastritis),
- Infektionen mit Helicobacter pylori,
- → Magengeschwüre,
- gut- und bösartige Magentumoren (→ Magenkarzinom),
- → Zwölffingerdarmgeschwüre.

Das Prinzip der Gastroskopie ist die Untersuchung mit einem etwa 110 cm langen und etwa 1,0 cm dicken, elastischen Schlauch, dem Gastroskop (**Abb. U.170**). Dessen Spitze kann vom Untersucher mit zwei Rädchen am hinteren Ende in alle Richtungen gelenkt werden und ist mit Lichtquelle, Glasfaseroptik und Kamera ausgestattet.

Die Bilder vom Untersuchungsgebiet werden an einen Fernsehmonitor übertragen und können so vom Untersucher betrachtet und ausgewertet werden. Zur Diagnostik von Magen- und Zwölffingerdarmgeschwüren hat die endoskopische Untersuchungsmethode mittlerweile die Röntgenkontrastaufnahme ersetzt.

Durchführung

Zur Vorbereitung einer Gastroskopie sollte der Patient ab etwa 6 Std. vor der Untersuchung außer klaren Getränken keine Nahrung mehr zu sich nehmen, um die bestmöglichen Untersuchungsbedingungen zu gewährleisten. Damit kein übermäßiger Brechreiz entsteht, wird der Rachen kurz vor der Untersuchung mit einem Lokalanästhetikum besprüht. Es besteht auch die Möglichkeit, ein leichtes Beruhigungsmittel zu injizieren, um Brechreiz und Empfindlichkeit zu unterdrücken.

Die Untersuchung selbst erfolgt in Seitenlage auf einem Untersuchungstisch (**Abb. U.171**). Das Gastroskop wird durch den Mund bis zur Speiseröhre eingeführt. Dann muss der Patient den biegsamen Schlauch schlucken, der weiter bis in den Magen und Zwölffingerdarm geschoben wird.

Speiseröhre, Magen und Zwölffingerdarm werden meist in einem Arbeitsgang untersucht, die einzelnen Organe können auf dem Monitor oder direkt am Gastroskop betrachtet werden. Zur besseren Sicht wird Luft in den Magen geblasen. Danach leuchtet der Untersucher den Magen in systematischen Arbeitsschritten aus. Eine Zange kann durch einen Kanal im Gerät bis in den Magen vorgeschoben und von außen bedient werden. So ist auch die Entnahme einer Schleimhautprobe zur Untersuchung möglich. Eine Gastroskopie dauert im Normalfall nur etwa 10 Min.

Nachbereitung

Patient. Nach der Untersuchung ist beim Trinken und Essen so lange Vorsicht geboten bis die örtliche Betäubung im Rachen abgeklungen ist. Außer einem leichten Kratzen im Hals, welches bis 24 Std. anhalten kann, gibt es keine Nachwirkungen. Wurde ein Beruhigungsmittel verabreicht, muss der Patient noch etwa 1 Std. unter ärztlicher Aufsicht bleiben. Im Anschluss an die Endoskopie sollte der Patient nicht selbst Auto fahren oder sonstige Tätig-

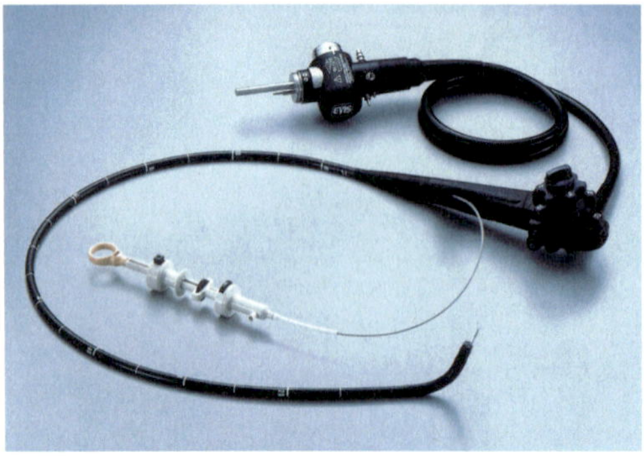

Abb. U.170 Flexibles Videogastroskop (mit Clipapplikator).

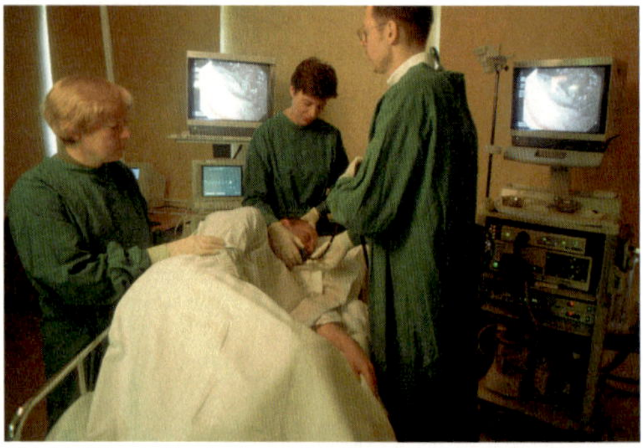

Abb. U.171 Gastroskopie. Der Patient liegt zur Gastroskopie auf der Untersuchungsliege mit Überwachungs- und Versorgungseinheit.

keiten verrichten, die eine erhöhte Konzentration erfordern. Nach der Untersuchung können für kurze Zeit Völlegefühl und Blähungen auftreten.

Material. Unmittelbar nach der Untersuchung kann der untersuchende Arzt im Allgemeinen schon sagen, ob ein Geschwür oder eine andere Erkrankung vorliegt. Fotos von etwaigen Schleimhautveränderungen können unmittelbar während oder nach der Untersuchung ausgedruckt werden. Die Vermutung, ob eine Infektion mit Bakterien (Helicobacter pylori) vorliegt, kann erst nach 1 – 24 Std. bestätigt werden, da dazu die Laboruntersuchung entnommener Abstriche nötig ist. Die feingewebliche (histologische) Auswertung einer entnommenen Gewebsprobe von Magenausgang und Magenkörper liegt erst nach 6 – 10 Tagen vor.

Bewertung

Die Spiegelung des oberen Verdauungstraktes ist eine risikoarme, nichtinvasive Routineuntersuchung. Für die Anwendung der Gastroskopie sprechen die rasche und eindeutige Diagnose, die anhand dieses Verfahrens möglich ist. Im Krankheitsfall bedeutet dies, dass schon nach kürzester Zeit mit der richtigen Therapie begonnen werden kann.

Selbst für schwer Erkrankte und alte Menschen ist die Methode gut geeignet. Komplikationen sind bei dieser Untersuchung äußerst selten. Die hohe Aussagekraft aufgrund direkter, naturgetreuer und farbiger Darstellung der Organe und die schmerzlose Entnahme von Gewebe zur Untersuchung machen die Gastroskopie zu einer der wichtigsten Untersuchungen von Ösophagus und Magen.

Magen-Darm-Passage

Definition

Die Magen-Darm-Passage (MDP) ist eine Röntgenuntersuchung, bei der Magen und Dünndarm mit Hilfe von Röntgenkontrastmitteln dargestellt werden. Die Untersuchung ist für den Patienten schmerzfrei.

Vorteil der Untersuchung ist die deutliche Darstellung der Organe des Magen-Darm-Traktes auf den Röntgenbildern. Nachteil ist, dass die Untersuchung sehr zeitaufwändig ist und bei Patienten mit Kontrastmittelallergie nicht durchgeführt werden kann.

Indikation und Prinzip

Mit MDP können bestimmte Veränderungen und Erkrankungen des Magens und des Dünndarms diagnostiziert werden, z. B.:

- → Magengeschwüre (Ulcus ventriculi) und → Zwölffingerdarmgeschwüre (Ulcus duodeni),
- Einengungen des Magens und des Dünndarms, die etwa durch chronische Geschwüre oder durch gut- und bösartige Tumorerkrankungen entstanden sind,
- Divertikel (Wandausstülpungen) des Dünndarms (→ Divertikulitis),
- Veränderungen durch chronisch entzündliche Darmerkrankungen (z. B. → Morbus Crohn),
- Veränderungen der Lage und der Beweglichkeit (Motilität) von Magen und Dünndarm,
- Perforationen von Speiseröhre, Magen, Dünn- und Dickdarm,
- Fremdkörper,
- Fisteln.

Bei der Magen-Darm-Passage wird die Reliefdarstellung der Magen- und Darminnenwände nach dem Schlucken der Kontrastmittellösung unter ständiger Durchleuchtung beurteilt (**Abb. U.172**). Dabei können Form, Lage, Beweglichkeit, Organspannung und Entleerung sehr gut eingeschätzt werden. Der Arzt kann schon zu Beginn der Untersuchung in der Speiseröhre und im Magen Veränderungen in Form von so genannten Füllungsdefekten erkennen, weil das Kontrastmittel betroffene Bereiche ausspart. Diese können Hinweise auf Geschwüre oder → Tumoren sein.

Durchführung

Etwa einen Tag vor der Untersuchung darf der Patient keine blähenden und festen Speisen mehr zu sich nehmen. Reichlich trinken ist wichtig, jedoch keine Milch oder Alkohol. Ab 12 Std. vor der Untersuchung darf der Patient nichts mehr zu sich nehmen. Auf Rauchen muss er ebenfalls verzichten. In Einzelfällen wird der Patient leicht abgeführt. Vor der Untersuchung müssen Halsketten oder Piercings im Untersuchungsgebiet abgelegt werden. Es wird eine Venenverweilkanüle in eine Armvene eingebracht, über die der Untersucher Medikamente zur Ruhigstellung des Magens spritzen kann.

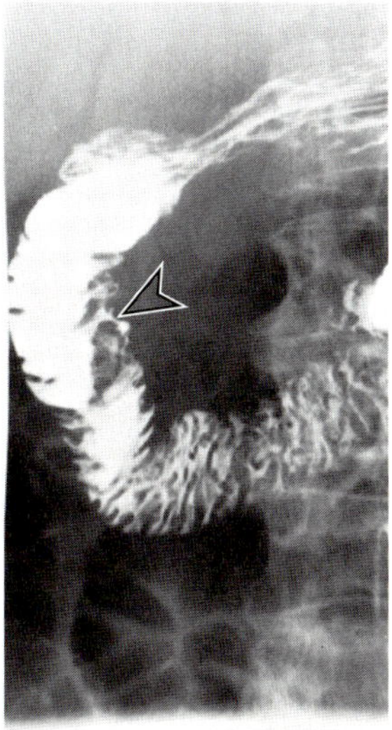

Abb. U.172 Magen-Darm-Passage mit bariumhaltigem Kontrastmittel. Lumeneinengung des Zwölffingerdarms.

Zunächst werden so genannte Leeraufnahmen von Brust und Bauch angefertigt. Sie dienen bei der späteren Auswertung als Ausgangsbilder. Unter gleichzeitiger Röntgenkontrolle trinkt der Patient anschließend etwa 70 ml Kontrastmittel. Während des Schluckens kann der Untersuchende jederzeit eine neue Röntgenaufnahme anfertigen und den gesamten Schluckvorgang digital aufzeichnen.

Ein im Anschluss verabreichtes Brausepulver führt zur Gasentwicklung in Speiseröhre, Magen und Dünndarm. Durch die entstehende Luft können diese Organe dann im Röntgenbild exakt dargestellt werden (deshalb auch Doppelkontrastmethode genannt). Die Untersuchung wird zeitgleich auf einem Monitor verfolgt. In festgelegten Zeitschritten werden immer wieder neue Aufnahmen des Bauchraums gemacht. Sie zeigen, wie sich das Kontrastmittel in Magen und Darm weiter verteilt. Die Zeitabstände der Aufnahmen werden dem jeweiligen Untersuchungsabschnitt angepasst.

Nachbereitung

Patient. Das Medikament, das zur Beruhigung des Magens gegeben wird, kann das Reaktionsvermögen und die Sehschärfe vorübergehend beeinträchtigen. Daher darf der Patient einige Stunden nach der Untersuchung kein Fahrzeug steuern und auch nicht an Maschinen oder in anderen Bereichen, die ein schnelles Reaktionsvermögen und eine gute Sehkraft erfordern, arbeiten. Nach der Untersuchung darf der Patient wieder essen und trinken. Es kann jedoch zu Durchfall kommen, der Stuhl verfärbt sich zumeist hell und es treten vermehrt Blähungen auf. Diese Beschwerden klingen allerdings rasch wieder ab, wenn das Kontrastmittel ausgeschieden ist.

Bildmaterial. Die aufgenommenen Röntgenbilder werden zur Auswertung mit den Leeraufnahmen verglichen, um Veränderungen und Erkrankungen besser beurteilen zu können.

Bewertung

Durch die Verfeinerung der heutigen Untersuchungstechniken werden vorliegende Erkrankungen bei der Magen-Darm-Passage zu über 85 % erkannt. Die MDP kann bei unklaren Befunden eine bessere Diagnostik erzielen als endoskopische Untersuchungen, da das verwendete Kontrastmittel sehr deutlich Veränderungen der Reliefdarstellung an Magen und Darm sichtbar macht. Formveränderungen werden dabei durch so genannte Füllungsdefekte erkannt, welche Hinweise auf Tumoren oder Geschwüre sein können.

Auch wenn die endoskopischen Untersuchungen einen sehr hohen Stellenwert in der Diagnostik von Magen- und Darmerkrankungen haben, behält doch die Magen-Darm-Passage auch heutzutage ihre Bedeutung.

Untersuchungen der Ohren

Zur Untersuchung der Ohren gehört eine auf die Funktion des Organs abgestimmte Befragung (Anamnese) des Patienten genauso wie die sich anschließenden körperlichen und teilweise apparativen Untersuchungen. In der Anamnese wird nach evtl. bestehenden Schmerzen, Ausfluss, Hörminderungen, Ohrgeräuschen, Schwindelbeschwerden, Ohrerkrankungen in der Familie oder in der Kindheit gefragt. Die folgenden Untersuchungen sind in der Diagnostik von Ohrerkrankungen wichtig:
- körperliche Untersuchung,
- Hörprüfung,
- Gleichgewichtsuntersuchung,
- Bild gebende Untersuchung.

Körperliche Untersuchung

Bei der körperlichen Untersuchung des Ohres wird das Ohr auf äußerlich feststellbare Veränderungen untersucht. Sie dient der Beurteilung von Ohrmuschel, Gehörgang und Trommelfell.

Die Untersuchung des äußeren Ohres erfolgt mit einer Stirnlampe als Lichtquelle. Es wird auf Rötungen, Schwellungen oder Formveränderungen geachtet. Vor Manipulationen im Gehörgang ist der Patient darüber zu unterrichten, dass dieser Vorgang für ihn schmerzhaft sein könnte. Bei sehr empfindlichen Patienten oder bei Kindern ist es hilfreich, wenn eine zweite Person den Kopf des Patienten mit zwei Händen etwas festhält. In jedem Fall sollte der zu Untersuchende schnelle Bewegungen vermeiden, da es ansonsten zu Verletzungen kommen könnte.

Zur Untersuchung von Gehörgang und Trommelfell verwendet man einen so genannten Ohrtrichter (**Abb. U.173**). Der Trichter wird in den Gehörgang eingeführt, indem die Ohrmuschel mit zwei Fingern etwas nach hinten oben gezogen wird. Hierdurch wird die Knickbildung des Gehörganges ausgeglichen und das Einführen des Trichters gelingt einfacher. Evtl. vorliegende Verunreinigungen durch Ohrenschmalz werden entfernt, damit die Sicht auf das Trommelfell ungehindert möglich ist.

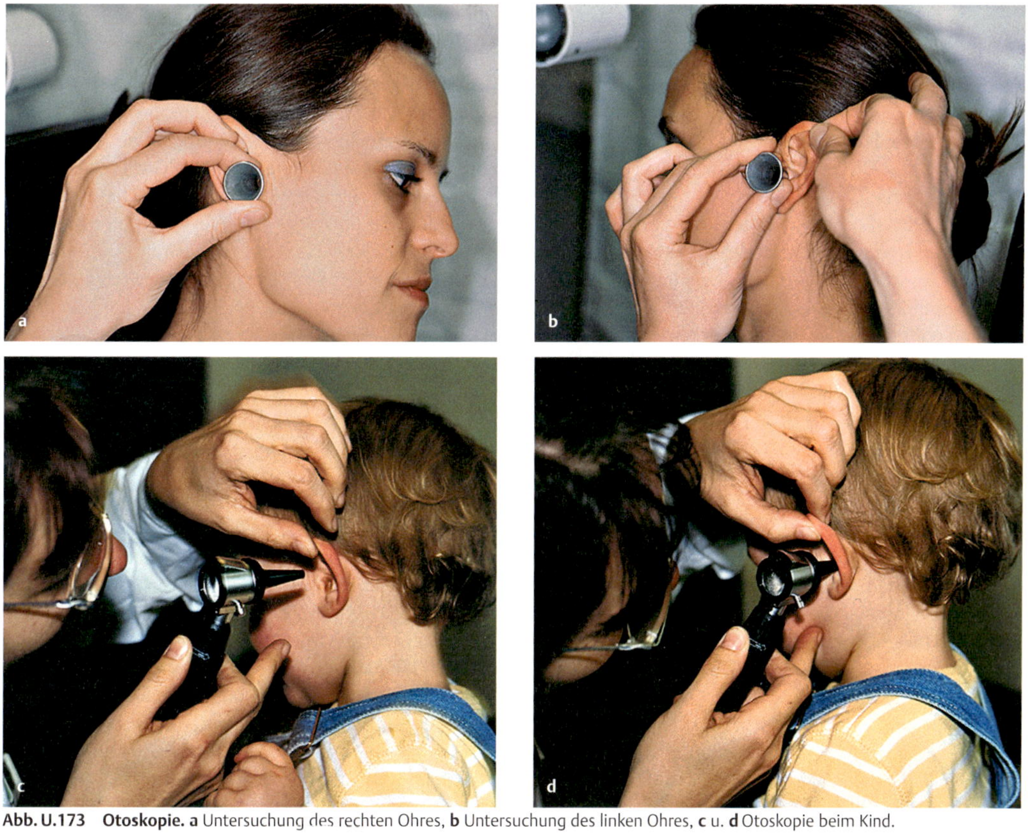

Abb. U.173 Otoskopie. a Untersuchung des rechten Ohres, **b** Untersuchung des linken Ohres, **c** u. **d** Otoskopie beim Kind.

Der Untersucher achtet wiederum auf Schwellungen, Rötungen, Formveränderungen oder Ohrsekretion. Das Trommelfell lässt sich am besten mit einem Ohrmikroskop beurteilen. Evtl. Pathologika wie Trommelfellperforationen (→ Trommelfellverletzung), Einziehungen, Narben o. a. werden dokumentiert, evtl. auch mit Hilfe einer Zeichnung.

Hörprüfung

Hörprüfungen dienen dazu die Art und das Ausmaß einer Hörstörung festzustellen. Man unterscheidet verschiedene Arten von Hörstörungen nach dem Ort der Störung:

- **Schallleitungsschwerhörigkeiten:** Sie entstehen im äußeren oder im Mittelohr,
- **Schallempfindungsschwerhörigkeiten:** Sie entstehen im Innenohr als sog. sensorische Schwerhörigkeit, im Bereich des Hörnervs als neurale Schwerhörigkeit oder im Gehirn als zentrale Schwerhörigkeit.

Mit verschiedenen Hörprüfungen lassen sich die unterschiedlichen Arten von Hörstörungen diagnostizieren.

Stimmgabeluntersuchung

In den Stimmgabelversuchen nach Weber wird dem Patienten eine klingende Stimmgabel mittig auf den Schädel gehalten. Die Schwingungen werden vom Schädelknochen direkt zum Innenohr übertragen.

Im Stimmgabelversuch nach Rinne wird die Stimmgabel zunächst auf den Warzenfortsatz gesetzt und anschließend vor das zu prüfende Ohr gehalten. Bereits das Ergebnis der Stimmgabeluntersuchung gibt dem Untersucher einen Hinweis auf die Ursache einer Hörstörung.

Tonaudiometrie

In der Tonaudiometrie werden dem Patienten Töne unterschiedlicher Frequenz (Tonhöhe) in ansteigender Lautstärke angeboten. Die Untersuchung wird zunächst mit einem Kopfhörer durchgeführt, anschließend erfolgt die Messung mit dem so genannten Knochenschallgeber, der dem Patienten auf den Warzenfortsatz aufgesetzt wird. Der Patient gibt ein Zeichen, sobald er den Ton gehört hat.

Während die Messung mit dem Knochenschallgeber isoliert das Hörvermögen des Innenohres zeigt, überprüft die Messung mit dem Kopfhörer das Hörvermögen von Mittelohr und Innenohr gemeinsam.

Aus dem Ergebnis des Tonaudiogramms, das in einer Hörkurve dargestellt wird, kann sowohl der Hörverlust frequenzabhängig abgelesen werden, als auch zwischen einer Schallleitungsschwerhörigkeit und einer Schallempfindungsschwerhörigkeit unterschieden werden.

Sprachaudiometrie

Das Sprachaudiogramm wird in ähnlicher Weise wie das Tonaudiogramm durchgeführt, es werden dem Patienten allerdings Wörter oder Zahlen anstatt Töne angeboten. Geprüft wird der Anteil der richtig verstandenen Wörter oder Zahlen in Abhängigkeit von der Prüflautstärke. Das Sprachaudiogramm prüft das Sprachverständnis und spielt eine wichtige Rolle bei der Hörgeräte-Verordnung und -Kontrolle.

Tympanometrie

In der Tympanometrie wird die Schwingungsfähigkeit des Trommelfells ermittelt. Hierzu wird eine Sonde in den Gehörgang eingeführt, welche den Gehörgang luftdicht verschließt. Über die Sonde wird der Druck im Gehörgang verändert und ein akustisches Signal abgegeben, das vom Trommelfell reflektiert wird. Die Messung gibt Hinweise auf die Schwingungsfähigkeit des Trommelfells und die Verhältnisse im Mittelohr.

Messung der otoakustischen Emissionen

Die Sinneszellen im Innenohr, die sog. äußeren Haarzellen, sind in der Lage sich aktiv zu bewegen. Durch die Bewegungen werden Signale erzeugt, die man im äußeren Gehörgang mit einer empfindlichen Sonde messen kann. Lassen sich diese so genannten otoakustischen Emissionen nachweisen, so kann man mit großer Sicherheit davon ausgehen, dass die Sinneszellen intakt sind, der Patient also hört.

Es handelt sich um eine computergestützte Untersuchung, die ohne Mithilfe des Patienten erfolgen kann (objektiver Hörtest). Sie eignet sich deshalb insbesondere zum Einsatz als Neugeborenen-Hörprüfung.

Hirnstammaudiometrie (BERA)

Es handelt sich ebenfalls um eine computergestützte, objektive Untersuchung. Der Patient hört über einen Kopfhörer Knack-Geräusche. Jedes dieser Geräusche wird im Innenohr von den Haarzellen in ein elektrisches Signal umgewandelt, das über den Hörnerv zum Gehirn fortgeleitet wird. Diese Signale (Ströme) können mit Elektroden wie beim EKG oder EEG abgeleitet und ausgewertet werden.

Die Untersuchung dient einerseits zur Ermittlung der Hörschwelle bei Patienten, die bei einem Tonaudiogramm nicht mitmachen können oder wollen (z. B. bei Kleinkindern oder bei Begutachtungen), andererseits lassen sich mit dieser Untersuchung Erkrankungen im Bereich des Hörnervs feststellen.

Gleichgewichtsuntersuchung

Das Gleichgewichtssystem besteht aus verschiedenen Komponenten, deren Signale im Gehirn in Gleichgewichtszentren verschaltet werden. Wenn an einer Stelle des Gleichgewichtssystems eine Funktionsstörung auftritt, dann entsteht Schwindel.

In beiden Innenohren befinden sich Gleichgewichtsorgane (Labyrinth), die für die Registrierung der Körperlage und Beschleunigung im Raum verantwortlich sind. Es existieren verschiedene Untersuchungsverfahren um die Funktion dieser Gleichgewichtsorgane zu überprüfen.

Prüfung der vestibulo-spinalen Reflexe

Romberg-Versuch

Der Patient steht mit nach vorn ausgestreckten Armen und geschlossenen Augen vor dem Untersucher. Bei Gleichgewichtsstörungen, welche ihre Ursache im Innenohr haben (labyrinthäre Störungen), kommt es zur Fallneigung nach einer bestimmten Seite. Liegt die Schwindelursache zentral, kommt es eher zu ungerichteter Fallneigung oder Schwanken.

Eine Sonderform dieser Untersuchung ist die Posturografie, bei der der Patient auf einer Messplatte steht, welche die Schwankungen elektronisch aufzeichnet.

Unterberger-Tretversuch

Mit geschlossenen Augen und nach vorn ausgestreckten Armen tritt der Patient mindestens fünfzigmal auf der Stelle. Kommt es dabei zu einer Körperdrehung von über 45° so deutet dies auf eine Funktionsstörung eines peripheren Gleichgewichtsorgans hin. Die Drehung findet dabei nach der Seite des Ausfalls des Gleichgewichtsorgans statt.

Finger-Nase-Versuch

Mit geschlossenen Augen soll der Patient mit dem Zeigefinger auf seine Nasenspitze zeigen (**Abb. U.174**). Schwierigkeiten deuten am ehesten auf eine Störung der Kleinhirnfunktion hin.

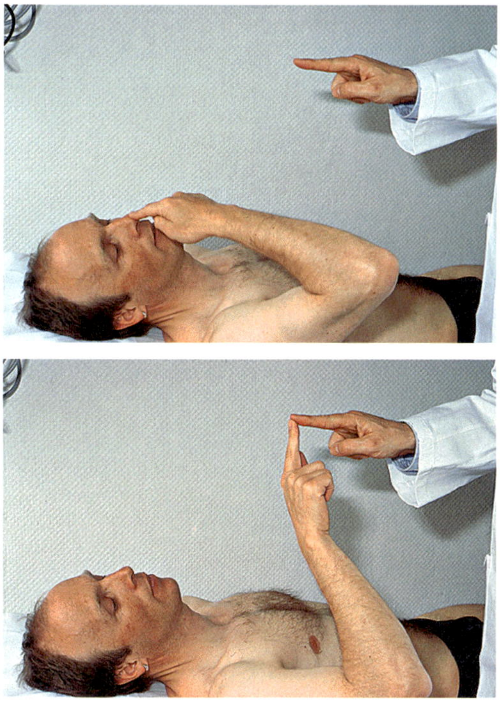

Abb. U.174 Finger-Nase-Versuch. Wenn der Patient nicht richtig auf seine Nase zielen kann und seine Hand zunehmend zittert, deutet das auf eine Störung der Kleinhirnfunktion hin.

Prüfung der Funktion der peripher-vestibulären Organe

Prüfung auf Spontan- und Provokationsnystagmus

Eine Reizung oder Störung des Gleichgewichtssinns hat eine typische Augenbewegung, einen sog. Nystagmus zur Folge. Da Nystagmen beim Gesunden nicht oder nur unter bestimmten Voraussetzungen auftreten, sind sie i.d.R. ein Hinweis auf eine Erkrankung des Gleichgewichtssystems.

Ein Nystagmus wird unter der Lichtbrille nach Frenzel beurteilt (**Abb. U.175**). Die Frenzel-Brille ist mit stark brechenden Gläsern (+ 15 Dioptrien) und einer Beleuchtung ausgestattet. Sie verhindert, dass der Patient während der Untersuchung etwas fokussiert und dadurch der Nystagmus unterdrückt wird.

Spontannystagmus. Ein Spontannystagmus ist meist ein Zeichen für eine Störung des peripher-vestibulären (Innenohr-) Gleichgewichtsorgans. Der Nystagmus (schnelle Komponente der Augenbewegung) zeigt in Richtung des dominierenden Gleichgewichtsorgans, also weg von der Seite des Ausfalls.

Provokationsnystagmus. Wenn eine Gleichgewichtsstörung zentral kompensiert ist, dann kann es sein, dass sie sich nicht durch einen Spontannystagmus bemerkbar macht. Durch bestimmte Lockerungsmanöver, z. B. schnelle Kopfbewegungen, kann evtl. dennoch ein Nystagmus ausgelöst werden.

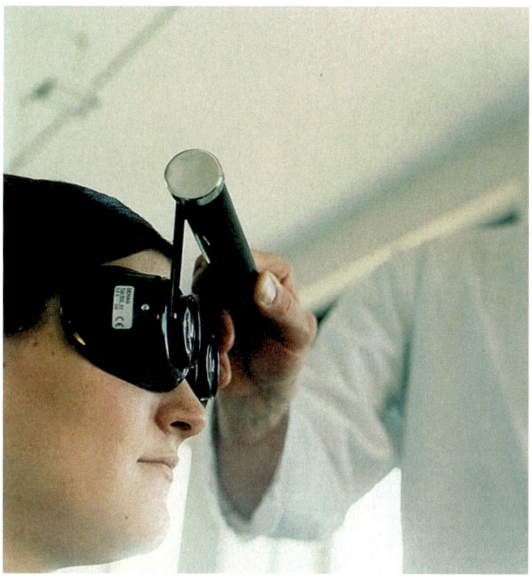

Abb. U.175 Frenzel-Brille. Mit der Frenzel-Brille können schnelle Augenbewegungen (z. B. bei Nystagmen) beobachtet werden.

Lage- und Lagerungsprüfung

Die Lageprüfung wird auf einer Untersuchungsliege durchgeführt. Der Patient wird nacheinander langsam in Rechtslage, Linkslage und Kopfhängelage gebracht, während mit der Frenzel-Brille die Augen beobachtet werden.

Bei der Lagerungsprüfung wird untersucht, ob durch schnelle Bewegungen in unterschiedliche Körperlagen Nystagmen auslösbar sind.

Thermische Vestibularisprüfung

In den Bogengängen des Gleichgewichtsorgans befindet sich Flüssigkeit, die so genannte Endolymphe. Die Flüssigkeit bleibt, dem Dotter eines rohen Eies gleich, bei schnellen Bewegungen des Kopfes stehen. Durch die daraus resultierende Strömung werden härchenförmige Fortsätze von Sinneszellen ausgelenkt, es kommt zu einer Erregung, die vom Gleichgewichtssystem als Drehbewegung eingeordnet wird. Durch die Verschaltung des Gleichgwichtssystems mit den Augenmuskeln entstehen dabei Nystagmen. Dieses Phänomen ermöglicht es uns auch bei schnellen Kopfbewegungen ein Ziel im Auge zu behalten.

Bei der thermischen Überprüfung der Funktion der peripheren Gleichgewichtsorgane machen wir uns dieses Phänomen zu Nutze. Durch Spülung der Gehörgänge mit warmem oder kaltem Wasser (Luft ist auch möglich) kommt es zur Erwärmung der Endolymphe im lateralen Bogengang. Dies führt durch Konvektion zu einer Strömung der Endolymphe, was wiederum eine Erregung des Gleichgewichtsystems bewirkt. Die dadurch entstehenden Nystagmen werden mit der Frenzel-Brille beobachtet und geben einen Anhalt für die Funktion der peripheren Gleichgewichtsorgane.

Video-Nystagmographie (Elektro-Nystagmographie)

Eine Sonderform der Aufzeichnung der Augenbewegungen bei der Gleichgewichtsprüfung ist die Registrierung mit einer Infrarotkamera (Video-Nystagmographie) bzw. Ableitung mittels Elektroden (Elektro-Nystagmographie) und die computergestützte Auswertung.

Untersuchungen der Psyche

Psychische Erkrankungen sind in aller Regel durch verschiedene Faktoren verursacht. Deshalb müssen sowohl die körperliche Verfassung des Patienten, als auch seine Lebensgeschichte und sein familiäres Umfeld beleuchtet werden. Die speziellen Untersuchungen richten sich auf die Beurteilung der psychischen Funktionen. Im Einzelnen gliedert sich eine psychische Untersuchung in folgende Einzelschritte:

- Eigen-, Familien- und Fremdanamnese,
- körperliche Untersuchung,
- Beurteilung der psychischen Funktionen:
  - Bewusstsein und Bewusstseinsstörungen,
  - Orientierungsstörungen,
  - Störungen der Aufmerksamkeit und der Konzentration,
  - Gedächtnisstörungen,
  - Störungen der Wahrnehmung,
  - Störungen des Antriebs und der Psychomotorik,
  - Störungen der Affektivität,
  - Störungen des Denkens,
  - Ich-Störungen.

Eigenanamnese

Definition

In der Eigenanamnese beschreibt der Betroffene im Gespräch mit dem Arzt seine Beschwerden.

Durchführung

In der Psychiatrie mehr noch als in anderen medizinischen Fachrichtungen ist eine ganzheitliche Betrachtung des Patienten wichtig. Um Aufschluss über psychische Erkrankungen zu erhalten, beinhaltet deshalb die Eigenanamnese neben der Krankengeschichte auch einen biografischen Teil, eine Betrachtung der Persönlichkeitsstruktur und der aktuellen Lebenssituation.

Krankengeschichte. Erfragt werden frühere körperliche und psychische Erkrankungen sowie deren Behandlung.

Aktuelle Anamnese. Um die momentane Erkrankung erfassen zu können, soll der Patient seine Symptome schildern. Einige Aspekte werden gezielt abgefragt:

- Traten die Veränderungen plötzlich oder allmählich auf?
- Stehen oder standen sie in Zusammenhang mit äußeren Faktoren (körperliche Erkrankung, psychische Belastung o. ä.)?
- Liegen Veränderungen der Stimmungs- oder Antriebslage vor?
- Kam es zu Veränderungen der Intelligenz und des Denkens? Hier werden veränderte Interessen, Einschränkungen der Denkleistung, Pläne oder Befürchtungen des Patienten erfragt.
- Wurden körperliche Beschwerden bemerkt? Viele psychische Erkrankungen gehen mit Schlafstörungen, Appetitlosigkeit, Gewichtsabnahme, unklaren Schmerzen oder Missempfindungen einher.
- Haben sich die sozialen Beziehungen verändert? Wurden Freundschaften abgebrochen und wie ist das Verhalten am Arbeitsplatz, gegenüber Fremden und der Familie?

Soziobiografische Anamnese. Auftreten, Verlauf und Inhalte psychischer Erkrankungen sind auf dem Hintergrund der persönlichen Entwicklung besser zu verstehen. Erfragt wird der genaue Lebenslauf des Patienten von der Geburt bis zur Gegenwart.

Neben den „harten Fakten“ eines Lebenslaufs ist es ebenso wichtig, die persönliche Entwicklung des Patienten zu erfragen. Wieso wurden bestimmte Entscheidungen getroffen, durch welche Einflüsse wurde er geprägt? Warum wurden bestimmte Verhaltensweisen entwickelt? Beleuchtet wird das familiäre Milieu, das Verhältnis der Familienmitglieder untereinander usw. Hinsichtlich des Berufslebens sind die Gründe für die Berufswahl, die Zufriedenheit mit der Arbeit und Ähnliches wichtig.

Natürlich ist auch eine Betrachtung der sozialen Beziehungen wichtig. Nicht nur der momentane Familienstand, sondern auch frühere Partner, evtl. partnerschaftliche Konflikte usw. werden erfragt. Die persönliche Freizeitgestaltung, Lebensgewohnheiten, Weltanschauungen, Verhältnis zu Religion oder ähnliche Themen lassen ebenfalls Rückschlüsse auf die Persönlichkeit zu.

Familienanamnese

Definition

In der Familienanamnese wird neben Krankheiten in der Familie auch das familiäre Milieu erfragt.

Durchführung

Manche Patienten sind infolge psychischer Erkrankungen in der Familie erblich vorbelastet. Deshalb werden schwerwiegende psychische oder körperliche Erkrankungen in der Familie erfragt, ebenso wie Suchterkrankungen, Selbsttötung u.ä.

Die in der Eigenanamnese erfragte und subjektiv empfundene Familiensituation lässt sich im Gespräch mit den Familienmitgliedern überprüfen und vertiefen.

Fremdanamnese

Definition

In der Fremdanamnese werden die psychischen Krankheitssymptome durch die Befragung Dritter beurteilt.

Durchführung

Psychisch Kranken fehlt oft die Krankheitseinsicht, d.h. sie können ihr Verhalten nicht mehr adäquat beurteilen. Deshalb ist wichtig, auch Außenstehende bezüglich Verhaltensänderungen zu befragen. Bei Symptomen wie Störungen des Bewusstseins, des Gedächtnisses, der Wahrnehmung oder des Denkens sind meist Informationen Dritter nötig, um die Situation objektiv beurteilen zu können.

Körperliche Untersuchung

Psychische Ursachen einer Erkrankung dürfen erst in Betracht gezogen werden, nachdem körperliche Erkrankungen ausgeschlossen wurden. Daher wird der Patient zunächst eingehend körperlich untersucht (**Abb. U.176**).

Manchmal ist bereits das äußere Erscheinungsbild eines Patienten auffällig. Wirkt er verwahrlost, nimmt keine Rücksicht auf Kleidung, Gangbild, Reinlichkeit? Außergewöhnliche Kleidung findet man bei Patienten, welche mit ihrer Kleidung etwas über ihre Persönlichkeit zum Ausdruck bringen wollen, z.B. in der Manie. Äußerlich verwahrloste Patienten sind oft extrem antriebslos, überfordert und leiden unter starken Ängsten.

Auch kann der Ernähungszustand auffällig sein. Manche psychischen Erkrankungen, z.B. die Magersucht (→ Anorexia nervosa), führen zu einem teils massiven Gewichtsverlust. Aber auch deutliches Übergewicht kann psychische Ursachen haben.

Körperhaltung und Gesichtsausdruck verändern sich bei manchen Erkrankungen in charakteristischer Weise. Depressive Patienten z.B. haben meist eine schlaffe Körperhaltung, der Händedruck ist kraftlos und die Mimik oft maskenhaft (**Abb. U.177**).

Manche körperlichen Merkmale lassen Rückschlüsse auf psychische Erkrankungen zu. So können alte Narben oder Verletzungen Folgen eines Selbsttötungsversuches oder einer Selbstverletzung sein, aber auch auf ein Anfallsleiden hinweisen. Ein veränderter Behaarungstyp, auffallender Körperwuchs sind manchmal Folgen von Hormonstörungen, die zu psychischen Veränderungen führen können.

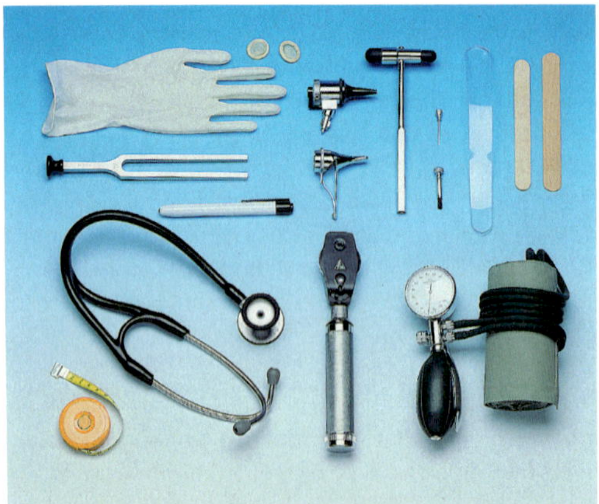

Abb. U.176 Ausrüstung für die körperliche Untersuchung.

Abb. U.177 Depression. Körperhaltung und Gesichtsausdruck einer depressiven Patientin.

Um internistische Erkrankungen auszuschließen, erfolgt eine genaue körperliche Untersuchung sowie eine Untersuchung der inneren Organe mittels Labor und gezielter Diagnostik wie Ultraschall, EKG u.ä. Oft gehen psychische Erkrankungen mit Veränderungen des Gehirns einher. Deshalb ist eine neurologische Untersuchung wichtig. Bei psychiatrischen Ersterkrankungen und/oder neurologischen Auffälligkeiten erfolgen meist auch eine Computertomografie (S. 1444) und/oder ein EEG (Ableitung der Hirnströme, S. 1373).

Bewusstsein und Bewusstseinsstörungen

Definition

Bewusstsein ist der Zustand, in dem uns Erlebnisse und die eigene Person gegenwärtig sind. Bewusstseinsstörungen sind Veränderungen unserer Bewusstseinslage.

Durchführung

Hinweise auf Bewussteinsstörungen ergeben sich aus der körperlichen Untersuchung oder im Gespräch mit den Patienten.

Bewertung

Man unterscheidet quantitative und qualitative Bewusstseinsstörungen (**Abb. U.178**). Sie sind typisch für akute Verwirrtheitszustände, Vergiftungen (z.B. Überdosierung von Schlaftabletten, Rauschzustand) und akute Erkrankungen des Gehirns.

Quantitative Bewusstseinsstörungen

Sie beziehen sich auf den Wachheitsgrad eines Menschen. Je nach Schweregrad unterscheidet man Folgende.

Somnolenz. Der Betroffene ist sehr schläfrig, durch leichte Reize wie Anrufen, Anstoßen oder Ähnliches aber leicht zu wecken.

Sopor. Der Patient schläft. Er ist nur durch starke Reize, z. B. Kneifen oder Schlagen, zu wecken. Oft reagiert er auf diese Reize mit ungezielten Abwehrbewegungen oder er schneidet Grimassen, lallt oder murmelt.

Koma. Der Patient ist bewusstlos und nicht zu wecken. In einem tiefen Koma sind Pupillen-, Hornhaut- und Muskelreflexe erloschen, Atem- und Kreislaufregulation sind gestört.

Qualitative Bewusstseinsstörungen

Sie beziehen sich auf die Art des Bewusstseinszustands. Auch hier unterscheidet man verschiedene Formen.

Bewusstseinstrübung. Die Fähigkeit, Zusammenhänge des Erlebten zu verstehen, geht verloren. Denken und Handeln sind verworren und stehen in keinem sinnvollen Zusammenhang mit dem Erlebten oder der Umwelt.

Bewusstseinseinengung. Das Bewusstsein konzentriert sich auf einige wenige Gedanken, Gefühle oder Triebe. Es wird völlig von diesen beherrscht, ein Ansprechen auf andere Reize fehlt oft vollständig. Da ethische oder moralische Grundsätze ausgeschaltet sind, sind kriminelle Handlungen in einem solchen Zustand nicht selten. Die Patienten erinnern sich an diese Handlungen und Gedanken nicht, weil sie sich in einer Art Trance, einem traumähnlichen Zustand, befinden.

Bewusstseinsverschiebung. Dabei handelt es sich um eine subjektiv empfundene Steigerung des Bewusstseins. Alles wird intensiver, heller erlebt.

Orientierungsstörungen

Definition

Orientierung bezeichnet die Kenntnis von Zeit, Ort, Situation und der eigenen Person. Bei Orientierungsstörungen fehlen diese Kenntnisse ganz oder teilweise.

Bewertung

Orientierung hängt eng mit dem Bewusstsein zusammen, sodass Bewusstseinsstörungen die Orientierung erschweren. Solche Störungen treten u. a. bei → Demenz, → schwerer Intelligenzminderung aber auch bei manchen Psychosen auf. Man unterscheidet (**Abb. U.179**):

Abb. U.178 Einteilung von Bewusstseinsstörungen.

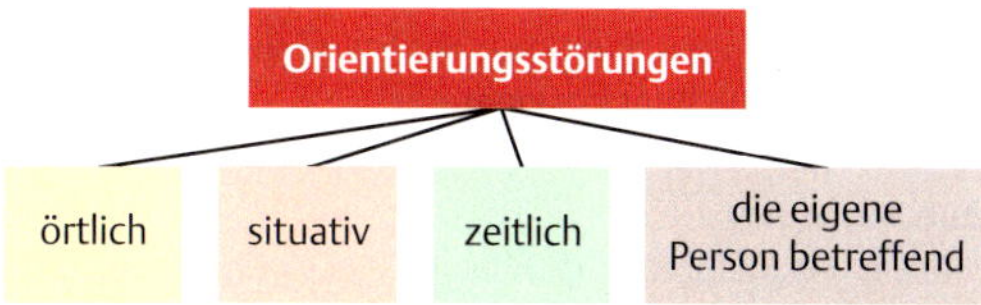

Abb. U.179 Differenzierung von Orientierungsstörungen.

- **zeitliche Orientierungsstörung:** Datum, Tag, Jahr, Tageszeit o. ä. können nicht richtig genannt werden,
- **örtliche Orientierungsstörung:** Der Patient weiß nicht, wo er ist,
- **situative Orientierungsstörung:** Die Situation, in der er sich gerade befindet, z. B. Untersuchung beim Arzt, wird nicht erfasst,
- **Orientierungsstörung zur eigenen Person:** Persönliche Daten wie Geburtsdatum, eigener Name, oder Lebensgeschichte fehlen oder werden falsch genannt.

Störungen der Aufmerksamkeit und Konzentration

Definition

Die Fähigkeit, sich in vollem Umfang den wahrgenommenen Eindrücken zuzuwenden oder sich auf eine bestimmte Sache zu konzentrieren, ist gestört.

Durchführung

Die Betroffenen sind nicht in der Lage einfache Übungen, z. B. Buchstabieren, rückwärts zählen oder Wochentage rückwärts aufsagen, konzentriert durchzuführen. Sie bleiben stecken, lassen sich ablenken, machen Fehler oder antworten gar nicht mehr.

Bewertung

Störungen dieser Art finden sich besonders häufig bei Demenz, Verwirrtheitszuständen oder schweren Depressionen.

Gedächtnisstörungen

Definition

Gedächtnis bezeichnet die Fähigkeit unseres Gehirns, Informationen zu speichern und sich zu erinnern. Bei Gedächtnisstörungen ist die Möglichkeit, alte oder neue Informationen wiederzugeben, gestört.

Indikation und Prinzip

Man unterscheidet zwischen Langzeit- und Kurzzeitgedächtnis. Während im Langzeitgedächtnis lang zurückliegende Ereignisse gespeichert werden (Hochzeitstag, Geburt der Kinder, Kriegserlebnisse), nutzen wir das Kurzzeitgedächtnis zum Speichern von kurz (wenige Minuten) zurückliegenden Informationen.

Durchführung

Um das Kurzzeitgedächtnis zu prüfen, werden dem Patienten Zahlen vorgesprochen, Gegenstände gezeigt, eine kurze Geschichte erzählt u.ä. Nach einer gewissen Zeit wird abgefragt, was er von diesen Dingen noch weiß. Das Langzeitgedächtnis wird anhand einer objektiven Überprüfung der vom Patienten genannten Lebensdaten und Ereignisse getestet.

Bewertung

Man unterscheidet zwischen quantitativen und qualitativen Gedächtnisstörungen (**Abb. U.180**).

Quantitative Gedächtnisstörungen

Unter quantitativen Störungen versteht man einen Gedächtnisverlust.

Schleichender Gedächtnisverlust. Bei einem schleichenden Gedächtnisverlust, wie er für Demenz typisch ist, geht mit der Zeit das Kurzzeitgedächtnis verloren („Wo habe ich die Brille hingelegt?"), während das Langzeitgedächtnis lange erhalten bleibt.

Amnesie. Hier handelt es sich um eine zeitlich begrenzte Erinnerungslücke. Eine Amnesie tritt häufig nach Hirnverletzungen (z.B. Gehirnerschütterung, → Commotio cerebri) oder Bewusstseinsstörungen auf. Bezieht sich die Erinnerungslücke auf die Zeit vor dem Ereignis, spricht man von einer retrograden Amnesie. Die Patienten haben keine Erinnerung an Erlebnisse kurz vor dem Unfall. Eine anterograde Amnesie dagegen bezeichnet eine Gedächtnislücke für eine kurze Zeitspanne nach dem Unfall.

Qualitative Gedächtnisstörungen

Qualitative Störungen bezeichnen inhaltliche Gedächtnisstörungen.

Konfabulationen. Erinnerungslücken werden mit Erfundenem gefüllt. Diese Form der Gedächtnisstörung findet sich häufig bei chronischem Alkoholmissbrauch (→ Alkoholkrankheit).

Déjà-vu-Erlebnis. Dabei handelt es sich um falsches Wiedererkennen. Die Patienten haben das Gefühl, bestimmte Situationen früher schon einmal erlebt zu haben, obwohl das nicht sein kann. Von einem „jamais-vu-Erlebnis" spricht man, wenn behauptet wird, die Situation noch nie erlebt zu haben.

Abb. U.180 Einteilung von Gedächtnisstörungen.

Störungen der Wahrnehmung

Definition

Wahrnehmung bezeichnet die Aufnahme und Verarbeitung aller Sinneseindrücke. Bei einer Wahrnehmungsstörung handelt es sich um fehlgedeutete Sinneseindrücke oder eine Sinnestäuschung.

Bewertung

Wahrnehmungsstörungen sind typische Symptome einer Psychose, vor allem bei der Schizophrenie. Die häufigsten Wahrnehmungsstörungen sind die Illusion und die Halluzination (**Abb. U.181**). Illusionen sind fehlgedeutete Sinneseindrücke. So wird z.B. der Schatten des Mantels an der Wand für ein gefährliches Tier gehalten.

Halluzinationen dagegen sind Wahrnehmungen, denen ein entsprechender Sinnesreiz von außen fehlt, die aber trotzdem für wahr gehalten werden. Die Betroffenen sind meist nicht von ihrer Sinnestäuschung abzubringen. Halluzinationen können jedes Sinnesgebiet betreffen:

- **akustische Halluzination:** Es werden Stimmen oder Geräusche gehört,
- **optische Halluzination:** Die Patienten sehen kleine Tiere oder Menschen im Zimmer. Diese Form der Halluzination tritt oft beim → Alkoholentzugssyndrom auf,
- **olfaktorische, gustatorische Halluzination:** Sinnestäuschung im Geruchs- oder Geschmackssinn, Lebensmittel schmecken nach Blut oder Gift,
- **Zönästhesie:** Halluzination im Bereich der Körperwahrnehmung, die Missempfindungen werden als von außen gemacht empfunden („Das Flugzeug sendet Strahlen auf mich, meine Haut ist wie elektrisiert.").

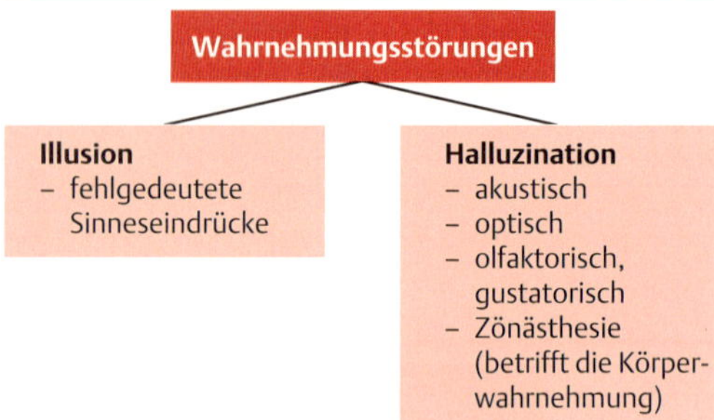

Abb. U.181 Die häufigsten Wahrnehmungsstörungen.

Störungen des Antriebs und der Psychomotorik

Definition

Während der Antrieb die Gesamtheit der Energie, Initiative und Aktivität eines Menschen umfasst, bezeichnet die Psychomotorik dessen körperliches Ausdrucksverhalten.

Bewertung

Antriebsstörungen sind ein Symptom vieler psychischer oder hirnorganischer Erkrankungen. Eine Diagnose lässt sich meist schon aus der Beobachtung des Patienten stellen.

Antriebsarmut. Es besteht ein deutlicher Mangel an Energie und Initiative. Die Betroffenen können sich kaum zu irgendeiner Aktivität aufraffen. Sie ist ein häufiges Symptom bei Depression.

Antriebssteigerung. Hier besteht eine Zunahme der Aktivität und Initiative. Die Patienten sind voller Ideen, welche sie nur teilweise umsetzen. Sie sind ständig in Aktion und durch nichts zu bremsen. Antriebssteigerungen sind typisch für die Manie.

Motorische Unruhe. Es ist eine ziellose und ungerichtete motorische Aktivität zu beobachten, welche sich bis zur Tobsucht steigern kann. Der Patient ist in ständiger Bewegung, normale soziale Kontakte sind nicht mehr möglich. Motorische Unruhe ist ein häufiges Symptom bei Demenz und akuten psychotischen Zuständen.

Stupor. Die Patienten verharren bewegungs- und regungslos in teils grotesken Stellungen. Dies kann stundenlang andauern. Stupor ist typisch für die katatone Schizophrenie.

Automatismen. Auch diese Antriebsstörung ist typisch für die katatone Schizophrenie. Die Patienten führen automatisch, wie ferngesteuert, Handlungen aus. Auf eine Aufforderung wird z. B. automatisch das Gegenteil getan, alles Gehörte und Gesehene wird nachgesprochen oder nachgemacht.

Störungen der Affektivität

Definition

Affektivität ist ein anderer Ausdruck für „Stimmung". Beurteilt werden die Grundstimmung eines Menschen, Gefühlsänderungen (Affekte) und die Schwankungsbreite der Gefühle.

Bewertung

Störungen der Affektivität können in Gesprächen und Beobachtungen erschlossen werden. Auch hier lassen sich verminderte und gesteigerte Affekte unterscheiden.

- **Affektarmut:** Der Patient wirkt gleichgültig, lust- und interessenlos. Adäquate Gefühlsregungen sind nicht zu beobachten; typisch für Depression.
- **Euphorie:** Die Stimmung ist grundlos gehoben, heiter, zuversichtlich; häufiges Symptom der Manie.
- **Affektlabilität:** Gefühlsäußerungen wechseln rasch und grundlos.
- **Affektinkontinenz:** Die Patienten reagieren über, d. h. sie lächeln, schreien oder weinen bei geringsten Anlässen.
- **Ambivalenz:** Es werden gegensätzliche, sich ausschließende Gefühle geäußert („Ich liebe und hasse es gleichzeitig"); typisch für Schizophrenie.

Störungen des Denkens

Definition

Denken ist die Tätigkeit unseres Verstandes.

Bewertung

Der Denkvorgang umfasst mehrere Fähigkeiten:
- sich erinnern können,
- eine gewisse Intelligenz,
- eine ausreichende Merkfähigkeit,
- die Erfassung logischer Zusammenhänge,
- Prioritäten setzen und Verknüpfungen erkennen.

Denkstörungen sind bei vielen psychischen Erkrankungen zu finden, besonders typisch sind sie für die Schizophrenie. Man unterscheidet formale und inhaltliche Denkstörungen (**Abb. U.182**).

Formale Denkstörungen

Formale Denkstörungen sind Störungen in der Ordnung oder dem Ablauf des Denkens.
- **Denkverlangsamung/Denkhemmung:** Der Gedankengang ist mühsam, schleppend, wirkt gehemmt; häufig bei Depressionen.
- **Ideenflucht:** Ein Gedanke „jagt" den anderen, der Zuhörer kann kaum folgen, der Redefluss ist stark erhöht; typisch bei Manie.
- **Gedankenabreißen:** Der Gedankengang bricht plötzlich ohne Grund ab und wird nicht fortgesetzt.
- **zerfahrenes Denken:** sprunghafter Gedankenwechsel, dem ein Zusammenhang fehlt, kann sich bis zur sinnlosen Aneinanderreihung von Sätzen, Silben und Worten, einer Art „Wortsalat", steigern.

Denkstörungen

formal	inhaltlich
– Denkverlangsamung/ Denkhemmung – Ideenflucht – Gedankenabreißen – zerfahrenes Denken – eingeengtes Denken – Perseveration	– Zwangsgedanken – Wahn • Verfolgungswahn • Größenwahn • Verarmungswahn • hypochondrischer Wahn

Abb. U.182 Unterscheidung von Denkstörungen.

- **eingeengtes Denken:** Der Denkumfang der Betroffenen ist eingeschränkt und ihre Gedanken konzentrieren sich auf wenige Themen.
- **Perseveration:** Die Patienten bleiben an immer gleichen Gedankengängen hängen und können sich nicht auf andere Gedanken einlassen.

Inhaltliche Denkstörungen

Mit inhaltlichen Denkstörungen bezeichnet man Störungen im Inhalt des Gedachten, also gewissermaßen die „Verrücktheit" der Gedanken.

Zwangsgedanken. Gedanken, welche vom Betroffenen als quälend und unsinnig eingeschätzt werden, treten immer wieder auf und lassen sich nicht unterdrücken. Zwangsgedanken sind typisch für Zwangsstörungen.

Wahn. Der Wahn ist die eindrucksvollste Denkstörung und kommt z. B. im Rahmen einer Schizophrenie vor. Der Betroffene schätzt die Realität krankhaft falsch ein. Die Patienten sind von ihrer Idee überzeugt und lassen sich nicht korrigieren oder durch logische Beweise oder Argumente von der Realität überzeugen. Je nach Inhalt werden verschiedene Wahnideen unterschieden, z. B.:

- Verfolgungswahn: Überzeugung, man werde verfolgt,
- Größenwahn: Selbstüberschätzung bis hin zur Identifizierung mit berühmten Persönlichkeiten („Ich bin Napoleon."),
- Verarmungswahn: Überzeugung, man sei völlig verarmt,
- hypochondrischer Wahn: Überzeugung schwer krank zu sein.

Ich-Störungen

Definition

Die Betroffenen können die eigene Person nicht mehr von der Umwelt abgrenzen und sich als eigenständiges Individuum erkennen. Die Grenze zwischen dem Ich und der Umwelt erscheint durchlässig.

Bewertung

Bei einem normalen Ich-Erleben versteht man sich als eigenständige Person. Man kann sich von anderen abgrenzen, kann unabhängig vom Willen anderer denken, handeln und fühlen. Ganz anders empfinden Patienten mit Ich-Störungen. Diese Störungen gehören zu den Symptomen der Schizophrenie. Man unterscheidet folgende Formen:

- **Depersonalisation:** Das eigene Ich oder Teile des Körpers werden als fremd, unwirklich oder zu einer anderen Person gehörend empfunden („Ich spüre meinen Körper nicht mehr, es fühlt sich an, als gehöre er nicht zu mir.")
- **Derealisation:** Die Umgebung erscheint dem Patienten als unwirklich, fremd oder gar bedrohlich.
- **Gedankenausbreitung:** Der Patient beklagt, dass seine Gedanken nicht mehr ihm alleine gehören, andere nehmen daran Anteil und wissen, was er denkt („Meine Eltern können meine Gedanken mithören, sie wissen genau, was ich denke.")
- **Gedankenentzug:** Der Betroffene hat das Gefühl, die Gedanken würden ihm weggenommen.
- **Gedankeneingebung:** Der Patient empfindet seine Gedanken als von außen gesteuert („Ich werde ständig hypnotisiert, ich kann nicht denken und fühlen, wie ich will.")

Untersuchungen der Radiologie

Die Strahlenheilkunde (Radiologie) ist ein eigenständiges medizinisches Fachgebiet mit breitem Indikationsspektrum. Bei der Diagnostik von Erkrankungen des Herz-Kreislauf-Systems oder in der Traumatologie ist sie heute nicht mehr wegzudenken. Man unterscheidet konventionelle Röntgenverfahren wie Röntgen-Thorax von digitalen Röntgenverfahren wie Computertomografie. Folgende radiologische Diagnostiken werden hier näher beschrieben:

- Röntgenuntersuchung,
- Computertomografie (CT),
- Magnetresonanztomografie (MRT),
- Positronenemissionstomografie (PET),
- SPECT.

Röntgenuntersuchung

Definition

Mit Hilfe hochenergetischer, elektromagnetischer Röntgenstrahlung können unterschiedliche Körperregionen wie Skelettsystem, Lunge, Bauch oder Nieren bildlich dargestellt werden. Dieses schnelle, komplikationsarme und schmerzlose Verfahren ist seit über 100 Jahren bei der Diagnostik z. B. von knöchernen Verletzungen, Lungen- oder Baucherkrankungen das Mittel der Wahl. Es werden konventionelle Röntgenleeraufnahmen (Nativaufnahmen) von Röntgenverfahren mit Kontrastmitteln unterschieden.

Werden jodhaltige Kontrastmittel verwendet, lassen sich auch Magen-Darm-Erkrankungen (z.B. durch einen Kolonkontrasteinlauf, S. 1148) oder Gefäßveränderungen (z.B. durch eine Angiografie, S. 1172) bestmöglich darstellen. Ebenso gehören die Krebsfrüherkennung bei Frauen (Mammografie, S. 1159) oder die Diagnostik der Niere (i. v. Pyelogramm) zu den Röntgenuntersuchungen. Mit den jüngeren und moderneren Verfahren wie CT und MRT werden computerunterstützt Querschnittbilder des menschlichen Körpers erstellt (s. u.).

Indikation und Prinzip

Bei der Röntgenuntersuchung dient eine Röntgenröhre als Strahlenquelle, die elektromagnetische Wellen aussendet und den Röntgenfilm schwärzt. Die zu untersuchende Körperregion wird zwischen Röntgenröhre und Röntgenfilm positioniert. Die Strahlen werden von verschiedenen Körpergeweben unterschiedlich stark absorbiert. Das führt dazu, dass der Röntgenfilm unterschiedlich stark geschwärzt wird.

Dabei erscheinen Knochenstrukturen, die viel Strahlung absorbieren, als hartes Gewebe hell, Haut, Muskeln und Fett erscheinen dagegen als weiches Gewebe eher dunkel, da sie nur wenig Strahlung absorbieren. Mit Hilfe eines Bildverstärkers kann man die Aufnahme kontinuierlich auf einem Monitor verfolgen (Durchleuchtung) oder als ausgedrucktes Röntgenbild bzw. entwickelten Röntgenfilm betrachten. Neuere Geräte speichern die Röntgenbilder als Datei. Die Bilder werden auf einem Computermonitor betrachtet.

Röntgenuntersuchung des Skeletts. Sie erfolgt bei Erkrankungen des Bewegungsapparats, insbesondere der Knochen (Frakturen) und der Gelenke (degenerative Veränderungen wie Rheuma), bzw. zur Tumorsuche. In der Röntgenaufnahme des Kopfes lassen sich Vereiterungen der Nasennebenhöhlen, Zähne und Kiefer, Fontanellen bei Neugeborenen oder bösartige Erkrankungen, wie ein → Plasmozytom, beurteilen. Die Röntgendurchleuchtung kommt hauptsächlich bei chirurgischen Eingriffen wie die Knochennagelung während einer OP zum Einsatz.

Röntgen-Thorax. Sie gehört zu den gängigsten Röntgenbildern. Mit ihr werden Zwerchfell und wichtige Gefäße wie Aorta und Pulmonalarterien im Brustkorb und Mediastinum, beurteilt. Wichtiger jedoch ist die Charakteristik von Herz und Lunge. Aufgrund der Herzsilhouette lassen sich z. B. angeborene Herzerkrankungen, Herzbeutelergüsse oder entzündliche Prozesse feststellen. Auch Lungenerkrankungen wie → Pneumonie, → Pleuraerguss, → Lungenödem oder → Tuberkulose, können mit diesem Verfahren sehr gut dargestellt werden. Weiterhin dient die Thoraxübersicht der Diagnostik bei → Bronchialkarzinomen oder malignen Lymphomen (Lymphdrüsenkrebs, → Non-Hodgkin-Lymphom).

Mammografie. Sie ist derzeit die beste Methode zur Früherkennung von Brustkrebs, noch bevor Knoten in der Brust ertastet werden können. Hierbei lassen sich sogar gutartige von bösartigen Tumorerkrankungen unterscheiden. Selbst kaum sichtbare Mikroverkalkungen ab 0,1 mm und sehr kleine Tumoren ab 5 mm sind diagnostizierbar (**Abb. U.183**).

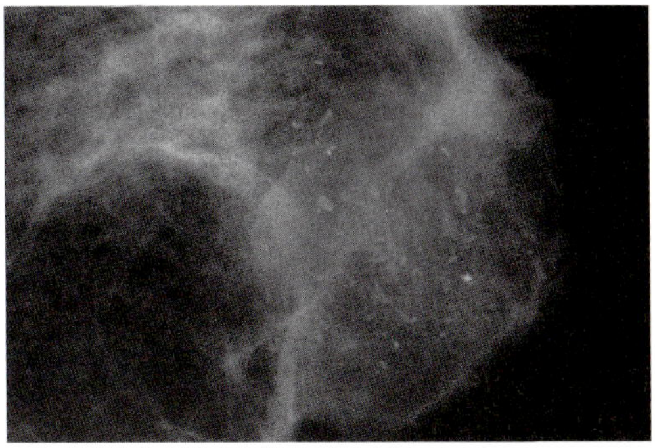

Abb. U.183 Mammografie. Mammografisches Bild mit einer Vielzahl von Mikroverkalkungen.

Abdomenübersichtsaufnahme. Es handelt sich um die bildliche Darstellung der Bauchregion. Dabei wird auf dem Röntgenbild nach freier Luft im Bauchraum, Hinweise für einen Darmverschluss, Verkalkungen, Tumoren, Zysten oder Fremdkörpern gesucht. Um Tumore, entzündliche Darmerkrankungen wie → Morbus Crohn, Polypen (→ Polyposis intestinalis), → Divertikel und → Magengeschwüre besser beurteilen zu können, empfiehlt sich eine anschließende Kontrastmitteldarstellung der Bauchregion.

Indikation Kontrastmittelröntgen

Es eignet sich u. a., um funktionelle Veränderungen des Verdauungstrakts zu erkennen. Bei einer Schluckstörung kann ein ganzer Trinkvorgang durch Zugabe von Kontrastmittel auf einem Monitor dargestellt werden. Hierbei lässt sich z. B. eine Bewegungsstörung der Speiseröhre durch entzündliche oder tumoröse Engstellungen und Verlagerungen feststellen. Eine Durchleuchtungsuntersuchung des Magens kann Magengeschwüre, Passagebehinderungen oder Tumorerkrankungen aufdecken.

Ein mit Röntgenkontrastmittel gefüllter Magen erscheint auf dem Röntgenbild hell (positives Kontrastmittel) oder dunkel (negatives Kontrastmittel). Diese Methode hat durch die Endoskopie (Magenspiegelung, S. 1261) jedoch an Bedeutung verloren. Die Dünndarmuntersuchung (nach Sellink) wird unter Durchleuchtung in Doppelkontrasttechnik angefertigt, um Anomalien, Tumoren oder Entzündungen feststellen zu können. Hier wird eine Serie von Bildern zur Dokumentation der untersuchten Dünndarmregion erstellt.

In der Urologie helfen Röntgenaufnahmen bei der Darstellung der Nieren und ableitenden Harnwege. Mittels eines nierengängigen Kontrastmittels sind im Urogramm (bzw. i. v.-Pyelogramm) große Nierensteine und Stenosen ebenso wie Nierenfehlbildungen, z. B. Doppelnieren und Tumoren, erkennbar. Die Untersuchung von Gallenwegen und Gallenblase (Cholangiocholezystografie) wird heutzutage kaum noch mit einem gallegängigen Kontrastmittel durchgeführt, sondern längst durch Sonografie, Kernspintomografie oder ERCP abgelöst.

Eine wichtige Kontrastmitteldarstellung ist die Angiografie (S. 1172). Mit Hilfe eines wasserlöslichen Kontrastmittels werden Arterien (Arteriografie) oder Lymphgefäße (Lymphografie) direkt dargestellt. Mit den Gefäßdarstellungen werden Verengungen oder Verschlüsse von Blutgefäßen festgestellt, die Lymphografie dient der Analyse von Lymphgefäßanomalien. Die Darstellung von Venen durch die Phlebografie ist nur noch selten notwendig, da die Duplexsonografie meist ausreichend ist. Die Phlebografie wird heutzutage nur noch vor Thrombektomien (Entfernung von arteriellen oder venösen Blutgerinnseln) oder vor einer Fibrinolyse (Auflösung eines Blutgerinnsels mit Medikamenten) verwendet (S. 1174).

Die Fistulografie ist eine Darstellung natürlicher bzw. krankhaft entstandener Gangsysteme oder Höhlen (Fisteln). Dabei wird unter Röntgendurchleuchtung vorsichtig wässriges Kontrastmittel in den Hautdefekt der betreffenden Körperregion oder Körperhohlräume gespritzt, um den genauen Verlauf nachvollziehen zu können. Fisteldarstellungen werden am häufigsten im Zusammenhang mit Erkrankungen des Magen-Darm-Traktes sowie der Knochen und Gelenke durchgeführt.

Durchführung

Bei jeder Röntgenuntersuchung muss der Patient seine Kleidung und tragbaren Schmuck ablegen, bevor er zwischen Röntgenröhre und Röntgenfilm positioniert wird. Während der Röntgenaufnahme darf sich der Patient nicht bewegen. Die Thoraxaufnahme wird bevorzugt im Stehen und von hinten angefertigt (**Abb. U.184**). Damit sich die unteren Abschnitte der Lunge mit Atemluft füllen können wird der Patient aufgefordert einzuatmen und die Luft anzuhalten.

Um die Aussagekraft zu verbessern, werden Röntgenaufnahmen oft aus mindestens zwei Einfallswinkeln erstellt. Das ist vor allem bei Frakturen nötig. Bei der Mammografie befindet sich die Brust zwischen Röntgenröhre und Filmtisch, wo sie mit einer Platte langsam und vorsichtig zusammengedrückt wird. Hier reichen i.d.R. zwei Aufnahmen, eine von der Seite und die andere von oben, aus.

Durchführung Kontrastmittelröntgen

Um künstliche Kontraste in Hohlräumen wie dem Verdauungstrakt zu schaffen, wird Röntgenkontrastmittel (Bariumsulfat) gegeben. Dazu muss jeder Patient nüchtern sein, einen Aufklärungsbogen unterschreiben und ggf., z. B. beim Kolonkontrasteinlauf, abgeführt haben. Die Gabe von Spasmolytika (krampflösenden Medikamenten) wird empfohlen.

Vor allen invasiven röntgenologischen Untersuchungen mit jodhaltigen Kontrastmitteln sollte der Gerinnungsstatus überprüft und die Punktionsstelle rasiert werden. Sofort nach einer intravenösen Injektion des Kontrastmittels wird auf allergische Reaktion geachtet. Eine absolute

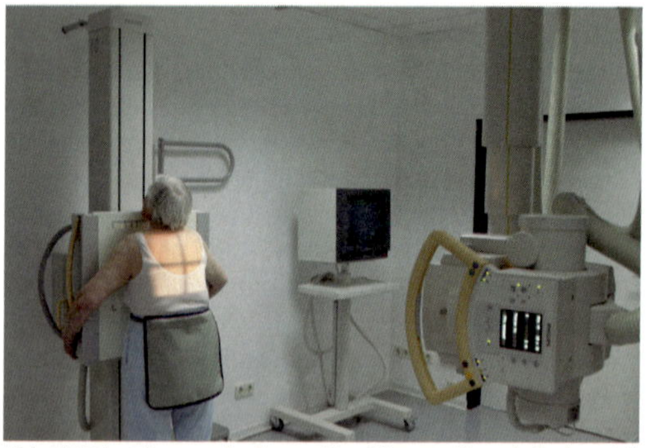

Abb. U.184 Thoraxaufnahme. Die Röntgenröhre befindet sich rechts im Bild.

Kontraindikation besteht für Patienten mit Hyperthyreose (Schilddüsenüberfunktion), Gefahren bestehen ebenso für Patienten mit einer Niereninsuffizienz oder Exsikkose.

Für ein Ausscheidungsurogramm wird zunächst eine Leeraufnahme von der Niere angefertigt, um zu überprüfen, ob eine Kontrastmitteldarstellung möglich ist. Ist dies der Fall, lässt man das Kontrastmittel über eine Infusion durch die Armvene in den Kreislauf einlaufen. Die Nieren resorbieren das Kontrastmittel und scheiden es aus. Um die harnableitenden Wege beurteilen zu können, sind mehrere Röntgenaufnahmen in Abständen von 7 – 10 Min. notwendig (**Abb. U.185**). Diese Untersuchung dauert üblicherweise 30 Min. Bei Abflussbehinderungen einer Niere kann es erforderlich sein, einzelne Röntgenaufnahmen im Abstand von mehreren Stunden anzufertigen.

Bei der Angiografie wird das Kontrastmittel meist über die A. femoralis eingebracht nachdem ein Katheter körperwärts vorgeschoben wurde. Wird eine Stenose entdeckt, können durch diesen Zugang Gefäßstützen aus Metall (Stents) oder der Ballonkatheter geführt werden.

Bei der Phlebografie wird das Kontrastmittel in eine Fußrücken- oder Handvene injiziert. Damit lässt sich das venöse Abflussgebiet bei eingeschalteter Röntgenröhre (Durchleuchtung) sichtbar machen. Eine besondere Vorbereitung für die Phlebografie ist nicht notwendig. Bandagen und Kompressionsstrümpfe sollten aber vorher abgelegt werden.

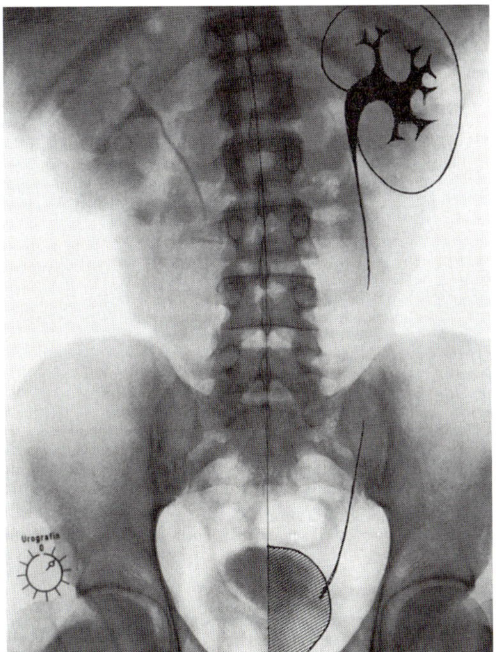

Abb. U.185 Urogramm. Nach Kontrastmittelgabe stellen sich die Nierenbeckenkelchsysteme, der Harnleiter und die Blase dar. Die Zeichnung der rechten Bildhälfte dient der Verdeutlichung.

Nachbereitung

Bei den meisten Röntgenaufnahmen ist keine besondere Nachbereitung erforderlich. Unter der Verwendung von Kontrastmitteln kann es in einigen Fällen zu Unverträglichkeiten und Herz-Kreislauf-Problemen kommen. An der Veneneinstichstelle kann es zu einem kleinen, harmlosen Bluterguss mit einer schmerzenden Schwellung kommen. Weiterhin ist vom Pflegepersonal auf Hautfarbe und Vitalzeichen zu achten. Bei einigen invasiven Kontrastmitteluntersuchungen (z. B. Angiografie) sind 24 Std. Bettruhe indiziert, da eine Nachblutung möglich ist.

Bewertung

Das Röntgen ist auch 100 Jahre nach seiner Entdeckung das Verfahren der ersten Wahl. Es ist einfach, schnell, aussagekräftig und kostengünstig. Oft geben Röntgenbilder den ersten entscheidenden Hinweis auf eine Erkrankung. Der Nutzen von Röntgenstrahlen überwiegt die potenziellen Risiken einer Strahlenbelastung. Für das ungeborene Kind einer Schwangeren könnten allerdings selbst kleinste Dosen ein Risiko bedeuten. Als weitere Komplikation kommt es in seltensten Fällen zu allergischen Reaktionen auf das Kontrastmittel.

Computertomografie

Definition

Die Computertomografie ist eines der wertvollsten diagnostischen, Bild gebenden Verfahren in der Radiologie. Es handelt sich um ein spezielles Röntgenverfahren, mit dem Querschnittsbilder verschiedener Körperabschnitte erstellt werden, um die inneren Organe auf Verletzungen oder Erkrankungen hin zu untersuchen. Durch die rasche technische Entwicklung brauchen die Geräte für eine Schichtaufnahme nur noch maximal 500 ms und bieten eine hervorragende, bis auf einen Millimeter genaue Bildqualität. Die Untersuchung ist schmerzfrei, die Strahlenbelastung ist höher als beim konventionellen Röntgen, aber nicht besorgniserregend.

Indikation und Prinzip

Bei der Computertomografie (CT) werden, wie bei der klassischen Röntgentechnik, Röntgenstrahlen verwendet. Eine Hochspannung erzeugende Röhre sendet dabei einen fächerförmigen Röntgenstrahl aus, der den Körper in der gewünschten Ebene durchstrahlt. Hunderte von Sensoren nehmen die durch Haut, Knochen, Fett, Organen oder Muskeln gebrochenen, abgeschwächten Röntgenstrahlen auf und wandeln sie in elektrische Signale um. Röntgenquelle und Röntgendetektoren umkreisen den Patienten für jede Aufnahme vollständig und erstellen dabei tausende Einzelaufnahmen.

Die Signale werden computergestützt nahezu ohne Zeitverlust zu einem Graustufenquerschnittsbild (Tomogramm) zusammengesetzt und auf einem Monitor sichtbar gemacht (**Abb. U.186**). Organsysteme können in einer

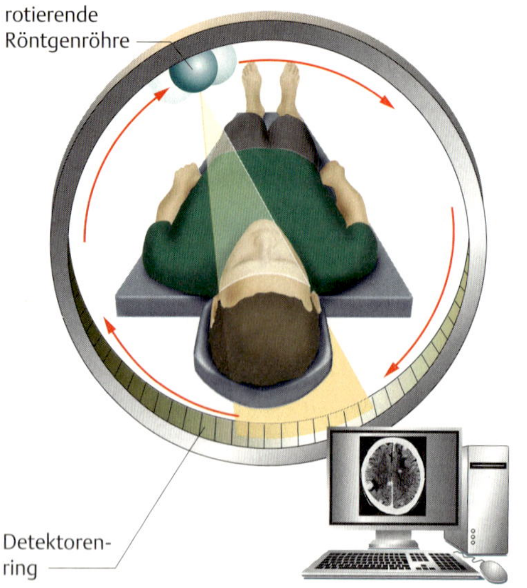

Abb. U.186 Prinzip der Computertomografie. Der Patient wird von beweglichen Röntgenröhren umkreist. Anschließend werden die Signale vom Computer zu einem 2- oder 3-dimensionalen Bild zusammengesetzt und auf einem Monitor sichtbar gemacht.

Schichtaufnahme analysiert werden. Die Dauer einer einzelnen Schichtaufnahme liegt bei modernen Geräten bei einer halben Sek. Untersuchungen mit Kontrastmitteln dauern insgesamt zwischen 10 Min. beim Kopf (kraniale Computertomografie, CCT) und 30 Min. beim Abdomen.

Mit dem CT lassen sich, wie bei anderen Röntgenverfahren auch, im Prinzip alle Körperregionen untersuchen. Besonders gehaltvolle Informationen liefert die Computertomografie bei Untersuchungen des Gehirns, insbesondere bei → Schädel-Hirn-Traumata oder Durchblutungsstörungen des Gehirns (→ Hirninfarkt). In der Chirurgie/Traumatologie gehört sie bei Frakturen des Beckens oder der Wirbelsäule, intraabdominellen Blutungen (Blutungen im Bauch) sowie → Bandscheibenvorfällen zur Diagnostikmöglichkeit.

Des Weiteren eignet sie sich bei → Pneumonien, → Aszites, Erkrankungen mit Veränderungen der Leberoberfläche und der Tumorsuche im gesamten Organsystem. Dank der guten Kontrastabstufung kann man sehr gut zwischen den verschiedenen Gewebearten wie Knochen, Muskeln oder Fett unterscheiden. Eine orale oder intravenöse Gabe von Kontrastmittel verstärkt diese Wirkung. Außerdem können die Schichtaufnahmen dreidimensional dargestellt werden.

Durchführung

Bei Untersuchungen von Magen, Darm und Beckenraum sollte der Patient am Tag vor der Untersuchung nichts Blähendes essen und mind. 2 Std. vor der Untersuchung nüchtern sein. Ggf. muss der Patient vor der Untersuchung Kontrastmittel zu sich nehmen. Bei einer CT des Magen-Darm-Traktes ist dies etwa 1 Std. vor der Untersuchung nötig, bei einer Untersuchung des Beckenbereichs etwa 2 Std. vorher. Bekommt der Patient ein Kontrastmittel gespritzt, kann sich evtl. ein Wärmegefühl entwickeln, das jedoch schnell wieder abklingt.

Während der Untersuchung liegt der Patient flach auf einem fahrbaren Tisch (**Abb. U.187**). Er bekommt eine Notfallklingel und ist mit einer Gegensprecheinrichtung mit dem CT-bedienenden Radiologen verbunden. Der Tisch bewegt sich nun langsam in die kreisrunde Abtastöffnung des Computertomografen und hält an, wenn sich das zu untersuchende Gebiet in entsprechender Position befindet. Der Patient soll so entspannt und ruhig wie mög-

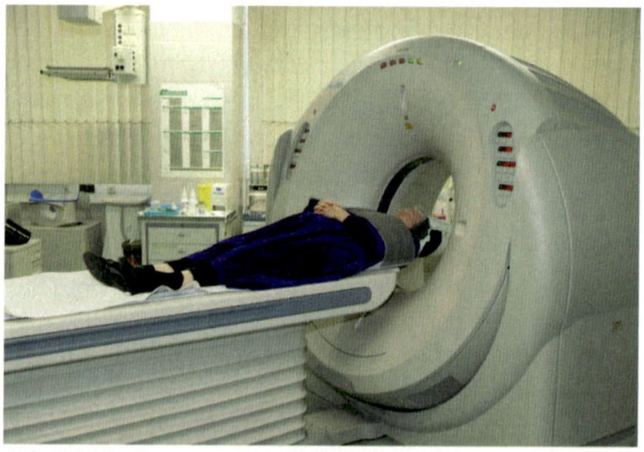

Abb. U.187 Computertomografie. Die Patientin wurde auf dem fahrbaren Tisch in die Untersuchungsöffnung des Gerätes geschoben.

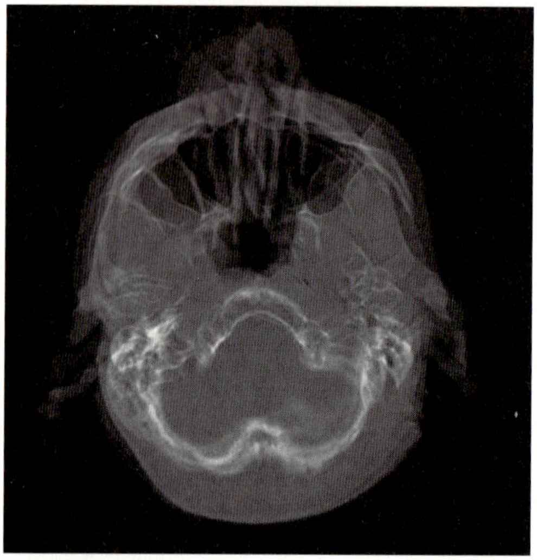

Abb. U.188 Stillhalten. Diese Aufnahme entstand, nachdem der Untersucher den Patienten bat, den Kopf für die letzten Sekunden des CT doch noch einmal still zu halten. Der Patient antwortete nur mit einem Kopfschütteln.

lich liegen und die evtl. vom Personal gegebenen Atemanweisungen genau befolgen.

Der Patient muss die Luft anhalten, wenn ein rotes Lämpchen leuchtet, weil dann eine Schichtaufnahme des Körpers erstellt wird. Bei Grün darf er sich wieder bewegen (**Abb. U.188**). Der Patient spürt von der Untersuchung nichts. Er hört lediglich ein leises Surren. Die Untersuchungsdauer beträgt je nach Fragestellung und dem zu untersuchendem Gebiet 10 – 30 Min.

Nachbereitung

In seltenen Fällen kommt es zu Überempfindlichkeitsreaktionen gegen das Kontrastmittel. Daher ist vom Pflegepersonal auf Anzeichen von Schwindel, Übelkeit oder Kopfschmerzen zu achten.

Bewertung

Die Computertomografie bringt im Vergleich zu anderen Bild gebenden Verfahren für Untersuchungen von Gehirn, Wirbelsäule, Rückenmark und Abdomen den größten Informationsgewinn (**Abb. U.189**). Bei Knochenerkrankungen stellt das klassische Röntgen eine Alternative zum CT dar, denn die räumliche Auflösung ist im CT schlechter.

Das MRT ist bei Erkrankungen der Weichteile (Muskel, Knorpel, Gehirn) die leistungsstärkere, aber auch teurere Methode. Auch einen guten Überblick über Organerkrankungen bietet die leicht zu handhabende und kostengünstige Sonografie, die sich deshalb zur Erstdiagnostik besser eignet.

Magnetresonanztomografie

Definition

Die Magnetresonanztomografie (MRT, Synonym: Kernspintomografie) erzeugt mittels eines Magnetfelds und Radiowellen und ohne Röntgenstrahlen gestochen scharfe Schnittbilder verschiedener Körperabschnitte und Körperebenen (horizontal, diagonal oder vertikal). Das MRT besitzt eine sehr hohe Auflösung und erlaubt so die Analyse von Details mit einer Größe von unter 1 mm. Ein MRT wird vor allem bei orthopädischen und neurologischen Erkrankungen angewendet. Dieses nuklearmedizinische, Bild gebende Verfahren ist schmerz- und komplikationslos.

Indikation und Prinzip

Die Bezeichnung „Kernspin" beschreibt eine Eigenschaft des Atomkerns, sich wie ein Kreisel um die eigene Achse zu drehen und so magnetische Eigenschaften anzunehmen. Dies gilt ebenfalls für die Atomkerne des Wasserstoffs. Die ungeordneten Wasserstoffatome im Körper des Patienten werden durch das starke Magnetfeld im Kernspintomografen (das 10.000fache der Erde) in eine bestimmte Richtung ausgerichtet und stehen daher unter Spannung. Zugeschaltete Radiowellen stören diese Spannung kurzzeitig. Schaltet man die Radiowellen wieder ab, werden die Atome wieder in das Magnetfeld gezogen und senden Signale aus, die durch hochempfindliche Antennen gemessen werden. Ein Computer setzt die Signale anschließend zu einer optischen Darstellung um.

Bei der MRT können neben horizontalen Schichtebenen auch noch andere Schnittebenen dargestellt werden, ohne die Lage des Patienten zu verändern. Ein Hauptgrund für ihre Indikation ist die sehr genaue und differenzierte Darstellung aller Körpergewebe, besonders von Organen, Gelenkknorpel, Weichteilen, Menisken und Gehirn (**Abb. U.190**). Wasserreiche Gewebe werden sehr hell, Gewebe mit wenig Wasser dunkel dargestellt. Durch diesen Effekt sind Knochen fast nicht zu sehen.

Hervorragend geeignet ist die Kernspintomografie für die Diagnostik von Blutgefäßen im Hirn- und Halsbereich, von Nierengefäßen, Beckengefäßen und Beinarterien, ebenso von Bandscheiben, Wirbelsäule und Kniegelenken. Mittlerweile ist auch eine dynamische Darstellung

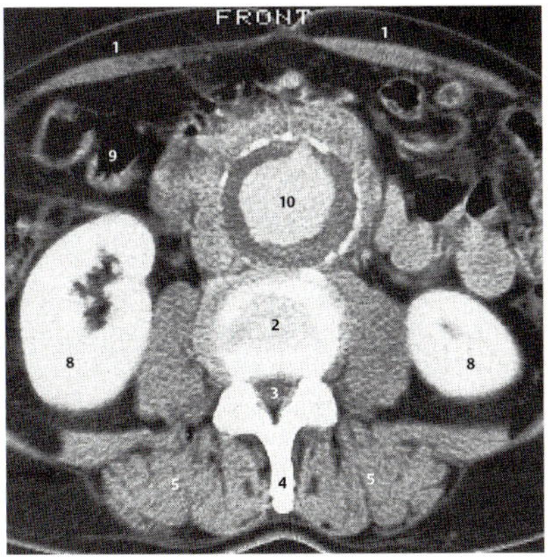

a 2-D-Darstellung

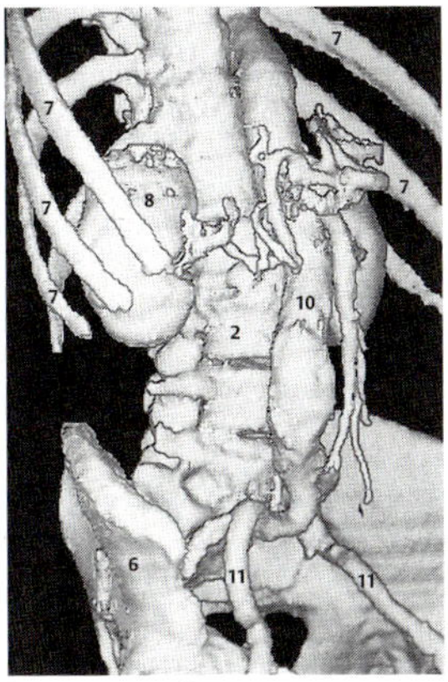

b 3-D-Darstellung

Abb. U.189 Computertomografische Darstellung eines Aortenaneurysmas.
a 2-D-Darstellung, **b** 3-D-Darstellung.
1: Bauchmuskeln, 2: Wirbelkörper, 3: Spinalkanal, 4: Dornfortsatz, 5: Rückenmuskeln, 6: Beckenschaufel, 7: Rippe, 8: Niere, 9: Darmschlinge, 10: Aortenaneurysma, 11: Beckenarterie.

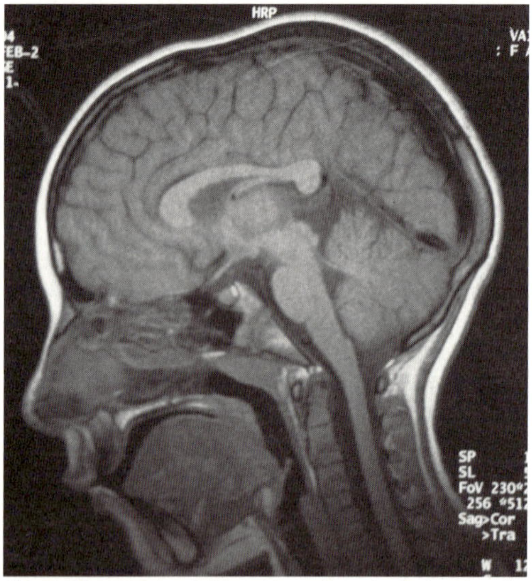

Abb. U.190 **MRT des Gehirns.** Längsschnitt durch die Mitte des Kopfes. Normalbefund.

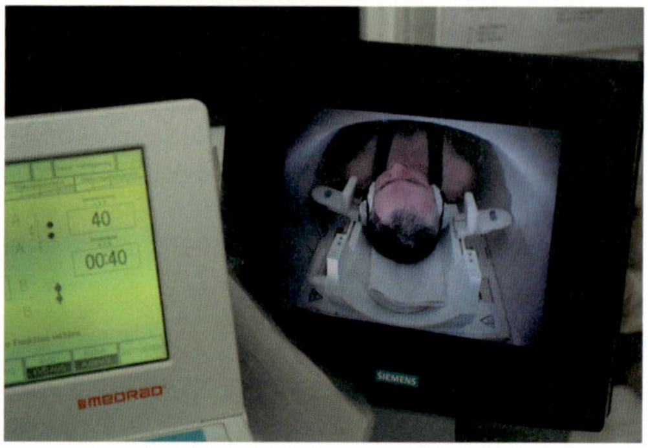

Abb. U.191 MRT. Das Untersucherteam beobachtet den Patienten über einen Monitor. Während der Untersuchung trägt der Patient einen Hörschutz.

des Herzens möglich. Damit lassen sich der Bewegungsablauf, Herzmuskeldurchblutung, Pumpleistung und Herzgröße analysieren und beurteilen. → Tumoren und → Embolien können ausgeschlossen werden. Der Patient ist keiner belastenden Strahlung ausgesetzt, sodass ein MRT selbst bei Schwangeren beliebig oft wiederholt werden kann.

Durchführung

Falls bei der Untersuchung eine Injektion eines paramagnetischen Kontrastmittels nötig ist, sollte der Patient in den letzten vier Stunden vor der Untersuchung nüchtern bleiben. Es dürfen keine Metallteile und elektronischen Gegenstände (Uhren, Kreditkarten) in die Nähe des Gerätes gebracht werden, da sie beschädigt und unbrauchbar gemacht werden können. Absolute Kontraindikationen für diese Untersuchung sind Metallteile im Körper, z. B. Metallprothesen, Gefäßclips, Granatsplitter, die gynäkologische Spirale und implantierte elektrische Aggregate wie Herzschrittmacher oder Insulinpumpen. Zahnmetall ist unproblematisch.

Der Gehörschutz ist Bestandteil jeder MRT-Untersuchung, da vom Gerät sehr laute Klopfgeräusche ausgehen. Damit sich der Patient bemerkbar machen kann, erhält er bei Untersuchungsbeginn einen Klingelknopf und ist mit einer Gegensprechanlage mit dem Untersucherteam verbunden. Für die Untersuchung muss der Patient auf einer schmalen Liege liegen, damit er in den relativ engen Tomografen (70 – 100 cm) gefahren werden kann. Ist der Patient nicht kooperationsbereit, kann er bei Bedarf sediert werden.

Je nach zu untersuchender Körperregion wird der Patient kopf- oder fußwärts in die Röhre geschoben. Die Untersuchungsqualität hängt stark von der Bewegungsruhe des Patienten ab. So werden während der Aufnahmen Atemkommandos gegeben. Die Untersuchungsdauer hängt von der zu untersuchenden Region ab. Sie liegt zwischen 20 und 60 Min. Eine Aufnahme des gesamten Kopfes in 6-mm-Schnittbildern dauert 5 – 6 Min., die eines Kniegelenks ca. 15 Min. und länger.

Nachbereitung

Am Ende der Untersuchung sollte auch hier auf seltene Kontrastmittelunverträglichkeiten wie Hautrötungen und Herz-Kreislauf-Reaktionen geachtet werden.

Bewertung

Die MRT-Untersuchung bietet bei Weichteildarstellungen eine hohe Qualität und besitzt gegenüber der CT-Untersuchung den Vorteil, dass ohne Umlagerung des Patienten jede beliebige Schnittebene dargestellt werden kann. Strukturen wie Knochen oder Lunge werden dagegen mit der MRT nicht gut abgebildet. Schädliche Nebenwirkungen sind nicht bekannt.

Positronenemissionstomografie

Definition

Die Positronenemissionstomografie (PET) ist ein funktionelles, Bild gebendes Verfahren der Nuklearmedizin, das vor allem biochemische und physiologische Vorgänge in Form von Schnittbildern aufzeichnet. Bei der PET nutzt man die Erkenntnis, dass bestimmte krankhafte Veränderungen (z. B. ein Tumor) einen höheren Zuckerstoffwechsel aufweisen.

Zunächst gibt man eine radioaktiv markierte Substanz (Radiopharmakon), die der Organismus nicht von natürlichen Komponenten des Stoffwechsels unterscheiden kann. Diese Verbindung wird in bestimmten, besonders stoffwechselaktiven Zellen angereichert und ist dort nachweisbar. Da der PET-Scanner jedoch eine schlechte Ortsauflösung hat (ca. 5 mm) wird er meist durch einen zusätzlichen Computertomografen (PET/CT Scanner) ergänzt.

Indikation und Prinzip

Um Hinweise auf normale oder gestörte Stoffwechselvorgänge, Umsatzraten oder Abbauprozesse sowie Durchblutungswerte zu bekommen, werden Radiopharmaka (Tracer) verwendet, die beim Zerfall Positronen aussenden. Eine mit einem schwachen radioaktiven Element angereicherte Zuckerlösung (z. B. Fluor 18) wird in die Blutbahn gespritzt, verteilt sich im Körperkreislauf und reichert sich für kurze Zeit an Stellen mit erhöhtem Zuckerstoffwechsel an.

Durch die Sensoren des PET-Scanners kann die Positronenemission genau lokalisiert und schließlich auf dem Monitor farbig dargestellt werden. Aus einer Vielzahl von Aufzeichnungen wird ein verwertbares Schnittbild oder dreidimensionales Modell errechnet. Auf diese Weise ist es möglich, einen bösartigen Tumor und Metastasen nach Größe und Ausbreitung zu beurteilen und Therapieschritte (Chemotherapie, OP) genau zu planen und zu kontrollieren.

Da die Aufnahmezeiten mit 1 – 2 Std. relativ lang sind und die Patienten sich bewegen, ist die Auflösung der PET-Aufnahmen nicht so genau, wie die eines Computertomografen. Die neuesten Geräte verfügen jedoch über Bewegungserfassungssysteme (Motion-Tracking), die die Bewegung des Patienten während der Untersuchung aufzeichnen und abgleichen.

Eingesetzt wird die PET bei Untersuchungen des Gehirns, des Herzens und bei unklaren Entzündungszuständen. Bei Tumoren, besonders von Leber, Lunge, Bauchspeichel oder Brust, kann die PET mit höchster Sicherheit zwischen gutartigen und bösartigen Veränderungen unterscheiden.

In der Neurologie wird bei Hypothalamusinfarkten die Unterfunktionen in der Hirnrinde nachgewiesen. Soll die Durchblutung des Gehirns gemessen werden, inhaliert der Patient zunächst radioaktiv markierten Sauerstoff. Dieser zeigt eine verstärkte Durchblutung bestimmter Hirnabschnitte an, die Zeichen einer erhöhten neuronalen Aktivität sind.

In der Kardiologie wird die kombinierte Untersuchung der Herzmuskeldurchblutung und des Glukosestoffwechsels eingesetzt, um schlecht durchblutete Herzmuskelareale in Folge von → Herzinfarkten oder als Erfolgskontrolle nach Bypass-Operationen zu identifizieren. Die PET dient außerdem der Erforschung kognitiver Prozesse (Denkprozesse). So können „Landkarten" des Gehirns erstellt werden, in denen deutlich wird, welche Areale bei bestimmten Vorgängen am stärksten durchblutet werden. Weiterhin kann die räumliche und zeitliche Verteilung pharmakologisch aktiver Substanzen im Körper sichtbar gemacht werden.

Durchführung

Der Patient sollte nüchtern sein, d. h. die letzte Mahlzeit sollte mindestens 8 Std. zurück liegen. Wasser oder ungesüßter Tee und Medikamente sind erlaubt. Vor der Untersuchung muss der Patient mindestens 10 Min. liegen, damit der Zuckerstoffwechsel in der Muskulatur zur Ruhe kommt. Danach wird der radioaktiv markierte Zucker je nach Untersuchungsgebiet per (i. v.) Injektion oder Inhalation verabreicht. Jetzt beginnt die Messung des Patienten von Kopf bis Fuß, indem der Patient hintereinander durch zwei Detektorringe (Gantries) gefahren wird. Während dieser Messungen darf sich der Patient nicht bewegen und keine großen Atembewegungen durchführen.

Die Ergebnisse werden im Computer verarbeitet und auf einem Monitor farbig dargestellt. Um das Untersuchungsgebiet besser aufzulösen, kann die PET mit der Computertomografie kombiniert werden (PET/CT). In einem solchen Fall erscheint das CT-Bild schwarz-weiß und wird vom PET-Bild farbig überlagert. Durch die zahlreichen Messungen ergeben sich Untersuchungszeiten von teilweise über 1 Std. Nach der Untersuchung ist keine besondere Nachbereitung des Patienten erforderlich.

Bewertung

Die PET gehört zu den effektivsten und teuersten Bild gebenden Verfahren in der Medizin. Sie unterstützt die stärker strukturell orientierten Verfahren der diagnostischen Radiologie (CT und MRT) und wird diese in Zukunft teilweise ersetzen. Die PET steht in Deutschland aber noch nicht flächendeckend zur Verfügung. Das Ausmaß der Strahlenbelastung ist für den Körper nicht ungewöhnlich und vergleichbar mit einem Transatlantikflug oder bei einem 2-wöchigen Skiurlaub im Hochgebirge.

SPECT

Definition

Die SPECT (single photon emission computed tomography) ist ein funktionelles, Bild gebendes Verfahren zur Erstellung von virtuellen Schnittbildern des menschlichen Organismus. Mit Hilfe einer radioaktiv markierten Substanz (Radiopharmakon-Radionuklide) können Stoffwechselfunktionen und Blutflüsse (Perfusion) verschiedener Organe beurteilt werden. Gewebeveränderungen, z. B. Krebs, sind allerdings nur grob erkennbar.

Das Verfahren gibt also einen Einblick in die biochemischen Transportwege der Radionuklide. Es ist hier sogar möglich, die Wege mehrerer Stoffe gleichzeitig zu verfolgen. Diese Untersuchung ist schmerz- und komplikationslos und dauert 1 – 2 Std.

Indikation und Prinzip

Für die Untersuchung wird eine radioaktiv angereicherte Zuckerlösung (Radiopharmakon) gegeben und so in den Stoffwechsel eingeschleust. Das Isotop reichert sich am Ort hoher Nervenaktivität und somit hohen Zuckerverbrauchs an. Die vom Radiopharmakon freigesetzte Gammastrahlung wird mittels Sensoren detektiert, das Ausmaß der Strahlung mathematisch berechnet und der Ort hoher Aktivität im Organismus ermittelt. Auf diese Weise erhält man eine Aussage über Ort und Umsatz der radioaktiv angereicherten Zuckerlösung. Je nach Untersuchungsbereich liegt der Zeitaufwand bei 20 – 40 Min.

Im Gegensatz zu CT oder MRT wird bei dieser Untersuchung die Organfunktion sichtbar. Jedoch ist sowohl die Orts- als auch die Zeitauflösung der SPECT-Bilder schlechter als die von CT und MRT. Daher ist es von Vorteil, dass SPECT-Aufnahmen durch eine sog. Bildfusion mit CT- und MRT-Aufnahmen verglichen und so einwandfrei einer anatomischen Struktur zugeordnet werden können.

Mit einer SPECT werden Erkrankungen erkannt und bewertet, bei denen die Hirndurchblutung gestört ist. Weiterhin werden mit diesem Verfahren Patienten mit vermuteter → Demenz oder Alzheimer untersucht oder präoperativ Krampfanfallzentren lokalisiert. In der Psychiatrie wird die SPECT häufiger zur Therapiekontrolle (drug monitoring) eingesetzt, um Effekte der Medikamente (Psychopharmaka) auf bestimmte Stoffwechselsysteme darzustellen.

Durchführung

Bei der SPECT ist keine spezielle Vorbereitung erforderlich. Der Patient sollte auf alle Fälle kooperationsfähig sein, um optimale Aufnahmen von der zu untersuchenden Körperregion erstellen zu können. Der Patient liegt auf einer schmalen Liege und bekommt durch einen Venenzugang radioaktive Medikamente verabreicht.

Die frei werdende Gammastrahlung wird mit Gamma-Kameras detektiert, die um den Körper rotieren. Die zeitliche und räumliche Verteilung der Strahlen wird computergestützt berechnet und eine Serie von Schnittbildern auf einem Monitor dargestellt.

Nachbereitung

Es sollte auf eine äußerst seltene Kontrastmittelunverträglichkeit, die sich mit Übelkeit, Hautausschlag und Juckreiz äußert, geachtet werden. Wärmegefühl und bitterer Geschmack sind normale, schnell abklingende Reaktionen auf die Injektion des Kontrastmittels. Meistens zeigt sich auch eine Rötung der Haut.

Bewertung

Die SPECT ist ein kostengünstiges und weit verbreitetes Verfahren zur Perfusions- und Stoffwechselmessung an ausgewählten Organen. Das Prinzip ist der PET sehr ähnlich, das Auflösungsvermögen der SPECT ist aber deutlich schlechter. Die Strahlenbelastung für den Patienten liegt im Bereich anderer konventioneller Verfahren wie der CT. Schwangere sollten mit der SPECT nicht untersucht werden.

Untersuchungen der Schilddrüse

Richtungsweisend für die Funktionen der Schilddrüse sind folgende Untersuchungen:
- Anamnese,
- körperliche Untersuchung.

Genauere Aussagen bezüglich der Organfunktion und dem Aufbau der Schilddrüse liefern:
- Blutuntersuchung,
- Sonografie,
- Schilddrüsenszintigrafie.

Anamnese

Definition
Zu Beginn der ärztlichen Untersuchung wird im Gespräch mit dem Patienten die Krankheitsvorgeschichte geklärt.

Indikation und Prinzip
Folgende Beschwerden und Beobachtungen des Patienten weisen auf Veränderungen der Schilddrüse hin:
- langsame Zunahme des Halsumfangs.
- Druck-, Kloß- oder Fremdkörpergefühl im Hals, besonders bei einer stark vergrößerten Schilddrüse,
- Luftnot oder Schluckbeschwerden durch Einengung der Trachea (Luftröhre) oder des Ösophagus (Speiseröhre) infolge des zunehmenden Schilddrüsenwachstums,
- sichtbar gestaute Halsvenen durch stark vergrößerte Schilddrüsen, die den Abfluss des Blutes aus den großen Halsvenen in das Herz behindern,
- wachsender Knoten im Bereich der Schilddrüse (immer verdächtig für eine bösartige Erkrankung!),
- Beschwerden im Sinne einer Über- oder Unterfunktion:
  - eingeschränkte generelle Leistungsfähigkeit,
  - Herzrhythmusstörungen,
  - Gewichtsveränderungen,
  - psychische Auffälligkeiten.

Körperliche Untersuchung

Definition
Die körperliche Untersuchung konzentriert sich auf die Inspektion (Betrachtung) und Palpation (Tastuntersuchung) der Schilddrüse.

Durchführung
Inspektion. Die Schilddrüse liegt vor dem Kehlkopf. Ist sie vergrößert, kann man sie gut sehen, wenn der Patient den Kopf nach hinten beugt.
Palpation. Der Patient sitzt aufrecht vor dem stehenden Untersucher. Der Kopf wird nicht zurückgeneigt. Der Arzt legt die Daumen in den Nacken des Patienten. Mit den übrigen Fingern tastet er von hinten ausgehend von der Mittellinie des Halses bis zum seitlichen Rand der Schilddrüse (**Abb. U.192**). Nun fordert er den Patienten auf zu schlucken. Dabei ist die Bewegung der Schilddrüse (diese bewegt sich zusammen mit dem Kehlkopf) an den Fingerspitzen fühlbar.

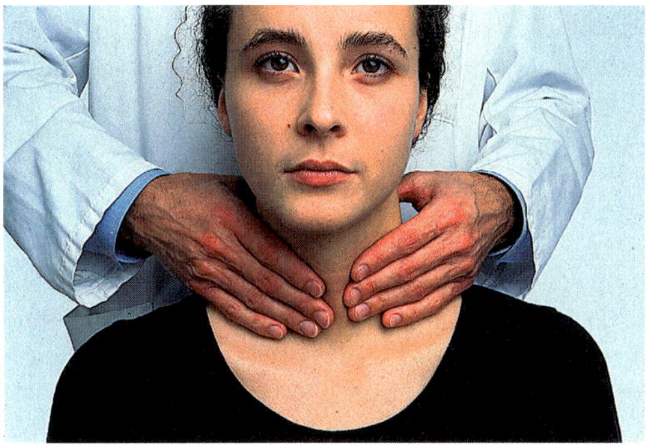

Abb. U.192 Palpation der Schilddrüse. Bimanuelle Palpation von hinten.

Bewertung
Eine normal große Schilddrüse ist nur bei sehr schlanken Menschen sicht- und tastbar. Diffus oder knotig vergrößerte Schilddrüsen sind je nach Ausmaß gut zu sehen und zu tasten. Die Schilddrüse kann einseitig Knoten aufweisen oder insgesamt knotig umgebaut sein. Ist ein Verschieben der Schilddrüse beim Schluckvorgang nicht tastbar, kann dies ein Hinweis auf eine bösartige Veränderung sein!

Blutuntersuchung

Definition
Bei der Blutuntersuchung werden verschiedene Schilddrüsenwerte wie die Aktivität des thyroideastimulierenden Hormons (TSH) und die Menge der Schilddrüsenhormone (T3 und T4) im Blut bestimmt.

Indikation und Prinzip
Die von der Schilddrüse gebildeten Hormone sind während des Wachstums für die Knochen- und Hirnreifung wichtig. Im Erwachsenenalter regeln sie den Grundumsatz, d. h. sie sorgen dafür, dass die für die jeweilige Situation nötige Energie im Körper bereitgestellt wird.

Damit immer ausreichend Hormone im Blut sind, unterliegt die Schilddrüse einem Regelkreis. Das Hormon, welches diesen Regelkreis auslöst, ist das im Hypothalamus gebildete TRH (Thyreotropin-releasing-Hormon). Dieses Hormon regt die Hypophyse (Hirnanhangsdrüse) an, TSH (thyroideastimulierendes Hormon) auszuschütten. TSH stimuliert wiederum die Schilddrüse Hormone zu bilden. Je nach der im Blut vorhandenen Menge an Schilddrüsenhormonen, werden mehr oder weniger viele Botenstoffe aus dem Gehirn freigesetzt.

Schilddrüsenhormone enthalten Jod. Abhängig von der Menge der darin enthaltenen Jodatome werden sie mit T3 (Trijodthyronin) oder T4 (Thyroxin) bezeichnet. Aus T4, der inaktiven Form der Schilddrüsenhormone, entsteht unter Abspaltung eines Jodatoms T3. T4 fungiert auf diese Weise als eine Art Speicherform für das wirksame T3-Hormon.

Eine Bestimmung der Schilddrüsenwerte im Blut dient zur Feststellung der Organfunktion. I.d.R. werden TSH und freies T4 analysiert. Um die genaue Ursache einer Schilddrüsenfunktionsstörung festzustellen, ist die Bestimmung spezieller Antikörper wichtig. Außerdem ist bei Schilddrüsenkrebs im Blut u. a. die Menge an Thyreoglobulin, das von den Tumorzellen gebildet wird, erhöht.

Bewertung

Eine Bestimmung der Schilddrüsenwerte im Blut (**Tab. U.17**) dient zur Feststellung der Organfunktion. Ist der TSH-Wert erniedrigt, arbeitet die Schilddrüse zu viel, denn aus dem Gehirn wird wenig anregendes Hormon freigesetzt. Ein hoher Wert dagegen spricht für eine Unterfunktion des Organs, denn der Körper versucht die Schilddrüse durch eine hohe Ausschüttung von stimulierenden Hormonen anzuregen. Im Gegensatz dazu sind die Werte für T3 und T4 bei einer Unterfunktion zu niedrig, bei einer Überfunktion der Schilddrüse dagegen zu hoch.

Sonografie

Indikation und Prinzip

Durch die oberflächliche Lage ist die Schilddrüse sonografisch gut zu untersuchen. Die Ultraschalluntersuchung dient zur Größenbestimmung des Organs und Feststellung von veränderten Gewebsbezirken. Gelegentlich sind Schilddrüsenvergrößerungen schlecht tastbar, weil die Schilddrüse nicht nach vorne wächst, sondern sich in den hinteren Halsbereich hinein vergrößert. Diese Veränderungen sind im Ultraschall gut feststellbar. Er ist einfach durchzuführen, kann beliebig oft wiederholt werden und ist für den Patienten völlig ungefährlich.

Tab. U.17 Parameter der Schilddrüsenfunktion

Parameter	Normwerte	Probenmaterial
Freies T4	10 – 25 pmol/l (0,8 – 2 ng/dl)	Serum
TSH (thyroidea stimulierendes Hormon)	0,35 – 4,5 mU/l	Serum

Durchführung

Der Patient wird im Liegen mit leicht zurückgebeugtem Kopf geschallt. Halsketten oder ähnliches sollten zuvor abgelegt werden. Wenn nötig kann ein verdächtiger Bereich im Zuge der Untersuchung mit einer Nadel punktiert und so Gewebe zur feingeweblichen Untersuchung gewonnen werden.

Bewertung

Auffallende Bezirke im Organgewebe wie mit Flüssigkeit gefüllte Hohlräume (Zysten), aber auch sonstige verdächtige Bereiche lassen sich gut erkennen.

Schilddrüsenszintigrafie

Definition

Bei der Schilddrüsenszintigrafie handelt es sich um ein Bild gebendes, nuklearmedizinisches Verfahren, bei welchem die Stoffwechselaktivität der Schilddrüse mit Hilfe einer intravenösen Gabe von radioaktivem Jod beurteilt werden kann.

Prinzip und Funktion

Die Fähigkeit der Schilddrüse, Jod aufzunehmen und zu Hormonen zu verarbeiten, kann in einzelnen Regionen der Schilddrüse unterschiedlich sein. Bei der Schilddrüsenszintigrafie wird diese Fähigkeit überprüft, indem schwach radioaktives Jod verabreicht wird. Das Nuklid verhält sich im Körper nahezu genauso wie Jod und lagert sich innerhalb von 20 – 30 Min. in die Schilddrüse ein. Über seine Anreicherung in der Schilddrüse erhält man ein genaues Bild des Jodstoffwechsels. Das Szintigramm zeigt die Verteilung des Nuklids in der Schilddrüse und lässt u. U. sog. heiße oder kalte Knoten erkennen, die einen unterschiedlichen Stoffwechsel aufweisen.

Knoten, die mehr Jod als das restliche Schilddrüsengewebe bzw. besonders viel Jod speichern, werden als warm oder heiß bezeichnet. Sie unterliegen meist nicht mehr der übergeordneten Regulation durch den Regelkreislauf und produzieren viel Hormon. Wird in einem bestimmten Bereich der Schilddrüse überhaupt kein Jod aufgenommen, spricht man von einem kalten Knoten, der verdächtig für bösartige Zellen ist.

Die Strahlenbelastung durch die Schilddrüsenszintigrafie ist gering.

Durchführung

Über die Vene wird eine schwach radioaktive, jodähnliche Substanz gespritzt. Nach ca. 20 Min. werden mit einer Spezialkamera, die die abgegebene Strahlenmenge misst, Aufnahmen der Schilddrüse gemacht.

Nachbereitung

Eine Isolierung des Patienten ist nicht nötig, da die Strahlenbelastung so gering ist, dass für die Umgebung keine Gefahr besteht. Die radioaktiven Substanzen werden im Körper innerhalb weniger Stunden abgebaut.

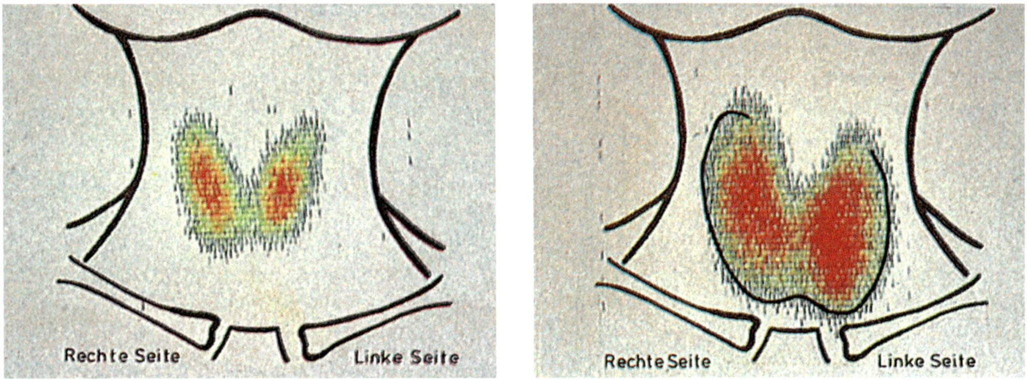

Abb. U.193 Schilddrüsenszintigramm. a Normale Schildrüse, **b** diffuse euthyreote Struma.

Bewertung

In Bezirken mit einer hohen Stoffwechselaktivität reichert sich viel radioaktives Jod an. In Bereichen mit geringer oder gar keiner Stoffwechselaktivität dagegen ist eine geringe oder keine Anreicherung messbar (**Abb. U.193**). Die Bereiche veränderter Aktivität werden als farbige Areale dargestellt, wobei die Menge der aufgenommenen Substanz anhand farblicher Abstufungen erkennbar ist.

Bei einem heißen Knoten wird zu viel Hormon an die Blutbahn abgegeben. In einem solchen Fall liegt eine Hyperthyreose (Überfunktion der Schilddrüse) vor. Bei einem kalten Knoten wartet man, abhängig von Anzahl und Größe der Knoten, ab und kontrolliert engmaschig. Eine endgültige Aussage über die Dignität (Gut- oder Bösartigkeit) eines Knotens kann nur getroffen werden, wenn der Knoten operativ entfernt und anschließend feingeweblich untersucht wird.

Untersuchungen von Gewebe und Flüssigkeiten

Gewebe und Flüssigkeiten werden durch folgende Verfahren untersucht (**Abb. U.194**):

- Aszitespunktion (Peritonealpunktion),
- Feinnadelpunktion,
- Stanzbiopsie,
- Biopsie.

Aszitespunktion

Definition

Bei der Aszitespunktion wird Flüssigkeit, die sich in der Bauchhöhle angesammelt hat, zur Therapie (Reduktion des Bauchwassers) oder weiteren Diagnostik (z. B. Suche nach Tumorzellen) entnommen. Dieses Verfahren wird auch Peritonealpunktion genannt.

Indikation und Prinzip

Das Verfahren wird zur bakteriologischen und zytologischen Diagnostik (u. a. Bestimmung von Tumorzellen, Leukozyten) und zur enzymatischen Messung eines → Aszites (Bestimmung des Eiweißgehalts) angewendet. Die Punktion dient ebenfalls der Entlastung bei ausgeprägtem Aszites und der Drainage bei einer → Peritonitis (Bauchfellentzündung) oder einem → Abszess. Aszites kann sich bei unterschiedlichen Erkrankungen bilden. Folgende Aszitesformen können unterschieden werden:

- entzündlicher Aszites: z. B. durch → Peritonitis (Bauchfellentzündung), → Pankreatitis (Entzündung der Bauchspeicheldrüse),
- nichtentzündlicher Aszites: z. B. durch → Leberzirrhose, → Pfortaderthrombose, fortgeschrittene Tumoren des Verdauungstraktes oder der Eierstöcke, → Herzinsuffizienz (Herzmuskelschwäche), Eiweißmangel usw.,
- chylöser Aszites: z. B. durch Störung des Abflusses der Darmlymphe (Chylus) über den Hauptlymphgang (Ductus thoracicus), z. B. durch Tumoren oder als Folge eines Traumas,
- hämorrhagischer (blutiger) Aszites: z. B. durch eine Gefäßruptur im Bachraum, bei der sich Blut in die Bauchhöhle entleert.

Durchführung

Die Punktion erfolgt am liegenden Patienten, die Blase sollte entleert sein und je nach Behaarung muss vorher ei-

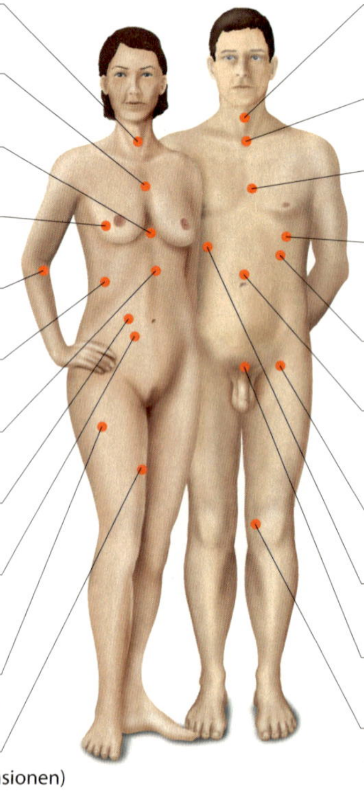

Abb. U.194 Übersicht über die wichtigsten Punktionen und Biopsien.

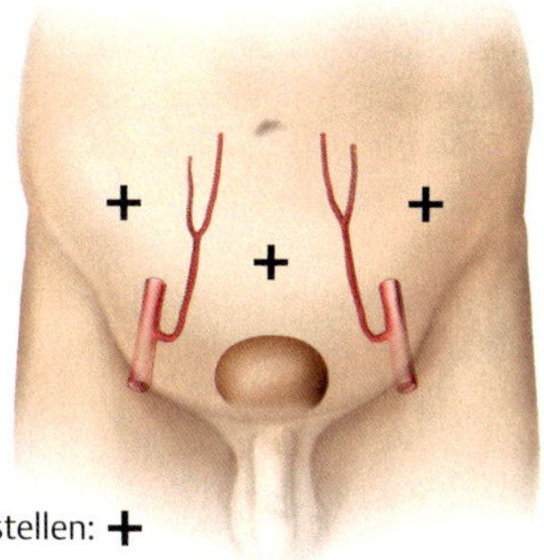

Punktionsstellen: +

Abb. U.195 Aszitespunktion. Punktionsstellen.

ne Rasur erfolgen. Nach der Desinfektion bekommt der Patient eine Lokalanästhesie im Bereich des Punktionsortes. Meist wird die Markierung unter sonografischer Kontrolle durchgeführt. Möglicher Punktionsort ist die Medianlinie zwischen Nabel und Symphyse (Schambeinfuge) (**Abb. U.195**).

Diagnostische Punktion. Für die diagnostische Punktion wird eine 20 – 50-ml-Spritze eingesetzt. An dieser Spritze befindet sich eine Nadel mit einem großen Innendurchmesser. Die Nadel wird unter sterilen Bedingungen in die Bauchhöhle eingeführt, der Patient atmet dabei ein. Nun wird die Spritze mit der Aszitesflüssigkeit gefüllt. Nachdem die Spritze gefüllt ist, wird die Nadel schnell zurückgezogen. Danach wird ein steriler Verband angelegt. Zu beachten ist, dass die Aszitesflüssigkeit aus dem Punktionsloch nachlaufen kann.

Therapeutische Punktion. Bei der therapeutischen Punktion muss größte Sterilität beachtet werden, z. B. sterile Handschuhe für den Arzt. Während der Punktion soll der Patient durch Pressen die Bauchdecke anspannen. Es wird ein Schlauchsystem mit Dreiwegehahn, Spritze und Auffangbeutel angeschlossen. So kann die Aszitesflüssigkeit mit der Spritze aus dem Bauchraum gezogen werden. Nach Umstellen des Dreiwegehahns läuft die Flüssigkeit aus der Spritze in den Auffangbeutel. Dies wird so oft wiederholt, bis die gewünschte Aszitesmenge entfernt wurde. Danach wird ein steriler Verband angelegt (**Abb. U.196**). Die entnommene Flüssigkeit wird im Labor auf Zellzahl, Zellzytologie, Albumingehalt, Glukosegehalt, Laktatkonzentration, Amylase, Blutzellen und Lymphe untersucht.

Kontraindikation. Eine Aszitespunktion sollte nicht durchgeführt werden bei:

- Leberzirrhose,
- Gerinnungsstörungen,
- bestehender Pankreatitis,
- Schwangerschaft,

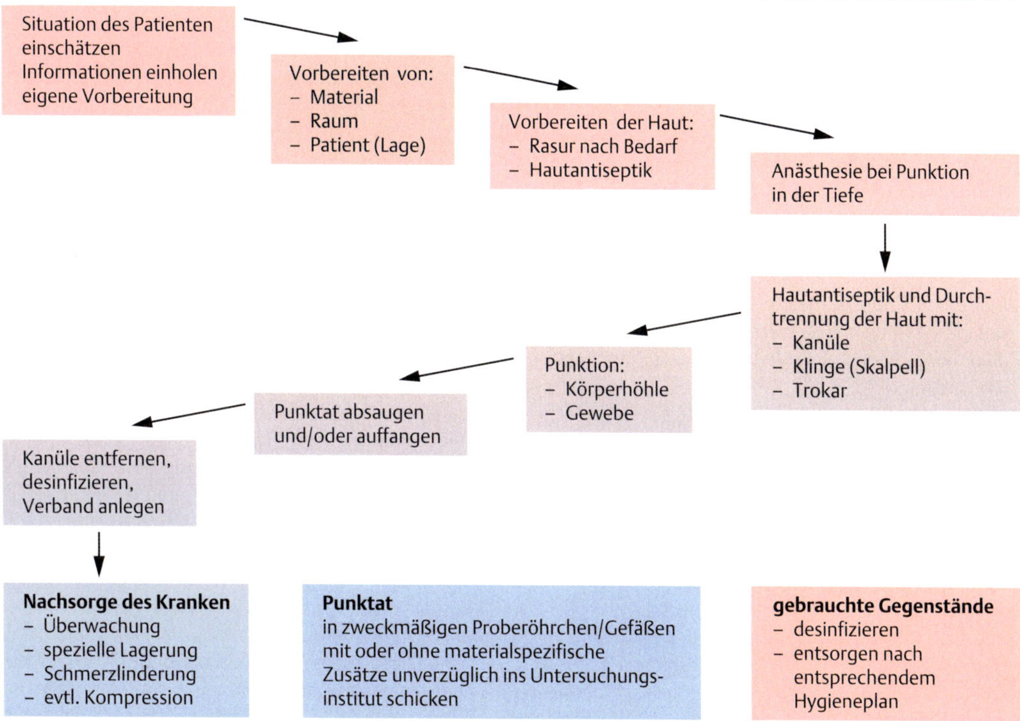

Abb. U.196 Ablauf der Punktion. Allgemeines Vorgehen.

- hepatischem Präkoma (leberbedingtes Vorstadium eines Komas),
- Hydronephrose (durch Harnstauung verursachte Erweiterung des Nierenbeckens und degenerative Veränderung des Nierengewebes),
- nach mehrfachen Bauchoperationen.

Nachbereitung
Nach der Punktion empfiehlt sich eine flache Rückenlagerung. Evtl. kann sich aus der Punktionsstelle noch etwas Flüssigkeit entleeren. In diesem Fall kann die Punktionsstelle für etwa 1 – 2 Std. durch eine Leibbinde komprimiert werden. Ebenso sind bis zu 2 Std. nach dem Eingriff die Vitalfunktionen (Blutdruck und Puls) des Patienten zu überwachen.

Bewertung
Die Untersuchung ist komplikationsarm. In seltenen Fällen können auftreten:
- Infektionen des Bauchraums (sog. bakterielle Peritonitis),
- Blutungen mit Hämatombildung,
- Verletzungen von Organen im Bauchraum,
- Überempfindlichkeitsreaktionen auf das Lokalanästhetikum.

Feinnadelpunktion

Definition
Unter einer Feinnadelpunktion versteht man ein Biopsieverfahren, bei dem zur Gewebeentnahme eine dünne Nadel verwendet wird. Anschließend erfolgt eine feingewebliche Untersuchung einzelner Zellen oder Zellverbände.

Indikation und Prinzip
Mit einer Feinnadelpunktion können einzelne Zellen für die labortechnische Untersuchung (Zytologie) gewonnen werden. Mit ihrer Hilfe kann die Ursache einer unklaren Schwellung (z. B. im Gesicht oder am Hals) oder einer Knotenbildung (z. B. in der Brust oder in der Schilddrüse) geklärt werden. Typische anatomische Regionen, die für eine Feinnadelpunktion geeignet, sind z. B.:
- Raumforderungen des Mediastinums (Lymphknoten, Primärtumoren),
- Pankreasläsionen (primäre Pankreastumoren bei Nichtoperabilität, Pankreasmetastasen),
- zystische Prozesse ohne Blutfluss,
- die linke Nebenniere (die rechte Nebenniere ist wegen der Leber problematisch),
- Lymphknoten neben dem Magen.

Durchführung
Bei der Feinnadelpunktion wird eine sehr dünne Nadel verwendet. Diese hat i.d.R. einen Durchmesser von 0,55 mm. Vor der Punktion muss die Punktionsstelle desinfiziert und ggf. zur Schmerzbetäubung ein Eisspray aufgebracht werden. Die Punktion erfolgt unter Ultraschallkontrolle. Sie dauert maximal eine halbe Minute.

Mit einer an die Nadel angeschlossenen Spritze wird ein Unterdruck erzeugt, der einige Zellen einsaugt. Während der Punktion kann ein geringes Ziehen oder ein lokaler Schmerz (Stechen oder Brennen) auftreten. Möglicherweise muss eine Geschwulst an mehreren Orten punktiert werden. Nach der Punktion wird das gewonnene Material auf einem Objektträger ausgestrichen und fixiert.

Nachbereitung
Nach der Punktion wird die Punktionsstelle gereinigt und mit Kompressen und Pflaster ein Druckverband angelegt. In einigen Fällen kann sich um die Einstichstelle ein → Hämatom bilden.

Bewertung
Die Beurteilung der Proben erfordert eine große Erfahrung, da nur einzelne Zellen zur Verfügung stehen, die aus dem Gewebeverband herausgelöst sind. Außerdem besteht die Möglichkeit, dass ein Tumor bei der Punktion nicht getroffen wurde. Die Feinnadelpunktion ist eine für den Patienten risikoarme Untersuchung.

Biopsie

Definition
Unter einer Biopsie versteht man die Entnahme einer Gewebeprobe aus dem Körper mit unterschiedlichen Methoden.

Indikation und Prinzip
Eine Biopsie ist nötig, wenn z. B. über einen neu gewachsenen Knoten genaue Informationen für Diagnose oder Therapie erforderlich sind. Die Wahl des Biopsieverfahrens hängt wesentlich vom zu untersuchenden Organ, von der Gewebeart und von der Größe des verdächtigen Bezirks ab. Heutzutage ist es möglich, von jeder Körperstelle oder jedem Organ eine Gewebeprobe zu entnehmen.

Zur Gewebeentnahme eignen sich verschiedene Techniken. Gewebe kann mit einer dickeren oder dünneren Hohlnadel entnommen werden (Stanzbiopsie bzw. Feinnadelbiopsie und Punktion). Man kann ein Gewebestück aber auch mit dem Skalpell (Exzisionsbiopsie) oder, wie im Magen-Darm-Trakt und in der Blase, durch ein eingeführtes Endoskop mit einer kleinen Zange (endoskopische Biopsie) herausschneiden. Eine Biopsie wird entweder gezielt vorgenommen, wobei die Entnahmestelle mittels Ultraschall, Röntgen oder Computertomografie überwacht wird, oder es handelt sich um eine sog. Blindbiopsie oder Blindpunktion.

Von einigen Organen werden relativ häufig Gewebeproben entnommen, z. B.:
- Leber: zur Diagnose oder Verlaufskontrolle verschiedener Lebererkrankungen,

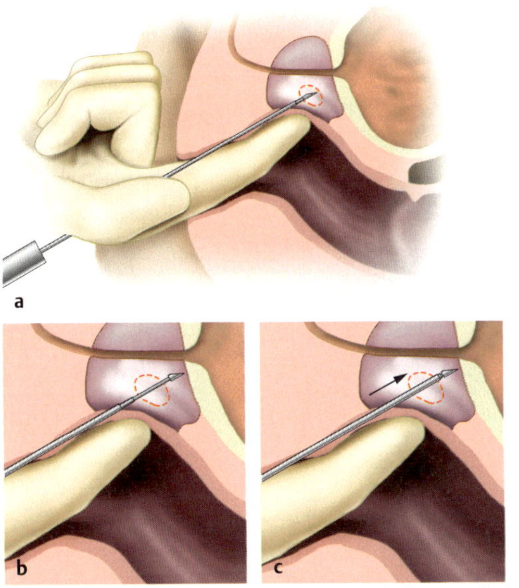

Abb. U.197 Prostatabiopsie. a Punktion unter rektaler Kontrolle, **b** Harpunieren des Prostataknotens, **c** Abtrennen des Gewebes.

- Prostata (**Abb. U.197**): bei Verdacht auf eine bösartige Veränderung der Prostata (→ Prostatakarzinom),
- Gebärmutter: bei Verdacht auf eine bösartige Veränderung des Muttermundes (→ Zervixkarzinom) werden Zellabstriche (zytologische Untersuchung) oder kegelförmige Gewebeproben (Konisation) entnommen.

Eine Exzision wird bei Verdacht auf ein Melanom (bösartiger Hauttumor) angefordert (S. 1191). Dabei wird oftmals aus dem gesunden Gewebe geschnitten. Dies bedeutet, dass mehr Gewebe entfernt wird, als optisch vom Tumor befallen zu sein scheint. Durch diesen Sicherheitsabstand wird der Tumor mit größtmöglicher Wahrscheinlichkeit entfernt.

Durchführung

Zuerst wird durch Ultraschall, radiologische oder endoskopische Methoden die genaue Lage des Gewebes, von dem die Probe entnommen wird, bestimmt und markiert. Danach wird die Haut desinfiziert und örtlich betäubt. Anschließend werden eine oder mehrere Gewebeproben mittels Punktion, Biopsie oder Exzision entnommen (s. o.). Danach wird das entnommene Gewebe feingeweblich untersucht. Nach der Biopsie wird ein steriler Verband angebracht.

Nachbereitung

Bei vielen Biopsien (Leber, Niere u. a.) wird ein Sandsack aufgelegt und einige Stunden Bettruhe verordnet, um Nachblutungen aus dem Organ zu vermeiden. In den ersten 1 – 2 Std. nach der Biopsie werden die Vitalparameter (Blutdruck, Puls) überprüft.

Bewertung

Eine Biopsie ist nie der erste Schritt in der Diagnostik einer Erkrankung. Zur Diagnostik werden vorher meistens Blutuntersuchungen und Bild gebende Verfahren wie eine Ultraschall- oder Röntgenuntersuchung oder eine Computertomografie (CT) eingesetzt. Sie bringt aber Sicherheit bei der Diagnose einer Erkrankung, weil man direkt aus dem veränderten Gewebe Zellen gewinnen kann.

Stanzbiopsie

Definition

Durch die Stanzbiopsie kann Gewebe mittels einer größeren Nadel aus einem malignitätsverdächtigen Gebiet entnommen werden. Die gewonnene Gewebeprobe wird dann feingeweblich untersucht.

Indikation und Prinzip

Bei der Stanzbiopsie werden dickere Nadeln verwendet. Die Nadel wird an einer Biopsiepistole montiert und über einen starken Federmechanismus sehr schnell in das Gewebe vorgeschossen. Dadurch gewinnt man kleine Gewebezylinder mit einer Länge von 2 cm und einem Durchmesser von 1 – 2 mm.

Die Stanzbiopsie ist nicht nur zur Abklärung von tumorösen Prozessen, z. B. in Mamma, Prostata, Lunge, Gehirn und vielen anderen Organen, oft von therapieentscheidender Bedeutung. Auch bei gutartigen Erkrankungen, z. B. der Leber, Lunge, Niere oder des Knochenmarks, kann man aus einer guten Stanzbiospie viele wichtige Informationen gewinnen.

Durchführung

Die Stanzbiopsie erfolgt unter Ultraschallkontrolle oder aber auch unter der Kontrolle durch Kernspintomografie oder Mammografie. Vor der Gewebeentnahme wird die Biopsiestelle durch ein Lokalanästhetikum örtlich betäubt. Anschließend wird zunächst eine Hohlnadel mit entfernbarer Innennadel (Koaxialnadel) durch die Haut bis an den verdächtigen Herd vorgeschoben.

Durch die Koaxialnadel können dann mit der eigentlichen Biopsienadel beliebig viele Proben, i.d.R. sind es 3 – 5 Stück, entnommen werden. Nach dieser Probengewinnung wird der Einstich mit einem Pflasterverband versorgt. Weitere Nachbereitungen sind nicht erforderlich.

Bewertung

Durch die Stanzbiopsie können viele (unnötige) diagnostische Operationen vermieden werden. Wurde der Tumor getroffen, ist das Ergebnis eindeutig. Ein unauffälliges Ergebnis beweist hinreichend sicher die Gutartigkeit eines Knotens. Ist der Tumor nicht optimal getroffen oder ist die Erkrankung lokal unterschiedlich stark ausgeprägt, ist es ratsam, dem Pathologen mehrere Proben zu schicken oder die Stanze zu wiederholen, bevor man einem nicht aussagekräftigen histologischen Befund Glauben schenkt.

Upside-down stomach

► **Frau Clemens stellt sich bei ihrem Hausarzt vor. „Ich habe seit Monaten immer wieder Schmerzen in der Brust", klagt die 66-Jährige. „Am schlimmsten ist es nach dem Essen oder wenn ich liege. Und manchmal habe ich auch Probleme beim Luftholen. Ich weiß ja, dass ich zu viel wiege, aber kommt das denn alles davon?".**

Definition

Ein upside-down stomach ist eine schwere Form der → Zwerchfellhernie, bei der der gesamte Magen in den Brustraum verlagert ist.

Synonym: Upside-down-Magen, Thoraxmagen.

Ursachen

Je älter ein Mensch wird, desto schwächer wird das Bindegewebe. Der Halteapparat von Magenfundus und Mageneingang (Kardia) lockert sich, der Durchtritt durch das Zwerchfell (Hiatus oesophageus) weitet sich. Ein erhöhter Druck im Bauchraum bei → Adipositas oder einer Schwangerschaft begünstigt das Hochtreten des Magens in den Brustkorb.

Symptome

Durch die Verlagerung des Magens in den Thorax werden Nahrungstransport und Atmung deutlich beeinträchtigt. Druckgefühl und Schmerzen hinter dem Brustbein, Sodbrennen, Schluckstörungen (Dysphagie), Übelkeit und Erbrechen sind die Folgen. Die Symptome sind nach dem Essen und im Liegen häufig deutlich stärker. Einige Patienten leiden unter Atemnot (Dyspnoe) oder Husten.

Diagnose

Symptome und Aussehen des Patienten (übergewichtig oder schwanger) können auf einen upside-down stomach hinweisen. In einer Röntgenuntersuchung mit Kontrastmittel (Magen-Darm-Passage) zeigt sich der verlagerte Magen im Thorax (**Abb. U.198**). Um eine → Refluxkrankheit, eine → Ösophagitis oder ein Karzinom (→ Magenkarzinom, → Ösophaguskarzinom) auszuschließen, wird eine Ösophagogastroduodenoskopie durchgeführt.

Differenzialdiagnose

Die Schmerzen können auch durch ein → Magengeschwür oder eine Gallenblasenentzündung (→ Cholelithiasis) verursacht werden. Eine Dysphagie entsteht z. B. auch durch gutartige oder bösartige Ösophagustumoren (→ Ösophaguskarzinom).

Therapie

Ein upside-down stomach wird meist laparoskopisch operiert. Der Bauchinhalt wird zurück in das Abdomen reponiert, der Hiatus eingeengt (Hiatoplastik) und die Vorderwand des Magenfundus am Zwerchfell und an der Vorderwand der Bauchdecke befestigt.

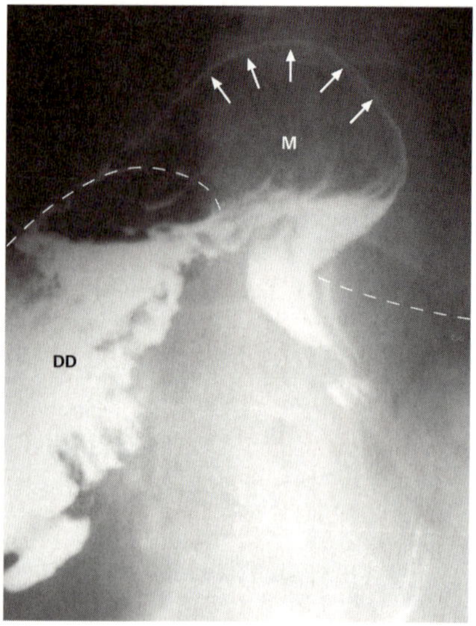

Abb. U.198 Upside-down stomach. Röntgendarstellung des Magens mit Kontrastmittel. Der gesamte Magen (M) ist in den Brustkorb verlagert, die große Kurvatur (Pfeile) ist oben. Das Zwerchfell ist zur Orientierung gestrichelt. DD: Dünndarm.

Die Patienten sollten nach der Operation Übergewicht und Verstopfung vermeiden, nach dem Essen nicht liegen oder sitzen, beim Schlafen das Kopfende des Bettes hoch stellen und häufige, kleine Mahlzeiten zu sich nehmen.

Prognose

In einigen Fällen kann eine Magenhernie rezidivieren. Verdreht sich der Magen im Thoraxraum (Volvulus), kann es zu starken Schmerzen, Aufstoßen oder einem Verschluss des Ösophagus kommen.

Infobox

ICD-10: K44.0, K44.1, K44.9

Internetadressen:
http://www.dgkic.de
http://www.dgch.de

Literatur:

Hirner, A., Weise, K.: Chirurgie. Thieme, Stuttgart 2003
Kurz, R., Ross, R.: Checkliste Pädiatrie. Thieme, Stuttgart 2000
Largiadèr, F. A., Saeger, H.-D.: Checkliste Chirurgie. Thieme, Stuttgart 2001
Siewert, J. R.: Chirurgie. Springer, Heidelberg 2001

Urämie

► Johanna Kübler stellt sich bei ihrem Hausarzt vor. Seit Jahren leidet die 62-Jährige unter einer chronischen Niereninsuffizienz infolge ihres Diabetes. Regelmäßig geht sie zur Dialyse. „Seit heute morgen ist mir übel, ich habe schon zweimal gebrochen", erzählt Frau Kübler ihrem Hausarzt. „Außerdem fühle ich mich schlapp und müde."

Definition

Bei einer Urämie sammeln sich wegen eines Nierenversagens giftige Stoffwechselprodukte im Körper an, die normalerweise mit dem Urin ausgeschieden werden.

Synonym: Harnvergiftung.

Ursachen

Eine Urämie kann bei einem → akuten Nierenversagen oder im Endstadium einer → chronischen Niereninsuffizienz auftreten. Die Niere filtert normalerweise giftige Stoffe mit dem Urin aus dem Körper. Bei einer Urämie akkumulieren (sammeln sich) Urämietoxine, z. B. Kreatinin, Harnstoff oder Harnsäure sowie Elektrolyte. Darüber hinaus ist die Niere nicht mehr in der Lage, adäquat Wasser auszuscheiden und lebenswichtige Hormone (z. B. Erythropoetin, Renin oder Vitamin D) zu bilden.

Symptome

Die Urämie verursacht an fast allen Organen Symptome (**Abb. U.199**). Die Patienten sind müde, abgeschlagen und haben Kopfschmerzen. Der Atem der Patienten riecht unangenehm nach Urin. Die Haut ist gelbbraun gefärbt und juckt. Die Patienten leiden unter Übelkeit und Erbrechen. Magen oder Darm können sich entzünden (→ Gastritis, Enteritis, Kolitis).

Am Herz kann es zu einer Entzündung des Herzmuskels (→ Myokarditis) kommen. Bei Überwässerung kann Luftnot auftreten. Durch die Urämietoxine im Gehirn können sich die Patienten schlecht konzentrieren und sind übererregbar. Bei zunehmender Urämie werden die Patienten bewusstlos und fallen ins Koma.

Diagnose

Die klinischen Symptome weisen auf eine Urämie hin. Die Anamnese gibt Auskunft darüber, ob der Patient an einer chronischen Nierenerkrankung leidet oder eine akute Niereninsuffizienz entwickelt haben könnte. Im Blut sind Harnstoff und Kreatinin deutlich erhöht, der pH-Wert liegt unterhalb der Norm (Azidose).

Mit dem Ultraschall lässt sich eine chronische Nierenerkrankung, z. B. Schrumpfnieren bei Glomerulonephritis oder → Diabetes mellitus, nachweisen. In der Röntgenaufnahme der Lunge kann sich bei Überwässerung ein → Lungenödem zeigen.

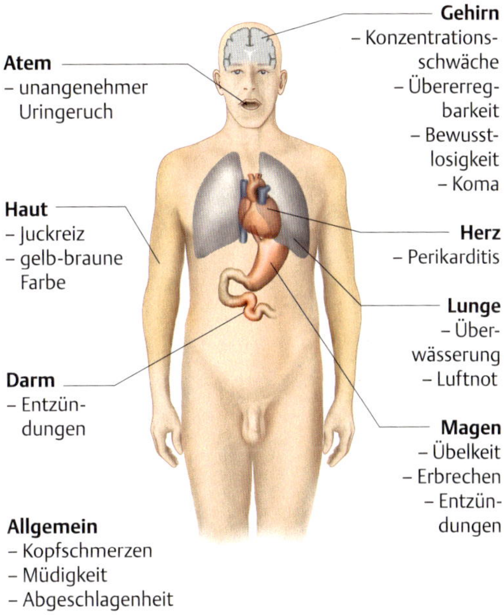

Abb. U.199 Symptome der Urämie.

Differenzialdiagnose

Wegen Übelkeit und Erbrechen wird eine Urämie häufig als Gastroenteritis fehlgedeutet. Bei Bewusstlosigkeit oder Koma müssen andere Ursachen eines Komas, z. B. → Diabetes mellitus, Unterzuckerung (→ Hypoglykämie), eine Über- oder Unterfunktion der Schilddrüse oder Hormonstörungen in Betracht gezogen werden.

Therapie

Die giftigen Stoffe werden mit einer Nierenersatztherapie (Dialyse) aus dem Körper entfernt. Damit nicht noch mehr Urämietoxine im Körper akkumulieren, wird die Eiweißzufuhr beschränkt.

Prognose

Die Prognose eines akuten oder chronischen Nierenversagens hängt von der Grunderkrankung, von Begleiterkrankungen und, bei chronischer Niereninsuffizienz, von einer regelmäßigen, effektiven Dialyse ab. Von den Patienten, die zu Hause dialysieren, leben nach zehn Jahren noch etwa 55 %.

Infobox

ICD-10:
N19

Internetadressen:
http://www.nephrologie.de
http://www.nierenportal.de

Literatur:

Greten, H. (Hrsg.): Innere Medizin, 12. Aufl. Thieme, Stuttgart 2005
Baenkler, H.-W., u. a.: Duale Reihe Innere Medizin. Thieme, Stuttgart 2001
Grabensee, B.: Checkliste XXL Nephrologie. Thieme, Stuttgart 2002

Urethrastriktur

► **Der 50-jährige Ralf Wagener klagt bei seinem Urologen: „Ich habe Probleme beim Wasserlassen. Vor Wochen bestand ja Verdacht auf Blasenkrebs, aber das hat sich zum Glück nicht bestätigt. Nach der Blasenspiegelung hatte ich aber ein paar Abende lang Fieber. Später wurde der Urinstrahl immer dünner und gedreht. Der Urin tröpfelt auch so unangenehm nach. Jetzt bin ich wieder verunsichert.“**

Definition

Bei der Urethrastriktur ist die Harnröhre narbig verengt. Striktur bedeutet Einschnürung.

Synonym: Striktur der Harnröhre, Harnröhrenenge.

Ursachen

Ursache einer Urethrastriktur sind meistens Verletzungen der Harnröhre bei unsachgemäßen instrumentellen Untersuchungen, Katheter oder Zystoskopien. Unfallverletzungen, z. B. nach einer → Beckenfraktur, können ebenfalls eine Urethrastriktur verursachen. Seltenere Ursachen sind primäre Entzündungen der Harnröhre auf unspezifischer Basis (→ Urethritis) oder bei einer Urotuberkulose.

Bevor die → Gonorrhö antibiotisch behandelt werden konnte, entstanden 70 % aller Urethrastrikturen als Folge einer Gonorrhö. Diese Form ist seltener geworden und wird gelegentlich bei älteren Männern angetroffen, deren Gonorrhö vor Jahren mit lokalen Maßnahmen behandelt wurde.

Symptome

Im Allgemeinen schreitet die Narbenbildung in der Harnröhre langsam fort. Dementsprechend wird der Harnstrahl langsam dünner, verliert an Druck, ist gedreht und im Endzustand fadenförmig (**Abb. U.200**). Zudem träufelt der Harn. Nach der Harnentleerung verbleibt ein Restharn in der Blase.

a

b

c

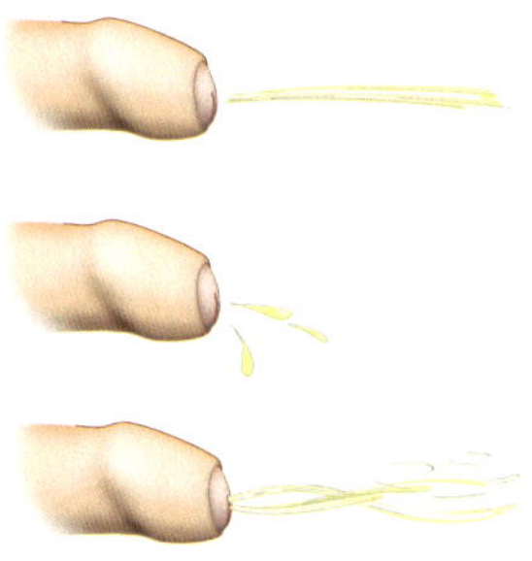

Abb. U.200 Reichweite und Qualität des Harnstrahls. a Normalbefund, **b** schwacher Strahl und Harnträufeln bei Entleerungsstörungen, **c** gespaltener und gedrehter Harnstrahl bei Urethrastriktur.

Nach einer Unfallverletzung kommt es zu Blutungen aus der Harnröhre, Schmerzen im Damm und Unterbauch sowie evtl. Harnverhalt.

Diagnose

Die Anamnese und die Beobachtung des Harnstrahls ergeben die Verdachtsdiagnose. Die Uroflowmetrie zeigt die typische Plateauphase. Ein Urethrogramm sichert letztlich die Diagnose.

Therapie

Ambulant sollte bei frischen Unfällen jeder Versuch der Bougierung (mechanische Dehnung) unterbleiben, da die Gefahr einer Harnröhrenverletzung besteht. Bei einem kompletten Harnverhalt kann symptomatisch und zur Behandlung des akuten Zustandes die Blase suprapubisch punktiert werden.

Die Behandlung der Urethrastriktur, die Harnröhrenschlitzung oder operative Versorgung, sollte ein Facharzt durchführen. Die operative Therapie richtet sich danach, ob die Einschnürung über eine kurze oder eine längere Strecke verläuft. Die Mehrzahl der Fälle wird endoskopisch mit dem Urethroskop behandelt. Die Striktur wird mit einem Messer oder – seltener – einem Laser inzidiert (eingeschnitten).

Da Rezidive häufig sind, wird einerseits die regelmäßige Bougierung der Harnröhre empfohlen. Anderseits können die erneuten Schleimhauteinrisse wiederum zu überschießender Vernarbung führen. Allgemeingültige Empfehlungen sind schwierig.

Prognose

Eine erneute Vernarbung der Harnröhre tritt in bis zu 50 % der Fälle ein; ggf. müssen Bougierungen oder eine offene Operation durchgeführt werden.

Infobox

ICD-10:
N35.9

Internetadressen:
http://www.urologielehrbuch.de
http://www.de.wikipedia.org

Literatur:

Kästner R.: Die Harnröhrenstriktur des Mannes. Diagnose – Therapie – Langzeitergebnisse. Hippokrates Schriftenreihe Medizinische Forschungsergebnisse, Bd. 18. Hamburg 1993

Urethritis

► Der 32-jährige Claas Peterson klagt bei seinem Hausarzt: „Vor zwei Wochen war ich doch bei dieser Blasenspiegelung, weil ich Blut im Urin hatte und es beim Wasserlassen gebrannt und gejuckt hat. Ich habe immer noch Beschwerden. Dazu kommt jetzt noch ein gelblicher Ausfluss aus der Harnröhre."

Definition

Bei der Urethritis ist die Schleimhaut der Harnröhre akut entzündet. Die unspezifische Urethritis ist neben der gonorrhoischen Urethritis (→ Gonorrhö) die häufigste sexuell übertragene Erkrankung.

Synonym: Harnröhrenentzündung.

Ursachen

Die Urethritis wird durch grampositive und gramnegative Bakterien wie gonorrhoische (Erreger der Gonorrhö) und nicht-gonorrhoische (Bakterien, Viren oder Pilze) Erreger hervorgerufen. Eine Infektion kann z. B. entstehen, wenn pathogene Keime durch Geschlechtsverkehr in die Harnröhre aufsteigen (sog. Flitterwochenurethritis). Je nach Erreger der Urethritis unterscheidet man:

Trichomonadenurethritis. Bei chronischer Urethritis sollte man nach Ausschluss einer Gonorrhö an eine Infektion durch Trichomonaden denken.

Chlamydienurethritis. Bei Männern mit einer Urethritis posterior (Entzündung der hinteren Harnröhrenbereiche), aber auch beim → Prostatitis-Syndrom und bei der → Epididymitis werden häufiger Chlamydien gefunden. Oft findet man den Keim auch in einer Mischinfektion mit Mykoplasmen und gramnegativen Bakterien.

Mykoplasmenurethritis. Gelegentlich wird eine Urethritis auch durch Mykoplasmen (zellwandlose Mikroorganismen) verursacht.

Häufige Ursache einer Harnröhreninfektion sind auch instrumentelle Eingriffe, seltener eine → Urethrastriktur oder ein Harnröhrendivertikel.

Symptome

Typische Symptome einer Urethritis sind: Urethralfluor (Ausfluss aus der Harnröhre), ständiges Jucken und Brennen in der Harnröhre sowie brennender Schmerz beim Wasserlassen. Bei der Frau kann bei einer Trichomonadeninfektion zusätzlich ein Ausfluss aus der Vagina bestehen.

Diagnose

Bei der klinischen Untersuchung fällt eine gerötete äußere Harnröhrenöffnung auf (**Abb. U.201**). Der Urethralfluor kann durch die makroskopische Beurteilung einen Hinweis auf den Erreger der Urethritis geben. So weist dünnflüssiges, glasiges Sekret auf eine Infektion mit Mykoplasmen, eitriges Sekret eher auf eine Infektion mit Gonokokken, Chlamydia trachomatis oder Trichomonaden hin.

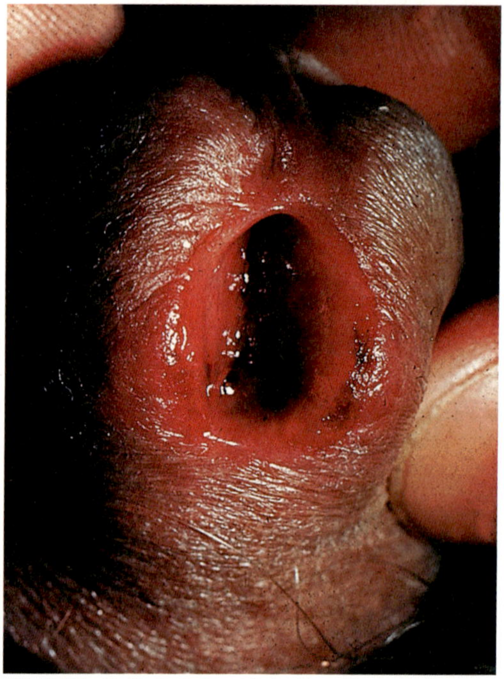

Abb. U.201 Urethritis im Bereich der Harnröhrenmündung.

Differenzialdiagnose

Das Reitersyndrom, eine Trias von → Konjunktivitis, Urethritis und Arthritis, ist eine Allgemeinerkrankung bei genetisch disponierten, HLA-B27-positiven Patienten. Die Rheumaserologie ist negativ.

Zudem sollten Gonorrhö, Harnröhrendivertikel und ein Urethrakarzinom ausgeschlossen werden.

Therapie

Die Therapie richtet sich nach dem Erreger der Urethritis, z. B. Antibiotikatherapie bei einer bakteriellen Urethritis. Als allgemeine Maßnahmen sollten die Betroffenen Kälte vermeiden und reichlich Flüssigkeit zu sich nehmen.

Bei Infektionen durch Trichomonaden, Chlamydien oder Mykoplasmen sind spezielle Medikamente angezeigt. Der Geschlechtspartner sollte unbedingt mitbehandelt werden, da es sonst zu Rezidiven kommt (sog. Ping-Pong-Infektion).

Prognose

Bei effektiver Infektbehandlung ist die Prognose gut.

Infobox

ICD-10:
N34.2

Internetadressen:
http://www.onmeda.de
http://www.gesundheit.pro.de

Literatur:

Hofstetter, A. (Hrsg.): Urogenitale Infektionen. Springer, Berlin 1999

Urosepsis

► **Schwester Annika ruft den Stationsarzt zu einem 63-jährigen Patienten: „Herr Gierling gab zuerst starke Flankenschmerzen an; das Steinleiden ist bekannt. Nachdem er vor einer Stunde Schüttelfrost mit hohem Fieber bekam, ist er jetzt zunehmend benommen und desorientiert. Die Herzfrequenz ist 105, die Temperatur 38,7 °C. Die Ausscheidung ist gering; Urin ist jetzt noch mal im Labor. Ich finde den Zustand des Patienten alarmierend."**

Definition

Eine Urosepsis ist eine → Sepsis, deren Infektionsherd in den Harnorganen lokalisiert ist. Dies ist in etwa 25% der Sepsiserkrankungen der Fall. Bei einer Urosepsis ist der Patient hochgradig gefährdet.

Ursachen

Bei einer Urosepsis treten Endotoxin bildende Mikroorganismen von einem Infektionsherd in den Nieren in die Blutbahn über. Erreger sind vorwiegend gramnegative Bakterien wie Escherichia coli sowie andere Enterobacteriaceae, z. B. Klebsiella, Proteus und Enterobacter.

Auch eine Harnabflussstörung mit einer Infektion der Nieren und der ableitenden Harnwege kann eine Urosepsis verursachen. Schreitet eine solche Infektion weit voran, verursacht sie ein septisches Krankheitsbild, die septische Harnstauungsniere. Auch wenn z. B. ein Stein den Harnleiter verschließt und gleichzeitig eine Infektion des Urogenitaltraktes entsteht, kann sich ein septisches Krankheitsbild entwickeln.

Symptome

Schüttelfrost, Schockzeichen (→ Schock), Fieber und Oligurie (geringe Harnausscheidung) sind alarmierende Befunde. Daneben können innere und motorische Unruhe, Übelkeit, Kaltschweißigkeit, Bewusstseintrübung bis zum Koma, Angstzustände bis zur Todesangst sowie Dyspnoe mit Zyanose auftreten (**Abb. U.202**).

Die Symptome verlangen nach einer besonders intensiven Krankenbeobachtung des Patienten. Insbesondere sind die Vitalzeichen und der Allgemeinzustand des Patienten zu beobachten. Ein Schock, der sich neben Bewusstseinsstörungen durch → Hypotonie, Tachykardie und Anurie bemerkbar macht, ist lebensbedrohlich.

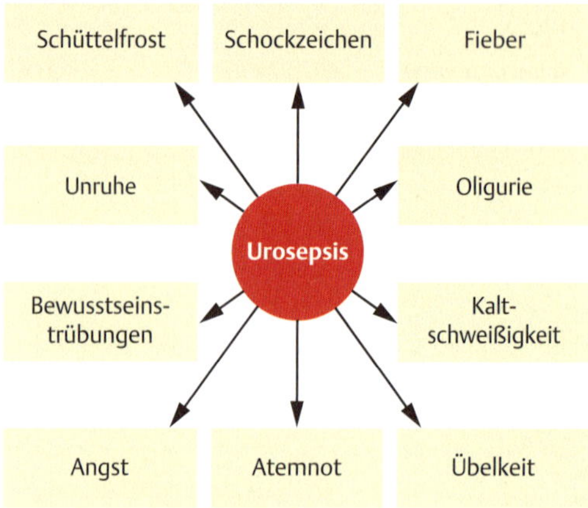

Abb. U.202 Symptome der Urosepsis.

Diagnose

Zur Diagnosestellung wird eine Blutuntersuchung durchgeführt. Zunächst entwickelt sich eine Leukozytose, später eine Leukopenie, → Thrombopenie und Gerinnungsstörungen.

Therapie

Man muss unbedingt sofort eingreifen. Die Vitalzeichen des Patienten wie Blutdruck, Puls, Atmung, Temperatur sowie Urinausscheidung, wenn möglich auch der Blutzucker sollten engmaschig überprüft werden. Schon in den ersten Stunden wird eine interdisziplinäre intensivmedizinische Behandlung mit den Therapiepfeilern Herdsanierung, antimikrobielle Therapie, supportive Therapie und spezielle Sepsistherapie notwendig.

Die Abflussstörung (z. B. der Stein) muss operativ beseitigt werden, z. B. durch eine Nierenfistel oder eine ausreichende, rechtzeitige Drainage. Falls notwendig – eine gestaute Niere kann innerhalb weniger Stunden durch Bakterien zerstört werden – wird die Niere entfernt.

Gleichzeitig muss man hoch dosiert Antibiotika geben und die Herz-Kreislauf-Situation überwachen. Abhängig vom Schweregrad sollte parallel dazu ein adäquates Sauerstoffangebot unbedingt sichergestellt sein.

Prognose

Eine Urosepsis kann je nach Ausgangssituation eine tödliche Prognose von 50% haben. Da die Zahl der Sepsiserkrankungen ansteigt, wird auch die Zahl der Patienten mit Urosepsis steigen. Entscheidend ist eine schnelle Identifikation und, wenn möglich, Sanierung des Infektionsherdes.

Infobox

ICD-10: A41.9

Internetadressen: http://www.onmeda.de
http://www.gesundheit.pro.de

Literatur: Hofstetter, A. (Hrsg.): Urogenitale Infektionen. Springer, Berlin 1999

Urtikaria

► Die 24-jährige Yasmin Balci kommt mit stark juckenden Quaddeln zur Hausärztin. „Das hatte ich noch nie. Seit heute Nacht wandern die Flecken über den ganzen Körper, ich kann mich endlos kratzen. Woher kann das bloß kommen, vielleicht vom Essen? Gestern habe ich in einem China-Restaurant zu Abend gegessen. Bitte sagen Sie mir, dass das wieder weggeht, das macht einen ja verrückt!"

Definition

Bei der Urtikaria bilden sich schubweise an der Haut juckende und gerötete Quaddeln. Eine Quaddel entsteht, wenn Wasser in die Leder- oder Oberhaut austritt.

Synonym: Nesselsucht.

Ursachen

Die Quaddeln entstehen, indem sich die oberflächlichen kleinen Hautgefäße weit stellen und gleichzeitig die Wanddurchlässigkeit erhöht ist. Diese Reaktion wird durch Entzündungsbotenstoffe wie Histamin, Serotonin und andere Mediatoren ausgelöst.

Für die überschießende Ausschüttung dieser Botenstoffe und damit letztlich für die Urtikaria können viele Ursachen verantwortlich sein. Mechanischer Druck, Kälte und Hitze, Anstrengung bzw. Schwitzen gehören dazu, aber auch Medikamente oder Nahrungsmittel.

Weitere Ursachen sind unbemerkte bakterielle Infektionen. Nicht zuletzt werden Autoimmunerkrankungen, hormonelle Störungen und Stress mit der Urtikaria in Zusammenhang gebracht. Sie kann Ausdruck eines allergischen oder pseudoallergischen Geschehens sein. Nicht selten bleibt ihre Ursache unklar oder unbekannt.

Symptome

An der Haut bilden sich rote Quaddeln, die wie ein Brennnesselstich aussehen. Die Quaddeln entstehen auf unauffälliger Haut innerhalb von Minuten, jucken i.d.R. stark und verschwinden nach ca. drei Stunden. Die Hauterscheinungen können auch streifenförmig oder flächig ausfallen. Manchmal gehören auch Abgeschlagenheit, Kopfschmerzen und Durchfall zu den Symptomen.

Tritt die Flüssigkeit in tieferen Schichten der Schleimhaut aus, z.B. an Lippen, Zunge bzw. im Rachenraum, schwillt das Gewebe stark an (Quincke-Syndrom).

Diagnose

Beschreibung und Hautbild sind eindeutig; oft lassen sich neue Quaddeln durch Druck mit einem Spatel provozieren (positiver Dermografismus, **Abb. U.203**). Man versucht, den Auslöser mittels Allergietestungen, Medikamentenprüfungen oder der Suche nach Infektionen einzugrenzen.

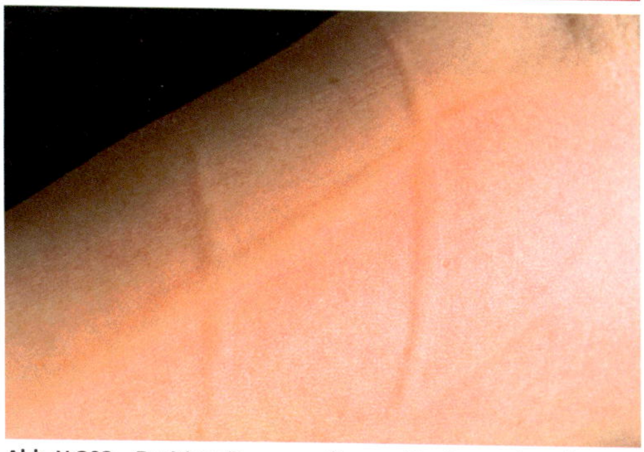

Abb. U.203 Positiver Dermografismus. Das Bestreichen der Haut mit einem Holzspatel führt nach wenigen Minuten zu einer urtikariellen Reaktion.

Differenzialdiagnose

Juckende Ausschläge gibt es bei einer Vielzahl von bakteriellen und viralen Infektionen, u.a. bei → Syphilis oder → Hepatitis. Beim „hereditären angioneurotischen Ödem" liegt eine angeborener Mangel am Enzym C1-Esterase-Inhibitor vor.

Therapie

Der erste Schritt besteht in der Bekämpfung des quälenden Juckreizes. Dazu stehen äußerlich Schüttelmixturen und kortikoidhaltige Lotionen zur Verfügung. Innerlich, als Tabletten oder Infusion, werden Antihistaminika und in sehr schweren Fällen kurzfristig auch Kortikoide verwendet.

Prognose

Die meisten Schübe einer Nesselsucht sind nach ungefähr sechs Wochen verschwunden. In diesen Fällen spricht man von einer akuten Urtikaria. Die länger dauernde Urticaria chronica kann jahrelang in Schüben verlaufen.

Komplikationen

In seltenen Fällen schwillt der Rachen- und Kehlkopfraum so stark zu, dass eine Erstickungsgefahr droht und sich eine Anaphylaxie (→ Anaphylaktischer Schock) entwickelt.

Infobox

ICD-10: L50.9

Internetadressen: http://www.urtikaria.net
http://www.medizinfo.de

Literatur: Maurer, M. u. Staubach, P.: Nesselsucht (Urtikaria): 100 Fragen – 100 Antworten. akademos Wissenschaftsverlag, Berlin 2005

Uveitis

► **Ein 25-jähriger AIDS-Patient sieht plötzlich kleine Teilchen, die vor dem Auge schweben und mit dem linken Auge verschwommen.**

Definition

Bei der Uveitis ist die Uvea entzündet. Die Uvea ist die mittlere Schicht der Augenwand mit Chorioidea (Aderhaut), Ziliarkörper (Strahlenkörper) und Iris (Regenbogenhaut) (**Abb. U.204**). Unter dem Begriff Uveitis wird also eine große Krankheitsgruppe zusammengefasst.

Enteilung

Unterschieden werden je nach Lokalisation:

- **Uveitis anterior:** Iris und/oder Ziliarkörper (→ Iritis) sind entzündet.
- **Uveitis intermedia:** Die Pars plana des Ziliarkörpers (Zyklitis, Pars planitis) ist entzündet.
- **Uveitis posterior:** Diese Form kann verschiedene Anteile des Augenhintergrundes einbeziehen und diffus, fokal (umschrieben) oder multifokal (mit einzelnen Herden an verschiedenen Stellen) auftreten. Überwiegt die Entzündung der Aderhaut, liegt eine Chorioiditis vor, ist in erster Linie die Netzhaut betroffen, eine Retinitis. Bei der Kombination von beidem besteht eine Chorioretinitis oder Retinochorioiditis.
- **Panuveitis:** Alle Abschnitte der Uvea sind betroffen.

Ursachen

Zu 25% hat die Uveitis eine idiopathische, d.h. nicht erkennbare, Ursache. Sie kann auch nach einer Operation oder einem Trauma auftreten. Eine Auswahl weiterer Ursachen sind in **Tab. U.18** zu finden.

Symptome

„Schwebeteilchen" vor dem Auge und eine Sehverschlechterung sind möglich.

Diagnose

Eine Uveitis kann akut sein, mit plötzlichem Beginn und ausgeprägten Symptomen, oder chronisch mit schleichendem Beginn und geringer ausgeprägten Veränderungen. Die „Schwebeteilchen" vor dem Auge sind auf entzündliche Glaskörpertrübungen zurückzuführen. Am Augenhintergrund sind meistens Entzündungsherde zu sehen, die weiß oder gelb bis grau sein können, scharf oder unscharf begrenzt.

Eine begleitende Gefäßentzündung (→ Vaskulitis) ist an weißen Gefäßeinscheidungen zu erkennen. Blutungen können vorkommen. Zur Ursachenbestimmung sind oft umfangreiche Labor- sowie Konsiliaruntersuchungen erforderlich.

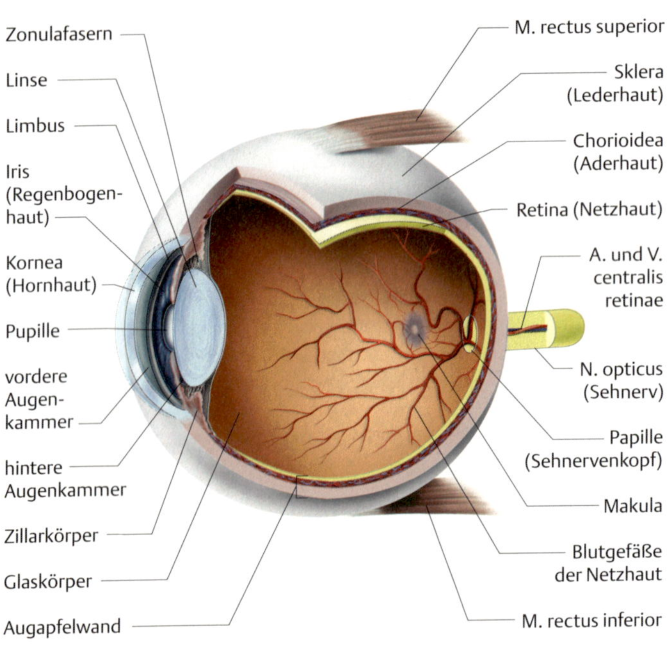

Abb. U.204 Bau des Augapfels.

Tab. U.18 Ursachen einer Uveitis

Ursache	Beispiel
In Verbindung mit systemischen Krankheiten unklarer Ursache	→ Sarkoidose
Entzündungen des Augeninneren mit charakteristischen Augenhintergrundveränderungen unklarer Ursache	Birdshot-Retinopathie (gelb- bis orangefarbene Aderhautflecken)
Viren	Zytomegalievirus-Retinochoroiditis bei → AIDS
Bakterien	Chorioretinitis bei Syphilis druch Spirochäten
Pilze	Candidiasis durch Candida-Arten
Parasiten	→ Toxoplasmose durch den Einzeller Toxoplasma gondii

Differenzialdiagnose

Die vielfältigen Ursachen einer Uveitis müssen voneinander abgegrenzt werden. Eine entzündliche Glaskörperreaktion kann auch durch ein malignes Lymphom (z. B. → Non-Hodgkin-Lymphom) bedingt sein.

Therapie

Die Therapie ist abhängig von der Ursache, z. B. Antibiotika bei bakterieller Ursache oder Ganciclovir, Foscarnet bei der häufig bei → AIDS vorkommenden → Zytomegalievirusinfektion. Um die Sehkraft zu erhalten, sind mitunter auch systemische Kortikosteroide oder Immunsuppressiva und Zytostatika erforderlich.

Prognose

Während die akute Uveitis nicht länger als 6 Wochen dauert, kann sich die chronische Uveitis über Jahre hinziehen und immer wieder neue Entzündungsschübe aufweisen.

Komplikationen

Zu den möglichen Komplikationen gehören → Netzhautablösung, Makulaödem oder Makulanarben, Sehnervenatrophie und eine Augapfelschrumpfung.

Infobox

ICD.10: H20.9

Internetadressen:

http://www.duag.org

http://www.augeninfo.de

Literatur:

E. Oestreicher u. a.: HNO, Augenheilkunde, Dermatologie und Urologie für Pflegeberufe, Thieme, Stuttgart 2003

Burk, A. u. Burk, R.: Checkliste Augenheilkunde. 3. Aufl. Thieme, Stuttgart 2005

V

Vaginalkarzinom

► **Die 72-jährige Gisela Winkels sucht ihren Gynäkologen auf. „Ich habe seit einiger Zeit Blutungen und Ausfluss, der übel riecht. Manchmal juckt es auch. Ich geniere mich wegen dem Geruch und dem Ausfluss. Deswegen habe ich einen Termin bei Ihnen auch immer vor mir hergeschoben.“**

Definition

Das Vaginalkarzinom ist ein bösartiger, epithelialer Tumor der Scheide.

Synonym: Scheidenkrebs.

Formen

Rund 90 % der Vaginalkarzinome sind Plattenepithelkarzinome, die hauptsächlich bei älteren Frauen vorkommen. Seltener entwickeln sich Adenokarzinome, die ihren Ursprung in den Zylinderepithelien haben.

Vaginalkarzinome sind insgesamt selten; wesentlich häufiger findet man Metastasen anderer Karzinome. Dann spricht man auch von sekundären Vaginalkarzinomen. Ein kontinuierlicher Befall der Vagina findet sich v. a. beim → Zervixkarzinom, aber auch bei Durchbruch eines Karzinoms von Harnröhre, Harnblase (→ Blasenkarzinom) oder Mastdarm (→ Rektumkarzinom). Eine diskontinuierliche Metastasierung, also über den Blut- oder Lymphweg, liegt in erster Linie bei Patientinnen mit → Zervix-, → Endometrium- oder → Chorionkarzinom vor.

Metastasierung

Vaginalkarzinome wachsen binnen kurzer Zeit in das Bindegewebe ein, das die Vagina umgibt und erreichen so Blase, Mastdarm, Gebärmutter und Vulva. Infolge des guten Lymphabflusses der Scheide werden die Lymphknoten des kleinen Beckens frühzeitig befallen. Wie beim Zervixkarzinom kann es in fortgeschrittenen Stadien der Erkrankung zu einer tumorösen Ausmauerung des kleinen Beckens kommen.

Ursachen

Die Ursache für ein Vaginalkarzinom ist unbekannt.

Symptome

Das Vaginalkarzinom verursacht meist erst dann Symptome, wenn die Tumoroberfläche geschwürig zerfällt. Die Symptomatik äußert sich vor allem in Blutungen, die häufig auch nach dem Geschlechtsverkehr auftreten. Die Frau beobachtet manchmal einen fleischwasserfarbigen, oft übel riechenden Ausfluss, Juckreiz oder ein Fremdkörpergefühl in der Vagina.

Die plattenepithelialen Präkanzerosen (Gewebsveränderungen, die leicht entarten) in der Scheide sind denen der Vulva sehr ähnlich. Es können Rötungen oder Verhornungsstörungen mit Bildung weißlicher Herde (Leukoplakie) beobachtet werden. Die Frau ist dabei beschwerdefrei.

Diagnose

Die Diagnosestellung beginnt mit einer Inspektion der Scheidenhaut mit Hilfe einer Spekulumuntersuchung. Auch die Tastuntersuchung der Scheide kann einen Anhaltspunkt auf Gewebeveränderungen geben, weil die Scheidenwand im betroffenen Gebiet weniger verschieblich ist als üblich.

Da kleine Herde, insbesondere im symptomfreien Stadium der Erkrankung, leicht bei der Inspektion übersehen werden können, ist die Anwendung des Kolposkops und die Schiller-Jodprobe indiziert. Mit der Schiller-Jodprobe färbt der Arzt während der Spekulumuntersuchung karzinomverdächtige Bezirke ein und identifiziert sie damit (**Abb. V.1**). Beweisend kann jedoch nur eine histologische Untersuchung sein.

Differenzialdiagnose

Differenzialdiagnostisch muss man an ein → Endometrium-, → Zervix-, Urethral- oder Analkarzinom denken.

Therapie

Die Therapie muss individuell geplant werden. Die Behandlung wird durch die Nähe der Scheide zu Darm und Harnblase wie auch durch das frühe Einwachsen des Vaginalkarzinoms in diese Organe erschwert. Die Therapie ist abhängig von der Lage des Tumors:

- **Sitz im oberen Scheidendrittel:** radikale Entfernung der Gebärmutter und der Beckenlymphknoten, Kolpektomie (Teilentfernung der oberen Scheidenwand),
- **Sitz im mittleren Drittel:** zusätzlich totale Kolpektomie mit Entfernung der Lymphknoten im Becken und in den Leisten,
- **Sitz im unteren Drittel:** untere Kolpektomie mit eingeschränkter Vulvektomie (Entfernung der Vulva) und Entfernung von Leistenlymphknoten.

Wenn man nicht operieren kann, ist eine Strahlenbehandlung angezeigt. Sie entspricht der Kontakt- und Perkutanbestrahlung des Zervixkarzinoms. Der Nachteil der Strahlenbehandlung besteht darin, dass Harnröhre, Harnblase und Mastdarm Fisteln bilden können. Unter einer Fistel versteht man in diesem Fall einen abnormen, röhrenförmigen Gang, der verschiedene Organe verbindet.

Prognose

Die Prognose hängt maßgeblich von der Größe und Ausbreitung des Tumors ab. Die Heilungsergebnisse des Vaginalkarzinoms liegen allerdings weit unter denen des Zervixkarzinoms, da die Früherkennung und auch die Therapie des Tumors mit Schwierigkeiten behaftet sind. Die 5-Jahres-Überlebensrate liegt etwa bei 40 %.

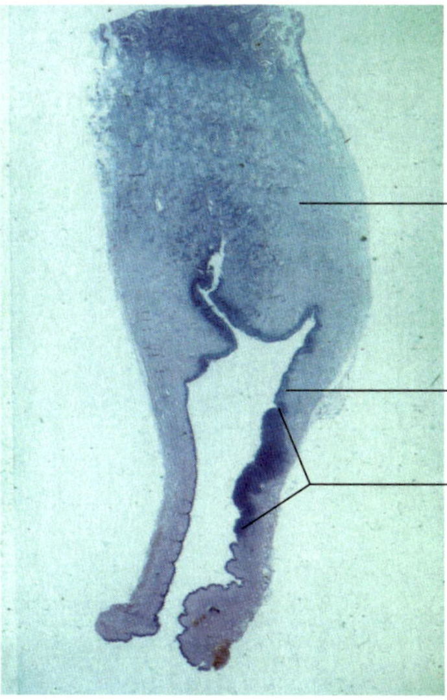

Abb. V.1 Plattenepithelkarzinom der Scheide. Mit der Schiller-Jodprobe färbt der Arzt während der Spekulumuntersuchung karzinomverdächtige Bezirke ein und identifiziert sie damit.

Infobox

ICD-10:
C52

Internetadressen:
http://www.gesundheitpro.de
http://www.krebsgesellschaft.de

Literatur:

LeShan, L.: Diagnose Krebs, Wendepunkt und Neubeginn. Klett-Cotta, Stuttgart 2004

Rexrodt von Fircks, A.: Ich brauche euch zum Leben. Krebs – wie Familie und Freunde helfen können. Rowohlt, Reinbek 2004

Varikosis

► **Die 42-jährige Gabriele Flöter kommt aufgeregt zu ihrer Hausärztin: „Frau Doktor, ich weiß nicht, was los ist! Wenn ich abends nach Hause komme habe ich immer so stark geschwollene Beine. Morgens sind sie dann wieder schlank, aber so kann das ja nicht weitergehen! Und dann habe ich auch noch ein paar Krampfadern entdeckt. Meine Mutter sagt, sie hat das auch – werde ich jetzt etwa alt?"**

Definition

Bei der Varikosis erweitern sich die oberflächlichen Venen „knotenförmig" oder sackartig und sind oft geschlängelt.

Nur ca. 50 % der Erwachsenen haben keine krankhaften Venenveränderungen. Frauen sind 4-mal häufiger betroffen. Im Prinzip können sich alle Venen zu Varizen (Krampfadern) entwickeln, meist sind sie aber am Bein lokalisiert.

Synonyme: Krampfadern, Varizen.

Ursachen

Der Blutfluss in unseren Venen funktioniert nur bei intakten Venenklappen. Ist deren Funktion gestört, staut sich das Blut in den Venen. Dadurch erweitern sich die Gefäße. Je nach zugrunde liegender Ursache unterscheidet man zwei Formen der Varikosis.

Primäre Varikosis. Die häufigste Ursache (> 90 %) für Varizen beruht auf einer angeborenen Bindegewebsschwäche. Diese führt über eine allgemeine Gefäßwanderweiterung oder eine verminderte Funktion der Venenklappen zur Venenerweiterung. Übergewicht, Schwangerschaft, stehende Berufe o. ä. wirken begünstigend.

Sekundäre Varikosis. Hier sind die oberflächlichen Venen durch einen Verschluss des tiefen Venensystems vermehrt durchblutet, z. B. als Spätfolge einer Thrombose der tiefen Beinvenen (→ Phlebothrombose).

Symptome

Varizen kommen in verschiedenen Ausprägungen vor:

- **Besenreiservarizen:** Bei Besenreiservarizen erweitern sich die kleinsten Venen in den obersten Hautschichten und bilden häufig am Oberschenkel ein spinnennetzartiges, feines Netz.
- **Retikuläre Varizen:** Die Venenerweiterungen sind netzartig angeordnet, meist in der Kniekehle oder an der Außenseite der Ober- und Unterschenkel (**Abb. V.2**).
- **Stammvarikose:** Die oberflächlichen großen Venen sind erweitert.

Neben der Venenerweiterung tritt auch Flüssigkeit aus dem Blut ins Gewebe aus. Daher beschreiben die Betroffenen je nach Lokalisation und Ausmaß der Venenerweiterung unterschiedlich stark ausgeprägte Beschwerden.

Sie klagen über ein Schwere-, Müdigkeits- und Spannungsgefühl bis hin zu Ödemen in den Beinen, besonders nach langem Stehen. Die Beschwerden bessern sich typischerweise in Ruhe und durch Hochlagerung. Auch nächtliche Wadenkrämpfe sind häufig. Die Symptome verstärken sich infolge der vermehrten Blutstauung in den Venen bei Wärme, z. B. im Sommer oder in der Sauna.

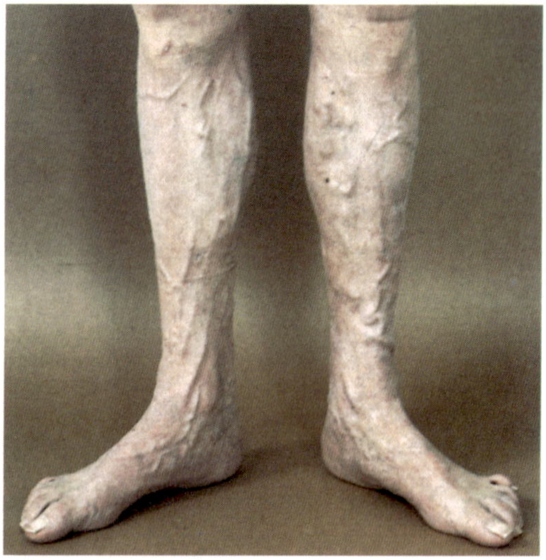

Abb. V.2 Primäre Varikose. Große Varizen an beiden Unterschenkeln.

Diagnose

Ausgeprägte Varizen erkennt man „auf den ersten Blick". Eine genauere Untersuchung der Venen erfolgt mittels einer Doppler-Sonografie (spezielle Ultraschalluntersuchung). Damit stellt man fest, wie durchgängig die Venen sind und ob die Venenklappen funktionieren. Die röntgenologische Venendarstellung mit einer Phlebografie ist heute nur noch selten nötig.

Therapie

Um Spätfolgen zu verhindern, ist eine gute Kompressionsbehandlung durch Kompressionsstrümpfe oder -verbände die wirksamste Methode. Des Weiteren sind folgende Allgemeinmaßnahmen zur Linderung der Beschwerden sinnvoll:

- regelmäßige Bewegung zur Aktivierung der Muskel-Venen-Pumpe, die den venösen Rückfluss zum Herzen fördert,
- stehende Tätigkeiten und langes Sitzen vermeiden (z. B. bei Busreisen),
- heiße Bäder oder Saunabesuche meiden, denn Wärme führt zur Venenerweiterung,
- die Beine beim Sitzen und im Bett hoch lagern,
- wenn nötig: Gewichtsreduktion,

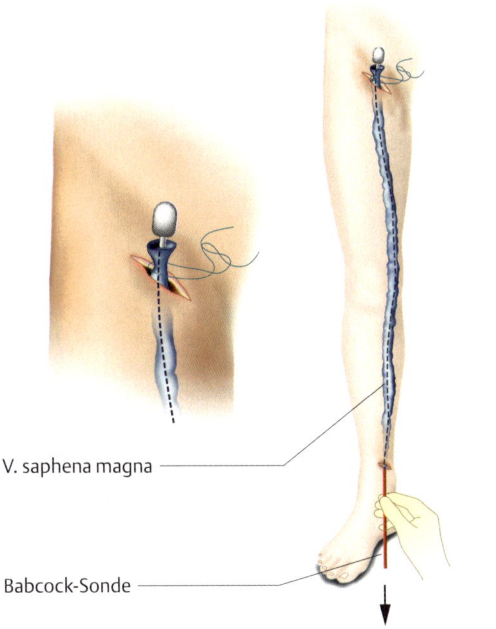

Abb. V.3 Venenstripping nach Babcock. Die V. saphena magna wird auf eine Sonde aufgefädelt, an deren Kopf verknotet und dann herausgezogen.

- Kneipp'sche Güsse: 2–3-mal täglich mit einem kalten Wasserstrahl Beine von unten nach oben abduschen.

Zusammenfassend gilt die „3 S-3 L-Regel“: Stehen, sitzen schlecht, lieber laufen, liegen!

Operative Therapie. Durch lokales Einspritzen von Verödungsmitteln können kleine Varizen sklerosiert werden. Bei einer Stammvarikose dagegen muss die erweiterte Vene durch „Venenstripping“ entfernt werden (**Abb. V.3**). Eine Garantie, dass sich nach einer Operation keine Varizen mehr bilden, gibt es leider nicht. Diese Gefahr ist allerdings recht gering.

Prognose

Solange keine Komplikationen auftreten, sind Krampfadern ein lästiges und kosmetisches Problem.

Komplikationen

Besonders bei ausgeprägter Varikosis sind Komplikationen möglich:

- **Varizenblutung:** Schon durch kleine Verletzungen kann es zur Varizenblutung kommen, die oft sehr stark ist und sogar zum → Schock infolge großen Blutverlustes führen kann.
- **Chronisch venöse Insuffizienz:** Unter diesem Begriff werden Folgen der chronischen Stauung in den erweiterten Venen zusammengefasst. Folge kann z. B. ein → Ulcus cruris sein.
- → **Thrombophlebitis:** Entzündet sich eine oberflächliche Vene, kommt es zur harmlosen, aber behandlungsbedürftigen Thrombophlebitis.
- → **Becken- und Beinvenenthrombose:** Dies ist die weitaus gefährlichste Komplikation bei Varizen.

Infobox

ICD 10:
I83.9

Internetadressen:
http://www.gefaesschirurgie.de
http://www.gefeass-medizin.de

Literatur:
Andreae, S. u. a.: Krankheitslehre für Altenpflegeberufe. Thieme, Stuttgart 2001

Vaskuläre Demenz

► **Herr Schweizer (58) spricht Pfleger Thomas an: „Meine Mutter hatte jetzt den dritten Schlaganfall in zwei Jahren. Die Lähmungen gehen zurück, aber sie ist so durcheinander. Sie hat in letzter Zeit wohl auch keine Medikamente mehr genommen und wer weiß, ob sie nach ihrer Zuckerdiät gelebt hat. Der Arzt spricht von Demenz durch Gefäßverkalkungen im Gehirn. Ich weiß nicht, wie es weitergehen soll. Kann Sie denn wieder nach Hause?“**

Definition

Bei einer vaskulären Demenz entwickelt sich eine Demenz aufgrund von Durchblutungsstörungen im Gehirn.

Unter Demenz versteht man eine Abnahme des Gedächtnisses und Denkvermögens. Dabei sind die Aktivitäten des täglichen Lebens stark beeinträchtigt.

Synonym: Multiinfarktdemenz.

Häufigkeit

Mit 20 % aller Demenzerkrankungen ist vaskuläre Demenz nach der Alzheimer-Demenz (→ Demenz bei Alzheimer-Krankheit) die zweithäufigste Ursache einer Demenz. Bei weiteren 20 % der Demenzkranken findet sich eine Mischung zwischen vaskulärer und Alzheimer-Demenz.

Ursachen

Wiederkehrende Durchblutungsstörungen im Gehirn sind meist Folge einer → Arteriosklerose der Hirnarterien. Seltener sind kleine Gefäßverschlüsse durch Blutgerinnsel, welche aus den ins Hirn führenden Gefäßen mitgerissen werden, oder aus dem Herz in die Gehirngefäße transportiert wurden (→ Embolie). Dies ist eine häufige Komplikation des Vorhofflimmerns, einer → Herzrhythmusstörung.

Die Gefäßveränderungen führen immer wieder zu kleineren und mittleren Infarkten im gesamten Gehirn (→ Hirninfarkt). Man spricht deshalb auch von einer „Multiinfarktdemenz“. Das betroffene Hirngewebe wird abgebaut, sodass insgesamt Hirngewebe verloren geht.

Symptome

Bei der körperlichen Untersuchung finden sich oft neurologische Symptome wie Lähmungen, Sensibilitätsstörungen, Gangstörungen o. ä.

Im Frühstadium der Demenz stehen Verhaltensauffälligkeiten wie Antriebsstörungen, sozialer Rückzug, Interessenlosigkeit, Apathie, eine generelle Verlangsamung und Konzentrationsstörungen im Vordergrund.

Im weiteren Verlauf kommen Gedächtnisstörungen, besonders des Kurzzeitgedächtnisses sowie Orientierungsstörungen und Denkstörungen hinzu. Typische Denkstörungen sind eine Verminderung des Urteilsvermögens und des Ideenflusses, eine Abnahme der Konzentration und der Aufmerksamkeit, eine Störung des Planens und geordneten Durchführens von Abläufen. Auch Verwirrtheitszustände oder Halluzinationen sind nicht selten.

Im Gegensatz zur Alzheimer-Demenz schwankt die Symptomatik stark und der Zustand verschlechtert sich stufenweise. Dies ist wohl auf die wechselnde Durchblutungssituation des Gehirns zurückzuführen.

Diagnose

Neben einer Eigen- und Fremdanamnese finden sich bei der körperlichen Untersuchung häufig wegweisende Befunde. Zu achten ist auf die Risikofaktoren einer Arteriosklerose wie Rauchen, → Hypertonie, → Diabetes mellitus oder eine → Fettstoffwechselstörung.

Gefäßverkalkungen der Kopfschlagadern lassen sich sonografisch feststellen. Im EKG sind Herzrhythmusstörungen als mögliche Ursache erkennbar. Eine Computertomografie oder eine Kernspinuntersuchung (MRT) des Kopfes zeigt alte und frische Infarkte.

Im Spätstadium einer vaskulären Demenz ist evtl. eine Verminderung des Hirngewebes feststellbar. Die psychomotorischen Fähigkeiten werden mittels gezielter Testuntersuchungen überprüft.

Differenzialdiagnose

Auszuschließen sind sonstige Ursachen einer Demenz, hochgradige Funktionsstörungen der Schilddrüse oder andere psychiatrische Erkrankungen, z. B. eine schwere Depression (→ reaktive Depression, → Involutionsdepression).

Therapie

Bereits vorhandene Hirnschäden lassen sich nicht mehr beseitigen. Im Vordergrund steht deshalb die Besserung der Risikofaktoren einer vaskulären Demenz. Besonders wichtig ist die Behandlung der Hypertonie. Eine verbesserte Blutdruckeinstellung vermindert das Hirninfarktrisiko erheblich.

Zur Besserung der Fließeigenschaften des Blutes wird meist Azetylsalizylsäure (Asprin, ASS) eingesetzt, bei Vorhofflimmern Phenprocoumon (Marcumar). Bei leichter Demenz werden Ginkgo-Präparate verordnet, andernfalls spezielle Demenzpräparate.

Neben der medikamentösen Therapie ist stetes Gedächtnistraining wichtig (**Abb. V.4**). So halten Kreuzworträtsel, soziale Kontakte oder spezielles Training die Gehirnzellen aktiv. Ebenso wichtig ist ein sorgendes Umfeld. Ist die häusliche Versorgung nicht gewährleistet, lässt sich die Unterbringung in entsprechenden Einrichtungen oft nicht vermeiden.

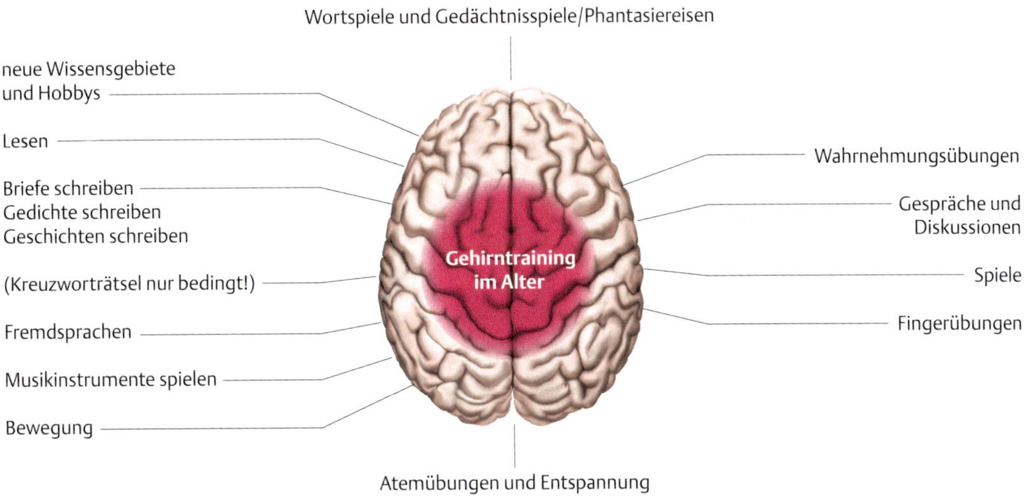

Abb. V.4 Gehirntraining. Aktivitäten, die die Hirnaktivität anregen (nach Oppolzer, 1997).

Prognose

Lassen sich die Risikofaktoren der vaskulären Demenz bessern, ist die Prognose insgesamt günstiger als bei der Alzheimer-Demenz. Sie kann zum Stillstand kommen, sich aber auch langsam stetig oder schrittweise verschlechtern.

Infobox

ICD 10:
F01.0 – F01.9

Internetadressen:
http://www.psychiatrie-aktuell.de
http://www.altern-in-wuerde.de

Literatur:

Möller, H-J. u. a.: Psychiatrie und Psychotherapie, Duale Reihe. Thieme, Stuttgart 2005

Andreae, S. u. a.: Krankheitslehre für Altenpflegeberufe. Thieme, Stuttgart 2001

Vaskulitis

► **„Ernst, geh doch nochmal zum Arzt. Dein Schnupfen dauert doch jetzt schon Wochen an", redet Frau Bauer auf ihren Mann ein. Herr Bauer brummt und blättert in der Zeitung. „Ich war doch schon und es hat nichts geholfen." „Gerade deshalb, du Witzbold", entgegnet Frau Bauer und verlässt das Wohnzimmer. Ein paar Tage später steht Herr Bauer morgens im Bad und betrachtet sein Gesicht im Spiegel. Es ist übersät mit kleinen, leicht blutenden Hautknötchen. Außerdem fühlt er sich fiebrig und ist in der Nacht einige Mal schweißgebadet aufgewacht. Frau Bauer kommt ins Bad und ist entsetzt. „Aber heute gehst du zum Arzt, keine Widerrede."**

Definition

Bei der Vaskulitis handelt es sich nicht um eine einzelne Erkrankung, sondern um den Sammelbegriff für eine größere Anzahl sehr unterschiedlicher Erkrankungen, denen die Entzündung von arteriellen und/oder venösen Blutgefäßen gemeinsam ist. Ausgelöst wird die Entzündung meist durch Störungen des Immunsystems.

Ursachen

Die genaue Ursache der Vaskulitiden ist nicht bekannt. Im Blut bilden sich, z. B. ausgelöst durch einen Virusinfekt oder eine andere Störung des Immunsystems, Autoantikörper, also Antikörper, die sich gegen körpereigenes Gewebe (z. B. Gefäßwände) richten. Die entstehenden Immunkomplexe führen zu einer zerstörenden Gefäßentzündung.

Die Gefäße schwellen an und der Blutfluss wird mehr oder weniger stark behindert. In der Folge werden die dahinter liegenden Organe schlechter durchblutet und weniger gut mit Sauerstoff versorgt. Dies kann zu einer erheblichen Leistungsminderung bzw. einem völligen Funktionsverlust der befallenen Organe führen.

Symptome

Das Spektrum der Symptome hängt von Ausmaß und Lokalisation der betroffenen Gefäße und Organe ab. Es reicht von weniger bedrohlichen Erscheinungsformen an der Haut, auf der sich leicht blutende Knötchen bilden, bis hin zum lebensbedrohlichen Nieren- oder Lungenversagen. Für einige seltene Vaskulitisformen sind entzündliche Granulome (knotenförmige Neubildungen) typisch.

Diagnose

Bei manchen Vaskulitisformen (z. B. bei der Wegener-Granulomatose und der → Panarteriitis nodosa) sind die verantwortlichen Antikörper im Blut nachweisbar. Eine Gefäßentzündung lässt sich i.d.R. nur durch die feingewebliche Untersuchung eines betroffenen Blutgefäßes beweisen.

Differenzialdiagnose

Die verschiedenen Vaskulitiden müssen voneinander abgegrenzt werden, dies sind z. B. Folgende.

Vaskulitis der kleinen Hautgefäße. Bei schweren allergischen Reaktionen, ausgelöst z. B. durch Medikamente, kommt es zu einer Vaskulitis der kleinen Hautgefäße, die sich in Form von kleinen Einblutungen in der Haut zeigen kann.

Purpura Schoenlein-Henoch. Es handelt sich um eine meist im Kindesalter auftretende, allergisch bedingte Vaskulitis, bei der sich die Hautgefäße entzündlich verändern. Folge sind fleckige Rötungen, besonders an den Streckseiten der Beine (**Abb. V.5**). Evtl. betroffene Gelenke sind entzündlich geschwollen. Gefürchtet ist eine Entzündung der Gefäße im Magen-Darm-Trakt, die sich in Bauchschmerzen äußert, oder eine Entzündung der Nieren, die zu einer Glomerulonephritis und damit zur Nierenschädigung führen kann.

Panarteriitis nodosa. Diese Form der Vaskulitis kann zu schweren Nierenschäden führen (→ Panarteriitis nodosa).

Rheumatoide Vaskulitis. Viele der rheumatischen Erkrankungen gehen mit einer Vaskulitis einher. Gefürchtet ist die Entzündung der Schläfenarterie, die → Arteriitis temporalis, denn sie kann unbehandelt innerhalb kürzester Zeit zur Erblindung führen!

Wegener-Granulomatose. Sie ist sehr selten. Besonders im Gesicht und Nasen-Rachen-Raum bilden sich → Tumoren, die leicht verletzlich sind und rasch zerfallen. Die Krankheit kann sich auf den ganzen Körper ausbreiten und Lunge, Nerven und Nieren schädigen (**Abb. V.6**). Fieber, Nachtschweiß und Gewichtsverlust sind Zeichen der chronischen Entzündung und stellen Begleitsymptome dar.

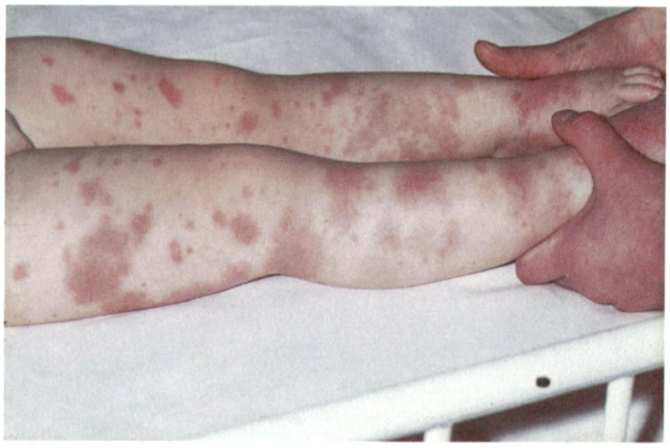

Abb. V.5 Purpura Schoenlein-Henoch. Bei diesem 2 Jahre alten Kind sind die Hauteffloreszenzen im Gegensatz zu größeren Kindern großflächiger.

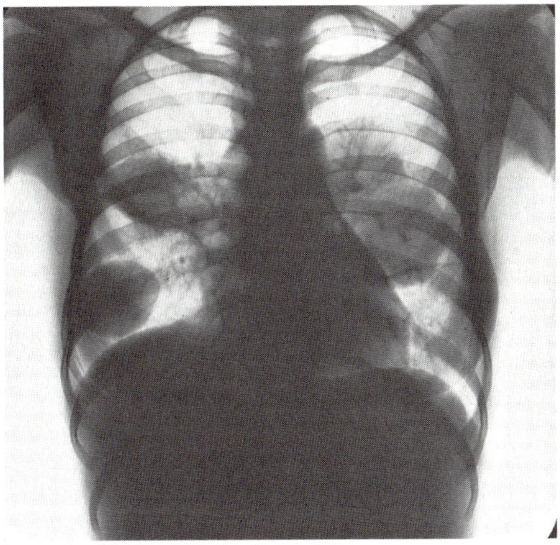

Abb. V.6 Wegener-Granulomatose. Granulome in der Lunge.

Therapie

Die akute Entzündung lässt sich meist medikamentös, i.d.R. durch Kortison, eindämmen. Bei wiederkehrenden Schüben greift man meist zu Zytostatika. Die Spontanheilungsrate ist bei manchen Vaskulitisformen (z.B. bei der Purpura Schoenlein-Henoch) recht hoch.

Prognose

Vaskulitiden können sehr schwer verlaufen und zu erheblichen Organschäden führen. Heute werden diese Erkrankungen aber häufig in einem frühen Stadium erkannt und rasch behandelt. Dies ermöglicht vielen Patienten ein weitgehend beschwerdefreies Leben.

Infobox

ICD-10:

D69.0 – Purpura Schoenlein-Henoch
M05.2 – Rheumatoide Vaskulitis
M31.3 – Wegener-Granulomatose
M30.0 – Panarteriitis nodosa

Internetadressen:

http://www.vaskulitis.org

Literatur:

Manger, B. u.a.: Checkliste Rheumatologie. Thieme, Stuttgart 2005
Sturm, A., Zidek, W.: Checkliste Differenzialdiagnose Innere Medizin. Thieme, Stuttgart 2003
TIM, Thiemes Innere Medizin. Thieme, Stuttgart 1999

Ventrikelseptumdefekt

► „Wir haben ja eigentlich noch Glück im Unglück. Aber erst war der Schreck sehr groß, als der Kinderarzt bei Jonas dieses Herzgeräusch gehört hat", erzählt Frau Wingert ihrer Nachbarin. „Auf jeden Fall ist der Fehler in der Herzscheidewand wohl nicht so groß. Wir müssen noch zu weiteren Kontrollen, aber der Arzt meinte, dass sich das Loch auch von selber schließen kann. Na ja. Und wenn das nicht passiert ist bis er in die Schule kommt, dann muss man doch noch operieren. Aber daran denken wir jetzt noch nicht. Man macht sich aber doch immer Sorgen."

Definition

Bei einem Ventrikelseptumdefekt (VSD) handelt es sich um eine angeborene Verschlussstörung des Ventrikelseptums (Herzscheidewand).

Der VSD ist mit ca. 30 % der häufigste aller angeborenen Herzfehler. Je nach Lokalisation unterscheidet man verschiedene Defekte (z. B. perimembranös, muskulär, infundibulär). Von allen VSD kommen ca. 50 % isoliert vor, die anderen 50 % treten in Verbindung mit anderen Anomalien des Herzens auf (Vergesellschaftung von mehreren Herzfehlern).

Synonym: VSD.

Ursachen

Ein VSD ist immer angeboren. In der frühen embryonalen Phase der Herzentwicklung wachsen die oberen und unteren Anteile der Scheidewand zwischen den Herzkammern aufeinander zu. Ist dieser Vorgang bei der Geburt nicht ganz abgeschlossen, bleibt eine Restöffnung des Ventrikelseptums von mehr oder weniger großem Ausmaß zurück.

Ein VSD kann auch Bestandteil einer komplexeren Herzfehlbildung (z. B. → Fallot-Tetralogie) sein und ist dann meist mit anderen schwerwiegenden Veränderungen am Herzen oder an den Gefäßen verknüpft. Auch im Rahmen einer Chromosomenanomalie (z. B. Trisomie 21, → Down-Syndrom) kann ein VSD vorkommen.

Symptome

Für die Symptomatik sind die Größe des Defekts und das entsprechende Druckverhältnis zwischen linkem und rechtem Herz entscheidend. Bei kleinen Defekten finden sich beim Abhören meist laute, sog. systolische Herzgeräusche sowie evtl. tastbares Schwirren über dem Brustkorb. Es müssen keine weiteren Symptome auftreten.

Bei einem größeren Ventrikelseptumdefekt können Herzgeräusche evtl. sehr leise sein. Dafür zeigen sich aber bereits früh deutliche Symptome der → Herzinsuffizienz des Säuglings (z. B. Schwitzen, Atemnot, häufige Infekte oder Wachstumsstörungen). Später (zum Teil sogar nach Jahren) kann eine Zyanose auftreten.

Diagnose

Wichtig ist die genaue Inspektion und Untersuchung des Kindes. Bei der Auskultation ist auf typische Herzgeräusche zu achten. Bei anderen bekannten Herzfehlbildungen oder Chromosomenanomalien sollte ein evtl. VSD immer ausgeschlossen oder bestätigt werden. Hierzu sind weitere apparative Möglichkeiten von Nutzen, z. B.:

- EKG: bei kleinem Ventrikelseptumdefekt meist normales EKG, je nach Größe des VSD treten im EKG sog. Linkshypertrophiezeichen auf, die man an der Höhe der EKG-Amplitude ablesen kann.
- Röntgenthorax: Bestimmung der Herzgröße, evtl. Bestimmung des Grades der Lungendurchblutung.
- Echokardiografie (ggf. auch als transösophageale Echokardiografie): Bestimmung von Volumenbelastung, Lokalisation des Defekts, Flussgeschwindigkeit mit Rückschluss auf die Druckverhältnisse.
- Herzkatheter, Angiokardiografie und/oder MRT geben weitere Hinweise bzgl. Operabilität.

Differenzialdiagnose

Der Ventrikelseptumdefekt sollte immer gegenüber anderen Vitien (Herzfehlern) abgegrenzt werden. Der Nachweis erfolgt meist mittels Echokardiografie, ggf. auch mittels Herzkatheteruntersuchung oder Magnetresonanztomografie.

Therapie

Ventrikelseptumdefekte mit Auswirkungen auf den Blutkreislauf (hämodynamische Wirksamkeit) oder andere Symptome werden operativ verschlossen. Eine weitere chronische Volumenbelastung kann auf diese Weise verhindert werden.

Eine schon bestehende oder zunehmende Herzinsuffizienz stellt eine dringliche Korrekturindikation dar. Zusätzlich wird die Herzinsuffizienz medikamentös behandelt. Große Defekte werden meist im Säuglingsalter, mittelgroße Defekte eher im Vorschulalter operiert. Der mikroinvasive Verschluss mittels Kathetertechnik hat sich bislang noch nicht durchgesetzt.

Prognose

Spontanverschlüsse oder Verkleinerungen von kleineren Defekten sind etwa bis zum 7. Lebensjahr relativ häufig. Trotzdem sollten die Kinder einer regelmäßigen Nachsorge (z. B. bzgl. → Herzrhythmusstörungen, Ventrikelfunktion, Restdefekt) unterzogen werden.

Nach erfolgreicher operativer Therapie ist die Prognose gut. Bei großen, evtl. nicht operablen Ventrikelseptumdefekten liegt die spontane Lebenserwartung bei ca. 40 Jahren. Bei den Patienten besteht oft ein bleibendes Risiko einer → Endokarditis, sodass eine entsprechende Prophylaxe notwendig ist.

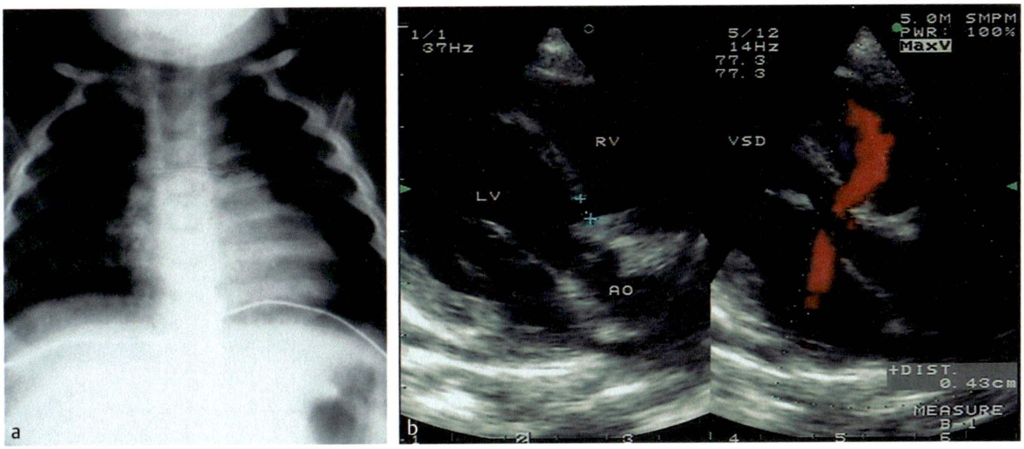

Abb. V.7 Ventrikelseptumdefekt. **a** Im Röntgenthorax sind ein großes, linksverbreitertes Herz und vermehrte Lungengefäßzeichnung erkennbar. **b** Echokardiogramm: Perimembranöser Ventrikelseptumdefekt mit farbkodiertem Fluss vom linken (LV) in den rechten (RV) Ventrikel. Der Defekt misst in dieser Ebene 0,43 cm. AO = Aorta.

Komplikationen

Fließt eine große Blutmenge über den VSD vom linken zum rechten Ventrikel, kann es zu einem Rückstau von Blut in den Lungenkreislauf (Volumenbelastung) kommen. Als Folge erhöht sich der Druck auf der rechten Herzseite. Im Extremfall kann dies auch zu einer Druckumkehr (auch Eisenmenger-Reaktion genannt) von rechts nach links führen.

Infobox

ICD-10:
I51.0, Q21.0

Internetadressen:
http://www.cardiologe.de
http://www.kinderherzzentrum-kiel.de/html/ventrikelseptumdefekt.html
http://www.kliniken.de/lexikon
http://medweb.uni-muenster.de/institute/paedcard/patienteninformationen/index.html

Verätzung des Auges

► **„Würden Sie sich mein Auge mal anschauen?", bittet Herr Gruber den Augenarzt. „Wir renovieren gerade und als ich heute Morgen ein Loch in der Decke zuspachteln wollte, ist mir Putz ins Auge gebröckelt. Erst war es nicht so schlimm und ich habe das Auge mit viel Wasser ausgewaschen. Aber ich habe immer noch so ein Fremdkörpergefühl und ziemliche Schmerzen. Meine Frau sagt, ich solle das Auge wieder spülen, aber ich habe mich nicht getraut." Der Arzt sieht sich Herrn Grubers stark gerötetes rechtes Auge an. Der Putz klebt immer noch in den Wimpern und Lidern.**

Definition

Verätzungen sind sehr ernste Augenverletzungen durch Laugen oder Säuren. Bei Säuren entstehen sofort oberflächliche Koagulationsnekrosen, das Vordringen in die Tiefe erfolgt langsam. Laugen penetrieren dagegen rasch und führen zu einer Kolliquationsnekrose (Kolliquation = Einschmelzung).

Ursachen

Verätzungen entstehen durch Laugen oder Säuren, die versehentlich am Arbeitsplatz oder in der Freizeit in das Auge geraten, z. B. Explosion einer Autobatterie, Kalkverätzung bei Bauarbeiten, Spritzer von Badputzmitteln, Arbeit im Labor.

Symptome

Der Patient kann Schmerzen, ein Fremdkörpergefühl und eine verminderte Sehfähigkeit haben und lichtempfindlich sein.

Diagnose

Der Befund hängt vom Ausmaß der Verätzung ab. Er reicht von einer Rötung der Lider und der Bindehaut (Grad 1) über die Bildung von Blasen (Grad 2) bis zu einem weißen, blutleeren (ischämischen) Auge mit ausgeprägter Hornhauttrübung (Grad 3, **Abb. V.8**).

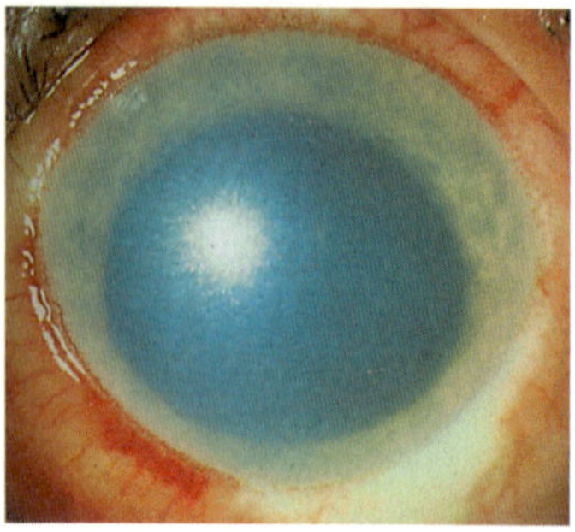

Abb. V.8 Zustand nach Verätzung. Hornhauttrübung und weißes, ischämisches Areal unten.

Differenzialdiagnose

Durch die Anamnese kann die Ursache der Verätzung meist eindeutig festgestellt werden. Der Augenbefund ist ggf. von anderen Ursachen des roten Auges und von Hornhauttrübungen, z. B. → Konjunktivitis, → Keratitis mit und/ohne Hornhautgeschwür und einer → Iritis abzugrenzen.

Therapie

Von der Erstbehandlung, die sofort erfolgen muss, hängt das Ergebnis der Therapie ab. Das verätzte Auge muss bereits am Unfallort mit klarem, frischem Leitungswasser, Mineralwasser oder, falls verfügbar, mit Ringer-Lösung gespült werden. Die Spülung wird während des Transports und in der Klinik bis zur Endversorgung fortgesetzt. Je nach Anordnung erfolgt die Spülung mit:

- Diphoterin (Previn) bei Verätzungen mit Säuren oder Basen,
- Boratpuffer (Lösung von Cedderroth) bei Verätzungen mit Basen (Alkalien),
- Phosphatpuffern (z. B. Tima-oculav) bei Verätzungen mit Säuren.

Fremdkörpermaterial wird vorsichtig mit sterilen Tupfern auch aus den Umschlagfalten entfernt. Farbe, Teer und Schmaucheinsprengungen lassen sich mit Fetten entfernen, z. B. mit Bepanthen-Augensalbe.

Dosierung und Dauer der weiteren Therapie hängen vom Schweregrad der Verätzung ab. Neben antibiotischen Augentropfen und -salben werden Atropin 1 %-Augentropfen oder Scopolamin-Augentropfen verordnet. Häufig werden auch 10 %ige Ascorbinsäure als Augentropfen und Aprotinin 2000 K.I.E/ml 0,9 %iger Kochsalzlösung als Augentropfen appliziert. Kortikosteroide können ebenfalls erforderlich sein.

Der weitere Verlauf kann noch zusätzliche Maßnahmen erfordern, z. B. das tägliche Lösen von Bindehautverklebungen mit einem Glasspatel, eine Bindhaut-, Amnionmembran- oder Schleimhautdeckung der Hornhaut bei drohender Perforation oder eine Hornhauttransplantation.

Prognose

In Abhängigkeit vom Schweregrad heilt die Verletzung ohne Folgen ab oder es können schwere Komplikationen bis zum Verlust des Auges auftreten.

Je ausgeprägter die Hornhauttrübung und je größer die weiße blutleere Zone um den Hornhautrand ist, umso schlechter ist die Prognose einer Verätzung.

Komplikationen

In die getrübte Hornhaut können Gefäße einwachsen und der Augeninnendruck kann ansteigen (Sekundärglaukom, → Glaukom). Außerdem ist es möglich, dass das Auge infolge der Gewebeeinschmelzung perforiert und schließlich schrumpft (Phthisis bulbi).

Die Bindehaut von Lidern und Augapfel kann verkleben (Symblepharon) und die Lider können durch narbige Veränderungen nach innen (Entropium) oder außen (Ektropium) gestülpt werden.

Infobox

ICD-10:
T26.0–9

Literatur:

Burk, A., Burk, R.: Checkliste Augenheilkunde. Thieme, Stuttgart 2005

Oestreicher, E. u. a.: HNO, Augenheilkunde, Dermatologie und Urologie für Pflegeberufe. Thieme, Stuttgart 2003

Verbrauchskoagulopathie

► Eine 51-jährige Frau liegt mit schwerer Sepsis infolge einer Lungenentzündung auf der Intensivstation. Plötzlich entdeckt die Intensivschwester am ganzen Körper der Frau winzige Hauteinblutungen. Des Weiteren fällt eine ungewöhnlich starke Nachblutung beim Legen eines zentralvenösen Katheters auf. Aufgrund der Symptome und der stark verminderten Thrombozytenanzahl im Blut wird die Diagnose einer Verbrauchskoagulopathie im Rahmen der Sepsis gestellt.

Definition

Unter Verbrauchskoagulopathie versteht man einen Zusammenbruch des Blutgerinnungssystems durch einen hohen Verbrauch an Gerinnungsfaktoren und Thrombozyten.

Ursachen

Eine Verbrauchskoagulopathie kann z. B. ausgelöst werden durch:

- Bakteriengifte im Rahmen einer schweren → Sepsis,
- Operationen an bestimmten Organen, besonders der Lunge, der Bauchspeicheldrüse oder der Prostata,
- schwerwiegende Geburtskomplikationen,
- → Schock.

Bei den genannten Erkrankungen kann es zu einer Aktivierung des Gerinnungssystems kommen. Dies führt zur Bildung vieler kleiner Blutgerinnsel (Mikrothromben) in den kleinen Blutgefäßen. Dadurch verbrauchen sich mit der Zeit die zur Thrombenbildung nötigen Gerinnungsfaktoren und die Thrombozyten, also die Blutzellen, die zur Gerinnung nötig sind.

Irgendwann bricht infolge dessen die Blutgerinnung zusammen. Da keine Gerinnungsstoffe und -zellen mehr vorhanden sind kommt es zu Blutungen.

Symptome

An der Haut fallen stecknadelkopfgroße Blutungen auf. Des Weiteren kommt es zu Schleimhautblutungen, Blutungen in die Operationswunde, in innere Organe (z. B. Magen-Darm-Trakt) oder in das Gehirn. Die winzigen Thromben vermindern die Durchblutung wichtiger Organe und verursachen auf diese Weise Funktionsstörungen besonders der Niere.

Diagnose

Die Laboruntersuchungen zeigen eine verringerte Menge aller Gerinnungsfaktoren, der empfindlichste Hinweis ist eine verminderte Thrombozytenanzahl.

Fibrin ist ein Eiweißstoff, der Blutgerinnsel stabilisiert. Der Körper hat ein eigenes System, diese Blutgerinnsel durch Spaltung des Fibrins wieder aufzulösen. Im Zuge der Verbrauchskoagulopathie ist dieses System hoch aktiv, um die Mikrothromben zu beseitigen. Im Labor ist dies an den im Blut nachweisbaren Fibrinspaltprodukten (z. B. D-Dimer) erkennbar.

Differenzialdiagnose

Haut- und Schleimhautblutungen können auch ein Hinweis auf eine verminderte Bildung oder eine Funktionsstörung der Thrombozyten sein. Grunderkrankungen, die von der Verbrauchskoagulopathie abzugrenzen sind und die ebenfalls mit einer verminderten Thrombozytenzahl einhergehen, sind z. B.:

- Knochenkrebserkrankungen, z. B. → akute myeloische oder lymphatische Leukämie,
- Zellzerstörung durch Antikörper (Morbus Werlhoff); kann durch Medikamente oder Infektionen ausgelöst sein,
- eine stark vergrößerte Milz; deren Überfunktion führt zu einem erhöhten Abbau sowie einer erhöhten Speicherung der Thrombozyten.

Therapie

Am wichtigsten ist die Behandlung der Grundkrankheit, um die auslösende Ursache der Gerinnungsstörung zu beseitigen. Zur Prophylaxe einer Verbrauchskoagulopathie wird Heparin gespritzt, ein Stoff, der die Bildung der Mikrothromben verhindern soll.

Ist eine Verbrauchskoagulopathie eingetreten, muss Frischplasma, welches die fehlenden Gerinnungsfaktoren enthält, transfundiert werden. Ebenfalls möglich ist eine Transfusion von Thrombozytenkonzentraten.

Prognose

Sie ist von der Entwicklung der Grundkrankheit sowie vom Beginn und Greifen der Therapie abhängig.

Infobox

ICD-10:
D65

Literatur:

Andreae, S. u. a.: Krankheitslehre für Altenpflege. Thieme, Stuttgart 2001

Gerlach, U. u. a.: Innere Medizin für Pflegeberufe. Thieme, Stuttgart 2000

Sturm, A., Zidek, W.: Checkliste Differenzialdiagnose Innere Medizin. Thieme, Stuttgart 2003

Verbrennungskrankheit

► „Jetzt warte bitte, das Essen ist gleich fertig", Frau Klaus ist ziemlich genervt. Ihre dreijährige Tochter quengelt nun schon seit einer Stunde und zieht an ihrem Hosenbein. Frau Klaus nimmt den Topf, um die Spaghetti abzugießen. Dabei stolpert sie über die kleine Christina, die neugierig an der Spüle empor klettert. Das heiße Wasser fließt über Arme und Oberkörper des Mädchens, die Kleine kreischt mit schriller Stimme auf.

Definition

Bei einer Verbrennung wird die Haut durch thermische oder chemische Einwirkungen geschädigt und kann je nach Ausmaß der Verbrennung absterben. Durch ausgedehnte und tiefe Verbrennungen kommt es bei der Verbrennungskrankheit sekundär zu Störungen an verschiedenen Organen.

Ursachen

Verbrennungen der Haut entstehen z. B. durch:

- Verbrühen mit heißen Flüssigkeiten,
- Kontakt mit heißen Gegenständen,
- direkte Flammeneinwirkung,
- ätzende chemische Substanzen,
- einen Strahlenunfall durch elektrische Hochspannung oder einen Blitzschlag.

Durch die Hitzewirkung wird einerseits das Gewebe direkt geschädigt, andererseits werden gewebeschädigende Mediatoren wie Zytokine oder Proteinasen im Körper freigesetzt. Diese führen über eine Erhöhung der Kapillardurchlässigkeit zu Ödemen, einer überschießenden Gerinnung (disseminierte intravasale Gerinnung, DIC) und Veränderungen an Lunge und Niere, die im Multiorganversagen enden können. An der Lunge kann es durch Rauch und Hitze zu einem Inhalationstrauma kommen. Flüssigkeitsverluste über die Wunde und in das Gewebe können einen hypovolämischen → Schock verursachen.

Der Schweregrad einer Verbrennung wird durch das Ausmaß und die Tiefe der Verletzung bestimmt. Die Wunde wird je nach Tiefe in vier Grade eingeteilt. Die Ausdehnung der Verbrennung wird in Prozent der Körperoberfläche angegeben (**Abb. V.9**). Eine Verbrennungskrankheit tritt beim Erwachsenen bei etwa 15 % verbrannter Hautfläche und bei Kindern ab etwa 10 % tiefgradiger Verbrennung auf.

Symptome

Die Verbrennungskrankheit tritt in mehreren Phasen auf. Verbrennungen ersten und zweiten Grades äußern sich durch eine Rötung der Haut, Blasenbildung und starke Schmerzen. Bei höhergradiger Verbrennung sieht die Haut grauweißlich, später rötlich-bräunlich, dann verkohlt aus. Mit zunehmendem Verbrennungsgrad (**Abb. V.10**)

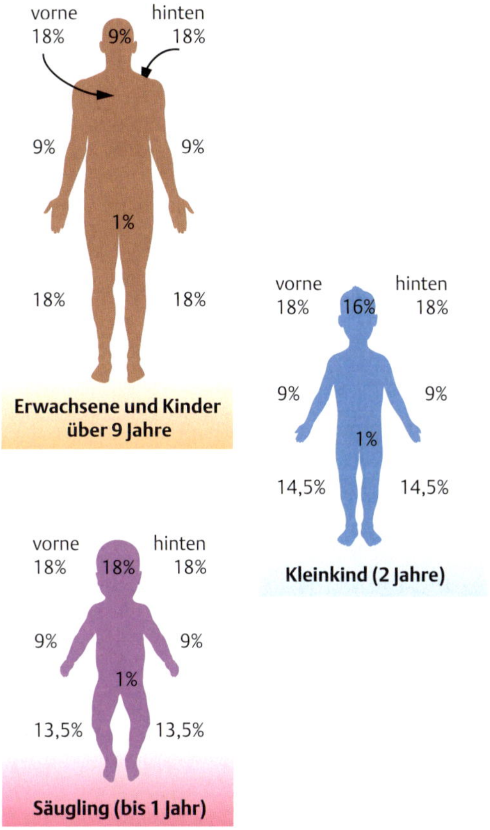

Abb. V.9 Körperoberflächen im Vergleich. Schema zur Abschätzung der Körperoberfläche bei Säuglingen, Kleinkindern und Erwachsenen.

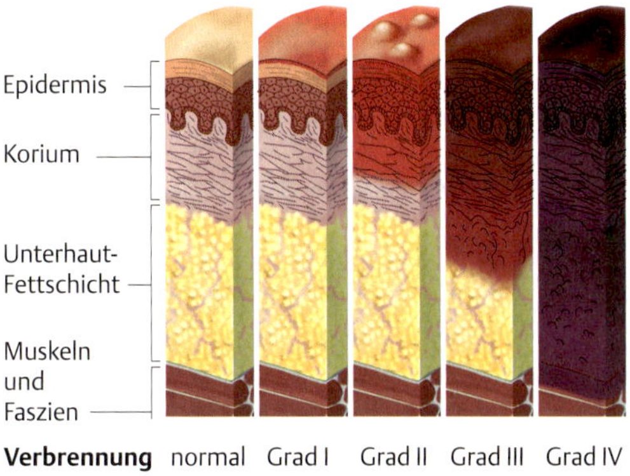

Abb. V.10 Verbrennung. Tiefengrade.

treten im betroffenen Hautgebiet Gefühlsstörungen auf. Ein hypovolämischer Schock äußert sich durch Tachykardie, Schwindel und Schweißausbrüche. Eine Beteiligung der Lunge verursacht Atemnot.

Die Phasen der Verbrennungskrankheit sind in **Abb. V.11** dargestellt.

Diagnose

Die Anamnese weist auf den Unfallhergang hin. Um das Ausmaß und die Tiefe der Verbrennung festzustellen, wird die gesamte Körperoberfläche des Patienten inspiziert.

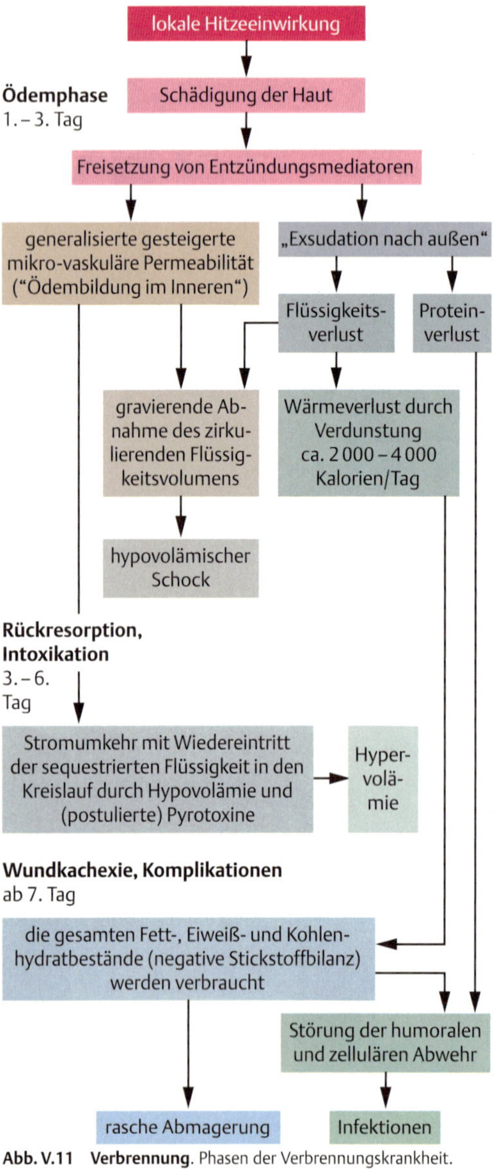

Abb. V.11 **Verbrennung**. Phasen der Verbrennungskrankheit.

Um ein Inhalationstrauma nicht zu übersehen, werden Mundhöhle und Rachen auf Verbrennungsanzeichen oder Ruß untersucht.

Mit apparativen Untersuchungen wie Blutdruckmessen, Elektrokardiografie, Pulsoxymetrie und bei Bedarf Bronchoskopie wird ein hypovolämischer Schock oder eine Lungenbeteiligung diagnostiziert. Um zu untersuchen, ob weitere innere Organe mit betroffen sind, werden entsprechende Blutuntersuchungen oder technische Untersuchungen (Sonografie) durchgeführt.

Therapie

Am Unfallort muss noch brennendes Material mit Wasser, einer Decke oder durch Wälzen des Patienten umgehend gelöscht werden. Das Material wird danach sofort von der Haut des Patienten entfernt. Die verbrannten Hautflächen werden mit 15–20 °C warmem Wasser für mindestens 30 Min. gekühlt und sauber und trocken abgedeckt. Auf keinen Fall sollten Salben, Puder, Gele o. ä. auf die Wunde aufgetragen werden.

Der Patient erhält Sauerstoff über eine Nasensonde. Ist er bewusstlos oder atmet nicht ausreichend, wird er intubiert. Gegen den enormen Flüssigkeitsverlust werden Elektrolytlösungen (z. B. Ringer-Lösung) über großlumige Katheter infundiert. Gegen die Schmerzen erhält der Patient Opioide wie Morphin oder Ketamin. Bei einer Rauchgasvergiftung werden Bronchospasmolytika wie Fenoterol oder Kortikoide inhaliert.

Patienten mit schweren Verbrennungen sollten umgehend in ein Verbrennungszentrum verlegt werden. Der Patient wird in einem Spezialbett aus Schaumstoff oder in einem Air-Flow-Bett gelagert. Flüssigkeitsaufnahme und -abgabe werden genau bilanziert und ausgeglichen. Der Patient wird bei Bedarf parenteral ernährt und erhält Antibiotika und Heparin. Außerdem werden als Prophylaxe gegen ein → Magen- oder → Zwölffingerdarmgeschwür H2-Blocker gegeben und gegen eine → Pneumonie entsprechende Medikamente und Atemgymnastik verordnet.

Die abgestorbenen Hautareale werden unter aseptischen Bedingungen abgetragen. Um die Defekte abzudecken, wird ggf. Haut des Patienten vom Oberschenkel oder anderen Regionen des Körpers transplantiert.

Prognose

Die Prognose einer Verbrennung richtet sich nach dem Ausmaß der Verletzung. Erst- und zweitgradige Verbrennungen heilen i.d.R. ab, ohne Narben zu hinterlassen. Bei höhergradigen Verbrennungen erholt sich die Haut nicht mehr und es bilden sich Narben. Ob transplantierte Haut anwächst, hängt vom Zeitpunkt der Operation und dem Ausmaß der Verbrennung ab.

Patienten mit Inhalationstrauma müssen so früh wie möglich intensivmedizinisch behandelt werden. Nach einer Verbrennung sollten die Patienten Sonnenlicht meiden und die verbrannten Hautareale regelmäßig kontrollieren lassen.

Infobox

ICD-10:
T20 – T32

Internetadressen:
http://www.verbrennungsmedizin.de
http://www.vdpc.de/verbrennungschirurgie
Zentrale Bettenvermittlung für schwer Verbrannte: über die ZBB Hamburg, Telefon: 040/2882-3998, -3999.

Literatur:

Bühren, V., Trentz, O.: Checkliste Traumatologie. Thieme, Stuttgart 2005
Hirner, A., Weise, K.: Chirurgie. Thieme, Stuttgart 2003
Siewert, J. R.: Chirurgie. Springer, Heidelberg 2001

Vergewaltigung

► **Die 32-jährige Carola ist mit ihrer langjährigen Freundin Bettina verabredet. Carola ist an diesem Abend sehr still. „Was ist denn los?", möchte Bettina wissen. Carola druckst herum. Plötzlich bricht sie in Tränen aus: „Gestern Abend, als ich nach Hause kam, ist mir auf dem Parkplatz ein Mann gefolgt. Und dann, kurz vor der Haustür, du weißt schon, in dieser dunklen Ecke, hat er mich gepackt und in den Park gegenüber gezerrt." Sie schluchzt auf und kann nicht weiter reden. „Was ist dann passiert? Hat er dich dann etwa vergewaltigt?", fragt Bettina leise. Carola schluchzt auf und nickt. „Ich fühle mich so ekelhaft und mir tut alles weh." Bettina schaut Carola an: „Du musst zum Arzt und auch zur Polizei gehen. Wenn du möchtest, dann komme ich mit.".**

Definition

Nach § 177 StGB liegt eine Vergewaltigung vor, wenn der Beischlaf mit Gewalt oder durch Drohung mit gegenwärtiger Gefahr für Leib und Leben erzwungen wird. Der Beischlaf gilt als vollendet, wenn der Penis zumindest in den Scheidenvorhof eingedrungen ist. Hierbei muss eine Ejakulation nicht erfolgt sein. Liegt der Tatbestand eines erzwungenen Beischlafs nicht vor, kann es sich nach § 178 StGB um eine sexuelle Nötigung handeln.

Symptome

Durch eine Vergewaltigung können der Frau schwere Genitalverletzungen zugefügt werden. Hierbei ist es möglich, dass sowohl das Rektum, der Dammbereich, die Parametrien als auch das Peritoneum in Mitleidenschaft gezogen werden.

Das seitliche Scheidengewölbe bzw. die Scheidenwand werden bei einer Vergewaltigung am häufigsten verletzt. Besonders im hinteren Scheidengewölbe treten stark blutende und somit behandlungsbedürftige Wunden auf. Sie liegen etwas seitlich und sind meistens halbmondförmig. Diese Verletzungen können sogar dazu führen, dass der Douglas-Raum zwischen Uterus und Rektum eröffnet wird.

Gelegentlich kann bei einer Vergewaltigung die Vagina unversehrt bleiben, während jedoch der Damm einreißt und der Penis in das rektovaginale Bindegewebe bis zum Rektum unter Zerreißung des Analschließmuskels eindringt.

Diagnose

Ist eine Frau vergewaltigt worden, wird eine gynäkologische Untersuchung erforderlich, die sich in einigen Punkten vom normalen Untersuchungsgang unterscheidet. Alleine schon deshalb sollte eine Vertrauensperson zugegen sein.

Anamnese

Ein großes Einfühlungsvermögen ist wichtig, da die Opfer oftmals unter psychischer Schockwirkung stehen. Ein Erhebungsbogen ist bei Anamnese und Untersuchung hilfreich. Es werden z. B. folgende Fragen gestellt:

- Welches Verhütungsmittel benutzt die Patientin?
- Wann war die letzte Periode und der letzte freiwillige Geschlechtsverkehr?
- Sind Schmerzen nach der Tat aufgetreten? Wenn ja, wo?
- Hat sich die Frau nach der Tat geduscht, gebadet, gewaschen?
- Welche sexuellen Handlungen wurden durchgeführt (oraler, vaginaler, analer Kontakt, Ejakulation, wurde ein Kondom benutzt?)

Körperliche Untersuchung

Der Arzt oder in diesem Fall besser eine Ärztin, beginnt mit einer Inspektion des gesamten Körpers, wobei sie nach Schürfwunden, Hämatomen, Abwehrverletzungen oder Würgemalen sucht. Sie sollte ebenfalls auf Verletzungen an den Brüsten und Blutungen im Bereich der Bindehaut achten.

Ist ein Oralverkehr erfolgt, muss nach Schleimhautverletzungen bei der Inspektion der Mundhöhle gesucht werden. Hier schließt sich die Entnahme eines trockenen Abstrichs aus der Umschlagfalte der Schleimhäute an.

Um Speichelspuren, die unter Umständen noch am Körper haften, zu sichern, sollte die Ärztin mit einem leicht angefeuchteten Wattetupfer über Gesicht und über die Brüste streichen.

Weiterhin ist zu untersuchen, ob sich Gewebe oder Blutspuren unter den Fingernägeln befinden. Ggf. wird hier das Schneiden der Fingernägel erforderlich.

Gynäkologische Untersuchung

Im Rahmen der vaginalen Untersuchung sucht die Ärztin nach Verletzungen, Rötungen, Schürfungen, Blutungen oder evtl. Zeichen einer Entjungferung. Außerdem nimmt man fünf Abstriche vor. Die Tupfer werden der Gerichtsmedizin zur Tätersuche mittels DNA-Analyse zur Verfügung gestellt. Die Schamhaare der Frau sollten ausgekämmt und später auf Fremdhaare untersucht werden.

Zudem erfolgt eine Blut- und Urinuntersuchung, um bereits vorhandene Infektionskrankheiten (→ Gonorrhö, → Syphilis, HIV [→ AIDS], → Hepatitis) nachzuweisen und eine Schwangerschaft auszuschließen. Unter Umständen ist es nötig, dass die Patientin eine Postkoitalpille („Pille danach") einnimmt. Auf Analverletzungen ist insbesondere bei erfolgtem Analverkehr zu achten, um dann ggf. auch hier einen Abstrich vorzunehmen. Jeder Befund muss genau schriftlich dokumentiert und fotografiert werden.

Therapie

Behandlung der Verletzungen

Als Erstes sollten stark blutende Wunden versorgt werden. Es ist nötig, diese zu umstechen bzw. sorgfältig zu nähen. Bei tiefer reichenden Verletzungen, vor allen Dingen denen, die von der Scheidenwand ausgehen, ist eine Behandlung mit Antibiotika empfehlenswert. Ist eine Verletzung des hinteren Scheidengewölbes mit Verdacht auf intraabdominelle Einblutung erfolgt, sind weiterführende Maßnahmen (z. B. eine Laparotomie) angezeigt.

Wurden der Frau Verletzungen mit Gegenständen zugefügt (z. B. Holz), so empfiehlt sich eine Tetanusprophylaxe.

Psychologische Betreuung

Die Folgen einer Vergewaltigung können sehr vielfältig sein. So können die Vergewaltigungsopfer unter Depressionen leiden und große soziale Schwierigkeiten bekommen. Das Selbstwertgefühl der Frauen wird beeinträchtigt und oftmals werden sie von dem Gefühl beherrscht, ihr Leben sei zerstört.

Zudem löst eine Vergewaltigung immer eine große Betroffenheit bei dem Opfer aus. So ist es unerlässlich, schnellstmöglich eine erfahrene Psychologin einzuschalten. Frühzeitig sollte eine entsprechende psychotherapeutische Betreuung erfolgen. Die Verarbeitung einer Vergewaltigung nimmt erfahrungsgemäß einen sehr langen Zeitraum in Anspruch.

Infobox

ICD-10:
T74.2

Internetadressen:
http://www.frauen-gegen-vergewaltigung.at

Telefonnummer:
Opfer-Notruf: 0 18 03/34 34 34

Literatur:

Calhoun, K. S., Atkeson, B. M.: Therapie mit Opfern von Vergewaltigung. Hilfen bei der Überwindung der psychischen und sozialen Folgen. Huber, Bern 1994

Morris, D., Lewis, G.: Ich war ein Opfer des Dead Man Walking. Eine Frau durchlebt die Folgen ihrer Vergewaltigung. Gerth Medien, Asslar 2002

Raine, N. V., Walitzek, B.: Jenseits des Schweigens. Mein Weg zurück ins Leben nach einer Vergewaltigung. Goldmann, München 2001

Striebel, C.: Nicht allein. Unterstützung von Betroffenen sexueller Gewalt. Orlanda Frauenverlag, Berlin 2004

Verwahrlosung

► **„Ist in Ordnung, dann nehme ich von denen zweimal am Tag eine. Ich habe aber kurz noch ein anderes Anliegen", bittet Frau Cremer ihren Hausarzt. „Ich mache mir große Sorgen um meine Nachbarin. Wir hatten früher viel Kontakt", erinnert sich Frau Cremer, „aber jetzt sieht man sie nur noch selten auf der Straße. Ich habe auch schon ein paar Mal geklingelt. Wenn sie öffnet, ist sie sehr abweisend. Aus ihrer Wohnung kommt auch ein sehr unangenehmer Geruch. Meinen Sie, man sollte etwas unternehmen? Sie tut mir so leid und ich mache mir Sorgen."**

Definition

Verwahrlosung ist eine Persönlichkeitsstörung, die bei alten Menschen auftritt. Die Betroffenen vernachlässigen sich selbst und ihre häusliche Umgebung.

Synonyme: senile Verwahrlosung, Diogenes-Syndrom.

Ursachen

Persönlichkeitsstörungen entstehen durch vielfältige Ursachen. Konflikte oder Entwicklungsstörungen in der Kindheit oder Erlebnisse während des Lebens können dazu führen, dass sich gestörte Verhaltensmuster entwickeln.

Eine Verwahrlosung kann eine persönliche Reaktion auf Stress und Einsamkeit im Alter sein. Die Krankheit kann jedoch auch als Endstadium von verschiedenen Persönlichkeitsstörungen auftreten.

Patienten mit schweren psychischen Erkrankungen wie Schizophrenie, Depressionen oder Abhängigkeit lassen häufig ihre Wohnung und sich selbst verwahrlosen.

Symptome

Die Betroffenen sind stark verwahrlost. Sie waschen sich nicht regelmäßig, die Kleidung ist schmutzig und riecht unangenehm.

Viele Menschen sammeln Gegenstände, Zeitschriften, Lebensmittel oder Verpackungen ohne besonderen Grund. Oft reichen die Schränke für die gesammelten Dinge nicht aus, die Kranken stapeln die Gegenstände oft bis an die Zimmerdecke. Die Wohnung ist eng und unaufgeräumt. Die Zimmer werden weder gereinigt noch gelüftet. Überall liegt Staub und Schmutz.

Mitunter riecht es unangenehm nach Urin, manchmal sind die Wände mit Kot verschmiert. Die Kranken lehnen meist Hilfsangebote von Freunden, Bekannten oder anderen besorgten Menschen ab.

Deshalb wird das Krankheitsbild als Diogenes-Syndrom bezeichnet: Der Philosoph Diogenes hielt eine völlige Unabhängigkeit des Menschen von der Außenwelt und allen konventionellen Verhältnissen für die wahre Tugend.

Diagnose

Die Verwahrlosung einer Person fällt den Mitmenschen häufig erst dann auf, wenn sie zufällig die Wohnung betreten oder wenn sie vor der Wohnung unangenehmen Geruch wahrnehmen. Eine körperliche Erkrankung wird durch eine gründliche körperliche Untersuchung, Laboruntersuchungen und technische Analysen ausgeschlossen. Um die Diagnose der Verwahrlosung zu stellen, sollten mindestens drei der folgenden Kriterien erfüllt sein:

- Der Wohnbereich wird nicht gereinigt.
- Der Kranke vernachlässigt sich selbst.
- Der Betroffene lebt alleine.
- Der Patient sammelt und hortet übermäßig Gegenstände, Zeitschriften, Zeitungen o. ä.
- Der Kranke kümmert und sorgt sich nicht um seine Wohnung und seine Umgebung.

Wie sehr die Kranken sich selbst und ihre Wohnung vernachlässigen, kann mit einer Skala eingeschätzt werden (**Tab. V.1**).

Differenzialdiagnose

Um das Krankheitsbild der Verwahrlosung gegenüber anderen psychischen Erkrankungen wie Schizophrenie, Depressionen, Abhängigkeit und anderen Persönlichkeitsstörungen abzugrenzen, wird der Patient ausführlich psychiatrisch untersucht (Exploration).

Therapie

Es kann sehr schwierig sein, den Betroffenen zu helfen, da sie meist eine Unterstützung von außen ablehnen. Die Kranken lassen Helfende nur ungern in ihre Wohnung. Mitunter kann die Wohnung nur mit behördlicher Anordnung betreten werden, z. B. wenn der Geruch andere Mitbewohner belästigt oder wenn Brandgefahr besteht.

Eine Psychotherapie kann helfen, die Verhaltensstörung zu behandeln. Hierbei geht es darum, dass der Betroffene sich wieder für sich selbst verantwortlich fühlt und eigenverantwortlich handelt. Vergangene, gegenwärtige und drohende Probleme werden angesprochen und man versucht sie zu bewältigen. Ein großes Ziel ist, dass der Betroffene sein krankhaftes Verhalten einsieht. In den Gesprächen wird außerdem versucht, die gestörte Persönlichkeitsstruktur zu ändern und eine weitere persönliche Entwicklung zu ermöglichen. Psychotherapie bei alten Menschen hat jedoch nicht ausschließlich das Ziel zu heilen, sondern auch die Symptome zu lindern.

Prognose

Die Motivation des Patienten ist entscheidend für den Erfolg der Therapie. Etwa die Hälfte der verwahrlosten Menschen ist letztendlich für die Hilfe Anderer dankbar. Die anderen Patienten lehnen Hilfe auch rückblickend ab und protestieren, z. B. sagen sie, dass sie Weggeworfenes noch gut hätten brauchen können.

Tab. V.1 Ratingskala der Lebensbedingungen im Wohnbereich (Wettsein u. a., 2001)

Wohnung oder Patient	**Grad der Verwahrlosung**			
	Akzeptabel **0**	**Leicht und an einzelnen Orten** **1**	**Deutlich** **2**	**Stark und überall** **3**
Persönliche Hygiene				
Haut				
Haare				
Füße, Zehen, Nägel				
Kleider				
Inneres von Wohnung oder Haus				
Zugänge innerhalb von Wohnung oder Haus				
Geruch				
Beleuchtung				
Boden/Teppiche				
Wände				
Möbel				
Küche				
Nahrungsmittel				
Bad/Toilette				
Entsorgung von Kot und Urin				
Horten, Sammeln, „Hamstern"				
Durcheinander, Wirrwarr				
Ungeziefer				
Äußeres von Wohnung oder Haus				
Garten				
Geräte, Fahrzeuge				

Für jeden der Begriffe werden Punkte von 0 bis 3 vergeben. 90% der Menschen mit seniler Verwahrlosung haben mehr als zehn Punkte, im Median zeigen Menschen mit Verwahrlosung 18 Punkte, 10% haben mehr als 26 Punkte.

Infobox

ICD-10: F60 – F69

Internetadressen:
http://www.dgppn.de
http://www.dggeriatrie.de
http://www.dggg-online.de
http://www.psychiatrie-aktuell.de
http://www.psychiatrie.de

Literatur:

Möller, H. J. u. a.: Duale Reihe Psychiatrie und Psychotherapie. Thieme, Stuttgart 2005
Wettstein, A. u. a.: Checkliste Geriatrie. Thieme, Stuttgart 2001

Vesikoureteraler Reflux

► **„Ich habe schon so oft gedacht, dass Jan viel zu klein ist", bestätigt Regina Jans Mutter Annette. „Ich weiß, besonders in der Krabbelgruppe fällt mir das auch immer wieder auf. Da habe ich ja den direkten Vergleich mit Gleichaltrigen. Und seit einiger Zeit hat er immer mal wieder Temperatur und zwischendurch auch hohes Fieber. Er soll jetzt richtig auf den Kopf gestellt werden. Und ich bin froh, dass die Ärzte endlich durchgreifen. Ich hoffe, sie finden die Ursache."**

Definition

Unter einem vesikoureteralen Reflux versteht man das Zurückfließen von Harn in den Harnleiter und das Nierenbecken bei ruhender Blase oder während der Miktion.

Ursachen

Bei einem sog. primären Reflux sind die Veränderungen im Bereich der Harnleiter-Blasen-Verbindung angeboren. Der sekundäre, erworbene Reflux entsteht z. B. durch:

- Harnwegsinfektion,
- neurogene Blasenentleerungsstörung,
- Harnabflussstörung unterhalb der Blase.

Bei 30 – 50 % aller Kinder mit einem rezidivierenden Harninfekt besteht ein vesikoureteraler Reflux, doch nur 5 % der Kinder über 5 Jahren weisen einen solchen Reflux auf. Das weist auf eine spontane Heilung (Reifung, Maturation) hin.

Symptome

Hochfieberhafte Harnwegsinfektionen mit Flankenschmerzen sind Zeichen einer Beteiligung des Nierenparenchyms. Ein vesikoureteraler Reflux kann sich aber auch durch →Hypertonie, Niereninsuffizienz, renale Wachstumsretardierung, unklare Gedeihstörungen im Kindesalter oder kindliche Inkontinenz bemerkbar machen.

Diagnose

Um einen vesikoureteralen Reflux diagnostisch abzuklären, sind folgende Untersuchungen erforderlich:

- Anamnese,
- körperliche Untersuchung,
- Bestimmung des Serum-Kreatinins,
- Urinstatus,
- Urinkultur,
- Sonografie,
- Miktionszystourethrogramm (MCU) im infektfreien Intervall.

Neben der Klassifikation des Refluxes kann mit einem MCU die Blasenkonfiguration sowie eine infravesikale Harnwegsobstruktion beurteilt werden. Eine einheitliche Klassifikation des vesikoureteralen Refluxes wurde vom International Reflux Study Committee vorgelegt (**Tab. V.2**, **Abb. V.12**):

Tab. V.2 Klassifikation des vesikoureteralen Refluxes

Schweregrad	Beschreibung des Refluxes
I	Reflux in den Harnleiter, ohne das Nierenbecken zu erreichen
II	Reflux erreicht das Nierenbecken, keine Dilatation des Hohlraumsystems
III	leichte oder mäßige Erweiterung des Hohlraumsystems Fornizes der Nierenkelche normal oder nur leicht verplumpt
IV	mäßige Erweiterung des Hohlraumsystems Fornizes der Nierenkelche verplumpt Impressionen der Papillen noch sichtbar
V	starke Erweiterung des Ureters mit Knickbildung (kinking) starke Erweiterung des Hohlraumsystems papilläre Impressionen in der Mehrzahl der Kelche nicht mehr sichtbar Parenchymreduktion

Therapie

Eine antibiotische Infektbehandlung und Prophylaxe ist von entscheidender Bedeutung, da 60 % der primären Refluxerkrankungen spontan ausheilen. Eine solche Tendenz besteht vor allem bei nichtdilatierenden Refluxen (Grad I und II), die oft spontan im Verlauf des Wachstums des Kindes heilen (Maturation).

Nach dem 10. Lebensjahr ist eine Maturation kaum noch zu erwarten. Daraus resultiert, dass bis zum 10. Lebensjahr ein nicht dilatierender Reflux, bei dem kein hochpathologisch konfiguriertes Ostium oder begleitende Fehlbildungen vorliegen, nicht zwingend zu operieren ist. Bei Refluxen mit Erweiterung des Harnsystems (Grad III – V) ist eine spontane Heilung nur noch in etwa 30 % der Fälle zu beobachten.

Die Therapie eines sekundären Refluxes erfordert die Therapie der auslösenden Grunderkrankung.

Versagt die konservative Therapie ist eine Antirefluxoperation angezeigt. Die Antirefluxoperation stellt den Ventilmechanismus an der Verbindung zwischen Harnleiter und Blase wieder her. Das Prinzip der meisten Antirefluxoperationen ist die Verlagerung des Harnleiters unter die Blasenschleimhaut (submuköse Verlagerung).

Prognose

Operative und konservative Verfahren zeigen gute Spätergebnisse.

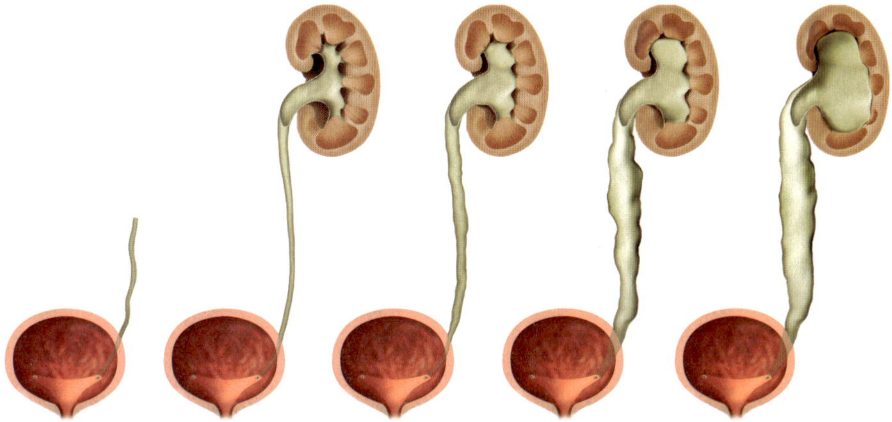

Abb. V.12 Klassifikation des Refluxes.

Infobox

ICD-10:
N13.7

Internetadressen:
http://www.leitlinien.net

Literatur:

Uropathie, refluxiv. Leitlinie zur Abklärung des vesikorenalen Refluxes und therapeutische Empfehlungen. Urologe 6 (1998) 667

Virilismus

► **„Ja Jeanette, ich weiß, dass ich eine dunkle Stimme habe. Das brauchst Du mir nicht ständig aufs Brot zu legen. Früher habe ich in den höchsten Tönen gezwitschert", erwidert Carla die Sticheleien ihrer Freundin. Zu Hause denkt die 47-jährige Carla nochmal an die Situation im Café. Ihr kommt es auch so vor, dass ihre Stimme tiefer geworden ist. Außerdem ist ihr aufgefallen, dass zwischen Bauchnabel und Genitalbereich vermehrt Haare wachsen.**

Definition

Unter Virilismus versteht man die Ausbildung von körperlichen wie psychologischen Geschlechtsmerkmalen des Mannes bei Frauen.

Synonyme: Vermännlichung, Maskulinisierung.

Ursachen

Als Geschlechtshormone werden die Hormone bezeichnet, die meist in der Nebennierenrinde oder den Keimdrüsen produziert werden und auf deren Funktion einwirken. Männliche Hormone sind die Androgene (z. B. Testosteron), weibliche u. a. Gestagene und Östrogene. Allerdings ist die Trennung nicht absolut. Ein Geschlecht besitzt auch Hormone des jeweils anderen Geschlechts, wenn auch in geringen Mengen.

Das hormonelle Gleichgewicht kann durch verschiedene Faktoren gestört werden. So produzieren z. B. benigne (gutartige) und maligne (bösartige) → Tumoren der Nebennierenrinde und der Eierstöcke oft Androgene. Aber auch andere Tumoren, z. B. das kleinzellige Lungenkarzinom (→ Bronchialkarzinom), sind dafür bekannt, hormonaktive Substanzen zu bilden (Paraneoplasie).

Von außen können über längere Zeit oral gegebene Kortikoide, die ebenfalls Hormone der Nebennierenrinde sind, eine Virilisierung auslösen. Das liegt daran, dass Androgene wie Testosteron biochemisch den Kortikosteroiden sehr ähnlich sind. Andere Wirkstoffe beeinflussen ebenfalls die hormonellen Regelkreise. Nicht zuletzt spielt auch die absichtliche Virilisierung, das Doping, eine Rolle.

Symptome

Die Vermännlichung zeigt sich durch leichten Bartwuchs und der Ausbildung einer typisch männlichen Behaarung an Brust, Rücken und Unterbauch und vermehrter Behaarung an Armen und Beinen.

Die Stimme wird durch Veränderungen des Kehlkopfes tiefer, die Klitoris übermäßig groß, die Brüste werden kleiner, die Monatsregel bleibt aus. Die Persönlichkeit wird aggressiver, die Libido nimmt ab.

Diagnose

Wenn die klinischen Zeichen und die erhöhten Laborwerte eindeutig sind, erfolgt die Suche nach einer Grunderkrankung oder einem Tumor. Dazu dienen gynäkologische bzw. endokrinologische Untersuchungen, z. B. Bild gebende Verfahren wie Ultraschall, CT und NMR sowie Tests mit hormonstimulierenden und -blockierenden Substanzen.

Differenzialdiagnose

Der Virilismus ist vom → adrenogenitalen Syndrom abzugrenzen, das auf einer angeborenen Störung der Hormonsynthese in der Nebennierenrinde beruht.

Ebenso muss man die Hypertrichose differenzieren, bei der eine ausgeprägte, aber noch weibliche Behaarung vor allem an Unterarmen und Unterschenkeln vorkommt.

Dagegen verschiebt sich die Körperbehaarung beim → Hirsutismus zum männlichen Erscheinungsbild.

Therapie

Falls möglich, muss ein hormonaktiver Tumor behandelt oder eine auslösende Medikation umgestellt werden. Zusätzlich oder alternativ werden Medikamente gegeben, die die Wirkung von Androgenen blockieren.

Prognose

Die Symptome der Virilisierung bilden sich i.d.R. langsam zurück, wenn der Auslöser relativ früh entfernt werden konnte.

Komplikationen

Nach längerer Virilisierung besteht die Libidostörung und das Ausbleiben der Regel eine lange Zeit, es besteht die Gefahr der dauernden Unfruchtbarkeit (→ Sterilität bei der Frau). Die psychischen Langzeitfolgen eines erhöhten Androgenspiegels sind noch nicht geklärt.

Infobox

ICD-10:
E25.9

Literatur:

Jipp, P.: Erkrankungen endokriner Organe, Klinik, Diagnostik und Differentialtherapie. Thieme, Stuttgart 2000

Vitiligo

► „Das sagt sich so leicht ‚Mach dir nichts draus'. Du hast diese Flecken ja nicht." Mona sitzt schniefend auf der Bank. „Ich kann mir das wahrscheinlich echt nicht vorstellen. Aber ich finde diese weißen Flecken wirklich nicht schlimm. Im Gesicht hast du sie doch kaum. Und an den Beinen sieht man sie beim Sport und im Sommer, na und?", tröstet Jennifer. „Aber die anderen ekeln sich. Ich sehe doch, wie sie mich anglotzen", schluchzt Mona weiter. „Lass die doch. Und Florian starrt dich an, weil er in dich verknallt ist. Da kommt er übrigens". „Was, echt? Wo?". Mona wird rot und wischt sich schnell über ihr Gesicht.

Definition

Bei der Vitiligo handelt es sich um eine scharf begrenzte Depigmentierung der Haut.

Synonym: Weißfleckenkrankheit.

Ursachen

Mehrere Faktoren werden als Ursache der Zerstörung der Melanozyten (Pigmentzellen der Haut) vermutet. Die familiäre Häufung deutet auf eine genetische Disposition hin. Ein Autoimmunprozess ist möglich, da die Vitiligo häufig bei diesem Formenkreis, z. B. gleichzeitig mit der Hashimoto-Thyreoiditis, vorkommt.

Außerdem wird beobachtet, dass neue Herde an Stellen eines starken Sonnenbrandes oder einer Verletzung entstehen. Einige Studien vermuten einen Zusammenhang mit einem Mangel an Vitamin B_{12} oder Folsäure. Ein Schub beginnt nicht selten nach Hormonumstellungen, z. B. einer Schwangerschaft. Nicht zuletzt scheint starker Stress den Beginn zu begünstigen.

Symptome

Ca. 1 % der Weltbevölkerung leiden unter einer Vitiligo. Der Beginn liegt meist um das 30. bis 40. Lebensjahr, die ersten Herde erscheinen oft am Handrücken (**Abb. V.13**). In den Arealen, die einige Millimeter Durchmesser haben, fehlt jedes Pigment, die Haut scheint weiß. Der Übergang zur normalen Haut ist nicht gerötet oder entzündet. Oft treten innerhalb der rundlichen, aber unregelmäßigen Flecken einzelne Pigmentinseln auf. Die Herde werden langsam größer und fließen zusammen. Neue Herde können prinzipiell überall auftreten, besonders an Händen, Füßen, im Gesicht und im Genitalbereich.

Die Vitiligo schmerzt oder juckt nicht, die Herde sind jedoch wegen des fehlenden Pigments UV-empfindlich. Bei nahezu 40 % der Betroffenen, sind auch die Pigmente der Netzhaut verändert. Dies führt allerdings nur selten zu Beschwerden.

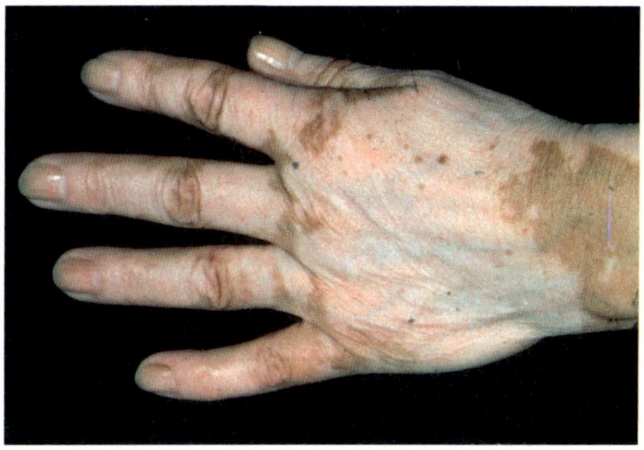

Abb. V.13 Vitiligo. Die ersten Herde erscheinen oft am Handrücken.

Diagnose

Aufgrund des klinischen Bildes und der Anamnese, bei der es darum geht, ob Verwandte betroffen sind, wann und wo erste Herde aufgetreten sind und wie sie sich ausgebreitet haben und ob andere Erkrankungen vorliegen, steht die Diagnose i. d. R. fest. Im sog. Wood-Licht (Wellenlänge 364 nm) lassen sich alle Herde erfassen und dokumentieren.

Differenzialdiagnose

Ein Befall mit dem Hautpilz Malassezia furfur führt zur Pityriasis versicolor mit weißen Flecken. Einzelne Herde können auch einem Halo-Nävus entsprechen, dies sind Muttermale mit depigmentiertem Hof. Nach Entzündungen und Infektionen können weniger pigmentierte Herde bestehen bleiben, nicht selten auch als Zeichen empfindlicher Haut bei einer atopischen Diathese (Bereitschaft der Haut zu allergischen Reaktionen).

Therapie

Die bestehenden Therapiemöglichkeiten sind insgesamt unbefriedigend:

- Nahrungsergänzungen (Mikronährstoffe, Spurenelemente, Aminosäuren und ihre Vorstufen),
- Pigmentzellentransplantation,
- Aufenthalte am Toten Meer,
- hoch dosierte Gabe von Vitamin B_{12} und Folsäure,
- Laserbehandlung mit bestimmten Wellenlängen.

Immer wird zusätzlich mit UV-Licht bestrahlt, auch der alleinige Einsatz der Schmalspektrum-UV-Bestrahlung (Wellenlänge 341 nm) ist möglich. Symptomatisch werden kosmetische Abdeckungen (Camouflage) empfohlen.

Prognose

Die Vitiligo verläuft in Schüben mit jahrelangen Pausen, über eine spontane Verbesserung wird nur sehr selten berichtet. Die bekannten Therapieansätze schlagen jeweils nur bei einem Teil der behandelten Patienten an.

Komplikationen

Die psychische Belastung durch das auffällige Aussehen kann erheblich sein.

Infobox

ICD-10:
L80

Internetadressen:
http://www.vitiligo-verein.de
http://www.vitiligo-portal.de
http://www.vitiligo.at

Volkmann-Kontraktur

► „Es ist wirklich ein Behandlungsfehler, wie der Gutachter meint", erzählt Frau Bauer ihrer Nachbarin Frau Gruber. „Aber wie ist es denn dazu gekommen?", möchte Frau Gruber wissen. „Julia hat sich doch vor ein paar Wochen den Oberarm gebrochen. Im Krankenhaus haben sie das dann unter Vollnarkose gerichtet und fixiert. Danach hatte Julia ständig Schmerzen, die Hand ist blau geworden und die Finger unbeweglich. Die Ärzte haben gesagt, das sei normal, aber als nach drei Wochen die Drähte entfernt wurden, hieß es, sie hätte eine so genannte Fallhand. Wir sind dann mit ihr zum Neurologen gegangen und der meinte, die Handnerven seien ausgefallen."

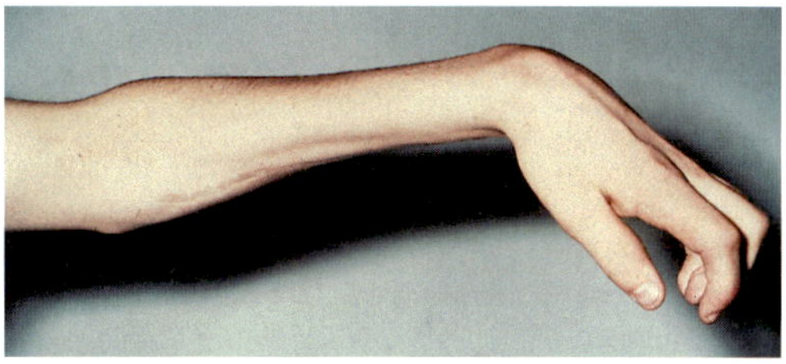

Abb. V.14 Volkmann-Kontraktur. Charakteristisches klinisches Bild einer Krallenhand.

Definition

Die Volkmann-Kontraktur ist eine ischämisch bedingte Muskelkontraktur am Unterarm, die narbig ausgeheilt ist und zur typischen Krallenstellung der Hand geführt hat. Letztlich handelt es sich um das Endstadium eines → Kompartmentsyndroms am Unterarm, wie es heute nur noch selten gesehen wird.

Ursachen

Klassische Ursache der arteriellen Minderdurchblutung ist die verschobene Fraktur des Oberarmknochens unmittelbar über dem Ellenbogengelenk (suprakondyläre Humerusfraktur). Durch die Fraktur, das begleitende Hämatom sowie das Muskelödem werden Gefäße und Nerven komprimiert. Die Unterarmmuskeln werden unzureichend mit Sauerstoff und Nährstoffen versorgt. Wird der Zustand nicht rechtzeitig erkannt, sterben Muskelgewebe und Nerven ab. Es bleiben bindegewebige, kontrakte Stränge zurück, die die Hand und die Finger in die charakteristische Fehlposition ziehen.

Weitere Ursachen für eine Volkmann-Kontraktur sind zu enge Verbände, ein in starker Spitzwinkelstellung des Ellenbogens fehlerhaft ruhig gestellter Arm sowie eine verbleibende Fehlstellung der Knochenfragmente. In der Folge wird der venöse Abfluss gedrosselt, wodurch sich ein Ödem ausbilden kann, der Gewebedruck ansteigt und der Zufluss arteriellen Blutes behindert wird.

Symptome

Frühsymptome des Kompartmentsyndroms sind ein stark geschwollener Unterarm mit bläulich-livider Verfärbung der Finger, Sensibilitäts- und motorische Störungen sowie Schmerzen. Beim Vollbild der Kontraktur ist die Muskulatur atrophiert.

Die typische Krallenhand zeichnet sich durch eine Beugekontraktur im Handgelenk und den Fingergelenken aus (**Abb. V.14**). Wird das Handgelenk weiter gebeugt, können die Finger passiv in Streckstellung gebracht werden. Es bestehen Gefühlsstörungen in Hand und Fingern. Die Betroffenen sind funktionell erheblich behindert.

Diagnose

Die Diagnose ergibt sich aus der Anamnese und dem klinischen Bild.

Differenzialdiagnose

Von einer Volkmann-Kontrakur abzugrenzen sind die ischämische Kontraktur der Handbinnenmuskulatur und die Lähmung des Nervus ulnaris.

Therapie

Primär sollte die Volkmann-Kontraktur durch eine fachgerechte Behandlung und Nachsorge verhindert werden. Bei akut eingetretenem Kompartmentsyndrom muss sofort eine Fasziotomie (Spaltung der Muskelhaut zur Druckentlastung) vorgenommen werden.

Im Endstadium der Kontraktur kann mit Physiotherapie lediglich versucht werden, die kontrakten Muskeln und Sehnen zu dehnen. Chirurgische Maßnahmen wie Sehnenverlängerung, Eingriffe an den Muskeln, die Versteifung von Gelenken (Arthrodese) oder die Gelenkmobilisation durch Lösen von Verwachsungen (Arthrolyse) dienen der Funktionsverbesserung.

Prognose

Ist die Kontraktur eingetreten, ist keine Heilung mehr möglich.

Infobox

ICD-10: T79.6

Internetadressen:
http://www.emedicine.com/orthoped/topic578.htm

Literatur:

Niethard F. U., Pfeil, J.: Duale Reihe Orthopädie, 5. Aufl. Thieme, Stuttgart 2005

Rüter, A. u. a.: Unfallchirurgie. Urban & Fischer, 2. Aufl. 2003

Vorhofseptumdefekt

► **Die 21-jährige Melek Dede kommt zur Routineuntersuchung zu ihrer Frauenärztin. „Seit einiger Zeit bin ich so erschöpft, wenn ich mit dem Rad zur Uni fahre", erzählt sie der Ärztin. „Außerdem spüre ich manchmal ganz deutlich mein Herz klopfen."**

Definition

Beim Vorhofseptumdefekt fließt Blut aus dem linken in den rechten Vorhof. Die Erkrankung gehört damit zu den → Herzklappenfehlern mit Links-rechts-Shunt. Der Defekt betrifft das Foramen ovale oder das Vorhofseptum.

Etwa 10% aller angeborenen Herzfehler sind Vorhofseptumdefekte. Mädchen sind häufiger betroffen als Jungen.

Synonym: ASD (atrial septal defect).

Ursachen

Während der Fetalzeit fließt sauerstoffreiches Blut aus dem rechten direkt in den linken Vorhof und so in den Körperkreislauf. Beim Vorhofseptumdefekt hat sich die Wand zwischen den beiden Vorhöfen während der Fetalentwicklung nicht vollständig geschlossen.

Symptome

Kleine Vorhofseptumdefekte verursachen keine Symptome. Normalerweise treten die Beschwerden erst bei Jugendlichen oder Erwachsenen auf.

Die Betroffenen bekommen häufig Infekte der oberen Luftwege und klagen über Belastungsdyspnoe und Palpitationen, d.h., sie geraten bei körperlicher Belastung schnell aus der Puste und spüren manchmal ihr Herz deutlich klopfen. Kinder mit großen Vorhofseptumdefekten wachsen nicht altersentsprechend.

Diagnose

Die Anamnese weist auf einen Herzfehler hin. Bei der Auskultation hört man ein mittellautes Herzgeräusch während der Systole. In EKG und Röntgenbild sind Zeichen einer Belastung des rechten Herzens zu erkennen (**Abb. V.15 a**). Mit der Echokardiografie wird der Defekt lokalisiert (**Abb. V.15 b**).

Differenzialdiagnose

Mit Hilfe der Echokardiografie grenzt man verschiedene Formen voneinander ab. Ein Herzkatheter ist nur bei Verdacht auf weitere Fehlbildungen oder Herzerkrankungen (z. B. → Fallot-Tetralogie) erforderlich.

Therapie

Der Defekt wird ab einem Shuntvolumen von 30–35% (bezogen auf das Herzzeitvolumen) mit einer Naht oder einem Patch (Flicken) verschlossen. Alternativ kann während einer Herzkatheteruntersuchung ein Schirmchen über eine Vene eingebracht und im Defekt platziert werden.

Prognose

Kleine Defekte können sich im Kleinkindalter spontan verschließen. Besteht der Defekt länger, kann es zu → Herzrhythmusstörungen, zu einem erhöhten Druck im Lun-

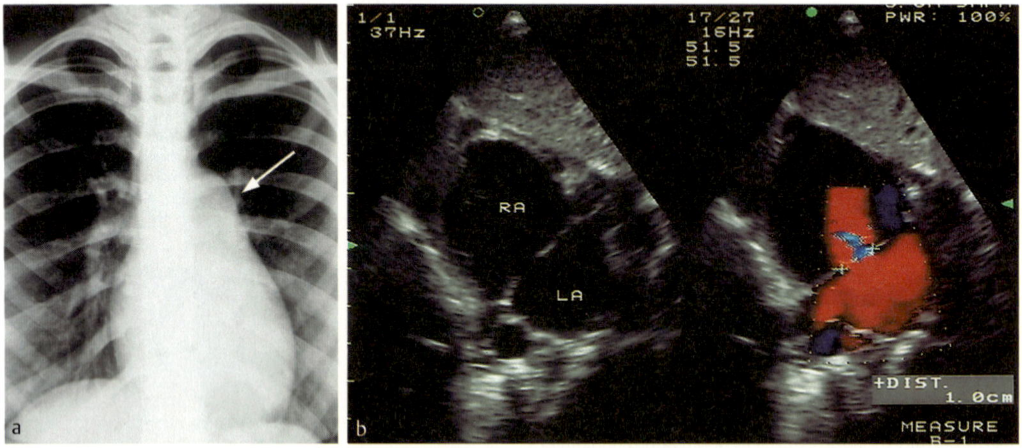

Abb. V.15 Diagnostik bei Vorhofseptumdefekt. a Herz im oberen Größennormbereich, leicht vermehrte Gefäßzeichnung, prominenter Pulmonalisknopf (Pfeil), schmale Aorta. **b** Farbdopplersonografische Darstellung des Shuntflusses vom linken (LA) in den rechten (RA) Vorhof. Der Defekt misst ca. 1 cm.

genkreislauf oder zu einer Umkehr des Shunts kommen. Werden die Patienten rechtzeitig operiert, ist die Lebenserwartung normal.

Infobox

ICD-10:
Q21.1

Internetadressen:
http://www.kinderherzzentrum-kiel.de
http://www.h-wie-herz.de

Literatur:

Baenkler, H.-W. u. a.: Duale Reihe Innere Medizin. Thieme, Stuttgart 2001

Vorzeitige Plazentalösung

► **Die 27-jährige Vanessa Ertling berichtet der Ärztin der gynäkologischen Klinik: „Ich bin in der 38. Woche und wegen starker Unterbauchschmerzen und leichten Blutungen hier. Mein Mann hat mich gedrängt, herzukommen. Es ist meine erste Schwangerschaft und bisher ist alles glatt verlaufen . . . das tut aber jetzt ziemlich weh, wenn Sie da auf den Bauch drücken."**

Definition

Bei der vorzeitigen Plazentalösung löst sich die an normaler Stelle sitzende Plazenta (Mutterkuchen) vor der Geburt des Kindes. Mutter und Kind können durch den Blutverlust gefährdet sein.

Synonyme: Abruptio oder Ablatio placentae.

Ursachen

Gefäßveränderungen wie etwa bei einer Gestose (→ Schwangerschaftshypertonie, → Eklampsie), stellen die Hauptursache einer vorzeitigen Plazentalösung dar.

Daneben können auch Druckschwankungen innerhalb der Gebärmutter eine Rolle spielen. Dieser Druck vermindert sich plötzlich, wenn bei vermehrtem Fruchtwasser der Blasensprung erfolgt oder im Rahmen einer Zwillingsentbindung das erste Kind geboren wurde.

Außerdem stellen mechanische Einwirkungen auf den Bauch (z. B. Stürze oder Unfälle) eine Gefahr dar. Häufig bleibt jedoch die Ursache ungeklärt.

Symptome

Die klinische Symptomatik hängt vom Grad der Ablösung ab. Die Gebärmutter ist bretthart („Holzuterus") und schmerzhaft. Der Fundus (oberer, gewölbter Rand der Gebärmutter) steigt durch die Volumenzunahme höher.

Ein weiteres Symptom sind vaginale Blutungen. Bei der vorzeitigen Plazentalösung bluten die mütterlichen Gefäße. Dadurch bildet sich ein sog. retroplazentares → Hämatom, d. h. ein Bluterguss hinter der Plazenta. Ob sich die Plazenta zentral oder vom Rand her löst, beeinflusst die Stärke der vaginalen Blutung (**Abb. V.16**).

Die Blutung verursacht bei der Mutter Anzeichen eines Volumenmangelschocks mit Blässe, erhöhter Pulsfrequenz, Blutdruckabfall und Kreislaufzentralisation (→ Schock).

Auch Blutgerinnungsstörungen im Sinne einer → Verbrauchskoagulopathie können daraus resultieren. Hierbei werden plasmatische Gerinnungsfaktoren und Thrombozyten vermehrt verbraucht, sodass diese Komponenten anschließend fehlen (→ Thrombopenie). Dies führt zu einer Verschlechterung der Situation.

Der kindliche Zustand zeigt sich in typischen CTG-Veränderungen.

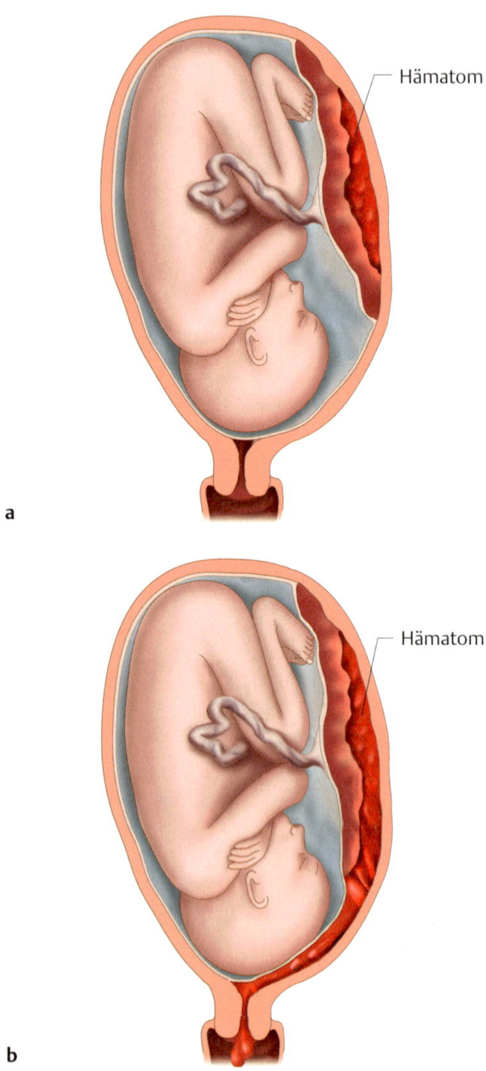

Abb. V.16 Vorzeitige Plazentalösung. Zwei Verlaufsformen werden unterschieden: **a** Bei einem Hämatom zentral hinter der Plazenta fließt kein oder nur wenig Blut über die Scheide ab, **b** bei der dezentralen Ablösung ist die vaginale Blutung stärker.

Diagnose

Die Diagnose ergibt sich aus der klinischen Symptomatik und der Ultraschalluntersuchung. Das Blut, das aus der Vagina abfließt, spiegelt die tatsächliche Stärke der Blutung nicht unbedingt wieder und darf daher nicht als Kriterium für den entstandenen Blutverlust von Mutter und Kind gelten.

Differenzialdiagnose

Differenzialdiagnostisch muss eine → Placenta praevia ausgeschlossen werden.

Therapie

Die therapeutischen Maßnahmen hängen vom Ausmaß der Ablösung und vom kindlichen Zustand ab. Wenn das Kind lebt, wird es per Kaiserschnitt entbunden. Ist das Kind verstorben oder bestehen wegen der Unreife des Kindes keine Überlebenschancen, sollte man die vaginale Entbindung unter intensiver Überwachung der Mutter anstreben. Zunächst eröffnet man dazu die Fruchtblase und gibt Wehenmittel. Die weiteren Maßnahmen sollten eine rasche vaginale Entbindung bewirken.

Ist die Ablösung weit fortgeschritten, führt die Einblutung in die Gebärmutterwand dazu, dass keine Kontraktionen mehr entstehen. Auch in solchen Fällen muss ein Kaiserschnitt durchgeführt werden. Außerdem werden Blutkonserven bereitgestellt. Für die Mutter ist die Behandlung der Schocksymptomatik und der Gerinnungsstörung notwendig.

Prognose

Die Gefahr für die Mutter und das Kind hängt vom Ausmaß der Ablösung ab. Bei der leichten Form, bei der weniger als ein Drittel der Haftfläche verloren geht, besteht i.d.R. keine akute Gefahr für Mutter oder Kind. Schreitet die Ablösung weiter fort, kommt es zur klinischen Symptomatik und zur Unterversorgung des Kindes.

Lösen sich plötzlich große Teile des Mutterkuchens ab, überlebt das Kind nur selten. Es folgen häufig Gerinnungsstörungen bei der Mutter. Das retroplazentare Hämatom dringt durch alle Schichten der Gebärmutter bis zum Bauchfellüberzug (Couvelaire-Syndrom).

Infobox

ICD-10:
O45.9

Internetadressen:
http://www.akh-consilium.at
http://www.swissmom.ch
http://www.frauenarzt-infos.de

Vorzeitiger Blasensprung

► Die 37-jährige Stefanie Zenker berichtet dem Gynäkologen in der Ersten Hilfe: „Ich bin in der 19. Woche und zum ersten Mal schwanger. Ich war total verunsichert, als plötzlich so viel Flüssigkeit aus der Scheide kam. Letzte Woche hat die Fruchtwasseruntersuchung ergeben, dass das Kind kein Down-Syndrom hat. Stimmt jetzt etwa doch etwas nicht mit dem Baby?“

Definition

Beim vorzeitigen Blasensprung geht Fruchtwasser ab, bevor die Wehentätigkeit einsetzt. Man unterscheidet zwischen einem „echten“ vorzeitigen Blasensprung bei noch unreifem Kind und einem zu frühen Blasensprung bei geburtsbereiter Gebärmutter.

Ursachen

Am häufigsten führen aufsteigende Scheideninfektionen zu einem vorzeitigen Blasensprung. Dabei verursachen freigesetzte Prostaglandine und andere Botenstoffe ein „Andauen“ des unteren Pols der Fruchtblase.

Auch Schwangere mit einem → Polyhydramnion oder einer Mehrlingsschwangerschaft neigen zu einem vorzeitigen Blasensprung, weil der Druck auf die Fruchtblase erhöht ist. Ein vorzeitiger Blasensprung kann auch nach einer Untersuchung auftreten, z. B. der Amniozentese (Fruchtwasseruntersuchung).

Symptome

Die Patientinnen berichten von einem Wasserabgang über die Scheide. Dieser kann je nach Größe des Defekts unterschiedlich stark sein.

Diagnose

Zunächst wird die Frau vaginal untersucht. Fließt Fruchtwasser oder ist keine Fruchtblase mehr zu tasten, ist die Diagnose eindeutig. Bei der Tastuntersuchung wird besonders auf den Höhenstand des kindlichen Kopfes geachtet, um einen Nabelschnurvorfall (→ Nabelschnurkomplikationen) zu vermeiden.

Bisweilen verwendet man den Lackmus-Test, da das Fruchtwasser im Gegensatz zum normalen Scheidenmilieu einen pH-Wert von 7 – 7,5 hat. Rotes Lackmuspapier verfärbt sich dann blau. Da diese Methode sehr unsicher ist, gibt es mittlerweile spezielle Testverfahren, die kindliche Zellen im Scheidenabstrich nachweisen können. Sie funktionieren im Prinzip wie ein Schwangerschaftstest und sind in der Aussagekraft sehr sicher. Nicht zuletzt wird die Fruchtwassermenge sonografisch beurteilt.

Differenzialdiagnose

Manchmal ist das Fruchtwasser von einem vermehrten vaginalen Ausfluss oder einem unwillkürlichen Urinabgang schwer zu unterscheiden.

Therapie

Je nach Schwangerschaftsdauer hat die Therapie zum Ziel, ein reifes Kind zu entbinden bzw. beim unreifen Kind die Tragzeit zu verlängern (**Abb. V.17**). Ist eine Entbindung angestrebt, versucht man diese in Abhängigkeit vom Muttermundsbefund einzuleiten. Um die Tragzeit zu verlängern, sind wehenhemmende Maßnahmen notwendig, weil ein vorzeitiger Blasensprung Wehen auslöst.

Außerdem verabreicht man der Mutter ein Antibiotikum, um eine Entzündung der Fruchthöhle zu verhindern. Gleichzeitig wird die fetale Lungenreife durch Kortisongaben an die Mutter gefördert. Mutter und Kind sollten engmaschig überwacht werden, um Entzündungszeichen rechtzeitig zu entdecken.

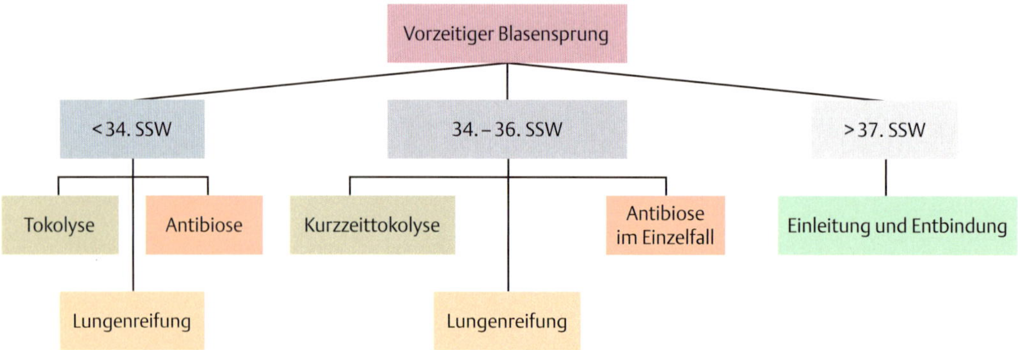

Abb. V.17 Vorzeitiger Blasensprung. Das therapeutische Vorgehen richtet sich nach der Schwangerschaftswoche.

Prognose

Die Prognose ist von Fall zu Fall verschieden. Das Leck in der Fruchtblase kann sich spontan abdichten. Der vorzeitige Blasensprung kann aber auch zu aufsteigenden Infektionen mit der Entwicklung einer Eihautentzündung und Infektion des Kindes führen. Zudem stellt er eine häufige Ursache für → Frühgeburten dar.

Infobox

ICD-10:
O42.9

Internetadressen:
http://www.schwangerschaft.medhost.de
http://www.9monate.qualimedic.de

Vulvakarzinom

► **Die 69-jährige Frau Ruth Kreisler sucht ihren Gynäkologen auf und schildert: „Seit drei Monaten habe ich immer wieder so einen unangenehmen Juckreiz im Genitalbereich. Ich habe dort ja oft einen Pilz, auch in den Leisten, wegen meinem Zucker und weil ich auch etwas dick bin. Aber die Pilzcreme hat diesmal gar nicht geholfen. Seit zwei Wochen tut es auch etwas weh."**

Definition

Das Vulvakarzinom ist ein bösartiger epithelialer → Tumor der Vulva. In den meisten Fällen handelt es sich histologisch (geweblich) um ein Plattenepithelkarzinom. Das Vulvakarzinom macht etwa 5% der Karzinome des Genitaltrakts aus.

Synonym: Vulvakrebs.

Metastasierung

Dass die Vulva sehr reich an Lymphgefäßen ist, wirkt sich beim Vulvakarzinom durchaus nachteilig aus: Es metastasiert (bildet Tochtergeschwülste) dadurch nämlich bereits im frühen Stadium in die Leisten- und später in die Beckenlymphknoten.

Eine hämatogene Metastasierung über den Blutweg tritt erst im Spätstadium auf. Sie betrifft den Herzmuskel, die Leber, das Skelett und die Lunge. Im fortgeschrittenen Stadium kommt es zu einer direkten Ausbreitung auf Scheide, Harnröhre oder Mastdarm. Dabei bilden sich manchmal Fisteln, d. h. Gänge zum benachbarten Organ.

Da sich die Schleimhautoberflächen nah aneinander befinden, sind sog. Abklatschmetastasen nicht selten. Abklatschmetastasen entstehen, wenn lebensfähige Tumorzellen von einem Krebsgeschwulst auf umliegende Strukturen übertragen werden.

Ursachen

Warum ein Vulvakarzinom entsteht, hängt von verschiedenen Faktoren ab. Begünstigend ist z. B. die Flechte Lichen sclerosus et atrophicus, eine chronisch fortschreitende Erkrankung der Haut, bei der weißliche, herdförmige Flecken auftreten (**Abb. V.18**). Folgende sog. Präkanzerosen gelten als Gewebsveränderungen, die leicht entarten:

- Morbus Bowen: Zellneubildung innerhalb des Epithels mit einem meist scharf begrenzten hellroten Herd und Zellatypien,
- Erythroplasie Queyrat: relativ scharf begrenzte, feucht glänzende, düsterrote Hautveränderung mit samtiger Oberfläche,
- Morbus Paget: scharf begrenzte ekzematöse Veränderung, ausgehend von den Hautanhangsdrüsen. Der in diesem Zusammenhang genannte Morbus Paget ist nicht zu verwechseln mit dem Morbus Paget der Brust, bei dem es sich bereits um ein Karzinom handelt und dem → Morbus Paget aus der Orthopädie, der für eine gutartige Knochenkrankheit steht.

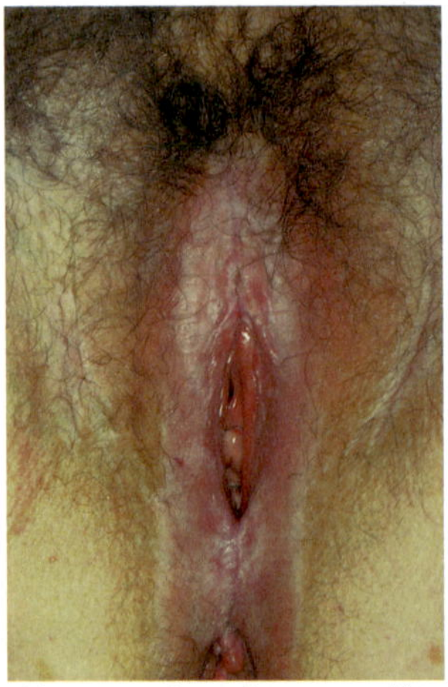

Abb. V.18 Lichen sclerosus. Die kleinen Schamlippen fehlen fast vollständig, die großen Schamlippen sind abgeflacht.

Zudem ist offensichtlich auch die Infektion mit Papillomaviren (Genitalwarzen, → Warzen) mit der Entstehung des Vulvakarzinoms verbunden.

Risikofaktoren

Als Risikofaktor gilt ein hohes Alter (6.–7. Lebensjahrzehnt). Das Vulvakarzinom wurde auch häufig bei kinderlosen Frauen beobachtet. Bemerkenswerterweise zeigen die Patientinnen Nebenerkrankungen, die auch beim → Endometriumkarzinom als Trias auftreten: → Diabetes mellitus, → Adipositas und → Hypertonie.

Symptome

Die Symptome des Frühstadiums sind unspezifisch. Daher sollte bei Hautveränderungen, Verhärtungen, nicht abheilenden Wunden oder therapieresistenten → Ekzemen immer an ein Vulvakarzinom gedacht werden.

Im Anfangsstadium liegt beim Vulvakarzinom häufig ein chronisches Jucken vor. Auch Schmerzen treten i.d.R. sehr früh auf. Im Spätstadium entwickelt sich ein blumenkohlartig wachsender Tumor. Es kommt zur Sekretion einer blutigen Flüssigkeit. Zudem sind Schwellungen der Leistenlymphknoten zu beobachten. Wenn die Harnröhre bzw. die Harnblase in das Tumorgeschehen mit einbezogen ist, findet sich auch Blut im Urin.

Diagnose

Untersuchungsmethoden wie die Inspektion, Tastuntersuchung und Kolposkopie können den Verdacht auf die

Diagnose Vulvakarzinom lenken. Allerdings kann nur eine feingewebliche Untersuchung des Vulvagewebes die Diagnose sichern. Um das Stadium der Erkrankung zu erfassen, untersucht man Harnröhre und Harnblase mittels Zystoskopie und den Mastdarm mit Hilfe der Rektoskopie.

Differenzialdiagnose

Aufgrund des Juckens und der Schmerzen kann das Vulvakarzinom im Frühstadium mit einer → Vulvitis verwechselt werden. Spätere Verhärtungen der Haut werden oft als → Warzen verkannt.

Therapie

Operative Therapie. Sie richtet sich nach der Größe des Tumors. Bei kleinen Geschwülsten mit einem Durchmesser von weniger als 1 cm und einer Tiefenausdehnung von weniger als 1 mm kann eine Ausschneidung mit einem Rand von mindestens 3 cm oder eine halbseitige Entfernung der Vulva hinreichend sein.

Reicht dies nicht aus, entfernt man die Vulva komplett und gleichzeitig die Leistenlymphknoten, ggf. die Beckenlymphknoten. Anschließend wird die Wunde plastisch gedeckt. Bei Befall benachbarter Organe ist eine Erweiterung der Operation erforderlich.

Strahlentherapie. Eine primäre Strahlentherapie ist bei inoperablen Karzinomen angezeigt. Sieht man jedoch in der Operation eine Behandlungschance, wird man diese bevorzugen, da die Strahlenbehandlung oft Nebenwirkungen wie Geschwürbildung und Entzündungen mit sich bringt.

Prognose

Da die Diagnose meist zu spät gestellt wird, das Karzinom früh lymphogen metastasiert und die Patientinnen meist ein hohes Alter haben, gehört das Vulvakarzinom zu den Tumoren mit einer ungünstigen Prognose.

Infobox

ICD-10:
C51.9

Internetadressen:
http://www.gesundheitpro.de
http://www.uniklinik-bonn.de (cancernet)

Literatur:
Siegel, B. S.: Prognose Hoffnung. Ullstein, Berlin 2003

Vulvitis

► Die 24-jährige Tatjana Arnold berichtet zögernd ihrem Gynäkologen: „Also, ich weiß ja eigentlich wie gefährlich das ist, aber ich hatte am letzten Wochenende ungeschützten Geschlechtsverkehr mit einem Mann, den ich gerade in der Disco kennen gelernt hatte. Jetzt juckt es im Genitalbereich wie verrückt und Schmerzen habe ich auch. Sogar beim Wasserlassen tut es weh."

Definition

Bei der Vulvitis sind der äußere weibliche Genitalbereich und der Scheideneingang entzündet.

Zur Vulva, also zum äußeren weiblichen Genitalbereich, gehören kleine und große Schamlippen, Klitoris und Bartholin-Drüsen.

Ursachen

Man unterscheidet zwischen primärer und sekundärer Vulvitis. Bei der primären Vulvitis ist die Entzündung auf die Vulva beschränkt. Eine sekundäre Vulvitis entwickelt sich aufgrund einer Infektion der umliegenden Strukturen wie Harnröhre, Anus oder Scheide. Als Erreger kommen z. B. Candida albicans, Trichomonaden, Staphylokokken, Streptokokken oder Gonokokken in Frage.

Eine Vulvitis entsteht jedoch nicht immer aufgrund einer Infektion. Auch internistische Erkrankungen wie → Diabetes mellitus, Leukämien (z. B. → Non-Hodgkin-Lymphom) oder Lebererkrankungen (z. B. → Leberzirrhose) gehen oft mit einer Entzündung der Vulva einher.

Da die Vulva teils mit der gleichen Haut bedeckt ist wie der restliche Körper, können sich dermatologische Krankheiten wie Schuppenflechte (→ Psoriasis), → Neurodermitis oder → Ekzeme auch dort entwickeln.

Begünstigende Faktoren

Folgende lokale Faktoren begünstigen die Entstehung einer Vulvitis:

- mangelhafte oder übertriebene Hygiene,
- vermehrtes Schwitzen bei adipösen Frauen,
- Epithelschäden, z. B. durch Kratzen oder Sexualkontakte,
- zu enge Kleidung.

Symptome

Wie bei anderen Entzündungen sind die Hauptsymptome Rötung, Schwellung, Überwärmung und Schmerzen. Hinzu kommen ein oft quälendes Jucken sowie Schmerzen beim Wasserlassen. Gelegentlich sind die Lymphknoten in der Umgebung geschwollen und schmerzhaft.

Diagnose

Die Diagnose ergibt sich zunächst aus der Symptomatik, sollte aber durch eine Abstrichuntersuchung untermauert werden. Dazu werden von der Vulva und den umliegenden Strukturen Abstriche entnommen. Diese kann man zur Erregersuche in ein Labor schicken oder vor Ort als Nativpräparat unter dem Mikroskop untersuchen.

Differenzialdiagnose

Das Jucken kann auch auf eine Lebererkrankung oder eine endokrine Störung hinweisen. Man muss bei einer Vulvitis aber auch an ein → Vulvakarzinom im Frühstadium denken.

Therapie

Neben der Behandlung der Grunderkrankung kommen als lokale Therapie Kamillesitzbäder in Frage. Vorteilhaft kann auch die Gabe einer entzündungshemmenden, juckreiz- und schmerzlindernden Salbe sein. In der Postmenopause ist häufig eine Östrogentherapie indiziert. Seifen und Deodoranzien sollte die Patientin bei der Intimhygiene vermeiden, da sie die Entzündung verstärken können.

Prognose

Die Vulvitis hat gemeinhin eine sehr gute Prognose. Bei fachgerechter Behandlung heilt sie meist nach kurzer Zeit ohne Komplikationen ab.

Infobox

ICD-10:
N76.2

Internetadressen:
http://www.frauen.qualimedic.de
http://www.onmeda.de

W

Wachstumsschmerzen

► „Mama, Mama, ich kann nicht schlafen." Micha steht neben dem Bett seiner Mutter. „Was ist denn los, wieder die Beine?". Micha nickt. „Ich war aber doch gar nicht mit den anderen auf dem Spielplatz." Frau Koch steht auf und geht mit ihrem Sohn in sein Zimmer. „Leg dich mal wieder hin. Ich massiere dir ein wenig die Knie und die Unterschenkel. Wenn das nicht hilft, musst Du wieder ein Schmerzmittel nehmen". Irgendwann im Laufe der Nacht schläft Micha ein. Am nächsten Morgen geht er beschwerdefrei in den Kindergarten.

Definition

Unter Wachstumsschmerzen versteht man plötzlich einschießende Schmerzen in den Beinen, die überwiegend abends oder in der Nacht auftreten. Betroffen sind vor allem Kinder zwischen 4 und 10 Jahren.

Synonym: nächtliche Beinschmerzen.

Ursachen

Der Ausdruck Wachstumsschmerzen ist etwas unglücklich gewählt, da die Beschwerden mit dem Wachsen nichts zu tun haben. Als Ursache wird eine gestörte Schmerzwahrnehmung mit herabgesetzter Schmerzschwelle vermutet. Die genauen Zusammenhänge sind jedoch noch unklar.

Bei manchen Kindern löst eine vermehrte körperliche Belastung tagsüber oder ein Infekt die Schmerzen aus. Oft sind die nächtlichen Attacken nicht vorhersehbar. Es wird eine genetische Ursache diskutiert, da die Beschwerden in manchen Familien gehäuft vorkommen.

Symptome

Die Kinder wachen meist aus dem Schlaf auf und weinen aufgrund starker Schmerzen. Die Beschwerden sind im Bereich der Kniegelenke, in den Unterschenkeln (Schienbein- oder Wadenregion), seltener auch in den Oberschenkeln oder Sprunggelenken lokalisiert. Gelegentlich geben die Kinder auch Schmerzen in den oberen Extremitäten an. Oft sind beide Körperseiten betroffen, gelegentlich treten die Schmerzen bevorzugt links oder rechts auf.

Die nächtlichen Schmerzattacken wiederholen sich in unregelmäßigen Abständen, treten manchmal mehrere Nächte hintereinander auf, dann wieder mit freien Intervallen von Tagen bis Wochen.

Diagnose

Die Diagnose wird klinisch, insbesondere durch eine typische Anamnese und Ausschluss anderer Erkrankungen, gestellt. Die körperliche Untersuchung, Laborwerte und bildgebende Verfahren sind unauffällig.

Differenzialdiagnose

Bei einseitigen Schmerzen muss vor allem ein Osteoidosteom ausgeschlossen werden. Dabei handelt es sich um einen gutartigen Knochentumor, der bevorzugt nachts Schmerzen bereitet, die nach Gabe von Azetylsalizylsäure oder anderen Schmerzmitteln rasch verschwinden.

Auch eine Leukämie kann sich beim Kind mit nächtlichen Gelenk- und Knochenschmerzen äußern. Rheumatische Erkrankungen führen eher zu Gelenkschmerzen morgens beim Aufwachen oder tagsüber nach Belastung.

Therapie

Die Schmerzen sprechen teilweise auf äußere Maßnahmen an wie Streicheln, Massieren, Einreiben von Salben. Oft benötigen die Kinder ein Schmerzmittel (Ibuprofen, Paracetamol), womit die Schmerzen rasch verschwinden. Das Kind schläft ungestört weiter und nur selten kommt es in derselben Nacht zu weiteren Attacken.

Treten die Schmerzen fast jede Nacht auf, kann man am Abend vor dem Einschlafen vorbeugend ein Schmerzmedikament geben.

Prognose

Der Verlauf ist günstig, jedoch häufig langwierig. Die Schmerzen können über Monate und Jahre immer wieder auftreten. Gelegentlich halten sie bis ins Erwachsenenalter an und können dann nicht mehr als Wachstumsschmerzen bezeichnet werden.

Typischerweise verschwinden die Schmerzattacken im Verlauf weniger Jahre. Auch bei häufigen Wiederholungen bleiben keine Schäden am Skelettsystem zurück. Die Kinder entwickeln sich unauffällig.

Infobox

ICD-10:
R29.8

Literatur:

Cassidy, T. C. u. a. (Hrsg): Textbook of Pediatric Rheumatology. Elsevier Saunders. Philadelphia 2005

Wahn, V., u. a. (Hrsg): Rheumatische Erkrankungen im Kindes- und Jugendalter. Hans Marseille, München 2001

Wahnhafte anhaltende Störung

► Der 38-jährige ledige Frank Schmidt lehnt sich inzwischen erleichtert zurück. Seit er weiß, dass die Welt vom KGB überwacht wird, macht ihm das alles jetzt irgendwie keine Angst mehr. Der subtile Kampf ist vorbei, es hat seine Richtigkeit, und er ist jetzt auch mit sich und seiner Situation als Lagerarbeiter am Flughafen zufrieden. Früher hingegen war die Welt oftmals gegen ihn. Schon als Kind musste er sich gegen seine Geschwister durchsetzen, war aber oft der Unterlegene. Eigentlich wollte er Informatik studieren, hatte jedoch diesen Aufnahmetest nicht bestanden. Er war damals deswegen fast verzweifelt, da er von seiner Genialität in diesem Bereich überzeugt war. Jetzt weiß er, dass er den Test zwar bestanden hat, jedoch aufgrund einer geheimdienstlichen Weisung sein Ergebnis als nicht ausreichend gewertet wurde – das lag sicherlich an der amerikanischen Tante. Der KGB will keine Angehörigen von Bürgern der Vereinigten Staaten in kritischen Bereichen wie der Informatik haben. Schließlich ist die Computerindustrie ja die Zukunft – da kommt keine Atombombe ran. Auch die großen Softwarehersteller werden vom KGB gesteuert, deswegen kommt neue Software nur so langsam auf den Markt – Fünfjahresplan eben. Und deswegen ist die heutige Software auch so schlecht! Na ja, ihn wollten sie ja nicht in der Softwarebranche, er ist eben zu politisch wegen der Tante. Er hätte auch für den KGB gearbeitet – und zur Not auch in geheimer Mission, mit dem KGB wäre er da schon einig geworden. Egal, seine Arbeitskollegen am Flughafen hören ihm gern zu, wenn er ihnen das mit dem KGB erklärt. Sie schätzen ihn, da er stets pünktlich, fleißig und zuverlässig ist.

Definition

Die wahnhafte anhaltende Störung ist gekennzeichnet durch die Ausbildung einer einzelnen systematischen Wahnidee oder mehrerer ineinander verschachtelter Wahninhalte. Die Störung kann lebenslang andauern.

Synonyme: späte Paraphrenie, paranoides Zustandsbild, sensitiver Beziehungswahn.

Ursachen

Als Auslöser werden psychosoziale Faktoren diskutiert, die auf der Basis einer bestehenden akzentuierten Persönlichkeitsstruktur zum Ausbruch einer wahnhaften Störung führen können. In einem solchen Fall leidet der Patient mitunter jahrzehntelang darunter, dass sein eigenes Erklärungsmuster für sich und seine Position zur Umwelt in sich nicht stimmig ist. Er fühlt, dass seine eigene emotionale, evtl. auch narzisstisch geprägte Selbstwahrnehmung von anderen Menschen nicht reflektiert wird. In dieser ständigen emotionalen Bedrohung kann eine sich entwickelnde Wahnidee erlösend wirken.

Durch die irreale, aber als real empfundene, Erklärung bekommt der Patient eine andere Lesart seiner eigenen Situation. Die vorherige emotionale Diskrepanz wird als nicht mehr bedrohlich empfunden. Es wird vermutet, dass die Erleichterung über die neue Situation als positives Belohnungssystem wirkt. Auf diese Weise lernt der Betroffene, das Wahnsystem zu akzeptieren.

Um den isolierten Wahninhalt baut sich dann systematisch ein weiteres, formal stimmiges Beziehungs- und Logiksystem auf. Die einzelne Wahnidee stabilisiert den Patienten und hilft, emotionale Belastungen zu kompensieren. Daher zweifelt der Betroffene das System nicht an und es entwickelt sich ein zweites, verstärkendes System, jedoch eine Bestärkung aus der Vermeidungssituation heraus. Die Patienten können in der Gesellschaft i.d.R. gut mit der wahnhaften Störung leben, da sie ja diese Störung gebrauchen, um sich soziale Stabilität zu verschaffen. Andere Mitmenschen empfinden dies bisweilen nur als „Spleen“ oder Marotte.

Symptome

Die wahnhafte Störung beginnt meist erst im mittleren Lebensalter. Betroffen sind überwiegend Personen, die zuvor bereits in ihrer Persönlichkeit grenzwertig bis abnorm waren. Es zeigt sich eine irrige, starre Überzeugung und der Patient ist nicht in der Lage, die Realitätsverkennung einzusehen. Um diese Wahnidee herum kann sich ein formal stimmiges Wahnsystem aufbauen.

Die Störung kann lebenslang andauern, häufig werden die Patienten nicht als krank erkannt, sondern haben einen Sonderstatus in der Gesellschaft, z. B. Künstler oder Heiler. Es treten keine schizophrenen Symptome auf, ausgenommen bei älteren Patienten bisweilen akustische Halluzinationen. Es handelt sich um eine eher seltene psychiatrische Erkrankung.

Diagnose

Die Diagnose erfolgt durch eine psychiatrische Exploration. Wichtig ist hierbei auch die Fremd- und Sozialanamnese. Ergänzend kann eine psychologische Untersuchung auf Persönlichkeits- und Angststörungen erfolgen, um die Diagnose zu sichern.

Therapie

Es ist zunächst gründlich abzuwägen, ob eine Therapie überhaupt erfolgen sollte. Nur wenn der Patient sich durch die wahnhafte Störung eingeschränkt fühlt oder soziale Gründe für eine Therapie sprechen, sollte behandelt werden. Wichtig ist jedoch eine ausreichende Therapiemotivation.

Medikamentös kann das Wahnsystem mit geringen Dosen von Neuroleptika wie Olanzapin (z. B. Zyprexa) oder Risperidon (z. B. Risperdal) aufgelockert werden.

In psychotherapeutischen Gesprächen wird versucht, eine Einsicht in die Irrigkeit des Wahns zu erzielen. Der Patient versucht oft auch durch ein Überspielen der Symptomatik an einer für ihn bedeutsamen Erklärung für die Situation festzuhalten. Auf keinen Fall sollte der Therapeut über die Wahninhalte diskutieren, sondern immer klar zwischen Realität und Wahn trennen und den Betroffenen darüber informieren. Der Patient ist in seiner Verstandesschärfe in diesem konkreten Punkt sehr eingeengt und er neigt oft dazu, Inhalte selektiv wahrzunehmen, wodurch der Wahn weiter verstärkt wird.

Ergänzend kann der Patient aus dem sozialen Umfeld genommen werden. Sofern eine Persönlichkeitsstörung diagnostiziert wurde, kann man ergänzend verhaltenstherapeutisch oder tiefenanalytisch arbeiten.

Da die wahnhafte Störung dem Patienten Schutz bietet, ist es möglich, dass im Verlauf der Therapie Ängste oder suizidale Impulse ausgelöst werden!

Differenzialdiagnose

Ausgeschlossen werden müssen alle sonstigen schizophrenen Störungen. Durch eine gründliche internistische und neurologische Untersuchung sind körperliche Ursachen auszuschließen.

Sofern sich schizophrene Symptome hinzugesellen, die jedoch nicht ausreichen, um eine Schizophrenie zu diagnostizieren, handelt es sich um sonstige anhaltende wahnhafte Störungen. Hierunter fallen dann auch das paranoide Zustandsbild im Involutionsalter, der Querulantenwahn (Paranoia querulans) und die wahnhafte Dysmorphophobie.

Prognose

Die Störung kann unbehandelt lebenslang andauern. Im Alter können sich akustische Halluzinationen hinzugesellen, die jedoch im Allgemeinen nicht ausgeprägt genug sind, um die Diagnose einer Schizophrenie zu rechtfertigen.

Infobox

ICD-10:
F22

Internetadressen:
http://www.gesundheitpro.de
http://www.onlineberatung-therapie.de/icd10/wahnhafte-stoerungen.html

Warzen

► „Komm mal her Lea. Zeig mir mal deinen Fuß", ruft Frau Schöller ihrer Tochter zu, „du humpelst ja richtig." Als Frau Schöller unter den Fuß schaut, entdeckt sie eine große Warze. „Es tut dir weh, mit dem Fuß aufzutreten, oder?" Lea nickt. „Wir müssen damit mal zum Arzt gehen. Der kann die Warze entfernen und dann kannst du wieder richtig laufen." Als Frau Schöller ihre Tochter dem Hautarzt vorstellt, entdeckt er weitere kleinere Warzen an den Füßen und auch an den Händen.

Definition

Der Begriff Warzen ist eine Sammelbezeichnung für Hautwucherungen durch Warzenviren. Man unterscheidet:

- vulgäre Warzen (Verrucae vulgares),
- Dornwarzen (Verrucae plantares),
- Feigwarzen (Condylomata acuminata),
- Dellwarzen (Mollusca contagiosa).

Ursachen

Ursache für die vulgären Warzen, Dorn- und Feigwarzen ist eine Infektion mit Subtypen der humanen Papillomviren (HPV-Gruppe). Dellwarzen entstehen nach Infektion mit einem Vertreter der Pockenviren-Familie (→ Pocken). Warzen sind unterschiedlich stark ansteckend. Bei vulgären Warzen ist die Ansteckungsgefahr gering, bei Dellwarzen höher und bei Feigwarzen sehr hoch. Die Inkubationszeit beträgt bis zu einige Monate. Die Gefährdung hängt vom Status des Immunsystems ab, Menschen mit → Neurodermitis oder → Tumorleiden sind z. B. häufiger betroffen.

Symptome

Vulgäre Warzen finden sich meist an der Hand und den Fingern. Die Hautoberfläche wuchert blumenkohlähnlich hautfarben einige Millimeter meist kreisrund begrenzt. Schmerzen bestehen nicht. Unter der Fußsohle wird die Warze wie ein Dorn in die Haut gedrückt, der erheblich schmerzen kann. Dornwarzen (Synonyme: Plantarwarzen, Fußsohlenwarzen) sind daher nichts anderes als vulgäre Warzen an bestimmter Stelle (**Abb. W.1**).

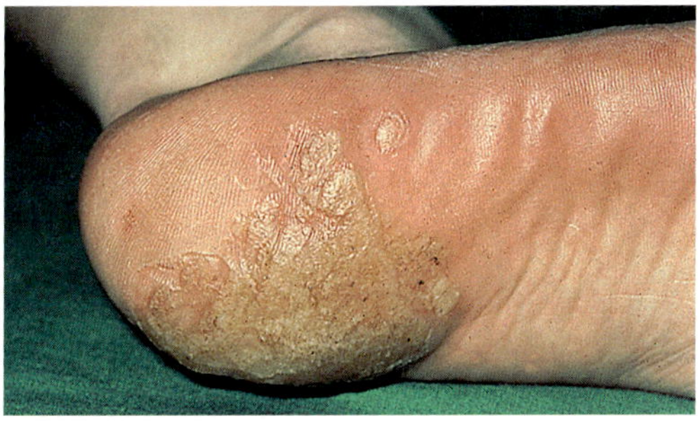

Abb. W.1 Dornwarzen. Beetartige Ausdehnung an der Ferse.

Dellwarzen sind kreisrund mit glänzender Oberfläche und zeigen in der Mitte eine kleine Delle. Sie finden sich an Armen, Beinen und am Rumpf.

Während die bisher genannten Warzen eher im Kindesalter vorkommen, treten Feigwarzen fast nur bei Erwachsenen auf. Sie werden durch Intimkontakt übertragen: An Penis, Scheide und um den Anus herum finden sich spitze Wucherungen von einigen Millimetern Höhe.

Diagnose

Vulgäre Warzen, Dorn- und Dellwarzen werden durch das typische klinische Bild diagnostiziert. In Einzelfällen ist eine Histologie notwendig. Bei Feigwarzen sollte der HPV-Typ mittels Abstrich und PCR gesichert werden, da langfristig Tumoren entstehen können und die Behandlung v. a. auf den Schleimhäuten aufwändig ist.

Differenzialdiagnose

Viele Hautkrankheiten gehen mit Papeln einher. Sie lassen sich durch die Oberfläche, die Lokalisation und den zeitlichen Verlauf der Erkrankung von den Warzen abgrenzen.

Therapie

Vulgäre Warzen werden mit Salizylsäure aufgeweicht und dann mit flüssigem Stickstoff vereist. Die entstehende Erfrierungsblase enthält Virusgewebe und fällt schließlich ab. Eine weitere Möglichkeit der Behandlung besteht im Betupfen mit Viruszellgiften. Mechanisch können die Warzen mit einem scharfen Löffel abgetragen oder mit einem Laser verdampft werden. Dellwarzen werden mit einer Pinzette abgezupft. Feigwarzen können ebenfalls mit Zellgiften betupft oder per Laser abgetragen werden. Für alle Warzen sind neue Wirkstoffe in Verwendung, die das Immunsystem stimulieren und eine Selbstheilung anstoßen.

Prognose

Bei sonst gesunden Menschen verschwinden fast alle Warzen nach einiger Zeit, das kann allerdings Jahre dauern.

Einige Subtypen der HP-Viren werden mit der Entstehung von Karzinomen in Verbindung gebracht. Dellwarzen können bei empfindlichen Hauttypen jucken und sich infizieren.

Infobox

ICD-10:
B07 Viruswarzen (Verruca vulgaris, Verruca plantaris)
B08.1 Molluscum contagiosum
A63.0 Anogenitale Warzen (Condylomata acuminata)

Internetadressen:
http://de.wikipedia.org/wiki/Warzen

Literatur:
Moll, I.: Duale Reihe Dermatologie. Thieme, Stuttgart 2005

Wehenschwäche

► Frau Tiffers, eine 26-jährige Erstgebärende, trägt aufgrund ihrer Zuckerkrankheit ein großes Kind aus. Während der Entbindung, die unter Periduralanästhesie stattfindet, verläuft die Eröffnung des Muttermunds zunächst ordnungsgemäß, gerät dann aber ins Stocken. Das CTG ist unauffällig. Im Verlauf der folgenden halben Stunde werden fünf Wehen mit einer Dauer von etwa 20 Sekunden aufgezeichnet.

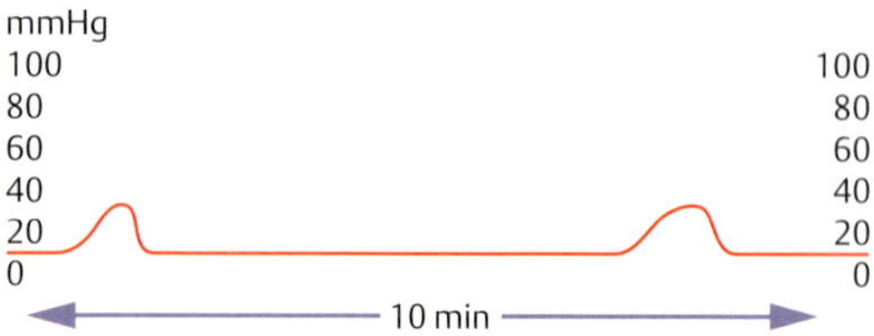

Abb. W.2 Tokogramm bei echter Wehenschwäche. Die Wehen sind zu kurz, zu selten und/oder zu schwach, d. h. < 30 mmHg.

Definition
Eine Wehenschwäche liegt vor, wenn die Wehen zu selten oder zu schwach auftreten.

Synonym: hypokinetische Dystokie.

Ursachen
Primäre Wehenschwäche. Diese Form tritt schon vor Beginn der Eröffnungsperiode auf. Durch eine sehr niedrige Oxytocinausschüttung sind die Wehen zu schwach. Der sich selbst verstärkende Mechanismus bleibt aus. Diese Selbstverstärkung wird normalerweise dadurch hervorgerufen, dass der im Uterus nach unten drückende kindliche Teil den Muttermund dehnt und dadurch Prostaglandine und Oxytocin ausgeschüttet werden. Liegt das Kind nicht tief genug, bleibt die Dehnung und die damit verbundene Ausschüttung der Hormone aus.

Eine wichtige Rolle spielen zudem Medikamente wie Narkotika oder Sedativa. Oft bringt die Entbindung für die Kreißende so viele Ängste mit sich, dass der natürliche Geburtsablauf empfindlich gestört wird. In solchen Fällen kann die Anwendung von Sedativa in Erwägung gezogen werden. Sie führen zur Entspannung der glatten Muskulatur und können so die Entstehung der Eröffnungswehen beeinträchtigen.

Sekundäre Wehenschwäche. Von einer sekundären Wehenschwäche spricht man, wenn Wehen während der Eröffnungsperiode und/oder Austreibungsperiode schwächer werden. Sie kommt bei einer Überdehnung oder Ermüdung der Uterusmuskulatur, z. B. durch Zwillinge, ein großes Kind oder bei zu hoher Fruchtwassermenge (→ Polyhydramnion) vor. Ein weiterer wichtiger Grund ist eine protrahierte (verzögerte) Geburt.

Symptome
Die Wehen sind zu kurz, zu selten und zu schwach. Ein Zeichen der sekundären Wehenschwäche ist auch, dass die Schmerzhaftigkeit der Wehen nachlässt. Außerdem bleibt ein Geburtsfortschritt aus oder ist verzögert.

Diagnose
Die reduzierte Anzahl der Wehen, weniger als drei Wehen in zehn Minuten, und die verminderte Wehendauer kann man schon durch eine Tastuntersuchung der Gebärmutter erkennen. Um eine exakte Aussage über die Wehenqualität treffen zu können, wird der Wehenschreiber eingesetzt, mit dem die Häufigkeit und Dauer der Wehen dargestellt werden kann (Tokogramm, **Abb. W.2**).

Therapie
Eine primäre Wehenschwäche wird mit Oxytocininfusionen unterstützt. Vor der Anwendung von Medikamenten kann man allerdings versuchen, die Wehentätigkeit durch leichte körperliche Aktivität sowie eine Blasen- und Darmentleerung anzuregen.

Die sekundäre Wehenschwäche behandelt man zunächst mit Infusionen von Nährlösungen mit Glukose und Elektrolyten. Danach kann auch hier ein Oxytocintropf nötig sein. In der Austreibungsperiode bieten sich die operativen Geburtsbeendigungen an wie die Vakuumextraktion mit der Saugglocke oder die Zangenextraktion.

Infobox

ICD-10:
O62.2

Internetadressen:
http://www.swissmom.ch
http://flexicon.doccheck.com
http://www.babynet.de/experten/delphisart/11geburt2.html

Windeldermatitis

► „Ist das bei Leon auch so gewesen? Mein Lukas hat immer einen total wunden Po", fragt Anne ihre Freundin Susanne, als beide in der Krabbelgruppe nebeneinander auf der Bank sitzen. „Nein", antwortet Susanne, „aber ich habe mal gehört, dass das auch von Orangensaft kommen kann". Noch bevor sie weiterreden kann dreht sich eine andere Mutter um. „Also wir nehmen nur Baumwollwindeln und haben nie Probleme gehabt. Die sind ja auch viel umweltverträglicher." Susanne schaut Anne an und verdreht die Augen. „Na typisch. Lass dir das mal nicht einreden. Ich habe gehört, dass Einmalwindeln nicht die Ursache für einen wunden Po sind."

Definition

Bei einer Windeldermatitis handelt es sich um eine Hautentzündung im Windelbereich.

Ursachen

Die Haut wird im Windelbereich durch Pflegefehler (zu seltenes Wechseln der Windeln), Durchfall, reizende Nahrungsmittel oder Antibiotikagabe, welche die Darmbesiedlung verändert und z. B. eine massive Überwucherung mit Hefepilzen hervorruft, massiv gereizt.

Folge ist eine Art Andauung der Haut. Dies schafft zusammen mit dem feuchtwarmen Klima in der Windel ideale Bedingungen für eine Vermehrung schädlicher Keime. Die häufigsten Verursacher einer Windeldermatitis sind Hefepilze (meist Candida), selten Bakterien (dann jedoch besonders Staphylokokken).

Symptome

Im Windelbereich ist die Haut stark gerötet und geschwollen. In schweren Fällen bilden sich Bläschen, die Haut nässt und schuppt. Gelegentlich breitet sich die Hautentzündung über die Grenzen der von der Windel bedeckten Haut aus (**Abb. W.3**).

Die Dermatitis ist recht schmerzhaft. Deshalb sind die Betroffenen, meist Kinder, unruhig und schreien zu Recht.

Diagnose

Die Windeldermatitis wird durch eine Blickdiagnose festgestellt. Sie ist auf den ersten Blick erkennbar, weitere Diagnosemaßnahmen sind meist nicht nötig.

Differenzialdiagnose

Die Windeldermatitis ist von der Form der kindlichen → Psoriasis, die ähnlich aussehen kann, abzugrenzen. Wiederholt sich die Hautentzündung trotz Therapie, sollten andere Formen einer Dermatitis, z. B. die seborrhoische Dermatitis, eine Hautreizung an stark schwitzenden Hautstellen, ausgeschlossen werden.

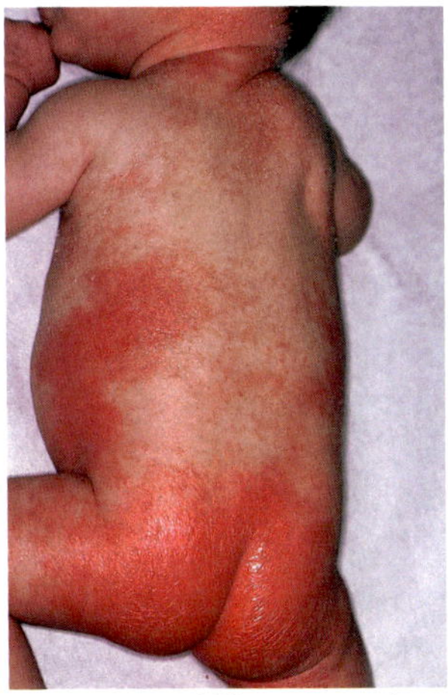

Abb. W.3 Windeldermatitis. Gelegentlich breitet sich die Hautentzündung über die Grenzen der von der Windel bedeckten Haut aus.

Therapie

Durch häufiges Windelwechseln oder Lufttrocknung lassen sich die reizenden Stoffe ausschalten. Die gerötete Haut wird mit zinkhaltigen Salben behandelt. Ist die Haut stark mit Hefepilzen besiedelt, sind entsprechende Salben (z. B. Canestensalbe) anzuwenden.

Zur Vorbeugung einer Windeldermatitis sollte starker Durchfall behandelt werden und auf reizende Nahrungsmittel, z. B. säurehaltiges Obst in größeren Mengen, verzichtet werden. Baumwollwindeln bringen gegenüber Einmalwindeln keinen Vorteil.

Prognose

Bei richtiger Behandlung heilt die Windeldermatitis rasch und folgenlos ab.

Infobox

ICD-10:
L22

Internetadressen:
http://www.kinderwelten.de

Literatur:

Moll, I.: Duale Reihe Dermatologie. Thieme, Stuttgart 2005

Sitzmann, F. C.: Duale Reihe Pädiatrie. Thieme, Stuttgart 2002

Windpocken

► Frau Theodorou kommt mit ihrem 3-jährigen Sohn zum Kinderarzt: „Konstantin hat seit gestern 38,2 °C Fieber und will nur auf den Arm. Sonst ist er immer viel lebhafter. Bauch, Arme und Gesicht sind voller kleiner roter Flecken. An einigen Stellen sind es jetzt richtige Bläschen und er kratzt sich daran, wenn ich nicht aufpasse. Können das die Windpocken sein? Ein Mädchen in der Kita hatte sie letzte Woche auch."

Definition

Windpocken sind eine akute Erkrankung mit juckendem Hautausschlag, die durch das Varicella-zoster-Virus hervorgerufen wird. Windpocken betreffen hauptsächlich Kinder.

Synonym: Varizellen.

Ursachen

Das Varicella-zoster-Virus wird von Mensch zu Mensch über Tröpfcheninfektion verbreitet. Der Erreger ist hoch infektiös. Auch Personen, die nur flüchtigen Kontakt mit einem Infizierten haben oder auch nur auf mehrere Meter an ihn herankommen, können infiziert werden. Daher die Bezeichnung „Wind"-pocken. Fast alle Personen, die sich infizieren, erkranken.

Eine Ansteckungsgefahr besteht bereits 1 – 2 Tage vor Beginn des Hautausschlags und hält so lange an, bis das letzte Bläschen eingetrocknet ist. Zunächst vermehrt sich das Virus in den Schleimhäuten der Atemwege, gelangt von dort aus über das Blut in verschiedene Organe und schließlich in die Haut.

Symptome

Nach einer Inkubationszeit von 10 Tagen bis 3 Wochen entstehen leichtes Fieber, Abgeschlagenheit und ein Hautausschlag aus Bläschen, der stark juckt. Die Bläschen entwickeln sich aus einer kleinen Hautrötung, die am Stamm beginnt und dann auf den Kopf und die Extremitäten übergeht. Die Bläschen sind zuerst klar, werden dann trüb und eitrig, trocknen ein, verschorfen und fallen schließlich ab.

Über 2 – 4 Tage verschwinden immer wieder Bläschen, während gleichzeitig neue entstehen. Auf diese Weise besteht ein buntes Bild von frischen und bereits ausheilenden Hauterscheinungen (**Abb. W.4**). Nach 3 – 5 Tagen verschwindet das Fieber und die letzten Bläschen verkrusten nach spätestens einer Woche.

Diagnose

Die Diagnose kann aufgrund des Hautbilds leicht gestellt werden, insbesondere wenn ein Kontakt zu anderen Kindern mit Windpocken bekannt ist. Zur Überprüfung können IgM-Antikörper im Serum bestimmt werden. Das Virus kann auch aus Bläscheninhalt angezüchtet werden.

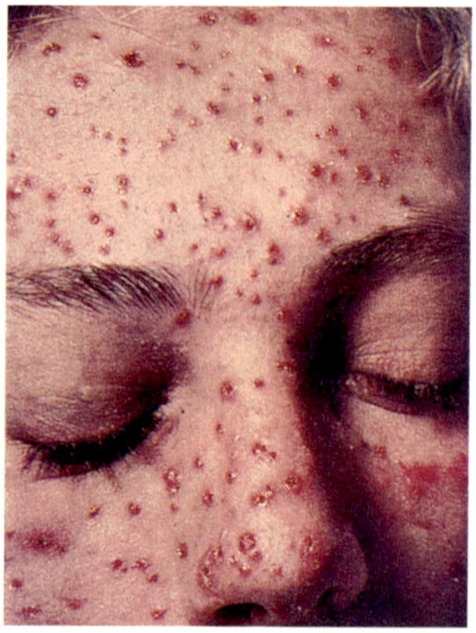

Abb. W.4 Hauterscheinungen. Bei den Windpocken sieht man gleichzeitig alle Stadien der Effloreszenzen nebeneinander: Erythem, Papel, geplatzte und verschorfte Pusteln.

Differenzialdiagnose

Windpocken müssen ggf. durch Laboruntersuchungen gegen eine Virusinfektion mit → Herpes simplex, die sich auf den ganzen Körper ausdehnen und bei Personen mit → Neurodermitis auftreten kann, abgegrenzt werden. Auch eine Infektion mit Enteroviren kann Fieber und gelegentlich bläschenartige Hautausschläge hervorrufen.

Therapie

Salben und Lotionen können das starke Jucken mindern. Um bakterielle Superinfektionen zu verhindern, sollten Hände und Fingernägel sauber gehalten werden.

Bei Infektionen von Jugendlichen und Erwachsenen sowie bei schweren Verläufen sollte außerdem sobald wie möglich mit Aciclovir oder einem ähnlichen Medikament behandelt werden, um das Auftreten von Komplikationen zu verhindern. Bei Komplikationen können intensivmedizinische, symptomatische Therapie und Pflege erforderlich sein.

Prophylaxe

Ein Impfstoff gegen Windpocken wird in Deutschland für folgende Personengruppen empfohlen: Kinder, nicht immune Frauen mit Kinderwunsch, Jugendliche, die keine Windpocken hatten sowie andere Personen, die aufgrund bestimmter Vorerkrankungen ein besonderes Risiko für einen schweren Krankheitsverlauf bei Windpocken haben. Außerdem sollen nicht immune Personen, die in der Pädiatrie, Geburtshilfe oder Onkologie arbeiten, geimpft sein.

Prognose

Eine normale Infektion mit Windpocken heilt bei kleinen Kindern folgenlos aus. Häufig bleiben jedoch einzelne kleine Narben auf der Haut zurück. Ältere Kinder und Erwachsene bekommen mehr Bläschen als kleine Kinder und leiden häufiger unter Komplikationen. Jahre bis Jahrzehnte nach den Windpocken kann es zur Gürtelrose kommen (→ Herpes zoster).

Komplikationen

Aufgrund des heftigen Juckens kratzen sich die Betroffenen. Dadurch können Bakterien in die Wunden gelangen. Kommt es zur bakteriellen Superinfektion (erneute Infektion), bleiben später kleine Narben zurück. Eine → Pneumonie, die auch tödlich ausgehen kann, ist bei Jugendlichen und Erwachsenen häufiger, bei Kindern seltener. Ebenfalls selten sind → Meningitis und → Enzephalitis. Windpocken verlaufen bei Personen mit einem geschädigten Immunsystem schwerer.

Windpocken während der Schwangerschaft führen zu einer Infektion des Kindes, die in sehr seltenen Fällen eine Embryopathie (Fehlbildung beim Ungeborenen) hervorrufen kann. Infiziert sich die Schwangere kurz vor der Geburt, kann das Neugeborene akut schwer erkranken (→ Angeborene Infektionskrankheit).

Infobox

ICD-10:
B01.9

Internetadressen:
http://www.medizinfo.de
http://www.rund-ums-baby.de

Literatur:
Suttorp, N. u. a. (Hrsg.): Infektionskrankheiten. Thieme, Stuttgart 2003

Wirbelsäulenaffektionen

► Die 73-jährige Liesel Gunder klagt bei ihrem Hausarzt: „Ach, Herr Doktor, Sie sehen ja, wie arg es ist. Ich kann nur noch am Stock gehen, und aufrichten kann ich mich ja schon lange nicht mehr. Der Buckel stört mich mittlerweile nicht mehr so sehr. Am schlimmsten ist, dass ich nicht mehr alleine zurecht komme und dann immer diese Schmerzen."

Definition

Unter dem Begriff Wirbelsäulenaffektionen werden angeborene oder altersbedingte Wirbelsäulenveränderungen und -erkrankungen zusammengefasst. Rund 60% der Frauen und 80% der Männer ab fünfzig Jahren leiden unter meist altersbedingten Wirbelsäulenaffektionen.

Ursachen

Ursache für Wirbelsäulenaffektionen sind meist Wirbelsäulenverkrümmungen. Aber auch andere krankhafte Veränderungen wie → Osteoporose oder das Wachstum eines → Tumors im Wirbelkörper (z. B. → Osteosarkom) können Wirbelsäulenaffektionen hervorrufen.

Sehr selten kommt es zu angeborenen Wirbelsäulenverkrümmungen oder zu angeborenen Wirbelsäulenfehlbildungen, etwa durch einen zusätzlichen Wirbel (z. B. sechs statt fünf Lendenwirbeln).

Symptome

Je nach Ausprägung können Wirbelsäulenverkrümmungen eine funktionelle Störung verursachen, z. B. Haltungs- und Bewegungsstörungen der Wirbelsäule. Angeborene Verkrümmungen bereiten Erkrankten oft keine Schmerzen, altersbedingte Verkrümmungen hingegen schon. Am häufigsten sind folgende Wirbelsäulenverkrümmungen:

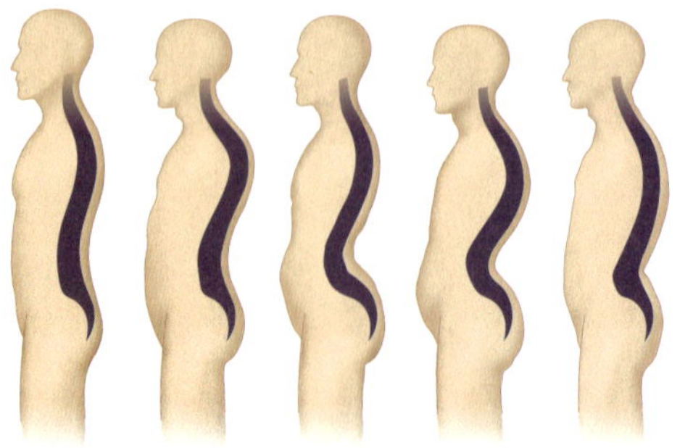

Abb. W.5 Haltungstypen. **a** physiologisch, **b** thorakale Hyperkyphose (Rundrücken), **c** lumbale Hyperlordose (Hohlkreuz), **d** Kypho-Lordose (Hohlrundrücken), **e** Totalkyphose.

- **Kyphose:** Sie wird auch „Buckel" genannt, die Brustwirbelsäule ist nach „hinten" gewölbt (**Abb. W.5**).
- → **Skoliose:** Die Wirbelsäule ist seitlich verbogen, wobei die einzelnen Wirbelkörper gedreht sind und gleichzeitig die betroffene Region versteift ist. Schreitet die Erkrankung fort, bildet sich ein Rippenbuckel oder auch Lendenwulst, sodass bei den Betroffenen der Kopf „schief hängt" und die Schulter einseitig hochgezogen ist (Formen der Skoliose, S. 1001).

Diagnose

Bei einer stark ausgeprägten Wirbelsäulenverkrümmung erkennt man das Leiden eines Patienten sehr deutlich. Eine Röntgenaufnahme des betroffenen Wirbelsäulenabschnittes stützt die Diagnose.

Therapie

Junge Patienten können ihre Haltungsprobleme mittels Physiotherapie oder Stützkorsett verbessern. Der Grad der Verkrümmung kann in einigen Fällen operativ korrigiert werden.

Differenzialdiagnose

Ausgeschlossen und entsprechend behandelt werden müssen Erkrankungen, die eine Wirbelsäulenverkrümmung nach sich ziehen können, z. B. bei Tumorwachstum im Wirbel oder → Osteoporose.

Prophylaxe

Man kann den Altersverkrümmungen durch lebenslange richtige Haltung, Rücken- und Bauchmuskulaturtraining, Physiotherapie und therapeutische Rückenschulen vorbeugen.

Prognose

Jungen Patienten kann oft durch therapeutische Physiotherapie geholfen werden. Meist aber müssen die Betroffenen mit der Wirbelsäulenaffektion und den damit einhergehenden Problemen physischer und psychischer Art zu leben lernen.

Infobox

ICD-10:
M41.9 – Skoliose
Q76.4 – angeborene Kyphose
M47.9 – altersbedingte Wirbelsäulenveränderungen

Internetadressen:
http://www.skoliose-info-forum.de
http://www.bundesverband-skoliose.de

Wochenbettdepression/-psychose

► Der 32-jährige Sebastian Stocker, vor 8 Wochen Vater geworden, klagt einem Freund: „Ich mache mir Sorgen um Barbara. Dabei hätte sie doch allen Grund, glücklich zu sein. Die Geburt von Tim hat sie super gemeistert und der Kleine trinkt und wächst gut. Aber seit kurzem zeigt sie kaum noch Interesse für das Kind und ist launisch und reizbar. Sie weint so oft und ist immer müde und erschöpft. Ich bin total ratlos. Was ist bloß mit ihr los?“

Definition

Bei einer Wochenbettdepression entwickelt die Mutter in den ersten Wochen bis Monaten nach der Geburt ein Gefühl tiefer Trauer und damit verbunden psychische Störungen. Die Wochenbettdepression betrifft 10–15% aller Mütter, besonders häufig nach der ersten Entbindung.

Bei einer Wochenbettpsychose, die im Vergleich zu Wochenbettdepression selten ist (1–2 Fälle pro 1000 Entbindungen), treten meistens bereits in den ersten drei Wochen nach der Geburt psychotische Störungen auf.

Synonym: postpartale Depression bzw. postpartale Psychose.

Ursachen

Die genauen Ursachen der Erkrankungen sind unklar. Von Bedeutung sind vermutlich hormonelle Veränderungen nach der Geburt, v. a. der Abfall von Östrogen und Progesteron. Diskutiert werden außerdem biologische Faktoren wie emotionale Instabilität und soziale und psychische Faktoren wie die Einstellung zu Kind und Partner.

Psychische Erkrankungen in der Vorgeschichte oder in der Familie, Belastung oder Traumatisierung durch Geburt oder Kaiserschnitt sowie eine soziale Notlage und Stress erhöhen das Risiko für die Erkrankungen.

Symptome

Wochenbettdepression. Bei den Müttern finden sich alle Symptome, die bei Depressionen (→ reaktive Depression) auftreten können. Typisch ist eine schleichende Entwicklung folgender Beschwerden:

- gedrückte Stimmung,
- Antriebs- und Energielosigkeit,
- extreme Reizbarkeit,
- Angstgefühle, Panikattacken,
- Konzentrations-, Appetit- und Schlafstörungen.

Auffällig sind häufig auch mangelndes Verständnis für die Bedürfnisse des Säuglings, Passivität, reduziertes mimisches Ausdrucksverhalten, Mangel an Empathie und emotionaler Verfügbarkeit, sexuelle Unlust sowie Schuldgefühle.

Wochenbettpsychose. Die Symptome können denen einer Wochenbettdepression ähneln, treten aber in verstärkter Form auf. Außer diesen Symptomen treten auch Verworrenheit, motorische Unruhe, Halluzinationen und Wahnvorstellungen auf (schizophrene Beschwerden). Die Betroffenen sind suizidgefährdet und haben manchmal auch den Wunsch, dem Kind zu schaden.

Diagnose

Wochenbettdepression. Entscheidend für die Diagnose einer Wochenbettdepression sind Dauer und Intensität der Beschwerden sowie der Leidensdruck. Es gibt graduelle Abstufungen von leichten bis schweren Wochenbettdepressionen.

Wochenbettpsychose. Die Diagnose der Wochenbettpsychose entspricht der bei psychotischen Störungen: Eine psychopathologische und körperliche Untersuchung sind notwendig und ein Drogenkonsum sollte ausgeschlossen werden. Für die Diagnose einer Wochenbettpsychose müssen Beschwerden wie Wahn und Halluzinationen über mindestens einen Monat anhalten.

Differenzialdiagnose

Man muss Wochenbettdepression und Wochenbettpsychose von den sog. Heultagen („Baby-Blues“) unterscheiden. Dieses Stimmungstief nach der Entbindung gilt nicht als Krankheit. Es dauert wenige Stunden bis einige Tage und betrifft 30–75 % aller Mütter. Typische Kennzeichen sind Traurigkeit, häufiges Weinen, Stimmungsschwankungen, Müdigkeit, Erschöpfung, Schlaflosigkeit, Ängstlichkeit, Reizbarkeit und Konzentrationsschwierigkeiten. Eine spezifische Therapie ist hier nicht notwendig; meist reichen unterstützende Gespräche.

Die Wochenbettpsychose sollte von Psychosen mit organischen Ursachen, etwa Entzündungen oder Krebserkrankungen, schizophrene Erkrankungen, Persönlichkeitsstörungen sowie von → Zwangs- und → Angststörungen abgegrenzt werden.

Therapie

Wochenbettdepression. Die Mütter sollten engmaschig psychotherapeutisch begleitet werden. Ist die Mutter häuslich überfordert, sollte der Einsatz einer soziotherapeutischen Hilfe erwogen werden, etwa eines Sozialarbeiters oder einer Pflegekraft. Als hilfreich hat sich auch die sog. Wochenbettvisite erwiesen (**Abb. W.6**).

Wochenbettpsychose. Frauen mit stärkeren Depressionen oder Wochenbettpsychosen sollten zusätzlich medikamentös behandelt werden. Eingesetzt werden je nach Beschwerdebild Beruhigungs- und Schlafmittel, Antidepressiva und Psychopharmaka. Im Einzelfall kann eine Behandlung mit Östrogenen hilfreich sein. Je nach Substanz muss vor dem Einsatz der Medikamente u. U. abgestillt werden. Bei sehr schweren Verläufen kann eine stationäre Behandlung im Krankenhaus erforderlich sein.

Integration psychosomatischer Aspekte	
1. Tag:	• Eingehen auf das Geburtserleben (Vergleich von Ideal und Wirklichkeit) • Abbau von Schuldgefühlen
2. Tag:	• Angebot zur Hilfe bei Unsicherheiten – im Körpererleben (Episiotomie, Milcheinschuss, Nachwehen) – im psychischen Bereich (Stimmungsschwankungen)
3. Tag:	• konkrete Hinweise auf psychohygienische Aspekte (Eltern-Kind-Beziehung, Rooming-in, Stillen, Hautkontakt)
4.–6. Tag:	• Bedürfnisse von Mutter und Kind abwägen! (emotionale Grenzen der Mutter – Verstehen der kindlichen Signale)
Demissio:	• Richtlinien, entwicklungspsychologische Aspekte, Kontaktangebot

Abb. W.6 Wochenbettvisite. Zusammenfassung der wichtigsten Aspekte der Wochenbettvisite.

Prognose

Die Prognose für die Wochenbettdepression/-psychose ist insgesamt günstig. Bei den meisten Frauen gehen die Beschwerden vollständig zurück. Wochenbettdepressionen haben jedoch eine hohe Rezidivneigung: Bis zu 50% der Frauen erkranken bei einer weiteren Geburt erneut. Es kann auch isoliert vom Wochenbett erneut zu einer Psychose kommen.

Komplikationen

Eine gefürchtete Komplikation bei Müttern mit schweren Wochenbettpsychosen ist die Kindstötung. Sie kann in bis zu 4% der Fälle vorkommen.

Infobox

ICD-10:

F53.0 – Wochenbettdepression

F53.1 – Wochenbettpsychose

Internetadressen:

http://www.schatten-und-licht.de

http://www.gesundheitswerkstatt.de

Literatur:

Dalton, K., Holton, W.: Wochenbettdepression. Huber, Bern 2003

Wurmerkrankungen

► Die 26-jährige Ivana Tjukova berichtet aufgeregt ihrer Hausärztin: „Nachdem ich heute morgen auf der Toilette war, schwamm so ein ekliges, weißes, nudelartiges Teil in der Schüssel. War das vielleicht ein Bandwurm? Und kann ich mir den im Urlaub bei meiner Oma in der Ukraine geholt haben? Da habe ich nämlich rohes Mett gegessen. Seit der Zeit fühle ich mich auch oft so unwohl. Mal habe ich Darmkrämpfe, dann wieder Blähungen oder Verstopfung."

Definition

Bei Wurmerkrankungen haben große, d. h. meist mit bloßem Auge sichtbare Endoparasiten wie Band-, Maden- und Spulwürmer den Menschen befallen. In Deutschland sind Band- und Spulwurmerkrankungen heute selten. Madenwurmerkrankungen wie Enterobius vermicularis oder Oxyuren sind v. a. bei Kindern etwas häufiger.

Ursachen

Die Ursache für eine Wurmerkrankung ist die Aufnahme von Wurmlarven oder -eiern. Dies geschieht z. B. beim Umgang mit Tieren, Genuss von rohem oder nicht ausreichend gegartem Fleisch oder anderer Lebensmittel und beim engen körperlichen Kontakt kleiner Kinder.

Der Befall mit einem Rinder- oder Schweinebandwurm wird durch den Verzehr von unzureichend gegartem Rind- oder Schweinefleisch mit Finnen (abgekapselten Bandwurmlarven) verursacht.

Die Eier des Hunde- oder Fuchsbandwurms, die die → Echinokokkose verursachen, können sich auch auf Waldbeeren und Pilzen befinden.

Lebenszyklus des Bandwurms

Der Lebenszyklus des Bandwurms ist komplex. Im Endwirt reifen die Würmer heran. Die Wurmweibchen legen Eier, die der Endwirt ausscheidet. Diese Eier nimmt entweder ein Zwischenwirt (z. B. ein Haustier) auf, oder sie gelangen auf den Erdboden oder auf Pflanzen und entwickeln sich dort weiter.

Nachdem ein neuer Wirt, der sog. Zwischenwirt, die Eier aufgenommen hat, schlüpfen Larven. Für den Schweinebandwurm ist z. B. das Schwein der Zwischenwirt, der Mensch der Endwirt. Aus den Eiern schlüpfen wiederum Larven, die u. U. eine Wanderung im Körper wie beim Hundebandwurm Toxocara canis beginnen.

Nur die Oxyuren (Madenwürmer) benötigen keinen Zwischenwirt. Das Weibchen kommt nachts aus dem After und legt seine Eier in der Perianalregion ab. Das juckt und die Kinder kratzen sich. Stecken sie dann den Finger wieder in den Mund, gelangen die Eier in den Darm, wo die geschlüpften Larven zu neuen Würmern heranreifen.

Symptome

Normalerweise wird eine Wurmerkrankung oft jahrelang ohne große Probleme toleriert. Als höhere Parasiten legen Bandwürmer nämlich größten Wert darauf, ihre Wirte nicht zu sehr zu schädigen. Denn ihre Lebenserwartung ist mit bis zu drei Jahren beträchtlich und sie können – wie der Fischbandwurm Diphyllobothrium latum – eine Länge von bis zu 20 Metern erreichen.

Bandwürmer verursachen lokale Entzündungszeichen an der Darmwand, die der Wirt jedoch meist gar nicht wahrnimmt. Der Grund für die Entzündungen ist, dass die Bandwürmer sich mit einem Hakenkranz am Kopf oder mit Saugnäpfen an der Darmwand verankern (**Abb. W.7**). Dennoch können auch ganze Bandwurmteile abgehen wie in unserem Fallbeispiel. Mit dem Stuhl scheidet der Patient ununterbrochen Wurmeier aus.

Obwohl der Wurm wächst, indem er „mitisst", muss der Wirt dies bei ausreichender Ernährungslage nicht unbedingt bemerken, selbst über eine geraume Zeit. Einige Bandwürmer konsumieren jedoch Vitamine, z. B. der Fischbandwurm. Seine Vorliebe für Vitamin B 12 führt dazu, dass der Wirt an perniziöser → Anämie erkrankt. Spulwürmer dagegen verursachen unterschiedliche Symptome – je nachdem, in welchem Organ sie sich befinden. Haben sie z. B. die Lunge befallen, leidet der Patient unter trockenem Husten.

Alle Wurmerkrankungen haben gemeinsam, dass sich das Blutbild durch Vermehrung der eosinophilen Granulozyten verschiebt.

Diagnose

Durch die typische Krankheitsgeschichte wie Kontakt zu Tieren oder Verzehr von rohem Fleisch entsteht der Verdacht auf die Wurmerkrankung. Meistens ist eine Stuhluntersuchung wegweisend; bei Echinococcus muss eine Lebersonografie durchgeführt werden.

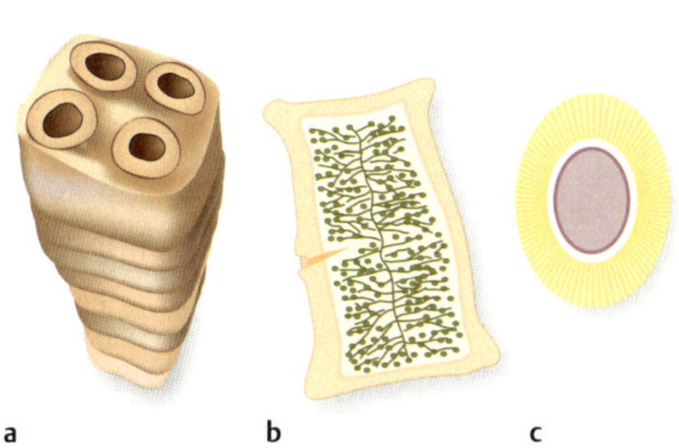

a b c

Abb. W.7 Rinderbandwurm. **a** Kopf, **b** Proglottid (Bandwurmglied), **c** Ei.

Oxyuren werden am besten durch einen Analabklatsch gleich nach dem morgendlichen Aufstehen nachgewiesen. Die typischen Eier sind dann auf einem Klebestreifen unter dem Mikroskop zu erkennen.

Differenzialdiagnose

Heute wird meistens erst spät an einen Parasitenbefall gedacht. Können aber alle anderen Krankheitsbilder mit einer entsprechend unspezifischen Symptomatik ausgeschlossen werden, sollte man unbedingt auch nach Parasiten suchen.

Therapie

Praktisch für jeden Wurm stehen geeignete „Wurmkuren" zur Verfügung. Typische Beispiele sind Mebendazol (z. B. Vermox) und andere Präparate dieser Gruppe. Der Hundespulwurm Toxocara canis heilt i.d.R. nach einem Jahr von selbst aus. Eine → Echinokokkose muss teilweise operativ behandelt werden.

Prognose

Die Behandlung der Würmer ist heute unkompliziert. Wird der Parasitenbefall erkannt, ist die Prognose daher i.d.R. sehr gut.

Komplikationen

Große Bandwürmer können allein schon aufgrund ihrer Länge und Masse einen Darmverschluss, den sog. Wurmileus (→ Ileus) bewirken. Weitere Komplikationen ergeben sich aus den Nährstoffen, die der Wurm bzw. die Würmer der Nahrung entziehen, bevor der Wirt davon profitieren kann.

Infobox

ICD-10:
B83.9

Internetadressen:
http://www.hausarzt-qualimedic.de

Literatur:

Mehlhorn, H.: Grundriss der Parasitenkunde, 6 Aufl. Spektrum Akademischer Verlag, München 2002

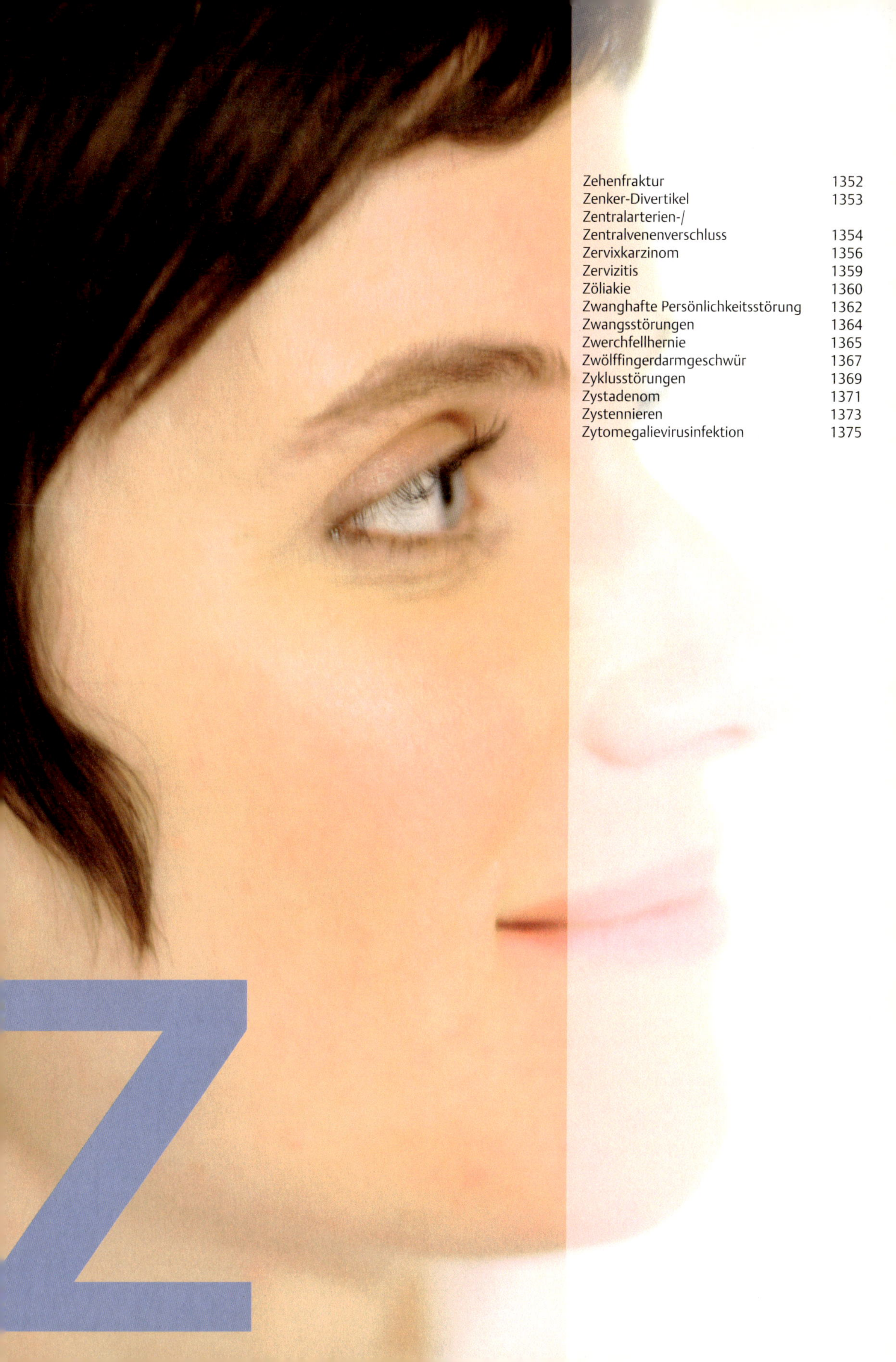

Z

Zehenfraktur

► **Kurt Moosmann (59) kommt humpelnd in die Hausarztpraxis und berichtet: „Mir ist ja vielleicht was Blödes passiert: Ich wollte Sprudel aus dem Keller holen, hatte aber keinen Korb. Mit einer Flasche unter dem rechten, einer unter dem linken Arm konnte ich locker noch ein paar Äpfel tragen. Denkste! Als ich mit dem Ellenbogen die Tür öffne, fällt mir eine Flasche direkt auf den großen Zeh. Er ist jetzt total geschwollen und schmerzt wahnsinnig."**

Definition

Bei der Zehenfraktur sind ein oder mehrere Zehenknochen gebrochen.

Ursachen

Zehen brechen meist infolge direkter äußerer Gewalt, z. B. infolge eines starken Stoßes gegen einen Schrank oder eine Tür. Eine weitere Ursache kann eine Zehenquetschung sein, die entsteht, wenn ein Gegenstand auf den Zeh fällt.

Symptome

Die betroffene Zehe (meist die Großzehe) ist stark geschwollen und sehr schmerzhaft. Ist das Endgelenk betroffen, bildet sich nicht selten ein Bluterguss (→ Hämatom) unter dem Zehennagel.

Diagnose

Der Knochenbruch wird anhand von Röntgenbildern, die in zwei Ebenen angefertigt werden, diagnostiziert.

Differenzialdiagnose

Schwillt der Zeh – insbesondere der Großzeh – ohne äußere Gewalteinwirkung an, könnte eine akute → Gichtarthritis oder ein Schub einer → chronischen Polyarthritis ursächlich sein. Ein → Panaritium führt zu einer schmerzhaften Rötung am Nagelbett.

Therapie

Um eine gebrochene Großzehe ruhig zu stellen und die Schmerzen zu lindern, sollte ein Unterschenkelgips oder ein spezieller Schuh angelegt werden. Sind andere Zehen gebrochen, reicht ein Pflasterzügelverband. Dabei wird die gebrochene Zehe mit einem dachziegelartig angelegten Heftpflasterverband an der benachbarten gesunden Zehe fixiert (**Abb. Z.1**).

Eine operative Versorgung ist nur dann notwendig, wenn der Knochen im Bereich des Großzehengrundgelenkes gebrochen ist und dort eine ausgeprägte Fehlstellung besteht.

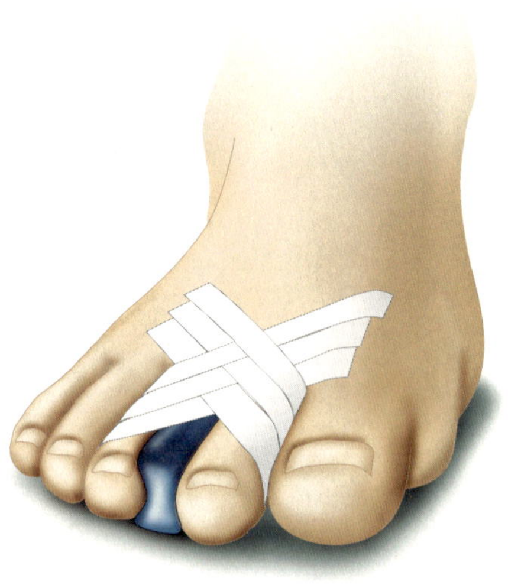

Abb. Z.1 Zehenfraktur. Dachziegelverband.

Prognose

Zehenfrakturen heilen i.d.R. folgenlos ab. Wächst ein Knochen im Bereich des Großzehengrundgelenkes in Fehlstellung zusammen, kann sich mit den Jahren eine Arthrose entwickeln.

Infobox

ICD-10:
S92.4 – Fraktur der Großzehe
S92.5 – Fraktur der übrigen Zehen

Internetadressen:
http://www.unfallchirurgie-amberg.de
http://www.gvle.de

Literatur:
Paetz, B., Benzinger-König, B.: Chirurgie für Pflegeberufe, 20. Aufl. Thieme, Stuttgart 2004

Zenker-Divertikel

► Die 80-jährige Elisabeth Schliecher berichtet ihrem Hausarzt: „Ich kann ja schon seit Jahren so schlecht schlucken. Jedes Mal nach dem Essen habe ich das Gefühl, einen Kloß im Hals zu haben. In letzter Zeit kommt es immer wieder vor, dass ich nachts aufwache und das Abendessen erbrechen muss."

Definition

Beim Zenker-Divertikel ist die Speiseröhrenschleimhaut am oberen Ende der Speiseröhre ausgestülpt.

Divertikel sind Wandausstülpungen eines Hohlorganes (→ Divertikulitis), die die ganze Wand oder nur die Schleimhaut betreffen können. Sie kommen in allen Abschnitten der Speiseröhre vor (→ Ösophagusdivertikel). Das Zenker-Divertikel ist das häufigste der Speiseröhre.

Ursachen

Das Zenker-Divertikel ist ein „Pulsationsdivertikel". Wahrscheinlich bilden sich infolge der Pulsion (Druckerhöhung) in der Speiseröhre Lücken in der Muskelschicht, durch die die Schleimhaut hindurchgedrückt wird.

Symptome

Kleine Divertikel sind meist symptomlos und werden zufällig entdeckt. Mit zunehmender Größe aber entstehen Schluckstörungen. Zusätzlich beschreiben die Patienten das sog. „Globusgefühl", ein Druckgefühl im Halsbereich.

In sehr großen Divertikeln können sich Speisereste sammeln. Diese zersetzen sich mit der Zeit und können einen sehr unangenehmen Mundgeruch verursachen. Vor allem nachts können Speisereste auch in die Speiseröhre zurückfließen. Wird der Patient dadurch wach, kann er die Speisereste ausspucken. Gelangen die Speisereste aber in die Luftröhre, droht die Gefahr einer Aspiration, die zu einer Pneumonie führen kann (→ Aspirationspneumonie).

Diagnose

Zenker-Divertikel werden mit einem Röntgenbreischluck diagnostiziert, bei dem der Patient einen kontrastmittelhaltigen Brei schlucken muss. Währenddessen oder im Anschluss wird eine Röntgenaufnahme der Speiseröhre gemacht. Auf diese Weise lässt sich der im Divertikel gesammelte Brei gut darstellen (**Abb. Z.2**).

Differenzialdiagnose

Die Differenzialdiagnose der Schluckstörung umfasst viele mögliche Ursachen. Immer auszuschließen ist ein → Ösophaguskarzinom. Bei einer Achalasie liegt eine Bewegungsstörung der Speiseröhre vor. Ein ständiges Fremdkörpergefühl im Hals kann auch durch eine sehr große → Struma hervorgerufen sein.

Eine ausgeprägte Entzündung der Speiseröhrenschleimhaut (→ Ösophagitis) kann durch Vernarbungen zu Engstellen in der Speiseröhre und infolgedessen zu Schluckstörungen führen. Doch auch psychosomatische Beschwerden können Ursache einer Schluckstörung sein.

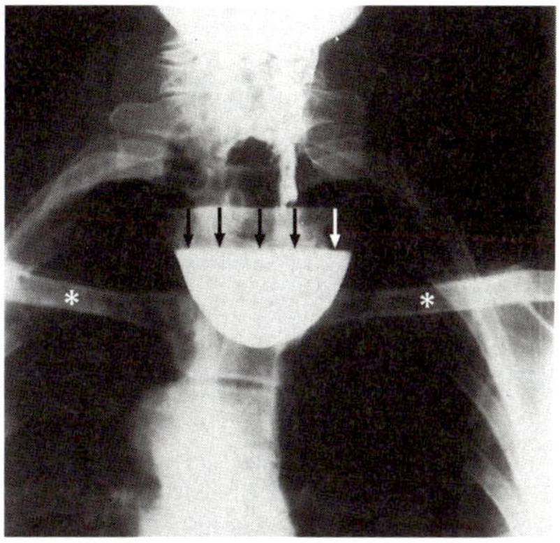

Abb. Z.2 Zenker-Divertikel. Das geschluckte Kontrastmittel stellt sich in dem Speiseröhrendivertikel mit einem waagerechten Flüssigkeitsspiegel (Pfeile) dar. * : Schlüsselbeine.

Therapie

Bei Beschwerden kann das Zenker-Divertikel operativ entfernt werden.

Prognose

Da Beschwerden insgesamt eher selten sind und große Divertikel abgetragen werden können, ist die Prognose gut.

Komplikationen

Sie sind insgesamt selten, doch es kann zu Entzündungen oder Blutungen im Divertikel kommen. Gefürchtet ist die Perforation der Schleimhaut. Sie kann entstehen, wenn sich die Umgebung der Speiseröhre durch die auslaufende Flüssigkeit entzündet. Bei einer Fistelbildung hat sich ein Gang zwischen Divertikel und benachbartem Organ, z. B. der Luftröhre, gebildet.

Infobox

ICD 10: K22.5

Internetadresse:
http://www.endoskopischer-atlas.de

Literatur:

Andreae, S. u. a.: Krankheitslehre für Altenpflegeberufe. Thieme, Stuttgart 2001

Paetz, B., Benzinger-König, B.: Chirurgie für Pflegeberufe, 20. Aufl. Thieme, Stuttgart 2004

Zentralarterien-/ Zentralvenenverschluss

► **Der 73-jährige Arno Kremers berichtet in der Augenklinik: „Ich habe heute beim Aufwachen festgestellt, dass ich auf dem rechten Auge überhaupt nichts mehr sehe. Mir tut nichts weh, aber beunruhigt bin ich schon. Ein befreundeter Arzt hat mir gesagt, das kann mit meiner künstlichen Herzklappe zusammenhängen, die ich seit 10 Jahren habe. Deshalb bin ich auch sofort hierher gekommen."**

Definition

Beim Zentralarterienverschluss (ZAV) entsteht ein plötzlicher Sehverlust durch einen vollständigen Verschluss der A. centralis retinae (Netzhautarterie).

Beim Zentralvenenverschluss (ZVV) entsteht eine plötzliche Sehverschlechterung durch einen vollständigen oder unvollständigen Verschluss der V. centralis retinae (Netzhautvene).

Ursachen

Ursachen eines ZAV ist häufig ein Embolus (Blutgerinnsel; → Embolie), der dem Herzen oder thrombotischen Veränderungen der Karotisarterien (→ Karotisstenose) entstammt.

Ursachen und Risikoerkrankungen für ZVV sind z. B. eine erhöhte Viskosität (Zähigkeit) des Blutes, etwa bei chronischer Leukämie (z. B. → Non-Hodgkin-Lymphom), Störungen der Gerinnung sowie Erkrankungen der Gefäßwände.

Symptome

Symptom des ZAV ist ein plötzlich auftretender, schmerzloser, einseitiger und vollständiger Sehverlust.

Beim ZVV besteht i.d.R. eine einseitige, schmerzlose Sehverschlechterung. Die Patienten suchen aber oftmals erst nach Tagen oder Wochen einen Augenarzt auf.

Diagnose

Bei einem ZAV ist am Augenhintergrund eine weiße, geschwollene Netzhaut zu erkennen, aus der sich im Makulabereich der sog. kirschrote Fleck abgrenzen lässt (**Abb. Z.3 a**). Die Arterien sind sehr eng.

Bei einem ZVV ist am Augenhintergrund ein Papillenödem (deutlich geschwollene Papille) sowie stark geschlängelte und erweiterte Venen zu erkennen. Des Weiteren können Netzhautblutungen und weiße, flauschige, sog. Cotton-wool-Herde (Bereiche mit Mikroinfarkten) sowie ein Makulaödem (Schwellung in der Makula) beobachtet werden (**Abb. Z.3 b**).

Differenzialdiagnose

Ein kirschroter Fleck wie beim ZAV wird sonst nur bei sehr seltenen Stoffwechselerkrankungen beobachtet.

Papillenödeme können auch infolge anderer Erkrankungen auftreten, z. B. bei der hypertensiven Retinopathie (→ Hypertonische Augenveränderungen).

Therapie

Der ZAV ist ein Notfall, bei dem der Patient als Sofortmaßnahme 500 mg Acetazolamid i. v. sowie eine 15-minütige Augapfelmassage erhält. Die Punktion der Vorderkammer kann indiziert sein. Wenn internistisch keine Kontraindikation besteht, wird bei Verschluss durch einen Embolus auf der Intensivstation eine fibrinolytische Therapie durchgeführt, die das Blutgerinnsel enzymatisch auflösen soll.

Wenn ein ZVV nach Anamnese und Befund relativ frisch ist und keine Kontraindikation besteht, kann eine Hämodilution (Blutverdünnung) erwogen werden. Eine Laserbehandlung kann indiziert sein. Die Behandlung der Grunderkrankung ist erforderlich.

Komplikationen

Besonders bei einem ZVV mit ausgedehnten Ischämiegebieten (nicht mehr durchblutete Bereiche) können sich neue Gefäße am Augenhintergrund und auf der Iris bilden und zu einem schwer therapierbaren → Glaukom führen.

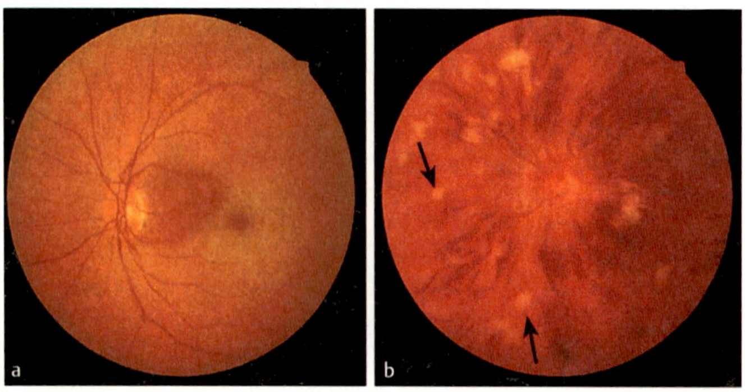

Abb. Z.3 Gefäßverschlüsse. a Verschluss der Zentralarterie mit „kirschrotem Fleck" im Makulabereich, **b** Zentralvenenverschluss mit Papillenschwellung, geschlängelten und erweiterten Venen, zahlreichen streifigen Blutungen sowie Cotton-wool-Herden (Pfeile).

Prognose

Nach 6-stündigem komplettem ZAV entstehen i.d.R. irreversible Netzhautschäden. Ist der Verschluss jedoch inkomplett, können innerhalb von 48 Std. noch Therapieerfolge verzeichnet werden.

Die Prognose eines ZVV hängt vom Ausmaß der nicht mehr durchbluteten Areale ab und kann von fast vollständigem Wiedererlangen der Sehkraft bis zum totalen Sehverlust reichen.

Infobox

ICD-10:
H34.1 - ZAV
H34.8 - ZVV

Internetadressen:
http://www.gesundheitpro.de
http://www.auge-online.de

Literatur:

Oestreicher, E. u.a.: HNO, Augenheilkunde, Dermatologie und Urologie für Pflegeberufe. Thieme, Stuttgart 2003

Zervixkarzinom

► Die 43-jährige Roswitha Meier berichtet ihrem Gynäkologen bei der Anamnese: „Mit 14 war ich schon zum ersten Mal schwanger, ein Jahr später das zweite Mal. Danach kamen zwei Abtreibungen; ich habe es in früheren Jahren mit dem Kondomgebrauch nicht so ernst genommen. Mit Genitalwarzen hatte ich auch schon häufiger Probleme. Jetzt bin ich aber hier, weil ich in letzter Zeit ständig Blutungen nach dem Verkehr habe."

Definition

Das Zervixkarzinom ist ein bösartiger → Tumor des Gebärmutterhalses. Es ist das häufigste Karzinom des weiblichen Genitaltrakts. Der Erkrankungsgipfel liegt zwischen dem 40. und 50. Lebensjahr.

Der überwiegende Teil der Zervixkarzinome sind Plattenepithelkarzinome. Nur bei einem sehr geringen Anteil von etwa 4–5% ist das Zylinderepithel betroffen.

Synonym: Gebärmutterhalskrebs.

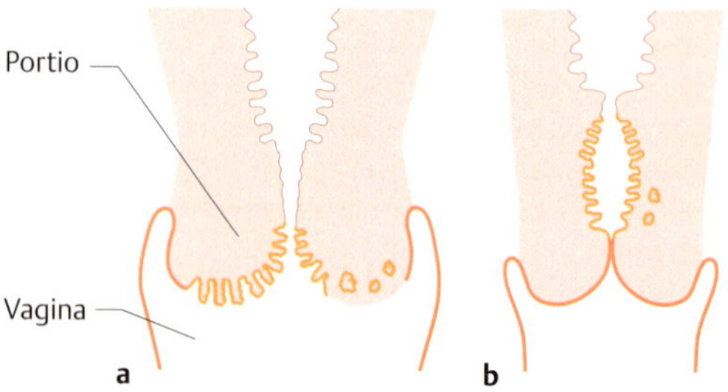

Abb. Z.4 Übergangszone. Lokalisation der Übergangszone in verschiedenen Lebensaltern. **a** Frau im geschlechtsreifen Alter, **b** Frau im Senium.

Ursachen

Die Ursache für ein Zervixkarzinom ist nicht eindeutig geklärt. Man hat allerdings Zusammenhänge zwischen der Empfänglichkeit für das Zervixkarzinom und dem Sexualverhalten der betroffenen Frauen festgestellt. So tritt das Zervixkarzinom bei Frauen mit häufig wechselndem Partner oder frühzeitig (vor dem 17. Lebensjahr) begonnenem regelmäßigem Geschlechtsverkehr merklich häufiger auf als bei jungfräulichen Frauen.

Ebenso vermutet man, dass das Smegma, das aufgrund mangelnder Hygiene am Penis des Geschlechtspartners entstehen kann, eine krebserzeugende Wirkung hat. Außerdem ist eine Beziehung zwischen einer Infektion mit dem Papillomavirus und der Entstehung eines Zervixkarzinoms festgestellt worden. Ein höheres Risiko besteht auch bei Raucherinnen.

CIN – Vorstufe des Zervixkarzinoms

Wird eine Dysplasie (fehlgebildetes bzw. entartetes Gewebe) am Epithel der Zervix entdeckt, spricht man von einer zervikalen intraepithelialen Neoplasie, kurz CIN. Die CIN stellt eine Vorstufe des Zervixkarzinoms dar und wird in drei verschiedene Grade unterteilt:

- **CIN I:** Die Veränderungen sind gering ausgeprägt und bilden sich u. U. selbst zurück,
- **CIN II:** Es bestehen bereits höhergradige Anomalien, deren Rückbildung unsicher ist,
- **CIN III:** Dieses Carcinoma in situ (Karzinom im Frühstadium) kann in ein invasives Karzinom übergehen. Der Übergang ist nicht zwingend.

Das Carcinoma in situ zeichnet sich dadurch aus, dass zwar entartete Zellen vorliegen, jedoch die Basalmembran, auf der die Epithelzellen liegen, nicht durchbrochen ist. Solange aber diese Membran intakt ist, kann keine Metastasierung erfolgen. Bei Durchbrechung der Basalmembran entsteht zunächst ein Mikrokarzinom, d. h. ein Karzinom mit einer Ausdehnung von wenigen Millimetern.

Die Lokalisation der oben genannten Veränderungen steht im Zusammenhang mit dem Alter der betroffenen Frauen. Dies ist anhand der Grenze zwischen dem Plattenepithel der Scheide und dem Zylinderepithel der Gebärmutter zu erklären. Diese Übergangszone ist insofern von Bedeutung, als in diesem Bereich erhöhte Zellteilungen und Reifungsprozesse ablaufen, die diese Zone offensichtlich für krebserzeugende Einflüsse empfindlicher machen.

Die Grenze zwischen den beiden Epithelien liegt je nach Alter der Frau an einer unterschiedlichen Stelle des Gebärmutterhalses. Bei geschlechtsreifen Frauen ist die Epithelgrenze meist auf der Portio lokalisiert, wohingegen bei älteren Frauen dieser Übergang innerhalb des Gebärmutterhalses zu finden ist (**Abb. Z.4**).

Symptome

Im frühen Stadium des Zervixkarzinoms finden sich keine Symptome. Später stehen zunächst Blutungen im Vordergrund. So können azyklische Blutungen (Metrorrhagien), Schmierblutungen, Blutungen in der Postmenopause oder auch Kontaktblutungen nach dem Geschlechtsverkehr auf ein Karzinom hindeuten.

Des Weiteren treten ein übel riechender, gelb-brauner Ausfluss sowie im fortgeschrittenen Stadium Schmerzen auf. Ödeme können auf eine Verlegung von Lymphgefäßen hinweisen.

Diagnose

CIN. Die Diagnose kann mit Hilfe der Kolposkopie (Lupenuntersuchung zur Inspektion verdächtiger Bezirke auf der Portio) und der Zytologie (Abstrich, um den Grad der Dysplasie festzustellen) gestellt werden. Diese beiden Untersuchungen können lediglich Hinweise auf eine CIN geben. Zeigen Kolposkopie und Zytologie einen verdächtigen Befund, wird als nächster Schritt eine Probeentnahme durchgeführt, um die Diagnose zu sichern. Dazu wird in einer sog. Konisation ein Gewebskegel aus der Portio ausgeschnitten (**Abb. Z.5**).

Zervixkarzinom. Der kolposkopische Befund zeigt eine blutige Oberfläche der Portio (Muttermund), die von Kratern und Geschwüren durchsetzt ist. Um die Ausbreitung des Tumors eingehend abzuklären, nutzt man die Vaginalsonografie zur Beurteilung von Gebärmutter und Harnblase, die digitale Untersuchung zur Kontrolle von Scheide, Parametrien und Mastdarm sowie die Zystoskopie und Rektoskopie zur Inspektion von Harnblase und Rektum.

Mit der Gewebebiopsie wird die Invasionstiefe überprüft, während die fraktionierte Kürettage (Ausschabung) zur Unterscheidung zwischen Zervix- und → Endometriumkarzinom dient. Das i. v.-Urogramm (Röntgenkontrastbild) kontrolliert die Harnableitung. Mittels Thoraxröntgen und Sonografie von Leber und Nieren werden Metastasen erfasst.

Differenzialdiagnose

Karzinome von Scheide (→ Vulvakarzinom), Gebärmutterkörper, Harnblase (→ Blasenkarzinom) oder Enddarm (→ Rektumkarzinom) können ähnliche Symptome wie das Zervixkarzinom hervorrufen. Aber auch Verletzungen der Zervix können zu Blutungen führen.

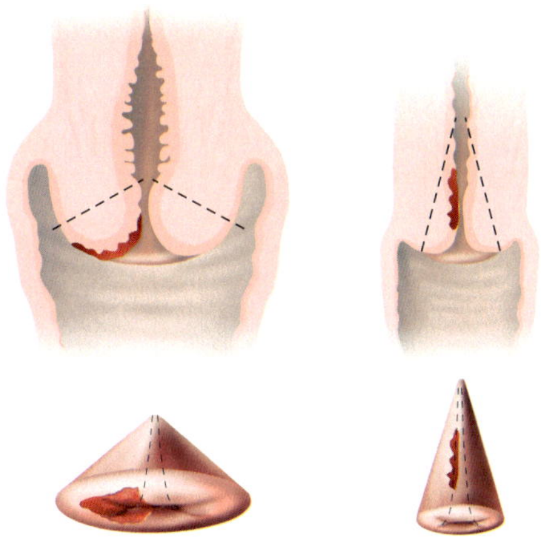

a b

Abb. Z.5 Konisation. Unterschiede bei der Konisation in verschiedenen Lebensaltern. **a** Geschlechtsreife Frau, **b** postmenopausale Frau.

Metastasierung

Die Metastasierung von Tumoren (Ausbreitung von Tochtergeschwülsten) kann kontinuierlich oder diskontinuierlich erfolgen. Kontinuierliches Wachstum bedeutet, dass die Tochtergeschwülste vom Primärtumor ausgehend in benachbarte Körperregionen einwachsen. Beim diskontinuierlichen Wachstum werden die Tumorzellen in Blut- oder Lymphgefäße eingeschwemmt, um sich von dort aus z. B. in der Lunge anzusiedeln. Eine direkte Verbindung zum Primärtumor besteht dann nicht mehr.

Kontinuierliches Wachstum betrifft beim Zervixkarzinom z. B. den Gebärmutterkörper, die Scheide oder die Parametrien (Haltebänder). Wenn das Tumorwachstum im fortgeschrittenen Stadium Mastdarm und Harnblase beeinträchtigt, findet man blutigen Urin und starke Einengungen des Mastdarms. Die Stuhlverstopfung kann so stark sein, dass ein künstlicher Darmausgang angelegt werden muss. Breitet sich der Tumor im kleinen Becken aus, ist eine Verlegung des Harnleiters möglich. Durch den Zerfall des Karzinoms können sich Gänge, sog. Fisteln, zwischen Gebärmutter, Harnblase und Mastdarm bilden. Diese Fistelbildungen führen zu einem Abgang von Urin und Stuhl aus der Scheide.

Zu einem diskontinuierlichen Wachstum kommt es bereits bei einem Tumor von 10 – 20 mm Größe. Der Tumor metastasiert frühzeitig in die Lymphknoten im Bereich der Beckengefäße und Parametrien. Diese Tendenz steigert sich bei einer Vergrößerung des Tumors. Auch Fernmetastasen sind beim Zervixkarzinom möglich. Sie betreffen in erster Linie Leber, Lunge, Skelett und Gehirn. Hämatogene (über die Blutbahn entstehende) Metastasen sind selten und erscheinen erst spät.

Bei der lokalen Ausdehnung des Tumors kann man ein exophytisches und ein endophytisches Wachstum voneinander unterscheiden. Exophytisch bedeutet, dass sich das Karzinom zur Oberfläche hin ausbreitet, endophytisch dagegen bezeichnet das in die Tiefe gerichtete Wachstum

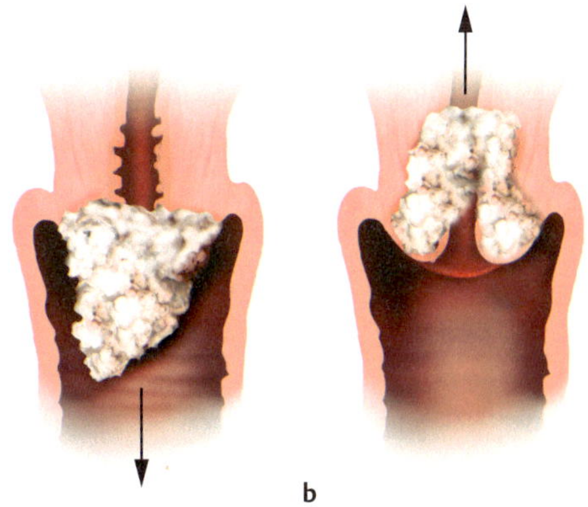

a b

Abb. Z.6 Wachstumsformen des Zervixkarzinoms. **a** Exophytisches Wachstum, **b** endophytisches Wachstum.

des Tumors (**Abb. Z.6**). Dementsprechend wird man bei jüngeren Frauen (Übergangszone auf der Portio) eher von einem exophytischen Wachstum ausgehen müssen, wohingegen bei der älteren Frau ein endophytisches Wachstum wahrscheinlicher ist.

Therapie

Bei leichten bis mäßigen Dysplasien (CIN I, II) ist eine Therapie nicht zwingend notwendig, regelmäßige Kontrollen jedoch erforderlich. Weist die Patientin eine CIN III oder ein Carcinoma in situ auf, kann dies im Rahmen der Konisation behandelt werden. Nötige Voraussetzung ist, dass die Konisation eindeutig im Gesunden erfolgt.

Die Therapie der Frühstadien (Mikrokarzinome) richtet sich nach der Ausdehnung und der bereits erfolgten Metastasierung, nach Möglichkeit aber auch nach dem Kinderwunsch der Patientin. So reicht das therapeutische Spektrum von der Konisation mit engmaschiger Kontrolle bis hin zur operativen Entfernung der Gebärmutter.

Beim makroinvasiven Karzinom ist die Operation die Therapie der Wahl. Daneben stehen Strahlen- und Chemotherapie zur Verfügung.

Operative Therapie

Bei der Operation nach Wertheim-Meigs werden die Gebärmutter, die Parametrien, die Scheidenmanschette sowie die Lymphknoten im Bereich von Becken und Aorta entfernt.

Speziell dann, wenn sich das Karzinom auf der Portio zur Oberfläche hin ausbreitet, ist die Gefahr von Metastasen im Eierstock ausgesprochen gering (< 1 %), was insofern therapeutische Bedeutung hat, als die Ovarien nicht obligatorisch mit entfernt werden müssen. Das erspart der Patientin eine Hormonsubstitution oder den vorzeitigen Übergang in das → Klimakterium.

Bei Frauen in der Postmenopause können die Ovarien im Rahmen der Operation entnommen werden, um einem → Ovarialkarzinom vorzubeugen.

Strahlentherapie

Hat das Karzinom den Gebärmutterhals überschritten, ist eine operative Therapie in Kombination mit einer Strahlentherapie indiziert. Ist eine Operation mit Entfernung des Karzinoms im Gesunden nicht möglich, gibt man der primären Strahlentherapie den Vorzug. Unter primärer Strahlentherapie versteht man die alleinige Anwendung dieser Therapieform unter Verzicht auf Chemotherapie oder Operation. Hat das Karzinom die Beckenwand und/oder das untere Scheidendrittel erreicht, ist gemeinhin nur noch eine Verbindung aus Kontakt- und perkutaner Hochvoltbestrahlung möglich.

Um einen besseren Strahlenschutz für die Mitarbeiter zu gewährleisten, wird die Kontaktbestrahlung überwiegend im Afterloading-Verfahren durchgeführt. Dazu führt der Arzt einen ungeladenen Applikator in den Zervixkanal ein. Dieser wird anschließend automatisch mit einem Radionuklid bestückt. Die Kontaktbestrahlung wird mit der perkutanen (durch die unverletzte Haut hindurch) Hochvoltbestrahlung kombiniert, weil ansonsten nicht alle strahlenbedürftigen Gebiete erreicht werden können.

Bei der Strahlentherapie gilt es zu bedenken, dass eine effiziente Strahlendosis angemessen hoch sein muss. Dies geht jedoch mit entsprechenden Nebenwirkungen einher. Betroffen sind vor allem Haut, Darm, Harnblase und Skelett.

Chemotherapie

Die Chemotherapie spielt bei der Behandlung des Zervixkarzinoms eine untergeordnete Rolle. Mit Hilfe der präoperativen Chemotherapie kann man versuchen, den Tumor so weit zu verkleinern, dass er operabel ist. Der Einsatz der Chemotherapie bei gleichzeitiger Strahlenbehandlung oder als lindernde Maßnahme erbrachte keinen deutlichen Überlebensvorteil für die Patientinnen.

Prognose

Die Prognose ist abhängig vom Stadium, den geweblichen Eigenschaften des Tumors und vom Lymphknotenbefall. So liegt die 5-Jahres-Überlebensrate bei makroinvasiven Tumoren im frühen Stadium bei etwa 80 % und sinkt bei Karzinomen des Stadiums 4, bei dem die Schleimhaut von Rektum oder Harnblase infiltriert und/oder die Grenzen des kleinen Beckens überschritten sind, auf 0 – 10 %. Diese Aspekte zeigen, wie wichtig Vorsorgeuntersuchungen sind.

Infobox

ICD-10:
C53.9

Internetadressen:
http://www.gesundheitpro.de

Literatur:

LeShan, L.: Diagnose Krebs, Wendepunkt und Neubeginn. Klett-Cotta, Stuttgart 2004

Rexrodt von Fircks, A.: Ich brauche euch zum Leben. Krebs – wie Familie und Freunde helfen können. Rowohlt, Reinbek 2004

Zervizitis

► Die 23-jährige Frau Anne Glugau hat sich mit ihrer Freundin Kati verabredet und erzählt ihr völlig aufgelöst: „Ich hatte nach deiner Party einen One-nightstand. Hätte ich doch nur ein Kondom benutzt! Jetzt habe ich so einen ekligen gelb-grünlichen Ausfluss. Hoffentlich habe ich mir keine Geschlechtskrankheit eingefangen, was soll ich nur machen?"

Definition

Bei der Zervizitis ist das einschichtige Zylinderepithel des Gebärmutterhalses entzündet.

Synonym: Gebärmutterhalsentzündung.

Ursachen

Chlamydien stehen als Verursacher der Zervizitis an erster Stelle. Daneben können auch Streptokokken der Gruppe A und → Herpes-simplex-Viren eine Zervizitis verursachen. Infektionen mit Gonokokken werden heute seltener angetroffen (→ Gonorrhö).

Hauptangriffspunkt der Erreger ist nicht das widerstandsfähige, mehrschichtige Plattenepithel der Scheide, sondern das einschichtige Zylinderepithel der Gebärmutter, das bei jungen Frauen häufig als sog. Ektopie auf der Portio (Muttermund) zu beobachten ist.

Je größer die Ektopie, desto leichter erfolgt die Infektion mit den oben genannten Erregern. So ist auch zu erklären, dass der Altersgipfel bei der Zervizitis zwischen 15 und 25 Jahren liegt. Im Laufe des Lebens wird die Portio mehr und mehr von dem mehrschichtigen Plattenepithel der Vagina überhäutet (**Abb. Z.4**), sodass die Wahrscheinlichkeit einer Infektion sinkt.

Symptome

Die Zervizitis ist gewöhnlich symptomarm. Charakteristisch ist jedoch ein verstärkter, gelblicher Ausfluss. Außerdem ist der entzündete Gebärmutterhals verletzlicher, woraus Kontaktblutungen resultieren können (**Abb. Z.7**).

Diagnose

Bei der Untersuchung mit dem Spekulum fällt zunächst einmal der vermehrte, gelbliche Schleim auf, der den Gebärmutterhals komplett verdecken kann. Der Gebärmutterhals selbst ist oftmals angeschwollen und gerötet.

Es sollten zusätzlich Abstriche entnommen werden, die man zur Erregersuche in ein Labor schicken oder vor Ort als Nativpräparat unter dem Mikroskop untersuchen kann.

Differenzialdiagnose

Da die Quelle des Ausflusses nicht immer eindeutig auszumachen ist, muss man auch an pathologische Prozesse der Scheide (z. B. → Kolpitis) oder der Gebärmutter (z. B. → Endometritis, → Endometriumkarzinom) denken.

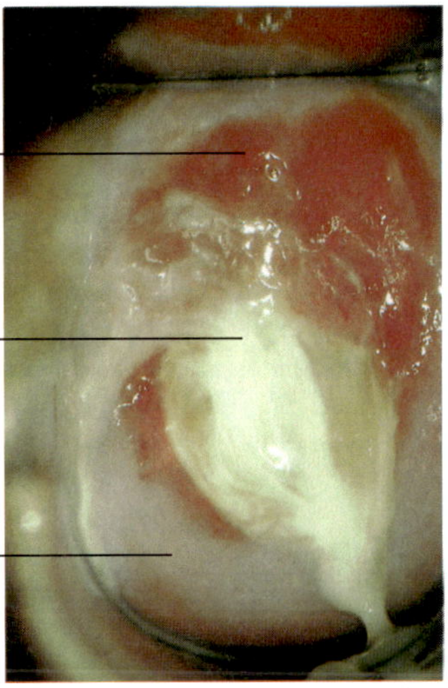

Abb. Z.7 Kontaktblutung. Portio einer Patientin mit Chlamydienzervizitis und Kontaktblutung (Pfeil).

Therapie

Bei einer akuten, eitrigen Zervizitis ist eine Therapie mit Antibiotika indiziert.

Prognose

Die Prognose der Zervizitis ist bezüglich der Heilung gut. Jedoch ist die Rezidivrate hoch, d. h., die Krankheit tritt häufig erneut auf.

Komplikationen

Oft gehen von der Zervizitis aufsteigende Infektionen aus. Da junge Frauen eher unter einer Zervizitis leiden, sind sie für solche Infektionen (z. B. → Adnexitis) besonders anfällig.

Infobox

ICD-10:
N72

Internetadressen:
http://www.frauen.qualimedic.de
http://www.akh-consilium.at

Literatur:

Mendling, W.: Vaginose, Vaginitis und Zervizitis. Springer, Berlin 1995

Petersen, E.E.: Infektionen in Gynäkologie und Geburtshilfe, 4. Aufl. Thieme, Stuttgart 2003

Zöliakie

► Frau Ebern bringt ihren eineinhalbjährigen Sohn Peter zu Dr. Müller in die Kindersprechstunde. „Peter hat seit 6 Wochen Durchfall“, klagt sie, „und es wird immer schlimmer. Er weint so viel und möchte gar nicht mehr richtig essen. Ich glaube, er wiegt jetzt weniger als bei der letzten Vorsorge vor 5 Monaten.“ Der Kinderarzt stellt fest, dass Peter tatsächlich Untergewicht hat und möchte von Frau Ebern wissen, seit wann die Probleme bestehen. „Ich habe lange gestillt und ihn, als er 7 Monate war, langsam mit Griesbrei gefüttert. Irgendwie wurde sein Bauch immer dicker, aber die Beinchen blieben dünn. Am Po hat er nur noch faltige Haut. Und er ist nicht mehr so fröhlich. Er knatscht jetzt fast immer.“

Definition

Die Zöliakie ist eine Intoleranz gegen die Kleberproteine unserer einheimischen Getreidearten Weizen, Roggen, Hafer und Gerste.

Synonyme: glutensensitive Enteropathie, einheimische Sprue.

Ursachen

Die Ursache der Zöliakie ist noch nicht endgültig geklärt, jedoch scheint gesichert, dass die lokale Immunantwort auf Klebereiweiße auf einer genetischen Störung beruht. Zöliakie zählt zu den Autoimmunkrankheiten wie der → Diabetes mellitus Typ I und andere Autoimmunopathien des Magen-Darm-Trakts.

Bei glutensensitiven Menschen wird Gliadin, die alkohollösliche Komponente des Klebereiweißes Gluten, durch das Enzym Gewebstransglutaminase mit Bindegewebsproteinen zu neuen antigenen Strukturen vernetzt. Diese Strukturen leiten zerstörerische Entzündungsprozesse in der Dünndarmschleinhaut ein. IgA-Antikörper gegen Gliadin (AGA) und gegen Gewebstransglutaminase (tGA) können im Blut des Betroffenen nachgewiesen und zum Nachweis einer Zöliakie eingesetzt werden (**Tab. Z.1**). Bedingt durch die Entzündungen wird die resorptive Darmoberfläche vermindert. Daraus folgen eine schwere Malabsorption und Maldigestion aller Nährstoffe und damit die typischen Symptome (→ Malassimilationssyndrom).

Die Zöliakie ist sehr häufig. Bestimmungen der Gewebstransglutaminase ergeben, dass sie in Europa bei etwa 0,1 – 0,5% der Bevölkerung vorkommt – mit steigender Tendenz. Man rechnet mit einer hohen Anzahl an symptomschwachen bzw. verzögerten (latenten) Verlaufsformen.

Symptome

Die Erkrankung beginnt meist am Anfang des 2. Lebensjahres, ungefähr 3 – 4 Monate nach Einführung getreidehaltiger Beikost (Schleime, Breie, Brot). Neben den initialen Symptomen finden sich in den folgenden Monaten charakteristische Leitsymptome. Wird die Krankheit nicht erkannt, stellen sich Folgesymptome ein. Beispiele für die Symptome in den verschiedenen Phasen sind:

- **Initialsymptome:**
  - Inappetenz und fehlende Gewichtszunahme,
  - allgemeine Reizbarkeit,
  - voluminöse, saure und fetthaltige Durchfälle, die an Häufigkeit zunehmen.
- **Leitsymptome:**
  - großes vorgewölbtes Abdomen,
  - magere Extremitäten mit Tabaksbeutelgesäß (**Abb. Z.8 a**),
  - Muskelhypotonie,
  - Misslaunigkeit,
  - Eisenmangelanämie und hypoproteinämische Ödeme (**Abb. Z.8 b**).
- **Folgesymptome:**
  - Kleinwuchs,
  - Hypoproteinämie,
  - Vitamin-D-Mangel- → Rachitis,
  - Gerinnungsstörungen durch Vitamin-K-Mangel,
  - bei älteren Zöliakiepatienten: Knochenschmerzen, verzögerte Pubertät oder ausbleibende Menarche.

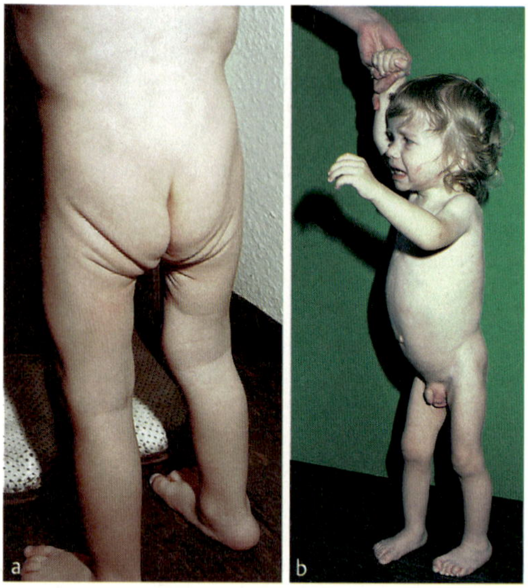

Abb. Z.8 Leitsymptome. **a** Tabaksbeutelgesäß, **b** hypoproteinämische Ödeme bei einem 18 Monate altem Jungen mit Zöliakie.

Tab. Z.1 Erstdiagnose der Zöliakie

Antikörper-Konstellation			Interpretation
Transglutaminase-Antikörper (tGA)	Antigliadin-Antikörper (AGA)		
IgA	IgG	IgA	
+	+	+	Zöliakie sicher
+	+	–	Zöliakie fast sicher
+	–	+	Zöliakie fast sicher
+	–	–	Zöliakie wahrscheinlich
–	+	+	Zöliakie möglich
–	+	–	unwahrscheinlich, nicht ausgeschlossen
–	–	+	unwahrscheinlich, nicht ausgeschlossen
–	–	–	keine Zöliakie

+ positiv, hoher Titer; – negativ, niedriger Titer; bei negativen IgA-Ak ist selektiver IgA-Mangel auszuschließen!

Diagnose

Bei den typischen Krankheitszeichen, im Vordergrund die Gedeihstörung mit Beginn des 2. Lebenshalbjahrs, aber auch eine für das Alter ungewöhnliche Misslaunigkeit und schwere Durchfälle sollte man immer an eine Zöliakie denken.

Klinische Untersuchungen und der Nachweis von Antikörpern (**Tab. Z.1**) ergeben eine Verdachtsdiagnose, die durch eine Dünndarmbiopsie bestätigt wird. Zeigt sich bei Glutenexposition eine Zottenatrophie, reicht bei Kindern unter zwei Jahren der Rückgang der Symptome unter glutenfreier Diät aus, um die Zöliakie zu beweisen.

Ansonsten sind Kontrollbiopsien nach ca. 2-jähriger Diät und nach Reexposition mit Gluten (erneute Zottenatrophie) notwendig. Verlaufskontrolle und Einschätzung der Behandlungscompliance werden durch die Bestimmung der IgA-Antikörper gegen Gliadin und Transglutaminase erleichtert.

Differenzialdiagnose

Eine Zöliakie ist gegenüber folgenden Erkrankungen mit ähnlichen Symptomen und Malabsorption abzugrenzen:

- Kuhmilchproteinintoleranz,
- postenteritisches Syndrom,
- Lambliasis,
- Dysgammaglobulinämie,
- → Mukoviszidose.

Therapie

Zöliakie ist nicht heilbar, aber durch Diät sehr gut zu behandeln. Therapie der Wahl ist die andauernde, gliadinfreie Diät. Alle auf den Getreidearten Weizen, Roggen, Hafer und Gerste basierenden Lebensmittel müssen gemieden werden. Produkte und Nahrungsmittel aus Reis, Mais, Soja, Kartoffeln, Nüssen, Kastanien und Johannisbrotmehl sind erlaubt.

Zu Beginn der Therapie erfolgt zusätzlich Vitamin- und Eisensubstitution. Unter Diät fällt zunächst die Stimmungsaufhellung, dann auch der zunehmende Appetit und nach einiger Zeit der Rückgang der Durchfälle auf.

Prognose

Bei konsequenter Diät ist die Prognose gut und ein gesundes Leben ist möglich. Von besonderer Bedeutung sind versteckte und damit unbehandelte Zöliakien, die nicht nur die oben genannten Spätsymptome, sondern im Alter auch gehäuft maligne Lymphome auslösen können.

Infobox

ICD-10:
K90.0

Internetadressen:
http://www.dzg-online.de

Literatur:
Sitzmann, F. C.: Duale Reihe Pädiatrie, 2. Aufl. Thieme, Stuttgart 2002

Zwanghafte Persönlichkeitsstörung

► „Letztens habe ich mich mit Andreas zum Eis essen verabredet. Ich habe lange gebraucht, ihn zu überzeugen und schließlich unser Semestertreffen vorgeschoben, für das ich noch Hilfe brauche. Ich habe mich sehr darauf gefreut, ihn wieder zu sehen, aber als ich 5 Minuten zu spät kam, war der Ofen schon aus. Sein Blick war absolut vernichtend und der Rest des Nachmittags war auch nur begrenzt lustig. Wir haben für das Semestertreffen geplant und geplant und geplant und Andreas war voll in seinem Element.", erzählt Susi ihrer Freundin Jana. „Mensch Susi, er ist doch dafür bekannt. Ein netter Kerl, aber der Inbegriff eines Pedanten. Sein Tee zieht immer exakt 7 Minuten und in der Wohnung darf nichts, aber auch gar nichts verschoben werden", berichtet Jana und grinst.

Definition

Die zwanghafte Persönlichkeitsstörung ist eine psychische Störung. Die Betroffenen haben ständig ein anormal und unpassend vorsichtiges, starres Verhalten mit innerer, zwanghafter Nichtunterdrückbarkeit bestimmter, teilweise unsinniger, Handlungen oder Vorstellungen.

Synonyme: anankastische Persönlichkeitsstörung, obsessiv-kompulsives Syndrom, Zwangspersönlichkeit (nicht mit der → Zwangsstörung zu verwechseln).

Ursachen

Als Ursachen werden frühkindliche und kindliche psychische Traumata und auch eine genetische Veranlagung diskutiert. Durch die zwanghafte Ritualisierung des Alltags können vorbewusste Ängste kompensiert werden. Vermutlich tritt ein kindliches Verhaltensmuster hervor, in dem durch übermäßiges Ordnunghalten und peinlichst genaue Pflichterledigung emotionale Sicherheit suggeriert wird.

Auch wird eine unbehandelte → Aufmerksamkeits- und Hyperaktivitätsstörung als Ursache für möglich gehalten.

Symptome

Die Symptome zeigen sich meist schon in der Kindheit oder der frühen Jugend und manifestieren sich bis zur Adoleszenz. Zu den Symptomen gehören z. B.:

- übermäßige Zweifel und Vorsicht,
- ständiges starres Verhaltensmuster mit einer Versessenheit für Details, Regeln, Planverfolgungen und Vorgaben,
- Perfektionismus bis hin zur Pedanterie; starke Leistungsbezogenheit,
- Eigensinnigkeit; Unfähigkeit zur Selbstkritik,
- militärartige Kommandostrukturen werden eingefordert, es kann nicht delegiert werden,
- Vernachlässigung von Vergnügen und zwischenmenschlichen Beziehungen; Emotionalität und Freude können kaum zugelassen werden.

Durch die Symptome sind die Betroffenen im privaten und beruflichen Bereich deutlich beeinträchtigt. Es treten aber keine Zwangshandlungen auf, also kein manierierendes Händewaschen o. ä. Die Patienten sind sich meist bewusst, dass sie von anderen Menschen als seltsam und zwanghaft wahrgenommen werden. Es treten keine Wirklichkeitsverkennungen oder sonstigen schizophreniformen Symptome auf.

Diagnose

Das abnorme Verhalten muss andauernd und eindeutig unpassend sein und sich stetig in verschiedenen Situationen gleichartig wiederholen. Die Störung wird durch eine psychologische Exploration und durch Fragebögen, die die Persönlichkeitsstruktur erfassen, z. B. der Freiburger Persönlichkeitsinventar (FPI), objektiviert.

Eine Fremdanamnese durch Befragung von Familienangehörigen, Lehrern oder dem anderen sozialen Umfeld gibt oft wertvolle Hinweise.

Therapie

Das Ziel ist weniger, die Erkrankung zu heilen, als das Verhalten möglichst weitgehend aufzulockern. Dies funktioniert jedoch nur, wenn der Patient die Therapie nicht in sein zwanghaftes Modellsystem einbaut.

Da oft innere Ängste, die der Patient sich jedoch nicht eingesteht oder derer er sich nicht bewusst ist, die Ursache sind, steht der Aufbau von Vertrauen an erster Stelle. Der Patient soll lernen, dass er, wenn er seine zwanghaften Verhaltensmuster ablegt, in beschützter Umgebung keinesfalls in die Gefahr einer Abwertung gerät, sondern belohnt und aufgewertet wird.

Bei verhaltenstherapeutischen Verfahren bekommt er als eine Art Hausaufgabe aufgetragen, bestimmte Situationen oder Tagesabschnitte bewusst locker zu nehmen. Dadurch werden beim Betroffenen Ängste aktiviert, die es im Alltagstraining zu beherrschen gilt.

Bei ausreichend introspektionsfähigen, intelligenten Patienten können die Angstursachen tiefenanalytisch aufgearbeitet werden. Dies kann bei etwa wöchentlichen ambulanten Sitzungen einige Jahre in Anspruch nehmen.

Sofern ein familiäres Umfeld vorhanden ist, wird im Rahmen einer Soziotherapie gemeinsam mit Patient und Angehörigen über die Störung gesprochen, um gegenseitige Verständigung zu erzielen. Oft zeigt sich, dass sich auf die starren Verhaltensmuster der Patienten noch stabilere Ablehnungsmuster der Mitmenschen aufgesetzt haben, oder diese den Patienten als Person nicht mehr ernst nehmen. Sie geben ihm das Gefühl der Minderwertigkeit und verstärken so die Zwanghaftigkeit negativ.

Der Einsatz von Psychopharmaka ist umstritten. Bisweilen hat man gute Erfahrungen mit einer geringen Dosis eines Neuroleptikums wie Olanzapin (z. B. Zyprexa) oder Sulpirid (z. B. Dogmatil) gemacht. Anxiolytika kommen i.d.R. nicht zum Einsatz.

Differenzialdiagnose

Auszuschließen sind andere psychiatrische Erkrankungen und neurologische Ursachen, z. B. ein organischer Hirnschaden. Voneinander abgegrenzt werden müssen außerdem die verschiedenen spezifischen Persönlichkeitsstörungen wie:

- → paranoide Persönlichkeitsstörung,
- → schizoide Persönlichkeitsstörung,
- dissoziale Persönlichkeitsstörung usw.

Prognose

Im Allgemeinen tritt nur bei ausreichender Therapiemotivation und frühem Therapiebeginn eine mäßige Besserung ein. Auch kann eine engere soziale Bindung oder die Gründung einer Familie die Störung deutlich bessern.

Es ist möglich, dass sich aus der zwanghaften Persönlichkeitsstörung heraus depressive Störungen entwickeln. Besonders in angstauslösenden Situationen neigen die Patienten auch später dazu, wieder in die zwanghaften Verhaltensmuster zu verfallen.

Infobox

ICD-10:

F60.5 (Häufig werden von Psychologen statt der ICD-10-Klassifikation die DSM-IV- oder DSM-III-Definitionen, die sich in Störungsachsen ausdrücken, gewählt. Bei Persönlichkeitsstörungen ist vor allem die sog. Achse II betroffen.)

Internetadressen:

http://www2.uni-jena.de/erzwiss/projekte_2003/seidel_scholl/zwanghafte.htm

http://www.psychotherapie-mainz.de/zwanghafte.html

http://www.verhaltenswissenschaft.de

Zwangsstörungen

► **Eine 50-jährige Hausfrau wird bei ihrer Hausarbeit seit einiger Zeit von pedantischen Ritualen beherrscht. Beim Putzen des Tischs z. B. muss sie zunächst viermal nach rechts wischen, dann den Staublappen ausschütteln und dann viermal nach links wischen. Sie kann diese Handlungen nicht unterlassen, weil sie Angst hat, dass sonst etwas Schlimmes passieren könnte.**

Definition

Bei einer Zwangsstörung drängen sich immer wieder die gleichen Gedanken auf oder es müssen bestimmte Handlungen stereotyp wiederholt werden. Diese Phänomene nennt man Zwangsgedanken bzw. Zwangshandlungen.

Etwa $^2/_3$ der Betroffenen leiden sowohl unter Zwangsgedanken als auch unter Zwangshandlungen. Außerdem kann der Betroffene auch zwanghaft Handlungsimpulse verspüren.

Ursachen

Im Hinblick auf die Ursachen spielen organische und psychologische Faktoren zusammen. Es gibt Hinweise darauf, dass bestimmte Hirnfunktionen gestört sind. Vermutet wird eine Störung des Gleichgewichts von Serotonin, das zu den wichtigsten Signalstoffen im zentralen Nervensystem gehört.

Als Ursache wird auch eine übertriebene Reinlichkeitserziehung während der analen Phase der Kindheit diskutiert.

Symptome

Zu den häufigsten Zwangsgedanken gehören:
- die Vorstellung, sich beim Kontakt mit anderen Menschen oder auch Objekten zu beschmutzen,
- der Gedanke, die eigene Gesundheit sei gefährdet,
- dauernde oder unlösbare Zweifel, bestimmte Dinge getan oder unterlassen zu haben.

Die häufigste Zwangshandlung ist der Kontrollzwang, z. B. zigmal kontrollieren zu müssen, ob die Türen geschlossen sind. Häufig sind außerdem Zwangshandlungen beim Waschen und Putzen oder auch Zähl- und Sammelzwänge.

Zwangsimpulse sind plötzlich auftretende Impulse, z. B. der Impuls, jemanden zu verletzen oder von einer Brücke springen zu wollen. Zum Glück werden Zwangsimpulse selten in die Tat umgesetzt.

Zwangserscheinungen werden von den Betroffenen i.d.R. selbst als sinnlos oder unsinnig empfunden, können aber nicht unterdrückt werden. Typisch sind auch massive Ängste der Patienten.

Diagnose

Wegweisend für die Diagnose ist eine ausführliche Erhebung der Krankheitsgeschichte. Eine Zwangsstörung wird diagnostiziert, wenn Zwangsgedanken oder -handlungen ganz im Vordergrund des Beschwerdebildes stehen und andere psychische Erkrankungen ausgeschlossen sind. Wenigstens zwei Wochen lang müssen an den meisten Tagen Zwangserscheinungen auftreten.

Differenzialdiagnose

Man muss Zwangsstörungen von Wahnerkrankungen wie Schizophrenie (z. B. → paranoid-halluzinatorische Schizophrenie), zwanghaften Verhaltensauffälligkeiten wie Essstörungen (z. B. → Anorexia nervosa) und Persönlichkeitsstörungen mit einem Hang zur Pedanterie unterscheiden. Ausgeschlossen werden müssen auch Hirnerkrankungen mit Zwangssymptomen, z. B. → Multiple Sklerose und → Morbus Parkinson.

Therapie

Die besten Ergebnisse werden mit einer Kombination aus psychotherapeutischen Verfahren wie kognitiver Verhaltenstherapie und medikamentöser Behandlung erzielt. Eingesetzt werden vor allem Antidepressiva, die das Serotonin-System beeinflussen wie sog. Trizyklika (Clomipramin, Imipramin) und Serotoninwiederaufnahme-Hemmer (Paroxetin, Fluoxetin, Citalopram, Fluvoxamin). Die Medikamente müssen oft deutlich höher als bei depressiven Störungen dosiert werden. Ein Behandlungserfolg kann nicht vor Ablauf von 12 Wochen beurteilt werden.

Prognose

Zwangsstörungen neigen dazu, chronisch zu werden, wobei die Intensität der Beschwerden stark variieren kann. Unbehandelt weiten sich Zwangsstörungen meistens auf immer größere Bereiche des Alltags aus. Häufige Folgen sind sozialer Rückzug und soziale Isolierung.

Infobox

ICD-10:
F42

Internetadressen:
http://www.zwaenge.de
http:://www.panik-attacken.de

Literatur:
Fricke, S., Hand, I.: Zwangsstörungen verstehen und bewältigen. Psychiatrie Verlag, Bonn 2004

Zwerchfellhernie

► „Frau Doktor, mir reicht's!" Frau Bächle ist ganz aufgebracht. „Jetzt nehme ich schon seit Wochen diese Tabletten für den Magen, doch ich habe noch immer Magenschmerzen und Sodbrennen. Es muss etwas passieren, so mache ich nicht weiter!" Eine Magenspiegelung und Röntgenaufnahme des Magens bringen die Ursache für Frau Bächles Beschwerden ans Licht: Sie hat einen großen Zwerchfellbruch, fast der ganze Magen ist in den Brustraum verlagert. Hier hilft nur noch eine Operation. Diese ist erfolgreich, schon wenige Wochen später ist Frau Becker schmerzfrei und „ihre Welt wieder in Ordnung".

Definition

Bei der Zwerchfellhernie besteht eine Lücke im Zwerchfell und Magenanteile sind in den Brustkorb verlagert.

Synonym: Zwerchfellbruch, Hiatushernie.

Ursachen

Die Zwerchfellhernie ist die häufigste Veränderung im oberen Verdauungstrakt, bei 60 % der älteren Menschen ist ein Zwerchfellbruch nachweisbar. Besonders häufig tritt sie bei Frauen sowie übergewichtigen Menschen auf.

Die Durchtrittsstelle der Speiseröhre durch das Zwerchfell nennt man Hiatus. Normalerweise liegen der Verschlussmuskel der Speiseröhre und das Zwerchfell auf der gleichen Höhe. Dadurch ist ein guter Verschluss der Speiseröhre gewährleistet. Somit wird ein Übertritt des Magensaftes in die Speiseröhre verhindert.

Hiatushernien treten auf, wenn das Muskelgewebe, das diese Öffnung umgibt, geschwächt ist und sich der obere Teil des Magens in den Brustraum hineinstülpt. Alles was starken Druck auf den Bauchraum ausübt – einschließlich andauernder oder schwerer Husten, Erbrechen, Schwangerschaft, starker Druck beim Stuhlgang (Bauchpresse) oder das Heben schwerer Gegenstände – kann zur Hiatushernie beitragen. Je nach Größe der verlagerten Magenanteile unterscheidet man (**Abb. Z.9**):

- **axiale Gleithernie:** Der unterste Teil der Speiseröhre und der obere Magenanteil (Kardia) sind in den Brustraum verlagert (90 % aller Zwerchfellhernien).
- **paraösophageale Hernie:** Ein Teil des Magens hat sich neben der Speiseröhre (Ösophagus) in den Brustraum gedrängt (weniger als 5 % aller Zwerchfellhernien).
- → **Upside-down-stomach:** extremste Form der paraösophagealen Hernie, der gesamte Magen ist dabei in den Brustraum verlagert (sehr selten).

Symptome

Die axiale Gleithernie macht meistens keine Beschwerden, es kann aber aufgrund der Verlagerung des unteren Ösophagusverschlussmuskels und damit gestörtem Verschlussmechanismus zu Symptomen der → Refluxkrankheit kommen, weil Magensaft in die Speiseröhre fließen kann. Sonstige Symptome sind Völlegefühl, Übelkeit oder Atemnot, je nach Größe der verlagerten Magenanteile. Ist die Blutzufuhr eingeschränkt, kann es zum Absterben der eingeklemmten Magenregion kommen (sehr selten).

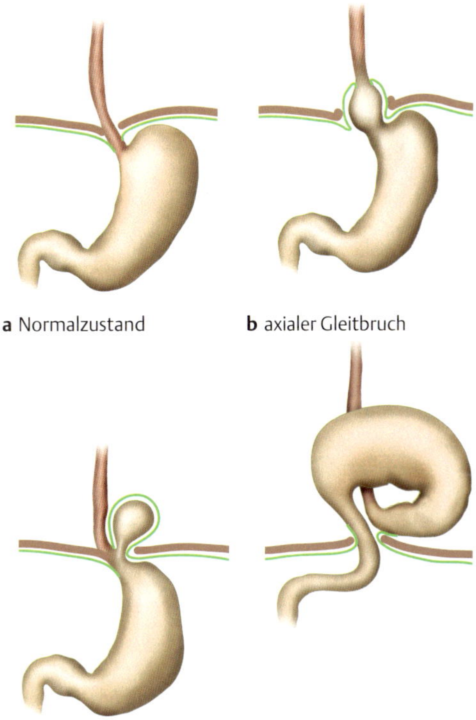

a Normalzustand **b** axialer Gleitbruch **c** paraösophageale Hernie **d** Upside-down-Magen

Abb. Z.9 Hiatushernien. Beachte den Verlauf des Peritoneums (grün) und das Zwerchfell.

Diagnose

Die Diagnosestellung erfolgt endoskopisch im Rahmen einer Magenspiegelung oder durch einen Röntgenbreischluck (Kontrastmitteldarstellung von Ösophagus und Magen).

Differenzialdiagnose

Da eine Zwerchfellhernie ähnliche Symptome macht wie die → Refluxkrankheit, sollte diese ausgeschlossen werden.

Therapie

Meist ist keine Therapie nötig. Bei Refluxbeschwerden wird entsprechend behandelt: Säure hemmende Medikamente, kleine Mahlzeiten, keine scharfen Speisen, Schlafen mit erhobenem Oberkörper usw. Nur selten müssen operativ die Zwerchfelllücke verengt und die Magenanteile am Zwerchfell fixiert werden.

Prognose

Komplikationen sind sehr selten und unter entsprechender Therapie ist die Prognose sehr gut.

Infobox

ICD-10:
K44.9

Internetadressen:
http://www.sodbrennen-welt.de

Literatur:

Herold, G.: Innere Medizin. Eigenverlag, Köln 2005

Sturm, A.: Differenzialdiagnose Innere Medizin. Thieme, Stuttgart 2003

Largiadèr, F., Saeger, H.-D.: Checkliste Chirurgie, 8. Aufl. Thieme, Stuttgart 2001

Andreae, S. u. a.: Krankheitslehre für Altenpflege. Thieme, Stuttgart 2001

Paetz, B., Benzinger-König, B.: Chirurgie für Pflegeberufe, 20. Aufl. Thieme, Stuttgart 2004

Gerlach, U. u. a.: Innere Medizin für Pflegeberufe, 5. Aufl. Thieme, Stuttgart 2000

Zwölffingerdarmgeschwür

► **Herr Schneider stellt sich bei seinem Hausarzt vor. „Seit Monaten habe ich immer wieder Schmerzen im Oberbauch", klagt der 56-Jährige. Die Schmerzen seien besonders stark, wenn er lange nichts gegessen habe und besserten sich bei den Mahlzeiten. „Aber auf meinen geliebten Riesling zum Essen muss ich seit langem verzichten, das tut einfach zu weh!"**

Definition

Ein Zwölffingerdarmgeschwür ist ein Defekt in der Schleimhaut des Zwölffingerdarmes, der bis in die Muskelschicht der Darmwand hineinreicht.

Synonym: Ulcus duodeni.

Ursachen

Ein Zwölffingerdarmgeschwür kommt am häufigsten im Bulbus duodeni vor. Manchmal liegen zwei Geschwüre direkt gegenüber („kissing ulcers"). Etwa ein Drittel der Patienten hat zwei oder mehr Ulzera. Jeder zehnte Mensch in Deutschland erkrankt im Laufe seines Lebens an einem Zwölffingerdarmgeschwür, Männer häufiger als Frauen.

80% der Ulkuspatienten rauchen. Ein Ulkus kann entstehen, wenn das Gleichgewicht zwischen aggressiven (z.B. Magensäure, Gallensäure, Alkohol, nichtsteroidale Antiphlogistika) und schützenden Faktoren (z.B. Schleimproduktion, gute Durchblutung, Prostaglandine) im Magen oder Zwölffingerdarm gestört ist.

Menschen mit einem Zwölffingerdarmgeschwür sezernieren mehr Säure in den Magen als Gesunde. Zusätzlich spielt die Vererbung eine Rolle: Menschen mit einem Ulcus duodeni haben häufiger die Blutgruppe 0. Hauptverantwortlich für die Entstehung eines Zwölffingerdarmgeschwürs ist jedoch eine Infektion mit Helicobacter pylori: Bei fast 100% der Patienten lässt sich das Bakterium in der Magenschleimhaut nachweisen.

Symptome

Die Patienten leiden unter Schmerzen im Oberbauch (Epigastrium), die vor allem nüchtern auftreten. Die Schmerzen können in den rechten Oberbauch, hinter das Brustbein, in Unterbauch oder Rücken ausstrahlen. Isst der Betroffene, lassen die Schmerzen meist nach.

Viele Patienten wachen nachts wegen Schmerzen auf. Etwa 30% der Zwölffingerdarmgeschwüre verursachen keine Symptome. Ist das Ulkus sehr groß, kann es den Magenausgang einengen und Übelkeit, Erbrechen oder Sodbrennen verursachen.

Diagnose

Die typische Anamnese weist auf ein Ulkus hin. Bei der Palpation des Abdomens geben manche Patienten Schmerzen rechts neben dem Nabel an. Mit der Gastroduodenoskopie wird das Ulkus diagnostiziert. Gleichzeitig werden Gewebeproben entnommen, die auf Helicobacter pylori untersucht werden. Häufig werden im Rahmen der Endoskopie Ulzera an anderen Stellen oder eine Refluxösophagitis (→ Refluxkrankheit) entdeckt. Im Röntgenbild mit Kontrastmittel lässt sich der Schleimhautdefekt durch das Geschwür darstellen.

Differenzialdiagnose

Folgende Krankheiten müssen abgegrenzt werden:

- gastroduodenale → Refluxkrankheit (GERD),
- → Magengeschwür,
- → Magenkarzinom,
- → Reizmagen („non ulcer dyspepsie"),
- chronische → Pankreatitis,
- → Pankreaskarzinom,
- → Cholelithiasis.

Therapie

Eine Nahrungsumstellung mit leichter Kost, häufigen kleinen Mahlzeiten und seltenen späten Abendessen bessert bei vielen Patienten die Schmerzen. Die Patienten sollten auf Nikotin verzichten und saure oder die Säurebildung fördernde Getränke wie Weißwein, Zitrussäfte, Alkohol oder Koffein meiden. Mit diesen Maßnahmen heilen drei von vier Zwölffingerdarmgeschwüren spontan innerhalb von 4 – 6 Wochen ab.

Um die Säurebildung zu hemmen, werden Protonenpumpenhemmer wie Omeprazol oder H2-Rezeptorantagonisten wie Ranitidin verabreicht. Antazida neutralisieren zu hohe Säurekonzentrationen. Eine Helicobacter-Infektion wird mit einer Triple-Therapie aus einem Protonenpumpenhemmer und zwei Antibiotika behandelt.

Bessern sich die Beschwerden nicht oder treten Komplikationen auf (s. Prognose), ist u.U. eine Operation erforderlich. Hierbei können die Fasern des N. vagus, die die Säurebildung im Magenkorpus bewirken, durchtrennt werden (selektive proximale Vagotomie, SPV, **Abb. Z.10**). Ist der Magenausgang eingeengt, wird gleichzeitig die Muskelschicht durchtrennt (Pyloroplastik).

Bei einer Magenresektion wird das Antrum des Magens entfernt. Dort wird Gastrin gebildet, das die Säuresekretion fördert. Um die Nahrungspassage wieder herzustellen, wird der Magenrest mit dem Dünndarm nach unterschiedlichen Techniken verbunden. Am häufigsten wird das Billroth-I-Verfahren angewendet (**Abb. Z.11**).

Prognose

In etwa 2,7% kommt es bei Ulkuspatienten zu Komplikationen. Das Ulkus kann in umliegende Gewebe vordringen (Penetration), durch die Darmwand durchbrechen (Perforation) oder den Magenausgang stark einengen (Stenose).

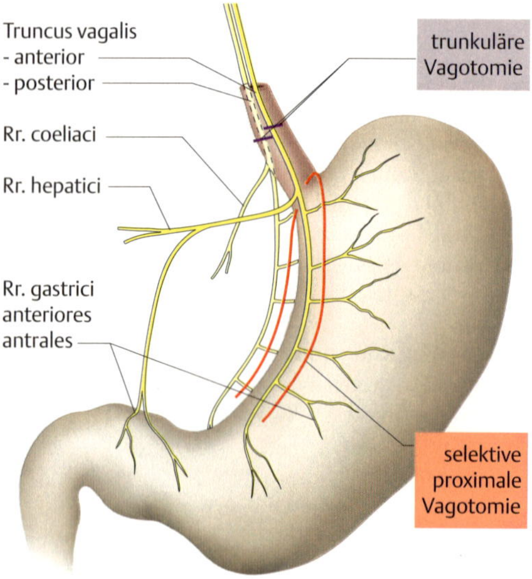

Abb. Z.10 Vagotomie. **a** Bei der SPV werden alle vagalen Magenfundus- und -korpusfasern durchtrennt, die zum Antrum und Pylorus ziehenden Fasern bleiben jedoch erhalten. Dadurch wird die Acetylcholin-Stimulation unterbrochen, die Motilität des Magenausgangs jedoch erhalten. **b** Bei der trunkulären Vagotomie werden die beiden Vagushauptstämme am distalen Ösophagus vollständig durchtrennt.

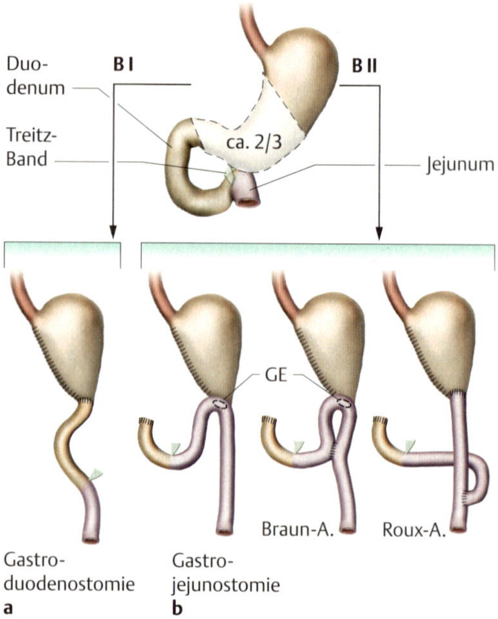

Abb. Z.11 Magenresektion nach Billroth. **a** Beim B I wird der Magenrest mit dem Duodenum anastomosiert (Gastroduodenostomie). **b** Beim B II wird der Magen mit einer Jejunumschlinge anastomosiert (Gastrojejunostomie).

Eine Ulkusblutung kann je nach Stadium lebensbedrohlich sein. Früher musste jeder vierte Ulkuspatient im Laufe seines Lebens operiert werden, weil die Medikamente nicht mehr halfen oder Komplikationen eintraten. Heute müssen zwar immer noch viele Patienten wegen Komplikationen wie einer Perforation oder einer Blutung operiert werden, im Gegensatz zu früher werden jedoch immer weniger Notfalloperationen durchgeführt.

Damit ein Ulkus erst gar nicht entsteht, sollten Menschen, die längerfristig nichtsteroidale Antiphlogistika einnehmen, zusätzlich Misoprostol einnehmen, das die Schleimhaut schützt.

Infobox

ICD-10:
K26.0, K26.1-K26.7, K26.9

Internetadressen:
http://www.uni-duesseldorf.de/AWMF/ll/021-001.htm
http://www.dgvs.de

Literatur:

Hahn, J.-M.: Checkliste Innere Medizin, 4. Aufl. Thieme, Stuttgart 2003
Baenkler, H.-W. u. a. (Hrsg.): Duale Reihe Innere Medizin. Thieme, Stuttgart 2001
Herold, G.: Innere Medizin. Eigenverlag, Köln 2005
Hirner, A., Weise, K.: Chirurgie. Thieme, Stuttgart 2004
Siewert, J.R.: Chirurgie, 8. Aufl. Springer, Berlin 2006

Zyklusstörungen

► Frau Küppers und Frau Lennartz sitzen im Wartezimmer des Frauenarztes und unterhalten sich. „Also es ist schrecklich", sagt Frau Küppers „an den ersten beiden Tagen der Periode muss ich fast alle zwei Stunden einen neuen Tampon einführen. Außerdem dauert die Blutung fast sieben Tage. Der Doktor sagt, das sei ein Myom." Darauf entgegnet Frau Lennartz: „Ich vertrage vermutlich die neue Pille nicht. Seit ich die nehme, blute ich mehrfach im Monat. Die muss der Arzt absetzen."

Definition

Als Zyklusstörungen bezeichnet man Anomalien im Menstruationszyklus. Zyklusstörungen können unterschiedliche Ursachen haben. Von der harmlosen hormonellen Dysregulation bis zum gefährlichen Karzinom machen sich viele gynäkologische Erkrankungen durch Blutungsanomalien bemerkbar.

Eumenorrhö – normaler Zyklus

Der normale Zyklus der Frau wird als Eumenorrhö bezeichnet. Bei einer geschlechtsreifen Frau dauert ein regulärer Zyklus 27 – 28 Tage. Die Blutungsdauer beträgt 4 – 5 Tage und geht mit einem Blutverlust von 30 – 80 ml einher. Man kann den normalen Zyklus und seine Störungen mit Hilfe des Kaltenbach-Schemas grafisch darstellen (**Abb. Z.12**).

Amenorrhö – ausbleibender Zyklus

Die Amenorrhö bezeichnet das Ausbleiben der Menstruationsblutung. Zu unterscheiden sind die primäre und die sekundäre Amenorrhö. Bei der primären Amenorrhö hat noch nie eine Regelblutung stattgefunden. Die sekundäre Amenorrhö zeichnet sich dadurch aus, dass die Menstruationsblutung länger als 90 Tage ausbleibt.

Ursachen für die primäre Amenorrhö sind genetische Störungen, Fehlbildungen, ausbleibende Entwicklung, fehlende Anlage der Genitalorgane, ovarielle Funktionsstörungen oder Fehlen der glandotropen Hypophysenhormone (FSH/LH).

Als Ursachen der sekundären Amenorrhö kommen Erkrankungen der Gebärmutter, z. B. Gebärmutterschleimhautentzündung (→ Endometritis), Zustand nach einer → Fehlgeburt oder einer Ausschabung, Folge einer schweren Allgemeinerkrankung, Chemotherapie oder Bestrahlung in Betracht. Auch bei Kachexie z. B. im Rahmen einer Pubertätsmagersucht (→ Anorexia nervosa) kann es zum Ausbleiben der Regel kommen.

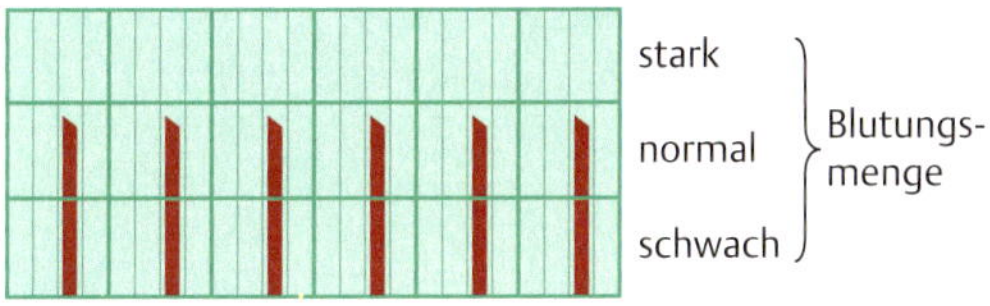

Abb. Z.12 Kaltenbach-Schema. Ein Kästchen steht für eine Woche; die Höhe der Balken gibt die Blutungsmenge an.

Formen von Zyklusstörungen

Man unterscheidet:

- Störungen der Blutungsstärke,
- Störungen des Regeltempos,
- Störung der Blutungsdauer,
- Störung des Blutungszeitpunktes.

Störungen der Blutungsstärke

Die Vorsilben „Hyper-" und „Hypo-" beziehen sich auf die Blutungsmenge.

Hypermenorrhö. Die Hypermenorrhö ist eine verstärkte Menstruationsblutung bei erhaltenem Zyklus und erhaltener Blutungsdauer. Die Blutungsmenge beträgt mehr als 80 ml (mehr als 5 Vorlagen hierbei pro Tag).

Als Ursachen kommen z. B. Polypen oder Gebärmutterschleimhautentzündung (→ Endometritis), Myome (→ Myoma uteri), Intrauterinpessare („Spirale"), → Endometriose in der Gebärmuttermuskulatur, Störungen des Hormonhaushalts oder der Gerinnung in Frage.

Hypomenorrhö. Hierbei handelt es sich um eine sehr schwache, aber regelmäßige Menstruationsblutung mit einer Blutungsmenge von bis zu 30 ml (weniger als 2 Vorlagen pro Tag).

Ursachen können eine Ovarialinsuffizienz, eine Hormonbehandlung (gestagenbetonte Ovulationshemmer) oder der Zustand nach Ausschabungen sein.

Störungen des Regeltempos

Die Vorsilben „Poly-" und „Oligo-" beziehen sich auf die Anzahl der Menstruationsblutungen in einem bestimmten Zeitraum.

Polymenorrhö. Die Polymenorrhö bezeichnet Regelblutungen mit verkürztem Zyklus (weniger als 24 Tage) bei normaler Blutungsstärke und -dauer.

Ursachen sind z. B. anovulatorische Zyklen oder eine Hyperprolaktinämie.

Oligomenorrhö. Bei der Oligomenorrhö findet man verlängerte blutungsfreie Intervalle (Zyklus länger als 35 Tage) bei normaler Blutungsstärke und -dauer.

Die Oligomenorrhö kann u. a. durch eine hormonelle Fehlregulation im Hypothalamus-Hypophysen-System oder eine Ovarialinsuffizienz ausgelöst werden.

Störung der Blutungsdauer (Menorrhagie)

Frauen mit Menorrhagie weisen verlängerte und häufig verstärkte Menstruationsblutungen bei erhaltenem Zyklus auf.

Ursachen hierfür sind hormonelle Störungen oder Prozesse innerhalb der Gebärmutter wie ein intramurales Myom oder eine Endometriose.

Störung des Blutungszeitpunktes (Metrorrhagie)

Unter Metrorrhagie versteht man azyklische, verlängerte und verstärkte Blutungen.

Als Ursachen kommen hormonelle Störungen, Myome, Karzinome, Schleimhautpolypen oder Intrauterinpessare in Betracht.

Schmerzhafte Regelblutung (Dysmenorrhö)

Definition

Der Begriff Dysmenorrhö scheint auf eine Blutungsstörung hinzudeuten. Es handelt sich jedoch um eine schmerzhafte Regelblutung. Man kann zwei Formen unterscheiden: Bei der primären Dysmenorrhö besteht von der Menarche an eine schmerzhafte Regelblutung. Setzt diese Störung erst später ein, spricht man von einer sekundären Dysmenorrhö.

Ursachen

Primäre Dysmenorrhö. Als organische Ursache ist eine erhöhte Prostaglandinsynthese in der Gebärmutterschleimhaut anzusehen. Auf psychosomatischer Basis kann sie Zeichen einer Verneinung der Weiblichkeit sein.

Sekundäre Dysmenorrhö. Auch bei der sekundären Dysmenorrhö kommen organische Ursachen wie die Endometriose, Myome, Korpuspolypen oder auch ein liegendes Intrauterinpessar als Ursachen in Frage. Jedoch muss man auch hier an psychosomatische Ursachen denken. Oft handelt es sich dabei um sexuelle Konfliktsituationen. Demgegenüber ist als Ursache auch ein drängender, aber unerfüllter Kinderwunsch anzusehen. Die Monatsblutung zeigt der Frau immer wieder an, dass sie nicht schwanger geworden ist. Dies kann von ihr als „schmerzlich" empfunden werden.

Symptome

Die Dysmenorrhö zeichnet sich durch krampfartige Unterbauchschmerzen aus. Diese beginnen prämenstruell oder am ersten Blutungstag und verschwinden mit Ende der Regelblutung. Die Schmerzen können ggf. von Übelkeit, Erbrechen, Kopf- und Rückenschmerzen begleitet sein.

Diagnose

Die Dysmenorrhö kann vielfältige Ursachen haben. Wichtig ist daher im Rahmen der Anamnese auch die Berücksichtigung psychosomatischer Aspekte.

Je nach Verdacht steht dann neben der gynäkologischen Untersuchung die apparative Diagnostik z. B. mit Ultraschall, Gebärmutterspiegelung oder Laparoskopie zur Verfügung.

Therapie

Die Behandlung der primären Dysmenorrhö erfolgt symptomatisch. In Frage kommen Prostaglandinsynthesehemmer wie Ibuprofen oder Ovulationshemmer. Letztere führen dazu, dass die Schleimhaut der Gebärmutter weniger stark aufgebaut wird und somit die Blutungsmenge geringer ist.

Die Therapie der sekundären Dysmenorrhö besteht in der Beseitigung der organischen Ursache. Daneben wird sie wie bei der primären Form symptomatisch behandelt. Bei beiden Formen ist ggf. eine psychosomatische Therapie erforderlich.

Prognose

In manchen Fällen bleibt die Dysmenorrhö bestehen, auch wenn ein organischer Befund entdeckt und beseitigt wurde.

Infobox

ICD-10:
N80-N98 – Zyklusstörungen
N94.5 – Primäre Dysmenorrhö
N94.6 – Sekundäre Dysmenorrhö

Internetadressen:
http://www.onmeda.de/krankheiten/regelschmerzen.html
http://www.brigitte.de/gesund/a_z/regelschmerzen_index/index.html
http://www.tee.org/tipps/menstruation.html
http://www.oekotest.de/cgi/ot/otgs.cgi?suchtext=&doc=38463

Zystadenom

► Frau Timans ist 35 Jahre alt. Sie stellt sich beim Arzt vor, weil sie seit geraumer Zeit Beschwerden hat. Sie berichtet sorgenvoll: „Eigentlich fing alles damit an, dass mir meine Hosen zu eng wurden. Da habe ich mir noch keine Gedanken gemacht, weil das ohnehin meine Problemzone ist. Mittlerweile geht es mir aber körperlich richtig schlecht. Ich habe ein ständiges Völlegefühl und überhaupt keinen Appetit."

Definition

Ovarielle Zystadenome sind epitheliale Eierstocktumoren, die Zysten bilden. Sie können einkammerig oder mehrkammerig vorkommen.

Synonym: Kystom.

Formen

Man unterscheidet seröse und muzinöse Zystadenome.

Seröse Zystadenome. Sie stellen die häufigsten → Tumoren im Eierstock dar. Seröse Zystadenome sind bei Frauen aller Altersstufen anzutreffen, wobei der Altersgipfel zwischen dem 40. und 50. Lebensjahr liegt. Sie kommen oft doppelseitig vor. In ihren Hohlräumen findet man ein klares, seröses, eiweißhaltiges Sekret.

Man kann eine Unterscheidung zwischen einfachen serösen Zystadenomen und den serös papillären Zystadenomen, die zusätzlich mit papillären Epithelsprossen versehen sind, treffen (**Abb. Z.13**).

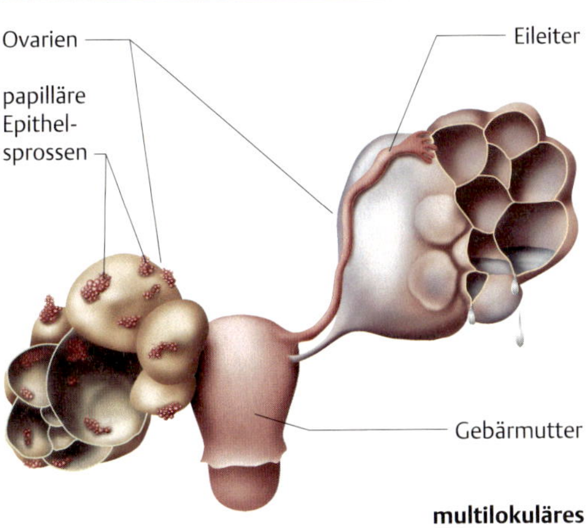

Abb. Z.13 Seröse Zystadenome. Eierstöcke mit verschiedenen serösen Zystadenomen.

Muzinöse Zystadenome. Sie enthalten eine schleimige Flüssigkeit. Sie sind bei Frauen aller Altersstufen mit einem Altersgipfel zwischen dem 30. und 50. Lebensjahr zu finden und treten gewöhnlich einseitig auf. Ausgekleidet sind sie mit einem Zylinderepithel, das vom intestinalen (Intestinum = Darm) oder zervikalen (Zervix = Gebärmutterhals) Typ sein kann. Diese Unterscheidung kann beim Auftreten einer Ruptur von großer Bedeutung sein, da beim intestinalen Typ die Entstehung eines sog. Gallertbauches möglich ist.

Symptome

Zystadenome wachsen gewöhnlich in Richtung Bauchhöhle. Bei vermehrtem Wachstum wird die Frau eine Zunahme ihres Bauchumfangs registrieren. Insbesondere die muzinösen Zystadenome können so immens groß werden (> 30 cm), dass sogar ein Druckgefühl im Bereich der oberen Bauchorgane wie Magen oder Leber entstehen kann. Zudem kommt es zu Völlegefühl, Obstipation und Appetitlosigkeit. Drüsige Strukturen auf der Oberfläche der Zystadenome können eine Bauchwassersucht (→ Aszites) verursachen.

Da Zystadenome einen hohen Eiweißverbrauch aufweisen, sind viele Patientinnen in einem so schlechten Allgemeinzustand, dass oft zuerst an einen bösartigen Prozess gedacht wird.

Diagnose

Eine Verdachtsdiagnose kann bereits mittels einer Tastuntersuchung gestellt werden. Weitere diagnostische Maßnahmen sind die Ultraschalluntersuchung und die Laparoskopie. Eine Punktion sollte bei zweifelhaftem Befund unterlassen werden, da die Gefahr einer Absiedelung von Tumorzellen auf dem Bauchfell besteht. Eine sichere feingewebliche Diagnose ist daher nur im Rahmen einer Operation möglich.

Differenzialdiagnose

Die Eierstöcke bieten bezüglich ihrer verschiedenen geweblichen Bestandteile eine große Variationsbreite. Dementsprechend hoch ist die Möglichkeit der Tumorbildung. Differenzialdiagnostisch kommen ebenso eine Vielzahl gutartiger Eierstocktumoren wie auch das → Ovarialkarzinom in Frage.

Therapie

Die Behandlung der gutartigen Tumoren erfolgt chirurgisch. Hierbei ist meist eine Entfernung des betroffenen Eierstocks ausreichend. Im Einzelfall kann die Entnahme der Gebärmutter sinnvoll sein. Dies betrifft v. a. Patientinnen, bei denen die Gutartigkeit des Tumors im Schnellschnitt nicht 100 %ig gesichert werden konnte oder ohnehin schon eine Uteruserkrankung vorlag.

Prognose

Die Prognose ist von der feingeweblichen Beschaffenheit des Tumors abhängig. Das Risiko einer malignen Entartung ist bei serös papillären Zystadenomen deutlich höher als bei den einfachen serösen Zystadenomen. Eine Abgrenzung zum Karzinom ist nur durch eine histologische Untersuchung möglich.

Komplikationen

Der Tumor wird durch einen gefäßführenden Stiel mit Blut versorgt. Dieser kann allerdings durch die Peristaltik des Darms oder Bewegungen des gesamten Körpers verdreht werden (**Abb. Z.14**). Ist das Gefäßlumen noch nicht komplett verlegt, bleibt zunächst der Blutfluss in den arteriellen Gefäßen aufrechterhalten, weil diese über einen höheren Druck verfügen. Die Folge ist, dass Blut zwar zufließt, aber nicht mehr abfließen kann. Es kommt zu Einblutungen in den Tumor. Ist das Gefäßvolumen komplett verschlossen, findet keine Blutversorgung des Tumors mehr statt. Es entsteht ein Infarkt mit einer Nekrose, der sich klinisch als → akutes Abdomen bemerkbar macht.

Eine Spontanruptur eines Kystoms ist selten. Sie erfolgt meist traumatisch (Unfall o. ä.) oder iatrogen (durch ärztliches Handeln, z. B. im Rahmen einer Operation). Besonders problematisch ist die Zerreißung eines muzinösen Kystoms. Hierbei kommt es zu einer Absiedelung muzinöser Zellen auf dem Bauchfell (Pseudomyxoma peritonei = Gallertbauch). Folge ist die Entstehung von Schleimmassen innerhalb der Bauchhöhle, die nur schwer zu therapieren sind und innerhalb von Monaten oder Jahren zum Tod führen können.

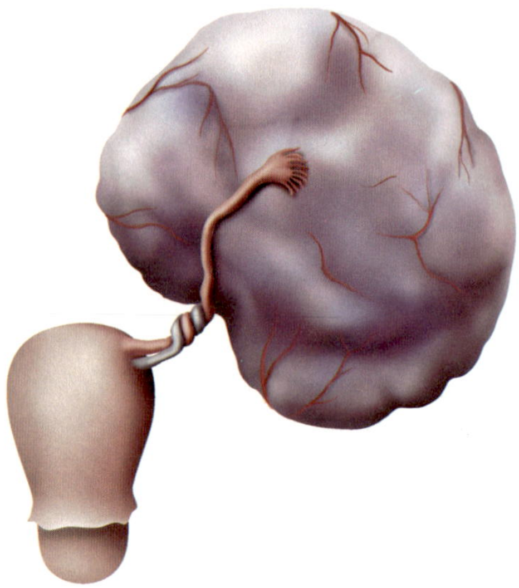

Abb. Z.14 Komplikation. Stieldrehung bei einem Zystadenom.

Infobox

ICD10:
F81.9

Internetadressen:
http://alf3.urz.unibas.ch/hipaKu/idx/228.htm
http://alf3.urz.unibas.ch/pathopic/getpicfra.cfm?id = 6250
http://www.endofem.at/eierstockzysten.htm

Zystennieren

► Bei einer 44-jährigen Patientin wurde ein Bluthochdruck festgestellt. Die körperliche Untersuchung ergab beiderseits tastbare, stark vergrößerte Nieren. Die Patientin klagte über Druckschmerzen in der Flanke, Abgespanntheit und Müdigkeit. Die Laboruntersuchung zeigte ein Serum-Kreatinin von 5,4 mg.

Definition

Zystennieren stellen eine erbliche, meist beidseitige Nierenerkrankung mit einer Häufigkeit von 1 : 1000 dar. Beide Nieren sind mit kleinen Zysten durchsetzt, die in einer sehr langsamen, fortschreitenden Entwicklung an Größe zunehmen (**Abb. Z.15**). Es besteht ein Bluthochdruck (→ Hypertonie). Meist nach dem 40. Lebensjahr entwickelt sich ein zunehmendes Nierenversagen (→ akutes Nierenversagen, → chronische Niereninsuffizienz).

Synonym: adulte polyzystische Nierenerkrankung, familiäre Nierenzystenerkrankung (ADPKD).

Ursachen

Zystennieren sind eine Erbkrankheit. Ursache ist ein genetischer Defekt (Genort: Chromosom 16).

Symptome

Anfangs bestehen keine Symptome. Das typische Manifestationsalter liegt jenseits des 40. Lebensjahres. Allgemeinsymptome sind Abgeschlagenheit und Müdigkeit.

Zu den urologischen Leitsymptomen gehören Abdominal- und Flankenschmerzen, Makrohämaturie, renaler Bluthochdruck, rezidivierende Harnwegsinfektionen und → Nephrolithiasis.

Diagnose

Eine positive Familienanamnese (Stammbaum!), tastbar vergrößerte Nieren beidseits und die Sonografie führen zur Diagnose.

Anämie, Urämie, Proteinurie und Mikrohämaturie im makrohämaturiefreien Intervall sind kennzeichnende Laborbefunde (Makrohämaturie = sichtbares Blut im Urin, Mikrohämaturie = nur unter dem Mikroskop nachweisbare Erythrozyten).

Differenzialdiagnose

Von Nierenzysten abzugrenzen sind Nierentumoren, Pseudozysten z. B. nach Steinbildung, → Tuberkulose, → Echinokokkose.

Therapie

Aufgrund des angeborenen doppelseitigen Charakters ist eine ursächliche Therapie nicht möglich. Eine Therapie erfolgt bei Symptomen und ist möglichst konservativ. Genügende Flüssigkeitszufuhr ist erforderlich. Antibiotika werden nur bei Vorliegen eines Infektes verabreicht.

Die Spontanruptur von Zysten, eine schwere Infektion oder ein → Nierenzellkarzinom machen eine operative Intervention erforderlich.

Durch sorgfältige Behandlung des Blutdruckes und ggf. eines Infektes lässt sich eine Verschlechterung der Nierenfunktion verhindern. Bei zunehmender Niereninsuffizienz

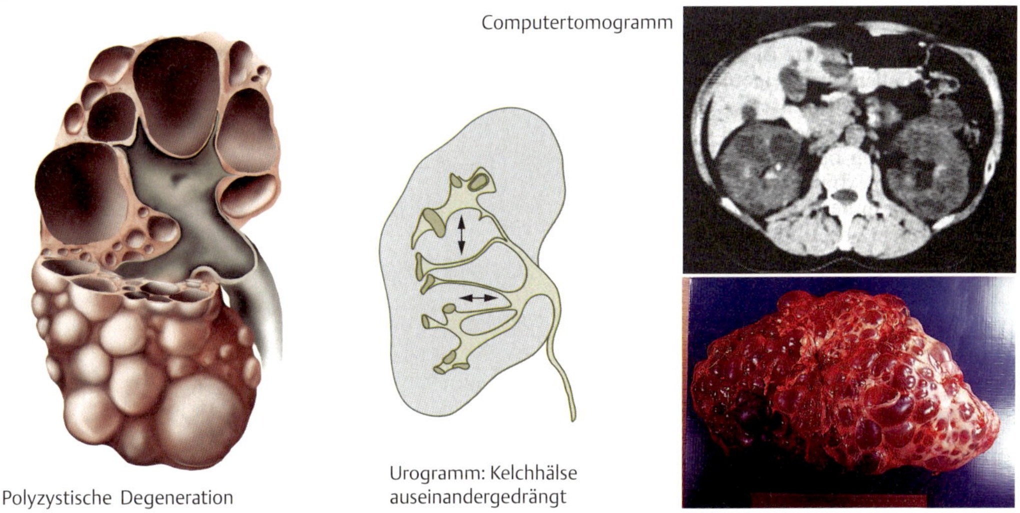

Abb. Z.15 Zystenniere. Verschiedene Darstellungen der Zystenniere.

ist Dialyse, ggf. eine rechtzeitige Anmeldung zur Nierentransplantation notwendig.

Prognose

Wegen der Vererbbarkeit ist eine genetische Beratung der Angehörigen angezeigt. Kinder mit bekannter genetischer Disposition sollten regelmäßig überwacht werden, z. B. auf Hämaturie, Hypertonus, palpablen Tumor. Risikopersonen lassen sich durch die Ultraschalluntersuchung sicher erfassen. 80 % der Kinder haben eine stabile Nierenfunktion, erst im Erwachsenenalter wird die Niereninsuffizienz manifest, sodass therapeutisch Dialyse oder Nierentransplantation notwendig werden.

Bei allen zystischen Nierenprozessen muss ein bösartiger → Tumor ausgeschlossen werden.

Infobox

ICD10:
Q61.5

Internetadresse:
Selbsthilfegruppe Familiäre Zystennieren e. V.:
http//www.znshg.de
http://www.zystennieren.de

Literatur:

Leitlinien der Deutschen Gesellschaft für Humangenetik

Sökeland, J.: Urologie für Pflegeberufe, 7. Aufl. Thieme, Stuttgart 2000

Zytomegalievirusinfektion

► **Zwei Monate nach einer Knochenmarkstransplantation bekommt der 43-Jährige Knochenmarks-Empfänger Fieber, fühlt sich abgeschlagen, appetitlos. Nach einigen Tagen entwickelt sich Husten und der Patient atmet schwer.**

Definition

Die Zytomegalievirusinfektion verursacht eine schwere Erkrankung von Kindern im Uterus und Frühgeborenen sowie bei Patienten mit Immunschwäche.

Ursachen

Das Zytomegalievirus (CMV, von engl. Cytomegalovirus) wird meist durch Speichel übertragen. Das Virus kann auch durch Blut und Blutprodukte sowie von infizierten Müttern über die Muttermilch übertragen werden. Das Virus bleibt lebenslang im Körper. Es befindet sich in Blutzellen, Speicheldrüsen und der Niere. Hier findet laufend eine Virusneubildung statt.

Symptome

Die Infektion bleibt i.d.R. symptomlos. Gelegentlich kommt es nach einer Inkubationszeit von 20 – 60 Tagen zu Abgeschlagenheit, Fieber, Kopf- und Gliederschmerzen. Die Erkrankung bezeichnet man als (CMV-)Mononukleose. Eine Infektion während der Schwangerschaft kann zu einer Schädigung und Erkrankung des Embryos und Fetus führen (Zytomegalie, **Abb. Z.16**). Die Infektion eines frühgeborenen Kindes kann zu einer Erkrankung verschiedener Organe führen (→ Angeborene Infektionskrankheit).

Bei einer Immunschwäche, entweder hervorgerufen durch eine Krankheit (z. B. → AIDS) oder aufgrund einer Therapie zur Immunsuppression (z. B. vor einer Knochenmarkstransplantation) können sich Zytomegalieviren stark vermehren und zu Schäden führen. Besonders gefürchtet sind Entzündungen der Augen-Netzhaut, des Dickdarms, der Leber, des Gehirns und der Lunge, die zu Erblindung, Kolitis mit schweren Durchfällen, → Enzephalitis und → Pneumonie führen und tödlich ausgehen können (→ Reaktivierte Infektion).

Diagnose

Die klinische Symptomatik ist uncharakteristisch. Im Blut finden sich zahlreiche „atypische“ Lymphozyten. Aufgrund der klinischen Befunde allein kann die Diagnose nicht gestellt werden. Zum Nachweis werden IgM-Antikörper im Serum bestimmt.

Eine Reaktivierung zeigt sich durch eine deutliche Erhöhung der IgG-Antikörperkonzentration im Serum. Auch der Nachweis von Virusantigen im Blut deutet auf eine Reaktivierung hin.

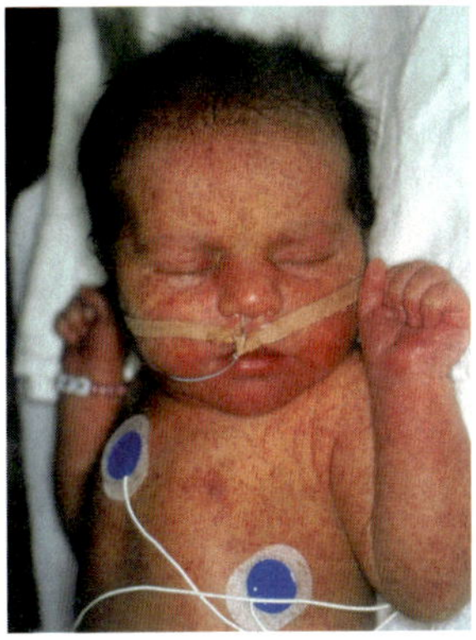

Abb. Z.16 Zytomegalie. Angeborene Infektion mit dem Zytomegalievirus. Hauteinblutungen und Ikterus sind deutlich zu erkennen.

Differenzialdiagnose

Das Krankheitsbild der Zytomegalievirus-Mononukleose und das Blutbild ähneln dem durch das Epstein-Barr-Virus hervorgerufenen → Pfeifferschen Drüsenfieber. Im Gegensatz dazu sieht man jedoch bei der CMV-Erkrankung selten eine Rachenentzündung oder Lymphknotenschwellung am Hals. Auch eine Leukämie kann mit Fieber und Lymphozytenveränderungen im Blut einhergehen.

Therapie

Die CMV-Mononukleose wird symptomatisch behandelt. Erkrankungen aufgrund von Reaktivierungen können mit den Substanzen Ganciclovir, Valganciclovir oder Cidofovir behandelt werden, die die CMV-Vermehrung hemmen. Eine Impfung gibt es nicht. Eine CMV-infizierte Mutter soll ein zu früh geborenes, unreifes Kind nicht stillen.

Prognose

Die CMV-Mononukleose heilt folgenlos aus. Gelegentlich besteht Abgeschlagenheit über mehrere Monate.

Selten kann sich im Rahmen einer CMV-Mononukleose eine Lungenentzündung (→ Pneumonie), eine → Enzephalitis oder eine Entzündung anderer Organe entwickeln.

Infobox

ICD10: B25.9

Internetadresse:
http://www.cmv-selbshilfegruppen.de

Literatur:
Hygiene, Mikrobiologie und Ernährungslehre für Pflegeberufe. Thieme, Stuttgart 2005

Abbildungsnachweis

Andreae, S. u. a.: Krankheitslehre für Altenpflegeberufe. Thieme, Stuttgart 2001: A.45, B.12, D.6, D.8, D.14, D.15, D.16, D.22, O.17, O.18, P.25, P.29, P.30, P.51, P.56, S. 58, U.48, U.50

Baenkler, H.-W. u. a.: Duale Reihe Innere Medizin. Thieme, Stuttgart 2001: B.39 b, B.42, C.12, C.26, G.3, H.57, H.59, H.86, K.2, K.46, L.34, L.36, N.11, N.27, P.48, R.5, R.19, U.12 e, U.52

Bähr, M., Frotscher, M.: Duus' Neurologisch-topische Diagnostik, 8. Aufl. Thieme, Stuttgart 2003: C.9

Baumann, T.: Atlas der Entwicklungsdiagnostik. Thieme, Stuttgart 2002: U.107, U.108, U.115, U.117, U.118, U.120, U.122, U.123, U.124, U.125

Berghaus, A. u. a.: Duale Reihe Hals-Nasen-Ohren-Heilkunde. Thieme, Stuttgart 1996: D.23, H.49, T.18

Block, B. u. a.: Der Gastroskopie-Trainer, 2. Aufl. Thieme, Stuttgart 2005: O.5, O.11, R.8, T.21, T.22

Bohndorf, K., Imhof, H.: Radiologische Diagnostik der Knochen und Gelenke. Thieme, Stuttgart 1998: E.34, S. 2, S. 8

Burk, A., Burk, R.: Checkliste Augenheilkunde, 3. Aufl. Thieme, Stuttgart 2005: G.27, H.81, P.94, V.8,

Ekert, B., Ekert, C.: Psychologie für Pflegeberufe. Thieme, Stuttgart 2005: B.40, H.18, P.91, P.109, S. 15, S. 88

Füeßl, H.S. , Middeke, M.: Duale Reihe Anamnese und Klinische Untersuchung, 3. Aufl. Thieme, Stuttgart 2005: A.28, A.102, A.103 a, D.20, D.30, G.28, K.6, K.21, L.2, L.5, M.68, P.50, P.88, P.89, P.112, R.21, S. 1, S. 106, U.10, U.84, U.126, U.127, U.163, U.192

Ganzer, A.: Checkliste Hals-Nasen-Ohren-Heilkunde, 4. Aufl. Thieme, Stuttgart 2005: P.18, P.31

Gerlach, U. u. a.: Innere Medizin für Pflegeberufe, 5. Aufl. Thieme, Stuttgart 2000: G.4, H.35, H.53, M1, M.56, M.57, M.58, M.87, P.16, P.35, P.36, R.18, S. 12, S. 13, T.6, T.8, U.12 b-d, U.47, U.51, U.53, U.74, U.96, U.102, U.106, U.193, V.6

Greten, H. (Hrsg.): Innere Medizin, 12. Aufl. Thieme, Stuttgart 2005: A.89, A.80, B.36, B.39 a, E.11, G.5, H.78, L.33, U.86

Haupt, W.F. u. a.: Neurologie und Psychiatrie für Pflegeberufe, 9. Aufl. Thieme, Stuttgart 2002: A.77, A.78, D.24, D.27, H.52, L.18 b, M.45, M.71, P.8, P.23, P.24, P.79, P.82, P.83, P.84, P.106, R.16, S. 16, S. 20, S. 27, S. 78, S. 84, S. 114, U.151, U.177

Henne-Bruns, D. u. a.: Duale Reihe Chirurgie. Thieme, Stuttgart 2001: A.4, B.5, H.7, L.21, O.13, O.15, P.10, P.15, R.22

Hirner, A., Weise, K.: Chirurgie. Thieme, Stuttgart 2004: A.31, A.32, A.38, A.115, C.4, M.41, N.1, P.9, U.25, U.81, U.83, U.172

Hoehl, M., Kullick, P.: Kinderkrankenpflege und Gesundheitsförderung, 2. Aufl. Thieme, Stuttgart 2002: H.5, H.66, K.19, L.28, L.29, M.36, N.4, N.24, S. 85, U.109, U.113, U.119, U.121

Hof, H., Dörries, R.: Duale Reihe Medizinische Mikrobiologie, 3. Aufl. Thieme, Stuttgart 2005: P.45, P.71, S. 67, S. 68, S. 77, T.4, T.19, U.138, W.4

Hosten, N., Liebig, T: Computertomographie von Kopf und Wirbelsäule. Thieme, Stuttgart 1999: A.83

Huck, K.: Kursbuch Doppler- und Duplexsonographie, 2. Aufl. Thieme, Stuttgart 2004: L.22

Hüter-Becker, A., Dölken, M.: Physiotherapie in der Orthopädie. Thieme, Stuttgart 2005: B.27, K.31, S. 9, S. 43

Jassoy, C., Schwarzkopf, A. (Hrsg.): Hygiene, Mikrobiologie und Ernährungslehre für Pflegeberufe. Thieme, Stuttgart 2005: E.22, G.6, H.8, H.20, K.43, L.12, M.24, M.42, M.46, M.47, M.79, N.6, N.17, P.42, P.43, P.44, P.73, R.25, S. 76, T.13, T.20, U.41, U.139, U.140, U.141, U.161, Z.16

Kayser, F.H. u. a.: Medical Microbiology. Thieme, Stuttgart 2004: C.6

Kellnhauser, E. u. a. (Hrsg.): Thiemes Pflege, 10. Aufl. Thieme Stuttgart 2004: A.3, A.12, B.8, C.5, C.19, D.17, D.18, D.19, E.9, E.21, F.28, H.3, H.29, H.25, H.30, H.31, K.23, L.4, L.9, L.10, N.33, N.34, P.52, P.62, P.67, P.69, U.3, U.4, U.13, U.39, U.42, U.43, U.44, U.45, U.46, U.54, U.55, U.99, U.103, U.132, U.136, U.152, U.160, U.164, U.165, U.170, U.171, U.194

Kirschnick, O.: Pflegetechniken von A-Z, 3. Aufl. Thieme, Stuttgart 2006: H.47

Köther, I. (Hrsg.): Thiemes Altenpflege. Thieme, Stuttgart 2005: H.50, H.78, H.83, H.87, N.5,

Krug, K.B. (Hrsg.): Thoraxdiagnostik. Thieme, Stuttgart 2004: C.27

Lang, G.K.: Augenheilkunde, 3. Aufl. Thieme, Stuttgart 2004: D.21, H.61, L.25, L.27, M.44, N.16 b, N.18, R.15, R.29, S. 11, S. 56, S. 69, S. 93, T.25, T.26, U.18, U.19, U.20, U.21, U.22, U.23, U.24

Lauber, A., Schmalstieg, P. (Hrsg.): Verstehen und Pflegen Bd. 2, Wahrnehmen und Beobachten. Thieme, Stuttgart 2001: F.26, H.22, I.2 a,

Lauber, A., Schmalstieg, P. (Hrsg.): Verstehen und Pflegen Bd. 3, Pflegerische Interventionen. Thieme, Stuttgart 2003: E.23, M.75

Masuhr, K.F., Neumann, M.: Duale Reihe Neurologie, 5. Aufl. Thieme, Stuttgart 2005: A.59, E.26, E.27, G.14, G.16, I.14, M.34, M.77, P.40, P.78, P.106, S. 109

Merkle, W. (Hrsg.): Duale Reihe Urologie. Thieme, Stuttgart 1997: P.33

Moll, I.: Duale Reihe Dermatologie, 6. Aufl. Thieme, Stuttgart 2005: A.56, A.52, A.57, A.63, B.14, B.31, B.32, D.9, E.2, E.5, E.6, E.35, E.36, E.37, F.12, H.9, H.11, I.1, K.42, L.20, M.13, N.26, P.3, P.53, P.103, R.23 b, S. 70, S. 81, S. 116, U.5, U.90, U,91, U.93, U.94, U.204, V.13, W.1

Möller, H.-J. u. a.: Duale Reihe Psychiatrie und Psychotherapie, 3. Aufl. Thieme, Stuttgart 2005: A.21, A.34, A.46, A.48, A.53, B.30, P.2, P.20, P.22, P.26, R.6, S. 17, S. 18, S. 22, S. 63, U.12 a, U.176

Nacke, A.: Ergotherapie bei Kindern mit Wahrnehmungsstörungen. Thieme, Stuttgart 2005: D.32, R.20, T.1

Neurath, M., Lohse, A.: Checkliste Anamnese und klinische Untersuchung. Thieme, Stuttgart 2002: H.33, P.112, U.128, U.129, U.130, U.147, U.157, U.158, U.174

Niethard, F.W., Pfeil, J.: Duale Reihe Orthopädie, 5. Aufl. Thieme, Stuttgart 2005: G.19, G.30, G.31, H.69, H.74, I.8, I.9, K.29, K.50, M.59, O.16, O.19, S. 40, S. 82, S. 110, S. 111, U.29, V.14

Oestmann, J.-W.: Radiologie, 2. Aufl. Thieme, Stuttgart 2005: E.25, U.188

Oestreicher, E. u. a.: HNO, Augenheilkunde, Dermatologie und Urologie für Pflegeberufe. Thieme, Stuttgart 2003: A.22, A.29, A.58, A.111, E.4, E.14, G.22, G.26, H.62, I.6, K.7, K.8, K.41, L.1 b, L.24, M.83, N.25, N.29, P.102, R.23 a, S. 113, T.23, T.24, U.142, U.144, U.175, Z.3, Z.15

Paetz, B., Benzinger-König, B.: Chirurgie für Pflegeberufe, 20. Aufl. Thieme, Stuttgart 2004: A.66, A.85, D.25, H.4, H.6, H.70, K.4, K.40, L.14 b, M.31, M.40, M.49, M.50, M.61 b, O.8, O.9, P.14, P.80, P.87, P.100, P.110, R.2, R.3, R.4, R.9, S. 66, S. 91, S. 103, U.77, U.82, U.189, U.190, U.198, Z.2

Probst, R. u. a.: Hals-Nasen-Ohren-Heilkunde, 2. Aufl. Thieme, Stuttgart 2004: A.28 a, A.30, C.17, C.18, C.21, E.33, K.22, M.20, M.54, M.82, N.7, N.8, R.14, S. 59, S. 60, U.143

Reiser, M. u. a.: Duale Reihe Radiologie, 2. Aufl. Thieme, Stuttgart 2006: L.37, O.14

Riede, U.-N.: Taschenatlas der allgemeinen Pathologie. Thieme, Stuttgart 1998: A.47, B.23, E.10, E.31, M.69, S. 80

Riede, U.-N. u. a. (Hrsg.): Allgemeine und spezielle Pathologie, 5. Aufl. Thieme, Stuttgart 2005: A.25, A.92, A.93, B.35, B.38, F.10, G.1, G.23, G.29, K.3, M.3, M.10, M.23, M.35, M.86, P.5, P.101,

Sachsenweger, M.: Duale Reihe Augenheilkunde, 2. Aufl. Thieme, Stuttgart 2003: A.109, A.110, B.25, F.4, F.18, I.16, K.9, M.7, M.8, U.17

Schünke, M. u. a.: Prometheus. Hals und innere Organe. Thieme, Stuttgart 2005: U.49

Siegenthaler, W.: Siegenthalers Differenzialdiagnose, 19. Aufl. Thieme, Stuttgart 2005: A.23, A.26, A.27, A.37, A.61, A.64, A.73, A.74, A.87, A.88, A.91, A.95, C.24, C.29, E.1, E.8, F.9, G.36, I.5, K.28, K.36, M.22, N.14, N.31, T.5

Sitzmann, F. C.: Duale Reihe Pädiatrie, 2. Aufl. Thieme, Stuttgart 2002: A.6, A.15, A.24, A.69, A.86, D.26, D.28, D.29, F.24, G.17, G.24, I.2, K.20, K.52, L.11, M.37, N.10, N.21, N.22, N.23, P.92, R.1, R.26, S. 5, S. 6, S. 83, U.6, U.7, V.5, V.7, V.15, W.3, Z.8

Skibbe, X., Löseke, A.: Gynäkologie und Geburtshilfe für Pflegeberufe. Thieme, Stuttgart 2001: A.68, D.10, G.12, H.13, K.33, K.34, K.37, K.38, M.19, M.29, R.27, S. 49, S. 50, S. 95, T.3, U.69, U.183, V.18, Z.7

Sökeland, J.: Urologie für Pflegeberufe, 7. Aufl. Thieme, Stuttgart 2000: G.32, N.28, R.11, U.185, U.201

Stauber, M., Weyerstahl, T.: Duale Reihe Gynäkologie und Geburtshilfe, 2. Aufl. Thieme, Stuttgart 2005: A.39, A.40, D.11, D.12, E.20, F.23, M.25, M.30, O.1, P.76, R.28, S. 46, S. 53, U.58, U.62, U.63, V.1

Thiemes Innere Medizin. Thieme, Stuttgart 1999: A.99, D.13, U.131

Ullrich, L. u. a. (Hrsg.): Thiemes Intensivpflege und Anästhesie. Thieme, Stuttgart 2005: E.7, E.13, P.58, S. 23, U.78, U.80

Voggenreiter, G., Dold, C.: Wundtherapie. Thieme, Stuttgart 2004: B.18, D.5, E.30

Wülker, N. (Hrsg.): Taschenlehrbuch Orthopädie und Unfallchirurgie. Thieme, Stuttgart 2005: A.113, B.1, B.7, F.14, H.67, K.24, M.65, M.73, P.27

Sachverzeichnis

A

B

C

D

E

F

G

I

J

K

M

N

O

Q

S

T

U

V

W

X

Y

Z

Themen / Filmtitel der CD